机械零件设计手册

第 2 版

吴宗泽　冼建生　主编

机 械 工 业 出 版 社

本手册收入了机械设计工作中最常用的资料和标准，内容主要包括常用资料、数据、一般标准、机械基础标准，以及机械工程常用材料，螺纹连接、键连接，焊、粘、铆连接，过盈连接，轴、滑动轴承、滚动轴承、润滑和密封、联轴器、离合器、弹簧、链传动、带传动、齿轮传动、蜗杆传动、螺旋传动、减速器、电动机等。第2版对于以上内容进行了修订，充实、更新了标准；根据需要和读者的要求，新增了“起重机零部件”和“机架”两章。此外，第2版充分利用光盘存储，编入了大量的资料，使本手册（纸制本）的内容扩充了一倍以上，而将基本内容编入纸制本，查用和携带方便。

本书可供机械设计技术人员和在机械类各专业从事毕业设计和专业设计的广大师生使用。

图书在版编目（CIP）数据

机械零件设计手册/吴宗泽，冼建生主编．—2版．—北京：机械工业出版社，2013.5（2021.5重印）
ISBN 978-7-111-41562-6

Ⅰ.①机… Ⅱ.①吴…②冼… Ⅲ.①机械元件-机械设计-技术手册
Ⅳ.①TH13-62

中国版本图书馆CIP数据核字（2013）第033162号

机械工业出版社（北京市百万庄大街22号 邮政编码100037）
策划编辑：曲彩云 责任编辑：蒋有彩 版式设计：霍永明
责任校对：陈立辉 陈延翔 封面设计：姚 毅 责任印制：郜 敏
北京圣夫亚美印刷有限公司印刷
2021年5月第2版第3次印刷
184mm×260mm·60.5印张·3插页·1502千字
3801—4800册
标准书号：ISBN 978-7-111-41562-6
ISBN 978-7-89405-076-2（光盘）
定价：158.00元（含1CD）

凡购本书，如有缺页、倒页、脱页，由本社发行部调换
电话服务 网络服务
社服务中心：（010）88361066 教材网：http://www.cmpedu.com
销售一部：（010）68326294 机工官网：http://www.cmpbook.com
销售二部：（010）88379649 机工官博：http://weibo.com/cmp1952
读者购书热线：（010）88379203 **封面无防伪标均为盗版**

序

机械工业出版社希望我为吴宗泽教授编著的《机械零件设计手册》写一篇序言，作为他在清华大学从事机械设计教学工作五十年的纪念。我答应了他们的要求。

吴宗泽是我尊敬的学长，我们在一个单位工作接近五十年了。他于1952年毕业于清华大学机械工程系。从1952到1954年在清华作研究生期间就在郑林庆教授指导下参加了机械设计教学工作，从此以后一直勤勤恳恳地工作在教学第一线。吴宗泽教授一贯工作认真、努力钻研教学内容与教学方法，重视在教学中吸收本学科的最新科技发展。同时，能够把亲身参加生产、科研的点滴收获贯彻到教学中去。讲课能够抓住重点，对于一些重点难点由浅入深，使学生容易接受，又留给学生思考的余地，他的教学经验成为青年教师的示范，多次受到清华大学的表扬。

吴宗泽教授几十年如一日，长期安心于平凡的教学工作，在1994年退休以后，直到今年还多次登台讲课，实现了蒋南翔校长提出的“为祖国健康地工作五十年”的要求。

吴宗泽教授长期致力于机械设计课程的教材建设，出版有关书籍20余部，共约两千多万字。他对清华大学甚至全国高校机械设计课程教学的发展作出了重大贡献。这本手册凝聚了他数十年从事教学、生产、科研的经验编写的。精选内容，更新标准，编辑合理，内容丰富，配有光盘，使用方便。对于机械类专业的本科生和从事机械设计和制造的工程技术人员，是一部很好的工具书。

清华大学精密仪器与机械学系　教授
中　国　科　学　院　院士

第 2 版前言

本手册第 1 版出版发行以后，受到广大读者的欢迎，重印 8 次，总印数达 22000 册，用户很广泛。我们根据使用者的意见和建议，调查了本行业有关技术的发展，决定进行修订。这次修订的主要特点如下：

1. 更新了标准。2008 年至今公布了大量的新的国家标准。每一章都有新国家标准。圆柱螺旋弹簧标准更新量在 90% 左右。机械制图、表面粗糙度、材料等也有很多新的国家标准。这次再版，编入了最新的国家标准。

2. 为了扩大手册的使用面，增加了起重机零部件、机架两章。近年来工程机械、起重机械使用很多，电梯迅速增加，钢丝绳接近更新，大型机械发展很快，机架是大型机械的重要零件，其材料、形状和尺寸不但影响大型机械的造型，而且影响它的强度、刚度、自振频率等许多方面，设计需要参考资料。因此增加了有关大型机械零件设计的内容。

3. 我们调查、分析、统计了许多机械设计手册，在一般机械设计师的日常工作中，经常使用的内容，在 1000 页（200 万字）左右。而有时使用内容约为 1500 页左右。为了查用和携带方便，本手册基本内容约 950 页（约 150 万字），定为一册，使用携带方便。另有一个光盘，收入有时使用的扩大范围内容，约为 1360 页（约 210 万字），而光盘的体积很小，可以在目录中查阅前面有符号“G”的目录，如第一章光盘目录中“G1. 2. 1 常用截面的力学特性 ... 3”，需要参考这部分资料的读者，就可以在光盘的第 3 页查得。手册和光盘，这两方面的内容综合起来，可以基本满足一般机械设计的要求。这样就兼顾了查阅和携带方便，减轻读者负担，以及内容丰富的要求。

4. 本手册收入了一些近年来发展的新技术。如有一些单位已经开始采用非调质钢作为连接螺栓的材料，由于可以省去调质热处理，对于节能减排有明显的效果，我们加入了新的非调质钢国家标准（3. 2. 3. 4 节，手册 140 页）。一些单位研究采用德国的 VDI2239“高强度螺栓连接系统计算方法”这一方法和相应的加工工艺，可以减小螺栓的尺寸，从而使机械的有关尺寸（如凸缘连接的凸缘直径）减小。我们对于这一方法进行了介绍（光盘 G4. 4. 3 节）。

5. 节能减排是当前受到广泛重视的技术问题，要求设计师在设计阶段就考虑产品全生命周期的问题，要考虑产品的报废和回收问题，因此本书增加了“金属废料”一节（光盘 G3. 4 金属废料）包括铜、铝、铅及其合金废料的国家标准，供设计师参考。

由于光盘的容量很大，使得过去编写手册时很想收入，而由于容量的限制不得不忍痛割爱的内容，得到了容身之地，写入了这一版手册，减小了编书的遗憾，得以告慰读者。

参加本书部分初稿编写的有：李安民、李维荣、李晓滨、王科社、朱孝录、唐锺麟、周明衡、陈祝年、任旭、王忠祥、徐秀彦、罗圣国等。在此基础上，由卢颂峰、滕启、陈永莲（第 1、2 章），肖如钢（第 3、4 章），陈祝年、陈战（第 6 章），黄纯颖、高秀环（第 8、9 章），冼建生、吴松（第 10、12、15、16、18、20 章），张卧波（第 13、14 章），杨小明（第 21 章），吴宗泽（其余各章）完成本书的编写。

参加光盘编写的有杨昭、杨晓延、廉以智、李石群、谭志豪，由杨昭任主编。

由于作者的学识和能力所限，本手册会有错误或不当之处，敬请读者指正。

编　者

第1版前言

机械零件设计是机械设计中的重要内容之一，在机械设计工作中，机械零部件设计有着十分重要的作用，这方面的工作量非常大，对设计质量的影响也十分显著。根据我们的调查研究，机械零部件设计的数据资料，是各种大部头机械设计手册中最经常使用的部分，本手册正是集中了最常用的机械零部件所需要的资料而编写的。

由于技术的迅速发展和设计水平的提高，近年来，我国相继制定和修订了大量的国家标准和行业标准，更新了技术规范和数据资料。本手册正是根据广大读者在机械零件设计中遇到的实际问题，为了满足我国当前生产、科研和教学的迫切需要而编写的一本资料新，内容实用、精炼，编排合理，查阅、携带方便的工具书。

在编写本书之前，我们广泛征求了广大技术人员和学校师生的意见，最后确定了本手册的编写原则和大纲。

本书主要具有以下特点：

1. 注重机械零件在机械设计中的实际需要，收集、选择最常用的设计方法和基本技术数据，同时根据使用需要加强一些必要内容的分量，而总篇幅控制在800页左右，成为一本中等厚度的书，以便使用起来方便，易于查阅。

2. 本书全部采用了新颁布的国家标准和资料，如紧固件、齿轮、机械制图、联轴器、滑动轴承、钢球等，都采用了新国家标准。

3. 附赠了一个光盘，其中包括常用机械零件的计算方法、部分材料型号及一些备用的标准和资料。这样，在有限的篇幅下，充分利用光盘的容量，扩大信息，延伸了手册内容，满足设计人员更多的使用要求。

4. 针对中小型工矿企业对一般通用机械进行设计、技术改造和革新时工程技术人员使用。

5. 目前，随着教学改革的深入，在机械类各专业的毕业设计和课程设计中，学生遇到的设计问题牵涉的面越来越广泛。我们针对学生毕业设计策划、编排好本手册，以备工科院校师生进行机械零件设计时使用。

6. 在网上查找标准零部件，用于设计或机械维修是目前逐步广泛使用的方法。本书针对这方面的知识在附录中作了介绍，可以在更广泛的范围内取得最新、最实用的资料。

本手册由吴宗泽任主编，参加编写或提供资料的有卢颂峰、滕启、李安民、李维荣、王科社、陈祝年、苏毅、徐秀彦、杨晓延、张卧波、张荣、方国勇、吴松、朱永强、刘文芳、郑励、马玉才、朱孝录、梁桂明、杨兰春、谭志豪、廉以智、黄纯颖、唐仲麟、周明衡、罗圣国、陈永莲、高钧衡、贾玖梅、方芳、吴宗泽、王忠祥等。

由于编者的能力和学识有限，本手册会有错误或不足之处，敬希读者不吝指正。

编　者

目　录

第5章　轴毂连接和销连接

光盘

光盘

第15章　齿轮传动 ………………… 658

光盘

第16章　蜗杆传动

光盘

第17章　减速器

光盘

光盘

光盘

第1章　常用资料、数据和一般标准

1.1　计量单位和单位换算

1.1.1　法定计量单位（表1-1～表1-4）

表1-1　SI基本单位（摘自GB 3100—1993）

量的名称	单位符号	单位名称	量的名称	单位符号	单位名称
长度	m	米	热力学温度	K	开[尔文]
质量	kg	千克(公斤)	物质的量	mol	摩[尔]
时间	s	秒	发光强度	cd	坎[德拉]
电流	A	安[培]			

注:1. 圆括号中的名称,是它前面的名称的同义词,下同。

2. 方括号中的字,在不致引起混淆、误解的情况下,可以省略。去掉方括号中的字即为其名称的简称。

表1-2　包括SI辅助单位在内的具有专门名称的SI导出单位（摘自GB 3100—1993）

量的名称	SI导出单位		
	符　号	名　称	用SI基本单位和SI导出单位表示
[平面]角	rad	弧　度	$1rad = 1m/m = 1$
立体角	sr	球面度	$1sr = 1m^2/m^2 = 1$
频率	Hz	赫[兹]	$1Hz = 1s^{-1}$
力	N	牛[顿]	$1N = 1kg \cdot m/s^2$
压力,压强,应力	Pa	帕[斯卡]	$1Pa = 1N/m^2$
能[量],功,热量	J	焦[耳]	$1J = 1N \cdot m$
功率,辐[射能]通量	W	瓦[特]	$1W = 1J/s$
电荷[量]	C	库[仑]	$1C = 1A \cdot s$
电压,电动势,电位(电势)	V	伏[特]	$1V = 1W/A$
电容	F	法[拉]	$1F = 1C/V$
电阻	Ω	欧[姆]	$1\Omega = 1V/A$
电导	S	西[门子]	$1S = 1\Omega^{-1}$
磁通[量]	Wb	韦[伯]	$1Wb = 1V \cdot s$
磁通[量]密度,磁感应强度	T	特[斯拉]	$1T = 1Wb/m^2$
电感	H	亨[利]	$1H = 1Wb/A$
摄氏温度	℃	摄氏度	$1℃ = 1K$
光通量	lm	流[明]	$1lm = 1cd \cdot sr$
[光]照度	lx	勒[克斯]	$1lx = 1lm/m^2$
[放射性]活度	Bq	贝可[勒尔]	$1Bq = 1s^{-1}$
吸收剂量	Gy	戈[瑞]	$1Gy = 1J/kg$
剂量当量	Sv	希[沃特]	$1Sv = 1J/kg$

表1-3　SI词头（摘自GB 3100—1993）

因　数	符　号	词头名称	因　数	符　号	词头名称
10^{24}	Y	尧[它]	10^{-1}	d	分
10^{21}	Z	泽[它]	10^{-2}	c	厘
10^{18}	E	艾[可萨]	10^{-3}	m	毫
10^{15}	P	拍[它]	10^{-6}	μ	微
10^{12}	T	太[拉]	10^{-9}	n	纳[诺]
10^{9}	G	吉[咖]	10^{-12}	p	皮[可]
10^{6}	M	兆	10^{-15}	f	飞[母托]
10^{3}	k	千	10^{-18}	a	阿[托]
10^{2}	h	百	10^{-21}	z	仄[普托]
10^{1}	da	十	10^{-24}	y	幺[科托]

表1-4　可与SI单位并用的我国法定计量单位(摘自GB 3100—1993)

量的名称	单位符号	单位名称	与SI单位关系
时间	min	分	1min = 60s
	h	[小]时	1h = 60min = 3600s
	d	日,(天)	1d = 24h = 86400s
[平面]角	(°)	度	1° = (π/180) rad
	(′)	[角]分	1′ = (1/60)° = (π/10800) rad
	(″)	[角]秒	1″ = (1/60)′ = (π/648000) rad
体积,(容积)	L,(l)	升	$1L = 1dm^3 = 10^{-3}m^3$
质量	t	吨	$1t = 10^3 kg$
	u	原子质量单位	$1u \approx 1.660540 \times 10^{-27} kg$
旋转速度	r/min	转每分	$1r/min = (1/60) s^{-1}$
长度	n mile	海里	1n mile = 1852m (只用于航程)
速度	kn	节	1kn = 1n mile/h = (1852/3600) m/s (只用于航行)
能	eV	电子伏	$1eV \approx 1.602177 \times 10^{-19} J$
级差	dB	分贝	
线密度	tex	特[克斯]	$1tex = 10^{-6} kg/m$
面积	hm^2	公顷	$1hm^2 = 10^4 m^2$

注:1. 平面角单位度、分、秒的符号,在组合单位中应采用(°)、(′)、(″)的形式。例如,不用°/s而用(°)/s。

2. 升的两个符号属同等地位,可任意选用。

3. 公顷的国际通用符号为ha。

1.1.2　常用法定计量单位及其换算（表1-5）

表1-5　常用法定计量单位及其换算

量的名称	法定计量单位		非法定计量单位		单位换算
	符　号	名　称	符　号	名　称	
长度	m	米	Å	埃	$1 Å = 0.1nm = 10^{-10}m$
			ft	英尺	1ft = 0.3048m = 304.8mm
			in	英寸	1in = 0.0254m = 25.4mm
			mile	英里	1mile = 1609.344m

（续）

量的名称	法定计量单位		非法定计量单位		单位换算
	符号	名称	符号	名称	
面积	m^2	平方米	a ha ft^2	公亩 公顷 平方英尺	$1a = 10^2 m^2$ $1ha = 10^4 m^2$ $1ft^2 = 0.0929030m^2$
体积、容积	m^3 L(l) $(1L = 10^{-3} m^3)$	立方米 升	ft^3 UKgal USgal	立方英尺 英加仑 美加仑	$1ft^3 = 0.0283168m^3 = 28.3168dm^3$ $1UKgal = 4.54609dm^3$ $1USgal = 3.78541dm^3$
质量	kg t	千克（公斤） 吨	lb ton sh ton oz	磅 长吨（英吨） 短吨（美吨） 盎司	1lb = 0.45359237kg 1ton = 1016.05kg 1sh ton = 907.185kg 1oz = 28.3495g
温度	K ℃	开[尔文] 摄氏度	℉	华氏度	$℉ = \frac{9}{5}K - 459.67 = \frac{9}{5}℃ + 32$ $K = ℃ + 273.15 = \frac{5}{9}(℉ + 459.67)$ $℃ = K - 273.15 = \frac{5}{9}(℉ - 32)$ 表示温度差和温度间隔： $1℃ = 1K, 1℉ = \frac{5}{9}℃$
速度	m/s m/min	米每秒 米每分	mile/h ft/h	英里每[小]时 英尺每秒	1mile/h = 0.44704m/s 1ft/s = 0.3048m/s
加速度	m/s^2	米每二次方秒	Gal	伽	$1Gal = 10^{-2} m/s^2$
角速度	rad/s r/min	弧度每秒 转每分	(°)/s	度每秒	1(°)/s = 0.01745rad/s 1r/min = (π/30)rad/s
力，重力	N	牛[顿]	dyn kgf lbf	达因 千克力 磅力	$1dyn = 10^{-5}N$ 1kgf = 9.80665N 1lbf = 4.44822N
力矩	N · m	牛[顿]米	kgf · m lbf · ft	千克力米 磅力英尺	1kgf · m = 9.80665N · m 1lbf · ft = 1.35582N · m
压力，压强	Pa	帕[斯卡]	bar Torr(= mmHg) mmH_2O atm kgf/cm^2(at)	巴 托(= 毫米汞柱) 毫米水柱 标准大气压 千克力每平方厘米（工程大气压）	$1bar = 0.1MPa = 10^5 Pa$ 1Torr = 133.3224Pa(= 1mmHg) $1mmH_2O = 9.80665Pa$ 1atm = 101325Pa $1kgf/cm^2(1at) = 9.80665 \times 10^4 Pa$
应力			kgf/mm^2	千克力每平方毫米	$1kgf/mm^2 = 9.80665 \times 10^6 Pa$
动力粘度	Pa · s	帕[斯卡]秒	P cP	泊 厘泊	1P = 0.1Pa · s $1cP = 10^{-3} Pa \cdot s$
运动粘度	m^2/s	二次方米每秒	St cSt	斯[托克斯] 厘斯[托克斯]	$1St = 10^{-4} m^2/s$ $1cSt = 10^{-6} m^2/s$

（续）

量的名称	法定计量单位		非法定计量单位		单位换算
	符　号	名　称	符　号	名　称	
能量，功 热量	J kW·h （1kW·h = 3.6×10^6J）	焦[耳] 千瓦小时	erg kgf·m cal Btu	尔格 千克力米 卡 英热单位	1erg = 10^{-7}J 1kgf·m = 9.80665J 1cal = 4.1868J 1Btu = 1055.06J
功率	W	瓦[特]	kgf·m/s hp cal/s	千克力米每秒 马力，[米制]马力 英马力 电工马力 卡每秒	1kgf·m/s = 9.80665W 1马力 = 735.499W 1hp = 745.7W 1电工马力 = 746W 1cal/s = 4.1868W
密度	kg/m^3 t/m^3 kg/L	千克每立方米 吨每立方米 千克每升	lb/ft^3 oz/in^3	磅每立方英尺 盎司每立方英寸	1lb/ft^3 = 16.0185kg/m^3 1oz/in^3 = 1729.99kg/m^3
比体积	m^3/kg	立方米每千克	ft^3/lb	立方英尺每磅	1ft^3/lb = 0.0624280m^3/kg
质量流量	kg/s	千克每秒	lb/s lb/h	磅每秒 磅每小时	1lb/s = 0.453592kg/s 1lb/h = 1.25998×10^{-4}kg/s
体积流量	m^3/s L/s	立方米每秒 升每秒	ft^3/s in^3/h	立方英尺每秒 立方英寸每小时	1ft^3/s = 0.0283168m^3/s 1in^3/h = 4.55196×10^{-6}L/s
比热容，比熵	J/(kg·K)	焦[耳]每千克开[尔文]	kcal/(kg·K) Btu/(lb·℉)	千卡每千克开[尔文] 英热单位每磅华氏度	1kcal/(kg·K) = 4186.8J/(kg·K) 1Btu/(lb·℉) = 4186.8J/(kg·K)
传热系数	W/(m^2·K)	瓦[特]每平方米开[尔文]	cal/(cm^2·s·K)	卡每平方厘米秒开[尔文]	1cal/(cm^2·s·K) = 41868W/(m^2·K)
热导率（导热系数）	W/(m·K)	瓦[特]每米开[尔文]	cal/(cm·s·K)	卡每厘米秒开[尔文]	1cal/(cm·s·K) = 418.68W/(m·K)

1.2 常用数据

1.2.1 常用材料弹性模量及泊松比（表1-6）

表1-6 常用材料弹性模量及泊松比

名　称	弹性模量 E GPa	切变模量 G GPa	泊松比 μ	名　称	弹性模量 E GPa	切变模量 G GPa	泊松比 μ
灰铸铁	118~126	44.3	0.3	轧制锌	82	31.4	0.27
球墨铸铁	173	—	0.3	铅	16	6.8	0.42
碳钢、镍铬钢、合金钢	206	79.4	0.3	玻璃	55	1.96	0.25
				有机玻璃	2.35~29.42	—	—
铸钢	202	—	0.3	橡胶	0.0078	—	0.47
轧制纯铜	108	39.2	0.31~0.34	电木	1.96~2.94	0.69~2.06	0.35~0.38
冷拔纯铜	127	48.0	—	夹布酚醛塑料	3.92~8.83	—	—
轧制磷锡青铜	113	41.2	0.32~0.35	赛璐珞	1.71~1.89	0.69~0.98	0.4
冷拔黄铜	89~97	34.3~36.3	0.32~0.42	尼龙1010	1.07	—	—
轧制锰青铜	108	39.2	0.35	硬聚氯乙烯	3.14~3.92	—	0.34~0.35
轧制铝	68	25.5~26.5	0.32~0.36	聚四氯乙烯	1.14~1.42	—	—
拔制铝线	69	—	—	低压聚乙烯	0.54~0.75	—	—
铸铝青铜	103	11.1	0.3	高压聚乙烯	0.147~0.245	—	—
铸锡青铜	103	—	0.3	混凝土	13.73~39.2	4.9~15.69	0.1~0.18
硬铝合金	70	26.5	0.3				

1.2.2　常用材料的密度（表1-7）

表1-7　常用材料的密度

材料名称	[质量]密度 g/cm³	材料名称	[质量]密度 g/cm³	材料名称	[质量]密度 g/cm³
碳钢	7.3～7.85	铅	11.37	酚醛层压板	1.3～1.45
铸钢	7.8	锡	7.29	尼龙6	1.13～1.14
高速钢(w_W=9%)	8.3	金	19.32	尼龙66	1.14～1.15
高速钢(w_W=18%)	8.7	银	10.5	尼龙1010	1.04～1.06
合金钢	7.9	汞	13.55	橡胶夹布传动带	0.8～1.2
镍铬钢	7.9	镁合金	1.74	木材	0.4～0.75
灰铸铁	7.0	硅钢片	7.55～7.8	石灰石	2.4～2.6
白口铸铁	7.55	锡基轴承合金	7.34～7.75	花岗石	2.6～3.0
可锻铸铁	7.3	铅基轴承合金	9.33～10.67	砌砖	1.9～2.3
纯铜	8.9	硬质合金(钨钴)	14.4～14.9	混凝土	1.8～2.45
黄铜	8.4～8.85	硬质合金(钨钴钛)	9.5～12.4	生石灰	1.1
铸造黄铜	8.62	胶木板、纤维板	1.3～1.4	熟石灰、水泥	1.2
锡青铜	8.7～8.9	纯橡胶	0.93	粘土耐火砖	2.10
无锡青铜	7.5～8.2	皮革	0.4～1.2	硅质耐火砖	1.8～1.9
轧制磷青铜、冷拉青铜	8.8	聚氯乙烯	1.35～1.40	镁质耐火砖	2.6
工业用铝、铝镍合金	2.7	聚苯乙烯	0.91	镁铬质耐火砖	2.8
可铸铝合金	2.7	有机玻璃	1.18～1.19	高铬质耐火砖	2.2～2.5
镍	8.9	无填料的电木	1.2	碳化硅	3.10
轧锌	7.1	赛璐珞	1.4		

1.2.3　常用材料的线[膨]胀系数（表1-8）

表1-8　常用材料的线[膨]胀系数$\boldsymbol{\alpha}_l$　（$\times10^{-6}K^{-1}$）

材料	温度范围/℃								
	20	20～100	20～200	20～300	20～400	20～600	20～700	20～900	70～1000
工程用铜	—	16.6～17.1	17.1～17.2	17.6	18～18.1	18.6	—	—	—
黄铜	—	17.8	18.8	20.9	—	—	—	—	—
青铜	—	17.6	17.9	18.2	—	—	—	—	—
铸铝合金	18.44～24.5	—	—	—	—	—	—	—	—
铝合金	—	22.0～24.0	23.4～24.8	24.0～25.9	—	—	—	—	—
碳钢	—	10.6～12.2	11.3～13	12.1～13.5	12.9～13.9	13.5～14.3	14.7～15	—	—
铬钢	—	11.2	11.8	12.4	13	13.6	—	—	—
30Cr13	—	10.2	11.1	11.6	11.9	12.3	12.8	—	—
1Cr18Ni9Ti①	—	16.6	17	17.2	17.5	17.9	18.6	19.3	—
铸铁	—	8.7～11.1	8.5～11.6	10.1～12.1	11.5～12.7	12.9～13.2	—	—	—
镍铬合金	—	14.5	—	—	—	—	—	—	17.6
砖	9.5	—	—	—	—	—	—	—	—
水泥、混凝土	10～14	—	—	—	—	—	—	—	—
胶木、硬橡皮	64～77	—	—	—	—	—	—	—	—
玻璃	—	4～11.5	—	—	—	—	—	—	—
赛璐珞	—	100	—	—	—	—	—	—	—
有机玻璃	—	130	—	—	—	—	—	—	—

① 1Cr18Ni9Ti牌号在GB/T 20878—2007中已被删除。

1.2.4 常用材料熔点、热导率及比热容（表1-9）

表1-9 常用材料熔点、热导率及比热容

名称	熔点/℃	热导率 λ /W·(m·K)$^{-1}$	比热容 c /kJ·(kg·K)$^{-1}$	名称	熔点/℃	热导率 λ /W·(m·K)$^{-1}$	比热容 c /kJ·(kg·K)$^{-1}$
灰铸铁	1200	58	0.532	铝	658	204	0.879
碳钢	1460	47~58	0.49	锌	419	110~113	0.38
不锈钢	1450	14	0.51	锡	232	64	0.24
硬质合金	2000	81	0.80	铅	327.4	34.7	0.130
铜	1083	384	0.394	镍	1452	59	0.64
黄铜	950	104.7	0.384	聚氯乙烯	—	0.16	—
青铜	910	64	0.37	聚酰胺	—	0.31	—

注：表中的热导率及比热容数值指0~100℃范围内。

1.2.5 常用材料极限强度的近似关系（表1-10）

表1-10 常用材料极限强度的近似关系

材料名称	极限强度					
	对称应力疲劳极限			脉动应力疲劳极限		
	拉伸疲劳极限 σ_{-1t}	弯曲疲劳极限 σ_{-1}	扭转疲劳极限 τ_{-1}	拉伸脉动疲劳极限 σ_{ot}	弯曲脉动疲劳极限 σ_0	扭转脉动疲劳极限 τ_0
结构钢	$\approx 0.3R_m$	$\approx 0.43R_m$	$\approx 0.25R_m$	$\approx 1.42\sigma_{-1t}$	$\approx 1.33\sigma_{-1}$	$\approx 1.5\tau_{-1}$
铸铁	$\approx 0.225R_m$	$\approx 0.45R_m$	$\approx 0.36R_m$	$\approx 1.42\sigma_{-1t}$	$\approx 1.35\sigma_{-1}$	$\approx 1.35\tau_{-1}$
铝合金	$\approx \frac{R_m}{6}+73.5\text{MPa}$	$\approx \frac{R_m}{6}+73.5\text{MPa}$	$\approx (0.55\sim0.58)\sigma_{-1}$	$\approx 1.5\sigma_{-1t}$		

注：R_m 为抗拉强度。

1.2.6 材料硬度值对照（表1-11）

表1-11 材料硬度值对照（摘自GB/T 1172—1999）

洛氏 HRC	维氏 HV	布氏 $F/D^2=30$ HBW	洛氏 HRC	维氏 HV	布氏 $F/D^2=30$ HBW	洛氏 HRC	维氏 HV	布氏 $F/D^2=30$ HBW	洛氏 HRC	维氏 HV	布氏 $F/D^2=30$ HBW
70	—	—	57	635	616	44	428	415	31	296	291
69	—	—	56	615	601	43	416	403	30	288	283
68	909	—	55	596	585	42	404	392	29	280	276
67	879	—	54	578	569	41	393	381	28	273	269
66	850	—	53	561	552	40	381	370	27	266	263
65	822	—	52	544	535	39	371	360	26	259	257
64	795	—	51	527	518	38	360	350	25	253	251
63	770	—	50	512	502	37	350	341	24	247	245
62	745	—	49	497	486	36	340	332	23	241	240
61	721	—	48	482	470	35	331	323	22	235	234
60	698	647	47	468	455	34	321	314	21	230	229
59	676	639	46	454	441	33	313	306	20	226	225
58	655	628	45	441	428	32	304	298	—	—	—

注：表中 F 为试验力（kg）；D 为试验用球的直径（mm）。

1.2.7　常用材料和物体的摩擦因数（表 1-12 ~ 表 1-14）

表 1-12　材料的滑动摩擦因数

材料名称	摩擦因数 f				材料名称	摩擦因数 f			
	静摩擦		滑动摩擦			静摩擦		滑动摩擦	
	无润滑剂	有润滑剂	无润滑剂	有润滑剂		无润滑剂	有润滑剂	无润滑剂	有润滑剂
钢-钢	0.15	0.1 ~ 0.12	0.15	0.05 ~ 0.1	软钢-榆木	—	—	0.25	—
钢-软钢	—	—	0.2	0.1 ~ 0.2	铸铁-槲木	0.65	—	0.3 ~ 0.5	0.2
钢-铸铁	0.3	—	0.18	0.05 ~ 0.15	铸铁-榆、杨木	—	—	0.4	0.1
钢-青铜	0.15	0.1 ~ 0.15	0.15	0.1 ~ 0.15	青铜-槲木	0.6	—	0.3	—
软钢-铸铁	0.2	—	0.18	0.05 ~ 0.15	木材-木材	0.4 ~ 0.6	0.1	0.2 ~ 0.5	0.07 ~ 0.15
软钢-青铜	0.2	—	0.18	0.07 ~ 0.15	皮革（外）-槲木	0.6	—	0.3 ~ 0.5	—
铸铁-铸铁	0.2	0.18	0.15	0.07 ~ 0.12	皮革（内）-槲木	0.4	—	0.3 ~ 0.4	—
铸铁-青铜	0.28	—	0.15 ~ 0.2	0.07 ~ 0.15	皮革-铸铁	0.3 ~ 0.5	0.15	0.6	0.15
青铜-青铜	—	0.1	0.2	0.07 ~ 0.1	橡皮-铸铁	—	—	0.8	0.5
软钢-槲木	0.6	0.12	0.4 ~ 0.6	0.1	麻绳-槲木	0.8	—	0.5	—

表 1-13　物体的摩擦因数

名称			摩擦因数 f
滚动轴承	深沟球轴承	径向载荷	0.002
		轴向载荷	0.004
	角接触球轴承	径向载荷	0.003
		轴向载荷	0.005
	圆锥滚子轴承	径向载荷	0.008
		轴向载荷	0.2
	调心球轴承		0.0015
	圆柱滚子轴承		0.002
	长圆柱或螺旋滚子轴承		0.006
	滚针轴承		0.003
	推力球轴承		0.003
	调心滚子轴承		0.004
滑动轴承	液体摩擦		0.001 ~ 0.008
	半液体摩擦		0.008 ~ 0.08
	半干摩擦		0.1 ~ 0.5

名称		摩擦因数 f
轧辊轴承	滚动轴承	0.002 ~ 0.005
	层压胶木轴瓦	0.004 ~ 0.006
	青铜轴瓦（用于热轧辊）	0.07 ~ 0.1
	青铜轴瓦（用于冷轧辊）	0.04 ~ 0.08
	特殊密封全液体摩擦轴承	0.003 ~ 0.005
	特殊密封半液体摩擦轴承	0.005 ~ 0.01
加热炉内	金属在管子或金属条上	0.4 ~ 0.6
	金属在炉底砖上	0.6 ~ 1
密封软填料盒中填料与轴的摩擦		0.2
热钢在辊道上摩擦		0.3
冷钢在辊道上摩擦		0.15 ~ 0.18
制动器普通石棉制动带（无润滑）$p = 0.2 \sim 0.6\text{MPa}$		0.35 ~ 0.48
离合器装有黄铜丝的压制石棉带 $p = 0.2 \sim 1.2\text{MPa}$		0.43 ~ 0.4

表 1-14　各种工程用塑料的摩擦因数 f

下试样（塑料）	上试样（钢）		上试样（塑料）	
	静摩擦	动摩擦	静摩擦	动摩擦
聚四氟乙烯	0.10	0.05	0.04	0.04
聚全氟乙丙烯	0.25	0.18	—	—
聚乙烯 低密度	0.27	0.26	0.33	0.33
聚乙烯 高密度	0.18	0.08 ~ 0.12	0.12	0.11
聚甲醛	0.14	0.13	—	—

下试样（塑料）	上试样（钢）		上试样（塑料）	
	静摩擦	动摩擦	静摩擦	动摩擦
聚碳酸酯	0.60	0.53	—	—
聚苯二甲酸乙二醇酯	0.29	0.28	0.27①	0.20①
聚酰胺	0.37	0.34	0.42①	0.35①
聚三氟氯乙烯	0.45①	0.33①	0.43①	0.32①
聚氯乙烯	0.45①	0.40①	0.50①	0.40①

① 表示粘滑运动。

1.2.8 滚动摩擦力臂（表1-15）

表1-15 滚动摩擦力臂（大约值）

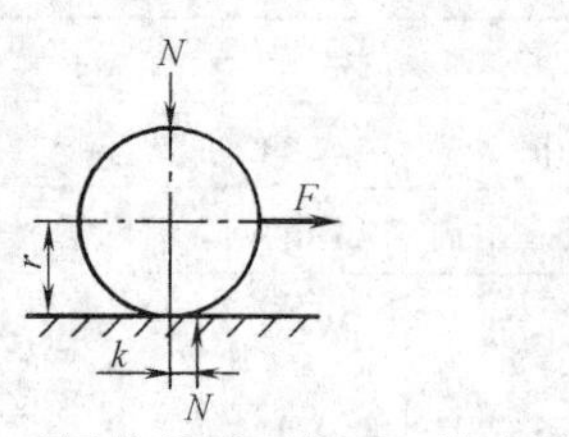

圆柱沿平面滚动。滚动阻力矩为

$$M = Nk = Fr$$

k 为滚动摩擦力臂

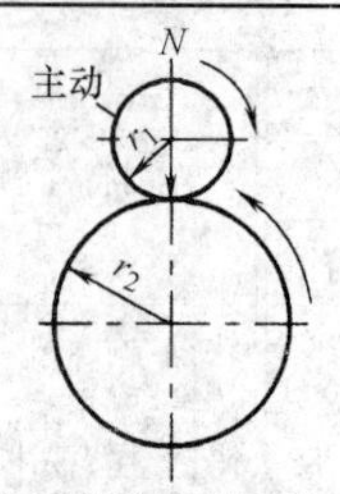

两个具有固定轴线的圆柱，其中主动圆柱以 N 力压另一圆柱，两个圆柱相对滚动。主圆柱上遇到的滚动阻力矩为

$$M = Nk\left(1 + \frac{r_1}{r_2}\right)$$

k 为滚动摩擦力臂

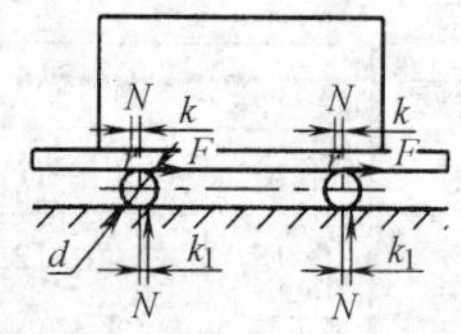

重物压在圆辊支承的平台上移动，每个圆辊承受的载重为 N。克服一个辊子上摩擦阻力所需的牵引力 F

$$F = \frac{N}{d}(k + k_1)$$

k、k_1 为平台与圆辊之间、圆辊与固定支持物之间的滚动摩擦力臂

摩擦材料	滚动摩擦力臂 k/mm	摩擦材料	滚动摩擦力臂 k/mm
软钢与软钢	0.5	表面淬火车轮与钢轨	0.1
淬火钢与淬火钢	0.1	圆锥形车轮	0.8~1
铸铁与铸铁	0.5	圆柱形车轮	0.5~0.7
木材与钢	0.3~0.4	橡胶轮胎对沥青路面	2.5
木材与木材	0.5~0.8	橡胶轮胎对土路面	10~15

1.2.9 机械传动和轴承的效率（表1-16）

表1-16 机械传动和轴承的效率概略值

种类		效率 η
圆柱齿轮传动	很好磨合的6级精度和7级精度齿轮传动（油润滑）	0.98~0.99
	8级精度的一般齿轮传动（油润滑）	0.97
	9级精度的齿轮传动（油润滑）	0.96
	加工齿的开式齿轮传动（脂润滑）	0.94~0.96
	铸造齿的开式齿轮传动	0.90~0.93
锥齿轮传动	很好磨合的6级和7级精度的齿轮传动（油润滑）	0.97~0.98
	8级精度的一般齿轮传动（油润滑）	0.94~0.97
	加工齿的开式齿轮传动（脂润滑）	0.92~0.95
	铸造齿的开式齿轮传动	0.88~0.92
蜗杆传动	自锁蜗杆（油润滑）	0.40~0.45
	单头蜗杆（油润滑）	0.70~0.75
	双头蜗杆（油润滑）	0.75~0.82
	三头和四头蜗杆（油润滑）	0.80~0.92
	环面蜗杆传动（油润滑）	0.85~0.95
带传动	平带无压紧轮的开式传动	0.98
	平带有压紧轮的开式传动	0.97
	平带交叉传动	0.90
	V带传动	0.96
	同步带传动	0.96~0.98
链轮传动	焊接链	0.93
	片式关节链	0.95
	滚子链	0.96
	齿形链	0.97
摩擦传动	平摩擦传动	0.85~0.92
	槽摩擦传动	0.88~0.90
	卷绳轮	0.95
绳传动	卷筒	0.96

种类		效率 η
丝杠传动	滑动丝杠	0.30~0.60
	滚动丝杠	0.85~0.95
复滑轮组	滑动轴承（$i=2\sim6$）	0.90~0.98
	滚动轴承（$i=2\sim6$）	0.95~0.99
联轴器	浮动联轴器（十字沟槽联轴器等）	0.97~0.99
	齿式联轴器	0.99
	弹性联轴器	0.99~0.995
	万向联轴器（$\alpha \leqslant 3°$）	0.97~0.98
	万向联轴器（$\alpha > 3°$）	0.95~0.97
	梅花形弹性联轴器	0.97~0.98
滑动轴承	润滑不良	0.94（一对）
	润滑正常	0.97（一对）
	润滑特好（压力润滑）	0.98（一对）
	液体摩擦	0.99（一对）
滚动轴承	球轴承（稀油润滑）	0.99（一对）
	滚子轴承（稀油润滑）	0.98（一对）
油池内油的飞溅和密封摩擦		0.95~0.99
减（变）速器①	单级圆柱齿轮减速器	0.97~0.98
	双级圆柱齿轮减速器	0.95~0.96
	单级行星圆柱齿轮减速器（NGW类型负号机构）	0.95~0.98
	单级圆锥齿轮减速器	0.95~0.96
	双级圆锥-圆柱齿轮减速器	0.94~0.95
	无级变速器	0.92~0.95
	摆线-针轮减速器	0.90~0.97
	轧机人字齿轮座（滑动轴承）	0.93~0.95
	轧机人字齿轮座（滚动轴承）	0.94~0.96
	轧机主减速器（包括主联轴器和电动机联轴器）	0.93~0.96

① 滚动轴承的损耗考虑在内。

1.3　一般标准和规范

1.3.1　标准尺寸（表1-17）

表1-17　标准尺寸（摘自GB/T 2822—2005）　（单位：mm）

0.1~1.0			
R		R_a	
R10	R20	R_a10	R_a20
0.100	0.100	0.10	0.10
	0.112		0.11
0.125	0.125	0.12	0.12
	0.140		0.14
0.160	0.160	0.16	0.16
	0.180		0.18
0.200	0.200	0.20	0.20
	0.224		0.22
0.250	0.250	0.25	0.25
	0.280		0.28
0.315	0.315	0.30	0.30
	0.355		0.35
0.400	0.400	0.40	0.40
	0.450		0.45
0.500	0.500	0.50	0.50
	0.560		0.55
0.630	0.630	0.60	0.60
	0.710		0.70
0.800	0.800	0.80	0.80
	0.900		0.90
1.000	1.000	1.00	1.00

1.0~10.0			
R		R_a	
R10	R20	R_a10	R_a20
1.00	1.00	1.0	1.0
	1.12		1.1
1.25	1.25	1.2	1.2
	1.40		1.4
1.60	1.60	1.6	1.6
	1.80		1.8
2.00	2.00	2.0	2.0
	2.24		2.2
2.50	2.50	2.5	2.5
	2.80		2.8
3.15	3.15	3.0	3.0
	3.55		3.5
4.00	4.00	4.0	4.0
	4.50		4.5
5.00	5.00	5.0	5.0
	5.60		5.5
6.30	6.30	6.0	6.0
	7.10		7.0
8.00	8.00	8.0	8.0
	9.00		9.0
10.00	10.00	10.0	10.0

10~100					
R			R_a		
R10	R20	R40	R_a10	R_a20	R_a40
10.0	10.0		10	10	
	11.2			11	
12.5	12.5	12.5	12	12	12
	13.2	14.0			13
	14.0	15		14	14
					15
16.0	16.0	16.0	16	16	16
		17.0			17
	18.0	18.0		18	18
		19.0			19
20.0	20.0	20.0	20	20	20
		21.2			21
	22.4	22.4		22	22
		23.6			24
25.0	25.0	25.0	25	25	25
		26.5			26
	28.0	28.0		28	28
		30.0			30
31.0	31.5	31.5	32	32	32
		33.5			34
	35.5	35.5		36	36
		37.5			38
40.0	40.0	40.0	40	40	40
		42.5			42
	45.0	45.0		45	45
		47.5			48
50.0	50.0	50.0	50	50	50
		53.0			53
	56.0	56.0		56	56
		60.0			60
63.0	63.0	63.0	63	63	63
		67.0			67
	71.0	71.0		71	71
		75.0			75
80.0	80.0	80.0	80	80	80
		85.0			85
	90.0	90.0		90	90
		95.0			95
100.0	100.0	100.0	100	100	100

100~1000					
R			R_a		
R10	R20	R40	R_a10	R_a20	R_a40
100	100	100	100	100	100
		106			105
	112	112		110	110
		118			120
125	125	125	125	125	125
		132			130
	140	140		140	140
		150			150
160	160	160	160	160	160
		170			170
	180	180		180	180
		190			190
200	200	200	200	200	200
		212			210
	224	224		220	220
		236			240
250	250	250	250	250	250
		265			260
	280	280		280	280
		300			300
315	315	315	320	320	320
		335			340
	355	355		360	360
		375			380
400	400	400	400	400	400
		425			420
	450	450		450	450
		475			480
500	500	500	500	500	500
		530			530
	560	560		560	560
		600			600
630	630	630	630	630	630
		670			670
	710	710		710	710
		750			750
800	800	800	800	800	800
		850			850
	900	900		900	900
		950			950
1000	1000	1000	1000	1000	1000

1000~10000		
R		
R10	R20	R40
1000	1000	1000
		1060
	1120	1120
		1180
1250	1250	1250
		1320
	1400	1400
		1500
1600	1600	1600
		1700
	1800	1800
		1900
2000	2000	2000
		2120
	2240	2240
		2360
2500	2500	2500
		2650
	2800	2800
		3000
3150	3150	3150
		3350
	3550	3550
		3750
4000	4000	4000
		4250
	4500	4500
		4750
5000	5000	5000
		5300
	5600	5600
		6000
6300	6300	6300
		6700
	7100	7100
		7500
	8000	8000
		8500
	9000	9000
		9500
10000	10000	10000

注：1. 标准规定0.01~20000mm范围内机械制造业中常用的标准尺寸（直径、长度、高度等）系列，适用于有互换性或系列化要求的主要尺寸。其他结构尺寸也应尽量采用。对已有专用标准规定的尺寸，可按专用标准选用。

2. 选择系列及单个尺寸时，应首先在优先数系R系列按照R10、R20、R40的顺序选用。如必须将数值圆整，可在相应的R_a系列（选用优先数化整值系列制定的标准尺寸系列）中选用标准尺寸，其优选顺序为R_a10、R_a20、R_a40。

1.3.2 棱体的角度与斜度系列（表1-18和表1-19）

表1-18 一般用途棱体的角度与斜度系列（摘自 GB/T 4096—2001）

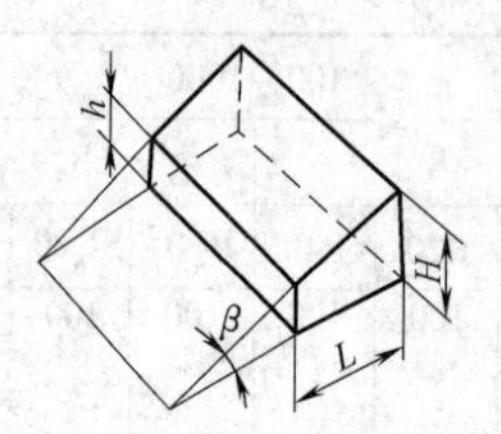

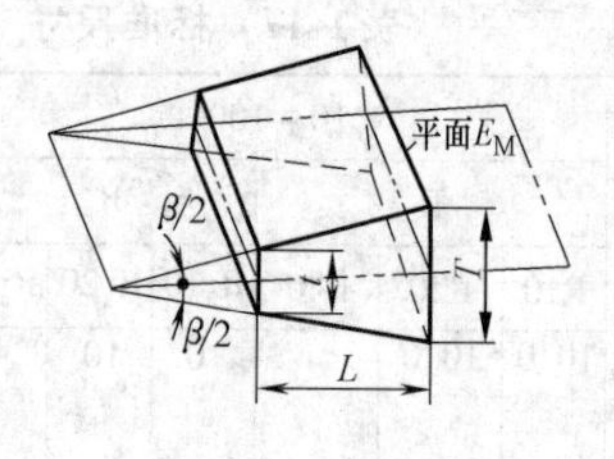

斜度：$S=(H-h)/L$

$S=\tan\beta=1:\cot\beta$

比率：$C_p=(T-t)/L$

$C_p=2\tan\dfrac{\beta}{2}=1:\dfrac{1}{2}\cot\dfrac{\beta}{2}$

棱体角				棱体斜度 S	基本值		推算值		
系列1		系列2							
β	$\beta/2$	β	$\beta/2$		β	S	C_p	S	β
120°	60°				120°		1:0.288675		
90°	45°				90°		1:0.500000		
		75°	37°30′		75°		1:0.651613	1:0.267949	
60°	30°				60°		1:0.866025	1:0.577350	
45°	22°30′				45°		1:1.207107	1:1.000000	
		40°	20°		40°		1:1.373739	1:1.191754	
30°	15°				30°		1:1.866025	1:1.732051	
20°	10°				20°		1:2.835641	1:2.747477	
15°	7°30′				15°		1:3.797877	1:3.732051	
		10°	5°		10°		1:5.715026	1:5.671282	
		8°	4°		8°		1:7.150333	1:7.115370	
		7°	3°30′		7°		1:8.174928	1:8.144346	
		6°	3°		6°		1:9.540568	1:9.514364	
				1:10		1:10			5°42′38.1″
5°	2°30′				5°		1:11.451883	1:11.430052	
		4°	2°		4°		1:14.318127	1:14.300666	
		3°	1°30′		3°		1:19.094230	1:19.081137	
				1:20		1:20			2°51′44.7″
		2°	1°		2°		1:28.644981	1:28.636253	
				1:50		1:50			1°8′44.7″
		1°	0°30′		1°		1:57.294325	1:57.289962	
				1:100		1:100			34′22.6″
		0°30′	0°15′		0°30′		1:114.590832	1:114.588650	
				1:200		1:200			17′11.3″
				1:500		1:500			6′52.5″

注：优先选用系列1，其次选用系列2。

表 1-19　特定用途的棱体（摘自 GB/T 4096—2001）

棱体角		推算值		用途
β	$\beta/2$	C_p	S	
108°	54°	1:0.363271		V 形体
72°	36°	1:0.688191		V 形体
55°	27°30′	1:0.960491	1:0.700207	燕尾体
50°	25°	1:1.072253	1:0.839100	燕尾体

1.3.3　圆锥的锥度与锥角系列（表 1-20 和表 1-21）

表 1-20　一般用途圆锥的锥度与锥角系列（摘自 GB/T 157—2001）

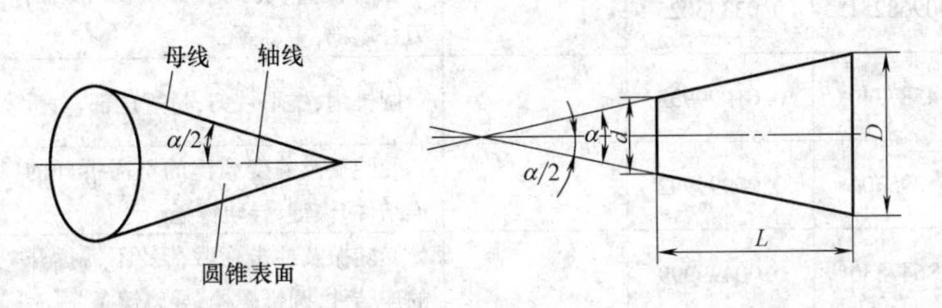

$$C=\frac{D-d}{L}$$

锥度 C 与圆锥角 α 的关系式如下

$$C=2\tan\frac{\alpha}{2}=1:\frac{1}{2}\cot\frac{\alpha}{2}$$

锥度一般用比例或分式形式表示

基本值		推算值				应用举例
系列 1	系列 2	圆锥角 α			锥度 C	
		(°)(′)(″)	(°)	rad		
120°				2.09439510	1:0.288675	螺纹孔的内倒角，节气阀，汽车、拖拉机阀门，填料盒内填料的锥度
90°				1.57079633	1:0.500000	沉头螺钉，沉头及半沉头铆钉头，轴及螺纹的倒角，重型顶尖，重型中心孔，阀的阀销锥体
	75°			1.30899694	1:0.651612	10～13mm 沉头及半沉头铆钉头
60°				1.04719755	1:0.866025	顶尖，中心孔，弹簧夹头，沉头钻
45°				0.78539816	1:1.207106	沉头及半沉头铆钉
30°				0.52359878	1:1.866025	摩擦离合器，弹簧夹头
1:3		18°55′28.7199″	18.92464442°	0.33029735		受轴向力的易拆开的结合面，摩擦离合器
	1:4	14°15′0.1177″	14.25003270°	0.24870999		
1:5		11°25′16.2706″	11.42118627°	0.19933730		受轴向力的结合面，锥形摩擦离合器，磨床主轴
	1:6	9°31′38.2202″	9.52728338°	0.16628246		
	1:7	8°10′16.4408″	8.17123356°	0.14261493		重型机床顶尖，旋塞
	1:8	7°9′9.6075″	7.15266875°	0.12483762		联轴器和轴的结合面

（续）

基本值		推算值				应用举例
系列1	系列2	圆锥角α			锥度C	
		(°)(′)(″)	(°)	rad		
1:10		5°43′29.3176″	5.72481045°	0.09991679		受轴向力、横向力和力矩的结合面，电动机及机器的锥形轴伸，主轴承调节套筒
	1:12	4°46′18.7970″	4.77188806°	0.08328516		滚动轴承的衬套
	1:15	3°49′5.8975″	3.81830487°	0.06664199		受轴向力零件的结合面，主轴齿轮的结合面
1:20		2°51′51.0925″	2.86419237°	0.04998959		机床主轴，刀具、刀杆的尾部，锥形铰刀，心轴
1:30		1°54′34.8570″	1.90968251°	0.03333025		锥形铰刀、套式铰刀及扩孔钻的刀杆尾部，主轴颈
1:50		1°8′45.1586″	1.14587740°	0.01999933		圆锥销，锥形铰刀，量规尾部
1:100		34′22.6309″	0.57295302°	0.00999992		受陡振及静变载荷的不需拆开的连结件，楔键，导轨镶条
1:200		17′11.3219″	0.28647830°	0.00499999		受陡振及冲击变载荷的不需拆开的连结件，圆锥螺栓，导轨镶条
1:500		6′52.5295″	0.11459152°	0.00200000		

注：1. 系列1中120°~1:3的数值近似按R10/2优先数系列，1:5~1:500的数值按R10/3优先数系列（见GB/T 321）。
2. 优先选用系列1，其次选用系列2。

表1-21　特定用途的圆锥（摘自GB/T 157—2001）

基本值	推算值				标准号 GB/T(ISO)	用途
	圆锥角α			锥度C		
	(°)(′)(″)	(°)	rad			
11°54′			0.20769418	1:4.7974511	(5237) (8489-5)	纺织机械和附件
8°40′			0.15126187	1:6.5984415	(8489-3) (8489-4) (324.575)	纺织机械和附件
7°			0.12217305	1:8.1749277	(8489-2)	纺织机械和附件
1:38	1°30′27.7080″	1.50769667°	0.02631427		(368)	纺织机械和附件
1:64	0°53′42.8220″	0.89522834°	0.01562468		(368)	纺织机械和附件
7:24	16°35′39.4443″	16.59429008°	0.28962500	1:3.4285714	3837.3 (297)	机床主轴 工具配合
1:12.262	4°40′12.1514″	4.67004205°	0.08150761		(239)	贾各锥度No.2
1:12.972	4°24′52.9039″	4.41469552°	0.07705097		(239)	贾各锥度No.1
1:15.748	3°38′13.4429″	3.63706747°	0.06347880		(239)	贾各锥度No.33
6:100	3°26′12.1776″	3.436 716 00°	0.05998201	1:16.666 666 7	1962 (594-1) (595-1) (595-2)	医疗设备

（续）

基本值	推算值				标准号 GB/T(ISO)	用途
	圆锥角 α			锥度 C		
	(°)(′)(″)	(°)	rad			
1:18.779	3°3′1.2070″	3.05033527°	0.05323839		(239)	贾各锥度 No.3
1:19.002	3°0′52.3956″	3.014 55434°	0.05261390		1443(296)	莫氏锥度 No.5
1:19.180	2°59′11.7258″	2.98659050°	0.05212584		1443(296)	莫氏锥度 No.6
1:19.212	2°58′53.8255″	2.98161820°	0.05203905		1443(296)	莫氏锥度 No.0
1:19.254	2°58′30.4217″	2.97511713°	0.05192559		1443(296)	莫氏锥度 No.4
1:19.264	2°58′24.8644″	2.97357343°	0.05189865		(239)	贾各锥度 No.6
1:19.922	2°52′31.4463″	2.87540176°	0.05018523		1443(296)	莫氏锥度 No.3
1:20.020	2°51′40.7960″	2.86133223°	0.04993967		1443(296)	莫氏锥度 No.2
1:20.047	2°51′26.9283″	2.85748008°	0.04987244		1443(296)	莫氏锥度 No.1
1:20.288	2°49′24.7802″	2.82355006°	0.04928025		(239)	贾各锥度 No.0
1:23.904	2°23′47.6244″	2.39656232°	0.04182790		1443(296)	布朗夏普锥度 No.1 ~ No.3
1:28	2°2′45.8174″	2.04606038°	0.03571049		(8382)	复苏器(医用)
1:36	1°35′29.2096″	1.59144711°	0.02777599		(5356-1)	麻醉器具
1:40	1°25′56.3516″	1.43231989°	0.02499870			

1.3.4　机器轴高（表 1-22）

表 1-22　机器轴高（摘自 GB/T 12217—2005）　（单位：mm）

轴高 h 基本尺寸系列				轴高 h 基本尺寸系列				轴高 h 基本尺寸系列				轴高 h 基本尺寸系列			
Ⅰ	Ⅱ	Ⅲ	Ⅳ	Ⅰ	Ⅱ	Ⅲ	Ⅳ	Ⅰ	Ⅱ	Ⅲ	Ⅳ	Ⅰ	Ⅱ	Ⅲ	Ⅳ
25	25	25	25				75			225	225				670
			26		80	80	80				236			710	710
		28	28				85	250	250	250	250				750
			30			90	90				265		800	800	800
	32	32	32				95			280	280				850
			34	100	100	100	100				300			900	900
		36	36				105		315	315	315				950
			38			112	112				335	1000	1000	1000	1000
40	40	40	40				118			355	355				1060
			42		125	125	125				375			1120	1120
		45	45				132	400	400	400	400				1180
			48			140	140				425		1250	1250	1250
	50	50	50				150			450	450				1320
			53	160	160	160	160				475			1400	1400
		56	56				170		500	500	500				1500
			60			180	180				530	1600	1600	1600	1600
63	63	63	63				190			560	560				
			67		200	200	200				600				
		71	71				212	630	630	630	630				

主动机器　从动机器

h

轴高 h	轴高的极限偏差		平行度公差		
	电动机、从动机器、减速器等	除电动机以外的主动机器	$L<2.5h$	$2.5h \leqslant L \leqslant 4h$	$L>4h$
25 ~ 50	0 −0.4	+0.4 0	0.2	0.3	0.4
>50 ~ 250	0 −0.5	+0.5 0	0.25	0.4	0.5
>250 ~ 630	0 −1.0	+1.0 0	0.5	0.75	1.0
>630 ~ 1000	0 −1.5	+1.5 0	0.75	1.0	1.5
>1000	0 −2.0	+2.0 0	1.0	1.5	2.0

注：1. 机器轴高优先选用第Ⅰ系列数值，如果不能满足需要时，可选用第Ⅱ系列值，尽量不采用第Ⅳ系列数值。
2. h 不包括安装所用的垫片在内，如果机器需配备绝缘垫片时，其垫片的厚度应包括在内。L 为轴全长。
3. 对于支承平面不在底部的机器，应按轴伸线到机器底部的距离选取极限偏差及平行度公差。

1.3.5　机器轴伸（表1-23～表1-25）

表1-23　圆柱形轴伸（摘自GB/T 1569—2005）　（单位：mm）

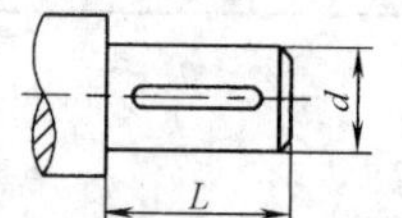

d		L	
公称尺寸	极限偏差	长系列	短系列
6,7	j6	16	
8,9		20	
10,11		23	20
12,14		30	35
16,18,19		40	28
20,22,24		50	36
25,28		60	42
30		80	58
32,35,38	k6		
40,42,45,48,50		110	82
55,56	m6		
60,63,65,70,71,75		140	105
80,85,90,95		170	130
100,110,120,125		210	165
130,140,150		250	200
160,170,180		300	240
190,200,220		350	280
240,250,260		410	330
280,300,320		470	380
340,360,380		550	450
400,420,440,450,460,480,500		650	540
530,560,600,630		800	680

表1-24　圆锥形轴伸（摘自GB/T 1570—2005）　（单位：mm）

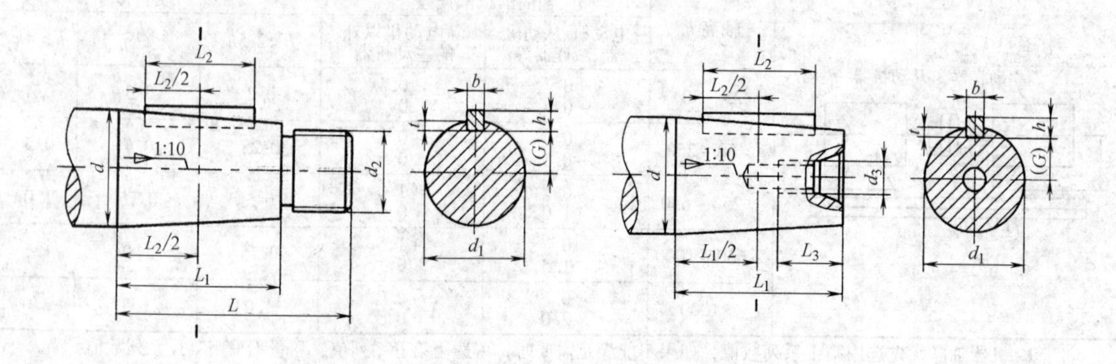

（续）

d	b	h	t	长系列					短系列					d_2	d_3	L_3
				L	L_1	L_2	d_1	(G)	L	L_1	L_2	d_1	(G)			
6				16	10	6	5.5							M4		
7							6.5									
8				20	12	8	7.4							M6		
9							8.4									
10				23	15	12	9.25									
11	2	2	1.2				10.25	3.9								
12	2	2	1.2	30	18	16	11.1	4.3						M8×1	M4	10
14	3	3	1.8				13.1	4.7								
16	3	3	1.8	40	28	25	14.6	5.5	28	16	14	15.2	5.8	M10×1.25		
18	4	4	2.5				16.6	5.8				17.2	6.1		M5	13
19	4	4	2.5				17.6	6.3				18.2	6.6			
20	4	4	2.5	50	36	32	18.2	6.6	36	22	20	18.9	6.9	M12×1.25	M6	16
22	4	4	2.5				20.2	7.6				20.9	7.9			
24	5	5	2.5				22.2	8.1				22.9	8.4			
25	5	5	3	60	42	36	22.9	8.4	42	24	22	23.8	8.9	M16×1.5	M8	19
28	5	5	3				25.9	9.9				26.8	10.4			
30	5	5	3	80	58	50	27.1	10.5	58	36	32	28.2	11.1	M20×1.5	M10	22
32	6	6	3.5				29.1	11.0				30.2	11.6			
35	6	6	3.5				32.1	12.5				33.2	13.1			
38	6	6	3.5				35.1	14.0				36.2	14.6	M24×2	M12	28
40	10	8	5	110	82	70	35.9	12.9	82	54	50	37.3	13.6			
42	10	8	5				37.9	13.9				39.3	14.6			
45	12	8	5				40.9	15.4				42.3	16.1	M30×2	M16	36
48	12	8	5				43.9	16.9				45.3	17.6			
50	12	8	5				45.9	17.9				47.3	18.6	M36×3		
55	14	9	5.5				50.9	19.9				52.3	20.6		M20	42
56	14	9	5.5				51.9	20.4				53.3	21.1			
60	16	10	6	140	105	100	54.75	21.4	105	70	63	56.5	22.2	M42×3		
63	16	10	6				57.75	22.9				59.5	23.7			
65	16	10	6				59.75	23.9				61.5	24.7			
70	18	11	7				64.75	25.4				66.5	26.2	M48×3	M24	50
71	18	11	7				65.75	25.9				67.5	26.7			
75	18	11	7				69.75	27.9				71.5	28.7			
80	20	12	7.5	170	130	110	73.5	29.2	130	90	80	75.5	30.2	M56×4		
85	20	12	7.5				78.5	31.7				80.5	32.7			
90	22	14	9				83.5	32.7				85.5	33.7	M64×4		

（续）

d	b	h	t	长系列 L	长系列 L_1	长系列 L_2	长系列 d_1	长系列 (G)	短系列 L	短系列 L_1	短系列 L_2	短系列 d_1	短系列 (G)	d_2	d_3	L_3
95	22	14	9	170	130	110	88.5	35.2	130	90	80	90.5	36.2	M64×4		
100	25	14	9	210	165	140	91.75	36.9	165	120	110	94	38	M72×4		
110	25	14	9				101.75	41.9				104	43	M80×4		
120	28	16	10				111.75	45.9				114	47	M90×4		
125	28	16	10				116.75	48.3				119	49.5			
130	28	16	10	250	200	180	120	50	200	150	125	122.5	51.2	M100×4		
140	32	18	11				130	54				132.5	55.2			
150	32	18	11				140	59				142.5	60.2	M110×4		
160	36	20	12	300	240	220	148	62	240	180	160	151	63.5	M125×4		
170	36	20	12				158	67				161	68.5			
180	40	22	13				168	71				171	72.5	M140×6		
190	40	22	13	350	280	250	176	75	280	210	180	179.5	76.7			
200	40	22	13				186	80				189.5	81.7	M160×6		
220	45	25	15				206	88				209.5	89.7			

注：1. ϕ220mm 及以下的圆锥轴伸键槽底面与圆锥轴线平行。

2. 键槽深度 t 可由测量 G 来代替。

3. L_2 可根据需要选取小于表中的数值。

表 1-25　长系列 ϕ220mm 以上圆锥形轴伸（摘自 GB/T 1570—2005）　（单位：mm）

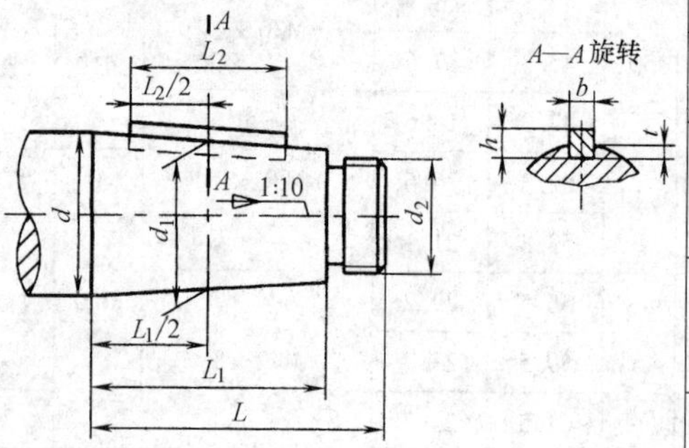

d	b	h	t	L	L_1	L_2	d_1	d_2
240	50	28	17	410	330	280	223.5	M180×6
250							233.5	
260							243.5	M200×6
280	56	32	20	470	380	320	261	M220×6
300	63						281	
320							301	M250×6
340	70	36	22	550	450	400	317.5	M280×6
360							337.5	
380							357.5	M300×6
400	80	40	25	650	540	450	373	M320×6
420							393	
440							413	M350×6
450	90	45	28				423	
460							433	M380×6
480							453	
500							473	M420×6
530	100	50	31	800	680	500	496	
560							526	M450×6
600							566	M500×6
630							596	M550×6

注：1. 直径 ϕ220mm 以上的圆锥轴伸，键槽底面与圆锥母线平行。

2. L_2 可根据需要选取小于表中的数值。

1.3.6　中心孔（表 1-26 和表 1-27）

表 1-26　中心孔（摘自 GB/T 145—2001）　　（单位：mm）

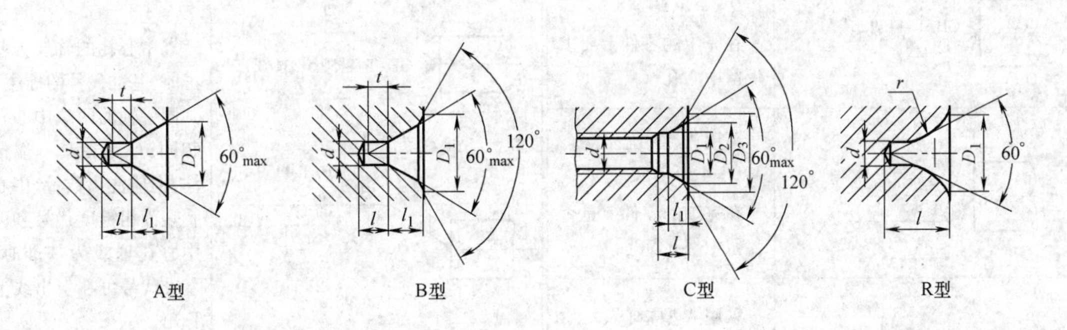

A型　B型　C型　R型

d		D_1			l_1（参考）		t（参考）		l_{min}	r		d	D_1	D_2	D_3	l	l_1（参考）	选择中心孔的参考数据		
										max	min									
A 型	B、R 型	A 型	B 型	R 型	A 型	B 型	A 型	B 型	R 型			C 型						原料端部最小直径 D_o	轴状原料最大直径 D_c	工件最大重量 /t
(0.50)		1.06			0.48		0.5													
(0.63)		1.32			0.60		0.6													
(0.80)		1.70			0.78		0.7													
1.00		2.12	3.15	2.12	0.97	1.27	0.9		2.3	3.15	2.50									
(1.25)		2.65	4.00	2.65	1.21	1.60	1.1		2.8	4.00	3.15									
1.60		3.35	5.00	3.35	1.52	1.99	1.4		3.5	5.00	4.00									
2.00		4.25	6.30	4.25	1.95	2.54	1.8		4.4	6.30	5.00							8	>10～18	0.12
2.50		5.30	8.00	5.30	2.42	3.20	2.2		5.5	8.00	6.30							10	>18～30	0.2
3.15		6.70	10.00	6.70	3.07	4.03	2.8		7.0	10.00	8.00	M3	3.2	5.3	5.8	2.6	1.8	12	>30～50	0.5
4.00		8.50	12.50	8.50	3.90	5.05	3.5		8.9	12.50	10.00	M4	4.3	6.7	7.4	3.2	2.1	15	>50～80	0.8
(5.00)		10.60	16.00	10.60	4.85	6.41	4.4		11.2	16.00	12.50	M5	5.3	8.1	8.8	4.0	2.4	20	>80～120	1
6.30		13.20	18.00	13.20	5.98	7.36	5.5		14.0	20.00	16.00	M6	6.4	9.6	10.5	5.0	2.8	25	>120～180	1.5
(8.00)		17.00	22.40	17.00	7.70	9.36	7.0		17.9	25.00	20.00	M8	8.4	12.2	13.2	6.0	3.3	30	>180～220	2
10.00		21.20	28.00	21.20	9.70	11.66	8.7		22.5	31.5	25.00	M10	10.5	14.9	16.3	7.5	3.8	35	>180～220	2.5
												M12	13.0	18.1	19.8	9.5	4.4	42	>220～260	3
												M16	17.0	23.0	25.3	12.0	5.2	50	>250～300	5
												M20	21.0	28.4	31.3	15.0	6.4	60	>300～360	7
												M24	25.0	34.2	38.0	18.0	8.0	70	>360	10

注：1. 括号内尺寸尽量不用。

2. 选择中心孔的参考数值不属 GB/T 145—2001 内容，仅供参考。

3. 中心孔的符号及标注见表 1-27。

表 1-27 中心孔的符号及标注（GB/T 4459.5—1999）

符号及标注	说明	符号及标注	说明
GB/T 4459.5—B2.5/8	采用 B 型中心孔 $D=2.5$，$D_1=8$ 在完工的零件上要求保留中心孔	*Ra* 12.5 A GB/T 4459.5–B1/3.15	以中心孔的轴线为基准时，基准代号的标注 同一轴的两端中心孔相同，可只在其一端标注，但应注出数量，中心孔表面粗糙度代号和以中心孔轴线为基准时，基准代号可在引出线上标出 中心孔尺寸见表 1-28
GB/T 4459.5—A4/8.5	采用 A 型中心孔 $D=4$，$D_1=8.5$ 在完工的零件上是否保留中心孔都可以	*Ra* 3.2 2×GB/T 4459.5—B2/6.3 D	
GB/T 4459.5—A1.6/3.35	采用 A 型中心孔 $D=1.6$，$D_1=3.35$ 在完工的零件上不允许保留中心孔	2×B2/6.3	

1.3.7 零件倒圆与倒角（表 1-28）

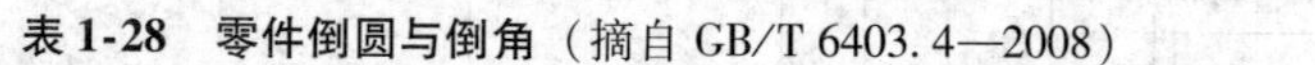

表 1-28 零件倒圆与倒角（摘自 GB/T 6403.4—2008） （单位：mm）

倒圆、倒角形式	倒圆、倒角（45°）的装配形式
R；R；C α；C α	$C_1>R$；$R_1>R$；$C<0.58R_1$；$C_1>C$

倒圆、倒角尺寸

R 或 C	0.1	0.2	0.3	0.4	0.5	0.6	0.8	1.0	1.2	1.6	2.0	2.5	3.0
	4.0	5.0	6.0	8.0	10	12	16	20	25	32	40	50	—

与直径 ϕ 相应的倒角 C、倒圆 R 的推荐值

ϕ	~3	>3~6	>6~10	>10~18	>18~30	>30~50	>50~80	>80~120	>120~180	>180~250	>250~320	>320~400	>400~500	>500~630	>630~800	>800~1000	>1000~1250	>1250~1600
C 或 R	0.2	0.4	0.6	0.8	1.0	1.6	2.0	2.5	3.0	4.0	5.0	6.0	8.0	10	12	16	20	25

内角倒角、外角倒圆时 C_{max} 与 R_1 的关系

R_1	0.1	0.2	0.3	0.4	0.5	0.6	0.8	1.0	1.2	1.6	2.0	2.5	3.0	4.0	5.0	6.0	8.0	10	12	16	20	25
C_{max}（$C<0.58R_1$）	—	0.1		0.2		0.3	0.4	0.5	0.6	0.8	1.0	1.2	1.6	2.0	2.5	3.0	4.0	5.0	6.0	8.0	10	12

注：α 一般采用 45°，也可以采用 30°或 60°。

1.3.8　圆形零件自由表面过渡圆角半径和静配合连接轴用倒角（表 1-29）

表 1-29　圆形零件自由表面过渡圆角半径和静配合连接轴用倒角　　（单位：mm）

圆角半径

$D-d$	2	5	8	10	15	20	25	30	35	40	50	55	65	70	90	100
R	1	2	3	4	5	8	10	12	12	16	16	20	20	25	25	30
$D-d$	130	140	170	180	220	230	290	300	360	370	450	460	540	550	650	660
R	30	40	40	50	50	60	60	80	80	100	100	125	125	160	160	200

静配合连接轴倒角

D	≤10	>10~18	>18~30	>30~50	>50~80	>80~120	>120~180	>180~260	>260~360	>360~500
a	1	1.5	2	3	5	5	8	10	10	12
C	0.5	1	1.5	2	2.5	3	4	5	6	8
α	30°				10°					

注：尺寸 $D-d$ 是表中数值的中间值时，则按较小尺寸来选取 R。例如 $D-d=98$mm，则按 90 选 $R=25$mm。

1.3.9　砂轮越程槽（表 1-30）

表 1-30　砂轮越程槽（摘自 GB/T 6403.5—2008）　　（单位：mm）

回转面及端面砂轮越程槽的形式及尺寸

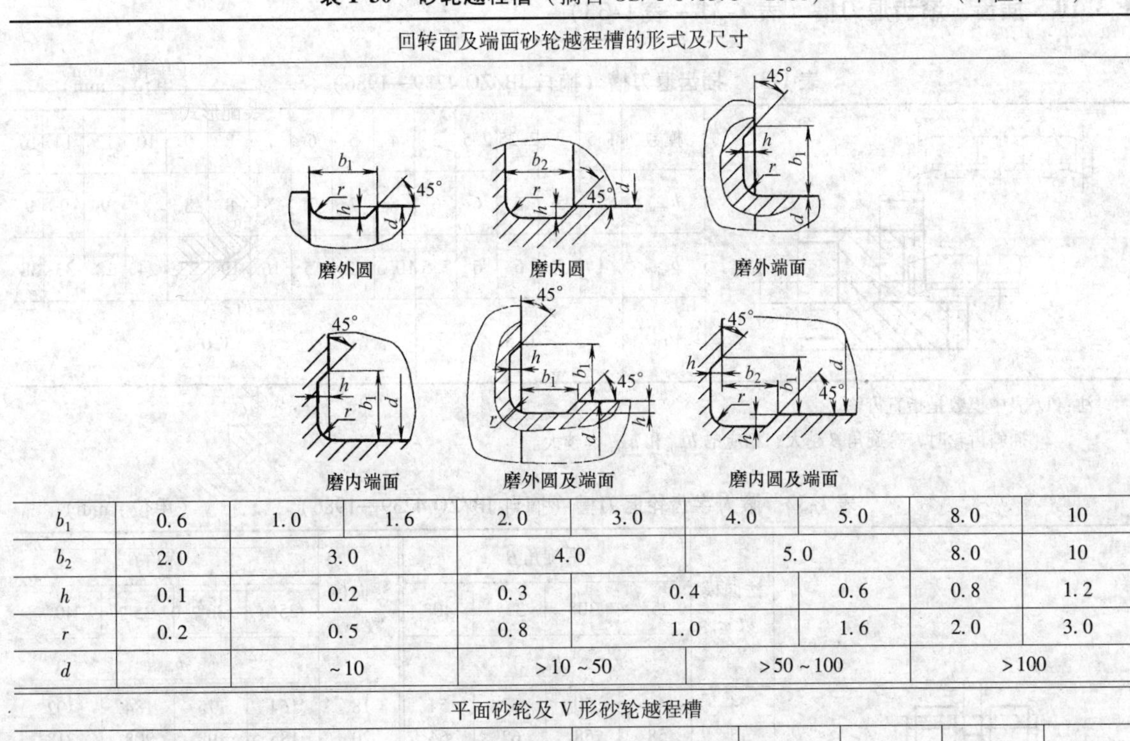

b_1	0.6	1.0	1.6	2.0	3.0	4.0	5.0	8.0	10
b_2	2.0	3.0		4.0		5.0		8.0	10
h	0.1	0.2		0.3	0.4		0.6	0.8	1.2
r	0.2	0.5		0.8		1.0	1.6	2.0	3.0
d		~10		>10~50		>50~100		>100	

平面砂轮及 V 形砂轮越程槽

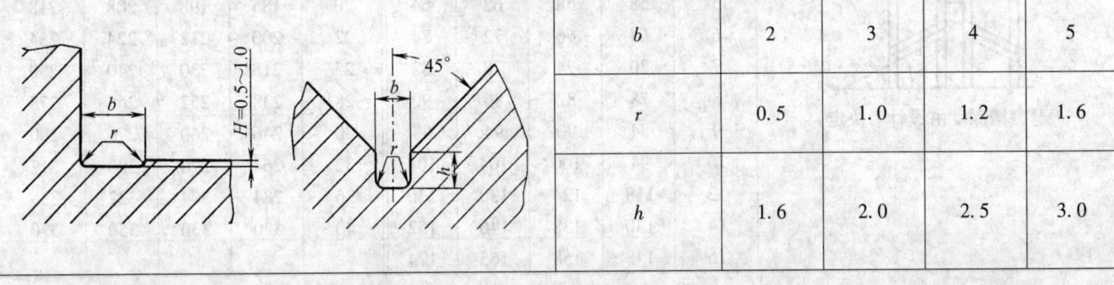

b	2	3	4	5
r	0.5	1.0	1.2	1.6
h	1.6	2.0	2.5	3.0

（续）

燕尾导轨砂轮越程槽

H	≤5	6	8	10	12	16	20	25	32	40	50	63	80
b/h	1	2		3			4			5			6
r	0.5			1.0			1.6						2.0

矩形导轨砂轮越程槽

H	8	10	12	16	20	25	32	40	50	63	80	100
b	2				3				5		8	
h	1.6				2.0				3.0		5.0	
r	0.5				1.0				1.6		2.0	

1.3.10　插齿、滚齿退刀槽（表1-31～表1-33）

表1-31　插齿退刀槽（摘自JB/ZQ 4239—1986）　　（单位：mm）

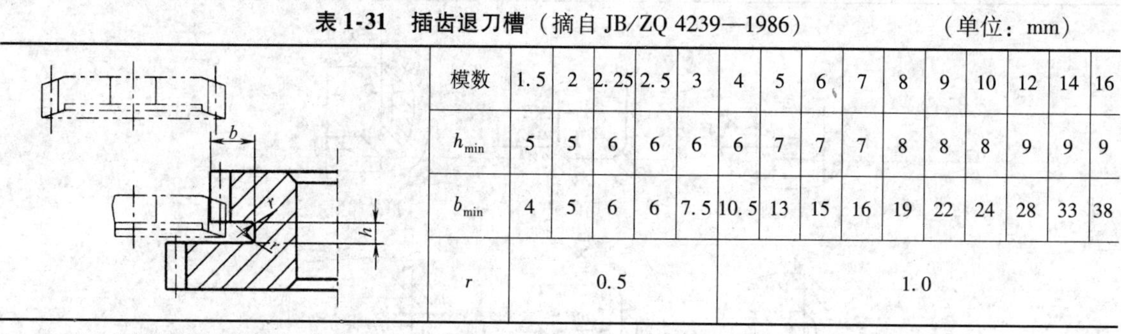

模数	1.5	2	2.25	2.5	3	4	5	6	7	8	9	10	12	14	16
h_{min}	5	5	6	6	6	6	7	7	7	8	8	8	9	9	9
b_{min}	4	5	6	6	7.5	10.5	13	15	16	19	22	24	28	33	38
r	0.5				1.0										

注：1. 表中模数是指直齿轮。

2. 插斜齿轮时，螺旋角β越大，相应的b_{min}和h_{min}也越大。

表1-32　滚人字齿轮退刀槽（摘自JB/ZQ 4239—1986）　　（单位：mm）

（退刀槽深度由设计者决定）

法向模数 m_n	螺旋角β 25°	30°	35°	40°	法向模数 m_n	螺旋角β 25°	30°	35°	40°
	b_{min}					b_{min}			
4	46	50	52	54	18	164	175	184	192
5	58	58	62	64	20	185	198	208	218
6	64	66	72	74	22	200	212	224	234
7	70	74	78	82	25	215	230	240	250
8	78	82	86	90	28	238	252	266	278
9	84	90	94	98	30	246	260	276	290
10	94	100	104	108	32	264	270	300	312
12	118	124	130	136	36	284	304	322	335
14	130	138	146	152	40	320	330	350	370
16	148	158	165	174					

滑移齿轮的齿端圆齿和倒角尺寸见表 1-33。

表 1-33　滑移齿轮的齿端圆齿和倒角尺寸　　（单位：mm）

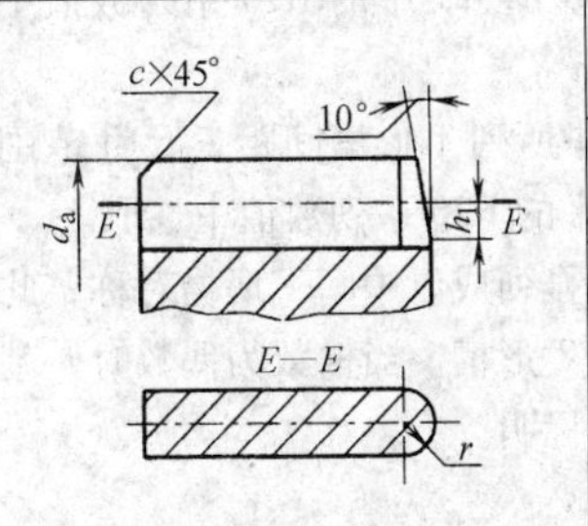

模数 m	1.5	1.75	2	2.25	2.5	3	3.5	4	5	6	8	10
r	1.2	1.4	1.6	1.8	2	2.4	2.8	3.1	3.9	4.7	6.3	7.9
h_1	1.7	2	2.2	2.5	2.8	3.5	4	4.5	5.6	6.7	8.8	11
d_a	≤50		50～80		80～120		120～180		180～260		>260	
c_{max}	2.5		3		4		5		6		8	

1.3.11　刨削、插削越程槽（表 1-34）

表 1-34　刨削、插削越程槽　　（单位：mm）

名　称	刨切越程
龙门刨	$a+b=100\sim200$
牛头刨床、立刨床	$a+b=50\sim75$
大插床如 STSR1400	50～100
小插床如 B516	10～12

1.3.12　齿轮滚刀外径尺寸（表 1-35）

表 1-35　齿轮滚刀外径尺寸（摘自 GB/T 6083—2001）　　（单位：mm）

模数系列		1	1.25	1.5	1.75	2	2.25	2.5	2.75	3	3.5	4	4.5	5	5.5	6	7	8	9	10
滚刀外径 D	Ⅰ型	63		71		80		90		100		112		125		140		160	180	200
	Ⅱ型	50		63			71			80		90		100	112		118	125	140	150

注：Ⅰ型适用于 JB/T 3327—1999 所规定的 AAA 级滚刀及 GB/T 6084—2001 所规定的 AA 级滚刀。

Ⅱ型适用于 GB/T 6084—2001 所规定的 AA、A、B、C 四种精度的滚刀。

1.3.13　弧形槽端部半径（表 1-36）

表 1-36　弧形槽端部半径　　（单位：mm）

花键槽：

铣削深度 H	5	10	12	25
铣削宽度 B	4	4	5	10
R	20～30	30～37.5	37.5	55

弧形键槽（摘自半圆键槽铣刀 GB/T 1127—1997）：

键公称尺寸 $B\times d$	铣刀 D	键公称尺寸 $B\times d$	铣刀 D	键公称尺寸 $B\times d$	铣刀 D
1×4	4.25	3×16	16.9	6×22	23.20
1.5×7	7.40	4×16		6×25	26.50
2×7		5×16		8×28	29.70
2×10	10.60	4×19	20.10	10×32	33.90
2.5×10		5×19			
3×13	13.80	5×22	23.20		

注：d 是铣削键槽时键槽弧形部分的直径。

1.3.14　T形槽和相应螺栓（GB/T 158—1996）

GB/T 158—1996标准适用于金属切削机床、木工机床、锻压机械及附件、夹具、装置等。其他有T形槽的机械也应参照采用。T形槽和相应螺栓头部尺寸及螺母尺寸见表1-37至表1-39。

一般情况应根据工作台尺寸及使用所要求的T形槽数来选择合适的T形槽间距。T形槽间距P应符合表1-38的规定。特殊情况时，若需要采用其他间距尺寸，则应符合下列要求：

1）采用数值大于或小于表中所列T形槽间距P的尺寸范围时，应从GB/T 321中的R10系列数值中选取。

2）采用数值在表中所列T形槽间距P尺寸范围内，则应从GB/T 321中的R20系列数值中选取。

应尽可能将T形槽排列成以中间T形槽对称，此时，中间T形槽为基准T形槽。当槽数为偶数时，基准槽应在机床工作台上标明。

表1-37　T形槽及相应螺栓头部尺寸　　（单位：mm）

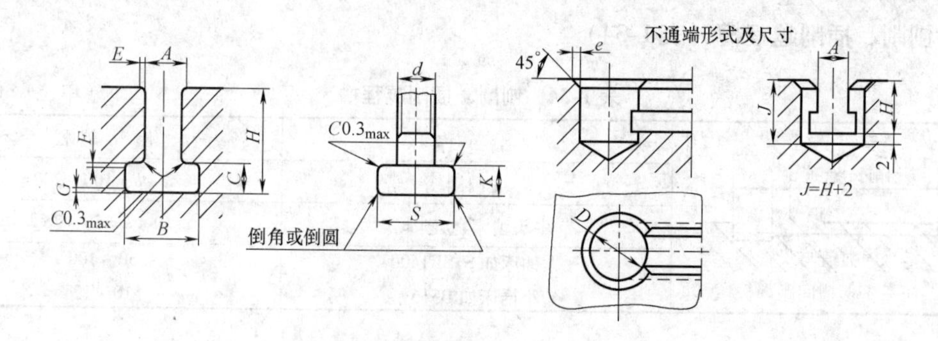

E、F和G倒45°角或倒圆

T 形 槽															螺栓头部		
A			B		C		H		E	F	G	D		e	d	S	K
基本尺寸	极限偏差 基准槽	极限偏差 固定槽	最小尺寸	最大尺寸	最小尺寸	最大尺寸	最小尺寸	最大尺寸	最大尺寸	最大尺寸	最大尺寸	基本尺寸	极限偏差		最大尺寸	最大尺寸	最大尺寸
5	$^{+0.018}_{0}$	$^{+0.12}_{0}$	10	11	3.5	4.5	8	10				15	$^{+1}_{0}$	0.5	M4	9	3
6			11	12.5	5	6	11	13				16			M5	10	4
8	$^{+0.022}_{0}$	$^{+0.15}_{0}$	14.5	16	7	8	15	18	1	0.6	1	20			M6	13	6
10			16	18	7	8	17	21				22			M8	15	6
12	$^{+0.027}_{0}$	$^{+0.18}_{0}$	19	21	8	9	20	25				28	$^{+1.5}_{0}$	1	M10	18	7
14			23	25	9	11	23	28				32			M12	22	8
18			30	32	12	14	30	36	1.6		1.6	42		1.5	M16	28	10
22	$^{+0.033}_{0}$	$^{+0.21}_{0}$	37	40	16	18	38	45		1		50			M20	34	14
28			46	50	20	22	48	56			2.5	62			M24	43	18
36	$^{+0.039}_{0}$	$^{+0.25}_{0}$	56	60	25	28	61	71				76	$^{+2}_{0}$	2	M30	53	23
42			68	72	32	35	74	85	2.5	1.6	4	92			M36	64	28
48			80	85	36	40	84	95				108			M42	75	32
54	$^{+0.046}_{0}$	$^{+0.30}_{0}$	90	95	40	44	94	106		2	6	122			M48	85	36

注：1. T形槽底部允许有空刀槽，其宽度为A，深度为1～2mm。

2. T形槽宽度A的两侧面的表面粗糙度Ra最大允许值：基准槽为3.2μm，固定槽为6.3μm，其余12.5μm。

表 1-38　T 形槽间距及其极限偏差

（单位：mm）

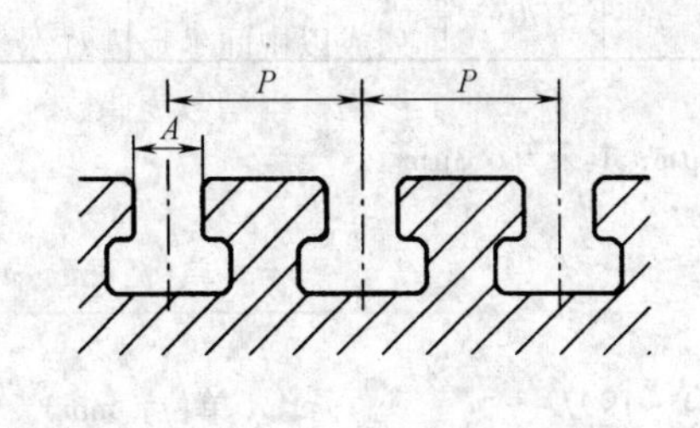

槽宽 *A*	槽间距 *P*				槽间距 *P*	极限偏差
5		20	25	32		
6		25	32	40	20 25	±0.2
8		32	40	50		
10		40	50	63		
12	(40)	50	63	80	32 ~ 100	±0.3
14	(50)	63	80	100		
18	(63)	80	100	125		
22	(80)	100	125	160		
28	100	125	160	200	125 ~ 250	±0.5
36	125	160	200	250		
42	160	200	250	320		
48	200	250	320	400	320 ~ 500	±0.8
54	250	320	400	500		

注：1. 括号内数值与 T 形槽槽底宽度最大值之差值可能较小，应避免采用。

2. 任一 T 形槽间距的极限偏差都不是累计误差。

表 1-39　T 形槽用螺母尺寸

（单位：mm）

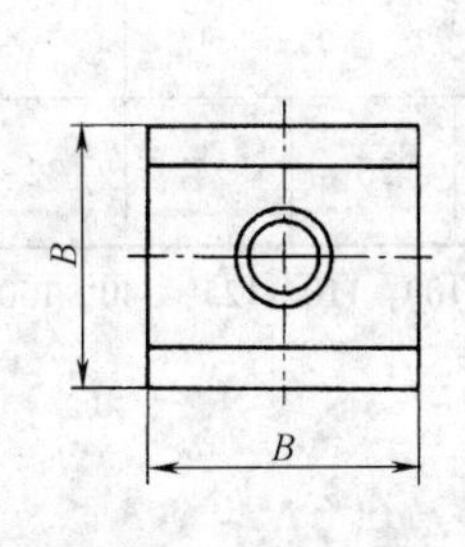

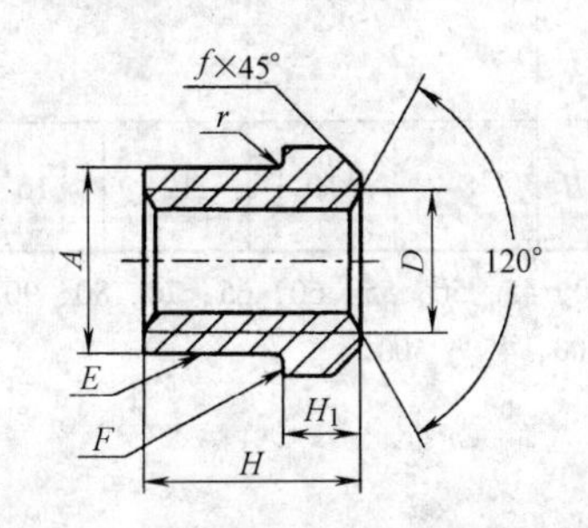

T 形槽宽度 *A*	*D*	*A*		*B*		H_1		*H*		*F*	*r*
	公称尺寸	公称尺寸	极限偏差	公称尺寸	极限偏差	公称尺寸	极限偏差	公称尺寸	极限偏差	max	max
5	M4	5		9	±0.29	3	±0.2	6.5		1	
6	M5	6	−0.3 −0.5	10		4		8	±0.29		0.3
8	M6	8		13		6	±0.24	10		1.6	
10	M8	10		15	±0.35	6		12			
12	M10	12		18		7		14	±0.35		
14	M12	14		22		8	±0.29	16			0.4
18	M16	18	−0.3 −0.6	23	±0.42	10		20		2.5	
22	M20	22		34		14		28	±0.42		
28	M24	28		43	±0.5	18	±0.35	36		4	0.5
36	M30	36	−0.4 −0.7	53		23		44	±0.5		
42	M36	42		64	±0.6	28	±0.42	52	±0.6	6	0.8

（续）

T形槽宽度 A	D	A		B		H_1		H		F	r
	公称尺寸	公称尺寸	极限偏差	公称尺寸	极限偏差	公称尺寸	极限偏差	公称尺寸	极限偏差	max	max
48	M42	48	-0.4 -0.7	75	±0.6	32	±0.5	60	±0.6	6	0.8
54	M48	54		85	±0.7	36		70			

注：1. 螺母材料为45钢，热处理硬度为35HRC，并发蓝。

2. 螺母表面粗糙度 Ra 最大允许值：基准槽用螺母的 E、F 面为3.2μm；其余为6.3μm。

1.3.15 燕尾槽（表1-40）

表1-40　燕尾槽（摘自JB/ZQ 4241—1997）　（单位：mm）

A	40~65	50~70	60~90	80~125	100~160	125~200	160~250	200~320	250~400	320~500
B	12	16	20	25	32	40	50	65	80	100
C	1.5~5									
e	2		3				4			
f	2		3				4			
H	8	10	12	16	20	25	32	40	50	65

注：1. "A"的系列为：40，45，50，55，60，65，70，80，90，100，110，125，140，150，160，180，200，225，250，280，320，360，400，450，500。

2. "C"为推荐值。

1.3.16 滚花（表1-41）

表1-41　滚花（摘自GB/T 6403.3—2008）　（单位：mm）

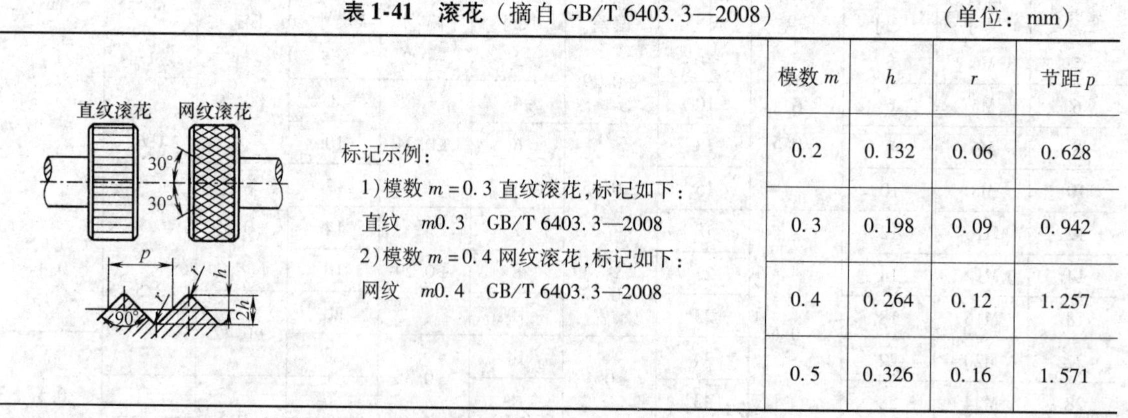

标记示例：

1）模数 $m=0.3$ 直纹滚花，标记如下：

直纹　m0.3　GB/T 6403.3—2008

2）模数 $m=0.4$ 网纹滚花，标记如下：

网纹　m0.4　GB/T 6403.3—2008

模数 m	h	r	节距 p
0.2	0.132	0.06	0.628
0.3	0.198	0.09	0.942
0.4	0.264	0.12	1.257
0.5	0.326	0.16	1.571

注：1. 表中 $h=0.785m-0.414r$。

2. 滚花前工件表面的表面粗糙度轮廓算术平均偏差 Ra 的最大允许值为12.5μm。

3. 滚花后工件直径大于滚花前直径，其值 $\Delta\approx(0.8\sim1.6)m$，$m$ 为模数。

1.3.17　分度盘和标尺刻度（表 1-42）

表 1-42　分度盘和标尺刻度（摘自 JB/ZQ 4260—2006）　（单位：mm）

刻线剖面

刻线类型	L	L_1	L_2	C_1	e	h	h_1	α
Ⅰ	$2^{+0.2}_{0}$	$3^{+0.2}_{0}$	$4^{+0.3}_{0}$	$0.1^{+0.03}_{0}$	0.15～1.5	$0.2^{+0.08}_{0}$	$0.15^{+0.03}_{0}$	15°±10′
Ⅱ	$4^{+0.3}_{0}$	$5^{+0.3}_{0}$	$6^{+0.5}_{0}$	$0.1^{+0.03}_{0}$				
Ⅲ	$6^{+0.5}_{0}$	$7^{+0.5}_{0}$	$8^{+0.5}_{0}$	$0.2^{+0.03}_{0}$		$0.25^{+0.08}_{0}$	$0.2^{+0.03}_{0}$	
Ⅳ	$8^{+0.5}_{0}$	$9^{+0.5}_{0}$	$10^{+0.5}_{0}$	$0.2^{+0.03}_{0}$				
Ⅴ	$10^{+0.5}_{0}$	$11^{+0.5}_{0}$	$12^{+0.5}_{0}$	$0.2^{+0.03}_{0}$				

注：1. 数字可按打印字头型号选用。

2. 尺寸 e 的数值可在 0.15～1.5mm 中选择，但在一个零件中应相等。

3. 尺寸 h_1 在工作图上不必注出。

1.4　铸件设计一般规范

1.4.1　铸件最小壁厚和最小铸孔尺寸（表 1-43～表 1-45）

表 1-43　铸件最小壁厚（不小于）　（单位：mm）

铸造方法	铸件尺寸	铸钢	灰铸铁	球墨铸铁	可锻铸铁	铝合金	镁合金	铜合金
砂型	≤200×200	8	≤6	6	5	3	—	3～5
	>200×200～500×500	10～12	>6～10	12	8	4	3	6～8
	>500×500	15～20	15～20	—	—	6	—	—
金属型	≤70×70	5	4	—	2.5～3.5	2～3	—	3
	>70×70～150×150	—	5	—	3.5～4.5	4	2.5	4～5
	>150×150	10	6	—	—	5	—	6～8

注：1. 一般铸造条件下，各种灰铸铁的最小允许壁厚 δ（mm）：HT100，HT150，$\delta=4\sim6$；HT200，$\delta=6\sim8$；HT250，$\delta=8\sim15$；HT300，HT350，$\delta=15$；HT400，$\delta\geq20$。

2. 如有特殊需要，在改善铸造条件下，灰铸铁最小壁厚可达 3mm，可锻铸铁可小于 3mm。

表 1-44　外壁、内壁与肋的厚度

零件重量/kg	零件最大外形尺寸	外壁厚度	内壁厚度	肋的厚度	零件举例
	mm				
≤5	300	7	6	5	盖，拨叉，杠杆，端盖，轴套
6～10	500	8	7	5	盖，门，轴套，挡板，支架，箱体
11～60	750	10	8	6	盖，箱体，罩，电动机支架，溜板箱体，支架，托架，门
61～100	1250	12	10	8	盖，箱体，镗模架，液压缸体，支架，溜板箱体
101～500	1700	14	12	8	油盘，盖，床鞍箱体，带轮，镗模架
501～800	2500	16	14	10	镗模架，箱体，床身，轮缘，盖，滑座
801～1200	3000	18	16	12	小立柱，箱体，滑座，床身，床鞍，油盘

表 1-45　最小铸孔尺寸　　（单位：mm）

材料	孔壁厚度	<25		26~50		51~75		76~100		101~150		151~200		201~300		≥301	
	孔的深度	最小孔径															
		加工	铸造	加工	铸造	加工	铸造	加工	铸造	加工	铸造	加工	铸造	加工	铸造	加工	铸造
碳钢与一般合金钢	≤100	75	55	75	55	90	70	100	80	120	100	140	120	160	140	180	160
	101~200	75	55	90	70	100	80	110	90	140	120	160	140	180	160	210	190
	201~400	105	80	115	90	125	100	135	110	165	140	195	170	215	190	255	230
	401~600	125	100	135	110	145	120	165	140	195	170	225	200	255	230	295	270
	601~1000	150	120	160	130	180	150	200	170	230	200	260	230	300	270	340	310
高锰钢	孔壁厚度	<50				51~100				≥101							
	最小孔径	20				30				40							
灰铸铁	大量生产：12~15；成批生产：15~30；小批、单件生产：30~50																

注：1. 不透圆孔最小容许铸造孔直径应比表中值大 20%，矩形或方形孔其短边要大于表中值的 20%，而不透矩形或方形孔则要大 40%。
2. 难加工的金属，如高锰钢铸件等的孔应尽量铸出，而其中需要加工的孔，常用镶铸碳素钢的办法，待铸出后，再在镶铸的碳素钢部分进行加工。

1.4.2　铸造斜度（表 1-46 和表 1-47）

表 1-46　铸造斜度及过渡斜度

铸造斜度

图示	斜度 $b:h$	角度 β	使用范围
斜度 $b:h$；b；h；β；30°~45°	1:5	11°30′	$h<25$mm 的钢和铁铸件
	1:10 1:20	5°30′ 3°	$h=25\sim500$mm 时的钢和铁铸件
	1:50	1°	$h>500$mm 时的钢和铁铸件
不同壁厚的铸件在转折点处的斜角最大可增大到 30°~45°	1:100	30′	有色金属铸件

铸造过渡斜度（摘自 JB/ZQ 4254—2006）

图示	铸铁和铸钢件的壁厚 δ	K	h	R
		mm		
K；R；h；δ	10~15	3	15	5
	>15~20	4	20	
	>20~25	5	25	
	>25~30	6	30	8
	>30~35	7	35	
适用于减速器机体，机盖、连接管、气缸及其他各种连接法兰的过渡部分尺寸	>35~40	8	40	10
	>40~45	9	45	
	>45~50	10	50	
	>50~55	11	55	
	>55~60	12	60	15
	>60~65	13	65	
	>65~70	14	70	
	>70~75	15	75	

表 1-47　合金铸件内腔的一般铸造斜度

铸造材料	铸件内腔深度/mm						
	≤6	>6~8	>8~10	>10~15	>15~20	>20~30	>30~60
锌合金	2°30′	2°	1°45′	1°30′	1°15′	1°	0°45′
铝合金	4°	3°30′	3°	2°30′	2°	1°30′	1°45′
铜合金	5°	4°	3°30′	3°	2°30′	2°	1°30′

1.4.3　铸造圆角半径（表 1-48、表 1-49）

表 1-48　铸造外圆角半径（摘自 JB/ZQ 4256—1986）　（单位：mm）

表面的最小边尺寸 P	外圆角半径 R 值					
	外圆角 α					
	≤50°	51°~75°	76°~105°	106°~135°	136°~165°	>165°
≤25	2	2	2	4	6	8
>25~60	2	4	4	6	10	16
>60~160	4	4	6	8	16	25
>160~250	4	6	8	12	20	30
>250~400	6	8	10	16	25	40
>400~600	6	8	12	20	30	50
>600~1000	8	12	16	25	40	60
>1000~1600	10	16	20	30	50	80
>1600~2500	12	20	25	40	60	100
>2500	16	25	30	50	80	120

注：如果铸件不同部位按上表可选出不同的圆角 R 数值时，应尽量减少或只取一适当的 R 数值，以求统一。

表 1-49　铸造内圆角半径（摘自 JB/ZQ 4255—1986）　（单位：mm）

$a \approx b$

$R_1 = R + a$

$b < 0.8a$ 时

$R_1 = R + b + c$

$\frac{a+b}{2}$	内圆角半径 R 值											
	内圆角 α											
	<50°		51°~75°		76°~105°		106°~135°		136°~165°		>165°	
	钢	铁	钢	铁	钢	铁	钢	铁	钢	铁	钢	铁
≤8	4	4	4	4	6	4	8	6	16	10	20	16
9~12	4	4	4	4	6	6	10	8	16	12	25	20
13~16	4	4	6	4	8	6	12	10	20	16	30	25
17~20	6	4	8	6	10	8	16	12	25	20	40	30
21~27	6	6	10	8	12	10	20	16	30	25	50	40
28~35	8	6	12	10	16	12	25	20	40	30	60	50
36~45	10	8	16	12	20	16	30	25	50	40	80	60
46~60	12	10	20	16	25	20	35	30	60	50	100	80
61~80	16	12	25	20	30	25	40	35	80	60	120	100
81~110	20	16	25	20	35	30	50	40	100	80	160	120
111~150	20	16	30	25	40	35	60	50	100	80	160	120
151~200	25	20	40	30	50	40	80	60	120	100	200	160
201~250	30	25	50	40	60	50	100	80	160	120	250	200
251~300	40	30	60	50	80	60	120	100	200	160	300	250
≥300	50	40	80	60	100	80	160	120	250	200	400	300

c 和 h 值					
b/a		<0.4	0.5~0.65	0.66~0.8	>0.8
$c \approx$		$0.7(a-b)$	$0.8(a-b)$	$a-b$	
$h \approx$	钢	$8c$			
	铁	$9c$			

注：对于高锰钢铸件，R 值应比表中数值增大 1.5 倍。

1.4.4　铸件壁厚的过渡与壁的连接形式及其尺寸（表1-50和表1-51）

表1-50　壁厚的过渡形式及尺寸　（单位：mm）

<table>
<tr><th>图　例</th><th colspan="13">过渡尺寸</th></tr>
<tr><td rowspan="3">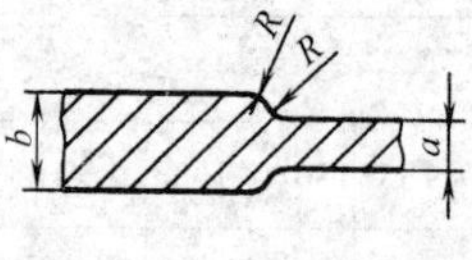</td><td rowspan="3">$b \leqslant 2a$</td><td>铸铁</td><td colspan="11">$R \geqslant \left(\frac{1}{3} \sim \frac{1}{2}\right)\left(\frac{a+b}{2}\right)$</td></tr>
<tr><td rowspan="2">铸钢
可锻铸铁
非铁合金</td><td>$\frac{a+b}{2}$</td><td><12</td><td>12 ~ 16</td><td>16 ~ 20</td><td>20 ~ 27</td><td>27 ~ 35</td><td>35 ~ 45</td><td>45 ~ 60</td><td>60 ~ 80</td><td>80 ~ 110</td><td>110 ~ 150</td></tr>
<tr><td>R</td><td>6</td><td>8</td><td>10</td><td>12</td><td>15</td><td>20</td><td>25</td><td>30</td><td>35</td><td>40</td></tr>
<tr><td rowspan="2">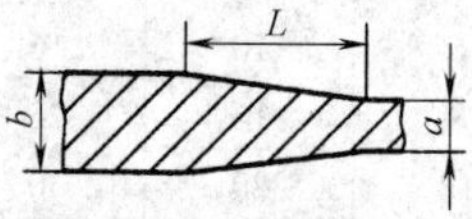</td><td rowspan="2">$b > 2a$</td><td>铸铁</td><td colspan="11">$L \geqslant 4(b-a)$</td></tr>
<tr><td>铸钢</td><td colspan="11">$L \geqslant 5(b-a)$</td></tr>
<tr><td>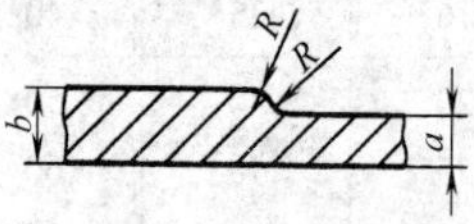</td><td colspan="2">$b \leqslant 1.5a$</td><td colspan="11">$R \geqslant \frac{2a+b}{2}$</td></tr>
<tr><td>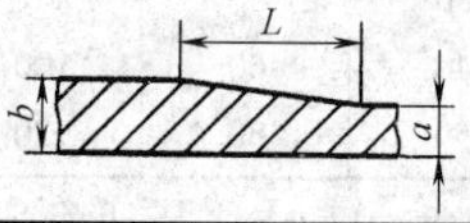</td><td colspan="2">$b > 1.5a$</td><td colspan="11">$L = 4(a+b)$</td></tr>
</table>

表1-51　壁的连接形式及尺寸

<table>
<tr><th colspan="2">连接合理结构</th><th>连接尺寸</th><th colspan="2">连接合理结构</th><th>连接尺寸</th></tr>
<tr><td rowspan="4">两壁斜向相连</td><td>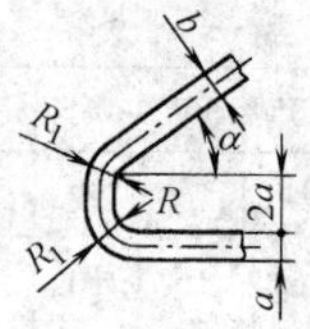</td><td>$b = a, \alpha > 75°$
$R = \left(\frac{1}{3} \sim \frac{1}{2}\right)a$
$R_1 = R + a$</td><td rowspan="4">两壁垂直相连</td><td rowspan="1">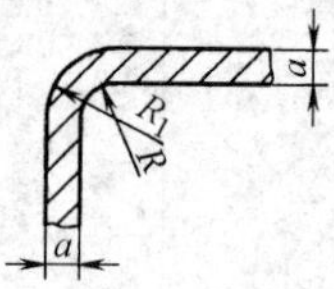
两壁厚相等时</td><td>$R \geqslant \left(\frac{1}{3} \sim \frac{1}{2}\right)a$
$R_1 \geqslant R + a$</td></tr>
<tr><td>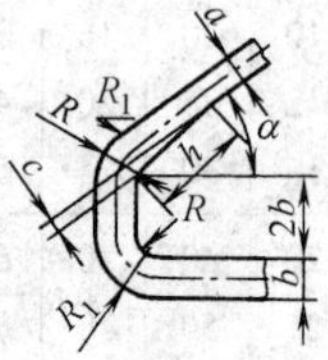</td><td>$b > 1.25a$，对于铸铁 $h = 4c$
$c = b - a$，对于铸钢 $h = 5c$
$\alpha < 75°$
$R = \left(\frac{1}{3} \sim \frac{1}{2}\right)\left(\frac{a+b}{2}\right)$
$R_1 = R + b$</td><td rowspan="2">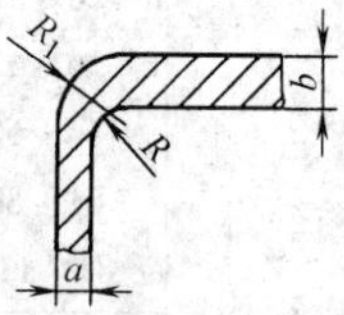
$a < b < 2a$时</td><td rowspan="2">$R \geqslant \left(\frac{1}{3} \sim \frac{1}{2}\right)\left(\frac{a+b}{2}\right)$
$R_1 \geqslant R + \frac{a+b}{2}$</td></tr>
<tr><td>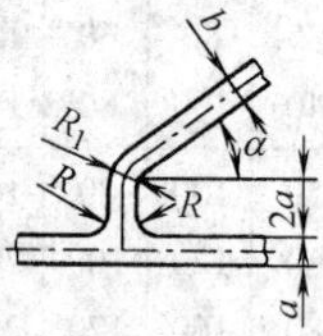</td><td>$b \approx 1.25a, \alpha < 75°$
$R = \left(\frac{1}{3} \sim \frac{1}{2}\right)\left(\frac{a+b}{2}\right)$
$R_1 = R + b$</td></tr>
<tr><td>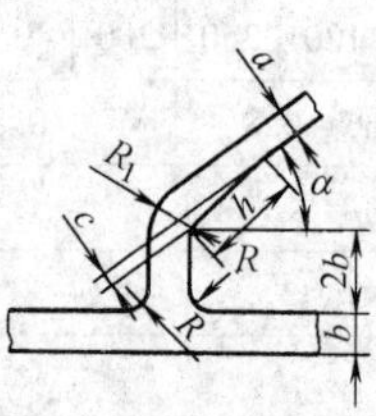</td><td>$b \approx 1.25a$，对于铸铁 $h \approx 8c$
$c = \frac{b-a}{2}$，对于铸钢 $h \approx 10c$
$\alpha < 75°, R = \left(\frac{1}{3} \sim \frac{1}{2}\right)\left(\frac{a+b}{2}\right)$
$R_1 = \frac{a+b}{2} + R$</td><td>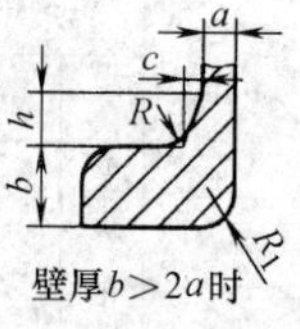
壁厚$b > 2a$时</td><td>$a + c \leqslant b, c \approx 3\sqrt{b-a}$
对于铸铁 $h \geqslant 4c$
对于钢 $h \geqslant 5c$
$R \geqslant \left(\frac{1}{3} \sim \frac{1}{2}\right)\left(\frac{a+b}{2}\right)$
$R_1 \geqslant R + \frac{a+b}{2}$</td></tr>
</table>

（续）

连接合理结构		连接尺寸	连接合理结构		连接尺寸
两壁垂直相交	三壁厚相等时	$R=\left(\frac{1}{3}\sim\frac{1}{2}\right)a$	其他	D与d相差不多	$\alpha<90°$ $r=1.5d(\geqslant 25\text{mm})$ $R=r+d$ 或 $R=1.5r+d$
	壁厚$b>a$时	$a+c\leqslant b, c\approx 3\sqrt{b-a}$ 对于铸铁$h\geqslant 4c$ 对于钢$h\geqslant 5c$ $R\geqslant\left(\frac{1}{3}\sim\frac{1}{2}\right)\left(\frac{a+b}{2}\right)$		D比d大得多	$\alpha<90°$ $r=\frac{D+d}{2}(\geqslant 25\text{mm})$ $R=r+d$ $R_1=r+D$
	壁厚$b<a$时	$b+2c\leqslant a, c\approx 1.5\sqrt{a-b}$ 对于铸铁$h\geqslant 8c$ 对于钢$h\geqslant 10c$ $R\geqslant\left(\frac{1}{3}\sim\frac{1}{2}\right)\left(\frac{a+b}{2}\right)$			$L>3a$

注：1. 圆角标准整数系列（单位mm）：2,4,6,8,10,12,16,20,25,30,35,40,50,60,80,100。

2. 当壁厚大于20mm时，R取系数中的小值。

1.4.5　铸件加强肋的尺寸（表1-52）

表1-52　加强肋的形状和尺寸

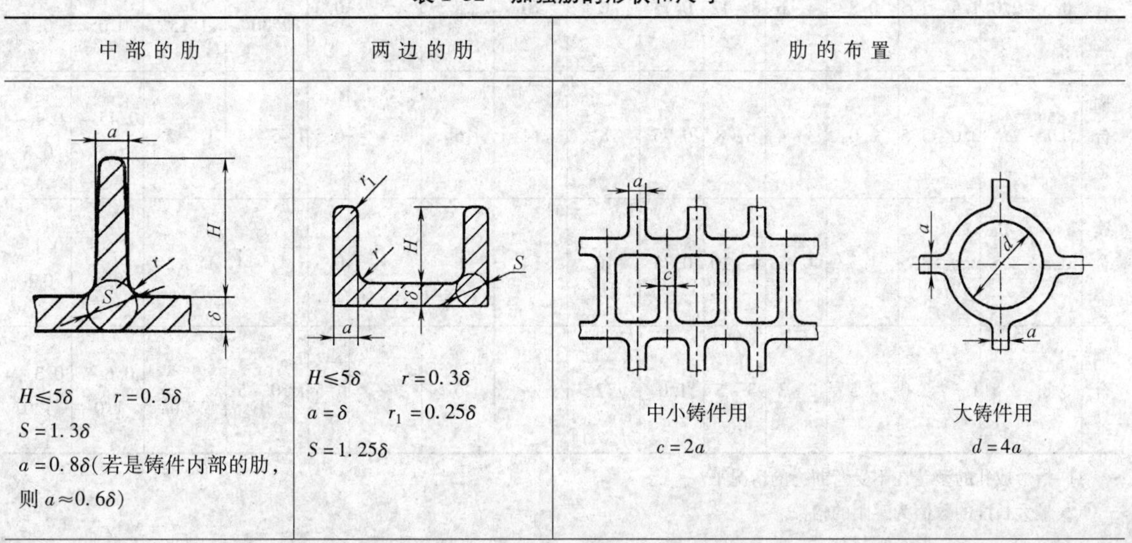

中部的肋	两边的肋	肋的布置	
$H\leqslant 5\delta$　$r=0.5\delta$ $S=1.3\delta$ $a=0.8\delta$（若是铸件内部的肋，则$a\approx 0.6\delta$）	$H\leqslant 5\delta$　$r=0.3\delta$ $a=\delta$　$r_1=0.25\delta$ $S=1.25\delta$	中小铸件用 $c=2a$	大铸件用 $d=4a$

（续）

带有肋的截面的铸件尺寸比例								

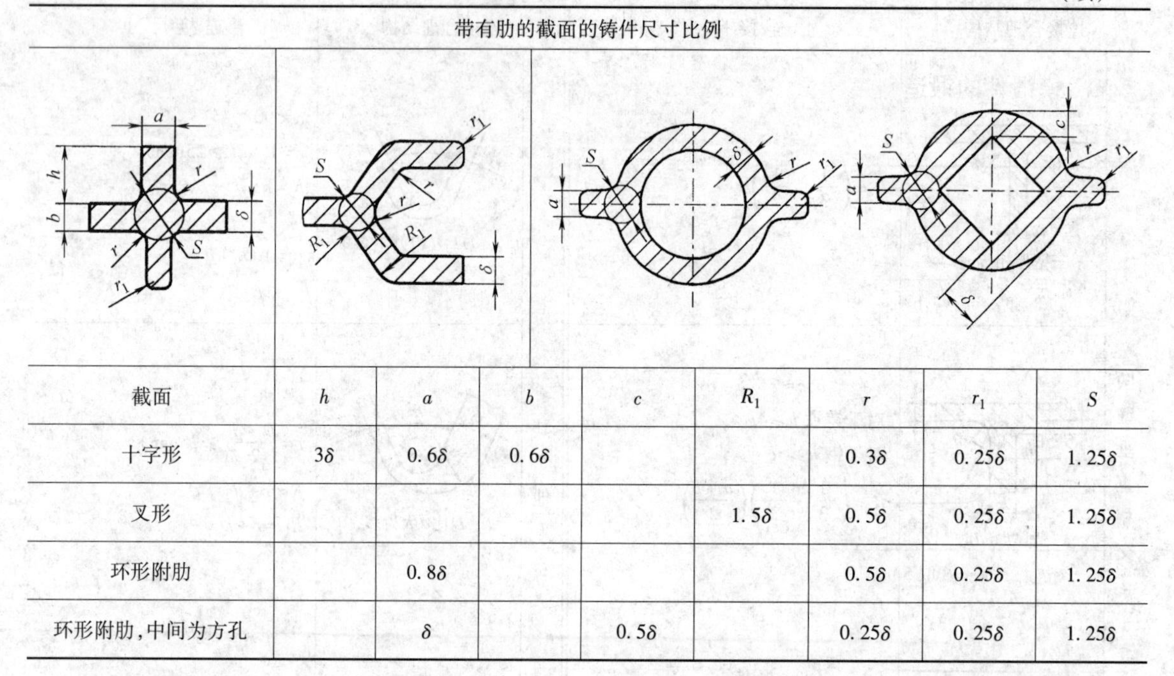

截面	h	a	b	c	R_1	r	r_1	S
十字形	3δ	0.6δ	0.6δ			0.3δ	0.25δ	1.25δ
叉形					1.5δ	0.5δ	0.25δ	1.25δ
环形附肋		0.8δ				0.5δ	0.25δ	1.25δ
环形附肋，中间为方孔		δ		0.5δ		0.25δ	0.25δ	1.25δ

1.4.6 压铸件设计的基本参数（表1-53）

表1-53 压铸件设计的基本参数参考值

合金	壁厚/mm		最小孔径/mm	孔深尺寸①（孔径的倍数）		螺纹尺寸/mm					齿最小模数	斜度		线收缩率（%）	加工余量/mm
	适宜的最小范围	正常范围		盲孔	通孔	最小螺距	最小外径		最大长度②			内侧	外侧		
							外螺纹	内螺纹	外螺纹	内螺纹					
锌合金	0.5~2.0	1.5~2.5	0.8	4~6	8~12	0.75	6	10	8	5	0.3	0°45′~2°30′	30′~1°15′	0.4~0.65	0.1~0.7
铝合金	0.8~2.5	2.0~3.5	2.0	3~4	6~8	0.75	8	14	6	4	0.5	1°45′~4°	1°~2°	0.45~0.8	0.1~0.8
镁合金	0.8~2.5	2.0~3.5	1.5	4~5	8~10	0.75	10	14	6	4	0.5	1°45′~4°	1°~2°	0.5~0.8	0.1~0.8
铜合金	0.8~2.5	1.5~3.0	2.5	2~3	3~5	1.0	12	—	6	—	1.5	1°30′~5°	45°~2°30′	0.6~1.0	0.3~1.0

① 指形成孔的型芯在不受弯曲力的情况下。

② 最大长度的数值为螺距的倍数。

1.5　模锻件设计一般规范

1.5.1　模锻件的锻造斜度和最小内外圆角半径（表1-54和表1-55）

表1-54　模锻件的锻造斜度　［单位：(°)］

锻造方法	h/b 比值	钢及合金钢		钛合金		铝合金		镁合金	
		α	β	α	β	α	β	α	β
无顶出器模具内模锻	≤1.5	5.7	7	7	7	5.7	7	7	7
	>1.5~3	7	7	7	10	7	7	7	7
	>3~5	7	7	10	12	7	7	7	10
	>5	10	10	12	15	7	10	10	12
有顶出器模具内模锻	3°~5°,采取措施可减小到1°~3°(铝合金可无斜度)								

注：图 d 截面 $\alpha=\beta$ 取5°或7°。

表1-55　模锻件的最小内外半径　（单位：mm）

壁或肋的高度 h	形状较复杂、批量较小				批量较大、锻压设备能力足够
	碳素和合金结构钢及钛合金		铝合金、镁合金		
	r	R	r	R	
≤6	1	3	1	3	内圆角半径： $r=(0.05\sim0.07)h+0.5$ 外圆角半径： $R=(2\sim3)r$(无限制腹板) $R=(2.5\sim4)r$(有限制腹板)
>6~10	1	4	1	4	
>10~18	1.5	5	1	8	
>18~30	1.5	8	1.5	10	
>30~50	2	10	2	15	
>50~75	4	15	3	20	

注：1. 所列数值适用于无限制腹板，对有限制腹板应适当加大圆角。
2. 计算值应圆整到标准系列（单位mm）：1，1.5，2，2.5，3，3.5，4，5，6，8，10，12，15，20，25，30。

1.5.2　模锻件肋的高宽比和最小距离（表1-56和表1-57）

表1-56　模锻件肋的高宽比

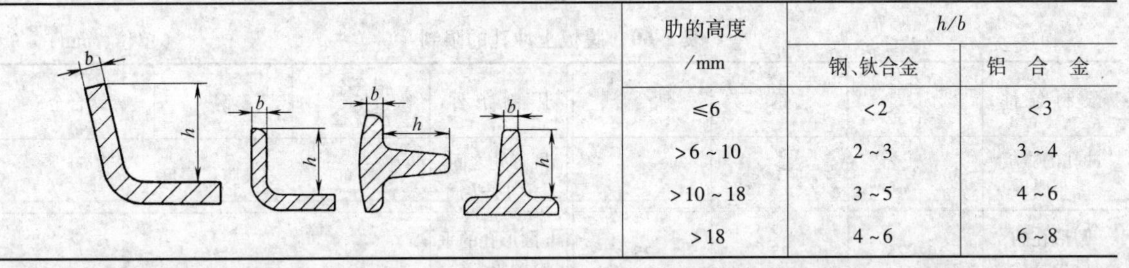

肋的高度/mm	h/b	
	钢、钛合金	铝　合　金
≤6	<2	<3
>6~10	2~3	3~4
>10~18	3~5	4~6
>18	4~6	6~8

注:对于钢、钛合金,肋的宽度 b 不小于3mm;对于铝合金,b 不小于2mm;对各种材料,b 不小于腹板厚度。

表 1-57　模锻件肋的最小距离

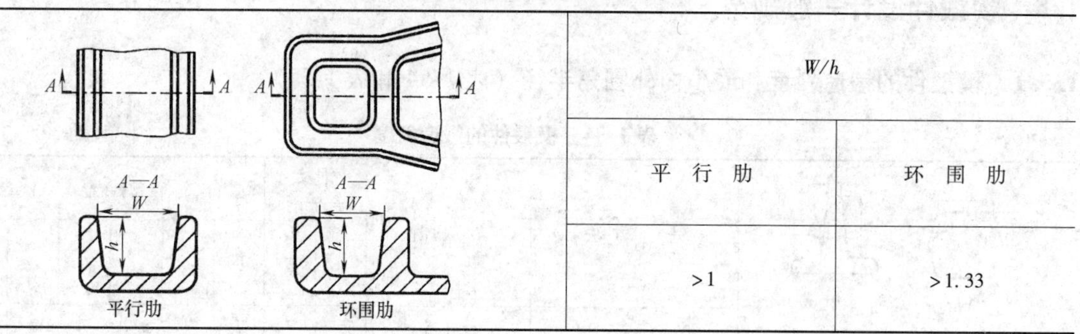

平行肋　　环围肋

W/h	
平　行　肋	环　围　肋
>1	>1.33

1.5.3　模锻件的凹腔和冲孔连皮尺寸（表 1-58 和表 1-59）

表 1-58　模锻件的凹腔深宽比值的限制

锻件形式	h/W 的最大值			
	铝合金与镁合金		钢与钛合金	
	L = W	L > W	L = W	L > W
有斜度	1	2	1	1.5
无斜度	2	3	—	—

表 1-59　模锻件的冲孔连皮尺寸　　（单位：mm）

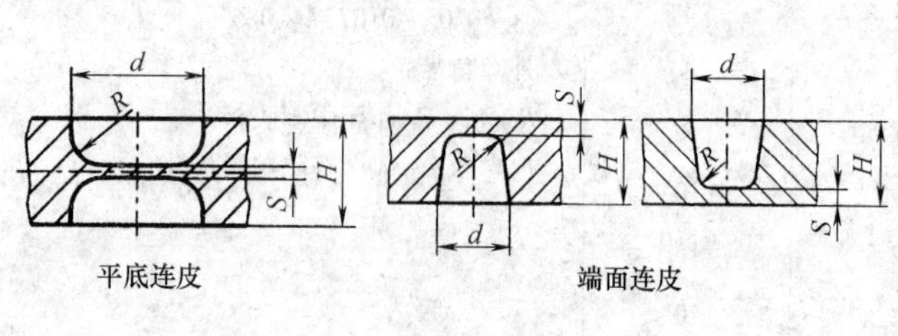

平底连皮　　端面连皮

冲孔连皮一般采用平底连皮及端面连皮。后者主要用在高度不大，可用简单的开式套模的模锻件

d	H ≤25		>25~50		>50~75		<75~100	
	连皮尺寸							
	S	R	S	R	S	R	S	R
≤50	3	4	4	6	5	8	6	14
		5		8		12		16
>50~70	4	5	5	8	6	10	7	16
		8		10		14		18
>70~100	5	6	6	10	7	12	8	18
		8		12		16		20

注：表中 R 值中，上面数值属平底连皮，下面数值属端面连皮。

1.5.4　锻件腹板上冲孔的限制（表 1-60）

表 1-60　腹板上冲孔的限制　　（单位：mm）

限制条件	铝合金 镁合金	钢	钛合金	限制条件	铝合金 镁合金	钢	钛合金
冲孔的腹板最小厚度	3	3	6	圆形孔之间最小距离	2×腹板厚度		
圆形孔的最小直径	12~25	25	25	非圆形孔的垂直圆角半径	≥6		

1.6　冲压件设计一般规范

1.6.1　冲裁件（表 1-61 ~ 表 1-67）

表 1-61　冲裁最小尺寸　（单位：mm）

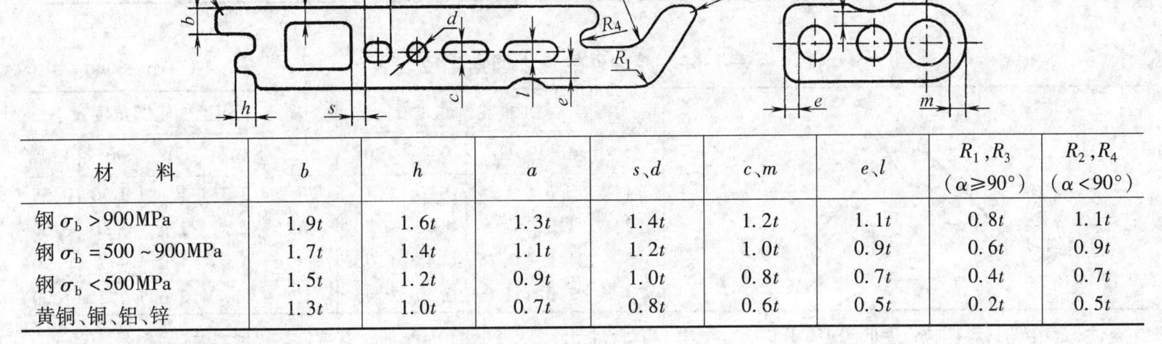

材　料	b	h	a	s、d	c、m	e、l	R_1，R_3（$\alpha \geqslant 90°$）	R_2，R_4（$\alpha < 90°$）
钢 $\sigma_b > 900\text{MPa}$	1.9t	1.6t	1.3t	1.4t	1.2t	1.1t	0.8t	1.1t
钢 $\sigma_b = 500 \sim 900\text{MPa}$	1.7t	1.4t	1.1t	1.2t	1.0t	0.9t	0.6t	0.9t
钢 $\sigma_b < 500\text{MPa}$	1.5t	1.2t	0.9t	1.0t	0.8t	0.7t	0.4t	0.7t
黄铜、铜、铝、锌	1.3t	1.0t	0.7t	0.8t	0.6t	0.5t	0.2t	0.5t

注：1. t 为材料厚度。

2. 若冲裁件结构无特殊要求，应采用大于表中所列数值。

3. 当采用整体凹模时，冲裁件轮廓应避免清角。

表 1-62　最小可冲孔眼的尺寸　（单位：mm）

材　料	圆孔直径	方孔边长	长方孔 短边（径）长	长圆孔 短边（径）长	材　料	圆孔直径	方孔边长	长方孔 短边（径）长	长圆孔 短边（径）长
钢（$\sigma_b > 700\text{MPa}$）	1.5t	1.3t	1.2t	1.1t	铝、锌	0.8t	0.7t	0.6t	0.5t
钢（$\sigma_b > 500 \sim 700\text{MPa}$）	1.3t	1.2t	t	0.9t	胶木、胶布板	0.7t	0.6t	0.5t	0.4t
钢（$\sigma_b \leqslant 500\text{MPa}$）	t	0.9t	0.8t	0.7t	纸板	0.6t	0.5t	0.4t	0.3t
黄铜、铜	0.9t	0.8t	0.7t	0.6t					

注：表中 t 为板厚。当板厚 <4mm 时可以冲出垂直孔，而当板厚 >4 ~ 5mm 时，则孔的每边须做出 6° ~ 10°的斜度。

表 1-63　孔的位置安排

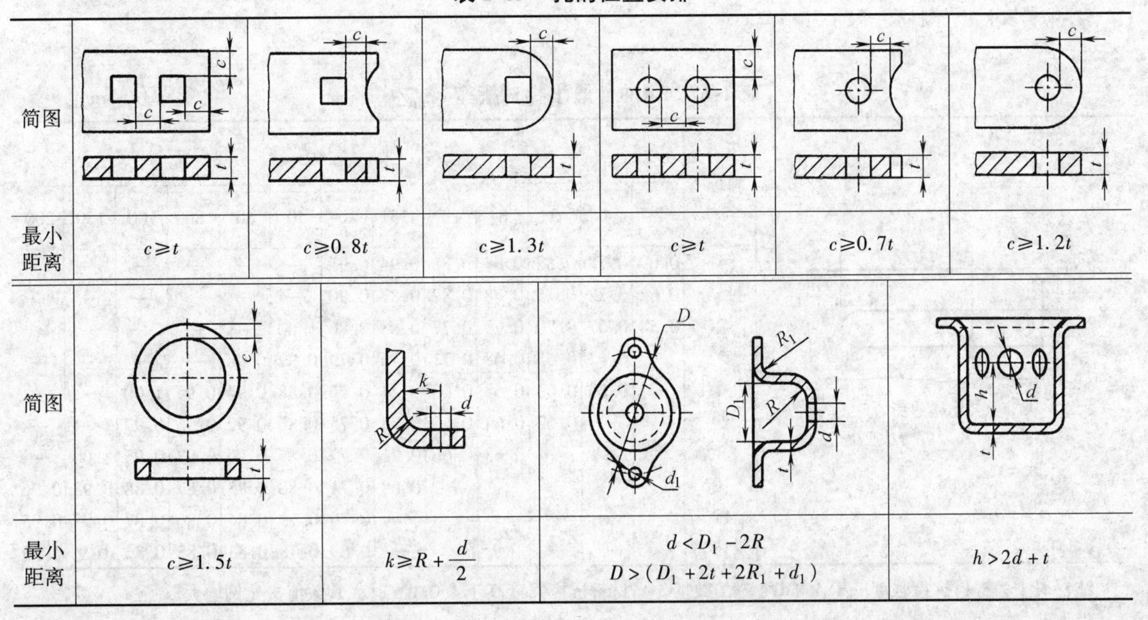

简图	（图）	（图）	（图）	（图）	（图）	（图）
最小距离	$c \geqslant t$	$c \geqslant 0.8t$	$c \geqslant 1.3t$	$c \geqslant t$	$c \geqslant 0.7t$	$c \geqslant 1.2t$

简图	（图）	（图）	（图）	（图）
最小距离	$c \geqslant 1.5t$	$k \geqslant R + \dfrac{d}{2}$	$d < D_1 - 2R$ $D > (D_1 + 2t + 2R_1 + d_1)$	$h > 2d + t$

表 1-64 冲裁件最小许可宽度与材料的关系

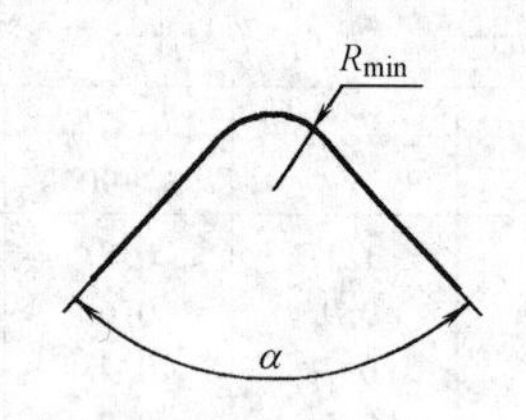

材料	最小值		
	B_1	B_2	B_3
中等硬度的钢	$1.25t$	$0.8t$	$1.5t$
高碳钢和合金钢	$1.65t$	$1.1t$	$2t$
有色合金	t	$0.6t$	$1.2t$

表 1-65 精冲件的最小圆角半径 （单位：mm）

料厚	工件轮廓角度 α				料厚	工件轮廓角度 α			
	30°	60°	90°	120°		30°	60°	90°	120°
1	0.6	0.25	0.20	0.15	5	2.3	1.1	0.70	0.55
2	1.0	0.5	0.30	0.20	6	2.9	1.4	0.90	0.65
3	1.5	0.75	0.45	0.35	8	3.9	1.9	1.2	0.90
4	2.0	1.0	0.60	0.45	10	5	2.6	1.5	1.00

注：表中为材料抗拉强度低于 450MPa 时的数据。当材料抗拉强度高于 450MPa 时，其数值按比例增大。

表 1-66 精冲件最小孔径 d_{min}、孔边距 b_{min} 及孔心距 a_{min} 的极限值

材料抗拉强度 σ_b /MPa	d_{min}	b_{min}	a_{min}
150	$(0.3\sim0.4)t$	$(0.25\sim0.35)t$	$(0.2\sim0.3)t$
300	$(0.45\sim0.55)t$	$(0.35\sim0.45)t$	$(0.3\sim0.4)t$
450	$(0.65\sim0.7)t$	$(0.5\sim0.55)t$	$(0.45\sim0.5)t$
600	$(0.85\sim0.9)t$	$(0.7\sim0.75)t$	$(0.6\sim0.65)t$

注：薄料取上限，厚料取下限，t 为料厚。

表 1-67 精冲件最小相对槽宽 e_{min}/t （单位：mm）

最小槽边距 $f_{min}=(1.1\sim1.2)e_{min}$

料厚 t	槽长 l												
	2	4	6	8	10	15	20	40	60	80	100	150	200
1	0.69	0.78	0.82	0.84	0.88	0.94	0.97	—	—	—	—	—	—
1.5	0.62	0.72	0.75	0.78	0.82	0.87	0.90	—	—	—	—	—	—
2	0.58	0.67	0.70	0.73	0.77	0.83	0.86	1.00	—	—	—	—	—
3	—	0.62	0.65	0.68	0.71	0.76	0.79	0.92	0.98	—	—	—	—
4	—	0.60	0.63	0.65	0.68	0.74	0.76	0.88	0.94	0.97	1.00	—	—
5	—	—	0.62	0.64	0.67	0.73	0.75	0.86	0.92	0.95	0.97	—	—
8	—	—	—	0.63	0.66	0.71	0.73	0.85	0.90	0.93	0.95	1.00	—
10	—	—	—	—	—	0.68	0.71	0.80	0.85	0.87	0.88	0.93	0.96
12	—	—	—	—	—	—	0.70	0.79	0.84	0.86	0.87	0.92	0.95
15	—	—	—	—	—	—	0.69	0.78	0.83	0.85	0.86	0.9	0.93

注：表中为材料抗拉强度低于 450MPa 时的数据。当材料抗拉强度高于 450MPa 时，其数值按比例增大。

1.6.2　弯曲件（表 1-68 ~ 表 1-70）

表 1-68　弯曲件最小弯曲半径　（单位：mm）

材　料	退火或正火状态		冷作硬化		材　料	退火或正火状态		冷作硬化	
	弯曲线位置					弯曲线位置			
	垂直于轧制方向	平行于轧制方向	垂直于轧制方向	平行于轧制方向		垂直于轧制方向	平行于轧制方向	垂直于轧制方向	平行于轧制方向
08,10,Q215A	0	0.4t	0.4t	0.8t	铝	0.1	0.3t	0.3t	0.8t
15,20,Q235A	0.1t	0.5t	0.5t	1.0t	纯铜	0.1	0.3t	1.0t	2.0t
25,30,Q255A	0.2t	0.6t	0.6t	1.2t	H62 黄铜	0.1	0.3t	0.4t	0.8t
35,40	0.3t	0.8t	0.8t	1.5t	软杜拉铝	1.0t	1.5t	1.5t	2.5t
45,50	0.5t	1.0t	1.0t	1.7t	硬杜拉铝	2.0t	3.0t	3.0t	4.0t
55,50,65Mn	0.7t	1.3t	1.3t	2.0t					

注：1. t 为材料厚度（mm）。

2. 当弯曲线与轧制纹路成一定角度时，视角度大小可采用中间数值。

3. 对冲裁或剪裁后未经退火的窄料，弯曲时应按照冷作硬化的情况选用弯曲半径。

4. 在弯曲厚板时（板厚 8mm 以上），弯曲半径应选用较大数值。

表 1-69　弯曲件尾部弯出长度

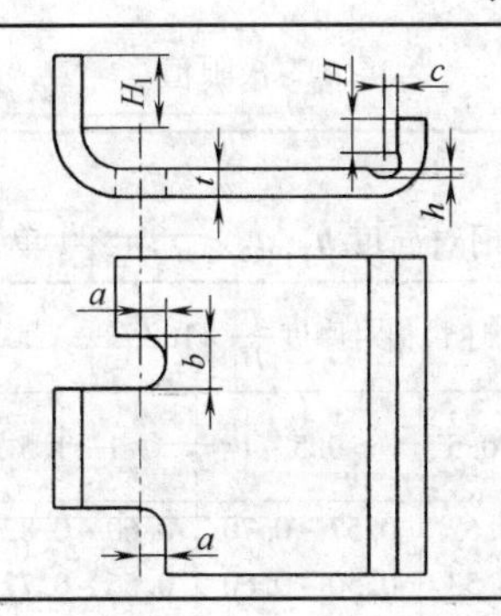

$H_1 > 2t$（弯出零件圆角中心以上的长度）

$H < 2t$

$b > t$

$a < t$

$c = 3 \sim 6\text{mm}$

$h = (0.1 \sim 0.3)t$，且$\geqslant$3mm

表 1-70　管子最小弯曲半径　（单位：mm）

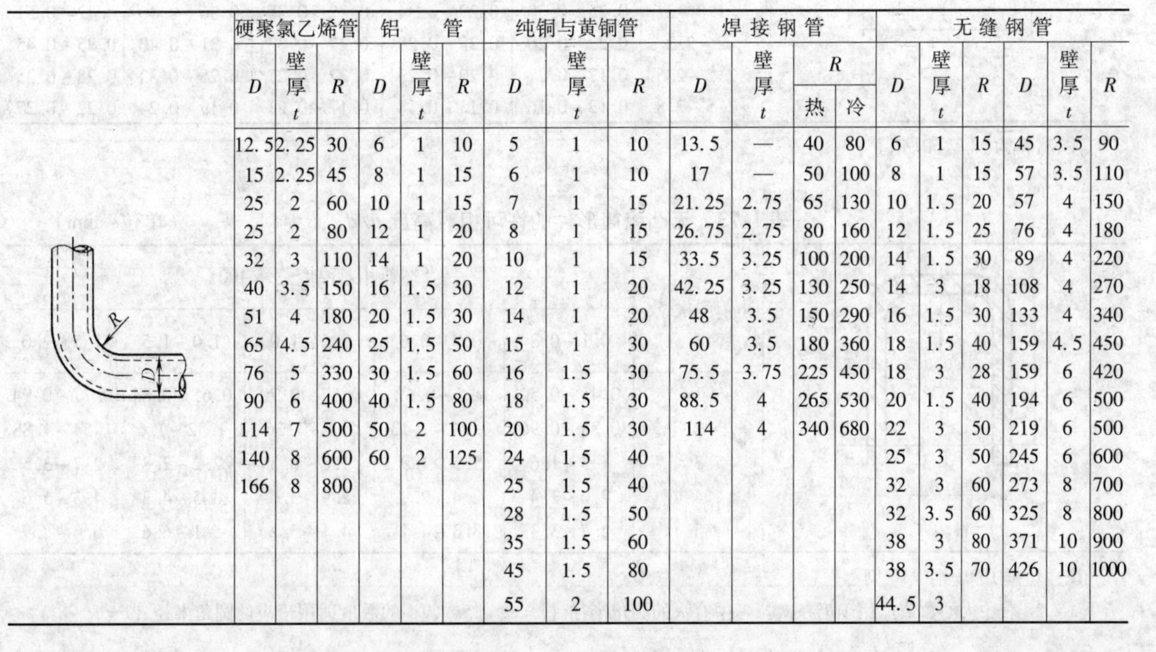

硬聚氯乙烯管			铝　管			纯铜与黄铜管			焊接钢管				无缝钢管					
D	壁厚 t	R	D	壁厚 t	R	D	壁厚 t	R	D	壁厚 t	R 热	R 冷	D	壁厚 t	R	D	壁厚 t	R
12.5	2.25	30	6	1	10	5	1	10	13.5	—	40	80	6	1	15	45	3.5	90
15	2.25	45	8	1	15	6	1	10	17	—	50	100	8	1	15	57	3.5	110
25	2	60	10	1	15	7	1	15	21.25	2.75	65	130	10	1.5	20	57	4	150
25	2	80	12	1	20	8	1	15	26.75	2.75	80	160	12	1.5	25	76	4	180
32	3	110	14	1	20	10	1	15	33.5	3.25	100	200	14	1.5	30	89	4	220
40	3.5	150	16	1.5	30	12	1	20	42.25	3.25	130	250	14	3	18	108	4	270
51	4	180	20	1.5	30	14	1	20	48	3.5	150	290	16	1.5	30	133	4	340
65	4.5	240	25	1.5	50	15	1	30	60	3.5	180	360	18	1.5	40	159	4.5	450
76	5	330	30	1.5	60	16	1.5	30	75.5	3.75	225	450	18	3	28	159	6	420
90	6	400	40	1.5	80	18	1.5	30	88.5	4	265	530	20	1.5	40	194	6	500
114	7	500	50	2	100	20	1.5	30	114	4	340	680	22	3	50	219	6	500
140	8	600	60	2	125	24	1.5	40					25	3	50	245	6	600
166	8	800				25	1.5	40					32	3	60	273	8	700
						28	1.5	50					32	3.5	60	325	8	800
						35	1.5	60					38	3	80	371	10	900
						45	1.5	80					38	3.5	70	426	10	1000
						55	2	100					44.5	3				

1.6.3　拉延伸件（表1-71～表1-74）

表1-71　箱形零件的圆角半径、法兰边宽度和工件高度

项目	材料	圆角半径	材料厚度 t/mm <0.5	材料厚度 t/mm >0.5～3	材料厚度 t/mm >3～5
R_1、R_2	软钢	R_1	$(5\sim7)t$	$(3\sim4)t$	$(2\sim3)t$
		R_2	$(5\sim10)t$	$(4\sim6)t$	$(2\sim4)t$
	黄铜	R_1	$(3\sim5)t$	$(2\sim3)t$	$(1.5\sim2.0)t$
		R_2	$(5\sim7)t$	$(3\sim5)t$	$(2\sim4)t$
$\frac{H}{R_0}$当$R_0>0.14B$　$R_1\geqslant1$	材料		比值		
	酸洗钢		4.0～4.5	当$\frac{H}{R_0}$需大于左列数值时，则应采用多次拉深工序	
	冷拉钢、铝、黄铜、铜		5.5～6.5		
B	$\leqslant R_2+(3\sim5)t$				
R_3	$\geqslant R_0+B$				

表1-72　有凸缘筒形件第一次拉延的许可相对高度 h_1/d_1　（单位：mm）

凸缘相对直径$\frac{d_f}{d_1}$	坯料相对厚度$\frac{t}{D}\times100$ >0.06～0.2	>0.2～0.5	>0.5～1	>1～1.5	>1.5
≤1.1	0.45～0.52	0.50～0.62	0.57～0.70	0.60～0.82	0.75～0.90
>1.1～1.3	0.40～0.47	0.45～0.53	0.50～0.60	0.56～0.72	0.65～0.80
>1.3～1.5	0.35～0.42	0.40～0.48	0.45～0.53	0.50～0.63	0.58～0.70
>1.5～1.8	0.29～0.35	0.34～0.39	0.37～0.44	0.42～0.53	0.48～0.58
>1.8～2	0.25～0.30	0.29～0.34	0.32～0.38	0.36～0.46	0.42～0.51
>2～2.2	0.22～0.20	0.25～0.29	0.27～0.33	0.31～0.40	0.35～0.45
>2.2～2.5	0.17～0.21	0.20～0.23	0.22～0.27	0.25～0.32	0.28～0.35
>2.5～2.8	0.13～0.16	0.15～0.18	0.17～0.21	0.19～0.24	0.22～0.27

注：材料为08钢、10钢。

表1-73　无凸缘筒形件的许可相对高度 h/d　（单位：mm）

拉延次数	坯料相对厚度$\frac{t}{D}\times100$ 0.1～0.3	0.3～0.6	0.6～1.0	1.0～1.5	1.5～2.0
1	0.45～0.52	0.5～0.62	0.57～0.70	0.65～0.84	0.77～0.94
2	0.83～0.96	0.94～1.13	1.1～1.36	1.32～1.6	1.54～1.88
3	1.3～1.6	1.5～1.9	1.8～2.3	2.2～2.8	2.7～3.5
4	2.0～2.4	2.4～2.9	2.9～3.6	3.5～4.3	4.3～5.6
5	2.7～3.3	3.3～4.1	4.1～5.2	5.1～6.6	6.6～8.9

c—修边余量

注：1. 适用08钢、10钢。

2. 表中大的数值适用于第一次拉延中有大的圆角半径（$r=8t\sim15t$），小的数值适用于小的圆角半径（$r=4t\sim8t$）。

表 1-74　有凸缘拉延件的修边余量 $c/2$　　（单位：mm）

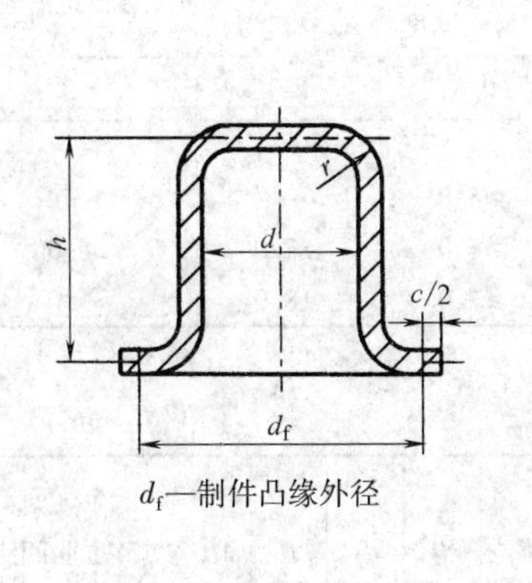

d_f—制件凸缘外径

凸缘直径 d_f	凸缘的相对直径 $\frac{d_f}{d}$			
	≤1.5	>1.5~2	>2~2.5	>2.5
≤25	1.8	1.6	1.4	1.2
25~50	2.5	2	1.8	1.6
50~100	3.5	3	2.5	2.2
100~150	4.3	3.6	3	2.5
150~200	5	4.2	3.5	2.7
200~250	5.5	4.6	3.8	2.8
>250	6	5	4	3

1.6.4　成形件（表 1-75 ~ 表 1-81）

表 1-75　内孔一次翻边的参考尺寸

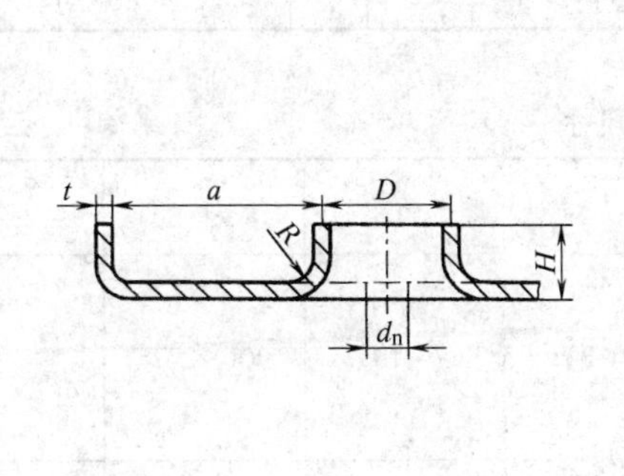

翻边直径（中径）D	根据结构确定
翻边圆角半径 R	$R \geqslant 1 + 1.5t$
翻边系数 K $K = \frac{d_0}{D}$	软钢 $K \geqslant 0.70$ 黄铜 H62（$t = 0.5 \sim 6$）$K \geqslant 0.68$ 铝（$t = 0.5 \sim 5$）$K \geqslant 0.70$
翻边高度 H	$H = \frac{D}{2}(1-K) + 0.43R + 0.72t$
翻边孔至外缘的距离 a	$a > (7 \sim 8)t$

注：1. 若翻边高度较高，一次翻边不能满足要求时，可采用拉深、翻边复合工艺。

2. 翻边后孔壁减薄，如变薄量有特殊要求，应予注明。

表 1-76　缩口时直径缩小的合理比例

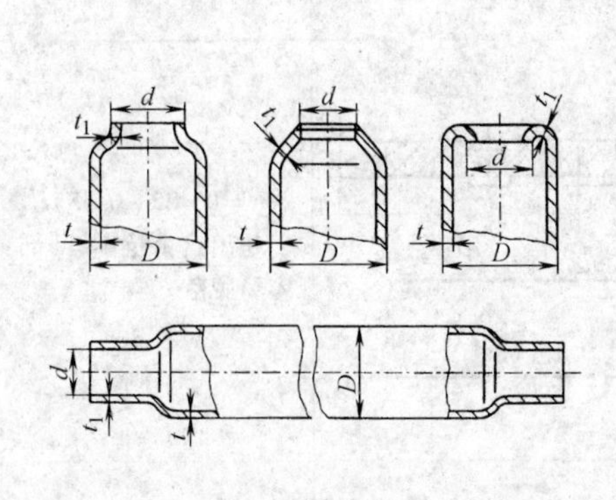

$\frac{D}{t} \leqslant 10$ 时；$d \geqslant 0.7D$

$\frac{D}{t} > 10$ 时：$d = (1-k)D$

式中，k 推荐值如下：

钢制件 $k = 0.1 \sim 0.15$；铝制件 $k = 0.15 \sim 0.2$

箍压部分壁厚将增加

$$t_1 = t\sqrt{\frac{D}{d}}$$

表 1-77　卷边直径 *d*　　（单位：mm）

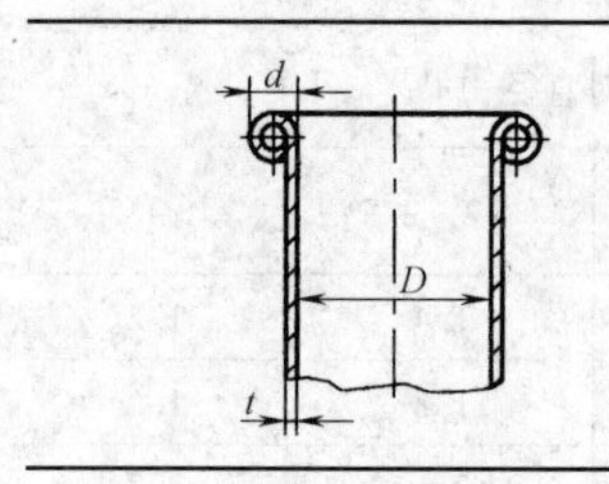

工件直径 D	材料厚度 t				
	0.3	0.5	0.8	1.0	2.0
≤50	≥2.5	≥3.0	—	—	—
>50～100	≥3.0	≥4.0	≥5.0	—	—
>100～200	≥4.0	≥5.0	≥6.0	≥7.0	≥8.0
>200	≥5.0	≥6.0	≥7.0	≥8.0	≥9.0

表 1-78　角部加强肋的参考尺寸　　（单位：mm）

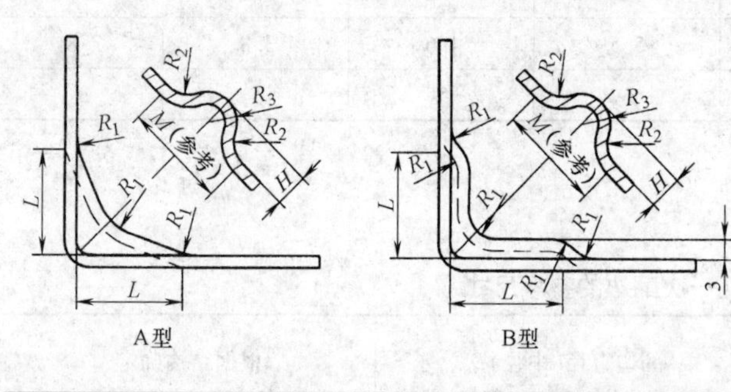

L	型式	R_1	R_2	R_3	H	M（参考）	肋间距
12.5	A	6	9	5	3	18	65
20	A	8	16	7	5	29	75
32	B	9	22	8	7	38	90

表 1-79　平面肋的参考尺寸

肋的形式	R	h	B	r	α
半圆肋	$(3\sim4)t$	$(2\sim3)t$	$(7\sim10)t$	$(1\sim2)t$	
梯形肋		$(1.5\sim2)t$	$\geqslant 3h$	$(0.5\sim1.5)t$	15°～30°

表 1-80　加强窝的间距及其至外缘的距离（单位：mm）

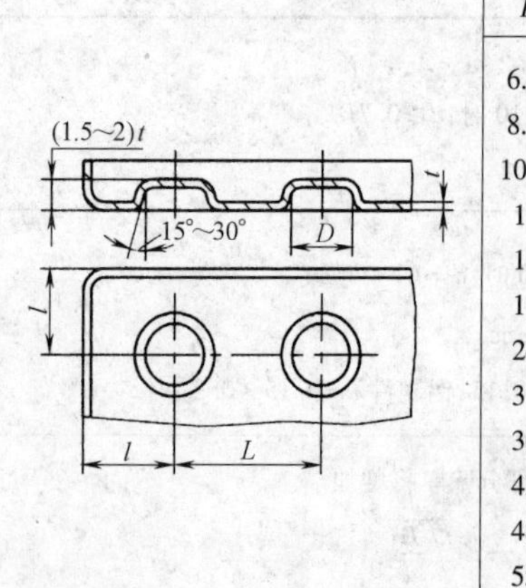

D	L	l
6.5	10	6
8.5	13	7.5
10.5	15	9
13	18	11
15	22	13
18	26	16
24	34	20
31	44	26
36	51	30
43	60	35
48	68	40
55	78	45

表 1-81　冲出凸部的高度

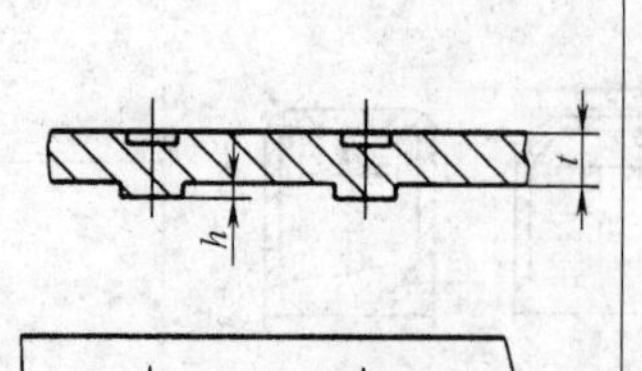

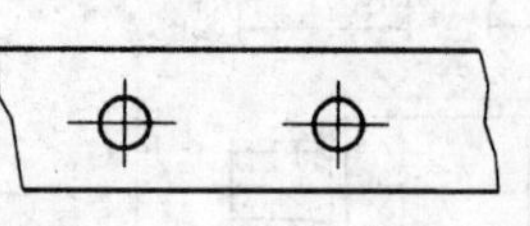

$h=(0.25\sim0.35)t$

超出这个范围，凸部容易脱落

1.7　塑料件设计一般规范（表 1-82 ~ 表 1-92）

表 1-82　常用热塑性塑料件壁厚推荐值　（单位：mm）

材　料	小型件最小壁厚	小型件推荐壁厚	中型件推荐壁厚	大型件推荐壁厚
聚乙烯	0.60	1.25	1.60	2.4 ~ 3.2
聚丙烯	0.85	1.45	1.75	2.4 ~ 3.2
聚苯乙烯	0.75	1.25	1.60	3.2 ~ 5.4
改性聚苯乙烯	0.75	1.25	1.60	3.2 ~ 5.4
聚氯乙烯(硬)	1.15	1.60	1.80	3.2 ~ 5.8
聚氯乙烯(软)	0.85	1.25	1.50	2.4 ~ 3.2
聚酰胺	0.45	0.75	1.50	2.4 ~ 3.2
聚甲醛	0.80	1.40	1.60	3.2 ~ 5.4
聚苯醚	1.20	1.75	2.50	3.5 ~ 6.4
聚碳酸酯	0.95	1.80	2.30	3.0 ~ 4.5
聚砜	0.95	1.80	2.30	3.0 ~ 4.5
氯化聚醚	0.90	1.35	1.80	2.5 ~ 3.4
醋酸纤维素	0.70	1.25	1.90	3.2 ~ 4.8
乙基纤维素	0.90	1.25	1.60	2.4 ~ 3.2
有机玻璃(372)	0.80	1.50	2.20	4.0 ~ 6.5
丙烯酸类	0.70	0.90	2.40	3.0 ~ 6.0

表 1-83　塑料件脱模斜度

材料名称	型　腔　α_1	型　芯　α_2
聚酰胺(普通)	20′ ~ 40′	25′ ~ 40′
聚酰胺(增强)	20′ ~ 50′	20′ ~ 40′
聚乙烯	25′ ~ 45′	20′ ~ 45′
聚甲醛	35′ ~ 1°30′	30′ ~ 1°
聚氯醚	25′ ~ 45′	20′ ~ 45′
聚碳酸酯	35′ ~ 1°	30′ ~ 50′
聚苯乙烯	35′ ~ 1°30′	30′ ~ 1°
有机玻璃	35′ ~ 1°30′	30′ ~ 1°
ABS 塑料	40′ ~ 1°20′	30′ ~ 1°

表 1-84　孔的尺寸关系（最小值）　（单位：mm）

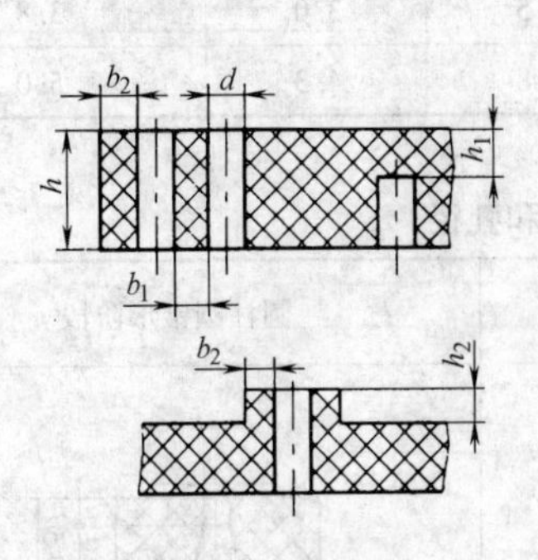

当 $b_2 \geqslant 0.3$mm 时，采用 $h_2 \leqslant 3b_2$

孔　径 d	孔深与孔径比 h/d		边距尺寸		盲孔的最小厚度 h_1
	制件边孔	制件中孔	b_1	b_2	
≤2	2.0	3.0	0.5	1.0	1.0
>2 ~ 3	2.3	3.5	0.8	1.25	1.0
>3 ~ 4	2.5	3.8	0.8	1.5	1.2
>4 ~ 6	3.0	4.8	1.0	2.0	1.5
>6 ~ 8	3.4	5.0	1.2	2.3	2.0
>8 ~ 10	3.8	5.5	1.5	2.8	2.5
>10 ~ 14	4.6	6.5	2.2	3.8	3.0
>14 ~ 18	5.0	7.0	2.5	4.0	3.0
>18 ~ 30			4.0	4.0	4.0
>30			5.0	5.0	5.0

表1-85　圆角尺寸

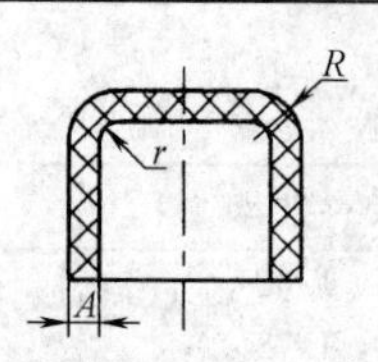	$R=1.5A$ $r=0.5A$

表1-86　孔深与直径的关系

成型方法		通　孔	盲　孔
压　塑	横　孔	$2.5D$	$<1.5D$
	竖　孔	$5D$	$<2.5D$
挤塑、注射		$10D$	$(4\sim5)D$

注：D为孔的直径。

表1-87　加强肋的尺寸参数

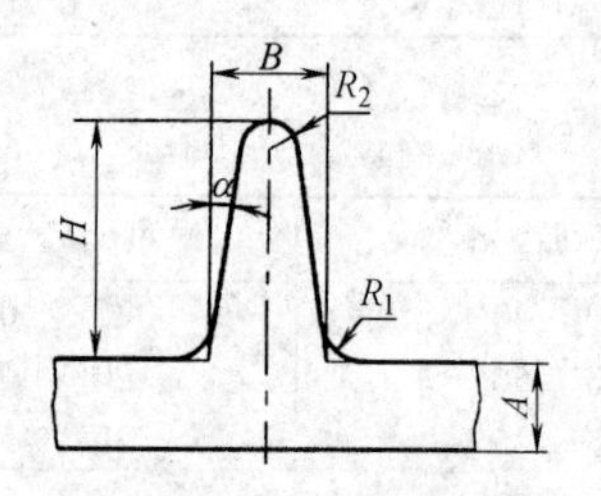	$B=\frac{A}{2}$ $H=3A$ $R_1=\frac{A}{8}$ $R_2=\frac{A}{4}$	$\alpha=2°\sim5°$

表1-88　螺纹孔的尺寸关系（最小值）　　（单位：mm）

图	螺纹直径	边距尺寸		不通螺纹孔最小底厚
		b_1	b_2	h_1
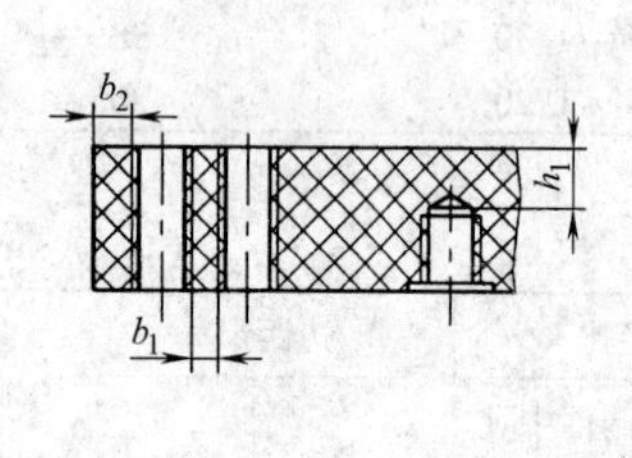	≤3	1.3	2.0	2.0
	>3~6	2.0	2.5	3.0
	>6~10	2.5	3.0	3.8
	>10	3.8	4.3	5.0

表1-89　用成型型芯制出通孔的孔深和孔径

凸模形式	圆锥形阶段	圆柱形阶段	圆柱圆锥形阶段
单边凸模	d, $1.5d$, $2d$, $H=3.5d$, $2d$	d, $1.5d$, $2d$, $H=3.5d$, $2d$	d, $2d$, d, $H=4.5d$, $2d$, $1.5d$

（续）

凸模形式	圆锥形阶段	圆柱形阶段	圆柱圆锥形阶段
双边凸模			

表 1-90　螺纹成型部分的退刀尺寸　（单位：mm）

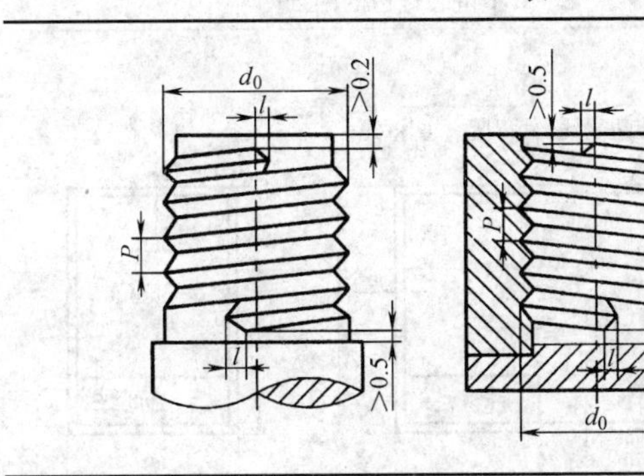

螺纹大径 d_0	螺距 P		
	<0.5	>0.5～1	>1
	退刀尺寸 l		
≤10	1	2	3
>10～20	2	2	4
>20～34	2	4	6
>34～52	3	6	8
>52	3	8	10

表 1-91　滚花的推荐尺寸　（单位：mm）

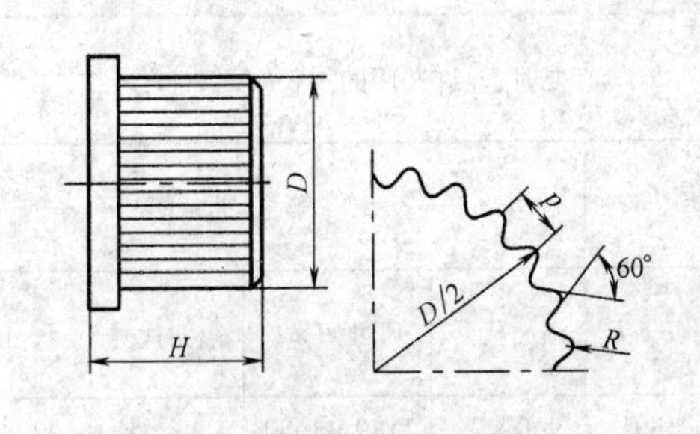

制件直径 D	滚花的距离		$\frac{D}{H}$
	齿距 p	半径 R	
≤18	1.2～1.5	0.2～0.3	1
>18～50	1.5～2.5	0.3～0.5	1.2
>50～80	2.5～3.5	0.5～0.7	1.5
>80～120	3.5～4.5	0.7～1	1.5

表 1-92　金属嵌件周围及顶部塑料厚度　（单位：mm）

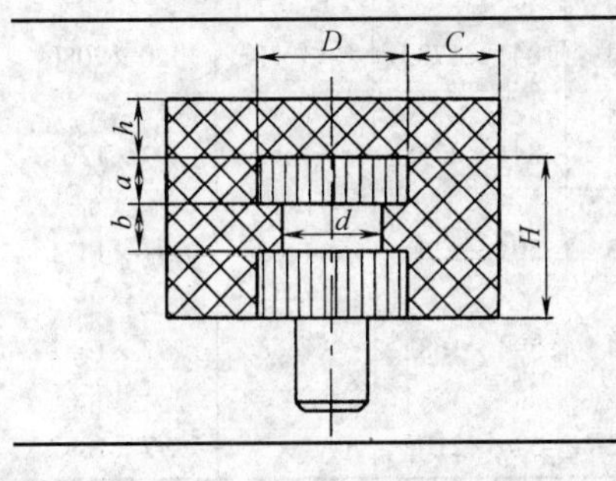

圆柱类嵌件尺寸

$H=D$　$a=0.3H$

$b=0.3H$　$d=0.75D$

在特殊情况下，H 值最大不超过 $2D$

嵌件直径 D	周围最小厚度 C	顶部最小厚度 h
<4	1.5	1.0
>4～8	2.0	1.5
>8～12	3.0	2.0
>12～16	4.0	2.5
>16～25	5.0	3.0

第 2 章　常用机械基础标准

2.1　机械制图

2.1.1　机械制图基本标准

2.1.1.1　图纸幅面和格式（表 2-1）

表 2-1　图纸幅面和格式（摘自 GB/T 14689—2008）

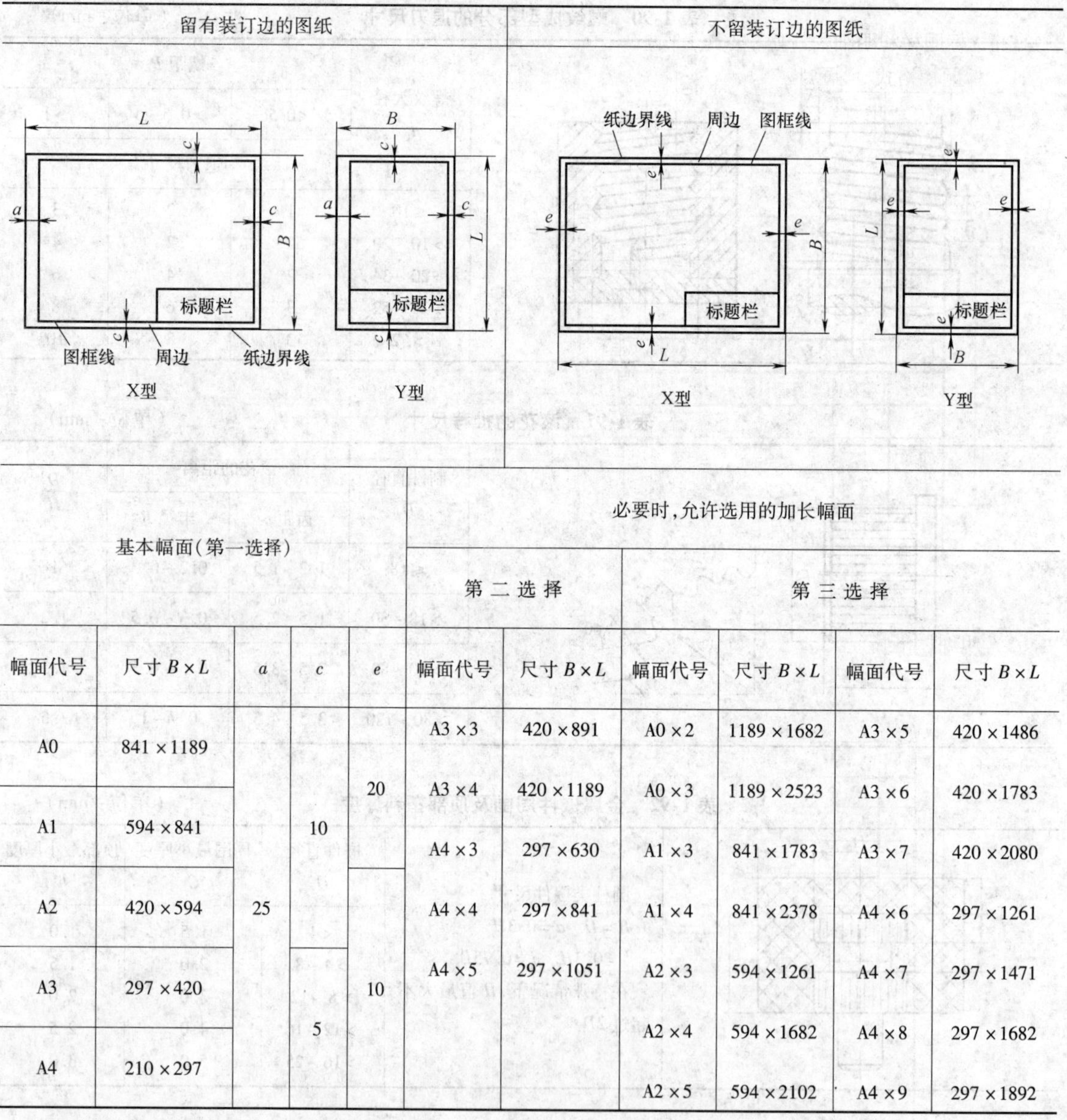

基本幅面(第一选择)					必要时，允许选用的加长幅面					
					第二选择		第三选择			
幅面代号	尺寸 $B\times L$	a	c	e	幅面代号	尺寸 $B\times L$	幅面代号	尺寸 $B\times L$	幅面代号	尺寸 $B\times L$
A0	841×1189	25	10	20	A3×3	420×891	A0×2	1189×1682	A3×5	420×1486
					A3×4	420×1189	A0×3	1189×2523	A3×6	420×1783
A1	594×841				A4×3	297×630	A1×3	841×1783	A3×7	420×2080
A2	420×594			10	A4×4	297×841	A1×4	841×2378	A4×6	297×1261
A3	297×420		5		A4×5	297×1051	A2×3	594×1261	A4×7	297×1471
							A2×4	594×1682	A4×8	297×1682
A4	210×297						A2×5	594×2102	A4×9	297×1892

注：加长幅面的图框尺寸，按所选用的基本幅面大一号的图框尺寸确定。例如 A2×3 的图框尺寸，按 A1 的图框尺寸确定，即 e 为 20（或 c 为 10）；对 A3×4 则按 A2 的图框尺寸确定，即 e 为 10（或 c 为 10）。

2.1.1.2　图样比例（表2-2）

表2-2　图样比例（摘自GB/T 14690—1993）

种　类	比　例			必要时,允许选取的比例				
原值比例	1:1							
缩小比例	1:2 $1:2\times10^n$	1:5 $1:5\times10^n$	1:10 $1:1\times10^n$	1:1.5 $1:1.5\times10^n$	1:2.5 $1:2.5\times10^n$	1:3 $1:3\times10^n$	1:4 $1:4\times10^n$	1:6 $1:6\times10^n$
放大比例	5:1 $5\times10^n:1$	2:1 $2\times10^n:1$	$1\times10^n:1$	4:1 $4\times10^n:1$	2.5:1 $2.5\times10^n:1$			

注：n为正整数。

2.1.1.3　标题栏和明细栏（摘自GB/T 10609.1—2008、GB/T 10609.2—2009）

1）标题栏格式

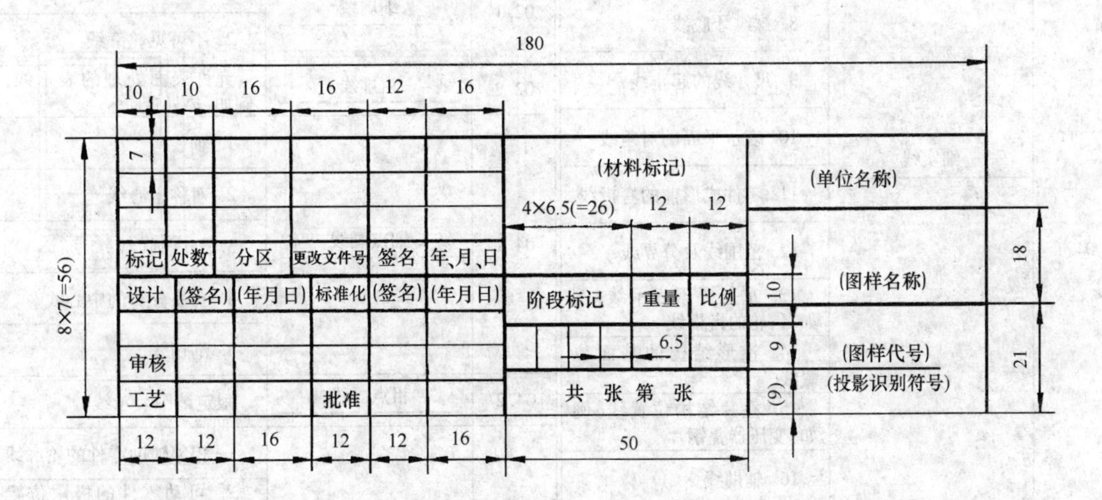

2）明细栏格式

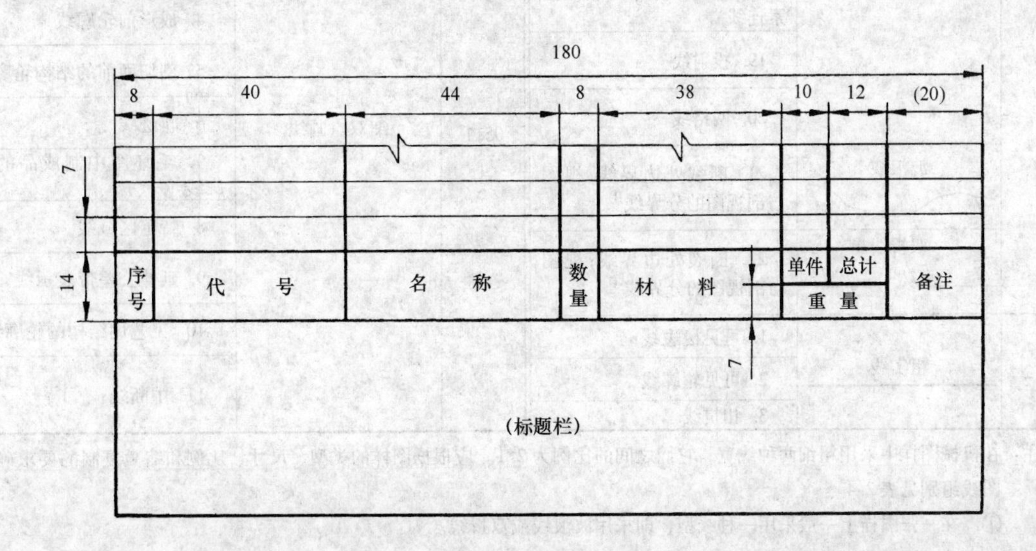

2.1.1.4　图线（表2-3、表2-4）

表2-3　线型及应用（摘自GB/T 4457.4—2002）

代码No	线　型	一般应用
01.1	细实线	1. 过渡线
		2. 尺寸线
		3. 尺寸界线
		4. 指引线和基准线
		5. 剖面线
		6. 重合断面的轮廓线
		7. 短中心线
		8. 螺纹牙底线
		9. 尺寸线的起止线
		10. 表示平面的对角线
		11. 零件成形前的弯折线
		12. 范围线及分界线
		13. 重复要素表示线，例如：齿轮的齿根线
		14. 锥形结构的基面位置线
		15. 叠片结构位置线，例如：变压器叠钢片
		16. 辅助线
		17. 不连续同一表面连线
		18. 成规律分布的相同要素连线
		19. 投射线
		20. 网格线
	波浪线	21. 断裂处边界线；视图与剖视图的分界线①
	双折线	22. 断裂处边界线；视图与剖视图的分界线①
01.2	粗实线	1. 可见棱边线
		2. 可见轮廓线
		3. 相贯线
		4. 螺纹牙顶线
		5. 螺纹长度终止线
		6. 齿顶圆（线）
		7. 表格图、流程图中的主要表示线
		8. 系统结构线（金属结构工程）
		9. 模样分型线
		10. 剖切符号用线
02.1	细虚线	1. 不可见棱边线
		2. 不可见轮廓线
02.2	粗虚线	允许表面处理的表示线，例如：热处理
04.1	细点画线	1. 轴线
		2. 对称中心线
		3. 分度圆（线）
		4. 孔系分布的中心线
		5. 剖切线
04.2	粗点画线	限定范围表示线
05.1	细双点画线	1. 相邻辅助零件的轮廓线
		2. 可动零件的极限位置的轮廓线
		3. 重心线
		4. 成形前轮廓线
		5. 剖切面前的结构轮廓线
		6. 轨迹线
		7. 毛坯图中制成品的轮廓线
		8. 特定区域线
		9. 延伸公差带表示线
		10. 工艺用结构的轮廓线
		11. 中断线

注：在机械图样中采用粗细两种线宽，它们之间的比例为2∶1。应根据图样的类型、尺寸、比例和缩微复制的要求确定。图线组别见表2-4。

① 在一张图样上一般采用一种线型，即采用波浪线或双折线。

表 2-4　图线宽度和图线组别（摘自 GB/T 4457.4—2002）　（单位：mm）

线型组别	与线型代码对应的线型宽度		线型组别	与线型代码对应的线型宽度	
	01.2；02.2；04.2	01.1；02.1；04.1；05.1		01.2；02.2；04.2	01.1；02.1；04.1；05.1
0.25	0.25	0.13	1	1	0.5
0.35	0.35	0.18	1.4	1.4	0.7
0.5①	0.5	0.25	2	2	1
0.7①	0.7	0.35			

① 优先采用的图线组别。

2.1.1.5　剖面符号（表 2-5）

表 2-5　各种材料的剖面符号（摘自 GB 17453—2005）

材料类别	剖面符号	材料类别	剖面符号	材料类别	剖面符号
金属材料（已有规定剖面符号者除外）	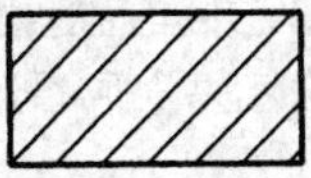	木质胶合板（不分层数）		玻璃及供观察用的其他透明材料	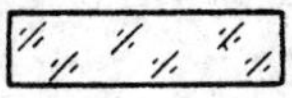
线圈绕组元件	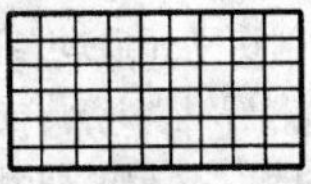	基础周围的泥土		木材　纵剖面	
转子、电枢、变压器和电抗器等的迭钢片		混凝土	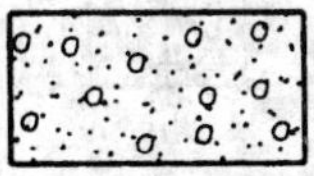	木材　横剖面	
非金属材料（已有规定剖面符号者除外）		钢筋混凝土	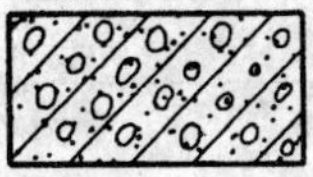	格网（筛网、过滤网等）	
型砂、填砂、粉末冶金、砂轮、陶瓷刀片、硬质合金刀片等		砖	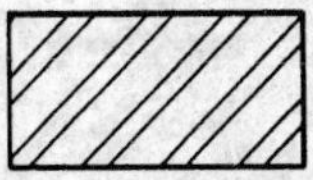	液体	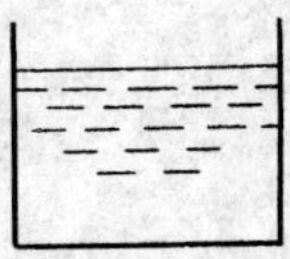

注：1. 剖面符号仅表示材料的类别，材料的名称和代号必须另行标注。

2. 迭钢片的剖面线方向应与束装中的迭钢片的方向一致。

3. 液面用细实线绘制。

GB/T 17453—2005《技术制图　图样画法　剖面区域的表示法》规定如下：

① 不需在剖面区域中表示材料类别时，可采用通用剖面线表示。通用剖面线应以适当角度的细实线绘制，最好与主要轮廓或剖面区域的对称线成 45°角，如金属材料的剖面符号通常用作机械制图的通用剖面符号。

② 若需要在剖面区域中表示材料类别时，应采用特定的剖面符号。GB/T 17453 规定的剖面符号可供选用。

2.1.2 常用零件的表示法

2.1.2.1 螺纹及螺纹紧固件表示法（表2-6～表2-9）

表2-6 螺纹及螺纹紧固件的画法（GB/T 4459.1—1995）

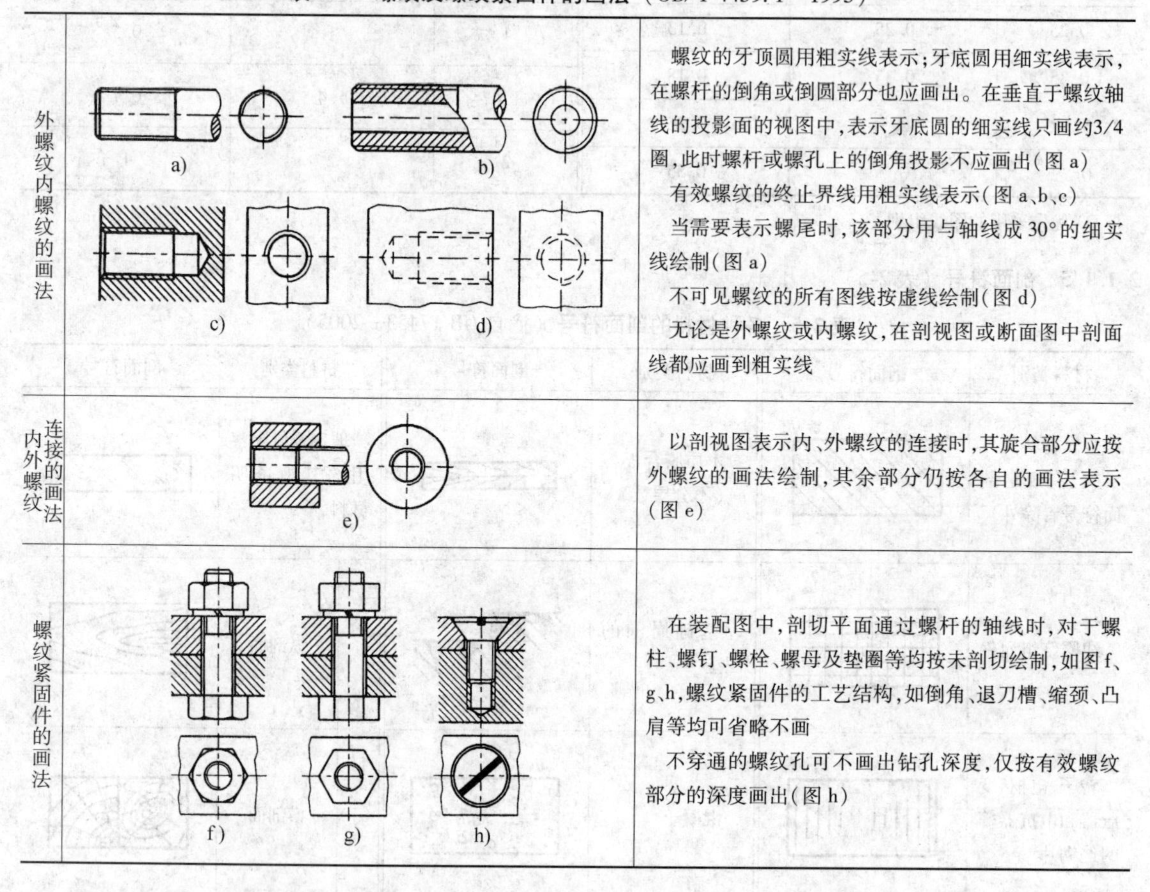

	图例	说明
外螺纹内螺纹的画法	a) b) c) d)	螺纹的牙顶圆用粗实线表示；牙底圆用细实线表示，在螺杆的倒角或倒圆部分也应画出。在垂直于螺纹轴线的投影面的视图中，表示牙底圆的细实线只画约3/4圈，此时螺杆或螺孔上的倒角投影不应画出（图a） 有效螺纹的终止界线用粗实线表示（图a、b、c） 当需要表示螺尾时，该部分用与轴线成30°的细实线绘制（图a） 不可见螺纹的所有图线按虚线绘制（图d） 无论是外螺纹或内螺纹，在剖视图或断面图中剖面线都应画到粗实线
内外螺纹连接的画法	e)	以剖视图表示内、外螺纹的连接时，其旋合部分应按外螺纹的画法绘制，其余部分仍按各自的画法表示（图e）
螺纹紧固件的画法	f) g) h)	在装配图中，剖切平面通过螺杆的轴线时，对于螺柱、螺钉、螺栓、螺母及垫圈等均按未剖切绘制，如图f、g、h，螺纹紧固件的工艺结构，如倒角、退刀槽、缩颈、凸肩等均可省略不画 不穿通的螺纹孔可不画出钻孔深度，仅按有效螺纹部分的深度画出（图h）

表2-7 螺纹及螺纹副的标注方法（摘自GB/T 4459.1—1995）

普 通 螺 纹	管 螺 纹

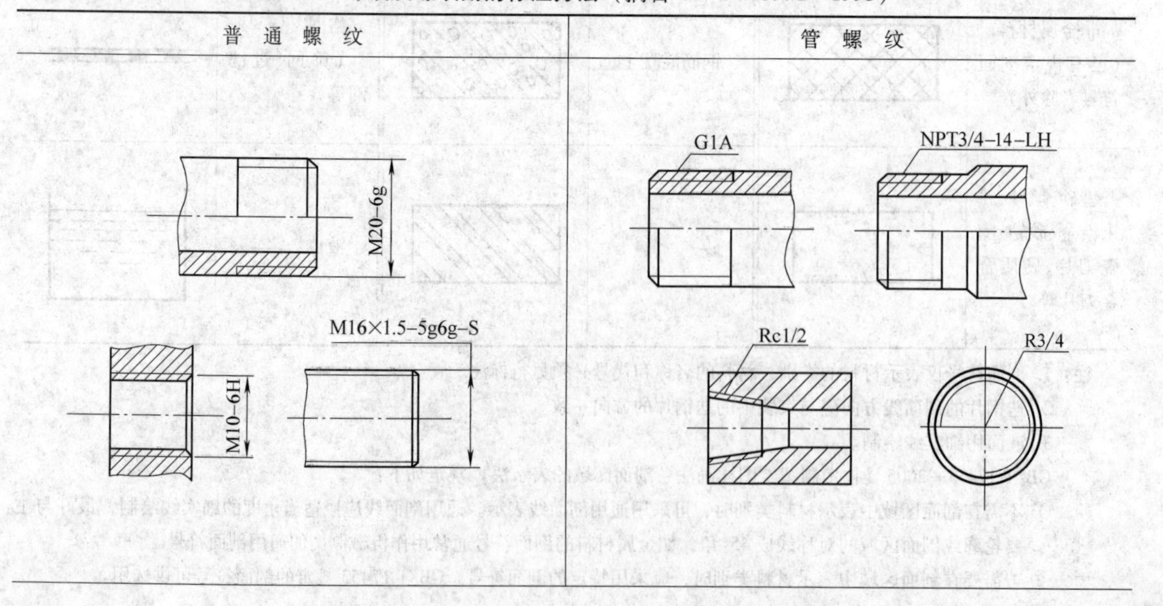

（续）

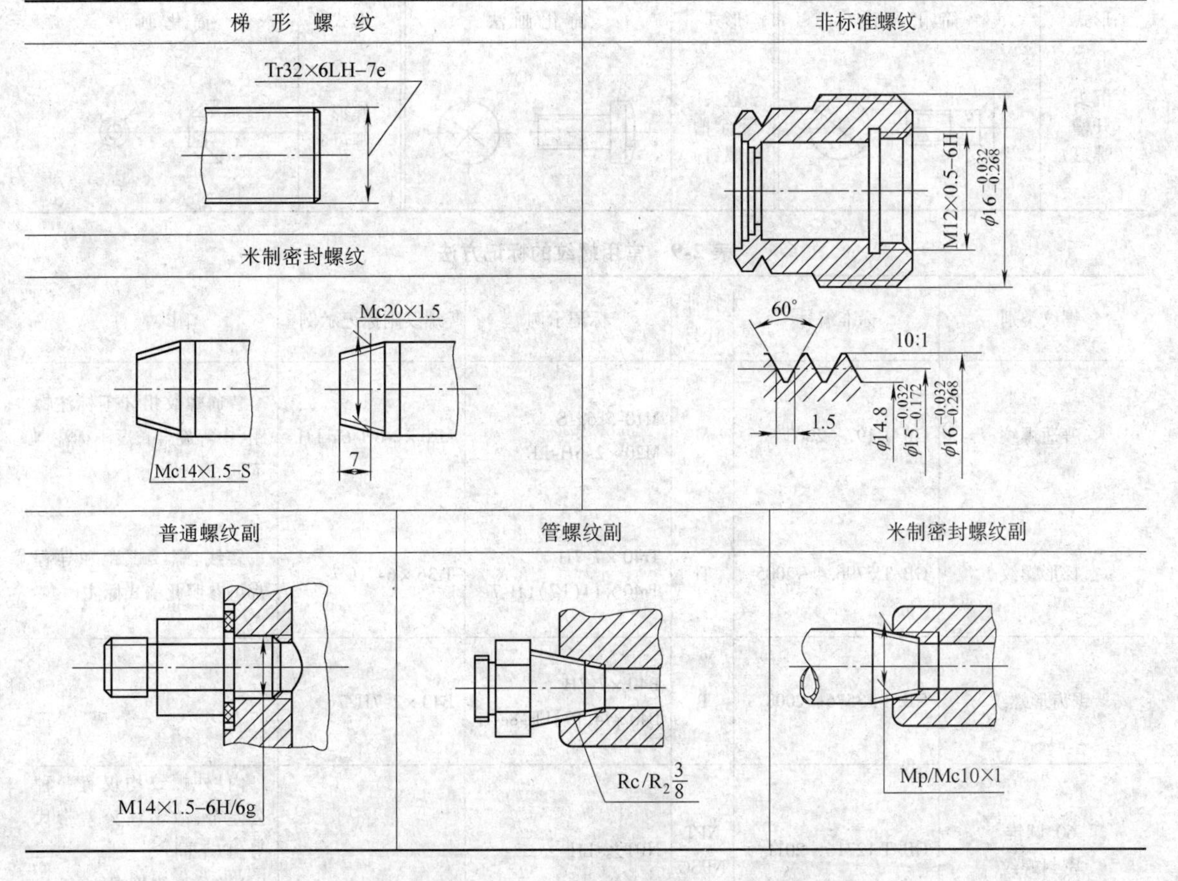

表 2-8　常用紧固件简化画法（摘自 GB/T 4459.1—1995）

形式	简化画法	形式	简化画法	形式	简化画法
六角头（螺栓）		半沉头开槽（螺钉）		六角（螺母）	
方头（螺栓）		盘头开槽（螺钉）		方头（螺母）	
圆柱头内六角（螺钉）		沉头十字槽（螺钉）		六角开槽（螺母）	
无头内六角（螺钉）		半沉头十字槽（螺钉）		六角法兰面（螺母）	

（续）

形式	简化画法	形式	简化画法	形式	简化画法
沉头开槽（螺钉）		盘头十字槽（螺钉）		蝶形（螺母）	

表 2-9 常用螺纹的标记方法

螺纹类别		标准编号	特征代号	标记示例	螺纹副标记示例	附注
普通螺纹		GB/T 197—2003	M	M10-5g6g-S M20×2-6H-LH	M20×2-6H/6g-LH	普通螺纹粗牙不标注螺距，中等旋合长度不标注N下同
梯形螺纹		GB/T 5796.4—2005	Tr	Tr40×7-7H Tr40×14(P7)LH-7e	Tr36×6-7H/7e	多线、螺纹螺距和导程都可参照此格式标注
锯齿形螺纹		GB/T 13576—2008	B	B40×7-7H B40×14(P7)LH-8e-L	B40×7-7H/7e	
60°圆锥密封螺纹		GB/T 12716—2011	NPT NPSC	NPT$\frac{3}{8}$-LH		内、外螺纹均仅有一种公差带，故不注公差带代号(以下同) NPT—圆锥管螺纹 NPSC—圆柱内螺纹
米制密封螺纹		GB/T 1415—2008	Mc Mp	Mc10×1 Mp/Mc10×1-S Mc10×1-S	Mc10×1 Mp/Mc10×1-S Mc10×1-S	圆锥内螺纹与圆锥外螺纹配合，特征符号为Mc 圆柱内螺纹与圆锥外螺纹配合，特征符号为Mp/Mc S为短型基准距离代号，标准型基准距离不注代号(以下同)
55°非密封管螺纹		GB/T 7307—2001	G	G$1\frac{1}{2}$A G$\frac{1}{2}$LH	G$1\frac{1}{2}$A	外螺纹公差等级分A级和B级两种，内螺纹不标记公差等级
55°密封管螺纹	圆锥外螺纹	GB/T 7306.1—2000 GB/T 7306.2—2000	R_1、R_2	R$\frac{1}{2}$LH	Rc/R_2 $1\frac{1}{2}$	内外螺纹均只有一种公差带
	圆锥内螺纹		Rc	Rc$\frac{1}{2}$	Rc/R_2 $1\frac{1}{2}$-LH	
	圆柱内螺纹		Rp	Rp$\frac{1}{2}$	Rp/R_1 $1\frac{1}{2}$	
自攻螺钉用螺纹		GB/T 5280—2002	ST	GB/T 5280 ST3.5		使用时，应先制出螺纹底孔(预制孔)
自攻锁紧螺钉用螺纹(粗牙普通螺纹)		GB/T 6559—1986	M	GB/T 6559 M5×20		使用时，应先制出螺纹底孔(预制孔)，标记示例中的20指螺纹长度

2.1.2.2　花键表示法

表 2-10　花键画法及其尺寸注法（摘自 GB/T 4459.3—2000）

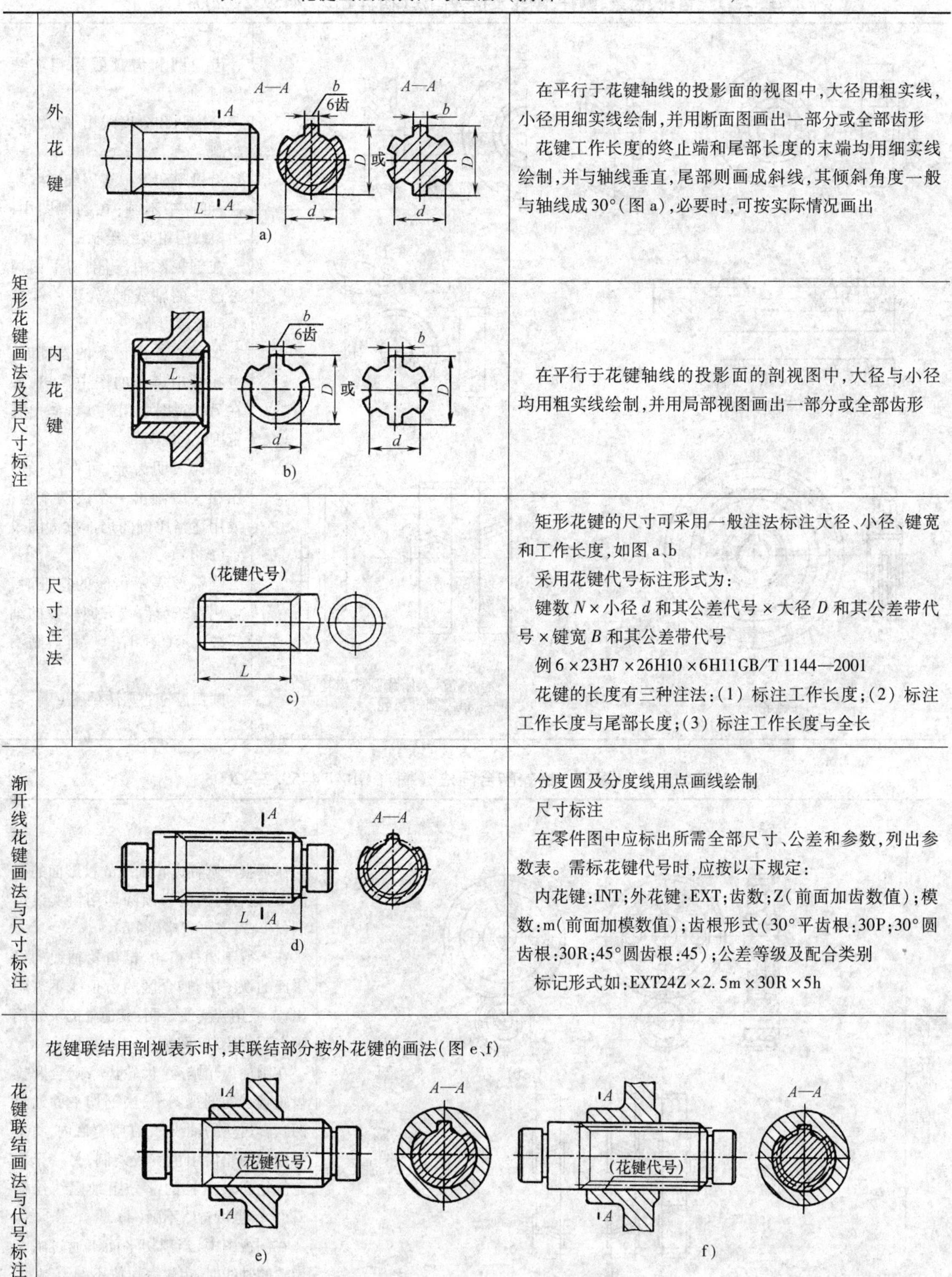

类别	项目	图例	说明
矩形花键画法及其尺寸标注	外花键	a)	在平行于花键轴线的投影面的视图中，大径用粗实线，小径用细实线绘制，并用断面图画出一部分或全部齿形 花键工作长度的终止端和尾部长度的末端均用细实线绘制，并与轴线垂直，尾部则画成斜线，其倾斜角度一般与轴线成 30°（图 a），必要时，可按实际情况画出
	内花键	b)	在平行于花键轴线的投影面的剖视图中，大径与小径均用粗实线绘制，并用局部视图画出一部分或全部齿形
	尺寸注法	c)	矩形花键的尺寸可采用一般注法标注大径、小径、键宽和工作长度，如图 a、b 采用花键代号标注形式为： 键数 N × 小径 d 和其公差代号 × 大径 D 和其公差带代号 × 键宽 B 和其公差带代号 例 6×23H7×26H10×6H11GB/T 1144—2001 花键的长度有三种注法：(1) 标注工作长度；(2) 标注工作长度与尾部长度；(3) 标注工作长度与全长
渐开线花键画法与尺寸标注		d)	分度圆及分度线用点画线绘制 尺寸标注 在零件图中应标出所需全部尺寸、公差和参数，列出参数表。需标花键代号时，应按以下规定： 内花键：INT；外花键：EXT；齿数：Z（前面加齿数值）；模数：m（前面加模数值）；齿根形式（30°平齿根：30P；30°圆齿根：30R；45°圆齿根：45）；公差等级及配合类别 标记形式如：EXT24Z×2.5m×30R×5h
花键联结画法与代号标注	花键联结用剖视表示时，其联结部分按外花键的画法（图 e、f） e)　f) 标记示例 ⎍ $6\times23\dfrac{H7}{f7}\times26\dfrac{H10}{a11}\times6\dfrac{H11}{d10}$　GB/T 1144—2001；⌒ INT/EXT24Z×2.5m×50R×5H/5h　GB/T 3478.1—2008		

2.1.2.3 齿轮表示法（表 2-11 和表 2-12）

表 2-11 齿轮、齿条、蜗杆、蜗轮及链轮画法（摘自 GB/T 4459.2—2003）

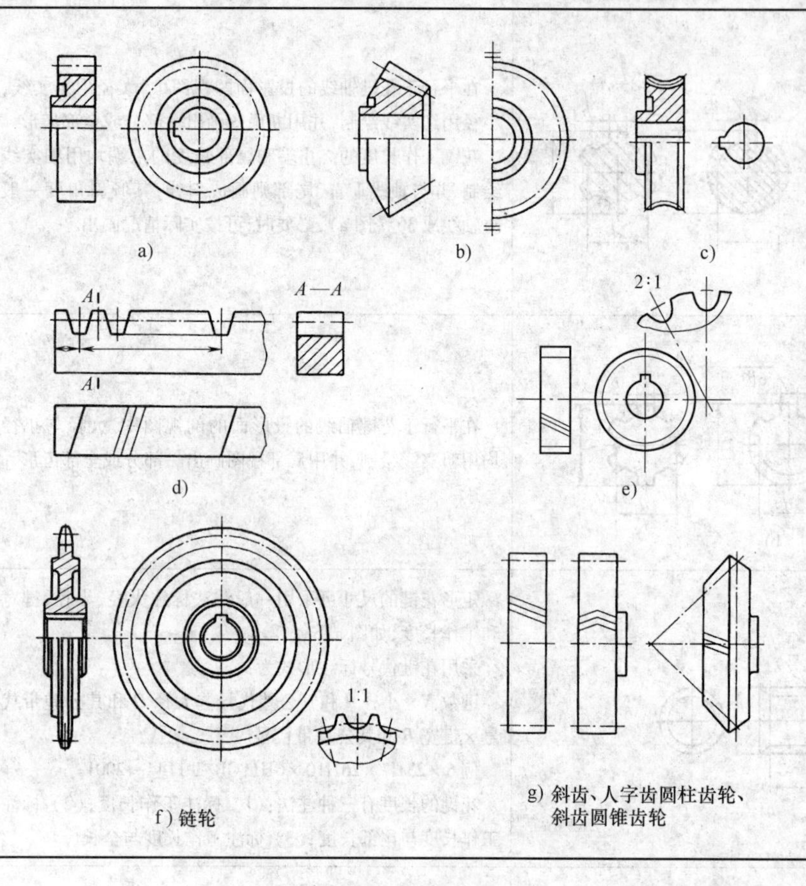 a) b) c) d) e) f) 链轮 g) 斜齿、人字齿圆柱齿轮、斜齿圆锥齿轮	齿顶圆和齿顶线用粗实线绘制 分度圆和分度线用细点画线绘制 齿根圆和齿根线用细实线绘制，可省略不画；在剖视图中，齿根线用粗实线绘制 在剖视图中，当剖切平面通过齿轮的轴线时，轮齿一律按不剖处理（图 a～f） 如需要注出齿条的长度时，可在画出齿形的图中注出，并在另一视图中用粗实线画出其范围线（图 d） 如需表明齿形，可在图形中用粗实线画出一个或两个齿；或用适当比例的局部放大图表示（图 f） 当需要表示齿线的特征时，可用三条与齿线方向一致的细实线表示（图 d、g）。直齿则不需表示 圆弧齿轮的画法见图 e

表 2-12 齿轮、蜗杆、蜗轮啮合画法（摘自 GB/T 4459.2—2003）

圆柱齿轮啮合画法	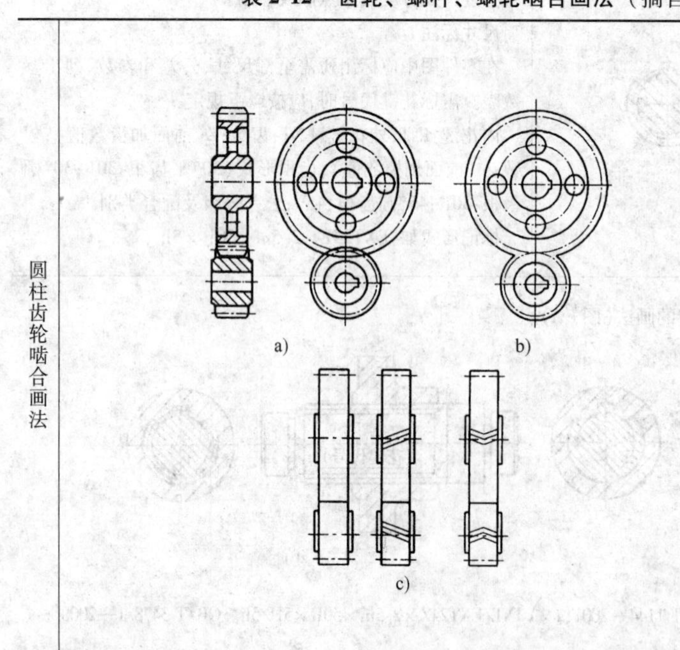 a) b) c)	在垂直于圆柱齿轮轴线的投影面的视图中，啮合区内的齿顶圆均用粗实线绘制（图 a），亦可省略（图 b） 在平行于圆柱齿轮、锥齿轮轴线的投影面的视图中，啮合区的齿顶线不需画出，节线用粗实线绘制；其他处的节线用细点画线绘制（图 c） 在圆柱齿轮啮合、齿轮齿条啮合和锥齿轮啮合的剖视图中，当剖切平面通过两啮合齿轮的轴线时，在啮合区内，将一个齿轮的轮齿用粗实线绘制，另一个齿轮的轮齿被遮挡的部分用细虚线绘制（图 a），也可省略不画（d） 在剖视图中，当剖切平面不通过啮合齿轮的轴线时，齿轮一律按不剖绘制

（续）

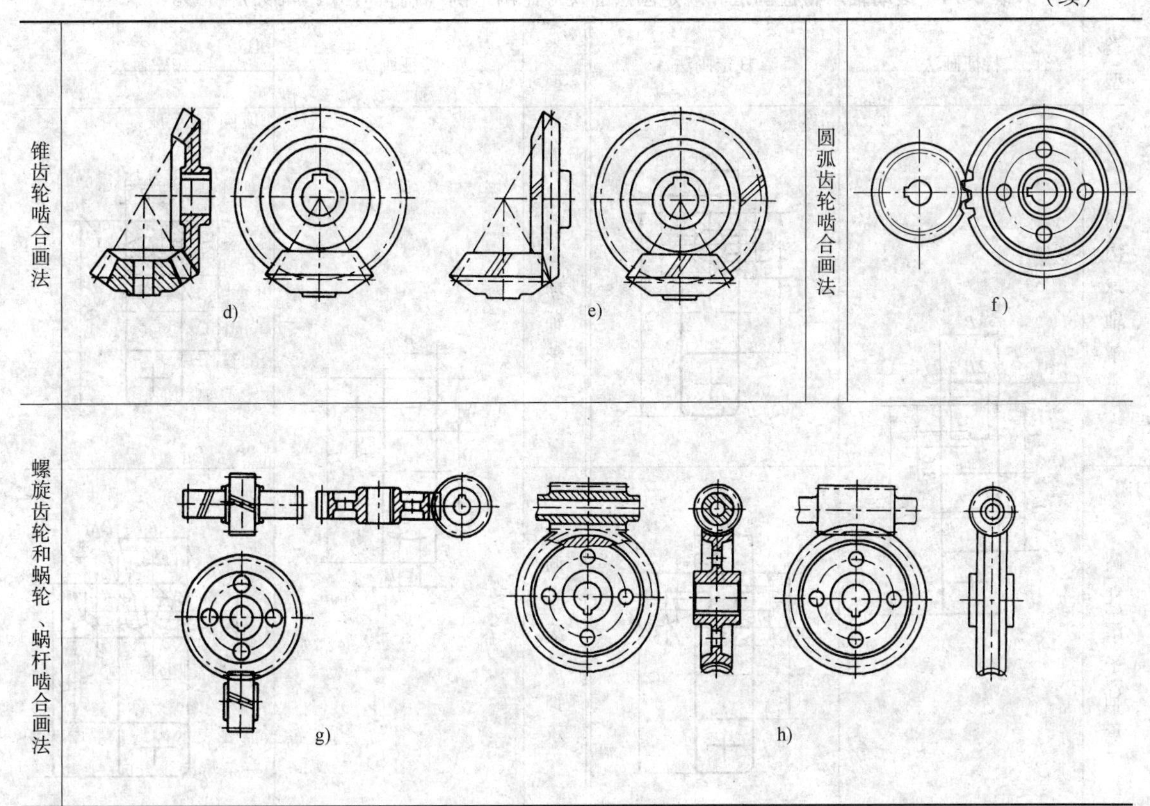

2.1.2.4　滚动轴承表示法（表 2-13 和表 2-14）

表 2-13　滚动轴承的通用画法（摘自 GB/T 4459.7—1998）

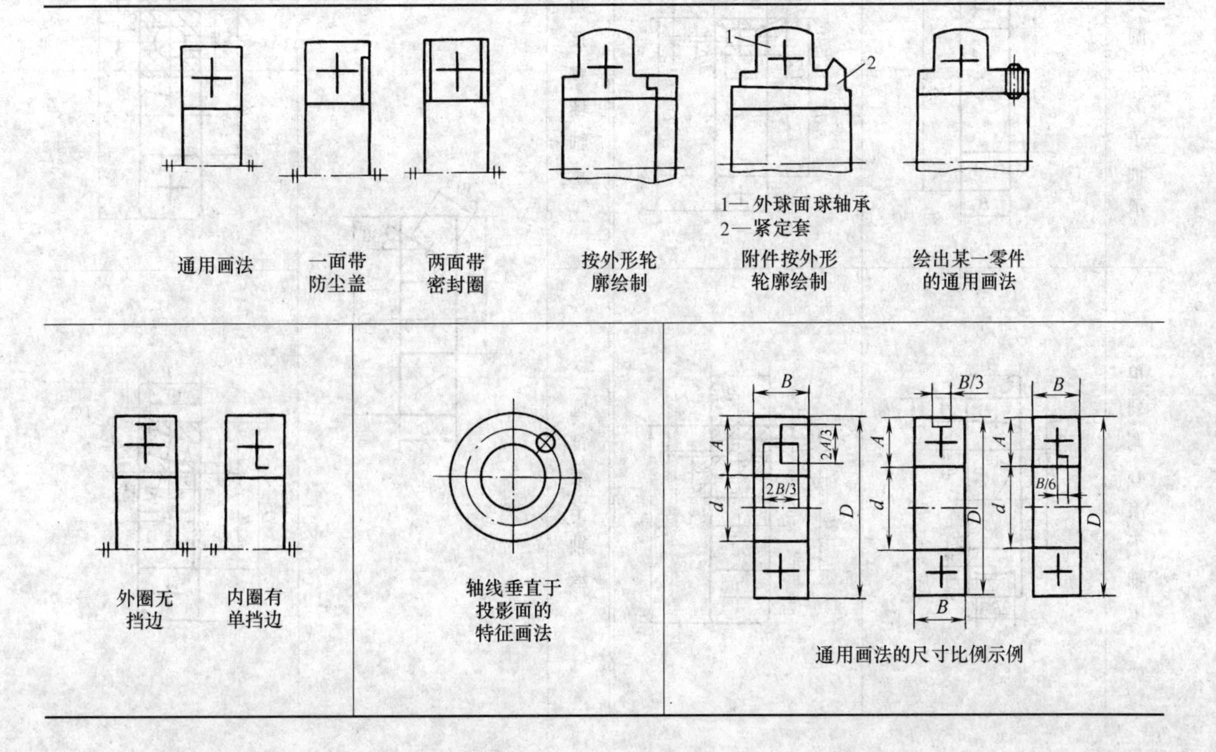

表2-14　滚动轴承特征画法和规定画法的尺寸比例示例（摘自GB/T 4459.7—1998）

类型	特征画法	规定画法	类型	特征画法	规定画法
深沟球轴承	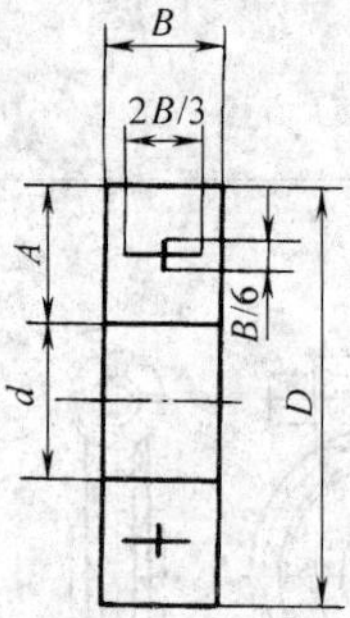	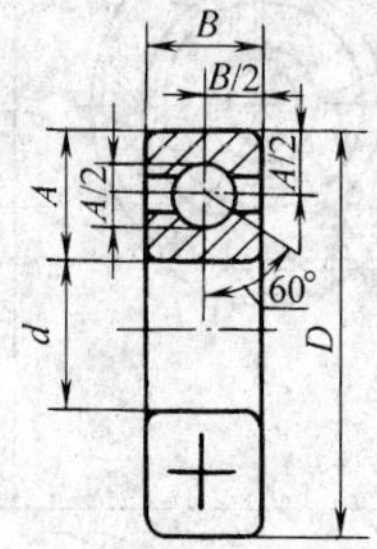	调心球轴承	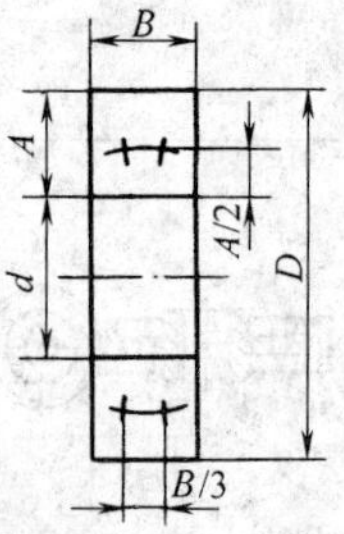	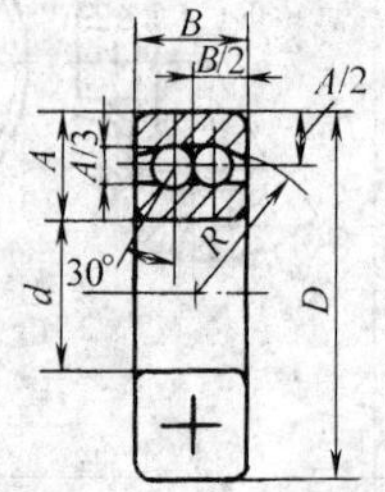
圆柱滚子轴承		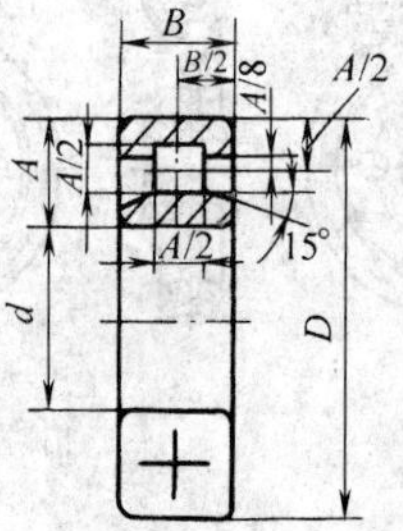	调心滚子轴承		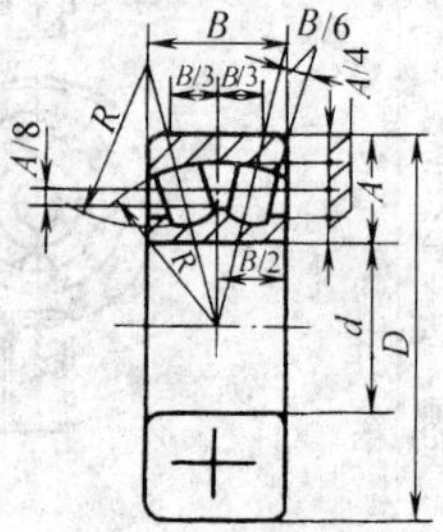
双列圆柱滚子轴承	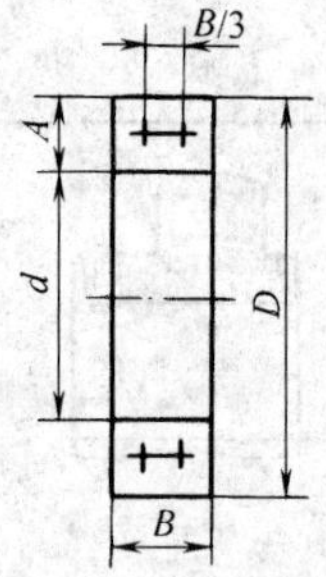	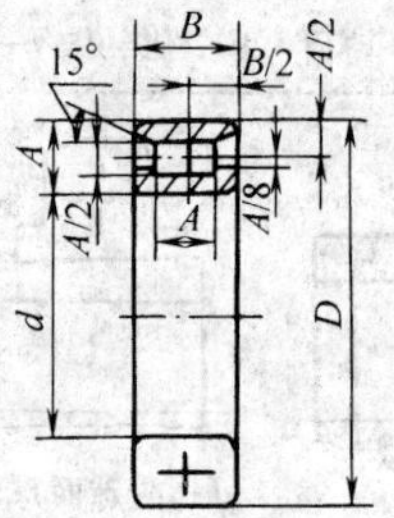	角接触球轴承	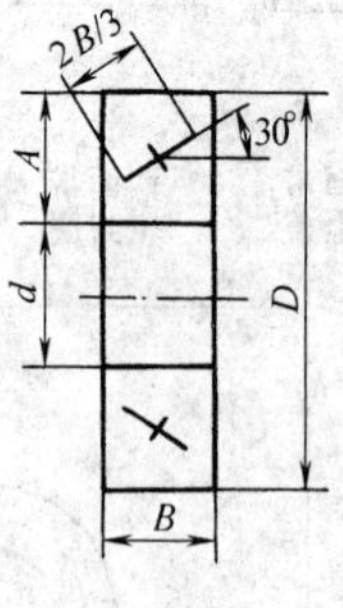	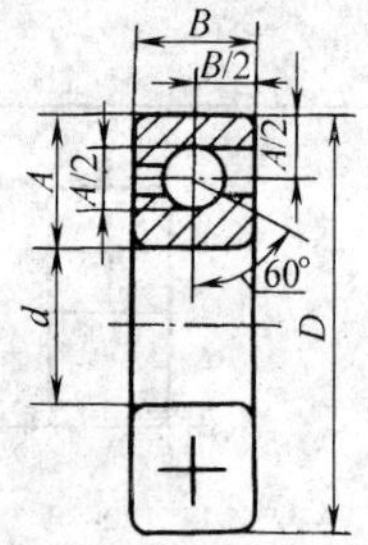
单列调心滚子轴承	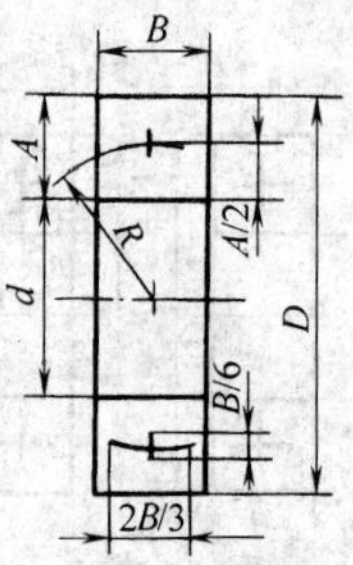	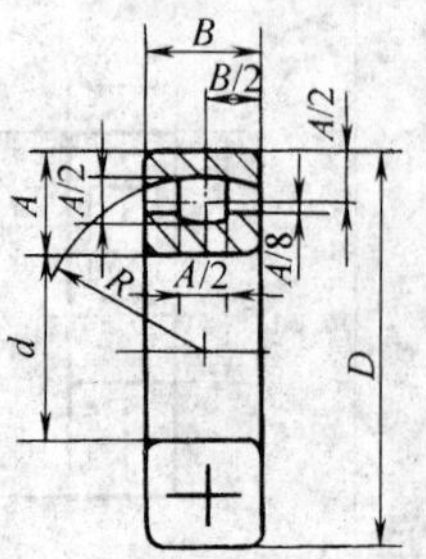	圆锥滚子轴承		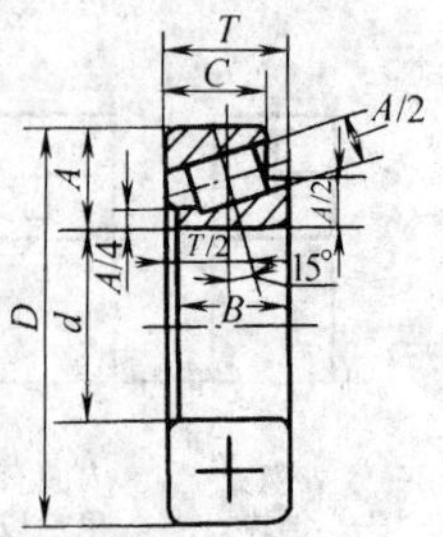

（续）

类型	特征画法	规定画法	类型	特征画法	规定画法
双列角接触球轴承	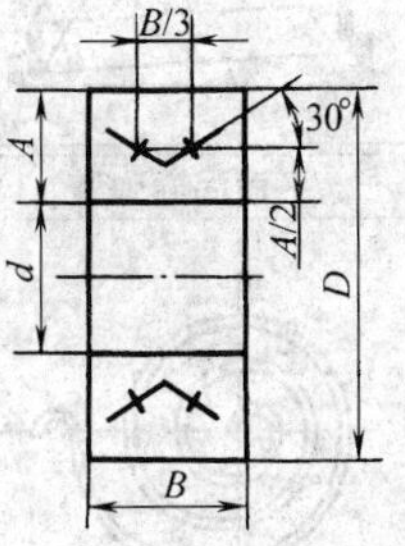 $B/3$, 30°, A, $A/2$, d, D, B	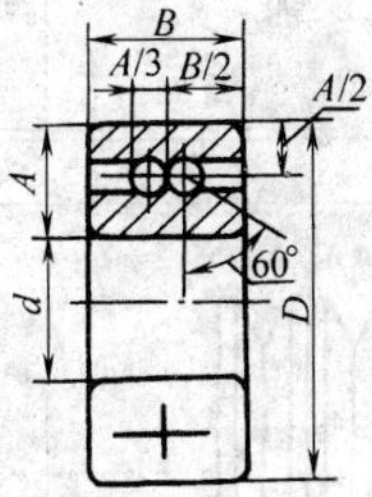 B, $A/3$, $B/2$, $A/2$, A, d, 60°, D	推力球轴承	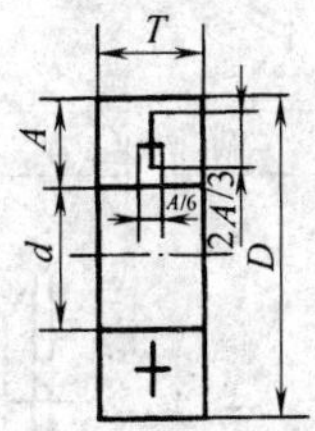 T, A, $A/6$, $2A/3$, d, D	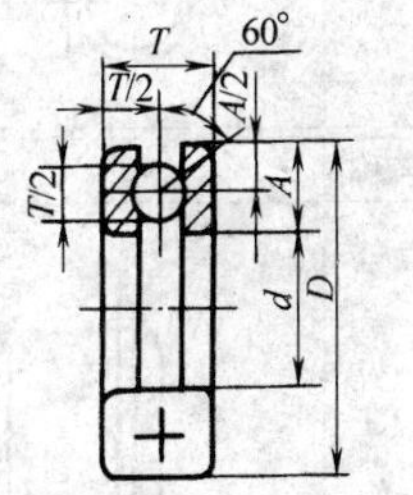 T, 60°, $T/2$, $A/2$, A, d, D
四点接触球轴承	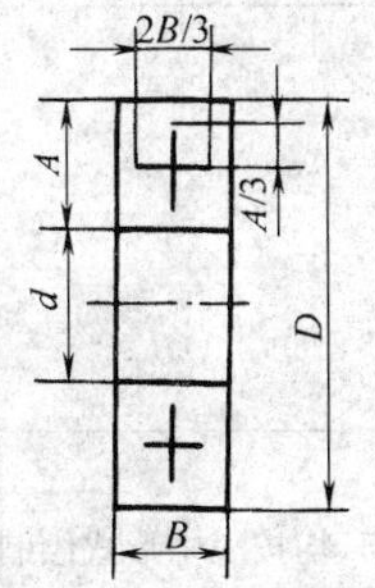 $2B/3$, A, $A/3$, d, D, B	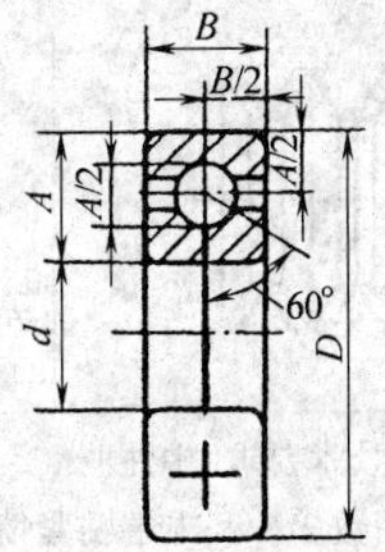 B, $B/2$, $A/2$, A, d, 60°, D	双向推力球轴承	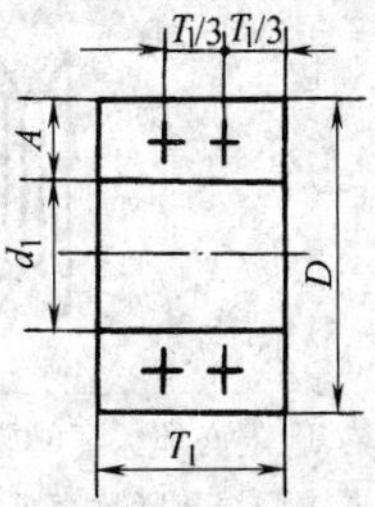 $T_1/3$, $T_1/3$, A, d_1, D, T_1	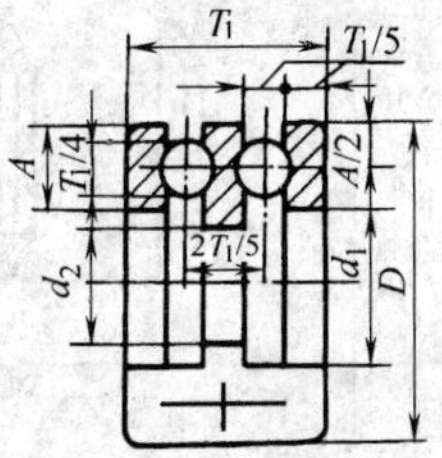 T_1, $T_1/5$, A, $T_1/4$, $A/2$, $2T_1/5$, d_2, d_1, D

2.1.2.5　弹簧画法（表2-15和表2-16）

表2-15　弹簧的视图、剖视图画法（摘自GB/T 4459.4—2003）

名称	圆柱螺旋压缩弹簧		截锥螺旋压缩弹簧
视图	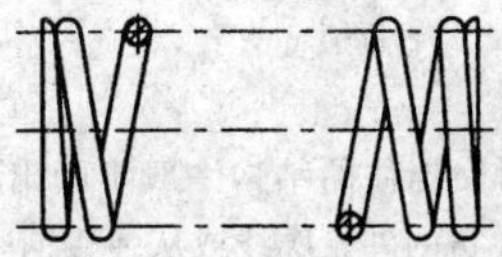	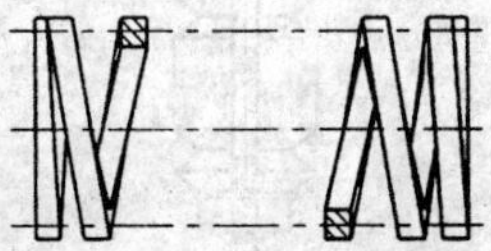	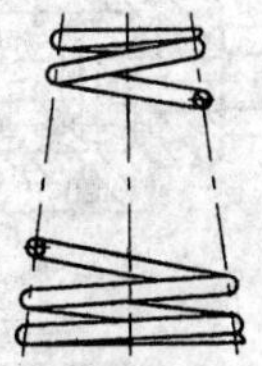
剖视图	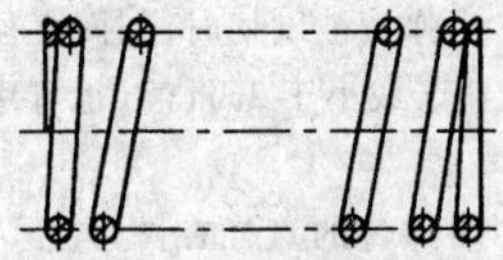	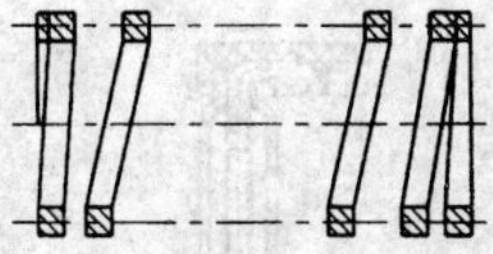	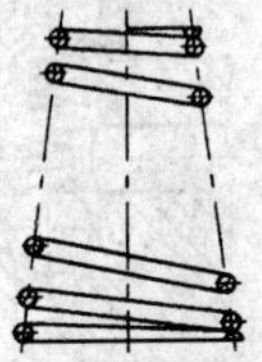
名称	圆柱螺旋拉伸弹簧	圆柱螺旋扭转弹簧	截锥涡卷弹簧
视图	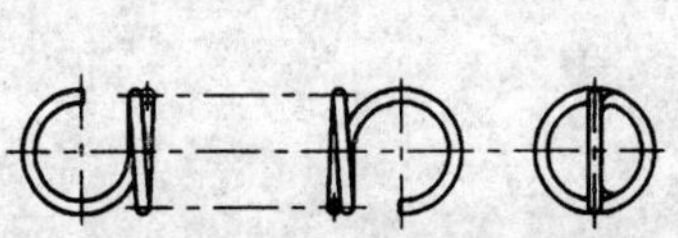	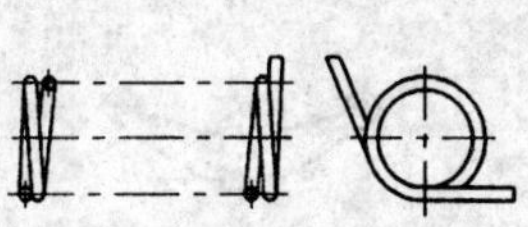	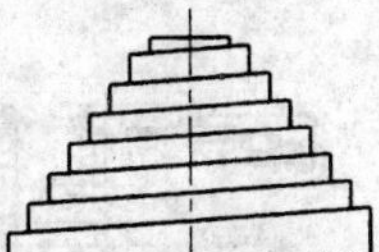

（续）

名称	圆柱螺旋拉伸弹簧	圆柱螺旋扭转弹簧	截锥涡卷弹簧
剖视图			
名称	碟形弹簧		平面涡卷弹簧
视图			
剖视图			
说明	1. 螺旋弹簧均可画成右旋，对必须保证的旋向要求应在“技术要求”中注明 2. 螺旋压缩弹簧如果要求两端并紧且磨平时，不论支承圈数多少和末端贴紧情况如何，均按表中形式绘制，必要时也可按支承圈的实际结构绘制 3. 有效圈数在四圈以上的螺旋弹簧中间部分可以省略。圆柱螺旋弹簧中间部分省略后，允许适当缩短图形的长度		

表2-16 装配图中弹簧的画法（摘自GB/T 4459.4—2003）

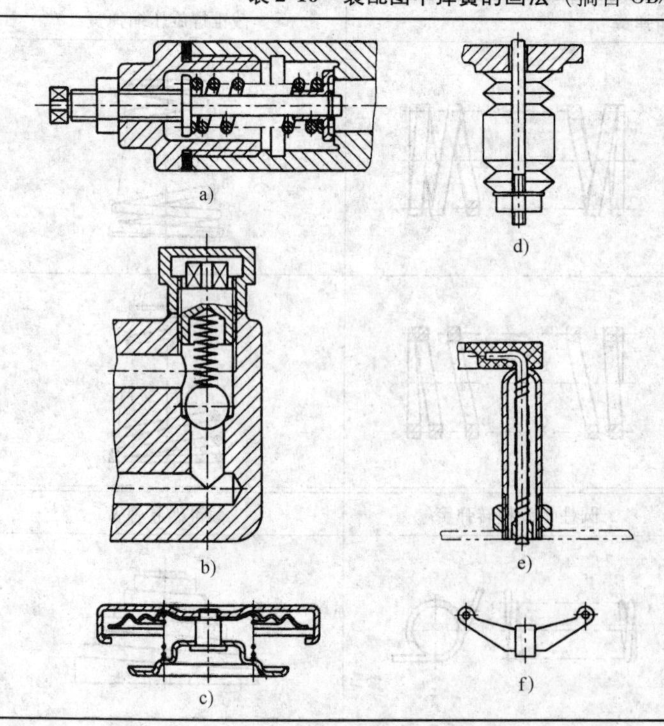

被弹簧挡住的结构一般不画出，可见部分应从弹簧的外轮廓线或从弹簧钢丝剖面的中心线画起（图a）

型材直径或厚度在图形上等于或小于2mm的螺旋弹簧、碟形弹簧允许用示意图绘制（图b、d）。当弹簧被剖切时，剖面直径或厚度在图形上等于或小于2mm时，也可用涂黑表示（图c）

被剖切弹簧的直径在图形上等于或小于2mm，并且弹簧内部还有零件，为了便于表达，可按图e的示意图形式绘制

板弹簧允许仅画出外形轮廓（图f）

2.1.3　尺寸注法（表 2-17 ~ 表 2-19）

表 2-17　尺寸界线、尺寸线、尺寸数字及标注尺寸的符号（摘自 GB/T 4458.4—2003）

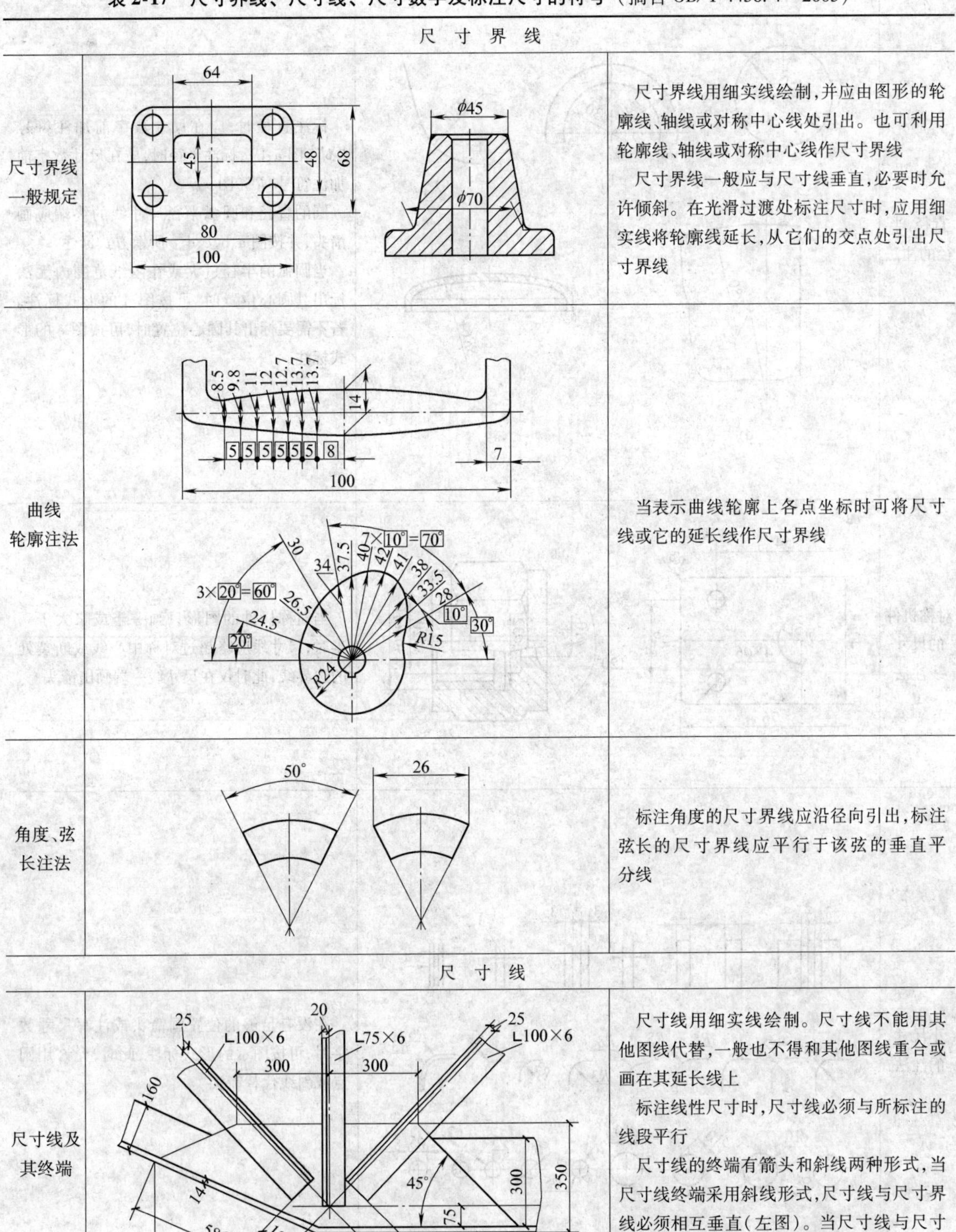

项目	图例	说明
尺寸界线		
尺寸界线一般规定		尺寸界线用细实线绘制，并应由图形的轮廓线、轴线或对称中心线处引出。也可利用轮廓线、轴线或对称中心线作尺寸界线 尺寸界线一般应与尺寸线垂直，必要时允许倾斜。在光滑过渡处标注尺寸时，应用细实线将轮廓线延长，从它们的交点处引出尺寸界线
曲线轮廓注法		当表示曲线轮廓上各点坐标时可将尺寸线或它的延长线作尺寸界线
角度、弦长注法		标注角度的尺寸界线应沿径向引出，标注弦长的尺寸界线应平行于该弦的垂直平分线
尺寸线		
尺寸线及其终端		尺寸线用细实线绘制。尺寸线不能用其他图线代替，一般也不得和其他图线重合或画在其延长线上 标注线性尺寸时，尺寸线必须与所标注的线段平行 尺寸线的终端有箭头和斜线两种形式，当尺寸线终端采用斜线形式，尺寸线与尺寸界线必须相互垂直（左图）。当尺寸线与尺寸界线相互垂直时，同一张图样上只能采用一种尺寸终端形式

（续）

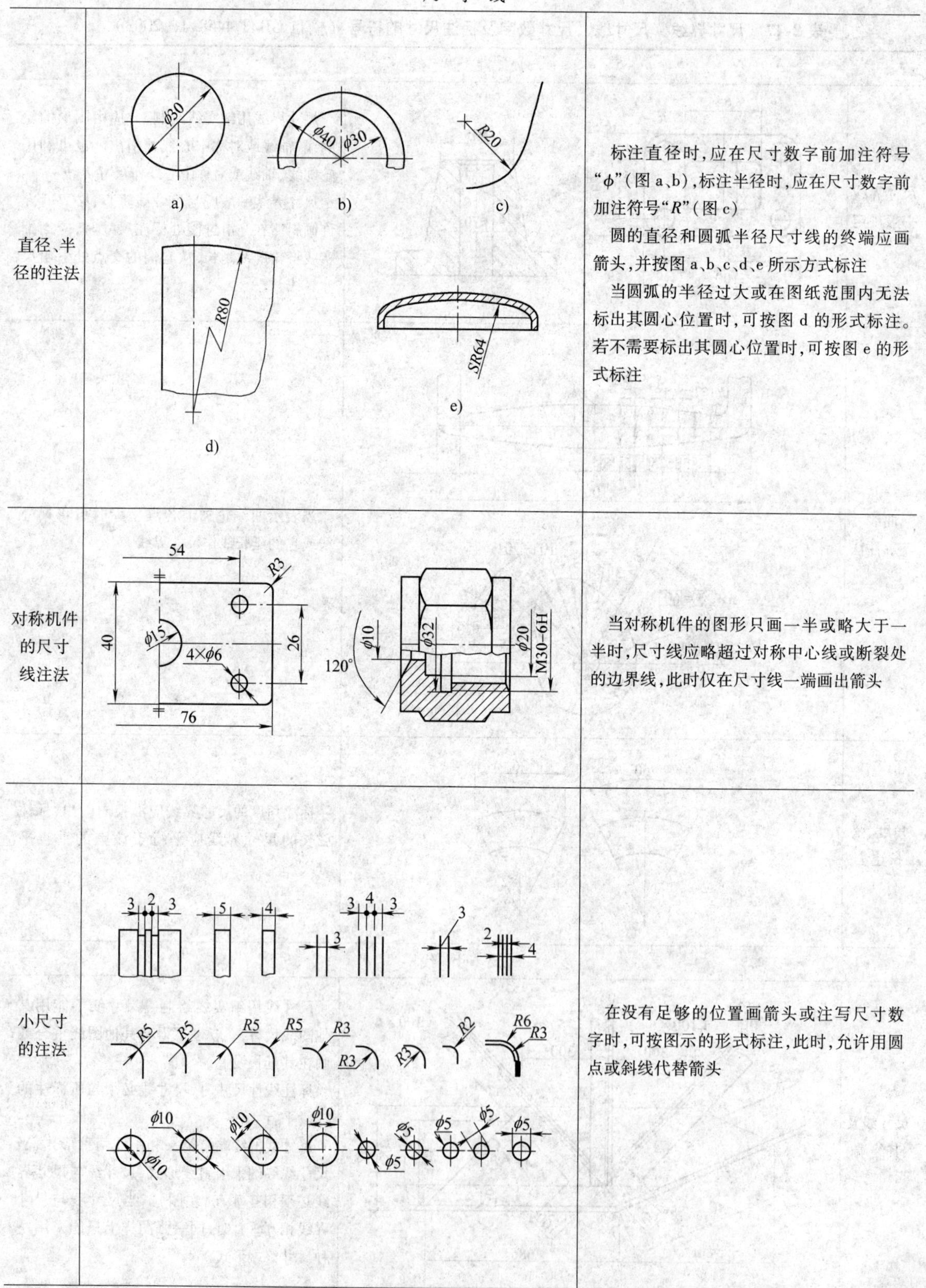

尺寸线	
直径、半径的注法	标注直径时，应在尺寸数字前加注符号“φ”（图a、b），标注半径时，应在尺寸数字前加注符号“*R*”（图c） 圆的直径和圆弧半径尺寸线的终端应画箭头，并按图a、b、c、d、e所示方式标注 当圆弧的半径过大或在图纸范围内无法标出其圆心位置时，可按图d的形式标注。若不需要标出其圆心位置时，可按图e的形式标注
对称机件的尺寸线注法	当对称机件的图形只画一半或略大于一半时，尺寸线应略超过对称中心线或断裂处的边界线，此时仅在尺寸线一端画出箭头
小尺寸的注法	在没有足够的位置画箭头或注写尺寸数字时，可按图示的形式标注，此时，允许用圆点或斜线代替箭头

（续）

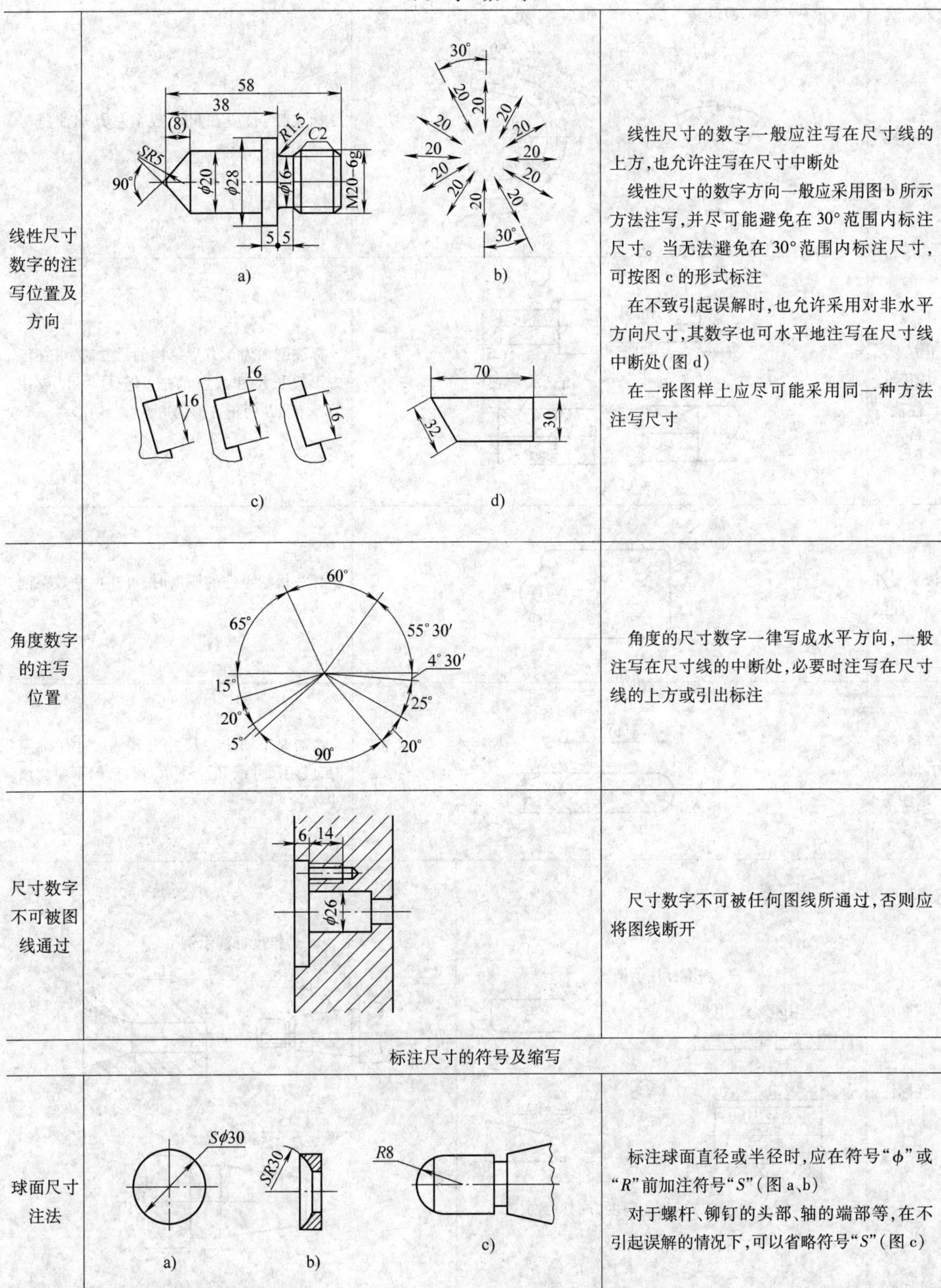

尺寸数字		
线性尺寸数字的注写位置及方向	a)　b)　c)　d)	线性尺寸的数字一般应注写在尺寸线的上方，也允许注写在尺寸中断处 线性尺寸的数字方向一般应采用图b所示方法注写，并尽可能避免在30°范围内标注尺寸。当无法避免在30°范围内标注尺寸，可按图c的形式标注 在不致引起误解时，也允许采用对非水平方向尺寸，其数字也可水平地注写在尺寸线中断处（图d） 在一张图样上应尽可能采用同一种方法注写尺寸
角度数字的注写位置		角度的尺寸数字一律写成水平方向，一般注写在尺寸线的中断处，必要时注写在尺寸线的上方或引出标注
尺寸数字不可被图线通过		尺寸数字不可被任何图线所通过，否则应将图线断开
标注尺寸的符号及缩写		
球面尺寸注法	a)　b)　c)	标注球面直径或半径时，应在符号“ϕ”或“R”前加注符号“S”（图a、b） 对于螺杆、铆钉的头部、轴的端部等，在不引起误解的情况下，可以省略符号“S”（图c）

（续）

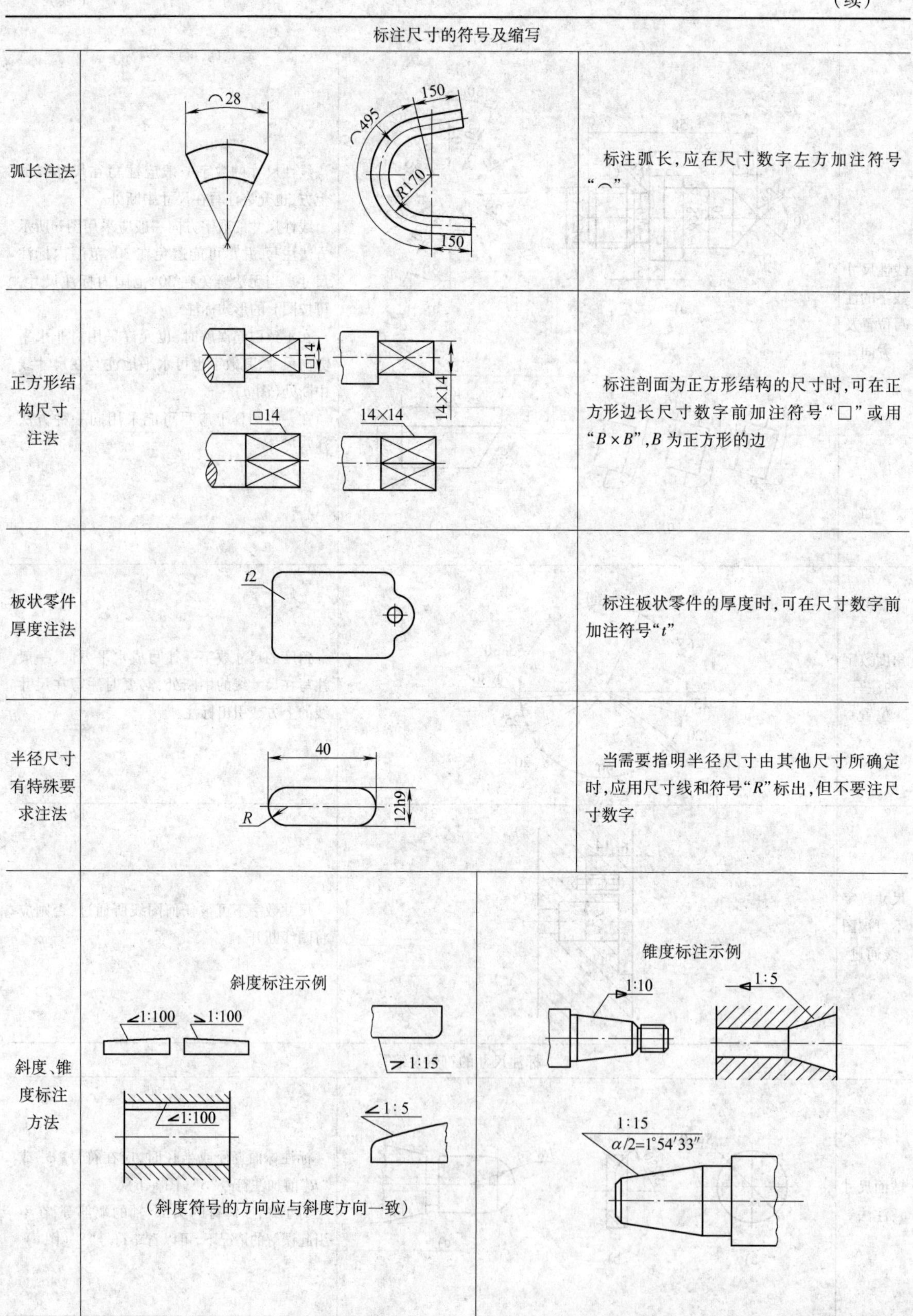

标注尺寸的符号及缩写

名称	示例	说明
弧长注法	⌒28；⌒495、150、R170、150	标注弧长，应在尺寸数字左方加注符号“⌒”
正方形结构尺寸注法	□14；14×14；□14；14×14	标注剖面为正方形结构的尺寸时，可在正方形边长尺寸数字前加注符号“□”或用“$B \times B$”，B 为正方形的边
板状零件厚度注法	t2	标注板状零件的厚度时，可在尺寸数字前加注符号“t”
半径尺寸有特殊要求注法	40；12h9；R	当需要指明半径尺寸由其他尺寸所确定时，应用尺寸线和符号“R”标出，但不要注尺寸数字
斜度、锥度标注方法	斜度标注示例：∠1:100；∠1:100；∠1:15；∠1:100；∠1:5（斜度符号的方向应与斜度方向一致）	锥度标注示例：1:10；1:5；1:15，$\alpha/2=1°54'33''$

（续）

标注尺寸的符号及缩写		
倒角注法	45°倒角的标注形式	非45°倒角的标注形式

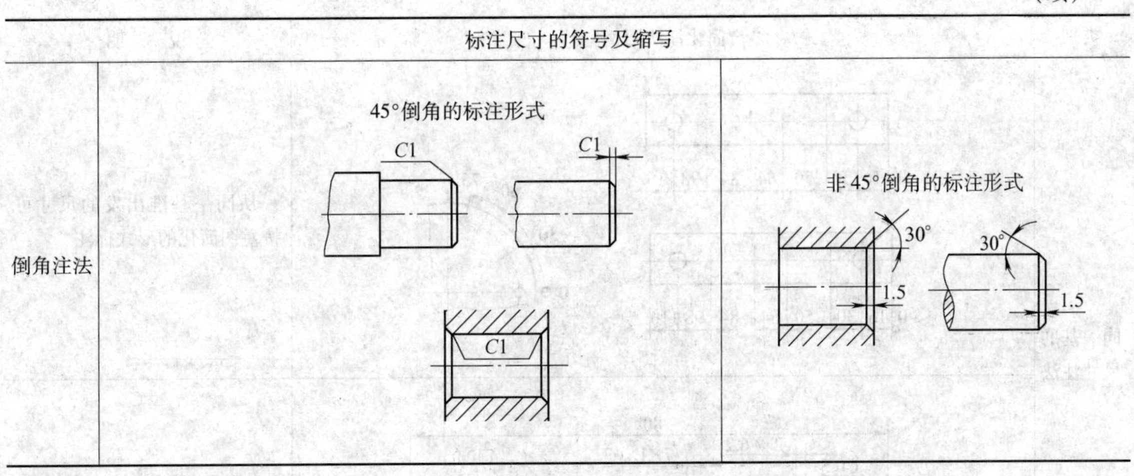

表2-18　简化注法（摘自GB/T 16675.2—1996）

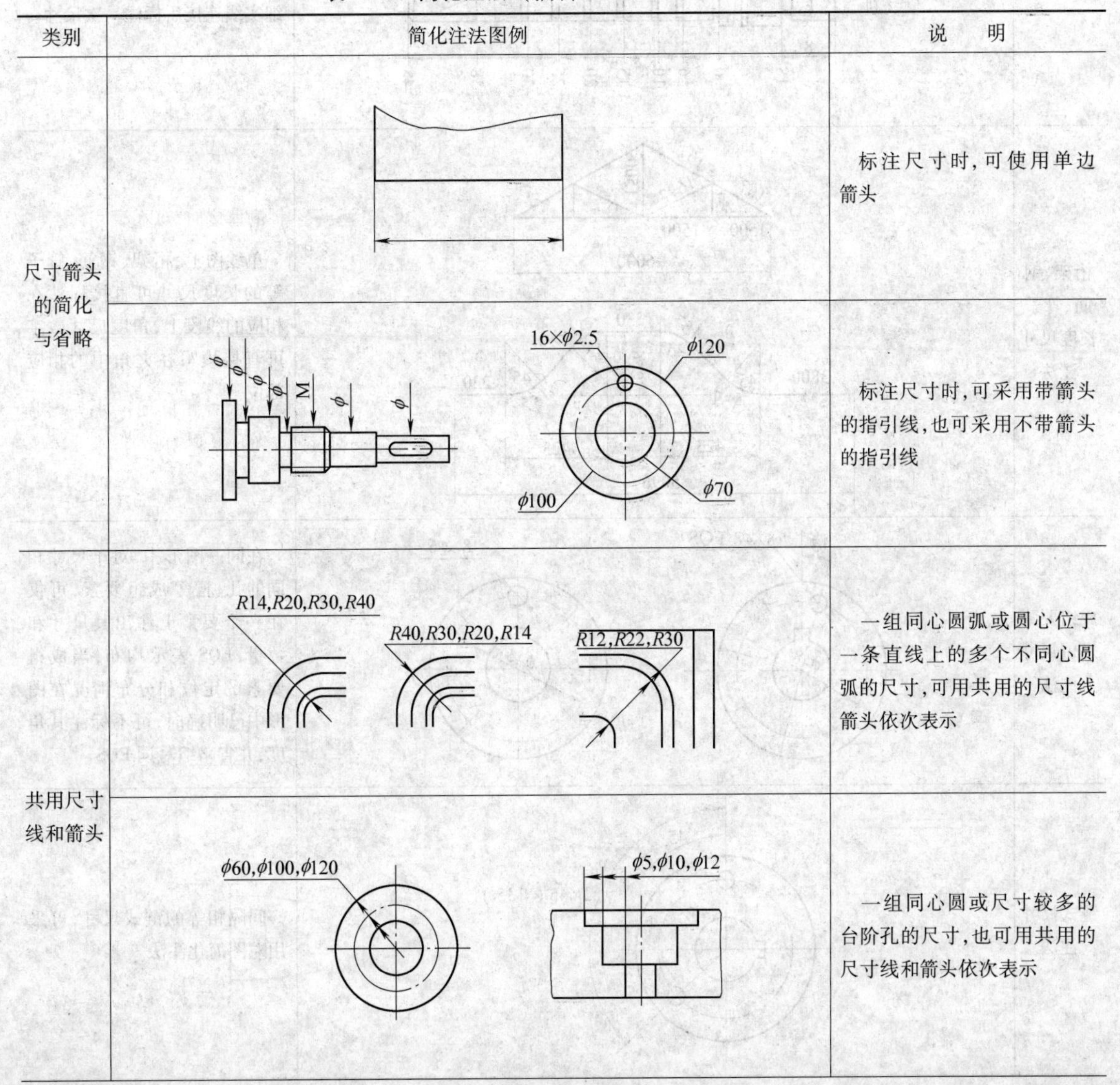

类别	简化注法图例	说　明
尺寸箭头的简化与省略		标注尺寸时，可使用单边箭头
		标注尺寸时，可采用带箭头的指引线，也可采用不带箭头的指引线
共用尺寸线和箭头		一组同心圆弧或圆心位于一条直线上的多个不同心圆弧的尺寸，可用共用的尺寸线箭头依次表示
		一组同心圆或尺寸较多的台阶孔的尺寸，也可用共用的尺寸线和箭头依次表示

（续）

类别	简化注法图例	说　明
同一基准尺寸注法	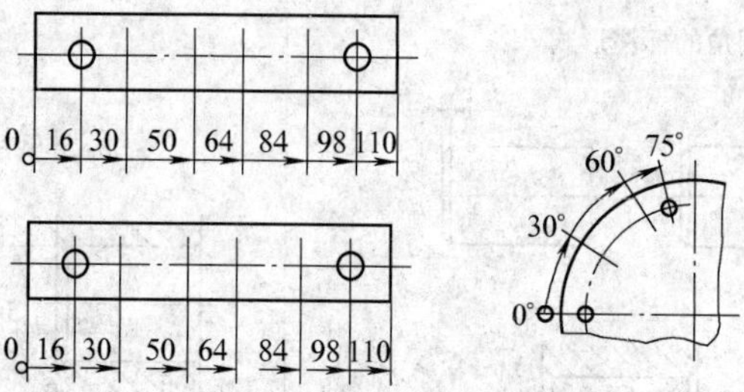	从同一基准出发的尺寸可按左图简化的形式标注
	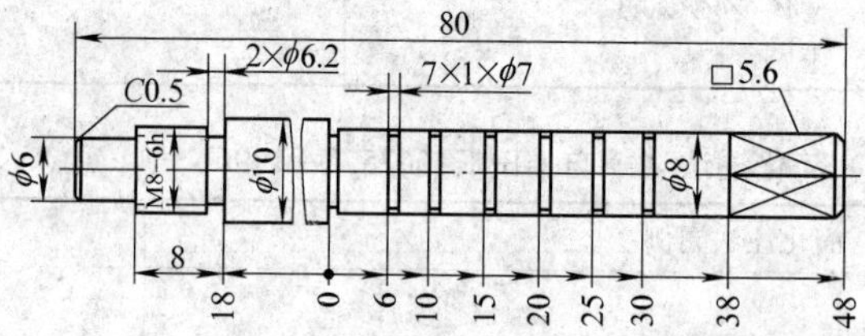	对不连续的同一表面，可用细实线连接后标注一次尺寸
桁架、钢筋、管子长度尺寸注法	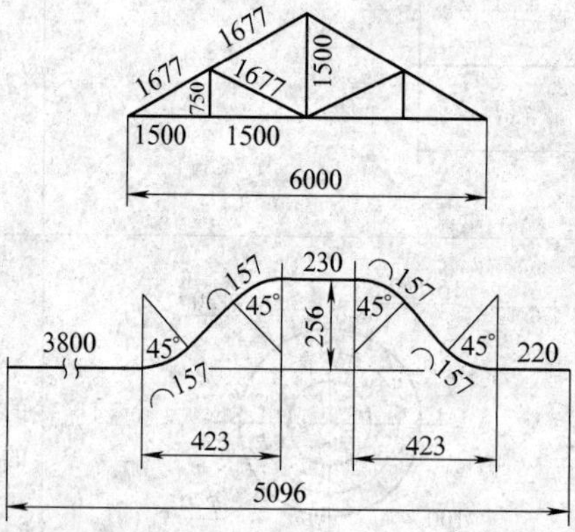	单线图上，桁架、钢筋、管子等的长度尺寸可直接标注在相应的线段上，角度尺寸数字可直接填写在夹角中的相应部位
成组要素定位尺寸注法	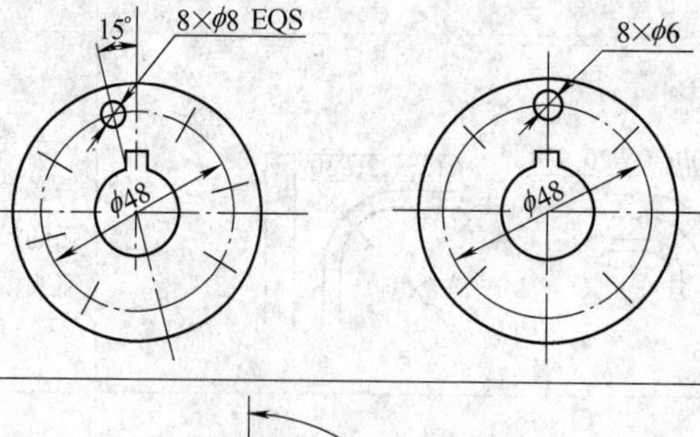	在同一图形中，对于尺寸相同的孔、槽等成组要素，可仅在一个要素上注出其尺寸和数量，EQS 表示均布，当成组要素的定位和分布情况在图形中已明确时，可不标注其角度，并省略缩写词 EQS
链式尺寸注法	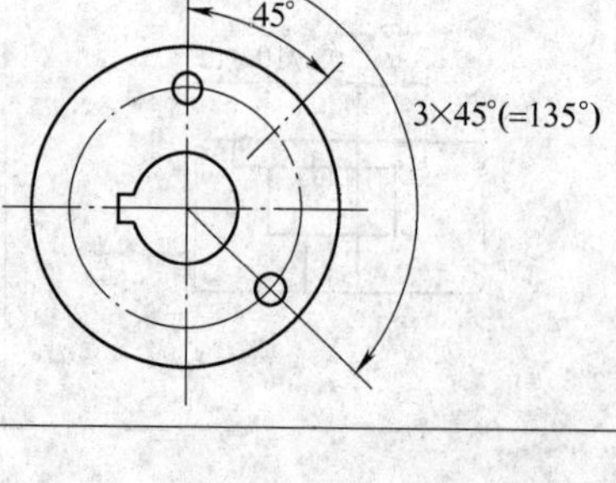	间隔相等的链式尺寸，可采用左图简化注法

（续）

类别	简化注法图例	说　明
倒角简化标注	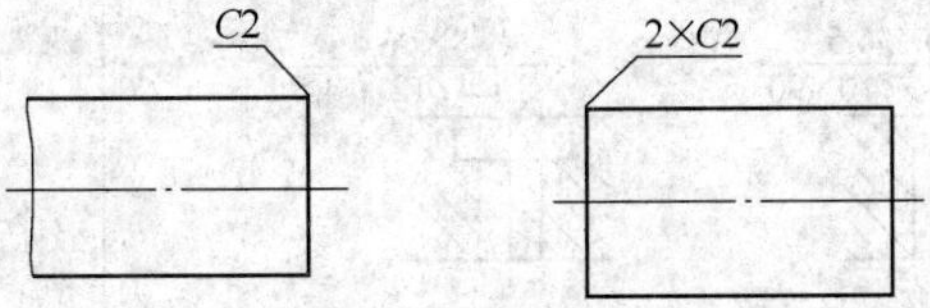 C2　2×C2	在不致引起误解时，零件图中的倒角可以省略不画，其尺寸也可简化标注 C 表示 45°倒角，C2 = 2 × 45°，2 × C2 为两端均为倒角
退刀槽尺寸注法	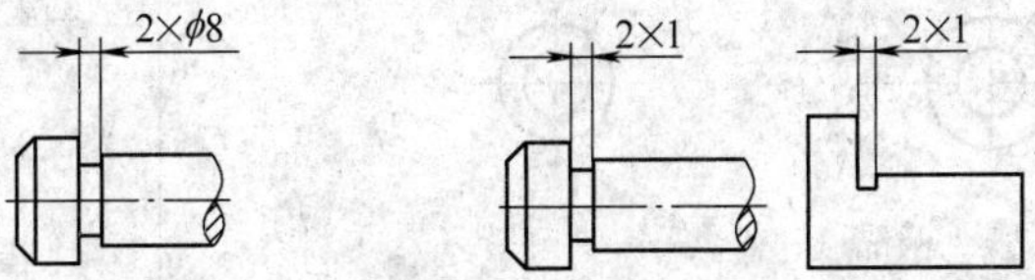 2×ϕ8　2×1　2×1	一般的退刀槽可按“槽宽 × 直径”或“槽宽 × 槽深”的形式标注
标记或字母注法	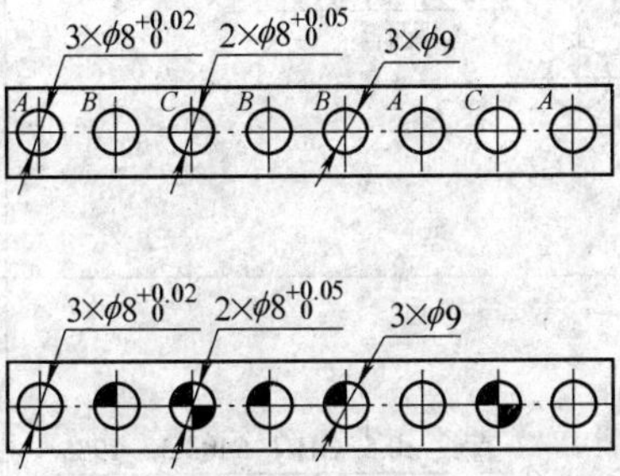 $3\times\phi8^{+0.02}_{0}$　$2\times\phi8^{+0.05}_{0}$　$3\times\phi9$　A B C B B A C A $3\times\phi8^{+0.02}_{0}$　$2\times\phi8^{+0.05}_{0}$　$3\times\phi9$	在同一图形中，如有几种尺寸数值相近而又重复的要素（如孔等）时，可采用标记（如涂色等）或用标注字母的方法来区别
形状相同件注法	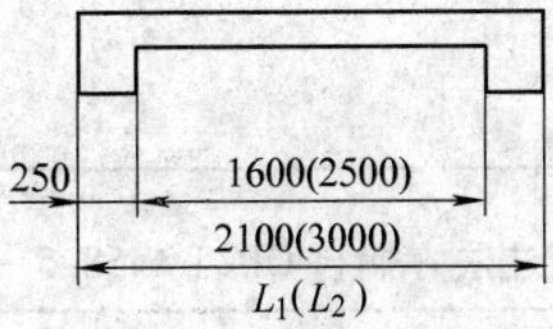 250　1600(2500)　2100(3000)　$L_1(L_2)$	两个形状相同但尺寸不同的构件或零件，可共用一张图表示，但应将另一件名称和不相同的尺寸列入括号中表示
表格图注法	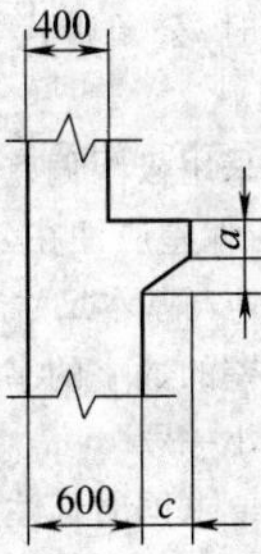 400　a　b　600　c No | a | b | c Z1 | 200 | 400 | 200 Z2 | 250 | 450 | 200 Z3 | 200 | 450 | 250	同类型或同系列的零件或构件，可采用表格图绘制

（续）

类别	简化注法图例	说　明
孔的旁注和符号注法	4×ϕ4↧10　6×ϕ6.5 ⌵ϕ10×90°　8×ϕ6.4 ⌴ϕ12 ↧4.5 4×ϕ4↧10　6×ϕ6.5 ⌵ϕ10×90°　8×ϕ6.4 ⌴ϕ12 ↧4.5	各类孔可采用旁注和符号相结合的方法标注 ↧表示深度 ⌵表示埋头孔 ⌴表示沉孔或锪平
圆锥孔尺寸注法	锥销孔ϕ4 配作　2×锥销孔ϕ3 配作	标注圆锥销孔的尺寸时，应按左图的形式引出标注，其中ϕ4 和ϕ3 都是所配的圆锥销的公称直径
滚花注法	网纹 m0.5　GB/T 6403.3—1986　直纹 m0.5　GB/T 6403.3—1986　ϕ　M　ϕ	滚花可采用左图简化的方法标注（不需要画出表面的网纹或直纹）

表 2-19　尺寸公差与配合注法（摘自 GB/T 4458.5—2003）

类别	图　例	说　明
线性尺寸的公差标注形式	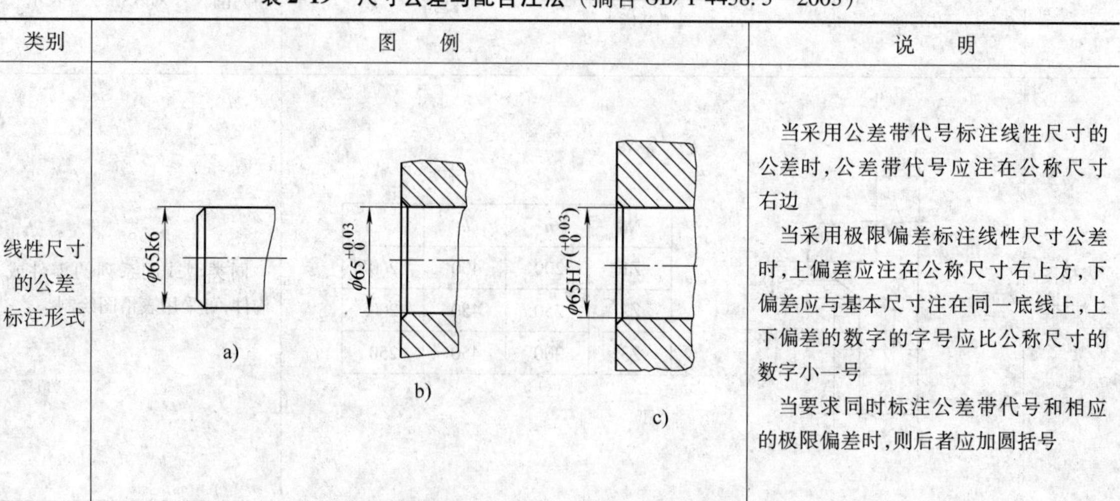	当采用公差带代号标注线性尺寸的公差时，公差带代号应注在公称尺寸右边 当采用极限偏差标注线性尺寸公差时，上偏差应注在公称尺寸右上方，下偏差应与基本尺寸注在同一底线上，上下偏差的数字的字号应比公称尺寸的数字小一号 当要求同时标注公差带代号和相应的极限偏差时，则后者应加圆括号

（续）

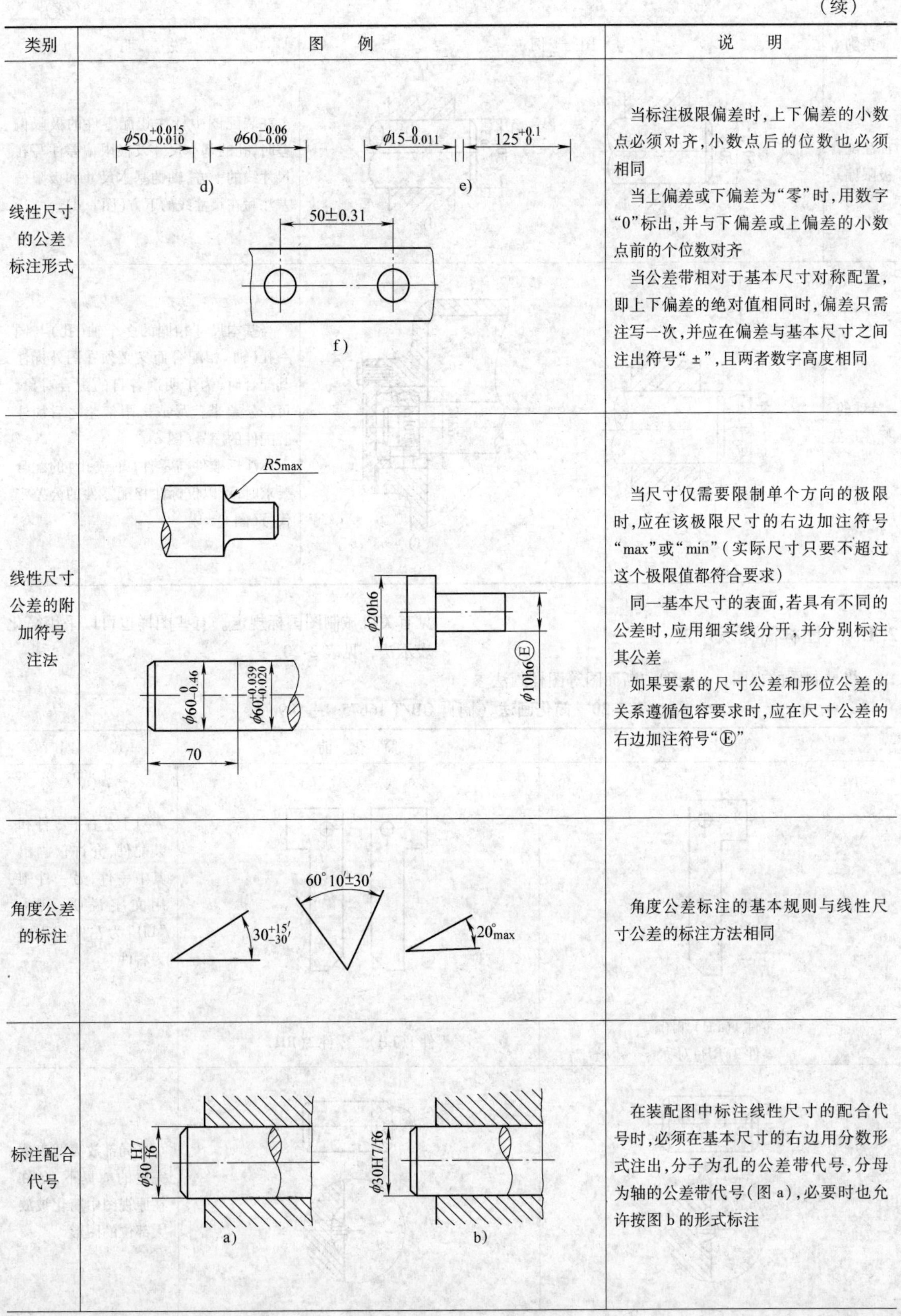

类别	图　例	说　明
线性尺寸的公差标注形式	d)　e)　f)	当标注极限偏差时，上下偏差的小数点必须对齐，小数点后的位数也必须相同 当上偏差或下偏差为“零”时，用数字“0”标出，并与下偏差或上偏差的小数点前的个位数对齐 当公差带相对于基本尺寸对称配置，即上下偏差的绝对值相同时，偏差只需注写一次，并应在偏差与基本尺寸之间注出符号“±”，且两者数字高度相同
线性尺寸公差的附加符号注法		当尺寸仅需要限制单个方向的极限时，应在该极限尺寸的右边加注符号“max”或“min”（实际尺寸只要不超过这个极限值都符合要求） 同一基本尺寸的表面，若具有不同的公差时，应用细实线分开，并分别标注其公差 如果要素的尺寸公差和形位公差的关系遵循包容要求时，应在尺寸公差的右边加注符号“Ⓔ”
角度公差的标注		角度公差标注的基本规则与线性尺寸公差的标注方法相同
标注配合代号	a)　b)	在装配图中标注线性尺寸的配合代号时，必须在基本尺寸的右边用分数形式注出，分子为孔的公差带代号，分母为轴的公差带代号（图 a），必要时也允许按图 b 的形式标注

（续）

类别	图 例	说 明
标注配合极限偏差	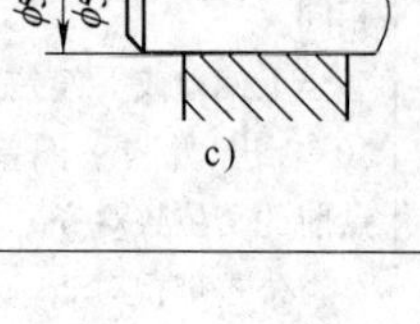 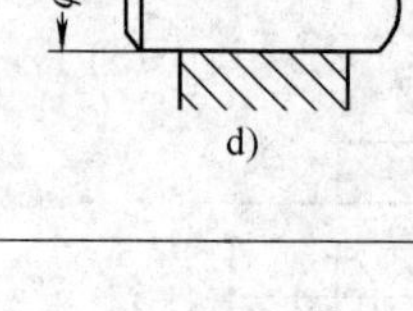 c) d)	在装配图中标注相配零件的极限偏差时,孔的基本尺寸及极限偏差注写在尺寸线的上方,轴的基本尺寸和极限偏差注写在尺寸线的下方(图 c、d)
特殊的标注形式	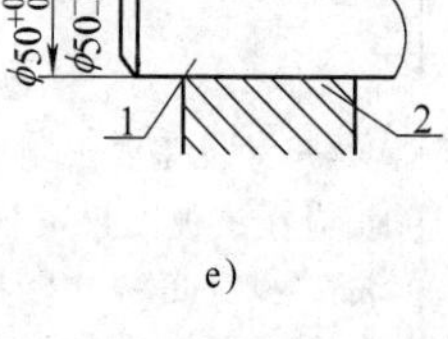 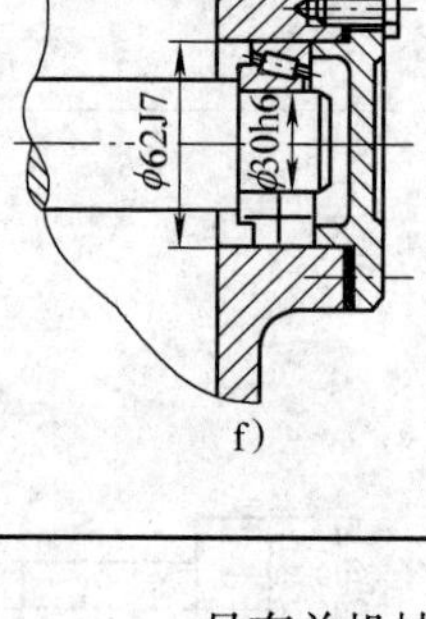 e) f)	当基本尺寸相同的多个轴(孔)与同一孔(轴)相配合而又必须在图外标注其配合时,为了明确各自的配合对象,可在公差带代号或极限偏差之后加注装配件的序号(图 e) 标注标准件与零件(轴或孔)的配合要求时,可以仅标注相配零件的公差带代号(图 f)

2.1.4 图样简化表示法

机械制图的视图、剖视图和断面图等图样画法参见有关机械制图国标规定。有些图样也可以采用简化表示法，见表 2-20。

表 2-20 简化画法（摘自 GB/T 16675.1—1996）

简 化 后	简 化 前	说 明
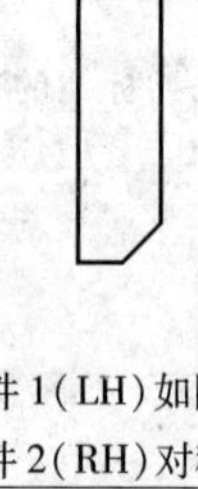 零件 1(LH)如图 零件 2(RH)对称	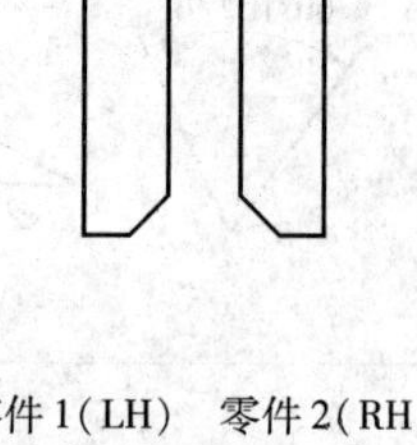 零件 1(LH) 零件 2(RH)	对于左右手零件和装配件,允许仅画出其中一件,另一件则用文字说明,其中"LH"为左件,"RH"为右件
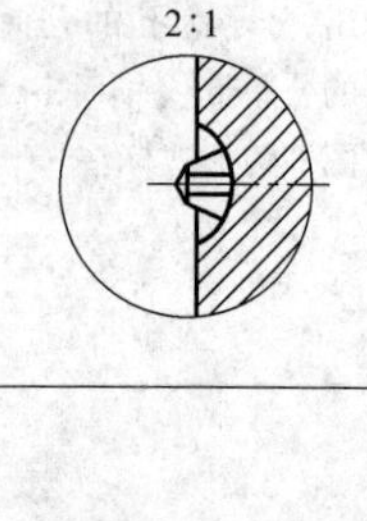 2:1	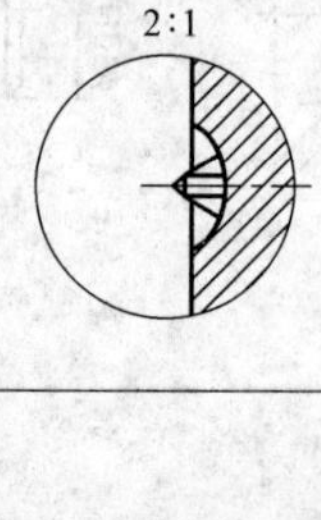 2:1	在局部放大图表达完整的前提下,允许在原视图中简化被放大部位的图形

（续）

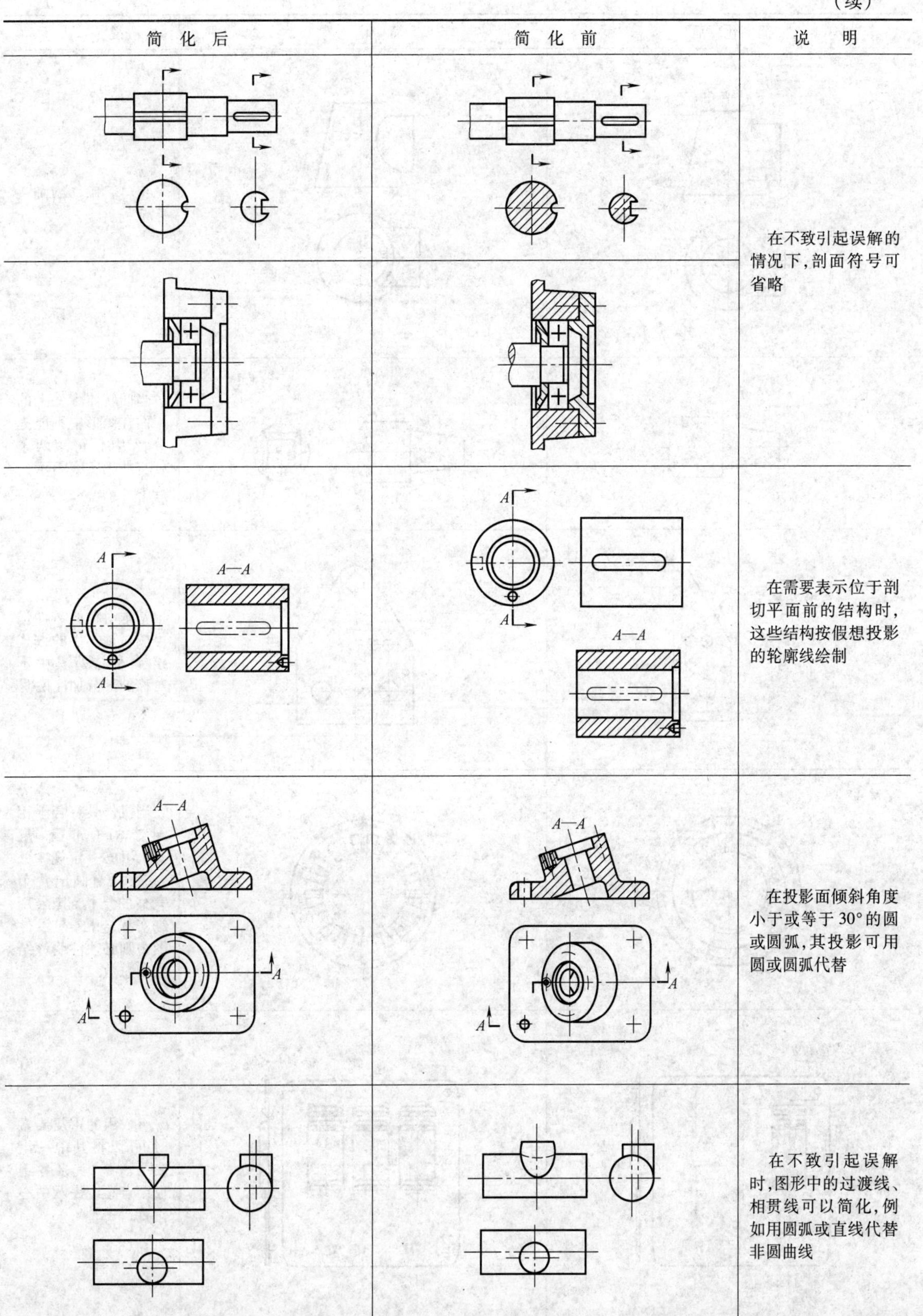

简 化 后	简 化 前	说 明
		在不致引起误解的情况下,剖面符号可省略
		在需要表示位于剖切平面前的结构时,这些结构按假想投影的轮廓线绘制
		在投影面倾斜角度小于或等于 30°的圆或圆弧,其投影可用圆或圆弧代替
		在不致引起误解时,图形中的过渡线、相贯线可以简化,例如用圆弧或直线代替非圆曲线

（续）

简 化 后	简 化 前	说 明
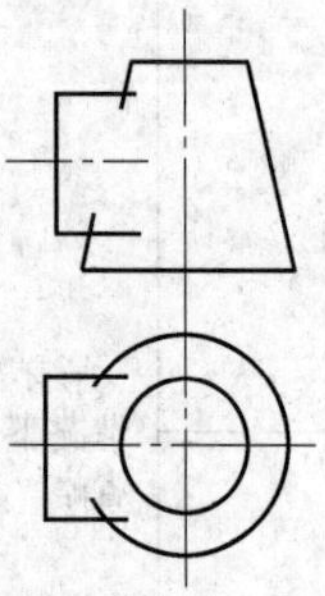	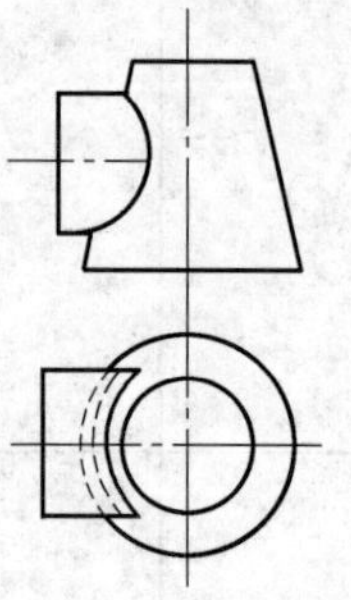	也可采用模糊画法表示相贯线
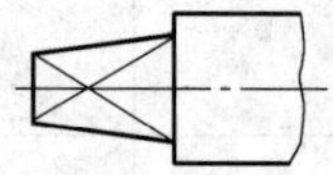	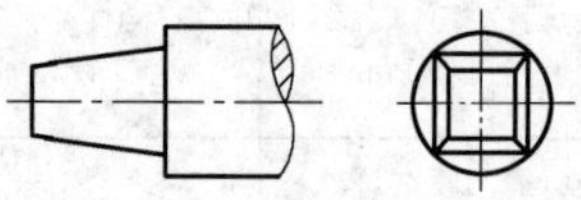	当回转体零件上的平面在图形中不能充分表达时，可用两条相交的细实线表示这些平面
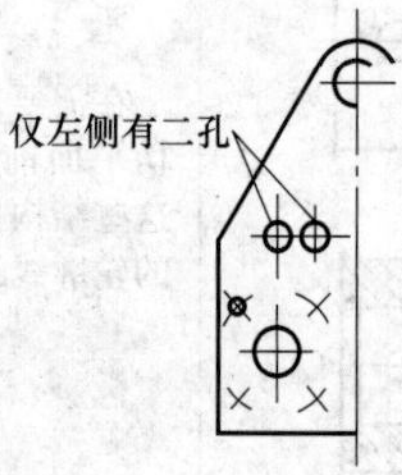 仅左侧有二孔	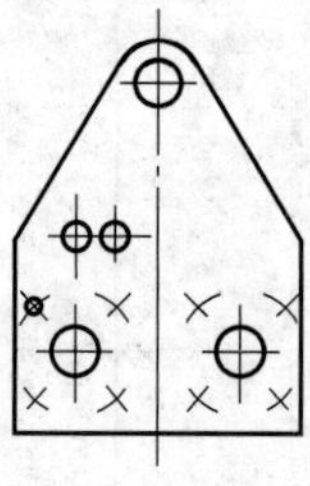	基本对称的零件仍可按对称零件的方式绘制，但应对其中不对称的部分加注说明
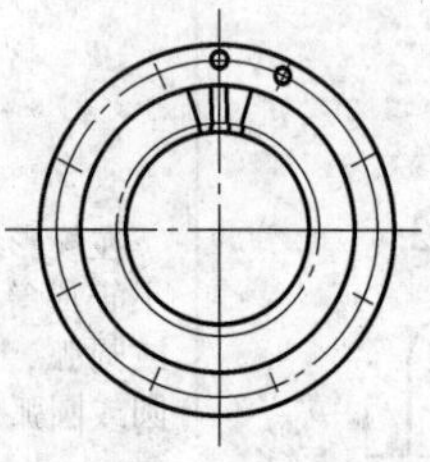	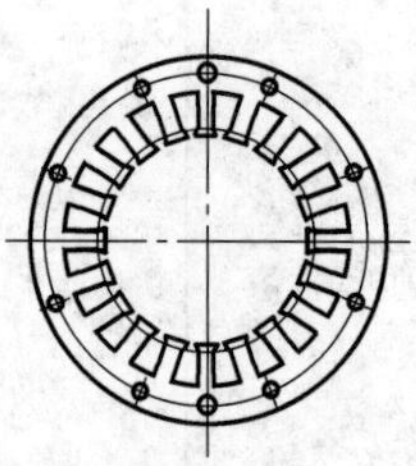	当机件具有若干相同结构（如齿、槽等），并按一定规律分布时，只需画出几个完整的结构，其余用细实线连接，在零件图中则必须注明该结构的总数
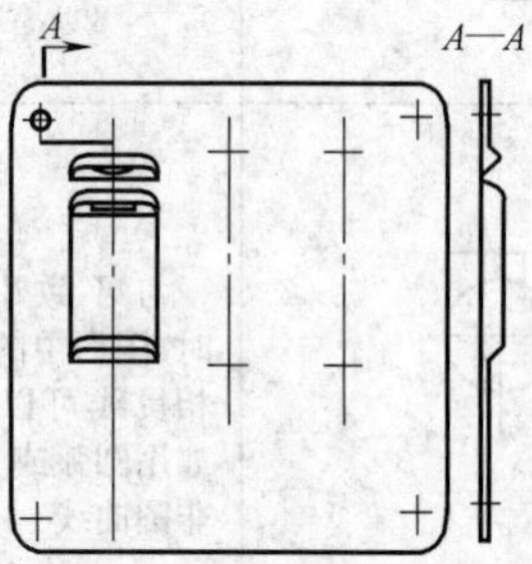 A A—A A	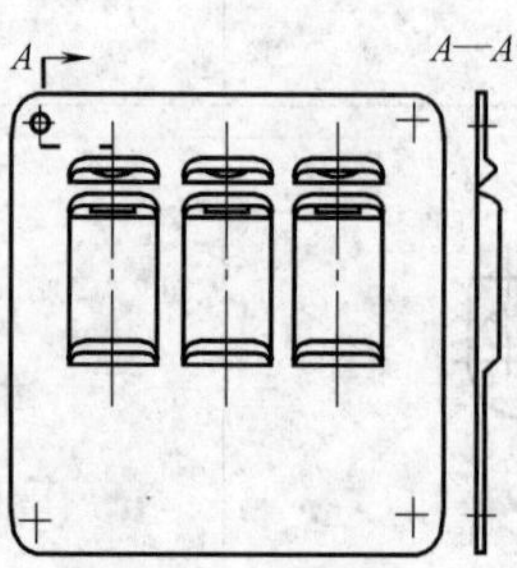 A A—A A	有成组的重复要素时，可以将其中一组表示清楚，其余各组仅用点画线表示中心位置

（续）

简　化　后	简　化　前	说　　明
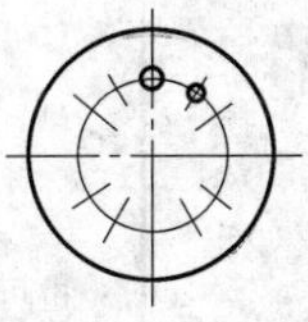	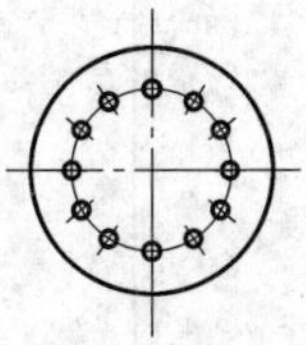	若干直径相同且成规律分布的孔，可以仅画出一个或少画几个，其余只需用细点画线或“⌖”表示其中心位置
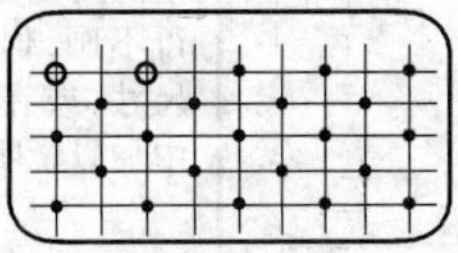	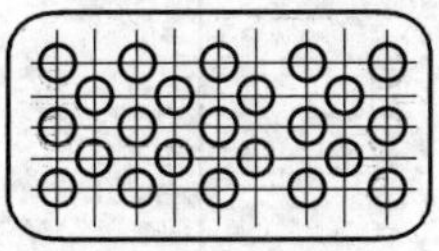	
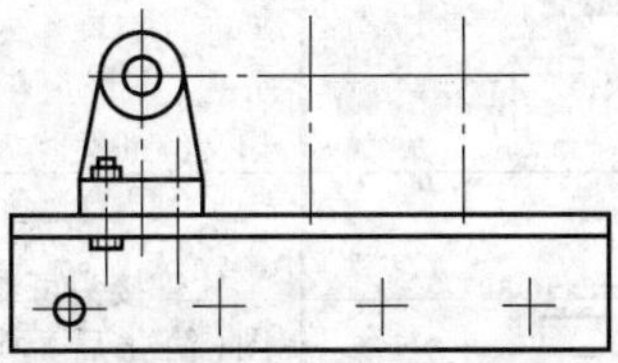	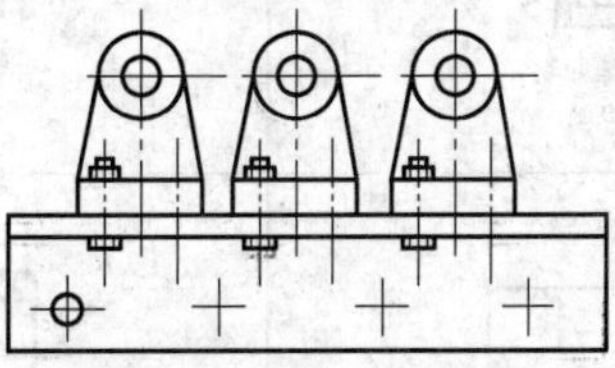	对于装配图中若干相同的零、部件组，可仅详细地画出一组，其余只需用细点画线表示出其位置
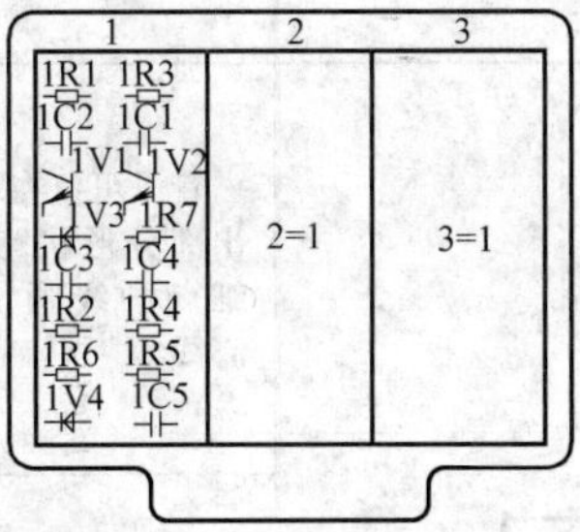	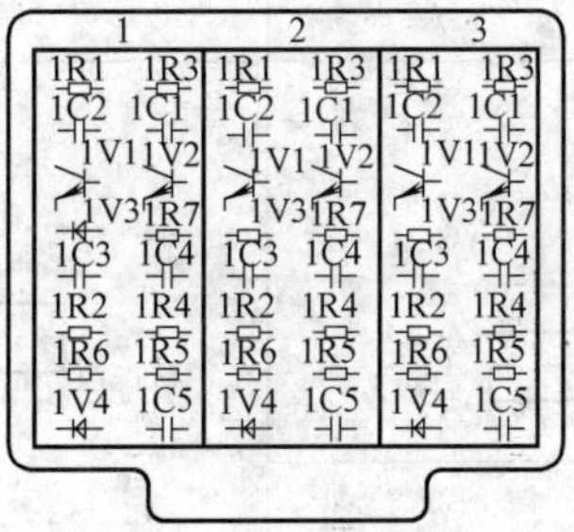	对于装配图中若干相同的单元，可仅详细地画出一组，其余可采用如左图（简化后）所示的方法表示
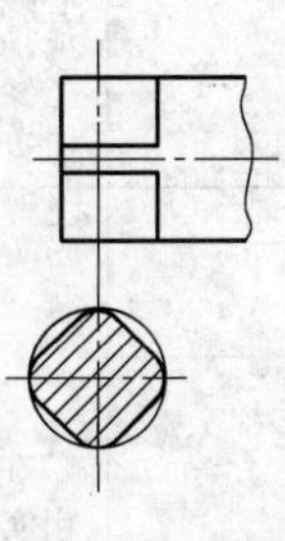	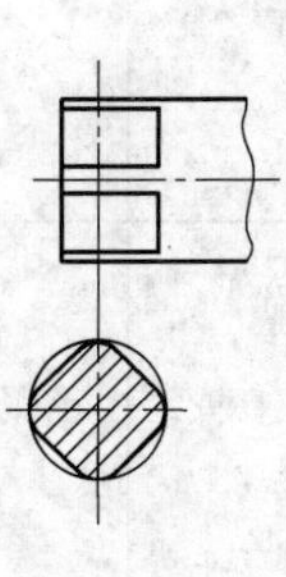	当机件上较小的结构及斜度等已在一个图形中表达清楚时，其他图形应当简化或省略
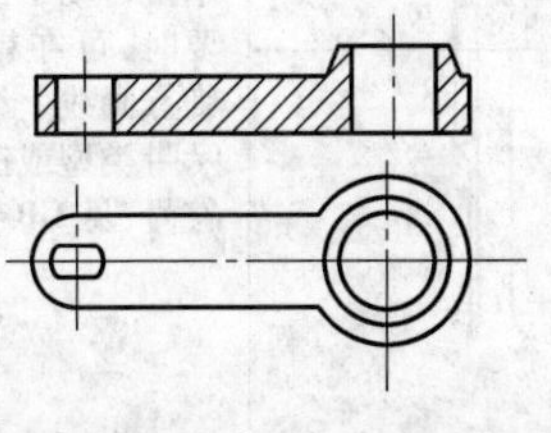	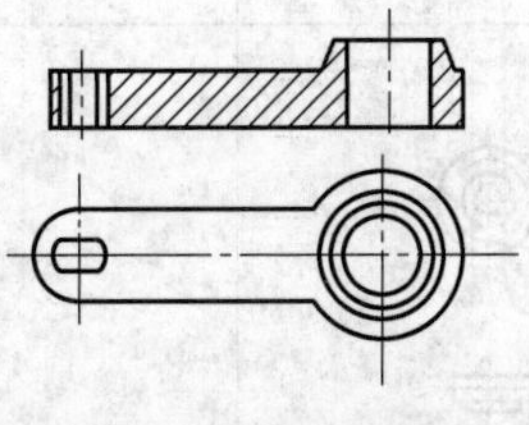	

（续）

简化后	简化前	说明
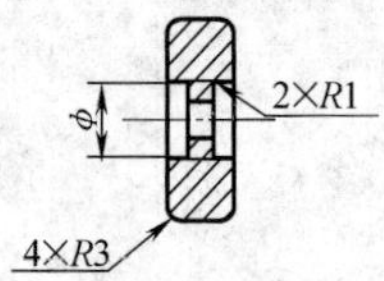 2×R1　ϕ　4×R3	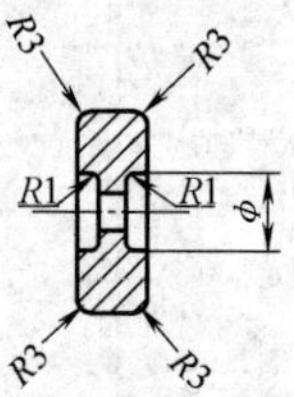 R3　R3　R1　R1　ϕ　R3　R3	除确属需要表示的某些结构圆角外，其他圆角在零件图中均可不画，但必须注明尺寸，或在技术要求中加以说明
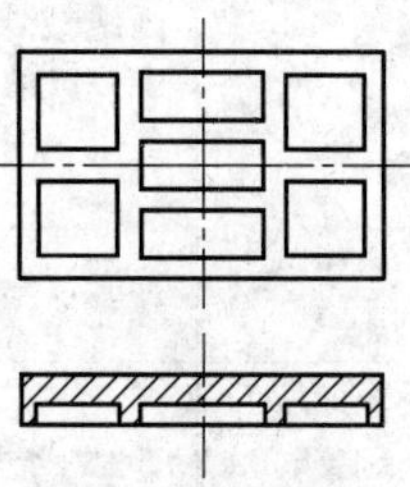 全部铸造圆角R5	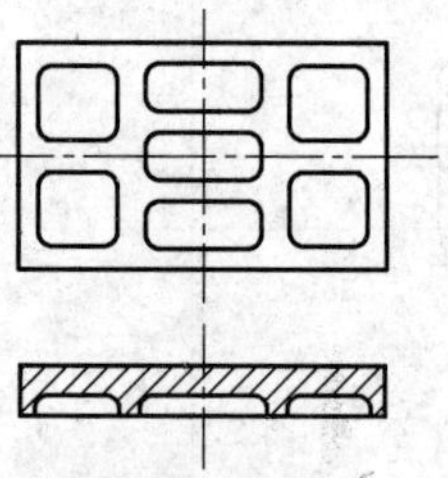 全部铸造圆角R5	
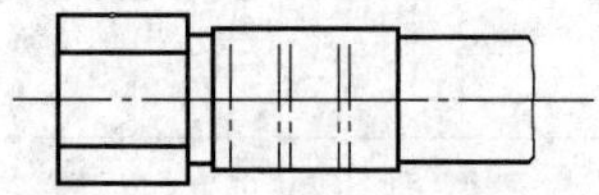	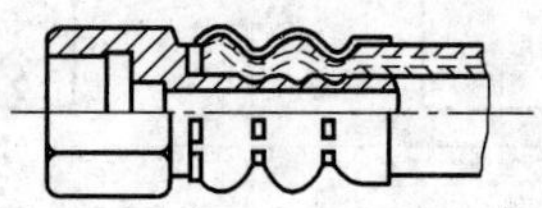	软管接头可参照左图（简化后）所示的方法绘制
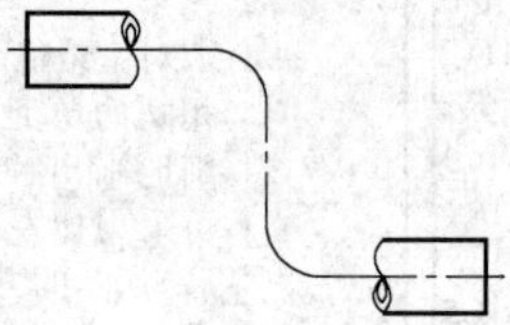	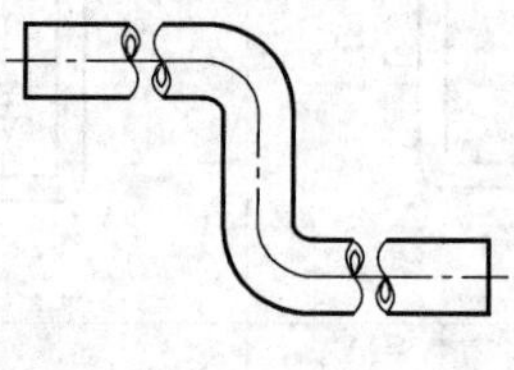	管子可仅在端部画出部分形状，其余用细点画线画出其中心线
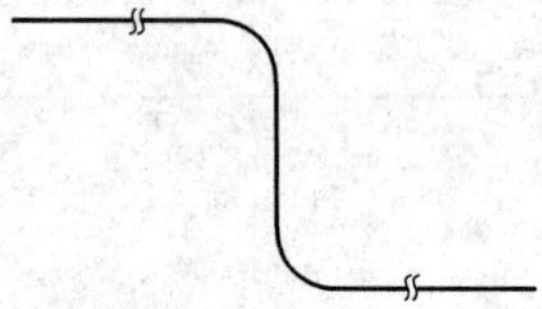		管子可用与管子中心线重合的单根粗实线表示
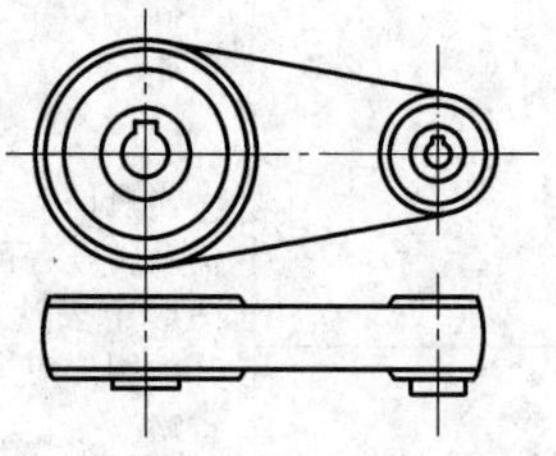	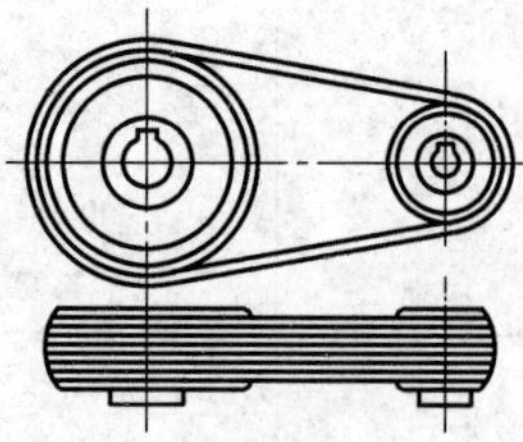	在装配图中，可用粗实线表示带传动中的带；用细点画线表示链传动中的链。必要时，可在粗实线或细点画线上绘制出表示带类型或链类型的符号，见 GB/T 4460
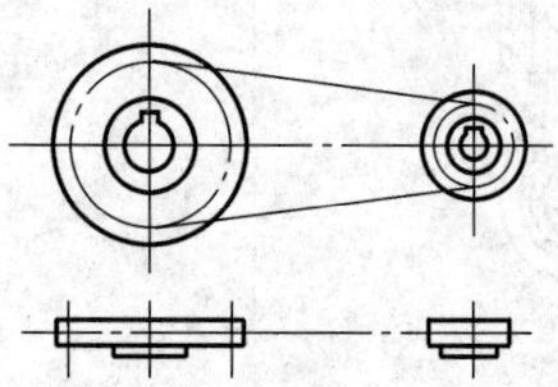	省略	

（续）

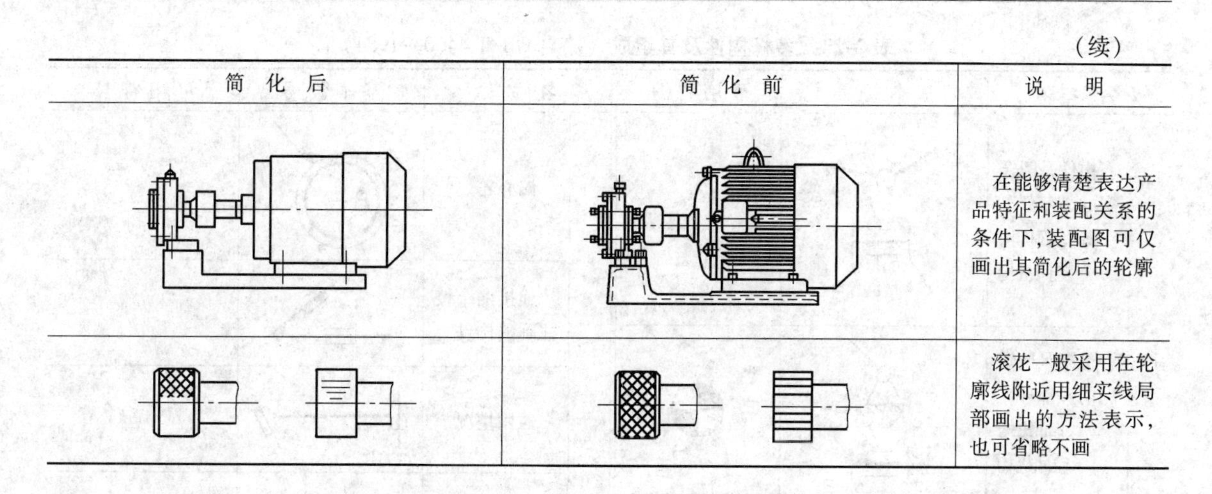

简化后	简化前	说明
		在能够清楚表达产品特征和装配关系的条件下，装配图可仅画出其简化后的轮廓
		滚花一般采用在轮廓线附近用细实线局部画出的方法表示，也可省略不画

2.1.5　机构运动简图画法（表 2-21～表 2-32）

表 2-21　构件及其组成部分的连接（摘自 GB/T 4460—1984）

名　称	基本符号	可用符号	名　称	基本符号	可用符号
机架			构件组成部分的永久连接		
轴、杆					
组成部分与轴（杆）的固定连接			构件组成部分的可调连接		

表 2-22　运动副（摘自 GB/T 4460—1984）

名　称		基本符号	可用符号	名　称		基本符号	可用符号
具有一个自由度的运动副	回转副 a. 平面机构 b. 空间机构			具有两个自由度的运动副	圆柱副		
					球销副		
	棱柱副 （移动副）			具有三个自由度的运动副	球面副		
	螺旋副				平面副		
具有四个自由度的运动副：球与圆柱副				具有五个自由度的运动副：球与平面副			

表 2-23　多杆构件及其组成（摘自 GB/T 4460—1984）

名称		基本符号	可用符号	名称		基本符号	可用符号
单副元素构件	构件是回转副的一部分 a. 平面机构 b. 空间机构			双副元素构件	偏心轮		
	机架是回转副的一部分 a. 平面机构 b. 空间机构				连接两个棱柱副的构件		
	构件是棱柱副的一部分				通用情况		
	构件是圆柱副的一部分				滑块（θ值为任意值）		
	构件是球面副的一部分				连接回轮副与棱柱副的构件通用情况		
双副元素构件	曲柄（或摇杆） a. 平面机构 b. 空间机构				导杆		
					滑块		

表 2-24　齿轮机构（摘自 GB/T 4460—1984）

名称	基本符号	可用符号	名称	基本符号	可用符号
齿轮机构齿轮（不指明齿线） a. 圆柱齿轮			c. 挠性齿轮		
b. 锥齿轮			齿线符号 a. 圆柱齿轮 (1)直齿		

（续）

名　称	基本符号	可用符号
(2)斜齿		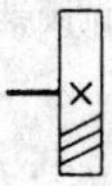
(3)人字齿		
b. 圆锥齿轮 (1) 直齿		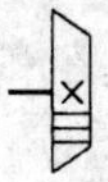
(2) 斜齿		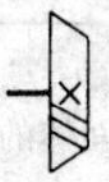
(3) 弧齿		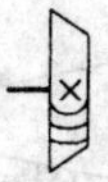
齿轮传动 （不指明齿线） a. 圆柱齿轮	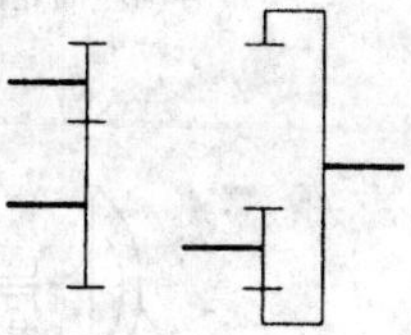	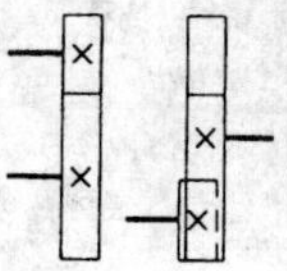
b. 非圆齿轮	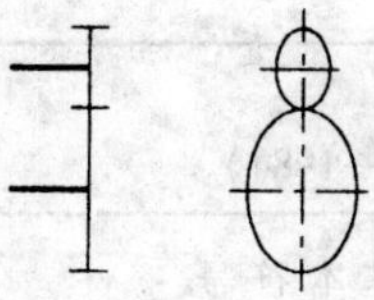	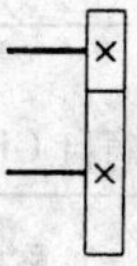
c. 锥齿轮	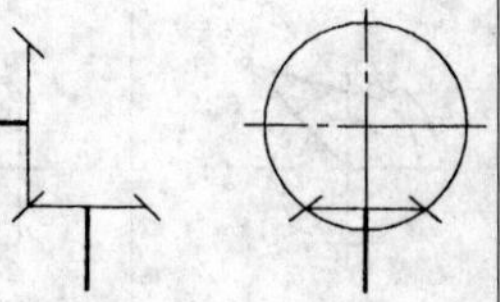	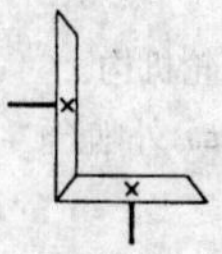
d. 准双曲面齿轮	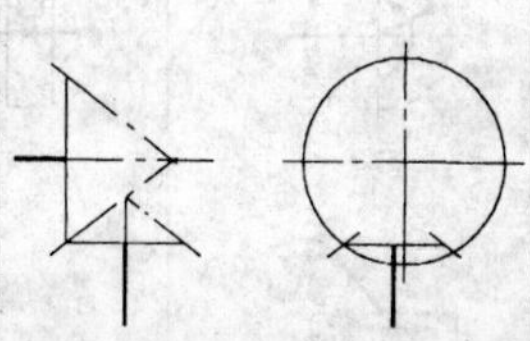	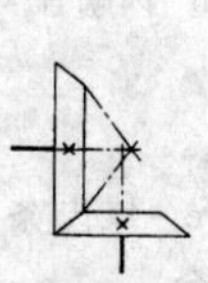

名　称	基本符号	可用符号
e. 蜗轮与圆柱蜗杆	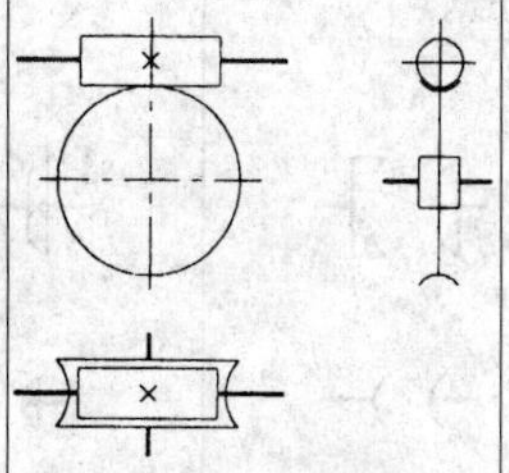	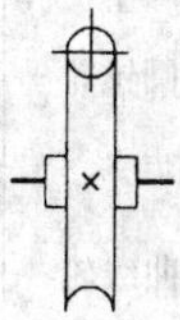
f. 蜗轮与球面蜗杆	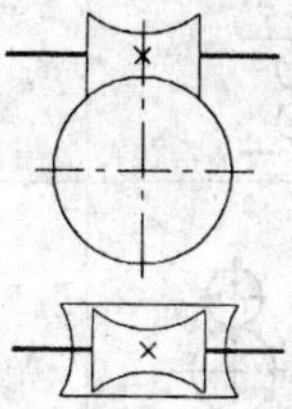	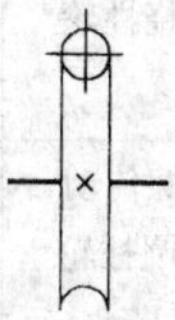
g. 螺旋齿轮	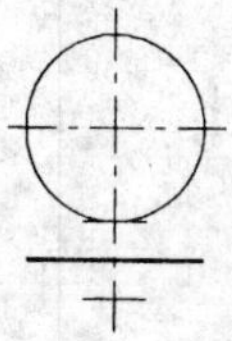	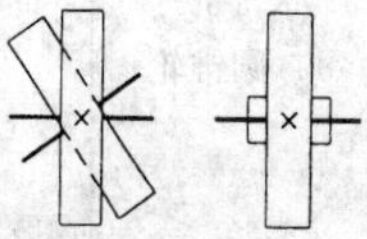
齿条传动 a. 一般表示	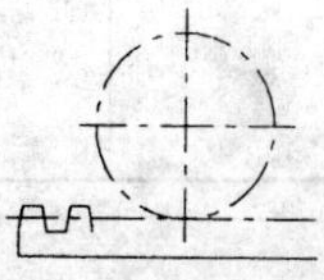	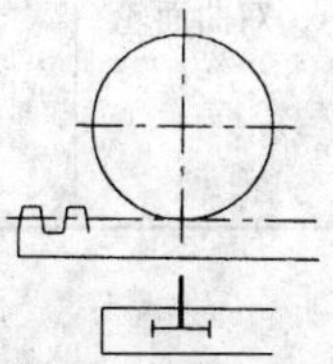
b. 蜗线齿条与蜗杆		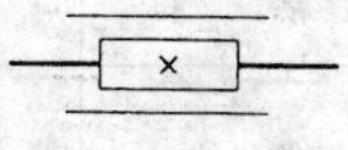
c. 齿条与蜗杆		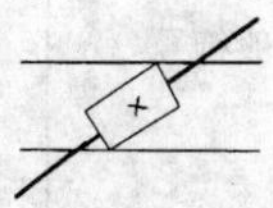
扇形齿轮传动	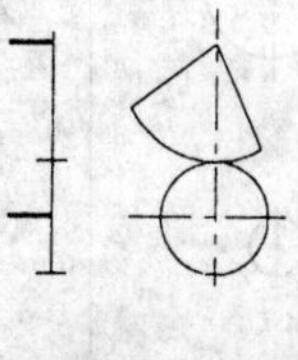	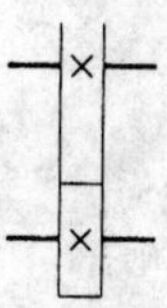

表 2-25　摩擦轮和摩擦传动（摘自 GB/T 4460—1984）

名　称	基本符号	可用符号
摩擦轮 a. 圆柱轮		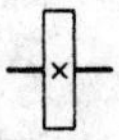
b. 圆锥轮	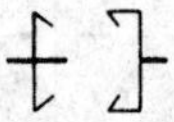	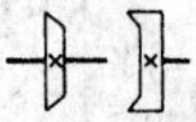
c. 曲线轮	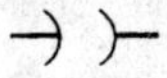	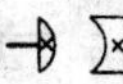
d. 冕状轮	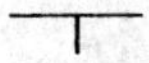	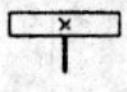
e. 挠性轮		
摩擦传动 a. 圆柱轮	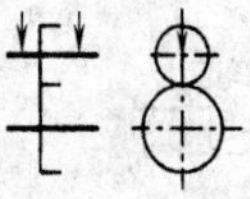	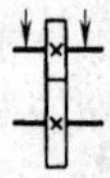
b. 圆锥轮	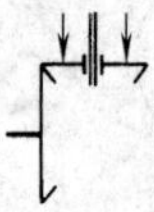	
c. 双曲面轮		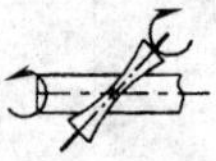
d. 可调圆锥轮	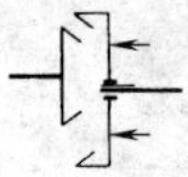	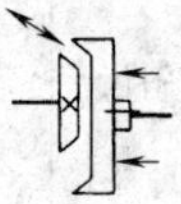
e. 可调冕状轮	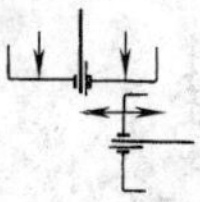	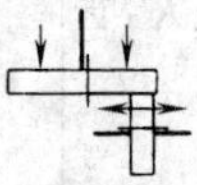

附注

带中间体的可调圆锥轮

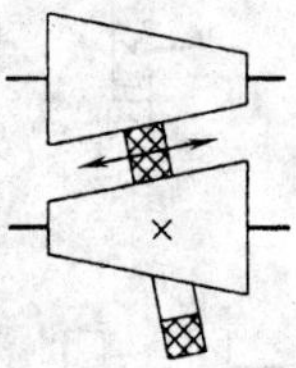

带可调圆环的圆锥轮

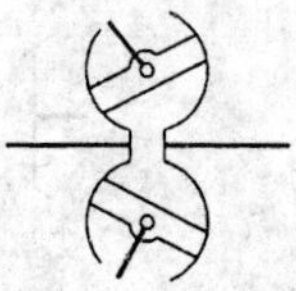

带可调球面轮的圆锥轮

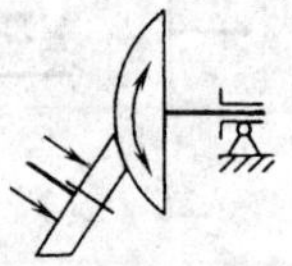

表 2-26　槽轮机构和棘轮机构（摘自 GB/T 4460—1984）

名　称	基本符号	可用符号
槽轮机构 一般符号	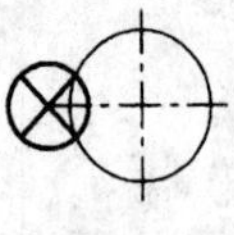	
a. 外啮合	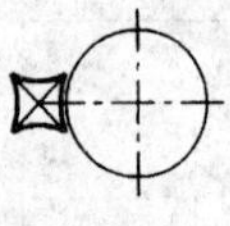	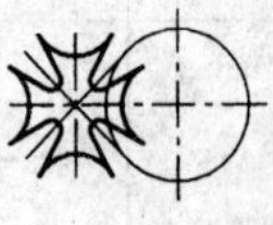
b. 内啮合		
棘轮机构 a. 外啮合		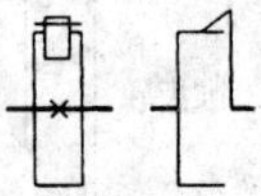
b. 内啮合		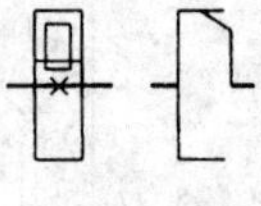
c. 棘齿条啮合	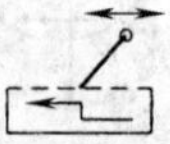	

表2-27　凸轮机构（摘自GB/T 4460—1984）

名　称	基本符号	可用符号及附注	名　称	基本符号	可用符号及附注
盘形凸轮		钩槽盘形凸轮	凸轮从动杆 a. 尖顶从动杆		在凸轮副中，凸轮从动杆的符号
移动凸轮			b. 曲面从动杆		
与杆固接的凸轮		可调连接	c. 滚子从动杆		
a. 圆柱凸轮			d. 平底从动杆		
b. 圆锥凸轮					
c. 双曲面凸轮					

表2-28　带传动与链传动（摘自GB/T 4460—1984）

名　称	基本符号	附　注	名　称	基本符号	附　注
带传动 一般符号 （不指明类型）		若需指明类型可采用下列符号 V带 圆带 同步带 平带 例：V带传动	轴上的宝塔轮		
			链传动 一般符号 （不指明类型）		若需指明链条类型，可采用下列符号： 环形链 滚子链 齿形链 例：齿形链传动

表2-29 联轴器、离合器及制动器（摘自GB/T 4460—1984）

名称	基本符号	可用符号
联轴器——一般符号(不指明类型)		
固定联轴器		
可移式联轴器		
弹性联轴器		
可控离合器 1. 啮合式离合器		
a. 单向式		
b. 双向式		
2. 摩擦离合器 a. 单向式		
b. 双向式		
3. 液压离合器一般符号		
4. 电磁离合器		
自动离合器一般符号		对于离合器和制动器，当需要表明操纵方式时，可使用下列符号： M—机动的 H—液动的 P—气动的 E—电动的(如电磁) 例：具有气动开关起动的单向摩擦离合器 P
1. 离心摩擦离合器		
2. 超越离合器		
3. 安全离合器 a. 带有易损元件		
b. 无易损元件		
制动器——一般符号		不规定制动器外观

表2-30 轴承（摘自GB/T 4460—1984）

名称	基本符号	可用符号
向心轴承 a. 普通轴承		
b. 滚动轴承		
推力轴承 a. 单向推力普通轴承		
b. 双向推力普通轴承		
c. 推力滚动轴承		
向心推力轴承 a. 单向向心推力普通轴承		
b. 双向向心推力普通轴承		
c. 角接触滚动轴承		

表2-31 弹簧（摘自GB/T 4460—1984）

名称	基本符号	附注	名称	基本符号	附注
圆柱压缩弹簧		弹簧的符号详见GB/T 4459.4—2003	碟形弹簧		
截锥压缩弹簧			截锥涡卷弹簧		
拉伸弹簧			平面涡卷弹簧		
扭转弹簧			板状弹簧		

表2-32 其他机构及其组件（摘自GB/T 4460—1984）

名称	基本符号	可用符号	名称	基本符号	可用符号
螺杆传动 a. 整体螺母			分度头		n为分度数
b. 开合螺母					
c. 滚珠螺母			原动机 a. 通用符号（不指明类型）		
挠性轴		附注 可以只画一部分	b. 电动机—一般符号		
轴上飞轮			c. 装在支架上的电动机		

2.2 极限与配合

2.2.1 基本偏差与标准公差

2.2.1.1 基本偏差

在实际使用中，常用公差带图来表示孔或轴的公称尺寸、尺寸公差及偏差的关系，如图2-1所示。

基本偏差是确定公差带相对零线位置的上极限偏差或下极限偏差，即为靠近零线的那个极限偏差，如图2-1的基本偏差为下极限偏差。

孔和轴的基本偏差系列见图2-2。

基本偏差的代号，对孔用大写字母A，…ZC表示；对轴用小写字母a，…zc表示，各有28个。其中，基本偏差H代表基准孔；h代表基准轴。

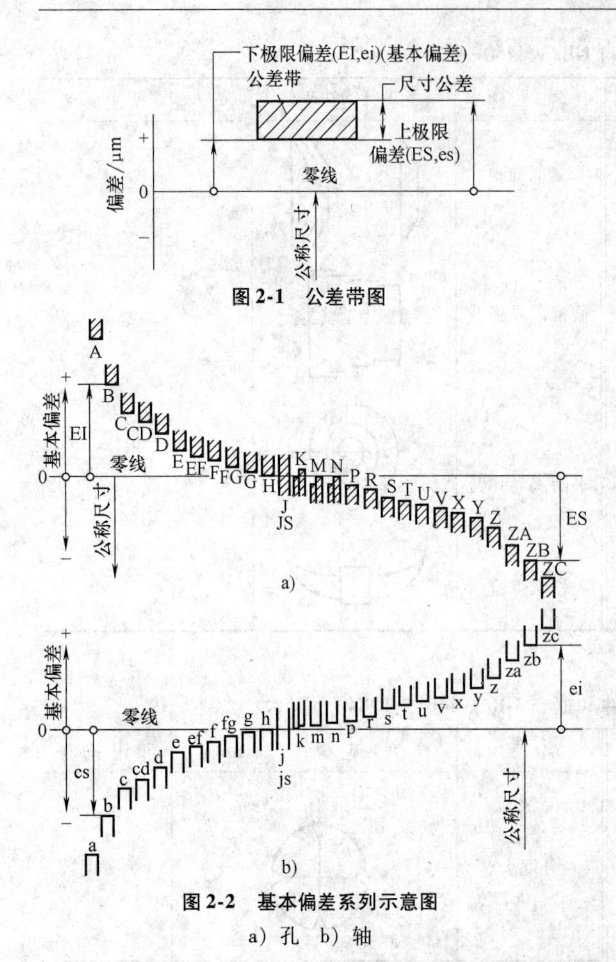

图 2-1　公差带图

图 2-2　基本偏差系列示意图

a）孔　b）轴

上极限偏差的代号，对孔用大写字母“ES”表示，对轴用小写字母“es”表示。下极限偏差，孔和轴分别用“EI”和“ei”表示。

2. 2. 1. 2　标准公差

标准公差等级代号用符号 IT 和数字组成，例如 IT6、IT7。当其与代表基本偏差的字母一起组成公差带时，省略 IT 字母，如 H6、h7。

极限配合在公称尺寸至 500mm 内，标准公差等级分 IT01、IT0、IT1 至 IT18 共 20 级，标准公差的数值见表 2-33。

2. 2. 1. 3　配合

轴、孔的配合用相同的公称尺寸后跟孔、轴公差带表示。孔、轴公差带写成分数形式，分子为孔公差带，分母为轴公差带。

例如：52H7/g6 或 52 $\frac{H7}{g6}$。

配合分基孔制配合和基轴制配合，在一般情况下，优先选用基孔制配合。如有特殊需要，允许将任一孔、轴公差带组成配合。配合有间隙配合、过渡配合和过盈配合。属于哪一种配合，取决于孔、轴公差带的相互关系。

在基孔制（基轴制）配合中：基本偏差 a 至 h（A 至 H）用于间隙配合；

基本偏差 j 至 zc（J 至 ZC）用于过渡配合和过盈配合。

表 2-33　公称尺寸至 3150mm 的标准公差数值（摘自 GB/T 1800. 1—2009）

公称尺寸 /mm		标准公差等级																	
		IT1	IT2	IT3	IT4	IT5	IT6	IT7	IT8	IT9	IT10	IT11	IT12	IT13	IT14	IT15	IT16	IT17	IT18
大于	至	μm											mm						
	3	0.8	1.2	2	3	4	6	10	14	25	40	60	0.1	0.14	0.25	0.4	0.6	1	1.4
3	6	1	1.5	2.5	4	5	8	12	18	30	48	75	0.12	0.18	0.3	0.48	0.75	1.2	1.8
6	10	1	1.5	2.5	4	6	9	15	22	36	58	90	0.15	0.22	0.36	0.58	0.9	1.5	2.2
10	18	1.2	2	3	5	8	11	18	27	43	70	110	0.18	0.27	0.43	0.7	1.1	1.8	2.7
18	30	1.5	2.5	4	6	9	13	21	33	52	84	130	0.21	0.33	0.52	0.84	1.3	2.1	3.3
30	50	1.5	2.5	4	7	11	16	25	39	62	100	160	0.25	0.39	0.62	1	1.6	2.5	3.9
50	80	2	3	5	8	13	19	30	46	74	120	190	0.3	0.46	0.74	1.2	1.9	3	4.6
80	120	2.5	4	6	10	15	22	35	54	87	140	220	0.35	0.54	0.87	1.4	2.2	3.5	5.4
120	180	3.5	5	8	12	18	25	40	63	100	160	250	0.4	0.63	1	1.6	2.5	4	6.3
180	250	4.5	7	10	14	20	29	46	72	115	185	290	0.46	0.72	1.15	1.85	2.9	4.6	7.2
250	315	6	8	12	16	23	32	52	81	130	210	320	0.52	0.81	1.3	2.1	3.2	5.2	8.1
315	400	7	9	13	18	25	36	57	89	140	230	360	0.57	0.89	1.4	2.3	3.6	5.7	8.9
400	500	8	10	15	20	27	40	63	97	155	250	400	0.63	0.97	1.55	2.5	4	6.3	9.7
500	630	9	11	16	22	32	44	70	110	175	280	440	0.7	1.1	1.75	2.8	4.4	7	11
630	800	10	13	18	25	36	50	80	125	200	320	500	0.8	1.25	2	3.2	5	8	12.5
800	1000	11	15	21	28	40	56	90	140	230	360	560	0.9	1.4	2.3	3.6	5.6	9	14
1000	1250	13	18	24	33	47	66	105	165	260	420	660	1.05	1.65	2.6	4.2	6.6	10.5	16.5
1250	1600	15	21	29	39	55	78	125	195	310	500	780	1.25	1.95	3.1	5	7.8	12.5	19.5
1600	2000	18	25	35	46	65	92	150	230	370	600	920	1.5	2.3	3.7	6	9.2	15	23
2000	2500	22	30	41	55	78	110	175	280	440	700	1100	1.75	2.8	4.4	7	11	17.5	28
2500	3150	26	36	50	68	96	135	210	330	540	860	1350	2.1	3.3	5.4	8.6	13.5	21	33

注：1. 公称尺寸大于 500mm 的 IT1 ~ IT5 的标准公差数值为试行的。

2. 公称尺寸小于或等于 1mm 时，无 IT14 ~ IT18。

2.2.2　轴、孔的极限偏差（表 2-34 ~ 表 2-37）

表 2-34　尺寸至 500mm 轴的极限偏差（摘自 GB/T 1800.2—2009）　（单位：μm）

公称尺寸/mm		公差带														
		a					b					c				
大于	至	9	10	11*	12	13	9	10	11*	12*	13	8	9*	10*	▲11	12
—	3	-270 -295	-270 -310	-270 -330	-270 -370	-270 -410	-140 -165	-140 -180	-140 -200	-140 -240	-140 -280	-60 -74	-60 -85	-60 -100	-60 -120	-60 -160
3	6	-270 -300	-270 -318	-370 -345	-270 -390	-270 -450	-140 -170	-140 -188	-140 -215	-140 -260	-140 -320	-70 -88	-70 -100	-70 -118	-70 -145	-70 -190
6	10	-280 -316	-280 -338	-280 -370	-280 -430	-280 -500	-150 -186	-150 -208	-150 -240	-150 -300	-150 -370	-80 -102	-80 -116	-80 -138	-80 -170	-80 -230
10 14	14 18	-290 -330	-290 -360	-290 -400	-290 -470	-290 -560	-150 -193	-150 -220	-150 -260	-150 -330	-150 -420	-95 -122	-95 -138	-95 -165	-95 -205	-95 -275
18 24	24 30	-300 -352	-300 -384	-300 -430	-300 -510	-300 -630	-160 -212	-160 -244	-160 -290	-160 -370	-160 -490	-110 -143	-110 -162	-110 -194	-110 -240	-110 -320
30	40	-310 -372	-310 -410	-310 -470	-310 -560	-310 -700	-170 -232	-170 -270	-170 -330	-170 -420	-170 -560	-120 -159	-120 -182	-120 -220	-120 -280	-120 -370
40	50	-320 -382	-320 -420	-320 -480	-350 -570	-320 -710	-180 -242	-180 -280	-180 -340	-180 -430	-180 -570	-130 -169	-130 -192	-130 -230	-130 -290	-130 -380
50	65	-340 -414	-340 -460	-340 -530	-340 -640	-340 -800	-190 -264	-190 -310	-190 -380	-190 -490	-190 -650	-140 -186	-140 -214	-140 -260	-140 -330	-140 -440
65	80	-360 -434	-360 -480	-360 -550	-360 -660	-360 -820	-200 -274	-200 -320	-200 -390	-200 -500	-200 -660	-150 -196	-150 -224	-150 -270	-150 -340	-150 -450
80	100	-380 -467	-380 -520	-380 -600	-380 -730	-380 -920	-220 -307	-220 -360	-220 -440	-220 -570	-220 -760	-170 -224	-170 -257	-170 -310	-170 -390	-170 -520
100	120	-410 -497	-410 -550	-410 -630	-410 -760	-410 -950	-240 -327	-240 -380	-240 -460	-240 -590	-240 -780	-180 -234	-180 -267	-180 -320	-180 -400	-180 -530
120	140	-460 -560	-460 -620	-460 -710	-460 -860	-460 -1090	-260 -360	-260 -420	-260 -510	-260 -660	-260 -890	-200 -263	-200 -300	-200 -360	-200 -450	-200 -600
140	160	-520 -620	-520 -680	-520 -770	-520 -920	-550 -1150	-280 -380	-280 -440	-280 -530	-280 -680	-280 -910	-210 -273	-210 -310	-210 -370	-210 -460	-210 -610
160	180	-580 -680	-580 -740	-580 -830	-580 -980	-580 -1210	-310 -410	-310 -470	-310 -560	-310 -710	-310 -940	-230 -293	-230 -330	-230 -390	-230 -480	-230 -630
180	200	-660 -775	-660 -845	-660 -950	-660 -1120	-660 -1380	-340 -455	-340 -525	-340 -630	-340 -800	-340 -1060	-240 -312	-240 -355	-240 -425	-240 -530	-240 -700
200	225	-740 -855	-740 -925	-740 -1030	-740 -1200	-740 -1460	-380 -495	-380 -565	-380 -670	-380 -840	-380 -1100	-260 -332	-260 -375	-260 -445	-260 -550	-260 -720
225	250	-820 -935	-820 -1005	-820 -1110	-280 -1280	-820 -1540	-420 -535	-420 -605	-420 -710	-420 -880	-420 -1140	-280 -352	-280 -395	-280 -465	-280 -570	-280 -740
250	280	-920 -1050	-920 -1130	-920 -1240	-920 -1440	-920 -1730	-480 -610	-480 -690	-480 -800	-480 -1000	-480 -1290	-300 -381	-300 -430	-300 -510	-300 -620	-300 -820
280	315	-1050 -1180	-1050 -1260	-1050 -1370	-1050 -1570	-1050 -1860	-540 -670	-540 -750	-540 -860	-540 -1060	-540 -1350	-330 -411	-330 -460	-330 -540	-330 -650	-330 -850
315	355	-1200 -1340	-1200 -1430	-1200 -1560	-1200 -1770	-1200 -2090	-600 -740	-600 -830	-600 -960	-600 -1170	-600 -1490	-360 -449	-360 -500	-360 -590	-360 -720	-360 -930
355	400	-1350 -1490	-1350 -1580	-1350 -1710	-1350 -1920	-1350 -2240	-680 -820	-680 -910	-680 -1040	-680 -1250	-680 -1570	-400 -489	-400 -540	-400 -630	-400 -760	-400 -970
400	450	-1500 -1655	-1500 -1750	-1500 -1900	-1500 -2130	-1500 -2470	-760 -915	-760 -1010	-760 -1160	-760 -1390	-760 -1730	-440 -537	-440 -595	-440 -690	-440 -840	-440 -1070
450	500	-1650 -1805	-1650 -1900	-1650 -2050	-1650 -2280	-1650 -2620	-840 -995	-840 -1090	-840 -1240	-840 -1470	-840 -1810	-480 -577	-480 -635	-480 -730	-480 -880	-480 -1110

（续）

公称尺寸/mm		公差带														
		d					e					f				
大于	至	7	8*	▲9	10*	11*	6	7*	8*	9*	10	5*	6*	▲7	8*	9*
—	3	-20 -30	-20 -34	-20 -45	-20 -60	-20 -80	-14 -20	-14 -24	-14 -28	-14 -39	-14 -54	-6 -10	-6 -12	-6 -16	-6 -20	-6 -31
3	6	-30 -42	-30 -48	-30 -60	-30 -78	-30 -105	-20 -28	-20 -32	-20 -38	-20 -50	-20 -68	-10 -15	-10 -18	-10 -22	-10 -28	-10 -40
6	10	-40 -55	-40 -62	-40 -76	-40 -98	-40 -130	-25 -34	-25 -40	-25 -47	-25 -61	-25 -83	-13 -19	-13 -22	-13 -28	-13 -35	-13 -49
10 14	14 18	-50 -68	-50 -77	-50 -93	-50 -120	-50 -160	-32 -43	-32 -50	-32 -59	-32 -75	-32 -102	-16 -24	-16 -27	-16 -34	-16 -43	-16 -59
18 24	24 30	-65 -86	-65 -68	-65 -117	-65 -149	-65 -195	-40 -53	-40 -61	-40 -73	-40 -92	-40 -124	-20 -29	-20 -33	-20 -41	-20 -53	-20 -72
30 40	40 50	-80 -105	-80 -119	-80 -142	-80 -180	-80 -240	-50 -66	-50 -75	-50 -89	-50 -112	-50 -150	-25 -36	-25 -41	-25 -50	-25 -64	-25 -87
50 65	65 80	-100 -130	-100 -146	-100 -174	-100 -220	-100 -290	-60 -79	-60 -90	-60 -106	-60 -134	-60 -180	-30 -43	-30 -49	-30 -60	-30 -76	-30 -104
80 100	100 120	-120 -155	-120 -174	-120 -207	-120 -260	-120 -340	-72 -94	-72 -107	-72 -126	-72 -159	-72 -212	-36 -51	-36 -58	-36 -71	-36 -90	-36 -123
120 140 160	140 160 180	-145 -185	-145 -208	-145 -245	-145 -305	-145 -395	-85 -110	-85 -125	-85 -148	-85 -185	-85 -245	-43 -61	-43 -68	-43 -83	-43 -106	-43 -143
180 200 225	200 225 250	-170 -216	-170 -242	-170 -285	-170 -355	-170 -460	-100 -129	-100 -146	-100 -172	-100 -215	-100 -285	-50 -70	-50 -79	-50 -96	-50 -122	-50 -165
250 280	280 315	-190 -242	-190 -271	-190 -320	-190 -400	-190 -510	-110 -142	-110 -162	-110 -191	-110 -240	-110 -320	-56 -79	-56 -88	-56 -108	-56 -137	-56 -186
315 355	355 400	-210 -267	-210 -299	-210 -350	-210 -440	-210 -570	-125 -161	-125 -182	-125 -214	-125 -265	-125 -355	-62 -87	-62 -98	-62 -119	-62 -151	-62 -202
400 450	450 500	-230 -293	-230 -327	-230 -385	-230 -480	-230 -630	-135 -175	-135 -198	-135 -232	-135 -290	-135 -385	-68 -95	-68 -108	-68 -131	-68 -165	-68 -223

（续）

公称尺寸/mm		公差带													
		g					h								
大于	至	4	5*	▲6	7*	8	1	2	3	4	5*	▲6	▲7	8*	▲9
—	3	-2 -5	-2 -6	-2 -8	-2 -12	-2 -16	0 -0.8	0 -1.2	0 -2	0 -3	0 -4	0 -6	0 -10	0 -14	0 -25
3	6	-4 -8	-4 -9	-4 -12	-4 -16	-4 -22	0 -1	0 -1.5	0 -2.5	0 -4	0 -5	0 -8	0 -12	0 -18	0 -30
6	10	-5 -9	-5 -11	-5 -14	-5 -20	-5 -27	0 -1	0 -1.5	0 -2.5	0 -4	0 -6	0 -9	0 -15	0 -22	0 -36
10	14	-6 -11	-6 -14	-6 -17	-6 -24	-6 -33	0 -1.2	0 -2	0 -3	0 -5	0 -8	0 -11	0 -18	0 -27	0 -43
14	18														
18	24	-7 -13	-7 -16	-7 -20	-7 -28	-7 -40	0 -1.5	0 -2.5	0 -4	0 -6	0 -9	0 -13	0 -21	0 -33	0 -52
24	30														
30	40	-9 -16	-9 -20	-9 -25	-9 -34	-9 -48	0 -1.5	0 -2.5	0 -4	0 -7	0 -11	0 -16	0 -25	0 -39	0 -62
40	50														
50	65	-10 -18	-10 -23	-10 -29	-10 -40	-10 -56	0 -2	0 -3	0 -5	0 -8	0 -13	0 -19	0 -30	0 -46	0 -74
65	80														
80	100	-12 -22	-12 -27	-12 -34	-12 -47	-12 -66	0 -2.5	0 -4	0 -6	0 -10	0 -15	0 -22	0 -35	0 -54	0 -87
100	120														
120	140	-14 -26	-14 -32	-14 -39	-14 -54	-14 -77	0 -3.5	0 -5	0 -8	0 -12	0 -18	0 -25	0 -40	0 -63	0 -100
140	160														
160	180														
180	200	-15 -29	-15 -35	-15 -44	-15 -61	-15 -87	0 -4.5	0 -7	0 -10	0 -14	0 -20	0 -29	0 -46	0 -72	0 -115
200	225														
225	250														
250	280	-17 -33	-17 -40	-17 -49	-17 -69	-17 -98	0 -6	0 -8	0 -12	0 -16	0 -23	0 -32	0 -52	0 -81	0 -130
280	315														
315	355	-18 -36	-18 -43	-18 -54	-18 -75	-18 -107	0 -7	0 -9	0 -13	0 -18	0 -25	0 -36	0 -57	0 -89	0 -140
355	400														
400	450	-20 -40	-20 -47	-20 -60	-20 -83	-20 -117	0 -8	0 -10	0 -15	0 -20	0 -27	0 -40	0 -63	0 -97	0 -155
450	500														

（续）

公称尺寸/mm		公差带														
		h				j			js							
大于	至	10*	▲11	12*	13	5	6	7	1	2	3	4	5*	6*	7*	8
—	3	0 −40	0 −60	0 −100	0 −140	—	+4 −2	+6 −4	±0.4	±0.6	±1	±1.5	±2	±3	±5	±7
3	6	0 −48	0 −75	0 −120	0 −180	+3 −2	+6 −2	+8 −4	±0.5	±0.75	±1.25	±2	±2.5	±4	±6	±9
6	10	0 −58	0 −90	0 −150	0 −220	+4 −2	+7 −2	+10 −5	±0.5	±0.75	±1.25	±2	±3	±4.5	±7	±11
10	14	0 −70	0 −110	0 −180	0 −270	+5 −3	+8 −3	+12 −6	±0.6	±1	±1.5	±2.5	±4	±5.5	±9	±13
14	18															
18	24	0 −84	0 −130	0 −210	0 −330	+5 −4	+9 −4	+13 −8	±0.75	±1.25	±2	±3	±4.5	±6.5	±10	±16
24	30															
30	40	0 −100	0 −160	0 −250	0 −390	+6 −5	+11 −5	+15 −10	±0.75	±1.25	±2	±3.5	±5.5	±8	±12	±19
40	50															
50	65	0 −120	0 −190	0 −300	0 −460	+6 −7	+12 −7	+18 −12	±1	±1.5	±2.5	±4	±6.5	±9.5	±15	±23
65	80															
80	100	0 −140	0 −220	0 −350	0 −540	+6 −9	+13 −9	+20 −15	±1.25	±2	±3	±5	±7.5	±11	±17	±27
100	120															
120	140	0 −160	0 −250	0 −400	0 −630	+7 −11	+14 −11	+22 −18	±1.75	±2.5	±4	±6	±9	±12.5	±20	±31
140	160															
160	180															
180	200	0 −185	0 −290	0 −460	0 −720	+7 −13	+16 −13	+25 −21	±2.25	±3.5	±5	±7	±10	±14.5	±23	±36
200	225															
225	250															
250	280	0 −210	0 −320	0 −520	0 −810	+7 −16	—	—	±3	±4	±6	±8	±11.5	±16	±26	±40
280	315															
315	355	0 −230	0 −360	0 −570	0 −890	+7 −18	—	+29 −28	±3.5	±4.5	±6.5	±9	±12.5	±18	±28	±44
355	400															
400	450	0 −250	0 −400	0 −630	0 −970	+7 −20	—	+31 −32	±4	±5	±7.5	±10	±13.5	±20	±31	±48
450	500															

（续）

公称尺寸/mm		公差带														
		js					k					m				
大于	至	9	10	11	12	13	4	5*	▲6	7*	8	4	5*	6*	7*	8
—	3	±12	±20	±30	±50	±70	+3 0	+4 0	+6 0	+10 0	+14 0	+5 +2	+6 +2	+8 +2	+12 +2	+16 +2
3	6	±15	±24	±37	±60	±90	+5 +1	+6 +1	+9 +1	+13 +1	+18 0	+8 +4	+9 +4	+12 +4	+16 +4	+22 +4
6	10	±18	±29	±45	±75	±110	+5 +1	+7 +1	+10 +1	+16 +1	+22 0	+10 +6	+12 +6	+15 +6	+21 +6	+28 +6
10	14	±21	±35	±55	±90	±135	+6 +1	+9 +1	+12 +1	+19 +1	+27 0	+12 +7	+15 +7	+18 +7	+25 +7	+34 +7
14	18															
18	24	±26	±42	±65	±105	±165	+8 +2	+11 +2	+15 +2	+23 +2	+33 0	+14 +8	+17 +8	+21 +8	+29 +8	+41 +8
24	30															
30	40	±31	±50	±80	±125	±195	+9 +2	+13 +2	+18 +2	+27 +2	+39 0	+16 +9	+20 +9	+25 +9	+34 +9	+48 +9
40	50															
50	65	±37	±60	±95	±150	±230	+10 +2	+15 +2	+21 +2	+32 +2	+46 0	+19 +11	+24 +11	+30 +11	+41 +11	+57 +11
65	80															
800	100	±43	±70	±110	±175	±270	+13 +3	+18 +3	+25 +3	+38 +3	+54 0	+23 +13	+28 +13	+35 +13	+48 +13	+67 +13
100	120															
120	140	±50	±80	±125	±200	±315	+15 +3	+21 +3	+28 +3	+43 +3	+63 0	+27 +15	+33 +15	+40 +15	+55 +15	+78 +15
140	160															
160	180															
180	200	±57	±92	±145	±230	±360	+18 +4	+24 +4	+33 +4	+50 +4	+72 0	+31 +17	+37 +17	+46 +17	+63 +17	+89 +17
200	225															
225	250															
250	280	±65	±105	±160	±260	±405	+20 +4	+27 +4	+36 +4	+56 +4	+81 0	+36 +20	+43 +20	+52 +20	+72 +20	+101 +20
280	315															
315	355	±70	±115	±180	±285	±445	+22 +4	+29 +4	+40 +4	+61 +4	+89 0	+39 +21	+46 +21	+57 +21	+78 +21	+110 +21
355	400															
400	450	±77	±125	±200	±315	±485	+25 +5	+32 +5	+45 +5	+68 +5	+97 0	+43 +23	+50 +23	+63 +23	+86 +23	+120 +23
450	500															

（续）

公称尺寸/mm		公差带														
		n					p					r				
大于	至	4	5*	▲6	7*	8	4	5*	▲6	7*	8	4	5*	6*	7*	8
—	3	+7 +4	+8 +4	+10 +4	+14 +4	+18 +4	+9 +6	+10 +6	+12 +6	+16 +6	+20 +6	+13 +10	+14 +10	+16 +10	+20 +10	+24 +10
3	6	+12 +8	+13 +8	+16 +8	+20 +8	+26 +8	+16 +12	+17 +12	+20 +12	+24 +12	+30 +12	+19 +15	+20 +15	+23 +15	+27 +15	+33 +15
6	10	+14 +10	+16 +10	+19 +10	+25 +10	+32 +10	+19 +15	+21 +15	+24 +15	+30 +15	+37 +15	+23 +19	+25 +19	+28 +19	+34 +19	+41 +19
10	14	+17 +12	+20 +12	+23 +12	+30 +12	+39 +12	+23 +18	+26 +18	+29 +18	+36 +18	+45 +18	+28 +23	+31 +23	+34 +23	+41 +23	+50 +23
14	18															
18	24	+21 +15	+24 +15	+28 +15	+36 +15	+48 +15	+28 +22	+31 +22	+35 +22	+43 +22	+55 +22	+34 +28	+37 +28	+41 +28	+49 +28	+61 +28
24	30															
30	40	+24 +17	+28 +17	+33 +17	+42 +17	+56 +17	+33 +26	+37 +26	+42 +26	+51 +26	+65 +26	+41 +34	+45 +34	+50 +34	+59 +34	+73 +34
40	50															
50	65	+28 +20	+33 +20	+39 +20	+50 +20	+66 +20	+40 +32	+45 +32	+51 +32	+62 +32	+78 +32	+49 +41	+54 +41	+60 +41	+71 +41	+87 +41
65	80											+51 +43	+56 +43	+62 +43	+73 +43	+89 +43
80	100	+33 +23	+38 +23	+45 +23	+58 +23	+77 +23	+47 +37	+52 +37	+49 +37	+72 +37	+91 +37	+61 +51	+66 +51	+73 +51	+86 +51	+105 +51
100	120											+64 +54	+69 +54	+76 +54	+89 +54	+108 +54
120	140	+39 +27	+45 +27	+52 +27	+67 +27	+90 +27	+55 +43	+61 +43	+68 +43	+83 +43	+106 +43	+75 +63	+81 +63	+88 +63	+103 +63	+126 +63
140	160											+77 +65	+83 +65	+90 +65	+105 +65	+128 +65
160	180											+80 +68	+86 +68	+93 +68	+108 +68	+131 +68
180	200	+45 +31	+51 +31	+60 +31	+77 +31	+103 +31	+64 +50	+70 +50	+79 +50	+96 +50	+122 +50	+91 +77	+97 +77	+106 +77	+123 +77	+149 +77
200	225											+94 +80	+100 +80	+109 +80	+126 +80	+152 +80
225	250											+98 +84	+104 +84	+113 +84	+130 +84	+156 +84
250	280	+50 +34	+57 +34	+66 +34	+86 +34	+115 +34	+72 +56	+79 +56	+88 +56	+108 +56	+137 +56	+110 +94	+117 +94	+126 +94	+146 +94	+175 +94
280	315											+114 +98	+121 +98	+130 +98	+150 +98	+179 +98
315	355	+55 +37	+62 +37	+73 +37	+94 +37	+126 +37	+80 +62	+87 +62	+98 +62	+119 +62	+151 +62	+126 +108	+133 +108	+144 +108	+165 +108	+197 +108
355	400											+132 +114	+139 +114	+150 +114	+171 +114	+203 +114
400	450	+60 +40	+67 +40	+80 +40	+103 +40	+137 +40	+88 +68	+95 +68	+108 +68	+131 +68	+165 +68	+146 +126	+153 +126	+166 +126	+189 +126	+223 +126
450	500											+152 +132	+159 +132	+172 +132	+195 +132	+229 +132

（续）

公称尺寸 /mm		公差带														
		s					t				u				v	
大于	至	4	5*	▲6	7*	8	5*	6*	7*	8	5	▲6	7*	8	5	6*
—	3	+17 +14	+18 +14	+20 +14	+24 +14	+28 +14					+22 +18	+24 +18	+28 +18	+32 +18		
3	6	+23 +19	+24 +19	+27 +19	+31 +19	+37 +19					+28 +23	+31 +23	+35 +23	+41 +23		
6	10	+27 +23	+29 +23	+32 +23	+38 +23	+45 +23					+34 +28	+37 +28	+43 +28	+50 +28		
10	14	+33 +28	+36 +28	+39 +28	+46 +28	+55 +28					+41 +33	+44 +33	+51 +33	+60 +33		
14	18														+47 +39	+50 +39
18	24	+41 +35	+44 +35	+48 +35	+56 +35	+68 +35					+50 +41	+54 +41	+62 +41	+74 +41	+56 +47	+60 +47
24	30						+50 +41	+54 +41	+62 +41	+74 +41	+57 +48	+61 +48	+69 +48	+81 +48	+64 +55	+68 +55
30	40	+50 +43	+54 +43	+59 +43	+68 +43	+82 +43	+59 +48	+64 +48	+73 +48	+87 +48	+71 +60	+76 +60	+85 +60	+99 +60	+79 +68	+84 +68
40	50						+65 +54	+70 +54	+79 +54	+93 +54	+81 +70	+86 +70	+95 +70	+109 +70	+92 +81	+97 +81
50	65	+61 +53	+66 +53	+72 +53	+83 +53	+99 +53	+79 +66	+85 +66	+96 +66	+112 +66	+100 +87	+106 +87	+117 +87	+133 +87	+115 +102	+121 +102
65	80	+67 +59	+72 +59	+78 +59	+89 +59	+105 +59	+88 +75	+94 +75	+105 +75	+121 +75	+115 +102	+121 +102	+132 +102	+148 +102	+133 +120	+139 +120
80	100	+81 +71	+86 +71	+93 +71	+106 +71	+125 +71	+106 +91	+113 +91	+126 +91	+145 +91	+139 +124	+146 +124	+159 +124	+178 +124	+161 +146	+168 +146
100	120	+89 +79	+94 +79	+101 +79	+114 +79	+133 +79	+119 +104	+126 +104	+139 +104	+158 +104	+159 +144	+166 +144	+179 +144	+198 +144	+187 +172	+194 +172
120	140	+104 +92	+110 +92	+117 +92	+132 +92	+155 +92	+140 +122	+147 +122	+162 +122	+185 +122	+188 +170	+195 +170	+210 +170	+233 +170	+220 +202	+227 +202
140	160	+112 +100	+118 +100	+125 +100	+140 +100	+163 +100	+152 +134	+159 +134	+174 +134	+197 +134	+208 +190	+215 +190	+230 +190	+253 +190	+246 +228	+253 +228
160	180	+120 +108	+126 +108	+133 +108	+148 +108	+171 +108	+164 +146	+171 +146	+186 +146	+209 +146	+228 +210	+235 +210	+250 +210	+273 +210	+270 +252	+277 +252
180	200	+136 +122	+142 +122	+151 +122	+168 +122	+194 +122	+186 +166	+195 +166	+212 +166	+238 +166	+256 +236	+265 +236	+282 +236	+308 +236	+304 +284	+313 +284
200	225	+144 +130	+150 +130	+159 +130	+176 +130	+202 +130	+200 +180	+209 +180	+226 +180	+252 +180	+278 +258	+287 +258	+304 +258	+330 +258	+330 +310	+339 +310
225	250	+154 +140	+160 +140	+169 +140	+186 +140	+212 +140	+216 +196	+225 +196	+242 +196	+268 +196	+304 +284	+313 +284	+330 +284	+356 +284	+360 +340	+369 +340
250	280	+174 +158	+181 +158	+190 +158	+210 +158	+239 +158	+241 +218	+250 +218	+270 +218	+299 +218	+338 +315	+347 +315	+367 +315	+396 +315	+408 +385	+417 +385
280	315	+186 +170	+193 +170	+202 +170	+222 +170	+251 +170	+263 +240	+272 +240	+292 +240	+321 +240	+373 +350	+382 +350	+402 +350	+431 +350	+448 +425	+457 +425
315	355	+208 +190	+215 +190	+226 +190	+247 +190	+279 +190	+293 +268	+304 +268	+325 +268	+357 +268	+415 +390	+426 +390	+447 +390	+479 +390	+500 +475	+511 +475
355	400	+226 +208	+233 +208	+244 +208	+265 +208	+297 +208	+319 +294	+330 +294	+351 +294	+383 +294	+460 +435	+471 +435	+492 +435	+524 +435	+555 +530	+566 +530
400	450	+252 +232	+259 +232	+272 +232	+295 +232	+329 +232	+357 +330	+370 +330	+393 +330	+427 +330	+517 +490	+530 +490	+553 +490	+587 +490	+622 +595	+635 +595
450	500	+272 +252	+279 +252	+292 +252	+315 +252	+349 +252	+287 +360	+400 +360	+423 +360	+457 +360	+567 +540	+580 +540	+603 +540	+637 +540	+687 +660	+700 +660

（续）

公称尺寸/mm		公差带													
		v		x				y				z			
大于	至	7	8	5	6*	7	8	5	6*	7	8	5	6*	7	8
—	3			+24 +20	+26 +20	+30 +20	+34 +20					+30 +26	+32 +26	+36 +26	+40 +26
3	6			+33 +28	+36 +28	+40 +28	+46 +28					+40 +35	+43 +35	+47 +35	+53 +35
6	10			+40 +34	+43 +34	+49 +34	+56 +34					+48 +42	+51 +42	+57 +42	+64 +42
10	14			+48 +40	+51 +40	+58 +40	+67 +40					+58 +50	+61 +50	+68 +50	+77 +50
14	18	+57 +39	+66 +39	+53 +45	+56 +45	+63 +45	+72 +45					+68 +60	+71 +60	+78 +60	+87 +60
18	24	+68 +47	+80 +47	+63 +54	+67 +54	+75 +54	+87 +54	+72 +63	+76 +63	+84 +63	+96 +63	+82 +73	+86 +73	+94 +73	+106 +73
24	30	+76 +55	+88 +55	+73 +64	+77 +64	+85 +64	+97 +64	+84 +75	+88 +75	+96 +75	+108 +75	+97 +88	+101 +88	+109 +88	+121 +88
30	40	+93 +68	+107 +68	+91 +80	+96 +80	+105 +80	+119 +80	+105 +94	+110 +94	+119 +94	+133 +94	+123 +112	+128 +112	+137 +112	+151 +112
40	50	+106 +81	+120 +81	+108 +97	+113 +97	+122 +97	+136 +97	+125 +114	+130 +114	+139 +114	+153 +114	+147 +136	+152 +136	+161 +136	+175 +136
50	65	+132 +102	+148 +102	+135 +122	+141 +122	+152 +122	+168 +122	+157 +144	+163 +144	+174 +144	+190 +144	+185 +172	+191 +172	+202 +172	+218 +172
65	80	+150 +120	+166 +120	+159 +146	+165 +146	+176 +146	+192 +146	+187 +174	+193 +174	+204 +174	+220 +174	+223 +210	+229 +210	+240 +210	+256 +210
80	100	+181 +146	+200 +146	+193 +178	+200 +178	+213 +178	+232 +178	+229 +214	+236 +214	+249 +214	+268 +214	+273 +258	+280 +258	+293 +258	+312 +258
100	120	+207 +172	+226 +172	+225 +210	+232 +210	+245 +210	+264 +210	+269 +254	+276 +254	+289 +254	+308 +254	+325 +310	+332 +310	+345 +310	+364 +310
120	140	+242 +202	+265 +202	+266 +248	+273 +248	+288 +248	+311 +248	+318 +300	+325 +300	+340 +300	+363 +300	+383 +365	+390 +365	+405 +365	+428 +365
140	160	+268 +228	+291 +228	+298 +280	+305 +280	+320 +280	+343 +280	+358 +340	+365 +340	+380 +340	+403 +340	+433 +415	+440 +415	+455 +415	+478 +415
160	180	+292 +252	+315 +252	+328 +310	+335 +310	+350 +310	+373 +310	+398 +380	+405 +380	+420 +380	+443 +380	+483 +465	+490 +465	+505 +465	+528 +465
180	200	+330 +284	+356 +284	+370 +350	+379 +350	+396 +350	+422 +350	+445 +425	+454 +425	+471 +425	+497 +425	+540 +520	+549 +520	+566 +520	+592 +520
200	225	+356 +310	+382 +310	+405 +385	+414 +385	+431 +385	+457 +385	+490 +470	+499 +470	+516 +470	+542 +470	+595 +575	+604 +575	+621 +575	+647 +575
225	250	+386 +340	+412 +340	+445 +425	+454 +425	+471 +425	+497 +425	+540 +520	+549 +520	+566 +520	+592 +520	+660 +640	+669 +640	+686 +640	+712 +640
250	280	+437 +385	+466 +385	+498 +475	+507 +475	+527 +475	+556 +475	+603 +580	+612 +580	+632 +580	+661 +580	+733 +710	+742 +710	+762 +710	+791 +710
280	315	+477 +425	+506 +425	+548 +525	+557 +525	+577 +525	+606 +525	+673 +650	+682 +650	+702 +650	+731 +650	+813 +790	+822 +792	+842 +790	+871 +790
315	355	+532 +475	+564 +475	+615 +590	+626 +590	+647 +590	+679 +590	+755 +730	+766 +730	+787 +730	+819 +730	+925 +900	+936 +900	+957 +900	+989 +900
355	400	+587 +530	+619 +530	+685 +660	+696 +660	+717 +660	+749 +660	+845 +820	+856 +820	+877 +820	+909 +820	+1025 +1000	+1036 +1000	+1057 +1000	+1089 +1000
400	450	+658 +595	+692 +595	+767 +740	+780 +740	+803 +740	+837 +740	+947 +920	+960 +920	+983 +920	+1017 +920	+1127 +1100	+1140 +1100	+1163 +1100	+1197 +1100
450	500	+723 +660	+757 +660	+847 +820	+860 +820	+883 +820	+917 +820	+1027 +1000	+1040 +1000	+1063 +1000	+1097 +1000	+1277 +1250	+1290 +1250	+1313 +1250	+1347 +1250

注：1. 公称尺寸小于1mm时，各级的a和b均不采用。

2. ▲为优先公差带，*为常用公差带，其余为一般用途公差带。

表2-35 尺寸至500mm孔的极限偏差（摘自GB/T 1800.2—2009） （单位：μm）

公称尺寸/mm		公差带														
		A				B				C						
大于	至	9	10	11*	12	9	10	11*	12*	8	9	10	▲11	12		
—	3	+295 +270	+310 +270	+330 +270	+370 +270	+165 +140	+180 +140	+200 +140	+240 +140	+74 +60	+85 +60	+100 +60	+120 +60	+160 +60		
3	6	+300 +270	+318 +270	+345 +270	+390 +270	+170 +140	+188 +140	+215 +140	+260 +140	+88 +70	+100 +70	+118 +70	+145 +70	+190 +70		
6	10	+316 +280	+338 +280	+370 +280	+430 +280	+186 +150	+208 +150	+240 +150	+300 +150	+102 +80	+116 +80	+138 +80	+170 +80	+230 +80		
10	14	+333 +290	+360 +290	+400 +290	+470 +290	+193 +150	+220 +150	+260 +150	+330 +150	+122 +95	+138 +95	+165 +95	+205 +95	+275 +95		
14	18															
18	24	+352 +300	+384 +300	+430 +300	+510 +300	+212 +160	+244 +160	+290 +160	+370 +160	+143 +110	+162 +110	+194 +110	+240 +110	+320 +110		
24	30															
30	40	+372 +310	+410 +310	+470 +310	+560 +310	+232 +170	+270 +170	+330 +170	+420 +170	+159 +120	+182 +120	+220 +120	+280 +120	+370 +120		
40	50	+382 +320	+420 +320	+480 +320	+570 +320	+242 +180	+280 +180	+340 +180	+430 +180	+169 +130	+192 +130	+230 +130	+290 +130	+380 +130		
50	65	+414 +340	+460 +340	+530 +340	+640 +340	+264 +190	+310 +190	+380 +190	+490 +190	+186 +140	+214 +140	+260 +140	+330 +140	+440 +140		
65	80	+434 +360	+480 +360	+550 +360	+660 +360	+274 +200	+320 +200	+390 +200	+500 +200	+196 +150	+224 +150	+270 +150	+340 +150	+450 +150		
80	100	+467 +380	+520 +380	+600 +380	+730 +380	+307 +220	+360 +220	+440 +220	+570 +220	+224 +170	+257 +170	+310 +170	+390 +170	+520 +170		
100	120	+497 +410	+550 +410	+630 +410	+760 +410	+327 +240	+380 +240	+460 +240	+590 +240	+234 +180	+267 +180	+320 +180	+400 +180	+530 +180		
120	140	+560 +460	+620 +460	+710 +460	+860 +460	+360 +260	+420 +260	+510 +260	+660 +260	+263 +200	+300 +200	+360 +200	+450 +200	+600 +200		
140	160	+620 +520	+680 +520	+770 +520	+920 +520	+380 +280	+440 +280	+530 +280	+680 +280	+273 +210	+310 +210	+370 +210	+460 +210	+610 +210		
160	180	+680 +580	+740 +580	+830 +580	+980 +580	+410 +310	+470 +310	+560 +310	+710 +310	+293 +230	+330 +230	+390 +230	+480 +230	+630 +230		
180	200	+775 +660	+845 +660	+950 +660	+1120 +660	+455 +340	+525 +340	+630 +340	+800 +340	+312 +240	+355 +240	+425 +240	+530 +240	+700 +240		
200	225	+855 +740	+925 +740	+1030 +740	+1200 +740	+495 +380	+565 +380	+670 +380	+840 +380	+332 +260	+375 +260	+445 +260	+550 +260	+720 +260		
225	250	+935 +820	+1005 +820	+1110 +820	+1280 +820	+535 +420	+605 +420	+710 +420	+880 +420	+352 +280	+395 +280	+465 +280	+570 +280	+740 +280		
250	280	+1050 +920	+1130 +920	+1240 +920	+1440 +920	+610 +480	+690 +480	+800 +480	+1000 +480	+381 +300	+430 +300	+510 +300	+620 +300	+820 +300		
280	315	+1180 +1050	+1260 +1050	+1370 +1050	+1570 +1050	+670 +540	+750 +540	+860 +540	+1060 +540	+411 +330	+460 +330	+540 +330	+650 +330	+850 +330		
315	355	+1340 +1200	+1430 +1200	+1560 +1200	+1770 +1200	+740 +600	+830 +600	+960 +600	+1170 +600	+449 +360	+500 +360	+590 +360	+720 +360	+930 +360		
355	400	+1490 +1350	+1580 +1350	+1710 +1350	+1920 +1350	+820 +680	+910 +680	+1040 +680	+1250 +680	+489 +400	+540 +400	+630 +400	+760 +400	+970 +400		
400	450	+1655 +1500	+1750 +1500	+1900 +1500	+2130 +1500	+915 +760	+1010 +760	+1160 +760	+1390 +760	+537 +440	+595 +440	+690 +440	+840 +440	+1070 +440		
450	500	+1805 +1650	+1900 +1650	+2050 +1650	+2280 +1650	+995 +840	+1090 +840	+1240 +840	+1470 +840	+577 +480	+635 +480	+730 +480	+880 +480	+1110 +480		

注：1. 公称尺寸小于1mm时，各级的A和B均不采用。

2. ▲为优先公差带，* 为常用公差带，其余为一般用途公差带。

（续）

公称尺寸/mm		公差带												
		D				E				F				
大于	至	7	8*	▲9	10*	11*	7	8*	9*	10	6*	7*	▲8	9*
—	3	+30 +20	+34 +20	+45 +20	+60 +20	+80 +20	+24 +14	+28 +14	+39 +14	+54 +14	+12 +6	+16 +6	+20 +6	+31 +6
3	6	+42 +30	+48 +30	+60 +30	+78 +30	+105 +30	+32 +20	+38 +20	+50 +20	+68 +20	+18 +10	+22 +10	+28 +10	+40 +10
6	10	+55 +40	+62 +40	+76 +40	+98 +40	+130 +40	+40 +25	+47 +25	+61 +25	+83 +25	+22 +13	+28 +13	+35 +13	+49 +13
10	14	+68 +50	+77 +50	+93 +50	+120 +50	+160 +50	+50 +32	+59 +32	+75 +32	+102 +32	+27 +16	+34 +16	+43 +16	+59 +16
14	18													
18	24	+86 +65	+98 +65	+117 +65	+149 +65	+195 +65	+61 +40	+73 +40	+92 +40	+124 +40	+33 +20	+41 +20	+53 +20	+72 +29
24	30													
30	40	+105 +80	+119 +80	+142 +80	+180 +80	+240 +80	+75 +50	+89 +50	+112 +50	+150 +50	+41 +25	+50 +25	+64 +25	+87 +25
40	50													
50	65	+130 +100	+146 +100	+174 +100	+220 +100	+290 +100	+90 +60	+106 +60	+134 +60	+180 +60	+49 +30	+60 +30	+76 +30	+104 +30
65	80													
80	100	155 +120	+174 +120	+207 +120	+260 +120	+340 +120	+107 +72	+126 +72	+159 +72	+212 +72	+58 +36	+71 +36	+90 +36	+123 +36
100	120													
120	140	+185 +145	+208 +145	+245 +145	+305 +145	+395 +145	+125 +85	+148 +85	+185 +85	+245 +85	+68 +43	+83 +43	+106 +43	+143 +43
140	160													
160	180													
180	200	+216 +170	+242 +170	+285 +170	+355 +170	+460 +170	+146 +100	+172 +100	+215 +100	+285 +100	+79 +50	+96 +50	+122 +50	+165 +50
200	225													
225	250													
250	280	+242 +190	+271 +190	+320 +190	+400 +190	+510 +190	+162 +110	+191 +110	+240 +110	+320 +110	+88 +56	+108 +56	+137 +56	+186 +56
280	315													
315	355	+267 +210	+299 +210	+350 +210	+440 +210	+570 +210	+182 +125	+214 +125	+265 +125	+355 +125	+98 +62	+119 +62	+151 +62	+202 +62
355	400													
400	450	+293 +230	+327 +230	+385 +230	+480 +230	+630 +230	+198 +135	+232 +135	+290 +135	+385 +135	+108 +68	+131 +68	+165 +68	+223 +68
450	500													

（续）

公称尺寸/mm		公差带												
		G				H								
大于	至	5	6*	▲7	8*	1	2	3	4	5	6*	▲7	▲8	▲9
—	3	+6 +2	+8 +2	+12 +2	+16 +2	+0.8 0	+1.2 0	+2 0	+3 0	+4 0	+6 0	+10 0	+14 0	+25 0
3	6	+9 +4	+12 +4	+16 +4	+22 +4	+1 0	+1.5 0	+2.5 0	+4 0	+5 0	+8 0	+12 0	+18 0	+30 0
6	10	+11 +5	+14 +5	+20 +5	+27 +5	+1 0	+1.5 0	+2.5 0	+4 0	+6 0	+9 0	+15 0	+22 0	+36 0
10	14	+14 +6	+17 +6	+24 +6	+33 +6	+1.2 0	+2 0	+3 0	+5 0	+8 0	+11 0	+18 0	+27 0	+43 0
14	18													
18	24	+16 +7	+20 +7	+28 +7	+40 +7	+1.5 0	+2.5 0	+4 0	+6 0	+9 0	+13 0	+21 0	+33 0	+52 0
24	30													
30	40	+20 +9	+25 +9	+34 +9	+48 +9	+1.5 0	+2.5 0	+4 0	+7 0	+11 0	+16 0	+25 0	+39 0	+62 0
40	50													
50	65	+23 +10	+29 +10	+40 +10	+56 +10	+2 0	+3 0	+5 0	+8 0	+13 0	+19 0	+30 0	+46 0	+74 0
65	80													
80	100	+27 +12	+34 +12	+47 +12	+66 +12	+2.5 0	+4 0	+6 0	+10 0	+15 0	+22 0	+35 0	+54 0	+87 0
100	120													
120	140	+32 +14	+39 +14	+54 +14	+77 +14	+3.5 0	+5 0	+8 0	+12 0	+18 0	+25 0	+40 0	+63 0	+100 0
140	160													
160	180													
180	200	+35 +15	+44 +15	+61 +15	+87 +15	+4.5 0	+7 0	+10 0	+14 0	+20 0	+29 0	+46 0	+72 0	+115 0
200	225													
225	250													
250	280	+40 +17	+49 +17	+69 +17	+98 +17	+6 0	+8 0	+12 0	+16 0	+23 0	+32 0	+52 0	+81 0	+130 0
280	315													
315	355	+43 +18	+54 +18	+75 +18	+107 +18	+7 0	+9 0	+13 0	+18 0	+25 0	+36 0	+57 0	+89 0	+140 0
355	400													
400	450	+47 +20	+60 +20	+83 +20	+117 +20	+8 0	+10 0	+15 0	+20 0	+27 0	+40 0	+63 0	+97 0	+155 0
450	500													

（续）

公称尺寸/mm		公差带												
		H				J			JS					
大于	至	10*	▲11	12*	13	6	7	8	1	2	3	4	5	6*
—	3	+40 0	+60 0	+100 0	+140 0	+2 -4	+4 -6	+6 -8	±0.4	±0.6	±1	±1.5	±2	±3
3	6	+48 0	+75 0	+120 0	+180 0	+5 -3	—	+10 -8	±0.5	±0.75	±1.25	±2	±2.5	±4
6	10	+58 0	+90 0	+150 0	+220 0	+5 -4	+8 -7	+12 -10	±0.5	±0.75	±1.25	±2	±3	±4.5
10	14	+70 0	+110 0	+180 0	+270 0	+6 -5	+10 -8	+15 -12	±0.6	±1	±1.5	±2.5	±4	±5.5
14	18													
18	24	+84 0	+130 0	+210 0	+330 0	+8 -5	+12 -9	+20 -13	±0.75	±1.25	±2	±3	±4.5	±6.5
24	30													
30	40	+100 0	+160 0	+250 0	+390 0	+10 -6	+14 -11	+24 -15	±0.75	±1.25	±2	±3.5	±5.5	±8
40	50													
50	65	+120 0	+190 0	+300 0	+460 0	+13 -6	+18 -12	+28 -18	±1	±1.5	±2.5	±4	±6.5	±9.5
65	80													
80	100	+140 0	+220 0	+350 0	+540 0	+16 -6	+22 -13	+34 -20	±1.25	±2	±3	±5	±7.5	±11
100	120													
120	140	+160 0	+250 0	+400 0	+630 0	+18 -7	+26 -14	+41 -22	±1.75	±2.5	±4	±6	±9	±12.5
140	160													
160	180													
180	200	+185 0	+290 0	+460 0	+720 0	+22 -7	+30 -16	+47 -25	±2.25	±3.5	±5	±7	±10	±14.5
200	225													
225	250													
250	280	+210 0	+320 0	+520 0	+810 0	+25 -7	+36 -16	+55 -26	±3	±4	±6	±8	±11.5	±16
280	315													
315	355	+230 0	+360 0	+570 0	+890 0	+29 -7	+39 -18	+60 -29	±3.5	±4.5	±6.5	±9	±12.5	±18
355	400													
400	450	+250 0	+400 0	+630 0	+970 0	+33 -7	+43 -20	+66 -31	±4	±5	±7.5	±10	±13.5	±20
450	500													

（续）

公称尺寸/mm		公差带												
		JS							K					M
大于	至	7*	8*	9	10	11	12	13	4	5	6*	▲7	8*	4
—	3	±5	±7	±12	±20	±30	±50	±70	0 -3	0 -4	0 -6	0 -10	0 -14	-2 -5
3	6	±6	±9	±15	±24	±37	±60	±90	+0.5 -3.5	0 -5	+2 -6	+3 -9	+5 -13	-2.5 -6.5
6	10	±7	±11	±18	±29	±45	±75	±110	+0.5 -3.5	+1 -5	+2 -7	+5 -10	+6 -16	-4.5 -8.5
10	14	±9	±13	±21	±35	±55	±90	±135	+1 -4	+2 -6	+2 -9	+6 -12	+8 -19	-5 -10
14	18													
18	24	±10	±16	±26	±42	±65	±105	±165	0 -6	+1 -8	+2 -11	+6 -15	+10 -23	-6 -12
24	30													
30	40	±12	±19	±31	±50	±80	±125	±195	+1 -6	+2 -9	+3 -13	+7 -18	+12 -27	-6 -13
40	50													
50	65	±15	±23	±37	±60	±95	±150	±230	+1 -7	+3 -10	+4 -15	+9 -21	+14 -32	-8 -16
65	80													
80	100	±17	±27	±43	±70	±110	±175	±270	+1 -9	+2 -13	+4 -18	+10 -25	+16 -38	-9 -19
100	120													
120	140	±20	±31	±50	±80	±125	±200	±315	+1 -11	+3 -15	+4 -21	+12 -28	+20 -43	-11 -23
140	160													
160	180													
180	200	±23	±36	±57	±92	±145	±230	±360	0 -14	+2 -18	+5 -24	+13 -33	+22 -50	-13 -27
200	225													
225	250													
250	280	±26	±40	±65	±105	±160	±260	±405	0 -16	+3 -20	+5 -27	+16 -36	+25 -56	-16 -32
280	315													
315	355	±28	±44	±70	±115	±180	±285	±445	+1 -17	+3 -22	+7 -29	+17 -40	+28 -61	-16 -34
355	400													
400	450	±31	±48	±77	±125	±200	±315	±485	0 -20	+2 -25	+8 -32	+18 -45	+29 -68	-18 -38
450	500													

（续）

公称尺寸/mm		公差带												
		M				N					P			
大于	至	5	6*	7*	8*	5	6*	▲7	8*	9	5	6	7	8
—	3	-2 -6	-2 -8	-2 -12	-2 -16	-4 -8	-4 -10	-4 -14	-4 -18	-4 -29	-6 -10	-6 -12	-6 -16	-6 -20
3	6	-3 -8	-1 -9	0 -12	+2 -16	-7 -12	-5 -13	-4 -16	-2 -20	0 -30	-11 -16	-9 -17	-8 -20	-12 -30
6	10	-4 -10	-3 -12	0 -15	+1 -21	-8 -14	-7 -16	-4 -19	-3 -25	0 -36	-13 -19	-12 -21	-9 -24	-15 -37
10 14	14 18	-4 -12	-4 -15	0 -18	+2 -25	-9 -17	-9 -20	-5 -23	-3 -30	0 -43	-15 -23	-15 -26	-11 -29	-18 -45
18 24	24 30	-5 -14	-4 -17	0 -21	+4 -29	-12 -21	-11 -24	-7 -28	-3 -36	0 -52	-19 -28	-18 -31	-14 -35	-22 -55
30 40	40 50	-5 -16	-4 -20	0 -25	+5 -34	-13 -24	-12 -28	-8 -33	-3 -42	0 -62	-22 -33	-21 -37	-17 -42	-26 -65
50 65	65 80	-6 -19	-5 -24	0 -30	+5 -41	-15 -28	-14 -33	-9 -39	-4 -50	0 -74	-27 -40	-26 -45	-21 -51	-32 -78
80 100	100 120	-8 -23	-6 -28	0 -35	+6 -48	-18 -33	-16 -38	-10 -45	-4 -58	0 -87	-32 -47	-30 -52	-24 -59	-37 -91
120 140 160	140 160 180	-9 -27	-8 -33	0 -40	+8 -55	-21 -39	-20 -45	-12 -52	-4 -67	0 -100	-37 -55	-36 -61	-28 -68	-43 -106
180 200 225	200 225 250	-11 -31	-8 -37	0 -46	+9 -63	-25 -45	-22 -51	-14 -60	-5 -77	0 -115	-44 -64	-41 -70	-33 -79	-50 -122
250 280	280 315	-13 -36	-9 -41	0 -52	+9 -72	-27 -50	-25 -57	-14 -66	-5 -86	0 -130	-49 -72	-47 -79	-36 -88	-56 -137
315 355	355 400	-14 -39	-10 -46	0 -57	+11 -78	-30 -55	-26 -62	-16 -73	-5 -94	0 -140	-55 -80	-51 -87	-41 -98	-62 -151
400 450	450 500	-16 -43	-10 -50	0 -63	+11 -86	-33 -60	-27 -67	-17 -80	-6 -103	0 -155	-61 -88	-55 -95	-45 -108	-68 -165

（续）

公称尺寸/mm		公差带												
		P	R				S				T			U
大于	至	9	5	6*	7*	8	5	6*	▲7	8	6*	7*	8	6
—	3	-6 -31	-10 -14	-10 -16	-10 -20	-10 -24	-14 -18	-14 -20	-14 -24	-14 -28				-18 -24
3	6	-12 -42	-14 -19	-12 -20	-11 -23	-15 -33	-18 -23	-16 -24	-15 -27	-19 -37				-20 -28
6	10	-15 -51	-17 -23	-16 -25	-13 -28	-19 -41	-21 -27	-20 -29	-17 -32	-23 -45				-25 -34
10	14	-18 -61	-20 -28	-20 -31	-16 -34	-23 -50	-25 -33	-25 -36	-21 -39	-28 -55				-30 -41
14	18													
18	24	-22 -74	-25 -34	-24 -37	-20 -41	-28 -61	-32 -41	-31 -44	-27 -48	-35 -68				-37 -50
24	30										-37 -50	-33 -54	-41 -74	-44 -57
30	40	-26 -88	-30 -41	-29 -45	-25 -50	-34 -73	-39 -50	-38 -54	-34 -59	-43 -82	-43 -59	-39 -64	-48 -87	-55 -71
40	50										-49 -65	-45 -70	-54 -93	-65 -81
50	65	-32 -106	-36 -49	-35 -54	-30 -60	-41 -87	-48 -61	-47 -66	-42 -72	-53 -99	-60 -79	-55 -85	-66 -112	-81 -100
65	80		-38 -51	-37 -56	-32 -62	-43 -89	-54 -67	-53 -72	-48 -78	-59 -105	-69 -88	-64 -94	-75 -121	-96 -115
80	100	-37 -124	-46 -61	-44 -66	-38 -73	-51 -105	-66 -81	-64 -86	-58 -93	-71 -125	-84 -106	-78 -113	-91 -145	-117 -139
100	120		-49 -64	-47 -69	-41 -76	-54 -108	-74 -89	-72 -94	-66 -101	-79 -133	-97 -119	-91 -126	-104 -158	-137 -159
120	140	-43 -143	-57 -75	-56 -81	-48 -88	-63 -126	-86 -104	-85 -110	-77 -117	-92 -155	-115 -140	-107 -147	-122 -185	-163 -188
140	160		-59 -77	-58 -83	-50 -90	-65 -128	-94 -112	-93 -118	-85 -125	-100 -163	-127 -152	-119 -159	-134 -197	-183 -208
160	180		-62 -80	-61 -86	-53 -93	-68 -131	-102 -120	-101 -126	-93 -133	-108 -171	-139 -164	-131 -171	-146 -209	-203 -228
180	200	-50 -165	-71 -91	-68 -97	-60 -106	-77 -149	-116 -136	-113 -142	-105 -151	-122 -194	-157 -186	-149 -195	-166 -238	-227 -256
200	225		-74 -94	-71 -100	-63 -109	-80 -152	-124 -144	-121 -150	-113 -159	-130 -202	-171 -200	-163 -209	-180 -252	-249 -278
225	250		-78 -98	-75 -104	-67 -113	-84 -156	-134 -154	-131 -160	-123 -169	-140 -212	-187 -216	-179 -225	-196 -268	-275 -304
250	280	-50 -186	-87 -110	-85 -117	-74 -126	-94 -175	-151 -174	-149 -181	-138 -190	-158 -239	-209 -241	-198 -250	-218 -299	-306 -338
280	315		-91 -114	-89 -121	-78 -130	-98 -179	-163 -186	-161 -193	-150 -202	-170 -251	-231 -263	-220 -272	-240 -321	-341 -373
315	355	-62 -202	-101 -126	-97 -133	-87 -144	-108 -197	-183 -208	-179 -215	-169 -226	-190 -279	-257 -293	-247 -304	-268 -357	-379 -415
355	400		-107 -132	-103 -139	-93 -150	-114 -203	-201 -226	-197 -233	-187 -244	-208 -297	-283 -319	-273 -330	-294 -383	-424 -460
400	450	-68 -223	-119 -146	-113 -153	-103 -166	-126 -223	-225 -252	-219 -259	-209 -272	-232 -329	-317 -357	-307 -370	-330 -427	-477 -517
450	500		-125 -152	-119 -159	-109 -172	-132 -229	-245 -272	-239 -279	-229 -292	-252 -349	-347 -387	-337 -400	-360 -457	-527 -567

（续）

公称尺寸/mm		公差带													
		U		V			X			Y			Z		
大于	至	▲7	8	6	7	8	6	7	8	6	7	8	6	7	8
—	3	-18 -28	-18 -32				-20 -26	-20 -30	-20 -34				-26 -32	-26 -36	-26 -40
3	6	-19 -31	-23 -41				-25 -33	-24 -36	-28 -46				-32 -40	-31 -43	-35 -53
6	10	-22 -37	-28 -50				-31 -40	-28 -43	-34 -56				-39 -48	-36 -51	-42 -64
10	14	-26 -44	-33 -60				-37 -48	-33 -51	-40 -67				-47 -58	-43 -61	-50 -77
14	18			-36 -47	-32 -50	-39 -66	-42 -53	-38 -56	-45 -72				-57 -68	-53 -71	-60 -87
18	24	-33 -54	-41 -74	-43 -56	-39 -60	-47 -80	-50 -63	-46 -67	-54 -87	-59 -72	-55 -76	-63 -96	-69 -82	-65 -86	-73 -106
24	30	-40 -61	-48 -81	-51 -64	-47 -68	-55 -88	-60 -73	-56 -77	-64 -97	-71 -84	-67 -88	-75 -108	-84 -97	-80 -101	-88 -121
30	40	-51 -76	-60 -99	-63 -79	-59 -84	-68 -107	-75 -91	-71 -96	-80 -119	-89 -105	-85 -110	-94 -133	-107 -123	-103 -128	-112 -151
40	50	-61 -86	-70 -109	-76 -92	-72 -97	-81 -120	-92 -108	-88 -113	-97 -136	-109 -125	-105 -130	-114 -153	-131 -147	-127 -152	-136 -175
50	65	-76 -106	-87 -133	-96 -115	-91 -121	-102 -148	-116 -135	-111 -141	-122 -168	-138 -157	-133 -163	-144 -190	-166 -185	-161 -191	-172 -218
65	80	-91 -121	-102 -148	-114 -133	-109 -139	-120 -166	-140 -159	-135 -165	-146 -192	-168 -187	-163 -193	-174 -220	-204 -223	-199 -229	-210 -256
80	100	-111 -146	-124 -178	-139 -161	-133 -168	-146 -200	-171 -193	-165 -200	-178 -232	-207 -229	-201 -236	-214 -268	-251 -273	-245 -280	-258 -312
100	120	-131 -166	-144 -198	-165 -187	-159 -194	-172 -226	-203 -225	-197 -232	-210 -264	-247 -269	-241 -276	-254 -308	-303 -325	-297 -332	-310 -364
120	140	-155 -195	-170 -233	-195 -220	-187 -227	-202 -265	-241 -266	-233 -273	-248 -311	-293 -318	-285 -325	-300 -363	-358 -383	-350 -390	-365 -428
140	160	-175 -215	-190 -253	-221 -246	-213 -253	-228 -291	-273 -298	-265 -305	-280 -343	-333 -358	-325 -365	-340 -403	-408 -433	-400 -440	-415 -478
160	180	-195 -235	-210 -273	-245 -270	-237 -277	-252 -315	-303 -328	-295 -335	-310 -373	-373 -398	-365 -405	-380 -443	-458 -483	-450 -490	-465 -528
180	200	-219 -265	-236 -308	-275 -304	-267 -313	-284 -356	-341 -370	-333 -379	-350 -422	-416 -445	-408 -454	-425 -497	-511 -540	-503 -549	-520 -592
200	225	-241 -287	-258 -330	-301 -330	-293 -339	-310 -382	-376 -405	-368 -414	-385 -457	-461 -490	-453 -499	-470 -542	-566 -595	-558 -604	-575 -647
225	250	-267 -313	-284 -356	-331 -360	-323 -369	-340 -412	-416 -445	-408 -454	-425 -497	-511 -540	-503 -549	-520 -592	-631 -660	-623 -669	-640 -712
250	280	-295 -347	-315 -396	-376 -408	-365 -417	-385 -466	-466 -498	-455 -507	-475 -556	-571 -603	-560 -612	-580 -661	-701 -733	-690 -742	-710 -791
280	315	-330 -382	-350 -431	-416 -448	-405 -457	-425 -506	-516 -548	-505 -557	-525 -606	-641 -673	-630 -682	-650 -731	-781 -813	-770 -822	-790 -871
315	355	-369 -426	-390 -479	-464 -500	-454 -511	-475 -564	-579 -615	-569 -626	-590 -679	-719 -755	-709 -766	-730 -819	-889 -925	-879 -936	-900 -989
355	400	-414 -471	-435 -524	-519 -555	-509 -566	-530 -619	-649 -685	-639 -696	-660 -749	-809 -845	-799 -856	-820 -909	-989 -1025	-979 -1036	-1000 -1089
400	450	-467 -530	-490 -587	-582 -622	-572 -635	-595 -692	-727 -767	-717 -780	-740 -837	-907 -947	-897 -960	-920 -1017	-1087 -1127	-1077 -1140	-1100 -1197
450	500	-517 -580	-540 -637	-647 -687	-637 -700	-660 -757	-807 -847	-797 -860	-820 -917	-987 -1027	-977 -1040	-1000 -1097	-1237 -1277	-1227 -1290	-1250 -1347

注：1. 当公称尺寸大于250mm至315mm时，M6的ES等于-9（不等于-11）。

2. 公称尺寸小于1mm时，大于IT8的N不采用。

表 2-36　尺寸 >500 ~ 3150mm 轴的极限偏差（摘自 GB/T 1800.2—2009）（单位：μm）

公称尺寸/mm		公差带													
		d				e		f			g		h		
大于	至	8	9	10	11	8	9	7	8	9	6	7	6	7	8
500	560	-260	-260	-260	-260	-145	-145	-76	-76	-76	-22	-22	0	0	0
560	630	-370	-435	-540	-700	-255	-320	-146	-186	-251	-66	-92	-44	-70	-110
630	710	-290	-290	-290	-290	-160	-160	-80	-80	-80	-24	-24	0	0	0
710	800	-415	-490	-610	-790	-285	-360	-160	-205	-280	-74	-104	-50	-80	-125
800	900	-320	-320	-320	-320	-170	-170	-86	-86	-86	-26	-26	0	0	0
900	1000	-460	-550	-680	-880	-310	-400	-176	-226	-316	-82	-116	-56	-90	-140
1000	1120	-350	-350	-350	-350	-195	-195	-98	-98	-98	-28	-28	0	0	0
1120	1250	-515	-610	-770	-1010	-360	-455	-203	-263	-358	-94	-133	-66	-105	-165
1250	1400	-390	-390	-390	-390	-220	-220	-110	-110	-110	-30	-30	0	0	0
1400	1600	-585	-700	-890	-1170	-415	-530	-235	-305	-420	-108	-155	-78	-125	-195
1600	1800	-430	-430	-430	-430	-240	-240	-120	-120	-120	-32	-32	0	0	0
1800	2000	-660	-800	-1030	-1350	-470	-610	-270	-350	-490	-124	-182	-92	-150	-230
2000	2240	-480	-480	-480	-480	-260	-260	-130	-130	-130	-34	-34	0	0	0
2240	2500	-760	-920	-1180	-1580	-540	-700	-305	-410	-570	-144	-209	-110	-175	-280
2500	2800	-250	-520	-520	-520	-290	-290	-145	-145	-145	-38	-38	0	0	0
2800	3150	-850	-1060	-1380	-1870	-620	-830	-355	-475	-685	-173	-248	-135	-210	-330

基本尺寸/mm		公差带													
		h				js							k		m
大于	至	9	10	11	12	6	7	8	9	10	11	12	6	7	6
500	560	0	0	0	0	±22	±35	±55	±87	±140	±220	±350	+44	+70	+70
560	630	-175	-280	-440	-700								0	0	+26
630	710	0	0	0	0	±25	±40	±62	±100	±160	±250	±400	+50	+80	+80
710	800	-200	-320	-500	-800								0	0	+30
800	900	0	0	0	0	±28	±45	±70	±115	±180	±280	±450	+56	+90	+90
900	1000	-230	-360	-560	-900								0	0	+34
1000	1120	0	0	0	0	±33	±52	±82	±130	±210	±330	±525	+66	+105	+106
1120	1250	-260	-420	-660	-1050								0	0	+40
1250	1400	0	0	0	0	±39	±62	±97	±155	±250	±390	±625	+78	+125	+126
1400	1600	-310	-500	-780	-1250								0	0	+48
1600	1800	0	0	0	0	±46	±75	±115	±185	±300	±460	±750	+92	+150	+150
1800	2000	-370	-600	-920	-1500								0	0	+58
2000	2240	0	0	0	0	±55	±87	±140	±20	±350	±550	±875	+110	+175	+178
2240	2500	-440	-700	-1100	-1750								0	0	+68
2500	2800	0	0	0	0	±67.5	±105	±165	±270	±430	±675	±1050	+135	+210	+211
2800	3150	-540	-860	-1350	-2100								0	0	+76

（续）

公称尺寸/mm		公差带												
		m	n		p		r		s		t		u	
大于	至	7	6	7	6	7	6	7	6	7	6	7	6	7
500	560	+96 +26	+88 +44	+114 +44	+122 +78	+148 +78	+194 +150	+220 +150	+324 +280	+350 +280	+444 +400	+470 +400	+644 +600	+670 +600
560	630						+199 +155	+225 +155	+354 +310	+380 +310	+494 +450	+520 +450	+704 +660	+730 +660
630	710	+110 +30	+100 +50	+130 +50	+138 +88	+168 +88	+225 +175	+255 +175	+390 +340	+420 +340	+550 +500	+580 +500	+790 +740	+820 +740
710	800						+235 +185	+265 +185	+430 +380	+460 +380	+610 +560	+640 +560	+890 +840	+920 +840
800	900	+124 +34	+112 +56	+146 +56	+156 +100	+190 +100	+266 +210	+300 +210	+486 +430	+520 +430	+676 +620	+710 +620	+996 +940	+1030 +940
900	1000						+276 +220	+310 +220	+526 +470	+560 +470	+736 +680	+770 +680	+1106 +1050	+1140 +1050
1000	1120	+145 +40	+132 +66	+171 +66	+186 +120	+225 +120	+316 +250	+355 +250	+586 +520	+625 +520	+846 +780	+885 +780	+1216 +1150	+1255 +1150
1120	1250						+326 +260	+365 +260	+646 +580	+685 +580	+906 +840	+945 +840	+1366 +1300	+1405 +1300
1250	1400	+173 +48	+156 +78	+203 +78	+218 +140	+265 +140	+378 +300	+425 +300	+718 +640	+765 +640	+1038 +960	+1085 +960	+1528 +1450	+1575 +1450
1400	1600						+408 +330	+455 +330	+798 +720	+845 +720	+1128 +1050	+1175 +1050	+1678 +1600	+1725 +1600
1600	1800	+208 +58	+184 +92	+242 +92	+262 +170	+320 +170	+462 +370	+520 +370	+912 +820	+970 +820	+1292 +1200	+1350 +1200	+1942 +1850	+2000 +1850
1800	2000						+492 +400	+550 +400	+1012 +920	+1070 +920	+1442 +1350	+1500 +1350	+2092 +2000	+2150 +2000
2000	2240	+243 +68	+220 +110	+285 +110	+305 +195	+370 +195	+550 +440	+615 +440	+1110 +1000	+1175 +1000	+1610 +1500	+1675 +1500	+2410 +2300	+2475 +2300
2240	2500						+570 +460	+635 +460	+1210 +1100	+1275 +1100	+1675 +1500	+1825 +1650	+2610 +2500	+2675 +2500
2500	2800	+286 +76	+270 +135	+345 +135	+375 +240	+450 +240	+685 +550	+760 +550	+1385 +1250	+1460 +1250	+2035 +1900	+2110 +1900	+3035 +2900	+3110 +2900
2800	3150						+715 +580	+790 +580	+1535 +1400	+1610 +1400	+2235 +2100	+2310 +2100	+3335 +3200	+3410 +3200

注：js 的数值：对 IT7 至 IT11，若 IT 的数值（μm）为奇数，则取 js = ±（IT－1）/2。

表 2-37　尺寸 >500～3150mm 孔的极限偏差（摘自 GB/T 1800.2—2009）（单位：μm）

公称尺寸/mm		公差带																
		D				E		F			G		H				
大于	至	8	9	10	11	8	9	7	8	9	6	7	6	7	8	9	10
500	630	+370 +260	+435 +260	+540 +260	+700 +260	+255 +145	+320 +145	+146 +70	+186 +76	+251 +76	+66 +22	+92 +22	+44 0	+70 0	+110 0	+175 0	+280 0
630	800	+415 +290	+490 +290	+610 +290	+790 +290	+285 +160	+360 +160	+160 +80	+205 +89	+280 +80	+74 +24	+104 +24	+56 0	+90 0	+140 0	+230 0	+360 0
800	1000	+460 +320	+550 +320	+680 +320	+380 +320	+310 +170	+400 +170	+176 +85	+225 +86	+316 +86	+32 +26	+116 +26	+56 0	+99 0	+140 0	+230 0	+360 0
1000	1250	+515 +350	+610 +350	+770 +350	+1010 +350	+360 +195	+455 +195	+203 +98	+263 +98	+358 +98	+94 +23	+133 +28	+66 0	+105 0	+165 0	+200 0	+420 0
1250	1600	+585 +390	+700 +390	+890 +390	+1170 +390	+415 +220	+530 +220	+235 +110	+305 +110	+420 +110	+108 +30	+155 +30	+78 0	+125 0	+195 0	+310 0	+500 0
1600	2000	+660 +430	+800 +430	+1030 +430	+1350 +430	+470 +240	+610 +240	+270 +120	+350 +120	+490 +120	+124 +32	+182 +32	+92 0	+150 0	+230 0	+370 0	+600 0
2000	2500	+760 +480	+920 +480	+1180 +480	+1580 +480	+540 +260	+700 +260	+305 +130	+410 +130	+570 +130	+144 +34	+209 +34	+110 0	+175 0	+280 0	+440 0	+700 0
2500	3150	+850 +520	+1060 +520	+1380 +520	+1870 +520	+620 +290	+830 +290	+355 +145	+475 +145	+685 +145	+173 +38	+248 +38	+135 0	+210 0	+330 0	+540 0	+860 0

（续）

公称尺寸/mm		公差带														
		H		JS							K		M		N	
大于	至	11	12	6	7	8	9	10	11	12	6	7	6	7	6	7
500	630	+440 0	+700 0	±22	±35	±55	±87	±140	±220	±350	0 -44	0 -70	-26 -70	-26 -96	-44 -88	-44 -114
630	800	+500 0	+800 0	±25	±40	±62	±100	±166	±250	±400	0 -50	0 -80	-30 -80	-30 -110	-50 -100	-50 -130
800	1000	+560 0	+900 0	±28	±45	±70	±115	±180	±280	±450	0 -56	0 -90	-34 -90	-34 -124	-56 -112	-56 -146
1000	1250	+660 0	+1050 0	±33	±52	±82	±130	±210	±330	±525	0 -66	0 -105	-40 -106	-40 -145	-66 -132	-66 -171
1250	1600	+780 0	+1250 0	±39	±62	±97	±155	±250	±390	±625	0 -78	0 -125	-48 -126	-48 -173	-78 -156	-78 -203
1600	2000	+920 0	+1500 0	±46	±75	±115	±185	±300	±460	±750	0 -92	0 -150	-58 -150	-58 -208	-92 -184	-92 -242
2000	2500	+1100 0	+1750 0	±55	±87	±140	±220	±350	±550	±875	0 -110	0 -175	-68 -178	-68 -243	-110 -220	-110 -285
2500	3150	+1350 0	+2100 0	±67.5	±105	±165	±270	±430	±675	±1050	0 -135	0 -216	-76 -211	-76 -286	-135 -270	-135 -345

注：JS 的数值：对 IT7 至 IT11，若 IT 的数值（μm）为奇数，则取 $JS = \pm\frac{IT-1}{2}$。

2.2.3　公差与配合的选择

2.2.3.1　基准制的选择

基准制的选择原则：

1）一般情况，优先采用基孔制，这样可以减少价格较高的定值刀具、量具的品种规格和数量，获得加工制造的良好经济性。基轴制通常仅用于具有明显经济利益的场合，例如，直接用冷拉钢材做轴，不再加工；或同一公称尺寸的各个部分，需要装上不同配合的零件等。

2）与标准件配合时，例如与滚动轴承配合的轴应按基孔制，与滚动轴承外圈配合的孔应按基轴制。

3）为了满足配合的特殊需要，允许采用任一孔、轴公差组成配合。

2.2.3.2　公差等级的选择

选择公差等级的原则，是在满足零件使用要求的前提下，尽可能选用较低的公差等级。精度要求应与生产的可能性相协调，即要采用合理的加工工艺、装配工艺和现有设备。

当公称尺寸≤500mm 时，公差等级在 IT8 以上，推荐孔的精度等级比轴低一级组成配合；当精度较低或公称尺寸 >500mm 时，推荐采用同等级孔、轴相配合。各个公差等级的应用范围没有严格划分，表 2-38可供参考。公差等级与加工方法、加工方法与加工成本的大致关系可参考表 2-39 和表 2-40。

2.2.3.3　配合的选择

公称尺寸至 500mm 的基孔制与基轴制的常用配合见表 2-41。选择时首先选用表中的优先配合，其次考虑常用配合。

选择配合时应根据使用要求确定配合类别、配合公差和代号。若工作时配合件有相对运动，则选择间隙配合，其间隙根据相对运动的速度大小来选择，速度快时配合间隙需大些，速度慢则间隙可小。若工作时配合件相对静止，则要选择过盈配合。配合件有定位要求的，基本上选用过渡配合。

表 2-42 为基孔制配合中轴的各种基本偏差的应用。表 2-43 为优先、常用配合特性及应用举例。表 2-44 为按具体情况考虑间隙量或过盈量的修正。

公称尺寸大于 500 ~ 3150mm 的配合一般采用基孔制的同级配合。根据零件制造特点，可采用配制配合。

配制配合是以一个零件的实际尺寸为基数，来配制另一个零件的工艺，一般用于公差等级较高、单件小批生产的配合零件。

表 2-38　公差等级的应用范围

应　用	公差等级（IT）																			
	01	0	1	2	3	4	5	6	7	8	9	10	11	12	13	14	15	16	17	18
量　块	—	—	—																	
量　规			—	—	—	—	—	—	—											
配合尺寸							—	—	—	—	—	—	—	—	—					
特别精密零件的配合				—	—	—	—													
非配合尺寸（大制造公差）														—	—	—	—	—	—	—
原材料公差										—	—	—	—	—	—	—				

表 2-39　公差等级与加工方法的关系

加工方法	公差等级（IT）																	
	01	0	1	2	3	4	5	6	7	8	9	10	11	12	13	14	15	16
研磨	—	—	—	—	—	—	—											
珩						—	—	—	—									
圆磨、平磨							—	—	—	—								
金刚石车、金钢石镗							—	—	—									
拉削							—	—	—	—								
铰孔								—	—	—	—	—						
车、镗									—	—	—	—	—					
铣										—	—	—	—					
刨、插												—	—					
钻孔												—	—	—	—			
滚压、挤压												—	—					
冲压												—	—	—	—	—		
压铸													—	—	—	—		
粉末冶金成型								—	—	—								
粉末冶金烧结									—	—	—	—						
砂型铸造、气割																		—
锻造																	—	

表2-40 加工方法和加工成本的关系

尺寸类型	加工方法	精度等级(IT)																	
		1	2	3	4	5	6	7	8	9	10	11	12	13	14	15	16	17	18
长度尺寸	普通车削							*	*	*	○	○	○	△	△	△			
	六角车削、自动车削								*	*	○	○	○	△	△				
	铣							*	*	*	○	○	△	△	△				
内径尺寸	普通车削						*	*	*	○	○	○	○	△	△				
	六角车削								*	*	○	○	△	△	△				
	自动车削								*	*	○	○	△	△					
	钻										*	*	○	○	△				
	铰、镗							*	*	○	○	△	△						
	精镗、外圆磨				*	*	○	○	△	△									
	研磨		*	*	○	○	△	△											
外径尺寸	普通车削						*	*	*	○	○	○	△	△	△				
	六角车削、自动车削							*	*	○	○	○	△	△	△				
	外圆磨			*	*	○	○	△	△										
	无心磨					*	○	○	○	△	△								

注：△、○、*表示成本比例为1:2.5:5。

表2-41 基孔制与基轴制优先、常用配合

间隙配合	基孔制	$\frac{H6}{f5}$	$\frac{H6}{g5}$	$\frac{H6}{h5}$	$\frac{H7}{f6}$	◤$\frac{H7}{g6}$	◤$\frac{H7}{h6}$	$\frac{H8}{e7}$	◤$\frac{H8}{f7}$	$\frac{H8}{g7}$	◤$\frac{H8}{h7}$	$\frac{H8}{d8}$	$\frac{H8}{e8}$	$\frac{H8}{f8}$	$\frac{H8}{h8}$	$\frac{H9}{c9}$
	基轴制	$\frac{F6}{h5}$	$\frac{G6}{h5}$	$\frac{H6}{h5}$	$\frac{F7}{h6}$	◤$\frac{G7}{h6}$	◤$\frac{H7}{h6}$	$\frac{E8}{h7}$	◤$\frac{F8}{h7}$		◤$\frac{H8}{h7}$	$\frac{D8}{H7}$	$\frac{E8}{h8}$	$\frac{F8}{h8}$	$\frac{H8}{h8}$	
	基孔制	◤$\frac{H9}{d9}$	$\frac{H9}{e9}$	$\frac{H9}{f9}$	◤$\frac{H9}{h9}$	$\frac{H10}{c10}$	$\frac{H10}{d10}$	$\frac{H10}{h10}$	$\frac{H11}{a11}$	$\frac{H11}{b11}$	◤$\frac{H11}{c11}$	$\frac{H11}{d11}$	◤$\frac{H11}{h11}$	$\frac{H12}{b12}$	$\frac{H12}{h12}$	
	基轴制	◤$\frac{D9}{h9}$	$\frac{E9}{h9}$	$\frac{F9}{h9}$	◤$\frac{H9}{h9}$		$\frac{D10}{h10}$	$\frac{H10}{h10}$	$\frac{A11}{h11}$	$\frac{B11}{h11}$	◤$\frac{C11}{h11}$	$\frac{D11}{h11}$	◤$\frac{H11}{h11}$	$\frac{B12}{h12}$	$\frac{H12}{h12}$	
过渡配合	基孔制	$\frac{H6}{js5}$		$\frac{H6}{k5}$		$\frac{H6}{m5}$		$\frac{H7}{js6}$		◤$\frac{H7}{k6}$		$\frac{H7}{m6}$		◤$\frac{H7}{n6}$		$\frac{H8}{js7}$
	基轴制		$\frac{Js6}{h5}$		$\frac{K6}{h5}$		$\frac{M6}{h5}$		$\frac{Js7}{h6}$		◤$\frac{K7}{h6}$		$\frac{M7}{h6}$		◤$\frac{N7}{h6}$	
	基孔制		$\frac{H8}{k7}$		$\frac{H8}{m7}$		$\frac{H8}{n7}$		$\frac{H8}{p7}$							
	基轴制	$\frac{Js8}{h7}$		$\frac{K8}{h7}$		$\frac{M8}{h7}$		$\frac{N8}{h7}$								
过盈配合	基孔制	$\frac{H6}{n5}$		$\frac{H6}{p5}$		$\frac{H6}{r5}$		$\frac{H6}{s5}$		$\frac{H6}{t5}$	◤$\frac{H7}{p6}$		$\frac{H7}{r6}$		◤$\frac{H7}{s6}$	
	基轴制		$\frac{N6}{h5}$		$\frac{P6}{h5}$		$\frac{R6}{h5}$		$\frac{S6}{h5}$	$\frac{T6}{h5}$		◤$\frac{P7}{h6}$		$\frac{R7}{h6}$		◤$\frac{S7}{h6}$
	基孔制	$\frac{H7}{t6}$	◤$\frac{H7}{u6}$		$\frac{H7}{v6}$	$\frac{H7}{x6}$	$\frac{H7}{y6}$	$\frac{H7}{z6}$	$\frac{H8}{r7}$	$\frac{H8}{s7}$	$\frac{H8}{t7}$	$\frac{H8}{u7}$				
	基轴制	$\frac{T7}{h6}$		◤$\frac{U7}{h6}$												

注：1. $\frac{H6}{n5}$、$\frac{H7}{p6}$在基本尺寸≤3mm和$\frac{H8}{r7}$在≤100mm时，为过渡配合。

2. 标注◤的配合为优先配合。

表 2-42 基孔制轴的基本偏差的应用

配合种类	基本偏差	配合特性及应用
间隙配合	a、b	可得到特别大的间隙，很少应用
	c	可得到很大的间隙，一般适用于缓慢、松弛的动配合。用于工作条件较差（如农业机械），受力变形，或为了便于装配而必须保证有较大的间隙时。推荐配合为 H11/c11，其较高级的配合，如 H8/c7 适用于轴在高温工作的紧密动配合，例如内燃机排气阀和导管
	d	配合一般用于 IT7 ~ IT11，适用于松的转动配合，如密封盖、滑轮、空转带轮等与轴的配合。也适用于大直径滑动轴承配合，如涡轮机、球磨机、轧滚成型和重型弯曲机，以及其他重型机械中的一些滑动支承
	e	多用于 IT7 ~ IT9 级，通常适用要求有明显间隙，易于转动的支承配合，如大跨距、多支点支承等。高等级的 e 轴适用于大型、高速、重载支承配合，如涡轮发电机、大型电动机、内燃机、凸轮轴及摇臂支承等
	f	多用于 IT6 ~ IT8 级的一般转动配合。当温度影响不大时，被广泛用于普通润滑油（或润滑脂）润滑的支承，如齿轮箱、小电动机、泵等的转轴与滑动支承的配合
	g	配合间隙很小，制造成本高，除很轻负荷的精密装置外，不推荐用于转动配合。多用于 IT5 ~ IT7 级，最适合不回转的精密滑动配合，也用于插销等定位配合。如精密连杆轴承、活塞、滑阀及连杆销等
	h	多用于 IT4 ~ IT11 级。广泛用于无相对转动的零件，作为一般的定位配合。若没有温度、变形影响，也用于精密滑动配合
过渡配合	js	为完全对称偏差（± IT/2），平均为稍有间隙的配合，多用于 IT4 ~ IT7 级，要求间隙比 *h* 轴小，并允许略有过盈的定位配合。例如联轴器，可用手或木锤装配
	k	平均为没有间隙的配合，适用于 IT4 ~ IT7 级。推荐用于稍有过盈的定位配合。例如为了消除振动用的定位配合。一般用木锤装配
	m	平均过盈量不大的过渡配合。适用 IT4 ~ IT7 级，一般可用木锤装配，但在最大过盈时，要求相当的压入力
	n	平均过盈比 m 轴稍大，很少得到间隙，适用 IT4 ~ IT7 级，用锤或压力机装配，通常推荐用于紧密的组件配合。H6/n5 配合时为过盈配合
过盈配合	p	与 H6 或 H7 配合时是过盈配合，与 H8 孔配合时则为过渡配合。对非铁类零件，为较轻的压入配合，当需要时易于拆卸。对钢、铸铁或铜、钢组件装配是标准压入配合
	r	对铁类零件为中等打入配合，对非铁类零件为轻打入的配合，当需要时可以拆卸。与 H8 孔配合，直径在 100mm 以上时为过盈配合，直径小时为过渡配合
	s	用于钢和铁制零件的永久性和半永久性装配，可产生相当大的结合力。当用弹性材料，如轻合金时，配合性质与铁类零件的 p 轴相当。例如套环压装在轴上、阀座等配合。尺寸较大时，为了避免损伤配合表面，需用热胀或冷缩法装配
	t、u、v、x、y、z	过盈量依次增大，一般不推荐

表 2-43　优先、常用配合特性及应用举例

配合制		装配方法	配合特性及使用条件		应 用 举 例
基孔	基轴				
H7/z6		温差法	特重型压入配合	用于承受很大的转矩,或变载荷,冲击、振动载荷处。配合处不加紧固件,材料的许用应力要求很大	中小型交流电动机轴壳上绝缘体和接触环,柴油机传动轴壳体和分电器衬套
H7/y6					小轴肩和环
H7/x6					钢和轻合金或塑料等不同材料的配合,如柴油机销轴与壳体、气缸盖与进气门座等的配合
H7/v6		压力机或温差	重型压入配合	用于传递较大转矩,配合处不加紧固件即可得到十分牢固的连接。材料的许用应力要求较大	偏心压床的块与轴、柴油机销轴与壳体,连杆孔和衬套外径等配合
H7/u6	U7/h6				车轮轮箍与轮心、联轴器与轴,轧钢设备中的辊子与心轴、拖拉机活塞销和活塞壳、船舵尾轴和衬套等的配合
H8/u7					蜗轮青铜轮缘与轮芯,安全联轴器销轴与套、螺纹车床蜗杆轴衬和箱体孔等的配合
H6/t5	T6/h5		中型压入配合	不加紧固件可传递较小的转矩,当材料强度不够时,可用来代替重型压入配合,但需加紧固件	齿轮孔和轴的配合
H7/t6	T7/h6				联轴器与轴
H8/t7					含油轴承和轴承座、农业机械中曲柄盘与销轴
H6/s5	S6/h5				柴油机连杆衬套和轴瓦,主轴承孔和主轴瓦等的配合
H7/s6					减速器中轴与蜗轮,压缩机连杆头与衬套,辊道辊子和轴,大型减速器低速齿轮与轴的配合
H8/s7	S7/h6				青铜轮缘与轮芯,轴衬与轴承座、空气钻外壳盖与套筒,安全联轴器销钉和套,压缩机活塞销和气缸,拖拉机齿轮泵小齿轮和轴等配合
H7/r6	R7/h6		轻型压入配合	用于不拆卸的轻型过盈连接,不依靠配合过盈量传递摩擦载荷,传递转矩时要增加紧固件,以及用于以高的定位精度达到部件的刚性及对中性要求	重载齿轮与轴、车床齿轮箱中齿轮与衬套、蜗轮青铜轮缘与轮芯,轴和联轴器,可换铰套与铰模板等的配合
H6/p5 H7/p6	P6/h5 P7/h6				冲击振动的重载荷的齿轮和轴、压缩机十字销轴和连杆衬套、柴油机缸体上口和主轴瓦,凸轮孔和凸轮轴等配合
H8/p7		压力机压入	过盈概率 66.8% ~93.6%	用于可承受很大转矩、振动及冲击(但需附加紧固件),不经常拆卸的地方。同心度及配合紧密性较好	升降机用蜗轮或带轮的轮缘和轮心,链轮轮缘和轮心,高压循环泵缸和套等的配合
H6/n5	N6/h5		80%		可换铰套与铰模板、增压器主轴及衬套等的配合
H7/n6	N7/h6		77.7% ~82.4%		爪形联轴器与轴、链轮轮缘与轮心、蜗轮青铜轮缘与轮心、破碎机等振动机械的齿轮和轴的配合。柴油机泵座与泵缸、压缩机连杆衬套和曲轴衬套。圆柱销与销孔的配合
H8/n7	N8/h7		58.3% ~67.6%		安全联轴器销钉和套、高压泵缸和缸套、拖拉机活塞销和活塞毂等的配合

（续）

配合制		装配方法	配合特性及使用条件		应用举例
基孔	基轴				
H6/m5	M6/h5	铜锤打入	过盈概率	用于配合紧密不经常拆卸的地方。当配合长度大于1.5倍直径时，用来代替H7/n6，同心度好	压缩机连杆头与衬套、柴油机活塞孔和活塞销的配合
H7/m6	M7/h6		50%~62.1%		蜗轮青铜轮缘与铸铁轮心、齿轮孔与轴、定位销与孔的配合
H8/m7	M8/h7		50%~56%		升降机构中的轴与孔，压缩机十字销轴与座
H6/k5	K6/h5	手锤打入	46.2%~49.1%	用于受不大的冲击载荷处，同心度较好，用于常拆卸部位。为广泛采用的一种过渡配合	精密螺纹车床主轴箱体孔和主轴前轴承外圈的配合
H7/k6	K7/h6		41.7%~45%		机床不滑动齿轮和轴、中型电动机轴与联轴器或带轮，减速器蜗轮与轴、齿轮和轴的配合
H8/k7	K8/h7		41.7%~51.2%		压缩机连杆孔与十字头销，循环泵活塞与活塞杆
H6/js5	JS6/h5	手或木锤装卸	19.2%~21.1%	用于频繁拆卸同轴度要求不高的地方，是最松的一种过渡配合，大部分都将得到间隙	木工机械中轴与轴承的配合
H7/js6	JS7/h6		18.8%~20%		机床变速箱中齿轮和轴、精密仪表中轴和轴承、增压器衬套间的配合
H8/js7	JS8/h7		17.4%~20.8%		机床变速箱中齿轮和轴、轴端可卸下的带轮和手轮、电动机机座与端盖等的配合
H6/h5	H6/h5	加油后用手旋进	配合间隙较小，能较好的对准中心，一般多用于常拆卸或在调整时需移动或转动的连接处，或工作时滑移较慢并要求较好的导向精度的地方，以及对同心度有一定要求通过紧固件传递转矩的固定连接处		剃齿机主轴与剃刀衬套、车床尾座体与套筒、高精度分度盘轴与孔、光学仪器中变焦距系统的孔轴配合
H7/h6	H7/h6				机床变速箱的滑移齿轮和轴、离合器与轴、钻床横臂与立柱、风动工具活塞与缸体、往复运动的精导向的压缩机连杆孔和十字头、定心的凸缘与孔的配合
H8/h7	H8/h7				
H8/h8	H8/h8		间隙定位配合，适用于同心度要求较低、工作时一般无相对运动的配合，以及负载不大，无振动、拆卸方便，加键可传递转矩的情况		安全扳手销钉和套、一般齿轮和轴、带轮和轴、螺旋搅拌器叶轮与轴、离合器与轴、操纵件与轴、拨叉和导向轴、滑块和导向轴、减速器油标尺与箱体孔，剖分式滑动轴承壳和轴瓦、电动机座上口和端盖
H9/h9	H9/h9				
H10/h10	H10/h10				起重机链轮与轴、对开轴瓦与轴承座两侧的配合、连接端盖的定心凸缘、一般的铰接、粗糙机构中拉杆、杠杆等配合
H11/h11	H11/h11				
H6/g5	G6/h5	手旋进	具有很小间隙，适用于有一定相对运动、运动速度不高并且精密定位的配合，以及运动可能有冲击但又能保证零件同心度或紧密性的配合		光学分度头主轴与轴承、刨床滑块与滑槽
H7/g6	G7/h6				精密机床主轴与轴承、机床传动齿轮与轴、中等精度分度头主轴与轴套、矩形花键定心直径、可换钻套与钻模板、柱塞燃油泵的轴承壳体与销轴、拖拉机连杆衬套与曲轴的配合
H8/g7					柴油机气缸体与挺杆、手电钻中的配合等

（续）

配合制		装配方法	配合特性及使用条件	应用举例
基孔	基轴			
$\frac{H6}{f5}$	$\frac{F6}{h5}$	手推滑进	具有中等间隙，广泛适用于普通机械中转速不大、用普通润滑油或润滑脂润滑的滑动轴承，以及要求在轴上自由转动或移动的配合场合	精密机床中变速箱、进给箱的转动件的配合，或其他重要滑动轴承、高精度齿轮轴承与轴承衬套、柴油机的凸轮轴与衬套孔等的配合
$\frac{H7}{f6}$	$\frac{F7}{h6}$			爪形离合器与轴、机床中一般轴与滑动轴承，机床夹具、钻模、镗模的导套孔，柴油机机体套孔与气缸套，柱塞与缸体等的配合
$\frac{H8}{f7}$	$\frac{F8}{h7}$			中等速度、中等载荷的滑动轴承，机床滑移齿轮与轴，蜗杆减速器的轴承端盖与孔，离合器活动爪与轴
$\frac{H8}{f8}$	$\frac{F8}{h8}$		配合间隙较大，能保证良好润滑，允许在工作中发热，故可用于高转速或大跨度或多支点的轴和轴承，以及精度低、同轴度要求不高的在轴上转动零件与轴的配合	滑块与导向槽，控制机构中的一般轴和孔，支承跨距较大或多支承的传动轴和轴承的配合
$\frac{H9}{f9}$	$\frac{F9}{h9}$			安全联轴器轮毂与套，低精度含油轴承与轴、球体滑动轴承与轴承座及轴，链条张紧轮或传动带导轮与轴，柴油机活塞环与环槽宽等配合
$\frac{H8}{e7}$	$\frac{E8}{h7}$	手轻推进	配合间隙较大，适用于高转速载荷不大、方向不变的轴与轴承的配合，或虽是中等转速但轴跨度长，或三个以上支点的轴与轴承的配合	蒸汽轮机发电机、大电动机的高速轴与滑动轴承，风扇电动机的销轴与衬套
$\frac{H8}{e8}$	$\frac{E8}{h8}$			外圆磨床的主轴与轴承、蒸汽轮机发电机轴与轴承、柴油机的凸轮轴与轴承，船用链轮轴、中小型电机轴与轴承、手表中的分轮、时轮轮片与轴承的配合
$\frac{H9}{e9}$	$\frac{E9}{h9}$		用于精度不高且有较松间隙的转动配合	粗糙机构中衬套与轴承圈、含油轴承与座的配合
$\frac{H8}{d8}$	$\frac{D8}{h8}$		配合间隙比较大，用于精度不高、高速及载荷不高的配合，或高温条件下的转动配合，以及由于装配精度不高而引起偏斜的连接	机车车辆轴承、缝纫机梭摆与梭床压缩机活塞环与环槽宽度的配合
$\frac{H9}{d9}$	$\frac{D9}{h9}$			通用机械中的平键连接、柴油机活塞环与环槽宽、压缩机活塞与压杆，印染机械中气缸活塞密封环，热工仪表中精度较低的轴与孔、滑动轴承及较松的带轮与轴的配合

表2-44　按具体情况考虑间隙量或过盈量的修正

具体情况	过盈量	间隙量	具体情况	过盈量	间隙量
材料许用应力小	减		旋转速度较高	增	增
经常拆卸	减		有轴向运动		增
有冲击载荷	增	减	润滑油粘度较大		增
工作时孔的温度高于轴的温度	增	减	表面较粗糙	增	减
工作时孔的温度低于轴的温度	减	增	装配精度较高	减	减
配合长度较大	减	增	孔的材料线膨胀系数大于轴的材料	增	减
零件几何误差较大	减	增	孔的材料线膨胀系数小于轴的材料	减	增
装配时可能歪斜	减	增	单件小批生产	减	增

2.2.4　未注公差的线性和角度尺寸的一般公差

一般公差是指在车间通常加工条件下可保证的公差。采用一般公差的尺寸，在该尺寸后不需注出其极限偏差数值。

选取图样上未注公差尺寸的一般公差的公差等级时，应考虑一般机械加工车间的加工精度，并由相应的技术文件或标准作出具体规定。

对任一单一尺寸，如功能上要求比一般公差更小的公差，或允许更大的公差并更为经济时，其相应的极限偏差要在相关的公称尺寸后注出。

由不同类型的工艺（例如切削和铸造）分别加工形成的两表面之间的未注公差的尺寸，应按规定的两个一般公差数值中的较大值控制。

以角度单位规定的一般公差，仅控制表面的线或素线的总方向，不控制它们的形状误差。从实际表面得到的线的总方向，是理想几何形状的接触线方向。接触线和实际线之间的最大距离是最小可能值。

一般公差有精密 f、中等 m、粗糙 c、最粗 v 四个公差等级。

线性尺寸　倒圆半径与倒角高度尺寸　角度尺寸的极限偏差数值列于表2-45。角度尺寸值按角度短边长度确定，对圆锥角按圆锥素线长度确定。

表2-45中的一般公差和极限偏差适用于金属切削加工的尺寸，也适用于一般的冲压加工的尺寸。非金属材料和其他工艺方法加工的尺寸可参考采用。

它仅适用于下列未注公差的尺寸：

1）线性尺寸（例如外尺寸、内尺寸、阶梯尺寸、直径、半径、距离、倒圆半径和倒角高度）。

2）角度尺寸，包括通常不注出角度值的角度尺寸，例如直角（90°）。

3）机加工组装件的线性和角度尺寸。

不适用于下列尺寸：

1）其他一般公差标准涉及的线性和角度尺寸。

2）括号内的参考尺寸。

3）矩形框格内的理论正确尺寸。

表2-45　线性和角度尺寸的一般公差（摘自 GB/T 1804—2000）

<table>
<tr><th rowspan="3">公差等级</th><th colspan="8">线性尺寸的极限偏差数值/mm</th><th colspan="4">倒圆半径与倒角高度尺寸的极限偏差数值/mm</th></tr>
<tr><th colspan="8">公称尺寸分段</th><th colspan="4">公称尺寸分段</th></tr>
<tr><th>0.5~3</th><th>>3~6</th><th>>6~30</th><th>>30~120</th><th>>120~400</th><th>>400~1000</th><th>>1000~2000</th><th>>2000~4000</th><th>0.5~3</th><th>>3~6</th><th>>6~30</th><th>>30</th></tr>
<tr><td>精密 f</td><td>±0.05</td><td>±0.05</td><td>±0.1</td><td>±0.15</td><td>±0.2</td><td>±0.3</td><td>±0.5</td><td></td><td rowspan="2">±0.2</td><td rowspan="2">±0.5</td><td rowspan="2">±1</td><td rowspan="2">±2</td></tr>
<tr><td>中等 m</td><td>±0.1</td><td>±0.1</td><td>±0.2</td><td>±0.3</td><td>±0.5</td><td>±0.8</td><td>±1.2</td><td>±2</td></tr>
<tr><td>粗糙 c</td><td>±0.2</td><td>±0.3</td><td>±0.5</td><td>±0.8</td><td>±1.2</td><td>±2</td><td>±3</td><td>±4</td><td rowspan="2">±0.4</td><td rowspan="2">±1</td><td rowspan="2">±2</td><td rowspan="2">±4</td></tr>
<tr><td>最粗 v</td><td>—</td><td>±0.5</td><td>±1</td><td>±1.5</td><td>±2.5</td><td>±4</td><td>±6</td><td>±8</td></tr>
</table>

角度尺寸的极限偏差数值

<table>
<tr><th rowspan="2">公差等级</th><th colspan="5">长度分段 /mm</th></tr>
<tr><th>≤10</th><th>>10~50</th><th>>50~120</th><th>>120~400</th><th>>400</th></tr>
<tr><td>精密 f</td><td rowspan="2">±1°</td><td rowspan="2">±30′</td><td rowspan="2">±20′</td><td rowspan="2">±10′</td><td rowspan="2">±5′</td></tr>
<tr><td>中等 m</td></tr>
<tr><td>粗糙 c</td><td>±1°30′</td><td>±1°</td><td>±30′</td><td>±15′</td><td>±10′</td></tr>
<tr><td>最粗 v</td><td>±3°</td><td>±2°</td><td>±1°</td><td>±30′</td><td>±20′</td></tr>
</table>

注：在图样上，技术文件或标准中的表示方法示例：GB/T 1804—m（表示选用中等级）。

2.2.5　圆锥公差

2.2.5.1　圆锥公差的项目及给定方法（表 2-46）

表 2-46　圆锥公差的项目及给定方法（摘自 GB/T 11334—2005）

公差项目及代号		给定方法	
		一般情况	有较高要求时
圆锥直径公差 T_D	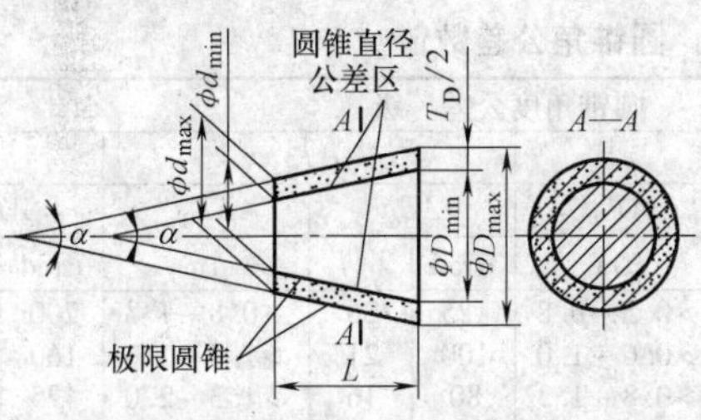 圆锥直径公差区；极限圆锥；A—A；ϕd_{max}；ϕd_{min}；$T_D/2$；ϕD_{min}；ϕD_{max}；α；L	1. 给出圆锥的公称圆锥度 α(或锥度 C)和 T_D	α(或 C)、T_D 和 AT、T_F(此时 AT、T_F 仅占 T_D 的一部分) AT—圆锥角公差； T_F—圆锥形状公差
圆锥角公差 AT(用 AT_α 或 AT_D 给定)	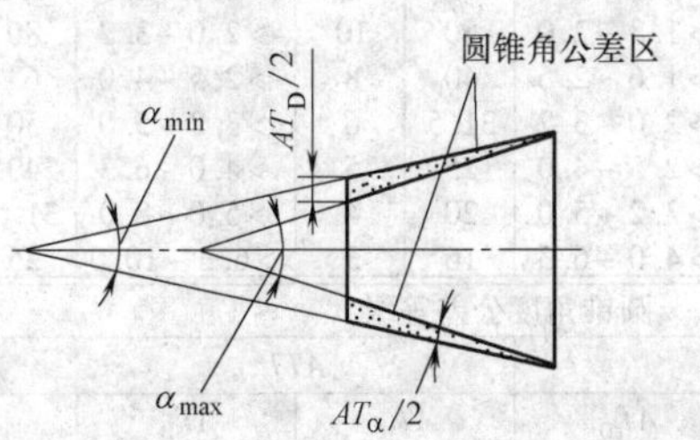 圆锥角公差区；$AT_D/2$；α_{min}；α_{max}；$AT_\alpha/2$	2. 给定 T_{DS} 和 AT(两者独立，不能相互叠加)	T_{DS}、AT 及 T_F
给定截面圆锥直径公差 T_{DS}	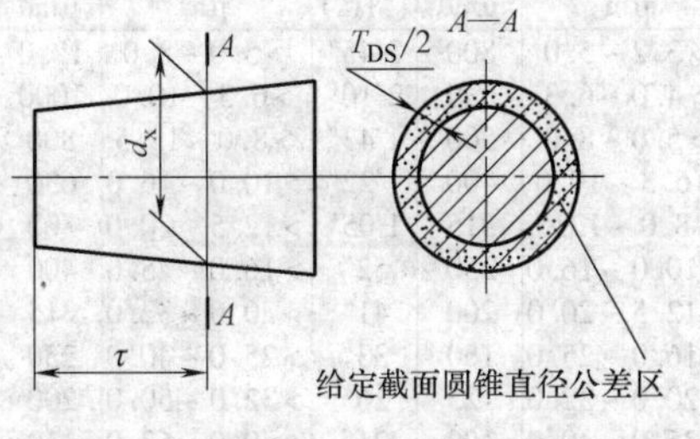 给定截面圆锥直径公差区；A—A；$T_{DS}/2$；d_x；τ	**圆锥公差的标注** 当圆锥公差按 α(或 C)和 T_D 给定时，规定在圆锥直径的极限偏差后标注“Ⓣ”符号，如 $\phi 50^{+0.039}_{0}$“Ⓣ” 注：按方法 1. 给出 α 或(C)和 T_D，由 T_D 确定两个极限圆锥，此时圆锥角误差和圆锥的形状误差均应在极限圆锥所限定的区域内	
圆锥的形状公差 T_F(包括素线直线度公差和截面圆度公差)			

2.2.5.2　圆锥公差的数值及选取

（1）圆锥直径公差 T_D。它以公称圆锥直径为公称尺寸，按 GB/T 1800.1—2009 规定的标准公差选取。选取的公差数值适用于圆锥长度 L 全长内的所有圆锥直径。公称圆锥直径一般取最大圆锥直径 D 作为公称尺寸选取公差数值。给定截面圆锥直径的公差 T_{DS}，以给定截面圆锥直径 d_x 为公称尺寸，按 GB/T 1800.1—2009 规定的标准公差选取。选取的公差数值仅适用于该给定截面，不适用于圆锥全长。其公差带位置按功能要求确定。对于有配合要求的圆锥，其内、外圆锥的配合形式、配合基准制和公差带按 GB/T 12360—2005《产品几何量技术规范（GPS）圆锥配合》中的有关规定选择。对于无配合要求的圆锥，其内、外圆锥建议选用基本偏差 JS、js，按功能要求确定其公差等级。

（2）圆锥角公差 AT。圆锥角公差 AT 分为 12 个公差等级，用 AT1、AT2、…、AT12 表示，其表示形式有 AT_α（角度单位）和 AT_D（长度单位）两种。公差的数值见表 2-47。

按圆锥角公差等级从表 2-47 选取公差值后，依设计和功能要求，其极限偏差可按单向取值或双向取值，如 $\alpha + AT$、$\alpha - AT$ 或 $\alpha \pm AT/2$ 等。双向取值可以是对称的，或是不对称的。各公差等级适用范围是：AT1、AT2 用于高精度的锥度量规和角度样板；AT3 ~ AT5 用于圆锥量规、角度样板和高精度零件等；AT6 ~ AT8 用于传递大转矩高精度摩擦锥体、工具锥体和锥销等；AT9、AT10 用于中等精度零件，配研前的摩擦锥体等；AT11、AT12 用于低精度零件。

如果要求更高或更低等级的圆锥角公差时，可按公比 1.6 向两端延伸而得。更高等级用 AT0、AT01、……表示，更低等级用 AT13、AT14、……表示。

（3）圆锥直径公差 T_D 所能限制的最大圆锥角误差。当给定圆锥直径公差 T_D 后，其两极限圆锥限定了实际圆锥角的最大和最小值分别为 α_{max} 和 α_{min}。表2-48列出圆锥长度为100mm的圆锥直径公差 T_D 所能控制的最大圆锥角误差 $\Delta\alpha_{max}$。

（4）圆锥形状公差 T_F。一般圆锥形状公差不单独给出。只有当为了满足某一功能的需要，如对有配合要求的圆锥，或对圆锥的形状误差有更高要求时，再给出圆锥的形状公差。其数值应小于圆锥直径公差的1/2。圆锥素线直线度公差和圆锥截面圆度公差的数值推荐按表2-53和表2-54选取。

表2-47　圆锥角公差数值

基本圆锥长度 L/mm		圆锥角度公差等级											
		$AT1$			$AT2$			$AT3$			$AT4$		
		AT_α		AT_D	AT_α		AT_D	AT_α		AT_D	AT_α		AT_D
大于	至	μrad	(″)	μm	μrad	(″)	μm	μrad	(″)	μm	μrad	(″)	μm
自6	10	50	10	>0.3~0.5	80	16	>0.5~0.8	125	26	>0.8~1.3	200	41	>1.3~2.0
10	16	40	8	>0.4~0.6	63	13	>0.6~1.0	100	21	>1.0~1.6	160	33	>1.6~2.5
16	25	31.5	6	>0.5~0.8	50	10	>0.8~1.3	80	16	>1.3~2.0	125	26	>2.0~3.2
25	40	25	5	>0.6~1.0	40	8	>1.0~1.6	63	13	>1.6~2.5	100	21	>2.5~4.0
40	63	20	4	>0.8~1.3	31.5	6	>1.3~2.0	50	10	>2.0~3.2	80	16	>3.2~5.0
63	100	16	3	>1.0~1.6	25	5	>1.6~2.5	40	8	>2.5~4.0	63	13	>4.0~6.3
100	160	12.5	2.5	>1.3~2.0	20	4	>2.0~3.2	31.5	6	>3.2~5.0	50	10	>5.0~8.0
160	250	10	2	>1.6~2.5	16	3	>2.5~4.0	25	5	>4.0~6.3	40	8	>6.3~10.0
250	400	8	1.5	>2.0~3.2	12.5	2.5	>3.2~5.0	20	4	>5.0~8.0	31.5	6	>8.0~12.5
400	630	6.3	1	>2.5~4.0	10	2	>4.0~6.3	16	3	>6.3~10.0	25	5	>10.0~16.0

基本圆锥长度 L/mm		圆锥角度公差等级											
		$AT5$			$AT6$			$AT7$			$AT8$		
		AT_α		AT_D	AT_α		AT_D	AT_α		AT_D	AT_α		AT_D
大于	至	μrad	(′)(″)	μm	μrad	(′)(″)	μm	μrad	(′)(″)	μm	μrad	(′)(″)	μm
自6	10	315	1′05″	>2.0~3.2	500	1′43″	>3.2~5.0	800	2′45″	>5.0~8.0	1250	4′18″	>8.0~12.5
10	16	250	52″	>2.5~4.0	400	1′22″	>4.0~6.3	630	2′10″	>6.3~10.0	1000	3′26″	>10.0~16.0
16	25	200	41″	>3.2~5.0	315	1′05″	>5.0~8.0	500	1′43″	>8.0~12.5	800	2′45″	>12.5~20.0
25	40	160	33″	>4.0~6.3	250	52″	>6.3~10.0	400	1′22″	>10.0~16.0	630	2′10″	>16.0~25.0
40	63	125	26″	>5.0~8.0	200	41″	>8.0~12.5	315	1′05″	>12.5~20.0	500	1′43″	>20.0~32.0
63	100	100	21″	>6.3~10.0	160	33″	>10.0~16.0	250	52″	>16.0~25.0	400	1′22″	>25.0~40.0
100	160	80	16″	>8.0~12.5	125	26″	>12.5~20.0	200	41″	>20.0~32.0	315	1′05″	>32.0~50.0
160	250	63	13″	>10.0~16.0	100	21″	>16.0~25.0	160	33″	>25.0~40.0	250	52″	>40.0~63.0
250	400	50	10″	>12.5~20.0	80	16″	>20.0~32.0	125	26″	>32.0~50.0	200	41″	>50.0~80.0
400	630	40	8″	>16.0~25.0	63	13″	>25.0~40.0	100	21″	>40.0~63.0	160	33″	>63.0~100.0

基本圆锥长度 L/mm		圆锥角度公差等级											
		$AT9$			$AT10$			$AT11$			$AT12$		
		AT_α		AT_D	AT_α		AT_D	AT_α		AT_D	AT_α		AT_D
大于	至	μrad	(′)(″)	μm	μrad	(′)(″)	μm	μrad	(′)(″)	μm	μrad	(′)(″)	μm
自6	10	2000	6′52″	>12.5~20	3150	10′49″	>20~32	5000	17′10″	>32~50	8000	27′28″	>50~80
10	16	1600	5′30″	>16~25	2500	8′35″	>25~40	4000	13′44″	>40~63	6300	21′38″	>63~100
16	25	1250	4′18″	>20~32	2000	6′52″	>32~50	3150	10′49″	>50~80	5000	17′10″	>80~125
25	40	1000	3′26″	>25~40	1600	5′30″	>40~63	2500	8′35″	>63~100	4000	13′44″	>100~160
40	63	800	2′45″	>32~50	1250	4′18″	>50~80	2000	6′52″	>80~125	3150	10′49″	>125~200
63	100	630	2′10″	>40~63	1000	3′26″	>63~100	1600	5′30″	>100~160	2500	8′35″	>160~250
100	160	500	1′43″	>50~80	800	2′45″	>80~125	1250	4′18″	>125~200	2000	6′52″	>200~320
160	250	400	1′22″	>63~100	630	2′10″	>100~160	1000	3′26″	>160~250	1600	5′30″	>250~400
250	400	315	1′05″	>80~125	500	1′43″	>125~200	800	2′45″	>200~320	1250	4′18″	>320~500
400	630	250	52″	>100~160	400	1′22″	>160~250	630	2′10″	>250~400	1000	3′26″	>400~630

注：1. 1μrad等于半径为1m，弧长为1μm所对应的圆心角，5μrad≈1″；300μrad≈1′。

2. 表中仅给出了与圆锥长度尺寸段相对应的 AT_D 范围值。对其一 L 长的具体的 AT_D 值，应按 AT_α 与 AT_D 关系式计算求得，计算结果的尾数按GB/T 4112~4116的规定进行修约，有效位数与表中所列该 L 尺寸段 AT_D 范围值相同。

AT_α 与 AT_D 的关系如下：　　$AT_D = AT_\alpha \times L \times 10^{-3}$

式中，AT_D 单位为μm；AT_α 单位为μrad；L 单位为mm。

计算示例：L=50mm，选用 $AT7$，查表2-47得 AT_α = 315μrad。

故 $AT_D = AT_\alpha \times L \times 10^{-3} = 315 \times 50 \times 10^{-3}$ μm = 15.75μm，取 AT_D = 15.8μm。

表 2-48　圆锥直径公差 T_D 所能控制的最大圆锥角误差 $\Delta\alpha_{max}$（摘自 GB/T 11334—2005）

公差等级	圆锥直径/mm												
	≤3	>3~6	>6~10	>10~18	>18~30	>30~50	>50~80	>80~120	>120~180	>180~250	>250~315	>315~400	>400~500
	$\Delta\alpha_{max}$/μrad												
IT01	3	4	4	5	6	6	8	10	12	20	25	30	40
IT0	5	6	6	8	10	10	12	15	20	30	40	50	60
IT1	8	10	10	12	15	15	20	25	35	45	60	70	80
IT2	12	15	15	20	25	25	30	40	50	70	80	90	100
IT3	20	25	25	30	40	40	50	60	80	100	120	130	150
IT4	30	40	40	50	60	70	80	100	120	140	160	180	200
IT5	40	50	60	80	90	110	130	150	180	200	230	250	270
IT6	60	80	90	110	130	160	190	220	250	290	320	360	400
IT7	100	120	150	180	210	250	300	350	400	460	520	570	630
IT8	140	180	220	270	330	390	460	540	630	720	810	890	970
IT9	250	300	360	430	520	620	740	870	1000	1150	1300	1400	1550
IT10	400	480	580	700	840	1000	1200	1400	1600	1850	2100	2300	2500
IT11	600	750	900	1000	1300	1600	1900	2200	2500	2900	3200	3600	4000
IT12	1000	1200	1500	1800	2100	2500	3000	3500	4000	4600	5200	5700	6300
IT13	1400	1800	2200	2700	3300	3900	4600	5400	6300	7200	8100	8900	9700
IT14	2500	3000	3600	4300	5200	6200	7400	8700	1000	11500	13000	14000	15500
IT15	4000	4800	5800	7000	8400	10000	12000	14000	16000	18500	21000	23000	25000
IT16	6000	7500	9000	11000	13000	16000	19000	22000	25000	29000	32000	36000	40000
IT17	10000	12000	15000	18000	21000	25000	30000	35000	40000	46000	52000	57000	63000
IT18	14000	18000	22000	27000	33000	39000	46000	54000	63000	72000	81000	89000	97000

注：圆锥长度不等于 100mm 时，需将表中的数值乘以 100/L，L 的单位为 mm。

2.3　几何公差的形状、方向、位置和跳动公差

2.3.1　公差特征项目的符号（表 2-49）

2.3.2　形状、方向、位置和跳动公差的图样标注（表 2-50）

表 2-49　几何公差的几何特征、符号和附加符号（摘自 GB/T 1182—2008）

几何特征符号

公差类型	几何特征	符号	有无基准
形状公差	直线度	—	无
	平面度	⏥	
	圆度	○	
	圆柱度	⌭	
	线轮廓度	⌒	
	面轮廓度	⌓	
方向公差	平行度	∥	有
	垂直度	⊥	
	倾斜度	∠	
	线轮廓度	⌒	
	面轮廓度	⌓	
位置公差	位置度	⌖	有或无
	同心度(用于中心点)	◎	有
	同轴度(用于轴线)	◎	
	对称度	⌯	
	线轮廓度	⌒	
	面轮廓度	⌓	
跳动公差	圆跳动	↗	
	全跳动	⌰	

附加符号

说明	符号	说明	符号
被测要素		自由状态条件(非刚性零件)	Ⓕ
基准要素	A	全周(轮廓)	
基准目标	ϕ2/A1	包容要求	Ⓔ
理论正确尺寸	50	公共公差带	CZ
延伸公差带	Ⓟ	小径	LD
		大径	MD
最大实体要求	Ⓜ	中径、节径	PD
		线素	LE
最小实体要求	Ⓛ	不凸起	NC
		任意横截面	ACS

注：如需标注可逆要求，可采用符号Ⓡ，见 GB/T 16671。

表2-50　形状、方向、位置和跳动公差的图样标注法（摘自GB/T 1182—2008）

项目及说明	图样中的表示方法
1. 公差框格 公差要求注写在划分成两格或多格的矩形框格内。各格自左至右顺序标注以下内容(见图a～e)： 1)几何特征符号 2)公差值,以线性尺寸单位表示的量值。如果公差带为圆形或圆柱形,公差值前应加注符号“ϕ”;如果公差带为圆球形,公差值前应加注符号“$S\phi$” 3)基准,用一个字母表示单个基准,或用几个字母表示基准体系或公共基准(见图b～e) 当某项公差应用于几个相同要素时,应在公差框格的上方被测要素的尺寸之前注明要素的个数,并在两者之间加上符号“×”(见图f和图g) 如果需要限制被测要素在公差带内的形状,应在公差框格的下方注明(见图h) 如果需要就某个要素给出几种几何特征的公差,可将一个公差框格放在另一个的下面(见图i)	⏤ | 0.1 a) // | 0.1 | *A* b) ⌖ | ϕ0.1 | *A* | *C* | *B* c) ⌖ | $S\phi$0.1 | *A* | *B* | *C* d) ◎ | ϕ0.1 \| *A*—*B* e) 6× ▱ \| 0.2 f) 6×ϕ12±0.02 ⌖ | ϕ0.1 g) ▱ | 0.1 NC h) ⏤ | 0.01 // | 0.06 | *B* i)
2. 被测要素 按下列方式之一用指引线连接被测要素和公差框格。指引线引自框格的任意一侧,终端带一箭头 1)当公差涉及轮廓线或轮廓面时,箭头指向该要素的轮廓线或其延长线(应与尺寸线明显错开,见图a和图b);箭头也可指向引出线的水平线,引出线引自被测面(见图c) 2)当公差涉及要素的中心线、中心面或中心点时,箭头应位于相应尺寸线的延长线上(见图d～f) 需要指明被测要素的形式(是线而不是面)时,应在公差框格附近注明(在公差框格下方注明线素符号LE)	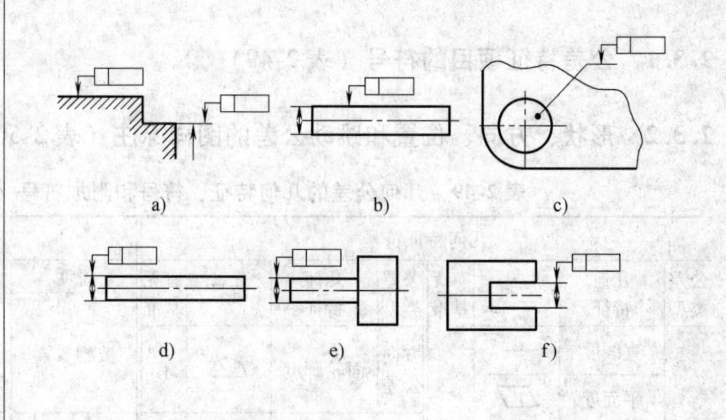 a)　b)　c) d)　e)　f)
3. 公差带 公差带的宽度方向为被测要素的法向(示例见图a和图b)。另有说明时除外(见图c和图d) 注:指引线箭头的方向不影响对公差的定义。	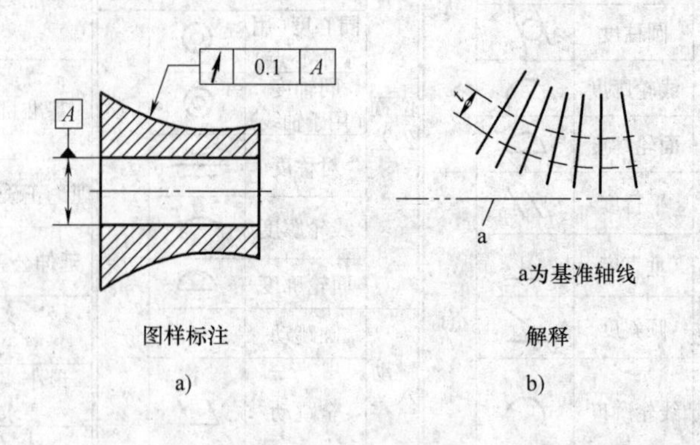 a为基准轴线 图样标注　　解释 a)　　b)

（续）

项目及说明	图样中的表示方法
图 c 中 α 角应注出（即使它等于 90°） 圆度公差带的宽度应在垂直于公称轴线的平面内确定	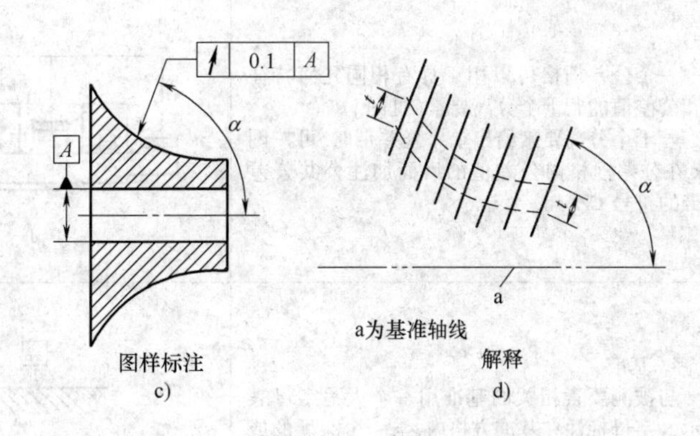 图样标注　c)　　a为基准轴线　解释　d)
当中心点、中心线、中心面在一个方向上给定公差时： 1）除非另有说明，位置公差带的宽度方向为理论正确尺寸（TED）图框的方向，并按指引线箭头所指互成 0°或 90°（见图 e）	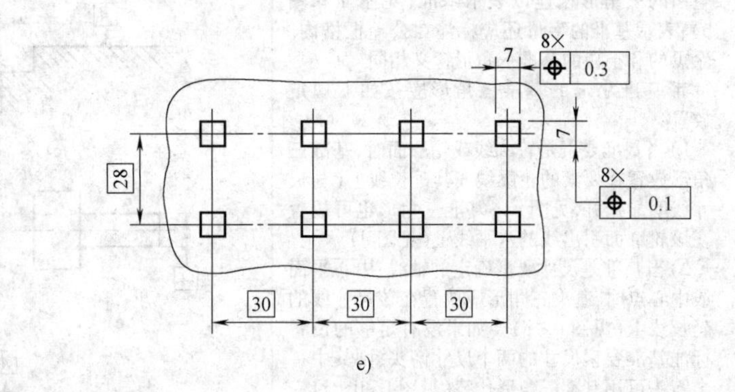 e)
2）除非另有说明，方向公差带的宽度方向为指引线箭头方向，与基准成 0°或 90°（见图 f 和图 g） 3）除非另有规定，当在同一基准体系中规定两个方向的公差时，它们的公差带是互相垂直的（见图 f 和图 g）	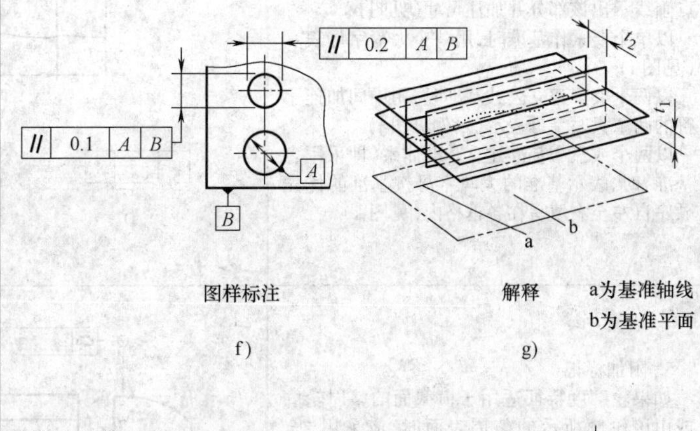 图样标注　f)　　解释　g)　a为基准轴线　b为基准平面
若公差值前面标注符号“ϕ”，公差带为圆柱形（见图 h 和图 i）或圆形；若公差值前面标注符号“$S\phi$”，公差带为圆球形	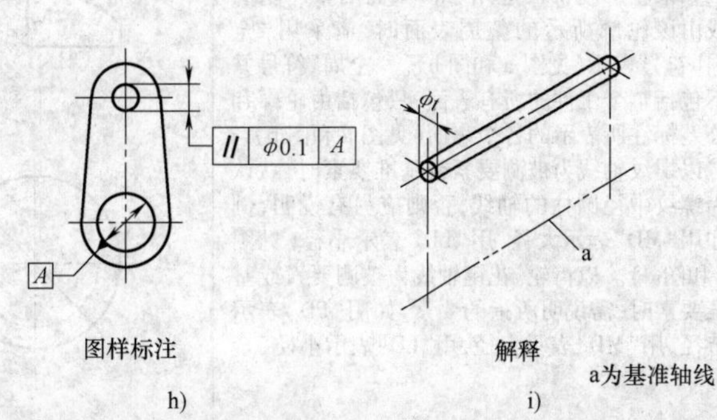 图样标注　h)　　解释　i)　a为基准轴线

（续）

项目及说明	图样中的表示方法
一个公差框格可以用于具有相同几何特征和公差值的若干个分离要素（见图j） 若干个分离要素给出单一公差带时，可按图k在公差框格内公差值的后面加注公共公差带的符号CZ	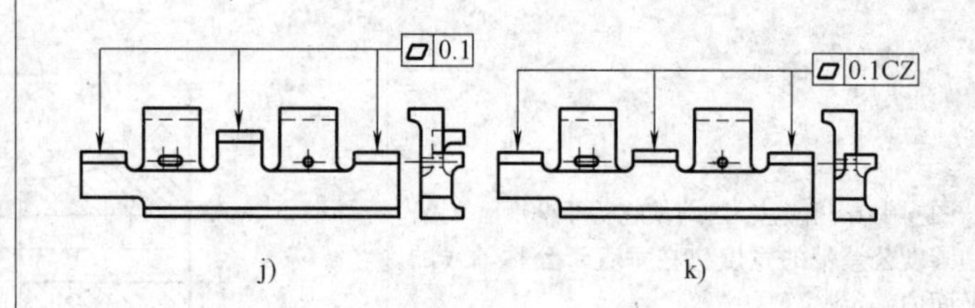 j)　　k)
4. 基准 与被测要素相关的基准用一个大写字母表示。字母标注在基准方格内，与一个涂黑的或空白的三角形相连以表示基准（见图a和图b）；表示基准的字母还应标注在公差框格内。涂黑的和空白的基准三角形含义相同 带基准字母的基准三角形应按如下规定放置： 1）当基准要素是轮廓线或轮廓面时，基准三角形放置在要素的轮廓线或其延长线上（与尺寸线明显错开，见图c）；基准三角形也可放置在该轮廓面引出线的水平线上（见图d） 2）当基准是尺寸要素确定的轴线、中心平面或中心点时，基准三角形应放置在该尺寸线的延长线上（见图e～g）。如果没有足够的位置标注基准要素尺寸的两个尺寸箭头，则其中一个箭头可用基准三角形代替（见图f和图g） 如果只以要素的某一局部作基准，则应用粗点画线示出该部分并加注尺寸（见图h） 以单个要素作基准时，用一个大写字母表示（见图i） 以两个要素建立公共基准时，用中间加连字符的两个大写字母表示（示例见图j） 以两个或三个基准建立基准体系（即采用多基准）时，表示基准的大写字母按基准的优先顺序自左至右填写在各框格内（见图k）	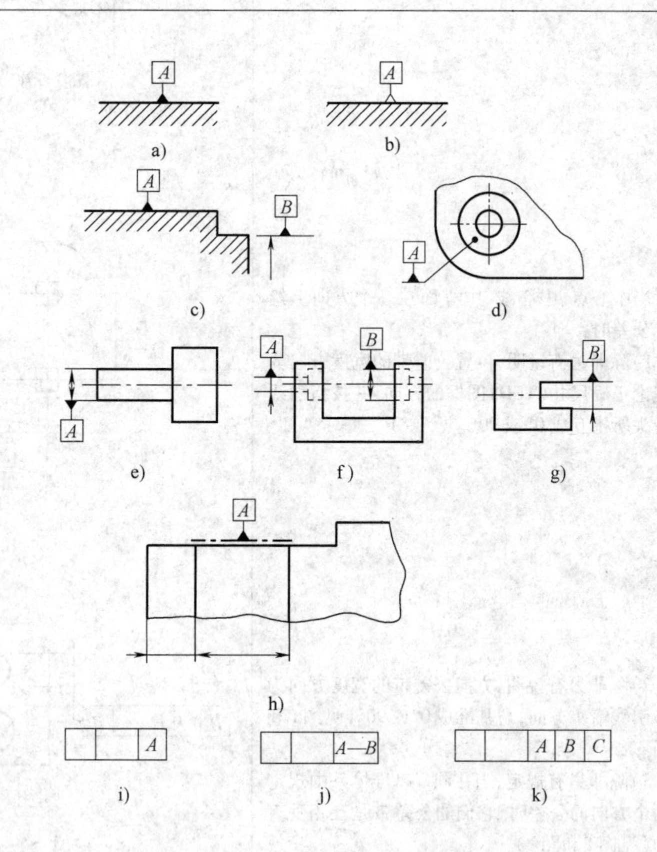 a)　b)　c)　d)　e)　f)　g)　h)　i)　j)　k)
5. 附加标记 如果轮廓度特征适用于横截面的整周轮廓或由该轮廓所示的整周表面时，应采用"全周"符号表示（见图a和图b）。"全周"符号并不包括整个工件的所有表面，只包括由轮廓和公差标注所表示的各个表面（见图a和图b） 以螺纹轴线为被测要素或基准要素时，默认为螺纹中径圆柱的轴线，否则应另有说明，例如用"MD"表示大径，用"LD"表示小径（见图c和图d）。以齿轮、花键轴线为被测要素或基准要素时，需说明所指的要素，如用"PD"表示节径，用"MD"表示大径，用"LD"表示小径	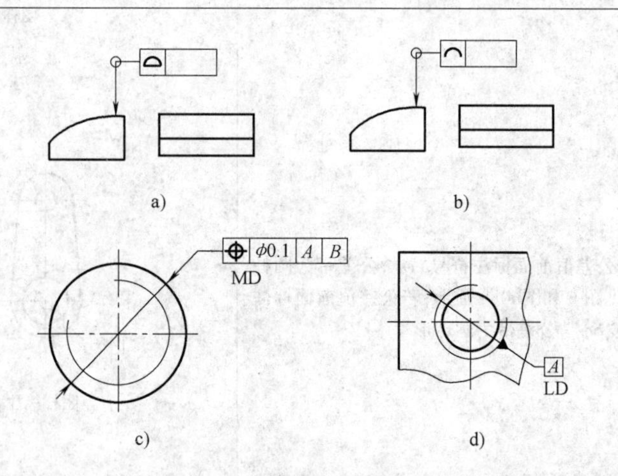 a)　b)　c)　d)

（续）

项目及说明	图样中的表示方法
6. 理论正确尺寸 当给出一个或一组要素的位置、方向或轮廓度公差时，分别用来确定其理论正确位置、方向或轮廓的尺寸，称为理论正确尺寸(TED) TED 也用于确定基准体系中各基准之间的方向、位置关系 TED 没有公差，并标注在一个方框中(见图 a 和图 b)	8×φ15 H7 ⌖ φ0.1 A B；B；30；20；15；30；30；30；A a) ∠ 0.1 A；60°；A b)
7. 限定性规定 需要对整个被测要素上任意限定范围标注同样几何特征的公差时，可在公差值的后面加注限定范围的线性尺寸值，并在两者间用斜线隔开(见图 a)。如果标注的是两项或两项以上同样几何特征的公差，可直接在整个要素公差框格的下方，放置另一个公差框格(见图 b)。 如果给出的公差仅适用于要素的某一指定局部，应采用粗点画线示出该局部的范围，并加注尺寸(见图 c 和图 d)。详见 GB/T 4457.4	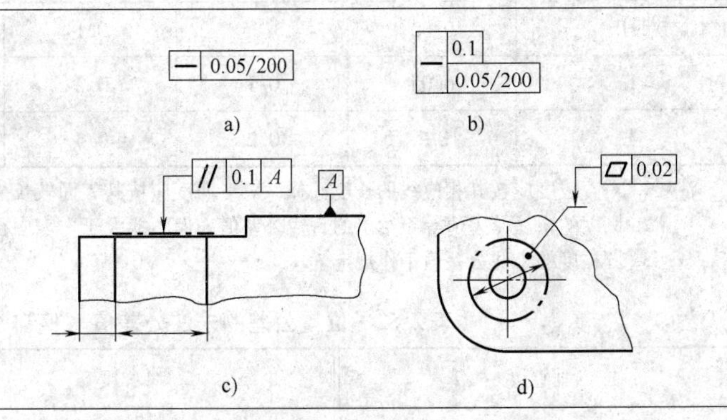
8. 延伸公差带 延伸公差带用规范的附加符号Ⓟ表示(见右图)，详见 GB/T 17773	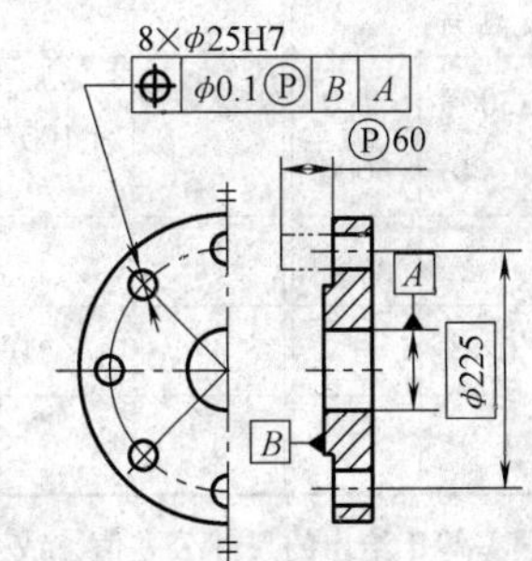
9. 最大实体要求 最大实体要求用规范的附加符号Ⓜ表示。该附加符号可根据需要单独或者同时标注在相应公差值和(或)基准字母的后面(见图 a ~ c)。详见 GB/T 16671	⌖ φ0.04 Ⓜ A a) ⌖ φ0.04 A Ⓜ b) ⌖ φ0.04 Ⓜ A Ⓜ c)
10. 最小实体要求 最小实体要求用规范的附加符号Ⓛ表示。该附加符号可根据需要单独或者同时标注在相应公差值和(或)基准字母的后面(见图 a ~ 图 c)。详见 GB/T 16671	⌖ φ0.5 Ⓛ A a) 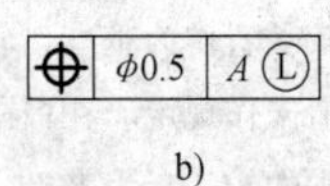 b) ⌖ φ0.5 Ⓛ A Ⓛ c)
11. 自由状态下的要求 非刚性零件自由状态下的公差要求，应该用在相应公差值的后面加注规范的附加符号Ⓕ的方法表示(见图 a 和图 b)。详见 GB/T 16892 注：各附加符号Ⓟ、Ⓜ、Ⓛ、Ⓕ和 CZ，可同时用于同一公差框格中(见图 c)	○ 2.8 Ⓕ a) 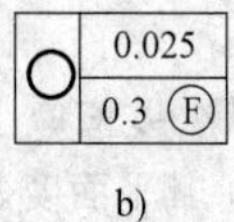 b) 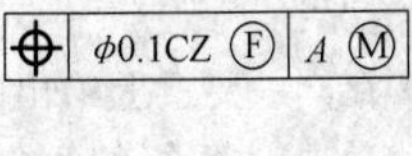 c)

2.3.3 形状、方向、位置、跳动公差值

2.3.3.1 形状和位置公差的未注公差值（表2-51和表2-52）

本标准主要适用于用去除材料方法形成的要素，也可用于其他方法形成的要素。标准中所规定的公差等级，考虑了各类工厂的一般制造精度。若采用标准规定的未注公差值，应在标题栏附近或在技术要求、技术文件中注出标准号及公差等级代号，例：GB/T 1184-K。

表2-51 形状公差的未注公差值（摘自GB/T 1184—1996） （单位：mm）

公差等级	直线度和平面度					
	基本长度范围					
	≤10	>10~30	>30~100	>100~300	>300~1000	>1000~3000
H	0.02	0.05	0.1	0.2	0.3	0.4
K	0.05	0.1	0.2	0.4	0.6	0.8
L	0.1	0.2	0.4	0.8	1.2	1.6

注：1. 对直线度应按其相应线的长度选择，对平面度应按其表面较长一侧或圆表面的直径选择。
2. 圆度的未注公差值等于给出的直径公差值，但不能大于本表中径向圆跳动值。
3. 圆柱度的未注公差值不作规定。

表2-52 位置公差的未注公差值（摘自GB/T 1184—1996） （单位：mm）

垂直度					对称度					圆跳动	
公差等级	基本长度范围				公差等级	基本长度范围				公差等级	
	≤100	>100~300	>300~1000	>1000~3000		≤100	>100~300	>300~1000	>1000~3000		
H	0.2	0.3	0.4	0.5	H	0.5				H	0.1
K	0.4	0.6	0.8	1	K	0.6		0.8	1	K	0.2
L	0.6	1	1.5	2	L	0.6	1	1.5	2	L	0.5

注：1. 平行度的未注公差等于给出的尺寸公差值，或直线度和平面度未注公差值中的相应公差值取较大者，应取两要素中的较长者作为基准；若两要素的长度相等则可选任一要素为基准。
2. 圆跳动应以设计或工艺给出的支承面作为基准，否则应取两要素中较长的一个作为基准。若两要素长度相等则可任选一要素为基准。
3. 垂直度取形成直角的两边中较长的一边作为基准，较短的一边作为被测要素。若两边的长度相等则可取其中的任意一边。
4. 对称度应取两要素较长者作为基准，较短者作为被测要素。若两要素长度相等则可选任一要素为基准。
同轴度的未注公差值未作规定。在极限状况下，同轴度的未注公差值可以和本表规定的径向圆跳动的未注公差值相等。应选两要素中的较长者为基准。若两要素长度相等则可任选一要素为基准。

2.3.3.2 几何公差数值表（表2-53~表2-56）

使用公差数值表确定被测要素的公差值时，应考虑下列情况：

1）在同一要素上给出的形状公差值应小于位置公差值。如要求平行的两个表面，其平面度公差值应小于平行度公差值。

2）圆柱形零件的形状公差值（轴线直线度除外），一般情况下应小于其尺寸公差值。

3）平行度公差值应小于相应的距离公差值。

对于下列情况，考虑到加工难易程度，在满足零件功能的要求下，适当降低1~2级选用：①孔相对于轴；②细长比较大或距离较大的轴或孔；③宽度较大（一般大于1/2长度）的零件表面；④线对线和线对面相对于面对面的平行度和垂直度。

表2-53　直线度、平面度（摘自GB/T 1184—1996）

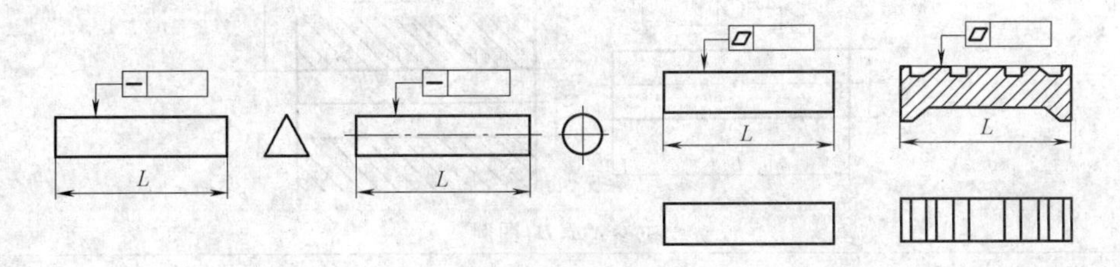

主考数C图例

公差等级	主参数L/mm															
	≤10	>10~16	>16~25	>25~40	>40~63	>63~100	>100~160	>160~250	>250~400	>400~630	>630~1000	>1000~1600	>1600~2500	>2500~4000	>4000~6300	>6300~10000
	公差值/μm															
1	0.2	0.25	0.3	0.4	0.5	0.6	0.8	1	1.2	1.5	2	2.5	3	4	5	6
2	0.4	0.5	0.6	0.8	1	1.2	1.5	2	2.5	3	4	5	6	8	10	12
3	0.8	1	1.2	1.5	2	2.5	3	4	5	6	8	10	12	15	20	25
4	1.2	1.5	2	2.5	3	4	5	6	8	10	12	15	20	25	30	40
5	2	2.5	3	4	5	6	8	10	12	15	20	25	30	40	50	60
6	3	4	5	6	8	10	12	15	20	25	30	40	50	60	80	100
7	5	6	8	10	12	15	20	25	30	40	50	60	80	100	120	150
8	8	10	12	15	20	25	30	40	50	60	80	100	120	150	200	250
9	12	15	20	25	30	40	50	60	80	100	120	150	200	250	300	400
10	20	25	30	40	50	60	80	100	120	150	200	250	300	400	500	600
11	30	40	50	60	80	100	120	150	200	250	300	400	500	600	800	1000
12	60	80	100	120	150	200	250	300	400	500	600	800	1000	1200	1500	2000

公差等级	应 用 举 例
1、2	用于精密量具、测量仪器和精度要求极高的精密机械零件，如高精度量规、样板平尺、工具显微镜等精密测量仪器的导轨面，喷油嘴针阀体端面，液压泵柱塞套端面等高精度零件
3	用于0级及1级宽平尺的工作面，1级样板平尺的工作面，测量仪器圆弧导轨，测量仪器测杆等
4	用于量具、测量仪器和高精度机床的导轨，如0级平板，测量仪器的V形导轨，高精度平面磨床的V形滚动导轨，轴承磨床床身导轨，液压阀芯等
5	用于1级平板，2级宽平尺，平面磨床的纵导轨、垂直导轨、立柱导轨及工作台，液压龙门刨床和转塔车床床身的导轨，柴油机进、排气门导杆
6	用于普通机床导轨面，如卧式车床、龙门刨床、滚齿机、自动车床等的床身导轨、立柱导轨，滚齿机、卧式镗床、铣床的工作台及机床主轴箱导轨，柴油机体结合面等
7	用于2级平板，0.02游标卡尺尺身，机床主轴箱体，摇臂钻床底座工作台，镗床工作台，液压泵盖等
8	用于机床传动箱体，交换齿轮箱体，车床溜板箱体，主轴箱体，柴油机气缸体，连杆分离面，缸盖结合面，汽车发动机缸盖，曲轴箱体及减速器壳体的结合面
9	用于3级平板，机床溜板箱，立钻工作台，螺纹磨床的挂轮架，金相显微镜的载物台，柴油机气缸体，连杆的分离面，缸盖的结合面，阀片，压缩机的气缸体，液压管件和法兰的连接面等
10	用于3级平板，自动车床床身底面，车床交换齿轮架，柴油机气缸体，摩托车的曲轴箱体，汽车变速器的壳体，汽车发动机缸盖结合面，阀片，以及辅助机构及手动机械的支承面
11、12	用于易变形的薄片、薄壳零件，如离合器的摩擦片，汽车发动机缸盖的结合面，手动机械支架，机床法兰等

注：应用举例不属本标准内容，仅供参考。

表2-54　圆度、圆柱度（摘自GB/T 1184—1996）

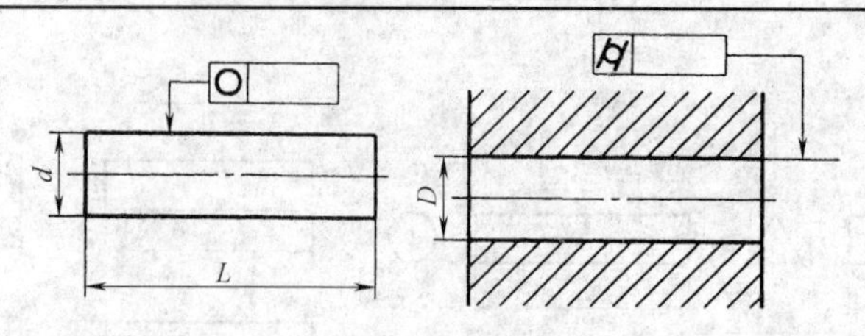

主参数 $d(D)$ 图例

公差等级	主参数 $d(D)$/mm												
	≤3	>3~6	>6~10	10~18	>18~30	>30~50	>50~80	>80~120	>120~180	>180~250	>250~315	>315~400	>400~500
	公差值/μm												
0	0.1	0.1	0.12	0.15	0.2	0.25	0.3	0.4	0.6	0.8	1.0	1.2	1.5
1	0.2	0.2	0.25	0.25	0.3	0.4	0.5	0.6	1	1.2	1.6	2	2.5
2	0.3	0.4	0.4	0.5	0.6	0.6	0.8	1	1.2	2	2.5	3	4
3	0.5	0.6	0.6	0.8	1	1	1.2	1.5	2	3	4	5	6
4	0.8	1	1	1.2	1.5	1.5	2	2.5	3.5	4.5	6	7	8
5	1.2	1.5	1.5	2	2.5	2.5	3	4	5	7	8	9	10
6	2	2.5	2.5	3	4	4	5	6	8	10	12	13	15
7	3	4	4	5	6	7	8	10	12	14	16	18	20
8	4	5	6	8	9	11	13	15	18	20	23	25	27
9	6	8	9	11	13	16	19	22	25	29	32	36	40
10	10	12	15	18	21	25	30	35	40	46	52	57	63
11	14	18	22	27	33	39	46	54	63	72	81	89	97
12	25	30	36	43	52	62	74	87	100	115	130	140	155

公差等级	应用举例
1	高精度量仪主轴,高精度机床主轴,滚动轴承滚珠和滚柱等
2	精密量仪主轴、外套、阀套,高压油泵柱塞及套,纺锭轴承,高速柴油机进、排气门,精密机床主轴轴径,针阀圆柱表面,喷油泵柱塞及柱塞套
3	小工具显微镜套管外圆,高精度外圆磨床轴承,磨床砂轮主轴套筒,喷油嘴针阀体,高精度微型轴承内外圈
4	较精密机床主轴,精密机床主轴箱孔,高压阀门活塞、活塞销、阀体孔,小工具显微镜顶针,高压油泵柱塞,较高精度滚动轴承配合的轴,铣床动力头箱体孔等
5	一般量仪主轴,测杆外圆,陀螺仪轴颈,一般机床主轴,较精密机床主轴箱孔,柴油机、汽油机活塞、活塞销孔,铣床动力头、轴承箱座孔,高压空气压缩机十字头销、活塞,较低精度滚动轴承配合的轴等
6	仪表端盖外圆,一般机床主轴及箱孔,中等压力液压装置工作面(包括泵、压缩机的活塞和气缸),汽车发动机凸轮轴,纺机锭子,通用减速器轴颈,高速船用发动机曲轴,拖拉机曲轴主轴颈
7	大功率低速柴油机曲轴、活塞、活塞销、连杆、气缸,高速柴油机箱体孔,千斤顶或压力油缸活塞,液压传动系统的分配机构,机车传动轴,水泵及一般减速器轴颈
8	低速发动机、减速器、大功率曲柄轴轴颈,压缩机连杆盖、体,拖拉机气缸体、活塞,炼胶机冷铸轴辊,印刷机传墨辊,内燃机曲轴,柴油机机体孔、凸轮轴,拖拉机、小型船用柴油机气缸套
9	压缩机缸体,液压传动筒,通用机械杠杆、拉杆与套筒销子,拖拉机活塞环、套筒孔
10	印染机导布辊、铰车、吊车、起重机滑动轴承轴颈等

注：应用举例不属本标准内容，仅供参考。

表 2-55　平行度、垂直度、倾斜度（摘自 GB/T 1184—1996）

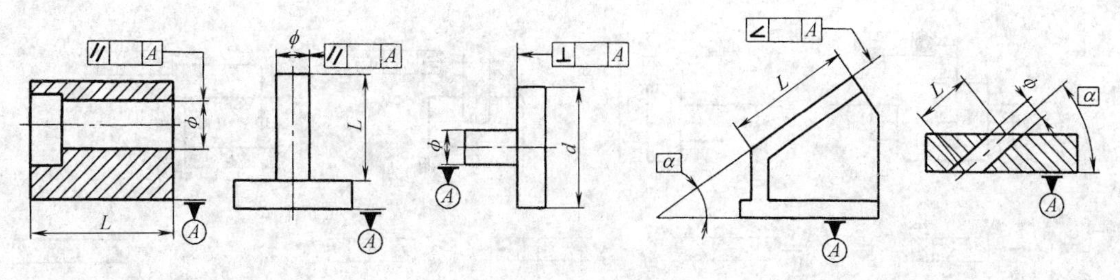

主参数 L、$d(D)$ 图例

公差等级	主参数 L、$d(D)$/mm															
	≤10	>10 ~16	>16 ~25	>25 ~40	>40 ~63	>63 ~100	>100 ~160	>160 ~250	>250 ~400	>400 ~630	>630 ~1000	>1000 ~1600	>1600 ~2500	>2500 ~4000	>4000 ~6300	>6300 ~10000
	公差值/μm															
1	0.4	0.5	0.6	0.8	1	1.2	1.5	2	2.5	3	4	5	6	8	10	12
2	0.8	1	1.2	1.5	2	2.5	3	4	5	6	8	10	12	15	20	25
3	1.5	2	2.5	3	4	5	6	8	10	12	15	20	25	30	40	50
4	3	4	5	6	8	10	12	15	20	25	30	40	50	60	80	100
5	5	6	8	10	12	15	20	25	30	40	50	60	80	100	120	150
6	8	10	12	15	20	25	30	40	50	60	80	100	120	150	200	250
7	12	15	20	25	30	40	50	60	80	100	120	150	200	250	300	400
8	20	25	30	40	50	60	80	100	120	150	200	250	300	400	500	600
9	30	40	50	60	80	100	120	150	200	250	300	400	500	600	800	1000
10	50	60	80	100	120	150	200	250	300	400	500	600	800	1000	1200	1500
11	80	100	120	150	200	250	300	400	500	600	800	1000	1200	1500	2000	2500
12	120	150	200	250	300	400	500	600	800	1000	1200	1500	2000	2500	3000	4000

公差等级	应用举例	
	平行度	垂直度和倾斜度
1	高精度机床、测量仪器及量具等主要基准面和工作面	
2、3	精密机床、测量仪器、量具及模具的基准面和工作面，精密机床上重要箱体主轴孔对基准面，尾架孔对基准面	精密机床导轨，普通机床主要导轨，机床主轴轴向定位面，精密机床主轴肩端面，滚动轴承座圈端面，齿轮测量仪的心轴，光学分度头心轴，涡轮轴端面，精密刀具、量具的基准面和工作面
4、5	普通机床、测量仪器、量具及模具的基准面和工作面，高精度轴承座圈、端盖、挡圈的端面，机床主轴孔对基准面，重要轴承孔对基准面，床头箱体重要孔间，一般减速器壳体孔，齿轮泵的轴孔端面等	普通机床导轨，精密机床重要零件，机床重要支承面，普通机床主轴偏摆，发动机轴和离合器的凸缘，气缸的支承端面，装 P4、P5 级轴承的箱体的凸肩，液压传动轴瓦端面，量具、量仪的重要端面
6 ~8	一般机床零件的工作面或基准，压力机和锻锤的工作面，中等精度钻模的工作面，一般刀具、量具、模具，机床一般轴承孔对基准面，主轴箱一般孔间，变速器箱孔，主轴花键对定心直径，重型机械轴承盖的端面，提升机、手动传动装置中的传动轴、气缸轴线	低精度机床主要基准面和工作面，回转工作台端面跳动，一般导轨，主轴箱体孔，刀架、砂轮架及工作台回转中心，机床轴肩、气缸配合面对其轴线，活塞销孔对活塞中心线以及装 P6、P0 级轴承壳体孔的轴线等
9、10	低精度零件、重型机械滚动轴承端盖，柴油机和煤气发动机的曲轴孔、轴颈等	花键轴轴肩端面、带式运输机法兰盘端面对轴心线，手动提升机及传动装置中轴承端面，减速器壳体平面等
11、12	零件的非工作面、提升机、运输机上用的减速器壳体平面	农业机械齿轮端面等

注：应用举例不属本标准内容，仅供参考。

表 2-56 同轴度、对称度、圆跳动和全跳动（摘自 GB/T 1184—1996）

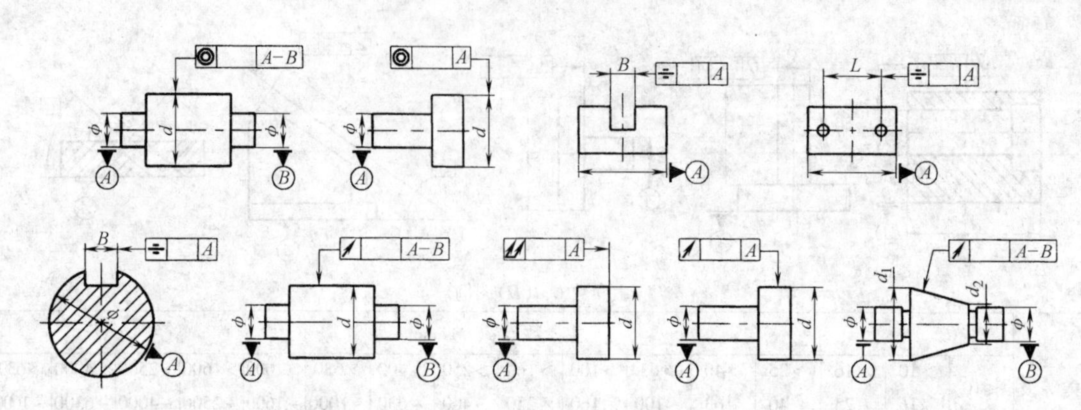

当被测要素为圆锥面时，取 $d=\dfrac{d_1+d_2}{2}$

公差等级	主参数 $d(D)$、B、L/mm																
	≤1	>1~3	>3~6	>6~10	>10~18	>18~30	>30~50	>50~120	>120~250	>250~500	>500~800	>800~1250	>1250~2000	>2000~3150	>3150~5000	>5000~8000	>8000~10000
	公差值/μm																
1	0.4	0.4	0.5	0.6	0.8	1	1.2	1.5	2	2.5	3	4	5	6	8	10	12
2	0.6	0.6	0.8	1	1.2	1.5	2	2.5	3	4	5	6	8	10	12	15	20
3	1	1	1.2	1.5	2	2.5	3	4	5	6	8	10	12	15	20	25	30
4	1.5	1.5	2	2.5	3	4	5	6	8	10	12	15	20	25	30	40	50
5	2.5	2.5	3	4	5	6	8	10	12	15	20	25	30	40	50	60	80
6	4	4	5	6	8	10	12	15	20	25	30	40	50	60	80	100	120
7	6	6	8	10	12	15	20	25	30	40	50	60	80	100	120	150	200
8	10	10	12	15	20	25	30	40	50	60	80	100	120	150	200	250	300
9	15	20	25	30	40	50	60	80	100	120	150	200	250	300	400	500	600
10	25	40	50	60	80	100	120	150	200	250	300	400	500	600	800	1000	1200
11	40	60	80	100	120	150	200	250	300	400	500	600	800	1000	1200	1500	2000
12	60	120	150	200	250	300	400	500	600	800	1000	1200	1500	2000	2500	3000	4000

公差等级	应用举例
1~4	用于同轴度或旋转精度要求很高的零件，一般需要按尺寸公差IT5级或高于IT5级制造的零件。1、2级用于精密测量仪器的主轴和顶尖，柴油机喷油嘴针阀等；3、4级用于机床主轴轴颈，砂轮轴轴颈，汽轮机主轴，测量仪器的小齿轮轴，高精度滚动轴承内、外圈等
5~7	应用范围较广的精度等级，用于精度要求比较高、一般按尺寸公差IT6或IT7级制造的零件。5级精度常用在机床轴颈，测量仪器的测量杆，汽轮机主轴，柱塞液压泵转子，高精度滚动轴承外圈，一般精度轴承内圈；7级精度用于内燃机曲轴，凸轮轴轴颈，水泵轴，齿轮轴，汽车后桥输出轴，电动机转子，P0级精度滚动轴承内圈，印刷机传墨辊等
8~10	用于一般精度要求，通常按尺寸公差IT9~IT10级制造的零件。8级精度用于拖拉机发动机分配轴轴颈，9级精度以下齿轮轴的配合面，水泵叶轮，离心泵泵体，棉花精梳机前后滚子；9级精度用于内燃机气缸套配合面，自行车中轴；10级精度用于摩托车活塞，印染机导布辊，内燃机活塞环槽底径对活塞中心，气缸套外圈对内孔等
11~12	用于无特殊要求，一般按尺寸精度IT12级制造的零件

注：应用举例不属本标准内容，仅供参考。

2.4　表面结构的表示法

2.4.1　表面粗糙度参数及其数值（表 2-57）

表 2-57　评定表面结构的参数及其数值系列（摘自 GB/T 1031—2009）　（单位：μm）

轮廓的算术平均偏差 *Ra* 的数值					轮廓的最大高度 *Rz* 的数值					
Ra	0.012	0.2	3.2	50	*Rz*	0.025	0.4	6.3	100	1600
	0.025	0.4	6.3	100		0.05	0.8	12.5	200	
	0.05	0.8	12.5			0.1	1.6	25	400	
	0.1	1.6	25			0.2	3.2	50	800	
Ra 的补充系列值					*Rz* 的补充系列值					
Ra	0.008	0.125	2.0	32	*Rz*	0.032	0.50	8.0	125	
	0.010	0.160	2.5	40		0.040	0.63	10.0	160	
	0.016	0.25	4.0	63		0.063	1.00	16.0	250	
	0.020	0.32	5.0	80		0.080	1.25	20	320	
	0.032	0.50	8.0			0.125	2.0	32	500	
	0.040	0.63	10.0			0.160	2.5	40	630	
	0.063	1.00	16.0			0.25	4.0	63	1000	
	0.080	1.25	20			0.32	5.0	80	1250	

注：1. 在幅度参数（峰和谷）常用的参数范围内（*Ra* 为 0.025～6.3μm，*Rz* 为 0.1～25μm），推荐优先选用 *Ra*。
2. 根据表面功能和生产的经济合理性，当选用的数值系列不能满足要求时，可选取补充系列值。

2.4.2　表面结构的图形符号、代号及其标注（表 2-58～表 2-63）

表 2-58　标注表面结构的图形符号（摘自 GB/T 131—2006）

符　号		意义及说明
基本图形符号		基本图形符号由两条不等长的与标注表面成 60°夹角的直线构成。仅适用于简化代号标注，没有补充说明时不能单独使用
扩展图形符号	 去除材料 　不去除材料	在基本图形符号上加一短横，表示指定表面是用去除材料的方法获得，如通过机械加工获得的表面 在基本图形符号上加一个圆圈，表示指定表面是用不去除材料方法获得
完整图形符号	 允许任何工艺 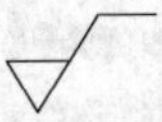　去除材料 　不去除材料	当要求标注表面结构特征的补充信息时，应在基本图形符号和扩展图形符号的长边上加一横线

（续）

符　　号		意义及说明
完整符号的组成		在完整图形符号中，对表面结构的单一要求和补充要求，应注写在左图所示指定位置： *a*——注写表面结构的单一要求，标注表面结构参数代号、极限值和传输带（传输带是两个定义的滤波器之间的波长范围，见 GB/T 6062 和 GB/T 1877）或取样长度。为了避免误解，在参数代号和极限值间应插入空格。传输带或取样长度后应有一斜线"/"之后是表面结构参数代号，最后是数值 *a*、*b*——注写两个或多个表面结构要求，在位置 *a* 注写第一个表面结构要求，在位置 *b* 注写第二个表面结构要求，如果要注写第三个或更多个表面结构要求，图形符号应在垂直方向扩大，以空出足够的空间。扩大图形符号时，*a* 和 *b* 的位置随之上移 *c*——注写加工方法。表面处理、涂层或其他加工工艺要求，如车、磨、镀等 *d*——注写表面纹理和方向 *e*——注写加工余量，以毫米为单位给出数值

注：在报告和合同的文本中用文字表达完整图形符号时，应用字母分别表示：APA 为允许任何工艺；MRR 为去除材料；NMR 为不去除材料。示例：MRR　*Ra*0.8　*Rz*13.2。

表 2-59　表面结构要求在图样和技术产品文件中的标注（摘自 GB/T 131—2006）

表面结构符号、代号的标注位置与方向		
项　目	图　例	意义及说明
总的原则	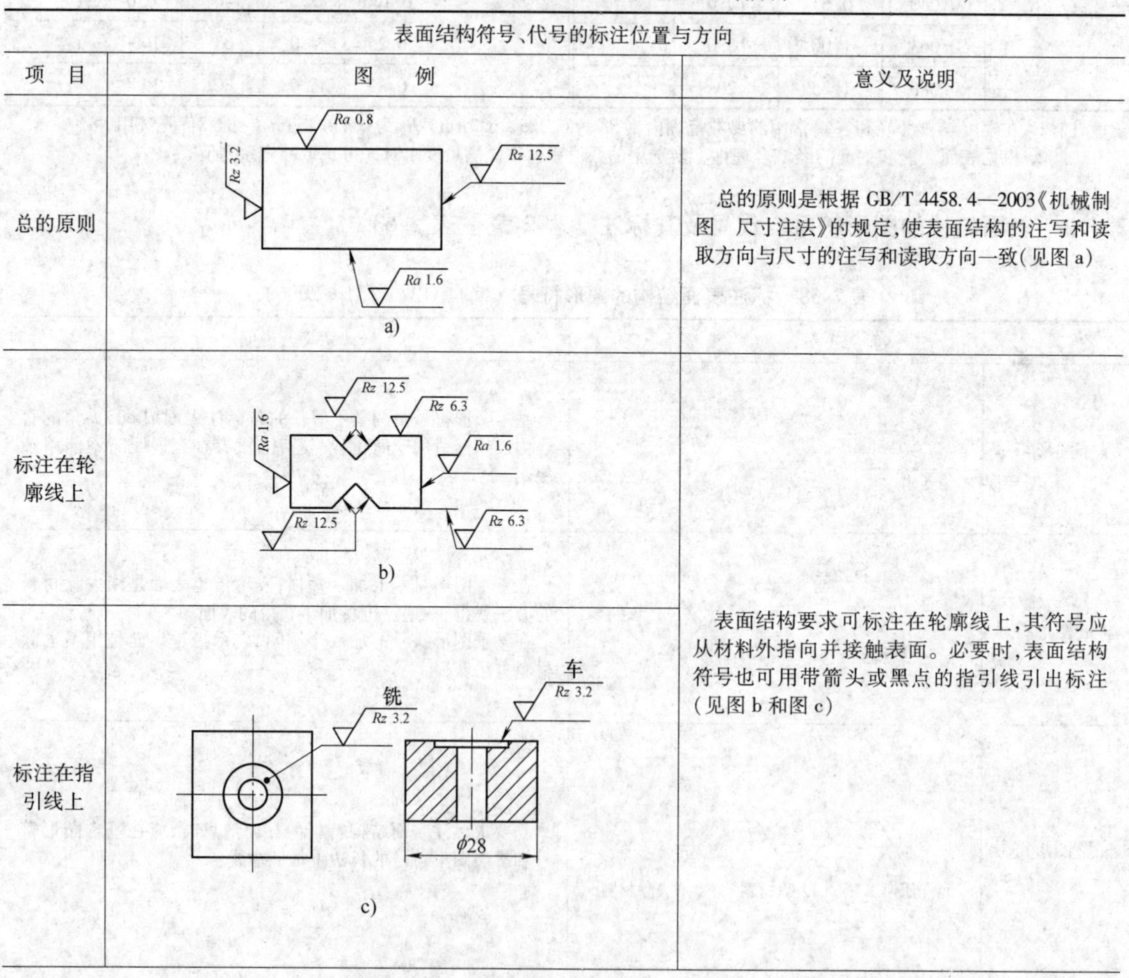 a)	总的原则是根据 GB/T 4458.4—2003《机械制图　尺寸注法》的规定，使表面结构的注写和读取方向与尺寸的注写和读取方向一致（见图 a）
标注在轮廓线上	b)	表面结构要求可标注在轮廓线上，其符号应从材料外指向并接触表面。必要时，表面结构符号也可用带箭头或黑点的指引线引出标注（见图 b 和图 c）
标注在指引线上	c)	

（续）

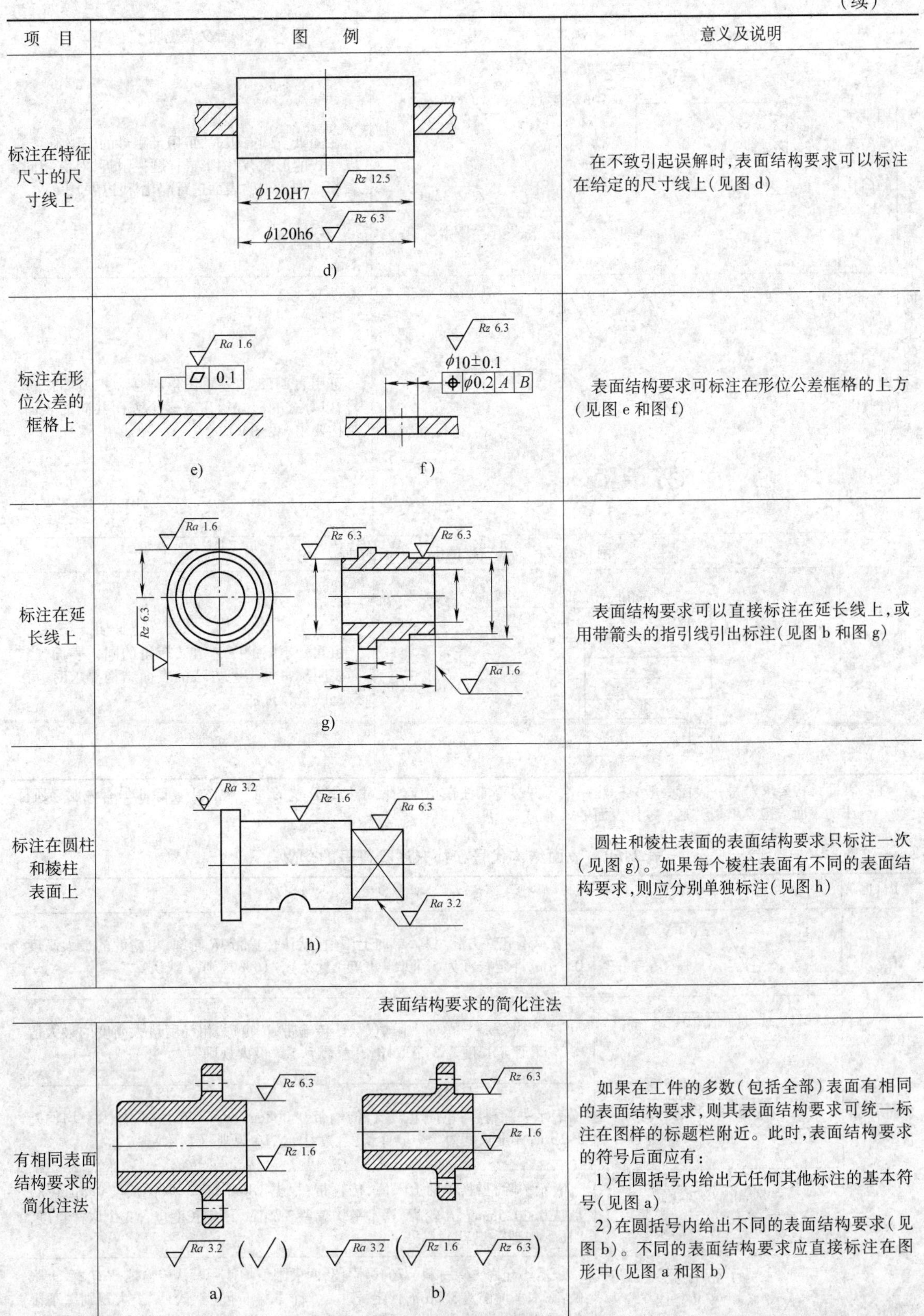

项　目	图　　例	意义及说明
标注在特征尺寸的尺寸线上	d)	在不致引起误解时，表面结构要求可以标注在给定的尺寸线上（见图d）
标注在形位公差的框格上	e)　f)	表面结构要求可标注在形位公差框格的上方（见图e和图f）
标注在延长线上	g)	表面结构要求可以直接标注在延长线上，或用带箭头的指引线引出标注（见图b和图g）
标注在圆柱和棱柱表面上	h)	圆柱和棱柱表面的表面结构要求只标注一次（见图g）。如果每个棱柱表面有不同的表面结构要求，则应分别单独标注（见图h）
表面结构要求的简化注法		
有相同表面结构要求的简化注法	a)　b)	如果在工件的多数（包括全部）表面有相同的表面结构要求，则其表面结构要求可统一标注在图样的标题栏附近。此时，表面结构要求的符号后面应有： 1）在圆括号内给出无任何其他标注的基本符号（见图a） 2）在圆括号内给出不同的表面结构要求（见图b）。不同的表面结构要求应直接标注在图形中（见图a和图b）

（续）

项目		图例	意义及说明
多个表面有共同要求的注法	用带字母的完整符号的简化注法	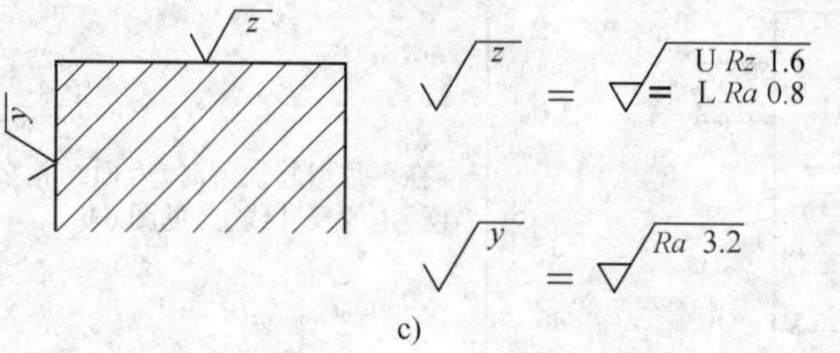 z = U Rz 1.6 / L Ra 0.8；y = Ra 3.2 c)	在图纸空间有限时，可用带字母的完整符号，以等式的形式，在图形或标题栏附近，对有相同表面结构要求的表面进行简化标注（见图 c）
	只用表面结构符号的简化法注	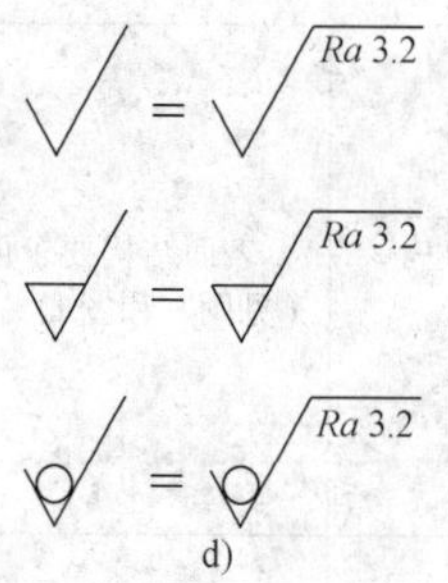 = Ra 3.2 = Ra 3.2 = Ra 3.2 d)	可用表 2-58 的基本图形符号和扩展图形符号，以等式的形式给出对多个表面共同的表面结构要求（见图 d）
两种或多种工艺获得的同一表面的注法			
同时给出镀覆前后表面结构要求的注法		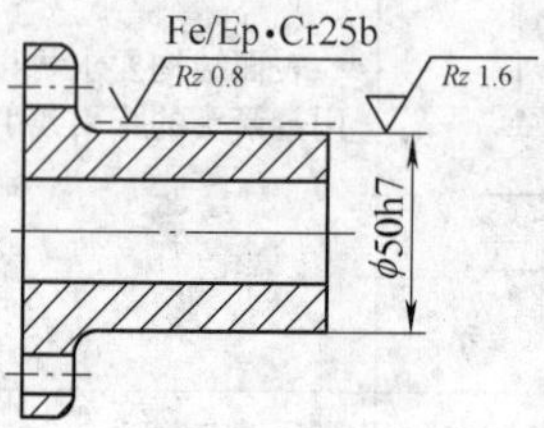 Fe/Ep·Cr25b Rz 0.8 Rz 1.6 ϕ50h7	由几种不同的工艺方法获得的同一表面，当需要明确每种工艺方法的表面结构要求时，可按左图进行标注

注：表面结构要求对每一表面一般只标注一次，并尽可能注在相应的尺寸及其公差的同一视图上。除非另有说明，所标注的表面结构要求是对完工零件表面的要求。

表 2-60　表面结构代号和补充注释符号的含义

项目	代号	含义/解释
表面结构代号	Rz 0.4	表示不允许去除材料，单向上限值，默认传输带，R 轮廓，粗糙度的最大高度 0.4μm，评定长度为 5 个取样长度（默认），“16% 规则”（默认）
	Rz_{max} 0.2	表示去除材料，单向上限值，默认传输带，R 轮廓，粗糙度最大高度的最大值 0.2μm，评定长度为 5 个取样长度（默认），“最大规则”
	0.008–0.8/Ra 3.2	表示去除材料，单向上限值，传输带 0.008～0.8mm，R 轮廓，算术平均偏差 3.2μm，评定长度为 5 个取样长度（默认），“16 规则”（默认）
	–0.8/Ra 3 3.2	表示去除材料，单向上限值，传输带：根据 GB/T 6062，取样长度 0.8μm（λ_s 默认 0.0025mm），R 轮廓，算术平均偏差 3.2μm，评定长度包含 3 个取样长度，“16% 规则”（默认）
	U Ra_{max} 3.2 L Ra 0.8	表示不允许去除材料，双向极限值，两极限值均使用默认传输带，R 轮廓，上限值：算术平均偏差 3.2μm，评定长度为 5 个取样长度（默认），“最大规则”，下限值：算术平均偏差 0.8μm，评定长度为 5 个取样长度（默认），“16% 规则”（默认）

（续）

项目	代　号	含义/解释
带有补充注释的符号	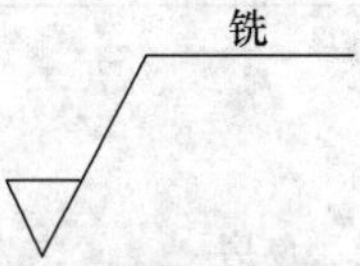 铣	加工方法：铣削
	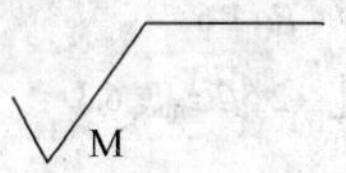 M	表面纹理：纹理呈多方向
	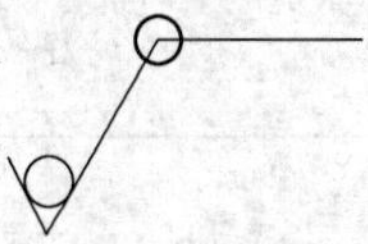	对投影视图上封闭的轮廓线所表示的各表面有相同的表面结构要求
	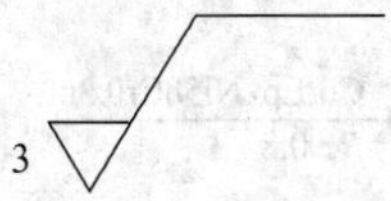 3	加工余量3mm

表2-61　表面纹理符号的解释

符号	解　释	符号	解　释
=	纹理平行于视图所在的投影面	C	纹理呈近似同心圆且圆心与表面中心相关
⊥	纹理垂直于视图所在的投影面	R	纹理呈近似放射状且与表面圆心相关
X	纹理呈两斜向交叉且与视图所在的投影面相交	P	纹理呈微粒、凸起，无方向
M	纹理呈多方向		

注：如果表面纹理不能清楚地用这些符号表示，必要时，可以在图样上加注说明。

表2-62　表面结构要求的标注示例

要　求	示　例
表面粗糙度： 双向极限值；上限值为 Ra = 50μm，下限值为 Ra = 6.3μm；均为“16%规则”（默认）；两个传输带均为0.008～4mm；默认的评定长度5×4mm=20mm；表面纹理呈近似同心圆且圆心与表面中心相关；加工方法为铣削；不会引起争议时，不必加U和L	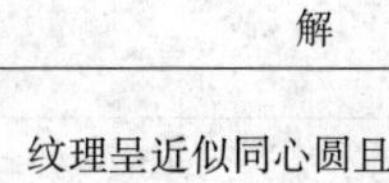 铣 0.008-4/Ra 50 C 0.008-4/Ra 6.3
除一个表面以外，所有表面的粗糙度： 单向上限值；Rz=6.3μm；“16%规则”（默认）；默认传输带；默认评定长度（5×λ_c）；表面纹理没有要求；去除材料的工艺 不同要求的表面的表面粗糙度： 单向上限值；Ra=0.8μm；“16%规则”（默认）；默认传输带；默认评定长度（5×λ_c）；表面纹理没有要求；去除材料的工艺	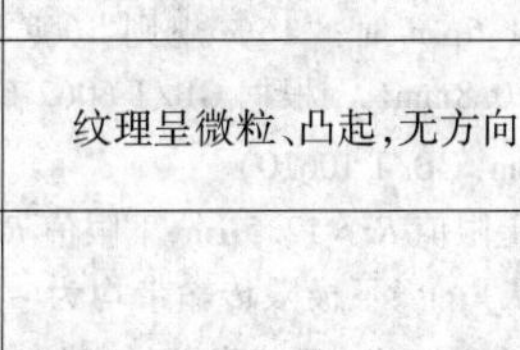 Ra 0.8 Rz 6.3　（√）

（续）

要　求	示　例
表面粗糙度： 两个单向上限值： 1）Ra = 1.6μm 时："16% 规则"（默认）（GB/T 10610）；默认传输带（GB/T 10610 和 GB/T 6062）；默认评定长度（$5\times\lambda_c$）（GB/T 10610） 2）Rz_{max} = 6.3μm 时：最大规则；传输带 −2.5μm（GB/T 6062）；评定长度默认 5 × 2.5mm；表面纹理垂直于视图的投影面；加工方法为磨削	磨 Ra 1.6 ⊥ −2.5/Rz_{max} 6.3
表面粗糙度： 单向上限值；Rz = 0.8μm；"16% 规则"（默认）（GB/T 10610）；默认传输带（GB/T 10610 和 GB/T 6062）；默认评定长度（$5\times\lambda_c$）（GB/T 10610）；表面纹理没有要求；表面处理为铜件，镀镍/铬；表面要求对封闭轮廓的所有表面有效	Cu/Ep·Ni5bCr0.3r Rz 0.8
表示粗糙度： 单向上限值和一个双向极限值： 1）单向 Ra = 1.6μm 时："16% 规则"（默认）（GB/T 10610）；传输带 −0.8mm（λ_s 根据 GB/T 6062 确定）；评定长度 5 × 0.8 = 4mm（GB/T 10610） 2）双向 Rz 时：上限值 Rz = 12.5μm，下限值 Rz = 3.2μm；"16% 规则"（默认）；上、下极限传输带均为 −2.5mm（λ_s 根据 GB/T 6062 确定）；上、下极评定长度均为 5 × 2.5 = 12.5mm（GB/T 10610），即使不会引起争议，也可以标注 U 和 L 符号；表面处理为钢件，镀镍/铬	Fe/Ep·Ni10bCr0.3r −0.8/Ra 1.6 U −2.5/Rz 12.5 L −2.5/Rz 3.2
表面结构和尺寸可以标注在同一尺寸线上： 键槽侧壁的表面粗糙度： 一个单向上限值；Ra = 3.2μm；"16% 规则"（默认）（GB/T 10610）；默认评定长度（$5\times\lambda_c$）（GB/T 10610）；默认传输带（GB/T 10610 和 GB/T 6062）；表面纹理没有要求；去除材料的工艺 倒角的表面粗糙度： 一个单向上限值；Ra = 6.3μm；"16% 规则"（默认）（GB/T 10610）；默认评定长度（$5\times\lambda_c$）（GB/T 10610）；默认传输带（GB/T 10610 和 GB/T 6062）；表面纹理没有要求；去除材料的工艺	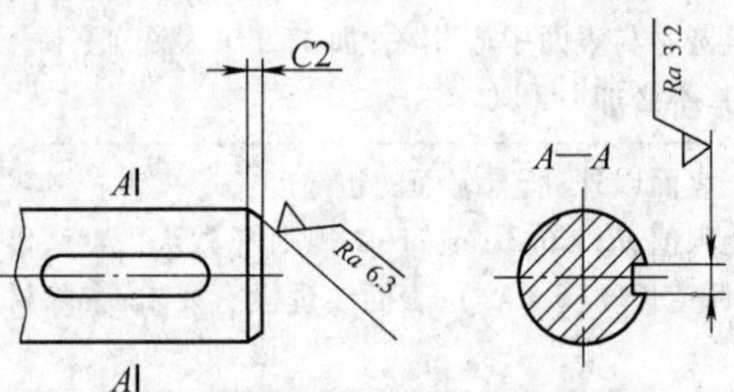

（续）

要　求	示　例
表面结构和尺寸可以一起标注在延长线上，或分别标注在轮廓线和尺寸界线上 示例中的三个表面粗糙度要求： 单向上限值；分别是 Ra = 1.6μm；Ra = 6.3μm；Rz = 12.5μm；“16% 规则”（默认）（GB/T 10610）；默认评定长度（$5\times\lambda_c$）（GB/T 10610）；默认传输带（GB/T 10610 和 GB/T 6062）；表面纹理没有要求；去除材料的工艺	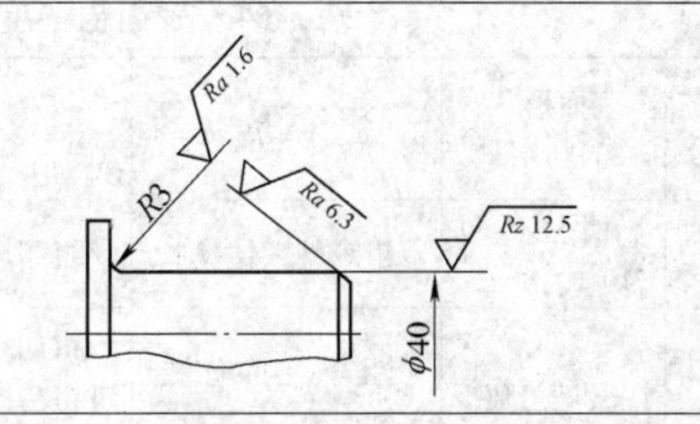
表面结构、尺寸和表面处理的标注：该示例是三个连续的加工工序 第一道工序：单向上限值；Rz = 1.6μm；“16% 规则”（默认）（GB/T 10610）；默认评定长度（$5\times\lambda_c$）（GB/T 10610）；默认传输带（GB/T 10610 和 GB/T 6062）；表面纹理没有要求；去除材料的工艺 第二道工序：镀铬，无其他表面结构要求 第三道工序：一个单向上限值，仅对长为 50mm 的圆柱表面有效；Rz = 6.3μm；“16% 规则”（默认）（GB/T 10610）；默认评定长度（$5\times\lambda_c$）（GB/T 10610）；默认传输带（GB/T 10610 和 GB/T 6062）；表面纹理没有要求；磨削加工工艺	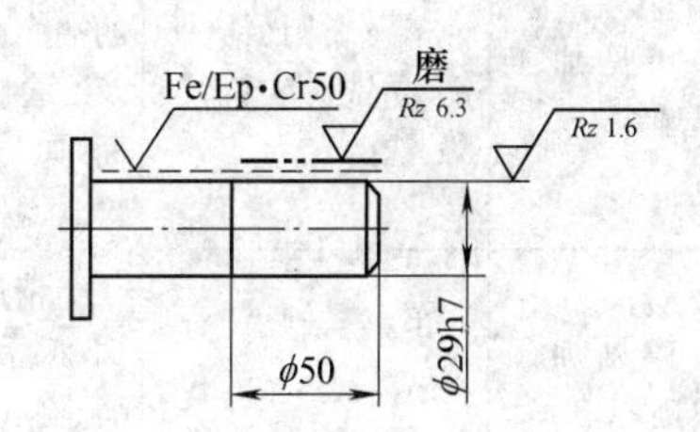

表 2-63　表面结构要求图形标注的新旧标准对照

GB/T 131—1993①	GB/T 131—2006②	说明主要问题的示例	GB/T 131—1993①	GB/T 131—2006②	说明主要问题的示例
1.6　1.6	Ra 1.6	Ra 只采用“16% 规则”	Ry 3.2　0.8	−0.8/Rz 6.3	除 Ra 外其他参数及取样长度
Ry 3.2　Ry 3.2	Rz 3.2	除了 Ra“16% 规则”的参数	1.6 Ry 3.2	Ra 1.6 Rz 6.3	Ra 及其他参数
1.6_{max}	Ra_{max} 1.6	“最大规则”	Ry 3.2	Rz 3 6.3	评定长度中的取样长度个数如果不是 5
0.8 1.6	−0.8/Ra 1.6	Ra 加取样长度	—③	L Ra 1.6	下限值
—③	0.025−0.8/Ra 1.6	传输带	3.2 1.6	U Ra 3.2 L Ra 1.6	上、下限值

① 在 GB/T 3505—1983 和 GB/T 10610—1989 中定义的默认值和规则仅用于参数 Ra、Ry 和 Rz（十点高度）。此外，GB/T 131—1993 中存在参数代号书写不一致问题，标准正文要求参数代号第二个字母标注为下标，但在所有的图表中，第二个字母都是小写，而当时所有的其他表面结构标准都使用下标。

② 新的 Rz 为原 Ry 的定义，原 Ry 的符号不再使用。

③ 表示没有该项。

2.4.3　选用表面粗糙度评定参数的参考图表（表2-64～表2-66）

表2-64　表面粗糙度的表面特征、加工方法及应用举例

表面粗糙度 Ra/μm	表面形状特征	加工方法	应用举例
50	明显可见刀痕	粗车、镗、钻、刨	粗制后所得到的粗加工面，为粗糙度最低的加工面，一般很少采用
25	微见刀痕	粗车、刨、立铣、平铣、钻	粗加工表面比较精确的一级，应用范围很广，一般凡非结合的加工面均用此级粗糙度。如轴端面、倒角、钻孔，齿轮及带轮的侧面，键槽非工作表面，垫圈的接触面，轴承的支承面等
12.5	可见加工痕迹	车、镗、刨、钻、平铣、立铣、锉、粗铰、磨、铣齿	半精加工表面。不重要零件的非配合表面，如：支柱、轴、支架、外壳、衬套等的端面；紧固件的自由表面，如螺栓、螺钉、双头螺栓及螺母的表面；不要求定心及配合特性的表面，如用钻头钻的螺栓孔，螺钉孔及铆钉孔等表面固定支承表面，如与螺栓头及铆钉头相接触的表面；带轮，联轴器、凸轮、偏心轮的侧面，平键及键槽的上下面，斜键侧面等
6.3	微见加工痕迹	车、镗、刨、铣、刮1～2点/cm^2、拉、磨、锉、液压、铣齿	半精加工表面。和其他零件连接而不是配合表面，如外壳、座加盖、凸耳、端面，扳手及手轮的外圆；要求有定心及配合特性的固定支承表面，如定心的轴肩、键和键槽的工作表面；不重要的紧固螺纹的表面；非传动的梯形螺纹，锯齿形螺纹表面，轴与毡圈摩擦面，燕尾槽的表面
3.2	看不见的加工痕迹	车、镗、刨、铣、铰、拉、磨、滚压、刮1～2点/cm^2、铣齿	接近于精加工。要求有定心（不精确的定心）及配合特性的固定支承表面，如衬套、轴承和定位销的压入孔；不要求定心及配合特性的活动支承面，如活动关节、花键结合、8级齿轮齿面、传动螺纹工作表面，低速（30r/min～60r/min）的轴颈 $d<50$mm，楔形键及槽上下面、轴承盖凸肩表面（对中心用）端盖内侧面等
1.6	可辨加工痕迹的方向	车、镗、拉、磨、立铣、铰、刮3～10点/cm^2，磨、滚压	要求保证定心及配合特性的表面，如锥形销和圆柱销的表面；普通与6级精度的球轴承的配合面，如滚动轴承的孔，滚动轴承的轴颈；中速（60r/min～120r/min）转动的轴颈，静连接IT7公差等级的孔，动连接IT9公差等级的孔；不要求保证定心及配合特性的活动支承面，如高精度的活动球状接头表面，支承热圈、套齿叉形件、磨削的轮齿
0.8	微辨加工痕迹的方向	铰、磨、刮3～10点/cm^2、镗、拉、滚压	要求能长期保持所规定的配合特性的IT7的轴和孔的配合表面；高速（120r/min以上）工作下的轴颈及衬的工作面；间隙配合中IT7公差等级的孔，7级精度大小齿轮工作面，蜗轮齿面（7～8级精度），滚动轴承轴颈；要求保证定心及配合特性的表面，如滑动轴承轴瓦的工作表面；不要求保证定心及结合特性的活动支承面，如导杆、推杆表面 工作时受反复应力的重要零件，在不破坏配合特性下工作，要保证其耐久性和疲劳强度所要求的表面，如受力螺栓的圆柱表面，曲轴和凸轮轴的工作表面
0.4	不可辨加工痕迹的方向	布轮磨、磨、研磨、超级加工	工作时承受反复应力的重要零件表面，保证零件的疲劳强度，防腐性和耐久性；工作时不破坏配合特性的表面，如轴颈表面、活塞和柱塞表面等；IT5～IT6公差等级配合的表面，3、4、5级精度齿轮的工作表面，4级精度滚动轴承配合的轴颈
0.2	暗光泽面	超级加工	工作时承受较大反复应力的重要零件表面，保证零件的疲劳强度、防蚀性及在活动接头工作中的耐久性的一些表面，如活塞键的表面，液压传动用的孔的表面
0.1	亮光泽面	超级加工	精密仪器及附件的摩擦面，量具工作面，块规、高精度测量仪工作面，光学测量仪中的金属镜面
0.05	镜状光泽面		
0.025	雾状镜面		
0.012	镜面		

表2-65　表面粗糙度值与公差等级、公称尺寸的对应关系

公差等级 IT	公称尺寸/mm	Ra/μm	Rz/μm
2	≤10	0.250~0.040	0.16~0.20
	>10~50	0.050~0.080	0.25~0.40
	>50~180	0.10~0.16	0.50~0.80
	>180~500	0.20~0.32	1.0~1.6
3	≤18	0.050~0.080	0.25~0.40
	>18~50	0.10~0.16	0.50~0.80
	>50~250	0.20~0.32	1.0~1.6
	>250~500	0.40~0.63	2.0~3.2
4	≤6	0.050~0.080	0.25~0.40
	>6~50	0.10~0.16	0.50~0.80
	>50~250	0.20~0.32	1.0~1.6
	>250~500	0.40~0.63	2.0~3.2
5	≤6	0.10~0.16	0.50~0.80
	>60~50	0.20~0.32	1.0~1.6
	>50~250	0.40~0.63	2.0~3.2
	>250~500	0.80~1.25	4.0~6.3
6	≤10	0.20~0.32	1.0~1.6
	>10~80	0.40~0.63	2.0~3.2
	>80~250	0.80~1.25	4.0~6.3
	>250~500	1.6~2.5	8.0~10
7	≤6	0.40~0.63	2.0~3.2
	>6~50	0.80~1.25	4.0~6.3
	>50~500	1.6~2.5	8.0~10
8	≤6	0.40~0.63	2.0~3.2
	>6~120	0.80~1.25	4.0~6.3
	>120~500	1.6~2.5	8.0~10
9	≤10	0.80~1.25	4.0~6.3
	>10~120	1.6~2.5	8.0~10
	>120~500	3.2~5.0	12.5~20
10	≤10	1.6~2.5	8.0~10
	>10~120	3.2~5.0	12.5~20
	>120~500	6.3~10	25~40

表2-66　不同加工方法可能达到的表面粗糙度

加工方法		表面粗糙度 Ra/μm													
		0.012	0.025	0.05	0.10	0.20	0.40	0.80	1.60	3.20	6.30	12.5	25	50	100
砂型、壳型铸造											—	—	—	—	—
金属型铸造									—	—	—	—	—	—	
离心铸造									—	—	—	—	—		
精密铸造								—	—	—	—	—			
熔模铸造							—	—	—	—	—	—			
压力铸造							—	—	—	—	—				
热轧											—	—	—	—	—
模锻									—	—	—	—	—	—	—
冷轧						—	—	—	—	—	—	—			
挤压							—	—	—	—	—	—			
冷拉						—	—	—	—	—	—				
刮削							—	—	—	—	—	—			
刨削	粗										—	—	—		
	精						—	—	—	—					
插削									—	—	—	—	—		
钻孔								—	—	—	—	—	—		
扩孔	粗										—	—	—		
	精								—	—	—				
金钢镗孔				—	—	—	—								

（续）

加工方法		表面粗糙度 $Ra/\mu m$												
		0.012	0.025	0.05	0.10	0.20	0.40	0.80	1.60	3.20	6.30	12.5	25	50	100
镗孔	粗													
	半精													
	精													
铰孔	粗													
	半精													
	精													
拉削	半精													
	精													
滚铣	粗													
	半精													
	精													
端面铣	粗													
	半精													
	精													
金钢车														
车外圆	粗													
	半精													
	精													
车端面	粗													
	半精													
	精													
磨外圆	粗													
	半精													
	精													
磨平面	粗													
	半精													
	精													
珩磨	平面													
	圆柱													
研磨	粗													
	半精													
	精													
抛光	一般													
	精													
滚压抛光														
超精加工														
化学磨														
电解磨														
电火花加工														

第3章　机械工程常用材料

3.1　一般知识

选择材料常用知识和资料见表3-1～表3-4。

当金属材料呈现屈服现象时，达到塑性变形发生而力不增加的应力点，应区分上屈服强度和下屈服强度。图3-1示出不同类型曲线的上屈服强度和下屈服强度。

表3-1　金属及其合金牌号中常用的化学元素符号

化学符号	化学元素名称	化学符号	化学元素名称	化学符号	化学元素名称
Ac	锕	Cu	铜	Pb	铅
Ag	银	Fe	铁	S	硫
Al	铝	H	氢	Sb	锑
As	砷	La	镧	Se	硒
B	硼	Li	锂	Si	硅
Ba	钡	Mg	镁	Sm	钐
Be	铍	Mn	锰	Sn	锡
Bi	铋	Mo	钼	Ta	钽
C	碳	N	氮	Te	碲
Ca	钙	Nb	铌	Ti	钛
Ce	铈	Nd	钕	V	钒
Co	钴	Ni	镍	W	钨
Cr	铬	O	氧	Zn	锌
Cs	铯	P	磷	Zr	锆

注：混合稀土元素符号用“Re”表示。

表3-2　金属热处理工艺分类及代号（摘自GB/T 12603—2005）

工艺总称	代　号	工艺类型	代　号	工艺名称	代　号
热处理	5	整体热处理	1	退火	1
				正火	2
				淬火	3
				淬火和回火	4
				调质	5
				稳定化处理	6
				固溶处理:水韧处理	7
				固溶处理+时效	8
		表面热处理	2	表面淬火和回火	1
				物理气相沉积	2
				化学气相沉积	3
				等离子增强化学气相沉积	4
				离子注入	5
		化学热处理	3	渗碳	1
				碳氮共渗	2
				渗氮	3
				氮碳共渗	4
				渗其他非金属	5
				渗金属	6
				多元共渗	7

表3-3　热处理工艺附加分类及代号（摘自GB/T 12603—2005）

加热方式	可控气氛	真空	盐浴	感应	火焰	激光	电子束	等离子体	固体装箱	流体床	电接触
代号	01	02	03	04	05	06	07	08	09	10	11

退火工艺	去应力退火	均匀化退火	再结晶退火	石墨化退火	脱氢处理	球化退火	等温退火	完全退火	不完全退火
代号	S_t	H	R	G	D	S_p	I	F	P

冷却介质和方法	空气	油	水	盐水	等温淬火	形变淬火	气冷淬火	热浴
代号	A	O	W	B	At	Ar	G	H

冷却介质和方法	加压淬火	分级淬火	双介质淬火	有机聚合物水溶液	冷处理
代号	P	M	I	P_c	C

表3-4　金属材料常用力学性能指标的说明

指标名称	单位	指标意义说明
抗拉强度 R_m	MPa	材料拉断前所能承受的最大拉伸载荷 F_b(N)与材料原始截面积 A_0(mm^2)之比，$R_m=F_b/A_0$
抗压强度 σ_{bc}	MPa	材料受压力断裂前所能承受的最大压缩载荷 F_{bc}(N)与材料原始截面积 A_0(mm^2)之比，$\sigma_{bc}=F_{bc}/A_0$，主要用于铸铁等低塑性材料
抗弯强度 σ_{bb}	MPa	材料受弯曲断裂前所能承受的最大弯曲应力，对于脆性材料，抗弯强度 $\sigma_{bb}=M_{bb}/W_b$，式中 M_{bb}(N·m)为断裂弯矩；W_b(mm^3)为试件截面系数
抗剪强度 τ_b	MPa	剪切断裂前的最大应力。抗剪强度 $\tau=F_s/A_0$，式中 F_s 为剪切前的最大载荷(N)；A_0 为材料原始剪切面积(mm^2)
抗扭强度 τ_m	MPa	杆件受扭剪切断裂前的最大应力。抗扭强度对于塑性较好的钢材 $\tau_m=3T/4W_P$，对于铸铁等脆性材料 $\tau_m=T_b/W_P$，式中 T_b 为剪切断裂前的最大转矩(N·m)；W_P 为杆件的截面系数(mm^3)
上屈服强度 R_{eH} 下屈服强度 R_{eL}	MPa	在试件拉伸过程中，有一阶段，载荷达到 F_s 时不增加，而变形增加，(以后又继续增加直到断裂)此时的载荷除以材料的原始面积 A_0 称为屈服应力。试样发生屈服而力首次下降前的最高应力称为上屈服强度。在屈服期间，不计初始瞬时效应的最低应力值为下屈服强度。有些材料没有明显的屈服现象，则取非比例延伸率为0.2%时的应力，作为规定非比例延伸强度记为 $R_{p0.2}$(见图3-1)
弹性模量 E	MPa	试件在拉伸(压缩)试验的弹性变形范围内，应力与应变成正比，其比值即为弹性模量 E，$E=\sigma/\varepsilon$。$\sigma=F/A_0$，$\varepsilon=\Delta l/l_0$，式中 Δl 为试件伸长量；l_0 为试件原长度
剪切弹性模量 G	MPa	试件在扭转试验的弹性变形范围内，切应力与切应变成正比，其比值即为剪切弹性模量 G，$G=\tau/\gamma$，式中 τ 为切应力(MPa)；γ 为切应变(比值无单位)
布氏硬度 HBW		对一定直径的硬质合金球施加试验力 F 压入试件表面，经规定保持时间后，卸除试验力，布氏硬度＝常数×试验力 F/压痕表面积 $=0.102\times2F/[\pi D(D-\sqrt{D^2-d^2})]$。式中 D 为球直径；d 为压痕平均直径
洛氏硬度 HR	无量纲	将金刚石锥或淬硬钢球规定压力压入试件表面，按压痕深度确定试件硬度，共分9种，常用的有以下三种：（见下表）

硬度标尺	硬度符号	压头类型	总试验力	洛氏硬度范围
A	HRA	金刚石圆锥	588.4N	(20~88)HRA
B	HRB	直径1.5875mm钢球	980.7N	(20~100)HRB
C	HRC	金刚石圆锥	1.471kN	(20~70)HRC

（续）

指标名称	单　位	指 标 意 义 说 明
维氏硬度 HV	MPa	用夹角为136°的金刚石四棱锥压头，计算公式为 $HV = 1.8544 \times 2F/d^2$，式中 F 为总载荷（N）；d 为压痕对角线长度（mm）
断面收缩率 Z	（%）	金属试件被拉断后，其颈缩处的横截面积的最大减缩量与原横截面积的比，用百分数表示。计算公式：$Z = (S_0 - S_u)/S_0\%$，式中 S_0 为原横截面积；S_u 为断后最小的横截面积
断后伸长率 A	（%）	A =（断后标距 L − 原始标距 L_0）/原始标距 L_0，上式中原始标距为 $L_0 = 5.65\sqrt{S_0}$，S_0 为原始横截面积（相当于直径为 d_0 的圆柱形拉伸试件，$L_0 = 5d_0$）。否则应附以下标说明所使用的比例系数，例如 $L_0 = 11.3\sqrt{S_0}$（相当于 $L_0 = 10d$）。则用 $A_{11.3}$ 表示断后伸长率。对于非比例试样则以原始标距长度为下标，如 A_{80mm}，表示 $L_0 = 80mm$ 试件的断后伸长率
冲击韧度 α_K	J/cm^2	在摆锤式一次冲击试验机上冲击断标准试件时，所需消耗的功，除以试件断面处的横截面积。按试件的缺口形状为U形或V形，冲击韧度用 α_{KU} 或 α_{KV} 表示，是材料承受冲击载荷能力的性能指标
冲击吸收功 A_K	J	在摆锤式一次冲击试验机上冲击断标准试件时，所需消耗的功，按试件的缺口形状为U形或V形，冲击吸收功用 A_{KU} 或 A_{KV} 表示，是材料承受冲击载荷能力的性能指标

注：断后伸长率公式来源：对圆截面试件有 $S_0 = \pi d_0^2/4$，由此得 $L_0 = 5d_0 = 5\sqrt{\frac{4S_0}{\pi}} = 5.642\sqrt{S_0} \approx 5.65\sqrt{S_0}$。

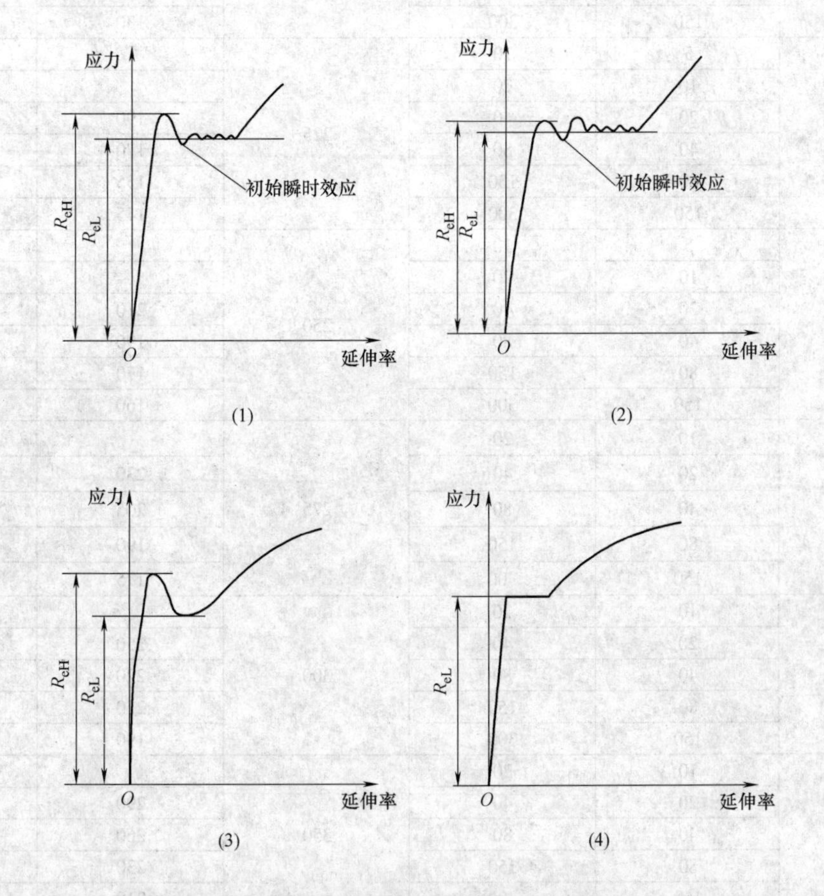

图3-1　不同类型曲线的上屈服强度 R_{eH} 和下屈服强度 R_{eL}

3.2　钢铁材料（黑色金属）

3.2.1　铸铁牌号和性能

3.2.1.1　灰铸铁（表3-5）

表3-5　灰铸铁的牌号和力学性能（摘自GB/T 9439—2010）

牌号	铸件壁厚/mm		最小抗拉强度 R_m(min)(强制性值)		铸件本体预期抗拉强度 R_m(min)/MPa
	>	≤	单铸试棒/MPa	附铸试棒或试块/MPa	
HT100	5	40	100		
HT150	5	10	150		155
	10	20			130
	20	40		120	110
	40	80		110	95
	80	150		100	80
	150	300		90	
HT200	5	10	200		205
	10	20			180
	20	40		170	155
	40	80		150	130
	80	150		140	115
	150	300		130	
HT225	5	10	225		230
	10	20			200
	20	40		190	170
	40	80		170	150
	80	150		155	135
	150	300		145	
HT250	5	10	250		250
	10	20			225
	20	40		210	195
	40	80		190	170
	80	150		170	155
	150	300		160	
HT275	10	20	275		250
	20	40		230	220
	40	80		205	190
	80	150		190	175
	150	300		175	
HT300	10	20	300		270
	20	40		250	240
	40	80		220	210
	80	150		210	195
	150	300		190	
HT350	10	20	350		315
	20	40		290	280
	40	80		260	250
	80	150		230	225
	150	300		210	

注：1. 当铸件壁厚超过300mm时，其力学性能由供需双方商定。

2. 当某牌号的铁液浇注壁厚均匀、形状简单的铸件时，壁厚变化引起抗拉强度的变化，可从本表查出参考数据；当铸件壁厚不均匀，或有型芯时，此表只能给出不同壁厚处大致的抗拉强度值，铸件的设计应根据关键部位的实测值进行。

3. 表中斜体字数值表示指导值，其余抗拉强度值均为强制性值，铸件本体预期抗拉强度值不作为强制性值。

4. 选用灰铸铁牌号可参考表3-5附表，此表不属于国家标准内容。

表3-5附表 灰铸铁牌号选择参考

灰铸铁牌号	应用举例	灰铸铁牌号	应用举例
HT100	盖、外罩、油盘、手轮、手把、支架等	HT250 HT275	阀壳、液压缸、气缸、联轴器、箱体、齿轮、齿轮箱体、飞轮、衬套、凸轮、轴承座等
HT150	端盖、汽轮泵体、轴承座、阀壳、管及管路附件、手轮、一般机床底座、床身及其他复杂零件、滑座、工作台等	HT300 HT350	齿轮、凸轮、车床卡盘；剪床及压力机的床身、导板；转塔自动车床及其他重载荷机床铸有导轨的床身；高压液压缸、液压泵和滑阀的壳体等
HT200 HT225	气缸、齿轮、底架、箱体、飞轮、齿条、衬套；一般机床铸有导轨的床身及中等压力（8MPa以下）的液压缸、液压泵和阀的壳体等		

3.2.1.2 球墨铸铁（表3-6和表3-7）

表3-6 球墨铸铁单铸试件的力学性能及应用（摘自GB/T 1348—2006）

材料牌号	抗拉强度 R_m/MPa (min)	屈服强度 $R_{p0.2}$/MPa (min)	伸长率 A(%) (min)	布氏硬度 HBW	主要基体组织
QT350-22L	350	220	22	≤160	铁素体
QT350-22R	350	220	22	≤160	铁素体
QT350-22	350	220	22	≤160	铁素体
QT400-18L	400	240	18	120~175	铁素体
QT400-18R	400	250	18	120~175	铁素体
QT400-18	400	250	18	120~175	铁素体
QT400-15	400	250	15	120~180	铁素体
QT450-10	450	310	10	160~20	铁素体
QT500-7	500	320	7	170~230	铁素体+珠光体
QT550-5	550	350	5	180~250	铁素体+珠光体
QT600-3	600	370	3	190~270	珠光体+铁素体
QT700-2	700	420	2	225~305	珠光体
QT800-2	800	480	2	245~335	珠光体或索氏体
QT900-2	900	600	2	280~360	回火马氏体或屈氏体+索氏体

注：材料牌号最后字母“L”表示该牌号有低温（-20℃或-40℃）下的冲击性能要求；字母“R”表示该牌号有室温（23℃）下的冲击性能要求V形缺口单铸试样的冲击吸收功见下表。

牌号	最小冲击吸收功/J					
	室温(23±5)℃		低温(-20±2)℃		低温(-40±2)℃	
	三个试样平均值	个别值	三个试样平均值	个别值	三个试样平均值	个别值
QT350-22L					12	9
QT350-22R	17	14				
QT400-18L			12	9		
QT400—18R	14	11				

注：冲击吸收功是从砂型铸造的铸件或者导热性与砂型相当的铸型中铸造的铸块上测得的。用其他方法生产的铸件的冲击吸收功应满足经双方协商的修正值。这些材料牌号也可用于压力容器。

表 3-7　球墨铸铁附铸试样力学性能（摘自 GB/T 1348—2009）

材料牌号	铸件壁厚 /mm	抗拉强度 R_m /MPa (min)	屈服强度 $R_{p0.2}$ /MPa (min)	伸长率 A(%) (min)	布氏硬度 HBW	主要基体组织
QT350-22AL	≤30	350	220	22	≤160	铁素体
	>30～60	330	210	18		
	>60～200	320	200	15		
QT350-22AR	≤30	350	220	22	≤160	铁素体
	>30～60	330	220	18		
	>60～200	320	210	15		
QT350-22A	≤30	350	220	22	≤160	铁素体
	>30～60	330	210	18		
	>60～200	320	200	15		
QT400-18AL	≤30	380	240	18	120～175	铁素体
	>30～60	370	230	15		
	>60～200	360	220	12		
QT400-18AR	≤30	400	250	18	120～175	铁素体
	>30～60	390	250	15		
	>60～200	370	240	12		
QT400-18A	≤30	400	250	18	120～175	铁素体
	>30～60	390	250	15		
	>60～200	370	240	12		
QT400-15A	≤30	400	250	15	120～180	铁素体
	>30～60	390	250	14		
	>60～200	370	240	11		
QT450-10A	≤30	450	310	10	160～210	铁素体
	>30～60	420	280	9		
	>60～200	390	260	8		
QT500-7A	≤30	500	320	7	170～230	铁素体＋珠光体
	>30～60	450	300	7		
	>60～200	420	290	5		
QT550-5A	≤30	550	350	5	180～250	铁素体＋珠光体
	>30～60	520	330	4		
	>60～200	500	320	3		
QT600-3A	≤30	600	370	3	190～270	珠光体＋铁素体
	>30～60	600	360	2		
	>60～200	550	340	1		
QT700-2A	≤30	700	420	2	225～305	珠光体
	>30～60	700	400	2		
	>60～200	650	380	1		
QT800-2A	≤30	800	480	2	245～335	珠光体或索氏体
	>30～60	由供需双方商定				
	>60～200					

（续）

材料牌号	铸件壁厚/mm	抗拉强度 R_m/MPa (min)	屈服强度 $R_{p0.2}$/MPa (min)	伸长率 A(%) (min)	布氏硬度 HBW	主要基体组织
QT900-2A	≤30	900	600	2	280～360	回火马氏体或索氏体+屈氏体
	>30～60	由供需双方商定				
	>60～200					

注：1. 从附铸试块测得的力学性能并不能准确地反映铸件本体的力学性能，但与单铸试块上测得的值相比，更接近于铸件的实际性能值。

2. 可以按需方要求测试室温和低温下的冲击功，V形缺口附铸试块的冲击功见表3-7附表1。

3. 如需要球墨铸铁QT500-10，其力学性能见表3-7附表2。

表3-7附表1　V形缺口附铸试块的冲击功

牌号	铸件壁厚/mm	最小冲击功/J					
		室温(23±5)℃		低温(-20±2)℃		低温(-40±2)℃	
		三个试样平均值	个别值	三个试样平均值	个别值	三个试样平均值	个别值
QT350-22AR	≤60	17	14				
	>60～200	15	12				
QT350-22AL	≤60					12	9
	>60～200					10	7
QT400-18AR	≤60	14	11				
	>60～200	12	9				
QT400-18AL	≤60			12	9		
	>60～200			10	7		

注：从附铸试块测得的力学性能并不能准确地反映铸件本体的力学性能，但与单铸试块上测得的值相比，更接近于铸件的实际性能值。

表3-7附表2　QT500-10的力学性能

材料牌号	铸件壁厚 t/mm	抗拉强度 R_m/MPa (min)	屈服强度 $R_{p0.2}$/MPa (min)	伸长率 A(%) (min)
单铸试棒				
QT500-10		500	360	10
附铸试棒				
QT500-10A	≤30	500	360	10
	>30～60	490	360	9
	>60～200	470	350	7

除抗强度外，对硬度有要求时，布氏硬度值应符合表3-8的要求。其他力学性能和物理性能见表3-9。

经供需双方同意，可采用较低的硬度范围。硬度差范围内30～40可以接受，但对铁素体加珠光体基体的球墨铸铁，其硬度差应小于30～40。

表3-8　球墨铸铁的硬度要求

材料牌号	布氏硬度范围 HBW	其他性能①	
		抗拉强度 R_m/MPa (min)	屈服强度 $R_{p0.2}$/MPa (min)
QT-130HBW	<160	350	220
QT-150HBW	130～175	400	250
QT-155HBW	135～180	400	250
QT-185HBW	160～210	450	310
QT-200HBW	170～230	500	320
QT-215HBW	180～250	550	350
QT-230HBW	190～270	600	370
QT-265HBW	220～305	700	420
QT-300HBW	245～335	800	480
QT-330HBW	270～360	900	600

注：300HBW和330HBW不适用于厚壁铸件。

① 当硬度作为检验项目时，表中的性能值供参考。

表 3-9 球墨铸铁其他力学性能和物理性能要求

特性值	单位	材料牌号									
		QT350-22	QT400-18	QT450-10	QT500-7	QT550-5	QT600-3	QT700-2	QT800-2	QT900-2	QT500-10
剪切强度	MPa	315	360	405	450	500	540	630	720	810	
扭转强度	MPa	315	360	405	450	500	540	630	720	810	
弹性模量 E（拉伸和压缩）	GPa	169	169	169	169	172	174	176	176	176	170
泊松比 ν	1	0.275	0.275	0.275	0.275	0.275	0.275	0.275	0.275	0.275	0.28～0.029
无缺口疲劳极限①（旋转弯曲）（ϕ10.6mm）	MPa	180	195	210	224	236	248	280	304	304	225
有缺口疲劳极限②（旋转弯曲）（ϕ10.6mm）	MPa	114	122	128	134	142	149	168	182	182	140
抗压强度	MPa		700	700	800	840	870	1000	1150		
断裂韧性	MPa·$\sqrt{m}$	31	30	28	25	22	20	15	14	14	28
300℃时的热导率	W/(K·m)	36.2	36.2	36.2	35.2	34	32.5	31.1	31.1	31.1	
20～500℃时的比热容	J/(kg·K)	515	515	515	515	515	515	515	515	515	
20～400℃时的线性膨胀系数	μm(m·K)	12.5	12.5	12.5	12.5	12.5	12.5	12.5	12.5	12.5	
密度	kg/dm³	7.1	7.1	7.1	7.1	7.1	7.2	7.2	7.2	7.2	7.1
最大渗透性	μH/m	2136	2136	2136	1596	1200	866	501	501	501	
磁滞损耗（B=1T）	J/m³	600	600	600	1345	1800	2248	2700	2700	2700	
电阻率	μΩ·m	0.50	0.50	0.50	0.51	0.52	0.53	0.54	0.54	0.54	
主要基体组织		铁素体	铁素体	铁素体	铁素体-珠光体	铁素体-珠光体	珠光体-铁素体	珠光体	珠光体或索氏体	回火马氏体或索氏体+屈氏体③	铁素体

注：除非另有说明，本表中所列数值都是常温下的测定值。

① 对抗拉强度是370MPa的球墨铸铁件无缺口试样，退火铁素体球墨铸铁件的疲劳极限强度大约是抗拉强度的0.5倍。在珠光体球墨铸铁和（淬火+回火）球墨铸铁中，这个比率随着抗拉强度的增加而减少，疲劳极限强度大约是抗拉强度的0.4倍。当抗拉强度超过740MPa时，这个比率将进一步减少。

② 对直径ϕ10.6mm的45°圆角R0.25mm的V形缺口试样，退火球墨铸铁件的疲劳极限强度降低到无缺口球墨铸铁件（抗拉强度是370MPa）疲劳极限的0.63倍。这个比率随着铁素体球墨铸铁件抗拉强度的增加而减少。对中等强度的球墨铸铁件、珠光体球墨铸铁件和（淬火+回火）球墨铸铁件，有缺口试样的疲劳极限大约是无缺口试样疲劳极限强度的0.6倍。

③ 对大型铸件，可能是珠光体，也可能是回火马氏体或屈氏体+索氏体。

3.2.1.3 高硅耐蚀铸铁件

高硅耐蚀铸铁件的化学成分见表3-10。作为验收依据。力学性能一般不作为验收依据，当需求方有要求时，应该对其试棒作弯曲试验，结果应符合表3-11的规定。其使用性能及适用条件举例见表3-12。

表 3-10 高硅耐蚀铸铁的化学成分（摘自 GB/T 8491—2009）

牌号	化学成分（质量分数，%）								
	C	Si	Mn≤	P≤	S≤	Cr	Mo	Cu	R残留量≤
HTSSi11Cu2CrR	≤1.20	10.00～12.00	0.50	0.10	0.10	0.60～0.80	—	1.80～2.20	0.10
HTSSi15R	0.65～1.10	14.20～14.75	1.50	0.10	0.10	≤0.50	≤0.50	≤0.50	0.10
HTSSi15Cr4MoR	0.75～1.15	14.20～14.75	1.50	0.10	0.10	3.25～5.00	0.40～0.60	≤0.50	0.10
HTSSi15Cr4R	0.70～1.10	14.20～14.75	1.50	0.10	0.10	3.25～5.00	≤0.20	≤0.50	0.10

注：表中所有牌号都适用于腐蚀的工况条件，HTSSi15Cr4MoR尤其适用于强氯化物的工况条件，HTSSi15Cr4R适用于阳极电板。

表3-11　高硅耐蚀铸铁的力学性能

牌　　号	最小抗弯强度 σ_{bb}/MPa	最小挠度 f/mm
HTSSi11Cu2CrR	190	0.80
HTSSi15R	118	0.66
HTSSi15Cr4MoR	118	0.66
HTSSi15Cr4R	118	0.66

表3-12　高硅耐蚀铸铁的性能及适用条件举例

牌　　号	性能和适用条件	应用举例
HTSSi11Cu2CrR	具有较好的力学性能,可以用一般的机械加工方法进行生产。在质量分数大于或等于10%的硫酸、小于或等于46%的硝酸,或由上述两种介质组成的混合酸、质量分数大于或等于70%的硫酸加氯、笨、苯磺酸等介质中,具有较稳定的耐蚀性能,但不允许有急剧的交变载荷、冲击载荷和温度突变	卧式离心机、潜水泵、阀门、旋塞、塔罐、冷却排水管、弯头等化工设备和零部件等
HTSSi15R	在氧化性酸(例如:各种温度和含量的硝酸、硫酸、铬酸等)各种有机酸和一系列盐溶液介质中都有良好的耐蚀性,但在卤素的酸、盐溶液(如氢氟酸和氯化物等)和强碱溶液中不耐蚀,但不允许偏差有急剧的交变载荷、冲击载荷和温度突变	各种离心泵、阀类、旋塞、管道配件、塔罐、低压容器及各种非标准零部件等
HTSSi15Cr4R	具有优良的耐电化学腐蚀性能,并有改善抗氧化性条件的耐蚀性能。高硅铬铸铁中和铬可提高其钝化性和点蚀击穿电位,但不允许有急剧的交变载荷和温度突变	在外加电流的阴极保护系统中,大量用作辅助阳极铸件
HTSSi15Cr4MoR	适用于强氯化物的环境	

3.2.1.4　耐热铸铁件（表3-13和表3-14）

表3-13　耐热铸铁件的力学性能及应用（摘自GB/T 9437—2009）

牌号	室温力学性能		高温短时抗拉强度 R_m/MPa					在空气、炉气中耐热温度/℃	性能及应用举例
	R_m /MPa	硬度 HBW	500℃	600℃	700℃	800℃	900℃		
HTRCr	200	189～288	225	144				550	炉条、金属型玻璃模、高炉支架式水箱
HTRCr2	150	207～288	243	166				600	煤气炉内灰盆、矿山烧结车挡板
HTRCr16	340	400～450				144	88	900	有室温和高温下的抗磨性,耐硝酸腐蚀,用于制作化工机械零件
HTRSi5	140	160～270			41	27		700	炉条、煤粉烧嘴
QTRSi4	420	143～187			75	35		650	玻璃窑烟道闸门、加热炉两端管架、玻璃引上机墙板
QTRSi4Mo	520	188～241			101	46		680	罩式退化炉导向器、烟结机中后热筛板、加热炉吊架
QTRSi4Mo1	550	200～240			101	46		800	内燃机排气歧管、罩式退火炉导向器,加热炉吊梁等
QTRSi5	370	228～302			67	30		800	炉条、煤粉烧管、烟道闸门、加热炉中间管架
QTRAl4Si4	250	285～341				82	32	900	烧结机炉篦条、炉用件
QTRAl5Si5	200	302～363				167	75	1050	焙烧机篦件、炉用件
QTRAl22	300	241～364				130	77	1100	抗高温硫蚀性好、用作链式加热炉炉爪、黄铁矿焙烧炉零件

表 3-14　耐热铸铁的牌号及化学成分（摘自 GB/T 9437—2009）

铸铁牌号	化学成分(质量分数,%)						
	C	Si	Mn	P	S	Cr	Al
			不大于				
HTRCr	3.0~3.8	1.5~2.5	1.0	0.10	0.08	0.50~1.00	
HTRCr2	3.0~3.8	2.0~3.0	1.0	0.10	0.08	1.00~2.00	
HTRCr16	1.6~2.4	1.5~2.2	1.0	0.10	0.05	15.00~18.00	
HTRSi5	2.4~3.2	4.5~5.5	0.8	0.10	0.08	0.5~1.00	
QTRSi4	2.4~3.2	3.5~4.5	0.7	0.07	0.015		
QTRSi4Mo	2.7~3.5	3.5~4.5	0.5	0.07	0.015	Mo0.5~0.9	
QTRSi4Mo1	2.7~3.5	4.0~4.5	0.3	0.05	0.015	Mo1.0~1.5	Mg0.01~0.05
QTRSi5	2.4~3.2	4.5~5.5	0.7	0.07	0.015		
QTRAl4Si4	2.5~3.0	3.5~4.5	0.5	0.07	0.015		4.0~5.0
QTRAl5Si5	2.3~2.8	4.5~5.2	0.5	0.07	0.015		5.0~5.8
QTRAl22	1.6~2.2	1.0~2.0	0.7	0.7	0.015		20.0~24.0

3.2.2　铸钢

3.2.2.1　一般工程用铸造碳钢件（见表 3-15 和表 3-16）

表 3-15　一般工程用铸造碳钢的牌号及化学成分（摘自 GB/T 11352—2009）

牌号	元素最高含量(质量分数,%)										
	C	Si	Mn	S	P	残余元素					
						Ni	Cr	Cu	Mo	V	残余元素总量
ZG200-400	0.20	0.60	0.80	0.035	0.035	0.40	0.35	0.40	0.20	0.05	1.00
ZG230-450	0.30		0.90								
ZG270-500	0.40										
ZG310-570	0.50										
ZG340-640	0.60										

注：1. 对上限减少 0.01% 的碳，允许增加 0.04% 的锰，对 ZG200-400 的锰最高至 1.00%，其余四个牌号锰最高至 1.20%。

2. 除另有规定外，残余元素不作为验收依据。

表 3-16　一般工程用铸钢的力学性能（摘自 GB/T 11352—2009）

牌号	力学性能≥						特　点	应用举例
	R_{eU} ($R_{p0.2}$) /MPa	R_m /MPa	A_5 (%)	按合同规定				
				ψ (%)	A_{KV} /J	A_{KU} /J		
ZG200-400	200	400	25	40	30	47	低碳铸钢,强度和硬度较低而韧性、塑性较好,焊接性好,铸造性差,导磁、导电性能好	机座、变速器箱体、电气吸盘
ZG230-450	230	450	22	32	25	35		轧钢机架、轴承座、箱体、砧座
ZG270-500	270	500	18	25	22	27	中碳铸钢,强度和韧性较高,切削性良好,焊接性能尚可,铸造性能较好	应用广泛,如车轮、水压机工作缸、蒸汽锤气缸、连杆、箱体
ZG310-570	310	570	15	21	15	24		承受重载荷的零件,如大齿轮、机架、制动轮、轴
ZG340-640	340	640	10	18	10	16	高碳铸钢,高强度、高硬度、高耐磨性,塑性和韧性较差,焊接和铸造性均差,裂纹敏感性大	起重运输机齿轮、车辆、联轴器

注：1. 表中所列的各牌号性能，适应于厚度为 100mm 以下的铸件。当铸件厚度超过 100mm 时，表中规定的 R_{eU}（$R_{p0.2}$）屈服强度仅供设计使用。

2. 表中冲击吸收功 A_{KU} 的试样缺口为 2mm。

3.2.2.2 低合金铸钢（表3-17）

表3-17 大型低合金钢铸件力学性能及应用（摘自JB/T 6402—2006）

材料牌号	热处理状态	R_{eU} /MPa ≥	R_m /MPa ≥	A (%) ≥	Z (%) ≥	A_{KU} /J ≥	A_{KV} /J ≥	A_{KDVM} /J ≥	HB ≥	用途举例
ZG20Mn	正火+回火	285	495	18	30	39			145	焊接及流动性良好,用于水压机工作缸、叶片、喷嘴体、阀、弯头等
	调质	300	500~650	24			45		150~190	
ZG30Mn	正火+回火		558	18	30				163	
ZG35Mn	正火+回火	345	570		20	24				用于承受摩擦的零件
	调质	415	640	12	25	27		27	200~240	
ZG40Mn	正火+回火	295			30				163	用于承受摩擦和冲击的零件,如齿轮等
ZG40Mn2	正火+回火	395	590	20	40	30			179	用于承受摩擦的零件,如齿轮等
	调质	685	835	13	45	35		35	269~302	
ZG45Mn2	正火+回火	392	637	15	30				179	用于模块、齿轮等
ZG50Mn2	正火+回火	445	785	18	37					用于高强度零件,如齿轮、齿轮缘等
ZG35SiMnMo	正火+回火	395	640	12	20	24		27		用于承受载荷较大的零件
	调质	490	690		25	27				
ZG35CrMnSi	正火+回火	345	690	14	30				217	用于承受冲击、摩擦的零件,如齿轮、滚轮等
ZG20MnMo	正火+回火	295	490	16		39			156	用于受压容器,如泵壳等
ZG30Cr1MnMo	正火+回火	392	686	15	30					用于拉坯和立柱
ZG55CrMnMo	正火+回火	不规定	不规定							有一定的红硬性,用于锻模等
ZG40Cr1	正火+回火	345	630	18	26				212	用于高强度齿轮
ZG34Cr2Ni2Mo	调质	700	950~1000	12			32		240~290	用于特别要求的零件,如锥齿轮、小齿轮、吊车行走轮、轴等
ZG15Cr1Mo	正火+回火	275	490	20	35	24			140~220	用于汽轮机
ZG20CrMo	正火+回火	245	460	18	30	30			135~180	用于齿轮、锥齿轮及高压缸零件等
	调质			18	30	24				
ZG35Cr1Mo	正火+回火	392	588		20	23.5				用于齿轮、电炉支承轮轴套、齿圈等
	调质	510	686	12	25	31		27	201	
ZG42Cr1Mo	正火+回火	343	569		20		30			用于承受高载荷零件、齿轮、锥齿轮等
	调质	490	690~830	11				21	200~250	
ZG50Cr1Mo	调质	520	740~880					34	200~260	用于减速器零件、齿轮、小齿轮等
ZG65Mn	正火+回火	不规定	不规定							用于球磨机衬板等
ZG28NiCrMo		420	630	20	40					适用于直径大于300mm的齿轮铸件
ZG30NiCrMo		590	730	17	35					适用于直径大于300mm的齿轮铸件
ZG35NiCrMo		660	830	14	30					

注：1. 需方无特殊要求时，A_{KU}、A_{KV}、A_{KDVM}由供方任选一种。

2. 需方无特殊要求时，硬度不作验收依据，仅供设计参考。

3.2.2.3 工程结构用中、高强度不锈钢铸件(表3-18和表3-19)

表3-18 工程结构用中、高强度不锈钢铸件的牌号及化学成分

（摘自GB/T 6967—2009） （质量分数，%）

铸钢牌号	C	Si	Mn	P	S	Cr	Ni	Mo	残余元素≤			
		≤							Cu	V	W	总量
ZG20Cr13	0.16~0.24	0.80	0.80	0.035	0.025	11.5~13.5			0.50	0.05	0.10	0.50
ZG15Cr13	≤0.15	0.80	0.80	0.035	0.025	11.5~13.5			0.50	0.05	0.10	0.50
ZG15Cr13Ni1	≤0.15	0.80	0.80	0.035	0.025	11.5~13.5	≤1.00	≤0.50	0.50	0.05	0.10	0.50
ZG10Cr13Ni1Mo	≤0.10	0.80	0.80	0.035	0.025	11.5~13.5	0.8~1.80	0.20~0.50	0.50	0.05	0.10	0.50
ZG06Cr13Ni4Mo	≤0.06	0.80	1.00	0.035	0.025	11.5~13.5	3.5~5.0	0.40~1.00	0.50	0.05	0.10	0.50
ZG06Cr13Ni5Mo	≤0.06	0.80	1.00	0.035	0.025	11.5~13.5	4.5~6.0	0.40~1.00	0.50	0.05	0.10	0.50
ZG06Cr16Ni5Mo	≤0.06	0.80	1.00	0.035	0.025	15.5~17.0	4.5~6.0	0.40~1.00	0.50	0.05	0.10	0.50
ZG04Cr13Ni4Mo	≤0.04	0.80	1.50	0.030	0.010	11.5~13.5	3.5~5.0	0.40~1.00	0.50	0.05	0.10	0.50
ZG04Cr13Ni5Mo	≤0.04	0.80	1.50	0.300	0.010	11.5~13.5	4.5~6.0	0.40~1.00	0.50	0.05	0.10	0.50

注：除另有规定外，残余元素含量不作为验收依据。

表3-19 工程结构用中、高强度不锈钢铸件的力学性能及应用（摘自GB/T 6967—2009）

铸钢牌号		屈服强度 $R_{p0.2}$/MPa	抗拉强度 R_m/MPa	伸长率 A_5(%)	断面收缩率 Z(%)	冲击吸收功 A_{KV}/J	布氏硬度 HBW	应用举例
		≥						
ZG15Cr13		345	540	18	40		163~229	耐大气腐蚀好,力学性能较好。可用于承受冲击载荷且韧性较高的零件,可耐有机酸水液、聚乙烯醇、碳酸氢钠、橡胶液、还可做水轮机转轮叶片、水压机阀
ZG20Cr13		390	590	16	35		170~235	
ZG15Cr13Ni1		450	590	16	35	20	170~241	
ZG10Cr13Ni1Mo		450	620	16	35	27	170~241	综合力学性能高,抗大气腐蚀,水中抗疲劳性能均好,钢的焊接性良好,焊后不必热处理,铸造性能尚好,耐泥砂磨损。可用于制作大型水轮机转轮(叶片)
ZG06Cr13Ni4Mo		550	750	15	35	50	221~294	
ZG06Cr13Ni5Mo		550	750	15	35	40	221~294	
ZG06Cr16Ni5Mo		550	750	15	35	40	221~294	
ZG04Cr13-Ni4Mo	HT1①	580	780	18	50	80	221~294	
	HT2②	830	900	12	35	35	294~350	
ZG04Cr13-Ni5Mo	HT1①	580	780	18	50	80	221~294	
	HT2②	830	900	12	35	35	294~350	

注：1. 本表中牌号为ZG15Cr13、ZG20Cr13、ZG15Cr13Ni1铸钢的力学性能，适用于壁厚小于或等于150mm的铸件。牌号为ZG10Cr13Ni1Mo、ZG06Cr13Ni4Mo、ZG06Cr13Ni5Mo、ZG06Cr16Ni5Mo、ZG04Cr13Ni4Mo、ZG04Cr13Ni5Mo的铸钢，适用于壁厚小于或等于300mm的铸件。

2. ZG04Cr13Ni4Mo（HT2）、ZG04Cr13Mi5Mo（HT2）用于大中型铸焊结构铸件时，供需双方应另行商定。

3. 需方要求做低温冲击试验时，其技术要求由供需双方商定。其中，ZG06Cr16Ni5Mo、ZG06Cr13Ni4Mo、ZG04Cr13Ni4Mo、ZG06Cr13Ni5Mo和ZG04Cr13Ni5Mo温度为0℃的冲击吸收功应符合本表规定。

① 回火温度应在600~650℃。

② 回火温度应在500~550℃。

3.2.3　碳素结构钢和低合金结构钢牌号和性能

3.2.3.1　碳素结构钢（表 3-20）

表 3-20　碳素结构钢的力学性能(摘自 GB/T 700—2006)

牌号	等级	拉伸试验													冲击试验		应用举例
		下屈服强度 R_{eL}/MPa						R_m /MPa	断后伸长率 A(%)						温度 /℃	A_{KV} (纵向) /J	
		钢材厚度(直径)/mm							钢材厚度(直径)/mm								
		≤16	>16 ~ 40	>40 ~ 60	>60 ~ 100	>100 ~ 150	>150		≤16	>16 ~ 40	>40 ~ 60	>60 ~ 100	>100 ~ 150	>150			
		≥							≥							≥	
Q195		195	185					315 ~ 390	33	32							受较轻载荷的零件、冲压件和焊接件
Q215	A	215	205	195	185	175	165	335 ~ 410	31	30	29	28	27	26			垫圈、焊接件和渗碳零件
	B														20	27	
Q235	A	235	225	215	205	195	185	375 ~ 460	26	25	24	23	22	21			金属结构件,焊接件、螺栓、螺母,C、D级用于重要的焊接构件,可作渗碳零件,但心部强度低
	B														20	27	
	C														0		
	D														−20		
Q275		275	265	255	245	235	225	490 ~ 610	20	19	18	17	16	15			轴、吊钩等零件,焊接性能尚可

注：1. 牌号 Q195 的屈服点仅供参考，不作为交货条件。

2. 进行拉伸试验时，钢板和钢带应取横向试样。允许伸长率比表中的值降低 1%（绝对值）。型钢应取纵向试样。

3. 用沸腾钢轧制各牌号的 B 级钢材，其厚度（直径）一般不大于 25mm。

4. 冲击试样的纵向轴线应平行于轧制方向。

3.2.3.2　优质碳素结构钢（表 3-21 和表 3-22）

表 3-21　优质碳素结构钢的力学性能(摘自 GB/T 699—1999)

钢号	热处理	截面尺寸 /mm	力学性能					交货状态 HBW		特性和用途
			σ_b	σ_s ($\sigma_{0.2}$)	δ_5	ψ	A_{KU}	未热处理	退火钢	
			MPa		%		J			
			≥					≤		
08F	正火	试样毛坯 25	295	175	35	60		131		强度低,塑性、韧度较高,冲压性能好,焊接性能好。用于塑性好的零件,如管子、垫片,套筒等
08			325	195	33	60		131		
10F			315	185	33	55		137		
10			335	205	31	55		137		冷压成形好,焊接性能好。用于制造垫片,铆钉等
15F			355	205	29	55		143		塑性好。用作垫片,管子,短轴,螺栓等

（续）

钢号	热处理	截面尺寸/mm	力学性能					交货状态HBW		特性和用途
			σ_b	σ_s（$\sigma_{0.2}$）	δ_5	ψ	A_{KU}	未热处理	退火钢	
			MPa		%		J			
			≥					≤		
15	正火	试样毛坯25	375	225	27	55		143		用于受力不大韧性要求较高的零件，渗碳零件、紧固件，如螺栓、化工容器、蒸汽锅炉等
20	正火	试样毛坯25	410	245	25	55		156		用于受力小而要求韧性高的零件，如螺钉，轴套，吊钩等；渗碳，碳氮共渗零件
25	正火	试样毛坯25	450	275	23	50	71	170		特性与20钢相似，焊接性能好，无回火脆性倾向。用于制造焊接设备，承受应力小的零件，如轴、垫圈、螺栓、螺母等
30	正火	试样毛坯25	490	295	21	50	63	179		截面尺寸小时，淬火并回火后呈索氏体组织，从而获得良好的强度和韧性的综合性能。用于制造螺钉、拉杆、轴、机座等
35	正火	试样毛坯25	530	315	20	45	55	197		截面尺寸小时，淬火并回火后呈索氏体组织，从而获得良好的强度和韧性的综合性能。用于制造螺钉、拉杆、轴、机座等
40	正火	试样毛坯25	570	335	19	45	47	217	187	有较高的强度，加工性好，冷变形时塑性中等，焊接性差，焊前须预热，焊后应热处理，大多在正火和调质状态下使用
45	正火	试样毛坯25	600	355	16	40	39	229	197	强度较高，韧性和塑性尚好，焊接性能差，水淬时有形成裂纹倾向，应用广泛。截面小时调质处理，截面较大时正火处理，也可表面淬火。用作齿轮、蜗杆、键、轴、销、曲轴等
50	正火	试样毛坯25	630	375	14	40	31	241	207	强度高、韧性和塑性较差，焊接性能差，水淬时有形成裂纹倾向，切削性能中等。一般经正火或调质处理。用于制作要求高强度零件
55	正火	试样毛坯25	645	380	13	35		255	217	强度高、韧性和塑性较差，焊接性能差，水淬时有形成裂纹倾向，切削性能中等。一般经正火或调质处理。用于制作要求高强度零件
60	正火	试样毛坯25	675	400	12	35		255	229	强度、硬度和弹性均高，切削性和焊接性差，水淬有裂纹倾向，小零件才能进行淬火，大零件多采用正火。用作轴、弹簧、钢丝绳等
65	正火	试样毛坯25	695	410	10	30		255	229	淬透性差，水淬有裂纹倾向，在淬火、中温回火状态下，用作气门弹簧，弹簧垫圈等。在正火状态下，制造耐磨性要求高的零件，如轴、凸轮、钢丝绳等
70	正火	试样毛坯25	715	420	9	30		269	229	淬透性差，水淬有裂纹倾向，在淬火、中温回火状态下，用作气门弹簧，弹簧垫圈等。在正火状态下，制造耐磨性要求高的零件，如轴、凸轮、钢丝绳等
75	820℃淬火，480℃回火	试样	1080	880	7	30		285	241	强度高，弹性略低于70钢，淬透性较差。用作截面小（≤20mm），受力较小的螺旋和板弹簧及耐磨零件
80	820℃淬火，480℃回火	试样	1080	930	6	30		285	241	强度高，弹性略低于70钢，淬透性较差。用作截面小（≤20mm），受力较小的螺旋和板弹簧及耐磨零件
85	820℃淬火，480℃回火	试样	1130	980	6	30		302	255	强度高，弹性略低于70钢，淬透性较差。用作截面小（≤20mm），受力较小的螺旋和板弹簧及耐磨零件

表 3-22　较高合锰量优质碳素结构钢的力学性能（摘自 GB/T 699—1999）

钢号	热处理	截面尺寸/mm	力学性能					交货状态 HBW		特性和用途
			σ_b	σ_s ($\sigma_{0.2}$)	δ_5	ψ	A_{kU}	未热处理	退火钢	
			MPa		%		J			
			≥					≤		
15Mn	正火	试样毛坯 25	410	245	26	55		163		属于高锰低碳渗碳钢，焊接性尚可，淬透性、强度和塑性比 15 钢高。用以制造心部力学性能要求高的渗碳零件，如凸轮轴、齿轮等
20Mn			450	275	24	50		197		
25Mn			490	295	22	50	71	207		
30Mn			540	315	20	45	63	217	187	淬透性比相应的碳钢高，冷变形时塑性尚好，切削性能好，一般在正火状态下使用。用以制造螺栓、螺母、轴等
35Mn			560	335	19	45	55	229	197	
40Mn			590	355	17	45	47	229	207	切削性能好，冷变形时的塑性中等，焊接性不好。用于制造在高应力或变应力下工作的零件，如轴、螺钉等
45Mn			620	375	15	40	39	241	217	焊接性较差。用作耐磨零件，如转轴、心轴、齿轮、螺栓、螺母、花键轴、凸轮轴、曲轴等
50Mn			645	390	13	40	31	255	217	用于制造耐磨性要求很高、承受高载荷的热处理零件，如齿轮、齿轮轴、摩擦盘等
60Mn			695	410	11	35		269	229	淬透性较碳素弹簧钢好，脱碳倾向小；易产生淬火裂纹，并有回火脆性。用于制造弹簧、发条等
65Mn	正火	试样毛坯 25	735	430	9	30		285	229	淬透性较大，脱碳倾向小，易产生淬火裂纹，有回火脆性。用于制造较大尺寸的弹簧、发条、切刀等
70Mn			785	450	8	30		285	229	弹簧圈、盘簧、止推环、离合器盘、锁紧圈

注：1. 本标准适用于直径或厚度≤250mm 的优质碳素结构钢热轧和锻制条钢（圆钢、方钢、扁钢、六角钢等），其化学成分也适用于钢锭、钢坯及其制品。

2. 表中所列的力学性能仅适用于截面尺寸不大于 80mm 的钢材。对大于 80mm 的钢材，允许其伸长率（δ_5）、断面收缩率（ψ）较表中规定分别降低 2 个单位及 5 个单位。用尺寸大于 80～120mm 的钢材改锻（轧）成 70～80mm 的试料取样检验时，其试验结果应符合表中的规定。用尺寸大于 120～250mm 的钢材改锻（轧）成 90～100mm 的试料取样检验时，其试验结果应符合表中的规定。

3. 对直径小于 16mm 的圆钢和厚度小于 12mm 的方钢、扁钢，不作冲击吸收功试验。

4. 对直径或厚度小于 25mm 的钢材，热处理是在与成品截面尺寸相同的试样毛坯上进行。

5. GB/T 699 规定的力学性能系用正火毛坯制成的试样测定的纵向力学性能（不包括冲击韧度）。25～55 钢，25Mn～50Mn 钢的冲击韧度，系用热处理（淬火＋回火）毛坯制成试样测定，根据需方要求才测定。氧气转炉钢的冲击吸收功值应符合表中的规定。75 钢、80 钢及 85 钢的力学性能，是用留有加工余量的试样进行热处理（淬火＋回火）而得。

3.2.3.3　低合金高强度结构钢（表 3-23）

表 3-23　低合金高强度结构钢的力学性能（摘自 GB/T 1591—2008）

牌号	质量等级	拉伸试验																夏比（V 型）冲击试验
		以下公称厚度（直径，边长）下屈服强度 R_{eL}/MPa						以下公称厚度（直径，边长）抗拉强度 R_m/MPa					断后伸长率 A(%) 公称厚度（直径，边长）				冲击吸收能量 KV_2/J（直径，边长）
		≤16mm	>16～40mm	>40～63mm	>63～80mm	>80～100mm	>100～150mm	≤40mm	>40～63mm	>63～80mm	>80～100mm	>100～150mm	≤40mm	>40～63mm	>63～100mm	>100～150mm	42～150mm
Q345	A、B	≥345	≥335	≥325	≥315	≥305	≥285	470～630	470～630	470～630	470～630	450～600	≥20	≥19	≥19	≥18	34
	C、D、E												≥21	≥20	≥20	≥19	

（续）

<table>
<tr><th rowspan="4">牌号</th><th rowspan="4">质量等级</th><th colspan="15">拉伸试验</th><th colspan="2">夏比(V型)冲击试验</th></tr>
<tr><th colspan="6" rowspan="2">以下公称厚度(直径,边长)
下屈服强度 R_{eL}/MPa</th><th colspan="5" rowspan="2">以下公称厚度(直径,边长)
抗拉强度 R_m/MPa</th><th colspan="4">断后伸长率 A(%)</th><th colspan="2" rowspan="2">冲击吸收能量 KV_2/J
(直径,边长)</th></tr>
<tr><th colspan="4">公称厚度(直径,边长)</th></tr>
<tr><th>≤16mm</th><th>>16~40mm</th><th>>40~63mm</th><th>>63~80mm</th><th>>80~100mm</th><th>>100~150mm</th><th>≤40mm</th><th>>40~63mm</th><th>>63~80mm</th><th>>80~100mm</th><th>>100~150mm</th><th>≤40mm</th><th>>40~63mm</th><th>>63~100mm</th><th>>100~150mm</th><th colspan="2">42~150mm</th></tr>
<tr><td>Q390</td><td>A、B、C
D、E</td><td>≥390</td><td>≥370</td><td>≥350</td><td>≥330</td><td>≥330</td><td>≥310</td><td>490~650</td><td>490~650</td><td>490~650</td><td>490~650</td><td>470~620</td><td>≥20</td><td>≥19</td><td>≥19</td><td>≥18</td><td colspan="2">34</td></tr>
<tr><td>Q420</td><td>A、B、C
D、E</td><td>≥420</td><td>≥400</td><td>≥380</td><td>≥360</td><td>≥360</td><td>≥340</td><td>520~680</td><td>520~680</td><td>520~680</td><td>520~680</td><td>500~650</td><td>≥19</td><td>≥18</td><td>≥18</td><td>≥18</td><td colspan="2">34</td></tr>
<tr><td>Q460</td><td>C、D、E</td><td>≥460</td><td>≥440</td><td>≥420</td><td>≥400</td><td>≥400</td><td>≥380</td><td>550~720</td><td>550~720</td><td>550~720</td><td>550~720</td><td>530~700</td><td>≥17</td><td>≥16</td><td>≥16</td><td>≥16</td><td colspan="2">34</td></tr>
<tr><td rowspan="3">Q500</td><td rowspan="3">C、D、E</td><td rowspan="3">≥500</td><td rowspan="3">≥480</td><td rowspan="3">≥470</td><td rowspan="3">≥450</td><td rowspan="3">≥400</td><td rowspan="3">—</td><td rowspan="3">610~770</td><td rowspan="3">600~760</td><td rowspan="3">590~750</td><td rowspan="3">540~730</td><td rowspan="3">—</td><td rowspan="3">≥17</td><td rowspan="3">≥17</td><td rowspan="3">≥17</td><td rowspan="3"></td><td>0</td><td>55</td></tr>
<tr><td>-20</td><td>47</td></tr>
<tr><td>-40</td><td>31</td></tr>
<tr><td rowspan="3">Q550</td><td rowspan="3">C、D、E</td><td rowspan="3">≥550</td><td rowspan="3">≥530</td><td rowspan="3">≥520</td><td rowspan="3">≥500</td><td rowspan="3">≥490</td><td rowspan="3">—</td><td rowspan="3">670~830</td><td rowspan="3">620~810</td><td rowspan="3">600~790</td><td rowspan="3">590~780</td><td rowspan="3">—</td><td rowspan="3">≥16</td><td rowspan="3">≥16</td><td rowspan="3">≥16</td><td rowspan="3"></td><td>0</td><td>55</td></tr>
<tr><td>-20</td><td>47</td></tr>
<tr><td>-40</td><td>31</td></tr>
</table>

注：1. GB/T 1591—2008 适用于一般结构和工程用低合金高强度结构钢钢板、钢带、型钢和钢棒等，钢材的尺寸规格应符合相关产品标准规定。钢材以热轧、正火轧制或正火加回火、热机械轧制（TMCP）或热机械轧制加回火状态交货。

2. 当需方要求时，可做弯曲试验，并应符合 GB/T 1591—2008 的规定。

3. 冲击试验取纵向试样。

4. 质量等级与冲击试验温度的关系：A—常温；B—20℃；C—0℃；D—-20℃；E—-40℃。

3.2.3.4 非调质钢

非调质钢（GB/T 15712—2008）是为了节约能源而开发的不需要进行调质处理的钢材。它是在碳素结构钢或合金结构钢中加入微量的 V、Ti、Nb、N 等元素，进行“微合金化”。用它制造的机械零件，锻造以后控制冷却，即可得到要求的力学性能，直接使用，省去热处理的步骤。国外 30% 以上的汽车零件已经采用非调质钢。国内汽车也使用了大量的非调质钢。我国非调质钢的牌号和化学成分见表 3-24，力学性能见表 3-25。

按国家标准 GB/T 1571.2—2008 的规定，非调质钢材按使用加工方法分为两类：

（1）直接切削加工用非调质机械结构钢 UC　直径或边长不大于 60mm 钢材的力学性能应符合表 3-25 的规定，直径不大于 16mm，或边长不大于 12mm 的方钢不作冲击试验，直径或边长大于 60mm 的钢材力学性能由供需双方协商。

（2）热压力加工用非调质机械结构钢 UHP　根据供需双方要求可检验力学性能及硬度，其试验方法和验收指标由供需双方协商。但直径不小于 60mm 的 F12Mn2VBS 钢，应先改锻成直径 30mm 圆径，经 450~650℃回火，其力学性能应符合抗拉强度 R_m≥685MPa，下屈服强度 R_{eL}≥490MPa，断后伸长率 A≥16%，断面收缩率 Z≥45%。

表 3-24　非调质钢的化学成分（摘自 GB/T 15712—2008）

序号	统一数字代号	牌号	化学成分(质量分数,%)									
			C	Si	Mn	S	P	V	Cr	Ni	Cu②③	其他③
1	L22358	F35VS	0.32~0.39	0.20~0.40	0.60~1.00	0.035~0.075	≤0.035	0.06~0.13	≤0.03	≤0.03	≤0.03	
2	L22408	F40VS	0.37~0.44	0.20~0.40	0.60~1.00	0.035~0.075	≤0.035	0.06~0.13	≤0.03	≤0.03	≤0.03	
3	L22468	F45VS①	0.42~0.49	0.20~0.40	0.60~1.00	0.035~0.075	≤0.035	0.06~0.13	≤0.03	≤0.03	≤0.03	

（续）

序号	统一数字代号	牌号	化学成分（质量分数，%）									
			C	Si	Mn	S	P	V	Cr	Ni	Cu②③	其他③
4	L22308	F30MnVS	0.26～0.33	≤0.80	1.20～1.60	0.035～0.075	≤0.035	0.08～0.15	≤0.03	≤0.03	≤0.03	
5	L22378	F35MnVS①	0.32～0.39	0.30～0.60	1.00～1.50	0.035～0.075	≤0.035	0.06～0.13	≤0.03	≤0.03	≤0.03	
6	L22388	F38MnVS	0.34～0.41	≤0.80	1.20～1.60	0.035～0.075	≤0.035	0.08～0.15	≤0.03	≤0.03	≤0.03	
7	L22428	F40MnVS①	0.37～0.44	0.30～0.60	1.00～1.50	0.035～0.075	≤0.035	0.06～0.13	≤0.03	≤0.03	≤0.03	
8	L22478	F45MnVS	0.42～0.49	0.30～0.60	1.00～1.50	0.035～0.075	≤0.035	0.06～0.13	≤0.03	≤0.03	≤0.03	
9	L22498	F49MnVS	0.44～0.52	0.15～0.60	0.70～1.00	0.035～0.075	≤0.035	0.08～0.15	≤0.03	≤0.03	≤0.03	
10	L27128	F12Mn2VBS	0.09～0.16	0.30～0.40	2.20～2.65	0.035～0.075	≤0.035	0.06～0.12	≤0.03	≤0.03	≤0.03	B 0.001～0.004

① 当硫含量只有上限要求时，牌号尾部不加“S”。

② 热压力加工用钢的铜含量不大于 0.20%。

③ 为了保证钢材的力学性能，允许钢中添加氮推荐含氮量为 0.008%～0.020%。

表 3-25　直接切削加工用非调质机械结构钢的力学性能（摘自 GB/T 15712—2008）

序号	统一数字代号	牌号	钢材直径或边长/mm	抗拉强度 R_m/(MPa)	下屈服强度 R_{eL}/(MPa)	断后伸长率 A(%)	断面收缩率 Z(%)	冲击吸收功能量 KU_2/J
1	L22358	F35VS	≤40	≥590	≥390	≥18	≥40	≥47
2	L22408	F40VS	≤40	≥640	≥420	≥16	≥35	≥37
3	L22468	F45VS	≤40	≥685	≥440	≥15	≥30	≥36
4	L22308	F30MnVS①	≤60	≥700	≥450	≥14	≥30	实测
5	L22378	F35MnVS	≤40	≥735	≥460	≥17	≥35	≥37
			>40～60	≥710	≥440	≥15	≥33	≥35
6	L22388	F38MnVS①	≤60	≥800	≥520	≥12	≥25	实测
7	L22428	F40MnVS	≤40	≥785	≥>490	≥15	≥33	≥32
			>40～60	≥760	≥470	≥13	≥30	≥28
8	L22478	F45MnVS	≤40	≥835	≥510	≥13	≥28	≥28
			>40～60	≥810	≥490	≥12	≥28	≥25
9	L22498	F49MnVS①	≤60	≥780	≥450	≥8	≥20	实测

① F30MnVS、F38MnVS、F49MnVS 钢的冲击吸收能量报实测数据，不作判定依据。

3.2.4　合金钢（表 3-26）

表 3-26　合金结构钢的力学性能（摘自 GB/T 3077—1999）

钢号	热处理					试样毛坯尺寸/mm	力学性能					供应状态硬度HBW	特性和用途
	淬火			回火			σ_b	σ_s	δ_5	ψ	A_{KU}		
	温度/℃		冷却剂	温度/℃	冷却剂		MPa		%		J		
	第一次淬火	第二次淬火					≥						
20Mn2	850 880		水、油 水、油	200 440	水、空 水、空	15	785 785	590 590	10	40	47	≤187	截面较小时，相当于 20Cr 钢。渗碳后 56～62HRC

（续）

钢号	热处理					试样毛坯尺寸/mm	力学性能					供应状态硬度HBW	特性和用途
	淬火			回火			σ_b	σ_s	δ_5	ψ	A_{KU}		
	温度/℃		冷却剂	温度/℃	冷却剂		MPa		%		J		
	第一次淬火	第二次淬火					≥						
30Mn2	840		水	500	水	25	785	635	12	45	63	≤207	用作冷墩的螺栓及截面较大的调质零件
35Mn2	840		水	500	水	25	835	685	12	45	55	≤207	截面小时（≤15mm）与40Cr相当。表面淬火硬度40～50HRC
40Mn2	840		水	540	水	25	885	735	12	45	55	≤217	直径在50mm以下时可代替40Cr作重要螺栓及零件
45Mn2	840		油	550	水、油	25	885	735	10	45	47	≤217	强度，耐磨性和淬透性较高，调质后有良好的综合力学性能
50Mn2	820		油	550	水、油	25	930	785	9	40	39	≤229	用于汽车花键轴，重型机械的齿轮，直径<80mm可代替45Cr
20MnV	880		水、油	200	水、空	15	785	590	10	40	55	≤187	相当于20CrNi，渗碳钢
27SiMn	920		水	450	水、油	25	980	835	12	40	39	≤217	低淬透性调质钢。用于要求高韧性和耐磨性的热冲压件，也可正火或热轧状态下使用
35SiMn	900		水	570	水、油	25	885	735	15	45	47	≤229	低温冲击韧度要求不高时可代替40Cr作调质件，耐磨性较好
42SiMn	880		水	590	水	25	885	735	15	40	47	≤229	制造截面较大需表面淬火的零件，如齿轮、轴等
20SiMn2MoV	900		油	200	水、空	试样	1380		10	45	55	≤269	可代替调质状态下使用的合金钢35CrMo、35CrNi3MoA等
25SiMn2MoV	900		油	200	水、空	试样	1470		10	40	47	≤269	
37SiMn2MoV	870		水、油	650	水、空	25	980	835	12	50	63	≤269	有较高的淬透性，综合力学性能好，低温韧性良好，高温强度高
40B	840		水	550	水	25	785	635	12	45	55	≤207	可代替40Cr作要求不高的小尺寸零件
45B	840		水	550	水	25	835	685	12	45	47	≤217	淬透性、强度、耐磨性稍高于45钢，可代40Cr作小尺寸零件
50B	840		油	600	空	20	785	540	10	45	39	≤207	主要用于代替50、50Mn及50Mn2
40MnB	850		油	500	水、油	25	980	785	10	45	47	≤207	性能接近40Cr，常用于制造汽车等中小截面的重要调质件

（续）

钢　号	热　处　理					试样毛坯尺寸/mm	力学性能					供应状态硬度HBW	特性和用途
	淬　火			回　火			σ_b	σ_s	δ_5	ψ	A_{KU}		
	温度/℃		冷却剂	温度/℃	冷却剂		MPa		%		J		
	第一次淬火	第二次淬火					≥						
45MnB	340		油	500	水、油	25	1030	835	9	40	39	≤217	代替 40Cr、45Cr 制造中、小截面调质件和高频淬火件等
20MnMoB	880		油	200	油、空	15	1080	885	10	50	55	≤207	代替 20CrMnTi 和 12CrNi3A
15MnVB	860		油	200	水、空	15	885	635	10	45	55	≤207	淬火低温回火后制造重要螺栓，如汽车连杆螺栓、气缸盖螺栓等
20MnVB	860		油	200	水、空	15	1080	885	10	45	55	≤207	代替 20CrMnTi、20CrNi、20Cr 制造中小尺寸渗碳件
40MnVB	850		油	520	水、油	25	980	785	10	45	47	≤207	调质后综合力学性能优于 40Cr，用于代替 40Cr、42CrMo、40CrNi 制造汽车和机床上的重要调质件，如轴、齿轮等
20MnTiB	860		油	200	水、空	15	1130	930	10	45	55	≤187	代替 20CrMnTi 制造要求较高的渗碳件，如汽车上截面较小、中等载荷的齿轮
25MnTiBRE	860		油	200	水、空	试样	1380		10	40	47	≤229	可代 20CrMnTi、20CrMnMo、20CrMo，广泛用于中等载荷渗碳件，如齿轮，使用性能优于 20CrMnTi
15Cr	880	780 ~ 820	水、油	200	水、空	15	735	490	11	45	55	≤179	制造截面小于 30mm、形状简单、要求耐磨的渗碳或氰化件，如齿轮、凸轮、活塞销等、渗碳表面硬度 56 ~ 62HRC
15CrA	880	770 ~ 820	水、油	180	油、空	15	685	490	12	45	55	≤179	
20Cr	880	780 ~ 820	水、油	200	水、空	15	835	540	10	40	47	≤179	
30Cr	860		油	500	水、油	25	885	685	11	45	47	≤187	用于磨损及冲击载荷下工作的重要零件，如轴、滚子、齿轮及重要螺栓等
35Cr	860		油	500	水、油	25	930	735	11	45	47	≤207	
40Cr	850		油	520	水、油	25	980	785	9	45	47	≤207	调质后有良好的综合力学性能，应用广泛，表面淬火硬度 48 ~ 55HRC
45Cr	840		油	520	水、油	25	1030	835	9	40	39	≤217	用作拖拉机齿轮，柴油机连杆、螺栓等
50Cr	830		油	520	水、油	25	1080	930	9	40	39	≤229	用于强度和耐磨性要求高的轴，齿轮等

（续）

钢号	热处理					试样毛坯尺寸/mm	力学性能					供应状态硬度HBW	特性和用途
	淬火			回火			σ_b	σ_s	δ_5	ψ	A_{KU}		
	温度/℃		冷却剂	温度/℃	冷却剂		MPa		%		J		
	第一次淬火	第二次淬火					≥						
12CrMo	900		空	650	空	30	410	265	24	60	110	≤179	用于蒸汽温度达510℃的主汽管，管壁温度≤540℃的蛇形管、导管
15CrMo	900		空	650	空	30	440	295	22	60	94	≤179	
20CrMo	880		水、油	500	水、油	15	885	685	12	50	78	≤197	500℃以下有足够的高温强度，焊接性能好，用于轴、活塞连杆等
30CrMo	880		水、油	540	水、油	25	930	785	12	50	63	≤229	550℃以下有较高强度，用于制造管道、主轴、高载荷螺栓等
30CrMoA	880		油	540	水、油	15	930	735	12	50	71	≤229	
35CrMo	850		油	550	水、油	25	980	835	12	45	63	≤229	淬透性好，用作大截面齿轮和汽轮发电机主轴、锅炉上400℃以下的螺栓
42CrMo	850		油	560	水、油	25	1080	930	12	45	63	≤217	淬透性比35CrMo高，低温冲击韧度好
12CrMoV	970		空	750	空	30	440	225	22	50	78	≤241	用于蒸汽温度达540℃的热力管道
35CrMoV	900		油	630	水、油	25	1080	930	10	50	71	≤241	用作承受高应力的零件
12Cr1MoV	970		空	750	空	30	490	245	22	50	71	≤179	抗氧化性与热强度比12CrMoV好
25Cr2MoVA	900		油	640	空	25	930	785	14	55	63	≤241	汽轮机整体转子套筒、主汽阀，蒸汽温度在530℃以下的螺栓
25Cr2Mo1VA	1040		空	700	空	25	735	590	16	50	47	≤241	蒸汽温度在565℃的汽轮机前气缸、螺栓等
38CrMoAl	940		水、油	640	水、油	30	980	835	14	50	71	≤229	高级氮化钢，渗氮后表面硬度达1000～1200HV
40CrV	880		油	650	水、油	25	885	735	10	50	71	≤241	用作重要零件，如曲轴、齿轮等
50CrVA	860		油	500	水、油	25	1280	1130	10	40		≤255	蒸汽温度<400℃的重要零件及大型弹簧
15CrMn	880		油	200	水、空	15	785	590	12	50	47	≤179	用作齿轮、蜗杆、塑料模具
20CrMn	850		油	200	水、空	15	930	735	10	45	47	≤187	用作无级变速器、摩擦轮、齿轮与轴
40CrMn	840		油	550	水、油	25	980	835	9	45	47	≤229	用作在高速与高载荷下工作的齿轮、轴
20CrMnSi	880		油	480	水、油	25	785	635	12	45	55	≤207	用于制造要求强度较高的焊接件

（续）

钢　号	热　处　理					试样毛坯尺寸/mm	力　学　性　能					供应状态硬度HBW	特性和用途
	淬　火			回　火			σ_b	σ_s	δ_5	ψ	A_{KU}		
	温度/℃		冷却剂	温度/℃	冷却剂		MPa		%		J		
	第一次淬火	第二次淬火					≥						
25CrMnSi	880		油	480	水、油	25	1080	885	10	40	39	≤217	用于制造重要的焊接件和冲压件
30CrMnSi	880		油	520	水、油	25	1080	885	10	45	39	≤229	淬透性好，用于在振动载荷下工作的焊接结构和铆接结构
30CrMnSiA	880		油	540	水、油	25	1080	835	10	45	39	≤229	
35CrMnSiA	950	890	油	230	空、油	试样	1620	1280	9	40	31	≤241	用于制造重载荷、中等转速的高强度零件
20CrMnMo	850		油	200	水、空	15	1180	885	10	45	55	≤217	高级渗碳钢，渗碳淬火后表面硬度56～62HRC
40CrMnMo	850		油	600	水、油	25	980	785	10	45	63	≤217	高级调质钢，适宜制造截面较大的重载荷齿轮、齿轮轴、轴类零件
20CrMnTi	880	870	油	200	水、空	15	1080	850	10	45	55	≤217	用作渗碳淬火零件，性能好，使用广泛
30CrMnTi	880	850	油	200	水、空	试样	1470		9	40	47	≤229	用于渗碳钢，强度和淬透性高，冲击韧度略低
20CrNi	850		水、油	460	水、油	25	785	590	10	50	63	≤197	高载荷下工作的重要渗碳件
40CrNi	820		油	500	水、油	25	980	785	10	45	55	≤241	低温冲击韧度高，用于制造轴、齿轮等
45CrNi	820		油	530	水、油	25	980	785	10	45	55	≤255	性能基本与40CrNi相同，但具有更高的强度和淬透性，可用来制造截面尺寸较大的零件
50CrNi	820		油	500	水、油	25	1080	835	8	40	39	≤255	
12CrNi2	860	780	水、油	200	水、空	15	785	590	12	50	63	≤207	适用中、小型渗碳件，如齿轮、花键轴、活塞销等
12CrNi3	860	780	油	200	水、空	15	930	685	11	50	71	≤217	用于要求强度高、表面硬度高、韧度高的渗碳件
20CrNi3	830		水、油	480	水、油	25	930	735	11	55	78	≤241	有好的综合力学性能，用于高载荷零件
30CrNi3	820		油	500	水、油	25	980	785	9	45	63	≤241	淬透性较好，用于重要的较大截面的零件
37CrNi3	820		油	500	水、油	25	1130	980	10	50	47	≤269	用于大截面、高载荷、受冲击的重要调质零件
12Cr2Ni4	860	780	油	200	水、空	15	1080	835	10	50	71	≤269	用于截面较大、载荷较高的重要渗碳件，如齿轮、蜗杆等
20Cr2Ni4	880	780	油	200	水、空	15	1180	1080	10	45	63	≤269	性能与12Cr2Ni4相近，韧性、淬透性较好

（续）

钢　号	热处理					试样毛坯尺寸/mm	力学性能					供应状态硬度HBW	特性和用途
	淬火			回火			σ_b	σ_s	δ_5	ψ	A_{KU}		
	温度/℃		冷却剂	温度/℃	冷却剂		MPa		%		J		
	第一次淬火	第二次淬火					≥						
20CrNiMo	850		油	200	空	15	980	785	9	40	47	≤197	制造心部韧度要求较高的渗碳件，如矿山牙轮钻头的牙爪与牙轮体
40CrNiMoA	850		油	600	水、油	25	980	835	12	55	78	≤269	低温冲击韧度很高，中等淬透性。用于锻造机的传动偏心轴、锻压机的曲轴等
45CrNiMoVA	860		油	460	油	试样	1470	1330	7	35	31	≤269	淬透性较高，主要用于承受高载荷的零件
18Cr2Ni4WA	950	850	空	200	水、空	15	1180	835	10	45	78	≤269	用于大截面、高强度而缺口敏感性低的重要渗碳件，如大齿轮、花键轴等
25Cr2Ni4WA	850		油	550	水、油	25	1080	930	11	45	71	≤269	有优良的低温冲击韧度及淬透性，用于高载荷的调质件，如汽轮机主轴、叶轮等

注：1. GB/T 3077—1999 标准适用于直径或厚度不大于250mm的合金结构钢热轧和锻制条钢。

2. GB/T 3077—1999 标准中的力学性能系试样毛坯（其截面尺寸列于表中）经热处理后，制成试样测出钢材的纵向力学性能，该性能适用于截面尺寸小于或等于80mm的钢材。尺寸81～100mm的钢材，允许偏差其伸长率、断面收缩率及冲击吸收功较表中规定分别降低1个单位、5个单位及5%；尺寸101～150mm的钢材，允许偏差三者分别降低2个单位、10个单位及10%；尺寸151～250mm的钢材，允许偏差三者分别降低3个单位、15个单位及15%。尺寸大于80mm的钢材改锻（轧）成70～80mm的试样取样检验时，其结果应符合表中规定。

3. 对于GB/T 3077—1999钢材，以热处理（正火、退火或高温回火）或不热处理状态交货，交货状态应在合同中注明。表中供应状态硬度为退火或高温回火供应状态的硬度。

4. GB/T 3077—1999 标准规定，磷、硫及残余铜的含量，应符合下列质量分数（%，≤）：

	P	S	Cu	Cr	Ni
优质钢	0.035	0.035	0.30	0.30	0.30
高级优质钢	0.025	0.025	0.25	0.30	0.30（牌号后加A）
特级优质钢	0.025	0.015	0.25	0.30	0.30（牌号后加E）

5. 试样毛坯栏中为“试样”者，表示力学性能直接由“试样”经热处理后所得，拉力试验的试样直径一般为10mm，最大为25mm。

6. 表中所列热处理温度的允许范围是：淬火±15℃，低温回火±30℃，高温回火±50℃。

3.2.5 特殊用途钢

3.2.5.1 滚动轴承钢（表3-27）

表3-27　滚动轴承钢的力学性能、特点和应用

牌　号		热处理			力学性质		特性和应用
		淬火温度/℃	冷却剂	淬火温度/℃	α_{KU} /(J/cm²)	硬度HRC	
高碳铬轴承钢 GB/T 18254—2002	GCr4						低铬轴承钢（铬的质量分数0.35%～0.50%）耐磨性比相同含碳量的碳素工具钢高，加工性能尚好，用于载荷不大、形状简单的钢球和滚子

（续）

牌号		热处理			力学性质		特性和应用
		淬火温度/℃	冷却剂	淬火温度/℃	α_{KU}/(J/cm²)	硬度 HRC	
高碳铬轴承钢 GB/T 18254—2002	GCr15	825～850	油	150～170	5.4～8.4	61～65	高碳铬轴承钢的代表性钢种，综合性能好，耐磨性好，接触疲劳强度高，但焊接性能差，有回火脆性。用于制造厚度≤12mm，外径≤250mm 的各种滚动轴承套圈，也用于制造机械零件如滚珠导轨，滚珠螺旋等
	GCr15SiMn	820～845	油	150～170		62	其淬透性、弹性极限、耐磨性等比 GCr15 高，加工性能稍差，焊接性能不好。用于制造大尺寸的轴承套圈，轴承零件的工作温度低于 180℃，还可以用于制造模具、量具、丝锥等
	GCr15SiMo	860	油	200		62	其淬透性、耐磨性比 GCr15 高，综合性能好，其他性能相近。用于制造大尺寸的轴承套圈、滚动体，还可以用于制造模具、精密量具和要求耐磨性的机械零件
	GCr18Mo	870～875	油	150～200		56～60	其淬透性比 GCr15 高，其他性能相近。用于制造厚度≤20mm 的轴承套圈
高碳铬不锈轴承钢 GB/T 3086 2008	9Cr18	1050～1100	油	150～160		58～62	切削性和冷冲压性能良好，导热性较差。常用于制造在海水、硝酸、化工石油、原子反应堆等环境下工作的滚动轴承，工作温度不超过 250℃，也可用于医用手术刀
	9Cr18Mo	1050～1100	油	150～160		≥58	
渗碳轴承钢 GB/T 3203 1982	G20CrNiMo	880±20　790±20	油	150～200			需经两次淬火处理（下同）。用于汽车、拖拉机受冲击载荷的滚动轴承零件
	G20CrNi2Mo	880±20　800±20	油	150～200			用于汽车、拖拉机受冲击载荷的滚动轴承零件
	G20Cr2Ni4	870±20　790±20	油	150～200			用于装置受冲击载荷的特大型轴承，或受冲击载荷大、安全性要求高的中小型轴承
	G10CrNi3Mo	880±20　790±20	油	180～200			用于受冲击载荷大的中小型轴承
	G20Cr2Mn2Mo	880±20　810±20	油	180～200			制造受高冲击载荷的特大型轴承，或受冲击载荷大、安全性要求高的中小型轴承
无磁轴承钢	70Mn15CrA 13WMoV					48～50	沉淀硬化奥氏体钢，磁导率低（1.323×10^{-6} H/m 以下），强度和硬度较高

3.2.5.2　弹簧钢（表3-28）

表3-28　弹簧钢的力学性能、特点和应用（摘自GB/T 1222—2007）

牌号	热处理			力学性能　≥					特性和应用
	淬火温度/℃	冷却剂	回火温度/℃	R_{eL}/MPa	R_m/MPa	断后伸长率(%) A	断后伸长率(%) $A_{11.3}$	Z(%)	
65	840	油	500	785	980		9	35	在相同表面状态和完全淬透情况下,其疲劳强度不比合金弹簧钢差,价格低,应用广泛,屈强比(R_{eL}/R_m)比合金弹簧钢低,过载能力差,直径大于12～15mm淬透困难
70	830	油	480	835	1030		8	30	
85	820	油	480	980	1130		6	30	
65Mn	830	油	540	785	980		8	30	强度高,有回火脆性,制作较大尺寸的扁弹簧、座垫弹簧、弹簧发条、弹簧环、气门簧、冷卷簧
55CrMnA	860	油	450	1300	1450～1750		6	25	具有良好综合力学性能。用于制作汽车、拖拉机、机车车辆的板簧、螺旋弹簧、工作温度低于250℃的耐热弹簧、高应力的重要弹簧
55SiMnVB	860	油	460	1225	1375		5	30	
60Si2Mn	870	油	480	1180	1275		5	25	
60Si2MnA	870	油	440	1375	1570		5	20	
60Si2CrA	870	油	420	1570	1765	6		20	综合力学性能好、强度高、冲击韧度高。用于制作高载荷、耐冲击的重要弹簧、工作温度低于250℃的耐热弹簧
60Si2CrVA	850	油	410	1665	1860	6		20	
55CrMnA	830～860	油	460～510	$R_{p0.2}$ 1080	1225	9①		20	淬透性好,综合力学性能好。用于制作大尺寸断面、较重要的弹簧
60CrMnA	830～860	油	460～520	$R_{p0.2}$ 1080	1225	9①		20	
55CrVA	850	油	500	1130	1275	10		40	综合力学性能较高、冲击韧度良好。制作大截面(50mm)高应力螺旋弹簧,工作温度低于300℃的耐热弹簧
60CrMnBA	830～860	油	460～520	$R_{p0.2}$ 1080	1225	9		20	强度高、淬透性好、疲劳强度高、屈强比高、回火脆性不敏感,脱碳倾向小
30W4Cr2VA	1050～1100	油	600	1325	1470	7		40	强度高、耐热性好、淬透性好。用作锅炉安全阀用弹簧

注：1. 除规定热处理温度上下限外，表中热处理温度允许偏差为：淬火±20℃、回火±50℃。根据需方特殊要求，回火可按±30℃进行。

2. 30W4Cr2VA除抗拉强度外，其他性能结果供参考。

3. 表中性能适用于截面尺寸不大于80mm的钢材。大于80mm的钢材，允许偏差其断后伸长率、收缩率较表中规定分别降低1个单位及5个单位。

3.2.5.3　工具钢（表3-29和表3-30）

表3-29　碳素工具钢（摘自GB/T 1298—2008）

牌号	退火后钢的硬度HBW ≤	热处理		特性和应用
		淬火温度及冷却剂/℃	淬火后硬度HRC ≤	
T7 T7A	187	800～820水	62	淬火、回火之后有较高强度、韧度及相当的硬度,淬透性低、淬火变形大。用于制作受振动载荷、切削能力不高的各种工具,如小尺寸风动工具、木工用的凿和锯,压模、锻模、钳工工具,铆钉冲模、车床顶尖、钻头等

（续）

牌号	退火后钢的硬度 HBW ≤	热处理		特性和应用
		淬火温度及冷却剂 /℃	淬火后硬度 HRC ≤	
T8 T8A	187	780～800 水	62	经淬火回火处理后，可得较高的硬度和耐磨性，但强度和塑性不高，淬透性低，热硬性低。用于制造切刃在工作中不变热、硬度和耐磨性较高的工具，如木工铣刀、埋头钻、锪钻、斧、凿、手锯、圆锯片、简单形状的模子、冲头，软金属切削刀具，钳工装配工具，铆钉冲模，虎钳口，弹性垫圈、弹簧片、销子等
T8Mn	187	780～800 水		性能与 T8、T8A 相近，但淬透性较好。可以制造截面较大的工具
T9 T9A	192	760～780 水		性能与 T8 相近。用于制作硬度、韧性较高，但不受强烈冲击振动的工具，如锉刀、丝锥、板牙、木工工具、切草机刀片，收割机中切割零件
T10 T10A	197	760～780 水		韧性较好、强度较高、耐磨性比 T8、T9 高，但热硬度低、淬透性不高，淬火变形较大。用作刃口锋利、稍受冲击的各种工具，如车刀、刨刀、铣刀、切纸刀、冲模、冷镦模、拉丝模、卡板量具、钻头、丝锥、板牙，以及受冲击不大的耐磨零件
T11 T11A	207	760～780 水		具有较好的韧性、耐磨性和较高的强度、硬度，但淬透性低、热硬度差，淬火变形大。用于制造钻头、丝锥、板牙、锉刀、扩孔铰刀、量规、木工工具、手用金属锯条，以及形状简单的冲头和尺寸不大的冷冲模
T12 T12A	207	760～780 水		具有高硬度、高耐磨性，但韧性较低，热硬度差、淬透性不好、淬火变形大。用于制造冲击小、切削速度不高的各种高硬度工具，如铣刀、车刀、钻头、铰刀、丝锥、板牙、刮刀、刨刀、剃刀、锯片及要求高硬度的机械零件
T13 T13A	217	760～780 水		碳素工具钢中硬度和耐磨性最好，但韧性差，不能受冲击。用于制造要求高硬度不受冲击的工具，如刮刀、剃刀、拉丝工具、刻锉刀纹的工具、硬石加工用工具，雕刻用工具

表 3-30 合金工具钢（GB/T 1299—2000）

类别	牌号	交货状态 HBW	试样淬火			特性和应用
			淬火温度 /℃	冷却剂	HRC ≥	
量具刃具用钢	9SiCr	241～197	820～860	油	62	ϕ45～50mm 的工件在油中可淬透，耐磨性好，热处理变形小，但脱碳倾向较大。适用于切削不剧烈且变形小的刃具，如板牙、丝锥、钻头、铰刀、拉刀、齿轮铣刀等，还可用作冷冲模
	8MnSi	≤229	800～820	油	60	韧性、淬透性与耐磨性均优于碳素工具钢。用于制作木工凿子、锯条及其他木工工具，小尺寸热锻模与冲头，拔丝模、冷冲模及切削工具
	Cr06	241～187	780～810	水	64	淬火后的硬度和耐磨性都很高，淬透性不好，较脆。经冷轧成薄钢板后，用于制作剃刀、刀片及外科医疗刀具，也可用作刮刀、刻刀、锉刀等
	Cr2	229～179	830～860	油	62	淬火后的硬度很高，淬火变形不大，高温塑性差。用于低速、加工材料不很硬的切削刀具，如车刀、插刀、铣刀、铰刀等，还可用作量具、样板、量规、冷轧辊、钻套和拉丝模
	W	229～187	800～830	水	62	淬火后的硬度和耐磨性较碳素工具钢好，热处理变形小，水淬不易开裂。用于工作温度不高、切削速度不大的刀具，如小型麻花钻、丝锥、板牙、铰刀、锯条等

（续）

类别	牌号	交货状态 HBW	试样淬火			特性和应用
			淬火温度/℃	冷却剂	HRC ≥	
耐冲击工具用钢	4CrW2Si	217~179	860~900	油	53	高温时有较好的强度和硬度，韧性较高。适用于剪切机刀片，冲击振动较大的风动工具、中应力热锻模
	5CrW2Si	255~207	860~900	油	55	特性同4CrW2Si，但在650℃时硬度稍高，可达41~43HRC。用于空气锤工具，铆钉工具、冷冲模、冲孔、穿孔工具（热加工用）热锻模，易熔金属压铸模
	6CrW2Si	285~229	860~900	油	57	特性同5CrW2Si，但在650℃时硬度可达43~45HRC。用于重载荷下工作的冲模、压模、风动錾子等，高温压铸轻合金的顶头、热锻模等
冷作模具钢	Cr12	269~217	950~1000	油	60	高碳高铬钢，具有高强度、高耐磨性和淬透性，淬火变形小，较脆。用于制造耐磨性能高、不承受冲击的模具，以及加工不硬材料的刃具，如车刀、铰刀、冷冲模、冲头及量规、样板，量具、偏心轮、冷轧辊、钻套和拉丝模等
	Cr12MoV	255~207	950~1000	油	58	淬透性、淬火回火后的强度、韧度比Cr12高，截面为300~400mm以下的工件可完全淬透，耐磨性和塑性也较好，高温塑性差。制作铸、锻模具，如各种冲孔凹模，切边模、滚边模、缝口模、拉丝模、标准工具和量具
	9Mn2V	≤229	780~810	油	62	淬透性和耐磨性比碳素工具钢高、淬火后变形小。用于制作各种变形小、耐磨性高的精密丝杠、磨床主轴、样板、凸轮、块规、量具及丝锥、板牙、铰刀
	CrWMn	255~207	800~830	油	62	淬透性、耐磨性高，韧性较好，淬火后的变形比CrMn钢更小。用于制造长而形状复杂的切削刀具，如拉刀、长铰刀、量规，以及形状复杂、高精度的冷冲模
	9CrWMn	241~197	800~830	油	62	特性与CrWMn相似，由于含碳量稍低，在碳化物偏析上比CrWMn好些，因而力学性能更好。其应用与CrWMn相同
	Cr4W2MoV	≤269	960~980 1020~1040	油	60	这是我国自行研制的冷作模具钢，具有较高的淬透性、淬硬性、良好的力学性能和尺寸稳定性。用于制造冷冲模、冷挤压模、搓丝板等，也可作1.5~6.0mm弹簧板
	6W6Mo5Cr4V	≤269	1180~1200	油	60	这是我国自行研制的适合于黑色金属挤压用的模具钢，具有高强度、高硬度、耐磨性及抗回火稳定性，有良好的综合性能。适用于作冲头、模具
热作模具钢	5CrMnMo	241~197	820~850	油		不含镍的锤锻模具钢，具有良好的韧性、强度及高耐磨性，对回火脆性不敏感，淬透性好。适用于作中、小型热锻模（边长≤300~400mm）
	5CrNiMo	241~197	830~860	油		高温下强度、韧性及耐热疲劳性高于5CrMnMo。适用于作形状复杂、冲击载荷大的中、大型锤锻模
	3Cr2W8V	≤255	1075~1125	油		常用的压铸模具钢，有高韧性和良好的导热性，高温下有高硬度、强度，耐热疲劳性良好，淬透性较好，断面厚度≤100mm。适用于作高温、高应力但不受冲击的压模
	8Cr3	255~207	850~880	油		热顶锻模具钢，淬透性较好。用于冲击载荷不大，500℃以下，磨损条件下的磨具，如热切边模，螺栓及螺钉热顶模

3.2.6　钢的型材、板材、管材和线材

3.2.6.1　热轧圆钢和方钢（表 3-31）

表 3-31　热轧圆钢、方钢尺寸和重量（摘自 GB/T 702—2008）

截面形状	碳钢理论重量(每米长) $G/(\text{kg/m})$	d 或 a 的尺寸系列/mm
圆钢 d	$G=6.165\times10^{-3}\times d^2$	5.5,6,6.5,7,8,9,10,11,12,13,14,15,16,17,18,19,20,21,22,23,24,25,26,27,28,29,30,31,32,33,34,35,36,38,40,42,45,48,50,53,55,56,58,60,63,65,68,70,75,80,85,90,95,100,105,110,115,120,125,130,140,145,150,155,160,165,170,180,190,200,210,220,230,240,250,260,270,280,290,300,310
方钢 a	$G=7.85\times10^{-3}\times a^2$	

3.2.6.2　热轧六角钢和八角钢（表 3-32）

表 3-32　热轧六角钢和八角钢尺寸和允许偏差（摘自 GB/T 702—2008）

对边距离 S/mm	允许偏差/mm		
	1 级	2 级	3 级
8,9,10,11,12,13,14,15,16*,17,18*,19,20*	±0.25	±0.35	±0.40
21,22*,23,24,25*,26,27,28*,30*	±0.30	±0.40	±0.50
32*,34*,36*,38*,40*,42,45,48,50,53,56,58	±0.40	±0.50	±0.60
60,63,65,68,70	±0.60	±0.70	±0.80

注：1. 每米长理论重量 $G(\text{kg/m})$：六角钢 $G=6.798\times10^{-3}S^2$；八角钢 $G=6.503\times10^{-3}S^2$。式中，S 的单位为 mm。
2. 表中列有六角钢规格的全部 S 尺寸，八角钢只有带 * 的尺寸。
3. 普通钢长度 3 ~ 8m，优质钢长度 2 ~ 6m。

3.2.6.3　冷轧圆钢、方钢和六角钢（表 3-33）

表 3-33　冷轧圆钢、方钢和六角钢尺寸（摘自 GB/T 905—1994）　（单位：mm）

冷轧圆钢直径,方钢对边距	冷轧六角钢对边距
3,3.2,3.5,4,4.5,5,5.5,6,6.5,7,7.5,8,8.5,9,9.5,10,10.5,11,11.5,12,13,14,15,16,17,18,19,20,21,22,24,25,26,28,30,32,34,35,38,40,42,45,48,50,52,56,60,63,67,70,75,80	3,3.2,3.5,4,4.5,5,5.5,6,6.5,7,8,9,10,11,12,13,14,15,16,17,18,19,20,21,22,24,25,26,28,30,32,34,36,38,40,42,45,48,50,52,55,60,65,70,75,80

3.2.6.4　钢管

（1）钢管每米长理论重量计算公式

$$G=\pi\times10^{-3}\gamma\delta(d-\delta) \qquad (3\text{-}1)$$

近似计算式 $G=\pi\times10^{-3}\gamma d\delta$

式中　G——圆钢管每米长理论重量（kg/m）；
γ——钢管材料密度（kg/dm^3）；
d——圆钢外径（mm）；
δ——圆钢管壁厚（mm）。

碳钢管每米长理论重量计算公式：

$$G=24.66\times10^{-3}d\delta \qquad (3\text{-}2)$$

（2）无缝钢管的尺寸规格（GB/T 17395—2008）。用于无缝钢管直径和壁厚的通用规格，钢管的外径分为三个系列：第一系列为标准化钢管；第二系列为非标准化为主的钢管；第三系列为特殊用途的钢管。

普通无缝钢管的尺寸规格见表 3-34，重量按式（3-2）计算。不锈钢无缝钢管尺寸系列见表 3-35。

表 3-34　普通无缝钢管的尺寸规格（摘自 GB/T 17395—2008）　（单位：mm）

外径			壁厚尺寸
系列 1	系列 2	系列 3	
	6		0.25~2.0
	7,8		0.25~2.5(2.6)
	9		0.25~2.8
10(10.2)	11		0.25~3.5(3.6)
13.5	12,13 (12.7)	14	0.25~4.0
17(17.2)	16	18	0.25~5.0
	19,20		0.25~6.0
21(21.3)		22	0.40~6.0
27(26.9)	25,28	25.4	0.40~7.0(7.1)
34(33.7)	32 (31.8)	30	0.40~8.0
		35	0.40~9.0(8.8)
	38,40		0.40~10
42(42.4)			1.0~10
48(48.3)	51	45(44.5)	1.0~12(12.5)
	57	54	1.0~14(14.2)
60(60.3)	63(63.5), 65,68		1.0~16
	70		1.0~17(17.5)
		73	1.0~19
76(76.1)			1.0~20
	77,80		1.4~20
	85	83(82.5)	1.4~22(22.2)
89(88.9)	95		1.4~24
	102(101.6)		1.4~28
		108	1.4~30
114(114.3)			1.5~30
	121		1.5~32
	133		2.5(2.6)~36
140(139.7)		142(141.3)	2.9(3.0)~36
	146	152(152.4)	2.9(3.0)~40
168(168.3)		159	3.5(3.6)~45
		180(177.8) 194(193.7)	3.5(3.6)~50
	203		3.5(3.6)~55
219(219.1)			6.0~55
		232 245(244.5) 267(267.4)	6.0~65
273			6.5(6.3)~65
325(323.9)	209		7.5~65
	340(339.7) 351		8.0~65
356(355.6) 406(406.4) 457 508 610	377 402 426 450 480 500 530 630	560(559) 660	9.0(8.8)~65

壁厚尺寸系列:0.25,0.30,0.40,0.50,0.60,0.80,1.0,1.2,1.4,1.6,1.8,2.0,2.2(2.1),2.5(2.6),2.8,2.9(3.0),3.2,3.5(3.6),4.0,4.5,5.0,5.4(5.5),6.0,6.3(6.5),7.0(7.1),7.5,8.0,8.5,8.8(9.0),9.5,10,11,12(12.5),13,14(14.2),15,16,17(17.5),18,19,20,22(22.5),24,25,26,28,30,32,34,36,38,40,42,45,48,50,55,60,65

表 3-35　不锈钢无缝钢管尺寸规格（摘自 GB/T 17395—2008）　（单位：mm）

外径			壁厚
系列 1	系列 2	系列 3	
	6,7,8,9		0.5~1.2
10(10.2)	12		0.5~2.0
13(13.5)	12.7		0.5~3.2
		14	0.5~3.5
17(17.2)	16		0.5~4.0
	19,20	18	0.5~4.5
21(21.3)	24	22	0.5~5.0
27(26.9)	25	25.4	1.0~6.0
34(33.7)	32(31.8), 38,40	30,35	1.0~6.5
42(42.4)			1.0~7.5
48(48.3)		45(44.5)	1.0~8.5
	51		1.0~9.0
60(60.3)	57,64 (63.5)		1.0~10
76(76.1)	68,70,73		1.6~12
89(88.9), 114(114.3)	95, 102(101.5) 108,127,133	83(82.5)	1.6~14
140(139.7)	146,152, 159		1.6~16
168(168.3)			1.6~18
	180,194		2.0~18
219(219.1) 273	245		2.0~28
325(328.9) 355(355.6) 406(406.4)	351,377		2.5~28
	426		3.2~20

壁厚尺寸系列:0.5,0.6,0.7,0.8,0.9,1.0,1.2,1.4,1.5,1.6,2.0,2.2(2.3),2.5(2.6),2.8(2.9),3.0,3.2,3.5(3.6),4.0,4.5,5.0,5.5(5.6),6.0,6.5(6.3),7.0(7.1),7.5,8.0,8.5,9.0,(8.8),9.5,10,11,12(12.5),14(14.2),15,16,17(17.5),18,20,22(22.2),24,25,26,28

注：1. 外径 189~377mm 的各种钢管，没有壁厚为 6mm 规格。

2. 括号内尺寸表示相应的英制规格。

（3）结构用无缝钢管（表 3-36 ~ 表 3-38）。

表 3-36 结构用无缝钢管外径和壁厚的允许偏差（摘自 GB/T 8162—2008）

钢管种类	钢管尺寸 /mm		允许偏差	
			普通级	高级
热轧（挤压扩）管	外径 D	<50	±0.50mm	±0.40mm
		≥50	±1%	±0.75%
	壁厚 s	<4	±12.5%（最小值为 ±0.40mm）	±10%（最小值为 ±0.30mm）
		≥4 ~ 20	+15% -12.5%	±10%
		>20	±12.5%	±10%
冷拔（轧）管	外径 D	6 ~ 10	±0.20mm	±0.10mm
		>10 ~ 30	±0.40mm	±0.20mm
		>30 ~ 50	±0.45mm	±0.25mm
		>50	±1%	±0.5%
	壁厚 s	≤1	±0.15mm	±0.12mm
		>1 ~ 3	+15% -10%	±10%
		>3	+12.5 -10%	±10%

注：对外径不小于 351mm 的热扩管，壁厚允许偏差为 ±18%。

表 3-37 结构用无缝优碳钢、低合金钢管的纵向力学性能（摘自 GB/T 8162—2008）

序号	牌号	抗拉强度 R_m /MPa	屈服点 R_{eL}/MPa 钢管壁厚 ≤16mm	>16 ~ 30mm	>30mm	断后伸长率 A (%)	压扁试验平板间距 H /mm
		≥					
1	10	335	205	195	185	24	2/3D
2	20	390	245	235	225	20	2/3D
3	35	510	305	295	285	17	—
4	45	590	335	325	315	14	—
5	Q345	490	325	315	305	21	7/8D

注：1. D 为钢管外径。

2. 压扁试验的平板间距（H）最小值应是钢管壁厚的 5 倍。

表 3-38 结构用无缝合金钢管的力学性能（摘自 GB/T 8162—2008）

序号	牌号	热处理 淬火 温度/℃ 第一次淬火	第二次淬火	冷却剂	回火 温度/℃	冷却剂	力学性能 抗拉强度 R_m /MPa	屈服点 R_{eL} /MPa	断后伸长率 A (%)	钢管退火或高温回火供应状态布氏硬度 HBW
							≥			≤
1	40Mn2	840	—	水、油	540	水、油	885	735	12	217
2	45Mn2	840	—	水、油	550	水、油	885	735	10	217
3	27SiMn	920	—	水	450	水、油	980	835	12	217
4	40MnB	850	—	油	500	水、油	980	785	10	207
5	45MnB	840	—	油	500	水、油	1030	835	9	217
6	20Mn2B	880[2]	—	油	200	水、空	980	785	10	187
7	20Cr	880[2]	800	水、油	200	水、空	835[1]	540[1]	10[1]	179
							785[1]	490[1]	10[1]	179
8	30Cr	860	—	油	500	水、油	885	685	11	187
9	35Cr	860	—	油	500	水、油	930	735	11	207

（续）

序号	牌号	热处理					力学性能			钢管退火或高温回火供应状态布氏硬度HBW
		淬火			回火		抗拉强度 R_m /MPa	屈服点 R_{eL} /MPa	断后伸长率 A (%)	
		温度/℃		冷却剂	温度/℃	冷却剂				
		第一次淬火	第二次淬火				≥			≤
10	40Cr	850	—	油	520	水、油	980	785	9	207
11	45Cr	840	—	油	520	水、油	1030	835	9	217
12	50Cr	830	—	油	520	水、油	1080	930	9	229
13	38CrSi	900	—	油	600	水、油	980	835	12	255
14	12CrMo	900	—	空	650	空	410	265	24	179
15	15CrMo	900	—	空	650	空	440	295	22	179
16	20CrMo	880②	—	水、油	500	水、油	885① 845①	685① 635①	11① 12①	197 197
17	35CrMo	850	—	油	550	水、油	980	835	12	229
18	42CrMo	850	—	油	560	水、油	1080	930	12	217
19	12CrMoV	970	—	空	750	空	440	225	22	241
20	12Cr1MoV	970	—	空	750	空	490	245	22	179
21	38CrMoAl	940	—	水、油	640	水、油	980① 930①	835① 785①	12① 14①	229 229
22	50CrVA	860	—	油	500	水、油	1275	1130	10	255
23	20CrMn	850	—	油	200	水、空	930	735	10	187
24	20CrMnSi	880②	—	油	480	水、油	785	635	12	207
25	30CrMnSi	880②	—	油	520	水、油	1080① 980①	885① 835①	8① 10①	229 229
26	35CrMnSiA	880②	—	油	230	水、空	1620	—	9	229
27	20CrMnTi	880②	870	油	200	水、空	1080	835	10	217
28	30CrMnTi	880②	850	油	200	水、空	1470	—	9	229
29	12CrNi2	860	780	水、油	200	水、空	785	590	12	207
30	12CrNi3	860	780	油	200	水、空	930	685	11	217
31	12CrNi4	860	780	油	200	水、空	1080	835	10	269
32	40CrNiMoA	850	—	油	600	水、油	980	835	12	269
33	45CrNiMoVA	860	—	油	460	油	1470	1325	7	269

注：1. 表中所列热处理温度允许调整范围：淬火±20℃；低温回火±30℃；高温回火±50℃。

2. 硼钢在淬火前可先正火，铬锰钛钢第一次淬火可用正火代替。

3. 对壁厚不大于5mm的钢管不做布氏硬度试验。

① 可按其中一种数据交货。

② 在280～320℃等温淬火。

（4）输送流体用无缝钢管（见表3-39）。

表3-39　输送流体用无缝钢管的纵向力学性能（摘自GB/T 8163—2008）

序号	牌号	抗拉强度 R_m/MPa	下屈服强度 R_{eL}/MPa		断后伸长率 A (%)
			$s≤16$	$s>16$	
			≥		
1	10	335～475	205	195	24
2	20	410～550	245	235	20
3	Q295	430～610	295	285	22
4	Q345	490～665	325	315	21

注：钢管应逐根进行液压试验，最高压力不超过19MPa。试验压力按下式计算：

$$p=\frac{2s[\sigma]}{D}$$

式中，p为试验压力（MPa）；s为钢管的公称壁厚（mm）；D为钢管的公称外径（mm）；［σ］为允许偏差应力（MPa），规定取屈服强度的60%。

在试验压力下，应保证耐压时间不少于 5s，钢管不得出现渗漏现象。

（5）结构用不锈钢无缝钢管和流体输送用不锈钢无缝钢管。其壁厚允许偏差见表 3-40；推荐热处理制度及钢管力学性能见表 3-41。

（6）低压流体输送用焊接钢管（见表 3-42～表 3-44）

表 3-40　结构用不锈钢无缝钢管外径和壁厚允许偏差（摘自 GB/T 14975—2002）

流体输送用不锈钢无缝钢管外径和壁厚的允许偏差（摘自 GB/T 14976—2002）　（单位：mm）

热轧（挤、扩）钢管（代号 WH）				冷拔（轧）钢管（代号 WC）			
尺　寸		允许偏差		尺　寸		允许偏差	
		普通级 代号 PA	高级 代号 PC			普通级 代号 PA	高级 代号 PC
公称外径 D	68～159 >159～426	±1.25%D ±1.5%D	±1.0%D	公称外径 D	6～10① >10～30 >30～50 >50	±0.20 ±0.30 ±0.40 ±0.9%D	±0.15 ±0.20 ±0.30 ±0.8%D
公称壁厚 s	<15	+15%s −12.5%s	±12.5%s	公称壁厚 s	≤3	±14%s	+12.5%s −10%s
	≥15	+20%s −15%s			>3	+12.5%s −10%s	±10%s

① 冷拔钢管公称外径 6～10mm 只用于 GB/T 14976。

表 3-41　推荐热处理制度及钢管力学性能（摘自 GB/T 14975—2002，摘自 GB/T 14976—2002）

组织类型	序号	牌　号	推荐热处理制度	力学性能			密度 /(kg/dm³)
				R_m/MPa	$R_{p0.2}$/MPa	A(%)	
				≥			
奥氏体型	1	0Cr18Ni9	1010～1150℃，急冷	520	205	35	7.93
	2	1Cr18Ni9	1010～1150℃，急冷	520	205	35	7.90
	3	00Cr19Ni10	1010～1150℃，急冷	480	175	35	7.93
	4	0Cr18Ni10Ti	920～1150℃，急冷	520	205	35	7.95
	5	0Cr18Ni11Nb	980～1150℃，急冷	520	205	35	7.98
	6	0Cr17Ni12Mo2	1010～1150℃，急冷	520	205	35	7.98
	7	00Cr17Ni14Mo2	1010～1150℃，急冷	480	175	35	7.98
	8	0Cr18Ni12Mo2Ti	1000～1100℃，急冷	530	205	35	8.00
	9	1Cr18Ni12Mo2Ti	1000～1100℃，急冷	530	205	35	8.00
	10	0Cr18Ni12Mo3Ti	1000～1100℃，急冷	530	205	35	8.10
	11	1Cr18Ni12Mo3Ti	1000～1100℃，急冷	530	205	35	8.10
	12	1Cr18Ni9Ti	1000～1100℃，急冷	520	205	35	7.90
	13	0Cr19Ni13Mo3	1010～1150℃，急冷	520	205	35	7.98
	14	00Cr19Ni13Mo3	1010～1150℃，急冷	480	175	35	7.98
	15	00Cr18Ni10N	1010～1150℃，急冷	550	245	40	7.90
	16	0Cr19Ni9N	1010～1150℃，急冷	550	275	35	7.90
	17	0Cr19Ni10NbN	1010～1150℃，急冷	685	345	35	7.98
	18	0Cr23Ni13	1030～1150℃，急冷	520	205	40	7.98
	19	0Cr25Ni20	1030～1180℃，急冷	520	205	40	7.98
	20	00Cr17Ni13Mo2N	1010～1150℃，急冷	550	245	40	8.00
	21	0Cr17Ni12Mo2N	1010～1150℃，急冷	550	275	35	7.80
	22	0Cr18Ni12Mo2Cu2	1010～1150℃，急冷	520	205	35	7.98
	23	00Cr18Ni14Mo2Cu2	1010～1150℃，急冷	480	180	35	7.98
铁素体型	24	1Cr17	780～850℃，空冷或缓冷	410	245	20	7.70
马氏体型	25	0Cr13	800～900℃，缓冷 或 750℃快冷	370	180	22	7.70
奥-铁 双相型	26	0Cr26Ni5Mo2	≥950℃，急冷	590	390	18	7.80
	27	00Cr18Ni5Mo3Si2	920～1150℃，急冷	590	390	20	7.98

注：热挤压管的抗拉强度允许降低 20MPa。

表3-42　低压流体输送用焊接钢管的公称口径、公称外径、公称壁厚及理论重量（摘自GB/T 3091—2008）　　（单位：mm）

公称口径	公称外径	公称壁厚		公称口径	公称外径	公称壁厚	
		普通钢管	加厚钢管			普通钢管	加厚钢管
6	10.2	2.0	2.5	40	48.3	3.5	4.5
8	13.5	2.5	2.8	50	60.3	3.8	4.5
10	17.2	2.5	2.8	65	76.1	4.0	4.5
15	21.3	2.8	3.5	80	88.9	4.0	5.0
20	26.9	2.8	3.5	100	114.3	4.0	5.0
25	33.7	3.2	4.0	125	139.7	4.0	5.5
32	42.4	3.5	4.0	150	168.3	4.5	6.0

注：1. 公称口径是近似内径的名义尺寸，不表示公称外径减去两个公称壁厚所得的内径。

2. GB/T 3091—2008规定：钢管的外径和壁厚应符合GB/T 21835的规定。

表3-43　不锈钢焊接管尺寸（摘自GB/T 21835—2008）　　（单位：mm）

外径			壁厚
系列1	系列2	系列3	
	8	9.5	0.3~1.2
	10		0.3~1.4
10.2	12,12.7		0.3~2.0
13.5			0.5~3.0
17.2	16,19,20	14,15,18,19.5	0.5~3.5(3.6)
21.3	25	22,25.4	0.5~4.2
26.9	31.8,32	28.30	0.5~4.5(4.6)
33.7	38	35,36	0.5~5.0
42.4,48.3	40	44.5	0.8~5.5(5.6)
60.3,76.1	50.8,57,63.5,70	54,63	0.8~56.0
88.9	101.6	82,82.5,102	1.2~8.0
114.3		108	1.6~8.0
—		125,133	1.6~10
139.7			1.6~11
168.3		141.3,154,159,193.7	1.6~12(12.5)
219.1		250	1.6~14(14.2)
273			2.0~14(14.2)
323.9,355.6		377	2.5(2.6)~16
406.4		400	2.5(2.6)~20
		426,450	2.8(2.9)~25
457,508		500,530,550,558.8	2.8(2.9)~28
610,711,813,814,1016,1067,1118	762,1168	630,669,864,965	3.2~28
1219,1422,1626,1823	1321,1524,1727		

注：1. 壁厚尺寸系列：0.3，0.4，0.5，0.6，0.7，0.8，0.9，1.0，1.2，1.4，1.5，1.6，1.8，2.0，2.2（2.3），2.5（2.6），2.8（2.9），3.0（3.2），3.5（3.6），4.0，4.2，4.5（4.6），4.8，5.0，5.5（5.6），6.0，6.5（6.3），7.0（7.1），7.5（8.0），8.5，9.0（8.8），9.5，10，11，12（12.5），14（14.2），15，16，17（17.5），18，20，22（22.2），24，25，26，28。

2. 括号内尺寸，表示由相应英制规格换算成的公制规格。

表3-44　低压流体输送焊接钢管的力学性能（摘自GB/T 3091—2008）

牌号	下屈服强度 R_{eL}/MPa ≥		抗拉强度 R_m/MPa ≥	断后伸长率 A(%) ≥	
	t≤16mm	t>16mm		D≤168.3mm	D>168.3mm
Q195	195	185	315	15	20
Q215A、Q215B	215	205	335		
Q235A、Q235B	235	225	370		
Q295A、Q295B	295	275	390	13	18
Q345A、Q345B	345	325	470		

3.2.6.5 钢板和钢带（表3-45～表3-52）

碳素钢板理论重量计算公式：

$$G=7.85\delta b$$

式中 G——碳钢板每米长度重量（kg/m）；

δ——钢板厚度（mm）；

b——钢板宽度（m）。

表3-45 锅炉用钢板的力学和工艺性能（摘自GB/T 713—2008）

牌号	交货状态	钢板厚度/mm	拉伸试验			冲击试验		变曲试验
			抗拉强度 R_m/MPa	屈服强度① R_{eL}/MPa	伸长率 A(%)	温度/℃	V型冲击吸收能量 KV_2/J	180° $b=2a$
				≥			≥	
Q245R	热轧控轧或正火	3～16	450～520	245	25	0	31	$d=1.5a$
		>16～36		235				
		>36～60		225				
		>60～100	390～510	205	24			$d=2a$
		>100～150	380～500	185				
Q345R		3～16	510～640	345	21	0	34	$d=2a$
		>16～36	500～630	325				$d=3a$
		>36～60	490～620	315				
		>60～100	490～620	305	20			
		>100～150	480～610	285				
		>150～200	470～600	265				
Q370R	正火	10～16	530～630	370	20	-20	34	$d=2a$
		>16～36		360				$d=3a$
		>36～60	520～620	340				
18MnMoNbR	正火加回火	30～60	570～720	400	17	0	41	$d=3a$
		>60～100		390				
13MnNiMoR		30～100	570～720	390	18	0	41	$d=3a$
		>100～150		380				
15CrMoR		6～60	450～590	295	19	20	31	$d=3a$
		>60～100		275				
		>100～150	440～580	255				
14Cr1MoR		6～100	520～680	310	19	20	34	$d=3a$
		>100～150	510～670	300				
12Cr2Mo1R		6～150	520～680	310	19	20	34	$d=3a$
12Cr1MoVR		6～60	440～590	245	19	20	34	$d=3a$
		>60～100	430～580	235				

① 如果屈服现象不明显，屈服强度取 $R_{p0.2}$。

表3-46 锅炉用钢板高温力学性能（摘自GB/T 713—2008）

牌号	厚度/mm	试验温度/℃						
		200	250	300	350	400	450	500
		屈服强度① R_{eL}或$R_{p0.2}$/MPa ≥						
Q245R	>20～36	186	167	153	139	129	121	
	>36～60	178	161	147	133	123	116	
	>60～100	164	147	135	123	113	106	
	>100～150	150	135	120	110	105	95	
Q345R	>20～36	255	235	215	200	190	180	
	>36～60	240	220	200	185	175	165	
	>60～100	225	205	185	175	165	155	
	>100～150	220	200	180	170	160	150	
	>150～200	215	195	175	165	155	145	

（续）

牌号	厚度/mm	试验温度/℃ 200	250	300	350	400	450	500
		屈服强度①R_{eL}或$R_{p0.2}$/MPa ≥						
Q370R	>20~36	290	275	260	245	230		
	>36~60	280	270	255	240	225		
18MnMoNbR	36~60	360	355	350	340	310	275	
	>60~100	355	350	345	335	305	270	
13MnNiMoR	30~100	355	350	345	335	305		
	>100~150	345	340	335	325	300		
15CrMoR	>20~60	240	225	210	200	189	179	174
	>60~100	220	210	196	186	176	167	162
	>100~150	210	199	185	175	165	156	150
14Cr1MoR	>20~150	255	245	230	220	210	195	176
12Cr2Mo1R	>20~150	260	255	250	245	240	230	215
12Cr1MoVR	>20~100	200	190	176	167	157	150	142

① 如果屈服现象不明显，屈服强度取$R_{p0.2}$。

表3-47　低温压力容器用低合金钢板的力学性能（摘自 GB/T 3531—2008）

牌号	钢板厚度/mm	R_m/MPa	R_{eL}/MPa	A(%)	冷弯试验 $b=2a$ 180°	冲击试验 最低温度/℃	冲击吸收能量 KV_2/J ≥
			≥				
16MnDR	6~16	490~620	315	21	$d=2a$	-40	34
	>16~36	470~600	295		$d=3a$		
	>36~60	450~580	285				
	>60~100	450~580	275				
	>100~120	440~570	265			-30	34
15MnNiDR	6~16	490~620	325	20	$d=3a$	-45	34
	>16~36	480~610	315				
	>36~60	470~600	305				
09MnNiDR	6~16	440~570	300	23	$d=2a$	-70	
	>16~36	430~560	280				
	>36~60	430~560	270				
	>60~120	420~550	260				

表3-48　不锈钢冷、热轧钢板的力学性能（摘自 GB/T 3280—2007、4237—2007）

钢牌号	$R_{p0.2}$/MPa	R_m/MPa	A(%)	硬度HBW	钢牌号	$R_{p0.2}$/MPa	R_m/MPa	A(%)	硬度HBW
1Cr17Mn6Ni5N	≥245	≥635	≥40	≤241	1Cr18Ni12	≥177	≥480	≥40	≤187
1Cr18Mn8Ni5N	≥245	≥590	≥40	≤207	0Cr23Ni13	≥205	≥520	≥40	≤187
2Cr13Mn9Ni4	—	≥635	≥42	—	0Cr25Ni20	≥205	≥520	≥40	≤187
1Cr17Ni7	≥205	≥520	≥40	≤187	0Cr17Ni12Mo2	≥205	≥520	≥40	≤187
1Cr17Ni8	≥205	≥570	≥45	≤187	00Cr17Ni14Mo2	≥177	≥480	≥40	≤187
1Cr18Ni9	≥205	≥520	≥40	≤187	0Cr17Ni12Mo2N	≥275	≥550	≥35	≤217
1Cr18Ni9Si3	≥205	≥520	≥40	≤207	00Cr17Ni13Mo2N	≥245	≥550	≥40	≤217
0Cr18Ni9	≥205	≥520	≥40	≤187	0Cr18Ni12Mo2Ti	≥205	≥530	≥35	≤187
00Cr19Ni10	≥177	≥480	≥40	≤187	1Cr18Ni12Mo2Ti	≥205	≥530	≥35	≤187
0Cr19Ni9N	≥275	≥550	≥35	≤217	0Cr18Ni12Mo2Cu2	≥205	≥520	≥40	≤187
0Cr19Ni10NbN	≥345	≥685	≥35	≤250	00Cr18Ni14Mo2Cu2	≥177	≥480	≥40	≤187
00Cr18Ni10N	≥245	≥550	≥40	≤217	0Cr18Ni12Mo3Ti	≥205	≥530	≥35	≤187

（续）

钢牌号	$R_{p0.2}$ /MPa	R_m /MPa	A (%)	硬度 HBW	钢牌号	$R_{p0.2}$ /MPa	R_m /MPa	A (%)	硬度 HBW
1Cr18Ni12Mo3Ti	≥205	≥530	≥35	≤187	1Cr18Ni11Si4AlTi		≥715	≥30	
0Cr19Ni13Mo3	≥205	≥520	≥40	≤187	1Cr21Ni5Ti		≥635	≥20	
00Cr19Ni13Mo3	≥177	≥480	≥40	≤187	0Cr26Ni5Mo2	≥390	≥590	≥18	≤277
0Cr18Ni16Mo5	≥177	≥480	≥40	≤187	0Cr13Al	≥175	≥410	≥20	≤183
0Cr18Ni10Ti	≥205	≥520	≥40	≤187	00Cr12	≥190	≥365	≥22	≤183
1Cr18Ni9Ti	≥205	≥520	≥40	≤187	1Cr15	≥205	≥450	≥22	≤183
0Cr18Ni11Nb	≥205	≥520	≥40	≤187	1Cr17	≥205	≥450	≥22	≤183
0Cr18Ni13Si4	≥205	≥520	≥40	≤207	00Cr17	≥175	≥365	≥22	≤183
00Cr18Ni5Mo3Si2	≥390	≥590	≥20		1Cr17Mo	≥205	≥450	≥22	≤183

表3-49 优质碳素结构钢薄钢板和钢带的力学性能（摘自GB/T 710—2008）

牌号	拉延级别				
	Z	S和P	Z	S	P
	抗拉强度 R_m/MPa		断后伸长率 A(%) ≥		
08,08Al	275~410	≥300	36	35	34
10	280~410	≥335	36	34	32
15	300~430	≥370	34	32	30
20	340~480	≥410	30	28	26
25		≥450		26	24
30		≥490		24	22
35		≥530		22	20
40		≥570			19
45		≥600			17
50		≥610			16

注：1. 表中拉延级别：Z—最深拉延的；S—深拉延的；P—普通拉延的。

2. 弯曲试验，杯突试验要求和允许钢板平面度见表3-50。

表3-50 优质碳素钢薄钢板和钢带的弯曲试验、杯突试验和平面度要求（摘自GB/T 710—2008）

	牌号	弯心直径 d	
		板厚 a≤2mm	板厚 a>2mm
弯曲试验	08,08Al	0	0.5a
	10	0.5a	a
	15	a	1.5a
	20	2a	2.5a
	20,30,35	2.5a	3a

	厚度/mm	冲压深度/mm ≥
杯突试验	≤1.0	9.5
	>1.0~1.5	10.5
	>1.5~2.0	11.5

	公称厚度/mm	公称宽度/mm	钢板的不平度/mm ≤		
			0.8,0.8Al,10	15,20,25,30,35	40,45,50
平面度要求	≤2	≤1200	21	26	32
		>1200~1500	25	31	36
		>1500	30	38	45
	>2	≤1200	18	22	27
		>1200~1500	23	29	34
		>1500	28	35	42

表3-51　优质碳素结构钢热轧厚钢板和钢带的力学性能（摘自GB/T 711—2008）

牌号	交货状态	抗拉强度 R_m/MPa	断后伸长率 A(%)	牌号	交货状态	抗拉强度 R_m/MPa	断后伸长率 A(%)
		≥				≥	
08F	热轧或热处理	315	34	50①	热处理	625	16
08		325	33	55①		645	13
10F		325	32	60①		675	12
10		335	32	65①		695	10
15F		355	30	70①		715	9
15		370	30	20Mn	热轧或热处理	450	24
20		410	28	25Mn		490	22
25		450	24	30Mn		540	20
30		490	22	40Mn①	热处理	590	17
35①	热处理	530	20	50Mn①		650	13
40①		570	19	60Mn①		695	11
45①		600	17	65Mn①		735	9

注：热处理指正火、退火或高温回火。

① 经供需双方协议，也可以热轧状态交货，以热处理样坯测定力学性能，样坯尺寸为 $a\times3a\times3a$，a 为钢材厚度。

表3-52　优质碳素结构钢热轧厚钢板和钢带的冷弯试验和冲击试验要求（摘自GB/T 711—2008）

	牌号	180°冷弯试验	
		钢板公称厚度 a/mm	
		≤20	>20
		弯心直径 d	
冷弯试验	08、10	0	a
	15	0.5a	1.5a
	20	a	2a
	25、30、35	2a	3a
冲击试验	牌　号	纵向V型冲击吸收能量　KV_2/J	
		20℃	-20℃
	10	≥34	≥27
	15	≥34	≥27
	20	≥34	≥27

注：夏比（V型缺口）冲击吸收能量，按3个试样的算术平均值计算，允许其中一个试样的单个值比表中规定值低，但应不低于规定值的70%。

3.2.6.6　热轧型钢（表3-53~表3-57）（摘自GB 706—2008）

表3-53　热轧等边角钢截面尺寸、截面面积、理论重量及截面特性

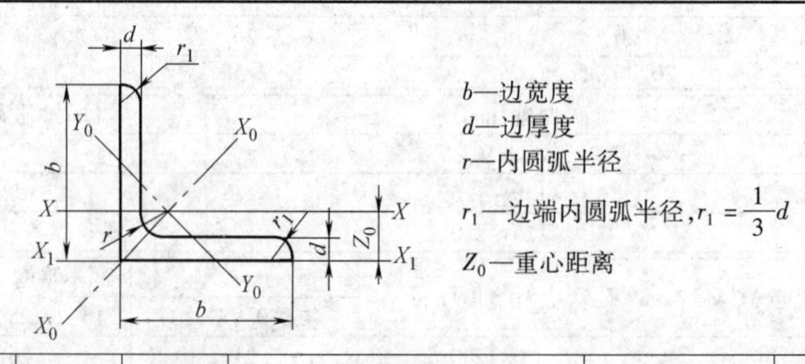

型号	截面尺寸/mm b	d	r	截面面积/cm²	理论重量/(kg/m)	外表面积/(m²/m)	惯性矩/cm⁴ I_x	I_{x1}	I_{x0}	I_{y0}	惯性半径/cm i_x	i_{x0}	i_{y0}	截面系数/cm³ W_x	W_{x0}	W_{y0}	重心距离 Z_0/cm
2	20	3	3.5	1.132	0.889	0.078	0.40	0.81	0.63	0.17	0.59	0.75	0.39	0.29	0.45	0.20	0.60
		4		1.459	1.145	0.077	0.50	1.09	0.78	0.22	0.58	0.73	0.38	0.36	0.55	0.24	0.64

（续）

型号	截面尺寸/mm			截面面积/cm²	理论重量/(kg/m)	外表面积/(m²/m)	惯性矩/cm⁴				惯性半径/cm			截面系数/cm³			重心距离Z_0/cm
	b	d	r				I_x	I_{x1}	I_{x0}	I_{y0}	i_x	i_{x0}	i_{y0}	W_x	W_{x0}	W_{y0}	
2.5	25	3	3.5	1.432	1.124	0.098	0.82	1.57	1.29	0.34	0.76	0.95	0.49	0.46	0.73	0.33	0.73
		4		1.859	1.459	0.097	1.03	2.11	1.62	0.43	0.74	0.93	0.48	0.59	0.92	0.40	0.76
3.0	30	3	4.5	1.749	1.373	0.117	1.46	2.71	2.31	0.61	0.91	1.15	0.59	0.68	1.09	0.51	0.85
		4		2.276	1.786	0.117	1.84	3.63	2.92	0.77	0.90	1.13	0.58	0.87	1.37	0.62	0.89
3.6	36	3		2.109	1.656	0.141	2.58	4.68	4.09	1.07	1.11	1.39	0.71	0.99	1.61	0.76	1.00
		4		2.756	2.163	0.141	3.29	6.25	5.22	1.37	1.09	1.38	0.70	1.28	2.05	0.93	1.04
		5		3.382	2.654	0.141	3.95	7.84	6.24	1.65	1.08	1.36	0.70	1.56	2.45	1.00	1.07
4	40	3	5	2.359	1.852	0.157	3.59	6.41	5.69	1.49	1.23	1.55	0.79	1.23	2.01	0.96	1.09
		4		3.086	2.422	0.157	4.60	8.56	7.29	1.91	1.22	1.54	0.79	1.60	2.58	1.19	1.13
		5		3.791	2.976	0.156	5.53	10.74	8.76	2.30	1.21	1.52	0.78	1.96	3.10	1.39	1.17
4.5	45	3		2.659	2.088	0.177	5.17	9.12	8.20	2.14	1.40	1.76	0.89	1.58	2.58	1.24	1.22
		4		3.486	2.736	0.177	6.65	12.18	10.56	2.75	1.38	1.74	0.89	2.05	3.32	1.54	1.26
		5		4.292	3.369	0.176	8.04	15.2	12.74	3.33	1.37	1.72	0.88	2.51	4.00	1.81	1.30
		6		5.076	3.985	0.176	9.33	18.36	14.76	3.89	1.36	1.70	0.8	2.95	4.64	2.06	1.33
5	50	3	5.5	2.971	2.332	0.197	7.18	12.5	11.37	2.98	1.55	1.96	1.00	1.96	3.22	1.57	1.34
		4		3.897	3.059	0.197	9.26	16.69	14.70	3.82	1.54	1.94	0.99	2.56	4.16	1.96	1.38
		5		4.803	3.770	0.196	11.21	20.90	17.79	4.64	1.53	1.92	0.98	3.13	5.03	2.31	1.42
		6		5.688	4.465	0.196	13.05	25.14	20.68	5.42	1.52	1.91	0.98	3.68	5.85	2.63	1.46
5.6	56	3	6	3.343	2.624	0.221	10.19	17.56	16.14	4.24	1.75	2.20	1.13	2.48	4.08	2.02	1.48
		4		4.390	3.446	0.220	13.18	23.43	20.92	5.46	1.73	2.18	1.11	3.24	5.28	2.52	1.53
		5		5.415	4.251	0.220	16.02	29.33	25.42	6.61	1.72	2.17	1.10	3.97	6.42	2.98	1.57
		6		6.420	5.040	0.220	18.69	35.26	29.66	7.73	1.71	2.15	1.10	4.68	7.49	3.40	1.61
		7		7.404	5.812	0.219	21.23	41.23	33.63	8.82	1.69	2.13	1.09	5.36	8.49	3.80	1.64
		8		8.367	6.568	0.219	23.63	47.24	37.37	9.89	1.68	2.11	1.09	6.03	9.44	4.16	1.68
6	60	5	6.5	5.829	4.576	0.236	19.89	36.05	31.57	8.21	1.85	2.33	1.19	4.59	7.44	3.48	1.67
		6		6.914	5.427	0.235	23.25	43.33	36.89	9.60	1.83	2.31	1.18	5.41	8.70	3.98	1.70
		7		7.977	6.262	0.235	26.44	50.65	41.92	10.96	1.82	2.29	1.17	6.21	9.88	4.45	1.74
		8		9.020	7.081	0.235	29.47	58.02	46.66	12.28	1.81	2.27	1.17	6.98	11.00	4.88	1.78
6.3	63	4	7	4.978	3.907	0.248	19.03	33.35	30.17	7.89	1.96	2.46	1.26	4.13	6.78	3.29	1.70
		5		6.143	4.822	0.248	23.17	41.73	36.77	9.57	1.94	2.45	1.25	5.08	8.25	3.90	1.74
		6		7.288	5.721	0.247	27.12	50.14	43.03	11.20	1.93	2.43	1.24	6.00	9.66	4.46	1.78
		7		8.412	6.603	0.247	30.87	58.60	48.96	12.79	1.92	2.41	1.23	6.88	10.99	4.98	1.82
		8		9.515	7.469	0.247	34.46	67.11	54.56	14.33	1.90	2.40	1.23	7.75	12.25	5.47	1.85
		10		11.657	9.151	0.246	41.09	84.31	64.85	17.33	1.88	2.36	1.22	9.39	14.56	6.36	1.93
7	70	4		5.570	4.372	0.275	26.39	45.74	41.80	10.99	2.18	2.74	1.40	5.14	8.44	4.17	1.86
		5		6.875	5.397	0.275	32.21	57.21	51.08	13.31	2.16	2.73	1.39	6.32	10.32	4.95	1.91
		6		8.160	6.406	0.275	37.77	68.73	59.93	15.61	2.15	2.71	1.38	7.48	12.11	5.67	1.95
		7		9.424	7.398	0.275	43.09	80.29	68.35	17.82	2.14	2.69	1.38	8.59	13.81	6.34	1.99
		8		10.667	8.373	0.274	48.17	91.92	76.37	19.98	2.12	2.68	1.37	9.68	15.43	6.98	2.03

（续）

型号	截面尺寸 /mm			截面面积 /cm²	理论重量 /(kg/m)	外表面积 /(m²/m)	惯性矩 /cm⁴				惯性半径 /cm			截面系数 /cm³			重心距离 Z_0/cm
	b	d	r				I_x	I_{x1}	I_{x0}	I_{y0}	i_x	i_{x0}	i_{y0}	W_x	W_{x0}	W_{y0}	
7.5	75	5	9	7.412	5.818	0.295	39.97	70.56	63.30	16.63	2.33	2.92	1.50	7.32	11.94	5.77	2.04
		6		8.797	6.905	0.294	46.95	84.55	74.38	19.51	2.31	2.90	1.49	8.64	14.02	6.67	2.07
		7		10.160	7.976	0.294	53.57	98.71	84.96	22.18	2.30	2.89	1.48	9.93	16.02	7.44	2.11
		8		11.503	9.030	0.294	59.96	112.97	95.07	24.86	2.28	2.88	1.47	11.20	17.93	8.19	2.15
		9		12.825	10.068	0.294	66.10	127.30	104.71	27.48	2.27	2.86	1.46	12.43	19.75	8.89	2.18
		10		14.126	11.089	0.293	71.98	141.71	113.92	30.05	2.26	2.84	1.46	13.64	21.48	9.56	2.22
8	80	5		7.912	6.211	0.315	48.79	85.36	77.33	20.25	2.48	3.13	1.60	8.34	13.67	6.66	2.15
		6		9.397	7.376	0.314	57.35	102.50	90.98	23.72	2.47	3.11	1.59	9.87	16.08	7.65	2.19
		7		10.860	8.525	0.314	65.58	119.70	104.07	27.09	2.46	3.10	1.58	11.37	18.40	8.58	2.23
		8		12.303	9.658	0.314	73.49	136.97	116.60	30.39	2.44	3.08	1.57	12.83	20.61	9.46	2.27
		9		13.725	10.774	0.314	81.11	154.31	128.60	33.61	2.43	3.06	1.56	14.25	22.73	10.29	2.31
		10		15.126	11.874	0.313	88.43	171.74	140.09	36.77	2.42	3.04	1.56	15.64	24.76	11.08	2.35
9	90	6	10	10.637	8.350	0.354	82.77	145.87	131.26	34.28	2.79	3.51	1.80	12.61	20.63	9.95	2.44
		7		12.301	9.656	0.354	94.83	170.30	150.47	39.18	2.78	3.50	1.78	14.54	23.64	11.19	2.48
		8		13.944	10.946	0.353	106.47	194.80	168.97	43.97	2.76	3.48	1.78	16.42	26.55	12.35	2.52
		9		15.566	12.219	0.353	117.72	219.39	186.77	48.66	2.75	3.46	1.77	18.27	29.35	13.46	2.56
		10		17.167	13.476	0.353	128.58	244.07	203.90	53.26	2.74	3.45	1.76	20.07	32.04	14.52	2.59
		12		20.306	15.940	0.352	149.22	293.76	236.21	62.22	2.71	3.41	1.75	23.57	37.12	16.49	2.67
10	100	6	12	11.932	9.366	0.393	114.95	200.07	181.98	47.92	3.10	3.90	2.00	15.68	25.74	12.69	2.67
		7		13.796	10.830	0.393	131.86	233.54	208.97	54.74	3.09	3.89	1.99	18.10	29.55	14.26	2.71
		8		15.638	12.276	0.393	148.24	267.09	235.07	61.41	3.08	3.88	1.98	20.47	33.24	15.75	2.76
		9		17.462	13.708	0.392	164.12	300.73	260.30	67.95	3.07	3.86	1.97	22.79	36.81	17.18	2.80
		10		19.261	15.120	0.392	179.51	334.48	284.68	74.35	3.05	3.84	1.96	25.06	40.26	18.54	2.84
		12		22.800	17.898	0.391	208.90	402.34	330.95	86.84	3.03	3.81	1.95	29.48	46.80	21.08	2.91
		14		26.256	20.611	0.391	236.53	470.75	374.06	99.00	3.00	3.77	1.94	33.73	52.90	23.44	2.99
		16		29.627	23.257	0.390	262.53	539.80	414.16	110.89	2.98	3.74	1.94	37.82	58.57	25.63	3.06
11	110	7		15.196	11.928	0.433	177.16	310.64	280.94	73.38	3.41	4.30	2.20	22.05	36.12	17.51	2.96
		8		17.238	13.535	0.433	199.46	355.20	316.49	82.42	3.40	4.28	2.19	24.95	40.69	19.39	3.01
		10		21.261	16.690	0.432	242.19	444.65	384.39	99.98	3.38	4.25	2.17	30.60	49.42	22.91	3.09
		12		25.200	19.782	0.431	282.55	534.60	448.17	116.93	3.35	4.22	2.15	36.05	57.62	26.15	3.16
		14		29.056	22.809	0.431	320.71	625.16	508.01	133.40	3.32	4.18	2.14	41.31	65.31	29.14	3.24
12.5	125	8	14	19.750	15.504	0.492	297.03	521.01	470.89	123.16	3.88	4.88	2.50	32.52	53.28	25.86	3.37
		10		24.373	19.133	0.491	361.67	651.93	573.89	149.46	3.85	4.85	2.48	39.97	64.93	30.62	3.45
		12		28.912	22.696	0.491	423.16	783.42	671.44	174.88	3.83	4.82	2.46	41.17	75.96	35.03	3.53
		14		33.367	26.193	0.490	481.65	915.61	763.73	199.57	3.80	4.78	2.45	54.16	86.41	39.13	3.61
		16		37.739	29.625	0.489	537.31	1048.62	850.98	223.65	3.77	4.75	2.43	60.93	96.28	42.96	3.68
14	140	10		27.373	21.488	0.551	514.65	915.11	817.27	212.04	4.34	5.46	2.78	50.58	82.56	39.20	3.82
		12		32.512	25.522	0.551	603.68	1099.28	958.79	248.57	4.31	5.43	2.76	59.80	96.85	45.02	3.90
		14		37.567	29.490	0.550	688.81	1284.22	1093.56	284.06	4.28	5.40	2.75	68.75	110.47	50.45	3.98
		16		42.539	33.393	0.549	770.24	1470.07	1221.81	318.67	4.26	5.36	2.74	77.46	123.42	55.55	4.06

（续）

型号	截面尺寸/mm			截面面积/cm^2	理论重量/(kg/m)	外表面积/(m^2/m)	惯性矩/cm^4				惯性半径/cm			截面系数/cm^3			重心距离 Z_0/cm
	b	d	r				I_x	I_{x1}	I_{x0}	I_{y0}	i_x	i_{x0}	i_{y0}	W_x	W_{x0}	W_{y0}	
15	150	8	14	23.750	18.644	0.592	521.37	899.55	827.49	215.25	4.69	5.90	3.01	47.36	78.02	38.14	3.99
		10		29.373	23.058	0.591	637.50	1125.09	1012.79	262.21	4.66	5.87	2.99	58.35	95.49	45.51	4.08
		12		34.912	27.406	0.591	748.85	1351.26	1189.97	307.73	4.63	5.84	2.97	69.04	112.19	52.38	4.15
		14		40.367	31.688	0.590	855.64	1578.25	1359.30	351.98	4.60	5.80	2.95	79.45	128.16	58.83	4.23
		15		43.063	33.804	0.590	907.39	1692.10	1441.09	373.69	4.59	5.78	2.95	84.56	135.87	61.90	4.27
		16		45.739	35.905	0.589	958.08	1806.21	1521.02	395.14	4.58	5.77	2.94	89.59	143.40	64.89	4.31
16	160	10	16	31.502	24.729	0.630	779.53	1365.33	1237.30	321.76	4.98	6.27	3.20	66.70	109.36	52.76	4.31
		12		37.441	29.391	0.630	916.58	1639.57	1455.68	377.49	4.95	6.24	3.18	78.98	128.67	60.74	4.39
		14		43.296	33.987	0.629	1048.36	1914.68	1665.02	431.70	4.92	6.20	3.16	90.95	147.17	68.24	4.47
		16		49.067	38.518	0.629	1175.08	2190.82	1865.57	484.59	4.89	6.17	3.14	102.63	164.89	75.31	4.55
18	180	12		42.241	33.159	0.710	1321.35	2332.80	2100.10	542.61	5.59	7.05	3.58	100.82	165.00	78.41	4.89
		14		48.896	38.383	0.709	1514.48	2723.48	2407.42	621.53	5.56	7.02	3.56	116.25	189.14	88.38	4.97
		16		55.467	43.542	0.709	1700.99	3115.29	2703.37	698.60	5.54	6.98	3.55	131.13	212.40	97.83	5.05
		18		61.055	48.634	0.708	1875.12	3502.43	2988.24	762.01	5.50	6.94	3.51	145.64	234.78	105.14	5.13
20	200	14	18	54.642	42.894	0.788	2103.55	3734.10	3343.26	863.83	6.20	7.82	3.98	144.70	236.40	111.82	5.46
		16		62.013	48.680	0.788	2366.15	4270.39	3760.89	971.41	6.18	7.79	3.96	163.65	265.93	123.96	5.54
		18		69.301	54.401	0.787	2620.64	4808.13	4164.54	1076.74	6.15	7.75	3.94	182.22	294.48	135.52	5.62
		20		76.505	60.056	0.787	2867.30	5347.51	4554.55	1180.04	6.12	7.72	3.93	200.42	322.06	146.55	5.69
		24		90.661	71.168	0.785	3338.25	6457.16	5294.97	1381.53	6.07	7.64	3.90	236.17	374.41	166.65	5.87
22	220	16	21	68.664	53.901	0.866	3187.36	5681.62	5063.73	1310.99	6.81	8.59	4.37	199.55	325.51	153.81	6.03
		18		76.752	60.250	0.866	3534.30	6395.93	5615.32	1453.27	6.79	8.55	4.35	222.37	360.97	168.29	6.11
		20		84.756	66.533	0.865	3871.49	7112.04	6150.08	1592.90	6.76	8.52	4.34	244.77	395.34	182.16	6.18
		22		92.676	72.751	0.865	4199.23	7830.19	6668.37	1730.10	6.73	8.48	4.32	266.78	428.66	195.45	6.26
		24		100.512	78.902	0.864	4517.83	8550.57	7170.55	1865.11	6.70	8.45	4.31	288.39	460.94	208.21	6.33
		26		108.264	84.987	0.864	4827.58	9273.39	7656.98	1998.17	6.68	8.41	4.30	309.62	492.21	220.49	6.41
25	250	18	24	87.842	68.956	0.985	5068.22	9379.11	8369.04	2167.41	7.74	9.76	4.97	290.12	473.42	224.03	6.84
		20		97.045	76.180	0.984	5779.34	10426.97	9181.94	2376.74	7.72	9.73	4.95	319.66	519.41	242.85	6.92
		24		115.201	90.433	0.983	6763.93	12529.74	10742.67	2785.19	7.66	9.66	4.92	377.34	607.70	278.38	7.07
		26		124.15	97.461	0.982	7238.08	13585.18	11491.33	2984.84	7.63	9.62	4.90	405.50	650.05	295.19	7.15
		28		133.022	104.422	0.982	7700.60	14563.62	12219.39	3181.81	7.61	9.58	4.89	433.22	691.23	311.42	7.22
		30		141.807	111.318	0.981	8151.80	15705.30	12927.26	3376.34	7.58	9.55	4.88	460.51	731.28	327.12	7.30
		32		150.508	118.149	0.981	8592.01	16770.41	13515.32	3568.71	7.56	9.51	4.87	487.39	770.20	342.33	7.37
		35		163.402	128.271	0.980	9232.11	18374.95	14611.16	3853.72	7.52	9.46	4.86	526.97	826.53	364.30	7.48

注：截面图中的 $r_1 = 1/3d$ 及表中 r 的数据用于孔型设计，不做交货条件。

表 3-54 热轧不等边角钢截面尺寸、截面面积、理论重量及截面特性

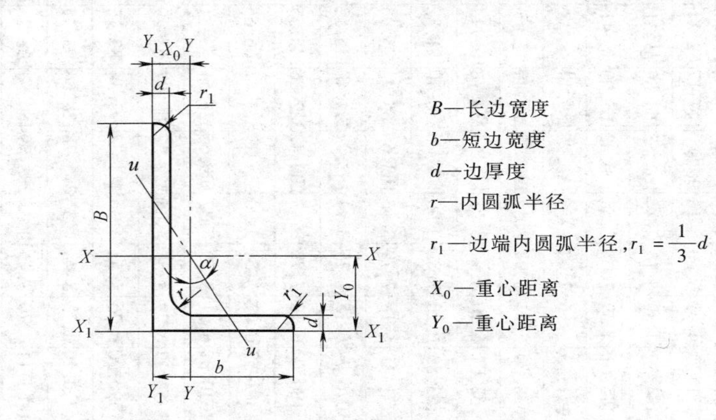

B—长边宽度

b—短边宽度

d—边厚度

r—内圆弧半径

r_1—边端内圆弧半径，$r_1=\frac{1}{3}d$

X_0—重心距离

Y_0—重心距离

型号	截面尺寸 /mm				截面面积 /cm²	理论重量 /(kg/m)	外表面积 /(m²/m)	惯性矩 /cm⁴					惯性半径 /cm			截面系数 /cm³			tanα	重心距离 /cm	
	B	b	d	r				I_x	I_{x1}	I_y	I_{y1}	I_u	i_x	i_y	i_u	W_x	W_y	W_u		X_0	Y_0
2.5/1.6	25	16	3	3.5	1.162	0.912	0.080	0.70	1.56	0.22	0.43	0.14	0.78	0.44	0.34	0.43	0.19	0.16	0.392	0.42	0.86
			4		1.499	1.176	0.079	0.88	2.09	0.27	0.59	0.17	0.77	0.43	0.34	0.55	0.24	0.20	0.381	0.46	1.86
3.2/2	32	20	3		1.492	1.171	0.102	1.53	3.27	0.46	0.82	0.28	1.01	0.55	0.43	0.72	0.30	0.25	0.382	0.49	0.90
			4		1.939	1.522	0.101	1.93	4.37	0.57	1.12	0.35	1.00	0.54	0.42	0.93	0.39	0.32	0.374	0.53	1.08
4/2.5	40	25	3	4	1.890	1.484	0.127	3.08	5.39	0.93	1.59	0.56	1.28	0.70	0.54	1.15	0.49	0.40	0.385	0.59	1.12
			4		2.467	1.936	0.127	3.93	8.53	1.18	2.14	0.71	1.36	0.69	0.54	1.49	0.63	0.52	0.381	0.63	1.32
4.5/2.8	45	28	3	5	2.149	1.687	0.143	445	9.10	1.34	2.23	0.80	1.44	0.79	0.61	1.47	0.62	0.51	0.383	0.64	1.37
			4		2.806	2.203	0.143	5.69	12.13	1.70	3.00	1.02	1.42	0.78	0.60	1.91	0.80	0.66	0.380	0.68	1.47
5/3.2	50	32	3	5.5	2.431	1.908	0.161	6.24	12.49	2.02	3.31	1.20	1.60	0.91	0.70	1.84	0.82	0.68	0.404	0.73	1.51
			4		3.177	2.494	0.160	8.02	16.65	2.58	4.45	1.53	1.59	0.90	0.69	2.39	1.06	0.87	0.402	0.77	1.60
5.6/3.6	56	36	3	6	2.743	2.153	0.181	8.88	17.54	2.92	4.70	1.73	1.80	1.03	0.79	2.32	1.05	0.87	0.408	0.80	1.65
			4		3.590	2.818	0.180	11.45	23.39	3.76	6.33	2.23	1.79	1.02	0.79	3.03	1.37	1.13	0.408	0.85	1.78
			5		4.415	3.466	0.180	13.86	29.25	4.49	7.94	2.67	1.77	1.01	0.78	3.71	1.65	1.36	0.404	0.88	1.82
6.3/4	63	40	4	7	4.058	3.185	0.202	16.49	33.30	5.23	8.63	3.12	2.02	1.14	0.88	3.87	1.70	1.40	0.398	0.92	1.87
			5		4.993	3.920	0.202	20.02	41.63	6.31	10.86	3.76	2.00	1.12	0.87	4.74	2.07	1.71	0.396	0.95	2.04
			6		5.908	4.638	0.201	23.36	49.98	7.29	13.12	4.34	1.96	1.11	0.86	5.59	2.43	1.99	0.393	0.99	2.08
			7		6.802	5.339	0.201	26.53	58.07	8.24	15.47	4.97	1.98	1.10	0.86	6.40	2.78	2.29	0.389	1.03	2.12

（续）

型号	截面尺寸/mm				截面面积/cm^2	理论重量/(kg/m)	外表面积/(m^2/m)	惯性矩/cm^4					惯性半径/cm			截面系数/cm^3			tanα	重心距离/cm	
	B	b	d	r				I_x	I_{x1}	I_y	I_{y1}	I_u	i_x	i_y	i_u	W_x	W_y	W_u		X_0	Y_0
7/4.5	70	45	4	7.5	4.547	3.570	0.226	23.17	45.92	7.55	12.26	4.40	2.26	1.29	0.98	4.86	2.17	1.77	0.410	1.02	2.15
			5		5.609	4.403	0.225	27.95	57.10	9.13	15.39	5.40	2.23	1.28	0.98	5.92	2.65	2.19	0.407	1.06	2.24
			6		6.647	5.218	0.225	32.54	68.35	10.62	18.58	6.35	2.21	1.26	0.98	6.95	3.12	2.59	0.404	1.09	2.28
			7		7.657	6.011	0.225	37.22	79.99	12.01	21.84	7.16	2.20	1.25	0.97	8.03	3.57	2.94	0.402	1.13	2.32
7.5/5	75	50	5	8	6.125	4.808	0.245	34.86	70.00	12.61	21.04	7.41	2.39	1.44	1.10	6.83	3.30	2.74	0.435	1.17	2.36
			6		7.260	5.699	0.245	41.12	84.30	14.70	25.37	8.54	2.38	1.42	1.08	8.12	3.88	3.19	0.435	1.21	2.40
			8		9.467	7.431	0.244	52.39	112.50	18.53	34.23	10.87	2.35	1.40	1.07	10.52	4.99	4.10	0.429	1.29	2.44
			10		11.590	9.098	0.244	62.71	140.80	21.96	43.43	13.10	2.33	1.38	1.06	12.79	6.04	4.99	0.423	1.36	2.52
8/5	80	50	5		6.375	5.005	0.255	41.96	85.21	12.82	21.06	7.66	2.56	1.42	1.10	7.78	3.32	2.74	0.388	1.14	2.60
			6		7.560	5.935	0.255	49.49	102.53	14.95	25.41	8.85	2.56	1.41	1.08	9.25	3.91	3.20	0.387	1.18	2.65
			7		8.724	6.848	0.255	56.16	119.33	46.96	29.82	10.18	2.54	1.39	1.08	10.58	4.48	3.70	0.384	1.21	2.69
			8		9.867	7.745	0.254	62.83	136.41	18.85	34.32	11.38	2.52	1.38	1.07	11.92	5.03	4.16	0.381	1.25	2.73
9/5.6	90	56	5	9	7.212	5.661	0.287	60.45	121.32	18.32	29.53	10.98	2.90	1.59	1.23	9.92	4.21	3.49	0.385	1.25	2.91
			6		8.557	6.717	0.286	71.03	145.59	21.42	35.58	12.90	2.88	1.58	1.23	11.74	4.96	4.13	0.384	1.29	2.95
			7		9.880	7.756	0.286	81.01	169.60	24.36	41.71	14.67	2.86	1.57	1.22	13.49	5.70	4.72	0.382	1.33	3.00
			8		11.183	8.779	0.286	91.03	194.17	27.15	47.93	16.34	2.85	1.56	1.21	15.27	6.41	5.29	0.380	1.36	3.04
10/6.3	100	63	6	10	9.617	7.550	0.320	99.06	199.71	30.94	50.50	18.42	3.21	1.79	1.38	14.64	6.35	5.25	0.394	1.43	3.24
			7		11.111	8.722	0.320	113.45	233.00	35.26	59.14	21.00	3.20	1.78	1.38	16.88	7.29	6.02	0.394	1.47	3.28
			8		12.534	9.878	0.319	127.37	266.32	39.39	67.88	23.50	3.18	1.77	1.37	19.08	8.21	6.78	0.391	1.50	3.32
			10		15.467	12.142	0.319	153.81	333.06	47.12	85.73	28.33	3.15	1.74	1.35	23.32	9.98	8.24	0.387	1.58	3.40
10/8	100	80	6		10.637	8.350	0.354	107.04	199.83	61.24	102.68	31.65	3.17	2.40	1.72	15.19	10.16	8.37	0.627	1.97	2.95
			7		12.301	9.656	0.354	122.73	233.20	70.08	119.98	36.17	3.16	2.39	1.72	17.52	11.71	9.60	0.626	2.01	3.0
			8		13.944	10.946	0.353	137.92	266.61	78.58	137.37	40.58	3.14	2.37	1.71	19.81	13.21	10.80	0.625	2.05	3.04
			10		17.167	13.476	0.353	166.87	333.63	94.65	172.48	49.10	3.12	2.35	1.69	24.24	16.12	13.12	0.622	2.13	3.12
11/7	110	70	6		10.637	8.350	0.354	133.37	265.78	42.92	69.08	25.36	3.54	2.01	1.54	17.85	7.90	6.53	0.403	1.57	3.53
			7		12.301	9.656	0.354	153.00	310.07	49.01	80.82	28.95	3.53	2.00	1.53	20.60	9.09	7.50	0.402	1.61	3.57
			8		13.944	10.946	0.353	172.04	354.39	54.87	92.70	32.45	3.51	1.98	1.53	23.30	10.25	8.45	0.401	1.65	3.62
			10		17.167	13.476	0.353	208.39	443.13	65.88	116.83	39.20	3.48	1.96	1.51	28.54	12.48	10.29	0.397	1.72	3.70

（续）

型号	截面尺寸 /mm				截面面积 /cm²	理论重量 /(kg/m)	外表面积 /(m²/m)	惯性矩 /cm⁴					惯性半径 /cm			截面系数 /cm³			tanα	重心距离 /cm	
	B	b	d	r				I_x	I_{x1}	I_y	I_{y1}	I_u	i_x	i_y	i_u	W_x	W_y	W_u		X_0	Y_0
12.5/8	125	80	7	11	14.096	11.066	0.403	227.98	454.99	74.42	120.32	43.81	4.02	2.30	1.76	26.86	12.01	9.92	0.408	1.80	4.01
			8		15.989	12.551	0.403	256.77	519.99	83.49	137.85	49.15	4.01	2.28	1.75	30.41	13.56	11.18	0.407	1.84	4.06
			10		19.712	15.474	0.402	312.04	650.09	100.67	173.40	59.45	3.98	2.26	1.74	37.33	16.56	13.64	0.404	1.92	4.14
			12		23.351	18.330	0.402	334.41	780.39	116.67	209.67	69.35	3.95	2.24	1.72	44.01	19.43	16.01	0.400	2.00	4.22
14/9	140	90	8	12	18.038	14.160	0.453	365.64	730.53	120.69	195.79	70.83	4.50	2.59	1.98	38.48	17.34	14.31	0.411	2.04	4.50
			10		22.261	17.475	0.452	445.50	913.20	140.03	245.92	85.82	4.47	2.56	1.96	47.31	21.22	17.48	0.409	2.12	4.58
			12		26.400	20.724	0.451	521.59	1096.09	169.79	296.89	100.21	4.44	2.54	1.95	55.87	24.95	20.54	0.406	2.19	4.66
			14		30.456	23.908	0.451	594.10	1279.26	192.10	348.82	114.13	4.42	2.51	1.94	64.18	28.54	23.52	0.403	2.27	4.74
15/9	150	90	8		18.839	14.788	0.473	442.05	898.35	122.80	195.96	74.14	4.84	2.55	1.98	43.86	17.47	14.48	0.364	1.97	4.92
			10		23.261	18.260	0.472	539.24	1122.85	148.62	246.26	89.86	4.81	2.53	1.97	53.97	21.38	17.69	0.362	2.05	5.01
			12		27.600	21.666	0.471	632.08	1347.50	172.85	297.46	104.95	4.79	2.50	1.95	63.79	25.14	20.80	0.359	2.12	5.09
			14		31.856	25.007	0.471	720.77	1572.38	195.62	349.74	119.53	4.76	2.48	1.94	73.33	28.77	23.84	0.356	2.20	5.17
			15		33.952	26.652	0.471	763.62	1684.93	206.50	376.33	126.67	4.74	2.47	1.93	77.99	30.53	25.33	0.354	2.24	5.21
			16		36.027	28.281	0.470	805.51	1797.55	217.07	403.24	133.72	4.73	2.45	1.93	82.60	32.27	26.82	0.352	2.27	5.25
16/10	160	100	10	13	25.315	19.872	0.512	668.69	1362.89	205.03	336.59	121.74	5.14	2.85	2.19	62.13	26.56	21.92	0.390	2.28	5.24
			12		30.054	23.592	0.511	784.91	1635.56	239.06	405.94	142.33	5.11	2.82	2.17	73.49	31.28	25.79	0.388	2.36	5.32
			14		34.709	27.247	0.510	896.30	1908.50	271.20	476.42	162.23	5.08	2.80	2.16	84.56	35.83	29.56	0.385	0.43	5.40
			16		29.281	30.835	0.510	1003.04	2181.79	301.60	548.22	182.57	5.05	2.77	2.16	95.33	40.24	33.44	0.382	2.51	5.48
18/11	180	110	10	14	28.373	22.273	0.571	956.25	1940.40	278.11	447.22	166.50	5.80	3.13	2.42	78.96	32.49	26.88	0.376	2.44	5.89
			12		33.712	26.440	0.571	1124.72	2328.38	325.03	538.94	194.87	5.78	3.10	2.40	93.53	38.32	31.66	0.374	2.52	5.98
			14		38.967	30.589	0.570	1286.91	2716.60	369.55	631.95	222.30	5.75	3.08	2.39	107.76	43.97	36.32	0.372	2.54	6.06
			16		44.139	34.649	0.569	1443.06	3105.15	411.85	726.46	248.94	5.72	3.06	2.38	121.64	49.44	40.87	0.369	2.67	6.14
20/12.5	200	125	12		37.912	29.761	0.641	1570.90	3193.85	483.16	787.74	285.79	6.44	3.57	2.74	116.73	49.99	41.23	0.392	2.83	6.54
			14		43.687	34.436	0.640	1800.97	3726.17	550.83	922.47	326.58	6.41	3.54	2.73	134.65	57.44	47.34	0.390	2.91	6.62
			16		49.739	39.045	0.639	2023.35	4258.88	615.44	1058.86	366.21	6.38	3.52	2.71	152.18	64.89	53.32	0.388	2.99	6.70
			18		55.526	43.588	0.639	2238.30	4792.00	677.19	1197.13	404.83	6.35	3.49	2.70	169.33	71.74	59.18	0.385	3.06	6.78

注：截面图中的 $r_1=1/3d$ 及表中 r 的数据用于孔型设计，不做交货条件。

表 3-55　热轧工字钢截面尺寸、截面面积、理论重量及截面特性

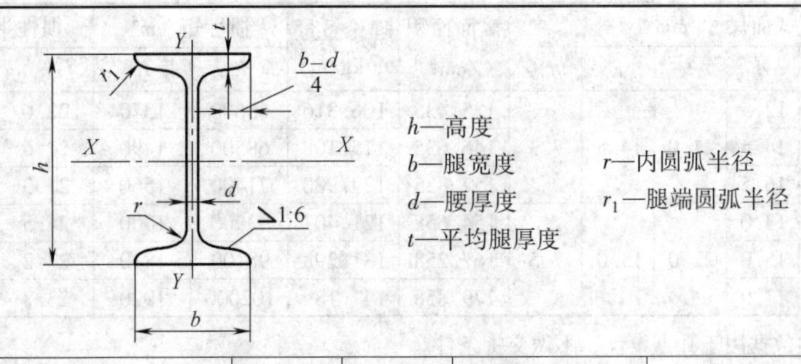

型号	截面尺寸/mm						截面面积 /cm²	理论重量 /(kg/m)	惯性矩/cm⁴		惯性半径/cm		截面系数/cm³	
	h	b	d	t	r	r_1			I_x	I_y	i_x	i_y	W_x	W_y
10	100	68	4.5	7.6	6.5	3.3	14.345	11.261	245	33.0	4.14	1.52	49.0	9.72
12	120	74	5.0	8.4	7.0	3.5	17.818	13.987	436	46.9	4.95	1.62	72.7	12.7
12.6	126	74	5.0	8.4	7.0	3.5	18.118	14.223	488	46.9	5.20	1.61	77.5	12.7
14	140	80	5.5	9.1	7.5	3.8	21.516	16.890	712	64.4	5.76	1.73	102	16.1
16	160	88	6.0	9.9	8.0	4.0	26.131	20.513	1130	93.1	6.58	1.89	141	21.2
18	180	94	6.5	10.7	8.5	4.3	30.756	24.143	1660	122	7.36	2.00	185	26.0
20a	200	100	7.0	11.4	9.0	4.5	35.578	27.929	2370	158	8.15	2.12	237	31.5
20b		102	9.0				39.578	31.069	2500	169	7.96	2.06	250	33.1
22a	220	110	7.5	12.3	9.5	4.8	42.128	33.070	3400	225	8.99	2.31	309	40.9
22b		112	9.5				46.528	36.524	3570	239	8.78	2.27	325	42.7
24a	240	116	8.0	13.0	10.0	5.0	47.741	37.477	4570	280	9.77	2.42	381	48.4
24b		118	10.0				52.541	41.245	4800	297	9.57	2.38	400	50.4
25a	250	116	8.0				48.541	38.105	5020	280	10.2	2.40	402	48.3
25b		118	10.0				53.541	42.030	5280	309	9.94	2.40	423	52.4
27a	270	122	8.5	13.7	10.5	5.3	54.554	42.825	6550	345	10.9	2.51	485	56.6
27b		124	10.5				59.954	47.064	6870	366	10.7	2.47	509	58.9
28a	280	122	8.5				55.404	43.492	7110	345	11.3	2.50	508	56.6
28b		124	10.5				61.004	47.888	7480	379	11.1	2.49	534	61.2
30a	300	126	9.0	14.4	11.0	5.5	61.254	48.084	8950	400	12.1	2.55	597	63.5
30b		128	11.0				67.254	52.794	9400	422	11.8	2.50	627	65.9
30c		130	13.0				73.254	57.504	9850	445	11.6	2.46	657	68.5
32a	320	130	9.5	15.0	11.5	5.8	67.156	52.717	11100	460	12.8	2.62	692	70.8
32b		132	11.5				73.556	57.741	11600	502	12.6	2.61	726	76.0
32c		134	13.5				79.956	62.765	12200	544	12.3	2.61	760	81.2
36a	360	136	10.0	15.8	12.0	6.0	76.480	60.037	15800	552	14.4	2.69	875	81.2
36b		138	12.0				83.680	65.689	16500	582	14.1	2.64	919	84.3
36c		140	14.0				90.880	71.341	17300	612	13.8	2.60	962	87.4
40a	400	142	10.5	16.5	12.5	6.3	86.112	67.598	21700	660	15.9	2.77	1090	93.2
40b		144	12.5				94.112	73.878	22800	692	15.6	2.71	1140	96.2
40c		146	14.5				102.112	80.158	23900	727	15.2	2.65	1190	99.6
45a	450	150	11.5	18.0	13.5	6.8	102.446	80.420	32200	855	17.7	2.89	1430	114
45b		152	13.5				111.446	87.485	33800	894	17.4	2.84	1500	118
45c		154	15.5				120.446	94.550	35300	938	17.1	2.79	1570	122
50a	500	158	12.0	20.0	14.0	7.0	119.304	93.654	46500	1120	19.7	3.07	1860	142
50b		160	14.0				129.304	101.504	48600	1170	19.4	3.01	1940	146
50c		162	16.0				139.304	109.354	50600	1220	19.0	2.96	2080	151
55a	550	166	12.5	21.0	14.5	7.3	134.185	105.335	62900	1370	21.6	3.19	2290	164
55b		168	14.5				145.185	113.970	65600	1420	21.2	3.14	2390	170
55c		170	16.5				156.185	122.605	68400	1480	20.9	3.08	2490	175

（续）

型号	截面尺寸/mm						截面面积/cm^2	理论重量/(kg/m)	惯性矩/cm^4		惯性半径/cm		截面系数/cm^3	
	h	b	d	t	r	r_1			I_x	I_y	i_x	i_y	W_x	W_y
56a	560	166	12.5	21.0	14.5	7.3	135.435	106.316	65600	1370	22.0	3.18	2340	165
56b		168	14.5				146.635	115.108	68500	1490	21.6	3.16	2450	174
56c		170	16.5				157.835	123.900	71400	1560	21.3	3.16	2550	183
63a	630	176	13.0	22.0	15.0	7.5	154.658	121.407	93900	1700	24.5	3.31	2980	193
63b		178	15.0				167.258	131.298	98100	1810	24.2	3.29	3160	204
63c		180	17.0				179.858	141.189	102000	1920	23.8	3.27	3300	214

注：表中 r、r_1 的数据用于孔型设计，不做交货条件。

表3-56　热轧槽钢截面尺寸、截面面积、理论重量及截面特性

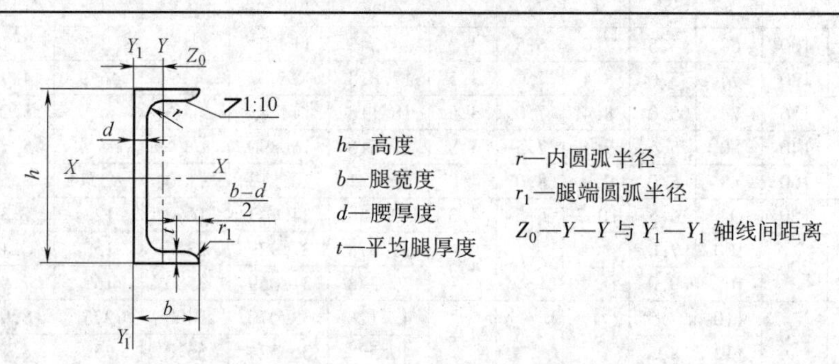

型号	截面尺寸/mm						截面面积/cm^2	理论重量/(kg/m)	惯性矩/cm^4			惯性半径/cm		截面系数/cm^3		重心距离/cm
	h	b	d	t	r	r_1			I_x	I_y	I_{y1}	i_x	i_y	W_x	W_y	Z_0
5	50	37	4.5	7.0	7.0	3.5	6.928	5.438	26.0	8.30	20.9	1.94	1.10	10.4	3.55	1.35
6.3	63	40	4.8	7.5	7.5	3.8	8.451	6.634	50.8	11.9	28.4	2.45	1.19	16.1	4.50	1.36
6.5	65	40	4.3	7.5	7.5	3.8	8.547	6.709	55.2	12.0	28.3	2.54	1.19	17.0	4.59	1.38
8	80	43	5.0	8.0	8.0	4.0	10.248	8.045	101	16.6	37.4	3.15	1.27	25.3	5.79	1.43
10	100	48	5.3	8.5	8.5	4.2	12.748	10.007	198	25.6	54.9	3.95	1.41	39.7	7.80	1.52
12	120	53	5.5	9.0	9.0	4.5	15.362	12.059	346	37.4	77.7	4.75	1.56	57.7	10.2	1.62
12.6	126	53	5.5	9.0	9.0	4.5	15.692	12.318	391	38.0	77.1	4.95	1.57	62.1	10.2	1.59
14a	140	58	6.0	9.5	9.5	4.8	18.516	14.535	564	53.2	107	5.52	1.70	80.5	13.0	1.71
14b		60	8.0				21.316	16.733	609	61.1	121	5.35	1.69	87.1	14.1	1.67
16a	160	63	6.5	10.0	10.0	15.0	21.962	17.24	866	73.3	144	6.28	1.83	108	16.3	1.80
16b		65	8.5				25.162	19.752	935	83.4	161	6.10	1.82	117	17.6	1.75
18a	180	68	7.0	10.5	10.5	5.2	25.699	20.174	1270	98.6	190	7.04	1.96	141	20.0	1.88
18b		70	9.0				29.299	23.000	1370	111	210	6.84	1.95	152	21.5	1.84
20a	200	73	7.0	11.0	11.0	5.5	28.837	22.637	1780	128	244	7.86	2.11	178	24.2	2.01
20b		75	9.0				32.837	25.777	1910	144	268	7.64	2.09	191	25.9	1.95
22a	220	77	7.0	11.5	11.5	5.8	31.846	24.999	2390	158	298	8.67	2.23	218	28.2	2.10
22b		79	9.0				36.246	28.453	2570	176	326	8.42	2.21	234	30.1	2.03
24a	240	78	7.0	12.0	12.0	6.0	34.217	26.860	3050	174	325	9.45	2.25	254	30.5	2.10
24b		80	9.0				39.017	30.628	3280	194	355	9.17	2.23	274	32.5	2.03
24c		82	11.0				43.817	34.396	3510	213	388	8.96	2.21	293	34.4	2.00
25a	250	78	7.0				34.917	27.410	3370	176	322	9.82	2.24	270	30.6	2.07
25b		80	9.0				39.917	31.335	3530	196	353	9.41	2.22	182	32.7	1.98
25c		82	11.0				44.917	35.260	3690	218	384	9.07	2.21	295	35.9	1.92

（续）

型号	截面尺寸/mm						截面面积/cm^2	理论重量/(kg/m)	惯性矩/cm^4			惯性半径/cm		截面系数/cm^3		重心距离/cm
	h	b	d	t	r	r_1			I_x	I_y	I_{y1}	i_x	i_y	W_x	W_y	Z_0
27a		82	7.5				39.284	30.838	4360	216	393	10.5	2.34	323	35.5	2.13
27b	270	84	9.5				44.684	35.077	4690	239	428	10.3	2.31	347	37.7	2.06
27c		86	11.5	12.5	12.5	6.2	50.084	39.316	5020	261	467	10.1	2.28	372	39.8	2.03
28a		82	7.5				40.034	31.427	4760	218	388	10.9	2.33	340	35.7	2.10
28b	280	84	9.5				45.634	35.823	5130	242	428	10.6	2.30	366	37.9	2.02
28c		86	11.5				51.234	40.219	5500	268	463	10.4	2.29	393	40.3	1.95
30a		85	7.5				43.902	34.463	6050	260	467	11.7	2.43	403	41.1	2.17
30b	300	87	9.5	13.5	13.5	6.8	49.902	39.173	6500	289	515	11.4	2.41	433	44.0	2.13
30c		89	11.5				55.902	43.883	6950	316	560	11.2	2.38	463	46.4	2.09
32a		88	8.0				48.513	38.083	7600	305	552	12.5	2.50	475	46.5	2.24
32b	320	90	10.0	14.0	14.0	7.0	54.913	43.107	8140	336	593	12.2	2.47	509	49.2	2.16
32c		92	12.0				61.313	48.131	8690	374	643	11.9	2.47	543	52.6	2.09
36a		96	9.0				60.910	47.814	11900	455	818	14.0	2.73	660	63.5	2.44
36b	360	98	11.0	16.0	16.0	8.0	68.110	53.466	12700	497	880	13.6	2.70	703	66.9	2.37
36c		100	13.0				75.310	59.118	13400	536	948	13.4	2.67	746	70.0	2.34
40a		100	10.5				75.068	58.928	17600	592	1070	15.3	2.81	879	78.8	2.49
40b	400	102	12.5	18.0	18.0	9.0	83.068	65.208	18600	640	114	15.0	2.78	932	82.5	2.44
40c		104	14.5				91.068	71.488	19700	688	1220	14.7	2.75	9.86	86.2	2.42

注：表中 r、r_1 的数据用于孔型设计，不做交货条件。

表 3-57　热轧 L 型钢截面尺寸、截面面积、理论质量及截面特性

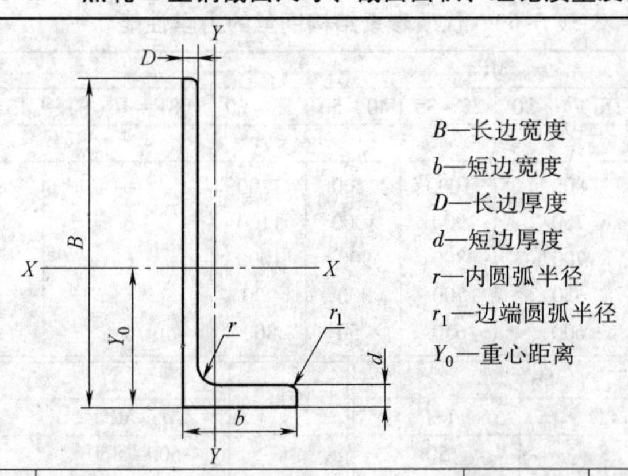

型　号	截面尺寸/mm						截面面积/cm^2	理论质量/kg/m	惯性矩 I_x/cm^4	重心距离 Y_0/cm
	B	b	D	d	r	r_1				
L250×90×9×13			9	13			33.4	26.2	2190	8.64
L250×90×10.5×15	250	90	10.5	15			38.5	30.3	2510	8.76
L250×90×11.5×16			11.5	16	15	7.5	41.7	32.7	2710	8.90
L300×100×10.5×15	300	100	10.5	15			45.3	35.6	4290	10.6
L300×100×11.5×16			11.5	16			49.0	38.5	4630	10.7
L350×120×10.5×16	350	120	10.5	16			54.9	43.1	7110	12.0
L350×120×11.5×18			11.5	18			60.4	47.4	7780	12.0
L400×120×11.5×23	400	120	11.5	23			71.6	56.2	11900	13.3
L450×120×11.5×25	450	120	11.5	25	20	10	79.5	62.4	16800	15.1
L500×120×12.5×33	500	120	12.5	33			98.6	77.4	25500	16.5
L500×120×13.5×35			13.5	35			105.0	82.8	27100	16.6

3.2.6.7 钢丝（见表 3-58 ~ 表 3-61）

表 3-58 低碳钢丝的直径、力学性能（摘自 GB/T 343—1994）

公称直径 /mm	σ_b/MPa					180°弯曲试验 /次		伸长率(%) (标距 100mm)	
	冷拉普通钢丝	制钉用钢丝	建筑用钢丝	退火钢丝	镀锌钢丝	冷拉普通钢丝	建筑用钢丝	建筑用钢丝	镀锌钢丝
≤0.30	≤980	—	—			—	—	—	≥10
>0.30 ~ 0.80	≤980	—	—			—	—	—	
>0.80 ~ 1.20	≤980	880 ~ 1320	—				—	—	
>1.20 ~ 1.80	≤1060	785 ~ 1220	—			≥6	—	—	
>1.80 ~ 2.50	≤1010	735 ~ 1170	—	295 ~ 540	295 ~ 540		—	—	
>2.50 ~ 3.50	≤960	685 ~ 1120	≥550						≥12
>3.50 ~ 5.00	≤890	590 ~ 1030	≥550			≥4	≥4	≥2	
>5.00 ~ 6.00	≤790	540 ~ 930	≥550						
>6.00	≤690	—	—			—	—	—	

注：1. 钢丝按用途分为三类：Ⅰ类普通通用；Ⅱ类制钉用；Ⅲ类建筑用。

2. 钢丝按交货状态分为三类：冷拉钢丝（WCD）；退火钢丝（TA）；镀锌钢丝（SZ）。

表 3-59 电镀锌钢丝的直径和力学性能（摘自 GB/T 343—1994）

公称直径/mm	σ_b/MPa	伸长率(%)(标距 100mm)
0.20, 0.22, 0.25, 0.28, 0.30, 0.35, 0.40, 0.45, 0.50, 0.55, 0.60, 0.70, 0.80, 0.90, 1.00, 1.20, 1.40, 1.60, 1.80, 2.00, 2.20, 2.50, 2.80, 3.00, 3.50, 4.00, 4.50, 5.00, 5.50, 6.00	295 ~ 540 (退火或镀锌)	镀锌钢丝 直径≤0.3 ~ 0.8, $\delta \geqslant 10\%$ 直径>0.8 ~ 6.0, $\delta \geqslant 12\%$

表 3-60 优质碳素结构钢丝的力学性能

钢丝直径 /mm	σ_b/MPa					弯曲(次)			
	08F ~ 10(F)	15(F) ~ 20	25 ~ 35	40 ~ 50	55 ~ 60	08F ~ 10(F)	15(F) ~ 20	25 ~ 35	40 ~ 50
	≥					≥			
0.20 ~ 0.75	750	800	1000	1100	1200	—	—	—	—
>0.75 ~ 1.0	700	750	900	1000	1100	6	6	6	5
>1.0 ~ 3.0	650	700	800	900	1000	6	6	5	4
>3.0 ~ 6.0	600	650	700	800	900	5	5	5	4
>6.0 ~ 10.0	550	600	650	750	800	5	4	3	2

牌号	力学性能			牌号	力学性能		
	σ_b/MPa	δ_5(%)	ψ(%)		σ_b/MPa	δ_5(%)	ψ(%)
10	450 ~ 700	8	50	35	600 ~ 850	6.5	35
15	500 ~ 750	8	45	40	600 ~ 850	6	35
20	500 ~ 750	7.5	40	45	650 ~ 900	6	30
25	550 ~ 800	7	40	50	650 ~ 900	6	30
30	550 ~ 800	7	35				

表 3-61 冷拉钢丝的直径和允许偏差（摘自 GB/T 342—1997）

钢丝直径/mm	允许偏差级别				
	8	9	10	11	12
	允许偏差/mm				
0.05, 0.055, 0.063, 0.07, 0.08, 0.09, 0.10	0 -0.004	0 -0.010	0 -0.012	0 -0.020	0 -0.030
0.11, 0.12, 0.14, 0.16, 0.18, 0.20, 0.22, 0.25, 0.28, 0.30	0 -0.006	0 -0.012	0 -0.018	0 -0.028	0 -0.044

（续）

钢丝直径/mm	允许偏差级别				
	8	9	10	11	12
	允许偏差/mm				
0.32,0.35,0.40,0.45,0.50,0.55,0.60	0 −0.008	0 −0.018	0 −0.026	0 −0.036	0 −0.060
0.63,0.70,0.80,0.90,1.00	0 −0.010	0 −0.022	0 −0.036	0 −0.046	0 −0.070
1.10,1.20,1.40,1.60,1.80,2.00,2.20,2.50,2.80,3.00	0 −0.014	0 −0.030	0 −0.044	0 −0.060	0 −0.100
3.20,3.50,4.00,5.00,5.50,6.00	0 −0.018	0 −0.040	0 −0.050	0 −0.080	0 −0.124
6.30,7.00,8.00,9.00,10.00	0 −0.022	0 −0.050	0 −0.070	0 −0.100	0 −0.150
11.00,12.00,14.00,16.00	0 −0.026	0 −0.060	0 −0.090	0 −0.120	0 −0.180

3.3 非铁金属

3.3.1 铜和铜合金

3.3.1.1 铸造铜合金（表3-62）

表3-62 铸造铜合金的力学性能和用途（摘自GB/T 1176—1987）

组别	合金牌号（合金代号）[1]	合金名称	铸造方法[2]	力学性能≥				主要特性与用途
				σ_b /MPa	$\sigma_{0.2}$ /MPa	δ_5 (%)	硬度 HBW	
锡青铜	ZCuSn3Zn8Pb6Ni1 （ZQSn3-7-5-1）	3-8-6-1锡青铜	S J	175 215		8 10	59.0 68.5	耐磨性较好，易加工，铸造性能好，气密性较好，耐腐蚀
	ZCuSn3Zn11Pb4 （ZQSn3-12-5）	3-11-4锡青铜	S J	175 215		8 10	59.0 59.0	铸造性能好，易加工，耐腐蚀。用于在海水、淡水、蒸汽中，压力不大于2.5MPa的管道配件
	ZCuSn5Pb5Zn5 （ZQSn5-5-5）	5-5-5锡青铜	S、J Li、La	200 250	90 100[3]	13 13	59.0[3] 63.5[3]	耐磨性和耐蚀性好，易加工，铸造性能和气密性较好。用于较高载荷、中等滑动速度下工作的耐磨、耐腐蚀零件，如轴瓦、缸套、离合器、泵件压盖及蜗轮等
	ZCuSn10Pb1 （ZQSn10-1）	10-1锡青铜	S J Li La	220 310 330 360	130 170 170[3] 170[3]	3 2 4 6	78.5[3] 88.5[3] 88.5[3] 88.5[3]	耐磨性极好，不易产生咬死现象；有较好的铸造性能和切削加工性能，在大气和淡水中有良好的耐蚀性 可用于高载荷（20MPa以下）和高滑动速度（8m/s）下工作的耐磨零件，如连杆衬套、轴瓦、蜗轮等
	ZCuSn10Pb5 （ZQSn10-5）	10-5锡青铜	S J	195 245		10 10	68.5 68.5	耐腐蚀，特别对稀硫酸、盐酸和脂肪酸。用作轴瓦等
	ZCuSn10Zn2 （ZQSn10-2）	10-2锡青铜	S J Li、La	240 245 270	120 140[3] 140[3]	12 6 7	68.5[3] 78.5[3] 78.5[3]	耐蚀性、耐磨性和切削加工性能好，铸造性能好，铸件致密性较高，气密性较好 用于在中等及较高载荷和小滑动速度下工作的重要管道配件，以及阀、旋塞、泵体、叶轮和蜗轮等

（续）

组别	合金牌号 （合金代号）①	合金名称	铸造方法②	力学性能≥				主要特性与用途
				σ_b /MPa	$\sigma_{0.2}$ /MPa	δ_5 (%)	硬度 HBW	
铅青铜	ZCuPb10Sn10 （ZQPb10-10）	10-10 铅青铜	S J Li、La	180 220 220	80 140 110	7 5 6	63.5③ 68.5③ 68.5③	润滑性能、耐磨性能和耐蚀性能好。适合用作双金属铸造材料，高载荷的滑动轴承，如轧辊、车辆用轴承、载荷峰值60～100MPa轴瓦，以及活塞销套、摩擦片等
	ZCuPb15Sn8 （ZQPb12-8）	15-8 铅青铜	S J Li、La	170 200 220	80 100 100③	5 6 8	59.0③ 63.5③ 63.5③	在缺乏润滑剂和用水质润滑剂条件下，滑动性和自润滑性能好，易切削，铸造性能差，对稀硫酸耐蚀性能好 用于表面压力高、又有侧压力的轴承，制造冷轧机的铜冷却管，内燃机的双金属轴瓦，最大载荷达70MPa的活塞销套
	ZCuPb17Sn4Zn4 （ZQPb17-4-4）	17-4-4 铅青铜	S J	150 175		5 7	54.0 59.0	耐磨性和自润滑性能好，易切削，铸造性能差 用于一般耐磨件，高滑动速度的轴承等
	ZCuPb20Sn5 （ZQPb25-5）	20-5 铅青铜	S J La	150 150 180	60 70① 80①	5 6 7	44.0① 54.0① 54.0①	有较高的滑动性能和特别好的自润滑性能，适用于双金属铸造材料，耐硫酸腐蚀，易切削，铸造性能差 用于高滑动速度的轴承，以及破碎机、水泵、冷轧机轴承，抗腐蚀零件，双金属轴承，载荷达70MPa的活塞销套
	ZCuPb30 （ZQPb30）	30 铅青铜	J				24.5	有良好的自润滑性，易切削，铸造性能差，易产生偏析 用于要求高滑动速度的双金属轴瓦、减磨零件等
铝青铜	ZCuAl8Mn13Fe3	8-13-3 铝青铜	S J	600 650	270① 280①	15 10	157.0 166.5	具有很高的强度和硬度，良好的耐磨性能和铸造性能，耐蚀性好，可以焊接，不易钎焊 适用于制造重型机械用轴套，以及要求强度高、耐磨、耐压零件，如衬套、法兰、阀体、泵体等
	ZCuAl8Mn13Fe3Ni2 （ZQAl12-8-3-2）②	8-13-3-2 铝青铜	S J	645 670	280 310①	20 18	157.0 166.5	在大气、淡水和海水中均有良好的耐蚀性，腐蚀疲劳强度高，铸造性能好，气密性好，可以焊接，不易钎焊 用于要求强度高、耐腐蚀的重要铸件，如船舶螺旋桨、高压阀体、泵体，以及耐压、耐磨零件，如蜗轮、轴瓦等

（续）

组别	合金牌号（合金代号）①	合金名称	铸造方法②	力学性能≥ σ_b /MPa	$\sigma_{0.2}$ /MPa	δ_5 (%)	硬度 HBW	主要特性与用途
铝青铜	ZCuAl9Mn2（ZQAl9-2）	9-2 铝青铜	S J	390 440		20 20	83.5 93.0	在大气、淡水和海水中耐蚀性好，铸造性能好，气密性高，耐磨性好，可以焊接，不易钎焊 用于耐蚀、耐磨、形状简单的大型铸件，如衬套、蜗轮，以及在250°C以下工作的管道配件，要求气密性高的铸件，如增压器内气封
铝青铜	ZCuAl9Fe4Ni4Mn2（ZQAl9-4-4-2）②	9-4-4-2 铝青铜	S	630	250	16	157.0	在大气、淡水、海水中均有优良的耐蚀性，疲劳强度高，耐磨性良好，焊接性能好，不易钎焊，铸造性能尚好
铝青铜	ZCuAl10Fe3（ZQAl9-4）	10-3 铝青铜	S J Li、La	490 540 540	180 200 200	13 15 15	98.0③ 108.0③ 108.0③	具有高的力学性能，耐磨性和耐蚀性能好，可以焊接，不易钎焊
铝青铜	ZCuAl10Fe3Mn2（ZQAl10-3-1.5）	10-3-2 铝青铜	S J	490 540		15 20	108.0 117.5	具有高的耐磨性，高温下耐蚀性和抗氧化性能好，在大气、淡水和海水中耐蚀性好，可以焊接，不易钎焊
黄铜	ZCuZn38（ZH62）	38 黄铜	S J	295 295		30 30	59.0 68.5	具有优良的铸造性能，切削加工性能好，可以焊接，耐蚀性较好，有应力腐蚀开裂倾向 用于一般结构件和耐蚀零件，如法兰、阀座、支架、手柄、螺母等
铝黄铜	ZCuZn25Al6Fe3Mn3（ZHAl66-6-3-2）	25-6-3-3 铝黄铜	S J Li、La	725 740 740	380 400③ 400	10 7 7	157.0③ 166.5③ 166.5③	有很高的力学性能，铸造性能良好，耐蚀性较好，有应力腐蚀开裂倾向，可以焊接 适用高强度、耐磨零件，如桥梁支承板、螺母、螺杆、耐磨板、滑块和蜗轮等
铝黄铜	ZCuZn26Al4Fe3Mn3	26-4-3-3 铝黄铜	S J Li、La	600 600 600	300 300 300	18 18 18	117.5③ 127.5③ 127.5③	有很高的力学性能，铸造性能良好，在空气、淡火和海水中耐蚀性较好，可以焊接
铝黄铜	ZCuZn31Al2（ZHAl67-2-5）	31-2 铝黄铜	S J	295 390		12 15	78.5 88.5	铸造性能良好，在空气、淡水、海水中耐蚀性较好，易切削，可以焊接。用于压力铸造
铝黄铜	ZCuZn35Al2Mn2Fe1（ZHFe59-1-1）	35-2-2-1 铝黄铜	S J Li、La	450 475 475	170 200 200	20 18 18	98.0③ 108.0③ 108.0③	具有良好的铸造性能，在大气、淡水、海水中有较好的耐蚀性，切削性能好，可以焊接
锰黄铜	ZCuZn38Mn2Pb2（ZHMn58-2-2）	38-2-2 锰黄铜	S J	245 345		10 18	68.5 78.5	有较高的力学性能和耐蚀性，耐磨性较好，切削性能良好。用于一般用途的结构件，船舶、仪表等使用的外形简单的铸件，如套筒、衬套、轴瓦、滑块等

（续）

组别	合金牌号（合金代号）①	合金名称	铸造方法②	力学性能≥				主要特性与用途
				σ_b /MPa	$\sigma_{0.2}$ /MPa	δ_5 (%)	硬度 HBW	
锰黄铜	ZCuZn40Mn2（ZHMn58-2）	40-2 锰黄铜	S J	345 390		20 25	78.5 88.5	有较高的耐蚀性，铸造性能好，受热时组织稳定
锰黄铜	ZCuZn40Mn3Fe1（ZHMn55-3-1）	10-3-1 锰黄铜	S J	440 490		18 15	98.0 108.0	良好的铸造性能和切削加工性能，在空气、淡水、海水中耐蚀性较好，有应力腐蚀开裂倾向
铅黄铜	ZCuZn33Pb2	33-2 铅黄铜	S	180	70③	12	49.0③	结构材料，给水温度为90℃时抗氧化性能好；煤气和给水设备的壳体；机械制造、电子技术、精密仪器及光学仪器的部分构件和配件
铅黄铜	ZCuZn40Pb2（ZHPb-59-1）	40-2 铅黄铜	S J	220 280	 120③	15 20	78.5③ 88.5③	有好的铸造性能和耐磨性，切削加工性能好，耐蚀性较好，在海水中有应力腐蚀倾向 用于一般用途的耐磨，耐蚀零件，如轴套、齿轮等
硅黄铜	ZCuZn16Si4（ZHSi80-3）	16-4 硅黄铜	S J	345 390		15 20	88.5 98.0	具有良好的耐蚀性，铸造性能好，流动性高，铸件组织致密，气密性好 用于接触海水工作的管道配件，水泵、叶轮、旋塞，在空气、淡水、油、燃料，以及工作压力在4.5MPa和250℃以下的蒸汽中工作的铸件

① 合金代号为 GB/T 883—1986《铜合金技术条件》中的合金。
② 铸造方法：S—砂型铸造，J—金属型铸造，Li—离心铸造，La—连续铸造。
③ 数据为参考值。

3.3.1.2 加工铜和铜合金的主要特性和应用范围（表3-63）

表3-63 加工铜和铜合金的主要特性和应用范围

组别	代号	主要特性和应用举例
纯铜	T1 T2	一号铜，含 Cu + Ag99.95%；二号铜含 Cu + Ag99.90% 导电、导热、耐蚀和加工性能好。可以焊接和钎焊。不宜在高温（>370℃）还原性气氛中加工（退火、焊接等）和使用。用于电线电缆、导电螺钉、化工用蒸发器及各种管道
纯铜	T3	三号铜含 Cu + Ag 99.70%，有较好的导电、导热、耐蚀和加工性能，可以焊接和钎焊，含降低导电、导热性能的杂质较多，更易引起“氢病”。用于一般场合，如电气开关、垫圈、垫片、铆钉、油管及其他管道
无氧铜	TU1 TU2	含铜99.97%（TU1）和99.95%（TU2）。纯度高，导电、导热性好，无“氢病”或极少“氢病”，加工性能和焊接、耐蚀、耐基性好。主要用于电真空仪器仪表器件
磷脱氧铜	TP1 TP2	焊接和冷弯性能好，一般无“氢病”倾向。可在还原气氛中加工、使用，但不宜在氧化气氛中加工、使用。TP1 的导电、导热性能比 TP2 高。用作汽油或气体输送管，排水管，冷凝器、换热器零件
银铜	TAg0.1	含铜99.5%，银0.06%～0.12%。显著提高了软化温度（再结晶温度）和蠕变强度，有很好的耐磨性，电接触性和耐蚀性。用于制造电车线时，比一般硬铜使用寿命提高2～4倍；用于电机整流小片，点焊电极、通信线、引线、电子管材料等
普通黄铜	H96	在普通黄铜中强度最低，但比纯铜高；导热导电性好，在大气和淡水中耐蚀性好；塑性良好，易加工、锻、焊和镀锡。用作导管、冷凝管和散热片

（续）

组别	代号	主要特性和应用举例
普通黄铜	H80	有较高的温度，塑性较好；在大气、淡水中有较好的耐蚀性。用作造纸网、薄壁管、波纹管及房屋建筑用品
	H68	在黄铜中塑性最好，有较高的强度，加工性好；易焊接，易产生腐蚀开裂，在普通黄铜中应用最广泛。常用作复杂的冷冲件和深冲件，波纹管、弹壳、垫片等
	H62	力学性能好，热态下塑性好，易钎焊和焊接，易产生腐蚀破裂，价格便宜，应用广泛。常用作弯折和深拉零件、铆钉、垫圈、螺母、气压表弹簧、筛网、散热片等
铁黄铜	HFe59-1-1	有高的强度和韧性，减摩性良好，在大气和海水中的耐蚀性高，热态下塑性良好，但有腐蚀破裂倾向。用于在摩擦和受海水腐蚀条件下工作的零件
铅黄铜	HPb62-08	加工性能好，力学性能良好，易钎焊和焊接。常用作螺钉、垫圈、螺母、套等切削、冲压加工的零件
铝黄铜	HAl77-2	强度和硬度高，塑性好，可压力加工，耐海水腐蚀，有脱锌和腐蚀破裂倾向。用于在船舶和海滨热电站中，作冷凝管及其他耐腐零件
	HAl59-3-2	耐蚀性在各种黄铜中最好，强度高，腐蚀破裂倾向不大，冷态下塑性低，热态下压力加工性好。用于发动机和船舶业在常温下工作的高耐蚀件
锰黄铜	HMn58-2	这是应用较广的黄铜品种。在海水、过热蒸汽及氯化物中有较高的耐蚀性，但有腐蚀破裂倾向；力学性能良好，导热、导电性低；在热态下易于进行压力加工。用于腐蚀条件下工作的重要零件和弱电流工业用零件
锡黄铜	HSn90-1	力学性能和工艺性能接近H90，但耐蚀性高，减摩性好，可用作耐磨合金。用于汽车、拖拉机弹性套管及其他腐蚀减摩零件
	HSn62-1	在海水中耐蚀性好，力学性能良好，有冷脆性只宜热加工，易焊接和钎焊，有腐蚀破裂倾向。用于海轮上的耐蚀零件，与海水、油、蒸汽接触的导管，热工设备零件等
硅黄铜	HSi80-3	耐蚀、耐磨性能好，无腐蚀破裂倾向，力学性能好，冷热压力加工性能好，易焊接和钎焊，导热、导电性能是黄铜中最低的。用于船舶零件、蒸汽管及水管配件
锡青铜	QSn4-3	耐磨性、弹性高，抗磁性良好，能冷态和热态加工，易焊接和钎焊。用于制造弹簧等弹性元件，化工设备的耐蚀零件，抗磁零件，造纸机的刮刀
	QSn6.5-0.1	磷锡青铜，有高强度、弹性、耐磨性和抗磁性，压力加工性能良好，可焊接和钎焊，加工性能好，在淡水及大气中耐蚀。用于制造弹簧和要求导电性好的弹簧接触片，要求耐磨的零件，如轴套、齿轮、蜗轮和抗磁零件
铝青铜	QAl9-4	含铁的铝青铜，强度高，减摩性好，有良好的耐蚀性，可电焊和气焊，热态下压力加工性能良好。可作高锡青铜的代用品，但容易胶合，速度有一定限制。用于制造轴承、蜗轮、螺母和耐蚀零件
	QAl5 QAl7	有较高的强度、弹性和耐磨性，在大气、海水、淡水和某些酸中有耐蚀性，可电焊、气焊、不易钎焊。用于制造要求耐蚀的弹性元件，蜗轮轮缘等，可代替QSn4-3、QSn6.5-0.1等。QAl7强度较高
铍青铜	QBe2	含有少量镍，物理、化学、力学综合性能良好；淬火后具有高强度、弹性、耐磨性和耐热性；还具有高导电、导热和耐寒性，无磁性；易于焊接和钎焊，在大气、淡水和海水中耐蚀性极好。用于精密仪器的弹性元件，耐蚀件、轴承衬套，在矿山和炼油厂中要求冲击不发生火花的工具和各种深冲零件
硅青铜	QSi3-1	含有锰的硅青铜，有高强度，弹性和耐磨性；塑性好，低温下不变脆；焊接和钎焊性能好，能与钢、青铜和其他合金焊接；在大气、淡水和海水中耐蚀性高；不能热处理硬化，常在退火和加工硬化状态下使用。用于制造在腐蚀介质中工作的弹性元件，蜗轮、齿轮、轴套等，可用于代替锡青铜，甚至铍青铜

3.3.1.3　加工铜合金的规格和力学性能

（1）板材的规格和力学性能（表3-64和表3-65）

表3-64　铜及铜合金板材的力学性能（GB/T 2040—2008）

牌号	状态	拉伸试验			硬度试验		
		厚度/mm	抗拉强度 R_m/MPa	断后伸长率 $A_{11.3}$(%)	厚度/mm	维氏硬度 HV	洛氏硬度 HRB
T2、T3 TP1、TP2 TU1、TU2	R	4～14	≥195	≥30			
	M Y_1 Y_2 Y T	0.3～10	≥205 215～275 245～345 295～380 ≥350	≥30 ≥25 ≥8 — —	≥0.3	≤70 60～90 80～110 90～120 ≥110	

（续）

牌号	状态	拉伸试验			硬度试验		
		厚度/mm	抗拉强度 R_m/MPa	断后伸长率 $A_{11.3}$(%)	厚度/mm	维氏硬度 HV	洛氏硬度 HRB
H96	M	0.3~10	≥215	≥30			
	Y		≥320	≥3			
H90	M	0.3~10	≥245	≥35			
	Y_2		330~440	≥5			
	Y		≥390	≥3			
H85	M	0.3~10	≥260	≥35	≥0.3	≤85	
	Y_2		305~380	≥15		80~115	
	Y		≥350	≥3		≥105	
H80	M	0.3~10	≥265	≥50			
	Y		≥390	≥3			
H70、H68	R	4~14	≥290	≥40			
H70 H68 H65	M	0.3~10	≥290	≥40	≥0.3	≤90	
	Y_1		325~410	≥35		85~115	
	Y_2		355~440	≥25		100~130	
	Y		410~540	≥10		120~160	
	T		520~620	≥3		150~190	
	Y		≥570	—		≥180	
H63 H62	R	4~14	≥290	≥30			
	M	0.3~10	≥290	≥35	≥0.3	≤95	
	Y_2		350~470	≥20		90~130	
	Y		410~630	≥10		125~165	
	T		≥585	≥2.5		≥155	
H59	R	4~14	≥290	≥25			
	M	0.3~10	≥290	≥10	≥0.3		
	Y		≥410	≥5		≥130	
HPb59-1	R	4~14	≥370	≥18			
	M	0.3~10	≥340	≥25			
	Y_2		390~490	≥12			
	Y		≥440	≥5			
HPb62-2	Y				0.5~2.5	165~190	
					2.6~10		75~92
	T				0.5~1.0	≥180	
HMn58-2	M	0.3~10	≥380	≥30			
	Y_2		440~610	≥25			
	Y		≥585	≥3			
HSn62-1	R	4~14	≥340	≥20			
	M	0.3~10	≥295	≥35			
	Y_2		350~400	≥15			
	Y		≥390	≥5			
HMn57-3-1	R	4~8	≥440	≥10			
HMn55-3-1	R	4~15	≥490	≥15			
HAl60-1-1	R	4~15	≥440	≥15			
HAl67-2-5	R	4~15	≥390	≥15			
HAl66-6-3-2	R	4~8	≥685	≥3			
HNi65-5	R	4~15	≥290	≥35			
QAl5	M	0.4~12	≥275	≥33			
	Y		≥585	≥2.5			

（续）

牌号	状态	拉伸试验			硬度试验		
		厚度/mm	抗拉强度 R_m/MPa	断后伸长率 $A_{11.3}$(%)	厚度/mm	维氏硬度 HV	洛氏硬度 HRB
AQl7	Y_2	0.4~12	585~740	≥10			
	Y		≥635	≥5			
QAl9-2	M	0.4~12	≥440	≥18			
	Y		≥585	≥5			
QAl9-4	Y	0.4~12	≥585				
QSn6.5-0.1	R	9~14	≥290	≥38			
	M	0.2~12	≥315	≥40	≥0.2	≤120	
	Y_4	0.2~12	390~510	≥35		110~155	
	Y_2	0.2~12	490~610	≥8		150~190	
	Y	0.2~3	590~690	≥5	≥0.2	180~230	
		>3~12	590~690	≥5		180~230	
	T	0.2~5	635~720	≥1		200~240	
	TY		≥690			≥210	
QSn6.5-0.4 QSn7-0.2	M Y T	0.2~12	≥295 540~690 ≥665	≥40 ≥8 ≥2			
QSn4-3 QSn4-0.3	M Y T	0.2~12	≥290 540~690 ≥635	≥40 ≥3 ≥2			
QSn8-0.3	M Y_4 Y_2 Y T	0.2~5	≥345 390~510 490~610 590~705 ≥685	≥40 ≥35 ≥20 ≥5 —	≥0.2	≤120 100~160 150~205 180~235 ≥210	

表 3-65　铜及铜合金板材的弯曲试验要求（摘自 GB/T 2040—2008）

牌号	状态	厚度/mm	弯曲角度/(°)	内侧半径
T2、T3、TP1 TP2、TU1、TU2	M	≤2.0	180	紧密贴合
		>2.0	180	0.5 倍板厚
H96、H90、H80、H70 H68、H65、H62、H63	M	1.0~10	180	1 倍板厚
	Y_2		90	1 倍板厚
QSn6.5-0.4、QSn6.5-0.1 QSn4-3、QSn4-0.3、QSn8-0.3	Y	≥1.0	90	1 倍板厚
	T		90	2 倍板厚
QSi3-1	Y	≥1.0	90	1 倍板厚
	T		90	2 倍板厚
BMn40-1.5	M	≥1.0	180	1 倍板厚
	Y		90	1 倍板厚

（2）加工铜合金带材的规格和力学性能（表 3-66 ~ 表 3-68）

表 3-66　铜及铜合金带材的力学性能（摘自 GB/T 2059—2008）

牌　号	状态	拉伸试验			硬度试验	
		厚度/mm	抗拉强度 R_m/MPa	断后伸长率 $A_{11.3}$(%)	维氏硬度 HV	洛氏硬度 HRB
T2、T3 TU1、TU2 TP1、TP2	M	≥0.2	≥195	≥30	≤70	
	Y_4		215~275	≥25	60~90	
	Y_2		245~345	≥8	80~110	
	Y		295~380	≥3	90~120	
	T		≥350		≥110	

（续）

牌　号	状态	厚度/mm	拉伸试验		硬度试验	
			抗拉强度 R_m/MPa	断后伸长率 $A_{11.3}$(%)	维氏硬度 HV	洛氏硬度 HRB
H96	M	≥0.2	≥215	≥30		
	Y		≥320	≥3		
H90	M	≥0.2	≥245	≥35		
	Y_2		330 ~ 440	≥5		
	Y		≥390	≥3		
H85	M	≥0.2	≥260	≥40	≤85	
	Y_2		305 ~ 380	≥15	80 ~ 115	
	Y		≥350		≥105	
H80	M	≥0.2	≥265	≥50		
	Y		≥390	≥3		
H70 H68 H65	M	≥0.2	≥290	≥40	≤90	
	Y_4		325 ~ 410	≥35	85 ~ 115	
	Y_2		355 ~ 460	≥25	100 ~ 130	
	Y		410 ~ 540	≥13	120 ~ 160	
	T		520 ~ 620	≥4	150 ~ 190	
	TY		≥570		≥180	
H63、H62	M	≥0.2	≥290	≥35	≤95	
	Y_2		350 ~ 470	≥20	90 ~ 130	
	Y		410 ~ 630	≥10	125 ~ 165	
	T		≥585	≥2.5	≥155	
H59	M	≥0.2	≥290	≥10		
	Y		≥410	≥5	≥130	
HPb59-1	M	≥0.2	≥340	≥25		
	Y_2		390 ~ 490	≥12		
	Y		≥440	≥5		
	T	≥0.32	≥590	≥3		
HMn58-2	M	≥0.2	≥380	≥30		
	Y_2		440 ~ 160	≥25		
	Y		≥585	≥3		
HSn62-1	Y	≥0.2	390	≥5		
QAl5	M	≥0.2	≥275	≥33		
	Y		≥585	≥2.5		
QAl7	Y_2	≥0.2	585 ~ 740	≥10		
	Y		≥635	≥5		
QAl9-2	M	≥0.2	≥440	≥18		
	Y		≥585	≥5		
	T		≥880			
QAl9-4	Y	≥0.2	≥635			
QSn4-3 QSn4-0.3	M	>0.15	≥290	≥40		
	Y		540 ~ 690	≥3		
	T		≥635	≥2		
QSn6.5-0.1	M	>0.15	≥315	≥40	≤120	
	Y_4		390 ~ 510	≥35	110 ~ 155	
	Y_2		490 ~ 610	≥10	150 ~ 190	
	Y		590 ~ 690	≥8	180 ~ 230	
	T		635 ~ 720	≥5	200 ~ 240	
	TY		≥690		≥210	

（续）

牌　号	状态	厚度/mm	拉伸试验		硬度试验	
			抗拉强度 R_m/MPa	断后伸长率 $A_{11.3}$(%)	维氏硬度 HV	洛氏硬度 HRB
QSn7-0.2 QSn6.5-0.4	M	>0.15	≥295	≥40		
	Y		540~690	≥8		
	T		≥665	≥2		
QSn8-0.3	M	≥0.2	≥345	≥45	≤120	
	Y_4		390~510	≥40	100~160	
	Y_2		490~610	≥30	150~205	
	Y		590~705	≥12	180~235	
	T		≥685	≥5	≥210	
QSn4-4-4 QSn4-4-2.5	M	≥0.8	≥290	≥35		
	Y_3		390~490	≥10		65~85
	Y_2		420~510	≥9		70~90
	Y		≥490	≥5		
QCd1	Y	≥0.2	≥390			
QMn1.5	M	≥0.2	≥205	≥30		
QMn5	M	≥0.2	≥290	≥30		
	Y	≥0.2	≥440	≥3		
QSi3-1	M	≥0.15	≥370	≥45		
	Y	≥0.15	635~785	≥5		
	T	≥0.15	735	≥2		
BZn15-20	M	0.2	≥340	≥35		
	Y_2		440~570	≥5		
	Y		540~690	≥1.5		
	T		≥640	≥1		
BZn18-17	M	≥0.2	≥375	≥20		
	Y_2		440~570	≥5	120~180	
	Y		≥540	≥3	≥150	
B5	M	≥0.2	≥215	≥32		
	Y		≥370	≥10		
B19	M	≥0.2	≥290	≥25		
	Y		≥390	≥3		
BFe10-1-1	M	≥0.2	≥275	≥28		
	Y		≥370	≥3		
BFe30-1-1	M	≥0.2	≥370	≥23		
	Y		≥540	≥3		
BMn3-12	M	≥0.2	≥350	≥25		
BMn40-1.5	M	≥0.2	390~590	实测数据		
	Y		≥635			
BAl13-3	CYS	≥0.2	供实测值			
BAl6-1.5	Y		≥600	≥5		

注：厚度超出规定范围的带材，其性能由供需双方商定。

表3-67　带材的弯曲试验

牌　号	状态	厚度/mm	弯曲角度/(°)	内侧半径
T2、T3、TP1、TP2、TU1 TU2、H96、H90、H80 H70、H68、H65、H63、H62	M	≤2	180	紧密贴合
	Y_2			1倍带厚
	Y			1.5倍带厚
H59	M	≤2	180	1倍带厚
	Y		90	1.5倍带厚

（续）

牌　　号	状态	厚度/mm	弯曲角度/(°)	内 侧 半 径
QSn8-0.3、QSn7-0.2、QSn6.5-0.4 QSn6.5-0.1、QSn4-3 QSn4-0.3	M	≥1	180	0.5倍带厚
	Y_2			1.5倍带厚
	Y			2倍带厚
QSi3-1	Y	≥1	180	1倍带厚
	T		90	2倍带厚
BZn15-20	Y、T	>0.15	90	2倍带厚
BMn40-1.5	M	≥1	180	1倍带厚
	Y		90	

表3-68　带材的电性能

牌号	电阻率ρ(20℃ ±1℃) /(Ω · mm^2/m)	电阻温度系数 α(0℃ ~100℃)/(1/℃)	与铜的热电动势率 Q(0℃ ~100℃)/(μV/℃)
BMn3-12	0.42 ~0.52	$\pm 6\times10^{-5}$	≤1
BMn40-1.5	0.43 ~0.53		
QMn1.5	≤0.087	$\leqslant 0.9\times10^{-3}$	

（3）加工铜合金管材的规格和力学性能（表3-69 ~表3-72）

表3-69　铜及铜合金拉制管材的室温纵向力学性能（摘自GB/T 1527—2006）

牌　　号	状态	公称外径 /mm	抗拉强度 R_m/MPa	断后伸长率(%)	
				$A_{11.3}$	A
			≥		
T2、T3、TP1、TP2	硬(Y)	≤100	315		
		>100 ~360	295		
	半硬(Y_2)	≤100	235 ~245		
	软(M)	3 ~360	205	35	40
H96	硬(Y)	3 ~200	295		
	软(M)	3 ~200	205	35	42
H68	硬(Y)	3.2 ~30	390		
	半硬(Y_2)	3 ~60	345	30	34
	软(M)	3 ~60	295	38	43
H62	硬(Y)	3.2 ~30	390		
	半硬(Y_2)	3 ~200	335	30	34
	软(M)	3 ~200	295	38	43
HSn70-1	半硬(Y_2)	3 ~60	345	30	34
	软(M)	3 ~60	295	38	43
HSn62-1	半硬(Y_2)	3 ~60	335	30	
	软(M)	3 ~60	295	35	
BZn15-20	硬(Y)	4 ~40	490	3	
	半硬(Y_2)	4 ~40	390	15	
	软(M)	4 ~40	295	30	

注：仲裁时，伸长率指标以$A_{11.3}$为准。

表3-70　加工铜和铜合金挤制管材的室温纵向力学性能（供参考）

牌　号	状态	壁厚/mm	抗拉强度 R_m/MPa	断后伸长率(%)		布氏硬度 HBW
				$A_{11.3}$	A	
			≥			
T2、T3、TP2	R	5～30	186	35	42	
H96	R	1.5～42.5	186	35	42	
H62	R	1.5～42.5	295	38	43	
HRb59-1	R	1.5～42.5	390	20	24	
HFe59-1-1	R	1.5～42.5	430	28	31	
QAl9-2	R	3～50	470	15		
QAl9-4	R	3～50	490	15	17	110～190
QAl10-3-1.5	R	<20	590	12	14	140～200
		≥20	540	13	15	135～200
QSl10-4-4	R	3～50	635	5	6	170～230

注：1. 仲裁时，伸长率指标以 $A_{11.3}$ 为准。
2. 布氏硬度试验应在合同中注明，方予以进行。
3. TU1、TU2 管材无力学性能要求。
4. 外径大于200mm 的 QAl9-2、QAl9-4、QAl10-3-1.5 和 QAl10-4-4 管材，一般不做拉伸试验，但必须保证抗拉强度。

表3-71　拉制铜及铜合金管规格（摘自 GB/T 16866—2006）　（单位：mm）

公称外径	公称壁厚																
	0.5	0.75	1.0	(1.25)	1.5	2.0	2.5	3.0	3.5	4.0	4.5	5.0	6.0	7.0	8.0	(9.0)	10.0
3,4,5,6,7	○	○	○	○	○												
8,9,10,11,12,13,14,15	○	○	○	○	○	○	○	○	○								
16,17,18,19,20	○	○	○	○	○	○	○	○	○	○	○						
22,22,23,24,25, 26,27,28,(29),30			○	○	○	○	○	○	○	○	○	○					
31,32,33,34,35, 36,37,38,(39),40			○	○	○	○	○	○	○	○	○	○					
(41),42,(43),(44),45, (46),(47),48,(49),50			○		○	○	○	○	○	○	○	○					
(52),54,55,(56),58,60			○		○	○	○	○	○	○	○	○					
(62),(64),65,(66),68,70						○	○	○	○	○	○	○	○	○	○	○	○
(72),(74),75,76,(78),80						○	○	○	○	○	○	○	○	○	○	○	○
(82),(84),85,86,(88),90, (92),(94),96,(98),100						○	○	○	○	○	○	○	○	○	○	○	○
105,110,115,120,125, 130,135,140,145,150						○	○	○	○	○	○	○	○	○	○	○	○
155,160,165,170,175, 180,185,190,195,200								○	○	○	○	○	○	○	○	○	○
210,220,230,240,250								○	○	○	○	○	○	○			
260,270,280,290,300, 310,320,330,340,350,360									○	○	○	○					

注：1. "○" 表示可供应规格，其中壁厚为1.25mm 仅供拉制锌白铜管。（　　）内数据表示不推荐采用的规格。需要其他规格的产品应由供需双方商定。
2. 拉制管材外形尺寸范围：纯铜管，外径3～360mm，壁厚0.5～10.0mm（1.25mm 除外）；黄铜管，外径3～200mm，壁厚0.5～10.0mm（1.25mm 除外）；锌白铜管，外径4～40mm，壁厚0.5～4.0mm。

表 3-72　挤制铜及铜合金管规格（摘自 GB/T 16866—2006）　（单位：mm）

公称外径	公称壁厚																										
	1.5	2.0	2.5	3.0	3.5	4.0	4.5	5.0	6.0	7.5	9.0	10.0	12.5	15.0	17.5	20.0	22.5	25.0	27.5	30.0	32.5	35.0	37.5	40.0	42.5	45.0	50.0
20,21,22	○	○	○	○		○																					
23,24,25,26	○	○	○	○	○	○																					
27,28,29,30,32			○	○	○	○	○	○	○																		
34,35,36					○	○	○	○	○	○																	
34,40,42,44				○		○		○	○	○	○	○															
45,(46),(48)				○	○	○		○	○	○	○	○															
50,(52),(54),55				○	○	○		○	○	○		○	○	○	○												
(56),(58),60						○	○	○		○		○	○	○	○												
(62),(64),65,68,70						○		○		○	○	○	○	○	○	○											
(72),74,75,(78),80						○		○		○	○	○	○	○	○	○	○	○									
85,90,95,10										○		○	○	○	○	○	○	○	○	○							
105,110												○	○	○	○	○	○	○	○	○							
115,120,125,130												○	○	○	○	○	○	○	○	○	○	○					
135,140,145,150												○	○	○	○	○	○	○	○	○	○	○					
155,160,165,170												○	○	○	○	○	○	○	○	○	○	○	○	○	○		
175,180,185,190,195,200												○	○	○	○	○	○	○	○	○	○	○	○	○	○	○	
(205),210,(215),220												○	○	○	○	○	○	○	○	○	○	○	○	○	○		
(225),230,(235),240,(245),250												○	○	○		○		○	○	○	○	○	○	○	○	○	○
(255),260,(265),270,(275),280												○	○	○		○		○		○							
290,300																○		○		○							

注：1. “○”表示可供规格。（　）内数据表示不推荐采用的规格。需要其他规格的产品应由供需双方商定。

2. 挤制管材外形尺寸范围：纯铜管，外径 30 ~ 300mm，壁厚 5.0 ~ 30mm；黄铜管，外径 21 ~ 280mm，壁厚 1.5 ~ 42.5mm；铝青铜管，外径 20 ~ 250mm，壁厚 3 ~ 50mm。

3.3.2　铝和铝合金

3.3.2.1　铸造铝合金（表 3-73 和表 3-74）

表 3-73　铸造铝合金的力学性能、特性和用途（摘自 GB/T 1173—1995）

组别	合金牌号	合金代号	铸造方法	合金状态	力学性能≥			特性和用途
					σ_b /MPa	δ_5 (%)	HBW	
铝硅合金	ZAlSi7Mg	ZL101	S、R、J、K	F	155	2	50	耐蚀性、铸造工艺性能好、易气焊。用于制作形状复杂的零件，如仪器零件、飞机零件、工作温度低于185℃的气化器 在海水环境中使用时，铜含量≤0.1%（质量分数）
			S、R、J、K	T2	135	2	45	
			JB	T4	185	4	50	
			S、R、K	T4	175	4	50	
			J、JB	T5	205	2	60	
			S、R、K	T5	195	2	60	
			SB、RB、KB	T5	195	2	60	
			SB、RB、KB	T6	225	1	70	
			SB、RB、KB	T7	195	2	60	
			SB、RB、KB	T8	155	3	55	
	ZAlSi7MgA	ZL101A	S、R、K	T4	195	5	60	
			J、JB	T4	225	5	60	
			S、R、K	T5	235	4	70	
			SB、RB、KB	T5	235	4	70	
			JB、J	T5	265	4	70	
			SB、RB、KB	T6	275	2	80	
			JB、J	T6	295	3	80	
	ZAlSi12	ZL102	SB、JB、RB、KB	F	145	4	50	用于制作形状复杂，载荷小而耐蚀的薄壁零件，工作温度≤200℃的高气密性零件
			J	F	155	2	50	
			SB、JB、RB、KB	T2	135	4	50	
			J	T2	145	3	50	
	ZAlSi9Mg	ZL104	S、J、R、K	F	145	2	50	用于制作形状复杂、承受静载荷或冲击作用的大型零件，如风机叶片、水冷气缸头。工作温度≤200℃
			J	T1	195	1.5	65	
			SB、RB、KB	T6	225	2	70	
			J、JB	T6	235	2	70	
	ZAlSi5Cu1Mg	ZL105	S、J、R、K	T1	155	0.5	65	强度高、切削性好。用于制作形状复杂、225℃以下工作的零件，如发动机气缸头
			S、R、K	T5	195	1	70	
			J	T5	235	0.5	70	
			S、R、K	T6	225	0.5	70	
			S、J、R、K	T7	175	1	65	
	ZAlSi8Cu1Mg	ZL106	SB	F	175	1	70	用于制作工作温度在225℃以下的零件，齿轮液压泵壳体等
			JB	T1	195	1.5	70	
			SB	T5	235	2	60	
			JB	T5	255	2	70	
			SB	T6	245	1	80	
			JB	T6	265	2	70	
			SB	T7	225	2	60	
			J	T7	245	2	60	

（续）

组别	合金牌号	合金代号	铸造方法	合金状态	力学性能≥			特性和用途
					σ_b /MPa	δ_5 (%)	HBW	
铝硅合金	ZAlSi12Cu2Mg1	ZL108	J J	T1 T6	195 255	— —	85 90	用于制作重载、工作温度在250℃的零件，如大功率柴油机活塞
	ZAlSi12Cu1Mg1Ni1	ZL109	J J	T1 T6	195 245	0.5 —	90 100	用于制作工作温度在250℃以下的零件，如大功率柴油机活塞
铝铜合金	ZAlCu5Mn	ZL201	S、J、R、K S、J、R、K S	T4 T5 T7	295 335 315	8 4 2	70 90 80	焊接性能好，铸造性能差。用于制作工作温度在175～300℃的零件，如支臂、梁柱
	ZAlCu4	ZL203	S、R、K J S、R、K J	T4 T4 T5 T5	195 205 215 225	6 6 3 3	60 60 70 70	用于制作受重载荷、表面粗糙度较高而形状简单的厚壁零件，工作温度≤200℃
	ZAlCu5MnCdA	ZL204A	S	T5	440	4	100	
铝镁合金	ZAlMg10	ZL301	S、J、R	T4	280	10	60	用于制作受冲击载荷、循环载荷、海水腐蚀和工作温度≤200℃的零件
	ZAlMg5Si1	ZL303	S、J、R、K	F	145	1	55	
	ZAlMg8Zn1	ZL305	S	T4	290	8	90	
铝锌合金	ZAlZn11Si7	ZL401	S、R、K J	T1 T1	195 245	2 1.5	80 90	铸造性能好、耐蚀性能低。用于制作工作温度≤200℃、形状复杂的大型薄壁零件
	ZAlZn6Mg	ZL402	J S	T1 T1	235 215	4 4	70 65	用于制作高强度零件，如压缩机活塞，飞机起落架

注：上表中的铸造方法、合金状态代号说明见下表：

代号	铸造方法	代号	铸造方法
S	砂型铸造	T1	人工时效
J	金属型铸造	T2	退火
R	熔模铸造	T4	固溶处理加自然时效
K	壳型铸造	T5	固溶处理加不完全人工时效
B	变质处理	T6	固溶处理加不完全人工时效
F	铸态	T7	固溶处理加稳定化处理
		T8	固溶处理加软化处理

表3-74　压铸铝合金的力学性能（摘自GB/T 15114—2009）

序号	合金牌号	合金代号	抗拉强度 R_m/MPa	伸长率 A(%) (L_0=50)	布氏硬度 HBW
1	YZAlSi10Mg	YL101	200	2.0	70
2	YZAlSi12	YL102	220	2.0	60
4	YZAlSi10	YL105	220	2.0	70
6	YZAlSi9Cu4	YL112	320	3.5	85
7	YZAlSi11Cu3	YLA113	230	1.0	80
10	YZAlSi17Cu5Mg	YL117	220	<1.0	—
11	YZAlMg5Si1	YL302	220	2.0	70

注：表中未特殊说明的数值均为最小值。

3.3.2.2　加工铝合金

1. 铝及铝合金的牌号表示（见表3-75～表3-77）

纯铝牌号用1×××四位数字（或符号）代号。第2位数字若为0，表示对杂质不需特别控制；若为1～9中的一个整数，则表示对一个或多个杂质元素有特殊要求；若为A表示原始纯铝；B～Y表示原始纯铝的改型。第3、4位数表示铝的最低质量分数。如1075表示对单个杂质无特别要求，铝质量分数最少为99.75%。

铝合金代号中，第2位表示对原始合金的修正，第3、4位不同的铝合金。如2124与2024都是铝铜合金，在铁、硅含量上稍有不同，2024的铁硅质量分数不大于0.50%，而2124的铁、硅质量分数分别不大于0.3%及0.2%。

表3-75　纯铝及铝合金的牌号表示

数字代号	材料名称	
1×××	纯铝(铝质量分数不小于99.00%)	
2×××	铝合金	以铜为主要合金元素的铝合金
3×××		以锰为主要合金元素的铝合金
4×××		以硅为主要合金元素的铝合金
5×××		以镁为主要合金元素的铝合金
6×××		以镁和硅为主要合金元素，并以 Mg_2Si 相为强化相的铝合金
7×××		以锌为主要合金元素的铝合金
8×××		以其他元素为主要合金元素的铝合金
9×××	备用	

表3-76　原有铝合金代号（摘自GB/T 340—1982）

名称	防锈铝	锻铝	硬铝	超硬铝	特殊铝	硬钎焊铝	纯铝
代号	LF	LD	LY	LC	LT	LQ	L

2. 加工铝及铝合金状态代号

（1）一般规定　GB/T 16475—2008标准适用于轧制、挤压、拉伸、锻造等方法生产的变形铝及铝合金产品。

状态代号分为基础状态代号和细分状态代号。基础状态代号用一个英文大写字母表示。细分状态代号用基础状态代号后缀一位或多位阿拉伯数字或英文大写字母来表示。这些阿拉伯数字或英文大写字母，表示影响产品特性的基本处理或特殊处理。

标准示例状态代号中的“X”表示未指定的任意一位阿拉伯数字，如“H2X”可表示“H21～H29”之间的任何一种状态，“HXX4”可表示“H114～H194”，或“H224～H294”，或“H324～H394”之间的任何一种状态；“-”表示不指定的任意一位或多位阿拉伯数字，如“T-51”可表示末位两位数字为“51”的任何一种状态，如“T351、T651、T6151、T7351、T7651”等。

表3-77　铝及铝合金新旧牌号对照表
（摘自GB/T 3190—2008）

新牌号	旧牌号	新牌号	旧牌号
1A99	原LG5	4A17	原LT17
1A97	原LG4	5A01	原LF15
1A93	原LG3	5A02	原LF2
1A90	原LG2	5A03	原LF3
1A85	原LG1	5A05	原LF5
1A50	原LB2	5B05	原LF10
1A30	原L4-1	5A06	原LF6
2A01	原LY1	5B06	原LF14
2A02	原LY2	5A12	原LF12
2A04	原LY4	5A13	原LF13
2A06	原LY6	5A13	原LF33
2A10	原LY10	5A30	原2103、LF16
2A11	原LY11	5A41	原LT41
2B11	原LY8	5A43	原LF43
2A12	原LY12	5A66	原LT66
2B12	原LY9	6A01	原6N01
2A13	原LY13	6A51	原651
2A14	原LD10	6A02	原LD2
2A16	原LY16	6B02	原LD2-1
2B16	原LY16-1	6A51	原651
2A17	原LY17	7A01	原LB1
2A20	原LY20	7A03	原LC3
2A50	原LD5	7A04	原LC4
2B50	原LD6	7A05	曾用705
2A70	原LD7	7B05	原7N01
2A80	原LD8	7A09	原LC9
2A90	原LD9	7A10	原LC10
3A21	原LF21	7A15	原LC15
4A01	原LT1	7A19	原LC19
4A11	原LD11	7D68	原7A60
4A13	原LT13	8A06	原L6

注：1. “原”是指化学成分与新牌号等同，且都符合GB 3190—1982规定的旧牌号。
2. 表中LF、LD等旧牌号名称参见表3-76。

（2）基础状态代号

1）F——自由加工状态。适用于在成型过程中，对于加工硬化和热处理条件无特殊要求的产品，该状态产品对力学性能不作规定。

2）O——退火状态。适用于经完全退火后获得最低强度的产品状态。

3）H——加工硬化状态。适用于通过加工硬化提高强度的产品。

4）W——固溶热处理状态。适用于经固溶热处理后，在室温下自然时效的一种不稳定状态。该状态不作为产品交货状态，仅表示产品处于自然时效阶段。

5）T——不同于 F、O 或 H 状态的热处理状态。适用于固溶热处理后，经过（或不经过）加工硬化达到稳定的状态。

（3）O 状态的细分状态代号

1）O1——高温退火后慢速冷却状态。适用于超声波检验或尺寸稳定化前，将产品或试样加热至近似固溶热处理规定的温度并进行保温（保温时间与固溶热处理规定的保温时间相近），然后出炉置于空气中冷却的状态。该状态产品对力学性能不作规定，一般不作为产品的最终交货状态。

2）O2——热机械处理状态。适用于使用方在产品进行热机械处理前，将产品进行高温（可至固溶热处理规定的温度）退火，以获得良好成型性的状态。

3）O3——均匀化状态。适用于连续铸造的拉线坯或铸带，为消除或减少偏析和利于后继加工变形而进行的高温退火状态。

（4）H 状态的细分状态代号

1）H 后面第 1 位数字表示的状态

① H 后面的第 1 位数字表示获得该状态的基本工艺，用数字 1 ~4 表示。

② H1X——单纯加工硬化的状态。适用于未经附加热处理，只经加工硬化即可获得所需强度的状态。

③ H2X——加工硬化后不完全退火的状态。适用于加工硬化程度超过成品规定要求后，经不完全退火，使强度降低到规定指标的产品。对于室温下自然时效软化的合金，H2X 状态与对应的 H3X 状态具有相同的最小极限抗拉强度值；对于其他合金，H2X 状态与对应的 H1X 状态具有相同的最小极限抗拉强度值，但伸长率比 H1X 稍高。

④ H3X——加工硬化后稳定化处理的状态。适用于加工硬化后，经低温热处理或由于加工过程中的受热作用，致使其力学性能达到稳定的产品。H3X 状态仅适用于在室温下时效（除非经稳定化处理）的合金。

⑤ H4X——加工硬化后涂漆（层）处理的状态。适用于加工硬化后，经涂漆（层）处理导致了不完全退火的产品。

2）H 后面第 2 位数字表示的状态

① H 后面的第 2 位数字表示产品的最终加工硬化程度，用数字 1 ~9 来表示。

② 数字 8 表示硬状态。通常采用 O 状态的最小抗拉强度与表 3-78 规定的强度差值之和，来确定 HX8 状态的最小抗拉强度值。

表 3-78　O 状态与 HX8 状态的最小抗拉强度差值

O 状态的最小抗拉强度/MPa	HX8 状态与 O 状态的最小抗拉强度差值/MPa
≤40	55
45 ~60	65
65 ~80	75
85 ~100	85
105 ~120	90
125 ~160	95
165 ~200	100
205 ~240	105
245 ~280	110
285 ~320	115
≥325	120

③ O（退火）状态与 HX8 状态之间的状态见表 3-79。

表 3-79　O 状态与 HX8 状态之间的状态

细分状态代号	最终加工硬化程度
HX1	最终抗拉强度极限值，为 O 状态与 HX2 状态的中间值
HX2	最终抗拉强度极限值，为 O 状态与 HX4 状态的中间值
HX3	最终抗拉强度极限值，为 HX2 状态与 HX4 状态的中间值
HX4	最终抗拉强度极限值，为 O 状态与 HX8 状态的中间值
HX5	最终抗拉强度极限值，为 HX4 状态与 HX6 状态的中间值
HX6	最终抗拉强度极限值，为 HX4 状态与 HX8 状态的中间值
HX7	最终抗拉强度极限值，为 HX6 状态与 HX8 状态的中间值

④ 数字 9 为超硬状态，用 HX9 表示。HX9 状态的最小抗拉强度极限值，超过 HX8 状态至少 10MPa 及以上。

3）H 后面第 3 位数字表示的状态

① H 后面的第 3 位数字或字母，表示影响产品特性，但产品特性仍接近其两位数字状态（H112、H116、H321 状态除外）的特殊处理。

② HX11——适用于最终退火后又进行了适量的加工硬化，但加工硬化程度又不及 H11 状态的产品。

③ H112——适用于经热加工成型但不经冷加工而获得一些加工硬化的产品。该状态产品对力学性能有要求。

④ H116——适用于镁的质量分数≥3.0% 的 5XXX 系合金制成的产品。这些产品最终经加工硬化

后，具有稳定的拉伸性能和在快速腐蚀试验中具有合适的抗腐蚀能力。腐蚀试验包括晶间腐蚀试验和剥落腐蚀试验。这种状态的产品适用于温度不大于65℃的环境。

⑤ H321——适用于镁的质量分数≥3.0%的5XXX系合金制成的产品。这些产品最终经热稳定化处理后，具有稳定的拉伸性能和在快速腐蚀试验中具有合适的抗腐蚀能力。腐蚀试验包括晶间腐蚀试验和剥落腐蚀试验。这种状态的产品适用于温度不大于65℃的环境。

⑥ HXX4——适用于HXX状态坯料制作的花纹板或花纹带材。这些花纹板或花纹带材的力学性能与坯料不同，如H22状态的坯料经制作成花纹板后的状态为H224。

⑦ HXX5——适用于HXX状态带坯制作的焊接管。管材的几何尺寸与带坯相一致，但力学性能可能与带坯不同。

⑧ H32A——对H32状态进行强度和弯曲性能改良的工艺改进状态。

(5) T状态的细分状态代号

1) T后面的附加数字1～10表示的状态见表3-80。

2) T1～T10后面的附加数字表示的状态见表3-81和表3-82。

表3-80 TX状态代号说明与应用

状态代号	代号释义
T1	高温成型+自然时效 适用于高温成型后冷却、自然时效，不再进行冷加工(或影响力学性能极限的矫平、矫直)的产品
T2	高温成型+冷加工+自然时效 适用于高温成型后冷却，进行冷加工(或影响力学性能极限的矫平、矫直)以提高强度，然后自然时效的产品
T3①	固溶热处理+冷加工+自然时效 适用于固溶热处理后，进行冷加工(或影响力学性能极限的矫平、矫直)以提高强度，然后自然时效的产品
T4①	固溶热处理+自然时效 适用于固溶热处理后，不再进行冷加工(或影响力学性能极限的矫直、矫平)，然后自然时效的产品
T5	高温成型+人工时效 适用高温成型后冷却，不经冷加工(或影响力学性能极限的矫直、矫平)，然后进行人工时效的产品
T6①	固溶热处理+人工时效 适用于固溶热处理后，不再进行冷加工(或影响力学性能极限的矫直、矫平)，然后人工时效的产品
T7①	固溶热处理+过时效 适用于固溶热处理后，进行过时社至稳定化状态。为了获取除力学性能外的其他一些重要特性，在人工时效时，强度在时效曲线上越过子最高峰点的产品
T8①	固溶热处理+冷加工+人工时效 适用于固溶热处理后，经冷加工(或影响力学性能极限的矫直、矫平)以提高强度，然后人工时效的产品
T9①	固溶热处理+人工时效+冷加工 适用于固溶热处理后，人工时效，然后进行冷加工(或影响力学性能极限的矫直、矫平)以提高强度的产品
T10	高温成型+冷加工+人工时效 适用于高温成型后冷却，经冷加工(或影响力学性能极限的矫直、矫平)以提高强度，然后进行人工时效的产品

① 某些6XXX系或7XXX系的合金，无论是炉内固溶热处理，还是高温成型后急冷，以保留可溶性组分在固溶体中，均能达到相同的固溶热处理效果，这些合金的T3、T4、T6、T7、T8和T9状态，可采用上述两种处理方法的任一种，但应保证产品的力学性能和其他性能（如抗腐蚀性能）。

表3-81 T1～T10后面的附加数字表示的状态

状态代号	代号释义
T51	适用于固溶热处理或高温成型后冷却。按规定量进行拉伸的厚板、薄板、轧制棒、冷精整棒、自由锻件、环形锻件或轧制环，这些产品拉伸后不再进行矫直。其规定的永久拉伸变形量如下：厚板1.5%～3%；薄板0.5%～3%；轧制棒或冷精整棒1%～3%；自由锻件、环形锻件或轧制1%～5%
T52	压缩消除应力状态。适用于固溶热处理或高温成型后冷却，通过压缩来消除压力，以产生1%～5%的永久变形量的产品
T54	拉伸与压缩相结合消除应力状态。适用于在终锻模内通过冷整形来消除应力的模锻件

（续）

状态代号	代号释义
T510	适用于固溶热处理或高温成型后冷却。按规定量进行拉伸的挤压棒材、型材和管材，以及拉伸（或拉拔）管材，这些产品拉伸后不再进行矫直。其规定的永久拉伸变形量如下：挤制棒材、型材和管材 1% ~ 3%；拉伸（或拉拔）管材 0.5% ~3%
T511	适用于固溶热处理或高温成型后冷却。按规定量进行拉伸的挤压棒材、型材和管材，以及拉伸（或拉拔）管材，这些产品拉伸后可轻微矫直以符合标准公差。其规定的永久拉伸变形量如下：挤制棒材、型材和管材 1% ~3%；拉伸（或拉拔）管材 0.5% ~3%

表 3-82　T7X 过时效状态

状态代号	代号释义
T79	初级过时效状态
T76	中级过时效状态。具有较高强度、好的抗应力腐蚀和剥落腐蚀性能
T74	中级过时效状态。其强度、抗应力腐蚀和抗剥落腐蚀性能介于 T73 和 T76 之间
T73	完全过时效状态。具有最好的抗应力腐蚀和抗剥落腐蚀性能
T81	适用于固溶热处理后，经 1% 左右的冷加工变形提高强度，然后进行人工时效的产品
T87	适用于固溶热处理后，经 7% 左右的冷加工变形提高强度，然后进行人工时效的产品

（6） W 状成的细分状态代号

1）W_h——室温下具体自然时效时间的不稳定状态。例如，W2h 表示产品淬火后，在室温下自然时效 2h。

2）W_h/_51、W_h/_52、W_h/_54——表示室温下具体自然时效时间的不稳定消除应力状态。例如，W2h/351 表示产品淬火后，在室温下自然时效 2h 便开始拉伸的消除应力状态。

（7） 新、旧状态代号对照　见表 3-83。

3. 铝和铝合金的尺寸规格和性能（表 3-84 ~ 表 3-86）

表 3-83　新旧状态代号对照

旧代号	新代号	旧代号	新代号
M	O	CYS	T51，T52 等
R	热处理不可强化合金：H112 或 F	CZY	T2
R	热处理可强化合金：T1 或 F	CSY	T9
Y	HX8	MCS	T62①
Y_1	HX6	MCZ	T42①
Y_2	HX4	CGS1	T73
Y_4	HX2	CGS2	T76
T	HX9	CGS3	T74
CZ	T4	RCS	T5
CS	T6		

注：旧代号见 GB 340—1976《有色金属及合金产品牌号表示法》。

① 原以 R 状态交货的、提代 CZ、CS 试样性能的产品，其状态可分别对应新代号 T42、T62。

表 3-84　铝及铝合金加工产品的主要特性和应用范围

组别	合金代号	主要特点和应用范围
工业纯铝	1060，1050A 1035 8A06	有高的塑性、耐酸性、导电性和导热性；但强度低，热处理不能强化，切削性能差。可气焊，氢原子焊和接触焊，不易钎焊；易压力加工、可引伸和弯曲。用于不承受载荷，但对塑性、焊接性、耐蚀性、导电性、导热性要求较高的零件或结构，如电线保护套管、电缆、电线等
	1A85，1A90，1A93，1A97，1A99	工业用高纯铝。用于制造各种电静电容器用箔材及各种抗酸容器等
	1A30	纯铝，严格控制 Fe、Si，热处理和加工条件要求特殊。主要用于生产航天工业和兵器工业的零件
防锈铝	3A21	Al-Mn 系防锈铝，应用最广。强度不高，不能热处理强化，常用冷加工方法提高力学性能；退火状态下塑性高，冷作硬化时塑性低。用于制造油箱、汽油或润滑油导管，铆钉等
	5A02	Al-Mg 系防锈铝，强度较高，塑性与耐腐蚀性高；热处理不能强化，退火状态下可切削性不良，可抛光。用于焊接油箱，制造润滑油导管，车辆、船舶的内部装饰等

（续）

组别	合金代号	主要特点和应用范围
防锈铝	5A03	Al-Mg系防锈铝，性能与5A02相似，但焊接性能较好。用于制造在液体下工作的中等强度的焊接件，冷冲压的零件和骨架
	5A05，5B05	Al-Mg系防锈铝，强度与5A03相当。热处理不能强化，退火状态塑性高，抗腐蚀性高。5A05用于制造在液体中工作的焊接零件，油箱、管道和容器。5B05用作铆接铝合金和镁合金结构的铆钉。铆钉在退火状态下铆接
	5A06	Al-Mg系防锈铝，有较高的强度和腐蚀稳定性。气焊和点焊的焊接接头强度为基体强度的90%～95%，切削性能良好。用于焊接容器、受力零件、飞机蒙皮及骨架零件
	5B06，5B13，5B33	新研制的高Mg合金，加入适量的Ti、Be、Zr等元素，提高了焊接性能。主要用作焊条线
	5B12	研制的新型高Mg合金，中上等强度。用于航天和无线电工业用的原板、型材和棒材
	5A43	低成分的Al-Mg-Mn系合金。用于生产冲制品的板材，铝锅、铝盒等
硬铝	2A01	低合金低强度硬铝，铆接铝合金结构用的主要铆钉材料。用于中等强度和工作温度不超过100℃的铆钉。耐蚀性低，铆入前应经过阳极氧化处理再填充氧化膜
	2A02	强度较高的硬铝，有较高的热强性，属耐热硬铝。塑性高，可热处理强化；耐腐蚀性比2A70，2A80好。用于工作温度为200～300℃的涡轮喷气发动机轴向压缩机叶片、高温下工作的模锻件，一般用作主要承力结构材料
	2A04	铆钉合金，有较高的抗剪强度和耐热性。用作结构的工作温度为125～250℃的铆钉
	2B11	铆钉用合金，有中等抗剪强度，在退火、刚淬火和热态下塑性尚好，可以热处理强化。铆钉必须在淬火后2h内铆接，用作中等强度铆钉
	2B12	铆钉用合金，抗剪强度与2A04相当，其他性能与2B11相似。铆钉必须在淬火后20min内铆接，应用受到限制
	2A10	铆钉用合金，有较高的抗剪强度，耐蚀性不高，需经过阳极氧化等处理。用于工作温度不超过100℃要求、强度较高的铆钉
	2A11	应用最早的硬铝，一般称为标准硬铝。具有中等强度，在退火、刚淬火和热态下的可塑性尚好，可热处理强化，在淬火或自然时效状态下使用，点焊焊接性良好，用作中等强度的零件和构件，空气螺旋桨叶片、螺栓、铆钉等。铆钉应在淬火后2h内铆入结构
	2A12	高强度硬铝，可进行热处理强化，在退火和刚淬火条件下塑性中等，点焊焊接性良好，气焊和氩弧焊不良，抗蚀性不高。用于制作高载荷零件和构件（不包括冲压件和锻件），如飞机骨架零件、蒙皮、翼肋、铆钉等150℃以下工作的零件
	2A06	高强度硬铝，可作为150～250℃工作结构的板材，对淬火自然时效后冷作硬化的板材，在200℃长期（>100h）加热的情况下，不宜采用
	2A16	耐热硬铝，在高温下有较高的蠕变强度，在热态下有较高的塑性。可热处理强化，点焊、滚焊、氩弧焊焊接性能良好。用于250～350℃下工作的零件
	2A17	与2A16成分和性能大致相似，不同的是在室温下的强度和高温（225℃）下的持久强度超过2A16。而2A17的可焊性差，不能焊接。用于300℃以下要求高强度的锻件和冲压件
锻铝	6A02	工业上应用较为广泛的锻铝。具有中等强度（但低于其它锻铝），易于锻造、冲压，易于点焊和氢原子焊，气焊尚好。用于制造形状复杂的锻件和模锻件
	2A50	高强度锻铝。在热态下有高塑性，易于锻造、冲压；可以热处理强化，抗蚀性较好，可切削性能良好，接触焊、点焊性能良好，电弧焊和气焊性能不好。用于制造形状复杂的锻件和冲压件，如风机叶轮
	2B50	高强度锻铝。成分、性能与2A50相近，可互相通用，热态下的可塑性比2A50好
	2A70	耐热锻铝。成分与2A80基本相同，但加入微量的钛，含硅较少，热强度较高；可热处理强化，工艺性能比2A80稍好。用于制造内燃机活塞和高温下工作的复杂锻件，如压缩机叶轮等
	2A80	耐热锻铝。热态下可塑性稍低，可进行热处理强化，高温强度高，无挤压效应，焊接性、耐蚀性、可切削性及应用同2A70

（续）

组别	合金代号	主要特点和应用范围
锻铝	2A90	应用较早的耐热锻铝，特性与2A70相近。目前已被热强性很高而且热态下塑性很好的2A70、2A80代替
	2A14	成分与特性有硬铝合金和锻铝合金的特点。用于承受高载荷和形状简单的锻件和模锻件。由于热压加工困难，限制了这种合金的应用
	6070	Al-Mg-Si系合金，相当于美国的6070合金。优点是耐蚀性较好。焊接性良好。可用于制造大型焊接构件
	4A11	Al-Mg-Si系合金，是锻、铸两用合金。主要用于制作蒸气机活塞和气缸用材料，热膨胀系数小、抗磨性好
	6061 6063	Al-Mg-Si系合金，使用范围广，特别是各种建筑业。用于生产门、窗等轻质结构的构件及医疗卫生、办公用具等，也适用于机械零部件。其耐蚀性好，焊接性能优良，冷加工性较好，强度中等
超硬铝	7A03	可以热处理强化，常温时抗剪强度较高，耐蚀性、可切削性尚好。用作受力结构的铆钉。当工作温度在125℃以下时，可代替2A10
	7A04	最常用的超硬铝，在退火和刚淬火状态塑性中等。通常在淬火人工时效状态下使用，此时强度比一般硬铝高得多，但塑性较低。点焊焊接性良好，气焊不良，热处理的切削性良好。用于制造承受高载荷的零件，如飞机的大梁、蒙皮、翼肋、接头、起落架等
	7A09	高强度铝合金，塑性稍优于7A04，低于2A12，静疲劳强度、对缺口不敏感等优于7A04。用于制造飞机蒙皮和主要受力零件
特殊铝	4A01	含硅质量分数为5%，低合金化的二元铝硅合金，机械强度不高，抗蚀性极高，压力加工性能良好。用作焊条或焊棒，焊接铝合金制件

表3-85　圆棒、方棒及六角棒铝材的尺寸和重量（摘自GB/T 3191—1998）

截面形状	铝棒理论重量（每米长）$G/(\mathrm{kg/m})$	d或a的尺寸系列/mm
圆（d）	$G=K_1\times10^{-3}d^2$	5.0，5.5，6.0，6.5，7.0，7.5，8.0，8.5，9.0，9.5，10.0，10.5，11.0，11.5，12.0，13.0，14.0，15.0，16.0，17.0，18.0，19.0，20.0，21.0，22.0，24.0，25.0，26.0，27.0，28.0，30.0，32.0，34.0，35.0，36.0，38.0，40.0，42.0，45.0，46.0，48.0，50.0，51.0，52.0，55.0，58.0，(59.0)，60.0，(62.0，63.0)，65.0，70.0，75.0，80.0，85.0，90.0，95.0，100.0，105.0，110.0，115.0，120.0，125.0，130.0，135.0，140.0，145.0，150.0，160.0，170.0，180.0，190.0，200.0，(210.0，220.0，230.0，240.0，250.0)
方（a）	$G=K_2\times10^{-3}a^2$	
六角（a）	$G=K_3\times10^{-3}a^2$	

注：1. 供应长度：直径≤50mm时，供应长度1～6m；直径>50mm时，供应长度0.5～6m。
2. 表中系数K_1、K_2、K_3查表3-86。
3. 括号内尺寸用于圆棒料。

表3-86　铝材每米长度或每平方米重量G计算公式的系数

铝材牌号	7A04 7A09	6A02 6B02	2A14 2A11	5A02 5A43 5A66	5A03 5083	5A05	5A06	3A21	2A06	2A12	2A16	纯铝	平均值
K_1	2.239	2.120	2.199	2.105	2.098	2.082	2.073	2.145	2.167	2.183	2.230	2.219	2.155
K_2	2.851	2.700	2.800	2.680	2.671	2.651	2.640	2.731	2.760	2.780	2.840	2.711	2.744
K_3	2.469	2.338	2.425	2.321	2.313	2.296	2.286	2.365	2.390	2.407	2.459	2.348	2.376
K_4	8.957	8.482	8.796	8.420	8.391	8.328	8.294	8.580	8.671	8.734	8.922	8.517	8.621

3.4 非金属材料

3.4.1 橡胶

3.4.1.1 常用橡胶的品种、性能和用途（表3-87）

表3-87 常用橡胶的品种、性能和用途

品种(代号)	化学组成	性能特点和用途
天然橡胶(NR)	橡胶烃(聚异戊二烯)为主,含少量树脂酸、无机盐等	弹性大,抗撕裂和电绝缘性优良,耐磨性和耐寒性好,易与其他材料粘合,综合性能优于多种合成橡胶。缺点是耐氧性和耐臭氧酸差,容易老化变质,耐油性和耐溶蚀性不好,抗酸碱能力低,耐热性差,工作温度不超过100℃。用于制作轮胎、胶管、胶带、电缆绝缘层
丁苯橡胶(SBR)	丁二烯和苯乙烯的共聚体	产量最大的合成橡胶,耐磨性、耐老化和耐热性超过天然橡胶。缺点是弹性较低,抗屈挠性能差。加工性能差。用于代替天然橡胶制作轮胎、胶管等
顺丁橡胶(BR)	由丁二烯聚合而成	结构与天然橡胶基本一致,弹性与耐磨性优良,耐老化性好,耐低温性优越,发热小,易与金属粘合。缺点是强度较低,加工性能差。产量仅次于丁苯橡胶,一般与天然橡胶或丁苯橡胶混用。主要用于制造轮胎、运输带和特殊耐寒制品
异戊橡胶(IR)	以异戊二烯为单体,聚合而成	化学组成、结构与天然橡胶相似,性能也相近。有天然橡胶大部分优点,耐老化性能优于天然橡胶。缺点是弹力和强度较差,加工性能差,成本较高。可代替天然橡胶作轮胎、胶管、胶带等
氯丁橡胶(CR)	由氯丁二烯作单体,聚合而成	具有优良的抗氧、抗臭氧性,不易燃、着火后能自熄,耐油、耐溶剂、耐酸碱,耐老化、气密性好,力学性能不低于天然橡胶。主要缺点是耐寒性差,比重较大,相对成本高,电绝缘性不好。用于重型电缆护套,要求耐油、耐腐蚀的胶管、胶带、化工设备衬里,要求耐燃的地下矿山运输带、密封圈、粘结剂等
丁基橡胶(IIR)	异丁烯和少量异戊二烯或丁二烯的共聚体	耐臭氧、耐老化、耐热性好,可长期工作在130℃以下,能耐一般强酸和有机溶剂,吸振、阻尼性好,电绝缘性非常好。缺点是弹性不好(现有品种中最差),加工性能差。用作内胎、气球、电线、电缆绝缘层,防振制品,耐热运输带等
丁腈橡胶(NBR)	丁二烯和丙烯腈的共聚体	耐汽油和脂肪烃油的能力特别好,仅次于聚硫橡胶、丙烯酸脂橡胶和氟橡胶。耐磨性、耐水性、耐热性及气密性均较好。缺点是强度和弹力较低,耐寒和耐臭氧性能差,电绝缘性不好。用于制造各种耐油制品,如耐油的胶管、密封圈等,也作耐热运输带
乙丙橡胶(EPM)	乙烯和丙烯的共聚体	相对密度最小(0.865)、成本较低的新品种,化学稳定性很好(仅不耐浓硝酸),耐臭氧、耐老化性能很好,电绝缘性能突出,耐热可达150℃左右,耐酮脂等极性溶剂,但不耐脂肪烃及芳香烃。缺点是粘着性差、硫化缓慢。用于化工设备衬里、电线、电缆包皮,蒸气胶管,汽车配件
硅橡胶(Si)	主链含有硅、氟原子的特种橡胶	耐高温可达300℃,低温可达-100℃,是目前最好的耐寒、耐高温橡胶,绝缘性优良。缺点是强度低,耐油、溶剂、酸碱性能差,价格较贵。主要用于耐高、低温制品,如胶管、密封件、电缆绝缘层。由于无毒无味,用于食品、医疗
氟橡胶(FPM)	由含氟共聚体得到的	耐高温可达300℃,耐油性是最好的。不怕酸碱,抗辐射及高真空性能优良,力学性能、电绝缘、耐化学药品腐蚀、耐大气老化等能力都很好,性能全面。缺点是加工性差,价格昂贵,耐寒性差,弹性较低。主要用于飞机、火箭的密封材料、胶管等

（续）

品种(代号)	化学组成	性能特点和用途
聚氨脂橡胶（UR）	由聚脂(或聚醚)与二异氰酸脂类化合物聚合物而成	在各种橡胶中耐磨性最高。强度、弹性高,耐油性,耐臭氧、耐老化、气密性也都很好。缺点是耐湿性较差,耐水和耐碱性不好,耐溶剂性较差。用于制作轮胎及耐油、耐苯零件、垫圈防振制品,以及要求高耐磨、高强度、耐油的场合
聚丙烯酸脂橡胶（AR）	由丙烯酸酯与丙烯腈乳液共聚而成	有良好的耐热、耐油性,可在180℃以下热油中使用;耐老化、耐氧化、耐紫外光线,气密性较好。缺点是耐寒性较差,在水中会膨胀,耐芳香族类溶剂性能差,弹性、耐磨、电绝缘性和加工性能不好。用于制造密封件,耐热油软管,化工衬里等
氯磺化聚乙烯橡胶（CSM）	用氯和 SO_2 处理聚乙烯后再经硫化而成	耐候性高于其他橡胶,耐臭氧和耐老化性能优良;不易燃,耐热、耐溶剂、耐磨、耐酸碱性能较好,电绝缘性尚可。缺点是加工性能不好,价格较贵,因而使用不广。用于制造耐油垫圈、电线、电缆包皮和化工衬里
氯醇橡胶（共聚型 CHC 均聚型 CHR）	由环氧氯丙烷与环氧氯乙烷共聚,或由环氧氯丙烷均聚而成	耐溶剂、耐水、耐碱、耐老化性能极好;耐热性、耐候性、耐臭氧性、气密性好;抗压缩变形良好,容易加工,便宜。缺点是强度较低、弹性差、电绝缘性较低。用于作胶管、密封件、胶辊、容器衬里等
氯化聚乙烯橡胶	乙烯、氯乙烯与二氯乙烯的三元聚合物	性能与氯磺化聚乙烯橡胶相近。其特点是流动性好,容易加工,有优良的耐大气老化性、耐臭氧性和耐电晕性。缺点是弹性差,电绝缘性较低。用于胶管、胶带、胶辊、化工容器衬里等
聚硫橡胶（T）	分子主链含有硫的特殊橡胶	耐油性突出,化学稳定性也很好,能耐臭氧、日光、各种氧化剂、碱及弱酸等。缺点是耐热、耐寒性不好、力学性能很差;压缩变形大,冷流现象严重,易燃烧,有催泪性气味。工业上很少使用作耐油制品,大多用作密封腻子或油库覆盖层

3.4.1.2 工业用橡胶板（摘自 GB/T 5574—2008）（见表 3-88 和表 3-89）

表 3-88 工业用橡胶板公称厚度及偏差（单位：mm）

公称尺寸	0.5	1.0	1.5	2.0	2.5	3.0	4.0	5.0	6.0	8.0	10
偏差	±0.2	±0.2	±0.2	±0.3	±0.3	±0.3	±0.4	±0.5	±0.5	±0.8	±1.0
公称尺寸	12	14	16	18	20	22	25	30	40	50	
偏差	±1.2	±1.4	±1.5	±1.5	±1.5	±1.5	±2.0	±2.0	±2.0	±2.0	

注：1. 工业用橡胶板宽度为 50～2000mm，偏差为 ±20mm。

2. 工业用橡胶板按性能分为三类，见下表

类别	耐油性能	体积变化率 ΔV(%)
A	不耐油	
B	中等耐油3号标准油,100℃×72h	+40～+90
C	耐油3号标准油,100℃×72h	-5～+40

表 3-89 工业用橡胶板基本性能

抗拉强度/MPa	≥3	≥4	≥5	≥7	≥10	≥14	≥17
代号	03	04	05	07	10	14	17

断后伸长率(%)	≥100	≥150	≥200	≥250	≥300	≥350	≥400	≥500	≥600
代号	1	1.5	2	2.5	3	3.5	4	5	6

橡胶国际硬度或肖尔A硬度	30	40	50	60	70	80	90
代号	H3	H4	H5	H6	H7	H8	H9
硬度偏差	$^{+5}_{-4}$						

（续）

代号	热空气老化性能			指标
Ar1	热空气老化 70℃ ×72h	抗拉强度降低率(%)	≤	30
		断后伸长率降低率(%)	≤	40
Ar2	热空气老化 100℃ ×72h	抗拉强度降低率(%)	≤	20
		断后伸长率降低率(%)	≤	50

注：工业用橡胶板标记示例：

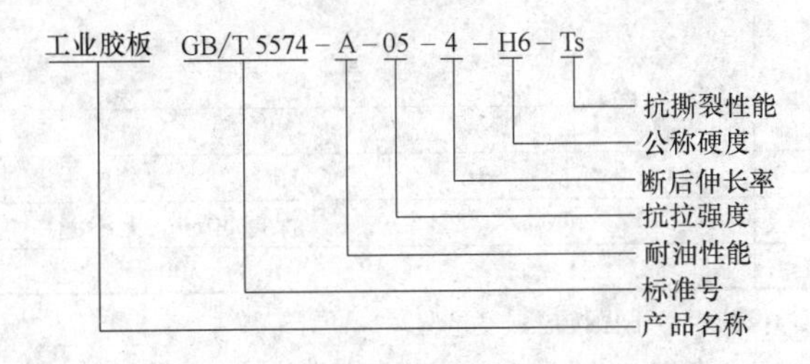

3.4.1.3　石棉橡胶板（表 3-90 ~ 表 3-92）

表 3-90　石棉橡胶板的牌号、性能规格（摘自 GB/T 3985—2008）

牌号	表面颜色	性　能					耐热耐压要求		
		R_m /MPa ≥	面密度 /(g/cm²)	压缩率 (%)	回弹率 (%) ≥	蠕变松弛率 (%) ≤	温度/℃	蒸气压力 /MPa	要求
XB510	墨绿色	21.0	1.6 ~ 2.0	7 ~ 17	45	50	500 ~ 510	13 ~ 14	保持 30min 不被击穿
XB450		18.0					440 ~ 450	11 ~ 12	
XB400	紫色	15.0					390 ~ 400	8 ~ 9	
XB350	红色	12.0			40		340 ~ 350	7 ~ 8	
XB300		9.0					290 ~ 300	4 ~ 5	
XB200	灰色	6.0			35		190 ~ 200	2 ~ 3	
XB150		5.0					140 ~ 150	1.5 ~ 2	

表 3-91　耐油石棉橡胶板等级牌号和推荐使用范围（摘自 GB/T 539—2008）

分类	等级牌号	表面颜色	推荐使用范围
一般工业用 耐油石棉橡胶板	NY510	草绿色	温度 510℃以下、压力 5MPa 以下的油类介质
	NY400	灰褐色	温度 400℃以下、压力 4MPa 以下的油类介质
	NY300	蓝色	温度 300℃以下、压力 3MPa 以下的油类介质
	NY250	绿色	温度 250℃以下、压力 2.5MPa 以下的油类介质
	NY150	暗红色	温度 150℃以下、压力 1.5MPa 以下的油类介质
航空工业用 耐油石棉橡胶板	HNY300	蓝色	温度 300℃以下的航空燃油、石油基润滑油及冷气系统的密封垫片

表 3-92　耐油石棉橡胶板的物理机械性能（摘自 GB/T 539—2008）

等级牌号		NY10	NY400	NY300	NY250	NY150	HNY300
横向抗拉强度/MPa	≥	18.0	15.0	12.7	11.0	9.0	12.7
压缩率(%)		7 ~ 17					
回弹率(%)	≥	50			45	35	50
蠕变松弛率(%)	≤	45				—	45
面密度/(g/cm³)		1.6 ~ 2.0					
常温柔软性		在直径为试样公称厚度 12 倍的圆棒上弯曲 180°，试样不得出现裂纹等破坏迹象					

（续）

等级牌号		NY10	NY400	NY300	NY250	NY150	HNY300
浸渍 IRM903 油后性能（149℃,5h）	横向抗拉强度/MPa ≥	15.0	12.0	9.0	7.0	5.0	9.0
	增重率(%) ≤	30					
	外观变化						无起泡
浸渍 ASTM 燃料油 B 后性能(21 ~ 30℃,5h)	增厚率(%)	0 ~ 20					0 ~ 20
	浸油后柔软性						同常温柔软性要求
对金属材料的腐蚀性							无腐蚀
常温油密封性	介质压力/MPa	18	16	15	10	8	15
	密封要求	保持30min,无渗漏					
氮气泄漏率/[mL/(h · mm)] ≤		300					

注：厚度大于3mm的耐油石棉橡胶板，不做抗拉强度试验。

3.4.1.4 橡胶管（表3-93 ~ 表3-95）

表3-93 压缩空气用织物增强橡胶软管静液压要求（摘自 GB/T 1186—2007）

软管型别	工作压力/MPa	试验压力/MPa	最小爆破压力/MPa	在试验压力下尺寸变化	
				长度	直径
1,2,3	1.0	2.0	4.0	±5%	±5%
4 和 5	1.6	3.2	6.4	±5%	±5%
6 和 7	2.5	5.0	10.0	±5%	±5%

注：1. 1型一般工业用；2、4、6型重型建筑用；3、5、7型具有良好的耐油性，重型建筑用。

2. 工作温度范围：A类 -25 ~ 70℃；B类 -40 ~ 70℃。

表3-94 内衬层和外覆层的最小厚度　　（单位：mm）

型别	1	2	3	4	5	6	7
内衬层	1.0	1.0	1.0	1.5	1.5	2.0	2.0
外覆层	1.5	1.5	1.5	2.0	2.0	2.5	2.5

表3-95 公称内径和公差　　（单位：mm）

公称内径	公差	公称内径	公差
5	±0.5	40(38),50,63	±1.5
6.3,8,10,12.5,16,20(19)	±0.75	80(76),100(102)	±2.0
25,31.5	±1.25		

注：括号中的数字是供选择的。

3.4.2 塑料

3.4.2.1 常用塑料的特性和用途（表3-96 ~ 表3-98）

表3-96 常用热固性塑料的特性与用途

名　称	特性与用途
酚醛塑料（PF）	力学性能很好,耐热性较高,工作温度可以超过100℃,在水润滑下摩擦因数很低(0.01 ~ 0.03),*pv* 值很高,电性能优良,抗酸碱腐蚀能力较好,成型简便,价廉。缺点是较脆,耐光性差,加工性差,只能模压。用于制造电器绝缘件、水润滑轴承、轴瓦、带轮、齿轮、摩擦轮等
脲醛塑料	脲醛树脂和填料、颜料及其他添加剂组成。有优良的电绝缘性,耐电弧好,硬度高,耐磨,耐弱碱、有机溶剂,透明度好,制品彩色鲜艳,价格低廉,无臭无味,但不耐酸和强碱。缺点是强度、耐水性、耐热性都不及酚醛塑料。用于制造电绝缘件、装饰件和日用品

（续）

名　称	特性与用途
三聚氰氨甲醛塑料	性能同上，但耐水、耐热性能较好，耐电弧性能很好，在20～100℃性能无变化。使用矿物填料时，可在150～200℃范围内使用。无臭无毒，但价格较贵。用于制造电气绝缘件，要求较高的日用品，餐具、医疗器具等
环氧树脂塑料（EP）	强度较高，韧性较好，电绝缘性能好，有防水、防霉能力，可在-80～150℃下长期工作，在强碱及加热情况下容易被碱分解，脂环型环氧树脂的使用温度可达200～300℃。用于制造塑料模具，精密量具，机械、仪表和电气构件
有机硅塑料	有机硅树脂与石棉、云母或玻璃纤维等配制而成。耐热性高，可在180～200℃长期工作。耐高压电弧，高频绝缘性好，能耐碱、盐和弱酸不耐强酸和有机溶剂。用作高绝缘件，湿热带地区电机、电气绝缘件、耐热件等
聚邻苯二甲酸二丙烯树脂塑料（DAP）聚间苯二甲酸二丙烯树脂塑料（DAIP）	DAP和DAIP是两种异构件，性能相近，前者应用较多。耐热性较高（DAP工作温度为-60～180℃，DAIP工作温度为180～230℃），电绝缘性优异，可耐强酸、强碱及一切有机溶剂，尺寸稳定性高，工艺性能好。缺点是磨损大，成本高。用于制造高速航行器材中的耐高温零件，尺寸稳定性要求高的电子元件，化工设备结构件
聚氨酯塑料	柔韧、耐磨、耐油、耐化学药品、耐辐射、易于成形，但不耐强酸，泡沫聚氨酯的密度小，导热性低，具有优良的弹性、隔热、保温和吸声、防振性能。主要用于泡沫塑料

表3-97　常用热塑性塑料的特性和用途

名　称	特性和用途
低密度聚乙烯（LDPE）	有良好的柔软性、延伸性、电绝缘性和透明性，但机械强度、隔湿性、隔气性、耐溶剂性较差。用作各种薄膜和注射、吹塑制品，如包装袋、建筑及农用薄膜、挤出管材（饮水管、排灌管）
高密度聚乙烯（HDPE）	有较高的刚性和韧性，优良的机械强度和较高的使用温度（80℃），有较好的耐溶剂性、耐蒸气渗透性和耐环境应力开裂性。用作中空的各种耐腐蚀容器，自行车、汽车零件，硬壁压力管、电线电缆外套管，冷热食品、纺织品的高强度超薄薄膜，以及建筑装饰板等
中密度聚乙烯（MDPE）	有较好的刚性、良好的成型工艺性和低温特性，其抗拉强度、硬度、耐热性不如HDPE，但耐应力开裂性和强度长期保持性较好。用作压力管道、各种容器及高速包装用薄膜；还可制造发泡制品
超高分子量聚乙烯（UHMW-PE）	除具有一般HDPE的性能外，还具有突出的耐磨性、低摩擦因数和自润滑性，耐高温蠕变性和耐低温性（即使在-269℃也可使用）；优良的抗拉强度、极高的冲击韧度，且低温下也不下降；噪声阻尼性好；同时具有卓越的化学稳定性和耐疲劳性；电绝缘性能优良，无毒性。 用途十分广泛，主要用于制造耐摩擦、抗冲击的机械零件，代替部分钢铁和其他耐磨材料，如制造齿轮、轴承、导轨、汽车部件、泥浆泵叶轮，以及人造关节、体育器械、大型容器、异型管材
聚丙烯（PP）	这是最轻塑料之一，特点是软化点高、耐热性好，连续使用温度高达110～120℃，抗拉强度和刚性都较好，硬度大、耐磨性好，电绝缘性能和化学稳定性很好，其薄膜阻水、阻气性很好且无毒，冲击韧度高、透光率高。主要缺点是低温冲击性差、易脆化。主要用于医疗器具、家用厨房用器具，家电零部件，化工耐腐蚀零件，以及包装箱、管材、板材；薄膜用于纺织品和食品包装
聚酰胺（又称尼龙）（PA）	有尼龙-6、尼龙-66、尼龙1010、尼龙-610、铸型尼龙、芳香尼龙等品种。尼龙坚韧、耐磨、耐疲劳、抗蠕变性优良；耐水浸但吸水性大。PA-6的弹性、冲击韧度较高；PA-66的强度较高、摩擦因数小；PA-610的性能与PA-66相似，但吸水性和刚度都较小；PA-1010半透明，吸水性、耐基性好；铸型PA与PA-6相似，但强度和耐磨性均高，吸水性较小；芳香PA的耐热性较高，耐辐射和绝缘性优良。尼龙用于汽车、机械、化工和电气零部件，如轴承、齿轮、凸轮、泵叶轮、高压密封圈、阀座、输油管、储油容器等；铸型PA可制大型机械零件
硬质聚氯乙烯（PVC）	机械强度较高，化学稳定性及介电性优良，耐油性和抗老化性也较好，易熔接及粘合，价格较低。缺点是使用温度低（在60℃以下），线膨胀系数大，成型加工性不良。制品有管、棒、板、焊条及管件、工业型材和成型各种机械零件，以及用作耐蚀的结构材料，或设备衬里材料（代替有色合金、不锈钢和橡胶）及电气绝缘材料

（续）

名　称	特性和用途
软质聚氯乙烯（PVC）	抗拉强度、抗弯强度及冲击韧度均较硬质聚氯乙烯低，但破裂伸长率较高，质柔软、耐摩擦、挠曲，弹性良好，吸水性低，易加工成型，有良好的耐寒性和电气性能，化学稳定性强，能制各种鲜艳而透明的制品。缺点是使用温度低，在 -15 ~55℃。以制造工业、农业、民用薄膜（雨衣、台布），人造革和电线、电线包覆等为主，还有各种中空容器及日常生活用品
橡胶改性聚苯乙烯（HIPS-A）	有较好的韧性和一定的冲击韧度，透明度优良，化学稳定性，耐水、耐油性能较好，且易于成型。作透明件，如汽车用各种灯罩和电气零件等
橡胶改性聚苯乙烯（203A）	有较高的韧性和冲击韧度；耐酸、耐碱性能好，不耐有机溶剂、电气性能优良；透光性好，着色性佳，并易成型。作一般结构零件和透明结构零件，以及仪表零件、油浸式多点切换开关、电器仪表外壳等
丙烯腈、丁二烯苯乙烯共聚物（ABS）	具有良好的综合性能，即高的冲击韧度和良好的力学性能，优良的耐热、耐油性能及化学稳定性，易加工成型，表面光泽性好，无毒、吸水性低，易进行涂装、着色和电镀等表面装饰，介电性能良好，用途很广。在工业中作一般结构件或耐磨受力传动零件，如齿轮、泵叶轮、轴承；电机、仪表及电视机等外壳；建筑行业中的管材、板材；用 ABS 制成泡沫夹层板可做小轿车车身
聚甲基丙烯酸甲酯（PMMA）	这是最重要的光学塑料，具有优良的综合性能，优异的光学性能，透明性可与光学玻璃媲美，几乎不吸收可见光的全波段光，透光率 >91%，光泽好、轻而强韧，成型加工性良好，耐化学药品性、耐候性好。缺点是表面硬度低、易划伤，静电性强，受热吸水易膨胀。可作光学透镜及工业透镜、光导纤维、各种透明罩、窗用玻璃、防弹玻璃及高速航空飞机玻璃和文化用品、生活用品
372 塑料（有机玻璃塑料）（MMA/S）	具有综合优良的物化性能，优良的透明度和光泽度，透光率≥90%，机械强度较高，无色、耐光、耐候，易着色，极易加工成型。缺点是表面硬度不够，易擦毛。主要用作透明或不透明的塑料件，如表蒙、光学镜片，各种车灯灯罩、透明管道、仪表零件和各种家庭用品
聚酰亚胺（PI）	耐热性好、强度高，可在 -240 ~260℃下长期使用，短期可在400℃使用，高温下具有突出的介电性能、力学性能、耐辐照性能、耐燃性能、耐磨性能、自润滑性，制品尺寸稳定性好，耐大多数溶剂、油脂等。缺点是冲击强度对缺口敏感性强，易受强碱及浓无机酸的浸蚀，且不易长期浸于水中。适用于高温、高真空条件下作减磨、自润滑零件，高温电机、电器零件
聚砜（PSU）	有很高的力学性能、绝缘性能和化学稳定性，可在 -100 ~150℃长期使用；在高温下能保持常温下所具有的各种力学性能和硬度，蠕变值很小；用 PTFE 充填后，可作摩擦零件。适用于高温下工作的耐磨受力传动零件，如汽车分速器盖，齿轮及电绝缘零件等
聚酚氧（苯氧基树脂）	具有优良的力学性能，高的刚性、硬度和冲击韧度，冲击韧度可与聚碳酸脂相比；良好的延展性和可塑性，突出的尺寸稳定性；在具有油润滑的条件下比聚甲醛、聚碳酸酯还耐磨损，耐蠕变性能、电绝缘性能优异，一般推荐最高使用温度为77℃。适用于精密的形状复杂的耐磨受力传动零件，仪表、计算机、汽车、飞机零件
聚苯醚（PPO）	在高温下有良好的力学性能，特点是抗拉强度和蠕变性极好，具有较高的耐热性（长期使用温度为 -127 ~120℃），吸湿性低，尺寸稳定性强，成型收缩率低，电绝缘性优良，耐高浓度的酸、碱、盐的水溶液；但溶于氯化烃和芳香烃中，在丙酮、苯甲醇、石油中龟裂和膨胀。适用在高温工作下的耐磨受力传动零件，耐腐蚀的化工设备与零件，还可代替不锈钢作外科医疗器械
氯化聚醚	耐化学腐蚀性能优异，仅次于聚四氯乙烯，耐腐蚀等级相当于金属镍级；在高温下不耐浓硝酸、浓双氧水和湿氯气，可在120℃下长期使用；强度、刚性比尼龙、聚甲醛等低、耐磨性优异仅次于聚甲醛；吸水性小，成品收缩率小、尺寸稳定，可用火焰喷镀法涂于金属表面。缺点是低温脆性大。代替有色金属和合金、不锈钢作耐腐蚀设备与零件，作为在腐蚀介质中使用的低速或高速、低载荷的精密耐磨受力传动零件
聚碳酸酯（PC）	具有突出的耐冲击韧度（为一般热塑性塑料之首）和抗蠕变性能；有很高的耐热性，耐寒性也很好，脆化温度达 -100℃；抗弯、抗拉强度与尼龙相当，并有较高的伸长率和弹性模量，尺寸稳定性好，耐磨性与尼龙相当，有一定抗腐蚀能力，透明度高；但易产生应力开裂。用于制作传递中小载荷的零部件，如齿轮、蜗轮、齿条、凸轮、轴承、螺钉、螺母、离心泵叶轮、阀门、安全帽、需高温消毒的医疗手术器皿，无色透明聚碳酸酯可用于制造飞机、车、船挡风玻璃等

（续）

名　　称	特性和用途
聚甲醛（POM）	抗拉强度、冲击韧度、刚性、疲劳强度、抗蠕变性能都很高，尺寸稳定性好，吸水性小，摩擦因数小，且有突出的自润滑性、耐磨性和耐化学药品性，价格低于尼龙。缺点是加热易分解。在机械、电器、建筑、仪表等方面广泛用作轴承、齿轮、凸轮、管材、导轨等，代替铜、铸锌等有色金属和合金，并可作电动工具外壳，化工、水、煤气的管道和阀门等
聚对苯二甲酸乙二酯（PETP）	具有很高的力学性能、抗拉强度超过聚甲醛，抗蠕变性能、刚性硬度都胜过多种工程塑料，吸水性小、线胀系数小、尺寸稳定性高，热力学性能和冲击性能很差，耐磨性同聚甲醛和尼龙。主要用于纤维（我国称“涤纶”），少量用于薄膜和工程塑料；薄膜主要用于电气绝缘材料和片基，如电影胶片、磁带，用作耐磨受力传动零件
聚四氟乙烯（PTFE）	耐高低温性能好，可在－250～260℃内长期使用，耐磨性好、静摩擦因数是塑料中最小的，自润滑性电绝缘性优良具有优异的化学稳定性，强酸、强碱、强氧化剂、油脂、酮、醚、醇在高温下对它也不起作用。缺点是力学性能较低，刚性差、有冷流动性、热导率低、热膨胀大，需采用予压烧结法成型加工，费用较高。主要用作耐化学腐蚀、耐高温的密封元件，也作输送腐蚀介质的高温管道，耐腐蚀衬里、容器，以及轴承、轨道导轨、无油润滑活塞环、密封圈等
聚三氟氯乙烯（PCTFE）	耐热、电性能和化学稳定性仅次于PTFE；在180℃的酸、碱和盐的溶液中亦不溶胀或侵蚀；机械强度、抗蠕变性能、硬度都比PTFE好些；长期使用温度为－190～130℃，涂层与金属有一定的附着力，其表面坚韧、耐磨、有较高的强度。悬浮液涂于金属表面可作防腐、电绝缘防潮等涂层
全氟（乙烯-丙烯）共聚物（FEP）	力学性能、化学稳定性、电绝缘性、自润滑性等基本上与PTFE相同，可在－250～200℃长期使用；突出的优点是冲击韧度高，即使带缺口的试样也冲不断。用于制作要求大批量生产或外形复杂的零件，并可用注射成型代替PTFE的冷压烧结成型

表3-98　常用工程塑料选用参考实例

用途	要　求	应用举例	材　　料
一般结构零件	强度和耐热性无特殊要求。一般用来代替钢材或其他材料，但由于批量大，要求有较高的生产率、成本低，有时对外观有一定要求	汽车调节器盖及喇叭后罩壳、电动机罩壳、各种仪表罩壳、盖板、手轮、手柄、油管、管接头、紧固件等	高密度聚乙烯、聚氯乙烯、改性聚苯乙烯（203A，204）、ABS、聚丙烯等。这些材料只承受较低的载荷，可在60～80℃范围内使用
	同上，并要求有一定的强度	罩壳、支架、盖板、紧固件等	聚甲醛、尼龙1010
透明结构零件	除上述要求外，必须具有良好的透明度	透明罩壳、汽车用各类灯罩、油标、油杯、光学镜片、信号灯、防护玻璃及透明管道等	改性有机玻璃（372）、改性聚苯乙烯（204）、聚碳酸酯
耐磨受力传动零件	要求有较高的强度、刚性、韧性、耐磨性、耐疲劳性、并有较高的热变形温度、尺寸稳定	轴承、齿轮、齿条、蜗轮、凸轮、辊子、联轴器等	尼龙、MC尼龙、聚甲醛、聚碳酸酯、聚酚氧、氯化聚醚、线型聚酯等。这类塑料的抗拉强度都在58.8kPa以上，使用温度可达80～120℃
减磨自润滑零件	对机械强度要求往往不高，但运动速度较高，故要求具有低的摩擦系数，优异的耐磨性和自润滑性	活塞环、机械动密封圈、填料、轴承等	聚四氟乙烯、聚四氟乙烯填充的聚甲醛、聚全氟乙丙烯（F-46）等。在小载荷、低速时可采用低压聚乙烯
耐高温结构零件	除耐磨受力传动零件和减磨自润滑零件要求外，还必须具有较高的热变形温度及高温抗蠕变性	高温工作的结构传动零件，如汽车分速器盖、轴承、齿轮、活塞环、密封圈、阀门、螺母等	聚砜、聚苯醚、氟塑料（F-4，F-46）、聚苯亚胺、聚苯硫醚，以及各种玻璃纤维增强塑料等。这些材料都可在150℃以上使用
耐腐蚀设备与零件	对酸、碱和有机溶剂等化学药品具有良好的抗腐蚀能力，还具有一定的机械强度	化工容器、管道、阀门、泵、风机、叶轮、搅拌器，以及它们的涂层或衬里等	聚四氟乙烯、聚全氟乙丙烯、聚三氯氧乙烯F-3、氯化聚醚、聚氯乙烯、低压聚乙烯、聚丙烯、酚醛塑料等

3.4.2.2　常用塑料的性能数据（表3-99）

表3-99　热固性塑料的物理、力学性能

塑料名称（填充物或增强物）	代号	密度 /(g/cm³)	抗拉强度 /MPa	拉伸弹性模量 /GPa	伸长率（%）	抗压强度 /MPa	硬度 HR/HS/HBW	成型收缩率（%）
酚醛	PF							
木粉		1.37～1.46	35～62	5.5～11.7	0.4～0.8	172～214	100～115HRM	0.4～0.9
碎布		1.37～1.45	41～55	6.2～7.6	1～4	138～193	105～115HRM	0.3～0.9

第4章　螺纹和螺纹连接

4.1　螺纹

4.1.1　普通螺纹

4.1.1.1　普通螺纹标记

普通螺纹完整的标记由螺纹特征代号、尺寸代号、公差带代号，以及其他有必要作进一步说明的个别信息组成。

（1）螺纹特征代号　普通螺纹特征代号用字母“M”表示。

1）单线螺纹的尺寸代号为“公称直径×螺距”，公称直径和螺距数值的单位为毫米。对粗牙螺纹，可以省略标注其螺距项。

示例：

① 公称直径为8mm、螺距为1mm的单线细牙螺纹：M8×1。

② 公称直径为8mm、螺距为1.25mm的单线粗牙螺纹：M8。

2）多线螺纹的尺寸代号为“公称直径×Ph导程P螺距”，公称直径、导程和螺距数值的单位为毫米。如果要进一步表明螺纹的线数，可在后面增加括号说明（使用英语进行说明。例如双线为two starts；三线为three starts；四线为four starts）。

示例：公称直径为16mm、螺距为1.5mm、导程为3mm的双线螺纹：M16×Ph3P1.5或M16×Ph3P1.5（two starts）。

（2）公差带代号

1）公差带代号包含中径公差带代号和顶径公差带代号。中径公差带代号在前，顶径公差带代号在后。各直径的公差带代号由表示公差等级的数值和表示公差带位置的字母（内螺纹用大写字母；外螺纹用小写字母）组成。如果中径公差带代号与顶径公差带代号相同，则应只标注一个公差带代号。螺纹尺寸代号与公差带间用半字线“-”分开。

示例：

① 中径公差带为5g、顶径公差带为6g的外螺纹：M10×1-5g6g。

② 中径公差带和顶径公差带为6g的粗牙外螺纹：M10-6g。

③ 中径公差带为5H、顶径公差带为6H的内螺纹：M10×1-5H6H。

④ 中径公差带和顶径公差带为6H的粗牙内螺纹：M10-6H。

2）在下列情况下，中等公差精度螺纹不标注其公差带代号：

① 内螺纹：5H，公称直径小于和等于1.4mm时；6H，公称直径大于和等于1.6mm时。

② 外螺纹：6h，公称直径小于和等于1.4mm时；6g，公称直径大于和等于1.6mm时。

示例：中径公差带和顶径公差带为6g、中等公差精度的粗牙外螺纹：M10；中径公差带和顶径公差带为6H、中等公差精度的粗牙内螺纹：M10。

3）表示内、外螺纹配合时，内螺纹公差带代号在前，外螺纹公差带代号在后，中间用斜线“/”分开。

示例：

① 公差带为6H的内螺纹与公差带为5g6g的外螺纹组成配合：M20×2-6H/5g6g

② 公差带为6H的内螺纹与公差带为6g的外螺纹组成配合（中等公差精度、粗牙）：M6

（3）旋合长度代号　对短旋合长度组和长旋合长度组的螺纹，宜在公差带代号后分别标注“S”和“L”代号。旋合长度代号与公差带间用半字线“-”分开。中等旋合长度组螺纹不标注旋合长度代号（N）。

示例：

① 短旋合长度的内螺纹：M20×2-5H-S

② 长旋合长度的内、外螺纹：M6-7H/7g6g-L

③ 中等旋合长度的外螺纹（粗牙、中等精度的6g公差带）：M6

（4）旋向代号　对左旋螺纹，应在旋合长度代号之后标注“LH”代号。旋合长度代号与旋向代号间用半字线“-”分开。右旋螺纹不标注旋向代号。

示例：

① 左旋螺纹：M8×1-LH（公差带代号和旋合长度代号被省略）

M6×0.75-5h6h-S-LH

M14×Ph6P2-7H-L-LH或M14×Ph6P2（three starts）-7H-L-LH

② 右旋螺纹：M6（螺距、公差带代号、旋合长度代号和旋向代号被省略）

4.1.1.2 普通螺纹基本尺寸（表 4-1 ~ 表 4-3）

表 4-1 普通螺纹基本尺寸（摘自 GB/T 193—2003 和 GB/T 196—2003）（单位：mm）

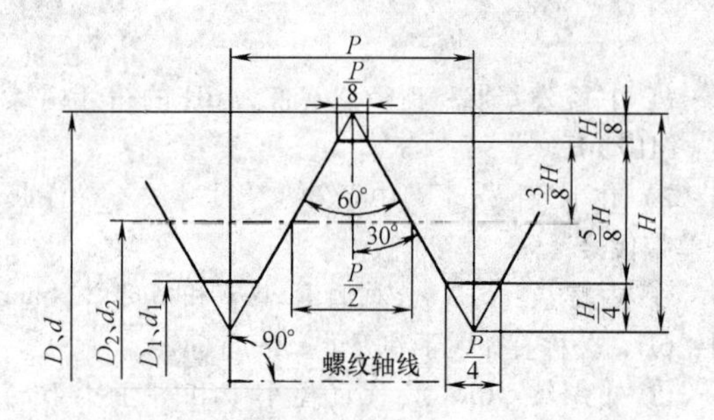

基本尺寸

$D = d$

$D_2 = d_2 = d - 2 \times \frac{3}{8}H = d_1 - 0.64952P$

$D_1 = d_1 = d - 2 \times \frac{5}{8}H = d - 1.08253P$

$H = \frac{\sqrt{3}}{2}P = 0.866025404P$

公称直径 D、d			螺距 P	中径 D_2 或 d_2	小径 D_1 或 d_1	公称直径 D、d			螺距 P	中径 D_2 或 d_2	小径 D_1 或 d_1
第一系列	第二系列	第三系列				第一系列	第二系列	第三系列			
1			**0.25**	0.838	0.729		3.5		**0.6**	3.110	2.850
			0.2	0.870	0.783				0.35	3.273	3.121
	1.1		**0.25**	0.938	0.829	4			**0.7**	3.545	3.242
			0.2	0.970	0.883				0.5	3.675	3.459
1.2			**0.25**	1.038	0.929		4.5		**0.75**	4.013	3.688
			0.2	1.070	0.983				0.5	4.175	3.959
	1.4		**0.3**	1.205	1.075	5			**0.8**	4.480	4.134
			0.2	1.270	1.183				0.5	4.675	4.459
1.6			**0.35**	1.373	1.221			5.5	0.5	5.175	4.959
			0.2	1.470	1.383	6			**1**	5.350	4.917
	1.8		**0.35**	1.573	1.421				0.75	5.513	5.188
			0.2	1.670	1.583		7		**1**	6.350	5.917
2			**0.4**	1.740	1.567				0.75	6.513	6.188
			0.25	1.838	1.729	8			**1.25**	7.188	6.647
	2.2		**0.45**	1.908	1.713				1	7.350	6.917
			0.25	2.038	1.929				0.75	7.513	7.188
2.5			**0.45**	2.208	2.013			9	**1.25**	8.188	7.647
			0.35	2.273	2.121				1	8.350	7.917
3			**0.5**	2.675	2.459				0.75	8.513	8.188
			0.35	2.773	2.621	10			**1.5**	9.026	8.376

（续）

公称直径 D、d			螺距 P	中径 D_2 或 d_2	小径 D_1 或 d_1
第一系列	第二系列	第三系列			
10			1.25	9.188	8.647
			1	9.350	8.917
			0.75	9.513	9.188
		11	**1.5**	10.026	9.376
			1	10.350	9.917
			0.75	10.513	10.188
12			**1.75**	10.863	10.106
			1.25	11.188	10.647
			1	11.350	10.917
	14		**2**	12.701	11.835
			1.5	13.026	12.376
			1.25①	13.188	12.647
			1	13.350	12.917
		15	1.5	14.026	13.376
			1	14.350	13.917
16			**2**	14.701	13.835
			1.5	15.026	14.376
			1	15.350	14.917
		17	1.5	16.026	15.376
			1	16.350	15.917
	18		**2.5**	16.376	15.294
			2	16.701	15.835
			1.5	17.026	16.376
			1	17.350	16.917
20			**2.5**	18.376	17.294
			2	18.701	17.835
			1.5	19.026	18.376
			1	19.350	18.917
	22		**2.5**	20.376	19.294
			2	20.701	19.835
			1.5	21.036	20.376
			1	21.350	20.917
24			**3**	22.051	20.752
			2	22.701	21.835
			1.5	23.026	22.376
			1	23.350	22.917
		25	2	23.701	22.835
			1.5	24.026	23.376
			1	24.350	23.917
		26	1.5	25.026	24.376
	27		**3**	25.051	23.752
			2	25.701	24.835
			1.5	26.026	25.376
			1	26.350	25.917
		28	2	26.701	25.835
			1.5	27.026	26.376
			1	27.350	26.917
30			**3.5**	27.727	26.211
			(3)	28.051	26.752
			2	28.701	27.835
			1.5	29.026	28.376
			1	29.350	28.917
		32	2	30.701	29.835
			1.5	31.026	30.376
	33		**3.5**	30.727	29.211
			(3)	31.051	29.752
			2	31.701	30.835
			1.5	32.026	31.376
		35②	1.5	34.026	33.376
36			**4**	33.402	31.670
			3	34.051	32.752
			2	34.701	33.835
			1.5	35.026	34.376
		38	1.5	37.026	36.376

（续）

公称直径 D、d			螺距 P	中径 D_2 或 d_2	小径 D_1 或 d_1
第一系列	第二系列	第三系列			
	39		**4**	36.402	34.670
			3	37.051	35.752
			2	37.701	36.835
			1.5	38.026	37.376
		40	3	38.051	36.752
			2	38.701	37.835
			1.5	39.026	38.376
42			**4.5**	39.077	37.129
			4	39.402	37.670
			3	40.051	38.752
			2	40.701	39.835
			1.5	41.026	40.376
	45		**4.5**	42.077	40.129
			4	42.402	40.670
			3	43.051	41.752
			2	43.701	42.835
			1.5	44.026	43.376
48			**5**	44.752	42.587
			4	45.402	43.670
			3	46.051	44.752
			2	46.701	45.835
			1.5	47.026	46.376
		50	3	48.051	46.752
			2	48.701	47.835
			1.5	49.026	48.376
	52		**5**	48.752	46.587
			4	49.402	47.670
			3	50.051	48.752
			2	50.701	49.835
			1.5	51.026	50.376
		55	4	52.402	50.670
			3	53.051	51.752
			2	53.701	52.835
			1.5	54.026	53.376
56			**5.5**	52.428	50.046
			4	53.402	51.670
			3	54.051	52.752
			2	54.701	53.835
			1.5	55.026	54.376
		58	4	55.402	53.670
			3	56.051	54.752
			2	56.701	55.835
			1.5	57.026	56.376
	60		**5.5**	56.428	54.046
			4	57.402	55.670
			3	58.051	56.752
			2	58.701	57.835
			1.5	59.026	58.376
		62	4	59.402	57.670
			3	60.051	58.752
			2	60.701	59.835
			1.5	61.026	60.376
64			**6**	60.103	57.505
			4	61.402	59.670
			3	62.051	60.752
			2	62.701	61.835
			1.5	63.026	62.376
		65	4	62.402	60.670
			3	63.051	61.752
			2	63.701	62.835
			1.5	64.026	63.376
	68		**6**	64.103	61.505
			4	65.406	63.670
			3	66.051	64.752
			2	66.701	65.835
			1.5	67.026	66.376
		70	6	66.103	63.505
			4	67.402	65.670

（续）

公称直径 D、d 第一系列	第二系列	第三系列	螺距 P	中径 D_2 或 d_2	小径 D_1 或 d_1
		70	3	68.051	66.752
			2	68.701	67.835
			1.5	69.026	68.376
72			6	68.103	65.505
			4	69.402	67.670
			3	70.051	68.752
			2	70.701	69.835
			1.5	71.026	70.376
		75	4	72.402	70.670
			3	73.051	71.752
			2	73.701	72.835
			1.5	74.026	73.376
	76		6	72.103	69.505
			4	73.402	71.670
			3	74.051	72.752
			2	74.701	73.835
			1.5	75.026	74.376
		78	2	76.701	75.835
80			6	76.103	73.505
			4	77.402	75.670
			3	78.051	76.752
			2	78.701	77.835
			1.5	79.026	78.376
		82	2	80.701	79.835
	85		6	81.103	78.505
			4	82.402	80.670
			3	83.051	81.752
			2	83.701	82.835
90			6	86.103	83.505
			4	87.402	85.670
			3	88.051	86.752
			2	88.701	87.835
	95		6	91.103	88.505
			4	92.402	90.670
			3	93.051	91.752
			2	93.701	92.835

公称直径 D、d 第一系列	第二系列	第三系列	螺距 P	中径 D_2 或 d_2	小径 D_1 或 d_1
100			6	96.103	93.505
			4	97.402	95.670
			3	98.051	96.752
			2	98.701	97.835
	105		6	101.103	98.505
			4	102.402	100.670
			3	103.051	101.752
			2	103.701	102.835
110			6	106.103	103.505
			4	107.402	105.670
			3	108.051	106.752
			2	108.701	107.835
	115		6	111.103	108.505
			4	112.402	110.670
			3	113.051	111.752
			2	113.701	112.835
	120		6	116.103	113.505
			4	117.402	115.670
			3	118.051	116.752
			2	118.701	117.835
125			8	119.804	116.340
			6	121.103	118.505
			4	122.402	120.670
			3	123.051	121.752
			2	123.701	122.835
	130		8	134,804	121.340
			6	126.103	123.505
			4	127.402	125.670
			3	128.051	126.752
			2	128.701	127.835
		135	6	131.103	128.505
			4	132.402	130.670
			3	133.051	131.752
			2	133.701	132.835
140			8	134.804	131.340
			6	136.103	133.505

（续）

公称直径 D、d			螺距 P	中径 D_2 或 d_2	小径 D_1 或 d_1	公称直径 D、d			螺距 P	中径 D_2 或 d_2	小径 D_1 或 d_1
第一系列	第二系列	第三系列				第一系列	第二系列	第三系列			
140			4	137.402	135.670			185	4	182.402	180.670
			3	138.051	136.752				3	183.051	181.752
			2	138.701	137.835		190		8	184.804	181.340
		145	6	141.103	138.505				6	186.103	183.505
			4	142.402	140.670				4	187.402	185.670
			3	143.051	141.752				3	188.051	186.752
			2	143.701	142.835			195	6	191.103	188.505
	150		8	144.804	144.340				4	192.402	190.670
			6	146.103	143.505				3	193.051	191.752
			4	147.402	145.670	200			8	194.804	191.340
			3	148.051	146.752				6	196.103	193.505
			2	148.701	147.835				4	197.402	195.670
		155	6	151.103	148.505				3	198.051	196.752
			4	152.402	150.670			205	6	201.103	198.505
			3	153.051	151.752				4	202.402	200.670
160			8	154.804	151.340				3	203.051	201.752
			6	156.103	153.505		210		8	204.804	201.340
			4	157.402	155.670				6	206.103	203.505
			3	158.051	156.752				4	207.402	205.670
		165	6	161.103	158.505				3	208.051	206.752
			4	162.402	160.670			215	6	211.103	208.505
			3	163.051	161.752				4	212.402	210.670
			2	163.701	162.835				3	213.051	211.752
	170		8	164.804	161.340	220			8	214.804	211.340
			6	166.103	163.505				6	216.103	213.505
			4	167.402	165.670				4	217.402	215.670
			3	168.051	166.752				3	218.051	216.752
		175	6	171.103	168.505			225	6	221.103	218.505
			4	172.402	170.670				4	222.402	220.670
			3	173.051	171.752				3	223.051	221.752
180			8	174.804	171.340			230	8	224.804	221.340
			6	176.103	173.505				6	226.103	223.505
			4	177.402	175.670				4	227.402	225.670
			3	178.051	176.752				3	228.051	226.752
		185	6	181.103	178.505			235	6	231.103	228.505

（续）

公称直径 D、d			螺距 P	中径 D_2 或 d_2	小径 D_1 或 d_1	公称直径 D、d			螺距 P	中径 D_2 或 d_2	小径 D_1 或 d_1
第一系列	第二系列	第三系列				第一系列	第二系列	第三系列			
		235	4	232.402	230.670			265	4	262.402	260.670
			3	233.051	231.752			270	8	264.804	261.340
	240		8	234.804	231.340				6	266.103	263.505
			6	236.103	233.505				4	267.402	265.670
			4	237.402	235.670			275	6	271.103	268.505
			3	238.051	236.752				4	272.402	270.670
250		245	6	241.103	238.505	280			8	274.804	271.340
			4	242.402	240.670				6	276.103	273.505
			3	243.051	241.752				4	277.402	275.670
			8	244.804	241.340			285	6	281.103	278.505
			6	246.103	243.505				4	282.402	280.670
			4	247.402	245.670			290	8	284.804	281.340
			3	248.051	246.752				6	286.103	283.505
		255	6	251.103	248.505				4	287.402	285.670
			4	252.402	250.670			295	6	291.103	288.505
	260		8	254.804	251.340				4	292.402	290.670
			6	256.103	253.505	300			8	294.804	291.340
			4	257.402	255.670				6	296.103	293.505
		265	6	261.103	258.505				4	297.402	295.670

注：1. 公称直径优先选用第一系列，其次选用第二系列，最后选用第三系列。
2. 尽可能避免用括号内的螺距。
3. 黑体螺距为粗牙螺距，其余为细牙螺距。

① M14×1.25 仅用于火花塞。
② M35×1.5 仅用于滚动轴承锁紧螺母。

表 4-2　普通螺纹内螺纹优选公差带（摘自 GB/T 197—2003）

精　度	公差带位置 G			公差带位置 H		
	S	N	L	S	N	L
精密				4H	5H	6H
中等	(5G)	**6G**	(7G)	**5H**	**6H**	**7H**
粗糙		(7G)	(8G)		7H	8H

注：公差带优先选用顺序：粗字体公差带、一般字体公差带、括号内公差带。大量生产的紧固件螺纹，推荐采用带方框的粗字体公差带。

表 4-3　外螺纹选用公差带（摘自 GB/T 197—2003）

精　度	公差带位置 e			公差带位置 f			公差带位置 g			公差带位置 h		
	S	N	L	S	N	L	S	N	L	S	N	L
精密								(4g)	(5g4g)	(3h4h)	**4h**	(5h4h)
中等		**6e**	(7e6e)		**6f**		(5g6g)	**6g**	(7g6g)	(5h6h)	6h	(7h6h)
粗糙		(8e)	(9e8e)					8g	(9g8g)			

注：公差带优先选用顺序：粗字体公差带、一般字体公差带、括号内公差带。大量生产的紧固件螺纹，推荐采用带方框的粗字体公差带。

4.1.2　小螺纹（表4-4）

表4-4　小螺纹的直径与螺距系列（摘自 GB/T 15054.3—1994）　　（单位：mm）

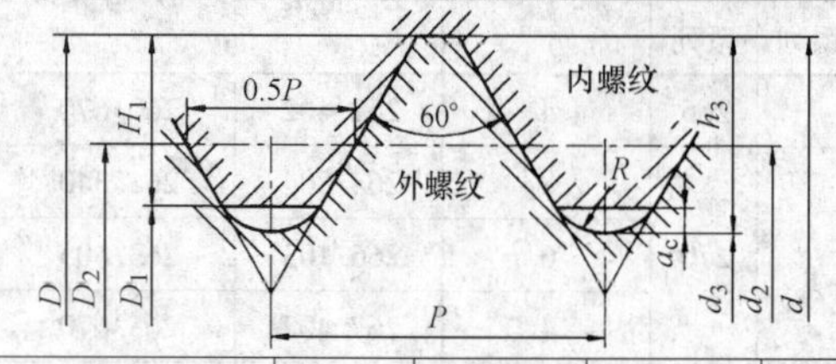

$H_1=0.48P$

$h_3=0.56P$

$a_c=0.08P$

$R_{max}=0.2P$

标记示例：

内螺纹　S 0.9-4H5

外螺纹　S 0.9LH-5h3

螺纹副　S 0.9-4H5/5h3

公称直径		螺距 P	内、外螺纹中径 $d_2=D_2$	外螺纹小径 d_3	内螺纹小径 D_1	公称直径		螺距 P	内、外螺纹中径 $d_2=D_2$	外螺纹小径 d_3	内螺纹小径 D_1
第一系列	第二系列					第一系列	第二系列				
0.3		0.08	0.248038	0.210200	0.223200		0.7	0.175	0.586334	0.504000	0.532000
	0.35	0.09	0.291543	0.249600	0.263600	0.8		0.2	0.670096	0.576000	0.608000
0.4		0.1	0.335048	0.288000	0.304000		0.9	0.225	0.753858	0.648000	0.684000
	0.45	0.1	0.385048	0.338000	0.354000	1		0.25	0.837620	0.720000	0.760000
0.5		0.125	0.418810	0.360000	0.380000		1.1	0.25	0.937620	0.820000	0.860000
	0.55	0.125	0.468810	0.410000	0.430000	1.2		0.25	1.037620	0.920000	0.960000
0.6		0.15	0.502572	0.432000	0.456000		1.4	0.5	1.205144	1.064000	1.112000

注：内、外小螺纹的优选公差带分别为4H5和5h3。

4.1.3　55°密封管螺纹

4.1.3.1　设计牙型（图4-1）

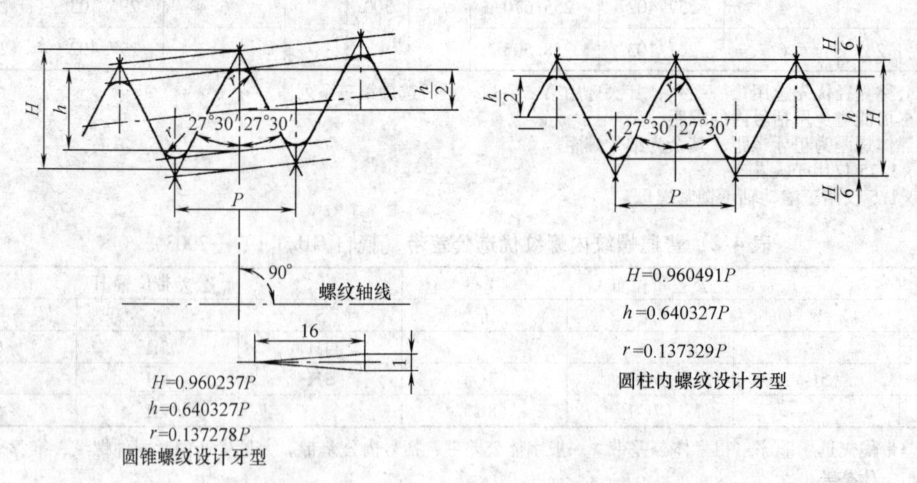

图4-1　55°密封管螺纹设计牙型

4.1.3.2　基本尺寸

螺纹的中径（D_2、d_2）和小径（D_1、d_1）按下列公式计算：

$d_2=D_2=d-0.640327P$

$d_1=D_1=d-1.280654P$

螺纹的基本尺寸及其公差见表4-5。

4.1.3.3　连接形式

55°密封管螺纹有两种连接形式：圆锥内螺纹与圆锥外螺纹形成“锥-锥”配合；圆柱内螺纹与圆锥外螺纹形成“柱-锥”配合。

4.1.3.4　标记示例

管螺纹的标记由螺纹特征代号和尺寸代号组成。

表4-5　螺纹的基本尺寸及其公差（摘自GB/T 7306.1.2—2000）

1	2	3	4	5	6	7	8	9	10	11	12	13	14	15	16	17
尺寸代号	每25.4mm内所包含的牙数 n	螺距 P	牙高 h	基准平面内的基本直径			基准距离					装配余量		外螺纹的有效螺纹不小于		
				大径（基准直径）$d=D$	中径 $d_2=D_2$	小径 $d_1=D_1$	基本	极限偏差 $\pm T_1/2$		最大	最小			基准距离		
		mm	mm	mm	mm	mm	mm	mm	圈数	mm	mm	mm	圈数	基本 mm	最大 mm	最小 mm
1/16	28	0.907	0.581	7.723	7.142	6.561	4	0.9	1	4.9	3.1	2.5	2¾	6.5	7.4	5.6
1/8	28	0.907	0.581	9.728	9.147	8.566	4	0.9	1	4.9	3.1	2.5	2¾	6.5	7.4	5.6
1/4	19	1.337	0.856	13.157	12.301	11.445	6	1.3	1	7.3	4.7	3.7	2¾	9.7	11	8.4
3/8	19	1.337	0.856	16.662	15.806	14.950	6.4	1.3	1	7.7	5.1	3.7	2¾	10.1	11.4	8.8
1/2	14	1.814	1.162	20.955	19.793	18.631	8.2	1.8	1	10.0	6.4	5.0	2¾	13.2	15	11.4
3/4	14	1.814	1.162	26.441	25.279	24.117	9.5	1.8	1	11.3	7.7	5.0	2¾	14.5	16.3	12.7
1	11	2.309	1.479	33.249	31.770	30.291	10.4	2.3	1	12.7	8.1	6.4	2¾	16.8	19.1	14.5
1¼	11	2.309	1.479	41.910	40.431	38.952	12.7	2.3	1	15.0	10.4	6.4	2¾	19.1	21.4	16.8
1½	11	2.309	1.479	47.803	46.324	44.845	12.7	2.3	1	15.0	10.4	6.4	2¾	19.1	21.4	16.8
2	11	2.309	1.479	59.614	58.135	56.656	15.9	2.3	1	18.2	13.6	7.5	3¼	23.4	25.7	21.1
2½	11	2.309	1.479	75.184	73.705	72.226	17.5	3.5	1½	21.0	14.0	9.2	4	26.7	30.2	23.2
3	11	2.309	1.479	87.884	86.405	84.926	20.6	3.5	1½	24.1	17.1	9.2	4	29.8	33.3	26.3
4	11	2.309	1.479	113.030	111.551	110.072	25.4	3.5	1½	28.9	21.9	10.4	4½	35.8	39.3	32.3
5	11	2.309	1.479	138.430	136.951	135.472	28.6	3.5	1½	32.1	25.1	11.5	5	40.1	43.6	36.6
6	11	2.309	1.479	163.830	162.351	160.872	28.6	3.5	1½	32.1	25.1	11.5	5	40.1	43.6	36.6

螺纹特征代号：R_c 为圆锥内螺纹；R_p 为圆柱内螺纹；R_1 为与 R_p 配合使用的圆锥外螺纹；R_2 为与 R_c 配合使用的圆锥外螺纹。

对左旋螺纹，在尺寸代号后加注“LH”。

表示螺纹副时，内、外螺纹的特征代号用斜线分开，左边表示内螺纹，右边表示外螺纹，中间用斜线分开。

标记示例：

1）圆锥内螺纹：R_c1½。

2）圆柱内螺纹：R_p1½。

3）圆锥外螺纹：$R_1$1½，$R_2$1½。

4）左旋螺纹副：$R_c/R_2$1½-LH，$R_p/R_1$1½-LH。

4.1.4　60°密封管螺纹

4.1.4.1　设计牙型（图4-2）

4.1.4.2　连接形式

内螺纹有圆锥内螺纹与圆柱内螺纹两种，外螺纹仅有圆锥外螺纹一种。可以组成两种密封形式：圆锥

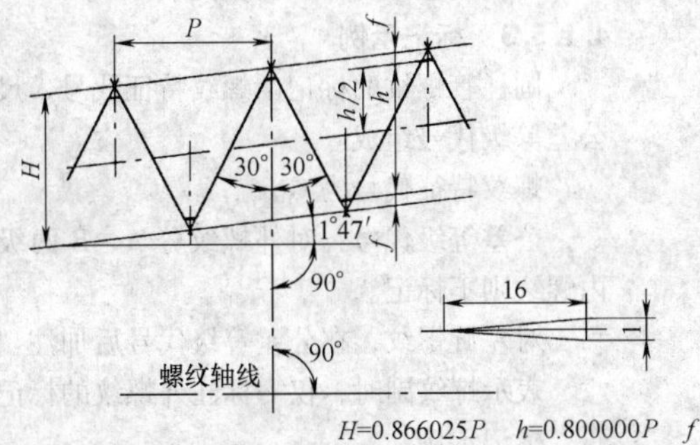

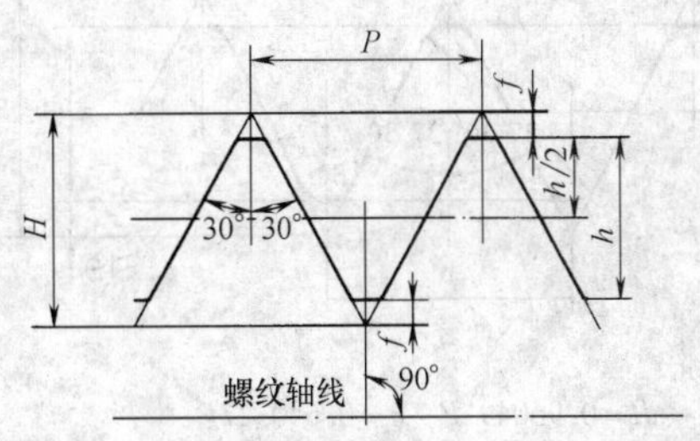

$H=0.866025P$　$h=0.800000P$　$f=0.033P$　$P=25.4/n$

a)　　　　b)

图4-2　60°密封管螺纹设计牙型

a）圆锥内、外螺纹的牙型　b）圆柱内螺纹的牙型

内螺纹与圆锥外螺纹组成锥-锥配合，圆柱内螺纹与圆锥外螺纹组成柱-锥配合。

4.1.4.3 标记示例

1）尺寸代号为3/4的右旋圆柱内螺纹：NPSC3/4。

2）尺寸代号为6的右旋圆锥内螺纹或圆锥外螺纹：NPT6。

3）尺寸代号为14 O.D.的左旋圆锥内螺纹或圆锥外螺纹：NPT 14 O.D.-LH。

4.1.4.4 圆锥管螺纹的基本尺寸（表4-6）

表4-6 圆锥管螺纹（NPT）基本尺寸（摘自GB/T 12716—2011）

1	2	3	4	5	6	7	8	9	10	11	12
螺纹尺寸代号	牙数 n	螺距 P/mm	牙型高度 h/mm	基准平面内的基本直径/mm			基准距离 L_1		装配余量 L_2		外螺纹小端面内的基本小径/mm
				大径 D、d	中径 D_2、d_2	小径 D_1、d_1	mm	圈数	mm	圈数	
1/16	27	0.941	0.753	7.895	7.142	6.389	4.064	4.32	2.822	3	6.137
1/8	27	0.941	0.753	10.242	9.489	8.736	4.102	4.36	2.822	3	8.481
1/4	18	1.411	1.129	13.616	12.487	11.358	5.786	4.10	4.234	3	10.996
3/8	18	1.411	1.129	17.055	15.926	14.797	6.096	4.32	4.234	3	14.417
1/2	14	1.814	1.451	21.223	19.772	18.321	8.128	4.48	5.443	3	17.813
3/4	14	1.814	1.451	26.568	25.117	23.666	8.611	4.75	5.443	3	23.127
1	11.5	2.209	1.767	33.228	31.461	29.694	10.160	4.60	6.627	3	29.060
1¼	11.5	2.209	1.767	41.985	40.218	38.451	10.668	4.83	6.627	3	37.785
1½	11.5	2.209	1.767	48.054	46.287	44.520	10.668	4.83	6.627	3	43.853
2	11.5	2.209	1.767	60.092	58.325	56.558	11.074	5.01	6.627	3	55.867
2½	8	3.175	2.540	72.699	70.159	67.619	17.323	5.46	6.350	2	66.535
3	8	3.175	2.540	88.608	86.068	83.528	19.456	6.13	6.350	2	82.311
3½	8	3.175	2.540	101.316	98.776	96.236	20.853	6.57	6.350	2	94.933
4	8	3.175	2.540	113.973	111.433	108.893	21.438	6.75	6.350	2	107.554
5	8	3.175	2.540	140.952	138.412	135.872	23.800	7.50	6.350	2	134.384
6	8	3.175	2.540	167.792	165.252	162.712	24.333	7.66	6.350	2	161.191
8	8	3.175	2.540	218.441	215.901	213.361	27.000	8.50	6.350	2	211.673
10	8	3.175	2.540	272.312	269.772	267.232	30.734	9.68	6.350	2	265.311
12	8	3.175	2.540	323.032	320.492	317.952	34.544	10.88	6.350	2	315.793
14	8	3.175	2.540	354.905	352.365	349.825	39.675	12.50	6.350	2	347.345
16	8	3.175	2.540	405.784	403.244	400.704	46.025	14.50	6.350	2	397.828
18	8	3.175	2.540	456.555	454.025	451.485	50.800	16.00	6.350	2	448.310
20	8	3.175	2.540	507.246	504.706	502.166	53.975	17.00	6.350	2	498.793
24	8	3.175	2.540	608.608	606.068	603.528	60.325	19.00	6.350	2	599.758

注：1. 可参照表中第12栏数据选择攻丝前的麻花钻直径。

2. 螺纹收尾长度为3.47P。

4.1.5 55°非密封管螺纹

4.1.5.1 设计牙型（图4-3）

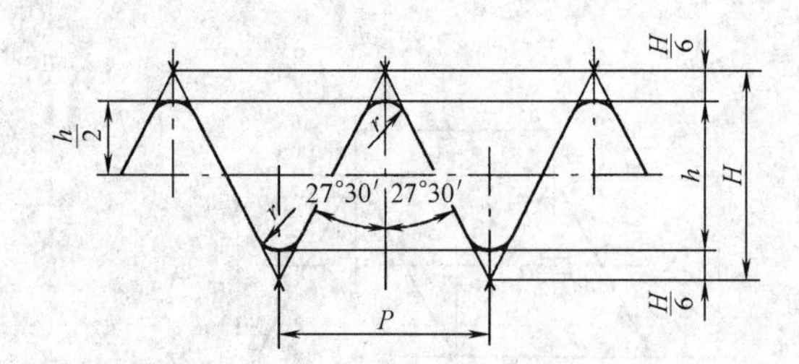

$H=0.960491P \quad h=0.640327P$

$r=0.137329P \quad P=25.4/n$

图4-3 圆柱螺纹设计牙型

4.1.5.2 基本尺寸

螺纹的中径（D_2、d_2）和小径（D_1、d_1）按下列公式计算：

$$D_2=d_2=d-0.640327P$$

$$D_1=d_1=d-1.280654P$$

螺纹的基本尺寸和公差见表4-7。

4.1.5.3 标记示例

圆柱管螺纹的标记由螺纹特征代号、尺寸代号和公差等级代号组成。

螺纹特征代号为G。

公差等级代号：对外螺纹分A、B两级标记；对内螺纹则不标记。

对左旋螺纹，在公差等级代号后加注“LH”。

表示螺纹副时，仅需标注外螺纹的标记代号。

标记示例：

1）左旋内螺纹：G1½LH。

2）A级外螺纹：G1½A。

3）左旋螺纹副：G1½A-LH。

表 4-7　55°非密封管螺纹的基本尺寸及其公差（摘自 GB/T 7307—2001）　（单位：mm）

尺寸代号	每25.4mm内的牙数 n	螺距 P	牙高 h	基本直径			中径公差[①]					小径公差		大径公差	
				大径 $d=D$	中径 $d_2=D_2$	小径 $d_1=D_1$	内螺纹		外螺纹			内螺纹		外螺纹	
							下偏差	上偏差	下偏差		上偏差	下偏差	上偏差	下偏差	上偏差
									A级	B级					
1/16	28	0.907	0.581	7.723	7.142	6.561	0	+0.107	-0.107	-0.214	0	0	+0.282	-0.214	0
1/8	28	0.907	0.581	9.728	9.147	8.566	0	+0.107	-0.107	-0.214	0	0	+0.282	-0.214	0
1/4	19	1.337	0.856	13.157	12.301	11.445	0	+0.125	-0.125	-0.250	0	0	+0.445	-0.250	0
3/8	19	1.337	0.856	16.662	15.806	14.950	0	+0.125	-0.125	-0.250	0	0	+0.445	-0.250	0
1/2	14	1.814	1.162	20.955	19.793	18.631	0	+0.142	-0.142	-0.284	0	0	+0.541	-0.284	0
5/8	14	1.814	1.162	22.911	21.749	20.587	0	+0.142	-0.142	-0.284	0	0	+0.541	-0.284	0
3/4	14	1.814	1.162	26.441	25.279	24.117	0	+0.142	-0.142	-0.284	0	0	+0.541	-0.284	0
7/8	14	1.814	1.162	30.201	29.039	27.877	0	+0.142	-0.142	-0.284	0	0	+0.541	-0.284	0
1	11	2.309	1.479	33.249	31.770	30.291	0	+0.180	-0.180	-0.360	0	0	+0.640	-0.360	0
1⅛	11	2.309	1.479	37.897	36.418	34.939	0	+0.180	-0.180	-0.360	0	0	+0.640	-0.360	0
1¼	11	2.309	1.479	41.910	40.431	38.952	0	+0.180	-0.180	-0.360	0	0	+0.640	-0.360	0
1½	11	2.309	1.479	47.803	46.324	44.845	0	+0.180	-0.180	-0.360	0	0	+0.640	-0.360	0
1¾	11	2.309	1.479	53.746	52.267	50.788	0	+0.180	-0.180	-0.360	0	0	+0.640	-0.360	0
2	11	2.309	1.479	59.614	58.135	56.656	0	+0.180	-0.180	-0.360	0	0	+0.640	-0.360	0
2¼	11	2.309	1.479	65.710	64.231	62.752	0	+0.217	-0.217	-0.434	0	0	+0.640	-0.434	0
2½	11	2.309	1.479	75.184	73.705	72.226	0	+0.217	-0.217	-0.434	0	0	+0.640	-0.434	0
2¾	11	2.309	1.479	81.534	80.055	78.576	0	+0.217	-0.217	-0.434	0	0	+0.640	-0.434	0
3	11	2.309	1.479	87.884	86.405	84.926	0	+0.217	-0.217	-0.434	0	0	+0.640	-0.434	0
3½	11	2.309	1.479	100.330	98.851	97.372	0	+0.217	-0.217	-0.434	0	0	+0.640	-0.434	0
4	11	2.309	1.479	113.030	111.551	110.072	0	+0.217	-0.217	-0.434	0	0	+0.640	-0.434	0
4½	11	2.309	1.479	125.730	124.251	122.772	0	+0.217	-0.217	-0.434	0	0	+0.640	-0.434	0
5	11	2.309	1.479	138.430	136.951	135.472	0	+0.217	-0.217	-0.434	0	0	+0.640	-0.434	0
5½	11	2.309	1.479	151.130	149.651	148.172	0	+0.217	-0.217	-0.434	0	0	+0.640	-0.434	0
6	11	2.309	1.479	163.830	162.351	160.872	0	+0.217	-0.217	-0.434	0	0	+0.640	-0.434	0

① 对薄壁件，此公差适用于平均中径，该中径是测量两个相互垂直直径的算术平均值。

4.1.6 梯形螺纹（表4-8）

表4-8 梯形螺纹的基本牙型和设计牙型尺寸（摘自GB/T 5796.1~3—2005）

（单位：mm）

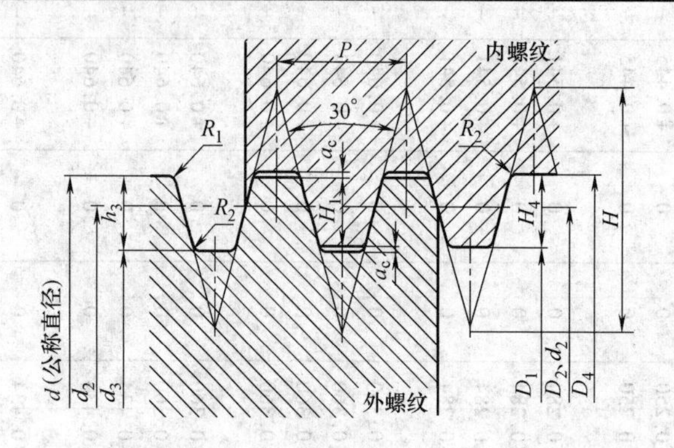

设计牙型

$H=1.866P$ $H_1=0.5P$ $H_4=h_3=H_1+a_c=0.5P+a_c$ $D_1=d-2H_1=d-P$ $D_4=d+2a_c$

$d_3=d-2h_3=d-P-2a_c$ $d_2=D_2=d-H_1=d-0.5P$ $R_{1max}=0.5a_c$ $R_{2max}=a_c$ a_c—牙顶间隙

公称直径 d			螺距 P	中径 $d_2=D_2$	大径 D_4	小径	
第一系列	第二系列	第三系列				d_3	D_1
8			1.5	7.250	8.300	6.200	6.500
	9		1.5	8.250	9.300	7.200	7.500
			2	8.000	9.500	6.500	7.000
10			1.5	9.250	10.300	8.200	8.500
			2	9.000	10.500	7.500	8.000
	11		2	10.000	11.500	8.500	9.000
			3	9.500	11.500	7.500	8.000
12			2	11.000	12.500	9.500	10.000
			3	10.500	12.500	8.500	9.000
	14		2	13.000	14.500	11.500	12.000
			3	12.500	14.500	10.500	11.000
16			2	15.000	16.500	13.500	14.000
			4	14.000	16.500	11.500	12.000
	18		2	17.000	18.500	15.500	16.000
			4	16.000	18.500	13.500	14.000
20			2	19.000	20.500	17.500	18.000
			4	18.000	20.500	15.500	16.000
	22		3	20.500	22.500	18.500	19.000
			5	19.500	22.500	16.500	17.000
			8	18.000	23.000	13.000	14.000
24			3	22.500	24.500	20.500	21.000
			5	21.500	24.500	18.500	19.000
			8	20.000	25.000	15.000	16.000
	26		3	24.500	26.500	22.500	23.000
			5	23.500	26.500	20.500	21.000
			8	22.000	27.000	17.000	18.000

（续）

公称直径 d			螺距 P	中径 $d_2 = D_2$	大径 D_4	小径	
第一系列	第二系列	第三系列				d_3	D_1
28			3 5 8	26.500 25.500 24.000	28.500 28.500 29.000	24.500 22.500 19.000	25.000 23.000 20.000
	30		3 6 10	28.500 27.000 25.000	30.500 31.000 31.000	26.500 23.000 19.000	27.000 24.000 20.000
32			3 6 10	30.500 29.000 27.000	32.500 33.000 33.000	28.500 25.000 21.000	29.000 26.000 22.000
	34		3 6 10	32.500 31.000 29.000	34.500 35.000 35.000	30.500 27.000 23.000	31.000 28.000 24.000
36			3 6 10	34.500 33.000 31.000	36.500 37.000 37.000	32.500 29.000 25.000	33.000 30.000 26.000
	38		3 7 10	36.500 34.500 33.000	38.500 39.000 39.000	34.500 30.000 27.000	35.000 31.000 28.000
40			3 7 10	38.500 36.500 35.000	40.500 41.000 41.000	36.500 32.000 29.000	37.000 33.000 30.000
	42		3 7 10	40.500 38.500 37.000	42.500 43.000 43.000	38.500 34.000 31.000	39.000 35.000 32.000
44			3 7 12	42.500 40.500 38.000	44.500 45.000 45.000	40.500 36.000 31.000	41.000 37.000 32.000
	46		3 8 12	44.500 42.000 40.000	46.500 47.000 47.000	42.500 37.000 33.000	43.000 38.000 34.000
48			3 8 12	46.500 44.000 42.000	48.500 49.000 49.000	44.500 39.000 35.000	45.000 40.000 36.000
	50		3 8 12	48.500 46.000 44.000	50.500 51.000 51.000	46.500 41.000 37.000	47.000 42.000 38.000
52			3 8 12	50.500 48.000 46.000	52.500 53.000 53.000	48.500 43.000 39.000	49.000 44.000 40.000
	55		3 9 14	53.500 50.500 48.000	55.500 56.000 57.000	51.500 45.000 39.000	52.000 46.000 41.000
60			3 9 14	58.500 55.500 53.000	60.500 61.000 62.000	56.500 50.000 44.000	57.000 51.000 46.000
	65		4 10 16	63.000 60.000 57.000	65.500 66.000 67.000	60.500 54.000 47.000	61.000 55.000 49.000

（续）

公称直径 d			螺距 P	中径 $d_2=D_2$	大径 D_4	小径	
第一系列	第二系列	第三系列				d_3	D_1
70			4	68.000	70.500	65.500	66.000
			10	65.000	71.000	59.000	60.000
			16	62.000	72.000	52.000	54.000
	75		4	73.000	75.500	70.500	71.000
			10	70.000	76.000	64.000	65.000
			16	67.000	77.000	57.000	59.000
80			4	78.000	80.500	75.500	76.000
			10	75.000	81.000	69.000	70.000
			16	72.000	82.000	62.000	64.000
	85		4	83.000	85.500	80.500	81.000
			12	79.000	86.000	72.000	73.000
			18	76.000	87.000	65.000	67.000
90			4	88.000	90.500	85.500	86.000
			12	84.000	91.000	77.000	78.000
			18	81.000	92.000	70.000	72.000
	95		4	93.000	95.500	90.500	91.000
			12	89.000	96.000	82.000	83.000
			18	86.000	97.000	75.000	77.000
100			4	98.000	100.500	95.500	96.000
			12	94.000	101.000	87.000	88.000
			20	90.000	102.000	78.000	80.000
		105	4	103.000	105.500	100.500	101.000
			12	99.000	106.000	92.000	93.000
			20	95.000	107.000	83.000	85.000
	110		4	108.000	110.500	105.500	106.000
			12	104.000	111.000	97.000	98.000
			20	100.000	112.000	88.000	90.000
		115	6	112.000	116.000	108.000	109.000
			14	108.000	117.000	99.000	101.000
			22	104.000	117.000	91.000	93.000
120			6	117.000	121.000	113.000	114.000
			14	113.000	122.000	104.000	106.000
			22	109.000	122.000	96.000	98.000
		125	6	122.000	126.000	118.000	119.000
			14	118.000	127.000	109.000	111.000
			22	114.000	127.000	101.000	103.000
	130		6	127.000	131.000	123.000	124.000
			14	123.000	132.000	114.000	116.000
			22	119.000	132.000	106.000	108.000
		135	6	132.000	136.000	128.000	129.000
			14	128.000	137.000	119.000	121.000
			24	123.000	137.000	109.000	111.000
140			6	137.000	141.000	133.000	134.000
			14	133.000	142.000	124.000	126.000
			24	128.000	142.000	114.000	116.000
		145	6	142.000	146.000	138.000	139.000
			14	138.000	147.000	129.000	131.000
			24	133.000	147.000	119.000	121.000

（续）

公称直径 d			螺距 P	中径 $d_2=D_2$	大径 D_4	小径	
第一系列	第二系列	第三系列				d_3	D_1
	150		6 16 24	147.000 142.000 138.000	151.000 152.000 152.000	143.000 132.000 124.000	144.000 134.000 126.000
		155	6 16 24	152.000 147.000 143.000	156.000 157.000 157.000	148.000 137.000 129.000	149.000 139.000 131.000
160			6 16 28	157.000 152.000 146.000	161.000 162.000 162.000	153.000 142.000 130.000	154.000 144.000 132.000
		165	6 16 28	162.000 157.000 151.000	166.000 167.000 167.000	158.000 147.000 135.000	159.000 149.000 137.000
	170		6 16 28	167.000 162.000 156.000	171.000 172.000 172.000	163.000 152.000 140.000	164.000 154.000 142.000
		175	8 16 28	171.000 167.000 161.000	176.000 177.000 177.000	166.000 157.000 145.000	167.000 159.000 147.000
180			8 18 28	176.000 171.000 166.000	181.000 182.000 182.000	171.000 160.000 150.000	172.000 162.000 152.000
		185	8 18 32	181.000 176.000 169.000	186.000 187.000 187.000	176.000 165.000 151.000	177.000 167.000 153.000
	190		8 18 32	186.000 181.000 174.000	191.000 192.000 192.000	181.000 170.000 156.000	182.000 172.000 158.000
		195	8 18 32	191.000 186.000 179.000	196.000 197.000 197.000	186.000 175.000 161.000	187.000 177.000 163.000
200			8 18 32	196.000 191.000 184.000	201.000 202.000 202.000	191.000 180.000 166.000	192.000 182.000 168.000
	210		8 20 36	206.000 200.000 192.000	211.000 212.000 212.000	201.000 188.000 172.000	202.000 190.000 174.000
220			8 20 36	216.000 210.000 202.000	221.000 222.000 222.000	211.000 198.000 182.000	212.000 200.000 184.000
	230		8 20 36	226.000 220.000 212.000	231.000 232.000 232.000	221.000 208.000 192.000	222.000 210.000 194.000
240			8 22 36	236.000 229.000 222.000	241.000 242.000 242.000	231.000 216.000 202.000	232.000 218.000 204.000
	250		12 22 40	244.000 239.000 230.000	251.000 252.000 252.000	237.000 226.000 208.000	238.000 228.000 210.000

（续）

公称直径 d			螺距 P	中径 $d_2 = D_2$	大径 D_4	小径	
第一系列	第二系列	第三系列				d_3	D_1
260			12 22 40	254.000 249.000 240.000	261.000 262.000 262.000	247.000 236.000 218.000	248.000 238.000 220.000
	270		12 24 40	264.000 258.000 250.000	271.000 272.000 272.000	257.000 244.000 228.000	258.000 246.000 230.000
280			12 24 40	274.000 268.000 260.000	281.000 282.000 282.000	267.000 254.000 238.000	268.000 256.000 240.000
	290		12 24 44	284.000 278.000 268.000	291.000 292.000 292.000	277.000 264.000 244.000	278.000 266.000 246.000
300			12 24 44	294.000 288.000 278.000	301.000 302.000 302.000	287.000 274.000 254.000	288.000 276.000 256.000

设计牙型尺寸

螺距 P	a_c	$H_4 = h_3$	$R_{1\max}$	$R_{2\max}$
1.5	0.15	0.9	0.075	0.15
2	0.25	1.25	0.125	0.25
3	0.25	1.75	0.125	0.25
4	0.25	2.25	0.125	0.25
5	0.25	2.75	0.125	0.25
6	0.5	3.5	0.25	0.5
7	0.5	4	0.25	0.5
8	0.5	4.5	0.25	0.5
9	0.5	5	0.25	0.5
10	0.5	5.5	0.25	0.5
12	0.5	6.5	0.25	0.5
14	1	8	0.5	1
16	1	9	0.5	1
18	1	10	0.5	1
20	1	11	0.5	1
22	1	12	0.5	1
24	1	13	0.5	1
28	1	15	0.5	1
32	1	17	0.5	1
36	1	19	0.5	1
40	1	21	0.5	1
44	1	23	0.5	1

4.1.7 锯齿形（3°、30°）螺纹

锯齿形螺纹主要用于单向传动螺旋。比梯形螺纹具有较高的强度和传动效率。螺纹副的大径处无间隙，对中性良好。

锯齿形螺纹的基本牙型和尺寸见表 4-9。

表 4-9 锯齿形（3°、30°）螺纹的基本牙型和尺寸

（摘自 GB/T 13576.1—2008 和 GB/T 13576.3—2008） （单位：mm）

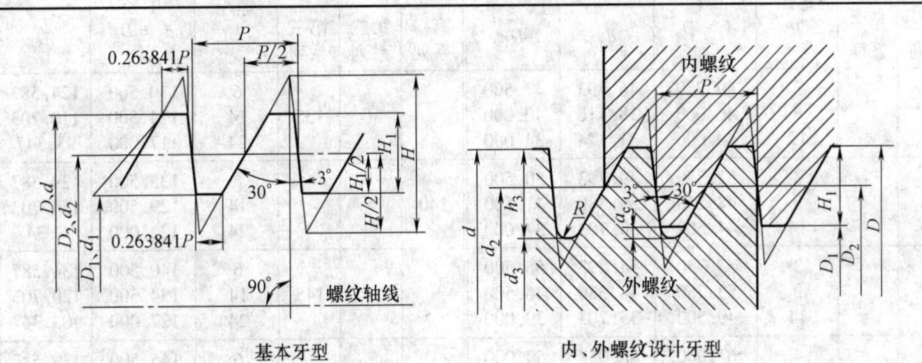

D—内螺纹大径 d—外螺纹大径，$D=d$ P—螺距 a_c—牙顶与牙底间的间隙，$a_c=0.117767P$

H_1—基本牙型高度，$H_1=0.75P$ h_3—外螺纹牙高，$h_3=H_1+a_c=0.867767P$

d_2—外螺纹中径，$d_2=d-H_1=d-0.75P$ D_2—内螺纹中径，$D_2=d_2$ d_3—外螺纹小径

$d_3=d-2h_3=d-1.735534P$ D_1—内螺纹小径，$D_1=d-2H_1=d-1.5P$

R—牙底圆弧半径，$R=0.124271P$ H—原始三角形高度，$H=1.587911P$

公称直径 d			螺距	中径	小径	
第一系列	第二系列	第三系列	P	$d_2=D_2$	d_3	D_1
10			2	8.500	6.529	7.000
12			2	10.500	8.529	9.000
			3	9.750	6.793	7.500
	14		2	12.500	10.529	11.000
			3	11.750	8.793	9.500
16			2	14.500	12.529	13.000
			4	13.500	9.058	10.000
	18		2	16.500	14.529	15.000
			4	15.000	11.058	12.000
20			2	18.500	16.529	17.000
			4	17.000	13.058	14.000
	22		3	19.750	16.793	17.500
			5	18.250	13.322	14.500
			8	16.000	8.116	10.000
24			3	21.750	18.793	19.500
			5	20.250	15.322	16.500
			8	18.000	10.116	12.000
	26		3	23.750	20.793	21.500
			5	22.250	17.322	18.500
			8	20.000	12.116	14.000
28			3	25.750	22.793	23.500
			5	24.250	19.322	20.500
			8	22.000	14.116	16.000
	30		3	27.750	24.793	25.500
			6	25.500	19.587	21.000
			10	22.500	12.645	15.000
32			3	29.750	26.793	27.500
			6	27.500	21.587	23.000
			10	24.500	14.645	17.000

公称直径 d			螺距	中径	小径	
第一系列	第二系列	第三系列	P	$d_2=D_2$	d_3	D_1
	34		3	31.750	28.793	29.500
			6	29.500	23.587	25.000
			10	26.500	16.645	19.000
36			3	33.750	30.793	31.500
			6	31.500	25.587	27.000
			10	28.500	18.645	21.000
	38		3	35.750	32.793	33.500
			7	32.750	25.851	27.500
			10	30.500	20.645	23.000
40			3	37.750	34.793	35.500
			7	34.750	27.851	29.500
			10	32.500	22.645	25.000
	42		3	39.750	36.793	37.500
			7	36.750	29.851	31.500
			10	34.500	24.645	27.000
44			3	41.750	38.793	39.500
			7	38.750	31.851	33.500
			12	35.000	23.174	26.000
	46		3	43.750	40.793	41.500
			8	40.000	32.116	34.000
			12	37.000	25.174	28.000
48			3	45.750	42.793	43.500
			8	42.000	34.116	36.000
			12	39.000	27.174	30.000
	50		3	47.750	44.793	45.500
			8	44.000	36.116	38.000
			12	41.000	29.174	32.000

（续）

公称直径 d			螺距 P	中径 $d_2=D_2$	小径		公称直径 d			螺距 P	中径 $d_2=D_2$	小径	
第一系列	第二系列	第三系列			d_3	D_1	第一系列	第二系列	第三系列			d_3	D_1
52			3	49.750	46.793	47.500			135	6	130.500	124.587	126.000
			8	46.000	38.116	40.000				14	124.500	110.703	114.000
			12	43.000	31.174	34.000				24	117.000	93.347	99.000
	55		3	52.750	49.793	50.500	140			6	135.500	129.587	131.000
			9	48.250	39.380	41.500				14	129.500	115.703	119.000
			14	44.500	30.703	34.000				24	122.000	98.347	104.000
60			3	57.750	54.793	55.500			145	6	140.500	134.587	136.000
			9	53.250	44.380	46.500				14	134.500	120.703	124.000
			14	49.500	35.703	39.000				24	127.000	103.347	109.000
	65		4	62.000	58.058	59.000		150		6	145.500	139.587	141.000
			10	57.500	47.645	50.000				16	138.000	122.231	126.000
			16	53.000	37.231	41.000				24	132.000	108.347	114.000
70			4	67.000	63.058	64.000			155	6	150.500	144.587	146.000
			10	62.500	52.645	55.000				16	143.000	127.231	131.000
			16	58.000	42.231	46.000				24	137.000	113.347	119.000
	75		4	72.000	68.058	69.000	160			6	155.500	149.587	151.000
			10	67.500	57.645	60.000				16	148.000	132.231	136.000
			16	63.000	47.231	51.000				28	139.000	111.405	118.000
80			4	77.000	73.058	74.000			165	6	160.500	154.587	156.000
			10	72.500	62.645	65.000				16	153.000	137.231	141.000
			16	68.000	52.231	56.000				28	144.000	116.405	123.000
	85		4	82.000	78.058	79.000		170		6	165.500	159.587	161.000
			12	76.000	64.174	67.000				16	158.000	142.231	146.000
			18	71.500	53.760	58.000				28	149.000	121.405	128.000
90			4	87.000	83.058	84.000			175	8	169.000	161.116	163.000
			12	81.000	69.174	72.000				16	163.000	147.231	151.000
			18	76.500	58.760	63.000				28	154.000	126.405	133.000
	95		4	92.000	88.058	89.000	180			8	174.000	166.116	168.000
			12	86.000	74.174	77.000				18	166.500	148.760	153.000
			18	81.500	63.760	68.000				28	159.000	131.405	138.000
100			4	97.000	93.058	94.000			185	8	179.000	171.116	173.000
			12	91.000	79.174	82.000				18	171.500	153.760	158.000
			20	85.000	65.289	70.000				32	161.000	129.463	137.000
		105	4	102.000	98.058	99.000		190		8	184.000	176.116	178.000
			12	96.000	84.174	87.000				18	176.500	158.760	163.000
			20	90.000	70.289	75.000				32	166.000	134.463	142.000
	110		4	107.000	103.058	104.000			195	8	189.000	181.116	183.000
			12	101.000	89.174	92.000				18	181.500	163.760	168.000
			20	95.000	75.289	80.000				32	171.000	139.463	147.000
		115	6	110.500	104.587	106.000	200			8	194.000	186.116	188.000
			14	104.500	90.703	94.000				18	186.500	168.760	173.000
			22	98.500	76.818	82.000				32	176.000	144.463	152.000
120			6	115.500	109.587	111.000		210		8	204.000	196.116	198.000
			14	109.500	95.703	99.000				20	195.000	175.289	180.000
			22	103.500	81.818	87.000				36	183.000	147.521	156.000
		125	6	120.500	114.587	116.000	220			8	214.000	206.116	208.000
			14	114.500	100.703	104.000				20	205.000	185.289	190.000
			22	108.500	86.818	92.000				36	193.000	157.521	166.000
	130		6	125.500	119.587	121.000		230		8	224.000	216.116	218.000
			14	119.500	105.703	109.000				20	215.000	195.289	200.000
			22	113.500	91.818	97.000				36	203.000	167.521	176.000

（续）

公称直径 d 第一系列	第二系列	第三系列	螺距 P	中径 $d_2=D_2$	小径 d_3	小径 D_1
240			8	234.000	226.116	228.000
			22	223.500	201.818	207.000
			36	213.000	177.521	186.000
	250		12	241.000	229.174	232.000
			22	233.500	211.818	217.000
			40	220.000	180.579	190.000
260			12	251.000	239.174	242.000
			22	243.500	221.818	227.000
			40	230.000	190.579	200.000
	270		12	261.000	249.174	252.000
			24	252.000	228.347	234.000
			40	240.000	200.579	210.000
280			12	271.000	259.174	262.000
			24	262.000	238.347	244.000
			40	250.000	210.579	220.000
	290		12	281.000	269.174	272.000
			24	272.000	248.347	254.000
			44	257.000	213.637	224.000
300			12	291.000	279.174	282.000
			24	282.000	258.347	264.000
			44	267.000	223.637	234.000
	320		12	311.000	299.174	302.000
			44	287.000	243.637	254.000

公称直径 d 第一系列	第二系列	第三系列	螺距 P	中径 $d_2=D_2$	小径 d_3	小径 D_1
340			12	331.000	319.174	322.000
			44	307.000	263.637	274.000
	360		12	351.000	339.174	342.000
380			12	371.000	359.174	362.000
	400		12	391.000	379.174	382.000
420			18	406.500	388.760	393.000
	440		18	426.500	408.760	413.000
460			18	446.500	428.760	433.000
	480		18	466.500	448.760	453.000
500			18	486.500	468.760	473.000
	520		24	502.000	478.347	484.000
540			24	522.000	498.347	504.000
	560		24	542.000	518.347	524.000
580			24	562.000	538.347	544.000
	600		24	582.000	558.347	564.000
620			24	602.000	578.347	584.000
	640		24	622.000	598.347	604.000

4.2　螺纹紧固件的性能等级和常用材料（表4-10～表4-13）

表4-10　螺栓、螺钉和螺柱的力学性能等级（摘自 GB/T 3098.1—2000）

			性能等级①										
			3.6	4.6	4.8	5.6	5.8	6.8	8.8 $d\leqslant16$mm	8.8 $d>16$mm	9.8	10.9	12.9
公称抗拉强度 σ_b/MPa			300	400		500		600	800		900	1000	1200
最小抗拉强度 σ_{bmin}/MPa			330	400	420	500	520	600	800	830	900	1040	1220
维氏硬度 HV（$F\geqslant98$N）	min		95	120	130	155	160	190	250	255	290	320	385
	max		220					250	320	335	360	380	435
布氏硬度 HBW	min		90	114	124	147	152	181	238	242	276	304	366
	max		209					238	304	318	342	361	414
洛氏硬度 HR	min	HRB	52	67	71	79	82	89					
		HRC							22	23	28	32	39
	max	HRB	95.0④					99.5					
		HRC							32	34	37	39	44
屈服强度 σ_s②/MPa	公称		180	240	320	300	400	480					
	min		190	240	340	300	420	480					
规定非比例伸长应力 $\sigma_{p0.2}$③/MPa	公称								640	640	720	900	1080
	min								640	660	720	940	1100
保证应力 S_p	S_p/MPa		180	225	310	280	380	440	580	600	650	830	970
	S_p/σ_s 或 $S_p/\sigma_{p0.2}$		0.94	0.94	0.91	0.93	0.90	0.92	0.91	0.91	0.90	0.88	0.88
冲击吸收功 A_{KU}/J	min					25			30	30	25	20	15

注：推荐材料：3.6级—低碳钢；4.6～6.8级—低碳钢或中碳钢；8.8、9.8级—低碳合金钢、中碳钢、淬火并回火；10.9级—中碳钢，低、中碳合金钢，合金钢，淬火并回火；12.9级—合金钢，淬火并回火。

① 性能等级小数点前的数字，代表材料公称抗拉强度 σ_b 的1/100；小数点后的数字，代表材料的屈服强度（σ_s）或非比例伸长应力 $\sigma_{0.2}$ 与公称抗拉强度 σ_b 之比的10倍（$10\sigma_s/\sigma_b$）。

② 当不能测定 σ_s 时，允许以测量规定非比例伸长应力 $\sigma_{p0.2}$ 代替。4.8、5.8和6.8级的 σ_s 值仅为计算用，不是试验数值。

③ 规定非比例伸长应力 $\sigma_{p0.2}$ 适用于机械加工试件。因受试件加工方法和尺寸的影响，这些数值与螺栓和螺钉实物测出的数值是不相同的。

④ 在螺栓、螺钉和螺柱末端测试的硬度的最大值为250HV、238HBW或99.5HRB。

表 4-11　螺母的力学性能等级（公称高度≥0.8D）

螺母性能等级①	相配的螺栓、螺钉和螺柱		直径范围/mm	
	性能等级	直径范围/mm	1 型螺母	2 型螺母
4	3.6,4.6,4.8	>16	>16	
5	3.6,4.6,4.8	≤16	≤39	
	5.6,5.8	≤39	≤39	
6	6.8	≤39	≤39	
8	8.8	≤39	≤39	
9	9.8	≤16		≤16
10	10.8	≤39	≤39	
12	12.9	≤39	≤16	≤39

① 表中螺母性能等级数字，等于该等级螺母公称保证应力（MPa）除以100。

表 4-12　紧定螺钉性能等级的标记（摘自 GB/T 3098.3—2000）

性能等级	维氏硬度 HV_{min}	材　料	热　处　理
14H	140	碳钢	
22H	220	碳钢	淬火并回火
33H	330	碳钢	淬火并回火
45H	450	合金铜	淬火并回火

表 4-13　自攻螺钉的主要力学性能和工作性能（摘自 GB/T 3098.5—2000）

螺纹规格		ST2.2	ST2.6	ST2.9	ST3.3	ST3.5	ST3.9	ST4.2	ST4.8	ST5.5	ST6.3	ST8
破坏扭矩(min)/N·m		0.45	0.90	1.5	2.0	2.7	3.4	4.4	6.3	10.0	13.6	30.5
渗碳层深度/mm	min	0.04		0.05			0.10				0.15	
	max	0.10		0.18			0.23				0.28	
表面硬度		450HV0.3										
心部硬度		ST3.9 及以下:270~390HV5,ST4.2 及以上:270~390HV10										

4.3　螺纹连接的标准元件

4.3.1　螺栓（表 4-14～表 4-27）

表 4-14　粗牙和细牙六角头螺栓（摘自 GB/T 5782—2000 和 GB/T 5785—2000）　　（单位：mm）

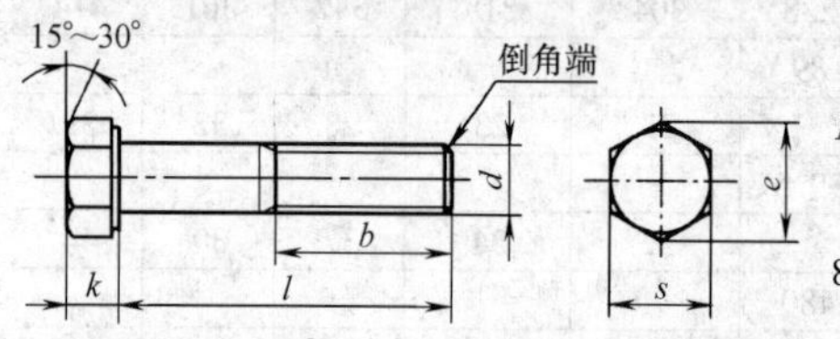

标记示例：

1）螺纹规格 d = M12、公称长度 l = 80mm、性能等级为 8.8 级、表面发蓝、A 级六角头螺栓，标记为

螺栓　GB/T 5782 M12×80

2）螺纹规格 d = M12×1.5、公称长度 l = 80mm、细牙螺纹、性能等级为 8.8 级、表面氧化、A 级六角头螺栓，标记为

螺栓　GB/T 5785　M12×1.5×80

螺纹规格(6g)		d	M3	M4	M5	M6	M8	M10	M12	(M14)	M16
		$d \times P$					M8×1	M10×1 (M10×1.25)	M12×1.5 (M12×1.25)	(M14×1.5)	M16×1.5
b(参考)		l≤125	12	14	16	18	22	26	30	34	38
		125<l≤200					28	32	36	40	44
		l>200					41	45	49	57	57
e_{min}		A 级	6.01	7.66	8.79	11.05	14.38	17.77	20.03	23.36	26.75
		B 级					14.2	17.59	19.85	22.78	26.17
s	max		5.5	7	8	10	13	16	18	21	24
	min	A 级	5.32	6.78	7.78	9.78	12.73	15.73	17.73	20.67	23.67
		B 级					12.57	15.57	17.57	20.16	23.16
k(公称)			2	2.8	3.5	4	5.3	6.4	7.5	8.8	10

（续）

螺纹规格（6g）			M3	M4	M5	M6	M8	M10	M12	（M14）	M16
螺纹规格（6g）	d		M3	M4	M5	M6	M8	M10	M12	（M14）	M16
	$d \times P$						M8×1	M10×1	M12×1.5	（M14×1.5）	M16×1.5
								（M10×1.25）	（M12×1.25）		
l①	A级		20~30	25~40	25~40	30~60	35~80	40~100	45~120	50~140	55~140
	B级										160

螺纹规格（6g）			（M18）	M20	（M22）	M24	（M27）	M30	（M33）	M36
螺纹规格（6g）	d		（M18）	M20	（M22）	M24	（M27）	M30	（M33）	M36
	$d \times P$		（M18×1.5）	（M20×2）	（M22×1.5）	M24×2	（M27×2）	M30×2	（M33×2）	M36×3
				M20×1.5						
b（参考）	$l \leqslant 125$		42	46	50	54	60	66	72	78
	$125 < l \leqslant 200$		48	52	56	60	66	72	78	84
	$l > 200$		61	65	69	73	79	85	91	97
e_{min}	A级		30.14	33.53	37.72	39.98				
	B级		29.56	32.95	37.29	39.55	45.2	50.85	55.37	60.79
s	max		27	30	34	36	41	46	50	55
	min	A级	26.67	29.67	33.38	35.38				
		B级	26.16	29.16	33	35	40	45	49	53.8
k（公称）			11.5	12.5	14	15	17	18.7	21	22.5
l①	A级		60~150	65~150	70~150	80~150	90~150	90~150	100~150	110~150
	B级		160~180	160~200	160~220	160~240	160~260	160~300	160~320	110~360②

螺纹规格（6g）			（M39）	M42	（M45）	M48	（M52）	M56	（M60）	M64
螺纹规格（6g）	d		（M39）	M42	（M45）	M48	（M52）	M56	（M60）	M64
	$d \times P$		（M39×3）	M42×3	（M45×3）	M48×3	（M52×4）	M56×4	（M60×4）	M64×4
b（参考）	$l \leqslant 125$		84							
	$125 < l \leqslant 200$		90	96	102	108	116	124	132	140
	$l > 200$		103	109	115	121	129	137	145	153
e_{min}	B级		66.44	71.3	76.95	82.6	88.25	93.56	99.21	104.86
s	max		60	65	70	75	80	85	90	95
	min	B级	58.8	63.1	68.1	73.1	78.1	82.8	87.8	92.8
k（公称）			25	26	28	30	33	35	38	40
l①	B级		130~380	120~400	130~400	140~400	150~400	160~400	180~400	200~400

注：1. 括号内为非优选的螺纹规格，尽可能不采用。

2. 表面处理：钢—氧化、镀锌钝化；不锈钢—不经处理。

3. 性能等级如下：

品种	M8~M20	（M22）~（M39）	M42~M64
钢	8.8，10.9		按协议
不锈钢	A2-70	A2-50	按协议

① 长度系列为20~50（5进位）、（55）、60、（65）、70~160（10进位）、180~400（20进位）。

② GB/T 5785规定为160~300。

表 4-15　螺杆带孔和头部带孔六角头螺栓（摘自 GB/T 31.1—1988 和 GB/T 32.1—1988）

（单位：mm）

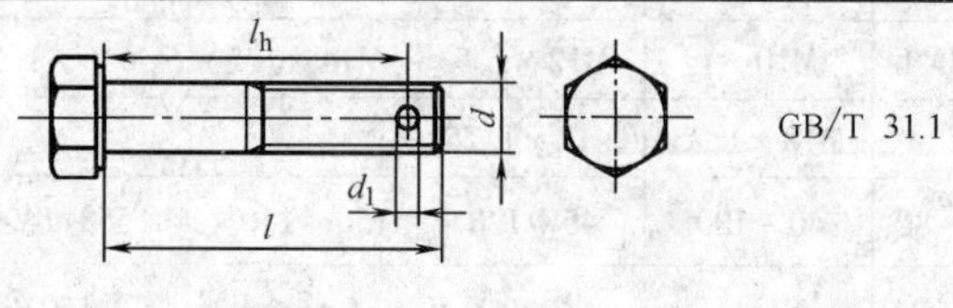

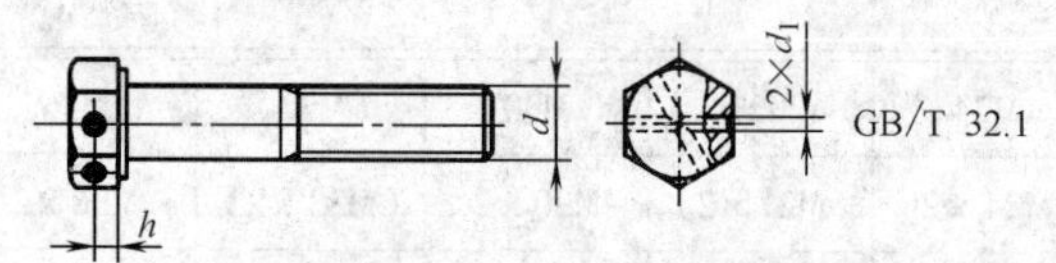

标记示例：

螺纹规格 d = M12、公称长度 l = 80mm、性能等级为 8.8 级、表面氧化、A 级六角头螺杆带孔螺栓，标记为

螺栓　GB/T 31.1　M12×80

螺纹规格 d(6g)		M6	M8	M10	M12	(M14)	M16	(M18)	M20	(M22)	M24	(M27)	M30	M36	M42	M48
d_{1min}	GB/T 31.1	1.6	2	2.5	3.2		4			5			6.3		8	
	GB/T 32.1	1.6	2				3							4		
h		2	2.6	3.2	3.7	4.4	5	5.7	7	7.5	8.5	9.3	11.5	5	13	15
$l-l_h$		3	4		5		6			7		8	9	10	12	
性能等级	钢	8.8,10.9												按协议		
	不锈钢	A2-70								A2-50						
表面处理	钢	①氧化；②镀锌钝化														
	不锈钢	不经处理														

注：尽可能不采用括号内的规格。

表 4-16　细牙螺杆带孔和细牙头部带孔六角头螺栓（摘自 GB/T 31.3—1988 和 GB/T 32.3—1988）

（单位：mm）

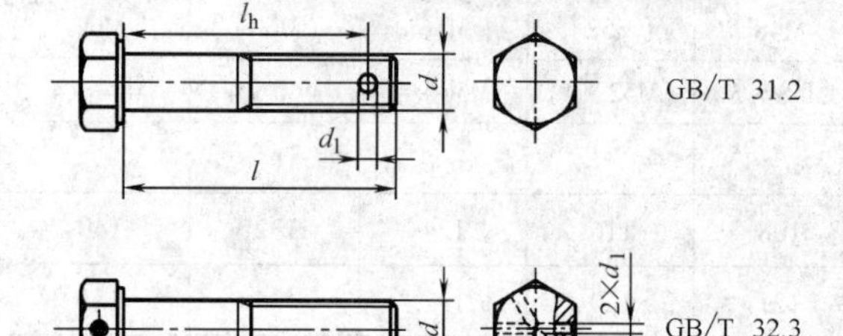

标记示例：

螺纹规格 d = M12×1.5、公称长度 l = 80mm、细牙螺纹、性能等级为 8.8 级、表面氧化、A 级六角头螺杆带孔螺栓，标记为

螺栓　GB/T 31.3　M12×1.5×80

螺纹规格 $d\times P$(6g)		M8×1	M10×1	M12×1.5	(M14×1.5)	M16×1.5	(M18×1.5)	M20×2
d_{1min}	GB/T 31.3	2	2.5	3.2		4		
	GB/T 32.3	2				3		
$l-l_h$		4		5		6		
h	≈	2.6	3.2	3.7	4.4	5	5.7	6.2
性能等级	钢	8.8,10.9						
	不锈钢	A2-70						

螺纹规格 $d\times P$(6g)		(M22×1.5)	M24×2	(M27×2)	M30×2	M36×3	M42×3	M48×3
d_{1min}	GB/T 31.3	5			6.3		8	
	GB/T 32.3	3				4		

（续）

螺纹规格 $d \times P$　(6g)		(M22×1.5)	M24×2	(M27×2)	M30×2	M36×3	M42×3	M48×3
$l-l_h$		7		8	9	10	12	
h　≈		7	7.5	8.5	9.3	11.2	13	15
性能等级	钢	8.8,10.9					按协议	
	不锈钢	A2-50						
表面处理	钢	①氧化;②镀锌钝化						
	不锈钢	不经处理						

注：尽可能不采用括号内的规格。

表 4-17　粗牙全螺纹六角头螺栓（摘自 GB/T 5783—2000）　　（单位：mm）

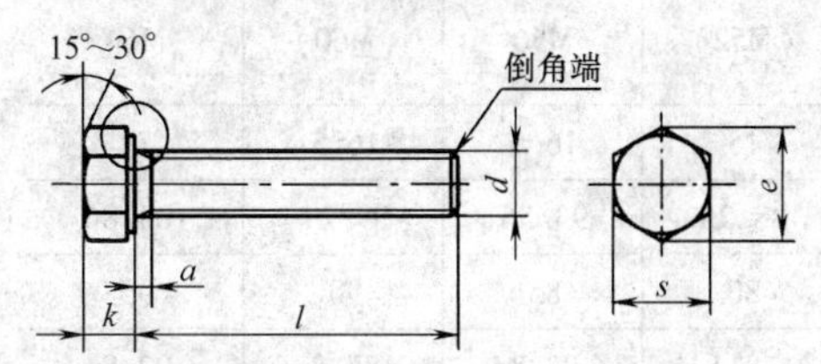

标记示例：

螺纹规格 d = M12、公称长度 l = 80mm、性能等级为 8.8 级、表面氧化、全螺纹、A 级六角头螺栓，标记为

螺栓　GB/T 5783　M12×80

螺纹规格 d (6g)			M3	M4	M5	M6	M8	M10	M12	(M14)	M16
a_{max}			1.5	2.1	2.4	3	3.75	4.5	5.25	6	6
e_{min}		A 级	6.01	7.66	8.79	11.05	14.38	17.77	20.03	23.36	26.75
s	max		5.5	7	8	10	13	16	18	21	24
	min	A 级	5.32	6.78	7.78	9.78	12.73	15.73	17.73	20.67	23.67
k(公称)			2	2.8	3.5	4	5.3	6.4	7.5	8.8	10
l①		A 级	6~30	8~40	10~50	12~60	16~80	20~100	25~120	30~140	30~100
性能等级		钢	8.8,10.9								
		不锈钢	A2-70								
表面处理		钢	①氧化;②镀锌钝化								
		不锈钢	不经处理								

螺纹规格 d (6g)			(M18)	M20	(M22)	M24	(M27)	M30	(M33)	M36
a_{max}			7.5	7.5	7.5	9	9	10.5	10.5	12
$d_{a\,max}$			20.2	22.4	24.4	26.4	30.4	33.4	36.4	39.4
e_{min}		A 级	30.14	33.53	37.72	39.98				
		B 级	29.56		37.29		45.2	50.85	55.37	60.79
s	max		27	30	34	36	41	46	50	55
	min	A 级	26.67	29.67	33.38	35.38				
		B 级	26.16		33		40	45	49	53.8

（续）

螺纹规格 d (6g)			(M18)	M20	(M22)	M24	(M27)	M30	(M33)	M36
k(公称)			11.5	12.5	14	15	17	18.7	21	22.5
l①		A级	35～100	40～150	45～150	40～100	55～200	60～200	65～200	70～200
		B级	160～200	160～200	160～200					
性能等级		钢	8.8,10.9							
		不锈钢	A2-70		A2-50					
表面处理		钢	①氧化;②镀锌钝化							
		不锈钢	不经处理							
螺纹规格 d (6g)			(M39)	M42	(M45)	M48	(M52)	M56	(M60)	M64
a_{max}			12	13.5	13.5	15	15	16.5	16.5	18
e_{min}		B级	66.44	71.03	76.95	82.6	88.25	93.56	99.21	104.86
s	max		60	65	70	75	80	85	90	95
	min	B级	58.8	63.1	68.1	73.1	78.1	82.8	87.8	92.8
k(公称)			25	26	28	30	33	35	38	40
l①		A级	80～200	80～200	90～200	100～200	100～200	110～200	110～200	120～200
性能等级		钢	8.8,10.9	按协议						
		不锈钢	A2-50							
表面处理		钢	①氧化;②镀锌钝化							
		不锈钢	不经处理							

注：括号内为非优选的螺纹规格。

① 长度系列为6、8、10、12、16、20～70（5进位），70～160（10进位），160～200（20进位）。

表4-18　细牙全螺纹六角头螺栓（摘自GB/T 5786—2000）（图同表4-17）（单位：mm）

螺纹规格 $d×P$ (6g)			M8×1	M10×1	M12×1.5	(M14×1.5)	M16×1.5	(M18×1.5)	(M20×2)
				(M10×1.25)	(M12×1.25)				M20×1.5
a_{max}			3	3(4)②	4.5(4)②	4.5	4.5	4.5	4.5(6)②
e_{min}		A级	14.38	17.77	20.03	23.36	26.75	30.14	33.53
		B级	14.20	17.59	19.85	22.78	26.17	29.56	32.95
s	max		13	16	18	21	24	27	30
	min	A级	12.73	15.73	17.73	20.67	23.67	26.67	29.67
		B级	12.57	15.57	17.57	20.16	23.16	26.16	29.16
k(公称)			5.3	6.4	7.5	8.8	10	11.5	12.5
l①		A级	16～90	20～100	25～120	30～140	35～150	35～150	40～150
		B级					160	160～180	160～200

（续）

螺纹规格 $d \times P$ (6g)			M8×1	M10×1	M12×1.5	(M14×1.5)	M16×1.5	(M18×1.5)	(M20×2)
				(M10×1.25)	(M12×1.25)				M20×1.5
性能等级	钢		5.6,8.8,10.9						
	不锈钢		A2-70、A4-70						
表面处理	钢		氧　化						
	不锈钢		简单处理						

螺纹规格 $d \times P$ (6g)			(M22×1.5)	M24×2	(M27×2)	M30×2	(M33×2)	M36×3	(M39×3)
a_{max}			4.5	6	6	6	6	9	9
e_{min}	A级		37.72	39.98					
	B级		37.29	39.55	45.2	50.85	55.37	60.79	66.44
s	max		34	36	41	46	50	55	60
	min	A级	33.38	35.38					
		B级	33	35	40	45	49	53.8	58.8
k(公称)			14	15	17	18.7	21	22.5	25
l①	A级		45~150	40~150					
	B级		160~220	160~200	55~280	40~220	65~360	40~220	80~380
性能等级	钢		5.6,8.8,10.9						
	不锈钢		A2-70、A4-70、A2-50、A4-50						
表面处理	钢		氧　化						
	不锈钢		简单处理						

螺纹规格 $d \times P$ (6g)			M42×3	(M45×3)	M48×3	(M52×4)	M56×4	(M60×4)	M64×4
a_{max}			9	9	9	12	12	12	12
e_{min}	B级		71.3	76.95	82.6	88.25	93.56	99.21	104.86
s	max		65	70	75	80	85	90	95
	min	B级	63.1	68.1	73.1	78.1	82.8	87.8	92.8
k(公称)			26	28	30	33	35	38	40
l①	B级		90~420	90~440	100~480	100~500	120~500	110~500	130~500
性能等级	钢		按协议						
	不锈钢								
表面处理	钢		氧　化						
	不锈钢		简单处理						

注：标记示例：螺纹规格 d = M12×1.5、公称长度 l = 80mm、细牙螺纹、性能等级为8.8级、表面氧化、全螺纹、A级六角头螺栓，标记为

螺栓 GB/T 5786　M12×1.5×80

① 长度系列为16、20~70（5进位），70~160（10进位），180~500（20进位）。

② 括号内为非优选的螺纹规格。

表4-19　六角头头部带槽螺栓（摘自GB/T 29.1—1986）　（单位：mm）

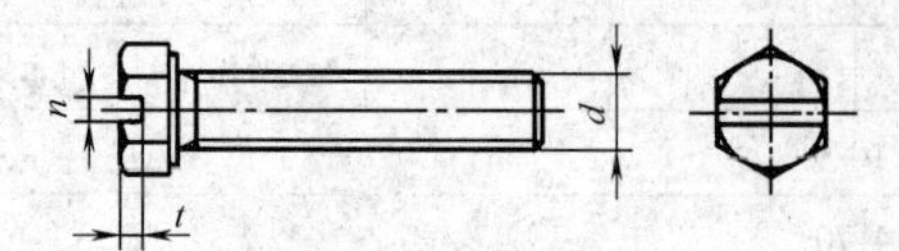

标记示例：

螺纹规格 d = M12、公称长度 l = 80mm、性能等级为8.8级、表面氧化、全螺纹、A级六角头头部带槽螺栓，标记为

螺栓　GB/T 29.1　M12×80

螺纹规格 d (6g)		M3	M4	M5	M6	M8	M10	M12
n		0.8	1.2	1.2	1.6	2	2.5	3
t_{min}		0.7	1	1.2	1.4	1.9	2.4	3
性能等级	钢	8.8,10.9						
	不锈钢	A2-70						

注：其他尺寸见表4-17。

表4-20　B级细杆六角头螺栓（摘自GB/T 5784—2000）　（单位：mm）

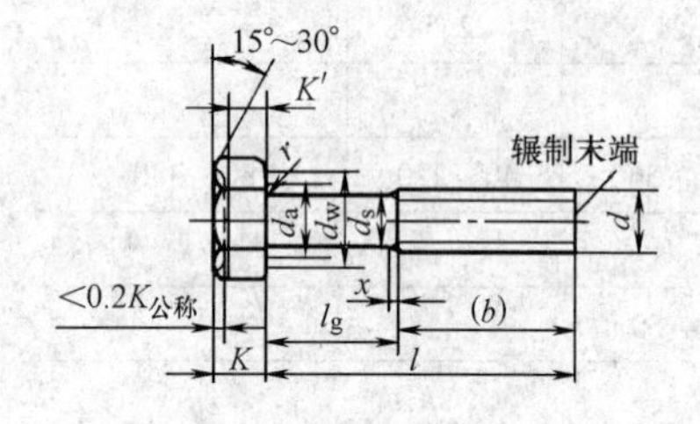

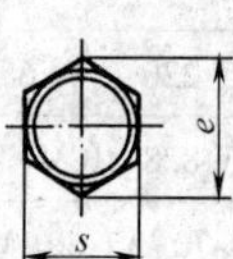

标记示例：

螺纹规格 d = M12、公称长度 l = 80mm、性能等级为5.8级、不经表面处理、B级六角头螺栓，标记为

螺栓　GB/T 5784　M12×80

螺纹规格 d (6g)		M3	M4	M5	M6	M8	M10	M12	(M14)	M16	M20
b (参考)	l≤125	12	14	16	18	22	26	30	34	38	46
	125<l≤200					28	32	36	40	44	52
e_{min}		5.98	7.50	8.63	10.89	14.20	17.59	19.85	22.78	26.17	32.95
s	max	5.5	7	8	10	13	16	18	21	24	30
	min	5.20	6.64	7.64	9.64	12.57	15.57	17.57	20.16	23.16	29.16
K(公称)		2	2.8	3.5	4	5.3	6.4	7.5	8.8	10	12.5
l①		20~30	20~40	25~50	25~60	30~80	40~100	45~120	50~140	55~150	65~150
性能等级	钢	5.8,6.8,8.8									
	不锈钢	A2-70									
表面处理	钢	①不经处理;②镀锌钝化;③氧化									
	不锈钢	不经处理									

注：尽可能不采用括号内的规格。

① 长度系列为20~50（5进位），(55)、60、(65)、70~150（10进位）。

表 4-21　C 级六角头螺栓和全螺纹六角头螺栓（摘自 GB/T 5780—2000 和 GB/T 5781—2000）

（单位：mm）

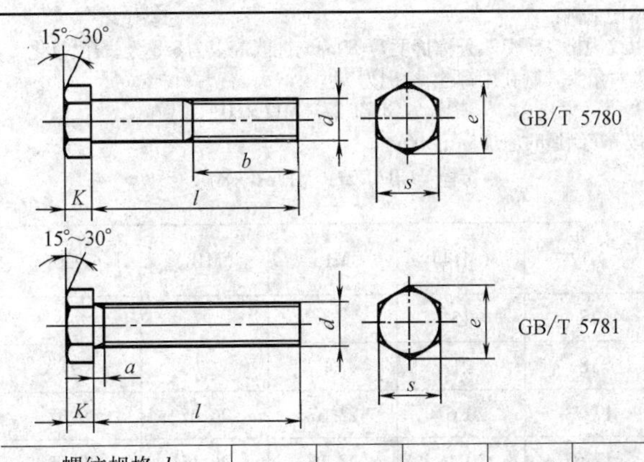

标记示例：

螺纹规格 d = M12、公称长度 l = 80mm、性能等级为 4.8 级、不经表面处理、C 级六角头螺栓，标记为

螺栓　GB/T 5780　M12 × 80

螺纹规格 d（8g）		M5	M6	M8	M10	M12	（M14）	M16	（M18）	M20	（M22）	M24	（M27）
b	$l \leqslant 125$	16	18	22	26	30	34	38	42	46	50	54	60
	$125 < l \leqslant 200$	22	24	28	32	36	40	44	48	52	56	60	66
	$l > 200$	35	37	41	45	49	53	57	61	65	69	73	79
a_{max}		2.4	3	4	4.5	5.3	6	6	7.5	7.5	7.5	9	9
e_{min}		8.63	10.89	14.2	17.59	19.85	22.78	26.17	29.56	32.95	37.29	39.55	45.2
K（公称）		3.5	4	5.3	6.4	7.5	8.8	10	11.5	12.5	14	15	17
s	max	8	10	13	16	18	21	24	27	30	34	36	41
	min	7.64	9.64	12.57	15.57	17.57	20.16	23.16	26.16	29.16	33	35	40
l	GB/T 5780	25 ~ 50	30 ~ 60	40 ~ 80	45 ~ 100	55 ~ 120	60 ~ 140	65 ~ 160	80 ~ 180	65 ~ 200	90 ~ 220	100 ~ 240	110 ~ 260
	GB/T 5781	10 ~ 50	12 ~ 60	16 ~ 80	20 ~ 100	25 ~ 180	30 ~ 140	30 ~ 160	35 ~ 180	40 ~ 200	45 ~ 220	50 ~ 240	55 ~ 280
性能等级	钢	3.6，4.6，4.8											
表面处理	钢	①不经处理；②电镀；③非电解锌粉覆盖层											

螺纹规格 d（8g）		M30	（M33）	M36	（M39）	M42	（M45）	M48	（M52）	M56	（M60）	M64
b	$l \leqslant 125$	66	72									
	$125 < l \leqslant 200$	72	78	84	90	96	102	108	116		132	
	$l > 200$	85	91	97	103	109	115	121	129	137	145	153
a_{max}		10.5	10.5	12	12	13.5	13.5	15	15	16.5	16.5	18
e_{min}		50.85	55.37	60.79	66.44	72.02	76.95	82.6	88.25	93.56	99.21	104.86
K（公称）		18.7	21	22.5	25	26	28	30	33	35	38	40
s	max	46	50	55	60	65	70	75	80	85	90	95
	min	45	49	53.8	58.8	63.8	68.1	73.1	78.1	82.8	87.8	92.8
l①	GB/T 5780	120 ~ 300	130 ~ 320	140 ~ 360	150 ~ 400	180 ~ 420	180 ~ 440	200 ~ 480	200 ~ 500	240 ~ 500	240 ~ 500	260 ~ 500
	GB/T 5781	60 ~ 300	65 ~ 360	70 ~ 360	80 ~ 400	80 ~ 420	90 ~ 440	100 ~ 480	100 ~ 500	110 ~ 500	120 ~ 500	120 ~ 500
性能等级	钢	3.6，4.6，4.8				按协议						
表面处理	钢	①不经处理；②电镀；③非电解锌粉覆盖层										

注：尽可能不采用括号内的规格。

① 长度系列为 10、12、16、20 ~ 70（5 进位），70 ~ 150（10 进位），180 ~ 500（20 进位）。

表 4-22　六角头铰制孔用螺栓（摘自 GB/T 27—1988）　　（单位：mm）

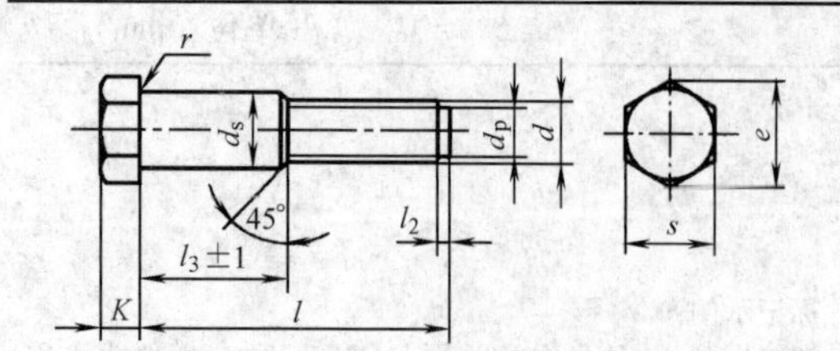

标记示例：

螺纹规格 d = M12、公称长度 l = 80mm、性能等级为 8.8 级、表面氧化、A 级六角头铰制孔用螺栓，标记为

螺栓　GB/T 27　M12 × 80

d_s 按 m6 制造时应加标记 m6：

螺栓　GB/T 27　M12m6 × 80

螺纹规格 d (6g)			M6	M8	M10	M12	(M14)	M16	(M18)	M20
d_s	(h9)	max	7	9	11	13	15	17	19	21
s	max		10	13	16	18	21	24	27	30
	min	A 级	9.78	12.73	15.73	17.73	20.67	23.67	26.67	29.67
		B 级	9.64	12.57	15.57	17.57	20.16	23.16	26.16	29.16
K(公称)			4	5	6	7	8	9	10	11
d_p			4	5.5	7	8.5	10	12	13	15
l_2			1.5		2		3			4
e_{min}	A 级		11.05	14.38	17.77	20.03	23.35	26.75	30.14	33.53
	B 级		10.89	14.20	17.59	19.85	22.78	26.17	29.56	32.95
g			2.5				3.5			
l①			25 ~ 65	25 ~ 80	30 ~ 120	35 ~ 180	40 ~ 180	45 ~ 200	50 ~ 200	55 ~ 200
$l-l_3$			12	15	18	22	25	28	30	32
性能等级			8.8							
表面处理			氧　化							

螺纹规格 d (6g)			(M22)	M24	(M27)	M30	M36	M42	M48
$d_{s\,max}$	(h9)		23	25	28	32	38	44	50
s	max		34	36	41	46	55	65	75
	min	A 级	33.38	35.38					
		B 级	33	35	40	45	53.8	63.8	73.1
K(公称)			12	13	15	17	20	23	26
d_p			17	18	21	23	28	33	38
l_2			4		5		6	7	8
e_{min}	A 级		37.72	39.98					
	B 级		37.29	39.55	45.2	50.85	60.79	72.02	82.60
g			3.5	5					
l①			60 ~ 200	65 ~ 200	75 ~ 200	80 ~ 230	90 ~ 300	110 ~ 300	120 ~ 300
$l-l_3$			35	38	42	50	55	65	70
性能等级			8.8					按协议	
表面处理			氧　化						

注：尽可能不采用括号内的规格。

① 长度系列为 25、(28)、30、35、(38)，40 ~ 50（5 进位），(55)、60、(65)、70、(75)、80、(85)、90、(95)、100 ~ 260（10 进位），280、300。

表 4-23　钢结构用扭剪型高强度螺栓（摘自 GB/T 3632—2008）　（单位：mm）

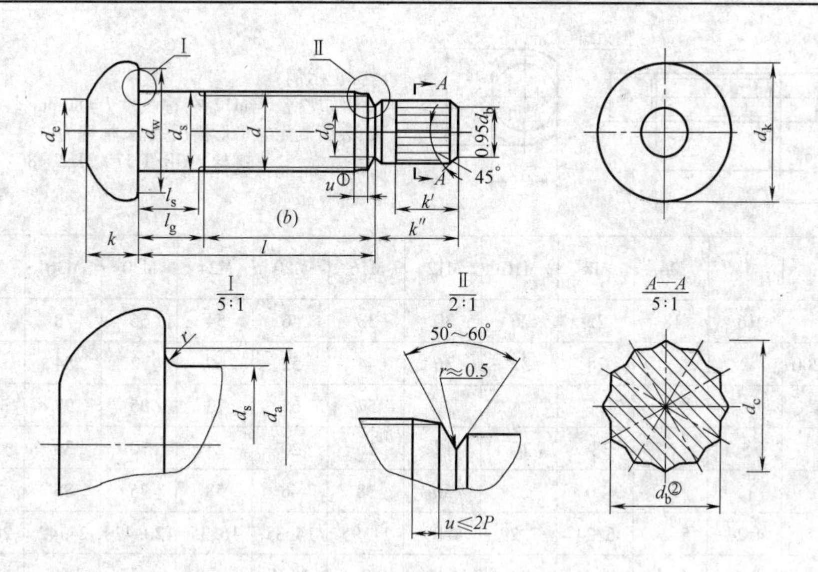

① u 为不完整螺纹的长度。
② d_b 为内切圆直径。

螺纹规格 d		M16	M20	（M22）①	M24	（M27）①	M30
P②		2	2.5	2.5	3	3	3.5
$d_{a\max}$		18.83	24.4	26.4	28.4	32.84	35.84
d_s	max	16.43	20.52	22.52	24.52	27.84	30.84
	min	15.57	19.48	21.48	23.48	26.16	29.16
$d_{w\min}$		27.9	34.5	38.5	41.5	42.8	46.5
$d_{k\max}$		30	37	41	44	50	55
k	公称	10	13	14	15	17	19
	max	10.75	13.90	14.90	15.90	17.90	20.05
	min	9.25	12.10	13.10	14.10	16.10	17.95
$k'_{\min}$		12	14	15	16	17	18
$k''_{\max}$		17	19	21	23	24	25
$r_{\min}$		1.2	1.2	1.2	1.6	2.0	2.0
d_0	≈	10.9	13.6	15.1	16.4	18.6	20.6
d_b	公称	11.1	13.9	15.4	16.7	19.0	21.1
	max	11.3	14.1	15.6	16.9	19.3	21.4
	min	11.0	13.8	15.3	16.6	18.7	20.8
d_c	≈	12.8	16.1	17.8	19.3	21.9	24.4
d_e	≈	13	17	18	20	22	24

① 括号内的规格为第二系列，应优先选用第一系列（不带括号）的规格。
② P—螺距。

表4-24　T形槽用螺栓（摘自 GB/T 37—1988）　（单位：mm）

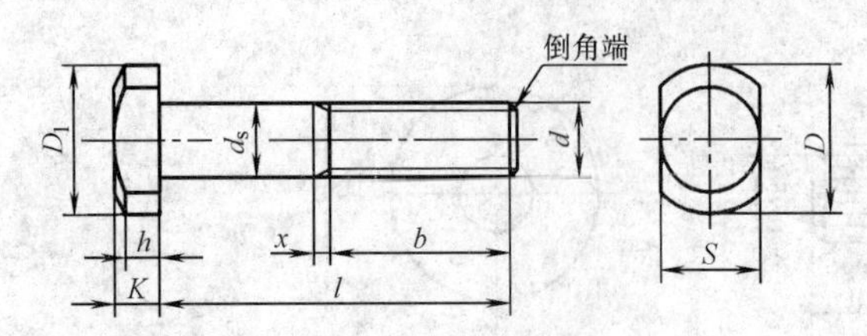

标记示例：

螺纹规格 d = M12、公称长度 l = 80mm、性能等级为8.8级、表面氧化的T形槽用螺栓，标记为

螺栓　GB/T 37　M12×80

螺纹规格 d (6g)		M5	M6	M8	M10	M12	M16	M20	M24	M30	M36	M42	M48
b（参考）	l≤125	16	18	22	26	30	38	46	54	66	78		
	125 < l≤200			28	32	36	44	52	60	72	84	96	108
	l > 200						57	65	73	85	97	109	121
$d_{s\ max}$		5	6	8	10	12	16	20	24	30	36	42	48
D		12	16	20	25	30	38	46	58	75	85	95	105
K_{max}		4.24	5.24	6.24	7.29	8.89	11.95	14.35	16.35	20.42	24.42	28.42	32.5
h		2.8	3.4	4.1	4.8	6.5	9	10.4	11.8	14.5	18.5	22	26
S(公称)		9	12	14	18	22	28	34	44	56	67	76	86
x_{max}		2	2.5	3.2	3.8	4.2	5	6.3	7.5	8.8	10	11.3	12.5
l①		25~50	30~60	35~80	40~100	45~120	55~160	65~200	80~240	90~300	110~300	130~300	140~300
性能等级	钢	8.8										按协议	
表面处理	钢	①氧化;②镀锌钝化											

注：尽可能不采用括号内的规格。

① 长度系列为25~50（5进位），(55)、60、(65)、70~160（10进位），180~300（20进位）。

表4-25　活节螺栓（摘自 GB/T 798—1988）　（单位：mm）

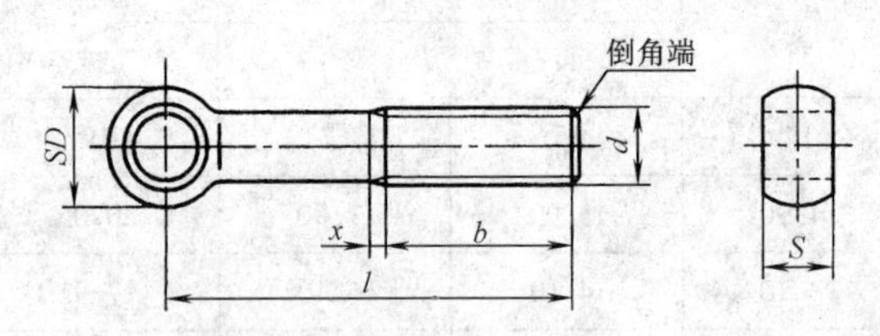

标记示例：

螺纹规格 d = M12、公称长度 l = 80mm、性能等级为4.6级、不经表面处理的活节颈螺栓，标记为

螺栓　GB/T 798　M12×80

螺纹规格 d (8g)		M4	M5	M6	M8	M10	M12	M16	M20	M24	M30	M36
d_1(公称)		3	4	5	6	8	10	12	16	20	25	30
S(公称)		5	6	8	10	12	14	18	22	26	34	40
b		14	16	18	22	26	30	38	52	60	72	84
D		8	10	12	14	18	20	28	34	42	52	64
x_{max}		1.75	2	2.5	3.2	3.8	4.2	5	6.3	7.5	8.8	10
l①		20~35	25~45	30~55	35~70	40~110	50~130	60~160	70~180	90~260	110~300	130~300
性能等级	钢	4.6;5.6										
表面处理	钢	①不经处理;②镀锌钝化										

注：尽可能不采用括号内的规格。

① 长度系列为25~50（5进位），(55)、60、(65)、70~160（10进位），180~300（20进位）。

表4-26　地脚螺栓（摘自GB/T 799—1988）　（单位：mm）

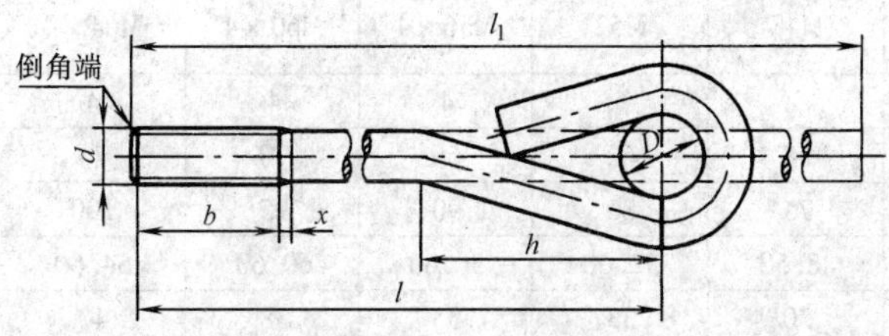

标记示例：

螺纹规格 d = M12、公称长度 l = 400mm、性能等级为3.6级、不经表面处理的地脚螺栓，标记为

螺栓　GB/T 799　M12×400

螺纹规格 d (8g)		M6	M8	M10	M12	M16	M20	M24	M30	M36	M42	M48
b	max	27	31	36	40	50	58	68	80	94	106	118
	min	24	28	32	36	44	52	60	72	84	96	108
D		10		15	20		30		45	60		70
h		41	46	65	82	93	127	139	192	244	261	302
l_1		$l+37$		$l+53$	$l+72$		$l+110$		$l+165$	$l+217$		$l+225$
x_{max}		2.5	3.2	3.8	4.3	5	6.3	7.5	8.8	10	11.3	12.5
l①		80~160	120~220	160~300	160~400	220~500	300~630	300~800	400~1000	500~1000	630~1250	630~1500
性能等级	钢	3.6									按协议	
表面处理	钢	①不经处理；②氧化；③镀锌钝化										

① 长度系列为80、120、160、220、300、400、500、630、800、1000、1250、1500。

表4-27　钢网架球节用高强度螺栓（摘自GB/T 16939—1997）　（单位：mm）

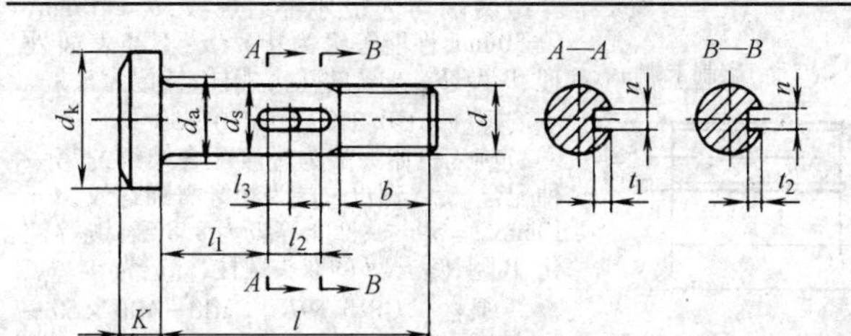

标记示例：

螺纹规格 d = M30、公称长度 l = 98mm、性能等级为10.9级、表面氧化的钢网架球节用高强度螺栓，标记为

螺栓　GB/T 16939　M30×98

螺纹规格 d (6g)	M12	M14	M16	M20	M22	M24	M27	M30	M33	M36
P	1.75	2	2	2.5	2.5	3	3	3.5	3.5	4
b_{min}	15	17	20	25	27	30	33	37	40	44
$d_{k\ max}$	18	21	24	30	32	36	41	46	50	55
$d_{s\ min}$	11.45	13.65	15.65	19.58	21.58	23.58	26.58	29.58	32.50	35.50
k_{nom}	6.4	7.5	10	12.5	14	15	17	18.7	21	22.5
$d_{a\ max}$	15.20	17.29	19.20	24.40	26.40	28.40	32.40	35.40	38.40	42.40
l_{nom}	50	54	62	73	75	82	90	98	101	125
$l_{1\ nom}$	18		22	24			28			43
$l_{2\ ref}$	10		13	16		18	20	24		26
n_{min}	3			5			6			8
$t_{1\ min}$	2.2			2.7			3.62			4.62
$t_{2\ min}$	1.7			2.2			2.7			3.62
性能等级	10.9S									
表面处理	氧　化									

（续）

螺纹规格 d (6g)	M39	M42	M45	M48	M52	M56×4	M60×4	M64×4
P	4	4.5	4.5	5	5	4	4	4
b_{min}	47	50	55	58	62	66	70	74
$d_{k\ max}$	60	65	70	75	80	90	95	100
$d_{s\ min}$	38.50	41.50	44.50	48.50	52.60	56.60	60.60	64.60
k_{nom}	25	26	28	30	33	35	38	40
$d_{a\ max}$	45.40	48.60	52.60	56.60	62.60	67.00	71.00	75.00
l_{nom}	128	136	145	148	162	172	196	205
$l_{1\ nom}$	43		48			53		58
$l_{2\ ref}$	26	30			38	42	57	
n_{min}	8							
$t_{1\ min}$	4.62							
$t_{2\ min}$	3.62							
性能等级	9.8S							
表面处理	氧化							

4.3.2　螺柱（表4-28～表4-30）

表4-28　双头螺柱 $b_m=1d$（摘自 GB/T 897—1988）**$b_m=1.25d$**（摘自 GB/T 898—1988）、**$b_m=1.5d$**（摘自 GB/T 899—1988）**和 $b_m=2d$**（摘自 GB/T 900—1988）（单位：mm）

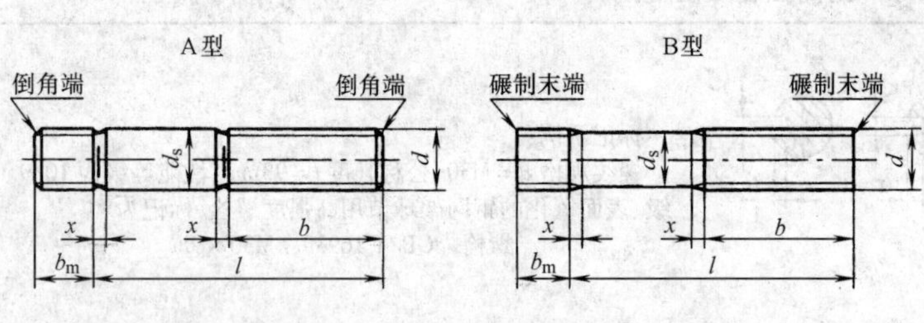

标记示例：

1）两端均为粗牙普通螺纹，d = 10mm、l = 50mm、性能等级为4.8级、不经表面处理、B型、$b_m=1d$ 的双头螺柱，标记为

螺柱　GB/T 897　M10×50

2）旋入机体一端为过渡配合螺纹的第一种配合，旋入螺母一端为粗牙普通螺纹，d = 10mm、l = 50mm、性能等级为8.8级、镀锌钝化、B型、$b_m=1d$ 的双头螺柱，标记为

螺柱　GB/T 897　GM10—M10×50—8.8—Zn · D

螺纹规格 d (6g)		M2	M2.5	M3	M4	M5	M6	M8	M10	M12	(M14)	M16
b_m（公称）	GB/T 897					5	6	8	10	12	14	16
	GB/T 898					6	8	10	12	15	18	20
	GB/T 899	3	3.5	4.5	6	8	10	12	15	18	21	24
	GB/T 900	4	5	6	8	10	12	16	20	24	28	32
x_{max}		2.5P										
$\frac{l}{b}$ ①		$\frac{12\sim16}{6}$ $\frac{18\sim25}{10}$	$\frac{14\sim18}{8}$ $\frac{20\sim30}{11}$	$\frac{16\sim20}{6}$ $\frac{22\sim40}{12}$	$\frac{16\sim22}{8}$ $\frac{25\sim40}{14}$	$\frac{16\sim22}{10}$ $\frac{25\sim50}{16}$	$\frac{20\sim22}{10}$ $\frac{25\sim30}{14}$ $\frac{32\sim75}{18}$	$\frac{20\sim22}{12}$ $\frac{25\sim30}{16}$ $\frac{32\sim90}{22}$	$\frac{25\sim28}{14}$ $\frac{30\sim38}{16}$ $\frac{40\sim120}{26}$ $\frac{130}{32}$	$\frac{25\sim30}{16}$ $\frac{32\sim40}{20}$ $\frac{45\sim120}{30}$ $\frac{130\sim180}{36}$	$\frac{30\sim35}{18}$ $\frac{38\sim45}{25}$ $\frac{50\sim120}{34}$ $\frac{130\sim180}{40}$	$\frac{30\sim38}{20}$ $\frac{40\sim55}{30}$ $\frac{60\sim120}{38}$ $\frac{130\sim200}{44}$
性能等级	钢	4.8, 5.8, 6.8, 8.8, 10.9, 12.9										
	不锈钢	A2-50、A2-70										
表面处理	钢	①不经处理；②氧化；③镀锌钝化										
	不锈钢	不经处理										

（续）

螺纹规格 d (8g)		(M18)	M20	(M22)	M24	(M27)	M30	(M33)	M36	(M39)	M42	M48
b_m（公称）	GB/T 897	18	20	22	24	27	30	33	36	39	42	48
	GB/T 898	22	25	28	30	35	38	41	45	49	52	60
	GB/T 899	27	30	33	36	40	45	49	54	58	63	72
	GB/T 900	36	40	44	48	54	60	66	72	78	84	96
x_{max}		2.5P										
$\frac{l}{b}$ ①		35~40/22 45~60/35 65~120/42 130~200/48	35~40/25 45~65/35 70~120/46 130~200/52	40~45/30 50~70/40 75~120/50 130~200/56	45~50/30 55~75/45 80~120/54 130~200/60	50~60/35 65~85/50 90~120/60 130~200/66	60~65/40 70~90/50 95~120/66 130~200/72 210~250/85	65~70/45 75~95/60 100~120/72 130~200/78 210~300/91	65~75/45 80~110/60 120/78 130~200/84 210~300/97	70~80/50 85~110/60 120/84 130~200/90 210~300/103	70~80/50 85~110/70 120/90 130~200/96 210~300/109	80~90/60 95~10/80 120/102 130~200/108 210~300/121
性能等级	钢	4.8,5.8,6.8,8.8,10.9,12.9										
	不锈钢	A2-50、A2-70										
表面处理	钢	①不经处理；②氧化；③镀锌钝化										
	不锈钢	不经处理										

注：1. 尽可能不采用括号内的规格。
2. 旋入机体端可以采用过渡或过盈配合螺纹：GB/T 897~899：GM、G2M；GB/T 900：GM、G3M、YM。
3. 旋入螺母端可以采用细牙螺纹。
① 长度系列为12、(14)、16、(18)、20、(22)、25、(28)、30、(32)、35、(38)、40、45、50、(55)、60、(65)、70、75、80、85、90、95、100~260（10进位）、280、300。

表4-29　B级等长双头螺柱（摘自GB/T 901—1988）　（单位：mm）

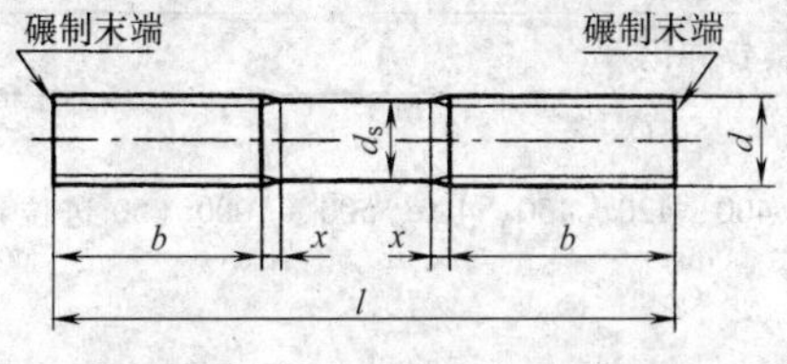

标记示例：

螺纹规格 d = M12、公称长度 l = 100mm、性能等级为4.8级、不经表面处理的B级等长双头螺柱，标记为

螺柱　GB/T 901　M12×100

螺纹规格 d (6g)	M2	M2.5	M3	M4	M5	M6	M8	M10	M12	(M14)	M16	(M18)
b	10	11	12	14	16	18	28	32	36	40	44	48
x_{max}	1.5P											
l①	10~60	10~80	12~250	16~300	20~300	25~300	32~300	40~300	50~300	60~300	60~300	60~300

螺纹规格 d (8g)		M20	(M22)	M24	(M27)	M30	(M33)	M36	(M39)	M42	M48	M56
b		52	56	60	66	72	78	84	89	96	108	124
x_{max}		1.5P										
l①		70~300	80~300	90~300	100~300	120~400	140~400	140~500	140~500	140~500	150~500	190~500
性能等级	钢	4.8,5.8,6.8,8.8,10.9,12.9										
	不锈钢	A2-50、A2-70										
表面处理	钢	①不经处理；②镀锌钝化										
	不锈钢	不经处理										

注：尽可能不采用括号内的规格。

① 长度系列为10、12、(14)、16、(18)、20、(22)、25、(28)、30、(32)、35、(38)、40、45、50、(55)、60、(65)、70、(75)、80、(85)、90、(95)、100~260（10进位）、280、300、320、350、380、400、420、450、480、500。

表4-30 C级等长双头螺柱（摘自GB/T 953—1988） （单位：mm）

标记示例：

1）螺纹规格 d = M10、公称长度 l = 100mm、螺纹长度 b = 26mm、性能等级为4.8级、不经表面处理的C级等长双头螺柱，标记为

螺柱 GB/T 953 M10×100

2）需要加长螺纹时，应加标记Q：

螺柱 GB/T 953 M10×100—Q

螺纹规格 d（8g）		M8	M10	M12	（M14）	M16	（M18）	M20	（M22）
b	标准	22	26	30	34	38	42	46	50
	加长	41	45	49	53	57	61	65	69
x_{max}		1.5P							
l①		100～600	100～800	150～1200	150～1200	200～1500	200～1500	260～1500	260～1800
性能等级	钢	4.8,6.8,8.8							
表面处理	钢	①不经处理;②镀锌钝化							
螺纹规格 d（8g）		M24	（M27）	M30	（M33）	M36	（M39）	M42	M48
b	标准	54	60	66	72	78	84	90	102
	加长	72	79	85	91	97	103	109	121
x_{max}		1.5P							
l①		300～1800	300～2000	350～2500	350～2500	350～2500	350～2500	500～2500	500～2500
性能等级	钢	4.8,6.8,8.8							
表面处理	钢	①不经处理;②镀锌钝化							

注：尽可能不采用括号内的规格。

① 长度系列为100～200（10进位），220～320（20进位），350、380、400、420、450、480、500～1000（50进位），1100～2500（100进位）。

4.3.3 螺母（表4-31～表4-56）

表4-31 A级和B级粗牙、细牙I型六角螺母（摘自GB/T 6170—2000和GB/T 6171—2000）

（单位：mm）

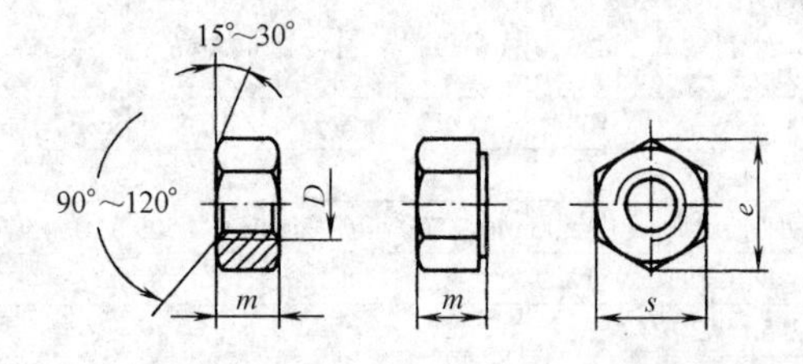

标记示例：

螺纹规格 D = M12、性能等级为8级、不经表面处理、A级I型六角螺母，标记为

螺母 GB/T 6170 M12

螺纹规格（6H）												
D	M1.6	M2	M2.5	M3	（M3.5）	M4	M5	M6	M8	M10	M12	（M14）
$D\times P$									M8×1	M10×1 （M10×1.25）	M12×1.5 （M12×1.25）	（M14×1.5）
e_{min}	3.41	4.32	5.45	6.01	6.58	7.66	8.79	11.05	14.38	17.77	20.03	23.37

（续）

螺纹规格（6H）	D	M1.6	M2	M2.5	M3	（M3.5）	M4	M5	M6	M8	M10	M12	（M14）
	$D \times P$									M8×1	M10×1	M12×1.5	（M14×1.5）
											（M10×1.25）	（M12×2.5）	
s	max	3.2	4	5	5.5	6	7	8	10	13	16	18	21
	min	3.02	3.82	4.82	5.32	5.82	6.78	7.78	9.78	12.73	15.73	17.73	20.67
m_{max}		1.3	1.6	2	2.4	2.8	3.2	4.7	5.2	6.8	8.4	10.8	12.8
性能等级	钢	按协议			6,8,10								
	不锈钢	A2-70、A4-70											
	有色金属	CU2、CU3、AL4											

螺纹规格（6H）	D	M16	（M18）	M20	（M22）	M24	（M27）	M30	（M33）	M36
	$D \times P$	M16×1.5	（M18×1.5）	（M20×2）	（M22×1.5）	M24×2	（M27×2）	M30×2	（M33×2）	M36×3
				M20×1.5						
e_{min}		26.75	29.56	32.95	37.29	39.55	45.2	50.85	55.37	60.79
s	max	24	27	30	34	36	41	46	50	55
	min	23.67	26.16	29.16	33	35	40	45	49	53.8
m_{max}		14.8	15.8	18	19.4	21.5	23.8	25.6	28.7	31
性能等级	钢	6,8,10								
	不锈钢	A2-70、A4-70					A2-50、A4-50			
	有色金属	CU2、CU3、AL4								

螺纹规格（6H）	D	（M39）	M42	（M45）	M48	（M52）	M56	（M60）	M64
	$D \times P$	（M39×3）	M42×3	（M45×3）	M48×3	（M52×4）	M56×4	（M60×4）	M64×4
e_{min}		66.44	72.02	76.95	83.6	88.25	93.56	99.21	104.86
s	max	60	65	70	75	80	85	90	95
	min	58.8	63.1	68.1	73.1	78.1	82.8	87.8	92.8
m_{max}		33.4	34	36	38	42	45	48	51
性能等级	钢	6,8,10	按协议						
	不锈钢	A2-50、A4-50	按协议						
	有色金属	CU2、CU3、AL4							
表面处理	钢	①不经处理；②镀锌钝化；③氧化							
	不锈钢	简单处理							
	有色金属	简单处理							

注：括号内的螺纹规格为非优选的螺纹规格。

表 4-32　C 级 I 型六角螺母（摘自 GB/T 41—2000）　　（单位：mm）

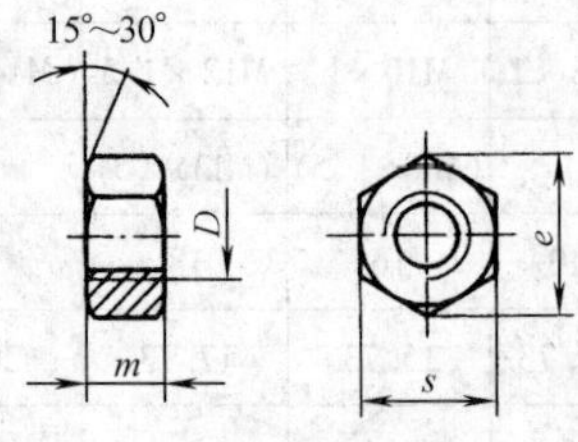

标记示例：

螺纹规格 D = M12、性能等级为 5 级、不经表面处理、C 级的 I 型六角螺母，标记为

螺母　GB/T 41　M12

螺纹规格 D (7H)		M5	M6	M8	M10	M12	(M14)	M16	(M18)	M20	(M22)	M24	(M27)
e_{min}		8.63	10.89	14.20	17.29	19.85	22.78	26.17	29.56	32.95	37.29	39.55	45.2
s	max	8	10	13	16	18	21	24	27	30	34	36	41
	min	7.64	9.64	12.57	15.57	17.57	20.16	23.16	26.16	29.16	33	35	40
m_{max}		5.6	6.4	7.94	9.54	12.17	13.9	15.9	16.9	19.0	20.2	22.3	24.7
性能等级	钢	5							4,5				
表面处理	钢	①不经处理；②镀锌钝化											

螺纹规格 D (7H)		M30	(M33)	M36	(M39)	M42	(M45)	M48	(M52)	M56	(M60)	M64
e_{min}		50.85	55.37	60.79	66.44	72.02	76.95	82.6	88.25	93.56	99.21	104.86
s	max	46	50	55	60	65	70	75	80	85	90	95
	min	45	49	53.8	58.8	63.1	68.1	73.1	78.1	82.8	87.8	92.8
m_{max}		26.4	29.5	31.9	34.3	34.9	36.9	38.9	42.9	45.9	48.9	52.4
性能等级	钢	4,5				按协议						
表面处理	钢	①不经处理；②镀锌钝化										

注：尽可能不采用括号内的规格。

表 4-33　A 和 B 级粗牙、细牙 II 型六角螺母（摘自 GB/T 6175—2000 和 GB/T 6176—2000）

（单位：mm）

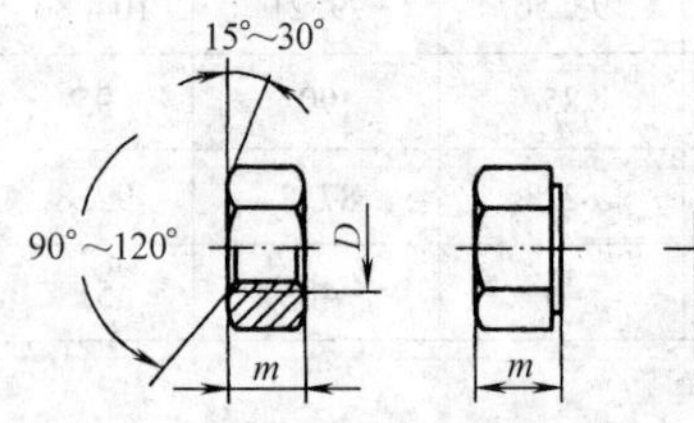

标记示例：

螺纹规格 D = M16、性能等级为 9 级、表面氧化、A 级 II 型六角螺母，标记为

螺母　GB/T 6175　M16

螺纹规格 (6H)	D	M5	M6	M8	M10	M12	(M14)	M16	
	$D \times P$			M8×1	M10×1	M12×1.5	(M14×1.5)	M16×1.5	(M18×1.5)
					(M10×1.25)	(M12×1.25)			
e_{min}		8.79	11.05	14.38	17.77	20.03	23.35	26.75	29.56
s	max	8	10	13	16	18	21	24	27.00
	min	7.78	9.78	12.73	15.73	17.73	20.67	23.67	26.16
m_{max}		5.1	5.7	7.5	9.3	12	14.1	16.4	17.6
性能等级	GB/T 6175	9,12							
	GB/T 6176	8,12							10
表面处理	钢	①氧化；②镀锌钝化							

（续）

螺纹规格（6H）								
螺纹规格（6H）	D	M20		M24		M30		M36
	$D \times P$	（M20×2） M20×1.5	（M22×1.5）	M24×2	（M27×2）	M30×2	（M33×2）	M36×3
e_{min}		32.95	37.29	39.55	45.2	50.85	55.37	60.79
s	max	30	34	36	41	46	50	55
	min	29.16	33	35	42	45	49	53.8
m_{max}		20.3	21.8	23.9	26.7	28.6	32.5	34.7
性能等级	GB/T 6175	9,12						
	GB/T 6176	10						
表面处理	钢	①氧化；②镀锌钝化						

注：括号内为非优选的螺纹规格。

表 4-34　六角厚螺母（摘自 GB56—1988）　（单位：mm）

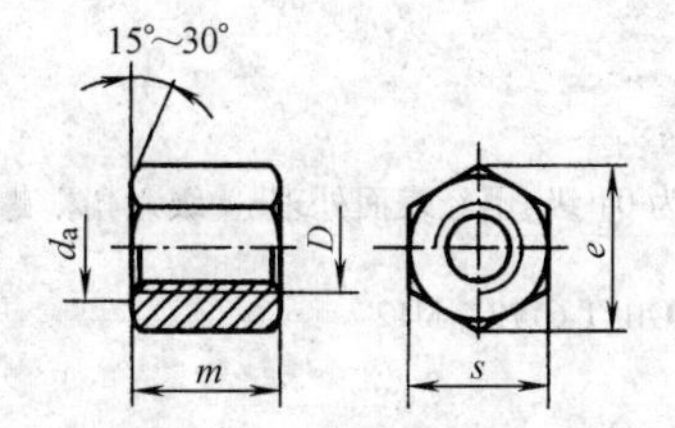

标记示例：

螺纹规格 D = M20、性能等级为 5 级、不经表面处理的六角厚螺母，标记为

螺母　GB/T 56　M20

螺纹规格 D（6H）		M16	（M18）	M20	（M22）	M24	（M27）	M30	M36	M42	M48
e_{min}		26.17	29.56	32.95	37.29	39.55	45.2	50.85	60.79	72.09	82.6
s	max	24	27	30	34	36	41	46	55	65	75
	min	23.16	26.16	29.16	33	35	40	45	53.8	63.1	73.1
m_{max}		25	28	32	35	38	42	48	55	65	75
性能等级	钢	5,8,10									
表面处理	钢	①不经处理；②氧化									

注：尽可能不采用括号内的规格。

表 4-35　球面六角螺母（摘自 GB/T 804—1988）　（单位：mm）

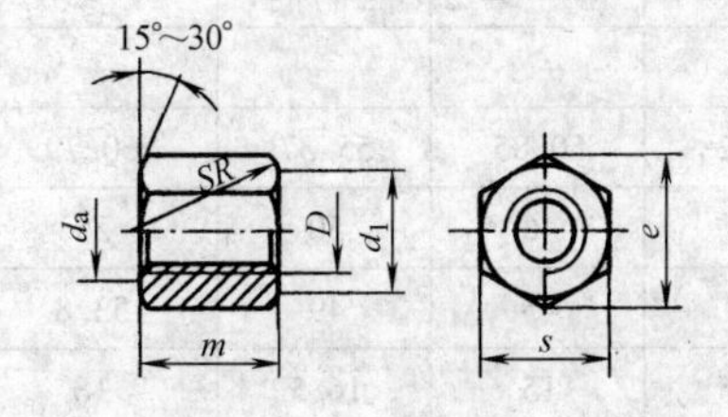

标记示例：

螺纹规格 D = M20、性能等级为 8 级、表面氧化的球面六角螺母，标记为

螺母　GB/T 804　M20

螺纹规格 D（6H）	M6	M8	M10	M12	M16	M20	M24	M30	M36	M42	M48
d_{amin}	6	8	10	12	16	20	24	30	36	42	48

（续）

螺纹规格 D(6H)		M6	M8	M10	M12	M16	M20	M24	M30	M36	M42	M48
d_1		7.5	9.5	11.5	14	18	22	26	32	38	44	50
e_{min}		11.05	14.38	17.77	20.03	26.75	32.95	39.55	50.85	60.79	72.09	82.6
s	max	10	13	16	18	24	30	36	46	55	65	75
	min	9.78	12.73	15.73	17.73	23.67	29.16	35	45	53.8	63.8	73.1
m_{max}		10.29	12.35	16.35	20.42	25.42	32.5	38.5	48.5	55.6	65.6	75.6
m'_{min}		7.77	9.32	12.52	15.66	19.66	25.2	30	38	43.52	51.52	59.52
R		10	12	16	20	25	32	36	40	50	63	70
性能等级	钢	8,10										
表面处理	钢	氧化										

注：A 级用于 $D \leqslant$ M16；B 级用于 $D >$ M16。

表 4-36　A 和 B 级粗牙、细牙六角薄螺母（摘自 GB/T 6172.1—2000 和 GB/T 6173—2000）

（单位：mm）

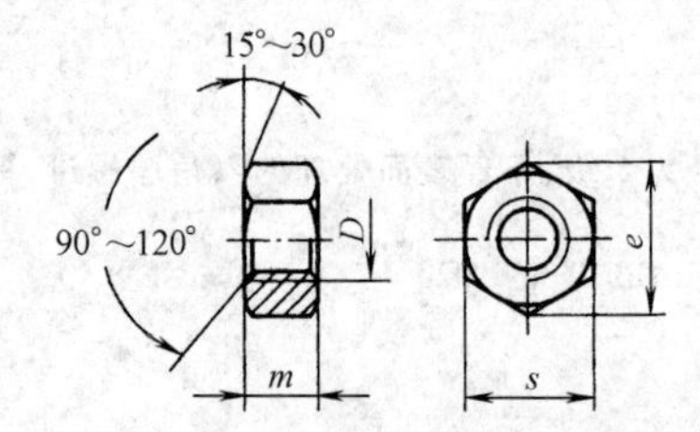

标记示例：

螺纹规格 D = M12、性能等级为 04 级、不经表面处理、A 级六角薄螺母，标记为

螺母　GB/T 6172　M12

螺纹规格(6H)		M1.6	M2	M2.5	M3	M4	M5	M6	M8	M10	M12	(M14)	M16
	D	M1.6	M2	M2.5	M3	M4	M5	M6	M8	M10	M12	(M14)	M16
	$D \times P$								M8×1	M10×1	M12×1.5	(M14×1.5)	M16×1.5
										(M10×1.25)	(M12×1.25)		
e_{min}		3.41	4.32	5.45	6.01	7.66	8.79	11.05	14.38	17.77	20.03	23.35	26.75
s	max	3.2	4	5	5.5	7	8	10	13	16	18	21	24
	min	3.02	3.82	4.82	5.32	6.78	7.78	9.78	12.73	15.73	17.73	20.67	23.67
m_{max}		1	1.2	1.6	1.8	2.2	2.7	3.2	4	5	6	7	8
性能等级	钢	按协议			04,05								
	不锈钢	A2—035、A4—035											
	有色金属	CU2、CU3、AL4											

螺纹规格(6H)									
	D	(M18)	M20	(M22)	M24	(M27)	M30	(M33)	M36
	$D \times P$	(M18×1.5)	(M20×2)	(M22×1.5)	M24×2	(M27×2)	M30×2	(M33×2)	M36×3
			M20×1.5						
e_{min}		29.56	32.95	37.29	39.55	45.2	50.85	55.37	60.79
s	max	27	30	34	36	41	46	50	55
	min	26.16	29.16	33	35	40	45	49	53.8
m_{max}		9	10	11	12	13.5	15	16.5	18
性能等级	钢	04,05							
	不锈钢	A2—035、A4—035				A2—025、A4—025			
	有色金属	CU2、CU3、AL4							

（续）

螺纹规格（6H）		(M39)	M42	(M45)	M48	(M52)	M56	(M60)	M64
	D	(M39)	M42	(M45)	M48	(M52)	M56	(M60)	M64
	$D \times P$	(M39×3)	M42×3	(M45×3)	M48×3	(M52×4)	M56×4	(M60×4)	M64×4
e_{min}		66.44	72.02	76.95	83.6	88.25	93.56	99.21	104.86
s	max	60	65	70	75	80	85	90	95
	min	58.8	63.1	68.1	73.1	78.1	82.8	87.8	92.9
m_{max}		19.5	21	22.5	24	26	28	30	32
性能等级	钢	04,05	按协议						
	不锈钢	A2—025、A4—025	按协议						
	有色金属	CU2、CU3、AL4							
表面处理	钢	①不经处理；②镀锌钝化；③氧化							
	不锈钢	不经处理							

注：括号内为非优选的螺纹规格。

表4-37　B级无倒角六角薄螺母（摘自GB/T 6174—2000）　（单位：mm）

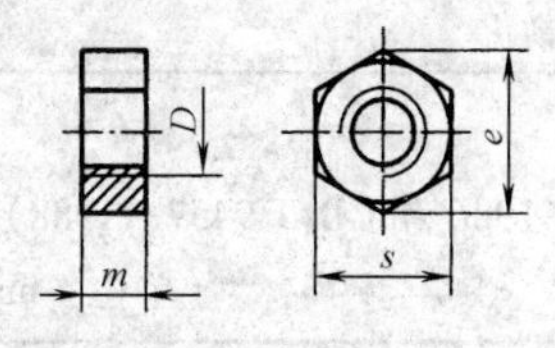

标记示例：

螺纹规格D=M6、性能等级为110HV30、不经表面处理、B级六角薄螺母的标记：

螺母　GB/T 6174　M6

螺纹规格D(6H)		M1.6	M2	M2.5	M3	(M3.5)	M4	M5	M6	M8	M10
e_{min}		3.28	4.18	5.31	5.88	6.44	7.50	8.63	10.89	14.20	17.59
s	max	3.2	4	5	5.5	6.0	7	8	10	13	16
	min	2.9	3.7	4.7	5.2	5.7	6.64	7.64	9.64	12.57	15.57
m_{max}		1	1.2	1.6	1.8	2	2.2	2.7	3.2	4	5
性能等级	钢	硬度110HV30,min									
	有色金属	CU2、CU3、AL4									
表面处理	钢	①不经处理；②镀锌钝化									
	有色金属	简单处理									

注：尽可能不采用括号内的规格。

表4-38　六角法兰面粗牙、细牙螺母（摘自 GB/T 6177.1—2000 和 GB/T 6177.2—2000）

（单位：mm）

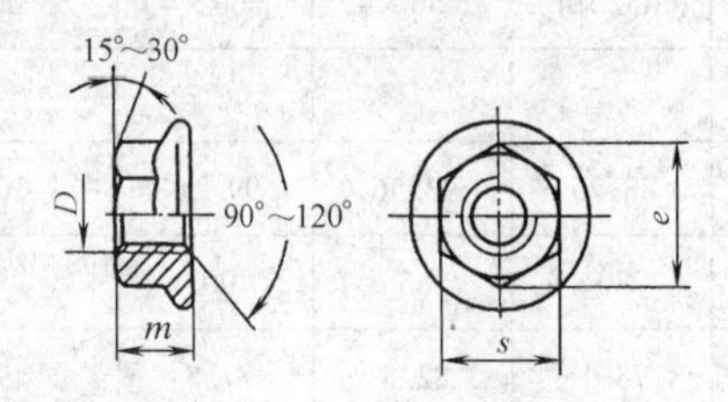

标记示例：

螺纹规格 D = M12、性能等级为 10 级、表面氧化、A 级六角法兰面螺母，标记为

螺母　GB/T 6177.1　M12

螺纹规格(6H)									
	D	M5	M6	M8	M10	M12	(M14)	M16	M20
	$D \times P$			M8×1	M10×1.25	M12×1.25	(M14×1.5)	M16×1.5	M20×1.5
					(M10×1)	(M12×1.5)			
d_{cmin}		11.8	14.2	17.9	21.8	26	29.9	34.5	42.8
e_{min}		8.79	11.05	14.38	16.64	20.03	23.36	26.75	32.95
s	max	8	10	13	15	18	21	24	30
	min	7.78	9.78	12.73	14.73	17.73	20.67	23.67	29.16
m	max	5	6	8	10	12	14	16	20
	min	4.7	5.7	7.64	9.64	11.57	13.3	15.3	18.7
性能等级	钢	8~12							
	不锈钢	A2-70							
表面处理	钢	①氧化；②不经处理；③镀锌钝化							

注：尽可能不采用括号内的规格。

表4-39　A 和 B 级粗牙、细牙Ⅰ型六角开槽螺母（摘自 GB/T 6178—1986 和 GB/T 9457—1988）

（单位：mm）

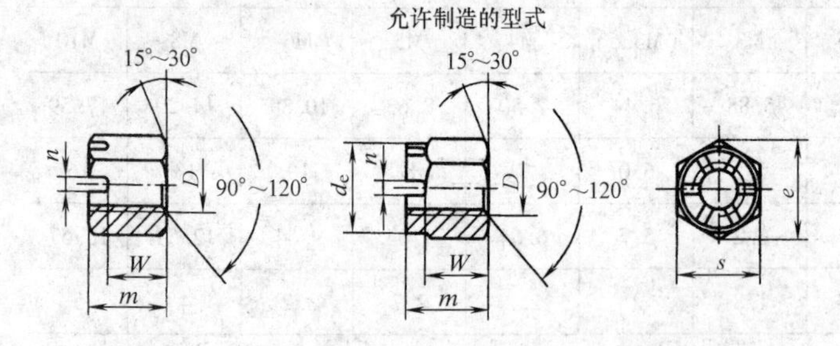

标记示例：

螺纹规格 D = M12、性能等级为 8 级、表面氧化、A 级Ⅰ型六角开槽螺母，标记为

螺母　GB/T 6178　M12

螺纹规格(6H)									
	D	M4	M5	M6	M8	M10	M12	(M14)	M16
	$D \times P$				M8×1	M10×1	M12×1.5	(M14×1.5)	M16×1.5
						M10×1.25	M12×1.25		
e_{min}		7.66	8.79	11.05	14.38	17.77	20.03	23.35	26.75
s	max	7	8	10	13	16	18	21	24
	min	6.78	7.78	9.78	12.73	15.73	17.73	20.67	23.67
m_{max}		5	6.7	7.7	9.8	12.4	15.8	17.8	20.8

（续）

螺纹规格（6H）		M4	M5	M6	M8	M10	M12	（M14）	M16
	$D \times P$				M8×1	M10×1	M12×1.5	（M14×1.5）	M16×1.5
						M10×1.25	M12×1.25		
W	max	3.2	4.7	5.2	6.8	8.4	10.8	12.8	14.8
	min	2.9	4.4	4.9	6.44	8.04	10.37	12.37	14.37
n_{min}		1.2	1.4	2	2.5	2.8	3.5	3.5	4.5
d_e									
开口销		1×10	1.2×12	1.6×14	2×16	2.5×20	3.2×22	3.2×26	4×28
性能等级	钢	6,8,10							
表面处理	钢	①氧化;②不经处理;③镀锌钝化							

螺纹规格（6H）	D		M20		M24		M30		M36
	$D \times P$	（M18×1.5）	M20×2	（M22×1.5）	M24×2	（M27×2）	M30×2	（M33×2）	M36×3
			M20×1.5						
d_{wmin}		24.8	27.7	31.4	33.2	38	42.7	46.6	51.1
e	min	29.56	32.95	37.29	39.55	45.2	50.85	55.37	60.79
s	max	27	30	34	36	41	46	50	55
	min	26.16	29.16	33	35	40	45	49	53.8
m_{max}		21.8	24	27.4	29.5	31.8	34.6	37.7	40
m'_{min}		12.08	13.52	14.85	16.16	18.37	19.44	22.16	23.52
W	max	15.8	18	19.4	21.5	23.8	25.6	28.7	31
	min	15.1	17.3	18.56	20.66	22.96	24.76	27.86	30
n_{min}		4.5		5.5			7		
d_e		25	28	30	34	38	42	46	50
开口销		4×32	4×36	5×40		5×45	6.3×50	6.3×60	6.3×65
性能等级	钢	6,8							
表面处理	钢	①氧化;②不经处理;③镀锌钝化							

注：尽可能不采用括号内的规格。

表 4-40　C 级 I 型六角开槽螺母（摘自 GB/T 6179—1986）　　（单位：mm）

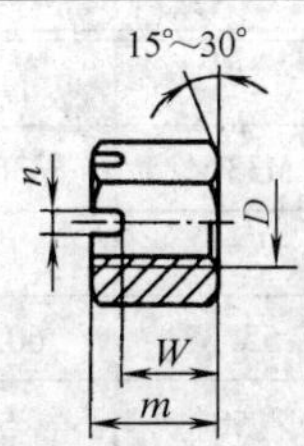

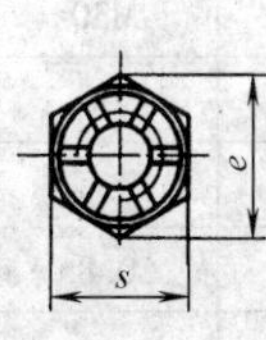

标记示例：

螺纹规格 D = M5、性能等级为 5 级、不经表面处理、C 级 I 型六角开槽螺母，标记为

螺母　GB/T 6179　M5

螺纹规格 D（6H）		M5	M6	M8	M10	M12	（M14）	M16	M20	M24	M30	M36
e_{min}		8.63	10.89	14.20	17.59	19.85	22.78	26.17	32.95	39.55	50.85	60.79
s	max	8	10	13	16	18	21	24	30	36	46	55
	min	7.64	9.64	12.57	15.57	17.57	20.16	23.16	29.16	35	45	53.8
m_{max}		7.6	8.9	10.94	13.54	17.17	18.9	21.9	25	30.3	35.4	40.9
W	max	5.6	6.4	7.94	9.54	12.17	13.9	15.9	19	22.3	26.4	31.9
	min	4.4	4.9	6.44	8.04	10.37	12.1	14.1	16.9	20.2	24.3	29.4
n_{min}		1.4	2	2.5	2.8	3.5	3.5	4.5		5.5	7	
开口销		1.2×12	1.6×14	2×16	2.5×20	3.2×22	3.2×26	4×28	4×36	5×40	6.3×50	6.3×65
性能等级	钢	4,5										
表面处理	钢	①不经处理;②镀锌钝化										

注：尽可能不采用括号内的规格。

表 4-41　A 级和 B 级粗牙、细牙Ⅱ型六角开槽螺母（摘自 GB/T 6180—1986 和 GB/T 9458—1988）

（单位：mm）

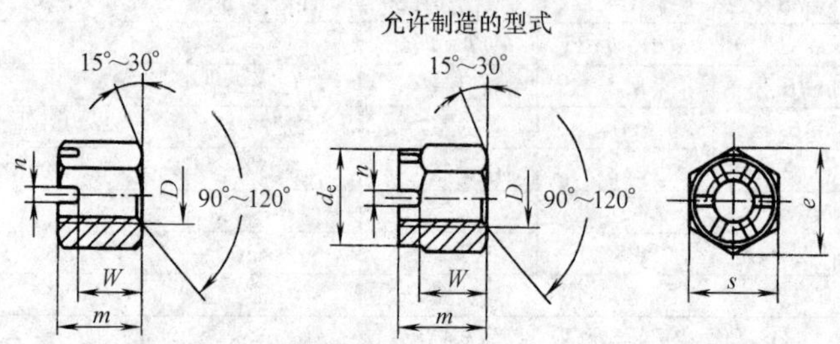

标记示例：

1）螺纹规格 D = M5、性能等级为 9 级、表面氧化、A 级Ⅱ型六角开槽螺母，标记为

螺母　GB/T 6180　M5

2）螺纹规格 D = M8 × 1、性能等级为 8 级、表面氧化、A 级Ⅱ型六角开槽细牙螺母，标记为

螺母　GB/T 9458　M8 × 1

螺纹规格（6H）								
螺纹规格（6H）	D	M5	M6	M8	M10	M12	（M14）	M16
	$D \times P$			M8 × 1	M10 × 1	M12 × 1.5	（M14 × 1.5）	M16 × 1.5
					M10 × 1.25	M12 × 1.25		
e_{min}		8.79	11.05	14.38	17.77	20.03	23.36	26.75
s	max	8	10	13	16	18	21	24
	min	7.78	9.78	12.73	15.73	17.73	20.67	23.67
m_{max}		7.1	8.2	10.5	13.3	17	19.1	22.4
W	max	5.1	5.7	7.5	9.3	12	14.1	16.4
	min	4.8	5.4	7.14	8.94	11.57	13.67	15.97
n_{min}		1.4	2	2.5	2.8	3.5	3.5	4.5
d_{emax}								
开口销		1.2 × 12	1.6 × 14	2 × 16	2.5 × 20	3.2 × 22	3.2 × 26	4 × 28
性能等级	GB/T 6180	9,12						
	GB/T 9458	8,10						
表面处理	钢	①氧化；②不经处理；③镀锌钝化						

螺纹规格（6H）									
螺纹规格（6H）	D		M20		M24		M30		M36
	$D \times P$	（M18 × 1.5）	M20 × 2	（M22 × 1.5）	M24 × 2	（M27 × 2）	M30 × 2	（M33 × 2）	M36 × 3
			M20 × 1.5						
e_{min}		29.56	32.95	37.29	39.55	45.2	50.85	55.37	60.79
s	max	27	30	34	36	41	46	50	55
	min	26.16	29.16	33	35	40	45	49	53.8
m_{max}		23.6	26.3	29.8	31.9	34.7	37.6	41.5	43.7
W	max	17.6	20.3	21.8	23.9	26.7	28.6	32.5	34.7
	min	16.9	19.46	20.5	23.06	25.4	27.78	30.9	33.7
n_{min}		4.5		5.5			7		
d_{emax}		25	28	30	24	38	42	46	50
开口销		4 × 32	4 × 36	5 × 40		5 × 45	6.3 × 50	6.3 × 60	6.3 × 65
性能等级	GB/T 6180	9,12							
	GB/T 9458	10							
表面处理	钢	①氧化；②镀锌钝化							

注：尽可能不采用括号内的规格。

表4-42 A级和B级粗牙、细牙六角开槽薄螺母（摘自GB/T 6181—1986和GB/T 9459—1988）

（单位：mm）

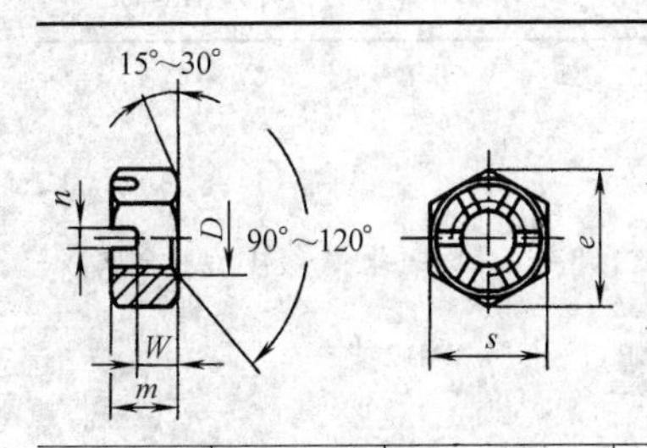

标记示例：

1）螺纹规格 D = M12、性能等级为04级、不经表面处理、A级六角开槽薄螺母，标记为

螺母 GB/T 6181 M12

2）螺纹规格 D = M10×1、性能等级为04级、不经表面处理、A级六角开槽细牙薄螺母，标记为

螺母 GB/T 9459 M10×1

螺纹规格（6H）		M5	M6	M8	M10	M12	（M14）	M16
	D	M5	M6	M8	M10	M12	（M14）	M16
	$D \times P$			M8×1	M10×1	M12×1.5	（M14×1.5）	M16×1.5
					M10×1.25	M12×1.25		
e_{min}		8.79	11.05	14.38	17.77	20.03	23.35	26.75
s	max	8	10	13	16	18	21	24
	min	7.78	9.78	12.73	15.73	17.73	20.67	23.67
m_{max}		5.1	5.7	7.5	9.3	12	14.1	16.4
W	max	3.1	3.2	4.5	5.3	7	9.1	10.4
	min	2.8	2.9	4.2	5	6.64	8.74	9.79
n_{min}		1.4	2	2.5	2.8	3.5	3.5	4.5
开口销		1.2×12	1.6×14	2×16	2.5×20	3.2×22	3.2×26	4×28
性能等级	钢	04,05						
	不锈钢①	A2-50						
表面处理	钢	①氧化；②不经处理；③镀锌钝化						
	不锈钢	不经处理						

螺纹规格（6H）								
	D		M20		M24		M30		M36
	$D \times P$	（M18×1.5）	M20×2	（M22×1.5）	M24×2	（M27×2）	M30×2	（M33×2）	M36×3
			M20×1.5						
e_{min}		29.56	32.95	37.29	39.55	45.2	50.85	55.37	60.79
s	max	27	30	34	36	41	46	50	55
	min	26.16	29.16	33	35	40	45	49	53.8
m_{max}		17.6	20.3	21.8	23.9	26.7	28.6	32.5	34.7
W	max	11.6	14.3	14.8	15.9	18.7	19.6	23.5	25.7
	min	10.9	13.6	14.1	15.2	17.86	18.76	22.66	24.86
n_{min}		4.5		5.5			7		
开口销		4×32	4×36	5×40		5×45	6.3×50	6.3×60	6.3×65
性能等级	钢	04,05							
	不锈钢①	A2-50							
表面处理	钢	①氧化；②不经处理；③镀锌钝化							
	不锈钢	不经处理							

注：尽可能不采用括号内的规格。

① 仅用于GB/T 6181。

表4-43　A和B级Ⅰ型非金属嵌件粗牙、细牙六角锁紧螺母（摘自 GB/T 889.1—2000 和 GB/T 889.2—2000）

（单位：mm）

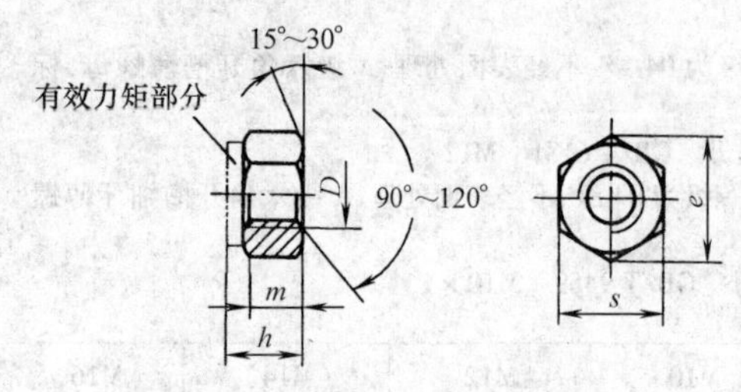

标记示例：

螺纹规格 D＝M12、性能等级为8级、表面氧化、A级Ⅰ型非金属嵌件六角锁紧螺母，标记为

螺母　GB/T 889.1　M12

螺纹规格（6H）	D	M3	M4	M5	M6	M8	M10	M12	（M14）	M16	M20	M24	M30	M36
	$D\times P$					M8×1	M10×1 M10×1.25	M12×1.25 M12×1.5	（M14×1.5）	M16×1.5	M20×1.5	M24×2	M30×2	M36×3
e_{min}		6.01	7.66	8.79	11.05	14.38	17.77	20.02	23.36	26.75	32.95	39.55	50.85	60.79
s	max	5.5	7	8	10	13	16	18	21	24	30	36	46	55
	min	5.32	6.78	7.78	9.78	12.73	15.73	17.73	20.67	23.67	29.16	35	45	53.8
h	max	4.5	6	6.8	8	9.5	11.9	14.9	17	19.1	22.8	27.1	32.6	38.9
m_{min}		2.15	2.9	4.4	4.9	6.44	8.04	10.37	12.1	14.1	16.9	20.2	24.3	29.4
性能等级	钢	5,8,10												
表面处理	钢	①不经处理；②镀锌钝化												

注：1. 尽可能不采用括号内的规格。

2. A级用于 $D\leqslant16$mm，B级用于 $D>16$mm 的螺母。

表4-44　A和B级Ⅰ型全金属六角锁紧螺母（摘自 GB/T 6184—2000）　（单位：mm）

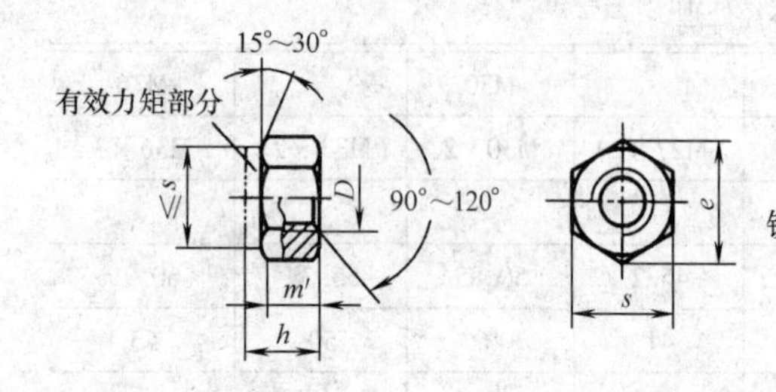

标记示例：

螺纹规格 D＝M12、性能等级为8级、表面氧化、A级Ⅰ型全金属六角锁紧螺母，标记为

螺母　GB/T 6184　M12

螺纹规格（6H）	D	M5	M6	M8	M10	M12	（M14）	M16	（M18）	M20	（M22）	M24	M30	M36
e_{min}		8.79	11.05	14.38	17.77	20.03	23.36	26.75	29.56	32.95	37.29	39.55	50.85	60.79
s	max	8	10	13	16	18	21	24	27	30	34	36	46	55
	min	7.78	9.78	12.73	15.73	17.73	20.67	23.67	26.16	29.16	33	35	45	53.8
h	max	5.3	5.9	7.1	9	11.6	13.2	15.2	17	19	21	23	26.9	32.5
	min	4.8	5.4	6.44	8.04	10.37	12.1	14.1	15.01	16.9	18.1	20.2	24.3	29.4
m_{wmin}		3.52	3.92	5.15	6.43	8.3	9.68	11.28	12.08	13.52	14.5	16.16	19.44	23.52
性能等级	钢	5,8,10												
表面处理	钢	①氧化；②镀锌钝化												

注：尽可能不采用括号内的规格。

表 4-45 A 和 B 级Ⅱ型非金属嵌件六角锁紧螺母（摘自 GB/T 6182—2000）（单位：mm）

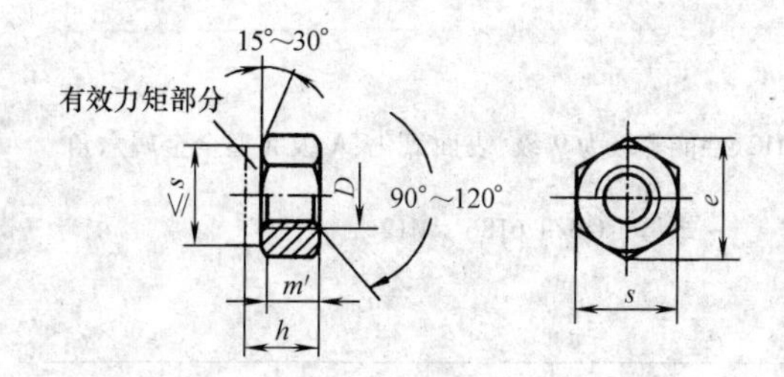

标记示例：

螺纹规格 D = M12、性能等级为 9 级、表面氧化、A 级Ⅱ型全金属嵌件六角锁紧螺母，标记为

螺母 GB/T 6182 M12

螺纹规格（6H）	D	M5	M6	M8	M10	M12	（M14）	M16	M20	M24	M30	M36
e_{min}		8.79	11.05	14.38	17.77	20.03	23.35	26.75	32.95	39.55	50.85	60.79
s	max	8	10	13	16	18	21	24	30	36	46	55
	min	7.78	9.78	12.73	15.73	17.73	20.67	23.67	29.16	35	45	53.8
h_{max}		7.2	8.5	10.2	12.8	16.1	18.3	20.7	25.1	29.5	35.6	42.6
m_{min}		4.8	5.4	7.14	8.94	11.57	13.4	15.7	19	22.6	27.3	33.1
性能等级	钢	9,12										
表面处理	钢	①氧化；②镀锌钝化										

注：尽可能不采用括号内的规格。

表 4-46 粗牙和细牙Ⅱ型全金属锁紧螺母（摘自 GB/T 6185.1—2000 和 GB/T 6185.2—2000）

（单位：mm）

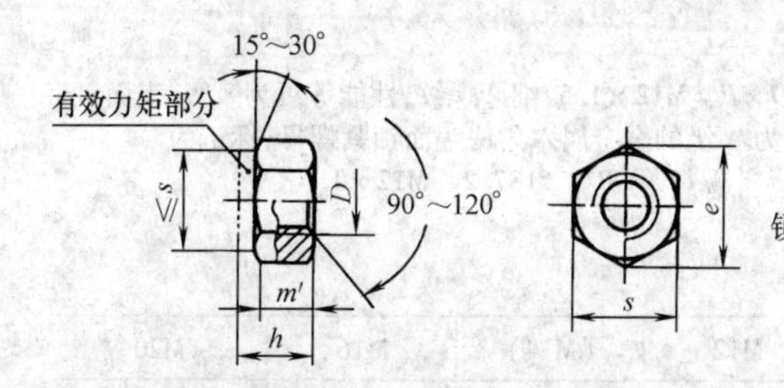

标记示例：

螺纹规格 D = M12、性能等级为 8 级、表面氧化、A 级Ⅱ型全金属六角锁紧螺母，标记为

螺母 GB/T 6185.1 M12

螺纹规格（6H）	D	M5	M6	M8	M10	M12	（M14）	M16	M20	M24	M30	M36
	$D \times P$			M8×1	M10×1	M12×1.25	（M14×1.5）	M16×1.5	M20×1.5	M24×2	M30×2	M36×3
					M10×1.25	M12×1.5						
e_{min}		8.79	11.05	14.38	17.77	20.03	23.35	26.75	32.95	39.55	50.85	60.79
s	max	8	10	13	16	18	21	24	30	36	46	55
	min	7.78	9.78	12.73	15.73	17.73	20.67	23.67	29.16	35	45	53.8
h	max	5.1	6	8	10	12	14.1	16.4	20.3	23.9	30	36
	min	4.8	5.4	7.14	8.94	11.57	13.4	15.7	19	22.6	27.3	33.1
m_{wmin}		3.52	3.92	5.15	6.43	8.3	9.68	11.28	13.52	16.16	19.44	23.52
性能等级	钢	5,8,10,12（GB/T 6185.1）；8,10,12（GB/T 6185.2）										
表面处理	钢	①氧化；②镀锌钝化										

注：尽可能不采用括号内的规格。

表 4-47　Ⅱ型全金属六角锁紧螺母 9 级（摘自 GB/T 6186—2000）　（单位：mm）

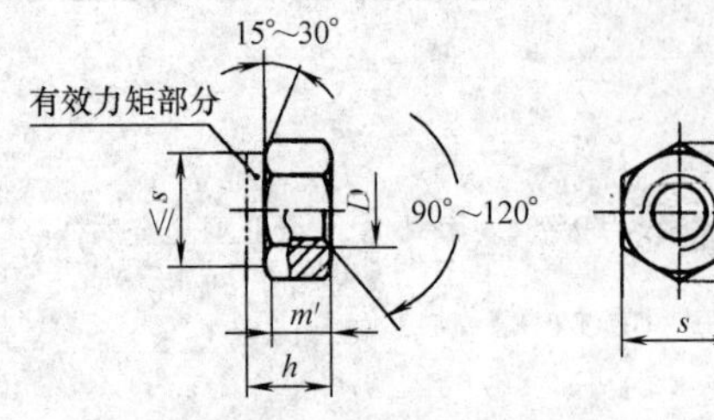

标记示例：

螺纹规格 D = M12、性能等级为 9 级、表面氧化、A 级Ⅱ型全金属六角锁紧螺母，标记为

螺母　GB/T 6186　M12

螺纹规格 D (6H)		M5	M6	M8	M10	M12	(M14)	M16	M20	M24	M30	M36
e_{min}		8.79	11.05	14.38	17.77	20.03	23.36	26.75	32.95	39.55	50.85	60.79
s	max	8	10	13	16	18	21	24	30	36	46	55
	min	7.78	9.78	12.73	15.73	17.73	20.67	23.67	29.16	35	45	53.8
h	max	5.3	6.7	8	10.5	13.3	15.4	17.9	21.8	26.4	31.8	38.5
	min	4.8	5.4	7.14	8.94	11.57	13.4	15.7	19	22.6	27.3	33.1
m_{wmin}		3.84	4.32	5.71	7.15	9.26	10.7	12.6	15.2	18.1	21.8	26.5
性能等级	钢	9										
表面处理	钢	①氧化；②镀锌钝化										

注：尽可能不采用括号内的规格。

表 4-48　非金属嵌件粗牙、细牙和金属粗牙、细牙六角法兰面锁紧螺母

（摘自 GB/T 6183.1，2—2000 和 GB/T 6187.1，2—2000）　（单位：mm）

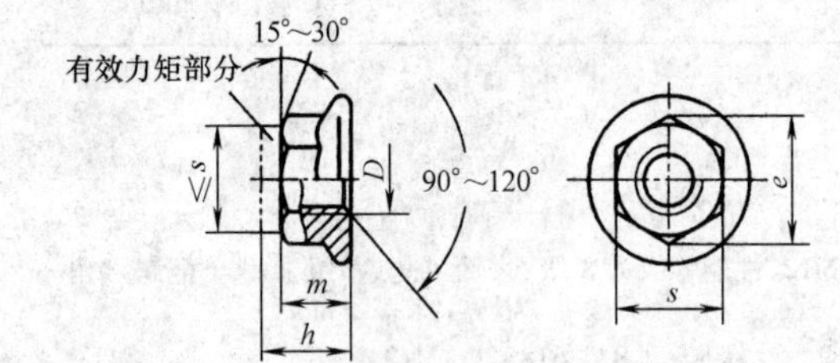

标记示例：

螺纹规格 $D \times P$ = M12 × 1.5，细牙螺纹，性能等级为 8 级，表面氧化，产品等级为 A 级的全金属六角法兰面锁紧螺母，标记为

螺母　GB/T 6187.2　M12 × 1.5

螺纹规格 (6H)		M5	M6	M8	M10	M12	(M14)	M16	M20
	D	M5	M6	M8	M10	M12	(M14)	M16	M20
	$D \times P$			M8 × 1	M10 × 1	M12 × 1.5	(M14 × 1.5)	M16 × 1.5	M20 × 1.5
					M10 × 1.25	M12 × 1.25			
d_{cmin}		11.8	14.2	17.9	21.8	26	29.9	34.5	42.8
c_{min}		1	1.1	1.2	1.5	1.8	2.1	2.4	3
e_{min}		8.79	11.05	14.38	16.64	20.03	23.36	26.75	32.95
h_{max}	GB/T 6183	7.10	9.10	11.1	13.5	16.1	18.2	20.3	24.8
	GB/T 6187	6.2	7.3	9.4	11.4	13.8	15.9	18.3	22.4
m_{min}		4.7	5.7	7.64	9.54	11.57	13.3	15.3	18.7
s	max	8	10	13	15	18	21	24	30
	min	7.78	9.78	12.73	14.73	17.73	20.67	23.67	29.16
性能等级	GB/T 6183	GB/T 6183.1—8、9、10　GB/T 6183.2—6、8、10							
	GB/T 6187	8，9，10，12（GB/T 6187.1）；6，8，10（GB/T 6187.2）							
表面处理		①氧化；②镀锌钝化							

注：尽可能不采用括号内的规格。

表 4-49　钢结构用扭剪型高强度螺栓连接副用螺母（摘自 GB/T 3632—2008）

（单位：mm）

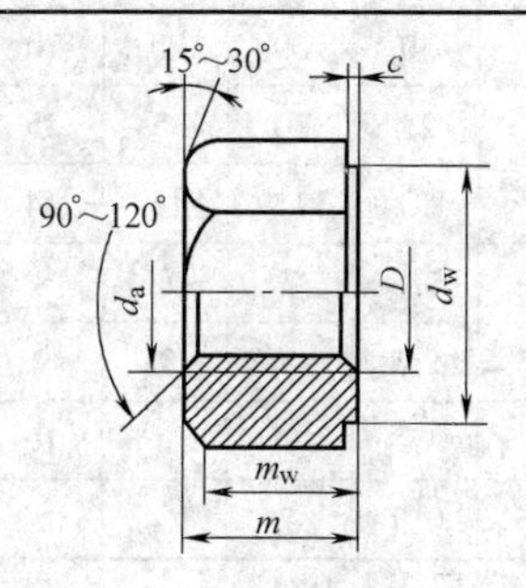

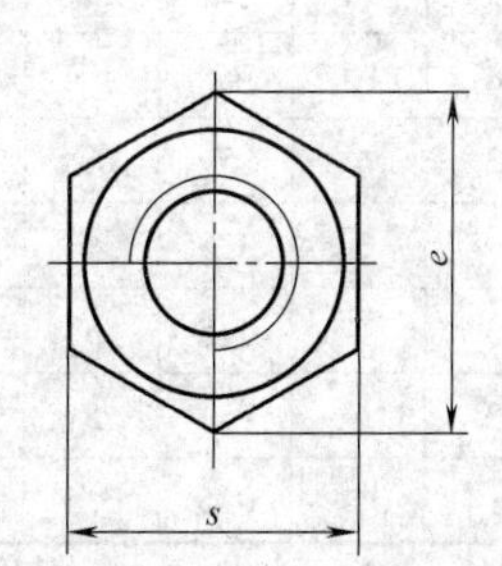

螺纹规格 D		M16	M20	(M22)①	M24	(M27)①	M30
P		2	2.5	2.5	3	3	3.5
d_a	max	17.3	21.6	23.8	25.9	29.1	32.4
	min	16	20	22	24	27	30
d_{wmin}		24.9	31.4	33.3	38.0	42.8	46.5
e_{min}		29.56	37.29	39.55	45.20	50.85	55.37
m	max	17.1	20.7	23.6	24.2	27.6	30.7
	min	16.4	19.4	22.3	22.9	26.3	29.1
m_{wmin}		11.5	13.6	15.6	16.0	18.4	20.4
c	max	0.8	0.8	0.8	0.8	0.8	0.8
	min	0.4	0.4	0.4	0.4	0.4	0.4
s	max	27	34	36	41	46	50
	min	26.16	33	35	40	45	49
支承面对螺纹轴线的全跳动公差		0.38	0.47	0.50	0.57	0.64	0.70
每 1000 件钢螺母的质量 /kg(ρ=7.85kg/dm^3) ≈		61.51	118.77	146.59	202.67	288.51	374.01

① 括号内的规格为第二系列，应优先选用第一系列（不带括号）的规格。

表 4-50　蝶形螺母　圆翼（摘自 GB/T 62.1—2004）　　（单位：mm）

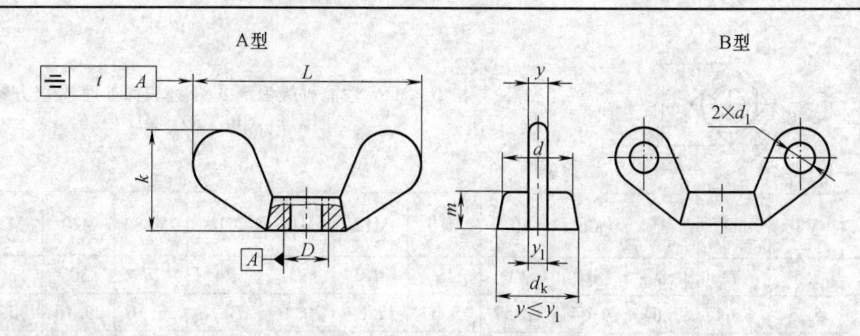

螺纹规格 D	M2	M2.5	M3	M4	M5	M6	M8	M10	M12	(M14)	M16	(M18)	M20	(M22)	M24
d_k	4	5	5	7	8.5	10.5	14	18	22	26	26	30	34	38	43
d ≈	3	4	4	6	7	9	12	15	18	22	22	25	28	32	36

（续）

螺纹规格 D	M2	M2.5	M3	M4	M5	M6	M8	M10	M12	(M14)	M16	(M18)	M20	(M22)	M24
L	12	16	16	20	25	32	40	50	60	70	70	80	90	100	112
k	6	8	8	10	12	16	20	25	30	35	35	40	45	50	56
m_{min}	2	3	3	4	5	6	8	10	12	14	14	16	18	20	22
y_{max}	2.5	2.5	2.5	3	3.5	4	4.5	5.5	7	8	8	8	9	10	11
y_{1max}	3	3	3	4	4.5	5	5.5	6.5	8	9	9	10	11	12	13
d_{1max}	2	2.5	3	4	4	5	6	7	8	9	10	10	11	11	12
t_{max}	0.3	0.3	0.4	0.4	0.5	0.5	0.6	0.7	1	1.1	1.2	1.4	1.5	1.6	1.8

注：尽可能不用括号内的规格。

表 4-51 环形螺母（摘自 GB/T 63—1988） （单位：mm）

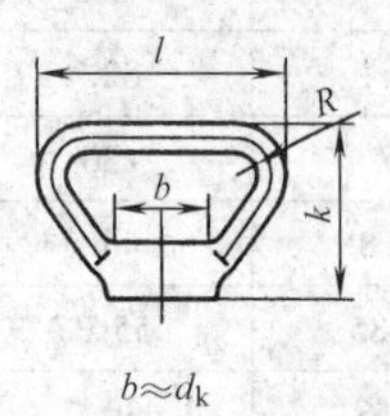

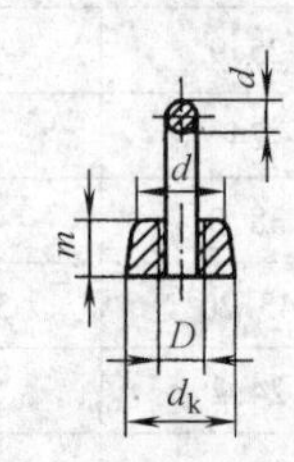

标记示例：

螺纹规格 D = M16、材料 ZCuZn40Mn2、不经表面处理的环形螺母，标记为

螺母 GB/T 63 M16

螺纹规格 D (6H)	M12	(M14)	M16	(M18)	M20	(M22)	M24
d_k	24		30		36		46
d	20		26		30		38
m	15		18		22		26
k	52		60		72		84
l	66		76		86		98
d_1	10		12		13		14
R	6				8		10
材料	ZCuZn40Mn2						

注：尽可能不采用括号内的规格。

表 4-52 C 级方螺母（摘自 GB/T 39—1988） （单位：mm）

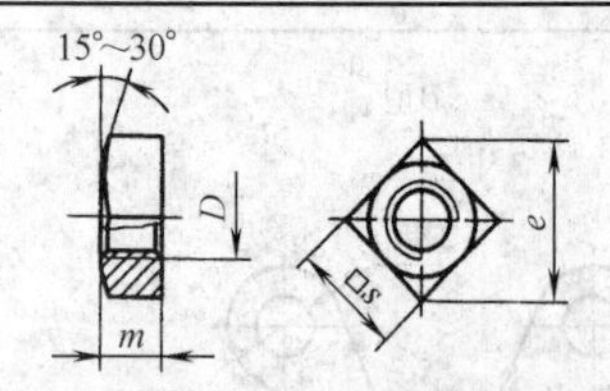

标记示例：

螺纹规格 D = M16、性能等级为 5 级、不经表面处理、C 级方螺母，标记为

螺母 GB/T 39 M12

螺纹规格 D (7H)		M3	M4	M5	M6	M8	M10	M12	(M14)	M16	(M18)	M20	(M22)	M24
s	max	5.5	7	8	10	13	16	18	21	24	27	30	34	36
	min	5.2	6.64	7.64	9.64	12.57	15.57	17.57	20.16	23.16	26.16	29.16	33	35
m	max	2.4	3.2	4	5	6.5	8	10	11	13	15	16	18	19
	min	1.4	2	2.8	3.8	5	6.5	8.5	9.2	11.2	13.2	14.2	16.2	16.9
e_{min}		6.76	8.63	9.93	12.53	16.34	20.24	22.84	26.21	30.11	34.01	37.91	42.9	45.5

注：尽可能不采用括号内的规格。

表 4-53　端面带孔圆螺母和侧面带孔圆螺母（摘自 GB/T 815—1988 和 GB/T 816—1988）

（单位：mm）

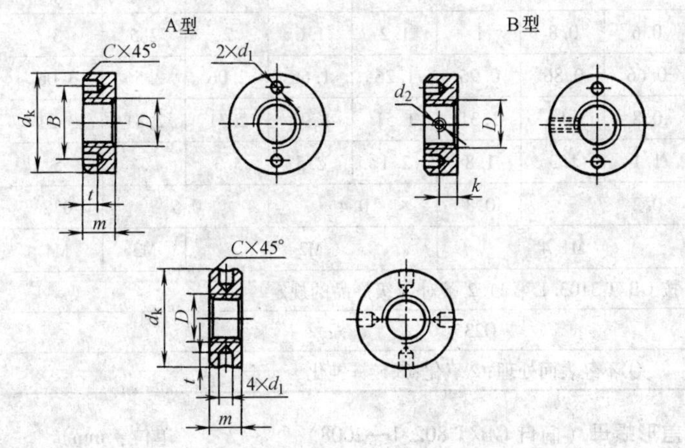

GB/T 815

GB/T 816

标记示例：

螺纹规格 D = M5、材料为 Q235、不经表面处理的 A 型端面带孔圆螺母，标记为

螺母　GB/T 815　M5

螺纹规格 D (6H)		M2	M2.5	M3	M4	M5	M6	M8	M10
d_{kmax}		5.5	7	8	10	12	14	18	22
m_{max}		2	2.2	2.5	3.5	4.2	5	6.5	8
d_1		1	1.2	1.5		2	2.5	3	3.5
t	GB/T 815	2	2.2	1.5	2	2.5	3	3.5	4
	GB/T 816	1.2		1.5	2	2.5	3	3.5	4
B		4	5	5.5	7	8	10	13	15
k		1	1.1	1.3	1.8	2.1	2.5	3.3	4
d_2		M1.2	M1.4	M1.4	M2	M2	M2.5	M3	M3
垂直度 δ		按 GB/T 3103.1 第 11.2 条对 A 级产品的规定							
材料		Q235							
表面处理		①不经表面处理；②氧化；③镀锌钝化							

表 4-54　带槽圆螺母（摘自 GB/T 817—1988）　（单位：mm）

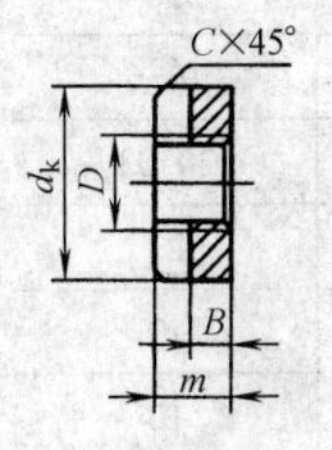

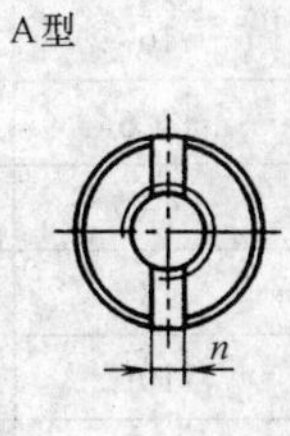

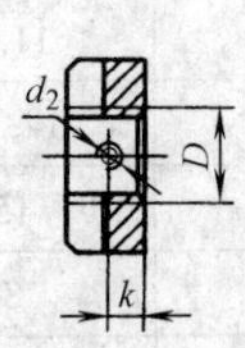

标记示例：

螺纹规格 D = M5、材料为 Q235、不经表面处理的 A 型带槽圆螺母，标记为

螺母　GB/T 817　M5

螺纹规格 D (6H)	M1.4	M1.6	M2	M2.5	M3	M4	M5	M6	M8	M10	M12
d_{kmax}	3	4	1.5	5.5	6	8	10	11	14	18	22
m_{max}	1.6	2	2.2	2.5	3	3.5	4.2	5	6.5	8	10
B_{max}	1.1	1.2	1.4	1.6	2	2.5	2.8	3	4	5	6

（续）

螺纹规格 D (6H)		M1.4	M1.6	M2	M2.5	M3	M4	M5	M6	M8	M10	M12
n	公称	0.4		0.5	0.6	0.8	1	1.2	1.6	2	2.5	3
	min	0.46		0.56	0.66	0.86	0.96	1.26	1.66	2.06	2.56	3.06
	max	0.6		0.7	0.8	1	1.31	1.51	1.91	2.31	2.81	3.31
k					1.1	1.3	1.8	2.1	2.5	3.3	4	5
C		0.1		0.2			0.3	0.4		0.5		0.8
d_2					M1.4			M2			M3	M4
垂直度 δ		按 GB/T 3103.1 第 11.2 条对 A 级产品的规定										
材　料		Q235										
表面处理		①不经表面处理；②氧化；③镀锌钝化										

表 4-55　组合式盖形螺母（摘自 GB/T 802.1—2008）　　（单位：mm）

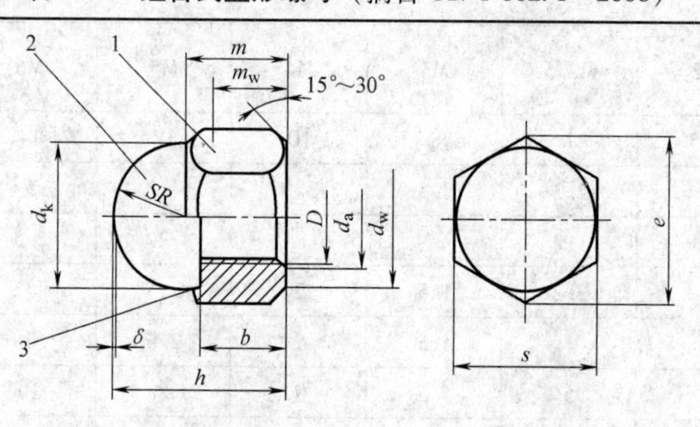

1—螺母体　2—螺母盖　3—铆合部位，形状由制造者任选

螺纹规格 D①	第 1 系列	M4	M5	M6	M8	M10	M12
	第 2 系列				M8×1	M10×1	M12×1.5
	第 3 系列					M10×1.25	M12×1.25
P②		0.7	0.8	1	1.25	1.5	1.75
d_a	max	4.6	5.75	6.75	8.75	10.8	13
	min	4	5	6	8	10	12
d_k ≈		6.2	7.2	9.2	13	16	18
d_{wmin}		5.9	6.9	8.9	11.6	14.6	16.6
e_{min}		7.66	8.79	11.05	14.38	17.77	20.03
h(max=公称)		7	9	11	15	18	22
m ≈		4.5	5.5	6.5	8	10	12
b ≈		2.5	4	5	6	8	10
m_{wmin}		3.6	4.4	5.2	6.4	8	9.6
SR ≈		3.2	3.6	4.6	6.5	8	9
s	公称	7	8	10	13	16	18
	min	6.78	7.78	9.78	12.73	15.73	17.73
δ ≈		0.5	0.5	0.8	0.8	0.8	1

（续）

螺纹规格 D①							
	第 1 系列	（M14）	M16	M(18)	M20	（M22）	M24
	第 2 系列	（M14×1.5）	M16×1.5	（M18×1.5）	M20×2	（M22×1.5）	M24×2
	第 3 系列			（M18×2）	M20×1.5	（M22×2）	
P②		2	2	2.5	2.5	2.5	3
d_a	max	15.1	17.3	19.5	21.6	23.7	25.9
	min	14	16	18	20	22	24
d_k ≈		20	22	25	28	30	34
d_{wmin}		19.6	22.5	24.9	27.7	31.4	33.3
e_{min}		23.35	26.75	29.56	32.95	37.29	39.55
h(max=公称)		24	26	30	35	38	40
m ≈		13	15	17	19	21	22
b ≈		11	13	14	16	18	19
m_{wmin}		10.4	12	13.6	15.2	16.8	17.6
SR ≈		10	11.5	12.5	14	15	17
s	公称	21	24	27	30	34	36
	min	20.67	23.67	26.16	29.16	33	35
δ ≈		1	1	1.2	1.2	1.2	1.2

① 尽可能不采用括号内的规格；按螺纹规格第 1 至第 3 系列，依次优先选用。
② P—粗牙螺纹螺距。

表 4-56　滚花高螺母和滚花薄螺母（摘自 GB/T 806—1988 和 GB/T 807—1988）

（单位：mm）

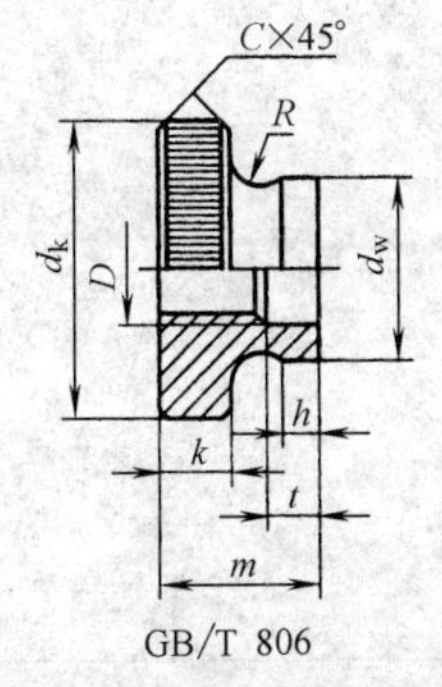

GB/T 806

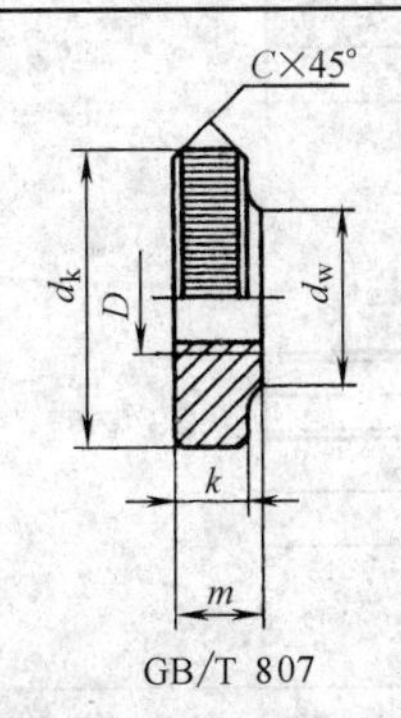

GB/T 807

标记示例：

螺纹规格 D=M5、性能等级为 5 级、不经表面处理的滚花高螺母和滚花薄螺母分别标记为：

螺母　GB/T 806　M5

螺母　GB/T 807　M5

螺纹规格 D (6H)		M1.4	M1.6	M2	M2.5	M3	M4	M5	M6	M8	M10
d_k（滚花前）	max	6	7	8	9	11	12	16	20	24	30
	min	5.78	6.78	7.78	8.78	10.73	11.73	15.73	19.67	23.67	29.67
d_w	max	3.5	4	4.5	5	6	8	10	12	16	20
	min	3.2	3.7	4.2	4.7	5.7	7.64	9.64	11.57	15.57	19.48
C		0.2				0.3		0.5		0.8	
GB/T 806	m_{max}		4.7	5	5.5	7	8	10	12	16	20
	k		2	2	2.2	2.8	3	4	5	6	8
GB/T 806	t_{max}		1.5		2		2.5	3	4	5	6.5
	R_{min}		1.25		1.5	2		2.5	3	4	5
	h		0.8	1		1.2	1.5	2	2.5	3	3.8
	d_1		3.6	3.8	4.4	5.2	6.4	9	11	13	17.5
GB/T 807	m_{max}	2	2.5			3		4	5	6	8
	k	1.5	2			2.5		3.5	4	5	6

4.3.4 螺钉

4.3.4.1 机器螺钉（表 4-57 ~ 表 4-63）

表 4-57 开槽圆柱头、盘头、沉头、半沉头螺钉（摘自 GB/T 65—2000、GB/T 67 ~ 69—2000） （单位：mm）

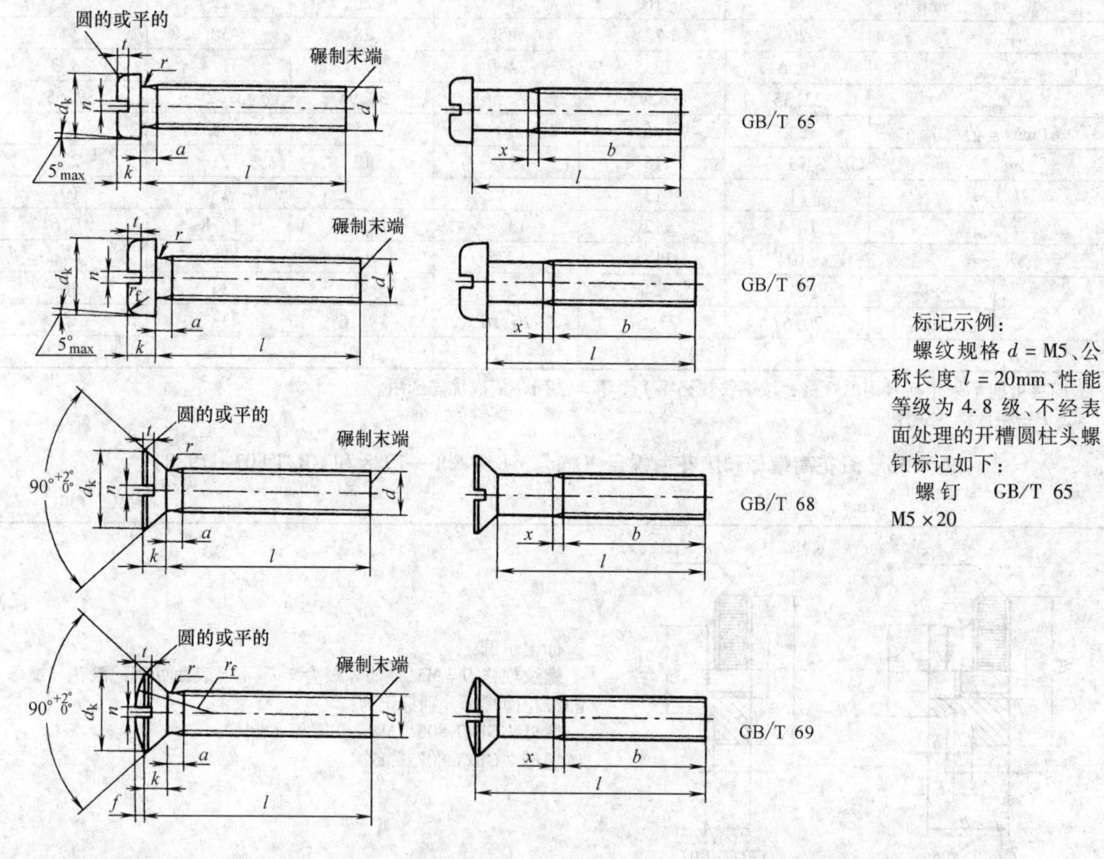

标记示例：

螺纹规格 d = M5、公称长度 l = 20mm、性能等级为 4.8 级、不经表面处理的开槽圆柱头螺钉标记如下：

螺钉 GB/T 65 M5 × 20

螺纹规格 d		M1.6	M2	M2.5	M3	(M3.5)	M4	M5	M6	M8	M10
a_{max}		0.7	0.8	0.9	1	1.2	1.4	1.6	2	2.5	3
b_{min}		25				38					
n(公称)		0.4	0.5	0.6	0.8	1	1.2	1.2	1.6	2	2.5
x_{max}		0.9	1	1.1	1.25	1.5	1.75	2	2.5	3.2	3.8
d_{kmax}	GB/T 65	3.00	3.80	4.50	5.50	6	7	8.5	10	13	16
	GB/T 67	3.2	4	5	5.6	7	8	9.5	12	16	20
	GB/T 68 GB/T 69	3	3.8	4.7	5.5	7.3	8.4	9.3	11.3	15.8	18.3
k_{max}	GB/T 65	1.10	1.40	1.80	2.00	2.4	2.6	3.3	3.9	5	6
	GB/T 67	1	1.3	1.5	1.8	2.1	2.4	3	3.6	4.8	6
	GB/T 68 GB/T 69	1	1.2	1.5	1.65	2.35	2.7		3.3	4.65	5

（续）

螺纹规格 d		M1.6	M2	M2.5	M3	（M3.5）	M4	M5	M6	M8	M10
t_{min}	GB/T 65	0.45	0.6	0.7	0.85	1	1.1	1.3	1.6	2	2.4
	GB/T 67	0.35	0.5	0.6	0.7	0.8	1	1.2	1.4	1.9	2.4
	GB/T 68	0.32	0.4	0.5	0.6	0.9	1	1.1	1.2	1.8	2
	GB/T 69	0.64	0.8	1	1.2	1.4	1.6	2	2.4	3.2	3.8
r_{min}	GB/T 65 GB/T 67	0.1					0.2		0.25	0.4	
r_{max}	GB/T 68 GB/T 69	0.4	0.5	0.6	0.8	0.9	1	1.3	1.5	2	2.5
r_f（参考）	GB/T 67	0.5	0.6	0.8	0.9	1	1.2	1.5	1.8	2.4	3
r_f ≈	GB/T 69	3	4	5	6		9.5	12	16.5	19.5	
w_{min}	GB/T 69	0.4	0.5	0.6	0.7		1	1.2	1.4	2	2.3
w_{min}	GB/T 65 GB/T 67	0.4 0.3	0.5 0.4	0.7 0.5	0.75 0.7	1 0.8	1.1 1	1.3 1.2	1.6 1.4	2 1.9	2.4 2.4
l①	GB/T 65	2~16	3~20	3~25	4~30	5~35	5~40	6~50	8~60	10~80	12~80
	GB/T 67	2~16	2.5~20	3~25	4~30	5~35	5~40	6~50	8~60	10~80	12~80
	GB/T 68 GB/T 69	2.5~16	3~20	4~25	5~30	6~35	6~40	8~50	8~60	10~80	12~80
全螺纹时最大长度		30				GB/T 65—40　GB/T 67~69—45					
性能等级	钢	4.8,5.8									
	不锈钢	A2-50、A2-70									
表面处理	钢	① 氧化;②镀锌钝化									
	不锈钢	不经处理									

① 长度系列为2、2.5、3、4、5、6~12（2进位），（14）、16、20~50（5进位），（55）、60、（65）70、（75）、80。

表4-58　十字槽盘头、沉头、半沉头、圆柱头、小盘头螺钉（摘自GB/T 818~820—2000、GB/T 822—2000、GB/T 823—1988）　（单位：mm）

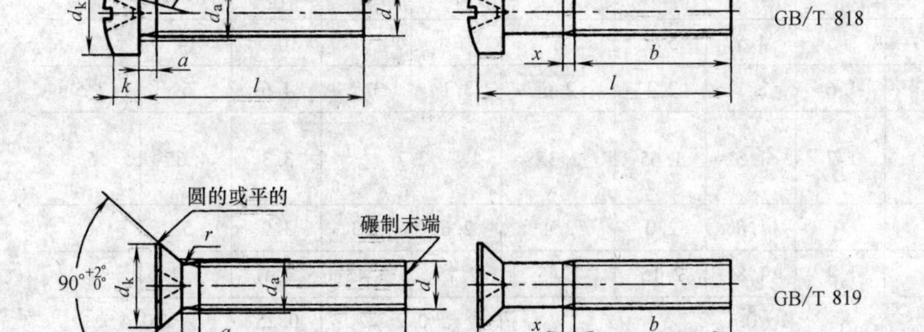

标记示例：

螺纹规格 d = M5、公称长度 l = 20mm、性能等级为4.8级、不经表面处理的十字槽盘头螺钉，标记为

螺钉　GB/T 818　M5×20

（续）

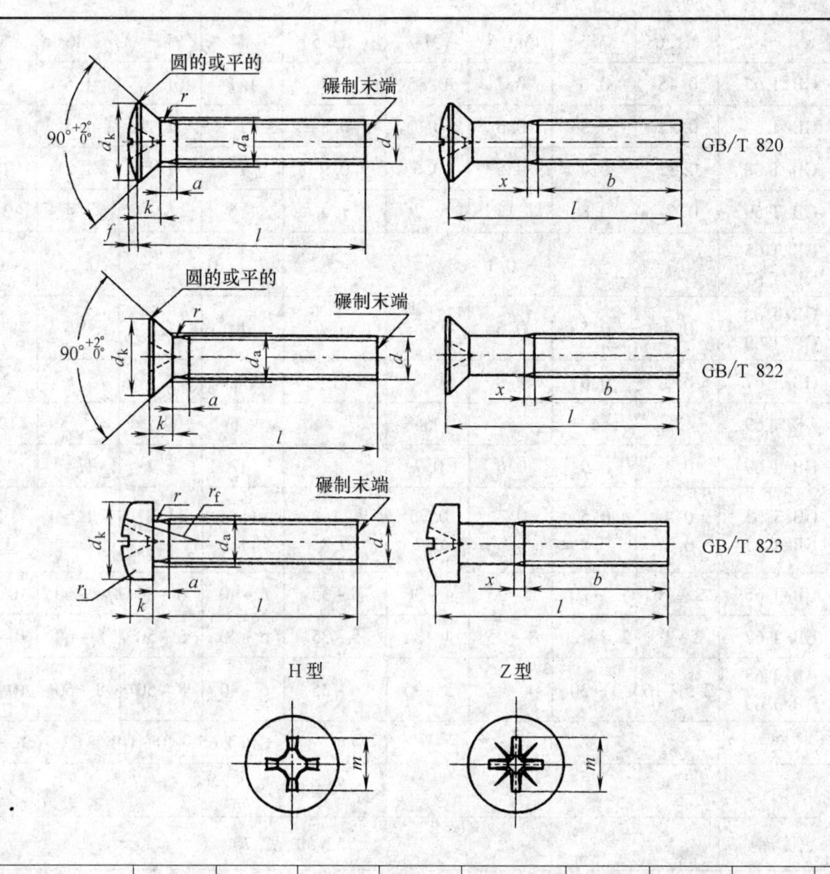

螺纹规格 d		M1.6	M2	M2.5	M3	(M3.5)	M4	M5	M6	M8	M10
a_{max}		0.7	0.8	0.9	1	1.2	1.4	1.6	2	2.5	3
b_{min}		25				38					
$d_{a\,max}$		2.0	2.6	3.1	3.6	4.1	4.7	5.7	6.8	9.2	11.2
x_{max}		0.9	1	1.1	1.25	1.5	1.75	2	2.5	3.2	3.8
$d_{k\,max}$	GB/T 818	3.2	4	5	5.6	7	8	9.5	12	16	20
	GB/T 819.1 GB/T 820	3	3.8	4.7	5.5	7.3	8.4	9.3	11.3	15.8	18.3
	GB/T 822			4.5	5	6	7	8.5	10	13.0	
	GB/T 823		3.5	4.5	5.5	6	7	9	10.5	14	
k_{max}	GB/T 818	1.3	1.6	2.1	2.4	2.6	3.1	3.7	4.6	6	7.5
	GB/T 819.1 GB/T 820	1	1.2	1.5	1.65	2.35	2.7		3.3	4.65	5
	GB/T 822			1.8	2.0	2.4	2.6	3.3	3.9	5	
	GB/T 823		1.4	1.8	2.15	2.45	2.75	3.45	4.1	5.4	
r_{min}	GB/T 818	0.1					0.2		0.25	0.4	
	GB/T 822			0.1			0.2		0.25	0.4	
	GB/T 823			0.1			0.2			0.25	0.4

（续）

螺纹规格 d				M1.6	M2	M2.5	M3	(M3.5)	M4	M5	M6	M8	M10
r_{max}	GB/T 819 GB/T 820			0.4	0.5	0.6	0.8	0.9	1	1.3	1.5	2	2.5
r_f ≈	GB/T 818			2.5	3.2	4	5	6	6.5	8	10	13	16
	GB/T 820			3	4	5	6	8.5	9.5		12	16.5	19.5
	GB/T 823				4.5	6	7	8	9	12	14	18	
f	GB/T 820			0.4	0.5	0.6	0.7	0.8	1	1.2	1.4	2	2.3
十字槽	GB/T 818	槽号		0		1		2			3	4	
		H型插入深度	max	0.95	1.2	1.55	1.8	1.9	2.4	2.9	3.6	4.6	5.8
			min	0.7	0.9	1.15	1.4	1.4	1.9	2.4	3.1	4	5.2
		Z型插入深度	max	0.9	1.2	1.5	1.75	1.93	2.35	2.75	3.5	4.5	5.7
			min	0.65	0.85	1.1	1.35	1.48	1.9	2.3	3.05	4.05	5.25
	GB/T 819.1	槽号		0		1		2			3	4	
		H型插入深度	max	0.9	1.2	1.8	2.1	2.4	2.6	3.2	3.5	4.6	5.7
			min	0.6	0.9	1.4	1.7	1.9	2.1	2.7	3	4	5.1
		Z型插入深度	max	0.95	1.2	1.75	2	2.2	2.5	3.05	3.45	4.6	5.65
			min	0.7	0.95	1.45	1.6	1.75	2.05	2.6	3	4.15	5.2
	GB/T 820	槽号		0		1		2			3	4	
		H型插入深度	max	1.2	1.5	1.85	2.2	2.75	3.2	3.4	4	5.25	6
			min	0.9	1.2	1.5	1.8	2.25	2.7	2.9	3.5	4.75	5.5
		Z型插入深度	max	1.2	1.4	1.75	2.1	2.70	3.1	3.35	3.85	5.2	6.05
			min	0.95	1.15	1.5	1.8	2.25	2.65	2.9	3.4	4.75	5.6
	GB/T 822	槽号		1			2				3		4
		H型插入深度	max			1.20	0.86	1.15	1.45	2.14	2.25	3.73	
			min			1.62	1.43	1.73	2.03	2.73	2.86	4.36	
	GB/T 823	槽号		1			2			3			
		H型插入深度	max		1.01	1.42	1.43	1.73	2.03	2.73	2.86	4.38	
			min		0.60	1.00	0.86	1.15	1.45	2.14	2.26	3.73	
l①				3~16	3~20	3~25	4~30	5~35	5~40	6~50	8~60	10~60	12~60
全螺纹时最大长度	GB/T 818			25	25	25	25	40	40	40	40	40	
	GB/T 819.1			30				45	45				
	GB/T 820							45					
	GB/T 822					30	30	40	40				
	GB/T 823				20	25	30	35	40	50			
性能等级	钢			4.8									
	不锈钢	GB/T 818 GB/T 820		A2-50、A2-70									
		GB/T 822		A2-70									
		GB/T 823		A1-50、C4-50									
	有色金属			CU2、CU3、AL4									
表面处理	钢			①简单处理；②镀锌钝化									
	不锈钢			简单处理									
	有色金属			简单处理									

注：尽可能不采用括号内规格。

① 长度系列为2、2.5、3、4、5、6~16（2进位），20~80（5进位）。GB/T 818的M5长度范围为6~45。

表 4-59　十字槽沉头螺钉（摘自 GB/T 819.2—1997）　　（单位：mm）

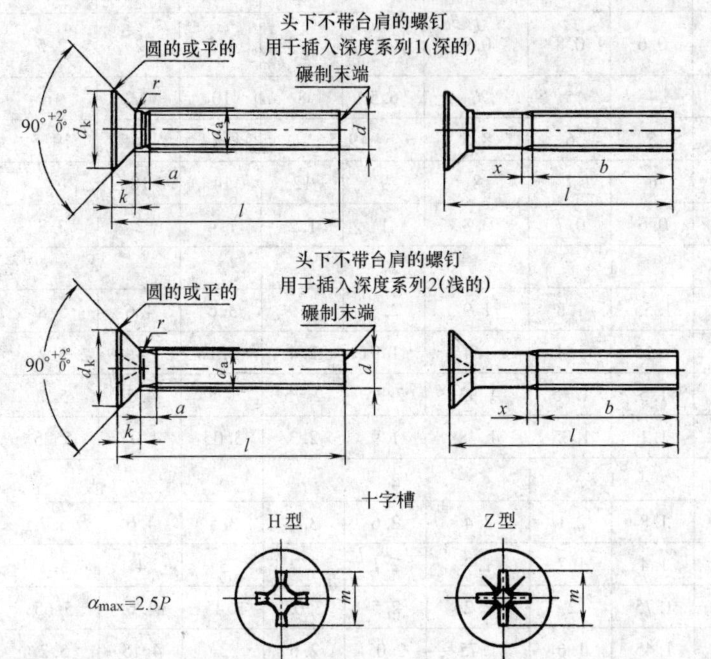

标记示例：

螺纹规格 d = M5、公称长度 l = 20mm、性能等级为8.8级、H型十字槽，其插入深度由制造者任选的系列1或系列2、不经表面处理的十字槽沉头螺钉标记如下：

螺钉　GB/T 819.2　M5 ×20

如特殊情况需要指定两个系列之一者，则该系列的数码（如系列1）应在标记中表示：

螺钉　GB/T 819.2　M5 ×20-H1

螺纹规格 d				M2	M2.5	M3	(M3.5)	M4	M5	M6	M8	M10
b_{min}				25			38					
X_{max}				1	1.1	1.25	1.5	1.75	2	2.5	3.2	3.8
d_{kmax}												
K_{max}				1.2	1.5	1.65	2.35	2.7		3.3	4.65	5
r_{max}				0.5	0.6	0.8	0.9	1	1.3	1.5	2	2.5
十字槽	系列1（深的）	槽号 No		0	1		2			3	4	
		H型插入深度	max	1.2	1.8	2.1	2.4	2.6	3.2	3.5	4.6	5.7
			min	0.9	1.4	1.7	1.9	2.1	2.7	3	4	5.1
		Z型插入深度	max	1.2	1.73	2.01	2.20	2.51	3.05	3.45	4.60	5.64
			min	0.95	1.45	1.76	1.75	2.06	2.60	3.00	4.15	5.19
	系列2（浅的）	槽号		0	1		2			3	4	
		H型插入深度	max	1.2	1.55	1.8	2.1	2.6	2.8	3.3	4.4	5.3
			min	0.9	1.25	1.4	1.6	2.1	2.3	2.8	3.9	4.8
		Z型插入深度	max	1.2	1.47	1.83	2.05	2.51	2.72	3.18	4.32	5.23
			min	0.95	1.22	1.48	1.61	2.06	2.27	2.73	3.87	4.78
l①				3~20	3~25	4~30	5~35	5~40	6~50	8~60	10~60	12~60
性能等级	钢			8.8								
	不锈钢			A2-70								
	有色金属			CU2、CU3								
表面处理	钢			①不经处理；②镀锌钝化								
	不锈钢			不经处理								
	有色金属			①不经处理；②镀锌钝化								

注：尽可能不采用括号内规格。

① 长度系列为2、2.5、3、4、5、6~16（2进位），20~80（5进位）、GB/T 818的M5长度范围为6~45。

表 4-60　精密机械用十字槽螺钉（摘自 GB/T 13806.1—1992）　（单位：mm）

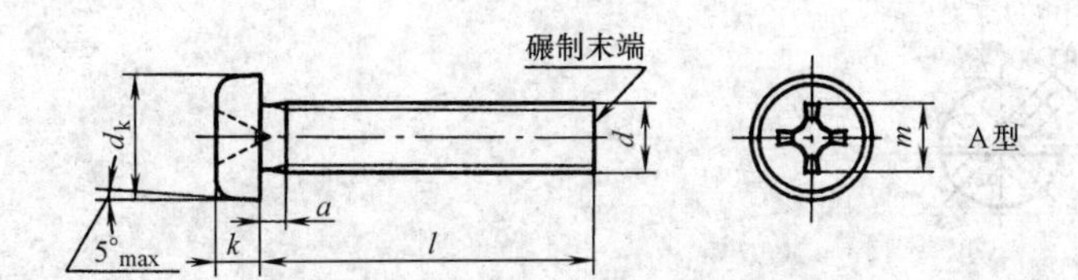

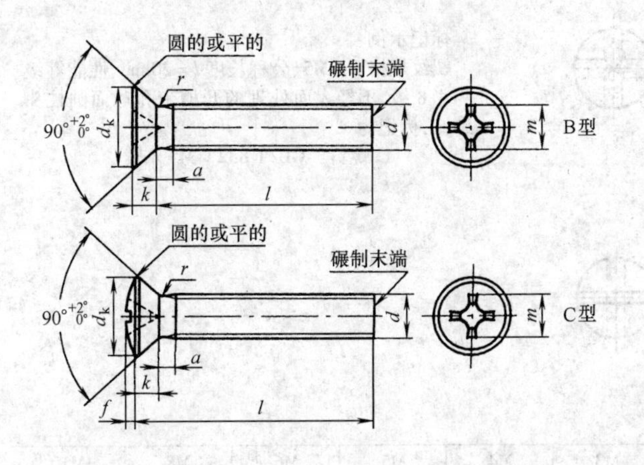

标记示例：

1）螺纹规格 d = M1.6、公称长度 l = 2.5mm、产品等级为 F 级、不经表面处理、用 Q215 制造的 A 型十字槽圆柱头螺钉，标记为

螺钉　GB/T 13806.1　M1.6×2.5

2）产品等级为 A 级，用 H68 制造，B 型，其余同上，标记如下：

螺钉　GB/T 13806.1　BM1.6×2.5—AH68

螺纹规格 d				M1.2	（M1.4）	M1.6	M2	M2.5	M3
a_{max}				0.5	0.6	0.7	0.8	0.9	1
d_k	max	A 型		2	2.3	2.6	3	3.8	5
		B 型		2	2.35	2.7	3.1	3.8	5.5
		C 型		2.2	2.5	2.8	3.5	4.3	5.5
k	max	A 型		0.55			0.7	0.9	1.4
		B、C 型		0.7		0.8	0.9	1.1	1.4
H 型十字槽	槽号 No			0				1	
	插入深度	A 型	min	0.20	0.25	0.28	0.30	0.40	0.85
			max	0.32	0.35	0.40	0.45	0.60	1.10
		B 型	min	0.5		0.6	0.7	0.8	1.1
			max	0.7		0.8	0.9	1.1	1.4
		C 型	min	0.7		0.8	0.9	1.1	1.2
			max	0.9		1.0	1.1	1.4	1.5
l①				1.6～4	1.8～5	2～6	2.5～8	3～10	4～10
材料				钢：Q215；铜：H68、HPb9-1					
表面处理				①不经表面处理；②氧化；③镀锌钝化					

注：尽可能不采用括号内规格。

① 长度系列为 1.6、（1.8）、2、（2.2）、2.5、（2.8）、3、（3.5）、4、（4.5）、5、（5.5）、6、（7）、8、（9）、10。

表 4-61　开槽带孔球面圆柱头螺钉（摘自 GB/T 832—1988）　　（单位：mm）

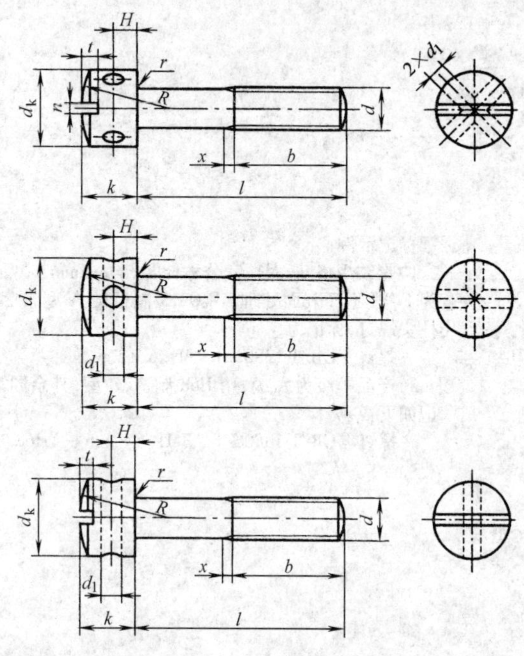

标记示例：

螺纹规格 d = M5、公称长度 l = 20mm、性能等级为 4.8 级、不经表面处理的开槽带孔球面圆柱头螺钉，标记为

螺钉　GB/T 832　M5×20

螺纹规格 d		M1.6	M2	M2.5	M3	M4	M5	M6	M8	M10
b		15	16	17	18	20	22	24	28	32
d_{kmax}		3	3.5	4.2	5	7	8.5	10	12.5	15
k_{max}		2.6	3	3.6	4	5	6.5	8	10	12.5
n(公称)		0.4	0.5	0.6	0.8	1.0	1.2	1.5	2.0	2.5
t_{min}		0.6	0.7	0.9	1.0	1.4	1.7	2.0	2.5	3.0
d_{1min}		1.0		1.2	1.5	2.0		3.0		4.0
H(公称)		0.9	1.0	1.2	1.5	2.0	2.5	3.0	4.0	5.0
l①		2.5~16	2.5~20	3~25	4~30	6~40	8~50	10~60	12~60	20~60
全螺纹时最大长度		50								
性能等级	钢	4.8								
	不锈钢	A1-50、C4-50								
表面处理	钢	①不经处理；②镀锌钝化								
	不锈钢	不经处理								

① 长度系列为 2.5、3、4、5、6~16（25 进位），20~60（5 进位）。

表 4-62　开槽大圆柱头螺钉和开槽球面大圆柱头螺钉（摘自 GB/T 833—1988 和 GB/T 947—1988）

（单位：mm）

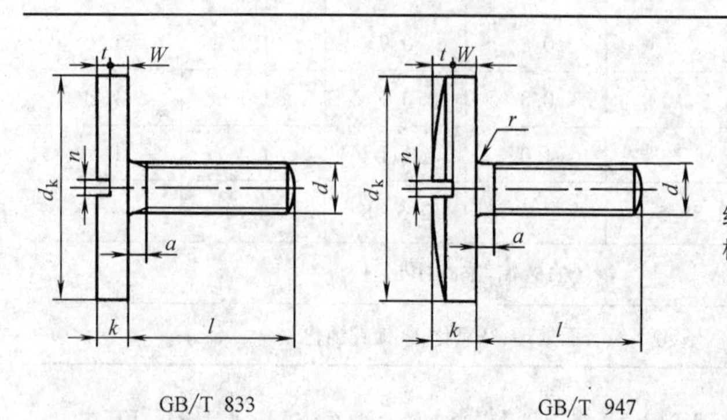

GB/T 833　　　　GB/T 947

标记示例：

螺纹规格 d = M5、公称长度 l = 20mm、性能等级为 4.8 级、不经表面处理的开槽大圆柱头螺钉和开槽大球面圆柱头螺钉，分别标记如下：

螺钉　GB/T 833　M5×20

螺钉　GB/T 946　M5×20

（续）

螺纹规格 d		M1.6	M2	M2.5	M3	M4	M5	M6	M8	M10
d_{kmax}		6	7	9	11	14	17	20	25	30
k_{max}		1.2	1.4	1.8	2	2.8	3.5	4	5	6
a_{max}		0.7	0.8	0.9	1	1.4	1.6	2	2.5	3
n（公称）		0.4	0.5	0.6	0.8	1.0	1.2	1.5	2.0	2.5
t_{min}		0.6	0.7	0.9	1	1.4	1.7	2.0	2.5	3
W_{min}		0.26	0.36	0.56	0.66	1.06	1.22	1.3	1.5	1.8
l①	GB/T 833	2.5~5	3~6	4~8	4~10	5~12	6~14	8~16	10~16	12~20
	GB/T 947	2~5	2.5~6	3~8	4~10	5~12	6~14	8~16	10~16	12~20
性能等级	钢	4.8								
	不锈钢	A1-50、C4-50								
表面处理	钢	①不经处理；②镀锌钝化								
	不锈钢	不经处理								

① 长度系列为2.5、3、4、5、6~16（2进位），20。

表4-63　内六角花形盘头、半沉头、低圆柱头螺钉

（摘自 GB/T 2672—2004、GB/T 2674—2004、GB/T 2671.1—2004）　（单位：mm）

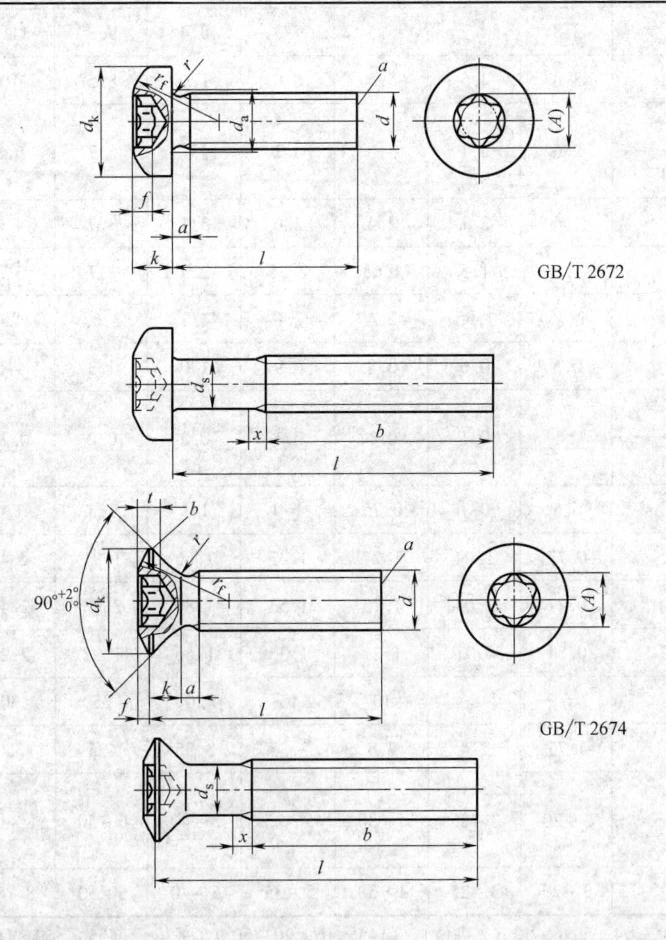

（续）

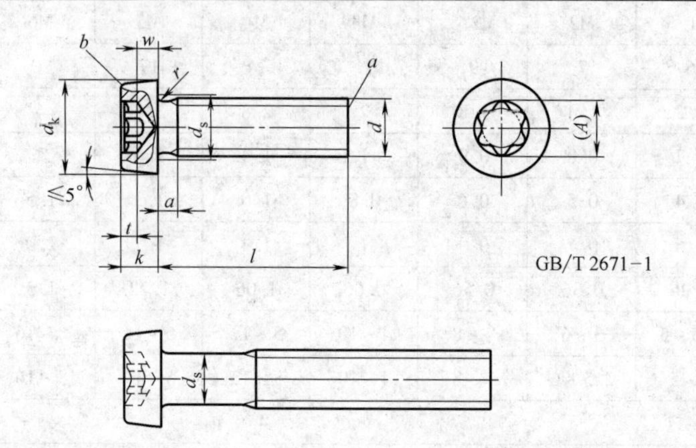

螺纹规格 d		M2	M2.5	M3	(M3.5)	M4	M5	M6	M8	M10
螺距 P		0.4	0.45	0.5	0.6	0.7	0.8	1.0	1.25	1.5
a_{max}		0.8	0.9	1.0	1.2	1.4	1.6	2	2.5	3
b_{min}		25	25	25	38	38	38	38	38	38
d_k	GB/T 2672	4.0	5.0	5.6	7.0	8.0	9.5	12	16	20
	GB/T 2674	3.8	4.7	5.5	7.3	8.4	9.3	11.3	15.8	18.3
	GB/T 2671.1	3.8	4.5	5.5	6.0	7.0	8.5	10	13	16
d_a	GB/T 2672 GB/T 2671.1	2.6	3.1	3.6	4.1	4.7	5.7	6.8	9.2	11.2
k	GB/T 2672	1.6	2.1	2.4	2.6	3.1	3.7	4.6	6	7.5
	GB/T 2674	1.2	1.5	1.65	2.35	2.7	2.7	3.3	4.65	5
	GB/T 2671.1	1.55	1.85	2.4	2.6	3.1	3.65	4.4	5.8	6.9
r	GB/T 2674	0.5	0.6	0.8	0.9	1.0	1.3	1.5	2.0	2.5
	GB/T 2672 GB/T 2671.1	0.1	0.1	0.1	0.1	0.2	0.2	0.25	0.4	0.4
w	GB/T 2671.1	0.5	0.7	0.75	1.0	1.1	1.3	1.6	2	2.4
t	GB/T 2672	0.77	1.04	1.27	1.33	1.66	1.91	2.42	3.18	4.02
	GB/T 2674	0.77	1.04	1.15	1.53	1.80	2.03	2.42	3.31	3.81
	GB/T 2671.1	0.84	0.91	1.27	1.33	1.66	1.91	2.29	3.05	3.43
内六角花形槽号		6	8	10	15	20	25	30	45	50
A(参考)		1.75	2.4	2.8	3.35	3.95	4.5	5.6	7.95	8.95
l	GB/T 2672 GB/T 2674	3~20	3~25	4~30	5~35	5~40	6~50	8~60	10~60	12~60
	GB/T 2671.1	3~20	3~25	4~30	5~35	5~40	6~50	8~60	10~80	12~80

注：长度 l 尺寸系列为3、4、5、6~12（2进位），(14)、16、20~50（5进位），(55)、60、(65)、70、(75)、80。

4.3.4.2　紧定螺钉（表 6-64 ~ 表 6-66）

表 4-64　开槽锥端、平端、凹端、长圆柱端紧定螺钉

（摘自 GB/T 71—2008、GB/T 73 ~ 75—1985）　　（单位：mm）

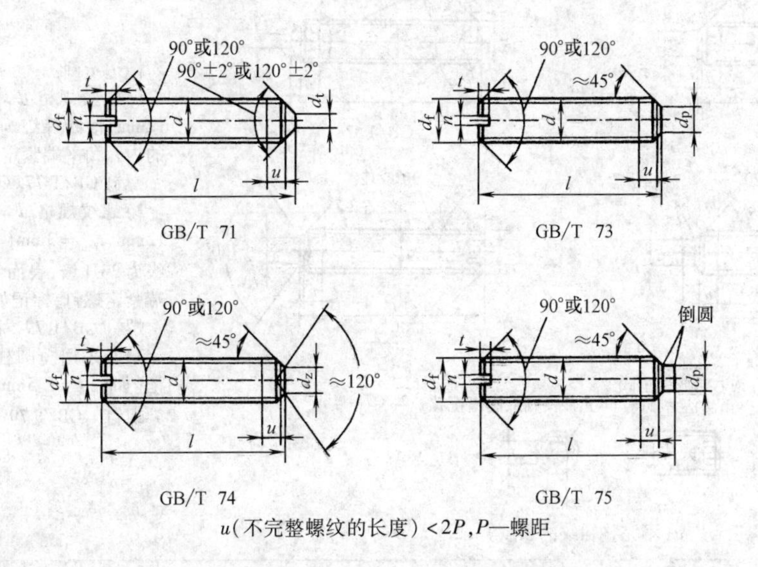

u(不完整螺纹的长度) < 2P, P—螺距

标记示例：

螺纹规格 d = M5、公称长度 l = 12mm、性能等级为 14H 级、表面氧化的开槽锥端紧定螺钉标记如下：

螺钉　GB/T 71　M5 × 12

螺纹规格 d		M1.2	M1.6	M2	M2.5	M3	M4	M5	M6	M8	M10	M12
d_{fmax}		螺纹小径										
d_{pmax}		0.6	0.8	1.0	1.5	2.0	2.5	3.5	4.0	5.5	7.0	8.5
n(公称)		0.2	0.25		0.4		0.6	0.8	1	1.2	1.6	2
t	max	0.52	0.74	0.84	0.95	1.05	1.42	1.63	2	2.5	3	3.6
	min	0.4	0.56	0.64	0.72	0.8	1.12	1.28	1.6	2	2.4	2.8
d_{tmax}		0.12	0.16	0.2	0.25	0.3	0.4	0.5	1.5	2	2.5	3
z_{max}			1.05	1.25	1.5	1.75	2.25	2.75	3.25	4.3	5.3	6.3
d_{zmax}			0.8	1	1.2	1.4	2	2.5	3	5	6	8
l①	GB/T 71	2 ~ 6	2 ~ 8	3 ~ 10	3 ~ 12	4 ~ 16	6 ~ 20	8 ~ 25	8 ~ 30	10 ~ 40	12 ~ 50	14 ~ 60
	GB/T 73	2 ~ 6	2 ~ 8	2 ~ 10	2.5 ~ 12	3 ~ 6	4 ~ 20	5 ~ 25	6 ~ 30	8 ~ 40	10 ~ 50	12 ~ 60
	GB/T 74		2 ~ 8	2.5 ~ 10	3 ~ 12	3 ~ 16	4 ~ 20	5 ~ 25	6 ~ 30	8 ~ 40	10 ~ 50	12 ~ 60
	GB/T 75		2.5 ~ 8	3 ~ 10	4 ~ 12	5 ~ 16	6 ~ 20	8 ~ 25	8 ~ 30	10 ~ 40	12 ~ 50	14 ~ 60
性能等级	钢	14H、22H										
	不锈钢	A1-50										

① 长度系列为 2、2.5、3、4、5、6 ~ 12（2 进位），(14)、16、20 ~ 50（5 进位），(55)、60。

表4-65　内六角平端、锥端、圆柱端、凹端紧定螺钉（摘自GB/T 77—2007、GB/T 78—2007、GB/T 79—2007、GB/T 80—2007）　　（单位：mm）

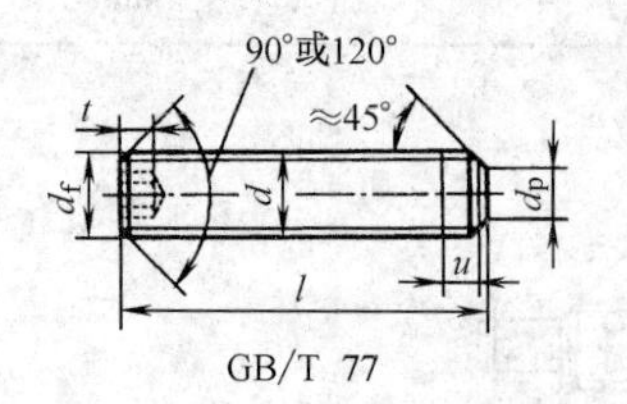

GB/T 77

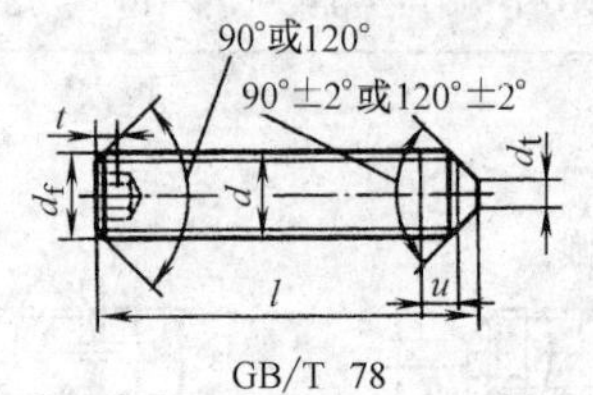

GB/T 78

90°或120°　≈45°　倒圆

GB/T 79

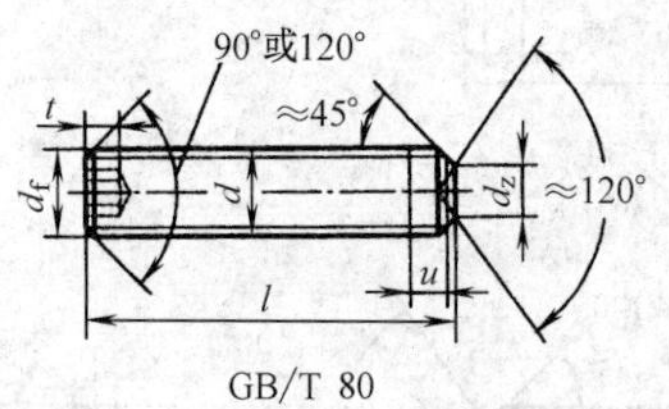

GB/T 80

u（不完整螺纹的长度）≤2P

标记示例：

1）螺纹规格 d = M6、公称长度 l = 12mm、性能等级为33H级、表面氧化的内六角平端紧定螺钉，标记如下：

螺钉 GB/T 77　M6×12

2）螺纹规格 d = M6、公称长度 l = 12mm、z_{min} = 3mm（长圆柱端）、性能等级为33H级、表面氧化的内六角圆柱端紧定螺钉，标记如下：

螺钉 GB/T 79　M6×12

3）当采用短圆柱端时，应加 z 的标记（如 z_{min} = 1.5mm）如下：

螺钉　GB/T 79　M6×12×1.5

螺纹规格		d	M1.6	M2	M2.5	M3	M4	M5	M6	M8	M10	M12	M16	M20	M24
d_p		max	0.8	1.0	1.5	2.0	2.5	3.5	4.0	5.5	7.0	8.5	12.0	15.0	18.0
d_f		≈	螺纹小径												
e_{min}			0.809	1.011	1.454	1.733	2.30	2.87	3.44	4.58	5.72	6.86	9.15	11.43	13.72
s（公称）			0.7	0.9	1.3	1.5	2.0	2.5	3.0	4.0	5.0	6.0	8.0	10.0	12.0
t_{min}		①	0.7	0.8	1.2		1.5	2.0		3.0	4.0	4.8	6.4	8.0	10.0
		②	1.5	1.7	2.0		2.5	3.0	3.5	5.0	6.0	8.0	10.0	12.0	15.0
z	max	短圆柱端	0.65	0.75	0.88	1.0	1.25	1.5	1.75	2.25	2.75	3.25	4.3	5.3	6.3
		长圆柱端	1.05	1.25	1.5	1.75	2.25	2.75	3.25	4.3	5.3	6.3	8.36	10.36	12.43
	min	短圆柱端	0.4	0.5	0.63	0.75	1.0	1.25	1.5	2.0	2.5	3.0	4.0	5.0	6.0
		长圆柱端	0.8	1.0	1.25	1.5	2.0	2.5	3.0	4.0	5.0	6.0	8.0	10.0	12.0
d_{zmax}			0.8	1.0	1.2	1.4	2.0	2.5	3.0	5.0	6.0	8.0	10.0	14.0	16.0
d_{tmax}			0						1.5	2.0	2.5	3.0	4.0	5.0	6.0
l③		GB/T 77	2~8	2~10	2.5~12	3~16	4~20	5~25	6~30	8~40	10~50	12~60	16~60	20~60	25~60
		GB/T 78	2~8	2~10	2.5~12	3~16	4~20	5~25	6~30	8~40	10~50	12~60	16~60	20~60	25~60
		GB/T 79	2~8	2.5~10	3~12	4~16	5~20	6~25	8~30	8~40	10~50	12~60	14~60	20~60	25~60
		GB/T 80	2~8	2~10	2.5~12	3~16	4~20	5~25	6~30	8~40	10~50	12~60	16~20	20~60	25~60
性能等级		钢	45H												
		不锈钢	A1、A2												
		非铁合金	CU2、CU3、AL4												

① 短螺钉的最小扳手啮合深度。

② 长螺钉的最小扳手啮合深度。

③ 长度系列为2、2.5、3、4、5、6~12（2进位），（14）、16、20~50（5进位），（55）、60。

表 4-66　方头长圆柱球面端、凹端、长圆柱端、短圆柱锥端、平端紧定螺钉

（摘自 GB/T 83 ~ 86—1988、GB/T 821—1988）　　（单位：mm）

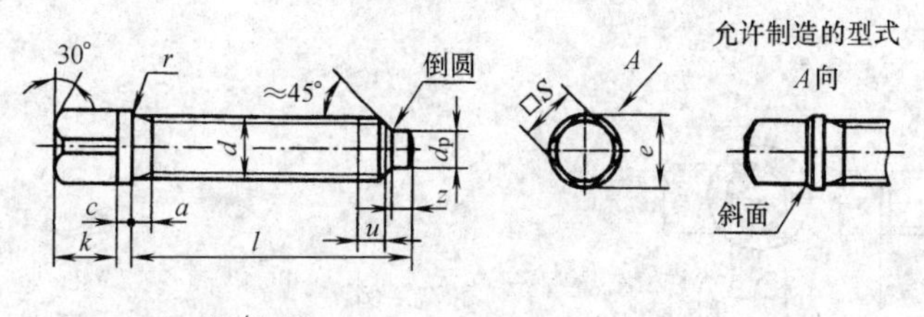

GB/T 83

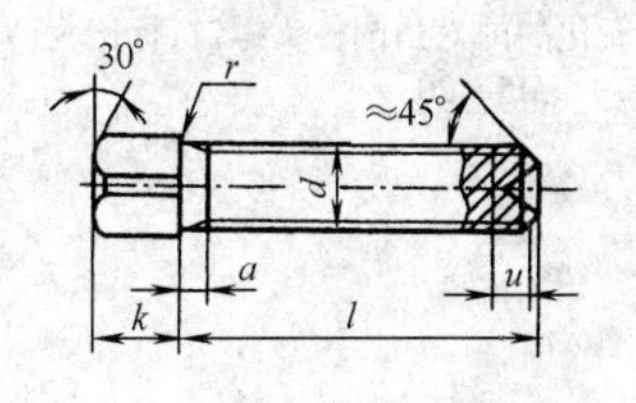

GB/T 84

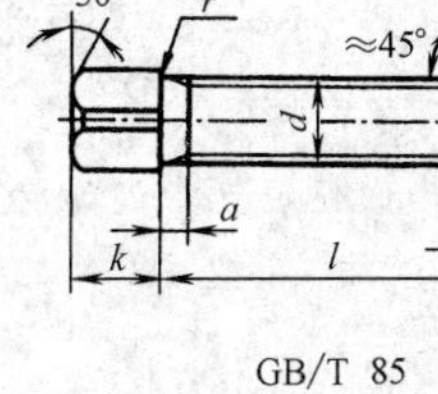

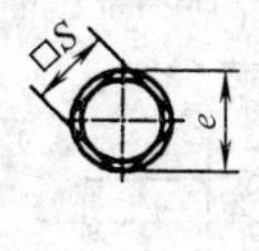

GB/T 85

标记示例：

螺纹规格 d = M10、公称长度 l = 30mm、性能等级为 33H 级、表面氧化的方头长圆柱球面端紧定螺钉，标记如下：

螺钉　GB/T 83　M10 × 30

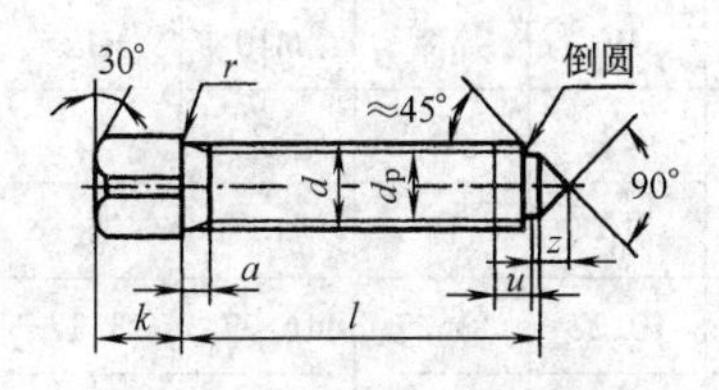

GB/T 86

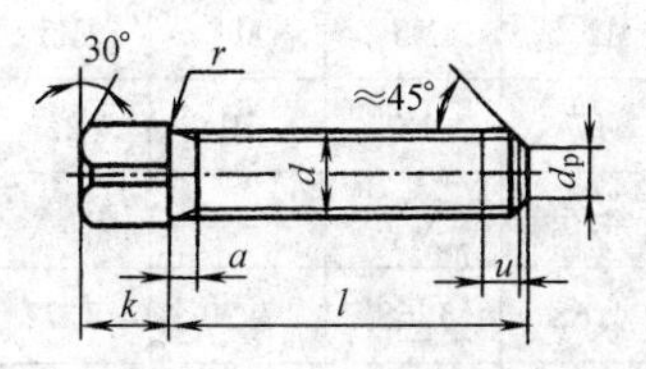

GB/T 821

螺纹规格 d		M5	M6	M8	M10	M12	M16	M20
d_{pmax}		3.5	4.0	5.5	7.0	8.5	12	15
e_{min}		6	7.3	9.7	12.2	14.7	20.9	27.1
s 公称		5	6	8	10	12	17	22
k 公称	GB/T 83			9	11	13	18	23
	GB/T 84 GB/T 85 GB/T 86 GB/T 821	5	6	7	8	10	14	18
c	≈			2	3		4	5
z_{min}	GB/T 83			4	5	6	8	10
	GB/T 85	2.5	3	4	5	6	8	10
	GB/T 86	3.5	4	5	6	7	9	11
d_z	max	2.5	3	5	6	7	10	13
	min	2.25	2.75	4.7	5.7	6.64	9.64	12.57
l①	GB/T 83			16 ~ 40	20 ~ 50	25 ~ 60	30 ~ 80	35 ~ 100
	GB/T 84	10 ~ 30	12 ~ 30	14 ~ 40	20 ~ 50	25 ~ 60	30 ~ 80	40 ~ 100
	GB/T 85 GB/T 86	12 ~ 30	12 ~ 30	14 ~ 40	20 ~ 50	25 ~ 60	25 ~ 80	40 ~ 100
	GB/T 821	8 ~ 30	8 ~ 30	10 ~ 40	12 ~ 50	14 ~ 60	20 ~ 80	40 ~ 100
性能等级	钢	33H、45H						
	不锈钢	A1-50、C4-50						
表面处理	钢	①氧化；②镀锌钝化						
	不锈钢	不经处理						

① 长度系列为 8、10、12、(14)、16、20 ~ 50（5 进位），(55)、60 ~ 100（10 进位）。

4.3.4.3 内六角螺钉（表4-67～表4-70）

表4-67 内六角圆柱头螺钉（摘自GB/T 70.1—2008）　（单位：mm）

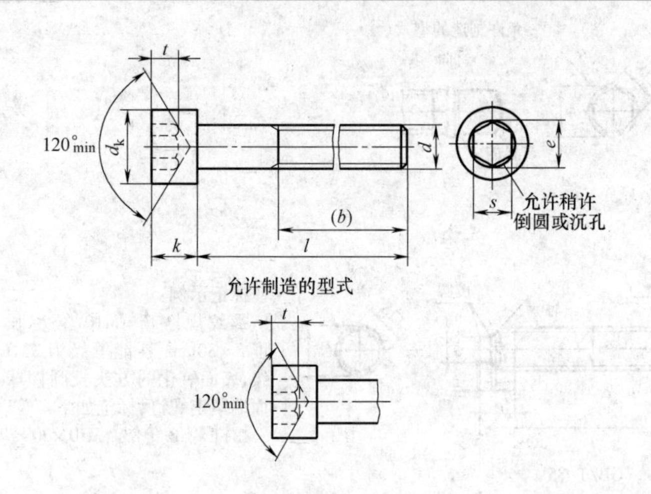

标记示例：

螺纹规格 d = M5、公称长度 l = 20mm、性能等级为8.8级、表面氧化的内六角圆柱头螺钉，标记为

螺钉　GB/T 70　M5×20

螺纹规格 d		M1.6	M2	M2.5	M3	M4	M5	M6	M8	M10	M12
b(参考)		15	16	17	18	20	22	24	28	32	36
d_{kmax}	光滑	3	3.8	4.5	5.5	7	8.5	10	13	16	18
	滚花	3.14	3.98	4.68	5.68	7.22	8.72	10.22	13.27	16.27	18.27
k_{max}		1.6	2	2.5	3	4	5	6	8	10	12
e_{min}		1.73		2.3	2.87	3.44	4.58	5.72	6.86	9.15	11.43
s(公称)		1.5		2	2.5	3	4	5	6	8	10
t_{min}		0.7	1	1.1	1.3	2	2.5	3	4	5	6
l①		2.5～16	3～20	4～25	5～30	6～40	8～50	10～60	12～80	16～100	20～120
螺纹规格 d		(M14)	M16	M20	M24	M30	M36	M42	M48	M56	M64
b 参考		40	44	52	60	72	84	96	108	124	140
d_{kmax}	光滑	21	24	30	36	45	54	63	72	84	96
	滚花	21.33	24.33	30.33	36.39	45.39	54.46	63.46	72.46	84.54	96.54
k_{max}		14	16	20	24	30	36	42	48	56	64
e_{min}		13.72	16.00	19.44	21.73	25.15	30.85	36.57	41.13	46.83	52.53
s(公称)		12	14	17	19	22	27	32	36	41	46
t_{min}		7	8	10	12	15.5	19	24	28	34	38
l①		25～140	25～160	30～200	40～200	45～200	55～200	60～300	70～300	80～300	90～300
性能等级	钢	$d<3$：按协议；$3\text{mm}\leqslant d\leqslant 39\text{mm}$：8.8，10.9，12.9；$d>39$：按协议									
	不锈钢	$d\leqslant 24\text{mm}$：A2-70，A4-70；$24\text{mm}<d\leqslant 39\text{mm}$：A2-50，A4-50；$d>39\text{mm}$：按协议									
表面处理	钢	①氧化；②镀锌钝化									
	不锈钢	简单处理									

注：尽可能不采用括号内规格。

① 长度系列2.5、3、4、5、6～12（2进位），（14）、16、20～70（5进位），80～160（10进位），180～300（20进位）。

表 4-68　内六角平圆头螺钉（摘自 GB/T 70.2—2008）　　（单位：mm）

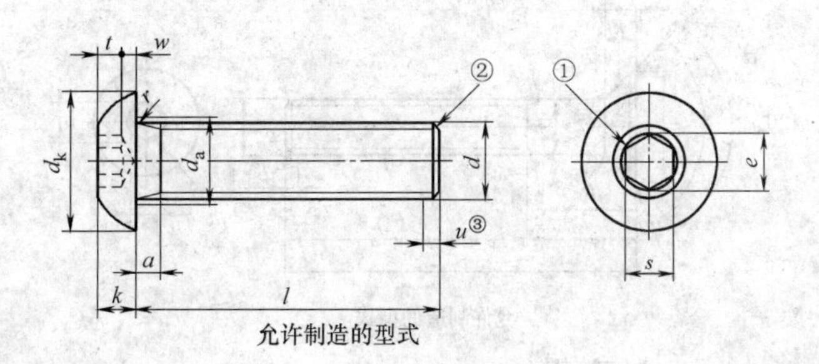

允许制造的型式

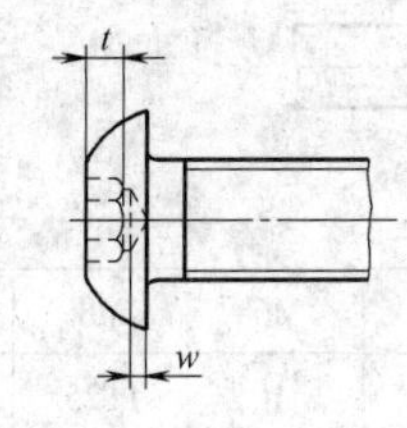

螺纹规格 d		M3	M4	M5	M6	M8	M10	M12	M16
P④		0.5	0.7	0.8	1	1.25	1.5	1.75	2
a	max	1.0	1.4	1.6	2	2.50	3.0	3.50	4
	min	0.5	0.7	0.8	1	1.25	1.5	1.75	2
d_{amax}		3.6	4.7	5.7	6.8	9.2	11.2	14.2	18.2
d_k	max	5.7	7.60	9.50	10.50	14.00	17.50	21.00	28.00
	min	5.4	7.24	9.14	10.07	13.57	17.07	20.48	27.48
e_{min}⑤		2.3	2.87	3.44	4.58	5.72	6.86	9.15	11.43
k	max	1.65	2.20	2.75	3.3	4.4	5.5	6.60	8.80
	min	1.40	1.95	2.50	3.0	4.1	5.2	6.24	8.44
r_{min}		0.1	0.2	0.2	0.25	0.4	0.4	0.6	0.6
s	公称	2	2.5	3	4	5	6	8	10
	max	2.080	2.58	3.080	4.095	5.140	6.140	8.175	10.175
	min	2.020	2.52	3.020	4.020	5.020	6.020	8.025	10.025
t_{min}		1.04	1.3	1.56	2.08	2.6	3.12	4.16	5.2
w_{min}		0.2	0.3	0.38	0.74	1.05	1.45	1.63	2.25
l		6～12	8～16	10～30	10～30	10～40	16～40	16～50	20～50
性能等级		8.8,10.9,12.9							

注：对切制内六角，当尺寸达到最大极限时，由于钻孔造成的过切不应超过内六角任何一面长度（t）的 20%。

① 内六角口部允许稍许倒圆或沉孔。

② 末端倒角，$d \leqslant$ M4 的为碾制末端，见 GB/T 2。

③ 不完整螺纹的长度 $u \leqslant 2P$。

④ P—螺距。

⑤ $e_{min} = 1.14 s_{min}$。

表 4-69　内六角沉头螺钉（摘自 GB/T 70.3—2008）　　（单位：mm）

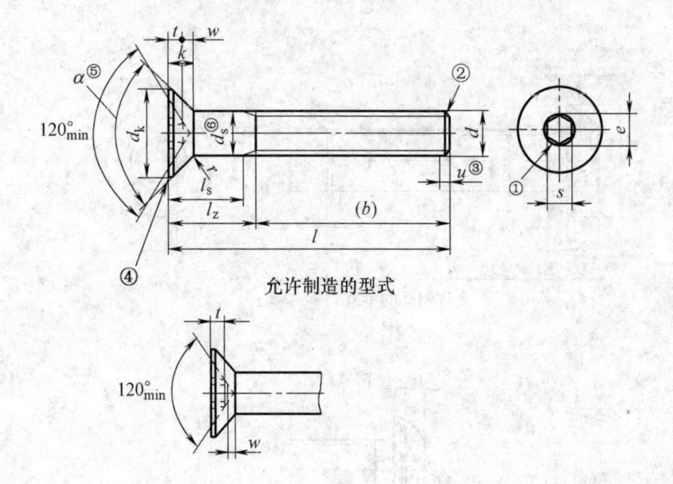

螺纹规格 d		M3	M4	M5	M6	M8	M10	M12	(M14)①	M16	M20
P⑦		0.5	0.7	0.8	1	1.25	1.5	1.75	2	2	2.5
b(参考)		18	20	22	24	28	32	36	40	44	52
d_{amax}		3.3	4.4	5.5	6.6	8.54	10.62	13.5	15.5	17.5	22
d_k	理论值 max	6.72	8.96	11.20	13.44	17.92	22.40	26.88	30.80	33.60	40.32
	实际值 min	5.54	7.53	9.43	11.34	15.24	19.22	23.12	26.52	29.01	36.05
d_s	max	3.00	4.00	5.00	6.00	8.00	10.00	12.00	14.0	16.00	20.00
	min	2.86	3.82	4.82	5.82	7.78	9.78	11.73	13.73	15.73	19.67
e_{min}⑧		2.3	2.87	3.44	4.58	5.72	6.86	9.15	11.43	11.43	13.72
k_{max}		1.86	2.48	3.1	3.72	4.96	6.2	7.44	8.4	8.8	10.16
F_{max}⑨		0.25	0.25	0.3	0.35	0.4	0.4	0.45	0.5	0.6	0.75
r_{min}		0.1	0.2	0.2	0.25	0.4	0.4	0.6	0.6	0.6	0.8
s⑩	公称	2	2.5	3	4	5	6	8	10	10	12
	max	2.080	2.58	3.080	4.095	5.140	6.140	8.175	10.175	10.175	12.212
	min	2.020	2.52	3.020	4.020	5.020	6.020	8.025	10.025	10.025	12.032
t_{min}		1.1	1.5	1.9	2.2	3	3.6	4.3	4.5	4.8	5.6
w_{min}		0.25	0.45	0.66	0.7	1.16	1.62	1.8	1.62	2.2	2.2
l		8~30	8~40	8~50	8~60	10~80	12~100	20~100	25~100	30~100	35~100
性能等级		8.8,10.9,12.9									

注：对切制内六角，当尺寸达到最大极限时，由于钻孔造成的过切，不应超过内六角任何一面长度（t）的 20%。

① 内六角口部允许稍许倒圆或沉孔。

② 末端倒角，$d \leqslant$ M4 的为碾制末端，见 GB/T 2。

③ 不完整螺纹的长度 $u \leqslant 2P$。

④ 头部棱边可以是圆的或平的，由制造者任选。

⑤ $\alpha = 90° \sim 92°$。

⑥ d_a 适用于规定了 l_{smin} 数值的产品。

⑦ P—螺距。

⑧ $e_{min} = 1.14 s_{min}$。

⑨ F 是头部的沉头公差。量规的 F 尺寸公差为：${}^{0}_{-0.01}$。

⑩ s 应用综合测量方法进行检验。

表 4-70　内六角花形圆柱头螺钉（摘自 GB/T 2671.2—2004）　（单位：mm）

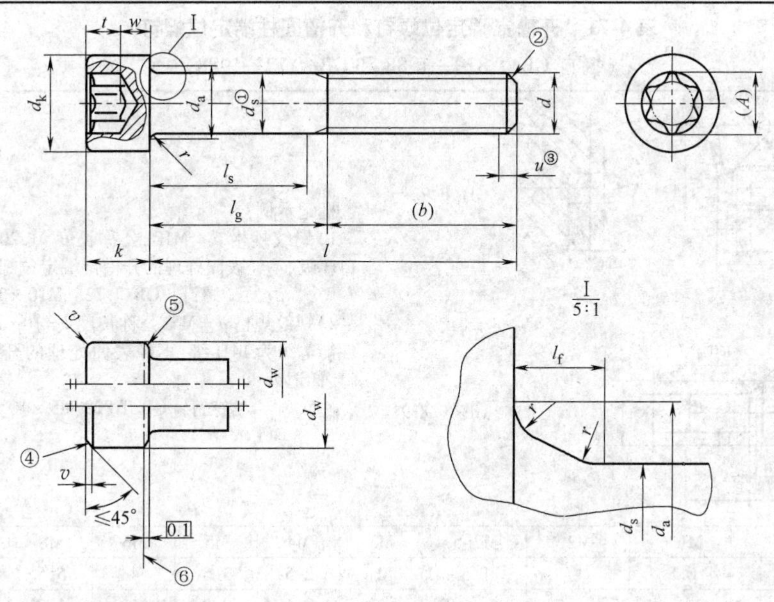

① d_s 适用于规定了 l_{smin} 数值的产品。
② 末端倒角，或 $d \leqslant$ M4 的规格为碾制末端。
③ 不完整螺纹的长度 $u \leqslant 2P$。
④ 头的顶部棱边可以是圆的或倒角的，由制造者任选。
⑤ 底部棱边可以是圆的或倒角到 d_w，但均不得有毛刺。
⑥ d_w 的仲裁基准。

最大的头下圆角

$$l_{fmax} = 1.7r_{max}$$

$$r_{max} = \frac{d_{amax} - d_{smax}}{2}$$

螺纹规格 d			M2	M2.5	M3	M4	M5	M6	M8	M10	M12	(M14)	M16	(M18)	M20
螺距 P			0.4	0.45	0.5	0.7	0.8	1	1.25	1.5	1.75	2	2	2.5	2.5
b(参考)			16	17	18	20	22	24	28	32	36	40	44	48	52
d_k	max		3.80	4.50	5.50	7.00	8.50	10.00	13.00	16.00	18.00	21.00	24.00	27.00	30.00
	max		3.98	4.68	5.68	7.22	8.72	10.22	13.27	16.27	18.27	21.33	24.33	27.33	30.33
	min		3.62	4.32	5.32	6.78	8.28	9.78	12.73	15.73	17.73	20.67	23.67	26.67	29.67
$d_{a\,max}$			2.6	3.1	3.6	4.7	5.7	6.8	9.2	11.2	13.7	15.7	17.7	20.2	22.4
d_s	max		2.00	2.50	3.00	4.00	5.00	6.00	8.00	10.00	12.00	14.00	16.00	18.00	20.00
	min		1.86	2.36	2.86	3.82	4.82	5.82	7.78	9.78	11.73	13.73	15.73	17.73	19.67
$l_{f\,max}$			0.51	0.51	0.51	0.6	0.6	0.68	1.02	1.02	1.45	1.45	1.45	1.87	2.04
k	max		2.00	2.50	3.00	4.00	5.00	6.00	8.00	10.00	12.00	14.00	16.00	18.00	20.00
	min		1.86	2.36	2.86	3.82	4.82	5.70	7.64	9.64	11.57	13.57	15.57	17.57	19.48
r_{min}			0.1	0.1	0.1	0.2	0.2	0.25	0.4	0.4	0.6	0.6	0.6	0.6	0.8
v_{max}			0.2	0.25	0.3	0.4	0.5	0.6	0.8	1	1.2	1.4	1.6	1.8	2
$d_{w\,min}$			3.48	4.18	5.07	6.53	8.03	9.38	12.33	15.33	17.23	20.17	23.17	25.87	28.87
w_{min}			0.55	0.85	1.15	1.4	1.9	2.3	3.3	4	4.8	5.8	6.8	7.8	8.6
内六角花形	槽号 No.		6	8	10	20	25	30	45	50	55	60	70	80	90
	A(参考)		1.75	2.4	2.8	3.95	4.5	5.6	7.95	8.95	11.35	13.45	15.7	17.75	20.2
	t	max	0.84	1.04	1.27	1.80	2.03	2.42	3.31	4.02	5.21	5.99	7.01	8.00	9.20
		min	0.71	0.91	1.01	1.42	1.65	2.02	2.92	3.62	4.82	5.62	6.62	7.50	8.69
l①			2 ~ 20	4 ~ 25	5 ~ 30	6 ~ 40	8 ~ 50	10 ~ 60	12 ~ 80	16 ~ 100	20 ~ 120	25 ~ 140	25 ~ 160	30 ~ 180	30 ~ 200

注：尽可能不用括号内的规格。
① l 长度系列 3，4，5，6 ~ 12（2 进位），16，20 ~ 70（5 进位），80 ~ 160（10 进位），180，200。

4.3.4.4　定位和轴位螺钉（表 4-71 ~ 表 4-73）

表 4-71　开槽锥端定位螺钉和开槽圆柱端定位螺钉

（摘自 GB/T 829—1988 和 GB/T 72—1988）　　　　（单位：mm）

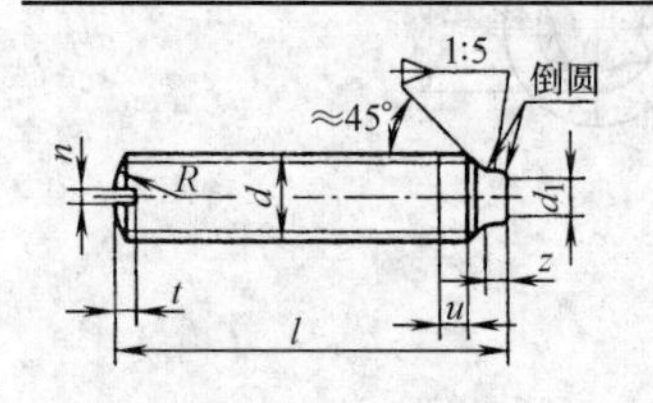

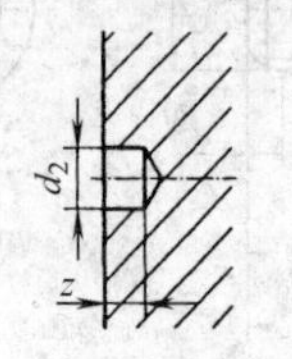

GB/T 72

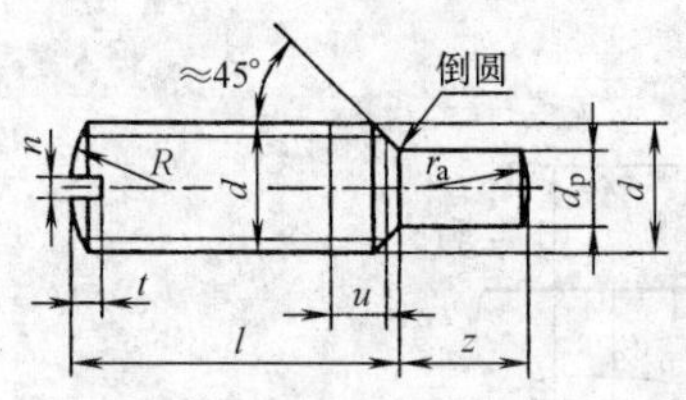

GB/T 829

标记示例：

1）螺纹规格 d = M10、公称长度 l = 20mm、性能等级为 14H 级、不经表面处理的开槽锥端定位螺钉，标记为

螺钉　GB/T 72　M10 × 20

2）螺纹规格 d = M5、公称长度 l = 10mm、长度 Z = 5mm、性能等级为 14H 级、不经表面处理的开槽圆柱端定位螺钉，标记为

螺钉　GB/T 829 M5 × 10 × 5

螺纹规格 d			M1.6	M2	M2.5	M3	M4	M5	M6	M8	M10	M12
d_{pmax}			0.8	1	1.5	2	2.5	3.5	4	5.5	7.0	8.5
n 公称			0.25		0.4		0.6	0.8	1	1.2	1.6	2
t_{max}			0.74	0.84	0.95	1.05	1.42	1.63	2	2.5	3	3.6
R　≈			1.6	2	2.5	3	4	5	6	8	10	12
d_1　≈						1.7	2.1	2.5	3.4	4.7	6	7.3
d_2（推荐）						1.8	2.2	2.6	3.5	5	6.5	8
z	GB/T 72					1.5	2	2.5	3	4	5	6
	GB/T 829	范围	1 ~ 1.5	1 ~ 2	1.2 ~ 2.5	1.5 ~ 3	2 ~ 4	2.5 ~ 5	3 ~ 6	4 ~ 8	5 ~ 10	
		系列	1, 1.2, 1.5, 2, 2.5, 3, 4, 5, 6, 8, 10									
l[1]	GB/T 72					4 ~ 16	4 ~ 20	5 ~ 20	6 ~ 25	8 ~ 35	10 ~ 45	12 ~ 50
	GB/T 829		1.5 ~ 3	1.5 ~ 4	2 ~ 5	2.5 ~ 6	3 ~ 8	4 ~ 10	5 ~ 12	6 ~ 16	8 ~ 20	
性能等级	钢		14H、33H									
	不锈钢		A1-50、C4-50									
表面处理	钢		①不经处理；②氧化（仅用于 GB/T 72）；③镀锌钝化									
	不锈钢		不经处理									

注：尽可能不采用括号内规格。

① 长度系列为 1.5、2、2.5、3、4、5、6 ~ 12（2 进位），（14）、16、20 ~ 50（5 进位）。

表 4-72　开槽盘头定位螺钉（摘自 GB/T 828—1988）　　　　（单位：mm）

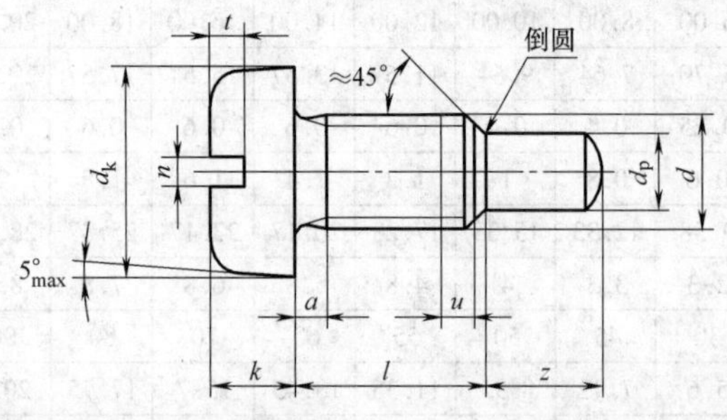

标记示例：

螺纹规格 d = M6、公称长度 l = 6mm、长度 z = 4mm、性能等级为 14H 级、不经表面处理的开槽盘头定位螺钉，标记为

螺钉　GB/T 828 M6 × 6 × 4

螺纹规格 d	M1.6	M2	M2.5	M3	M4	M5	M6	M8	M10
a_{max}	0.7	0.8	0.9	1.0	1.4	1.6	2.0	2.5	3.0
d_{Kmax}	3.2	4.0	5.0	5.6	8.0	9.5	12.0	16.0	20.0
k_{max}	1.0	1.3	1.5	1.8	2.4	3.0	3.6	4.8	6.0
n 公称	0.4	0.5	0.6	0.8	1.2		1.6	2	2.5

（续）

d_{Pmax}		0.8	1	1.5	2	2.5	3.5	4	5.5	7
t_{min}		0.35	0.5	0.6	0.7	1.0	1.2	1.4	1.9	2.4
r_e	≈	1.12	1.4	2.1	2.8	3.5	4.9	5.6	7.7	9.8
z	公称	1 ~ 1.5	1 ~ 2	1.2 ~ 2.5	1.5 ~ 3	2 ~ 4	2.5 ~ 5	3 ~ 6	4 ~ 8	5 ~ 10
	系列	1, 1.2, 1.5, 2, 2.5, 3, 4, 5, 6, 8, 10								
l①		1.5 ~ 3	1.5 ~ 4	2 ~ 5	2.5 ~ 6	3 ~ 8	4 ~ 10	5 ~ 12	6 ~ 16	8 ~ 20
性能等级	钢	14H、33H								
	不锈钢	A1-50、C4-50								
表面处理	钢	①不经处理；②镀锌钝化								
	不锈钢	不经处理								

注：尽可能不采用括号内规格。

① 长度系列为 1.5、2、2.5、3、4、5、6 ~ 12（2 进位），(14)、16、20。

表 4-73　开槽圆柱头螺钉、开槽无头轴位螺钉、开槽球面圆柱头轴位螺钉

（摘自 GB/T 830—1988、GB/T 831—1988、GB/T 946—1988）　　（单位：mm）

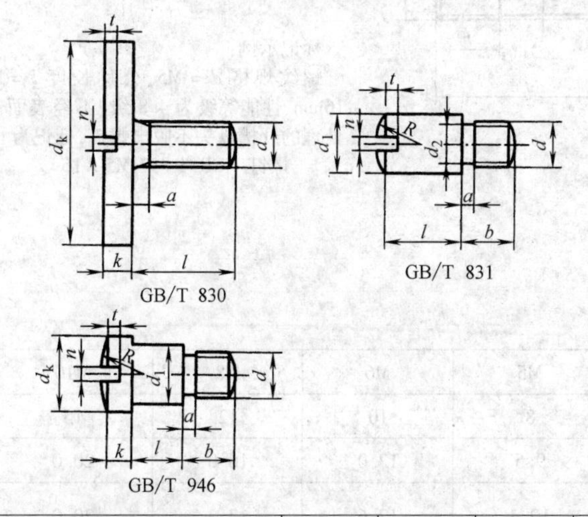

标记示例：

1）螺纹规格 d = M5、公称长度 l = 10mm、性能等级为 8.8 级、不经表面处理的开槽圆柱头轴位螺钉，标记为

螺钉　GB/T 830 M5 × 10

2）d_1 按 f 9 制造时，应加标记 f 9：

螺钉　GB/T 830 M5f 9 × 10

3）螺纹规格 d = M5、公称长度 l = 10mm、性能等级为 14H 级、不经表面处理的开槽无头轴位螺钉，标记为

螺钉　GB/T 831 M5 × 10

4）d_1 按 f 9 制造时，应加标记 f 9：

螺钉　GB/T 831 M5f 9 × 10

螺纹规格 d		M1.6	M2	M2.5	M3	M4	M5	M6	M8	M10
b		2.5	3	3.5	4	5	6	8	10	12
a	≈	1				1.5		2		3
d_1	max	2.48	2.98	3.47	3.97	4.97	5.97	7.96	9.96	11.95
	min	2.42	2.92	3.395	3.895	4.895	5.895	7.87	9.87	11.84
d_2		1.1	1.4	1.8	2.2	3	3.8	4.5	6.2	7.8
d_{kmax}		3.5	4	5	6	8	10	12	15	20
k_{max}	GB/T 830	1.32	1.52	1.82	2.1	2.7	3.2	3.74	5.24	6.24
	GB/T 946	1.2	1.6	1.8	2	2.8	3.5	4	5	6
n(公称)	GB/T 830 GB/T 946	0.4	0.5	0.6	0.8	1.2		1.6	2	2.5
	GB/T 831	0.4	0.5		0.6	0.8		1.2	1.6	2
t_{min}	GB/T 830	0.35	0.5	0.6	0.7	1	1.2	1.4	1.9	2.4
	GB/T 831 GB/T 946	0.6	0.7	0.9	1	1.4	1.7	2	2.5	3
R　≈	GB/T 831	2.5	3	3.5	4	5	6	8	10	12
	GB/T 946	3.5	4	5	6	8	10	12	15	20

（续）

l①	GB/T 830 GB/T 946	1~6	1~8		1~10		1~12	1~14	2~16	2~20
	GB/T 831	2~3	2~4	2~5	2.5~6	3~8	4~10	5~12	6~16	6~20
性能等级	钢	8.8(GB/T 830、GB/T 946);14H(GB/T 831)								
	不锈钢	A1-50、C4-50								
表面处理	钢	①不经处理;②镀锌钝化								
	不锈钢	不经处理								

注：尽可能不采用括号内规格。

① 长度系列为1、1.2、1.6、2、2.5、3、4、5、6~12（2进位），(14)、16、20。

4.3.4.5　不脱出螺钉（表4-74~表4-76）

表4-74　开槽盘头、沉头、半沉头不脱出螺钉（摘自GB/T 837—1988、GB/T 948—1988、GB/T 949—1988）　（单位：mm）

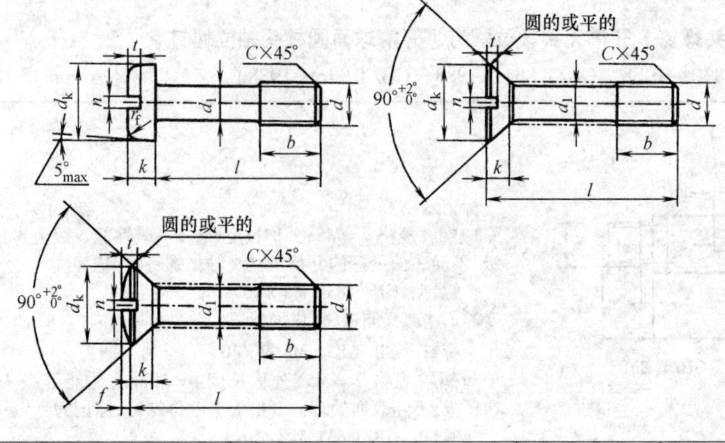

标记示例：

螺纹规格 d = M5、公称长度 l = 16mm、性能等级为4.8级、不经表面处理的开槽盘头不脱出螺钉，标记为

螺钉　GB/T 837　M5×16

螺纹规格 d		M3	M4	M5	M6	M8	M10
b		4	6	8	10	12	15
d_{kmax}	GB/T 837	5.6	8.0	9.5	12.0	16.0	20.0
	GB/T 948 GB/T 949	6.3	9.4	10.4	12.6	17.3	20.0
k_{max}	GB/T 837	1.8	2.4	3.0	3.6	4.8	6.0
	GB/T 948 GB/T 949	1.65	2.70		3.30	4.65	5.00
n(公称)		0.8	1.2		1.6	2.0	2.5
t_{min}	GB/T 837	0.7	1.0	1.2	1.4	1.9	2.4
	GB/T 948	0.6	1.0	1.1	1.2	1.8	2.0
	GB/T 949	1.2	1.6	2.0	2.4	3.2	3.8
d_1	max	2.0	2.8	3.5	4.5	5.5	7.0
l①		10~25	12~30	14~40	20~50	25~60	30~60
性能等级	钢	4.8					
	不锈钢	A1-50、C4-50					
表面处理	钢	①不经处理;②镀锌钝化					
	不锈钢	不经处理					

① 长度系列为10、12、(14)、16、20~50（5进位），(55)、60。

表4-75　六角头不脱出螺钉（摘自GB/T 838—1988）　（单位：mm）

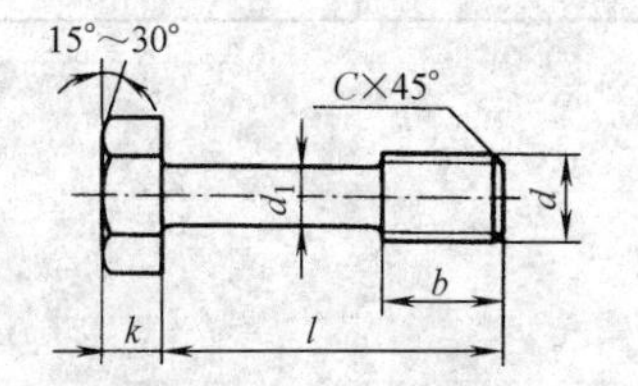

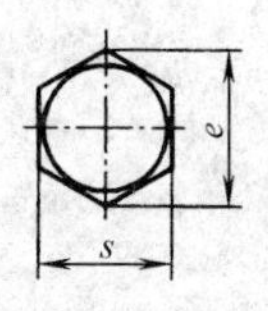

标记示例：

螺纹规格 d = M6、公称长度 l = 20mm、性能等级为4.8级、不经表面处理的六角头不脱出螺钉，标记为

螺钉　GB/T 838 M6×20

螺纹规格 d		M5	M6	M8	M10	M12	M14	M16
b		8	10	12	15	18	20	24
K（公称）		3.5	4	5.3	6.4	7.5	8.8	10
s_{max}		8	10	12	16	18	21	24
e_{min}		8.79	11.05	14.38	17.77	20.03	23.35	26.75
d_{1max}		3.5	4.5	5.5	7.0	9.0	11.0	12.0
l①		14～40	20～50	25～65	30～80	30～100	35～100	40～100
性能等级	钢	4.8						
	不锈钢	A1-50、C4-50						
表面处理	钢	①不经处理；②镀锌钝化						
	不锈钢	不经处理						

① 长度系列为（14）、16、20～50（5进位），（55）、60、（65）、70、75、80、90、100。

表4-76　滚花头不脱出螺钉（摘自GB/T 839—1988）　（单位：mm）

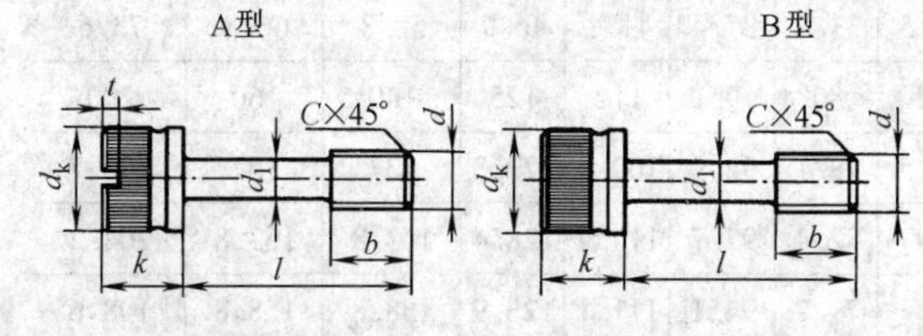

标记示例：

1）螺纹规格 d = M6、公称长度 l = 20mm、性能等级为4.8级、不经表面处理、按A型制造的滚花头不脱出螺钉，标记为

螺钉　GB/T 839 M6×20

2）按B型制造时，应加标记B：

螺钉　GB/T 839 BM5×16

螺纹规格 d		M3	M4	M5	M6	M8	M10
b		4	6	8	10	12	15
$d_{k\,max}$（滚花前）		5	8	9	11	14	17
k_{max}		4.5	6.5	7	10	12	13.5
n（公称）		0.8	1.2		1.6	2	2.5
t_{min}		0.7	1.0	1.2	1.4	1.9	2.4
$d_{1\,max}$		2.0	2.8	3.5	4.5	5.5	7.0
l①		10～25	12～30	14～40	20～50	25～60	30～60
性能等级	钢	4.8					
	不锈钢	A1-50、C4-50					
表面处理	钢	①不经处理；②镀锌钝化					
	不锈钢	不经处理					

① 长度系列为10、12、（14）、16、20～50（5进位），（55）、60。

4.3.4.6 吊环螺钉（表4-77）

表4-77　吊环螺钉（摘自 GB/T 825—1988）　　（单位：mm）

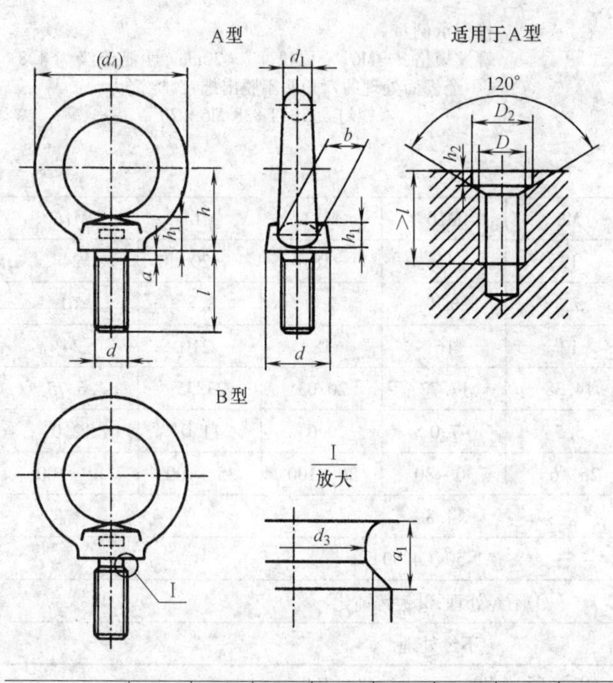

标记示例：

螺纹规格 d = M20、材料为20钢、经正火处理、不经表面处理的A型吊环螺钉，标记为

螺钉　GB/T 825 M20

规格 d		M8	M10	M12	M16	M20	M24	M30	M36	M42	M48	M56	M64	M72×6	M80×6	M100×6
d_1	max	9.1	11.1	13.1	15.2	17.4	21.4	25.7	30	34.4	40.7	44.7	51.4	63.8	71.8	79.2
	min	7.6	9.6	11.6	13.6	15.6	19.6	23.5	27.5	31.2	37.4	41.1	46.9	58.8	66.8	73.6
D_1	公称	20	24	28	34	40	48	56	67	80	95	112	125	140	160	200
	min	19	23	27	32.9	38.8	46.8	54.6	65.5	78.1	92.9	109.9	122.3	137	157	196.7
d_2	max	21.1	25.1	29.1	35.2	41.4	49.4	57.7	69	82.4	97.7	114.7	128.4	143.8	163.8	204.2
	min	19.6	23.6	27.6	33.6	69.3	47.6	55.5	66.5	79.2	94.1	111.1	123.9	138.8	158.8	198.6
l(公称)		16	20	22	28	35	40	45	55	65	70	80	90	100	115	140
d_2(参考)		36	44	52	62	72	88	104	123	144	171	196	221	260	296	350
h		18	22	26	31	36	44	53	63	74	87	100	115	130	150	175
a_{max}		2.5	3	3.5	4	5	6	7	8	9	10	11	12			
a_{1max}		3.75	4.5	5.25	6	7.5	9	10.5	12	13.5	15	16.5	18			
b		10	12	14	16	19	24	28	32	38	46	50	58	72	80	88
d_3	公称(max)	6	7.7	9.4	13	16.4	19.6	25	30.8	34.6	41	48.3	55.7	63.7	71.7	91.7
	min	5.82	7.48	9.18	12.73	16.13	19.27	24.67	29.91	35.21	40.61	47.91	55.24	63.24	17.24	91.16
D		M8	M10	M12	M16	M20	M24	M30	M36	M42	M48	M56	M64	M72×6	M80×6	M100×6
D_2	公称(min)	13	15	17	22	28	32	38	45	52	60	68	75	85	95	115
	max	13.43	15.43	17.52	22.52	28.52	32.62	38.62	45.62	52.74	60.74	68.74	75.74	85.87	95.87	115.87

（续）

规格 d		M8	M10	M12	M16	M20	M24	M30	M36	M42	M48	M56	M64	M72×6	M80×6	M100×6
h_2	公称（min）	2.5	3	3.5	4.5	5	7	8	9.5	10.5	11.5	12.5	13.5	14		
	max	2.9	3.4	3.98	4.98	5.48	7.58	8.58	40.08	11.2	12.2	13.2	14.2	14.7		
单螺钉最大起吊质量/t		0.16	0.25	0.40	0.63	1	1.6	2.5	4	6.3	8	10	16	20	25	40
材料		20 钢、25 钢														
表面处理		一般不进行表面处理。根据使用要求，可进行镀锌钝化、镀铬，电镀后应立即进行驱氢处理														

4.3.4.7　滚花螺钉（表 4-78～表 4-80）

表 4-78　滚花高头螺钉和滚花平头螺钉

（摘自 GB/T 834—1988 和 GB/T 835—1988）　　（单位：mm）

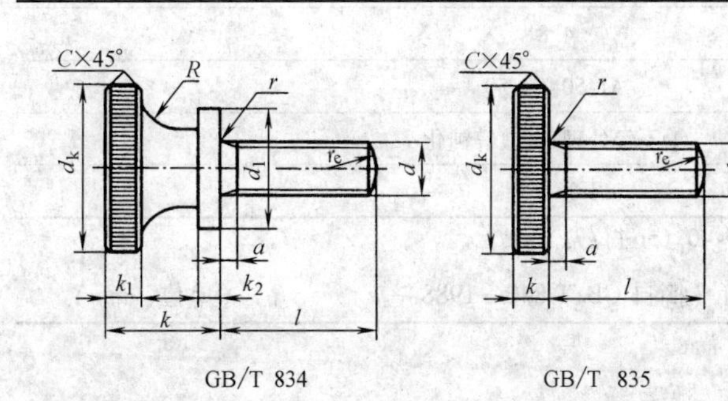

GB/T 834　　　GB/T 835

标记示例：

螺纹规格 d = M5、公称长度 l = 20mm、性能等级为 4.8 级、不经表面处理的滚花高头螺钉和滚花平头螺钉，分别标记如下：

螺钉　GB/T 834 M5×20

螺钉　GB/T 835 M5×20

螺纹规格 d		M1.6	M2	M2.5	M3	M4	M5	M6	M8	M10
d_{kmax}		7	8	9	11	12	16	20	24	30
k_{max}	GB/T 834	4.7	5	5.5	7	8	10	12	16	20
	GB/T 835	2		2.2	2.8	3	4	5	6	8
k_1		2		2.2	2.8	3	4	5	6	8
k_2		0.8	1		1.2	1.5	2	2.5	3	3.8
R	≈	1.25		1.5	2		2.5	3	4	5
r_{min}		0.1				0.2		0.25	0.4	
r_e		2.24	2.8	3.5	4.2	5.6	7	8.4	11.2	14
d_1		4	4.5	5	6	8	10	12	16	20
l①	GB/T 834	2～8	2.5～10	3～12	4～16	5～16	6～20	8～25	10～30	12～35
	GB/T 835	2～12	4～16	5～16	6～20	8～25	10～25	12～30	16～35	20～45
性能等级	钢	4.8								
	不锈钢	A1-50、C4-50								
表面处理	钢	①不经处理；②镀锌钝化								
	不锈钢	不经处理								

① 长度系列为 2、2.5、3、4、5、6、8、10、12、(14)、16、20～45（5 进位）。

表 4-79　滚花小头螺钉（摘自 GB/T 836—1988）　　（单位：mm）

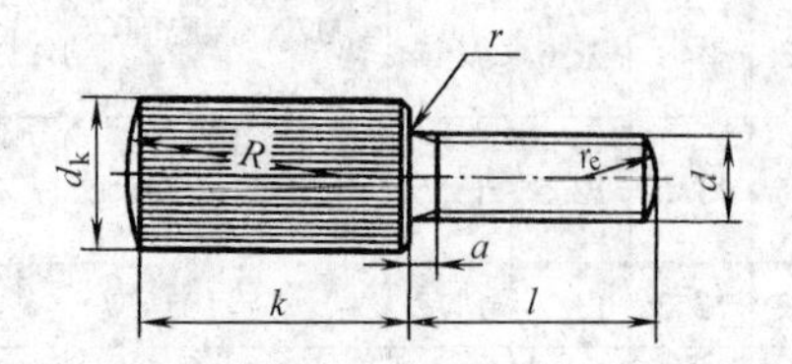

标记示例：

螺纹规格 d = M5、公称长度 l = 20mm、性能等级为 4.8 级、不经表面处理的滚花小头螺钉，标记如下：

螺钉　GB/T 836 M5 × 20

螺纹规格 d		M1.6	M2	M2.5	M3	M4	M5	M6
$d_{k\,max}$		3.5	4	5	6	7	8	10
k_{max}		10	11		12		13	
R	≈	4		5	6	8		10
r_{min}		0.1				0.2		0.25
r_e		2.24	2.8	3.5	4.2	5.6	7	8.4
l①		3 ~ 16	4 ~ 20	5 ~ 20	6 ~ 25	8 ~ 30	10 ~ 35	12 ~ 40
性能等级	钢	4.8						
	不锈钢	A1-50、C4-50						
表面处理	钢	①不经处理；②镀锌钝化						
	不锈钢	不经处理						

① 长度系列为 3、4、5、6、8、10、12、(14)、16、20 ~ 40（5 进位）。

表 4-80　塑料滚花螺钉（摘自 GB/T 840—1988）　　（单位：mm）

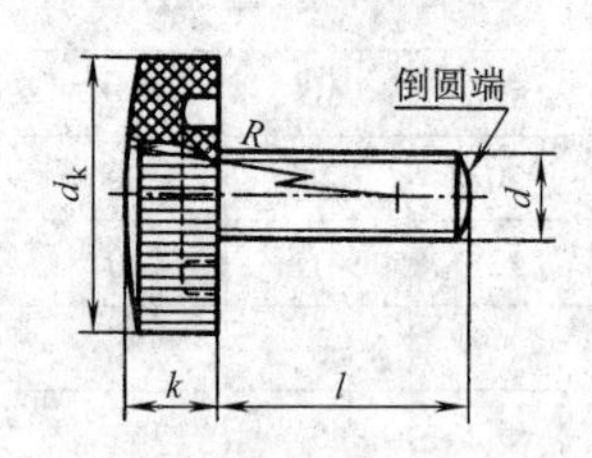

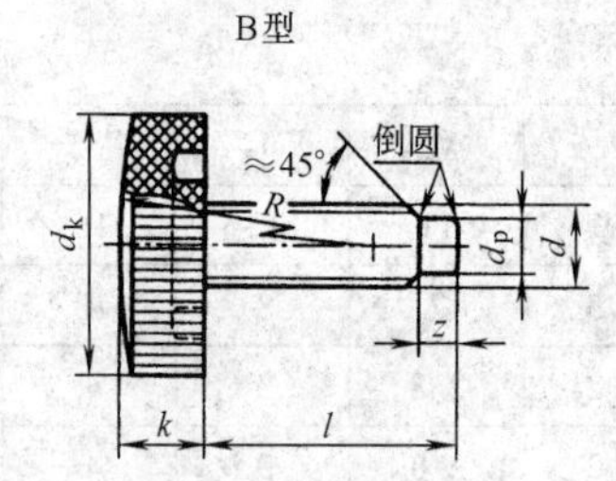

标记示例：

1）螺纹规格 d = M10、公称长度 l = 30mm、性能等级为 14H 级、表面氧化、按 A 型制造的塑料滚花头螺钉，标记如下：

螺钉　GB/T 840 M10 × 30

2）按 B 型制造时，应加标记 B：

螺钉　GB/T 840 M10 × 30

螺纹规格 d		M4	M5	M6	M8	M10	M12	M16
$d_{k\,max}$		12	16	20	25	28	32	40
k_{max}		5	6		8		10	12
$d_{P\,max}$		2.5	3.5	4	5.5	7	8.5	12
z_{min}		2	2.5	3	4	5	6	8
R	≈	25	32	40	50	55	65	80
l①		8 ~ 30	10 ~ 40	12 ~ 40	16 ~ 45	20 ~ 60	25 ~ 60	30 ~ 80
材料		头部用 ABS 塑料或供需双方协议允许的其他材料。A 型 Q215，Q235；B 型 35 钢						
表面处理	钢	①氧化；②镀锌钝化						

① 长度系列为 8、10、12、16、20 ~ 50（5 进位），60、70、80。

4.3.5　自攻螺钉和木螺钉

4.3.5.1　自攻螺钉（表 4-81 ~ 表 4-84）

表 4-81　十字槽盘头、沉头和半沉头自攻螺钉

（摘自 GB/T 845 ~ 847—1985）　（单位：mm）

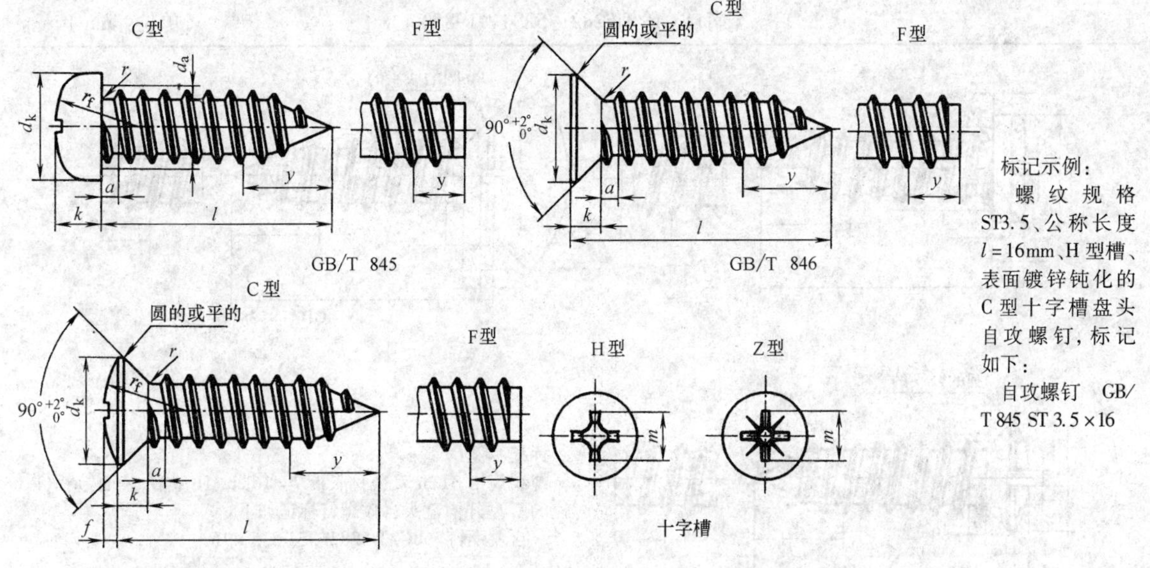

标记示例：

螺纹规格 ST3.5、公称长度 l = 16mm、H 型槽、表面镀锌钝化的 C 型十字槽盘头自攻螺钉，标记如下：

自攻螺钉　GB/T 845 ST 3.5 × 16

螺纹规格				ST2.2	ST2.9	ST3.5	ST4.2	ST4.8	ST5.5	ST6.3	ST8	ST9.5
螺距 P				0.8	1.1	1.3	1.4	1.6	1.8		2.1	
a_{max}				0.8	1.1	1.3	1.4	1.6	1.8		2.1	
d_{kmax}	GB/T 845			4	5.6	7	8	9.5	11	12	16	20
	GB/T 846 GB/T 847			3.8	5.5	7.3	8.4	9.3	10.3	11.3	15.8	18.3
k_{max}	GB/T 845			1.6	2.4	2.6	3.1	3.7	4	4.6	6	7.5
	GB/T 846 GB/T 847			1.1	1.7	2.35	2.6	2.8	3	3.15	4.65	5.25
y(参考)	C 型			2	2.6	3.2	3.7	4.3	5	6	7.5	8
	F 型			1.6	2.1	2.5	2.8	3.2	3.6		4.2	
十字槽槽号　No				0	1	2			3		4	
十字槽插入深度	H 型	GB/T 845	min	0.85	1.4		1.9	2.4	2.6	3.1	4.15	5.2
			max	1.2	1.8	1.9	2.4	2.9	3.1	3.6	4.7	5.8
	Z 型		min	0.95	1.45	1.5	1.95	2.3	2.55	3.05	4.05	5.25
			max	1.2	1.75	1.9	2.35	2.75	3	3.5	4.5	5.7
	H 型	GB/T 846	min	0.9	1.7	1.9	2.1	2.7	2.8	3	4	5.1
			max	1.2	2.1	2.4	2.6	3.2	3.3	3.5	4.6	5.7
	Z 型		min	0.95	1.6	1.75	2.05	2.6	2.75	3	4.15	5.2
			max	1.2	2	2.2	2.5	3.05	3.2	3.45	4.6	5.56
	H 型	GB/T 847	min	1.2	1.8	2.25	2.7	2.9	2.95	3.5	4.75	5.5
			max	1.5	2.2	2.75	3.2	3.4	3.45	4	5.25	6
	Z 型		min	1.15	1.8	2.25	2.65	2.9	2.95	3.4	4.75	5.6
			max	1.4	2.1	2.7	3.1	3.35	3.4	3.85	5.2	6.05
l①	GB/T 845			4.5 ~ 16	6.5 ~ 19	9.5 ~ 25	9.5 ~ 32	9.5 ~ 38	13 ~ 38		16 ~ 50	
	GB/T 846 GB/T 847			4.5 ~ 16	6.5 ~ 19	9.5 ~ 25	9.5 ~ 32		13 ~ 38		16 ~ 50	

（续）

螺纹规格	ST2.2	ST2.9	ST3.5	ST4.2	ST4.8	ST5.5	ST6.3	ST8	ST9.5
性能等级	见表4-16								
表面处理	镀锌钝化								

① 长度系列为4.5、6.5、9.5、13、16、19、22、25、32、38、45、50。

表4-82　开槽盘头、沉头和半沉头自攻螺钉

（摘自GB/T 5282～5284—1985）　　（单位：mm）

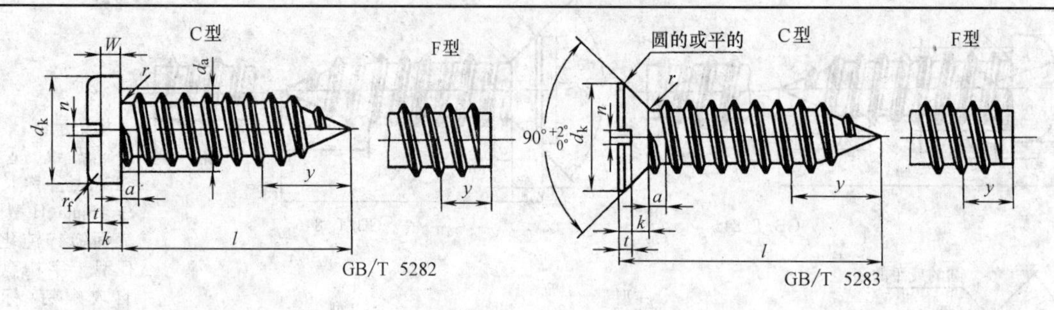

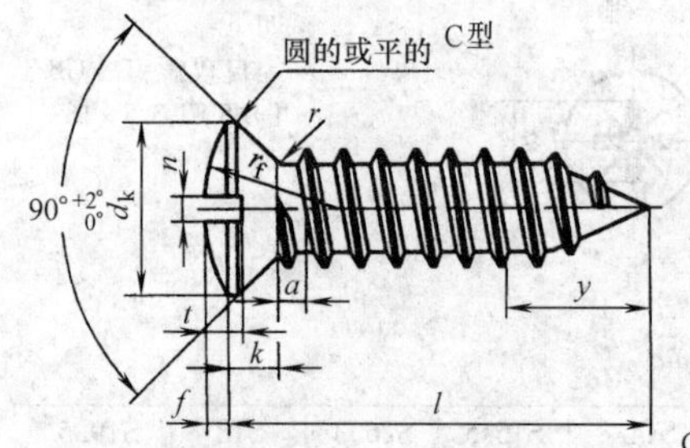

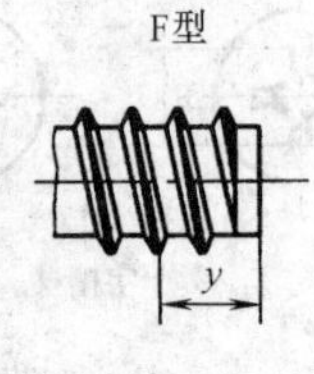

标记示例：

螺纹规格ST 3.5、公称长度 $l=16$mm、H型槽、表面镀锌钝化的C型开槽盘头自攻螺钉标记如下：

自攻螺钉　BG/T 5282　ST 3.5×16

螺纹规格		ST2.2	ST2.9	ST3.5	ST4.2	ST4.8	ST5.5	ST6.3	ST8	ST9.5
螺距 P		0.8	1.1	1.3	1.4	1.6	1.8		2.1	
a_{max}		0.8	1.1	1.3	1.4	1.6	1.8		2.1	
d_{kmax}	GB/T 5282	4	5.6	7	8	9.5	11	12	16	20
	GB/T 5283 GB/T 5284	3.8	5.5	7.3	8.4	9.3	10.3	11.3	15.8	18.3
k_{max}	GB/T 5282	1.6	2.4	2.6	3.1	3.7	4	4.6	6	7.5
	GB/T 5283 GB/T 5284	1.1	1.7	2.35	2.6	2.8	3	3.15	4.65	5.25
n	公称	0.5	0.8	1	1.2		1.6		2	2.5
t_{min}	GB/T 5282	0.5	0.7	0.8	1	1.2	1.3	1.4	1.9	2.4
	GB/T 5283	0.4	0.6	0.9	1	1.1		1.2	1.8	2
	GB/T 5284	0.8	1.2	1.4	1.6	2	2.2	2.4	3.2	3.8
y（参考）	C型	2	2.6	3.2	3.7	4.3	5	6	7.5	8
	F型	1.6	2.1	2.5	2.8	3.2	3.6		4.2	
l①	GB/T 5282	4.5～16	6.5～19	6.5～22	9.5～25	9.5～32	13～32	13～38	16～50	
	GB/T 5283	4.5～16	6.5～19	9.5～25	9.5～32		16～38		19～50	22～50
	GB/T 5284	4.5～16	6.5～19	9.5～22	9.5～25	9.5～32	13～32	13～38	16～50	19～50
性能等级		见表4-16								
表面处理		镀锌钝化								

① 长度系列为4.5、6.5、9.5、13、16、19、22、25、32、38、45、50。

表 4-83　六角头自攻螺钉和十字槽凹穴六角头自攻螺钉

（摘自 GB/T 5285—1985 和 GB/T 9456—1988）　　（单位：mm）

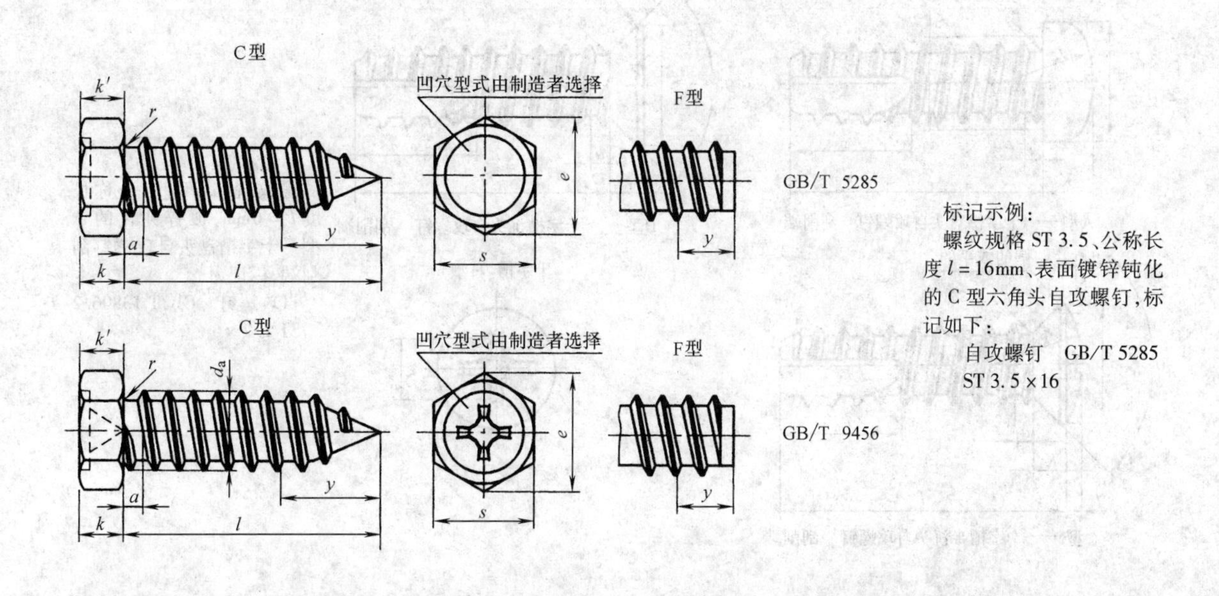

标记示例：

螺纹规格 ST 3.5、公称长度 l = 16mm、表面镀锌钝化的 C 型六角头自攻螺钉，标记如下：

自攻螺钉　GB/T 5285　ST 3.5 × 16

螺纹规格			ST2.2	ST2.9	ST3.5	ST4.2	ST4.8	ST5.5	ST6.3	ST8	ST9.5
螺距 P			0.8	1.1	1.3	1.4	1.6	1.8		2.1	
a	max		0.8	1.1	1.3	1.4	1.6	1.8		2.1	
s	max		3.2	5	5.5	7	8		10	13	16
e	min		3.38	5.4	5.96	7.59	8.71		10.95	14.26	17.62
k	max		1.3	2.3	2.6	3	3.8	4.1	4.7	6	7.5
十字槽 H 型				1	2				3		
	插入深度	min		0.95	0.91	1.40	1.80		2.36	3.20	
		max		1.32	1.43	1.90	2.33		2.86	3.86	
y（参考）	C 型		2	2.6	3.2	3.7	4.3	5	6	7.5	8
	F 型		1.6	2.1	2.5	2.8	3.2	3.6		4.2	
l①	GB/T 5285		4.5 ~ 16	6.5 ~ 19	6.5 ~ 22	9.5 ~ 25	9.5 ~ 32	13 ~ 32	13 ~ 38	13 ~ 50	16 ~ 50
	GB/T 9456			6.5 ~ 19	9.5 ~ 22	9.5 ~ 25	9.5 ~ 32		13 ~ 38	13 ~ 50	
表面处理			镀锌钝化								

① 长度系列为 4.5、6.5、9.5、13、16、19、22、25、32、38、45、50。

表 4-84　十字槽自攻螺钉（摘自 GB/T 13806.2—1992）　　　　（单位：mm）

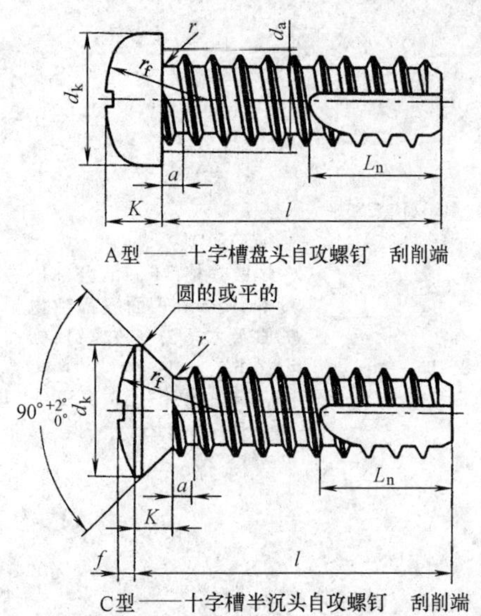

A型——十字槽盘头自攻螺钉　刮削端

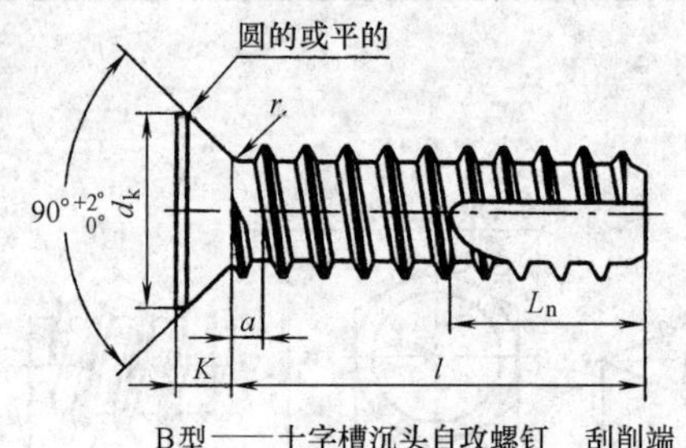

B型——十字槽沉头自攻螺钉　刮削端

C型——十字槽半沉头自攻螺钉　刮削端

十字槽　H型

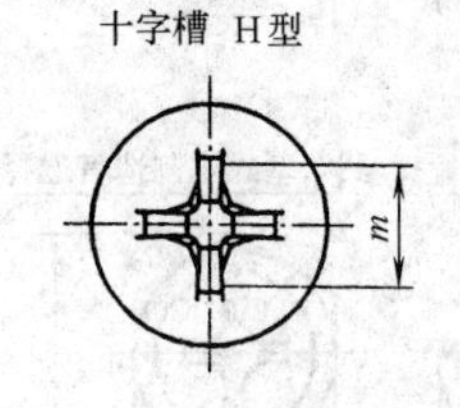

标记示例：

螺纹规格 ST2.2、公称长度 l = 6mm、镀锌钝化的 A 型—十字槽盘头自攻螺钉刮削端，标记为

自攻螺钉　GB/T 13806.2　ST 2.2×6

螺纹规格				ST1.5	(ST1.9)	ST2.2	(ST2.6)	ST2.9	ST3.5	ST4.2
螺距 P				0.5	0.6	0.8	0.9	1.1	1.3	1.4
a_{max}				0.5	0.6	0.8	0.9	1.1	1.3	1.4
d_{kmax}	A型			2.8	3.5	4.0	4.3	5.6	7.0	8.0
	B、C型			2.8	3.5	3.8	4.8	5.5	7.3	8.4
K_{max}	A型			0.9	1.1	1.6	2.0	2.4	2.6	3.1
	B、C型			0.8	0.9	1.1	1.4	1.7	2.35	2.6
L_n	max			0.7	0.9	1.6		2.1	2.5	2.8
十字槽槽号 No				0			1		2	
十字槽插入深度	H型	A型	min	0.5	0.7	0.85	1.1	1.4		1.95
			max	0.7	0.9	1.2	1.5	1.8	1.9	2.35
		B型	min	0.7	0.8	0.9	1.3	1.7	1.9	2.1
			max	0.9	1.0	1.2	1.6	2.1	2.4	2.6
		C型	min	0.9	1.0	1.2	1.4	1.8	2.25	
			max	1.1	1.2	1.5	1.8	2.2	2.75	
l①				4~8		4.5~10	4.5~16	4.5~20	7~25	
表面处理				镀锌钝化						

注：尽可能不采用括号内规格。

① 长度系列为 4、(4.5)、5、(5.5)、6、(7)、8、(9.5)、10、13、16、20、(22)、25。

4.3.5.2　自攻锁紧螺钉（表 4-85 ~ 表 4-87）

表 4-85　十字槽盘头、沉头和半沉头自攻锁紧螺钉

（摘自 GB/T 6560 ~ 6562—1986）　（单位：mm）

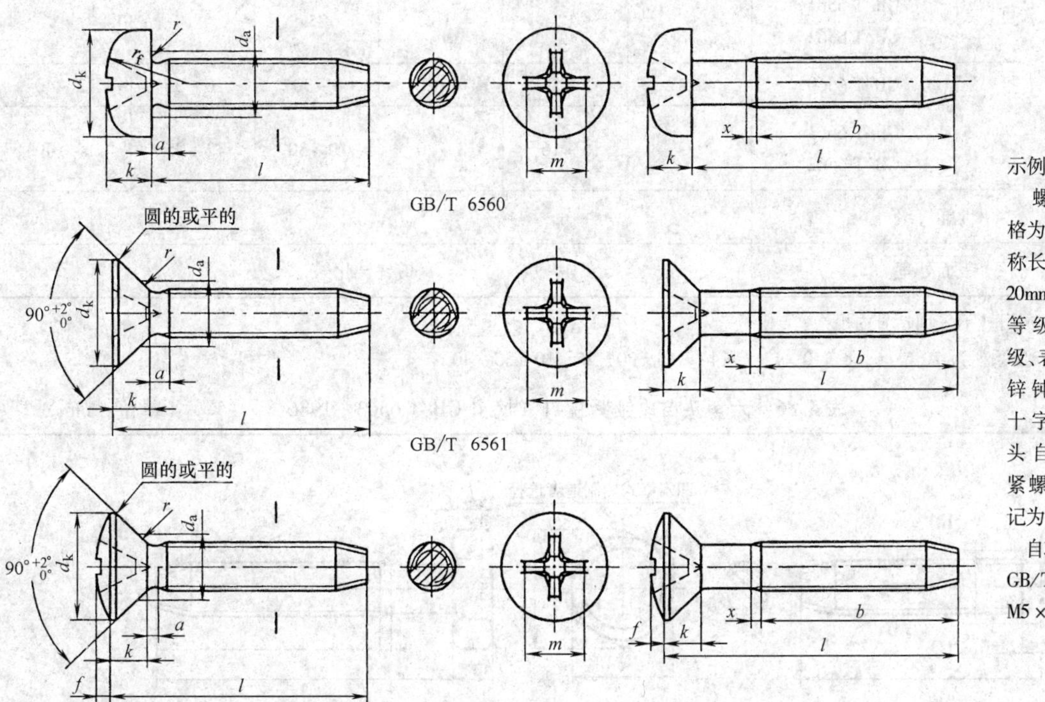

GB/T 6562

标记示例：

螺纹规格为 M5、公称长度 l = 20mm、性能等级为 B 级、表面镀锌钝化的十字槽盘头自攻锁紧螺钉，标记为

自攻螺钉 GB/T 6560 M5×20

螺纹规格				M2	M2.5	M3	M4	M5	M6
a_{max}				0.8	0.9	1	1.4	1.6	2
b_{min}				10	12	18	24	30	35
x_{max}				1	1.1	1.25	1.75	2	2.5
d_{kmax}		GB/T 6560		4	5	5.6	8	9.5	12
		GB/T 6561 GB/T 6562			4.7	5.5	8.4	9.3	11.3
k_{max}		GB/T 6560		1.6	2.1	2.4	3.1	3.7	4.6
		GB/T 6561 GB/T 6562			1.2	1.65	2.7		3.3
十字槽槽号 No				0	1		2		3
十字槽插入深度	H 型	GB/T 6560	min	0.9	1.15	1.4	1.9	2.4	3.1
			max	1.2	1.55	1.8	2.4	2.9	3.6
		GB/T 6561	min		1.4	1.7	2.4	2.7	3
			max		1.8	2.1	2.6	3.2	3.5
		GB/T 6562	min		1.5	1.8	2.7	2.9	3.5
			max		1.85	2.2	3.2	3.4	4

（续）

螺纹规格		M2	M2.5	M3	M4	M5	M6
全螺纹时最大长度	GB/T 6560	10	12	16	25	30	35
	GB/T 6561 GB/T 6562		12	16	25	30	
l①	GB/T 6560	4～12	5～16	6～20	8～30	10～35	12～40
	GB/T 6561 GB/T 6562		6～16	8～20	10～30	12～35	14～40
性能等级		A、B					
表面处理		镀锌钝化					

注：尽可能不采用括号内规格。

① 长度系列为4、5、6、8、10、12、(14)、16、20、25、30、35、40。

表4-86　六角头自攻锁紧螺钉（摘自GB/T 6563—1986）　　（单位：mm）

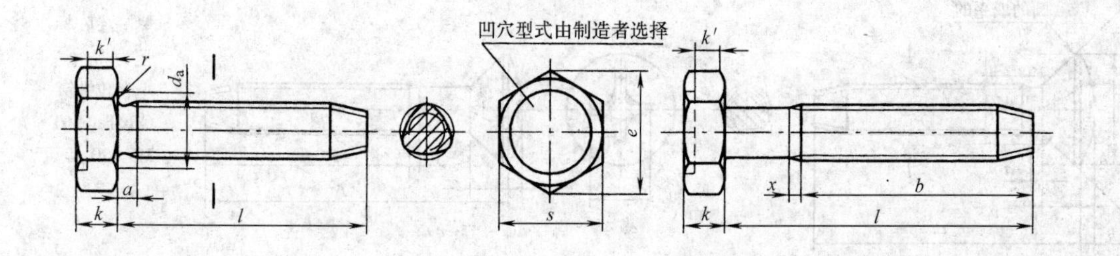

标记示例：

螺纹规格为M5、公称长度 l=20mm、性能等级为B级、表面镀锌钝化的六角头自攻锁紧螺钉，标记为

自攻螺钉　GB/T 6563　M5×20

螺纹规格	M5	M6	M8	M10	M12
a_{max}	2.4	3	3.75	4.5	5.25
b_{min}	30	35			
s_{max}	8	10	13	16	18
e_{min}	8.79	11.05	14.38	17.77	20.03
k（公称）	3.5	4	5.3	6.4	7.5
x_{max}	2	2.5	3.2	3.8	4.4
全螺纹时最大长度	30	35			
l①	10～50	12～60	16～80	20～80	25～80
性能等级	A、B				
表面处理	镀锌钝化				

注：尽可能不采用括号内规格。

① 长度系列为10、12、(14)、16、20～50（5进位），(55)、60、(65)、70、80。

表 4-87　十字槽盘头、沉头和半沉头自钻自攻螺钉（摘自 GB/T 15856.1—2002、GB/T 15856.2—2002、GB/T 15856.3—2002）　　（单位：mm）

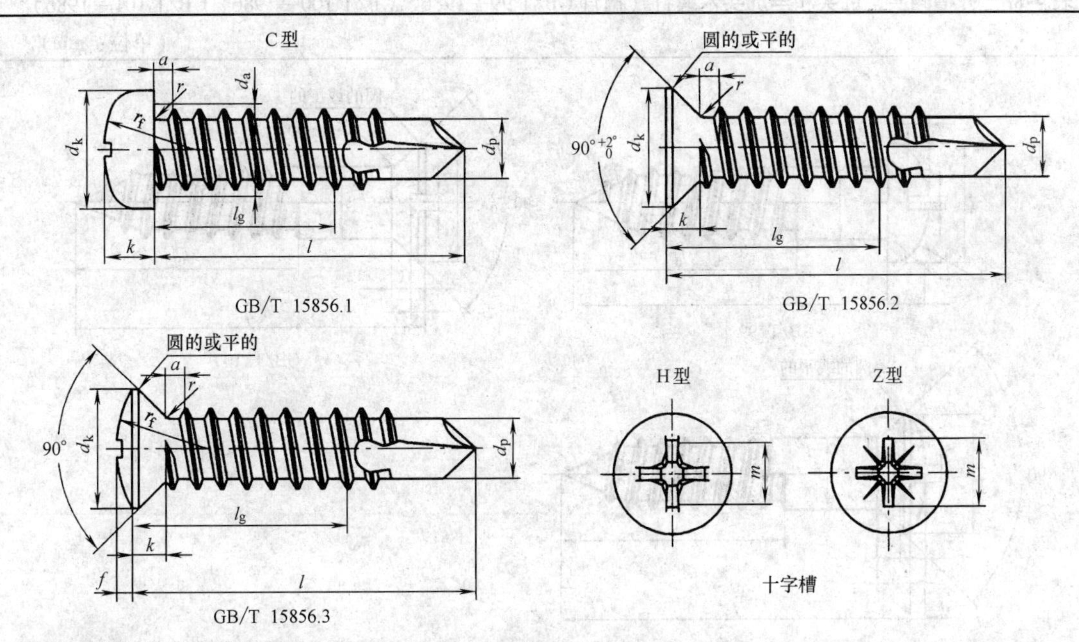

标记示例：

螺纹规格 ST4.2，公称长度 l = 16mm，H 型槽表面镀锌钝化的十字槽盘头自钻自攻螺钉，标记为

自攻螺钉　GB/T 15856.1　ST4.2 × 16

螺纹规格				ST2.9	ST3.5	ST4.2	ST4.8	ST5.5	ST6.3
螺距 P				1.1	1.3	1.4	1.6	1.8	
a_{max}				1.1	1.3	1.4	1.6	1.8	
d_{kmax}	GB/T 15856.1			5.6	7	8	9.5	11	12
	GB/T 15856.2 GB/T 15856.3			5.5	7.3	8.4	9.3	10.3	11.3
k_{max}	GB/T 15856.1			2.4	2.6	3.1	3.7	4	4.6
	GB/T 15856.2 GB/T 15856.3			1.7	2.35	2.6	2.8	3	3.15
d_p			≈	2.3	2.8	3.6	4.1	4.8	5.8
十字槽槽号			No	1	2			3	
十字槽插入深度	H 型	GB/T 15856.1	min	1.4		1.9	2.4	2.6	3.1
			max	1.8	1.9	2.4	2.9	3.1	3.6
	Z 型		min	1.45	1.5	1.95	2.3	2.55	3.05
			max	1.75	1.9	2.35	2.75	3	3.5
	H 型	GB/T 15856.2	min	1.7	1.9	2.1	2.7	2.8	3
			max	2.1	2.4	2.6	3.2	3.3	3.5
	Z 型		min	1.6	1.75	2.05	2.6	2.75	3
			max	2	2.2	2.5	3.05	3.2	3.45
	H 型	GB/T 15856.3	min	1.8	2.25	2.7	2.9	2.95	3.5
			max	2.2	2.75	3.2	3.4	3.45	4
	Z 型		min	1.8	2.25	2.65	2.9	2.95	3.4
			max	2.1	2.7	3.1	3.35	3.4	3.85
钻削范围（板厚）			≥	0.7		1.75			2
			≤	1.9	2.25	3	4	5.25	6
l①				13 ~ 19	13 ~ 25	13 ~ 38	16 ~ 50	19 ~ 50	

① 长度系列为 13、16、19、22、25、32、38、45、50。

4.3.5.3 木螺钉（表 4-88 ~ 表 4-90）

表 4-88 开槽圆头、沉头和半沉头木螺钉（摘自 GB/T 99—1986、GB/T 100—1986、GB/T 101—1986）

（单位：mm）

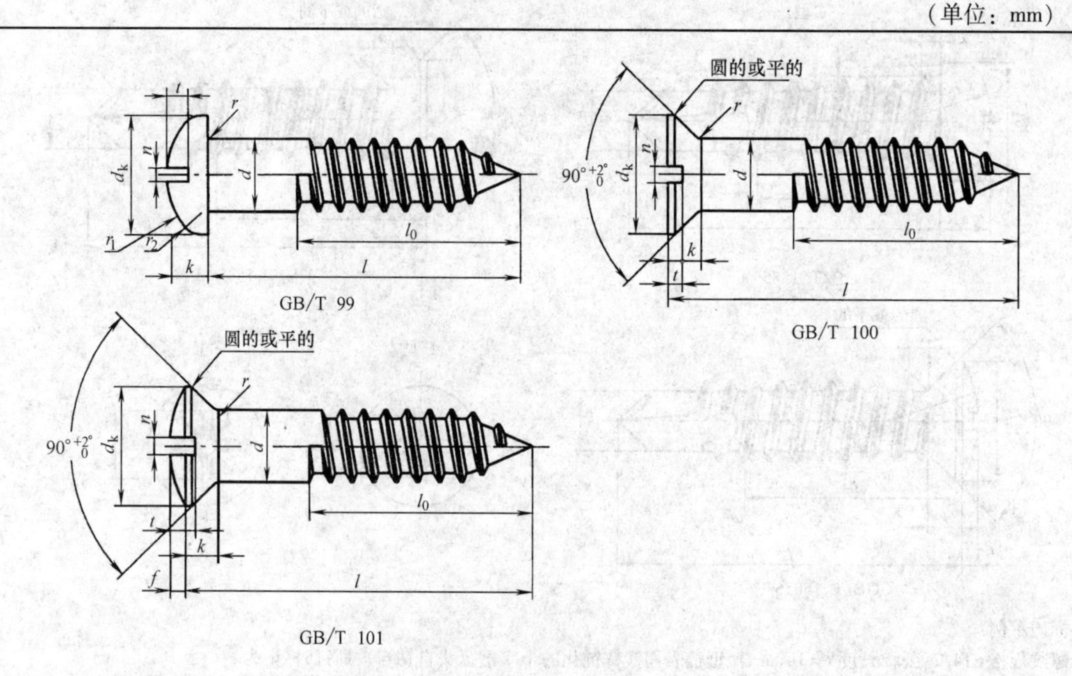

标记示例：

公称直径 10mm、长度 100mm、材料为 Q215、不经表面处理的开槽圆头木螺钉，标记为

木螺钉 GB 99 10×100

d(公称)		1.6	2	2.5	3	3.5	4	(4.5)	5	(5.5)	6	(7)	8	10
$d_{k\ max}$	GB/T 99	3.2	3.9	4.63	5.8	6.75	7.65	8.6	9.5	10.5	11.05	13.35	15.2	18.9
	GB/T 100 GB/T 101	3.2	4	5	6	7	8	9	10	11	12	14	16	20
k	GB/T 99	1.4	1.6	1.98	2.37	2.65	2.95	3.25	3.5	3.95	4.34	4.86	5.5	6.8
	GB/T 100 GB/T 101	1	1.2	1.4	1.7	2	2.2	2.7	3	3.2	3.5	4	4.5	5.8
n(公称)		0.4	0.5	0.6	0.8	0.9	1	1.2	1.2	1.4	1.6	1.8	2	2.5
r_f ≈	GB/T 99	1.6	2.3	2.6	3.4	4	4.8	5.2	6	6.5	6.8	8.2	9.7	12.1
	GB/T 101	2.8	3.6	4.3	5.5	6.1	7.3	7.9	9.1	9.7	10.9	12.4	14.5	18.2
t_{min}	GB/T 99	0.64	0.70	0.90	1.06	1.26	1.38	1.60	1.90	2.10	2.20	2.34	2.94	3.60
	GB/T 100	0.48	0.58	0.64	0.79	0.95	1.05	1.30	1.46	1.56	1.71	1.95	2.2	2.90
	GB/T 101	0.64	0.74	0.9	1.1	1.36	1.46	1.8	2.0	2.2	2.3	2.8	3.1	4.04
l①	GB/T 99	6~12	6~14	6~22	8~25	8~38	12~65	14~80	16~90	22~90	22~120	38~120		65~120
	GB/T 100	6~12	6~16	6~25	8~30	8~40	12~70	16~85	18~100	25~100	25~120	40~120		75~120
	GB/T 101	6~12	6~16	6~25	8~30	8~40	12~70	16~85	18~100	30~100	30~120	40~120		70~120
材料	碳素钢	Q215、Q235 (GB/T 700)												
	铜及铜合金	H62、HPb59-1 GB/T 4424、GB/T 4425												
表面缺陷		螺纹表面不允许有裂缝、折叠。除螺纹最初两扣和螺尾外，不允许有扣不完整表面不允许有浮锈，不允许有影响使用的裂缝、凹痕、毛刺、圆钝和飞边												

注：尽可能不采用括号内的规格。

① 长度系列为 6~20（2 进位）、(22)、25、30、(32)、35、(38)、40~90（5 进位）、100、120。

表 4-89　六角头木螺钉（摘自 GB/T 102—1986）　　　　（单位：mm）

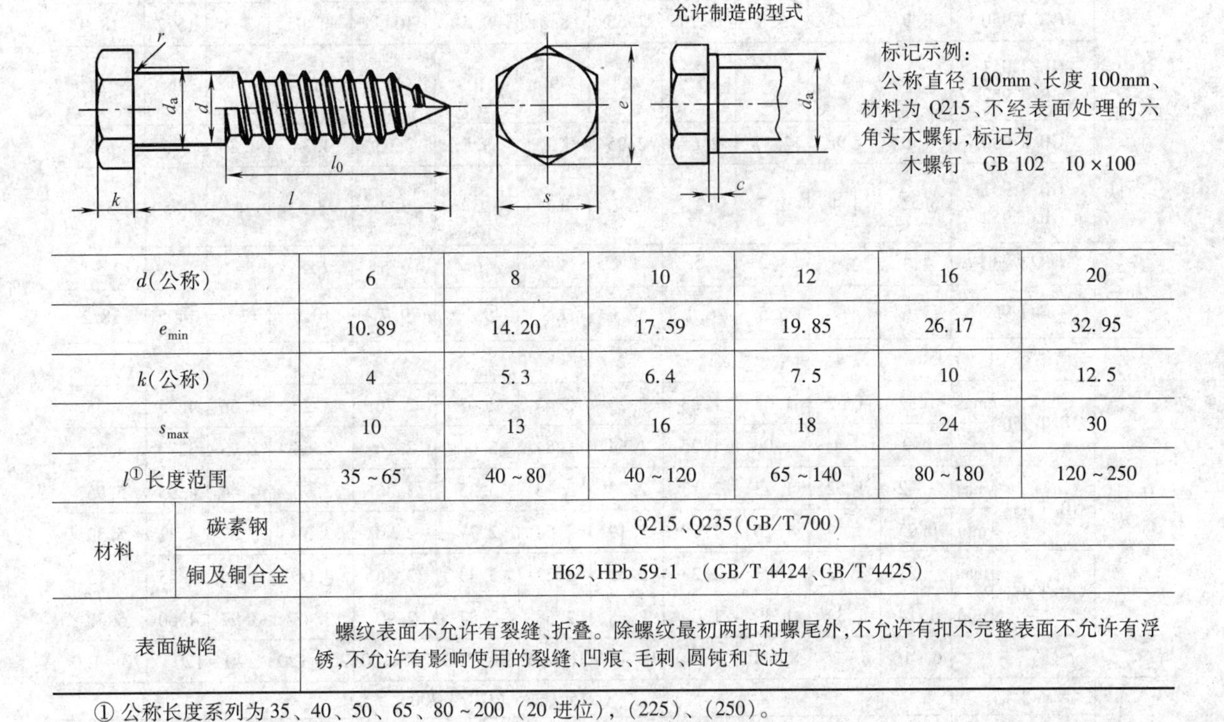

d（公称）		6	8	10	12	16	20
e_{min}		10.89	14.20	17.59	19.85	26.17	32.95
k（公称）		4	5.3	6.4	7.5	10	12.5
s_{max}		10	13	16	18	24	30
l[①]长度范围		35 ~ 65	40 ~ 80	40 ~ 120	65 ~ 140	80 ~ 180	120 ~ 250
材料	碳素钢	Q215、Q235（GB/T 700）					
	铜及铜合金	H62、HPb 59-1　（GB/T 4424、GB/T 4425）					
表面缺陷		螺纹表面不允许有裂缝、折叠。除螺纹最初两扣和螺尾外，不允许有扣不完整表面不允许有浮锈，不允许有影响使用的裂缝、凹痕、毛刺、圆钝和飞边					

① 公称长度系列为 35、40、50、65、80 ~ 200（20 进位），（225）、（250）。

表 4-90　十字槽圆头、沉头和半沉头木螺钉（摘自 GB/T 950 ~ 952—1986）（单位：mm）

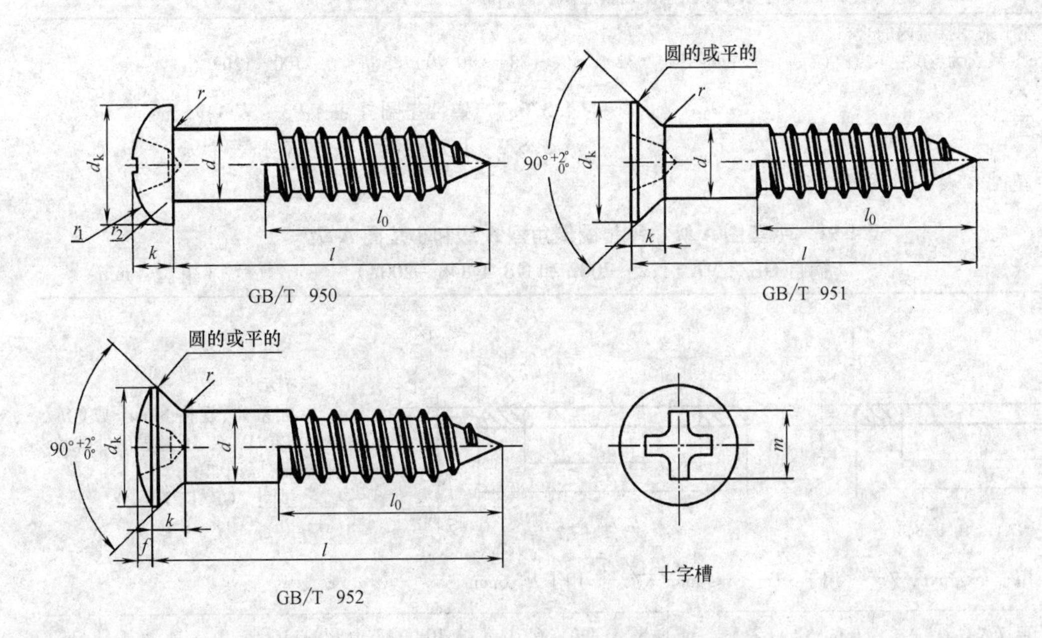

标记示例：

公称直径 10mm、长度 100mm、材料为 Q215、不经表面处理的十字槽圆头木螺钉，标记如下：

木螺钉　GB/T 950　10 × 100

（续）

d(公称)			2	2.5	3	3.5	4	(4.5)	5	(5.5)	6	(7)	8	10
d_{kmax}	GB/T 950		3.9	4.63	5.8	6.75	7.65	8.6	9.5	10.5	11.05	13.35	15.2	18.9
	GB/T 951 GB/T 952		4	5	6	7	8	9	10	11	12	14	16	20
k	GB/T 950		1.6	1.98	2.37	2.65	2.95	3.25	3.5	3.95	4.34	4.86	5.5	6.8
	GB/T 951 GB/T 952		1.2	1.4	1.7	2	2.2	2.7	3	3.2	3.5	4	4.5	5.8
r_f	GB/T 950		2.3	2.6	3.4	4	4.8	5.2	6	6.5	6.8	8.2	9.7	12.1
	GB/T 952		3.6	4.3	5.5	6.1	7.3	7.9	9.1	9.7	10.9	12.4	14.5	18.2
十字槽槽号			1		2					3			4	
十字槽(H型)插入深度	GB/T 950	max	1.32	1.52	1.63	1.83	2.23	2.43	2.63	2.76	3.26	3.56	4.35	5.35
		min	0.9	1.1	1.06	1.25	1.64	1.84	2.04	2.16	2.65	2.93	3.77	4.75
	GB/T 951	max	1.32	1.52	1.73	2.13	2.73	3.13	3.33	3.36	3.96	4.46	4.95	5.95
		min	0.95	1.14	1.20	1.60	2.19	2.58	2.77	2.80	3.39	3.87	4.41	5.39
	GB/T 952	max	1.52	1.72	1.83	2.23	2.83	3.23	3.43	3.46	4.06	4.56	5.15	6.15
		min	1.14	1.34	1.30	1.69	2.28	2.68	2.87	2.90	3.48	3.97	4.60	5.58
l①			6~16	6~25	8~30	8~40	12~70	16~85	18~100	25~100	25~120	40~120		70~120
材料	碳素钢		Q215、Q235（GB/T 700）											
	铜及铜合金		H62、HPb59-1（GB/T 4424、GB/T 4425）											
表面缺陷			螺纹表面不允许有裂缝、折叠。除螺纹最初两扣和螺尾外，不允许有扣不完整表面不允许有浮锈，不允许有影响使用的裂缝、凹痕、毛刺、圆钝和飞边											

注：尽可能不采用括号内的规格。

① 公称长度系列为：6～(22)（2进位）、25、30、(32)、35、(38)、40～90（5进位）、100、120。

4.3.6 垫圈

4.3.6.1 平垫圈（表4-91和表4-92）

4.3.6.2 弹性垫圈（表4-93～表4-95）

4.3.6.3 止动垫圈（表4-96和表4-97）

表4-91　平垫圈A级、平垫圈倒角型A级和小垫圈A级

（摘自GB/T 97.1，2—2002和GB/T 848—2002）　　（单位：mm）

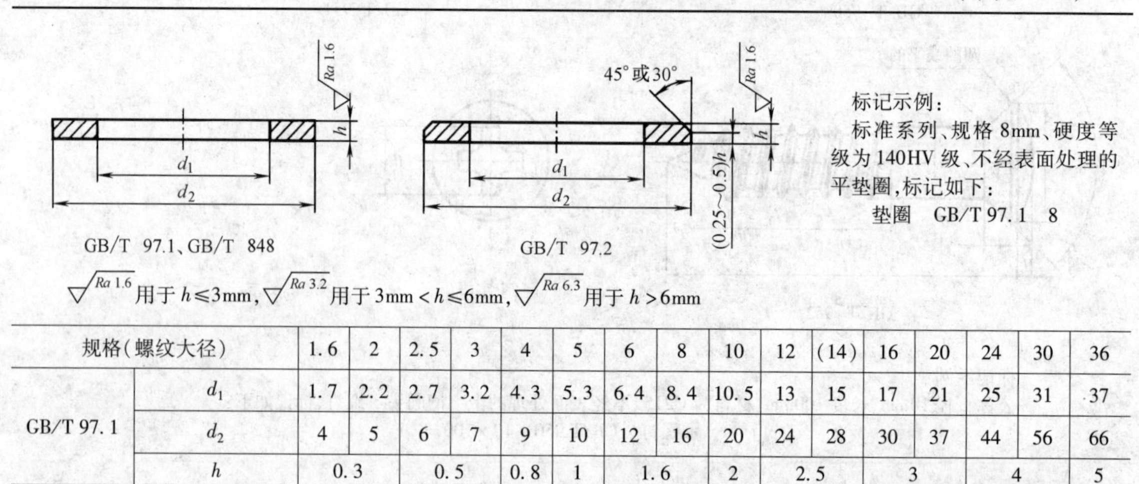

标记示例：

标准系列、规格8mm、硬度等级为140HV级、不经表面处理的平垫圈，标记如下：

垫圈　GB/T 97.1　8

规格(螺纹大径)		1.6	2	2.5	3	4	5	6	8	10	12	(14)	16	20	24	30	36
GB/T 97.1	d_1	1.7	2.2	2.7	3.2	4.3	5.3	6.4	8.4	10.5	13	15	17	21	25	31	37
	d_2	4	5	6	7	9	10	12	16	20	24	28	30	37	44	56	66
	h	0.3		0.5		0.8	1	1.6		2	2.5		3		4		5

（续）

规格（螺纹大径）		1.6	2	2.5	3	4	5	6	8	10	12	(14)	16	20	24	30	36
GB/T 97.2	d_1						5.3	6.4	8.4	10.5	13	15	17	21	25	31	37
	d_2						10	12	16	20	24	28	30	37	44	56	66
	h						1	1.6		2	2.5		3		4		5
GB/T 848	d_1	1.7	2.2	2.7	3.2	4.3	5.3	6.4	8.4	10.5	13	15	17	21	25	31	37
	d_2	3.5	4.5	5	6	8	9	11	15	18	20	24	28	34	39	50	60
	h	0.3		0.5		0.8	1	1.6		2	2.5		3		4		5
性能等级	钢	140HV、200HV、300HV															
	奥氏体不锈钢	A140、A200、A350															
表面处理	钢	①镀锌钝化；②不经处理															
	奥氏体不锈钢	不经处理															

注：括号内为非优选尺寸。

表 4-92　平垫圈 C 级、大垫圈 C 级和特大垫圈 C 级

（摘自 GB/T 95—2002、GB/T 96.2—2002 和 GB/T 5287—2002）　　（单位：mm）

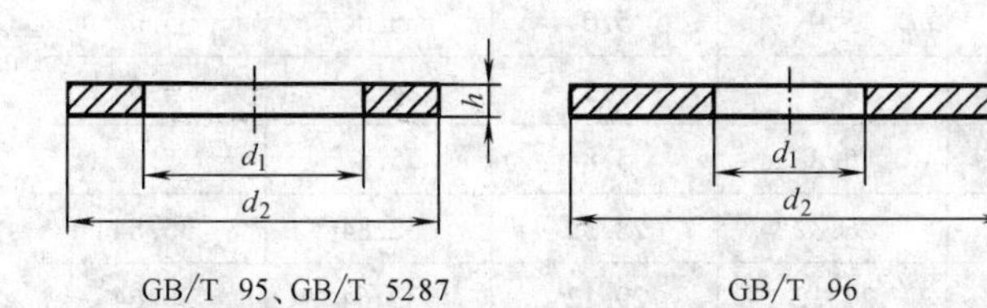

标记示例：

标准系列、规格 8mm、性能等级为 100HV 级、不经表面处理的平垫圈，标记如下：

垫圈　GB/T 95　8

规格（螺纹大径）		3	4	5	6	8	10	12	(14)	16	20	24	30	36
GB/T 95	d_1	3.4	4.5	5.5	6.5	9	11	13.5	15.5	17.5	22	26	33	39
	d_2	7	9	10	12	16	20	24	28	30	37	44	56	66
	h	0.5	0.8	1	1.6		2	2.5		3		4		5
GB/T 96.2	d_1	3.4	4.5	5.5	6.6	9	11	13.5	15.5	17.5	22	26	33	39
	d_2	9	12	15	18	24	30	37	44	50	60	72	92	110
	h	0.8	1	1	1.6	2	2.5	3			4	5	6	8
GB/T 5287	d_1			5.5	6	6	9	11	13.5	15.5	17.5	22	26	33
	d_2			18	22	28	34	44	50	56	72	85	105	125
	h			2		3		4		5	6			8
性能等级	钢	A 级：140HV；C 级：100HV												
	奥氏体不锈钢	A140												
表面处理	钢	GB/T 95：不经处理；GB/T 96、GB/T 5287：①不经处理；②镀锌钝化												
	奥氏体不锈钢	不经处理												

注：括号内为非优选尺寸。

表 4-93 钢结构用扭剪型高强度螺栓连接副用垫圈（摘自 GB/T 3632—2008）

（单位：mm）

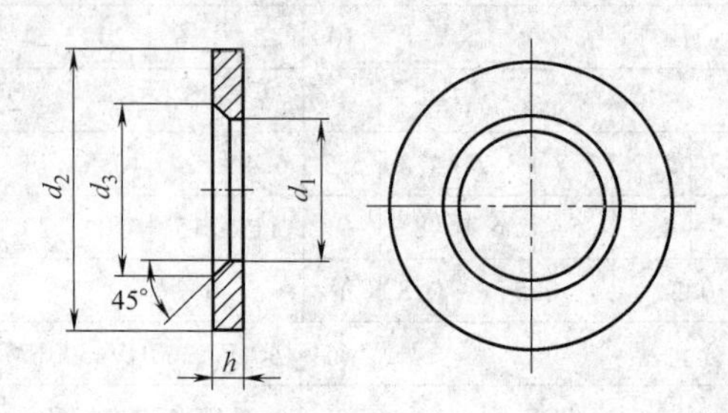

规格(螺纹大径)		16	20	(22)[①]	24	(27)[①]	30
d_1	min	17	21	23	25	28	31
	max	17.43	21.52	23.52	25.52	28.52	31.62
d_2	min	31.4	38.4	40.4	45.4	50.1	54.1
	max	33	40	42	47	52	56
h	公称	4.0	4.0	5.0	5.0	5.0	5.0
	min	3.5	3.5	4.5	4.5	4.5	4.5
	max	4.8	4.8	5.8	5.8	5.8	5.8
d_3	min	19.23	24.32	26.32	28.32	32.84	35.84
	max	20.03	25.12	27.12	29.12	33.64	36.64

注：钢结构用扭剪型高强度螺栓连接副各零件的性能等级和材料见下表：

类别	性能等级	推荐材料	适用规格
螺栓	10.9S	20MnTiB ML20MnTiB	≤M24
		35VB 35CrMo	M27、M30
螺母	10H	45、35 ML35	≤M30
垫圈		45、35	

① 括号内的规格为第二系列，应优先选用第一系列（不带括号）的规格。

表 4-94 标准型、轻型和重型弹簧垫圈

（摘自 GB/T 93—1987、GB/T 859—1987 和 GB/T 7244—1987）　　（单位：mm）

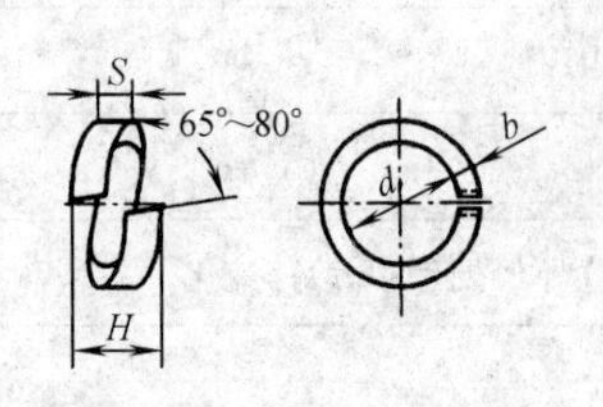

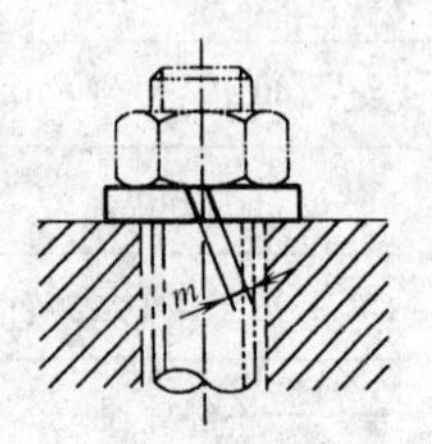

标记示例：

规格 16mm、材料为 65Mn、表面氧化的重型弹簧垫圈，标记如下：

垫圈　GB/T 7244—1987　16

（续）

规格（螺纹大径）		2	2.5	3	4	5	6	8	10	12	（14）	16	（18）
d_{min}		2.1	2.6	3.1	4.1	5.1	6.1	8.1	10.2	12.2	14.2	16.2	18.2
GB/T 93	S（公称）	0.5	0.65	0.8	1.1	1.3	1.6	2.1	2.6	3.1	3.6	4.1	4.5
	b（公称）	0.5	0.65	0.8	1.1	1.3	1.6	2.1	2.6	3.1	3.6	4.1	4.5
	S_{max}	1.25	1.63	2	2.75	3.25	4	5.25	6.5	7.75	9	10.25	11.25
	m ≤	0.25	0.33	0.4	0.55	0.65	0.8	1.05	1.3	1.55	1.8	2.05	2.25
GB/T 859	S（公称）			0.6	0.8	1.1	1.3	1.6	2	2.5	3	3.2	3.6
	b（公称）			1	1.2	1.5	2	2.5	3	3.5	4	4.5	5
	S_{max}			1.5	2	2.75	3.25	4	5	6.25	7.5	8	9
	m ≤			0.3	0.4	0.55	0.65	0.8	1	1.25	1.5	1.6	1.8
GB/T 7244	S（公称）						1.8	2.4	3	3.5	4.1	4.8	5.3
	b（公称）						2.6	3.2	3.8	4.3	4.8	5.3	5.8
	S_{max}						4.5	6	7.5	8.75	10.25	12	13.25
	m ≤						0.9	1.2	1.5	1.75	2.05	2.4	2.65
弹性试验载荷/N		700	1160	1760	3050	5050	7050	12900	20600	30000	41300	56300	69000
弹　　性		弹性试验后的自由高度应不小于 1.67S（公称）											

规格（螺纹大径）		20	（22）	24	（27）	30	（33）	36	（39）	42	（45）	48
d_{min}		20.2	22.5	24.5	27.5	30.5	33.5	36.5	39.5	42.5	45.5	48.5
GB/T 93	S（公称）	5	5.5	6	6.8	7.5	8.5	9	10	10.5	11	12
	b（公称）	5	5.5	6	6.8	7.5	8.5	9	10	10.5	11	12
	S_{max}	12.5	13.75	15	17	18.75	21.25	22.5	25	26.25	27.5	30
	m ≤	2.5	2.75	3	3.4	3.75	4.25	4.5	5	5.25	5.5	6
GB/T 859	S（公称）	4	4.5	5	5.5	6						
	b（公称）	5.5	6	7	8	9						
	S_{max}	10	11.25	12.5	13.75	15						
	m ≤	2	2.25	2.5	2.75	3						
GB/T 7244	S（公称）	6	6.6	7.1	8	9	9.9	10.8				
	b（公称）	6.4	7.2	7.5	8.5	9.3	10.2	11.0				
	S_{max}	15	16.5	17.75	20	22.5	24.75	27				
	m ≤	3	3.3	3.55	7	7.5	7.95	5.4				
规格（螺纹大径）		20	（22）	24	（27）	30	（33）	36	（39）	42	（45）	48
弹性试验载荷/N		88000	110000	127000	167000	204000	255000	298000	343000	394000	457000	518000
弹　　性		弹性试验后的自由高度应不小于 1.67S（公称）										
材料及热处理	弹簧钢	65Mn、70、60Si2Mn，淬火并回火处理，硬度 42～50HRC										
	不锈钢	30Cr13、1Cr18Ni9Ti①										
	铜及铜合金	QSi3-1，硬度≥90HBW										
表面处理	弹簧钢	氧化、磷化、镀锌钝化										

注：尽可能不采用括号内的规格。

① 1Cr18Ni9Ti 牌号在 GB/T 20878—2007 中已被删除。下同。

表 4-95　鞍形弹簧垫圈和波形弹簧垫圈

（摘自 GB/T 7245—1987 和 GB/T 7246—1987）　　（单位：mm）

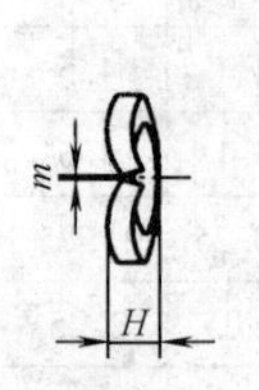

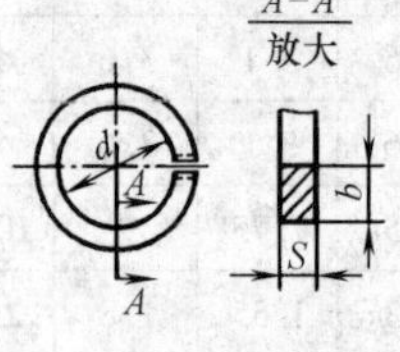

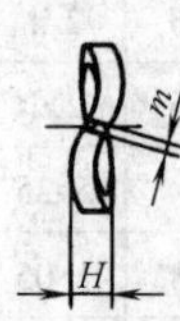

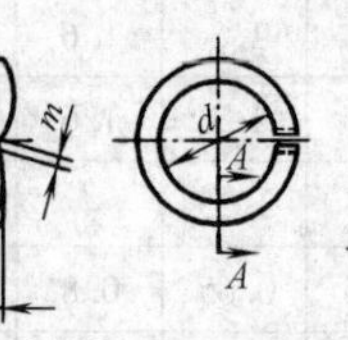

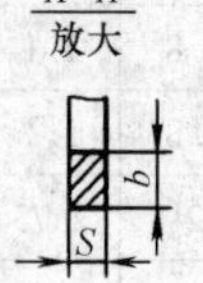

标记示例：

规格 16mm、材料为 Mn、表面氧化处理的鞍形弹簧垫圈、波形弹簧垫圈，分别标记为

垫圈　GB/T 7245　16

垫圈　GB/T 7246　16

规格（螺纹大径）		3	4	5	6	8	10	12	(14)	16	(18)	20	(22)	24	(27)	30
$d_{\min}$		3.1	4.1	5.1	6.1	8.1	10.2	12.2	14.2	16.2	18.2	20.2	22.5	24.5	27.5	30.5
$H_{\max}$		1.3	1.4	1.7	2.2	2.75	3.15	3.65	4.3	5.1		5.9		7.5		10.5
S 公称		0.6	0.8	1.1	1.3	1.6	2	2.5	3	3.2	3.6	4	4.5	5	5.5	6
b 公称		1	1.2	1.5	2	2.5	3	3.5	4	4.5	5	5.5	6	7	8	9
弹性试验载荷/N		1760	3050	5050	7050	12900	20600	30000	41300	56300	69000	88000	110000	127000	167000	204000
弹性试验后的自由高度 ≥		0.9	1	1.25	1.6	2.1	2.4	2.8	3.2	3.8		4.4		5.6		8
材料及热处理	弹簧钢	65Mn、70、60Si2Mn；淬火并回火处理，硬度 42～50HRC														
	不锈钢	30Cr13、1Cr18Ni9Ti														
	铜及铜合金	QSi3-1，硬度≥90HBW														
表面处理	弹簧钢	氧化、磷化、镀锌钝化														
	不锈钢															
	铜及铜合金															

注：尽可能不采用括号内的规格。

表 4-96　单耳止动垫圈和双耳止动垫圈

（摘自 GB/T 854—1988 和 GB/T 855—1988）　　（单位：mm）

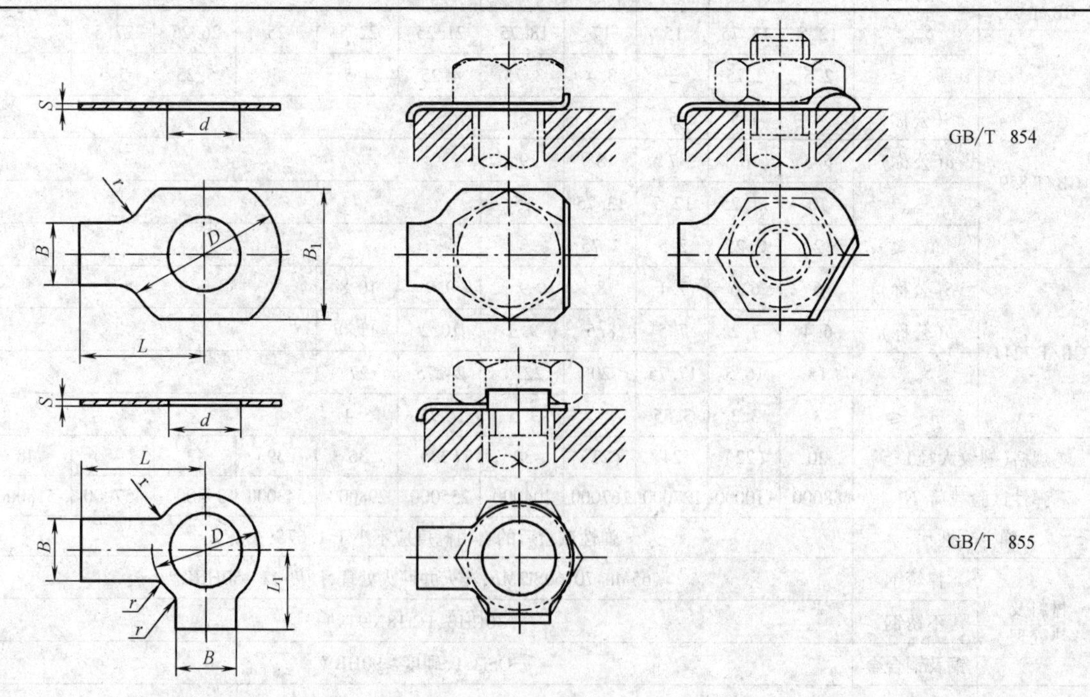

标记示例：

规格 10mm、材料为 Q235、经退火处理、表面氧化处理的单耳止动垫圈，标记如下：

垫圈　GB/T 854　10

（续）

规格（螺纹大径）		2.5	3	4	5	6	8	10	12	(14)	16
d_{min}		2.7	3.2	4.2	5.3	6.4	8.4	10.5	13	15	17
L（公称）		10	12	14	16	18	20	22	28		
L_1（公称）		4	5	7	8	9	11	13	16		
S		0.4			0.5				1		
B		3	4	5	6	7	8	10	12		15
B_1		6	7	9	11	12	16	19	21	25	32
r	GB/T 854	2.5				4		6	10		
	GB/T 854	1					2				
D_{max}	GB/T 854	8	10	14	17	19	22	26	32		40
	GB/T 854	5		8	9	11	14	17	22		27

规格（螺纹大径）		(18)	20	(22)	24	(27)	30	36	42	48
d_{min}		19	21	23	25	28	31	37	43	50
L（公称）		36		42		48	52	62	70	80
L1（公称）		22		25		30	32	38	44	50
S		1				1.5				
B		18		20		24	26	30	35	40
B_1		38		39	42	48	55	65	78	90
r	GB/T 854	10				15				
	GB/T 854	3							4	
D_{max}	GB/T 854	45		50		58	63	75	88	100
	GB/T 854	32		36		41	46	55	65	75
材料及热处理		Q215、Q235、10、15；退火								
表面处理		氧化								

注：尽可能不采用括号内的规格。

表 4-97　外舌止动垫圈（摘自 GB/T 856—1988）　　（单位：mm）

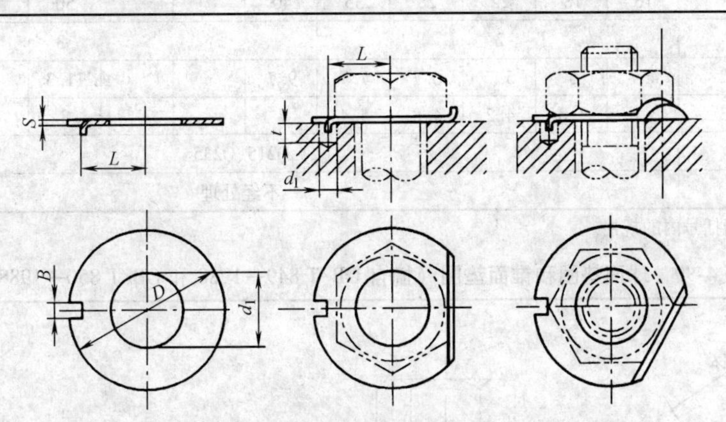

标记示例：

规格 10mm、材料为 Q215、经退火处理、表面氧化处理的外舌止动垫圈，标记如下：

垫圈　GB/T 856 10

规格（螺纹大径）	2.5	3	4	5	6	8	10	12	(14)	16
d_{min}	2.7	3.2	4.2	5.3	6.4	8.4	10.5	13	15	17
D_{max}	10	12	14	17	19	22	26	32		40
b_{max}	2	2.5		3.5			4.5			5.5
L（公称）	3.5	4.5	5.5	7	7.5	8.5	10	12		15
S	0.4			0.5				1		
d_1	2.5	3		4			5			6
t	3			4			5	6		

（续）

规格（螺纹大径）	（18）	20	（22）	24	（27）	30	36	42	48
d_{min}	19	21	23	25	28	31	37	43	50
D_{max}	45		50		58	63	75	88	100
b_{max}	6		7		8		11		13
L（公称）	18		20		23	25	31	36	40
S	1				1.5				
d_1	7		8		9		12		14
t	7				10			12	13
材料及热处理	Q215、Q235、10、15：退火								
表面处理	氧　化								

注：尽可能不采用括号内的规格。

4.3.6.4　方斜垫圈（表4-98、表4-99）

表4-98　工字钢用方斜垫圈和槽钢用方斜垫圈

（摘自 GB/T 852—1988 和 GB/T 853—1988）　　（单位：mm）

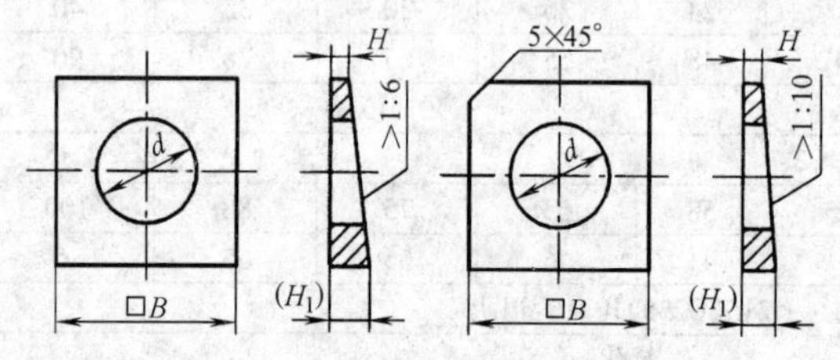

标记示例：

规格16mm、材料为Q215、不经表面处理的工字钢用方斜垫圈，标记如下：

垫圈　GB/T 852　16

规格（螺纹大径）		6	8	10	12	16	（18）	20	（22）	24	（27）	30	36
d_{min}		6.6	9	11	13.5	17.5	20	22	24	26	30	33	39
B		16	18	22	28	35	40			50		60	70
H		2					3						
(H_1)	GB/T 852	4.7	5	5.7	6.7	7.7	9.7			11.3		13	14.7
	GB/T 853	3.6	3.8	4.2	4.8	5.4	7			8		9	10
材料及热处理		Q215、Q235											
表面处理		不经处理											

注：尽可能不采用括号内的规格。

表4-99　球面垫圈和锥面垫圈（摘自 GB/T 849—1988 和 GB/T 850—1988）（单位：mm）

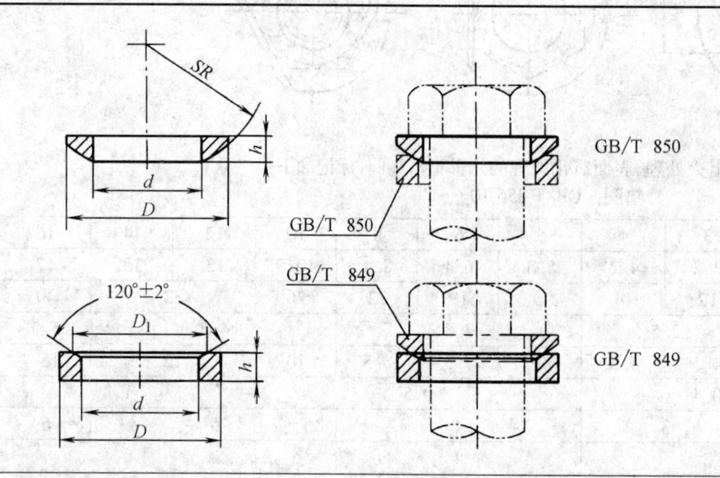

标记示例：

规格16mm、材料为45钢、热处理硬度40～48HRC、表面氧化处理的球面垫圈，标记如下：

垫圈　GB/T 849 16

（续）

规格(螺纹大径)		6	8	10	12	16	20	24	30	36	42	48
GB/T 849	d_{min}	6.40	8.40	10.50	13.00	17.00	21.00	25.00	31.00	37.00	43.00	50.00
	D_{max}	12.5	17.00	21.00	24.00	30.00	37.00	44.00	56.00	66.00	78.00	92.00
	h_{max}	3.00	4.00		5.00	6.00	6.60	9.60	9.80	12.00	16.00	20.00
	R	10	12	16	20	25	32	36	40	50	63	70
GB/T 850	d_{min}	8	10	12.5	16	20	25	30	36	43	50	60
	D_{max}	12.5	17	21	24	30	37	44	56	66	78	92
	h_{max}	2.6	3.2	4	4.7	5.1	6.6	6.8	9.9	14.3	14.4	17.4
	D_1	12	16	18	23.5	29	34	38.5	45.2	64	69	78.6
H	≈	4	5	6	7	8	10	13	16	19	24	30
材料及热处理		45 钢，热处理硬度 40～48HRC										
表面处理		氧　化										

4.4　螺纹零件的结构要素

4.4.1　螺纹收尾、肩距、退刀槽、倒角（表 4-100）

表 4-100　普通螺纹收尾、肩距、退刀槽、倒角（摘自 GB/T 3—1997）　（单位：mm）

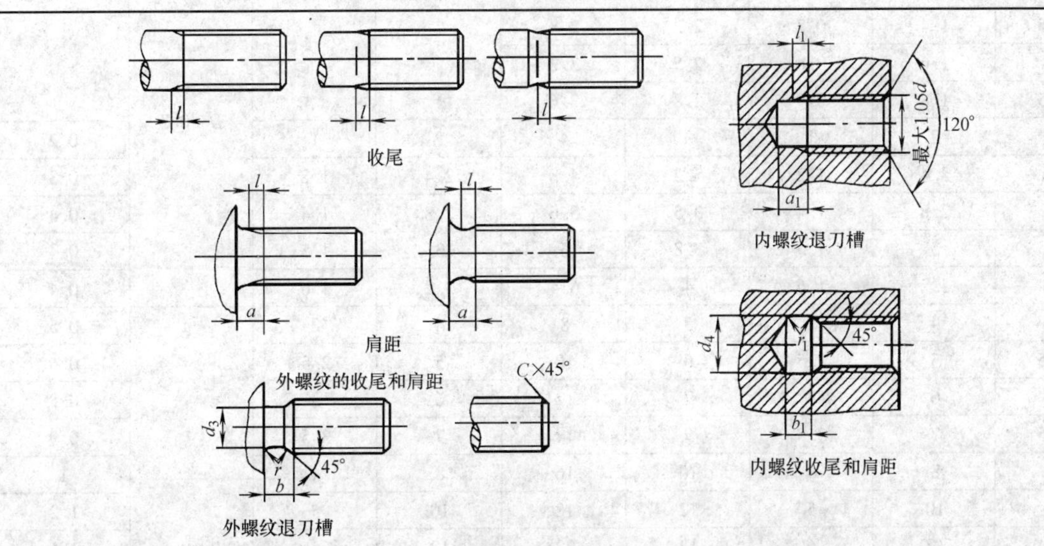

1. 外螺纹的收尾、肩距和退刀槽

螺距 P	收尾 x_{max}		肩距 a_{max}			退刀槽			
	一般	短的	一般	长的	短的	g_{1min}	g_{2max}	d_g①	r≈
0.25	0.6	0.3	0.75	1	0.5	0.4	0.75	$d-0.4$	0.12
0.3	0.75	0.4	0.9	1.2	0.6	0.5	0.9	$d-0.5$	0.16
0.35	0.9	0.45	1.05	1.4	0.7	0.6	1.05	$d-0.6$	0.16
0.4	1	0.5	1.2	1.6	0.8	0.6	1.2	$d-0.7$	0.2
0.45	1.1	0.6	1.35	1.8	0.9	0.7	1.35	$d-0.7$	0.2
0.5	1.25	0.7	1.5	2	1	0.8	1.5	$d-0.8$	0.2
0.6	1.5	0.75	1.8	2.4	1.2	0.9	1.8	$d-1$	0.4
0.7	1.75	0.9	2.1	2.8	1.4	1.1	2.1	$d-1.1$	0.4
0.75	1.9	1	2.25	3	1.5	1.2	2.25	$d-1.2$	0.4
0.8	2	1	2.4	3.2	1.6	1.3	2.4	$d-1.3$	0.4
1	2.5	1.25	3	4	2	1.6	3	$d-1.6$	0.6
1.25	3.2	1.6	4	5	2.5	2	3.75	$d-2$	0.6
1.5	3.8	1.9	4.5	6	3	2.5	4.5	$d-2.3$	0.8

（续）

螺距 P	收尾 x_{max}		肩距 a_{max}			退刀槽			
	一般	短的	一般	长的	短的	g_{1min}	g_{2max}	d_g①	$r\approx$
1.75	4.3	2.2	5.3	7	3.5	3	5.25	$d-2.6$	1
2	5	2.5	6	8	4	3.4	6	$d-3$	1
2.5	6.3	3.2	7.5	10	5	4.4	7.5	$d-3.6$	1.2
3	7.5	3.8	9	12	6	5.2	9	$d-4.4$	1.6
3.5	9	4.5	10.5	14	7	6.2	10.5	$d-5$	1.6
4	10	5	12	16	8	7	12	$d-5.7$	2
4.5	11	5.5	13.5	18	9	8	13.5	$d-6.4$	2.5
5	12.5	6.3	15	20	10	9	15	$d-7$	2.5
5.5	14	7	16.5	22	11	11	17.5	$d-7.7$	3.2
6	15	7.5	18	24	12	11	18	$d-8.3$	3.2
参考值	$\approx 2.5P$	$\approx 1.25P$	$\approx 3P$	$=4P$	$=2P$	—	$\approx 3P$	—	—

2. 内螺纹的收尾、肩距和退刀槽

螺距 P	收尾 x_{max}		肩距 A		退刀槽			
					G_1		D_g③	$R\approx$
	一般	短的	一般	长的	一般	短的②		
0.25	1	0.5	1.5	2			$D+0.3$	
0.3	1.2	0.6	1.8	2.4				
0.35	1.4	0.7	2.2	2.8				
0.4	1.6	0.8	2.5	3.2				
0.45	1.8	0.9	2.8	3.6				
0.5	2	1	3	4	2	1		0.2
0.6	2.4	1.2	3.2	4.8	2.4	1.2		0.3
0.7	2.8	1.4	3.5	5.6	2.8	1.4		0.4
0.75	3	1.5	3.8	6	3	1.5		0.4
0.8	3.2	1.6	4	6.4	3.2	1.6		0.4
1	4	2	5	8	4	2	$D+0.5$	0.5
1.25	5	2.5	6	10	5	2.5		0.6
1.5	6	3	7	12	6	3		0.8
1.75	7	3.5	9	14	7	3.5		0.9
2	8	4	10	16	8	4		1
2.5	10	5	12	18	10	5		1.2
3	12	6	14	22	12	6		1.5
3.5	14	7	16	24	14	7		1.8
4	16	8	18	26	16	8		2
4.5	18	9	21	29	18	9		2.2
5	20	10	23	32	20	10		2.5
5.5	22	11	25	35	22	11		2.8
6	24	12	28	38	24	12		3
参考值 ≈	$4P$	$2P$	$(6\sim5)P$	$(8\sim6.5)P$	$4P$	$2P$		$0.5P$

注：1. 外螺纹应优先选用“一般”长度的收尾和肩距；“短的”收尾和“短的”肩距仅用于结构受限制的螺纹件上；产品等级为B或C级的螺纹，紧固件可采用“长的”肩距。

2. 内螺纹应优先选用“一般”长度的收尾和肩距；容屑需要较大空间时可选用“长”肩距，结构限制时可选用“短”收尾。

① d_g 公差为h13（$d>3$mm）、h12（$d\leqslant 3$mm），d 为螺纹公称直径（大径）代号。

②“短的”退刀槽仅在结构受限制时采用。

③ D_g 公差为H13。D 为螺纹公称直径（大径）代号。

4.4.2　螺钉拧入深度和钻孔深度（表4-101和表4-102）

表4-101　粗牙螺栓、螺钉的拧入深度，攻螺纹深度和钻孔深度　（单位：mm）

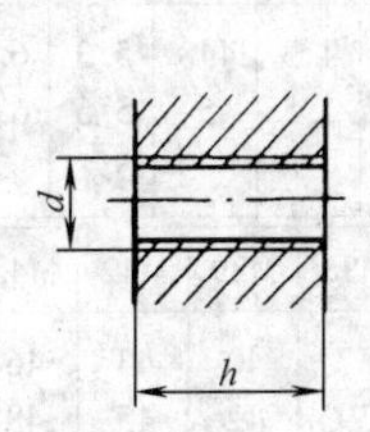

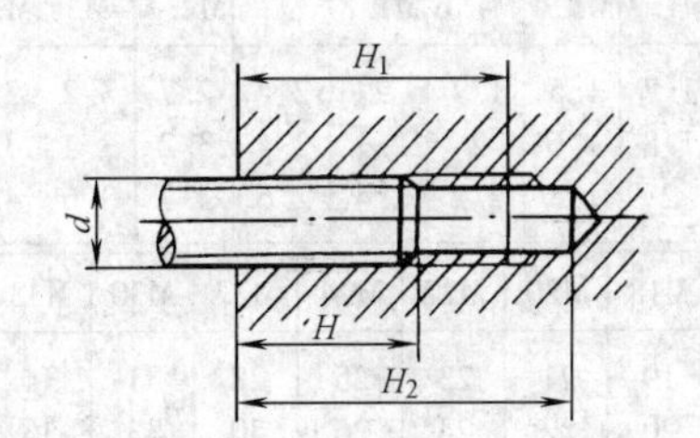

公称直径 d	钢和青铜				铸铁				铝			
	通孔	盲孔			通孔	盲孔			通孔	盲孔		
	拧入深度 h	拧入深度 H	攻螺纹深度 H_1	钻孔深度 H_2	拧入深度 h	拧入深度 H	攻螺纹深度 H_1	钻孔深度 H_2	拧入深度 h	拧入深度 H	攻螺纹深度 H_1	钻孔深度 H_2
3	4	3	4	7	6	5	6	9	8	6	7	10
4	5.5	4	5.5	9	8	6	7.5	11	10	8	10	14
5	7	5	7	11	10	8	10	14	12	10	12	16
6	8	6	8	13	12	10	12	17	15	12	15	20
8	10	8	10	16	15	12	14	20	20	16	18	24
10	12	10	13	20	18	15	18	25	24	20	23	30
12	15	12	15	24	22	18	21	30	28	24	27	36
16	20	16	20	30	28	24	28	33	36	32	36	46
20	25	20	24	36	35	30	35	47	45	40	45	57
24	30	24	30	44	42	35	42	55	55	48	54	68
30	36	30	36	52	50	45	52	68	70	60	67	84
36	45	36	44	62	65	55	64	82	80	72	80	98
42	50	42	50	72	75	65	74	95	95	85	94	115
48	60	48	58	82	85	75	85	108	105	95	105	128

表4-102　普通螺纹的内、外螺纹余留长度，钻孔余留深度　（单位：mm）

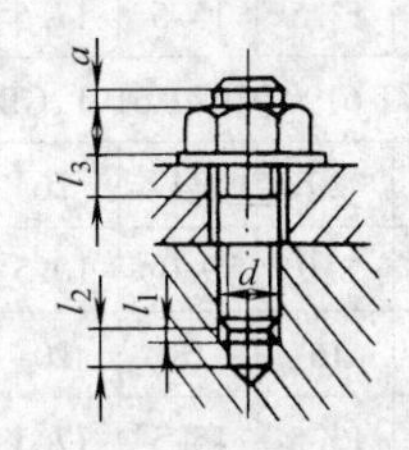

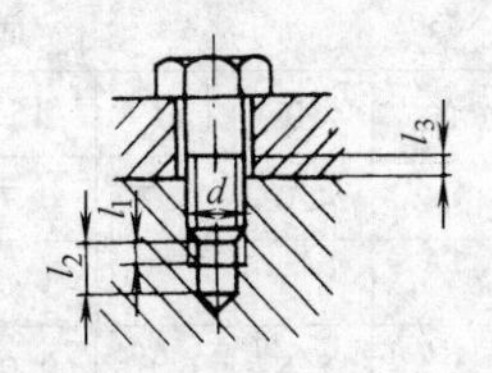

螺距 P		0.5	0.7	0.75	0.8	1	1.25	1.5	1.75	2	2.5	3	3.5	4	4.5	5	5.5	6
余留长度	内螺纹 l_1	1	1.5	1.5	1.5	2	2.5	3	3.5	4	5	6	7	8	9	10	11	12
	钻孔 l_2	4	5	6	6	7	9	10	13	14	17	20	23	26	30	33	36	40
	外螺纹 l_3	2	2.5	2.5	2.5	3.5	4	4.5	5.5	6	7	8	9	10	11	13	16	18
末端长度 a		1~2	2~3			2.5~4		3.5~5		4.5~6.5		5.5~8		7~11		10~15		

4.4.3 螺栓钻孔直径和沉孔尺寸（表 4-103 ~ 表 4-107）

表 4-103 螺栓和螺钉通孔（摘自 GB/T 5277—1985） （单位：mm）

螺纹规格 d		M1	M1.2	M1.4	M1.6	M1.8	M2	M2.5	M3	M3.5	M4	M4.5	M5	M6	M7	M8	M10	M12	M14
螺孔直径（GB/T 5277—1985）	精装配	1.1	1.7	1.5	1.7	2	2.2	2.7	3.2	3.7	4.3	4.8	5.3	6.4	7.4	8.4	10.5	13	15
	中等装配	1.2	1.8	1.6	2	2.1	2.4	3.2	3.4	3.9	4.5	5	5.5	6.6	7.6	9	11	13.5	15.5
	粗装配	1.3	2	1.8	2.2	2.4	2.6	3.7	3.6	4.2	4.8	5.3	5.8	7	8	10	12	14.5	16.5

螺纹规格 d		M16	M18	M20	M22	M24	M27	M30	M33	M36	M39	M42	M45	M48	M52	M56	M60	M64
螺孔直径（GB/T 5277—1985）	精装配	17	19	21	23	25	28	31	34	37	40	43	46	50	54	58	62	66
	中等装配	17.5	20	22	24	26	30	33	36	39	42	45	48	52	56	62	66	70
	粗装配	18.5	21	24	26	28	32	35	38	42	45	48	52	56	62	66	70	74

表 4-104 六角螺栓和六角螺母用沉孔（摘自 GB/T 152.4—1988） （单位：mm）

螺纹规格 d	M1.6	M2	M2.5	M3	M4	M5	M6	M8	M10	M12
d_2(H15)	5	6	8	9	10	11	13	18	22	26
d_3										16
d_1(H13)	1.8	2.4	2.9	3.4	4.5	5.5	6.6	9.0	11.0	13.5
螺纹规格 d	M14	M16	M20	M24	M30	M36	M42	M48	M56	M64
d_2(H15)	30	33	40	48	61	71	82	98	112	125
d_3	18	20	24	28	36	42	48	56	68	76
d_1(H13)	15.5	17.5	22	26	33	39	45	52	62	70

表 4-105 圆柱头用沉孔（摘自 GB/T 152.3—1988） （单位：mm）

螺纹规格 d	适用于 GB/T 70											
	M4	M5	M6	M8	M10	M12	M14	M16	M20	M24	M30	M36
d_2(H13)	8.0	10.0	11.0	15.0	18.0	20.0	24.0	26.0	33.0	40.0	48.0	57.0
t(H13)	4.6	5.7	6.8	9.0	11.0	13.0	15.0	17.5	21.5	25.5	32.0	38.0
d_3						16	18	20	24	28	6	42
d_1(H13)	4.5	5.5	6.6	9.0	11.0	13.5	15.5	17.5	22.0	26.0	33.0	39.0
	适用于 GB/T 6190、GB/T 6191、GB/T 65											
d_2(H13)	8	10	11	15	18	20	24	26	33			
t(H13)	3.2	4.0	4.7	6.7	7.0	8.0	9.0	10.5	12.5			
d_3						16	18	20	24			
d_1(H13)	4.5	5.5	6.6	9.0	11.0	13.5	15.5	17.5	22			

表 4-106 沉头用沉孔（摘自 GB/T 152.2—1988） （单位：mm）

螺纹规格 d	适用于沉头螺钉及半沉头螺钉													
	M1.6	M2	M2.5	M3	M3.5	M4	M5	M6	M8	M10	M12	M14	M16	M20
d_2(H13)	3.7	4.5	5.6	6.4	8.4	9.6	10.6	12.8	17.6	20.3	24.4	28.4	32.4	40.4
t	1	1.2	1.5	1.6	2.4	2.7	2.7	3.3	4.6	5.0	6.0	7.0	8.0	10.0
d_1(H13)	1.8	2.4	2.9	3.4	3.9	4.5	5.5	6.6	9	11	13.5	15.5	17.5	22

表4-107　地脚螺栓孔和凸缘　（单位：mm）

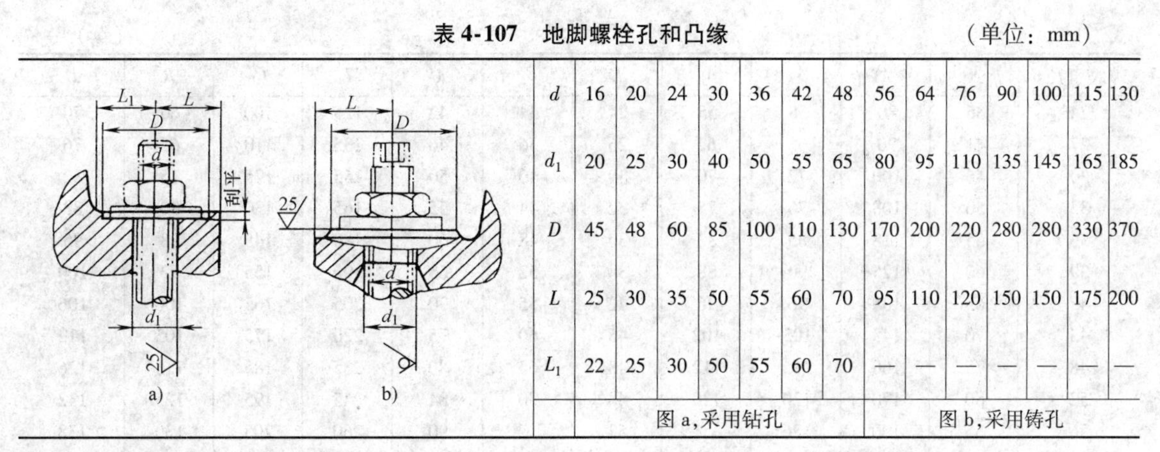

d	16	20	24	30	36	42	48	56	64	76	90	100	115	130
d_1	20	25	30	40	50	55	65	80	95	110	135	145	165	185
D	45	48	60	85	100	110	130	170	200	220	280	280	330	370
L	25	30	35	50	55	60	70	95	110	120	150	150	175	200
L_1	22	25	30	50	55	60	70	—	—	—	—	—	—	—
	图a,采用钻孔							图b,采用铸孔						

注：根据结构和工艺要求，必要时尺寸 L 及 L_1 可以变动。

4.4.4　扳手空间（表4-108）

表4-108　扳手空间　（单位：mm）

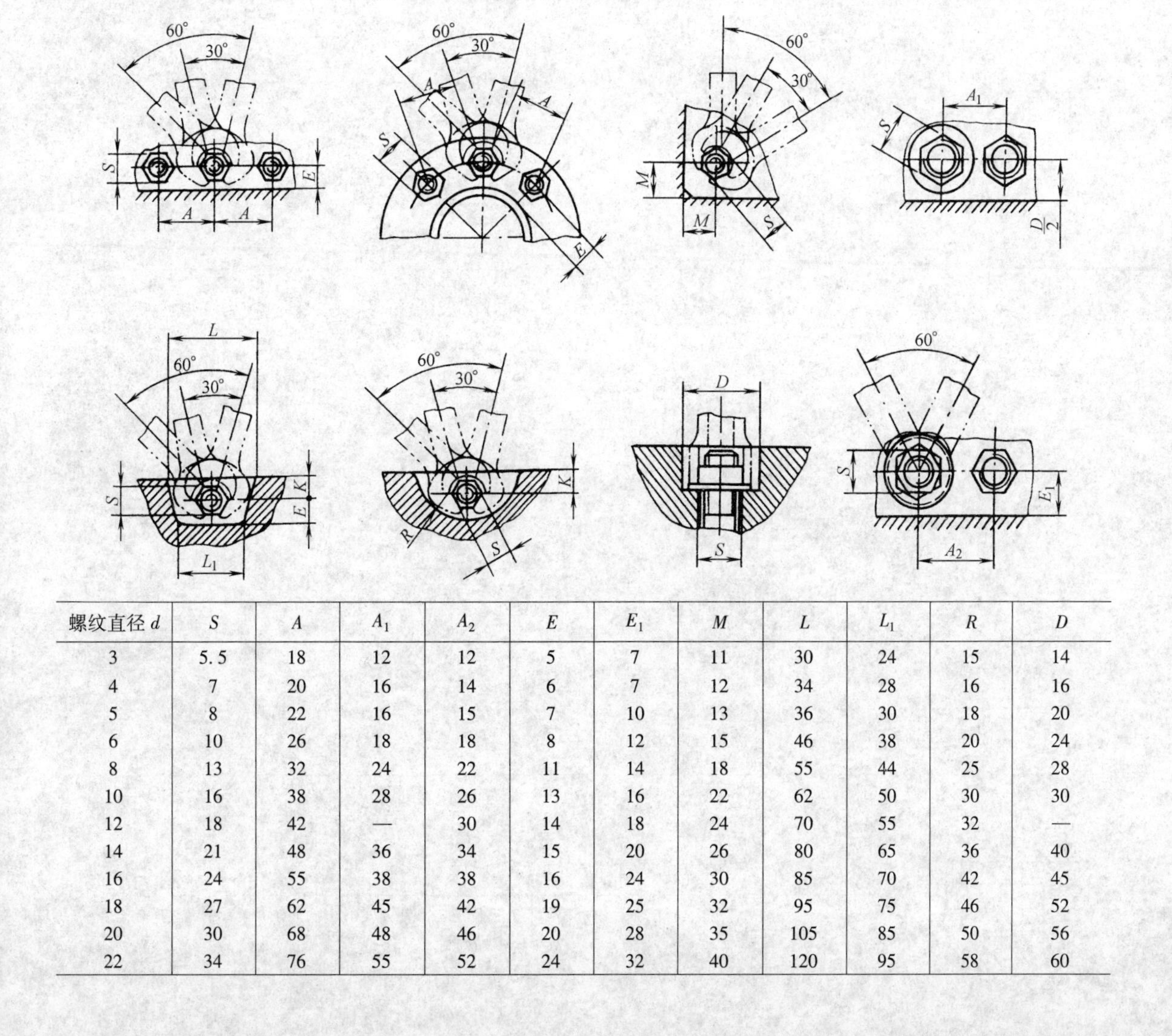

螺纹直径 d	S	A	A_1	A_2	E	E_1	M	L	L_1	R	D
3	5.5	18	12	12	5	7	11	30	24	15	14
4	7	20	16	14	6	7	12	34	28	16	16
5	8	22	16	15	7	10	13	36	30	18	20
6	10	26	18	18	8	12	15	46	38	20	24
8	13	32	24	22	11	14	18	55	44	25	28
10	16	38	28	26	13	16	22	62	50	30	30
12	18	42	—	30	14	18	24	70	55	32	—
14	21	48	36	34	15	20	26	80	65	36	40
16	24	55	38	38	16	24	30	85	70	42	45
18	27	62	45	42	19	25	32	95	75	46	52
20	30	68	48	46	20	28	35	105	85	50	56
22	34	76	55	52	24	32	40	120	95	58	60

（续）

螺纹直径 d	S	A	A_1	A_2	E	E_1	M	L	L_1	R	D
24	36	80	58	55	24	34	42	125	100	60	70
27	41	90	65	62	26	36	46	135	110	65	76
30	46	100	72	70	30	40	50	155	125	75	82
33	50	108	76	75	32	44	55	165	130	80	88
36	55	118	85	82	36	48	60	180	145	88	95
39	60	125	90	88	38	52	65	190	155	92	100
42	65	135	96	96	42	55	70	205	165	100	106
45	70	145	105	102	45	60	75	220	175	105	112
48	75	160	115	112	48	65	80	235	185	115	126
52	80	170	120	120	48	70	84	245	195	125	132
56	85	180	126		52		90	260	205	130	138
60	90	185	134		58		95	275	215	135	145
64	95	195	140		58		100	285	225	140	152

第 5 章　轴毂连接和销连接

5.1　键连接

5.1.1　键和键连接的类型、特点和应用（表 5-1）

表 5-1　键和键连接的类型、特点和应用

类型		结构图例	特点		应用
			连接	键	
平键连接	普通型平键 GB/T 1096—2003 薄型平键 GB/T 1567—2003	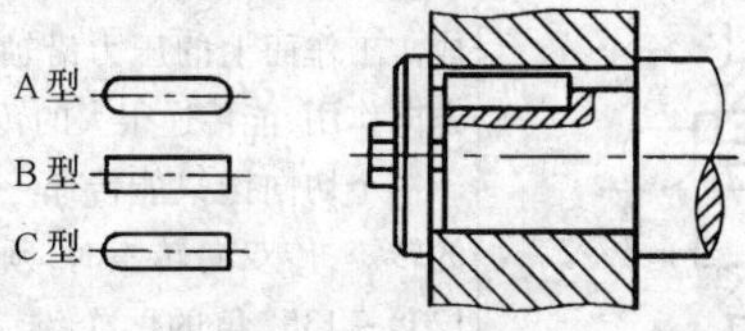	靠侧面传递转矩。对中良好，装拆方便。不能实现轴上零件的轴向固定	A 型用端铣刀加工轴槽，键在槽中固定良好，但应力集中较大；B 型用盘铣刀加工轴槽，轴的应力集中较小；C 型用于轴端	应用最广，也适用于高精度、高速或承受变载、冲击的场合 薄型平键适用于薄壁结构和其他特殊用途的场合
	导向型平键 GB/T 1097—2003	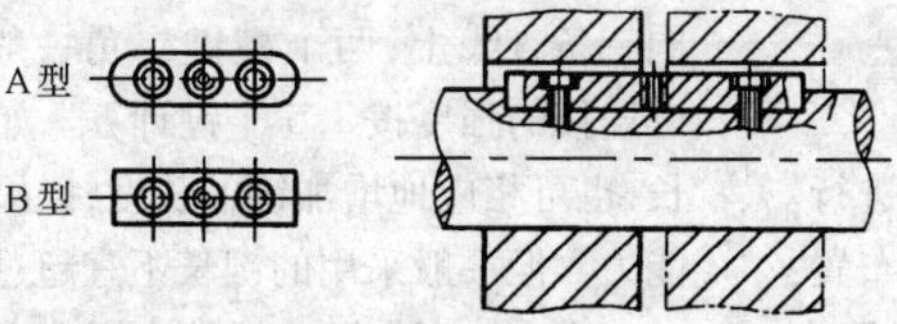		键用螺钉固定在轴上，键与毂槽为动配合，轴上零件能作轴向移动。为了拆卸方便，设有起键螺钉	用于轴上零件轴向移动量不大的场合，如变速箱中的滑移齿轮
	滑键	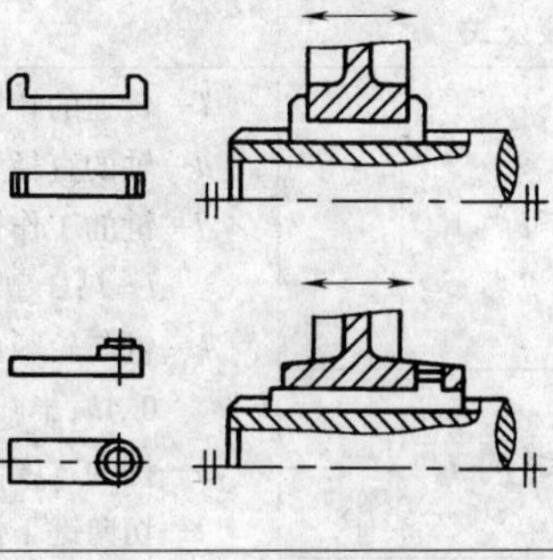		键固定在轮毂上，轴上零件带键在轴上的键槽中做轴向移动	用于轴上零件轴向移动量较大的场合
半圆键连接	半圆键 GB/T 1099.1—2003	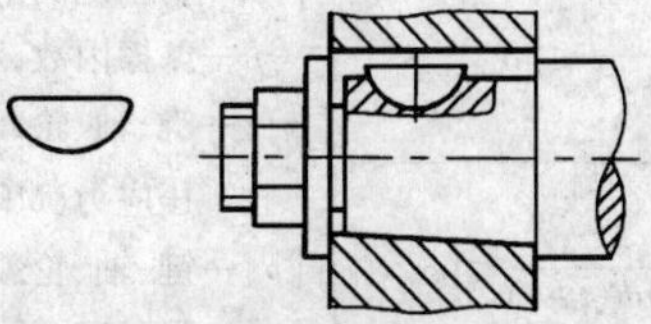	靠侧面传递转矩。键在轴槽中能绕槽底圆弧曲率中心摆动，装配方便。键槽较深，对轴的削弱较大		一般用于轻载，适用于轴的锥形端部

（续）

类型		结构图例	特点		应用
			连接	键	
楔键连接	普通型楔键 GB/T 1564—2003 钩头型楔键 GB/T 1565—2003	1:100 1:100 1:100 1:100	键的上下两面是工作面。键的上表面和毂槽的底面各有1:100的斜度，装配时需打入，靠楔紧作用传递转矩。能轴向固定零件和传递单方向的轴向力。但使轴上零件与轴的配合产生偏心与偏斜		用于精度要求不高、转速较低时传递较大的、双向的或有振动的转矩 有钩头的用于不能从另一端将键打出的场合。钩头供拆卸用，应注意加保护罩
切向键连接	切向键 GB/T 1974—2003	1:100	由两个斜度为1:100的楔键组成。工作面上的压力沿轴的切线方向作用，能传递很大的转矩 一个切向键只能传递一个方向的转矩，传双向转矩时，须用互成120°～135°角的两个键；两个不够，可用四个		用于载荷很大，对中要求不严的场合 由于键槽对轴削弱较大，常用于直径大于100mm的轴上

5.1.2 键的选择和键连接的强度校核计算

键连接的强度校核可按表5-2中所列公式进行。如强度不够，可采用双键，这时应考虑键的合理布置：两个平键最好相隔180°；两个半圆键则应沿轴布置在同一条直线上；两个楔键夹角一般为90°～120°。双键连接的强度按1.5个键计算。如果轮毂允许适当加长，也可相应地增加键的长度，以提高单键连接的承载能力。但一般采用的键长不宜超过$(1.6 \sim 1.8)d$。

表5-3列出键连接的许用应力。

表5-2 键连接的强度校核公式

键的类型		计算内容	强度校核公式	说明
半圆键		连接工作面挤压	$\sigma_p=\frac{2T}{dkl}\leqslant[\sigma_p]$	T—传递的转矩（N·mm） d—轴的直径（mm） l—键的工作长度（mm），A型$l=L-b$；B型$l=L$；C型$l=L-b/2$ k—键与轮毂的接触高度（mm）；平键$k=0.4h$；半圆键k查表5-7 b—键的宽度（mm） t—切向键工作面宽度（mm） c—切向键倒角的宽度（mm） μ—摩擦因数，对钢和铸铁$\mu=0.12\sim0.17$ $[\sigma_p]$—键、轴、轮毂三者中最弱材料的许用挤压应力（MPa），见表5-3 $[p]$—键、轴、轮毂三者中最弱材料的许用压强（MPa）见表5-3
平键	静连接	连接工作面挤压	$\sigma_p=\frac{2T}{dkl}\leqslant[\sigma_p]$	
平键	动连接	连接工作面压强	$p=\frac{2T}{dkl}\leqslant[p]$	
楔键		连接工作面挤压	$\sigma_p=\frac{12T}{bl(6\mu d+b)}\leqslant[\sigma_p]$	
切向键		连接工作面挤压	$\sigma_p=\frac{T}{(0.5\mu+0.45)dl(t-c)}\leqslant[\sigma_p]$	

表 5-3　键连接的许用应力（单位:MPa）

许用应力	连接工作方式	键或毂，轴的材料	载荷性质		
			静载荷	轻微冲击	冲击
许用挤压应力$[\sigma_p]$	静连接	钢	125~150	100~120	60~90
		铸铁	70~80	50~60	30~45
许用压强$[p]$	动连接	钢	50	40	30

注:如与键有相对滑动的键槽经表面硬化处理,$[p]$可提高2~3倍。

键材料采用抗拉强度不低于590MPa的键用钢，通常为45钢；如轮毂系非铁金属或非金属材料，键可用20钢，Q235-A钢等。

5.1.3　键连接的尺寸系列、公差配合和表面粗糙度

5.1.3.1　平键（表5-4~表5-6）

5.1.3.2　半圆键（表5-7）

5.1.3.3　楔键（表5-8）

表 5-4　普通平键（摘自 GB/T 1095—2003 和 GB/T 1096—2003）　（单位：mm）

普通平键的型式与尺寸
（GB/T 1096—2003）

键和键槽的剖面尺寸
（GB/T 1095—2003）

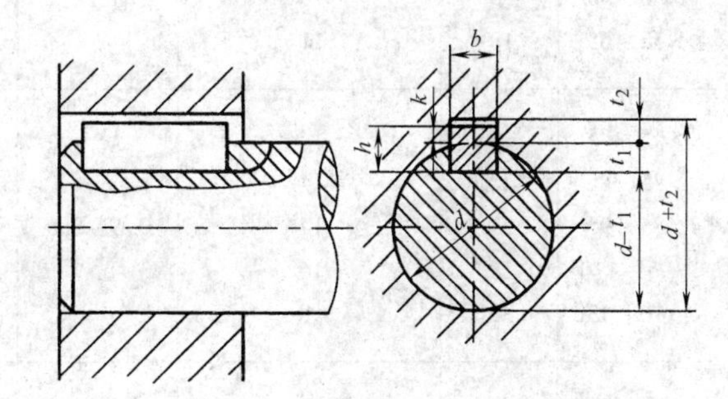

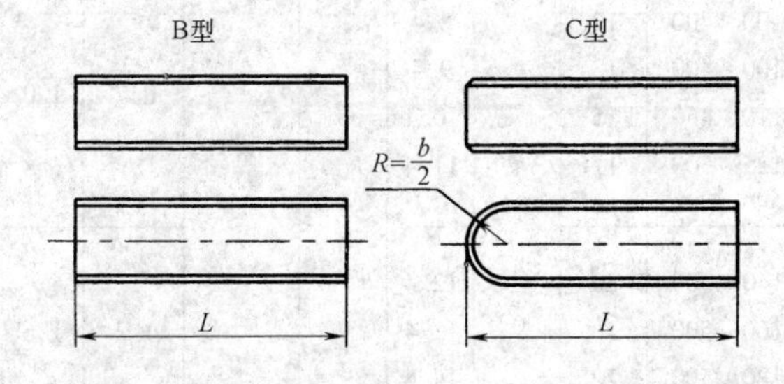

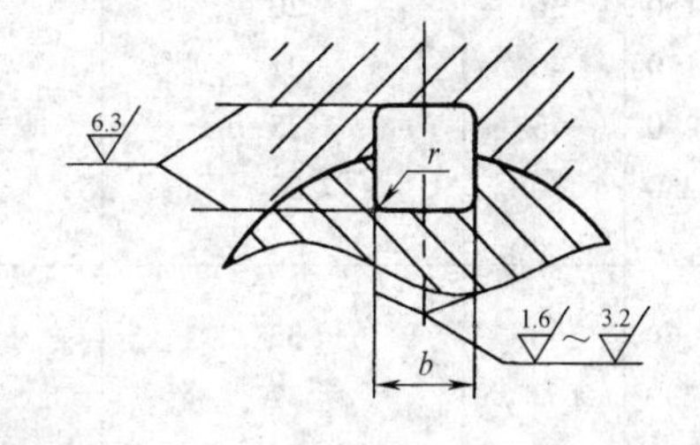

标记示例：

1)圆头普通平键(A型),$b=10$mm,$h=8$mm,$L=25$,标记为

GB/T 1096—2003　键　10×8×25

2)对于同一尺寸的平头普通平键(B型)或单圆头普通平键(C型),分别标记为

GB/T 1096—2003　键　B10×8×25;GB/T 1096—2003　键　C10×8×25

轴径 d	键的公称尺寸					键槽尺寸						
	b(h8)	h	矩形(h11) / 方形(h8)	C或r	L(h14)	轴槽深t_1		毂槽深t_2		b	圆角半径r	
						公称尺寸	极限偏差	公称尺寸	极限偏差		min	max
自6~8	2		2	0.16~0.25	6~20	1.2	+0.1 0	1	+0.1 0	公称尺寸及键，公差见表5-9	0.08	0.16
>8~10	3		3		6~36	1.8		1.4				
>10~12	4		4		8~45	2.5		1.8				

（续）

轴径 d	键的公称尺寸					键槽尺寸						
	b(h8)	h	矩形(h11) / 方形(h8)	C 或 r	L(h14)	轴槽深 t_1		毂槽深 t_2		b	圆角半径 r	
						公称尺寸	极限偏差	公称尺寸	极限偏差		min	max
>12~17	5		5	0.25~0.4	14~56	3.0	+0.1 0	2.3	+0.1 0		0.16	0.25
>17~22	6		6		14~70	3.5		2.8				
>22~30	8		7		18~90	4.0		3.3				
>30~38	10		8	0.4~0.6	22~110	5.0		3.3			0.25	0.4
>38~44	12		8		28~140	5.0		3.3				
>44~50	14		9		36~160	5.5		3.8				
>50~58	16		10		45~180	6.0		4.3				
>58~65	18		11		50~200	7.0	+0.2 0	4.4	+0.2 0			
>65~75	20		12	0.6~0.8	56~220	7.5		4.9			0.4	0.6
>75~85	22		14		63~250	9.0		5.4				
>85~95	25		14		70~280	9.0		5.4		公称尺寸及键，公差见表5-9		
>95~110	28		16		80~320	10.0		6.4				
>110~130	32		18		90~360	11		7.4				
>130~150	36		20	1~1.2	100~400	12		8.4			0.7	1.0
>150~170	40		22		100~400	13		9.4				
>170~200	45		25		110~450	15		10.4				
>200~230	50		28		125~500	17		11.4				
>230~260	56		32	1.6~2.0	140~500	20	+0.3 0	12.4	+0.3 0		1.2	1.6
>260~290	63		32		160~500	20		12.4				
>290~330	70		36		180~500	22		14.4				
>330~380	80		40	2.5~3	200~500	25		15.4			2	2.5
>380~440	90		45		220~500	28		17.4				
>440~500	100		50		250~500	31		19.5				
L 系列	6,8,10,12,14,16,18,20,22,25,28,32,36,40,45,50,56,63,70,80,90,100,110,125,140,160,180,200,220,250,280,320,360,400,450,500											

注：1. 在工作图中，轴槽深用 $d-t_1$ 或 t_1 标注，毂槽深用 $d+t_2$ 标注。（$d-t_1$）和（$d+t_2$）尺寸极限偏差按相应的 t_1 和 t_2 的极限偏差选取，但（$d-t_1$）极限偏差取负号（－）。

2. 当键长大于500mm时，其长度应按 GB/T 321—1980 优先数和优先数系的 R20 系列选取。

3. 键高偏差，对于 B 型键应为 h9。

4. 当需要时，键允许带起键螺孔。起键螺孔的尺寸按键宽参考表5-6中的 d_0 选取。螺孔的位置距键端为 $b\sim2b$，较长的键可以采用两个对称的起键螺孔。

表 5-5　薄型平键（摘自 GB/T 1566—2003 和 GB 1567—2003）　（单位：mm）

键的型式与尺寸（GB/T 1567—2003）　　键与键槽的剖面尺寸（GB/T 1566—2003）

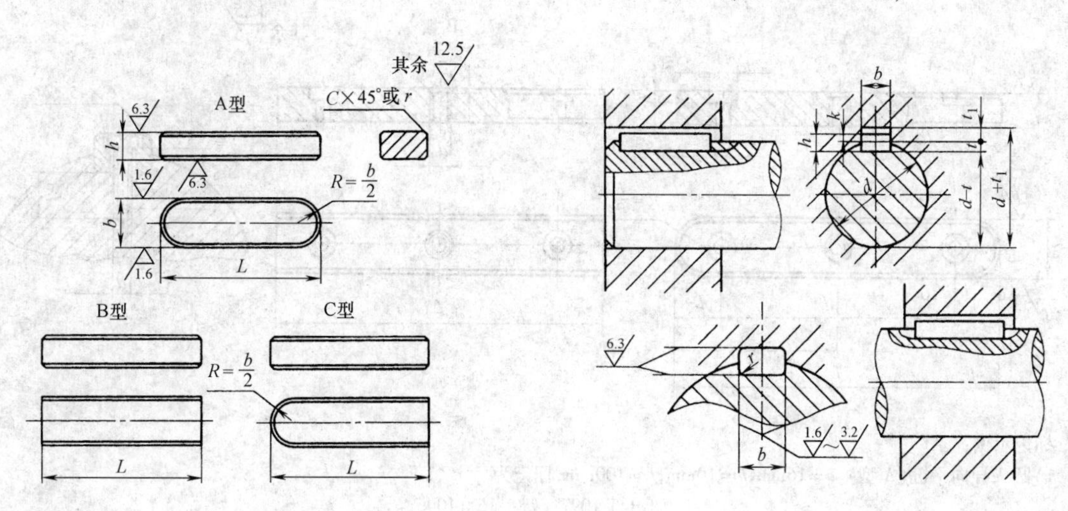

标记示例：

1）圆头薄型平键（A 型），$b=18$mm，$h=7$mm，$L=110$mm，标记为

GB/T 1567—2003　键　18×7×110

2）对于同一尺寸的平头薄型平键（B 型）或单圆头薄型平键（C 型），分别标记为

GB/T 1567—2003　键　B18×7×110

GB/T 1567—2003　键　C18×7×110

轴径	键的公称尺寸				键槽尺寸					
					轴槽深 t		毂槽深 t_1			
d	b(h8)	h(h11)	C 或 r	L(h14)	公称尺寸	极限偏差	公称尺寸	极限偏差	b	圆角半径 r
自 12～17	5	3	0.25～0.4	10～56	1.8	+0.1 0	1.4	+0.1 0		0.16～0.25
>17～22	6	4		14～70	2.5		1.8			
>22～30	8	5		18～90	3		2.3			
>30～38	10	6	0.4～0.6	22～110	3.5	+0.1 0	2.8	+0.1 0		0.25～0.4
>38～44	12	6		28～140	3.5		2.8			
>44～50	14	6		36～160	3.5		2.8		公称尺寸及键，公差见表 5-9	
>50～58	16	7		45～180	4		3.3			
>58～65	18	7		50～200	4		3.3			
>65～75	20	8	0.6～0.8	56～220	5	+0.2 0	3.3	+0.2 0		0.4～0.6
>75～85	22	9		63～250	5.5		3.8			
>85～95	25	9		70～280	5.5		3.8			
>95～110	28	10		80～320	6		4.3			
>110～130	32	11		90～360	7		4.4			
>130～150	36	12	1.0～1.2	100～400	7.5		4.9			0.70～1.0
L 系列	10，12，14，16，18，20，22，25，28，32，36，40，45，50，56，63，70，80，90，100，110，125，140，160，180，200，220，250，280，320，360，400									

表 5-6 导向型平键（摘自 GB/T 1097—2003） （单位：mm）

键的型式和尺寸（GB/T 1097—2003）

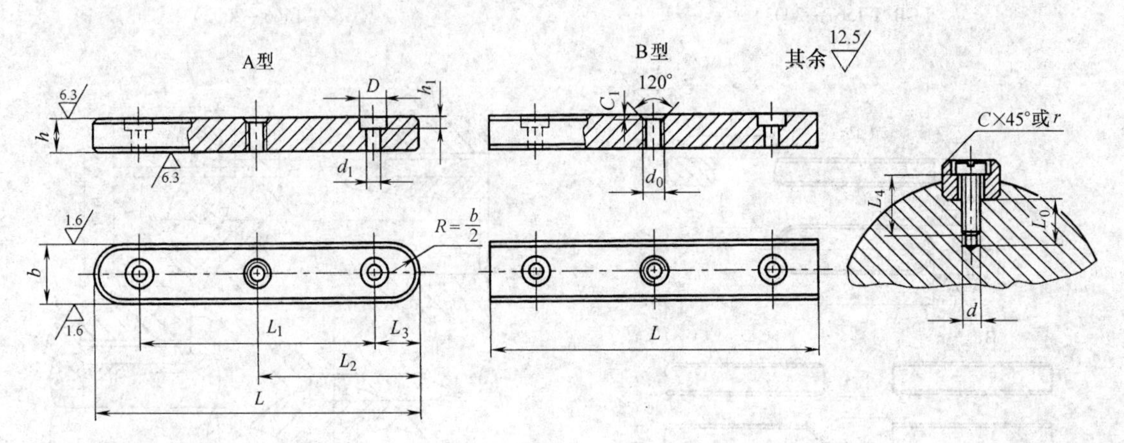

标记示例：

1）圆头导向平键（A 型），$b=16$mm，$h=10$mm，$L=100$mm，标记为

GB/T 1097 键 16×100

2）方头导向平键（B 型），$b=16$mm，$h=10$mm，$L=100$mm，标记为

GB/T 1097 键 B16×100

b(h8)	8	10	12	14	16	18	20	22	25	28	32	36	40	45
h(h11)	7	8	8	9	10	11	12	14	14	16	18	20	22	25
C或r	0.25~0.4	0.4~0.6					0.6~0.8					1.0~1.2		
h_1	2.4		3.0	3.5		4.5			6		7	8		
d_0	M3		M4	M5		M6			M8		M10	M12		
d_1	3.4		4.5	5.5		6.6			9		11	14		
D	6		8.5	10		12			15		18	22		
C_1	0.3		0.5									1.0		
L_0	7	8	10			12			15		18	22		
螺钉($d_0×L_4$)	M3×8	M3×10	M4×10	M5×10	M5×10	M6×12	M6×12	M6×16	M8×16	M8×16	M10×20	M12×25		
L	25~90	25~110	28~140	36~160	45~180	50~200	56~220	63~250	70~280	80~320	90~360	100~400	100~400	110~450

L 与 L_1、L_2、L_3 的对应长度系列

L	25	28	32	36	40	45	50	56	63	70	80	90	100	110	125	140	160	180	200	220	250	280	320	360	400	450
L_1	13	14	16	18	20	23	26	30	36	40	48	54	60	66	75	80	90	100	110	120	140	160	180	200	220	250
L_2	12.5	14	16	18	20	22.5	25	28	31.5	35	40	45	50	55	62	70	80	90	100	110	125	140	160	180	200	225
L_3	6	7	8	9	10	11	12	13	14	15	16	18	20	22	25	30	35	40	45	50	55	60	70	80	90	100

注：1. b 和 h 根据轴径 d 由表 5-4 选取。

2. 固定螺钉按 GB/T 65—2000《开槽圆柱头螺钉》的规定。

3. 键槽的尺寸应符合 GB/T 1095—2003《平键 键槽的剖面尺寸》的规定，见表 5-4。

4. 当键长大于450mm 时，其长度按 GB/T 321—1980《优先数和优先数系》的 R20 系列选取。

表 5-7 半圆键 （单位：mm）

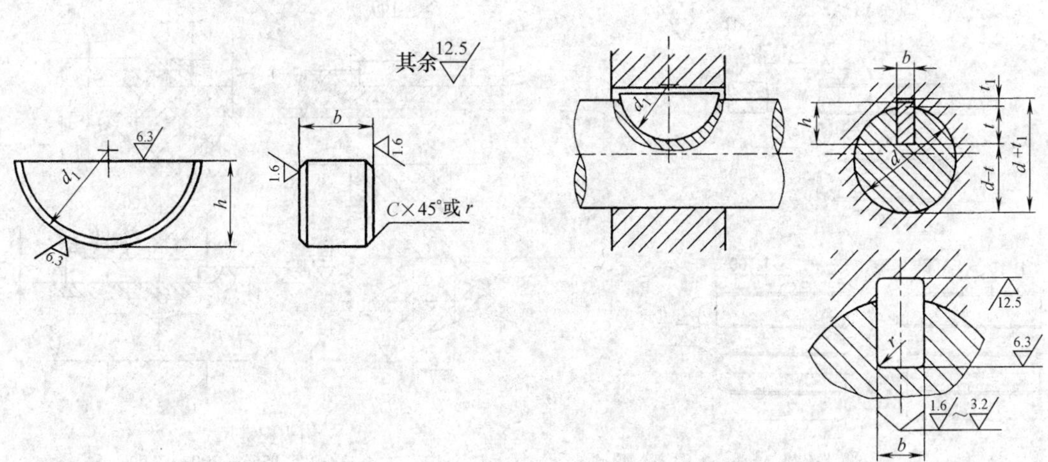

标记示例：

半圆键 $b=8$mm，$h=11$mm，$d_1=28$mm，标记为

GB/T 1099.1—2003 键 8×11×28

轴径 d		键的公称尺寸						键槽尺寸						
								轴 t		轮毂 t_1				
传递转矩用	定位用	b	h（h12）	d_1（h12）	L ≈	c	每1000件质量/kg	公称尺寸	极限偏差	公称尺寸	极限偏差	k	圆角半径 r	b
自3~4	自3~4	1.0	1.4	4	3.9	0.16~0.25	0.031	1.0	+0.1 0	0.6	+0.1 0	0.4	0.08~0.16	公称尺寸及键，公差见表5—9
>4~5	>4~6	1.5	2.6	7	6.8		0.153	2.0		0.8		0.72		
>5~6	>6~8	2.0	2.6	7	6.8		0.204	1.8		1.0		0.97		
>6~7	>8~10	2.0	3.7	10	9.7		0.414	2.9		1.0		0.95		
>7~8	>10~12	2.5	3.7	10	9.7		0.518	2.7		1.2		1.2		
>8~10	>12~15	3.0	5.0	13	12.7		1.10	3.8	+0.2 0	1.4		1.43		
>10~12	>15~18	3.0	6.5	16	15.7		1.8	5.3		1.4		1.4	0.16~0.25	
>12~14	>18~20	4.0	6.5	16	15.7	0.25~0.4	2.4	5.0		1.8		1.8		
>14~16	>20~22	4.0	7.5	19	18.6		3.27	6.0		1.8		1.75		
>16~18	>22~25	5.0	6.5	16	15.7		3.01	4.5		2.3		2.35		
>18~20	>25~28	5.0	7.5	19	18.6		4.09	5.5		2.3		2.32		
>20~22	>28~32	5.0	9.0	22	21.6		5.73	7.0		2.3		2.29		
>22~25	>32~36	6.0	9.0	22	21.6		6.88	6.5		2.8		2.87		
>25~28	>36~40	6.0	10	25	24.5		8.64	7.5	+0.3 0	2.8		2.83		
>28~32	40	8.0	11	28	27.4	0.4~0.6	14.1	8		3.3	+0.2 0	3.51	0.25~0.4	
>32~38		10	13	32	31.4		19.3	10		3.3		3.67		

注：轴和毂键槽宽度 b 极限偏差统一为 ${}^{0}_{-0.025}$。

表 5-8 楔键（摘自 GB/T 1563—2003） （单位：mm）

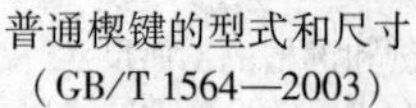

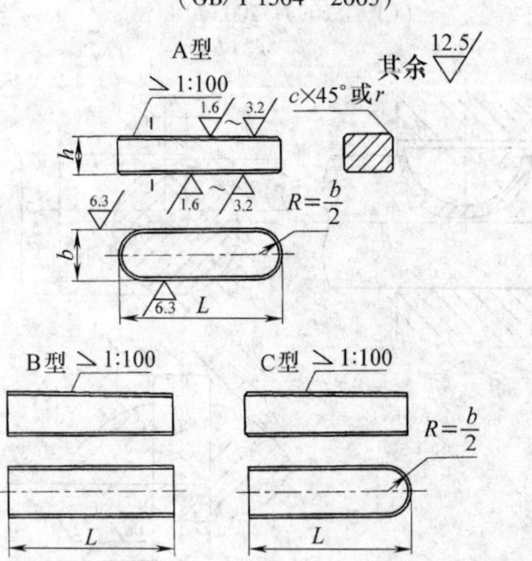

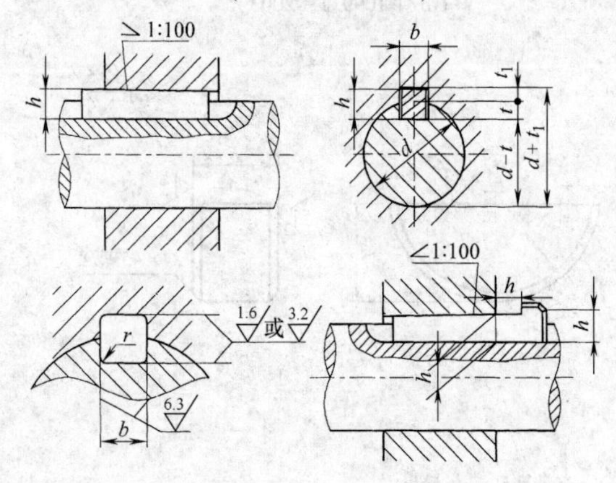

标记示例：

1）圆头普通楔键（A 型），b = 16mm，h = 10mm，L = 100mm，标记为

GB/T 1564—2003 键 16×100

2）对于同一尺寸的平头普通楔键（B 型）或单圆头普通楔键（C 型），分别标记为

GB/T 1564—2003 键 B16×100

GB/T 1564—2003 键 C16×100

钩头楔键尺寸
（GB/T 1565—2003）

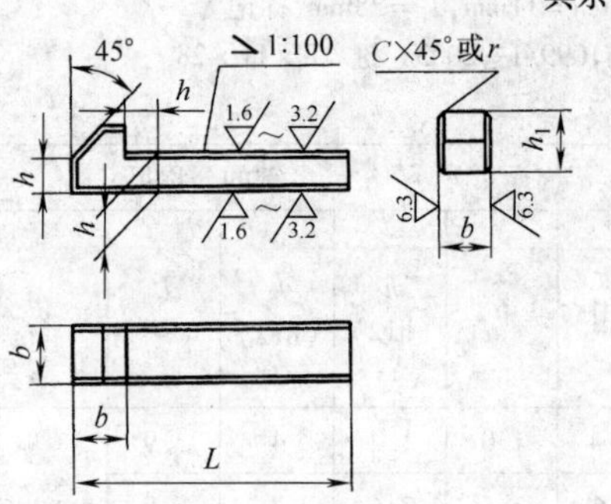

标记示例：

钩头楔键，b = 16mm，h = 10mm，L = 100mm，标记为

键 16×100 GB/T 1565—2003

轴径	键的公称尺寸						键槽				
					L(h14)		轴 t_1		轮毂 t_2		圆角半径 r
d	b (h8)	h (h11)	C 或 r	h_1	GB/T 1564—2003	GB/T 1565—2003	公称尺寸	极限偏差	公称尺寸	极限偏差	
自 6~8	2	2	0.16	—	6~20	—	1.2	+0.1 0	0.5	+0.1 0	0.08
>8~10	3	3	~	—	6~36	—	1.8		0.9		~
>10~12	4	4	0.25	7	8~45	14~45	2.5		1.2		0.16
>12~17	5	5	0.25	8	10~56	14~56	3.0		1.7		0.16
>17~22	6	6	~	10	14~70		3.5		2.2		~
>22~30	8	7	0.4	11	18~90		4.0	+0.2 0	2.4	+0.2 0	0.25
>30~38	10	8		12	22~110		5.0		2.4		
>38~44	12	8	0.4	12	28~140		5.0		2.4		0.25
>44~50	14	9	~	14	36~160		5.5		2.9		~
>50~58	16	10	0.6	16	45~180		6.0		3.4		0.40
>58~65	18	11		18	50~200		7.0		3.4		

（续）

轴　径	键的公称尺寸						键　　槽				
					L(h14)		轴 t_1		轮毂 t_2		圆角半径 r
d	b (h8)	h (h11)	C 或 r	h_1	GB/T 1564—2003	GB 1565—2003	公称尺寸	极限偏差	公称尺寸	极限偏差	
>65~75	20	12	0.6~0.8	20	56~220		7.5	+0.2 0	3.9	+0.2 0	0.40~0.60
>75~85	22	14		22	63~250		9.0		4.4		
>85~95	25	14		22	70~280		9.0		4.4		
>95~110	28	16		25	80~320		10.0		5.4		
>110~130	32	18		28	90~360		11.0		6.4		
>130~150	36	20	1.0~1.2	32	100~400		12	+0.3 0	7.1	+0.3 0	0.70~1.00
>150~170	40	22		36	100~400		13		8.1		
>170~200	45	25		40	110~450	110~400	15		9.1		
>200~230	50	28		45	125~500		17		10.1		
>230~260	56	32	1.6~2.0	50	140~500		20		11.1		1.2~1.6
>260~290	63	32		50	160~500		20		11.1		
>290~330	70	36		56	180~500		22		13.1		
>330~380	80	40	2.5~3.0	63	200~500		25		14.1		2.0~2.5
>380~440	90	45		70	220~500		28		16.1		
>440~500	100	50		80	250~500		31		18.1		
L 系列	6,8,10,12,14,16,18,20,22,25,28,32,36,40,45,50,56,63,70,80,90,100,110,125,140,160,180,200,220,250,280,320,360,400,450,500										

注：1. 安装时，键的斜面与轮毂槽的斜面紧密配合。

2. 键槽宽 b（轴和毂）尺寸公差 D10。

5.1.3.4　键和键槽的几何公差、配合及尺寸标注

1）当键长与键宽比 $L/b \geqslant 8$ 时，键宽在长度方向上的平行度公差等应按 GB1184—1996 选取：当 $b \leqslant 6$mm取 7 级，$b \geqslant 8 \sim 36$mm 取 6 级，$b \geqslant 40$mm取5 级。

2）轴槽和毂槽对轴线对称度公差等级，根据不同工作要求参照键连接的配合按 7 ~ 9 级（GB/T 1184—1996）选取。

当同时采用平键与过盈配合连接，特别是过盈量较大时，则应严格控制键槽的对称度公差，以免装配困难。

3）键和键槽配合的松紧，取决于键槽宽公差带的选取。如何选取见表 5-9。

4）在工作图中，轴槽深用（$d-t_1$）或 t_1 标注，轮槽深用（$d+t_2$）标注。（$d-t_1$）和（$d+t_2$）两个组合尺寸的偏差，应按相应的 t_1 和 t_2 的偏差选取，但（$d-t_1$）的偏差值应取负值（-）。对于楔键，（$d+t_2$）及 t_2 指的是大端轮毂槽深度。

表 5-9　键和键槽尺寸公差带　　（单位：μm）

键的公称尺寸 /mm	键的公差带				键槽尺寸公差带					
	b	h	L	d_1	槽　宽 b					槽长 L
	h9	h11	h14	h12	松连接		经常连接		紧密连接	H14
					轴 H9	毂 D10	轴 N9	毂 JS9	轴与毂 P9	
≤3	0 -25	2 -60 $\begin{pmatrix}0\\-25\end{pmatrix}$		0 -100	+25 0	+60 +20	-4 -29	±12.5	-6 -31	+250 0
>3~6	0 -30	0 -75 $\begin{pmatrix}0\\-30\end{pmatrix}$		0 -120	+30 0	+78 +30	0 -30	±15	-12 -42	+300 0

（续）

键的公称尺寸/mm	键的公差带				键槽尺寸公差带					
	b	h	L	d_1	槽　宽 b					槽长 L
	h9	h11	h14	h12	松连接		经常连接		紧密连接	H14
					轴 H9	毂 D10	轴 N9	毂 JS9	轴与毂 P9	
>6～10	0 -36	0 -90	0 -360	0 -150	+36 0	+98 +40	0 -36	±18	-15 -51	+360 0
>10～18	0 -43	0 -110	0 -430	0 -180	+43 0	+120 +50	0 -43	±21	-18 -61	+430 0
>18～30	0 -52	0 -130	0 -520	0 -210	+52 0	+149 +65	0 -52	±26	-22 -74	+52 0
>30～50	0 -62	0 -160	0 -620	0 -250	+62 0	+180 +80	0 -62	±31	-26 -88	+620 0
>50～80	0 -74	0 -190	0 -740	0 -300	+74 0	+220 +100	0 -74	±37	-32 -106	+740 0
>80～120	0 -87	0 -220	0 -870	0 -350	+87 0	+260 +120	0 -87	±43	-37 -124	+870 0
>120～180	0 -100	0 -250	0 -1000	0 -400	+100 0	+305 +145	0 -100	±50	-43 -143	+1000 0
>180～250	0 -115	0 -290	0 -1150	0 -460	+115 0	+355 +170	0 -115	±57	-50 -165	+1150 0

注：1. 括号内数值为h9值，适用于B型普通平键。

2. 半圆键无较松连接形式。

3. 楔键槽宽轴和毂都取D10。

5.1.3.5　切向键（表5-10）

表5-10　切向键（摘自GB/T 1974—2003）　　（单位：mm）

普通切向键、强力切向键及键槽尺寸（GB/T 1974—2003）

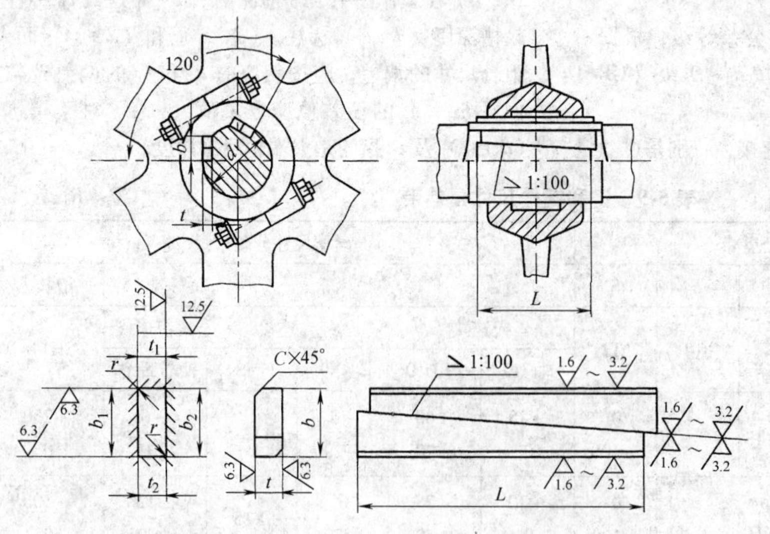

标记示例：

一对切向键，厚度 t=8mm，计算宽度 b = 24mm，长度 L = 100mm，标记为

GB/T 1974　键　8×24×100

（续）

轴径	普通切向键										强力切向键									
	键		键槽								键		键槽							
			深度				计算宽度		半径 r				深度				计算宽度		半径 r	
			轮毂 t_1		轴 t_2								轮毂 t_1		轴 t_2					
d	t	c	公称尺寸	极限偏差	公称尺寸	极限偏差	轮毂 b_1	轴 b_2	最小	最大	t	C	公称尺寸	极限偏差	公称尺寸	极限偏差	轮毂 b_1	轴 b_2	最小	最大
60							19.3	19.6												
65	7		7		7.3		20.1	20.5												
70							21.0	21.4												
75							23.2	23.5												
80							24.0	24.4												
85	8	0.6~0.8	8		8.3		24.8	25.2	0.4	0.6										
90				0		+0.2	25.6	26.0												
95				-0.2		0	27.8	28.2												
100	9		9		9.3		28.6	29.0			10		10	0	10.3	+0.2	30	30.4		
110							30.1	30.6			11		11	-0.2	11.4	0	33	33.5		
120	10		10		10.3		33.2	33.6			12	1~1.2	12		12.4		36	36.5	0.7	1.0
130							34.6	35.1			13		13		13.4		39	39.5		
140							37.7	38.3			14		14		14.4		42	42.5		
150	11	1~1.2	11		11.4		39.1	39.7			15		15		15.4		45	45.5		
160							42.1	42.8	0.7	1.0	16	1.6~2	16		16.4		48	48.5		
170	12		12		12.4		43.5	44.2			17		17		17.4		51	51.5	1.2	1.6
180							44.9	45.6			18		18		18.4		54	54.5		
190							49.6	50.3			19		19		19.4		57	57.5		
200	14		14		14.4		51.0	51.7			20		20		20.4		60	60.5		
220		1.6~2.0					57.1	57.8			22	2.5~3	22		22.4		66	66.5		
240	16		16		16.4		59.9	60.6	1.2	1.6	24		24	0	24.4	+0.3	72	72.5	2.0	2.5
250							64.6	65.3			25		25	-0.3	25.4	0	75	75.5		
260	18		18	0	18.4	+0.3	66.0	66.7			26		26		26.4		78	78.5		
280				-0.3		0	72.1	72.8			28		28		28.4		84	84.5		
300	20		20		20.4		74.8	75.5			30		30		30.4		90	90.5		
320							81.0	81.6			32		32		32.4		96	96.5		
340	22	2.5~3	22		22.4		83.6	84.3	2.0	2.5	34		34		34.4		102	102.5		
360							93.2	93.8			36	3~4	36		36.4		108	108.5	2.5	3.0
380	26		26		26.4		95.9	96.6			38		38		38.4		114	114.5		
400							98.6	99.3			40		40		40.4		120	120.5		
420		3~4					108.2	108.8	2.5	3.0	42		42		42.4		126	126.5		
450	30		30		30.4		112.3	112.9			45	4~5	45		45.4		135	135.5	3.0	4.0

（续）

轴径 d	普通切向键										强力切向键									
	键		键　槽								键		键　槽							
	t	c	深　度				计算宽度		半径 r		t	C	深　度				计算宽度		半径 r	
			轮毂 t_1		轴 t_2								轮毂 t_1		轴 t_2					
			公称尺寸	极限偏差	公称尺寸	极限偏差	轮毂 b_1	轴 b_2	最小	最大			公称尺寸	极限偏差	公称尺寸	极限偏差	轮毂 b_1	轴 b_2	最小	最大
480	34	3～4	34	0 −0.3	34.4	+0.3 0	123.1	123.8	2.5	3.0	48	4～5	48	0 −0.3	48.5	+0.3 0	144	144.7	3.0	4.0
500							125.9	126.6			50		0		50.5		150	150.7		
530	38		38		38.4		136.7	137.4			53		53		53.5		159	159.7		
560							40.8	141.5			56		56		56.5		68	168.7		
600	42		42		40.4		153.1	153.8			60	5～6	60		60.5		180	180.7	4.0	5.0
630							157.1	157.8			63		63		63.5		189	189.7		
710											71	6～7	71		71.5		213	213.7	4.0	5.0
800											80		80		80.5		240	240.7		
900											90	7～9	90		90.5		270	270.7	5.0	7.0
1000											100		100		100.5		300	300.7		

注：1. 键的厚度 t、计算宽度 b 分别与轮毂槽的 t_1、计算宽度 b_1 相同。
2. 对普通切向键，若轴径位于表列尺寸 d 的中间数值时，采用与它最接近的稍大轴径的 t、t_1 和 t_2，但 b 和 b_1、b_2 须用以下公式计算：$b=b_1=\sqrt{t(d-t)}$　$b_2=\sqrt{t_2(d-t_2)}$。
3. 强力切向键，若轴径位于表列尺寸 d 的中间数时，或者轴径超过 630mm 时，键与键槽的尺寸用以下公式计算：$t=t_1=0.1d$；$b=b_1=0.3d$；$t_2=t+0.3\text{mm}$（当 $t\leqslant10\text{mm}$）；$t_2=t+0.4\text{mm}$（当 $10\text{mm}<t\leqslant45\text{mm}$）。$t_2=t+0.5\text{mm}$（当 $t>45\text{mm}$）；$b_2=\sqrt{t_2(d-t_2)}$。
4. 键厚度 t 的极限偏差为 h11。
5. 键的抗拉强度不低于 600MPa。
6. 键长 L 按实际结构定，一般建议取比轮毂宽度长 10%～15%。

5.2 花键连接

5.2.1 花键连接的强度校核计算（通用简单算法）

花键连接的类型和尺寸，通常根据被连接件的结构特点、使用要求及工作条件选择。为了避免键齿工作表面压溃（过盈连接）或过度磨损（间隙连接），应进行必要的强度校核计算，计算公式如下：

过盈连接　$\sigma_p=\dfrac{2T}{\psi Zhld_m}\leqslant[\sigma_p]$

间隙连接　$p=\dfrac{2T}{\psi Zhld_m}\leqslant[p]$

式中　T——传递转矩（N · mm）；

ψ——各齿间载荷不均匀系数，一般取 $\psi=0.7\sim0.8$，齿数多时取偏小值；

Z——花键的齿数；

l——齿的工作长度（mm）；

h——键齿工作高度（mm）；

d_m——平均直径（mm）；

矩形花键　$h=\dfrac{D-d}{2}-2C$；$D_m=\dfrac{D+d}{2}$

渐开线花键　$h=\begin{cases}m & \alpha_D=30° \\ 0.8m & \alpha_D=45°\end{cases}$；　$D_m=D$

式中　C——倒角尺寸（mm）；

m——模数（mm）。

$[\sigma_p]$——花键连接许用挤压应力（MPa），见表 5-11；

$[p]$——许用压强（MPa），见表 5-11。

精确算法见光盘 G2.2。

表 5-11　花键连接的许用挤压应力，许用压强

（单位：MPa）

连接工作方式		许用值	使用和制造情况	齿面未经热处理	齿面经热处理
过盈连接		许用挤压应力 $[\sigma_p]$	不良 中等 良好	35～50 60～100 80～120	40～70 100～140 120～200
间隙连接	空载下移动	许用压强 $[p]$	不良 中等 良好	15～20 20～30 25～40	20～35 30～60 40～70
	载荷作用下移动	许用压强 $[p]$	不良 中等 良好	—	3～10 5～15 10～20

注：1. 使用和制造不良，是指受变载荷，有双向冲击、振动频率高和振幅大，润滑不好（对动连接）、材料硬度不高和精度不高等。
2. 同一情况下，$[\sigma_p]$ 或 $[p]$ 的较小值，用于工作时间长和较重要的场合。
3. 内、外花键材料的抗拉强度不低于 590MPa。

5.2.2　矩形花键连接

5.2.2.1　矩形花键基本尺寸系列（表 5-12 和表 5-13）

表 5-12　矩形花键基本尺寸系列（摘自 GB/T 1144—2001）　（单位：mm）

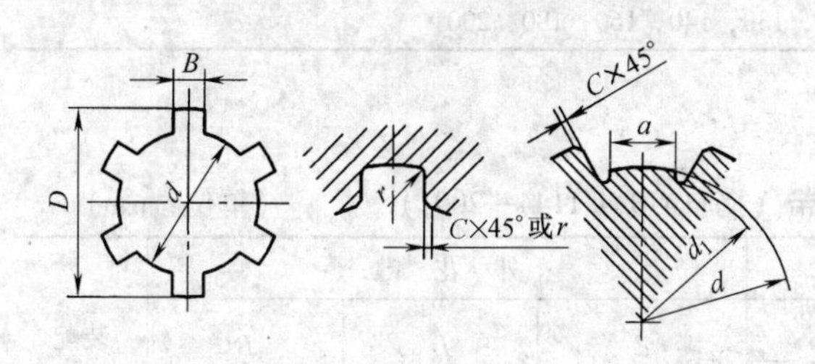

标记示例：

已知花键规格　$N\times d\times D\times B$，例如 6×23×26×6，则

1）花键副　$6\times23\dfrac{H7}{f7}\times26\dfrac{H10}{a11}\times6\dfrac{H11}{d10}$　GB/T 1144—2001

2）内花键　6×23H7×26H10×6H11　GB/T 1144—2001

3）外花键　6×23f7×26a11×6d10　GB/T 1144—2001

小径 d	轻系列 规格 $N\times d\times D\times B$	轻系列 C	轻系列 r	轻系列 参考 $d_{1\min}$	轻系列 参考 $a_{\min}$	中系列 规格 $N\times d\times D\times B$	中系列 C	中系列 r	中系列 参考 $d_{1\min}$	中系列 参考 $a_{\min}$
11						6×11×14×3	0.2	0.1		
13						6×13×16×3.5				
16						6×16×20×4	0.3	0.2	14.4	1.0
18						6×18×22×5			16.6	1.0
21						6×21×25×5			19.5	2.0
23	6×23×26×6	0.2	0.1	22	3.5	6×23×28×6			21.2	1.2
26	6×26×30×6	0.3	0.2	24.5	3.8	6×26×32×6	0.4	0.3	23.6	1.2
28	6×28×32×7			26.6	4.0	6×28×34×7			25.8	1.4
32	6×32×36×6			30.3	2.7	8×32×38×6			29.4	1.0
36	8×36×40×7			34.4	3.5	8×36×42×7			33.4	1.0
42	8×42×46×8			40.5	5.0	8×42×48×8			39.4	2.5
46	8×46×50×9			44.6	5.7	8×46×54×9	0.5	0.4	42.6	1.4
52	8×52×58×10	0.4	0.3	49.6	4.8	8×52×60×10			48.6	2.5
56	8×56×62×10			53.5	6.5	8×56×65×10			52.0	2.5
62	8×62×68×12			59.7	7.3	8×62×72×12	0.6	0.5	57.7	2.4
72	10×72×78×12			69.6	5.4	10×72×82×12			67.7	1.0
82	10×82×88×12			79.3	8.5	10×82×92×12			77.0	2.9
92	10×92×98×11			89.6	9.9	10×92×102×14			87.3	4.5
102	10×102×108×16			99.6	11.3	10×102×112×16			97.7	6.2
112	10×112×120×18	0.5	0.4	108.8	10.5	10×112×125×18			106.2	4.1

注：1. N—键数；D—大径；B—键宽或键槽宽。

2. d_1 和 a 值仅适用于展成法加工。

表 5-13　矩形内花键型式及长度系列（摘自 GB/T 10081—2001）　（单位：mm）

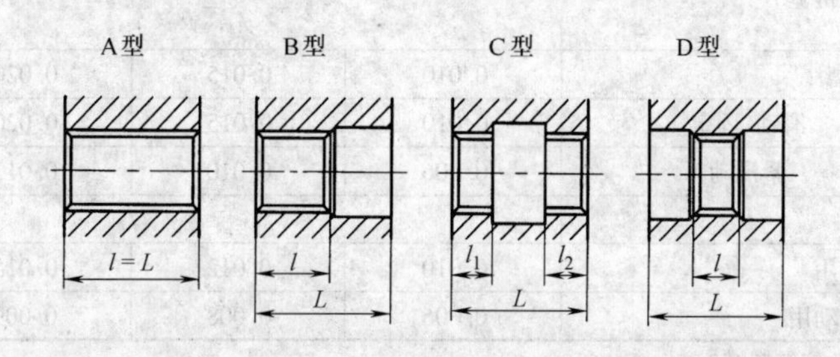

（续）

花键小径 d	11	13	16 ~ 21	23 ~ 32	36 ~ 52	56 ~ 62	72 ~ 92	102 ~ 112
花键长度 l 或 l_1+l_2	10 ~ 50		10 ~ 80		22 ~ 120		32 ~ 200	
孔的最大长度 L	50	80		120	200	250		300
花键长度 l 或 l_1+l_2 系列	10，12，15，18，22，25，28，30，32，36，38，42，45，48，50，56，60，63，71，75，80，85，90，95，100，110，120，130，140，160，180，200							

5.2.2.2 矩形花键的公差与配合（表 5-14 和表 5-15）

表 5-14 矩形花键的尺寸公差带（摘自 GB/T 1144—2001）（单位：μm）

内花键				外花键			装配型式
d	D	B		d	D	B	
公差带	公差带	公差带		公差带	公差带	公差带	
		拉削后不热处理	拉削后热处理				
一般用							
H7	H10	H9	H11	f7	a11	d10	滑动
				g7		f9	紧滑动
				h7		h10	固定
精密传动用							
H5	H10	H7，H9		f5	a11	d8	滑动
				g5		f7	紧滑动
				h5		h8	固定
H6				f6		d8	滑动
				g6		f7	紧滑动
				h6		h8	固定

注：1. 精密传动用的内花键，当需要控制键侧配合间隙时，槽宽可选用 H7，一般情况下可选用 H9。

2. d 为 H6 和 H7 的内花键允许与高一级的外花键配合。

表 5-15 矩形花键的位置度、对称度公差（摘自 GB/T 1144—2001）（单位：mm）

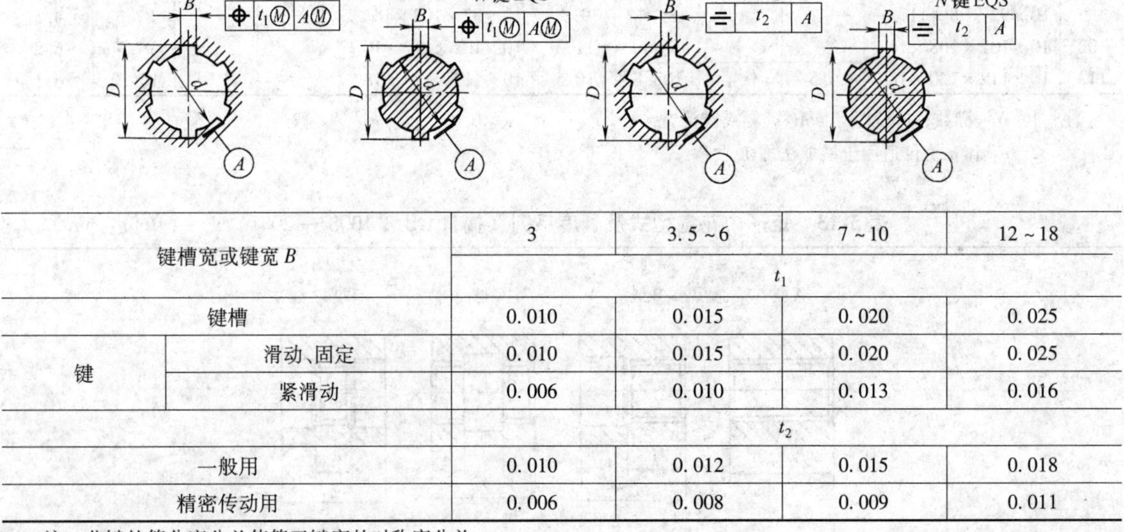

键槽宽或键宽 B		3	3.5 ~ 6	7 ~ 10	12 ~ 18
		t_1			
键槽		0.010	0.015	0.020	0.025
键	滑动、固定	0.010	0.015	0.020	0.025
	紧滑动	0.006	0.010	0.013	0.016
		t_2			
一般用		0.010	0.012	0.015	0.018
精密传动用		0.006	0.008	0.009	0.011

注：花键的等分度公差值等于键宽的对称度公差。

5.3　圆柱面过盈连接计算（表 5-16 和表 5-17、图 5-1）

5.3.1　计算公式

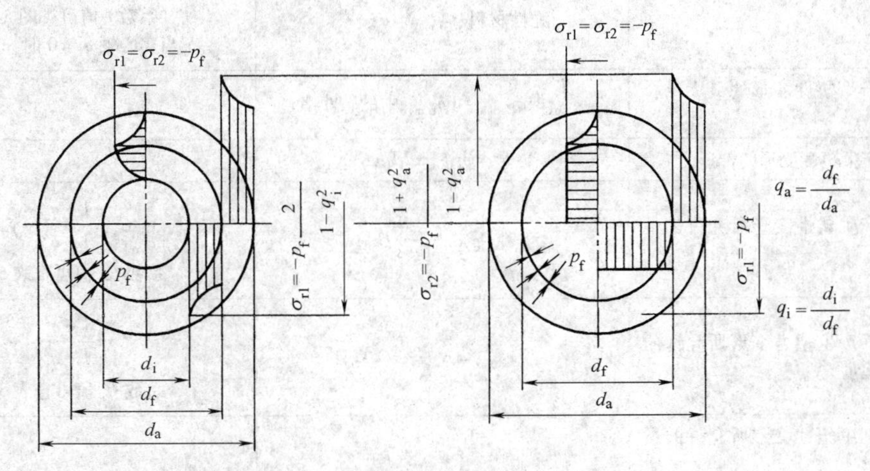

图 5-1　过盈连接配合面应力分布

表 5-16　过盈连接所需的最小过盈量

计算内容		计算公式	说　明
传递载荷所需的最小结合压力	传递转矩 T	$p_{f\min}=\dfrac{2T}{\pi d_f^2 l_f \mu}$	l_f 为配合长度
	承受轴向力 F_x	$p_{f\min}=\dfrac{F_x}{\pi d_f l_f \mu}$	μ 为摩擦因数
	传递力	$p_{f\min}=\dfrac{F_t}{\pi d_f l_f \mu}$	$F_t=\sqrt{F_x^2+\left(\dfrac{2T}{d_f}\right)^2}$
包容件直径比		$q_a=\dfrac{d_f}{d_a}$	
被包容件直径比		$q_i=\dfrac{d_i}{d_f}$	对实心轴 $q_i=0$
包容件传递载荷所需的最小直径变化量		$e_{a\min}=p_{f\min}\dfrac{d_f}{E_a}C_a$	$C_a=\dfrac{1+q_a^2}{1-q_a^2}+\nu_a$ 系数 C_a 值可查表 5-18
被包容件传递载荷所需的最小直径变化量		$e_{i\min}=p_{f\min}\dfrac{d_f}{E_i}C_i$	$C_i=\dfrac{1+q_i^2}{1-q_i^2}-\nu_i$ 系数 C_i 值可查表 5-18
传递载荷所需的最小有效过盈量		$\delta_{e\min}=e_{a\min}+e_{i\min}$	
考虑压平量的最小过盈量		$\delta_{\min}=\delta_{e\min}+2(S_a+S_i)$	对纵向过盈联结，取 $S_a=1.6Ra_a$，$S_i=1.6Ra_i$

表 5-17　计算过盈连接不产生塑性变形所允许的最大过盈量

计算内容	计算公式	说　明
包容件不产生塑性变形所允许的最大结合压力	塑性材料：$p_{fa\max}=a\sigma_{sa}$ 脆性材料：$p_{fa\max}=b\dfrac{\sigma_{ba}}{2\sim3}$	$a=\dfrac{1-q_a^2}{\sqrt{3+q_a^4}}$，$b=\dfrac{1-q_a^2}{1+q_a^2}$ 系数 a、b 值可查图 5-2

（续）

计算内容	计算公式	说明
被包容件不产生塑性变形所允许的最大结合压力	塑性材料：$p_{\mathrm{fi\,max}}=c\sigma_{\mathrm{si}}$ 脆性材料：$p_{\mathrm{fi\,max}}=c\dfrac{\sigma_{\mathrm{bi}}}{2\sim3}$	$c=\dfrac{1-q_{\mathrm{i}}^2}{2}$ 系数 c 值可查图 5-2。 当实心轴 $q_{\mathrm{i}}=0$ 时，$c=0.5$
连接件不产生塑性变形的最大结合压力	$p_{\mathrm{f\,max}}$取$p_{\mathrm{fa\,max}}$和$p_{\mathrm{fi\,max}}$中的较小者	
连接件不产生塑性变形的传递力	$F_{\mathrm{t}}=p_{\mathrm{f\,max}}\pi d_{\mathrm{f}}l_{\mathrm{f}}\mu$	
包容件不产生塑性变形所允许的最大直径变化量	$e_{\mathrm{a\,max}}=\dfrac{p_{\mathrm{f\,max}}d_{\mathrm{f}}}{E_{\mathrm{a}}}C_{\mathrm{a}}$	$C_{\mathrm{a}}=\dfrac{1+q_{\mathrm{a}}^2}{1-q_{\mathrm{a}}^2}+\gamma_{\mathrm{a}}$ 系数 C_{a} 值可查表 5-18
被包容件不产生塑性变形所允许的最大直径变化量	$e_{\mathrm{i\,max}}=\dfrac{p_{\mathrm{f\,max}}d_{\mathrm{f}}}{E_{\mathrm{i}}}C_{\mathrm{i}}$	$C_{\mathrm{i}}=\dfrac{1+q_{\mathrm{i}}^2}{1-q_{\mathrm{i}}^2}-\gamma_{\mathrm{i}}$ 系数 C_{i} 值可查表 5-18
连接件不产生塑性变形所允许的最大有效过盈量	$\delta_{\mathrm{c\,max}}=e_{\mathrm{a\,max}}+e_{\mathrm{i\,max}}$	

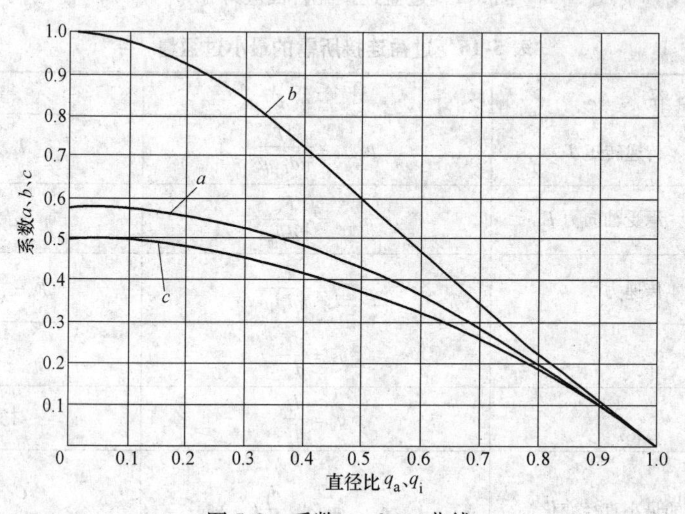

图 5-2 系数 a、b、c 曲线

表 5-18 系数 C_{a} 和 C_{i}

直径比 q_{a} 或 q_{i}	C_{a}		C_{i}	
	$\nu_{\mathrm{a}}=0.3$	$\nu_{\mathrm{a}}=0.25$	$\nu_{\mathrm{i}}=0.3$	$\nu_{\mathrm{i}}=0.25$
0			0.700	0.750
0.10	1.320	1.270	0.720	0.770
0.14	1.340	1.290	0.740	0.790
0.20	1.383	1.333	0.783	0.833
0.25	1.433	1.383	0.833	0.883
0.28	1.470	1.420	0.870	0.920
0.31	1.512	1.426	0.912	0.962
0.35	1.579	1.529	0.979	1.029

（续）

直径比 q_a 或 q_i	C_a		C_i	
	$\nu_a=0.3$	$\nu_a=0.25$	$\nu_i=0.3$	$\nu_i=0.25$
0.40	1.681	1.631	1.081	1.131
0.45	1.808	1.758	1.208	1.258
0.50	1.967	1.917	1.367	1.417
0.53	2.081	2.031	1.481	1.531
0.56	2.214	2.164	1.614	1.664
0.60	2.425	2.375	1.825	1.875
0.63	2.616	2.566	2.016	2.066
0.67	2.929	2.879	2.329	2.379
0.71	3.333	3.283	2.733	2.783
0.75	3.871	3.821	3.271	3.321
0.80	4.855	4.805	4.255	4.305
0.85	6.507	6.457	5.907	5.957
0.90	9.826	9.776	9.226	9.276

注：ν 为泊松比。

5.3.2　配合的选择原则

（1）过盈配合按 GB/T 1800.1、GB/T 1800.2 和 GB/T 1801 的规定选择。

（2）选出的配合，其最大过盈量 $[\delta_{max}]$ 和最小过盈量 $[\delta_{min}]$ 应满足下列要求：

1）保证过盈连接传递给定的载荷：$[\delta_{min}]>\delta_{min}$。

2）保证连接件不产生塑性变形：$[\delta_{max}]\leqslant\delta_{e\ max}$。

5.3.3　配合的选择步骤

（1）初选基本过盈量 δ_b

1）一般情况，可取 $\delta_b\approx\dfrac{\delta_{min}+\delta_{e\ max}}{2}$。

2）当要求有较多的连接强度储备时，可取 $\delta_{e\ max}>\delta_b>\dfrac{\delta_{min}+\delta_{e\ max}}{2}$。

3）当要求有较多的连接件材料强度储备时，可取 $\delta_{min}<\delta_b<\dfrac{\delta_{min}+\delta_{e\ max}}{2}$。

（2）按初选的基本过盈量 δ_b 和结合直径 d_f，由图 5-3 查出配合的基本偏差代号。

（3）按基本偏差代号和 $\delta_{e\ max}$、δ_{min}，由 GB/T 1801 和 GB/T 1800.2 确定选用的配合和孔、轴公差带。

5.3.4　校核计算（表 5-19）

5.3.5　包容件的外径扩大量和被包容件的内径缩小量的计算（表 5-20）

表 5-19　校核计算公式

计算内容	计算公式	说　明
最小传递力	$F_{t\ min}=[p_{f\ min}]\pi d_f l_f \mu$	$[p_{f\ min}]=\dfrac{[\delta_{min}]-2(S_a+S_i)}{d_f\left(\dfrac{C_a}{E_a}+\dfrac{C_i}{E_i}\right)}$
包容件的最大应力	塑性材料：$\sigma_{a\ max}=\dfrac{[p_{f\ max}]}{a}$ 脆性材料：$\sigma_{a\ max}=\dfrac{[p_{f\ max}]}{b}$	$[p_{f\ max}]=\dfrac{[\delta_{max}]}{d_f\left(\dfrac{C_a}{E_a}+\dfrac{C_i}{E_i}\right)}$
被包容件的最大应力	$\sigma_{i\ max}=\dfrac{[p_{f\ max}]}{c}$	

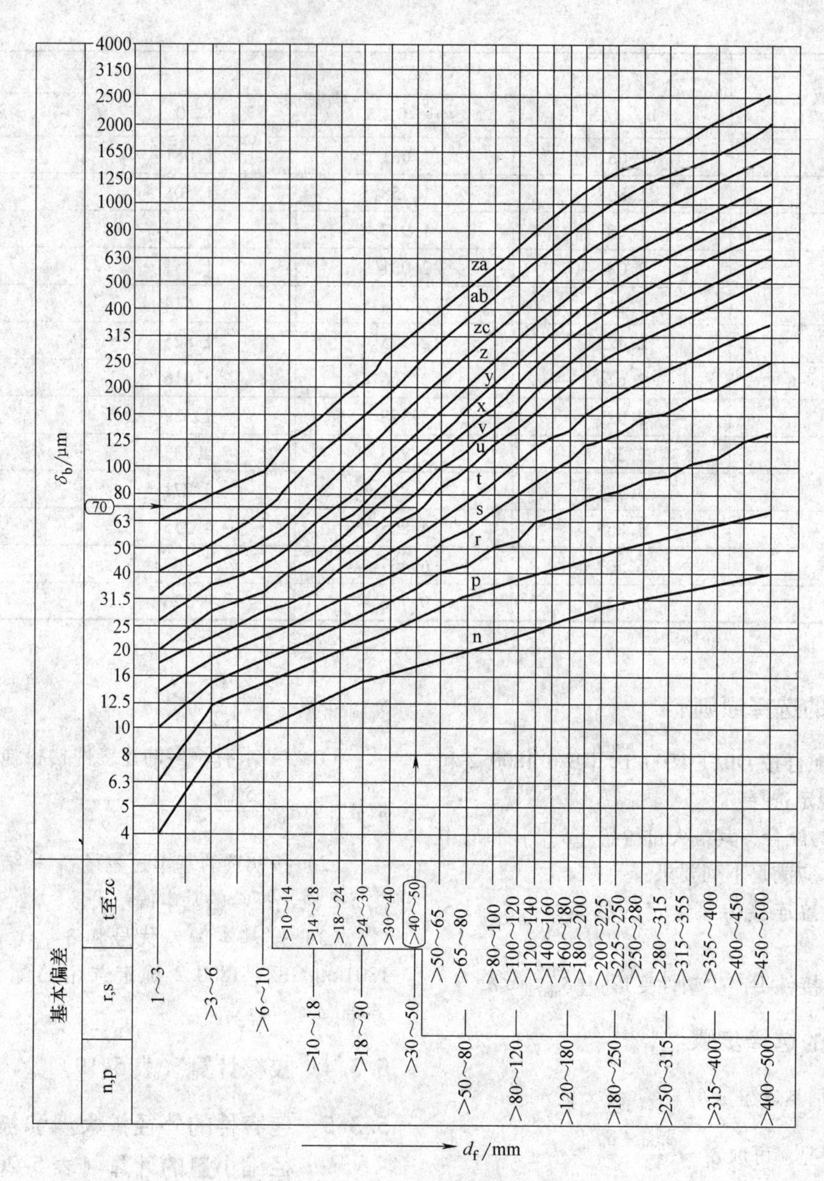

图5-3　配合选择参考图（摘自 GB/T 5371—2004）

表5-20　过盈配合引起的非配合处直径变化计算公式

计算内容	计算公式	说明	计算内容	计算公式	说明
包容件的外径扩大量	$\Delta d_a=\dfrac{2p_f d_a q_a^2}{E_a(1-q_i^2)}$	p_f 取(p_{fmax})或(p_{fmin})	被包容件的内径缩小量	$\Delta d_i=\dfrac{2p_f d_i}{E_i(1-q_i^2)}$	p_f 取(p_{fmax})或(p_{fmin})

5.3.6　过盈配合计算常用数值（表5-21～表5-23）

表5-21　纵向过盈连接的摩擦因数

材　料	摩擦因数 μ	
	无润滑	有润滑
钢-钢	0.07～0.16	0.05～0.13
钢-铸钢	0.11	0.08

（续）

材　料	摩擦因数 μ	
	无润滑	有润滑
钢-结构钢 钢-优质结构钢	0.10 0.11	0.07 0.08
钢-青铜	0.15～0.2	0.03～0.06
钢-铸铁	0.12～0.15	0.05～0.10
铸铁-铸铁	0.15～0.25	0.05～0.10

表 5-22　横向过盈连接的摩擦因数

材　料	结合方式、润滑	摩擦因数 μ
钢-钢	油压扩径，压力油为矿物油	0.125
	油压扩径，压力油为甘油，结合面排油干净	0.18
	在电炉中加热包容件至 300℃	0.14
	在电炉中加热包容件至 300℃以后，结合面脱脂	0.2
钢-铸铁	油压扩径，压力油为矿物油	0.1
钢-铝镁合金	无润滑	0.10～0.15

表 5-23　弹性模量、泊松比和线膨胀系数

材　料	弹性模量 $E/(\mathrm{N/mm^2})$	泊松比 ν	线膨胀系数 $\alpha/(10^{-6}℃^{-1})$	
			加热　≈	冷却　≈
碳钢、低合金钢、合金结构钢	200000～235000	0.3～0.31	11	-8.5
灰口铸铁 HT15-33 HT20-40	70000～80000	0.24～0.25	10	-8
灰口铸铁 HT25-47 HT30-54	105000～130000	0.24～0.26	10	-8
可锻铸铁	90000～100000	0.25	10	-8
非合金球墨铸铁	160000～180000	0.28～0.29	10	-8
青铜	85000	0.35	17	-15
黄铜	80000	0.36～0.37	18	-16
铝合金	69000	0.32～0.36	21	-20
镁合金	40000	0.25～0.3	25.5	-25

5.4　销连接

5.4.1　销连接的类型、特点和应用（表 5-24）

表 5-24　销连接的类型、特点和应用

类　型	结构图例	特点和应用
圆柱销 GB/T 119.1—2000 GB/T 119.2—2000		主要用于定位，也可用于连接。直径公差有 m6、h8 两种，以满足不同的使用要求。常用的加工方法是配钻、铰，以保证要求的装配精度

（续）

<table>
<tr><th>类　型</th><th>结构图例</th><th colspan="2">特点和应用</th></tr>
<tr><td>内螺纹圆柱销
GB/T 120.1—2000
GB/T 120.2—2000</td><td> 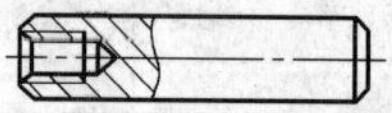</td><td colspan="2">主要用于定位，也可用于连接。内螺纹供拆卸用，有A、B型两种规格。B型用于盲孔。直径公差只有m6一种。销钉直径最小为6mm。常用的加工方法是配钻、铰，以保证要求的装配精度</td></tr>
<tr><td>无头销轴
GB/T 880—2008</td><td> 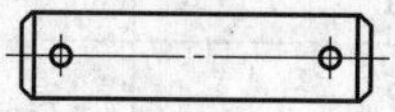</td><td colspan="2">两端用开口销锁住，拆卸方便。用于铰链连接处</td></tr>
<tr><td>弹性圆柱销　直槽　重型
GB/T 879.1—2000
弹性圆柱销　直槽　轻型
GB/T 879.2—2000</td><td> 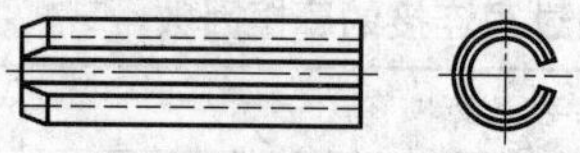</td><td colspan="2">有弹性，装配后不易松脱。钻孔精度要求低，可多次拆装。刚性较差，不适用于高精度定位。可用于有冲击、振动的场合</td></tr>
<tr><td>弹性圆柱销　卷制　重型
GB/T 879.3—2000
弹性圆柱销　卷制　标准型
GB/T 879.4—2000
弹性圆柱销　卷制　轻型
GB/T 879.5—2000</td><td> 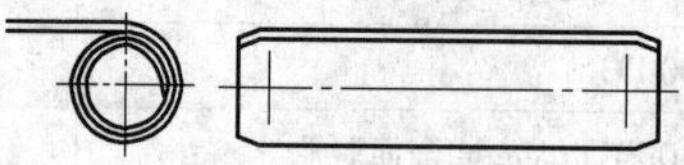</td><td colspan="2">销钉由钢板卷制，加工方便。有弹性，装配后不易松脱。钻孔精度要求低，可多次拆装。刚性较差，不适用于高精度定位。可用于有冲击、振动的场合</td></tr>
<tr><td>圆锥销
GB/T 117—2000</td><td> 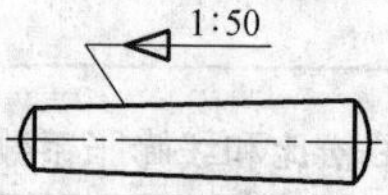1:50</td><td colspan="2">有1:50的锥度，与有锥度的铰制孔相配。拆装方便，可多次拆装，定位精度比圆柱销高，能自锁。一般两端伸出被连接件，以便拆装</td></tr>
<tr><td>内螺纹圆锥销
GB/T 118—2000</td><td> 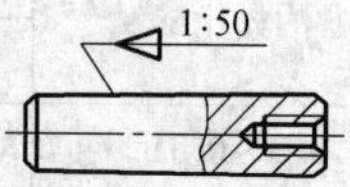1:50</td><td colspan="2">螺纹孔用于拆卸。可用于盲孔，有1:50的锥度，与有锥度的铰制孔相配。拆装方便，可多次拆装，定位精度比圆柱销高，能自锁。一般两端伸出被连接件，以便拆装</td></tr>
<tr><td>螺尾锥销
GB/T 881—2000</td><td> 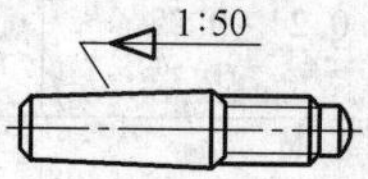1:50</td><td colspan="2">螺纹孔用于拆卸，拆卸方便。有1:50的锥度，与有锥度的铰制孔相配。拆装方便，可多次拆装，定位精度比圆柱销高，能自锁。一般两端伸出被连接件，以便拆装</td></tr>
<tr><td>开尾锥销
GB/T 877—2000</td><td> 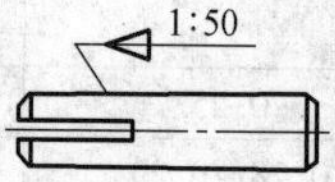1:50</td><td colspan="2">有1:50的锥度，与有锥度的铰制孔相配。打入销孔后，末端可以稍张开，避免松脱。用于有冲击、振动的场合</td></tr>
<tr><td>开口销
GB/T 91—2000</td><td> 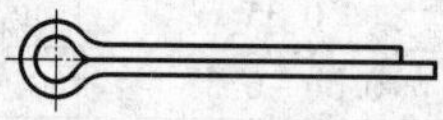</td><td colspan="2">用于锁定其他零件，如轴、槽形螺母等，是一种较可靠的锁紧方法，应用广泛</td></tr>
<tr><td>销轴
GB/T 882—2008</td><td> 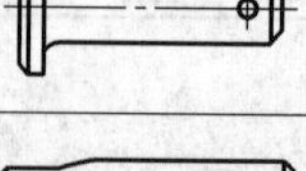</td><td colspan="2">用于作铰接轴，用开口销锁紧，工作可靠</td></tr>
<tr><td>槽销带导杆及全长平行沟槽
GB/T 13829.1—2004</td><td> 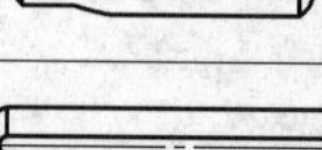</td><td rowspan="4">沿销体母线辗压或模锻3条（相隔120°）不同形状和深度的沟槽，打入销孔与孔壁压紧，不易松脱。能承受振动和变载荷。销孔不需铰光，可多次装拆</td><td rowspan="2">全长有平行槽，端部有导杆或倒角。销与孔壁间压力分布较均匀。用于有严重振动和冲击载荷的场合</td></tr>
<tr><td>槽销带倒角及全长平行沟槽
GB/T 13829.2—2004</td><td> 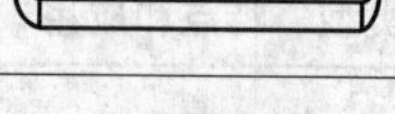</td></tr>
<tr><td>槽销中部槽长为1/3全长
GB/T 13829.3—2004</td><td> </td><td rowspan="2">槽中部的短槽等于全长的1/2或1/3。常用作心轴，将带毂的零件固定在有槽处</td></tr>
<tr><td>槽销中部槽长为1/2全长
GB/T 13829.4—2004</td><td> 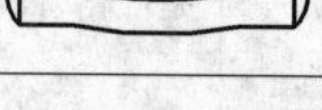</td></tr>
</table>

（续）

类　型	结构图例	特点和应用	
槽销全长锥槽 GB/T 13829.5—2003	1:50	沿销体母线辗压或模锻 3 条（相隔 120°）不同形状和深度的沟槽，打入销孔与孔壁压紧，不易松脱。能承受振动和变载荷。销孔不需铰光，可多次装拆	槽为楔形，作用与圆锥销相似。销与孔壁间压力分布不均匀。比圆锥销拆装方便而定位精度较低
槽销　半长锥槽 GB/T 13829.6—2003			
槽销　半长倒锥槽 GB/T 13829.7—2003			常用作轴杆
圆头槽销 GB/T 13829.8—2004			可代替铆钉或螺钉，用于固定标牌、管夹子等
沉头槽销 GB/T 13829.9—2004			

5.4.2　销的选择和销连接的强度计算

定位销一般用两个，其直径根据结构决定，应考虑在拆装时不产生永久变形。中小尺寸的机械常用直径为 10～16mm 的销。

销的材料通常为 35 钢、45 钢，并进行硬化处理。许用切应力 $[\tau]=80\sim100\text{MPa}$，许用弯曲应力 $[\sigma_b]=120\sim150\text{MPa}$。弹性圆柱销多用 65Mn，其许用切应力 $[\tau]=120\sim130\text{MPa}$。受力较大，要求抗腐蚀等的场合可以采用 30CrMnSiA、1Cr13、2Cr15、H63、1Cr18Ni9Ti。

安全销的材料，可选用 35、45、50 或 T8A、T10A，热处理后硬度为 30～36HRC。销套材料可用 45、35SiMn、40Cr 等。热处理后硬度为 40～50HRC 安全销的抗剪强度极限可取为 $\tau_b=(0.6\sim0.7)\sigma_b$，$\sigma_b$ 为材料的抗拉强度。

销的强度计算公式见表 5-25。

表 5-25　销的强度计算公式

销的类型	受力情况图	计算内容	计算公式
圆柱销	F_t　d　F_t	销的抗剪强度	$\tau=\dfrac{4F_t}{\pi d^2 z}\leqslant[\tau]$
	d　D　T $d=(0.13\sim0.20)D$ $l=(1.0\sim1.5)D$	销或被连接零件工作面的抗压强度	$\sigma_p=\dfrac{4T}{Ddl}\leqslant[\sigma_p]$
		销的抗剪强度	$\tau=\dfrac{2T}{Ddl}\leqslant[\tau]$

（续）

销的类型	受力情况图	计算内容	计算公式
圆锥销	$d=(0.2\sim0.3)D$	销的抗剪强度	$\tau=\dfrac{4T}{\pi d^2 D}\leqslant[\tau]$
销轴	$a=(1.5\sim1.7)d$ $b=(2.0\sim3.5)d$	销或拉杆工作面的抗压强度	$\sigma_p=\dfrac{F_t}{2ad}\leqslant[\sigma_p]$ 或 $\sigma_p=\dfrac{F_t}{bd}\leqslant[\sigma_p]$
		销轴的抗剪强度	$\tau=\dfrac{F_t}{2\times\dfrac{\pi d^2}{4}}\leqslant[\tau]$
		销轴的抗弯强度	$\sigma_b\approx\dfrac{F_t(a+0.5b)}{4\times0.1d^3}\leqslant[\sigma_b]$
安全销		销的直径	$d=1.6\sqrt{\dfrac{T}{D_0 z\tau_b}}$
说明	F_t——横向力（N） T——转矩（N·mm） z——销的数量 d——销的直径（mm），对于圆锥销，d为平均直径 l——销的长度（mm） D——轴径（mm）	D_0——安全销中心圆直径（mm） $[\tau]$——销的许用切应力（MPa） $[\sigma_p]$——销连接的许用压应力（MPa） $[\sigma_b]$——许用弯曲应力（MPa） τ_b——销材料的抗剪强度（MPa）	

注：若用两个弹性圆柱销套在一起使用时，其抗剪强度可取两个销抗剪强度之和。

5.4.3　销连接的标准元件

5.4.3.1　圆柱销（表5-26～表5-29）

表5-26　圆柱销　不淬硬钢和奥氏体不锈钢（摘自GB/T 119.1—2000）

圆柱销　淬硬钢和马氏体不锈钢（摘自GB/T 119.2—2000）　　（单位：mm）

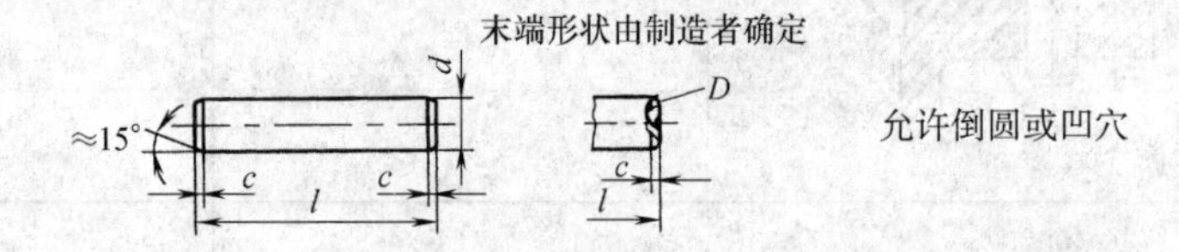

标记示例：

1）公称直径 $d=8$mm、公差为m6、公称长度 $l=30$mm、材料为钢、不经淬火、不经表面处理的圆柱销的标记：

销　GB/T 119.1　8m6×30

2）尺寸公差同上，材料为钢、普通淬火（A型）、表面氧化处理的圆柱销的标记：

销　GB/T 119.2　8×30

3）尺寸公差同上，材料为C1组马氏体不锈钢、表面氧化处理的圆柱销的标记：

销　GB/T 119.2　6×30-C1

	d	0.6	0.8	1	1.2	1.5	2	2.5	3	4	5	6	8	10	12	16	20	25	30	40	50
GB/T 119.1	c	0.12	0.16	0.2	0.25	0.3	0.35	0.4	0.5	0.63	0.8	1.2	1.6	2	2.5	3	3.5	4	5	6.3	8
	l	2～6	2～8	4～10	4～12	4～16	6～20	6～24	8～30	8～40	10～50	12～60	14～80	18～95	22～140	26～180	35～200	50～200	60～200	80～200	95～200

注：1. 钢硬度125～245HV30，奥氏体不锈钢Al硬度210～280HV30

2. 公差m6，表面粗糙度 $Ra\leqslant0.8\mu m$；公差h8，表面粗糙度 $Ra\leqslant1.6\mu m$。

（续）

GB/T 119.2	d	1	1.5	2	2.5	3	4	5	6	8	10	12	16	20
	c	0.2	0.3	0.35	0.4	0.5	0.63	0.8	1.2	1.6	2	2.5	3	3.5
	l	3~10	4~16	5~20	6~24	8~30	10~40	12~50	14~60	18~80	22~100	26~100	40~100	50~100
	1. 材料为钢 A 型、普通淬火，硬度 550~650HV30；B 型、表面淬火，表面硬度 600~700HV1；渗碳深度 0.25~0.4mm，硬度 550HV1；马氏体不锈钢 C1 淬火并回火，硬度 460~560HV30 2. 表面粗糙度 $Ra \leqslant 0.8\mu m$													

注：l 系列（公称尺寸，单位 mm）：2，3，4，5，6，8，10，12，14，16，18，20，22，24，26，28，30，32，35，40，45，50，55，60，65，70，75，80，85，90，100。公称长度大于 100mm，按 20mm 递增。

表 5-27　内螺纹圆柱销　不淬硬钢和奥氏体不锈钢（摘自 GB/T 120.1—2000）

内螺纹圆柱销　淬硬钢和马氏体不锈钢（摘自 GB/T 120.2—2000）　（单位：mm）

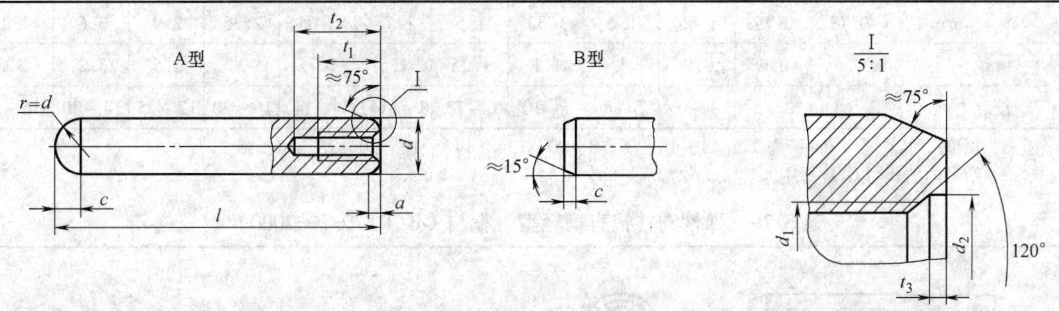

A 型—球面圆柱端，适用于普通淬火钢和马氏体不锈钢　B 型—平端，适用于表面淬火钢，其余尺寸见 A 型

标记示例：

公称直径 d=10mm、公差为 m6、公称长度 l=60mm、材料为 A1 组奥氏体不锈钢，表面简单处理的内螺纹圆柱销：

销　GB/T 120.1—2000　10×60-Al。

d　m6	6	8	10	12	16	20	25	30	40	50
a　≈	0.8	1	1.2	1.6	2	2.5	3	4	5	6.3
c　≈	2.1	2.6	3	3.8	4.6	6	6	7	8	10
d_1	M4	M5	M6	M6	M8	M10	M16	M20	M20	M24
d_2	4.3	5.3	6.4	6.4	8.4	10.5	17	21	21	25
t_1	6	8	10	12	16	18	24	30	30	36
$t_{2\ min}$	10	12	16	20	25	28	35	40	40	50
l（商品规格范围）	16~60	18~80	22~100	26~120	32~160	40~200	50~200	60~200	80~200	100~200
l 系列（公称尺寸）	16，18，20，22，24，26，28，30，32，35，40，45，50，55，60，65，70，75，80，85，90，95，100，120，140，160，180，200。公称长度大于 200mm，按 20mm 递增									

表 5-28　开槽无头螺钉（摘自 GB/T 878—2007）　（单位：mm）

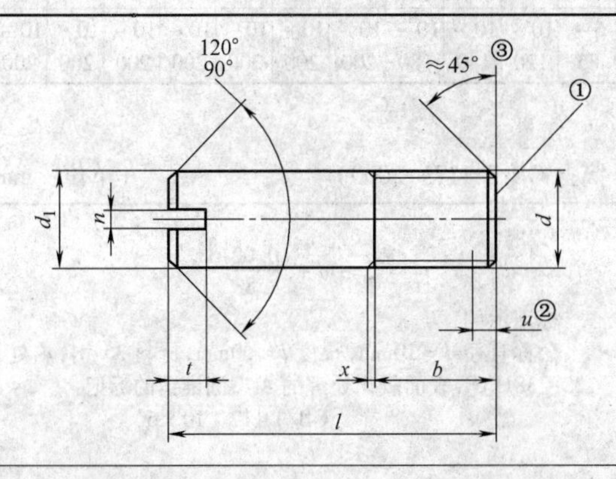

①平端（GB/T 2）

②不完整螺纹的长度 $u \leqslant 2P$

③45°仅适用于螺纹小径以内的末端部分

（续）

螺纹规格 d		M1	M1.2	M1.6	M2	M2.5	M3	(M3.5)	M4	M5	M6	M8	M10
P		0.25	0.25	0.35	0.4	0.45	0.5	0.6	0.7	0.8	1	1.25	1.5
b_0^{+2P}		1.2	1.4	1.9	2.4	3	3.6	4.2	4.8	6	7.2	9.6	12
d_1	min	0.86	1.06	1.46	1.86	2.36	2.85	3.32	3.82	4.82	5.82	7.78	9.78
	max	1.0	1.2	1.6	2.0	2.5	3.0	3.5	4.0	5.0	6.0	8.0	10.0
n	公称	0.2	0.25	0.3	0.3	0.4	0.5	0.5	0.6	0.8	1	1.2	1.6
	min	0.26	0.31	0.36	0.36	0.46	0.56	0.56	0.66	0.86	1.06	1.25	1.66
	max	0.40	0.45	0.50	0.50	0.60	0.70	0.70	0.80	1.0	1.2	1.51	1.91
t	min	0.63	0.63	0.88	1.0	1.10	1.25	1.5	1.75	2.0	2.5	3.1	3.75
	max	0.78	0.79	1.06	1.2	1.33	1.5	1.78	2.05	2.35	2.9	3.6	4.25
x_{max}		0.6	0.6	0.9	1	1.1	1.25	1.5	1.75	2	2.5	3.2	3.8
长度 l		2.5~4	3~5	4~6	5~8	5~10	6~12	8~(14)	8~(14)	10~20	12~25	14~30	16~35

注：1. 长度尺寸系列（mm）为2.5、3、4.5、6、8、10、12、(14)、16、20、25、30、35。
2. 括号内的尺寸尽量不用。

表 5-29 弹性圆柱销直槽轻型（摘自 GB/T 879.2—2000）

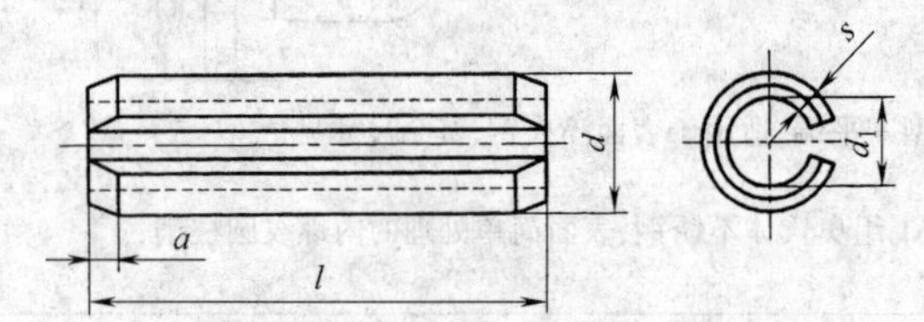

标记示例：

公称直径 $d=12$mm、公称长度 $l=50$mm、材料为钢、热处理硬度500~560HV、表面氧化处理、直槽轻型弹性圆柱销的标记：销 GB/T 879.2 12×50

对 $d\geqslant10$mm 的弹性销，也可由制造者选用单面倒角的形式

d /mm	公称		2	2.5	3	3.5	4	4.5	5	6	8	10	12	13	14	16	18	20	21	25
	装配前	max	2.4	2.9	3.5	4.0	4.6	5.1	5.6	6.7	8.8	10.8	12.8	13.8	14.8	16.8	18.9	20.9	21.9	25.9
		min	2.3	2.8	3.3	3.8	4.4	4.9	5.4	6.4	8.5	10.5	12.5	13.5	14.5	16.5	18.5	20.5	21.5	25.5
d_1/mm(装配前)			1.9	2.3	2.7	3.1	3.4	3.9	4.4	4.9	7	8.5	10.5	11	11.5	13.5	15	16.5	17.5	21.5
a /mm		max	0.4	0.45	0.45	0.5	0.7	0.7	0.7	0.9	1.8	2.4	2.4	2.4	2.4	2.4	2.4	2.4	2.4	3.4
		min	0.2	0.25	0.25	0.3	0.5	0.5	0.5	0.7	1.5	2.0	2.0	2.0	2.0	2.0	2.0	2.0	2.0	3.0
s/mm			0.2	0.25	0.3	0.35	0.5	0.5	0.5	0.75	0.75	1	1	1.2	1.5	1.5	1.7	2	2	2
最小剪切载荷/kN（双面剪）			1.5	2.4	3.5	4.6	8	8.8	10.4	18	24	40	48	66	84	98	126	158	168	202
公称长度 l/mm			4~30	4~30	4~40	4~40	4~50	6~50	6~85	10~120	10~140	10~180	10~200	10~200	10~200	10~200	10~200	10~200	10~200	10~200

5.4.3.2 圆锥销（表5-30~表5-33）

表 5-30 圆锥销（摘自 GB/T 117—2000）（单位：mm）

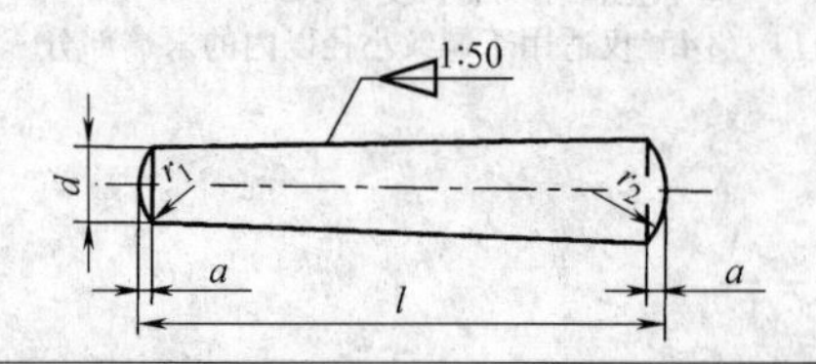

$r_1\approx d$ $\quad r_2\approx\frac{a}{2}+d+\frac{(0.021)^2}{8a}$

标记示例：

公称直径 $d=10$mm，长度 $l=60$mm，材料35钢，热处理硬度28~38HRC，表面氧化处理的A型圆锥销的标记：

销 GB/T 117 10×60

（续）

d　h10	0.6	0.8	1	1.2	1.5	2	2.5	3	4	5
a　≈	0.08	0.1	0.12	0.16	0.2	0.25	0.3	0.4	0.5	0.63
l(商品规格范围)	4~8	5~12	6~16	6~20	8~24	10~35	10~35	12~45	14~55	18~60
d　h10	6	8	10	12	16	20	25	30	40	50
a　≈	0.8	1	1.2	1.6	2	2.5	3	4	5	6.3
l(商品规格范围)	22~90	22~120	26~160	32~180	40~200	45~200	50~200	55~200	60~200	65~200
l系列(公称尺寸)	2,3,4,5,6,8,10,12,14,16,18,20,22,24,26,28,30,32,35,40,45,50,55,60,65,70,75,80,85,90,95,100,120,140,160,180,200。公称长度大于200mm,按20mm递增									

注：1. A 型（磨削）：锥面表面粗糙度 $Ra=0.8\mu m$；B 型（切削或冷镦）：锥面表面粗糙度 $Ra=3.2\mu m$。

2. 材料：钢、易切钢（Y12、Y15）、碳素钢（35 钢，28~38HRC；45 钢；38~46HRC）、合金钢（30CrMnSiA，35~41HRC）、不锈钢（1Cr13、2Cr13、Cr17Ni2、0Cr18Ni9Ti）。

表 5-31　内螺纹圆锥销（摘自 GB/T 118—2000）　（单位：mm）

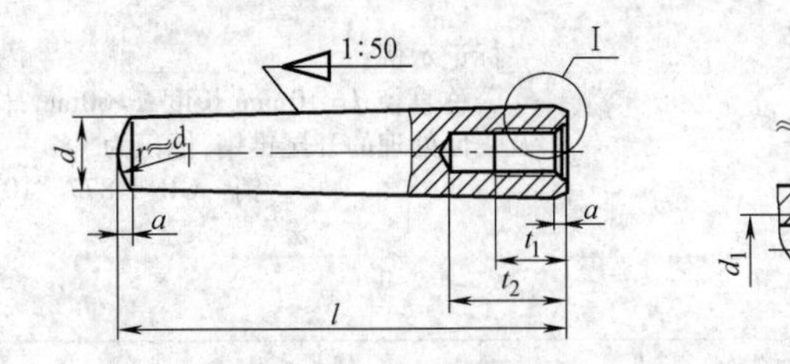

标记示例：

公称直径 $d=6$mm、长度 $l=30$mm、材料为 35 钢、热处理硬度 28~38HRC、表面氧化处理的 A 型内螺纹圆锥销的标记：

销　GB/T 118　6×30

d　h10	6	8	10	12	16	20	25	30	40	50
a　≈	0.8	1	1.2	1.6	2	2.5	3	4	5	6.3
d_1	M4	M5	M6	M8	M10	M12	M16	M20	M20	M24
d_2	4.3	5.3	6.4	8.4	10.5	13	17	21	21	25
t_1	6	8	10	12	16	18	24	30	30	36
t_{2min}	10	12	16	20	25	28	35	40	40	50
t_3	1	1.2	1.2	1.2	1.5	1.5	2	2	2.5	2.5
l(商品规格范围)	16~60	18~80	22~100	26~120	32~160	40~200	50~200	60~200	80~200	120~200
l系列(公称尺寸)	16,18,20,22,24,26,28,30,32,35,40,45,50,55,60,65,70,75,80,85,90,95,100,120,140,160,180,200。公称长度大于200mm,按20mm递增									

注：分 A 型、B 型，表注同表 5-30。

表 5-32　螺尾锥销（摘自 GB/T 881—2000）　（单位：mm）

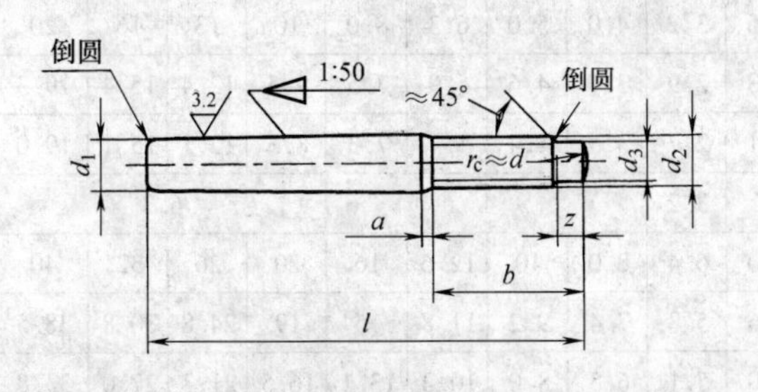

标记示例：

公称直径 $d_1=8$mm、公称长度 $l=60$mm、材料为 Y12 或 Y15、不经热处理、不经表面氧化处理的螺尾锥销，标记为

销　GB/T 881　8×60

（续）

d_1　h10	5	6	8	10	12	16	20	25	30	40	50
a_{max}	2.4	3	4	4.5	5.3	6	6	7.5	9	10.5	12
b_{max}	15.6	20	24.5	27	30.5	39	39	45	52	65	78
d_2	M5	M6	M8	M10	M12	M16	M16	M20	M24	M30	M36
d_{3max}	3.5	4	5.5	7	8.5	12	12	15	18	23	28
z_{max}	1.5	1.75	2.25	2.75	3.25	4.3	4.3	5.3	6.3	7.5	9.4
l(商品规格范围)	40~50	45~60	55~75	65~100	85~120	100~160	120~190	140~250	160~280	190~320	220~400
l系列(公称尺寸)	40,45,50,55,60,65,75,85,100,120,140,160,190,220,250,280,320,360,400。公称长度大于400mm,按40mm递增										

表5-33　开尾锥销（摘自GB/T 877—2000）　　（单位：mm）

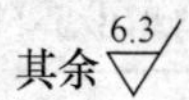

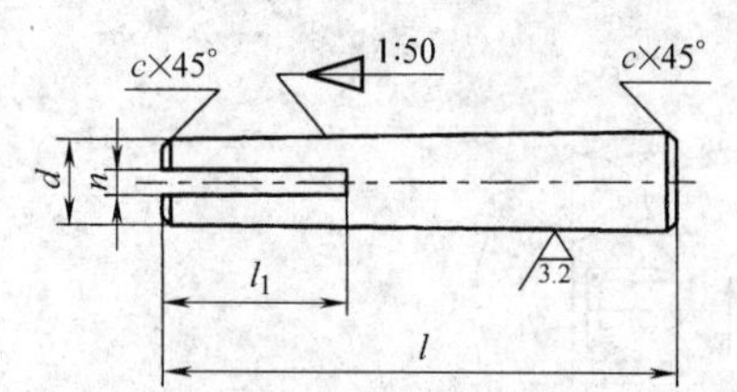

标记示例：

公称直径 $d=10$mm、长度 $l=60$mm、材料为35钢、不经热处理及表面处理的开尾锥销，标记为

销　GB/T 877　10×60

d　h10	3	4	5	6	8	10	12	16
n	0.8		1		1.6		2	
l_1	10		12	15	20	25	30	40
c　≈	0.5		1			1.5		
l(商品规格范围)	30~55	35~60	40~80	50~100	60~120	70~160	80~120	100~200
l系列(公称尺寸)	30,32,35,40,45,50,55,60,65,70,75,80,85,90,95,100,120,140,160,180,200							

5.4.3.3　开口销（表5-34、表5-35）

表5-34　开口销（摘自GB/T 91—2000）　　（单位：mm）

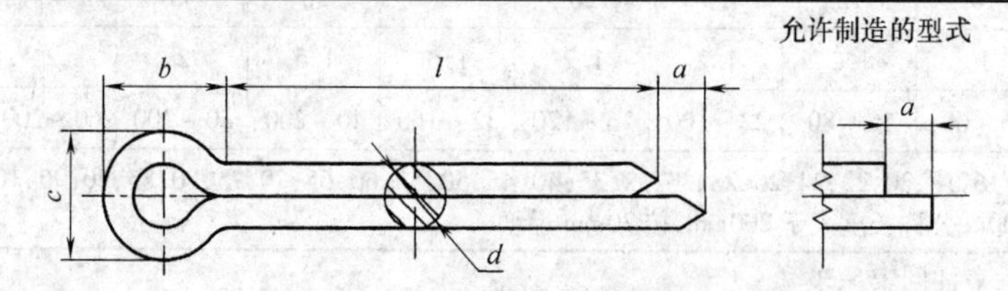

标记示例：

公称规格为 $d=5$mm、长度 $l=50$mm、材料为Q215或Q235不经表面处理的开口销，标记为

销　GB/T 91　5×50

公称规格①		0.6	0.8	1	1.2	1.6	2.0	2.5	3.2	4.0	5.0	6.3	8.0	10	13	16	20
d	max	0.5	0.7	0.9	1.0	1.4	1.8	2.3	2.9	3.7	4.6	5.9	7.5	9.5	12.4	15.4	19.3
	min	0.4	0.6	0.8	0.9	1.3	1.7	2.1	2.7	3.5	4.4	5.7	7.3	8.3	12.1	15.1	19.0
a_{max}②		1.6			2.5				3.2	4				6.3			
b　≈		2.0	2.4	3.0	3.0	3.2	4.0	5.0	6.4	8.0	10	12.6	16	20	26	32	40
c_{max}	max	1.0	1.4	1.8	2.0	2.8	3.6	4.6	5.8	7.4	9.2	11.8	15	19	24.8	30.8	38.5
	min	0.9	1.2	1.6	1.7	2.8	3.2	4.0	5.1	6.5	8.0	10.3	13.1	16.5	21.7	27.0	33.8

（续）

l（商品长度规格范围）	4 ~ 12	5 ~ 16	6 ~ 20	8 ~ 25	8 ~ 32	10 ~ 40	12 ~ 50	14 ~ 63	18 ~ 80	22 ~ 100	32 ~ 125	40 ~ 160	45 ~ 200	71 ~ 250	112 ~ 280	160 ~ 280
l 系列（公称尺寸）	4,5,6,8,10,12,14,16,18,20,22,25,28,32,36,40,45,50,56,63,71,80,90,100,112,120,125,140,160,180,200,224,250,280															

注：根据使用需要，由供需双方协议，可采用公称规格为 3.6mm 或 12mm 的规格。

① 公称规格等于开口销孔的直径。

② $a_{\min}=\frac{1}{2}a_{\max}$。

表 5-35　开口销材料及技术要求

	材　料			表 面 处 理
	种　类	牌　号	标 准 号	
材料及表面处理	碳素钢	Q215—A、Q235—A Q215—B、Q235—B	GB/T 700	不经处理
				镀锌钝化按 GB/T 5267
				磷化按 GB/T 11376
	不锈钢	1Cr18Ni9Ti 0Cr18Ni9Ti	GB/T 1220	简单处理
	铜及其合金	H63	GB/T 5232	简单处理

5.4.3.4　销轴（表 5-36）

表 5-36　无头销轴和销轴（摘自 GB/T 880—2008 和 GB/T 882—2008）　（单位：mm）

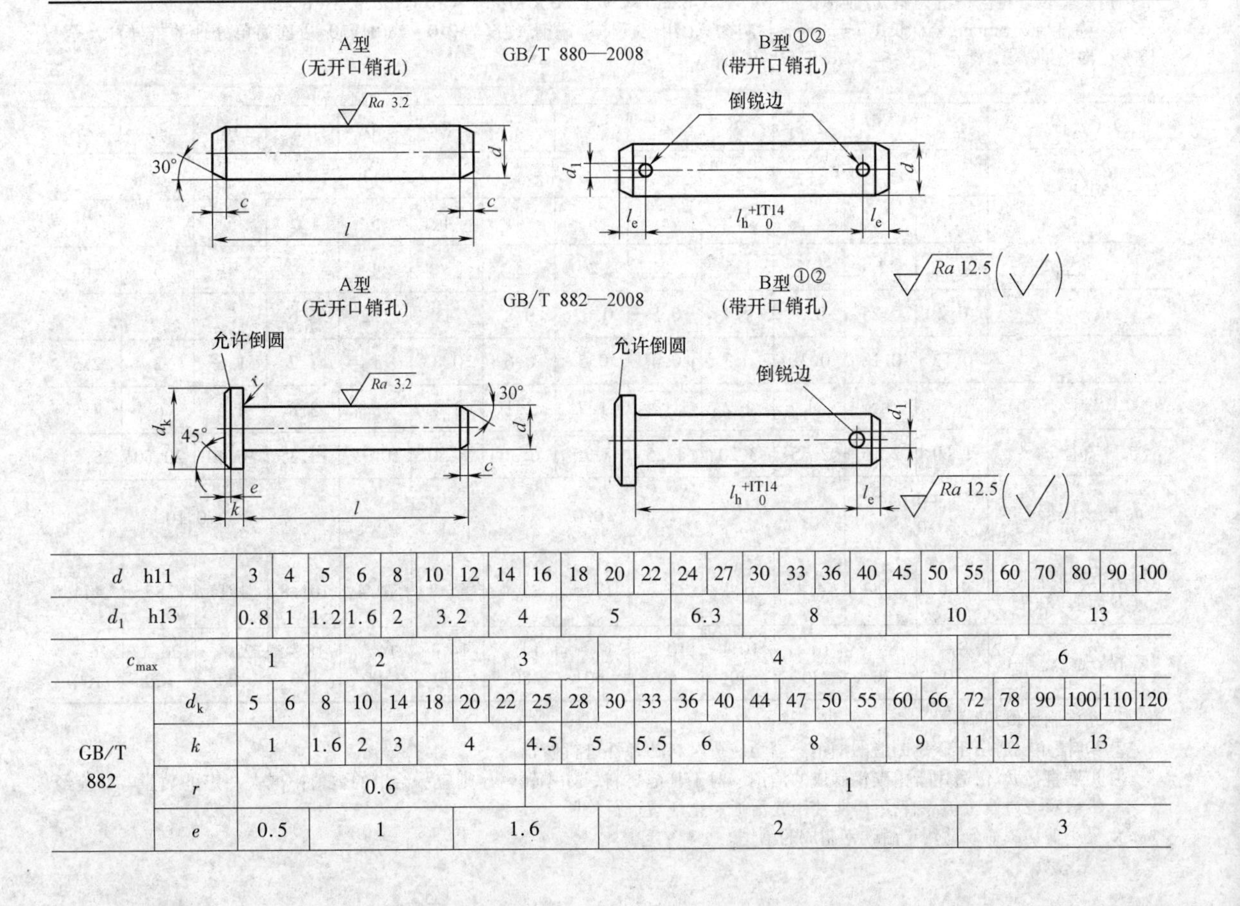

d	h11	3	4	5	6	8	10	12	14	16	18	20	22	24	27	30	33	36	40	45	50	55	60	70	80	90	100
d_1	h13	0.8	1	1.2	1.6	2	3.2		4		5			6.3		8				10				13			
$c_{\max}$		1		2				3				4										6					
GB/T 882	d_k	5	6	8	10	14	18	20	22	25	28	30	33	36	40	44	47	50	55	60	66	72	78	90	100	110	120
	k	1		1.6	2	3	4			4.5	5		5.5	6		8				9		11	12	13			
	r	0.6								1																	
	e	0.5		1				1.6				2										3					

（续）

l_{emin}	1.6	2.2	2.9	3.2	3.5	4.5	5.5	6		7	8		9		10				12		14		16			
l	6～30	8～40	10～50	12～60	16～80	20～100	24～120	28～140	32～160	35～180	40～200	45～200	50～200	55～200	60～200	65～200	70～200	80～200	90～200	100～200	120～200	120～200	140～200	160～200	180～200	200

注：1. 长度 l 系列为 6～32（2进位），35～100（5进位），120～200（20进位）。

2. 用于铁路和开口销承受交变横向力的场合时，推荐采用表中规定的下一档较大的开口销及相应的孔径。

① B型其余尺寸、角度和表面粗糙度值见A型。

② 某些情况下，不能按 $l-l_e$ 计算 l_h 尺寸，所需要的尺寸应在标记中注明，但不允许 l_h 尺寸小于表中规定的数值。

5.4.3.5　槽销

按国家标准规定，槽销的形式有九种，见表5-37～表5-42，按使用要求参照表5-24选择。

表5-37　槽销　带导杆及全长平行沟槽（摘自GB/T 13829.1—2004）

槽销　带倒角及全长平行沟槽（摘自GB/T 13829.2—2004）　（单位：mm）

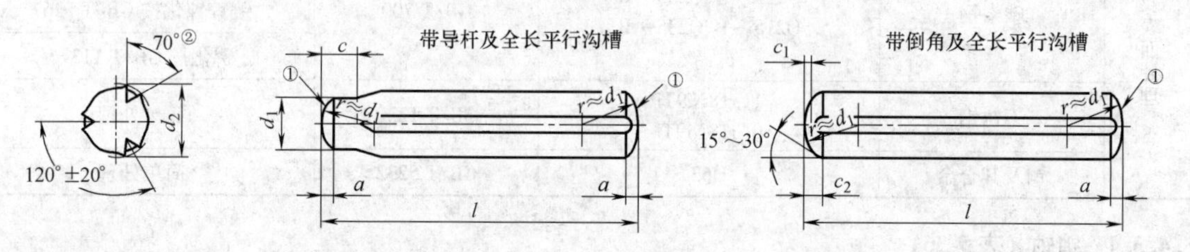

标记示例：

1）公称直径 $d=6$mm、公称长度 $l=50$mm、材料为碳钢、硬度为125～245HV30、不经表面处理的带导杆及全长平行沟槽，或带倒角及全长平行沟槽的槽销，分别标记如下：销　GB/T 13829.1　6×50；销　GB/T 13829.2　6×50。

2）公称直径 $d=6$mm、公称长度 $l=50$mm、材料为A1组奥氏体不锈钢、硬度为210～280HV30、表面简单处理的带导杆及全长平行沟槽的槽销，标记如下：销　GB/T 13829.1　6×50-A1。

d_1（公称）	1.5	2	2.5	3	4	5	6	8	10	12	16	20	25
d_1 公差	h9				h11								
c_{max}	2	2	2.5	2.5	3	3	4	4	5	5	5	7	7
c_{min}	1	1	1.5	1.5	2	2	3	3	4	4	4	6	6
a　≈	0.2	0.25	0.3	0.4	0.5	0.63	0.8	1	1.2	1.6	2	2.5	3
c_1　≈	0.12	0.18	0.25	0.3	0.4	0.5	0.6	0.8	1	1.2	1.6	2	2.5
c_2	0.6	0.8	1	1.2	1.4	1.7	2.1	2.6	3	3.8	4.6	6	7.5
扩展直径 $d_2$③	1.60	2.15	2.65	3.20	4.25	5.25	6.30	8.30	10.35	12.35	16.40	20.50	25.50
d_2 的极限偏差	$^{+0.05}_{0}$		±0.05							±0.10			
最小剪切载荷④（双面剪）/kN	1.6	2.84	4.4	6.4	11.3	17.6	25.4	45.2	70.4	101.8	181	283	444
l（商品规格范围）	8～20	8～30	10～30	10～40	10～60	14～60	14～80	14～100	14～100	18～100	22～100	26～100	26～100

① 允许制成倒角端。

② 70°槽角仅适用于碳钢制造的槽销。槽角应按材料的弹性进行修正。

③ 扩展直径 d_2 仅适用于由碳钢制成的槽销。对于其他材料，如不锈钢，则应从给出的数值中减去一定的数量，并应经供需双方协议。扩展直径 d_2 应使用光滑通、止环规进行检验。

④ 最小剪切载荷仅适用于由碳钢制成的槽销。

表 5-38　槽销　中部槽长为 1/3 全长（摘自 GB/T 13829.3—2004）

槽销　中部槽长为 1/2 全长（摘自 GB/T 13829.4—2004）　　（单位：mm）

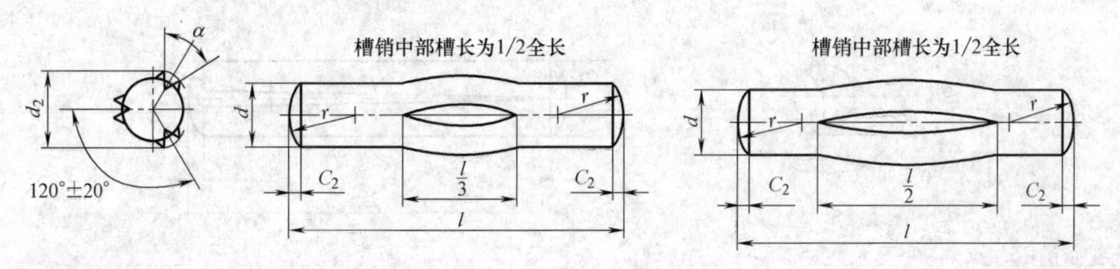

标记示例：

1）公称直径 d = 6mm、公称长度 l = 50mm、材料为碳钢、硬度为 125 ~ 245HV30、不经表面处理的中部槽长为 1/3 全长，或中部槽长为 1/2 全长的槽销，分别标记如下：销　GB/T 13829.3　6 × 50；销　GB/T 13829.4　6 × 50。

2）公称直径 d = 6mm、公称长度 l = 50mm、材料为 A1 组奥氏体不锈钢、硬度为 210 ~ 280HV30、表面简单处理的中部槽长为 1/3 全长的槽销，标记如下：销　GB/T 13829.3　6 × 50-Al。

d(公称)	1.5	2	2.5	3	4	5	6	8	10	12	16	20	25
d 公差	h9				h11								
C_2 ≈	0.2	0.25	0.3	0.4	0.5	0.63	0.8	1	1.2	1.6	2	2.5	3
d_2	1.60 1.63	2.10 2.15	2.60 2.65	3.10 3.15 3.20	4.15 4.20 4.25 4.30	5.15 5.20 5.25 5.30	6.15 6.25 6.30 6.35	8.20 8.25 8.30 8.35 8.40	10.20 10.30 10.40 10.45 10.40	12.25 12.30 12.40 12.50	16.25 16.30 16.40 16.50	20.25 20.30 20.40 20.50	25.25 25.30 25.40 25.50
d_2 的极限偏差	+0.05 0		±0.05							±0.10			
最小抗剪力（双剪）①/kN	1.6	2.84	4.4	6.4	11.3	17.6	25.4	45.2	70.4	101.8	181	283	444
l(商品规格范围)	8 ~ 20	8 ~ 30	10 ~ 30	10 ~ 40	10 ~ 60	14 ~ 60	14 ~ 80	14 ~ 100	14 ~ 100	18 ~ 100	22 ~ 100	26 ~ 100	26 ~ 100
d_2	1.60	1.63	2.10	2.15	2.60	2.65	3.10	3.15	3.20	4.15	4.20	4.25	4.30
l(商品规格范围)	8 ~ 12	14 ~ 20	12 ~ 20	22 ~ 30	12 ~ 16	18 ~ 30	12 ~ 16	18 ~ 24	26 ~ 40	18 ~ 20	22 ~ 30	32 ~ 45	50 ~ 60
d_2	5.15	5.20	5.25	5.30	6.15	6.25	6.30	6.35	8.20	8.25	8.30	8.35	8.40
l(商品规格范围)	18 ~ 20	22 ~ 30	32 ~ 55	60	22 ~ 24	26 ~ 35	40 ~ 60	65 ~ 80	26 ~ 30	32 ~ 35	40 ~ 45	50 ~ 65	70 ~ 100
d_2	10.20	10.30	10.40	10.45	10.40	12.25	12.30	12.40	12.50	16.25	16.30	16.40	16.50
l(商品规格范围)	32 ~ 40	45 ~ 55	60 ~ 75	80 ~ 100	120 ~ 160	40 ~ 45	50 ~ 60	65 ~ 80	85 ~ 200	45	50 ~ 60	65 ~ 80	85 ~ 200
d_2	20.25	20.30	20.40	20.50	25.25	25.30	25.40	25.50					
l(商品规格范围)	45 ~ 50	55 ~ 65	70 ~ 90	95 ~ 200	45 ~ 500	55 ~ 65	70 ~ 90	95 ~ 200					

注：1. 扩展直径 d_2 仅适用于由碳钢制成的槽销。对于其他材料，由供需双方协议。扩展直径 d_2 应使用光滑通、止环规进行检验。

2. l 系列（公称尺寸）为 8 ± 0.25、10 ± 0.25、12 ± 0.5、14 ± 0.5、16 ± 0.5、18 ± 0.5、20 ± 0.5、22 ± 0.5、24 ± 0.5、26 ± 0.5、28 ± 0.5、30 ± 0.5、32 ± 0.5、35 ± 0.5、40 ± 0.5、45 ± 0.5、50 ± 0.5、55 ± 0.75、60 ± 0.75、65 ± 0.75、70 ± 0.75、75 ± 0.75、80 ± 0.75、85 ± 0.75、90 ± 0.75、95 ± 0.75、100 ± 0.75、120 ± 0.75、140 ± 0.75、160 ± 0.75、180 ± 0.75、200 ± 0.75。

① 最小抗剪力仅适用于由碳钢制成的槽销。

表5-39　槽销　全长锥槽（摘自GB/T 13829.5—2004）　　　　（单位：mm）

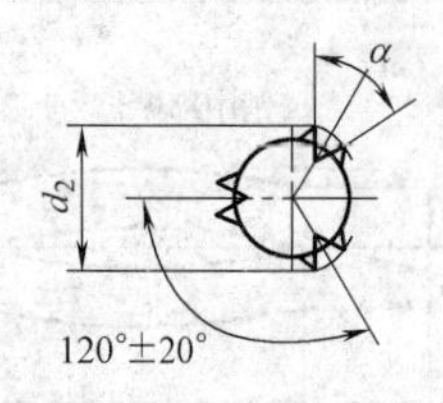

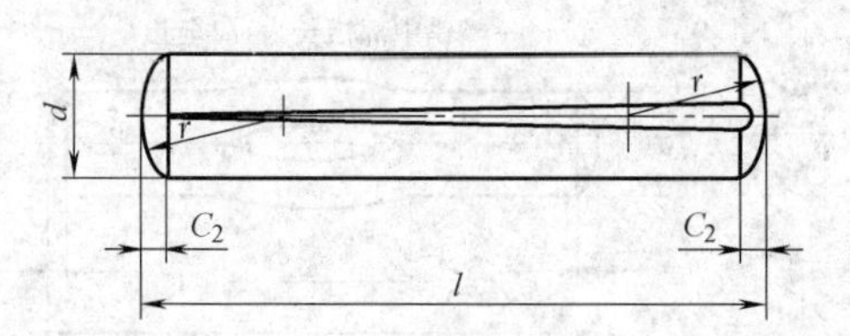

标记示例：

1）公称直径 d=6mm、公称长度 l=50mm、材料为碳钢、硬度为125～245HV30、不经表面处理的全长锥槽的槽销，标记如下：销　GB/T 13829.5　6×50。

2）公称直径 d=6mm、公称长度 l=50mm、材料为A1组奥氏体不锈钢、硬度为210～280HV30、表面简单处理的全长锥槽的槽销，标记如下：销　GB/T 13829.5　6×50-Al。

d(公称)	1.5	2	2.5	3	4	5	6	8	10	12	16	20	25
d公差	h8				h11								
C_2　≈	0.2	0.25	0.3	0.4	0.5	0.63	0.8	1	1.2	1.6	2	2.5	3
d_2	1.63 1.6	2.15	2.7 2.65	3.25 3.3 3.25 3.2	4.3 4.35 4.3 4.25	5.3 5.35 5.3 5.25	6.3 6.35 6.3 6.25	8.35 8.4 8.55 8.3 8.25	10.4 10.45 10.4 10.35 10.3	12.4 12.45 12.4 12.3	16.65 16.6 16.55 16.5	20.6	25.6
d_2的极限偏差	+0.05 0		±0.05							±0.10			
最小抗剪力(双剪)①/kN	1.6	2.84	4.4	6.4	11.3	17.6	25.4	45.2	70.4	101.8	181	283	444
l(商品规格范围)	8～20	8～30	10～30	10～40	10～60	14～60	14～80	14～100	14～100	18～100	22～100	26～100	26～100
d_2	1.63	1.6	2.15	2.7	2.65	3.25	3.3	3.25	3.2	4.3	4.35	4.3	4.25
l(商品规格范围)	8～10	12～20	80～30	8～16	18～30	8	10～16	18～24	26～40	18～10	12～20	22～35	40～60
d_2	5.3	5.35	5.3	5.25	6.3	6.35	6.3	6.25	8.35	8.4	8.55	8.3	8.25
l(商品规格范围)	8～12	14～20	22～40	45～60	10～12	14～30	32～50	55～80	12～16	18～30	32～55	60～80	85～100
d_2	10.4	10.45	10.4	10.35	10.3	12.4	12.45	12.4	12.3	16.65	16.6	16.55	16.5
l(商品规格范围)	14～20	22～40	45～60	65～100	120	14～20	22～40	45～65	70～120	24	26～50	55～90	95～120
d_2	20.6	25.6											
l(商品规格范围)	26～120	26～120											

注：1. 扩展直径 d_2 仅适用于由碳钢制成的槽销。对于其他材料，由供需双方协议。扩展直径 d_2 应使用光滑通、止环规进行检验。

2. l系列（公称尺寸）为8±0.25、10±0.25、12±0.5、14±0.5、16±0.5、18±0.5、20±0.5、22±0.5、24±0.5、26±0.5、28±0.5、30±0.5、32±0.5、35±0.5、40±0.5、45±0.5、50±0.5、55±0.75、60±0.75、65±0.75、70±0.75、75±0.75、80±0.75、85±0.75、90±0.75、95±0.75、100±0.75、120±0.75。

① 最小抗剪力仅适用于由碳钢制成的槽销。

表 5-40　槽销　半长锥槽（摘自 GB/T 13829.6—2004）　（单位：mm）

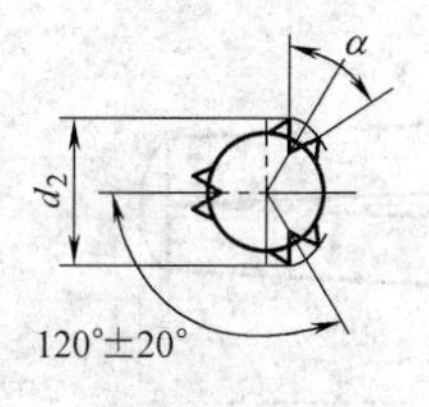

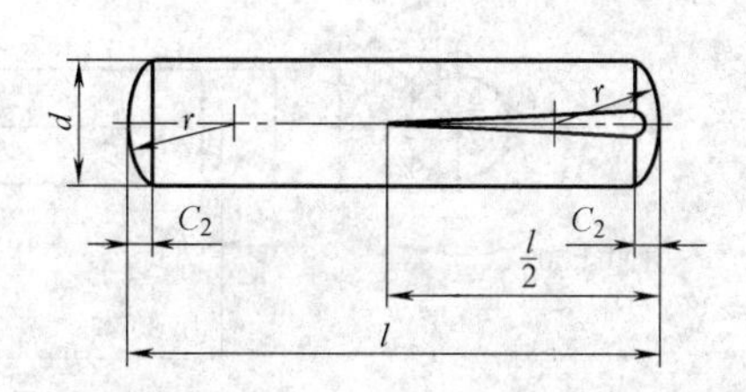

标记示例：

1) 公称直径 $d=6$mm、公称长度 $l=50$mm、材料为碳钢、硬度为 125 ~ 245HV30、不经表面处理的半长锥槽的槽销，标记如下：销　GB/T 13829.6　6 × 50。

2) 公称直径 $d=6$mm、公称长度 $l=50$mm、材料为 A1 组奥氏体不锈钢、硬度为 210 ~ 280HV30、表面简单处理的半长锥槽的槽销，标记如下：销　GB/T 13829.6　6 × 50-Al。

d(公称)	1.5	2	2.5	3	4	5	6	8	10	12	16	20	25
d 公差	h9				h11								
C_2　≈	0.2	0.25	0.3	0.4	0.5	0.63	0.8	1	1.2	1.6	2	2.5	3
d_2	1.63	2.15	2.65 2.70	3.2 3.25 3.3 3.25	4.25 4.3 4.35 4.3	5.25 5.3 5.35 5.3	6.25 6.30 6.35 6.30	8.25 8.3 8.35 8.4 8.35	10.3 10.35 10.4 10.45 10.4 10.35	12.3 12.35 12.4 12.45 12.4 12.35	16.5 16.55 16.6 16.55	20.55 20.6	25.5 25.6
d_2 的极限偏差	$^{+0.05}_{0}$		±0.05							±0.10			
最小抗剪力（双剪）①/kN	1.6	2.84	4.4	6.4	11.3	17.6	25.4	45.2	70.4	101.8	181	283	444
l(商品规格范围)	8 ~ 20	8 ~ 30	10 ~ 30	10 ~ 40	10 ~ 60	14 ~ 60	14 ~ 80	14 ~ 100	14 ~ 100	18 ~ 100	22 ~ 100	26 ~ 100	26 ~ 100
d_2	1.63	2.15	2.65	2.7	3.2	3.25	3.3	3.25	4.25	4.30	4.35	4.30	5.25
l(商品规格范围)	8 ~ 20	8 ~ 30	8 ~ 10	12 ~ 30	8 ~ 10	12 ~ 16	18 ~ 30	32 ~ 40	10 ~ 12	14 ~ 20	22 ~ 40	45 ~ 60	10 ~ 12
d_2	5.30	5.35	5.30	6.25	6.30	6.35	6.30	8.25	8.3	8.35	8.4	8.35	10.30
l(商品规格范围)	14 ~ 20	22 ~ 50	55 ~ 60	10 ~ 16	18 ~ 24	26 ~ 60	65 ~ 80	14 ~ 16	18 ~ 20	22 ~ 40	45 ~ 75	80 ~ 100	14 ~ 20
d_2	10.35	10.40	10.45	10.40	10.35	12.30	12.35	12.40	12.45	12.40	12.35	16.50	16.55
l(商品规格范围)	22 ~ 24	26 ~ 45	50 ~ 80	85 ~ 120	140 ~ 200	18 ~ 20	22 ~ 24	26 ~ 45	50 ~ 80	85 ~ 120	140 ~ 200	26 ~ 30	32 ~ 55
d_2	16.60	16.55	20.55	20.60	25.50	25.60							
l(商品规格范围)	60 ~ 100	120 ~ 200	26 ~ 50	55 ~ 200	26 ~ 50	55 ~ 200							

注：1. 扩展直径 d_2 仅适用于由碳钢制成的槽销。对于其他材料，由供需双方协议。扩展直径 d_2 应使用光滑通、止环规进行检验。

2. l 系列（公称尺寸）为 8 ± 0.25、10 ± 0.25、12 ± 0.5、14 ± 0.5、16 ± 0.5、18 ± 0.5、20 ± 0.5、22 ± 0.5、24 ± 0.5、26 ± 0.5、28 ± 0.5、30 ± 0.5、32 ± 0.5、35 ± 0.5、40 ± 0.5、45 ± 0.5、50 ± 0.5、55 ± 0.75、60 ± 0.75、65 ± 0.75、70 ± 0.75、75 ± 0.75、80 ± 0.75、85 ± 0.75、90 ± 0.75、95 ± 0.75、100 ± 0.75、120 ± 0.75、140 ± 0.75、160 ± 0.75、180 ± 0.75、200 ± 0.75。

① 最小抗剪力仅适用于由碳钢制成的槽销。

表 5-41 槽销 半长倒锥槽（摘自 GB/T 13829.7—2004） （单位：mm）

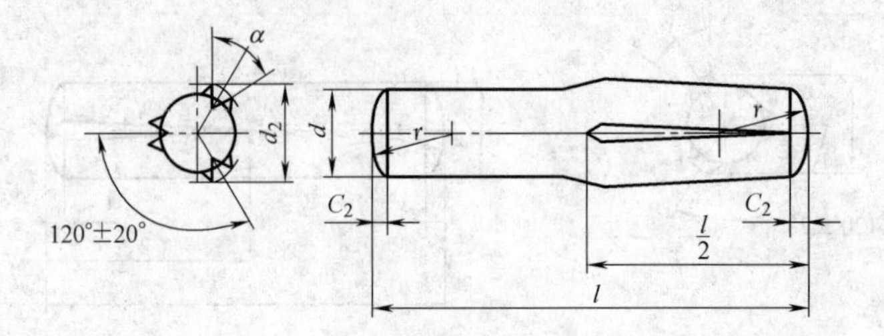

标记示例：

1）公称直径 d = 6mm、公称长度 l = 50mm、材料为碳钢、硬度为 125 ~ 245HV30、不经表面处理的半长倒锥槽的槽销，标记如下：销 GB/T 13829.5 6×50。

2）公称直径 d = 6mm、公称长度 l = 50mm、材料为 A1 组奥氏体不锈钢、硬度为 210 ~ 280HV30、表面简单处理的半长倒锥槽的槽销，标记如下：销 GB/T 13829.5 6×50-Al。

d（公称）	1.5	2	2.5	3	4	5	6	8	10	12	16	20	25
d 公差			h9						h11				
C_2 ≈	0.2	0.25	0.3	0.4	0.5	0.63	0.8	1	1.2	1.6	2	2.5	3
d_2	1.6 1.63	2.1 2.15	2.6 2.65 2.70	3.1 3.15 3.2 3.25	4.15 4.2 4.25 4.30	5.15 5.2 5.25 5.30	6.15 6.25 6.3 6.35	8.2 8.25 8.3 8.35 8.4 8.35	10.2 10.3 10.4 10.45 10.4	12.25 12.3 12.4 12.5 12.45	16.25 16.3 16.4 16.5 16.45	20.25 20.3 20.4 20.5 20.45	25.25 25.3 25.4 25.5 25.45
d_2 的极限偏差	+0.05 0					±0.05					±0.10		
最小抗剪力（双剪）①/kN	1.6	2.84	4.4	6.4	11.3	17.6	25.4	45.2	70.4	101.8	181	283	444
l（商品规格范围）	8 ~ 20	8 ~ 30	8 ~ 30	8 ~ 40	10 ~ 60	10 ~ 60	12 ~ 80	14 ~ 100	18 ~ 160	26 ~ 200	26 ~ 200	26 ~ 200	26 ~ 200
d_2	1.6	1.63	2.1	2.15	2.6	2.65	2.7	3.1	3.15	3.2	3.25	4.15	4.2
l（商品规格范围）	8 ~ 10	12 ~ 20	8 ~ 16	18 ~ 30	8 ~ 12	14 ~ 20	22 ~ 30	8 ~ 12	14 ~ 16	18 ~ 24	26 ~ 40	10 ~ 12	14 ~ 20
d_2	4.25	4.3	5.15	5.2	5.25	5.3	6.15	6.25	6.3	6.35	8.2	8.25	8.3
l（商品规格范围）	22 ~ 35	40 ~ 60	10 ~ 12	14 ~ 20	22 ~ 35	40 ~ 60	12 ~ 16	18 ~ 24	26 ~ 40	45 ~ 80	14 ~ 20	22 ~ 24	26 ~ 30
d_2	8.35	8.4	8.35	10.2	10.3	10.4	10.45	10.4	12.25	12.3	12.4	12.5	12.45
l（商品规格范围）	32 ~ 45	50 ~ 75	80 ~ 100	18 ~ 24	26 ~ 35	40 ~ 50	55 ~ 90	95 ~ 160	26 ~ 30	32 ~ 40	45 ~ 55	60 ~ 100	120 ~ 200
d_2	16.25	16.3	16.40	16.5	16.45	20.25	20.3	20.4	20.5	20.45	25.25	25.3	25.4
l（商品规格范围）	26 ~ 30	32 ~ 40	45 ~ 55	60 ~ 100	120 ~ 200	26 ~ 35	40 ~ 45	50 ~ 55	60 ~ 120	140 ~ 200	26 ~ 35	40 ~ 45	50 ~ 55
d_2	25.5	25.45											

表 5-42　圆头槽销和沉头槽销（摘自 GB/T 13829.8—2004 和 GB/T 13829.9—2004）

（单位：mm）

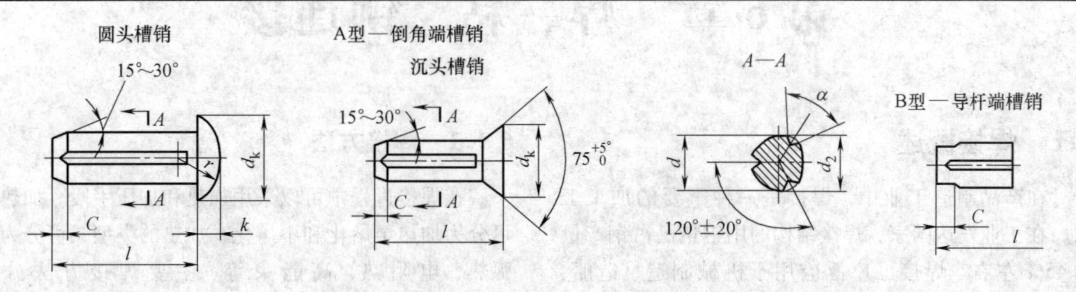

标记示例：

1）公称直径 d = 6mm、公称长度 l = 50mm、材料为冷镦钢、硬度为 125 ~ 245HV30，不经表面处理的圆头槽销，或沉头槽销，分别标记如下：销　GB/T 13829.8　6 × 50；销　GB/T 13829.9　6 × 50。

2）如果要指明用 A 型—倒角端槽销或 B 型—导杆端槽销，分别标记如下：销　GB/T 13829.8　6 × 50—A；销　GB/T 13829.9　6 × 50—B。

d	公称	1.4	1.6	2	2.5	3	4	5	6	8	10	12	16	20
	max	1.40	1.60	2.00	2.500	3.000	4.0	5.0	6.0	8.00	10.00	12.0	16.0	20.0
	min	1.35	1.55	1.95	2.425	2.925	3.9	4.9	5.9	7.85	9.85	11.8	15.8	19.8
d_k	max	2.6	3.0	3.7	4.6	5.45	7.25	9.1	10.8	14.4	16.0	19.0	25.0	32.0
	min	2.2	2.6	3.3	4.2	4.95	6.75	8.5	10.2	13.6	14.9	17.7	23.7	30.7
k	max	0.9	1.1	1.3	1.6	1.95	2.55	3.15	3.75	5.0	7.4	8.4	10.9	13.9
	min	0.7	0.9	1.1	1.4	1.65	2.25	2.85	3.45	4.6	6.5	7.5	10.0	13.0
r ≈		1.4	1.6	1.9	2.4	2.8	3.8	4.6	5.7	7.5	8	9.5	13	16.5
C		0.42	0.48	0.6	0.75	0.9	1.2	1.5	1.8	2.4	3.0	3.6	4.8	6
d_2		1.50	1.70	2.15	2.70	3.20	4.25	5.25	6.30	8.30	10.35	12.35	16.40	20.50
d_2 的极限偏差		$^{+0.05}_{0}$			±0.05							±0.10		
l（商品规格范围）		3 ~ 6	3 ~ 8	3 ~ 10	3 ~ 12	4 ~ 16	5 ~ 20	6 ~ 25	8 ~ 30	10 ~ 40	12 ~ 40	16 ~ 40	20 ~ 40	25 ~ 40

注：1. 扩展直径 d_2 仅适用于由冷镦钢制成的槽销。对于其他材料由供需双方协议。扩展直径 d_2 应使用光滑通、止环规进行检验。

2. l 系列（公称尺寸）为 3 ± 0.2、4 ± 0.3、5 ± 0.3、6 ± 0.3、8 ± 0.3、10 ± 0.3、12 ± 0.4、16 ± 0.4、20 ± 0.5、25 ± 0.5、30 ± 0.5、35 ± 0.5、40 ± 0.5。

第6章　焊、粘、铆连接

6.1　焊接概述

在产品制造工业中，焊接是一种重要的加工工艺。在工业发达国家，焊接结构的用钢量已占钢产量的45%左右。焊接已广泛应用于机械制造、造船、海洋工程、汽车、石油、化工、航天、核能、电力、电子及建筑等部门。

6.1.1　焊接方法

在焊接过程中可以采用加热和加压手段。加热又可分为加热至熔化和不熔化。加热的类型又可分为电弧热、电阻热、高能束等。主要焊接方法分类如下：

- 焊接方法
  - 电弧焊
    - 焊条电弧焊（通称手工电弧焊）（SMAW）
    - 埋弧焊（CAW）
    - 钨极惰性气体保护焊（GTAW，旧称TIG）
    - 熔化极惰性气体保护电弧焊（GMAW，旧称MIG）
    - 熔化极混合气体保护焊（MAG）
    - 药芯焊丝电弧焊（FCAW）
    - 等离子弧焊（PAW）
  - 电阻焊
  - 高能焊
    - 电子束焊
    - 激光焊
  - 钎焊
  - 其他焊接方法
    - 电渣焊
    - 高频电阻焊（通称高频焊）
    - 气焊
    - 气压焊
    - 爆炸焊
    - 摩擦焊
    - 扩散焊

6.1.1.1　焊接方法介绍

（1）电弧焊　这是应用最广的焊接方法。

1）焊条电弧焊。这是发展最早而仍应用最广的方法。它是用外部涂有涂料的焊条作电极和填充金属，电弧在焊条端部和被焊工件表面之间燃烧，涂料在电弧热的作用下产生气体以保护电弧，而熔化产生的熔渣覆盖在熔池表面，防止熔化金属与周围气体的相互作用。熔渣与熔化金属产生冶金物理化学反应或添加合金元素，改善焊缝金属性能。焊条电弧焊设备简单，操作灵活，配用相应的焊条可适用于普通碳钢、低合金结构钢、不锈钢、铜、铝及其合金的焊接。重要铸铁部件的修复，也可采用焊条电弧焊。

2）埋弧焊。它是以机械化连续送进的焊丝作为电极和填充金属。焊接时，在焊接区的上面覆盖一层颗粒状焊剂，电弧在焊剂层下燃烧，将焊丝端部和局部母材熔化，形成焊缝。

在电弧热的作用下，一部分焊剂熔化成熔渣，并与液态金属发生冶金反应，改善焊缝的成分和性能。熔渣浮在金属熔池表面，保护焊缝金属，防止氧、氮等气体的浸入。

埋弧焊可以采用较大的焊接电流。与焊条电弧焊相比，其优点是焊缝质量好，焊接速度快。适用于机械化焊接大型工件的直缝和环缝。

埋弧焊已广泛用于碳钢、低合金结构钢和不锈钢的焊接。

3）钨极惰性气体保护焊。利用钨极和工件之间的电弧使金属熔化形成焊缝。焊接过程中钨极不熔化，只起电极的作用。同时由焊炬的喷嘴送进氩气以保护焊接区。还可根据需要另外添加填充金属焊丝。

此方法能很好地控制电流，是焊接薄板和打底焊的一种很好的方法。它可以用于各种金属焊接，尤其适用于焊接铝、镁及其合金。焊缝质量高，但比其他电弧焊方法的焊接速度慢。

4）熔化极气体保护电弧焊。利用连续送进的焊丝与工件之间燃烧的电弧作热源，由焊炬喷嘴喷出的气体保护电弧进行焊接。

此方法常用的保护气体有氩气、氦气、CO_2 气或这些气体的混合气。以氩气或氦气为保护气时，称为熔化极惰性气体保护焊；以惰性气体与氧化性气体（O_2，CO_2）混合气为保护气时，称为气体保护电弧焊；利用 CO_2 作为保护气体时，则称为二氧化碳气体保护焊，简称 CO_2 焊。

此方法的主要优点是可以方便地进行各种位置的焊接，焊接速度较快、熔敷效率较高。适用于焊接大部分主要金属，包括碳钢、合金钢、不锈钢、铝、镁、铜、钛、锆及镍合金。

5）药芯焊丝电弧焊。这也是利用连续送进的焊丝与工件之间燃烧的电弧为热源来进行焊接的，可以认为是气体保护焊的一种类型。药芯焊丝是由薄钢带卷成圆形钢管，填进各种粉料，经拉制而成焊丝。焊接时，外加保护气体，主要是 CO_2。粉料受热分解或熔化，起造渣、保护熔池、渗合金及稳弧等作用。

药芯焊丝电弧焊不另加保护气体时，叫作自保护药芯焊丝电弧焊，它以管内粉料分解产生的气体作为保护气体。这种方法焊丝的伸出长度变化不会影响保护效果。自保护焊特别适于露天大型金属结构的安装作业。

药芯焊丝电弧焊可以用于大多数黑色金属各种厚度、各种接头的焊接，已经得到了广泛的应用。

（2）电阻焊　以固体电阻热为能源的电阻焊方法，主要有点焊、缝焊及对焊等。

电阻焊一般是利用电流通过工件时所产生的电阻热，将两工件之间的接触表面熔化，从而实现连接的焊接方法。通常使用较大的电流，焊接过程中始终要施加压力。

定位焊和缝焊的特点在于焊接电流（单相）大（几千至几万安培），通电时间短（几周波至几秒），设备昂贵、复杂，生产率高，因此适于大批量生产。主要用于焊接厚度小于 3mm 的薄板组件，如轿车外壳等。各类钢材、铝、镁等有色金属及其合金、不锈钢等均可焊接。

对焊是利用电阻热将两工件沿整个端面同时焊接起来的一种电阻焊方法。对焊的生产率高、易于实现自动化，因而获得广泛应用。例如工件的接长（带钢、型材、线材、钢筋、钢轨、管道）；环形工件的对焊（汽车轮辋、链环）；异种金属的对焊（刀具、阀杆、铝铜导电接头）等。

对焊可分为电阻对焊和闪光对焊两种。电阻对焊是将两工件端面压紧，利用电阻热加热至塑性状态，然后迅速施加顶锻压力完成焊接的方法，适用于小断面（小于 $250mm^2$）金属型材的对接。

闪光对焊由闪光和顶锻两个阶段组成。闪光的主要作用是加热工件，使整个端面达到熔化；顶锻的作用是封闭工件端面的间隙，同时挤出端面的液态金属及氧化夹杂物，并使接头区产生一定的塑性变形，以促进再结晶，从而获得牢固的接头。

闪光对焊可以焊接碳钢、合金钢、铜、铝、钛和不锈钢等各种金属。预热闪光对焊低碳钢管，最大可以焊接截面 $32000mm^2$ 的管子。

（3）高能焊

1）电子束焊。以集中的高速电子束，轰击工件表面时产生热能进行焊接的方法。电子束产生在真空室内并加速。

电子束焊与电弧焊相比，主要的特点是焊缝熔深大、熔宽小、焊缝金属纯度高。它既可以用在很薄材料的精密焊接，又可以用在很厚的（最厚达 300mm）构件焊接。它可以焊接各种金属，还能解决异种金属、易氧化金属及难熔金属的焊接。此方法主要用于要求高质量产品的焊接，但不适合于大批量产品。

2）激光焊。利用大功率相干单色光子流聚焦而成的激光束为热源进行的焊接。主要采用 CO_2 气体激光器。

此方法的优点是不需要在真空中进行，缺点是穿透力远不如电子束焊。激光焊时能进行精确的能量控制，因而可以实现精密微型器件的焊接。它能用于很多金属，特别是能解决一些难焊金属及异种金属的焊接。

（4）钎焊　利用熔点比被焊材料的熔点低的金属作钎料，加热使钎料熔化，润湿被焊金属表面，使液相与固相之间相互熔解和扩散而形成钎焊接头。

钎料的液相线温度高于 450°C 而低于母材金属的熔点时，称为硬钎焊；低于 450°C 时，称为软钎焊。根据热源或加热方法的不同，钎焊可分为火焰钎焊、感应钎焊、炉中钎焊、浸渍钎焊、电阻钎焊等。

钎焊时由于加热温度比较低，故对工件材料的性能影响较小，焊件的应力变形也较小。但钎焊接头的强度一般比较低，耐热能力较差。

钎焊可以用于焊接碳钢、不锈钢、铝、铜等金属材料，还可以连接异种金属、金属与非金属。适合于焊接承受载荷不大或常温下工作的接头，对于精密的、微型的及复杂的多缝的焊件尤其适用。

（5）其他焊接方法

1）电渣焊。这是以熔渣的电阻热为能源的焊接方法。焊接过程是在立焊位置，在由两工件端面与两侧水冷铜滑块形成的装配间隙内进行。焊接时利用电流通过熔渣产生的电阻热，将工件端部熔化。

电渣焊的优点是可焊的工件厚度大（从30mm到大于1000mm），生产率高。主要用于大断面对接接头及T形接头的焊接。

电渣焊可用于各种钢结构的焊接，也可用于铸钢件的组焊。电渣焊接头由于加热及冷却均较慢，焊接热影响区宽、显微组织粗大、韧性低，因此焊接以后一般须进行正火处理。

2）高频焊。焊接时利用高频电流在工件内产生的电阻热，使工件焊接区表层加热到熔化或塑性状态，随即施加顶锻力而实现金属的结合。

高频焊要根据产品配备专用设备。生产率高，焊接速度可达30m/min。主要用于制造管子的纵缝或螺旋缝的焊接。

3）气焊。用气体火焰为热源的焊接方法。应用最多的是以乙炔气作燃料的氧乙炔火焰。此方法设备简单、操作方便。但气焊加热速度及生产率较低，焊接热影响区较大，并且容易引起较大的焊件变形。

气焊可用于黑色金属、有色金属及其合金的焊接。一般适用于维修及单件薄板焊接。

4）气压焊。它也是以气体火焰为热源。焊接时将两对接工件的端部加热到一定温度，随即施加压力，从而获得牢固的接头。气压焊常用于钢轨焊接和钢筋焊接。

5）爆炸焊。利用炸药爆炸所产生的能量实现金属连接。在爆炸波作用下，两件金属瞬间即可被加速撞击形成金属的结合。

在各种焊接方法中，爆炸焊可以焊接的异种金属的组合最广。此法可将冶金上不相容的两种金属焊接成为各种过渡接头。爆炸焊大多用于表面积很大的平板覆层，是制造复合板的高效方法。

6）摩擦焊。它是利用两表面间的机械摩擦所产生的热来实现金属的连接。

摩擦焊时热量集中在接合面处，因此焊接热影响区窄。两表面间须施加压力，在加热终止时增大压力，使热态金属受顶锻而结合。

此方法生产率高，原理上所有能进行热锻的金属都能用此方法焊接。它还可用于异种金属的焊接。适用于工件截面为圆形及圆管的对接。目前最大的焊接截面为20000mm^2。

7）扩散焊。此焊接一般在真空或保护气氛下进行。焊接时，使两被焊工件的表面在高温和较大压力下接触并保温一定时间，经过原子相互扩散而结合。焊前要求工件表面粗糙度低于一定值，并要清洗工件表面的氧化物等杂质。

扩散焊对被焊材料性能几乎不产生有害作用。它可以焊接很多同种和异种金属，以及一些非金属材料，如陶瓷等。它可以焊接复杂的结构及厚度相差很大的工件。

6.1.1.2 焊接方法的选择

选择焊接方法时，要求能保证焊接产品质量，并使生产率高和成本低。

（1）产品特点

1）产品结构类型。可分为以下四类：

① 结构类，如桥梁、建筑钢结构、石油化工容器等。

② 机械零部件类，如箱体、机架、齿轮等。

③ 半成品类，如各种有缝管、工字梁等。

④ 微电子器件类，如印制电路板元器件与铜箔电路的焊接。

不同类型产品，因焊缝长短、形状、焊接位置、质量要求各不相同，因而采取适用的焊接方法也不同。

结构类产品中长焊缝和环缝宜采用埋弧焊。焊条电弧焊用于单件、小批量和短焊缝及空间位置焊缝的焊接。机械类产品焊缝一般较短，选用焊条电弧焊及气体保护电弧焊（一般厚度）。薄板件，如汽车车身采用电阻焊。半成品类的产品，焊缝规则、大批量，应采用机械化焊接方法，如埋弧焊、气体保护电弧焊、高频焊。微电子器件要求导电性、受热程度小等，宜采用电子束焊、激光焊、扩散焊及钎焊等方法。

2）工件厚度。各种焊接方法因所用热源不同，各有其适用的材料厚度范围，见图6-1。

3）接头形式和焊接位置。接头形式有对接、搭接、角接等。对接形式适用于大多数焊接方法。钎焊一般只适于连接面积比较大而材料厚度较小的搭接接头。

一件产品的各个接头，可能需要在不同的焊接位置焊接，包括平焊、立焊、横焊、仰焊及全位置焊接等。焊接时应尽可能使产品接头处于平焊位置，这样就可以选择优质、高效的焊接方法，如埋弧焊和气体保护电弧焊。

4）母材性能

① 母材的物理性能。当焊接热导率较高的金属，如铜、铝及其合金时，应选择热输入强度大、具有较高焊透能力的焊接方法，以使被焊金属在最短的时间内达到熔化状态，并使工件变形最小。对于电阻率较高的金属，可采用电阻焊。对于钼、钽等难熔金属，可采用电子束焊。对于异种金属，因其物理性能相差

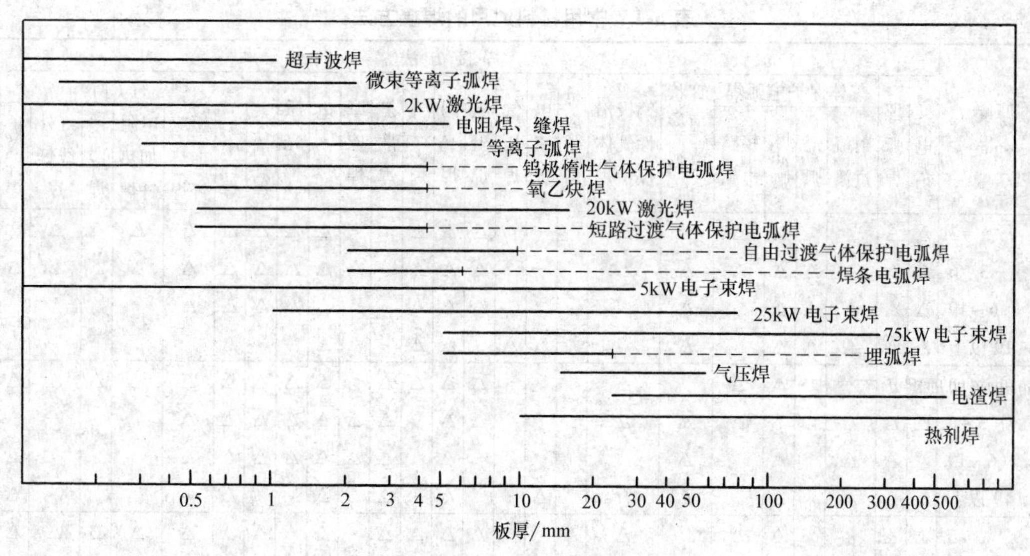

图6-1 各种焊接方法适用的厚度范围

注：1. 由于技术的发展，激光焊及等离子弧焊可焊厚度有增加趋势。

2. 虚线表示采用多道焊。

较大，可采用不易形成脆性中间相的方法，如电阻对焊、闪光对焊、爆炸焊、摩擦焊、扩散焊及激光焊等。

② 母材的力学性能。被焊材料的强度、塑性、硬度等力学性能，会影响焊接过程的顺利进行。如爆炸焊时，要求所焊的材料具有足够的强度与延性，并能承受焊接工艺过程中发生的快速变形。选用的焊接方法应该便于得到力学性能与母材相接近的接头。

③ 母材的冶金性能。普通碳钢和低合金钢采用一般的电弧焊方法都可以进行焊接。钢材的合金含量，特别是碳含量越高，越难焊接，可以选用的焊接方法越少。

对于铝、镁及其合金等活性金属材料，不宜选用具有氧化性的CO_2电弧焊、埋弧焊，而应选用惰性气体保护焊。对于不锈钢，可采用手工电弧焊和惰性气体保护焊。表6-1列出常用材料适用的焊接方法。

（2）生产条件

1）技术水平。在产品设计时，要考虑制造厂的技术条件，其中焊工水平尤为重要。

通常焊工需经培训合格取证，并要定期复验，持证上岗。焊条电弧焊、钨极氩弧焊、埋弧焊、气体保护电弧焊等都是分别取证。电子束焊、激光焊时，由于设备及辅助装置较为复杂，要求有更高的基础知识和操作技术水平。

2）设备。包括焊接电源，机械化系统，控制系统和辅助设备。

焊接电源有交流电源和直流电源两大类，前者构造简单，成本低。

焊条电弧焊只需一台电源，配用焊接电缆及夹持焊条的焊钳即可，设备最简单。

气体保护电弧焊要有自动送进焊丝装置、自动行走装置、输送保护气体系统、冷却水系统及焊炬等。

真空电子束焊需配用高压电源、真空室和专门的电子枪。激光焊要有一定功率的激光器及聚焦系统。另外，二者都要有专门的工装和辅助设备，因而成本也比较高。电子束焊机还要有高压安全防护措施，以及防止X射线辐射的屏蔽设施。

表6-1供选择焊接方法参考。

6.1.2 焊接材料

焊接材料包括焊条、焊丝、焊剂、钎料、钎剂、保护气体等。

6.1.2.1 焊条

焊条是涂有药皮的供焊条电弧焊用的熔化电极，它由药皮和焊芯两部分组成，如图6-2所示。焊条的规格、分类、代号、选择见表6-2至表6-6。

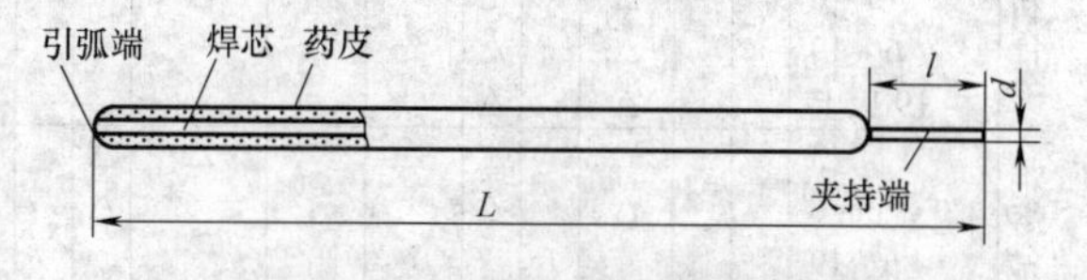

图6-2 焊条的组成及和部分名称

L—焊条长度 l—夹持端长度 d—焊条直径

表 6-1　常用材料适用的焊接方法

材料	厚度/mm	焊接方法																									
		焊条电弧焊	埋弧焊	气体保护电弧焊				管状焊丝电弧焊	钨极惰性气体保护焊	等离子弧焊	电渣焊	气压焊	电阻焊	闪光焊	气焊	扩散焊	摩擦焊	电子束焊	激光焊	硬钎焊							软钎焊
				射流过渡	潜弧	脉冲弧	短路电弧													火焰钎焊	炉中钎焊	感应加热钎焊	电阻加热钎焊	浸渍钎焊	红外线钎焊	扩散钎焊	
碳钢	~3	△	△			△	△		△				△	△	△			△	△	△	△	△	△	△	△	△	△
	3~6	△	△	△	△	△	△	△	△				△	△	△		△	△	△	△	△	△	△	△	△	△	△
	6~19	△	△	△	△	△		△					△	△	△		△	△	△	△	△	△					△
	19 以上	△	△	△	△	△		△			△	△		△	△		△	△			△					△	
低合金钢	~3	△	△			△	△		△				△	△	△	△		△	△	△	△	△	△	△	△	△	△
	3~6	△	△	△		△	△	△	△				△	△		△	△	△	△	△	△	△				△	△
	6~19	△	△	△		△		△						△		△	△	△	△	△	△	△				△	
	19 以上	△	△	△		△		△			△			△		△	△	△			△					△	
不锈钢	~3	△	△			△	△		△	△			△	△	△	△		△	△	△	△	△	△	△	△	△	△
	3~6	△	△	△		△	△	△	△	△			△	△		△	△	△	△	△	△	△				△	△
	6~19	△	△	△		△		△		△				△		△	△	△	△	△	△	△				△	△
	19 以上	△	△	△		△		△			△					△	△	△			△					△	
铸铁	3~6	△													△					△	△	△				△	△
	6~19	△	△	△				△							△					△	△	△				△	△
	19 以上	△	△	△				△							△						△					△	
镍和合金	~3	△				△	△		△	△			△	△	△			△	△	△	△	△	△	△	△	△	△
	3~6	△	△	△		△	△		△	△			△	△			△	△	△	△	△	△				△	△
	6~19	△	△	△		△				△				△			△	△	△	△	△					△	
	19 以上	△		△		△					△			△			△	△			△					△	
铝和合金	~3			△		△			△	△			△	△	△	△	△	△	△	△	△	△	△	△	△	△	△
	3~6			△		△			△				△	△		△	△	△	△	△	△			△		△	△
	6~19			△					△					△			△	△		△	△			△		△	
	19 以上			△							△	△		△				△			△					△	
钛和合金	~3					△			△	△			△	△		△		△	△		△	△			△	△	
	3~6			△		△			△	△				△		△	△	△	△		△					△	
	6~19			△		△			△	△				△		△	△	△	△		△					△	
	19 以上			△		△								△		△		△			△					△	
铜和合金	~3					△			△	△				△				△		△	△	△	△			△	△
	3~6			△		△				△				△			△	△		△	△		△			△	△
	6~19			△										△			△	△		△	△					△	
	19 以上			△										△				△			△					△	
镁和合金	~3					△			△									△	△	△	△					△	
	3~6			△		△			△					△			△	△	△	△	△					△	
	6~19			△		△								△			△	△	△		△					△	
	19 以上			△		△								△				△									
难熔合金	~3					△			△	△				△				△		△	△	△	△		△	△	
	3~6			△		△				△				△				△		△	△					△	
	6~19													△													
	19 以上																										

注：有△表示被推荐。

表 6-2　钢铁焊条的规格（尺寸）　（单位：mm）

焊条直径	焊条长度						
	碳钢焊条（GB/T 5117—1995）	低合金钢焊条（GB/T 5118—1995）	不锈钢焊条（GB/T 983—1995）	堆焊焊条（GB/T 984—2001）		铸铁焊条（GB/T 10044—2006）	
				冷拔焊芯	铸造焊芯①	冷拔焊芯	铸造焊芯
1.6	200 ~ 250		220 ~ 260				
2.0	250 ~ 350	250 ~ 350		230 ~ 300			
2.5			230 ~ 350			200 ~ 300	
3.2	350 ~ 450	350 ~ 450	300 ~ 460	300 ~ 450			
4.0					230 ~ 350	300 ~ 450	350 ~ 400
5.0			340 ~ 460				
6.0	450 ~ 700	450 ~ 700		350 ~ 450	300 ~ 350	400 ~ 500	350 ~ 500
8.0							
10							

① 堆焊焊条中的复合焊芯焊条和碳化钨管状焊条的尺寸规定与铸造焊芯焊条相同。

表 6-3　焊条按用途分类及其代号

焊条型号			焊条牌号			
焊条大类（按化学成分分类）			焊条大类（按用途分类）			
国家标准编号	名　称	代　号	类别	名　称	代号	
					字母	汉字
GB/T 5117—1995	碳钢焊条	E	一	结构钢焊条	J	结
GB/T 5118—1995	低合金钢焊条	E	一	结构钢焊条	J	结
			二	钼和铬钼耐热钢焊条	R	热
			三	低温钢焊条	W	温
GB/T 983—1995	不锈钢焊条	E	四	不锈钢焊条	G	铬
					A	奥
GB/T 984—2001	堆焊焊条	ED	五	堆焊焊条	D	堆
GB/T 10044—2006	铸铁焊条	EZ	六	铸铁焊条	Z	铸
			七	镍及镍合金焊条	Ni	镍
GB/T 3670—1995	铜及铜合金焊条	TCu	八	铜及铜合金焊条	T	铜
GB/T 3669—2001	铝及铝合金焊条	E	九	铝及铝合金焊条	L	铝
			十	特殊用途焊条	TS	特

表 6-4　焊条药皮类型及主要特点

序号	药皮类型	电源种类	主要特点
0	不属已规定的类型	不规定	在某些焊条中采用氧化锆、金红石等组成的新渣系目前尚未形成系列
1	氧化钛型	DC（直流），AC（交流）	含多量氧化钛，焊条工艺性能良好，电弧稳定，再引弧方便，飞溅很小，熔深较浅，熔渣覆盖性良好，脱渣容易，焊缝波纹特别美观，可全位置焊接，尤宜于薄板焊接；但焊缝塑性和抗裂性稍差。随药皮中钾、钠及铁粉等用量的变化，分为高钛钾型、高钛钠型及铁粉钛型等
2	钛钙型	DC，AC	药皮中含氧化钛质量分数 30% 以上，钙、镁的碳酸盐 20% 以下。焊条工艺性能良好，熔渣流动性好，熔深一般，电弧稳定，焊缝美观，脱渣方便。适用于全位置焊接，如 J422 即属此类型。它是目前碳钢焊条中使用最广泛的一种焊条
3	钛铁矿型	DC，AC	药皮中含钛铁矿的质量分数≥30%。焊条熔化速度快，熔渣流动性好，熔深较深，脱渣容易，焊波整齐，电弧稳定。平焊、横角焊工艺性能较好，立焊稍次，焊缝有较好的抗裂性
4	氧化铁型	DC，AC	药皮中含多量氧化铁和较多的锰铁脱氧剂。熔深大，熔化速度快，焊接生产率较高，电弧稳定，再引弧方便；立焊、仰焊较困难，飞溅稍大，焊缝抗热裂性能较好，适用于中厚板焊接。由于电弧吹力大，适合于野外操作。若药皮中加入一定量的铁粉，则为铁粉氧化铁型

（续）

序号	药皮类型	电源种类	主要特点
5	纤维素型	DC,AC	药皮中含质量分数15%以上的有机物,30%左右的氧化钛。焊接工艺性能良好,电弧稳定,电弧吹力大,熔深大,熔渣少,脱渣容易。可作向下立焊、深熔焊或单面焊双面成形焊接。立、仰焊工艺性好,适用于薄板结构、油箱管道、车辆壳体等焊接。随药皮中稳弧剂、粘结剂含量变化,分为高纤维素钠型(采用直流反接)、高纤维素钾型两类
6	低氢钾型	DC,AC	药皮组分以碳酸盐和萤石为主,焊条使用前需经300~400℃烘焙。短弧操作,焊接工艺性一般,可全位置焊接。焊缝有良好的抗裂性和综合力学性能。适宜于焊接重要的焊接结构。按照药皮中稳弧剂量、铁粉量和粘结剂不同,分为低氢钠型、低氢钾型和铁粉低氢型等
7	低氢钠型	DC	
8	石墨型	DC,AC	药皮中含有多量石墨,通常用于铸铁或堆焊焊条。采用低碳钢焊芯时,焊接工艺性较差,飞溅较多,烟雾较大,熔渣少,适用于平焊。采用非钢铁金属焊芯时,就能改善其工艺性能,但电流不宜过大
9	盐基型	DC	药皮中含多量氯化物和氟化物,主要用于铝及铝合金焊条。吸潮性强,焊前要烘干。药皮熔点低,熔化速度快。采用直流电源,焊接工艺性较差,短弧操作,熔渣有腐蚀性,焊后需用热水清洗

表6-5　常用碳钢焊条型号

焊条型号	焊条牌号	药皮类型	焊接位置	电流种类	抗拉强度 σ_b/MPa	屈服点 σ_s/MPa	伸长率 δ_5(%)	冲击吸收功	
								试验温度/°C	平均值①/J
E4303	J422	钛钙型	平、立、横、仰	交流、直流	420	330	22	0	27
E5003	J502	钛钙型	平、立、横、仰	交流、直流	490	400	20	0	27
E5015	J507	低氢钠型	平、立、横、仰	直流反接	490	400	22	-30	27
E5016	J506	低氢钾型	平、立、横、仰	交流直流反接	490	400	22	-30	27

① 5个试样,舍去最大值和最小值,其余3个值平均;3个值中要有两个值不小于27J,另一个值不小于20J。

GB/T 5117—1995《碳钢焊条》，规定了碳钢焊条分类型号、技术要求、试验方法及检验规则等。焊条型号根据熔敷金属的力学性能、药皮类型、焊接位置和电流种类划分。碳钢焊条有E43系列15个型号，E50系列14个型号。表6-5列出常用碳钢焊条型号。

焊条型号含义如下：字母“E”表示焊条；前两位数字表示熔敷金属抗拉强度的最小值，E43系列≥420MPa；第三位数字表示焊条焊接的位置，“0”及“1”表示焊条适用于全位置焊（平、立、横、仰），“2”表示适用于平焊及平角焊，“4”表示适用于向下立焊；第三位和第四位数字组合时，表示焊接电流种类及药皮类型。所有型号焊条都规定熔敷金属力学性能，并规定硫、磷极限含量。低氢焊条及一些型号焊条还规定了熔敷金属化学成分。

E4303和E5003，这两类焊条为钛钙型。熔渣流动性良好，脱渣容易，电弧稳定，熔深适中，飞溅少，焊波整齐。适用于全位置焊接，焊接电流为交流或直流正反接，主要用于焊接较重要的碳钢结构。

E4315和E5015，这两类焊条为低氢钠型。熔渣流动性好，焊接工艺性能一般，焊波较粗，角焊缝略凸、熔深适中，脱渣性较好，焊接时要求焊条干燥，并采用短弧焊。可全位置焊接，焊接电流为直流反接（工件接负极）。这类焊条的熔敷金属氢含量低，具有良好的抗裂性能和力学性能。主要用于焊接重要的碳钢结构，也可焊接与焊条强度相当的低合金钢结构。

E4316和E5016，这两类焊条药皮，在与E4315和E5015型焊条药皮基本相似的基础上，添加了稳弧剂，电弧稳定。焊接电流为交流或直流反接。工艺性能、焊接位置、熔敷金属力学性能和抗裂性能，以及应用都与E4315和E5015焊条相似。

E4315、E4316、E5015、E5016这四类低氢型焊条，规定药皮含水的质量分数不大于0.60%，熔敷金属扩散氢含量不大于8.0mL/100g（甘油法）。

型号分类也是按熔敷金属抗拉强度的最小值来分。E50系列的熔敷金属抗拉强度≥490MPa，有八个型号；E55系列八个型号；E60系列七个型号；E70系列六个型号；E75、E80、E85、E90和E100则各有三个型号。其他规定，请看该标准。

每一个焊条型号可以有多种焊条药皮配方，也就是有多种焊条牌号。例如焊条型号E4303，有J422，J422GM，J422Fe等几个焊条牌号。其中“J”表示结构钢焊条；前两位数字表示熔敷金属抗拉强度的最小值（≥420MPa）；第三位数字表示焊条药皮类型和焊接电流种类；"GM"表示盖面用焊条；"Fe"表示铁粉钛钙型焊条，该焊条有较高的熔敷效率。

6.1.2.2 熔化焊用焊丝

按国家标准规定，有碳素结构钢焊丝六种，合金结构钢焊丝十八种。表6-6列出熔化焊用焊丝。从改善焊接性角度，对于焊丝来说，最重要的是控制焊丝的含碳量，尽量降低有害元素硫及磷的含量。如H08A，H表示焊丝，08表示标称含碳量。H08A、H08E、H08C三种焊丝，其区别仅在于硫及磷含量不同，含量越低则更用于焊接重要的产品。

表6-6 熔化焊用焊丝

钢种	序号	牌号	化学成分（质量分数,%）							
			C	Mn	Si	Cr	Ni	Cu	S	P
									≤	
碳素结构钢	1	H08A	≤0.10	0.30~0.55	≤0.03	≤0.20	≤0.30	≤0.20	0.030	0.030
	2	H08E	≤0.10	0.30~0.55	≤0.03	≤0.20	≤0.30	≤0.20	0.020	0.020
	3	H08C	≤0.10	0.30~0.55	≤0.03	≤0.10	≤0.10	≤0.20	0.015	0.015
	4	H08MnA	≤0.10	0.80~1.10	≤0.07	≤0.20	≤0.30	≤0.20	0.030	0.030
	5	H15A	0.11~0.18	0.35~0.65	≤0.03	≤0.20	≤0.30	≤0.20	0.030	0.030
	6	H15Mn	0.11~0.18	0.80~1.10	≤0.03	≤0.20	≤0.30	≤0.20	0.035	0.035
合金结构钢	7	H10Mn2	≤0.12	1.50~1.90	≤0.07	≤0.20	≤0.30	≤0.20	0.035	0.035
	8	H10MnSi	≤0.14	0.80~1.10	0.60~0.90	≤0.20	≤0.30	≤0.20	0.035	0.035

6.1.2.3 气体保护焊用焊丝

焊丝型号的表示方法为ER××－×。字母ER表示焊丝；ER后面的两位数字表示熔敷金属的最低抗拉强度，短划"－"后面的字母或数字表示焊丝化学成分分类代号。例如ER49-1焊丝，熔敷金属最低抗拉强度≥490MPa，属碳钢焊丝。

国家标准规定有碳钢、铬钼钢、镍钢、锰钼钢和其他低合金钢焊丝等几类焊丝。规定的技术要求有：焊丝的化学成分、焊缝射线探伤、熔敷金属力学性能试验等。表6-7列出几种气体保护焊用焊丝型号。

表中ER49-1焊丝，相当于焊丝H08Mn2SiA，是我国二氧化碳气体保护焊中，应用最广的焊丝。表中列出的六种焊丝，其化学成分、保护气体及力学性能要求都有所不同。符合各种焊丝型号的各厂家生产的焊丝牌号也列在表中，MG为二氧化碳气体保护焊用焊丝，TGR为钨极惰性气体保护焊填充焊丝。前三种焊丝力学性能试样要求为焊后状态；后三种则为焊后热处理状态，即后三种试样应经过焊后消除应力热处理后才能进行力学性能试验。

表6-7 气体保护焊用焊丝（摘自GB/T 8110—1995）

焊丝型号	焊丝牌号	w_C (%)	w_{Mn} (%)	w_{Si} (%)	w_P (%)	w_S (%)	w_{Ni} (%)	w_{Cr} (%)	w_{Mo} (%)	w_{Cu} (%)	其他元素总量 W
ER49-1	MG49-1	≤0.11	1.80~2.10	0.65~0.95	≤0.030	≤0.030	≤0.30	≤0.20	—	≤0.50	—
ER50-3	MG50-3	0.06~0.15	0.90~1.40	0.45~0.75	≤0.025	≤0.035	—	—	—	≤0.50	≤0.50
ER50-4	MG50-4	0.07~0.15	1.00~1.50	0.65~0.85	≤0.025	≤0.035	—	—	—	≤0.50	≤0.50
ER55-B2	TGR55CM	0.07~0.12	0.40~0.70	0.40~0.70	≤0.025	≤0.025	≤0.20	1.20~1.50	0.40~0.65	≤0.35	≤0.50
ER62-B3	TGR59C2M	0.07~0.12	0.40~0.70	0.40~0.70	≤0.025	≤0.025	≤0.20	2.30~2.70	0.90~1.20	≤0.35	≤0.50
ER55-B2①-MnV	TGR55V	0.06~0.10	1.20~1.60	0.60~0.90	≤0.030	≤0.025	≤0.25	1.00~1.30	0.50~0.70	≤0.35	≤0.50

（续）

焊丝型号	状态	保护气体	抗拉强度 σ_b/MPa	屈服强度 $\sigma_{0.2}$/MPa	伸长率 δ_5(%)	V 型缺口冲击吸收功		焊丝钢种
						试验温度/°C	J	
ER49-1	焊后状态	CO_2	≥490	≥372	≥20	室温	≥47	碳钢焊丝
ER50-3	焊后状态	CO_2	≥500	≥420	≥22	-18	≥27	碳钢焊丝
ER50-4	焊后状态	CO_2	≥500	≥420	≥22	不要求		碳钢焊丝
ER55-B2	焊后热处理	Ar + 1% ~ 5% $w(O_2)$	≥550	≥470	≥19	不要求		铬钼钢焊丝
ER62-B3	焊后热处理	Ar + 1% ~ 5% $w(O_2)$	≥620	≥540	≥17	不要求		二铬钼钢焊丝
ER55-B2-MnV	焊后热处理	Ar + 20% $w(CO_2)$	≥550	≥440	≥19	室温	≥27	

① 另含 w_V = 0.20% ~ 0.40%。

6.1.2.4　药芯焊丝

药芯焊丝亦称管状焊丝，是一种新的焊接材料。通过控制填充药粉的成分，可以有效地调节熔敷金属的化学成分。熔敷效率高，焊接飞溅小，烟尘量低，焊缝质量好，对钢材适应性强。有时当实芯焊丝很难拉制时，药芯焊丝更有其优越性。

国家标准规定了药芯焊丝的分类、型号、技术要求、试验方法和检验规则等。表 6-8 列出几种碳钢药芯焊丝型号。型号 EF01-5020 中，字母 EF 表示药芯焊丝；字母后面第一位数字表示适用的焊接位置，“0”表示用于平焊和横焊，“1”表示用于全位置焊；第 2 位数字为分类代号，根据药芯类型、保护气体、电流种类和适用于多道焊或单道焊分为七类；横短线后面前两位数字表示最小抗拉强度值；后面两位数字表示 V 型缺口冲击吸收功数值。表中还列出药芯焊丝产品牌号。如 YJ502-1，Y 表示药芯焊丝；J 表示结构钢用；前两位数字表示熔敷金属最小抗拉强度值；第三位数字表示药芯类型及焊接电流种类；横短线后面的数字表示焊接时保护方法。

碳钢药芯焊丝是由 H08A 冷轧薄钢带，经轧机纵向折叠加粉剂后拉拔而成。

EF01 型和 EF03 型焊丝采用 CO_2 保护气体，也可以采用 Ar + CO_2 混合气体。后者可以提高焊接接头的冲击性能。EF04 型焊丝是自保护型，适合于露天的大型焊接结构和高层结构的安装施工。

6.1.2.5　埋弧焊焊剂及其与焊丝的组合

埋弧焊焊剂与焊条药皮的作用基本相同。可分为熔炼焊剂与烧结焊剂两类。

与熔炼焊剂相比，烧结焊剂的优点是：焊剂的碱度调节范围大，高碱度焊剂有利于获得高韧性焊缝；焊剂堆密度小，适合于制造高焊接速度焊剂及大规范焊接用焊剂；烧结焊剂颗粒圆滑，输送或回收焊剂时阻力较小；可以大批量连续生产；环境污染少；而且电能消耗也低。

烧结焊剂的缺点：焊接参数的变化会影响到焊剂的熔化量，致使焊缝金属的成分会出现波动；烧结焊剂吸潮性大，在存放条件及焊前烘干方面的要求比熔炼焊剂严格。

工业发达国家已广泛使用烧结焊剂，产量占焊剂总量的 70% 以上。我国已开始批量生产烧结焊剂。目前我国仍主要采用熔炼焊剂。

表 6-9 列出几种碳钢和低合金钢埋弧焊剂。

表 6-8　碳钢药芯焊丝型号（摘自 GB/T 10045—2001）

焊丝型号	w_C(%)	w_{Mn}(%)	w_{Si}(%)	w_P(%)	w_S(%)	w_{Ni}(%)	w_{Cr}(%)	w_{Mo}(%)	w_V(%)	w_{Al}(%)
EF01-5020 EF03-5040 EF04-5020	—	≤1.75	≤0.90	≤0.04	≤0.03	≤0.50	≤0.20	≤0.30	≤0.08	≤(1.8)

焊丝型号	焊丝牌号	药芯类型	保护气体	电流种类	抗拉强度 σ_b/MPa	屈服强度 $\sigma_{0.2}$/MPa	伸长率(%)	冲击吸收功	
								试验温度/°C	J≥
EF01-5020	YJ502-1	氧化钛型	二氧化碳	直流，焊丝接正	≥500	≥410	≥22	0	27
EF03-5040	YJ507-1	氧化钙-氟化物型	二氧化碳	直流，焊丝接正	≥500	≥410	≥22	-30	27
EF04-5020	YJ507-2	—	自保护	直流，焊丝接正	≥500	≥410	≥22	0	27

表 6-9　碳钢及低合金钢埋弧焊剂

焊剂型号（短划后为焊丝牌号）	焊剂牌号	焊剂渣系	试样状态	抗拉强度 σ_b/MPa	屈服强度 $\sigma_{0.2}$/MPa	伸长率 δ_5(%)	V 型缺口冲击吸收功	
							°C	J
HJ301-H10Mn2	HJ330	氟碱型	焊态	410/550	≥300	≥22	0	≥34
HJ401-H08A	HJ431	氟碱型	焊态	410/550	≥330	≥22	0	≥34
HJ504-H10Mn2	SJ107	氟碱型	焊态	480/650	≥400	≥22	-40	≥34
F5121-H10MnNiA	HJ380	氟碱型	焊后热处理状态	480/650	≥380	≥22	-20	≥27
F6126-H10MnNiMoA	SJ605	其他型	焊后热处理状态	550/690	≥460	≥20	-20	≥27

6.1.2.6　焊接材料的选择

使用时，根据焊接结构材料的化学成分、力学性能、焊接工艺性、使用环境（有无腐蚀介质、高温或低温等）、焊接结构形状的复杂程度及刚性大小、受力情况和现场焊接设备条件等情况综合考虑。

（1）考虑母材的力学性能和化学成分

1）碳素结构钢、低合金高强度结构钢的焊接。根据设计规定，大多数结构要求焊缝金属与母材等强度。可按所用结构钢的强度，来选择相应强度等级的焊接材料。但要注意以下两点：

① 一般钢材是按屈服强度等级，而结构钢焊接材料等级，是指其抗拉强度的最低保证值，所以应按结构钢抗拉强度等级，来选择抗拉强度等级相同或稍高的焊接材料（等强或高匹配）。但不是越高越好，焊缝强度过高反而有害。

② 对于刚性大，受力情况复杂的焊接结构，为了改善焊接工艺，降低预热温度，可以选择抗拉强度比母材低一级的焊接材料（低匹配）。

2）合金结构钢的焊接。如果需要保证焊接接头的高温性能或耐腐蚀性能，要求焊缝金属的主要合金成分与母材相近或相同。

3）母材中的碳、硫、磷等元素含量较高时，应选用抗裂性好的低氢型焊接材料。

（2）考虑焊件的工作条件和使用性能　包括焊件所承受的载荷和接触的介质等，选择满足使用要求的焊接材料。

1）在高温或低温条件下工作的焊件，相应选用耐热钢及低温用钢焊接材料。

2）接触腐蚀介质的焊件，应选用不锈钢或其他耐腐蚀焊接材料。

3）承受振动载荷或冲击载荷的焊件，除保证抗拉强度外，还应选用塑性和韧性较高的低氢型焊接材料。

（3）考虑焊件几何形状、刚性及焊缝位置　对于形状复杂、结构刚性大及大厚度焊件，由于在焊接过程中易产生较大的焊接应力，从而可能导致裂纹的产生，要求选用抗裂性能好的低氢型焊接材料。

焊接部位为空间各向位置时，要选择全位置焊的焊接材料。

（4）考虑操作工艺性及施工条件　钛钙型药皮的 J422 和 J502 焊条，操作工艺性较好，在满足焊缝使用性能和抗裂性的条件下，尽量采用。

在容器内部焊接时，应采取有效的通风措施，排除有害的焊接烟尘；在附近有易燃物时，应注意防火。

（5）考虑劳动生产率和经济合理性　铁粉焊条可以提高平焊位置的焊接电流、焊接速度，从而提高效率。

CO_2 和 $Ar + CO_2$ 混合气体保护焊，自动化程度高、质量好、成本低、焊缝含氢量低、焊接接头疲劳强度高，适合于在现场施工条件下全位置焊接，应尽量采用。

厚板平焊位置和大直径环缝的焊接，可采用窄间隙埋弧焊，以及一般埋弧焊，焊接效率较高。

6.2　焊接结构设计

6.2.1　焊接结构的特点

近年来，在造船、锅炉、压力容器等制造部门，主要采用焊接结构。在大型桥梁、高层建筑结构领域，采用工厂焊接杆件，工地用高强度螺栓拼装的栓焊钢结构。

焊接结构可以用轧材，如板材、型材、管材焊成，也可用轧材、铸件、锻件拼焊而成，给结构设计带来很大的方便。壁厚可以相差很大，可按承受载荷的情况配置截面形状和尺寸。可以根据需要，在不同部位选用不同强度和不同耐磨、耐蚀、耐高温等性能的材料。可以简化铸锻件结构，以及节省相应的木模、锻模费用。对于机座、机身、壳体及各种箱形、框形、筒形、环形构件，特别是单件、小批生产的、以及有较多变型或要经常更新设计的成批生产的零部件，采用焊接结构，较之整铸、整锻结构，常常可以节省金属、减少重量、缩短生产周期、降低制造成本。

特大零部件，如大型水压机的横梁、底座及立柱，大型轧钢机的机架，水轮机的转轮等，采用以小拼大的电渣焊方法，可大幅度降低所需铸、锻件的重量等级。

经过精加工的机件，可采用电子束焊接，焊后无需精修即达设计要求。图6-3为航空专用传动齿轮的电子束焊接结构。可以使得轴向尺寸更加紧凑。

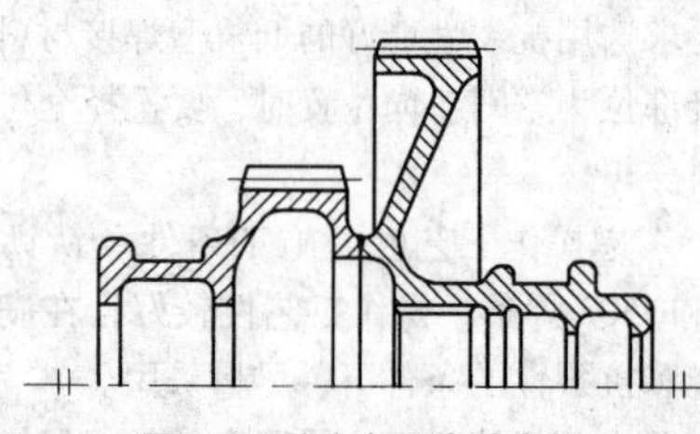

图6-3　航空专用传动齿轮

某些产品或零部件，如锅炉锅筒、球形容器、大型汽轮机空心转子、核反应堆压力壳、船舶的船体等，只适合于采用焊接结构。

6.2.2　采用焊接结构时应注意的问题

6.2.2.1　焊接接头性能的不均匀

焊接接头由焊缝、热影响区和母材组成。焊缝是母材和填充金属在焊接热作用下熔合而成的铸造金属组织。邻近焊缝的母材受焊接热作用而发生组织变化，该部分称为热影响区。因此，在整个焊接接头处的化学成分、金属组织、物理性能和力学性能均有差别。所以，须注意在选择母材和焊接材料及制订焊接工艺时，应能保证焊接接头的性能符合设计规定的技术要求。

6.2.2.2　母材（被焊的材料）的焊接性

焊接性是指在一定的焊接工艺条件下，获得优质焊接接头的难易程度。不同材料焊接性也有差别。钢材的焊接性可用它的碳当量 C_{eq} 作初步评价：

$$C_{eq} = C + \frac{Mn}{6} + \frac{Cr + Mo + V}{5} + \frac{Cu + Ni}{15}$$

式中，化学元素都表示该元素在钢中的质量百分数。

碳当量越高，焊接性越差。表现在焊接困难增加，焊缝的可靠性降低。钢中碳和合金元素含量较高时，虽然具有较高的强度，但其碳当量也相应提高，增加焊接难度，应慎重选用。必须采用时，应在结构设计时和焊接工艺中采取措施。当 $C_{eq} > 0.45\%$ 时，焊接厚度大于25mm的钢板，须进行预热焊接。随着板厚增加，预热温度也要相应提高，有时还需焊后缓冷。

6.2.2.3　焊接应力和变形

焊接是一个不均匀加热过程。从焊接一开始，焊接应力和焊接变形即伴随产生，焊接以后则留下残余应力和变形。焊接残余应力的存在，在一定条件下对结构强度有不利影响。焊接残余应力的逐渐释放，又会引起结构形状和尺寸的变化，影响产品的正常使用。较重要的焊接结构，焊后应有热处理或其他能消除与减少焊接残余应力的措施。焊后，结构产生超过允许范围的变形，须矫正合格后才能投入使用。因此，在设计焊接结构时，应选择适当的结构形状、焊缝布置、焊接接头形式和坡口的几何尺寸等，使之有利于降低接头的刚性，以减少焊接残余应力，有利于控制焊接变形。

6.2.2.4　应力集中

焊接结构整体性强、刚性大，对应力集中较为敏感。如果焊接结构断面变化过急，没有平缓过渡或适当的圆角，以及焊缝存在内部或外部缺陷，都会引起不同程度的应力集中。这往往是焊接结构疲劳破坏和脆性断裂的主要起因。因此，要尽量避免产生应力集中的各种因素，建立焊接和质量检验的有利条件，以控制焊缝内外的质量。对于在动载或低温工作条件下的高强度钢焊接结构，制造时更需要采取磨削及堆焊等措施，减少断面突变，以降低应力集中。

6.2.2.5　结构的刚度和吸振能力

钢材的抗拉强度和弹性模量都比铸铁高，但吸振能力比铸铁低。当采用焊接钢结构取代对刚度和吸振能力有高要求的铸铁构件（如机床床身）时，则不能按许用应力削减其截面，而必须按刚度和抗振要求进行结构设计。

6.2.2.6　焊接缺陷

在焊接过程中产生的缺陷有裂纹、未焊透、咬边、气孔和夹渣等。在结构设计和焊接生产过程中，应预防和避免产生缺陷，焊后进行必要的质量检验和检测。根据产品的质量标准和要求进行评定，不允许的超标缺陷要消除。产品质量标准或要求的确定要适当。

6.2.3　焊接结构的设计原则

6.2.3.1　合理选择和利用材料

1）所选用的材料要能同时满足使用性能和加工

性能的要求。使用性能包括结构所要求的强度、塑性、韧性、耐磨、抗腐蚀、抗蠕变能力等。加工性能主要是保证材料的焊接性，其次是冷热加工性能，如热切割、热弯、冷弯、切削和热处理等性能。

2）结构上有特殊性能要求的部位，可采用特殊材料，其余用能满足一般要求的普通材料。如对于有防腐蚀要求的结构，可采用以普通低碳钢做基体，以不锈钢薄层为工作面的复合钢板；或者在基体表面堆焊耐蚀层。对于有耐磨要求的结构，可以仅在工作面上堆焊或喷焊耐磨合金层。

3）尽量选用轧制的标准型材和异型材。由于轧制型材表面光洁平整、性能均匀，可以减少备料工作量和焊缝数量。优化的型钢组合，可以获得重量轻、强度高和刚性大的焊接结构。

4）提高材料的利用率。划分组成焊接结构的零部件时，要充分考虑到备料过程中合理排料的可能性。计算机辅助设计和数控热切割下料技术，可以很有效地提高材料利用率。

6.2.3.2　合理设计结构的形式

1）不要受铸造、锻造、铆接等结构形式的影响，应设计出能发挥焊接优点的构造形式。图6-4是铆接改为焊接的结构设计。图6-4b受铆接结构的影响，因而设计模仿铆接形式的焊接结构，这是不良的设计，图6-4c则是合理的焊接结构设计。图6-5是油压机的焊接结构和铸造结构。铸钢件结构包括上梁、中间支座，底座总计重量为195.5t。改为焊接结构后，总计重量为135.2t，铸件与焊件重量比为1.45∶1，合理地节约了材料与工时。

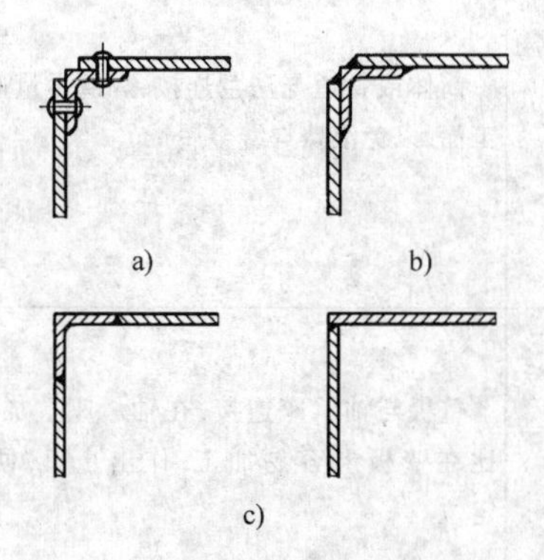

图6-4　铆接改为焊接的结构设计
a）铆接结构　b）模仿铆接形式的焊接结构
c）合理的焊接结构

2）优化结构的截面形状，力求结构用料最少而承载能力最强。对于梁、柱等焊接构件，应在保证壁板稳定的条件下，增大其截面的外形尺寸，把材料配置在离中性轴较远的地方，以增加截面的惯性矩，提高构件的抗压强度和抗弯刚度。对于双向受弯、受扭或要求防潮的构件，应选方形、矩形或圆筒形的封闭截面。对于压力容器，宜优先选择球形的容器，因为它受力最合理，而且在容积相同情况下，比其他筒形容器消耗的材料更少。

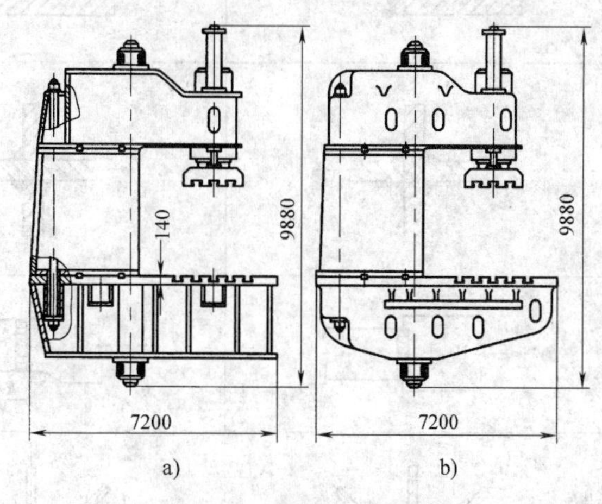

图6-5　12500kN单臂油压机
a）焊接结构　b）铸造结构

3）既要重视结构的整体设计，也要重视结构的细部处理。在焊接结构的破坏事故中，绝大多数是因局部构造设计不合理造成的。例如，力的传递不合理，存在严重应力集中，或者产生附加应力等。

表6-10列举了一些焊接结构设计中细部的处理。

4）有利于机械化或自动化生产。尽量采用简单、平直的结构形式，减少短而不规则的焊缝，以便于实现机械化或自动化的装配和焊接。

6.2.3.3　减少焊接量

合理设计以减少结构的焊缝，也就简化了焊接工艺，有利于控制焊接变形和缺陷。尽量选用轧制型材、冲压件来代替一部分焊接件。对于形状复杂、角焊缝多而密集的批量结构件，可用铸钢件代替。对于角焊缝，在保证强度的前提下，尽可能用最小的焊脚尺寸。对接焊缝，在保证熔深的条件下，应选用填充金属量最少的坡口形式。

6.2.3.4　合理布置焊缝

轴对称的焊接结构，宜对称布置焊缝，或者使焊缝接近于对称轴，这样有利于控制焊接变形。应该避免焊缝汇交，避免密集焊缝。在结构上宁可让次要焊缝中断，也要使重要焊缝连续。这在受力上是合理的，而长焊缝又有利于采用埋弧焊。尽可能使焊缝避开以下部位：高工作应力处、有应力集中处、待机械加工面，以及需变质处理的表面。

表 6-10　焊接结构设计中细部的处理

<table>
<tr><th>改　进　前</th><th>改　进　后</th><th>说　　明</th></tr>
<tr><td> 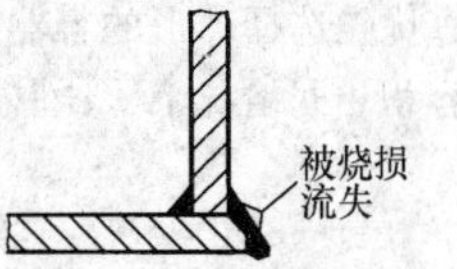被烧损
流失</td><td> 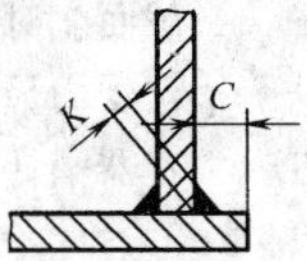K　C</td><td>改进前板边缘留量 C 不足，焊时被烧损，引起焊缝金属流失，影响焊脚尺寸 K。建议按下表选取 C 值
<table><tr><td>K</td><td>3</td><td>4</td><td>5</td><td>6</td><td>8</td><td>10</td><td>12</td><td>14</td><td>16</td><td>18</td><td>20</td></tr><tr><td>C</td><td>6</td><td>10</td><td>10</td><td>12</td><td>15</td><td>18</td><td>20</td><td>25</td><td>25</td><td>30</td><td>30</td></tr></table></td></tr>
<tr><td> </td><td> 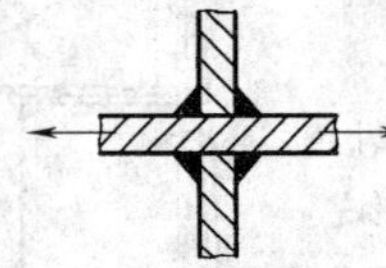</td><td>注意力的作用方向，尽量避免角焊缝或母材厚度方向受拉伸</td></tr>
<tr><td></td><td>R</td><td>在动载荷作用下，结构断面变化处尽可能不设置焊缝，并使其平缓过渡或作出圆角</td></tr>
<tr><td> 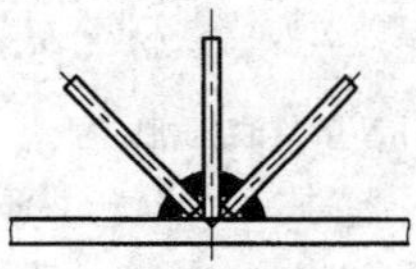</td><td> 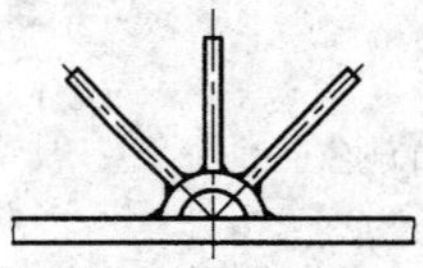</td><td>焊缝过于密集，施焊困难，无法保证焊接质量</td></tr>
<tr><td></td><td>A</td><td>肋板的设计要便于装配，避免焊缝汇交，并避开轧材高杂质区（A 点），还须保证肋板外缘的焊缝质量</td></tr>
<tr><td>φ</td><td>φ
φ</td><td>筒体或管道与法兰连接，焊缝尽量避开待加工面，以免浪费焊缝金属</td></tr>
<tr><td> 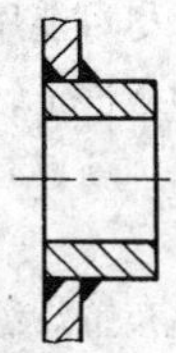</td><td> 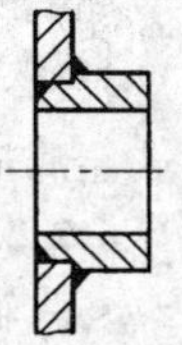</td><td>壁板与轴承座连接，在轴承座上加工坡口，比在壁板上容易加工；作出止口，便于装配定位</td></tr>
<tr><td>漏油</td><td></td><td>减速箱体凸缘（螺钉座）与箱体焊接，应注意防止漏油</td></tr>
</table>

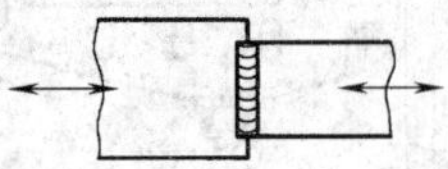

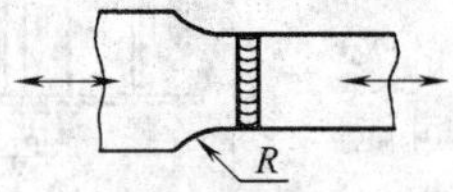

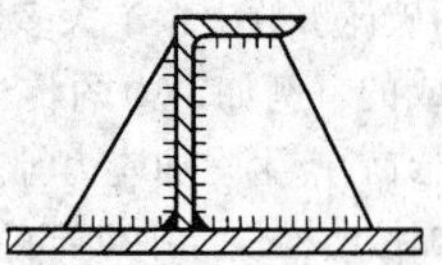

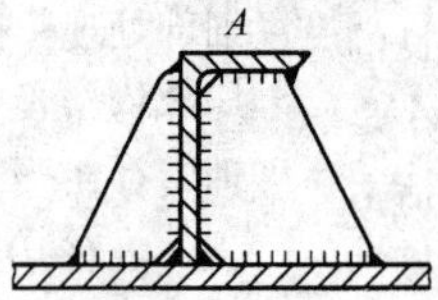

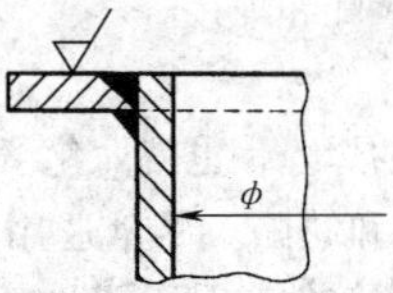

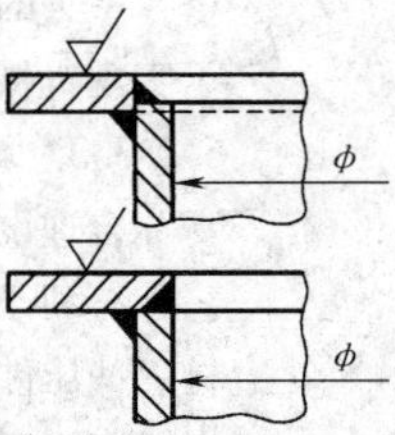

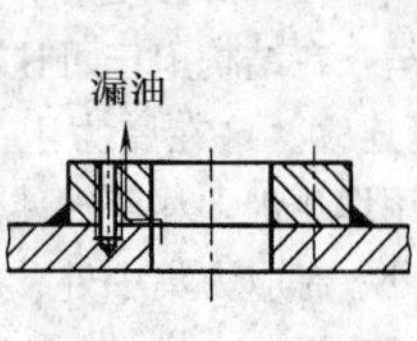

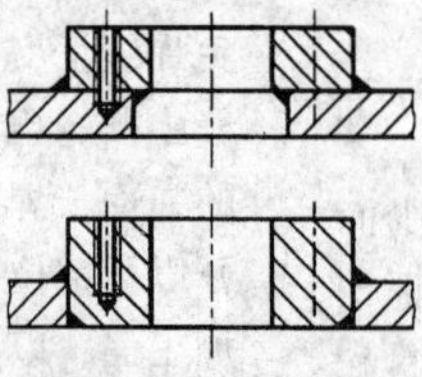

6.2.3.5　施工方便

必须使结构上每条焊缝都能方便地施焊和质量检测，即具有可达性。为此，焊缝周围要留有足够的供焊接和质量检测用的操作空间。图6-6是由型材组焊的构件，左边的结构有些焊缝无法进行焊接。图6-7是考虑焊缝适合于射线探伤的结构设计，左边的结构不好，因操作费事而容易漏检或误判。

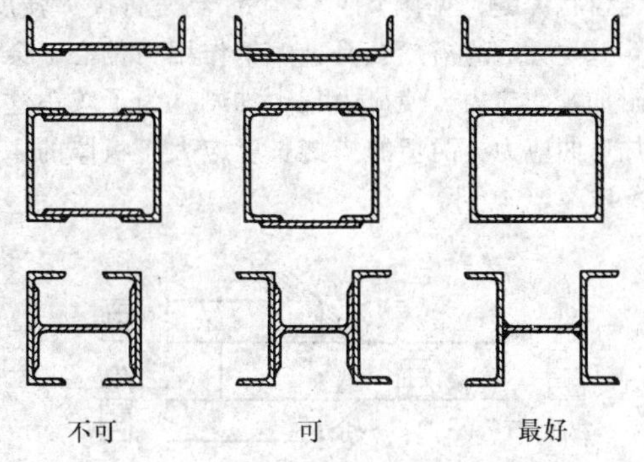

图6-6　考虑焊缝可施焊的型材组合结构

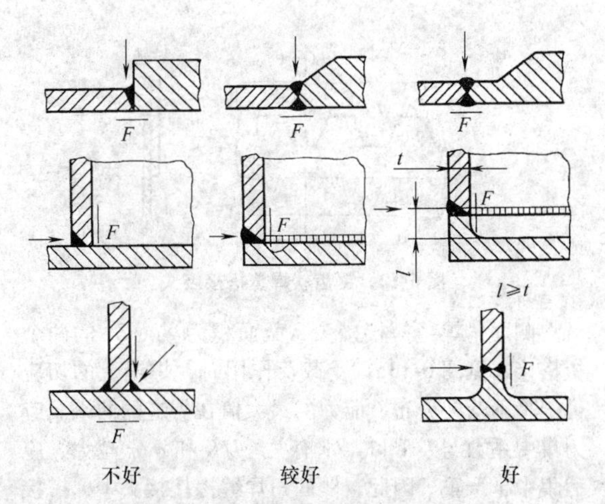

图6-7　适于射线探伤的焊接结构设计

此外，结构上的焊缝应尽量在工厂中焊接，力求减少在工地焊接的工作量。减少手工焊接量，扩大埋弧焊及 CO_2 焊接范围。

6.2.3.6　有利于生产组织与管理

设计大型焊接结构时，宜采用部件组装的生产方式，即对结构进行合理分段。要综合考虑起重运输条件、焊接应力与变形控制、焊后热处理、机械加工、质量检验等因素。以利于工厂的组织与管理。

6.2.4　焊接接头的形式及工作特性

焊接接头是焊接结构重要的组成部分。它的性能好坏，直接影响焊接结构整体的可靠性。焊接接头往往是焊接结构的几何形状与尺寸发生变化的部位，有时会造成某些构件的不连续性，导致接头的应力分布不均匀。焊接接头的形式不同，其应力集中程度也不同。制造过程中发生的错边、焊接缺陷、角变形等，都将加剧应力集中，使工作应力分布不均。

焊缝金属与母材在化学成分上的差异，以及所经受的焊接热循环和热应变循环的不同，造成焊接接头中焊缝、热影响区及母材各区域的化学成分和金属组织存在着不同程度的差异，导致焊接接头在力学性能、物理化学性能等的不均匀性。

焊接过程中热源高度集中地作用于工件局部，产生较高的焊接应力和变形，会使焊接接头的局部过早地达到屈服点，同时也会影响结构的刚度、尺寸稳定性，以及结构的其他使用性能。

6.2.4.1　电弧焊接头

（1）对接接头　用于连接在同一平面的金属板，见图6-8。它传力效率最高，应力集中较低，并易保证焊透和排除焊接缺陷，可获得较好的综合性能，是重要零件和结构的首选接头。

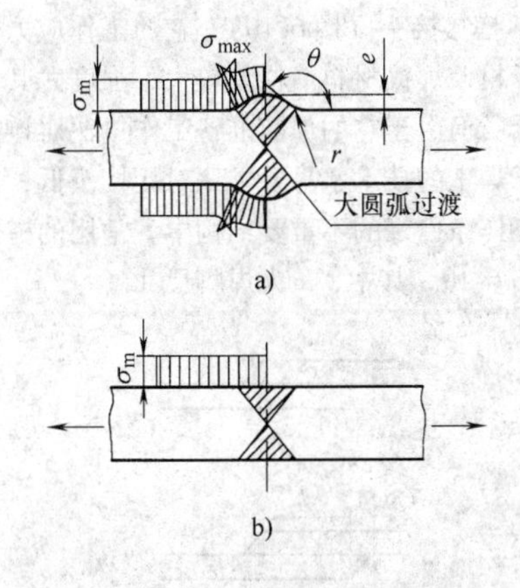

图6-8　对接接头的应力分布
a）一般接头及焊脚处加工成圆弧过渡
b）削平焊缝余高接头

优质对接接头的工作应力分布较均匀。应力集中产生于焊趾处，应力集中系数 $K_T\left(=\frac{\sigma_{max}}{\sigma_m}\right)$ 与焊缝余高 e、焊缝向母材的过渡角 θ、焊脚处的过渡圆弧半径 r 有关，见图6-8。如在焊脚处磨削成适当圆弧过渡（图6-8a），则 K_T 显著降低；如削平焊缝余高，则没有应力集中（图6-8b）。

焊接工艺缺陷（如未焊透、咬边、裂纹、夹渣、气孔等）和焊接变形（如错边、角变形等），会加剧应力集中，对强度尤其是动载强度不利。采用保留垫板的单面焊缝，虽然解决了未焊透，但在焊缝根部仍存在着较高的应力集中，且在垫板与母材的间隙中容易发生腐蚀。

当两块被连接板的厚度相差较大时，应将厚板削薄至与薄板厚度相同后焊接。为防止因板厚不同引起作用力偏心传递，两块板的中心应尽可能重合，见图6-9。

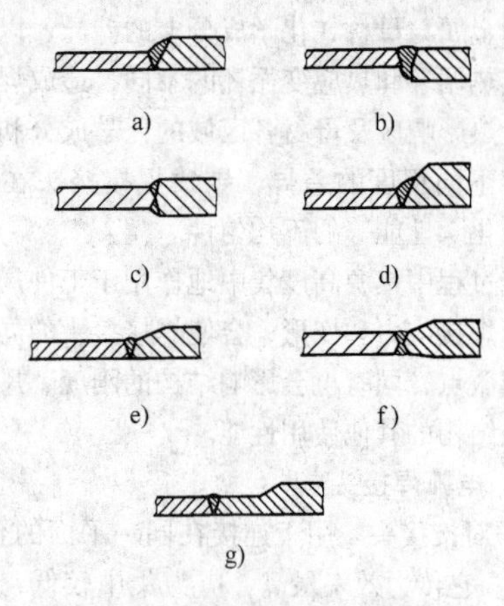

图6-9　不等厚度断面对接接头

a)、b)、c)、d）用于静载　e)、f)、g）用于动载

（2）搭接接头（图6-10）　它的工作应力分布较复杂，母材及焊接材料消耗量较大，强度尤其是动载强度较低。但由于它的焊前准备工作量比对接接头要少，对于焊工的技术水平要求比对接接头低，因而广泛用于工作条件好的不重要结构中。常用的搭接接头形式见图6-10。其中，K为焊脚尺寸。

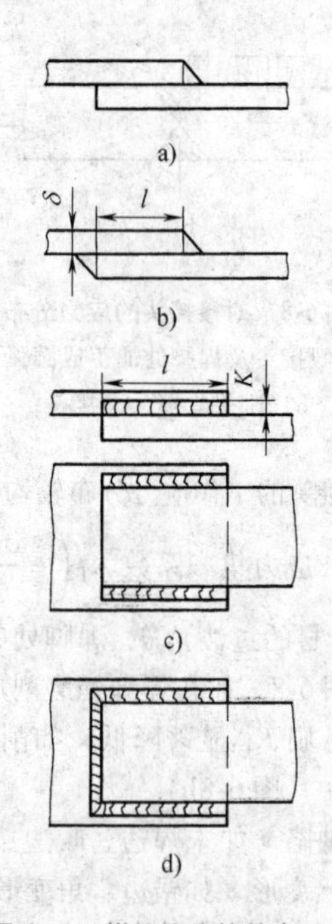

图6-10　搭接接头的基本形式

a）单面正面角焊缝　b）双面正面角焊缝

c）侧面角焊缝　d）联合角焊缝

搭接接头的构件形状变化较大，它的应力集中程度比对接接头大。正面角焊缝（与受力方向垂直）以焊脚和焊根处的应力集中最大，见图6-11。减小θ角和增加根部熔深可降低应力集中。

只有一条正面角焊缝的搭接接头（图6-10a），强度很低，故应在背面加焊一条正面角焊缝（图6-10b）。当背面无法焊接第二条焊缝时，可采用单面锯齿状焊缝，见图6-12，有助于提高接头强度。图6-10b所示的搭接接头，由于作用力偏心，会产生附加弯曲应力，使应力集中加剧。为了减小这种附加弯曲应力，两板的搭接长度应大于板厚的4倍（$l \geqslant 4\delta$）。

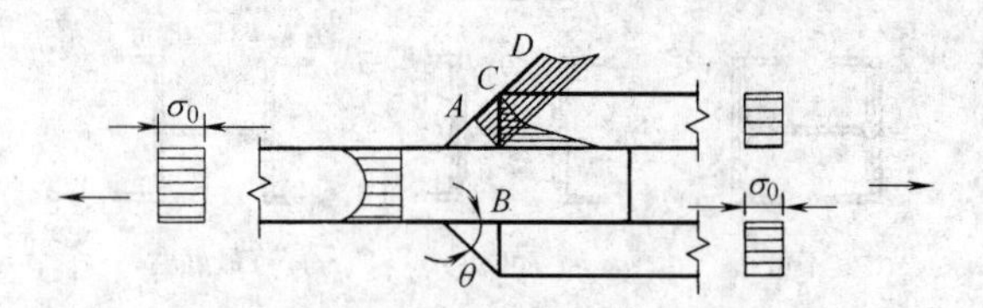

图6-11　搭接接头正面角焊缝的应力分布

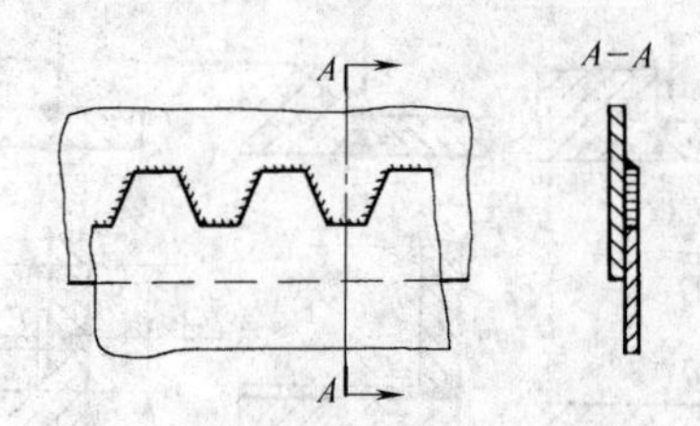

图6-12　锯齿状焊缝搭接接头

侧面角焊缝搭接接头，截面积为S_1、S_2的两个板搭接，见图6-13a。受载荷作用时，焊缝上的切应力τ呈不均匀分布，应力的最大值在焊缝的两端。应力集中系数与l/K和σ/τ有关。l/K和σ/τ越大，应力集中越严重。因此，侧面角焊缝搭接接头中，搭接长度不宜大于40K（动载时）或60K（静载时）。采用正面和侧面角焊缝同时存在的联合搭接接头，有助于改善接头应力分布的不均匀，见图6-13b。

（3）T型接头和十字接头　这两种是连接相互垂直板件的重要接头形式。具有较严重的应力集中，接头强度通常低于母材。在如图6-14a所示方向受力时，未熔透的十字接头在根部和焊脚处，应力集中系数较大。熔透的十字接头其应力集中显著减小，见图6-14b，而且使垂直板在轴向力作用下，焊缝中的应力由以切应力为主，转变为正应力，可大为提高接头强度，适用于承受动载的结构。

只受压载荷的十字接头，如端面接触良好，大部分载荷经由端面直接传递，焊缝所承受的载荷减少，故焊缝可以不熔透，角焊缝的尺寸也可以减小。

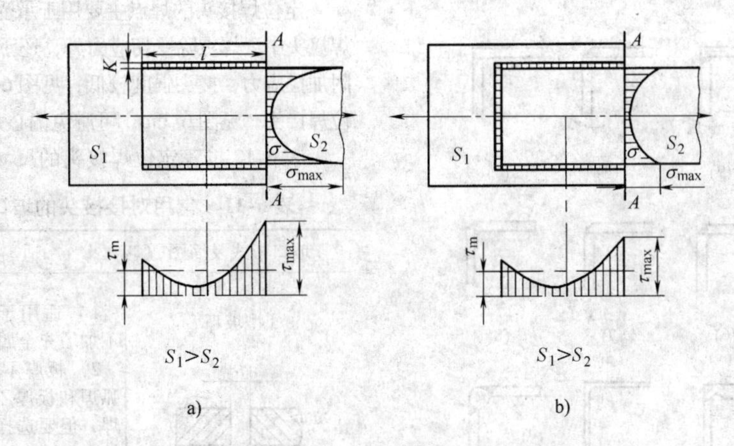

图6-13　侧面和联合角焊缝搭接接头的应力分布

a）侧面角焊缝　b）联合角焊缝

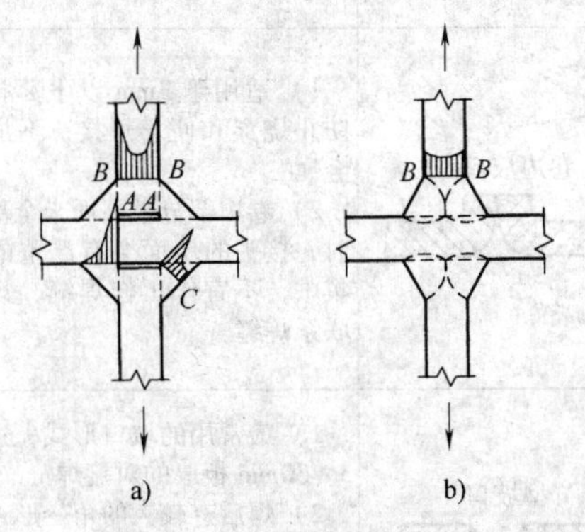

图6-14　十字接头的应力分布

a）未开坡口未熔透　b）开坡口熔透

如图6-15所示方向受力的十字接头，焊缝不承受工作应力，但会引起接头在焊缝根部A点和焊缝脚部B点产生应力集中。双面焊缝的接头，（图6-15b），B点的应力集中系数大于A点；而单面焊缝接头（图6-15a），A点的应力集中系数显著增加，且大于B点。可见即便是焊缝不受工作应力的十字接头，单面焊缝也是不可取的。

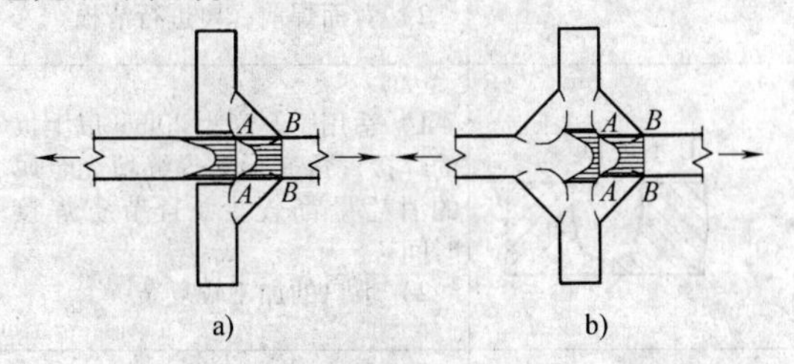

图6-15　焊缝不承受工作应力的十字接头

a）单面焊缝　b）双面焊缝

T型接头和十字接头应避免在钢板厚度方向受拉，以防止钢板沿轧制方向出现层状撕裂。如在两个方向均受较大的拉力，必要时可在交叉处焊入锻件、铸件或轧材，见图6-16。

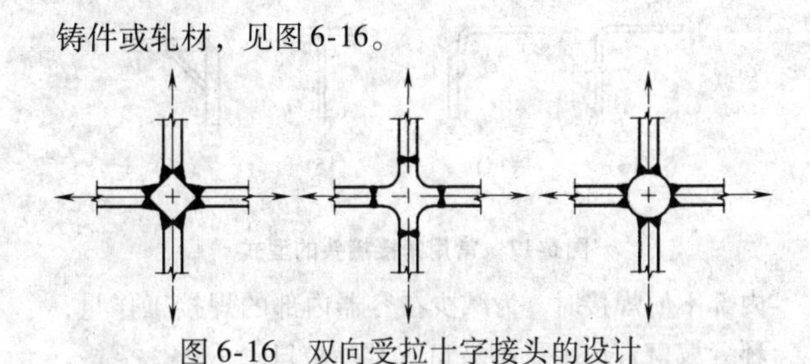

图6-16　双向受拉十字接头的设计

（4）角接接头　它常用于箱形构件，通常采用的接头型式见图6-17。图（1）为最常见的形式，装配方便，是最经济的角接接头；图（1）、（2）、（3）只有单面焊缝，对承受箭头所示方向的弯矩不利；图（4）、（5）、（6）有双面焊缝，具有较大的抗弯能力；图（7）大多用于厚板，焊缝尺寸小，外观平整，但易产生层状撕裂；图（8）、（9）、（10）用于不等厚度板的角接接头；图（2）、（4）、（5）、（10）、（11）具有整齐的棱角；图（3）、（5）、（6）具有良好的抗层状撕裂性能；图（13）、（14）、（15）三种形式适合于薄板；图（11）不但保证接头有正确的直角，而且也有较大的刚性。对于重要结构最好采用图（13）的形式，使焊缝远离弯曲的部位。图（10）具有圆滑的圆角和较大的刚性。图（16）的刚性较大，但存在较大的应力集中，在载荷较大时要谨慎使用。

（5）电弧焊接头的坡口选择　其坡口的基本形式与尺寸见GB/T 985.1—2008和GB/T 985.3—2008。设计图中所用的焊缝符号见GB/T 324—2008。

常用对接接头的坡口形式及适用场合见表6-11。要根据焊接方法、焊接规范及板厚来选取。在确保焊缝熔透并无工艺缺陷的前提下，应尽可能减小坡口的截面积，降低焊接材料的消耗。还应考虑坡口的加工和焊接的方便，以及预防焊接变形。例如厚壁容器，

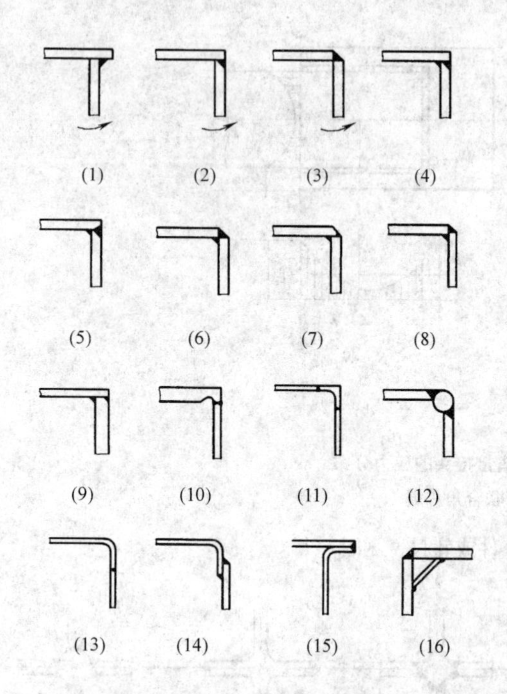

图6-17　常用角接接头的型式

内部不便焊接时，为减少在容器内部的焊接工作量，环缝坡口宜选用Y型坡口或U型坡口。

要求承受动载荷的T型接头和十字接头，应采用K型或单边V型坡口，使之焊透，见图6-18a、b。这样不仅节省填充金属，而且疲劳强度也高。要求完全焊透的T型接头，采用单边V型坡口单面焊，焊后再背面清根焊满，比K型坡口更为可靠。对厚板的T型接头和十字接头，应采用J型或双J型坡口，见图6-18c、d，以减少焊缝填充金属的消耗量。

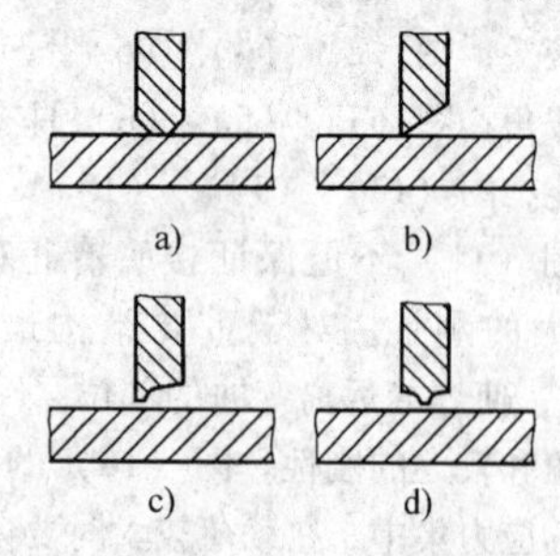

图6-18　T型接头的坡口型式

a）K型　b）单边V型　c）J型　d）双J型

6.2.4.2　电阻焊接头

（1）定位焊接头　主要用于两块薄板的连接，被连接钢板的厚度一般不大于3mm，两块板的厚度相差不大于3倍。常见的定位焊接头形式见图6-19。定位焊接头还适合于棒与板、棒与棒的连接，尤其适合于冲压构件的连接，见图6-20。

定位焊接头的焊点主要用于承受剪切力。单排定位焊接头中，焊点除受切应力外，还承受偏心力矩引起的附加拉应力，接头强度较低，见图6-21。采用双盖板定位焊接头，见图6-19c，可避免偏心力矩的产生。

表6-12推荐定位焊接头的尺寸。

表6-11　常用对接接头的坡口形式及应用

坡口形式及简图	适用场合
I型坡口	1）适用于3mm以下的薄板，不加填充金属 2）板厚不大于6mm的焊条电弧焊和板厚不大于20mm的埋弧焊，但要选择合适的焊接参数和坡口间隙 b 3）当载荷较大时，焊后应在背面补焊封底焊道
卷边坡口	1）适用于3mm以下薄板，能防止烧穿和便于焊接，不加填充金属 2）卷边部分较高而未全部熔化时，接头的反面会有严重的应力集中，不宜作工作焊缝，只宜作联系焊缝
Y型坡口	1）最常用的坡口形式，适用于3~30mm板厚的对接焊 2）焊后有较大的角变形，当板较厚时，焊缝填充金属消耗量较大 3）加工比较方便
双Y型坡口	1）板较厚时，比Y型坡口可节省1/2的焊缝填充金属，且角变形较小。若由两边交替进行焊接，角变形可进一步减小。采用不对称的双Y型坡口，既可降低角变形，又可降低工件的翻转次数 2）背面焊前，要进行清根
U型坡口	1）适用于厚度为20mm以上板的焊接，角变形和焊缝填充金属的消耗量都较少，且节省焊接时间 2）坡口的加工较复杂
窄间隙坡口	1）适用于60~250mm板厚的窄间隙埋弧焊，首层焊一道，以后每层焊两道。内部坡口侧可采用任何明弧焊 2）坡口加工困难，加工精度高 3）焊缝填充金属的消耗量极少

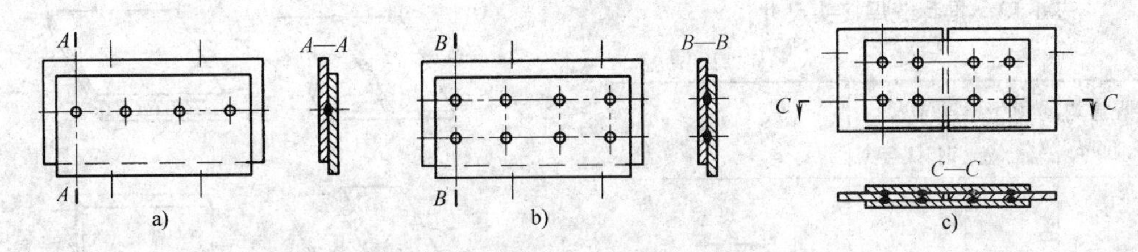

图6-19　常见定位焊接头的形式

a）单排定位焊接头　b）多排定位焊接头　c）加双盖板定位焊接头

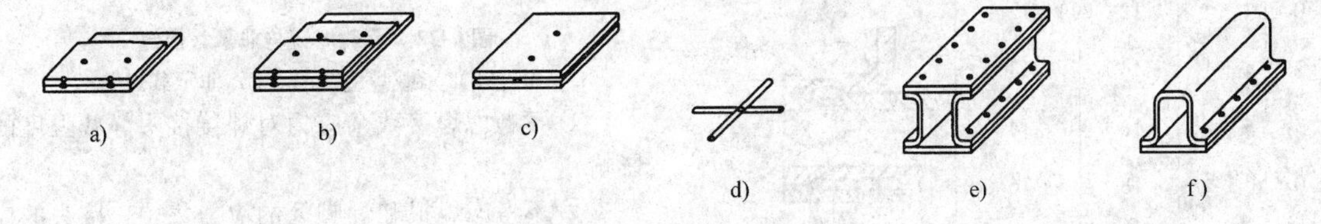

图6-20　定位焊接头及构件

a）两板搭接　b）三板搭接　c）棒与板搭接　d）棒与棒搭接　e）、f）用定位焊连接的冲压件

表6-12　推荐定位焊接头尺寸　（单位：mm）

薄件厚度 δ	熔核直径 d	单排焊缝最小搭边宽度 b①		最小工艺点距②			备　注
		轻合金	钢、钛合金	轻合金	低合金钢	不锈钢、耐热钢耐热合金	
0.3	$2.5^{\pm1}$	8	6	8	7	5	
0.5	3.0^{+1}	10	8	11	10	7	
0.8	3.5^{+1}	12	10	13	11	9	
1.0	4.0^{+1}	14	12	14	12	10	
1.2	5.0^{+1}	16	13	15	13	11	
1.5	6.0^{+1}	18	14	20	14	12	
2.0	$7.0^{+1.5}$	20	16	25	18	14	
2.5	$8.0^{+1.5}$	22	18	30	20	16	
3.0	$9.0^{+1.5}$	26	20	35	24	18	
4.0	11^{+2}	30	26	45	32	24	
4.5	12^{+2}	34	30	50	36	26	
5.0	13^{+2}	36	34	55	40	30	
5.5	14^{+2}	38	38	60	46	34	
6.0	15^{+2}	43	44	65	52	40	

① 搭边尺寸不包括弯边圆角半径 r；定位焊双排焊缝或连接三个以上零件时，搭接边应增加25%～30%。

② 定位焊两板件的板厚比大于2，或连接3个以上零件时，点距应增加10%～20%。

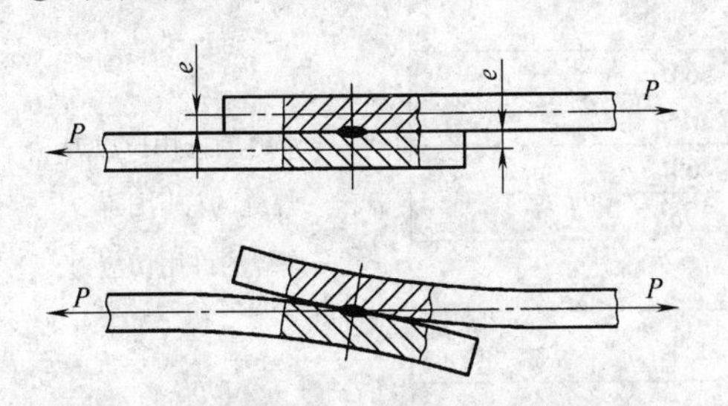

图6-21　单排定位焊接头的附加拉应力

（2）缝焊接头　它的焊缝是由定位焊焊点重叠而成，其工作应力分布比定位焊接头均匀，静载强度和疲劳强度明显高于定位焊接头。在母材焊接性良好时，其静载强度可与母材等强，因为缝焊焊缝的横截面积，通常是母材横截面积的2倍以上。

缝焊接头具有较好的水密性和气密性，适用于板厚小于2mm薄板容器等的焊接。搭接时搭接部分的宽度一般是板厚的5～6倍。推荐缝焊接头的尺寸见表6-13。

6.2.5　焊接接头的静载强度计算

6.2.5.1　许用应力设计法

（1）电弧焊接头的静载强度计算　根据焊缝所起的作用，焊缝可分为承载焊缝与非承载焊缝。承载

表6-13　推荐缝焊接头尺寸

（单位：mm）

薄件厚度 δ	焊缝宽度 d	最小搭边宽度 b		备　注
		轻合金	钢、钛合金	
0.3	2.0^{+1}	8	6	
0.5	2.5^{+1}	10	8	
0.8	3.0^{+1}	10	10	
1.0	3.5^{+1}	12	12	
1.2	4.5^{+1}	14	13	
1.5	5.5^{+1}	16	14	
2.0	$6.5^{+1.5}$	18	16	
2.5	$7.5^{+1.5}$	20	18	
3.0	$8.0^{+1.5}$	24	20	

注：1. 搭边尺寸不包括弯边圆角半径 r；缝焊双排焊缝或连接3个以上零件时，搭边应增加25%～35%。

2. 压痕深度 $c'<0.15\delta$，焊透率 $A=30\%\sim70\%$。重叠量 $l'-f=(15\sim20)\%l'$ 可保证气密性，而 $l'-f=(40\sim50)\%l'$ 可获得最高强度。

焊缝（习惯上称工作焊缝）传递全部或部分载荷，焊缝与被连接的元件是串联的，见图6-22a、b。非承载焊缝（习惯上称联系焊缝）只传递很少的载荷，焊缝与被连接的元件是并联的，只起连接作用，见图6-22c、d。

1）基本假定。为简化计算，在焊接接头的静载强度计算中，采用如下假定：

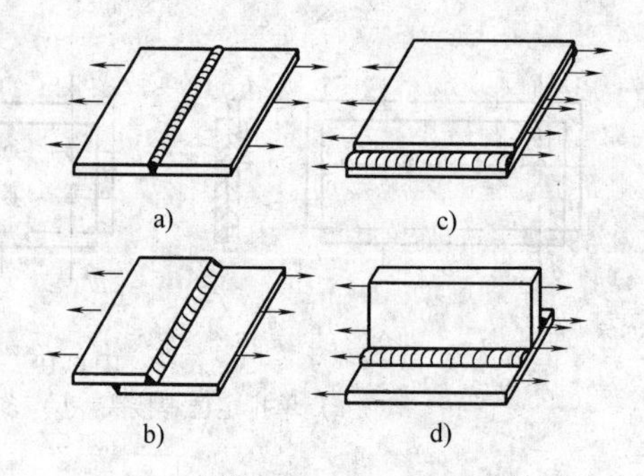

图6-22　承载焊缝与非承载焊缝

a)、b）承载焊缝　c)、d）非承载焊缝

① 不考虑焊接残余应力对焊接接头静载强度的影响。

② 不考虑焊根和焊脚处的应力集中，接头的应力均匀分布，以平均应力计算。

③ 焊脚尺寸的大小对角焊缝单位面积的强度没有影响。

2）焊接接头静载强度的简易计算方法

① 对接接头。熔透对接接头的静载强度计算公式，与基本金属（母材）的计算公式完全相同。焊缝的计算厚度取被连接的两板中较薄板的厚度；焊缝的计算长度一般取焊缝的实际长度。开坡口熔透的T型接头和十字接头，按对接焊缝进行强度计算。焊缝的计算厚度取立板的厚度。一般情况下，按等强度原则选择焊缝填充金属的优质低合金结构钢和碳素结构钢的对接焊缝，可不进行强度计算。对接焊缝受简单载荷作用的强度计算公式见表6-14。

表6-14　对接焊缝接头静载强度计算公式

名　称	简　图	计算公式	备　注
对接接头		受拉：$\sigma=\dfrac{F}{l\delta}\leqslant[\sigma_l']$	$[\sigma_l']$—焊缝的许用拉应力 $[\sigma_a']$—焊缝的许用压应力 $[\tau']$—焊缝的许用切应力 $\delta\leqslant\delta_1$
		受压：$\sigma=\dfrac{F}{l\delta}\leqslant[\sigma_a']$	
		受剪：$\tau=\dfrac{F_t}{l\delta}\leqslant[\tau']$	
		平面内弯矩 M_1：$\sigma=\dfrac{6M_1}{l^2\delta}\leqslant[\sigma_l']$	
		平面外弯矩 M_2：$\sigma=\dfrac{6M_2}{l\delta^2}\leqslant[\sigma_l']$	
开坡口熔透T型接头或十字接头		受拉：$\sigma=\dfrac{F}{l\delta}\leqslant[\sigma_l']$	
		受压：$\sigma=\dfrac{F}{l\delta}\leqslant[\sigma_a']$	
		受剪：$\tau=\dfrac{F_t}{l\delta}\leqslant[\tau']$	
		平面内弯矩 M_1：$\sigma=\dfrac{6M_1}{l^2\delta}\leqslant[\sigma_l']$	
		平面外弯矩 M_2：$\sigma=\dfrac{6M_2}{l\delta^2}\leqslant[\sigma_l']$	

② 角接接头。在其静载强度简化计算中，假定所有角焊缝是在切应力作用下破坏的，其破断面在角焊缝内接三角形的最小高度截面上，且不考虑正面角焊缝与侧面角焊缝的强度差别。

角焊缝接头的强度按切应力计算。焊缝的计算长度一般取每条焊缝的实际长度减去 10mm。角焊缝的计算厚度取其内接三角形的最小高度，一般等腰直边角焊缝的计算厚度 $a=K\cos45°$，即 $a=0.7K$，见图 6-23(1)。图 6-23 是各种形状角焊缝的计算厚度。一般焊接方法的少量熔深可不予考虑；而对于埋弧焊和 CO_2 气体保护焊，所具有的较大均匀熔深 p 则应予以考虑，其计算厚度 $a=0.7\times(K+p)$，见图 6-23(5)。当 $K\leqslant8$mm 时，可取 $a=K$；当 $K>8$mm 时，熔深一般取 3mm。开坡口部分熔透的角焊缝，其计算厚度按图 6-24所示方法确定。不熔透的对接接头应按角焊缝计算。

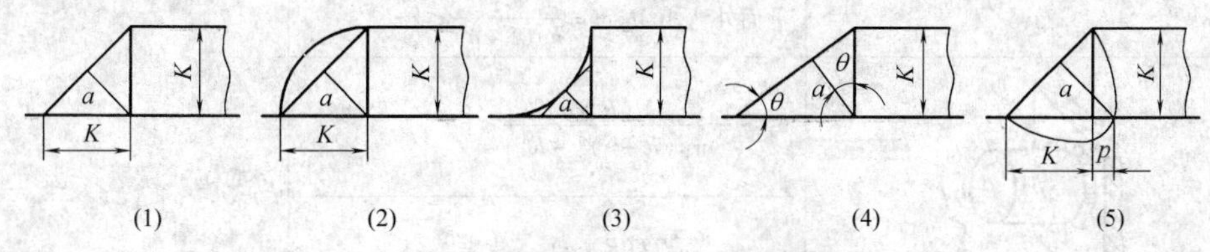

图 6-23　各种形状角焊缝的计算厚度

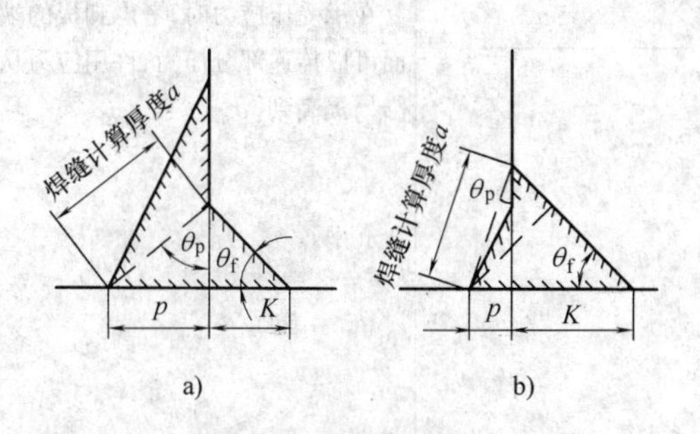

图 6-24　部分熔透角焊缝的计算厚度

a) $p>K(\theta_p<\theta_f)$　b) $p<K(\theta_p<\theta_f)$

角焊缝接头的静载强度基本计算公式见表 6-15。在设计计算角焊缝时，一般应遵循以下原则和规定：

a）侧面或正面角焊缝的计算长度不得小于 $8K$，并不小于 40mm。

b）角焊缝的最小焊角尺寸不应小于 4mm。当焊件厚度小于 4mm，可与焊件厚度相同。

c）不是主要用于承载的角焊缝，或因构造上需要而设置的角焊缝，其最小焊角尺寸，可根据被连接板的厚度及焊接工艺要求确定，最小焊脚尺寸的数值见表 6-16。

表 6-15　角焊缝接头静载强度基本计算公式

名称	简　图	计 算 公 式	备　注
搭接接头		受拉或受压：$\tau=\dfrac{F}{a\Sigma l}\leqslant[\tau']$	$[\tau']$—焊缝的许用切应力 $\Sigma l=l_1+l_2+\cdots+l_5$
		第一法：分段计算法 $\tau=\dfrac{M}{al(h+a)+\dfrac{ah^2}{6}}\leqslant[\tau']$ 第二法：轴惯性矩计算法 $\tau=\dfrac{M}{I_x}y_{max}\leqslant[\tau']$ 第三法：极惯性矩计算法 $\tau=\dfrac{M}{I_p}r_{max}\leqslant[\tau']$	$I_p=I_x+I_y$ I_x、I_y—焊缝计算面积对 x 轴、y 轴的惯性矩 I_p—焊缝计算面积的极惯性矩 y_{max}—焊缝计算截面距 x 轴的最大距离 r_{max}—焊缝计算截面距 O 点的最大距离

（续）

名称	简　图	计算公式	备　注
T型接头和十字接头	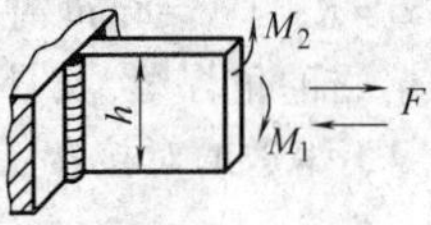	拉：$\tau=\dfrac{F}{2ah}\leqslant[\tau']$	在承受压应力时，考虑到板的端面可以传递部分压力，许用应力从$[\tau']$提高到$[\sigma_a']$
		压：$\tau=\dfrac{F}{2ah}\leqslant[\sigma_a']$	
		平面内弯矩 M_1：$\tau=\dfrac{3M_1}{ah^2}\leqslant[\tau']$	
		平面外弯矩 M_2：$\tau=\dfrac{M_2}{ha(\delta+a)}\leqslant[\tau']$	
	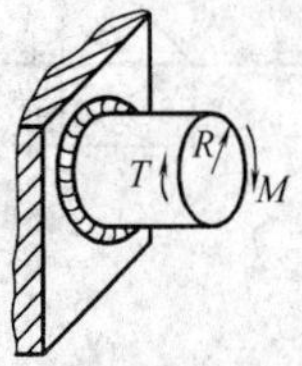	弯：$\tau=\dfrac{4M(R+a)}{\pi[(R+a)^4-R^4]}\leqslant[\tau']$	
		扭：$\tau=\dfrac{2T(R+a)}{\pi[(R+a)^4-R^4]}\leqslant[\tau']$	
	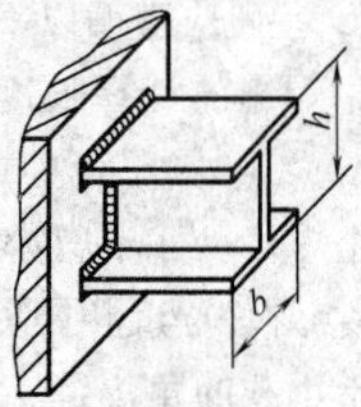 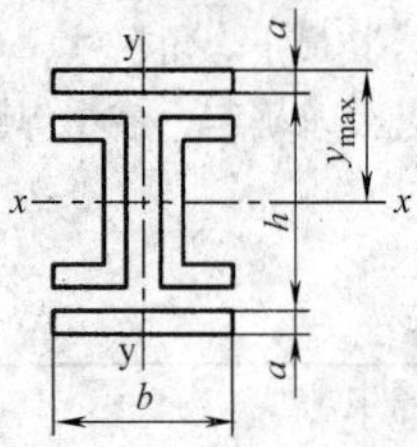	弯：$\tau=\dfrac{M}{I_x}y_{\max}\leqslant[\tau']$	
不熔透对接接头	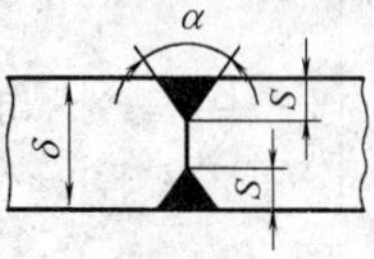 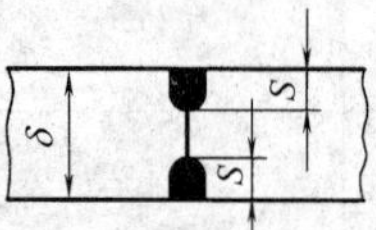	拉：$\tau=\dfrac{F}{2al}\leqslant[\tau']$	V 型坡口： $\alpha\geqslant60°$时，$a=S$ $\alpha<60°$时，$a=0.75S$ U 型、J 型坡口： $\alpha=S$ $I_x=al(\delta-a)^2$ l—焊缝长度
		剪：$\tau=\dfrac{F_t}{2al}\leqslant[\tau']$	
		弯：$\tau=\dfrac{M}{I_x}y_{\max}\leqslant[\tau']$	

d）在承受静载的次要焊件中，如果计算出的角焊缝焊脚尺寸，小于规定的最小值（表 6-16），可采用断续焊缝。断续焊缝的焊脚尺寸，可根据折算方法确定。断续焊缝的间距，在受压构件中不应大于 15δ，受拉构件中一般不应大于 30δ。δ 为被连接构件中较薄件的厚度。在腐蚀介质下工作的构件不得采用断续焊缝。

表 6-16　角焊缝的最小焊脚尺寸 $K_{\min}$

（单位：mm）

被焊件中较厚件的厚度	$K_{\min}$	
	碳素钢	低合金钢
$\delta\leqslant10$	4	6
$10<\delta\leqslant20$	6	8
$20<\delta\leqslant30$	8	10

③ 承受复杂载荷的焊接接头强度计算。应分别求出各载荷所引起的应力，然后计算合成应力。在计算合成应力前，先必须明确各应力的方向、性质和位置，确定合成应力最大点(即危险点)的合成应力。在危险点难以确定时，应选几个大应力点计算合成应力，以最大值的点为危险点。最大正应力和最大切应力不在同一点时，偏于安全的方法，是以最大正应力和平均切应力计算其合成应力。

3）按刚度条件选择角焊缝尺寸。焊接机床床身、底座、立柱和横梁等大型机件，一般工作应力较低，只相当于一般结构钢许用应力的10% ~ 20%。若按工作应力来设计角焊缝尺寸，其值必然很小；若按等强原则选择焊缝，则尺寸将过大，这会增加成本并产生严重的焊接残余应力和变形。因此，这类焊缝不宜再用强度条件选择尺寸，而应根据刚度条件确定焊缝尺寸。根据实践经验提出了如下经验作法，即以被焊件中较薄件强度的33%、50%和100%作为焊缝强度来确定焊缝尺寸。例如，对T型接头的双面角焊缝，其焊角尺寸K与立板板厚δ的关系为

100%强度焊缝　$K=\frac{3}{4}\delta$

50%强度焊缝　$K=\frac{3}{8}\delta$

33%强度焊缝　$K=\frac{1}{4}\delta$

100%强度角焊缝即等强焊缝，主要用于集中载荷作用的部位，如导轨的焊接。50%强度的角焊缝用于焊接箱体中，一般指$K=\frac{3}{4}\delta$的单面角焊缝，见图6-25。33%强度的角焊缝，主要用于不承载焊缝，它可以是单面的，也可以是双面的，见图6-26。按刚度条件设计的角焊缝尺寸见表6-17。

4）焊缝的许用应力。它与焊接工艺、材料、接头形式、焊接检验的程度等因素有关。

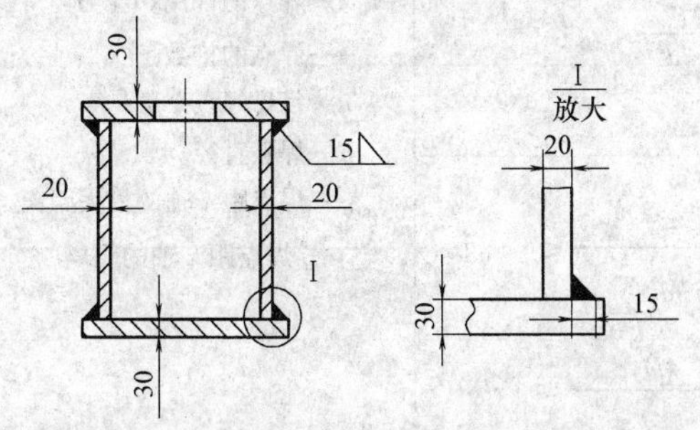

图6-25　50%强度角焊缝

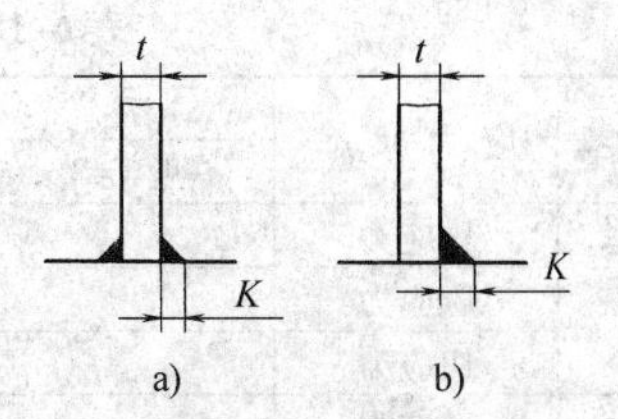

图6-26　33%强度角焊缝
a）双面焊缝　b）单面焊缝

表6-17　按刚度条件设计的角焊缝尺寸

(单位:mm)

板厚 δ	强度设计	刚度设计	
	100%强度 $K=\frac{3}{4}\delta$	50%强度 $K=\frac{3}{8}\delta$	33%强度 $K=\frac{1}{4}\delta$
6.36	4.76	4.76	4.76
7.94	6.35	4.76	4.76
9.53	7.94	4.76	4.76
11.11	9.53	4.76	4.76
12.70	9.53	4.76	4.76
14.27	11.11	6.35	6.35
15.88	12.70	6.35	6.35
19.05	14.27	7.94	6.35
22.23	15.88	9.53	7.94
25.40	19.05	9.53	7.94
28.58	22.23	11.11	7.94
31.75	25.40	12.70	7.94
34.93	28.58	12.70	9.53
38.10	31.75	14.29	9.53
41.29	34.88	15.88	11.11
44.45	34.95	19.05	11.11
50.86	38.10	19.05	12.70
53.98	41.29	22.23	14.29
56.75	44.45	22.23	14.29
60.33	44.45	25.40	15.88
63.50	47.61	25.40	15.88
66.67	50.80	25.40	19.05
69.85	50.80	25.40	19.05
76.20	56.75	28.58	19.05

机器焊接结构中焊缝的许用应力见表6-18。起重机结构采用焊缝的许用应力见表6-19。钢制压力容器采用焊缝的许用应力见表6-20。

对于高强度钢、高强度铝合金及其他特殊材料制成的、或在特殊工作条件下(高温、腐蚀介质等)使用的焊接结构，其焊缝的许用应力，应按有关规定或通过专门试验确定。

表6-18　机器焊接结构焊缝的许用应力

焊缝种类	应力状态	焊缝许用应力	
		一般E43××型及E50××型焊条电弧焊	低氢焊条电弧焊、埋弧焊、半埋弧焊
对接缝	拉应力	0.9[σ]	[σ]
	压应力	[σ]	[σ]
	切应力	0.6[σ]	0.65[σ]
角焊缝	切应力	0.6[σ]	0.65[σ]

注：1. 表中[σ]为基本金属的拉伸许用拉应力。

2. 此表适用于低碳钢及压力在500MPa以下的低合金结构钢。

表6-19　起重机结构焊缝的许用应力

焊缝种类	应力种类	符号	用普通方法检查的焊条电弧焊	埋弧焊或用精确方法检查的焊条电弧焊
对接	拉伸、压缩应力	[σ']	0.8[σ]	[σ]
对接及角接焊缝	剪切应力	[τ']	$\frac{0.8[\sigma]}{\sqrt{2}}$	$\frac{[\sigma]}{\sqrt{2}}$

注：[σ]为基本金属的许用拉应力；[σ']为焊缝金属的许用拉应力，[τ']为焊缝的许用切应力。

表6-20　钢制压力容器焊缝的许用应力

无损探伤的程度	焊缝类型		
	双面焊或相当于双面焊的全焊透对接焊缝	单面对接焊缝，沿焊缝根部全长具有紧贴基本金属垫板	单面焊环向对接焊缝，无垫板
100%探伤	[σ]	0.9[σ]	
局部探伤	0.85[σ]	0.8[σ]	
无法探伤			0.6[σ]

注：此表系数只适用于厚度不超过16mm、直径不超过600mm的壳体环向焊缝。

（2）电阻焊接头的静载强度计算　点焊接头的静载强计算中，不考虑焊点受力不均匀的影响，焊点内工作应力均匀分布。点焊和缝焊接头受简单载荷作用的静载强度计算公式见表6-21。碳素结构钢、低合金结构钢和部分铝合金的点焊接头、缝焊接头，其焊缝金属的许用拉应力为[σ']，许用切应力[τ_0']=(0.3~0.5)[σ']，抗撕拉许用应力[σ_0]=(0.25~0.3)[σ']。

表6-21　电阻焊接头静载强度计算公式

名称	简图	计算公式	备注
点焊接头	F　F 单面剪切 双面剪切	受拉或压： 1）单面剪切：$\tau=\frac{4F}{ni\pi d^2}\leqslant[\tau_0']$ 2）双面剪切：$\tau=\frac{2F}{ni\pi d^2}\leqslant[\tau_0']$	[τ_0']—焊点的许用切应力 i—焊点的排数 n—每排焊点个数 d—焊点直径 y_{max}—焊点距x轴的最大距离 y_j—j焊点距x轴的距离
	y　x　M　y_1　y_2　y_3　M　x　y	受弯： 1）单面剪切：$\tau=\frac{4My_{max}}{i\pi d^2\sum_{j=1}^{n}y_j^2}\leqslant[\tau'_0]$ 2）双面剪切：$\tau=\frac{4My_{max}}{n\pi d^2\sum_{j=1}^{n}y_j^2}\leqslant[\tau'_0]$	

（续）

名称	简　图	计算公式	备　注
缝焊接头		受拉或压：$\tau=\frac{F}{bl}\leqslant[\tau_0']$ 受弯：$\tau=\frac{6M}{bl^2}\leqslant[\tau_0']$	$[\tau_0']$—缝焊焊缝的许用切应力 b—焊缝宽度 l—焊缝长度

6.2.5.2　极限状态设计法

我国 GBJ 17—1988 钢结构设计规范，采用的是以概率理论为基础的极限状态设计法。它是目前国际上结构设计的较先进方法，以结构失效概率 P_F 来定义结构的可靠度，并以与其相对应的可靠性指标 β 来度量结构的可靠度，因而能较好地反映结构可靠度的实质，使设计概念更为科学、明确。考虑到多年以来在设计上的习惯和某些资料的不足，GBJ 17—1988 采用分项系数的极限状态设计法，焊接接头强度的计算公式，在形式上与许用应力设计法相似，只是载荷数值要采用载荷设计值（载荷标准值乘以载荷的分项系数），焊缝强度采用焊缝的强度设计值。表 6-22 列出焊接接头强度计算公式。在进行强度计算时，要采用载荷设计值 G_d。它与载荷标准值 G_k 的关系为

$$G_d=r_G G_k$$

式中　r_G——永久载荷分项系数，一般采用 1.2，当永久载荷效应对结构构件的承载能力有效时，应采用 1.0。

焊缝的强度设计值与钢材的尺寸、形状及焊缝质量有关，表 6-23 列出 Q235 钢材分组尺寸。表 6-24 是焊缝的强度设计值。

表 6-22　焊接接头强度计算公式（极限状态法）

焊缝类型	简　图	计算公式	备　注
对接接头和 T 型接头中，垂直于轴心拉力的对接焊缝		$\sigma=\frac{F}{l\delta}\leqslant f_t^w$	F—轴心拉力或压力 l—焊缝计算长度 δ—在对接接头中为连接件的较小厚度，在 T 型接头中为腹板厚度 f_t^w、f_c^w—对接焊缝的抗拉、抗压强度设计值 F_t—通过焊缝形心的剪力 σ_f—角焊缝计算截面上垂直于焊缝的正应力 τ_f—与焊缝平行的切应力 a—角焊缝的计算高度 β_f—正面角焊缝的增大系数，静载荷或间接动载荷，$\beta_f=1.22$，动载 $\beta_f=1.0$
对接接头和 T 型接头中，垂直于轴心压力的对接焊缝		$\sigma=\frac{F}{l\delta}\leqslant f_c^w$	
对接接头和 T 型接头中，承受弯矩和剪力共同作用的对接焊缝		$\sqrt{\sigma_f^2+3\tau_f^2}\leqslant 1.1f_t^w$	F—轴心拉力或压力 l—焊缝计算长度 δ—在对接接头中为连接件的较小厚度，在 T 型接头中为腹板厚度 f_t^w、f_c^w—对接焊缝的抗拉、抗压强度设计值

表 6-23　Q235 钢材分组尺寸　（单位：mm）

组　　别	圆钢、方钢和扁钢的直径或厚度	角钢、工字钢和槽钢的厚度	钢板的厚度
第一组	≤40	≤15	≤20
第二组	>40 ~ 100	>15 ~ 20	>20 ~ 40
第三组	—	>20	>40 ~ 50

注：工字钢和槽钢的厚度指腹板的厚度。

表 6-24　焊缝的强度设计值　（单位：MPa）

焊接方法和焊条型号	构件钢材			对接焊缝			角焊缝	
	钢号	组别	厚度或直径 /mm	抗压 f_c^w	焊缝质量为下列级别时抗拉和抗弯 f_t^w		抗剪 f_v^w	抗拉抗压和抗剪 f_f^w
					一级二级	三级		
埋弧焊、半自动埋弧焊和 E43 × × 型焊条电弧焊	Q235	第一组		215	215	185	125	160
		第二组		200	200	170	115	160
		第三组		190	190	160	110	160
埋弧焊、半自动埋弧焊和 E50 × × 型焊条电弧焊	16Mn 钢 16Mnq 钢		≤16	315	315	270	185	200
			17 ~ 25	300	300	255	175	200
			26 ~ 36	290	290	245	170	200
埋弧焊、半自动埋弧焊和 E55 × × 型焊条电弧焊	15Mn 钢 15Mnq 钢		≤16	350	350	300	205	220
			17 ~ 25	335	335	285	195	220
			26 ~ 36	320	320	270	185	220

注：埋弧焊和半自动埋弧焊所采用的焊丝和焊剂，应保证其熔敷金属抗拉强度不低于相应焊条电弧焊的数值。

6.2.6　焊接接头的疲劳强度

6.2.6.1　焊接接头的疲劳强度计算

（1）许用应力计算法　这种方法以疲劳试验或模拟疲劳试验为基础，利用最大应力 σ_{max}、最小应力 σ_{min} 及平均应力 σ_m 的疲劳图，推导出许用应力计算公式。

我国规定起重机金属结构的疲劳强度计算，采取许用应力计算法。

起重机结构中焊缝的疲劳许用应力见表 6-25。当焊接接头单独承受正应力时，表 6-25 中的应力循环特征系数 $r=\dfrac{\sigma_{min}}{\sigma_{max}}$；单独受切应力作用时，$r=\dfrac{\tau_{min}}{\tau_{max}}$；当同时承受正应力 σ_x、σ_y 和切应力 τ_{xy} 时，r 应按下式分别计算：

$$r_{xy}=\frac{\tau_{xymin}}{\tau_{xymax}} \qquad r_x=\frac{\sigma_{xmin}}{\sigma_{xmax}} \qquad r_y=\frac{\sigma_{ymin}}{\sigma_{ymax}}$$

计算时公式中的应力值要带各自的正负号。

当某种应力在同一载荷组合里显著大于其他两种应力时，则可不考虑其两种应力对疲劳强度的影响，直接按以下公式验算疲劳强度：

$$\sigma_{max} \leqslant [\sigma_r]$$

或

$$\tau_{max} \leqslant [\tau_r]$$

式中，$[\sigma_r]$ 为拉伸（或压缩）疲劳许用应力；$[\tau_r]$ 为剪切疲劳许用应力。

当接头同时承受正应力和切应力，强度验算应符合下式：

$$\left(\frac{\sigma_{xmax}}{[\sigma_{rx}]}\right)^2+\left(\frac{\sigma_{ymax}}{[\sigma_{ry}]}\right)^2-\frac{\sigma_{xmax}\sigma_{ymax}}{[\sigma_{rx}][\sigma_{ry}]}+\left(\frac{\tau_{xymax}}{[\tau_r]}\right)^2 \leqslant 1.1$$

表 6-26 是疲劳许用应力的基本值，要结合表 6-27中接头的应力集中情况等级选取。

表 6-25　起重机结构中焊缝疲劳许用应力

应力状态		疲劳许用应力计算公式	备　注
$r \leqslant 0$	拉伸	$[\sigma_{rl}] = \dfrac{1.67\,[\sigma_{-1}]}{1-0.67r}$	$[\sigma_{-1}]$ —疲劳许用应力的基本值（$r=-1$），$[\sigma_{-1}]$ 的值见表 6-26 σ_b—结构件或接头材料的抗拉强度，Q235 钢取 $\sigma_b=380\text{MPa}$；16Mn 钢，$\sigma_b=500\text{MPa}$
	压缩	$[\sigma_{ra}] = \dfrac{2\,[\sigma_{-1}]}{1-r}$	
$r>0$	拉伸	$[\sigma_{rl}] = \dfrac{1.67\,[\sigma_{-1}]}{1-\left(1-\dfrac{[\sigma_{-1}]}{0.45\sigma_b}\right)r}$	
	压缩	$[\sigma_{ra}] = \dfrac{2\,[\sigma_{-1}]}{1-\left(1-\dfrac{[\sigma_{-1}]}{0.45\sigma_b}\right)r}$	
剪切疲劳许用应力		$[\tau_r] = \dfrac{[\sigma_{rt}]}{\sqrt{2}}$	取表 6-26 中与 K_0 相应的 $[\sigma_{rl}]$ 的值

表 6-26　疲劳许用应力基本值 $[\sigma_{-1}]$　（单位：MPa）

应力集中情况等级	材料类型	结构工作级别①							
		A_1	A_2	A_3	A_4	A_5	A_6	A_7	A_8
K_0	Q235					168.0	133.3	105.8	84.0
	16Mn					168.0	133.3	105.8	84.0
K_1	Q235				170.0	150.0	119.0	94.5	75.0
	16Mn				188.4	150.0	119.0	94.5	75.0
K_2	Q235			170.0	158.3	126.0	100.0	79.4	63.0
	16Mn			198.4	158.3	126.0	100.0	79.4	63.0
K_3	Q235		170.0	141.7	113.0	90.0	71.4	66.7	45.0
	16Mn		178.5	141.7	113.0	90.0	71.4	66.7	45.0
K_4	Q235	135.9	107.1	85.0	67.9	54.0	42.8	34.0	27.0
	16Mn	135.9	107.1	85.0	67.9	54.0	42.8	34.0	27.0

① 工作级别由起重机利用等级和载荷状态确定。详见 GB/T 3811—2008。

表 6-27　应力集中情况等级

接头形式	工艺方法说明	应力集中情况等级	接头形式	工艺方法说明	应力集中情况等级
	对接焊缝： 力方向垂直于焊缝 力方向平行于焊缝	 K_2 K_1		对接焊缝，焊缝受纵向剪切	K_0

（续）

接头形式	工艺方法说明	应力集中情况等级
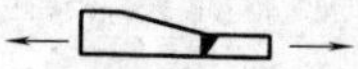 非对称斜度 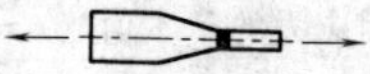 对称斜度 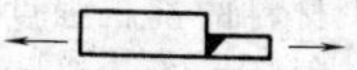 无斜度	不同厚度的对接焊缝，力方向垂直于焊缝 非对称斜度（1∶4）~（1∶5） 非对称斜度 1∶3 对称斜度 1∶3 对称斜度 1∶2 非对称、无斜度	 K_1 K_2 K_1 K_2 K_4
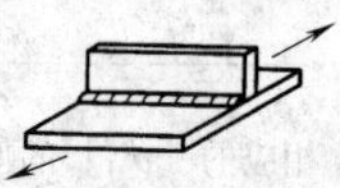 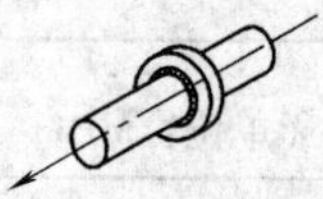	力方向垂直于焊缝，用双面角焊缝把构件焊在主要受力构件上 用连续角焊缝把横隔板、腹板的肋板、圆环或轮毂焊在主要受力构件上（如翼缘或轴）	K_2 K_2
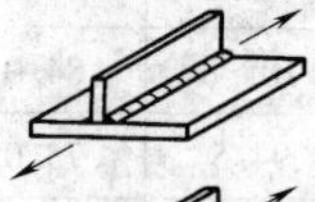 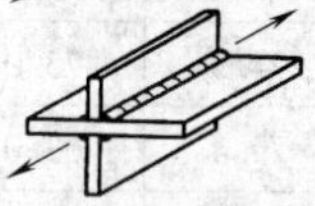	角焊缝，力方向平行于焊缝	K_1
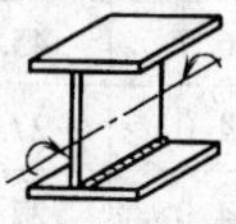 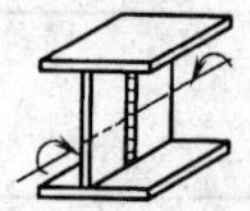	梁的盖板和腹板间的 K 型焊缝或角焊缝 梁的腹板横向对接焊缝	K_1 K_1
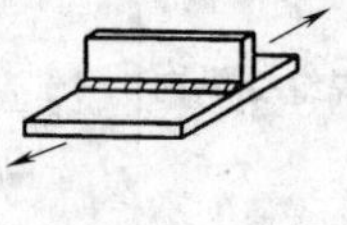	十字接头焊缝，力方向垂直于焊缝 K 型焊缝 双向角焊缝	 K_3 K_4
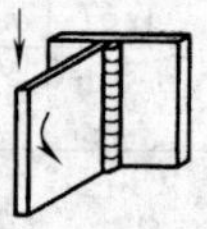	承受弯曲和剪切作用 K 型焊缝 双向角焊缝	 K_3 K_4
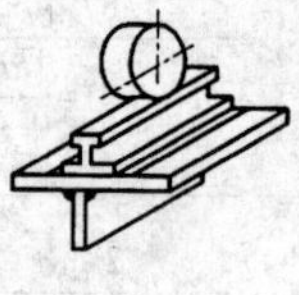	承受集中载荷的翼缘和腹板间的焊缝 K 型焊缝 双面角焊缝	 K_3 K_4
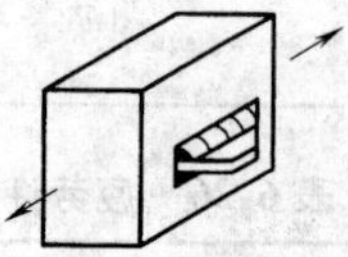 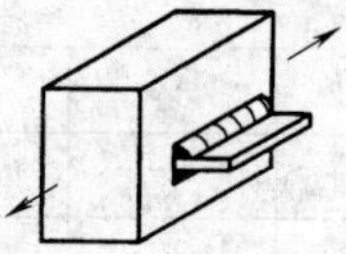	在整体主要构件侧面焊上，与其端面成直角布置的构件，力方向平行于焊缝 焊接件两端有侧角或带圆弧 焊接件两端无侧角	 K_3 K_4
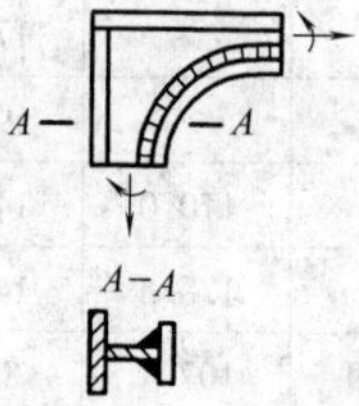 A—　—A A—A	弯曲的翼缘与腹板间的焊缝 K 型焊缝 双面角焊缝	 K_3 K_4
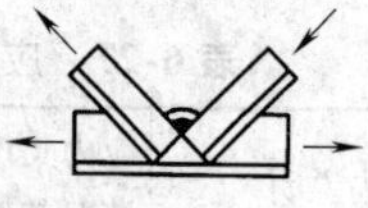	桁架节点各杆件用角焊缝连接	K_4
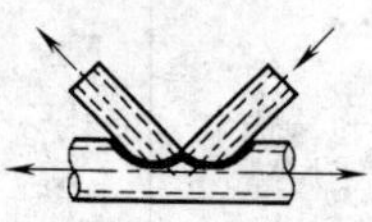	用管子制成的桁架，其节点用角焊缝连接	K_4

（2）应力折减系数法　此方法中，疲劳许用应力 $[\sigma_r]$，是以静载时所选用的焊缝许用应力 $[\sigma']$ 值，乘上折减系数 β 而确定的，即

$$[\sigma_r]=\beta[\sigma']$$

$$\beta=\frac{1}{(aK_\sigma+b)-(aK_\sigma-b)r}$$

式中　a、b——材料系数，按表6-28选取；

K_σ——有效应力集中系数，按表6-29选取；

r——应力循环特征系数。

表6-28　材料系数 a 和 b 的值

结构形式	钢种	系数	
		a	b
脉动循环载荷作用下的结构	碳素结构钢	0.75	0.3
	低合金结构钢	0.8	0.3
对称循环载荷作用下的结构	碳素结构钢	0.9	0.3
	低合金结构钢	0.95	0.3

表6-29　焊接结构的有效应力集中系数 K_σ

焊接形式	K_σ		图示（"$a-a$"为焊接接头的计算截面）
	碳素结构钢	低合金结构钢	
对接焊缝，焊缝全部焊透	1.0	1.0	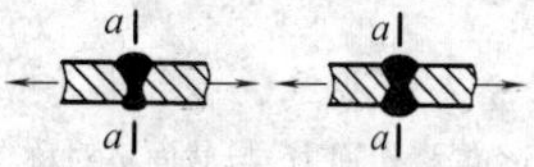
对接焊缝，焊缝根部未焊透	2.67	—	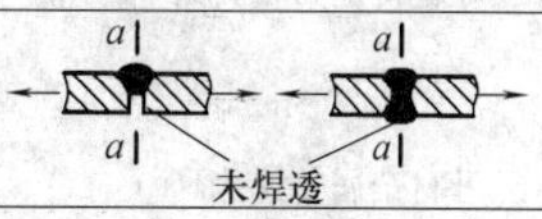 未焊透
搭接的端焊缝： 1）焊条电弧焊 2）埋弧焊	 2.3 1.7	 — —	
侧缝焊，焊条电弧焊	3.4	4.4	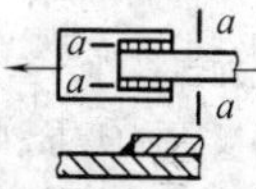
邻近焊缝的母材金属，对接焊缝的热影响区： 1）经机械加工 2）由焊缝至母体金属的过渡区足够平滑时，未经机械加工： 直焊缝时 斜焊缝时	 1.1 1.4 1.3	 1.2 1.5 1.4	
3）由焊缝至母材金属的过渡区足够平滑时，但焊缝高出母材金属0.2δ，未经机械加工的直焊缝	1.8	2.2	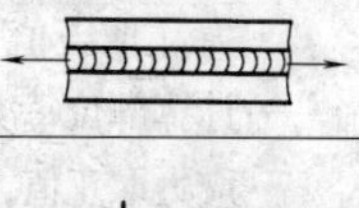 0.2δ
4）由焊缝至母材金属的过渡区足够平滑时，有垫圈的管子对接焊缝，未经机械加工	1.5	2.0	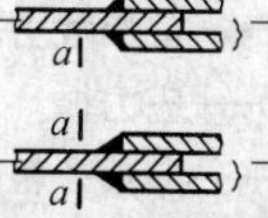 管子
5）沿力作用线的对接焊缝，未经机械加工	1.1	1.2	
邻近焊缝的母材金属，搭接焊缝中端焊缝的热影响区： 1）焊趾长度比为2～2.5的端焊缝，未经机械加工 2）焊趾长度比为2～25的端焊缝，经机械加工 3）焊趾等长度的凸形端焊缝，未经机械加工	 2.4 1.8 3.0	 2.8 2.1 3.5	

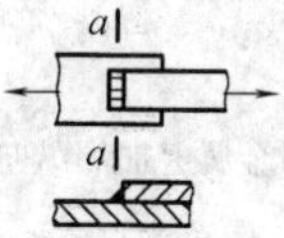

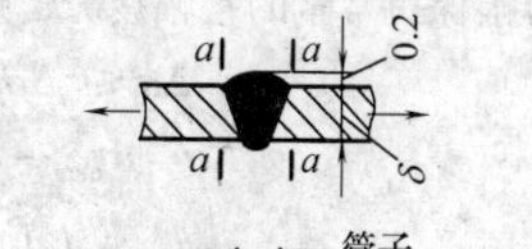

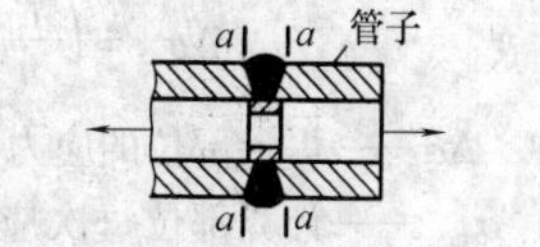

（续）

焊　接　形　式	K_σ		图　示 （“$a-a$”为焊接接头的计算截面）
	碳素结构钢	低合金结构钢	
4)焊趾长度比为 2 ~ 2.5 的端焊缝，未经机械加工，但经母体金属传递力	1.7	2.3	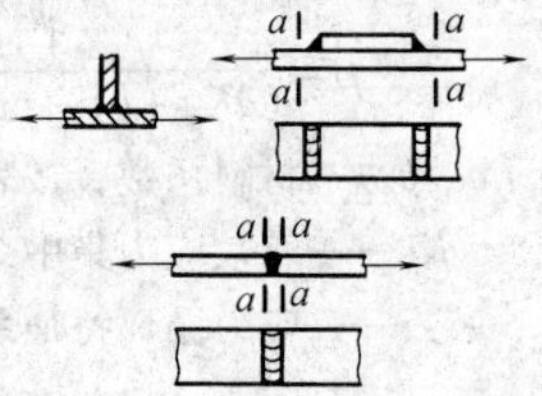
5)焊趾长度比为 2 ~ 2.5 的端焊缝，由焊缝至母材金属的过渡区经机械加工，经母材金属传递力	1.4	1.9	
6)焊趾等长度的凸形端焊缝，未经机械加工，但经母体金属传递力	2.2	2.6	
7)在母材金属上加焊直焊缝	2.0	2.3	
搭接焊缝中的侧焊缝：			
1)经焊缝传递力，并与截面对称	3.2	3.5	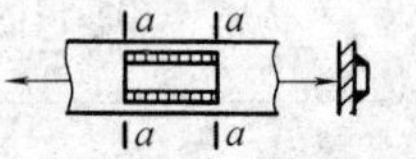
2)经焊缝传递力，与截面不对称	3.5	—	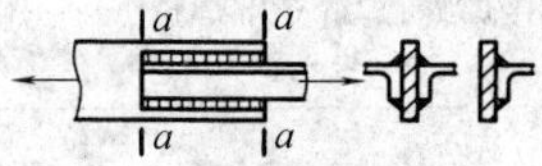
3)经母材金属传递力	3.0	3.8	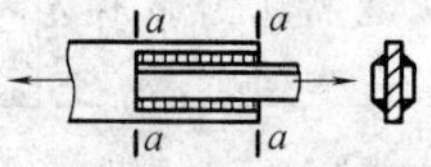
4)在母材金属上加焊纵向焊缝	2.2	2.5	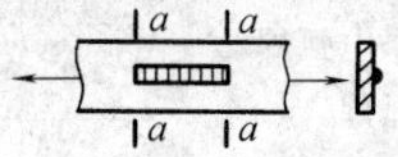
母材金属上加焊板件：			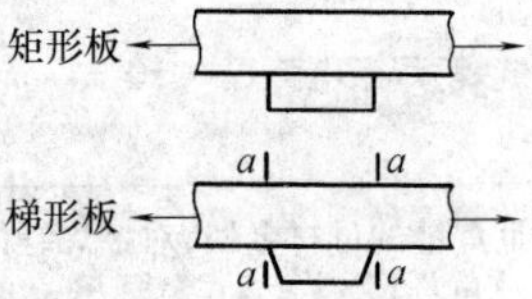
1)加焊矩形板，周边焊接，应力集中区未经机械加工	2.5	3.5	
2)加焊矩形板，周边焊接，应力集中区经机械加工	2.0	—	
3)加焊梯形板，周边焊接，应力集中区经机械加工	1.5	2.0	
组合焊缝	3.0	—	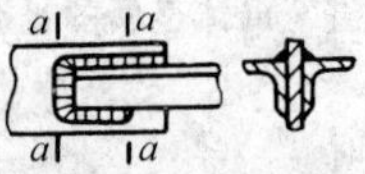

我国钢结构设计规范规定，对所有应力循环内的应力幅保持常量的常幅疲劳，疲劳强度按下式计算：

$$\Delta\sigma \leqslant [\Delta\sigma]$$

$$\Delta\sigma = \sigma_{\max} - \sigma_{\min}$$

$$[\Delta\sigma] = \left(\frac{C}{n}\right)^{1/\beta}$$

式中　$\Delta\sigma$——焊接部位的应力幅（MPa）；

$\sigma_{\max}$——计算部位每次应力循环中的最大拉应力（取正值）（MPa）；

$\sigma_{\min}$——计算部位每次应力循环中最小应力（拉应力取正值，压应力取负值）（MPa）；

$[\Delta\sigma]$——常幅疲劳的许用应力幅（MPa）；

n——应力循环次数；

C、β——参数，根据表 6-30 提供的连接类别，由表 6-31 确定。

对应力循环内的应力幅随机变化的变幅疲劳，若能预测结构在使用寿命期间各种载荷的频率分布、应力幅水平，以及频次分布总和所构成的设计应力谱，则可将其折算为等效常幅疲劳，按下式计算：

$$\Delta\sigma_e = \left[\frac{\Sigma n_i(\Delta\sigma_i)^\beta}{\Sigma n_i}\right]^{1/\beta} \leqslant [\Delta\sigma]$$

式中　$\Delta\sigma_e$——变幅疲劳的等效应力幅；

Σn_i——以应力循环次数表示的结构预期使用寿命；

n_i——预期寿命内应力幅达到 $\Delta\sigma_i$ 的应力循环次数。

表 6-30　参数 C 和 β 的值

连接类别	1	2	3	4	5	6	7	8
$C(\times 10^{12})$	1940	861	3.26	2.18	1.47	0.96	0.65	0.41
β	4	4	3	3	3	3	3	3

表6-31 疲劳计算的构件和连接分类

简图	说明	类别
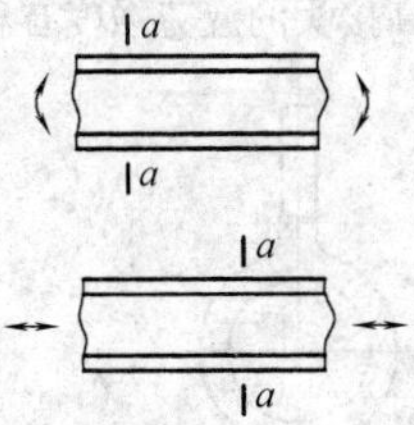	无连接处的主体金属： 轧制工字钢 钢板： 1）两侧为轧制边或刨边 2）两侧为自动、半自动切割边（切割质量标准应符合《钢结构工程施工及验收规范》一级标准）	 1 1 2
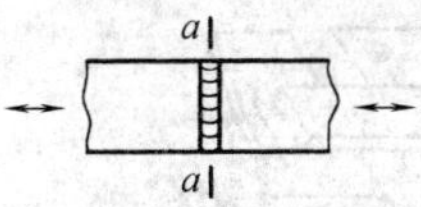	横向对接焊缝附近的主体金属： 1）焊缝经加工、磨平及无损检验（符合《钢结构工程施工及验收规范》一级标准） 2）焊缝经检验，外观尺寸符合一级标准	 2 3
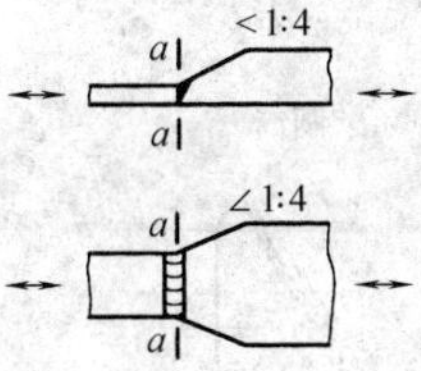 <1:4	不同厚度（或宽度）横向对接焊缝附近的主体金属，焊缝加工成平滑过渡，并经无损检验符合一级标准	2
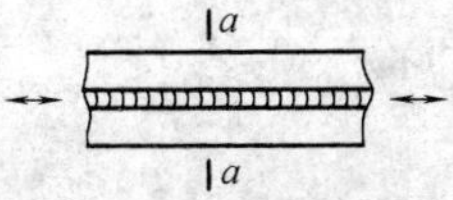	纵向对接焊缝附近的主体金属，焊缝经无损检验及外观尺寸检查，均符合二级标准	2
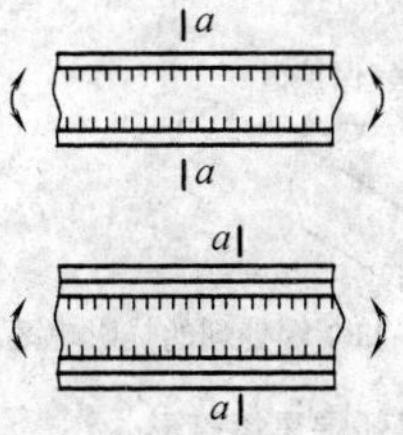	翼缘连接焊缝附近的主体金属（焊缝质量经无损检验符合二级标准） 1. 单层翼缘板 1）埋弧焊 2）焊条电弧焊 2. 双层翼缘板	 2 3 3
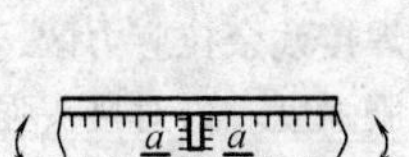	横向肋板端部附近的主体金属： 1）肋端不断弧（采用回焊） 2）肋端断弧	 4 5
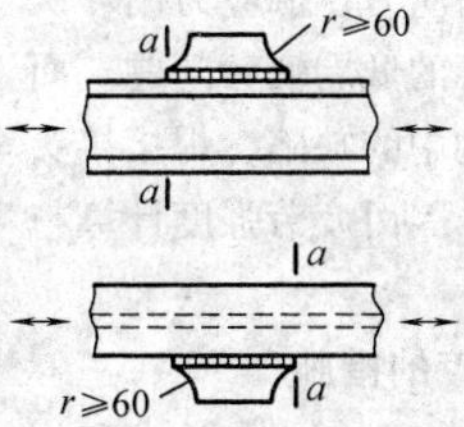 $r \geqslant 60$	梯形节点板对焊于梁翼缘、腹板以及桁架构件处的主体金属，过渡处在焊后铲平、磨光、圆滑过渡，不得有焊接起弧、灭弧缺陷	5
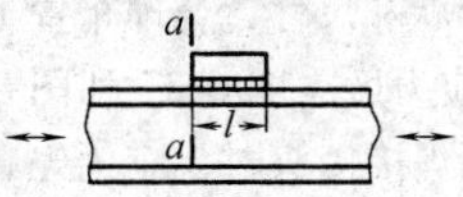	矩形节点板用角焊缝连于构件翼缘或腹板处的主体金属，$l>150$mm	7
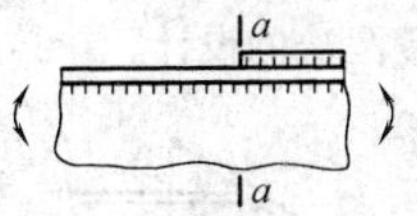	翼缘板中断处的主体金属板端有正面焊缝	7
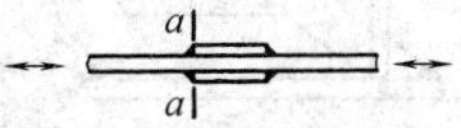	向正面角焊缝过渡处的主体金属	6
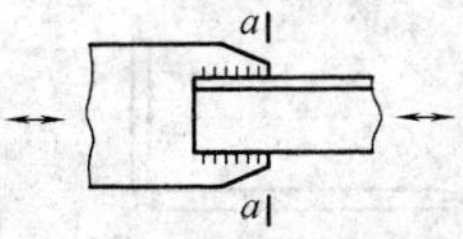	两侧面角焊缝连接端部的主体金属	8
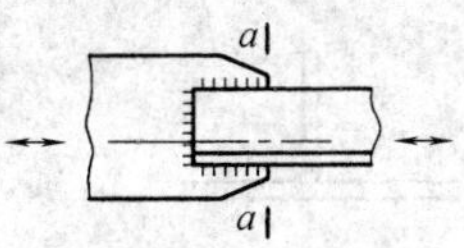	三面围焊的角焊缝端部主体金属	7
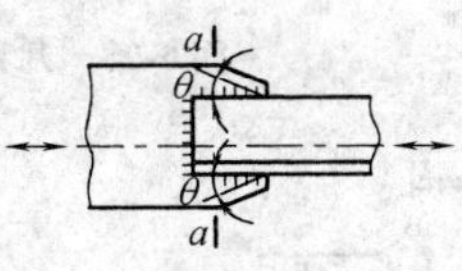 θ	三面围焊（或两侧面）角焊缝连接的节点板主体金属（节点板计算宽度按扩散角θ等于30°考虑）	7
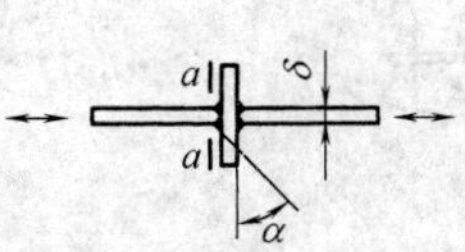 δ, α	K型对接焊缝处的主体金属，两板轴线偏离小于0.15δ，焊缝经无损检验且焊脚角$\alpha \leqslant 45°$	5
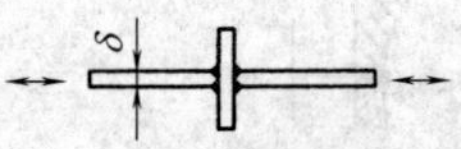 δ	十字接头角焊缝处的主体金属，两板轴线偏离小于0.15δ	7
角焊缝	按有效截面确定的应力幅计算	8

以上疲劳强度的计算，都是以“无缺陷”材料的高周疲劳作为研究对象，即低应力、高应力循环次数的疲劳。因此，一般不适于高应力、低应力循环次数，由反复性塑性应变产生破坏的低周疲劳问题。而且这类方法由于未考虑焊接结构中的缺陷、焊接接头的非均质性及实际加载频率等，因而疲劳强度计算与实际结构有一定的出入。

6.2.6.2　提高焊接接头疲劳强度的措施

（1）减少应力集中　选择合理的结构形式和焊接接头形式，选择合适的焊缝形状和尺寸，合理布置焊缝，尽量使焊缝避开高工作应力区。图6-27和图6-28是几种设计的比较。在选择焊接接头时，应优先选用应力集中小的对接接头，图6-29所示是将角焊缝（a图）改为合理对接焊缝（b图）的设计。在必须采用角焊缝时，要采取综合措施，提高接头的疲劳强度。采用表面磨削的方法，使焊缝在焊脚处与母材匀均过渡；或者采用钨极氩弧焊，在焊脚处重熔整形（图6-30）也可以使焊缝圆滑过渡。重熔还可减少和消除焊脚处的非金属夹杂物，对提高接头的疲劳强度有利。

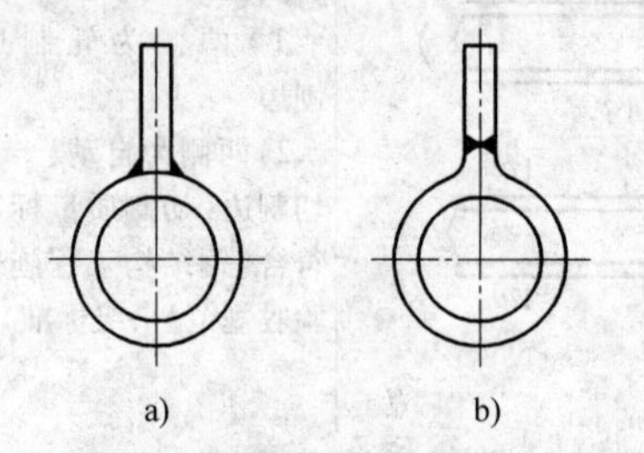

图6-27　焊缝避开高应力区的设计

a）焊缝在高应力区　b）焊缝避开高应力区

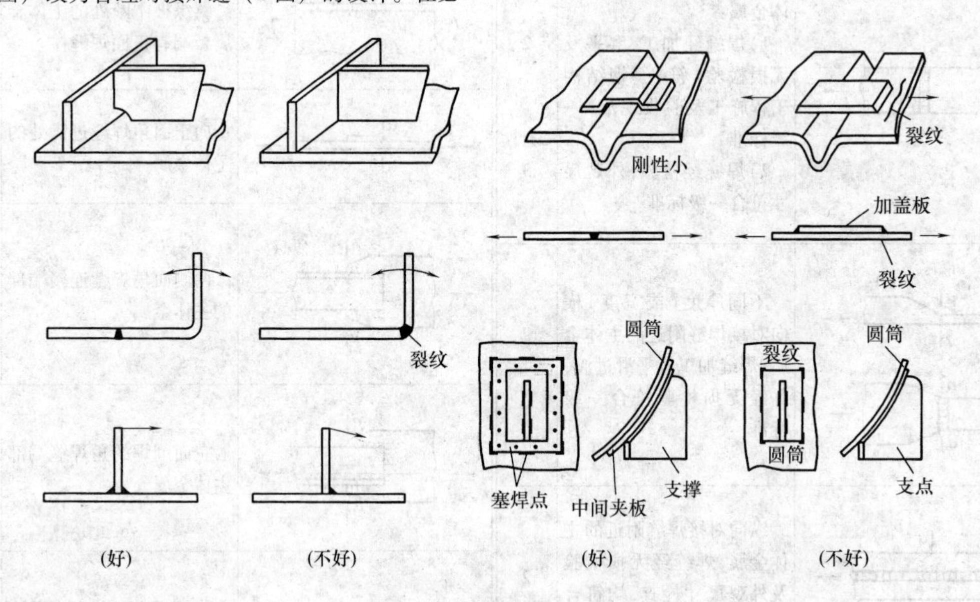

图6-28　几种设计方案比较

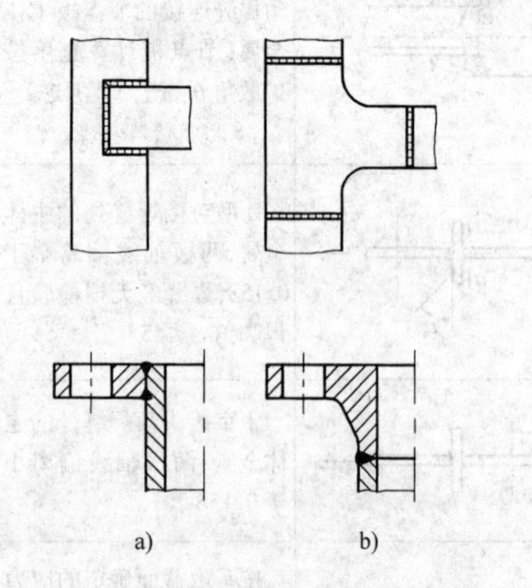

图6-29　角焊缝改为合理对接焊缝的设计

a）角焊缝　b）对接焊缝

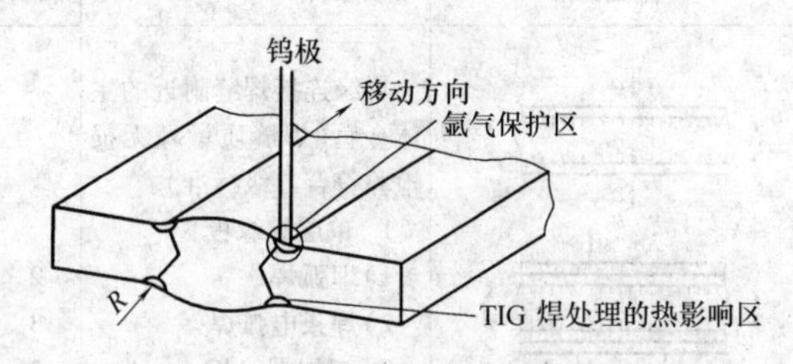

图6-30　焊脚处钨极氩弧焊重熔整形

（2）调整焊接残余应力的分布　熔化焊接接头，在焊缝和近缝区存在着一个高焊接残余拉应力区，其值最高可达到或接近母材的屈服强度。这对接头强度是不利的，可以通过以下几个方面来改善：

1）采用合理的焊接方法和工艺参数，合理的接头形式和装配焊接顺序，以达到降低焊接残余应力，提高接头疲劳强度。

2）利用预超载拉伸方法，可降低焊接残余应力，有时还可在缺口处产生残余压应力，并使缺口钝化，对提高疲劳强度有利。

3）采用焊后对整体结构高温回火消除应力处理，降低结构和接头整体的焊接残余应力水平，对于改善疲劳强度和接头性能都是有利的。

4）在离开高应力区一定距离局部加热，使高焊接残余拉应力区的应力数值降低或产生压应力，也可提高疲劳强度。

（3）表面强化处理　利用喷丸或锤击处理焊缝及过渡区的表面，可在表面产生残余压应力，可有效改善接头的疲劳强度。采用局部辗压或挤压近缝区，也有同样效果。

6.3　典型焊接结构

6.3.1　减速器箱体的焊接结构

在减速器箱体的轴承座上，承受着各轴传递力矩所产生的反作用力。为了保证齿轮的传动效率和使用寿命，一般是按刚度进行减速器箱体设计的。

焊接箱体具有结构紧凑、质量小，强度和刚度大，生产周期短等优点，适合于小批量生产。箱体一般用低碳钢板焊成，焊缝要密封，不得漏油。通常焊缝不必采用等强度接头。角焊缝的焊脚可取壁板厚度的 1/3～1/2，加强肋和隔板角焊缝可更小或用间断焊。焊后一般需要消除内应力处理。箱体设计还要考虑散热能力和油的冷却。

6.3.1.1　整体式箱体

这类箱体常用于中、小型减速器上。图 6-31 为机床主轴箱整体式焊接箱体。该箱体前后轴承座为铸钢件。为了支撑各档齿轮轴，箱体中间焊有三根延伸到底板的支撑。箱体四角都采用压弯成一定圆角的钢板（见图 *B*—*B* 剖面）。箱盖用冲压件制成，并在四周焊加强圈，以便安装挡油板和放置油封垫圈。箱体焊缝要密封。该箱体外观焊缝很少，美观大方。

图 6-32 所示的整体式圆形焊接箱体，其轴承座均靠肋板加固。箱壁外侧焊有肋板，以提高箱壁的稳定性，增强顶板和底板的刚性，同时也能改善箱体的散热条件。其中某些肋板还可兼作吊钩使用。

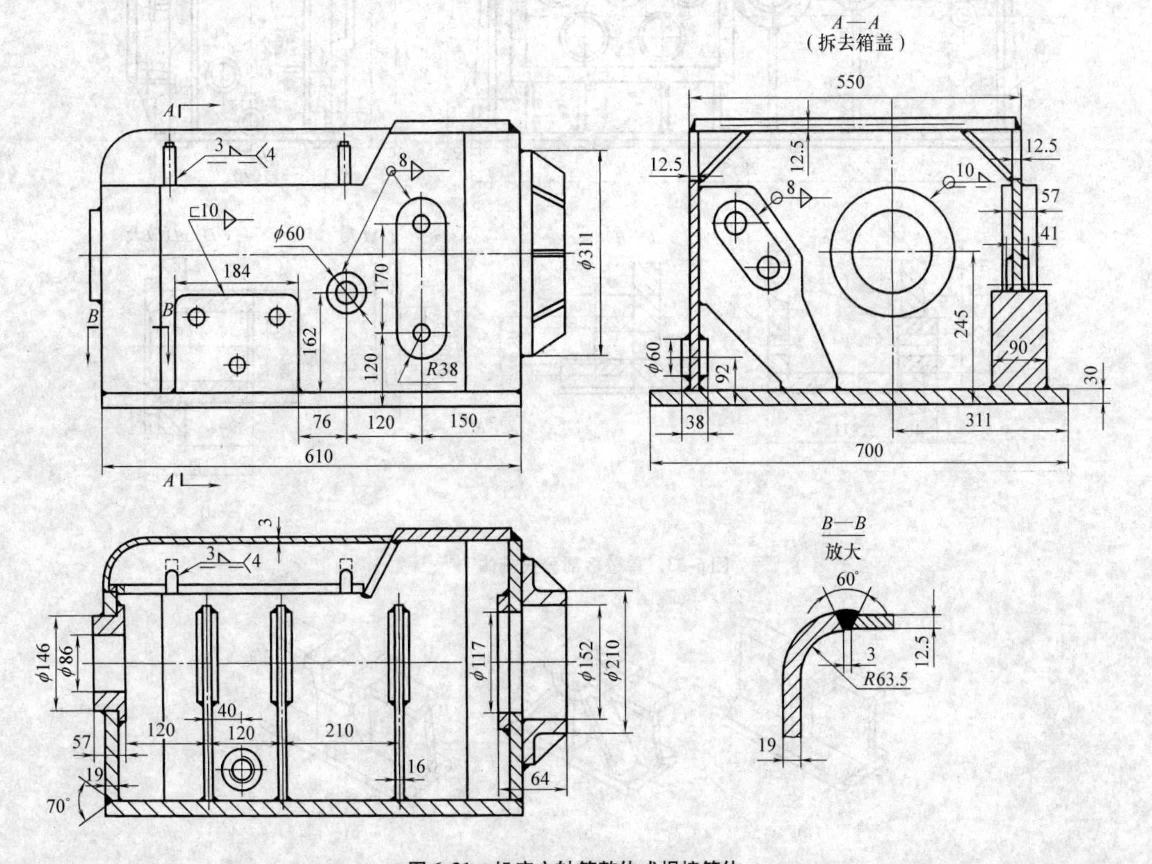

图 6-31　机床主轴箱整体式焊接箱体

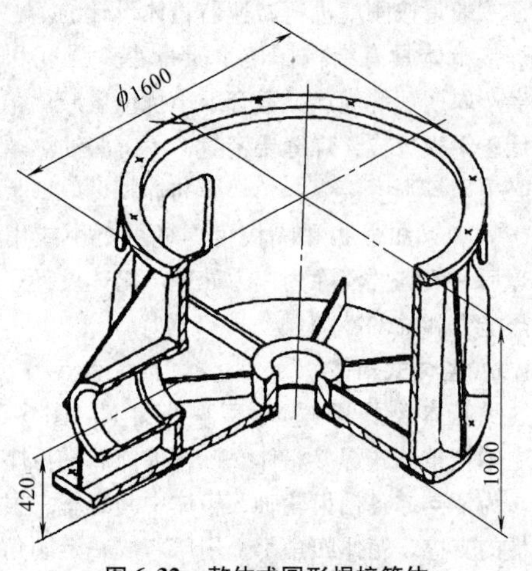

图 6-32　整体式圆形焊接箱体

6.3.1.2　剖分式箱体

图 6-33 所示单壁板剖分式箱体，主要是在单壁板上合理设计轴承座的结构，因为它对刚度影响很大。当壁板较厚或作为观察孔（图 c）等要求不高时，壁板上可以直接加工出孔，但孔不宜过大，否则会明显降低箱体的刚性。当受力小，孔径不大时，采用图 b 结构。其优点是结构简单，但装焊凸台不易定位，且不易与壁板贴紧。图 a 的结构，其强度和刚度较大，但轴向定位困难。若要定位好，装配方便，保证座套的焊接精度，宜用座套上加工有台肩的图 d 结构。

为了提高箱壁的稳定性，改善受力状况，在轴承座上，应适当加肋。图 6-34a 适用于轴承座受力较小的情况。图 6-34b、c，适用于受重载荷的轴承座。

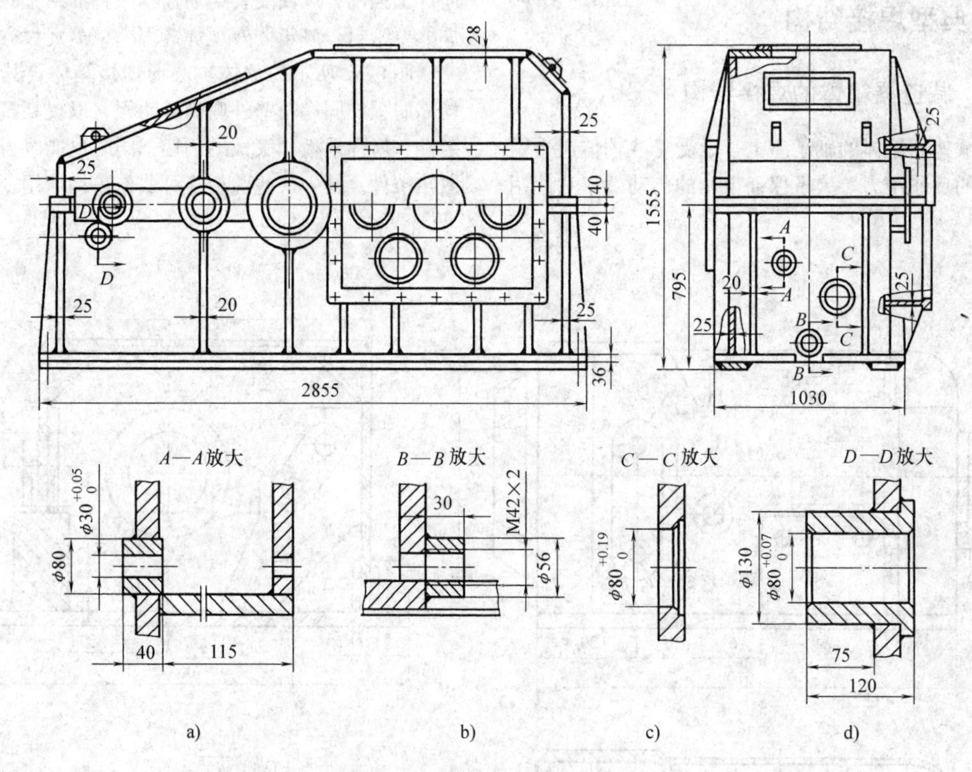

图 6-33　单壁板剖分式箱体[5]425页

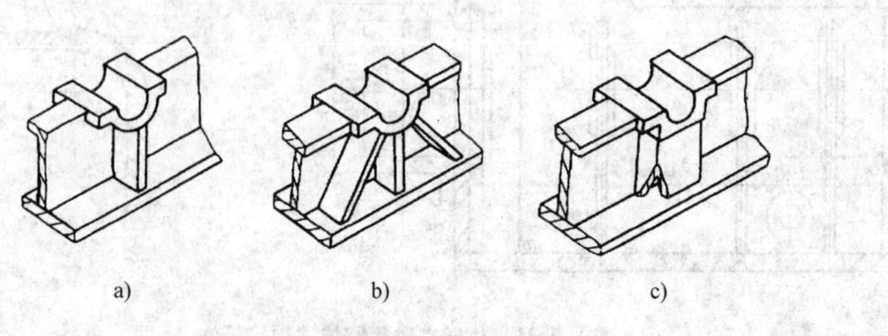

图 6-34　单壁板剖分式轴承座加肋形式

6.3.2　旋转体的焊接结构

6.3.2.1　轮式旋转体

典型的轮式旋转体焊接结构见图6-35，它们均由轮缘、轮辐和轮毂三个基本构件焊成。为了增加轮体的刚性，有些在轮辐上焊加强肋。这三个构件的结构形式，取决于轮子的功能要求和焊接工艺要求。

（1）轮缘　焊接齿轮的齿圈和轮缘可以是整体式的，即轮齿直接从轮缘上切削出来；也可以是装配式的，在齿圈和轮缘之间靠压配合连接起来，见图6-36。整体式的结构简单，制造容易；但轮缘材料除了必须同时满足轮齿的强度和齿面硬度的要求外，还要满足它与轮辐之间的焊接性要求。装配式的结构，其轮缘只起支承齿圈的作用，可以选择廉价的普通碳素结构钢，如Q235A等。而齿圈则可选择强度高，耐磨性好的材料，磨损后还可以拆换。

焊接飞轮的轮缘可用钢板组合的结构，取代厚大的锻件，见图6-37a。当需要很宽的轮缘时，可采取若干个飞轮并联的焊接结构，见图6-37b。

（2）轮辐　主要起支撑轮缘和传递轮缘与轮毂之间扭矩的作用。此外，还承受因离心力而产生的径向力和因轴向推力而引起的侧弯。

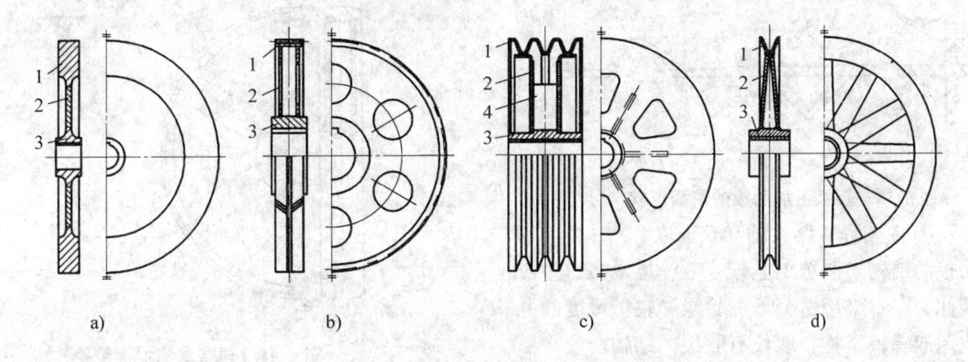

图6-35　典型的轮式旋转体焊接结构

a）飞轮　b）齿轮　c）普通V带带轮　d）绳轮

1—轮缘　2—轮辐　3—轮毂　4—肋板

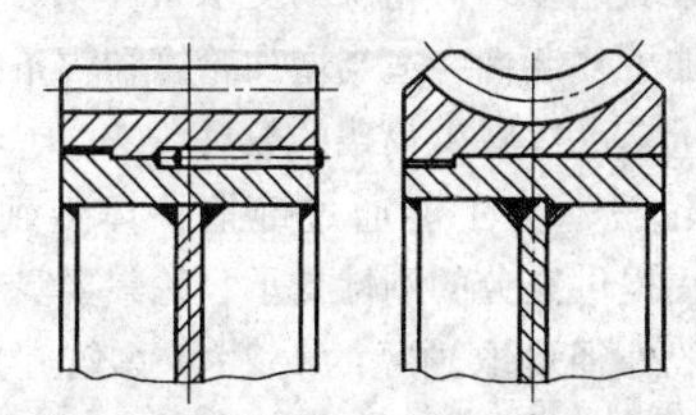

图6-36　齿圈和轮缘的压配合连接

轮辐结构可以设计成板状或条状两种。板状的轮辐是按中心孔圆板计算其强度和刚度。条状的轮辐计算较为复杂，要把整个轮体看成超静定杆件系统来计算，按载荷求出辐条的内力，才能确定其截面形状和尺寸。

轮辐的材料，大多使用焊接性能好的Q235或Q345（16Mn）等。

1）单辐板状轮辐。适用于轮缘较窄且受力小的旋转体。例如，焊接齿轮当其轮缘宽度小于分度圆直径的15%～20%时，可以采用这种结构。直径大的辐板可用钢板拼接，其拼装焊缝的位置，要与轮缘的对接焊缝位置错开，见图6-37a。为了减轻质量，可在辐板上开孔。开孔的数量，按旋转体直径大小确定，表6-32给出焊接圆柱齿轮辐板内开孔数量的参考值。孔的位置约在轮缘内径至轮毂外径中间，沿圆周均布。孔径约为齿顶圆直径的10%～20%。

表6-32　焊接圆柱齿轮辐板开孔数量

齿顶圆直径 /mm	开圆孔数 /个
<300	不开孔①
>300～500	4
>500～1500	5
>1500～3000	6
>3000	8

① 吊运靠轴孔或附设螺钉孔。

为了改善受力情况和提高轴向刚度，可在辐板两侧焊肋板，肋板的截面形状见图6-38。图6-38a为平板肋，适应性强，应用广泛。图6-38b的刚性大，空气阻力较小，载荷较大时适用。图6-38c是直接在辐板上冲出的凸肋，减少了焊缝，适用于批量大的轻型旋转体中。

连接肋板的角焊缝，可以是连续的或断续的。转速高、载荷大，以及有腐蚀情况的旋转体，宜用连续焊缝。其焊脚尺寸K按肋板厚度δ确定，通常$K=$

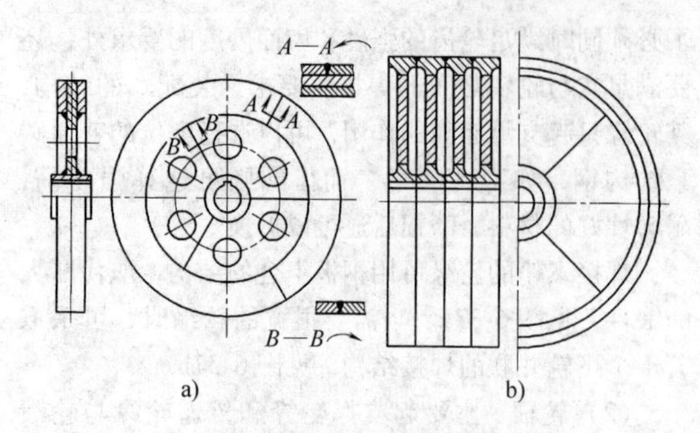

图 6-37　飞轮的焊接结构

a）钢板组合式结构　b）并联式结构

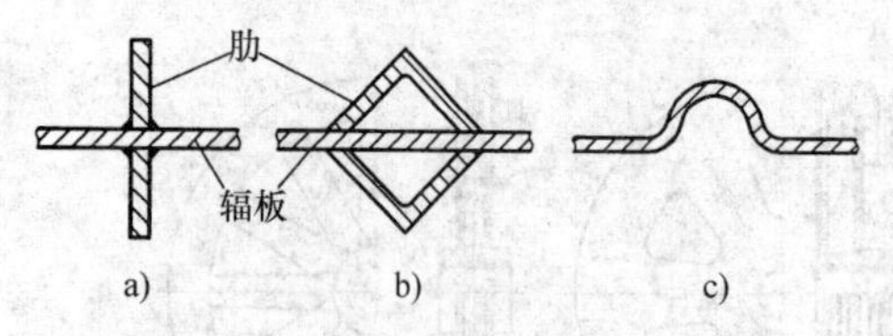

图 6-38　辐板上加肋板的截面形状

$(0.5 \sim 0.7)\delta$。δ 按辐板厚度的 0.6 选取。

带肋板的结构，制造工艺较复杂，成本高，生产率低。因此，有时采用适当增加轮缘和辐板厚度的办法，或改用双辐板结构，取代有肋板的结构。

2）多辐板式轮辐。它适用于轮缘宽度大，而且同时受到较大轴向力和径向力的情况。当焊接齿轮轮缘的宽度，大于分度圆直径的 10% ~20% 时，采用双辐板；当轮缘宽度大于 1000 ~1500mm 时，采用三辐板。

各辐板的配置参照图 6-39 确定。若辐板与轮缘和轮毂的连接，采用双面角焊缝，则应在辐板上开孔，以便施焊内部焊缝。

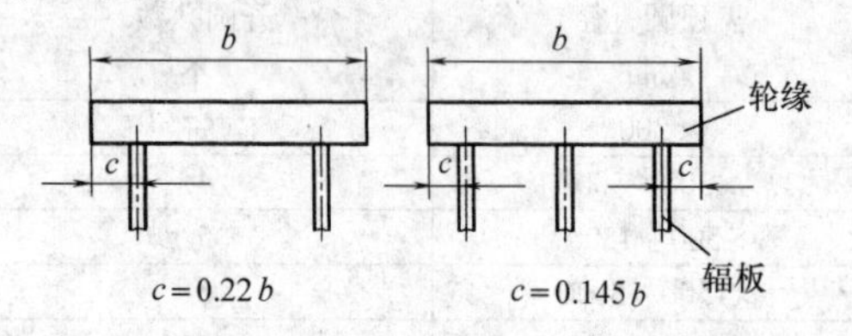

图 6-39　辐板配置

为了提高辐板的刚度和稳定性，可在两辐板之间设置肋板。因肋板施焊困难，现已逐渐用圆管加强两辐板的刚度，见图 6-40。图中在辐板上钻一小透气孔 E，直径约 5mm，在消除应力热处理后，再用焊补或螺钉封堵。

3）条式轮辐。为了减少质量和节省金属，在大直径的旋转体中，常用的条式轮辐见图 6-35d 和图 6-41。

辐条的断面形状和尺寸，按受力性质和刚度要求确定。应优先选用型材（如扁钢、角钢或工字钢等）作辐条。大型旋转体可用钢板焊成工字形或箱形的结构。

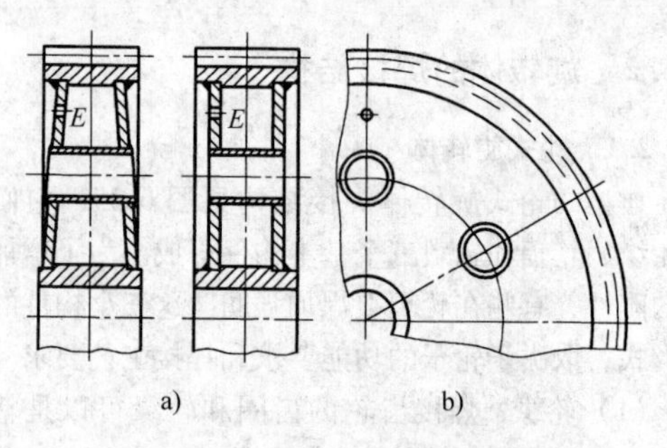

图 6-40　用圆管加强两辐板的刚度

a）斜齿轮　b）正齿或人字齿轮

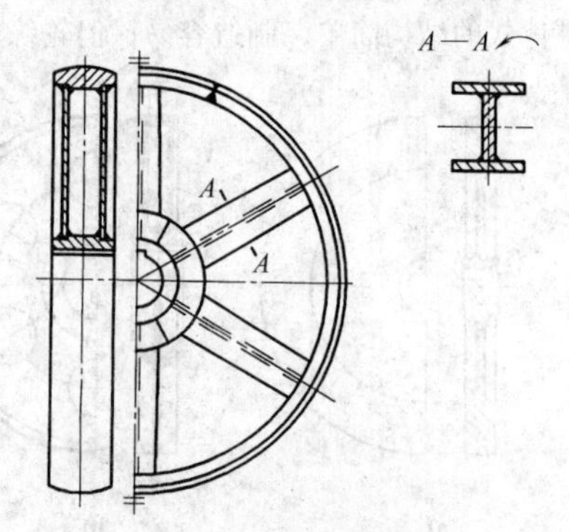

图 6-41　辐条式的焊接带轮

辐条数目越多，对轮缘的支承条件越好，但焊接工艺也增加了复杂性。适当增加轮缘和辐条的断面积或断面模量，可以减少辐条的数量。

（3）轮毂　为了能通过键把轮体装到转轴上，以及为轮辐提供充分的刚性支承，轮毂要具有足够的厚度，一般外径可取轴径的 1.2 ~1.6 倍。为了防止轮体在轴上发生摆动，轮毂的长度一般取轴径的 1.2 ~1.5 倍。

单辐板式的旋转体，其轮毂长度较短，可以设计成图 6-42 的结构。多辐板式旋转体的轮毂则较长，可以分段制造，然后并联使用，见图 6-37b。如果与轴无拆换要求时，可设计成无轮毂的焊接旋转体结构，见图 6-43。

轮毂的毛坯最好用锻件，其次是铸件。前者多用 35 钢制造，后者常取 ZG275—485H 钢。

（4）轮缘、轮辐和轮毂的连接　它们之间可用 T 型接头或对接接头连接，其焊缝均为承载焊缝。其中，以轮辐和轮毂之间的连接焊缝受力最大。图 6-42 为两者连接的基本结构形式。

图 6-42a 的辐板，直接把部分转矩经键传递到轴上，减轻了两环状角焊缝受力，因而可以用较小的焊缝尺寸。

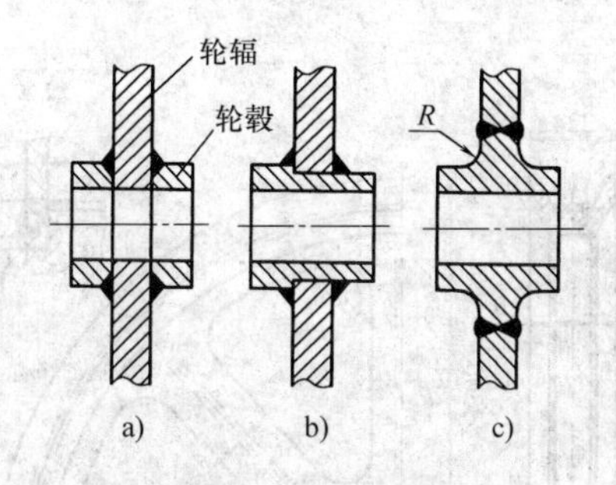

图 6-42　单辐板式旋转体轮毂的结构形式

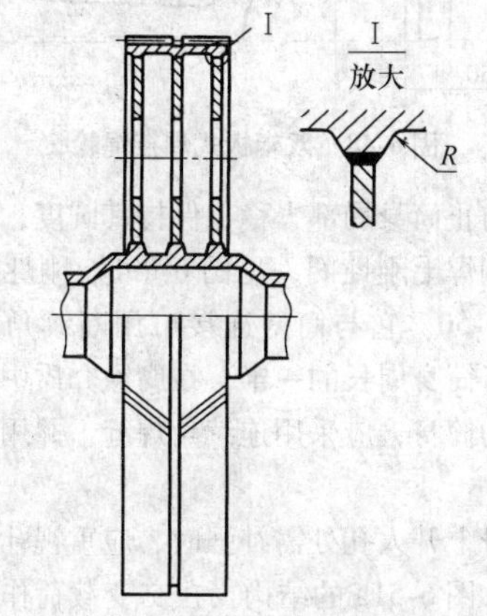

图 6-43　三辐板式无轮毂焊接旋转体结构

图 6-42c 是适用于转速高，或经常逆转与受到冲击载荷的旋转体。需在轮毂的外缘（或轮缘的内侧）待焊部位，预先加工凸台，使之与轮辐对接。这样，就使焊缝避开了结构断面突变部位（应力集中区），易于施焊和焊缝探伤。凸台不宜过高，否则增加制造成本，但应保证施焊方便，且使热影响区不要落在拐角处。凸台两侧与基体相连处，应有较大的圆角过渡，焊缝与母材表面最好平齐。

图 6-42b 和图 6-44a 均是 T 型接头。其区别是前者有便于装配的止口。两者角焊缝尺寸均较大，填充焊缝金属量多，而且径向力与未焊透面垂直，疲劳强度低。图 6-44b 为焊透的 T 型接头，有较高的疲劳强度，但焊接工艺较复杂，成本高。图 6-44c 是较好的设计，轮毂（或轮缘）上加工止口，利于装配定位；辐板上作出单边 V 型坡口，保证垂直于径向力的面焊透，平行于径向力的止口面焊透与否，对疲劳强度影响很小。

对于双辐板的旋转体，内部施焊条件差，须减少两辐板之间的焊接工作量。推荐采用图 6-45 的接头形式。图 6-45c 采用单面焊背面成形焊接工艺。

在辐板式的轮体上，连接轮缘、轮辐和轮毂上的环形焊缝，是在刚性拘束下焊接的，易在焊缝或近缝区的母材上产生裂纹。在工艺上要采取预热、调整施焊程序等措施。在结构设计上应注意如下：

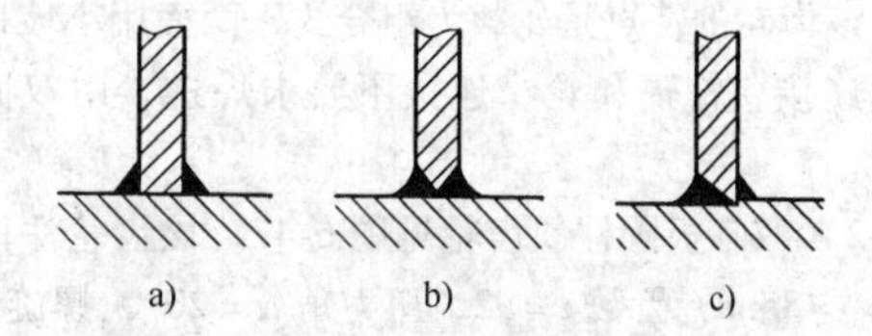

图 6-44　轮缘、轮毂与轮辐的连接接头

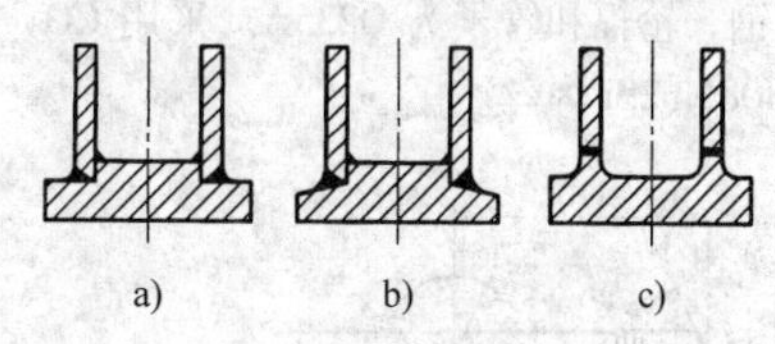

图 6-45　双辐板与轮毂或轮缘的连接结构

1）避免用铸钢件或有层状夹杂的钢材作轮缘或轮毂的毛坯。

2）当轮缘或轮毂是中碳钢或焊接性较差的合金钢时，可在接头处先堆焊厚度约 6mm 的抗裂性能好的过渡金属层。

3）在保证焊缝质量的前提下，装配间隙和坡口角度宜小些。

4）把 T 型接头改为对接接头。

5）在不影响整体刚度的前提下，在辐板上适当开孔，以减少局部拘束度。

（5）轮式旋转体实例

1）单辐板圆柱人字齿轮见图 6-46。该齿轮用于机械压力机上，法向模数 $m_n = 12$mm，齿数 $z = 70$，压力角 $\alpha = 20°$，螺旋角 $\beta = 30°$。材料：轮缘（齿圈）为 45 钢，轮毂为 35 钢，辐板为 Q235A。采用 CO_2 气体保护焊，H08Mn2SiA 焊丝。焊后经（625 ± 25）℃消除应力热处理。切齿后，齿面中频淬火，达到 45 ~ 50HRC。

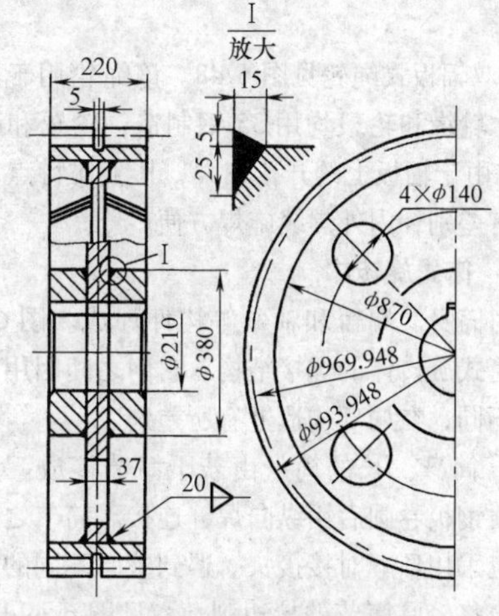

图 6-46　单辐板圆柱人字齿轮

该齿轮的特点是轮毂为组合式，两面用小坡口的焊缝连接。轮辐和轮缘连接不要求焊透，用双面角焊缝。

2）双辐板圆柱斜齿轮见图6-47。该齿轮法向模数 $m_n=8$mm，齿数 $z=92$，压力角 $\alpha=20°$，螺旋角 $\beta=8°48'10''$。材料：轮缘（齿圈）为40CrMn4V，轮毂为45钢，轮辐和管子为Q235A。采用 CO_2 气体保护焊，H08Mn2Si焊丝。

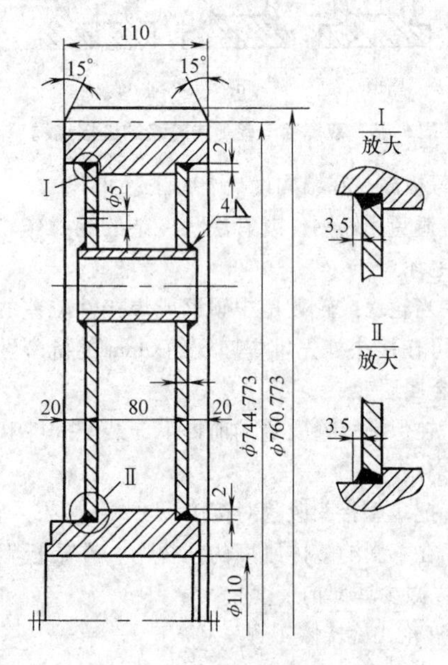

图6-47　双辐板圆柱斜齿轮

该齿轮结构特点是：斜齿轮有轴向力，采用双辐板式结构。由三节直径60mm钢管，均布地连接两辐板，以提高其刚度和稳定性。轮缘、轮辐和轮毂之间的连接焊缝，均为单边V型坡口焊缝，内侧不焊。所有焊缝规则且连续，易于机械化和自动化生产。

3）双辐板式绳轮见图6-48。该绳轮用于重型挖掘机上。轮缘和轮毂均用35钢制造，轮辐和肋板为Q235A。由于辐板上的开孔较大，其工作特点和辐条式的没有差别，内外焊缝施焊方便。

6.3.2.2　筒式旋转体

它由筒身、端盖和轴颈等构件焊成。图6-49示出几种筒式旋转体的焊接结构。它们之间因用途和受力性质不同，在局部构造上有所差别。

（1）筒身　长的筒身由若干筒节接成。大直径筒节是由钢板卷圆后用纵向焊缝连接。筒节之间的连接，均应采用环缝对接接头。遇到壁厚不同的筒节对接时，应将较厚筒节的接边削薄，见图6-49d。相邻两筒节的纵向焊缝要相互错开。

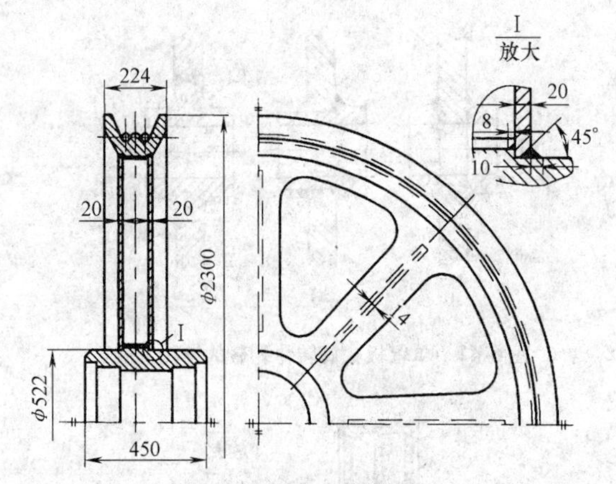

图6-48　双辐板式焊接绳轮

为了防止筒身局部失稳，保持其圆度，可在筒壁外侧或内侧焊上刚性圈，见图6-49b。刚性圈的截面形状见图6-50。它与筒壁连接可用断续角焊缝，其总长不小于筒身周长的一半，在腐蚀介质中工作或受冲击载荷的筒身，应采用连续角焊缝，并用最小的焊脚尺寸。

在筒身上开人孔处需补强时，应重视孔形和补强板的设计。图6-51a的结构，在交变载荷作用下，很快产生疲劳裂纹。如果设计成图6-51b的结构，即方孔周边磨去棱角，拐角做成圆角；补强板边缘也磨去棱角，并作成圆弧状；周围角焊缝向母材表面平滑过渡，则可提高其疲劳强度。

（2）端盖　又称封头。小直径的端盖常和轴颈一起铸造或锻造而成，见图6-49a；大直径端盖宜用钢板冲压，或采用拼焊制成。压型的端盖可设计成椭球形或碟形的曲面结构，不但强度和刚度好，而且可以实现与筒身对接。平端盖虽然备料简单，但和筒身的连接是角接，焊缝处在应力复杂区，在动载荷下不利。图6-52为球磨机端盖的两种结构，其端盖中心是进料口，作了补强。

（3）筒身、端盖和轴颈的连接　轴颈与端盖、端盖与筒身的连接方式，当有拆卸要求时，需设计法兰，用螺栓连接，其余采用焊接连接，见图6-52。平端盖与筒身连接用角接头，其疲劳强度较低。为提高它的疲劳强度，可改成对接接头，见图6-53。

端盖位于小直径的轴颈与大直径的筒身之间，受力复杂，其强度和刚度必须保证。图6-54提供几种可以加强端部的焊接结构形式。图6-54a、b呈放射状设置肋板，图6-54b的外形平整美观，只能用于直径较大，筒内能施焊的情况。图6-54c是采用双层端盖的结构，刚性好，传递转矩能力强，且焊接工艺也较简单。图6-55是应用实例。

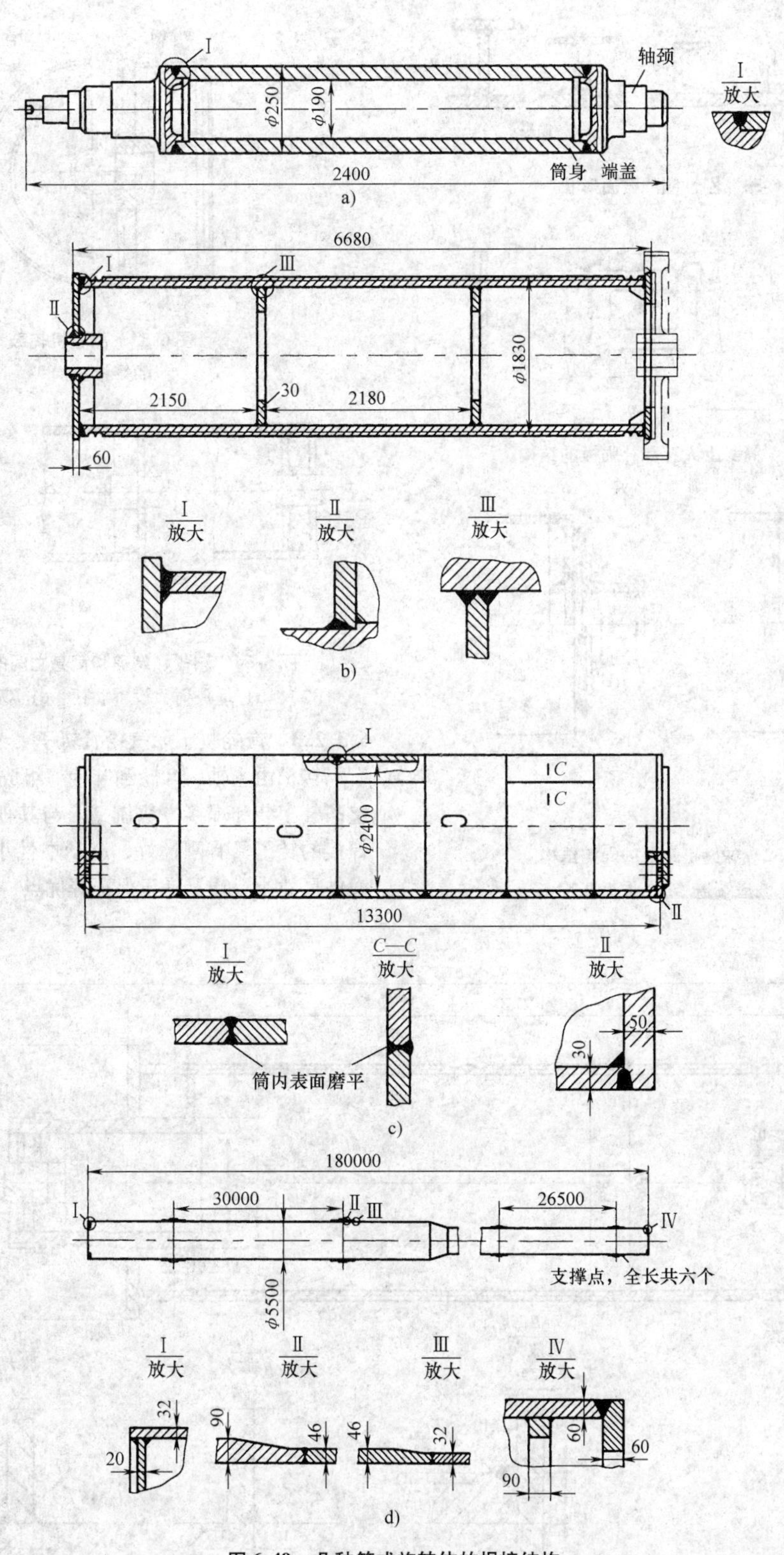

图6-49 几种筒式旋转体的焊接结构

a）上料辊道 b）吊车卷扬筒 c）棒球磨机筒体 d）水泥回转窑筒体

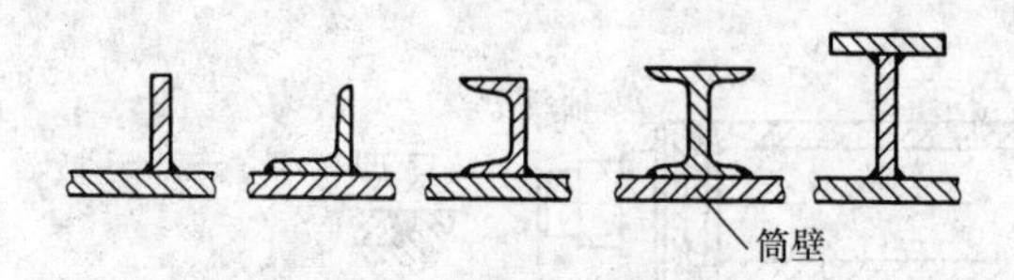

图 6-50　刚性圈的截面形状

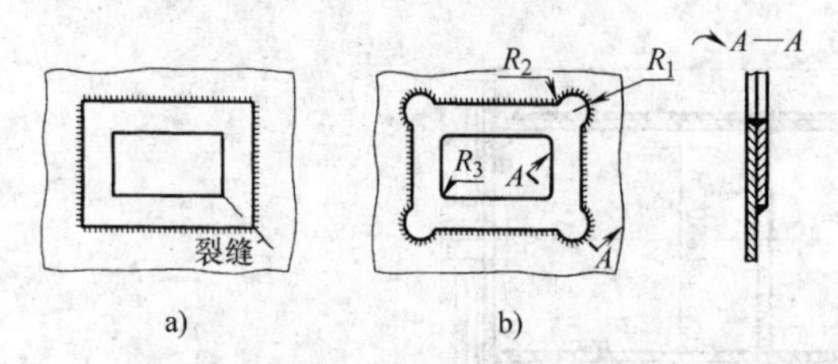

图 6-51　筒身上人孔和补强板的结构

a）不好　b）好

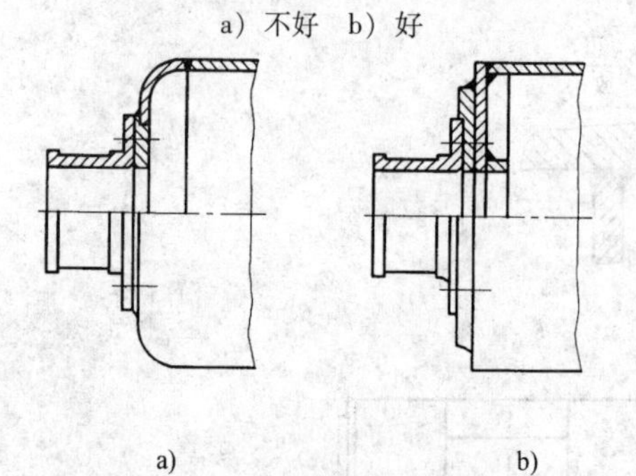

图 6-52　球磨机端盖的焊接结构

a）锻造端盖　b）平板端盖

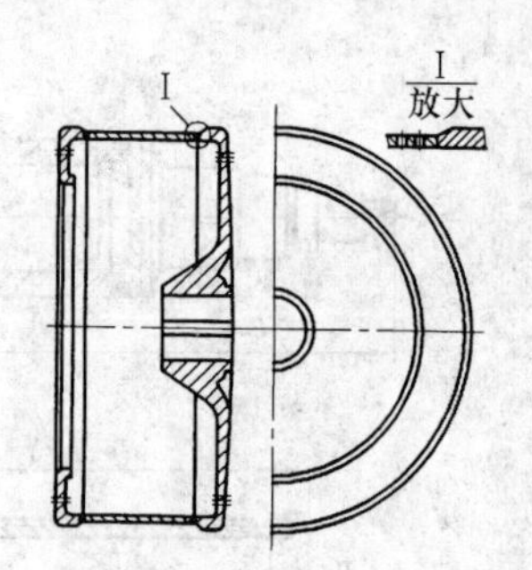

图 6-53　离心机转鼓的焊接结构

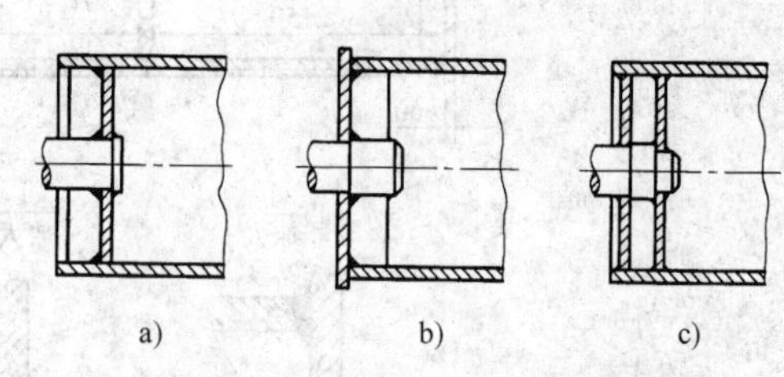

图 6-54　轴颈、端盖和筒身之间的加强结构

a）、b）呈放射状设置肋板　c）双层端盖结构

6.3.2.3　汽轮机、燃气轮机转子

转子由主轴、叶轮和叶片等组成。现代转子可用整锻、套装和焊接方法制造。与其他两种方法相比，焊接的转子具有刚性好、起动惯性小、临界转速高、锻件尺寸小、质量易于保证等优点，已广泛采用。

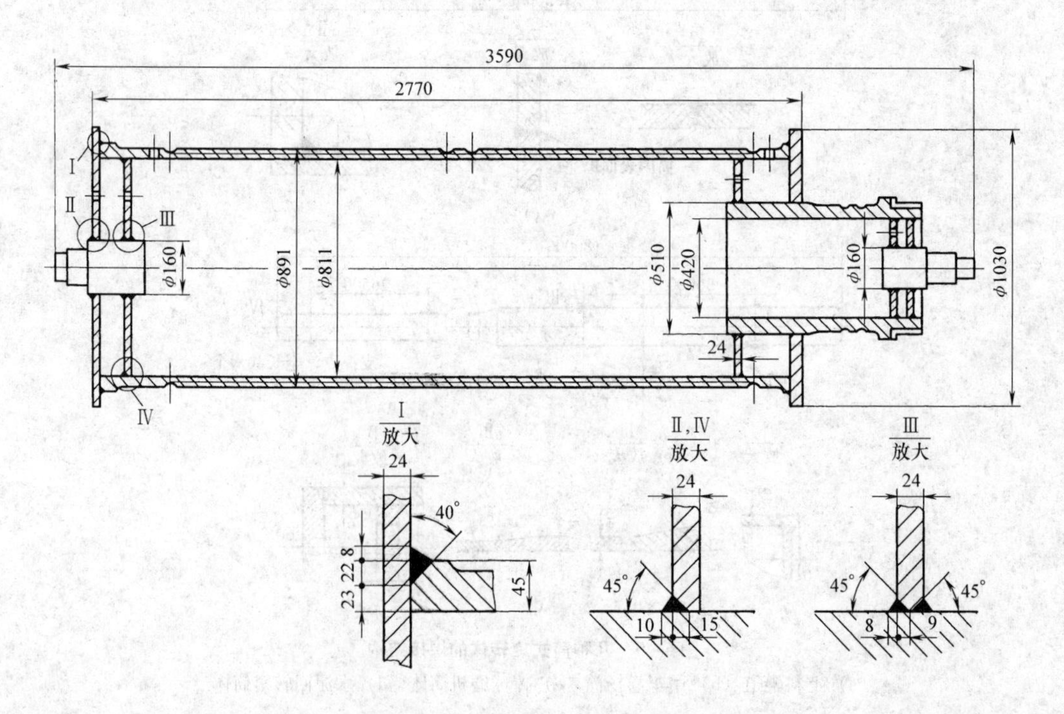

图 6-55　70/20t 起重机卷扬筒的焊接结构

图 6-56 是国产 300MW 汽轮机低压焊接转子。

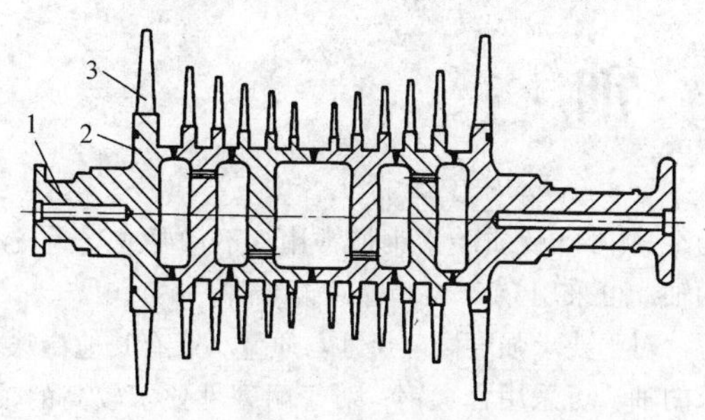

图 6-56　300MW 汽轮机低压焊接转子

1—主轴　2—叶轮　3—叶片

焊接的转子一般采用盘鼓式的结构，即由两个轴头，若干个轮盘和转鼓拼焊而成的锻焊结构。转子是在高温、高压的气体介质中工作，转速很高，要求高度可靠。因此，对材料及焊接质量要求十分严格。在设计焊接接头时，要解决好下列技术问题：

1）转子上每条厚的环形对接焊缝，只能采用单面焊接。如果采用电弧焊，必须保证第一道焊缝能充分焊透，并获得很好的背面成形，而又不致引起裂纹。在随后各层焊接过程中，也不得出现裂纹、夹渣和未焊透等缺陷。

2）保证轴头和轮盘装配和焊接后，具有精确的同心度。

3）具有可靠的质量检测条件。

第7章　轴

7.1　概述

7.1.1　轴的类型、特点和用途

根据轴和轴线的形状、功用的不同，轴可分为直轴、曲轴和软轴三种类型。

（1）直轴　按受载情况不同，又分为三类：

1）转轴。同时受弯矩及转矩，有时还受较大的轴向力的作用，如蜗杆轴等。在机械中最常用。

2）心轴。只受弯矩、不受转矩或转矩很小。心轴又分为固定心轴（轴不转动）和转动心轴（轴转动），如支承滑轮的轴。

3）传动轴。主要受转矩，不受弯矩或弯矩很小，如汽车中的传动轴等。

直轴根据外形的不同还可分为光轴和阶梯轴。光轴形状简单，加工容易，应力集中源少，但轴上的零件不易装配、定位和固定；阶梯轴则正好相反。

直轴一般都制成实心的。在那些由于机器的要求，需要在轴中装设其他零件，或者减小轴的质量具有特别重大作用的场合，则将轴制成空心的。空心轴内径与外径的比值通常为0.5～0.6，以保证轴的刚度及扭转稳定性。

（2）曲轴　用以作直线运动与转动的相互转换，轴上受弯矩及转矩，其剖面上应力较为复杂。常用于活塞式内燃机、压缩机，以及冲、剪、压榨机床。

（3）软轴　其轴线可以自由弯曲，工作时可随时改变轴线形状和工作机的位置，并能缓和冲击和振动；但只能传递转矩或运动，且从动端转速一般不均匀。常用于某些木工机械、混凝土振捣器、风镐、铸件清理及仪器的操纵系统等。

7.1.2　轴的材料、毛坯及处理

7.1.2.1　选用轴材料应考虑的因素

轴的材料应满足强度、刚度、耐磨性、耐腐蚀性等方面的要求。设计轴时应按照经济、合理、适用的原则，根据具体情况选用轴的材料。

由于碳钢比合金钢价廉，对应力集中的敏感性较低，同时也可以用热处理或化学热处理的方法，提高其耐磨性和抗疲劳强度，故采用碳钢制造轴尤为广泛，其中45优质碳素钢最常用。不重要或受力较小的轴，可采用Q235A等普通碳素钢。

对于要求强度高、尺寸与质量小或有其他特殊要求的轴，可采用合金钢；对于耐磨性要求较高的轴，可选用20Cr、20CrMnTi等低碳合金钢，轴颈部分进行渗碳淬火处理；对于在高温、高速和重载条件下工作的轴，可选用38CrMoAlA、40CrNi等合金钢；对于有耐蚀要求的轴，可选用20Cr13、30Cr13等。

采用合金钢作为轴的材料时必须注意：合金钢对应力集中的敏感性高，因此轴的结构设计应格外注意减少应力集中的根源，轴的表面粗糙度也应适当降低；仅从提高轴的刚度考虑，不应采用合金钢。

高强度铸铁和球墨铸铁容易做成复杂的形状，且具有价廉、良好的吸振性和耐磨性，以及对应力集中的敏感性低等优点，可用于制造外形复杂的轴，但应注意铸造轴品质不易控制、可靠性较差。

7.1.2.2　毛坯

毛坯的选择与轴的结构型式、尺寸和材料有密切关系。轴的毛坯有以下几种：

（1）冷拉钢　用于制造直径小于75mm的直轴。

（2）轧制圆钢　用于毛坯直径小于125mm，轴段直径相差不大，不太重要的直轴。轧制钢又分为冷轧钢和热轧钢。热轧碳钢常用于制造直径小于90mm的轴。冷轧钢轴直径较小一些。

（3）锻件　用于材质要求高、重要的或直径变化大的阶梯形直轴或形状复杂的曲轴。批量大时可采用模锻、精锻。

（4）焊接件　大型轴、毛坯各段尺寸差异大，要求空心，生产件数少时可采用焊接件。

（5）铸件　大型、形状复杂时采用，如曲轴。常用球墨铸铁或合金铸铁，要求高的轴可采用铸钢。

7.1.2.3　轴的处理

为了提高轴的强度与耐磨性，用优质碳素钢或合金钢制造的轴需进行各种热处理、化学处理及表面强化处理。特别是合金钢，只有进行热处理后才能充分发挥其优越性。

轴的常用材料、主要力学性能、许用弯曲应力及用途见表7-1。

表7-1　轴的常用材料、主要力学性能、许用弯曲应力及用途

材料	牌号	热处理	毛坯直径/mm	硬度HBW	力学性能/MPa 抗拉强度 σ_b	屈服强度 σ_s	弯曲疲劳极限 σ_{-1}	剪切疲劳极限 τ_{-1}	许用弯曲应力/MPa $[\sigma_{+1}]$	$[\sigma_0]$	$[\sigma_{-1}]$	用途
普通碳素钢	Q235A	热轧或锻后空冷	≤100		400～420	250	170	105	125	70	40	用于不重要或载荷不大的轴
			>100～250		375～390	215						
优质碳素钢	45	正火	≤100	170～217	590	295	255	140	195	95	55	应用最广泛
		回火	>100～300	162～217	570	285	245	135				
		调质	≤200	217～255	640	355	275	155	215	100	60	
合金钢	40Cr	调质	≤100	241～286	735	540	355	200	245	120	70	用于载荷较大而无很大冲击的重要轴
			>100～300	241～286	685	490	335	185				
	35SiMn（42SiMn）	调质	≤100	229～286	785	510	355	205				性能接近于40Cr，用于中小型轴
			>100～300	219～269	735	440	335	185				
	40MnB	调质	≤200	241～286		490	345	195				性能接近于40Cr，用于重要的轴
	40CrNi	调质	≤100	270～300	900	735	430	260	285	130	75	低温性能好，用于很重要的轴
			>100～300	240～270	785	570	370	210				
	38SiMnMo	调质	≤100	229～286	735	590	365		275	120	70	性能接近40CrNi，用于重载荷轴
			>100～300	217～269	685	540	345	195				
	20Cr	渗碳淬火回火	≤60	渗碳56～62HRC	640	390	305	160	215	100	60	用于要求强度和韧性均较高的轴
	20CrMnTi		15	渗碳56～62HRC	1080	835	480	300	365	165	100	
	30Cr13	调质	≤100	≥241	835	635	395	230	275	125	75	用于腐蚀条件下的轴
	38CrMoAlA	调质	≤60	293～321	930	785	440	280				用于要求高的耐磨性、高强度，且热处理（氮化）变形很小的轴
			>60～100	277～302	835	685	410	270				
			>100～160	241～277	>85	590	370	220				
铸铁	QT450-10			160～210	450	310	160	140	110			用于曲轴、凸轮轴、水轮机主轴等复杂外形的轴
	QT600-3			190～270	600	370	215	185	150			

注：1. 表中所列 σ_{-1} 的计算公式：碳钢 $\sigma_{-1}\approx0.43\sigma_b$；合金钢 $\sigma_{-1}\approx0.2(\sigma_b+\sigma_s)+100$；不锈钢 $\sigma_{-1}\approx0.27(\sigma_b+\sigma_s)$，$\tau_{-1}\approx0.156(\sigma_b+\sigma_s)$；球墨铸铁 $\sigma_{-1}\approx0.36\sigma_b$，$\tau_{-1}\approx0.31\sigma_b$。

2. 当选用其他钢号时，许用弯曲应力 $[\sigma_{+1}]$、$[\sigma_0]$、$[\sigma_{-1}]$ 的值可根据相应的 σ_b 选取。

3. 剪切屈服强度 $\tau_s\approx(0.55\sim0.62)\sigma_s$。

4. 等效系数 ψ：碳钢 $\psi_\sigma=0.1\sim0.2$，$\psi_\tau=0.05\sim0.1$；合金钢 $\psi_\sigma=0.2\sim0.3$，$\psi_\tau=0.1\sim0.15$。

7.2　直轴的结构设计

7.2.1　轴上零件的布置方案

在拟定轴上零件的布置方案时，应考虑以下几个方面：

（1）载荷流的合理分配　图7-1a中，输入齿轮布置在轴的右端，转矩流不合理。图7-1b中输入齿轮位于中部，转矩双向分流，轴上最大转矩降低，布局合理。

（2）支承载荷的合理分配　图7-2a中，由于齿轮啮合力及带传动周向拉力的作用，轴承1的支承力较大，图7-2b中1和2两轴承载荷接近，结构合理。

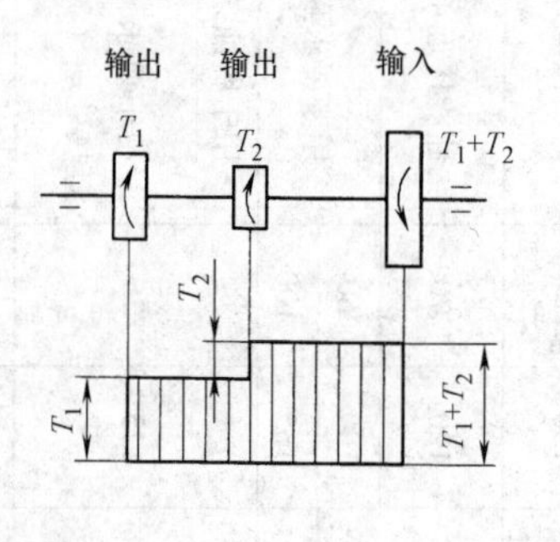

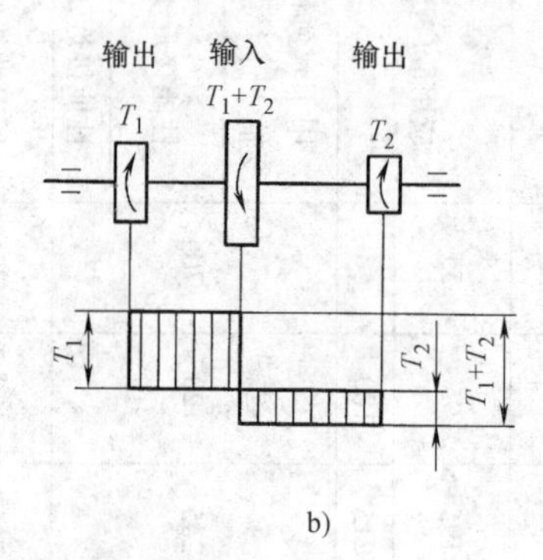

图7-1　轴上转矩的分配

a）输入齿轮在右端　b）输入齿轮在中部

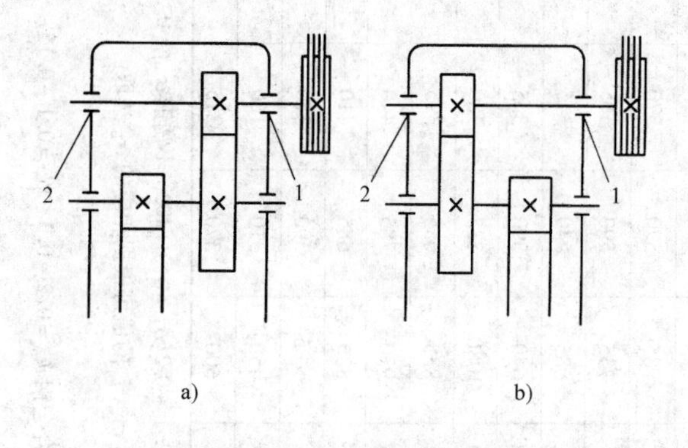

图7-2　支承载荷的分配

a）轴承1载荷大　b）轴承1和2载荷接近

（3）减载结构　图7-3中，V带轮5上的周向拉力由套筒7承受，减轻了转轴1上的载荷。图7-4a的方案是大齿轮和卷筒连在一起，转矩经大齿轮直接传给卷筒，卷筒轴只受弯矩而不受转矩；图7-4b的方案是大齿轮将转矩通过轴传到卷筒，因而卷筒轴既受弯矩又受转矩。在同样的载荷 F_Q 作用下，图7-4a中轴的直径显然可比图7-4b中的轴径小。图7-5a所示转动心轴设计改为图7-5b固定心轴设计，使轴由承受交变应力改为静应力，提高了强度。

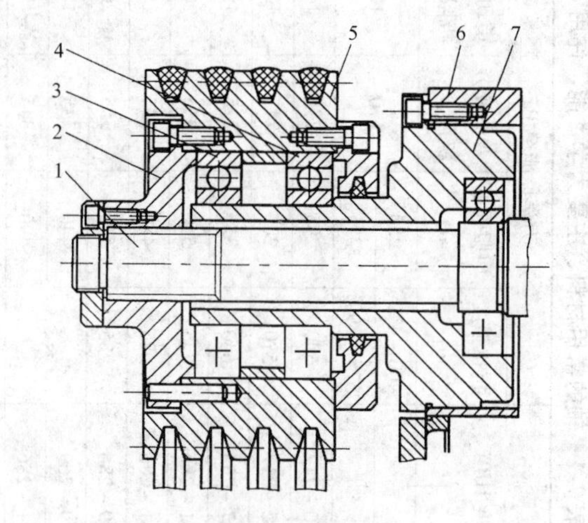

图7-3　轴的减载结构

1—轴　2、7—套筒　3、4—轴承　5—V带轮　6—机体

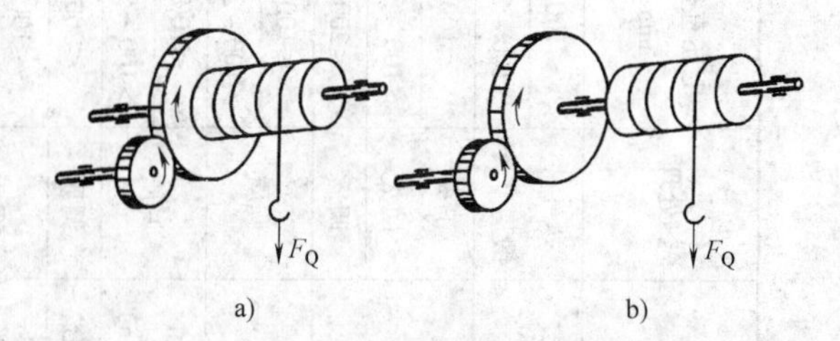

图7-4　起重卷筒的两种安装方案

a）大齿轮与卷筒结合布置　b）大齿轮与卷筒分开布置

7.2.2　轴上零件的定位和固定

轴上零件的周向定位和固定，可采用键、花键、销、过盈及胀紧等连接（见第4章）。轴上零件的轴向定位和固定方法及特点见表7-2。销、过盈及胀紧连接也可兼作轴向固定。

轴的技术要求见表7-3～表7-11。

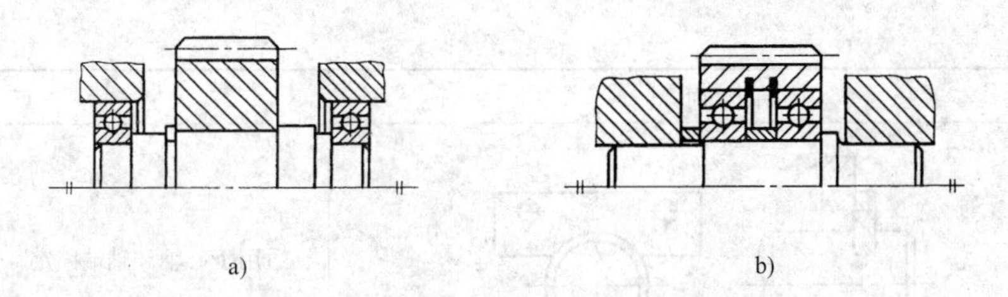

图7-5　转动心轴改为固定心轴

a）转动心轴　b）固定心轴

表7-2　轴上零件的轴向定位和固定方法及特点

固定方法	结构简图	特　　点
轴肩、轴环、轴伸	轴肩　轴环　轴伸	结构简单，定位可靠，可承受较大轴向力。常用于齿轮、链轮、带轮、联轴器和轴承等定位 为了保证零件紧靠定位面，应使 $r<c$ 或 $r<R$ 轴肩高度 h 应大于 R 或 c，通常取 $h=(0.07\sim0.1)d$ 轴环宽度 $b\approx1.4h$ 与滚动轴承相配合处的 h 与 r 值应根据滚动轴承的类型与尺寸确定 圆柱形轴伸（GB/T1569—2005）
套筒		结构简单，定位可靠，轴上不需开槽、钻孔和切制螺纹，因而不影响轴的疲劳强度。一般用于零件间距较小场合，以免增加结构质量。轴的转速很高时不宜采用
圆螺母		固定可靠，装拆方便，可承受较大轴向力。由于轴上切制螺纹，使轴的疲劳强度降低。常用双圆螺母与止动垫圈固定轴端零件，当零件间距较大时，亦可用圆螺母代替套筒以减小结构质量 圆螺母和止动垫圈（GB/T 812—1988，GB/T 858—1988）见表7-17 通过圆螺母上的紧定螺钉可实现防松。为不破坏轴上的螺纹，螺钉端部垫有塑料或橡胶垫圈，采用带缝夹紧圆螺母也可产生防松效果，这些非标结构需自行设计 带锁紧槽圆螺母见表7-19
轴端挡圈		适用于固定轴端零件，可承受剧烈振动和冲击载荷 轴端挡圈（GB/T 891—1986，GB/T 892—1986）见表7-12

（续）

固定方法	结构简图	特　点
轴端挡板	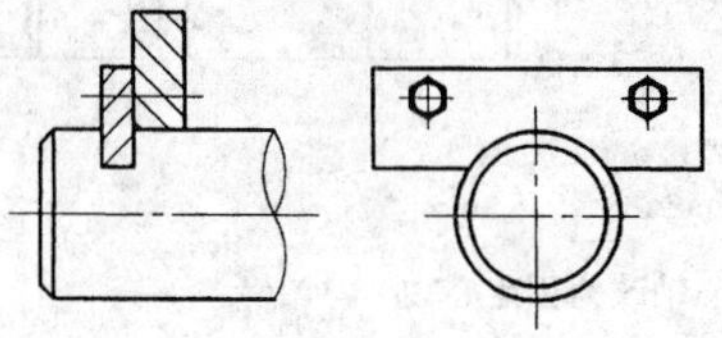	适用于心轴和轴端固定
锁紧挡圈	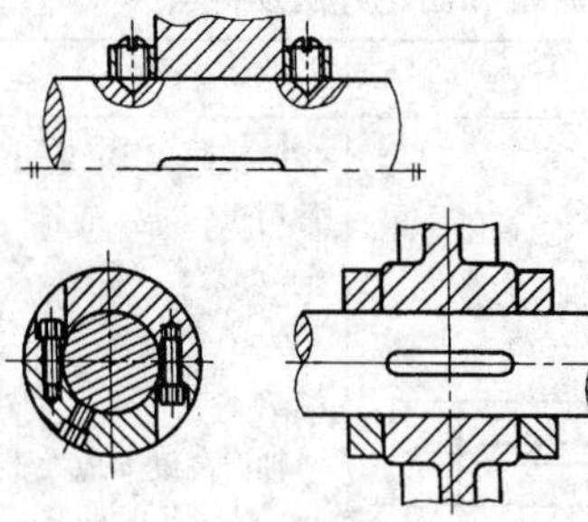	结构简单,不能承受大的轴向力,不宜用于高速。常用于光轴上零件的固定 锁紧挡圈见表7-16
圆锥面	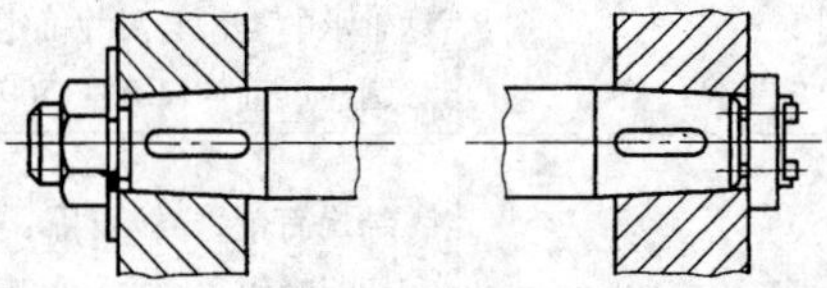	能消除轴与轮毂间的径向间隙,装拆较方便,可兼作周向固定,能承受冲击载荷。多用于轴端零件固定,常与轴端压板或螺母联合使用,使零件获得双向轴向固定。当高速轻载及同轴度要求高时,可以不用键。重载时宜用螺母紧固。缺点是不能限定零件在轴上的正确位置
弹性挡圈	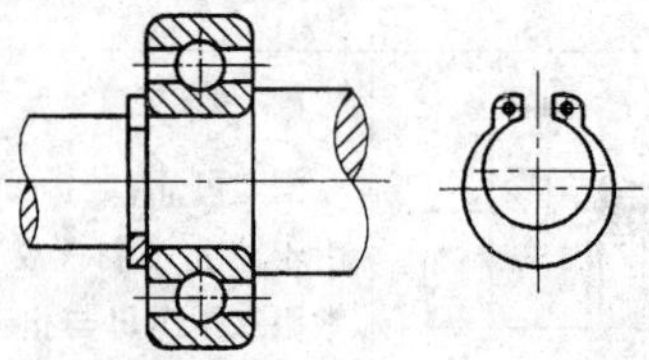	结构简单紧凑,只能承受很小的轴向力,常用于固定滚动轴承,挡圈位于受载荷轴段时,削弱轴的强度较严重 轴用弹性挡圈［GB/T 894.1—1986（A型）及GB/T 894.2—1986（B型）］的结构尺寸见表7-13
紧定螺钉	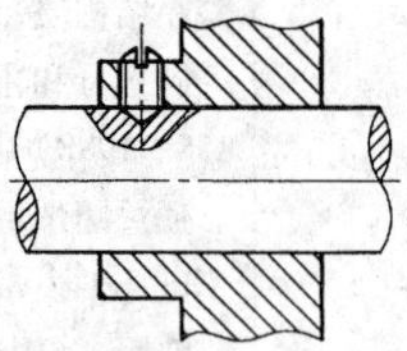	适用于轴向力很小、转速很低的场合。为防止螺钉松动,可加锁圈 紧定螺钉同时也起周向固定作用紧定螺钉的结构尺寸见GB/T 71—2008
轴间挡圈	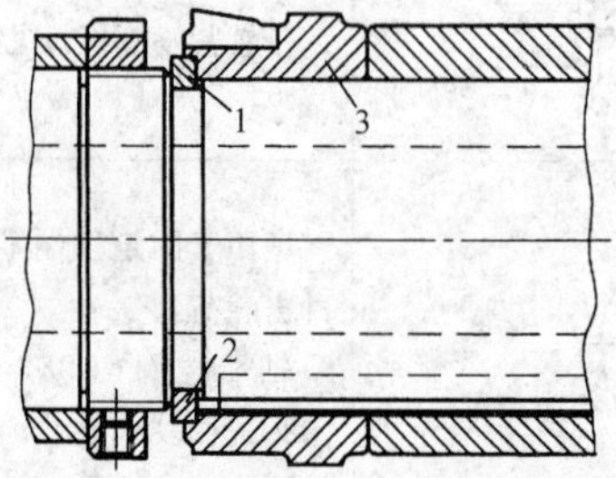 1 3 2	轴间挡圈1、2是两半圆环,共同组成一完整挡圈。它装配到轴上相应的环槽后,由零件3将其外径包容。这种挡圈可承受较大的轴向力,提高了轴上零件的装配工艺性。系非标零件,自行设计

表 7-3　轴与轴上零件的配合

配合位置	配合代号	装配方法	配合特性
减速器中轴与蜗轮的配合。大、中型减速器中低速级齿轮与轴的配合	$\frac{H7}{s6}$	压力机压入或温差法	传递转矩小。分组选配或加键连接可传递较大的转矩
重载齿轮与轴的配合、联轴器与轴的配合(均需附加键)	$\frac{H7}{r6}$		只能受很小转矩和轴向力,传递转矩时需加键。需要时可拆卸
有振动的机械(如破碎机)的齿轮与轴的配合,爪型联轴器与轴的配合,受特重载荷和重冲击的滚子轴承与轴颈的配合	$\frac{H7}{n6}$, $\frac{H8}{n7}$, n6	压力机压入	同轴度和配合紧密性好,定位精度高。附加键后可承受振动、冲击并能传递较大转矩。不经常拆卸
键与键槽配合	$\frac{N9}{h9}$	锤子打入	有不大的过盈量
齿轮与轴的配合,重载和有冲击载荷的滚子轴承和大型球轴承与轴颈的配合	$\frac{H7}{m6}$, $\frac{H8}{m7}$, m6		平均有不大过盈量,同轴度好。能保证配合的紧密性
机床齿轮与轴、电动机轴端与联轴器或带轮的配合,中载和经常拆装的重载滚动轴承与轴颈的配合	$\frac{H7}{k6}$, $\frac{H8}{k7}$, k6	锤子轻轻打入	平均没有间隙,同轴度好、能精密定位,可经常拆卸。传递转矩要附加键
机床挂轮与轴、可拆带轮与轴端的配合,轻载、高速滚动轴承与轴颈的配合	$\frac{H7}{js6}$, $\frac{H8}{js7}$, js6	锤子或木锤装拆	平均稍有间隙,同轴度不高,可频繁拆卸
可拆卸的齿轮、带轮与轴的配合,离合器与轴的配合	$\frac{H8}{h8}$, $\frac{H9}{h9}$	加油后用手旋进	同轴度不高、易于拆卸。传递转矩靠键或销
磨床、车床分度头主轴轴颈与滑动轴承的配合	$\frac{H7}{g6}$, $\frac{G7}{h6}$	手旋进	配合间隙小。用于转速不高但要求运动精度较高的精密装置中
轴上空转齿轮与轴的配合,机床中滑动轴承与轴颈的配合	$\frac{H7}{f6}$	手推滑进	有中等间隙,零件可在轴上自由转动或移动
用普通润滑油或润滑脂润滑的滑动轴承、含油轴承与轴颈的配合,带导轮、链条张紧轮与轴的配合,曲轴主轴承与轴颈的配合	$\frac{H8}{f9}$, $\frac{F8}{h9}$		配合间隙较大,同轴度不高,但能保证良好润滑,允许在工作中发热
外圆磨床主轴与滑动轴承的配合,蜗轮发电机主轴与滑动轴承的配合,凸轮轴与滑动轴承的配合	$\frac{H7}{e8}$, $\frac{E8}{h6}$	手轻推进	配合间隙较大,用于转速高、载荷不大的轴与轴承的配合

表 7-4　轴的表面粗糙度

<table>
<tr><th colspan="2">表面位置</th><th>表面粗糙度
Ra/μm</th><th>加工方法</th><th colspan="3">表面位置</th><th>表面粗糙度
Ra/μm</th><th>加工方法</th></tr>
<tr><td rowspan="3">轴颈</td><td>与非液体摩擦滑动轴承配合</td><td>0.2~3.2</td><td>精车、半精车</td><td colspan="3">与毂孔配合表面</td><td>0.8~1.6</td><td>精车或磨削</td></tr>
<tr><td>与液体摩擦滑动轴承配合</td><td>0.1~0.4</td><td>精磨</td><td rowspan="2">键槽</td><td colspan="2">侧面</td><td>≤1.6</td><td rowspan="2">铣</td></tr>
<tr><td>与 P0 级滚动轴承配合</td><td>0.8~1.6</td><td>精车或磨削</td><td colspan="2">底面</td><td>≤6.3</td></tr>
<tr><td rowspan="4">带密封件的轴段</td><td>橡胶密封</td><td>0.2~0.8</td><td>精车或磨削</td><td rowspan="2">轴肩（轴环）定位端面</td><td colspan="2">定位 P0 级滚动轴承</td><td>≤1.6</td><td>半精车</td></tr>
<tr><td>毛毡密封</td><td>0.4~0.8</td><td>精车</td><td colspan="2">定位 P6，P5，P4 级滚动轴承</td><td>≤0.8（d≤80）
≤1.6（d>80）</td><td>精车
半精车</td></tr>
<tr><td>迷宫密封</td><td>0.6~3.2</td><td>半精车</td><td colspan="3">中心孔</td><td>≤1.6</td><td>钻孔后绞孔</td></tr>
<tr><td>隙缝密封</td><td>1.6~3.2</td><td>半精车</td><td colspan="3">端面、倒角及其他表面</td><td>≤12.5</td><td>粗车</td></tr>
</table>

表 7-5　轴的几何公差推荐项目

内　容	项　目		对工作性能影响
形状公差	与传动零件和轴承相配合表面的	圆度 圆柱度	影响传动零件和轴承与轴配合的松紧及对中性
位置公差	传动零件和轴承的定位端面相对其配合表面的	轴向圆跳动 同轴度 全跳动	影响传动零件和轴承的定位及其受载的均匀性
位置公差	与传动零件和轴承相配合的表面相对于基准轴线的	径向圆跳动 或全跳动	影响传动零件和轴承的运转偏心
位置公差	键槽相对轴中心线的（要求不高时不注）	对称度 （平行度）	影响键受载的均匀性及装拆的难易

表 7-6　齿轮、蜗轮配合部位的径向圆跳动

齿轮传动的精度等级		6	7、8	9
轴上安装圆柱齿轮和锥齿轮处	径向圆跳动	2IT3	2IT4	2IT5
轴上安装蜗轮处			2IT5	2IT6

表 7-7　联轴器带轮配合部位及橡胶油封接触部位的径向圆跳动

轴转速/（r/min）		300	600	1000	1500	3000
与联轴器、带轮配合部位	径向圆跳动/mm	0.08	0.04	0.024	0.016	0.008
与橡胶油封接触部位		0.1	0.07	0.05	0.02	0.01

表7-8 齿轮、蜗轮轮毂端面接触处的轴肩轴向圆跳动

齿轮传动的精度等级	6	7,8	9
轴肩的轴向圆跳动	2IT3	2IT4	2IT5

注：本表用于轮毂宽度 l 与配合直径之比 $l/d<0.8$ 时，当 $l/d\geqslant 0.8$ 时，可不注。

表7-9 轴与轴上零件配合部位的公差

配合零件	轴的径向圆跳动	接触轴肩轴向圆跳动
球轴承	IT6	(1~2)IT5
滚子轴承	IT5	(1~2)IT4
平键键槽两侧面相对轴线的平行度		轴槽宽度公差的1/2
平键键槽两侧面相对轴线的对称度		

表7-10 滑动轴承的向心轴颈结构及尺寸

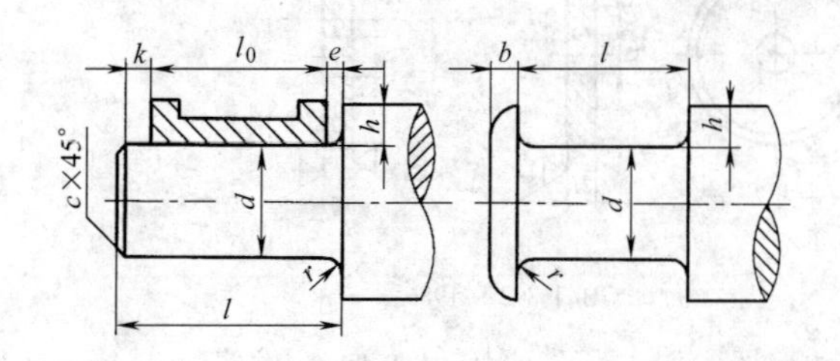

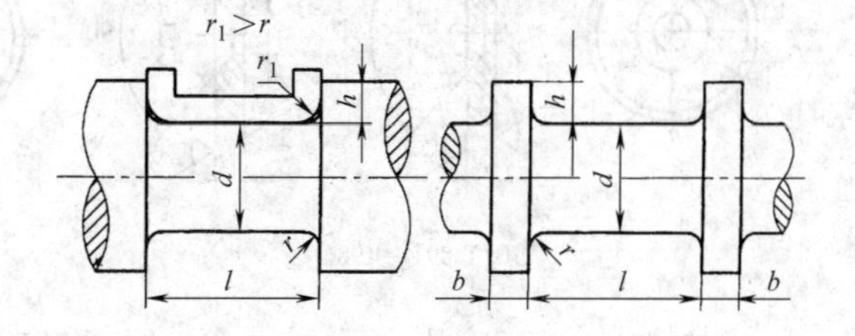

端轴颈　　　　中轴颈

代号	名称	说明
d	轴颈直径	由计算确定，并按 GB/T 2822 圆整为标准直径
h	轴肩(环)高度	$h\approx(0.07\sim0.1)d$
b	轴环宽度	$b\approx1.4h$
r,r_1	圆角半径	按零件倒角倒圆半径标准取(GB/T 6403.4)
l	轴颈长度	$l=l_0+k+e+c$ 式中，l_0 由轴承工作能力的需要定；e 和 k 分别由热膨胀量和安装误差确定；c 按标准取，对于固定轴轴颈 $l=l_0$

表7-11 滑动轴承的止推轴颈结构及尺寸

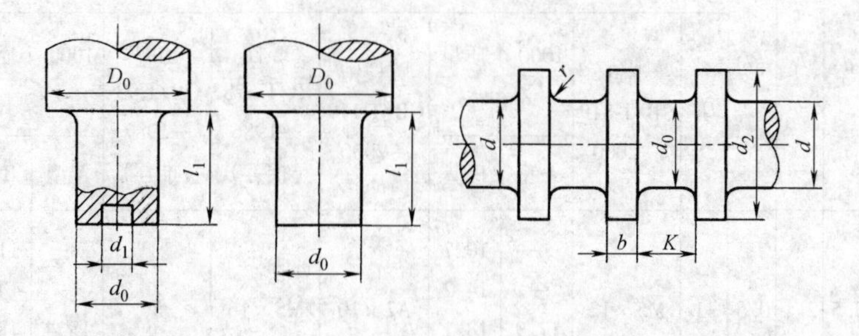

代号	名称	说明	代号	名称	说明
D_0	轴直径	计算确定	b	轴环宽度	$b=(0.1\sim0.15)d$
d	轴直径	计算确定	K	轴环距离	$K=(2\sim3)b$
d_0	止推轴颈直径	计算确定，按 GB/T 2822—2005 圆整为标准直径	l_1	止推轴颈长度	由计算和止推轴承结构确定
			n	轴环数	$n\geqslant1$ 由计算和止推轴承结构确定
d_1	空心轴颈内径	$d_1=(0.4\sim0.6)d_0$			
d_2	轴环外径	$d_2=(1.2\sim1.6)d$	r	轴环根部圆角半径	按标准选取

7.3 轴系零件的紧固件（表7-12～表7-19）

表7-12　螺钉紧固轴端挡圈和螺栓紧固轴端挡圈（摘自GB/T 891、892—1986）

（单位：mm）

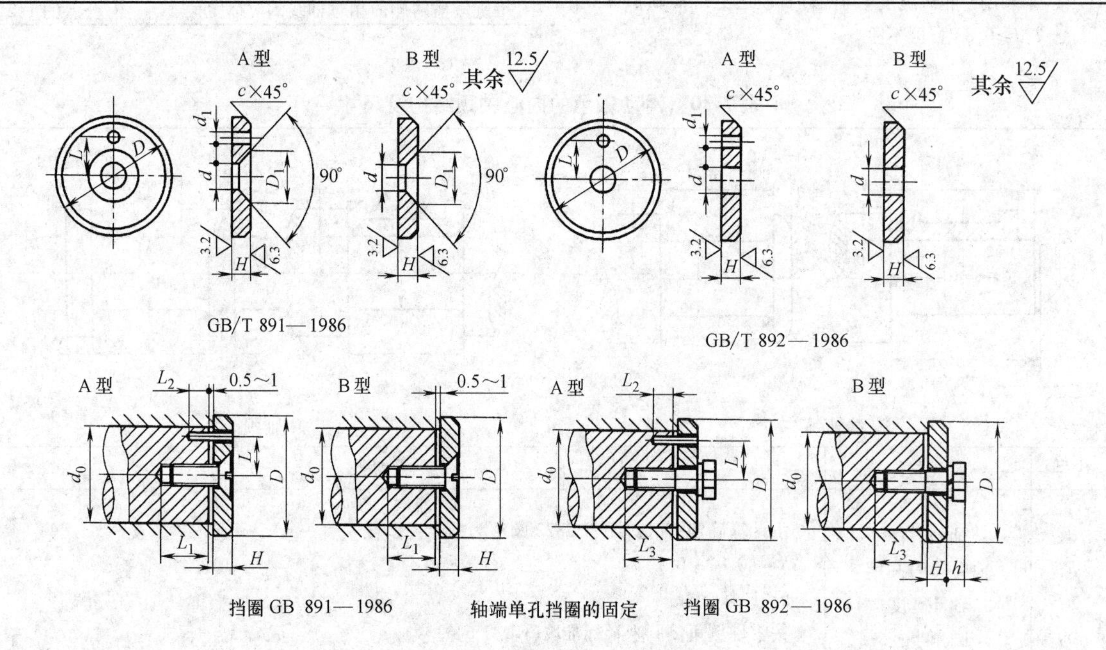

标记示例：

1）公称直径 D=45mm、材料Q235A、不经表面处理的A型螺钉紧固轴端挡圈标记：挡圈　GB/T 891—1986　45

2）公称直径 D=45mm、材料Q235A、不经表面处理的B型螺钉紧固轴端挡圈标记：挡圈　GB/T 891—1986　B45

轴径 d_0 ≤	公差直径 D	H	L	d	d_1	C	螺钉紧固轴端挡圈 D_1	螺钉紧固轴端挡圈 螺钉 GB/T 819—2000	螺钉紧固轴端挡圈 1000个质量/kg≈ A型	螺钉紧固轴端挡圈 1000个质量/kg≈ B型	螺栓紧固轴端挡圈 圆柱销 GB/T 119—2000	螺栓紧固轴端挡圈 螺栓 GB/T 5783—1986（推荐）	螺栓紧固轴端挡圈 垫圈 GB/T 93—1987（推荐）	螺栓紧固轴端挡圈 1000个质量/kg≈ A型	螺栓紧固轴端挡圈 1000个质量/kg≈ B型	安装尺寸（参考）L_1	L_2	L_3	h
16	22	4	—	5.5	2.1	0.5	11	M5×12	—	10.7	A2×10	M5×16	5	—	11.2	14	6	16	4.8
18	25		—						—	14.2				—	14.7				
20	28		7.5						17.9	18.1				18.4	18.6				
22	30								20.8	21.0				21.3	21.5				
25	32	5	10	6.6	3.2	1	13	M6×16	28.7	29.2	A3×12	M6×20	6	29.7	30.2	18	7	20	5.6
28	35								34.8	35.3				35.8	36.3				
30	38								41.5	42.0				42.5	43.0				
32	40		12						46.3	46.8				47.3	47.8				
35	45								59.5	59.9				60.5	60.9				
40	50								74.0	74.5				75.0	75.5				

（续）

轴径 d_0 ≤	公差直径 D	H	L	d	d_1	C	螺钉紧固轴端挡圈					螺栓紧固轴端挡圈				安装尺寸（参考）			
							D_1	螺钉 GB/T 819—2000	1000 个质量 /kg≈ A 型	1000 个质量 /kg≈ B 型	圆柱销 GB/T 119—2000	螺栓 GB/T 5783—1986（推荐）	垫圈 GB/T 93—1987（推荐）	1000 个质量 /kg≈ A 型	1000 个质量 /kg≈ B 型	L_1	L_2	L_3	h
45	55	6	16	9	4.2	1.5	17	M8×20	108	109	A4×14	M8×25	8	110	111	22	8	24	7.4
50	60								126	127				128	129				
55	65								149	150				151	152				
60	70		20						174	175				176	177				
65	75								200	201				202	203				
70	80								229	230				231	232				
75	90	8	25					M12×25	381	383	A5×16	M12×30	12	383	390	26	10	28	11.5
85	100								427	429				434	436				

注：1. 当挡圈装在带螺纹孔的轴端时，紧固用螺钉允许加长。

2. “轴端单孔挡圈的固定”不属 GB/T 891—1986、GB/T 892—1986，供参考。

3. 材料：Q235A、35 钢、45 钢。

表 7-13　轴用弹性挡圈—A 型（摘自 GB/T 894.1—1986）、**—B 型**（摘自 GB/T 894.2—1986）

（单位：mm）

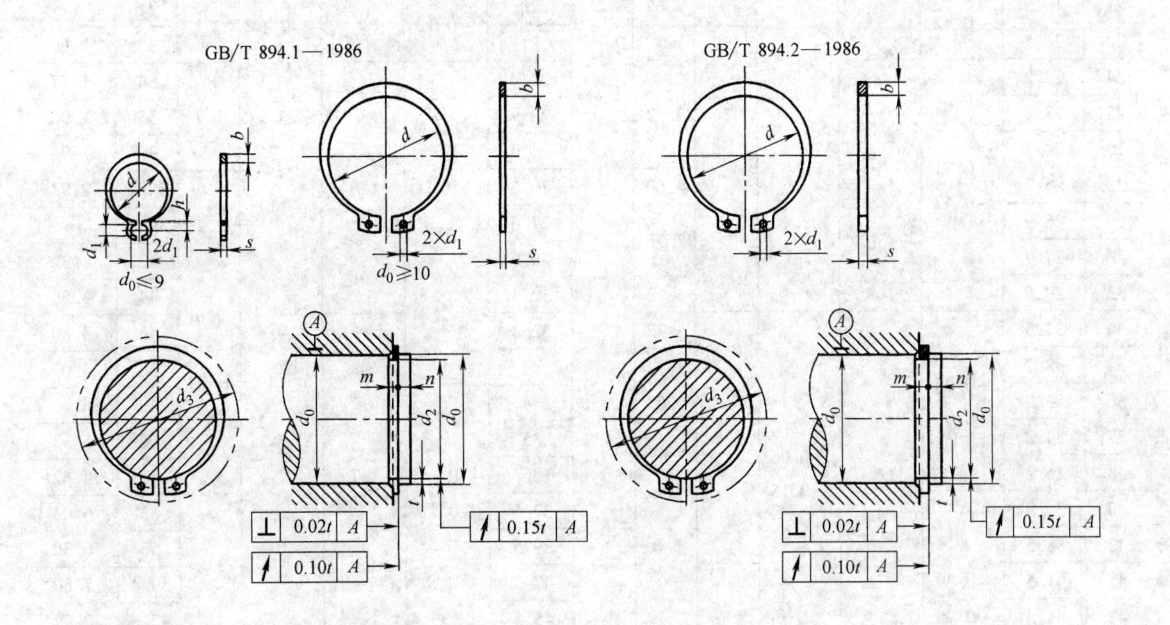

标记示例：

轴径 d_0 = 50mm、材料为 65Mn、热处理 44 ~ 51HRC、经表面氧化处理的 A 型（B 型）轴用弹性挡圈的标记：

挡圈　GB/T 894.1—1986　50　　　　（GB/T 894.2—1986　50）

（续）

轴径 d_0	挡圈 d 基本尺寸	挡圈 d 极限偏差	挡圈 s 基本尺寸	挡圈 s 极限偏差	挡圈 d_1	挡圈 b	沟槽(推荐) h	沟槽 d_2 基本尺寸	沟槽 d_2 极限偏差	沟槽 m 基本尺寸	沟槽 m 极限偏差	沟槽 n ≥	孔 d_3 ≥	每1000个钢挡圈质量/kg
3	2.7	+0.04 -0.15	0.4	+0.03 -0.06	1	0.8	0.95	2.8	0 -0.04	0.5	+0.14 0	0.3	7.2	
4	3.7					0.88	1.1	3.8					8.8	
5	4.7		0.6	+0.04 -0.07		1.12	1.25	4.8	0 -0.048	0.7			10.7	
6	5.6				1.2	1.32	1.35	5.7				0.5	12.2	
7	6.5	+0.06 -0.18					1.55	6.7	0 -0.058				13.8	
8	7.4		0.8	+0.04 -0.10			1.6	7.6		0.9		0.6	15.2	
9	8.4					1.44	1.65	8.6					16.4	
10	9.3	+0.10 -0.36	1	+0.05 -0.13	1.5			9.6					17.6	0.34
11	10.2					1.52		10.5	0 -0.11	1.1		0.8	18.6	0.41
12	11					1.72		11.5					19.6	0.50
13	11.9				1.7	1.88		12.4				0.9	20.8	0.53
14	12.9							13.4					22	0.64
15	13.8					2.0		14.3				1.1	23.2	0.67
16	14.7					2.32		15.2				1.2	24.4	0.70
17	15.7					2.48		16.2					25.6	0.82
18	16.5							17				1.5	27	1.11
19	17.5				2			18					28	1.22
20	18.5	+0.13 -0.42				2.68		19	0 -0.13				29	1.30
21	19.5							20					31	
22	20.5							21					32	1.60
24	22.2	+0.21 -0.42	1.2			3.32		22.9	0 -0.21	1.3		1.7	34	1.77
25	23.2							23.9					35	1.90
26	24.2							24.9					36	1.96
28	25.9					3.60		26.6				2.1	38.4	2.92
29	26.9					3.72		27.6					39.8	
30	27.9							28.6					42	3.32
32	29.6					3.92		30.3	0 -0.25			2.6	44	3.56
34	31.5	+0.25 -0.90	1.5	+0.06 -0.15	2.5	4.32		32.3		1.7			46	3.80
35	32.2					4.52		33				3	48	4.00
36	33.2							34					49	5.00
37	34.2							35					50	5.32
38	35.2					5.0		36					51	5.62
40	36.5	+0.39 -0.90						37.5				3.8	53	6.03
42	38.5							39.5					56	6.50
45	41.5				3			42.5					59.4	7.60
48	44.5							45.5					62.8	7.92
50	45.8	+0.46 -1.10	2	+0.06 -0.18		5.48		47		2.2		4.5	64.8	10.2
52	47.8							49					67	11.1
55	50.8							52	0 -0.30				70.4	11.4
56	51.8					6.12		53					71.7	

（续）

轴径 d_0	挡圈 d 基本尺寸	挡圈 d 极限偏差	挡圈 s 基本尺寸	挡圈 s 极限偏差	d_1	b	h	沟槽(推荐) d_2 基本尺寸	沟槽(推荐) d_2 极限偏差	沟槽(推荐) m 基本尺寸	沟槽(推荐) m 极限偏差	n ≥	孔 d_3 ≥	每1000个钢挡圈质量/kg
58	53.8							55					73.6	12.6
60	55.8		2	+0.06 -0.18				57		2.2			75.8	12.0
62	57.8					6.12		59					79	15.0
63	58.8							60					79.6	
65	60.8							62				4.5	81.6	18.2
68	63.5							65	0				85	21.3
70	65.5	+0.46 -1.10						67	-0.30				87.2	22.0
72	67.5					6.32		69					89.4	22.6
75	70.5							72			+0.14		92.8	24.2
78	73.5				3			75			0		96.2	26.2
80	74.5		2.5					76.5		2.7			98.2	27.3
82	76.5							78.5					101	
85	79.5					7.0		81.5					104	30.3
88	82.5							84.5	0			5.3	107.3	
90	84.5					7.6		86.5	-0.35				110	37.1
95	89.5					9.2		91.5					115	40.8
100	94.5							96.5					121	44.8
105	98	+0.54 -1.30				10.7		101					132	60.0
110	103					11.3		106	0				136	61.5
115	108			+0.07 -0.22		12.6		111	-0.54				142	63.0
120	113							116					145	64.5
125	118							121				6	151	
130	123					1.32		126					158	75.0
135	128							131					162.8	
140	133							136					168	82.5
145	138					14		141					174.4	
150	142		3					145	0	3.2	+0.18		180	90.0
155	146	+0.63			4	14.4		150	-0.63		0		186	
160	151	-1.50						155					190	112.5
165	155.5					15		160					195	
170	160.5							165					200	127.5
175	165.5					15.2		170				7.5	206	
180	170.5							175					212	142.5
185	175.5							180					218	
190	180.5					15.6		185	0				223	157.5
195	185.5	+0.72 -1.70						190	-0.72				229	
200	190.5							195					235	172.5

注：1. GB/T 894.1—1986。轴径 $d_0=3\sim200$mm；GB/T 894.2—1986，轴径 $d_0=20\sim200$mm。

2. A 型系采用板材—冲切工艺制成；B 型系采用线材—冲切工艺制成。

3. d_3 为允许套入的最小孔径；$t=\frac{d_0-d_2}{2}$。

4. 材料见 GB/T 959.1—1986；65Mn、60Si2MnA。

表 7-14　孔用弹性挡圈—A 型（摘自 GB/T 893.1—1986）、—B 型（摘自 GB/T 893.2—1986）

（单位：mm）

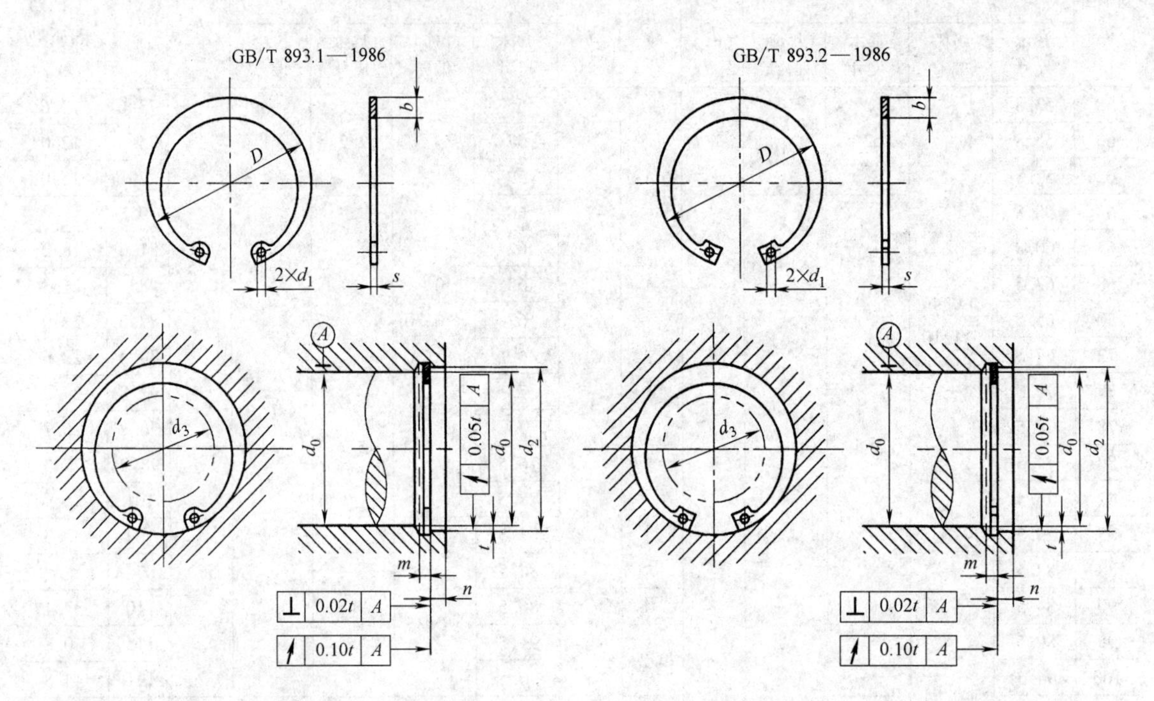

标记示例：

孔径 d_0 = 50mm、材料为 65Mn、热处理硬度 44 ~ 51HRC，经表面氧化处理的 A 型孔用弹性挡圈的标记：

挡圈　GB/T 893.1—1986　50

标记示例：

孔径 d_0 = 40mm、材料为 65Mn、热处理硬度 47 ~ 54HRC，经表面氧化处理的 B 型孔用弹性挡圈的标记：

挡圈　GB/T 893.2—1986　40

孔径 d_0	挡圈						沟槽（推荐）					轴	每1000个钢挡圈质量/kg
	D		s		d_1	b	d_2		m		n	d_3	
	基本尺寸	极限偏差	基本尺寸	极限偏差			基本尺寸	极限偏差	基本尺寸	极限偏差	≥	≤	
8	8.7	+0.36 −0.10	0.6	+0.04 −0.07	1	1	8.4	+0.09 0	0.7	+0.14 0	0.6	2	0.14
9	9.8					1.2	8.4						0.15
10	10.8		0.8	+0.04 −0.10	1.5	1.7	10.4	+0.11 0	0.9				0.18
11	11.8						11.4				0.9	3	0.31
12	13						12.5					4	0.37
13	14.1				1.7		13.6						0.42
14	15.1		1	+0.05 −0.13		2.1	14.6		1.1		1.2	5	0.52
15	16.2						15.7					6	0.56
16	17.3						16.8					7	0.60
17	18.3						17.8					8	0.65
18	19.5	+0.42 −0.13					19	+0.13 0			1.5	9	0.74
19	20.5				2	2.5	20					10	0.83
20	21.5						21						0.90

（续）

孔径 d_0	挡圈						沟槽(推荐)					轴	每1000个钢挡圈质量/kg
	D		s		d_1	b	d_2		m		n	d_3	
	基本尺寸	极限偏差	基本尺寸	极限偏差			基本尺寸	极限偏差	基本尺寸	极限偏差	≥	≤	
21	22.5	+0.42 −0.13	1.0	+0.05 −0.13	2	2.5	22	+0.13 0	1.1		1.5	11	1.00
22	23.5						23					12	1.10
24	25.9	+0.42 −0.21	1.2	+0.05 −0.13			25.2	+0.21 0	1.3	+0.14 0	1.8	13	1.42
25	26.9					2.8	26.2					14	1.50
26	27.9						27.2					15	1.60
28	30.1	+0.50 −0.25				3.2	29.4				2.1	17	1.80
30	32.1						31.4	+0.25 0				18	2.06
31	33.4				2.5		32.7				2.6	19	
32	34.4						33.7					20	2.21
34	36.5		1.5	+0.06 −0.15		3.6	35.7		1.7			22	3.20
35	37.8						37				3	23	3.54
36	38.8						38					24	3.70
37	39.8						39					25	3.74
38	40.8						40					26	3.90
40	43.5	+0.90 −0.39				4	42.5				3.8	27	4.70
42	45.5				3		44.5					29	5.40
45	48.5					4.7	47.5					31	6.00
47	50.5	+1.10 −0.46					49.5					32	6.10
48	51.5						50.5	+0.30 0				33	6.70
50	54.2		2	+0.06 −0.18			53		2.2		4.5	36	7.30
52	56.2						55					38	8.20
55	59.2						58					40	8.38
56	60.2					5.2	59					41	8.7
58	62.2						61					43	10.5
60	64.2						63					44	11.1
62	66.2						65					45	11.2
63	67.2						66					46	
65	69.2		2.5	+0.07 −0.22			68		2.7			48	14.3
68	72.5					5.7	71					50	16.0
70	74.5						73					53	16.5
72	76.5						75					55	18.1
75	79.5					6.3	78					56	18.8
78	82.5	+1.30 −0.54					81	+0.35 0				60	20.4
80	85.5					6.8	83.5				5.3	63	22.0
82	87.5						85.5					65	

（续）

孔径 d_0	挡圈						沟槽(推荐)					轴	每1000个钢挡圈质量/kg
	D		s		d_1	b	d_2		m		n	d_3	
	基本尺寸	极限偏差	基本尺寸	极限偏差			基本尺寸	极限偏差	基本尺寸	极限偏差	≥	≤	
85	90.5	+1.30 -0.54	2.5	+0.07 -0.22	3	6.8	88.5	+0.35 0	2.7	+0.14 0	5.3	68	23.1
88	93.5					7.3	91.5					70	
90	95.5						93.5					72	23.8
92	97.5					7.7	95.5					73	
95	100.5						98.5					75	29.2
98	103.5						101.5					78	
100	105.6						103.5					80	31.6
102	108		3		4	8.1	106	+0.54 0	3.2	+0.18 0	6	82	
105	112						109					83	42.0
108	115					8.8	112					86	
110	117						114					88	48.4
112	119					9.3	116					89	
115	122	+1.50 -0.63					119					90	55.9
120	127						124	+0.63 0				95	57.8
125	132					10	129					100	59.25
130	137					10.7	134					105	61.5
135	142						139					110	
140	147						144					115	65.6
145	152					10.9	149					118	66.75
150	158					11.2	155				7.5	121	78.8
155	164					11.6	160					125	
160	169						165					130	82.5
165	174.5					11.8	170					136	93.75
170	179.5					12.3	175					140	105.0
175	184.5	+1.70 -0.72				12.7	180					142	112.5
180	189.5					12.8	185	+0.72 0				145	123.8
185	194.5					12.9	190					150	
190	199.5					13.1	195					155	131.3
195	204.5						200					157	
200	209.5					13.2	205					165	146.3

注：1. GB/T 893.1—1986，d_0 = 8 ~ 200mm；GB/T 893.2—1986，d_0 = 20 ~ 200mm。

2. A 型系采用板材—冲切工艺制成；B 型系采用线材—冲切工艺制成。

3. d_3 为允许套入的最大轴径；$t=\frac{d_2-d_0}{2}$。

4. 材料见 GB/T 959—1986；65Mn，60Si2MnA。

表 7-15　轴肩挡圈（摘自 GB/T 886—1986）　　　　　　　　　（单位：mm）

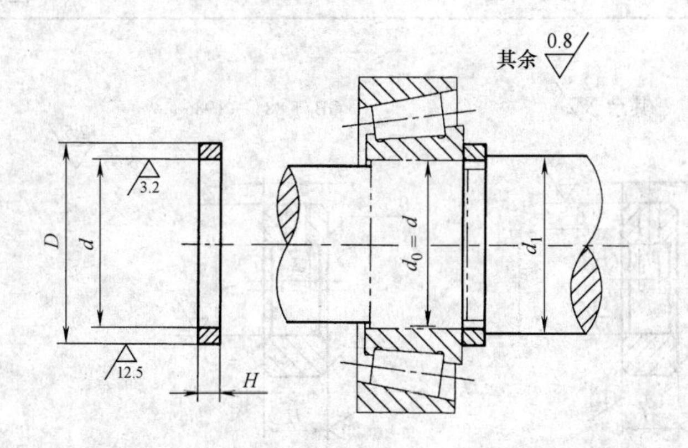

标记示例：

公称直径 $d=30$mm、外径 $D=40$mm、材料为 35 钢、不经热处理及表面处理的轴肩挡圈的标记：

挡圈　GB/T 886—1986　30×40

公称直径 d		d_1	2 系列径向轴承用				3 系列径向轴承和 2 系列径向推力轴承用				4 系列径向轴承和 3 系列径向推力轴承用			
				H		1000 个的质量 /kg ≈		H		1000 个的质量 /kg ≈		H		1000 个的质量 /kg ≈
基本尺寸	极限偏差	≥	D	基本尺寸	极限偏差		D	基本尺寸	极限偏差		D	基本尺寸	极限偏差	
20	+0.13 0	22					27			8	30			16
25		27					32			10	35			19
30		32	36			10	38			14	40			21
35		37	42			14	45	4		20	47	5		30
40	+0.16 0	42	47	4		15	50			23	52			34
45		47	52			17	55			25	58		0 −0.30	42
50		52	58			21	60			27	65			53
		58	65			37	68		0 −0.30	37	70			69
6		63	70		0 −0.30	40	72			49	75	6		75
6	+0.19 0	68	75	5		43	78	5		57	80			81
70		73	80			46	83			61	85			86
75		78	85			50	88			65	90			92
80		83	90			63	95			78	100			177
85		88	95	6		67	100	6		103	105	8		188
90		93	100			70	105			108	110			197
95		98	110			114	115			114	115		0 −0.36	207
100	+0.22 0	103	115			159	120			159	120			271
105		109	120	8	0 −0.36	166	125	8	0 −0.36	166	130	10		362
110		114	125			174	130			237	135			378
120		124	135			189	140			257	145			409

注：技术条件按 GB/T 959.3—1986 规定，材料：35 钢，45 钢，Q235A，Y12。

表7-16 锥销锁紧挡圈、螺钉锁紧挡圈、带锁圈的螺钉锁紧挡圈及钢丝锁圈（摘自GB/T 883～885—1986、GB/T 921—1986） （单位：mm）

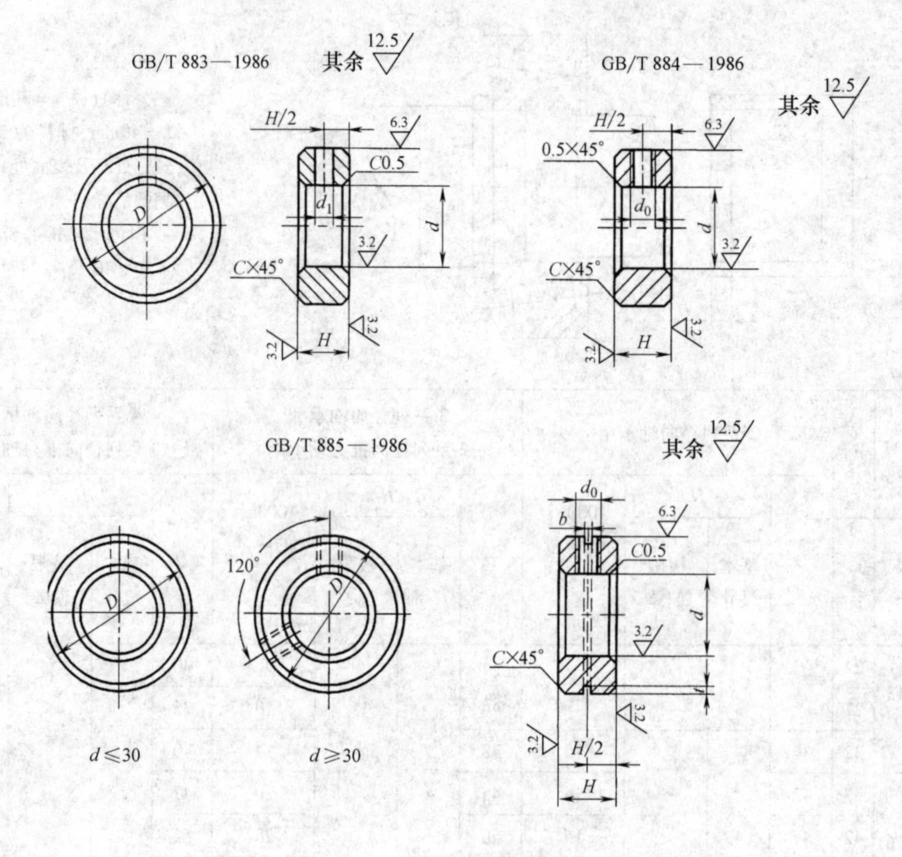

GB 921—1986

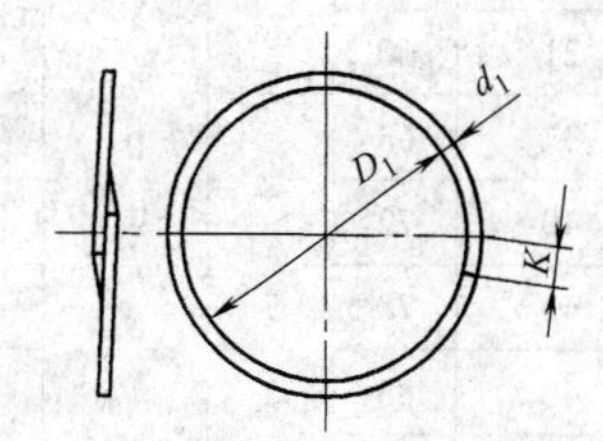

标记示例：

1）公称直径 d = 20mm、材料为Q235A、不经表面处理的锥销锁紧挡圈、螺钉锁紧挡圈和带锁圈的螺钉锁紧挡圈，标记如下：

挡圈 GB/T 883—1986 20　　挡圈 GB/T 884—1986 20　　挡圈 GB/T 885—1986 20

2）公称直径 D = 30mm、材料为碳素弹簧钢丝、经低温回火及表面氧化处理的锁圈，标记如下：

锁圈 GB/T 921—1986 30

公称直径 d		H			C				b		t		圆锥销	螺钉	钢丝锁圈		
基本尺寸	极限偏差	基本尺寸	极限偏差	D	GB/T 883	GB/T 884 GB/T 885	d_t	d_0	基本尺寸	极限偏差	基本尺寸	极限偏差	GB/T 117—2000	GB/T 71—1985	公称直径 D_1	d_1	K
8	+0.036 0	10	0 -0.36	20	0.5	0.5	3	M5	1	+0.20 +0.06	1.8	±0.18	3×22	M5×8	15	0.7	0
(9)				22											17		
10																	

（续）

公称直径 d		H		D	C		d_t	d_0	b		t		圆锥销	螺　钉	钢丝锁圈		
基本尺寸	极限偏差	基本尺寸	极限偏差		GB/T 883	GB/T 884 GB/T 885			基本尺寸	极限偏差	基本尺寸	极限偏差	GB/T 117—2000	GB/T 71—1985	公称直径 D_1	d_1	K
12	+0.043 0	10	0 -0.36	25	0.5	0.5	3	M5	1		1.8	±0.18	3×25	M5×8	20	0.7	0
(13)																	
14		12	0 -0.43	28		1	4	M6			2	±0.20	4×28	M6×10	23		
15				30									4×32		25	0.8	3
16										+0.20 +0.06							
17			0 -0.43	32											27		
18							5										
(19)	+0.052 0			35									4×35		30		
20																	
22				38	1		6	M8					5×40		32		
25	+0.062 0	14		42					1.2		2.5	25	5×45	M8×12	35	1	6
28				45											38		
30				48									6×50		41		
32				52									6×55		44		
35		16		56				M10	1.6		3	±0.30		M10×20	47		
40				62									6×60	M10×16	54	1.4	9
45		18		70									6×70		62		
50				80			8						8×80	M10×20	71		
55	+0.074 0			85					2				8×90		76		
60		20	0 -0.52	90			10								81		
65				95									10×100		86		
70				100											91		
75		22		110				M12			3.6	±0.36	10×120	M12×25	100	1.8	
80				115											105		
85	+0.087 0			120											110		
90				125											115		
95		25		130	1.5	1.5				+0.31 +0.06			10×130		120		
100				135									10×140		124		12
105				140			12								129		
110		30		150							4.5	±0.45	12×150		136		
115				155											142		
120				160									12×160		147		
(125)	+0.10 0			165											152		
130				170			1.2						12×180		156		
(135)				175	—										162		
140				180											166		
(145)				190										M12×30	176		
150				200											186		
160				210											196		
170				220											206		
180				230											216		
190	+0.0115 0			240											226		
200				250											236		

注：1. 尽可能不采用括号内的规格。

2. d_1 孔在加工时，只钻一面；在装配时钻透并铰孔。

3. 挡圈按 GB/T 959.2—1986 技术规定，材料为 35 钢、45 钢、Q235A、Y12。35 钢、45 钢淬火并回火及表面氧化处理。

4. 钢丝锁圈应进行低温回火及表面氧化处理。

表7-17　圆螺母和圆螺母用止动垫圈（摘自GB/T 812、858—1988）　　（单位:mm）

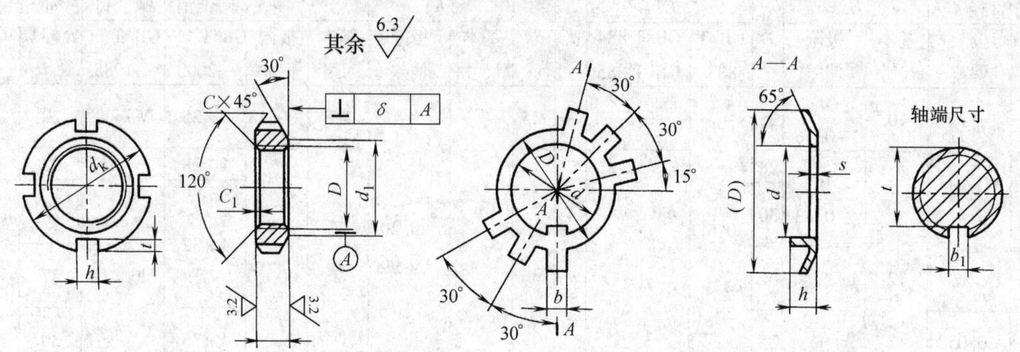

标记示例：

螺纹规格 D = M16×1.5、材料为45钢、槽或全部热处理硬度35～45HRC、表面氧化的圆螺母的标记：

螺母　GB/T 812—1988　M16×1.5

标记示例：

规格为16mm、材料为Q235、经退火、表面氧化的圆螺母用止动垫圈的标记：

垫圈　GB/T 858—1988　16

圆螺母										圆螺母用止动垫圈									
螺纹规格 $D\times P$	d_k	d_1	m	h max	h min	t max	t min	C	C_1	螺纹规格	d	D（参考）	D_1	S	b	a	h	轴端 b_1	轴端 t
M10×1	22	16								10	10.5	25	16			8			7
M12×1.25	25	19		4.3	4	2.6	2			12	12.5	28	19		3.8	9		4	8
M14×1.5	28	20	8							14	14.5	32	20			11	3		10
M16×1.5	30	22						0.5		16	16.5	34	22			13			12
M18×1.5	32	24								18	18.5	35	24			15			14
M20×1.5	35	27								20	20.5	38	27	1		17			16
M22×1.5	38	30		5.3	5	3.1	2.5			22	22.5	42	30		4.8	19	4		18
M24×1.5	42	34								24	24.5	45	34			21		5	20
M25×1.5*										25*	25.5					22			
M27×1.5	45	37								27	27.5	48	37			24			23
M30×1.5	48	40						1	0.5	30	30.5	52	40			27			26
M33×1.5	52	43	10							33	33.5	56	43			30			29
M35×1.5*										35*	35.5*					32			
M36×1.5	55	46								36	36.5	60	46			33			32
M39×1.5	58	49		6.3	6	3.6	3			39	39.5	62	49		5.7	36	5	6	35
M40×1.5*										40*	40.5					37			
M42×1.5	62	53								42	42.5	66	53			39			38
M45×1.5	68	59								45	45.5	72	59	1.5		42			41
M48×1.5	72	61						1.5		48	48.5	76	61			45			44
M50×1.5*										50*	50.5					47			
M52×1.5	78	67	12	8.36	8	4.25	3.5			52	52.5	82	67		7.7	49		8	48
M55×2*										55*	56					52	6		
M56×2	85	74							1	56	57	90	74			53			52

（续）

圆螺母										圆螺母用止动垫圈									
螺纹规格 $D\times P$	d_k	d_1	m	h max	h min	t max	t min	C	C_1	螺纹规格	d	D（参考）	D_1	S	b	a	h	轴端 b_1	轴端 t
M60×2	90	79								60	61	94	79			57			56
M64×2	95	84	12	8.36	8	4.25	3.5			64	65	100	84		7.7	61	6	8	60
M65×2*										65*	66					62			
M68×2	100	88								68	69	105	88			65			64
M72×2	105	93								72	73	110	93	1.5		69			68
M75×2*				10.36	10	4.75	4	1.5	1	75*	76				9.6	71		10	
M76×2	110	98	15							76	77	115	98			72			70
M30×2	115	103								80	81	120	103			76	7		74
M85×2	120	108								85	86	125	108			81			79
M90×2	125	112								90	91	130	112			86			84
M95×2	130	117	18	12.43	12	5.75	5			95	96	135	117	2	11.6	91		12	89
M100×2	135	122								100	101	140	122			96			94

注：1. 圆螺母槽数 $n=4$。

2. *仅用于滚动轴承锁紧装置。

表7-18　孔用钢丝挡圈和轴用钢丝挡圈（摘自GB/T 895.1，2—1986）

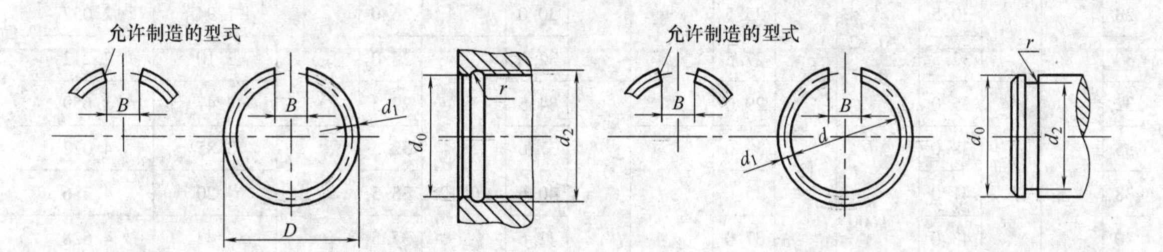

标记示例：

孔径 $d_0=40$mm、材料为碳素弹簧钢丝、经低温回火及表面氧化处理的孔用钢丝挡圈的标记：

挡圈　GB/T 895.1—1986　40

孔径、轴径 d_0	d_1	r	挡圈 GB/T 895.1—1986 D 基本尺寸	D 极限偏差	B	挡圈 GB/T 895.2—1986 d 基本尺寸	d 极限偏差	B	沟槽（推荐）GB/T 895.1—1986 d_2 基本尺寸	d_2 极限偏差	沟槽（推荐）GB/T 895.2—1986 d_2 基本尺寸	d_2 极限偏差	1000个质量/kg ≈ GB/T 895.1—1986	1000个质量/kg ≈ GB/T 895.2—1986
4						3					3.4			
5	0.6	0.4				4	0 −0.18	1			4.4	±0.037		0.03
6						5					5.4			0.037

（续）

孔径、轴径 d_0	挡圈								沟槽(推荐)				1000个质量/kg ≈	
	d_1	r	GB/T 895.1—1986			GB/T 895.2—1986			GB/T 895.1—1986		GB/T 895.2—1986		GB/T 895.1—1986	GB/T 895.2—1986
			D		B	d		B	d_2		d_2			
			基本尺寸	极限偏差		基本尺寸	极限偏差		基本尺寸	极限偏差	基本尺寸	极限偏差		
7	0.8	0.5	8.0	+0.22 0	4	6	0 −0.22	2	7.8	±0.045	6.2	±0.045	0.0735	0.076
8			9.0			7			8.8		7.2		0.0859	0.089
10			11.0			9			10.8	±0.055	9.2		0.0934	0.114
12	1.0	0.6	13.5	+0.43 0	6	10.5	0 −0.47	3	13.0	±0.055	11.0	±0.055	0.205	0.204
14			15.5			12.5			15.0		13.0		0.244	0.243
16	1.6		18.0		8	14.0			17.6		14.4		0.705	0.726
18			20.0	+0.52 0		16.0	0 −0.47		19.6	±0.065	16.4		0.804	0.825
20	2.0	1.1	22.5		10	17.5			22.0	±0.105	18.0	±0.09	1.32	1.437
22			24.5			19.5	0 −0.52		24.0		20.0	±0.105	1.47	1.592
24			26.5			21.5			26.0		22.0		1.63	1.747
25			27.5			22.5			27.0		23.0		1.70	1.824
26			28.5			23.5			28.0		24.0		1.79	1.902
28			30.5	+0.62 0		25.5			30.0		26.0		1.94	2.057
30			32.5			27.5			32.0	±0.125	28.0		2.10	2.212
32	2.5	1.4	35.0		12	29.0		4	34.5		29.5		3.47	3.659
35			38.0	+1.00 0		32.0	0 −1.00		37.6		32.5	±0.125	3.85	4.022
38			41.0			35.0			40.6		35.5		4.20	4.386
40			43.0			37.0			42.6		37.5		4.43	4.628
42			45.0		16	39.0			44.5		39.5		4.54	4.87
45			48.0			42.0			47.5		42.5		4.89	5.233
48			51.0	+1.20 0		45.0			50.5	±0.150	45.5		5.24	5.596
50			53.0			47.0			52.5		47.5		5.51	5.838
55	3.2	1.8	59.0		20	51.0	0 −1.20		58.2		51.8	±0.15	9.805	10.42
60			64.0			56.0			63.2		56.8		10.80	11.43
65			69.0			61.0			68.2		61.8		11.79	12.22
70			74.0		25	66.0		5	73.2		66.8		12.46	13.41
75			79.0			71.0			78.2		71.8		13.47	14.40
80			84.0	+1.40 0		76.0			83.2	±0.175	76.8		14.45	15.39
85			89.0			81.0	0 −1.40		88.2		81.8	±0.175	15.44	16.39
90			94.0			86.0			93.2		86.8		16.43	17.38

表 7-19　带锁紧槽圆螺母　　　　（单位：mm）

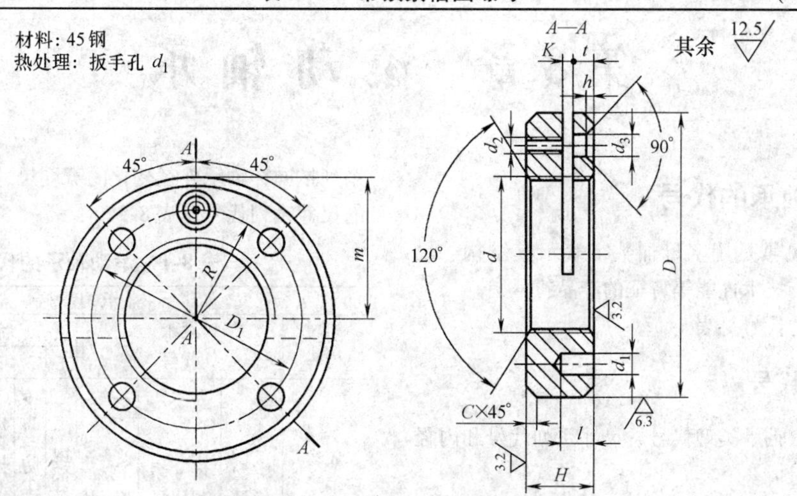

标记示例：

细牙普通螺纹，直径 24mm、螺距 1.5mm 的带锁紧槽圆螺母的标记：

圆螺母　M24×1.5

d	D	D_1		H		d_1		d_2	d_3	R	l	h		t	K	m	C	螺钉 GB/T 68—2000
		公称尺寸	允许偏差	公称尺寸	允许偏差	公称尺寸	允许偏差					公称尺寸	允许偏差					
M10×1	22	16	+0.12	6	-0.30	3	+0.25	M2	2.6	8	3	1.2	-0.3	1.2	1.5	15	0.2	M2×4
M12×1.25	25	18								9								
M16×1.5	30	22	+0.14	8	-0.36	3.5	+0.25	M3	3.6	11.5	4	1.5	-0.3	1.5	1.5	20	0.5	M3×6
M18×1.5	32	24					+0.30			12.5								
M20×1.5	35	27				4				13.5								
(M22×1.5)	38	30		10				M4	4.8	15	5	2	-0.4	2	2	25		M4×8
M24×1.5	42	34	+0.17							16.5							1	
(M27×1.5)	45					4.5				18						30		
M30×1.5	48	38								19.5	6							
(M33×1.5)	52	42						M5	6	20.5		2.5		3		35		M5×8
M36×1.5	55	46								23								
(M39×1.5)	58					5.5				24.5						40		
M42×1.5	62	54	+0.20							26	7							
(M45×1.5)	68									28.5						45		
M48×1.5	72	62		12	-0.43			M6	7	30		3		4	3			M6×10
(M52×1.5)	78					6.5				32.5						50		
M56×2	85	72					+0.36			35.5								
(M60×2)	90					7.5				38						55		
M64×2	95	80								40	8							
(M68×2)	100					9				42				5		60		M6×12
M72×2	105	90	+0.23	15						44	10						1.5	
(M76×2)	110							M8	9	46.5		4	-0.5			65		M8×12
M80×2	115	100								49								
(M85×2)	120									51								
M90×2	125	110		18						54				6		70		M8×15
(M95×2)	130									56.5								
M100×2	135	120								59								

注：1. 括号内尽量不用。

2. 表面发蓝处理。

第8章 滚动轴承

8.1 滚动轴承的代号

滚动轴承代号是用字母加数字表示其结构、尺寸、公差等级、技术性能等特征的产品符号。

滚动轴承的代号见表8-1。

8.1.1 基本代号

基本代号由轴承类型代号、尺寸系列代号和内径代号依次排列组成。

尺寸系列代号由轴承的宽（高）度系列代号和直径系列代号组合而成，表示轴承的外形尺寸。直径系列指对应同样轴承内径变化的外径尺寸系列。宽度系列指同样轴承外径变化的宽度尺寸系列。滚动轴承的尺寸系列代号见表8-2。

表8-1 滚动轴承的代号

轴承代号											
前置代号	基本代号			后置代号(组)							
				1	2	3	4	5	6	7	8
成套轴承分部件	类型代号	尺寸系列代号	内径代号	内部结构	密封与防尘套圈变型	保持架及其材料	轴承材料	公差等级	游隙	配置	其他

表8-2 滚动轴承的尺寸系列代号

直径系列代号	向心轴承								推力轴承			
	宽度系列代号								高度系列代号			
	8	0	1	2	3	4	5	6	7	9	1	2
	尺寸系列代号											
7			17		37							
8		08	18	28	38	48	58	68				
9		09	19	29	39	49	59	69				
0		00	10	20	30	40	50	60	70	90	10	
1		01	11	21	31	41	51	61	71	91	11	
2	82	02	12	22	32	42	52	62	72	92	12	22
3	83	03	13	23	33				73	93	13	23
4		04		24					74	94	14	24
5										95		

滚动轴承的内径代号表示其公称内径的大小,见表8-3。

表8-3 滚动轴承的内径代号

轴承公称内径/mm		内 径 代 号	示 例
0.6~10(非整数)		用公称内径毫米数直接表示,在其与尺寸系列代号之间用“/”分开	深沟球轴承618/2.5 $d=2.5$mm
1~9(整数)		用公称内径毫米数直接表示,对深沟球轴承及角接触球轴承7、8、9直径系列,内径与尺寸系列代号之间用“/”分开	深沟球轴承62 /5、618/5 $d=5$mm
10~17	10	00	深沟球轴承 62 00 $d=10$mm
	12	01	
	15	02	
	17	03	
20~480(22,28,32除外)		公称内径除以5的商数,商数为个位数,需在商数左边加“0”,如08	调心滚子轴承232 08 $d=40$mm
≥500以上及22,28,32		用公称内径毫米数直接表示,在与尺寸系列之间用“/”分开	调心滚子轴承230/500 $d=50$mm 深沟球轴承62/22 $d=22$mm

在通用轴承中，滚针轴承的基本代号表示法与其他轴承不同，其基本代号由类型代号和配合安装特征代号组成。例如：

1）滚针和保持架组件：K40×48×30。其中，K为类型代号；40×48×30为配合安装特征代号。

有些滚针轴承也使用尺寸系列代号、内径代号来表示。

2）滚针轴承：NA4805。其中，NA为类型代号；48为尺寸系列代号，05为内径代号。

8.1.2　前置代号

前置代号表示成套轴承分部件，用字母表示，其代号与含义见表8-4。

表8-4　滚动轴承的前置代号

代号	含　义	示　例
F	凸缘外圈的向心球轴承（仅适用 $d \leqslant 10$mm）	F618/4
L	可分离轴承的可分离内圈或外圈	LNU 207
R	不带可分离内圈或外圈的轴承（滚针轴承仅适用NA型）	RNU 207 RNA 6904
WS	推力圆柱滚子轴承轴圈	WS 81107
GS	推力圆柱滚子轴承座圈	GS 81107
KOW-	无轴圈推力轴承	KOW-51108
KIW-	无座圈推力轴承	KIW-51108
LR	带可分离的内圈或外圈与滚动体组件轴承	—
K	滚子和保持架组件	K81107

8.1.3　后置代号

后置代号表示轴承的内部结构变化、密封防尘与外部形状变化、保持架及其材料改变、轴承材料改变、公差等级、游隙组别、配置形式等特征，其代号与含义见表8-5至表8-10。

表8-5　滚动轴承的内部结构变化代号

代号	含　义	示　例
A	双列角接触或深沟球轴承　无装球缺口	3205A
B	1. 角接触球轴承　公称接触角 $\alpha=40°$	7210B
	2. 圆锥滚子轴承　接触角加大	32310B
C	1. 角接触球轴承　公称接触角 $\alpha=15°$	7005C
	2. 调心滚子轴承	
	C型　内圈无挡边，冲压保持架	23122C
	CA型　内圈带挡边，实体保持架	23024CA/W33
	CC型　滚子引导方式有改进	22205CC
E	加强型	NU207E
AC	角接触球轴承　公称接触角 $\alpha=25°$	7210AC
D	剖分式轴承	K50×55×20D
ZW	滚针保持架组件　双列	K20×25×40ZW

表8-6　密封、防尘与外部形状变化代号

代号	含　义	示　例
K	圆锥孔轴承锥度1∶12（外球面球轴承除外）	1210K
K30	圆锥孔轴承锥度1∶30	24122 K30
R	轴承外圈有止动挡边（凸缘外圈）（不适用于内径小于10mm的深沟球轴承）	30307R
N	轴承外圈上有止动槽	6210N
NR	轴承外圈上有止动槽，并带止动环	6210NR
-RS	轴承一面带骨架式橡胶密封圈（接触式）	6210-RS
-2RS	轴承两面带骨架式橡胶密封圈（接触式）	6210-2RS
-RZ	轴承一面带骨架式橡胶密封圈（非接触式）	6210-RZ
-2RZ	轴承两面带骨架式橡胶密封圈（非接触式）	6210-2RZ
-Z	轴承一面带防尘盖	6210-Z
-2Z	轴承两面带防尘盖	6210-2Z
-FS	轴承一面带毡圈密封	6203-FS
-2FS	轴承两面带毡圈密封	6203-2FS
-RSZ	轴承一面带骨架式橡胶密封圈（接触式）、一面带防尘盖	6210-RSZ
-RZZ	轴承一面带骨架式橡胶密封圈（非接触式）、一面带防尘盖	6210-RZZ
-ZN	轴承一面带防尘盖，另一面外圈有止动槽	6210-ZN
-ZNR	轴承一面带防尘盖，另一面外圈有止动槽并带止动环	6210-ZNR
-ZNB	轴承一面带防尘盖，同一面外圈有止动槽	6210-ZNB
-2ZN	轴承两面带防尘盖，外圈有止动槽	6210-2ZN
U	推力球轴承带球面垫圈	53210U

注：密封圈代号与防尘盖代号，可以与止动槽代号进行多种组合。

表 8-7　保持架代号和轴承零件材料改变代号

保持架代号		轴承零件材料改变代号	
代　号	含　义	代　号	含　义
F4	粉末冶金实体保持架	/HA	真空冶炼轴承钢
Q	青铜实体保持架	/HE	电渣重溶轴承钢
M	黄铜实体保持架	/HC	渗碳钢
L	轻合金实体保持架	/HV	可淬硬不锈钢
TN	工程塑料注模保持架	/HN	耐热钢
J	钢板冲压保持架	/HP	铍青铜或其他防磁材料

表 8-8　公差等级代号

代　号	含　义	示　例	旧标准代号
/P0	公差等级符合标准规定的 0 级，代号中省略，不表示	6203	G
/P6	公差等级符合标准规定的 6 级	6203/P6	E
/P6x	公差等级符合标准规定的 6x 级	30210/P6x	Ex
/P5	公差等级符合标准规定的 5 级	6203/P5	D
/P4	公差等级符合标准规定的 4 级	6203/P4	C
/P2	公差等级符合标准规定的 2 级	6203/P2	B

表 8-9　滚动轴承的游隙代号

代号	含　义	示　例
/C1	游隙符合标准规定的 1 组	NN 3006K/C1
/C2	游隙符合标准规定的 2 级	6210/C2
—	游隙符合标准规定的 0 组	6210
/C3	游隙符合标准规定的 3 组	6210/C3
/C4	游隙符合标准规定的 4 组	NN 3006 K/C4
/C5	游隙符合标准规定的 5 组	NNU 4920 K/C5
/C9	轴承游隙不同于现标准	6205-2RS/C9

表 8-10　滚动轴承的配置代号

代号	含　义	示　例
/DB	两套背对背安装	7210C/DB
/DF	两套面对面安装	32208/DF
/DT	两套串联安装	7210B/DT
/TFT	三套，两套串联一套面对面	30210/TFT
/TT	三套，串联	7210C/TT
/QBC	四套，成对串联的背对背	7210B/QBC
/QFT	四套，三套串联一套面对面	7210C/QFT

滚动轴承代号示例：

1）

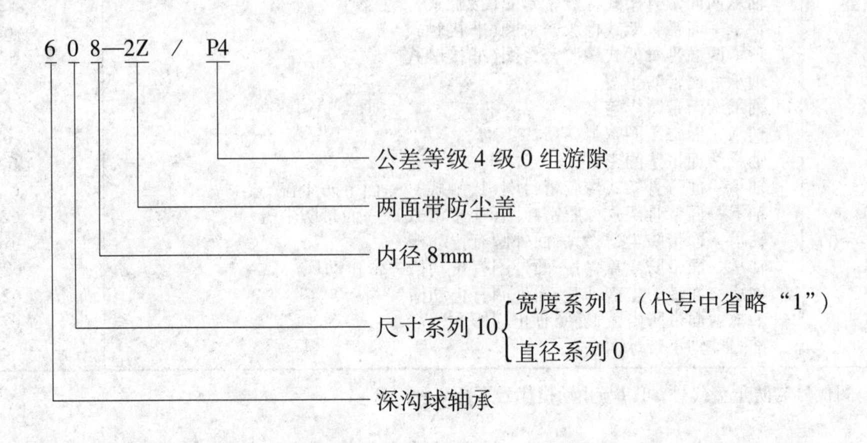

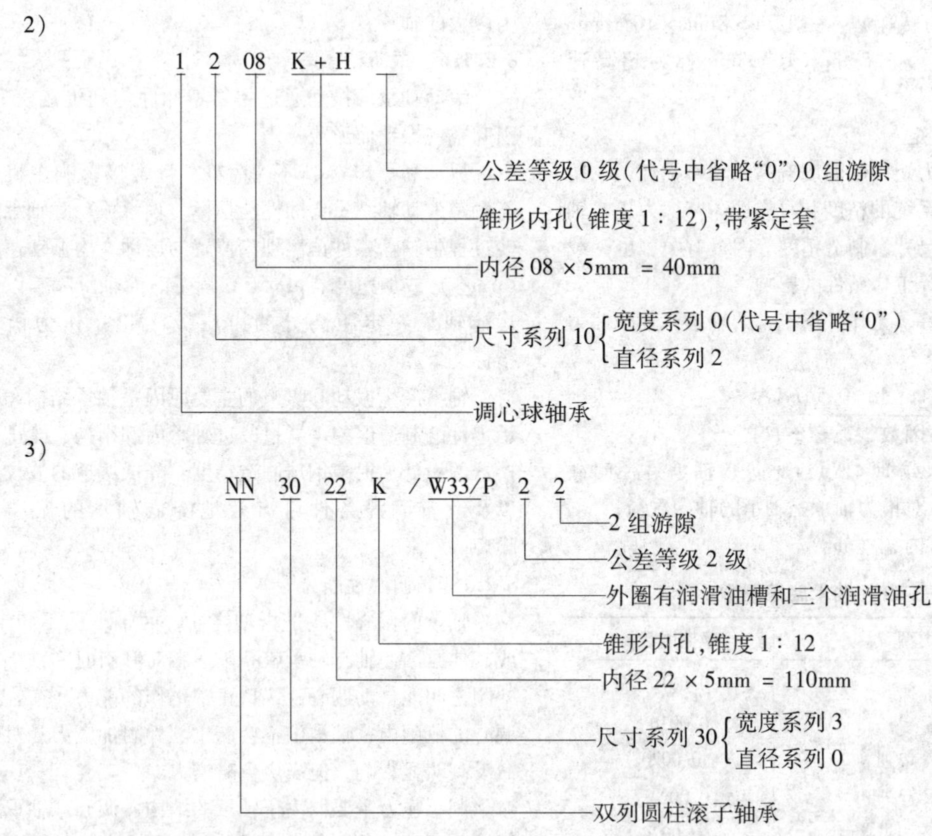

注:旧标准型号3182122。

8.2 滚动轴承的选用

8.2.1 滚动轴承的类型选择

合理选择滚动轴承的类型，应在熟悉各类轴承工作特性的基础上，分析所使用场合和安装条件对轴承结构和性能的要求。一般在选择轴承时，可从以下几方面综合考虑。

8.2.1.1 承载能力

相同外形尺寸下，滚子轴承的承载能力约为球轴承的1.5~3倍。向心类轴承主要用于承受径向载荷；推力类轴承主要用于承受轴向载荷；角接触轴承可同时承受径向载荷和轴向载荷的联合作用。

深沟球轴承有轴向载荷作用时可形成不大的接触角，能承受较小的轴向载荷。在转速很高、离心力很大时，可采用深沟球轴承替代推力类轴承，承受纯轴向载荷。

角接触轴承的轴向载荷承受能力与轴承接触角有关。当轴向载荷较大时，应选择具有较大公称接触角的轴承。在联合载荷作用时，也可采用向心轴承和推力轴承的组合，分别承受径向力和轴向力。这种组合方式下，各轴承受力合理，且具有较高的刚性。

8.2.1.2 安装条件

轴承安装处的轴颈尺寸和安装空间，是初步选择轴承类型的依据之一。一般来说，轴颈尺寸较小时，选用球轴承；反之则选用滚子轴承。在选择轴承的宽度和直径尺寸时，应相应地考虑到轴承轴向安装尺寸和径向安装尺寸的大小。

整体轴承座在频繁装拆条件下，考虑安装方便，应选用内外圈可分离的轴承，如圆锥滚子轴承、内圈或外圈分离的圆柱滚子轴承等。具有锥孔带紧定套的轴承，不仅装拆方便，而且还可用于无轴肩的光轴。

8.2.1.3 速度特性

在一定载荷和润滑条件下，滚动轴承所能允许的最高转速，称为轴承的极限转速。它与轴承类型、尺寸、精度及游隙等多种因素有关。轴承性能表中列出各种轴承在油润滑或脂润滑条件下的极限转速，参见本章8.5节。

一般来说，深沟球轴承、角接触球轴承、圆柱滚子轴承具有较高的极限转速；推力轴承的极限转速低。

相同轴承内径尺寸，表8-2中按直径系列，其外径较小的轴承适用于高速。

常用 dn 值表示轴承一定线速度下的运转性能（d

为轴承内径，n 为转速）。一般 $dn > 8\text{mm} \times 10^5 \text{r/min}$ 为高速轴承，$dn > 1.8\text{mm} \times 10^6 \text{r/min}$ 称为超高速轴承。

8.2.1.4　摩擦力矩

轴承的摩擦力矩引起温度升高和功率损耗，在精密仪表中还影响系统的精度和可靠性。摩擦力矩与轴承类型、结构、尺寸、制造精度等因素有关，也受载荷、转速、润滑等工作条件的影响。

对于润滑良好、工作状态正常的轴承，其摩擦力矩按下式计算：

$$M = 0.5\mu F d$$

式中　μ——摩擦因数，查表 8-11；

F——轴承载荷（N），对向心轴承是径向载荷，对推力轴承是轴承的轴向载荷；

d——轴承内径（mm）。

表 8-11　轴承摩擦因数

轴承类型		摩擦因数 μ
深沟球轴承		0.0015①
调心球轴承		0.0010①
角接触球轴承	单列	0.0020
	双列	0.0024①
	四点接触	0.0024
圆柱滚子轴承	有保持架	0.0011②
	满滚子	0.0020②
滚针轴承		0.0025①
调心滚子轴承		0.0018
圆锥滚子轴承		0.0018
推力球轴承		0.0013
推力圆柱滚子轴承		0.0050
推力滚针轴承		0.0050
推力调心滚子轴承		0.0018

① 适用于非密封轴承。

② 无轴向载荷。

8.2.1.5　运转精度

滚动轴承各元件的尺寸精度、轴承套圈径向或轴向的圆跳动误差、轴承的工作游隙及刚度都不同程度地影响着轴承的运转精度；从相邻部件分析，配合表面的形位误差、与轴承的配合状态，定位轴肩的垂直度以及外壳的刚度等也都是运转精度的影响因素。

对于运转精度要求高的场合，应选择具有较高公差等级的轴承，且配合件的精度要与轴承精度相适应；为了达到精确的同心引导，轴承的工作游隙应尽可能小，消除轴承与轴和外壳孔的配合间隙。此外，为减小弹性变形对精度的影响，还应注意选用承载能力较大的轴承。

8.2.1.6　振动和噪声

滚动轴承的振动通过相邻零部件传到机器表面，引起空气振动而形成噪声。

振动和噪声造成环境污染，且直接影响主机性能，是滚动轴承重要的性能指标。轴承振动为轴承运转过程中轴承零件偏离理论位置的运动，用振动速度（μm/s）或加速度（$\mu\text{m/s}^2$）衡量。而轴承噪声以离运转轴承一定距离处的声压级（dB）作为衡量指标。

轴承产生振动和噪声的主要原因是轴承结构和轴承零件的制造误差。通过改进轴承内部结构、改进保持器的设计、提高钢球制造精度、降低滚道的波纹度以及改善润滑条件可有效地降低轴承的振动和噪声。

8.2.1.7　调心性能

轴承的调心性能是指轴挠曲，两轴承孔不同轴，或其他原因使轴与轴承座孔轴线相对倾斜时，轴承内外圈之间能自动调心，保持正常工作的能力。在容许调心的范围内，轴承中不会产生额外附加应力，对寿命没有明显影响，但噪声会略增大。

调心能力主要取决于轴承的结构。调心球轴承和调心滚子轴承外圈滚道为球面，故具有良好的调心性能。带座外球面球轴承中，轴承球面外径与轴承座孔的凹球面相配合，调心范围更大。圆柱滚子轴承、圆锥滚子轴承和滚针轴承几乎不具有调心性能。各类轴承容许的调心范围见表 8-12。

表 8-12　轴承容许的调心范围

轴承类型	调心范围
带座外球面球轴承	2°~5°
调心球轴承	1.5°~3°
调心滚子轴承	1°~2.5°
推力调心滚子轴承	
$F_a + 2.7F_r \leqslant 0.05C_0$	2°~3°
$F_a + 2.7F_r > 0.05C_0$	<2°
深沟球轴承	2′~10′
圆柱滚子轴承	3′~4′
圆锥滚子轴承	<3′
滚针轴承	极小

8.2.1.8　经济性

在使用条件相差不多的情况下，选用价格便宜的轴承。

各种常用滚动轴承的性能和价格比较见表 8-13。

表 8-13　各类滚动轴承性能和价格比较

轴承类型	径向承载	轴向承载		高速性	调心性	调隙性	价格比①
		单向	双向				
深沟球轴承	良		差	良	中	中	1
圆柱滚子轴承（外圈无挡边）	优	无	无	差	无	无	2
调心球轴承	中		中	中	优	差	1.8
调心滚子轴承	良		良	差	优	差	4.4
角接触球轴承	良	良	无	良	中	良	2.1
圆锥滚子轴承	良	良	无	差	无	优	1.7
推力调心滚子轴承	差	良	无	中	优	差	
推力球轴承	无	优	无	差	无	无	1.1
双向推力球轴承	无		优	差	无	无	1.8
推力圆柱滚子轴承	无	优	无	差	无	无	3.8

① 价格比是以深沟球轴承价格为 1 的比价，各种轴承取相同精度比较。

8.2.2　滚动轴承的精度选择

滚动轴承的精度按公差等级分级，公差中包括尺寸公差和旋转精度的允许偏差。尺寸公差规定了轴承内径、外径和宽度等尺寸的加工精度；旋转精度则指轴承套圈的径向和轴向圆跳动、套圈表面对基准面的垂直度、内外圈端面的平行度等。

各类轴承的公差等级分级略有不同。向心轴承公差等级有 P0、P6、P5、P4、P2 五个等级；圆锥滚子轴承有 P0、P6X、P5、P4 四个等级；推力轴承有 P0、P6、P5、P4 四个等级。精度依次由低到高。

P0 级为普通级，各类轴承都有产品，应用最广泛。表 8-14 列出了部分设备使用高精度轴承的使用实例，供选择时参考。

表 8-14　高精度轴承的使用实例

设备类型	轴承公差等级				
	深沟球轴承	圆柱滚子轴承	角接触球轴承	圆锥滚子轴承	推力与角接触推力球轴承
普通车床主轴		/P5、/P4	/P5	/P5	/P5、/P4
精密车床主轴		/P4	/P5、/P4	/P5、/P4	/P5、/P4
铣床主轴		/P5、/P4	/P5	/P5	/P5、/P4
镗床主轴		/P5、/P4	/P5、/P4	/P5、/P4	/P5、/P4
坐标镗床主轴		/P4、/P2	/P4、/P2	/P4	/P4
机械磨头	—	—	/P5、/P4	/P4	/P5
高速磨头	—	—	/P4、/P2	/P4	—
精密仪表	/P5、/P4	—	/P5、/P4	—	—
增压器	/P5	—	/P5	—	—
航空发动机主轴	/P5	/P5	/P5、/P4	—	—

8.2.3　滚动轴承的游隙选择

滚动轴承的游隙分为径向游隙和轴向游隙。它们分别表示一个套圈固定时，另一套圈沿径向和轴向的最大位移。

径向游隙又分为原始游隙、安装游隙和工作游隙。原始游隙是轴承制造出厂时未安装前的游隙，按照标准列为 1、2、0、3、4、5 六组，数值依次由小到大。0 组游隙为基本组。

试验分析表明，轴承的工作游隙为比零稍小的负值时，其使用寿命最大。在选择轴承游隙组别时，应在原始游隙的基础上，考虑安装配合、内外圈热变形及载荷等因素的影响，以使工作游隙接近最佳状态。

正常配合安装的轴承在一般使用条件下运行，应优先选用 0 组游隙。在配合过盈量较大，内外圈温差较大时，或在需要降低摩擦力矩、改善调心性能，以及承受较大轴向载荷的场合，宜采用较大的游隙组；要求振动噪声低、运转精度高，或需要严格限制轴向位移时，则采用较小的游隙组。

角接触球轴承、圆锥滚子轴承和内圈带锥孔的轴承，其工作游隙可在安装或使用过程中调整。

8.3 滚动轴承的计算

8.3.1 滚动轴承的失效形式

滚动轴承的失效形式主要有疲劳点蚀、过量塑性变形和磨损。

此外，由于不正确的装拆或其他操作不当，也会引起轴承元件破裂、锈蚀等失效。这些失效是应该避免的非正常失效。

8.3.2 滚动轴承的寿命计算

8.3.2.1 基本额定寿命

轴承的疲劳寿命是指单套轴承，其中一个套圈或滚动体的材料首次出现疲劳点蚀之前，一个套圈相对于另一套圈的转数，或一定转速下工作的小时数。

轴承的基本额定寿命是指一批同型号的轴承，在相同条件下运转，其中 10% 的轴承在发生疲劳点蚀之前的寿命，用 L_{10} 表示，单位为 10^6 转，或用一定转速下运转的小时数 L_{10h}(h)表示。用基本额定寿命作为轴承的寿命指标，单个轴承的可靠度为 90%。

8.3.2.2 基本额定动载荷

滚动轴承的基本额定动载荷是指在特定条件下，轴承承受恒定载荷的能力。对向心轴承是指承受恒定纯径向载荷的能力，称为径向基本额定动载荷，用 C_r 表示。对推力轴承则指承受恒定纯轴向载荷的能力，称为轴向基本额定动载荷，用 C_a 表示。

上述特定条件有：轴承材料为高质量淬硬钢；基本额定寿命 L_{10} 等于 10^6 转；向心轴承的套圈之间只产生径向位移，推力轴承的套圈之间只产生轴向位移。

8.3.2.3 当量动载荷

当量动载荷可按下式计算：

$$F_K = f_d\ (XF_r + YF_a) \tag{8-1}$$

式中 F_K——当量动载荷（N）；

F_r——轴承径向载荷（N）；

F_a——轴承轴向载荷（N）；

X、Y——径向系数和轴向系数，查表 8-15；

f_d——冲击载荷系数，查表 8-16。

表 8-15 径向系数 X 和轴向系数 Y

轴承类型	接触角 α	F_a/C_{0r}①	e	单列轴承				双列轴承			
				$F_a/F_r \leq e$		$F_a/F_r > e$		$F_a/F_r \leq e$		$F_a/F_r > e$	
				X	Y	X	Y	X	Y	X	Y
深沟球轴承		0.014	0.19	1	0	0.56	2.30	1	0	0.56	2.3
		0.028	0.22				1.99				1.99
		0.056	0.26				1.71				1.71
		0.084	0.28				1.55				1.55
		0.11	0.30				1.45				1.45
		0.17	0.34				1.31				1.31
		0.28	0.38				1.15				1.15
		0.42	0.42				1.04				1.04
		0.56	0.44				1.00				1
角接触球轴承	$\alpha=15°$	0.015	0.38	1	0	0.44	1.47	1	1.65	0.72	2.39
		0.029	0.4				1.40		1.57		2.28
		0.058	0.43				1.30		1.46		2.11
		0.087	0.46				1.23		1.38		2
		0.12	0.47				1.19		1.34		1.93
		0.17	0.50				1.12		1.26		1.82

（续）

轴承类型	接触角 α	F_a/C_{0r}①	e	单列轴承				双列轴承			
				$F_a/F_r \leqslant e$		$F_a/F_r > e$		$F_a/F_r \leqslant e$		$F_a/F_r > e$	
				X	Y	X	Y	X	Y	X	Y
角接触球轴承	$\alpha=15°$	0.29	0.55				1.02		1.14		1.66
		0.44	0.56	1	0	0.44	1.00	1	1.12	0.75	1.63
		0.58	0.56				1.00		1.12		1.63
	$\alpha=25°$	—	0.68	1	0	0.41	0.87	1	0.92	0.67	1.41
	$\alpha=40°$	—	1.14	1	0	0.35	0.57	1	0.55	0.57	0.93
双列角接触球轴承	$\alpha=30°$		0.8					1	0.78	0.63	1.24
四点接触球轴承	$\alpha=35°$		0.95	1	0.66	0.6	1.07				
圆锥滚子轴承			$1.5\tan\alpha$②	1	0	0.4	$0.4\cot\alpha$	1	$0.45\cot\alpha$	0.67	$0.67\cot\alpha$
调心球轴承			$1.5\tan\alpha$					1	$0.42\cot\alpha$	0.65	$0.65\cot\alpha$
推力调心滚子轴承			$\frac{1}{0.55}$			1.2	1				

① 相对轴向载荷 F_a/C_{0r} 中的 C_{0r} 为轴承的径向基本额定静载荷，由手册查取。与 F_a/C_{0r} 中间值相应的 e、Y 值可用线性内插法求得。

② 由接触角 α 确定的各项 e、Y 值也可根据轴承型号在手册中查取。

表 8-16　冲击载荷系数 f_d

载荷性质	机器举例	f_d
平稳运转或轻微冲击	电动机、水泵、通风机、汽轮机	1.0 ~ 1.2
中等冲击	车辆、机床、起重机、冶金设备、内燃机	1.2 ~ 1.8
强大冲击	破碎机、轧钢机、振动筛、工程机械、石油钻机	1.8 ~ 3.0

8.3.2.4　角接触轴承的载荷计算

（1）载荷作用中心　角接触轴承的支承反力作用在载荷作用中心 O 处，它的位置为各滚动体载荷矢量与轴的轴线的交点，如图 8-1 所示。

角接触轴承载荷作用中心与轴承外侧端面的距离 a 的数值，可查阅 8.5.7 节表 8-26 角接触轴承。对于跨距较大的轴，有时可简化处理，假设载荷作用在轴承宽度的中点。

（2）内部轴向力　角接触轴承承受径向载荷 F_r 时，由于结构原因会产生附加轴向力 S，其方向由轴承外圈宽边指向窄边，通过内圈作用于轴上。

各种角接触轴承内部轴向力的计算公式见表 8-17。表中 F_r 为轴承的径向载荷，e 为判断系数，Y 为圆锥滚子轴承的轴向系数，其数值应按 $F_a/F_r > e$ 选取，见表 8-15。

（3）轴向载荷计算　成对安装的角接触轴承，在计算轴向载荷时要同时考虑作用于轴上的轴向工作载荷 F_a 和由径向载荷引起的内部轴向力 S，通过力的平衡关系进行计算。

角接触轴承轴向载荷计算公式列于表 8-18。

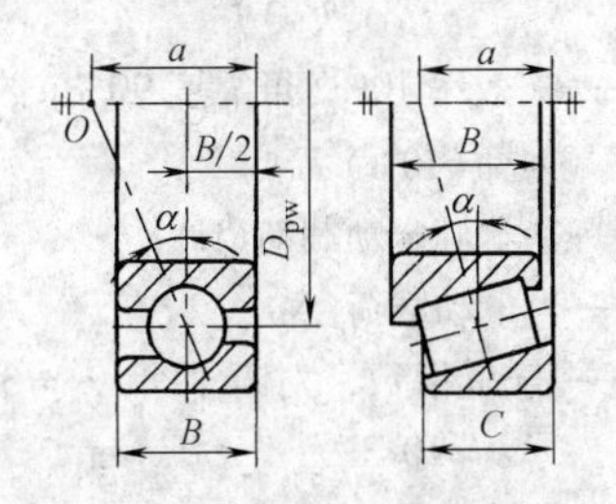

图 8-1　角接触轴承的载荷中心

表 8-17　角接触轴承的内部轴向力的计算公式

轴承类型	角接触球轴承			圆锥滚子轴承
	70000 C（$\alpha=15°$）	70000 AC（$\alpha=25°$）	70000 B（$\alpha=40°$）	30000
$F_S=$	eF_r	$0.68F_r$	$1.14F_r$	$F_r/(2Y)$

表 8-18　角接触轴承轴向载荷计算公式

安装简图	载荷条件	$F_{aⅠ}$	$F_{aⅡ}$
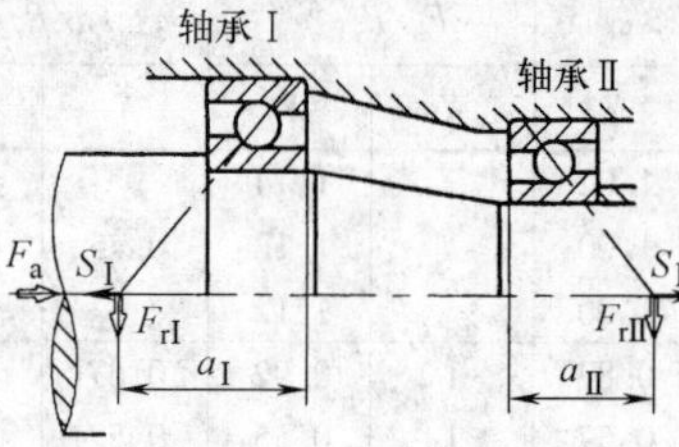 轴承Ⅰ 轴承Ⅱ F_a $S_Ⅰ$ $S_Ⅱ$ $F_{rⅠ}$ $F_{rⅡ}$ $a_Ⅰ$ $a_Ⅱ$	$F_{SⅠ} \leqslant F_{SⅡ}$ $F_a \geqslant 0$	$F_{SⅡ}+F_a$	$F_{SⅡ}$
	$F_{SⅠ} > F_{SⅡ}$ $F_a \geqslant F_{SⅠ}-F_{SⅡ}$		
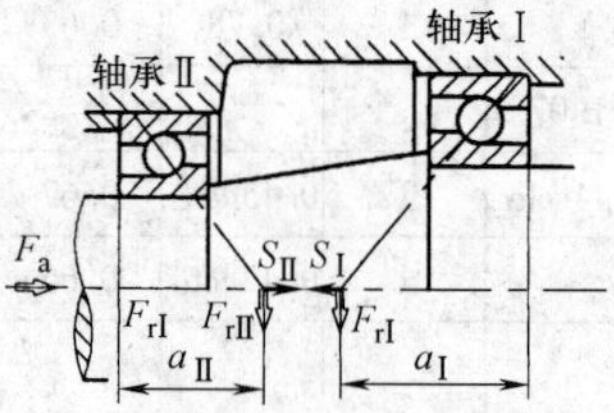 轴承Ⅱ 轴承Ⅰ F_a $S_Ⅱ$ $S_Ⅰ$ $F_{rⅠ}$ $F_{rⅡ}$ $a_Ⅱ$ $a_Ⅰ$	$F_{SⅠ} > F_{SⅡ}$ $F_a < F_{SⅠ}-F_{SⅡ}$	$F_{SⅠ}$	$F_{SⅠ}-F_a$
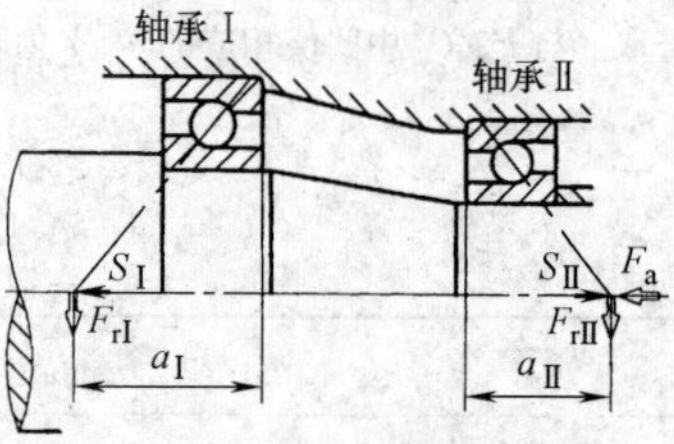 轴承Ⅰ 轴承Ⅱ $S_Ⅰ$ $S_Ⅱ$ F_a $F_{rⅠ}$ $F_{rⅡ}$ $a_Ⅰ$ $a_Ⅱ$	$F_{SⅠ} \geqslant F_{SⅡ}$ $F_a \geqslant 0$	$F_{SⅠ}$	$F_{SⅠ}+F_a$
	$F_{SⅠ} < F_{SⅡ}$ $F_a \geqslant F_{SⅡ}-F_{SⅠ}$		
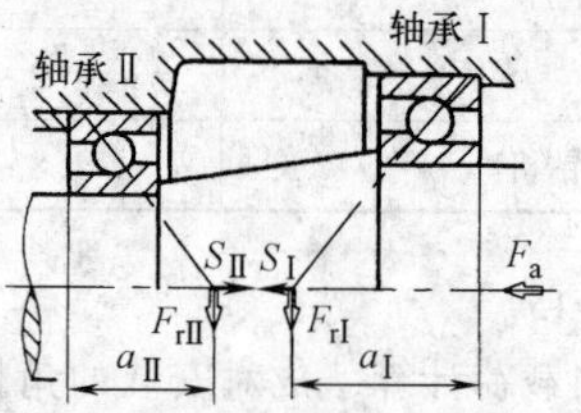 轴承Ⅱ 轴承Ⅰ $S_Ⅱ$ $S_Ⅰ$ F_a $F_{rⅡ}$ $F_{rⅠ}$ $a_Ⅱ$ $a_Ⅰ$	$F_{SⅠ} < F_{SⅡ}$ $F_a < F_{SⅡ}-F_{SⅠ}$	$F_{SⅡ}-F_a$	$F_{SⅡ}$

8.3.2.5　滚动轴承寿命计算公式

计算滚动轴承基本额定寿命的公式：

$$L_{10}=\left(\frac{C}{P}\right)^{\varepsilon} \tag{8-2}$$

式中　L_{10}——失效率 10%（可靠度 90%）的基本额定寿命（10^6r）；

C——基本额定动载荷（N）；

P——当量动载荷（N）；

ε——寿命指数，对球轴承 $\varepsilon=3$，滚子轴承 $\varepsilon=10/3$。

若轴承工作转速为 n（r/min），以小时数为单位的基本额定寿命公式为

$$L_{10h}=\frac{10^6}{60n}\left(\frac{C}{P}\right)^{\varepsilon}=\frac{16667}{n}\left(\frac{C}{P}\right)^{\varepsilon} \tag{8-3}$$

设计中应保证

$$L_h \geqslant [L_h] \tag{8-4}$$

式中 $[L_h]$ 为要求的滚动轴承额定寿命。

若已知轴承的当量动载荷 P 和额定寿命 $[L_h]$，可按式(8-3)选择轴承的 C 值。

$$C \geqslant C'=P\sqrt[\varepsilon]{\frac{60n}{10^6}[L_h]} \tag{8-5}$$

一般轴承承受的工作温度可达 120℃（外圈测量温度约为 100℃）。若在更高温度下工作，轴承材料组织发生变化，导致承载能力降低。应按下式修正：

$$C_T=g_T C \tag{8-6}$$

式中　C_T——经过温度修正的额定动载荷；

g_T——温度系数，查表 8-19。

表 8-19　温度系数 g_T

工作温度/℃	<120	125	150	175	200	225	250	300
g_T	1.00	0.95	0.90	0.85	0.80	0.75	0.70	0.60

8.3.3 滚动轴承的静载荷计算

对于工作于极低转速或缓慢摆动的轴承，主要应限制轴承在静载荷下产生过大的接触应力和永久变形，按静载荷计算确定轴承尺寸。对于一般回转工作轴承，也应进行静载荷验算。

8.3.3.1 基本额定静载荷

基本额定静载荷 C_0 是反映轴承静载荷承受能力的基本参数。对于向心轴承，称为径向基本额定静载荷，用 C_{0r}表示；对于推力轴承，称为轴向基本额定静载荷，用 C_{0a}表示。

常用轴承的基本额定静载荷，可查8.5节相关轴承的表。

8.3.3.2 当量静载荷

同时受径向载荷 F_r 和轴向载荷 F_a 的轴承，可按当量静载荷进行计算。在当量静载荷作用下，轴承最大载荷滚动体与滚道接触中心处引起的接触应力与实际载荷作用时相同。当量静载荷的计算如下：

$\alpha=0°$的向心轴承 $P_{0r}=F_r$ (8-7)

$\alpha=90°$的推力轴承 $P_{0a}=F_a$ (8-8)

$\alpha\neq0°$的向心轴承

$$\left.\begin{aligned}P_{0r}&=X_0F_r+Y_0F_a\\P_{0r}&=F_r\end{aligned}\right\}\text{取大值} \tag{8-9}$$

8.3.3.3 静载荷计算

按额定静载荷选择轴承的公式：

$$C_0\geqslant S_0P_0 \tag{8-10}$$

式中 C_0——基本额定静载荷（N）；

P_0——当量静载荷（N）；

S_0——安全系数。

8.4 滚动轴承的配合

8.4.1 滚动轴承公差

滚动轴承的内圈与轴的配合采用基孔制，外圈与座孔的配合采用基轴制。与一般的圆柱面配合不同，滚动轴承具有特殊的标准公差，其内外径的上偏差均为零值。在配合种类相同的条件下，内圈与轴颈的配合较紧，与内圈配合的轴和与外圈配合的孔，选用标准的圆柱体极限偏差和配合见图8-2。

选定轴颈和座孔的公差等级与轴承精度有关。与 P_0 级精度轴承配合的轴，其公差等级一般为IT6，座孔一般为IT7。P_0 级公差滚动轴承常用配合及轴和轴承座的公差带见图8-2。

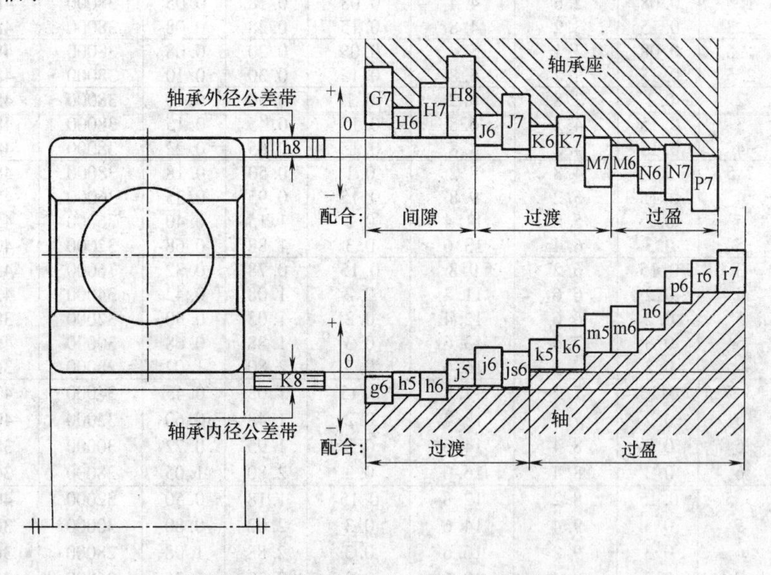

图8-2 滚动轴承（P_0 级公差）的配合

8.4.2 滚动轴承的配合选择

轴承承载的轻重，一般以当量动载荷 P 与额定动载荷 C 的比值大小，确定为轻载荷、正常载荷或重载荷（见光盘表G8-7）。

安装轴承的轴公差和外壳孔公差，可参考光盘表G8-8至表G8-11。

为了保证配合质量，轴颈和外壳孔的表面形状和位置公差、表面粗糙度，还应满足轴承配合精度的要求。位置公差、表面粗糙度的具体数值，可查阅机械设计手册[4]。

8.5 滚动轴承的主要尺寸和性能

8.5.1 仪器仪表轴承（表8-20）

表8-20 仪器仪表轴承 深沟球轴承（摘自GB/T 276—1994）

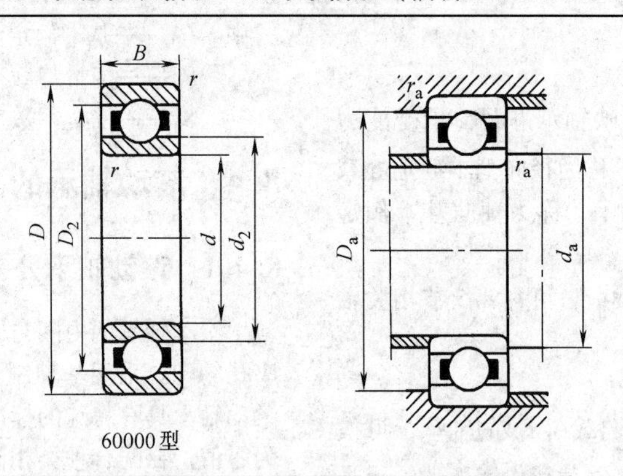

60000型

基本尺寸/mm				安装尺寸/mm			基本额定载荷/kN		极限转速/(r/min)		轴承代号
d	D	B	r min	d_a min	D_a max	r_a max	C_r	C_{or}	脂润滑	油润滑	60000型
1	3	1	0.05	1.4	2.6	0.05	0.08	0.02	38000	48000	618/1
	4	1.6	0.1	1.8	3.2	0.1	0.15	0.05	38000	48000	619/1
1.5	4	1.2	0.05	1.9	3.6	0.05	0.15	0.05	38000	48000	618/1.5
	5	2	0.15	2.5	3.9	0.15	0.18	0.05	38000	48000	619/1.5
	6	2.5	0.15	2.7	4.8	0.15	0.28	0.08	38000	48000	60/1.5
2	5	1.5	0.08	2.6	4.4	0.08	0.18	0.05	38000	48000	618/2
	6	2.3	0.15	3.2	4.8	0.15	0.28	0.08	38000	48000	619/2
2.5	6	1.8	0.08	3.1	5.4	0.08	0.20	0.08	38000	48000	618/2.5
	7	2.5	0.15	3.7	5.8	0.15	0.30	0.10	38000	48000	619/2.5
3	7	2	0.1	3.8	6.2	0.1	0.30	0.10	38000	48000	618/3
	8	3	0.15	4.2	6.8	0.15	0.45	0.15	38000	48000	619/3
	10	4	0.15	4.2	8.8	0.15	0.65	0.22	38000	48000	623
4	9	2.5	0.1	4.8	8.2	0.1	0.50	0.18	38000	48000	618/4
	11	4	0.15	5.2	9.8	0.15	0.95	0.35	36000	45000	619/4
	13	5	0.2	5.6	11.4	0.2	1.15	0.40	36000	45000	624
	16	5	0.3	6.4	13.6	0.3	1.88	0.68	32000	40000	634
5	11	3	0.15	6.2	9.8	0.15	0.78	0.32	36000	45000	618/5
	13	4	0.2	6.6	11.4	0.2	1.08	0.42	34000	43000	619/5
	14	5	0.2	6.6	12.4	0.2	1.05	0.50	32000	38000	605
	16	5	0.3	7.4	13.6	0.3	1.88	0.68	30000	40000	625
	19	6	0.3	7.4	16.6	0.3	2.80	1.02	28000	36000	635
6	13	3.5	0.15	7.2	11.8	0.15	1.08	0.45	34000	43000	618/6
	15	5	0.2	7.6	13.4	0.2	1.48	0.60	32000	40000	619/6
	17	6	0.3	8.4	14.6	0.3	1.95	0.72	30000	38000	606
	19	6	0.3	8.4	16.6	0.3	2.80	1.05	28000	36000	626
7	14	3.5	0.15	8.2	12.8	0.15	1.18	0.50	32000	40000	618/7
	17	5	0.3	9.4	14.6	0.3	2.02	0.80	30000	38000	619/7
	19	6	0.3	9.2	16.6	0.3	2.88	1.08	28000	36000	607
	22	7	0.3	9.4	19.6	0.3	3.28	1.35	26000	34000	627
8	16	4	0.2	9.6	14.4	0.2	1.35	0.65	30000	38000	618/8
	19	6	0.3	10.4	16.6	0.3	2.25	0.92	28000	36000	619/8
	22	7	0.3	10.4	19.6	0.3	3.38	1.38	26000	34000	608
	24	8	0.3	10.4	21.6	0.3	3.35	1.40	24000	32000	628
9	17	4	0.2	10.6	15.4	0.2	1.60	0.72	28000	36000	618/9
	20	6	0.3	11.4	17.6	0.3	2.48	1.08	27000	34000	619/9
	24	7	0.3	11.4	21.6	0.3	3.35	1.40	22000	30000	609
	26	8	0.3	11.4	23.6	0.3	4.55	1.95	22000	30000	629
10	19	6	0.3	12.4	16.6	0.3	1.6	0.75	26000	34000	62800
	22	8	0.3	12.4	19.6	0.3	2.70	1.28	25000	32000	62900

8.5.2　深沟球轴承（表8-21）

表8-21　深沟球轴承（摘自GB/T 276—1994）

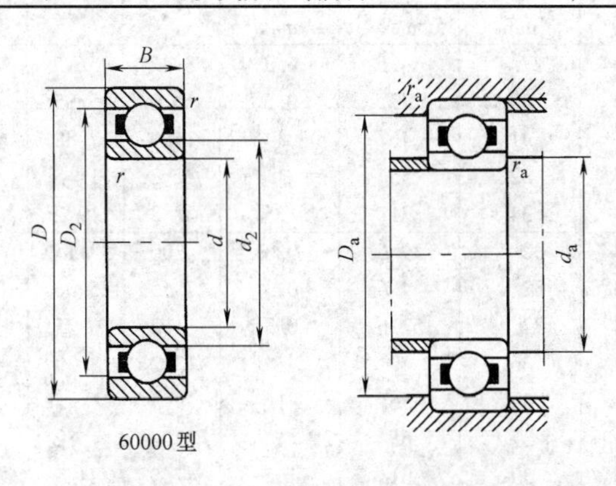

60000型

基本尺寸/mm			安装尺寸/mm				基本额定载荷/kN		极限转速/(r/min)		轴承代号
d	D	B	r min	d_a min	D_a max	r_a max	C_r	C_{or}	脂润滑	油润滑	60000型
10	19	5	0.3	12.4	16.6	0.3	1.40	0.75	26000	34000	61800
	22	6	0.3	12.4	19.6	0.3	3.30	1.40	25000	32000	61900
	26	8	0.3	12.4	23.6	0.3	4.58	1.98	20000	28000	6000
	30	9	0.6	15.0	25.0	0.6	5.10	2.38	19000	26000	6200
	35	11	0.6	15.0	30.0	0.6	7.65	3.48	18000	24000	6300
12	21	5	0.3	14.4	18.6	0.3	1.40	0.90	22000	30000	61801
	24	6	0.3	14.4	21.6	0.3	3.38	1.48	20000	28000	61901
	28	7	0.3	14.4	25.6	0.3	5.08	2.38	19000	26000	16001
	28	8	0.3	14.4	25.6	0.3	5.10	2.38	19000	26000	6001
	32	10	0.6	17.0	27.0	0.6	6.82	3.05	18000	24000	6201
	37	12	1	18.0	31.0	1	9.72	5.08	17000	22000	6301
15	24	5	0.3	17.4	21.6	0.3	1.92	1.18	20000	28000	61802
	28	7	0.3	17.4	25.6	0.3	4.00	2.02	19000	26000	61902
	32	8	0.3	17.4	29.6	0.3	5.60	2.55	18000	24000	16002
	32	9	0.3	17.4	29.6	0.3	5.58	2.85	18000	24000	6002
	35	11	0.6	20.0	30.0	0.6	7.65	3.72	17000	22000	6202
	42	13	1	21.0	36.0	1	11.5	5.42	16000	20000	6302
17	26	5	0.3	19.4	23.6	0.3	2.18	1.28	19000	26000	61803
	30	7	0.3	19.4	27.6	0.3	4.30	2.32	18000	24000	61903
	35	8	0.3	19.4	32.6	0.3	6.82	3.38	17000	22000	16003
	35	10	0.3	19.4	32.6	0.3	6.00	3.25	17000	22000	6003
	40	12	0.6	22.0	35.0	0.6	9.58	4.78	16000	20000	6203
	47	14	1	23.0	41.0	1	13.5	6.58	15000	19000	6303
	62	17	1.1	24.0	55.0	1	22.5	10.8	11000	15000	6403
20	32	7	0.3	22.4	29.6	0.3	3.45	2.25	17000	22000	61804
	37	9	0.3	22.4	34.6	0.3	6.55	3.60	17000	22000	61904
	42	8	0.3	22.4	39.6	0.3	7.90	4.45	15000	19000	16004
	42	12	0.6	25.0	37.0	0.6	9.38	5.02	15000	19000	6004
	47	14	1	26.0	41.0	1	12.8	6.65	14000	18000	6204
	52	15	1.1	27.0	45.0	1	15.8	7.88	13000	17000	6304
	72	19	1.1	27.0	65.0	1	31.0	15.2	9500	13000	6404
25	37	7	0.3	27.4	34.6	0.3	3.70	2.65	15000	19000	61805
	42	9	0.3	27.4	39.6	0.3	7.36	4.55	14000	18000	61905

（续）

基本尺寸/mm			安装尺寸/mm				基本额定载荷/kN		极限转速/(r/min)		轴承代号
d	D	B	r min	d_a min	D_a max	r_a max	C_r	C_{or}	脂润滑	油润滑	60000型
25	47	8	0.3	27.4	44.6	0.3	8.42	5.15	13000	17000	16005
	47	12	0.6	30	42	0.6	10.0	5.85	13000	17000	6005
	52	15	1	31	46	1	14.0	7.88	12000	16000	6205
	62	17	1.1	32	55	1	22.2	11.5	10000	14000	6305
	80	21	1.5	34	71	1.5	38.2	19.2	8500	11000	6405
30	42	7	0.3	32.4	39.6	0.3	4.00	3.15	12000	16000	61806
	47	9	0.3	32.4	44.6	0.3	7.55	5.08	12000	16000	61906
	55	9	0.3	32.4	52.6	0.3	11.2	6.25	10000	14000	16006
	55	13	1	36	49	1	13.2	8.30	10000	14000	6006
	62	16	1	36	56	1	19.5	11.5	9500	13000	6206
	72	19	1.1	37	65	1	27.0	15.2	9000	12000	6306
	90	23	1.5	39	81	1.5	47.5	24.5	8000	10000	6406
35	47	7	0.3	37.4	44.6	0.3	4.12	3.45	10000	14000	61807
	55	10	0.6	40	50	0.6	9.55	6.85	9500	13000	61907
	62	9	0.3	37.4	59.6	0.3	11.5	8.80	9000	12000	16007
	62	14	1	41	56	1	16.2	10.5	9000	12000	6007
	72	17	1.1	42	65	1	25.5	15.2	8500	11000	6207
	80	21	1.5	44	71	1.5	33.2	19.2	8000	10000	6307
	100	25	1.5	44	91	1.5	56.8	29.5	6700	8500	6407
40	52	7	0.3	42.4	49.6	0.3	4.40	3.25	9500	13000	61808
	62	12	0.6	45	57	0.6	12.0	8.98	9000	12000	61908
	68	9	0.3	42.4	65.6	0.3	12.5	10.2	8500	11000	16008
	68	15	1	46	62	1	17.0	11.8	8500	11000	6008
	80	18	1.1	47	73	1	29.5	18.0	8000	10000	6208
	90	23	1.5	49	81	1.5	40.8	24.0	7000	9000	6308
	110	27	2	50	100	2	65.5	37.5	6300	8000	6408
45	58	7	0.3	47.4	55.6	0.3	4.65	4.32	8500	11000	61809
	68	12	0.6	50	63	0.6	12.8	9.72	8500	11000	61909
	75	10	0.6	50	70	0.6	21.0	10.2	8000	10000	16009
	75	16	1	51	69	1	21.0	14.8	8000	10000	6009
	85	19	1.1	52	78	1	31.5	20.5	7000	9000	6209
	100	25	1.5	54	91	1.5	52.8	31.8	6300	8000	6309
	120	29	2	55	110	2	77.5	45.5	5600	7000	6409
50	65	7	0.3	52.4	62.6	0.3	5.10	4.68	8000	10000	61810
	72	12	0.6	55	67	0.6	12.8	11.2	8000	10000	61910
	80	10	0.6	55	75	0.6	16.2	13.2	7000	9000	16010
	80	16	1	56	74	1	22.0	16.2	7000	9000	6010
	90	20	1.1	57	83	1	35.0	23.2	6700	8500	6210
	110	27	2	60	100	2	61.8	38.0	6000	7500	6310
	130	31	2.1	62	118	2.1	92.2	55.2	5300	6700	6410
55	72	9	0.3	57.4	69.6	0.3	6.72	6.50	7500	9500	61811
	80	13	1	61	74	1	13.0	13.5	7000	9000	61911
	90	11	0.6	60	85	0.6	16.2	17.2	6300	8000	16011
	90	18	1.1	62	83	1	30.2	21.8	6300	8000	6011
	100	21	1.5	64	91	1.5	43.2	29.2	6000	7500	6211
	120	29	2	65	110	2	71.5	44.8	5300	6700	6311
	140	33	2.1	67	128	2.1	100	62.5	4800	6000	6411

（续）

基本尺寸/mm			安装尺寸/mm				基本额定载荷/kN		极限转速/(r/min)		轴承代号
d	D	B	r min	d_a min	D_a max	r_a max	C_r	C_{or}	脂润滑	油润滑	60000 型
60	78	10	0.3	62.4	75.6	0.3	9.15	8.75	6700	8500	61812
	85	13	1	66	79	1	14.0	14.2	6300	8000	61912
	95	11	0.6	65	90	0.6	16.5	15.0	6000	7500	16012
	95	18	1.1	67	88	1	31.5	24.2	6000	7500	6012
	110	22	1.5	69	101	1.5	47.8	32.8	5600	7000	6212
	130	31	2.1	72	118	2.1	81.8	51.8	5000	6300	6312
	150	35	2.1	72	138	2.1	108	70.0	4500	5600	6412
65	85	10	0.6	70	80	0.6	10.0	9.32	6300	8000	61813
	90	13	1	71	84	1	14.5	17.5	6000	7500	61913
	100	11	0.6	70	95	0.6	17.5	16.0	5600	7000	16013
	100	18	1.1	72	93	1	32.0	24.8	5600	7000	6013
	120	23	1.5	74	111	1.5	57.2	40.0	5000	6300	6231
	140	33	2.1	77	128	2.1	93.8	60.5	4500	5600	6313
	160	37	2.1	77	148	2.1	118	78.5	4300	5300	6413
70	90	10	0.6	75	85	0.6	10.5	10.8	6000	7500	61814
	100	16	1	76	94	1	16.5	17.2	5600	7000	61914
	110	13	0.6	75	105	0.6	20.2	18.8	5300	6700	16014
	110	20	1.1	77	103	1	38.5	30.5	5300	6700	6014
	125	24	1.5	79	116	1.5	60.8	45.0	4800	6000	6214
	150	35	2.1	82	138	2.1	105	68.0	4300	5300	6314
	180	42	3	84	166	2.5	140	99.5	3800	4800	6414
75	95	10	0.6	80	90	0.6	10.5	11.0	5600	7000	61815
	105	16	1	81	99	1	18.0	17.2	5300	6700	61915
	115	13	0.6	80	110	0.6	25.0	23.8	5000	6300	16015
	115	20	1.1	82	108	1	40.2	33.2	5000	6300	6015
	130	25	1.5	84	121	1.5	66.0	49.5	4500	5600	6215
	160	37	2.1	87	148	2.1	112	76.8	4000	5000	6315
	190	45	3	89	176	2.5	155	115	3600	4500	6415
80	100	10	0.6	85	95	0.6	11.0	11.8	5300	6700	61816
	110	16	1	86	104	1	18.8	25.2	5000	6300	61916
	125	14	0.6	85	120	0.6	25.2	25.2	4800	6000	16016
	125	22	1.1	87	118	1	47.5	39.8	4800	6000	6016
	140	26	2	90	130	2	71.5	54.2	4300	5300	6216
	170	39	2.1	92	158	2.1	122	86.5	3800	4800	6316
	200	48	3	94	186	2.5	162	125	3400	4300	6416
85	110	13	1	91	104	1	21.8	21.5	4800	6000	61817
	120	18	1.1	92	113	1	28.2	26.8	4800	6000	61917
	130	14	0.6	90	125	0.6	25.8	26.2	4500	5600	16017
	130	22	1.1	92	123	1	50.8	42.8	4500	5600	6017
	150	28	2	95	140	2	83.2	63.8	4000	5000	6217
	180	41	3	99	166	2.5	132	96.5	3600	4500	6317
	210	52	4	103	192	3	175	138	3200	4000	6417
90	115	13	1	96	109	1	21.0	19.0	4500	5600	61818
	125	18	1.1	97	118	1	32.8	31.5	4500	5600	61918
	140	16	1	96	134	1	33.5	33.5	4300	5300	16018
	140	24	1.5	99	131	1.5	58.0	49.8	4300	5300	6018
	160	30	2	100	150	2	95.8	71.5	3800	4800	6218

（续）

基本尺寸/mm			安装尺寸/mm				基本额定载荷/kN		极限转速/(r/min)		轴承代号
d	D	B	r min	d_a min	D_a max	r_a max	C_r	C_{or}	脂润滑	油润滑	60000型
90	190	43	3	104	176	2.5	145	108	3400	4300	6318
	225	54	4	108	207	3	192	158	2800	3600	6418
95	120	13	1	101	114	1	16.2	17.8	4300	5300	61819
	130	18	1.1	102	123	1	38.0	32.5	4300	5300	61919
	145	16	1	101	139	1	37.0	36.8	4000	5000	16019
	145	24	1.5	104	136	1.5	57.8	50.0	4000	5000	6019
	170	32	2.1	107	158	2.1	110	82.8	3600	4500	6219
	200	45	3	109	186	2.5	155	122	3200	4000	6319
100	125	13	1	106	119	1	17.0	20.8	4000	5000	61820
	140	20	1.1	107	133	1	41.2	34.8	4000	5000	61920
	150	16	1	106	144	1	38.2	38.5	3800	4800	16020
	150	24	1.5	109	141	1.5	64.5	56.2	3800	4800	6020
	180	34	2.1	112	168	2.1	122	92.8	3400	4300	6220
	215	47	3	114	201	2.5	172	140	2800	3600	6320
	250	58	4	118	232	3	222	195	2400	3200	6420
105	130	13	1	111	124	1	17.5	20.2	3800	4800	61821
	145	20	1.1	112	138	1	42.2	40.8	3800	4800	61921
	160	18	1	111	154	1	43.5	44.2	3600	4500	16021
	160	26	2	115	150	2	71.8	63.2	3600	4500	6021
	190	36	2.1	117	178	2.1	133	105	3200	4000	6221
	225	49	3	119	211	2.5	182	155	2600	3400	6321
110	140	16	1	116	134	1	22.5	24.5	3600	4500	61822
	150	20	1.1	117	143	1	43.5	44.5	3600	4500	61922
	170	19	1	116	164	1	53.0	54.0	3400	4300	16022
	170	28	2	120	160	2	81.8	72.8	3400	4300	6022
	200	38	2.1	122	188	2.1	144	117	3000	3800	6222
	240	50	3	124	226	2.5	205	178	2400	3200	6322
	280	65	4	128	262	3	225	238	2000	2800	6422
120	150	16	1	126	144	1	24.0	28.0	3400	4300	61824
	165	22	1.1	127	158	1	53.0	53.8	3200	4000	61924
	180	19	1	126	174	1	54.2	57.0	3000	3800	16024
	180	28	2	130	170	2	87.5	79.2	3000	3800	6024
	215	40	2.1	132	203	2.1	155	131	2600	3400	6224
	260	55	3	134	246	2.5	228	208	2200	3000	6324
130	180	24	1.5	139	171	1.5	65.2	67.2	3000	3800	61926
	200	22	1.1	137	193	1	61.8	67.0	2800	3600	16026
	200	33	2	140	190	2	105	96.8	2800	3600	6026
	230	40	3	144	216	2.5	165	148.0	2400	3200	6226
	280	58	4	148	262	3	252	242	1900	2600	6326
140	190	24	1.5	149	181	1.5	66.5	64.5	2800	3600	61928
	210	22	1.1	147	203	1	63.0	69.8	2400	3200	16028
	210	33	2	150	200	2	115	108	2400	3200	6028
	250	42	3	154	236	2.5	178	165	2000	2800	6228
	300	62	4	158	282	3	275	272	1800	2400	6328
150	225	24	1.1	157	218	1	74.2	82.5	2200	3000	16030
	225	35	2.1	162	213	2.1	132	125	2200	3000	6030
	270	45	3	164	256	2.5	202	198	1900	2600	6230

（续）

基本尺寸/mm			安装尺寸/mm				基本额定载荷/kN		极限转速/(r/min)		轴承代号
d	D	B	r min	d_a min	D_a max	r_a max	C_r	C_{or}	脂润滑	油润滑	60000型
150	320	65	4	168	302	3	288	295	1700	2200	6330
160	200	20	1.1	167	193	1	42.8	59.2	2400	9200	61832
	240	25	1.5	169	231	1.5	88.5	99.8	2000	2800	16032
	240	38	2.1	172	228	2.1	145	138	2000	2800	6032
	290	48	3	174	276	2.5	215	218	1800	2400	6232
	340	68	4	178	322	3	312	340	1600	2000	6332
170	215	22	1.1	177	208	1	50.0	61.2	2200	3000	61834
	230	28	2	180	220	2	88.5	100	2000	2800	61934
	260	28	1.5	179	251	1.5	100	112	1900	2600	16034
	260	42	2.1	182	248	2.1	170	170	1900	2600	6034
	310	52	4	188	292	3	245	260	1700	2200	6234
	360	72	4	188	342	3	335	378	1500	1900	6334
180	280	46	2.1	192	268	2.1	188	198	1800	2400	6036
	320	52	4	198	302	3	262	285	1600	2000	6236
190	240	24	1.5	199	231	1.5	62.5	78.2	1900	2600	61838
	260	33	2	200	250	2	130	138	1800	2400	61938
	290	31	2	200	280	2	120	140	1700	2200	16038
	290	46	2.1	202	278	2.1	188	200	1700	2200	6038
	340	55	4	208	322	3	285	322	1500	1900	6238
200	250	24	1.5	209	241	1.5	63.5	81.0	1800	2400	61840
	280	38	2.1	212	268	2.1	133	155	1700	2200	61940
	310	34	2	210	300	2	142	162	1800	2000	16040
	310	51	2.1	212	298	2.1	205	225	1600	2000	6040
	360	58	4	218	342	3	288	332	1400	1800	6240
220	270	24	1.5	229	261	1.5	73.5	88.0	1700	2200	61844
	300	38	2.1	232	288	2.1	135	162	1600	2000	61944
	340	37	2.1	232	328	2.1	172	200	1400	1800	16044
	340	56	3	234	326	2.5	252	268	1400	1800	6044
	400	65	4	238	382	3	355	365	1200	1600	6244
240	300	28	2	250	290	2	83.5	108	1500	1900	61848
	320	38	2.1	252	308	2.1	142	178	1400	1800	61948
	360	37	2.1	252	348	2.1	172	210	1200	1600	16048
	360	56	3	254	346	2.5	270	292	1200	1600	6048
	440	72	4	258	422	3	358	467	1000	1400	6248
260	320	28	2	270	310	2	95	128	1300	1700	61852
	360	46	2.1	272	348	2.1	210	268	1200	1600	61952
	400	44	3	274	386	2.5	235	310	1100	1500	16052
	400	65	4	278	382	3	292	372	1100	1500	6052
280	350	33	2	290	340	2	135	178	1100	1500	61856
	380	46	2.1	292	368	2.1	210	268	1000	1400	61956
	420	65	4	298	402	3	305	408	950	1300	6056
300	380	38	2.1	312	368	2.1	162	222	1000	1400	61860
	420	56	3	314	406	2.5	270	370	950	1300	61960
320	400	38	2.1	332	388	2.1	168	235	950	1300	61864
	440	56	3	334	426	2.5	275	392	900	1200	61964
	480	74	4	338	462	3	345	510	850	1100	6064
340	460	56	3	354	446	2.5	292	418	850	1100	61968

8.5.3 圆柱滚子轴承（表 8-22）

表 8-22　圆柱滚子轴承（摘自 GB/T 283—2007）

内圈无挡边圆柱滚子轴承NU型　　内圈单挡边圆柱滚子轴承NJ型　　内圈单挡边、带平挡圈圆柱滚子轴承NUP型　　外圈无挡边圆柱滚子轴承N型　　内圈单挡边、带斜挡圈圆柱滚子轴承NH型(NJ+HJ)

轴承型号					外形尺寸							斜挡圈型号	基本额定载荷/kN		极限转速/(r/min)		质量/kg
NU型	NJ型	NUP型	N型	NH型	d	D	B	F_w	E_w	r_{smin}	r_{1smin}		C_r	C_{0r}	脂润滑	油润滑	≈
NU202E	NJ202E	—	N202E	NH202E	15	35	11	19.3	30.3	0.6	0.3	HJ202E	7.98	5.5	15000	19000	—
NU203E	NJ203E	NUP203E	N203E	NH203E	17	40	12	22.1	35.1	0.6	0.3	HJ203E	9.12	7.0	14000	18000	—
NU204E	NJ204E	NUP204E	N204E	NH204E	20	47	14	26.5	41.5	1	0.6	HJ204E	25.8	24.0	12000	16000	0.117
NU205E	NJ205E	NUP205E	N205E	NH205E	25	52	15	31.5	46.5	1	0.6	HJ205E	27.5	26.8	11000	14000	0.14
NU206E	NJ206E	NUP206E	N206E	NH206E	30	62	16	37.5	55.5	1	0.6	HJ206E	36.0	35.5	8500	11000	0.214
NU207E	NJ207E	NUP207E	N207E	NH207E	35	72	17	44	64	1.1	0.6	HJ207E	46.5	48.0	7500	9500	0.311
NU208E	NJ208E	NUP208E	N208E	NH208E	40	80	18	49.5	71.5	1.1	1.1	HJ208E	51.5	53.0	7000	9000	0.394
NU209E	NJ209E	NUP209E	N209E	NH209E	45	85	19	54.5	76.5	1.1	1.1	HJ209E	58.5	63.8	6300	8000	0.45
NU210E	NJ210E	NUP210E	N210E	NH210E	50	90	20	59.5	81.5	1.1	1.1	HJ210E	61.2	69.2	6000	7500	0.505
NU211E	NJ211E	NUP211E	N211E	NH211E	55	100	21	66	90	1.5	1.1	HJ211E	80.2	95.5	5300	6700	0.68
NU212E	NJ212E	NUP212E	N212E	NH212E	60	110	22	72	100	1.5	1.5	HJ212E	89.8	102	5000	6300	0.86
NU213E	NJ213E	NUP213E	N213E	NH213E	65	120	23	78.5	108.5	1.5	1.5	HJ213E	102	118	4500	5600	1.08
NU214E	NJ214E	NUP214E	N214E	NH214E	70	125	24	83.5	113.5	1.5	1.5	HJ214E	112	135	4300	5300	1.2
NU215E	NJ215E	NUP215E	N215E	NH215E	75	130	25	88.5	118.5	1.5	1.5	HJ215E	125	155	4000	5000	1.32
NU216E	NJ216E	NUP216E	N216E	NH216E	80	140	26	95.3	127.3	2	2	HJ216E	132	165	3800	4800	1.58

（续）

轴承型号					外形尺寸							斜挡圈型号	基本额定载荷/kN		极限转速/(r/min)		质量/kg
NU型	NJ型	NUP型	N型	NH型	d	D	B	F_w	E_w	r_{smin}	r_{1smin}		C_r	C_{0r}	脂润滑	油润滑	≈
NU217E	NJ217E	NUP217E	N217E	NH217E	85	150	28	100.5	136.5	2	2	HJ217E	158	192	3600	4500	2
NU218E	NJ218E	NUP218E	N218E	NH218E	90	160	30	107	145	2	2	HJ218E	172	215	3400	4300	2.44
NU219E	NJ219E	NUP219E	N219E	NH219E	95	170	32	112.5	154.5	2.1	2.1	HJ219E	208	262	3200	4000	2.96
NU220E	NJ220E	NUP220E	N220E	NH220E	100	180	34	119	163	2.1	2.1	HJ220E	235	302	3000	3800	3.58
NU221E	NJ221E	NUP221E	N221E	NH221E	105	190	36	125	173	2.1	2.1	HJ221E	260	334	2800	3600	4.15
NU222E	NJ222E	NUP222E	N222E	NH222E	110	200	38	132.5	180.5	2.1	2.1	HJ222E	278	360	2600	3400	5.02
NU224E	NJ224E	NUP224E	N224E	NH224E	120	215	40	143.5	195.5	2.1	2.1	HJ224E	322	422	2200	3000	6.11
NU226E	NJ226E	NUP226E	N226E	NH226E	130	230	40	153.5	209.5	3	3	HJ226E	—	—	—	—	—
NU228E	NJ228E	NUP228E	N228E	NH228E	140	250	42	169	225	3	3	HJ228E	—	—	—	—	—
NU230E	NJ230E	NUP230E	N230E	NH230E	150	270	45	182	242	3	3	HJ230E	—	—	—	—	—
NU232E	NJ232E	NUP232E	N232E	NH232E	160	290	48	195	259	3	3	HJ232E	—	—	—	—	—
NU234E	NJ234E	NUP234E	N234E	NH234E	170	310	52	207	279	4	4	HJ234E	—	—	—	—	—
NU236E	NJ236E	NUP236E	N236E	NH236E	180	320	52	217	289	4	4	HJ236E	—	—	—	—	—
NU238E	NJ238E	NUP238E	N238E	NH238E	190	340	55	230	306	4	4	HJ238E	—	—	—	—	—
NU240E	NJ240E	NUP240E	N240E	NH240E	200	360	58	243	323	4	4	HJ240E	—	—	—	—	—
NU2203E	NJ2203E	NUP2203E	N2203E	NH2203E	17	40	16	22.1	35.1	0.6	0.6	HJ2203E	—	—	—	—	—
NU2204E	NJ2204E	NUP2204E	N2204E	NH2204E	20	47	18	26.5	41.5	1	0.6	HJ2204E	30.8	30.0	12000	16000	0.149
NU2205E	NJ2205E	NUP2205E	N2205E	NH2205E	25	52	18	31.5	46.5	1	0.6	HJ2205E	32.8	33.8	11000	14000	0.168
NU2206E	NJ2206E	NUP2206E	N2206E	NH2206E	30	62	20	37.5	55.5	1	0.6	HJ2206E	45.5	48.0	8500	11000	0.268
NU2207E	NJ2207E	NUP2207E	N2207E	NH2207E	35	72	23	44	64	1.1	0.6	HJ2207E	57.5	63.0	7500	9500	0.414
NU2208E	NJ2208E	NUP2208E	N2208E	NH2208E	40	80	23	49.5	71.5	1.1	1.1	HJ2208E	67.5	75.2	7000	9000	0.507
NU2209E	NJ2209E	NUP2209E	N2209E	NH2209E	45	85	23	54.5	76.5	1.1	1.1	HJ2209E	71.0	82.0	6300	8000	0.55
NU2210E	NJ2210E	NUP2210E	N2210E	NH2210E	50	90	23	59.5	81.5	1.1	1.1	HJ2210E	74.2	88.8	6000	7500	0.59
NU2211E	NJ2211E	NUP2211E	N2211E	NH2211E	55	100	25	66	90	1.5	1.1	HJ2211E	94.8	118	5300	6700	0.81
NU2212E	NJ2212E	NUP2212E	N2212E	NH2212E	60	110	28	72	100	1.5	1.5	HJ2212E	122	152	5000	6300	1.12
NU2213E	NJ2213E	NUP2213E	N2213E	NH2213E	65	120	31	78.5	108.5	1.5	1.5	HJ2213E	142	180	4500	5600	1.48
NU2214E	NJ2214E	NUP2214E	N2214E	NH2214E	70	125	31	83.5	113.5	1.5	1.5	HJ2214E	148	192	4300	5300	1.56
NU2215E	NJ2215E	NUP2215E	N2215E	NH2215E	75	130	31	88.5	118.5	1.5	1.5	HJ2215E	155	205	4000	5000	1.64
NU2216E	NJ2216E	NUP2216E	N2216E	NH2216E	80	140	33	95.3	127.3	2	2	HJ2216E	178	242	3800	4800	2.05
NU2217E	NJ2217E	NUP2217E	N2217E	NH2217E	85	150	36	100.5	136.5	2	2	HJ2217E	205	272	3600	4500	2.58

（续）

轴承型号					外形尺寸							斜挡圈型号	基本额定载荷/kN		极限转速/(r/min)		质量/kg
NU 型	NJ 型	NUP 型	N 型	NH 型	d	D	B	F_w	E_w	r_{smin}	r_{1smin}		C_r	C_{0r}	脂润滑	油润滑	≈
NU2218E	NJ2218E	NUP2218E	N2218E	NH2218E	90	160	40	107	145	2	2	HJ2218E	230	312	3400	4300	3.26
NU2219E	NJ2219E	NUP2219E	N2219E	NH2219E	95	170	43	112.5	154.5	2.1	2.1	HJ2219E	275	368	3200	4000	3.97
NU2220E	NJ2220E	NUP2220E	N2220E	NH2220E	100	180	46	119	163	2.1	2.1	HJ2220E	318	440	3000	3800	4.86
NU2222E	NJ2222E	NUP2222E	N2222E	NH2222E	110	200	53	132.5	180.5	2.1	2.1	HJ222E	—	—	—	—	—
NU2224E	NJ2224E	NUP2224E	N2224E	NH2224E	120	215	58	143.5	195.5	2.1	2.1	HJ2224E	—	—	—	—	—
NU2226E	NJ2226E	NUP2226E	N2226E	NH2226E	130	230	64	153.5	209.5	3	3	HJ2226E	—	—	—	—	—
NU2228E	NJ2228E	NUP2228E	N2228E	NH2228E	140	250	68	169	225	3	3	HJ2228E	—	—	—	—	—
NU2230E	NJ2230E	NUP2230E	N2230E	NH2230E	150	270	73	182	242	3	3	HJ2230E	—	—	—	—	—
NU2232E	NJ2232E	NUP2232E	N2232E	NH2232E	160	290	80	193	259	3	3	HJ2232E	—	—	—	—	—
NU2234E	NJ2234E	NUP2234E	N2234E	NH2234E	170	310	86	205	279	4	4	HJ2234E	—	—	—	—	—
NU2236E	NJ2236E	NUP2236E	N2236E	NH2236E	180	320	86	215	289	4	4	HJ2236E	—	—	—	—	—
NU2238E	NJ2238E	NUP2238E	N2238E	NH2238E	190	340	92	228	306	4	4	HJ2238E	—	—	—	—	—
NU2240E	NJ2240E	NUP2240E	N2240E	NH2240E	200	360	98	241	323	4	4	HJ2240E	—	—	—	—	—
NU303E	NJ303E	NUP303E	N303E	NH303E	17	47	14	24.2	40.2	1	0.6	HJ303E	—	—	—	—	—
NU304E	NJ304E	NUP304E	N304E	NH304E	20	52	15	27.5	45.5	1.1	0.6	HJ304E	29.0	25.5	11000	15000	0.155
NU305E	NJ305E	NUP305E	N305E	NH305E	25	62	17	34	54	1.1	1.1	HJ305E	38.5	35.8	9000	12000	0.2
NU306E	NJ306E	NUP306E	N306E	NH306E	30	72	19	40.5	62.5	1.1	1.1	HJ306E	49.2	48.2	8000	10000	0.377
NU307E	NJ307E	NUP307E	N307E	NH307E	35	80	21	46.2	70.2	1.5	1.1	HJ307E	62.4	62.6	7000	9000	0.56
NU308E	NJ308E	NUP308E	N308E	NH308E	40	90	23	52	80	1.5	1.5	HJ308E	76.8	77.8	6300	8000	0.68
NU309E	NJ309E	NUP309E	N309E	NH309E	45	100	25	58.5	88.5	1.5	1.5	HJ309E	93.0	98.0	5600	7000	0.93
NU310E	NJ310E	NUP310E	N310E	NH310E	50	110	27	65	97	2	2	HJ310E	105	112	5300	6700	1.2
NU311E	NJ311E	NUP311E	N311E	NH311E	55	120	29	70.5	106.5	2	2	HJ311E	128	138	4800	6000	1.53
NU312E	NJ312E	NUP312E	N312E	NH312E	60	130	31	77	115	2.1	2.1	HJ312E	142	155	4500	5600	1.87
NU313E	NJ313E	NUP313E	N313E	NH313E	65	140	33	82.5	124.5	2.1	2.1	HJ313E	170	188	4000	5000	2.31
NU314E	NJ314E	NUP314E	N314E	NH314E	70	150	35	89	133	2.1	2.1	HJ314E	195	220	3800	4800	2.86
NU315E	NJ315E	NUP315E	N315E	NH315E	75	160	37	95	143	2.1	2.1	HJ315E	228	260	3600	4500	3.43
NU316E	NJ316E	NUP316E	N316E	NH316E	80	170	39	101	151	2.1	2.1	HJ316E	245	282	3400	4300	4.05
NU317E	NJ317E	NUP317E	N317E	NH317E	85	180	41	108	160	3	3	HJ317E	280	332	3200	4000	4.82
NU318E	NJ318E	NUP318E	N318E	NH318E	90	190	43	113.5	169.5	3	3	HJ318E	298	348	3000	3800	5.59
NU319E	NJ319E	NUP319E	N319E	NH319E	95	200	45	121.5	177.5	3	3	HJ319E	315	380	2800	3600	6.52
NU320E	NJ320E	NUP320E	N320E	NH320E	100	215	47	127.5	191.5	3	3	HJ320E	365	425	2600	3200	7.89
NU321E	NJ321E	NUP321E	N321E	NH321E	105	225	49	133	201	3	3	HJ321E	—	—	—	—	—
NU322E	NJ322E	NUP322E	N322E	NH322E	110	240	50	143	211	3	3	HJ322E	—	—	—	—	—

（续）

轴承型号					外形尺寸							斜挡圈	基本额定载荷/kN		极限转速/(r/min)		质量/kg
NU型	NJ型	NUP型	N型	NH型	d	D	B	F_w	E_w	r_{smin}	r_{1smin}	型号	C_r	C_{0r}	脂润滑	油润滑	≈
NU324E	NJ324E	NUP324E	N324E	NH324E	120	260	55	154	230	3	3	HJ324E	—	—	—	—	—
NU326E	NJ326E	NUP326E	N326E	NH326E	130	280	58	167	247	4	4	HJ326E	—	—	—	—	—
NU328E	NJ328E	NUP328E	N328E	NH328E	140	300	62	180	260	4	4	HJ328E	—	—	—	—	—
NU330E	NJ330E	NUP330E	N330E	NH330E	150	320	65	193	283	4	4	HJ330E	—	—	—	—	—
NU332E	NJ332E	NUP332E	N332E	NH332E	160	340	68	204	300	4	4	HJ332E	—	—	—	—	—
NU334E	NJ334E	—	N334E	NH334E	170	360	72	218	318	4	4	HJ334E	—	—	—	—	—
NU336E	NJ336E	—	—	NH336E	180	380	75	231	—	4	4	HJ336E	—	—	—	—	—
NU338E	—	—	—	—	190	400	78	245	—	5	5	—	—	—	—	—	—
NU340E	NJ340E	—	—	—	200	420	80	258	—	5	5	—	—	—	—	—	—
NU2304E	NJ2304E	NUP2304E	N2304E	NH2304E	20	52	21	27.5	45.5	1.1	0.6	HJ2304E	29.0	37.5	10000	14000	0.216
NU2305E	NJ2305E	NUP2305E	N2305E	NH2305E	25	62	24	34	54	1.1	1.1	HJ2305E	53.2	54.5	9000	12000	0.355
NU2306E	NJ2306E	NUP2306E	N2306E	NH2306E	30	72	27	40.5	62.5	1.1	1.1	HJ2306E	70.0	75.5	8000	10000	0.538
NU2307E	NJ2307E	NUP2307E	N2307E	NH2307E	35	80	31	46.2	70.2	1.5	1.1	HJ2307E	87.5	98.2	7000	9000	0.738
NU2308E	NJ2308E	NUP2308E	N2308E	NH2308E	40	90	33	52	80	1.5	1.5	HJ2308E	105	118	6300	8000	0.974
NU2309E	NJ2309E	NUP2309E	N2309E	NH2309E	45	100	36	58.5	88.5	1.5	1.5	HJ2309E	130	152	5600	7000	1.34
NU2310E	NJ2310E	NUP2310E	N2310E	NH2310E	50	110	40	65	97	2	2	HJ2310E	155	185	5300	6700	1.79
NU2311E	NJ2311E	NUP2311E	N2311E	NH2311E	55	120	43	70.5	106.5	2	2	HJ2311E	190	228	4800	6000	2.28
NU2312E	NJ2312E	NUP2312E	N2312E	NH2312E	60	130	46	77	115	2.1	2.1	HJ2312E	212	260	4500	5600	2.81
NU2313E	NJ2313E	NUP2313E	N2313E	NH2313E	65	140	48	82.5	124.5	2.1	2.1	HJ2313E	235	285	4000	5000	3.34
NU2314E	NJ2314E	NUP2314E	N2314E	NH2314E	70	150	51	89	133	2.1	2.1	HJ2314E	260	320	3800	4800	4.1
NU2315E	NJ2315E	NUP2315E	N2315E	NH2315E	75	160	55	95	143	2.1	2.1	HJ2315E	—	—	—	—	—
NU2316E	NJ2316E	NUP2316E	N2316E	NH2316E	80	170	58	101	151	2.1	2.1	HJ2316E	—	—	—	—	—
NU2317E	NJ2317E	NUP2317E	N2317E	NH2317E	85	180	60	108	160	3	3	HJ2317E	—	—	—	—	—
NU2318E	NJ2318E	NUP2318E	N2318E	NH2318E	90	190	64	113.5	169.5	3	3	HJ2318E	—	—	—	—	—
NU2319E	NJ2319E	NUP2319E	N2319E	NH2319E	95	200	67	121.5	177.5	3	3	HJ2319E	—	—	—	—	—
NU2320E	NJ2320E	NUP2320E	N2320E	NH2320E	100	215	73	127.5	191.5	3	3	HJ2320E	—	—	—	—	—
NU2322E	NJ2322E	NUP2322E	N2322E	NH2322E	110	240	80	143	211	3	3	HJ2322E	—	—	—	—	—
NU2324E	NJ2324E	NUP2324E	N2324E	NH2324E	120	260	86	154	230	3	3	HJ2324E	—	—	—	—	—
NU2326E	NJ2326E	NUP2326E	N2326E	NH2326E	130	280	93	167	247	4	4	HJ2326E	—	—	—	—	—
NU2328E	NJ2328E	NUP2328E	N2328E	NH2328E	140	300	102	180	260	4	4	HJ2328E	—	—	—	—	—
NU2330E	NJ2330E	NUP2330E	N2330E	NH2330E	150	320	108	193	283	4	4	HJ2330E	—	—	—	—	—
NU2332E	NJ2332E	NUP2332E	N2332E	NH2332E	160	340	114	204	300	4	4	HJ2332E	—	—	—	—	—
NU2334E	NJ2334E	—	—	—	170	360	120	216	—	4	4	—	—	—	—	—	—
NU2336E	NJ2336E	—	—	—	180	380	126	227	—	4	4	—	—	—	—	—	—
NU2338E	NJ2338E	—	—	—	190	400	132	240	—	5	5	—	—	—	—	—	—
NU2340E	NJ2340E	—	—	—	200	420	138	253	—	5	5	—	—	—	—	—	—

（续）

轴承型号		外形尺寸							基本额定载荷/kN		极限转速/(r/min)		质量/kg
NU 型	N 型	d	D	B	F_w	E_w	r_{smin}	r_{1smin}	C_r	C_{0r}	脂润滑	油润滑	≈
NU1005	N1005	25	47	12	30.5	41.5	1	0.3	11.0	10.2	11000	15000	0.1
NU1006	N1006	30	55	13	36.5	48.5	1	0.6	—	—	—	—	—
NU1007	N1007	35	62	14	42	55	1	0.6	—	—	—	—	—
NU1008	N1008	40	68	15	47	61	1	0.6	21.2	22.0	7500	9500	0.22
NU1009	N1009	45	75	16	52.5	67.5	1	0.6	22.8	23.5	7000	9000	—
NU1010	N1010	50	80	16	57.5	72.5	1	0.6	25.0	27.5	6300	8000	—
NU1011	N1011	55	90	18	64.5	80.5	1.1	1	35.8	40.0	5600	7000	0.45
NU1012	N1012	60	95	18	69.5	85.5	1.1	1	38.5	45.0	5300	6700	0.48
NU1013	N1013	65	100	18	74.5	90.5	1.1	1	—	—	—	—	—
NU1014	N1014	70	110	20	80	100	1.1	1	47.5	57.0	4800	6000	0.71
NU1015	N1015	75	115	20	85	105	1.1	1	—	—	—	—	—
NU1016	N1016	80	125	22	91.5	113.5	1.1	1	59.2	77.8	4300	5300	1
NU1017	N1017	85	130	22	96.5	118.5	1.1	1	—	—	—	—	—
NU1018	N1018	90	140	24	103	127	1.5	1.1	74.0	94.8	3800	4800	1.36
NU1019	N1019	95	145	24	108	132	1.5	1.1	—	—	—	—	—
NU1020	N1020	100	150	24	113	137	1.5	1.1	78.0	102	3400	4300	1.5
NU1021	N1021	105	160	26	119.5	145.5	2	1.1	91.5	122	3200	4200	1.9
NU1022	N1022	110	170	28	125	155	2	1.1	115	155	3000	3800	2.3
NU1024	N1024	120	180	28	135	165	2	1.1	130	168	2600	3400	2.96
NU1026	N1026	130	200	33	148	182	2	1.1	152	212	2400	3200	3.7
NU1028	N1028	140	210	33	158	192	2	1.1	158	220	2000	2800	4
NU1030	N1030	150	225	35	169.5	205.5	2.1	1.5	188	268	1900	2600	4.8
NU1032	N1032	160	240	38	180	220	2.1	1.5	212	302	1800	2400	6
NU1034	N1034	170	260	42	193	237	2.1	2.1	255	365	1700	2200	8.14
NU1036	N1036	180	280	46	205	255	2.1	2.1	300	438	1600	2000	10.1
NU1038	N1038	190	290	46	215	265	2.1	2.1	335	495	1500	1900	12.0
NU1040	N1040	200	310	51	229	281	2.1	2.1	408	615	1400	1800	14.3

8.5.4 双列圆柱滚子轴承（表8-23）

表8-23 双列圆柱滚子轴承（摘自GB/T 285—1994）

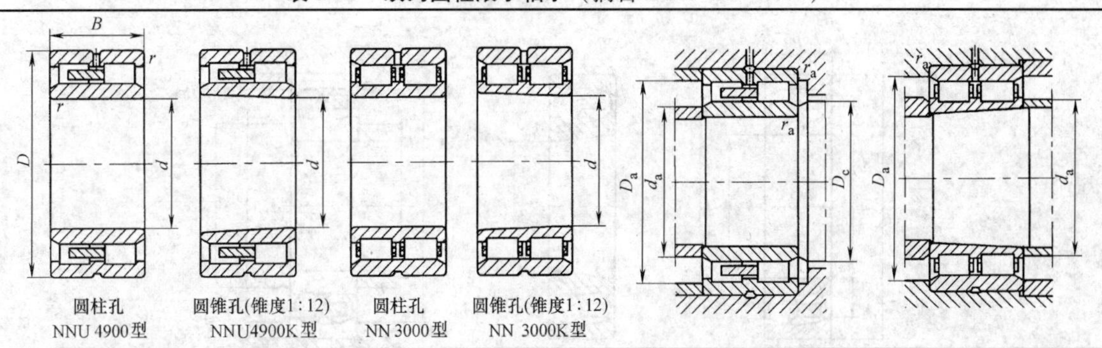

圆柱孔 NNU 4900型　圆锥孔(锥度1:12) NNU4900K型　圆柱孔 NN 3000型　圆锥孔(锥度1:12) NN 3000K型

基本尺寸/mm			安装尺寸/mm			基本额定载荷/kN		极限转速/(r/min)		轴承代号	
d	D	B	d_a min	D_a min	r_a max	C_r	C_{or}	脂润滑	油润滑	圆柱孔 NN0000型 NNU0000型	圆锥孔 NN0000K型 NNU0000K型
25	47	16	29	42	0.6	24.8	28.5	13000	16000	NN3005	NN3005K
30	55	19	35	49	1	29.2	35.5	11000	14000	NN3006	NN3006K
35	62	20	40	56	1	37.2	47.5	10000	13000	NN3007	NN3007K
40	68	21	45	62	1	40.8	53.2	9000	12000	NN3008	NN3008K
45	75	23	50	69	1	47.5	62.2	8000	10000	NN3009	NN3009K
50	80	23	55	74	1	50.2	69.8	7500	9000	NN3010/W33	NN3010K/W33
55	90	26	61.5	82	1	65.8	91.8	6700	8000	NN3011/W33	NN3011K/W33
60	95	26	66.5	87	1	70.0	100	6300	7500	NN3012/W33	NN3012K/W33
65	100	26	71.5	92	1	72.5	110	6000	7000	NN3013/W33	NN3013K/W33
70	110	30	76.5	101	1	92.0	142	5300	6700	NN3014/W33	NN3014K/W33
75	115	30	81.5	106	1	92.0	142	5000	6000	NN3015/W33	NN3015K/W33
80	125	34	86.5	114	1	112	175	4800	5600	NN3016/W33	NN3016K/W33
85	130	34	91.5	119	1	118	195	4500	5300	NN3017/W33	NN3017K/W33
90	140	37	98	129	1.5	132	205	4300	5000	NN3018/W33	NN3018K/W33
95	145	37	103	134	1.5	135	220	4000	4800	NN3019/W33	NN3019K/W33
100	140	40	106.5	—	1	122	242	4000	4800	NNU4920/W33	NNU4920K/W33
100	150	37	108	139	1.5	142	238	3800	4500	NN3020/W33	NN3020K/W33
105	145	40	111.5	—	1	122	248	3800	4500	NNU4921/W33	NNU4921K/W33
105	160	41	114	148	2	180	290	3600	4300	NN3021/W33	NN3021K/W33
110	150	40	116.5	—	1	125	258	3800	4500	NNU4922/W33	NNU4922K/W33
110	170	45	119	157	2	208	342	3400	4000	NN3022/W33	NN3022K/W33
120	165	45	126.5	—	1	168	322	3400	4000	NNU4924/W33	NNU4924K/W33
120	180	46	129	167	2	218	370	3200	3800	NN3024/W33	NN3024K/W33
130	180	50	138	—	1.5	178	370	3000	3600	NNU4926K/W33	NNU4926K/W33
130	200	52	139	183	2	272	452	2800	3400	NN3026/W33	NN3026K/W33
140	190	50	148	—	1.5	180	380	2800	3400	NNU4928/W33	NNU4928K/W33
140	210	53	149	194	2	282	495	2600	3200	NN3028/W33	NN3028K/W33
150	210	60	159	—	2	312	622	2600	3200	NNU4930/W33	NNU4930K/W33
150	225	56	161	208	2.1	312	542	2400	3000	NN3030/W33	NN3030K/W33
160	220	60	169	—	2	312	645	2400	3000	NNU4932/W33	NNU4932K/W33
160	240	60	171	221	2.1	350	622	2200	2800	—	NN3032K/W33
170	230	60	179	—	2	320	660	2200	2800	NNU4934/W33	NNU4934K/W33

8.5.5 调心球轴承（表 8-24）

表 8-24 调心球轴承（摘自 GB/T 281—1994）

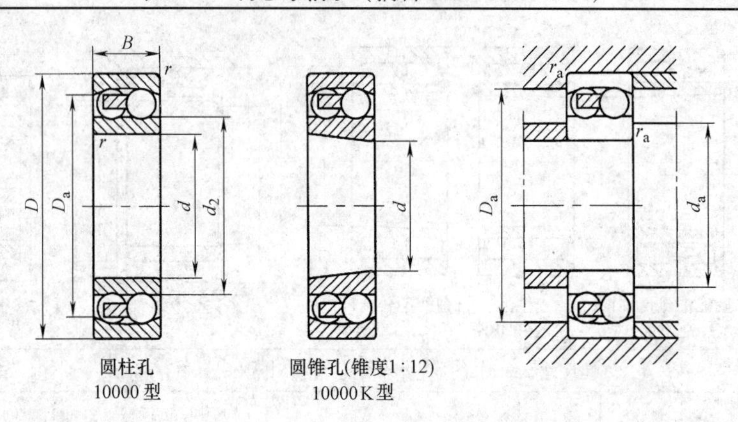

圆柱孔 10000 型　　圆锥孔(锥度1:12) 10000K 型

基本尺寸/mm			安装尺寸/mm			计算系数				基本额定载荷/kN		极限转速/(r/min)		轴承代号
d	D	B	d_{amax}	D_{amax}	r_{asmax}	e	Y_1	Y_2	Y_0	C_r	C_{or}	脂润滑	油润滑	圆柱孔 10000
10	30	9	15	25	0.6	0.32	2.0	3.0	2.0	5.48	1.20	24000	28000	1200
	30	14	15	25	0.6	0.62	1.0	1.6	1.1	7.12	1.58	24000	28000	2200
	35	11	15	30	0.6	0.33	1.9	3.0	2.0	7.22	1.62	20000	24000	1300
	35	17	15	30	0.6	0.66	0.95	1.5	1.0	11.0	2.45	18000	22000	2300
12	32	10	17	27	0.6	0.33	1.9	2.9	2.0	5.55	1.25	22000	26000	1201
	32	14	17	27	0.6	—	—	—	—	8.80	1.80	22000	26000	2201
	37	12	18	31	1	0.35	1.8	2.8	1.9	9.42	2.12	18000	22000	1301
	37	17	18	31	1	—	—	—	—	12.5	2.72	17000	22000	2301
15	35	11	20	30	0.6	0.33	1.9	3.0	2.0	7.48	1.75	18000	22000	1202
	35	14	20	30	0.6	0.50	1.3	2.0	1.3	7.65	1.80	18000	22000	2202
	42	13	21	36	1	0.33	1.9	2.9	2.0	9.50	2.28	16000	20000	1302
	42	17	21	36	1	0.51	1.2	1.9	1.3	12.0	2.88	14000	18000	2302
17	40	12	22	35	0.6	0.31	2.0	3.2	2.1	7.90	2.02	16000	20000	1203
	40	16	22	35	0.6	0.50	1.2	1.9	1.3	9.00	2.45	16000	20000	2203
	47	14	23	41	1	0.33	1.9	3.0	2.0	12.5	3.18	14000	17000	1303
	47	19	23	41	1	0.52	1.2	1.9	1.3	14.5	3.58	13000	16000	2303
20	47	14	26	41	1	0.27	2.3	3.6	2.4	9.95	2.65	14000	17000	1204
	47	18	26	41	1	0.48	1.3	2.0	1.4	12.5	3.28	14000	17000	2204
	52	15	27	45	1	0.29	2.2	3.4	2.3	12.5	3.38	12000	15000	1304
	52	21	27	45	1	0.51	1.2	1.9	1.3	17.8	4.75	11000	14000	2304
25	52	15	31	46	1	0.27	2.3	3.6	2.4	12.0	3.30	12000	14000	1205
	52	18	31	46	1	0.41	1.5	2.3	1.5	12.5	3.40	12000	14000	2205
	62	17	32	55	1	0.27	2.3	3.5	2.4	17.8	5.05	10000	13000	1305
	62	24	32	55	1	0.47	1.3	2.1	1.4	24.5	6.48	9500	12000	2305
30	62	16	36	56	1	0.24	2.6	4.0	2.7	15.8	4.70	10000	12000	1206
	62	20	36	56	1	0.39	1.6	2.4	1.7	15.2	4.60	10000	12000	2206
	72	19	37	65	1	0.26	2.4	3.8	2.6	21.5	6.28	8500	11000	1306
	72	27	37	65	1	0.44	1.4	2.2	1.5	31.5	8.68	8000	10000	2306
35	72	17	42	65	1	0.23	2.7	4.2	2.9	15.8	5.08	8500	10000	1207
	72	23	42	65	1	0.38	1.7	2.6	1.8	21.8	6.65	8500	10000	2207
	80	21	44	71	1.5	0.25	2.6	4.0	2.7	25.0	7.95	7500	9500	1307
	80	31	44	71	1.5	0.46	1.4	2.1	1.4	39.2	11.0	7100	9000	2307

（续）

基本尺寸/mm			安装尺寸/mm			计算系数				基本额定载荷/kN		极限转速/(r/min)		轴承代号
d	D	B	d_{amax}	D_{amax}	r_{asmax}	e	Y_1	Y_2	Y_0	C_r	C_{or}	脂润滑	油润滑	圆柱孔 10000
40	80	18	47	73	1	0.22	2.9	4.4	3.0	19.2	6.40	7500	9000	1208
	80	23	47	73	1	0.24	1.9	2.9	2.0	22.5	7.38	7500	9000	2208
	90	23	49	81	1.5	0.24	2.6	4.0	2.7	29.5	9.50	6700	8500	1308
	90	33	49	81	1.5	0.43	1.5	2.3	1.5	44.8	13.2	6300	8000	2308
45	85	19	52	78	1	0.21	2.9	4.6	3.1	21.8	7.32	7100	8500	1209
	85	23	52	78	1	0.31	2.1	3.2	2.2	23.2	8.00	7100	8500	2209
	100	25	54	91	1.5	0.25	2.5	3.9	2.6	38.0	12.8	6000	7500	1309
	100	36	54	91	1.5	0.42	1.5	2.3	1.6	55.0	16.2	5600	7100	2309
50	90	20	57	83	1	0.20	3.1	4.8	3.3	22.8	8.08	6300	8000	1210
	90	23	57	83	1	0.29	2.2	3.4	2.3	23.2	8.45	6300	8000	2210
	110	27	60	100	2	0.24	2.7	4.1	2.8	43.2	14.2	5600	6700	1310
	110	40	60	100	2	0.43	1.5	2.3	1.6	64.5	19.8	5000	6300	2310
55	100	21	64	91	1.5	0.20	3.2	5.0	3.4	26.8	10.0	6000	7100	1211
	100	25	64	91	1.5	0.28	2.3	3.5	2.4	26.8	9.95	6000	7100	2211
	120	29	65	110	2	0.23	2.7	4.2	2.8	51.5	18.2	5000	6300	1311
	120	43	65	110	2	0.41	1.5	2.4	1.6	75.2	23.5	4800	6000	2311
60	110	22	69	101	1.5	0.19	3.4	5.3	3.6	30.2	11.5	5300	6300	1212
	110	28	69	101	1.5	0.28	2.3	3.5	2.4	34.0	12.5	5300	6300	2212
	130	31	72	118	2.1	0.23	2.8	4.3	2.9	57.2	20.8	4500	5600	1312
	130	46	72	118	2.1	0.41	1.6	2.5	1.6	86.8	27.5	4300	5300	2312
65	120	23	74	111	1.5	0.17	3.7	5.7	3.9	31.0	12.5	4800	6000	1213
	120	31	74	111	1.5	0.28	2.3	3.5	2.4	43.5	16.2	4800	6000	2213
	140	33	77	128	2.1	0.23	2.8	4.3	2.9	61.8	22.8	4300	5300	1313
	140	48	77	128	2.1	0.38	1.6	2.6	1.7	96.0	32.5	3800	4800	2313
70	125	24	79	116	1.5	0.18	3.5	5.4	3.7	34.5	13.5	4800	5600	1214
	125	31	79	116	1.5	0.27	2.4	3.7	2.5	44.0	17.0	4500	5600	2214
	150	35	82	138	2.1	0.22	2.8	4.4	2.9	74.5	27.5	4000	5000	1314
	150	51	82	138	2.1	0.38	1.7	2.6	1.8	110	37.5	3600	4500	2314
75	130	25	84	121	1.5	0.17	3.6	5.6	3.8	38.8	15.2	4300	5300	1215
	130	31	84	121	1.5	0.25	2.5	3.9	2.6	44.2	18.0	4300	5300	2215
	160	37	87	148	2.1	0.22	2.8	4.4	3.0	79.0	29.8	3800	4500	1315
	160	55	87	148	2.1	0.38	1.7	2.6	1.7	122	42.8	3400	4300	2315
80	140	26	90	130	2	0.18	3.6	5.5	3.7	39.5	16.8	4000	5000	1216
	140	33	90	130	2	0.25	2.5	3.9	2.6	48.8	20.2	4000	5000	2216
	170	39	92	158	2.1	0.22	2.9	4.5	3.1	88.5	32.8	3600	4300	1316
	170	58	92	158	2.1	0.39	1.6	2.5	1.7	128	45.5	3200	4000	2316
85	150	28	95	140	2	0.17	3.7	5.7	3.9	48.8	20.5	3800	4500	1217
	150	36	95	140	2	0.25	2.5	3.8	2.6	58.2	23.5	3800	4500	2217
	180	41	99	166	2.5	0.22	2.9	4.5	3.0	97.8	37.8	3400	4000	1317
	180	60	99	166	2.5	0.38	1.7	2.6	1.7	140	51.0	3000	2800	2317
90	160	30	100	150	2	0.17	3.8	5.7	4.0	56.5	23.2	3600	4300	1218
	160	40	100	150	2	0.27	2.4	3.7	2.5	70.0	28.5	3600	4300	2218
	190	43	104	176	2.5	0.22	2.8	4.4	2.9	115	44.5	3200	3800	1318
	190	64	104	176	2.5	0.39	1.6	2.5	1.7	142	57.2	2800	3600	2318
95	170	32	107	158	2.1	0.17	3.7	5.7	3.9	63.5	27.0	3400	4000	1219
	170	43	107	158	2.1	0.26	2.4	3.7	2.5	82.8	33.8	3400	4000	2219

（续）

基本尺寸/mm			安装尺寸/mm			计 算 系 数				基本额定载荷/kN		极限转速/(r/min)		轴承代号
d	D	B	d_{amax}	D_{amax}	r_{asmax}	e	Y_1	Y_2	Y_0	C_r	C_{or}	脂润滑	油润滑	圆柱孔 10000
95	200	45	109	186	2.5	0.23	2.8	4.3	2.9	132	50.8	3000	3600	1319
	200	67	109	186	2.5	0.38	1.7	2.6	1.8	162	64.2	2800	3400	2319
100	180	34	112	168	2.1	0.18	3.5	5.4	3.7	68.5	29.2	3200	3800	1220
	180	46	112	168	2.1	0.27	2.3	3.6	2.5	97.2	40.5	3200	3800	2220
	215	47	114	201	2.5	0.24	2.7	4.1	2.8	142	57.2	2800	3400	1320
	215	73	114	201	2.5	0.37	1.7	2.6	1.8	192	78.5	2400	3200	2320

注：圆锥孔轴承的尺寸、性能与圆柱孔轴承相同，只在其相应轴承代号后加“K”字，如1213改作1213K。

8.5.6 调心滚子轴承（表8-25）

表8-25 调心滚子轴承（摘自GB/T 288—1994）

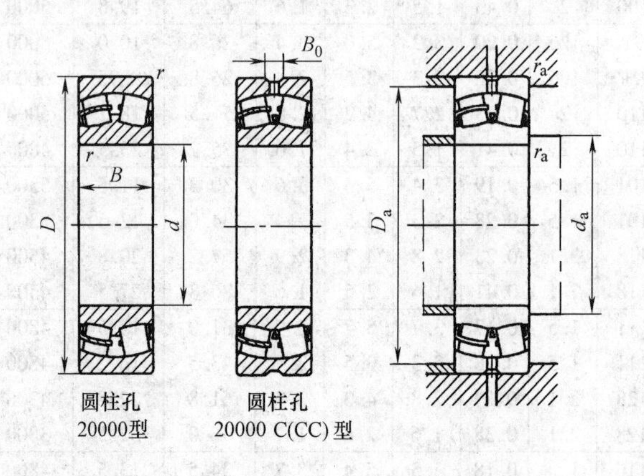

圆柱孔 20000型　　圆柱孔 20000 C(CC)型

基本尺寸/mm			安装尺寸/mm			计 算 系 数				基本额定载荷/kN		极限转速/(r/min)		轴承代号
d	D	B	d_a min	D_a max	r_a max	e	Y_1	Y_2	Y_0	C_r	C_{or}	脂润滑	油润滑	圆柱孔
20	52	15	27	45	1	0.31	2.2	3.3	2.2	30.8	31.2	6000	7500	21304CC
25	52	18	30	46	1	0.35	1.9	2.9	1.9	35.8	36.8	8000	10000	22205CC/W33
	62	17	32	55	1	0.29	2.4	3.5	2.3	41.5	44.2	5300	6700	21305CC
30	62	20	36	56	1	0.35	1.9	2.8	1.9	30.5	38.2	5300	6700	22206
	62	20	36	56	1	0.33	2.0	3.0	2.0	51.8	56.8	6300	8000	22206C
	62	20	36	56	1	0.32	2.1	3.1	2.1	50.5	55.0	6700	8500	22206CC/W33
	72	19	37	65	1	0.27	2.5	3.7	2.4	55.8	62.0	4500	6000	21306CC
35	72	23	42	65	1	0.36	1.9	2.8	1.8	45.2	59.5	4800	6000	22207
	72	23	42	65	1	0.31	2.1	3.2	2.1	66.5	76.0	5300	6700	22207C/W33
	72	23	42	65	1	0.32	2.1	3.2	2.1	68.5	79.0	5600	7000	22207CC/W33
	80	21	44	71	1.5	0.27	2.5	3.8	2.5	63.5	73.2	4000	5300	21307CC
40	80	23	47	73	1	0.32	2.1	3.1	2.1	49.8	68.5	4500	5600	22208
	80	23	47	73	1	0.28	2.4	3.6	2.3	78.5	90.8	5000	6000	22208C/W33
	80	23	47	73	1	0.28	2.4	3.6	2.4	77.0	88.5	5000	6300	22208CC/W33
	90	23	49	81	1.5	0.26	2.6	3.8	2.5	85.0	96.2	3600	4500	21308CC
40	90	33	49	81	1.5	0.42	1.6	2.4	1.6	73.5	90.5	4000	5000	22308
	90	33	49	81	1.5	0.38	1.8	2.6	1.7	120	138	4300	5300	22308C/W33

（续）

基本尺寸/mm			安装尺寸/mm			计算系数				基本额定载荷/kN		极限转速/(r/min)		轴承代号
d	D	B	d_a min	D_a max	r_a max	e	Y_1	Y_2	Y_0	C_r	C_{or}	脂润滑	油润滑	圆柱孔
40	90	33	49	81	1.5	0.38	1.8	2.7	1.8	120	138	4500	6000	22308CC/W33
45	85	23	52	78	1	0.30	2.3	3.4	2.2	52.2	73.2	4000	5000	22209
	85	23	52	78	1	0.27	2.5	3.8	2.5	82.0	97.5	4500	5600	22209C/W33
	85	23	52	78	1	0.26	2.6	3.8	2.5	80.5	95.2	4500	6000	22209CC/W33
	100	25	54	91	1.5	0.25	2.7	4.0	2.6	100	115	3200	4000	21309CC
	100	36	54	91	1.5	0.41	1.6	2.4	1.6	108	140	3600	4500	22309
	100	36	54	91	1.5	0.38	1.8	2.6	1.7	142	170	3800	4800	22309C/W33
	100	36	54	91	1.5	0.37	1.8	2.7	1.8	142	170	4000	5300	22309CC/W33
50	90	23	57	83	1	0.30	2.4	3.6	2.4	52.2	73.2	3800	4800	22210
	90	23	57	83	1	0.24	2.8	4.1	2.7	84.5	105	4000	5000	22210C/W33
	110	27	60	100	2	0.25	2.7	4.0	2.6	120	140	2800	3800	21310CC
	110	40	60	100	2	0.41	1.6	2.4	1.6	128	170	3400	4300	22310
	110	40	60	100	2	0.37	1.8	2.7	1.8	175	210	3400	4300	22310C/W33
55	100	25	64	91	1.5	0.28	2.5	3.7	2.4	60	87.2	3400	4300	22211
	100	25	64	91	1.5	0.24	2.8	4.1	2.7	102	125	3600	4500	22211C/W33
	120	29	65	110	2	0.25	2.7	4.1	2.7	142	170	2600	3400	21311CC
	120	43	65	110	2	0.39	1.7	2.6	1.7	155	198	3000	3800	22311
	120	43	65	110	2	0.37	1.8	2.7	1.8	208	250	3000	3800	22311C/W33
60	110	28	69	101	1.5	0.28	2.4	3.6	2.4	81.8	122	3200	4000	22212
	110	28	69	101	1.5	0.24	2.8	4.1	2.7	122	155	3200	4000	22212C/W33
	130	31	72	118	2.1	0.24	2.8	4.2	2.7	162	195	2400	3200	21312CC
	130	46	72	118	2.1	0.40	1.7	2.5	1.6	168	225	2800	3600	22312
	130	46	72	118	2.1	0.37	1.8	2.7	1.8	238	285	2800	3600	22312C/W33
65	120	31	74	111	1.5	0.28	2.4	3.6	2.4	88.5	128	2800	3600	22213
	120	31	74	111	1.5	0.25	2.7	4.0	2.6	150	195	2800	3600	22213C/W33
	140	33	77	128	2.1	0.24	2.9	4.3	2.8	182	228	2200	3000	21313CC
	140	48	77	128	2.1	0.39	1.7	2.6	1.7	188	252	2400	3200	22313
70	125	31	79	116	1.5	0.27	2.4	3.7	2.4	95	142	2600	3400	22214
	125	31	79	116	1.5	0.23	2.9	4.3	2.8	158	205	2600	3400	22214C/W33
	150	35	82	138	2.1	0.23	2.9	4.3	2.8	212	268	2000	2800	21314CC
	150	51	82	138	2.1	0.37	1.8	2.7	1.8	230	315	2200	3000	22314
75	130	31	84	121	1.5	0.26	2.6	3.9	2.6	95	142	2400	3200	22215
	130	31	84	121	1.5	0.22	3.0	4.5	2.9	162	215	2400	3200	22215C/W33
	160	37	87	148	2.1	0.23	3.0	4.4	2.9	238	302	1900	2600	21315CC
	160	55	87	148	2.1	0.36	1.7	2.6	1.7	262	388	2000	2800	22315
80	140	33	90	130	2	0.25	2.7	4.0	2.6	115	180	2200	3000	22216
	140	33	90	130	2	0.22	3.0	4.5	2.9	175	238	2200	3000	22216C/W33
	170	39	92	158	2.1	0.23	3.0	4.4	2.9	260	332	1800	2400	21316CC
	170	58	92	158	2.1	0.37	1.8	2.7	1.8	288	405	1900	2600	22316
85	150	36	95	140	2	0.26	2.6	3.9	2.5	145	228	2000	2800	22217
	150	36	95	140	2	0.22	3.0	4.4	2.9	210	278	2000	2800	22217C/W33
	180	41	99	166	2.5	0.23	3.0	4.4	2.9	298	385	1700	2200	21317CC
	180	60	99	166	2.5	0.37	1.8	2.7	1.8	308	440	1800	2400	22317
90	160	40	100	150	2	0.27	2.5	3.8	2.5	168	272	1900	2600	22218
	160	40	100	150	2	0.23	2.9	4.4	2.8	240	322	1900	2600	22218C/W33
	160	52.4	100	150	2	0.31	2.1	3.2	2.1	325	478	1700	2200	23218C/W33

（续）

基本尺寸/mm			安装尺寸/mm			计算系数				基本额定载荷/kN		极限转速/(r/min)		轴承代号
d	D	B	d_a min	D_a max	r_a max	e	Y_1	Y_2	Y_0	C_r	C_{or}	脂润滑	油润滑	圆柱孔
90	190	43	104	176	2.5	0.23	3.0	4.5	2.9	320	420	1600	2200	21318CC
	190	64	104	176	2.5	0.37	1.8	2.7	1.8	365	542	1700	2200	22318
95	170	43	107	158	2.1	0.27	2.5	3.7	2.4	212	322	1800	2400	22219
	170	43	107	158	2.1	0.24	2.9	4.4	2.7	278	380	1900	2600	22219C/W33
	200	67	109	186	2.5	0.38	1.8	2.7	1.8	385	570	1600	2000	22319
	200	67	109	186	2.5	0.34	2.0	3.0	2.0	568	728	2000	2600	22319TN1W33
100	165	52	110	155	2	0.30	2.3	3.4	2.2	320	505	1600	2000	23120C/W33
	180	46	112	168	2.1	0.27	2.5	3.7	2.4	222	358	1700	2200	22220
	180	46	112	168	2.1	0.23	2.9	4.3	2.8	310	425	1800	2400	22220C/W33
	215	73	114	201	2.5	0.37	1.8	2.7	1.8	450	668	1400	1800	22320
105	175	56	119	161	2.5	0.32	2.1	3.1	2.1	242	480	1400	1800	23121
110	170	45	120	160	2	0.26	2.6	3.9	2.6	195	410	1400	1800	23022
	180	56	120	170	2	0.32	2.1	3.1	2.1	262	475	1300	1700	23122
	200	53	122	188	2.1	0.28	2.4	3.6	2.3	288	465	1500	1900	22222
	200	80	124	226	2.5	0.37	1.9	2.7	1.8	545	832	1200	1600	22322
120	180	46	130	170	2	0.25	2.7	4.0	2.6	212	470	1200	1600	23024
	200	62	130	190	2	0.32	2.1	3.1	2.0	290	572	1100	1500	23124
	215	58	132	203	2.1	0.29	2.4	3.5	2.3	342	565	1300	1700	22224
	260	86	134	246	2.5	0.37	1.9	2.7	1.8	645	992	1100	1500	22324
130	200	52	140	190	2	0.26	2.6	3.8	2.5	270	608	1100	1500	23026
	230	64	144	216	2.5	0.29	2.3	3.4	2.3	408	708	1200	1600	22226
	280	93	148	262	3	0.39	1.7	2.6	1.7	722	1140	950	1300	22326
140	210	53	150	200	2	0.25	2.7	4.0	2.6	285	635	950	1300	23028
	225	68	152	213	2.1	0.29	2.3	3.4	2.3	398	605	950	1300	23128
	250	68	154	236	2.5	0.29	2.3	3.5	2.3	478	805	1000	1400	22228
	300	102	158	282	3	0.38	1.8	2.6	1.7	825	1340	900	1200	22328
150	225	56	162	213	2.1	0.25	2.7	4.0	2.5	328	768	900	1200	23030
	250	80	162	238	2.1	0.33	2.0	3.0	2.0	512	1080	850	1100	23130
	270	73	164	256	2.5	0.29	2.3	3.5	2.3	508	875	950	1300	22230
	320	108	168	302	3	0.36	1.9	2.8	1.8	1020	1740	850	1100	22330
160	240	60	172	228	2.1	0.25	2.7	4.0	2.6	368	825	850	1100	23032
	270	86	172	258	2.1	0.34	2.0	2.9	2.0	520	1110	800	1000	23132
	290	80	174	276	2.5	0.30	2.3	3.4	2.2	642	1140	900	1200	22232
	340	114	178	322	3	0.38	1.8	2.7	1.8	1040	1770	800	1000	22332
170	260	67	182	248	2.1	0.26	2.6	3.8	2.5	445	1010	800	1000	23034
	310	86	188	292	3	0.30	2.3	3.4	2.2	720	1300	850	1100	22234
	360	120	188	342	3	0.39	1.7	2.6	1.7	1150	2060	750	950	22334
180	280	74	192	268	2.1	0.26	2.6	3.8	2.5	540	1230	750	950	23036
	300	96	194	286	2.5	0.32	2.1	3.1	2.1	695	1480	750	900	23136
	320	86	198	302	3	0.29	2.3	3.5	2.3	735	1370	800	1000	22236
	380	120	198	362	3	0.38	1.8	2.6	1.7	1260	2270	700	900	22336
190	290	75	202	278	2.1	0.25	2.7	4.0	2.6	555	1230	700	900	23038
	320	104	204	306	2.5	0.33	2.0	3.0	2.0	788	1830	670	850	23138
	340	92	208	322	3	0.29	2.3	3.5	2.3	818	1510	750	950	22238
	400	132	212	378	4	0.36	1.8	2.7	1.8	1390	2530	670	850	22338
200	310	82	212	298	2.1	0.25	2.7	4.0	2.6	580	1310	670	850	23040

（续）

基本尺寸/mm			安装尺寸/mm			计算系数				基本额定载荷/kN		极限转速/(r/min)		轴承代号
d	D	B	d_a min	D_a max	r_a max	e	Y_1	Y_2	Y_0	C_r	C_{or}	脂润滑	油润滑	圆柱孔
200	340	112	214	326	2.5	0.34	2.0	3.0	2.0	910	2010	630	800	23140
	360	98	218	342	3	0.29	2.3	3.4	2.3	920	1740	700	900	22240
	420	138	222	398	4	0.38	1.8	2.7	1.7	1490	2720	630	800	22340
220	340	90	234	326	2.5	0.25	2.7	4.0	2.6	760	1810	600	750	23044
	370	120	238	352	3	0.34	2.0	3.0	2.0	1030	2350	600	750	23144
	400	108	238	382	3	0.29	2.3	3.4	2.2	1170	2220	630	800	22244
	460	145	242	438	4	0.35	1.9	2.8	1.9	1690	3200	560	700	22344
240	360	92	254	346	2.5	0.25	2.7	4.1	2.7	792	2060	530	670	23048
	400	128	258	382	3	0.32	2.1	3.1	2.1	1200	2830	500	630	23148
	500	155	262	478	4	0.35	1.9	2.8	1.9	1730	3250	500	630	22348
260	400	104	278	382	3	0.26	2.6	3.8	2.5	1000	2450	500	630	23052
	440	144	278	422	3	0.34	2.0	2.9	1.9	1430	3320	450	560	23152
	540	165	288	512	5	0.34	2.0	2.9	1.9	2200	4190	480	600	22352
280	420	106	298	402	3	0.25	2.7	4.0	2.6	1080	2680	450	560	23056
	460	146	302	438	4	0.33	2.0	3.0	2.0	1590	3630	430	530	23156
	500	130	302	478	4	0.28	2.4	3.6	2.4	1690	3380	500	630	22256
	580	175	308	552	5	0.34	2.0	3.0	1.9	2420	4650	450	560	22356
300	460	118	318	442	3	0.26	2.6	3.9	2.6	1260	3070	430	530	23060
	500	160	322	478	4	0.32	2.1	3.1	2.0	1940	4420	400	500	23160
	540	140	322	518	4	0.28	2.4	3.6	2.4	1840	3450	450	560	22260
320	480	121	338	462	3	0.26	2.6	3.8	2.5	1380	3260	400	500	23064
340	520	133	362	498	4	0.25	2.7	4.0	2.6	1580	3810	380	480	23068
360	540	134	382	518	4	0.25	2.7	4.0	2.6	1710	4180	360	450	23072
380	560	135	402	538	4	0.24	2.8	4.1	2.7	1710	4240	340	430	23076
	620	194	402	598	4	0.24	2.0	3.0	2.0	2620	6240	300	380	23176
400	600	148	422	578	4	0.25	2.6	3.8	2.5	2060	5110	300	380	23080
	820	243	436	784	6	0.33	2.1	3.1	2.0	4530	9290	240	320	22380
420	620	150	442	598	4	0.24	2.8	4.3	2.8	2060	5110	280	360	23084
440	650	157	468	622	5	0.24	2.8	4.2	2.8	2170	5740	260	340	23088
460	680	163	488	652	5	0.23	2.9	4.4	2.9	2460	6670	220	300	23092
	760	240	496	724	6	0.33	2.0	3.0	2.0	3920	9190	190	260	23192
480	700	165	508	672	5	0.24	2.8	4.2	2.8	2500	6440	200	280	23096
500	720	167	528	692	5	0.23	3.0	4.4	2.9	2700	7180	190	260	230/500
530	780	185	558	752	5	0.23	2.9	4.3	2.8	3180	8310	170	220	230/530
560	820	195	588	792	5	0.23	2.9	4.3	2.8	3490	9950	160	200	230/560
600	870	200	628	842	5	0.22	3.0	4.5	2.9	3760	10400	130	170	230/600
630	920	212	666	884	6	0.23	3.0	4.4	2.9	4170	11500	120	160	230/630
630	1220	272	886	1184	6	0.28	2.4	3.5	2.3	7760	22200	75	95	230/850

8.5.7　角接触球轴承（表8-26）

表8-26　角接触球轴承（摘自GB/T 292—2007）

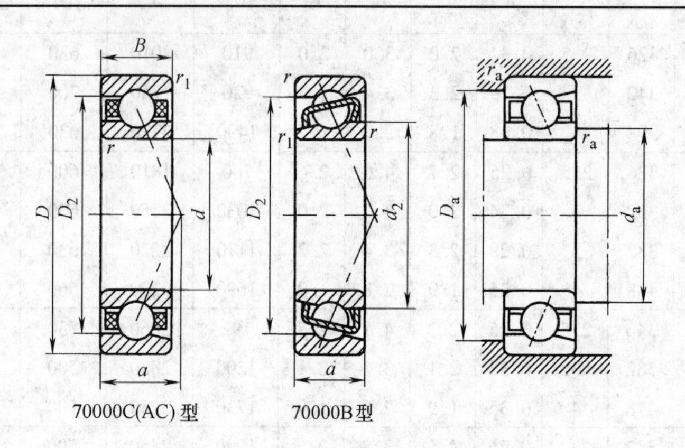

70000C(AC)型　　70000B型

基本尺寸/mm			a/mm	安装尺寸/mm			基本额定载荷/kN		极限转速/(r/min)		轴承代号
d	D	B		d_a min	D_a max	r_a max	C_r	C_{or}	脂润滑	油润滑	70000C(AC,B)型
10	26	8	6.4	12.4	23.6	0.3	4.92	2.25	19000	28000	7000C
	26	8	8.2	12.4	23.6	0.3	4.75	2.12	19000	28000	7000AC
	30	9	7.2	15	25	0.6	5.82	2.95	18000	26000	7200C
	30	9	9.2	15	25	0.6	5.58	2.82	18000	26000	7200AC
12	28	8	6.7	14.4	25.6	0.3	5.42	2.65	18000	26000	7001C
	28	8	8.7	14.4	25.6	0.3	5.20	2.55	18000	26000	7001AC
	32	10	8	17	27	0.6	7.35	3.52	17000	24000	7201C
	32	10	10.2	17	27	0.6	7.10	3.35	17000	24000	7201AC
15	32	9	7.6	17.4	29.6	0.3	6.25	3.42	17000	24000	7002C
	32	9	10	17.4	29.6	0.3	5.95	3.25	17000	24000	7002AC
	35	11	8.9	20	30	0.6	8.68	4.62	16000	22000	7202C
	35	11	11.4	20	30	0.6	8.35	4.40	16000	22000	7202AC
17	35	10	8.5	19.4	32.6	0.3	6.60	3.85	16000	22000	7003C
	35	10	11.1	19.4	32.6	0.3	6.30	3.68	16000	22000	7003AC
	40	12	9.9	22	35	0.6	10.8	5.95	15000	20000	7203C
	40	12	12.8	22	35	0.6	10.5	5.65	15000	20000	7203AC
20	42	12	10.2	25	37	0.6	10.5	6.08	14000	19000	7004C
	42	12	13.2	25	37	0.6	10.0	5.78	14000	19000	7004AC
	47	14	11.5	26	41	1	14.5	8.22	13000	18000	7204C
	47	14	14.9	26	41	1	14.0	7.82	13000	18000	7204AC
	47	14	21.1	26	41	1	14.0	7.85	13000	18000	7204B
25	47	12	10.8	30	42	0.6	11.5	7.45	12000	17000	7005C
	47	12	14.4	30	42	0.6	11.2	7.08	12000	17000	7005AC
	52	15	12.7	31	46	1	16.5	10.5	11000	16000	7205C
	52	15	16.4	31	46	1	15.8	9.88	11000	16000	7205AC
	52	15	23.7	31	46	1	15.8	9.45	9500	14000	7205B
	62	17	26.8	32	55	1	26.2	15.2	8500	12000	7305B

（续）

基本尺寸/mm			a/mm	安装尺寸/mm			基本额定载荷/kN		极限转速/(r/min)		轴承代号
d	D	B		d_a min	D_a max	r_a max	C_r	C_{or}	脂润滑	油润滑	70000C (AC,B)型
30	55	13	12.2	36	49	1	15.2	10.2	9500	14000	7006C
	55	13	16.4	36	49	1	14.5	9.85	9500	14000	7006AC
	62	16	14.2	36	56	1	23.0	15.0	9000	13000	7206C
	62	16	18.7	36	56	1	22.0	14.2	9000	13000	7206AC
	62	16	27.4	36	56	1	20.5	13.8	8500	12000	7206B
	72	19	31.1	37	65	1	31.0	19.2	7500	10000	7306B
35	62	14	13.5	41	56	1	19.5	14.2	8500	12000	7007C
	62	14	18.3	41	56	1	18.5	13.5	8500	12000	7007AC
	72	17	15.7	42	65	1	30.5	20.0	8000	11000	7207C
	72	17	21	42	65	1	29.0	19.2	8000	11000	7207AC
	72	17	30.9	42	65	1	27.0	18.8	7500	10000	7207B
	80	21	34.6	44	71	1.5	38.2	24.5	7000	9500	7307B
40	68	15	14.7	46	62	1	20.0	15.2	8000	11000	7008C
	68	15	20.1	46	62	1	19.0	14.5	8000	11000	7008AC
	80	18	17	47	73	1	36.8	25.8	7500	10000	7208C
	80	18	23	47	73	1	35.2	24.5	7500	10000	7208AC
	80	18	34.5	47	73	1	32.5	23.5	6700	9000	7208B
	90	23	38.8	49	81	1.5	46.2	30.5	6300	8500	7308B
	110	27	38.7	50	100	2	67.0	47.5	6000	8000	7408B
45	75	16	16	51	69	1	25.8	20.5	7500	10000	7009C
	75	16	21.9	51	69	1	25.8	19.5	7500	10000	7009AC
	85	19	18.2	52	78	1	38.5	28.5	6700	9000	7209C
	85	19	24.7	52	78	1	36.8	27.2	6700	9000	7209AC
	85	19	36.8	52	78	1	36.0	26.2	6300	8500	7209B
	100	25	42.0	54	91	1.5	59.5	39.8	6000	8000	7309B
50	80	16	16.7	56	74	1	26.5	22.0	6700	9000	7010C
	80	16	23.2	56	74	1	25.2	21.0	6700	9000	7010AC
	90	20	19.4	57	83	1	42.8	32.0	6300	8500	7210C
	90	20	26.3	57	83	1	40.8	30.5	6300	8500	7210AC
	90	20	39.4	57	83	1	37.5	29.0	5600	7500	7210B
	110	27	47.5	60	100	2	68.2	48.0	5000	6700	7310B
	130	31	46.2	62	118	2.1	95.2	64.2	5000	6700	7410B
55	90	18	18.7	62	83	1	37.2	30.5	6000	8000	7011C
	90	18	25.9	62	83	1	35.2	29.2	6000	8000	7011AC
	100	21	20.9	64	91	1.5	52.8	40.5	5600	7500	7211C
	100	21	28.6	64	91	1.5	50.5	38.5	5600	7500	7211AC
	100	21	43	64	91	1.5	46.2	36.0	5300	7000	7211B
	120	29	51.4	65	110	2	78.8	56.5	4500	6000	7311B
60	95	18	19.4	67	88	1	38.2	32.8	5600	7500	7012C
	95	18	27.1	67	88	1	36.2	31.5	5600	7500	7012AC
	110	22	22.4	69	101	1.5	61.0	48.5	5300	7000	7212C
	110	22	30.8	69	101	1.5	58.2	46.2	5300	7000	7212AC
	110	22	46.7	69	101	1.5	56.0	44.5	4800	6300	7212B
	130	31	55.4	72	118	2.1	90.0	66.3	4300	5600	7312B
	150	35	55.7	72	138	2.1	118	85.5	4300	5600	7412B

（续）

基本尺寸/mm			a/mm	安装尺寸/mm			基本额定载荷/kN		极限转速/(r/min)		轴承代号
d	D	B		d_a min	D_a max	r_a max	C_r	C_{or}	脂润滑	油润滑	70000C(AC,B)型
65	100	18	20.1	72	93	1	40.0	35.5	5300	7000	7013C
	100	18	28.2	72	93	1	38.0	33.8	5300	7000	7013AC
	120	23	24.2	74	111	1.5	69.8	55.2	4800	6300	7213C
	120	23	33.5	74	111	1.5	66.5	52.5	4800	6300	7213AC
	120	23	51.1	74	111	1.5	62.5	53.2	4300	5600	7213B
	140	33	59.5	77	128	2.1	102	77.8	4000	5300	7313B
70	110	20	22.1	77	103	1	48.2	43.5	5000	6700	7014C
	110	20	30.9	77	103	1	45.8	41.5	5000	6700	7014AC
	125	24	25.3	79	116	1.5	70.2	60.0	4500	6700	7214C
	125	24	35.1	79	116	1.5	69.2	57.5	4500	6700	7214AC
	125	24	52.9	79	116	1.5	70.2	57.2	4300	5600	7214B
	150	35	63.7	82	138	2.1	115	87.2	3600	4800	7314B
75	115	20	22.7	82	108	1	49.5	46.5	4800	6300	7015C
	115	20	32.2	82	108	1	46.8	44.2	4800	6300	7015AC
	130	25	26.4	84	121	1.5	79.2	65.8	4300	5600	7215C
	130	25	36.6	84	121	1.5	75.2	63.0	4300	5600	7215AC
	130	25	55.5	84	121	1.5	72.8	62.0	4000	5300	7215B
	160	37	68.4	87	148	2.1	125	98.5	3400	4500	7315B
80	125	22	24.7	89	116	1.5	58.5	55.8	4500	6000	7016C
	125	22	34.9	89	116	1.5	55.5	53.2	4500	6000	7016AC
	140	26	27.7	90	130	2	89.5	78.2	4000	5300	7216C
	140	26	38.9	90	130	2	85.0	74.5	4000	5300	7216AC
	140	26	59.2	90	130	2	80.2	69.5	3600	4800	7216B
	170	39	71.9	92	158	2.1	135	110	3600	4800	7316B
85	130	22	25.4	94	121	1.5	62.5	60.2	4300	5600	7017C
	130	22	36.1	94	121	1.5	59.2	57.2	4300	5600	7017AC
	150	28	29.9	95	140	2	99.8	85.0	3800	5000	7217C
	150	28	41.6	95	140	2	94.8	81.5	3800	5000	7217AC
	150	28	63.6	95	140	2	93.0	81.5	3400	4500	7217B
	180	41	76.1	99	166	2.5	148	122	3000	4000	7317B
90	140	24	27.4	99	131	1.5	71.5	69.8	4000	5300	7018C
	140	24	38.8	99	131	1.5	67.5	66.5	4000	5300	7018AC
	160	30	31.7	100	150	2	122	105	3600	4800	7218C
	160	30	44.2	100	150	2	118	100	3600	4800	7218AC
	160	30	67.9	100	150	2	105	94.5	3200	4300	7218B
	190	43	80.2	104	176	2.5	158	138	2800	3800	7318B
95	145	24	28.1	104	136	1.5	73.5	73.2	3800	5000	7019C
	145	24	40	104	136	1.5	69.5	69.8	3800	5000	7019AC
	170	32	33.8	107	158	2.1	135	115	3400	4500	7219C
	170	32	46.9	107	158	2.1	128	108	3400	4500	7219AC
	170	32	72.5	107	158	2.1	120	108	3000	4000	7219B
	200	45	84.4	109	186	2.5	172	155	2800	3800	7319B
100	150	24	28.7	109	141	1.5	79.2	78.5	3800	5000	7020C
	150	24	41.2	109	141	1.5	75	74.8	3800	5000	7020AC
	180	34	35.8	112	168	2.1	148	128	3200	4300	7220C
	180	34	49.7	112	168	2.1	142	122	3200	4300	7220AC
	180	34	75.7	112	168	2.1	130	115	2600	3600	7220B
	215	47	89.6	114	201	2.5	188	180	2400	3400	7320B

（续）

基本尺寸/mm			a/mm	安装尺寸/mm			基本额定载荷/kN		极限转速/(r/min)		轴承代号
d	D	B		d_a min	D_a max	r_a max	C_r	C_{or}	脂润滑	油润滑	70000C (AC,B)型
105	160	26	30.8	115	150	2	88.5	88.8	3600	4800	7021C
	160	26	43.9	115	150	2	83.8	84.2	3600	4800	7021AC
	190	36	37.8	117	178	2.1	162	145	3000	4000	7221C
	190	36	52.4	117	178	2.1	155	138	3000	4000	7221AC
	190	36	79.9	117	178	2.1	142	130	2600	3600	7221B
	225	49	93.7	119	211	2.5	202	195	2200	3200	7321B
110	170	28	32.8	120	160	2	100	102	3600	4800	7022C
	170	28	46.7	120	160	2	95.5	97.2	3600	4800	7022AC
	200	38	39.8	122	188	2.1	175	162	2800	3800	7222C
	200	38	55.2	122	188	2.1	168	155	2800	3800	7222AC
	200	38	84	122	188	2.1	155	145	2400	3400	7222B
	240	50	98.4	124	226	2.5	225	225	2000	3000	7322B
120	180	28	34.1	130	170	2	108	110	2800	3800	7024C
	180	28	48.9	130	170	2	102	105	2800	3800	7024AC
	215	40	42.4	132	203	2.1	188	180	2400	3400	7224C
	215	40	59.1	132	203	2.1	180	172	2400	3400	7224AC
130	200	33	38.6	140	190	2	128	135	2600	3600	7026C
	200	33	54.9	140	190	2	122	128	2600	3600	7026AC
	230	40	44.3	144	216	2.5	205	210	2200	3200	7226C
	230	40	62.2	144	216	2.5	195	200	2200	3200	7226AC
140	210	33	40	150	200	2	140	145	2400	3400	7028C
	210	33	59.2	150	200	2	140	150	2200	3200	7028AC
	250	42	41.7	154	236	2.5	230	245	1900	2800	7228C
	250	42	68.6	154	236	2.5	230	235	1900	2800	7228AC
	300	62	111	158	282	3	288	315	1700	2400	7328B
150	225	35	43	162	213	2.1	160	155	2200	3200	7030C
	225	35	63.2	162	213	2.1	152	168	2000	3000	7030AC
160	290	48	47.9	174	276	2.5	262	298	1700	2400	7232C
	290	48	78.9	174	276	2.5	248	278	1700	2400	7232AC
170	260	42	73.4	182	248	2.1	192	222	1800	2600	7034AC
	310	52	51.5	188	292	3	322	390	1600	2200	7234C
	310	52	84.5	188	292	3	305	368	1600	2200	7234AC
180	320	52	52.6	198	302	3	335	415	1500	2000	7236C
	320	52	87	198	302	3	315	388	1500	2000	7236AC
190	290	46	81.5	202	278	2.1	215	162	1600	2200	7038AC
200	310	51	87.7	212	298	2.1	252	325	1500	2000	7040AC
	360	58	58.8	218	342	3	360	475	1300	1800	7240C
	360	58	97.3	218	342	3	345	448	1300	1800	7240AC
220	400	65	108.1	238	382	3	358	482	1100	1600	7244AC

8.5.8 圆锥滚子轴承（表 8-27）

表 8-27 圆锥滚子轴承（摘自 GB/T 297—1994）

30000型

基本尺寸/mm					其他尺寸/mm			安装尺寸/mm									基本额定载荷/kN		极限转速/(r/min)		质量/kg	计算系数			轴承代号
d	D	T	B	C	a ≈	r min	r_1 min	d_a min	d_b max	D_a min	D_a max	D_b min	a_1 min	a_2 min	r_a max	r_b max	C_r	C_{or}	脂润滑	油润滑	≈	e	Y	Y_0	30000 型
15	42	14.25	13	11	9.6	1	1	21	22	36	36	38	2	3.5	1	1	22.8	21.5	9000	12000	0.094	0.29	2.1	1.2	30302
17	40	13.25	12	11	9.9	1	1	23	23	34	34	37	2	2.5	1	1	20.8	21.8	9000	12000	0.079	0.35	1.7	1	30203
	47	15.25	14	12	10.4	1	1	23	25	40	41	43	3	3.5	1	1	28.2	27.2	8500	11000	0.129	0.29	2.1	1.2	30303
	47	20.25	19	16	12.3	1	1	23	24	39	41	43	3	4.5	1	1	35.2	36.2	8500	11000	0.173	0.29	2.1	1.2	32303
20	37	12	12	9	8.2	0.3	0.3	—	—	—	—	—	—	—	0.3	0.3	13.2	17.5	9500	13000	0.056	0.32	1.9	1	32904
	42	15	15	12	10.3	0.6	0.6	25	25	36	37	39	3	3	0.6	0.6	25.0	28.2	8500	11000	0.095	0.37	1.6	0.9	32004
	47	15.25	14	12	11.2	1	1	26	27	40	41	43	2	3.5	1	1	28.2	30.5	8000	10000	0.126	0.35	1.7	1	30204
	52	16.25	15	13	11.1	1.5	1.5	27	28	44	45	48	3	3.5	1.5	1.5	33.0	33.2	7500	9500	0.165	0.3	2	1.1	30304
	52	22.25	21	18	13.6	1.5	1.5	27	26	43	45	48	3	4.5	1.5	1.5	42.8	46.2	7500	9500	0.230	0.3	2	1.1	32304
22	40	12	12	9	8.5	0.3	0.3	—	—	—	—	—	—	—	0.3	0.3	15.0	20.0	8500	11000	0.065	0.32	1.9	1	329/22
	44	15	15	11.5	10.8	0.6	0.6	27	27	38	39	41	3	3.5	0.6	0.6	26.0	30.2	8000	10000	0.100	0.40	1.5	0.8	320/22

（续）

基本尺寸/mm					其他尺寸/mm			安装尺寸/mm									基本额定载荷/kN		极限转速/(r/min)		质量/kg	计算系数			轴承代号
d	D	T	B	C	a ≈	r min	r_1 min	d_a min	d_b max	D_a min	D_a max	D_b min	a_1 min	a_2 min	r_a max	r_b max	C_r	C_{or}	脂润滑	油润滑	≈	e	Y	Yo	30000型
25	42	12	12	9	8.7	0.3	0.3	—	—	—	—	—	—	—	0.3	0.3	16.0	21.0	6300	10000	0.064	0.32	1.9	1	32905
	47	15	15	11.5	11.6	0.6	0.6	30	30	40	42	44	3	3.5	0.6	0.6	28.0	34.0	7500	9500	0.11	0.43	1.4	0.8	32005
	47	17	17	14	11.1	0.6	0.6	30	30	40	42	45	3	3	0.6	0.6	32.5	42.5	7500	9500	0.129	0.29	2.1	1.1	33005
	52	16.25	15	13	12.5	1	1	31	31	44	46	48	2	3.5	1	1	32.2	37.0	7000	9000	0.154	0.37	1.6	0.9	30205
	52	22	22	18	13.0	1.5	1.5	32	34	54	55	58	3	3.5	1.5	1.5	47.0	55.8	7000	9000	0.216	0.35	1.7	0.9	33205
	62	18.25	17	15	20.1	1.5	1.5	32	31	47	55	59	3	5.5	1.5	1.5	46.8	48.0	6300	8000	0.263	0.3	2	1.1	30305
	62	18.25	17	13	15.9	1.5	1.5	32	32	52	55	58	3	5.5	1.5	1.5	40.5	46.0	6300	8000	0.262	0.83	0.7	0.4	31305
	62	25.25	24	20	14.0	1	1	31	30	43	46	49	4	4	1	1	61.5	68.8	6300	8000	0.368	0.3	2	1.1	32305
28	45	12	12	9	9.0	0.3	0.3	—	—	—	—	—	—	—	0.3	0.3	16.8	22.8	7500	9500	0.069	0.32	1.9	1	329/28
	52	16	16	12	12.6	1	1	34	33	45	46	49	3	4	1	1	31.5	40.5	6700	8500	0.142	0.43	1.4	0.8	320/28
	58	24	24	19	15.0	1	1	34	33	49	52	55	4	5	1	1	58.0	68.2	6300	8000	0.286	0.34	1.8	1.0	332/28
30	47	12	12	9	9.2	0.3	0.3	—	—	—	—	—	—	—	0.3	0.3	17.0	23.2	7000	9000	0.072	0.32	1.9	1	32906
	55	17	17	13	13.3	1	1	36	35	48	49	52	3	4	1	1	35.8	46.8	6300	8000	0.170	0.43	1.4	0.8	32006
	55	20	20	16	12.8	1	1	36	35	48	49	52	3	4	1	1	43.8	58.8	6300	8000	0.201	0.29	2.1	1.1	33006
	62	17.25	16	14	13.8	1	1	36	37	53	56	58	2	3.5	1	1	43.2	50.5	6000	7500	0.231	0.37	1.6	0.9	30206
	62	21.25	20	17	15.6	1	1	36	36	52	56	58	3	4.5	1	1	51.8	63.8	6000	7500	0.287	0.37	1.6	0.9	32206
	62	25	25	19.5	15.7	1	1	36	36	53	56	59	5	5.5	1	1	63.8	75.5	6000	7500	0.342	0.34	1.8	1	33206
	72	20.75	19	16	15.3	1.5	1.5	37	40	62	65	66	3	5	1.5	1.5	59.0	63.0	5600	7000	0.387	0.31	1.9	1.1	30306
	72	20.75	19	14	23.1	1.5	1.5	37	37	55	65	68	3	7	1.5	1.5	52.5	60.5	5600	7000	0.392	0.83	0.7	0.4	31306
	72	28.75	17	23	18.9	1.5	1.5	37	38	59	65	66	4	6	1.5	1.5	81.5	96.5	5600	7000	0.562	0.31	1.9	1.1	32306
32	52	14	15	10	10.2	0.6	0.6	37	37	46	47	49	3	4	0.6	0.6	23.8	32.5	6300	8000	0.106	0.32	1.9	1	329/32
	58	17	17	13	14.0	1	1	38	38	50	52	55	3	4	1	1	36.5	49.2	6000	7500	0.187	0.45	1.3	0.7	320/32
	65	26	26	20.5	16.6	1	1	38	38	55	59	62	5	5.5	1	1	68.8	82.2	5600	7000	0.385	0.35	1.7	1	332/32

（续）

基本尺寸/mm					其他尺寸/mm			安装尺寸/mm									基本额定载荷/kN		极限转速/(r/min)		质量/kg	计算系数			轴承代号
d	D	T	B	C	a ≈	r min	r_1 min	d_a min	d_b max	D_a min	D_a max	D_b min	a_1 min	a_2 min	r_a max	r_b max	C_r	C_{or}	脂润滑	油润滑	≈	e	Y	Yo	30000型
35	55	14	14	11.5	10.1	0.6	0.6	40	40	49	50	52	3	2.5	0.6	0.6	25.8	34.8	6000	7500	0.114	0.29	2.1	1.1	32907
	62	18	18	14	15.1	1	1	41	40	54	56	59	4	4	1	1	43.2	59.2	5600	7000	0.224	0.44	1.4	0.8	32007
	62	21	21	17	13.5	1	1	41	41	54	56	59	3	4	1	1	46.8	63.2	5600	7000	0.254	0.31	2	1.1	33007
	72	18.25	17	15	15.3	1.5	1.5	42	44	62	65	67	3	3.5	1.5	1.5	54.2	63.5	5300	6700	0.331	0.37	1.6	0.9	30207
	72	24.25	23	19	17.9	1.5	1.5	42	42	61	65	68	3	5.5	1.5	1.5	70.5	89.5	5300	6700	0.445	0.37	1.6	0.9	32207
	72	28	28	22	18.2	1.5	1.5	42	42	61	65	68	5	6	1.5	1.5	82.5	102	5300	6700	0.515	0.35	1.7	0.9	33207
	80	22.75	21	18	16.8	2	1.5	44	45	70	71	74	3	5	2	1.5	75.2	82.5	5000	6300	0.515	0.31	1.9	1.1	30307
	80	22.75	21	15	25.8	2	1.5	44	42	62	71	76	4	8	2	1.5	65.8	76.8	5000	6300	0.514	0.83	0.7	0.4	31307
	80	32.75	31	25	20.4	2	1.5	44	43	66	71	74	4	8.5	2	1.5	99.0	118	5000	6300	0.763	0.31	1.9	1.1	32307
40	62	15	15	12	11.1	0.6	0.6	45	45	55	57	59	3	3	0.6	0.6	31.5	46.0	5600	7000	0.155	0.29	2.1	1.1	32908
	68	19	19	14.5	14.9	1	1	46	46	60	62	65	4	4.5	1	1	51.8	71.0	5300	6700	0.267	0.38	1.6	0.9	32008
	68	22	22	18	14.1	1	1	46	46	60	62	64	3	4	1	1	60.2	79.5	5300	6700	0.306	0.28	2.1	1.2	33008
	75	26	26	20.5	18.0	1.5	1.5	47	47	65	68	71	4	5.5	1.5	1.5	84.8	110	5000	6300	0.496	0.36	1.7	0.9	33108
	80	19.75	18	16	16.9	1.5	1.5	47	49	69	73	75	3	4	1.5	1.5	63.0	74.0	5000	6300	0.422	0.37	1.6	0.9	30208
	80	24.75	23	19	18.9	1.5	1.5	47	48	68	73	75	3	6	1.5	1.5	77.8	97.2	5000	6300	0.532	0.37	1.6	0.9	32208
	80	32	32	25	20.8	1.5	1.5	47	47	67	73	76	5	7	1.5	1.5	105	135	5000	6300	0.715	0.36	1.7	0.9	33208
	90	25.25	23	20	19.5	2	1.5	49	52	77	81	84	3	5.5	2	1.5	90.8	108	4500	5600	0.747	0.35	1.7	1	30308
	90	25.25	23	17	29.0	2	1.5	49	48	71	81	87	4	8.5	2	1.5	81.5	96.5	4500	5600	0.727	0.83	0.7	0.4	31308
	90	35.25	33	27	23.3	2	1.5	49	49	73	81	83	4	8.5	2	1.5	115	148	4500	5600	1.04	0.35	1.7	1	32308
45	68	15	15	12	12.2	0.6	0.6	50	50	61	63	65	3	3	0.6	0.6	32.0	48.5	5300	6700	0.180	0.32	1.9	1	32909
	75	20	20	15.5	16.5	1	1	51	51	67	69	72	4	4.5	1	1	58.5	81.5	5000	6300	0.337	0.39	1.5	0.8	32009
	75	24	24	19	15.9	1	1	51	51	67	69	72	4	5	1	1	72.5	100	5000	6300	0.398	0.32	1.9	1	33009
	80	26	26	20.5	19.1	1.5	1.5	52	52	69	73	77	4	5.5	1.5	1.5	87.0	118	4500	5600	0.535	0.38	1.6	1	33109
	85	20.75	19	16	18.6	1.5	1.5	52	53	74	78	80	3	5	1.5	1.5	67.8	83.5	4500	5600	0.474	0.4	1.5	0.8	30209
	85	24.75	23	19	20.1	1.5	1.5	52	53	73	78	81	3	6	1.5	1.5	80.8	105	4500	5600	0.573	0.4	1.5	0.8	32209
	85	32	32	25	21.9	1.5	1.5	52	52	72	78	81	5	7	1.5	1.5	110	145	4500	5600	0.771	0.39	1.5	0.9	33209
	100	27.25	25	22	21.3	2	1.5	54	59	86	91	94	3	5.5	2	1.5	108	130	4000	5000	0.984	0.35	1.7	1	30309

（续）

基本尺寸/mm					其他尺寸/mm			安装尺寸/mm									基本额定载荷/kN		极限转速/(r/min)		质量/kg	计算系数			轴承代号
d	D	T	B	C	a ≈	r min	r_1 min	d_a min	d_b max	D_a min	D_a max	D_b min	a_1 min	a_2 min	r_a max	r_b max	C_r	C_{or}	脂润滑	油润滑	≈	e	Y	Yo	30000 型
45	100	27.25	25	18	31.7	2	1.5	54	54	79	91	96	4	9.5	2.0	1.5	95.5	115	4000	5000	0.944	0.83	0.7	0.4	31309
	100	38.25	36	30	25.6	2	1.5	54	56	82	91	93	4	8.5	2.0	1.5	145	188	4000	5000	1.40	0.35	1.7	1	32309
50	72	15	15	12	13.0	0.6	0.6	55	55	64	67	69	3	3	0.6	0.6	36.8	56.0	5000	8300	0.181	0.34	1.8	1	32910
	80	20	20	15.5	17.8	1	1	56	56	72	74	77	4	4.5	1	1	61.0	89.0	4500	5600	0.366	0.42	1.4	0.8	32010
	80	24	24	19	17.0	1	1	56	56	72	74	76	4	5	1	1	76.8	110	4500	5600	0.433	0.32	1.9	1	33010
	85	26	26	20	20.4	1.5	1.5	57	56	74	78	82	4	6	1.5	1.5	89.2	125	4300	5300	0.572	0.41	1.5	0.8	33110
	90	21.75	20	17	20.0	1.5	1.5	57	58	79	83	86	3	5	1.5	1.5	73.2	92.0	4300	5300	0.529	0.42	1.4	0.8	30210
	90	24.75	23	19	21.0	1.5	1.5	57	57	78	83	86	3	6	1.5	1.5	82.8	108	4300	5300	0.626	0.42	1.4	0.8	32210
	90	32	32	24.5	23.2	1.5	1.5	57	57	77	83	87	5	7.5	1.5	1.5	112	155	4300	5300	0.825	0.41	1.5	0.8	33210
	110	29.25	27	23	23.0	2.5	2	60	65	95	100	103	4	6.5	2	2	130	158	3800	4800	1.28	0.35	1.7	1	30310
	110	29.75	27	19	34.8	2.5	2	60	58	87	100	105	4	10.5	2	2	108	128	3800	4800	1.21	0.83	0.7	0.4	31310
	110	42.25	40	33	28.2	2.5	2	60	61	90	100	102	5	9.5	2	2	178	235	3800	4800	1.89	0.35	1.7	1	32310
55	80	17	17	14	14.3	1	1	61	60	71	74	77	3	3	1	1	41.5	66.8	4800	6000	0.262	0.31	1.9	1.1	32911
	90	23	23	17.5	19.8	1.5	1.5	62	63	81	83	86	4	5.5	1.5	1.5	80.2	118	4000	5000	0.551	0.41	1.5	0.8	32011
	90	27	27	21	19.0	1.5	1.5	62	63	81	83	86	5	6	1.5	1.5	94.8	145	4000	5000	0.651	0.31	1.9	1.1	33011
	95	30	30	23	21.9	1.5	1.5	62	62	83	88	91	5	7	1.5	1.5	115	165	3800	4800	0.843	0.37	1.6	0.9	33111
	100	22.75	21	18	21.0	2	1.5	64	64	88	91	95	4	5	2	1.5	90.8	115	3800	4800	0.713	0.4	1.5	0.8	30211
	100	26.75	25	21	22.8	2	1.5	64	62	87	91	96	4	6	2	1.5	108	142	3800	4800	0.853	0.4	1.5	0.8	32211
	100	35	35	27	25.1	2	1.5	64	62	85	91	96	6	8	2	1.5	142	198	3800	4800	1.15	0.4	1.5	0.8	33211
	120	31.5	29	25	24.9	2.5	2	65	70	104	110	112	4	6.5	2.5	2	152	188	3400	4300	1.63	0.35	1.7	1	30311
	120	31.5	29	21	37.5	2.5	2	65	63	94	110	114	4	10.5	2.5	2	130	158	3400	4300	1.56	0.83	0.7	0.4	31311
	120	45.5	43	35	30.4	2.5	2	65	66	99	110	111	5	10	2.5	2	202	270	3400	4300	2.37	0.35	1.7	1	32311

（续）

基本尺寸/mm					其他尺寸/mm			安装尺寸/mm										基本额定载荷/kN		极限转速/(r/min)		质量/kg	计算系数			轴承代号
d	D	T	B	C	a ≈	r min	r_1 min	d_a min	d_b max	D_a min	D_a max	D_b min	a_1 min	a_2 min	r_a max	r_b max	C_r	C_{or}	脂润滑	油润滑	≈	e	Y	Yo	30000 型
60	85	17	17	14	15.1	1	1	66	65	75	79	82	3	3	1	1	46.0	73.0	4000	5000	0.279	0.33	1.8	1	32912
	95	23	23	17.5	20.9	1.5	1.5	67	67	85	88	91	4	5.5	1.5	1.5	81.8	122	3800	4800	0.584	0.43	1.4	0.8	32012
	95	27	27	21	19.8	1.5	1.5	67	67	85	88	90	5	6	1.5	1.5	96.8	150	3800	4800	0.691	0.33	1.8	1	33012
	100	30	30	23	23.1	1.5	1.5	67	67	88	93	96	5	7	1.5	1.5	118	172	3600	4500	0.895	0.4	1.5	0.8	33112
	110	23.75	22	19	22.3	2	1.5	69	69	96	101	103	4	5	2	1.5	102	130	3600	4500	0.904	0.4	1.5	0.8	30212
	110	29.75	28	24	25.0	2	1.5	69	68	95	101	105	4	6	2	1.5	132	180	3600	4500	1.17	0.4	1.5	0.8	32212
	110	38	38	29	27.5	2	1.5	69	69	93	101	105	6	9	2	1.5	165	230	3600	4500	1.51	0.4	1.5	0.8	33212
	130	33.5	31	26	26.6	3	2.5	72	76	112	118	121	5	7.5	2.5	2.1	170	210	3200	4000	1.99	0.35	1.7	1	30312
	130	33.5	31	22	40.4	3	2.5	72	69	103	118	124	5	11.5	2.5	2.1	145	178	3200	4000	1.90	0.83	0.7	0.4	31312
	130	48.5	46	37	32.0	3	2.5	72	72	107	118	122	6	11.5	2.5	2.1	228	302	3200	4000	2.90	0.35	1.7	1	32312
65	90	17	17	14	16.2	1	1	71	70	80	84	87	3	3	1	1	45.5	73.2	3800	4800	0.295	0.35	1.7	0.9	32913
	100	23	23	17.5	22.4	1.5	1.5	72	72	90	93	97	4	5.5	1.5	1.5	82.8	128	3600	4500	0.620	0.46	1.3	0.7	32013
	110	34	34	26.5	26.0	1.5	1.5	72	73	96	103	106	6	7.5	1.5	1.5	142	220	3400	4300	1.30	0.39	1.6	0.9	33113
	120	32.75	31	27	27.3	2	1.5	74	75	104	111	115	4	6	2	1.5	160	222	3200	4000	1.55	0.4	1.5	0.8	32213
	120	41	41	32	29.5	2	1.5	74	74	102	111	115	7	9	2	1.5	202	282	3200	4000	1.99	0.39	1.5	0.9	33213
	140	36	33	28	28.7	3	2.5	77	83	122	128	131	5	8	2.5	2.1	195	242	2800	3600	2.44	0.35	1.7	1	30313
	140	51	48	39	34.3	3	2.5	77	79	117	128	131	6	12	2.5	2.1	260	350	2800	3600	3.51	0.35	1.7	1	32313
70	100	20	20	16	17.6	1	1	76	76	90	94	96	4	4	1	1	70.8	115	3600	4500	0.471	0.32	1.9	1	32914
	110	25	25	19	23.8	1.5	1.5	77	78	98	103	105	5	6	1.5	1.5	105	160	3400	4300	0.839	0.43	1.4	0.8	32014
	120	37	37	29	28.2	2	1.5	79	79	104	111	115	6	8	2	1.5	172	268	3200	4000	1.70	0.39	1.5	1.2	33114
	125	33.25	31	27	28.8	2	1.5	79	79	108	116	120	4	6.5	2	1.5	168	238	3000	3800	1.64	0.42	1.4	0.8	32214
	125	41	41	32	30.7	2	1.5	79	79	107	116	120	7	9	2	1.5	208	298	3000	3800	2.10	0.41	1.5	0.8	33214
	150	38	35	30	30.7	3	2.5	82	89	130	138	141	5	8	2.5	2.1	218	272	2600	3400	2.98	0.35	1.7	1	30314
	150	54	51	42	36.5	3	2.5	82	84	125	138	141	6	12	2.5	2.1	298	408	2600	3400	4.34	0.35	1.7	1	32314

（续）

基本尺寸/mm					其他尺寸/mm			安装尺寸/mm										基本额定载荷/kN		极限转速/(r/min)		质量/kg	计算系数			轴承代号
d	D	T	B	C	a ≈	r min	r_1 min	d_a min	d_b max	D_a min	D_a max	D_b min	a_1 min	a_2 min	r_a max	r_b max	C_r	C_{0r}	脂润滑	油润滑	≈	e	Y	Y_0	30000 型
75	105	20	20	16	18.5	1	1	81	81	94	99	102	4	4	1	1	78.2	125	3400	4300	0.490	0.33	1.8	1	32915
	115	25	25	19	25.2	1.5	1.5	82	83	103	108	110	5	6	1.5	1.5	102	160	3200	4000	0.875	0.46	1.3	0.7	32015
	125	37	37	29	29.4	2	1.5	84	84	109	116	120	6	8	2	1.5	175	280	3000	3800	1.78	0.4	1.5	0.8	33115
	130	33.25	31	27	30.0	2	1.5	84	84	115	121	126	4	6.5	2	1.5	170	242	2800	3600	1.74	0.44	1.4	0.8	32215
	130	41	41	31	31.9	2	1.5	84	83	111	121	125	7	10	2	1.5	208	300	2800	3600	2.17	0.43	1.4	0.8	33215
	160	40	37	31	32.0	3	2.5	87	95	139	148	150	5	9	2.5	2.1	252	318	2400	3200	3.57	0.35	1.7	1	30315
	160	58	55	45	39.4	3	2.5	87	91	133	148	150	7	13	2.5	2.1	348	482	2400	3200	5.37	0.35	1.7	1	32315
80	110	20	20	16	19.6	1	1	86	85	99	104	107	4	4	1	1	79.2	128	3200	4000	0.514	0.35	1.7	0.9	32916
	125	29	29	22	26.8	1.5	1.5	87	89	112	117	120	6	7	1.5	1.5	140	220	3000	3800	1.27	0.42	1.4	0.8	32016
	130	37	37	29	30.7	2	1.5	89	89	114	121	126	6	8	2	1.5	180	292	2800	3600	1.87	0.42	1.4	0.8	33116
	140	35.25	33	28	31.4	2.5	2	90	89	122	130	135	5	7.5	2.1	2	198	278	2600	3400	2.13	0.42	1.4	0.8	32216
	140	46	46	35	35.1	2.5	2	90	89	119	130	135	7	11	2.1	2	245	362	2600	3400	2.83	0.43	1.4	0.8	33216
	170	42.5	39	33	34.4	3	2.5	92	102	148	158	160	5	9.5	2.5	2.1	278	352	2200	3000	4.27	0.35	1.7	1	30316
	170	61.5	58	48	42.1	3	2.5	92	97	142	158	160	7	13.5	2.5	2.1	388	542	2200	3000	6.38	0.35	1.7	1	32316
85	120	23	23	18	21.1	1.5	1.5	92	92	111	113	115	4	5	1.5	1.5	96.8	165	3400	3800	0.767	0.33	1.8	1	32917
	130	29	29	22	28.1	1.5	1.5	92	94	117	122	125	6	7	1.5	1.5	140	220	2800	3600	1.32	0.44	1.4	0.8	32017
	140	41	41	32	33.1	2.5	2	95	95	122	130	135	7	9	2.1	2	215	355	2600	3400	2.43	0.41	1.5	0.8	33117
	150	38.5	36	30	33.9	2.5	2	95	95	130	140	143	5	8.5	2.1	2	228	325	2400	3200	2.68	0.42	1.4	0.8	32217
	150	49	49	37	36.9	2.5	2	95	95	128	140	144	7	12	2.1	2	282	415	2400	3200	3.52	0.42	1.4	0.8	33217
	180	44.5	41	34	35.9	4	3	99	107	156	166	168	6	10.5	3	2.5	305	388	2000	2800	4.96	0.35	1.7	1	30317
	180	63.5	60	49	43.5	4	3	99	102	150	166	168	8	14.5	3	2.5	422	592	2000	2800	7.31	0.35	1.7	1	32317

（续）

基本尺寸/mm					其他尺寸/mm			安装尺寸/mm									基本额定载荷/kN		极限转速/(r/min)		质量/kg	计算系数			轴承代号
d	D	T	B	C	a ≈	r min	r_1 min	d_a min	d_b max	D_a min	D_a max	D_b min	a_1 min	a_2 min	r_a max	r_b max	C_r	C_{or}	脂润滑	油润滑	≈	e	Y	Yo	30000型
90	125	23	23	18	22.2	1.5	1.5	97	96	113	117	121	4	5	1.5	1.5	95.8	165	3200	3600	0.796	0.34	1.8	1	32918
	140	32	32	24	30.0	2	1.5	99	100	125	131	134	6	8	2	1.5	170	270	2600	3400	1.72	0.42	1.4	0.8	32018
	150	45	45	35	34.9	2.5	2	100	100	130	140	144	7	10	2.1	2	252	415	2400	3200	3.13	0.40	1.5	0.8	33118
	160	42.5	40	34	36.8	2.5	2	100	101	138	150	153	5	8.5	2.1	2	270	395	2200	3000	3.44	0.42	1.4	0.8	32218
	160	55	55	42	40.8	2.5	2	100	100	134	150	154	8	13	2.1	2	330	500	2200	3000	4.55	0.4	1.5	0.8	33218
	190	46.5	43	36	37.5	4	3	104	113	165	176	178	6	10.5	3	2.5	342	440	1900	2600	5.80	0.35	1.7	1	30318
	190	67.5	64	53	46.2	4	3	104	107	157	176	178	8	14.5	3	2.5	478	682	1900	2600	8.81	0.35	1.7	1	32318
95	130	23	23	18	23.4	1.5	1.5	102	101	117	122	126	4	5	1.5	1.5	97.2	170	2600	3400	0.831	0.36	1.7	0.9	32919
	145	32	32	24	31.4	2	1.5	104	105	130	136	140	6	8	2	1.5	175	280	2400	3200	1.79	0.44	1.4	0.8	32019
	160	49	49	38	37.3	2.5	2	105	105	138	150	154	7	11	2.1	2	298	498	2200	3000	3.94	0.39	1.5	0.8	33119
	170	45.5	43	37	39.2	3	2.5	107	106	145	158	163	5	8.5	2.5	2.1	302	448	2000	2800	4.24	0.42	1.4	0.8	32219
	170	58	58	44	42.7	3	2.5	107	105	144	158	163	9	14	2.5	2.1	378	568	2000	2800	5.48	0.41	1.5	0.8	33219
	200	71.5	67	55	49.0	4	3	109	114	166	186	187	8	16.5	3	2.5	515	738	1800	2400	10.1	0.35	1.7	1	32319
100	140	25	25	20	24.3	1.5	1.5	107	108	128	132	136	4	5	1.5	1.5	128	218	2400	3200	1.12	0.33	1.8	1	32920
	150	32	32	24	32.8	2	1.5	109	109	134	141	144	6	8	2	1.5	172	282	2200	3000	1.85	0.46	1.3	0.7	32020
	165	52	52	40	40.3	2.5	2	110	110	142	155	159	8	12	2.1	2	308	528	2000	2800	4.31	0.41	1.5	0.8	33120
	180	49	46	39	41.9	3	2.5	112	113	154	168	172	5	10	2.5	2.1	340	512	1900	2600	5.10	0.42	1.4	0.8	32220
	180	63	63	48	45.5	3	2.5	112	112	151	168	172	10	15	2.5	2.1	438	665	1900	2600	6.71	0.4	1.5	0.8	33220
	215	77.5	73	60	52.9	4	3	114	122	177	201	201	8	17.5	3	2.5	600	872	1600	2000	13.0	0.35	1.7	1	32320
105	145	25	25	20	25.4	1.5	1.5	112	112	132	137	141	5	5	1.5	1.5	128	225	2200	3000	1.16	0.34	1.8	1	32921
	160	35	35	26	34.6	2.5	2	115	116	143	150	154	6	9	2.1	2	205	335	2000	2800	2.40	0.44	1.4	0.7	32021
	175	56	56	44	42.9	2.5	2	115	115	149	165	170	8	12	2.1	2	352	608	1900	2600	5.29	0.4	1.5	0.8	33121
	190	53	50	43	45.0	3	2.5	117	118	161	178	182	5	10	2.5	2.1	380	578	1800	2400	6.26	0.42	1.4	0.8	32221
	190	68	68	52	48.6	3	2.5	117	117	159	178	182	12	16	2.5	2.1	498	770	1800	2400	8.12	0.4	1.5	0.8	33221
	225	81.5	77	63	55.1	4	3	119	128	185	211	210	8	18.5	3	2.5	648	945	1500	1900	14.8	0.35	1.7	1	32321

（续）

基本尺寸/mm					其他尺寸/mm			安装尺寸/mm									基本额定载荷/kN		极限转速/(r/min)		质量/kg	计算系数			轴承代号
d	D	T	B	C	a ≈	r min	r_1 min	d_a min	d_b max	D_a min	D_a max	D_b min	a_1 min	a_2 min	r_a max	r_b max	C_r	C_{or}	脂润滑	油润滑	≈	e	Y	Yo	30000型
110	150	25	25	20	26.5	1.5	1.5	117	117	137	142	146	5	5	1.5	1.5	130	232	2000	2800	1.20	0.36	1.7	0.9	32922
	170	38	38	29	36.6	2.5	2	120	122	152	160	163	7	9	2.1	2	245	402	1900	2600	3.02	0.43	1.4	0.8	32022
	180	56	56	43	44.0	2.5	2	120	121	155	170	174	9	13	2.1	2	372	638	1800	2400	5.50	0.42	1.4	0.8	33122
	200	56	53	46	47.3	3	2.5	122	124	170	188	192	6	10	2.5	2.1	430	665	1700	2200	7.43	0.42	1.4	0.8	32222
	240	54.5	50	42	45.1	4	3	124	142	206	226	222	8	12.5	3	2.5	472	612	1400	1800	11.0	0.35	1.7	1	30322
	240	84.5	80	65	57.8	4	3	124	137	198	226	224	9	19.5	3	2.5	725	1060	1400	1800	17.8	0.35	1.7	1	32322
120	165	29	29	23	29.3	1.5	1.5	127	128	150	157	160	6	6	1.5	1.5	172	318	1800	2400	1.78	0.35	1.7	1	32924
	180	38	38	29	39.3	2.5	2	130	131	161	170	173	7	9	2.1	2	242	405	1700	2200	3.18	0.46	1.3	0.7	32024
	200	62	62	48	47.6	2.5	2	130	130	172	190	192	10	14	2.1	2	448	778	1600	2000	7.68	0.40	1.5	0.8	33124
	215	61.5	58	50	52.3	3	2.5	132	134	181	203	206	7	11.5	2.5	2.1	478	758	1500	1900	9.26	0.44	1.4	0.8	32224
	260	59.5	55	46	49.0	4	3	134	153	221	246	238	8	13.5	3	2.5	562	745	1300	1700	14.2	0.35	1.7	1	30324
	260	90.5	86	69	61.6	4	3	134	147	213	246	240	9	21.5	3	2.5	825	1230	1300	1700	22.1	0.35	1.7	1	32324
130	180	32	32	25	31.6	2	1.5	140	139	164	171	174	6	7	2	1.5	205	380	1700	2200	2.34	0.34	1.8	1	32926
	200	45	45	34	43.3	2.5	2	140	144	178	190	192	8	11	2.1	2	335	568	1600	2000	4.94	0.43	1.4	0.8	32026
	230	67.75	64	54	56.6	4	3	144	143	193	216	221	7	14	3	2.5	552	888	1400	1800	11.4	0.44	1.4	0.8	32226
	280	67.75	58	49	53.2	5	4	145	165	239	262	258	8	15	4	3	640	855	1100	1500	17.3	0.35	1.7	1	30326
140	190	32	32	25	33.8	2	1.5	150	150	177	181	184	6	6	2	1.5	208	392	1600	2000	2.47	0.36	1.7	0.9	32928
	210	45	45	34	46.0	2.5	2	150	153	187	200	202	8	11	2.1	2	330	568	1400	1800	5.15	0.46	1.3	0.7	32028
	250	45.75	42	36	49.0	4	3	154	162	219	236	236	9	11	3	2.5	408	585	1200	1600	8.73	0.44	1.4	0.8	30228
	250	71.75	68	58	60.7	4	3	154	156	210	236	240	8	14	3	2.5	645	1050	1200	1600	14.4	0.44	1.4	0.8	32228
	300	67.75	62	53	56.5	5	4	155	176	255	282	275	9	15	4	3	722	975	1000	1400	21.4	0.35	1.7	1	30328
150	210	38	38	30	36.4	2.5	2	160	162	192	200	202	7	8	2.1	2	260	510	1400	1800	3.87	0.33	1.8	1	32930
	225	48	48	36	49.2	3	2.5	162	164	200	213	216	8	12	2.5	2.1	368	635	1300	1700	6.25	0.46	1.3	0.7	32030
	270	49	45	38	52.4	4	3	164	174	234	256	252	9	11	3	2.5	450	645	1100	1500	10.8	0.44	1.4	0.8	30230
	270	77	73	60	65.4	4	3	164	168	226	256	256	8	17	3	2.5	720	1180	1100	1500	18.2	0.44	1.4	0.8	32230
	320	72	62	55	60.6	5	4	165	190	273	302	294	9	17	4	3	802	1090	950	1300	25.2	0.35	1.7	1	30330

（续）

基本尺寸/mm					其他尺寸/mm			安装尺寸/mm									基本额定载荷/kN		极限转速/(r/min)		质量/kg	计算系数			轴承代号
d	D	T	B	C	a ≈	r min	r_1 min	d_a min	d_b max	D_a min	D_a max	D_b min	a_1 min	a_2 min	r_a max	r_b max	C_r	C_{or}	脂润滑	油润滑	≈	e	Y	Y_0	30000 型
160	220	38	38	30	38.7	2.5	2	170	170	199	210	214	7	8	2.1	2	262	525	1300	1700	4.07	0.35	1.7	1	32932
	240	51	51	38	52.6	3	2.5	172	175	213	228	231	8	13	2.5	2.1	420	735	1200	1600	7.66	0.46	1.3	0.7	32032
	290	84	80	67	70.9	4	3	174	180	242	276	276	10	17	3	2.5	858	1430	1000	1400	23.3	0.44	1.4	0.8	32232
170	230	38	38	30	41.9	2.5	2	180	183	213	220	222	7	8	2.1	2	280	560	1200	1600	4.33	0.38	1.6	0.9	32934
	260	57	57	43	56.4	3	2.5	182	187	230	248	249	10	14	2.5	2.1	520	920	1100	1500	10.4	0.44	1.4	0.7	32034
	310	91	86	71	76.3	5	4	188	194	259	292	296	10	20	4	3	968	1640	1000	1300	28.6	0.44	1.4	0.8	32234
180	250	45	45	34	54.0	2.5	2	190	193	225	240	241	8	11	2.1	2	340	708	1100	1500	6.44	0.48	1.3	0.7	32936
	280	64	64	48	60.1	3	2.5	192	199	247	268	267	10	16	2.5	2.1	640	1150	1000	1400	14.1	0.42	1.4	0.8	32036
	320	91	86	71	78.8	5	4	198	201	267	302	306	10	20	4	3	998	1720	900	1200	29.9	0.45	1.3	0.7	32236
190	260	45	45	34	55.2	2.5	2	200	204	235	250	251	8	11	2.1	2	360	740	1000	1400	6.66	0.48	1.3	0.7	32938
	290	64	64	48	62.8	3	2.5	202	209	257	278	279	10	16	2.5	2.1	652	1180	950	1300	14.6	0.44	1.4	0.8	32038
	340	97	92	75	82.1	5	4	208	214	286	322	326	10	22	4	3	1120	1900	850	1100	36.1	0.44	1.4	0.8	32238
200	280	51	51	39	54.2	3	2.5	212	214	257	268	271	9	12	2.5	2.1	460	950	950	1300	9.43	0.39	1.5	0.8	32940
	310	70	70	53	66.9	3	2.5	212	221	273	298	297	11	17	2.5	2.1	782	1420	900	1200	18.9	0.43	1.4	0.8	32040
	360	104	98	82	85.1	5	4	218	222	302	342	342	11	22	4	3	1320	2180	800	1000	43.2	0.41	1.5	0.8	32240
220	300	51	51	39	59.1	3	2.5	232	234	275	288	290	10	12	2.5	2.1	470	978	900	1200	10.0	0.43	1.4	0.8	32944
	340	76	76	57	73.0	4	3	234	243	300	326	326	12	19	3	2.5	908	1670	800	1000	24.4	0.43	1.4	0.8	32044
240	320	51	51	39	64.7	3	2.5	252	254	290	308	311	10	12	2.5	2.1	520	1060	800	1000	10.7	0.46	1.3	0.7	32948
	360	76	76	57	78.4	4	3	254	261	318	346	346	12	19	3	2.5	920	1730	700	900	25.9	0.46	1.3	0.7	32048
260	360	63.5	63.5	48	69.6	3	2.5	272	279	328	348	347	11	15.5	2.5	2.1	688	1470	700	900	18.6	0.41	1.5	0.8	32952
	400	87	87	65	85.6	5	4	278	287	352	382	383	14	22	4	3	1120	2170	670	850	38.0	0.43	1.4	0.8	32052
280	380	63.5	63.5	48	74.5	3	2.5	292	298	344	368	368	11	15	2.5	2.1	745	1580	630	800	19.7	0.43	1.4	0.7	32956
	420	87	87	65	90.3	5	4	298	305	370	402	402	14	22	4	3	1190	2290	600	750	40.2	0.46	1.3	0.7	32056
300	420	76	76	57	80.0	4	3	315	324	379	406	405	13	19	3	2.5	1020	2200	600	750	31.5	0.39	1.5	0.8	32960
	460	100	100	74	97.7	5	4	318	329	404	442	439	15	26	4	3	1520	2940	560	700	57.5	0.43	1.4	0.8	32060
320	440	76	76	57	85.1	4	3	335	343	398	426	426	13	19	3	2.5	1040	2320	560	700	33.3	0.42	1.4	0.8	32964
	480	100	100	74	103.5	5	4	338	350	424	462	461	15	26	4	3	1540	3000	530	670	60.6	0.46	1.3	0.7	32064
340	460	76	76	57	90.5	4	3	355	362	417	446	446	13	19	3	2.5	1050	2380	530	670	34.8	0.44	1.4	0.8	32968
360	480	76	76	57	96.2	4	3	375	381	436	466	466	13	19	3	2.5	1060	2430	500	630	36.3	0.46	1.3	0.7	32972

8.5.9 推力球轴承（表8-28）

表8-28 推力球轴承（摘自GB/T 301—1995）

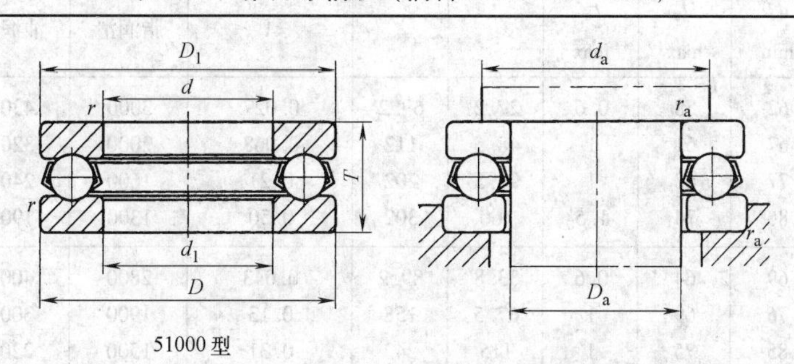

51000型

基本尺寸/mm			安装尺寸/mm			基本额定载荷/kN		最小载荷常数	极限转速/(r/min)		轴承代号
d	D	T	d_a min	D_a max	r_a max	C_a	C_{oa}	A	脂润滑	油润滑	51000型
10	24	9	18	16	0.3	10.0	14.0	0.001	6300	9000	51100
	26	11	20	16	0.6	12.5	17.0	0.002	6000	8000	51200
12	26	9	20	18	0.3	10.2	15.2	0.001	6000	8500	51101
	28	11	22	18	0.6	13.2	19.0	0.002	5300	7500	51201
15	28	9	23	20	0.3	10.5	16.8	0.002	5600	8000	51102
	32	12	25	22	0.6	16.5	24.8	0.003	4800	6700	51202
17	30	9	25	22	0.3	10.8	18.2	0.002	5300	7500	51103
	35	12	28	24	0.6	17.0	27.2	0.004	4500	6300	51203
20	35	10	29	26	0.3	14.2	24.5	0.004	4800	6700	51104
	40	14	32	28	0.6	22.2	37.5	0.007	3800	5300	51204
	47	18	36	31	1	35.0	55.8	0.016	3600	4500	51304
25	42	11	35	32	0.6	15.2	30.2	0.005	4300	6000	51105
	47	15	38	34	0.6	27.8	50.5	0.013	3400	4800	51205
	52	18	41	36	1	35.5	61.5	0.021	3000	4300	51305
	60	24	46	39	1	55.5	89.2	0.044	2200	3400	51405
30	47	11	40	37	0.6	16.0	34.2	0.007	4000	5600	51106
	52	16	43	39	0.6	28.0	54.2	0.016	3200	4500	51206
	60	21	48	42	1	42.8	78.5	0.033	2400	3600	51306
	70	28	54	46	1	72.5	125	0.082	1900	3000	51406
35	52	12	45	42	0.6	18.2	41.5	0.010	3800	5300	51107
	62	18	51	46	1	39.2	78.2	0.033	2800	4000	51207
	68	24	55	48	1	55.2	105	0.059	2000	3200	51307
	80	32	62	53	1	86.8	155	0.13	1700	2600	51407
40	60	13	52	48	0.6	26.8	62.8	0.021	3400	4800	51108
	68	19	57	51	1	47.0	98.2	0.050	2400	3600	51208
	78	26	63	55	1	69.2	135	0.096	1900	3000	51308
	90	36	70	60	1	112	205	0.22	1500	2200	51408
45	65	14	57	53	0.6	27.0	66.0	0.024	3200	4500	51109
	73	20	62	56	1	47.8	105	0.059	2200	3400	51209
	85	28	69	61	1	75.8	150	0.13	1700	2600	51309
	100	39	78	67	1	140	262	0.36	1400	2000	51409

（续）

基本尺寸/mm			安装尺寸/mm			基本额定载荷/kN		最小载荷常数	极限转速/(r/min)		轴承代号
d	D	T	d_a min	D_a max	r_a max	C_a	C_{oa}	A	脂润滑	油润滑	51000型
50	70	14	62	58	0.6	27.2	69.2	0.027	3000	4300	51110
	78	22	67	61	1	48.5	112	0.068	2000	3200	51210
	95	31	77	68	1	96.5	202	0.21	1600	2400	51310
	110	43	86	74	1.5	160	302	0.50	1300	1900	51410
55	78	16	69	64	0.6	33.8	89.2	0.043	2800	4000	51111
	90	25	76	69	1	67.5	158	0.13	1900	3000	51211
	105	35	85	75	1	115	242	0.31	1500	2200	51311
	120	48	94	81	1.5	182	355	0.68	1100	1700	51411
60	85	17	75	70	1	40.2	108	0.063	2600	3800	51112
	95	26	81	74	1	73.5	178	0.16	1800	2800	51212
	110	35	90	80	1	118	262	0.35	1400	2000	51312
	130	51	102	88	1.5	200	395	0.88	1000	1600	51412
65	90	18	80	75	1	40.5	112	0.07	2400	3600	51113
	100	27	86	79	1	74.8	188	0.18	1700	2600	51213
	115	36	95	85	1	115	262	0.38	1300	1900	51313
	140	56	110	95	2	215	448	1.14	900	1400	51413
70	95	18	85	80	1	40.8	115	0.078	2200	3400	51114
	105	27	91	84	1	73.5	188	0.19	1600	2400	51214
	125	40	103	92	1	148	340	0.60	1200	1800	51314
	150	60	118	102	2	255	560	1.71	850	1300	51414
75	100	19	90	85	1	48.2	140	0.11	2000	3200	51115
	110	27	96	89	1	74.8	198	0.21	1500	2200	51215
	135	44	111	99	1.5	162	380	0.77	1100	1700	51315
	160	65	125	110	2	268	615	2.00	800	1200	51415
80	105	19	95	90	1	48.5	145	0.12	1900	3000	51116
	115	28	101	94	1	83.8	222	0.27	1400	2000	51216
	140	44	116	104	1.5	160	380	0.81	1000	1600	51316
	170	68	133	117	2.1	292	692	2.55	750	1100	51416
85	110	19	100	95	1	49.2	150	0.13	1800	2800	51117
	125	31	109	101	1	102	280	0.41	1300	1900	51217
	150	49	124	111	1.5	208	495	1.28	950	1500	51317
	180	72	141	124	2.1	318	782	3.24	700	1000	51417
90	120	22	108	102	1	65.0	200	0.21	1700	2600	51118
	135	35	117	108	1	115	315	0.52	1200	1800	51218
	155	50	129	116	1.5	205	495	1.34	900	1400	51318
	190	77	149	131	2.1	325	825	3.71	670	950	51418
100	135	25	121	114	1	85.0	268	0.37	1600	2400	51120
	150	38	130	120	1	132	375	0.75	1100	1700	51220
	170	55	142	128	1.5	235	595	1.88	800	1200	51320
	210	85	165	145	2.5	400	1080	6.17	600	850	51420

8.5.10 双向推力球轴承（表8-29）

表8-29 双向推力球轴承（摘自GB/T 301—1995）

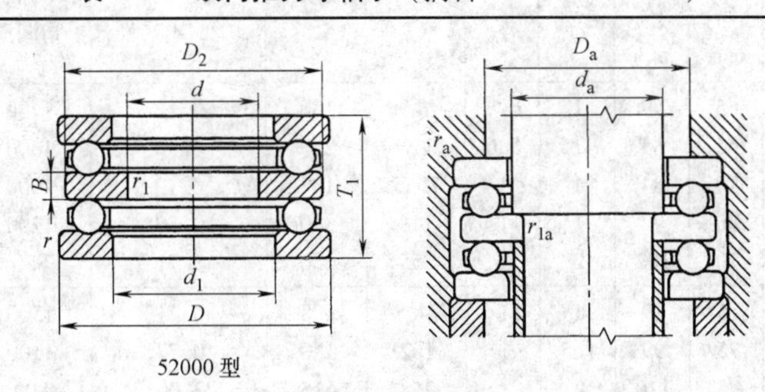

52000型

基本尺寸/mm				安装尺寸/mm				基本额定载荷/kN		最小载荷常数	极限转速/(r/min)		轴承代号
d	D	T_1	B	d_a max	D_a min	r_a	r_{1a}	C_a	C_{oa}	A	脂润滑	油润滑	52000型
10	32	22	5	15	22	0.6	0.3	16.5	24.8	0.003	4800	6700	52202
15	40	26	6	20	28	0.6	0.3	22.2	37.5	0.007	3800	5300	52204
	60	45	11	25	39	1	0.6	55.5	89.2	0.044	2200	3400	52405
20	47	28	7	25	34	0.6	0.3	27.8	50.5	0.013	3400	4800	52205
	52	34	8	25	36	1	0.3	35.5	61.5	0.021	3000	4300	52305
	70	52	12	30	46	1	0.6	72.5	125	0.082	1900	3000	52406
25	52	29	7	30	39	0.6	0.3	28.0	54.2	0.016	3200	4500	52206
	60	38	9	30	42	1	0.3	42.8	78.5	0.033	2400	3600	52306
	80	59	14	35	53	1	0.6	86.8	155	0.13	1700	2600	52407
30	62	34	8	35	46	1	0.3	39.2	78.2	0.033	2800	4000	52207
	68	44	10	35	48	1	0.3	55.2	105	0.059	2000	3200	52307
	68	36	9	40	51	1	0.6	47.0	98.2	0.050	2400	3600	52208
	78	49	12	40	55	1	0.6	69.2	135	0.098	1900	3000	52308
	90	65	15	40	60	1	0.6	112	205	0.22	1500	2200	52408
35	73	37	9	45	56	1	0.6	47.8	105	0.059	2200	3400	52209
	85	52	12	45	61	1	0.6	75.8	150	0.13	1700	2600	52309
	100	72	17	45	67	1	0.6	140	262	0.36	1400	2000	52409
40	78	39	9	50	61	1	0.6	48.5	112	0.068	2000	3200	52210
	95	58	14	50	68	1	0.6	96.5	202	0.21	1600	2400	52310
	110	78	18	50	74	1.5	0.6	160	302	0.50	1300	1900	52410
45	90	45	10	55	69	1	0.6	67.5	158	0.13	1900	3000	52211
	105	64	15	55	75	1	0.6	115	242	0.31	1500	2200	52311
	120	87	20	55	81	1.5	0.6	182	355	0.68	1100	1700	52411
50	95	46	10	60	74	1	0.6	73.5	178	0.16	1800	2800	52212
	110	64	15	60	80	1	0.6	118	262	0.35	1400	2000	52312
	130	93	21	60	88	1.5	0.6	200	395	0.88	1000	1600	52412
	140	101	23	65	95	2	1	215	448	1.14	900	1400	52413

（续）

基本尺寸/mm				安装尺寸/mm				基本额定载荷/kN		最小载荷常数	极限转速/(r/min)		轴承代号
d	D	T_1	B	d_a max	D_a min	r_a	r_{1a}	C_a	C_{oa}	A	脂润滑	油润滑	52000型
55	100	47	10	65	79	1	0.6	74.8	188	0.18	1700	2600	52213
	115	65	15	65	85	1	0.6	115	262	0.38	1300	1900	52313
	105	47	10	70	84	1	1	73.5	188	0.19	1600	2400	52214
	125	72	16	70	92	1	1	148	340	0.60	1200	1800	52314
	150	107	24	70	102	2	1	255	560	1.71	850	1300	52414
60	110	47	10	75	89	1	1	74.8	198	0.21	1500	2200	52215
	135	79	18	75	99	1.5	1	162	380	0.77	1100	1700	52315
	160	115	26	75	110	2	1	268	615	2.00	800	1200	52415
65	115	48	10	80	94	1	1	83.8	222	0.27	1400	2000	52216
	140	79	18	80	104	1.5	1	160	380	0.81	1000	1600	52316
	180	128	29	85	124	2.1	1	318	782	3.24	700	1000	52417
70	125	55	12	85	109	1	1	102	280	0.41	1300	1900	52217
	150	87	19	85	114	1.5	1	208	495	1.28	950	1500	52317
	190	135	30	90	131	2.1	1	325	825	3.71	670	950	52418
75	135	62	14	90	108	1	1	115	315	0.52	1200	1800	52218
	155	88	19	90	116	1.5	1	205	495	1.34	900	1400	52318
80	210	150	33	100	145	2.5	1	400	1080	6.17	600	850	52420
85	150	67	15	100	120	1	1	132	375	0.75	1100	1700	52220
	170	97	21	100	128	1.5	1	235	595	1.88	800	1200	52320
90	230	166	37	110	159	2.5	1	490	1390	10.4	530	750	52422
95	160	67	15	110	130	1	1	138	412	0.89	1000	1600	52222
	190	110	24	110	142	2	1	278	755	2.97	700	1100	52322
100	170	68	15	120	140	1	1	135	412	0.96	950	1500	52224
	210	123	27	120	157	2.1	1	330	945	4.58	670	950	52324
	270	192	42	130	188	3	2	630	2010	21.1	430	600	52426
110	190	80	18	130	154	1.5	1	188	575	1.75	900	1400	52226
	225	130	30	130	169	2.1	1	358	1070	5.91	600	850	52326
	280	196	44	140	198	3	2	630	2010	22.2	400	560	52428
120	200	81	18	140	164	1.5	1	190	598	1.96	850	1300	52228
	240	140	31	140	181	2.1	1	395	1230	7.84	560	800	52328
	300	209	46	150	212	3	2	670	2240	27.9	380	530	52430
130	215	89	20	150	176	1.5	1	242	768	3.06	800	1200	52230
	250	140	31	150	191	2.1	1	405	1310	8.80	530	750	52330
140	225	90	20	160	186	1.5	1	240	768	3.23	750	1100	52232
	270	153	33	160	205	2.5	1	470	1570	12.8	500	700	52332
150	240	97	21	170	198	1.5	1	280	915	4.48	700	1000	52234
	280	153	33	170	215	2.5	1	470	1580	13.8	480	670	52334
	250	98	21	180	208	1.5	2	285	958	4.91	670	950	52236
	300	165	37	180	229	2.5	2	518	1820	17.9	430	600	52336
160	270	109	24	190	222	2	2	328	1160	6.97	630	900	52238
170	280	109	24	200	232	2	2	332	1210	7.59	500	850	52240

8.6　钢球

表8-30　优先采用的钢球公称直径（摘自GB/T 308—2002）　［单位：mm(in)］

球公称直径 D_w	球公称直径 D_w	球公称直径 D_w	球公称直径 D_w	球公称直径 D_w
0.3	5.556(7/32)	12.5	24.606(31/32)	50
0.397(1/64)	5.953(15/64)	12.7(1/2)	25	50.8(2)
0.4	6	13	25.4(1)	53.975($2\,^{1}/_{8}$)
0.5	6.35(1/4)	13.494(17/32)	26	55
0.508(0.020)	6.5	14	26.194($^{11}/_{32}$)	57.15($2\,^{1}/_{4}$)
0.6	6.747(17/64)	14.288(9/16)	26.988($1\,^{1}/_{16}$)	60
0.635(0.025)	7	15	28	60.325($2\,^{3}/_{8}$)
0.68	7.144(9/32)	15.081(19/32)	28.575($1\,^{1}/_{8}$)	63.5($2\,^{1}/_{2}$)
0.7	7.5	15.875(5/8)	30	65
0.794(1/32)	7.541(19/64)	16	30.162($1\,^{3}/_{16}$)	66.675($2\,^{5}/_{8}$)
0.8	7.938(5/16)	16.669(21/32)	31.75($1\,^{1}/_{4}$)	69.85($2\,^{3}/_{4}$)
1	8	17	32	70
1.191(3/64)	8.334(21/64)	17.462(11/16)	33	73.025($2\,^{7}/_{8}$)
1.2	8.5	18	33.338($1\,^{5}/_{16}$)	75
1.5	8.731(11/32)	18.256(23/32)	34	76.2(3)
1.588(1/16)	9	19	34.925($1\,^{3}/_{8}$)	79.375($3\,^{1}/_{8}$)
1.984(5/64)	9.128(23/64)	19.05(3/4)	35	80
2	9.5	19.844(25/32)	36	82.55($3\,^{1}/_{4}$)
2.381(3/32)	9.525(3/8)	20	36.512($1\,^{7}/_{16}$)	85
2.5	9.922(25/64)	20.5	38	85.725($3\,^{3}/_{8}$)
2.778(7/64)	10	20.638(13/16)	38.1($1\,^{1}/_{2}$)	88.9($3\,^{1}/_{2}$)
3	10.319(13/32)	21	39.688($1\,^{9}/_{16}$)	90
3.175(1/8)	10.5	21.431(27/32)	40	92.075($3\,^{5}/_{8}$)
3.5	11	22	41.275($1\,^{5}/_{8}$)	95
3.572(9/64)	11.112(7/16)	22.225(7/8)	42.862($1\,^{11}/_{16}$)	95.25($3\,^{3}/_{4}$)
3.969(5/32)	11.5	22.5	44.45($1\,^{3}/_{4}$)	98.425($3\,^{7}/_{8}$)
4	11.509(29/64)	23	45	100
4.356(11/64)	11.906(15/32)	23.019(29/32)	46.038($1\,^{13}/_{16}$)	101.6(4)
4.5	12	23.812(15/16)	47.625($1\,^{7}/_{8}$)	104.775($4\,^{1}/_{8}$)
4.762(3/16)	12.303(31/64)	24	49.212($1\,^{15}/_{16}$)	
5				
5.159(13/64)				
5.5				

注：1. 括号内为相应的英制尺寸，仅作参考。

2. 成品球硬度：$D_w \leqslant 30$mm－61～66HRC，$D_w > 30$～50mm－59～64HRC，$D_w > 50$mm－58～64HRC。

3. 直径3～50.8mm成品钢球的压碎载荷F，可由下式估算其近似值：$F = 578D_w^{1.942}$，式中F单位N，D_w单位mm，（本书作者按GB/T 308—2002附录C导出，供参考）。

第9章 滑动轴承

9.1 混合润滑轴承

滑动轴承中采用非连续供油方式的轴承，其相对运动表面间得不到充分润滑，或者采用连续低压供油方式的轴承，其运行参数不足以形成完全液体润滑，这时只能处在边界润滑状态或还伴有部分液体润滑状态，即处于混合润滑状态下运转，称为混合润滑轴承。

9.1.1 径向滑动轴承座

9.1.1.1 滑动轴承座尺寸（表9-1～表9-4）

表9-1 整体有衬正滑动轴承座（摘自JB/T 2560—2007） （单位：mm）

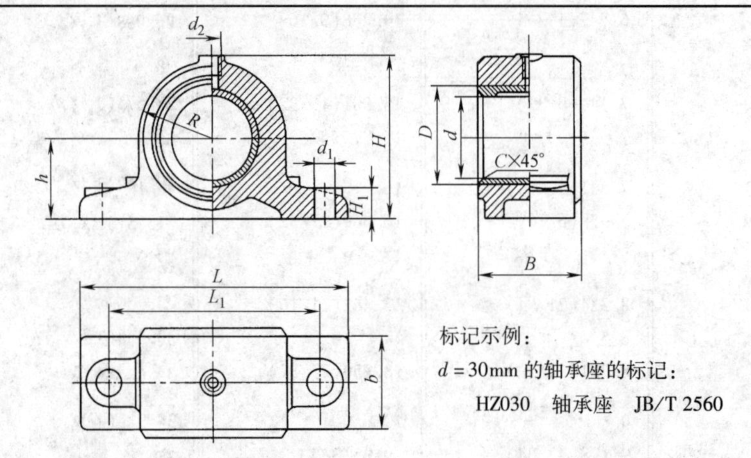

标记示例：

$d=30$mm的轴承座的标记：

HZ030 轴承座 JB/T 2560

型号	d (H8)	D	R	B	b	L	L_1	H ≈	h (h12)	H_1	d_1	d_2	c	质量 /kg≈
HZ020	20	28	26	30	25	105	80	50	30	14	12	M10×1	1.5	0.6
HZ025	25	32	30	40	35	125	95	60	35	16	14.5			0.9
HZ030	30	38		50	40	150	110	70		20	18.5			1.7
HZ035	35	45	38	55	45	160	120	84	42	20	18.5		2	1.9
HZ040	40	50	40	60	50	165	125	88	45	20	18.5			2.4
HZ045	45	55	45	70	60	185	140	90	50	25	24			3.6
HZ050	50	60	45	75	65	185	140	100	50	25	24			3.8
HZ060	60	70	55	80	70	225	170	120	60	30	28	M14×1.5	2.5	6.5
HZ070	70	85	65	100	80	245	190	140	70	30	28			9.0
HZ080	80	95	70	100	80	255	200	155	80	30	28			10.0
HZ090	90	105	75	120	90	285	220	165	85	40	35		3	13.2
HZ100	100	115	85	120	90	305	240	180	90	40	35			15.5
HZ110	110	125	90	140	100	315	250	190	95	40	35			21.0
HZ120	120	135	100	150	110	370	290	210	105	45	42			27.0
HZ140	140	160	115	170	130	400	320	240	120	45	42			38.0

注：1. 轴承座壳体和轴套可单独订货，但在订货时必须说明。

2. 工作环境温度-20～80℃。

表 9-2　对开式二螺柱正滑动轴承座（摘自 JB/T 2561—2007）　（单位：mm）

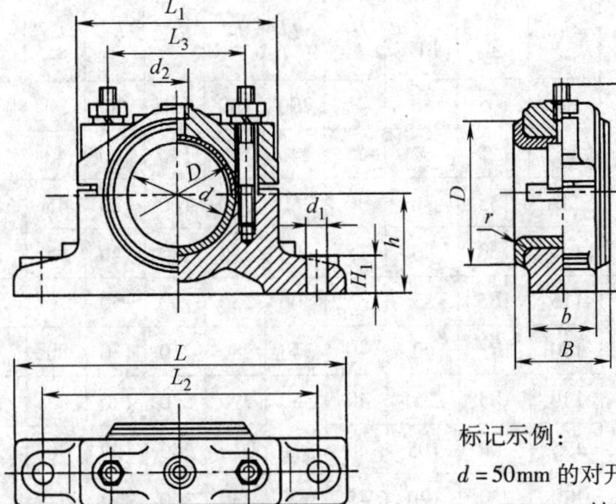

标记示例：

$d=50$mm 的对开式二螺柱正滑动轴承座的标记：

H2050　轴承座　JB/T 2561

型号	d (H8)	D	D_1	B	b	H ≈	h (h12)	H_1	L	L_1	L_2	L_3	d_1	d_2	r	质量 /kg≈
H2030	30	38	48	34	22	70	35	15	140	85	115	60	10	M10×1	1.5	0.8
H2035	35	45	55	45	28	87	42	18	165	100	135	75	12		2	1.2
H2040	40	50	60	50	35	90	45	20	170	110	140	80	14.5			1.8
H2045	45	55	65	55	40	100	50	20	175	110	145	85	14.5			2.3
H2050	50	60	70	60	40	105	50	25	200	120	160	90	18.5			2.9
H2060	60	70	80	70	50	125	60	25	240	140	190	100	24	M14×1.5	2.5	4.6
H2070	70	85	95	80	60	140	70	30	260	160	210	120	24		2.5	7.0
H2080	80	95	110	95	70	160	80	35	290	180	240	140	28			10.5
H2090	90	105	120	105	80	170	85	35	300	190	250	150	28		3	12.5
H2100	100	115	130	115	90	185	90	40	340	210	280	160	35			17.5
H2110	110	125	140	125	100	190	95	40	350	220	290	170	35			19.5
H2120	120	135	150	140	110	205	105	45	370	240	310	190	35			25.0
H2140	140	160	175	160	120	230	120	50	390	260	330	210	35		4	33.0
H2160	160	180	200	180	140	250	130	50	410	280	350	230	35			45.5

注：1. 工作环境温度 -20～80℃。
2. 轴肩承受的轴向载荷不大于径向载荷 30%。
3. 与轴承座配合的轴颈表面应进行硬化处理。

表 9-3　对开式四螺柱正滑动轴承座（摘自 JB/T 2562—2007）　（单位：mm）

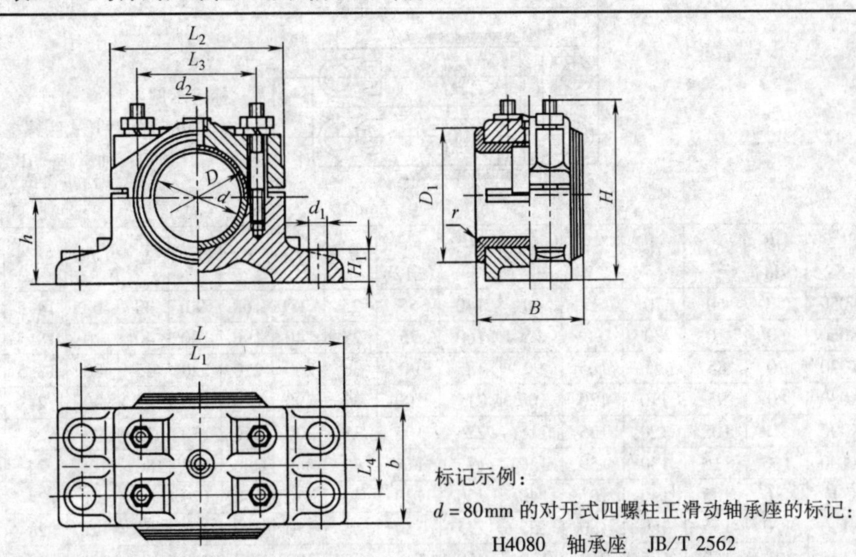

标记示例：

$d=80$mm 的对开式四螺柱正滑动轴承座的标记：

H4080　轴承座　JB/T 2562

（续）

型号	d (H8)	D	D_1	B	b	H ≈	h (h12)	H_1	L	L_1	L_2	L_3	L_4	d_1	d_2	r	质量/kg≈
H4050	50	60	70	75	60	105	50	25	200	160	120	90	30	14.5	M10×1	2.5	4.2
H4060	60	70	80	90	75	125	60	25	240	190	140	100	40	18.5			6.5
H4070	70	85	95	105	90	135	70	30	260	210	160	120	45	18.5	M14×1.5		9.5
H4080	80	95	110	120	100	160	80	35	290	240	180	140	55	24			14.4
H4090	90	105	120	135	115	165	85	35	300	250	190	150	70	24		3	18.0
H4100	100	115	130	150	130	175	90	40	340	280	210	160	80	24			23.0
H4110	110	125	140	165	140	185	95	40	350	290	220	170	85	24		3	30.0
H4120	120	135	150	180	155	200	105	40	370	310	240	190	90	28			41.5
H4140	140	160	175	210	170	230	120	45	390	330	260	210	100	28		4	51.0
H4160	160	180	200	240	200	250	130	50	410	350	280	230	120	28			59.5
H4180	180	200	220	270	220	260	140	50	460	400	320	260	140	35			73.0
H4200	200	230	250	300	245	295	160	55	520	440	360	300	160	42		5	98.0
H4220	220	250	270	320	265	360	170	60	550	470	390	330	180	42			125.0

注：同表9-2注。

表9-4 对开式四螺柱斜滑动轴承座（摘自JB/T 2563—2007）

（单位：mm）

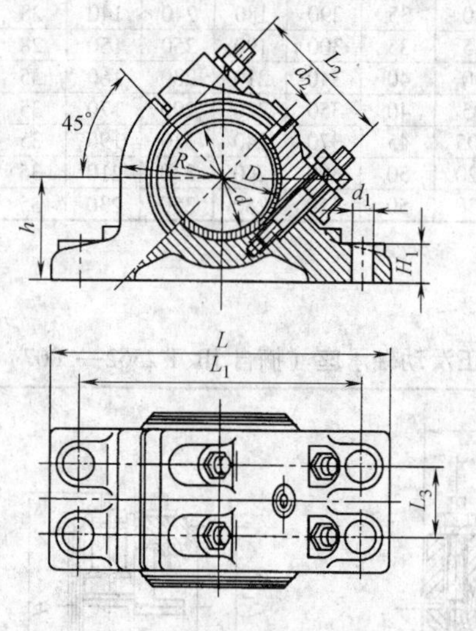

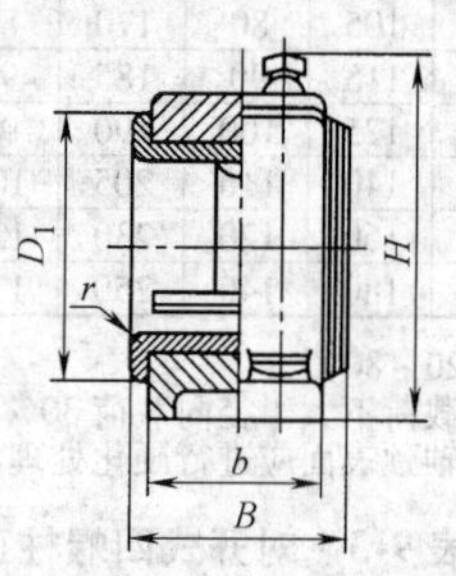

标记示例：

d = 80mm的对开式四螺柱斜滑动轴承座的标记：

HX080 轴承座 JB/T 2563

型号	d (H8)	D	D_1	B	b	H ≈	h (h12)	H_1	L	L_1	L_2	L_3	R	d_1	d_2	r	质量/kg≈
HX050	50	60	70	75	60	140	65	25	200	160	90	30	60	14.5	M10×1	2.5	5.1
HX060	60	70	80	90	75	160	75	25	240	190	100	40	70	18.5			8.1
HX070	70	85	95	105	90	185	90	30	260	210	120	45	80	18.5	M14×1.5		12.5
HX080	80	95	110	120	100	215	100	35	290	240	140	55	90	24			17.5
HX090	90	105	120	135	115	225	105	35	300	250	150	70	95	24		3	21.0
HX100	100	115	130	150	130	175	115	40	340	280	160	80	105	24			29.5
HX110	110	125	140	165	140	250	120	40	350	290	170	85	110	24			32.5
HX120	120	135	150	180	155	275	130	40	370	310	190	90	120	28			40.5
HX140	140	160	175	210	170	260	140	45	390	330	210	100	130	28		4	53.5

（续）

型号	d (H8)	D	D_1	B	b	H ≈	h (h12)	H_1	L	L_1	L_2	L_3	R	d_1	d_2	r	质量 /kg≈
HX160	160	180	200	240	200	300	150	50	410	350	230	120	140	35	M14×1.5	4	76.5
HX180	180	200	220	270	220	375	170	50	460	400	260	140	160	35			94.0
HX200	200	230	250	300	245	425	190	55	520	440	300	160	180	42		5	120.0
HX220	220	250	270	320	265	440	205	60	550	470	330	180	195	42			140.0

注：同表9-2注。

9.1.1.2 滑动轴承座技术要求

（1）轴承座的材料　采用HT200灰铸铁或ZG200～ZG400铸钢制造。其性能应符合GB/T 9439—1988或GB/T 11352—2009的规定。

（2）轴瓦和轴套材料　采用ZCuA10Fe_3铝青铜制造，轴套可采用ZCuSn6Zn6Pb_3锡青铜制造。其力学性能和化学成分应符合GB/T 1176的规定。

（3）铸件清理　铸件上的型砂应清除干净，浇口、冒口、结疤及夹砂等均应铲除或打磨掉，清理后，毛坯表面应平整、光洁。

（4）铸件存在缺陷的条件　铸件不允许有裂纹，无损于强度和外观的其他缺陷，在下列范围内允许存在：

1）非加工表面的缩孔、气孔及渣孔等缺陷，深度不超过铸件壁厚的八分之一、长×宽不大于5mm×5mm，缺陷总数不超过3个，但轴承座的主要受力断面（图9-1中a、b断面阴影部分）不允许有铸造缺陷。

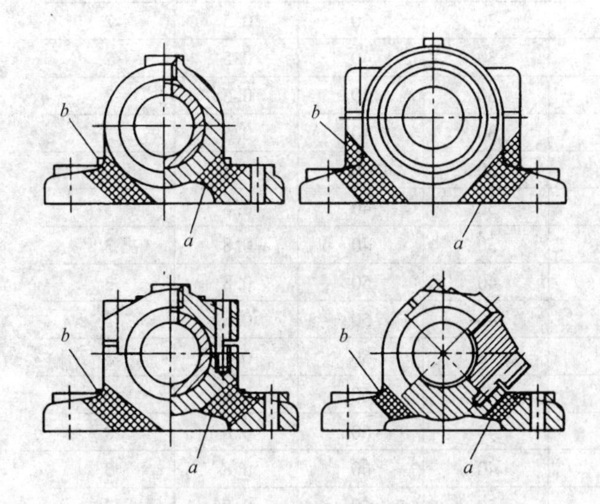

图9-1　轴承座主要受力处

2）加工后的表面不允许有砂眼等铸造缺陷。

（5）轴承座上的字体　铸出的字体，例如轴承座型号、制造厂代号或商标，应保证完整、清晰和光洁。

（6）轴承座毛坯　应在机械加工前进行时效处理。

（7）加工后的要求　轴承座上盖与底座在自由状态下分合面应贴合良好，分合面对轴承座内径D的轴线位置度公差为0.05mm。

（8）对开式斜滑动轴承座　其45°分合面的角度公差，应符合GB/T 1804—2000中V级精度的规定。

（9）轴承座中心高h　其公差为h12。

（10）轴承座底平面　其平面度公差应不大于8级。

（11）轴承座的内径D　其公差为H7；轴承座内径D的表面粗糙度Ra最大允许值为1.6μm。

（12）轴承座轴线对底平面的平行度　其公差应不大于8级。

（13）轴承座的内径D的圆柱度　其公差应不大于8级。

（14）轴承座两端面对内径轴线的垂直度　其公差应不大于8级。

（15）轴瓦的外径D　其极限偏差为m6；轴套的外径D的极限偏差为S7。

（16）轴瓦和轴套的内径　其极限偏差为H8。

（17）轴瓦和轴套的内径d、外径D的表面粗糙度Ra　其最大允许值为1.6μm。

（18）轴瓦和轴套外径D的圆柱度　其公差应不大于8级。

（19）轴瓦油槽　其棱边应倒钝、圆滑，内径d两端的圆角部位应圆滑，其圆角半径R应符合图样要求。

9.1.2 金属轴套与轴瓦

9.1.2.1 轴套（表9-5～表9-9）

铜合金轴套标准GB/T 18324—2001适用于带或不带有油孔、油槽的单层铜合金轴套。C型普通整体铜合金轴套见表9-5，F型翻边整体铜合金轴套见表9-6。

表 9-5　铜合金轴套（C型）（摘自 GB/T 18324—2001）

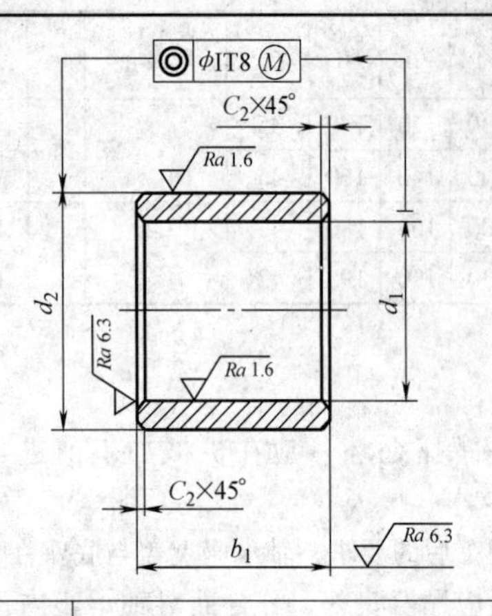

标记示例：

C 型轴套内径 d_1 = 20mm、外径 d_2 = 24mm、宽度 b_1 = 20mm、外圆倒角 C_2 为 15°（加标记 Y，若为 45°不标）、材料为 CuSn8P，标记如下：

轴套　GB/T 18324—2001-C20×24×20Y-CuSn8P

内径 d_1	外径 d_2			宽度 b_1			倒角 45° C_1、C_2 max	倒角 15° C_2 max
6	8	10	12	6	10		0.3	1
8	10	12	14	6	10		0.3	1
10	12	14	16	6	10		0.3	1
12	14	16	18	10	15	20	0.5	2
14	16	18	20	10	15	20	0.5	2
15	17	19	21	10	15	20	0.5	2
16	18	20	22	12	15	20	0.5	2
18	20	22	24	12	20	30	0.5	2
20	23	24	26	15	20	30	0.5	2
22	25	26	28	15	20	30	0.5	2
(24)	27	28	30	15	20	30	0.5	2
25	28	30	32	20	30	40	0.5	2
(27)	30	32	34	20	30	40	0.5	2
28	32	34	36	20	30	40	0.5	2
30	34	36	38	20	30	40	0.5	2
32	36	38	40	20	30	40	0.8	3
(33)	37	40	42	20	30	40	0.8	3
35	39	41	45	30	40	50	0.8	3
(36)	40	42	46	30	40	50	0.8	3
38	42	45	48	30	40	50	0.8	3
40	44	48	50	30	40	60	0.8	3
42	46	50	52	30	40	60	0.8	3
45	50	53	55	30	40	60	0.8	3
48	53	56	58	40	50	60	0.8	3
50	55	58	60	40	50	60	0.8	3
55	60	63	65	40	50	70	0.8	3
60	65	70	75	40	60	80	0.8	3
65	70	75	80	50	60	80	1	4

（续）

内径 d_1	外径 d_2			宽度 b_1			倒角 45° C_1、C_2 max	倒角 15° C_2 max
70	75	80	85	50	70	90	1	4
75	80	85	90	50	70	90	1	4
80	85	90	95	60	80	100	1	4
85	90	95	100	60	80	100	1	4
90	100	105	110	60	80	120	1	4
95	105	110	115	60	100	120	1	4
100	110	115	120	80	100	120	1	4
105	115	120	125	80	100	120	1	4
110	120	125	130	80	100	120	1	4
120	130	135	140	100	120	150	1	4
130	140	145	150	100	120	150	2	5
140	150	155	160	100	150	180	2	5
150	160	165	170	120	150	180	2	5
160	170	180	185	120	150	180	2	5
170	180	190	195	120	180	200	2	5
180	190	200	210	150	180	250	2	5
190	200	210	220	150	180	250	2	5
200	210	220	230	180	200	250	2	5

注：括号内的数仅作特殊用途，应尽可能避免使用。

表9-6　铜合金轴套（F型）（摘自GB/T 18324—2001）

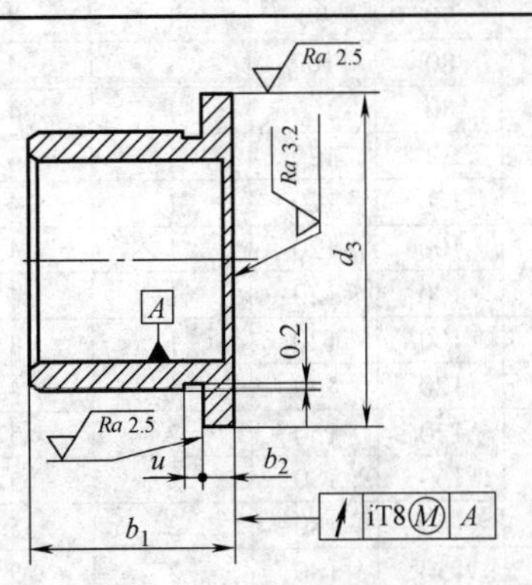

其他尺寸符号和表面粗糙度符号见表9-5的C型

内径 d_1	第一系列 外径 d_2	第一系列 翻边外径 d_3	第一系列 翻边宽度 b_2	第二系列 外径 d_2	第二系列 翻边外径 d_3	第二系列 翻边宽度 b_2	宽度 b_1			倒角 45° C_1、C_2 max	倒角 15° C_2 max	退刀槽宽度 u
6	8	10	1	12	14	3		10		0.3	1	1
8	10	12	1	14	18	3		10		0.3	1	1
10	12	14	1	16	20	3		10		0.3	1	1
12	14	16	1	18	22	3	10	15	20	0.5	2	1
14	16	18	1	20	25	3	10	15	20	0.5	2	1
15	17	19	1	21	27	3	10	15	20	0.5	2	1
16	18	20	1	22	28	3	12	15	20	0.5	2	1.5
18	20	22	1	24	30	3	12	20	30	0.5	2	1.5

（续）

内径 d_1	外径 d_2	翻边外径 d_3	翻边宽度 b_2	外径 d_2	翻边外径 d_3	翻边宽度 b_2	宽度 b_1			倒角 45° C_1、C_2 max	倒角 15° C_2 max	退刀槽宽度 u
	第一系列			第二系列								
20	23	26	1.5	26	32	3	15	20	30	0.5	2	1.5
22	25	28	1.5	28	34	3	15	20	30	0.5	2	1.5
(24)	27	30	1.5	30	36	3	15	20	30	0.5	2	1.5
25	28	31	1.5	32	38	4	20	30	40	0.5	2	1.5
(27)	30	33	1.5	34	40	4	20	30	40	0.5	2	1.5
28	32	36	2	36	42	4	20	30	40	0.5	2	1.5
30	34	38	2	38	44	4	20	30	40	0.5	2	2
32	36	40	2	40	46	4	20	30	40	0.8	3	2
(33)	37	41	2	42	48	5	20	30	40	0.8	3	2
35	39	43	2	45	50	5	30	40	50	0.8	3	2
(36)	40	44	2	46	52	5	30	40	50	0.8	3	2
38	42	46	2	48	54	5	30	40	50	0.8	3	2
40	44	48	2	50	58	5	30	40	60	0.8	3	2
42	46	50	2	52	60	5	30	40	60	0.8	3	2
45	50	55	2.5	55	63	5	30	40	60	0.8	3	2
48	53	58	2.5	58	66	5	40	50	60	0.8	3	2
50	55	60	2.5	60	68	5	40	50	60	0.8	3	2
55	60	65	2.5	65	73	5	40	50	70	0.8	3	2
60	65	70	2.5	75	83	7.5	40	60	80	0.8	3	2
65	70	75	2.5	80	88	7.5	50	60	80	1	4	2
70	75	80	2.5	85	95	7.5	50	70	90	1	4	2
75	80	85	2.5	90	100	7.5	50	70	90	1	4	3
80	85	90	2.5	95	105	7.5	60	80	100	1	4	3
85	90	95	2.5	100	110	7.5	60	80	100	1	4	3
90	100	110	5	110	120	10	60	80	120	1	4	3
95	105	115	5	115	125	10	60	100	120	1	4	3
100	110	120	5	120	130	10	80	100	120	1	4	3
105	115	125	5	125	135	10	80	100	120	1	4	3
110	120	130	5	130	140	10	80	100	120	1	4	3
120	130	140	5	140	150	10	100	120	150	1	4	3
130	140	150	5	150	160	10	100	120	150	2	5	4
140	150	160	5	160	170	10	100	150	180	2	5	4
150	160	170	5	170	180	10	120	150	180	2	5	4
160	170	180	5	185	200	12.5	120	150	180	2	5	4
170	180	190	5	195	210	12.5	120	180	200	2	5	4
180	190	200	5	210	220	15	150	180	250	2	5	4
190	200	210	5	220	230	15	150	180	250	2	5	4
200	210	220	5	230	240	15	180	200	250	2	5	4

注：括号内的数仅作特殊用途，应尽可能避免使用。

表 9-7　铜合金轴套公差（摘自 GB/T 18324—2001）

内径 d_1	外径 d_2		翻边外径 d_3	宽度 b_1	轴承座孔	轴径 d
E6①	≤120	s6	d11	h13	H7	e7 或 g7②
	>120	r6				

① 冲压后，d_1 通常可达到公差位置 H，公差等级大约为 IT8。

② 根据使用情况来推荐所用的公差：如果轴套与公差位置 h 的精密磨削轴制成品相配合，内径 d_1 的公差应为 D6，它装配后的概率公差为 F8；

如果轴套内孔是装配后加工，内径 d_1 的尺寸和公差应由供需双方协议而定。

表 9-8 轴套的尺寸（摘自 JB/ZQ 4613—1997）

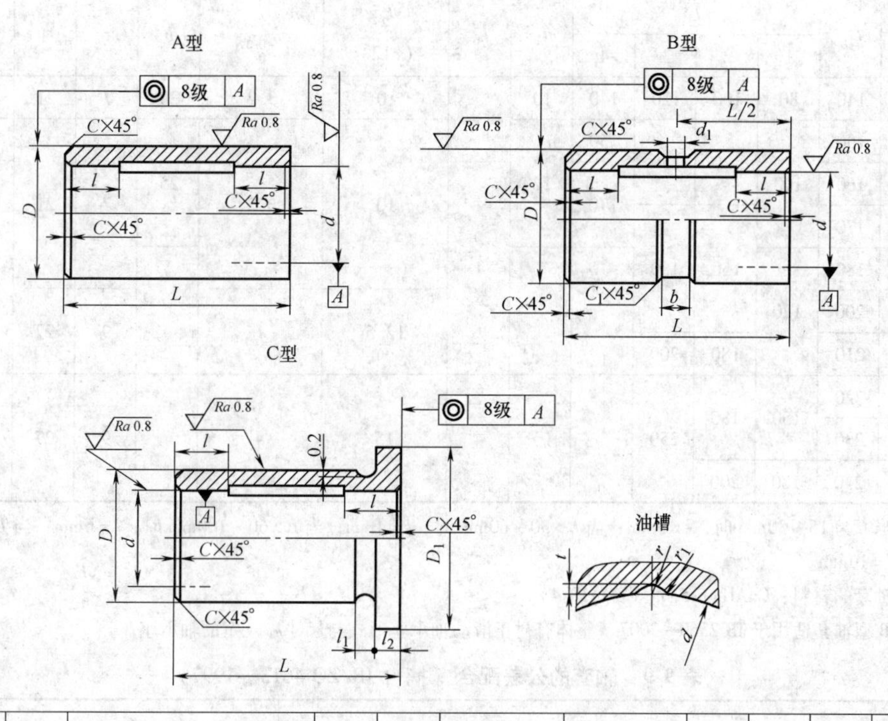

d	D	D_1	L 1	L 2	L 3	L 4	d_1	l_1	l_2 (h12)	t ($^{+0.2}_{0}$)	b	r	r_1	C	C_1
20	26	32	15	20	30	30	6	1.5	3	1.2	12	2.5	6	0.5	1
22	28	34													
25	32	38	20	30	40	40			4	1.6		3	9		
28	36	42				50									
30	38	44													
32	40	46				55		2						0.8	
35	45	50	30	40	50		8		5	2	16	4	12		1.5
(36)	46	52				60									
40	50	58			60										
45	55	63				70									
50	60	68	40	50	70	75									
55	65	73				80									
60	75	83		60	80				7.5	2.5		5	15		
65	80	88	50			100								1	
70	85	95		70	90		10				20				1.5
75	90	100						3							
80	95	105	60	80	100										
90	110	120			120	120			10	3.2	20	7	21		1.5
100	120	130	80	100											

（续）

<table>
<tr><th rowspan="2">d</th><th rowspan="2">D</th><th rowspan="2">D_1</th><th colspan="4">L</th><th rowspan="2">d_1</th><th rowspan="2">l_1</th><th rowspan="2">l_2
(h12)</th><th rowspan="2">t
($^{+0.2}_{0}$)</th><th rowspan="2">b</th><th rowspan="2">r</th><th rowspan="2">r_1</th><th rowspan="2">C</th><th rowspan="2">C_1</th></tr>
<tr><th>1</th><th>2</th><th>3</th><th>4</th></tr>
<tr><td>110</td><td>130</td><td>140</td><td>80</td><td>100</td><td>120</td><td>140</td><td>10</td><td rowspan="2">3</td><td>10</td><td>3.2</td><td>20</td><td>7</td><td>21</td><td>1</td><td>1.5</td></tr>
<tr><td>120</td><td>140</td><td>150</td><td rowspan="3">100</td><td rowspan="2">120</td><td rowspan="2">150</td><td>150</td><td rowspan="3">12</td><td rowspan="4">10</td><td rowspan="4">3.2</td><td rowspan="3">25</td><td rowspan="4">7</td><td rowspan="4">21</td><td>1</td><td rowspan="3">2</td></tr>
<tr><td>130</td><td>150</td><td>160</td><td rowspan="2">170</td><td rowspan="5">4</td><td rowspan="5">2</td></tr>
<tr><td>140</td><td>160</td><td>170</td><td rowspan="3">150</td><td rowspan="3">180</td></tr>
<tr><td>150</td><td>170</td><td>180</td><td rowspan="3">120</td><td rowspan="3"></td><td rowspan="3"></td><td rowspan="3"></td><td rowspan="3"></td></tr>
<tr><td>160</td><td>185</td><td>200</td><td rowspan="2">12.5</td><td rowspan="2">1</td><td rowspan="2">9</td><td rowspan="2">27</td></tr>
<tr><td>170</td><td>195</td><td>210</td><td>180</td><td>200</td></tr>
<tr><td>180</td><td>210</td><td>220</td><td rowspan="2">150</td><td rowspan="2">180</td><td rowspan="3">250</td><td rowspan="3"></td><td rowspan="3"></td><td rowspan="3">4</td><td rowspan="3">15</td><td rowspan="3">4</td><td rowspan="3"></td><td rowspan="3">9</td><td rowspan="3">27</td><td rowspan="3">2</td><td rowspan="3"></td></tr>
<tr><td>190</td><td>220</td><td>230</td></tr>
<tr><td>200</td><td>230</td><td>240</td><td>180</td><td>200</td></tr>
</table>

注：1. 当 L 为15～30mm时，$l=3$mm；当 $L>30\sim60$mm时，$l=4$mm；当 $L>60\sim100$mm时，$l=6$mm；当 $L>100$mm时，$l=10$mm。

2. 轴套的材料：CuAl10Fe5Ni5（ZQA19-4）。

3. B型轴套适用于JB 2560—2007《整体有衬正滑动轴承座形式与尺寸》规定的轴承座。

表9-9　轴套的公差配合（摘自JB/ZQ 4613—1997）

<table>
<tr><th colspan="2">装配形式
尺　寸</th><th colspan="3">压　入</th><th colspan="3">粘　合</th></tr>
<tr><td rowspan="3">d</td><td>装入前</td><td>G7</td><td>E9</td><td>D10</td><td rowspan="2">H7</td><td rowspan="2">H8</td><td rowspan="2">E9</td></tr>
<tr><td>装入后</td><td>H7</td><td>H8</td><td>E9</td></tr>
<tr><td>相配轴的公差</td><td colspan="2">g6，f7，e9</td><td>h9，h11</td><td colspan="2">g6，f7，e9</td><td>h9，h11</td></tr>
<tr><td rowspan="2">D</td><td>≤120mm</td><td colspan="3">s6</td><td colspan="3" rowspan="2">g6</td></tr>
<tr><td>>120mm</td><td colspan="3">r6</td></tr>
<tr><td colspan="2">轴承座孔的公差</td><td colspan="6">H7</td></tr>
</table>

9.1.2.2　卷制轴套

卷制轴套标准GB/T 12613—2002，适用于外径为4～300mm的单层和多层轴承材料的卷制轴套。

卷制轴套的基本尺寸及宽度公差见表9-10。

卷制轴套的制造精度分为A、B、C、D和W五个系列。A、B、C、D系列控制轴套壁厚的公差，其中C系列轴套以留有加工余量的形式提供，其余的以无加工余量的形式提供。W系列控制轴套内外直径的公差。安装卷制轴套的轴承座孔直径公差推荐为H7。

9.1.2.3　轴瓦

轴瓦有厚壁轴瓦和薄壁轴瓦两种。

（1）厚壁轴瓦（图9-2）　其壁厚 δ 与外径的比值大于0.05。一般用铸造法制成，常浇铸一层减摩材料的轴承衬。浇铸用槽的尺寸和结构见表9-11。

（2）薄壁轴瓦（图9-3）　它是将轴承合金粘附在低碳钢带上，再经冲裁、弯曲成形及精加工制成双金属轴瓦。

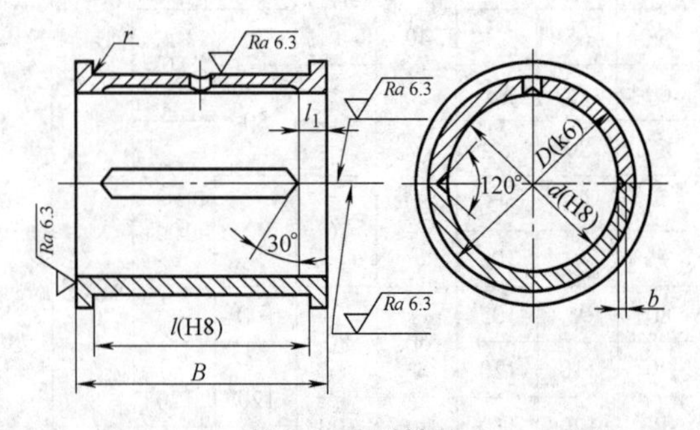

图9-2　厚壁轴瓦

表 9-10　卷制轴套的公称尺寸及宽度公差（摘自 GB/T 12613.1—2002）

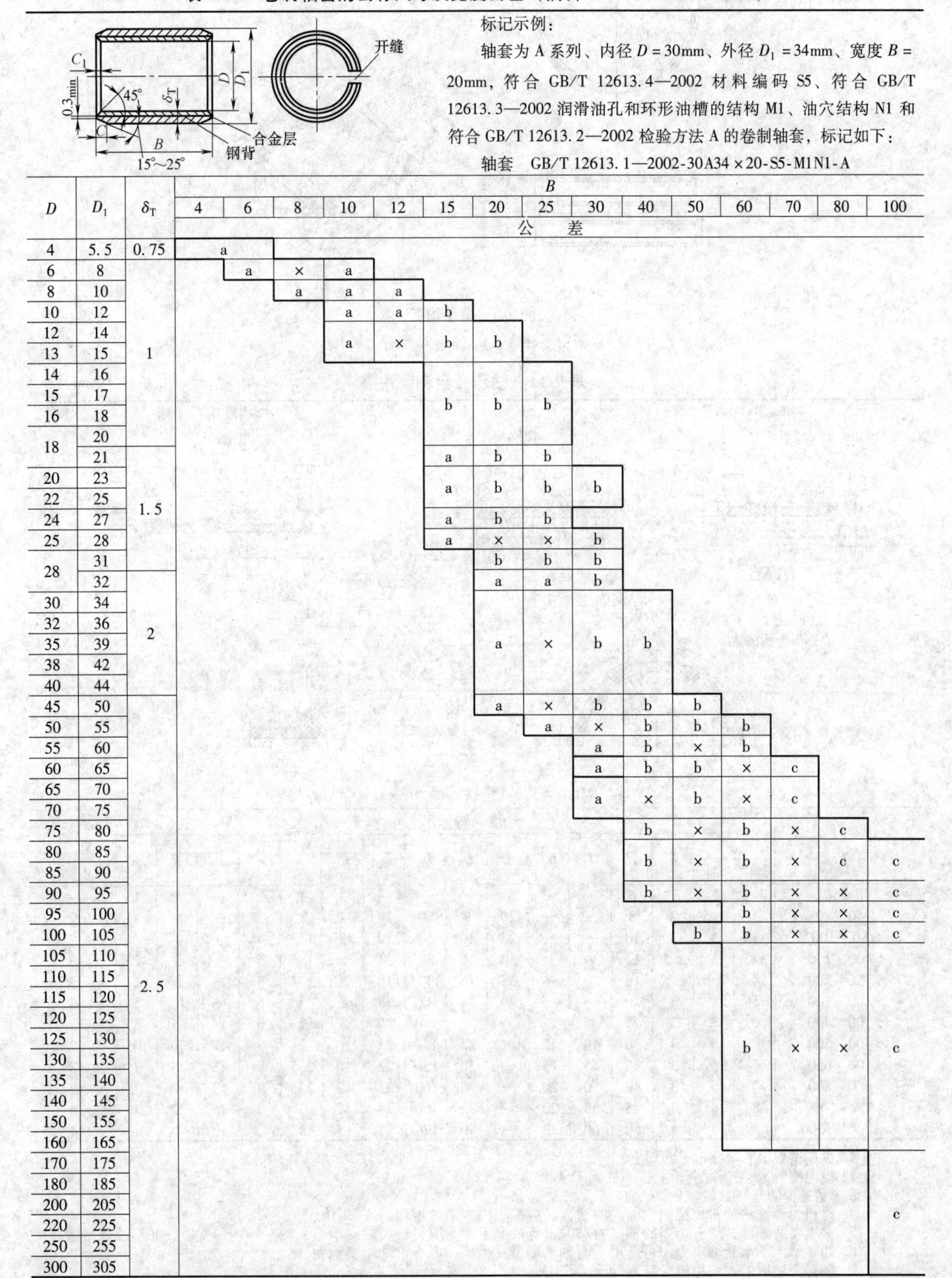

标记示例：

轴套为 A 系列、内径 $D=30$mm、外径 $D_1=34$mm、宽度 $B=20$mm，符合 GB/T 12613.4—2002 材料编码 S5、符合 GB/T 12613.3—2002 润滑油孔和环形油槽的结构 M1、油穴结构 N1 和符合 GB/T 12613.2—2002 检验方法 A 的卷制轴套，标记如下：

轴套　GB/T 12613.1—2002-30A34×20-S5-M1N1-A

D	D_1	δ_T	B														
			4	6	8	10	12	15	20	25	30	40	50	60	70	80	100
			公差														
4	5.5	0.75	a														
6	8			a	×	a											
8	10				a	a	a										
10	12					a	a	b									
12	14					a	×	b	b								
13	15	1															
14	16																
15	17							b	b	b							
16	18																
18	20																
	21							a	b	b							
20	23							a	b	b	b						
22	25	1.5															
24	27							a	b	b							
25	28							a	×	×	b						
28	31								b	b	b						
	32								a	a	b						
30	34																
32	36	2															
35	39								a	×	b	b					
38	42																
40	44																
45	50								a	×	b	b	b				
50	55									a	×	b	b	b			
55	60										a	b	×	b			
60	65										a	b	b	×	c		
65	70										a	×	b	×	c		
70	75																
75	80											b	×	b	×	c	
80	85											b	×	b	×	c	c
85	90																
90	95											b	×	b	×	×	c
95	100													b	×	×	c
100	105												b	b	×	×	c
105	110																
110	115	2.5															
115	120																
120	125																
125	130													b	×	×	c
130	135																
135	140																
140	145																
150	155																
160	165																
170	175																
180	185																
200	205																c
220	225																
250	255																
300	305																

注：宽度 B 的公差：a— ±0.25，b— ±0.50，c— ±0.75。

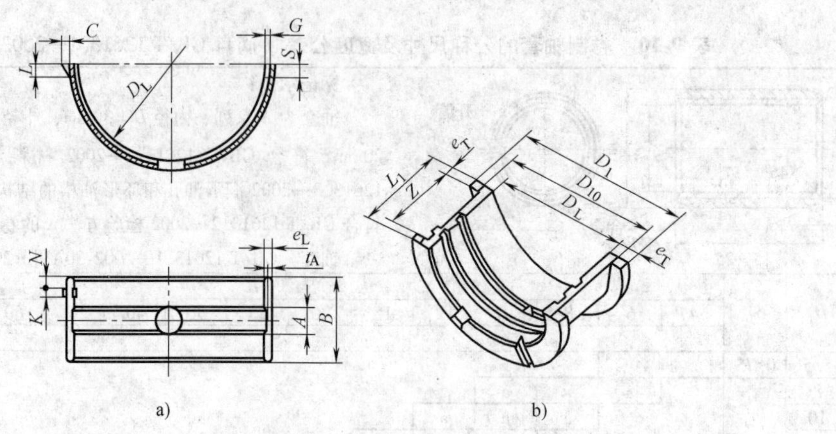

图 9-3　薄壁轴瓦

a）薄壁不翻边轴瓦　b）薄壁翻边轴瓦

表 9-11　轴承合金浇铸用槽　　（单位：mm）

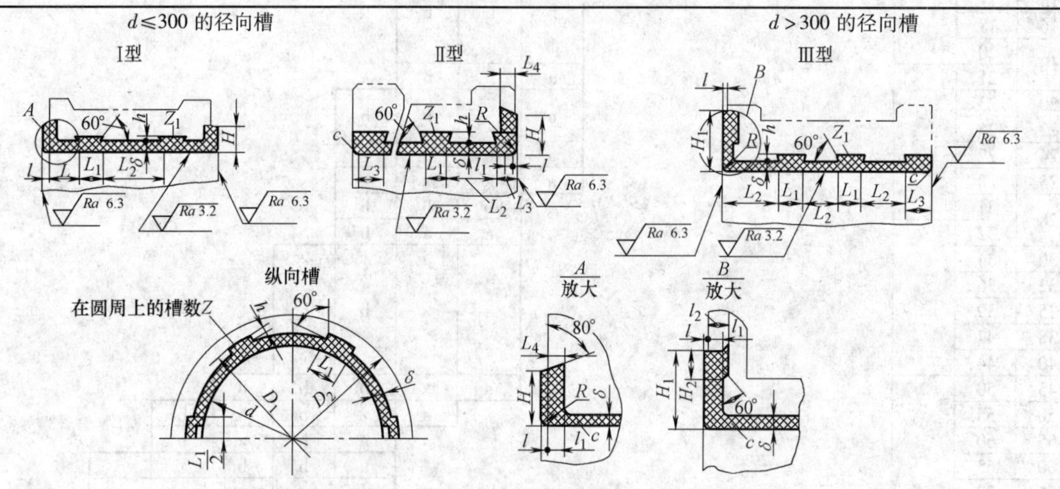

比例关系：$D_2:D_1 \geqslant 1.2$（铸铁）$D_2:D_1 \approx 1.1 \sim 1.14$（钢）

轴径 d	浇铸尺寸																纵、径向槽数 Z、Z_1
	δ		h	H	H_1	H_2	L	L_1	L_2	L_3	L_4	l	l_1	l_2	R	c	
	铸铁	铜															
30~50	2.5	2	—	6	—	—	—	—	—	—	3	1	2	—	3	1	—
>50~80	3	2.5	2	8	—	—	20	9	50	10	4	1	3	—	4	1	2
>80~100	3.5	3	2	10	—	—	25	10	60	12	5	1.5	4	—	4	2	2
>100~150	3.5	3	2.5	12	—	—	30	10	80	14	6	1.5	5	—	6	2	3
>150~200	4	3.5	2.5	16	—	—	35	15	90	16	7	1.5	5	—	8	3	3
>200~300	5	4	3	20	—	—	40	18	100	18	8	2	6	—	12	5	3
>300~400	6	4	3	25	35	15	—	20	110	20	8	2	6	11	15	5	3
>400~500	7	5	3	30	40	15	—	25	150	22	10	2	8	12	20	6	3
>500~650	7	5	3	35	45	15	—	30	150	22	10	2.5	8	13	25	7	3
>650~800	7	5	3	40	50	20	—	30	160	22	12	2.5	9	13	30	10	3
>800~1000	8	6	4	45	55	20	—	35	160	24	12	3	9	15	30	10	4
>1000~1300	8	6	4	50	60	20	—	40	170	24	15	3	12	17	40	15	4

注：1. 纵向槽数 z 平均分布于圆周上。
2. 径向槽数 z_1 在轴衬全长上，不许大于 4 个。
3. z 是最少的必要数量。
4. 材料为铸铁的轴衬，径向和纵向的槽数，应按表内规定的增加 1.5~2 倍。
5. 对重要的轴承，受有相当的轴向力和冲击等情况下，为取得较大的支承面，轴端结构形式应按Ⅱ型或Ⅲ型选择。
6. 如果轴承不承受轴向力，可选用一面轴承端带支承面，或不带轴端支承面。
7. 轴衬浇注后的表面粗糙度应不低于 $Ra25\mu m$。
8. 轴承合金层不应有气泡、气孔、杂质等缺陷。

9.1.2.4 垫圈

垫圈一般是与轴套、轴瓦配套使用的正推滑动轴承。通常它不承受大的轴向载荷，只起防止轴的轴向窜动作用。垫圈有单金属和双金属两类。对无油润滑轴承，则使用DU材料或多孔质粉末冶金材料制成。

整圆垫圈见表9-12。它与GB/T 12613—2002规定的卷制轴套配合使用，油槽形式见图9-4。

表9-12 整圆垫圈主要尺寸和公差 （单位：mm）

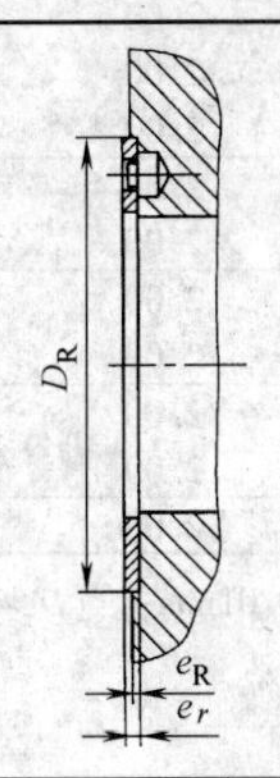

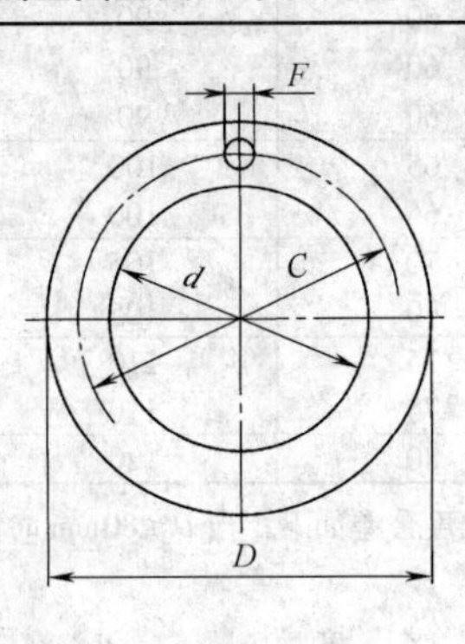

卷制轴套外径（GB 2931）		d $\binom{+0.25}{9}$	D $\binom{0}{-0.25}$	e_T $\binom{0}{-0.05}$	C (±0.15)	F $\binom{+0.40}{+0.10}$
优选系列	非优选系列					
6		6	16	1.00	11	1.5
7		7	17	1.00	12	1.5
8		8	18	1.00	13	1.5
9		9	19	1.00	14	1.5
10		10	22	1.00	16	1.5
11		12	24	1.50	18	1.5
12		12	24	1.50	18	1.5
13		14	26	1.50	20	2.0
14		14	26	1.50	20	2.0
15		16	30	1.50	23	2.0
16		16	30	1.50	23	2.0
17		18	32	1.50	25	2.0
18		18	32	1.50	25	2.0
19		20	36	1.50	28	3.0
20		20	36	1.50	28	3.0
21		22	38	1.50	30	3.0
22		22	38	1.50	30	3.0
	23	24	42	1.50	33	3.0
24		24	42	1.50	33	3.0
25		26	44	1.50	35	3.0
26		26	44	1.50	35	3.0
	27	28	48	1.50	39	4.0
28		28	48	1.50	39	4.0
30		32	54	1.50	43	4.0
32		32	54	1.50	43	4.0
34		36	60	1.50	48	4.0
36		36	60	1.50	48	4.0
38		40	64	1.50	52	4.0
	39	40	64	1.50	52	4.0
40		40	64	1.50	52	4.0
42		45	70	1.50	57.5	4.0
	44	45	70	1.50	57.5	4.0
45		45	70	1.50	57.5	4.0
48		50	76	2.00	63	4.0
50		50	76	2.00	63	4.0

（续）

卷制轴套外径（GB 2931）		d	D	e_T	C	F
优选系列	非优选系列	$\left(\begin{matrix}+0.25\\9\end{matrix}\right)$	$\left(\begin{matrix}0\\-0.25\end{matrix}\right)$	$\left(\begin{matrix}0\\-0.05\end{matrix}\right)$	(±0.15)	$\left(\begin{matrix}+0.40\\+0.10\end{matrix}\right)$
53		55	80	2.00	67.5	5.0
	55	55	80	2.00	67.5	5.0
56		60	90	2.00	75	5.0
	57	60	90	2.00	75	5.0
60		60	90	2.00	75	5.0
63		65	100	2.00	83.5	5.0
	65	65	100	2.00	83.5	5.0
67		70	105	2.00	88	5.0
	70	70	105	2.00	88	5.0
71		75	110	2.00	92.5	5.0
75		75	110	2.00	92.5	5.0
80		80	120	2.00	100	5.0

注：1. 对不带油槽的垫圈，其平面度公差如下：当 $D\leqslant80$mm 时为 0.01mm；当 $D>80$mm 时为 0.12mm。在自由状态下测量。

2. 油槽的深度一般不超过减摩合金厚度。

3. 所有锐边都应倒角或去飞边。

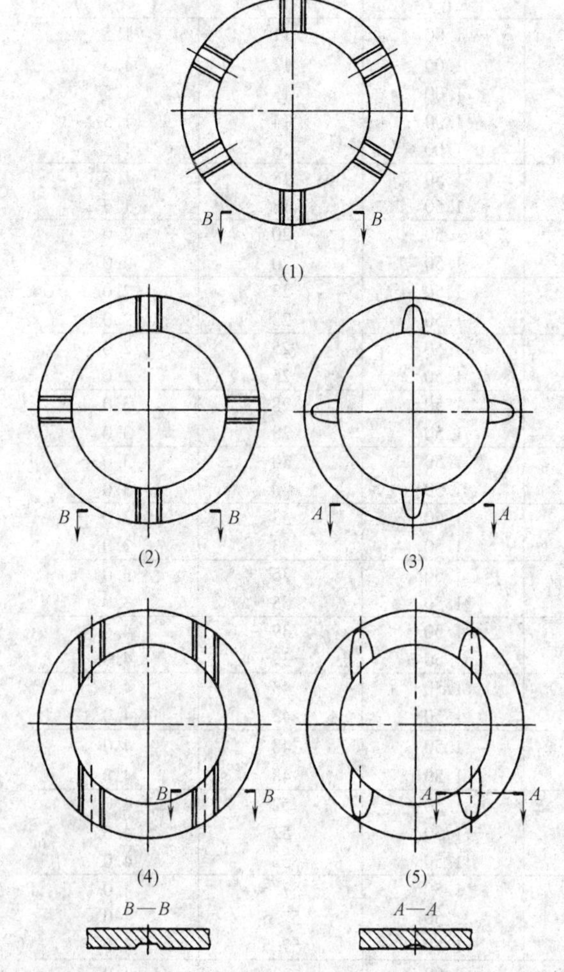

图 9-4 油槽形式

9.1.3 混合润滑轴承选用与验算

9.1.3.1 径向滑动轴承选用与验算

（1）验算轴承的平均压力

$$p=\frac{F}{dB}\leqslant[p] \tag{9-1}$$

式中 F——轴承承受的最大径向载荷（N）；

d——轴颈直径（mm）；

B——轴承宽度（mm）；

$[p]$——轴承材料的许用压力（MPa），见表 9-14 至表 9-16。

轴承滑动速度 $v<0.1$m/s，或对间歇工作的轴承，每次较短持续运转后伴随较长停歇时间，轴承温升不高，则仅验算该项即可。

（2）验算轴承的 pv 值

$$pv=\frac{Fn}{19100B}\leqslant[pv] \tag{9-2}$$

式中 v——轴承滑动速度（m/s）；

n——轴颈转速（r/min）；

$[pv]$——轴承材料的 pv 许用值（MPa · m/s），见表 9-14 至表 9-16。

（3）验算滑动速度

$$v\leqslant[v] \tag{9-3}$$

式中 $[v]$——轴承许用滑动速度（m/s），见表 9-14 至表 9-16。

（4）轴肩直径不小于轴瓦肩部的外径时 允许轴承承受的轴向载荷，不大于最大径向载荷的 30%。

（5）滑动轴承的配合 推荐表 9-13。

表 9-13 几种机床及通用设备滑动轴承的配合

设备类别	配合
磨床与车床分度头主轴承	H7/g6
铣床、钻床及车床的轴承，汽车发动机曲轴的主轴承及连杆轴承，齿轮减速器及蜗杆减速器轴承	H7/f7
电动机，离心泵，风扇及惰齿轮轴的轴承，蒸汽机与内燃机曲轴的主轴承和连杆轴承	H9/f9
农业机构用的轴承	H11/b11，H11/d11
汽轮发电机轴、内燃机凸轮轴、高速转轴、刀架丝杠、机车多支点轴等的轴承	H7/e8

表 9-14 常用金属轴瓦材料的性能和许用值

轴瓦材料		许用值[1]			最高工作温度/℃	硬度[2] HBW	性能比较[3]				备注
		[p]/MPa	[v]/(m/s)	[pv]/(MPa·m/s)			抗胶合性	顺应性、嵌藏性	耐蚀性	抗疲劳强度	
锡基轴承合金	ZSnSb12Pb10Cu4 ZSnSb11Cu6 ZSnSb8Cu4 ZSnSb4Cu4	平稳载荷 25(40)	 80	 20(100)	150	20~30 (150)	1	1	1	5	用于高速、重载下工作的重要轴承。变载下易疲劳、价贵
		冲击载荷 20	 60	 15							
铅基轴承合金	ZPbSb16Sn16Cu2 ZPbSb15Sn5Cu3Cd2 ZPbSb15Sn10	12 5 20	12 8 15	10(50) 5 15	150	15~30 (150)	1	1	3	5	用于中速、中载轴承。不宜受显著冲击,可作为锡基轴承合金的代用品
铸造铜合金	ZCuSn10P1 ZCuPb5Sn5Zn5	15 8	10 3	15(25) 15	280	50~100 (200)	5	3	1	1	用于中速、重载及受变载的轴承 用于中速、中载轴承
	ZCuPb10Sn10 ZCuPb30	平稳载荷 25	 12	 30(90)	280	40~280 (300)	3	4	4	2	用于高速、重载轴承。能承受变载和冲击载荷
		冲击载荷 15	 8	 60							
	ZCuAl10Fe5Ni5 ZCuAl10Fe3	15(30) 30	4(10) 8	12(60) 12	280	100~120 (200)	5	5	5	2	最宜用于润滑充分的低速、重载轴承
黄铜	ZCuZn38Mn2Pb2 ZCuZn16Si4	10 12	1 2	10 10	200	80~150 (200)	3	5	1	1	用于低速、中载轴承。耐蚀、耐热
铝基轴承合金	20 高锡铝合金铝硅合金	28~35	14		140	45~50 (300)	4	3	1	2	用于高速、中载的变载荷轴承
三元电镀合金	如铝-硅-镉镀层	14~35			170	(200~300)	1	2	2	2	在钢背上镀铅锡青铜作中间层,再镀10~30μm 三元减摩层。疲劳强度高,顺应性、嵌藏性好

（续）

轴瓦材料		许用值①			最高工作温度/℃	硬度② HBW	性能比较③				备注
		[p] /MPa	[v] /(m/s)	[pv] /(MPa·m/s)			抗胶合性	顺应性、嵌藏性	耐蚀性	抗疲劳强度	
银	银-铟镀层	28～35			180	(300～400)	2	3	1	1	在钢背上镀银，上附薄层铅，再镀铟。常用于飞机发动机、柴油机轴承
铸铁	HT150、HT200 HT250	2～4	0.5～1	1～4	150	160～180 (200～250)	4	5	1	1	用于低速轻载的不重要轴承，价廉

① 括号内的数值为极限值，其余为一般值（润滑良好）。对于液体动压轴承，限制［pv］值没有什么意义（因其与散热等条件关系很大）。

② 括号外的数值为合金硬度，括号内的数值为最小轴颈硬度。

③ 性能比较：1—最佳；2—良好；3—较好；4—一般；5—最差。

表 9-15　常用非金属轴承材料的许用值

轴瓦材料	许用值			最高工作温度 t /℃	备注
	[p] /MPa	[v] /(m/s)	[pv] /(MPa·m/s)		
酚醛树脂	41	13	0.18	120	由棉织物、石棉等填料经酚醛树脂粘结而成。抗咬合性好，强度、抗振性也极好，能耐酸碱；但导热性差，重载时需用水或油充分润滑。易膨胀，轴承间隙宜取大些
尼龙	14	3	0.11(0.05m/s) 0.09(0.5m/s) <0.09(5m/s)	90	摩擦因数低，耐磨性好，无噪声。金属瓦上覆以尼龙薄层，能受中等载荷。加入石墨、二硫化钼等填料，可提高其力学性能、刚性和耐磨性；加入耐热成分的尼龙，可提高工作温度
聚碳酸酯	7	5	0.03(0.05m/s) 0.01(0.5m/s) <0.01(5m/s)	105	聚碳酸酯、醛缩醇、聚酰亚胺等都是较新的塑料。物理性能好，易于喷射成形，比较经济。醛缩醇和聚碳酸脂稳定性好，填充石墨的聚酰亚胺温度可达280℃
醛缩醇	14	3	0.1	100	
聚酰亚胺	—	—	4(0.05m/s)	260	
聚四氟乙烯(PTFE)	3	1.3	0.04(0.05m/s) 0.06(0.5m/s) <0.09(5m/s)	280	摩擦因数很低，自润滑性能好，能耐任何化学药品的侵蚀，适用温度范围宽（>280℃时，有少量有害气体放出）。但成本高，承载能力低。用玻璃丝、石墨及其他惰性材料为填料，则承载能力和pv值可大为提高
PTFE 织物	400	0.8	0.9	250	
填充 PTFE	17	5	0.5	250	
碳-石墨	4	13	0.5(干) 5.25(润滑)	400	有自润滑性，高温稳定性好，耐蚀能力强。常用于要求清洁的机器中
木材	14	10	0.5	70	有自润滑性，能耐酸、油及其他强化学药品。用于要求清洁工作的轴承
橡胶	0.34	5	0.53	65	橡胶能隔振、降低噪声、减小动载、补偿误差。导热性差，温度高易老化，需加强冷却。常用于水、泥浆等工业设备中

表 9-16 粉末冶金多孔质轴承主要性能

材料 \ 性能	自润滑许用值					备 注
	$[p]$/MPa		$[v]$ /(m/s)	$[pv]$ /(MPa·m/s)	允许工作温度/℃	
	静载	动载				
多孔铁基(含油)轴承	68	20	2	1	80	成本低、耐磨
多孔铜铁基(含油)轴承	140	27.5	1.1	1.2	80	可用于冲击及重载,需要用较硬的轴
多孔锡青铜基(含油)轴承	55	14	6	1.8	80	含锡10%(质量分数)。耐腐蚀、耐磨,便宜,用量大。适宜轻载、高速
多孔铅青铜基(含油)轴承	24	5	7.5	2.2	80	含铅14%~16%(质量分数)。抗胶合性好,摩擦因数小
多孔铝基(含油)轴承	27.5	14	6	1.8	80	重量轻,散热好,寿命长,价格低

9.1.3.2 平面推力滑动轴承验算

(1) 验算轴承平均压力

$$p=\frac{F_a}{z\frac{\pi}{4}(d_2^2-d_1^2)}\leqslant[p] \tag{9-4}$$

式中 F_a——轴向载荷(N);

z——环形接触面的数目;

$[p]$——轴承材料的许用平均压力(MPa)。

推力滑动轴承的常用型式见表9-17。平面推力滑动轴承接触面上压力分布均匀,润滑条件较差,故轴承压力等许用值较低。

(2) 验算轴承 pv 值

$$pv=\frac{F_a n}{60000bz}\leqslant[pv] \tag{9-5}$$

式中 b——轴颈环形接触面工作宽度(mm);

$[pv]$——轴承 pv 许用值(MPa·m/s),见表9-18。

表 9-17 推力滑动轴承的常用型式

实心推力轴承	空心推力轴承	环形推力轴承
F_a, d_2	F_a, d_1, d_2 d_2 由轴结构决定 $d_1=(0.4\sim0.6)d_2$	F_a, d_2, d_1, h, b d_1 由结构设计拟定 $b=(0.1\sim0.3)d_1$ $h=(0.2\sim0.15)d_1$ $d_2=(1.2\sim1.6)d_1$

表 9-18 推力滑动轴承的 $[p]$、$[pv]$ 值

轴(轴环端面、凸缘)	轴承	$[p]$ /MPa	$[pv]$ /(MPa·m/s)
未淬火钢	铸铁	2.0~2.5	1~2.5
	青铜	4.0~5.0	
	轴承合金	5.0~6.0	
淬火钢	青铜	7.5~8.0	1~2.5
	轴承合金	8.0~9.0	
	淬火钢	12~15	

9.1.4 润滑方式和润滑剂的选择

(1) 润滑方式的选择 轴承润滑方式可通过计算 k 值确定:

$$k=\sqrt{pv^3} \tag{9-6}$$

当 $k\leqslant2$,可用润滑脂润滑(可采用黄油杯);$k>2\sim15$,用润滑油润滑(可采用针阀式油杯等);$k>15\sim30$,用油环、飞溅润滑,并需用水或循环油冷却；$k>30$，必须用压力循环润滑。

（2）润滑剂的选择(表 9-19～表 9-22) 原则上转速高、压力小，应选粘度较低的油；反之，转速低、压力大，应选粘度较高的油。

表 9-19 滑动轴承润滑油选择

（不完全液体润滑，工作温度＜60℃）

轴颈圆周速度 v/(m/s)	平均压力 p＜3MPa	轴颈圆周速度 v/(m/s)	平均压力 p＝(3～7.5)MPa
＜0.1	L-AN68、100、150	＜0.1	L-AN150
0.1～0.3	L-AN68、100	0.1～0.3	L-AN100、150
0.3～2.5	L-AN46、68	0.3～0.6	L-AN100
2.5～5.0	L-AN32、46	0.6～1.2	L-AN68、100
5.0～9.0	L-AN15、22、32	1.2～2.0	L-AN68
＞9.0	L-AN7、10、15		

注：表中润滑油是以 40℃时运动粘度为基础的牌号。

表 9-20 滑动轴承润滑脂的选择

选择原则	平均压力/MPa	圆周速度（m/s）	最高工作温度/℃	选用润滑脂
1. 轴承的载荷大、转速低时，润滑脂的针入度应该小些，反之，针入度应该大些 2. 润滑脂的滴点一般应高于工作温度 20～30℃以上 3. 滑动轴承如在水淋或潮湿环境里工作时，应选用钙基或铝基润滑脂；如在环境温度较高的条件下，可选用钙-钠基润滑脂 4. 具有较好的粘附性能	≤1	≤1	75	3 号钙基脂
	1～6.5	0.5～5	55	2 号钙基脂
	≥6.5	≤0.5	75	3 号钙基脂
	≤6.5	0.5～5	120	2 号钠基脂
	≥6.5	≤0.5	110	1 号钙-钠基脂
	1～6.5	≤1	50～100	锂基脂
	≥6.5	0.5	60	2 号压延机脂

注：1. 在潮湿环境，温度在 75～120℃的条件下，应考虑用钙-钠基润滑脂。
2. 在潮湿环境，工作温度在 75℃以下，没有 3 号钙基脂也可以用铝基脂。
3. 工作温度在 110～120℃，可用锂基脂或钡基脂。
4. 集中润滑时，稠度要小些。

表 9-21 润滑槽形式（摘自 GB/T 6403.2—2008）

滑动轴承上用的润滑槽型式[①]	平面上用的润滑槽型式

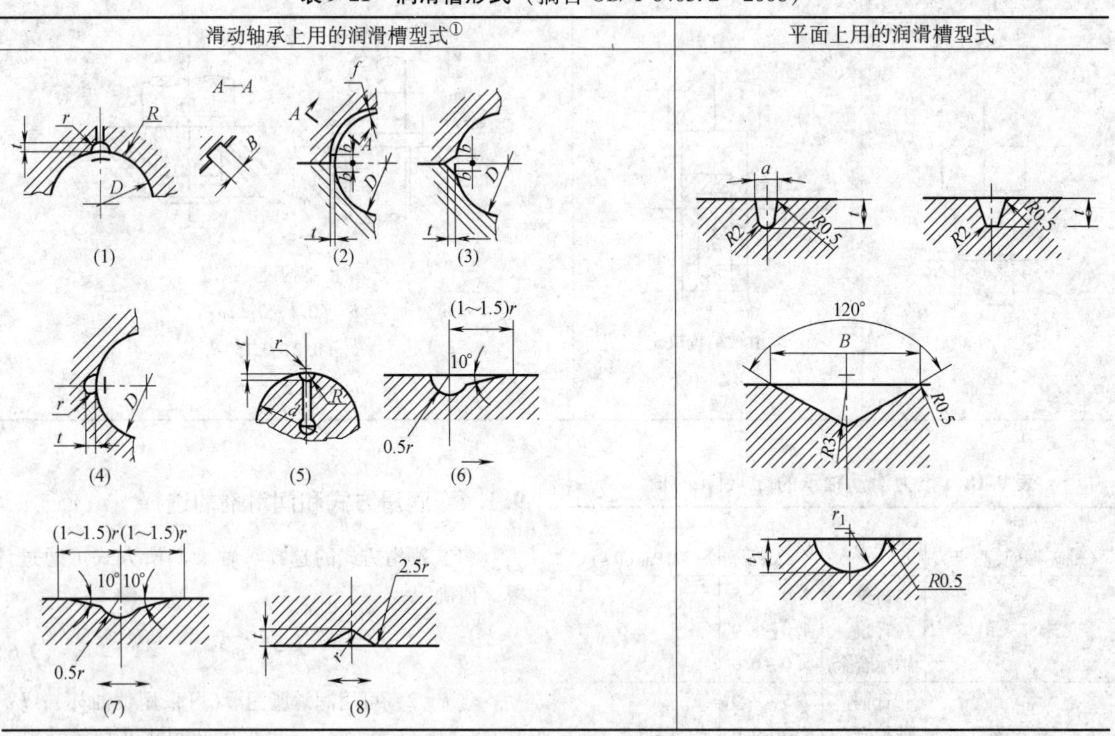

① 滑动轴承上用的润滑槽型式（1）、（2）、（3）、（4）用于径向轴承的轴瓦上；型式（5）用于径向轴承的轴上；型式（6）、（7）用于推力轴承上；型式（8）用于推力轴承的轴端上。

表 9-22　滑动轴承的加脂周期

工作条件	轴的转速 /(r/min)	加脂周期
偶然工作,不重要的零件	<200	5天一次
	>200	3天一次
间断工作	<200	2天一次
	>200	1天一次
连续工作,其工作温度<40℃	<200	1天一次
	>200	每班一次
连续工作,其工作温度40~100℃	<200	每班一次
	>200	每班二次

9.2　多孔质轴承（含油轴承）

利用材质的多孔特性或润滑油亲和特性，在轴瓦安装和使用前，使润滑油浸润轴承材料，轴承工作期间可以不加或较长时间不加润滑油，这样的轴承称为多孔质轴承。根据轴承材料能浸渍润滑油的特性，多孔质轴承可分为两类：

一类轴承的轴瓦以多孔质材料制成，浸渍润滑油后，孔隙中充满了润滑油。这类材料主要有粉末冶金、成长铸铁、青铜石墨、木材和某些材料。

另一类轴承的轴瓦多由塑料制成，利用材料与润滑油有亲和力和相溶，经适当工艺处理，使润滑油均匀分散在材料之中，例如酚醛树脂等。

目前，多孔质轴承已广泛用于轻型机械、家用电器、汽车、纺织等机械中，用得最多的是粉末冶金多孔质轴承，常见的还有青铜石墨、铸铜合金等多孔质轴承。这里着重讨论粉末冶金多孔质轴承。其他多孔质轴承见光盘第9章G1。

粉末冶金多孔质轴承是用金属粉末和减摩材料粉末，经压制、烧结、整形和浸油制成，孔隙约占体积的10%~35%。使用前将它置热油中数小时，浸透后孔隙中充满了润滑油。工作时，由于轴颈转动的抽吸作用及轴承发热时膨胀作用，孔隙减小，油便进入摩擦表面间起润滑作用；不工作时，因毛细管作用，油便被吸回到轴承内部。因而在相当长时间内，即使不加润滑油仍能很好地工作。特别适用于加油不易或密封器件之内。它的韧性较低，宜用于平稳、无冲击、轻载荷及低中速场合。这类轴承通常工作在混合润滑状态，有时也能形成薄膜润滑。如果润滑条件具备，它可代替铜轴承在重负荷和高速下工作。

粉末冶金多孔质轴承不需要切削加工，是采用模具成形。适合大批量生产，不易胶粘，机械强度不高，摩擦因数偏大。

按不同工作条件，需要选用不同含油率的多孔质粉末冶金轴承。孔隙率越高，储存油越多，但强度越低，宜在无补充润滑和低负荷下应用。反之，可在负荷较大和速度较高时应用。

粉末冶金多孔质轴承有铁基、铜基和铝基三种。在锈蚀不成为问题的情况，可采用价廉而强度高的铁基粉末冶金轴承。其材料以铁为主，加入少量铜（质量分数2%~20%），以改善边界润滑性能。锈蚀问题可加入防锈剂改善，但轴承性能较差，仅适用于低速场合，相配合轴颈必须淬火。铜基粉末冶金轴承材料以青铜为主，加入质量分数6%~10%的锡和少量的锌、铅。其特点是不生锈，在中速、轻载下轴承性能稳定，但价格较贵。铝基粉末冶金轴承价格较低，强度适中，但耐磨性和抗胶粘性较差。粉末冶金多孔质轴承在材料中加入适量的石墨、二硫化钼、聚四氟乙烯等固体润滑剂，缺油时仍有自润滑效果，可提高轴承安全性，如含石墨的青铜基粉末冶金多孔质轴承，但影响强度。

9.2.1　多孔质轴承材料的性能（表9-23）

9.2.2　轴承形式与尺寸

标准的粉末冶金烧结轴承轴套有筒形、带挡边筒形和球形三种形式，见表9-24至表9-28。

9.2.3　参数选择

（1）宽径比　因轴套两端孔隙度一般比中间小，故轴套不宜过窄，但也不宜过宽。当宽径比大于2~3时，会出现压粉不均匀，最好宽径比接近1。

（2）压入过盈量　轴套压入轴承座内的平均过盈量为

$$\delta = 0.025 + 0.0075\sqrt{D} \tag{9-7}$$

式中　D——轴套外径（mm）。

选择轴承座孔直径公差时，应使最大过盈不大于2倍平均过盈，最小过盈不小于平均过盈的1/2。

应该用压力机将轴套压入轴承座，不许用锤击打。轴套压入轴承座后，轴套孔径会收缩变小，确定轴颈尺寸时应考虑到该收缩量。

轴套外径过盈量ΔD与内径收缩量Δd的关系见表9-29。

（3）轴承间隙　间隙过大，在循环载荷作用下运转会出现过大噪声；间隙过小，摩擦力增大，轴承温度升高，材料热胀导致间隙进一步缩小，很容易损坏轴承。所以尤应注意高速轴承间隙的选取。根据轴径和速度从图9-5选相对间隙φ（$\varphi=\Delta/d$，Δ为轴承孔径与轴颈直径d之间的工作间隙）。此值也可参照表9-30选取。

表 9-23　常用多孔质轴承材料的物理、力学性能

轴承材料			牌号	含油密度/(g/cm)	含油率(%)	线胀系数/(10⁻⁶/℃)	热导率/[W/(m·K)]	弹性模量/GPa	径向压溃强度/MPa	表观硬度(HBW)	最大载荷 p/MPa 线速度 v/(m/s) 间断运行≈0.125	>0.125~0.25	>0.25~0.5	>0.5~0.75	>0.75~1.0	>1.0	最大速度 v/(m/s) p<0.5MPa	最大 pv 值/(MPa·m/s) v>1m/s 时
粉末冶金	铁基	铁	FZ1160	5.7~6.2	≥18	11~12	41.9~125.6	80~100	200	30~70	23	13	3.2	2.1	1.8	0.5/v	3	自润滑1.0 适当补充润滑2.0 润滑充分4.0
			FZ1165	>6.2~6.6	≥12				250	40~80								
		铁碳	FZ1260	5.7~6.2	≥18				250	50~100								
			FZ1265	>6.2~6.6	≥12				300	60~110								
		铁碳铜	FZ1360	5.7~6.2	≥18				350	60~110								
			FZ1365	>6.2~6.5	≥12				400	70~120								
		铁铜	FZ1460	5.7~6.3	≥18				300	50~100								
			FZ1465	>6.3~6.7	≥12				350	60~110								
	铜基	铜锡铅锌	FZ2170	6.6~7.2	≥18	16~18	41.9~58.6	60~70	150	20~50	22.5	14	3.9	2.6	2.0	0.3/v	4	自润滑1.75 适当补充润滑3.5
			FZ2175	>7.2~7.8	≥12				200	30~60								
		铜锡	FZ2265	6.2~6.8	≥18				150	25~55								
			FZ2270	>6.8~7.4	≥12				200	35~65								
		铜锡铅	FZ2365	6.3~6.9	≥18				150	20~50								
成长铸铁				6.0~7.0	5~20	10~12	41.9~54.4	60~100	300~600	100~400	10		1.67/v					
多孔质酚醛树脂						84	0.13	2.5~2.6	100	20~40	10	1/v						
铸铜合金					3~6				540	60~80								

表9-24　粉末冶金筒形轴套形式与尺寸（摘自GB/T 18323—2001）　（单位：mm）

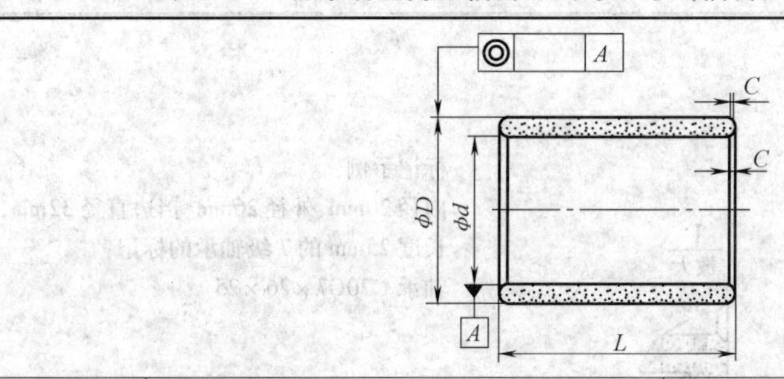

d	D 普通系列	D 薄壁系列	L
1	3	—	1,2
1.5	4	—	1,2
2	5	—	2,3
2.5	6	—	3,3
3	6	5	3,4
4	8	7	3,4,6
5	9	8	4,5,8
6	10	9	4,6,10
7	11	10	5,8,10
8	12	11	6,8,12
9	14	12	6,10,14
10	16	14	8,10,16
12	18	16	8,12,20
14	20	18	10,14,20
15	21	19	10,10,25
16	22	20	12,16,25
18	24	22	12,18,30
20	26	24	15,20,25,30
22	28	26	15,20,25,30
25	32	30	20,25,30,35
28	36	33（34）	20,25,30,40
30	38	35（36）	20,25,30,40
32	40	38	20,25,30,40
35	45	41	25,35,40,50
38	48	44	25,35,45,55
40	50	46	30,40,50,60
42	52	48	30,40,50,60
45	55	51	35,45,55,65
48	58	55	35,50,70
50	60	58	35,50,70
55	65	63	40,55,60
60	72	68	50,60,70

注：1. 内径≥20mm时，长度的最后一个值不能用于轻系列。

2. 括号中尺寸应用作第二系列。

3. 倒角C最大值见下表：

$\frac{D-d}{2}$	>		1	2	3	4	5
	≤	1	2	3	4	5	
C		0.2	0.3	0.4	0.6	0.7	0.8

表 9-25　粉末冶金带挡边筒形轴承形式与尺寸(摘自 GB/T 18323—2001)　（单位:mm）

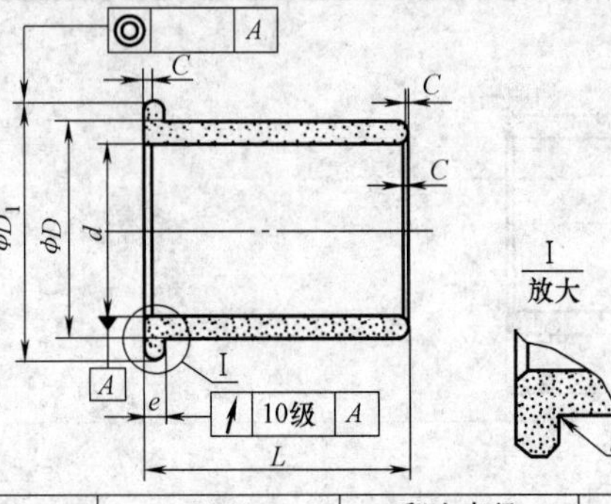

标记示例:
内径 20mm、外径 26mm、挡边直径 32mm,长度 25mm 的 7 级轴承的标记:
轴承　20G7×26×25

内径 d	外径 D	翻边直径 D_1	翻边厚度 e	倒角 C	长度 L
常用系列					
1	3	5	1	0.2	2
1.5	4	6	1	0.3	2
2	5	8	1.5	0.3	3
2.5	6	9	1.5	0.3	3
3	6	9	1.5	0.3	4
4	8	12	2	0.3	3-4-6
5	9	13	2	0.3	4-5-8
6	10	14	2	0.3	4-6-10
7	11	15	2	0.3	5-8-10
8	12	16	2	0.3	6-8-12
9	14	19	2.5	0.4	6-10-14
10	16	22	3	0.4	8-10-16
12	18	24	3	0.4	8-12-20
14	20	26	3	0.4	10-14-20
15	21	27	3	0.4	10-15-25
16	22	28	3	0.4	12-16-25
18	24	30	3	0.4	12-18-30
20	26	32	3	0.4	15-20-25-30
22	28	34	3	0.4	15-20-25-30
25	32	39	3.5	0.6	20-25-30
28	36	44	4	0.6	20-25-30
30	38	46	4	0.6	20-25-30
32	40	48	4	0.6	20-25-30
35	45	55	5	0.7	25-35-40
38	48	58	5	0.7	25-35-45
40	50	60	5	0.7	30-40-50
42	52	62	5	0.7	30-40-50
45	55	65	5	0.7	35-45-55
48	58	68	5	0.7	35-50
50	60	70	5	0.7	35-50
55	65	75	5	0.7	40-55
60	72	84	6	0.8	50-60

（续）

内径 d	外径 D	翻边直径 D_1	翻边厚度 e	倒角 C	长度 L
薄壁系列					
10	14	18	2	0.3	8-10-16
12	16	20	2	0.3	8-12-20
14	18	22	2	0.3	10-14-20
15	19	23	2	0.3	10-15-25
16	20	24	2	0.3	12-16-25
18	22	26	2	0.3	12-18-30
20	25	30	2.5	0.4	15-20-25
22	27	32	25	0.4	15-20-25
25	30	35	25	0.4	20-25-30

表9-26　粉末冶金球形轴承形式与尺寸（摘自GB/T 18323—2001）　（单位：mm）

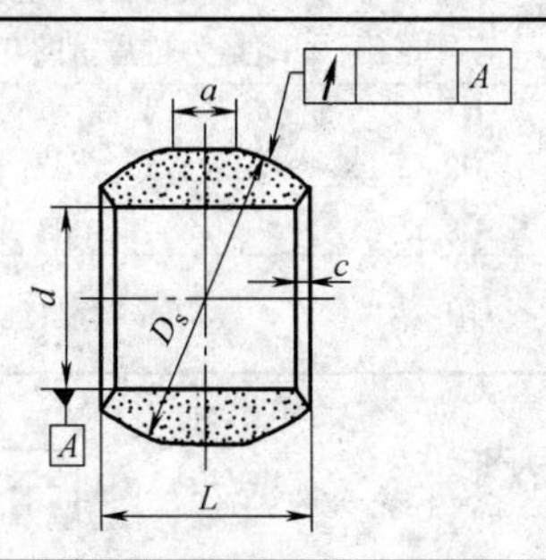

内径 d(H7)	球径 D_s(H11)	长度 L(js13)	倒角 c_{max}
1	3	2	0.3
1.5	4.5	3	
2	5	3	
2.5	6	4	
3	8	6	
4	10	8	
5	12	9	0.5
6	14	10	
7	16	11	
8	16	11	
9	18	12	
10	20	13	
10	22	14	
12	22	15	
14	24	17	
15	27	20	
16	28	20	
18	30	20	
20	36	25	

注：在轴承长度的中心部位允许有一段圆柱形表面，其长度（最大）为a。

表 9-27 粉末冶金轴承公差

轴承名称	轴承等级	内径 d	外径 D	球径 D	长度 L	挡边外径 D_1	挡边厚度 e①	外径对内径同轴度②	挡边内端面对内径圆跳动	球径对内径圆跳动③
筒形轴承 GB 2685—1981	7 级 8 级 9 级	G7 E8 C9	r7 s8 t9		h13 h14 h15			9 级 10 级 10 级		
带挡边 筒形轴承 GB 2686—1981	7 级 8 级 9 级	G7 E8 C9	r7 s8 t9④		h13 h14 h15	js13 js14 js15	js13 js14 js15	9 级 10 级 10 级	10 级 10 级 10 级	
球形轴承 GB 2687—1981	7 级 8 级	H7 H8		h11 h11	h13 h14					9 级 10 级

①按挡边直径尺寸分级。②按外径尺寸分级。③按球径尺寸分级。④外径尺寸 $D \leqslant 24$mm 时采用 s9。

表 9-28 安装粉末冶金轴承的轴承座与轴的尺寸公差

轴承名称	轴承等级	推荐采用的轴承座孔公差	推荐采用的轴的公差	
			当轴承压入座孔后内径收缩量为过盈量的 0% ~50%	当轴承压入座孔后内径收缩量为过盈量的 50% ~100%
筒形及带挡边筒形轴承	7 级	H7	e6	d6
	8 级	H8	d7	c7
	9 级	H8	d8	c8
球形轴承	7 级 8 级	G10		

表 9-29 轴套外径过盈量 ΔD 与内径收缩量 Δd 的关系

轴承座材料	轴套壁厚/mm	
	≤3	>3
一般铸铁	$\Delta d=(1\sim1.2)\Delta D$	$\Delta d=(0.8\sim1)\Delta D$
铝合金薄壁铸铁、钢	$\Delta d=(0.5\sim0.6)\Delta D$	$\Delta d=(0.4\sim0.5)\Delta D$

（4）对偶轴颈表面硬度和粗糙度　轴颈表面硬度推荐不低于 250HBW，表面粗糙度不大于 1.6μm。

表 9-30 推荐的最小轴承间隙

（单位：mm）

轴直径	推荐的最小轴承间隙
≤6	0.008
>6 ~10	0.010
>10 ~18	0.012
>18 ~30	0.025
>30 ~50	0.040
>50 ~60	0.050

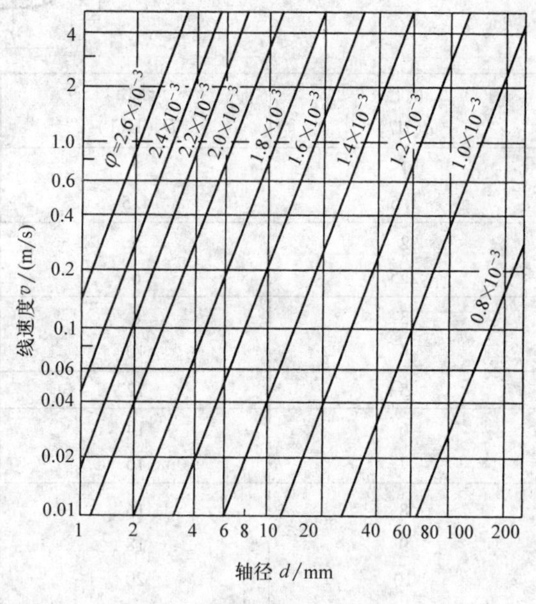

图 9-5 相对间隙的选择线图

9.2.4 润滑

（1）润滑方式　多孔质轴承也可在连续或间歇供油下运转，以提高其承载能力和许用滑动速度。润滑方式的选取见图 9-6。粉末冶金多孔质轴承的供油方法见图 9-7。

（2）润滑油选择　粉末冶金多孔质轴承轴套在使用前，需浸入 80 ~120℃的润滑油中约 1h，浸透后装入轴承座内使用。润滑油必须有高的氧化安定性、油膜强度和粘温指数。千万不能用悬浮有固定颗粒的润滑油或润滑脂。粉末冶金多孔质轴承常用的润滑油是汽油机油。高速轻载时也可以用主轴油（F 类）。润滑油粘度可按图 9-8 选用。

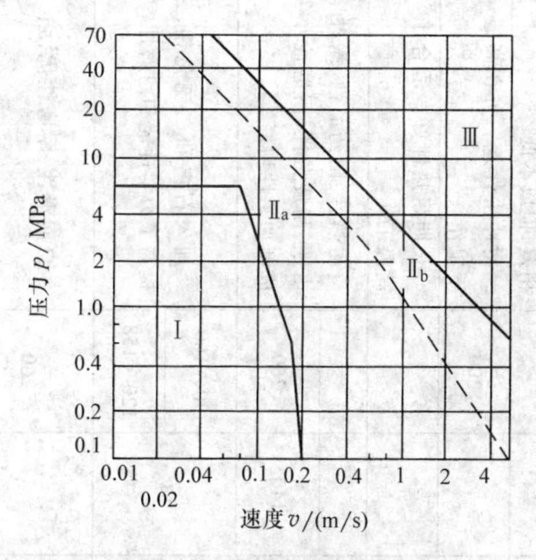

图9-6　润滑方式的选取

Ⅰ—无需供油　Ⅱ$_a$—需补充供油

Ⅱ$_b$—需补充供油并采用高孔隙率材料

Ⅲ—需连接供油

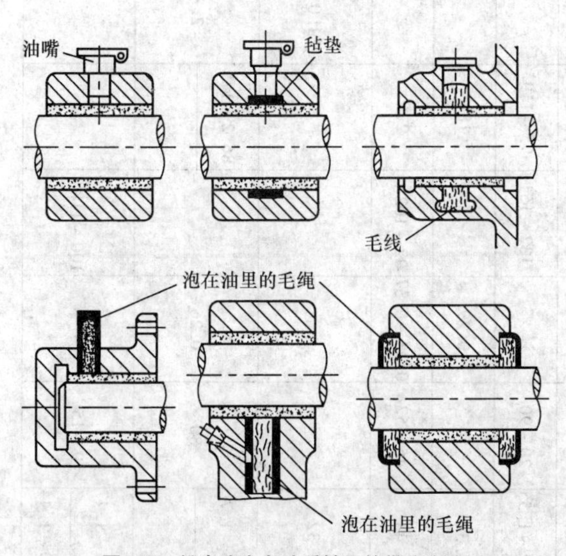

图9-7　粉末冶金多孔质轴承的供油方法

（3）重新浸油时间　鉴于油损耗和变质情况，每工作较长时间（1年或运转1000h），需拆下轴套重新浸一次油。较准确的重新浸油时间可从图9-9查到。采用真空浸渍或热油浸渍。热油浸渍一般是将油加热到80～120℃，将轴套放入，并随油冷却到室温。

9.2.5　使用安装

（1）轴承成品工作表面　一般应尽可能不切削加工，必要时非工作表面可进行切削加工。

（2）轴承压入座孔后　若内径收缩过大，可采用光轴或钢球、无齿铰刀、无齿锥刀等，以无切削加工方法进行扩孔。若内径必须切削加工，宜采用车、

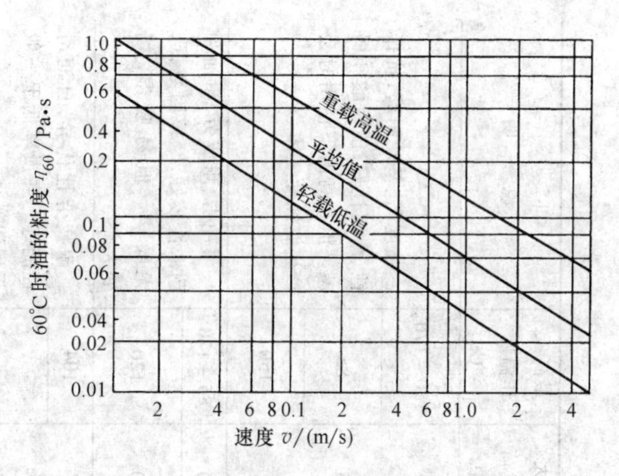

图9-8　多孔质轴承适宜的油粘度

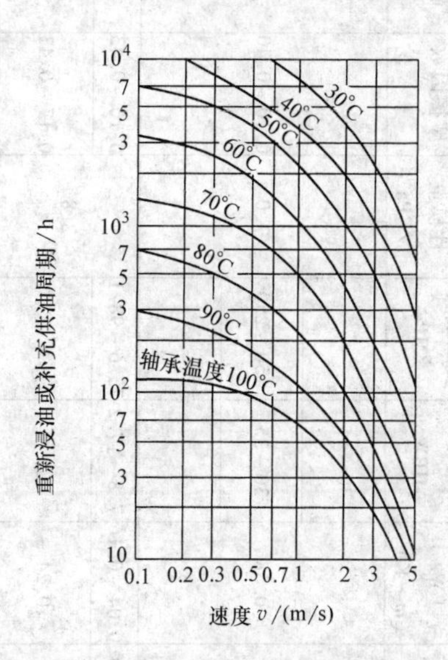

图9-9　重新浸油时间

镗等方法，而不宜采用磨削等方法，以免细屑堵塞孔隙，降低供油能力。

（3）轴承装配前　轴承须在规定的油中浸泡和清洗，但切忌用煤油，汽油，以及能溶解所浸渍润滑油的其他溶剂等清洗。

9.3　自润滑轴承

自润滑轴承用自润滑材料制成，或预先向基体材料中或其摩擦表面提供减摩材料制成。它在工作时可以不加或长期不必加入润滑剂，以干摩擦状态运转，也称干摩擦轴承。

9.3.1　轴承材料与性能

自润滑轴承的材料主要有各种工程塑料（聚合物）、碳石墨和特种陶瓷等。自润滑轴承材料的性能见表9-31至表9-35。

表 9-31 自润滑轴承用聚合物及其物理、力学性能

轴瓦（衬层）材料			表观密度（g/cm^3）	线胀系数 $/10^{-6}K^{-1}$	热导率/[W/(m·K)]	硬度 HBW	抗压强度 /MPa	压缩弹性模量 /GPa	摩擦因数	最大静载荷 /MPa	最高工作温度 /℃	说明
增强热固性塑料	含石墨或二硫化钼	石棉织物和酚醛树脂层压材	1.6	80/25①	0.38	30~45	150~250	7.0	0.10~0.40	35	150~170	强度高、坚硬耐磨，抗振性、耐磨性好；能耐酸和弱碱。但在高温下使用时会产生腐蚀性气体
		棉织物和酚醛树脂层压材	1.3~1.4			30~35					85	
	有 PTFE 表面层的织物和酚醛树脂层压材										150	
热塑性塑料	聚酰胺（尼龙）	单层轴瓦（轴套）	1.03~1.15	140~170	0.04~0.16	7.8~17.2	73.6~98.1	2.8	0.10~0.43	10	85~120	耐冲击、耐疲劳，耐油和耐磨性较好，摩擦因数低，无噪声。但易吸湿，蠕变大
		多层轴瓦减摩层（金属衬背）		99	0.24				0.17~0.43	10	120	
	均聚甲醛	单层轴瓦（轴套）	1.42~1.54	58	0.23	11.4	82	3.1②	0.25~0.35		104	耐疲劳性优异，自润滑性能好。磨损率低于一般工程塑料
		多层轴瓦减摩层（金属衬背）										
	聚对苯二甲酸丁二酯		1.32~1.55	20~90		132~151	95~119		0.30~0.33		150	性能比聚甲醛和聚酰胺稍差，但成本低
	聚苯硫醚		1.34	54	0.29		183		0.34		200	耐冲击性差。可在高温下工作
	聚酰亚胺		1.43	45~52	0.33~0.37	92~102③	276		0.29			长期耐热性好。适合于高温工作
	聚醚醚酮	单层轴瓦（轴套）	1.32					1.0②				耐热性、耐药品性、耐冲击性、耐疲劳性、耐磨性及成型加工性均好
		多层轴瓦减摩层（金属衬背）							0.1~0.15	140	260	
含填充物的热塑性塑料	二硫化钼填充	聚酰胺	1.6~1.7	80	0.26		86.2~175	2.8	0.2~0.42	14	90~100	加入石墨和二硫化钼，提高了力学性能和耐磨性
	石墨填充										120~158	
	固体润滑剂填充	聚醚醚酮	1.43~1.47	9~15		100~118③			0.107		260	自润滑性、耐磨性优，强度高
	纤维填充		1.40~1.44									

（续）

轴瓦（衬层）材料			表观密度（g/cm³）	线胀系数/10⁻⁶K⁻¹	热导率/[W/(m·K)]	硬度HBW	抗压强度/MPa	压缩弹性模量/GPa	摩擦因数	最大静载荷/MPa	最高工作温度/℃	说明
含填充物的热塑性塑料	15% PTFE 填充均聚甲醛			14			80.6[4]				91	
	石墨填充聚苯硫醚						127		0.26			
	石墨填充聚酰亚胺		1.51～1.65	23～63	0.35～2.22	68～94[4]	124～221		0.03～0.25			
氟塑料	聚四氟乙烯（PTFE）		2.18	103～128	0.26		4.9～5.8	0.4	0.05～0.20	2	250	
	含填充物的聚四氟乙烯	玻璃纤维填充	2.26	13～14		5.6～6.9	16.0～16.6	0.9～1.0	0.20～0.24			
		锡青铜粉填充	3.92	13		8.1	20.9		0.18～0.20			
		石墨填充		14		5.1～5.3	14.7～15.3		0.16			
		碳纤维填充	2.07	17		5.8	20.3	1.1	0.19	7	250	摩擦因数低，自润滑性能好，适用温度范围宽，能耐化学药品的侵蚀。但成本高、承载能力低，刚性和尺寸稳定性差。用玻璃纤维、石墨等作填充料，则耐磨性可成百倍提高，热导率、抗压强度、压缩弹性模量均有增加
		锡青铜粉、玻璃纤维和石墨共同填充		14	0.33							
		玻璃纤维和石墨共同填充	2.22～2.24	12～13		5.2～5.9	16.3～18.1	1.0	0.15～0.17			
		聚苯填充		12		6.4	22.6		0.11			
聚四氟乙烯织物	聚四氟乙烯-棉织物衬层			12	0.24			4.8	0.05～0.25	700	120	
	聚四氟乙烯-玻璃丝织物衬层										250	

① 分子为垂直瓦面方向之值，分母为沿瓦面方向之值。
② 拉伸弹性模量。
③ 洛氏硬度 HRM。
④ 压缩屈服强度。

表 9-32 增强聚四氟乙烯的摩擦性能

性能			充填材料（质量分数,%）					
			玻璃纤维	玻璃纤维	石墨	青铜	玻璃纤维、石墨	玻璃纤维、MoS_2
			15	25	15	60	20,5	15,5
极限 pv /MPa · m/s	v /(m/s)	0.05	0.34			0.52	0.38	0.38
		0.5	0.43	0.45	0.59	0.64	0.52	0.48
		5.0	0.52	0.55	0.96	1.02	0.76	0.60
	寿命/10^3h①		0.11	0.18	0.05	0.28	0.12	0.19
磨损系数 K_m/$10^{-6}m^2$/N			3.11	1.93	6.59	1.17	2.89	1.74
静摩擦因数 μ_s②			0.10～0.13			0.08～0.10		
动摩擦因数 μ_d		0.05	0.20～0.22	0.17～0.21	0.12～0.16	0.08～0.10	0.12～0.15	0.12～0.13
		0.5	0.27～0.40	0.26～0.29	0.20～0.26		0.24～0.50	0.32～0.35
		5.0	0.37～0.50	0.30～0.45	0.30～0.31		0.24～0.37	0.19～0.24

① 磨损量为 0.13mm 时的寿命。
② 试验载荷 226N。

表 9-33 自润滑轴承用碳石墨及其物理、力学性能

轴瓦材料	表观密度 /(g/cm³)	线胀系数 /$10^{-6}K^{-1}$	热导率 /[W/(m · K)]	硬度 HS	抗压强度 /MPa	压缩弹性模量 /GPa	摩擦因数	最大静载荷 /MPa	最高工作温度 /℃	说明
碳石墨	1.50～1.56	1.4	11	40～65	45～80	9.6	0.15～0.35	2	350～450	自润滑性、高温稳定性好，耐化学腐蚀能力强；热导率比塑料高、线胀系数小；在大气和室温条件下，与镀铬表面摩擦因数和磨损率都很低。涂覆耐磨涂层能提高其耐磨性，但是在湿度很低时，会丧失润滑性
电化石墨	1.55～1.80	2～5.1	55	30～55	40～100	4～8	0.15～0.32	1.4	500	
铜粉混合碳石墨		4.9	23			15.8		4	350	
铜粉、铅粉混合碳石墨										
轴承合金粉混合碳石墨	2.36～2.40	5.5	15	55～60	150～200	7	0.15～0.32	3	200	
浸渍热固性树脂碳石墨	1.6～1.8	2.7	40	50～70	100～160	11.7	0.13～0.49	2	300	
浸渍金属和二硫化钼碳石墨		12～20	126			28	0.10～0.15	70	350～500	

表9-34 自润滑轴承用陶瓷及其性能

陶瓷材料	SiC	Si_3N_4	Al_2O_3
密度/(g/cm³)	3.1	3.2	3.83~3.93
抗弯强度/MPa	785	785	295~440
弹性模量/GPa	390	295	375
硬度 HV	2600	1400	90~95HRA
热导率/[W·(m·K)]	79.5	16.7	19.3
线胀系数/$10^{-6}K^{-1}$	3.9	3.0	7.9~8.26
最高工作温度/℃	1400~1500	1100~1400	1700~1750

表9-35 各种自润滑轴承材料的环境适应性

<table>
<tr><th rowspan="2">轴承材料</th><th colspan="8">环境特征</th></tr>
<tr><th>高温</th><th>低温</th><th>辐射</th><th>真空</th><th>湿气</th><th>油</th><th>磨粒</th><th>酸碱</th></tr>
<tr><td>增强热固性塑料</td><td rowspan="3">见表9-31</td><td>好</td><td>部分尚好</td><td rowspan="3">大多数可用,但不能用石墨作填充剂</td><td rowspan="3">通常是差的,要特别注意配合间隙</td><td rowspan="3">通常是好的</td><td rowspan="3">有的差,有的尚好</td><td>部分好</td></tr>
<tr><td>含填充物的热塑性塑料</td><td>通常是好的</td><td>通常是差的</td><td>尚好或好</td></tr>
<tr><td>含填充物的氟塑料</td><td>很好</td><td>很差</td><td>极好</td></tr>
<tr><td>碳石墨</td><td>见表9-33</td><td>很好</td><td>好,但不能填充塑料</td><td>极差</td><td>尚好</td><td>好</td><td>不好</td><td>好(强酸除外)</td></tr>
<tr><td>陶瓷</td><td>见表9-34</td><td>好</td><td></td><td>好</td><td></td><td></td><td>好</td><td>很好</td></tr>
</table>

(1) 工程塑料 即作为机械工程材料使用的聚合物。聚合物具有质轻、绝缘、减摩、耐磨、自润滑、耐腐蚀、成型工艺简单、生产效率高等特点。但导热性能差、线胀系数大、摩擦因数随湿度增加而增大，且机械强度低、弹性模量小。

自润滑轴承常使用加入填充料的聚合物，又称增强聚合物。

(2) 石墨材料 碳-石墨材料一般导电性好、耐热、耐磨、有自润滑性，高温稳定性好、耐化学腐蚀能力强、热导率比聚合物高、线胀系数小。在大气和室温条件下，与镀铬表面的摩擦因数和磨损率都很低。但在湿度很低时会丧失润滑性。涂覆耐磨涂层能提高碳-石墨的耐磨性。石墨材料大多用于高温轴承、忌油污染场所的轴承。

(3) 陶瓷 这是一种较新的自润滑轴承材料，特别是 SiC 和 Si_3N_4，其强度、耐热性和耐蚀性都很好，摩擦学特性也很好。

9.3.2 设计参数

(1) 宽径比 B/d 与大小径比 D_2/D_1 径向轴承宽径比在0.35~1.5，推力轴承通常取外径与内径比 $D_2/D_1 \leqslant 2$。取大值，轴承承载能力大，但径向轴承中轴的变形和两轴承孔的同轴度的敏感性亦高。取小值，便于排出磨屑，利于散热。因此，若有可能宜选较小值。

(2) 轴承间隙 它对轴承工作性能影响很大。间隙过大，磨损加剧，运转精度低；间隙过小，轴承过热，温升过高。工程塑料轴承的尺寸稳定性较差，会吸收液体而膨胀，浸入水中尺寸变化可达0.3%~2.0%，而且聚四氟乙烯在20~25℃时，因相变体积将增大1%。同时塑料线胀系数比金属的大（聚四氟乙烯除外），还要顾及排出磨屑。因此，工程塑料轴承要留有足够大的配合间隙。碳-石墨轴承线胀系数较小。浸渍金属的石墨线胀系数与金属接近，故轴承间隙可比塑料轴瓦取得小。为了排屑方便，自润滑轴承的直径间隙最好不小于0.075mm。通常轴承间隙由经验确定，表9-36至表9-38供参考。

(3) 轴瓦壁厚 工程塑料热导率比金属低很多，而且尺寸变化对运转性能的影响，随轴瓦体积的增加而明显。故在保证强度和注塑许可下，计及轴套张紧力与压配合后内孔的变形，壁厚应尽可能小。工程塑料整体轴套壁厚推荐值见表9-39。又鉴于工程塑料强度也比金属低，常用金属作轴瓦衬背，然后压入较薄的塑料衬套。若在金属衬背上涂附一层塑料减摩层，则该层厚度可很薄，但要大于0.2~0.3mm，否则对轴的刚度和轴承孔的同轴度要求将很高。

碳-石墨轴瓦壁厚由于强度原因比金属大些，其推荐值见表9-38。尼龙轴套见表9-40和表9-41。

表 9-36　几种塑料轴承的配合间隙

（单位：mm）

轴　径	尼龙6和66	聚四氟乙烯	酚醛布层压塑料
6	0.050～0.075	0.050～0.100	0.030～0.075
12	0.075～0.100	0.100～0.200	0.040～0.085
20	0.100～0.125	0.150～0.300	0.060～0.120
25	0.125～0.150	0.200～0.375	0.080～0.150
38	0.150～0.200	0.250～0.450	0.100～0.180
50	0.200～0.250	0.300～0.525	0.130～0.240

表 9-37　聚甲醛轴承的配合间隙

（单位：mm）

轴　径	室温～60°C	室温～120°C	-45～120°C
6	0.076	0.100	0.150
13	0.100	0.200	0.250
19	0.150	0.310	0.380
25	0.200	0.380	0.510
31	0.250	0.460	0.640
38	0.310	0.530	0.710

表 9-38　碳-石墨轴承间隙和壁厚的推荐值　（单位：mm）

直径 D	～10	10～20	20～35	35～70	70～100	100～150	150～200
直径间隙 $2c$	0.01～0.03	0.02～0.06	0.06～0.10	0.08～0.15	0.12～0.16	0.2～0.4	0.4～0.6
壁厚 s	2	3～4	4～5	6～8	10～12	12～18	18～25

表 9-39　塑料轴瓦壁厚推荐值　（单位：mm）

轴瓦直径 D	10～18	18～30	30～40	40～50	50～65	65～80
壁厚 s	0.8～1.0	1.0～1.5	1.5～2.0	2.5～3.0	3.0～3.5	3.5～4.0

表 9-40　尼龙轴套的结构尺寸及公差　（单位：mm）

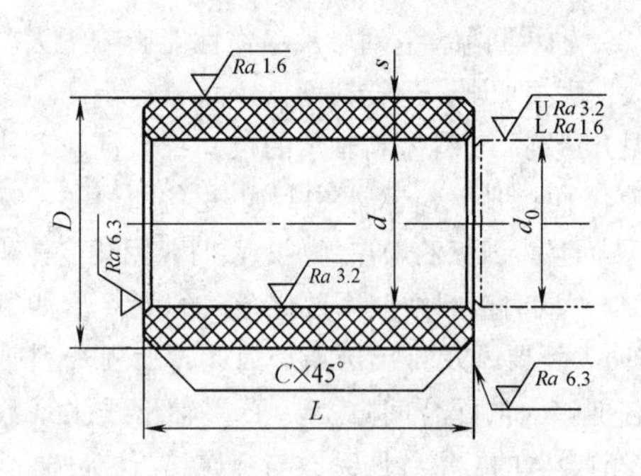

硬度15～18HBW

D—轴承座内径

h—由于外径的过盈配合使内径缩小的量

d_0—轴径，公差为f9，d11，或h8，h9，h11（基轴制）

<table>
<tr><th>项　目</th><th colspan="61">尺寸及极限偏差</th></tr>
<tr><td rowspan="3">轴套</td><td>d</td><td colspan="20"><30</td><td colspan="20">30～50</td><td colspan="20">>50</td></tr>
<tr><td>S</td><td colspan="20">1.5～2</td><td colspan="20">2.5～3</td><td colspan="20">3.5～4</td></tr>
<tr><td>C</td><td colspan="20">0.3</td><td colspan="20">0.4</td><td colspan="20">0.5</td></tr>
<tr><td rowspan="2">轴套座</td><td>d</td><td colspan="12">≤6</td><td colspan="12">>6～12</td><td colspan="12">>12～22</td><td colspan="12">>22～40</td><td colspan="12">>40</td></tr>
<tr><td>C</td><td colspan="12">0.3</td><td colspan="12">0.4</td><td colspan="12">0.5</td><td colspan="12">0.8</td><td colspan="12">1</td></tr>
<tr><td rowspan="2">轴套长度
$L>1.5d$</td><td>L</td><td colspan="15">≤6</td><td colspan="15">>6～10</td><td colspan="15">>10～18</td><td colspan="15">>18</td></tr>
<tr><td>极限偏差</td><td colspan="15">+0
-0.15</td><td colspan="15">+0
-0.25</td><td colspan="15">+0
-0.40</td><td colspan="15">+0
-0.50</td></tr>
<tr><td>D对轴承座孔的过盈量</td><td colspan="61">$h \approx 0.008D_0+(0.05\sim0.08)$
说明：尼龙6采用下限值0.05mm，尼龙1010采用上限值0.08mm</td></tr>
</table>

（续）

项　目		尺寸及极限偏差					
轴套在压配合前的内径 d'		$d' \approx d + h' = d + h + h\dfrac{S}{d}$					
保证轴颈在轴套内孔中正常运转时的间隙(平均值)		$\delta \approx (0.005 \sim 0.01)d$					
轴套直径	d、D	≤6	>6~12	>12~18	>18~30	>30~50	>50~80
	极限偏差	+0.045 0	+0.050 0	+0.055 0	+0.065 0	+0.070 0	+0.080 0

表9-41　尼龙轴套设计举例

（轴套内径 d=28mm，壁厚 S=3mm，轴颈公差 d11，材料为尼龙1010）　（单位：mm）

项　目	计算结果
轴承座公称内径	$D_0 = d + 2S = 28 + 2 \times 3 = 34$
轴承座内径制造尺寸	D 采用 H8 配合，$D = 34^{+0.039}_{+0}$
过盈量	$h = 0.008 \times 34 + 0.08 \approx 0.35$
轴套外径	$D' = D_0 + h = 34 + 0.35 = 34.35$（制造允差：0.07）
实际过盈量 h	$h_{max} = 0.35 + 0.07 = 0.42$，$h_{min} = 0.35 - 0.039 = 0.311$
实际缩小量 h'	$h'_{max} = h_{max} + h_{max}\dfrac{S}{d} = 0.42 + \dfrac{0.42 \times 3}{28} \approx 0.47$　$h'_{min} = h_{min} + h_{min}\dfrac{S}{d} = 0.311 + \dfrac{0.311 \times 3}{28} \approx 0.344$
轴套的内径	$d' = 28 + 0.47 = 28.47$（制造允差：0.065）
轴套压配合后内径	$d_{max} = d'_{max} - h'_{min} = 28.47 + 0.065 - 0.344 = 28.191$ $d_{min} = d'_{min} - h'_{max} = 28.47 - 0 - 0.47 = 28$
轴套与轴颈实际配合间隙	轴颈公差采用 d11 时，轴颈直径 $= 28^{-0.065}_{-0.195}$ $\delta_{max} = 0.191 + 0.195 = 0.386$ $\delta_{min} = 0 + 0.065 = 0.065$ $\delta_P = \dfrac{0.386 + 0.065}{2} = 0.226$
核算配合间隙	$\delta = (0.005 \sim 0.010)d = (0.005 \sim 0.010) \times 28 = 0.14 \sim 0.28$　δ_P 在此范围内

（4）表面粗糙度　为了使自润滑轴承在运转中磨损主要发生在轴瓦上，通常轴颈表面硬度都高于轴瓦（陶瓷轴瓦除外）。兼顾轴承寿命和经济性，建议取轴颈表面粗糙度 Ra=0.2~0.4μm。

9.3.3　承载能力

自润滑轴承的使用寿命取决于轴瓦的磨损率。为了减小磨损率，轴颈材料用不锈钢或镀硬铬碳钢。轴颈表面硬度应大于轴瓦表面硬度，表面粗糙度越低越好。

在稳定的非磨粒磨损状态下，采用表9-15给出若干材料的自润滑轴承 pv 等值，确定承载能力过于简化。目前磨损率尚不能准确预测，但可以通过实验，求得一定条件下在给定磨损率不超过给定值的极限 pv 曲线。图9-10至图9-13给出若干材料的无润滑轴承 pv 曲线。它是在室温、表面粗糙度 Ra0.2~0.4μm，承受单向载荷时，给定磨损率为0.25μm/h，承受旋转载荷时给定磨损率为0.125μm/h时得出的。设计时轴承 pv 值应在曲线左下方。对于推力轴承，要将纵坐标值增大一倍。若允许的磨损率比给定的高，则允许更高的载荷或/和速度，反之亦然。当轴承工况正处于 pv 曲线中部直线部分，则可近似认为磨损率与 pv 值成正比，由此可推算其他磨损率下允许的 pv 值。在较高的环境温度下工作，应适当降低允许的载荷和速度。pv 曲线与纵坐标交点，反映轴承静承载能力，它是受材料塑性流动或蠕变限制。pv 曲线与横坐标交点，表明轴承温度可能超出允许值。

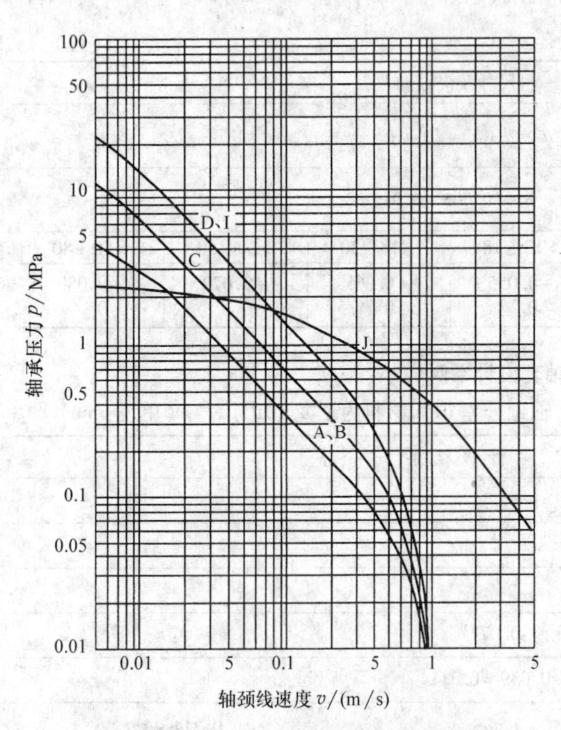

图 9-10　热塑性和热固性塑料轴承 *pv* 曲线

A—无填料热塑性塑料　B—金属瓦无填料的热塑性塑料　C—有填料热塑性塑料　D—金属瓦有填料热塑性塑料　I—增强热固性塑料　J—碳石墨填料热固性塑料

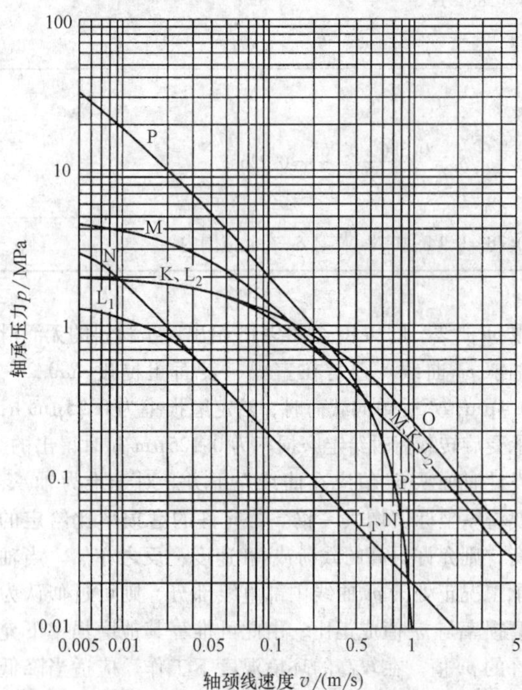

图 9-11　碳石墨轴承的 *pv* 曲线

L_1—碳极石墨　L_2—碳石墨　K—碳石墨（高碳）　L—碳石墨（低碳）　M—加铜和铅的碳石墨　N—加轴承合金的碳石墨　O—浸渍热固性塑料的碳石墨　P—浸渍金属的石墨

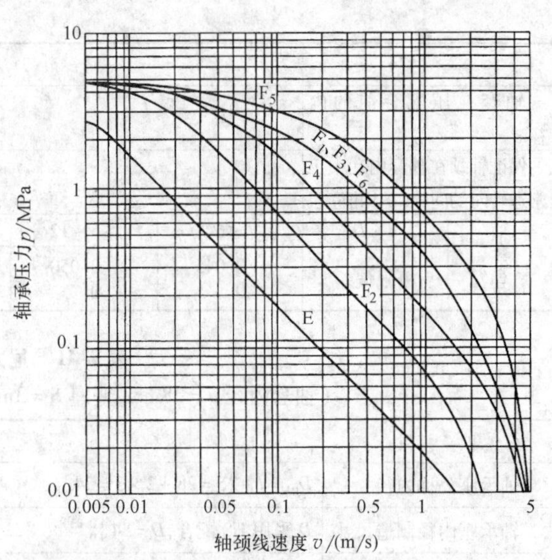

图 9-12　经切削加工的聚四氟乙烯轴承的 *pv* 曲线

F_1—玻璃纤维填料的聚四氟乙烯　F_2—云母填料的聚四氟乙烯　F_3—青铜石墨填料的聚四氟乙烯　F_4—石墨填料的聚四氟乙烯　F_5—青铜和铅填料的聚四氟乙烯　F_6—陶瓷填料的聚四氟乙烯　E—无填料聚四氟乙烯

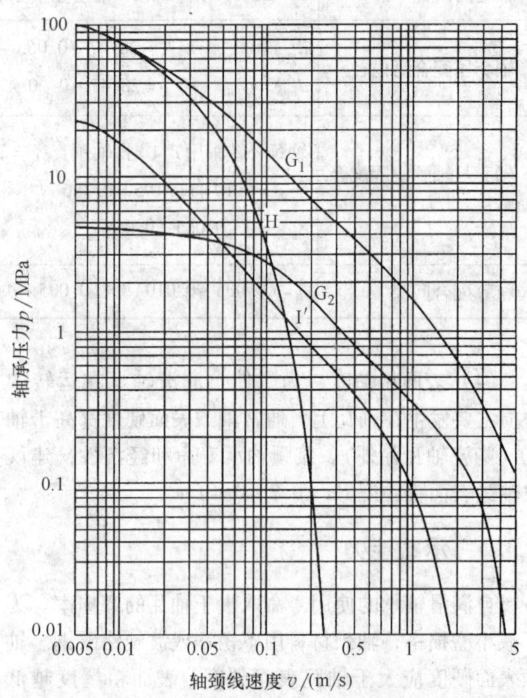

图 9-13　不经切削加工的聚四氟乙烯轴承的 *pv* 曲线

I′—织物增强热固性塑料瓦聚四氟乙烯衬　H—织物增强聚四氟乙烯　G_1—金属瓦有填料聚四氟乙烯衬　G_2—金属瓦有填料聚四氟乙烯套

第 10 章　润滑与密封

10.1　润滑剂

10.1.1　液体润滑剂

10.1.1.1　润滑剂和有关产品（L类）的分类

按国家标准 GB/T 7631.1—2008《润滑剂、工业用油和有关产品（L类）的分类　第1部分：总分组》，润滑剂和有关产品的分类见表 10-1。

10.1.1.2　工业润滑油的粘度等级

按国家标准 GB/T 3141—1994《工业液体润滑剂 ISO 粘度分类》，规定了适用于作为润滑剂、液压油、电器绝缘油及其他工业液体润滑剂。润滑油的粘度等级见表 10-2。

表 10-1　润滑剂和有关产品（L类）的分类（摘自 GB/T 7631.1—2008）

组　别	主要应用	进一步分类标准	组　别	主要应用	进一步分类标准
A	全损耗系统	GB/T 7631.13—1995	N	电气绝缘	GB/T 7631.15—1998
B	脱模		P	风动工具	GB/T 7631.16—1999
C	齿轮	GB/T 7631.7—1995	Q	热传导	GB/T 7631.12—1994
D	压缩机冷冻机真空泵	GB/T 7631.9—1997	R	暂时性保护	GB/T 7631.7—1995
E	内燃机	GB/T 7631.3—1995	S	特殊应用	
F	主轴、轴承、离合器	GB/T 7631.4—1989	T	汽轮机	GB/T 7631.10—1992
G	导轨	GB/T 7631.11—1994	U	热处理	GB/T 7631.14—1998
H	液压系统	GB/T 7631.2—1987	X	用润滑脂的场合	GB/T 7631.8—1990
M	金属加工	GB/T 7631.5—1989	Z	气缸	

注：标准 GB/T 7631.1—2008 等效采用 ISO 6743-99：2002，而表中 S 组别在 ISO 中没有。

表 10-2　润滑油的粘度等级（摘自 GB/T 3141—1994）

ISO 粘度等级	中间点运动粘度 /(mm^2/s)	运动粘度范围 /(mm^2/s)	ISO 粘度等级	中间点运动粘度 /(mm^2/s)	运动粘度范围 /(mm^2/s)
2	2.2	1.98~2.42	46	46	41.4~50.6
3	3.2	2.88~3.52	68	68	61.2~74.8
5	4.6	4.14~5.06	100	100	90.0~110
7	6.8	6.12~7.48	150	150	135~165
10	10	9.00~11.00	220	220	198~242
15	15	13.5~16.5	320	320	288~352
22	22	19.8~24.2	460	460	414~506
32	32	28.8~35.2	680	680	612~748

（续）

ISO 粘度等级	中间点运动粘度 /(mm^2/s)	运动粘度范围 /(mm^2/s)	ISO 粘度等级	中间点运动粘度 /(mm^2/s)	运动粘度范围 /(mm^2/s)
1000	1000	900 ~ 1100	2200	2200	1980 ~ 2420
1500	1500	1350 ~ 1650	3200	3200	2880 ~ 3520

注：1. 表中粘度在润滑油温度为 40℃下测量。

2. 对于 40℃运动粘度大于 3200mm^2/s 的产品，可参照本表中的粘度等级设计，把测定温度改为 100℃，并在粘度等级后加后缀符号“H”即可，如 15H。

内燃机用油目前国际上通用的造商协会（AGMA）工业闭式齿轮油的粘度等级，是美国汽车工程师协会（SAE）制订的图 10-1 示出 GB/T 3141 与 SAE、AGMA 的粘度等级，常用的还有美国齿轮制度等级对照。

润滑油代号的一般形式如下：

类别 - 品种　粘度等级或牌号

例 1　L-CKD 150 表示重载荷工业齿轮油，粘度等级为 150。

例 2　L-ECC 20W/40 表示柴油机油，其低温粘度等级为 SAE20W，高温粘度等级为 SAE40。

例 3　L-AN32 表示全损耗系统用油，粘度等级为 32。

10.1.1.3　常用润滑油选择（表 10-3 和表 10-4）

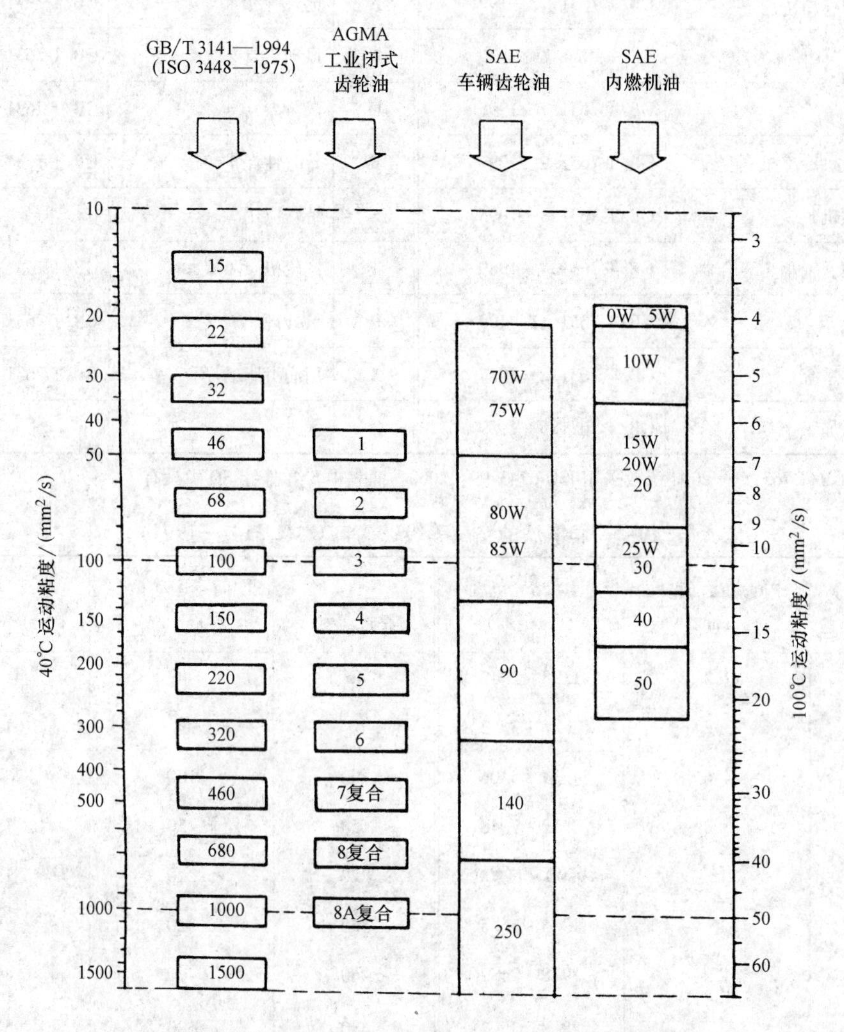

图 10-1　GB/T 3141 与 SAE、AGMA 粘度等级对照

表 10-3　常用润滑油主要质量指标和用途

名　称		粘度等级或牌号	倾点/℃ ≤	闪点（开口）/℃ ≥	酸值/[mg(KOH)/g] ≤	机械杂质（质量分数,%）≤	主要用途
汽油机油	L-EQC 汽油机油（GB 11121—2006）	5W/20	-40	180			适用于以东风牌汽车汽油发动机,北京 212 为代表的中等载荷条件下的汽油机的润滑,也可用于老解放牌汽车改烧 90(原 80)号汽油的发动机以及类似发动机
		5W/30	-40	180			
		10W/30	-32	200			
		15W/40	-23	200			
		20W/40	-18	200			
		20/20W	-18	200			
		30	-15	210			
		40	-10	220			
	L-EQD 汽油机油（SH0531—1992）	10W	-30	200	报告		主要用于 CA141 新解放牌汽车、客货两用车、中低挡轿车及类似的汽油发动机
		5W/30	-40	180			
		10W/30	-30	205			
		10W/40	-30	205			
		15W/40	-23	210			
		20W/40	-18	210			
		20/20W	-18	210			
		30	-15	210			
		40	-10	220			
	L-EQE 汽油机油（SH0524—1992）	5W/30	-40	180	报告		主要用于装有废气循环装置 EGR 和装有排气催化转化器的汽油机,如丰田、本田、福特、桑塔纳等轿车以及类似汽油发动机
		10W/30	-30	205			
		15W/40	-23	210			
		20/20W	-18	210			
		30	-15	210			
		40	-10	220			
	L-EQF 汽油机油（SH0525—1992）	5W/30	-40	180	报告		主要用于高级小轿车,如奥迪 A6、A8 型,皇冠 2800 型、奔驰 500SEL 型等
		10W/30	-30	205			
		15W/40	-23	210			
		30	-15	210			
		40	-10	220			

（续）

名称		粘度等级或牌号	倾点/℃ ≤	闪点（开口）/℃ ≥	酸值/[mg(KOH)/g] ≤	机械杂质（质量分数,%）≤	主要用途
柴油机油	柴油机油（GB 11122—2006）	5W/30	-40	180			适用于低增压柴油机及要求使用 APICC 级油的新型柴油机
		10W/30	-32	205			
		15W/40	-23、-25	210			
		20W/40	-18、-20	210			
		20/20W	-18、-20	205			
		30	-15	210			
		40	-10	220			
	L-ECD 柴油机油（GB 11122—2006）	10W	-32	200			适用于高转速、重载荷、大功率柴油机和中增压柴油机以及要求使用 ECD 级的柴油机
		5W/30	-40	180			
		10W/30	-32	205			
		15W/30	-23	215			
		15W/40	-23	215			
		20W/40	-18	215			
		20W/20	-18	215			
		30	-15	220			
		40	-10	230			
齿轮油	L-CLC 普通车辆齿轮油（SH/T 0475—1992）	80W/90	-28	170	报告	0.05	适用于解放 CA10B（C）、CA30、黄河 JN150（1）和跃进 NJ130 等采用螺旋伞齿轮传动的汽车后桥及变速器的润滑和各种型号的拖拉机润滑
		85W/90	-18	180		0.02	
		90	-10	190		0.02	
	L-CLD 中负荷车辆齿轮油（暂定标准）	75W	-45*	150			适用于小轿车和载货卡车等要求用 GL-4 齿轮油的后桥双曲线齿轮和变速器齿轮的润滑，如东风 EQ140，北京 212 等汽车的后桥和变速器
		80W/90	-35*	165			
		85W/90	-20*	180			
		90	-17.8*				
		85W/140	-20*				

（续）

名　称		粘度等级或牌号	倾点/℃ ≤	闪点（开口）/℃ ≥	酸值/[mg(KOH)/g] ≤	机械杂质（质量分数,%）≤	主　要　用　途
齿轮油	L-CLE 重负荷车辆齿轮油（GB 13895—1992）	75W	报告	150			适用于采用双曲齿线齿轮传动的重载荷，或高速冲击作业条件下要求用 GL-5 齿轮油的后桥润滑
		80W/90		165			
		85W/90		165			
		85W/140		180			
		90		180			
		140		200			
	普通工业齿轮油（SH/T 0357—1992）	50	-2	170		0.01	适用于齿面接触应力小于 500MPa 的中、轻载荷的闭式直齿轮、斜齿轮和直齿锥齿轮
		70	-2	170		0.01	
		90	-2	190		0.01	
		120	-2	190		0.01	
		150	-2	200		0.01	
		200	-2	200		0.015	
		250	-2	220		0.015	
		300	3	220		0.02	
		350	3	220		0.02	
	中载荷工业齿轮油（GB 5903—1995）	68	-8	180		0.02	适用于齿面接触应力小于 1.1×10^9Pa 的齿轮润滑，如冶金、矿山、化纤、化肥等工业的闭式齿轮装置
		100					
		150		200			
		220					
		320					
		460					
		680	-5	220			
	重载荷工业齿轮油（暂定标准）	N150	-8	200		0.02	适用于齿面接触应力大于 1.1×10^9Pa 的齿轮及具有冲击载荷、高温或要求优良抗乳化性能的齿轮装置的润滑，如石油、冶金、煤矿、化纤、化肥等引进设备的齿轮装置
		N220					
		N320					
	普通开式齿轮油（SH 0363—1992）	68		200			主要用于润滑开式工业用齿轮箱、半封闭式齿轮箱，以及低速重载荷齿轮箱等齿轮传动装置
		100					
		150					
		220		210			
		320					
	蜗轮蜗杆油（SH/T 0094—1991）	220	-6	90			适用于滑动速度大，铜-钢蜗轮传动装置
		320					
		460					
		680					
		1000					

（续）

名称		粘度等级或牌号	倾点/℃ ≤	闪点（开口）/℃ ≥	酸值/[mg(KOH)/g] ≤	机械杂质（质量分数,%）≤	主要用途
液压油	L-HL 液压油(GB 11118.1—1994)	15				0.005	适用于机床和其他设备的低压齿轮泵，也可用于使用其他抗氧防锈型润滑油的机械设备
		22					
		32					
		46					
		68					
		100					
	L-HM 液压油(GB 11118.1—1994)	22	-15	165		无	适用于重载荷、中压、高压的叶片泵、柱塞泵和齿轮泵的液压系统；适用于中压、高压工程机械、引进设备、车辆的液压系统，如三辊弯管机、卧式铝挤压机、采煤机、履带式起重机等
		32	-15	175			
		46	-9	185			
		68	-9	195			
	L-HV.HS 低温液压油(草案)	HV15	-36	100		无	HV、HS 为低温液压油。HV 型用于低温 -5 ~ -25℃ 的寒冷地区工程机械的液压系统。HS 型使用温度 -15 ~ -40℃，低温性能优于 HV 型，适用严寒地区工程机械的液压系统
		22		140			
		32		160			
		46					
		68	-30	180			
		100	-21				
		HS15	-45	100			
		22		140			
		32		160			
		46					
	L-HG 液压油	32	-6	168		无	又称液压-导轨油。适用于各种机床液压和导轨合用的润滑系统、机床导轨系统或机床液压系统。注意不适用于高压液压系统
		68		180			
	L-DAA 轻载荷往复式压缩机油(GB/T 12691—1990)	32	-9	175		0.01	适用于轻载荷空气压缩机。其中 N150 用于排气温度在 160℃ 以下，排气压力低于 4000kPa 的往复式压缩机，以及排气压力在 700kPa 以下的水冷滑片式压缩机
		46		185			
		68		195			
		100		205			
		150	-3	215			

（续）

类别	名　称	粘度等级或牌号	倾点/℃ ≤	闪点(开口)/℃ ≥	酸值/[mg(KOH)/g] ≤	机械杂质(质量分数,%) ≤	主要用途
液压油	L-DAB 中载荷往复式压缩机油(GB/T 12691—1990)	32	-9	175		0.01	其中,68 号用于排气压力为 1000kPa 以下的 1~2 级压缩机;100 号、150 号用于排气压力为 1000~10000kPa 的多级中压压缩机
		46		185			
		68		195			
		100		205			
		150	-3	215			
	L-DAC 重载荷往复式压缩机油	32	-30				用于高压压缩机
		46					
		68					
		100					
		150					
	回转式压缩机油(GB 5904—1986)	N15	-9	165		0.01	其中,N32 适用于排气压力≤686.5kPa 的一、二级螺杆式及二级滑片式空压机使用;N100 适用于排气温度低于 100℃,有效工作压力小于 800kPa 的一级或二级滑片式空气压缩机的润滑
		N22		175			
		N32		190			
		N46		200			
		N68		210			
		N100		220			

表 10-4　其他油品的主要质量指标与用途

类　别	粘度代号或牌号	倾点/℃ ≤	闪点(开口)/℃ ≥	水溶性酸或碱	酸值/[mg(KOH)/g] ≤	机械杂质(质量分数,%) ≤	用　途
L-AN 全损耗系统用油(GB 443—1989)	5	-5	80	无		无	对润滑油无特殊要求的锭子、轴承、齿轮,以及其他低载荷机械不适合于循环润滑系统
	7		110				
	10		130				
	15		150			0.005	
	22						
	32						
	46		160			0.007	
	68						
	100		180				
	150						
L-TSA 汽轮机油(GB 11120—1989)	32	-7	180		0.3	无	用于电力、船舶及其他工业汽轮机组,水轮机组的润滑和密封
	46		180				
	68		195				
	100		195				

（续）

类别	粘度代号或牌号	倾点/℃ ≤	闪点（开口）/℃ ≥	水溶性酸或碱	酸值/[mg(KOH)/g] ≤	机械杂质（质量分数,%）≤	用途
变压器油（GB/T 2536—1990）	DB-10	-10	140	无	0.03		用于油浸式变压器和其他油渍设备
	DB-25	-25	140				
	DB-45	-45	135				
冷冻机油	N15	-40	150	无	0.02	无	用于冷冻机缸体及轴承的润滑
	N22		160				
	N32		160				
	N46		170		0.03		
	N68	-35	180		0.05		
真空泵油	1号	-15	206	无	0.2		在真空技术领域中广泛应用。可用来抽气产生一定的真空度，也可辅助各种扩散泵达到高真空条件
导轨油 SH/T 0361—1998	N32	-10	170	无			适用于精密机床导轨的润滑
	N68	-10	190				
	N100	-10	190				
	N150	-5	190				
主轴油	N2	-15	60	无		无	适用于精密机床高精度、高转速机床主轴的润滑。注意主轴油不能用其他油品代用，不能在高温或曝晒区存放，防止油中混入杂质、水分等
	N3		70				
	N5		80				
	N7		90				
	N10		100				
	N15		110				
	N22		120				
过热气缸油	38号	10	290	无		无	使用蒸汽温度为280~400℃的往复泵式蒸汽机的蒸汽往复气缸和活塞间的润滑
	52号	10	300			0.01	
饱和气缸油	11号	5	215	无	0.025	0.007	用于蒸汽温度120~200℃，压力0.2~1.5MPa的往复式蒸汽机的润滑
	24号	15	240			0.1	
仪表油（SH/T 0318—1992）	—	-60	125	无	0.05	无	用于各种仪器仪表、自动控制仪的轴承传动件，微型齿轮等部位的润滑

10.1.2　润滑脂（表 10-5）

表 10-5　常用润滑脂的主要质量指标及用途

名称	牌号	锥入度/(1/10mm)	滴点/℃ ≥	水分①(%) ≤	灰分②(%) ≤	蒸发量(%)(99℃，22h) ≤	机械杂质/(个/cm³) ≤	特性与用途
钙基润滑脂(GB/T 491—2008)	1 号	310～340	80	1.5	3.0			温度低于 55℃、轻载荷和有自动给脂的轴承，以及汽车底盘和气温较低地区的小型机械
	2 号	265～295	85	2.0	3.5			中小型滚动轴承，冶金、运输、采矿设备中温度不高于 55℃的轻载荷、高速机械的摩擦部位
	3 号	220～250	90	2.5	4.0			中型电动机的滚动轴承，发电机及温度在 60℃以下、中等载荷、中等转速的其他机械摩擦部位
	4 号	175～205	95	3.0	4.5			汽车、水泵的轴承，重载荷自动机械的轴承，发电机、纺织机及其他 60℃以下重载荷、低速机械
钠基润滑脂(GB/T 492—1989)	ZN-2 ZN-3	265～295 220～250	140			2.0		使用温度不高于 110℃，且无水分及湿气的工、农业机械
	ZN-4	175～205	150					使用温度不高于 120℃，且无水分及湿气的工、农业机械
极压锂基润滑脂(GB 7323—2008)	0 号	355～385	170 175			2.0	显微镜杂质 25μm 以上 3000 75μm 以上 500	具有良好的机械安定性、抗水性、防锈性，极压抗磨性和泵送性，适用温度为 -20～120℃。用于压延机、锻造机、减速机等重载荷机械设备及轴承、齿轮润滑。其中 0 号、1 号可用于集中润滑系统
	1 号	310～340	175					
	2 号	265～295						
通用锂基润滑脂(GB 7324—1994)	1 号	310～340	170			2.0	显微镜杂质 10μm 以上 5000 25μm 以上 3000 75μm 以上 500	用于 -20～120℃温度的各种机械设备的滚动轴承和滑动轴承，以及其他摩擦部位润滑
	2 号	265～295	175					
	3 号	220～250	180					
7014—1 号高温润滑脂		1/4 锥入度 62～75	280			200℃，1h 5 204℃，22h 10	直径 25～74μm 5000 直径 75～124μm 1000	用于高温下工作的滚动轴承、一般滑动轴承、齿轮润滑。使用温度 -40～200℃

（续）

名称	牌号	锥入度/（1/10mm）	滴点/℃ ≥	水分①（%）≤	灰分②（%）≤	蒸发量（%）（99℃，22h）≤	机械杂质/（个/cm^3）≤	特性与用途
汽车通用锂基润滑脂（GB/T 5671—1995）		265～295	180			2.0	10μm以上 5000 25μm以上 3000 75μm以上 500	具有良好的机械安定性、胶体安定性、防锈性、氧化安定性、抗水性。用于温度为 -30～120℃汽车轮毂轴承、底盘、水泵和发电机等摩擦部位
钙钠基润滑脂	ZGN-1	250～290	120	0.7			无	耐溶、耐水、适用温度为 80～100℃。用于铁路机车和列车，小型电动机和发电机以及高温轴承
	ZGN-2	200～240	135					
铝基润滑脂		230～280	75		皂含量不低于14		无	具有高度的耐水性。用于航空机器的摩擦部位及金属表面防腐蚀
复合钙基润滑油	ZFG-1	310～340	180				无	又名高温润滑脂。具有较好的耐温性、机械安定性、胶体安定性、抗湿性。用于高温及潮湿条件下摩擦部位
	ZFG-2	265～295	200					
	ZFG-3	220～250	220					
	ZFG-4	175～205	240					
合成钙基润滑脂	ZG-2H	265～310	80	3	皂分 18		无	具有良好的润滑性能和抗水性。适用于工业、农业、交通运输等的润滑，使用温度不超过60℃
	ZG-3H	220～365	90		皂分 23			
合成复合钙基润滑脂	ZFG-1H	310～340	180				无	具有较好的胶体安定性和机械安定性。用于较高温条件下摩擦部位的润滑
	ZFG-2H	265～295	200					
	ZFG-3H	220～250	220					
	ZFG-4H	175～205	240					
合成锂基润滑脂	ZL-1H	310～340	170				无	具有较好的机械安定性和抗水性能。适用于温度为 -20～120℃的机械设备滚动和滑动部位的润滑
	ZL-2H	265～295	175					
	ZL-3H	220～250	180					
	ZL-4H	175～205	185					
精密机床主轴润滑脂	2号	265～295	180				无	具有良好的机械安定性，胶体安定性，抗氧化性能。适用于精密机床和磨床的高速磨头主轴的长期润滑
	3号	220～250	180					

（续）

名称	牌号	锥入度/(1/10mm)	滴点/℃ ≥	水分①(%) ≤	灰分②(%) ≤	蒸发量(%)(99℃,22h) ≤	机械杂质/(个/cm^3) ≤	特性与用途
3号仪表润滑脂		230~265	60				无	用于温度-60~55℃工作的仪器
滚珠轴承润滑脂		250~290	120	0.75			无	用于货车、机车的导杆滚珠轴承等高温摩擦点和电动机滚动轴承的润滑
真空封脂	KZ-1	40~65(微)	45					用于真空系统的玻璃活塞和磨口接头的润滑。1、2、3号工作温度为常温，4号高于135℃
	KZ-2	30~55	50					
	KZ-3	25~50	55					
	KZ-4	50~80	200					

①、②水分、灰分的含量是指质量分数。

10.1.3　固体润滑剂（表10-6~表10-13）

表10-6　二硫化钼粉剂的主要质量指标及用途

项　目		质量指标			检验方法	特点及主要用途
		0号	1号	2号		
二硫化钼（质量分数,%）	≥	99	99	98	醋酸铅法	摩擦因数很低，一般为0.03~0.2，载荷越大，摩擦因数越小，在超高压下，摩擦因数可达0.017；具有较强的抗压性能，在3200MPa压力下，两金属面仍不熔接；有较好的耐酸性；耐高温性低，最高工作温度350℃，在真空中可达1000℃；纯度高、杂质少。 可制作各种固体润滑膜，代替油脂；可添加到各种润滑油中，改善润滑性能；可添加到工程塑料制品和粉末冶金中，起到自润滑作用
二氧化硅（质量分数,%）	≤	0.02	0.02	0.05	硅钼黄比色法	
铁（质量分数,%）	≤	0.06	0.04	0.1	硫氢酸盐比色法	
腐蚀，黄铜片（100℃，3h）		合格	合格	合格		
粒度					显微镜计数法	
≤1μm（%）	≤	80	—	—		
>1~2μm（%）	≥	10	90	25		
>2~5μm（%）	≥	7	7.2	55		
>5~7μm（%）	≥	3	2	15		
>7μm（%）	≥	无	0.8	5		

注：生产厂：辽宁本溪市润滑材料厂。

表10-7　二硫化钨粉剂质量指标和用途

项　目		质量指标			检验方法	特点及主要用途
		1号	2号	3号		
外观		黑灰色胶体粉末			目测	WS_2不溶于水、油等有机溶剂，一般情况下也不溶于酸、碱；在大气中分解温度为510℃、593℃，氧化迅速，最高工作温度425℃，真空中可达1150℃；摩擦因数较低，一般为0.025~0.06，有较强的抗辐射性，抗极压强度为21.00MPa 可制成各种固体润滑膜；可添加到各种油、脂、水中制成各种润滑剂，提高润滑性能，可添加到工程塑料制品和粉末冶金中，制成自润滑剂；可直接涂抹在螺纹连接件上，防止锈死，便于拆卸
二硫化钨（WS_2）（质量分数,%）	≥	98	97	96	辛可宁重量法	
二氧化硅（SiO_2）（质量分数,%）	≤	0.1	0.12	0.15	硅钼黄比色法	
铁（Fe）（质量分数,%）	≤	0.04	0.08	0.1	硫氰酸盐比色法	
粒度					显微镜计数法	
≤2μm（%）	≥	90	90	90		
>2~10μm（%）	≤	10	10	10		
>10μm（%）		无	无	无		

表10-8　胶体石墨粉质量指标和用途

项　目		质量指标				特点及主要用途
		1号	2号	3号	特2号	
颗粒度/μm		4	15	30	8~10	石墨与各种金属表面都有良好的粘附能力，尤其对金属氧化膜，因此适用于钢与铜；具有良好的导热性、导电性、热稳定性；摩擦因数为0.05~0.15，载荷越大，摩擦因数越小；在空气中最高工作温度540℃ 可用做耐高温和耐蚀润滑到基料；可用作橡胶，塑料的填充料，以提高其耐磨抗压性能；可分散到液体中使用
石墨灰分（质量分数,%）	≤	1.0	1.5	2	1.5	
灰分中不溶于盐酸（质量分数,%）	≤	0.8	1	1.5	1	
通过250目上的筛余（%）	≤	0.5	1.5	—	0.5	
通过230目上的筛余（%）	≤	—	—	5	—	
水分（质量分数,%）	≥	0.5				
研磨性能		符合规定				

表10-9　二硫化钼P型成膜剂质量指标及用途

项　目	质量指标	检验方法	特性及主要用途
外观	灰色软膏	目测	具有良好的反应成膜、抗压减磨润滑等性能。 适用于轻载荷、低转速、冲击力小、单向运转的齿轮；可实现无油润滑，如纺织行业和食品行业的小型齿轮，以及低转速轻载荷的润滑部位；可用于重载荷、冲击力大的齿轮上，做极压成膜的底膜用，其特点是成膜快、膜牢固、寿命长
附着性	合格	擦涂法	
MoS_2（%）　≥ （粒度≤2μm）	90	显微镜计数法	

表10-10　二硫化钼重型机床油膏质量指标和用途

项　目		质量指标	检验方法	特性及主要用途
外观		灰黑色均匀软膏	目测	具有优良的抗极压（PB值为85N），抗摩减磨、消振润滑等性能，并有良好的机械安定性和氧化安定性。使用温度20~80℃ 适用于各式大型车床、镗床、铣床、磨床等设备的导轨上；立式或卧式的水压机柱塞；安装机车大轴时，涂上本品，可防止拉毛；抹在机床丝杠上，能使机件运动灵活
锥入度/(1/10mm)(25℃，150g，60次)		300~350	GB 269—1985	
腐蚀，钢片、黄铜片（100℃，3h）		合格		
游离碱，NaOH（质量分数,%）	≤	0.15		
水分（质量分数,%）	≤	痕迹	GB/T 512—1965	

注：生产厂：辽宁本溪市润滑材料厂。

表10-11　二硫化钼油膏质量指标及用途

项　目		质量指标	检验方法	特性及主要用途
外观		灰色均匀软膏	目测	具有极强的金属附着性；良好的抗压性（PB值达1200N以上）、机械安定性、抗击性及剪切性能；良好的耐水性，不乳化，在酸、碱介质中保持良好的润滑性和附着性；在-20~120℃使用时，具有良好的胶体安定性和润滑性 适用于各种形式的中、重型减速机齿轮、开式齿轮，冲击大和往复频繁的电炉齿轮和回转大牙盘，以及大型球磨机的开式齿轮
锥入度/(1/10mm) (25℃，150g，60次)		330~370	GB 269—1985	
腐蚀，钢片、黄铜片（100℃，3h）		合格		
游离碱，NaOH（质量分数,%）	≤	0.15		
水分（质量分数,%）	≤	痕迹	GB/T 512—1965	

注：生产厂：辽宁本溪市润滑材料厂。

表 10-12　二硫化钼齿轮润滑油膏质量指标和用途

项　目		质量指标	检验方法	特性及主要用途
外观		灰褐色均匀软膏	目测	具有很强的抗水性，粘着性、抗极压性（PB 值为 1200N）、抗摩减磨性；良好的润滑性、机械安定性和胶体稳定性 适用于中、轻型齿轮设备；各类型的推土机，挖掘机、提升机的齿轮与回转车盘；各种球磨机、筒磨机的开式齿轮
滴点/℃	≥	180	GB 270—1980	
锥入度/(1/10mm) (25℃，150g)		300 ~ 350	GB 269—1985	
腐蚀，钢片（100℃，3h）		合格		
游离碱，NaOH（质量分数,%）	≤	0.15		
水分（质量分数,%）	≤	痕迹	GB/T 512—1965	

注：生产厂同表 10-11。

表 10-13　二硫化钼高温齿轮油膏质量指标和用途

项　目		质量指标	检验方法	特性及主要用途
外观		灰褐色均匀软膏	目测	具有良好的粘着性、抗振减磨性、抗极压性（BP 值为 800N）、耐高温性（180℃下保持良好的润滑）、耐化学性，以及机械安定性；在冲击载荷较大的设备上使用，润滑膜不会破裂 适用于有高温辐射的各种中小型减速机齿轮和开式齿轮上；用于轧钢厂辊道减速机齿轮、焦化厂推焦机齿轮，以及造纸印染行业的多酸、碱、水蒸气条件下齿轮的润滑
锥入度/(1/10mm) (25℃，150g，60 次)		310 ~ 350	GB 269—1989	
腐蚀，钢片、黄铜片（100℃，3h）		合格		
游离碱，NaOH（质量分数,%）	≤	0.15		
水分（质量分数,%）	≤	痕迹	GB/T 512—1965	

注：生产厂同表 10-11。

10.2　一般润滑件

10.2.1　油杯（表 10-14 ~ 表 10-18）。

表 10-14　直通式和接头式压注油杯形式与尺寸（摘自 JB/T 7940.1—1995 和 JB/T 7940.2—1995）

（单位：mm）

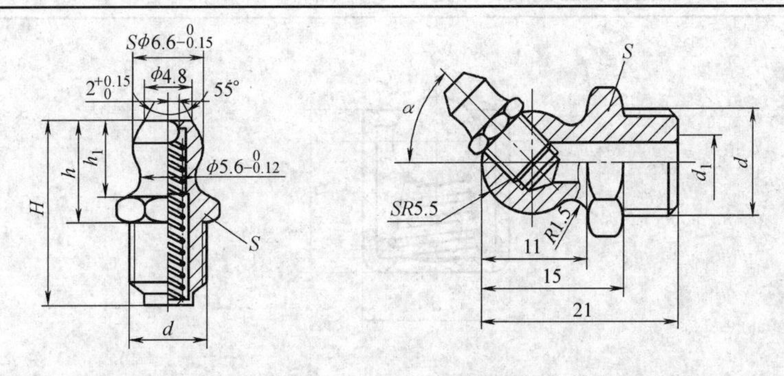

d	直通式 H	h	h_1	S 公称尺寸	S 极限偏差	钢球 GB 308—2002	接头式 d_1	α	S 公称尺寸	S 极限偏差	直通式压注油杯 JB/T 7940.1—1995
M6	13	8	6	8	0 -0.22	3	3	45° 90°	11	0 -0.22	M6
M8 × 1	16	9	6.5	10			4				
M10 × 1	18	10	7	11			5				

注：标记示例：连接螺纹 M10 × 1，直通式（45°接头式）压注油杯标记如下：油杯 M10 × 1（45°M10 × 1）（JB/T 7940.1—1995、JB/T 7940.2—1995）。

表 10-15　旋盖式油杯形式与尺寸（摘自 JB/T 7940.3—1995）　　（单位：mm）

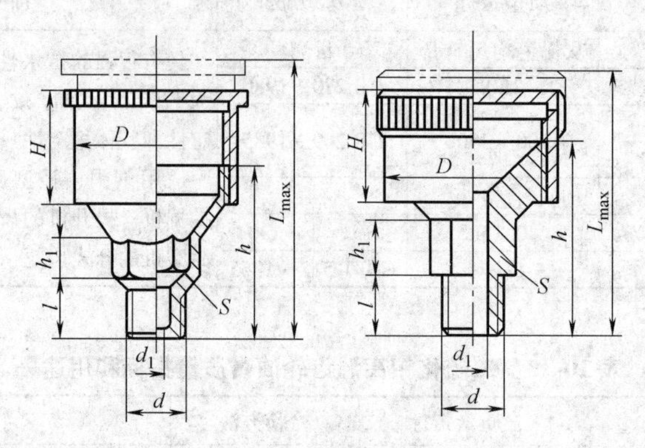

最小容量 /cm³	d	l	H	h	h_1	d_1	D A型	D B型	L_{max}	S 公称尺寸	S 极限偏差
1.5	M8×1	8	14	22	7	3	16	18	33	10	0 −0.22
3	M10×1		15	23	8	4	20	22	35	13	0 −0.27
6			17	26			26	28	40		
12	M14×1.5	12	20	30	10	5	32	34	47	18	
18			22	32			36	40	50		
25			24	34			41	44	55		
50	M16×1.5		30	44			51	54	70	21	0 −0.33
100			38	52			68	68	85		
200	M24×1.5	16	48	64	16	6	—	86	105	30	—

注：标记示例：最小容量25cm³，A型旋盖式油杯标记如下：油杯 A25（JB/T 7940.3—1995）。

表 10-16　压配式压注油杯形式与尺寸（摘自 JB/T 7940.4—1995）　　（单位：mm）

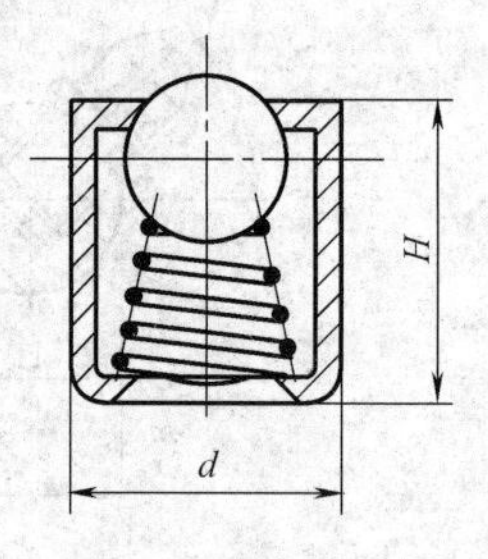

d 公称尺寸	d 极限偏差	H	钢球 GB/T 308—2002	d 公称尺寸	d 极限偏差	H	钢球 GB/T 308—2002
6	+0.040 +0.028	6	4	16	+0.063 +0.045	20	11
8	+0.049 +0.034	10	5	25	+0.085 +0.064	30	13
10	+0.058 +0.040	12	6				

注：1. 与 d 相配孔的极限偏差按 H8。

2. 标记示例：d = 6mm，压配式压注油杯标记如下：油杯 6（JB/T 7940.4—1995）。

表 10-17 弹簧盖油杯形式与尺寸（摘自 JB/T 7940.5—1995） （单位：mm）

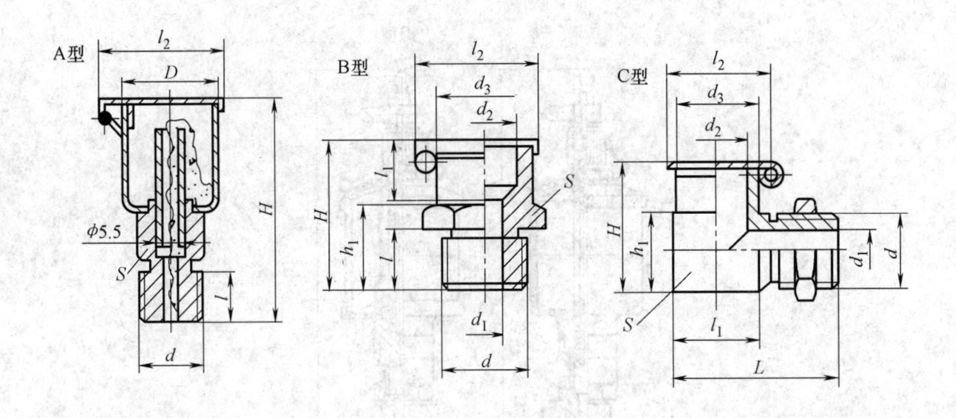

A 型

最小容量 /cm³	d	H ≤	D ≤	l_2 ≈	l	S 公称尺寸	S 极限偏差
1	M8×1	38	16	21	10	10	0 −0.22
2		40	18	23			
3	M10×1	42	20	25		11	0 −0.27
6		45	25	30			
12	M14×1.5	55	30	36	12	18	
18		60	32	38			
25		65	35	41			
50		68	45	51			

d	d_1	d_2	d_3	B型 H	B型 h_1	B型 l	B型 l_1	B型 l_2	B型 S 公称尺寸	B型 S 极限偏差	C型 H	C型 h_1	C型 L	C型 l_1	C型 l_2	C型 螺母 GB/T 6172.1—2000	C型 S 公称尺寸	C型 S 极限偏差
M6	3	6	10	18	9	6	8	15	10	0 −0.22	18	9	25	12	15	M6	13	0 −0.27
M8×1	4	8	12	24	12	8	10	17	13	0 −0.27	24	12	28	14	17	M8×1		
M10×1	5												30	16		M10×1		
M12×1.5	6	10	14	26	14	10	12	19	16		26	14	34	19	19	M12×1.5	16	
M16×1.5	8	12	18	28				23	21	0 −0.33	30	18	37	23	23	M16×1.5	21	0 −0.33

注：标记示例：最小容量 3cm³，A 型弹簧盖油杯标记如下：油杯 A3（JB/T 7940.5—1995）；连接螺纹 M10×1，B 型弹簧盖油杯标记如下：油杯 BM10×1（JB/T 7940.5—1995）。

表 10-18　针阀式注油杯形式与尺寸（摘自 JB/T 7940.6—1995）　　（单位：mm）

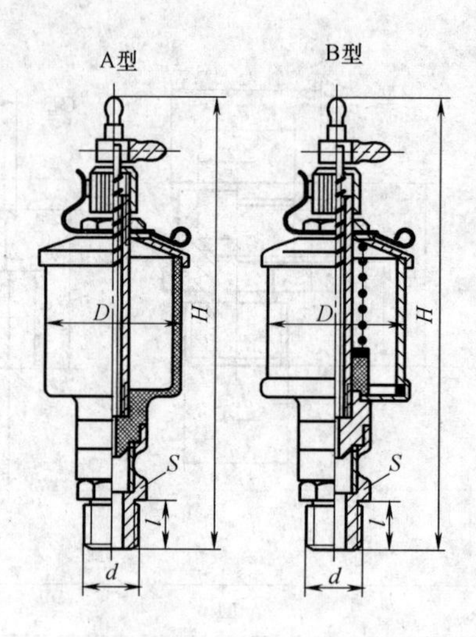

<table>
<tr><th rowspan="2">最小容量 /cm³</th><th rowspan="2">d</th><th rowspan="2">l</th><th rowspan="2">H</th><th rowspan="2">D</th><th colspan="2">S</th><th rowspan="2">螺母 GB/T 6172—1986</th></tr>
<tr><th>公称尺寸</th><th>极限偏差</th></tr>
<tr><td>16</td><td>M10×1</td><td rowspan="4">12</td><td>105</td><td>32</td><td>13</td><td rowspan="4">0
−0.27</td><td rowspan="2">M8×1</td></tr>
<tr><td>25</td><td rowspan="3">M14×1.5</td><td>115</td><td>36</td><td rowspan="3">18</td></tr>
<tr><td>50</td><td>130</td><td>45</td><td rowspan="4">M10×1</td></tr>
<tr><td>100</td><td>140</td><td>55</td></tr>
<tr><td>200</td><td rowspan="2">M16×1.5</td><td rowspan="2">14</td><td>170</td><td>70</td><td rowspan="2">21</td><td rowspan="2">0
−0.33</td></tr>
<tr><td>400</td><td>190</td><td>85</td></tr>
</table>

注：标记示例：最小容量 25cm³，A 型针阀式油杯标记如下：油杯 A25（JB/T 7940.6—1995）。

10.2.2　油标（表 10-19～表 10-22）。

表 10-19　压配式圆形油标形式与尺寸（摘自 JB/T 7941.1—1995）　　（单位：mm）

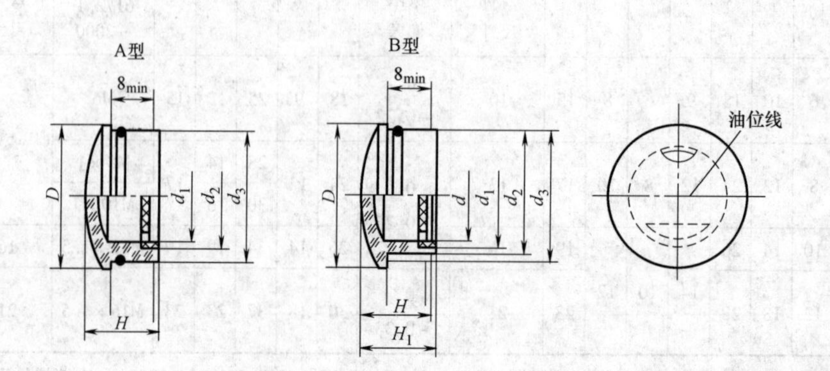

（续）

<table>
<tr><th rowspan="2">d</th><th rowspan="2">D</th><th colspan="2">d_1</th><th colspan="2">d_2</th><th colspan="2">d_3</th><th rowspan="2">H</th><th rowspan="2">H_1</th><th rowspan="2">O 型橡胶密封圈
GB/T 3452. 1—2005</th></tr>
<tr><th>公称尺寸</th><th>极限偏差</th><th>公称尺寸</th><th>极限偏差</th><th>公称尺寸</th><th>极限偏差</th></tr>
<tr><td>12</td><td>22</td><td>12</td><td rowspan="2">−0. 050
−0. 160</td><td>17</td><td>−0. 050
−0. 160</td><td>20</td><td rowspan="2">−0. 065
−0. 195</td><td rowspan="2">14</td><td rowspan="2">16</td><td>15 × 2. 65</td></tr>
<tr><td>16</td><td>27</td><td>18</td><td>22</td><td rowspan="2">−0. 065
−0. 195</td><td>25</td><td>20 × 2. 65</td></tr>
<tr><td>20</td><td>34</td><td>22</td><td rowspan="2">−0. 065
−0. 195</td><td>28</td><td>32</td><td rowspan="3">−0. 080
−0. 240</td><td rowspan="2">16</td><td rowspan="2">18</td><td>25 × 3. 55</td></tr>
<tr><td>25</td><td>40</td><td>28</td><td>34</td><td rowspan="2">−0. 080
−0. 240</td><td>38</td><td>31. 5 × 3. 55</td></tr>
<tr><td>32</td><td>48</td><td>35</td><td rowspan="2">−0. 080
−0. 240</td><td>41</td><td>45</td><td rowspan="2">18</td><td rowspan="2">20</td><td>38. 7 × 3. 55</td></tr>
<tr><td>40</td><td>58</td><td>45</td><td>51</td><td rowspan="3">−0. 100
−0. 290</td><td>55</td><td rowspan="3">−0. 100
−0. 290</td><td>48. 7 × 3. 55</td></tr>
<tr><td>50</td><td>70</td><td>55</td><td rowspan="2">−0. 100
−0. 290</td><td>61</td><td>65</td><td rowspan="2">22</td><td rowspan="2">24</td><td rowspan="2"></td></tr>
<tr><td>63</td><td>85</td><td>70</td><td>76</td><td>80</td></tr>
</table>

注：1. 与 d_1 相配合的孔极限偏差按 H11。

2. A 型用 O 型橡胶密封圈沟槽尺寸按 GB 3452. 3—2005，B 型用密封圈由制造厂设计选用。

3. 标记示例：视孔 $d = 32$mm，A 型压配式圆形油标标记如下：油标 A32（JB/T 7941. 1—1995）。

表 10-20　旋入式圆形油标形式与尺寸（摘自 JB/T 7941. 2—1995）　（单位：mm）

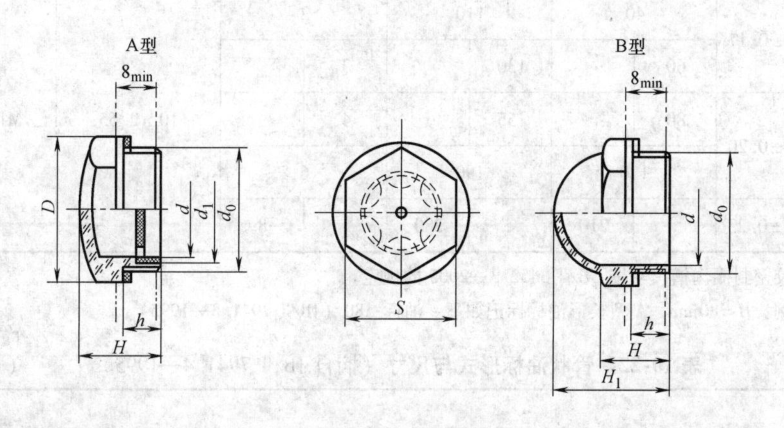

<table>
<tr><th rowspan="2">d</th><th rowspan="2">d_0</th><th colspan="2">D</th><th colspan="2">d_1</th><th colspan="2">S</th><th rowspan="2">H</th><th rowspan="2">H_1</th><th rowspan="2">h</th></tr>
<tr><th>公称尺寸</th><th>极限偏差</th><th>公称尺寸</th><th>极限偏差</th><th>公称尺寸</th><th>极限偏差</th></tr>
<tr><td>10</td><td>M16 × 1. 5</td><td>22</td><td>−0. 065
−0. 195</td><td>12</td><td>−0. 050
−0. 160</td><td>21</td><td>0
−0. 33</td><td>15</td><td>22</td><td>8</td></tr>
<tr><td>20</td><td>M27 × 1. 5</td><td>36</td><td>−0. 080
−0. 240</td><td>22</td><td>−0. 065
−0. 195</td><td>32</td><td rowspan="2">0
−1. 00</td><td>8</td><td>30</td><td>10</td></tr>
<tr><td>32</td><td>M42 × 1. 5</td><td>52</td><td rowspan="2">−0. 100
−0. 290</td><td>35</td><td>−0. 080
−0. 024</td><td>46</td><td>22</td><td>40</td><td>12</td></tr>
<tr><td>50</td><td>M60 × 2</td><td>72</td><td>55</td><td>−0. 100
−0. 290</td><td>65</td><td>0
−1. 20</td><td>26</td><td></td><td>14</td></tr>
</table>

注：1. A 型用作油位指示器，B 型用作窥视油液工作状况。

2. 标记示例：视孔 $d = 32$mm，A 型旋入式圆形油标标记如下：油标 A32（JB/T 7941. 2—1995）。

3. 螺纹公差按 GB/T 197—2003 中规定为 6H/6g。

表 10-21　长形油标形式与尺寸（摘自 JB/T 7941.3—1995）　　（单位：mm）

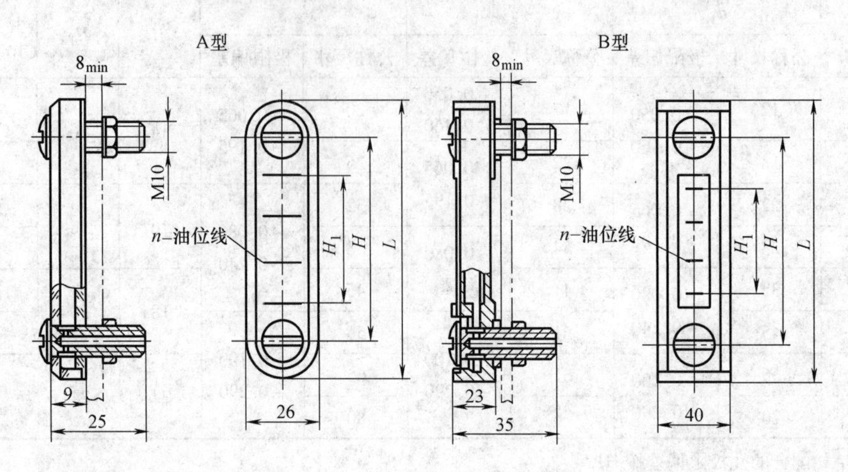

H 公称尺寸 A 型	H 公称尺寸 B 型	H 极限偏差	H_1 A 型	H_1 B 型	L A 型	L B 型	n（条数）A 型	n（条数）B 型	O 型橡胶密封圈 GB 3452.1—1992	六角螺母 GB/T 6172—2000	弹性垫圈 GB 861—1987
80		±0.17	40		110		2		10×2.65	M10	10
100			60		130		3				
125		±0.20	80		155		4				
160			120		190		6				
	250	±0.23		210		280		8			

注：1. O 型橡胶密封圈沟槽尺寸按 GB/T 3452.3—2005 的规定。

2. 标记示例：$H=80$mm，A 型长形油标标记如下：油标 A80（JB/T 7941.3—1995）。

表 10-22　管状油标形式与尺寸（摘自 JB/T 7941.4—1995）　　（单位：mm）

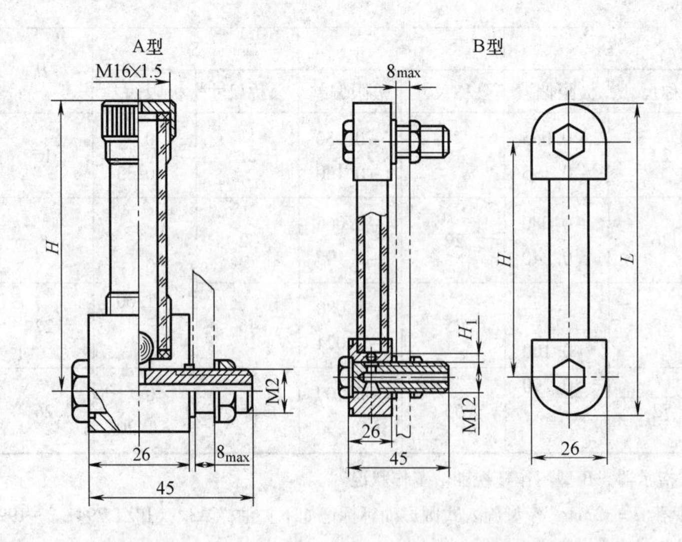

（续）

A 型	B 型				O 型橡胶密封圈 GB 3452.1—2005	六角薄螺母 GB/T 6172—2000	弹性垫圈 GB 861—1987
H	H		H_1	L			
	公称尺寸	极限偏差					
80	200	±0.23	175	226	11.8×2.65	M12	12
100	250		225	276			
125	320	±0.26	295	346			
160	400	±0.28	375	426			
200	500	±0.35	475	526			
	630		605	656			
	800	±0.40	775	826			
	1000	±0.45	975	1026			

注：1. O 型橡胶密封圈沟槽尺寸按 GB/T 3452.3—2005 规定。

2. 标记示例：H=200mm，A 型管状油标标记如下：油标 A200（JB/T 7941.4—1995）。

10.2.3　油枪（表 10-23 和表 10-24）

表 10-23　压杆式油枪油嘴形式、参数与尺寸（JB/T 7942.1—1995）

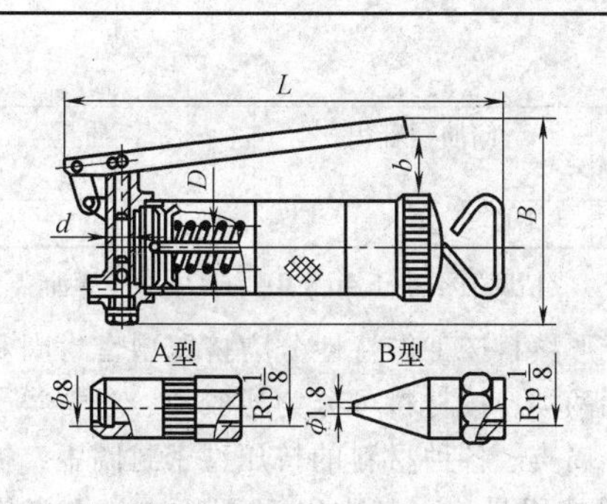

储油量/cm³	公称压力/MPa	出油量/cm³	D/mm
100	16	0.6	35
200		0.7	42
400		0.8	53

L/mm	B/mm	b/mm	d/mm
255	90	30	8
310	96		
385	125		9

注：1. 表中 D、L、B、d 为推荐尺寸。

2. A 型油嘴仅用于 JB/T 7940.1—1995，JB/T 7940.2—2005 规定的油杯。

3. $R_p\frac{1}{8}$尺寸允许采用 M10×1。

4. 标记示例：储油量为 200cm³，带 A 型注油嘴的压杆式油枪标记如下：油枪 A200（JB/T 7942.1—1995）。

表 10-24　手推式油枪油嘴形式、参数与尺寸（摘自 JB/T 7942.2—1995）

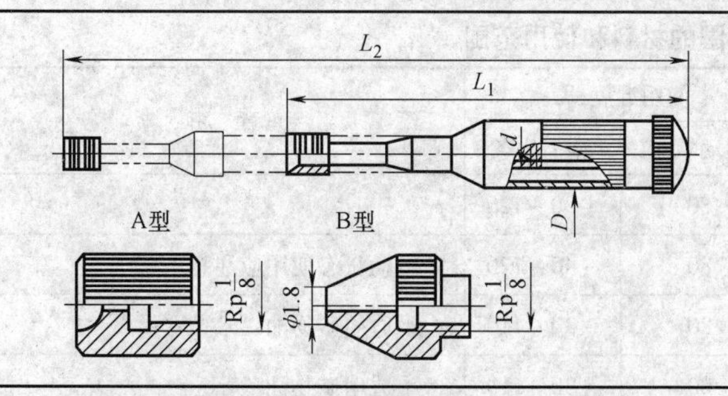

储油量/cm³	公称压力/MPa	出油量/cm³
50	6.3	0.3
100		0.5

D/mm	L_1/mm	L_2/mm	d/mm
33	230	330	5
			6

注：1. 公称压力指压注润滑脂的给定压力。

2. 表中 D、L_1、L_2、d 为推荐尺寸。

3. A 型油嘴仅用于压注润滑脂。

4. $R_p\frac{1}{8}$尺寸允许采用 M10×1 或 M8×1。

5. 标记示例：储油量为 50cm³，带 A 型注油嘴的手推式油枪标记如下：油枪 A50（JB/T 7942.2—1995）。

10.2.4　润滑泵（表10-25）

表10-25　手动加油泵（2.5MPa）形式、尺寸与参数（摘自JB/T 8811.2—1998）

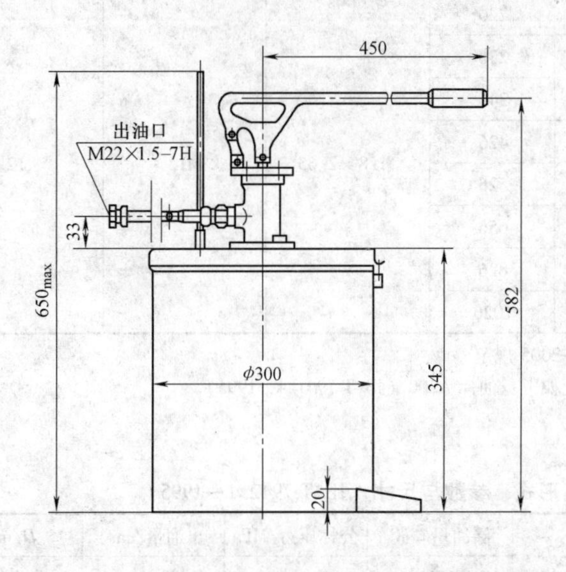

标记示例：

公称压力为2.5MPa、额定给油量为25L/循环的手动加油泵的标记：

STB-G25　加油泵　JB/T 88112—1998

公称压力/MPa	额定出油量/（mL/循环）	最大手柄力/N	储油桶容积/L	质量/kg
2.5（G）	25	≤160	20	20

注：适用介质为锥入度不低于220（25℃，150g）1/10mm的润滑脂，或粘度值不小于$46\times10^{-6}m^2/s$的润滑油。

10.3　成形填料密封件

成形填料密封泛指用橡胶、塑料、皮革及金属材料型腔工艺或车削加工成形的环状密封圈。成形填料是依靠填料本身在机械压紧或介质压力下，产生弹塑性变形而起到密封作用的。其结构紧凑，品种规格多，密封性能良好，工作参数范围广，是往复运动动密封及静密封的主要结构之一。部分成形填料也可作为旋转及螺旋运动密封件。

成形填料按工作特性分为挤压型密封圈和唇形密封圈两类；按材料可分为橡胶类、塑料类、皮革类和金属类。各种材料的挤压型密封圈中，橡胶类密封圈应用最广，其中O型圈历史悠久，最为典型。唇形密封圈类型多，可具有多个唇口，具有较高的密封性能。

10.3.1　O型橡胶圈（表10-26～表10-31）

表10-26　O型圈的材料和使用范围

材　料	适　用　介　质	使用温度/℃		注　意　事　项
		运动状态	静止状态	
丁腈橡胶	矿物油、汽油、苯	80	-30～120	
氯丁橡胶	空气、氧、水	80	-40～120	运动状态使用应注意
丁基橡胶	动植物油、弱酸、碱	80	-30～110	不适用矿物油、永久变形大
丁苯橡胶	空气、水、动植物油、碱	80	-30～110	不适用矿物油
天然橡胶	水、弱酸、弱碱	60	-30～90	不适用矿物油
硅橡胶	矿物油、动植物油、高、低温油，弱酸、弱碱	-60～260	-60～260	运动部件避免使用，不适用蒸汽

（续）

材　料	适 用 介 质	使用温度/℃		注 意 事 项
		运动状态	静止状态	
氯磺化聚乙烯	氧、臭氧、高温油	100	-10~150	运动部位避免使用
聚氨酯橡胶	油、水	60	-30~80	耐磨、避免高温使用
氟橡胶	蒸汽、空气、热油、无机酸、卤素类溶剂	150	-20~200	
聚四氟乙烯	酸、碱、各种溶剂		-100~260	不适用运动部位

表 10-27　一般应用的和航空及类似应用的 O 型密封圈尺寸和公差（摘自 GB/T 3452.1—2005）

（单位：mm）

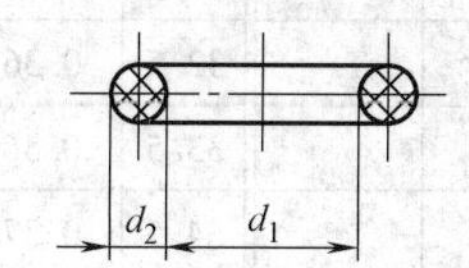

d_1			d_2			d_1			d_2		
内径	极限偏差 ±		1.80	2.65	3.55	内径	极限偏差 ±		1.80	2.65	3.55
	通用	宇航用	±0.08	±0.09	±0.10		通用	宇航用	±0.08	±0.09	±0.10
1.8	0.13	0.10	○			6	0.16	0.13	○	○	
2	0.13	0.10	○			6.3	0.16	0.13	○		
2.24	0.13	0.11	○			6.7	0.16	0.13	○		
2.5	0.13	0.11	○			6.9	0.16	0.13	○	○	
2.8	0.13	0.11	○			7.1	0.16	0.14	○		
3.15	0.14	0.11	○			7.5	0.17	0.14	○		
3.56	0.14	0.11	○			8	0.17	0.14	○	○	
3.75	0.14	0.11	○			8.5	0.17	0.14	○		
4	0.14	0.12	○			8.75	0.18	0.15	○		
4.5	0.15	0.12	○	○		9	0.18	0.15	○	○	
4.75	0.15	—	×			9.5	0.18	0.15	○	○	
4.87	0.15	0.12	○			9.75	0.18	—	×		
5	0.15	0.12	○			10	0.19	0.15	○	○	
5.15	0.15	0.12	○			10.6	0.19	0.16	○	○	
5.3	0.15	0.12	○	○		11.2	0.20	0.16	○	○	
5.6	0.16	0.13	○			11.6	0.20	—	×	×	

（续）

d_1			d_2		
内径	极限偏差±		1.80 ±0.08	2.65 ±0.09	3.55 ±0.10
	通用	宇航用			
11.8	0.19	0.16	⊗	⊗	
12.1	0.21	—	×	×	
12.5	0.21	0.17	⊗	⊗	
12.8	0.21	—	×	×	

d_1			d_2		
内径	极限偏差±		1.80 ±0.08	2.65 ±0.09	3.55 ±0.10
	通用	宇航用			
13.2	0.21	0.17	⊗	⊗	
14	0.22	0.18	⊗	⊗	○
14.5	0.22	—	×	×	

d_1			d_2			
内径	极限偏差±		1.80 ±0.08	2.65 ±0.09	3.55 ±0.10	5.3 ±0.13
	通用	宇航用				
15	0.22	0.18	⊗	⊗		
15.5	0.22	—	×	⊗		
16	0.23	0.19	⊗	⊗		
17	0.24	0.20	⊗	⊗		
18	0.25	0.20	⊗	⊗	⊗	
19	0.25	0.21	⊗	⊗	⊗	
20	0.26	0.21	⊗	⊗	⊗	
20.6	0.26	—	×	⊗	⊗	
21.2	0.27	0.22	⊗	⊗	⊗	
22.4	0.28	0.23	⊗	⊗	⊗	
23	0.29	—	×	⊗	⊗	
23.6	0.29	0.24	⊗	⊗	⊗	
24.3	0.30	—	×	⊗	⊗	
25	0.30	0.24	⊗	⊗	⊗	
25.8	0.31	0.25	×	⊗	⊗	
26.5	0.31	0.25	⊗	⊗	⊗	
27.3	0.32	—	×	⊗	⊗	
28	0.32	0.26	×	⊗	⊗	
29	0.33	—	×	⊗	⊗	
30	0.34	0.27	⊗	⊗	⊗	

d_1			d_2			
内径	极限偏差±		1.80 ±0.08	2.65 ±0.09	3.55 ±0.10	5.3 ±0.13
	通用	宇航用				
31.5	0.35	0.28	⊗	⊗	⊗	
32.5	0.36	0.29	⊗	⊗	⊗	
33.5	0.36	0.29	⊗	⊗	⊗	
34.5	0.37	0.30	⊗	⊗	⊗	
35.5	0.38	0.31	⊗	⊗	⊗	
36.5	0.38	0.31	⊗	⊗	⊗	
37.5	0.39	0.32	⊗	⊗	⊗	
38.7	0.40	0.32	⊗	⊗	⊗	
40	0.41	0.33	⊗	⊗	⊗	⊗
41.2	0.42	0.34	⊗	⊗	⊗	⊗
42.5	0.43	0.35	⊗	⊗	⊗	⊗
43.7	0.44	0.35	⊗	⊗	⊗	⊗
45	0.44	0.36	⊗	⊗	⊗	⊗
46.2	0.45	0.37	×	⊗	⊗	⊗
47.5	0.46	0.37	⊗	⊗	⊗	⊗
48.7	0.47	0.38	×	⊗	⊗	⊗
50	0.48	0.39	⊗	⊗	⊗	⊗
51.5	0.49	0.40		⊗	⊗	⊗
53	0.50	0.41		⊗	⊗	⊗

d_1			d_2				
内径	极限偏差±		1.80 ±0.08	2.65 ±0.09	3.55 ±0.10	5.3 ±0.13	7 ±0.15
	通用	宇航用					
54.5	0.51	0.42		⊗	⊗	⊗	
56	0.52	0.42	○	⊗	⊗	⊗	
58	0.54	0.44		⊗	⊗	⊗	
60	0.55	0.45	○	⊗	⊗	⊗	
61.5	0.56	0.46		⊗	⊗	⊗	

d_1			d_2				
内径	极限偏差±		1.80 ±0.08	2.65 ±0.09	3.55 ±0.10	5.3 ±0.13	7 ±0.15
	通用	宇航用					
63	0.57	0.46	○	⊗	⊗	⊗	
65	0.58	0.48		⊗	⊗	⊗	
67	0.60	0.48	○	⊗	⊗	⊗	
69	0.61	0.50		⊗	⊗	⊗	
71	0.63	0.51	○	⊗	⊗	⊗	

（续）

d_1			d_2					d_1			d_2				
内径	极限偏差 ±		1.80 ±0.08	2.65 ±0.09	3.55 ±0.10	5.3 ±0.13	7 ± 0.15	内径	极限偏差 ±		1.80 ±0.08	2.65 ±0.09	3.55 ±0.10	5.3 ±0.13	7 ± 0.15
	通用	宇航用							通用	宇航用					
73	0.64	0.52		⊗	⊗	⊗		170	1.29	1.06		○	⊗	⊗	⊗
75	0.65	0.53	○	⊗	⊗	⊗		172.5	1.31	—			×	×	×
77.5	0.67	0.55		×	⊗	⊗		175	1.33	1.09		○	⊗	⊗	⊗
80	0.69	0.56	○	⊗	⊗	⊗		177.5	1.34	—			×	×	×
82.5	0.71	0.57		×	⊗	⊗		180	1.36	1.11		○	⊗	⊗	⊗
85	0.72	0.59	○	⊗	⊗	⊗		182.5	1.38	—			×	×	×
87.5	0.74	0.60		×	⊗	⊗		185	1.39	1.14		○	⊗	⊗	⊗
90	0.76	0.62	○	⊗	⊗	⊗		187.5	1.41	—			×	×	×
92.5	0.77	0.63		×	⊗	⊗		190	1.43	1.17		○	⊗	⊗	⊗
95	0.79	0.64	○	⊗	⊗	⊗		195	1.46	1.20		○	⊗	⊗	⊗
97.5	0.81	0.66		×	⊗	⊗		200	1.49	1.22		○	⊗	⊗	⊗
100	0.82	0.67	○	⊗	⊗	⊗		203	1.51	1.26				×	
103	0.85	0.69		×	⊗	⊗		206	1.53	1.26				⊗	⊗
106	0.87	0.71	○	×	⊗	⊗		212	1.57	1.29		○		⊗	⊗
109	0.89	0.72		×	⊗	⊗	⊗	218	1.61	1.32				×	×
112	0.91	0.74	○	⊗	⊗	⊗	⊗	224	1.65	1.35		○		⊗	⊗
115	0.93	0.76		×	⊗	⊗	⊗	227	1.67	—				×	×
118	0.95	0.77	○	⊗	⊗	⊗	⊗	230	1.69	1.39		○		⊗	⊗
122	0.97	0.80		×	⊗	⊗	⊗	236	1.73	1.42		○		⊗	⊗
125	0.99	0.81	○	⊗	⊗	⊗	⊗	239	1.75	—				×	×
128	1.01	0.83		×	⊗	⊗	⊗	243	1.77	1.46				×	×
132	1.04	0.85		⊗	⊗	⊗	⊗	250	1.82	1.49		○		⊗	⊗
136	1.07	0.87		×	⊗	⊗	⊗	254	1.84	—				×	×
140	1.09	0.89		⊗	⊗	⊗	⊗	258	1.87	1.54		○		⊗	⊗
142.5	1.11	—		×	⊗	⊗	⊗	261	1.89	—				×	×
145	1.13	0.92		⊗	⊗	⊗	⊗	265	1.91	1.57		○		⊗	⊗
147.5	1.14	—		×	⊗	⊗	⊗	268	1.92	—				×	×
150	1.16	0.95		⊗	⊗	⊗	⊗	272	1.96	1.61		○		⊗	⊗
152.5	1.18	—			⊗	⊗	⊗	276	1.98	—				×	×
155	1.19	0.98		○	⊗	⊗	⊗	280	2.01	1.65		○		⊗	⊗
157.5	1.21	—			×	×	×	283	2.03	—				×	×
160	1.23	1.00		○	⊗	⊗	○	286	2.05	—				×	×
162.5	1.24	—			×	×	×	290	2.08	1.71		○		⊗	⊗
165	1.26	1.03		○	⊗	⊗	⊗	295	2.11	—					
167.5	1.28	—			×	×	×	300	2.14	1.76		○		⊗	⊗

（续）

内径	d_1 极限偏差 ±		d_2					内径	d_1 极限偏差 ±		d_2				
	通用	宇航用	1.80 ±0.08	2.65 ±0.09	3.55 ±0.10	5.3 ±0.13	7 ± 0.15		通用	宇航用	1.80 ±0.08	2.65 ±0.09	3.55 ±0.10	5.3 ±0.13	7 ± 0.15
303	2.16	—				×	×	456	3.13						×
307	2.19	1.80		○		⊗	⊗	462	3.17						×
311	2.21	—				×	×	466	3.19						×
315	2.24	1.84		○		⊗	⊗	470	3.22						×
320	2.27	—				×	×	475	3.25						×
325	2.30	1.90		○		⊗	⊗	479	3.28						×
330	2.33	—				×	×	483	3.30						×
335	2.36	1.95		○		⊗	⊗	487	3.33						×
340	2.40	—				×	×	493	3.36						×
345	2.43	2.00		○		⊗	⊗	500	3.41						×
350	2.46	—				×	×	508	3.46						×
355	2.49	2.05		○		⊗	⊗	515	3.50						×
360	2.52	—				×	×	523	3.55						×
365	2.56	2.11		○		⊗	⊗	530	3.60						×
370	2.59	—				×	×	538	3.65						×
375	2.62	2.16		○		⊗	⊗	545	3.69						×
379	2.64	—				×	×	553	3.74						×
383	2.67	—				×	×	560	3.78						×
387	2.70	2.22		○		⊗	⊗	570	3.85						×
391	2.72	—				×	×	580	3.91						×
395	2.75	—				×	×	590	3.97						×
400	2.78	2.29		○		⊗	⊗	600	4.03						×
406	2.82						×	608	4.08						×
412	2.85						×	615	4.12						×
418	2.89						×	623	4.17						×
425	2.93						×	630	4.22						×
429	2.96						×	640	4.28						×
433	2.99						×	650	4.34						×
437	3.01						×	660	4.40						×
443	3.05						×	670	4.47						×
450	3.09						×								

注：×为一般应用的O型圈规格；○为航空及类似应用的O型圈规格；⊗为一般、航空及类似共同应用的O型圈规格；—为宇航用无此内径尺寸。

表 10-28 液压气动用 O 型橡胶密封圈沟槽型式及尺寸计算（摘自 GB/T 3452.3—2005）

密封类别		沟槽形式	尺寸计算
径向密封	活塞密封沟槽	r_1 r_2 b b_1 b_2 15°～20° 倒圆 d_4 ϕd_3 ϕd_9 t g Z 0°～5°	$d_{3max}=d_{4min}-2t$ 式中 d_{3max}—d_3 的公称尺寸加上极限偏差(mm) d_{4min}—d_4 的公称尺寸加下极限偏差(mm) 注:根据 d_4 的公称尺寸查表 10-27,得到适用的 O 型圈规格
	活塞杆密封沟槽	b b_1 b_2 15°～20° d_5 倒圆 z t ϕd_{10} ϕd_6 g 0°～5° r_2 r_1	$d_{6min}=d_{5max}+2t$ 式中 d_{6min}—d_6 的公称尺寸加下极限偏差(mm) d_{5max}—d_5 的公称尺寸加上极限偏差(mm) 注:根据 d_5 的公称尺寸查表 10-27,得到适用的 O 型圈规格;查表 10-30 确定 t,再按公式计算 d_{6min}
	带挡圈的沟槽	b_1 压力 b_2 交替压力	工作压力超过 10MPa 时,需采用带挡圈的结构形式。径向密封沟槽尺寸应符合表 10-30 的规定
轴向密封	受内部压力的沟槽	r_2 r_1 h b ϕd_7	轴向密封沟槽尺寸应符合表 10-30 的规定: d_7(公称尺寸)$\leqslant d_1$(公称尺寸)$+2d_2$(公称尺寸) 式中 d_1—O 型圈内径(mm) d_2—O 型圈截面直径(mm)
	受外部压力的沟槽	r_2 r_1 h b ϕd_8	d_8(公称尺寸)$\geqslant d_1$(公称尺寸) 式中 d_1—O 型圈内径(mm)

表 10-29 沟槽和配合偶件的表面粗糙度

（摘自 GB/T 3452.3—2005） （单位：μm）

表面	应用情况	压力状况	表面粗糙度	
			Ra	*Rz*
沟槽的底面和侧面	静密封	无交变、无脉冲	3.2（1.6）	12.5（6.3）
		交变或脉冲	1.6	6.3
	动密封		1.6（0.8）	6.3（3.2）
配合表面	静密封	无交变、无脉冲	1.6（0.8）	6.3（3.2）
		交变或脉冲	0.8	3.2
	动密封		0.4	1.6
导角表面			3.2	12.5

注：括号内的数值为要求精度较高的场合应用。

表 10-30　径向和轴向密封沟槽尺寸（摘自 GB/T 3452.3—2005）　（单位：mm）

O 型圈截面直径 d_2			1.80		2.65		3.55		5.30		7.00	
			径向	轴向	径向	轴向	径向	轴向	径向	轴向	径向	轴向
沟槽宽度	气动动密封		2.2	2.6	3.4	3.8	4.6	5.0	6.9	7.3	9.3	9.7
	液压动密封或静密封	b	2.4		3.6		4.8		7.1		9.5	
		b_1	3.8		5.0		6.2		9.0		12.3	
		b_2	5.2		6.4		7.6		10.9		15.1	
沟槽深度 $t(h)$	活塞密封（计算 d_3 用）	液压动密封	1.35	1.28	2.10	1.97	2.85	2.75	4.35	4.24	5.85	5.72
		气动动密封	1.40		2.15		2.95		4.5		6.1	
		静密封	1.32		2.0		2.9		4.31		5.85	
	活塞杆密封（计算 d_6 用）	液压动密封	1.35		2.10		2.85		4.35		5.85	
		气动动密封	1.40		2.15		2.95		4.5		6.1	
		静密封	1.32		2.0		2.9		4.31		5.85	
最小导角长度 Z_{min}			1.1		1.5		1.8		2.7		3.6	
槽底圆角半径 r_1			0.2～0.4				0.4～0.8				0.8～1.2	
槽棱圆角半径 r_2			0.1～0.3									

表 10-31　径向和轴向密封沟槽尺寸公差（摘自 GB/T 3452.3—2005）　（单位：mm）

O 型圈截面直径 d_2	1.8	2.65	3.55	5.30	7.00
轴向密封时沟槽深度 h	$^{+0.05}_{0}$			$^{+0.10}_{0}$	
缸内径 d_4	H8				
沟槽槽底直径（活塞密封）d_3	h9				
活塞直径 d_9	f7				
活塞杆直径 d_5	f7				
沟槽槽底直径（活塞杆密封）d_6	H9				
活塞杆配合孔直径 d_{10}	H8				
轴向密封时沟槽外径 d_7	H11				
轴向密封时沟槽内径 d_8	H11				
O 型圈沟槽宽度 b、b_1、b_2	$^{+0.25}_{0}$				

注：1. 为适应特殊应用需要，d_3、d_4、d_5、d_6 的公差范围可以改变。

2. 沟槽的同轴度公差。直径 d_{10} 和 d_6，d_9 和 d_3 之间的同轴度公差应满足下列要求：直径≤50mm 时，不得大于 ϕ0.025mm；直径>50mm 时，不得大于 ϕ0.050mm。

10.3.2　毡圈密封（表 10-32）

表 10-32　毡封圈及槽的形式及尺寸（摘自 JB/ZQ 4606—1997）　　（单位：mm）

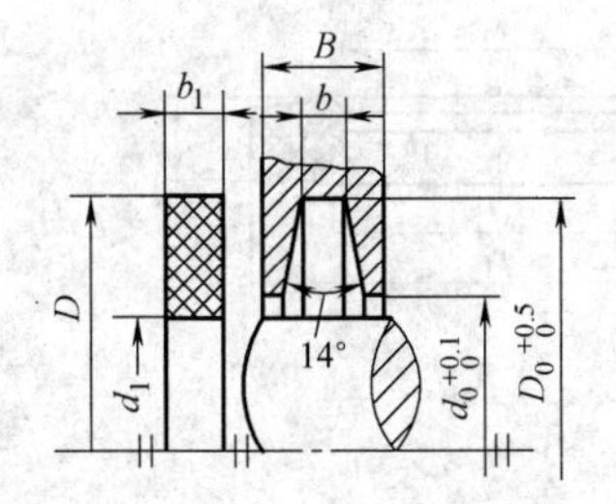

标记示例：

轴径 d=40mm 的毡圈标记如下：

毡圈 40

轴径 d	毡封圈			槽				
	D	d_1	b_1	D_0	d_0	b	B_{min} 钢	B_{min} 铸铁
16	29	14	6	28	16	5	10	12
20	33	19		32	21			
25	39	24	7	38	26	6	12	15
30	45	29		44	31			
35	49	34		48	36			
40	53	39		52	41			
45	61	44	8	60	46	7		
50	69	49		68	51			
55	74	53		72	56			
60	80	58		78	61			
65	84	63		85	66			
70	90	68		88	71			
75	94	73		92	77			
80	102	78	9	100	82	8	15	18
85	107	83		105	87			
90	112	88		110	92			
95	117	93	10	115	97			
100	122	98		120	102			
105	127	103		125	107			
110	132	108		130	112			
115	137	113		135	117			

轴径 d	毡封圈			槽				
	D	d_1	b_1	D_0	d_0	b	B_{min} 钢	B_{min} 铸铁
120	142	118	10	140	122	8	15	18
125	147	123		145	127			
130	152	128	12	150	132	10	18	20
135	157	133		155	137			
140	162	138		160	143			
145	167	143		165	148			
150	172	148		170	153			
155	177	153		175	158			
160	182	158		180	163			
165	187	163		185	168			
170	192	168		190	173			
175	197	173		195	178			
180	202	178		200	183			
185	207	183		205	188			
190	212	188		210	193			
195	217	193	14	215	198	12	20	22
200	222	198		220	203			
210	232	208		230	213			
220	242	213		240	223			
230	252	223		250	233			
240	262	238		260	243			

注：毡圈材料有半粗羊毛毡和细羊毛毡。粗毛毡适用于速度 v≤3m/s；优质细毛毡适用于速度 v≤10m/s。

10.3.3　J型和U型无骨架橡胶密封（表10-33）

表10-33　J型和U型无骨架橡胶油封尺寸　　（单位：mm）

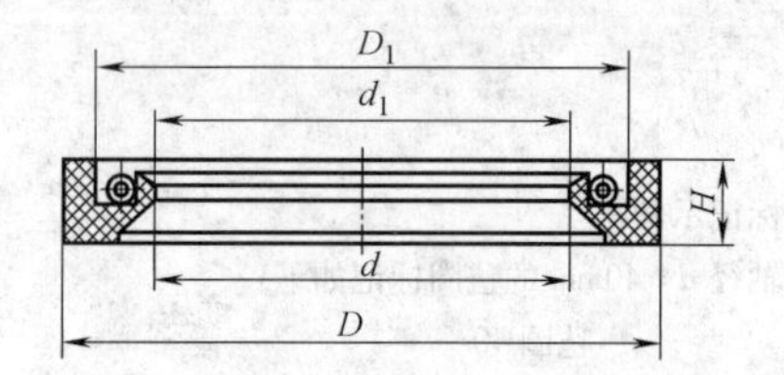

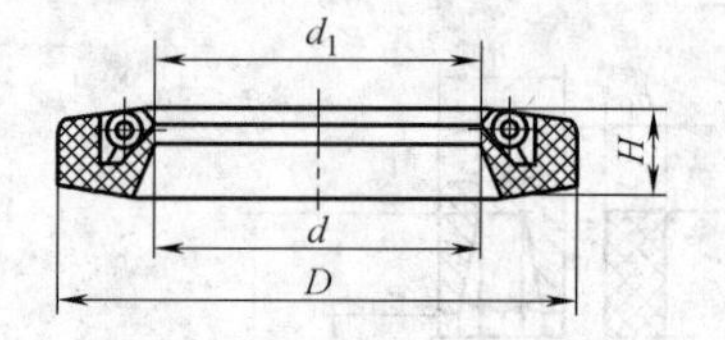

标记示例：

$d=50$mm、$D=75$mm、$H=12$mm 耐油橡胶Ⅰ-1，J型无骨架橡胶油封标记如下：

J型油封　　　　50×75×12 橡胶Ⅰ-1

$d=50$mm、$D=75$mm、$H=12.5$mm，耐油橡胶Ⅰ-1，U型无骨架橡胶油封标记如下：

U型油封　　　　50×75×12.5 橡胶Ⅰ-1

轴径 d	D	H J型	H U型	d_1	D_1
30	55	12	12.5	29	46
35	60			34	51
40	65			39	56
45	70			44	61
50	75			49	66
55	80			54	71
60	85			59	75
65	90			64	81
70	95			69	86
75	100			74	91
80	105			79	96
85	110			84	101
90	115			89	106
95	120			94	111
100	130	16	14	99	120
110	140			109	130
120	150			119	140
130	160			129	150
140	170			139	160
150	180			149	170
160	190			159	180
170	200			169	190
180	215	18	16	179	200

轴径 d	D	H J型	H U型	d_1	D_1
190	225	18	16	189	210
200	235			199	220
210	245			209	230
220	255			219	240
230	265			229	250
240	275			239	260
250	285			249	270
260	300	20	18	259	280
270	310			269	290
280	320			279	300
290	330			289	310
300	340			299	320
310	350			309	330
320	360			319	340
330	370			329	350
340	380			339	360
350	390			349	370
360	400			359	380
370	410			369	390
380	420			379	400
390	430			389	410
400	440			399	420
410	460	25	22.5	409	430

轴径 d	D	H J型	H U型	d_1	D_1
420	470	25	22.5	419	442
430	480			429	452
440	490			439	462
450	500			449	472
460	510			459	482
470	520			469	492
480	530			479	502
490	540			489	512
500	550			499	522
510	560			509	532
520	570			519	542
530	580			529	552
540	590			539	562
550	600			549	572
560	610			559	582
570	620			569	592
580	630			579	602
590	640			589	612
600	650		无规格	599	622
630	680			629	652
710	760			709	732
800	850			799	822

10.3.4　唇型密封圈

唇型密封圈的基本结构如图 10-2 所示。其基本结构由装配支撑部、骨架、弹簧、主唇、副唇（无防尘要求可无副唇）组成。基本结构分类有图 10-3 所示的六种类型。装配支撑部典型结构有图 10-4 所示的四种基本类型。唇型密封圈各部位字母代号及名称见表 10-34。唇型密封圈的基本尺寸见表 10-35。唇型密封圈的外径及宽度公差见表 10-36。倒角宽度及角度参数见表 10-37。唇口过盈量和极限偏差见表 10-38。不同胶种制作的旋转轴唇型密封圈适应的轴径和旋转速度关系见图 10-5。

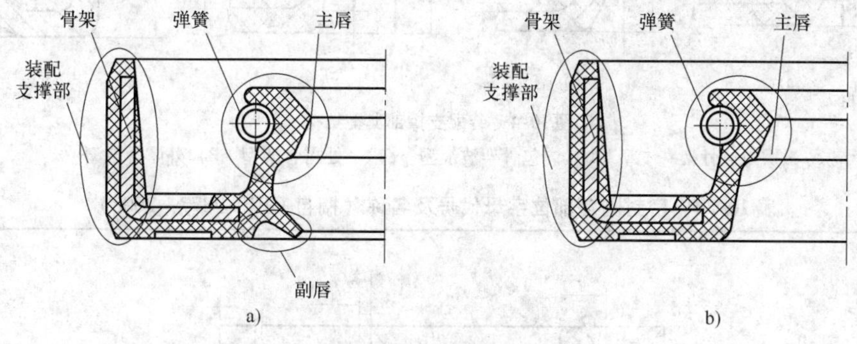

图 10-2　唇型密封圈的基本结构

a）带副唇型　b）无副唇型

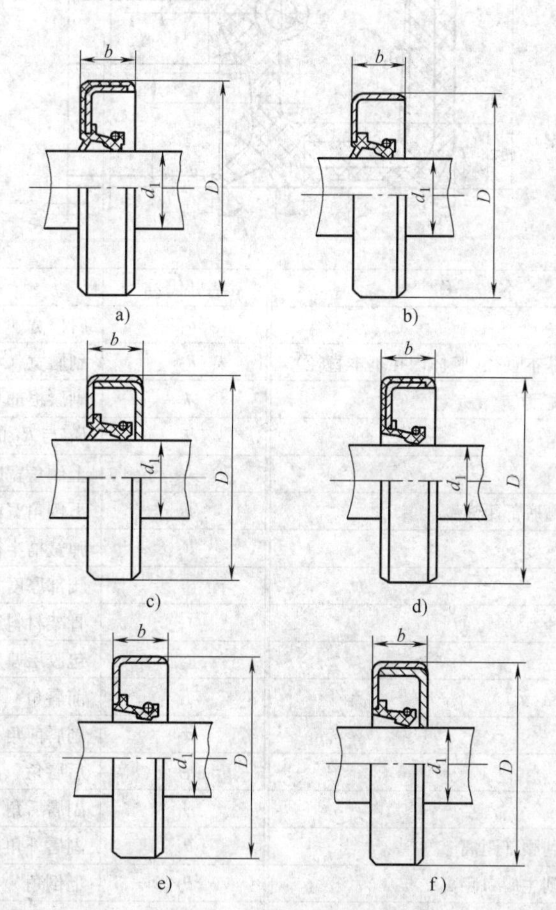

图 10-3　密封圈的基本类型

a）带副唇内包骨架型　b）带副唇外露骨架型　c）带副唇装配型
d）无副唇内包骨架型　e）无副唇外露骨架型　f）无副唇装配型

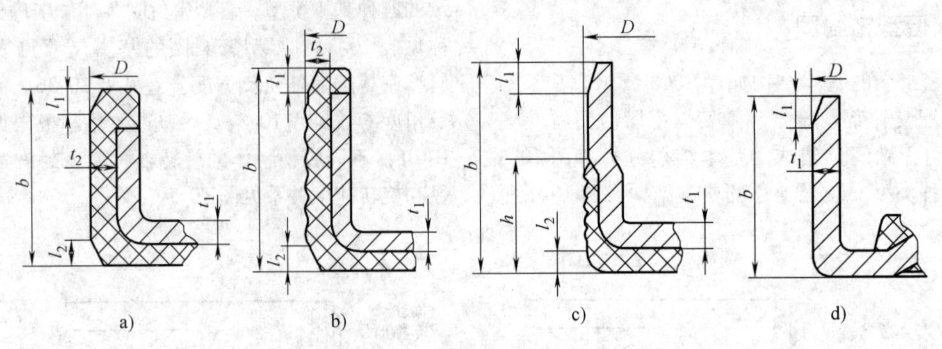

图 10-4 装配支撑部典型结构

a）内包骨架基本型 b）内包骨架波浪型 c）半处露骨架型 d）外露骨架型

表 10-34 密封圈各部位字母代号及名称（摘自 GB/T 9877—2008）

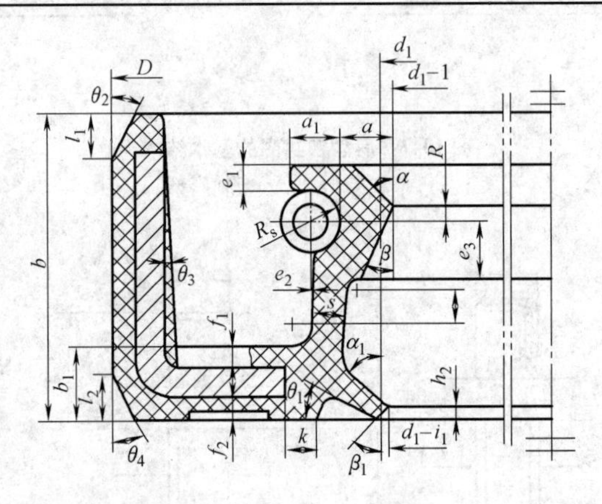

字母代号	名　称	字母代号	名　称
d_1	轴的基本直径	h_1	唇口宽
D	密封圈支承基本直径（腔体内孔基本直径）	h_2	副唇宽
b	密封圈基本宽度	k	副唇根部与骨架距离
i	主唇口过盈量	L	R_1 与 R_2 的中心距
i_1	副唇口过盈量	l_1	上倒角宽度
a	唇口到弹簧槽底部距离	l_2	下倒角宽度
a_1	弹簧包箍壁宽度	R_s	弹簧槽半径
b_1	底部厚度	s	腰部厚度
D_1	骨架内壁直径	t_1	骨架材料厚度
D_2	骨架内径	t_2	包胶层厚度
D_3	骨架外径	α	前唇角
D_s	弹簧外径	α_1	副唇前角
d_s	弹簧丝直径	β	后唇角
e_1	弹簧壁厚度	β_1	副唇后角
e_2	弹簧槽中心到腰部距离	θ_1	副唇外角
e_3	弹簧槽中心到主唇口距离	θ_2	上倒角
e_4	主唇口下倾角与腰部距离	θ_3	外径内壁倾角（可选择设计）
f_1	底部上胶层厚	θ_4	下倒角
f_2	底部下胶层厚		

表 10-35　唇型密封圈的基本尺寸（摘自 GB/T 9877—2008）　　（单位：mm）

d_1	D	b	d_1	D	b	d_1	D	b	d_1	D	b
6	16	7	25	40	7	45	62	8	105①	130	12
6	22	7	25	47	7	45	65	8	110	140	12
7	22	7	25	52	7	50	68	8	120	150	12
8	22	7	28	40	7	50①	70	8	130	160	12
8	24	7	28	47	7	50	72	8	140	170	15
9	22	7	28	52	7	55	72	8	150	180	15
10	22	7	30	42	7	55①	75	8	160	190	15
10	25	7	30	47	7	55	80	8	170	200	15
12	24	7	30①	50	7	60	80	8	180	210	15
12	25	7	30	52	7	60	85	8	190	220	15
12	30	7	32	45	8	65	85	10	200	230	15
15	26	7	32	47	8	65	90	10	220	250	15
15	30	7	32	52	8	70	90	10	240	270	15
15	35	7	35	50	8	70	95	10	250①	290	15
16	30	7	35	52	8	75	95	10	260	300	20
16①	35	7	35	55	8	75	100	10	280	320	20
18	30	7	38	55	8	80	100	10	300	340	20
18	35	7	38	58	8	80	110	10	320	360	20
20	35	7	38	62	8	85	110	12	340	380	20
20	40	7	40	55	8	85	120	12	360	400	20
20①	45	7	40①	60	8	90①	115	12	380	420	20
22	35	7	40	62	8	90	120	12	400	440	20
22	40	7	42	55	8	95	120	12			
22	47	7	42	62	8	100	125	12			

① 国内用而 ISO 6194/1：1982 中没有的规格，即 GB/T 13871.1 中增加的规格。

表 10-36　唇型密封圈的基本直径及宽度公差（摘自 GB/T 9877—2008）　（单位：mm）

基本直径 D	基本直径公差		圆度公差 δ		宽度公差	
	外露骨架型	内包骨架型	外露骨架型	内包骨架型	$b<10$	$b\geqslant10$
$D\leqslant50$	$^{+0.20}_{+0.08}$	$^{+0.30}_{+0.15}$	0.18	0.25	±0.3	±0.4
$50<D\leqslant80$	$^{+0.23}_{+0.09}$	$^{+0.35}_{+0.20}$	0.25	0.35		
$80<D\leqslant120$	$^{+0.25}_{+0.10}$	$^{+0.35}_{+0.20}$	0.30	0.50		
$120<D\leqslant180$	$^{+0.28}_{+0.12}$	$^{+0.45}_{+0.25}$	0.40	0.65		
$180<D\leqslant300$	$^{+0.35}_{+0.15}$	$^{+0.45}_{+0.25}$	$0.25\%\times D$	0.80		
$300<D\leqslant440$	$^{+0.45}_{+0.20}$	$^{+0.55}_{+0.30}$	$0.25\%\times D$	1.00		

注：1. 圆度等于间距相同的三处或三处以上测得的最大直径和最小直径之差。
2. 外径等于在相互垂直的二个方向上测得的尺寸的平均值。

表 10-37　倒角宽度及角度参数（摘自 GB/T 9877—2008）

密封圈基本宽度 b/mm	l_1/mm	l_2/mm	θ_2/(°)	θ_4/(°)
$b\leqslant4$	0.4~0.6	0.4~0.6	15~30	15~30
$4<b\leqslant8$	0.6~1.2	0.6~1.2		
$8<b\leqslant11$	1.0~2.0	1.0~2.0		
$11<b\leqslant13$	1.5~2.5	1.5~2.5		
$13<b\leqslant15$	2.0~3.0	2.0~3.0		
$b>15$	2.5~3.5	2.5~3.5		

表 10-38　唇口过盈量及极限偏差（摘自 GB/T 9877—2008）　　（单位：mm）

轴径 d_1	i	极限偏差	轴径 d_1	i	极限偏差
5～30	0.7～1.0	+0.2 −0.3	80～130	1.4～1.8	+0.2 −0.8
30～60	1.0～1.2	+0.2 −0.6	130～250	1.8～2.4	+0.3 −0.9
60～80	1.2～1.4	+0.2 −0.6	250～400	2.4～3.0	+0.4 −1.0

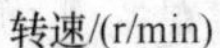

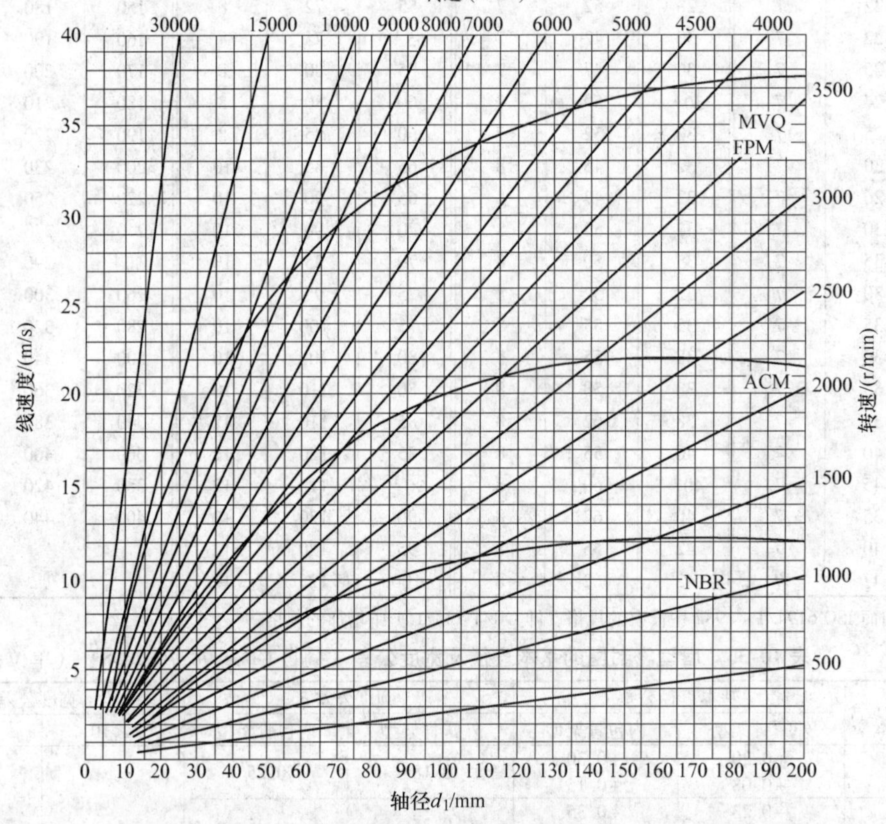

图 10-5　不同胶种制作的旋转轴唇型密封圈适应的轴径和旋转速度关系

注：胶种代号规定：D 为丁腈橡胶（NBR）；B 为丙烯酸酯橡胶（ACM）；F 为氟橡胶（FPM）；G 为硅橡胶（MVQ）。

10.3.5　VD 型橡胶密封圈（表 10-39～表 10-41）

表 10-39　S 型密封圈的形式和尺寸（摘自 JB/T 6994—2007）　　（单位：mm）

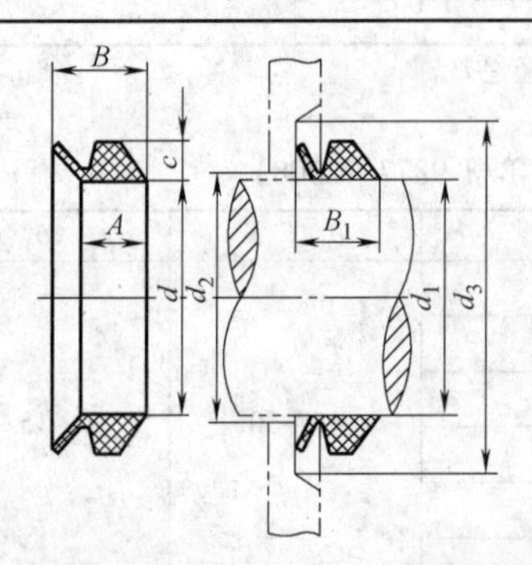

标记示例

公称轴径 110mm、密封圈内径 d = 99mm、材料为丁腈橡胶的 S 型密封圈的标记如下：

VD110S　密封圈　丁腈橡胶　JB/T 6994—2007

（续）

<table>
<tr><th>密封圈代号</th><th>公称轴径</th><th>轴径 d_1</th><th>d</th><th>c</th><th>A</th><th>B</th><th>$d_{2\max}$</th><th>$d_{3\min}$</th><th>安装宽度 B_1</th></tr>
<tr><td>VD5S</td><td>5</td><td>4.5～5.5</td><td>4</td><td rowspan="4">2</td><td rowspan="4">3.9</td><td rowspan="4">5.2</td><td rowspan="4">d_1+1</td><td rowspan="4">d_1+6</td><td rowspan="4">4.5±0.4</td></tr>
<tr><td>VD6S</td><td>6</td><td>5.5～6.5</td><td>5</td></tr>
<tr><td>VD7S</td><td>7</td><td>6.5～8.0</td><td>6</td></tr>
<tr><td>VD8S</td><td>8</td><td>8.0～9.5</td><td>7</td></tr>
<tr><td>VD10S</td><td>10</td><td>9.5～11.5</td><td>9</td><td rowspan="5">3</td><td rowspan="5">5.6</td><td rowspan="5">7.7</td><td rowspan="9">d_1+2</td><td rowspan="5">d_1+9</td><td rowspan="5">6.7±0.6</td></tr>
<tr><td>VD12S</td><td>12</td><td>11.5～13.5</td><td>10.5</td></tr>
<tr><td>VD14S</td><td>14</td><td>13.5～15.5</td><td>12.5</td></tr>
<tr><td>VD16S</td><td>16</td><td>15.5～17.5</td><td>14</td></tr>
<tr><td>VD18S</td><td>18</td><td>17.5～19.0</td><td>16</td></tr>
<tr><td>VD20S</td><td>20</td><td>19～21</td><td>18</td><td rowspan="8">4</td><td rowspan="8">7.9</td><td rowspan="8">10.5</td><td rowspan="8">d_1+12</td><td rowspan="8">9.0±0.8</td></tr>
<tr><td>VD22S</td><td>22</td><td>21～24</td><td>20</td></tr>
<tr><td>VD25S</td><td>25</td><td>24～27</td><td>22</td></tr>
<tr><td>VD28S</td><td>28</td><td>27～29</td><td>25</td></tr>
<tr><td>VD30S</td><td>30</td><td>29～31</td><td>27</td><td rowspan="10">d_1+3</td></tr>
<tr><td>VD32S</td><td>32</td><td>31～33</td><td>29</td></tr>
<tr><td>VD36S</td><td>36</td><td>33～36</td><td>31</td></tr>
<tr><td>VD38S</td><td>38</td><td>36～38</td><td>34</td></tr>
<tr><td>VD40S</td><td>40</td><td>38～43</td><td>36</td><td rowspan="6">5</td><td rowspan="6">9.5</td><td rowspan="6">13.0</td><td rowspan="6">d_1+15</td><td rowspan="6">11.0±1.0</td></tr>
<tr><td>VD45S</td><td>45</td><td>43～48</td><td>40</td></tr>
<tr><td>VD50S</td><td>50</td><td>48～53</td><td>45</td></tr>
<tr><td>VD56S</td><td>56</td><td>53～58</td><td>49</td></tr>
<tr><td>VD60S</td><td>60</td><td>58～63</td><td>54</td></tr>
<tr><td>VD63S</td><td>63</td><td>63～68</td><td>58</td></tr>
<tr><td>VD71S</td><td>71</td><td>68～73</td><td>63</td><td rowspan="7">6</td><td rowspan="7">11.3</td><td rowspan="7">15.5</td><td rowspan="7">d_1+4</td><td rowspan="7">d_1+18</td><td rowspan="7">13.5±1.2</td></tr>
<tr><td>VD75S</td><td>75</td><td>73～78</td><td>67</td></tr>
<tr><td>VD80S</td><td>80</td><td>78～83</td><td>72</td></tr>
<tr><td>VD85S</td><td>85</td><td>83～88</td><td>76</td></tr>
<tr><td>VD90S</td><td>90</td><td>88～93</td><td>81</td></tr>
<tr><td>VD95S</td><td>95</td><td>93～98</td><td>85</td></tr>
<tr><td>VD100S</td><td>100</td><td>98～105</td><td>90</td></tr>
</table>

表 10-40　A 形密封圈的形式和尺寸（摘自 JB/T 6994—2007）　（单位：mm）

材料：丁腈橡胶
　　　氟橡胶

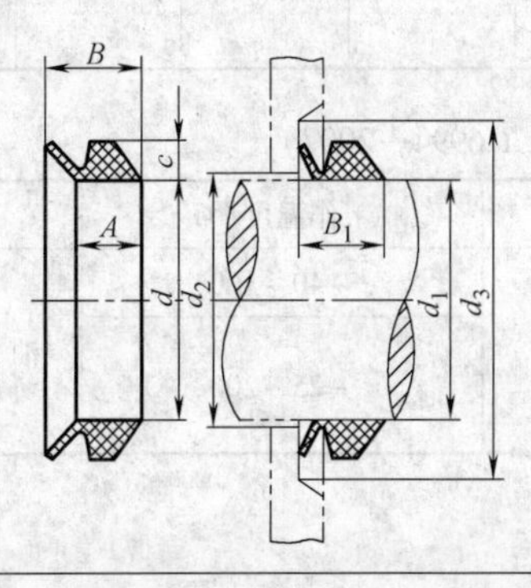

标记示例：

公称轴径 120mm、密封圈内径 $d=108$mm、材料为氟橡胶，标记如下：

VD120A　密封圈　氟橡胶　JB/T 6994—2007

（续）

密封圈代号	公称轴径	轴径 d_1	d	c	A	B	$d_{2\max}$	$d_{3\min}$	安装宽度 B_1
VD3A	3	2.5～3.5	2.5	1.5	2.1	3.0	d_1+1	d_1+4	2.5±0.3
VD4A	4	3.5～4.5	3.2	2	2.4	3.7		d_1+6	3.0±0.4
VD5A	5	4.5～5.5	4						
VD6A	6	5.5～6.5	5						
VD7A	7	6.5～8.0	6						
VD8A	8	8.0～9.5	7						
VD10A	10	9.5～11.5	9	3	3.4	5.5	d_1+2	d_1+9	4.5±0.6
VD12A	12	11.5～12.5	10.5						
VD13A	13	12.5～13.5	11.7						
VD14A	14	13.5～15.5	12.5						
VD16A	16	15.5～17.5	14						
VD18A	18	17.5～19	16						
VD20A	20	19～21	18	4	4.7	7.5		d_1+12	6.0±0.8
VD22A	22	21～24	20						
VD25A	25	24～27	22						
VD28A	28	27～29	25				d_1+3		
VD30A	30	29～31	27						
VD32A	32	31～33	29						
VD36A	36	33～36	31						
VD38A	38	36～38	34					d_1+15	7.0±1.0
VD40A	40	38～43	36	5	5.5	9.0			
VD45A	45	43～48	40						
VD50A	50	48～53	45						
VD56A	56	53～58	49						
VD60A	60	58～63	54						
VD67A	67	63～68	58						
VD71A	71	68～73	63	6	6.8	11.0	d_1+4	d_1+18	9.0±1.2
VD75A	75	73～78	67						
VD80A	80	78～83	72						
VD85A	85	83～88	76						
VD90A	90	88～93	81						
VD95A	95	93～98	85						
VD100A	100	98～105	90						

表 10-41　胶料与工作条件（摘自 JB/T 6994—2007）

胶料名称代号	胶料特性	圆周速度/(m/s)	工作温度/℃	工作介质
丁腈橡胶　SN	耐油	<19	-40～100	油、水、空气
氟橡胶　SF	耐油 耐高温		-25～200	

第11章　联轴器、离合器、制动器

11.1　联轴器

11.1.1　联轴器的类型与选择

11.1.1.1　常用联轴器性能（表11-1）

11.1.1.2　联轴器的选择计算

联轴器的计算转矩 T_c 由下式求得，然后从联轴器标准中，按公称转矩 T_n 选定联轴器型号。

$$T_c = KT = K \times 9550 \frac{P}{n} \leqslant T_n$$

式中　T——理论转矩（N·m）；

K——工况系数，见表11-2；

P——联轴器传递功率（kW）；

n——联轴器转速（r/min）。

表11-1　常用联轴器性能

序号	类别	品种	性能、特点及应用场合
	组别	名称（标准号）	
1	刚性联轴器	凸缘联轴器（GB/T 5843—2003）	T_n=25～100000N·m，[n]=12000～1600r/min，d=12～250mm。无补偿性能，不能减振、缓冲，结构简单、制造方便、成本较低，装拆、维护简便，可传递大转矩。需保证两轴具有较高的对中精度。适用于载荷平稳、高速或传动精度要求较高的传动轴系
2	刚性联轴器	平行轴联轴器（JB/T 7006—2006）	T_n=60～8360N·m，[n]=250～2000r/min，d=18～200mm。无补偿性能，不能减振、缓冲，具有在偏心情况下不影响转速与转矩的传递，加工简单，安装方便，不会引起振动等特点。适用于两水平平行轴传动系统的连接
3	无弹性元件挠性联轴器	滚子链联轴器（GB/T 6069—2002）	T_n=40～25000N·m，[n]=200～4500r/min，d=16～190mm。具有少量补偿两轴相对偏移的能力，结构简单、装拆方便、尺寸紧凑、质量轻、工作可靠、寿命长。可用于潮湿、多尘、高温，有腐蚀性介质工况环境。不适用于高速和较剧烈冲击载荷和扭振工况条件；不宜用于起动频繁，正反转多变的工作部位
4	无弹性元件挠性联轴器	滑块联轴器	T_n=16～5000N·m，[n]=1500～10000r/min，d=10～100mm。不能减振、缓冲，径向尺寸小、转动惯量小。适用于转矩不大，载荷变化较小，无剧烈冲击的两轴连接
5	无弹性元件挠性联轴器	鼓形齿式联轴器（JB/T 7001～7004—2007）（JB/T 8854.1～3—2001）	具有少量轴线偏移补偿性能，不能缓冲、减振，外形尺寸小，理论上传递转矩大，需要润滑、密封，精度较低时，噪声较大，工艺性差，价格贵。常用于低速、重载工况条件下连接两同轴线，如冶金机械、重型机械。制造精度低，不适用于高速、高精度的轴系传动；起动频繁，正反转多变的工况不宜选用 WGP型——带制动盘型，适用于与盘式制动器配套 WGZ型——带制动轮型，适用于与瓦块式制动器配套 WGT型——接中间套型，适用于两轴卡距离连接 WGC型——垂直安装型，适用于连接垂直轴线传动
6	无弹性元件挠性联轴器	十字轴式万向联轴器（JB/T 5513—2006 JB/T 3241—2005 JB/T 3242—1993 JB/T 5901—1991 JB/T 7341.1—2005）	大型十字轴式万向联轴器，具有较大角向补偿性能，不能减振、缓冲，传递转矩大。适用于角向偏差较大、低速、重载，如冶金机械、石油机械、矿山机械、起重运输机械及其他重型机械 小型十字轴式万向联轴器传动精度高，主要用于传递运动和小转矩。适用于连接两轴线夹角 $\beta \leqslant 45°$ 的传动轴系，如精密仪器和控制机构等
7	无弹性元件挠性联轴器	球笼式万向联轴器（GB/T 7549—1987）	主、从动端连接为球笼结构，同步性好、不能缓冲、减振工艺性差。可在 $\beta \leqslant 14°$ 工况下工作，适用于中等载荷、要求同步性好的轴系传动，例如汽车传动轴、部分冶金设备等
8	非金属弹性元件挠性联轴器	弹性套柱销联轴器（GB/T 4323—2002）	T_n=6.3～16000N·m，[n]=800～6600r/min，d=9～170mm。具有一定补偿两轴相对偏移和减振、缓冲性能，结构简单、制造容易、不需要润滑、维修方便、径向尺寸较大。适用于安装底座刚性好，对中精度较高，冲击载荷不大，对减振要求不高的轴系传动。不适用于高速和低速重载工况条件

（续）

序号	类别 组别	品种 名称（标准号）	性能、特点及应用场合
9	非金属弹性元件挠性联轴器	弹性柱销联轴器（GB/T 5014—2003）	有微量补偿性能，结构简单、容易制造，更换柱销方便，可靠性差。适用于有少量轴向窜动，起动较频繁，有正反转的轴系传动。不适用于工作可靠性要求高的部位；不适用于高速、重载及有强烈冲击、振动的轴系传动；可靠性要求高的场合，安装精度低的轴系也不应选用
10		梅花形弹性联轴器（GB/T 5272—2002）	具有补偿两轴相对偏移，减振、缓冲性能，径向尺寸小，结构简单，不用润滑，承载能力较高，维护方便，更换弹性元件需轴向移动。适用于连接两同轴线，起动频率、正反转变化，中速、中等转矩传动轴系，以及要求工作可靠性高的部位
11		弹性柱销齿式联轴器（GB/T 5015—2003）	可补偿两轴相对偏移，减振功能差，传动精度低，传递转矩大。与齿式联轴器相比，结构简单，质量轻，制造方便，维护简便，不用润滑，可部分代替齿式联轴器，噪声大。适用于大、中转矩轴系传动。不适用于对减振效果要求高和对噪声需加控制的部位
12		轮胎式联轴器（GB/T 5844—2002）	有较高弹性，扭转刚度小，减振能力强，补偿量较大，有良好的阻尼，结构简单，不用润滑，装拆维护方便，噪声小，径向尺寸大，承载能力低，过载时产生较大轴向附加载荷，使用寿命取决于橡胶产品质量。适用于起动频繁，正反转多变，冲击、振动较大的轴系传动，可在有粉尘、多水分工况环境下工作。不适用于高温、高速、大转矩和低速重载工况条件
13		多角形橡胶联轴器（JB/T 5512—1991）	具有缓和轴系传动的扭振和冲击载荷，防止轴系传动共振和补偿两轴线相对偏移的性能；结构简单，不用润滑，装拆方便。适用于中小转矩，有粉尘、多水分的工况环境的轴系传动
14	金属弹性元件挠性联轴器	膜片联轴器（JB/T 9147—1999）	承载能力大，质量轻，传动效率和传动精度高，装拆方便，无噪声，不用润滑，不受温度和油污影响，具有耐酸、碱、防腐，使用寿命长。可用于高温、高速、低温和有油、水及腐蚀介质的工况环境；适用于各种机械装置载荷变化不大的轴系传动；通用性极强，适用范围广，是高性能挠性联轴器，高精度经动平衡的膜片联轴器可用于高速工况
15		蛇形弹簧联轴器（JB/T 8869—2000）	具有齿式联轴器承载能力大，弹性联轴器挠性好（补偿性能）的综合优点，需润滑，高温工况选用最合适
16		簧片联轴器（GB/T 12922—2008）	具有较好的阻尼特性，减振性能好，结构紧凑，安全可靠，价格较贵。适用于载荷变化大，有扭振的轴系。大多用于船舶、内燃机车，柴油发电机组，重型车辆及工业用柴油机动力机组，用以调节轴系传动系统扭转振动的自振频率，降低共振时的振幅
17		弹性管联轴器（SJ/T 2124—1982）	结构简单，加工、安装方便，外形尺寸小，质量轻，传动精度高，结构紧凑，小转矩。主要用于传递运动，可用于脉冲或伺服电动机与编码等小功率控制系统传动机构
18		波纹管联轴器（SJ/T 2126—1982）	结构简单，加工、安装方便，外形尺寸小，质量轻，传动精度高，小转矩。主要用于传递运动，适用于要求结构紧凑，传动精度较高的小功率、精密机械传动机构
19		挠性杆联轴器（GB/T 14653—2008）	具有补偿性能，价格较贵。大多用于船舶、内燃机车、柴油发电机组等 S型——普通型(6组杆、8组杆) H型——高速型(6组杆、8组杆)

表 11-2　联轴器工况系数 K

序号	工作机	原动机			
	工作情况及举例	电动机 汽轮机	内燃机气缸数		
			≥4	2	1
1	转速变化很小,如发电机、小型通风机、小型离心泵、液体搅拌设备	1~1.3	1.5	1.8	2.2
2	转矩变化小,如透平压缩机、轻型木工机床、带式输送机,小型金属切削机床	1.5	1.7	2.0	2.4
3	转矩变化中等,如搅拌机、增压泵、冲床、木工刨床	1.7	1.9	2.2	2.6
4	转矩变化和冲击载荷中等,如织布机、水泥搅拌机、拖拉机、矿井通风机、链式输送机	1.9	2.1	2.4	2.8
5	转矩变化和冲击载荷大,如挖掘机、起重机、碎石机、造纸机	2.3	2.5	2.8	3.2
6	转矩变化大并有极强烈冲击载荷,如压延机、无飞轮的活塞泵、重型初轧机	3.1	3.3	3.6	4.0

注：对有非金属弹性元件的联轴器，应考虑环境影响，对上列表值再乘以下列系数：

环境温度	弹性元件材料		
	天然橡胶	聚氨基甲酸乙酯	丁腈橡胶
31~40℃	1.1	1.2	
41~60℃	1.4	1.5	
61~80℃	1.8		1.2

11.1.1.3　联轴器轴孔和连接形式与尺寸（表 11-3~表 11-7）

表 11-3　联轴器轴孔和连接形式与尺寸

轴孔型式及代号①				
Y 型(圆柱形轴孔)	J 型(有沉孔的短圆柱形轴孔)	J_1 型(无沉孔的短圆柱形轴孔)	Z 型(有沉孔的长圆锥形轴孔)	Z_1 型(圆锥形轴孔)
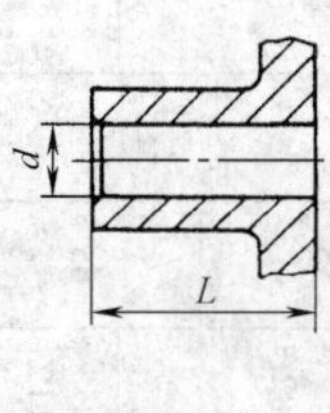	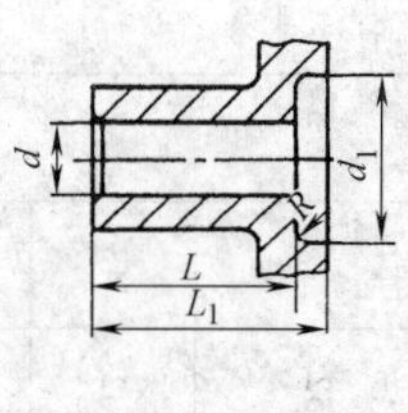	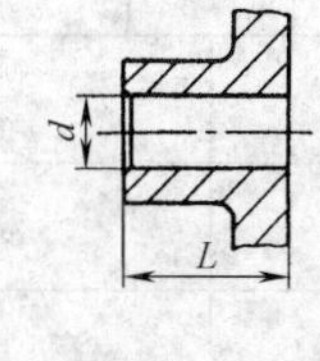	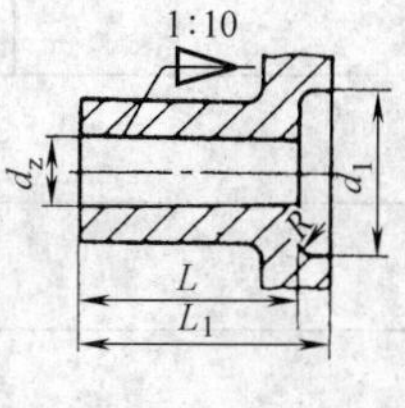	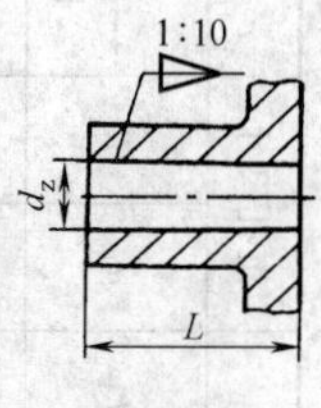
连接形式及代号				
A 型(圆柱形孔平键单键槽)	B 型(圆柱形孔 120°布置平键双键槽)	B_1 型(圆柱形孔 180°布置平键双键槽)	C 型(圆锥形孔平键单键槽)	D 型(圆柱形孔普通切向键键槽)
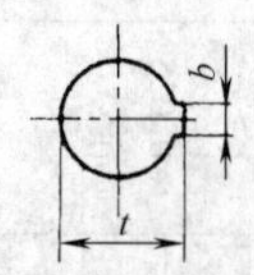	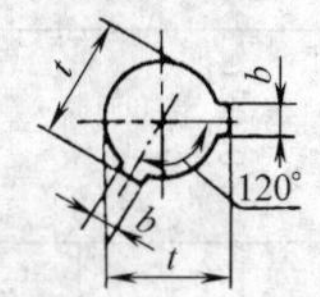	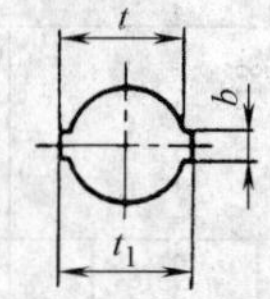	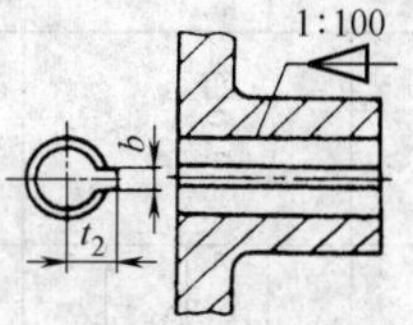	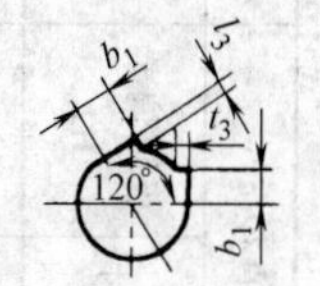

① 矩形花键按 GB/T 1144—2001，圆柱直齿渐开线花键按 GB/T 3478.1—2008。

表 11-4　Y型、J型圆柱形孔的直径与长度（摘自 GB/T 3852—2008）　　（单位：mm）

直径 d		长度			沉孔尺寸		A型、B型、B_1型键槽						B型键槽	D型键槽		
公称尺寸	极限偏差 H7	L		L_1	d_1	R	b		t		t_1		T	t_3		b_1
		长系列	短系列				公称尺寸	极限偏差 P9	公称尺寸	极限偏差	公称尺寸	极限偏差	位置度公差	公称尺寸	极限偏差	
6	+0.012 0	18					2		7.0		8.0					
7									8.0		9.0					
8	+0.015 0	22						-0.006 -0.031	9.0		10.0					
9							3		10.4		11.8					
10		25	22						11.4		12.8					
11							4		12.8	+0.10 0	14.6	+0.20 0				
12		32	27						13.8		15.6					
14	+0.018 0						5		16.3		18.6					
16								-0.012 -0.042	18.3		20.6					
18		42	30	42					20.8		23.6		0.03			
19					38		6		21.8		24.6					
20									22.8		25.6					
22		52	38	52		1.5			24.8		27.6					
24	+0.021 0								27.3		30.6					
25		62	44	62	48		8		28.3		31.6					
28									31.3		34.6					
30								-0.015 -0.051	33.3		36.6		0.04			
32		82	60	82	55				35.3	+0.20 0	38.6	+0.40 0				
35							10		38.3		41.6					
38	+0.025 0				65	2.0			41.3		44.6					
40		112	84	112			12	-0.018 -0.061	43.3		46.6		0.05			

（续）

直径 d		长度			沉孔尺寸		A 型、B 型、B_1 型键槽						B 型键槽	D 型键槽		
公称尺寸	极限偏差 H7	L		L_1	d_1	R	b		t		t_1		T	t_3		b_1
		长系列	短系列				公称尺寸	极限偏差 P9	公称尺寸	极限偏差	公称尺寸	极限偏差	位置度公差	公称尺寸	极限偏差	
42	+0.025 0	112	84	112	65	2.0	12	-0.018 -0.061	45.3	+0.20 0	48.6	+0.40 0	0.05			
45					80		14		48.8		52.6					
48									51.8		55.6					
50					95				53.8		57.6					
55	+0.030 0					2.5	16		59.3		63.6					
56									60.3		64.6					
60		142	107	142	105		18		64.4		68.8			7	0 -0.20	19.3
63									67.4		71.8					19.8
65									69.4		73.8					20.1
70					120		20	-0.022 -0.074	74.9		79.8		0.06			21.0
71									75.9		80.8			8		22.4
75									79.9		84.8					23.2
80					140		22		85.4		90.8					24.0
85	+0.035 0	172	132	172		3.0			90.4		95.8					24.8
90					160		25		95.4		100.8					25.6
95									100.4		105.8			9		27.8
100		212	167	212	180		28		106.4		112.8					28.6
110									116.4		122.8					30.1
120					210		32	-0.026 -0.088	127.4		134.8		0.08	10		33.2
125	+0.040 0					4.0			132.4		139.8					33.9
130		252	202	252	235				137.4		144.8					34.6
140							36		148.4	+0.30 0	156.8	+0.60 0		11		37.7

（续）

直径 d		长度			沉孔尺寸		A型、B型、B_1型键槽						B型键槽	D型键槽		
公称尺寸	极限偏差 H7	L		L_1	d_1	R	b		t		t_1		T	t_3		b_1
		长系列	短系列				公称尺寸	极限偏差 P9	公称尺寸	极限偏差	公称尺寸	极限偏差	位置度公差	公称尺寸	极限偏差	
150	+0.040 0	252	202	252	265	4.0	36	−0.026 −0.088	158.4	+0.30 0	166.8	+0.60 0	0.08	11	0 −0.20	39.1
160		302	242	302			40		169.4		178.8			12	0 −0.30	42.1
170					330				179.4		188.8					43.5
180							45		190.4		200.8					44.9
190	+0.046 0	352	282	352		5.0			200.4		210.8			14		49.6
200									210.4		220.8					51.0
220							50		231.4		242.8			16		57.1
240		410	330				56	−0.032 −0.106	252.4		264.8					59.9
250									262.4		274.8			18		64.6
260	+0.052 0								272.4		284.8		0.10			66.0
280		470	380				63		292.4		304.8			20		72.1
300							70		314.4		328.8					74.8
320	+0.057 0								334.4		348.8			22		81.0
340		550	450				80		355.4		370.8					83.6
360									375.4		390.8			26		93.2
380									395.4		410.8					95.9
400		650	540				90	−0.037 −0.124	417.4		434.8		0.12			98.6
420	+0.063 0								437.4		454.8			30		108.2
440									457.4		474.8					110.9
450							100		469.5		489.0					112.3
460									479.5		499.0			34		120.1
480									499.5		519.0					123.1
500									519.5		539.0					125.9

（续）

直径 d		长度			沉孔尺寸		A 型、B 型、B_1 型键槽						B 型键槽	D 型键槽		
公称尺寸	极限偏差 H7	L		L_1	d_1	R	b		t		t_1		T	t_3		b_1
		长系列	短系列				公称尺寸	极限偏差 P9	公称尺寸	极限偏差	公称尺寸	极限偏差	位置度公差	公称尺寸	极限偏差	
530	+0.070 0	800	680				110	-0.037 -0.124	552.2	+0.30 0	574.4	+0.60 0	0.12	38	0 -0.30	136.7
560									582.2		604.4					140.8
600							120		624.5		649.0			42		153.1
630									654.5		679.0					157.1
670	+0.080 0		780											67		201.0
710														71		213.0
750														75		225.0
800			880											80		240.0
850	+0.090 0													85		255.0
900			980											90		270.0
950														95		285.0
1000			1100											100		300.0
1060	+0.150 0															
1120			1200													
1180																
1250			1300													

注：键槽宽度 b 的极限偏差，也可采用 GB/T 1095 中规定的 JS 9。

表 11-5　Z 型、Z_1 型圆锥形轴孔的直径与长度（摘自 GB/T 3852—2008）（单位：mm）

直径 d_z		长度			沉孔尺寸		C型键槽				
公称尺寸	极限偏差 H10	L 长系列	L 短系列	L_1	d_1	R	b 公称尺寸	b 极限偏差 P9	t_2 长系列	t_2 短系列	t_2 极限偏差
6	+0.058 0	12									
7											
8		14									
9											
10		17									
11	+0.070 0						2	−0.006 −0.031	6.1		+0.100 0
12		20		32					6.5		
14							3		7.9		
16		30	18	42	38	1.5			8.7	9.0	
18							4	−0.012 −0.042	10.1	10.4	
19	+0.084 0								10.6	10.9	
20		38	24	52					10.9	11.2	
22									11.9	12.2	
24							5		13.4	13.7	
25		44	26	62	48				13.7	14.2	
28									15.2	15.7	
30		60	38	82	55				15.8	16.4	
32	+0.100 0					2.0	6		17.3	17.9	
35									18.8	19.4	
38					65				20.3	20.9	
40		84	56	112			10	−0.015 −0.051	21.2	21.9	+0.200 0
42									22.2	22.9	
45					80		12	−0.018 −0.061	23.7	24.4	
48									25.2	25.9	
50					95				26.2	26.9	
55	+0.120 0					2.5	14		29.2	29.9	
56									29.7	30.4	
60		107	72	142	105		16		31.7	32.5	
63									32.2	34.0	
65									34.2	35.0	
70					120		18		36.8	37.6	
71									37.3	38.1	
75									39.3	40.1	
80		132	92	172	140		20	−0.022 −0.074	41.6	42.6	
85	+0.140 0					3.0			44.1	45.1	
90					160		22		47.1	48.1	
95									49.6	50.6	

（续）

直径 d_z		长度			沉孔尺寸		C 型键槽				
公称尺寸	极限偏差 H10	L		L_1	d_1	R	b		t_2		
		长系列	短系列				公称尺寸	极限偏差 P9	长系列	短系列	极限偏差
100	+0.140 0	167	122	212	180	3.0	25	−0.022 −0.074	51.3	52.4	+0.200 0
110									56.3	57.4	
120					210	4.0	28		62.3	63.4	
125	+0.160 0								64.8	65.9	
130		202	152	252	235				66.4	67.6	
140							32	−0.026 −0.088	72.4	73.6	
150					265				77.4	78.6	
160		242	182	302			36		82.4	83.9	
170									87.4	88.9	+0.300 0
180					330		40		93.4	94.9	
190	+0.185 0	282	212	352		5.0			97.4	99.9	
200									102.4	104.1	
220							45		113.4	115.1	

注：1. 键槽宽度 b 的极限偏差，也可采用 GB/T 1095 中规定的 JS 9。

2. 锥孔直径 d_z 的极限偏差值按 IT10 级选取。

表 11-6　圆柱形轴孔与轴伸的配合

直径 d_z/mm	配合代号	
>6~30	H7/j6	根据使用要求，也可采用 H7/n6、H7/p6 和 H7/r6
>30~50	H7/k6	
>50	H7/m6	

表 11-7　圆锥形孔与轴伸的配合　（单位：mm）

圆锥孔直径 d_z	孔 d_z 极限偏差	长度 L 极限偏差	圆锥孔直径 d_z	孔 d_z 极限偏差	长度 L 极限偏差
>6~10	+0.058 0	0 −0.220	>50~80	+0.120 0	0 −0.460
>10~18	+0.070 0	0 −0.270	>80~120	+0.140 0	0 −0.540
>18~30	+0.084 0	0 −0.330	>120~180	+0.160 0	0 −0.630
>30~50	+0.100 0	0 −0.390	>180~250	+0.185 0	0 −0.720

注：1. 孔 d_z 的极限偏差值按 IT10 选取，长度 L 的极限偏差值按 IT13 选取。

2. 圆锥角公差应符合 GB/T 11334—2005 中 AT6 级的规定。

11.1.1.4 联轴器轴孔型式与尺寸标记

（1）键连接标记　见图 11-1。Y 型孔、A 型键槽的代号，在标记中可省略不注。联轴器两端轴孔和键槽的型式与尺寸相同时，只标记一端，另一端省略不注。

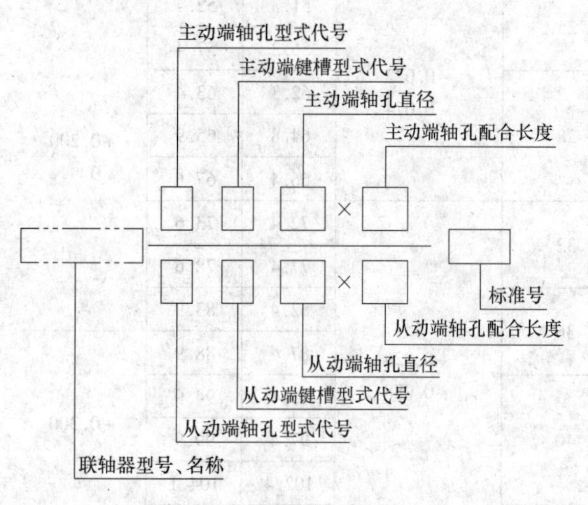

图 11-1　键连接标记

标记示例：

1）LX2 弹性柱销联轴器，主动端 J_1 型轴孔、B 型键槽、$d=20$mm、$L=38$mm，从动端 J 型轴孔、B_1 型键槽、$d=22$mm、$L=38$mm，标记如下：

$$\text{LX2 联轴器}\frac{J_1B20\times38}{JB_122\times38}\text{GB/T 5014—2003}$$

2）LX5 弹性柱销联轴器，主动端 J 型轴孔、B 型键槽、$d=70$mm、$L=107$mm，从动端 J 型轴孔、B 型键槽、$d=70$mm、$L=107$mm，标记如下：

LX5 联轴器　JB70 × 107　GB/T 5014—2003

（2）花键连接标记

1）矩形花键按 GB/T 1144—2001 的规定标记。两端花键孔型式与尺寸相同时，只标一端，另一端可省略不注。一端为花键孔，另一端为其他连接型式时，按图 11-2 中主、从动端位置分别标记。

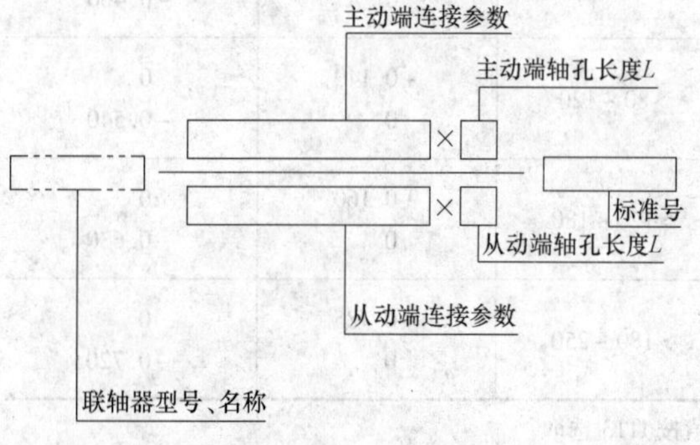

图 11-2　矩形花键连接标记

标记示例：

LZ8 型齿式联轴器，主动端 Y 型轴孔、A 型键槽、$d=100$mm、$L=167$mm，从动端矩形花键轴孔、$10\times82\times88\times12$、$L=132$mm，标记如下：

$$\text{LZ8 联轴器}\frac{100\times167}{10\times82H7\times88H10\times12H11\times132}$$

GB/T 5015—2003

2）圆柱直齿渐开线花键应符合 GB/T 3478.1—2008 的规定。两端为花键孔，或一端为花键孔另一端为其他连接型式轴孔，标记方法参照图 11-2。

标记示例：

GⅡCLZ4 型鼓形齿式联轴器，主动端花键孔齿数 24、模数 2.5、30°平齿根、$L=107$mm，从动端 J 型轴孔、A 型键槽、$d=70$mm、$L=107$mm，标记如下：

$$\text{GⅡCLZ4 联轴器}\frac{1NT24z\times2.5m\times30P\times6H\times107}{J70\times107}$$

JB/T 8854.2—2001

11.1.2 刚性联轴器

刚性联轴器是由刚性传力件组成，连接件之间不能相对运动，因此不具有补偿两轴线相对位移的能力。刚性联轴器无弹性元件，不具备减振和缓冲功能。

11.1.2.1 凸缘联轴器

凸缘联轴器（GB/T 5843—2003）是利用螺栓连接两半联轴器的凸缘，以实现两轴连接的刚性联轴器。其结构简单、制造方便、成本低、工作可靠，装拆和维护简便，可传递大转矩，需保证两轴具有较高的对中精度。一般用于载荷平稳、高速，或传动精度要求较高的传动轴系。凸缘联轴器不具备径向（ΔY）、轴向（ΔX）、角向（$\Delta\alpha$）的补偿性能。使用时如果不能保证被连接两轴的对中，将会降低传动精度、效率和联轴器的使用寿命，并引起振动和噪声。

1）凸缘上各螺栓可全部或一半采用铰制孔用螺栓，靠螺栓与螺栓孔壁的挤压传递转矩。螺栓所受的横向切力为

$$F_t=\frac{2T_c}{D_1Z}$$

式中　T_c——计算转矩（N · mm）；

D_1——螺栓分布圆直径（mm）；

Z——螺栓数。

螺栓抗剪强度：

$$\tau=\frac{F_t}{Z\frac{\pi d^2}{4}}\leqslant[\tau]$$

螺栓抗压强度：

$$\sigma_p = \frac{F_t}{Zd\delta} \leqslant [\sigma]_p$$

式中　δ——螺栓与孔壁的接触厚度（mm），取两半联轴器中接触厚度较小者；

$[\tau]$——螺栓材料的许用切应力，载荷稳定时，取 $[\tau]=0.4\sigma_s$，载荷变化时取 $[\tau]=(0.2\sim0.25)\sigma_s$（$\sigma_s$ 为螺栓材料的屈服点）；

$[\sigma]_p$——许用挤压应力，载荷稳定时，对于钢取 $[\sigma]_p=(0.8\sim1)\sigma_s$，铸铁取 $[\sigma]_p=0.8\sigma_b$，载荷变化时，对于钢取 $[\sigma]_p=(0.5\sim0.65)\sigma_s$，铸铁取 $[\sigma]_p=0.5\sigma_b$（σ_b 为材料的抗拉强度）。

2）采用普通螺栓连接，装配时须拧紧螺栓，靠两半联轴器端面之间发生的摩擦力传递转矩。每一螺栓的预紧力为

$$F = \frac{2T_c}{D_1 Zf}$$

式中　T_c——计算转矩（N · mm）；

D_1——螺栓的分布圆直径（mm）；

Z——螺栓数；

f——两半联轴器端面间的摩擦因数，一般取 $f=0.1\sim0.2$。

螺栓的强度：

$$\sigma = \frac{1.3F}{\frac{\pi}{4}d_1^2} \leqslant [\sigma]$$

式中　d_1——螺栓内径（mm）；

$[\sigma]$——螺栓的许用拉应力（MPa）。

3）GY 型凸缘联轴器结构见图 11-3a，基本参数和主要尺寸见表 11-8。

4）GYS 型有对中榫凸缘联轴器结构见图 11-3b，基本参数和主要尺寸见表 11-8。

5）GYH 型有对中环凸缘联轴器结构见图 11-3c，基本参数和主要尺寸见表 11-8。

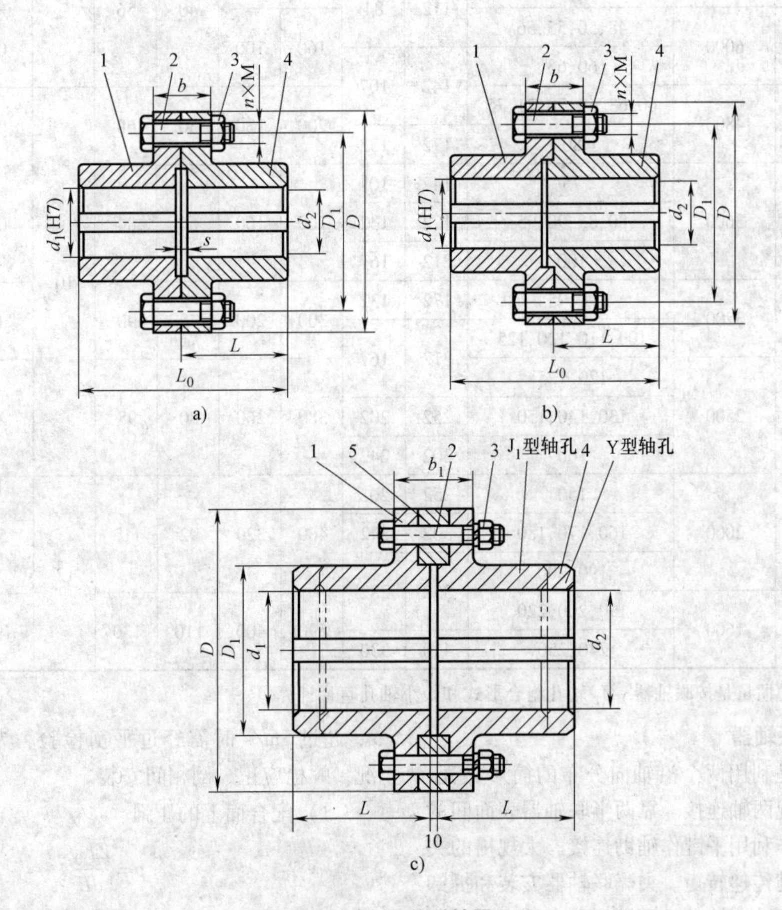

图 11-3　凸缘联轴器

a）GY 型　b）GYS 型（有对中榫）　c）GYH 型（有对中环）

1、4—半联轴器　2—螺栓　3—锁紧螺母　5—对中环

表 11-8　GY、GYS、GYH 型凸缘联轴器基本参数和主要尺寸（摘自 GB/T 5843—2003）

型号	公称转矩 T_n /N·m	许用转矩 $[n]$ /(r/min)	轴孔直径 d_1、d_2/mm	轴孔长度 L/mm Y 型	轴孔长度 L/mm J_1 型	D /mm	D_1 /mm	b /mm	b_1 /mm	s /mm	转动惯量 I /kg·m²	质量 m /kg
GY1 GYS1 GYH1	25	12000	12,14	32	27	80	30	26	42	6	0.0008	1.16
			16,18,19	42	30							
GY2 GYS2 GYH2	63	10000	16,18,19	42	30	90	40	28	44	6	0.0015	1.72
			20,22,24	52	38							
			25	62	44							
GY3 GYS3 GYH3	112	9500	20,22,24	52	38	100	45	30	46	6	0.0025	2.38
			25,28	62	44							
GY4 GYS4 GYH4	224	9000	25,28	62	44	105	55	32	48	8	0.003	3.15
			30,32,35,38	82	60							
GY5 GYS5 GYH5	400	8000	30,32,35,38	82	60	120	68	36	52	8	0.007	5.43
			40,42	112	84							
GY6 GYS6 GYH6	900	6800	38	82	62	140	80	40	56	8	0.015	7.59
			40,42,45,48,50	112	84							
GY7 GYS7 GYH7	1600	6000	48,50,55,56	112	84	160	100	40	56	8	0.031	13.1
			60,63	142	107							
GY8 GYS8 GYH8	3150	4800	60,63,65,70,71,75	142	107	200	130	50	68	10	0.103	27.5
			80	172	132							
GY9 GYS9 GYH9	6300	3600	75	142	107	260	160	66	84	10	0.319	47.8
			80,85,90,95	172	132							
			100	212	167							
GY10 GYS10 GYH10	10000	3200	90,95	172	132	300	200	72	90	10	0.72	82
			100,110,120,125	212	167							
GY11 GYS11 GYH11	25000	2500	120,125	212	167	380	260	80	98	10	2.278	162.2
			130,140,150	252	202							
			160	302	242							
GY12 GYS12 GYH12	50000	2000	150	252	202	460	320	92	112	12	5.923	285.6
			160,170,180	302	242							
			190,200	352	282							
GY13 GYS13 GYH13	100000	1600	190,200,220	352	282	590	400	110	130	12	19.978	611.9
			240,250	410	330							

注：质量、转动惯量是按联轴器 y/J_1 轴孔组合形式和最小轴孔直径计算。

11.1.2.2　夹壳联轴器

夹壳联轴器是利用两个沿轴向分布的筒形夹壳，用螺栓夹紧以实现两轴连接。靠两半联轴器表面间的摩擦力传递转矩，利用平键作辅助连接。大规格的夹壳联轴器主要由键传递转矩。夹壳联轴器安装和拆卸时，轴不需轴向移动。缺点是两轴线对中精度低，形状复杂，制造不方便，平衡精度低。只适用于低速和载荷平稳的场合，通常最大外缘的线速度不大于 5m/s，超过 5m/s 时需经过平衡检验。为了改善平衡状况，螺栓应正、倒相间安装。

1）配合面上的压强

$$p=\frac{ZF_0}{dL}$$

式中　F_0——螺栓预紧力，$F_0=\frac{4}{\pi}\ \frac{T_c}{Zdf}$；

Z——螺栓数；

d——轴的直径（mm）；

L——联轴器长度（mm）；

f——配合面间的摩擦因数，f=0.1～0.2。

2）夹壳联轴器结构见图 11-4，尺寸参数见表 11-9。

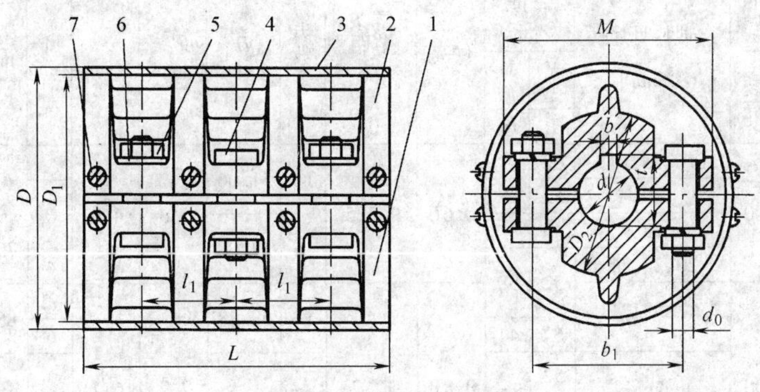

图 11-4　GJ 型夹壳联轴器

1、2—壳体　3—防护罩　4—螺栓　5—螺母　6—垫圈　7—螺钉

表 11-9　GJ 型夹壳联轴器尺寸　（单位：mm）

型号	d		D	D_1	D_2	L	l_1	M	b_1	b		t		d_0	件数	
	公称尺寸	极限偏差								公称尺寸	极限偏差	公称尺寸	极限偏差		Z_1	Z_2
GJ1	30									8	+0.03 0	33.1				
GJ2	35		130	127	75	160	49	112	85	10		38.6	+0.17 0			
GJ3	40	+0.05 0								12		43.6		M12		
GJ4	45		145	142	90	190	58	122	95	14		49.1				
GJ5	50									16	+0.035 0	55.1			6	16
GJ6	55		170	167	100	220	68	144	110			60.1	+0.2 0			
GJ7	60									18		65.6				
GJ8	65	+0.06 0	185	182	115	250	77	158	125			70.6		M16		
GJ9	70									20		76.1				
GJ10	75		205	202	130	360	85	180	140			81.1				
GJ11	80									24	+0.045 0	87.2	+0.023 0	M20	8	20
GJ12	90	±0.07	245	242		390	92	215	175			97.2				
GJ13	100	0	260	257		440	104	230	185	28		108.2		M24		

11.1.3　无弹性元件挠性联轴器

无弹性元件挠性联轴器，是由可作相对移动或滑动的刚性件组成，过去称为“刚性可移式联轴器”，利用连接元件间的相对可移性，来补偿被连接两轴之间的相对位移。无弹性元件挠性联轴器共同特点是具有不同程度的轴向、径向和角向补偿性能，但不具备减振、缓冲能力。由于刚性连接件间的相对滑动，有摩擦和磨损，因此需保证良好的润滑和密封。

11.1.3.1　链条联轴器

滚子链联轴器（GB/T 6069—2002）结构简单，装拆方便，尺寸紧凑，质量轻，有一定补偿能力，对安装精度要求不很高，工作可靠，寿命长，对环境适应能力强，制造、维修简便，成本低廉。链条联轴器可在高温、潮湿、多尘工况条件下工作，不宜用于高速、有剧烈冲击载荷和传递轴向力的场合。润滑对链条联轴器的工作性能影响极大，必须保证链条联轴器在良好的润滑，并有防护罩的条件下工作。不宜用于立轴的连接。

1）选定联轴器型号后，可按下列公式进行强度计算：

$$T_c \leqslant K[\sigma]A\frac{D_1}{2}=[T]$$

式中　K——联轴器的工况系数；

A——滚子与轮齿的投影面积（mm^2）；

D_1——链轮分度圆直径（mm）；

$[\sigma]$——滚子与轮齿之间接触面的许用应力（MPa），$[\sigma]=\dfrac{Q}{50A}$；

Q——套筒滚子链最小极限拉伸载荷（N）。

2）GL 型滚子链联轴器结构见图 11-5，基本参数见表 11-10。

表 11-10　GL 型滚子链联轴器基本参数（摘自 GB/T 6069—2002）

型号	公称转矩 T_n /N·m	许用转速[n]/(r/min) 不装罩壳	许用转速[n]/(r/min) 安装罩壳	轴孔直径 d_1、d_2 /mm	轴孔长度/mm Y型 L	轴孔长度/mm J_1型 L_1	链号	链条节距 P /mm	齿数 Z	D /mm	B_{fi} /mm	S /mm	A /mm	D_K /mm max	L_K /mm max	质量 m /kg	转动惯量 I /kg·m²
GL1	40	1400	4500	16,18,19	42		0.6B	9.525	14	51.06	5.3	4.9		70	70	0.4	0.0001
				20	52	38							4				
GL2	63	1250		19	42				16	57.08				75	75	0.7	0.0002
				20,22,24	52	38							4				
GL3	100	1000	4000	20,22,24	52	38	0.8B	12.7	14	68.88	7.2	6.7	12	85	80	1.1	0.00038
				25	62	44							6				
GL4	160			24	52				16	76.91			6	95	88	1.8	0.00086
				25,28	62	44											
				30,32	82	60											
GL5	250	800	3150	28	62		10A	15.875		94.46	8.9	9.2		112	100	3.2	0.0025
				30,32,35,38	82	60											
				40	112	84											
GL6	400	630	2500	32,35,38	82	60			20	116.57				140	105	5	0.0058
				40,42,45,48,50	112	84											
GL7	630			40,42,45,48,50,55,56	112	84	12A	19.05	18	127.78	11.9	10.9		150	122	7.4	0.012
				60	142	107											
GL8	1000	500	2240	45,48,50,55,56	112	84			16	154.33				180	135	11.1	0.025
				60,63,65,70	142	107											
GL9	1600	400	2000	50,55,56	112	84	16A	25.4	20	186.5	15	14.3		215	145	20	0.061
				60,63,65,70,71,75	142	107											
				80	172	132											
GL10	2500	315	1600	60,63,65,70,71,75	142	107	20A	31.75	18	213.02	18	17.8	6	245	165	26.1	0.079
				80,85,90	172	132											
GL11	4000	250	1500	75	142	107	24A	38.1	16	231.49	24	21.5	35	270	195	39.2	0.188
				80,85,90,95	172	132							10				
				100	212	167											
GL12	6300		1250	85,90,95	172	132	28A	44.45		270.08		24.9	20	310	205	59.4	0.38
				100,110,120	212	167											
GL13	10000		1120	100,110,120,125	212	167	32A	50.8	18	340.8	30	28.6	14	380	230	86.5	0.869
				130,140	252	202											
GL14	16000	200	1000	120,125	212	167			22	405.22			14	450	250	150.8	2.06
				130,140,150	252	202											
				160	302	242											
GL15	25000		900	140,150	252	202	40A	63.5	20	466.25	36	35.6	18	510	285	234.4	4.37
				160,170,180	302	242											
				190	352	282											

注：1. 有罩壳时，在型号后加“F”，例 GL5 型联轴器，有罩壳时改为 GL5F。

2. 表中联轴器质量和转动惯量是近似值。

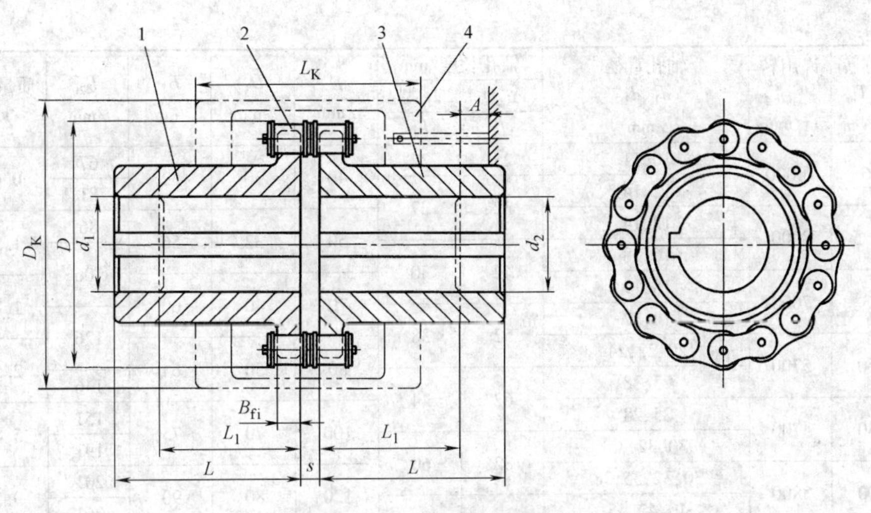

图 11-5　GL 型滚子链联轴器

1、3—半联轴器　2—双排滚子链　4—罩壳

3）GL 型联轴器许用补偿量见表 11-11。

表 11-11　GL 型联轴器许用补偿量

补偿量 \ 型号 / 项目	GL1	GL2	GL3	GL4	GL5	GL6	GL7	GL8	GL9	GL10	GL11	GL12	GL13	GL14	GL15
径向 Δy/mm	0.19		0.25		0.32		0.38	0.5		0.63	0.76	0.88	1		1.27
轴向 Δx/mm	1.4		1.9		2.3		2.8	3.8		4.7	5.7	6.6	7.6		9.5
角向 $\Delta\alpha$/(°)	1														

注：1. 径向偏移量的测量部位，在半联轴器轮毂外圆宽度的 1/2 处。

2. 表中所列补偿量，是指工作状态允许的由于安装误差、制造误差、冲击、振动、变形、温度变化等综合因素所形成的两轴相对偏移量。

11.1.3.2　滑块联轴器

滑块联轴器是利用中间滑块在其两侧半联轴器端面的相应径向槽内滑动，以实现两半联轴器连接，并补偿两轴线的相对位移。适用于转矩较小，载荷变化不大，无剧烈冲击的两轴连接。

1）工作面最外侧的最大压强：

$$p=\frac{6T_c}{b^2h}\leqslant[p]$$

式中　T_c——计算转矩（N·mm）；

b——滑块的宽度（mm）；

h——滑块的厚度（mm）；

$[p]$——许用压强（MPa），可取 $[p]=8\sim10$MPa。

2）WH 型滑块联轴器结构基本参数见表 11-12。

表 11-12　WH 型滑块联轴器基本参数

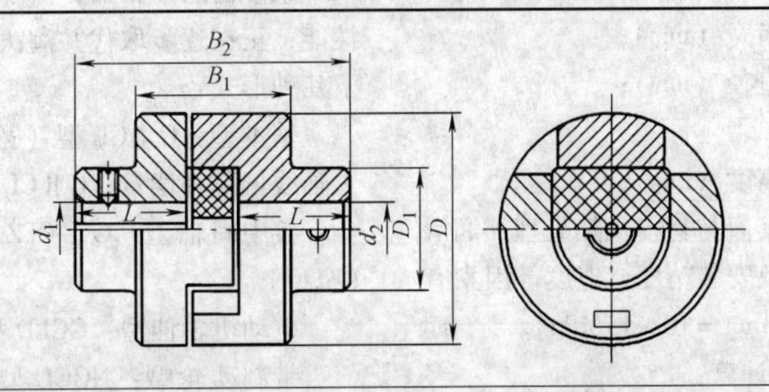

（续）

<table>
<tr><th rowspan="3">型号</th><th rowspan="3">公称转矩 T_n /N · m</th><th rowspan="3">许用转速[n] /(r/min)</th><th rowspan="3">轴孔直径 d_1、d_2 /mm</th><th colspan="2">轴孔长度/mm</th><th rowspan="3">D /mm</th><th rowspan="3">D_1 /mm</th><th rowspan="3">B_1 /mm</th><th rowspan="3">B_2 /mm</th><th rowspan="3">质量 m /kg</th><th rowspan="3">转动惯量 I /kg · m²</th></tr>
<tr><th>Y 型</th><th>J_1 型</th></tr>
<tr><th>L</th><th>L_1</th></tr>
<tr><td rowspan="2">WH1</td><td rowspan="2">16</td><td rowspan="2">10000</td><td>10,11</td><td>25</td><td>22</td><td rowspan="2">40</td><td rowspan="2">30</td><td rowspan="2">52</td><td>67</td><td rowspan="2">0.6</td><td rowspan="2">0.0007</td></tr>
<tr><td>12,14</td><td rowspan="2">32</td><td rowspan="2">27</td><td>81</td></tr>
<tr><td rowspan="2">WH2</td><td rowspan="2">31.5</td><td rowspan="2">8200</td><td>12,14</td><td rowspan="2">50</td><td rowspan="2">32</td><td rowspan="2">56</td><td>86</td><td rowspan="2">1.5</td><td rowspan="2">0.0038</td></tr>
<tr><td>16,18</td><td rowspan="2">42</td><td rowspan="2">30</td><td rowspan="2">106</td></tr>
<tr><td rowspan="2">WH3</td><td rowspan="2">63</td><td rowspan="2">7000</td><td>18,19</td><td rowspan="2">70</td><td rowspan="2">40</td><td rowspan="2">60</td><td rowspan="2">1.8</td><td rowspan="2">0.0063</td></tr>
<tr><td>20,22</td><td rowspan="2">52</td><td rowspan="2">38</td><td rowspan="2">126</td></tr>
<tr><td rowspan="2">WH4</td><td rowspan="2">160</td><td rowspan="2">5700</td><td>20,22,24</td><td rowspan="2">80</td><td rowspan="2">50</td><td rowspan="2">64</td><td rowspan="2">2.5</td><td rowspan="2">0.013</td></tr>
<tr><td>25,28</td><td rowspan="2">62</td><td rowspan="2">44</td><td>146</td></tr>
<tr><td rowspan="2">WH5</td><td rowspan="2">280</td><td rowspan="2">4700</td><td>25,28</td><td rowspan="2">100</td><td rowspan="2">70</td><td rowspan="2">75</td><td>151</td><td rowspan="2">5.8</td><td rowspan="2">0.045</td></tr>
<tr><td>30,32,35</td><td rowspan="2">82</td><td rowspan="2">60</td><td>191</td></tr>
<tr><td rowspan="2">WH6</td><td rowspan="2">500</td><td rowspan="2">3800</td><td>30,32,35,38</td><td rowspan="2">120</td><td rowspan="2">80</td><td rowspan="2">90</td><td>201</td><td rowspan="2">9.5</td><td rowspan="2">0.12</td></tr>
<tr><td>40,42,45</td><td rowspan="3">112</td><td rowspan="3">84</td><td>261</td></tr>
<tr><td>WH7</td><td>900</td><td>3200</td><td>40,42,45,
48,50,55,56</td><td>150</td><td>100</td><td>120</td><td>266</td><td>25</td><td>0.43</td></tr>
<tr><td rowspan="2">WH8</td><td rowspan="2">1800</td><td rowspan="2">2400</td><td>50,55,56</td><td rowspan="2">190</td><td rowspan="2">120</td><td rowspan="2">150</td><td>276</td><td rowspan="2">55</td><td rowspan="2">1.98</td></tr>
<tr><td>60,63,65,70</td><td rowspan="2">142</td><td rowspan="2">107</td><td>336</td></tr>
<tr><td rowspan="2">WH9</td><td rowspan="2">3550</td><td rowspan="2">1800</td><td>65,70,71,75</td><td rowspan="2">250</td><td rowspan="2">150</td><td rowspan="4">180</td><td>346</td><td rowspan="2">85</td><td rowspan="2">4.9</td></tr>
<tr><td>80,85</td><td rowspan="2">172</td><td rowspan="2">132</td><td rowspan="2">406</td></tr>
<tr><td rowspan="2">WH10</td><td rowspan="2">5000</td><td rowspan="2">1500</td><td>80,85,90,95</td><td rowspan="2">330</td><td rowspan="2">190</td><td rowspan="2">120</td><td rowspan="2">7.5</td></tr>
<tr><td>100</td><td>212</td><td>167</td><td>486</td></tr>
</table>

注：1. 表中联轴器质量和转动惯量，是按最小轴孔直径和最大轴伸长度计算的近似值。
2. 工作环境温度 -20 ~ 70℃。

11.1.3.3　齿式联轴器

齿式联轴器可以在有轴线偏差的状态下工作，两轴产生相对位移，内齿和外齿的齿面间周期性相对滑动，形成齿面磨损和功率损耗。因此，齿式联轴器应在良好的润滑、密封状态下工作。齿式联轴器径向尺寸小，承载能力较大，常应用于低速重载的重型机械和高温工况环境的冶金机械；高精度加工并经动平衡后可用于高速传动，如燃汽轮机轴系传动的连接。

齿式联轴器承载能力和使用寿命，受齿面磨损的限制，选定齿式联轴器型号后应验算：

1）齿面压强验算：

$$p = \frac{2T_c}{ZhbD} \leqslant [p]$$

式中　T_c——计算转矩（N · mm）；

b——外齿轴套的齿宽（mm）；

D——齿轮分度圆直径（mm）；

Z——齿数；

h——齿轮的工作高度（mm）；

$[p]$——许用压强，其值与材料及热处理、润滑条件、制造及安装精度、速度等因素有关，通常取 $[p] = 10 \sim 15$MPa。

2）中间套的临界转速计算：

$$n_c = 1.2 \times 10^8 \frac{\sqrt{D^2 + d_1^2}}{A^2}$$

式中　D、d_1——中间套的外径和内径（mm）；

A——中间套两端的两外齿轴套齿宽中线之间的距离（mm）。

3）高速时齿面的轴向相对滑动速度验算：

$$v_c = \frac{nD\tan\Delta\alpha}{30000} \leqslant v_{cmax}$$

式中　D——齿轮分度圆直径（mm）；

$\Delta\alpha$——两轴轴线的相对角位移；

n——联轴器转速（r/min）；

v_{cmax}——允许的最大轴向相对滑动速度，一般可取 0.12m/s。

鼓形齿式联轴器，由于有良好的二轴线偏移补偿性能，正在逐步取代并淘汰直齿式联轴器。目前有以下几种形式：

基本型：GⅠCL 型（宽型），内齿圈较宽，可增大轴线偏移补偿量；GⅡCL 型（窄型）。

接中间轴型：GⅠCLZ 型（宽型）；GⅡCLZ 型（窄型）。

电动机轴伸型：GCLD 型。

带制动轮型：NGCL 型、NGCLZ 型，以及 WGZ

型（Ⅰ型、Ⅱ型）。

带制动盘型：WGP 型（Ⅰ型、Ⅱ型）。

接中间套型：WGT 型（Ⅰ型、Ⅱ型）。

垂直安装型：WGC 型（Ⅰ型、Ⅱ型）。

Ⅰ型——密封端盖为分离式，齿间距较大，可以允许较大的径向位移，可与 Y 型（长轴伸）与 J_1 型（短轴伸）、Z_1 型（锥形轴伸）连接。

Ⅱ型——整体式，齿间距小，相对允许径向位移小，结构紧凑，转动惯量小，可与 Y 型、J_1 型轴伸连接。

GⅠCL、GⅠCLZ 型适用于连接水平两同轴线轴系传动，具有一定的轴线偏移补偿性能，内齿圈较宽，能补偿较大的轴线偏移。鼓形齿半联轴器有长系列和短系列，适用于较恶劣的工况，如重型机械、矿山机械等。

GⅡCL、GⅡCLZ、GCLD 型，适用于连接水平两同轴线轴系传动，具有一定的轴线偏移补偿性能，外形尺寸小，质量较轻，转动惯量小，传递转矩大。适用于要求转速较高，起动、制动频繁，要求结构紧凑的部位。

GⅠCL 型和 GⅡCL 型的结构特点如下：

① 在公称转矩 T_n 基本相同时，GⅠCL 型比 GⅡCL型模数大、齿数少。

② 在允许的轴线倾角 1.5°条件，GⅠCL 型比 GⅡCL型径向许用补偿量（Δy）大。

GⅠCL 型和 GⅡCL 型鼓形齿式联轴器，其基本参数和主要尺寸见表 11-13 和表 11-14。其他类型见光盘第 11 章 G1.3.1。

表 11-13　GⅠCL 型鼓形齿式联轴器基本参数和主要尺寸（摘自 JB/T 8854.3—2001）

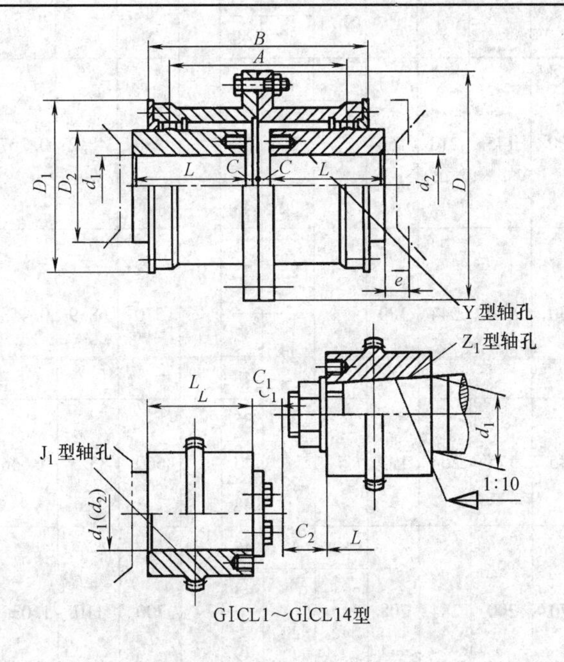

GⅠCL1～GⅠCL14型

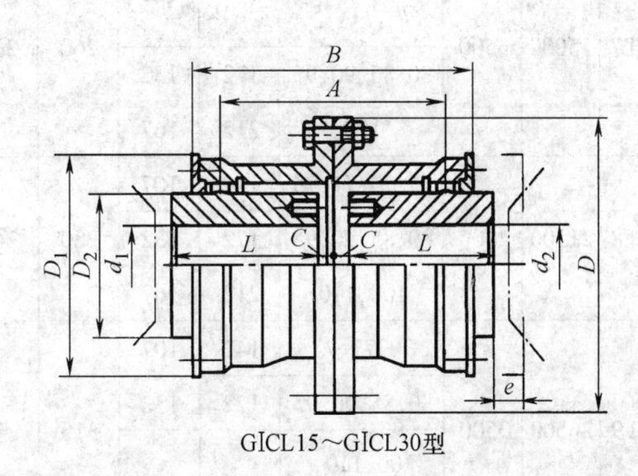

GⅠCL15～GⅠCL30型

型号	公称转矩 T_n /N·m	许用转速 [n] /(r/min)	轴孔直径 d_1、d_2 /mm	轴孔长度 L/mm		D /mm	D_1 /mm	D_2 /mm	B /mm	A /mm	C /mm	C_1 /mm	C_2 /mm	e /mm	润滑脂用量 /mL	质量 m /kg	转动惯量 I/kg·m²
				Y 型	J_1、Z_1 型												
GⅠCL1	800	7100	16,18,19	42		125	95	60	115	75	20			30	55	5.9	0.009
			20,22,24	52	38						10		24				
			25,28	62	44								19				
			30,32,35,38	82	60							15	22				
GⅠCL2	1420	6300	25,28	62	44	144	120	75	135	88	10.5		29		100	9.7	0.02
			30,32,35,38	82	60						2.5	12.5	30				
			40,42,45,48	112	84							13.5	28				
GⅠCL3	2800	5900	30,32,35,38	82	60	174	140	95	155	106	3	24.5	25		140	17.2	0.047
			40,42,45,48,50,55,56	112	84							25	28				
			60	142	107							17	35				

（续）

型号	公称转矩 T_n /N·m	许用转速 [n] /(r/min)	轴孔直径 d_1、d_2 /mm	轴孔长度 L/mm		D /mm	D_1 /mm	D_2 /mm	B /mm	A /mm	C /mm	C_1 /mm	C_2 /mm	e /mm	润滑脂用量 /mL	质量 m /kg	转动惯量 I/ kg·m^2
				Y型	J_1、Z_1 型												
			32,35,38	82	60						14	37	32				
GⅠCL4	5000	5400	40,42,45,48,50,55,56	112	84	195	165	115	178	125		17	28		170	24.9	0.091
			60,63,65,70	142	107								35				
			40,42,45,48,50,55,56	112	84						3	25	28				
GⅠCL5	8000	5000	60,63,65,70,71,75	142	107	225	183	130	198	142		20	35		270	38	0.167
			80	172	132							22	43				
			48,50,55,56	112	84						6	35					
GⅠCL6	11200	4000	60,63,65,70,71,75	142	107	240	200	145	218	160		20	35		380	48.2	0.267
			80,85,90	172	132							22	43				
			60,63,65,70,71,75	142	107						4	25	35	30			
GⅠCL7	15000	4500	80,85,90,95	172	132	260	230	160	244	180		22	43		570	68.9	0.453
			100	212	167								48				
			65,70,71,75	142	107							35	35				
GⅠCL8	21200	4000	80,85,90,95	172	132	280	245	175	264	193	5	22	43		660	83.3	0.646
			100,110	212	167								48				
			70,71,75	142	107						10	45	45				
GⅠCL9	26500	3500	80,85,90,95	172	132	315	270	200	284	208			43		700	110	1.036
			100,110,120,125	212	167							22	49				
			80,85,90,95	172	132						5	43	43				
GⅠCL10	42500	3200	100,110,120,125	212	167	345	300	220	330	249		22	49		900	156.7	1.88
			130,140	252	202								54				
			100,110,120	212	167								49				
GⅠCL11	60000	3000	130,140,150	252	202	380	330	260	360	267		29	54		1200	217.1	3.26
			160	302	242								64				
			120	212	167						6	57	57	40			
GⅠCL12	80000	2600	130,140,150	252	202	440	380	290	416	313			55		2000	305.1	5.08
			160,170,180	302	242							29	68				

（续）

型号	公称转矩 T_n /N·m	许用转速 [n] /(r/min)	轴孔直径 d_1、d_2 /mm	轴孔长度 L/mm Y 型	J_1、Z_1 型	D /mm	D_1 /mm	D_2 /mm	B /mm	A /mm	C /mm	C_1 /mm	C_2 /mm	e /mm	润滑脂用量 /mL	质量 m /kg	转动惯量 I/ kg·m²
GⅠCL13	112000	2300	140,150	252	202	480	420	320	476	364	7	54	57		3000	419.4	10.06
			160,170,180	302	242							32	70				
			190,200	352	282								80				
GⅠCL14	160000	2100	160,170,180	302	242	520	465	360	532	415	8	42	70	40	4500	593.9	16.774
			190,200,220	352	282							32	80				
GⅠCL15	224000	1900	190,200,220			580	510	400	556	429		34			5000	783.3	26.55
			240,250	410	330							38					
GⅠCL16	355000	1600	200,220	352	282	680	595	465	640	501		58			8000	1134.4	52.22
			240,250,260	410	330							38					
			280	470	380												
GⅠCL17	400000	1500	220	352	282	720	645	495	672	512	10	74	80		10000	1305	69
			240,250,260	410	330							39					
			280,300	470	380												
GⅠCL18	500000	1400	240,250,260	410	330	775	675	520	702	524		46		50	11000	1626	96.16
			280,300,320	470	380							41					
GⅠCL19	630000	1300	260	410	330	815	715	560	744	560		67			13000	1773	115.6
			280,300,320	470	380							41					
			340	550	450												
GⅠCL20	710000	1200	280,300,320	470	380	855	755	585	786	595		44			16000	2263	167.41
			340,360	550	450												
GⅠCL21	900000	1100	300,320	470	380	915	795	620	808	611	13	59			20000	2593	215.7
			340,360,380	550	450												
GⅠCL22	950000	950	340,360,380			960	840	665	830	632		44			26000	3036	278.07
			400	650	540												
GⅠCL23	1120000	900	360,380	550	450	1010	890	710	870	666		48			29000	3668	379.4
			400,420	650	540												
GⅠCL24	1250000	875	380	550	450	1050	925	730	890	685		46		60	32000	3946	448.1
			400,420,450	650	540							50					
GⅠCL25	1400000	850	400,420,450			1120	970	770	930	724	15				34000	4443	564.64
GⅠCL26	1600000	825	420,450,480,500			1160	990	800	950	733					37000	4791	637.4
GⅠCL27	1800000	800	450,480,500			1210	1060	850	958	739				70	45000	5758	866.26
			530	800	680												

（续）

型号	公称转矩 T_n /N·m	许用转速 [n] /(r/min)	轴孔直径 d_1、d_2 /mm	轴孔长度 L/mm Y型	J₁、Z₁型	D /mm	D_1 /mm	D_2 /mm	B /mm	A /mm	C /mm	C_1 /mm	C_2 /mm	e /mm	润滑脂用量 /mL	质量 m /kg	转动惯量 I/kg·m²
GⅠCL28	2000000	770	480,500	650	540	1250	1080	890	1034	805	20	55		70	47000	6232	1020.76
			530,560	800	680												
GⅠCL29	2800000	725	500	650	540	1340	1200	960	1034	792		57		80	50000	7549	1450.84
			530,560,600	800	680							55					
GⅠCL30	3500000	700	560,600,630			1390	1240	1005	1050	806					59000	9541	1974.17

注：1. 联轴器质量和转动惯量是按各型号中最小直径和最大长度计算的近似值。
2. D_2 >465mm，其O形圈采用圆形断面橡皮条粘结而成。
3. J_1 型轴孔根据需要，也可以不使用轴端挡圈。

表 11-14　GⅡCL 型鼓形齿式联轴器基本参数和主要尺寸（摘自 JB/T 8854.2—2001）

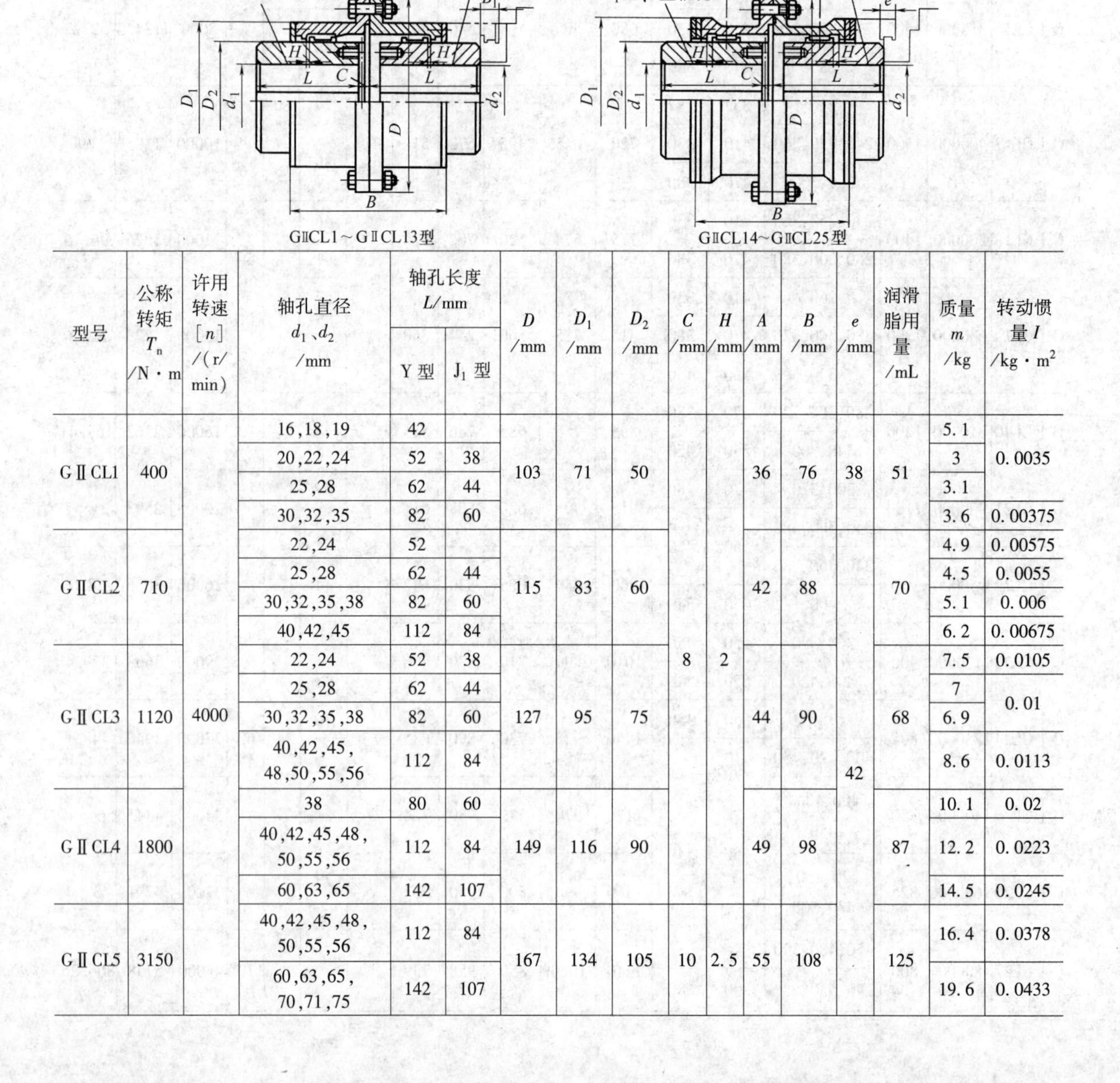

GⅡCL1～GⅡCL13型　　GⅡCL14～GⅡCL25型

型号	公称转矩 T_n /N·m	许用转速 [n] /(r/min)	轴孔直径 d_1、d_2 /mm	轴孔长度 L/mm Y型	J_1型	D /mm	D_1 /mm	D_2 /mm	C /mm	H /mm	A /mm	B /mm	e /mm	润滑脂用量 /mL	质量 m /kg	转动惯量 I /kg·m²
GⅡCL1	400		16,18,19	42		103	71	50			36	76	38	51	5.1	0.0035
			20,22,24	52	38										3	
			25,28	62	44										3.1	
			30,32,35	82	60										3.6	0.00375
GⅡCL2	710		22,24	52		115	83	60			42	88		70	4.9	0.00575
			25,28	62	44										4.5	0.0055
			30,32,35,38	82	60										5.1	0.006
			40,42,45	112	84										6.2	0.00675
GⅡCL3	1120	4000	22,24	52	38	127	95	75	8	2	44	90		68	7.5	0.0105
			25,28	62	44										7	0.01
			30,32,35,38	82	60										6.9	
			40,42,45,48,50,55,56	112	84								42		8.6	0.0113
GⅡCL4	1800		38	80	60	149	116	90			49	98		87	10.1	0.02
			40,42,45,48,50,55,56	112	84										12.2	0.0223
			60,63,65	142	107										14.5	0.0245
GⅡCL5	3150		40,42,45,48,50,55,56	112	84	167	134	105	10	2.5	55	108		125	16.4	0.0378
			60,63,65,70,71,75	142	107										19.6	0.0433

（续）

型号	公称转矩 T_n /N·m	许用转速 [n] /(r/min)	轴孔直径 d_1、d_2 /mm	轴孔长度 L/mm Y型	轴孔长度 L/mm J_1型	D /mm	D_1 /mm	D_2 /mm	C /mm	H /mm	A /mm	B /mm	e /mm	润滑脂用量 /mL	质量 m /kg	转动惯量 I /kg·m²
GⅡCL6	5000	4000	45,48,50,55,56	112	84	187	153	125		2.5	56	110		148	22.1	0.0663
			60,63,65,70,71,75	142	107										26.5	0.075
			80,85,90	172	132										31.2	0.0843
GⅡCL7	7100	3750	50,55,56	112	84	204	170	140	10	2.5	60	118	42	175	27.6	0.103
			60,63,65,70,71,75	142	107										33.1	0.115
			80,85,90,95	172	132										39.2	0.1298
			100,(105)	212	167										47.5	0.151
GⅡCL8	10000	3300	55,56	112	84	230	186	155	12	3	67	142		268	35.5	0.167
			60,63,65,70,71,75	142	107										42.3	0.188
			80,85,90,95	172	132										49.7	0.21
			100,110,(115)	212	167										60.2	0.241
GⅡCL9	16000	3000	60,63,65,70,71,75	142	107	256	212	180	12	3	69	146		310	55.6	0.316
			80,85,90,95	172	132										65.6	0.356
			100,110,120,125	212	167										79.6	0.413
			130,(135)	252	202								47		95.8	0.47
GⅡCL10	22400	2650	65,70,71,75	142	107	287	239	200			78	164		472	72	0.511
			80,85,90,95	172	132										84.4	0.573
			100,110,120,125	212	167										101	0.659
			130,140,150	252	202										119	0.745
GⅡCL11	35500	2350	70,71,75	142	107	352	276	235	14	3.5	81	170		550	97	1.454
			80,85,90,95	172	132										114	1.096
			100,110,120,125	212	167										138	1.235
			130,140,150	252	202										161	1.34
			160,170,(175)	302	242										189	1.588
GⅡCL12	50000	2100	75	142	107	362	313	270	16	4	89	190	49	695	128	1.623
			80,85,90,95	172	132										150	1.828
			100,110,120,125	212	167										205	2.113
			130,140,150	252	202										213	2.4
			160,170,180	302	242										248	2.728
			190,200	352	282										285	3.055

（续）

型号	公称转矩 T_n /N·m	许用转速 [n] /(r/min)	轴孔直径 d_1、d_2 /mm	轴孔长度 L/mm		D /mm	D_1 /mm	D_2 /mm	C /mm	H /mm	A /mm	B /mm	e /mm	润滑脂用量 /mL	质量 m /kg	转动惯量 I /kg·m²
				Y型	J_1型											
GⅡCL13	71000	1850	150	252	202	412	350	300	18	4.5	98	208	49	1019	269	3.925
			160,170,180,(185)	302	242										315	4.425
			190,200,220(225)	352	282										360	4.918
GⅡCL14	112000	1650	170,180(185)	302	242	462	418	335	22	5.5	172	296	63	3900	421	8.025
			190,200,220	352	282										476	8.8
			240,250	410	330										544	9.725
GⅡCL15	180000	1500	190,200,220	352	282	512	465	380			182	316		3700	608	14.3
			240,250,260	410	330										696	15.85
			280(285)	470	380										786	17.45
GⅡCL16	250000	1300	220	352	282	580	522	430	28	7	209	354	67	4500	799	23.925
			240,250,260	410	300										913	26.45
			280,300,320	470	380										1027	29.1
GⅡCL17	355000	1200	250,260	410	330	644	582	490	28	7	198	364	67	4900	1176	43.095
			280,(290),300,320	470	380										1322	47.525
			340,360,(365)	550	450										1532	53.725
GⅡCL18	500000	1050	280,(295),300,320	470	380	726	654	540		8	222	430	75	7000	1698	78.525
			340,360,380	550	450										1948	87.75
			400	650	540										2278	99.5
GⅡCL19	710000	950	300,320	470	380	818	748	630	32		232	440		8900	2249	136.75
			340,(350),360 380,(390)	550	450										2591	153.75
			400,420,440·450,460(470)	650	540										3026	175.5
GⅡCL20	1000000	800	360,380,(390)	550	450	928	838	720		10.5	247	470		11000	3384	261.75
			400,420,440,450,460	650	540										3984	299
			480,500													
			530,(540)	800	680										4430	360.75

（续）

型号	公称转矩 T_n /N·m	许用转速 [n] /(r/min)	轴孔直径 d_1、d_2 /mm	轴孔长度 L/mm		D /mm	D_1 /mm	D_2 /mm	C /mm	H /mm	A /mm	B /mm	e /mm	润滑脂用量 /mL	质量 m /kg	转动惯量 I /kg·m²
				Y 型	J_1 型											
GⅡCL21	1400000	750	400,420,440,450,460,480,500	650	540	1022	928	810		11.5	255	490		13000	4977	468.75
			530,560,600	800	680				40				75		6152	561.5
GⅡCL22	1800000	650	450,460,480,500	650	540	1134	1036	915		13	262	510		16000	6318	753.75
			530,560,600,630	800	680										7738	904.75
			670,(680)	900	780											
GⅡCL23	2500000	600	530,560,600,630	800	680	1282	1178	1030		14.5	299	580		28000	10013	1517
			670,(700),710,750,(770)	900	780										11553	1725
GⅡCL24	3550000	550	560,600,630	800	680	1428	1322	1175		16.5	317	610		33000	12915	2486
			670,(700),710,750	900	780										15015	2838.5
			800,850	1000	880				50				80		16615	3131.75
GⅡCL25	4500000	460	670,(700),710,750	900	780	1644	1538	1390		19	325	620		43000	19837	5174.25
			800,850	1000	880										22381	5836.5
			900,950		980										24765	6413
			1000,(1040)		1100										27797	7198.25

注：1. 转动惯量与质量按 J_1 型计算，并包括轴伸在内。

2. 轴孔长度推荐选用 J_1 型轴伸。

3. 带括号的轴孔直径新设计时不应选用。

11.1.3.4　万向联轴器（表 11-15 和表 11-16）

表 11-15　WSD 型和 WS 型十字轴万向联轴器基本参数和主要尺寸（摘自 JB/T 5901—1991）

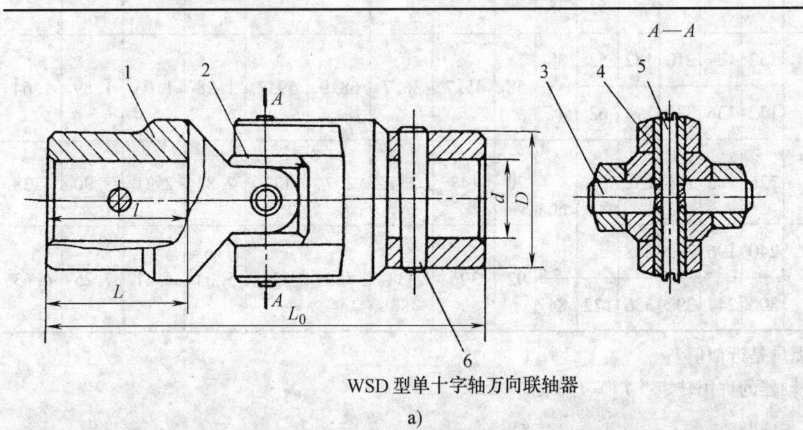

WSD 型单十字轴万向联轴器

a)

标记示例：

WSD3 单十字轴万向联轴器，主动端 Y 型轴孔、d = 12mm、D = 25mm，从动端 J_1 型轴孔、d = 14mm、D = 25mm，采用滑动轴承，标记如下：

WSD3 联轴器　$\frac{12}{J_1 14}\times 25(H)$

JB/T 5901—1991

（续）

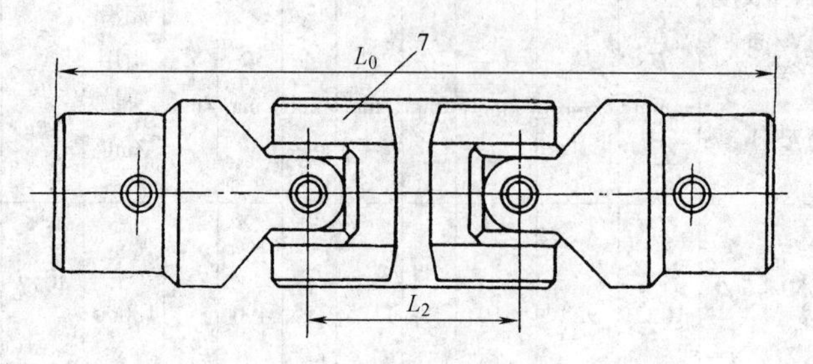

WS型双十字轴万向联轴器

b)

标记示例：
WS4 双十字万向联轴器，主动端Y型轴孔、$d=16$mm、$D=32$mm，从动端J_1型轴孔、$d=18$mm、$D=32$mm，采用滚针轴承，标记如下：

WS4 联轴器 $\frac{16}{J_1 18}\times 32$(G)

JB/T 5901—1991

1—半联轴器　2—十字轴　3—圆柱销　4—套筒
5—销钉　6—圆锥销　7—叉形接头

型号	轴径 d (H7)	D/mm	许用转矩 M_p/N·m	L_0/mm				L/mm		L_2/mm	质量 m/kg				转动惯量 J/(kg·m²)			
				WSD型		WS型		Y型	J_1型		WSD型		WS型		WSD型		WS型	
											Y型	J_1型	Y型	J_1型	Y型	J_1型	Y型	J_1型
WS1	8,9	16	11.2	60 Y型	J_1型	80 Y型	J_1型	20		20	0.23		0.32		0.06		0.08	
WSD1	10			66	60	86	80	25	22			0.20		0.29		0.05		0.07
WS2	10,11	20	22.4	70	64	96	90			26	0.64	0.57	0.93	0.88	0.10	0.09	0.15	0.15
WSD2	12			84	74	110	100	32	27									
WS3 WSD3	12,14	25	45.0	90	80	122	112			32	1.45	1.30	2.10	1.95	0.17	0.15	0.24	0.22
WS4 WSD4	16,18	32	71.0	116	92	154	130	42	30	38	5.92	4.86	8.56	7.48	0.39	0.32	0.56	0.49
WS5	19	40	140.0	144	116	192	164			48	16.3	12.9	24.0	20.6	0.72	0.59	1.04	0.91
WSD5	20,22							52	38									
WS6	24	50	280.0	152	124	210	182	52	38	58	45.7	36.7	68.9	59.7	1.28	1.03	1.89	1.64
WSD6	25,28			172	136	330	194	62	44									
WS7 WSD7	30,32,35	60	560.0	226	182	296	252	82	60	70	148	117	207	177	2.82	2.31	3.90	3.38
WS8	38	75	1120.0	240	196	332	288			92	396	338	585	525	5.03	4.41	7.25	6.63
WSD8	40,42			300	244	392	336	112	84									

注：1. 表中联轴器重量、转动惯量是近似值。
2. 当轴线夹角$\beta\neq 0$时，联轴器的许用转矩 $[T]=T_n\cos\beta$。
3. 中间轴尺寸L_2可根据需要选取。

表 11-16 QWL 型球笼式万向联轴器基本参数和主要尺寸（摘自 GB/T 7549—1987）

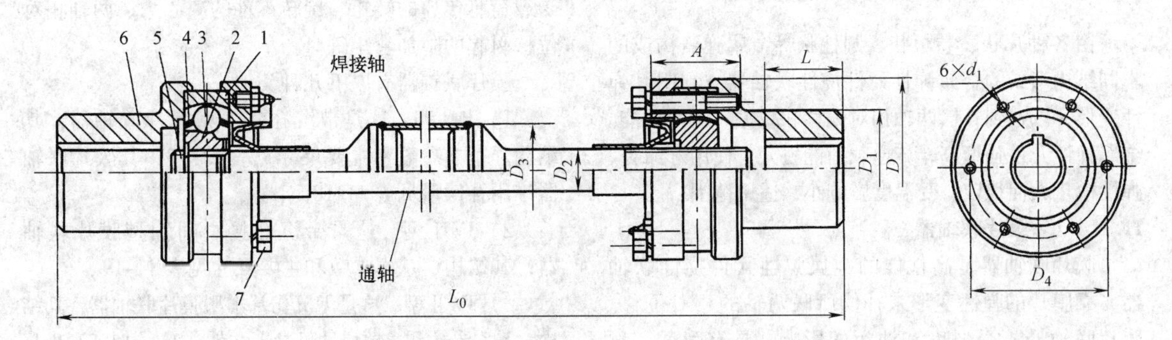

1—外环 2—内环 3—钢球 4—球笼 5—中间轴 6—半联轴器 7—螺栓

型号	公称转矩 T_n/N·m	许用最大轴倾角 α_{max}/(°)		轴孔直径 d/mm (H7)	轴孔长度 L/mm		D/mm	L_{0min}/mm		总长伸缩量 ΔL_0/mm	A/mm	D_1/mm	D_2/mm	D_3/mm	D_4/mm	螺栓 d_1/mm	质量 m/kg L_{0min}		转动惯量 I/(kg·m^2) L_{0min}	
		静止时	工作时		Y型	J型		通轴	焊接轴								通轴	焊接轴	通轴	焊接轴
QWL1	180	16	14	25,28	62	44	85	284	392	24	48	55	20	50	66	M8	3.94	4.68	1.9×10^{-3}	2.16×10^{-3}
				30,32,35	82	60														
QWL2	355	16	14	32,35	82	60	100	394	478	32	56	65	30	50	80	M8	7.21	7.92	5.11×10^{-3}	5.36×10^{-3}
				38,40,45	122	84														
QWL3	800	18	16	45,48,50,55,56	122	84	130	443	561	40	68	90	31.5	60	106	M10	14.69	16.02	18.99×10^{-3}	19.64×10^{-3}
				60,63,65,70	142	107														
QWL4	1400	18	16	55,56	112	84	150	537	643	48	80	105	44.5	76	124	M12	25.08	27.42	44.38×10^{-3}	46.38×10^{-3}
				60,63,65,70 71,75	142	107														
QWL5	2240	18	16	63,65,70,71,75	142	107	175	574	714	54	92	120	50	89	140	M16	35.32	40.17	112.4×10^{-3}	116.6×10^{-3}
				80,85,90	172	132														
QWL6	3150	18	16	71,75	142	107	200	675	805	54	103	140	57.5	102	159	M12	55.11	59.95	216.4×10^{-3}	223×10^{-3}
				80,85,90,95	172	132														
				100,110	212	167														
QWL7	4500	18	16	80,85,90,95	172	132	220	701	840	54	110	160	63	102	180	M12	72.34	77.54	348×10^{-3}	355.5×10^{-3}
				100,110,120	212	167														
QWL8	6300	20	18	90,95	172	132	245	710	910	60	124	180	76	140	197	M16	96.97	110	584×10^{-3}	618×10^{-3}
				100,110,120,125	212	167														
				130,140	252	202														
QWL9	10000	20	18	100,110,120,125	212	167	275	842	1065	70	173	205	81	140	226	M16	148.4	162.8	1262.3×10^{-3}	1298×10^{-3}
				130,140,150	252	202														
				160	302	242														

注：1. 公称转矩为转速 $n=100$r/min、0°轴倾角时的计算值。不同转速、轴倾角下的转矩按 GB/T 7549 附录 A 选用。

2. 在起动、制动时产生的短时过大转矩的允许值为 $T_{max}=3T_n$，时间不得超过15s。

11.1.4　金属弹性元件挠性联轴器

由各种片状、卷板状、圆柱状等金属弹簧构成的不同结构形式的金属弹性元件挠性联轴器，利用其弹性变形，以达到补偿两轴相对偏移和减振、缓冲功能。金属弹性元件强度高，传递载荷能力大，使用寿命长，弹性模量大而稳定，受温度影响小，适用范围广。

11.1.4.1　膜片联轴器

膜片联轴器是高性能的金属弹性元件挠性联轴器，靠膜片的弹性变形来补偿所联两轴的相对位移。膜片联轴器不受温度和油污的影响，具有耐酸、耐碱、耐腐蚀的特点。适用于高温、高速、有腐蚀介质工况环境的轴系传动，可广泛用于各种机械装置的轴系传动，是我国重点推广的新型联轴器。

膜片联轴器的设计计算主要对象是膜片。膜片所受载荷有传递的转矩、旋转零件的离心力、两轴相对位移引起的附加弯矩等。

膜片联轴器有以下几种类型：

1）JMI型。这是带沉孔基本型膜片联轴器，其结构、基本参数和主要尺寸见表11-17，其膜片联轴器许用补偿量见表11-18。

2）JMIJ型。这是带沉孔接中间轴型膜片联轴器，其结构、基本参数和主要尺寸见表11-19。

3）JMⅡ型。这是无沉孔基本型膜片联轴器，其结构、基本参数和主要尺寸见参考文献［2］的表23-45。

4）JMⅡJ型。这是无沉孔接中间轴型膜片联轴器，其结构、基本参数和主要尺寸见参考文献［2］的表23-46。

表11-17　JMⅠ型膜片联轴器基本参数和主要尺寸（摘自JB/T 9147—1999）

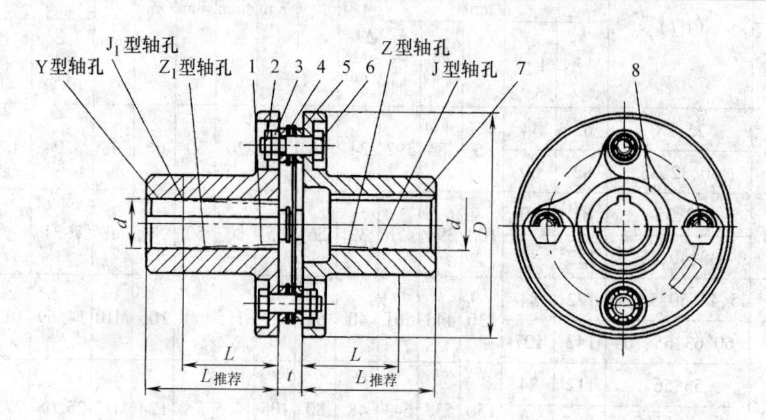

1、7—半联轴器　2—扣紧螺母　3—六角螺母　4—隔圈　5—支承圈　6—六角头铰制孔用螺栓　8—膜片

型号	公称转矩 T_n /N·m	瞬时最大转矩 T_{max} /N·m	许用转速 [n] /(r/min)	轴孔直径 d、d_1 /mm	轴孔长度/mm Y型 L	轴孔长度/mm J、J_1、Z、Z_1型 L	轴孔长度/mm J、J_1、Z、Z_1型 L_1	L /mm (推荐)	D /mm	t /mm	扭转刚度 C /(N·m/r)	质量 m /kg	转动惯量 I /kg·m²
JMⅠ1	25	80	6000	14	32		27	35	90	8.8	1×10^4	1	0.0007
				16,18,19	42		30						
				20,22	52		38						
JMⅠ2	63	180	5000	18,19	42		30	45	100	9.5	1.4×10^4	2.3	0.001
				20,22,24	52		38						
				25	62		44						
JMⅠ3	100	315		20,22,24	52		38	50	120	11	1.87×10^4	2.3	0.0024
				25,28	62		44						
				30	82		60						

（续）

型号	公称转矩 T_n /N·m	瞬时最大转矩 T_{max} /N·m	许用转速 [n] /(r/min)	轴孔直径 d、d_1 /mm	轴孔长度/mm Y型	J、J_1、Z、Z_1 型		L /mm (推荐)	D /mm	t /mm	扭转刚度 C /(N·m/r)	质量 m /kg	转动惯量 I /kg·m²
					L	L	L_1						
JMⅠ4	160	500	4500	24	52		38	55	130	12.5	3.12×10^4	3.3	0.0024
				25,28	62		44						
				30,32,35	82		60						
JMⅠ5	250	710	4000	28	62		44	60	150	14	4.32×10^4	5.3	0.0083
				30,32,35,38	82		60						
				40	112		84						
JMⅠ6	400	1120	3600	32,35,38	82	82	60	65	170	15.5	6.88×10^4	8.7	0.0159
				40,42,45,48,50			84						
JMⅠ7	630	1800	3000	40,42,45,48,50,55,56	112	112	107	70	210	19	10.35×10^4	14.3	0.0432
				60	142								
JMⅠ8	1000	2500	2800	45,48,50,55,56	112	112	84	80	240	22.5	16.11×10^4	22	0.0879
				60,63,65,70	142		107						
JMⅠ9	1600	4000	2500	55,56	112		84	85	260	24	26.17×10^4	29	0.1415
				60,63,70,71,75	142	112	107						
				80	172		132						
JMⅠ10	2500	6300	2000	63,65,70,71,75	142	142	107	90	280	17	7.88×10^4	52	0.2974
				80,85,90,95	172		132						
JMⅠ11	4000	9000	1800	75	142	142	107	95	300	19.5	10.49×10^4	69	0.4782
				80,85,90,95	172	172	132						
				100,110	212		167						
JMⅠ12	6300	12500	1600	90,95	172		132	120	340	23	14.07×10^4	94	0.8067
				100,110,120,125	212		167						
JMⅠ13	10000	18000	1400	100,110,120,125				135	380	28	19.2×10^4	128	1.7053
				130,140	252		202						
JMⅠ14	16000	28000	1200	120,125	212		167	150	420	31	30×10^4	184	2.6832
				130,140,150	252		202						
				160	302		242						
JMⅠ15	25000	40000	1120	140,150	252		202	180	480	37.5	47.46×10^4	262	4.8015
				160,170,180	302		242						
JMⅠ16	40000	56000	1000	160,170,180				200	560	41	48.09×10^4	384	9.4118
				190,200	352		282						

（续）

型号	公称转矩 T_n /N·m	瞬时最大转矩 T_{max} /N·m	许用转速 [n] /(r/min)	轴孔直径 d、d_1 /mm	轴孔长度/mm Y 型 L	J、J_1、Z、Z_1 型 L	J、J_1、Z、Z_1 型 L_1	L /mm (推荐)	D /mm	t /mm	扭转刚度 C /(N·m/r)	质量 m /kg	转动惯量 I /kg·m²
JMⅠ17	63000	8000	900	190,200,220	352		282	220	630	47	10.13×10^4	561	18.3753
				140	410		330						
JMⅠ18	100000	125000	800	220	352		282	250	710	54.5	16.14×10^4	723	28.2033
				240,250,260	410		330						
JMⅠ19	160000	200000	710	250,260				280	800	48	79.8×10^4	1267	66.5813
				280,300,320	470		380						

注：质量、转动惯量是计算近似值。

表 11-18　JMⅠ型膜片联轴器许用补偿量

补偿量 项目 ＼ 型号	JMⅠ1～JMⅠ6	JMⅠ7～JMⅠ10	JMⅠ11～JMⅠ19
轴向 Δx/mm	1	1.5	2
角向 $\Delta\alpha$	1°	30′	

表 11-19　JMⅠJ 型膜片联轴器基本参数和主要尺寸（摘自 JB/T 9147—1999）

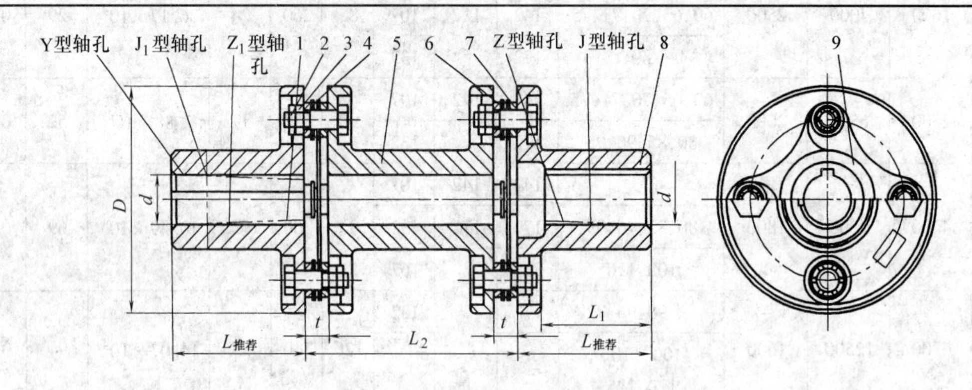

1、8—半联轴器　2—扣紧螺母　3—六角螺母　4—六角头铰制孔用螺栓　5—中间轴
6—隔圈　7—支承圈　9—膜片

型号	公称转矩 T_n /N·m	瞬时最大转矩 T_{max} /N·m	许用转速 [n] /(r/min)	轴孔直径 d、d_1 /mm	轴孔长度/mm Y 型 L	J、J_1、Z、Z_1 型 L	J、J_1、Z、Z_1 型 L_1	L /mm (推荐)	D /mm	t /mm	L_{2min} /mm	质量 m /kg	转动惯量 I /kg·m²
JMⅠJ1	25	80	6000	14	32		27	35	90	8.8	100	1.8	0.0013
				16,18,19	42		30						
				20,22	52		38						

（续）

型号	公称转矩 T_n /N·m	瞬时最大转矩 T_{max} /N·m	许用转速[n] /(r/min)	轴孔直径 d、d_1 /mm	轴孔长度/mm			L /mm (推荐)	D /mm	t /mm	L_{2min} /mm	质量 m /kg	转动惯量 I /kg·m²
					Y 型	J、J_1、Z、Z_1 型							
					L	L	L_1						
JMⅠJ2	63	180	5000	18,19	42		30	45	100	9.5	100	2.4	0.002
				20,22,24	52		38						
				25	62		44						
JMⅠJ3	100	315		20,22,24	54		38	50	120	11	120	4.1	0.0047
				25,28	62		44						
				30	82		60						
JMⅠJ4	160	500	4500	24	52		38	55	130	12.5	120	5.4	0.0069
				25,28	62		44						
				30,32,35	82		60						
JMⅠJ5	250	710	4000	28	62		44	60	150	14		8.8	0.0281
				30,32,35,38	82		60						
				40	112		84				140		
JMⅠJ6	400	1120	3600	32,35,38	82	82	60	65	170	15.5		13.4	0.0281
				40,42,45,48,50	112	112	84						
JMⅠJ7	630	1800	3000	40,42,45,48,50,55,56				70	210	19	150	22.3	0.076
				60	142		107						
JMⅠJ8	1000	2500	2800	45,48,50,55,56	112	112	84	80	240	22.5	180	36	0.1602
				60,63,65,70	142		107						
JMⅠJ9	1600	4000	2500	55,56	112	112	84	85	260	24	220	48	0.2509
				60,63,65,70,71,75	142		107						
				80	172		132						
JMⅠJ10	2500	6300	2000	63,65,70,71,75	142	142	107	90	280	17	250	85	0.5195
				80,85,90,95	172		132						
JMⅠJ11	4000	9000	1800	75	142	142	107	95	300	19.5	290	112	0.8223
				80,85,90,95	172	172	132						
				100,110	212		167						
JMⅠJ12	6300	12500	1600	90,95	172		132	120	340	23	300	150	1.4109
				100,110,120,125	212		167						

注：1. 表中 L_2 也可与制造厂另行商定。

2. 质量、转动惯量是计算近似值。

11.1.4.2 蛇形弹簧联轴器

蛇形弹簧联轴器是利用蛇形弹簧嵌在两半联轴器凸缘上的齿间，以实现传递转矩和两半联轴器连接。为防止蛇形弹簧在离心力作用下甩出，以及避免蛇形弹簧与齿接触处发生干摩擦，需用封闭的壳体罩住，并在里面注以润滑油或润滑脂。

联轴器传递转矩 T 与两联轴器相对转角 ϕ 之比为弹簧刚度。按刚度为常量或变量，蛇形弹簧联轴器分为恒刚度和变刚度两种，主要取决于与弹簧接触齿的形状。

直线齿形加工方便，只适用于传递转矩变化较小的工况，性能差；曲线齿形适用于转矩变化较大，正反转多变的工况，有较好的减振缓冲作用和良好的补偿轴线偏移性能。

1）蛇形弹簧的受力分析和强度计算。图 11-6 示出蛇形弹簧联轴器的齿廓及其受载过程。作用在蛇形

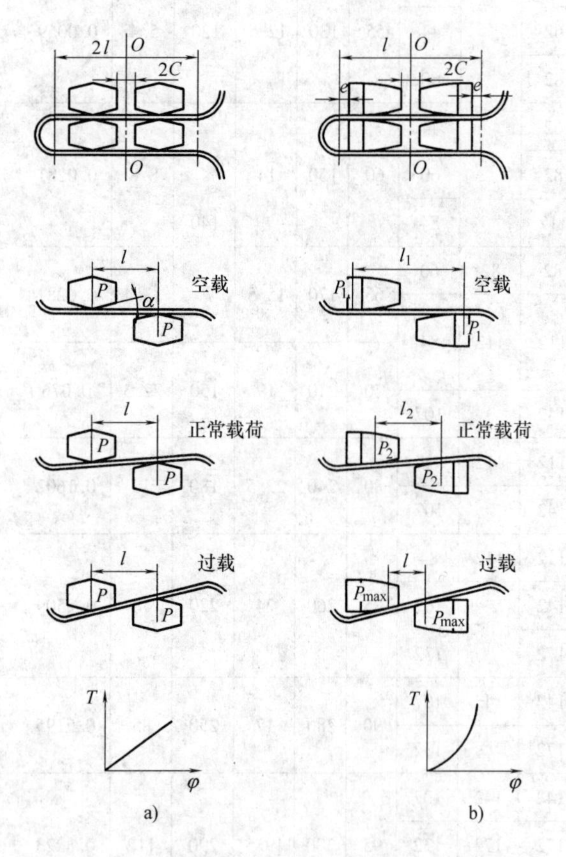

图 11-6 蛇形弹簧联轴器的齿廓及其受载过程

a）直线齿形 b）曲线齿形

弹簧上的力计算如下：

$$F=\frac{2T_c}{zD_0}=\frac{2\pi T_c}{z^2t}$$

式中 T_c——联轴器的计算转矩（N · mm）；

z——半联轴器上的齿数；

D_0——弹簧平均厚度处的分布圆直径，即齿的节圆直径。

在受最大载荷时，交接处弹簧截面 m-m 强度应满足以下条件：

$$\sigma_{\max}=\frac{2Fa}{tbh}+\frac{6K_\sigma F(l-a)}{bh^2}\leqslant[\sigma]$$

式中 $[\sigma]$——弹簧的许用应力，取 $[\sigma]=(0.5\sim0.7)\sigma_s$；

K_σ——弹簧的应力集中系数。

b、h、l、a 见图 11-7。

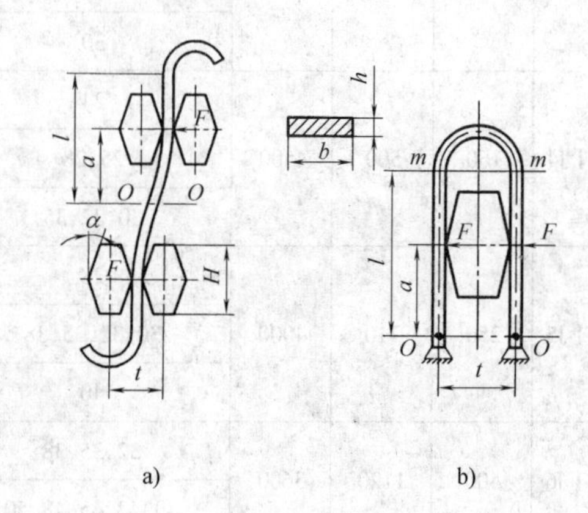

图 11-7 蛇形弹簧作用力分析

a）直线齿蛇形弹簧实际受力

b）简化的力学模型

2）蛇形弹簧的挠度和刚度计算。

挠度 y：

$$y=\frac{Fa^2}{24EI}(24l-16a+3\pi t)$$

或

$$y=\frac{T_c a^2}{12zD_0EI}(24l-16a+3\pi t)$$

两半联轴器相对扭转角 φ：

$$\varphi=\frac{Fa^2}{6D_0EI}(24l-16a+3\pi t)$$

或

$$\varphi=\frac{T_c a^2}{3ZD_0^2EI}(24l-16a+3\pi t)$$

联轴器的刚度 C：

$$C=\frac{T_c}{\varphi}=\frac{3ZD_0^2EI}{a^2(24l-16a+3\pi t)}$$

3）修订后的标准蛇形弹簧联轴器，有图 11-8 所示的九种结构形式，适用范围很广。尺寸及性能数据见光盘 G1.4.1 节。

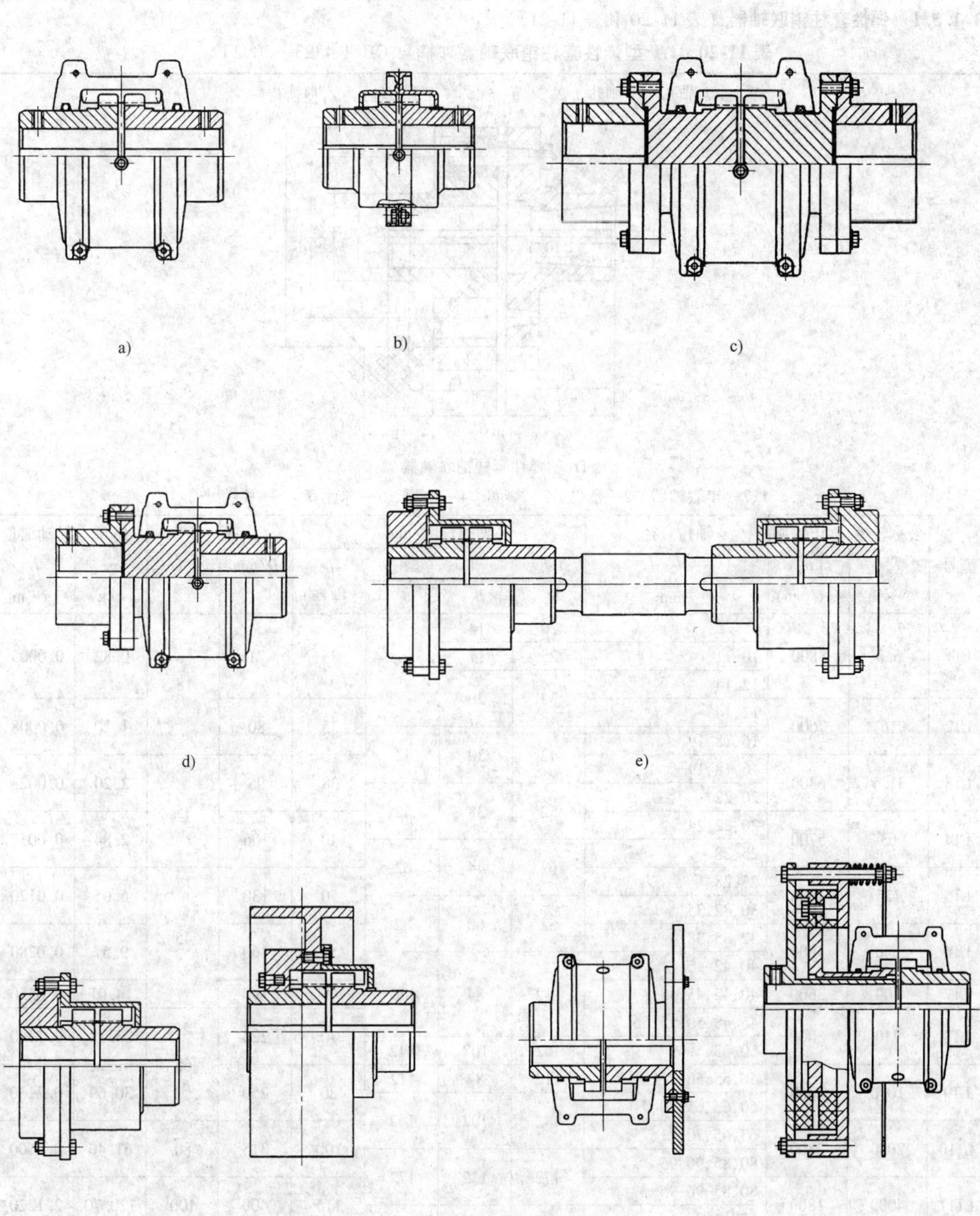

图 11-8　蛇形弹簧联轴器的结构形式

a）基本型（JS）　b）垂直方向安装罩壳型（JSB）　c）双凸缘连接型（JSS）　d）单凸缘连接型（JSD）　e）接中间轴型（JSJ）　f）高速型（JSG）　g）带制动轮型（JSZ）　h）带制动盘型（JSP）　i）安全型（JSA）

11.1.5　非金属弹性元件挠性联轴器

11.1.5.1　弹性套柱销联轴器（表11-20和表11-21）

表11-20　LT型弹性套柱销联轴器（摘自GB/T 4323—2002）

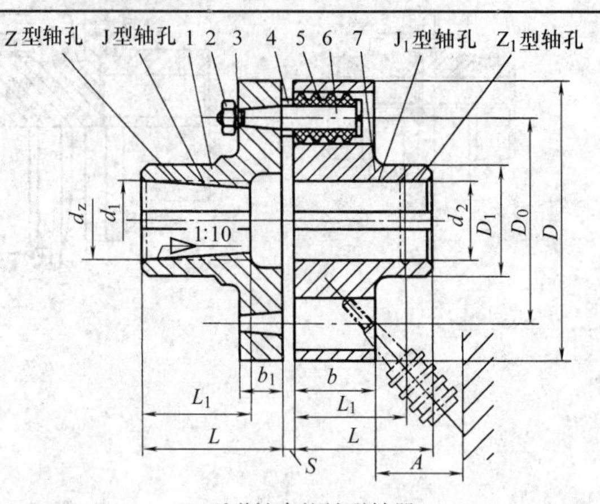

TL型弹性套柱销联轴器

1、7—半联轴器　2—螺母　3—垫圈　4—挡圈　5—弹性套　6—柱销

型号	公称转矩 T_n/N·m	许用转速 [n]/(r/min)	轴孔直径 d_1、d_2、d_z/mm	轴孔长度/mm Y型 L	J、J_1、Z型 L_1	J、J_1、Z型 L	L（推荐）	D/mm	A/mm	质量 m/kg	转动惯量 I/kg·m²
LT1	6.3	8800	9	20	14		25	71	18	0.82	0.0005
			10,11	25	17						
			12,14	32	20						
LT2	16	7600	12,14				35	80		1.20	0.0008
			16,18,19	42	30	42					
LT3	31.5	6300	16,18,19				38	95	35	2.20	0.0023
			20,22	52	38	52					
LT4	63	5700	20,22,24				40	106		2.84	0.0037
			25,28	62	44	62					
LT5	125	4600	25,28				50	130	45	6.05	0.0120
			30,32,35	82	60	82					
LT6	250	3800	32,35,38				55	160		9.57	0.0280
			40,42	112	84	112					
LT7	500	3600	40,42,45,48				65	190		14.01	0.0550
LT8	710	3000	45,48,50,55,56				70	224	65	23.12	0.1340
			60,63	142	107	142					
LT9	1000	2850	50,55,56	112	84	112	80	250		30.69	0.2130
			60,63,65,70,71	142	107	142					
LT10	2000	2300	63,65,70,71,75				100	315	80	61.40	0.6600
			80,85,90,95	172	132	172					
LT11	4000	1800	80,85,90,95				115	400	100	120.70	2.1220
			100,110	212	167	212					
LT12	8000	1450	100,110,120,125				135	475	130	210.34	5.3900
			130	252	202	252					
LT13	16000	1150	120,125	212	167	212	160	600	180	419.36	17.5800
			130,140,150	252	202	252					
			160,170	302	242	302					

注：质量、转动惯量按材料为铸钢、无孔、L（推荐）计算近似值。

表 11-21 LTZ 型带制动轮联轴器的结构形式、基本参数和主要尺寸（摘自 GB/T 4323—2002）

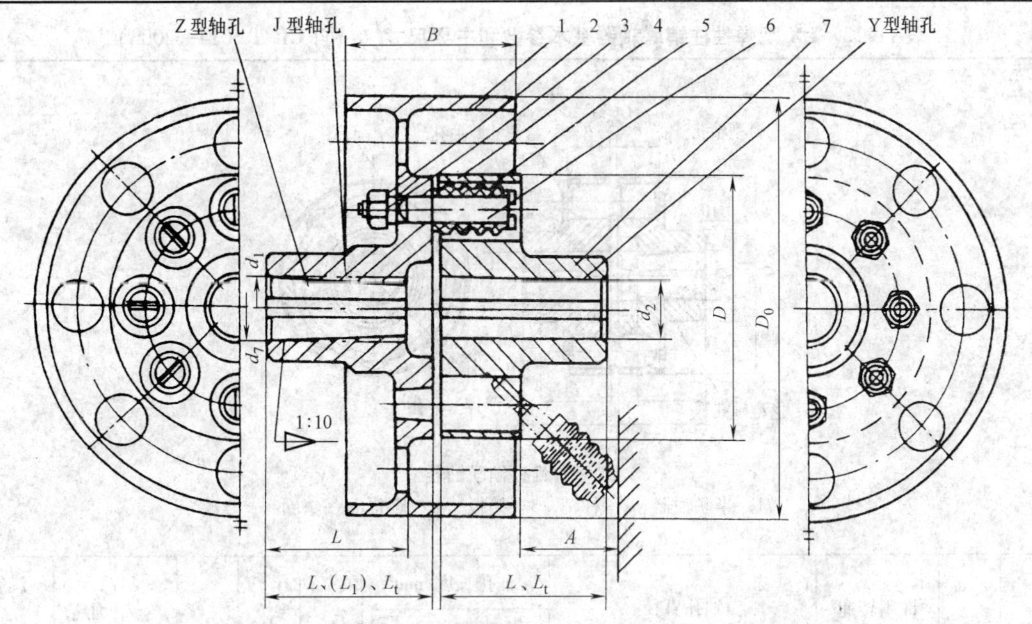

1—制动轮 2—螺母 3—垫圈 4—挡圈 5—弹性套 6—柱销 7—半联轴器 L_t—$L_{推荐}$

（mm）

型号	公称转矩 T_n /N·m	许用转速 [n] /(r/min)	轴孔直径 d_1、d_2、d_z /mm	轴孔长度/mm Y型 L	轴孔长度/mm J、J_1、Z型 L_1	轴孔长度/mm J、J_1、Z型 L	L（推荐）	D_0 /mm	D /mm	B /mm	A /mm	质量 m /kg	转动惯量 I /kg·m²
LTZ5	125	3800	25,28	62	44	62	50	200	130	85	45	13.38	0.0416
			30,32,35	82	60	82							
LTZ6	250	3000	32,35,38				55	250	160	105		21.25	0.1053
			40,42	112	84	112							
LTZ7	500	2400	40,42,45,48				65	315	190	132	65	35.00	0.2522
LTZ8	710		45,48,50,55,56				70		224			45.14	0.3470
			60,63	142	107	142							
LTZ9	1000		50,55,56	112	84	112	80		250	168		58.67	0.4070
			60,63,65,70	142	107	142							
LTZ10	2000	1900	63,65,70,71,75				100	400	315		80	100.30	1.3050
			80,85,90,95	172	132	172							
LTZ11	4000	1500	80,85,90,95				115	500	400	210	100	198.73	4.3300
			100,110	212	167	212							
LTZ12	8000	1200	100,110,120,125				135	630	475	265	130	370.60	12.4900
			130	252	202	252							
LTZ13	16000	1000	120,125	212	167	212	160	710	600	298	180	641.13	30.4800
			130,140,150	252	202	252							
			160,170	302	242	302							

注：质量、转动惯量按材料为铸钢、无孔、L（推荐）计算近似值。

11.1.5.2 弹性柱销联轴器（表 11-22 和表 11-23）

表 11-22　LX 型弹性柱销联轴器基本参数和主要尺寸（摘自 GB/T 5014—2003）

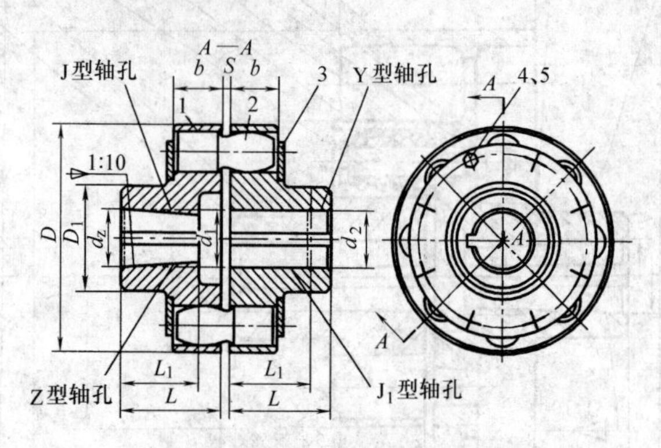

LX 型弹性柱销联轴器

1—半联轴器　2—柱销　3—挡板　4—螺栓　5—垫圈

型号	公称转矩 T_n /N·m	许用转速 [n] /(r/min)	轴孔直径 d_1、d_2、d_z /mm	轴孔长度/mm Y 型 L	J、J_1、Z 型 L_1	J、J_1、Z 型 L	b /mm	D /mm	D_1 /mm	S /mm	质量 m /kg	转动惯量 I /kg·m²
LX1	250	8500	12,14	32	27	32	20	90	40	2.5	2	0.002
			16,18,19	42	30	42						
			20,22,24	52	38	52						
LX2	560	6300	20,22,24				28	120	55	2.5	5	0.009
			25,28	62	44	62						
			30,32,35	82	60	82						
LX3	1250	4750	30,32,35,38				36	160	75	2.5	8	0.026
			40,42,45,48	112	84	112						
LX4	2500	3800	40,42,45,48,50,55,56				45	195	100	3	22	0.109
			60,63	142	107	142						
LX5	3150	3400	50,55,56	112	84	112		220		3	30	0.191
			60,63,65,70,71,75	142	107	142						
LX6	6300	2720	60,63,65,70,71,75				56	280	140	4	53	0.543
			80,85	172	132	172						

（续）

型号	公称转矩 T_n /N·m	许用转速 [n] /(r/min)	轴孔直径 d_1、d_2、d_z /mm	轴孔长度/mm Y型 L	J、J_1、Z型 L_1	J、J_1、Z型 L	b /mm	D /mm	D_1 /mm	S /mm	质量 m /kg	转动惯量 I /kg·m²
LX7	11200	2360	70,71,75	142	107	142	56	320	170	4	98	1.314
			80,85,90,95	172	132	172						
			100,110	212	167	212						
LX8	16000	2120	80,85,90,95	172	132	172	56	360	200	5	119	2.023
			100,110,120,125	212	167	212						
LX9	22400	1850	100,110,120,125				63	410	230	5	197	4.386
			130,140	252	202	252						
LX10	35500	1600	110,120,125	212	167	212	75	480	280	6	322	9.76
			130,140,150	252	202	252						
			160,170,180	302	242	302						
LX11	50000	1400	130,140,150	252	202	252	75	540	340	6	520	20.05
			160,170,180	302	242	302						
			190,200,220	352	282	352						
LX12	80000	1220	160,170,180	302	242	302	90	630	400	7	714	37.71
			190,200,220	352	282	352						
			240,250,260	410	330							
LX13	125000	1080	190,200,220	352	282	352	100	710	460	8	1057	71.37
			240,250,260	410	330							
			280,300	470	380							
LX14	180000	950	240,250,260	410	330		110	800	530	8	1956	170.6
			280,300,320	470	380							
			340	550	450							

注：联轴器质量、转动惯量是按 J/Y 型轴孔组合形式和最小轴孔直径计算。

表 11-23　LXZ 型带制动轮弹性柱销联轴器基本参数和主要尺寸（摘自 GB/T 5014—2003）

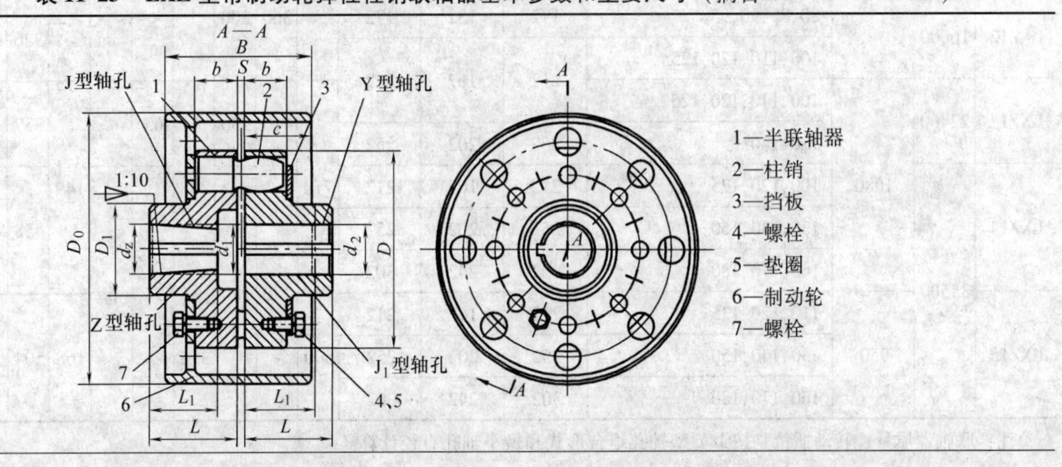

（续）

型号	公称转矩 T_n /N·m	许用转速 [n] /(r/min)	轴孔直径 d_1、d_2、d_z /mm	轴孔长度/mm Y型 L	J、J_1、Z型 L_1	J、J_1、Z型 L	D_0 /mm	D /mm	D_1 /mm	B /mm	b /mm	S /mm	C /mm	质量 m /kg	转动惯量 I /kg·m²
			20,22,24	52	38	52									
LXZ1	560	5600	25,28	62	44	62		120	55		28		42	11	0.055
			30,32,35	82	60	82	200			85		2.5			
LXZ2	1250	3700	30,32,35,38					160	75		36		40	14	0.072
			40,42,45,48	112	84	112									
LXZ3	1250		30,32,35,38	82	60	82		160	75		36	2.5	66	25	0.313
		2430	40,42,45,48	112	84	112	315			132					
LXZ4			40,42,45,48,50,55,56										66	40	0.504
	2500		60,63	142	107	142		195	100						
LXZ5			40,42,45,48,50,55,56	112	84	112								59	1.192
		1900	60,63,65,70,71,75	142	107	142	400			168	45	3	84		
LXZ6			50,55,56	112	84	112								69	1.402
	3150		60,63,65,70,71,75	142	107	142		220	120						
LXZ7		1500	50,55,56	112	84	112	500			210			105	91	2.872
			60,63,65,70,71,75	142	107	142									
LXZ8		1900	60,63,65,70,71,75				400			168			84	88	1.8
	6300		80,85	172	132	172		280	140						
LXZ9			60,63,65,70,71,75	142	107	142								113	3.582
			80,85	172	132	172									
		1500	70,71,75	142	107	142	500			210			105		
LXZ10			80,85,90,95	172	132	172						4		156	4.97
	11200		100,110	212	167	212		320	170		56				
			70,71,75	142	107	142									
LXZ11			80,85,90,95	172	132	172								187	9.392
		1220	100,110	212	167	212	630			265			132		
LXZ12	16000		80,85,90,95	172	132	172		360	200					326	16.43
			100,110,120,125	212	167	212						5			
LXZ13	22400		100,110,120,125					410	230		63			337	21.66
			130,140	252	202	252									
		1080	100,120,125	212	167	212	710			298			149		
LXZ14			130,140,150	252	202	252								458	29.55
	35500		160,170,180	302	242	302		480	280		75	6			
			110,120,125	212	167	212									
LXZ15		950	130,140,150	252	202	252	800			335			168	504	41.08
			160,170,180	302	242	302									

注：联轴器质量、转动惯量是按J/Y型轴孔组合形式和最小轴孔直径计算。

11.1.5.3　梅花形联轴器（表 11-24～表 11-28）

表 11-24　LM 型梅花形联轴器基本参数和主要尺寸（摘自 GB/T 5272—2002）

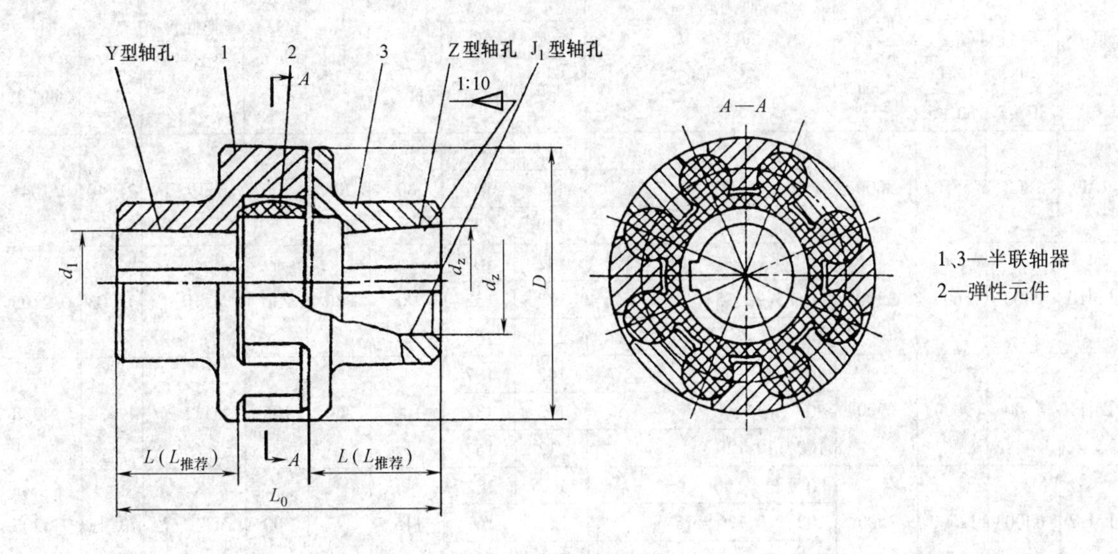

型号	公称转矩 T_n /N·m 弹性件硬度 a/H_A	b/H_D	许用转速 [n]/(r/min)	轴孔直径 d_1、d_2、d_z /mm	轴孔长度/mm Y型 L	J_1、Z型 L	L（推荐）	L_0 /mm	D /mm	弹性件型号	质量 m /kg	转动惯量 I /kg·m²
	80±5	60±5										
LM1	25	45	15300	12,14	32	27	35	86	50	$\mathrm{MT1}^{-a}_{-b}$	0.66	0.0002
				16,18,19	42	30						
				20,22,24	52	38						
				25	62	44						
LM2	50	100	12000	16,18,19	42	30	38	95	60	$\mathrm{MT2}^{-a}_{-b}$	0.93	0.0004
				20,22,24	52	38						
				25,28	62	44						
				30	82	60						
LM3	100	200	10900	20,22,24	52	38	40	103	70	$\mathrm{MT3}^{-a}_{-b}$	1.41	0.0009
				25,28	62	44						
				30,32	82	60						
LM4	140	280	9000	22,24	52	38	45	114	85	$\mathrm{MT4}^{-a}_{-b}$	2.18	0.0020
				25,28	62	44						
				30,32,35,38	82	60						
				40	112	84						
LM5	350	400	7300	25,28	62	44	50	127	105	$\mathrm{MT5}^{-a}_{-b}$	3.60	0.0050
				30,32,35,38	82	60						
				40,42,45	112	84						
LM6	400	710	6100	30,32,35,38	82	60	55	143	125	$\mathrm{MT6}^{-a}_{-b}$	6.07	0.0114
				40,42,45,48	112	84						
LM7	630	1120	5300	35*,38*	82	60	60	159	145	$\mathrm{MT7}^{-a}_{-b}$	9.09	0.0232
				40*,42*,45,48,50,55	112	84						
LM8	1120	2240	4500	45*,48*,50,55,56			70	181	170	$\mathrm{MT8}^{-a}_{-b}$	13.56	0.0468
				60,63,65*	142	107						

（续）

型号	公称转矩 T_n /N·m 弹性件硬度 a/H_A 80±5	公称转矩 T_n /N·m 弹性件硬度 b/H_D 60±5	许用转速 [n]/(r/min)	轴孔直径 d_1、d_2、d_z /mm	轴孔长度/mm Y型 L	轴孔长度/mm J_1、Z型 L	轴孔长度/mm L（推荐）	L_0 /mm	D /mm	弹性件型号	质量 m /kg	转动惯量 I /kg·m²
LM9	1800	3550	3800	50*,55*,56*	112	84	80	208	200	MT9 $^{-a}_{-b}$	21.40	0.1041
				60,63,65,70,71,75	142	107						
				80	172	132						
LM10	2800	5600	3300	60*,63*,65*,70,71,75	142	107	90	230	230	MT10 $^{-a}_{-b}$	32.03	0.2105
				80,85,90,95	172	132						
				100	212	167						
LM11	4500	9000	2900	70*,71*,75*	142	107	100	260	105	MT11 $^{-a}_{-b}$	49.52	0.4338
				80*,85*,90,95	172	132						
				100,110,120	212	167						
LM12	6300	12500	2500	80*,85*,90*,95*	172	132	115	297	300	MT12 $^{-a}_{-b}$	73.45	0.8205
				100,110,120,125	212	167						
				130	252	202						
LM13	11200	20000	2100	90*,95*	172	132	125	323	360	MT13 $^{-a}_{-b}$	103.86	1.6718
				100*,110*,120*,125*	212	167						
				130,140,150	252	202						
LM14	12500	25000	1900	100*,110*,120*,125*	212	167	135	333	400	MT14 $^{-a}_{-b}$	127.59	2.4990
				130*,140*,150	252	202						
				160	302	242						

注：1. 质量、转动惯量按 L（推荐）最小轴孔计算近似值。
2. 带*号轴孔直径可用于Z型轴孔。
3. a、b为两种材料的硬度代号。

表 11-25　LMD 型单法兰梅花形弹性联轴器的基本参数和尺寸（摘自 GB/T 5272—2002）

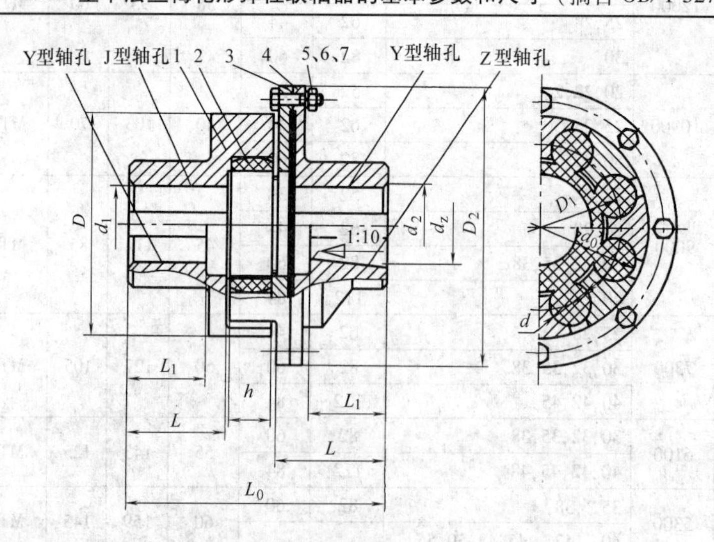

1—半联轴器　2—梅花形弹性件　3—法兰连接件
4—法兰半联轴器　5—螺栓　6—螺母　7—垫圈

（续）

型号	公称转矩 T_n/N·m 弹性件硬度 a/H_A 80±5	公称转矩 T_n/N·m 弹性件硬度 b/H_D 60±5	许用转速 [n]/(r/min)	轴孔直径 d_1、d_2、d_z/mm	轴孔长度/mm Y型 L	轴孔长度/mm J_1、Z型 L	轴孔长度/mm L(推荐)	L_0/mm	D/mm	D_1/mm	弹性件型号	质量 m/kg	转动惯量 I/kg·m²
LMD1	25	45	8500	12,14	32	27	35	92	50	90	MT1$^{-a}_{-b}$	1.21	0.0008
				16,18,19	42	30							
				20,22,24	52	38							
				25	62	44							
LMD2	50	100	7600	16,18,19	42	30	38	101.5	60	100	MT2$^{-a}_{-b}$	1.65	0.0014
				20,22,24	52	38							
				25,28	62	44							
				30	82	60							
LMD3	100	200	6900	20,22,24	52	38	40	110	70	110	MT3$^{-a}_{-b}$	2.36	0.0024
				25,28	62	44							
				30,32	82	60							
LMD4	140	280	6200	22,24	52	38	45	122	85	125	MT4$^{-a}_{-b}$	3.56	0.005
				25,28	62	44							
				30,32,35,38	82	60							
				40	112	84							

表 11-26　LMS 型双体法兰型梅花型联轴器基本参数和主要尺寸（摘自 GB/T 5272—2002）

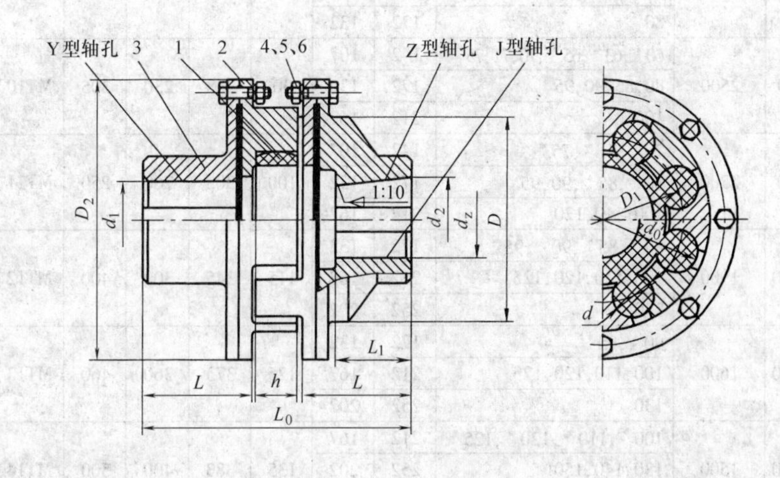

1—梅花形弹性件　2—法兰连接件　3—法兰半联轴器　4—螺栓　5—螺母　6—垫圈

（续）

型号	公称转矩 T_n /N·m 弹性件硬度 a/H_A 80±5	公称转矩 T_n /N·m 弹性件硬度 b/H_D 60±5	许用转速 [n] /(r/min)	轴孔直径 d_1、d_2、d_z /mm	轴孔长度/mm Y型 L	轴孔长度/mm J_1、Z型 L	轴孔长度/mm L（推荐）	L_0 /mm	D /mm	D_1 /mm	弹性件型号	质量 m /kg	转动惯量 I /kg·m²
LMS1	25	45	8500	12,14	32	27	35	98	50	90	MT1$_{-b}^{-a}$	1.33	0.0013
				16,18,19	42	30							
				20,22,24	52	38							
				25	62	44							
LMS2	50	100	7600	16,18,19	42	30	38	108	60	100	MT2$_{-b}^{-a}$	1.74	0.0021
				20,22,24	52	38							
				25,28	62	44							
				30	82	60							
LMS3	100	200	6900	20,22,24	52	38	40	117	70	110	MT3$_{-b}^{-a}$	2.33	0.0034
				25,28	62	44							
				30,32	82	60							
LMS4	140	280	6200	22,24	52	38	45	130	85	125	MT4$_{-b}^{-a}$	3.38	0.0064
				25,28	62	44							
				30,32,35,38	82	60							
				40	112	84							
LMS5	350	400	5000	25,28	62	44	50	150	105	150	MT5$_{-b}^{-a}$	6.07	0.0175
				30,32,35,38	82	60							
				40,42,45	112	84							
LMS6	400	710	4100	30,32,35,38	82	60	55	167	125	185	MT6$_{-b}^{-a}$	10.47	0.0444
				40,42,45,48	112	84							
LMS7	630	1120	3700	35*,38*	82	60	60	185	145	205	MT7$_{-b}^{-a}$	14.22	0.0739
				40*,42*,45,48,50,55	112	84							
LMS8	1120	2240	3100	45*,48*,50,55,56			70	209	170	240	MT8$_{-b}^{-a}$	21.16	0.1493
				60,63,65	142	107							
LMS9	1800	3550	2800	50*,55*,56*	112	84	80	240	200	270	MT9$_{-b}^{-a}$	30.7	0.2767
				60,63,65,70,71,75	142	107							
				80	172	132							
LMS10	2800	5600	2500	60*,63*,65*,70,71,75	142	107	90	268	230	305	MT10$_{-b}^{-a}$	44.55	0.5262
				80,85,90,95	172	132							
				100	212	167							
LMS11	4500	9000	2200	70*,71*,75*	142	107	100	308	260	250	MT11$_{-b}^{-a}$	70.72	1.1362
				80*,85*,90,95	172	132							
				100,110,120	212	167							
LMS12	6300	12500	1900	80*,85*,90*,95*	172	132	115	345	300	400	MT12$_{-b}^{-a}$	99.54	1.9998
				100,110,120,125	212	167							
				130	252	202							
LMS13	11200	20000	1600	90*,95*	172	132	125	373	360	460	MT13$_{-b}^{-a}$	137.53	3.6719
				100,110,120,125	212	167							
				130	252	202							
LMS14	125000	25000	1500	100*,110*,120*,125*	212	167	135	383	400	500	MT14$_{-b}^{-a}$	165.25	5.1851
				130,140,150	252	202							
				160	302	242							

注：1. 质量、转动惯量按 L（推荐）最小轴孔计算近似值。

2. 带 * 号轴孔直径可用于 Z 型轴孔。

3. a、b 为两种材料的硬度代号。

表 11-27　LMZ-Ⅰ型分体式制动轮型梅花形弹性联轴器基本参数和主要尺寸（摘自 GB/T 5272—2002）

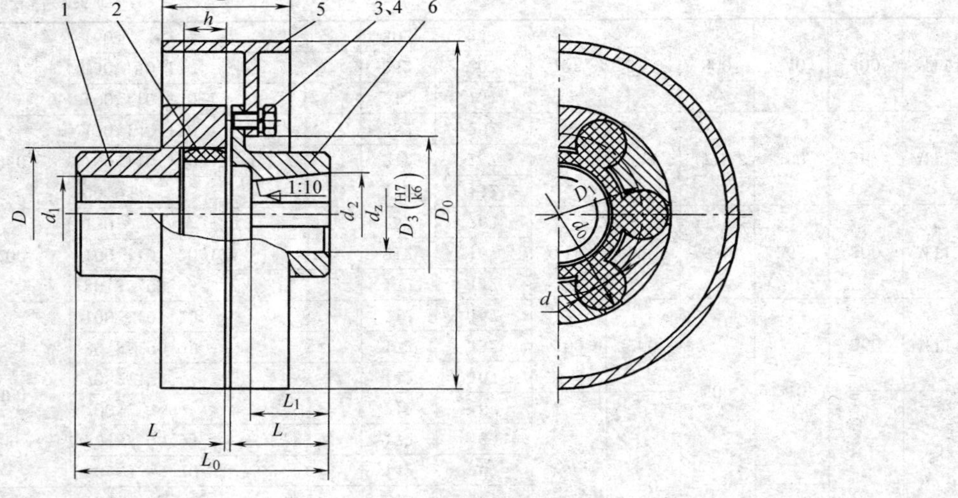

1—半联轴器　2—梅花形弹性件　3—垫圈　4—螺栓　5—制动轮　6—半联轴器

型号	公称转矩 T_n/N·m 弹性件硬度 a/H_A 80±5	公称转矩 T_n/N·m 弹性件硬度 b/H_D 60±5	许用转速 [n] /(r/min)	轴孔直径 d_1、d_2、d_z /mm	轴孔长度/mm Y型 L	轴孔长度/mm J_1、Z型 L	轴孔长度/mm L（推荐）	L_0 /mm	D_0 /mm	B /mm	D /mm	弹性件型号	质量 m /kg	转动惯量 I /kg·m²
LMZ5-Ⅰ-160	250	400	4750	25,28	62	44	50	127	160	70	105	MT5$^{-a}_{-b}$	6.602	0.0198
				30,32,35,38	82	60								
				40,42,45	112	84								
LMZ5-Ⅰ-200			3800	25,28	62	44			200	85			9.204	0.044
				30,32,35,38	82	60								
				40,42,45	112	84								
LMZ6-Ⅰ-200	400	710		30,32,35,38	82	60	55	143			125	MT6$^{-a}_{-b}$	11.45	0.052
				40,42,45,48	112	84								
LMZ7-Ⅰ-200	630	1120		35*,38*	82	60	60	159			145	MT7$^{-a}_{-b}$	13.96	0.064
				40*,42*,45,48,50,55,56	112	84								
LMZ7-Ⅰ-250			4100	35*,38*	82	60			250	105			20.29	0.144
				40*,42*,45,48,50,55,56	112	84								

（续）

型号	公称转矩 T_n/N·m 弹性件硬度 a/H_A 80±5	公称转矩 T_n/N·m 弹性件硬度 b/H_D 60±5	许用转速 [n] /(r/min)	轴孔直径 d_1、d_2、d_z /mm	轴孔长度/mm Y型 L	轴孔长度/mm J_1、Z型 L	轴孔长度/mm L（推荐）	L_0 /mm	D_0 /mm	B /mm	D /mm	弹性件型号	质量 m /kg	转动惯量 I /kg·m^2
LMZ8-I-250	1120	2240	4100	45*,48*,50,55,56	112	84	70	181	250	105	170	MT8$^{-a}_{-b}$	24.65	0.175
				60,63,65	142	107								
LMZ8-I-315			2400	45*,48*,50,55,56	112	84			315	135			34.13	0.052
				60,63,65	142	107								
LMZ9-I-315	1800	3550		50*,55*,56*	112	84	80	208			200	MT9$^{-a}_{-b}$	41.67	0.45
				60,63,65,70,71,75	142	107								
				80	172	132								
LMZ9-I-400			1900	50*,55*,56*	112	84			400	170			65.61	1.259
				60,63,65,70,71,75	142	107								
				80	172	132								
LMZ10-I-400	2800	5600		60,63,65,70,71,75	142	107	90	230				MT10$^{-a}_{-b}$	74.53	1.4
				80,85,90,95	172	132								
				100	212	167								
LMZ10-I-500			1500	60,63,65,70,71,75	142	107			500	210			110.6	3.472
				80,85,90,95	172	132								
				100	212	167								
LMZ11-I-500	4500	9000		70,71,75	142	107	100	260			260	MT11$^{-a}_{-b}$	121.7	3.715
				80,85,90,95	172	132								
				100,110,120	212	167								
LMZ12-I-630	6300	12500	1200	80,85,90,95	172	132	115	297	630	265	300	MT12$^{-a}_{-b}$	213.7	10.24
				100,110,120,125	212	167								
				130	252	202								
LMZ13-I-710	11200	20000	1050	90,95	172	132	125	323	710	300	360	MT13$^{-a}_{-b}$	341.6	19.99
				100,110,120,125	212	167								
				130,140,150	252	202								
LMZ14-I-800	12500	25000	950	100,110,120,125	212	167	135	333	800	340	400	MT14$^{-a}_{-b}$	510.1	39.36
				130,140,150	252	202								
				160	302	242								

注：1. 质量、转动惯量按 L（推荐）最小轴孔计算近似值。

2. 带 * 号轴孔直径可用于 Z 型轴孔。

3. a、b 为两种材料的硬度代号。

表 11-28　LMZ-Ⅱ型整体制动轮型梅花形弹性联轴器基本参数和主要尺寸（摘自 GB/T 5272—2002）

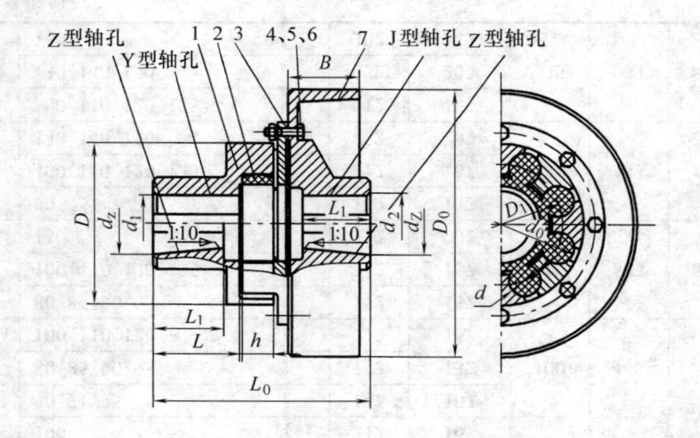

1—半联轴器　2—梅花形弹性件　3—法兰连接件
4—螺栓　5—螺母　6—垫圈　7—制动轮半联轴器

型号	公称转矩 T_n/N·m 弹性件硬度 a/H_A 80±5	公称转矩 T_n/N·m 弹性件硬度 b/H_D 60±5	许用转速 [n] /(r/min)	轴孔直径 d_1、d_2、d_z /mm	轴孔长度/mm Y型 L	轴孔长度/mm J_1、Z型 L	轴孔长度/mm L（推荐）	L_0 /mm	D_0 /mm	B /mm	D /mm	弹性件型号	质量 m /kg	转动惯量 I /kg·m²
LMZ5-Ⅱ-160	250	400	4750	25,28	62	44	50	188.5	160	70	105	MT5$^{-a}_{-b}$	5.18	0.0159
				30,32,35,38	82	60								
				40,42,45	112	84								
LMZ5-Ⅱ-200			3800	25,28	62	44		203.5	200	85			6.54	0.0391
				30,32,35,38	82	60								
				40,42,45	112	84								
LMZ6-Ⅱ-200	400	710		30,32,35,38	82	60	55	215			125	MT6$^{-a}_{-b}$	9.12	0.0448
				40,42,45,48	112	84								
LMZ7-Ⅱ-200	630	1120		35*,38*	82	60	60	227			145	MT7$^{-a}_{-b}$	12.31	0.0527
				40*,42*,45,48,50,55,56	112	84								
LMZ7-Ⅱ-250			3050	35*,38*	82	60		257	250	105			14.28	0.1189
				40*,42*,45,48,50,55,56	112	84								

（续）

型号	公称转矩 T_n/N·m		许用转速 [n] /(r/min)	轴孔直径 d_1、d_2、d_z /mm	轴孔长度/mm			L_0 /mm	D_0 /mm	B /mm	D /mm	弹性件型号	质量 m /kg	转动惯量 I /kg·m²
	弹性件硬度				Y型	J_1、Z型	L (推荐)							
	a/H_A	b/H_D			L									
	80±5	60±5												
LMZ8-Ⅱ-250	1120	2240	3050	45*,48*,50,55,56	112	84	70	270	250	105	170	MT8$^{-a}_{-b}$	19.38	0.1402
				60,63,65	142	107								
LMZ8-Ⅱ-315			2400	45*,48*,50,55,56	112	84		300	315	135			24.02	0.0366
				60,63,65	142	107								
LMZ9-Ⅱ-315	1800	3550		50*,55*,56*	112	84	80	319			200	MT9$^{-a}_{-b}$	32.16	0.4039
				60,63,65,70,71,75	142	107								
				80	172	132								
LMZ9-Ⅱ-400			1900	50*,55*,56*	112	84		354	400	170			40.18	1.0863
				60,63,65,70,71,75	142	107								
				80	172	132								
LMZ10-Ⅱ-400	2800	5600		60,63,65,70,71,75	142	107	90	369			230	MT10$^{-a}_{-b}$	50.72	1.17
				80,85,90,95	172	132								
				100	212	167								
LMZ10-Ⅱ-500			1500	60,63,65,70,71,75	142	107		423	500	210			64.14	3.0039
				80,85,90,95	172	132								
				100	212	167								
LMZ11-Ⅱ-500	4500	9000		70,71,75	142	107	100	448			260	MT11$^{-a}_{-b}$	81.75	3.1957
				80,85,90,95	172	132								
				100,110,120	212	167								
LMZ12-Ⅱ-630	6300	12500	1200	80,85,90,95	172	132	115	523	630	265	300	MT12$^{-a}_{-b}$	133.8	9.0441
				100,110,120,125	212	167								
				130	252	202								
LMZ13-Ⅱ-710	11200	20000	1050	90,95	172	132	125	583	710	300	360	MT13$^{-a}_{-b}$	195.93	16.4898
				100,110,120,125	212	167								
				130,140,150	252	202								
LMZ14-Ⅱ-800	12500	25000	950	100,110,120,125	212	167	135	633	800	340	400	MT14$^{-a}_{-b}$	294.51	37.985
				130,140,150	252	202								
				160	302	242								

注：1. 质量、转动惯量按 L（推荐）最小轴孔计算近似值。

2. 带 * 号轴孔直径可用于 Z 型轴孔。

3. a、b 为两种材料硬度代号。

11.1.5.4　弹性柱销齿式联轴器（表 11-29 ~ 表 11-33）

表 11-29　LZ 型弹性柱销齿式联轴器基本参数和主要尺寸（摘自 GB/T 5015—2013）

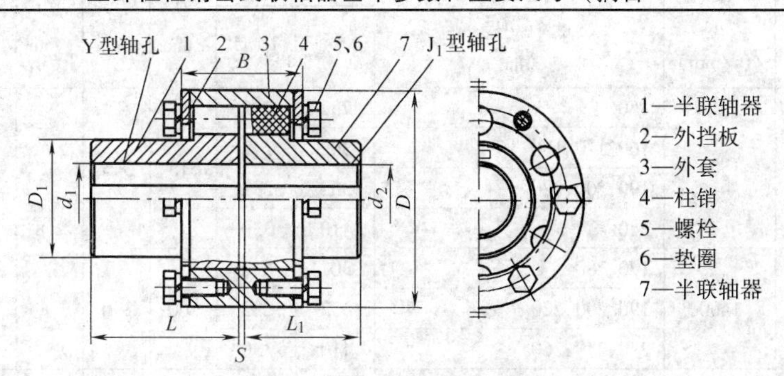

型号	公称转矩 T_n /N·m	许用转速 [n] /(r/min)	轴孔直径 d_1、d_2 /mm	轴孔长度 L/mm		D /mm	D_1 /mm	B /mm	S /mm	质量 m /kg	转动惯量 I /kg·m²
				Y 型	J_1 型						
			12,14	32	27					1.53	
LZ1	112		16,18,19	42	30	76	40	42		1.60	0.001
			20,22,24	52	38					1.67	
		5000	16,18,19	42	30				2.5	2.7	0.002
			20,22,24	52	38					2.76	
LZ2	250		25,28	62	44	92	50	50		2.79	0.003
			30,32	82	60					3	
			25,28	62	44					6.49	0.011
LZ3	630	4500	30,32,35,38	82	60	118	65	70	3	7.05	
			40,42	112	84					7.31	0.012
LZ4	1800	4200	40,42,45,48,50,55,56			158	90			16.2	0.044
			60	142	107					15.25	0.045
			50,55,56	112	84			90	4	24.82	0.1
LZ5	4500	4000	60,63,65,70,71,75	142	107	192	120			27.02	0.107
			80	172	132					25.44	0.108
LZ6	8000	3300	60,63,65,70,71,75	142	107	230	130	112		40.89	0.238
			80,85,90,95	172	132					40.15	0.242
			70,71,75	142	107				5	54.93	0.406
LZ7	11200	2900	80,85,90,95	172	132	260	160	112		59.14	0.428
			100,110	212	167					59.6	0.443
			80,85,90,95	172	132					89.35	0.86
LZ8	18000	2500	100,110,120,125	212	167	300	190	128	6	94.67	0.911
			130	252	202					87.43	0.908
			90,95	172	132					113.9	1.559
LZ9	25000	2300	100,110,120,125	212	167	335	220	150	7	138.1	1.678
			130,140,150	252	202					136.6	1.733
			100,110,120,125	212	167					165.5	2.236
LZ10	31500	2100	130,140,150	252	202	355	245	152		169.3	2.362
			160,170	302	242					164	2.422
			110,120,125	212	167					190.9	3.054
LZ11	40000	2000	130,140,150	252	202	380	260	172	8	203.1	3.249
			160,170,180	302	242					202.1	3.369
			130,140,150	252	202					288.5	6.146
LZ12	63000	1700	160,170,180	302	242	445	290	182		296.6	6.432
			190,200	352	282					288	6.524

（续）

型号	公称转矩 T_n /N·m	许用转速 [n] /(r/min)	轴孔直径 d_1、d_2 /mm	轴孔长度 L/mm		D /mm	D_1 /mm	B /mm	S /mm	质量 m /kg	转动惯量 I /kg·m²
				Y 型	J_1 型						
LZ13	100000	1500	150	252	202	515	345	218	8	413.6	12.76
			160,170,180	302	242					469.2	13.62
			190,200,220	352	282					480	14.19
			240	410	330					436.1	13.98
LZ14	125000	1400	170,180	302	242	560	390			581.5	19.9
			190,200,220	352	282					621.7	21.17
			240,250,260	410	330					599.4	21.67
LZ15	160000	1300	190,200,220	352	282	590	420	240	9	736.9	28.08
			240,250,260	410	330					730.5	29.18
			280,300	470	380					702.1	29.52
LZ16	25000	1000	220	352	282	695	490	265	10	1045	56.21
			240,250,260	410	330					1129	60.05
			280,300,320	470	380					1144	60.56
			340	550	450					1064	62.47
LZ17	35500	950	240,250,260	410	330	770	550	285		1500	105.5
			280,300,320	470	380					1557	102.3
			340,360,380	550	450					1535	106
LZ18	45000	850	250,260	410	330	860	605	300	13	1902	152.3
			280,300,320	470	380					2025	161.5
			340,360,380	550	450					2062	169.9
			400,420	650	540					2029	175.4
LZ19	630000	750	280,300,320	470	380	970	695	322	14	2818	283.7
			340,360,380	550	450					2963	303.4
			400,420,440,450	650	540					3068	323.2
LZ20	1120000	650	320	470	380	1160	800	355	15	4010	581.2
			340,360,380	550	450					4426	624.5
			400, 420, 440, 450, 460, 480,500	650	540					4715	669.4
LZ21	1800000	530	380	550	450	1440	1020	360	18	7293	1565
			400, 420, 440, 450, 460, 480,500	650	540					8228	1715
			530,560,600,630	800	680					8699	1880
LZ22	2240000	500	420,440,450,460,480,500	650	540	1520	1100	405	19	9736	2338
			530,560,600,630	800	680					10631	2596
			670,710,750	900	780					9473	2522
LZ23	2800000	460	480,500	650	540	1640	1240	440	20	11946	3490
			530,560,600,630	800	680					13822	3972
			670,710,750	900	780					12826	3949
			800,850	1000	880					12095	3982

注：1. 质量、转动惯量是按 Y/J_1 型轴孔组合形式和最小轴孔直径计算。

2. 短时过载不得超过公称转矩 T_n 值的 2 倍。

表 11-30　LZD 型圆锥形轴孔弹性柱销齿式联轴器基本参数和主要尺寸（摘自 GB/T 5015—2003）

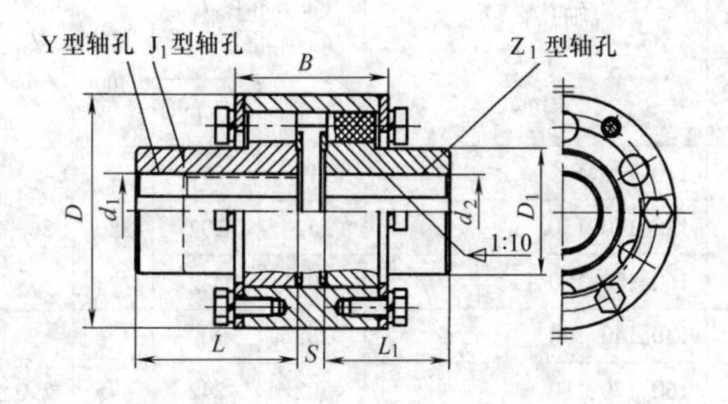

型号	公称转矩 T_n /N·m	许用转速 [n] /(r/min)	轴孔直径 d_1、d_2 /mm	轴孔长度 L /mm Y 型	轴孔长度 L /mm J_1、Z_1 型	D /mm	D_1 /mm	B /mm	S /mm	质量 m /kg	转动惯量 I /kg·m²
LZD1	112	5000	16,18,19	42	30	78	40	65	14.5	2.08	0.002
			20,22,24	52	38			70	16.5	2.25	
			28	62	44			75		2.30	
LZD2	250		25,28	62	44	90	50	88	20.5	3.74	0.004
			30,32	82	60			92	24.5	3.98	
LZD3	630	4500	30,32,35,38	82	60	118	65	115	25	9.43	0.015
			40,42	112	84			125	31	10.3	0.016
LZD4	1800	4200	40,42,45,48,50,55,56			158	90	145	32	22.46	0.052
			60	142	107			152	35	22.36	0.061
LZD5	4500	4000	50,55,56	112	84	192	120	145	32	29.24	0.131
			60,63,65,70,71,75	142	107			152	39	31.71	0.141
			80	172	132			158	44	30.45	0.143
LZD6	8000	3300	60,63,65,70,71,75	142	107	230	130	175	40	48.16	0.309
			80,85,90,95	172	132			178	45	47.25	0.312
LZD7	11200	2900	70,71,75	142	107	260	160	178	40	64.13	0.535
			80,85,90,95	172	132			182	45	68.38	0.546
			100,110	212	167			188	50	69.42	0.57
LZD8	18000	2500	80,85,90,95	172	132	300	190	202	46	102.7	1.09
			100,110,120,125	212	167			208	51	108.8	1.157
			130	252	202			212	56	101.7	1.105
LZD9	25000	2300	90,95	172	132	335	220	232	47	142.4	1.957
			100,110,120,125	212	167			238	52	157.5	2.097
			130,140,150	252	202			242	57	156	2.157
LZD10	31500	2100	100,110,120,125	212	167	355	245	240	53	184.2	2.728
			130,140,150	252	202			245	58	188.5	2.84
			160,170	302	242			255	68	184.1	2.926

（续）

型号	公称转矩 T_n /N·m	许用转速 [n] /(r/min)	轴孔直径 d_1、d_2 /mm	轴孔长度 L /mm		D /mm	D_1 /mm	B /mm	S /mm	质量 m /kg	转动惯量 I /kg·m²
				Y型	J_1、Z_1型						
LZD11	40000	2000	110,120,125	212	167	380	260	260	53	212.3	3.659
			130,140,150	252	202			265	58	225	3.87
			160,170,180	302	242			275	68	224.8	4.021
LZD12	63000	1700	130,140,150	252	202	445	290	282	58	325.7	7.548
			160,170,180	302	242			292	68	335.2	7.94
			190,200	352	282			302	78	327.9	8.051
LZD13	100000	1500	150	252	202	515	345	313	58	468.2	14.925
			160,170,180	302	242			323	68	513.1	15.892
			190,200,220	352	282			332	78	524.5	16.514

注：1. 质量、转动惯量是按Y/Z型轴孔组合形式和最小轴孔直径计算。

2. 短时过载不得超过公称转矩 T_n 值的2倍。

表11-31　LZJ型接中间轴弹性柱销齿式联轴器基本参数和主要尺寸（摘自GB/T 5015—2003）

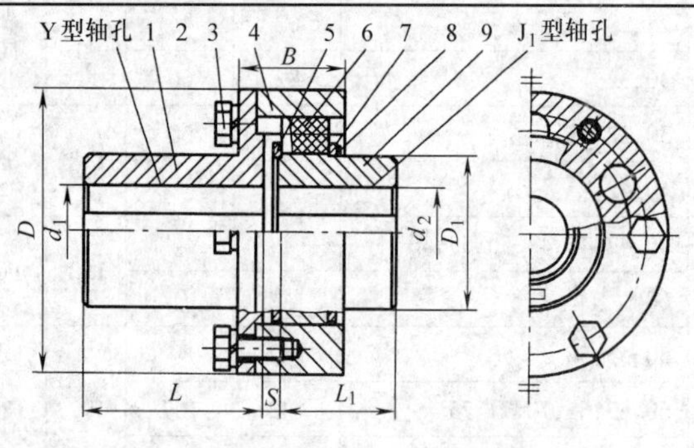

1、9—半联轴器　2—螺栓　3—垫圈　4—外套　5—内挡板　6—柱销　7—外挡板　8—挡圈

型号	公称转矩 T_n /N·m	许用转速 [n] /(r/min)	轴孔直径 d_1、d_2 /mm	轴孔长度 L/mm		D /mm	D_1 /mm	B /mm	S /mm	质量 m /kg	转动惯量 I /kg·m²
				Y型	J_1型						
LZJ1	112	4500	12,14	32	27	84	40	38	2.5	1.77	0.001
			16,18,19	42	30					1.83	
			20,22,24	52	38					1.9	0.002
			25,28	62	44					1.87	
LZJ2	250		16,18,19	42	30	98	50	42		2.77	0.003
			20,22,24	52	38					2.94	
			25,28	62	44					3	
			30,32,35	82	60					3.18	
LZJ3	630	4000	25,28	62	44	124	65	54	3	5.86	0.01
			30,32,35,38	82	60					6.42	
			40,42,45,48	112	84					6.68	0.011

（续）

型号	公称转矩 T_n /N·m	许用转速 [n] /(r/min)	轴孔直径 d_1、d_2 /mm	轴孔长度 L/mm Y 型	轴孔长度 L/mm J_1 型	D /mm	D_1 /mm	B /mm	S /mm	质量 m /kg	转动惯量 I /kg·m²
LZJ4	1800	4000	40,42,45,48,50,55,56	112	84	166	90	72	4	15.98	0.046
			60,63,65,70	142	107					15.04	0.047
LZJ5	4500	3600	50,55,56	112	84	214	120	72		27.3	0.134
			60,63,65,70,71,75	142	107					29.5	0.136
			80,85,90	175	132					27.92	0.137
LZJ6	8000	3200	60,63,65,70,71,75	142	107	240	130	86	5	39.8	0.236
			80,85,90,95	175	132					39.06	0.241
LZJ7	11200	2700	70,71,75	142	107	280	160	90		58.15	0.472
			80,85,90,95	175	132					62.36	0.494
			100,110,120	212	167					62.82	0.511
LZJ8	18000	2300	80,85,90,95	175	132	330	190	100	6	96.12	1.045
			100,110,120,125	212	167					101.44	1.099
			130	252	202					94.2	1.1
LZJ9	25000	2000	90,95	172	132	380	220	115	7	138.3	2.072
			100,110,120,125	212	167					152.5	2.193
			130,140,150	252	202					150.9	2.253
LZJ10	31500	1900	100,110,120,125	212	169	400	245	115	8	181.1	2.832
			130,140,150	252	202					185	2.963
			160,170	302	242					179.7	3.031
LZJ11	40000	1750	110,120,125	212	167	435	260	130		217	4.167
			130,140,150	252	202					229.3	4.368
			160,170,180	302	242					228.2	4.499
LZJ12	63000	1600	130,140,150	252	202	480	290	145	8	305.2	7.092
			160,170,180	302	242					313.2	7.393
			190,200	352	282					304.7	7.504
LZJ13	100000	1400	150	252	202	545	345	165		430.9	13.38
			160,170,180	302	242					474.1	14.26
			190,200,220	352	282					484.9	14.86
			240,250	410	330					441	14.7
LZJ14	125000	1270	170,180	302	242	600	390	170		606.7	22.11
			190,200,220	352	282					646.9	23.41
			240,250,260	410	330					624.7	23.98
LZJ15	160000	1200	190,200,220	352	282	630	420	190	10	773.9	31.3
			240,250,260	410	330					767.5	32.5
			280,300	470	380					739.1	32.92

（续）

型号	公称转矩 T_n /N·m	许用转速 [n] /(r/min)	轴孔直径 d_1、d_2 /mm	轴孔长度 L/mm		D /mm	D_1 /mm	B /mm	S /mm	质量 m /kg	转动惯量 I /kg·m²
				Y型	J_1型						
LZJ16	25000	1020	220	352	282	745	490	205		1097	62.78
			240,250,260	410	330					1180	66.69
			280,300,320	470	380					1210	69.31
			340	550	450				10	1115	69.47
LZJ17	355000	920	240,250,260	410	330	825	550	225		1578	108.9
			280,300,320	470	380					1635	114.3
			340,360,380	550	450					1613	118.3
LZJ18	450000	830	250,260	410	330	920	605	240	13	2009	172
			280,300,320	470	380					2131	181.4
			340,360,380	550	450					2168	190.2
			400,420	650	540					2136	196.2
LZJ19	630000	730	280,300,320	470	380	1040	695	255	14	2956	317.5
			340,360,380	550	450					3101	337.7
			400,420,440,450	650	540					3205	358.1
LZJ20	1120000	610	320	470	380	1240	800	285	15	4219	654.8
			340,360,380	550	450					4636	698.4
			400,420,440,450,460,480,500	650	540					4923	744.2
			530,560,600	800	680					4678	766.6
LZJ21	1800000	490	380	550	450	1540	1020	310	18	7806	1821
			400,420,440,450,460,480,500	650	540					8741	1971
			530,560,600,630	800	680					9212	2143
			670,710	900	780					7971	2052
LZJ22	2240000	460	420,440,450,460,480,500	650	540	1640	1100	330	19	10296	2675
			530,560,600,630	800	680					11191	2937
			670,710,750	900	780					10033	2869
LZJ23	2800000	430	450,480,500	650	540	1760	1240	360	20	12873	3978
			530,560,600,630	800	680					14544	4450
			670,710,750	900	780					13548	4435
			800,850	1000	880					12817	4477

注：1. 质量、转动惯量是按 Y/J_1 型轴孔组合形式和最小轴孔直径计算。

2. 短时过载不得超过公称转矩 T_n 值的2倍。

表 11-32　LZZ 型带制动轮弹性柱销齿式联轴器基本参数和主要尺寸（摘自 GB/T 5015—2003）

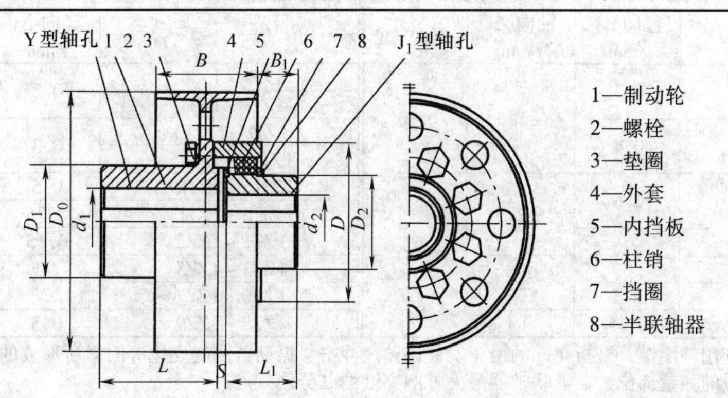

型号	公称转矩 T_n /N·m	许用转速 [n] /(r/min)	轴孔直径 d_1、d_2 /mm	轴孔长度 L/mm Y 型	轴孔长度 L/mm J_1 型	D_0 /mm	D_1 /mm	D_2 /mm	D /mm	B_1 /mm	B /mm	S /mm	质量 m /kg	转动惯量 I /kg·m²
LZZ1	250	4500	16,18,19	42	—	160	50	55	98	9	70		5.82	0.018
			20,22,24	52	38					19			6.05	
			25,28	62	44					29			6.17	
			30,32,35,38	82	60					49		2	6.64	
LZZ2	630	3800	25,28	62	—	200	65	70	124	30	85		11.15	0.053
			30,32,35,38	82	60					50			11.77	
			40,42,45,48	112	84					80			12.04	
LZZ3	1800	3000	40,42,45,48,50,55,56			250	90	105	166	48.5	105		28.09	0.181
			60,63,65,70	142	107					78.5			27.54	0.183
LZZ4	4500	2450	50,55,56	112	84	315	120	130	214	40	132		48.75	0.534
			60,63,65,70,71,75	142	107					70		3	51.69	0.543
			80,85,90	172	132					100			50.21	0.547
LZZ5	8000	1900	60,63,65,70,71,75	142	107	400	130	145	240	44	170		76.51	1.404
			80,85,90,95	172	132					74			76.25	1.413
LZZ6	11200	1500	70,71,75	142	107	500	160	170	280	40	210		124.65	3.812
			80,85,90,95	172	132					70			129.73	3.841
			100,110,120	212	167					110			130.61	3.865
LZZ7	18000	1200	80,85,90,95	172	132	630	190	200	330	42	265		216.43	10.674
			100,110,120,125	212	167					82		4	222.63	10.742
			130	252	202					112			215.03	10.753
LZZ8	25000	1050	90,95	172	132	710	220	220	380	35	300		293.01	18.96
			100,110,120,125	212	167					45			307.92	19.089
			130,140,150	252	202					85			305.42	19.156
LZZ9	31500	950	100,110,120,125	212	167	800	245	245	400	40	340	5	403.84	33.258
			130,140,150	252	202					80			405.88	33.385
			160,170,180	302	242					130			398.57	33.446

注：1. 质量、转动惯量是按 Y/J_1 型轴孔组合形式和最小轴孔直径计算。

2. 短时过载不得超过公称转矩 T_n 值的 2 倍。

表 11-33　许用补偿量

型　　号	径向 Δ*y* /mm	轴向 Δ*x* /mm	角向 Δα	型　　号	径向 Δ*y* /mm	轴向 Δ*x* /mm	角向 Δα
LZ1 ~ LZ3 LZD1 ~ LZD3	0.3	±1.5	0°30′	LZJ4 ~ LZJ6	0.2	+3	1°
				LZJ7 ~ LZJ8		+5	1°30′
LZ4 ~ LZ7 LZD4 ~ LZD7	0.4			LZJ9 ~ LZJ10	0.3	+10	2°
				LZJ11 ~ LZJ15		+15	
LZ8 ~ LZ13 LZD8 ~ LZD13	0.6	±2.5	0°30′	LZJ16 ~ LZJ19	0.5		2°30′
				LZJ20 ~ LZJ23	0.75	+20	
LZ14 ~ LZ17	1			LZZ1 ~ LZZ2	0.15	+1	0°30′
LZ18 ~ LZ21		±5		LZZ3 ~ LZZ5	0.2	+3	
LZ22 ~ LZ23	1.5			LZZ6 ~ LZZ7		+5	
LZJ1 ~ LZJ3	0.15	±1		LZZ8 ~ LZZ9	0.3	+10	

注：1. 表中所列许用补偿量，是指允许的由于安装误差、冲击、振动、温度变化等因素所形成的两轴相对偏移量。
2. 径向补偿量的测量部位，在半联轴器最大外圆宽度的二分之一处。

11.1.5.5　轮胎式联轴器（表 11-34 和表 11-35）

表 11-34　UL 型轮胎式联轴器基本参数和主要尺寸（摘自 GB/T 5844—2002）

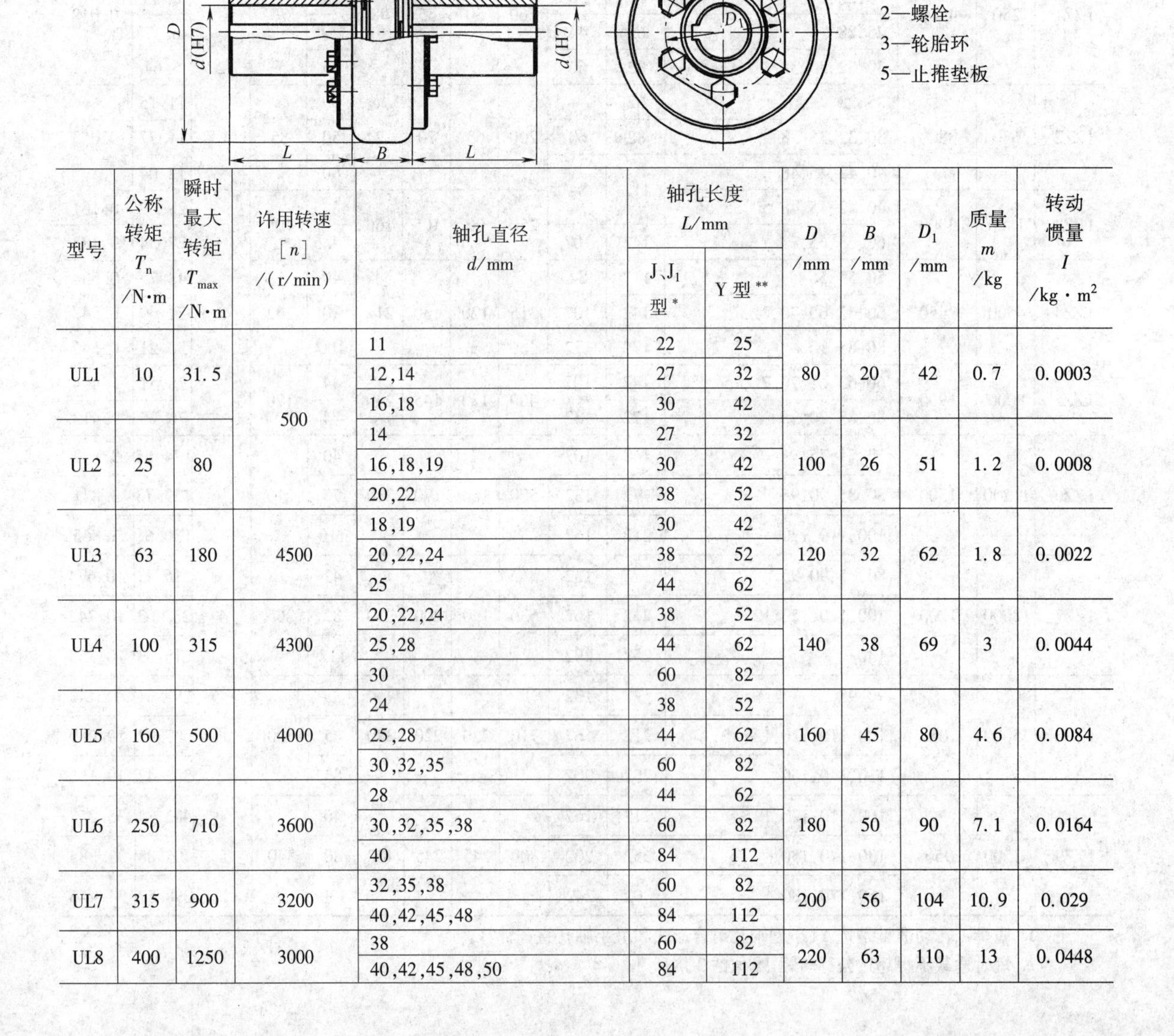

型号	公称转矩 T_n /N·m	瞬时最大转矩 T_{max} /N·m	许用转速 [*n*] /(r/min)	轴孔直径 *d*/mm	轴孔长度 *L*/mm J、J₁型*	轴孔长度 *L*/mm Y 型**	*D* /mm	*B* /mm	D_1 /mm	质量 *m* /kg	转动惯量 *I* /kg·m²
UL1	10	31.5	500	11	22	25	80	20	42	0.7	0.0003
				12,14	27	32					
				16,18	30	42					
UL2	25	80		14	27	32	100	26	51	1.2	0.0008
				16,18,19	30	42					
				20,22	38	52					
UL3	63	180	4500	18,19	30	42	120	32	62	1.8	0.0022
				20,22,24	38	52					
				25	44	62					
UL4	100	315	4300	20,22,24	38	52	140	38	69	3	0.0044
				25,28	44	62					
				30	60	82					
UL5	160	500	4000	24	38	52	160	45	80	4.6	0.0084
				25,28	44	62					
				30,32,35	60	82					
UL6	250	710	3600	28	44	62	180	50	90	7.1	0.0164
				30,32,35,38	60	82					
				40	84	112					
UL7	315	900	3200	32,35,38	60	82	200	56	104	10.9	0.029
				40,42,45,48	84	112					
UL8	400	1250	3000	38	60	82	220	63	110	13	0.0448
				40,42,45,48,50	84	112					

（续）

型号	公称转矩 T_n /N·m	瞬时最大转矩 T_{max} /N·m	许用转速 [n] /(r/min)	轴孔直径 d/mm	轴孔长度 L/mm J、J_1 型*	轴孔长度 L/mm Y 型**	D /mm	B /mm	D_1 /mm	质量 m /kg	转动惯量 I /kg·m²
UL9	630	1800	2800	42,45,48,50,55,56	84	112	250	71	130	20	0.0898
				60	107	142					
UL10	800	2240	2400	45*,48,50,55,56	84	112	280	80	148	30.6	0.1596
				60,63,65,70	107	142					
UL11	1000	2500	2100	50*,55*,56*	84	112	320	90	165	39	0.2792
				60,63,65,70,71,75	107	142					
UL12	1600	4000	2000	55*,56	84	112	360	100	188	59	0.5356
				60*,63*,65*,70,71,75	107	142					
				80,85	132	172					
UL13	2500	6300	1800	63*,65*,70*,71*,75*	107	142	400	110	210	81	0.896
				80,85,90,95	132	172					
UL14	4000	10000	1600	75*	107	142	480	130	254	145	2.2616
				80*,85*,90*,95*	132	172					
				100,110	167	212					
UL15	6300	14000	1200	85*,90*,95*	132	172	560	150	300	222	4.6456
				100*,110*,120*,125*	167	212					
UL16	10000	20000	1000	100*,110*,120*,125*			630	180	335	302	8.0924
				130,140	202	252					
UL17	16000	31500	900	120*,125*	167	212	750	210	405	561	20.0176
				130*,140*,150*	202	252					
				160*	242	302					
UL18	25000	59000	800	140*,150*	202	252	900	250	490	818	43.053
				160*,170*,180*	242	302					

注：1. ＊＊号中的 Y 型为长圆柱形轴孔、J 型为有沉孔的短圆柱形轴孔、J_1 型为无沉孔的短圆柱形轴孔。

2. 轴孔直径有＊号者为结构允许制成 J 型轴孔（按 GB 3852—1997 的规定）。

3. 联轴器质量和转动惯量是各型号中最大计算近似值。

表 11-35　UL 型轮胎式联轴器许用补偿量

<table>
<tr><th rowspan="3">项　目</th><th colspan="18">型　号</th></tr>
<tr><th>UL1</th><th>UL2</th><th>UL3</th><th>UL4</th><th>UL5</th><th>UL6</th><th>UL7</th><th>UL8</th><th>UL9</th><th>UL10</th><th>UL11</th><th>UL12</th><th>UL13</th><th>UL14</th><th>UL15</th><th>UL16</th><th>UL17</th><th>UL18</th></tr>
<tr><th colspan="18">许用补偿量</th></tr>
<tr><td>径向 Δy/mm</td><td colspan="2">1</td><td colspan="4">1.6</td><td>2</td><td colspan="2">2.5</td><td colspan="2">3</td><td>3.6</td><td colspan="2">4</td><td colspan="4">5</td></tr>
<tr><td>轴向 Δx/mm</td><td colspan="2">1</td><td colspan="4">2</td><td>2.5</td><td colspan="2">3</td><td colspan="2">3.6</td><td>4</td><td>4.5</td><td>5</td><td>5.6</td><td>6</td><td>6.7</td><td>8</td></tr>
<tr><td>角向 Δα</td><td colspan="7">1°</td><td colspan="11">1°30′</td></tr>
</table>

注：表中所列许用补偿量，是指具有因制造误差、安装误差、冲击、振动、变形、温度变化等因素形成的两轴相对偏移量的总补偿能力。

11.1.5.6　径向弹性柱销联轴器

径向弹性柱销联轴器除具有一般弹性联轴器性能外，还具有承载高、更换弹性元件方便、运行安全可靠等特点。各种型号的径向弹性柱销联轴器，其基本参数和主要尺寸见表 11-36 至表 11-39。

表 11-36　LJ 型径向弹性柱销联轴器基本参数和主要尺寸（摘自 JB/T 7849—2007）

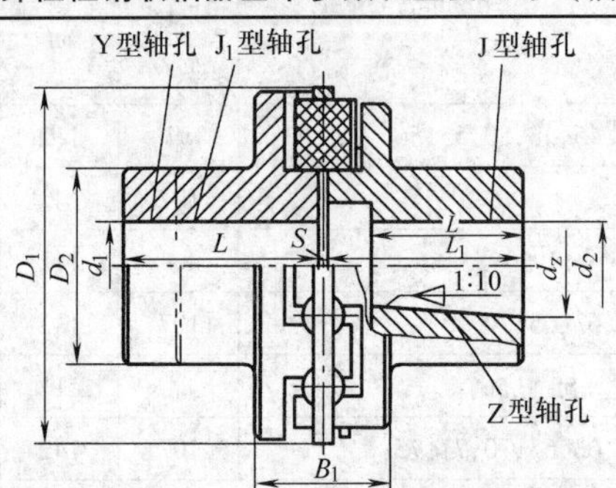

型号	公称转矩 T_n /N·m	许用转速 [n] /(r/min)	轴孔直径 d_1、d_2、d_z /mm	轴孔长度/mm Y 型 L	J_1 型 L	J、Z 型 L_1	J、Z 型 L	D_1 /mm	D_2 /mm	S /mm	B_1 /mm	质量 m /kg	转动惯量 I /kg·m²
LJ1	1250	5000	25,28	62	44	62	44	158	75	4	84	11.9	0.026
			30,32,35,38	82	60	82	60						
			40,42,(45,48)	112	84	112	84						
LJ2	2000	4400	30,32,35,38	82	60	82	60	178	85		88	19.3	0.051
			40,42,45,48 (50,55,56)	112	84	112	84						
LJ3	3150	4000	30,32,35,38	82	60	82	60	200	100		96	23.5	0.091
			40,42,45,48,50,55,56	112	84	112	84						
			60,63,65	142	107								
LJ4	4500	3500	30,32,35,38	82	60	82	60	224	120		100	31.4	0.166
			40,42,45,48,50,55,56	112	84	112	84						
			60,63,65,70,71,75	142	107	142	107						
LJ5	6300	3000	40,42,45,48,50,55,56	112	84	112	84	260	140	6	114	52.3	0.34
			60,63,65,70,71,75	142	107	142	107						
			80,85,(90,95)	172	132	172	132						
LJ6	12500	2600	50,55,56	112	84	112	84	320	170		118	79	0.8
			60,63,65,70,71,75	142	107	142	107						
			80,85,90,95	172	132	172	132						
			100,110	212	167	212	167						
LJ7	20000	2500	60,63,65,70,71,75	142	107	142	107	380	190		136	125	1.9
			80,85,90,95	172	132	172	132						
			100,110,(120)	212	167	212	167						
LJ8	31500	2300	70,71,75	142	107	142	107	420	220		142	171	3.1
			80,85,90,95	172	132	172	132						
			100,110,120,125	212	167	212	167						

（续）

型号	公称转矩 T_n /N·m	许用转速 [n] /(r/min)	轴孔直径 d_1、d_2、d_Z /mm	轴孔长度/mm Y 型	J$_1$ 型	J、Z 型		D_1 /mm	D_2 /mm	S /mm	B_1 /mm	质量 m /kg	转动惯量 I /kg·m^2
				L	L	L_1	L						
LJ8	31500	2300	130,140	252	202	252	202	420	220	6	142	171	3.1
LJ9	45000	2100	80,85,90,95	172	132	172	132	470	250		148	237	5.4
			100,110,120,125	212	167	212	167						
			130,140,150	252	202	252	202						
			160	302	242	302	242						
LJ10	63000	1900	90,95	172	132	172	132	530	280	8	168	328	9.4
			100,110,120,125	212	167	212	167						
			130,140,150	252	202	252	202						
			160,170,(180)	302	242	302	242						
LJ11	80000	1800	90,95	172	132	172	132	580	280			380	12.9
			100,110,120,125	212	167	212	167						
			130,140,150	252	202	252	202						
			160,170,180	302	242	302	242						
LJ12	100000	1700	110,120,125	212	167	212	167	630	310		172	480	18.9
			130,140,150	252	202	252	202						
			160,170,180	302	242	302	242						
			190,200	352	282	352	282						
LJ13	125000	1600	110,120,125	212	167	212	167	680	340		198	566	28
			130,140,150	252	202	252	202						
			160,170,180	302	242	302	242						
			190,200,220	352	282	352	282						
LJ14	160000	1500	130,140,150	252	202	252	202	740	370		202	777	42
			160,170,180	302	242	302	242						
			190,200,220	352	282	352	282						
			240	410	330								
LJ15	250000	1400	150	252	202	252	202	840	400		206	1030	70
			160,170,180	302	242	302	242						
			190,200,220	352	282	352	282						
			240,250,260	410	330								
LJ16	355000	1200	160,170,180	302	242	302	242	940			212	1240	110
			190,200,220	352	282	352	282						
			240,250,260	410	330								

注：1. 带括号轴孔直径不适用于 J 型、Z 型轴孔。

2. 表中质量、转动惯量均是按联轴器最大实体计算的近似值。

表 11-37 LJD 型单凸缘径向弹性柱销联轴器基本参数和主要尺寸（摘自 JB/T 7849—2007）

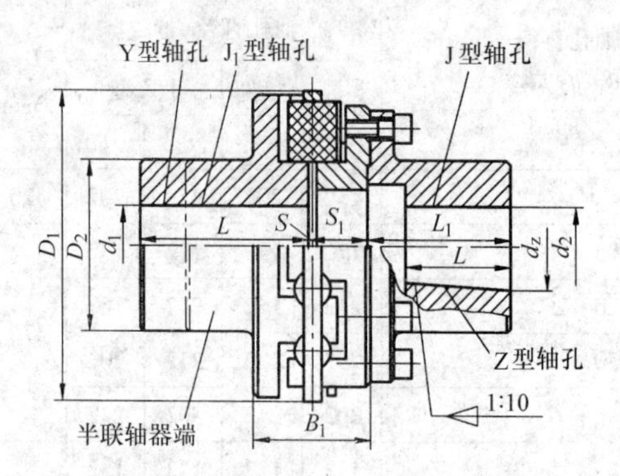

型号	公称转矩 T_n /N·m	许用转速 [n] /(r/min)	轴孔直径 d_1、d_2、d_Z /mm	轴孔长度/mm Y型				D_1 /mm	D_2 /mm	S /mm	S_1 /mm	B_1 /mm	质量 m /kg	转动惯量 I /kg·m²
				Y型	J_1型	J、Z型								
				L		L_1	L							
LJD1	1250	5000	25、28	62	44	62	44	158	75	4	40	98	13.2	0.031
			30、32、35、38	82	60	82	60							
			40、42(45、48)	112	84	112	84							
LJD2	2000	4400	30、32、35、38	82	60	82	60	178	85	4	40	102	20.6	0.058
			40、42、45、48、(50、55、56)	112	84	112	84							
LJD3	3150	4000	30、32、35、38	82	60	82	60	200	100	4	46	111	25.5	0.11
			40、42、45、48、50、55、56	112	84	112	84							
			60、63、65	142	107	142	107							
LJD4	4500	3500	30、32、35、38	82	60	82	60	224	120	4	46	115	34.4	0.19
			40、42、45、48、50、55、56	112	84	112	84							
			60、63、65、70、71、75	142	107	142	107							
LJD5	6300	3000	40、42、45、48、50、55、56	112	84	112	84	265	140	6	53	132	56.2	0.38
			60、63、65、70、71、75	142	107	142	107							
			80、85、(90、95)	172	132	172	132							
LJD6	12500	2600	50、55、56	112	84	112	84	320	170	6	53	136	86	0.95
			60、63、65、70、71、75	142	107	142	107							
			80、85、90、95	172	132	172	132							
			100、110	212	167	212	167							
LJD7	20000	2500	60、63、65、70、71、75	142	107	142	107	380	190	6	60	154	136	2.11
			80、85、90、95	172	132	172	132							
			100、110、(120)	212	167	212	167							
LJD8	31500	2300	70、71、75	142	107	142	107	420	220	6	63	162	184	3.5
			80、85、90、95	172	132	172	132							
			100、110、120、125	212	167	212	167							
			130、140	252	202	252	202							
LJD9	45000	2100	80、85、90、95	172	132	172	132	470	250	6	63	168	253	6
			100、110、120、125	212	167	212	167							
			130、140、150	252	202	252	202							
			160	302	242	302	242							
LJD10	63000	1900	90、95	172	132	172	132	530	280	8	73	193	355	10.5
			100、110、120、125	212	167	212	167							
			130、140、150	252	202	252	202							
			160、170(180)	302	242	302	242							
LJD11	80000	1800	90、95	172	132	172	132	580	280	8	73	193	415	14.5

（续）

型号	公称转矩 T_n /N·m	许用转速 [n] /(r/min)	轴孔直径 d_1、d_2、d_Z /mm	轴孔长度/mm Y型				D_1 /mm	D_2 /mm	S /mm	S_1 /mm	B_1 /mm	质量 m /kg	转动惯量 I /kg·m²
				Y型	J_1型	J、Z型								
				L		L_1	L							
LJD11	80000	1800	100、110、120、125	212	167	212	167	580	280	8	73	193	415	14.5
			130、140、150	252	202	252	202							
			160、170、180	302	242	302	242							
LJD12	100000	1700	110、120、125	212	167	212	167	630	310	8	78	197	522	21.2
			130、140、150	252	202	252	202							
			160、170、180	302	242	302	242							
			190、200	352	282	352	282							
LJD13	125000	1600	110、120、125	212	167	212	167	680	340	8	90	226	624	32
			130、140、150	252	202	252	202							
			160、170、180	302	242	302	242							
			190、200、220	352	282	352	282							
LJD14	160000	1500	140、150	252	202	252	202	740	370	8	92	232	842	47
			160、170、180	302	242	302	242							
			190、200、220	352	282	352	282							
			240	410	330									
LJD15	250000	1400	150	252	202	252	202	840	400	8	94	236	1119	79
			160、170、180	302	242	302	242							
			190、200、220	352	282	352	282							
			240、250、260	410	330									
LJD16	355000	1200	160、170、180	302	242	302	242	940	400	8	97	247	1380	127
			190、200、220	352	282	352	282							
			240、250、260	410	330									

注：1. 带括号轴孔直径不适用于 J 型、Z 型轴孔。

2. 表中质量、转动惯量是按联轴器最大实体计算的近似值。

表 11-38　LJZ 型带制动轮径向弹性柱销联轴器基本参数和主要尺寸（摘自 JB/T 7849—2007）

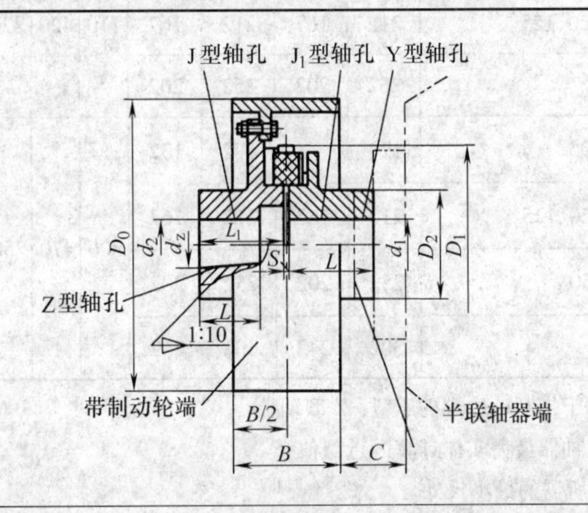

（续）

型号	公称转矩 T_n /N·m	许用转速 $[n]$ /(r/min)	轴孔直径 d_1、d_2、d_z /mm	轴孔长度/mm				D_0 /mm	D_1 /mm	D_2 /mm	B /mm	S /mm	$C_{min}^{①}$ /mm	质量 m /kg	转动惯量 I /kg·m²
				Y型	J_1型	J、Z型									
				L		L_1	L								
LJZ1	1250	3000	30,32,35,38	82	60	82	60	250	158	75	95	4	100	24	0.041
			40,42,(45,48)	112	84	112	84								
LJZ2	2000	2400	30,32,35,38	82	60	82	60	315	178	85	118	4	100	38	0.087
			40,42,45,48,(50,55,56)	112	84	112	84								
LJZ3	3150	2400	40,42,45,48,50,55,56	112	84	112	84	315	200	100	118	4	100	42	0.45
			60,63,65	142	107										
LJZ4	4500	1900	40,42,45,48,50,55,56	112	84	112	84	400	224	120	150	4	100	67	1.33
			60,63,65,70,71,75	142	107	142	107								
LJZ5	6300	1900	40,42,45,48,50,55,56	112	84	112	84	400	265	140	150	6	100	87	1.5
			60,63,65,70,71,75	142	107	142	107								
			80,85,(90,95)	172	132	172	132								
LJZ6	12500	1500	60,63,65,70,71,75	142	107	142	107	500	320	170	190	6	100	141	4.2
			80,85,90,95	172	132	172	132								
			100,110	212	167	212	167								
LJZ7	12500	1200	60,63,65,70,71,75	142		142	107	630	320	170	236	6	100	184	9.9
			80,85,90,95	172	132	172	132								
			100,110	212	167	212	167								
LJZ8	31500	1100	80,95,90,95	172	132	172	132	710	420	220	265	6	100	350	20
			100,110,120,125	212	167	212	167								
			130,140	252	202	252	202								
LJZ9	45000	950	80,85,90,95	172		172	132	800	470	250	310	6	100	443	32
			100,110,120,125	212	162	212	167								
			130,140,150	252	202	252	202								
			160	302	242	302	242								

注：1. 带括号轴孔直径不适用于带制动轮端的J型、Z型轴孔。

2. 质量、转动惯量是按联轴器最大实体计算的近似值。

① C_{min}为安装或更换弹性元件所需的最小尺寸。

表 11-39　**LJJ 型接中间轴型径向弹性柱销联轴器基本参数和主要尺寸**（摘自 JB/T 7849—2007）

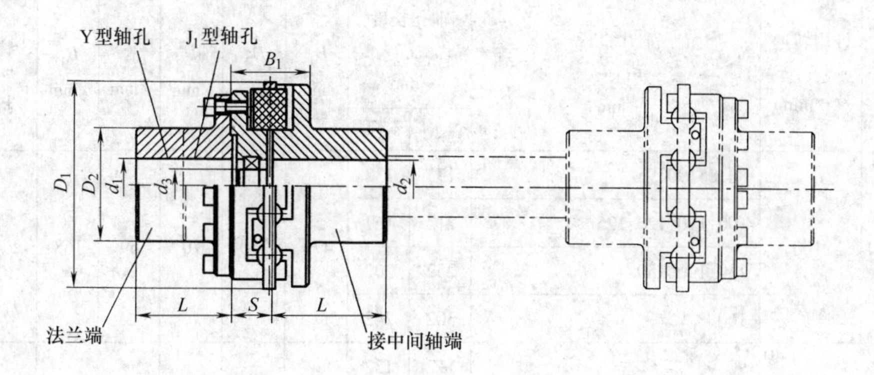

型号	公称转矩 T_n /N·m	许用转速 [n] /(r/min)	轴孔直径 d_1、d_2 /mm	轴孔长度 L /mm		D_1 /mm	D_2 /mm	d_3 /mm	S /mm	B_1 /mm	质量 m /kg	转动惯量 I /kg·m²
				Y 型	J_1 型							
LJJ1	1250	5000	25,28	62	44	158	75	25	44	98	13.5	0.03
			30,32,35,38	82	60							
			40,42,45,48	112	84							
LJJ2	2000	4400	30,32,35,38	82	60	178	85	25	44	102	21	0.058
			40,42,45,48,50,55,56	112	84							
LJJ3	3150	4000	30,32,35,38	82	60	200	100	25	50	111	26	0.1
			40,42,45,48,50,55,56	112	84							
			60,63,65	142	107							
LJJ4	4500	3500	30,32,35,38	82	60	224	120	25	50	115	35	0.186
			40,42,45,48,50,55,56	112	84							
			60,63,65,70,71,75	142	107							
LJJ5	6300	3000	40,42,45,48,50,55,56	112	84	265	140	35	58	132	58	0.38
			60,63,65,70,71,75	142	107							
			80,85,90,95	172	132							
LJJ6	12500	2600	50,55,56	112	84	320	170	35	59	136	89	0.95
			60,63,65,70,71,75	142	107							
			80,85,90,95	172	132							
			100,110	212	167							
LJJ7	20000	2500	60,63,65,70,71,75	142	107	380	190	35	66	154	140	2.11
			80,85,90,95	172	132							
			100,110,120	212	167							
LJJ8	31500	2300	70,71,75	142	107	420	220	35	69	162	188	3.46
			80,85,90,95	172	132							
			100,110,120,125	212	167							
			130,140	252	202							

（续）

型号	公称转矩 T_n /N·m	许用转速 [n] /(r/min)	轴孔直径 d_1、d_2 /mm	轴孔长度 L /mm		D_1 /mm	D_2 /mm	d_3 /mm	S /mm	B_1 /mm	质量 m /kg	转动惯量 I /kg·m²
				Y型	J_1型							
LJJ9	45000	2100	80,85,90,95	172	132	470	250	70	69	168	264	6
			100,110,120,125	212	167							
			130,140,150	252	202							
			160	302	242							
LJJ10	63000	1900	90,95	172	132	530	280	70	81	193	365	11
			100,110,120,125	212	167							
			130,140,150	252	202							
			160,170,180	302	242							
LJJ11	80000	1800	90,95	172	132	580	280	70	81	193	432	15
			100,110,120,125	212	167							
			130,140,150	252	202							
			160,170,180	302	242							
LJJ12	100000	1700	110,120,125	212	167	630	310	70	86	197	545	22
			130,140,150	252	202							
			160,170,180	302	242							
			190,200	352	282							
LJJ13	125000	1600	110,120,125	212	167	680	340	70	98	226	647	32
			130,140,150	252	202							
			160,170,180	302	242							
			190,200,220	352	282							
LJJ14	160000	1500	130,140,150	252	202	740	370	125	100	232	891	47
			160,170,180	302	242							
			190,200,220	352	282							
			240	410	330							
LJJ15	250000	1400	150	252	202	840	400	125	102	236	1177	80
			160,170,180	302	232							
			190,200,220	352	282							
			240,250,260	410	330							
LJJ16	355000	1200	160,170,180	302	242	940	400	125	104	247	1449	128
			190,200,220	352	282							
			240,250,260	410	330							

注：1. 表中质量、转动惯量是按联轴器最大实体计算的近似值。

2. 设计中间轴时，与轴承孔 d_3 配合轴孔直径公差选用松配合。

11.1.5.7　鞍形块弹性联轴器（表 11-40 ~ 表 11-42）

鞍形块弹性联轴器具有较高的弹性和补偿性能，有良好的减振、缓冲阻尼能力，散热性好，在整个系列中只有四种规格弹性块，有利于降低成本，零件数量少、结构简单、易于维护。

弹性块抗剪强度计算如下：

$$\tau=\frac{2T_c\times10^3}{nD_1L\delta}\leqslant[\tau]$$

式中　T_c——联轴器计算转矩（N·m）；

n——弹性块数量；

D_1——承受最大剪力处的直径（mm）；

L——弹性块的宽度（mm）；

δ——弹性块的厚度（mm）；

$[\tau]$——弹性块材料的许用切应力（MPa），弹性块为橡胶织物材料时的许用切应力为 $[\tau]=0.7\sim0.75$MPa。

各种型号的鞍形块弹性联轴器的许用补偿量见表 11-40 和表 11-41。LAK 型鞍形块弹性联轴器基本参数和主要尺寸见表 11-42。

表 11-40　LJ、LJD、LJJ、LJZ 型鞍形块弹性联轴器许用补偿量

项目 \ 补偿量 \ 型号	LJ1	LJ2	LJ3	LJ4	LJ5	LJ6	LJ7	LJ8	LJ9	LJ10	LJ11	LJ12	LJ13	LJ14	LJ15	LJ16
	LJD1	LJD2	LJD3	LJD4	LJD5	LJD6	LJD7	LJD8	LJD9	LJD10	LJD11	LJD12	LJD13	LJD14	LJD15	LJD16
	LJJ1	LJJ2	LJJ3	LJJ4	LJJ5	LJJ6	LJJ7	LJJ8	LJJ9	LJJ10	LJJ11	LJJ12	LJJ13	LJJ14	LJJ15	LJJ16
	LJZ1	LJZ2	LJZ3	LJZ4	LJZ5	LJZ6		LJZ8	LJZ9							
						LJZ7										
轴向 Δx/mm	1															
径向 Δy/mm	1															
角向 $\Delta\alpha$	1°			45′		39′			33′		30′	27′			21′	

表 11-41　LAK 型鞍形块弹性联轴器许用补偿量

项目 \ 补偿量 \ 型号	LAK1	LAK2	LAK3	LAK4	LAK5	LAK6	LAK7	LAK8	LAK9	LAK10	LAK11	LAK12	LAK13	LAK14	LAK15	LAK16	LAK17
轴向 Δx/mm	±2		±4						±8								
径向 Δy/mm	2		3						5								
角向 $\Delta\alpha$	1°30′		1°														

表 11-42　LAK 型鞍形块弹性联轴器基本参数和主要尺寸（摘自 JB/T 7684—2007）

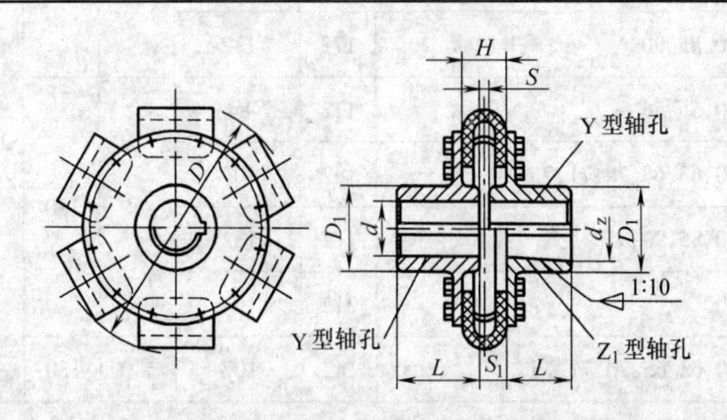

（续）

型号	公称转矩 T_n /N·m	许用转速 [n] /(r/min)	轴孔直径 d、d_z /mm	轴孔长度 L/mm		D /mm	D_1 /mm	S /mm	S_1 /mm	H /mm	质量 m /kg	转动惯量 I /kg·m²
				Y型	J_1、Z_1型							
LAK1	63	3700	20,22,24	52	38	155	50				3.4	0.005
			25,28	62	44							
			30,32	82	60							
LAK2	100	3500	25,28	62	44	165	60				4.8	0.007
			30,32,35,38	82	60			10	30	50		
LAK3	160	3150	28	62	44						8.73	0.018
			30,32,35,38	82	60							
			40,42,45	112	84	185	75					
LAK4	250	3000	30,32,35,38	82	60						8.86	
			40,42,45,48	112	84							
LAK5	500	2500	40,42,45,48,50,55,56			235	95	15	45	75	14.4	0.039
			60,63,65	142	107							
LAK6	630	2400	42,45,48,50,55,56	112	84	240	100				16.1	0.043
			60,63,65,70,71	142	107							
LAK7	1000	2000	45,48,50,55,56	112	84	295	120	15	45	74	29	0.147
			60,63,65,70,71,75	142	107							
LAK8	1600	1700	50,55,56	112	84	340	130				38.5	0.28
			60,63,65,70,71,75	142	107							
			80	172	132							
LAK9	2500	1500	50,55,56	112	84	385	145				53	0.424
			60,63,65,70,71,75	142	107							
			80,85,90	172	132							
LAK10	4000	1250	50,55,56	112	84	460	160	25	70	115	76.6	1.03
			60,63,65,70,71,75	142	107							
			80,85,90,95	172	132							
			100	212	167							
LAK11	6300	1050	60,63,65,70,71,75	142	107	530	180				128	2.38

（续）

型号	公称转矩 T_n /N·m	许用转速 $[n]$ /(r/min)	轴孔直径 d、d_z /mm	轴孔长度 L/mm		D /mm	D_1 /mm	S /mm	S_1 /mm	H /mm	质量 m /kg	转动惯量 I /kg·m^2
				Y 型	J_1、Z_1 型							
LAK11	6300	1050	80,85,90,95	172	132	530	180	25	70	115	128	2.38
			100,110	212	167							
LAK12	7100	1000	65,70,71,75	142	107	575	190				144	3.32
			80,85,90,95	172	132							
			100,110,120	212	167							
LAK13	10000	900	75	142	107	630	225				198	5.45
			80,85,90,95	172	132							
			100,110,120,125	212	167							
			130,140	252	202							
LAK14	14000	850	85,90,95	172	132	665	250	30	115	200	242	5.56
			100,110,120,125	212	167							
			130,140,150	252	202							
LAK15	20000	750	100,110,120,125	212	167	740	280				330	10.3
			130,140,150	252	202							
			160,170,180	302	242							
LAK16	31500	650	110,120,125	212	167	880	305				475	23.5
			130,140,150	252	202							
			160,170,180	302	242							
			190	352	282							
LAK17	50000	550	120,125	212	167	1040	345	30	115	200	701	502
			130,140,150	252	202							
			160,170,180	302	242							
			190,200,220	352	282							

注：1. 表中所列质量均为联轴器最大质量。

2. 转动惯量为近似值。

3. 联轴器两端不能同时采用 Z_1 型轴孔。

4. 联轴器最大转矩为公称转矩的 3 倍。

11.2 离合器

11.2.1 离合器的类型和性能（表11-43）

表11-43 常用离合器性能比较

<table>
<tr><th>序号</th><th>类别</th><th>组别</th><th>品种(标准号)
名称</th><th>性能、特点及应用</th></tr>
<tr><td>1</td><td rowspan="9">操纵离合器</td><td rowspan="3">机械离合器</td><td>摩擦离合器
JB/T 9190—1999
离合器摩擦面片尺寸</td><td>靠主、从动部分的接合元件(接触面积)间的摩擦力传递转矩。可在运转中结合,结合平稳,过载时离合器打滑起安全保护作用。基本形式有片式和锥体两类,片式具有单片、双片及多片等形式。结构较复杂,需要较大的轴向结合力,需经常调整摩擦面的间隙,以补偿磨损,摩擦面之间有相对滑动,损耗功率。不仅在机械离合器中有应用,在电磁离合器、液压离合器和气压离合器中均有应用。在机械离合器常应用于汽车、拖拉机、工程机械和齿轮箱等机械中</td></tr>
<tr><td>2</td><td>牙嵌离合器</td><td>靠啮合的牙面来传递转矩,结构简单,外形尺寸小,两个半离合器之间没有相对滑动,传动比固定不变。其缺点是结合时有冲击,只能在相对速度很低或几乎停止转动的情况下结合。结构型式较多,在机械、电磁、超越及安全离合器中有广泛的应用</td></tr>
<tr><td>3</td><td>齿形离合器</td><td>与牙嵌离合器相似,结构简单紧凑,外形尺寸小,为一对内啮合齿轮副。为了提高接合机率,齿端要经修整倒圆。适用于大转矩,有微量径向和角向位移的场合</td></tr>
<tr><td>4</td><td rowspan="3">电磁离合器</td><td>JB/T 1648—1999
湿式多片电磁离合器</td><td rowspan="3">这是利用激磁线圈的电流所产生的磁力来操纵离合器的各种结合元件,以达到接合或分离。其结构简单、起动力矩大、离合迅速、安装维修方便、使用寿命长、操纵方便,可单独操纵,也可集中控制及远距离控制。缺点是有一定的剩磁,影响主、从动摩擦片分离的彻底性。接合元件包括摩擦片式、牙嵌式、磁粉式,以及牙嵌-摩擦组合式等。可用于机床、数控机床、包装机械、起重运输机械、纺织机械等。磁粉离合器可用于离合、过载保护、调速、张力控制、换向或伺服机构、测试加载等</td></tr>
<tr><td rowspan="2">5</td><td>JB/T 5988—1992
磁粉离合器</td></tr>
<tr><td>GB/T 9149—1988
磁粉离合器通用技术条件</td></tr>
<tr><td>6</td><td rowspan="3">气动离合器</td><td>GB/T 6073—1985
气动双锥体摩擦离合器
(高弹性摩擦离合器)</td><td rowspan="3">以压缩空气为操纵动力源,接合平稳、维护方便,不用调整磨损间隙、寿命长,能传递大转矩、离合迅速,便于自控和遥控,操纵系统简单,工作安全。缺点是必须配备压缩空气系统以保证气源,配套的设备占地大、质量大、成本高。常用于船舶、石油钻井机械、大型机械压力机、挖掘机、球磨机、橡塑机械等</td></tr>
<tr><td>7</td><td>GB/T 10100—1988
气胎离合器(船用)</td></tr>
<tr><td>8</td><td>JB/T 7005—1993
气动盘式离合器</td></tr>
<tr><td>9</td><td rowspan="3">自控离合器</td><td>超越离合器</td><td>JB/T 9130—2002
单向楔块超越离合器</td><td>利用主、从动部分的速度变化或旋转方向的变换,具有自行离合功能。按工作原理可分为啮合式和摩擦式两类。靠滚动体的自动楔紧来传递转矩,当从动轴的转速超过主动轴时,离合器便脱开。结构简单,结合平稳,可简化传动系统、制造容易。主要用于速度转换,防止逆转,间歇运动等场合。单向楔块超越离合器可用于军工、航天航空、船舶、交通运输、机器制造、能源动力行业的设备上</td></tr>
<tr><td>10</td><td rowspan="2">离心离合器</td><td>JB/T 5986—1992
钢砂式离心离合器
(钢砂式安全联轴器)</td><td rowspan="2">靠离心体产生离心力,通过摩擦力来传递转矩,以达到自动分离和接合,过载时能起安全保护作用。不宜用于变速传动系统,不适用于频繁起动的工况,也不宜在起动过程太长的场合应用。由于它在一定转速下才能结合,因此可直接起动工作机械,而获得平稳起动的效果。通常装在机器的高速端,可作为安全联轴器应用,限制原动机起动转矩或实现过载保护。适用于原动机较小,并要对大惯量的工作机负载起动,如风机、离心机、压缩机和压力机等</td></tr>
<tr><td>11</td><td>JB/T 5987—1992
钢球式离心离合器</td></tr>
</table>

11.2.2　离合器选用

11.2.2.1　离合器的基本要求

1）结合平稳，分离彻底，动作准确可靠。

2）质量轻，外形小，惯性小，结构简单，工作安全。

3）操作方便，省力，散热性好，寿命长。

选择离合器时，转矩按下式计算：

对于牙嵌式离合器　$T_C = KT$

对于摩擦式离合器　$T_C = \dfrac{KT}{K_T K_V}$

式中　T_C——离合器计算转矩（N · m）；

T——离合器额定转矩（N · m）；

K——离合器载荷系数，见表 11-2；

K_T——离合器接合次数修正系数，见表 11-44；

K_V——离合器圆周速度修正系数，见表 11-45。

摩擦面平均圆周速度和平均直径计算如下：

$$v_m = \frac{\pi D_m n}{60000} \qquad D_m = \frac{D_1 + D_2}{2}$$

式中　D_1——摩擦面的内径（mm）；

D_2——摩擦面的外径（mm）；

n——离合器的转速（r/min）。

表 11-44　离合器接合次数修正系数 K_T

离合器每小时结合次数	≤100	120	180	240	300	360 以上
K_T	1	0.95	0.8	0.7	0.6	0.5

表 11-45　离合器圆周速度修正系数 K_V

摩擦面平均圆周速度 V_m/(m/s)	1	1.5	2	2.5	3	4	5	6	8	10	13	15
K_V	1.35	1.19	1.08	1	0.94	0.86	0.8	0.75	0.68	0.63	0.59	0.55

注：1. K_V 值也可由计算得到：$K_V = \sqrt[3]{\dfrac{2.5}{v}}$。

2. K_T 值为离合器用于空转结合。

3. 如有足够的润滑油，特别是油路通过轴时，K_T 值可以稍增大。

11.2.2.2　离合器形式与结构选择

选用离合器首先应在标准离合器（包括国家标准、机械行业标准及企业标准）中进行选择。采用标准离合器产品（尤其是国标和机标产品），便于易损件的配套互换。

1）根据离合器使用的工况条件，选择离合器的接合元件。

① 低速、停止转动下离合，不频繁离合可选用刚性接合元件。刚性接合元件具有传递力矩大，传动速比固定不变，不产生摩擦热，体积小等特点。

② 当传动系统要求缓冲，通过离合器吸收峰值力矩，则可选用半刚性接合元件，即摩擦元件。

③ 长期打滑的工况，则应选用电磁和液体传递能量的离合器，如磁粉离合器。

2）根据工作机的要求选择离合器的操作方式

① 接合次数不多，传递力矩不大的离合器，常选用气动或液压操纵系统

② 中小型，频繁操作，接合速度快，可采用电磁操纵系统。

3）根据机械设备的工作需要确定离合器容量，包括转矩容量和热容量。转矩容量是离合器的基本参数，必须大于机械的载荷力矩和惯性力矩。

4）离合器的寿命也是选型时必须考虑的因素。离合频繁的离合器要保持磨损量小、使用寿命长。

11.2.3　机械离合器

11.2.3.1　摩擦离合器

摩擦离合器是靠主、从动部分的接合元件采用摩擦副以传递转矩。可在运转中结合，结合平稳，过载时离合器可打滑起安全保护作用。片式摩擦离合器结构比较紧凑，调节简单可靠，在机械离合器、

电磁离合器、液压离合器、气压离合器中均有应用。常应用于汽车、拖拉机、工程机械和齿轮箱等机械中。

用作摩擦件的材料要求耐磨性高，摩擦因数大而稳定，抗胶合能力大，有足够的表面耐压强度，且易于加工，耐高温，导热性好，热变形小，耐油。常用摩擦副材料、性能和应用见表 11-46。

摩擦片是片式离合器的易损件。为便于用户选用配套，现已将离合器摩擦面片尺寸制订为机械行业标准。

1）干式离合器面片结构见图 11-9，尺寸系列见表 11-47。

2）湿式离合器面片结构见图 11-10，尺寸系列见表 11-48。湿式离合器面片的齿形为渐开线齿形。

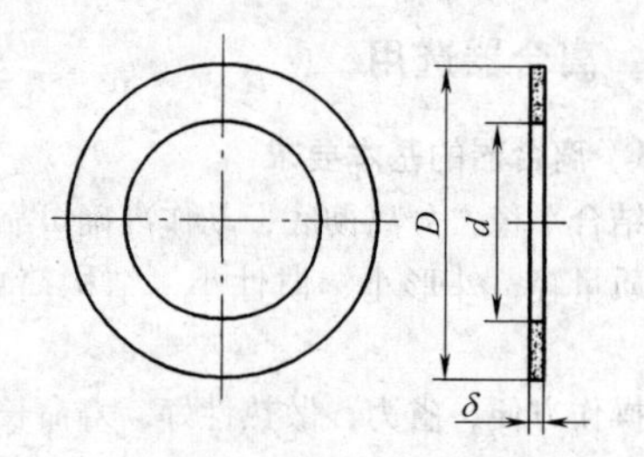

图 11-9　干式离合器面片

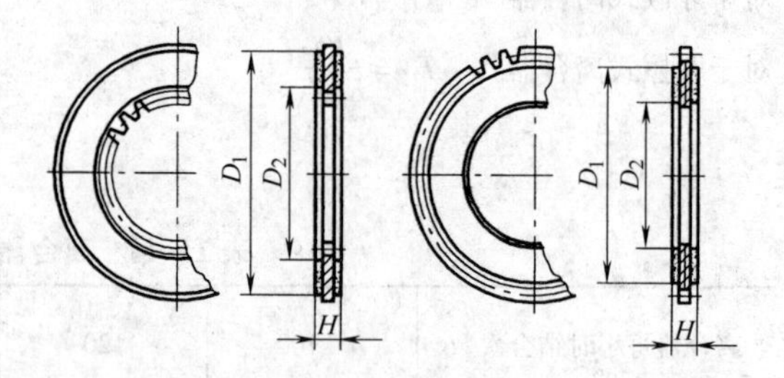

图 11-10　湿式离合器面片

表 11-46　常用摩擦副材料、性能和应用

摩擦副		静摩擦因数		动摩擦因数		许用比压 [p] /(N/cm²)		许用温度 /°C		性能特点和适用范围
摩擦副材料	材料组合	干式	湿式	干式	湿式	干式	湿式	干式	湿式	
10 钢或 15 钢（渗碳 0.5mm，淬火 56 ~ 62HRC），65Mn 淬火，35 ~ 45 钢	钢-钢	0.15 ~ 0.2	0.05 ~ 0.1	0.12 ~ 0.16	0.04 ~ 0.08	19.6 ~ 39.2	58.9 ~ 98.1	250	120	贴合紧密，耐磨性好，导热性好，热变形小 常用于湿式多片摩擦离合器
钢：同上 青铜：ZCuSn5Pb5Zn5 钢-青铜 ZCuSn10P1 ZCuAl10Fe3	钢-青铜	0.15 ~ 0.2	0.06 ~ 0.12	0.12 ~ 0.16	0.05 ~ 0.1	19.6 ~ 39.2	58.9 ~ 98.1	150	120	动、静摩擦因数差较小，成本较高 多用于湿式离合器
钢：同上 铜基粉末冶金	钢-铜基粉末冶金	0.25 ~ 0.45	0.1 ~ 0.12	0.2 ~ 0.3	0.05 ~ 0.1	39.2 ~ 58.9	117.7 ~ 392.4	560	120	耐磨性好，抗胶合能力强，摩擦因数大而稳定，有足够的强度和耐热性，成本高，密度大 适用于重载，如工程机械、重型汽车、压力机等离合器

（续）

摩擦副		静摩擦因数		动摩擦因数		许用比压 $[p]$ /(N/cm²)		许用温度 /°C		性能特点和适用范围
摩擦副材料	材料组合	干式	湿式	干式	湿式	干式	湿式	干式	湿式	
45 钢（高频淬火42～48HRC） 20MnB（渗碳淬火53～58HRC） HT200	钢-铸铁	0.15～0.2	0.05～0.1	0.12～0.16	0.04～0.08	19.6～39.2	58.9～98.1	250	120	铸铁具有较好的耐磨性和抗胶合能力，但不能承受冲击 常用于圆锥式摩擦离合器
石棉有机摩擦材料	钢-石棉基材料	0.25～0.4	0.08～0.12	14.7～29.4	78.5～98.1			260	100	摩擦因数较大，耐热性较好，导热性较差，价格便宜，制造容易，摩擦因数随温度变化 常用于干式离合器，如汽车、拖拉机等

表 11-47　干式离合器面片尺寸（摘自 JB/T 9190—1999）　（单位：mm）

外径 D	内径 d	厚度 δ	极限偏差 D	极限偏差 d	极限偏差 δ	每片的厚薄差
160	110（76）	2.5 3 3.2 3.5	−1	+0.8	±0.12	<0.12
170	110、120					
180	125					
190	132、140					
200	130、140					
225	150、160					
250	150、155、160					
280（279）	165、180	4 4.5 5				
300	175、180、190					
325	190、200、210		−1.2	+1	±0.15	<0.15
350	195、200、210					
380	200、220、240					
400	235、240、250					
410	260、270					
430	240、250					
450	265、290	5 5.5				

注：括号内的尺寸，只适用于原生产的少数型号的离合器面片。

表 11-48　湿式离合器面片尺寸（摘自 JB/T 9190—1999）　　（单位：mm）

外径 D_1	内径 D_2	厚度 H	模数 m	压力角 /(°)
60	30			
70	40	2.5		
80				
90	30、45、55		2	
100	45			
110	50、60	2.5	2.5	
125	80、88	2.8		
135	88		3	
145	100(105)	3		
155	108			
160	100			
(165)	(92)95			
170	100			20
(175)	(90)			(30)
180	116			
(185)	(122)			
190	92、100、112		2.5	
200	136、140	3		
210	145、150	3.8	3	
220	125	4		
230	140		3.5	
240	162			
(245)	(182)			
250	160			
(255)	(175)			

外径 D_1	内径 D_2	厚度 H	模数 m	压力角 /(°)
260	180、182			
270	225			
(275)	(188)			
280	165、200			
290	220、240			
305	235、245、254			
315	248			
320	250			
330	255			
340	260			
350	265		2.5	
360	270		3	
370	276			
380	280、323	4	3.5	20(30)
390	298、300			
400	309、314			
410	320、340			
420	320			
(425)	(325)			
430	240			
455	280			
475	372			
495	325			
630	510			
710	470		5	
990	690		5.5	

注：括号内的尺寸只适用于原生产的少数型号的离合器面片。

3）圆片式摩擦离合器强度验算。见图 11-11。

① 许用传递转矩 [T]：

$$[T]=\frac{1}{8K}\pi(D_1^2-D_2^2)D_p m\mu[p]K_iK_VK_T>T$$

式中　K——工况系数，见表 11-2；

μ——摩擦因数，见表 11-46；

$[p]$——许用比压，见表 11-46；

m——摩擦面对数；

K_i——摩擦片数修正系数，见表 11-49；

K_V——速度修正系数，见表 11-45；

K_T——接合次数修正系数，见表 11-44。

② 压紧力 F：

$$F=\frac{2TK}{D_p\mu m}$$

③ 摩擦面上比压 p：

表 11-49　摩擦片数修正系数 K_i

离合器主动摩擦片数 i	≤3	4	5	6	7	8	9	10	11
K_i	1	0.97	0.94	0.91	0.88	0.85	0.82	0.79	0.76

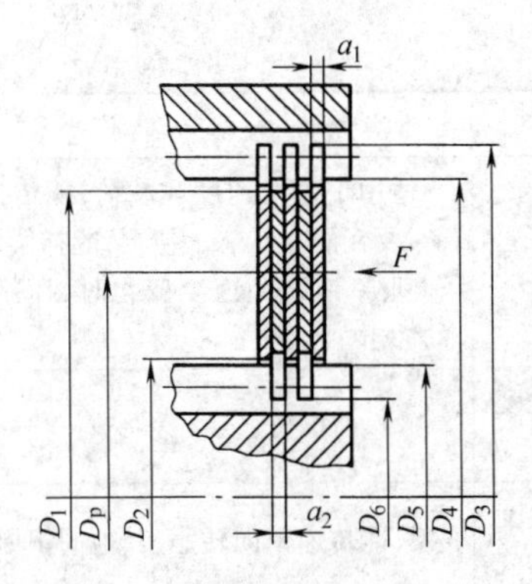

图 11-11　圆片式摩擦离合器

$$p=\frac{4F}{\pi(D_1^2-D_2^2)}\leqslant[p]$$

④ 外壳与外摩擦片接合处挤压应力 σ_1：

$$\sigma_1=\frac{8[T]K}{Z_1 i_1 a_1(D_3^2-D_4^2)}\leqslant[\sigma]$$

⑤ 内壳与内摩擦片接合处挤压应力 σ_2：

$$\sigma_2=\frac{8[T]K}{Z_2 i_2 a_2(D_5^2-D_6^2)}\leqslant[\sigma]$$

式中　a_1、a_2——外、内摩擦片的厚度；

Z_1——外摩擦片的齿数；

Z_2——内摩擦片的齿数；

i_1——外摩擦片数；

i_2——内摩擦片数；

$[\sigma]$——允许挤压应力，$[\sigma]=7.85\sim9.81$MPa。

4）圆锥式摩擦离合器强度验算。见图 11-12。

① 许用传递转矩［T］：

$$[T]=\frac{1}{2K}\pi D_p^2 b\mu[p]K_V K_T\geqslant T$$

式中　b——圆锥母线宽度。

② 离合器所需的轴向压紧力 F：

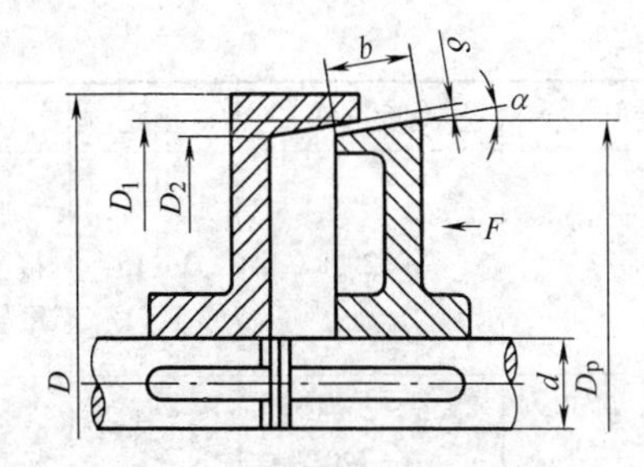

图 11-12　圆锥式摩擦离合器

$$F=\frac{2TK\sin\alpha}{D_p\mu}$$

③　摩擦面比压 p：

$$p=F/\frac{\pi}{4}(D_1^2-D_2^2)=\frac{8TK\sin\alpha}{\pi D_p\mu(D_1^2-D_2^2)}\leqslant[p]$$

④ 外锥平均壁厚 δ：

$$\delta\geqslant\frac{F}{2b\pi[\sigma]\tan(\alpha+\varphi)}$$

式中　$[\sigma]$——许用应力，铸铁 $[\sigma]=19.6\sim29.4$MPa，铸钢 $[\sigma]=39.2\sim78.5$MPa，碳素钢 $[\sigma]=78.5\sim117.7$MPa；

α——半锥角；

φ——摩擦角，$\varphi=\arctan\mu$。

11.2.3.2　牙嵌离合器

牙嵌离合器靠啮合的牙面来传递转矩。结构简单，外形尺寸小，两个半离合器之间没有相对滑动，传动比固定不变。其缺点是结合时有冲击，只能在相对速度很低或几乎停止转动的情况下结合（一般相对圆周速度不大于 0.7～0.8m/s）。牙嵌离合器牙形有矩形牙、正三角形牙、斜三角形牙、正梯形牙、尖梯形牙、斜梯形牙、锯齿形牙、螺旋牙等。机械牙嵌离合器尚无标准系列产品。牙嵌离合器牙形比较见表 11-50。牙嵌离合器材料的许用应力见表 11-51。

表 11-50　牙嵌离合器牙形比较

牙形	角度/(°)	牙数	特　点	应　用
矩形		3～15	便于制造，结合脱开较困难。为了便于结合，常采用较大的牙间间隙	传递转矩大，可以传递双向转矩，需在静止或极低转速下才能结合。适用于重载，各种手动调整机构和不常离合的传动
正三角形	60～90	15～60	牙数多，可用在接合较快的场合，牙的强度较弱，接合后不能自锁，传递转矩时轴向分力较大	可双向传递转矩，应在低转速时结合，适用于轻载、低速
斜三角形	$\alpha=2\sim8$ $\beta=50\sim70$	15～60	接合时间短，牙数应选得多；但牙数多，各牙分担载荷不均匀	只能传递单向转矩，其他同正三角形牙

（续）

牙形	角度/(°)	牙数	特　点	应　用
正梯形	$\alpha=2\sim8$	3～15	脱开和接合比矩形齿容易，接合后牙间间隙较小，牙的强度较大	适用于较大速度和载荷，能传递双向载荷，要在静止状态下接合，能补偿牙的磨损和间隙，能避免速度变化时因间隙而产生的冲击
尖梯形	$\alpha=2\sim8$ $\beta=120$	3～15	接合较正梯形容易，强度较高	
斜梯形	$\alpha=2\sim8$ $\beta=50\sim70$	3～15	接合较正梯形更容易，强度较高	只能传递单向转矩，其他同正梯形
锯齿形	$\alpha=1\sim1.5$	3～15	强度高，接合容易，可传递较大转矩	只能单向传动
螺旋形		2～30	强度高，接合平稳，可以传递较大转矩	接合迅速而且不用精确对中，可以在较低转速过程中接合，螺旋牙的数量决定于接合前的转差，只能单向传递转矩

表 11-51　牙嵌离合器材料的许用应力　（单位：MPa）

结合情况	静止时结合	运转中结合	
		低速	高速
许用挤压应力$[\sigma_j]$	88.3～117.7	49.1～68.7	34.3～44.1
许用弯曲应力$[\sigma_b]$	$0.67\sigma_s$	$(0.17\sim0.22)\sigma_s$	

注：1. 齿数多时许用应力取小值，齿数少时许用应力取大值。

2. 表中给出的许用挤压应力，适用于 56～62HRC 的渗碳淬火钢。

牙嵌离合器强度校核：

1）牙齿工作面的挤压应力：

$$\sigma_j=\frac{2KT}{D_pZ'bh}\leqslant[\sigma_j]$$

2）牙齿根部的弯曲应力：

$$\sigma_b=\frac{6KTh}{D_pZ'b}\leqslant[\sigma_b]$$

式中　K——工况系数，见表 11-2；

T——传递转矩；

Z'——计算牙数，$Z'=\left(\frac{1}{3}-\frac{1}{2}\right)Z$；

b——牙齿宽度，$b=\frac{D-D_1}{2}$；

h——牙齿高度，$h=(0.6\sim1)b$。

材料许用应力 $[\sigma_j]$、$[\sigma_b]$ 见表 11-51。

淬硬钢的离合器 $Z>7$，未经热处理的离合器$Z>5$时，才进行抗弯强度校核。

11.2.3.3　齿形离合器

齿形离合器（亦称齿轮离合器、齿式离合器）结构简单紧凑。为了提高齿的抗弯强度并接合方便，外齿可制面短齿。与牙嵌离合器使用条件相同，低速时接合，通常有噪声。啮合齿按圆周布置，一个元件的齿插入另一元件的齿隙，形成自对中接合。目前无标准机械齿形离合器系列产品。

齿形离合器材料及许用弯曲应力见表 11-51。

外齿单齿弯曲应力 σ_b 计算如下：

$$\sigma_b=\frac{2KT}{mZbd}\leqslant[\sigma_b]$$

式中　T——传递的转矩；

K——工况系数，见表 11-2；

Z——离合器齿数；

m——离合器模数；

b——离合器齿的工作宽度。

许用弯曲应力 $[\sigma_b]$ 见表 11-52。

表 11-52　齿形离合器材料许用弯曲应力 $[\sigma_b]$　（单位：MPa）

外齿材料	HT200	HT300	45 调质	40Cr 调质	40Cr 淬火 46～50HRC	20Cr 渗碳淬火 56～62HRC	20CrMnTi 渗碳淬火 56～62HRC
$[\sigma_b]$	51	68.7	161.9	196.2	343.4	274.7	343.4

11.2.4　电磁离合器

电磁离合器是利用激磁线圈的电流所产生的磁力来操纵离合器的各种接合元件，以达到接合或分离的离合器。电磁离合器结构简单，起动力矩大，离合迅速，安装维修方便，使用寿命长，操纵方便。不需要设置像机械离合器的操纵机构或接合机构，也不需要像气动、液压离合器那样设置繁多的管路和阀件，以及空气压缩机或液压泵等设施。电磁离合器可以单独操纵，也可以集中控制及远距离控制。在设备中与其他电气元件协同实现自动控制，还可以方便地调节激磁电流来改变离合器的工作转矩，或者在连续的滑差下维持恒定的转矩（如磁粉离合器）。电磁离合器的缺点是有一定的剩磁，影响主、从动摩擦片分离的彻底性；对相邻件有磁化作用，能吸引铁屑，影响传动系统的精度和工作寿命；脱开时间较长，要有直流供电系统。常用的电磁离合器有摩擦片式、牙嵌式、磁粉式，以及牙嵌-摩擦组合式、柔性摩擦扭簧式及带有永久磁的电磁离合器等。

11.2.4.1　湿式多片电磁离合器

湿式多片电磁离合器（JB1648—1999），是由电磁系统和摩擦片组组成，并在油润滑条件下工作的离合器。其正常工作条件如下：

1）周围空气温度上限不超过 40℃；周围空气温度 24h 的平均值不超过 35℃；周围空气温度下限不低于 -5°C。

2）离合器安装地点的海拔不超过 2000m，离合器用于更高海拔时，要考虑到空气电气绝缘强度的减小和空气冷却效果的下降，用户应与制造厂协商。

3）离合器周围局部微观环境污染等级为 3 级。

4）离合器的安装类别为“Ⅱ”。离合器轴呈水平安装，当安装轴主动侧和从动侧为两轴时，其同轴度公差等级为 9 级。需要垂直安装时，其性能参数由用户和制造厂协商确定。

5）离合器须在有润滑油的情况下工作。供油方式为浸油、外浇油、轴心给油。润滑油必须保持清洁，油的粘度为 25 ~ 36mm²/s（40℃时），推荐使用油的温度为 20 ~ 40℃。

湿式多片电磁离合器性能参数见表 11-53。湿式多片电磁离合器寿命及试验条件见表 11-54。

湿式多片电磁离合器尺寸系列参数，是在 JB 1648—1999 的基础上，由各生产厂制订企业标准，在生产厂的产品样本上反映。用户选用湿式多片电磁离合器产品时，可向制造厂索取产品样本。

表 11-53　湿式多片电磁离合器性能参数

<table>
<tr><th>规格</th><th>额定静转矩 T_s /N · m</th><th>额定动转矩 T_d /N · m</th><th>空载转矩 T_i /N · m <</th><th>接通时间 t_c/s <</th><th>断开时间 t_r/s <</th><th>额定工作电压(DC) /V</th><th>额定工作电压 (AC)/V</th><th>允许最高转速 $[n_{max}]$ /(r/min)</th></tr>
<tr><td>1.2</td><td>12</td><td>20</td><td>0.39</td><td>0.28</td><td rowspan="2">0.09</td><td rowspan="9">12
24①
48
110</td><td rowspan="9">60
110</td><td rowspan="2">3500</td></tr>
<tr><td>2.5</td><td>25</td><td>40</td><td>0.4</td><td>0.3</td></tr>
<tr><td>5</td><td>50</td><td>80</td><td>0.9</td><td>0.32</td><td>0.1</td><td rowspan="2">3000</td></tr>
<tr><td>10</td><td>100</td><td>160</td><td>1.8</td><td>0.35</td><td rowspan="2">0.14</td></tr>
<tr><td>16</td><td>160</td><td>250</td><td>2.4</td><td>0.37</td><td>2500</td></tr>
<tr><td>25</td><td>250</td><td>400</td><td>3.5</td><td>0.4</td><td>0.18</td><td>2200</td></tr>
<tr><td>40</td><td>400</td><td>630</td><td>5.6</td><td>0.42</td><td>0.2</td><td>2000</td></tr>
<tr><td>63</td><td>630</td><td>1000</td><td>9</td><td>0.45</td><td>0.25</td><td>1800</td></tr>
<tr><td>100</td><td>1000</td><td>1600</td><td>10</td><td>0.65</td><td>0.3</td><td>1600</td></tr>
</table>

注：离合器的最高相对转速，应不高于允许最高转速。

① 表中 24V 额定工作电压为优先电压值。

表 11-54　湿式多片电磁离合器寿命及试验条件

规格	转速 n /(r/min)	转动惯量 I /kg · m²	油的流量 /(L/min) (±10%)	操作频率 /h	通电持续率	寿命 /次
1.2	1000	0.03	0.4	770	40%	160×10^3
2.5		0.06	0.6	580		
5		0.1	1	390		140×10^3
10		0.22	1.2	260		120×10^3
16	750	0.43	1.4	250		
25		0.63	2	230		100×10^3
40		0.9	3	200		90×10^3
63		1.25	4	160		70×10^3
100	500	2.25	3	200		60×10^3

注：表中的转动惯量 I 值，包括离合器从动部分及连接件。

11.2.4.2　摩擦片式（磁通二次过片）电磁离合器设计程序

（1）已知数据

1）离合器轴的轴径 d（mm）。

2）离合器转速 n（r/min）。

3）离合器传递的转矩 T（N · m）。

4）电源电压（V）。

5）工作频度 z（次/h）。

6）润滑形式（干式或湿式）。

7）温升（℃）。

8）使用率。

（2）确定参数

1）摩擦面外直径 D（mm）：$D=10A_c\sqrt[3]{T}$。

2）摩擦面的平均摩擦直径 D_p（mm）：$D_p=10B_c\sqrt[3]{T}$。

3）摩擦片工作面的外半径 R（mm）：$R=D/2$。

4）摩擦片工作面的内半径 R_0（mm）：$R_0\geqslant d_0/2$。

5）摩擦片工作面的平均半径 R_p（mm）：$R_p=\dfrac{R+R_0}{2}$。

6）摩擦片工作面的宽度 b（mm）：$b=R-R_0$，一般可采用 $(0.3\sim0.6)R_p$。

7）摩擦片的厚度 b'（mm）：$b'=0.8\sim1.5$。

8）摩擦片在分开时间隙：湿式 $\delta=0.2\sim0.3$mm；干式 $\delta=0.4\sim1$mm。

9）摩擦片平均圆周速度 v（m/s）：$v_p=\dfrac{\pi R_p n}{30\times1000}$。

10）摩擦面数：$i=m-1=E_c\dfrac{T}{D^3}$。

11）摩擦面的压紧力 F（N）：$F=\dfrac{2T}{fR_p(m-1)}$。

12）内铁心磁极截面积 S_δ（mm²）：$S_\delta=\dfrac{F}{2P}$。

13）内铁心外直径 d_n（mm）：

$$d_n=\sqrt{\frac{4}{\pi}(1.1\sim1.2)S_\delta+d_0^2}$$

14）外铁心内直径 d_W（mm）：

$$d_W=\sqrt{D^2-\frac{4}{\pi}(1.1\sim1.2)S_\delta}$$

15）线圈槽宽 b_1（mm）：$b_1=\dfrac{d_W-d_n}{2}$。

16）气隙磁势 IW_δ（A）：

$$IW_\delta=(44\sim48)\sqrt{P}(m-1)$$

17）导线直径 d_1（mm）：

$$d_1=8.35\times10^{-4}\sqrt{\frac{IW_\delta d_p}{u}}$$

18）线圈匝数 W：

$$W=\frac{57\times10^3u}{\pi d_p j}\qquad j=2.5\sim4(\mathrm{A/mm^2})$$

19）线圈槽高度 h_n（mm）：$h_n=\dfrac{1.45d^2W}{b}$。

20）磁轭底部厚度 h_2（mm）：$h_2=\dfrac{S_\delta}{\pi d}$。

21）衔铁厚度 h_1（mm）：$h_1=h_2$。

22）磁轭高度 h_3（mm）：$h_3=h_n+h_2$。

23）离合器全长 L_c（mm）：

$$L_c=h_n+h_1+h_2+mb'$$

（3）校算

1）线圈匝数 W'（匝）：

$$W'=\frac{[d_W-d_n-(2\sim4)](h_n-2)}{2d^2}$$

2）线圈电阻 R（Ω）：

$$R=5.5\times10^{-5}\frac{d_pW'}{S}$$

其中 $S=\frac{\pi}{4}d^2$　　$d_p=\frac{d_W+d_n}{2}$

3）线圈电流 I（A）：$I=\frac{u}{R}$。

4）线圈磁势（A）：

$$IW=I\times W'$$

5）摩擦片接触气隙所需磁势（A）：

$$IW_\delta=\frac{S'_\delta B_\delta}{G_\delta}$$

其中 $G_\delta=\frac{G_{\delta1}}{n}$　　$G_{\delta1}=\frac{\mu_0S_\delta}{\delta}$

式中 B_δ——磁通密度，$B_\delta=10000\sim12000$T；

δ——对片的间隙，取 $\delta=0.02$mm；

n——间隙个数。

6）磁轭所需磁势（A）：

$$IW_e=H_e\times l_p$$

$$l_p=2h_n+\frac{D-d_W+d_n-d_0}{2}+b_n$$

7）摩擦片所需磁势（A）：

$$IW_p=H_p\times2b'm$$

8）衔铁消耗磁势（A）：

$$IW_x=H_x\times l_{px}$$

其中 $l_{px}=2h_1+\frac{D-d_W+d_n-d_0}{2}+b_n$

9）所需总磁势（A）：

$$IW'=IW_\delta+IW_e+IW_p+IW_x$$

10）漏磁系数：

$$\sigma=\frac{IW}{IW'}$$

11）有效磁感应强度 B_m(T)：

$$B_m=\frac{0.8\pi IW}{2(m-1)(1+\sigma)\delta}$$

12）摩擦片的压紧力 F(N)：

$$F=\left(\frac{B_m}{5000}\right)^2 2S_\delta$$

13）离合器转矩 T(N·m)：

$$T=\frac{1}{K}fR_{cp}F(m-1)$$

其中 $R_{cp}=\frac{D+d_W+d_n+d_0}{8}$

14）线圈功率 P_e(W)：

$$P_e=I^2R$$

15）线圈允许散热功率 P_0(W)：

$$P_0=\mu_m\theta_cS_B$$

其中 $S'_B=\frac{\pi}{4}(d_W^2-d_n^2)+n(d_W+d_n)h_n$

16）线圈热平衡：

$$P_e\leqslant P_0$$

11.2.4.3　磁粉离合器

磁粉离合器是采用导磁的磁粉为媒介，主动部件与从动部件间隙中充填磁粉，借助于磁粉间的电磁吸力形成的磁粉链同工作面之间的摩擦力产生离合功能。

（1）磁粉离合器的特点和用途

1）转矩控制的范围宽，控制精度高。转矩与激磁电流在相当广泛的范围内成正比，能完善地进行传递转矩的控制，可用作线性调节元件。

2）具有恒转矩性。转矩仅取决于激磁电流的大小，而与主、从动侧的相对转速无关。具有定转矩性，其静转矩与动转矩相同。

3）在同滑差无关的情况下能够传递一定的转矩，无冲击、振动，无噪声，运转平稳，可用于工作频率较高的离合场合。

4）消耗电力小，控制电力也小，断开激磁电流时的剩余转矩很小，空载时无发热现象，转矩的稳定性好。可用于精确离合控制。

5）结构简单、体积小、质量轻；磁粉不用油，是干式的，容易维护；磁粉具有耐氧化性，耐热性好、寿命长、可靠性高。

6）可采取多种输入、输出及安装连接形式。适用范围广，励磁功率小，可用很小的电功率控制很大的传递功率，易于用电子线路和微机控制。

由于磁粉离合器具有以上特性，因此可在多种工业场合得到应用。一般可用于离合、过载保护，调速、张力控制，换向或伺服机构，测试加载等。虽然磁粉离合器用途很广泛，但就用途分类而言有一般工业离合用离合器、调节用离合器和快速调节离合器三种。

（2）磁粉离合器的标准　行业标准为 JB/T 5988—1992《磁粉离合器》；国家标准为 GB/T 9149—1988《磁粉离合器通用技术条件》。磁粉离合器性能参数见表 11-55。

（3）磁粉离合器连接、安装形式及尺寸　见图 11-13 至图 11-18；表 11-56 至表 11-59。

表 11-55　磁粉离合器性能参数

型　号	公称转矩 T_n /N·m	75°C 时线圈 最大电压 U_m /V	75°C 时线圈 最大电流 I_m /A ≤	75°C 时线圈 时间常数 T_{ir} /s ≤	许用同步转速 [n] /(r/min)	转动惯量 I /kg·m²	自冷式 许用滑差功率 [P] /W ≥	风冷式 许用滑差功率 [P] /W ≥	风冷式 风量 /(m²/min)	液冷式 许用滑差功率 [P] /W	液冷式 液量 /(L/min)
FL0.5□	0.5		0.4	0.035		4×10^{-4}	8				
FL1□	1		0.54	0.04		1.7×10^{-3}	15				
FL2.5□	2.5		0.64	0.052		4.4×10^{-3}	40				
FL5□	5		1.2	0.066	1500	10.8×10^{-3}	70				
FL10□	10	24	1.4	0.11		2×10^{-2}	110	200	0.2		
FL25□□/□	25		1.9	0.11		7.8×10^{-2}	150	340	0.4		
FL50□□/□	50		2.8	0.12		2.3×10^{-1}	260	400	0.7	1200	3
FL100□□/□	100		3.6	0.23		8.2×10^{-1}	420	800	1.2	2500	6
FL200□□/□	200		3.8	0.33		2.53	720	1400	1.6	3800	9
FL400□□/□	400		5	0.44	1000	6.6	900	2100	2	5200	15
FL630□□/□	630		1.6	0.47		15.4	1000	2300	2.4		
FL1000□□/□	1000	80	1.8	0.57	750	31.9	1200	3900	3.2		
FL2000□□/□	2000		2.2	0.8		94.6	2000	8300	5		

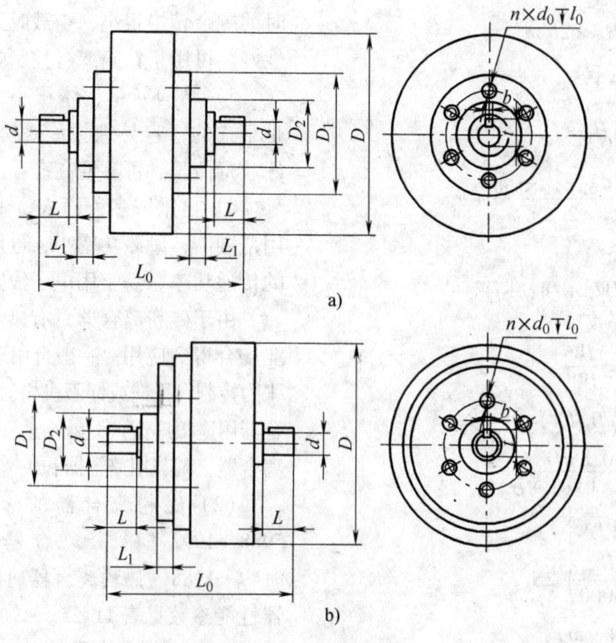

图 11-13　轴输入、轴输出，单侧或双侧止口支撑式磁粉离合器

a）双侧止口　b）单侧止口

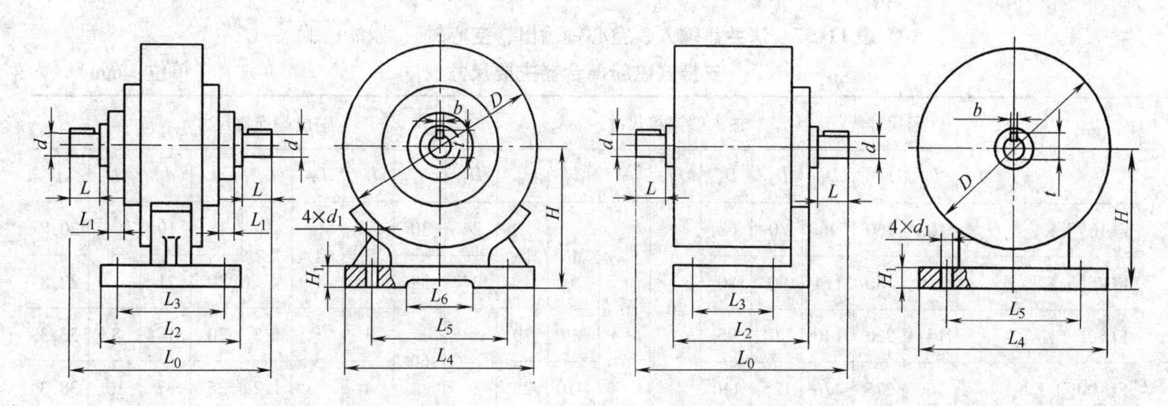

图 11-14　轴输入、轴输出，机座支撑式磁粉离合器

图 11-15　轴输入、轴输出，直角板支撑式磁粉离合器

表 11-56　轴输入、轴输出，单侧或双侧止口支撑式、机座支撑式、直角板支撑式磁粉离合器主要尺寸　（单位：mm）

型号		外形尺寸			连接尺寸					止口支撑式安装尺寸							机座支撑式、直角板支撑式安装尺寸					
		L_0	L_6	D①	d h7	L	b p7	t	D_1	L_1	D_2 g7	n	d_0	l_0	L_2	L_3	L_4	L_5	H	$H_1$②	d
FL2.5□	FL2.5□.J	150		120	10	20	3	11.2	64	8	42	6	M5	10	70	50	120	100	80	8	7
FL5□	FL5□.J	162		134	12	25	4	13.5		10							140	120	90	10	
FL10□/□	FL10□.J/F	184		152	14		5	16		13		6×2	M6		90	60	150		100	13	10
FL25□/□	FL25□.J/F	216		182	20	36	6	22.5	78	15	55				100	70	180	150	120	15	12
FL50□/□	FL50□.J/F	268	120	219	25	42	8	28	100	23	74				110	80	210	180	145		
FL100□/□	FL100□.J/F	346		290	30	58		33	140	25	100		M10	15	140	100	290	250	185	20	
FL200□/□	FL200□.J/F	386	130	335	35		10	38	150		110				160	120	330	280	210	22	15
FL400□/□	FL400□.J/F	480		398	45	82	14	48.5	200	33	130	8×2	M12	20	180	130	390	330	250	27	19
FL630□/□	FL630□.J/F	620	140	480	60	105	18	64	410	35	460			25	210	150	480	410	290	33	24
FL1000□/□	FL1000□.J/F	680	150	540	70		20	74.5	460	40	510				220	160	540	470	330	38	
FL2000□/□	FL2000□.J/F	820		660	80	130	22	85	560		630		M16	30	230	180	660	580	390	45	

注：1. 对于液冷式（水冷或油冷式）产品，在总长 L_0 中可以增加小于 L_6 的冷却液进出装置的长度。

①、② D、H_1 为推荐尺寸。

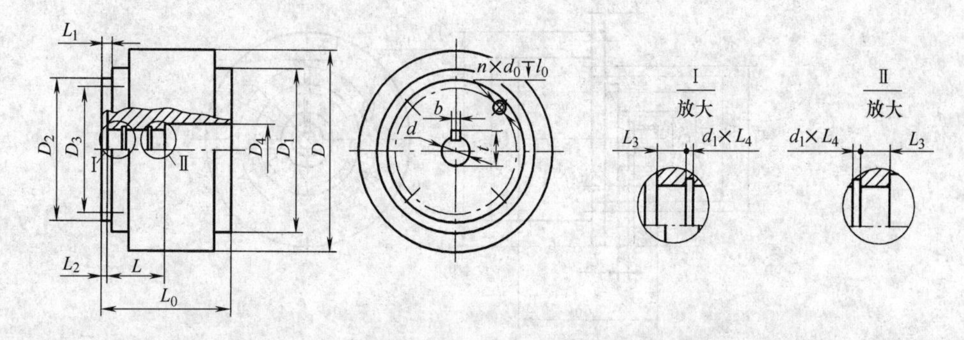

图 11-16　法兰盘输入、空心轴输出、空心轴（或单止口）支撑式磁粉离合器

表 11-57　法兰盘输入、空心轴输出、空心轴（或单止口）支撑式磁粉离合器主要尺寸

（单位：mm）

型号	外形尺寸		输入端连接尺寸							输出端连接尺寸								
	L_0	D①	D_1	D_2	D_3	L_1	n	d_0	l_0	D_4	L	L_2	L_3	L_4	d	d_1	b	t
FL10□. K	103	160	96	80	68	20	6	M6	15	24	30	2	4	1.1	18	19	6	20.8
FL25□. K	119	180	114	90	80					27	38				20	21		22.8
FL50□. K	141	220	140	110	95			M8	20	—	60	3	5	1.3	30	31.4	8	33.3
FL100□. K	166	275	176	125	110			M10	25			4		1.7	35	37	10	38.3

① D 为推荐尺寸。

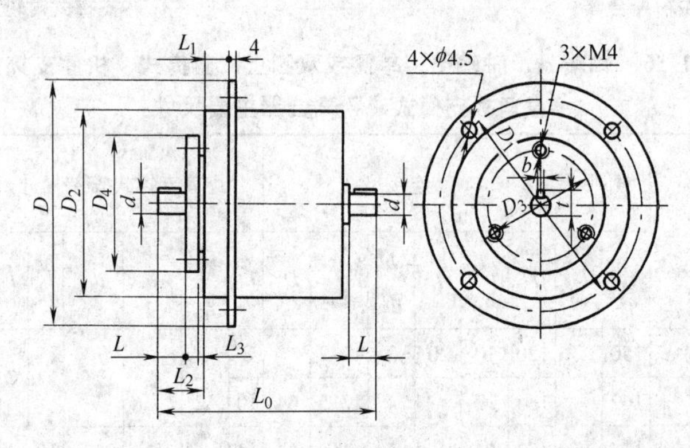

图 11-17　法兰盘输入、单侧或双侧轴输出，单止口支撑式磁粉离合器

表 11-58　法兰盘输入、单侧或双侧轴输出，单止口支撑式磁粉离合器主要尺寸

（单位：mm）

型号	外形尺寸		安装尺寸			连接尺寸							
	L_0	D	L_1	D_1	D_2	L	L_2	L_3	D_3	D_4	d	t	b
FL0. 5□. D	77	70	8. 5	60	48	10. 5	16. 5	5	30	40	5	4. 5	9
FL1□. D	83	76		66	54	12	18. 5		34	42	7	6. 5	10
FL2. 5□. D	95	85	9. 5	75	63	15	22. 5	6	40	48	9	8. 5	13
FL5□. D	111	100	12	90	78	18	25		50	60	12	11. 5	16

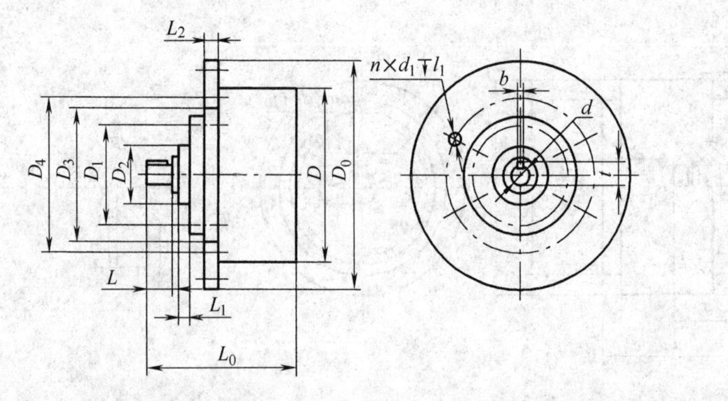

图 11-18　齿轮（链轮、带轮）输入，轴输出，单面止口支撑式磁粉离合器

表 11-59　齿轮（链轮、带轮）输入，轴输出，单面止口支撑式磁粉离合器主要尺寸

（单位：mm）

<table>
<tr><th rowspan="2">型号</th><th colspan="2">外形尺寸</th><th colspan="4">连接尺寸</th><th colspan="4">安装尺寸</th><th colspan="6">齿轮安装尺寸①</th><th colspan="3">齿轮参数</th></tr>
<tr><th>L_0</th><th>D</th><th>d</th><th>L</th><th>b</th><th>t</th><th>D_1</th><th>D_2</th><th>L_1</th><th>n</th><th>D_3</th><th>D_4</th><th>L_2</th><th>n</th><th>d_1</th><th>l_1</th><th>外径 D_0</th><th>齿数 Z</th><th>模数 m</th></tr>
<tr><td>FL1□. C</td><td>60</td><td>56</td><td>4</td><td>7.5</td><td></td><td></td><td>19</td><td>13</td><td>4</td><td>3</td><td></td><td></td><td rowspan="2"></td><td rowspan="2"></td><td rowspan="2"></td><td rowspan="2"></td><td>61</td><td>120</td><td>0.5</td></tr>
<tr><td>FL2. 5□. C</td><td>120</td><td>100</td><td>10</td><td>20</td><td>3</td><td>11.2</td><td rowspan="3">64</td><td rowspan="3">42</td><td>8</td><td rowspan="2">6</td><td>84</td><td>94</td><td>106</td><td>104</td><td>1</td></tr>
<tr><td>FL5□. C</td><td>136</td><td>134</td><td>12</td><td>25</td><td>4</td><td>13.5</td><td>10</td><td>105</td><td>118</td><td rowspan="2">18</td><td rowspan="3">6</td><td>M5</td><td>10</td><td>140</td><td>68</td><td rowspan="3">2</td></tr>
<tr><td>FL10□. C</td><td>160</td><td>152</td><td>14</td><td>28</td><td>5</td><td>16</td><td>13</td><td rowspan="2">6 × 2</td><td>132</td><td>142</td><td rowspan="2">M6</td><td>15</td><td>162</td><td>68</td></tr>
<tr><td>FL25□. C</td><td>175</td><td>182</td><td>20</td><td>36</td><td>6</td><td>22.5</td><td>78</td><td>55</td><td>15</td><td>156</td><td>166</td><td>20</td><td>17</td><td>188</td><td>92</td></tr>
</table>

① 齿轮安装尺寸为推荐值。

（4）磁粉离合器正常工作条件：

1）周围空气温度 -5 ~40°C。

2）周围空气最大相对湿度为 90%（平均最低温度为 25°C 时）。

3）周围介质要求：无爆炸危险、无腐蚀金属、无破坏绝缘的尘埃、无油雾。

4）海拔不超过 2500m。

第12章　弹　　簧

12.1　圆柱螺旋弹簧

12.1.1　圆柱螺旋弹簧尺寸系列

一般用途圆柱螺旋弹簧材料截面直径 d、弹簧中径 D、有效圈数 n（拉伸、压缩弹簧）及自由高度 H_0 等主要尺寸，见图 12-1。圆柱螺旋弹簧尺寸系列，见表 12-1。

表 12-1　圆柱螺旋弹簧尺寸系列（摘自 GB/T 1358—2009）

项　　目		数　　据									
弹簧材料截面直径 d/mm	第一系列	0.10	0.12	0.14	0.16	0.20	0.25	0.30	0.35	0.40	0.45
		0.50	0.60	0.70	0.80	0.90	1.00	1.20	1.60	2.00	2.50
		3.00	3.50	4.00	4.50	5.00	6.00	8.00	10.0	12.0	15.0
		16.0	20.0	25.0	30.0	35.0	40.0	45.0	50.0	60.0	
	第二系列	0.05	0.06	0.07	0.08	0.09	0.18	0.22	0.28	0.32	0.55
		0.65	1.40	1.80	2.20	2.80	3.20	5.50	6.50	7.00	9.00
		11.0	14.0	18.0	22.0	28.0	32.0	38.0	42.0	55.0	
	设计时优先选用第一系列										

项　　目	数　　据															
弹簧中径 D/mm	0.3	0.4	0.5	0.6	0.7	0.8	0.9	1	1.2	1.4	1.6	1.8	2	2.2	2.5	2.8
	3	3.2	3.5	3.8	4	4.2	4.5	4.8	5	5.5	6	6.5	7	7.5	8	8.5
	9	10	12	14	16	18	20	22	25	28	30	32	38	42	45	48
	50	52	55	58	60	65	70	75	80	85	90	95	100	105	110	115
	120	125	130	135	140	145	150	160	170	180	190	200	210	220	230	240
	250	260	270	280	290	300	320	340	360	380	400	450	500	550	600	

项　　目		数　　据											
弹簧有效圈数 n/圈	压缩弹簧	2	2.25	2.5	2.75	3	3.25	3.5	3.75	4	4.25	4.5	4.75
		5	5.5	6	6.5	7	7.5	8	8.5	9	9.5	10	10.5
		11.5	12.5	13.5	14.5	15	16	18	20	22	25	28	30

项　　目		数　　据																
弹簧有效圈数 n/圈	拉伸弹簧	2	3	4	5	6	7	8	9	10	11	12	13	14	15	16	17	18
		19	20	22	25	28	30	35	40	45	50	55	60	65	70	80	90	100
		拉伸弹簧有效圈数除按表中规定外，由于两勾环相对位置不同，其尾数还可为 0.25、0.5、0.75																

项　　目	数　　据													
压缩弹簧自由高度 H_0/mm	2	3	4	5	6	7	8	9	10	11	12	13	14	15
	16	17	18	19	20	22	24	26	28	30	32	35	38	40
	42	45	48	50	52	55	58	60	65	70	75	80	85	90
	95	100	105	110	115	120	130	140	150	160	170	180	190	200
	220	240	260	280	300	320	340	360	380	400	420	450	480	500
	520	550	580	600	620	650	680	700	720	750	780	800	850	900
	950	1000												

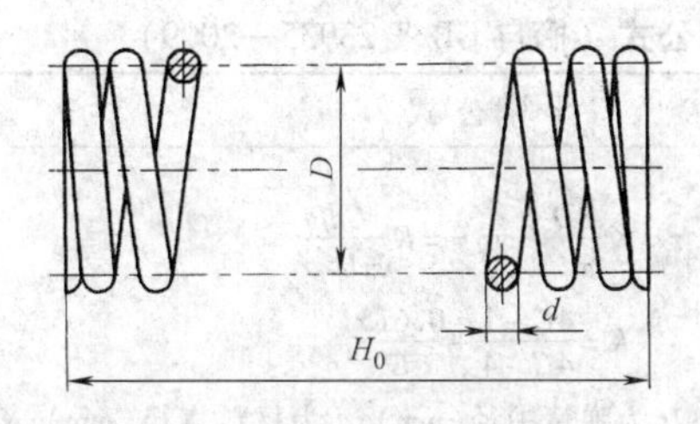

图12-1　圆柱螺旋弹簧主要尺寸

12.1.2　圆柱螺旋压缩弹簧

12.1.2.1　圆柱螺旋压缩弹簧的结构形式

圆柱螺旋压缩弹簧的结构形式见表12-2。

12.1.2.2　圆柱螺旋压缩弹簧的设计计算

（1）强度和变形的基本计算公式　圆柱螺旋压缩弹簧的结构参数见图12-2。强度和变形的基本计算公式见表12-3。

（2）许用切应力　见表12-6至表12-7。

（3）几何尺寸及参数计算　见表12-8。

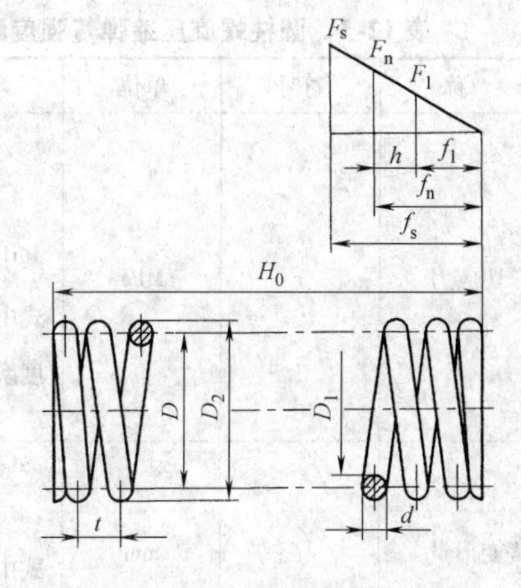

图12-2　圆柱螺旋压缩弹簧结构参数

F_1—预加工作负荷　F_n—最大工作负荷

F_s—试验负荷　f_1—预加变形

f_n—最大变形　f_s—试验负荷下变形量

h—工作行程　H_0—自由高度

D_2—弹簧外径　D_1—弹簧内径

表12-2　圆柱螺旋压缩弹簧的结构形式（摘自GB/T 23935—2009）

类　型	代号	简　图	端部结构形式
冷卷压缩弹簧（Y）	YⅠ	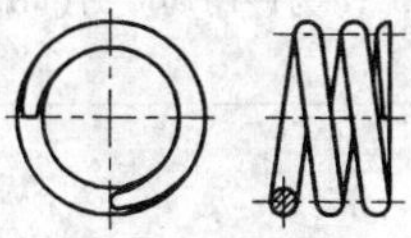	两端圈拼紧并磨平 $n_z \geqslant 2$
	YⅡ	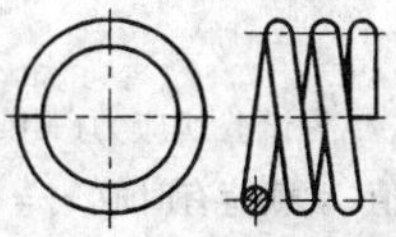	两端圈拼紧不磨 $n_z \geqslant 2$
	YⅢ	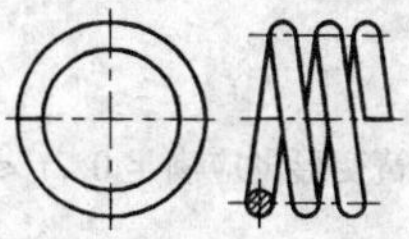	两端圈不拼紧 $n_z < 2$
热卷压缩弹簧（RY）	RYⅠ	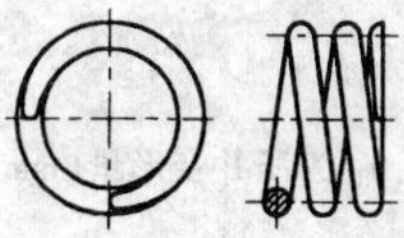	两端圈拼紧并磨平 $n_z \geqslant 1.5$
	RYⅡ	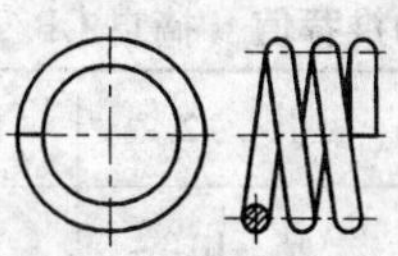	两端圈拼紧不磨 $n_z \geqslant 1.5$

表 12-3 圆柱螺旋压缩弹簧强度和变形的基本计算公式（摘自 GB/T 23935—2009）

名　称	符号	单位	计 算 公 式
材料切应力	τ	MPa	$\tau=K\dfrac{8D}{\pi d^3}F$ 或 $\tau=K\dfrac{Gdf}{\pi D^2 n}$ 其中 $K=\dfrac{4C-1}{4C-4}+\dfrac{0.615}{C}$ 式中，F 为工作载荷（N）；D 为弹簧中径（mm）；d 为材料直径（mm）；K 为曲度系数；C 为旋绕比，$C=\dfrac{D}{d}=4\sim12$，其推荐值见表 12-4
弹簧变形量	f	mm	$f=\dfrac{8D^3n}{Gd^4}F$ 式中，n 为有效圈数（圈）；G 为材料切变模量（MPa），工作温度超过 60℃时，工作温度下的切变模量 $G_t=K_tG$，K_t 为温度修正系数，见表 12-5
拉压弹簧刚度	k_T	N/mm	$k_T=\dfrac{F}{f}=\dfrac{Gd^4}{8D^3n}$
弹簧变形能	U	N/mm	$U=\dfrac{Ff}{2}$
弹簧材料截面直径	d	mm	$d\geqslant\sqrt[3]{\dfrac{8KDF}{\pi[\tau]}}$ 或 $d\geqslant\sqrt{\dfrac{8KCF}{\pi[\tau]}}$ 式中，$[\tau]$ 为许用切应力（MPa），按载荷类型在表 12-6 中选取
弹簧有效圈数	n	圈	$n=\dfrac{Gd^4f}{8D^3F}$
试验载荷	F_s	N	$F_s=\dfrac{\pi d^3}{8D}\tau_s$ 式中，τ_s 为试验切应力（MPa），其最大值取表 12-6 中的静载荷下的许用切应力值，动载荷有时取 $\tau_s=(1.1\sim1.3)[\tau]$
试验载荷下变形量	f_s	mm	$f_s=\dfrac{8D^3n}{Gd^4}F_s$ 弹簧变形量应满足 $0.2f_s\leqslant f_{1,2,3,\cdots,n}\leqslant0.8f_s$
压并载荷	F_b	N	$F_b=\dfrac{Gd^4}{8D^3n}f_b$ 式中，f_b 为压并变形量（mm），由压并高度 H_b 求得，见表 12-7

表 12-4 旋绕比 C 的推荐值（摘自 GB/T 1239.6—2009）

d/mm	0.2～0.4	>0.5～1.0	>1.1～2.2	2.5～6.0	7.0～16	≥18
C	7～14	5～12	5～10	4～9	4～8	4～16

表 12-5　切变模量 G 与温度修正系数 K_t

材　料	切变模量 G /MPa	工作温度/℃			
		≤60	150	200	250
		K_t			
铬钒钢	79×10^3	1	0.96	0.95	0.94
硅锰钢	78×10^3	1	0.99	0.98	0.98
不锈钢	71×10^3	1	0.95	0.94	0.92
青铜	$(40 \sim 44) \times 10^3$	1	0.95	0.94	0.92

表 12-6　许用切应力 $[\tau]$（摘自 GB/T 23935—2009）　　（单位：MPa）

材　料		冷卷弹簧				热卷弹簧
		油淬火-退火弹簧钢丝	碳素弹簧钢丝、重要用途碳素弹簧钢丝	弹簧用不锈钢丝	铜及铜合金线材、铍青铜丝	60Si2Mn、60Si2MnA、50CrVA、55CrSiA、60CrMnA、60CrMnBA、60Si2CrA、60Si2CrVA
静载荷①许用切应力		$0.5R_m$	$0.45R_m$	$0.38R_m$	$0.36R_m$	710～890
动载荷许用切应力	有限疲劳寿命②	$(0.4 \sim 0.5) R_m$	$(0.38 \sim 0.45) R_m$	$(0.34 \sim 0.38) R_m$	$(0.33 \sim 0.36) R_m$	568～712
	无限疲劳寿命③	$(0.35 \sim 0.4) R_m$	$(0.33 \sim 0.38) R_m$	$(0.3 \sim 0.34) R_m$	$(0.3 \sim 0.33) R_m$	426～534

注：1. 抗拉强度 R_m 值见表 12-8。

2. 对重要的弹簧，许用切应力应适当降低；经强压处理、喷丸处理能提高疲劳强度。

① 静载荷是指恒定不变的载荷，或循环次数 $N < 10^4$ 次的动载荷。

② 有限疲劳寿命是指冷卷弹簧载荷循环次数 $N \geqslant 10^4 \sim 10^6$ 次、热卷弹簧载荷循环次数 $N \geqslant 10^4 \sim 10^5$ 次的动载荷。

③ 无限疲劳寿命是指冷卷弹簧载荷循环次数 $N \geqslant 10^7$ 次、热卷弹簧载荷循环次数 $N \geqslant 2 \times 10^6$ 次的动载荷。

表 12-7　圆柱螺旋压缩弹簧的几何尺寸及参数计算（摘自 GB/T 23935—2009）

名　称		符号	单位	计算公式及确定方法
弹簧材料直径		d	mm	由表 12-3 公式计算，并按表 12-1 GB 1358 标准选取
弹簧簧圈直径	弹簧中径 弹簧内径 弹簧外径 弹簧受负荷后，中径增大值	D D_1 D_2 ΔD	mm	$D = Cd, D = \frac{D_1 + D_2}{2}$，由表 12-1 GB 1358 按结构要求选取 $D_1 = D - d$ $D_2 = D + d$ 两端固定　$\Delta D = 0.05 \frac{t^2 - d^2}{D}$ 两端回转　$\Delta D = 0.1 \frac{t^2 - 0.8td - 0.2d^2}{D}$
弹簧圈数	有效圈数 支承圈数 总圈数	n n_z n_1		按表 12-3 公式计算，并由表 12-1 GB 1358 标准选取，一般不少于 3 圈，最少不少于 2 圈 由表 12-2 按端圈结构形式确定 $n_1 = n + n_z$ 尾数应为 1/4、1/2、3/4 或整圈，荐用 1/2 圈

（续）

<table>
<tr><th colspan="2">名　　称</th><th>符号</th><th>单位</th><th colspan="6">计算公式及确定方法</th></tr>
<tr><td rowspan="4">弹簧高度</td><td rowspan="4">自由高度
工作高度
试验高度
压并高度</td><td rowspan="4">H_0
$H_{1,2,3,\cdots,n}$
H_s
H_b</td><td rowspan="4">mm</td><td>n_1</td><td>$n+1.5$</td><td>$n+2$</td><td>$n+2.5$</td><td>$n+2$</td><td>$n+2.5$</td></tr>
<tr><td>H_0</td><td>$nt+d$</td><td>$nt+1.5d$</td><td>$nt+2d$</td><td>$nt+3d$</td><td>$nt+3.5d$</td></tr>
<tr><td>端部结构形式</td><td colspan="3">两端圈磨平</td><td colspan="2">两端圈不磨</td></tr>
<tr><td colspan="6">t 为节距，H_0 推荐按表 12-1 GB 1358 选取
$H_{1,2,3,\cdots,n}=H_0-f_{1,2,3,\cdots,n}$
$H_s=H_0-f_s$
端面磨削 3/4 圈　$H_b \leqslant n_1 d_{max}$
端面不磨削　$H_b \leqslant (n_1+1.5)d_{max}$
式中，d_{max} 为材料直径最大值</td></tr>
<tr><td colspan="2">弹簧节距</td><td>t</td><td>mm</td><td colspan="6">$$t=d+\frac{f_n}{n}+\delta_1=(0.28\sim0.5)D$$
式中，f_n 为最大工作载荷 F_n 作用下的弹簧变形量；δ_1 为余隙，一般取 $\delta_1 \geqslant 0.1d$</td></tr>
<tr><td colspan="2">间距</td><td>δ</td><td>mm</td><td colspan="6">$$\delta=t-d$$</td></tr>
<tr><td colspan="2">螺旋角</td><td>α</td><td>(°)</td><td colspan="6">$$\alpha=\arctan\frac{t}{\pi D}$$
推荐 α 值 5°～9°，旋向一般为右旋</td></tr>
<tr><td colspan="2">材料展开长度</td><td>L</td><td>mm</td><td colspan="6">$$L=\frac{\pi D n_1}{\cos\alpha}\approx \pi D n_1$$</td></tr>
</table>

表 12-8a　材料抗拉强度 R_m（摘自 GB/T 23935—2009）　（单位：MPa）

直径范围 /mm	油淬火-退火弹簧钢丝 R_m/MPa								
	静态级、中疲劳级					高疲劳级			
	碳素钢	铬钒合金 A	铬钒合金 B	硅锰合金	铬硅合金	碳素钢	铬钒合金 A	铬钒合金 B	铬硅合金
0.5～0.8	1800	1800	1900	1850	2000	1700	1750	1910	2030
>0.8～1.0	1800	1780	1860	1850	2000	1700	1730	1880	2030
>1.0～1.3	1800	1750	1850	1850	2000	1700	1700	1860	2030
>1.3～1.4	1750	1750	1840	1850	2000	1700	1680	1840	2030
>1.4～1.6	1740	1710	1820	1850	2000	1670	1660	1820	2000
>1.6～2.0	1720	1710	1790	1820	2000	1650	1640	1770	1950
>2.0～2.5	1670	1670	1750	1800	1970	1630	1620	1720	1900
>2.5～2.7	1640	1660	1720	1780	1950	1610	1610	1690	1890
>2.7～3.0	1620	1630	1700	1760	1930	1590	1600	1660	1880
>3.0～3.2	1600	1610	1680	1740	1910	1570	1580	1640	1870

（续）

直径范围/mm	油淬火-退火弹簧钢丝 R_m/MPa								
	静态级、中疲劳级					高疲劳级			
	碳素钢	铬钒合金 A	铬钒合金 B	硅锰合金	铬硅合金	碳素钢	铬钒合金 A	铬钒合金 B	铬硅合金
>3.2~3.5	1580	1600	1660	1720	1900	1550	1560	1620	1860
>3.5~4.0	1550	1560	1620	1710	1870	1530	1540	1570	1840
>4.0~4.2	1540	1540	1610	1700	1860				
>4.2~4.5	1520	1520	1590	1690	1850	1510	1520	1540	1810
>4.5~4.7	1510	1510	1580	1680	1840				
>4.7~5.0	1500	1500	1560	1670	1830	1490	1500	1520	1780
>5.0~5.6	1470	1460	1540	1660	1800	1470	1480	1490	1750
>5.6~6.0	1460	1440	1520	1650	1780	1450	1470	1470	1730
>6.0~6.5	1440	1420	1510	1640	1760	1420	1440	1440	1710
>6.5~7.0	1430	1400	1500	1630	1740	1400	1420	1420	1690
>7.0~8.0	1400	1380	1480	1620	1710	1370	1410	1390	1660
>8.0~9.0	1380	1370	1470	1610	1700	1350	1390	1370	1640
>9.0~10.0	1360	1350	1450	1600	1660	1340	1370	1340	1620
>10.0~12.0	1320	1320	1430	1580	1660				
>12.0~14.0	1280	1300	1420	1560	1620				
>14.0~15.0	1270	1290	1410	1550	1620				
>15.0~17.0	1250	1270	1400	1540	1580				

注：1. 静态级钢丝适用于一般用途弹簧；中疲劳级钢丝用于离合器、悬架弹簧等；高疲劳级适用于阀门弹簧等。

2. 表列抗拉强度 R_m 为材料标准的下限值。

表 12-8b　材料抗拉强度 R_m（摘自 GB/T 23935—2009）　　（单位：MPa）

直径/mm	碳素弹簧钢丝			YB/T 5311 重要用途碳素弹簧钢丝			直径/mm	碳素弹簧钢丝			YB/T 5311 重要用途碳素弹簧钢丝		
	B 级	C 级	D 级	E 组	F 组	G 组		B 级	C 级	D 级	E 组	F 组	G 组
0.20	2150	2400	2690	2260	2640		0.30	2010	2300	2640	2210	2600	
0.22	2110	2350	2690	2240	2620		0.32	1960	2250	2600	2210	2590	
0.25	2060	2300	2640	2220	2600		0.35	1960	2250	2600	2210	2590	
0.28	2010	2300	2640	2220	2600		0.40	1910	2250	2600	2200	2580	

（续）

直径/mm	碳素弹簧钢丝			YB/T 5311 重要用途碳素弹簧钢丝			直径/mm	碳素弹簧钢丝			YB/T 5311 重要用途碳素弹簧钢丝		
	B级	C级	D级	E组	F组	G组		B级	C级	D级	E组	F组	G组
0.45	1860	2200	2550	2190	2570		2.2	1420	1660	1810	1720	1870	1620
0.50	1860	2200	2550	2180	2560		2.5	1420	1660	1760	1680	1770	1620
0.55	1810	2150	2500	2170	2550		2.8	1370	1620	1710	1630	1720	1570
0.60	1760	2110	2450	2160	2540		3.0	1370	1570	1710	1610	1690	1570
0.63	1760	2110	2450	2140	2520		3.2	1320	1570	1660	1560	1670	1570
0.70	1710	2060	2450	2120	2500		3.5	1320	1570	1660	1520	1620	1470
0.80	1710	2010	2400	2110	2490		4.0	1320	1520	1620	1480	1570	1470
0.90	1710	2010	2350	2060	2390		4.5	1320	1520	1620	1410	1500	1470
1.0	1660	1960	2300	2020	2350	1850	5.0	1320	1470	1570	1380	1480	1420
1.2	1620	1910	2250	1920	2270	1820	5.5	1270	1470	1570	1330	1440	1400
1.4	1620	1860	2150	1870	2200	1780	6.0	1220	1420	1520	1320	1420	1350
1.6	1570	1810	2110	1830	2160	1750	6.3	1220	1420				
1.8	1520	1760	2010	1800	2060	1700	7.0	1170	1370				
2.0	1470	1710	1910	1760	1970	1670	8.0	1170	1370				

注：表列抗拉强度 R_m 为材料标准的下限值。

表12-8c 材料抗拉强度 R_m（摘自GB/T 23935—2009）（单位：MPa）

直径/mm	弹簧用不锈钢丝			直径/mm	弹簧用不锈钢丝			直径/mm	弹簧用不锈钢丝		
	A组	B组	C组		A组	B组	C组		A组	B组	C组
0.08	1618	2157		0.55	1569	1961	1814	2.9	1177	1569	1373
0.09	1618	2157		0.60	1569	1961	1814	3.0		1471	
0.10	1618	2157		0.65	1569	1961	1814	3.2	1177		1373
0.12	1618	2157	1961	0.70	1569	1961	1814	3.5	1177	1471	1373
0.14	1618	2157	1961	0.80	1471	1863	1765	4.0	1177	1471	1373
0.16	1618	2157	1961	0.90	1471	1863	1765	4.5	1079	1471	1275
0.18	1618	2157	1961	1.0	1471	1863	1765	5.0	1079	1373	1275
0.20	1618	2157	1961	1.2	1373	1765	1667	5.5	1079	1373	1275
0.23	1569	2157	1961	1.4	1373	1765	1667	6.0	1079	1373	1275
0.26	1569	2059	1912	1.6	1324	1765	1569	6.5	981	1373	
0.29	1569	2059	1912	1.8	1324	1667	1569	7.0	981	1275	
0.32	1569	2059	1912	2.0	1324	1667	1569	8.0	981	1275	
0.35	1569	2059	1912	2.2		1667		9.0		1275	
0.40	1569	2059	1912	2.3	1275		1471	10.0		1128	
0.45	1569	1961	1814	2.5		1569		11.0		981	
0.50	1569	1961	1814	2.6	1275		1471	12.0		883	

注：表列抗拉强度 R_m 为材料标准的下限值。

表 12-8d 材料抗拉强度 R_m（摘自 GB/T 23935—2009） （单位：MPa）

铜及铜合金线材(GB 21652)	材料状态	线材直径/mm	R_m/MPa
QCd1	软	0.1～6.0	≥275
	硬	0.1～0.5	590～880
		>0.5～4.0	490～735
		>4.0～6.0	470～685
QSn6.5-0.1、QSn6.5-0.4、QSn7-0.2	软	0.1～6.0	≥350
QSi3-1、QSn4-3、QSn6.5-0.1、QSn6.5-0.4、QSn7-0.2	硬	0.1～1.0	880～1130
		>1.0～2.0	860～1060
		>2.0～4.0	830～1030
		>4.0～6.0	780～980
铍青铜丝(YS571) QBe2	材料状态	时效前的拉力试验	时效后的拉力试验
	软	345～568	>1029
	1/2 硬	579～784	>1176
	硬	>598	>1274

12.1.2.3 圆柱螺旋压缩弹簧的校核计算

（1）稳定性校核 弹簧的高径比 $b=H_0/D$，应满足以下要求：

1）两端固定时，$b \leqslant 5.3$。

2）一端固定、一端回转时，$b \leqslant 3.7$。

3）两端回转时，$b \leqslant 2.6$。

不符合上述要求时，要进行稳定性校核：最大工作载荷 F_n 应满足 $F_n < F_C$。F_C 为稳定性临界载荷，$F_C = C_B F' H_0$。C_B 为不稳定系数，可查图 12-3。

当不满足要求时，可重新改变参数，或者设置导杆或导套。导杆或导套与弹簧圈的间隙值见表 12-9。

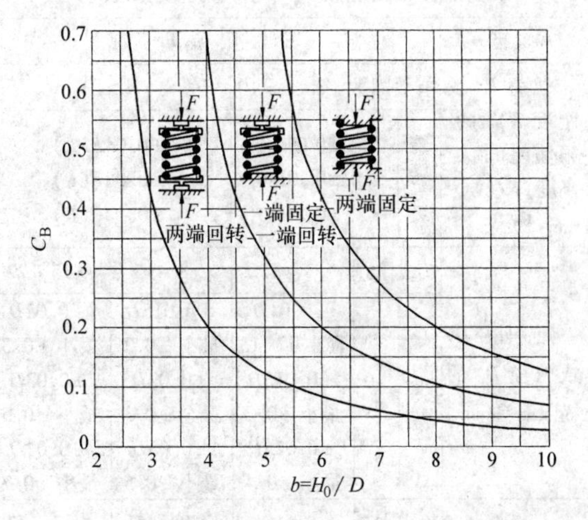

图 12-3 不稳定系数 C_B

表 12-9 导杆或导套与弹簧圈的间隙值（摘自 GB/T 23935—2009） （单位：mm）

D	≤5	>5～10	>10～18	>18～30	>30～50	>50～80	>80～120	>120～150
间隙	0.6	1	2	3	4	5	6	7

（2）共振验算 受变载荷并高频率变化的弹簧，应进行共振验算。对于两端固定的钢制弹簧，其一次固有自振频率为

$$f_e = \frac{3.56d}{\pi D^2}\sqrt{\frac{G}{\rho}} \tag{12-1}$$

式中 ρ——材料密度（kg/mm^3）。

自振频率 f_e 与强迫振动频率 f_r 之比应大于 10，即

$$\frac{f_e}{f_r} > 10 \tag{12-2}$$

12.1.2.4 典型工作图

弹簧零件工作图如图 12-4 所示。图中应注明的技术要求有以下数项：

1）弹簧端部形式。

2）总圈数 n_1。

3）有效圈数 n。

4）旋向。

5）表面处理。

6）制造技术条件。

必要时，可注明立定处理、强化处理等要求，以及使用条件，如温度、载荷性质等。

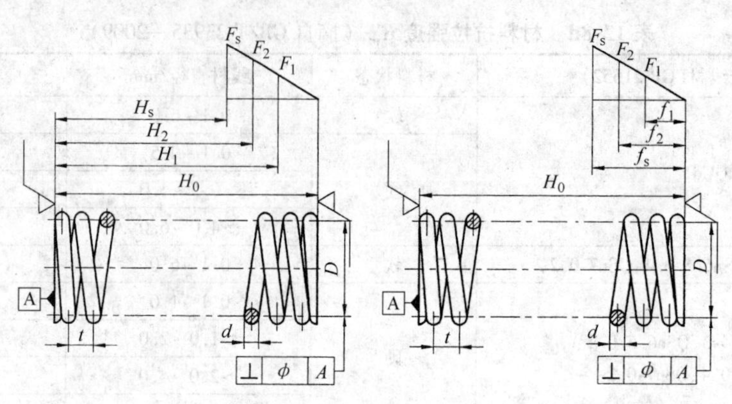

图 12-4　弹簧零件工作图

12.1.2.5　圆柱螺旋压缩弹簧的技术要求及检验（表 12-10）

表 12-10　冷卷及热卷圆柱螺旋压缩弹簧的尺寸及载荷公差

冷卷圆柱螺旋压缩弹簧（$0.5mm \leqslant d < 14mm$，摘自 GB/T 1239.2—2009）

项目	极限偏差				
载荷 F（或刚度 K）的极限偏差（指定高度）N/(N·mm^{-1})	有效圈数		$3 \leqslant n < 10$	$n \geqslant 10$	
	精度等级	1	$\pm 0.05F(K)$	$\pm 0.04F(K)$	
		2	$\pm 0.10F(K)$	$\pm 0.08F(K)$	
		3	$\pm 0.15F(K)$	$\pm 0.12F(K)$	
弹簧外径 D_2 或内径 D_1 的极限偏差/mm	旋绕比 C		3～8	>8～15	>15～22
	精度等级	1	$\pm 0.01D$ 最小 ± 0.15	$\pm 0.015D$ 最小 ± 0.2	$\pm 0.02D$ 最小 ± 0.3
		2	$\pm 0.015D$ 最小 ± 0.2	$\pm 0.02D$ 最小 ± 0.3	$\pm 0.03D$ 最小 ± 0.5
		3	$\pm 0.025D$ 最小 ± 0.4	$\pm 0.03D$ 最小 ± 0.5	$\pm 0.04D$ 最小 ± 0.7
弹簧自由高度 H_0 的极限偏差/mm	旋绕比 C		3～8	>8～15	>15～22
	精度等级	1	$\pm 0.01H_0$ 最小 ± 0.2	$\pm 0.015H_0$ 最小 ± 0.5	$\pm 0.02H_0$ 最小 ± 0.6
		2	$\pm 0.02H_0$ 最小 ± 0.5	$\pm 0.03H_0$ 最小 ± 0.7	$\pm 0.04H_0$ 最小 ± 0.8
		3	$\pm 0.03H_0$ 最小 ± 0.7	$\pm 0.04H_0$ 最小 ± 0.8	$\pm 0.06H_0$ 最小 ± 1
垂直度极限偏差	精度等级	1	$0.02H_0$（1°09′）		
		2	$0.05H_0$（2°54′）		
		3	$0.08H_0$（4°36′）		
其他	1. 总圈数的极限偏差 ±1/4 圈 2. 两端面并紧磨平的弹簧，支承圆磨平部分约 3/4 圈，端头厚度不少于 $\frac{1}{8}d$，表面粗糙度 Ra 不大于 12.5μm				

热卷圆柱螺旋压缩弹簧（$d > 12mm$，摘自 GB/T 1239.4—2009）

项目	极限偏差	
弹簧特性	指定载荷时高度的极限偏差/mm	$\pm(1.5 \pm 0.03f)$ 最小值 $\pm 0.01H_0$ f 为指定载荷时的变形量（mm）
	指定高度时载荷的极限偏差/N	$\pm(1.5 \pm 0.03f)K$ 最小值 $\pm 0.01H_0K$ K 为弹簧刚度（N/mm）
	弹簧刚度的极限偏差	一般 ±10% 精度要求较高时 ±5%
弹簧外径 D_2（或内径 D_1）的极限偏差/mm	$H_0 \leqslant 250$ $250 \leqslant H_0 < 500$ $H_0 > 500$	$\pm 0.01D$，最小 ± 1.5 $\pm 0.015D$，最小 ± 1.5 供需双方协议规定
自由高度 H_0 的极限偏差/mm	对弹簧特性有规定要求时 $\pm 0.02H_0$	
	对弹簧特性没有规定要求时 H_0 为参考值	
总圈数的极限偏差	对弹簧特性有要求时圈数为参考值 对弹簧特性没有要求时 ±1/4 圈	
垂直度极限偏差	两端圈制扁或磨平时为 $\pm 0.05H_0$（2°52′） 有特殊要求时为 $\pm 0.02H_0$（1°08′45″）	
节距	在全变形量的 80% 时，正常节距圈不得接触	
压并高度	原则上不作规定 要求规定时，最大值为 $H_b = n_1 \times d_{max}$ 式中，n_1 为总圈数；d_{max} 为材料最大直径	

12.1.3　圆柱螺旋拉伸弹簧

12.1.3.1　圆柱螺旋拉伸弹簧的结构形式（表 12-11）

表 12-11　圆柱螺旋拉伸弹簧的端部结构形式（摘自 GB/T 23935—2009）

代号	简　图	端部结构形式	代号	简　图	端部结构形式
LⅠ	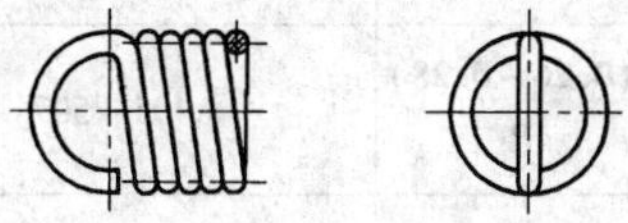	半圆钩环	LⅤ	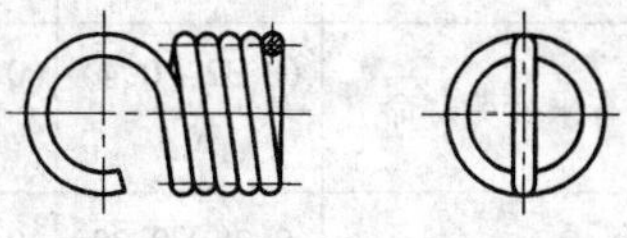	圆钩环压中心
LⅡ	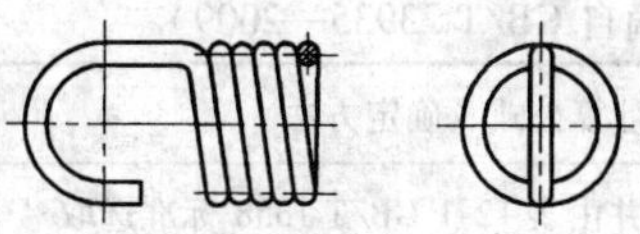	长臂半圆钩环	LⅥ	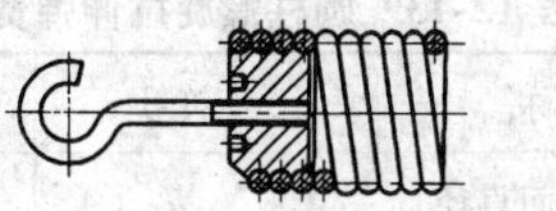	可调式拉簧
LⅢ	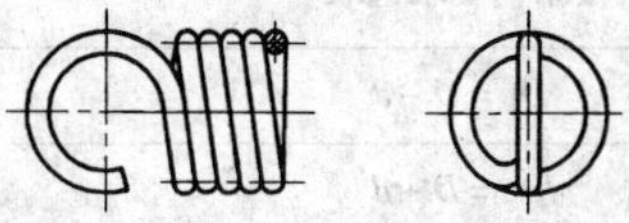	圆钩环扭中心（圆钩环）	LⅦ	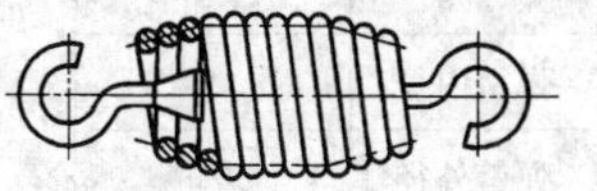	具有可转钩环
LⅣ	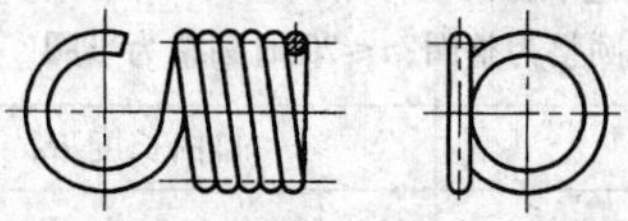	偏心圆钩环	LⅧ	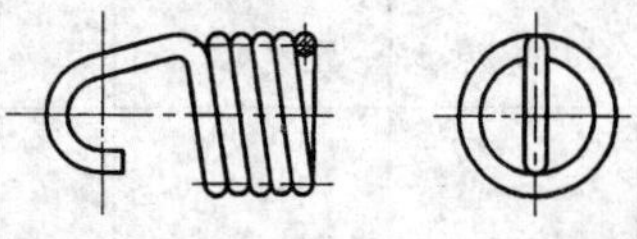	长臂小圆钩环

12.1.3.2　圆柱螺旋拉伸弹簧的设计计算

用不需淬火、回火材料制成的密圈拉伸弹簧，在簧圈之间形成的轴向压力，称为初拉力 F_0。当所加载荷超过初拉力后，弹簧才开始变形。

卷绕成形后，需要淬火的弹簧没有初拉力。初拉力按下式计算：

$$F_0=\frac{\pi d^3}{8D}\tau_0 \tag{12-3}$$

式中，τ_0 的初切应力，对钢制弹簧，可由图 12-5 阴影线内选取，一般取偏下值。也可由下式计算：

$$\tau_0=\frac{G}{100C} \tag{12-4}$$

圆柱螺旋拉伸弹簧设计计算公式，与压缩弹簧基本相同（见表 12-3）。考虑初拉力 F_0 的影响，计算弹簧有效圈数 n，弹簧变形量 f 和弹簧刚度 k_T 时，载荷均应以（$F-F_0$）代入计算公式。

圆柱螺旋拉伸弹簧的许用切应力［τ］，按表 12-12 选取。

圆柱螺旋拉伸弹簧的几何尺寸及参数计算见表 12-13。

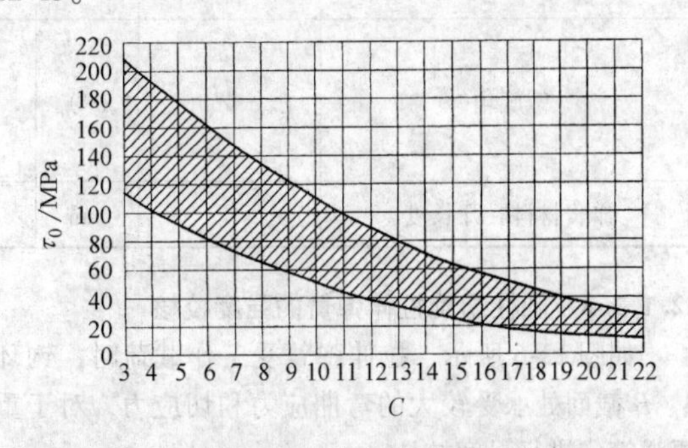

图 12-5　初切应力 τ_0

表 12-12　圆柱螺旋拉伸弹簧的许用切应力 [τ]　（单位：MPa）

材料		冷卷弹簧				热卷弹簧
		油淬火-退火弹簧钢丝	碳素弹簧钢丝、重要用途碳素弹簧钢丝	弹簧用不锈钢丝	铜及铜合金线材、铍青铜线	60Si2Mn、60Si2MnA、50CrVA、55CrSiA、60CrMnA、60CrMnBA、60Si2CrA、60Si2CrVA
静载荷许用切应力		$0.4R_m$	$0.36R_m$	$0.30R_m$	$0.28R_m$	475 ~ 596
动载荷许用切应力	有限疲劳寿命	$(0.32 \sim 0.4)R_m$	$(0.30 \sim 0.36)R_m$	$(0.27 \sim 0.30)R_m$	$(0.26 \sim 0.28)R_m$	405 ~ 507
	无限疲劳寿命	$(0.28 \sim 0.32)R_m$	$(0.26 \sim 0.30)R_m$	$(0.24 \sim 0.27)R_m$	$(0.24 \sim 0.26)R_m$	356 ~ 447

表 12-13　圆柱螺旋拉伸弹簧的几何尺寸及参数计算（摘自 GB/T 23935—2009）

名称		符号	单位	计算公式及确定方法	
弹簧材料截面直径		d	mm	由表 12-3 公式计算，并由表 12-1 GB/T 1358 标准选取	
弹簧簧圈直径	弹簧中径	D	mm	$D=Cd$ 或 $D=\frac{D_1+D_2}{2}$ 由表 12-1 GB/T 1358，按结构要求选取	
	弹簧内径	D_1	mm	$D_1=D-d$	
	弹簧外径	D_2	mm	$D_2=D+d$	
弹簧有效圈数		n	圈	$n=\frac{Gd^4f}{8D^3(F-F_0)}$ 由表 12-1 GB/T 1358 选取标准值，一般不少于 3 圈，最少不少于 2 圈。当 $n>20$ 时，一般圆整为整圈；$n\leqslant 20$ 时圆整为半圈	
弹簧长度	自由长度	H_0	mm	端部结构类型	自由长度 H_0
				半圆钩环	$(n+1)d+D_1$
				圆钩环	$(n+1)d+2D_1$
				圆钩环压中心	$(n+1.5)d+2D_1$
	工作长度 试验长度	$H_{1,2,3,\cdots,n}$ H_s	mm	$H_{1,2,3,\cdots,n}=H_0+f_{1,2,3,\cdots,n}$ $H_s=H_0+f_s$	
弹簧节距		t	mm	$t=d+\delta$ 对密卷拉伸弹簧，取 $\delta=0$	
螺旋角		α	(°)	$\alpha=\arctan\frac{t}{\pi D}$ 旋向一般为右旋	
弹簧材料展开长度		L	mm	$L\approx\pi Dn$ + 钩环展开部分	

12.1.3.3　圆柱螺旋拉伸弹簧的强度校核

如图 12-6 所示，拉伸弹簧受工作载荷时，钩环 A、B 截面处承受较大的弯曲应力和切应力，对于重要弹簧应进行强度校核：

弹簧材料的弯曲应力
$$\sigma=\frac{32FRr_1}{\pi d^3 r_2} \tag{12-5}$$

弹簧材料的切应力
$$\tau=\frac{16FRr_3}{\pi d^3 r_4} \tag{12-6}$$

许用弯曲应力 $[\sigma]=(0.50\sim0.63)\ R_m$

式中，$R(=D/2)$，r_1，r_2，r_3，r_4 见图 12-6。

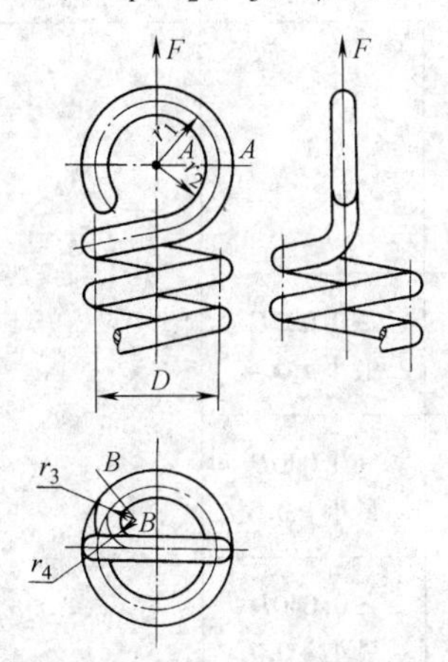

图 12-6　钩环结构图

12.1.3.4　典型工作图

弹簧零件工作图见图 12-7，图中应注明的技术要求有以下数项：

1）端部型式。

2）圈数 n。

3）旋向。

4）表面处理。

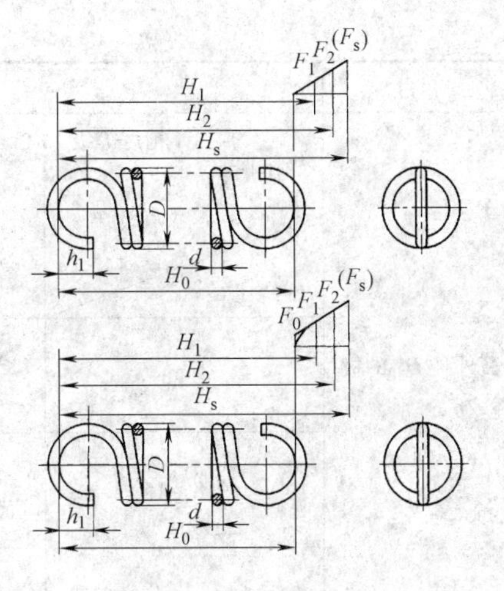

图 12-7　弹簧零件工作图

5）制造技术条件。

在需要时可注明强扭处理等要求，以及使用条件，如温度、载荷性质等。

工作图中还应注出设计计算数据。

12.1.3.5　尺寸及载荷公差

表 12-14 为冷卷圆柱螺旋拉伸弹簧的尺寸及载荷公差。表 12-10 为热卷圆柱螺旋拉伸弹簧的尺寸及载荷公差。

表 12-14　冷卷圆柱螺旋拉伸弹簧的尺寸及载荷公差（摘自 GB/T 1239.1—2009）

<table>
<tr><th colspan="2">项　目</th><th colspan="5">极限偏差</th><th>备　注</th></tr>
<tr><td rowspan="9">弹簧特性</td><td rowspan="6">指定长度下的载荷极限偏差</td><td colspan="5">有效圈数大于 3 圈，极限偏差：$\pm[(初拉力\times\alpha)+(指定长度时载荷-初拉力\times\beta)]$。$\alpha$ 为初拉力的极限偏差；β 为与变形量对应的载荷偏差，α、β 值查下表</td><td rowspan="6"></td></tr>
<tr><td colspan="2">精度等级</td><td>1 级</td><td>2 级</td><td>3 级</td></tr>
<tr><td colspan="2">α</td><td>0.10</td><td>0.15</td><td>0.20</td></tr>
<tr><td rowspan="2">β</td><td>$n\geqslant 3\sim 10$</td><td>0.05</td><td>0.10</td><td>0.15</td></tr>
<tr><td>$n>10$</td><td>0.04</td><td>0.08</td><td>0.12</td></tr>
<tr><td colspan="5">弹簧变形量应在试验载荷下变形量的 20% ~80%
要求 1 级精度时，指定长度时的变形量应在 4mm 以上</td></tr>
<tr><td rowspan="3">弹簧刚度极限偏差</td><td colspan="2">精度等级 / 极限偏差 / 有效圈数 n</td><td>1</td><td>2</td><td>3</td><td rowspan="3">有特殊需要时采用</td></tr>
<tr><td colspan="2">$\geqslant 3\sim 10$
>10</td><td>$\pm 0.05F'$
$\pm 0.04F'$</td><td>$\pm 0.10F'$
$\pm 0.08F'$</td><td>$\pm 0.15F'$
$\pm 0.12F'$</td></tr>
<tr><td colspan="5">其变形量应是试验载荷下变形量的 30% ~70%</td></tr>
</table>

（续）

<table>
<tr><th>项　目</th><th colspan="7">极限偏差</th><th>备　注</th></tr>
<tr><td rowspan="4">弹簧外径 D_2 的极限偏差/mm</td><td>精度等级
极限偏差
旋绕比 C</td><td colspan="2">1</td><td colspan="2">2</td><td colspan="2">3</td><td rowspan="4"></td></tr>
<tr><td>4～8</td><td colspan="2">±0.010D
最小±0.15</td><td colspan="2">±0.015D
最小±0.2</td><td colspan="2">±0.025D
最小±0.4</td></tr>
<tr><td>>8～15</td><td colspan="2">±0.015D
最小±0.2</td><td colspan="2">±0.020D
最小±0.3</td><td colspan="2">±0.030D
最小±0.5</td></tr>
<tr><td>>15～22</td><td colspan="2">±0.020D
最小±0.3</td><td colspan="2">±0.030D
最小±0.5</td><td colspan="2">±0.040D
最小±0.7</td></tr>
<tr><td rowspan="4">自由长度 H_0（两钩环内侧之间的长度）的极限偏差/mm</td><td>4～8</td><td colspan="2">±0.010H_0
最小±0.2</td><td colspan="2">±0.020H_0
最小±0.5</td><td colspan="2">±0.030H_0
最小±0.6</td><td rowspan="4">有特性要求时，自由长度作为参考</td></tr>
<tr><td>>8～15</td><td colspan="2">±0.015H_0
最小±0.5</td><td colspan="2">±0.030H_0
最小±0.7</td><td colspan="2">±0.040H_0
最小±0.8</td></tr>
<tr><td>>15～22</td><td colspan="2">±0.020H_0
最小±0.6</td><td colspan="2">±0.040H_0
最小±0.8</td><td colspan="2">±0.060H_0
最小±1.0</td></tr>
<tr><td colspan="7">无初拉力的弹簧，由供需双方协议规定</td></tr>
<tr><td rowspan="3">总圈数和钩环相对角度偏差</td><td colspan="7">总圈数为参考值。钩环相对角度公差按下表</td><td rowspan="3">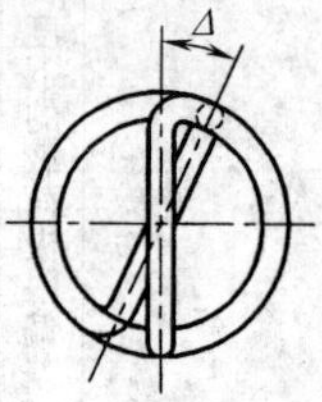</td></tr>
<tr><td>弹簧中径 D/mm</td><td colspan="2">≤10</td><td colspan="2">>10～25</td><td>>25～55</td><td>>55</td></tr>
<tr><td>角度偏差 Δ(°)</td><td colspan="2">35</td><td colspan="2">25</td><td>20</td><td>15</td></tr>
<tr><td rowspan="2">钩环中心面与弹簧轴心线位置度/mm</td><td>弹簧中径 D</td><td>>3～6</td><td>>6～10</td><td>>10～18</td><td>>18～30</td><td>>30～50</td><td>>50～120</td><td rowspan="2">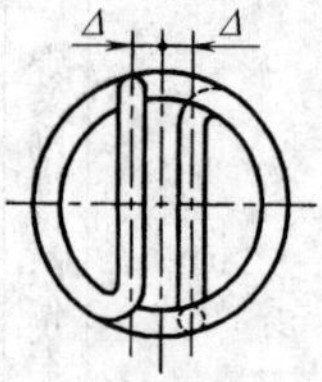</td></tr>
<tr><td>极限偏差</td><td>0.5</td><td>1</td><td>1.5</td><td>2</td><td>2.5</td><td>3</td></tr>
</table>

（续）

项 目	极限偏差					备 注
弹簧钩环钩部长度极限偏差/mm	钩环钩长度 h_l	≤15	>15~30	>30~50	>50	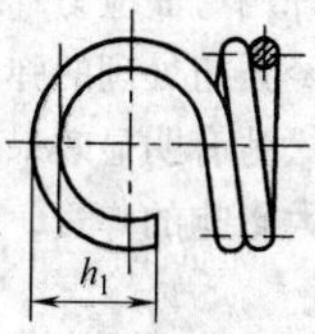 h_1
	极限偏差	±1	±2	±3	±4	

12.1.4 圆柱螺旋扭转弹簧

12.1.4.1 圆柱螺旋扭转弹簧的结构形式（表12-15）

表12-15 圆柱螺旋扭转弹簧的结构形式（摘自GB/T 23935—2009）

代号	简 图	端部结构形式	代号	简 图	端部结构形式
NⅠ	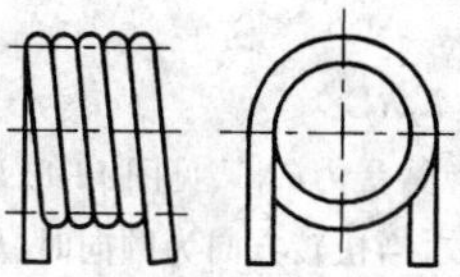	外臂扭转弹簧	NⅣ	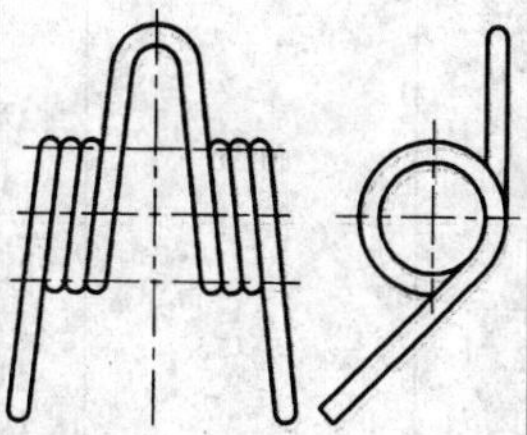	平列双扭弹簧
NⅡ	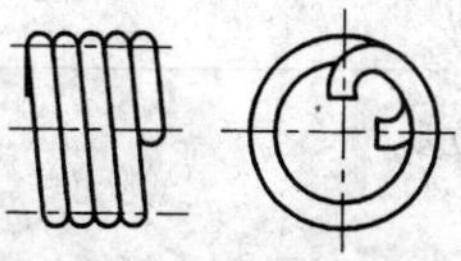	内臂扭转弹簧	NⅤ	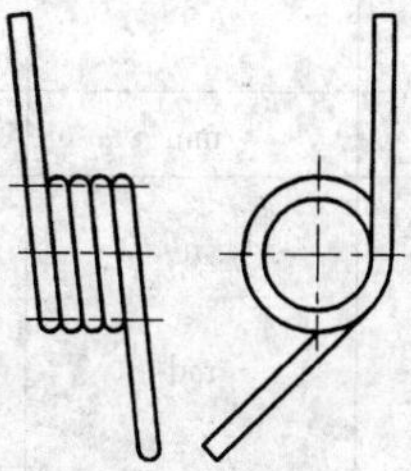	直臂扭转弹簧
NⅢ	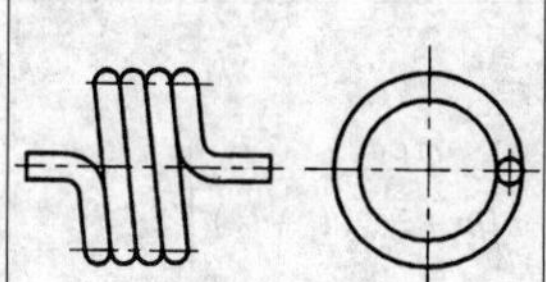	中心臂扭转弹簧	NⅥ	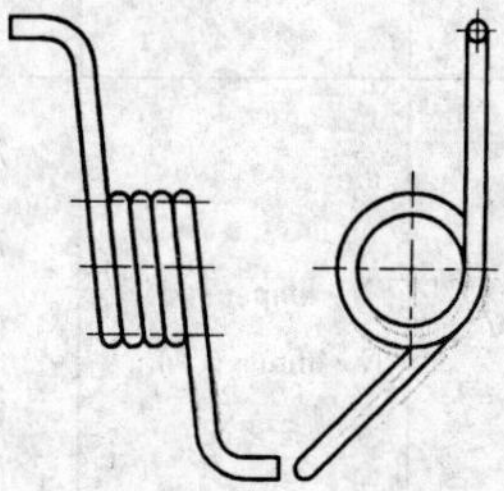	单臂弯曲扭转弹簧

注：弹簧结构形式推荐用外臂扭转弹簧、内臂扭转弹簧、直臂扭转弹簧。弹簧端部扭臂结构形式根据安装方法、安装条件的要求，可做成特殊的形式。

12.1.4.2　圆柱螺旋扭转弹簧的设计计算

图 12-8 为圆柱螺旋扭转弹簧受力简图。基本计算公式见表 12-16。

许用弯曲应力 [σ] 见表 12-17。

经强扭处理的弹簧，可提高疲劳极限。对变载荷下的松弛有明显效果。对重要的，其损坏对整个机械有重大影响的弹簧，许用弯曲应力应取允许范围内的低值。

圆柱螺旋扭转弹簧的几何尺寸及参数计算见表 12-18。

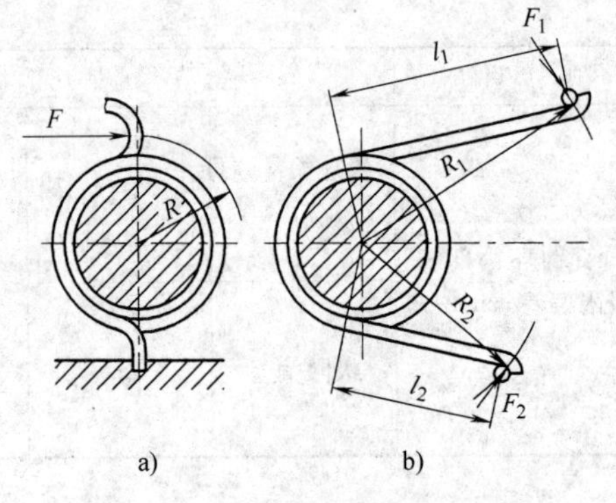

图 12-8　圆柱螺旋扭转弹簧受力简图

a）短扭臂弹簧　b）长扭臂弹簧

表 12-16　圆柱螺旋扭转弹簧基本计算公式（摘自 GB/T 23935—2009）

名　称	符号	单　位	计 算 公 式
材料弯曲应力	σ	MPa	$\sigma = K_b \dfrac{32T}{\pi d^3}$ $K_b = \dfrac{4C^2 - C - 1}{4C^2(C-1)}$ 短扭臂　$T = FR$ 长扭臂　$T = F_1R_1 = F_2R_2$ 式中，T 为扭矩（N · mm）；F、F_1、F_2 为弹簧受力（N），见图 12-8；R、R_1、R_2 为力臂（mm），见图 12-8；K_b 为曲度系数，当扭转方向为顺向时，$K_b = 1$；C 为旋绕比，$C = \dfrac{D}{d}$，可查表 12-4
材料直径	d	mm	$d \geqslant \sqrt[3]{\dfrac{10.2K_bT}{[\sigma]}}$ 式中，[σ] 为许用弯曲应力（MPa），查表 12-17
弹簧中径	D	mm	$D = Cd$
扭转变形角	ϕ $\phi°$	rad （°）	短扭臂　$\phi = \dfrac{64TDn}{Ed^4}$ 长扭臂　$\phi = \dfrac{64T}{\pi Ed^4}\left[\pi Dn + \dfrac{1}{3}(l_1 + l_2)\right]$ 式中，E 为材料弹性模量（MPa）；l_1、l_2 为臂长（mm），见图 12-8b；n 为有效圈数 短扭臂 $\phi° = \dfrac{3670TDn}{Ed^4}$；长扭臂 $\phi° = \dfrac{3670T}{\pi Ed^4}\left[\pi Dn + \dfrac{1}{3}(l_1 + l_2)\right]$
扭转刚度	T'	N · mm · rad^{-1} N · mm · (°)$^{-1}$	短扭臂： $T' = \dfrac{T}{\phi} = \dfrac{Ed^4}{64Dn}$ $T' = \dfrac{T}{\phi} = \dfrac{Ed^4}{3670Dn}$ 长扭臂： $T' = \dfrac{\pi Ed^4}{64\left[\pi Dn + \dfrac{1}{3}(l_1 + l_2)\right]}$ $T' = \dfrac{\pi Ed^4}{3670\left[\pi Dn + \dfrac{1}{3}(l_1 + l_2)\right]}$
有效圈数	n	圈	$n = \dfrac{Ed^4\phi}{64TD} = \dfrac{Ed^4\phi°}{3670TD}$

（续）

名　称	符号	单　位	计算公式
试验扭矩	T_s	N · mm	$T_s=\frac{\pi d^3}{32}\sigma_s$ 式中，σ_s 为试验弯曲应力（MPa），其值查表 12-17。动载荷在有些情况下可取 $\sigma_s=(1.1\sim1.3)[\sigma]$，或取 $T_s=(1.1\sim1.3)T_n$ 有特殊要求时，工作扭矩应满足 $0.2T_s\leqslant T_{1,2,3,\cdots,n}\leqslant 0.8T_s$
试验扭矩下的变形角	ϕ_s ϕ_s°	rad （°）	$\phi_s=\frac{64T_sDn}{Ed^4}$ $\phi_s^{\circ}=\frac{3670T_sDn}{Ed^4}$ 有特殊要求时，应满足 $0.2\phi_s\leqslant\phi_{1,2,3,\cdots,n}\leqslant 0.8\phi_s$

表 12-17　许用弯曲应力 [σ]　（单位：MPa）

材　料		冷卷弹簧				热卷弹簧
		油淬火-退火弹簧钢丝	碳素弹簧钢丝、重要用途碳素弹簧钢丝	弹簧用不锈钢丝	铜及铜合金线材、铍青铜线	60Si2Mn、60Si2MnA、50CrVA、55CrSiA、60CrMnA、60CrMnBA、60Si2CrA、60Si2CrVA
静载荷许用弯曲应力		$0.72R_m$	$0.70R_m$	$0.68R_m$	$0.68R_m$	994 ~ 1232
动载荷许用弯曲应力	有限疲劳寿命	$(0.6\sim0.68)R_m$	$(0.58\sim0.66)R_m$	$(0.55\sim0.65)R_m$	$(0.55\sim0.65)R_m$	795 ~ 986
	无限疲劳寿命	$(0.5\sim0.6)R_m$	$(0.49\sim0.58)R_m$	$(0.45\sim0.55)R_m$	$(0.45\sim0.55)R_m$	636 ~ 788

注：R_m 值见表 12-8。

表 12-18　圆柱螺旋扭转弹簧的几何尺寸及参数计算（摘自 GB/T 23935—2009）

名　称		符号	单位	计算公式及确定方法
弹簧材料直径		d	mm	由表 12-16 公式计算，并由表 12-1 GB/T 1358 标准选取
弹簧簧圈直径	弹簧中径	D	mm	$D=Cd$ 或 $D=\frac{D_1+D_2}{2}$，由表 12-1 选取标准值
	弹簧内径	D_1		$D_1=D-d$
	弹簧外径	D_2		$D_2=D+d$
	弹簧受扭矩后直径减少值	ΔD_s		$\Delta D_s=\frac{\phi_sD}{2\pi n}=\frac{\phi^{\circ}{}_sD}{360n}$ 导杆直径可取 $D'=0.9(D_1-\Delta D_s)$
弹簧圈数		n	圈	由表 12-16 公式计算应不少于 3 圈，并应按表 12-1 查标准值
节距		t	min	$t=d+\delta$ 密圈弹簧间距 $\delta=0$
自由长度		H_0	mm	$H_0=(nt+d)$ + 扭臂在弹簧轴线的长度
螺旋角		α	（°）	$\alpha=\arctan\frac{t}{\pi D}$ 一般旋向为右旋

12.2　平面涡卷弹簧

12.2.1　平面涡卷弹簧的类型、结构和特性

平面涡卷弹簧按弹簧圈是否接触，分为两种类型：A 型非接触型平面涡卷弹簧，见图 12-9a，常用来产生反作用转矩；B 型为接触型平面涡卷弹簧，见图 12-9b，常用作储存能量。

非接触型平面涡卷弹簧的结构，分外端固定（见图 12-10a）和外端回转（见图 12-10b）两种。其特性线为直线见图 12-10c。

接触型平面涡卷弹簧的结构和特性如图 12-11 所示，图中横坐标为弹簧转数，纵坐标为弹簧转矩，T_2 为最大输出转矩，T_j 为极限转矩。图中 AJ 为弹簧的理论特性线，BEF 为输出转矩特性曲线。

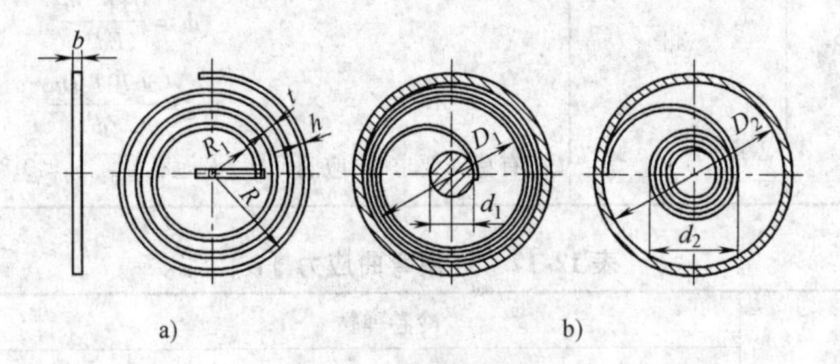

图 12-9　平面涡卷弹簧

a）非接触型　b）接触型

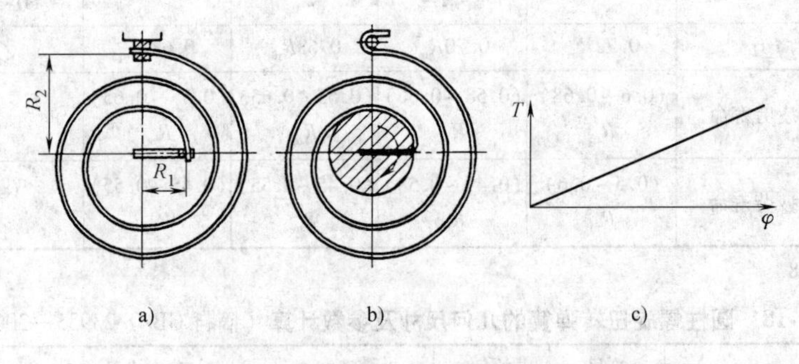

图 12-10　非接触型平面涡卷弹簧的外端固定形式及特性线

a）外端固定　b）外端回转　c）特性线

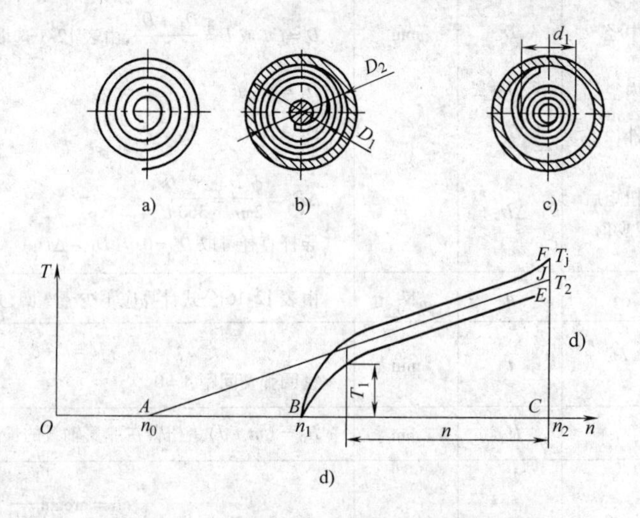

图 12-11　接触型平面涡卷弹簧的结构及特性线

a）自由状态　b）松卷状态　c）卷紧状态　d）特性线

12.2.2　平面涡卷弹簧的材料和许用应力

平面涡卷弹簧一般选用表12-19所列材料。

表12-19　平面涡卷弹簧的材料

标准号	材料名称	牌　号
GB 3525	弹簧钢，工具钢冷轧钢带	65Mn、50CrVA、60Si2MnA、60Si2Mn
GB 3530	热处理弹簧钢带Ⅰ、Ⅱ、Ⅲ级	65Mn、T7A、T8A、T9A、60Si2MnA、70Si2Cr
GB 8708	汽车车身附件用异形钢丝	65Mn、50CrVA

弹簧材料的厚度尺寸和宽度尺寸系列见表12-20。

表12-20　弹簧材料的厚度和宽度尺寸系列（摘自JB/T 7366—1994）

名称	尺寸系列							
材料厚度 h/mm	0.5	0.55	0.60	0.70	0.80	0.90	1.00	1.10
	1.20	1.40	1.50	1.60	1.80	2.0	2.2	2.5
	2.8	3.0	3.2	3.5	3.8	4.0		
材料宽度 b/mm	5	5.5	6	7	8	9	10	12
	14	16	18	20	22	25	28	30
	32	35	40	45	50	60	70	80

热处理弹簧钢带的硬度和强度见表12-21。

表12-21　热处理弹簧钢带的硬度和强度

钢带的强度级别	硬　度		抗拉强度 R_m/MPa
	HV	HRC	
Ⅰ	375～485	40～48	1275～1600
Ⅱ	486～600	48～55	1579～1863
Ⅲ	>600	>55	>1863

注：Ⅱ级强度钢带厚度不大于1.0mm。Ⅲ级强度钢带厚度不大于0.8mm。

弹簧材料的许用应力，可参照圆柱螺旋扭转弹簧的许用应力值选取。对于碳素钢带的合金钢带，当转矩作用次数小于10^3时，取$[\sigma]=0.8R_m$，大于10^3次时，取$[\sigma]=(0.60\sim0.80)R_m$，大于$10^5$次时，取$[\sigma]=(0.50\sim0.60)R_m$。

12.2.3　平面涡卷弹簧的技术要求

平面涡卷弹簧的主要技术要求见表12-22。

表12-22　平面涡卷弹簧的主要技术要求（摘自JB/T 6654—1993）

项　目	技术要求				
弹簧各圈平面度	弹簧外径/mm	≤50	>50～100	>100～200	>200
	平面度公差/mm	1	2	3	协议
弹簧外径 D_2 和内径 D_1 的极限偏差/mm	精度等级	1级		2级	
	极限偏差	$\pm0.03D_2$　最小±0.5 $\pm0.03D_1$　最小±0.3		$\pm0.04D_2$　最小±0.7 $\pm0.04D_1$　最小±0.4	
非接触型平面涡卷弹簧圈数的极限偏差/圈	精度等级	1级		2级	
	极限偏差	±0.125		±0.25	
弹簧弯钩钩部长度的极限偏差/mm	弯钩部长度	≤10	>10～30	>30	
	极限偏差	±1	±1.5	±2	

12.3　碟形弹簧

12.3.1　碟形弹簧的类型和结构

碟形弹簧按截面厚度大小分为三类，见表12-23。结构形式见图12-12。

表12-23　碟形弹簧的分类

类别	碟簧厚度 t/mm	支承面和减薄厚度
1	<1.25	无
2	1.25~6.0	无
3	>6.0~14.0	有

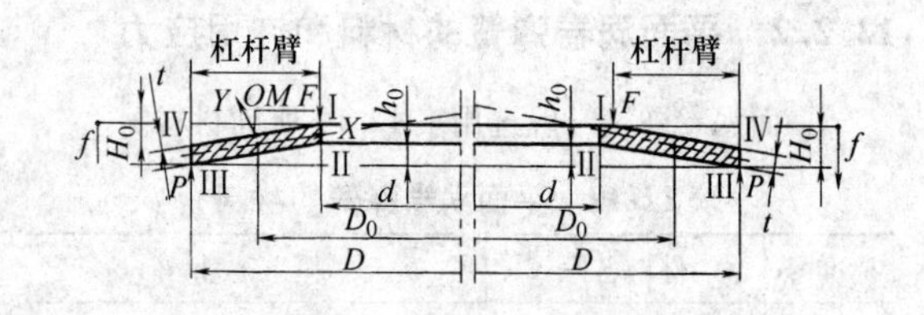

图12-12　碟形弹簧的结构形式

12.3.2　碟形弹簧的尺寸系列

GB/T 1972—2005规定，碟簧尺寸和参数分为A、B、C三个系列。在相同的外径尺寸下，A系列承载大，刚度大。三个系列碟簧的尺寸和参数见表12-24至表12-26。表中尺寸符号见图12-12。弹簧的材质为60Si2MnA或50CrVA。

碟形弹簧标记示例：

1）一级精度，系列A，外径D=80mm的第2类碟簧，标记如下：碟簧A 80-1　GB/T 1972。

2）二级精度，系列B，外径D=80mm的第2类弹簧，标记如下：碟簧B 80　GB/T 1972。

表12-24　系列A$\left(\frac{D}{t}\approx18;\ \frac{h_0}{t}\approx0.4;\ E=206000\text{MPa};\ \mu=0.3\right)$碟簧尺寸和参数

（摘自GB/T 1972—2005）

类别	外径 D /mm	内径 d /mm	厚度 $t(t')$ ① /mm	内锥高 h_0 /mm	自由高度 H_0 /mm	$f\approx0.75h_0$ 载荷 F /N	变形量 f /mm	受载后高度 H_0-f /mm	中性径处应力 σ_{OM} ② /MPa	应力 σ_{II} ③ σ_{III} /MPa	质量 m /(kg/1000件)
1	8	4.2	0.4	0.20	0.60	210	0.15	0.45	-1200	1220*	0.114
	10	5.2	0.5	0.25	0.75	329	0.19	0.56	-1210	1240*	0.225
	12.5	6.2	0.7	0.30	1.00	673	0.23	0.77	-1280	1420*	0.508
	14	7.2	0.8	0.30	1.10	813	0.23	0.87	-1190	1340*	0.711
	16	8.2	0.9	0.35	1.25	1000	0.26	0.99	-1160	1290*	1.050
	18	9.2	1.0	0.40	1.40	1250	0.30	1.10	-1170	1300*	1.480
	20	10.2	1.1	0.45	1.55	1530	0.34	1.21	-1180	1300*	2.010
2	22.5	11.2	1.25	0.50	1.75	1950	0.38	1.37	-1170	1320*	2.940
	25	12.2	1.5	0.55	2.05	2910	0.41	1.64	-1210	1410*	4.400
	28	14.2	1.5	0.65	2.15	2850	0.49	1.66	-1180	1280*	5.390
	31.5	16.3	1.75	0.70	2.45	3900	0.53	1.92	-1190	1310*	7.840
	35.5	18.3	2.0	0.80	2.80	5190	0.60	2.20	-1210	1330*	11.40
	40	20.4	2.25	0.90	3.15	6540	0.68	2.47	-1210	1340*	16.40
	45	22.4	2.5	1.00	3.50	7720	0.75	2.75	-1150	1390*	23.50
	50	25.4	3.0	1.10	4.10	12000	0.83	3.27	-1250	1430*	34.30
	56	28.5	3.0	1.30	4.30	11400	0.98	3.32	-1180	1280*	43.00

（续）

类别	外径 D /mm	内径 d /mm	厚度 $t(t')$① /mm	内锥高 h_0 /mm	自由高度 H_0 /mm	$f\approx0.75h_0$					质量 m /(kg/1000件)
						载荷 F /N	变形量 f /mm	受载后高度 H_0-f /mm	中性径处应力 σ_{OM}② /MPa	应力 σ_{II}③ σ_{III} /MPa	
2	63	31	3.5	1.40	4.90	15000	1.05	3.85	-1140	1300*	64.90
	71	36	4	1.60	5.60	20500	1.20	4.40	-1200	1330*	91.80
	80	41	5	1.70	6.70	33700	1.28	5.42	-1260	1460*	145.00
	90	46	5	2.00	7.0	31400	1.50	5.50	-1170	1300*	184.5
	100	51	6	2.20	8.2	48000	1.65	6.55	-1250	1420*	273.7
	112	57	6	2.50	8.5	43800	1.88	6.62	-1130	1240*	343.8
3	125	64	8(7.5)	2.6	10.6	85900	1.95	8.65	-1280	1330*	533.0
	140	72	8(7.5)	3.2	11.2	85300	2.40	8.80	-1260	1280*	666.6
	160	82	10(9.4)	3.5	13.5	139000	2.63	10.87	-1320	1340*	1094
	180	92	10(9.4)	4.0	14.0	125000	3.00	11.00	-1180	1200	1387
	200	102	12(11.25)	4.2	16.2	183000	3.15	13.05	-1210	1230*	2100
	225	112	12(11.25)	5.0	17.0	171000	3.75	13.25	-1120	1140	2640
	250	127	14(13.1)	5.6	19.6	249000	4.20	15.40	-1200	1220	3750

① 碟簧厚度 t 是基本尺寸，第3类中碟簧厚度减薄为 t'。

② σ_{OM}是 OM 点（见图12-12）的计算应力（压应力）。

③ 有“*”的是位置Ⅱ处算出的最大计算拉应力 σ_{II} 的值，无“*”的是位置Ⅲ处算出的最大计算拉应力 σ_{III} 的值。

表12-25 系列 $B\left(\frac{D}{t}\approx28;\ \frac{h_0}{t}\approx0.75;\ E=206000\text{MPa};\ \mu=0.3\right)$碟簧尺寸和参数

（摘自 GB/T 1972—2005）

类别	外径 D /mm	内径 d /mm	厚度 $t(t')$① /mm	内锥高 h_0 /mm	自由高度 H_0 /mm	$f\approx0.75h_0$					质量 m /(kg/1000件)
						载荷 F /N	变形量 f /mm	受载后高度 H_0-f /mm	中性径处应力 σ_{OM}② /MPa	应力 σ_{III} /MPa	
1	8	4.2	0.3	0.25	0.55	119	0.19	0.36	-1114	1330	0.086
	10	5.2	0.4	0.30	0.70	213	0.23	0.47	-1170	1300	0.180
	12.5	6.2	0.5	0.35	0.85	291	0.26	0.59	-1000	1110	0.363
	14	7.2	0.5	0.40	0.90	279	0.30	0.60	-970	1100	0.444
	16	8.2	0.6	0.45	1.05	412	0.34	0.71	-1010	1120	0.698
	18	9.2	0.7	0.50	1.20	572	0.38	0.82	-1040	1130	1.030
	20	10.2	0.8	0.55	1.35	745	0.41	0.94	-1030	1110	1.460
	22.5	11.2	0.8	0.65	1.45	710	0.49	0.96	-962	1080	1.880
	25	12.2	0.9	0.70	1.60	868	0.53	1.07	-938	1030	2.640
	28	14.2	1.0	0.80	1.80	1110	0.60	1.20	-961	1090	3.590
2	31.5	16.3	1.25	0.90	2.15	1920	0.68	1.47	-1090	1190	5.600
	35.5	18.3	1.25	1.00	2.25	1700	0.75	1.50	-944	1070	7.130
	40	20.4	1.5	1.15	2.65	2620	0.86	1.79	-1020	1130	10.95

（续）

类别	外径 D /mm	内径 d /mm	厚度 $t(t')$① /mm	内锥高 h_0 /mm	自由高度 H_0 /mm	$f\approx0.75h_0$ 载荷 F /N	变形量 f /mm	受载后高度 H_0-f /mm	中性径处应力 σ_{OM}② /MPa	应力 σ_{III} /MPa	质量 m /(kg/1000 件)
2	45	22.4	1.75	1.30	3.05	3660	0.98	2.07	−1050	1150	16.40
	50	25.4	2.0	1.40	3.40	4760	1.05	2.35	−1060	1140	22.90
	56	28.5	2.0	1.60	3.60	4440	1.20	2.40	−963	1090	28.70
	63	31.0	2.5	1.75	4.25	7180	1.31	2.94	−1020	1090	46.40
	71	36.0	2.5	2.00	4.50	6730	1.50	3.00	−934	1060	57.70
	80	41.0	3.0	2.30	5.30	10500	1.73	3.57	−1030	1140	87.30
	90	46.0	3.5	2.50	6.00	14200	1.88	4.12	−1030	1120	129.1
	100	51.0	3.5	2.80	6.30	13100	2.10	4.2	−926	1050	159.7
	112	57.0	4.0	3.20	7.20	17800	2.40	4.8	−963	1090	229.2
	125	64.0	5.0	3.50	8.50	30000	2.63	5.87	−1060	1150	355.4
	140	72.0	5.0	4.0	9.0	27900	3.00	6.0	−970	1110	444.4
	160	82.0	6.0	4.5	10.5	41100	3.38	7.12	−1000	1110	698.3
	180	92.0	6.0	5.1	11.1	37500	3.83	7.27	−895	1040	885.4
3	200	102	8(7.5)	5.6	13.6	76400	4.20	9.40	−1060	1250	1369
	225	112	8(7.5)	6.5	14.5	70800	4.88	9.62	−951	1180	1761
	250	127	10(9.4)	7.0	17.0	119000	5.25	11.75	−1050	1240	2687

① 碟簧厚度 t 是基本尺寸，第 3 类中碟簧厚度减薄为 t'。

② σ_{OM} 是 OM 点（见图 12-12）的计算应力（压应力）。

表 12-26　系列 $C\left(\dfrac{D}{t}\approx40；\dfrac{h_0}{t}\approx1.3；E=206000\text{MPa}；\mu=0.3\right)$碟簧尺寸和参数

（摘自 GB/T 1972—2005）

类别	外径 D /mm	内径 d /mm	厚度 $t(t')$① /mm	内锥高 h_0 /mm	自由高度 H_0 /mm	$f\approx0.75h_0$ 载荷 F /N	变形量 f /mm	受载后高度 H_0-f /mm	中性径处应力 σ_{OM}② /MPa	应力 σ_{III} /MPa	质量 m /(kg/1000 件)
1	8	4.2	0.20	0.25	0.45	39	0.19	0.26	−762	1040	0.057
	10	5.2	0.25	0.30	0.55	58	0.23	0.32	−734	980	0.112
	12.5	6.2	0.35	0.45	0.80	152	0.34	0.46	−944	1280	0.251
	14	7.2	0.35	0.45	0.80	123	0.34	0.46	−769	1060	0.311
	16	8.2	0.40	0.50	0.90	155	0.38	0.52	−751	1020	0.466
	18	9.2	0.45	0.60	1.05	214	0.45	0.60	−789	1110	0.661
	20	10.2	0.50	0.65	1.15	254	0.49	0.66	−772	1070	0.912
	22.5	11.2	0.60	0.80	1.40	425	0.60	0.80	−883	1230	1.410
	25	12.2	0.70	0.90	1.60	601	0.68	0.92	−936	1270	2.060
	28	14.2	0.80	1.00	1.80	801	0.75	1.05	−961	1300	2.870
	31.5	16.3	0.80	1.05	1.85	687	0.79	1.06	−810	1130	3.580
	35.5	18.3	0.90	1.15	2.05	831	0.86	1.19	−779	1080	5.140
	40	20.4	1.00	1.30	2.30	1020	0.98	1.32	−772	1070	7.300

（续）

类别	外径 D /mm	内径 d /mm	厚度 $t(t')$① /mm	内锥高 h_0 /mm	自由高度 H_0 /mm	$f\approx0.75h_0$ 载荷 F /N	变形量 f /mm	受载后高度 H_0-f /mm	中性径处应力 σ_{OM}② /MPa	应力 $\sigma_{Ⅲ}$ /MPa	质量 m /(kg/1000件)
2	45	22.4	1.25	1.60	2.85	1890	1.20	1.65	−920	1250	11.70
	50	25.4	1.25	1.60	2.85	1550	1.20	1.65	−754	1040	14.30
	56	28.5	1.50	1.95	3.45	2620	1.46	1.99	−879	1220	21.50
	63	31.0	1.80	2.35	4.15	4240	1.76	2.39	−985	1350	33.40
	71	36.0	2.00	2.60	4.60	5140	1.95	2.65	−971	1340	46.20
	80	41.0	2.25	2.95	5.20	6610	2.21	2.99	−982	1370	65.50
	90	46.0	2.50	3.20	5.70	7680	2.40	3.30	−935	1290	92.20
	100	51.0	2.70	3.50	6.20	8610	2.63	3.57	−895	1240	123.2
	112	57.0	3.00	3.90	6.90	10500	2.93	3.97	−882	1220	171.9
	125	64.0	3.50	4.50	8.00	15100	3.38	4.62	−956	1320	248.9
	140	72.0	3.80	4.90	8.70	17200	3.68	5.02	−904	1250	337.7
	160	82.0	4.30	5.60	9.90	21800	4.20	5.70	−892	1240	500.4
	180	92.0	4.80	6.20	11.00	26400	4.65	6.35	−869	1200	708.4
	200	102.0	5.50	7.00	12.50	36100	5.25	7.25	−910	1250	1004.0
3	225	112	6.5(6.2)	7.1	13.6	44600	5.33	8.27	−840	1140	1456
	250	127	7.0(6.7)	7.8	14.8	50500	5.85	8.95	−814	1120	1915

① 碟簧厚度 t 是基本尺寸，第3类中碟簧厚度减薄为 t'。

② σ_{OM}是 OM 点（见图12-12）的计算应力（压应力）。

12.3.3 碟形弹簧的技术要求

碟形弹簧的尺寸极限偏差见表12-27。碟簧表面不允许有毛刺、裂纹、斑疤等缺陷。

碟簧成型后，必须进行淬火、回火热处理。淬火次数不得超过二次。淬火、回火后的硬度必须在42～52HRC范围内。经热处理后的碟簧，其单面脱炭层的深度，对于 $t<1.25$mm 碟簧，不得超过其厚度的5%；对于 $t\geqslant1.25$mm 的碟簧，不得超过其厚度的3%（其最小值允许为0.06mm）。

碟簧应全部进行强压处理。处理方法为一次压平，持续时间不少于12h，或短时压平，压平次数不少于五次，压平力不少于二倍 $p_{f=0.75h}$。经强压处理后，自由高度应稳定，并符合表12-27要求。

对承受变载荷的碟簧，内锥表面推荐进行表面强化处理，例如喷丸处理。根据需要，碟簧表面可进行防腐处理，如磷化、氧化、镀锌等。经电镀处理后的碟簧必须进行去氢处理。承受变载荷的碟簧应避免电镀。

碟簧组常采用导向件（导杆或导套）。导向件表面硬度应不小于55HRC，表面粗糙度 $Ra<3.2\mu m$。导向件与碟簧间的间隙可取为导杆直径的0.01～0.02倍，应优先采用导杆。

表12-27 碟形弹簧的尺寸偏差

（摘自GB/T 1972—2005）

<table>
<tr><th colspan="3" rowspan="2">名 称</th><th colspan="2">极限偏差/mm</th></tr>
<tr><th>一级精度</th><th>二级精度</th></tr>
<tr><td colspan="3">外径 D</td><td>h12</td><td>h13</td></tr>
<tr><td colspan="3">内径 d</td><td>H12</td><td>H13</td></tr>
<tr><td rowspan="5">厚度 t (t')</td><td rowspan="2">1类</td><td>0.2～0.6</td><td colspan="2">+0.02
−0.06</td></tr>
<tr><td>>0.6～1.25</td><td colspan="2">+0.03
−0.09</td></tr>
<tr><td rowspan="2">2类</td><td>1.25～3.8</td><td colspan="2">+0.04
−0.12</td></tr>
<tr><td>>3.8～6</td><td colspan="2">+0.05
−0.15</td></tr>
<tr><td>3类</td><td>>6～14</td><td colspan="2">±0.10</td></tr>
<tr><td rowspan="5">自由高度 H_0</td><td>1类</td><td><1.25</td><td colspan="2">+0.10
−0.05</td></tr>
<tr><td rowspan="3">2类</td><td>1.25～2</td><td colspan="2">+0.15
−0.08</td></tr>
<tr><td>>2～3</td><td colspan="2">+0.20
−0.10</td></tr>
<tr><td>>3～6</td><td colspan="2">+0.30
−0.15</td></tr>
<tr><td>3类</td><td>>6～14</td><td colspan="2">±0.30</td></tr>
</table>

12.3.4　碟形弹簧的典型工作图

碟形弹簧典型工作图如图12-13所示。

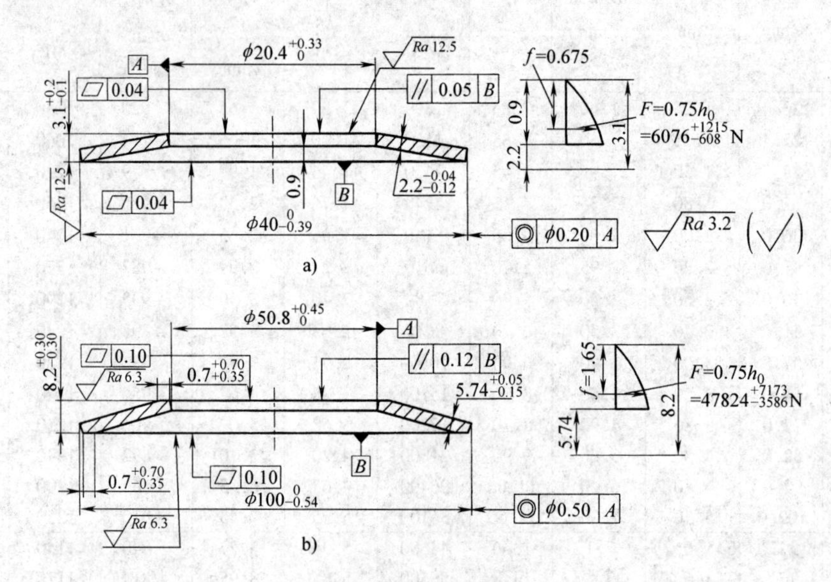

图12-13　碟簧工作图

a）无支承面碟簧　b）有支承面碟簧

第13章 链 传 动

链传动的主要优点如下：

1）能在任意的中等轴间距离进行定速比的传动，轴间距离一般最大可达5～6m。

2）速度无滑动损失，传动效率可达98%～99%。

3）传动比允许较大。

4）适宜作多轴传动（一轴带动数轴）和双向传动，结构比较简单，制造比较容易。

5）能在低速下传递较大的动力。

6）能在较高温度或其他恶劣的条件下工作，受气候条件变化影响小。

7）传动前无初张力，轴及轴承上受力较小。

8）结构紧凑，传递同样的功率，轮廓尺寸较带传动小。

9）应用的链条品种规格少，可随意增减链节数目以调整长度，储备更换方便。

10）链条中可任意配置各种特殊链节，组成各种链式输送器。

链传动的主要缺点如下：

1）价格较带传动高，质量大。

2）传动比不是常数，链条速度有波动，不平稳（链轮齿数越少，波动越大），在高速下有较大的冲击载荷。

3）链节伸长后运转不稳定，易跳齿。

4）传动有噪声。

5）无间歇时间的反向运转性能不好。

6）链条断裂时易损伤其他机件。

7）在闭式传动中，封闭装置设计比较困难。

8）只能用于平行轴之间的传动。

13.1 链条的主要类型和应用特点

按用途不同，链条可分为传动链、输送链、曳引链和特种链四大类。表13-1是传动链条的主要类型和应用特点。

表13-1 传动链条的主要类型和应用特点

种　类	简　图	结构和特点	应　用
传动用短节距精密滚子链（简称滚子链） GB/T 1243—2006		由外链节和内链节铰接而成。销轴和外链板、套筒和内链板为过盈配合；销轴和套筒为间隙配合；滚子空套在套筒上可以自由转动，以减少啮合时的摩擦和磨损，并可以缓和冲击	动力传动
双节距滚子链 GB/T 5269—1999		除链板节距为滚子链的两倍外，其他尺寸与滚子链相同时，链条质量减轻	中小载荷、中低速和中心距较大的传动装置，也可用于输送装置
传动用短节矩精密套筒链（简称套筒链） GB/T 1243—2006		除无滚子外，结构和尺寸同滚子链。质量轻、成本低，并可提高节距精度 为了提高承载能力，可利用原滚子的空间加大销轴和套筒尺寸，增大承压面积	不经常工作的传动，中低速传动或起重装置（如配重、铲车起升装置）等
弯板滚子传动链（简称弯板链）		无内外链节之分，磨损后链节节距仍较均匀。弯板使链条的弹性增加，抗冲击性能好。销轴、套筒和链板间的间隙较大，对链轮共面性要求较低。销轴拆装容易，便于维修和调整松边下垂量	低速或极低速、载荷大、有尘土的开式传动和两轮不易共面处，如挖掘机等工程机械的行走机构、石油机械等

（续）

种　类	简　图	结构和特点	应　用
齿形传动链（又名无声链） GB/T 10855—2003		由多个齿形链片并列铰接而成。链片的齿形部分和链轮啮合，有共轭啮合和非共轭啮合两种。传动平稳准确，振动、噪声小，强度高，工作可靠；但质量较重，装拆较困难	高速或运动精度要求较高的传动，如机床主传动、发动机正时传动、石油机械及重要的操纵机构等
成形链		链节由可锻铸铁或钢制造，装拆方便	用于农业机械和链速在 3m/s 以下的传动

13.2　滚子链传动

13.2.1　滚子链的基本参数和尺寸

滚子链通常指短节距传动用精密滚子链。表13-2中的双节距滚子链、传动用短节距精密套筒链、弯板滚子传动链等，设计方法和步骤与短节距精密滚子链原则上一致。

短节距传动用精密滚子链标准见 GB/T 1243—2006，等效 ISO 606：2004，滚子链的基本参数和尺寸见图 13-1。图中，尺寸 c 为弯链板与直链板之间回转间隙。链条通道高度 h_1 是装配好的链条要通过的通道最小高度。用止锁零件接头的链条全宽是：当一端有带止锁件的接头时，对端部铆头销轴长度为 b_4、b_5 或 b_6 再加上 b_7（或带头锁轴的加 $1.6b_7$），当两端都有止锁件时加 $2b_7$。对三排以上的链条，其链条全宽为 b_4+p_t（链条排数 −1）。

表 13-2 列出链条主要尺寸、测量力和抗拉强度。表内链号为用英制单位表示的节距，以 1in/16 为 1 个单位，因此，链号数乘以 25.4mm/16，即为该型号链条的米制节距。链号中的后缀有 A、B、H 三种，表示三个系列。A 系列起源于美国，流行于全世界；B 系列起源于英国，主要流行于欧洲；H 为加重系列。三种系统互相补充。三种系列在我国都生产和使用。按 GB/T 1243—2006 规定，滚子链标记如下：

08A − 1 − 88　GB/T 1243—2006

- 标准编号
- 整链链节数
- 排数(单排1，双排2，三排3)
- 链号

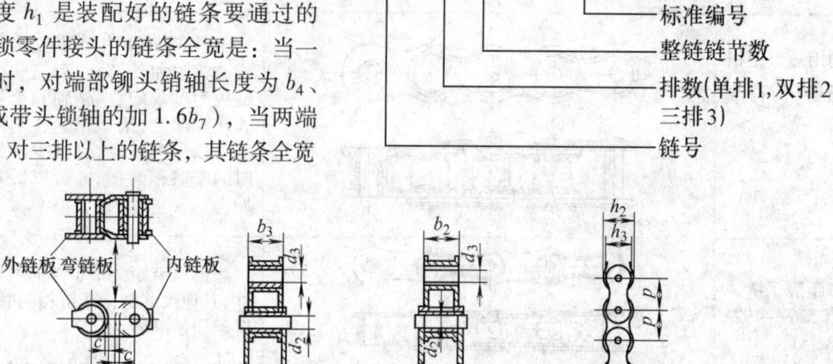

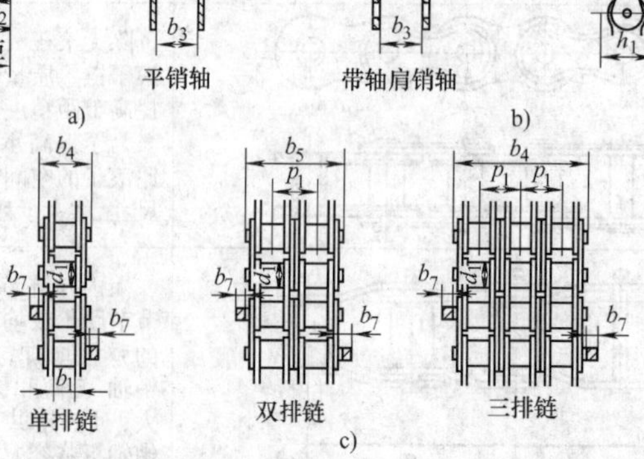

图 13-1　滚子链的基本参数和尺寸（摘自 GB/T 1243—2006）

a）过渡链节　b）链条截面　c）链条形式

表13-2　链条主要尺寸、测量力和抗拉强度（摘自GB/T 1243—2006）　（单位：mm）

链号①	节距 p	滚子直径 d_1 max	内节内宽 b_1 min	销轴直径 d_2 max	套筒孔径 d_3 min	链条通道高度 h_1 min	排距 p_t	内节外宽 b_2 max	外节内宽 b_3 min	销轴长度 单排 b_4 max	销轴长度 双排 b_5 max	销轴长度 三排 b_6 max	止锁件附加宽度② b_7 max	抗拉强度 F_u 单排 min	抗拉强度 F_u 双排 min	抗拉强度 F_u 三排 min	动载强度③④⑤ 单排 F_d min
	mm													kN			N
04C	6.35	3.30^g	3.10	2.31	2.34	6.27	6.40	4.80	4.85	9.1	15.5	21.8	2.5	3.5	7.0	10.5	630
06C	9.525	5.08^g	4.68	3.60	3.62	9.30	10.13	7.46	7.52	13.2	23.4	33.5	3	7.9	15.8	23.7	1410
05B	8.00	5.00	3.00	2.31	2.36	7.37	5.64	4.77	4.90	8.6	14.3	19.9	3.1	4.4	7.8	11.1	820
06B	9.525	6.35	5.72	3.28	8.33	8.52	10.24	8.53	8.66	13.5	23.8	84.0	3.3	8.9	16.9	24.9	1290
08A	12.70	7.92	7.85	3.98	4.00	12.33	14.38	11.17	11.23	17.8	32.3	46.7	3.9	13.9	27.8	41.7	2480
08B	12.70	8.51	7.75	4.45	4.50	12.07	13.92	11.30	11.43	17.0	31.0	44.9	3.9	17.8	31.1	44.5	2480
081	12.70	7.75	3.30	3.66	3.71	10.17	—	5.80	5.93	10.2	—	—	1.5	8.0	—	—	—
083	12.70	7.75	4.88	4.09	4.14	10.56	—	7.90	8.03	12.9	—	—	1.5	11.6	—	—	—
084	12.70	7.75	4.88	4.09	4.14	11.41	—	8.80	8.93	14.8	—	—	1.5	15.6	—	—	—
085	12.70	7.77	6.25	3.60	3.62	10.17	—	9.06	9.12	14.0	—	—	2.0	6.7	—	—	1340
10A	15.875	10.16	9.40	5.09	5.12	15.35	18.11	13.84	13.89	21.8	39.9	57.9	4.1	21.8	43.6	65.4	3850
10B	15.875	10.16	9.65	5.08	5.13	14.99	16.59	13.28	13.41	19.6	36.2	52.8	4.1	22.2	44.5	66.7	3330
12A	19.05	11.91	12.57	5.96	5.98	18.34	22.78	17.75	17.81	26.9	49.8	72.6	4.6	31.3	62.6	93.9	5490
12B	19.05	12.07	11.68	5.72	5.77	16.39	19.46	15.62	15.75	22.7	42.2	61.7	4.6	28.9	57.8	86.7	3720
16A	25.40	15.88	15.75	7.94	7.96	24.39	29.29	22.60	22.66	33.5	62.7	91.9	5.4	55.6	111.2	166.8	9550
16B	25.40	15.88	17.02	8.28	8.33	21.34	31.88	25.45	25.58	36.1	68.0	99.9	5.4	60.0	106.0	160.0	9530
20A	31.75	19.05	18.90	9.54	9.56	30.48	35.76	27.45	27.51	41.1	77.0	113.0	6.1	87.0	174.0	261.0	14600
20B	31.75	19.05	19.56	10.19	10.24	26.68	36.45	29.01	29.14	43.2	79.7	116.1	6.1	95.0	170.0	250.0	13500
24A	38.10	22.23	25.22	11.11	11.14	36.55	45.44	35.45	35.51	50.8	96.3	141.7	6.6	125.0	250.0	375.0	20500
24B	38.10	25.40	25.40	14.63	14.68	33.73	48.36	37.92	38.05	53.4	101.8	150.2	6.6	160.0	280.0	425.0	19700
28A	44.45	25.40	25.22	12.71	12.74	42.67	48.87	37.18	37.24	54.9	103.6	152.4	7.4	170.0	340.0	510.0	27300
28B	44.45	27.94	30.99	15.90	15.95	37.46	59.56	46.58	46.71	65.1	124.7	184.3	7.4	200.0	360.0	530.0	27100
32A	50.80	28.58	31.55	14.29	14.31	48.74	58.55	45.21	45.26	65.5	124.2	182.9	7.9	223.0	446.0	669.0	34800
32B	50.80	29.21	30.99	17.81	17.86	42.72	58.55	45.57	45.70	67.4	126.0	184.5	7.9	250.0	450.0	670.0	29900
36A	57.15	35.71	35.48	17.46	17.49	54.86	65.84	50.85	50.90	73.9	140.0	206.0	9.1	281.0	562.0	843.0	44500
40A	63.50	39.68	37.85	19.85	19.87	60.93	71.55	54.88	54.94	80.3	151.9	223.5	10.2	347.0	694.0	1041.0	53600
40B	63.50	39.37	38.10	22.89	22.94	53.49	72.29	55.75	55.88	82.6	154.9	227.2	10.2	355.0	630.0	950.0	41800
48A	76.20	47.63	47.35	23.81	23.84	73.13	87.83	67.81	67.87	95.5	183.4	271.3	10.5	500.0	1000.0	1500.0	73100
48B	76.20	48.26	45.72	29.24	29.29	64.52	91.21	70.56	70.69	99.1	190.4	281.6	10.5	560.0	1000.0	1500.0	63600
56B	88.90	53.98	53.34	34.32	34.37	78.64	106.60	81.33	81.46	114.6	221.2	327.8	11.7	850.0	1600.0	2240.0	88900
64B	101.60	63.50	60.96	39.40	39.45	91.08	119.89	92.02	92.15	130.9	250.8	370.7	13.0	1120.0	2000.0	3000.0	106900
72B	114.30	72.39	68.58	44.48	44.53	104.67	136.27	103.81	103.94	147.4	283.7	420.0	14.3	1400.0	2500.0	3750.0	132700
60H	19.05	11.91	12.57	5.96	5.98	18.34	26.11	19.43	19.48	30.2	56.3	82.4	4.6	31.3	62.6	93.9	6330
80H	25.40	15.88	15.75	7.94	7.96	24.39	32.59	24.28	24.33	37.4	70.0	102.6	5.4	55.6	112.2	166.8	10700
100H	31.75	19.05	18.90	9.54	9.56	30.48	39.09	29.10	29.16	44.5	83.6	122.7	6.1	87.0	174.0	261.0	16000
120H	38.10	22.23	25.22	11.11	11.14	36.55	48.87	37.18	37.24	55.0	103.9	152.8	6.6	125.0	250.0	375.0	22200
140H	44.45	25.40	25.22	12.71	12.74	42.67	52.20	38.86	38.91	59.0	111.2	163.4	7.4	170.0	340.0	510.0	29200
160H	50.80	28.58	31.55	14.29	14.31	48.74	61.90	46.88	46.94	69.4	131.3	193.2	7.9	223.0	446.0	669.0	36900
180H	57.15	35.71	35.48	17.46	17.49	54.86	69.16	52.50	52.55	77.3	146.5	215.7	9.1	281.0	562.0	843.0	46900
200H	63.50	39.68	37.85	19.85	19.87	60.93	78.31	58.29	58.34	87.1	165.4	243.7	10.2	347.0	694.0	1041.0	58700
240H	76.20	47.63	47.35	23.81	23.84	73.13	101.22	74.54	74.60	111.4	212.6	313.8	10.5	500.0	1000.0	1500.0	84400

① 对于高应力使用场合，不推荐使用过渡链节。

② 止锁件的实际尺寸取决于其类型，但都不应超过规定尺寸，使用者应从制造商处获取详细资料。

③ 动载强度值不适用于过滤链节、连接链节或带有附件的链条。

④ 双排链和三排链的动载试验不能用单排链的值按比例套用。

⑤ 动载强度值是基于5个链节的试样，不含36A，40A，40B，48A，48B，56B，64B、72B、180H、200H和240H，这些链条是基于3个链节的试样。

13.2.2　滚子链传动的设计

13.2.2.1　滚子链传动选择指导

国家标准 GB/T 18150—2006《滚子链传动选择指导》，是链传动设计选择标准，也是确保链条质量的标准，而且是对链条质量最低要求的标准。此标准等同采用 ISO 10823。

13.2.2.2　滚子链传动的设计计算

设计链传动的已知条件：

1）所传递的功率 P。

2）主动和从动机械的类型。

3）主、从动轴的转速 n_1、n_2 和直径。

4）中心距要求和布置。

5）环境条件。

滚子链传动的一般设计计算方法见表 13-3。

图 13-2 示出符合 GB/T 1243 系列单排链条的典型承载能力。对于双排链的额定功率，可由单排链的 P_C 值乘以 1.7 得到；对于三排链的额定功率，可由单排链的 P_C 值乘以 2.5 得到。图 13-2 是在下列条件下建立的。

1）安装在水平平行轴上的两链轮传动。

2）主动链轮齿数 $z_1=25$。

3）无过渡链节的单排链。

4）链长为 120 链节。链长小于此长度时，使用寿命将按比例减少。

5）传动比为 $i=3$，减速传动。

6）链条预期使用寿命为 15000h。

7）工作环境温度在 −5 ~ 70℃。

8）链轮正确对中，链条调节保持正确。

9）平稳运转，无过载、冲击或频繁起动。

10）清洁和合适的润滑。

图 13-2 是一些链条制造厂发布的此类图中具有代表性的承载能力图。各厂的链条有不同的等级，建议使用者向厂方咨询所需要的承载能力图。

表 13-3　滚子链传动的设计计算（摘自 GB/T 18150—2006）

<table>
<tr><th>项目</th><th>符号</th><th>单位</th><th>公式和参数选定</th><th>说　　明</th></tr>
<tr><td>小链轮齿数
大链轮齿数</td><td>z_1
z_2</td><td></td><td>传动比 $i=\frac{n_1}{n_2}=\frac{z_2}{z_1}$
$z_{\min}=17, z_{\max}=114$</td><td>为传动平稳，链速增高时，应选较大 z_1。高速或受冲击载荷的链传动，z_1 至少 25 齿，且链轮齿应淬硬</td></tr>
<tr><td>修正功率</td><td>P_c</td><td>kW</td><td>$P_c=Pf_1f_2$</td><td>P—输入功率（kW）
f_1—工况系数，见表 13-4
f_2—主动链轮齿数系数，见图 13-3</td></tr>
<tr><td>链条节距</td><td>p</td><td>mm</td><td>根据修正功率 P_c 和小链轮转速，由图 13-2 查得，选用合理的节距 p</td><td>为使传动平稳，在高速下，宜选用节距较小的双排或多排链。但应注意多排链传动对脏污和误差比较敏感</td></tr>
<tr><td>初定中心距</td><td>a_0</td><td>mm</td><td>推荐 $a_0=(30\sim50)p$
脉动载荷无张紧装置时，$a_0<25p$
$a_{0\max}=80p$
$a_{0\min}$ 与转动比 i 有关：<table><tr><td>i</td><td><4</td><td>$\geqslant 4$</td></tr><tr><td>$a_{0\min}$</td><td>$0.2z_1(i+1)p$</td><td>$0.33z_1(i-1)p$</td></tr></table></td><td>首先考虑结构要求定中心距 a_0。有张紧装置或托板时，a_0 可大于 $80p$；对中心距不能调整的传动，$a_{0\min}=30p$
采用推荐的 $a_{0\min}=80p$ 计算式，可保证小链轮的包角不小于 120°，且大小链轮不会相碰</td></tr>
</table>

（续）

项目	符号	单位	公式和参数选定	说　明
链长节数	X_0		$X_0=\frac{2a_0}{p}+\frac{z_1+z_2}{2}+\frac{f_3p}{a_0}$ 其中　$f_3=\left(\frac{z_2-z_1}{2\pi}\right)^2$ f_3 也可由表 13-5 查得	X_0 应圆整成整数 X，宜取偶数，以避免过渡链节。有过渡链节的链条（X_0 为奇数时），其极限拉伸载荷为正常值的 80%
实际链条节数	X		X_0 圆整成 X 链条长度 $L=\frac{Xp}{1000}m$	说明见上
最大中心距（理论中心距）	a	mm	$a=\frac{p}{4}[c+\sqrt{c^2-8f_3}]$ 其中　$c=X-\frac{z_1+z_2}{2}$ 最大中心距也可用下式计算： 1）$z_1=z_2=z$ 时（$i=1$）： $a=p\left(\frac{X-Z}{2}\right)$ 2）$z_1\neq z_2$ 时（$i\neq1$）： $a=f_4\times p[2X-(z_1+z_2)]$	X—圆整成整数的链节数 f_4 的计算值见表 13-6。当$\frac{X-z_1}{z_1-z_2}$在表中二相邻值之间时，可采用线性插值计算
实际中心距	a'	mm	$a'=a-\Delta a$ $\Delta a=(0.002\sim0.004)a$	Δa 应保证链条松边有合适的垂度，即 $f=(0.01\sim0.03)a$ 对中心距可调的传动，Δa 可取较大的值
链　速	v	m/s	$v=\frac{z_1n_1p}{60\times1000}=\frac{z_2n_2p}{60\times1000}$	低速传动　$v\leqslant0.6$m/s 中速传动　$v>0.6\sim8$m/s 高速传动　$v>8$m/s
有效圆周力	F	N	$F=\frac{1000P}{v}$	
作用于轴上的拉力	F_Q	N	对水平传动和倾斜传动 $F_Q=(1.15\sim1.20)f_1F$ 对接近垂直布置的传动 $F_Q=1.05f_1F$	
小链轮包角	α_1	（°）	$\alpha_1=180°-\frac{(z_2-z_1)p}{\pi a}\times57.3°$	要求 $\alpha_1\geqslant120°$

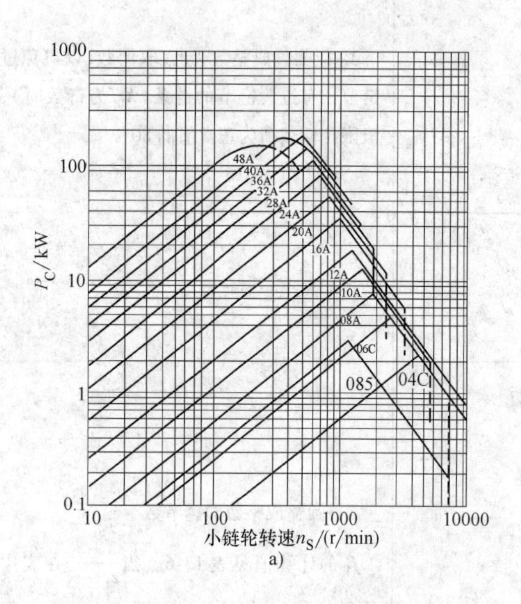

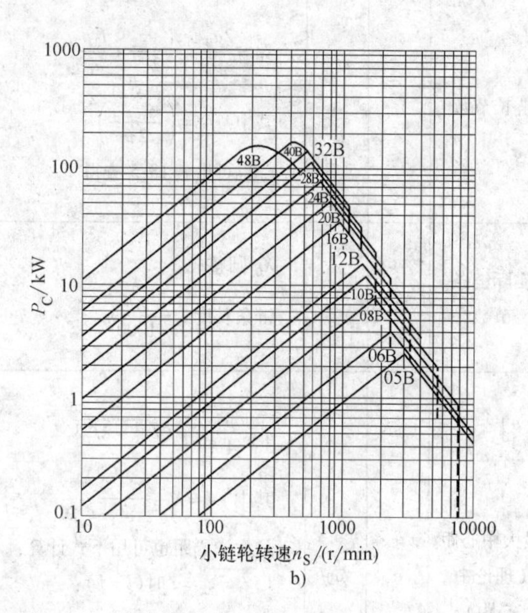

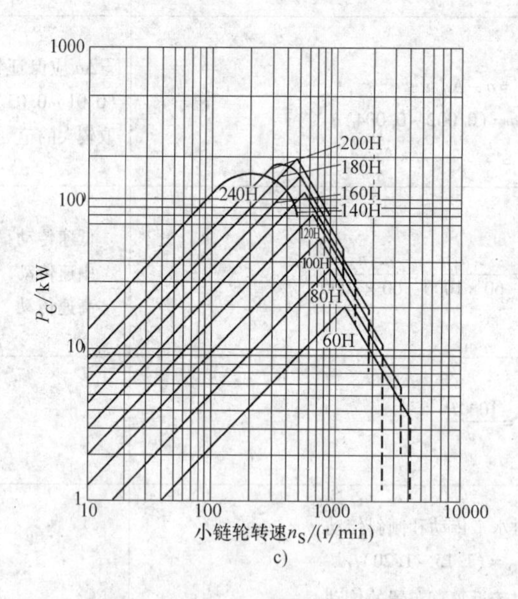

图 13-2　符合 GB/T 1243 系列单排链条的典型承载能力图

a) A 系列　b) B 系列　c) H 系列

n_S—小链轮转速　P_C—修正功率

表13-4 工况系数 f_1（摘自 GB/T 18150—2006）

<table>
<tr><td colspan="2">主动机械特性
从动机械特性</td><td>平稳运转
例：电动机、汽轮机和燃气轮机，带有液力变矩器的内燃机</td><td>轻微冲击
例：气缸数≥6、带机械式联轴器的内燃机，频繁起动的电动机（一日两次以上）</td><td>中等冲击
例：气缸数<6带机械式联轴器的内燃机</td></tr>
<tr><td>运动平稳</td><td>离心泵、压缩机、印刷机、平稳载荷的带式输送机、自动扶梯</td><td>1.0</td><td>1.1</td><td>1.3</td></tr>
<tr><td>轻微冲击</td><td>三缸或三缸以上往复式泵，压缩机，混凝土搅拌机、载荷不均匀的输送机</td><td>1.4</td><td>1.5</td><td>1.7</td></tr>
<tr><td>中等冲击</td><td>电铲、轧机和球磨机，单缸或双缸泵和压缩机，橡胶加工机械、石油钻采设备</td><td>1.8</td><td>1.9</td><td>2.1</td></tr>
</table>

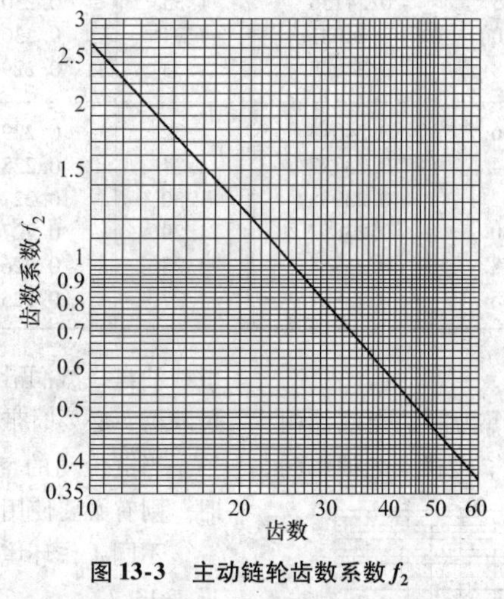

图13-3 主动链轮齿数系数 f_2

表13-5 f_3 的计算值（摘自 GB/T 18150—2006）

z_2-z_1	f_3	z_2-z_1	f_3	z_2-z_1	f_3	z_2-z_1	f_3	z_2-z_1	f_3
1	0.0253	21	11.171	41	42.580	61	94.254	81	166.191
2	0.1013	22	12.260	42	44.683	62	97.370	82	170.320
3	0.2280	23	13.400	43	46.836	63	100.536	83	174.500
4	0.4053	24	14.590	44	49.040	64	103.753	84	178.730
5	0.6333	25	15.831	45	51.294	65	107.021	85	183.011
6	0.912	26	17.123	46	53.599	66	110.339	86	187.342
7	1.241	27	18.466	47	55.955	67	113.708	87	191.724
8	1.621	28	19.859	48	58.361	68	117.128	88	196.157
9	2.052	29	21.303	49	60.818	69	120.598	89	200.640
10	2.533	30	22.797	50	63.326	70	124.119	90	205.174
11	3.065	31	24.342	51	65.884	71	127.690	91	209.759
12	3.648	32	25.938	52	68.493	72	131.313	92	214.395
13	4.281	33	27.585	53	71.153	73	134.986	93	219.081
14	4.965	34	29.282	54	73.863	74	138.709	94	223.817
15	5.699	35	31.030	55	76.624	75	142.483	95	228.605
16	6.485	36	32.828	56	79.436	76	146.308	96	233.443
17	7.320	37	34.677	57	82.298	77	150.184	97	238.333
18	8.207	38	36.577	58	85.211	78	154.110	98	243.271
19	9.144	39	38.527	59	88.175	79	158.087	99	248.261
20	10.132	40	40.529	60	91.189	80	162.115	100	253.302

表 13-6　f_4 的计算值（摘自 GB/T 18150—2006）

$\frac{X-z_1}{z_2-z_1}$	f_4	$\frac{X-z_1}{z_2-z_1}$	f_4	$\frac{X-z_1}{z_2-z_1}$	f_4	$\frac{X-z_1}{z_2-z_1}$	f_4
13	0.24991	2.7	0.24735	1.54	0.23758	1.26	0.22520
12	0.24990	2.6	0.24708	1.52	0.23705	1.25	0.22443
11	0.24988	2.5	0.24678	1.50	0.23648	1.24	0.22361
10	0.24986	2.4	0.24643	1.48	0.23588	1.23	0.22275
9	0.24983	2.3	0.24602	1.46	0.23524	1.22	0.22185
8	0.24978	2.2	0.24552	1.44	0.23455	1.21	0.22090
7	0.24970	2.1	0.24493	1.42	0.23381	1.20	0.21990
6	0.24958	2.00	0.24421	1.40	0.23301	1.19	0.21884
5	0.24937	1.95	0.24380	1.39	0.23259	1.18	0.21771
4.8	0.24931	1.90	0.24333	1.38	0.23215	1.17	0.21652
4.6	0.24925	1.85	0.24281	1.37	0.23170	1.16	0.21526
4.4	0.24917	1.80	0.24222	1.36	0.23123	1.15	0.21390
4.2	0.24907	1.75	0.24156	1.35	0.23073	1.14	0.21245
4.0	0.24896	1.70	0.24081	1.34	0.23022	1.13	0.21090
3.8	0.24883	1.68	0.24048	1.33	0.22968	1.12	0.20923
3.6	0.24868	1.66	0.24013	1.32	0.22912	1.11	0.20744
3.4	0.24849	1.64	0.23977	1.31	0.22854	1.10	0.20549
3.2	0.24825	1.62	0.23938	1.30	0.22793	1.09	0.20336
3.0	0.24795	1.60	0.23897	1.29	0.22729	1.08	0.20104
2.9	0.24778	1.58	0.23854	1.28	0.22662	1.07	0.19848
2.8	0.24758	1.56	0.23807	1.27	0.22593	1.06	0.19564

13.2.2.3　润滑范围选择

图 13-4 示出润滑范围。范围 1 为用油壶或油刷定期人工润滑；范围 2 为滴油润滑；范围 3 为油池润滑或油盘飞溅润滑；范围 4 为油泵压力供油润滑，带过滤器；必要时带油冷却器。

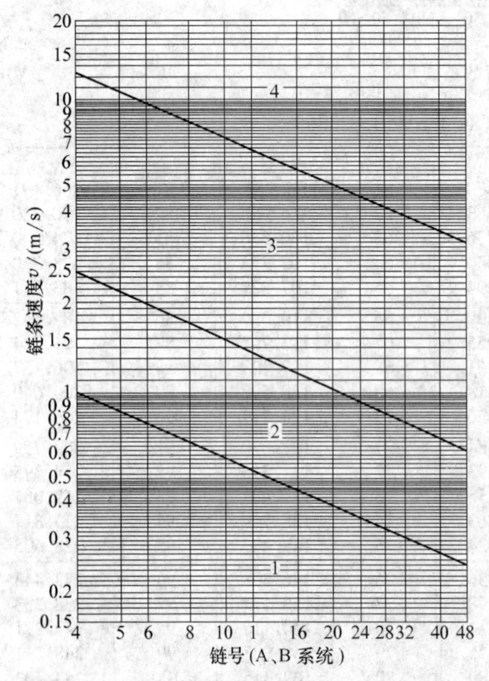

图 13-4　润滑范围（摘自 GB/T 18150—2006）

当链传动的空间狭小，并作高速、大功率传动时，则有必要使用油冷却器。

不同工作环境温度下的链传动用润滑油粘度等级见表 13-7。

13.2.2.4　滚子链的静强度计算

在低速重载链传动中，链条的静强度占有主要地位。通常 $v<0.6$m/s 视为低速传动。如果低速链也按疲劳考虑，用额定功率曲线选择和计算，结果常不经济。因为额定功率曲线上各点，其相应的条件性安全系数 n 大于 8～20，比静强度安全系数为大。另外，当进行有限寿命计算时，若所要求的使用寿命过短，使用功率过高，则链条的静强度验算也是必不可少的。

表 13-7　链传动用润滑油的粘度等级
（摘自 GB/T 18150—2006）

环境温度	≥-5℃ ≤5℃	>5℃ ≤25℃	>25℃ ≤45℃	>45℃ ≤70℃
润滑油的粘度等级	VG68 （SAE20）	VG100 （SAE30）	VG150 （SAE40）	VG220 （SAE50）

注：应保证润滑油不被污染，特别不能有磨料性微粒存在。

链条的静强度计算式如下：

$$n=\frac{Q}{K_AF+F_c+F_f}\geqslant[n] \qquad (13\text{-}1)$$

$$F_c=qv^2$$

式中　n——静强度安全系数；

Q——链条极限拉伸载荷（N），查表13-2；

K_A——工况系数，查表13-4（取$K_A=f_1$）；

F——有效拉力（即有效圆周力）（N），计算公式查表13-3；

F_c——离心力引起的拉力（N）；

q——链条每米质量（kg/m），见表13-8；

v——链速（m/s），当$v<4$m/s时，F_c可忽略不计；

F_f——悬垂拉力（N），查图13-5，在F'_f和F''_f中选用大者；

$[n]$——许用安全系数，一般为4～8；如果按最大尖峰载荷F_{max}来代替K_AF进行计算，则可为3～6；对于速度较低、从动系统惯性较小、不太重要的传动，或作用力的确定比较准确时，$[n]$可取较小值。

表13-8　滚子链每米质量

节距p/mm	8.00	9.525	12.7	15.875	19.05	25.40
单排每米质量q/(kg/m)	0.18	0.40	0.65	1.00	1.50	2.60
节距p/mm	31.75	38.10	44.45	50.80	63.50	76.20
单排每米质量q/(kg/m)	3.80	5.60	7.50	10.10	16.10	22.60

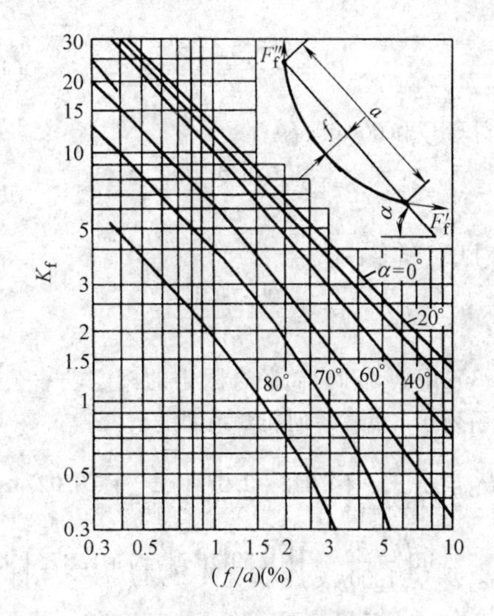

图13-5　悬垂拉力的确定

注：$F'_f=K_fqa\times10^{-2}$，$F''_f=(K_f+\sin\alpha)qa\times10^{-2}$

式中，a的单位为mm，q的单位为kg/m，F'_f、F''_f的单位为N。

13.2.2.5　额定功率和润滑速度计算公式（摘自GB/T 18150—2008）

（1）链板疲劳限定的额定功率计算公式　各类链条额定功率P_C（kW）的计算公式如下：

1）A系列链条为

$$P_C=\frac{z_S^{1.08}\times n_S^{0.9}\times99A_ip^{(1.0-0.0008p)}}{6\times10^7} \qquad (13\text{-}2)$$

式中　z_S——小链轮齿数；

n_S——小链轮转速（r/min）；

A_i——两片内链板的截面积（mm²），$A_i=0.118p^2$；

p——链条节距（mm）。

2）085链条为

$$P_C=\frac{z_S^{1.08}\times n_S^{0.9}\times86.2A_ip^{(1.0-0.0008p)}}{6\times10^7} \qquad (13\text{-}3)$$

式中　A_i——两片内链板的截面积（mm²），$A_i=0.0745p^2$。

3）A系列重载链条为

$$P_C=\frac{z_S^{1.08}\times n_S^{0.9}\times(t_H/t_S)^{0.5}\times99A_ip^{(1.0-0.0008p)}}{6\times10^7} \qquad (13\text{-}4)$$

式中　t_H——重载系列链条内链板的厚度（mm）；

t_S——标准系列链条内链板的厚度（mm）；

A_i——两片标准内链板的截面积（mm²），$A_i=0.118p^2$。

4）B系列链条为

$$P_C=\frac{z_S^{1.08}\times n_S^{0.9}\times99A_ip^{(1.0-0.0009p)}}{6\times10^7} \qquad (13\text{-}5)$$

其中

$$A_i=2t_i(0.99h_2-d_b)$$

$$d_b=d_2\left(\frac{d_1}{d_2}\right)$$

$$t_i=\frac{b_2-b_1}{2.11}$$

式中　A_i——两片标准内链板的截面积（mm²）；

t_i——估算内链板厚度（mm）；

h_2——最大内链板高度（mm）；

d_b——估算套筒直径（mm）；

d_1——最大滚子直径（mm）；

d_2——最大销轴直径（mm）；

b_1——最小内链节内宽（mm）；

b_2——最大内链节外宽（mm）。

（2）滚子和套筒冲击疲劳限定的额定功率计算公式　对A系列、A重载系列和B系列链条（不含04C，06C和085链条）：

$$P_C=\frac{953.5z_S^{1.5}p^{0.8}}{n_S^{1.5}} \tag{13-6}$$

对 04C 和 06C 链条：

$$P_C=\frac{1.626.6z_S^{1.5}p^{0.8}}{n_S^{1.5}} \tag{13-7}$$

对 085 链条：

$$P_C=\frac{190.7z_S^{1.5}p^{0.8}}{n_S^{1.5}} \tag{13-8}$$

（3）由销轴和套筒胶合限定的额定功率公式

对 A 系列、A 重载系列和 B 系列链条：

$$P_C=\frac{z_S n_S p}{3780K_{PS}}\left\{4.413-2.073\left(\frac{p}{25.4}\right)-0.0274z_S-\ln\left(\frac{n_S}{1000K_{PS}}\right)\left[1.59\lg\left(\frac{p}{25.4}\right)+1.873\right]\right\}\text{kW}$$

式中　K_{PS}——速度修正系数，见表 13-9。

表 13-9　速度修正系数

链条节距/mm	K_{PS}
≤19.05	1.0
25.40～31.75	1.25
38.10	1.30
44.45	1.35
50.80～57.15	1.40
63.50	1.45
76.20	1.50

（4）润滑速度限制公式

1）第一种润滑方式的最大速度：

$$v=2.8p^{-0.56}\text{m/s}$$

2）第二种润滑方式的最大速度：

$$v=7.0p^{-0.56}\text{m/s}$$

3）第三种润滑方式的最大速度：

$$v=35p^{-0.56}\text{m/s}$$

13.2.2.6　滚子链的耐磨损工作能力计算

当工作条件要求链条的磨损伸长率$\frac{\Delta p}{p}$明显小于 3%，或者润滑条件不能符合规定要求方式而有所恶化时，可按下式进行滚子链的磨损计算。链条的磨损使用寿命与润滑条件、许用的磨损伸长率以及铰链承压面上产生的滑摩功等因素有关，即

$$T=91500\left(\frac{c_1c_2c_3}{p_r}\right)^3\frac{L_p}{v}\frac{z_1 i}{i+1}\left[\frac{\Delta p}{p}\right] \tag{13-9}$$

式中　T——使用寿命（h）；

L_p——链长，以节数表示；

v——链速（m/s）；

z_1——小链轮齿数；

i——传动比；

$\left[\frac{\Delta p}{p}\right]$——许用磨损伸长率，按具体工作条件确定；

c_1——磨损系数，查图 13-6；

c_2——节距系数，查表 13-10；

c_3——齿数-速度系数，查图 13-7；

p_r——铰链比压（MPa）。

铰链比压 p_r 按下式计算：

$$p_r=\frac{f_1F+F_c+F_f}{A} \tag{13-10}$$

式中　f_1——工况系数，查表 13-4；

F——有效拉力（即有效圆周力），按表 13-3 公式计算。

F_c——离心力引起的拉力，计算公式见式（13-1）；

F_f——悬垂拉力，见图 13-5；

A——铰链承压面积，A 值等于滚子链销轴直径 d_2 与套筒长度 b_2（即内链节外宽）的乘积（mm^2）。d_2 和 b_2 值查表 13-2。

当使用寿命 T 已定时，可由式（13-4）确定许用比压 $[p_r]$，用式（13-5）进行铰链的比压验算：

$$p_r\leqslant[p_r]$$

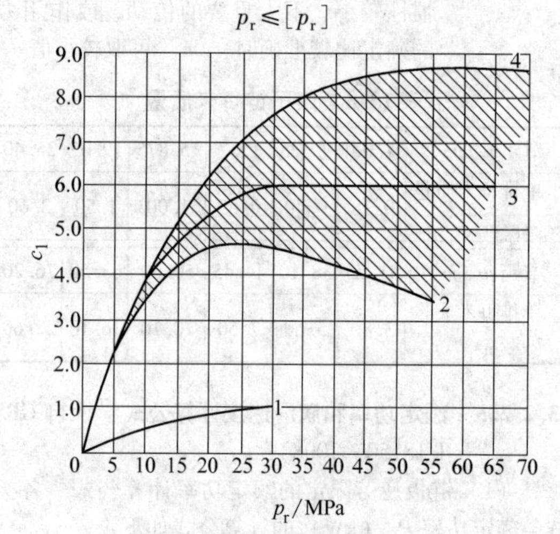

图 13-6　磨损系数 c_1

1—干运转，工作温度 <140℃，链速 v <7m/s

2—润滑不充分，工作温度 <70℃，v <7m/s

3—规定采用的润滑方法（见图 13-4）

4—良好的润滑条件，工作温度 <70℃

注：干运转使磨损寿命大大下降，应尽可能使润滑条件位于图中的阴影区。

表 13-10　节距系数 c_2

节距 p	9.525	12.7	15.875	19.05	25.4
节距系数 c_2	1.48	1.44	1.39	1.34	1.27
节距 p	31.75	38.1	44.45	50.8	63.5
节距系数 c_2	1.23	1.19	1.15	1.11	1.03

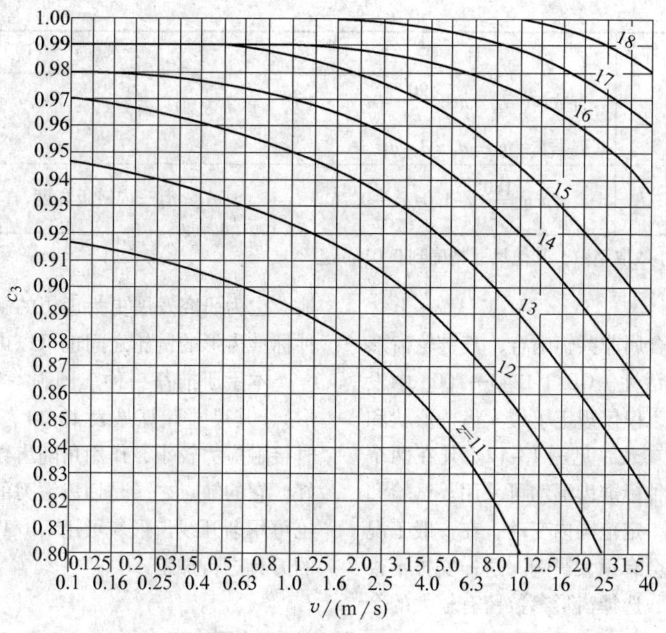

图 13-7　齿数-速度系数 c_3

13.2.3　滚子链链轮

13.2.3.1　基本参数和主要尺寸（表 13-11）

表 13-11　滚子链链轮的基本参数和主要尺寸（摘自 GB/T 1243—2006）（单位：mm）

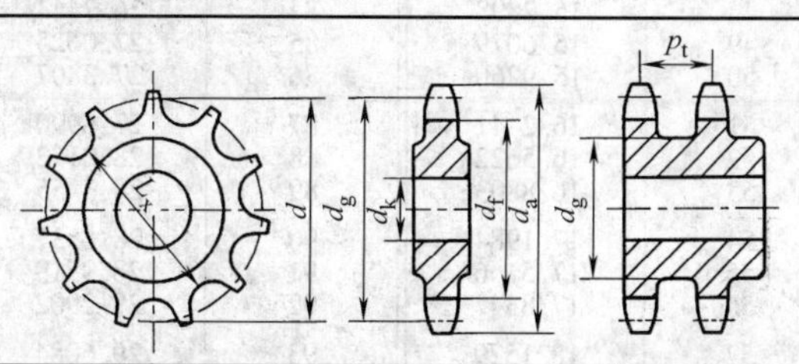

	名称		符号	计算公式	说明
基本参数	链轮齿数		z		查表 13-3
	配用链条的	节距	p		查表 13-2
		滚子外径	d_1		
		排距	p_t		
主要尺寸	分度圆直径		d	$d=\dfrac{p}{\sin\dfrac{180^\circ}{z}}$	可查表 13-12 求得
	齿顶圆直径		d_a	$d_{amax}=d+1.25p-d_1$ $d_{amin}=d+\left(1-\dfrac{1.6}{z}\right)p-d_1$ 若为三圆弧一直线齿形，则 $d_a=p\left(0.54+\cot\dfrac{180^\circ}{z}\right)$	可在 d_{amax} 与 d_{amin} 范围内选取。当选用 d_{amax} 时，应注意用展成法加工时，有可能发生顶切
	齿根圆直径		d_f	$d_f=d-d_1$	
	分度圆弦齿高		h_a	$h_{amax}=\left(0.625+\dfrac{0.8}{z}\right)p-0.5d_1$ $h_{amin}=0.5(p-d_1)$ 若为三圆弧一直线齿形，则 $h_a=0.27p$	h_a 见表 13-14 图 h_a 是为简化放大齿形图的绘制而引入的辅助尺寸，h_{amax} 相应于 d_{amax}，h_{amin} 相应于 d_{amin}

（续）

名　　称		符号	计 算 公 式	说　　明
主要尺寸	最大齿根距离	L_x	奇数齿　$L_x = d\cos\dfrac{90°}{z} - d_1$ 偶数齿　$L_x = d_f = d - d_1$	
	齿侧凸缘（或排间槽）直径	d_g	$d_g < p\cot\dfrac{180°}{z} - 1.04h_2 - 0.76$	h_2—内链板高度，查GB/T 1243—2006

注：d_a、d_g 计算值舍小数取整数，其他尺寸精确到0.01mm。

13.2.3.2　齿槽形状

滚子链与链轮的啮合属非共轭啮合，其链轮齿形的设计可以有较大的灵活性。GB/T 1243—2006中没有规定具体的链轮齿形，仅仅规定了最大齿槽形状和最小齿槽形状及其极限参数，见表13-12。凡在两个极限齿槽形状之间的各种标准齿形均可采用。试验和使用表明，齿槽形状在一定范围内变动，在一般工况下，对链传动的性能不会有很大影响。这样安排不仅为不同使用要求情况时，选择齿形参数留有较大的余地，也为研究发展更为理想的新齿形创造了条件，各种标准齿形的链轮之间也可以进行互换。

本手册推荐一种三圆弧一直线齿形（或称凹齿形），其尺寸计算见表13-14。这种齿形与滚子啮合时接触应力较小，作用角随齿数增加而增大，性能较好。它的缺点之一是切齿滚刀的制造比较麻烦。链轮也可用渐开线齿形。可用GB/T 1243—2006附录规定的刀具进行加工。

表13-12　$p=1$ 的链轮分度圆直径　　（单位：mm）

齿数 z	单位节距分度圆直径 d	齿数 z	单位节距分度圆直径 d	齿数 z	单位节距分度圆直径 d	齿数 z	单位节距分度圆直径 d
9	2.9238	45	14.3356	81	25.7896	117	37.2467
10	3.2361	46	14.6537	82	26.1078	118	37.5650
11	3.5494	47	14.9717	83	26.4260	119	37.8833
12	3.8637	48	15.2898	84	26.7443	120	38.2016
13	4.1786	49	15.6079	85	27.0625	121	38.5198
14	4.4940	50	15.9260	86	27.3807	122	38.8381
15	4.8097	51	16.2441	87	27.6990	123	39.1564
16	5.1258	52	16.5622	88	28.0172	124	39.4746
17	5.4422	53	16.8803	89	28.3355	125	39.7929
18	5.7588	54	17.1984	90	28.6537	126	40.1112
19	6.0755	55	17.5166	91	28.9719	127	40.4295
20	6.3925	56	17.8347	92	29.2902	128	40.7478
21	6.7095	57	18.1529	93	29.6084	129	41.0660
22	7.0266	58	18.4710	94	29.9267	130	41.3843
23	7.3439	59	18.7892	95	30.2449	131	41.7026
24	7.6613	60	19.1073	96	30.5632	132	42.0209
25	7.9787	61	19.4255	97	30.8815	133	42.3391
26	8.2962	62	19.7437	98	31.1997	134	42.6574
27	8.6138	63	20.0619	99	31.5180	135	42.9757
28	8.9314	64	20.3800	100	31.8362	136	43.2940
29	9.2491	65	20.6982	101	32.1545	137	43.6123
30	9.5668	66	21.0164	102	32.4727	138	43.9306
31	9.8845	67	21.3346	103	32.7910	139	44.2488
32	10.2023	68	21.6528	104	33.1093	140	44.5671
33	10.5201	69	21.9710	105	33.4275	141	44.8854
34	10.8380	70	22.2892	106	33.7458	142	45.2037
35	11.1558	71	22.6074	107	34.0640	143	45.5220
36	11.4737	72	22.9256	108	34.3823	144	45.8403
37	11.7916	73	23.2438	109	34.7006	145	46.1585
38	12.1096	74	23.5620	110	35.0188	146	46.4768
39	12.4275	75	23.8802	111	35.3371	147	46.7951
40	12.7455	76	24.1985	112	35.6554	148	47.1134
41	13.0635	77	24.5167	113	35.9737	149	47.4317
42	13.3815	78	24.8349	114	36.2919	150	47.7500
43	13.6995	79	25.1531	115	36.6102		
44	14.0176	80	25.4713	116	36.9285		

注：当链节距 $p \neq 1$ 时，链轮分圆直径 $d = p$ 乘以表中数值。

表 13-13　最大和最小齿槽形状及尺寸计算（摘自 GB/T 1243—2006）　（单位：mm）

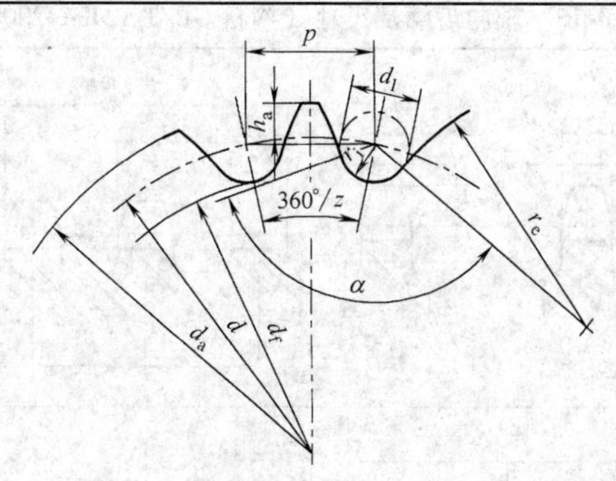

名　称	符号	计　算　公　式	
		最大齿槽形状	最小齿槽形状
齿侧圆弧半径	r_e	$r_{emin}=0.008d_1(z^2+180)$	$r_{emax}=0.12d_1(z+2)$
滚子定位圆弧半径	r_i	$r_{imax}=0.505d_1+0.069\sqrt[3]{d_1}$	$r_{imin}=0.505d_1$
滚子定位角	α/(°)	$\alpha_{min}=120-\dfrac{90}{z}$	$\alpha_{max}=140-\dfrac{90}{z}$

表 13-14　三圆弧一直线齿槽形状及尺寸计算　（单位：mm）

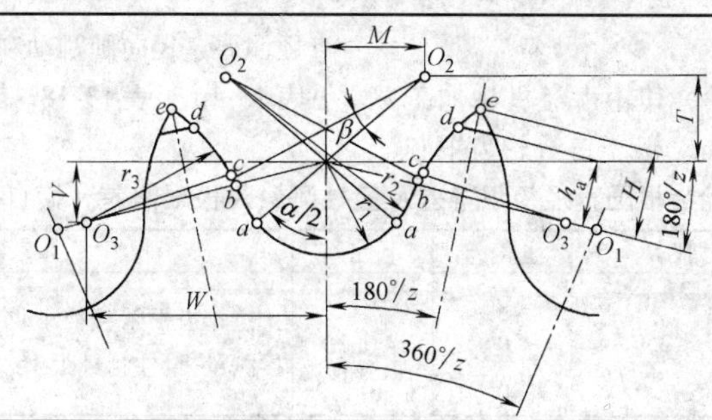

名　称	符号	计算公式
齿沟圆弧半径	r_1	$r_1=0.5025d_1+0.05$
齿沟半角/(°)	$\dfrac{\alpha}{2}$	$\dfrac{\alpha}{2}=55-\dfrac{60}{z}$
工作段圆弧中心 O_2 的坐标	M	$M=0.8d_1\sin\dfrac{\alpha}{2}$
	T	$T=0.8d_1\cos\dfrac{\alpha}{2}$
工作段圆弧半径	r_2	$r_2=1.3025d_1+0.05$
工作段圆弧中心角/(°)	β	$\beta=18-\dfrac{56}{z}$
齿顶圆弧中心 O_3 的坐标	W	$W=1.3d_1\cos\dfrac{180°}{z}$
	V	$V=1.3d_1\sin\dfrac{180°}{z}$
齿形半角/(°)	$\dfrac{\gamma}{2}$	$\dfrac{\gamma}{2}=17-\dfrac{64}{z}$
齿顶圆弧半径	r_3	$r_3=d_1\left(1.3\cos\dfrac{\gamma}{2}+0.8\cos\beta-1.3025\right)-0.05$
工作段直线部分长度	b_c	$b_c=d_1\left(1.3\sin\dfrac{\gamma}{2}-0.8\sin\beta\right)$
e 点至齿沟圆弧中心连线的距离	H	$H=\sqrt{r_3^2-\left(1.3d_1-\dfrac{p_0}{2}\right)^2}$、$p_0=p\left(1+\dfrac{2r_1-d_1}{d}\right)$

注：齿沟圆弧半径 r_1 允许比表中公式计算的大 $0.0015d_1+0.06$mm。

13.2.3.3 轴向齿廓（表13-15）

表13-15 轴向齿廓及尺寸（摘自GB/T 1243—2006） （单位：mm）

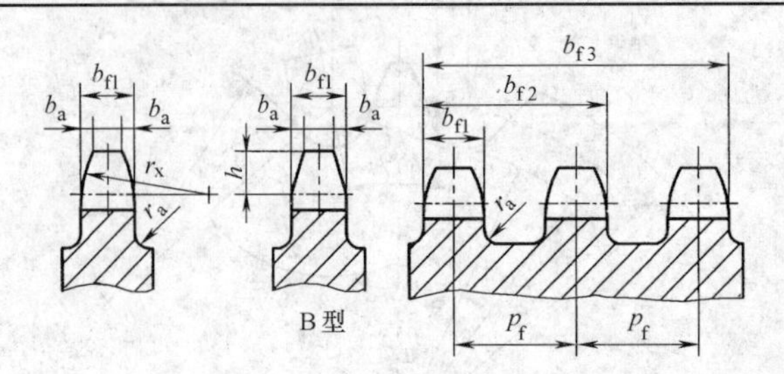

名称		符号	计算公式		备 注
			$p \leqslant 12.7$	$p > 12.7$	
齿宽	单排	b_{f1}	$0.93b_1$	$0.95b_1$	$p>12.7$时，经制造厂同意，也可使用$p \leqslant 12.7$时的齿宽。b_1—内链节内宽，查表13-2
	双排、三排		$0.91b_1$	$0.93b_1$	
齿侧倒角		b_a	$b_{a(公称)}=0.06p$		适用于081、083、084规格链条
			$b_{a(公称)}=0.13p$		适用于其余A或B系列链条
齿侧半径		r_x	$r_{x(公称)}=p$		
齿宽		b_{fm}	$b_{fm}=(m-1)p_t+b_{f1}$		m—排数

13.2.3.4 链轮公差

对一般用途的滚子链链轮，其轮齿经机械加工后，齿表面粗糙度Ra为6.3μm。滚子链链轮齿根圆直径偏差、径向圆跳动和端面圆跳动以及量柱测量距见表13-16至表13-18。

表13-16 滚子链链轮齿根圆直径极限偏差及量柱测量距极限偏差（摘自GB/T 1243—2006）

项 目	尺寸段	上偏差	下偏差	备 注
齿根圆极限偏差 量柱测量距极限偏差	$d_f \leqslant 127$	0	−0.25	链轮齿根圆直径下偏差为负值。它可以用量柱法间接测量，量柱测量距M_R的公称尺寸值见表13-17
	$127 < d_f \leqslant 250$	0	−0.30	
	$250 < d_f$	0	h11	

表13-17 滚子链链轮的量柱测量距M_R（摘自GB/T 1243—2006）

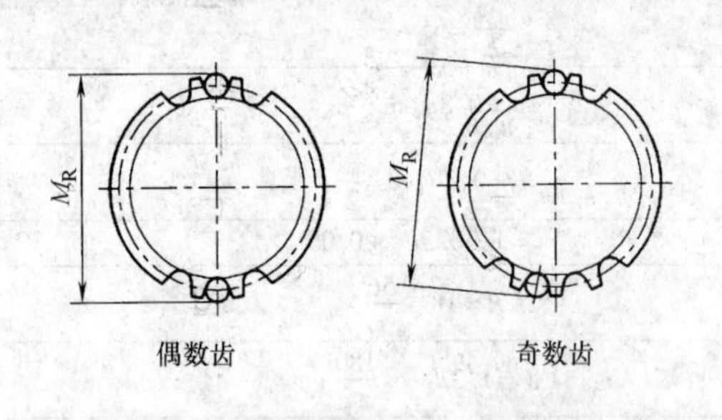

项 目		符号
量柱测量距	偶数齿	M_R
	奇数齿	
计 算 公 式		
$M_R = d + d_{Rmin}$		
$M_R = d\cos\dfrac{90°}{z} + d_{Rmin}$		

注：量柱直径d_R=滚子外径d_1。量柱的技术要求：极限偏差为$^{+0.01}_{\ 0}$。

表13-18 滚子链链轮齿根圆径向圆跳动和端面圆跳动（摘自GB/T 1243—2006）

项 目	要 求
链轮孔和根圆直径之间的径向圆跳动	不应超过下列两数值中的较大值$(0.0008d_f+0.08)$mm或0.15mm，最大到0.76mm
轴孔到链轮齿侧平直部分的端面圆跳动	不应超过下列计算值$(0.0009d_f+0.08)$mm，最大到1.14mm

13.2.3.5　链轮材料及热处理（表13-19）

表13-19　链轮材料及热处理

材　料	热处理	齿面硬度	应用范围
15、20	渗碳、淬火、回火	50~60HRC	$z\leqslant 25$，有冲击载荷的链轮
35	正火	160~200HBW	$z>25$ 的主、从动链轮
45、50 45Mn、ZG310-570	淬火、回火	40~50HRC	无剧烈冲击振动和要求耐磨损的主、从动链轮
15Cr、20Cr	渗碳、淬火、回火	55~60HRC	$z<30$，传递较大功率的重要链轮
40Cr、35SiMn、35CrMo	淬火、回火	40~50HRC	要求强度较高和耐磨损的重要链轮
Q235、Q275	焊接后退火	≈140HBW	中低速、功率不大的较大链轮
不低于HT200的灰铸铁	淬火、回火	260~280HBW	$z>50$ 的从动链轮，以及外形复杂或强度要求一般的链轮
夹布胶木			$P<6$kW，速度较高，要求传动平稳、噪声小的链轮

13.2.3.6　链轮结构

中等尺寸的链轮除表13-20所列的整体式结构外，也可做成板式齿圈的焊接结构或装配结构，见图13-8。

大型链轮除按表13-21和表13-22所示表图结构外，也可采用轮辐式铸造结构。轮辐剖面可用椭圆形或十字形，可参考铸造齿轮结构。

13.2.4　滚子链传动设计计算示例

［例题］　设计一带式输送机驱动装置低速级用的滚子链传动。已知小链轮轴功率 $P=2.5$kW，小链轮转速 $n_1=265$r/min，传动比 $i=2.5$，工作载荷平稳，小链轮悬臂装于轴上，轴直径为50mm，链传动中心距可调，两轮中心连线与水平面夹角近30°，传动简图见图13-9。

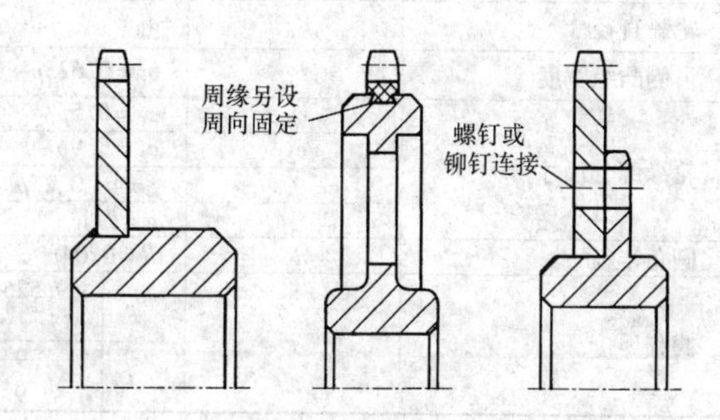

图13-8　链轮结构

表13-20　整体式钢制小链轮主要结构尺寸　（单位：mm）

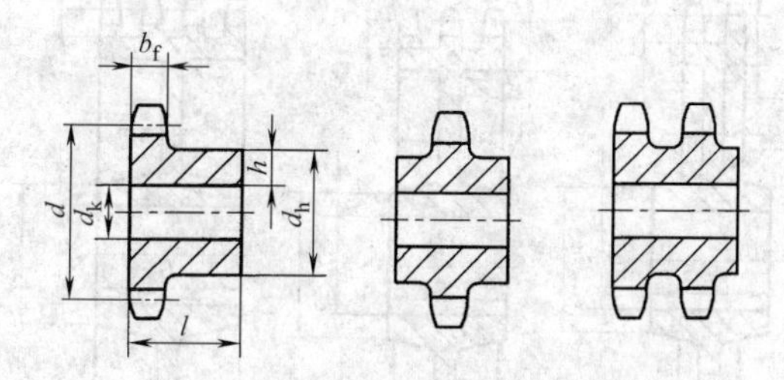

名　称	符　号	结构尺寸
轮毂厚度	h	$h=K+\frac{d_k}{6}+0.01d$ 常数 K： d：<50 / 50~100 / 100~150 / >150 K：3.2 / 4.8 / 6.4 / 9.5
轮毂长度	l	$l=3.3h$　$l_{min}=2.6h$
轮毂直径	d_h	$d_h=d_K+2h$　$d_{hmax}<d_g$，d_g 见表13-11
齿宽	b_f	见表13-15

表 13-21　腹板式、单排铸造链轮主要结构尺寸　（单位：mm）

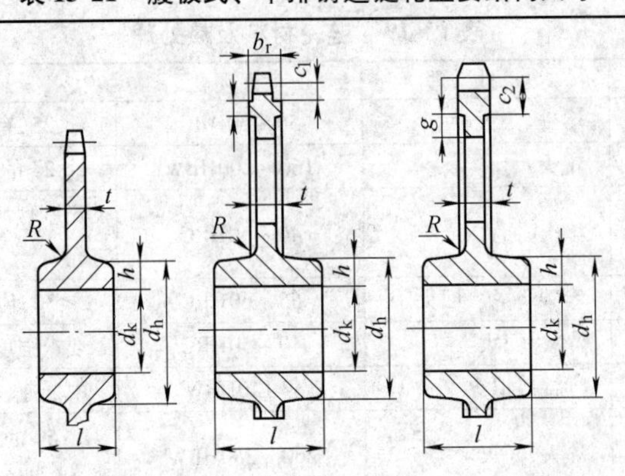

<table>
<tr><th>名　称</th><th>符　号</th><th colspan="7">结构尺寸(参考)</th></tr>
<tr><td>轮毂厚度</td><td>h</td><td colspan="7">$h=9.5+\frac{d_K}{6}+0.01d$</td></tr>
<tr><td>轮毂长度</td><td>l</td><td colspan="7">$l=4h$</td></tr>
<tr><td>轮毂直径</td><td>d_h</td><td colspan="7">$d_h=d_K+2h$，$d_{hmax}<d_g$，d_g 查表 13-11</td></tr>
<tr><td>齿侧凸缘宽度</td><td>b_r</td><td colspan="7">$b_r=0.625p+0.93b_1$，b_1—内链节内宽，查表 13-2</td></tr>
<tr><td rowspan="4">轮缘部分尺寸</td><td>c_1</td><td colspan="7">$c_1=0.5p$</td></tr>
<tr><td>c_2</td><td colspan="7">$c_2=0.9p$</td></tr>
<tr><td>f</td><td colspan="7">$f=4+0.25p$</td></tr>
<tr><td>g</td><td colspan="7">$g=2t$</td></tr>
<tr><td>圆角半径</td><td>R</td><td colspan="7">$R=0.04p$</td></tr>
<tr><td rowspan="2">腹板厚度</td><td rowspan="2">t</td><td>p</td><td>9.525
12.7</td><td>15.875
19.05</td><td>25.4
31.75</td><td>38.1
44.45</td><td>50.8
63.5</td><td>76.2</td></tr>
<tr><td>t</td><td>7.9
9.5</td><td>10.3
11.1</td><td>12.7
14.3</td><td>15.9
19.1</td><td>22.2
28.6</td><td>31.8</td></tr>
</table>

表 13-22　腹板式多排铸造链轮主要结构尺寸　（单位：mm）

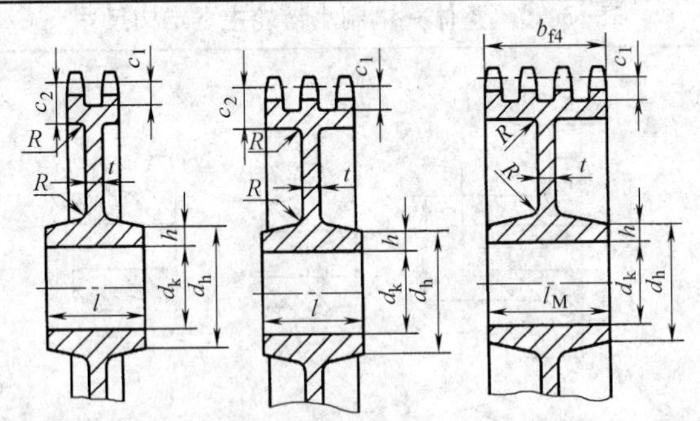

<table>
<tr><th>名　称</th><th>符　号</th><th colspan="7">结构尺寸(参考)</th></tr>
<tr><td>圆角半径</td><td>R</td><td colspan="7">$R=0.5t$</td></tr>
<tr><td>轮毂长度</td><td>l</td><td colspan="7">$l=4h$
对四排链，$l_M=b_{f4}$，b_{f4}</td></tr>
<tr><td rowspan="2">腹板厚度</td><td rowspan="2">t</td><td>p</td><td>9.525
12.7</td><td>15.875
19.05</td><td>25.4
31.75</td><td>38.1
44.45</td><td>50.8
63.5</td><td>76.2</td></tr>
<tr><td>t</td><td>9.5
10.3</td><td>11.1
12.7</td><td>14.3
15.9</td><td>19.1
22.2</td><td>25.4
31.8</td><td>38.1</td></tr>
<tr><td>其余结构尺寸</td><td></td><td colspan="7">同表 13-21</td></tr>
</table>

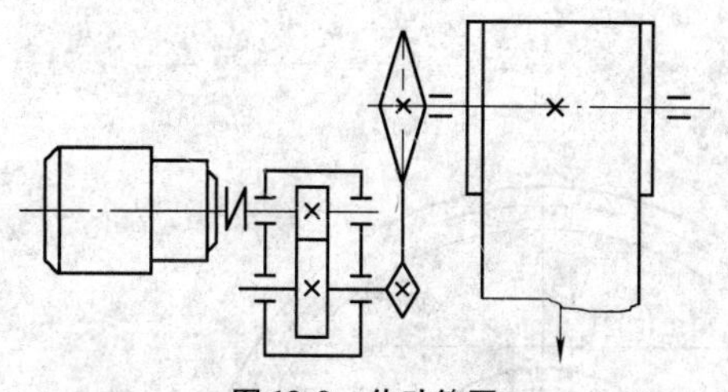

图 13-9　传动简图

【解】：1）链轮齿数

① 小链轮齿数：取 $z_1=25$。

② 大链轮齿数：

$z_2=iz_1=2.5\times25=62.5$　取 62

2）实际传动比 i：

$$i=\frac{z_2}{z_1}=\frac{62}{25}=2.48$$

3）链轮转速

① 小链轮转速：$n_1=265\text{r/min}$。

② 大链轮转速：

$$n_2=\frac{n_1}{i}=\frac{265}{2.48}\text{r/min}=107\text{r/min}$$

4）修正功率 P_c。查表 13-4，工况系数 $f_1=1.4$；查图 13-3，主动链轮齿数系数 $f_2=1$，则

$$P_c=Pf_1f_2=2.5\times1.4\times1\text{kW}=3.5\text{kW}$$

5）链条节距 p。由修正功率 $P_c=3.5\text{kW}$ 和小链轮转速 $n_1=265\text{r/min}$，在图 13-2a 上选得节距 p 为 12A 即 19.05mm。

6）初定中心距 a_{0p}。因结构上未限定，暂取 $a_{0p}\approx35p$。

7）链长节数 X_0：

$$X_0=2a_{0p}+\frac{z_1+z_2}{2}+\frac{f_3}{a_{0p}}$$

$$=2\times35+\frac{25+62}{2}+\frac{34.68}{35}=114.49$$

取 $X_0=114$ 节

式中，$f_3=\left(\frac{62-25}{2\pi}\right)^2=34.68$。

8）链条长度 L：

$$L=\frac{X_0p}{1000}=\frac{114\times19.05}{1000}\text{m}\approx2.17\text{m}$$

9）理论中心距 a：

$$a=p(2X_0-z_2-z_1)f_4$$

$$=[19.05(2\times114-62-25)\times0.24645]\text{mm}$$

$$=661.98\text{mm}$$

式中，$f_4=0.24645$，表 13-6 插值法。

10）实际中心距 a'：

$$a'=a-\Delta a$$

$$=(661.98-0.004\times661.98)\text{mm}$$

$$=659.3\text{mm}$$

11）链速 v：

$$v=\frac{z_1n_1p}{60\times1000}=\frac{25\times265\times19.05}{60\times1000}\text{m/s}=2.1\text{m/s}$$

12）有效圆周力 F：

$$F=\frac{1000P}{v}=\frac{1000\times2.5}{2.1}\text{N}=1190\text{N}$$

13）作用于轴上的拉力 F_Q：

$$F_Q\approx1.20K_AF=1.2\times1\times1190\text{N}=1429\text{N}$$

14）计算链轮几何尺寸并绘制链轮工作图，其中小链轮工作图如图 13-10 所示。

15）润滑方式的选定。根据链号 12A 和链条速度 $v=2.1\text{m/s}$，由图 13-4 选用润滑范围 3，即油池润滑或油盘飞溅润滑。

16）链条标记。根据设计计算结果，采用单排 12A 滚子链，节距为 19.05mm，节数为 114 节，其标记为：

12A-1×114　GB/T 1243—2006

13.2.5　链传动的润滑

链传动的润滑可以缓和链条和链轮齿面的冲击，减少链条和链轮齿面的磨损，减少链环节内部温度的升高，是延长链传动寿命的重要因素之一。

13.2.5.1　润滑剂的选择

链传动的润滑剂可按表 13-23 选取。

表 13-23　滚子链润滑剂的选择

工作条件	链条速度 v/(m/s)	工作温度 /℃	荐用润滑油牌号
小功率传动，链密封性较差	≤3	≤4	32
		4~38	68
		>38	100
链条密封性好	≤8	≤4	46
		4~38	68. 100
		>38	100. 150
链条密封性好	>8	≤4	46
		4~38	46. 68
		>38	68. 100
链条密封在壳体内	>16	≤4	46
		4~38	68
		>38	68. 100

注：润滑油牌号 32~150 为全损耗系统用油。

13.2.5.2　润滑方式的选择

用于滚子链的润滑方式选择可按表 13-24 或图 13-4。

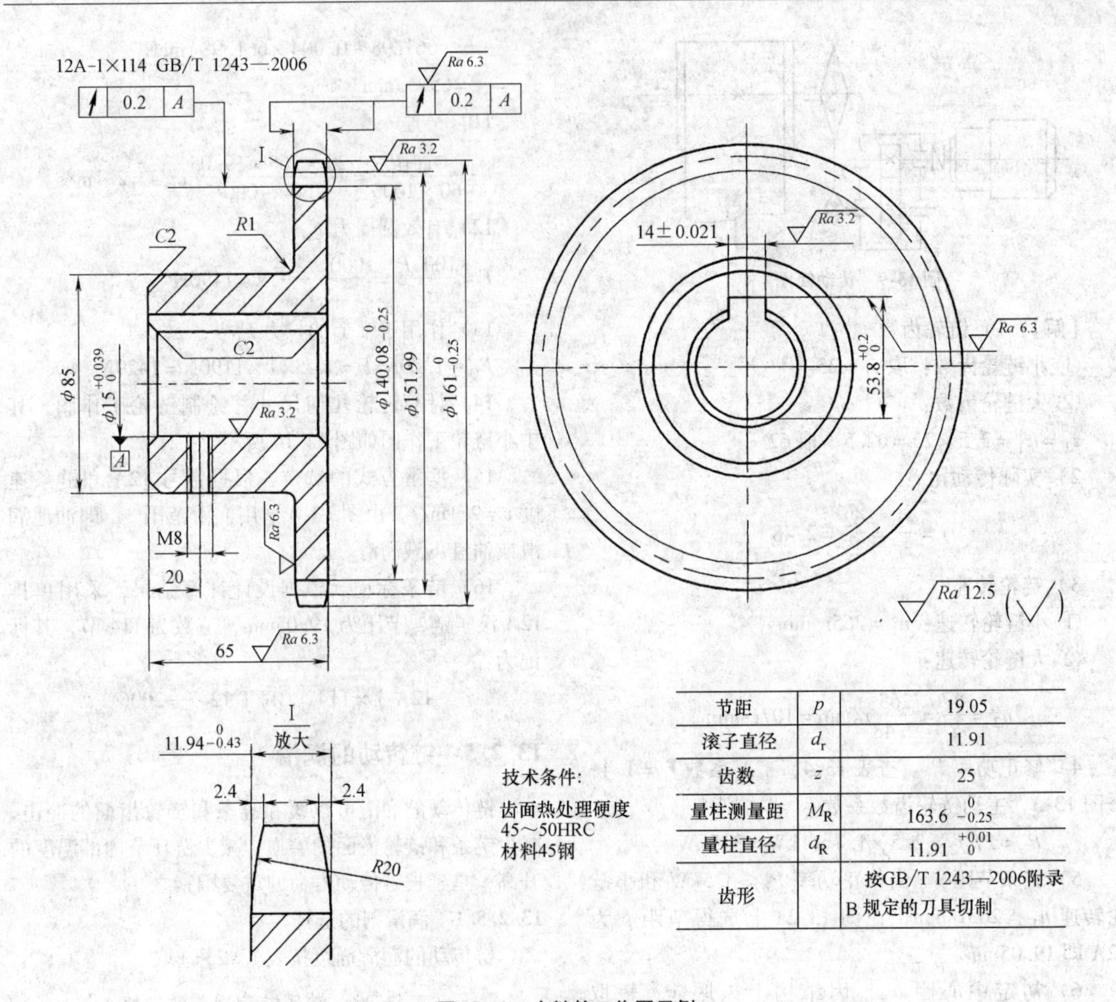

节距	p	19.05
滚子直径	d_r	11.91
齿数	z	25
量柱测量距	M_R	$163.6^{0}_{-0.25}$
量柱直径	d_R	$11.91^{+0.01}_{0}$
齿形		按GB/T 1243—2006附录B规定的刀具切制

图 13-10　小链轮工作图示例

表 13-24　链传动的润滑方式

润滑方式	简　　图	说　　明	供　　油
人工定期润滑		定期在链条松边内外链板间隙中注油	每班注油一次
滴油润滑		具有简单外壳，用油杯通过油管向松边的内外链板间隙处滴油	单排链每分钟滴油 5～20 滴，速度高时取大值
油浴润滑		具有密封的外壳，链条从油池中通过	链条浸油深度约 6～12mm；过浅，润滑不可靠；过深，搅油损失大，润滑油易发热、变质

（续）

<table>
<tr><th>润滑方式</th><th>简 图</th><th>说 明</th><th colspan="5">供 油</th></tr>
<tr><td>飞溅润滑</td><td></td><td>具有密封的外壳，甩油盘将油甩起，经壳体上的集油装置将油导流到链条上。甩油盘圆周速度 $v>3\text{m/s}$；当链宽大于130mm时，应在链轮两侧装甩油盘</td><td colspan="5">链条不浸入油池，甩油盘浸油深度为12～15mm</td></tr>
<tr><td rowspan="6">压力润滑</td><td rowspan="6"></td><td rowspan="6">具有密封的外壳，油泵供油。循环油可起冷却作用。喷油口设在链条啮入处。喷油口应比链条排数多一个</td><td rowspan="3">链速
v
/(m/s)</td><td colspan="4">节距 p/mm</td></tr>
<tr><td>≤19.05</td><td>25.4～31.75</td><td>38.1～44.45</td><td>≥50.8</td></tr>
<tr><td colspan="4">每个喷油口供油量/(L/min)</td></tr>
<tr><td>8～13</td><td>1.0</td><td>1.5</td><td>2.0</td><td>2.5</td></tr>
<tr><td>>13～18</td><td>2.0</td><td>2.5</td><td>3.0</td><td>3.5</td></tr>
<tr><td>>18～24</td><td>3.0</td><td>3.5</td><td>4.0</td><td>4.5</td></tr>
</table>

注：开式传动和不易润滑的链传动，可定期用煤油拆洗，干燥后浸入70～80℃润滑油中，使铰链间隙充油后安装使用。

第14章　带　传　动

14.1　传动带的种类及其选择

传动带的类型、特点、应用及其适用性能见表14-1　和表14-2。带传动的形式和适用性见表14-3。

表14-1　传动带的类型、特点和应用

类型		简图	结构	特点	应用	说明
V带	普通V带		承载层为绳芯或胶帘布，楔角为40°，相对高度近似为0.7，梯形截面环形带	当量摩擦因数大，允许包角小、传动比大、预紧力小。绳芯结构带体较柔软，曲挠疲劳性好	$v<25\sim30\text{m/s}$、$P<700\text{kW}$、$i\leqslant10$轴间距小的传动	其截面尺寸见表14-4和表14-5
	窄V带		承载层为绳芯，楔角为40°，相对高度近似为0.9，梯形截面环形带	能承受较大的预紧力，允许速度和曲挠次数高，传递功率大，节能	大功率、要求结构紧凑的传动	有两种尺寸制：基准宽度制和有效宽度制，其截面尺寸规格见表14-5和表14-6
	联组V带		将几根普通V带或窄V带的顶面用胶帘布等距粘结而成，有2、3、4或5根联成一组	传动中各根V带载荷均匀，可减少运转中振动和横转	结构紧凑、要求高的传动	联组窄V带截面尺寸规格见表14-23
	汽车V带	参见窄V带和普通V带	承载层为绳芯的V带，相对高度有0.9的，也有0.7的	曲挠性和耐热性好	汽车、拖拉机等内燃机专用，也可用于带轮和轴间距较小，工作温度较高的传动	
	齿形V带		承载层为绳芯结构，内周制成齿形的V带	散热性好，与轮槽粘附性好，是曲挠性最好的V带	同普通V带和窄V带	
	大楔角V带		承载层为绳芯，楔角为60°的聚氨酯环形带	质量均匀，摩擦因数大，传递功率大，外廓尺寸小，耐磨性、耐油性好	速度较高、结构特别紧凑的传动	
	宽V带		承载层为绳芯，相对高度近似为0.3的梯形截面环形带	曲挠性好，耐热性和耐侧压性能好	无级变速传动	

（续）

类型		简图	结构	特点	应用	说明
平带	胶帆布平带		由数层胶帆布粘合而成，有开边式和包边式	抗拉强度较大，耐湿性好，价廉；耐热、耐油性能差；开边式较柔软	$v<30$m/s、$P<500$kW、$i<6$ 轴间距较大的传动	v—带速（m/s） P—传递功率（kW）
	编织带		有棉织、毛织和缝合棉布带，以及用于高速传动的丝、麻、锦纶编织带。带面有覆胶和不覆胶两种	曲挠性好，传递功率小，易松弛	中、小功率传动	
	锦纶片复合平带	锦纶片 锦纶片 特殊织物 铬鞣革	承载层为锦纶片（有单层和多层粘合），工作面贴有铬鞣革、挂胶帆布或特殊织物等层压而成	强度高，摩擦因数大，曲挠性好，不易松弛	大功率传动，薄型可用于高速传动	
	高速环形胶带	橡胶高速带 聚氨酯高速带	承载层为涤纶绳，橡胶高速带表面覆耐磨、耐油胶布	带体薄而软，曲挠性好，强度较高，传动平稳，耐油、耐磨性能好，不易松弛	高速传动	
特殊带	多楔带		在绳芯结构平带的基体下有若干纵向三角形楔的环形带，工作面是楔面，有橡胶和聚氨酯两种	具有平带的柔软，V带摩擦力大的特点；比V带传动平稳，外廓尺寸小	结构紧凑的传动，特别是要求V带根数多或轮轴垂直地面的传动	
	双面V带		截面为六角形。四个侧面均为工作面，承载层为绳芯，位于截面中心	可以两面工作，带体较厚，曲挠性差，寿命和效率较低	需要V带两面都工作的场合，如农业机械中多从动轮传动	
	圆形带		截面为圆形，有圆带、圆绳带、圆锦纶带等	结构简单	$v<15$m/s、$i=\frac{1}{2}\sim3$ 的小功率传动	最小带轮直径 d_{min} 可取 $20\sim30d_b$（d_b 为圆形带的直径）；轮槽可做成半圆形
同步齿形带	梯形齿同步带		工作面为梯形齿，承载层为玻璃纤维绳芯、钢丝绳等的环形带，有氯丁胶和聚氨酯橡胶两种	靠啮合传动，承载层保证带齿齿距不变，传动比准确，轴压力小，结构紧凑，耐油、耐磨性较好，但安装制造要求高	$v<50$m/s、$P<300$kW、$i<10$，要求同步的传动，也可用于低速传动	
	弧齿同步带		工作面为弧齿，承载层为玻璃纤维、合成纤维绳芯的环形带，带的基体为氯丁胶	与梯形齿同步带相同，但工作时齿根应力集中小	大功率传动	

表 14-2　各种传动带的适用性

类别		材质	类　型	传动、环境条件																	
				紧凑性	允许速度/(m/s)	运行噪声	双面传动	背面张紧	对称面重合性差	起停频繁	振动横转	粉尘条件	允许最高温度/℃	允许最低温度/℃	耐水性	耐油性	耐酸性	耐碱性	耐候性	防静电性	通用性
摩擦传动	V带	橡胶系	普通 V 带	B	30	B	C	C	C ~ D	B	B	C	70	-40	C	C	C	C	B	D	A
			轻型 V 带	B	30	B	C	B	C ~ D	A	B	C	70 ~ 90	-30 ~ -40	C	C	C	C	B	A ~ D	B
			窄 V 带	A	40	B	C	C ~ D	D	B	B	C	90	-30	C	C	C	C	A	A	A
			联组 V 带	A ~ B	30 ~ 40	B	C	C ~ D	D	B	A	C	70 ~ 90	-30 ~ -40	C	C	C	C	A ~ B	A	B
			汽车 V 带	A	30	B	C	C ~ D	D	B	B	C	90	-30	C	C	C	C	A	A	A
			齿形 V 带	A	40	B	C	C	D	B	B	C	90	-30	C	C	C	C	A	D	C
			宽 V 带	B	30	B	D	D	D	B	A	C	90	-30	C	C	C	C	A	D	A
		聚氨酯系	大楔角 V 带	A	45	B	D	D	D	C	B	B	60	-40	C	A	C ~ D	C ~ D	B	D	B
	平带	橡胶系	胶帆布平带	D	25	B	A	A	C ~ D	C	B	C	70	-40	C	D	C ~ D	C ~ D	B	D	A
			高速环形胶带	B	60	A	A	A	D	C	B	B	90	-30	C	C ~ D	C	C	B	A	B
		其他	棉麻织带	B	25 (50)	A	A	A	D	C	B	D	50	-40	D	C	D	C	B	D	C
			毛织带	D	30	B	A	A	D	C	B	B	60	-40	C	C	C	D	B	D	C
			锦纶片复合平带	B	80	A	A	A	D	C	A	C	80	-30	C	B	C	C	B	A	A
	特殊带	橡胶系	多楔带	A	40	B	D	B	D	B	A	B	90	-30	C	C	C	C	A	B	C
			双面 V 带	B	30	B	A	A	C ~ D	B	B	C	70	-40	C	C	C	C	B	A	C
		聚氨酯系	多楔带	B	40	B	D	B	D	C	A	B	60	-40	C	A	C ~ D	C ~ D	B	D	B
			圆形带	D	20	B	A	B	C ~ D	C	B	B	60	-20	D	A	C ~ D	C ~ D	B	D	B
啮合传动	同步带	橡胶系	梯形齿同步带	B	40	C	D	A	D	B ~ C	A	B	90	-35	C	B ~ C	C	C	B	A ~ D	A
			弧齿同步带	B	40	C	D	A	D	B ~ C	A	B	90	-35	C	B	C	C	B	A ~ D	B
		聚氨酯系	梯形齿同步带	B	30	C	D	A	D	B ~ C	A	B	60	-20	C	A	C	C	B	D	B

注：A—良好的使用性；B—可以使用；C—必要时可以用；D—不适用。

表 14-3　带传动的形式和各类带的适用性

传动形式	简　图	允许带速 v /(m/s)	传动比 i	安装条件	工作特点
开口传动	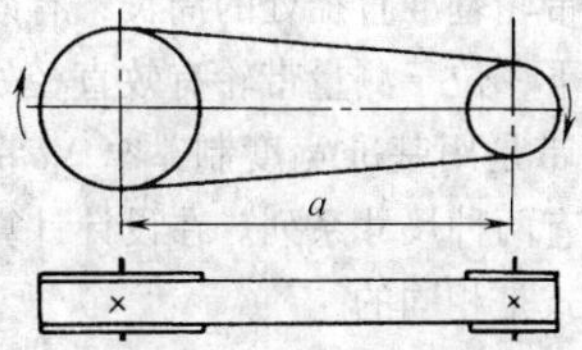	25～50	≤5 (≤7)	轮宽对称面应重合	平行轴、双向、同旋向传动
交叉传动	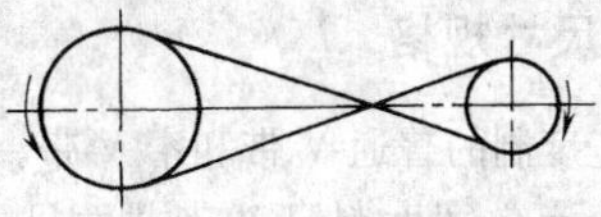	15	≤6		平行轴、双向、反旋向传动，交叉处有摩擦，$a>20b$(带宽)
半交叉传动		15	≤3 (≤2.5)	一轮宽对称面通过另一轮带的绕出点	交错轴、单向传动
有张紧轮的平行轴传动	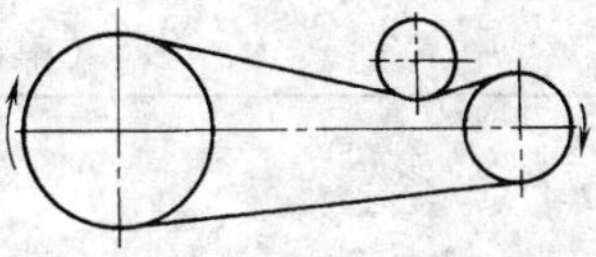	25～50	≤10	同开口传动，张紧轮在松边接近小带轮处，接头要求高	平行轴、单向、同旋向传动，用于 i 大 a 小的场合
有导轮的相交轴传动	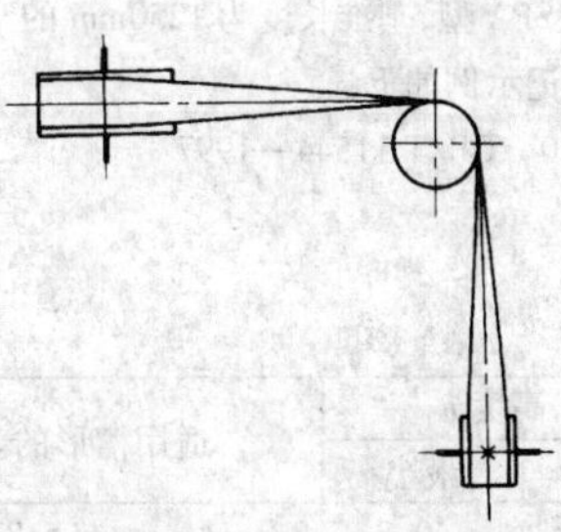	15	≤4	两轮轮宽对称面应与导轮圆柱面相切	交错轴、双向传动
多从动轮传动	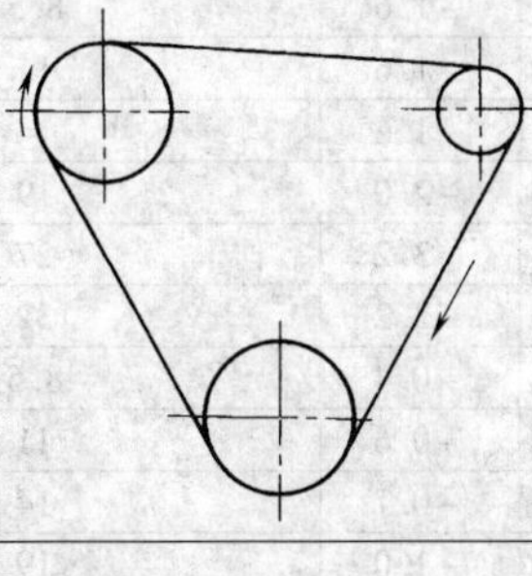	25	≤6	各轮轮宽对称面重合	带的曲挠次数多、寿命短
拨叉移动的带传动	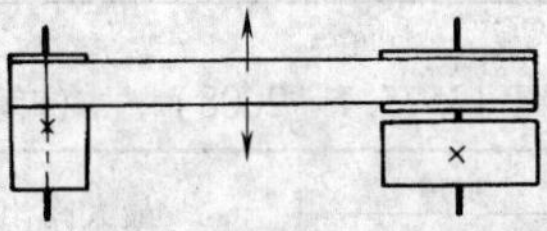	25	≤5	两轴平行	带边易磨损

注：1. $v>30$m/s 只适用于高速带、同步带等。

2. 括号中的 i 值适用 V 带、多楔带和同步带等。

14.2　V 带传动

14.2.1　基准宽度制和有效宽度制

基准宽度制是以基准线的位置和基准宽度 b_d，作为带轮与带标准化的基本尺寸，见图 14-1a。

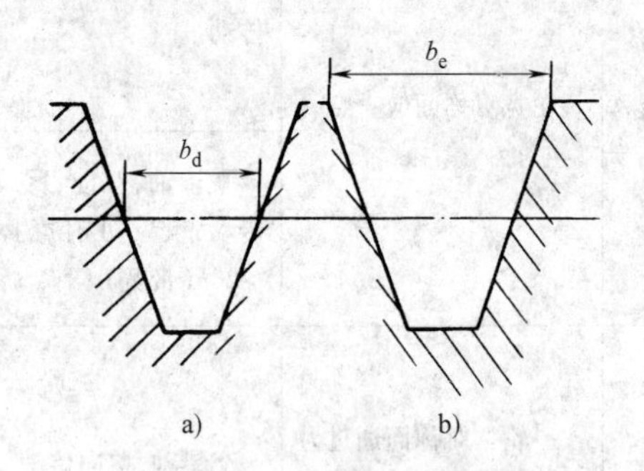

图 14-1　V 带的两种宽度制

a）基准宽度制　b）有效宽度制

有效宽度制规定轮槽两侧边的最外端宽度为有效宽度 b_e，见图 14-1b。在轮槽有效宽度处的直径是有效直径。

由于尺寸制的不同，带的长度分别以基准长度和有效长度来表示。基准长度是在规定的张紧力下，V 带位于测量带轮基准直径处的周长；有效长度是在规定的张紧力下，位于测量带轮有效直径处的周长。

普通 V 带是用基准宽度制，窄 V 带则由于尺寸制的不同，有两种尺寸系列。在设计计算时，基本原理和计算公式是相同的。

14.2.2　尺寸规格

基准宽度制的普通 V 带和窄 V 带，其截面尺寸见表 14-4。有效宽度制窄 V 带截面尺寸见表 14-5。普通 V 带的基准长度系列见表 14-6。当表中数系不能满足要求时，可按表 14-7 选取普通 V 带基准长度。基准宽度制窄 V 带基准长度系列见表 14-8；有效宽度制，窄 V 带长度系列见表 14-9。

表 14-4　基准宽度制 V 带的截面尺寸（摘自 GB/T 11544—1997 和 GB/T 13575.1—2008）

（单位：mm）

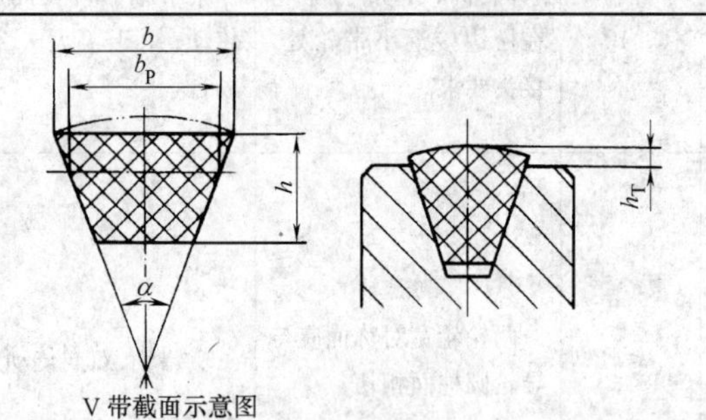

V 带截面示意图

标记示例：

型号为 SPA 型，基准长度为 1250mm 的窄 V 带，

其标记示例如下：

SPA1250　GB/T 11544—1997

型号		节宽 b_P	顶宽 b	高度 h	楔角 α	露出高度 h_T		适用槽形的基准宽度
						最大	最小	
普通 V 带	Y	5.3	6	4.0	40°	+0.8	−0.8	5.3
	Z	8.5	10	6.0		+1.6	−1.6	8.5
	A	11	13	8.0		+1.6	−1.6	11
	B	14	17	11.0		+1.6	−1.6	14
	C	19	22	14.0		+1.5	−2.0	19
	D	27	32	19.0		+1.6	−3.2	27
	E	32	38	23.0		+1.6	−3.2	32
窄 V 带	SPZ	8	10	8.0	40°	+1.1	−0.4	8.5
	SPA	11	13	10.0		+1.3	−0.6	11
	SPB	14	17	14.0		+1.4	−0.7	14
	SPC	19	32	18.0		+1.5	−1.0	19

表 14-5　有效宽度制窄 V 带截面尺寸（摘自 GB/T 13575.1—2008）　（单位：mm）

型号	截面尺寸		最大露出高度 h_r
	顶宽 b	高度 h	
9N(3V)	9.5	8.0	2.5
15N(5V)	16.0	13.5	3.0
25N(8V)	25.5	23.0	4.1

表14-6 普通V带的基准长度系列（摘自GB/T 11544—1997） （单位：mm）

基准长度 L_d		带型					配组公差	基准长度 L_d		带型					配组公差
基本尺寸	极限偏差	Y	Z	A	B	C		基本尺寸	极限偏差	A	B	C	D	E	
200	+8	○					2	2240	+31	○	○	○			8
224	−4	○						2500	−16	○	○	○			
250		○													
280	+9	○						2800	+37		○	○	○		
316	−4	○						3150	−18		○	○	○		
355	+10	○						3550	+44		○	○	○		12
400	−5	○	○					4000	−22		○	○	○		
450	+11	○	○					4500	+52		○	○	○	○	
500	−6	○	○					5000	−28		○	○	○	○	
560	+13		○					5600	+63			○	○	○	20
630	−6		○	○				6300	−32			○	○	○	
710	+15		○	○				7100	+77			○	○	○	
800	−7		○	○				8000	−38			○	○	○	
900	+17		○	○	○			9000	+93			○	○	○	32
1000	−8		○	○	○			10000	−46				○	○	
1120	+19		○	○	○			11200	+112				○	○	
1250	−10		○	○	○			12500	−56				○	○	
1400	+23		○	○	○		4	14000	+140				○	○	48
1600	−11		○	○	○			16000	−70					○	
1800	+27			○	○	○		18000	+170					○	
2500	−13			○	○	○		20000	−85					○	

表14-7 普通V带基准长度（摘自GB/T 13575.1—2008） （单位：mm）

型号							型号							型号			
Y	Z	A	B	C	D	E	Y	Z	A	B	C	D	E	A	B	C	D
200	405	630	930	1565	2740	4660		1080	1430	1950	3080	6100	12230	2300	3600	7600	15200
224	475	700	1000	1760	3100	5040		1330	1550	2180	3520	6840	13750	2480	4060	9100	
250	530	790	1100	1950	3330	5420		1420	1640	2300	4060	7620	15280	2700	4430	10700	
280	625	890	1210	2195	3730	6100	450	1540	1750	2500	4600	9140	16800		4820		
315	700	990	1370	2420	4080	6850	500		1940	2700	5380	10700			5370		
355	780	1100	1560	2715	4620	7650			2050	2870	6100	12200			6070		
400	820	1250	1760	2880	5400	9150			2200	3200	6815	13700					

表14-8 基准宽度制窄V带的基准长度系列（摘自GB/T 11544—1997及GB/T 13575.1—2008）

（单位：mm）

基准长度 L_d		带型				配组公差	基准长度 L_d		带型				配组公差
基本尺寸	极限偏差	SPZ	SPA	SPB	SPC		基本尺寸	极限偏差	SPZ	SPA	SPB	SPC	
630	±6	○				2	2800	±32	○	○	○	○	4
							3150		○	○	○	○	
710	±8	○					3550	±40	○	○	○	○	6
800		○	○				4000			○	○	○	
900	±10	○	○				4500	±50		○	○	○	
1000		○	○				5000				○	○	
1120	±13	○	○				5600	±63			○	○	10
1250		○	○	○			6300				○	○	
1400	±16	○	○	○			7100	±80			○	○	
1600		○	○	○			8000				○	○	
1800	±20	○	○	○			9000	±100				○	16
2000		○	○	○	○		10000					○	
2240	±25	○	○	○	○	4	11200	±125				○	
2500		○	○	○	○		12500					○	

表 14-9 有效宽度制窄 V 带长度系列（摘自 GB/T 11544—1997 及 13575. 1—2008）

（单位：mm）

公称有效长度			极限偏差	配组差	公称有效长度			极限偏差	配组差	公称有效长度			极限偏差	配组差
型号					型号					型号				
9N	15N	25N			9N	15N	25N			9N	15N	25N		
630			±8	4	1800	1800		±10	6		5080	5080	±20	10
670			±8	4	1900	1900		±10	6		5380	5380	±20	10
710			±8	4	2030	2030	—	±10	6		5690	5690	±20	10
760			±8	4	2160	2160	—	±13	6		6000	6000	±20	10
800			±8	4	2290	2290	—	±13	6		6350	6350	±20	16
850			±8	4	2410	2410	—	±13	6		6730	6730	±20	16
900			±8	4	2540	2540	2540	±13	6		7100	7100	±20	16
950			±8	4	2690	2690	2690	±15	6		7620	7620	±20	16
1015			±8	4	2840	2840	2840	±15	10		8000	8000	±25	16
1080			±8	4	3000	3000	3000	±15	10		8500	8500	±25	16
1145	—		±8	4	3180	3180	3180	±15	10		9000	9000	±25	16
1205	—		±8	4	3350	3350	3350	±15	10		—	9500	±25	16
1270	1270		±8	4	3550	3550	3550	±15	10		—	10160	±25	16
1345	1345		±10	4	—	3810	3810	±20	10		—	10800	±30	16
1420	1420		±10	6	—	4060	4060	±20	10			11430	±30	16
1525	1525		±10	6	—	4320	4320	±20	10			12060	±30	24
1600	1600		±10	6	—	4570	4570	±20	10			12700	±30	24
1700	1700		±10	6		4830	4830	±20	10					

14. 2. 3 V 带传动的设计

表 14-10 列出 V 带传动的设计计算。

V 带传动的设计准则是：保证带在工作中不打滑，并具有一定的疲劳寿命。

表 14-10 V 带传动的设计计算

序号	计算项目	符号	单位	计算公式和参数选定	说　明
1	设计功率	P_d	kW	$P_d = K_A P$	P—传递的功率(kW) K_A—工况系数，查表 14-11
2	选定带型			根据 P_d 和 n_1，由图 14-2、图 14-3 或图 14-4选取	n_1—小带轮转速(r/min)
3	传动比	i		$i=\dfrac{n_1}{n_2}=\dfrac{d_{p2}}{d_{p1}}$ 若计入滑动率 $i=\dfrac{n_1}{n_2}=\dfrac{d_{p2}}{(1-\varepsilon)d_{p1}}$	n_2—大带轮转速(r/min) d_{p1}—小带轮的节圆直径(mm) d_{p2}—大带轮的节圆直径(mm) ε—弹性滑动率，$\varepsilon=0.01\sim0.02$ 通常带轮的节圆直径可视为基准直径
4	小带轮的基准直径	d_{d1}	mm	按表 14-16、表 14-17、表 14-18 选定	为提高 V 带的寿命，宜选取较大的直径
5	大带轮的基准直径	d_{d2}	mm	$d_{d2}=id_{d1}(1-\varepsilon)$	d_{d2} 按表 14-17、表 14-18 选取标准值
6	带速	v	m/s	$v=\dfrac{\pi d_{p1}n_1}{60\times1000}\leqslant v_{max}$ 普通 V 带　$v_{max}=25\sim30$ 窄 V 带　$v_{max}=35\sim40$	一般 v 不得低于 5m/s 为充分发挥 V 带的传动能力，应使 $v\approx20$m/s

（续）

序号	计算项目	符号	单位	计算公式和参数选定	说　明
7	初定轴间距	a_0	mm	$0.7(d_{d1}+d_{d2})\leqslant a_0<2(d_{d1}+d_{d2})$	或根据结构要求定
8	所需基准长度	L_{d0}	mm	$L_{d0}=2a_0+\dfrac{\pi}{2}(d_{d1}+d_{d2})+\dfrac{(d_{d2}-d_{d1})^2}{4a_0}$	由表 14-6 至表 14-8 选取相近的 L_d 对有效宽度制 V 带，按有效直径计算所需带长度，由表 14-9 选相近带长
9	实际轴间距	a	mm	$a\approx a_0+\dfrac{L_d-L_{d0}}{2}$	安装时所需最小轴间距 $a_{min}=a-(b_d+0.009L_d)$ 张紧或补偿伸长所需最大轴间距 $a_{max}=a+0.02L_d$
10	小带轮包角	α_1	(°)	$\alpha_1=180°-\dfrac{d_{d2}-d_{d1}}{a}\times 57.3$	如 α_1 较小，应增大 a 或用张紧轮
11	单根 V 带传递的额定功率	P_1	kW	根据带型、d_{d1} 和 n_1 查表 14-16a ~ n	P_1 是 $\alpha=180°$、载荷平稳时，特定基准长度的单根 V 带基本额定功率
12	传动比 $i\neq 1$ 的额定功率增量	ΔP_1	kW	根据带型、n_1 和 i 查表 14-16 a ~ n	
13	V 带的根数	z		$z=\dfrac{P_d}{(P_1+\Delta P_1)K_\alpha K_L}$	K_α—小带轮包角修正系数，查表 14-12 K_L—带长修正系数，查表 14-14 和表 14-15
14	单根 V 带的预紧力	F_0	N	$F_0=500\left(\dfrac{2.5}{K_\alpha}-1\right)\dfrac{P_d}{zv}+mv^2$	m—V 带每米长的质量（kg/m）查表14-13
15	作用在轴上的力	F_r	N	$F_r=2F_0z\sin\dfrac{\alpha_1}{2}$	
16	带轮的结构和尺寸				

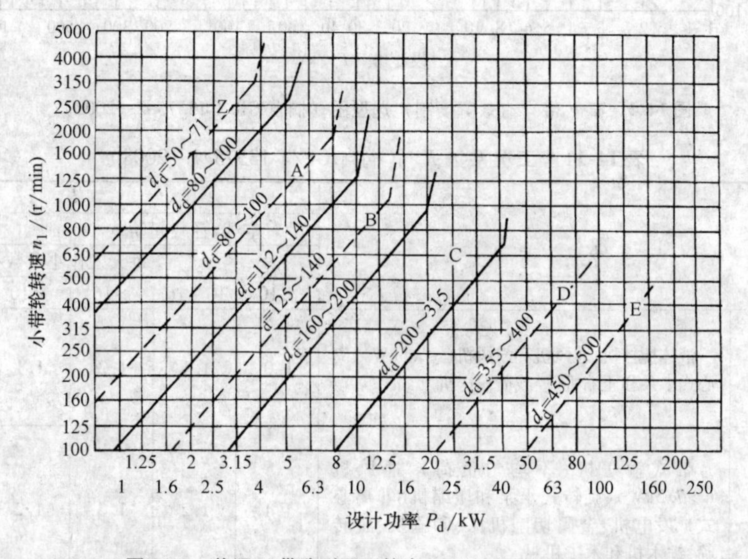

图 14-2　普通 V 带选型图（摘自 GB/T 13575.1—2008）

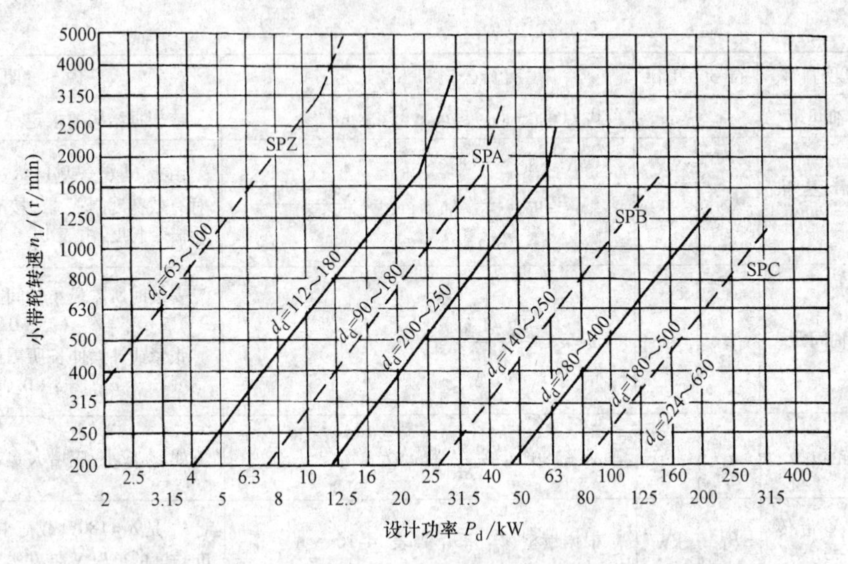

图 14-3　窄 V 带（基准宽度制）选型图（摘自 GB/T 13575.1—2008）

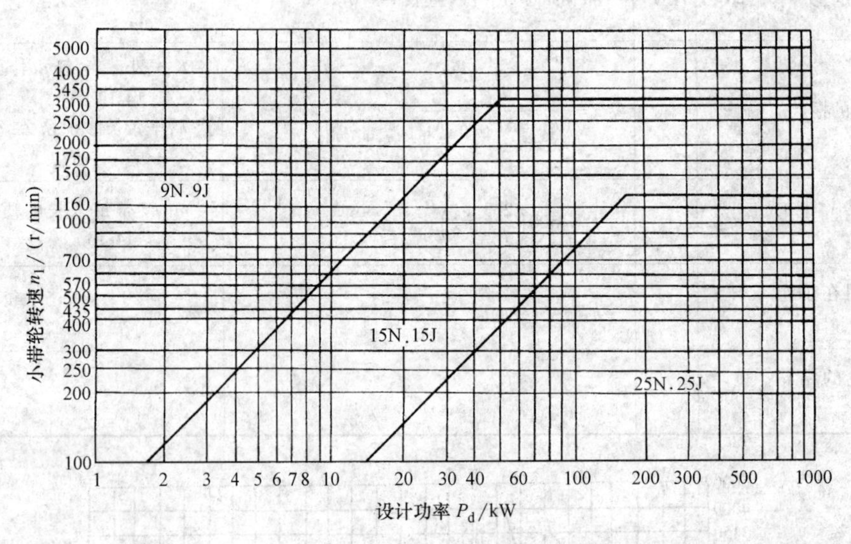

图 14-4　窄 V 带（有效宽度制）选型图（摘自 GB/T 13575.2—2008）

表 14-11　工况系数 K_A（摘自 GB/T 13575.1—2008）

工况		K_A					
		空载、轻载起动			重载起动		
		每天工作小时数/h					
		<10	10~16	>16	<10	10~16	>16
载荷变动最小	液体搅拌机、通风机和鼓风机(≤7.5kW)、离心式水泵和压缩机、轻载荷输送机	1.0	1.1	1.2	1.1	1.2	1.3
载荷变动小	带式输送机(不均匀负荷)、通风机(>7.5kW)、旋转式水泵和压缩机(非离心式)、发电机、金属切削机床、印刷机、旋转筛、锯木机和木工机械	1.1	1.2	1.3	1.2	1.3	1.4

（续）

工　况		K_A					
		空载、轻载起动			重载起动		
		每天工作小时数/h					
		<10	10~16	>16	<10	10~16	>16
载荷变动较大	制砖机、斗式提升机、往复式水泵和压缩机、起重机、磨粉机、冲剪机床、橡胶机械、振动筛、纺织机械、重载输送机	1.2	1.3	1.4	1.4	1.5	1.6
载荷变动很大	破碎机（旋转式、颚式等）、磨碎机（球磨、棒磨、管磨）	1.3	1.4	1.5	1.5	1.6	1.8

注：1. 空载、轻载起动——电动机（交流起动、三角起动、直流并励）、四缸以上的内燃机、装有离心式离合器、液力联轴器的动力机。
2. 重载起动——电动机（联机交流起动、直流复励或串励）、四缸以下的内燃机。
3. 反复起动、正反转频繁、工作条件恶劣等场合，K_A 应乘 1.2，有效宽度制窄 V 带乘以 1.1。
4. 增速传动时 K_A 应乘下列系数：

增速比	1.25~1.74	1.75~2.49	2.5~3.49	≥3.5
系数	1.05	1.11	1.18	1.28

表 14-12　小带轮包角修正系数 K_α

（摘自 GB/T 13575.1—2008）

小带轮包角（°）	K_α	小带轮包角（°）	K_α
180	1	140	0.89
175	0.99	135	0.88
170	0.98	130	0.86
165	0.96	120	0.82
160	0.95	110	0.78
155	0.93	100	0.74
150	0.92	95	0.72
145	0.91	90	0.69

表 14-13　V 带每米长的质量 m

（普通 V 带摘自 GB/T 13575.1—2008，GB/T 13575.2—2008）

带型		m/(kg/m)
普通 V 带	Y	0.023
	Z	0.060
	A	0.105
	B	0.170
	C	0.300
	D	0.630
	E	0.970
窄 V 带	SPZ	0.072
	SPA	0.112
	SPB	0.192
	SPC	0.370
	9N	0.08
	15N	0.20
	25N	0.57
	9J	0.122
	15J	0.252
	25J	0.693

表 14-14　普通 V 带和窄 V 带的带长修正系数 K_L（摘自 GB/T 13575.1—2008）

普通 V 带														窄 V 带				
Y		Z		A		B		C		D		E		L_d	K_L			
L_d	K_L	L_d	K_L	L_d	K_L	L_d	K_L	L_d	K_L	L_d	K_L	L_d	K_L		SPZ	SPA	SPB	SPC
200	0.81	405	0.87	630	0.81	930	0.83	1565	0.82	2740	0.82	4660	0.91	630	0.82			
224	0.82	475	0.90	700	0.83	1000	0.84	1760	0.85	3100	0.86	5040	0.92	710	0.84			
250	0.84	530	0.93	790	0.85	1100	0.86	1950	0.87	3330	0.87	5420	0.94	800	0.86	0.81		
280	0.87	625	0.96	890	0.87	1210	0.87	2195	0.90	3730	0.90	6100	0.96	900	0.88	0.83		
315	0.89	700	0.99	990	0.89	1370	0.90	2420	0.92	4080	0.91	6850	0.99	1000	0.90	0.85		
355	0.92	780	1.00	1100	0.91	1560	0.92	2715	0.94	4620	0.94	7650	1.01	1120	0.93	0.87		
400	0.96	920	1.04	1250	0.93	1760	0.94	2880	0.95	5400	0.97	9150	1.05	1250	0.94	0.89	0.82	
450	1.00	1080	1.07	1430	0.96	1950	0.97	3080	0.97	6100	0.99	12230	1.11	1400	0.96	0.91	0.84	
500	1.02	1330	1.13	1550	0.98	2180	0.99	3520	0.99	6840	1.02	13750	1.15	1600	1.00	0.93	0.86	
		1420	1.14	1640	0.99	2300	1.01	4060	1.02	7620	1.05	15280	1.17	1800	1.01	0.95	0.88	
		1540	1.54	1750	1.00	2500	1.03	4600	1.05	9140	1.08	16800	1.19	2000	1.02	0.96	0.90	0.81
				1940	1.02	2700	1.04	5380	1.08	10700	1.13			2240	1.05	0.98	0.92	0.83
				2050	1.04	2870	1.05	6100	1.11	12200	1.16			2500	1.07	1.00	0.94	0.86
				2200	1.06	3200	1.07	6815	1.14	13700	1.19			2800	1.09	1.02	0.96	0.88
				2300	1.07	3600	1.09	7600	1.17	15200	1.21			3150	1.11	1.04	0.98	0.90
				2480	1.09	4060	1.13	9100	1.21					3550	1.13	1.06	1.00	0.92
				2700	1.10	4430	1.15	10700	1.24					4000		1.08	1.02	0.94
						4820	1.17							4500		1.09	1.04	0.96
						5370	1.20							5000			1.06	0.98
						6070	1.24							5600			1.08	1.00
														6300			1.10	1.02
														7100			1.12	1.04
														8000			1.14	1.06
														9000				1.08
														10000				1.10
														11200				1.12
														12500				1.14

表 14-15　有效宽度制窄 V 带的带长修正系数 K_L（摘自 GB/T 13575.2—2008）

L_e/mm	带型			L_e/mm	带型		
	9N、9J	15N、15J	25N、25J		9N、9J	15N、15J	25N、25J
630	0.83			2690	1.10	0.97	0.88
670	0.84			2840	1.11	0.98	0.88
710	0.85			3000	1.12	0.99	0.89
760	0.86			3180	1.13	1.00	0.90
800	0.87			3350	1.14	1.01	0.91
850	0.88			3550	1.15	1.02	0.92
900	0.89			3810	—	1.03	0.93
950	0.90			4060	—	1.04	0.94
1050	0.92			4320	—	1.05	0.94
1080	0.93			4570	—	1.06	0.95
1145	0.94	—		4830		1.07	0.96
1205	0.95	—		5080		1.08	0.97
1270	0.96	0.85		5380		1.09	0.98
1345	0.97	0.86		5690		1.09	0.98
1420	0.98	0.87		6000		1.10	0.99
1525	0.99	0.88		6350		1.11	1.00
1600	1.00	0.89		6730		1.12	1.01
1700	1.01	0.90		7100		1.13	1.02
1800	1.02	0.91		7620		1.14	1.03
1900	1.03	0.92		8000		1.15	1.03
2030	1.04	0.93	—	8500		1.16	1.04
2160	1.06	0.94	—	9000		1.17	1.05
2290	1.07	0.95	—	9500		—	1.06
2410	1.08	0.96	—	10160		—	1.07
2540	1.09	0.96	0.87	10800			1.08
				11430			1.09
				12060			1.09
				12700			1.10

表 14-16a　Y 型 V 带的额定功率（摘自 GB/T 13575.1—2008）　　（单位：kW）

n_1/(r/min)	小带轮基准直径 d_{d1}/mm								传动比 i									
	20	25	28	31.5	35.5	40	45	50	1.00~1.02	1.03~1.04	1.05~1.08	1.09~1.12	1.13~1.18	1.19~1.24	1.25~1.34	1.35~1.50	1.51~1.99	≥2.00
	单根 V 带的基本额定功率 P_1								$i \neq 1$ 时额定功率的增量 ΔP_1									
200	—	—	—	—	—	—	—	0.04										
400	—	—	—	—	—	—	0.04	0.05										
700	—	—	—	0.03	0.04	0.04	0.05	0.06										
800	—	0.03	0.03	0.04	0.05	0.05	0.06	0.07						0.00				
950	0.01	0.03	0.04	0.05	0.05	0.06	0.07	0.08										
1200	0.02	0.03	0.04	0.05	0.06	0.07	0.08	0.09										
1450	0.02	0.04	0.05	0.06	0.06	0.08	0.09	0.11										
1600	0.03	0.05	0.05	0.06	0.07	0.09	0.11	0.12										
2000	0.03	0.05	0.06	0.07	0.08	0.11	0.12	0.14							0.01			
2400	0.04	0.06	0.07	0.09	0.09	0.12	0.14	0.16										
2800	0.04	0.07	0.08	0.10	0.11	0.14	0.16	0.18										
3200	0.05	0.08	0.09	0.11	0.12	0.15	0.17	0.20										
3600	0.06	0.08	0.10	0.12	0.13	0.16	0.19	0.22									0.02	
4000	0.06	0.09	0.11	0.13	0.14	0.18	0.20	0.23										
4500	0.07	0.10	0.12	0.14	0.16	0.19	0.21	0.24										
5000	0.08	0.11	0.13	0.15	0.18	0.20	0.23	0.25										0.03
5500	0.09	0.12	0.14	0.16	0.19	0.22	0.24	0.26										
6000	0.10	0.13	0.15	0.17	0.20	0.24	0.26	0.27										

表 14-16b　Z 型 V 带的额定功率（摘自GB/T 13575.1—2008）　　（单位：kW）

n_1/(r/min)	小带轮基准直径 d_{d1}/mm						传动比 i									
	50	56	63	71	80	90	1.00~1.01	1.02~1.04	1.05~1.08	1.09~1.12	1.13~1.18	1.19~1.24	1.25~1.34	1.35~1.50	1.51~1.99	≥2.00
	单根 V 带的基本额定功率 P_1						$i \neq 1$ 时额定功率的增量 ΔP_1									
200	0.04	0.04	0.05	0.06	0.10	0.10										
400	0.06	0.06	0.08	0.09	0.14	0.14										
700	0.09	0.11	0.13	0.17	0.20	0.22			0.00							
800	0.10	0.12	0.15	0.20	0.22	0.24										
960	0.12	0.14	0.18	0.23	0.26	0.28					0.01					
1200	0.14	0.17	0.22	0.27	0.30	0.33										
1450	0.16	0.19	0.25	0.30	0.35	0.36										
1600	0.17	0.20	0.27	0.33	0.39	0.40						0.02				
2000	0.20	0.25	1.32	0.39	0.44	0.48										
2400	0.22	0.30	0.37	0.46	0.50	0.54										
2800	0.26	0.33	0.41	0.50	0.56	0.60					0.03					
3200	0.28	0.35	0.45	0.54	0.61	0.64										
3600	0.30	0.37	0.47	0.58	0.64	0.68										
4000	0.32	0.39	0.49	0.61	0.67	0.72						0.04				
4500	0.33	0.40	0.50	0.62	0.67	0.73							0.05			
5000	0.34	0.41	0.50	0.62	0.66	0.73		0.02								0.06
5500	0.33	0.41	0.49	0.61	0.64	0.65										
6000	0.31	0.40	0.48	0.56	0.61	0.56										

表 14-16c　A 型 V 带的额定功率（摘自 GB/T 13575.1—2008）　　（单位：kW）

n_1/(r/min)	小带轮基准直径 d_{d1}/mm								传动比 i									
	75	90	100	112	125	140	160	180	1.00~1.01	1.02~1.04	1.05~1.08	1.09~1.12	1.13~1.18	1.19~1.24	1.25~1.34	1.35~1.51	1.52~1.99	≥2.00
	单根 V 带的基本额定功率 P_1								$i \neq 1$ 时额定功率的增量 ΔP_1									
200	0.15	0.22	0.26	0.31	0.37	0.43	0.51	0.59	0.00	0.00	0.01	0.01	0.01	0.01	0.02	0.02	0.02	0.03
400	0.26	0.39	0.47	0.56	0.67	0.78	0.94	1.09	0.00	0.01	0.01	0.02	0.02	0.03	0.03	0.04	0.04	0.05
700	0.40	0.61	0.74	0.90	1.07	1.26	1.51	1.76	0.00	0.01	0.02	0.03	0.04	0.05	0.06	0.07	0.08	0.09
800	0.45	0.68	0.83	1.00	1.19	1.41	1.69	1.97	0.00	0.01	0.02	0.03	0.04	0.05	0.06	0.08	0.09	0.10
950	0.51	0.77	0.95	1.15	1.37	1.62	1.95	2.27	0.00	0.01	0.03	0.04	0.05	0.06	0.07	0.08	0.10	0.11
1200	0.60	0.93	1.14	1.39	1.66	1.96	2.36	2.74	0.00	0.02	0.03	0.05	0.07	0.08	0.10	0.11	0.13	0.15
1450	0.68	1.07	1.32	1.61	1.92	2.28	2.73	3.16	0.00	0.02	0.04	0.06	0.08	0.09	0.11	0.13	0.15	0.17
1600	0.73	1.15	1.42	1.74	2.07	2.45	2.54	3.40	0.00	0.02	0.04	0.06	0.09	0.11	0.13	0.15	0.17	0.19
2000	0.84	1.34	1.66	2.04	2.44	2.87	3.42	3.93	0.00	0.03	0.06	0.08	0.11	0.13	0.16	0.19	0.22	0.24
2400	0.92	1.50	1.87	2.30	2.74	3.22	3.80	4.32	0.00	0.03	0.07	0.10	0.13	0.16	0.19	0.23	0.26	0.29
2800	1.00	1.64	2.05	2.51	2.98	3.48	4.06	4.54	0.00	0.04	0.08	0.11	0.15	0.19	0.23	0.26	0.30	0.34
3200	1.04	1.75	2.19	2.68	3.16	3.65	4.19	4.58	0.00	0.04	0.09	0.13	0.17	0.22	0.26	0.30	0.34	0.39
3600	1.08	1.83	2.28	2.78	3.26	3.72	4.17	4.40	0.00	0.05	0.10	0.15	0.19	0.24	0.29	0.34	0.39	0.44
4000	1.09	1.87	2.34	2.83	3.28	3.67	3.98	4.00	0.00	0.05	0.11	0.16	0.22	0.27	0.32	0.38	0.43	0.48
4500	1.07	1.83	2.33	2.79	3.17	3.44	3.48	3.13	0.00	0.06	0.12	0.18	0.24	0.30	0.36	0.42	0.48	0.54
5000	1.02	1.82	2.25	2.64	2.91	2.99	2.67	1.81	0.00	0.07	0.14	0.20	0.27	0.34	0.40	0.47	0.54	0.60
5500	0.96	1.70	2.07	2.37	2.48	2.31	1.51	—	0.00	0.08	0.15	0.23	0.30	0.38	0.46	0.53	0.60	0.68
6000	0.80	1.50	1.80	1.96	1.87	1.37	—	—	0.00	0.08	0.16	0.24	0.32	0.40	0.49	0.57	0.65	0.73

表 14-16d　B 型 V 带的额定功率（摘自 GB/T 13575.1—2008）　　（单位：kW）

n_1 /(r/min)	小带轮基准直径 d_{d1}/mm								传动比 i									
	125	140	160	180	200	224	250	280	1.00~1.01	1.02~1.04	1.05~1.08	1.09~1.12	1.13~1.18	1.19~1.24	1.25~1.34	1.35~1.51	1.52~1.99	≥2.00
	单根 V 带的基本额定功率 P_1								$i \neq 1$ 时额定功率的增量 ΔP_1									
200	0.48	0.59	0.74	0.88	1.02	1.19	1.37	1.58	0.00	0.01	0.01	0.02	0.03	0.04	0.04	0.05	0.06	0.06
400	0.84	1.05	1.32	1.59	1.85	2.17	2.50	2.89	0.00	0.01	0.03	0.04	0.06	0.07	0.08	0.10	0.11	0.13
700	1.30	1.64	2.09	2.53	2.96	3.47	4.00	4.61	0.00	0.02	0.05	0.07	0.10	0.12	0.15	0.17	0.20	0.22
800	1.44	1.82	2.32	2.81	3.30	3.86	4.46	5.13	0.00	0.03	0.06	0.08	0.11	0.14	0.17	0.20	0.23	0.25
950	1.64	2.08	2.66	3.22	3.77	4.42	5.10	5.85	0.00	0.03	0.07	0.10	0.13	0.17	0.20	0.23	0.26	0.30
1200	1.93	2.47	3.17	3.85	4.50	5.26	6.04	6.90	0.00	0.04	0.08	0.13	0.17	0.21	0.25	0.30	0.34	0.38
1450	2.19	2.82	3.62	4.39	5.13	5.97	6.82	7.76	0.00	0.05	0.10	0.15	0.20	0.25	0.31	0.36	0.40	0.46
1600	2.33	3.00	3.86	4.68	5.46	6.33	7.20	8.13	0.00	0.06	0.11	0.17	0.23	0.28	0.34	0.39	0.45	0.51
1800	2.50	3.23	4.15	5.02	5.83	6.73	7.63	8.46	0.00	0.06	0.13	0.19	0.25	0.32	0.38	0.44	0.51	0.57
2000	2.64	3.42	4.40	5.30	6.13	7.02	7.87	8.60	0.00	0.07	0.14	0.21	0.28	0.35	0.42	0.49	0.56	0.63
2200	2.76	3.58	4.60	5.52	6.35	7.19	7.97	8.53	0.00	0.08	0.16	0.23	0.31	0.39	0.46	0.54	0.62	0.70
2400	2.85	3.70	4.75	5.67	6.47	7.25	7.89	8.22	0.00	0.08	0.17	0.25	0.34	0.42	0.51	0.59	0.68	0.76
2800	2.96	3.85	4.89	5.76	6.43	6.95	7.14	6.80	0.00	0.10	0.20	0.29	0.39	0.49	0.59	0.69	0.79	0.89
3200	2.94	3.83	4.80	5.52	5.95	6.05	5.60	4.26	0.00	0.11	0.23	0.34	0.45	0.56	0.68	0.79	0.90	1.01
3600	2.80	3.63	4.46	4.92	4.98	4.47	5.12	—	0.00	0.13	0.25	0.38	0.51	0.63	0.76	0.89	1.01	1.14
4000	2.51	3.24	3.82	3.92	3.47	2.14	—	—	0.00	0.14	0.28	0.42	0.56	0.70	0.84	0.99	1.13	1.27
4500	1.93	2.45	2.59	2.04	0.73	—	—	—	0.00	0.16	0.32	0.48	0.63	0.79	0.95	1.11	1.27	1.43
5000	1.09	1.29	0.81	—	—	—	—	—	0.00	0.18	0.36	0.53	0.71	0.89	1.07	1.24	1.42	1.60

表 14-16e　C 型 V 带的额定功率（摘自 GB/T 13575.1—2008）　　（单位：kW）

n_1 /(r/min)	小带轮基准直径 d_{d1}/mm								传动比 i									
	200	224	250	280	315	355	400	450	1.00~1.01	1.02~1.04	1.05~1.08	1.09~1.12	1.13~1.18	1.19~1.24	1.25~1.34	1.35~1.51	1.52~1.99	≥2.00
	单根 V 带的基本额定功率 P_1								$i \neq 1$ 时额定功率的增量 ΔP_1									
200	1.39	1.70	2.03	2.42	2.84	3.36	3.91	4.51	0.00	0.02	0.04	0.06	0.08	0.10	0.12	0.14	0.16	0.18
300	1.92	2.37	2.85	3.40	4.04	4.75	5.54	6.40	0.00	0.03	0.06	0.09	0.12	0.15	0.18	0.21	0.24	0.26
400	2.41	2.99	3.62	4.32	5.14	6.05	7.06	8.20	0.00	0.04	0.08	0.12	0.16	0.20	0.23	0.27	0.31	0.35
500	2.87	3.58	4.33	5.19	6.17	7.27	8.52	9.81	0.00	0.05	0.10	0.15	0.20	0.24	0.29	0.34	0.39	0.44
600	3.30	4.12	5.00	6.00	7.14	8.45	9.82	11.29	0.00	0.06	0.12	0.18	0.24	0.29	0.35	0.41	0.47	0.53
700	3.69	4.64	5.64	6.76	8.09	9.50	11.02	12.63	0.00	0.07	0.14	0.21	0.27	0.34	0.41	0.48	0.55	0.62
800	4.07	5.12	6.23	7.52	8.92	10.46	12.10	13.80	0.00	0.08	0.16	0.23	0.31	0.39	0.47	0.55	0.63	0.71
950	4.58	5.78	7.04	8.49	10.05	11.73	13.48	15.23	0.00	0.09	0.19	0.27	0.37	0.47	0.56	0.65	0.74	0.83
1200	5.29	6.71	8.21	9.81	11.53	13.31	15.04	16.59	0.00	0.12	0.24	0.35	0.47	0.59	0.70	0.82	0.94	1.06
1450	5.84	7.45	9.04	10.72	12.46	14.12	15.53	16.47	0.00	0.14	0.28	0.42	0.58	0.71	0.85	0.99	1.14	1.27
1600	6.07	7.75	9.38	11.06	12.72	14.19	15.24	15.57	0.00	0.16	0.31	0.47	0.63	0.78	0.94	1.10	1.25	1.41
1800	6.28	8.00	9.63	11.22	12.67	13.73	14.08	13.29	0.00	0.18	0.35	0.53	0.71	0.88	1.06	1.23	1.41	1.59
2000	6.34	8.06	9.62	11.04	12.14	12.59	11.95	9.64	0.00	0.20	0.39	0.59	0.78	0.98	1.17	1.37	1.57	1.76
2200	6.26	7.92	9.34	10.48	11.08	10.70	8.75	4.44	0.00	0.22	0.43	0.65	0.86	1.08	1.29	1.51	1.72	1.94
2400	6.02	7.57	8.75	9.50	9.43	7.98	4.34	—	0.00	0.23	0.47	0.70	0.94	1.18	1.41	1.65	1.88	2.12
2600	5.61	6.93	7.85	8.08	7.11	4.32	—	—	0.00	0.25	0.51	0.76	1.01	1.27	1.53	1.78	2.04	2.29
2800	5.01	6.08	6.56	6.13	4.16	—	—	—	0.00	0.27	0.55	0.82	1.10	1.37	1.64	1.92	2.19	2.47
3200	3.23	3.57	2.93	—	—	—	—	—	0.00	0.31	0.61	0.91	1.22	1.53	1.63	2.14	2.44	2.75

表 14-16f　D 型 V 带的额定功率（摘自 GB/T 13575.1—2008）　　（单位：kW）

n_1 /(r/min)	小带轮基准直径 d_{d1}/mm								传动比 i									
	355	400	450	500	560	630	710	800	1.00~1.01	1.02~1.04	1.05~1.08	1.09~1.12	1.13~1.18	1.19~1.24	1.25~1.34	1.35~1.51	1.52~1.99	≥2.00
	单根 V 带的基本额定功率 P_1								$i\neq1$ 时额定功率的增量 ΔP_1									
100	3.01	3.66	4.37	5.08	5.91	6.88	8.01	9.22	0.00	0.03	0.07	0.10	0.14	0.17	0.21	0.24	0.28	0.31
150	4.20	5.14	6.17	7.18	8.43	9.82	11.38	13.11	0.00	0.05	0.11	0.15	0.21	0.26	0.31	0.36	0.42	0.47
200	5.31	6.52	7.90	9.21	10.76	12.54	14.55	16.76	0.00	0.07	0.14	0.21	0.28	0.35	0.42	0.49	0.56	0.63
250	6.36	7.88	9.50	11.09	12.97	15.13	17.54	20.18	0.00	0.09	0.18	0.26	0.35	0.44	0.57	0.61	0.70	0.78
300	7.35	9.13	11.02	12.88	15.07	17.57	20.35	23.39	0.00	0.10	0.21	0.31	0.42	0.52	0.62	0.73	0.83	0.94
400	9.24	11.45	13.85	16.20	18.95	22.05	25.45	29.08	0.00	0.14	0.28	0.42	0.56	0.70	0.83	0.97	1.11	1.25
500	10.90	13.55	16.40	19.17	22.38	25.94	29.76	33.72	0.00	0.17	0.35	0.52	0.70	0.87	1.04	1.22	1.39	1.56
600	12.39	15.42	18.67	21.78	25.32	29.18	33.18	37.13	0.00	0.21	0.42	0.62	0.83	1.04	1.25	1.46	1.67	1.88
700	13.70	17.07	20.63	23.99	27.73	31.68	35.59	39.14	0.00	0.24	0.49	0.73	0.97	1.22	1.46	1.70	1.95	2.19
800	14.83	18.46	22.25	25.76	29.55	33.38	36.87	39.55	0.00	0.28	0.56	0.83	1.11	1.39	1.67	1.95	2.22	2.50
950	16.15	20.06	24.01	27.50	31.04	34.19	36.35	36.76	0.00	0.33	0.66	0.99	1.32	1.60	1.92	2.31	2.64	2.97
1100	16.98	20.99	24.84	28.02	30.85	32.65	32.52	29.26	0.00	0.38	0.77	1.15	1.53	1.91	2.29	2.68	3.06	3.44
1200	17.25	21.20	24.84	26.71	29.67	30.15	27.88	21.32	0.00	0.42	0.84	1.25	1.67	2.09	2.50	2.92	3.34	3.75
1300	17.26	21.06	24.35	26.54	27.58	26.37	21.42	10.73	0.00	0.45	0.91	1.35	1.81	2.26	2.71	3.16	3.61	4.06
1450	16.77	20.15	22.02	23.59	22.58	18.06	7.99	—	0.00	0.51	1.01	1.51	2.02	2.52	3.02	3.52	4.03	4.53
1600	15.63	18.31	19.59	18.88	15.13	6.25	—	—	0.00	0.56	1.11	1.67	2.23	2.78	3.33	3.89	4.45	5.00
1800	12.97	14.28	13.34	9.59	—	—	—	—	0.00	0.63	1.24	1.88	2.51	3.13	3.74	4.38	5.01	5.62

表 14-16g　E 型 V 带的额定功率（摘自 GB/T 13575.1—2008）　　（单位：kW）

n_1 /(r/min)	小带轮基准直径 d_{d1}/mm								传动比 i									
	500	560	630	710	800	900	1000	1120	1.00~1.01	1.02~1.04	1.05~1.08	1.09~1.12	1.13~1.18	1.19~1.24	1.25~1.34	1.35~1.51	1.52~1.99	≥2.00
	单根 V 带的基本额定功率 P_1								$i\neq1$ 时额定功率的增量 ΔP_1									
100	6.21	7.32	8.75	10.31	12.05	13.96	15.64	18.07	0.00	0.07	0.14	0.21	0.28	0.34	0.41	0.48	0.55	0.62
150	8.60	10.33	12.32	14.56	17.05	19.76	22.14	25.58	0.00	0.10	0.20	0.31	0.41	0.52	0.62	0.72	0.83	0.93
200	10.86	13.09	15.63	18.52	21.70	25.15	28.52	32.47	0.00	0.14	0.28	0.41	0.55	0.69	0.83	0.96	1.10	1.24
250	12.97	15.67	18.77	22.23	26.03	30.14	34.11	38.71	0.00	0.17	0.34	0.52	0.69	0.86	1.03	1.20	1.37	1.55
300	14.96	18.10	21.69	25.69	30.05	34.71	39.17	44.26	0.00	0.21	0.41	0.62	0.83	1.03	1.24	1.45	1.65	1.86
350	16.81	20.38	24.42	28.89	33.73	38.64	43.66	49.04	0.00	0.24	0.48	0.72	0.96	1.20	1.45	1.69	1.92	2.17
400	18.55	22.49	26.95	31.83	37.05	42.49	47.52	52.98	0.00	0.28	0.55	0.83	1.00	1.38	1.65	1.93	2.20	2.48
500	21.65	26.25	31.36	36.85	42.53	42.20	53.12	57.94	0.00	0.34	0.64	1.03	1.38	1.72	2.07	2.41	2.75	3.10
600	24.21	29.30	34.83	40.58	46.26	51.48	55.45	58.42	0.00	0.41	0.83	1.24	1.65	2.07	2.48	2.89	3.31	3.72
700	26.21	31.59	37.26	42.87	47.96	51.95	54.00	53.62	0.00	0.48	0.97	1.45	1.93	2.41	2.89	3.38	3.86	4.34
800	27.57	33.03	38.52	43.52	47.38	49.21	48.19	42.77	0.00	0.55	1.10	1.65	2.21	2.76	3.31	3.86	4.41	4.96
950	28.32	33.40	37.92	41.02	41.59	38.19	30.08	—	0.00	0.65	1.29	1.95	2.62	3.27	3.92	4.58	5.23	5.89
1100	27.30	31.35	33.94	33.74	29.06	17.65	—	—	0.00	0.76	1.52	2.27	3.03	3.79	4.40	5.30	6.06	6.82
1200	25.53	28.49	29.17	25.91	16.46	—	—	—	—	—	—	—	—	—	—	—	—	—
1300	22.82	24.31	22.56	15.44	—	—	—	—	—	—	—	—	—	—	—	—	—	—
1450	16.82	15.35	8.85	—	—	—	—	—	—	—	—	—	—	—	—	—	—	—

表 14-16h　SPZ 型窄 V 带的额定功率（摘自 JB/ZQ 4175—2008）

d_{d1} /mm	i 或 $\frac{1}{i}$	小轮转速 n_k/(r/min)															
		200	400	700	800	950	1200	1450	1600	2000	2400	2800	3200	3600	4000	4500	5000
		额定功率 P_N/kW															
63	1	0.20	0.35	0.54	0.60	0.68	0.81	0.93	1.00	1.17	1.32	1.45	1.56	1.66	1.74	1.81	1.85
	1.5	0.23	0.41	0.65	0.72	0.83	1.00	1.16	1.25	1.48	1.69	1.88	2.06	2.21	2.35	2.50	2.63
	≥3	0.24	0.43	0.68	0.76	0.88	1.06	1.23	1.33	1.58	1.81	2.03	2.22	2.40	2.56	2.74	2.88
71	1	0.25	0.44	0.70	0.78	0.90	1.08	1.25	1.35	1.59	1.81	2.00	2.18	2.33	2.46	2.59	2.68
	1.5	0.28	0.51	0.81	0.91	1.04	1.26	1.47	1.59	1.90	2.18	2.43	2.67	2.88	3.08	3.28	3.45
	≥3	0.29	0.53	0.85	0.95	1.09	1.33	1.55	1.68	2.00	2.30	2.58	2.83	3.07	3.28	3.51	3.71
80	1	0.31	0.55	0.88	0.99	1.14	1.38	1.60	1.73	2.05	2.34	2.61	2.85	3.06	3.24	3.42	3.56
	1.5	0.34	0.61	0.99	1.11	1.28	1.56	1.82	1.97	2.36	2.71	3.04	3.34	3.61	3.86	4.12	4.33
	≥3	0.35	0.64	1.03	1.15	1.33	1.62	1.90	2.06	2.46	2.84	3.18	3.51	3.80	4.06	4.35	4.58
90	1	0.37	0.67	1.09	1.21	1.40	1.70	1.98	2.14	2.55	2.93	3.26	3.57	3.84	4.07	4.30	4.46
	1.5	0.40	0.74	1.19	1.34	1.55	1.88	2.20	2.39	2.86	3.30	3.70	4.06	4.39	4.68	4.99	5.23
	≥3	0.41	0.76	1.23	1.38	1.60	1.95	2.28	2.47	2.96	3.42	3.84	4.23	4.58	4.89	5.22	5.48
100	1	0.43	0.79	1.28	1.44	1.66	2.02	2.36	2.55	3.05	3.49	3.90	4.26	4.58	4.85	5.10	5.27
	1.5	0.46	0.85	1.39	1.56	1.81	2.20	2.58	2.80	3.35	3.86	4.33	4.76	5.13	5.46	5.80	6.05
	≥3	0.47	0.87	1.43	1.60	1.86	2.27	2.66	2.88	3.46	3.99	4.48	4.92	5.32	5.67	6.03	6.30
112	1	0.51	0.93	1.52	1.70	1.97	2.40	2.80	3.04	3.62	4.16	4.64	5.06	5.42	5.72	5.99	6.14
	1.5	0.54	1.00	1.63	1.83	2.12	2.58	3.03	3.28	3.93	4.53	5.07	5.55	5.98	6.33	6.68	6.91
	≥3	0.55	1.02	1.66	1.87	2.17	2.65	3.10	3.37	4.04	4.65	5.21	5.72	6.16	6.54	6.91	7.17
125	1	0.59	1.09	1.77	1.99	2.30	2.80	3.28	3.55	4.24	4.85	5.40	5.88	6.27	6.58	6.83	6.92
	1.5	0.62	1.15	1.88	2.11	2.45	2.99	3.50	3.80	4.54	5.22	5.83	6.37	6.83	7.19	7.52	7.69
	≥3	0.63	1.17	1.91	2.15	2.50	3.05	3.58	3.88	4.65	5.35	5.98	6.53	7.01	7.40	7.75	7.95
140	1	0.68	1.26	2.06	2.31	2.68	3.26	3.82	4.13	4.92	5.63	6.24	6.75	7.16	7.45	7.64	7.60
	1.5	0.71	1.32	2.17	2.43	2.82	3.45	4.04	4.38	5.23	6.00	6.67	7.25	7.72	8.07	8.33	8.37
	≥3	0.72	1.34	2.20	2.47	2.87	3.51	4.11	4.46	5.33	6.12	6.81	7.41	7.90	8.27	8.56	8.63
160	1	0.80	1.49	2.44	2.73	3.17	3.86	4.51	4.88	5.80	6.60	7.27	7.81	8.19	8.40	8.41	8.11
	1.5	0.83	1.55	2.54	2.86	3.32	4.05	4.74	5.13	6.11	6.97	7.70	8.30	8.74	9.02	9.11	8.88
	≥3	0.84	1.57	2.58	2.90	3.37	4.11	4.81	5.21	6.21	7.09	7.85	8.46	8.93	9.22	9.34	9.14

表 14-16i　SPA 型窄 V 带的额定功率（摘自 GB/T 13575.1—2008）

d_{d1} /mm	i 或 $\frac{1}{i}$	小轮转速 n_k/(r/min)															
		200	400	700	800	950	1200	1450	1600	2000	2400	2800	3200	3600	4000	4500	5000
		额定功率 P_N/kW															
90	1	0.43	0.75	1.17	1.30	1.48	1.76	2.02	2.16	2.49	2.77	3.00	3.16	3.26	3.29	3.24	3.07
	1.5	0.50	0.89	1.42	1.58	1.81	2.18	2.52	2.71	3.19	3.60	3.96	4.27	4.50	4.68	4.80	4.80
	≥3	0.52	0.94	1.50	1.67	1.92	2.32	2.69	2.90	3.42	3.88	4.29	4.63	4.92	5.14	5.32	5.37
100	1	0.53	0.94	1.49	1.65	1.89	2.27	2.61	2.80	3.27	3.67	3.99	4.25	4.42	4.50	4.48	4.31
	1.5	0.60	1.08	1.73	1.93	2.22	2.68	3.11	3.36	3.96	4.50	4.96	5.35	5.66	5.89	6.04	6.04
	≥3	0.62	1.13	1.81	2.02	2.33	2.82	3.28	3.54	4.19	4.78	5.29	5.72	6.08	6.35	6.56	6.62
112	1	0.64	1.16	1.86	2.07	2.38	2.86	3.31	3.57	4.18	4.71	5.15	5.49	5.72	5.85	5.83	5.61
	1.5	0.71	1.30	2.10	2.35	2.71	3.28	3.82	4.12	4.87	5.54	6.12	6.60	6.97	7.23	7.39	7.34
	≥3	0.74	1.35	2.18	2.44	2.82	3.42	3.98	4.30	5.11	5.82	6.44	6.96	7.38	7.69	7.91	7.91
125	1	0.77	1.40	2.25	2.52	2.90	3.50	4.06	4.38	5.15	5.80	6.34	6.76	7.03	7.16	7.09	6.75
	1.5	0.84	1.54	2.50	2.80	3.23	3.92	4.56	4.93	5.84	6.63	7.31	7.86	8.28	8.54	8.65	8.48
	≥3	0.86	1.59	2.58	2.89	3.34	4.06	4.73	5.12	6.07	6.91	7.63	8.23	8.69	9.01	9.17	9.06
140	1	0.92	1.66	2.71	3.03	3.49	4.23	4.91	5.29	6.22	7.01	7.64	8.11	8.39	8.48	8.27	7.69
	1.5	0.99	1.82	2.95	3.31	3.82	4.64	5.41	5.84	6.91	7.84	8.61	9.22	9.64	9.85	9.83	9.42
	≥3	1.01	1.86	3.03	3.40	3.93	4.78	5.58	6.03	7.14	8.12	8.94	9.59	10.05	10.32	10.35	10.00
160	1	1.11	2.04	3.30	3.70	4.27	5.17	6.01	6.47	7.60	8.53	9.24	9.72	9.94	9.87	9.34	8.28
	1.5	1.18	2.18	3.55	3.98	4.60	5.59	6.51	7.03	8.29	9.36	10.21	10.83	11.18	11.25	10.90	10.01
	≥3	1.20	2.22	3.63	4.07	4.71	5.73	6.68	7.21	8.52	9.63	10.53	11.20	11.60	11.72	11.42	10.58

（续）

d_{d1}/mm	i 或 $\frac{1}{i}$	小轮转速 n_k/(r/min)															
		200	400	700	800	950	1200	1450	1600	2000	2400	2800	3200	3600	4000	4500	5000
		额定功率 P_N/kW															
180	1	1.30	2.39	3.89	4.36	5.04	6.10	7.07	7.62	8.90	9.93	10.67	11.09	11.15	10.81	9.78	7.99
	1.5	1.37	2.53	4.13	4.64	5.36	6.51	7.57	8.17	9.60	10.76	11.64	12.20	12.39	12.19	11.33	9.72
	≥3	1.39	2.58	4.21	4.73	5.47	6.65	7.74	8.35	9.83	11.04	11.96	12.56	12.81	12.65	11.85	10.30
200	1	1.49	2.75	4.47	5.01	5.79	7.00	8.10	8.72	10.13	11.22	11.92	12.19	11.98	11.25	9.50	6.75
	1.5	1.55	2.89	4.71	5.29	6.11	7.41	8.61	9.27	10.83	12.05	12.89	13.30	13.23	12.63	11.06	8.43
	≥3	1.58	2.93	4.79	5.38	6.22	7.55	8.77	9.45	11.06	12.32	13.21	13.67	13.64	13.09	11.58	9.06
224	1	1.71	3.17	5.16	5.77	6.67	8.05	9.30	9.97	11.51	12.59	13.15	13.13	12.45	11.04	8.15	3.87
	1.5	1.78	3.30	5.40	6.05	6.99	8.46	9.80	10.53	12.20	13.42	14.12	14.23	13.69	12.42	9.71	5.60
	≥3	1.80	3.35	5.48	6.14	7.10	8.60	9.96	10.71	12.43	13.69	14.44	14.60	14.11	12.89	10.23	6.17

表 14-16j　SPB 型窄 V 带的额定功率（摘自 GB/T 13575.1—2008）

d_{d1}/mm	i 或 $\frac{1}{i}$	小轮转速 n_k/(r/min)														
		200	400	700	800	950	1200	1450	1600	1800	2000	2200	2400	2800	3200	3600
		额定功率 P_N/kW														
140	1	1.08	1.92	3.02	3.35	3.83	4.55	5.19	5.54	5.95	6.31	6.62	6.86	7.15	7.17	6.89
	1.5	1.22	2.21	3.53	3.94	4.52	5.43	6.25	6.71	7.27	7.70	8.23	8.61	9.20	9.51	9.52
	≥3	1.27	2.31	3.70	4.13	4.76	5.72	6.61	7.40	7.71	8.26	8.76	9.20	9.89	10.29	10.40
160	1	1.37	2.47	3.92	4.37	5.01	5.98	6.86	7.33	7.89	8.38	8.80	9.13	9.52	9.53	9.10
	1.5	1.51	2.76	4.44	4.96	5.70	6.86	7.92	8.50	9.21	9.85	10.41	10.88	11.57	11.87	11.74
	≥3	1.56	2.86	4.61	5.15	5.93	7.15	8.27	8.89	9.65	10.33	10.94	11.47	12.25	12.65	12.61
180	1	1.65	3.01	4.82	5.37	6.16	7.38	8.46	9.05	9.74	10.34	10.83	11.21	11.62	11.49	10.77
	1.5	1.80	3.30	5.33	5.96	6.86	8.26	9.53	10.22	11.06	11.80	12.44	12.97	13.66	13.83	13.40
	≥3	1.85	3.40	5.50	6.15	7.09	8.55	9.88	10.61	11.50	12.29	12.98	13.56	14.35	14.61	14.28
200	1	1.94	3.54	5.96	6.35	7.30	8.74	10.02	10.70	11.50	12.18	12.72	13.11	13.41	13.01	11.83
	1.5	2.08	3.84	6.21	6.94	7.99	9.62	11.03	11.87	12.82	13.64	14.33	14.86	15.46	15.36	14.46
	≥3	2.13	3.93	6.38	7.14	8.23	9.91	11.43	12.26	13.26	14.13	14.86	15.45	16.14	16.14	15.34
224	1	2.28	4.18	6.73	7.52	8.63	10.33	11.81	12.59	13.49	14.21	14.76	15.10	15.14	14.22	12.23
	1.5	2.42	4.47	7.24	8.10	9.33	11.21	12.87	13.76	14.80	15.68	16.37	16.86	17.19	16.57	14.86
	≥3	2.47	4.57	7.41	8.30	9.56	11.50	13.23	14.15	15.24	16.16	16.90	17.44	17.87	17.35	15.74
250	1	2.64	4.86	7.84	8.75	10.04	11.99	13.66	14.51	15.47	16.19	16.68	16.89	16.44	14.69	11.48
	1.5	2.79	5.15	8.35	9.33	10.74	12.87	14.72	15.68	16.78	17.66	18.28	18.65	18.49	17.03	14.11
	≥3	2.83	5.25	8.52	9.53	10.97	13.16	15.07	16.07	17.22	18.15	18.82	19.23	19.17	17.81	14.99
280	1	3.05	5.63	9.09	10.14	11.62	13.82	15.65	16.56	17.52	18.17	18.48	18.43	17.13	14.04	8.92
	1.5	3.20	5.93	9.60	10.72	12.32	14.70	16.72	17.73	18.83	19.63	20.09	20.18	19.18	16.38	11.56
	≥3	3.25	6.02	9.77	10.92	12.55	14.99	17.07	18.12	19.27	20.12	20.62	20.77	19.86	17.16	12.43
315	1	3.53	6.53	10.51	11.71	13.40	15.84	17.79	18.70	19.55	20.00	19.97	19.44	16.71	11.47	3.40
	1.5	3.68	6.82	11.02	12.30	14.09	16.72	18.85	19.87	20.88	21.46	21.58	21.20	18.76	13.81	6.04
	≥3	3.73	6.92	11.19	12.50	14.32	17.01	19.21	20.26	21.32	21.95	22.12	21.78	19.44	14.59	6.91
355	1	4.08	7.53	12.10	13.46	15.33	17.99	19.96	20.78	21.39	21.42	20.79	19.46	14.45	5.91	—
	1.5	4.22	7.82	12.61	14.04	16.03	18.86	21.02	21.95	22.71	22.88	22.40	21.22	16.50	8.25	—
	≥3	4.27	7.92	12.78	14.24	16.26	19.16	21.37	22.34	23.15	23.37	22.94	21.80	17.18	9.03	—

表 14-16k　SPC 型窄 V 带的额定功率（摘自 GB/T 13575.1—2008）

d_{d1} /mm	i 或 $\frac{1}{i}$	小轮转速 n_k/(r/min)														
		200	300	400	500	600	700	800	950	1200	1450	1600	1800	2000	2200	2400
		额定功率 P_N/kW														
224	1	2.90	4.08	5.19	6.23	7.21	8.13	8.99	10.19	11.89	13.22	13.81	14.35	14.58	14.47	14.01
	1.5	3.26	4.62	5.91	7.13	8.28	8.39	10.43	11.90	14.05	15.82	16.69	17.59	18.17	18.43	18.32
	≥3	3.38	4.80	6.15	7.43	8.64	9.81	10.91	12.47	14.77	16.69	17.65	18.66	19.37	19.75	19.75
250	1	3.50	4.95	6.31	7.60	8.81	9.95	11.02	12.51	14.61	16.21	16.52	17.52	17.70	17.44	16.69
	1.5	3.86	5.49	7.03	8.49	9.89	11.21	12.46	14.21	16.77	18.82	19.79	20.75	21.30	21.40	21.01
	≥3	3.98	5.67	7.27	8.79	10.25	11.63	12.94	14.78	17.49	19.69	20.75	21.83	22.50	22.72	22.45
280	1	4.18	5.94	7.59	9.15	10.62	12.01	13.31	15.10	17.60	19.44	20.20	20.75	20.75	20.13	18.86
	1.5	4.54	6.48	8.31	10.05	11.70	13.27	14.75	16.81	19.76	22.05	23.07	23.99	24.34	24.09	23.17
	≥3	4.66	6.66	8.55	10.35	12.06	13.69	15.23	17.38	20.48	22.92	24.03	25.07	25.54	25.41	24.61
315	1	4.97	7.08	9.07	10.94	12.70	14.36	15.90	18.01	20.88	22.87	23.58	23.91	23.47	22.18	19.98
	1.5	5.33	7.62	9.79	11.84	13.73	15.62	17.34	19.72	23.04	25.47	26.46	27.15	27.07	26.14	24.30
	≥3	5.45	7.80	10.03	12.14	14.14	16.04	17.82	20.29	23.76	26.34	27.42	28.23	28.26	27.46	25.74
355	1	5.87	8.37	10.72	12.94	15.02	16.96	18.76	21.17	23.34	26.29	26.80	26.62	25.37	22.94	19.22
	1.5	6.23	8.91	11.44	13.84	16.10	18.22	20.20	22.88	26.50	28.90	29.68	29.86	28.97	26.90	23.54
	≥3	6.35	9.09	11.68	14.14	16.46	18.64	20.68	23.45	27.22	29.77	30.64	30.94	30.17	28.22	24.98
400	1	6.86	9.80	12.56	15.15	17.56	19.79	21.84	24.52	27.83	29.46	29.53	28.42	25.81	21.54	15.48
	1.5	7.22	10.34	13.28	16.04	18.64	21.05	23.28	26.23	29.99	32.07	32.41	31.66	29.41	25.50	19.79
	≥3	7.34	10.52	13.52	16.34	19.00	21.47	23.76	26.80	30.70	32.94	33.37	32.74	30.60	26.82	21.23
450	1	7.96	11.37	14.56	17.54	20.29	22.81	25.07	27.94	31.15	32.06	31.33	28.69	23.95	16.89	—
	1.5	8.32	11.91	15.28	18.43	21.37	24.07	26.51	29.65	33.31	34.67	34.21	31.92	27.54	20.85	—
	≥3	8.44	12.09	15.52	18.73	21.73	24.48	26.99	30.22	34.03	35.54	35.16	33.00	28.74	22.17	—
500	1	9.04	12.91	16.52	19.86	22.92	25.67	28.09	31.04	33.85	33.58	31.07	26.94	19.35	—	—
	1.5	9.40	13.45	17.24	20.76	24.00	26.93	29.53	32.75	36.01	36.18	34.57	30.18	22.94	—	—
	≥3	9.52	13.63	17.48	21.06	24.35	27.35	30.01	33.32	36.73	37.05	35.53	31.26	24.14	—	—
560	1	10.32	14.74	18.82	22.56	25.93	28.90	31.43	34.29	36.18	33.83	30.05	21.90	—	—	—
	1.5	10.68	15.27	19.54	23.46	27.01	30.16	32.87	36.00	38.34	36.44	32.93	25.14	—	—	—
	≥3	10.80	15.45	19.78	23.76	27.37	30.58	33.35	36.57	39.06	37.31	33.89	26.22	—	—	—

表 14-16l　9N、9J 型窄 V 带的额定功率（摘自 GB/T 13575.2—2008）　（单位：kW）

n_1/(r/min)	d_{e1}/mm													i				
	67	71	75	80	90	100	112	125	140	160	180	200	250	1.27 ~ 1.38	1.39 ~ 1.57	1.58 ~ 1.94	1.95 ~ 3.38	3.39 ~ 以上
	P_1													ΔP_1				
10	0.12	0.13	0.15	0.17	0.21	0.24	0.29	0.34	0.39	0.47	0.54	0.61	0.79	0.01	0.01	0.02	0.02	0.02
200	0.21	0.24	0.27	0.31	0.38	0.46	0.54	0.64	0.74	0.88	1.02	1.16	1.50	0.02	0.03	0.03	0.03	0.03
300	0.30	0.35	0.39	0.44	0.55	0.66	0.78	0.92	1.07	1.28	1.48	1.68	2.18	0.03	0.04	0.05	0.05	0.05
400	0.38	0.44	0.50	0.57	0.71	0.85	1.01	1.19	1.39	1.66	1.92	2.18	2.83	0.05	0.05	0.06	0.07	0.07
500	0.46	0.53	0.60	0.69	0.86	1.03	1.23	1.45	1.70	2.03	2.35	2.67	3.46	0.06	0.07	0.08	0.08	0.09
600	0.54	0.62	0.70	0.80	1.01	1.21	1.45	1.71	2.00	2.39	2.77	3.15	4.08	0.07	0.08	0.09	0.10	0.10
700	0.61	0.70	0.80	0.92	1.15	1.38	1.66	1.96	2.29	2.74	3.18	3.61	4.68	0.08	0.09	0.11	0.11	0.12
725	0.63	0.73	0.82	0.95	1.19	1.43	1.71	2.02	2.37	2.83	3.28	3.73	4.83	0.08	0.10	0.11	0.12	0.13
800	0.68	9.79	0.89	1.03	1.29	1.55	1.87	2.20	2.58	3.08	3.58	4.07	5.26	0.09	0.11	0.12	0.13	0.14
900	0.75	0.87	0.99	1.13	1.43	1.72	2.07	2.44	2.86	3.42	3.97	4.51	5.83	0.10	0.12	0.14	0.15	0.16

（续）

n_1/(r/min)	d_{e1}/mm													i				
	67	71	75	80	90	100	112	125	140	160	180	200	250	1.27~1.38	1.39~1.57	1.58~1.94	1.95~3.38	3.39~以上
	P_1													ΔP_1				
950	0.78	0.91	1.03	1.19	1.50	1.80	2.17	2.56	3.00	3.59	4.17	4.73	6.11	0.11	0.13	0.14	0.16	0.17
1000	0.81	0.94	1.08	1.24	1.56	1.89	2.27	2.68	3.14	3.75	4.36	4.95	6.39	0.11	0.13	0.15	0.16	0.17
1200	0.94	1.09	1.25	1.44	1.83	2.21	2.66	3.14	3.68	4.40	5.10	5.79	7.46	0.14	0.16	0.18	0.20	0.21
1400	1.06	1.24	1.42	1.64	2.08	2.51	3.03	3.58	4.21	5.02	5.82	6.60	8.46	0.16	0.19	0.21	0.23	0.24
1425	1.07	1.26	1.44	1.66	2.11	2.55	3.08	3.63	4.27	5.10	5.91	6.70	8.58	0.16	0.19	0.21	0.23	0.25
1500	1.12	1.31	1.50	1.73	2.20	2.67	3.21	3.80	4.46	5.32	6.17	6.99	8.93	0.17	0.20	0.23	0.25	0.26
1600	1.17	1.38	1.58	1.83	2.32	2.81	3.39	4.01	4.71	5.62	6.50	7.36	9.39	0.18	0.21	0.24	0.26	0.28
1800	1.28	1.51	1.73	2.01	2.56	3.10	3.74	4.42	5.19	6.19	7.16	8.09	10.25	0.21	0.24	0.27	0.30	0.31
2000	1.39	1.63	1.88	2.19	2.79	3.38	4.08	4.82	5.66	6.74	7.77	8.77	11.03	0.23	0.27	0.30	0.33	0.35
2200	1.49	1.76	2.02	2.35	3.01	3.65	4.41	5.21	6.11	7.26	8.36	9.40	11.73	0.25	0.29	0.33	0.36	0.38
2400	1.58	1.87	2.16	2.52	3.22	3.91	4.72	5.58	6.53	7.75	8.90	9.98	12.33	0.27	0.32	0.36	0.39	0.42
2600	1.67	1.98	2.29	2.68	3.43	4.16	5.03	5.93	6.94	8.21	9.41	10.51	12.84	0.30	0.35	0.39	0.43	0.45
2800	1.76	2.09	2.42	2.83	3.63	4.41	5.32	6.27	7.32	8.64	9.87	10.98	13.24	0.32	0.37	0.42	0.46	0.49
3000	1.84	2.19	2.54	2.97	3.82	4.64	5.59	6.59	7.68	9.04	10.29	11.40	13.53	0.34	0.40	0.45	0.49	0.52

表14-16m 15N、15J型窄V带的额定功率（摘自GB/T 13575.2—2008）（单位：kW）

n_1/(r/min)	d_{e1}/mm												i				
	180	190	200	212	224	236	250	280	315	355	400	450	1.27~1.38	1.39~1.57	1.58~1.94	1.95~3.38	3.39~以上
	P_1												ΔP_1				
100	1.15	1.26	1.36	1.49	1.62	1.74	1.89	2.20	2.56	2.97	3.43	3.93	0.06	0.08	0.09	0.09	0.10
200	2.13	2.33	2.54	2.78	3.02	3.26	3.54	4.14	4.83	5.61	6.47	7.43	0.13	0.15	0.17	0.19	0.20
300	3.05	3.34	3.64	3.99	4.34	4.69	5.10	5.97	6.97	8.10	9.35	10.73	0.19	0.23	0.26	0.28	0.30
400	3.92	4.30	4.69	5.15	5.61	6.06	6.59	7.72	9.02	10.48	12.11	13.89	0.26	0.30	0.34	0.37	0.39
500	4.75	5.23	5.70	6.26	6.83	7.38	8.03	9.41	10.99	12.77	14.75	16.89	0.32	0.38	0.43	0.46	0.49
600	5.56	6.12	6.68	7.34	8.00	8.66	9.42	11.04	12.90	14.98	17.27	19.76	0.39	0.45	0.51	0.56	0.59
700	6.34	6.98	7.62	8.39	9.15	9.90	10.77	12.62	14.73	17.10	19.69	22.48	0.45	0.53	0.60	0.65	0.69
725	6.53	7.20	7.86	8.64	9.43	10.20	11.10	13.00	15.18	17.61	20.27	23.13	0.47	0.55	0.62	0.67	0.71
800	7.10	7.82	8.54	9.40	10.25	11.10	12.07	14.14	16.50	19.12	21.98	25.04	0.52	0.61	0.68	0.74	0.79
900	7.83	8.63	9.43	10.38	11.32	12.26	13.33	15.61	18.19	21.05	24.15	27.43	0.58	0.68	0.77	0.84	0.89
950	8.19	9.03	9.87	10.86	11.85	12.82	13.95	16.32	19.01	21.99	25.19	28.56	0.61	0.72	0.81	0.88	0.93
1000	8.54	9.42	10.29	11.33	12.36	13.38	14.55	17.02	19.81	22.89	26.19	29.65	0.65	0.76	0.85	0.93	0.98
1200	9.89	10.92	11.93	13.14	14.33	15.50	16.85	19.67	22.82	26.24	29.83	33.48	0.78	0.91	1.02	1.11	1.18
1400	11.16	12.32	13.46	14.82	16.15	17.46	18.96	22.07	25.50	29.14	32.84	36.43	0.91	1.06	1.19	1.30	1.38
1425	11.31	12.49	13.65	15.02	16.37	17.69	19.21	22.35	25.81	29.46	33.17	36.73	0.92	1.08	1.21	1.32	1.40
1500	11.76	12.98	14.19	15.61	17.01	18.38	19.94	23.17	26.70	30.39	34.08	37.54	0.97	1.14	1.28	1.39	1.48
1600	12.33	13.61	14.88	16.36	17.82	19.25	20.87	24.20	27.80	31.52	35.13	38.38	1.03	1.21	1.36	1.49	1.57
1800	13.41	14.80	16.17	17.77	19.33	20.85	22.56	26.03	29.70	33.33	36.63	—	1.16	1.36	1.53	1.67	1.77
2000	14.39	15.88	17.33	19.02	20.66	22.24	24.02	27.55	31.15	34.52	—	—	1.29	1.51	1.70	1.86	1.97
2200	15.27	16.83	18.35	20.11	21.80	23.42	25.22	28.71	32.11	—	—	—	1.42	1.67	1.88	2.04	2.16
2400	16.03	17.65	19.22	21.03	22.74	24.37	26.15	29.51	32.56	—	—	—	1.55	1.82	2.05	2.23	2.36
2600	16.67	18.34	19.94	21.76	23.47	25.07	26.79	29.89	—	—	—	—	1.68	1.97	2.22	2.41	2.56
2800	17.19	18.88	20.49	22.30	23.97	25.51	27.12	—	—	—	—	—	1.81	2.12	2.39	2.60	2.75
3000	17.59	19.28	20.87	22.63	24.23	25.67	27.11	—	—	—	—	—	1.94	2.27	2.56	2.79	2.95

表 14-16n　25N、25J 型窄 V 带的额定功率（摘自 GB/T 13575.2—2008）（单位：kW）

n_1/(r/min)	d_{e1}/mm												i				
	315	335	355	375	400	425	450	475	500	560	630	710	1.27～1.38	1.39～1.57	1.58～1.94	1.95～3.38	3.39～以上
	P_1												ΔP_1				
80	4.02	4.48	4.93	5.39	5.95	6.51	7.08	7.63	8.19	9.52	11.06	12.80	0.26	0.31	0.35	0.38	0.40
100	4.90	5.46	6.02	6.58	7.28	7.97	8.66	9.35	10.04	11.67	13.57	15.71	0.33	0.39	0.43	0.47	0.50
120	5.76	6.43	7.09	7.75	8.58	9.40	10.22	11.03	11.85	13.78	16.02	18.56	0.39	0.46	0.52	0.57	0.60
140	6.60	7.37	8.14	8.90	9.85	10.80	11.75	12.69	13.62	15.86	18.44	21.36	0.46	0.54	0.61	0.66	0.70
160	7.42	8.29	9.16	10.03	11.11	12.18	13.25	14.31	15.37	17.90	20.82	24.12	0.53	0.62	0.69	0.76	0.80
180	8.22	9.20	10.17	11.14	12.34	13.54	14.73	15.91	17.09	19.91	23.16	26.83	0.59	0.69	0.78	0.85	0.90
200	9.02	10.09	11.16	12.23	13.55	14.87	16.18	17.49	18.79	21.89	25.46	29.50	0.66	0.77	0.87	0.94	1.00
300	12.82	14.38	15.93	17.48	19.40	21.30	23.20	25.09	26.96	31.42	36.53	42.28	0.99	1.16	1.30	1.42	1.50
400	16.38	18.41	20.42	22.42	24.91	27.37	29.82	32.24	34.65	40.35	46.86	54.12	1.32	1.54	1.73	1.89	2.00
500	19.75	22.22	24.67	27.10	30.12	33.10	36.06	38.98	41.88	48.70	56.43	64.94	1.64	1.93	2.17	2.36	2.50
600	22.93	25.82	28.69	31.53	35.03	38.50	41.92	45.29	48.62	56.42	65.16	74.64	1.97	2.31	2.60	2.83	3.00
700	25.93	29.22	32.47	35.69	39.65	43.55	47.38	51.15	54.86	63.47	72.98	83.08	2.30	2.70	3.03	3.30	3.50
725	26.66	30.04	33.38	36.68	40.75	44.75	48.68	52.55	56.33	65.12	74.78	84.98	2.38	2.79	3.14	3.42	3.63
800	28.75	32.41	36.02	39.58	43.95	48.23	52.43	56.54	60.55	69.78	79.79	90.13	2.63	3.08	3.47	3.78	4.00
900	31.38	35.38	39.32	43.18	47.91	52.53	57.03	61.40	65.65	75.29	85.49	95.63	2.96	3.47	3.90	4.25	4.50
950	32.62	36.79	40.87	44.87	49.76	54.52	59.15	63.63	67.96	77.72	87.89	97.75	3.12	3.66	4.12	4.49	4.75
1000	33.82	38.13	42.35	46.49	51.52	56.41	61.14	65.71	70.10	79.93	89.98	99.42	3.29	3.85	4.33	4.72	5.00
1100	36.05	40.64	45.11	49.48	54.76	59.85	64.74	69.41	73.87	83.61	93.14	—	3.62	4.24	4.77	5.19	5.50
1200	38.07	42.90	47.59	52.13	57.60	62.82	67.78	72.48	76.9C	86.28	94.87	—	3.95	4.62	5.20	5.67	6.00
1300	39.87	44.89	49.75	54.42	60.01	65.28	70.24	74.86	79.12	87.84	—	—	4.27	5.01	5.63	6.14	6.50
1400	41.43	46.61	51.59	56.34	61.96	67.21	72.06	76.50	80.50	—	—	—	4.60	5.39	6.07	6.61	7.00
1425	41.74	47.03	51.99	56.76	62.38	67.60	72.41	76.79	80.71	—	—	—	4.68	5.49	6.18	6.73	7.13
1500	42.74	48.04	53.03	57.86	63.44	68.57	73.22	77.36	80.98	—	—	—	4.93	5.78	6.50	7.08	7.50
1600	43.80	49.16	54.22	58.96	64.42	69.33	73.66	77.39	—	—	—	—	5.26	6.16	6.93	7.55	8.00
1700	44.58	49.96	54.97	59.61	64.86	69.45	73.36	—	—	—	—	—	5.59	6.55	7.37	8.03	8.50
1800	45.08	50.42	55.33	59.80	64.74	68.91	—	—	—	—	—	—	5.92	6.93	7.80	8.50	9.00
1900	45.29	50.52	55.27	59.50	64.03	—	—	—	—	—	—	—	6.25	7.32	8.23	8.97	9.50

14.2.4　带轮

14.2.4.1　带轮材料

带轮材料常采用灰铸铁、钢、铝合金或工程塑料等。灰铸铁应用最广，当 $v\leqslant 30$m/s 时，用 HT200；当$v\geqslant 25\sim 45$m/s 时，则宜采用球墨铸铁或铸钢。也可用钢板冲压—焊接带轮。小功率传动可用铸铝或塑料。

14.2.4.2　带轮的结构

V 带轮的直径系列见表 14-17 和表 14-18；轮缘尺寸见表 14-19 和表 14-20。带轮的圆跳动公差见表 14-21。

轮辐部分有实心、辐板（或孔板）和椭圆轮辐三种，可根据带轮的基准直径，参照表 14-22 选定。

V 带轮的典型结构见图 14-5 和图 14-6。

表 14-17 （基准宽度制）普通和窄 V 带轮直径系列（摘自 GB/T 13575.1—2008）

基准直径	槽型					圆跳动公差 t	基准直径	槽型						圆跳动公差 t
	Y	Z SPZ	A SPA	B SPB	C SPC			Z SPZ	A SPA	B SPB	C SPC	D	E	
20	+					0.2	265				⊕			0.5
22.4	+						280	⊕	⊕	⊕	⊕			
25	+						300				⊕			
28	+						315	⊕	⊕	⊕	⊕			
31.5	+						335				⊕			
35.5	+						355	⊕	⊕	⊕	⊕	+		
40	+						375					+		
45	+						400	⊕	⊕	⊕	⊕	+		
50	+	+					425					+		0.6
56	+	+					450		⊕	⊕	⊕	+		
63		⊕					475					+		
71		⊕					500	⊕	⊕	⊕	⊕	+	+	
75		⊕	+				530						+	
80	+	⊕	+				560		⊕	⊕	⊕	+	+	
85			+				600			⊕	⊕	+	+	
90	+	⊕	⊕				630	⊕	⊕	⊕	⊕	+	+	
95			⊕				670						+	0.8
100	+	⊕	⊕			0.3	710		⊕	⊕	⊕	+	+	
106			⊕				750			⊕	⊕	+		
112	+	⊕	⊕				800		⊕	⊕	⊕	+	+	
118			⊕				900			⊕	⊕	+	+	
125	⊕	⊕	⊕	+			1000			⊕	⊕	+	+	
132		⊕	⊕	+			1060					+		1
140		⊕	⊕	⊕			1120			⊕	⊕	+	+	
150		⊕	⊕	⊕			1250				⊕	+	+	
160		⊕	⊕	⊕			1400				⊕	+	+	
170				⊕		0.4	1500					+	+	
180		⊕	⊕	⊕			1600				⊕	+	+	
200		⊕	⊕	⊕	+		1800					+	+	1.2
212					+		1900						+	
224		⊕	⊕	⊕	⊕		2000				⊕	+	+	
236					⊕		2240						+	
250		⊕	⊕	⊕	⊕		2500						+	

注：1. 有 + 号的只用于普通 V 带，有⊕号的用于普通 V 带和窄 V 带。

2. 基准直径的极限偏差为 ±0.8%。

3. 轮槽基准直径间的最大偏差：Y 型为 0.3mm；Z、A、B、SPZ、SPA、SPB 型为 0.4mm；C、D、E、SPC 型为 0.5mm。

表 14-18 （有效宽度制）窄 V 带轮直径系列（摘自 GB/T 10413—2002）（单位：mm）

有效直径 d_e	槽型				有效直径 d_e	槽型			
	9N/9J		15N/15J			9N/9J		15N/15J	
	选用情况	$2\Delta d$	选用情况	$2\Delta d$		选用情况	$2\Delta d$	选用情况	$2\Delta d$
67	○	4			118	○	4		
71	◎	4			125	◎	4		
75	○	4			132	○	4		
80	◎	4			140	◎	4		
85	○	4			150	○	4		
90	◎	4			160	◎	4		
95	○	4			180	○	4	◎	7
100	◎	4			190			○	7
106	○	4			200	◎	4	◎	7
112	◎	4			212			○	7

（续）

有效直径 d_e	9N/9J 选用情况	9N/9J $2\Delta d$	15N/15J 选用情况	15N/15J $2\Delta d$	25N/25J 选用情况	25N/25J $2\Delta d$
224	○	4	◎	7		
236			○	7		
250	◎	4	◎	7		
265			○	7		
280	○	4.5	◎	7		
300			○	7		
315	◎	5	◎	7	◎	5
335					○	5.4
355	○	5.7	○	7	◎	5.7
375					○	6
400	◎	6.4	◎	7	◎	6.4
425					○	6.8
450	○	7.2	○	7.2	◎	7.2
475					○	7.6
500	◎	8	◎	8	◎	8
530					○	
560	○	9	○	9	◎	9
600					○	9.6
630	○	10.1	◎	10.1	◎	10.1
710	○	11.4	○	11.4	○	11.4
800	○	12.8	◎	12.8	◎	12.8
900			○	14.4	○	14.4
1000			◎	16	◎	16
1120			○	17.9	○	17.9
1250			◎	20	◎	20
1400			○	22.4	○	22.4
1600			○	25.6	◎	25.6
1800			○	28.8	○	28.8
2000					◎	32
2240					○	35.8
2500					◎	40

注：1. 有效直径 d_e 为其最小值，最大值 $d_{emax}=d_e+2\Delta d$。窄V带轮的径向和轴向圆跳动公差见表14-21。

2. 选用情况：◎—优先选用；○—可以选用。

表14-19　V带轮轮缘尺寸（基准宽度制）（摘自 GB/T 10412—2002）

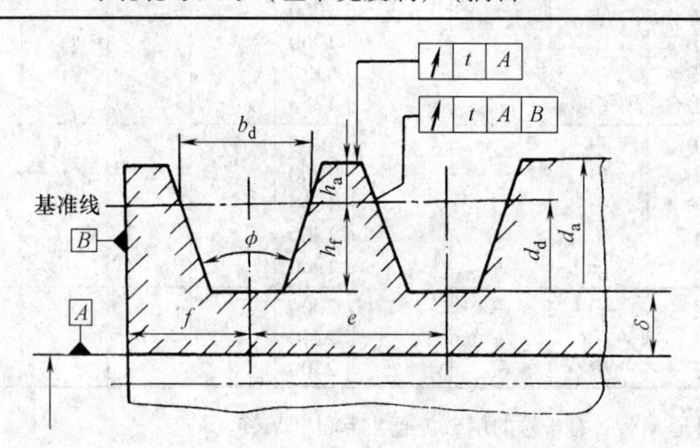

项目		符号	Y	Z SPZ	A SPA	B SPB	C SPC	D	E
基准宽度		b_d	5.3	8.5	11.0	14.0	19.0	27.0	52.0
基准线上槽深		h_{amin}	1.6	2.0	2.75	3.5	4.8	8.1	9.6
基准线下槽深		h_{fmin}	4.7	7.0 9.0	8.7 11.0	10.8 14.0	14.3 19.0	19.9	23.4
槽间距		e	8±0.3	12±0.3	15±0.3	19±0.4	25.5±0.5	37±0.6	44.5±0.7
第一槽对称面至端面的最小距离		f_{min}	6	7	9	11.5	16	23	28
槽间距累积极限偏差			±0.6	±0.6	±0.6	±0.8	±1.0	±1.2	±1.4
带轮宽		B	$B=(z-1)e+2f$　　z—轮槽数						
外径		d_a	$d_a=d_d+2h_a$						
轮槽角 φ	32°	相应的基准直径 d_d	≤60						
	34°			≤80	≤118	≤190	≤315		
	36°		>60					≤475	≤600
	38°			>80	>118	>190	>315	>475	>600
	极限偏差		±0.5°						

表14-20　窄V带轮（有效宽度制）轮槽截面及尺寸（摘自 GB/T 13575.2—2008）（单位：mm）

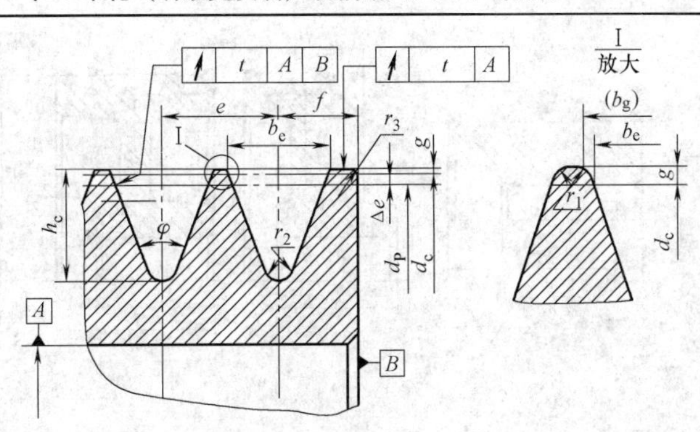

槽型	d_e	φ/(°)	b_e	Δe	e	f_{min}	h_c	(b_g)	g	r_1	r_2	r_3
9N、9J	≤90 >90~150 >150~305 >305	36 38 40 42	8.9	0.6	10.3 ±0.25	9	$9.5^{+0.5}_{0}$	9.23 9.24 9.26 9.28	0.5	0.2~ 0.5	0.5 1.0	1~2
15N、15J	≤255 >255~405 >405	38 40 42	15.2	1.3	17.5 ±0.25	13	$15.5^{+0.5}_{0}$	15.54 15.56 15.58	0.5	0.2~0.5	0.5~1.0	2~3
25N、25J	≤405 >405~570 >570	38 40 42	25.4	2.5	28.6 ±0.25	19	$25.5^{+0.5}_{0}$	25.74 25.76 25.78	0.5	0.2~0.5	0.5~1.0	3~5

表14-21　有效宽度制窄V带轮的径向和轴向圆跳动公差（摘自 GB/T 10413—2002）（单位：mm）

有效直径基本值 d_e	径向圆跳动 t_1	轴向圆跳动 t_2	有效直径基本值 d_e	径向圆跳动 t_1	轴向圆跳动 t_2
$d_e \leqslant 125$	0.2	0.3	$1000 < d_e \leqslant 1250$	0.8	1
$125 < d_e \leqslant 315$	0.3	0.4	$1250 < d_e \leqslant 1600$	1	1.2
$315 < d_e \leqslant 710$	0.4	0.6	$1600 < d_e \leqslant 2500$	1.2	1.2
$710 < d_e \leqslant 1000$	0.6	0.8			

表14-22　V带轮的结构形式和辐板厚度（单位：mm）

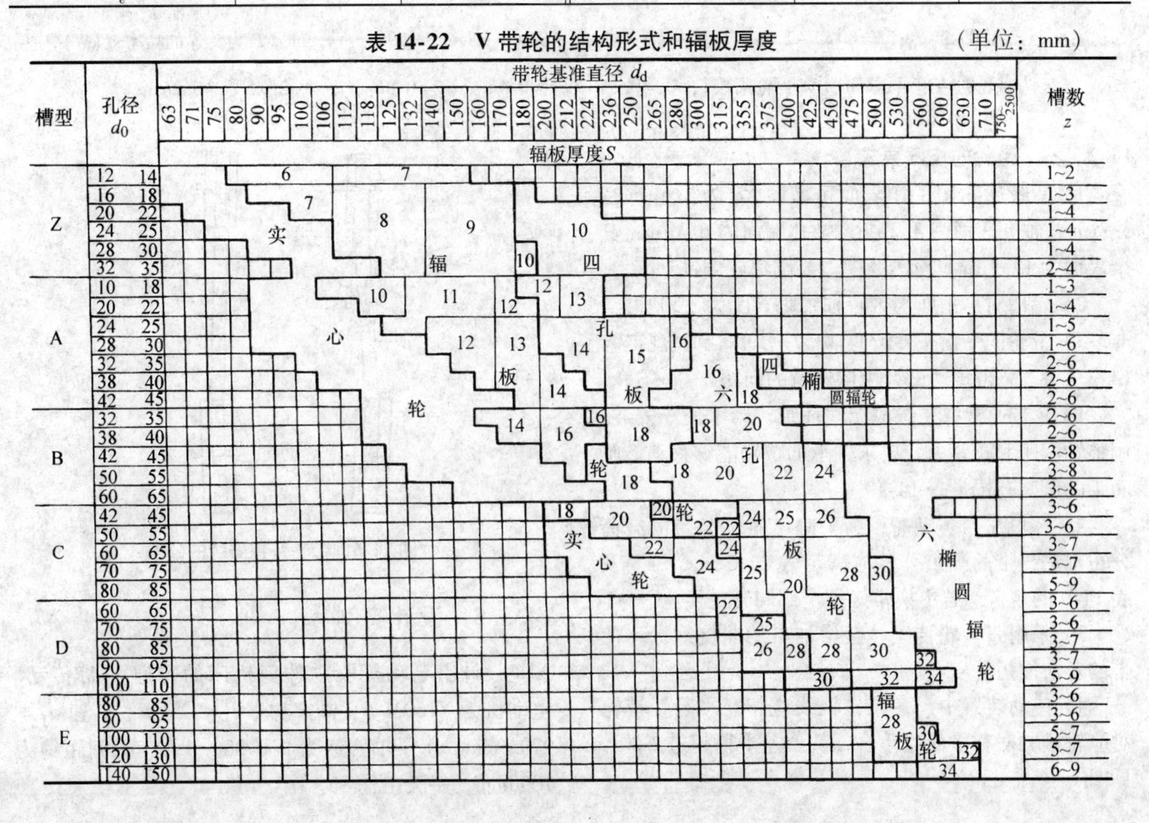

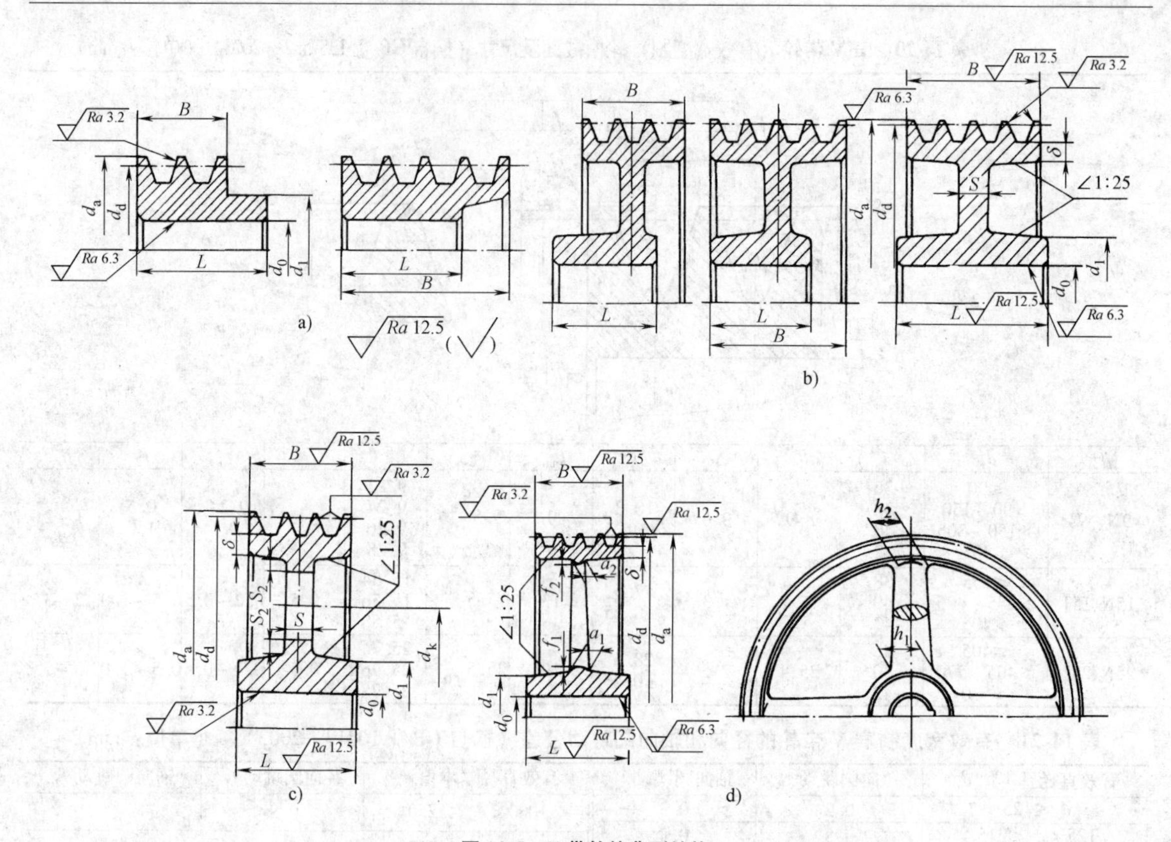

图 14-5 V 带轮的典型结构

a）实心轮 b）辐板轮 c）孔板轮 d）椭圆辐轮

注：$d_1=(1.8\sim2)d_0$；$L=(1.5\sim2)d_0$；S 查表，$S_1\geqslant1.5S$，$S_2\geqslant0.5S$，$h_1=290\sqrt[3]{\frac{P}{nA}}$mm（$P$ 为传递的功率（kW），n 为带轮的转速（r/min），A 为轮辐数），$h_2=0.8h_1$，$a_1=0.4h_1$，$a_2=0.8a_1$，$f_1=0.2h_1$，$f_2=0.2h_2$。

14.2.4.3 带轮的技术要求

1）V 带轮轮槽工作表面粗糙度 Ra 为 1.6μm 或 3.2μm；轴孔表面为 3.2μm，轴孔端面为 6.3μm；其余表面为 12.5μm。轮槽的棱边要倒角或倒钝。

2）轮槽对称平面与带轮轴线垂直度为 ±30′。

3）带轮的平衡按 GB/T 11357—1989 有关规定。

14.2.4.4 V 带传动设计中应注意的问题

1）V 带通常都是做成无端环带。为了便于安装、调整轴间距和预紧力，要求轴承的位置能够移动。轴间距的调整范围见表 14-10。

2）多根 V 带传动时，为了避免各根 V 带的载荷分布不均，带的配组公差应满足表 14-6、表 14-8 及表 14-9 的规定。若更换带必须全部同时更换。

3）采用张紧轮传动，会增加带的曲挠次数，使带的寿命缩短。

4）传动装置中，各带轮轴线应相互平行，带轮对应轮槽的对称平面应重合，其公差不得超过 ±20′，见图 14-6。

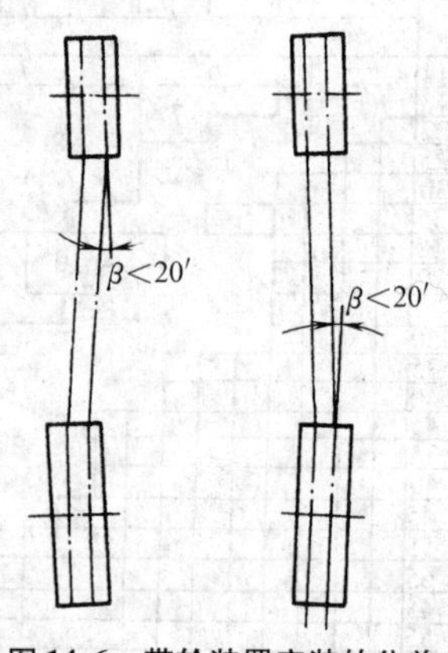

图 14-6 带轮装置安装的公差

14.2.5 设计实例

设计由电动机驱动冲剪机床的普通 V 带传动。电动机为 Y160M-6，额定功率 $P=7.5$kW，转速 $n_1=970$r/min，水泵轴转速为 $n_2=300$r/min，轴间距约为 1000mm，每天工作 8h。

1）设计功率 P_d。由表 14-11 查得工况系数 $K_A = 1.2$：

$$P_d = K_A P = (1.2 \times 7.5)\text{kW} = 9\text{kW}$$

2）选定带型。根据 $P_d = 9\text{kW}$ 和 $n_1 = 970\text{r/min}$，由图 14-2 确定为 B 型。

3）传动比：

$$i = \frac{n_1}{n_2} = \frac{970}{300} = 3.23$$

4）小轮基准直径。参考表 14-16 和图 14-2，取 $d_{d1} = 140\text{mm}$

大轮基准直径：

$$d_{d2} = i d_{d1}(1-\varepsilon) = [3.23 \times 140(1-0.01)]\text{mm} = 447.7\text{mm}$$

由表 14-17 取 $d_{d2} = 450\text{mm}$。

5）水泵轴的实际转速：

$$n_2 = \frac{(1-\varepsilon) n_1 d_{d1}}{d_{d2}} = \frac{(1-0.01)970 \times 140}{450}\text{r/min} = 298.8\text{r/min}$$

6）带速：

$$v = \frac{\pi d_{p1} n_1}{60 \times 1000} = \frac{\pi \times 140 \times 970}{60 \times 1000}\text{m/s} = 7.11\text{m/s}$$

此处取 $d_{p1} = d_{d1}$。

7）初定轴间距。按要求取 $a_0 = 1000\text{mm}$。

8）所需基准长度：

$$L_{d0} = 2a_0 + \frac{\pi}{2}(d_{d1} + d_{d2}) + \frac{(d_{d2} - d_{d1})^2}{4a_0}$$

$$= \left[2 \times 1000 + \frac{\pi}{2}(140 + 450) + \frac{(450-140)^2}{4 \times 1000}\right]\text{mm} = 2870.9\text{mm}$$

由表 14-6 选取基准长度 $L_d = 2800\text{mm}$

9）实际轴间距。按表 14-10 中 9 的计算公式：

$$a \approx a_0 + \frac{L_d - L_{d0}}{2} = \left(1000 + \frac{2800 - 2870.9}{2}\right)\text{mm} = 964.6\text{mm}$$

安装时所需最小轴间距：

$$a_{min} = a - 0.015L_d = (964.6 - 0.015 \times 2800)\text{mm} = 922.6\text{mm}$$

张紧或补偿伸长所需最大轴间距：

$$a_{max} = a + 0.03L_d = (964.6 + 0.03 \times 2800)\text{mm} = 1048.6\text{mm}$$

10）小带轮包角：

$$\alpha_1 = 180° - \frac{d_{d2} - d_{d1}}{a} \times 57.3° = 180° - \frac{450-140}{964.6} \times 57.3° = 161.6°$$

11）单根 V 带的基本额定功率。根据 $d_{d1} = 140\text{mm}$ 和 $n_1 = 970\text{r/min}$，由表 14-16d 查得 B 型带 $P_1 = 2.11\text{kW}$。

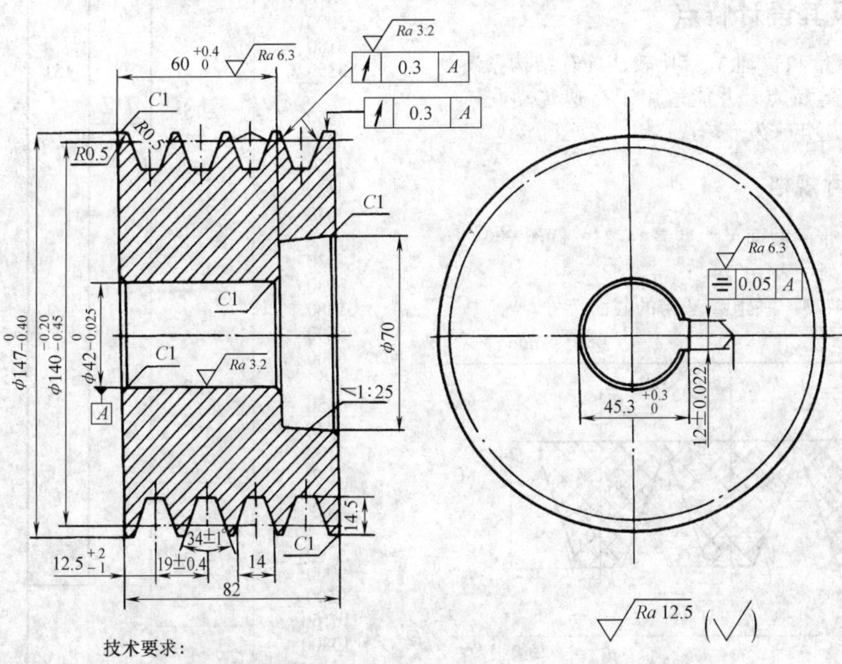

图 14-7　普通 V 带轮工作图

12）考虑传动比的影响，额定功率的增量 ΔP_1 由表 14-16d 查得：$\Delta P_1 = 0.306\text{kW}$。

13）V 带的根数：

由表 14-12 查得 $K_a = 0.953$

由表 14-14 查得 $K_L = 1.05$

$$z = \frac{P_d}{(P_1 + \Delta P_1)K_a K_L} = \frac{9}{(2.11 + 0.306) \times 0.953 \times 1.05}\text{根} = 3.72\text{根}$$

取 4 根。

14）单根 V 带的预紧力：

由表 14-13 查得 $m = 0.17\text{kg/m}$

$$F_0 = 500\left(\frac{2.5}{K_a} - 1\right)\frac{P_d}{zv} + mv^2 = \left[500\left(\frac{2.5}{0.953} - 1\right)\frac{9}{4 \times 7.11} + 0.17 \times (7.11)^2\right]\text{N} = 265.4\text{N}$$

15）带轮的结构和尺寸。此处以小带轮为例，确定其结构和尺寸。

由 Y160M-6 电动机可知，其轴伸直径 $d = 42\text{mm}$，长度 $L = 110\text{mm}$。故小带轮轴孔直径应取 $d_0 = 42\text{mm}$，毂长应小于 110mm。

由表 14-22 查得，小带轮结构为实心轮。

轮槽尺寸及轮宽按表 14-19 计算，参考图 14-5 典型结构，画出小带轮工作图见图 14-7。

14.3　联组窄 V 带（有效宽度制）传动及其设计特点

联组窄 V 带和普通 V 带比较，具有结构紧凑、寿命长、节能等特点，并能适用于高速传动（$v = 35 \sim 45\text{m/s}$），近年来发展较快。

14.3.1　尺寸规格

联组窄 V 带的截面尺寸见表 14-23。联组窄 V 带的有效长度系列见表 14-24。

表 14-23　联组窄 V 带的截面尺寸

（单位：mm）

带型	b	h	e	θ	联组根数
9J	9.5	10	10.3	40°	2 ~ 5
15J	15.5	16	17.5		
25J	25.5	26.5	28.6		

表 14-24　窄 V 带和联组窄 V 带的有效长度系列　（单位：mm）

<table>
<tr><th colspan="2">有效长度 L_e</th><th colspan="3">带　型</th><th rowspan="2">配组公差</th></tr>
<tr><th>基本尺寸</th><th>极限偏差</th><th>9J</th><th>15J</th><th>25J</th></tr>
<tr><td>630</td><td rowspan="13">±8</td><td rowspan="31">9J</td><td rowspan="11"></td><td rowspan="24"></td><td rowspan="16">2.5</td></tr>
<tr><td>670</td></tr>
<tr><td>710</td></tr>
<tr><td>760</td></tr>
<tr><td>800</td></tr>
<tr><td>850</td></tr>
<tr><td>900</td></tr>
<tr><td>950</td></tr>
<tr><td>1010</td></tr>
<tr><td>1080</td></tr>
<tr><td>1145</td></tr>
<tr><td>1205</td><td rowspan="36">15J</td></tr>
<tr><td>1270</td></tr>
<tr><td>1345</td><td rowspan="8">±10</td></tr>
<tr><td>1420</td></tr>
<tr><td>1525</td></tr>
<tr><td>1600</td><td rowspan="9">5</td></tr>
<tr><td>1700</td></tr>
<tr><td>1800</td></tr>
<tr><td>1900</td></tr>
<tr><td>2030</td></tr>
<tr><td>2160</td><td rowspan="4">±13</td></tr>
<tr><td>2290</td></tr>
<tr><td>2410</td></tr>
<tr><td>2540</td><td rowspan="29">25J</td></tr>
<tr><td>2690</td><td rowspan="12">±15</td><td rowspan="11">7.5</td></tr>
<tr><td>2840</td></tr>
<tr><td>3000</td></tr>
<tr><td>3180</td></tr>
<tr><td>3350</td></tr>
<tr><td>3550</td></tr>
<tr><td>3810</td><td rowspan="22"></td></tr>
<tr><td>4060</td></tr>
<tr><td>4320</td></tr>
<tr><td>4570</td></tr>
<tr><td>4830</td></tr>
<tr><td>5080</td><td rowspan="7">10</td></tr>
<tr><td>5380</td><td rowspan="7">±20</td></tr>
<tr><td>5690</td></tr>
<tr><td>6000</td></tr>
<tr><td>6350</td></tr>
<tr><td>6730</td></tr>
<tr><td>7100</td></tr>
<tr><td>7620</td><td rowspan="6">12.5</td></tr>
<tr><td>8000</td><td rowspan="5">±25</td></tr>
<tr><td>8500</td></tr>
<tr><td>9000</td></tr>
<tr><td>9500</td><td rowspan="6"></td></tr>
<tr><td>10160</td></tr>
<tr><td>10800</td><td rowspan="4">±30</td><td rowspan="4">15</td></tr>
<tr><td>11430</td></tr>
<tr><td>12060</td></tr>
<tr><td>12700</td></tr>
</table>

14.3.2　设计计算

窄 V 带、联组窄 V 带（有效宽度制）的设计计算方法，可参照表 14-10 进行。但在设计计算时应考虑以下几点：

1）选择带型时，是根据设计功率 P_d 和小带轮转速 n_1 由图 14-4 选取。

2）确定大、小带轮直径时，应根据表 14-18 选定其有效直径 d_e。

3）计算传动比 i、带速 v 时，必须用带轮的节圆直径 d_p；而计算带长 L_e、轴间距 a 和包角 α 时，则用带轮的有效直径 d_e。$d_p\delta-d_e$ 关系如下：

$$d_p = d_e - 2\Delta_e$$

Δ_e 值查表 14-20。节圆直径 d_p 和有效直径 d_e 的对应关系也可由表 14-20 直接查得。

4）根据有效直径计算所需的带长，应按表 14-24 选取带的有效长度 L_e。

5）计算带的根数时，基本额定功率、$i\neq1$ 时额定功率的增量，查表 14-16l ~ n，包角修正系数 K_a 查表 14-12，带长修正系数 K_L 查表 14-15。

6）联组窄 V 带的设计计算和窄 V 带完全相同，按所需根数选取联组带和组合形式。产品有 2、3、4、5 联组四种，可参考表 14-25。

表 14-25　联组窄 V 带的组合

所需窄 V 带根数	组合形式	所需窄 V 带根数	组合形式
6	3,3[①]	12	4,4,4
7	3,4	13	4,5,4
8	4,4	14	5,4,5
9	5,4	15	5,5,5
10	5,5	16	4,4,4,4
11	4,3,4		

① 数字表示一根联组窄 V 带的联组根数。

14.3.3　带轮

联组带轮（有效宽度制）的有效直径系列见表 14-18。带轮的设计中除轮缘尺寸按表 14-20 计算外，其余均可参照 14.2.3 节进行。

14.4　同步带

14.4.1　同步带的类型和标记

常用的同步带有梯形齿和圆弧形齿两类。按齿在带上的布置，有罩面齿和双面齿两种。单面齿的标记示例如下：

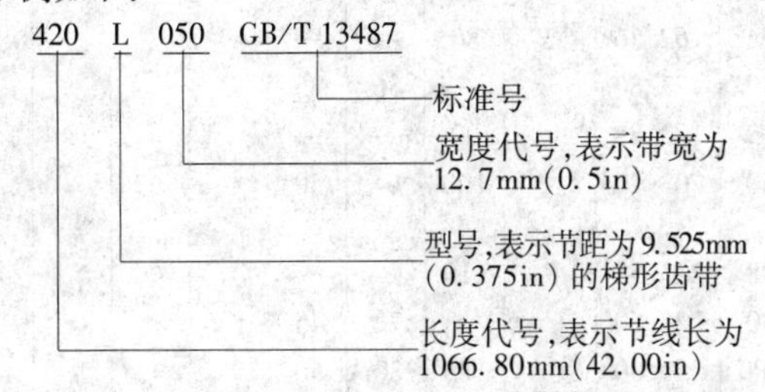

对称式双面齿同步带用 DA 表示，交叉式双面齿同步带用 DB 表示。图 14-8 表示符号加在单面齿同步带型号之前，其余标记表示方法不变。如 420DB L050　GB/T 13487。

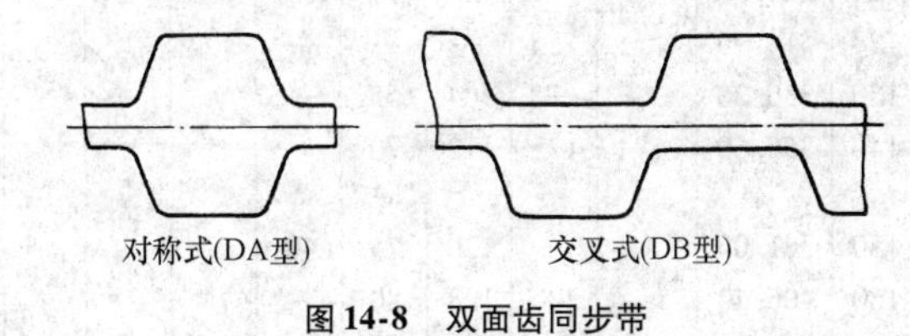

图 14-8　双面齿同步带

14.4.2　梯形同步带的规格（表 14-26 ~ 表 14-28）

表 14-26　梯形齿标准同步带的齿形尺寸（摘自 GB/T 11616—1989）　（单位：mm）

带型[①]	节距 p_b	齿形角 $2\beta/(°)$	齿根厚 s	齿高 h_t	带高[②] h_s	齿根圆角半径 r_r	齿顶圆角半径 r_a
MXL	2.032	40	1.14	0.51	1.14	0.13	0.13
XXL	3.175	50	1.73	0.76	1.52	0.20	0.30
XL	5.080	50	2.57	1.27	2.3	0.38	0.38
L	9.525	40	4.65	1.91	3.6	0.51	0.51
H	12.700	40	6.12	2.29	4.3	1.02	1.02
XH	22.225	40	12.57	6.35	11.2	1.57	1.19
XXH	31.750	40	19.05	9.53	15.7	2.29	1.52

① 带型即节距代号。MXL—最轻型；XXL—超轻型；XL—特轻型；L—轻型；H—重型；XH—特重型；XXH—超重型。

② 系单面带的带高。

表 14-27　梯形齿同步带的节线长系列及极限偏差（摘自 GB/T 11616—1989）

带长代号	节线长 L_p/mm 基本尺寸	节线长 L_p/mm 极限偏差	节线长上的齿数 MXL	XXL	XL	L	H	XH	XXH
36	91.44	±0.41	45	—					
40	101.60		50	—					
44	111.76		55	—					
48	121.92		60	—					
50	127.00		—	40					
56	142.24		70	—					
60	152.40		75	48	30				
64	162.56		80	—	—				
70	177.80		—	56	35				
72	182.88		90	—	—				
80	203.20		100	64	40				
88	223.52		110	—	—				
90	228.60		—	72	45				
100	254.00		125	80	50				
110	279.40	±0.46	—	88	55				
112	284.48		140	—	—				
120	304.80		—	96	60	—			
124	314.33		—	—	—	33			
124	314.96		155	—	—	—			
130	330.20		—	104	65	—			
140	355.60		175	112	70	—			
150	381.00	±0.51	—	120	75	40			
160	406.40		200	128	80	—			
170	431.80		—	—	85	—			
180	457.20		225	144	90	—			
187	476.25		—	—	—	50			
190	482.60		—	—	95	—			
200	508.00		250	160	100	—			
210	533.40	±0.61	—	—	105	56			
220	558.80		—	176	110	—			
225	571.50			—	—	60			
230	584.20				115	—	—		
240	609.60				120	64	48		
250	635.00				125	—	—		
255	647.70				—	68	—		
260	660.40				130	—	—		
270	685.80					72	54		
285	723.90					76	—		
300	762.00					80	60		
322	819.15	±0.66				86	—		
330	838.20					—	66		

带长代号	节线长 L_p/mm 基本尺寸	节线长 L_p/mm 极限偏差	节线长上的齿数 MXL	XXL	XL	L	H	XH	XXH
345	876.30	±0.66				92	—		
360	914.40					—	72		
367	933.45					98	—		
390	990.60					104	78		
420	1066.80	±0.76				112	84		
450	1143.00					120	90	—	
480	1219.20					128	96	—	
507	1289.05	±0.81				—	—	58	
510	1295.40					136	102	—	
540	1371.60					144	108	—	
560	1422.40					—	—	64	
570	1447.80					—	114	—	
600	1524.00					160	120	—	
630	1600.20	±0.86				—	126	72	
660	1676.40					—	132	—	
700	1778.00						140	80	56
750	1905.00	±0.91					150	—	—
770	1955.80						—	88	—
800	2032.00						160	—	64
840	2133.60	±0.97					—	96	—
850	2159.00						170	—	—
900	2286.00						180	—	72
980	2489.20	±1.02					—	112	—
1000	2540.00						200	—	80
1100	2794.00	±1.07					220	—	—
1120	2844.80	±1.12					—	128	—
1200	3048.00						—	—	96
1250	3175.00	±1.17					250	—	—
1260	3200.40						—	144	—
1400	3556.00	±1.22					280	160	112
1540	3911.60	±1.32					—	176	—
1600	4064.00						—	—	128
1700	4318.00	±1.37					340	—	—
1750	4445.00	±1.42						200	—
1800	4572.00							—	144

表 14-28　梯形齿同步带宽度 b_s 系列　　　　（单位：mm）

带宽 代号	带宽 尺寸系列	极限偏差 $L_p<838.20$	极限偏差 $L_p>838.20\sim1676.40$		极限偏差 $L_p>1676.40$		MXL	XXL	XL	L	H	XH	XXH
012	3.0												
019	4.8	+0.5 −0.8											
025	6.4						MXL	XXL					
031	7.9								XL				
037	9.5												
050	12.7												
075	19.1		+0.8 −1.3							L			
100	25.4	±0.8			+0.8 −1.3								
150	38.1												
200	50.8	+0.8 −1.3 (H)①	±1.3(H)		+1.3 −1.5 (H)						H		
300	76.2	+1.3 −1.5 (H)	±1.5(H)	±0.48	+1.5 −2.0 (H)	±0.48						XH	XXH
400	101.6												
500	127.0												

① 极限偏差只适用于括号内的带型。

14.4.3　梯形同步带的性能（图 14-9，表 14-29 ~ 表 14-31）

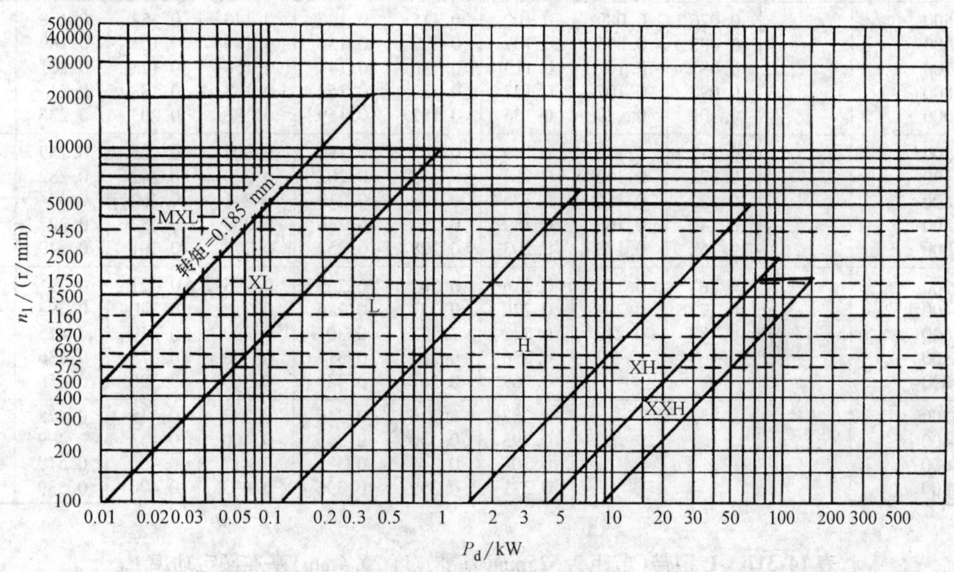

图 14-9　梯形齿同步带选型图

表 14-29　同步带允许最大线速度（摘自 GB/T 11362—2008）

带型	MXL、XXL、XL	L、H	XH、XXH
v_{max}/(m/s)	40 ~ 50	35 ~ 40	25 ~ 30

表 14-30　带的许用工作张力 T_a 及单位长度质量 m

带型	T_a/N	m/(kg/m)
MXL	27	0.007
XXL	31	0.010
XL	50.17	0.022
L	244.46	0.095
H	2100.85	0.448
XH	4048.90	1.484
XXH	6398.03	2.473

表 14-31a　XL 型带（节距 5.080mm，基准宽度 9.5mm）基准额定功率 P_0

（单位：kW）

小带轮转速 n_1/(r/min)	小带轮齿数和节圆直径/mm									
	10 16.17	12 19.40	14 22.64	16 25.87	18 29.11	20 32.34	22 35.57	24 38.81	28 45.28	30 48.51
950	0.040	0.048	0.057	0.065	0.073	0.081	0.089	0.097	0.113	0.121
1160	0.049	0.059	0.069	0.079	0.089	0.098	0.108	0.118	0.138	0.147
1425	—	0.073	0.085	0.097	0.109	0.121	0.133	0.145	0.169	0.181
1750	—	0.089	0.104	0.119	0.134	0.148	0.163	0.178	0.207	0.221
2850	—	0.145	0.169	0.193	0.216	0.240	0.263	0.287	0.333	0.355
3450	—	0.175	0.204	0.232	0.261	0.289	0.317	0.345	0.399	0.425
100	0.004	0.005	0.006	0.007	0.008	0.009	0.009	0.010	0.012	0.013
200	0.009	0.010	0.012	0.014	0.015	0.017	0.019	0.020	0.024	0.026
300	0.013	0.015	0.018	0.020	0.023	0.026	0.028	0.031	0.036	0.038
400	0.017	0.020	0.024	0.027	0.031	0.034	0.037	0.041	0.048	0.051
500	0.021	0.026	0.030	0.034	0.038	0.043	0.047	0.051	0.060	0.064
600	0.026	0.031	0.036	0.041	0.046	0.051	0.056	0.061	0.071	0.076
700	0.030	0.036	0.042	0.048	0.054	0.060	0.065	0.071	0.083	0.089
800	0.034	0.041	0.048	0.054	0.061	0.068	0.075	0.082	0.095	0.102
900	0.038	0.046	0.054	0.061	0.069	0.076	0.084	0.092	0.107	0.115
1000	0.043	0.051	0.060	0.068	0.076	0.085	0.093	0.102	0.119	0.127
1100	0.047	0.056	0.065	0.075	0.084	0.093	0.103	0.112	0.131	0.140
1200	—	0.061	0.071	0.082	0.092	0.102	0.112	0.122	0.142	0.152
1300	—	0.066	0.077	0.088	0.099	0.110	0.121	0.132	0.154	0.165
1400	—	0.071	0.083	0.095	0.107	0.119	0.131	0.142	0.166	0.178
1500		0.076	0.089	0.102	0.115	0.127	0.140	0.152	0.178	0.190
1600		0.082	0.095	0.109	0.122	0.136	0.149	0.163	0.189	0.203
1700		0.087	0.101	0.115	0.130	0.144	0.158	0.173	0.201	0.215
1800		0.092	0.107	0.122	0.137	0.152	0.168	0.183	0.213	0.228
2000		0.102	0.119	0.136	0.152	0.169	0.186	0.203	0.236	0.252
2200		0.112	0.131	0.149	0.168	0.186	0.204	0.223	0.259	0.277
2400		0.122	0.142	0.163	0.183	0.203	0.223	0.242	0.282	0.301
2600		0.132	0.154	0.176	0.198	0.219	0.241	0.262	0.304	0.325
2800		0.142	0.166	0.189	0.213	0.236	0.259	0.282	0.327	0.349
3000		0.152	0.178	0.203	0.228	0.252	0.277	0.301	0.349	0.373
3200		0.163	0.189	0.216	0.242	0.269	0.295	0.321	0.371	0.396
3400		0.173	0.201	0.229	0.257	0.285	0.312	0.340	0.393	0.420
3600		0.183	0.213	0.242	0.272	0.301	0.330	0.359	0.415	0.443
3800		—	—	0.256	0.287	0.317	0.348	0.378	0.436	0.465
4000		—	—	0.269	0.301	0.333	0.365	0.396	0.458	0.487
4200				0.282	0.316	0.349	0.382	0.415	0.478	0.509
4400				0.295	0.330	0.365	0.400	0.433	0.499	0.531
4600				0.308	0.345	0.381	0.417	0.452	0.519	0.552
4800				0.321	0.359	0.396	0.433	0.470	0.539	0.573

表 14-31b　L 型带（节距 9.525mm，基准宽度 25.4mm）基准额定功率 P_0

（单位：kW）

小带轮转速 n_1/(r/min)	小带轮齿数和节圆直径/mm														
	12 36.38	14 42.45	16 48.51	18 54.57	20 60.64	22 66.70	24 72.77	26 78.83	28 84.89	30 90.90	32 97.02	36 109.15	40 121.28	44 133.40	48 145.53
725	0.34	0.39	0.45	0.51	0.56	0.62	0.67	0.73	0.78	0.84	0.90	1.01	1.12	1.23	1.33
870	0.40	0.47	0.54	0.61	0.67	0.74	0.81	0.87	0.94	1.01	1.07	1.20	1.33	1.46	1.59
950	0.44	0.52	0.59	0.66	0.73	0.81	0.88	0.95	1.03	1.10	1.17	1.31	1.45	1.59	1.73
1160	0.54	0.63	0.72	0.81	0.90	0.98	1.07	1.16	1.25	1.33	1.42	1.59	1.76	1.93	2.09
1425	—	0.77	0.88	0.99	1.10	1.20	1.31	1.42	1.52	1.63	1.73	1.94	2.14	2.34	2.53
1750	—	0.95	1.08	1.21	1.34	1.47	1.60	1.73	1.86	1.98	2.11	2.35	2.59	2.81	3.03
2850	—	—	1.73	1.94	2.14	2.34	2.53	2.72	2.90	3.08	3.25	3.57	3.86	4.11	4.33
3450	—	—	2.08	2.32	2.55	2.78	3.00	3.21	3.40	3.59	3.77	4.09	4.35	4.56	4.69
100	0.05	0.05	0.06	0.07	0.08	0.09	0.09	0.10	0.11	0.12	0.12	0.14	0.16	0.17	0.19
200	0.09	0.11	0.12	0.14	0.16	0.17	0.19	0.20	0.22	0.23	0.25	0.28	0.31	0.34	0.37

（续）

小带轮转速 n_1/(r/min)	小带轮齿数和节圆直径/mm														
	12 36.38	14 42.45	16 48.51	18 54.57	20 60.64	22 66.70	24 72.77	26 78.83	28 84.89	30 90.90	32 97.02	36 109.15	40 121.28	44 133.40	48 145.53
300	0.14	0.16	0.19	0.21	0.23	0.26	0.28	0.30	0.33	0.35	0.37	0.42	0.47	0.51	0.56
400	0.19	0.22	0.25	0.28	0.31	0.34	0.37	0.40	0.43	0.47	0.50	0.56	0.62	0.68	0.74
500	0.23	0.27	0.31	0.35	0.39	0.43	0.47	0.50	0.54	0.58	0.62	0.70	0.77	0.85	0.93
600	0.28	0.33	0.37	0.42	0.47	0.51	0.56	0.60	0.65	0.70	0.74	0.83	0.93	1.02	1.11
700	0.33	0.38	0.43	0.49	0.54	0.60	0.65	0.70	0.76	0.81	0.87	0.97	1.08	1.18	1.29
800	0.37	0.43	0.50	0.56	0.62	0.68	0.74	0.80	0.86	0.93	0.99	1.11	1.23	1.35	1.47
900	0.42	0.49	0.56	0.63	0.70	0.77	0.83	0.90	0.97	1.04	1.11	1.24	1.38	1.51	1.65
1000	0.47	0.54	0.62	0.70	0.77	0.85	0.93	1.00	1.08	1.15	1.23	1.38	1.53	1.67	1.82
1100	0.51	0.60	0.68	0.77	0.85	0.93	1.02	1.10	1.18	1.27	1.35	1.51	1.68	1.83	1.99
1200	0.56	0.65	0.74	0.83	0.93	1.02	1.11	1.20	1.29	1.38	1.47	1.65	1.82	1.99	2.16
1300	0.60	0.70	0.80	0.90	1.00	1.10	1.20	1.30	1.39	1.49	1.59	1.78	1.96	2.15	2.33
1400	0.65	0.76	0.87	0.97	1.08	1.18	1.29	1.39	1.50	1.60	1.70	1.91	2.11	2.30	2.49
1500	0.70	0.81	0.93	1.04	1.15	1.27	1.38	1.49	1.60	1.71	1.82	2.04	2.25	2.45	2.65
1600	0.74	0.87	0.99	1.11	1.23	1.35	1.47	1.59	1.70	1.82	1.94	2.16	2.38	2.60	2.81
1700	0.79	0.92	1.05	1.18	1.30	1.43	1.56	1.68	1.81	1.93	2.05	2.29	2.52	2.74	2.96
1800	0.83	0.97	1.11	1.24	1.38	1.51	1.65	1.78	1.91	2.04	2.16	2.41	2.65	2.88	3.11
1900	0.88	1.03	1.17	1.31	1.45	1.59	1.73	1.87	2.01	2.14	2.27	2.53	2.78	3.02	3.25
2000	0.93	1.08	1.23	1.38	1.53	1.67	1.82	1.96	2.11	2.25	2.38	2.65	2.91	3.15	3.39
2200	1.02	1.18	1.35	1.51	1.68	1.83	1.99	2.15	2.30	2.45	2.60	2.88	3.16	3.41	3.65
2400	1.11	1.29	1.47	1.65	1.82	1.99	2.16	2.33	2.49	2.65	2.81	3.11	3.39	3.65	3.89
2600	1.20	1.39	1.59	1.78	1.96	2.15	2.33	2.51	2.68	2.85	3.01	3.32	3.61	3.87	4.10
2800	1.29	1.50	1.70	1.91	2.11	2.30	2.49	2.68	2.86	3.03	3.20	3.52	3.81	4.07	4.29
3000	1.38	1.60	1.82	2.04	2.25	2.45	2.65	2.85	3.03	3.21	3.39	3.71	4.00	4.24	4.45
3200	—	1.70	1.94	2.16	2.38	2.60	2.81	3.01	3.20	3.39	3.56	3.89	4.17	4.40	4.58
3400	—	1.81	2.05	2.29	2.52	2.74	2.96	3.17	3.37	3.55	3.73	4.05	4.32	4.53	4.67
3600		1.91	2.16	2.41	2.65	2.88	3.11	3.32	3.52	3.71	3.89	4.20	4.45	4.63	4.74
3800		2.01	2.27	2.53	2.78	3.02	3.25	3.47	3.67	3.86	4.03	4.33	4.56	4.70	4.76
4000		2.11	2.38	2.65	2.91	3.15	3.39	3.61	3.81	4.00	4.17	4.45	4.65	4.75	4.75
4200		—	2.49	2.77	3.03	3.28	3.52	3.74	3.94	4.13	4.29	4.55	4.71	4.76	4.70
4400		—	2.60	2.88	3.16	3.41	3.65	3.87	4.07	4.24	4.40	4.63	4.75	4.74	4.60
4600			2.70	3.00	3.27	3.53	3.77	3.99	4.18	4.35	4.49	4.69	4.76	4.69	4.46
4800			2.81	3.11	3.39	3.65	3.89	4.10	4.29	4.45	4.58	4.74	4.75	4.60	4.27

注：[ ]中数值为带轮圆周速度在33m/s以上时的功率值，设计时带轮用碳素钢或铸钢。

表 14-31c H型带（节距12.7mm，基准宽度76.2mm）**基准额定功率 P_0** （单位：kW）

小带轮转速 n_1/(r/min)	小带轮齿数和节圆直径/mm													
	14 56.60	16 64.68	18 72.77	20 80.85	22 88.94	24 97.02	26 105.11	28 113.19	30 121.28	32 129.36	36 145.53	40 161.70	44 177.87	48 194.04
725	4.51	5.15	5.79	6.43	7.08	7.71	8.35	8.99	9.63	10.26	11.53	12.79	14.05	15.30
870	5.41	6.18	6.95	7.71	8.48	9.25	10.01	10.77	11.53	12.29	13.80	15.30	16.78	18.26
950	—	6.74	7.58	8.42	9.26	10.09	10.92	11.75	12.58	13.40	15.04	16.66	18.28	19.87
1160	—	8.23	9.25	10.26	11.28	12.29	13.30	14.30	15.30	16.29	18.26	20.21	22.13	24.03
1425	—	—	11.33	12.57	13.81	15.04	16.26	17.47	18.68	19.87	22.24	24.56	26.83	29.06
1750	—	—	13.88	15.38	16.88	18.36	19.83	21.28	22.73	24.16	26.95	29.67	32.30	34.84
2850	—	—	—	24.56	26.84	29.06	31.22	33.33	35.37	37.33	41.04	44.40	47.39	49.96
3450	—	—	—	29.29	31.90	34.41	36.82	39.13	41.32	43.38	47.09	50.20	52.64	54.35
100	0.62	0.71	0.80	0.89	0.98	1.07	1.16	1.24	1.33	1.42	1.60	1.78	1.96	2.13
200	1.25	1.42	1.60	1.78	1.96	2.13	2.31	2.49	2.67	2.84	3.20	3.56	3.91	4.27
300	1.87	2.13	2.40	2.67	2.93	3.20	3.47	3.73	4.00	4.27	4.80	5.33	5.86	6.39
400	2.49	2.84	3.20	3.56	3.91	4.27	4.62	4.97	5.33	5.68	6.39	7.10	7.80	8.51
500	3.11	3.56	4.00	4.44	4.89	5.33	5.77	6.21	6.66	7.10	7.98	8.86	9.74	10.61
600	3.73	4.27	4.80	5.33	5.86	6.39	6.92	7.45	7.98	8.51	9.56	10.61	11.66	12.71
700	4.35	4.97	5.59	6.21	6.83	7.45	8.07	8.68	9.30	9.91	11.14	12.36	13.57	14.78
800	4.97	5.68	6.39	7.10	7.80	8.51	9.21	9.91	10.61	11.31	12.71	14.09	15.47	16.83
900	—	6.39	7.19	7.98	8.77	9.56	10.35	11.14	11.92	12.71	14.26	15.81	17.35	18.87
1000	—	7.10	7.98	8.86	9.74	10.61	11.49	12.36	13.23	14.09	15.81	17.52	19.20	20.87
1100	—	7.80	8.77	9.74	10.70	11.66	12.62	13.57	14.52	15.47	17.35	19.20	21.04	22.85
1200	—	8.51	9.56	10.61	11.66	12.71	13.75	14.78	15.81	16.83	18.87	20.87	22.85	24.80

（续）

小带轮转速 n_1/(r/min)	小带轮齿数和节圆直径/mm													
	14 56.60	16 64.68	18 72.77	20 80.85	22 88.94	24 97.02	26 105.11	28 113.19	30 121.28	32 129.36	36 145.53	40 161.70	44 177.87	48 194.04
1300		9.21	10.35	11.49	12.62	13.74	14.87	15.98	17.09	18.19	20.38	22.53	24.64	26.72
1400		9.91	11.14	12.36	13.57	14.78	15.98	17.18	18.36	19.54	21.87	24.16	26.40	28.59
1500		10.61	11.92	13.23	14.52	15.81	17.09	18.36	19.62	20.87	23.34	25.76	28.13	30.43
1600		11.31	12.71	14.09	15.47	16.83	18.19	19.54	20.88	22.20	24.80	27.35	29.82	32.23
1700		12.01	13.49	14.95	16.41	17.85	19.29	20.71	22.12	23.51	26.24	28.90	31.48	33.98
1800		12.71	14.26	15.81	17.35	18.87	20.38	21.87	23.34	24.80	27.66	30.43	33.11	35.68
1900		13.40	15.04	16.66	18.28	19.87	21.46	23.02	24.56	26.08	29.06	31.93	34.69	37.33
2000		14.09	15.81	17.52	19.20	20.87	22.53	24.16	25.76	27.35	30.43	33.40	36.24	38.93
2100		—	16.58	18.36	20.13	20.13	23.59	23.59	26.95	31.78	31.78	34.84	37.74	40.47
2200		—	17.35	19.20	21.04	22.85	24.64	26.40	28.13	29.82	33.11	36.24	39.19	41.96
2300			18.11	20.04	21.95	23.83	25.68	27.50	29.29	31.03	34.41	37.60	40.60	43.38
2400			18.87	20.87	22.85	24.80	26.72	28.59	30.43	32.23	35.68	38.93	41.96	44.73
2500			19.62	21.70	23.75	25.76	27.74	29.67	31.56	33.40	36.92	40.22	43.26	46.02
2600			20.38	22.53	24.64	26.72	28.75	30.73	32.67	34.55	38.14	41.47	44.51	47.24
2800			21.87	24.16	26.40	28.59	30.73	32.82	34.84	36.79	40.47	43.84	46.84	49.45
3000			23.35	25.76	28.13	30.43	32.67	34.84	36.93	38.93	42.67	46.02	48.93	51.35
3200			24.80	27.35	29.82	32.23	34.55	36.79	38.93	40.97	44.73	48.01	50.75	52.91
3400			26.24	28.90	31.49	33.98	36.38	38.67	40.85	42.91	46.64	49.79	52.30	54.11
3600			—	30.43	33.11	35.68	38.14	40.47	42.68	44.73	48.38	51.35	53.55	54.92
3800			—	31.93	34.69	37.33	39.84	42.20	44.40	46.43	49.96	52.67	54.49	55.33
4000				33.40	36.24	38.93	41.47	43.84	46.02	48.01	51.35	53.75	55.10	55.31
4200				34.84	37.74	40.47	43.03	45.39	47.53	49.45	52.55	54.56	55.37	54.84
4400				36.24	39.19	41.96	44.51	46.84	48.93	50.75	53.55	55.10	55.27	53.90
4600				37.60	40.60	43.38	45.92	48.20	50.20	51.91	54.35	55.36	54.78	52.46
4800				38.93	41.96	44.73	47.24	49.45	51.35	52.91	54.92	55.31	53.90	50.50

注：[虚线框]中数值为带轮圆周速度在 33m/s 以上时的功率值，设计时带轮用碳素钢或铸钢。

表 14-31d　XH 型带（节距 22.225mm，基准宽度 101.6mm）基准额定功率 P_0　（单位：kW）

小带轮转速 n_1/(r/min)	小带轮齿数和节圆直径/mm						
	22 155.64	24 169.79	26 183.94	28 198.08	30 212.23	32 226.38	40 282.98
575	18.82	20.50	22.17	23.83	25.48	27.13	33.58
585	19.14	20.85	22.55	24.23	25.91	27.58	34.13
690	22.50	24.49	26.47	28.43	30.38	32.30	39.81
725	23.62	25.70	27.77	29.81	31.94	33.85	41.65
870	28.18	30.63	33.05	35.44	37.80	40.13	49.01
950	30.66	33.30	35.91	38.47	41.00	43.47	52.85
1160	37.02	40.13	43.17	46.13	49.01	51.81	62.06
1425	44.70	48.28	51.73	55.05	58.22	61.24	71.52
1750	53.44	57.40	61.14	64.62	67.83	70.74	79.12
2850	—	78.45	80.45	81.36	81.10	79.57	—
3450	—	81.37	80.10	78.90	71.62	64.10	—
100	3.30	3.60	3.90	4.20	4.50	4.80	5.99
200	6.59	7.19	7.79	8.39	8.98	9.58	11.96
300	9.98	10.77	11.66	12.55	13.44	14.33	17.87
400	13.15	14.33	16.51	16.69	17.87	19.04	23.69
500	16.40	17.87	19.33	20.79	22.24	23.69	29.69
600	19.62	21.37	23.11	24.84	26.56	28.26	34.95
700	22.82	24.84	26.84	28.83	30.80	32.75	40.34
800	25.99	28.26	30.52	32.75	34.95	37.13	45.52
900	29.11	31.64	34.13	36.59	39.01	41.39	50.47
1000	32.19	34.95	37.67	40.34	42.96	45.52	55.17
1100	35.23	38.21	41.13	43.99	46.78	49.50	59.57
1200	38.21	41.39	44.50	47.53	50.47	53.32	63.65
1300	41.13	44.50	47.78	50.95	54.02	56.96	67.39
1400	43.99	47.53	50.96	54.25	57.40	60.41	70.74
1500	46.78	50.47	54.02	57.40	60.62	63.65	73.70
1600	49.50	53.32	56.96	60.41	63.65	66.67	76.22
1700	52.15	56.07	59.78	63.26	66.48	69.45	78.27

（续）

小带轮转速 n_1/(r/min)	小带轮齿数和节圆直径/mm						
	22 155.64	24 169.79	26 183.94	28 198.08	30 212.23	32 226.38	40 282.98
1800	54.71	58.71	62.46	65.93	69.11	71.98	79.84
1900	57.18	61.24	65.00	68.43	71.52	74.24	80.88
2000	59.57	63.65	67.39	70.74	73.70	76.22	81.37
2100	61.85	65.94	69.61	72.85	75.63	77.90	81.28
2200	64.04	68.09	71.67	74.76	77.30	79.27	80.59
2300	66.12	70.10	73.56	76.44	78.71	80.32	79.26
2400	68.09	71.98	75.26	77.90	79.84	81.02	77.26
2500	—	73.70	76.78	79.12	80.67	81.37	74.56
2600	—	75.26	78.09	80.09	81.19	81.35	71.15
2800	—	77.90	80.09	81.24	81.28	80.13	—
3000		79.84	81.19	81.28	80.00	77.26	
3200		81.02	81.35	80.13	77.26	72.60	
3400		81.41	80.48	77.11	72.95	66.05	
3600		80.94	78.24	73.94	66.98	—	

注：□中数值为带轮圆周速度在33m/s以上时的功率值，设计时带轮用碳素钢或铸钢。

表14-31e XXH型带（节距31.75mm，基准宽度127mm）基准额定功率 P_0

（单位：kW）

小带轮转速 n_1/(r/min)	小带轮齿数和节圆直径/mm					
	22 222.34	24 242.55	26 262.76	30 303.19	34 343.62	40 404.25
575	42.09	45.76	49.39	56.52	63，45	73.41
585	42.79	46.52	50.21	57.44	64.46	74.53
690	50.11	54.40	58.62	66.83	74.70	85.74
725	52.51	56.98	61.36	69.87	77.97	89.25
870	62.23	67.36	72.34	81.85	90.66	102.38
950	67.41	72.85	78.10	88.01	97.01	108.55
1160	80.31	86.35	92.06	102.38	111.05	120.49
1425	94.85	101.13	106.80	116.11	122.36	125.12
1750	109.43	115.05	119.53	124.72	124.25	111.30
100	7.44	8.122	8.80	10.15	11.50	13.52
200	14.87	16.21	17.55	20.23	22.91	26.90
300	22.24	24.24	26.23	30.20	34.14	39.99
400	29.54	32.18	34.80	39.99	45.12	52.67
500	36.75	39.99	43.21	49.55	55.76	64.78
600	43.85	47.66	51.42	58.80	65.96	76.19
700	50.80	55.14	59.41	67.70	75.64	86.75
800	57.59	62.41	67.12	76.19	84.72	96.33
900	64.19	69.44	74.53	84.20	93.10	104.78
1000	70.58	76.19	81.58	91.67	100.71	111.97
1100	76.74	82.64	88.26	98.56	107.45	117.75
1200	82.64	88.75	94.50	104.79	113.25	121.98
1300	88.26	94.50	100.28	110.30	118.00	124.53
1400	93.57	99.86	105.56	115.05	121.63	125.24
1500	98.56	104.78	110.30	118.96	124.06	123.99
1600	103.19	109.26	114.46	121.98	125.18	120.62
1700	107.45	113.24	118.00	124.06	124.93	115.00
1800	111.31	116.71	120.88	125.12	123.20	106.99

注：□中数值为带轮圆周速度在33m/s以上时的功率值，设计时带轮用碳素钢或铸钢。

14.4.4 梯形齿同步带设计计算

同步带传动的主要失效形式是同步带疲劳断裂，带齿的剪切和压馈，以及同步带两侧边、带齿的磨损。同步带传动设计时，主要是限制单位齿宽的拉力；必要时才校核工作齿面的压力。同步带传动的设计计算见图14-9和表14-32。

表 14-32　同步带传动的设计计算（摘自 GB/T 11362—2008）

计算项目	符号	单位	计算公式和参数选定	说　明
设计功率	P_d	kW	$P_d=K_AP$	P—传递的功率(kW) K_A—载荷修正系数,查表 14-34
选定带型、节距	p_b	mm	根据 P_d 和 n_1 由图 14-9 选取	n_1—小带轮转速(r/min)
小带轮齿数	z_1		$z_1 \geqslant z_{min}$ z_{min}见表 14-33	带速 v 和安装尺寸允许时,z_1 尽可能选取较大值
小带轮节圆直径	d_1	mm	$d_1=\frac{z_1p_b}{\pi}$	可由表 14-31 查得
大带轮齿数	z_2		$z_2=iz_1=\frac{n_1}{n_2}z_1$	i—传动比 n_2—大带轮转速(r/min)
大带轮节圆直径	d_2	mm	$d_2=\frac{z_2p_b}{\pi}$	
带速	v	m/s	$v=\frac{\pi d_1n_1}{60\times1000}\leqslant v_{max}$	通常 XL、L—$v_{max}=50$ H—$v_{max}=40$ HX、XXH—$v_{max}=30$
初定轴间距	a_0	mm	$0.7(d_1+d_2)\leqslant a_0\leqslant 2(d_1+d_2)$	或根据结构要求决定
带节线长	L_p	mm	$L_p=2a_0\cos\phi+\frac{\pi(d_2+d_1)}{2}+\frac{\pi\phi(d_2-d_1)}{180}$	$\phi=\arcsin\left(\frac{d_2-d_1}{2a_0}\right)$
计算中心距	a	mm	1)近似公式(用于 z_2/z_1 较大) $a\approx M+\sqrt{M^2-\frac{1}{8}\left[\frac{P_b(z_2-z_1)}{\pi}\right]}$ 2)精确公式(用于 z_2/z_1 接近 1) $a=\frac{P_b(z_b-z_1)}{2\pi\cos\theta}$ $\text{inv}\theta=\pi\frac{z_b-z_2}{z_2-z_1}$	$M=\frac{P_b}{8}(2z_b-z_1-z_2)$ z_b—带的齿数 θ(见图 14-10)的数值可查表或用逐步逼近法求得 $\text{inv}\theta=\tan\theta-\theta$
小带轮啮合齿数	z_m		$z_m=\text{ent}\left[\frac{z_1}{2}-\frac{p_bz_1}{2\pi^2a}(z_2-z_1)\right]$	ent[ ]—取括号内的整数部分
基准额定功率	P_0	kW	按下式计算 $P_0=\frac{(T_a-mv^2)v}{1000}$ 或由表 14-31 查得	T_a—带宽 b_{so}的许用工作张力(N),查表 14-30 m—带宽 b_{so} 的单位长度质量(kg/m),查表 14-30 v—带的速度单位(m/s)
啮合齿数系数	k_z		$z_m\geqslant 6$ 时,$k_z=1$ $z_m<6$ 时,$k_z=1-0.6(6-z_m)$	
额定功率	P_r	kW	$P_r=\left(k_zk_wT_a-\frac{b_smv^2}{b_{so}}\right)\times v\times10^{-3}$ $P_r\approx k_zk_wP_o$	k_w—宽度系数 $k_w=\left(\frac{b_s}{b_{so}}\right)^{1.14}$
带宽	b_s	mm	根据设计要求,$P_d\leqslant P_r$ 故带宽 $b_s\geqslant b_{so}\left(\frac{p_d}{k_zp_0}\right)^{1/1.14}$	b_{so}—带的基准宽度,见表 14-31 计算结果按 GB/T 11616 确定带宽,一般应使 $b_s<d_1$
验算工作能力	P	kW	$P_r=\left(k_zk_wT_s-\frac{b_smv^2}{b_{so}}\right)v\times10^{-3}>P_d$ 时,传递能力足够	T_s 和 m 查表 14-30 $v=\frac{P_bd_1n_1}{60\times1000}$

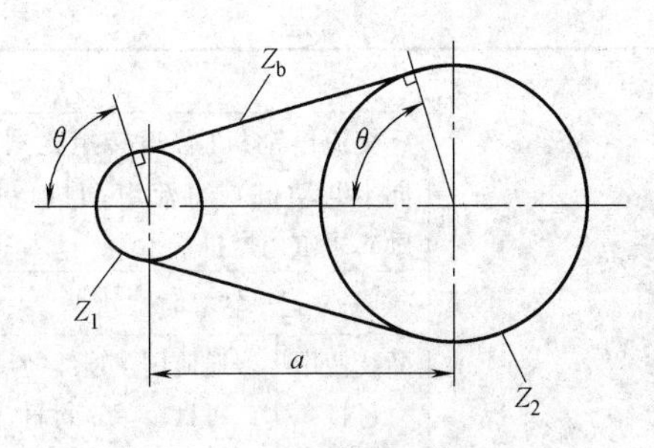

图 14-10 中心距计算

表 14-33 带轮最少计用齿数

小带轮转速 n_1/(r/min)	带型						
	MXL	XXL	XL	L	H	XH	XXH
	带轮最少许用齿数 z_{min}						
<900	10	10	10	12	14	22	22
900 ~ <1200	12	12	10	12	16	24	24
1200 ~ <1800	14	14	12	14	18	26	26
1800 ~ <3600	16	16	12	16	20	30	
3600 ~ <4800	18	18	15	18	22		

表 14-34 载荷修正系数 K_A（摘自 GB/T 11362—2008）

工作机	原动机					
	交流电动机(普通转矩笼型、同步电动机),直流电动机(并励),多缸内燃机			交流电动机(大转矩、大滑差率、单相、滑环),直流电动机(复励、串励),单缸内燃机		
	运转时间			运转时间		
	断续使用每日 3 ~ 5h	普通使用每日 8 ~ 10h	连续使用每日 16 ~ 24h	断续使用每日 3 ~ 5h	普通使用每日 8 ~ 10h	连续使用每日 16 ~ 24h
	K_A					
复印机、计算机、医疗器械	1.0	1.2	1.4	1.2	1.4	1.6
清扫机、缝纫机、办公机械、带锯盘	1.2	1.4	1.6	1.4	1.6	1.8
轻载荷传送带、包装机、筛子	1.3	1.5	1.7	1.5	1.7	1.9
液体搅拌机、圆形带锯、平碾盘、洗涤机、造纸机、印刷机械	1.4	1.6	1.8	1.6	1.8	2.0
搅拌机(水泥、黏性体)、带式输送机(矿石、煤、砂)、牛头刨床、中型挖掘机、离心压缩机、振动筛、纺织机械(整经机,绕线机)、回转压缩机、往复式发动机	1.5	1.7	1.9	1.7	1.9	2.1
输送机(盘式、吊式、升降式)、抽水泵、洗涤机、鼓风机(离心式,引风、排风)、发动机、激励机、卷扬机、起重机、橡胶加工机(压延、滚轧压出机)、纺织机械(纺纱、精纺、捻纱机、绕纱机)	1.6	1.8	2.0	1.8	2.0	2.2

（续）

工作机	原动机					
	交流电动机(普通转矩笼型、同步电动机),直流电动机(并励),多缸内燃机			交流电动机(大转矩、大滑差率、单相、滑环),直流电动机(复励、串励),单缸内燃机		
	运转时间			运转时间		
	断续使用 每日 3~5h	普通使用 每日 8~10h	连续使用 每日 16~24h	断续使用 每日 3~5h	普通使用 每日 8~10h	连续使用 每日 16~24h
	K_A					
离心分离机、输送机(货物、螺旋)、锤击式粉碎机、造纸机(碎浆)	1.7	1.9	2.1	1.9	2.1	2.3
陶土机械(硅、黏土搅拌)、矿山用混料机、强制送风机	1.8	2.0	2.2	2.0	2.2	2.4

注：1. 当增速传动时，将下列系数加到载荷修正系数 K_A 中去：

增速比	1.00~1.24	1.25~1.74	1.75~2.49	2.50~3.49	≥3.50
系　数	0	0.1	0.2	0.3	0.4

2. 当使用张紧轮时，还要将下列系数加到载荷修正系数 K_A 中去：

张紧轮的位置	松边内侧	松边外侧	紧边内侧	紧边外侧
系　数	0	0.1	0.1	0.2

3. 对带型为 14M 和 20M 的传动，当 $n_1 \leqslant 600$r/min 时，应追加系数(加进 K_A 中)：

n_1/(r/min)	≤200	201~400	401~600
K_A 增加值	0.3	0.2	0.1

4. 对频繁正反转、严重冲击、紧急停机等非正常传动，视具体情况修正 K_A。

14.4.5 梯形齿带轮（表 14-35~表 14-39）

表 14-35 直边齿带轮的尺寸和公差（摘自 GB/T 11361—2008）（单位：mm）

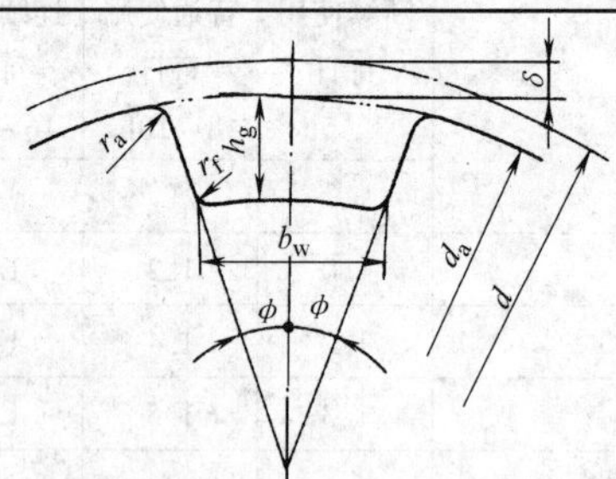

项　目	符　号	槽型						
		MXL	XXL	XL	L	H	XH	XXH
齿槽底宽	b_w	0.84±0.05	0.96±0.05	1.32±0.05	3.05±0.10	4.19±0.13	7.90±0.15	12.17±0.18
齿高	h_g	$0.69^{0}_{-0.05}$	$0.84^{0}_{-0.05}$	$1.65^{0}_{-0.08}$	$2.67^{0}_{-0.10}$	$3.05^{0}_{-0.13}$	$7.14^{0}_{-0.13}$	$10.31^{0}_{-0.13}$
槽半角	$\phi \pm 1.5°$	20	25	25	20	20	20	20
齿根圆角半径	r_f	0.35	0.35	0.41	1.19	1.60	1.98	3.96
齿顶圆角半径	r_a	$0.13^{+0.05}_{0}$	$0.30^{+0.05}_{0}$	$0.64^{+0.05}_{0}$	$1.17^{+0.13}_{0}$	$1.60^{+0.13}_{0}$	$2.39^{+0.13}_{0}$	$3.18^{+0.13}_{0}$
两倍节顶距	2δ	0.508	0.508	0.508	0.762	1.372	2.794	3.048
外圆直径	d_a	$d_a = d - 2\delta$						
外圆节距	p_a	$p_a = \dfrac{\pi d_a}{z}$(z—带轮齿数)						
根圆直径	d_f	$d_f = d_a - 2h_g$						

表14-36　标准同步带轮的直径（摘自GB/T 11361—2008）　　（单位：mm）

带轮齿数 $z_{1,2}$	标准直径													
	MXL		XXL		XL		L		H		XH		XXH	
	d	d_a	d	d_a	d	d_a	d	d_a	d	d_a	d	d_a	d	d_a
10	6.47	5.96	10.11	9.60	16.17	15.66	—	—	—	—	—	—	—	—
11	7.11	6.61	11.12	10.61	17.79	17.28	—	—	—	—	—	—	—	—
12	7.76	7.25	12.13	11.62	19.40	18.90	36.38	35.62	—	—	—	—	—	—
13	8.41	7.90	13.14	12.63	21.02	20.51	39.41	38.65	—	—	—	—	—	—
14	9.06	8.55	14.15	13.64	22.64	22.13	42.45	41.69	56.60	55.23	—	—	—	—
15	9.70	9.19	15.16	14.65	24.26	23.75	45.48	44.72	60.64	59.27	—	—	—	—
16	10.35	9.84	16.17	15.66	25.87	25.36	48.51	47.75	64.68	63.31	—	—	—	—
17	11.00	10.49	17.18	16.67	27.49	26.98	51.54	50.78	68.72	67.35	—	—	—	—
18	11.64	11.13	18.19	17.68	29.11	28.60	54.57	53.81	72.77	71.39	127.34	124.55	181.91	178.86
19	12.29	11.78	19.20	18.69	30.72	30.22	57.61	56.84	76.81	75.44	134.41	131.62	192.02	188.97
20	12.94	12.43	20.21	19.70	32.34	31.83	60.64	59.88	80.85	79.48	141.49	138.69	202.13	199.08
(21)	13.58	13.07	21.22	20.72	33.96	33.45	63.67	62.91	84.89	83.52	148.56	145.77	212.23	209.18
22	14.23	13.72	22.23	21.73	35.57	35.07	66.70	65.94	88.94	87.56	155.64	152.84	222.34	219.29
(23)	14.88	14.37	23.24	22.74	37.19	36.68	69.73	68.97	92.98	91.61	162.71	159.92	232.45	229.40
(24)	15.52	15.02	24.26	23.75	38.81	38.30	72.77	72.00	97.02	95.65	169.79	166.99	242.55	239.50
25	16.17	15.66	25.27	24.76	40.43	39.92	75.80	75.04	101.06	99.69	176.86	174.07	252.66	249.61
(26)	16.82	16.31	26.28	25.77	42.04	41.53	78.83	78.07	105.11	103.73	183.94	181.14	262.76	259.72
(27)	17.46	16.96	27.29	26.78	43.66	43.15	81.86	81.10	109.15	107.78	191.01	188.22	272.87	269.82
28	18.11	17.60	28.30	27.79	45.28	44.77	84.89	84.13	113.19	111.82	198.08	195.29	282.98	279.93
(30)	19.40	18.90	30.32	29.81	48.51	48.00	90.96	90.20	121.28	119.90	212.23	209.44	303.19	300.14
32	20.70	20.19	32.34	31.83	51.74	51.24	97.02	96.26	129.36	127.99	226.38	223.59	323.40	320.35
36	23.29	22.78	36.38	35.87	58.21	57.70	109.15	108.39	145.53	144.16	254.68	251.89	363.83	360.78
40	25.37	25.36	40.43	39.92	64.68	64.17	121.28	120.51	161.70	160.33	282.98	280.18	404.25	401.21
48	31.05	30.54	48.51	48.00	77.62	77.11	145.53	144.77	194.04	192.67	339.57	336.78	485.10	482.06
60	38.81	38.30	60.64	60.13	97.02	96.51	181.91	181.15	242.55	241.18	424.47	421.67	606.38	603.33
72	46.57	46.06	72.77	72.26	116.43	115.92	218.30	217.53	291.06	289.69	509.36	506.57	727.66	724.61
84	—	—	—	—	—	—	254.68	253.92	339.57	338.20	594.25	591.46	848.93	845.88
96	—	—	—	—	—	—	291.06	290.30	388.08	386.71	679.15	676.35	970.21	967.16
120	—	—	—	—	—	—	363.83	363.07	485.10	483.73	848.93	846.14	1212.76	1209.71
156	—	—	—	—	—	—	—	—	630.64	629.26	—	—	—	—

注：括号中的齿数为非优先的直径尺寸。

表14-37　同步带轮的宽度（摘自GB/T 11361—2008）　　（单位：mm）

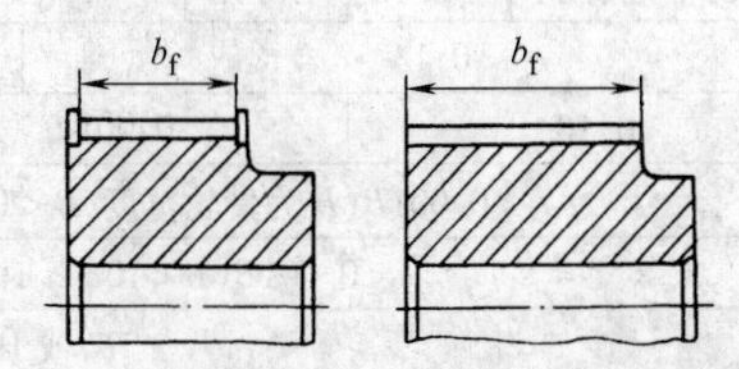

（续）

槽型	轮宽代号	轮宽基本尺寸	带轮的最小宽度 b_f 双边挡圈	带轮的最小宽度 b_f 无挡圈
MXL XXL	012	3.0	3.8	5.6
	019	4.8	5.3	7.1
	025	6.4	7.1	8.9
XL	025	6.4	7.1	8.9
	031	7.9	8.6	10.4
	037	9.5	10.4	12.2
L	050	12.7	14.0	17.0
	075	19.1	20.3	23.3
	100	25.4	26.7	29.7
H	075	19.1	20.3	24.8
	100	25.4	26.7	31.2
	150	38.1	39.4	43.9
	200	50.8	52.8	57.3
	300	76.2	79.0	83.5
XH	200	50.8	56.6	62.6
	300	76.2	83.8	89.8
	400	101.6	110.7	116.7
XXH	200	50.8	56.6	64.1
	300	76.2	83.8	91.3
	400	101.6	110.7	118.2
	500	127.0	137.7	145.2

表 14-38　同步带轮的挡圈尺寸（摘自 GB/T 11361—2008）

带型	MXL	XXL	XL	L	H	XH	XXH
K_{min}	0.5	0.8	1.0	1.5	2.0	4.8	6.1
t	0.5～1.0	0.5～1.5	1.0～1.5	1.0～2.0	1.5～2.5	4.0～5.0	5.0～6.5

d_a—带轮外径(mm)

d_w—挡圈弯曲处直径(mm)

$d_w=(d_0+0.38)\pm0.25$

K—挡圈最小高度(mm)

注：1. 一般小带轮均装双边挡圈，或大、小轮的不同侧各装单边挡圈。

2. 轴间距 $a>8d_1$（d_1 为小带轮节径），两轮均装双边挡圈。

3. 轮轴垂直水平面时，两轮均应装双边挡圈；或至少主动轮装双边挡圈，从动轮下侧装单边挡圈。

表 14-39　同步带轮的公差和表面粗糙度（摘自 GB/T 11361—2008）　　（单位：mm）

项目		符号	带轮外径 d_a ≤25.4	>25.4～50.8	>50.8～101.6	>101.6～177.8	>177.8～203.2	>203.2～254.0	>254.0～304.8	>304.8～508.0	>508.0
外径极限偏差		Δd_a	+0.05 0	+0.08 0	+0.10 0	+0.13 0	+0.15 0			+0.18 0	+0.20 0
节距偏差	任意两相邻齿	Δp	±0.03								
	90°弧内累积	Δp_Σ	±0.05	±0.08	±0.10	±0.13	±0.15			±0.18	±0.20
外圆径向圆跳动		δt_2	0.13					0.13+(d_a-203.2)×0.0005			
端面圆跳动		δt_1	0.10			0.001d_a			0.25+(d_a-254.0)×0.0005		
轮齿与轴孔平行度			<0.001B(B 为带轮宽度，B<10mm 时，按 10mm 计算)								
外圆锥度			<0.001B(B<10mm 时，按 10mm 计算)								
轴孔直径极限偏差		Δd_0	H7 或 H8								
外圆、齿面的表面粗糙度			Ra3.2～6.3								

14.4.6　设计实例

【例题】 设计同步带传动。电动机为Y180M-4，其额定功率 $P=18.5\text{kW}$，额定转速 $n_1=1470\text{r/min}$，传动比 $i=3.8$（减速），轴间距约为1000mm。每天两班制工作（按16h计）。用于橡胶加工机械。

解： 1）设计功率 P_d。由表14-34查得 $K_A=2.0$

$$P_d=K_AP=(2.0\times18.5)\text{kW}=37\text{kW}$$

2）选定带型和节距。根据 $P_d=37\text{kW}$ 和 $n_1=1470\text{r/min}$，由图14-9查得：

XH型，节距 $p_b=22.225\text{mm}$

3）小带轮齿数 z_1。根据带型XH和小带轮转速 n_1，由表14-33查得小带轮的最小齿数 $z_{1\min}=26$，此处取 $z_1=25$。

4）小带轮节圆直径 d_1（也可由表14-31查得）：

$$d_1=\frac{z_1p_b}{\pi}=\frac{25\times22.225}{\pi}\text{mm}=176.86\text{mm}$$

由表14-36查得其外径 $d_{a1}=174.07\text{mm}$。

5）大带轮齿数 z_2：

$z_2=iz_1=3.8\times25=95$ 按表14-36取 $z_2=96$

6）大带轮节圆直径 d_2（也可由表14-31查得）：

$$d_2=\frac{z_2p_b}{\pi}=\frac{96\times22.225}{\pi}\text{mm}=679.15\text{mm}$$

由表14-36查得其外径 $d_{a2}=676.35\text{mm}$。

7）带速 v：

$$v=\frac{\pi d_1n_1}{60\times1000}=\frac{\pi\times176.86\times1470}{60\times1000}\text{m/s}=13.61\text{m/s}$$

8）初定轴间距 a_0：取 $a_0=1000\text{mm}$。

9）带长及其齿数：

$$L_0=2a_0+\frac{\pi}{2}(d_1+d_2)+\frac{(d_2-d_1)^2}{4a_0}=\left[2\times1000+\frac{\pi}{2}(176.86+679.15)+\frac{(679.15-176.86)^2}{4\times1000}\right]\text{mm}=3407.7\text{mm}$$

由表14-27查得应选用带长代号为1400的XH型同步带，其节线长 $L_p=3556\text{mm}$，节线长上的齿数 $z=160$。

10）实际轴间距 a。此结构的轴间距可调整：

$$a\approx a_0+\frac{L_p-L_0}{2}=\left[1000+\frac{3556-3407.7}{2}\right]\text{mm}=1074.2\text{mm}$$

11）小带轮啮合齿数 z_m：

$$z_m=\text{ent}\left[\frac{z_1}{2}-\frac{p_bz_1}{2\pi^2a}(z_2-z_1)\right]=\text{ent}\left[\frac{25}{2}-\frac{22.225\times25}{2\pi^2\times1074.2}(96-25)\right]=10$$

12）基本额定功率 P_0：

由表14-30查得 $T_a=4048.9\text{N}$，$m=1.484\text{kg/m}$

$$P_0=\frac{(T_a-mv^2)v}{1000}=\frac{(4048.9-1.484\times13.61^2)\times13.61}{1000}\text{kW}=51.36\text{kW}$$

此值也可由表14-31d用插值法求得。

13）所需带宽 b_s：

由表14-31d查得XH型带 $b_{so}=101.6\text{mm}$；按 $z_m=10$，查表14-32得 $k_z=1$：

$$b_s=b_{so}\sqrt[1.14]{\frac{P_d}{k_zP_0}}=101.6\sqrt[1.14]{\frac{37}{51.36}}\text{mm}=69.6\text{mm}$$

由表14-28查得，应选带宽代号为300的XH型带，其 $b_s=76.2\text{mm}$。

14）带轮结构和尺寸。传动选用的同步带为1400XH300。

小带轮：$z_1=25$，$d_1=176.86\text{mm}$；

$d_{a1}=174.07\text{mm}$。

大带轮：$z_2=96$，$d_2=679.15\text{mm}$；

$d_{a2}=676.35\text{mm}$。

中心距：$a=1074.2\text{mm}$。

可根据上列参数决定带轮的结构和全部尺寸（本题略）。

第15章 齿轮传动

15.1 渐开线圆柱齿轮传动

15.1.1 基本齿廓与模数系列

15.1.1.1 基本齿廓

表15-1为通用机械和重型机械用渐开线圆柱齿轮基本齿廓。由于齿轮使用场合差别很大，因此表中的某些参数可作适当变动，可以用下列非标准齿廓的齿轮来满足某些特殊要求：

1）可以适当增大齿根圆角半径 ρ_f，也可以将齿根做成单圆弧。

2）可以采用长齿（如取 $h_a=1.2m$）或短齿（如取 $h_a=0.8m$）。

3）可以改变齿形角，如取 $\alpha=15°$、25°、28°等。

4）可以采用齿廓修形，如修缘、修根等。

表15-1 渐开线圆柱齿轮基本齿廓（摘自GB/T 1356—2001）

基本齿廓	齿廓参数名称	符号	数值
	齿顶高	h_a	m
	工作高度	h'	$2m$
	顶隙	c	$0.25m$
	全齿高	h	$2.25m$
	齿距	p	πm
	齿根圆角半径	ρ_f	$\approx 0.38m$

注：1. 渐开线圆柱齿轮的基本齿廓是指基本齿条的法向齿廓。

2. 本标准适用于模数 $m>1$mm，压力角 $\alpha=20°$的渐开线圆柱齿轮。

15.1.1.2 模数系列

渐开线圆柱齿轮的模数系列列于表15-2。

英制的齿轮传动，有的用径节制的齿轮，径节 $P=z/d\text{in}^{-1}$，与模数的关系为 $m=25.4/P$mm。

表15-2 通用机械和重型机械用圆柱齿轮模数（摘自GB/T 1357—2008）

第一系列	1		1.25		1.5		2		2.5		3	
第二系列		1.125		1.375		1.75		2.25		2.75		3.5
第一系列	4		5		6			7		10		12
第二系列		5.5		5.5		(6.5)	7		9		11	
第一系列		16		20		25		32		40		50
第二系列	14		18		22		28		36		45	

注：1. 对于斜齿圆柱齿轮是指法向模数 m_n。

2. 优先选用第一系列，括号内的数值尽可能不用。

15.1.2 渐开线圆柱齿轮的几何尺寸

15.1.2.1 外啮合标准圆柱齿轮传动几何尺寸计算（表15-3）

表15-3 外啮合标准圆柱齿轮传动几何尺寸计算

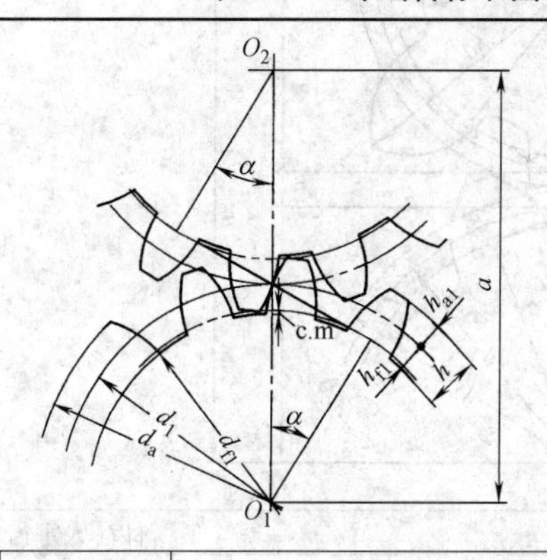

$\alpha=\alpha_n=20°$（分度圆压力角）

$\tan\alpha_t=\tan\alpha_n/\cos\beta$

$h_a^*=h_{an}^*=1$（齿顶高系数）

$h_{at}^*=h_{an}^*\cos\beta$

$c^*=c_n^*=0.25$（径向间隙系数）

$c_t^*=c_n^*\cos\beta$

名称	符号	直齿轮	斜齿(人字齿)轮
模数	$m(m_n)$	由强度计算或结构设计确定，并按表15-2取标准值	由强度计算或结构设计确定，并按表15-2取标准值。$m_t=m_n/\cos\beta$
齿数	z	用齿条形刀具加工标准齿轮，通常要求 $z\geqslant z_{min}=\dfrac{2h_a^*}{\sin^2\alpha}$	用齿条形刀具加工标准齿轮，通常要求 $z\geqslant z_{min}=\dfrac{2h_{at}^*}{\sin^2\alpha_t}$
分度圆柱螺旋角	β	$\beta=0°$	按推荐用的范围，或按中心距要求等条件确定β值。一对齿轮的β角相等，螺旋角方向相反。$\cos\beta_b=\cos\beta\dfrac{\cos\alpha_n}{\cos\alpha_t}$
齿顶圆压力角	$\alpha_a(\alpha_{at})$	$\alpha_a=\arccos\dfrac{d_b}{d_a}$	$\alpha_{at}=\arccos\dfrac{d_b}{d_a}$
分度圆直径	d	$d=zm$	$d=zm_t=zm_n/\cos\beta$
基圆直径	d_b	$d_b=d\cos\alpha$	$d_b=d\cos\alpha_t$
齿距	p	$p=\pi m$	$p_n=\pi m_n$，$p_t=\pi m_t$
基圆齿距	p_b	$p_b=p\cos\alpha$	$p_{bt}=p_t\cos\alpha_t$
齿顶高	h_a	$h_a=h_a^*m$	$h_a=h_{an}^*m_n=h_{at}^*m_t$
齿根高	h_f	$h_f=(h_a^*+c^*)m$	$h_f=(h_{an}^*+c_n^*)m_n=(h_{at}^*+c_t^*)m_t$
齿高	h	$h=h_a+h_f$	$h=h_a+h_f$
齿顶圆直径	d_a	$d_a=d+2h_a=(z+2h_a^*)m$	$d_a=d+2h_a=\left(\dfrac{z}{\cos\beta}+2h_{an}^*\right)m_n$
齿根圆直径	d_f	$d_f=d-2h_f=(z-2h_a^*-2c^*)m$	$d_f=d-2h_f=\left(\dfrac{z}{\cos\beta}-2h_{an}^*-2c_n^*\right)m_n$
中心距	a	$a=\dfrac{d_1+d_2}{2}=\dfrac{z_1+z_2}{2}m$	$a=\dfrac{d_1+d_2}{2}=\dfrac{(z_1+z_2)m_n}{2\cos\beta}$
齿数比	u	$u=\dfrac{z_2}{z_1}$	$u=\dfrac{z_2}{z_1}$

15.1.2.2　外啮合变位圆柱齿轮传动几何尺寸计算（表15-4）

表15-4　外啮合变位圆柱齿轮传动几何尺寸计算

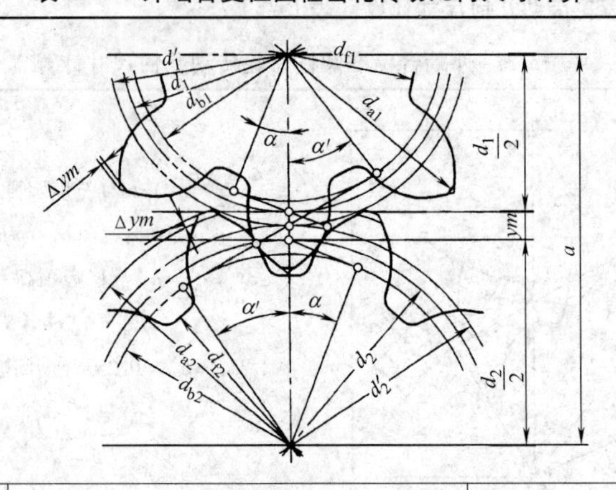

名称	符号	直齿轮	斜齿(人字齿)轮
主要几何参数的计算			
已知条件及要求		已知:z_1、z_2、m、a' 求:x_Σ 及 Δy	已知:z_1、z_2、m_n、β、a' 求:$x_{n\Sigma}$
未变位时中心距	a	$a=\frac{1}{2}m(z_1+z_2)$	$a=\frac{1}{2}m_t(z_1+z_2)=\frac{m_n}{2\cos\beta}(z_1+z_2)$
中心距变动系数	$y(y_n)$	$y=\frac{a'-a}{m}$	$y_n=\frac{a'-a}{m_n}$
分度圆压力角	$\alpha(\alpha_t)$	$\alpha=20°$	$\tan\alpha_t=\frac{\tan\alpha_n}{\cos\beta},\alpha_n=20°$
啮合角	$\alpha'(\alpha_t')$	$\cos\alpha'=\frac{a}{a'}\cos\alpha$	$\cos\alpha_t'=\frac{a}{a'}\cos\alpha_t$
总变位系数	$x_\Sigma(x_{n\Sigma})$	$x_\Sigma=\frac{z_1+z_2}{2\tan\alpha}(\text{inv}\alpha'-\text{inv}\alpha)$ $\text{inv}\alpha'$及$\text{inv}\alpha$按α'及α查表15-15 $x_\Sigma=x_1+x_2$,x_1和x_2可利用图15-2分配确定	$x_{n\Sigma}=\frac{z_1+z_2}{2\tan\alpha_n}(\text{inv}\alpha_t'-\text{inv}\alpha_t)$ $\text{inv}\alpha_t'$及$\text{inv}\alpha_t$按α_t'及α_t查表15-15 $x_{n\Sigma}=x_{n1}+x_{n2}$,$x_{n1}$和$x_{n2}$可利用图15-2分配确定
齿高变动系数	$\Delta y(\Delta y_n)$	$\Delta y=x_\Sigma-y$	$\Delta y_n=x_{n\Sigma}-y_n$
已知条件及要求		已知:z_1、z_2、m、x_Σ 求:a'及Δy	已知:z_1、z_2、m_n、β、$x_{n\Sigma}$ 求:a'及Δy_n
分度圆压力角	$\alpha(\alpha_t)$	$\alpha=20°$	$\alpha_n=20°,\tan\alpha_t=\frac{\tan\alpha_n}{\cos\beta}$
啮合角	$\alpha'(\alpha_t')$	$\text{inv}\alpha'=\frac{2(x_1+x_2)}{z_1+z_2}\tan\alpha+\text{inv}\alpha$	$\text{inv}\alpha_t'=\frac{2(x_{n1}+x_{n2})}{z_1+z_2}\tan\alpha_n+\text{inv}\alpha_t$
中心距变动系数	$y(y_n)$	$y=\frac{z_1+z_2}{2}\left(\frac{\cos\alpha}{\cos\alpha'}-1\right)$	$y_n=\frac{z_1+z_2}{2\cos\beta}\left(\frac{\cos\alpha_t}{\cos\alpha_t'}-1\right)$
中心距	a'	$a'=a+ym$	$a'=a+y_nm_n$
齿高变动系数	$\Delta y(\Delta y_n)$	$\Delta y=x_\Sigma-y$	$\Delta y_n=x_{n\Sigma}-y_n$
主要几何尺寸计算			
模数	$m(m_n)$	由强度计算或结构设计确定,并按表15-2取标准值	由强度计算或结构设计确定,并按表15-2取标准值。$m_t=m_n/\cos\beta$
分度圆直径	d	$d=zm$	$d=zm_n/\cos\beta$
节圆直径	d'	$d_1'=\frac{2a'}{u+1},d_2'=ud_1'$	$d_1'=\frac{2a'}{u+1},d_2'=ud_1'$

（续）

名　　称	符　　号	直　齿　轮	斜齿（人字齿）轮
齿顶高	h_a	$h_a=(h_a^*+x-\Delta y)m$	$h_a=(h_{an}^*+x_n-\Delta y_n)m_n$
齿根高	h_f	$h_f=(h_a^*+c^*-x)m$	$h_f=(h_{an}^*+c_n^*-x_n)m_n$
全齿高	h	$h=(2h_a^*+c^*-\Delta y)m$	$h=(2h_{an}^*+c_n^*-\Delta y_n)m_n$
齿顶圆直径	d_a	$d_a=d+2(h_a^*+x-\Delta y)m$	$d_a=d+2(h_{an}^*+x_n-\Delta y_n)m_n$
齿根圆直径	d_f	$d_f=d-2(h_a^*+c^*-x)m$	$d_f=d-2(h_{an}^*+c_n^*-x_n)m_n$
齿数比	u	$u=z_2/z_1$	$u=z_2/z_1$

注：1. 对于 $x<1.5$ 的插齿齿轮，使用本表计算，可满足一般要求；对于 $x\geqslant1.5$ 的插齿齿轮，如要精确计算齿高尺寸参数，可参阅参考文献[16]。

2. 表内算式中的 x、x_n 应带本身的正负号代入；而 Δy、Δy_n 永为正号。

3. 对于高变位圆柱齿轮，算式中的 y、y_n，Δy、Δy_n 均为零。

15.1.2.3　内啮合标准圆柱齿轮传动几何尺寸计算（表15-5）

表15-5　内啮合标准圆柱齿轮传动几何尺寸计算

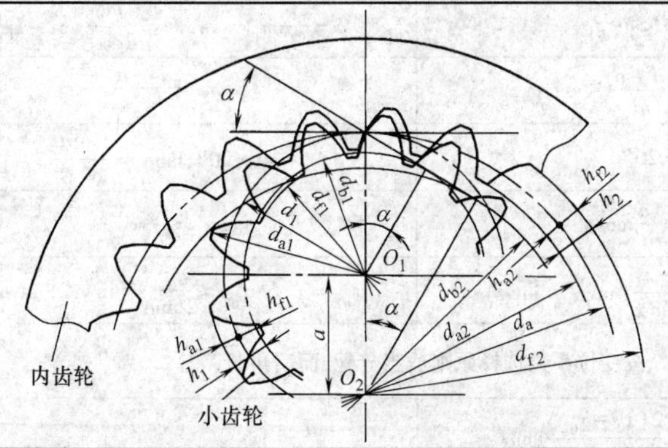

$\alpha=\alpha_n=20°$（分度圆压力角）

$\tan\alpha_t=\tan\alpha_n/\cos\beta$

$h_a^*=h_{an}^*=1$（齿顶高系数）

$h_{at}^*=h_{an}^*\cos\beta$

$c^*=c_n^*=0.25$（顶隙系数）

$c_t^*=c_n^*\cos\beta$

名　　称	符　号	直齿内齿轮	斜齿（人字齿）内齿轮
模　　数	m	由强度计算或结构设计确定，并按表15-2取标准值 m	$m_t=\dfrac{m_n}{\cos\beta}$ m_n 取标准值，其确定方法与直齿相同
齿　　数	z_2	一般取 $z_2-z_1>9$	
当量齿数	z_v	$z_v=z$	$z_v=\dfrac{z}{\cos^3\beta}$
分度圆柱螺旋角	β	$\beta=0°$	按推荐用数值或按中心距等条件决定。一对内啮合斜齿（人字齿）圆柱齿轮的螺旋角相等，方向相同
齿顶圆压力角	α_a、α_{at}	$\alpha_a=\arccos\dfrac{d_b}{d_a}$	$\alpha_{at}=\arccos\dfrac{d_b}{d_a}$
分度圆直径	d_2	$d_2=z_2m$	$d_2=z_2m_t=\dfrac{z_2m_n}{\cos\beta}$
基圆直径	d_{b2}	$d_{b2}=d_2\cos\alpha$	$d_{b2}=d_2\cos\alpha_t$
齿顶圆直径	d_{a2}	$d_{a2}=d_2-2h_a^*m+\Delta d_a$ $\Delta d_a=\dfrac{2h_a^*m}{z_2\tan^2\alpha}$ 当 $h_a^*=1,\alpha=20°$时 $\Delta d_a=\dfrac{15.1m}{z_2}$	$d_{a2}=d_2-2h_{an}^*m_n+\Delta d_a$ $\Delta d_a=\dfrac{2h_{an}^*m_n\cos^3\beta}{z_2\tan^2\alpha_n}$ 当 $h_{an}^*=1,\alpha_n=20°$时 $\Delta d_a=\dfrac{15.1m_n\cos^3\beta}{z_2}$

（续）

名　称	符　号	直齿内齿轮	斜齿(人字齿)内齿轮
齿根圆直径	d_{f2}	$d_{f2}=d_2+2(h_a^*+c^*)m$	$d_{f2}=d_2+2(h_{an}^*+c_n^*)m_n$
全齿高	h_2	$h_2=\frac{1}{2}(d_{f2}-d_{a2})$	
中心距	a	$a=\frac{1}{2}(z_2-z_1)m$	$a=\frac{1}{2}(z_2-z_1)\frac{m_n}{\cos\beta}$

注：同内齿轮相啮合的小齿轮的几何尺寸按表15-3。

15.1.2.4　内啮合变位圆柱齿轮传动几何尺寸计算（表15-6）

表15-6　内啮合变位圆柱齿轮传动几何计算

名　称	符　号	直　齿　轮	斜齿(人字齿)轮
		主要几何参数计算	
已知条件		z_1,z_2,m,a'	$z_1,z_2,m_n(m_t),\beta,a'$
未变位中心距	a	$a=\frac{1}{2}m(z_2-z_1)$	$a=\frac{1}{2}m_t(z_2-z_1)=\frac{m_n}{2\cos\beta}(z_2-z_1)$
中心距变动系数	$y(y_n)$	$y=\frac{a'-a}{m}$	$y_n=\frac{a'-a}{m_n}$
分度圆压力角	$\alpha(\alpha_n)$	$\alpha=20°$	$\alpha_n=20°,\tan\alpha_t=\frac{\tan\alpha_n}{\cos\beta}$
啮合角	$\alpha'(\alpha_t')$	$\cos\alpha'=\frac{a}{a'}\cos\alpha$	$\cos\alpha_t'=\frac{a}{a'}\cos\alpha_t$
总变位系数	$x_\Sigma(x_{n\Sigma})$	$x_\Sigma=x_2-x_1=\frac{z_2-z_1}{2\tan\alpha}(\mathrm{inv}\alpha'-\mathrm{inv}\alpha)$	$x_{n\Sigma}=x_{n2}-x_{n1}=\frac{z_2-z_1}{2\tan\alpha_n}(\mathrm{inv}\alpha_t'-\mathrm{inv}\alpha_t)$
变位系数的分配	x_1,x_2 (x_{n1},x_{n2})	按变位系数选择原则适当分配,而后再行验算	
插内齿轮时的啮合角	α_{02}' (α_{t02}')	$\mathrm{inv}\alpha_{02}'=\mathrm{inv}\alpha+\frac{2(x_2-x_{02})}{z_2-z_{02}}\tan\alpha$ 当 $\alpha=20°$时 $\mathrm{inv}\alpha_{02}'=0.014904+0.728\frac{x_2-x_{02}}{z_2-z_{02}}$	$\mathrm{inv}\alpha_{t02}'=\mathrm{inv}\alpha_t+\frac{2(x_{n2}-x_{02})}{z_2-z_{02}}\tan\alpha_n$
插内齿轮时的中心距	a_{02}	$a_{02}=\frac{m}{2}(z_2-z_{02})\frac{\cos\alpha}{\cos\alpha_{02}'}$ 当 $\alpha=20°$时 $a_{02}=0.46985\frac{m(z_2-z_{02})}{\cos\alpha_{02}'}$	$a_{02}=\frac{m_n(z_2-z_{02})}{2\cos\beta}\frac{\cos\alpha_t}{\cos\alpha_{t02}'}$
齿高变动系数	$\Delta y(\Delta y_n)$	$\Delta y=x_\Sigma-y$	$\Delta y_n=x_{n\Sigma}-y_n$
已知条件		z_1,z_2,m,x_Σ	$z_1,z_2,m_n(m_t),x_{n\Sigma}(x_{t\Sigma})$
啮合角	$\alpha'(\alpha_t')$	$\mathrm{inv}\alpha'=\mathrm{inv}\alpha+\frac{2(x_2-x_1)}{z_2-z_1}\tan\alpha$	$\mathrm{inv}\alpha_t'=\mathrm{inv}\alpha_t+\frac{2(x_{n2}-x_{n1})}{z_2-z_1}\tan\alpha_n$
中心距变动系数	$y(y_n)$	$y=\frac{z_2-z_1}{2}\left(\frac{\cos\alpha}{\cos\alpha'}-1\right)$	$y_n=\frac{z_2-z_1}{2\cos\beta}\left(\frac{\cos\alpha_t}{\cos\alpha_t'}-1\right)$
中心距	a'	$a'=a+ym=\frac{1}{2}m(z_2-z_1)\frac{\cos\alpha}{\cos\alpha'}$	$a'=a+y_nm_n=\frac{m_n}{2\cos\beta}(z_2-z_1)\frac{\cos\alpha_t}{\cos\alpha_t'}$
齿高变动系数	$\Delta y(\Delta y_n)$	$\Delta y=x_\Sigma-y$	$\Delta y_n=x_{n\Sigma}-y_n$
		主要几何尺寸计算	
模数	$m(m_n)$	由强度计算或结构设计确定,并取标准值(见表15-2)	
分度圆直径	d	$d_1=z_1m$　$d_2=z_2m$	$d_1=\frac{z_1m_n}{\cos\beta}$　$d_2=\frac{z_2m_n}{\cos\beta}$

（续）

名　称	符　号	直 齿 轮	斜齿(人字齿)轮
齿根圆直径	d_f	滚齿　$d_{f1}=d_1-2(h_a^*+c^*-x_1)m$	滚齿　$d_{f1}=d_1-2(h_{an}^*+c_n^*-x_{n1})m_n$
齿顶圆直径	d_a	$d_{a1}=d_{f2}-2a'-2c^*m$ $d_{a2}=d_{f1}+2a'+2c^*m$	$d_{a1}=d_{f2}-2a'-2c_n^*m_n$ $d_{a2}=d_{f1}+2a'+2c_n^*m_n$
全齿高	h	$h_1=\frac{1}{2}(d_{a1}-d_{f1}),h_2=\frac{1}{2}(d_{f2}-d_{a2})$	
齿顶高	h_a	$h_{a1}=\frac{1}{2}(d_{a1}-d_1),h_{a2}=\frac{1}{2}(d_2-d_{a2})$	

15.1.2.5　齿轮齿条传动的几何尺寸计算（表 15-7）

表 15-7　齿轮齿条传动的几何尺寸计算

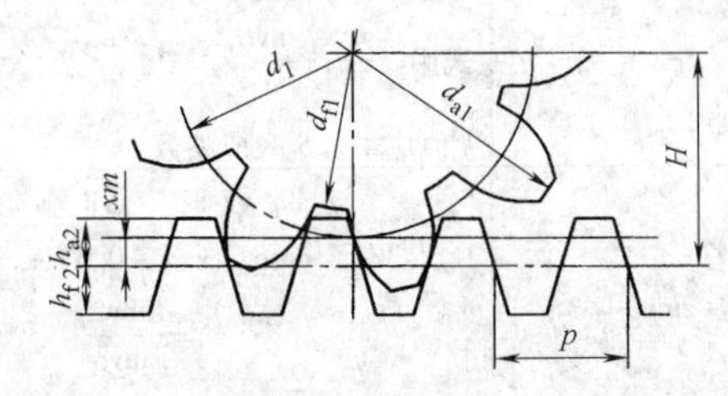

齿条运动速度：

$$v=\frac{\pi d_1 n_1}{60\times1000}$$

d_1—齿轮分度圆直径(mm)

n_1—齿轮转速(r/min)

名称	符号	直齿	斜　齿	名　称	符号	直　齿	斜　齿
分度圆直径	d	$d_1=mz_1$	$d_1=\frac{m_nz_1}{\cos\beta}$	齿根圆直径	d_f	$d_{f1}=d_1-2h_{f1}$	$d_{f1}=d_1-2h_{f1}$
齿顶高	h_a	$h_{a1}=(h_a^*+x_1)m$ $h_{a2}=h_a^*m$	$h_{a1}=(h_{an}^*+x_{n1})m_n$ $h_{a2}=h_{an}^*m_n$	齿距	p	$p=\pi m$	$p_n=\pi m_n$ $p_t=\pi m_t$
齿根高	h_f	$h_{f1}=(h_a^*+c^*-x_1)m$ $h_{f2}=(h_a^*+c^*)m$	$h_{f1}=(h_{an}^*+c_n^*-x_{n1})m_n$ $h_{f2}=(h_{an}^*+c_n^*)m_n$	齿轮中心到齿条基准线距离	H	$H=\frac{d_1}{2}+xm$	$H=\frac{d_1}{2}+x_nm_n$
全齿高	h	$h_1=h_{a1}+h_{f1}$ $h_2=h_{a2}+h_{f2}$	$h_1=h_{a1}+h_{f1}$ $h_2=h_{a2}+h_{f2}$	基圆直径	d_b	$d_{b1}=d_1\cos\alpha$	$d_{b1}=d_1\cos\alpha_t$
齿顶圆直径	d_a	$d_{a1}=d_1+2h_{a1}$	$d_{a1}=d_1+2h_{a1}$	齿顶圆压力角	α_a	$\alpha_{a1}=\arccos\frac{d_{b1}}{d_{a1}}$	$\alpha_{at1}=\arccos\frac{d_{b1}}{d_{a1}}$

15.1.3　渐开线圆柱齿轮的测量尺寸

15.1.3.1　公法线长度（表 15-8）

15.1.3.2　分度圆弦齿厚（表 15-9）

15.1.3.3　固定弦齿厚（表 15-10）

15.1.3.4　量柱（球）测量距（表 15-11）

表 15-8　公法线长度（外齿轮、内齿轮）

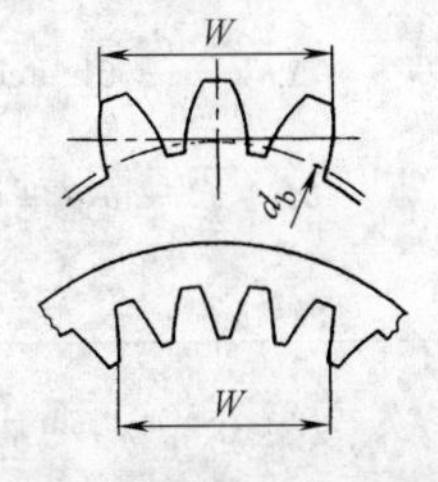

测量时不以齿顶圆为基准，对齿顶圆的精度要求不高。测量方便，应用较多；但对齿宽 $b<W_n\sin\beta$ 的斜齿轮和受量具尺寸限制的大型齿轮不适用

（续）

项	目	符号	直齿轮	斜齿轮
标准齿轮	跨齿数（对内齿轮为跨测齿槽数）	k	$k=\frac{\alpha z}{180^\circ}+0.5$ 4舍5入成整数	$k=\frac{\alpha_n z'}{180^\circ}+0.5$ 式中　$z'=z\frac{\mathrm{inv}\alpha_t}{\mathrm{inv}\alpha_n}$ k 值应4舍5入成整数
标准齿轮	公法线长度	W	$W=W^* m$ $W^*=\cos\alpha[\pi(k-0.5)+z\mathrm{inv}\alpha]$	$W_n=W^* m_n$ $W^*=\cos\alpha_n[\pi(k-0.5)+z'\mathrm{inv}\alpha_n]$ 式中　$z'=z\frac{\mathrm{inv}\alpha_t}{\mathrm{inv}\alpha_n}$
变位齿轮	跨齿数（对内齿轮为跨齿槽数）	k	$k=\frac{z}{\pi}\left[\frac{1}{\cos\alpha}\sqrt{\left(1+\frac{2x}{z}\right)^2-\cos^2\alpha}-\frac{2x}{z}\tan\alpha-\mathrm{inv}\alpha\right]+0.5$ 4舍5入成整数	$k=\frac{z'}{\pi}\left[\frac{1}{\cos\alpha_n}\sqrt{\left(1+\frac{2x_n}{z'}\right)^2-\cos^2\alpha_n}-\frac{2x_n}{z'}\tan\alpha_n-\mathrm{inv}\alpha_n\right]+0.5$ 式中　$z'=z\frac{\mathrm{inv}\alpha_t}{\mathrm{inv}\alpha_n}$ k 值应4舍5入成整数
变位齿轮	公法线长度	W	$W=(W^*+\Delta W^*)m$ $W^*=\cos\alpha[\pi(k-0.5)+z\mathrm{inv}\alpha]$ $\Delta W^*=2x\sin\alpha$	$W_n=(W^*+\Delta W^*)m_n$ $W^*=\cos\alpha_n[\pi(k-0.5)+z'\mathrm{inv}\alpha_n]$ $z'=z\frac{\mathrm{inv}\alpha_t}{\mathrm{inv}\alpha_n}$ $\Delta W^*=2x_n\sin\alpha_n$

表15-9　分度圆弦齿厚（外齿轮、内齿轮）

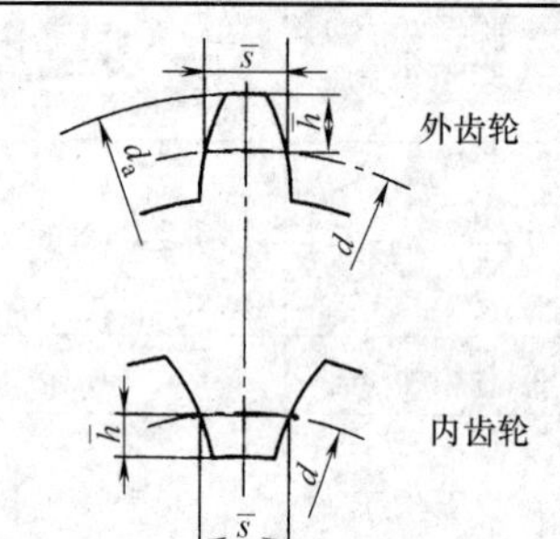

测量时以齿顶圆为基准，对齿顶圆的尺寸精度要求高。齿数较少时测量方便。常用于大型齿轮和精度要求不高的小型齿轮测量

名	称		直齿轮	斜齿轮
标准齿轮	分度圆弦齿高	外齿轮	$\bar{h}=h_a+\frac{mz}{2}\left(1-\cos\frac{\pi}{2z}\right)$	$\bar{h}_n=h_a+\frac{m_n z_v}{2}\left(1-\cos\frac{\pi}{2z_v}\right)$
标准齿轮	分度圆弦齿高	内齿轮	$\bar{h}_2=h_{a2}-\frac{mz_2}{2}\left(1-\cos\frac{\pi}{2z_2}\right)+\Delta\bar{h}_2$ 式中　$\Delta\bar{h}_2=\frac{d_{a2}}{2}(1-\cos\delta_{a2})$ $\delta_{a2}=\frac{\pi}{2z_2}-\mathrm{inv}\alpha+\mathrm{inv}\alpha_{a2}$	$\bar{h}_{n2}=h_{a2}+\frac{m_n z_{v2}}{2}\left(1-\cos\frac{\pi}{2z_{v2}}\right)+\Delta\bar{h}_2$ 式中　$\Delta\bar{h}_2=\frac{d_{a2}}{2}(1-\cos\delta_{a2})$ $\delta_{a2}=\frac{\pi}{2z_2}-\mathrm{inv}\alpha_t+\mathrm{inv}\alpha_{at2}$
标准齿轮	分度圆弦齿厚		$\bar{s}=mz\sin\frac{\pi}{2z}$	$\bar{s}_n=m_n z_v\sin\frac{\pi}{2z_v}$

（续）

名称			直齿轮	斜齿轮
变位齿轮	分度圆弦齿高	外齿轮	$\bar{h}=h_a+\frac{mz}{2}\left[1-\cos\left(\frac{\pi}{2z}+\frac{2x\tan\alpha}{z}\right)\right]$	$\bar{h}_n=h_a+\frac{m_n z_v}{2}\left[1-\cos\left(\frac{\pi}{2z_v}+\frac{2x_n\tan\alpha_n}{z_v}\right)\right]$
		内齿轮	$\bar{h}_2=h_{a2}-\frac{mz_2}{2}\left[1-\cos\left(\frac{\pi}{2z_2}-\frac{2x_2\tan\alpha}{z_2}\right)\right]+\Delta\bar{h}_2$ 式中 $\Delta\bar{h}_2=\frac{d_{a2}}{2}(1-\cos\delta_{a2})$ $\delta_{a2}=\frac{\pi}{2z_2}-\mathrm{inv}\alpha-\frac{2x_2\tan\alpha}{z_2}+\mathrm{inv}\alpha_{a2}$	$\bar{h}_{n2}=h_{a2}-\frac{m_n z_{v2}}{2}\left[1-\cos\left(\frac{\pi}{2z_{v2}}-\frac{2x_{n2}\tan\alpha_n}{z_{v2}}\right)\right]+\Delta\bar{h}_2$ 式中 $\Delta\bar{h}_2=\frac{d_{a2}}{2}(1-\cos\delta_{a2})$ $\delta_{a2}=\frac{\pi}{2z_2}-\mathrm{inv}\alpha_t-\frac{2x_{n2}\tan\alpha_t}{z_2}+\mathrm{inv}\alpha_{at2}$
	分度圆弦齿厚		$\bar{s}=mz\sin\left(\frac{\pi}{2z}\pm\frac{2x\tan\alpha}{z}\right)$	$\bar{s}_n=m_n z_v\sin\left(\frac{\pi}{2z_v}\pm\frac{2x_{n2}\tan\alpha_n}{z_v}\right)$

注：有“±”号处，“+”号用于外齿轮，“-”号用于内齿轮。

表 15-10 固定弦齿厚（外齿轮、内齿轮）

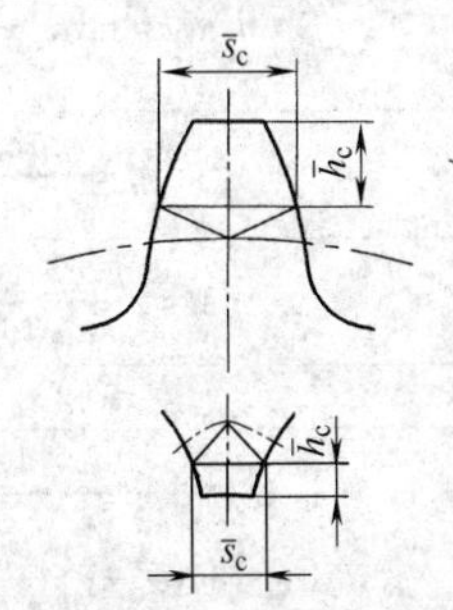

测量时以齿顶圆为基准，对齿顶圆精度要求高。计算简单，对斜齿轮不需用z_v。对模数较小的齿轮，测量不够方便，常用于大型齿轮的测量

名称			直齿轮	斜齿轮
标准齿轮	固定弦齿高	外齿轮	$\bar{h}_c=h_a-\frac{\pi m}{8}\sin2\alpha$	$\bar{h}_{cn}=h_a-\frac{\pi m_n}{8}\sin2\alpha_n$
		内齿轮	$\bar{h}_{c2}=h_{a2}-\frac{\pi m}{8}\sin2\alpha+\Delta\bar{h}_2$ 式中 $\Delta\bar{h}_2=\frac{d_{a2}}{2}(1-\cos\delta_{a2})$ $\delta_{a2}=\frac{\pi}{2z_2}-\mathrm{inv}\alpha+\mathrm{inv}\alpha_{a2}$	$\bar{h}_{cn2}=h_{a2}-\frac{\pi m_n}{8}\sin2\alpha_n+\Delta\bar{h}_2$ 式中 $\Delta\bar{h}_2=\frac{d_{a2}}{2}(1-\cos\delta_{a2})$ $\delta_{a2}=\frac{\pi}{2z_2}-\mathrm{inv}\alpha_t+\mathrm{inv}\alpha_{at2}$
	固定弦齿厚		$\bar{s}_c=\frac{\pi m}{2}\cos^2\alpha$	$\bar{s}_{cn}=\frac{\pi m_n}{2}\cos^2\alpha_n$
变位齿轮	固定弦齿高	外齿轮	$\bar{h}_c=h_a-m\left(\frac{\pi}{8}\sin2\alpha+x\sin^2\alpha\right)$	$\bar{h}_{cn}=h_a-m_n\left(\frac{\pi}{8}\sin2\alpha_n+x_n\sin^2\alpha_n\right)$
		内齿轮	$\bar{h}_{c2}=h_{a2}-m\left(\frac{\pi}{8}\sin2\alpha-x_2\sin^2\alpha\right)+\Delta\bar{h}_2$ 式中 $\Delta\bar{h}_2=\frac{d_{a2}}{2}(1-\cos\delta_{a2})$ $\delta_{a2}=\frac{\pi}{2z_2}-\mathrm{inv}\alpha+\mathrm{inv}\alpha_{a2}-\frac{2x_2\tan\alpha}{z_2}$	$\bar{h}_{cn2}=h_{a2}-m_n\left(\frac{\pi}{8}\sin2\alpha_n-x_{n2}\sin^2\alpha_n\right)+\Delta\bar{h}_2$ 式中 $\Delta\bar{h}_2=\frac{d_{a2}}{2}(1-\cos\delta_{a2})$ $\delta_{a2}=\frac{\pi}{2z_2}-\mathrm{inv}\alpha_t+\mathrm{inv}\alpha_{at2}-\frac{2x_{n2}\tan\alpha_t}{z_2}$
	固定弦齿厚		$\bar{s}_c=m\left(\frac{\pi}{2}\cos\alpha\pm x\sin2\alpha\right)$	$\bar{s}_{cn}=m_n\left(\frac{\pi}{2}\cos\alpha_n\pm x_n\sin2\alpha_n\right)$

注：有“±”号处，“+”号用于外齿轮，“-”号用于内齿轮。

表 15-11　量柱（球）测量距（外齿轮、内齿轮）

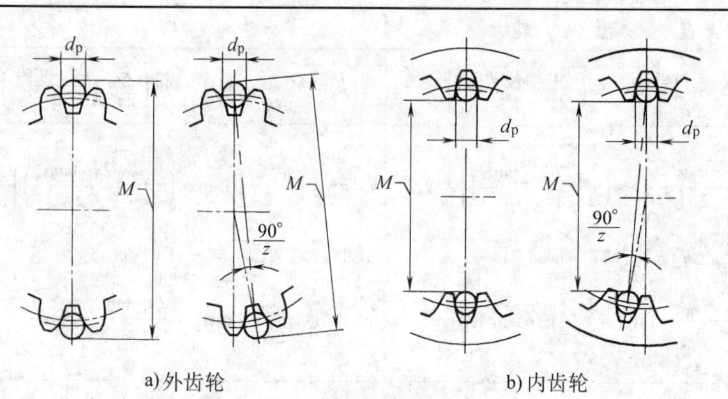

a) 外齿轮　　b) 内齿轮

测量时不以齿顶圆为基准，对齿顶圆精度要求不高。对大型齿轮测量不方便，多用于内齿轮的测量

名称			直齿轮	斜齿轮
标准齿轮	量柱（球）直径 d_p	外齿轮	按 z 和 $x=0$ 查图 15-1	按 z_v 和 $x_n=0$ 查图 15-1
		内齿轮	$d_p=1.44m$ 或 $d_p=1.68m$	$d_p=1.44m_n$ 或 $d_p=1.6m_n$
	量柱（球）中心所在圆的压力角 α_M		$\mathrm{inv}\alpha_M=\mathrm{inv}\alpha\pm\dfrac{d_p}{mz\cos\alpha}\mp\dfrac{\pi}{2z}$	$\mathrm{inv}\alpha_{Mt}=\mathrm{inv}\alpha_t\pm\dfrac{d_p}{m_n z\cos\alpha_n}\mp\dfrac{\pi}{2z}$
	量柱（球）测量距 M	偶数齿	$M=\dfrac{mz\cos\alpha}{\cos\alpha_M}\pm d_p$	$M=\dfrac{m_t z\cos\alpha_t}{\cos\alpha_{Mt}}\pm d_p$
		奇数齿	$M=\dfrac{mz\cos\alpha}{\cos\alpha_M}\cos\dfrac{90°}{z}\pm d_p$	$M=\dfrac{m_t z\cos\alpha_t}{\cos\alpha_{Mt}}\cos\dfrac{90°}{z}\pm d_p$
变位齿轮	量柱（球）直径 d_p	外齿轮	按 z 和 x 查图 15-1	按 z_v 和 x_n 查图 15-1
		内齿轮	$d_p=1.65m$	$d_p=1.65m_n$
	量柱（球）中心所在圆的压力角 α_M		$\mathrm{inv}\alpha_M=\mathrm{inv}\alpha\pm\dfrac{d_p}{mz\cos\alpha}\mp\dfrac{\pi}{2z}+\dfrac{2x\tan\alpha}{z}$	$\mathrm{inv}\alpha_{Mt}=\mathrm{inv}\alpha_t\pm\dfrac{d_p}{m_n z\cos\alpha_n}\mp\dfrac{\pi}{2z}+\dfrac{2x_n\tan\alpha_n}{z}$
	量柱（球）测量距 M	偶数齿	$M=\dfrac{mz\cos\alpha}{\cos\alpha_M}\pm d_p$	$M=\dfrac{m_t z\cos\alpha_t}{\cos\alpha_{Mt}}\pm d_p$
		奇数齿	$M=\dfrac{mz\cos\alpha}{\cos\alpha_M}\cos\dfrac{90°}{z}\pm d_p$	$M=\dfrac{m_t z\cos\alpha_t}{\cos\alpha_{Mt}}\cos\dfrac{90°}{z}\pm d_p$

注：1. 有“±”或“∓”号处，上面的符号用于外齿轮，下面的符号用于内齿轮。

2. 量柱（球）直径 d_p 按本表的方法确定后，推荐圆整成接近的标准钢球的直径，以便用标准钢球测量。

3. 直齿轮可以使用圆棒或圆球，斜齿轮使用圆球。

15.1.4　渐开线圆柱齿轮传动的重合度和齿轮齿条传动的重合度（表 15-12）

表 15-12　圆柱齿轮传动、齿轮齿条传动的重合度

项目		直齿	斜齿
端面重合度 ε_α	圆柱齿轮传动	$\varepsilon_a=\dfrac{1}{2\pi}[z_1(\tan\alpha_{a1}-\tan\alpha)\pm z_2(\tan\alpha_{a2}-\tan\alpha)]$	$\varepsilon_\alpha=\dfrac{1}{2\pi}[z_1(\tan\alpha_{at1}-\tan\alpha_t)\pm z_2(\tan\alpha_{at2}-\tan\alpha_t)]$
	齿轮齿条传动	$\varepsilon_\alpha=\dfrac{1}{2\pi}\left[z_1(\tan\alpha_{at}-\tan\alpha)+\dfrac{4(h_a^*-x_1)}{\sin2\alpha}\right]$	$\varepsilon_\alpha=\dfrac{1}{2\pi}\left[z_1(\tan\alpha_{at1}-\tan\alpha_t)+\dfrac{4(h_{an}^*-x_{n1})\cos\beta}{\sin2\alpha_t}\right]$
纵向重合度 ε_β		$\varepsilon_\beta=0$	$\varepsilon_\beta=\dfrac{b\sin\beta}{\pi m_n}$
总重合度 ε_γ		$\varepsilon_\gamma=\varepsilon_\alpha$	$\varepsilon_\gamma=\varepsilon_\alpha+\varepsilon_\beta$

注：式中有“±”号处，“+”号用于外啮合，“-”号用于内啮合。

表15-12中所列端面重合度也可用查图法求得，标准齿轮和高变位齿轮传动，查图15-4，角变位齿轮传动，查图15-5。

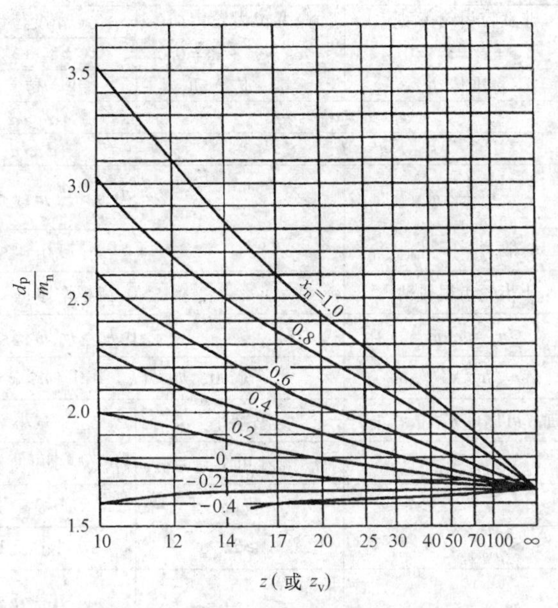

图15-1　测量外齿轮用的量柱（球）径模比 d_p/m_n（$\alpha=\alpha_n=20°$）

15.1.5　变位齿轮的应用和变位系数的选择

15.1.5.1　变位齿轮的功用和限制条件（表15-13）

表15-13　变位齿轮的功用与限制条件

功　用	限制条件	
	外齿轮	内齿轮
1. 在 $z<z_{min}$ 时避免根切 2. 提高齿面接触强度和齿根弯曲强度 3. 提高齿面的抗胶合能力和耐磨性 4. 配凑中心距 5. 修复被磨损的旧齿轮	1. 保证加工时不根切 2. 保证加工时不顶切 3. 保证必要的齿顶厚，要求 $s_a>(0.25\sim0.4)m$ 4. 保证必要的重合度，一般要求 $\varepsilon_\alpha\geqslant1.2$ 5. 保证啮合时不干涉	1. 保证加工时不产生范成顶切 2. 保证加工时不产生径向切入顶切 3. 保证不产生过渡曲线的干涉 4. 保证不产生重叠干涉

注：表中的限制条件均可以用计算式表示：对内齿轮详见表15-6。

15.1.5.2　变位齿轮的类型、比较与主要应用（表15-14）

表15-14　变位齿轮的类型、比较与主要应用

名　称	符号	传动类型			
		非变位齿轮传动	高变位齿轮传动	角变位齿轮传动 $x_\Sigma=x_1+x_2\neq0$	
		$x_\Sigma=x_1=x_2=0$	$x_\Sigma=x_1+x_2=0$	$x_\Sigma=x_1+x_2>0$	$x_\Sigma=x_1+x_2<0$
		标准传动	零传动	正传动	负传动
分度圆直径	d	$d=mz$			
基圆直径	d_b	$d_b=mz\cos\alpha$			
分度圆齿距	p	$p=\pi m$			
中心距	a	$a=\frac{1}{2}m(z_1+z_2)$		$a'>a$	$a'<a$

（续）

名称	符号	传动类型			
		非变位齿轮传动 $x_\Sigma = x_1 = x_2 = 0$	高变位齿轮传动 $x_\Sigma = x_1 + x_2 = 0$	角变位齿轮传动 $x_\Sigma = x_1 + x_2 \neq 0$	
				$x_\Sigma = x_1 + x_2 > 0$	$x_\Sigma = x_1 + x_2 < 0$
		标准传动	零传动	正传动	负传动
啮合角	α'	$\alpha' = \alpha = \alpha_0$		$\alpha' > \alpha$	$\alpha' < \alpha$
节圆直径	d'	$d' = d$		$d' > d$	$d' < d$
分度圆齿厚	s	$s = \frac{1}{2}\pi m$	$x > 0, s > \frac{\pi}{2}m, x < 0, s < \frac{\pi}{2}m$		
齿顶圆齿厚	s_a	一般 $s_a > [s_a]_{min}$	$x > 0, s_a$ 减小；$x < 0, s_a$ 增大		
齿根厚	s_f	小齿轮齿根较薄	$x > 0$，齿根增厚；$x < 0$，齿根减薄		
齿顶高	h_a	$h_a = h_a^* m$	$x > 0, h_a > h_a^* m; x < 0, h_a < h_a^* m$		
齿根高	h_f	$h_f = (h_a^* + c^*) m$	$x > 0,\ h_f < (h_a^* + c^*) m;\ x < 0,\ h_f > (h_a^* + c^*) m$		
重合度	ε	通常可保证 $\varepsilon > [\varepsilon]_{min}$	略减小	减小	增大
滑动率	η		η_{max} 减小可使 $\eta_1 = \eta_2$	η_{max} 减小可使 $\eta_1 = \eta_2$	增大
效率			提高	提高	降低
齿数限制		$z_1 > z_{min}$　$z_2 > z_{min}$	$z_\Sigma \geqslant 2z_{min}$	z_Σ 可小于 $2z_{min}$	$z_\Sigma > 2z_{min}$
主要应用		无特别要求的一般传动	取 $x_1 > 0$，避免根切，提高齿根弯曲强度，提高齿面抗胶合、耐磨损能力	提高齿面接触强度；取 $x > 0$，提高齿根弯曲强度，避免根切；提高抗胶合、耐磨损能力；凑配中心距	修复被磨损的旧齿轮；配凑中心距

15.1.5.3　变位系数的选择

图 15-2 中阴影线以内为变位许用区。该区内各射线为同一啮合角（如 20°、22°、…、26°31′）时，总变位系数 x_Σ 与齿数和 z_Σ 的函数关系。根据 z_Σ 和对变位齿轮的具体要求，可在许用区内选择 x_Σ。对同一 z_Σ，所选 x_Σ 越大，α' 越大，虽能提高承载能力，但重合度相应减小。因此，在选择 x_Σ 时需综合考虑。

确定 x_Σ 后，再按该图左侧的五条斜线分配变位系数 x_1 和 x_2。该部分线图纵坐标仍表示 x_Σ，而横坐标表示变位系数 x_1（从原点 0 向左 x_1 为正值，反之为负值）。根据 x_Σ 及齿数比 u，即可确定 x_1，而 $x_2 = x_\Sigma - x_1$。

【例题 1】　已知某机床变速箱中的一对齿轮，$z_1 = 21$，$z_2 = 33$，$m = 2.5$mm，中心距 $a' = 70$mm。试确定变位系数。

解： 1）根据确定的中心距 a′求啮合角 α'

$$\cos\alpha' = \frac{m}{2a'}(z_1 + z_2)\cos\alpha = \frac{2.5}{2 \times 70} \times (21 + 33) \times 0.93969 = 0.90613$$

所以 $\alpha' = 25°01'25''$。

2）在图 15-2 中，由原点 0 按 $\alpha' = 25°01'25''$ 作射线，与 $z_\Sigma = z_1 + z_2 = 21 + 33 = 54$ 处，向上引垂线相交于 A_1 点，A_1 点纵坐标即为所求点变位系数 x_Σ（见图中例 1，$x_\Sigma = 1.12$）。A_1 点在线图的许用区内，故可用。

3）根据齿数比 $u = z_2/z_1 = 33/21 = 1.57$，故应按线图左侧的斜线②分配 x_1。自 A_1 点作水平线与斜线②交于 C_1 点，C_1 点横坐标即为 x_1，图中的 $x_1 = 0.55$。所以 $x_2 = x_\Sigma - x_1 = 1.12 - 0.55 = 0.57$。

【例题 2】　已知齿轮的齿数 $z_1 = 17$，$z_2 = 100$。要求尽可能提高接触强度。试选择变位系数。

解： 为了提高接触强度，应按最大啮合角选总变位系数。在图 15-2 中，自 $z_\Sigma = z_1 + z_2 = 17 + 100 = 117$ 处向上引垂线，与线图上边界线交于 A_2 点。A_2 点处的啮合角值，即为 $z_\Sigma = 117$ 时的最大许用啮合角。

A_2 点的纵坐标值即为所求的 $x_\Sigma = 2.43$。若需圆整中心距，可以适当调整比 x_Σ 值。

齿数比 $u = z_2/z_1 = 100/17 = 5.9 > 3.0$，所以应按斜线⑤分配变位系数。自 A_2 点作水平线与线⑤交于 C_2 点。C_2 点的横坐标值即为 x_1，$x_1 = 0.77$。所以 $x_2 = x_\Sigma - x_1 = 2.43 - 0.77 = 1.64$。

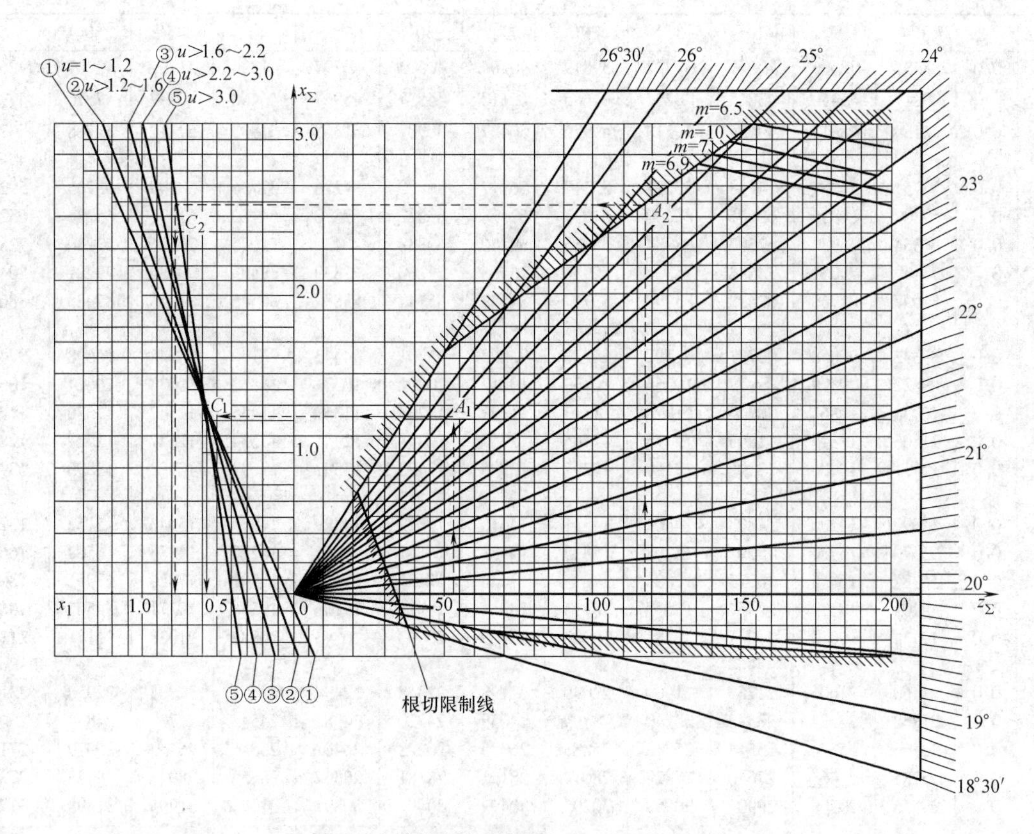

图 15-2　选择变位系数线图（$\alpha=20°$、$h^*=1$）

15.1.6　齿轮几何计算用图表（表 15-15，图 15-3～图 15-5）

表 15-15　渐开线函数 $\mathrm{inv}\alpha=\tan\alpha-\alpha$

α/(°)		0′	5′	10′	15′	20′	25′	30′	35′	40′	45′	50′	55′
10	0.00	17941	18397	18860	19332	19812	20299	20795	21299	21810	22330	22859	23396
11	0.00	23941	24495	25057	25628	26208	26797	27394	28001	28616	29241	29875	30518
12	0.00	31171	31832	32504	33185	33875	34575	35285	36005	36735	37474	38224	38984
13	0.00	39754	40534	41325	42126	42938	43760	44593	45437	46291	47157	48033	48921
14	0.00	49819	50729	51650	52582	53526	54482	55448	56427	57417	58420	59434	60460
15	0.00	61498	62548	63611	64686	65773	66873	67985	69110	70248	71398	72561	73738
16	0.0	07493	07613	07735	07857	07982	08107	08234	08362	08492	08623	08756	08889
17	0.0	09025	09161	09299	09439	09580	09722	09866	10012	10158	10307	10456	10608
18	0.0	10760	10915	11071	11228	11387	11547	11709	11873	12038	12205	12373	12543
19	0.0	12715	12888	13063	13240	13418	13598	13779	13963	14148	14334	14523	14713
20	0.0	14904	15098	15293	15490	15689	15890	16092	16296	16502	16710	16920	17132
21	0.0	17345	17560	17777	17996	18217	18440	18665	18891	19120	19350	19583	19817
22	0.0	20054	20292	20533	20775	21019	21266	21514	21765	22018	22272	22529	22788
23	0.0	23049	23312	23577	23845	24114	24386	24660	24936	25214	25495	25778	26062
24	0.0	26350	26639	26931	27225	27521	27820	28121	28424	28729	29037	29348	29660
25	0.0	29975	30293	30613	30935	31260	31587	31917	32249	32583	32920	33260	33602
26	0.0	33947	34294	34644	34997	35325	35709	36069	36432	36798	37166	37537	37910

（续）

α(°)		0′	5′	10′	15′	20′	25′	30′	35′	40′	45′	50′	55′
27	0.0	38287	38666	39047	39432	39819	40209	40602	40997	41395	41797	42201	42607
28	0.0	43017	43430	43845	44264	44685	45110	45537	45967	46400	46837	47376	47718
29	0.0	48164	48612	49064	49518	49976	50437	50901	51368	51833	52312	52788	53268
30	0.0	53751	54238	54728	55221	55717	56217	56720	57226	57736	58249	58765	59285
31	0.0	59809	60336	60866	61400	61937	62478	63022	63570	64122	61677	65236	65799
32	0.0	66364	66934	67507	68084	68665	69250	69838	70430	71026	71626	72230	72838
33	0.0	73449	74064	74684	75307	75934	76565	77200	77839	78483	79130	79781	80437
34	0.0	81097	81760	82428	83100	83777	84457	85142	85832	86525	87223	87925	88631
35	0.0	89342	90058	90777	91502	92230	92963	93701	94443	95190	95942	96698	97459
36	0.0	09822	09899	09977	10055	10133	10212	10292	10371	10452	10533	10614	10696
37	0.0	10778	10861	10944	11028	11113	11197	11283	11369	11455	11542	11630	11718
38	0.0	11806	11895	11895	12075	12165	12257	12348	12441	12534	12627	12721	12815
39	0.0	12911	13006	13102	13199	13297	13395	13493	13592	13692	13792	13893	13995
40	0.0	14097	14200	14303	14407	14511	14616	14722	14829	14936	15043	15152	15261
41	0.0	15370	15480	15591	15703	15815	15928	16041	16156	16270	16386	16502	16619
42	0.0	16737	16855	16974	17093	17214	17336	17457	17579	17702	17826	17951	18076
43	0.0	18202	18329	18457	18585	18714	18844	18975	19106	19238	19371	19505	19639
44	0.0	19774	19910	20047	20185	20323	20463	20603	20743	20885	21028	21171	21315
45	0.0	21460	21606	21753	21900	22049	22198	22348	22499	22651	22804	22958	23112
46	0.0	23268	23424	23582	23740	23899	24059	24220	24382	24545	24709	24874	25040
47	0.0	25206	25374	25543	25713	25883	26055	26228	26401	26576	26752	26929	27107
48	0.0	27285	27465	27646	27828	28012	28196	28381	28567	28755	28943	29133	29324
49	0.0	29516	29709	29903	30098	30295	30492	30691	30891	31092	31295	31498	31703
50	0.0	31909	32116	32324	32534	32745	32957	33171	33385	33601	33818	34037	34257
51	0.0	34478	34700	34924	35149	35376	35604	35833	36063	36295	36529	36763	36999
52	0.0	37237	37476	37716	37958	38202	38446	38693	39441	39190	39441	39693	39947
53	0.0	40202	40459	40717	40977	41239	41502	41767	42034	42302	42571	42843	43116
54	0.0	43390	43667	43945	44225	44506	44789	45074	45361	45650	45940	46232	46526
55	0.0	46822	47119	47419	47720	48023	48328	48635	48944	49255	49568	49882	50199
56	0.0	50518	50838	51161	51486	51813	52141	52472	52805	53141	53478	53817	54159
57	0.0	54503	54849	55197	55547	55900	56255	56612	56972	57333	57698	58064	58433
58	0.0	58804	59178	59554	59933	60314	60697	61083	61472	61863	62257	62653	63052
59	0.0	63454	63858	64265	64674	65086	65501	65919	66340	66763	67189	67618	68050

【例题3】 已知：外啮合标准斜齿圆柱齿轮传动，$z_1=25$，$z_2=81$，$\beta=8°06'34''$。试确定 ε_α 值。

解：由图15-4，按 z_1、z_2 和 β，分别查得 $\varepsilon_{\alpha1}=0.8$，$\varepsilon_{\alpha2}=0.9$，则 $\varepsilon_\alpha=\varepsilon_{\alpha1}+\varepsilon_{\alpha2}=0.8+0.9=1.7$。

【例题4】 已知：外啮合高变位斜齿圆柱齿轮传动，$z_1=21$，$z_2=74$，$\beta=12°$，$x_{n1}=0.5$，$x_{n2}=-0.5$。试确定 ε_α 值。

解：根据 $\dfrac{z_1}{1+x_{n1}}=\dfrac{21}{1+0.5}=14$，$\dfrac{z_2}{1-x_{n2}}=\dfrac{74}{1-0.5}=148$，$\beta=12°$，从图15-4中分别查得 $\varepsilon_{\alpha1}=0.705$，$\varepsilon_{\alpha2}=0.915$，则

$$\begin{aligned}\varepsilon_\alpha&=(1+x_{n1})\varepsilon_{\alpha1}+(1-x_{n2})\varepsilon_{\alpha2}\\&=(1+0.5)\times0.705+(1-0.5)\times0.915\\&=1.52\end{aligned}$$

【例题5】 已知：外啮合角变位斜齿圆柱齿轮传动，$z_1=21$，$z_2=71$，　$(m_n=9\text{mm})$，$\beta=10°$，$x_{n1}=+0.4$，$x_{n2=+0.5}$，$a'=428\text{mm}$，$d_{a1}=216.140\text{mm}$，$d_{a2}=674.880\text{mm}$，$d'_1=195.391\text{mm}$，$d'_2=666.609\text{mm}$。试确定 ε_α 值。

解：根据 $\dfrac{x_{n2}+x_{n1}}{z_2+z_1}=\dfrac{0.5+0.4}{71+21}=0.00978\approx0.01$，$\beta=10°$，由图15-3查得 $a'_t\approx22.8°$

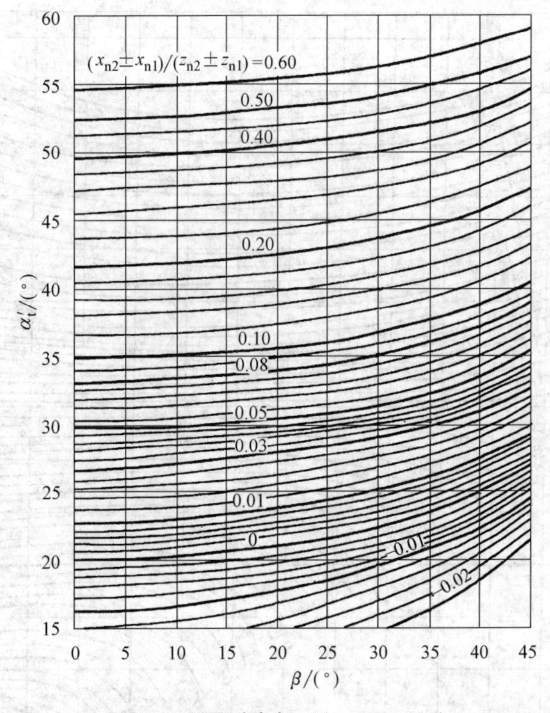

图 15-3　端面啮合角 α'_t（$\alpha=\alpha_n=20°$）

注：图中“+”号用于外啮合，“-”号用于内啮合。

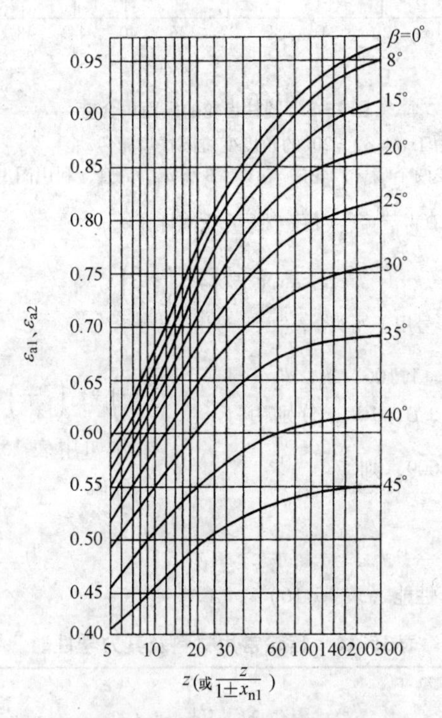

图 15-4　外啮合标准齿轮传动和高变位齿轮传动的端面重合度 ε_α

注：1. 本图适用于 $\alpha=\alpha_n=20°$、$h_a^*=h_{an}^*=1$ 的圆柱齿轮传动。

2. 使用方法：按已知的 z、x_{n1} 和 β 值查图，确定 ε_α 值。

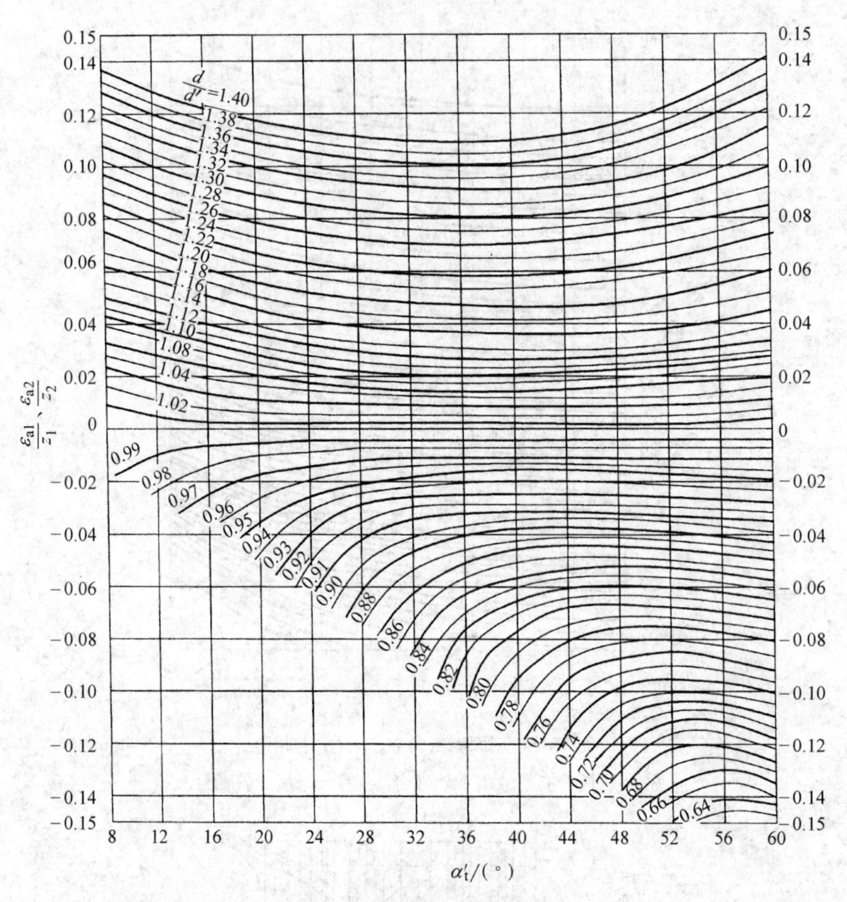

图 15-5　圆柱齿轮的端面重合度

注：1. 本图特别适用于 $\alpha=\alpha_n=20°$ 的角度变位圆柱齿轮传动。

2. 使用方法：按两个啮合齿轮的 z、x_n、β 和 d_a、d' 值，利用图 15-3 查得 α'_t 值，再由图 15-5 查得 $\frac{\varepsilon_{\alpha1}}{z_1}$、$\frac{\varepsilon_{\alpha2}}{z_2}$ 值，然后用下式计算 ε_α：

$$\varepsilon_\alpha = z_1\left(\frac{\varepsilon_{\alpha1}}{z_1}\right) \pm z_2\left(\frac{\varepsilon_{\alpha2}}{z_2}\right)$$

式中，"+"号用于外啮合，"-"号用于内啮合。

按 $d_{a1}/d'_1 = 216.140/195.391 = 1.106$，$d_{a2}/d'_2 = 674.880/660.609 = 1.0216 \approx 1.022$，$\beta = 10°$，分别由图 15-5 查得 $\frac{\varepsilon_{\alpha1}}{z_1} = 0.040$ 和 $\frac{\varepsilon_{\alpha2}}{z_2} = 0.009$，则

$$z_1\left(\frac{\varepsilon_{\alpha1}}{z_1}\right) + z_2\left(\frac{\varepsilon_{\alpha2}}{z_2}\right) = 21 \times 0.040 + 71 \times 0.009 = 1.479$$

此例如用表 15-12 的 ε_α 算式计算，其准确值 $\varepsilon_\alpha = 1.456$。

15.1.7　齿轮的材料

15.1.7.1　齿轮常用材料及其力学性能（表 15-16）

表 15-16　齿轮常用材料及其力学性能

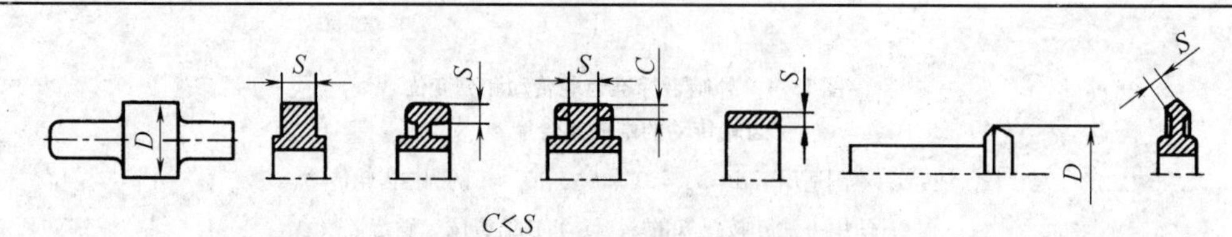

（续）

材料牌号和标准号	热处理种类	截面尺寸		力学性能　≥		硬　度	
		直径 D/mm	壁厚 S/mm	R_m/MPa	R_{eL}/MPa	HBW	HRC
调　质　钢							
45（JB/T 6397—2006）	正火	≤100	≤50	588	294	169～217	
		>100～300	>50～150	569	284	162～217	
		>300～500	151～250	549	275	162～217	
		>500～800	251～400	530	265	156～217	
	调质[①]	≤100	≤50	647	373	229～286	
		>101～300	>50～150	628	343	217～255	
		>300～500	>150～250	608	314	197～255	
	表面淬火						40～50
35SiMn（JB/T 6369—2005）	调质	≤100	≤50	785	510	229～286	
		>100～300	>50～150	735	441	217～269	
		>300～400	>150～200	686	392	217～255	
		>400～500	>200～250	637	373	196～255	
	表面淬火						45～55
42SiMn（JB/T 6369—2005）	调质	≤100	≤50	785	510	229～286	
		>100～200	>50～100	735	461	217～269	
		>200～300	>100～150	686	441	217～255	
		>300～500	>150～250	637	373	196～255	
	表面淬火						45～55
50SiMn（JB/T 6369—2005）	调质	≤100	≤50	834	539	229～286	
		>100～200	>50～100	735	490	217～269	
		>200～300	>100～150	686	441	207～255	
	表面淬火						45～50
40Cr（JB/T 6369—2005）	调质	≤100	≤50	735	539	241～286	
		>100～300	>50～150	686	490	241～286	
		>300～500	>150～250	637	441	229～269	
		>500～800	>250～400	588	343	217～255	
	表面淬火						48～55
35CrMo（JB/T 6369—2005）	调质	≤100	≤50	735	540	207～269	
		>100～300	50～150	685	490	207～269	
		>300～500	151～250	635	440	207～269	
		>500～800	251～400	590	390	207～269	
	表面淬火						40～45
42CrMo（JB/T 6369—2005）	调质	40～100	20～50	883～1020	686	—	
		>100～250	>50～125	735	539	207～269	
		>250～300	>125～150	637	490	207～269	
		>300～500	>150～500	588	441	207～269	
	表面淬火						48～56
40CrMnMo（JB/T 6369—2005）	调质	150	75	778	758	288	
		300	150	811	655	255	
		400	200	786	532	249	
		500	250	748	484	213	
37SiMn2MoV（GB/T 3077—1999）	调质	200～400	100～200	814	637	241～286	
		>400～600	>200～300	765	588	241～269	
		>600～800	>300～400	716	539	229～241	

（续）

材料牌号和标准号	热处理种类	截面尺寸		力学性能 ≥		硬度	
		直径 D/mm	壁厚 S/mm	R_m/MPa	R_{eL}/MPa	HBW	HRC
调质钢							
40CrNi（GB/T 3077—1999）	调质	100～300 301～500 501～700	50～150 151～250 251～350	785 735 686	569 549 530	225 255 255	
40CrNiMo（GB/T 3077—1999）	调质	120 240 ≤250 ≤500	60 120 ≤125 ≤250	834 785 686～834 588～734	686 588 490 392	— — — —	
渗碳钢、渗氮钢							
20Cr（JB/T 6369—2005）	渗碳+淬火+低温回火 渗氮	≤60		635	390	心部 ≥178	56～62 53～60
20CrMnTi（JB/T 6369—2005）	渗碳+淬火+低温回火	30	15	1079	883		56～62
20CrMnMo（JB/T 6369—2005）	渗碳+淬火+低温回火 两次淬火、回火	30 ≤30 ≤100	15	1170 1079 834	883 786 490		56～62
38CrMoAlA（JB/T 6369—2005）	调质 渗氮	40 80 100 120 160	20 40 50 60 80	941 922 922 912 765	785 735 706 686 588	— — — — 241～285	>850HV
25Cr2MoV（GB/T 3077—1999）	调质 渗氮	25 150 ≤200	12.5 75 ≤100	932 834 735	785 735 588	≤247 269～321 241～277	≥750HV
铸钢、合金铸钢							
ZG 310-570（GB/T 11352—2009）	正火			570	310	163～197	
ZG 340-640（GB/T 11352—2009）	正火			640	340	179～207	
ZG 40Mn2（JB/T 6402—1992）	正火+回火 调质			588 834	392 686	≥197 269～302	
ZG 35SiMn（JB/T 6402—1992）	正火+回火 调质			569 637	343 412	163～217 197～248	
ZG 40Cr（JB/T 6402—1992）	正火+回火 调质			628 686	343 471	≤212 228～321	
ZG 35CrMo（JB/T 6402—1992）	正火+回火 调质			588 686	392 539	179～241 179～241	
ZG 35CrMnSi（JB/T 6402—1992）	正火+回火 调质			690 785	345 588	163～217 197～269	

（续）

材料牌号	热处理种类	截面尺寸		力学性能 ≥		硬度	
		直径 D/mm	壁厚 S/mm	R_m/MPa	R_{eL}/MPa	HBS	HRC
灰铸铁（GB/T 9439—1988）、球墨铸铁（GB/T 1348—2009）							
HT250			>4.0~10 >10~20 >20~30 >30~50	270 240 220 200		175~263 164~247 157~236 150~225	
HT300			>10~20 >20~30 >30~50	200 250 230		182~273 169~255 160~241	
HT350			>10~20 >20~30 >30~50	340 290 260		197~298 182~273 171~257	
QT500-7				500	320	170~230	
QT600-3				600	370	190~270	
QT700-2				700	420	225~305	
QT800-2				800	480	245~335	
QT900-2				900	600	280~360	

① 由于调质的珠光体使齿面加工后的表面粗糙度很差，极易产生点蚀，因此 45 钢调质最好不使用。

15.1.7.2　配对齿轮齿面硬度组合（表 15-17）

表 15-17　齿轮齿面硬度及其组合

硬度组合类型	齿轮种类	热处理		两轮工作齿面硬度差	工作齿面硬度举例		一般应用
		小齿轮	大齿轮		小齿轮	大齿轮	
软齿面 H_{d1}≤350HBW H_{d2}≤350HBW	直齿	调质	正火 调质 调质 调质	$0<H_{d1\min}-H_{d2\max}$≤(20~25)HBW	240~270HBW 260~290HBW 280~310HBW 300~330HBW	180~220HBW 220~240HBW 240~260HBW 260~280HBW	质量和尺寸不受严格限制的齿轮；热处理困难的大型齿轮；要求成本不高的齿轮；要求跑合性能良好的齿轮
	斜齿及人字齿	调质	正火 正火 调质 调质	$H_{d1\min}-H_{d2\min}$>(40~50)HBW	240~270HBW 260~290HBW 270~300HBW 300~330HBW	160~190HBW 180~210HBW 200~230HBW 230~260HBW	
软硬组合齿面 H_{d1}>350HBW H_{d2}≤350HBW	斜齿及人字齿	表面淬火	调质	齿面硬度差很大	45~50HRC	200~230HBW 230~260HBW 270~300HBW 300~330HBW	这是软齿面齿轮的一种改进，能使大齿轮齿面工作硬化。用于无大磨齿机磨大齿轮时；要求抗冲击性能好时
		渗碳	调质		56~62HRC		
硬齿面 H_{d1}>350HBW H_{d2}>350HBW	直齿、斜齿及人字齿	表面淬火	表面淬火	齿面硬度大致相同	45~50HRC		质量和尺寸受严格限制的齿轮；移动式机器上的齿轮；要求制造精度高的齿轮（磨齿）
		渗碳	渗碳		56~62HRC		

注：1. 表中 H_{d2}、H_{d1} 分别表示大小齿轮齿面硬度。
2. 重要齿轮的表面淬火，应采用高频或中频感应淬火；模数较大时，应沿齿沟加热和淬火。
3. 通常渗碳后的齿轮要进行磨齿。
4. 为了提高抗胶合性能，建议小齿轮和大齿轮采用不同牌号的钢来制造。

15.1.8 渐开线圆柱齿轮承载能力计算

15.1.8.1 主要尺寸参数的初步确定

在缺乏经验和条件时，可采用齿轮设计的简化公式来初步确定齿轮传动的主要尺寸参数。对于渐开线（直齿、斜齿、人字齿）圆柱齿轮（外啮合、内啮合）的主要尺寸参数，可用以下公式来初步确定。

按齿面接触强度计算：

$$a = J_a(u \pm 1)\sqrt[3]{\frac{KT_1}{\phi_a u \sigma_{HP}^2}} \tag{15-1}$$

或

$$d_1 = J_d\sqrt[3]{\frac{KT_1}{\phi_d \sigma_{HP}^2}\frac{u \pm 1}{u}} \tag{15-2}$$

按齿根弯曲强度计算：

$$m = 12.5\sqrt[3]{\frac{KT_1}{\phi_m z_1}\frac{Y_{FS}}{\sigma_{FP}}} \tag{15-3}$$

式中　a——齿轮传动中心距（mm）；

d_1——小齿轮分度圆直径（mm）；

m——端面模数，对斜齿轮和人字齿轮为法向模数（mm）；

T_1——小齿轮的额定转矩（N·m）；

z_1——小齿轮的齿数；

ϕ_a、ϕ_d、ϕ_m——齿宽系数，$\phi_a = b/a$，$\phi_d = b/d_1$，$\phi_m = b/m$；

σ_{HP}——许用接触应力（MPa），可取 $\sigma_{HP} \approx \sigma_{Hlim}/S_{Hlim}$，$\sigma_{Hlim}$是试验齿轮的接触疲劳极限应力（MPa），由表15-27计算，或从图15-14（a）~图15-20（a）中查取。可取接触强度计算的最小安全系数 $S_{Hlim} \geqslant 1.1$；

σ_{FP}——许用弯曲应力（MPa），可取 $\sigma_{FP} = 1.6\sigma_{Flim}$（轮齿单向受力），$\sigma_{FP} = 1.1\sigma_{Flim}$（轮齿双向受力），$\sigma_{Flim}$是试验齿轮的弯曲疲劳极限，由表15-27计算，或从图15-14b~图15-20b中查取。

Y_{FS}——力作用于齿顶时的复合齿形系数，按实际齿数 z 查图15-11或图15-12。

K——载荷系数，常取 $K = 1.2 \sim 2.2$，原动机出力均匀，工作机载荷平稳，齿宽系数小、轴承对称布置、轴刚性大，齿轮精度高、圆周速度低时取小值，反之取大值。

J_a、J_d——计算系数，查表15-18。

计算时，σ_{HP}应取两齿轮中的小值；比值 Y_{FS}/σ_{FP}应取两齿轮中的大值。式中的“+”号用于外啮合，“-”号用于内啮合。

15.1.8.2 渐开线圆柱齿轮抗疲劳承载能力校核计算

齿轮抗疲劳承载能力计算，包括齿面接触疲劳强度计算和齿根弯曲疲劳强度计算两大部分。本章推荐的计算方法，主要根据GB/T 3480而编制（简化），适用于钢、铸铁制造的，基本齿廓符合GB 1356—2001的内、外啮合直齿、斜齿和人字齿（双斜齿）圆柱齿轮。

（1）校核计算公式　见表15-19和表15-20。

（2）计算公式中各参数和系数的确定。

1）齿数比 u、小齿轮分度圆直径 d_1、模数 m 和齿宽 b 等。通常由校核计算任务书给出，或者由本章所述方法初步确定。

2）分度圆上的名义切向力 F_t。一般由齿轮传递的名义功率或名义转矩来确定。名义切向力作用于端面内并切于分度圆。这里认为 F_t 是一个稳定的载荷。对于不稳定载荷情况下，F_t 的确定见本章有关内容。

表15-18　齿面接触强度计算系数

材料	小齿轮	钢			球墨铸铁		灰铸铁
	大齿轮	钢	球墨铸铁	灰铸铁	球墨铸铁	灰铸铁	灰铸铁
系数	J_a	480	466	435	453	422	401
	J_d	761	738	689	718	670	636

注：1. 表中钢材料包括铸钢。

2. 本表适用于 $\beta = 0° \sim 15°$ 的直齿和斜齿轮。对于 $\beta = 25° \sim 35°$ 的人字齿轮，表中的 J_a 和 J_d 分别乘0.93。

表15-19　齿轮接触疲劳强度和弯曲疲劳强度校核计算公式

项　目	齿面接触疲劳强度	齿根弯曲疲劳强度
强度条件	$\sigma_H \leqslant \sigma_{HP}$ 或　$S_H \geqslant S_{Hmin}$	$\sigma_F \leqslant \sigma_{FP}$ 或　$S_F \geqslant S_{Fmin}$

（续）

项　　目	齿面接触疲劳强度	齿根弯曲疲劳强度
计算应力 /MPa	$\sigma_H = Z_{BD} Z_H Z_E Z_\varepsilon Z_\beta \sqrt{\frac{F_t}{d_1 b}\left(\frac{u \pm 1}{u}\right) K_A K_v K_{H\beta} K_{H\alpha}}$	$\sigma_F = \frac{F_t}{b m_n} K_A K_v K_{F\beta} K_{F\alpha} Y_{FS} Y_\varepsilon Y_\beta$
许用应力 /MPa	$\sigma_{HP} = \frac{\sigma_{Hlim} Z_{NT} Z_{LVR} Z_W Z_X}{S_{Hmin}}$	$\sigma_{FP} = \frac{\sigma_{Flim} Y_{ST} Y_{NT} Y_{\delta relT} Y_{RrelT} Y_X}{S_{Fmin}}$
安全系数	$S_H = \frac{\sigma_{Hlim} Z_{NT} Z_{LVR} Z_W Z_X}{\sigma_H}$	$S_F = \frac{\sigma_{Flim} Y_{ST} Y_{NT} Y_{\delta relT} Y_{RrelT} Y_X}{\sigma_F}$

注：式中“+”用于外啮合，“-”号用于内啮合。

表15-20　表15-19中各符号的意义

类别	符　　号	意　　义	单　　位	确 定 方 法
基本参数	σ_H、σ_F	计算接触应力和计算弯曲应力	MPa	表15-19
	σ_{HP}、σ_{FP}	许用接触应力和许用弯曲应力	MPa	表15-19
	S_H、S_F	接触强度和弯曲强度的计算安全系数		表15-19
	S_{Hmin}、S_{Fmin}	接触强度和弯曲强度的最小安全系数		表15-32
	F_t	分度圆上的名义切向力	N	
	d_1	小齿轮分度圆直径	mm	
	b	齿宽（人字齿轮为两个斜齿圈宽度之和）	mm	
	m_n	法向模数	mm	
	u	齿数比，$u = z_2/z_1 \geqslant 1$		
	σ_{Hlim}	试验齿轮的接触疲劳极限	MPa	表15-27、图15-14a～图15-20a
	σ_{Flim}	试验齿轮的弯曲疲劳极限	MPa	表15-27、图15-14b～图15-20b
修正载荷的系数	K_A	使用系数		表15-21
	K_v	动载系数		式（15-4）
	$K_{H\beta}$	接触强度计算的齿面载荷分布系数		表15-23或表15-24
	$K_{F\beta}$	弯曲强度计算的齿面载荷分布系数		图15-7
	$K_{H\alpha}$	接触强度计算的齿间载荷分配系数		表15-25
	$K_{F\alpha}$	弯曲强度计算的齿间载荷分配系数		表15-25
修正计算应力的系数	Z_H	节点区域系数		图15-8
	Z_E	材料弹性系数	$\sqrt{MPa}$	表15-26
	Z_ε	接触强度计算的重合度系数		图15-9
	Z_β	接触强度计算的螺旋角系数		图15-10
	Z_{BD}	单对齿啮合系数		
	Y_{FS}	复合齿形系数		图15-11或图15-12
	Y_ε	弯曲强度计算的重合度系数		式(15-11)
	Y_β	弯曲强度计算的螺旋角系数		图15-13

（续）

类别	符　号	意　义	单　位	确定方法
修正疲劳极限的系数	Z_{NT}	接触强度计算的寿命系数		图15-21
	Y_{NT}	弯曲强度计算的寿命系数		图15-22
	Z_{LVR}	润滑油膜影响系数		表15-30
	Z_W	齿面工作硬化系数		图15-23
	Z_X	接触强度计算的尺寸系数		图15-24
	Y_X	弯曲强度计算的尺寸系数		图15-25
	$Y_{\delta relT}$	相对齿根圆角敏感系数		表15-31
	Y_{RrelT}	相对齿根表面状况系数		图15-26
	Y_{ST}	应力修正系数		$Y_{ST}=2$

3）使用系数 K_A。这是考虑由于齿轮啮合外部因素引起附加动载荷影响的系数。这种外部附加动载荷，取决于原动机和工作机的特性，轴和联轴器系统的质量、刚度及运行状态。如有可能，K_A 可通过实测，或对传动系统的全面分析来确定。当上述方法不能实现，齿轮只能按名义载荷计算强度时，K_A 可参考表15-21查取。

表15-21　使用系数 K_A

原动机工作特性及其示例	工作机工作特性及其示例			
	均匀平稳	轻微冲击	中等冲击	强烈冲击
	发电机，均匀传送的带式运输机或板式运输机，轻型升降机，包装机，通风机，轻型离心机，轻质液态物质或均匀密度材料搅拌器，剪切机、冲压机[①]，车床	不均匀传动（如包装件）的带运输机或板式运输机，机床主传动，重型升降机，起重机旋转机构，工业和矿用通风机，稠粘液体或变密度材料搅拌机，多缸活塞泵，普通挤压机，压光机，转炉	橡胶挤压机，橡胶和塑料搅拌机，球磨机（轻型），木工机械（锯片、木车床），锯坯初轧机，提升机构，单缸活塞泵	挖掘机（铲斗传动装置、多斗传动装置、筛分传动装置，动力铲），球磨机（重型），橡胶搓揉机，破碎机（石块、矿石），冶金机械
均匀平稳，如电动机（例如直流电动机）	1.00	1.25	1.50	1.75
轻微冲击，如液压马达、电动机（较大、经常出现较大的起动转矩）	1.10	1.35	1.60	1.85
中等冲击，如多缸内燃机	1.25	1.50	1.75	2.0
强烈冲击，如单缸内燃机	1.50	1.75	2.0	2.25

注：1. 表中数值仅适用于在非共振速度区运转的齿轮装置。对于在重载运转，起动转矩大，间歇运行及有反复振动载荷等情况，需要校核静强度和有限寿命强度。

2. 对于增速传动，根据经验建议取本表值的1.1倍。

3. 当外部机械与齿轮装置之间有挠性连接时，通常 K_A 值可适当减小。

① 额定转矩＝最大切削、压制、冲击转矩。

4）动载系数 K_v。这是考虑齿轮制造精度、运转速度对轮齿内部附加动载荷影响的系数。影响动载荷系数的主要因素有基节和齿形误差、节线速度、转动件的惯量和刚度、轮齿载荷、啮合刚度在啮合循环中的变化，以及跑合效果、润滑油特性等。如能通过实测，或对所有影响因素作全面的动力分析来确定，包括内部动载荷在内的切向载荷，则可取 $K_v=1$。在一般计算中（齿轮在亚临界区工作），K_v 可按下式计算：

$$K_v = 1 + \left(\frac{K_1}{\frac{K_A F_t}{b}} + K_2\right)\frac{z_1 v}{100}\sqrt{\frac{u^2}{u^2+1}} \tag{15-4}$$

式中的 K_1 和 K_2 查表 15-22。

一种基于经验数据的确定 K_v 值的线图如图 15-6 所示。此图没有考虑其振区的影响。图中 6、7、…、12 为齿轮传动精度系数 C，按下式计算确定：

$$C = 2.852\ln(f_{pt}) - 0.5048\ln(z) - 1.1441(m_n) + 3.32$$

式中　z——大、小齿轮中计算得 C 值大者的齿数；

m_n——法向模数；

f_{pt}——大小齿轮中最大的齿距偏差值。

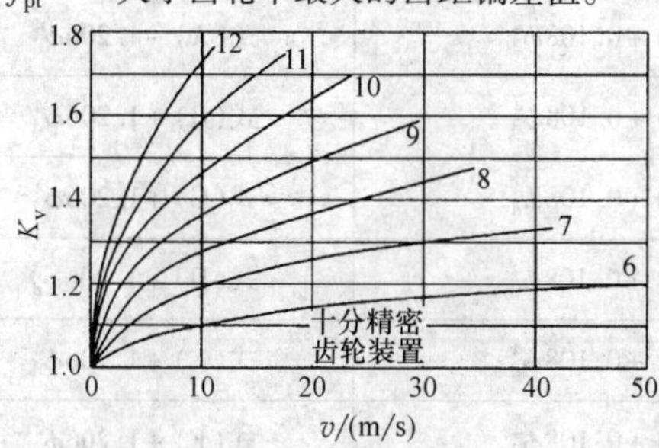

图 15-6　动载系数 K_v

5）齿向载荷分布系数 $K_{H\beta}$、$K_{F\beta}$。这是分别考虑沿齿宽方向载荷分布不均匀，对齿面接触应力和齿根弯曲应力影响的系数。影响 $K_{H\beta}$ 和 $K_{F\beta}$ 的主要因素有齿轮副的接触精度、啮合刚度、支承件的刚度、轴系的附加载荷、热变形和齿向修形等。精确确定 $K_{H\beta}$ 和 $K_{F\beta}$ 是可能的，但比较困难。在一般计算中，可利用表 15-23 和表 15-24 的简化公式计算 $K_{H\beta}$ 值。

在一般的计算中，可取 $K_{F\beta}=K_{H\beta}$；如需要较精确确定 $K_{F\beta}$ 时，可查图 15-7。图中 b 是齿宽（mm），对人字齿轮或双斜齿齿轮，用单个斜齿轮的宽度。图中 h 是齿高（mm）。

6）齿间载荷分配系数 $K_{H\alpha}$、$K_{F\alpha}$。这是分别考虑同时啮合的各对轮齿间载荷分配不均匀，对齿面接触强度和弯曲强度影响的系数。影响齿间载荷分配系数的主要因素有：轮齿受载变形、制造误差、齿廓修形和跑合效果等。

在一般的计算中，可查表 15-25 来确定 $K_{H\alpha}$ 和 $K_{F\alpha}$ 值。

7）节点区域系数 Z_H。这是考虑节点处齿廓曲率

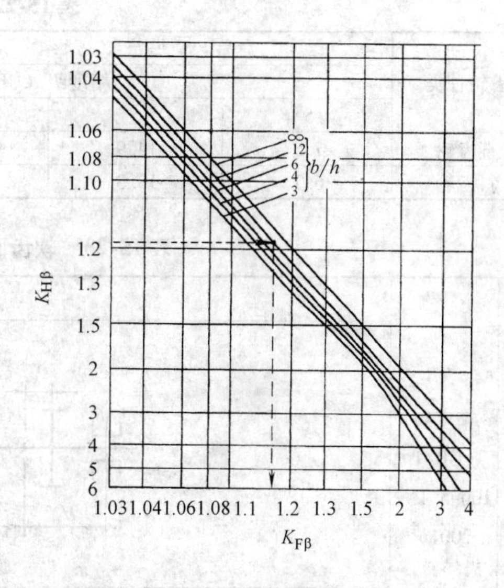

图 15-7　弯曲强度计算的载荷分布系数 $K_{F\beta}$

对接触应力的影响，并将分度圆上的切向力折算为节圆上的法向力的系数。Z_H 的计算公式如下：

$$Z_H = \sqrt{\frac{2\cos\beta_b}{\cos^2\alpha_t\tan\alpha'_t}} \tag{15-5}$$

式中　α_t——端面分度圆压力角；

β_b——基圆螺旋角；

α'_t——节圆端面啮合角。

对于法向压力角 $\alpha_n=20°$ 的外啮合齿轮，Z_H 值也可从图 15-8 中查得。

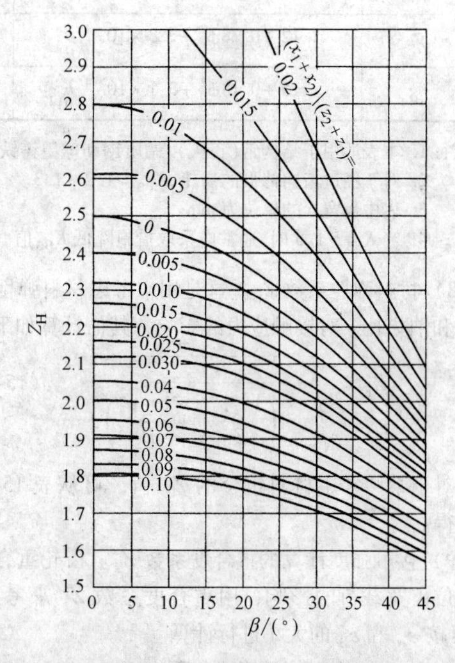

图 15-8　节点区域系数（$\alpha_n=20°$）

表 15-22　系数 K_1、K_2

齿轮种类	K_1					K_2
	精度级（GB/T 10095.1—2001）					各种精度级
	5	6	7	8	9	
直齿轮	7.5	14.9	26.8	39.1	52.8	0.0193
斜齿轮	6.7	13.3	23.9	34.8	47.0	0.0087

表 15-23　软齿面齿轮 $K_{H\beta}$的简化计算式

装配时是否检验调整	精度级（GB/T 10095.1—2001）	结构布局及限制条件		
		$s/l<0.1$ 近于对称支承	$0.1<s/l<0.3$ 非对称支承	$s/l<0.3$ 悬臂支承
不作检验调整	5	$1.14+0.18\phi_d^2+2.3\times10^{-4}b$ (A)	式(A) $+0.108\phi_d^4$	式(A) $+1.206\phi_d^4$
	6	$1.15+0.18\phi_d^2+3\times10^{-4}b$ (B)	式(B) $+0.108\phi_d^4$	式(B) $+1.206\phi_d^4$
	7	$1.17+0.18\phi_d^2+4.7\times10^{-4}b$ (C)	式(C) $+0.108\phi_d^4$	式(C) $+1.206\phi_d^4$
	8	$1.23+0.18\phi_d^2+6.1\times10^{-4}b$ (C)	式(D) $+0.108\phi_d^4$	式(D) $+1.206\phi_d^4$
检验调整或对研跑合	5	$1.10+0.18\phi_d^2+1.2\times10^{-4}b$ (E)	式(E) $+0.108\phi_d^4$	式(E) $+1.206\phi_d^4$
	6	$1.11+0.18\phi_d^2+1.5\times10^{-4}b$ (F)	式(F) $+0.108\phi_d^4$	式(F) $+1.206\phi_d^4$
	7	$1.12+0.18\phi_d^2+2.3\times10^{-4}b$ (G)	式(G) $+0.108\phi_d^4$	式(G) $+1.206\phi_d^4$
	8	$1.15+0.18\phi_d^2+3.1\times10^{-4}b$ (H)	式(H) $+0.108\phi_d^4$	式(H) $+1.206\phi_d^4$

注：1. 本表适用于结构钢（正火）、调质钢和球墨铸铁齿轮。
2. 对于经过齿向修形的齿轮，$K_{H\beta}=1.2\sim1.3$。
3. 表中齿宽 b 的单位为 mm。
4. 当 $K_{H\beta}>1.5$ 时，通常应采取措施降低 $K_{H\beta}$值。

8）材料弹性系数 Z_E。这是用来考虑材料弹性模量 E 和泊松比 ν 对接触应力的影响，其值计算如下：

$$Z_E=\sqrt{\frac{1}{\pi\left(\frac{1-\nu_1^2}{E_1}+\frac{1-\nu_2^2}{E_2}\right)}} \tag{15-6}$$

对于某些常用材料组合的 Z_E 值，可从表 15-26 中查得。

9）接触强度计算的重合度系数 Z_ε。齿轮重合度对单位齿宽载荷的影响，用重合度系数 Z_ε 来考虑。Z_ε 可按 ε_α 和 ε_β 的大小进行计算。

当 $0\leqslant\varepsilon_\beta<1$ 时，计算式如下：

$$Z_\varepsilon=\sqrt{\frac{4-\varepsilon_\alpha}{3}(1-\varepsilon_\beta)+\frac{\varepsilon_\beta}{\varepsilon_\alpha}} \tag{15-7}$$

当 $\varepsilon_\beta\geqslant1$ 时，按 $\varepsilon_\beta=1$ 代入式（15-7）计算 Z_ε。

在计算 ε_β 时，应采用工作齿宽 b。对于人字齿轮，b 应为两个斜齿轮的工作齿宽之和。

Z_ε 也可由图 15-9 查得。

10）接触强度计算的螺旋角系数 Z_β。这是考虑螺旋角造成接触线倾斜对接触应力影响的系数。Z_β 值可用下式计算，也可查图 15-10：

$$Z_\beta=\sqrt{\cos\beta} \tag{15-8}$$

表15-24 硬齿面齿轮 $K_{H\beta}$ 的简化计算式

装配时是否检验调整	精度级（GB/T 10095.1—2008）	$K_{H\beta}$ 值可用范围	结构布局及限制条件		
			$s/l<0.1$ 近于对称支承	$0.1<s/l<0.3$ 非对称支承	$s/l<0.3$ 悬臂支承
不作检验调整	5	≤1.34	$1.09+0.26\phi_d^2+2\times10^{-4}b$ (I)	式(I) $+0.156\phi_d^4$	式(I) $+1.742\phi_d^4$
		>1.34	$1.05+0.31\phi_d^2+2.3\times10^{-4}b$ (J)	式(J) $+0.186\phi_d^4$	式(J) $+2.077\phi_d^4$
	6	≤1.34	$1.09+0.26\phi_d^2+3.3\times10^{-4}b$ (K)	式(K) $+0.156\phi_d^4$	式(K) $+1.742\phi_d^4$
		>1.34	$1.05+0.31\phi_d^2+2.3\times10^{-4}b$ (M)	式(M) $+0.186\phi_d^4$	式(M) $+2.077\phi_d^4$
作检验调整	5	≤1.34	$1.05+0.26\phi_d^2+10^{-4}b$ (N)	式(N) $+0.156\phi_d^4$	式(N) $+1.742\phi_d^4$
		>1.34	$0.99+0.31\phi_d^2+1.2\times10^{-4}b$ (P)	式(P) $+0.186\phi_d^4$	式(P) $+2.077\phi_d^4$
	6	≤1.34	$1.05+0.26\phi_d^2+1.6\times10^{-4}b$ (Q)	式(Q) $+0.156\phi_d^4$	式(Q) $+1.742\phi_d^4$
		>1.34	$1.0+0.31\phi_d^2+1.9\times10^{-4}b$ (R)	式(R) $+0.186\phi_d^4$	式(R) $+2.077\phi_d^4$

注：1. 对于经过齿向修形的齿轮，$K_{H\beta}=1.2\sim1.3$。

2. 表中齿宽 b 的单位为mm。

3. 当 $K_{H\beta}>1.5$ 时，通常应采取措施降低 $K_{H\beta}$ 值。

表15-25 齿间载荷分配系数 $K_{H\alpha}$、$K_{F\alpha}$

K_AF_t/b		≥100N/mm					<100N/mm
精度级（GB/T 10095.1—2008）		5	6	7	8	9	6级及更低
经表面硬化的直齿轮	$K_{H\alpha}$	1.0		1.1	1.2	$1/Z_\varepsilon^2\geqslant1.2$	
	$K_{F\alpha}$					$1/Y_\varepsilon^2\geqslant1.2$	
经表面硬化的斜齿轮	$K_{H\alpha}$ / $K_{F\alpha}$	1.0	1.1①	1.2	1.4	$\varepsilon_a/\cos^2\beta_b\geqslant1.4$②	
未经表面硬化的直齿轮	$K_{H\alpha}$	1.0			1.1	1.2	$1/Z_\varepsilon^2\geqslant1.2$
	$K_{F\alpha}$						$1/Y_\varepsilon^2\geqslant1.2$
未经表面硬化的斜齿轮	$K_{H\alpha}$ / $K_{F\alpha}$	1.0		1.1	1.2	1.4	$\varepsilon_a/\cos^2\beta_b\geqslant1.4$②

① 对修形的6级或高精度硬齿面齿轮，$K_{H\alpha}=K_{F\alpha}=1$。

② 如果 $K_{F\alpha}>\dfrac{\varepsilon_\gamma}{\varepsilon_\alpha Y_\varepsilon}$，则取 $K_{F\alpha}=\varepsilon_\gamma/\varepsilon_\alpha Y_\varepsilon$。

表 15-26 材料弹性系数 Z_E

（单位：$\sqrt{MPa}$）

齿轮1材料	齿轮2材料	Z_E
钢	钢	189.8
	铸钢	188.9
	球墨铸铁	181.4
	灰铸铁	162.0～165.4
铸钢	铸钢	188.0
	球墨铸铁	180.5
	灰铸铁	161.4
球墨铸铁	球墨铸铁	173.9
	灰铸铁	156.6
灰铸铁	灰铸铁	143.7～146.7

注：表中取全部材料的 $v=0.3$；取钢 $E=2.06\times10^5$MPa，铸钢 $E=2.02\times10^5$MPa，球墨铸铁 $E=1.73\times10^5$MPa，灰铸铁 $E=(1.18\sim1.26)\times10^5$MPa。

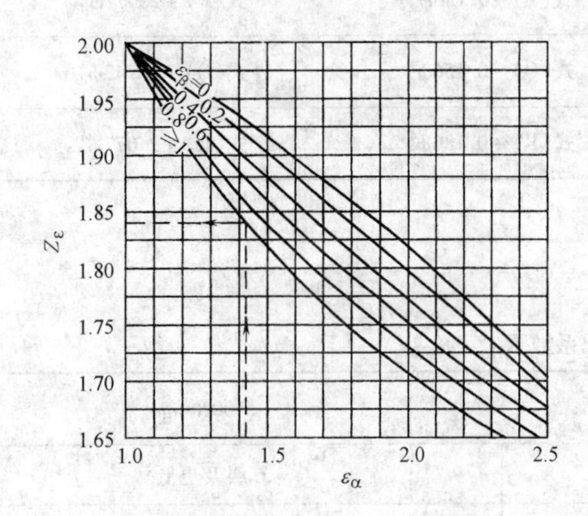

图 15-9 接触强度计算的重合度系数 Z_ε

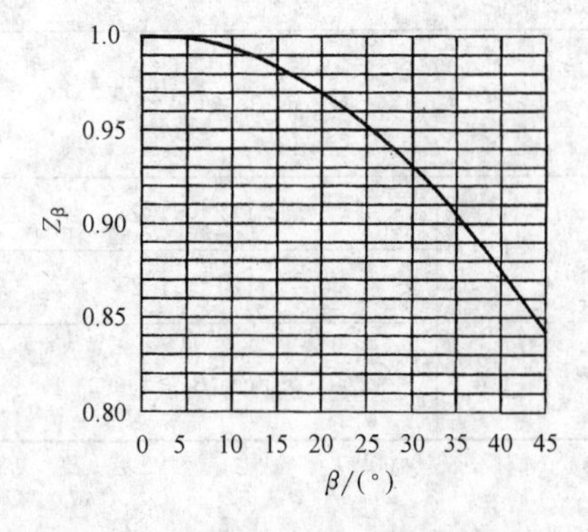

图 15-10 接触强度计算的螺旋角系数 Z_β

11）单对齿啮合系数 $Z_{BD}=\max(Z_B,Z_D)$，即取 Z_B、Z_D 两者之中的大值，代入表 15-19 中 σ_H 计算式，计算齿面接触应力值。

Z_B 是把小齿轮节点处的接触应力，折算到小齿轮单对齿啮合区内界点处的接触应力的系数。

Z_D 是把大齿轮节点处的接触应力，折算到大齿轮单对齿啮合区内界点处的接触应力的系数。

① 引入系数 Z_{BD} 的根据。分析计算表明，在任何啮合瞬间，大小齿轮的接触应力是相等的。啮合时齿面最大接触应力，总是出现在小齿轮单对齿啮合区内界点 B、节点 C 和大齿轮单对齿啮合区内界点 D 这三个特殊点之一上，应取其最大值进行强度核算。表 15-19 中的 σ_H 计算式，是基于节点区域系数 Z_H 计算得节点 C 处的接触应力，当单对齿啮合区内界点处的应力超过节点处的应力时，即 Z_B 或 Z_D 大于 1 时，在确定计算应力 σ_H 时，应乘以其中的大值予以修正。对于齿数 $z<20$ 的齿轮，如需精确计算接触强度，这种修正更有必要。如果 Z_B、Z_D 均不大于 1，就可以取节点 C 处的接触应力作为计算接触应力，即取 $Z_B=Z_D=1$。

② Z_B、Z_D 的确定方法。先计算参数 M_1 和 M_2：

$$M_1=\frac{\tan\alpha_t'}{\sqrt{\left[\sqrt{\frac{d_{a1}^2}{d_{b1}^2}-1}-\frac{2\pi}{z_1}\right]\left[\sqrt{\frac{d_{a2}^2}{d_{b2}^2}-1}-(\varepsilon_\alpha-1)\frac{2\pi}{z_2}\right]}} \tag{15-9}$$

$$M_2=\frac{\tan\alpha_t'}{\sqrt{\left[\sqrt{\frac{d_{a2}^2}{d_{b2}^2}-1}-\frac{2\pi}{z_2}\right]\left[\sqrt{\frac{d_{a1}^2}{d_{b1}^2}-1}-(\varepsilon_\alpha-1)\frac{2\pi}{z_1}\right]}} \tag{15-10}$$

式中 d_{a1}、d_{a2}——小齿轮、大齿轮的顶圆直径（mm）；

d_{b1}、d_{b2}——小齿轮、大齿轮的基圆直径（mm）；

z_1、z_2——小齿轮、大齿轮的齿数；

α_t'——端面节圆啮合角；

ε_α——端面重合度。

对直齿轮：

当 $M_1>1$ 时，$Z_B=M_1$；当 $M_1\leqslant1$ 时，$Z_B=1$。

当 $M_2>1$ 时，$Z_D=M_2$；当 $M_2\leqslant1$ 时，$Z_D=1$。

对斜齿轮：

当 $\varepsilon_\beta\geqslant1$ 时，$Z_B=Z_D=1$。

当 $\varepsilon_\beta<1$ 时，$Z_B=M_1-\varepsilon_\beta(M_1-1)$。

当 $Z_B<1$ 时，取 $Z_B=1$。

$Z_D=M_2-\varepsilon_\beta(M_2-1)$。

当 $Z_D<1$ 时，取 $Z_D=1$。

对内齿轮：

取 $Z_B=Z_D=1$。

通常，齿数比 $u>1.5$，M_2 一般小于1，所以 $Z_D=1$。因此 Z_D 值只用于 $u<1.5$ 的齿轮强度计算中。

12）复合齿形系数 Y_{FS}　在 GB/T 3480—1992 中，力作用于齿顶时的齿形系数和应力修正系数分别用 Y_{Fa} 和 Y_{sa} 表示。现在为了简化计算，用复合齿形系数 Y_{Fs}（$=Y_{Fa}Y_{sa}$）来综合考虑齿形、齿根应力集中、压应力和切应力等对齿根应力的影响。

Y_{Fs} 可根据齿数 $z(z_v)$、变位系数 x，从图15-11或图15-12中查得。图15-12用于刀具有凸台量的齿轮。图中 q_s 为齿根圆角参数。

内齿轮的 Y_{Fs}　用替代齿条（$z=\infty$）来确定，见图15-11的图注。

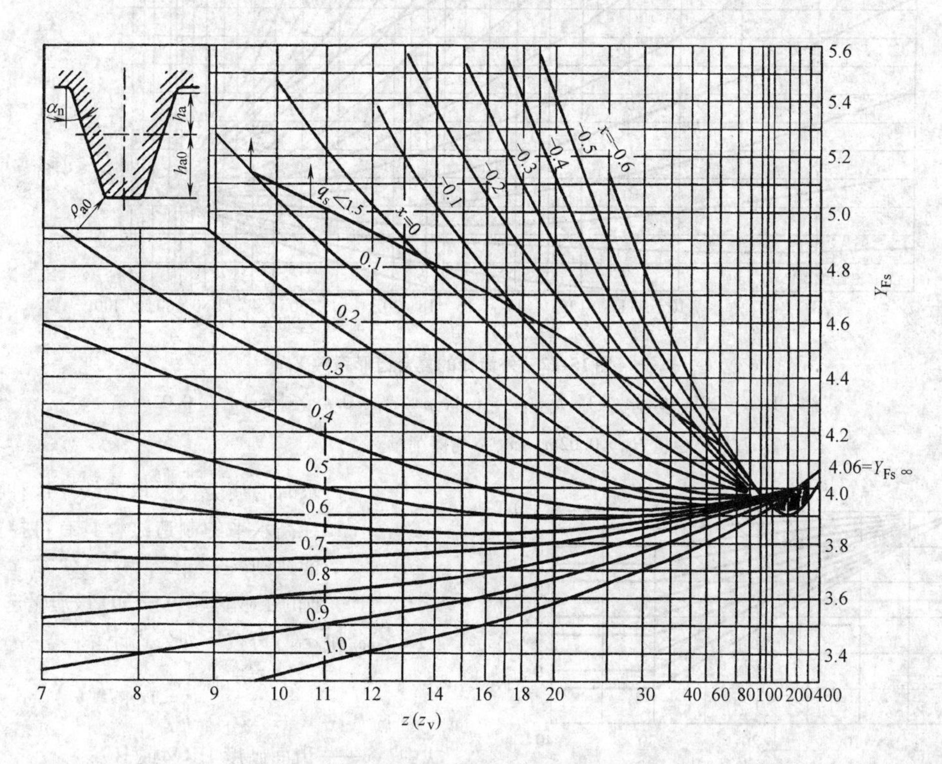

图15-11　外齿轮的复合齿形系数 Y_{Fs}

注：1. $\alpha_n=20°$；$h_a/m_n=1$；$h_{a0}/m_n=1.25$；$\rho_{a0}/m_n=0.38$。

2. 对 $\rho_f=\rho_{a0}/2$，齿高 $h=h_{a0}+h_a$ 的内齿轮，$Y_{Fs}=5.10$，当 $\rho_f=\rho_{a0}$ 时，$Y_{Fs}=Y_{Fs\infty}$

13）抗弯强度计算的重合度系数 Y_ε。这是将载荷由齿顶转换到单对齿啮合区外界点的系数。Y_ε 可用下式计算：

$$Y_\varepsilon=0.25+\frac{0.75}{\varepsilon_{\alpha n}} \tag{15-11}$$

当量齿轮端面重合度为

$$\varepsilon_{\alpha n}=\varepsilon_\alpha/\cos^2\beta_b \tag{15-12}$$

式中　β_b——基圆柱上螺旋角。

$$\cos\beta_b=\cos\beta\cos\alpha_n/\cos\alpha_t \tag{15-13}$$

14）抗弯强度计算的螺旋角系数 Y_β。这是考虑螺旋角造成接触线倾斜，对齿根应力产生影响的系数。其数值可用下式计算：

$$Y_\beta=1-\varepsilon_\beta\frac{\beta}{120°}\geqslant Y_{\beta\min} \tag{15-14}$$

$$Y_{\beta\min}=1-0.25\varepsilon_\beta\geqslant0.75 \tag{15-15}$$

式中，当 $\varepsilon_\beta>1$ 时，取 $\varepsilon_\beta=1$；当 $Y_\beta<0.75$ 时，取 $Y_\beta=0.75$；当 $\beta>30°$时，取 $\beta=30°$

Y_β 值也可从图15-13中直接查得。

15）试验齿轮的疲劳极限 $\sigma_{H\lim}$ 和 $\sigma_{F\lim}$。这是指某种材料的齿轮经长期持续的重复载荷作用后，轮齿保持不失效时的极限应力。影响 $\sigma_{H\lim}$ 和 $\sigma_{F\lim}$ 的主要因素有：材料的成分和力学性能，热处理及硬化层深度、硬化梯度，残余应力，以及材料的纯度和缺陷等。

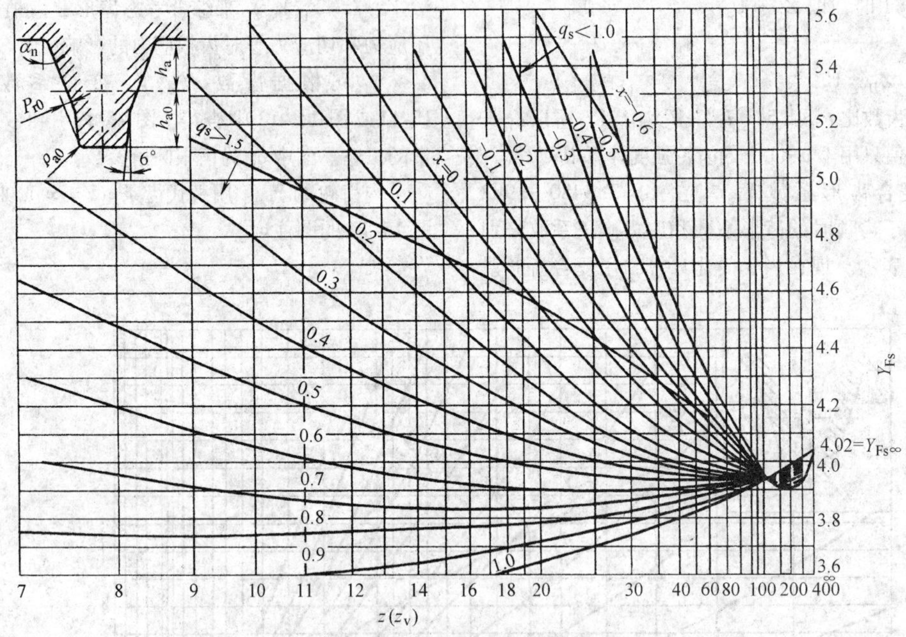

图 15-12　外齿轮的复合齿形系数 Y_{Fs}

注：1. $\alpha=20°$；$h_a/m_n=1$；$h_{a0}/m_n=1.4$；$\rho_{a0}/m_n=0.4$；剩余凸台量 $0.02m_n$。

2. 刀具凸台量 $P_{r0}=0.02m_n+q$，q 为磨削量。

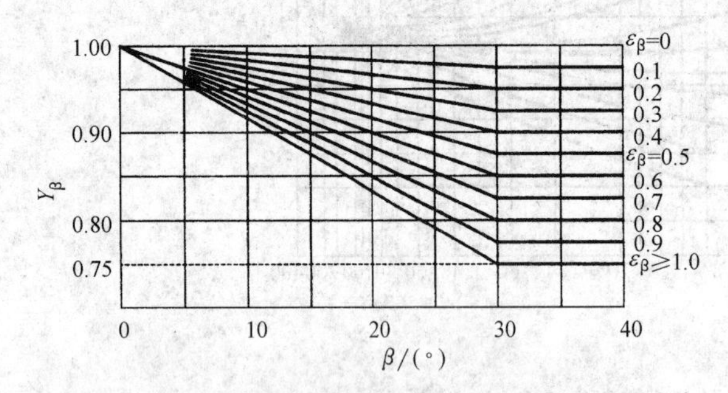

图 15-13　抗弯强度计算的螺旋角系数 Y_β

σ_{Hlim}和σ_{Flim}可由齿轮负荷试验或经验的统计数据得出。在无这方面资料时，可根据材料（热处理）和齿面硬度按式（15-16）、表 15-27 或图 15-14 至图 15-20 计算，选取相应的σ_{Hlim}和σ_{Flim}值（失效概率为 1%）。

在关于σ_{Hlim}和σ_{Flim}的图、表中，给出了代表材料质量的三个等级，其对应的材料质量及热处理工艺要求见 GB/T 3480.5—2008。其中：

ML——材料质量和热处理达到最低要求时的疲劳极限取值线。

MQ——齿轮材料质量和热处理质量达到中等要求时的疲劳极限取值线。这种中等要求是有经验的工业齿轮制造者以合理的生产成本能达到的。

ME——齿轮材料质量和热处理质量达到很高要求时的疲劳极限取值线。这种要求只有在高水平的制造过程具有可控能力时才能达到。

对于一般的工业齿轮可按 MQ 级质量选用。

σ_{Hlim}和σ_{Flim}可按下列公式计算：

$$\left.\begin{matrix}\sigma_{Hlim}\\\sigma_{Flim}\end{matrix}\right\}=Ax+B \qquad (15\text{-}16)$$

式中　x——齿面硬度 HBW 或 HV；

A、B——常数，见表 15-27。

材料的表面硬度范围，必须严格控制在表中最低和最高硬度值之间。

表 15-27 和图 15-14 至图 15-20 中提供的σ_{Flim}值，是在标准运转条件下得到的，可供选用。这些图中的σ_{Flim}值，适用于轮齿单向弯曲的受载情况；对于受对称双向弯曲的齿轮，如中间轮、行星轮，见表 15-28，应将图中查得的σ_{Flim}值乘上系数 0.7；对于双向运转工作的齿轮，其σ_{Flim}值所乘的系数可稍大于 0.7。

ISO/DP 6336.1～3 公布后，我国有关单位曾对国产材料齿轮的极限应力σ_{Hlim}和σ_{Flim}进行过大量的试验研究。试验符合 ISO 6336 规定的标准运转条件。各种材料齿轮的σ_{Hlim}和σ_{Flim}试验结果列于表 15-29，其数据可供参考。值得注意的是所有材料的σ_{Flim}试验数据都偏低，因此建议在计算齿轮弯曲强度时，取较大的最小安全系数S_{Flim}值。

表 15-27　接触疲劳极限 σ_{Hlim} 和弯曲疲劳极限 σ_{Flim} 的计算用参数表（摘自 GB/T 3480. 5—2008）

材料	接触疲劳极限 σ_{Hlim}						弯曲疲劳极限 σ_{Flim}					
	等级	A	B	硬度	最低硬度	最高硬度	等级	A	B	硬度	最低硬度	最高硬度
正火低碳钢（锻钢）	ML,MQ	1. 00	190	HBW	110	210	ML,MQ	0. 455	69	HBW	110	210
	ME	1. 520	250		110	210	ME	0. 386	147		110	210
正火低碳钢（铸钢）	ML,MQ	0. 986	131	HBW	140	210	ML,MQ	0. 313	62	HBW	140	210
	ME	1. 143	237		140	210	ME	0. 254	137		140	210
可锻铸铁	ML,MQ	1. 371	143	HBW	135	250	ML,MQ	0. 345	77	HBW	135	250
	ME	1. 333	267		175	250	ME	0. 403	128		175	250
球墨铸铁	ML,MQ	1. 434	211	HBW	175	300	ML,MQ	0. 350	119	HBW	175	300
	ME	1. 50	250		200	300	ME	0. 380	134		200	300
灰铸铁	ML,MQ	1. 033	132	HBW	150	240	ML,MQ	0. 256	8	HBW	150	240
	ME	1. 465	122		175	275	ME	0. 20	53		175	275
调质锻钢（碳钢）	ML	0. 963	283	HV	135	210	ML	0. 25	108	HV	115	215
	MQ	0. 925	360		135	210	MQ	0. 24	163		115	215
	ME	0. 838	432		135	210	ME	0. 283	202		115	215
调质锻钢（合金钢）	ML	1. 313	188	HV	200	360	ML	0. 423	104	HV	200	360
	MQ	1. 313	373		200	360	MQ	0. 425	187		200	360
	ME	2. 213	260		200	390	ME	0. 358	231		200	390
调质铸钢（碳钢）	ML,MQ	0. 831	300	HV	130	215	ML,MQ	0. 224	117	HV	130	215
	ME	0. 951	345		130	215	ME	0. 286	167		130	215
调质铸钢（合金钢）	ML,MQ	1. 276	298	HV	200	360	ML,MQ	0. 364	161	HV	200	360
	ME	1. 350	356		200	360	ME	0. 356	186		200	360
渗碳钢	ML	0. 00	1300	HV	600	800	ML	0. 00	312	HV	600	800
							MQ	0. 00	425		660	800
	MQ	0. 00	1500		660	800		0. 00	461		660	800
	ME	0. 00	1650		660	800		0. 00	500		660	800
							ME	0. 00	525		660	800
火焰及感应淬火锻钢和铸钢	ML	0. 740	602	HV	485	615	ML	0. 305	76	HV	485	615
	MQ	0. 541	882		500	615	MQ	0. 138	290		500	570
	ME	0. 505	1013		500	615		0. 00	369		570	615
							ME	0. 271	237		500	615
调质氮化钢（不含铝）	ML	0. 00	1125	HV	650	900	ML	0. 00	270	HV	650	900
	MQ	0. 00	1250		650	900	MQ	0. 00	420		650	900
	ME	0. 00	1450		650	900	ME	0. 00	468		650	900
碳氮共渗调质钢	ML	0. 00	650	HV	300	650	ML	0. 00	224	HV	300	650
	MQ、ME	1. 167	425		300	450	MQ、ME	0. 653	94		300	450
		0. 00	950		450	650		0. 00	388		450	650

表 15-28　齿轮每一转内同一齿侧面的啮合次数 j

齿轮副组合情况		1(主动) 2(从动) a)	3(从动) 1(主动) 2(从动) b)	1(主动) 2 3(从动) c)
齿面接触	j_1	1	2	1
	j_2	1	1	1
	j_3		1	1
齿根弯曲	j_1	1(单向)	2(单向)	1(单向)
	j_2	1(单向)	1(单向)	2(双向)
	j_3		1(单向)	1(单向)

注：1. 表中主动轮 1 的转向均不变。

2. 表中“单向”表示齿根受单向弯曲应力作用；“双向”表示齿根受双向弯曲应力作用。

3. 表中 j 的下角标 1、2、3 分别代表齿轮 1、2、3。

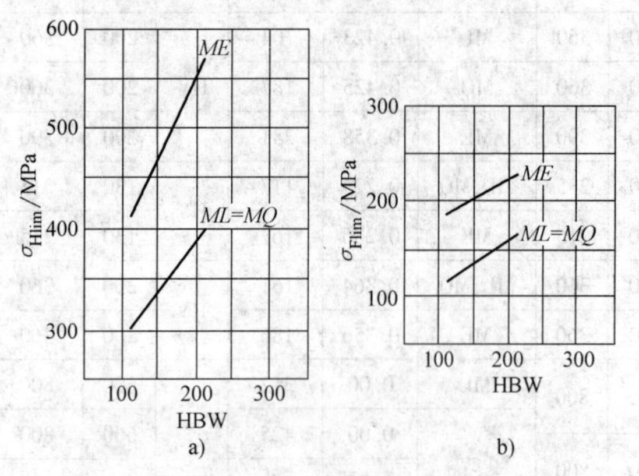

图 15-14　正火低碳锻钢的 σ_{Hlim} 和 σ_{Flim}

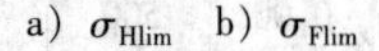

a）σ_{Hlim}　b）σ_{Flim}

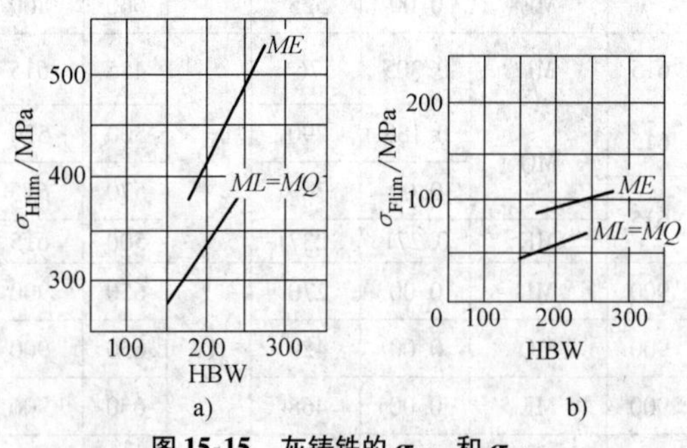

图 15-15　灰铸铁的 σ_{Hlim} 和 σ_{Flim}

a）σ_{Hlim}　b）σ_{Flim}

注：对于铸铁材料，当硬度 <180HBW 时，表明金属组织中铁素体成分过多，不宜做齿轮。

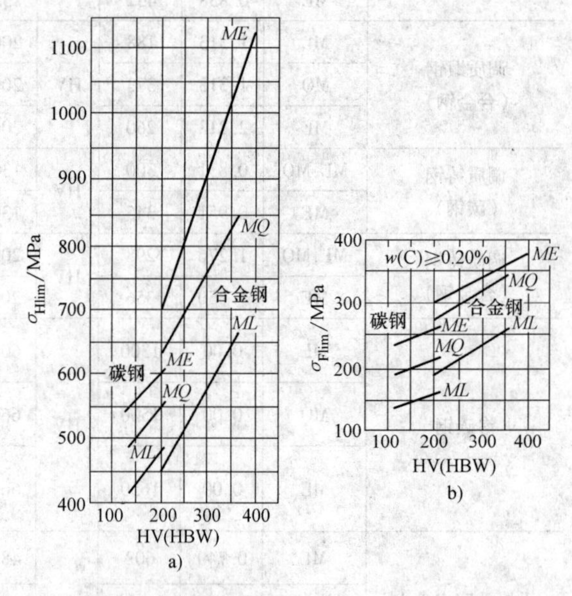

图 15-16　调质处理的碳钢、合金钢的 σ_{Hlim} 和 σ_{Flim}

a）σ_{Hlim}　b）σ_{Flim}

16）寿命系数 Z_{NT}、Y_{NT}。分别考虑齿轮寿命小于或大于持久寿命循环次数 N_C（循环基数，相应的极限应力为 σ_{Hlim} 或 σ_{Flim}）时，其可承受的接触应力和弯曲应力作相应变化的系数。

接触强度计算的寿命系数 Z_{NT}，可按齿轮的材料和寿命 N_L（齿面应力循环数），从图 15-21 中查得。

抗弯强度计算的寿命系数 Y_{NT}，可按齿轮的材料和寿命 N_L（齿根应力循环数），从图 15-22 中查得。

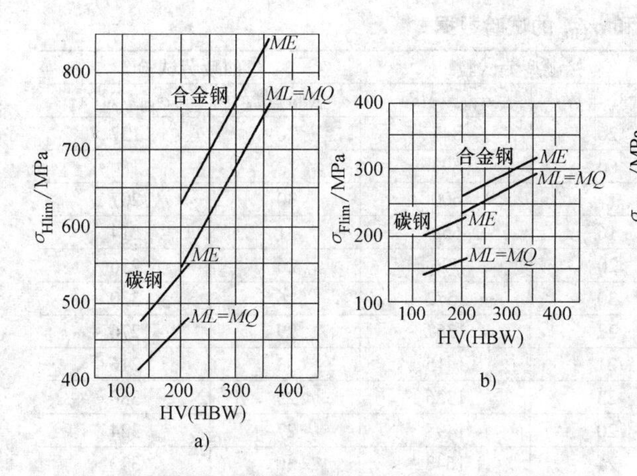

图 15-17　调质处理铸钢的 σ_{Hlim} 和 σ_{Flim}

a）σ_{Hlim}　b）σ_{Flim}

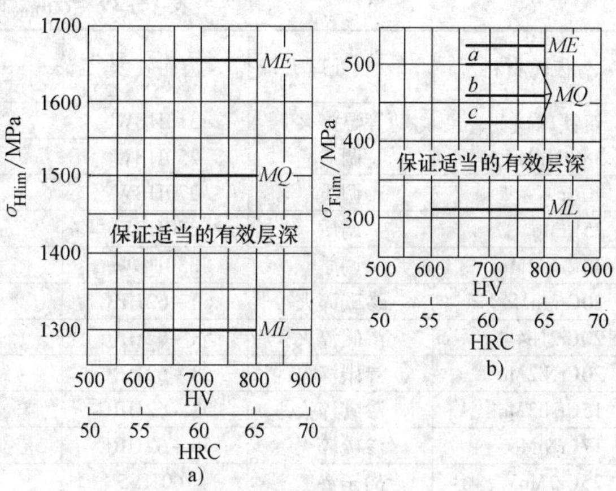

图 15-18　渗碳淬火钢的 σ_{Hlim} 和 σ_{Flim}

a）σ_{Hlim}　b）σ_{Flim}

a—心部硬度≥30HRC　b—心部硬度≥25HRC，Jominy 淬透性 $J=12$mm 时，硬度≥28HRC　c—心部硬度≥25HRC，Jominy 淬透性 $J=12$mm 时，硬度 <25HRC

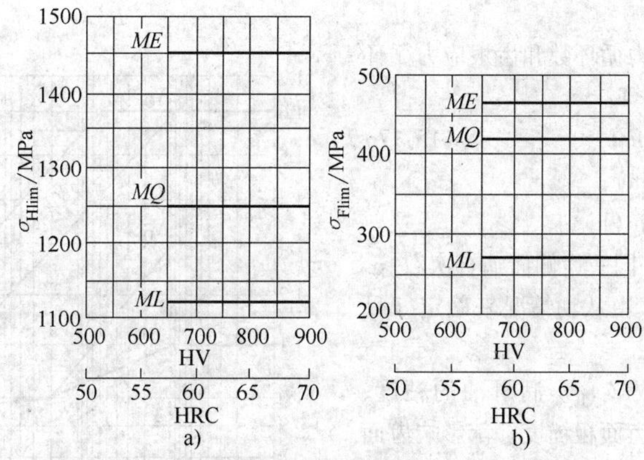

图 15-19　经调质和气质渗氮处理的渗氮钢的 σ_{Hlim} 和 σ_{Flim}

a）σ_{Hlim}　b）σ_{Flim}

注：1. 建议对 σ_{Hlim} 作工艺可靠性试验。保证适当的有效层深。

2. 建议对 σ_{Flim} 作工艺可靠性试验。当表面硬度 HV1 >750、白亮层厚度 >10μm 时，由于表面变脆，其 σ_{Flim} 要有所降低。

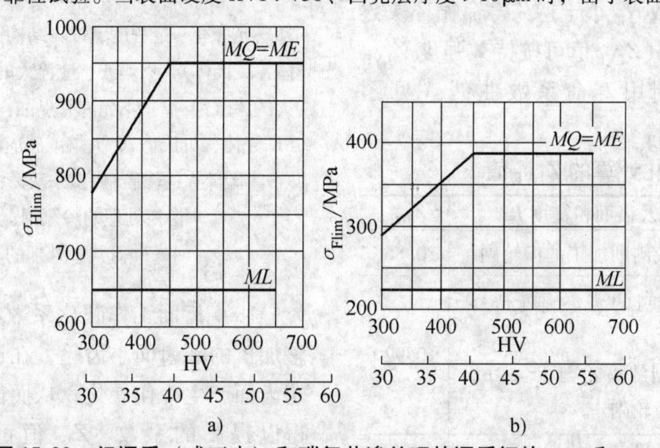

图 15-20　经调质（或正火）和碳氮共渗处理的调质钢的 σ_{Hlim} 和 σ_{Flim}

a）σ_{Hlim}　b）σ_{Flim}

注：1. 建议对 σ_{Hlim} 作工艺可靠性试验。保证适当的有效渗层深。

2. 建议对 σ_{Flim} 作工艺可靠性试验。当表面硬度 HV1 >750、白亮层厚度 >10μm 时，由于表面变脆，其 σ_{Flim} 要有所降低。

表 15-29　σ_{Hlim}和σ_{Flim}的试验数据

齿轮材料	热处理	齿面硬度	接触疲劳试验		弯曲疲劳试验	
			试验点数	σ_{Hlim}/MPa	试验点数	σ_{Flim}/MPa
钒钛球铁①	等温淬火	318HBW	26	847	20	137
38SiMnMo	调质	250HBW	60	693		
40Cr	调质	270HBW	17	600	30	207
35CrMo	调质	270HBW	16	658	31	214
40CrNi2Mo	调质	330HBW	20	776	26	256
20CrMnMo	渗碳淬火	60～62HRC	30	1572	26	330
20Cr2Ni4	渗碳淬火	58～62HRC	22	1352	29	276
20CrNi2Mo	渗碳淬火	58～62HRC	21	1415	33	216
15CrNi3Mo	渗碳淬火	58～62HRC	23	1326	25	380
17CrNiMo6	渗碳淬火	58～62HRC	20	1497	27	324
25Cr2MoV	离子渗氮	760HV5	24	1648	30	323
16NCD13②	渗碳淬火	59～62HRC	33	1475		

注：1. σ_{Hlim}和σ_{Flim}值是试验齿轮的失效概率为1%时的疲劳极限数值。

2. 本表引用郑州机械研究所、北京科技大学齿轮研究课题组的部分数据。

① $w(\mathrm{Ti})=0.111\%$，$w(\mathrm{Mg})=0.04\%$，$w(\mathrm{Re})=0.067\%$，$w(\mathrm{V})=0.38\%$。

② 法国牌号的材料。

齿轮使用期内的齿面应力循环数和齿根应力循环数（寿命）N_L，可用下式计算：

$$N_L=60jnt \tag{15-17}$$

式中　n——齿轮转速（r/min）；

t——齿轮的设计寿命（h）；

j——齿轮每一转内，同一齿侧面啮合次数。

j 可根据齿轮副的组合、主从动情况来确定（见表 15-28）。

17）润滑油膜影响系数 Z_{LVR}。润滑油的粘度、相啮合齿面间的相对速度和齿面粗糙度，都影响齿面承载能力（通过油膜作用）。这种影响用润滑油膜影响系数 Z_{LVR} 来考虑。

在持久强度和静强度计算时的 Z_{LVR} 值，可查表 15-30。对于应力循环次数 N_L 小于持久寿命循环次数 N_C 的有限寿命计算，其中 Z_{LVR} 值可按持久强度 Z_{LVR} 值与静强度 Z_{LVR} 值，利用寿命系数曲线（见图 15-21），按线性插值确定。

表 15-30　简化计算的 Z_{LVR} 值

计算类型	加工工艺及齿面粗糙度 Rz	Z_{LVR}
持久强度（$N_L \geqslant N_C$）	经滚、插或刨削加工的齿轮副	0.85
	研、磨或剃的齿轮副（$Rz>4\mu m$）；滚、插或刨的齿轮与 $Rz \leqslant 4\mu m$ 的磨或剃的齿轮副	0.92
	$Rz<4\mu m$ 的磨或剃的齿轮副	1.00
静强度（$N_L \leqslant N_O$）	各种加工方法	1.00

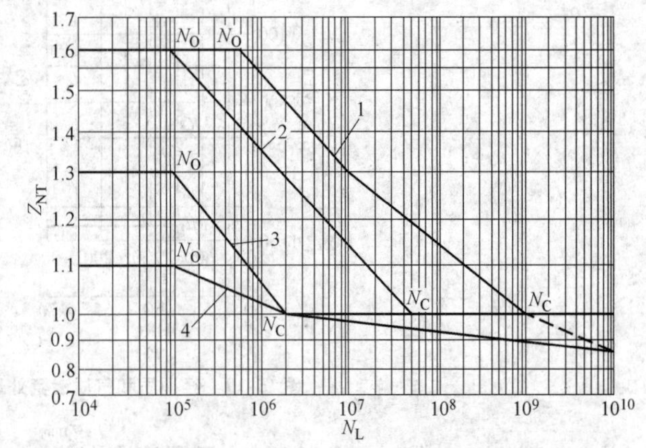

图 15-21　接触强度计算的寿命系数 Z_{NT}

1—允许有一定程度点蚀：结构钢，调质钢，球墨铸铁（珠光体，贝氏体），火焰或感应淬火的钢，珠光体可锻铸铁，渗碳淬火的渗碳钢　2—不允许有点蚀：结构钢，调质钢，球墨铸铁（珠光体，贝氏体），火焰或感应淬火的钢，珠光体可锻铸铁，渗碳淬火的渗碳钢　3—灰铸铁，球墨铸铁（铁素体），渗氮处理的渗氮钢、调质钢和渗碳钢　4—碳氮共渗处理的调质钢和渗碳钢

18）齿面工作硬化系数 Z_W。这是用来考虑经光整加工的硬齿面小齿轮，在运转过程中对调质钢大齿轮齿面产生冷作硬化，从而使大齿轮的许用接触应力得以提高的系数。Z_W 值可根据大齿轮齿面硬度（130～470HBW）从图 15-23 中查得。

19）尺寸系数 Z_X、Y_X。这是分别考虑尺寸增大使齿轮接触强度和抗弯强度有所降低的系数。

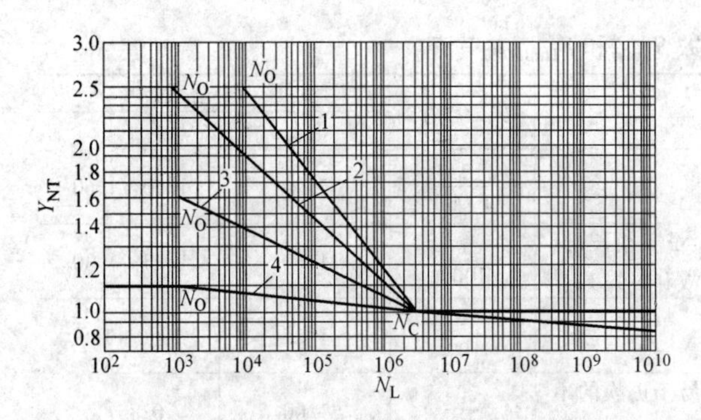

图 15-22　抗弯强度计算的寿命系数 Y_{NT}

1—R_m < 800MPa 的钢、调质钢、球墨铸铁（珠光体，贝氏体）、珠光体可锻铸铁　2—渗碳淬火的渗碳钢、全齿廓火焰或感应淬火的钢和球墨铸铁　3—R_m ≥800MPa 的钢和铸钢、渗氮处理的渗氮钢、球墨铸铁（铁素体）、灰铸铁、渗氮处理的调质钢与表面硬化钢　4—碳氮共渗处理的调质钢和渗碳钢

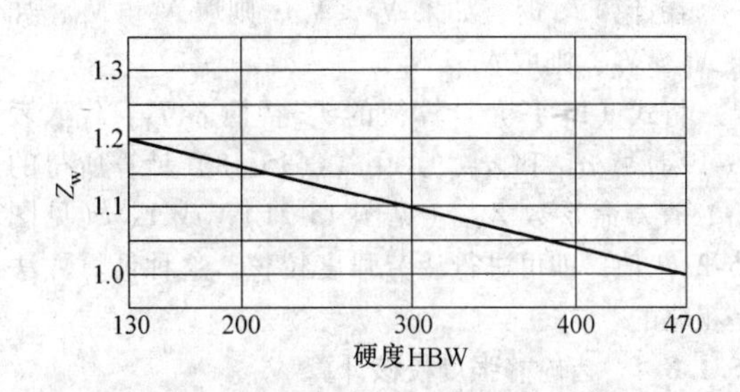

图 15-23　齿面工作硬化系数

接触强度计算的尺寸系数 Z_X，可根据材料和 m_n 从图 15-24 中查得。

抗弯强度计算的尺寸系数 Y_X，可根据材料和 m_n 从图 15-25 中查得。

20）相对齿根圆角敏感系数 $Y_{\delta relT}$。这是考虑所计算齿轮的材料、几何尺寸等，对齿根应力的敏感度与试验齿轮不同而引进的系数。其值可根据齿根圆角

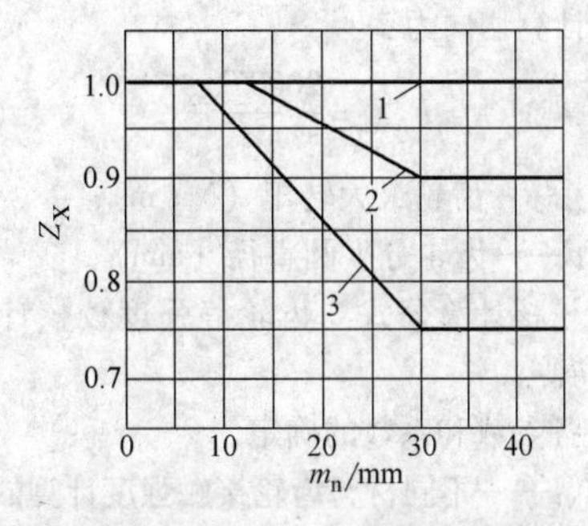

图 15-24　接触强度计算的尺寸系数 Z_X

1—结构钢和调质钢的持久强度，所有材料的静强度　2—短时间液体渗氮钢、气体渗氮钢　3—渗碳淬火、感应或火焰淬火表面硬化钢

参数 q_s 从表 15-31 中查得。q_s 的取值见图 15-11 或图 15-12。

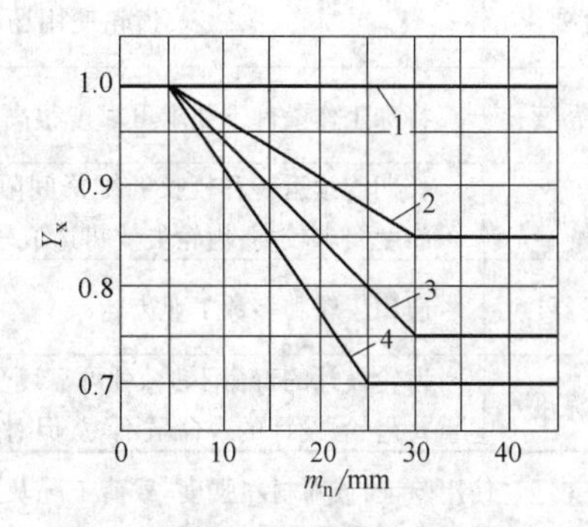

图 15-25　抗弯强度计算的尺寸系数 Y_X

1—所有材料静强度　2—结构钢、调质钢、珠光体和贝氏体球墨铸铁、珠光体可锻铸铁　3—渗碳淬火和全齿廓感应淬火钢、渗氮或氮碳共渗钢　4—灰铸铁、铁素体球墨铸铁

表 15-31　相对齿根圆角敏感系数 $Y_{\delta relT}$

齿根圆角参数	疲劳强度计算	静强度计算
$q_s \geq 1.5$	1	1
$q_s < 1.5$	0.95	0.7

21）相对齿根表面状况系数 Y_{RrelT}。这是考虑所计算齿轮的齿根表面状况与试验齿轮的齿根表面状况不同的系数。其值可根据齿根表面粗糙度 Rz（表面微观不平度 10 点高度）和材料从图 15-26 中查得。

22）强度计算最小安全系数 S_{Hmin}、S_{Fmin}。齿轮接触疲劳强度和抗弯疲劳强度计算的最小安全系数 S_{Hmin} 和 S_{Fmin}，可根据不同使用场合对齿轮可靠度的要求来选定。表 15-32 可作选用时的参考。

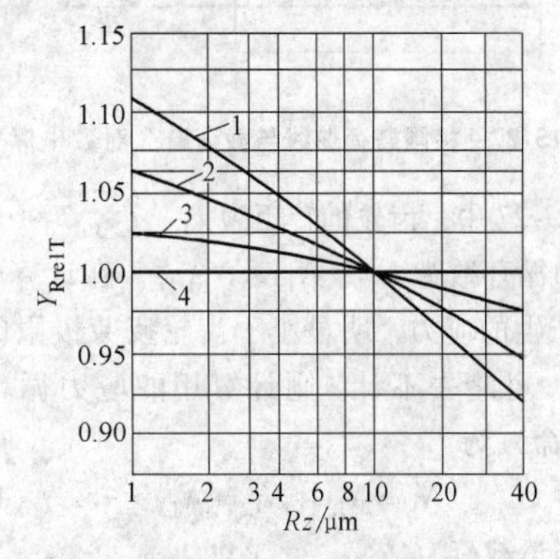

图 15-26　相对齿根表面状况系数 Y_{RrelT}

1—调质钢、珠光体和铁素体球墨铸铁、渗碳淬火钢、全齿廓感应或火焰淬火钢　2—灰铸铁、铁素体球墨铸铁、渗氮的渗氮钢和调质钢　3—结构钢　4—所有材料静强度

表 15-32　最小安全系数 S_{Fmin} 和 S_{Hmin} 参考值

可靠度要求	齿轮使用场合	失效概率	最小安全系数	
			S_{Fmin}	S_{Hmin} ①
高可靠度	特殊工作条件下要求可靠度很高的齿轮	$\frac{1}{10000}$	2.00	1.50～1.60
较高可靠度	长期连续运转和较长的维修间隔；设计寿命虽不很长，但可靠度要求较高；齿轮失效将造成较严重的事故和损失	$\frac{1}{1000}$	1.60	1.25～1.30
一般可靠度	通用齿轮和多数工业齿轮	$\frac{1}{100}$	1.25	1.00～1.0
低可靠度②	齿轮设计的寿命不长，对可靠度要求不高，易于更换的不重要齿轮；设计的寿命虽不短，但对可靠性要求不高	$\frac{1}{10}$	1.00	0.85③

① 在经过使用验证，或对材料强度、载荷工况及制造精度拥有较准确的数据时，可取下限值。

② 一般齿轮传动不推荐采用此栏数值。

③ 采用此值时，可能在点蚀前先出现齿面塑性变形。

15.1.8.3　在不稳定载荷下工作的齿轮强度核算

通常齿轮传动都是在不稳定载荷下运转的。此不稳定载荷如果缺乏载荷图谱可用时，可近似地用常规的方法，即用名义载荷乘以使用系数 K_A 来确定计算载荷。如果通过测试，已整理出齿轮的不稳定载荷图谱（见图 15-27），则可利用 Miner 定则，计算出当量转矩 T_{eq} 代替名义转矩 T，来校核齿轮的疲劳强度。这时取 $K_A=1$。

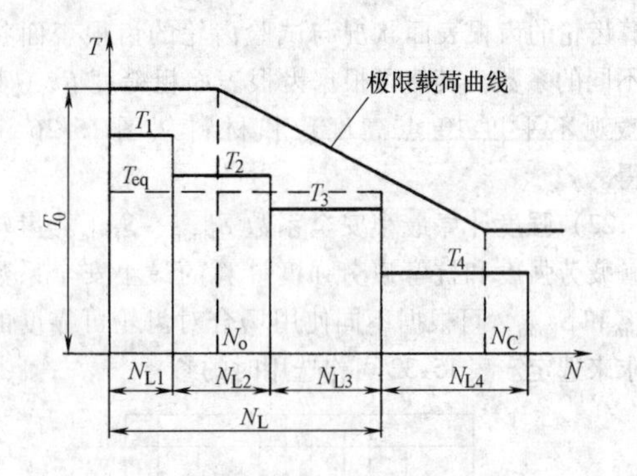

图 15-27　极限载荷曲线与载荷谱（对数坐标）

图 15-27 中，齿轮的转矩为 T_1、T_2、T_3…，其相应的应力循环数为 N_{L1}、N_{L2}、N_{L3}…。在计算中，由转矩 T 产生的应力，明显小于齿轮疲劳极限的转矩（如 T_4），可略去不计。则计算用的应力循环次数（齿轮寿命）为

$$N_L=N_{L1}+N_{L2}+N_{L3} \tag{15-18}$$

齿轮的当量载荷为

$$T_{eq}=\left(\frac{N_{L1}T_1^p+N_{L2}T_2^p+N_{L3}T_3^p}{N_L}\right)^{\frac{1}{p}} \tag{15-19}$$

式中，p 为材料的试验指数，是指极限载荷曲线（见图 15-27），从 N_0 到 N_C 之间直线（即有限寿命段）斜率的倒数。

常用齿轮材料的 p 值列于表 15-33。

在计算 T_{eq} 时，如果 $N_L<N_0$，则取 $N_L=N_0$；如果 $N_L>N_C$，则取 $N_L=N_C$。

将式（15-19）计算得的 T_{eq} 替换 K_AT_1，代入表 15-19 计算 σ_H 和 σ_F，并用式（15-18）计算所得的 N_L，查寿命系数 Z_{NT}（见图 15-21），或 Y_{NT}（见图 15-22）值，即可进行疲劳强度校核。这种计算方法是粗略的。

15.1.8.4　齿轮静强度校核计算

当齿轮工作中，轮齿上出现短时间、少次数（$N_L<N_0$）超过额定工况的大载荷，例如使用大起动转矩电动机，在运行中出现异常的重载荷和冲击等时，应进行静强度核算。作用次数超过 N_0 的载荷应纳入疲劳强度计算。

（1）载荷的确定　应取载荷谱中，或实测的最大载荷来确定计算切向力。当无上述数据时，可取预期的最大载荷 T_{max}（如起动转矩、堵转转矩、短路或其他最大过载转矩）为静强度计算载荷。

最大计算切向力：

$$F_{tmax}=\frac{2000T_{max}}{d} \tag{15-20}$$

式中　T_{max}——齿轮最大转矩（N·m）；

d——齿轮分度圆直径（mm）。

（2）校核计算公式　齿轮静强度校核计算式列于表 15-34。

（3）各参数和系数的确定

1）Z_{NT}——不同材料齿轮接触强度计算的寿命系数最大值，相应于图 15-21 中纵坐标的 1.1、1.3 和 1.6。

2）Y_{NT}——不同材料齿轮抗弯强度计算的寿命系数最大值，相应于图 15-22 中纵坐标的 1.1、1.6 和 2.5。

3）$Y_{\delta relT}$——静强度计算的相对齿根圆角敏感系数，查表 15-31。

4）S_{Hminst}、S_{Fminst}——齿轮接触和弯曲静强度计算的最小安全系数，参考表 15-32 选用。

表 15-34 中其他各参数和系数的确定方法，与疲劳强度校核计算相同（见表 15-20）。

表 15-33　材料的试验指数 *p*

计算类别	材料及其热处理		N_0	N_C	p①
接触强度	结构钢；调质钢；球墨铸铁（珠光体、贝氏体）；珠光体可锻铸铁；渗碳淬火的渗碳钢；感应淬火或火焰淬火的钢和球墨铸铁	允许有一定点蚀时	6×10^5	$3\times10^8$②	6.77
		不允许出现点蚀	10^5	5×10^7	6.61
	灰铸铁、铁素体球墨铸铁；渗氮的氮化钢、调质钢和渗碳钢		10^5	2×10^6	5.71
	氮碳共渗的调质钢、渗碳钢		10^5	2×10^6	15.72
抗弯强度	球墨铸铁（珠光体、贝氏体）；珠光体黑色可锻铸铁；调质钢		10^4	3×10^6	6.23
	渗碳淬火的渗碳钢；火焰淬火、全齿廓感应淬火的钢和球墨铸铁		10^3	3×10^6	8.74
	灰铸铁、铁素体球墨铸铁；结构钢；渗氮的氮化钢、调质钢和渗碳钢		10^3	3×10^6	17.03
	氮碳共渗的调质钢		10^3	3×10^6	84.00

① 不列入寿命系数小于 1 的 p 值。

② 按寿命系数曲线（见图 15-21），N_C 应为 10^9，此处作了偏向安全的简化。

表 15-34　齿面静强度和齿根静强度校核计算公式

项　目	齿面静强度	齿根弯曲静强度
强度条件	$\sigma_{Hst}\leqslant\sigma_{Hpst}$ 或 $S_{Hst}\geqslant S_{Hminst}$	$\sigma_{Fst}\leqslant\sigma_{Fpst}$ 或 $S_{Fst}\geqslant S_{Fminst}$
最大计算应力/MPa	$\sigma_{Hst}=Z_H Z_E Z_\varepsilon Z_\beta Z_{BD}\sqrt{\frac{F_{tmax}}{d_1 b}\left(\frac{u\pm1}{u}\right)K_v K_{H\beta}K_{H\alpha}}$	$\sigma_{Fst}=K_v K_{F\beta}K_{F\alpha}\frac{F_{tmax}}{bm_n}Y_{Fs}Y_\varepsilon Y_\beta$
许用应力/MPa	$\sigma_{Hpst}=\frac{\sigma_{Hlim}Z_{NT}}{S_{Hminst}}Z_W$	$\sigma_{Fpst}=\frac{\sigma_{Flim}Y_{ST}Y_{NT}}{S_{Fminst}}Y_{\delta relT}$
安全系数	$S_{Hst}=\frac{\sigma_{Hlim}Z_{NT}Z_W}{\sigma_{Hst}}$	$S_{Fst}=\frac{\sigma_{Flim}Y_{ST}Y_{NT}Y_{\delta relT}}{\sigma_{Fst}}$

注：式中“+”号用于外啮合，“-”号用于内啮合。

15.1.8.5　开式齿轮传动强度计算和设计的特点

通常开式齿轮的润滑条件和封盖条件都很差，运转的速度也不高，因此轮齿间不能形成完整的油膜，并且有较严重的磨粒磨损。其结果是轮齿齿厚的减薄，造成轮齿折断失效。按理说，开式齿轮应计算磨损寿命，但目前尚无这方面公认可行的计算方法，因此实用上都以计算轮齿磨损后的抗弯强度，来保证开式齿轮的承载能力。这是一种近似的条件性计算。计算时，可根据齿厚允许磨损量的指标（决定于设备维修规范和经验），由表 15-35 查得磨损系数 K_m 值；将此 K_m 乘以表 15-19 的计算弯曲应力 σ_F，即可按一般方法进行强度校核。

表 15-35　磨损系数 K_m

允许磨损的齿厚占原齿厚的百分数（%）	K_m
10	1.25
15	1.40
20	1.60
25	1.80
30	2.00

由于开式齿轮的磨损速度较快，润滑油楔的作用也不明显，因此齿面不易产生点蚀。在一般情况下，对开式齿轮只计算轮齿抗弯强度即可。对于某些低速重载的开式齿轮，除计算轮齿抗弯强度外，也可进行齿面接触强度计算，但这时的齿面接触疲劳极限应力 σ_{Hlim} 应提高 5% ~10%。

此外，在开式齿轮传动参数选择方面尚需注意：

1）开式齿轮传动的齿数比 u，允许选用较大值，有时可达 8 ~12。

2）可选用较少的齿数，较大的模数（一般取 $m\approx0.02a$），以增大齿厚，提高轮齿的弯曲强度。

3）由于开式齿轮传动制造和安装的精度都较低，为了减小沿齿向的载荷分布不均匀，其齿宽系数不能太大，通常取 $\phi_d=0.3\sim0.5$（或 $\phi_a=0.1\sim0.3$）。

15.1.8.6　高速齿轮传动强度计算和设计的特点

高速齿轮传动广泛应用在各工业部门的涡轮机、压缩机、风机、制氧机和泵类等机组中。通常可将节圆圆周速度$v \geqslant 40$m/s（有的认为$v \geqslant 25$m/s）的称为高速齿轮传动。

高速齿轮传动的圆周速度高（常用的$v=70 \sim 120$r/min），转速高（一般$n=5000 \sim 20000$r/min），功率大（一般是数千千瓦），并长期持续运转，因此要求齿轮传动具有很高的可靠度，并要求运转平稳、噪声小、振动小。为了满足这些基本要求，在设计上采取下列措施：

（1）采用高精度齿轮　表15-36的数据可供参考。

表15-36　推荐的高速齿轮精度等级

齿轮圆周速度 $v/(\mathrm{m/s})$	齿轮精度等级 （GB/T 10095—2008）
≤(30)50	6
50～110	5
110～150	4～5
>150	高于4级

（2）齿轮材料选用优质高强度合金钢并采用严格的热处理工艺　这样才能保证齿轮的内在质量。表15-37是配对齿轮材料的实例。

表15-37　高速齿轮配对齿轮的材料和热处理实例

小齿轮			大齿轮		
材料	热处理	硬度	材料	热处理	硬度
25Cr2MoV	调质	262～295HBW	35CrMo	调质	234～285HBW
34CrNi3Mo	调质	285～341HBW	25Cr2MoV	调质	262～295HBW
30Cr2Ni2WV	调质	302～341HBW	34CrNi3Mo	调质	285～341HBW
25Cr2MoV	渗氮	650HV	35CrMo	调质	234～285HBW
25Cr2MoV	渗氮	650HV	25Cr2MoV	渗氮	650HV
30Cr2Ni2WV	渗氮	650HV	34CrNi3Mo	调质	285～341HBW
20CrMnMo	渗碳淬火	56～62HRC	34CrNi3Mo	调质	285～341HBW
20CrMnMo	渗碳淬火	56～62HRC	20CrMnMo	渗碳淬火	56～62HBC

（3）合理选用齿轮参数

1）压力角α_n。过去常采用14.5°、15°和16°的压力角，目的是使重合度较大。现在大多采用20°的标准压力角；对硬齿面齿轮，可取$\alpha_n=22.5° \sim 25°$，以提高轮齿的弯曲强度。

2）模数和齿数。原则上高速齿轮在轮齿抗弯强度满足的条件下，应尽量选用较小的模数，较多的齿数（见表15-38），以增加齿轮传动运转的平稳性，降低噪声，提高抗胶合的能力。

表15-38　高速齿轮传动的模数和齿数范围

推荐模数		推荐齿数
传递功率/kW	模数/mm	
<3000	2～6	一般$z_1 \geqslant 28$，涡轮机齿轮$z_1>30$。应尽量使z_1和z_2互为质数
3000～6000	5～7	
6000～10000	6～10	

3）齿宽系数ϕ_d　通常取较大的ϕ_d，以减小齿轮直径，降低圆周速度。对于轴承对称布置的传动，ϕ_d的一般推荐值见表15-39。

表15-39　ϕ_d的推荐值（$\phi_d=b/d_1$）

齿面情况	单斜齿	人字齿
软齿面	1.5～1.8	2.0～2.4
硬齿面	1.3～1.4	1.6～1.9

注：对人字齿轮，齿宽b为包括退刀槽在内的全齿宽。

4）重合度ε_α、ε_β。和螺旋角β。一般要求端面重合度$\varepsilon_\alpha \geqslant 1.3 \sim 1.4$。螺旋角$\beta$与对轴向重合度$\varepsilon_\beta$的要求有直接的关系。当要求单斜齿的$\varepsilon_\beta \geqslant 2.2$时，取$\beta=8° \sim 12°$；当要求人字齿每半边的$\varepsilon_\beta \geqslant 3.3$时，取$\beta=25° \sim 35°$。

5）变位系数x_n。在高速齿轮中，采用变位齿轮的目的，与一般齿轮传动一样，是为了提高齿轮的强度和改善齿轮的传动质量。因此，x_n的选择方法与一般齿轮相同（见15.1.5节）。

（4）采用齿廓和齿向修形高速齿轮的啮合频率高达50～250次/s，轴系和箱体中存在复杂的弹性变形，传动件上还存在热变形，因此，只有对轮齿采取齿廓修形和齿向修形，才能使运转平稳，使轮齿上的载荷分布均匀，改善传动的质量。

（5）进行较可靠的齿轮承载能力计算　高速齿轮的齿面接触疲劳强度和齿根弯曲疲劳强度，可采用GB/T 3480中的“一般方法”，或者用ZB/T 17006《高速渐开线圆柱齿轮承载能力计算方法》进行计算。计算时，通常把原动机的最大功率作为齿轮的名义功率。使用系数K_A值可参考GB/T 8542《透平齿轮传动装置技术条件》的附录选取。取最小安全系数$S_{Hmin}=1.3$，$S_{Fmin}=1.6$。在某些情况下，还要验算齿轮的静强度。

15.1.9　圆柱齿轮的结构

15.1.9.1　齿轮轮坯结构形式的选择（表 15-40）

表 15-40　轮坯结构形式的选择

齿轮尺寸		结构形式	加　工	件　数
d_a/mm	b/mm			
<500	<150	齿轮轴、单辐板齿轮	模锻	成批（如车辆齿轮）
<700	<150	齿轮轴、实心轮、单辐板齿轮	由锻成的圆料车削①	单件、小批
700～1200	>150 ≤25m	单辐板、实心轮	自由锻	单件、小批
>700	>80	单辐板或多辐板②	焊接	单件、小批
任何尺寸		单辐板或多辐板	铸造③	至少三件、小批
>700		>150	过盈压装齿圈④	单件
>1000		>1500	螺栓连接齿轮⑤	单件

① 当不考虑采用焊接和自由锻时。
② 斜齿轮（$\beta<10°$）齿宽可达 600mm。
③ 由于铸件的缺陷而补换轮坯的可能性大，易增大加工费用和拖延交货时间。
④ 用于齿圈材料难以焊接的场合。
⑤ 用于需要避免由过盈引起额外应力，或缺少压装设备和经验，或焊接困难的场合。

15.1.9.2　齿轮结构通用数据（表 15-41）

表 15-41　齿轮结构设计通用数据

齿轮结构	尺寸、数据及说明

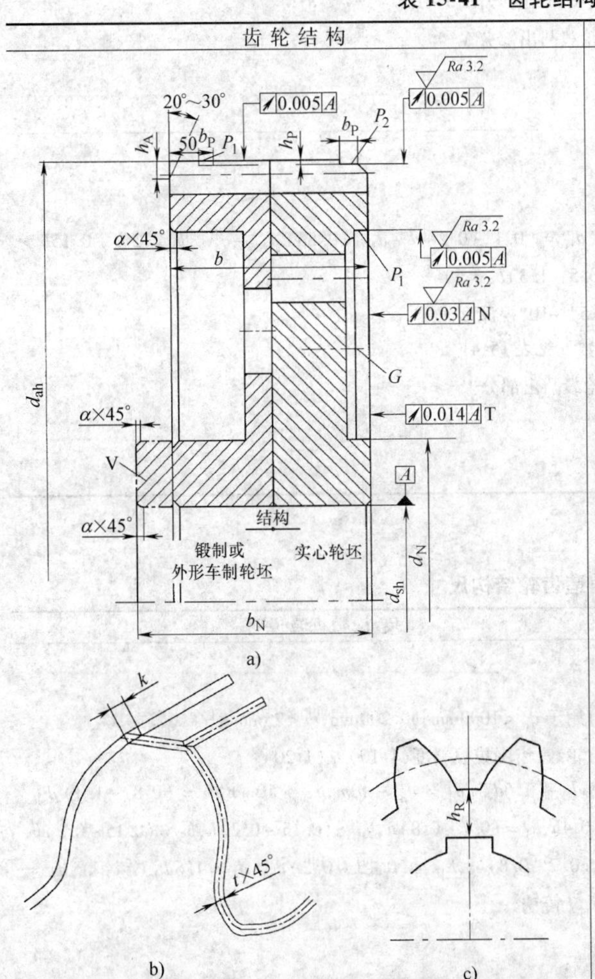

1）为了消除轮齿端部的载荷，$b\geqslant 10m$ 时，$h_A\approx m$；$b<10m$ 时，$h_A=1+0.1m$

2）齿轮基准面 P_1 适用于不能装在轴上或心棒上切齿的齿轮（约从直径 700mm 起），$h_P\approx 0.1$mm，$b_P\approx 10$mm；$b>500$mm 时，用两个基准面 P_1、P_2

3）端面跳动 N 用于 $v\leqslant 25$m/s，T 用于 $v>25$m/s

4）用于搬运、夹紧和减轻重量的孔，直径和数量如下：

d_a/mm	孔　数　n
<300	用轴孔装卡
300～500	4
500～1500	5
1500～3000	6
>3000	8

高速齿轮没有上述诸孔。实心轮重量大于 15kg 时，采用搬运螺纹孔 G

5）轮毂直径 $d_N=(1.2\sim1.6)\ d_{sh}$，d_{sh} 大时取小值；轮毂宽度 $b_N\geqslant d_{sh}$，而且 $b_N\geqslant d_s/6$；应避免轮毂突出部分 V

6）为防止搬运时损坏齿轮，取边缘倒角：$a\approx 0.5+0.01d_{sh}$，$k\approx 0.2+0.045$m，$t\approx 3k$。棱角处圆角半径 $\approx k$ 或 t（渗氮用）

7）轮毂剩余厚度 h_R：

不淬火或渗氮　$h_R>2.5m$

渗碳、火焰、感应淬火　$h_R>3.5m$

火焰或感应回转淬火　$h_R>6m$

15.1.9.3 锻造齿轮结构（表15-42）

表15-42 锻造齿轮结构尺寸

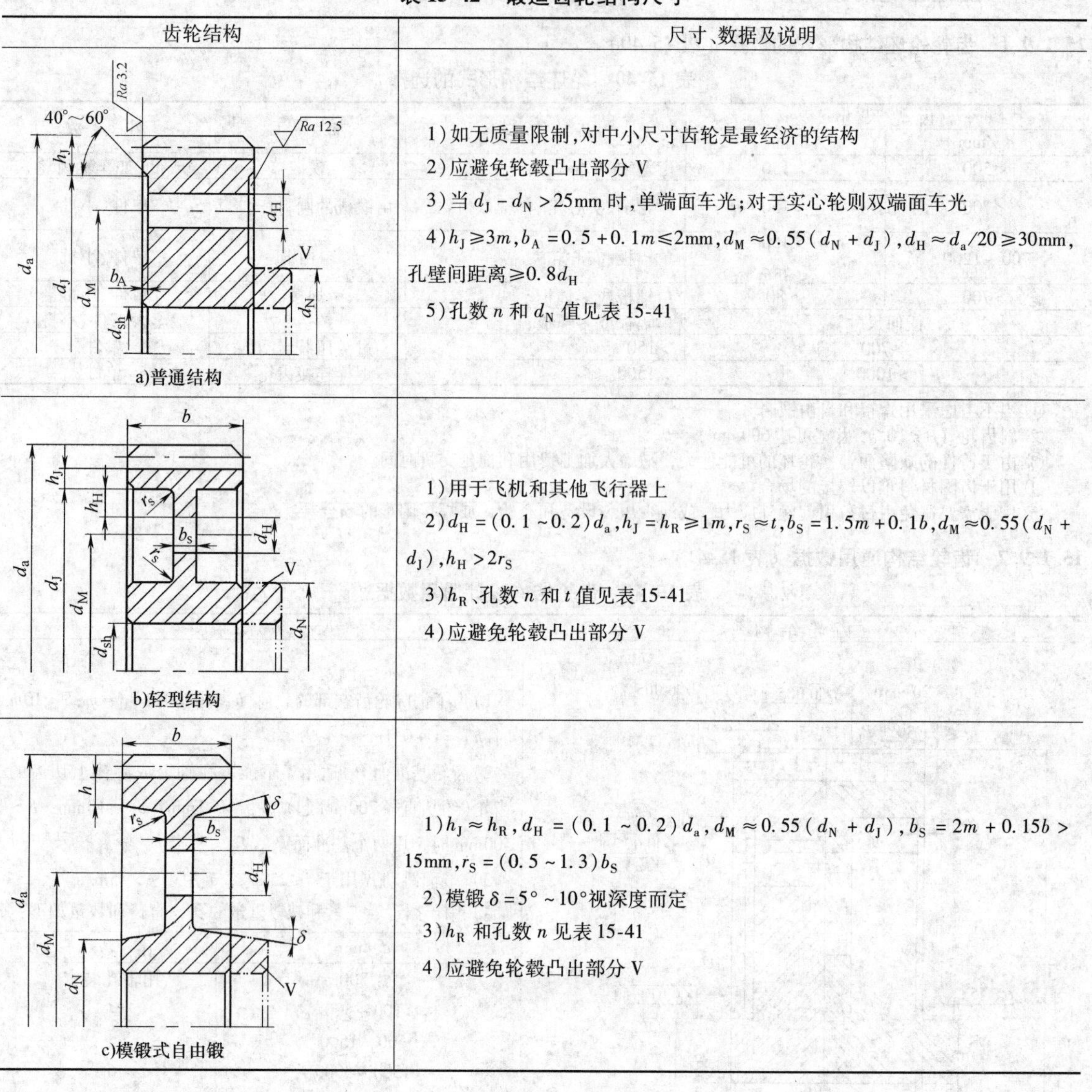

齿轮结构	尺寸、数据及说明
a)普通结构	1)如无质量限制,对中小尺寸齿轮是最经济的结构 2)应避免轮毂凸出部分V 3)当 $d_J - d_N > 25$mm时,单端面车光;对于实心轮则双端面车光 4) $h_J \geqslant 3m$, $b_A = 0.5 + 0.1m \leqslant 2$mm, $d_M \approx 0.55(d_N + d_J)$, $d_H \approx d_a/20 \geqslant 30$mm,孔壁间距离≥0.8$d_H$ 5)孔数 n 和 d_N 值见表15-41
b)轻型结构	1)用于飞机和其他飞行器上 2) $d_H = (0.1 \sim 0.2)d_a$, $h_J = h_R \geqslant 1m$, $r_S \approx t$, $b_S = 1.5m + 0.1b$, $d_M \approx 0.55(d_N + d_J)$, $h_H > 2r_S$ 3) h_R、孔数 n 和 t 值见表15-41 4)应避免轮毂凸出部分V
c)模锻式自由锻	1) $h_J \approx h_R$, $d_H = (0.1 \sim 0.2)d_a$, $d_M \approx 0.55(d_N + d_J)$, $b_S = 2m + 0.15b > 15$mm, $r_S = (0.5 \sim 1.3)b_S$ 2)模锻 $\delta = 5° \sim 10°$视深度而定 3) h_R 和孔数 n 见表15-41 4)应避免轮毂凸出部分V

15.1.9.4 铸造齿轮结构(表15-43)

表15-43 铸造齿轮结构尺寸

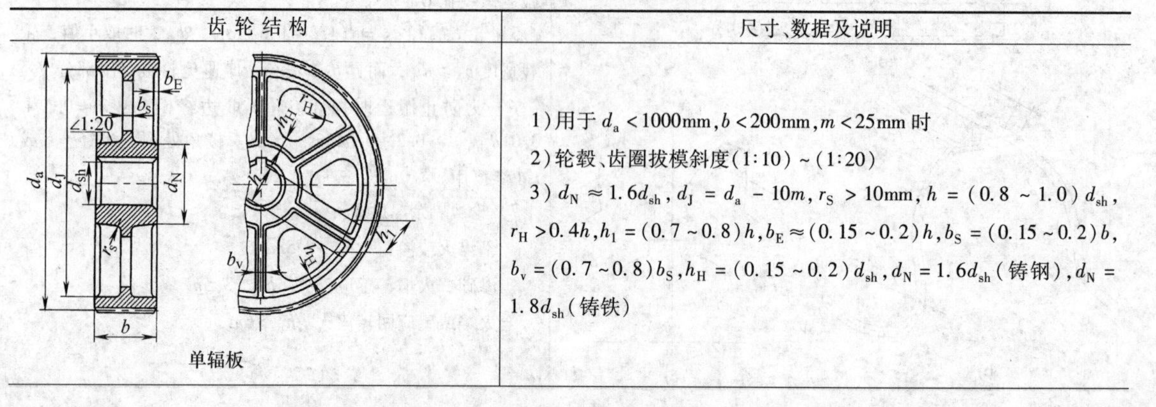

齿 轮 结 构	尺寸、数据及说明
单辐板	1)用于 $d_a < 1000$mm, $b < 200$mm, $m < 25$mm时 2)轮毂、齿圈拔模斜度(1:10)~(1:20) 3) $d_N \approx 1.6d_{sh}$, $d_J = d_a - 10m$, $r_S > 10$mm, $h = (0.8 \sim 1.0)d_{sh}$, $r_H > 0.4h$, $h_1 = (0.7 \sim 0.8)h$, $b_E \approx (0.15 \sim 0.2)h$, $b_S = (0.15 \sim 0.2)b$, $b_v = (0.7 \sim 0.8)b_S$, $h_H = (0.15 \sim 0.2)d_{sh}$, $d_N = 1.6d_{sh}$(铸钢), $d_N = 1.8d_{sh}$(铸铁)

（续）

齿 轮 结 构	尺寸、数据及说明
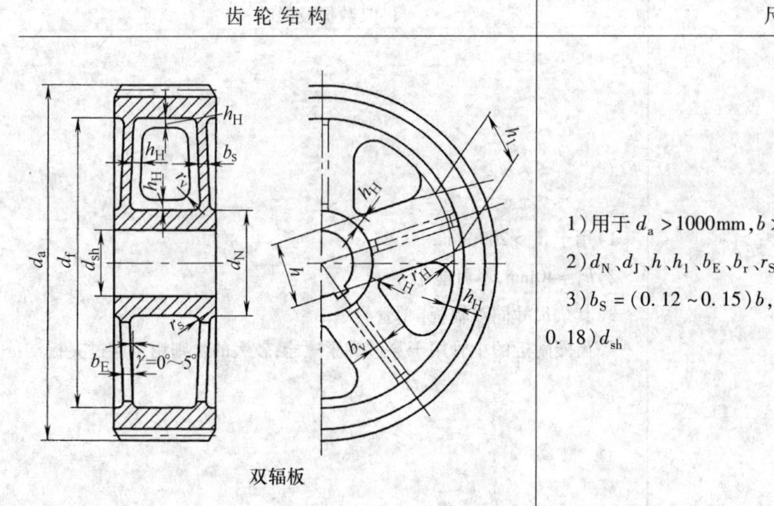 双辐板	1）用于 $d_a>1000\text{mm}, b>200\text{mm}$ 时 2）d_N、d_J、h、h_1、b_E、b_r、r_S 和 r_H 同单辐板齿轮（十字肋） 3）$b_S=(0.12\sim0.15)b, h_H=(0.1\sim0.8)d_{sh}, r_V\approx r_s, h_H=(0.1\sim0.18)d_{sh}$

15.1.9.5　焊接齿轮结构（表 15-44）

表 15-44　焊接齿轮结构

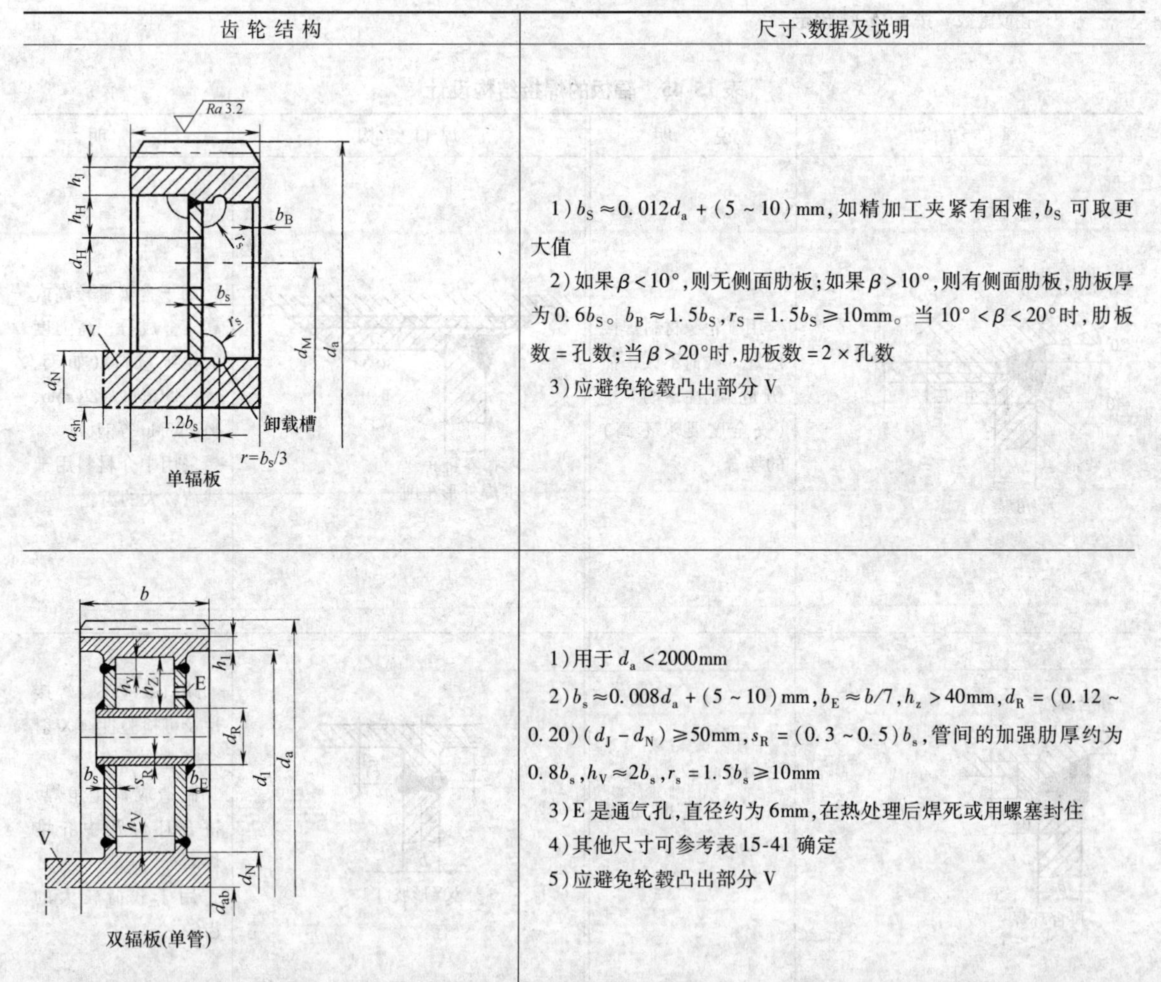

齿 轮 结 构	尺寸、数据及说明
单辐板	1）$b_S\approx0.012d_a+(5\sim10)\text{mm}$，如精加工夹紧有困难，$b_S$ 可取更大值 2）如果 $\beta<10°$，则无侧面肋板；如果 $\beta>10°$，则有侧面肋板，肋板厚为 $0.6b_S$。$b_B\approx1.5b_S, r_S=1.5b_S\geqslant10\text{mm}$。当 $10°<\beta<20°$ 时，肋板数 = 孔数；当 $\beta>20°$ 时，肋板数 = 2 × 孔数 3）应避免轮毂凸出部分 V
双辐板（单管）	1）用于 $d_a<2000\text{mm}$ 2）$b_s\approx0.008d_a+(5\sim10)\text{mm}, b_E\approx b/7, h_z>40\text{mm}, d_R=(0.12\sim0.20)(d_J-d_N)\geqslant50\text{mm}, s_R=(0.3\sim0.5)b_s$，管间的加强肋厚约为 $0.8b_s, h_V\approx2b_s, r_s=1.5b_s\geqslant10\text{mm}$ 3）E 是通气孔，直径约为 6mm，在热处理后焊死或用螺塞封住 4）其他尺寸可参考表 15-41 确定 5）应避免轮毂凸出部分 V

（续）

齿轮结构	尺寸、数据及说明
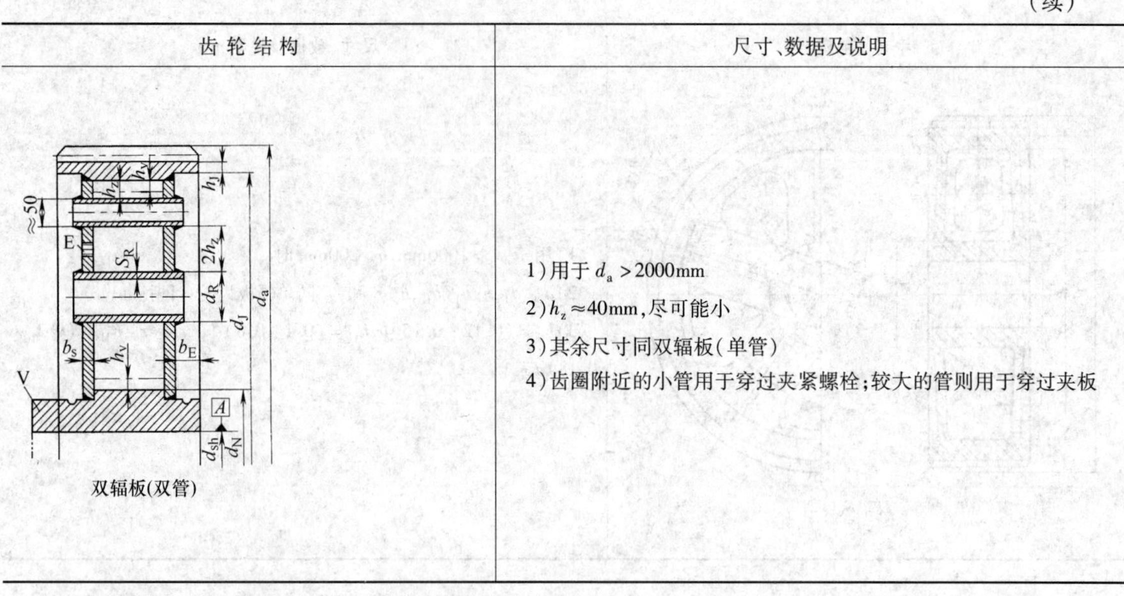 双辐板(双管)	1）用于 $d_a>2000$mm 2）$h_z\approx40$mm，尽可能小 3）其余尺寸同双辐板(单管) 4）齿圈附近的小管用于穿过夹紧螺栓；较大的管则用于穿过夹板

注：1. 焊缝坡口形式根据应力及加工条件确定，见表15-45。

2. $h_J=h_R$ 按表15-41；d_H、d_M、d_N 按表15-42确定。

3. 孔或管数 n 按表15-41确定。

表15-45　辐板的焊接结构设计

焊口结构	说　明	焊口结构	说　明
轮缘 轮辐 角焊	用于轮缘材料焊接性好，载荷不大，损伤危险性不严重（安全度要求不高）的场合	中介堆焊 堆焊外形车削	用于含碳量较高或高合金成分、高强度的轮缘材料（如35、45、35CrMo、42CrMo、40CrWiMo等钢材） 采用中介材料用于载荷较大的齿轮
拼合环圈 拼合环焊	用途同上 轮缘厚度可减少5mm	双Y形坡口	缺口效应小，焊接性及可检验性（X射线穿透性）好 制造成本比角焊、拼合环焊及中介堆焊高 用于载荷较大的齿轮

15.1.10　齿轮传动的润滑

15.1.10.1　润滑剂种类和润滑方式的选择（表 15-46）

表 15-46　润滑剂种类和润滑方式的选择

圆周速度 /(m/s)	传动结构形式	润滑剂种类	润滑方式	特　点
≤2.5	开式	粘附性润滑剂①	涂抹	密封简单，不易漏油、散热性能差。必要时可加 MoS_2、石墨或 EP 添加剂
≤4（有时 8）		流动性润滑剂②	喷射	
≤15	闭式	润滑油	油浴润滑。在大型齿轮和立式齿轮传动也用喷油润滑	
≤25（有时 30）				带薄油盆和散热片的油浴润滑
>25（有时 30）			喷油润滑	
≤40			油雾润滑	用于轻载、间歇工作

① 粘附性润滑剂一般在润滑部位不能流动，通称炭黑明齿轮脂。

② 也可用油浴（浅油盘）润滑，但尽可能加防护罩。

15.1.10.2　润滑油种类和粘度的选择

（1）开式齿轮传动　开式齿轮传动对润滑油的基本要求，是要有好的粘附性，适当的油性和较高的粘度。一般可用 100℃ 运动粘度（60 ~ 250）× 10^{-4} m^2/s 的开式齿轮油。

（2）闭式齿轮传动　闭式齿轮传动通常选用工业齿轮润滑油润滑。工业齿轮润滑油有抗氧防锈工业齿轮油、中负荷工业齿轮油和重负荷工业齿轮油等三种。

ZBJ 17003—1989 规定的工业齿轮润滑油的选用方法如下：

1）根据齿面接触应力、齿轮状况和使用工况选择润滑油的种类。

渐开线圆柱齿轮齿面接触应力 σ_H，按表 15-19 中的公式计算。根据计算出的 σ_H 值、齿轮状况和使用工况，查表 15-47，即可确定工业齿轮润滑油的种类。

表 15-47　工业齿轮润滑油种类的选择

齿面接触应力/MPa		齿 轮 状 况	使 用 工 况	荐用的润滑油
<350			一般齿轮传动	抗氧防锈工业齿轮油
轻载齿轮	350 ~ 500	1）调质处理，啮合精度 8 级 2）每级齿数比 $u<8$ 3）最大滑动速度 v_g 与圆周速度之比 $v_g/v<0.3$ 4）变位系数 $x_1=-x_2$	一般齿轮传动	抗氧防锈工业齿轮油
		变位系数 $x_1 \neq -x_2$	有冲击的齿轮转动	中负荷工业齿轮油
中载齿轮	>500 ~ 750	1. 调质处理，啮合精度等于或高于 8 级 2. $v_g/v>0.3$	矿井提升机、露天采掘机、水泥磨、化工机械、水力电力机械、冶金矿山机械、船舶海港机械等的齿轮传动	中负荷工业齿轮油
	>750 ~ 1100	渗碳淬火或表面淬火，齿面硬度 58 ~ 62HRC		
重载齿轮 >1100			冶金轧钢、井下采掘、高温有冲击、含水部位的齿轮传动等	重负荷工业齿轮油

2）根据齿轮节圆线速度和 Stribeck 滚动压力，选择润滑油的粘度。

齿轮节圆线速度：

$$v=\frac{\pi d'_1 n_1}{60\times 1000} \tag{15-21}$$

式中　d'_1、n_1——小齿轮的节圆直径（mm）和转速（r/min）。

齿轮的 Stribeck 滚动压力：

$$K_S=\frac{F_t}{bd_1}\frac{u\pm 1}{u}Z_H^2 Z_\varepsilon^2 \tag{15-22}$$

式中　F_t——齿轮分度圆上的切向力（N）；

b——齿轮工作齿宽（mm）；

d_1——小齿轮分度圆直径（mm）；

u——齿数比，$u=z_2/z_1 \geqslant 1$；

Z_H——节点区域系数，查图15-8；

Z_ε——重合度系数，查图15-9。

式（15-22）中的"+"号用于外啮合，"-"号用于内啮合。

计算得v和K_S后，即可由下式算得力-速度系数：

$$\xi = K_S/v \tag{15-23}$$

根据算得的ξ值，即可从图15-28中查出齿轮传动所需的润滑油粘度。按此粘度值，并考虑粘度的修正和说明，即可查表确定工业齿轮润滑油的牌号。

粘度的修正与说明：

① 如果环境温度通常在25℃以上，必须选择较大的运动粘度；温度每提高10℃，粘度相应提高10%。

② 载荷特性对粘度的修正见表15-48。

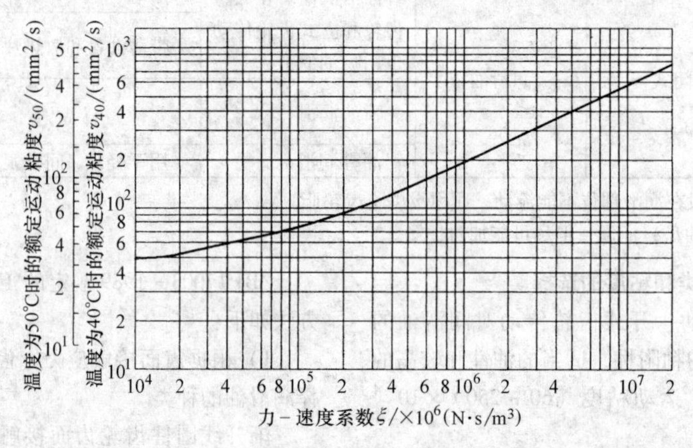

图15-28　圆柱齿轮和圆锥齿轮传动润滑油所需粘度的选择

表15-48　载荷特性对粘度的修正（增加粘度）

齿面硬度/HBW	载荷情况①			
	均匀平稳	轻微冲击	中等冲击	强烈冲击
≤350	增加粘度0	增加相邻粘度牌号差值的30%以下	增加相邻粘度牌号差值的60%以下	增加一个粘度牌号或更换油类
>350	增加粘度0	增加相邻粘度牌号差值的20%以下	增加相邻粘度牌号差值的40%以下	

① 载荷情况的分类可参考表15-21（齿轮使用系数K_A）来确定。

③ 当配对齿轮都用同样钢材制造，或选用Cr-Ni钢制造时，粘度应提高35%左右。

④ 如果环境温度在10℃以下，可以选择较小的运动粘度。温度每降低3℃，运动粘度可相应降低10%。

⑤ 如果齿面经过磷化处理、硫化处理、运动粘度最大可降低25%。

⑥ 对于圆锥齿轮传动，应以齿宽中点处当量圆柱齿轮的几何参数为基准。

⑦ 在二级齿轮传动中，以低速级传动为基准。

15.1.11　渐开线圆柱齿轮的精度

15.1.11.1　齿轮偏差的定义和代号（表15-49）

表15-49　齿轮偏差定义及符号

序号	名　称	符号	定　义	标准号和检验辅助值
1	齿距偏差			
1.1	单个齿距偏差（表15-51）	$\pm f_{pt}$	在端平面上，接近齿高中部的一个与齿轮轴线同心的圆上，实际齿距与理论齿距的代数差（见图15-29）	GB/T 10095.1—2008

（续）

序号	名 称	符号	定 义	标准号和检验辅助值
1.2	齿距累积偏差	F_{pk}	任意 k 个齿距的实际弧长与理论弧长的代数差（见图 15-29）。理论上它等于这 k 个齿距的各单个齿距偏差的代数和	GB/T 10095.1—2008
1.3	齿距累积总偏差（表 15-52）	F_p	齿轮同侧齿面任意弧段（$k=1$ 至 $k=z$）内的最大齿距累积偏差，它表现为齿距累积偏差曲线的总幅值	
2	齿廓偏差		实际齿廓偏离设计齿廓的量，该量在端平面内沿垂直于渐开线齿廓的方向计值	GB/T 10095.1—2008 L_{α}—齿廓计算范围 L_{AF}—可用长度 L_{AE}—有效长度 $f_{f\alpha}$ 和 $f_{H\alpha}$ 不是标准的必检项目
2.1	齿廓总偏差（表 15-53）	F_{α}	在计算范围（L_{α}）内，包容实际齿廓迹线的两条设计齿廓迹线间的距离（见图 15-30a）	
2.2	齿廓形状偏差（表 15-56）	$f_{f\alpha}$	在计算范围（L_{α}）内，包容实际齿廓迹线的两条与平均齿廓迹线完全相同的曲线间的距离，且两条曲线与平均齿廓迹线的距离为常数（见图 15-30b）	
2.3	齿廓倾斜偏差（表 15-57）	$\pm f_{H\alpha}$	在计算范围（L_{α}）的两端，与平均齿廓迹线相交的两条设计齿廓迹线间的距离（见图15-30c）	
3	螺旋线偏差		在端面基圆切线方向上，测得的实际螺旋线偏离设计螺旋线的量	GB/T 10095.1—2008 L_{β}—螺旋线计算范围 $f_{f\beta}$ 和 $f_{H\beta}$ 不是标准的必检项目
3.1	螺旋线总偏差（表 15-54）	F_{β}	在计值范围（L_{β}）内，包容实际螺旋线迹线的两条设计螺旋线迹线间的距离（见图 15-31a）	
3.2	螺旋线形状偏差（表 15-58）	$f_{H\beta}$	在计值范围（L_{β}）内，包容实际螺旋线迹线的两条与平均螺旋线迹线完全相同的曲线间的距离，且两条曲线与平均螺旋线迹线的距离为常数（见图 15-31b）	
3.3	螺旋线倾斜偏差（表 15-58）	$\pm f_{H\beta}$	在计值范围（L_{β}）的两端，与平均螺旋线迹线相交的设计螺旋线迹线间的距离（见图 15-31c）	
4	切向综合偏差			GB/T 10095.1—2008 F'_i 和 f'_i 不是标准的必检项目
4.1	切向综合总偏差	F'_i	被测齿轮与测量齿轮单面啮合检验时，被测齿轮一转内，齿轮分度圆上实际圆周位移与理论圆周位移的最大差值（见图 15-32）	
4.2	一齿切向综合偏差（表 15-55）	f'_i	在一个齿距内的切向综合偏差（见图 15-32）	
5	径向综合偏差			GB/T 10095.2—2008
5.1	径向综合总偏差（表 15-59）	F''_i	在径向（双面）综合检验时，产品齿轮的左、右齿面同时与测量齿轮接触，并经过一整圈时，出现的中心距最大值和最小值之差（见图 15-33）	
5.2	一齿径向综合偏差（表 15-60）	f''_i	当产品齿轮啮合一整圈时，对应一个齿距（360°/z）的径向综合偏差值（见图 15-33）	
6	径向跳动公差（表 15-61）	F_r	测头（球形、圆柱形、砧形）相继置于每个齿槽内时，从它到齿轮轴线的最大和最小径向距离之差。检查中，测头在近似齿高中部与左右齿面接触（见图 15-34）	GB/T 10095.2—2008

15.1.11.2　关于齿轮偏差各项术语的说明

（1）齿距偏差　见图15-29，对于齿距累积偏差F_{pk}，除非另有规定，F_{pk}的计值仅限于不超过圆周1/8的弧段内评定。因此，偏差F_{pk}的允许值适用于齿距数k为2到$z/8$的弧段内。通常F_{pk}取$k \approx z/8$就足够了。对于特殊的应用（如高速齿轮），还需检验较小弧段，并规定相应的k值。

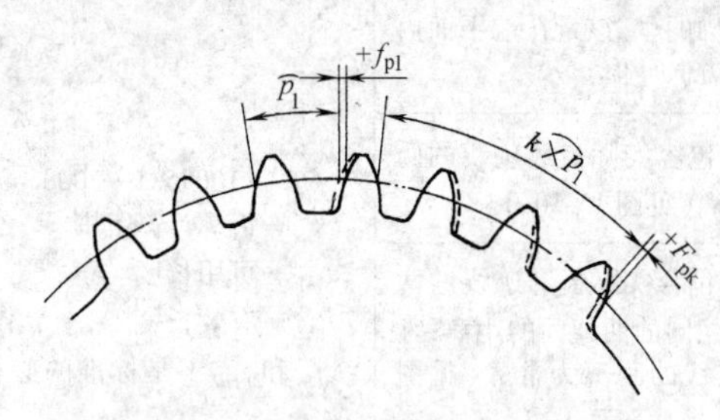

图15-29　齿距偏差与齿距累积偏差

---理论齿廓　——实际齿廓

（2）齿廓偏差　见图15-30，实际齿廓偏离设计齿廓的量，该量在端平面内，且垂直于渐开线齿廓的方向计值。

1）可用长度L_{AF}。等于两条端面基圆切线之差。其中一条是从基圆到可用齿廓的外界限点，另一条是从基圆到可用齿廓的内界限点。

依据设计，可用长度外界限点被齿顶、齿顶倒棱或齿顶倒圆的起始点（点A）限定。在朝齿根方向上，可用长度的内界限点，被齿根圆角或挖根的起始点（点F）所限定。

2）有效长度L_{AE}。可用长度对应于有效齿廓的那部分。对于齿顶，其有与可用长度同样的限定（A点）。对于齿根，有效长度延伸到与之配对齿轮有效啮合的终止点E（即有效齿廓的起始点）。如不知道配对齿轮，则E点为与基本齿条相啮合的有效齿廓的起始点。

3）齿廓计值范围L_α。可用长度中的一部分，在L_α内应遵照规定精度等级的公差。除另有规定外，其长度等于从E点开始延伸的有效长度L_{AE}的92%（见图15-30）。

注意：齿轮设计者应确保适用的齿廓计值范围。

对于L_{AE}剩下的8%为靠近齿顶处的L_{AE}与L_α之差。在评定齿廓总偏差和齿廓形状偏差时，按以下规则计值：

① 使偏差量增加的偏向齿体外的正偏差，必须计入偏差值；

② 除另有规定外，对于负偏差，其公差为计值范围L_α规定公差的3倍。

注意：在分析齿廓形状偏差时，规则①和②以5）中定义的平均齿廓迹线为基准。

4）设计齿廓。符合设计规定的齿廓，当无其他限定时，是指端面齿廓。

注意：在齿廓曲线图中，未经修形的渐开线齿廓迹线一般为直线。在图15-30中，设计齿廓迹线用点划线表示。

5）被测齿面的平均齿廓。设计齿廓迹线的纵坐标，减去一条斜直线的纵坐标后得到的一条迹线。这条斜直线使得在计值范围内，实际齿廓迹线对平均齿廓迹线偏差的平方和最小，因此，平均齿廓迹线的位置和倾斜可以用“最小二乘法”求得。

注意：平均齿廓是用来确定$f_{f\alpha}$（见图15-30b）和$f_{H\alpha}$（见图15-30c）的一条辅助齿廓迹线。

（3）螺旋线偏差　见图15-31。

在端面基圆切线方向上，测得的实际螺旋线偏离设计螺旋线的量。

1）迹线长度。与齿宽成正比而不包括齿端倒角或修圆在内的长度。

2）螺旋线计值范围L_β。除另有规定外，L_β取为在轮齿两端处，各减去下面两个数值中较小的一个后的“迹线长度”；即5%的齿宽，或等于一个模数的长度。

注意：齿轮设计者应确保适用的螺旋线计值范围。

在两端缩减的区域中，螺旋线总偏差和螺旋线形状偏差，按以下规则计值：

① 使偏差量增加的偏向齿体外的正偏差，必须计入偏差值；

② 除另有规定外，对于负偏差，其允许值为计值范围L_β规定公差的3倍。

注意：在分析螺旋线形状偏差时，规则①和②以4）中定义的平均螺旋线迹线为基准。

3）设计螺旋线　符合设计规定的螺旋线。

注意：在螺旋线曲线图中，未经修形的螺旋线的迹线一般为直线。在图15-31中，设计螺旋迹线用点划线表示。

4）被测齿面的平均螺旋线。设计螺旋线迹线的纵坐标，减去一条斜直线的纵坐标后得到的一条迹线。这条斜直线使得在计值范围内，实际螺旋线迹线，对平均螺旋线迹线偏差的平方和最小，因此，平均螺旋线迹线的位置和倾斜可以用“最小二乘法”求得。

注意：平均螺旋线是用来确定$f_{f\beta}$（图15-31b）和

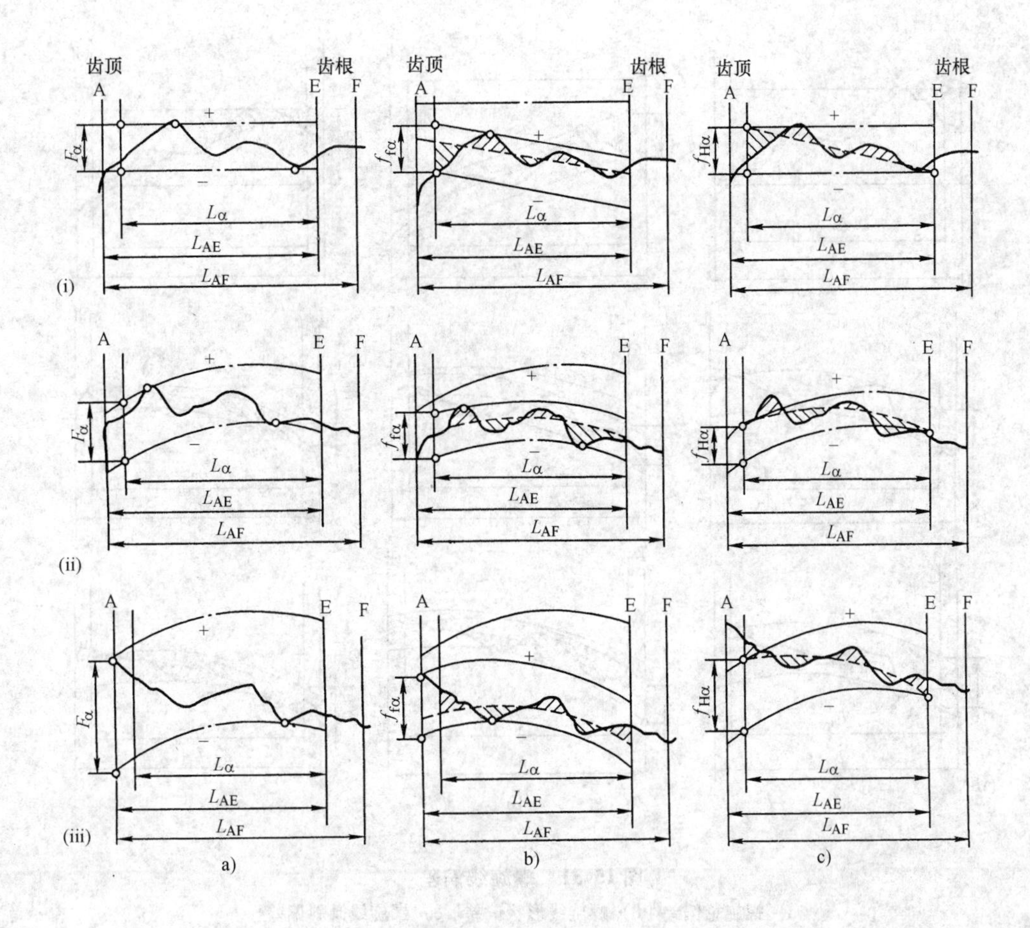

图 15-30　齿廓偏差

a）齿廓总偏差　b）齿廓形状偏差　c）齿廓倾斜偏差

—·—·——设计齿廓　————实际齿廓　- - - - —平均齿廓

L_{AF}—可用长度　L_{AE}—有效长度　L_α—齿廓计值范围

（ⅰ）设计齿廓—未修形的渐开线，实际齿廓—在减薄区内具有偏向体内的负偏差

（ⅱ）设计齿廓—修形的渐开线（举例），实际齿廓—在减薄区内具有偏向体内的负偏差

（ⅲ）设计齿廓—修形的渐开线（举例），实际齿廓—在减薄区内具有偏向体外的正偏差

$f_{H\beta}$（见图 15-31c）的一条辅助螺旋线。

（4）切向综合偏差　如图 15-32 所示，切向综合偏差是被测齿轮与测量齿轮单面啮合，旋转一圈得到的偏差曲线中的取值，它反映了一对齿轮轮齿要素偏差的综合影响（即齿距、齿廓、螺旋线等）。测量齿轮比被测的齿轮的精度至少高 4 级时，其测量齿轮的不精确性可忽略不计；达不到时，则要考虑测量齿轮的不精确程度。

除在采购文件中另有规定外，切向综合偏差的测量不是强制性的，其公差值不包括在 GB/T 10095.1—2008 的正文中，而放在附录 A 中。其中：一齿切向综合偏差 f'_i 的公差值，可由表 15-55 中给出的 f'_i/K 数值乘以系数 K 求得（K 见表下的说明）。

切向综合总偏差 F'_i 的计算公式：

$$F'_i = F_p + f'_i \tag{15-24}$$

（5）径向综合偏差　见图 15-33，径向综合偏差是被测齿轮与测量齿轮双面啮合，旋转一圈得到的中心距变化曲线中的取值。径向综合偏差能简便、快捷地提供齿轮加工机床、刀具和加工时齿轮装夹而导致的质量缺陷方面的信息。

径向综合偏差主要用于大批量生产的齿轮和模数较小的齿轮生产检验中。

（6）径向跳动　见图 15-34，径向跳动是以齿轮轴为基准，其值等于径向偏差的最大和最小值的代数

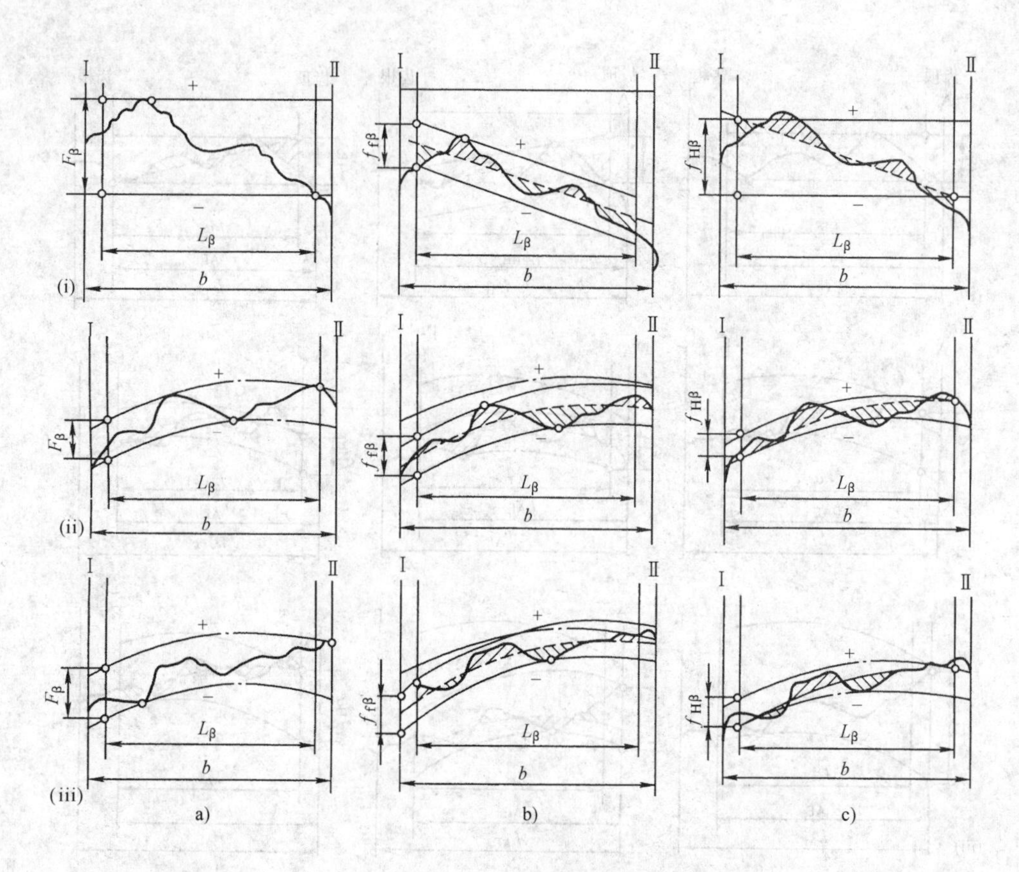

图 15-31　螺旋线偏差

a）螺旋总偏差　b）螺旋线形状偏差　c）螺旋线倾斜偏差

—·—·—设计螺旋线　———实际螺旋线　- - - - -—平均螺旋线

b—齿轮螺旋线长度（与齿宽成正比）　$L_β$—螺旋线计值范围

（ⅰ）设计螺旋线—未修形的螺旋线，实际螺旋线—在减薄区内具有偏向体内的负偏差

（ⅱ）设计螺旋线—修形的螺旋线（举例），实际螺旋线—在减薄区内具有偏向体内的负偏差；

（ⅲ）设计螺旋线—修形的螺旋线（举例），实际螺旋线—在减薄区内具有偏向体外的正偏差

差，其值大体是两倍偏心距f_e。此外，还有齿距和齿廓偏差的影响。它主要反映机床和加工调整中存在的偏差。

对于需要在最小侧隙下运行的齿轮，以及用于测量径向综合偏差的测量齿轮来说，控制径向跳动就十分重要。

15.1.11.3　齿轮精度等级及其选择

GB/T 10095.1—2008 对单个渐开线圆柱齿轮规定了13个精度等级，按0~12数序由高到低顺序排列，其中0级精度最高，12级精度最低。

GB/T 10095.2—2008 对单个渐开线圆柱齿轮的径向综合偏差（F''_i、f''_i）规定了4~12共9个精度等级，其中4级精度最高，12级精度最低。

0~2级精度的齿轮要求非常高，各项偏差的公差很小，是有待发展的精度等级。通常将3~5级称为高精度等级；6~8级称为中等精度等级；9~12级称为低精度等级。

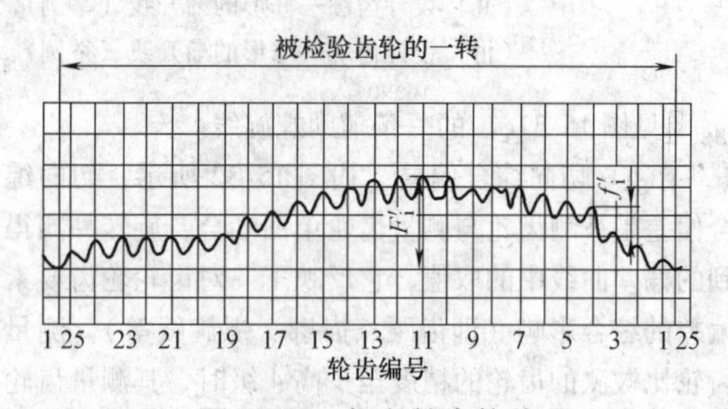

图 15-32　切向综合偏差

各精度等级齿轮的适用范围见表15-50。

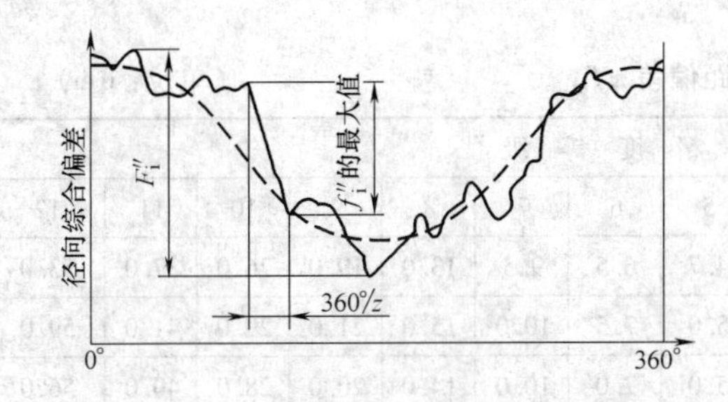

图15-33　径向综合偏差

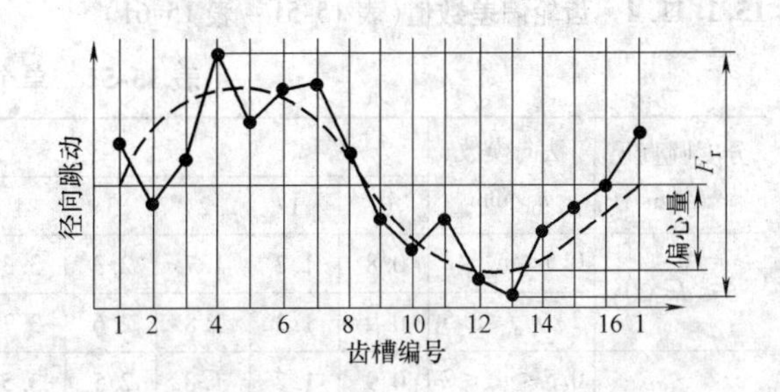

图15-34　一个齿轮（16齿）的径向跳动

表15-50　各精度等级齿轮的适用范围（非标准内容）

精度等级	工作条件与适用范围	圆周速度/(m/s)		齿面的最后加工
		直齿	斜齿	
3	用于最平稳且无噪声的极高速下工作的齿轮；特别精密的分度机构齿轮；特别精密机械中的齿轮；控制机构齿轮；检测5、6级的测量齿轮	>50	>75	特精密的磨齿和珩磨；用精密滚刀滚齿，或单边剃齿后的大多数不经淬火的齿轮
4	用于精密分度机构的齿轮；特别精密机械中的齿轮；高速涡轮机齿轮；控制机构齿轮；检测7级的测量齿轮	>40	>70	精密磨齿；大多数用精密滚刀滚齿和珩齿或单边剃齿
5	用于高平稳且低噪声的高速传动中的齿轮；精密机构中的齿轮；涡轮机传动的齿轮；检测8、9级的测量齿轮；风力发电机增速箱齿轮；重要的航空、船用齿轮箱齿轮	>20	>40	精密磨齿；大多数用精密滚刀加工，进而研齿或剃齿
6	用于高速下平稳工作，需要高效率及低噪声的齿轮；航空、汽车用齿轮；读数装置中的精密齿轮；机床传动链齿轮；机床传动齿轮	到15	到30	精密磨齿或剃齿
7	在中速或大功率下工作的齿轮；机床变速箱进给齿轮；减速器齿轮；起重机齿轮；汽车及读数装置中的齿轮	到10	到15	无需热处理的齿轮，用精确刀具加工 对于淬硬齿轮必须精整加工（磨齿、研齿、珩磨）
8	一般机器中无特殊精度要求的齿轮；机床变速齿轮；汽车制造业中不重要齿轮；冶金、起重机械齿轮；通用减速器的齿轮；农业机械中的重要齿轮	到6	到10	滚、插齿均可，不用磨齿；必要时剃齿或研齿
9	用于不提出精度要求的粗糙工作的齿轮；因结构上考虑，受载低于计算载荷的传动用齿轮；低速不重要工作机械的动力齿轮；农机齿轮	到2	到4	不需要特殊的精加工工序

15.1.11.4 齿轮偏差数值(表 15-51 ~ 表 15-61)

表 15-51 单个齿距偏差 $\pm f_{pt}$ （单位：μm）

分度圆直径 d/mm	法向模数 m_n/mm	精度等级												
		0	1	2	3	4	5	6	7	8	9	10	11	12
$5 \leqslant d \leqslant 20$	$0.5 \leqslant m_n \leqslant 2$	0.8	1.2	1.7	2.3	3.3	4.7	6.5	9.5	13.0	19.0	26.0	37.0	53.0
	$2 < m_n \leqslant 3.5$	0.9	1.3	1.8	2.6	3.7	5.0	7.5	10.0	15.0	21.0	29.0	41.0	59.0
$20 < d \leqslant 50$	$0.5 \leqslant m_n \leqslant 2$	0.9	1.2	1.8	2.5	3.5	5.0	7.0	10.0	14.0	20.0	28.0	40.0	56.0
	$2 < m_n \leqslant 3.5$	1.0	1.4	1.9	2.7	3.9	5.5	7.5	11.0	15.0	22.0	31.0	44.0	62.0
	$3.5 < m_n \leqslant 6$	1.1	1.5	2.1	3.0	4.3	6.0	8.5	12.0	17.0	24.0	34.0	48.0	68.0
	$6 < m_n \leqslant 10$	1.2	1.7	2.5	3.5	4.9	7.0	10.0	14.0	20.0	28.0	40.0	56.0	79.0
$50 < d \leqslant 125$	$0.5 \leqslant m_n \leqslant 2$	0.9	1.3	1.9	2.7	3.8	5.5	7.5	11.0	15.0	21.0	30.0	43.0	61.0
	$2 < m_n \leqslant 3.5$	1.0	1.5	2.1	2.9	4.1	6.0	8.5	12.0	17.0	23.0	33.0	47.0	66.0
	$3.5 < m_n \leqslant 6$	1.1	1.6	2.3	3.2	4.6	6.5	9.0	13.0	18.0	26.0	36.0	52.0	73.0
	$6 < m_n \leqslant 10$	1.3	1.8	2.6	3.7	5.0	7.5	10.0	15.0	21.0	30.0	42.0	59.0	84.0
	$10 < m_n \leqslant 16$	1.6	2.2	3.1	4.4	6.5	9.0	13.0	18.0	25.0	35.0	50.0	71.0	100.0
	$16 < m_n \leqslant 25$	2.0	2.8	3.9	5.5	8.0	11.0	16.0	22.0	31.0	44.0	63.0	89.0	125.0
$125 < d \leqslant 280$	$0.5 \leqslant m_n \leqslant 2$	1.1	1.5	2.1	3.0	4.2	6.0	8.5	12.0	17.0	24.0	34.0	48.0	67.0
	$2 < m_n \leqslant 3.5$	1.1	1.6	2.3	3.2	4.6	6.5	9.0	13.0	18.0	26.0	36.0	51.0	73.0
	$3.5 < m_n \leqslant 6$	1.2	1.8	2.5	3.5	5.0	7.0	10.0	14.0	20.0	28.0	40.0	56.0	79.0
	$6 < m_n \leqslant 10$	1.4	2.0	2.8	4.0	5.5	8.0	11.0	16.0	23.0	32.0	45.0	64.0	90.0
	$10 < m_n \leqslant 16$	1.7	2.4	3.3	4.7	6.5	9.5	13.0	19.0	27.0	38.0	53.0	75.0	107.0
	$16 < m_n \leqslant 25$	2.1	2.9	4.1	6.0	8.0	12.0	16.0	23.0	33.0	47.0	66.0	93.0	132.0
$280 < d \leqslant 560$	$0.5 \leqslant m_n \leqslant 2$	1.2	1.7	2.4	3.3	4.7	6.5	9.5	13.0	19.0	27.0	38.0	54.0	76.0
	$2 < m_n \leqslant 3.5$	1.3	1.8	2.5	3.6	5.0	7.0	10.0	14.0	20.0	29.0	41.0	57.0	81.0
	$3.5 < m_n \leqslant 6$	1.4	1.9	2.7	3.9	5.5	8.0	11.0	16.0	22.0	31.0	44.0	62.0	88.0
	$6 < m_n \leqslant 10$	1.5	2.2	3.1	4.4	6.0	8.5	12.0	17.0	25.0	35.0	49.0	70.0	99.0
	$10 < m_n \leqslant 16$	1.8	2.5	3.6	5.0	7.0	10.0	14.0	20.0	29.0	41.0	58.0	81.0	115.0
	$16 < m_n \leqslant 25$	2.2	3.1	4.4	6.0	9.0	12.0	18.0	25.0	35.0	50.0	70.0	99.0	140.0
$560 < d \leqslant 1000$	$0.5 \leqslant m_n \leqslant 2$	1.3	1.9	2.7	3.8	5.5	7.5	11.0	15.0	21.0	30.0	43.0	61.0	86.0
	$2 < m_n \leqslant 3.5$	1.4	2.0	2.9	4.0	5.5	8.0	11.0	16.0	23.0	32.0	46.0	65.0	91.0
	$3.5 < m_n \leqslant 6$	1.5	2.2	3.1	4.3	6.0	8.5	12.0	17.0	24.0	35.0	49.0	69.0	98.0
	$6 < m_n \leqslant 10$	1.7	2.4	3.4	4.8	7.0	9.5	14.0	19.0	27.0	38.0	54.0	77.0	109.0
	$10 < m_n \leqslant 16$	2.0	2.8	3.9	5.5	8.0	11.0	16.0	22.0	31.0	44.0	63.0	89.0	125.0
	$16 < m_n \leqslant 25$	2.3	3.3	4.7	6.5	9.5	13.0	19.0	27.0	38.0	53.0	75.0	106.0	150.0
$1000 < d \leqslant 1600$	$2 \leqslant m_n \leqslant 3.5$	1.6	2.3	3.2	4.5	6.5	9.0	13.0	18.0	26.0	36.0	51.0	72.0	103.0
	$3.5 < m_n \leqslant 6$	1.7	2.4	3.4	4.8	7.0	9.5	14.0	19.0	27.0	39.0	55.0	77.0	109.0
	$6 < m_n \leqslant 10$	1.9	2.6	3.7	5.5	7.5	11.0	15.0	21.0	30.0	42.0	60.0	85.0	120.0
	$10 < m_n \leqslant 16$	2.1	3.0	4.3	6.0	8.5	12.0	17.0	24.0	34.0	48.0	68.0	97.0	136.0
	$16 < m_n \leqslant 25$	2.5	3.6	5.0	7.0	10.0	14.0	20.0	29.0	40.0	57.0	81.0	114.0	161.0

表 15-52　齿距累积总偏差 F_p　（单位：μm）

分度圆直径 d/mm	法向模数 m_n/mm	精度等级												
		0	1	2	3	4	5	6	7	8	9	10	11	12
$5 \leqslant d \leqslant 20$	$0.5 \leqslant m_n \leqslant 2$	2.0	2.8	4.0	5.5	8.0	11.0	16.0	23.0	32.0	45.0	64.0	90.0	127.0
	$2 < m_n \leqslant 3.5$	2.1	2.9	4.2	6.0	8.5	12.0	17.0	23.0	33.0	47.0	66.0	94.0	133.0
$20 < d \leqslant 50$	$0.5 \leqslant m_n \leqslant 2$	2.5	3.6	5.0	7.0	10.0	14.0	20.0	29.0	41.0	57.0	81.0	115.0	162.0
	$2 < m_n \leqslant 3.5$	2.6	3.7	5.0	7.5	10.0	15.0	21.0	30.0	42.0	59.0	84.0	119.0	168.0
	$3.5 < m_n \leqslant 6$	2.7	3.9	5.5	7.5	11.0	15.0	22.0	31.0	44.0	62.0	87.0	123.0	174.0
	$6 < m_n \leqslant 10$	2.9	4.1	6.0	8.0	12.0	16.0	23.0	33.0	46.0	65.0	93.0	131.0	185.0
$50 < d \leqslant 125$	$0.5 \leqslant m_n \leqslant 2$	3.3	4.6	6.5	9.0	13.0	18.0	26.0	37.0	52.0	74.0	104.0	147.0	208.0
	$2 < m_n \leqslant 3.5$	3.3	4.7	6.5	9.5	13.0	19.0	27.0	38.0	53.0	76.0	107.0	151.0	214.0
	$3.5 < m_n \leqslant 6$	3.4	4.9	7.0	9.5	14.0	19.0	28.0	39.0	55.0	78.0	110.0	156.0	220.0
	$6 < m_n \leqslant 10$	3.6	5.0	7.0	10.0	14.0	20.0	29.0	41.0	58.0	82.0	116.0	164.0	231.0
	$10 < m_n \leqslant 16$	3.9	5.5	7.5	11.0	15.0	22.0	31.0	44.0	62.0	88.0	124.0	175.0	248.0
	$16 < m_n \leqslant 25$	4.3	6.0	8.5	12.0	17.0	24.0	34.0	48.0	68.0	96.0	136.0	193.0	273.0
$125 < d \leqslant 280$	$0.5 \leqslant m_n \leqslant 2$	4.3	6.0	8.5	12.0	17.0	24.0	35.0	49.0	69.0	98.0	138.0	195.0	276.0
	$2 < m_n \leqslant 3.5$	4.4	6.0	9.0	12.0	18.0	25.0	35.0	50.0	70.0	100.0	141.0	199.0	282.0
	$3.5 < m_n \leqslant 6$	4.5	6.5	9.0	13.0	18.0	25.0	36.0	51.0	72.0	102.0	144.0	204.0	288.0
	$6 < m_n \leqslant 10$	4.7	6.5	9.5	13.0	19.0	26.0	37.0	53.0	75.0	106.0	149.0	211.0	299.0
	$10 < m_n \leqslant 16$	4.9	7.0	10.0	14.0	20.0	28.0	39.0	56.0	79.0	112.0	158.0	223.0	316.0
	$16 < m_n \leqslant 25$	5.5	7.5	11.0	15.0	21.0	30.0	43.0	60.0	85.0	120.0	170.0	241.0	341.0
$280 < d \leqslant 560$	$0.5 \leqslant m_n \leqslant 2$	5.5	8.0	11.0	16.0	23.0	32.0	46.0	64.0	91.0	129.0	182.0	257.0	364.0
	$2 < m_n \leqslant 3.5$	6.0	8.0	12.0	16.0	23.0	33.0	46.0	65.0	92.0	131.0	185.0	261.0	370.0
	$3.5 < m_n \leqslant 6$	6.0	8.5	12.0	17.0	24.0	33.0	47.0	66.0	94.0	133.0	188.0	266.0	376.0
	$6 < m_n \leqslant 10$	6.0	8.5	12.0	17.0	24.0	34.0	48.0	68.0	97.0	137.0	193.0	274.0	387.0
	$10 < m_n \leqslant 16$	6.5	9.0	13.0	18.0	25.0	36.0	50.0	71.0	101.0	143.0	202.0	285.0	404.0
	$16 < m_n \leqslant 25$	6.5	9.5	13.0	19.0	27.0	38.0	54.0	76.0	107.0	151.0	214.0	303.0	428.0
$560 < d \leqslant 1000$	$0.5 \leqslant m_n \leqslant 2$	7.5	10.0	15.0	21.0	29.0	41.0	59.0	83.0	117.0	166.0	235.0	332.0	469.0
	$2 < m_n \leqslant 3.5$	7.5	10.0	15.0	21.0	30.0	42.0	59.0	84.0	119.0	168.0	238.0	336.0	475.0
	$3.5 < m_n \leqslant 6$	7.5	11.0	15.0	21.0	30.0	43.0	60.0	85.0	120.0	170.0	241.0	341.0	482.0
	$6 < m_n \leqslant 10$	7.5	11.0	15.0	22.0	31.0	44.0	62.0	87.0	123.0	174.0	246.0	348.0	492.0
	$10 < m_n \leqslant 16$	8.0	11.0	16.0	22.0	32.0	45.0	64.0	90.0	127.0	180.0	254.0	360.0	509.0
	$16 < m_n \leqslant 25$	8.5	12.0	17.0	24.0	33.0	47.0	67.0	94.0	133.0	189.0	267.0	378.0	534.0
$1000 < d \leqslant 1600$	$2 \leqslant m_n \leqslant 3.5$	9.0	13.0	18.0	26.0	37.0	52.0	74.0	105.0	148.0	209.0	296.0	418.0	591.0
	$3.5 < m_n \leqslant 6$	9.5	13.0	19.0	26.0	37.0	53.0	75.0	106.0	149.0	211.0	299.0	423.0	598.0
	$6 < m_n \leqslant 10$	9.5	13.0	19.0	27.0	38.0	54.0	76.0	108.0	152.0	215.0	304.0	430.0	608.0
	$10 < m_n \leqslant 16$	10.0	14.0	20.0	28.0	39.0	55.0	78.0	111.0	156.0	221.0	313.0	442.0	625.0
	$16 < m_n \leqslant 25$	10.0	14.0	20.0	29.0	41.0	57.0	81.0	115.0	163.0	230.0	325.0	460.0	650.0

表15-53　齿廓总偏差 F_α　（单位：μm）

分度圆直径 d/mm	法向模数 m_n/mm	精度等级												
		0	1	2	3	4	5	6	7	8	9	10	11	12
$5 \leqslant d \leqslant 20$	$0.5 \leqslant m_n \leqslant 2$	0.8	1.1	1.6	2.3	3.2	4.6	6.5	9.0	13.0	18.0	26.0	37.0	52.0
	$2 < m_n \leqslant 3.5$	1.2	1.7	2.3	3.3	4.7	6.5	9.5	13.0	19.0	26.0	37.0	53.0	75.0
$20 < d \leqslant 50$	$0.5 \leqslant m_n \leqslant 2$	0.9	1.3	1.8	2.6	3.6	5.0	7.5	10.0	15.0	21.0	29.0	41.0	58.0
	$2 < m_n \leqslant 3.5$	1.3	1.8	2.5	3.6	5.0	7.0	10.0	14.0	20.0	29.0	40.0	57.0	81.0
	$3.5 < m_n \leqslant 6$	1.6	2.2	3.1	4.4	6.0	9.0	12.0	18.0	25.0	35.0	50.0	70.0	99.0
	$6 < m_n \leqslant 10$	1.9	2.7	3.8	5.5	7.5	11.0	15.0	22.0	31.0	43.0	61.0	87.0	123.0
$50 < d \leqslant 125$	$0.5 \leqslant m_n \leqslant 2$	1.0	1.5	2.1	2.9	4.1	6.0	8.5	12.0	17.0	23.0	33.0	47.0	66.0
	$2 < m_n \leqslant 3.5$	1.4	2.0	2.8	3.9	5.5	8.0	11.0	16.0	22.0	31.0	44.0	63.0	89.0
	$3.5 < m_n \leqslant 6$	1.7	2.4	3.4	4.8	6.5	9.5	13.0	19.0	27.0	38.0	54.0	76.0	108.0
	$6 < m_n \leqslant 10$	2.0	2.9	4.1	6.0	8.0	12.0	16.0	23.0	33.0	46.0	65.0	92.0	131.0
	$10 < m_n \leqslant 16$	2.5	3.5	5.0	7.0	10.0	14.0	20.0	28.0	40.0	56.0	79.0	112.0	159.0
	$16 < m_n \leqslant 25$	3.0	4.2	6.0	8.5	12.0	17.0	24.0	34.0	48.0	68.0	96.0	136.0	192.0
$125 < d \leqslant 280$	$0.5 \leqslant m_n \leqslant 2$	1.2	1.7	2.4	3.5	4.9	7.0	10.0	14.0	20.0	28.0	39.0	55.0	78.0
	$2 < m_n \leqslant 3.5$	1.6	2.2	3.2	4.5	6.5	9.0	13.0	18.0	25.0	36.0	50.0	71.0	101.0
	$3.5 < m_n \leqslant 6$	1.9	2.6	3.7	5.5	7.5	11.0	15.0	21.0	30.0	42.0	60.0	84.0	119.0
	$6 < m_n \leqslant 10$	2.2	3.2	4.5	6.5	9.0	13.0	18.0	25.0	36.0	50.0	71.0	101.0	143.0
	$10 < m_n \leqslant 16$	2.7	3.8	5.5	7.5	11.0	15.0	21.0	30.0	43.0	60.0	85.0	121.0	171.0
	$16 < m_n \leqslant 25$	3.2	4.5	6.5	9.0	13.0	18.0	25.0	36.0	51.0	72.0	102.0	144.0	204.0
$280 < d \leqslant 560$	$0.5 \leqslant m_n \leqslant 2$	1.5	2.1	2.9	4.1	6.0	8.5	12.0	17.0	23.0	33.0	47.0	66.0	94.0
	$2 < m_n \leqslant 3.5$	1.8	2.6	3.6	5.0	7.5	10.0	15.0	21.0	29.0	41.0	58.0	82.0	116.0
	$3.5 < m_n \leqslant 6$	2.1	3.0	4.2	6.0	8.5	12.0	17.0	24.0	34.0	48.0	67.0	95.0	135.0
	$6 < m_n \leqslant 10$	2.5	3.5	4.9	7.0	10.0	14.0	20.0	28.0	40.0	56.0	79.0	112.0	158.0
	$10 < m_n \leqslant 16$	2.9	4.1	6.0	8.0	12.0	16.0	23.0	33.0	47.0	66.0	93.0	132.0	186.0
	$16 < m_n \leqslant 25$	3.4	4.8	7.0	9.5	14.0	19.0	27.0	39.0	55.0	78.0	110.0	155.0	219.0
$560 < d \leqslant 1000$	$0.5 \leqslant m_n \leqslant 2$	1.8	2.5	3.5	5.0	7.0	10.0	14.0	20.0	28.0	40.0	56.0	79.0	112.0
	$2 < m_n \leqslant 3.5$	2.1	3.0	4.2	6.0	8.5	12.0	17.0	24.0	34.0	48.0	67.0	95.0	135.0
	$3.5 < m_n \leqslant 6$	2.4	3.4	4.8	7.0	9.5	14.0	19.0	27.0	38.0	54.0	77.0	109.0	154.0
	$6 < m_n \leqslant 10$	2.8	3.9	5.5	8.0	11.0	16.0	22.0	31.0	44.0	62.0	88.0	125.0	177.0
	$10 < m_n \leqslant 16$	3.2	4.5	6.5	9.0	13.0	18.0	26.0	36.0	51.0	72.0	102.0	145.0	205.0
	$16 < m_n \leqslant 25$	3.7	5.5	7.5	11.0	15.0	21.0	30.0	42.0	59.0	84.0	119.0	168.0	238.0
$1000 < d \leqslant 1600$	$2 \leqslant m_n \leqslant 3.5$	2.4	3.4	4.9	7.0	9.5	14.0	19.0	27.0	39.0	55.0	78.0	110.0	155.0
	$3.5 < m_n \leqslant 6$	2.7	3.8	5.5	7.5	11.0	15.0	22.0	31.0	43.0	61.0	87.0	123.0	174.0
	$6 < m_n \leqslant 10$	3.1	4.4	6.0	8.5	12.0	17.0	25.0	35.0	49.0	70.0	99.0	139.0	197.0
	$10 < m_n \leqslant 16$	3.5	5.0	7.0	10.0	14.0	20.0	28.0	40.0	56.0	80.0	113.0	159.0	225.0
	$16 < m_n \leqslant 25$	4.0	5.5	8.0	11.0	16.0	23.0	32.0	46.0	65.0	91.0	129.0	183.0	258.0

表15-54 螺旋线总偏差 F_{β} （单位：μm）

分度圆直径 d/mm	齿宽 b/mm	精度等级 0	1	2	3	4	5	6	7	8	9	10	11	12
$5 \leqslant d \leqslant 20$	$4 \leqslant b \leqslant 10$	1.1	1.5	2.2	3.1	4.3	6.0	8.5	12.0	17.0	24.0	35.0	49.0	69.0
	$10 \leqslant b \leqslant 20$	1.2	1.7	2.4	3.4	4.9	7.0	9.5	14.0	19.0	28.0	39.0	55.0	78.0
	$20 \leqslant b \leqslant 40$	1.4	2.0	2.8	3.9	5.5	8.0	11.0	16.0	22.0	31.0	45.0	63.0	89.0
	$40 \leqslant b \leqslant 80$	1.6	2.3	3.3	4.6	6.5	9.5	13.0	19.0	26.0	37.0	52.0	74.0	105.0
$20 < d \leqslant 50$	$4 \leqslant b \leqslant 10$	1.1	1.6	2.2	3.2	4.5	6.5	9.0	13.0	18.0	25.0	36.0	51.0	72.0
	$10 < b \leqslant 20$	1.3	1.8	2.5	3.6	5.0	7.0	10.0	14.0	20.0	29.0	40.0	57.0	81.0
	$20 < b \leqslant 40$	1.4	2.0	2.9	4.1	5.5	8.0	11.0	16.0	23.0	32.0	46.0	65.0	92.0
	$40 < b \leqslant 80$	1.7	2.4	3.4	4.8	6.5	9.5	13.0	19.0	27.0	38.0	54.0	76.0	107.0
	$80 < b \leqslant 160$	2.0	2.9	4.1	5.5	8.0	11.0	16.0	23.0	32.0	46.0	65.0	92.0	130.0
$50 < d \leqslant 125$	$4 \leqslant b \leqslant 10$	1.2	1.7	2.4	3.3	4.7	6.5	9.5	13.0	19.0	27.0	38.0	53.0	76.0
	$10 < b \leqslant 20$	1.3	1.9	2.6	3.7	5.5	7.5	11.0	15.0	21.0	30.0	42.0	60.0	84.0
	$20 < b \leqslant 40$	1.5	2.1	3.0	4.2	6.0	8.5	12.0	17.0	24.0	34.0	48.0	68.0	95.0
	$40 < b \leqslant 80$	1.7	2.5	3.5	4.9	7.0	10.0	14.0	20.0	28.0	39.0	56.0	79.0	111.0
	$80 < b \leqslant 160$	2.1	2.9	4.2	6.0	8.5	12.0	17.0	24.0	33.0	47.0	67.0	94.0	133.0
	$160 < b \leqslant 250$	2.5	3.5	4.9	7.0	10.0	14.0	20.0	28.0	40.0	56.0	79.0	112.0	158.0
	$250 < b \leqslant 400$	2.9	4.1	6.0	8.0	12.0	16.0	23.0	33.0	46.0	65.0	92.0	130.0	184.0
$125 < d \leqslant 280$	$4 \leqslant b \leqslant 10$	1.3	1.8	2.5	3.6	5.0	7.0	10.0	14.0	20.0	29.0	40.0	57.0	81.0
	$10 < b \leqslant 20$	1.4	2.0	2.8	4.0	5.5	8.0	11.0	16.0	22.0	32.0	45.0	63.0	90.0
	$20 < b \leqslant 40$	1.6	2.2	3.2	4.5	6.5	9.0	13.0	18.0	25.0	36.0	50.0	71.0	101.0
	$40 < b \leqslant 80$	1.8	2.6	3.6	5.0	7.5	10.0	15.0	21.0	29.0	41.0	58.0	82.0	117.0
	$80 < b \leqslant 160$	2.2	3.1	4.3	6.0	8.5	12.0	17.0	25.0	35.0	49.0	69.0	98.0	139.0
	$160 < b \leqslant 250$	2.6	3.6	5.0	7.0	10.0	14.0	20.0	29.0	41.0	58.0	82.0	116.0	164.0
	$250 < b \leqslant 400$	3.0	4.2	6.0	8.5	12.0	17.0	24.0	34.0	47.0	67.0	95.0	134.0	190.0
$280 < d \leqslant 560$	$10 \leqslant b \leqslant 20$	1.5	2.1	3.0	4.3	6.0	8.5	12.0	17.0	24.0	34.0	48.0	68.0	97.0
	$20 < b \leqslant 40$	1.7	2.4	3.4	4.8	6.5	9.5	13.0	19.0	27.0	38.0	54.0	76.0	108.0
	$40 < b \leqslant 80$	1.9	2.7	3.9	5.5	7.5	11.0	15.0	22.0	31.0	44.0	62.0	87.0	124.0
	$80 < b \leqslant 160$	2.3	3.2	4.6	6.5	9.0	13.0	18.0	26.0	36.0	52.0	73.0	103.0	146.0
	$160 < b \leqslant 250$	2.7	3.8	5.5	7.5	11.0	15.0	21.0	30.0	43.0	60.0	85.0	121.0	171.0
	$250 < b \leqslant 400$	3.1	4.3	6.0	8.5	12.0	17.0	25.0	35.0	49.0	70.0	98.0	139.0	197.0
$560 < d \leqslant 1000$	$10 \leqslant b \leqslant 20$	1.6	2.3	3.3	4.7	6.5	9.5	13.0	19.0	26.0	37.0	53.0	74.0	105.0
	$20 < b \leqslant 40$	1.8	2.6	3.6	5.0	7.5	10.0	15.0	21.0	29.0	41.0	58.0	82.0	116.0
	$40 < b \leqslant 80$	2.1	2.9	4.1	6.0	8.5	12.0	17.0	23.0	33.0	47.0	66.0	93.0	132.0
	$80 < b \leqslant 160$	2.4	3.4	4.8	7.0	9.5	14.0	19.0	27.0	39.0	55.0	77.0	109.0	154.0
	$160 < b \leqslant 250$	2.8	4.0	5.5	8.0	11.0	16.0	22.0	32.0	45.0	63.0	90.0	127.0	179.0
	$250 < b \leqslant 400$	3.2	4.5	6.5	9.0	13.0	18.0	26.0	36.0	51.0	73.0	103.0	145.0	205.0
$1000 < d \leqslant 1600$	$20 \leqslant b \leqslant 40$	2.0	2.8	3.9	5.5	8.0	11.0	16.0	22.0	31.0	44.0	63.0	89.0	126.0
	$40 < b \leqslant 80$	2.2	3.1	4.4	6.0	9.0	12.0	18.0	25.0	35.0	50.0	71.0	100.0	141.0
	$80 < b \leqslant 160$	2.6	3.6	5.0	7.0	10.0	14.0	20.0	29.0	41.0	58.0	82.0	116.0	164.0
	$160 < b \leqslant 250$	2.9	4.2	6.0	8.5	12.0	17.0	24.0	33.0	47.0	67.0	94.0	133.0	189.0
	$250 < b \leqslant 400$	3.4	4.7	6.5	9.5	13.0	19.0	27.0	38.0	54.0	76.0	107.0	152.0	215.0

表 15-55　f'_i/K 的比值

分度圆直径 d/mm	法向模数 m_n/mm	精度等级												
		0	1	2	3	4	5	6	7	8	9	10	11	12
$5 \leqslant d \leqslant 20$	$0.5 \leqslant m_n \leqslant 2$	2.4	3.4	4.8	7.0	9.5	14.0	19.0	27.0	38.0	54.0	77.0	109.0	154.0
	$2 < m_n \leqslant 3.5$	2.8	4.0	5.5	8.0	11.0	16.0	23.0	32.0	45.0	64.0	91.0	129.0	182.0
$20 < d \leqslant 50$	$0.5 \leqslant m_n \leqslant 2$	2.5	3.6	5.0	7.0	10.0	14.0	20.0	29.0	41.0	58.0	82.0	115.0	163.0
	$2 < m_n \leqslant 3.5$	3.0	4.2	6.0	8.5	12.0	17.0	24.0	34.0	48.0	68.0	96.0	135.0	191.0
	$3.5 < m_n \leqslant 6$	3.4	4.8	7.0	9.5	14.0	19.0	27.0	38.0	54.0	77.0	108.0	153.0	217.0
	$6 < m_n \leqslant 10$	3.9	5.5	8.0	11.0	16.0	22.0	31.0	44.0	63.0	89.0	125.0	177.0	251.0
$50 < d \leqslant 125$	$0.5 \leqslant m_n \leqslant 2$	2.7	3.9	5.5	8.0	11.0	16.0	22.0	31.0	44.0	62.0	88.0	124.0	176.0
	$2 < m_n \leqslant 3.5$	3.2	4.5	6.5	9.0	13.0	18.0	25.0	36.0	51.0	72.0	102.0	144.0	204.0
	$3.5 < m_n \leqslant 6$	3.6	5.0	7.0	10.0	14.0	20.0	29.0	40.0	57.0	81.0	115.0	162.0	229.0
	$6 < m_n \leqslant 10$	4.1	6.0	8.0	12.0	16.0	23.0	33.0	47.0	66.0	93.0	132.0	186.0	263.0
	$10 < m_n \leqslant 16$	4.8	7.0	9.5	14.0	19.0	27.0	38.0	54.0	77.0	109.0	154.0	218.0	308.0
	$16 < m_n \leqslant 25$	5.5	8.0	11.0	16.0	23.0	32.0	46.0	65.0	91.0	129.0	183.0	259.0	366.0
$125 < d \leqslant 280$	$0.5 \leqslant m_n \leqslant 2$	3.0	4.3	6.0	8.5	12.0	17.0	24.0	34.0	49.0	69.0	97.0	137.0	194.0
	$2 < m_n \leqslant 3.5$	3.5	4.9	7.0	10.0	14.0	20.0	28.0	39.0	56.0	79.0	111.0	157.0	222.0
	$3.5 < m_n \leqslant 6$	3.9	5.5	7.5	11.0	15.0	22.0	31.0	44.0	62.0	88.0	124.0	175.0	247.0
	$6 < m_n \leqslant 10$	4.4	6.0	9.0	12.0	18.0	25.0	35.0	50.0	70.0	100.0	141.0	199.0	281.0
	$10 < m_n \leqslant 16$	5.0	7.0	10.0	14.0	20.0	29.0	41.0	58.0	82.0	115.0	163.0	231.0	326.0
	$16 < m_n \leqslant 25$	6.0	8.5	12.0	17.0	24.0	34.0	48.0	68.0	96.0	136.0	192.0	272.0	384.0
$280 < d \leqslant 560$	$0.5 \leqslant m_n \leqslant 2$	3.4	4.8	7.0	9.5	14.0	19.0	27.0	39.0	54.0	77.0	109.0	154.0	218.0
	$2 < m_n \leqslant 3.5$	3.8	5.5	7.5	11.0	15.0	22.0	31.0	44.0	62.0	87.0	123.0	174.0	246.0
	$3.5 < m_n \leqslant 6$	4.2	6.0	8.5	12.0	17.0	24.0	34.0	48.0	68.0	96.0	136.0	192.0	271.0
	$6 < m_n \leqslant 10$	4.8	6.5	9.5	13.0	19.0	27.0	38.0	54.0	76.0	108.0	153.0	216.0	305.0
	$10 < m_n \leqslant 16$	5.5	7.5	11.0	15.0	22.0	31.0	44.0	62.0	88.0	124.0	175.0	248.0	350.0
	$16 < m_n \leqslant 25$	6.5	9.0	13.0	18.0	26.0	36.0	51.0	72.0	102.0	144.0	204.0	289.0	408.0
$560 < d \leqslant 1000$	$0.5 \leqslant m_n \leqslant 2$	3.9	5.5	7.5	11.0	15.0	22.0	31.0	44.0	62.0	87.0	123.0	174.0	247.0
	$2 < m_n \leqslant 3.5$	4.3	6.0	8.5	12.0	17.0	24.0	34.0	49.0	69.0	97.0	137.0	194.0	275.0
	$3.5 < m_n \leqslant 6$	4.7	6.5	9.5	13.0	19.0	27.0	38.0	53.0	75.0	106.0	150.0	212.0	300.0
	$6 < m_n \leqslant 10$	5.0	7.5	10.0	15.0	21.0	30.0	42.0	59.0	84.0	118.0	167.0	236.0	334.0
	$10 < m_n \leqslant 16$	6.0	8.5	12.0	17.0	24.0	33.0	47.0	67.0	95.0	134.0	189.0	268.0	379.0
	$16 < m_n \leqslant 25$	7.0	9.5	14.0	19.0	27.0	39.0	55.0	77.0	109.0	154.0	218.0	309.0	437.0
$1000 < d \leqslant 1600$	$2 \leqslant m_n \leqslant 3.5$	4.8	7.0	9.5	14.0	19.0	27.0	38.0	54.0	77.0	108.0	153.0	217.0	307.0
	$3.5 < m_n \leqslant 6$	5.0	7.5	10.0	15.0	21.0	29.0	41.0	59.0	83.0	117.0	166.0	235.0	332.0
	$6 < m_n \leqslant 10$	5.5	8.0	11.0	16.0	23.0	32.0	46.0	65.0	91.0	129.0	183.0	259.0	366.0
	$10 < m_n \leqslant 16$	6.5	9.0	13.0	18.0	26.0	36.0	51.0	73.0	103.0	145.0	205.0	290.0	410.0
	$16 < m_n \leqslant 25$	7.5	10.0	15.0	21.0	29.0	41.0	59.0	83.0	117.0	166.0	234.0	331.0	468.0

注：$K=0.2\left(\frac{\varepsilon_r+4}{\varepsilon_r}\right)$。式中，$\varepsilon_r$ 为总重合度，当 $\varepsilon_r \geqslant 4$ 时，取 $\varepsilon_r=4$。

表15-56　齿廓形状偏差 $f_{f\alpha}$　（单位：μm）

分度圆直径 d/mm	法向模数 m_n/mm	精度等级												
		0	1	2	3	4	5	6	7	8	9	10	11	12
$5 \leq d \leq 20$	$0.5 \leq m_n \leq 2$	0.6	0.9	1.3	1.8	2.5	3.5	5.0	7.0	10.0	14.0	20.0	28.0	40.0
	$2 < m_n \leq 3.5$	0.9	1.3	1.8	2.6	3.6	5.0	7.0	10.0	14.0	20.0	29.0	41.0	58.0
$20 < d \leq 50$	$0.5 \leq m_n \leq 2$	0.7	1.0	1.4	2.0	2.8	4.0	5.5	8.0	11.0	16.0	22.0	32.0	45.0
	$2 < m_n \leq 3.5$	1.0	1.4	2.0	2.8	3.9	5.5	8.0	11.0	16.0	22.0	31.0	44.0	62.0
	$3.5 < m_n \leq 6$	1.2	1.7	2.4	3.4	4.8	7.0	9.5	14.0	19.0	27.0	39.0	54.0	77.0
	$6 < m_n \leq 10$	1.5	2.1	3.0	4.2	6.0	8.5	12.0	17.0	24.0	34.0	48.0	67.0	95.0
$50 < d \leq 125$	$0.5 \leq m_n \leq 2$	0.8	1.1	1.6	2.3	3.2	4.5	6.5	9.0	13.0	18.0	26.0	36.0	51.0
	$2 < m_n \leq 3.5$	1.1	1.5	2.1	3.0	4.3	6.0	8.5	12.0	17.0	24.0	34.0	49.0	69.0
	$3.5 < m_n \leq 6$	1.3	1.8	2.6	3.7	5.0	7.5	10.0	15.0	21.0	29.0	42.0	59.0	83.0
	$6 < m_n \leq 10$	1.6	2.2	3.2	4.5	6.5	9.0	13.0	18.0	25.0	36.0	51.0	72.0	101.0
	$10 < m_n \leq 16$	1.9	2.7	3.9	5.5	7.5	11.0	15.0	22.0	31.0	44.0	62.0	87.0	123.0
	$16 < m_n \leq 25$	2.3	3.3	4.7	6.5	9.5	13.0	19.0	26.0	37.0	53.0	75.0	106.0	149.0
$125 < d \leq 280$	$0.5 \leq m_n \leq 2$	0.9	1.3	1.9	2.7	3.8	5.5	7.5	11.0	15.0	21.0	30.0	43.0	60.0
	$2 < m_n \leq 3.5$	1.2	1.7	2.4	3.4	4.9	7.0	9.5	14.0	19.0	28.0	39.0	55.0	78.0
	$3.5 < m_n \leq 6$	1.4	2.0	2.9	4.1	6.0	8.0	12.0	16.0	23.0	33.0	46.0	65.0	93.0
	$6 < m_n \leq 10$	1.7	2.4	3.5	4.9	7.0	10.0	14.0	20.0	28.0	39.0	55.0	78.0	111.0
	$10 < m_n \leq 16$	2.1	2.9	4.0	6.0	8.5	12.0	17.0	23.0	33.0	47.0	66.0	94.0	133.0
	$16 < m_n \leq 25$	2.5	3.5	5.0	7.0	10.0	14.0	20.0	28.0	40.0	56.0	79.0	112.0	158.0
$280 < d \leq 560$	$0.5 \leq m_n \leq 2$	1.1	1.6	2.3	3.2	4.5	6.5	9.0	13.0	18.0	26.0	36.0	51.0	72.0
	$2 < m_n \leq 3.5$	1.4	2.0	2.8	4.0	5.5	8.0	11.0	16.0	22.0	32.0	45.0	64.0	90.0
	$3.5 < m_n \leq 6$	1.6	2.3	3.3	4.6	6.5	9.0	13.0	18.0	26.0	37.0	52.0	74.0	104.0
	$6 < m_n \leq 10$	1.9	2.7	3.8	5.5	7.5	11.0	15.0	22.0	31.0	43.0	61.0	87.0	123.0
	$10 < m_n \leq 16$	2.3	3.2	4.5	6.5	9.0	13.0	18.0	26.0	36.0	51.0	72.0	102.0	145.0
	$16 < m_n \leq 25$	2.7	3.8	5.5	7.5	11.0	15.0	21.0	30.0	43.0	60.0	85.0	121.0	170.0
$560 < d \leq 1000$	$0.5 \leq m_n \leq 2$	1.4	1.9	2.7	3.8	5.5	7.5	11.0	15.0	22.0	31.0	43.0	61.0	87.0
	$2 < m_n \leq 3.5$	1.6	2.3	3.3	4.6	6.5	9.0	13.0	18.0	26.0	37.0	52.0	74.0	104.0
	$3.5 < m_n \leq 6$	1.9	2.6	3.7	5.5	7.5	11.0	15.0	21.0	30.0	42.0	59.0	84.0	119.0
	$6 < m_n \leq 10$	2.1	3.0	4.3	6.0	8.5	12.0	17.0	24.0	34.0	48.0	68.0	97.0	137.0
	$10 < m_n \leq 16$	2.5	3.5	5.0	7.0	10.0	14.0	20.0	28.0	40.0	56.0	79.0	112.0	159.0
	$16 < m_n \leq 25$	2.9	4.1	6.0	8.0	12.0	16.0	23.0	33.0	46.0	65.0	92.0	131.0	185.0
$1000 < d \leq 1600$	$2 \leq m_n \leq 3.5$	1.9	2.7	3.8	5.5	7.5	11.0	15.5	21.0	30.0	42.0	60.0	85.0	120.0
	$3.5 < m_n \leq 6$	2.1	3.0	4.2	6.0	8.5	12.0	17.0	24.0	34.0	48.0	67.0	95.0	135.0
	$6 < m_n \leq 10$	2.4	3.4	4.8	7.0	9.5	14.0	19.0	27.0	38.0	54.0	76.0	108.0	153.0
	$10 < m_n \leq 16$	2.7	3.9	5.5	7.5	11.0	15.0	22.0	31.0	44.0	62.0	87.0	124.0	175.0
	$16 < m_n \leq 25$	3.1	4.4	6.5	9.0	13.0	18.0	25.0	35.0	50.0	71.0	100.0	142.0	201.0

表 15-57 齿廓倾斜偏差 $\pm f_{H\alpha}$ （单位：μm）

分度圆直径 d/mm	法向模数 m_n/mm	精度等级 0	1	2	3	4	5	6	7	8	9	10	11	12
$5 \le d \le 20$	$0.5 \le m_n \le 2$	0.5	0.7	1.0	1.5	2.1	2.9	4.2	6.0	8.5	12.0	17.0	24.0	33.0
	$2 < m_n \le 3.5$	0.7	1.0	1.5	2.1	3.0	4.2	6.0	8.5	12.0	17.0	24.0	34.0	47.0
$20 < d \le 50$	$0.5 \le m_n \le 2$	0.6	0.8	1.2	1.6	2.3	3.3	4.6	6.5	9.5	13.0	19.0	26.0	37.0
	$2 < m_n \le 3.5$	0.8	1.1	1.6	2.3	3.2	4.5	6.5	9.0	13.0	18.0	26.0	36.0	51.0
	$3.5 < m_n \le 6$	1.0	1.4	2.0	2.8	3.9	5.5	8.0	11.0	16.0	22.0	32.0	45.0	63.0
	$6 < m_n \le 10$	1.2	1.7	2.4	3.4	4.8	7.0	9.5	14.0	19.0	27.0	39.0	55.0	78.0
$50 < d \le 125$	$0.5 \le m_n \le 2$	0.7	0.9	1.3	1.9	2.6	3.7	5.5	7.5	11.0	15.0	21.0	30.0	42.0
	$2 < m_n \le 3.5$	0.9	1.2	1.8	2.5	3.5	5.0	7.0	10.0	14.0	20.0	28.0	40.0	57.0
	$3.5 < m_n \le 6$	1.1	1.5	2.1	3.0	4.3	6.0	8.5	12.0	17.0	24.0	34.0	48.0	68.0
	$6 < m_n \le 10$	1.3	1.8	2.6	3.7	5.0	7.5	10.0	15.0	21.0	29.0	41.0	58.0	83.0
	$10 < m_n \le 16$	1.6	2.2	3.1	4.4	6.5	9.0	13.0	18.0	25.0	35.0	50.0	71.0	100.0
	$16 < m_n \le 25$	1.9	2.7	3.8	5.5	7.5	11.0	15.0	21.0	30.0	43.0	60.0	86.0	121.0
$125 < d \le 280$	$0.5 \le m_n \le 2$	0.8	1.1	1.6	2.2	3.1	4.4	6.0	9.0	12.0	18.0	25.0	35.0	50.0
	$2 < m_n \le 3.5$	1.0	1.4	2.0	2.8	4.0	5.5	8.0	11.0	16.0	23.0	32.0	45.0	64.0
	$3.5 < m_n \le 6$	1.2	1.7	2.4	3.3	4.7	6.5	9.5	13.0	19.0	27.0	38.0	54.0	76.0
	$6 < m_n \le 10$	1.4	2.0	2.8	4.0	5.5	8.0	11.0	16.0	23.0	32.0	45.0	64.0	90.0
	$10 < m_n \le 16$	1.7	2.4	3.4	4.8	6.5	9.5	13.0	19.0	27.0	38.0	54.0	76.0	108.0
	$16 < m_n \le 25$	2.0	2.8	4.0	5.5	8.0	11.0	16.0	23.0	32.0	45.0	64.0	91.0	129.0
$280 < d \le 560$	$0.5 \le m_n \le 2$	0.9	1.3	1.9	2.6	3.7	5.5	7.5	11.0	15.0	21.0	30.0	42.0	60.0
	$2 < m_n \le 3.5$	1.2	1.6	2.3	3.3	4.6	6.5	9.0	13.0	18.0	26.0	37.0	52.0	74.0
	$3.5 < m_n \le 6$	1.3	1.9	2.7	3.8	5.5	7.5	11.0	15.0	21.0	30.0	43.0	61.0	86.0
	$6 < m_n \le 10$	1.6	2.2	3.1	4.4	6.5	9.0	13.0	18.0	25.0	35.0	50.0	71.0	100.0
	$10 < m_n \le 16$	1.8	2.6	3.7	5.0	7.5	10.0	15.0	21.0	29.0	42.0	59.0	83.0	118.0
	$16 < m_n \le 25$	2.2	3.1	4.3	6.0	8.5	12.0	17.0	24.0	35.0	49.0	69.0	98.0	138.0
$560 < d \le 1000$	$0.5 \le m_n \le 2$	1.1	1.6	2.2	3.2	4.5	6.5	9.0	13.0	18.0	25.0	36.0	51.0	72.0
	$2 < m_n \le 3.5$	1.3	1.9	2.7	3.8	5.5	7.5	11.0	15.0	21.0	30.0	43.0	61.0	86.0
	$3.5 < m_n \le 6$	1.5	2.2	3.0	4.3	6.0	8.5	12.0	17.0	24.0	34.0	49.0	69.0	97.0
	$6 < m_n \le 10$	1.7	2.5	3.5	4.9	7.0	10.0	14.0	20.0	28.0	40.0	56.0	79.0	112.0
	$10 < m_n \le 16$	2.0	2.9	4.0	5.5	8.0	11.0	16.0	23.0	32.0	46.0	65.0	92.0	129.0
	$16 < m_n \le 25$	2.3	3.3	4.7	6.5	9.5	13.0	19.0	27.0	38.0	53.0	75.0	106.0	150.0
$1000 < d \le 1600$	$2 \le m_n \le 3.5$	1.5	2.2	3.1	4.4	6.0	8.5	12.0	17.0	25.0	35.0	49.0	70.0	99.0
	$3.5 < m_n \le 6$	1.7	2.4	3.5	4.9	7.0	10.0	14.0	20.0	28.0	39.0	55.0	78.0	110.0
	$6 < m_n \le 10$	2.0	2.8	3.9	5.5	8.0	11.0	16.0	22.0	31.0	44.0	62.0	88.0	125.0
	$10 < m_n \le 16$	2.2	3.1	4.5	6.5	9.0	13.0	18.0	25.0	36.0	50.0	71.0	101.0	142.0
	$16 < m_n \le 25$	2.5	3.6	5.0	7.0	10.0	14.0	20.0	29.0	41.0	58.0	82.0	115.0	163.0

表15-58　螺旋线形状偏差$f_{f\beta}$和螺旋线倾斜偏差$\pm f_{H\beta}$　（单位：μm）

分度圆直径 d/mm	齿宽 b/mm	精度等级												
		0	1	2	3	4	5	6	7	8	9	10	11	12
$5 \leqslant d \leqslant 20$	$4 \leqslant b \leqslant 10$	0.8	1.1	1.5	2.2	3.1	4.4	6.0	8.5	12.0	17.0	25.0	35.0	49.0
	$10 \leqslant b \leqslant 20$	0.9	1.2	1.7	2.5	3.5	4.9	7.0	10.0	14.0	20.0	28.0	39.0	56.0
	$20 \leqslant b \leqslant 40$	1.0	1.4	2.0	2.8	4.0	5.5	8.0	11.0	16.0	22.0	32.0	45.0	64.0
	$40 \leqslant b \leqslant 80$	1.2	1.7	2.3	3.3	4.7	6.5	9.5	13.0	19.0	26.0	37.0	53.0	75.0
$20 < d \leqslant 50$	$4 \leqslant b \leqslant 10$	0.8	1.1	1.6	2.3	3.2	4.5	6.5	9.0	13.0	18.0	26.0	36.0	51.0
	$10 < b \leqslant 20$	0.9	1.3	1.8	2.5	3.6	5.0	7.0	10.0	14.0	20.0	29.0	41.0	58.0
	$20 < b \leqslant 40$	1.0	1.4	2.0	2.9	4.1	6.0	8.0	12.0	16.0	23.0	33.0	46.0	65.0
	$40 < b \leqslant 80$	1.2	1.7	2.4	3.4	4.8	7.0	9.5	14.0	19.0	27.0	38.0	54.0	77.0
	$80 < b \leqslant 160$	1.4	2.0	2.9	4.1	6.0	8.0	12.0	16.0	23.0	33.0	46.0	65.0	93.0
$50 < d \leqslant 125$	$4 \leqslant b \leqslant 10$	0.8	1.2	1.7	2.4	3.4	4.8	6.5	9.5	13.0	19.0	27.0	38.0	54.0
	$10 < b \leqslant 20$	0.9	1.3	1.9	2.7	3.8	5.5	7.5	11.0	15.0	21.0	30.0	43.0	60.0
	$20 < b \leqslant 40$	1.1	1.5	2.1	3.0	4.3	6.0	8.5	12.0	17.0	24.0	34.0	48.0	68.0
	$40 < b \leqslant 80$	1.2	1.8	2.5	3.5	5.0	7.0	10.0	14.0	20.0	28.0	40.0	56.0	79.0
	$80 < b \leqslant 160$	1.5	2.1	3.0	4.2	6.0	8.5	12.0	17.0	24.0	34.0	48.0	67.0	95.0
	$160 < b \leqslant 250$	1.8	2.5	3.5	5.0	7.0	10.0	14.0	20.0	28.0	40.0	56.0	80.0	113.0
	$250 < b \leqslant 400$	2.1	2.9	4.1	6.0	8.0	12.0	16.0	23.0	33.0	46.0	66.0	93.0	132.0
$125 < d \leqslant 280$	$4 \leqslant b \leqslant 10$	0.9	1.3	1.8	2.5	3.6	5.0	7.0	10.0	14.0	20.0	29.0	41.0	58.0
	$10 < b \leqslant 20$	1.0	1.4	2.0	2.8	4.0	5.5	8.0	11.0	16.0	23.0	32.0	45.0	64.0
	$20 < b \leqslant 40$	1.1	1.6	2.2	3.2	4.5	6.5	9.0	13.0	18.0	25.0	36.0	51.0	72.0
	$40 < b \leqslant 80$	1.3	1.8	2.6	3.7	5.0	7.5	10.0	15.0	21.0	29.0	42.0	59.0	83.0
	$80 < b \leqslant 160$	1.5	2.2	3.1	4.4	6.0	8.5	12.0	17.0	25.0	35.0	49.0	70.0	99.0
	$160 < b \leqslant 250$	1.8	2.6	3.6	5.0	7.5	10.0	15.0	21.0	29.0	41.0	58.0	83.0	117.0
	$250 < b \leqslant 400$	2.1	3.0	4.2	6.0	8.5	12.0	17.0	24.0	34.0	48.0	68.0	96.0	135.0
$280 < d \leqslant 560$	$10 \leqslant b \leqslant 20$	1.1	1.5	2.2	3.0	4.3	6.0	8.5	12.0	17.0	24.0	34.0	49.0	69.0
	$20 < b \leqslant 40$	1.2	1.7	2.4	3.4	4.8	7.0	9.5	14.0	19.0	27.0	38.0	54.0	77.0
	$40 < b \leqslant 80$	1.4	1.9	2.7	3.9	5.5	8.0	11.0	16.0	22.0	31.0	44.0	62.0	88.0
	$80 < b \leqslant 160$	1.6	2.3	3.2	4.6	6.5	9.0	13.0	18.0	26.0	37.0	52.0	73.0	104.0
	$160 < b \leqslant 250$	1.9	2.7	3.8	5.5	7.5	11.0	15.0	22.0	30.0	43.0	61.0	86.0	122.0
	$250 < b \leqslant 400$	2.2	3.1	4.4	6.0	9.0	12.0	18.0	25.0	35.0	50.0	70.0	99.0	140.0
$560 < d \leqslant 1000$	$10 \leqslant b \leqslant 20$	1.2	1.7	2.3	3.3	4.7	6.5	9.5	13.0	19.0	26.0	37.0	53.0	75.0
	$20 < b \leqslant 40$	1.3	1.8	2.6	3.7	5.0	7.5	10.0	15.0	21.0	29.0	41.0	58.0	83.0
	$40 < b \leqslant 80$	1.5	2.1	2.9	4.1	6.0	8.5	12.0	17.0	23.0	33.0	47.0	66.0	94.0
	$80 < b \leqslant 160$	1.7	2.4	3.4	4.9	7.0	9.5	14.0	19.0	27.0	39.0	55.0	78.0	110.0
	$160 < b \leqslant 250$	2.0	2.8	4.0	5.5	8.0	11.0	16.0	23.0	32.0	45.0	64.0	90.0	128.0
	$250 < b \leqslant 400$	2.3	3.2	4.6	6.5	9.0	13.0	18.0	26.0	37.0	52.0	73.0	103.0	146.0
$1000 < d \leqslant 1600$	$20 \leqslant b \leqslant 40$	1.4	2.0	2.8	3.9	5.5	8.0	11.0	16.0	22.0	32.0	45.0	63.0	89.0
	$40 < b \leqslant 80$	1.6	2.2	3.1	4.4	6.5	9.0	13.0	18.0	25.0	35.0	50.0	71.0	100.0
	$80 < b \leqslant 160$	1.8	2.6	3.6	5.0	7.5	10.0	15.0	21.0	29.0	41.0	58.0	82.0	116.0
	$160 < b \leqslant 250$	2.1	3.0	4.2	6.0	8.5	12.0	17.0	24.0	34.0	47.0	67.0	95.0	134.0
	$250 < b \leqslant 400$	2.4	3.4	4.8	6.5	9.5	13.0	19.0	27.0	38.0	54.0	76.0	108.0	153.0

表15-59　径向综合总偏差 F''_i　　（单位：μm）

分度圆直径 d/mm	法向模数 m_n/mm	精度等级								
		4	5	6	7	8	9	10	11	12
$5 \leqslant d \leqslant 20$	$0.2 \leqslant m_n \leqslant 0.5$	7.5	11	15	21	30	42	60	85	120
	$0.5 \leqslant m_n \leqslant 0.8$	8.0	12	16	23	33	46	66	93	131
	$0.8 < m_n \leqslant 1.0$	9.0	12	18	25	35	50	70	100	141
	$1.0 < m_n \leqslant 1.5$	10	14	19	27	38	54	76	108	153
	$1.5 < m_n \leqslant 2.5$	11	16	22	32	45	63	89	126	179
	$2.5 < m_n \leqslant 4.0$	14	20	28	39	56	79	112	158	223
$20 < d \leqslant 50$	$0.2 \leqslant m_n \leqslant 0.5$	9.0	13	19	26	37	52	74	105	148
	$0.5 < m_n \leqslant 0.8$	10	14	20	28	40	56	80	113	160
	$0.8 < m_n \leqslant 1.0$	11	15	21	30	42	60	85	120	169
	$1.0 < m_n \leqslant 1.5$	11	16	23	32	45	64	91	128	181
	$1.5 < m_n \leqslant 2.5$	13	18	26	37	52	73	103	146	207
	$2.5 < m_n \leqslant 4.0$	16	22	31	44	63	89	126	178	251
	$4.0 < m_n \leqslant 6.0$	20	28	39	56	79	111	157	222	314
	$6.0 < m_n \leqslant 10$	26	37	52	74	104	147	209	295	417
$50 < d \leqslant 125$	$0.2 \leqslant m_n \leqslant 0.5$	12	16	23	33	46	66	93	131	185
	$0.5 < m_n \leqslant 0.8$	12	17	25	35	49	70	98	139	197
	$0.8 < m_n \leqslant 1.0$	13	18	26	36	52	73	103	146	206
	$1.0 < m_n \leqslant 1.5$	14	19	27	39	55	77	109	154	218
	$1.5 < m_n \leqslant 2.5$	15	22	31	43	61	86	122	173	244
	$2.5 < m_n \leqslant 4.0$	18	25	36	51	72	102	144	204	288
	$4.0 < m_n \leqslant 6.0$	22	31	44	62	88	124	176	248	351
	$6.0 < m_n \leqslant 10$	28	40	57	80	114	161	227	321	454
$125 < d \leqslant 280$	$0.2 \leqslant m_n \leqslant 0.5$	15	21	30	42	60	85	120	170	240
	$0.5 < m_n \leqslant 0.8$	16	22	31	44	63	89	126	178	252
	$0.8 < m_n \leqslant 1.0$	16	23	33	46	65	92	131	185	261
	$1.0 < m_n \leqslant 1.5$	17	24	34	48	68	97	137	193	273
	$1.5 < m_n \leqslant 2.5$	19	26	37	53	75	106	149	211	299
	$2.5 < m_n \leqslant 4.0$	21	30	43	61	86	121	172	243	343
	$4.0 < m_n \leqslant 6.0$	25	36	51	72	102	144	203	287	406
	$6.0 < m_n \leqslant 10$	32	45	64	90	127	180	255	360	509
$280 < d \leqslant 560$	$0.2 \leqslant m_n \leqslant 0.5$	19	28	39	55	78	110	156	220	311
	$0.5 < m_n \leqslant 0.8$	20	29	40	57	81	114	161	228	323
	$0.8 < m_n \leqslant 1.0$	21	29	42	59	83	117	166	235	332
	$1.0 < m_n \leqslant 1.5$	22	30	43	61	86	122	172	243	344
	$1.5 < m_n \leqslant 2.5$	23	33	46	65	92	131	185	262	370
	$2.5 < m_n \leqslant 4.0$	26	37	52	73	104	146	207	293	414
	$4.0 < m_n \leqslant 6.0$	30	42	60	84	119	169	239	337	477
	$6.0 < m_n \leqslant 10$	36	51	73	103	145	205	290	410	580

（续）

分度圆直径 d/mm	法向模数 m_n/mm	精度等级								
		4	5	6	7	8	9	10	11	12
$560 < d \leqslant 1000$	$0.2 \leqslant m_n \leqslant 0.5$	25	35	50	70	99	140	198	280	396
	$0.5 < m_n \leqslant 0.8$	25	36	51	72	102	144	204	288	408
	$0.8 < m_n \leqslant 1.0$	26	37	52	74	104	148	209	295	417
	$1.0 < m_n \leqslant 1.5$	27	38	54	76	107	152	215	304	429
	$1.5 < m_n \leqslant 2.5$	28	40	57	80	114	161	228	322	455
	$2.5 < m_n \leqslant 4.0$	31	44	62	88	125	177	250	353	499
	$4.0 < m_n \leqslant 6.0$	35	50	70	99	141	199	281	398	562
	$6.0 < m_n \leqslant 10$	42	59	83	118	166	235	333	471	665

表15-60　一齿径向综合偏差 f''_i　（单位：μm）

分度圆直径 d/mm	法向模数 m_n/mm	精度等级								
		4	5	6	7	8	9	10	11	12
$5 \leqslant d \leqslant 20$	$0.2 \leqslant m_n \leqslant 0.5$	1.0	2.0	2.5	3.5	5.0	7.0	10	14	20
	$0.5 < m_n \leqslant 0.8$	2.0	2.5	4.0	5.5	7.5	11	15	22	31
	$0.8 < m_n \leqslant 1.0$	2.5	3.5	5.0	7.0	10	14	20	28	39
	$1.0 < m_n \leqslant 1.5$	3.0	4.5	6.5	9.0	13	18	25	36	50
	$1.5 < m_n \leqslant 2.5$	4.5	6.5	9.5	13	19	26	37	53	74
	$2.5 < m_n \leqslant 4.0$	7.0	10	14	20	29	41	58	82	115
$20 < d \leqslant 50$	$0.2 \leqslant m_n \leqslant 0.5$	1.5	2.0	2.5	3.5	5.0	7.0	10	14	20
	$0.5 < m_n \leqslant 0.8$	2.0	2.5	4.0	5.5	7.5	11	15	22	31
	$0.8 < m_n \leqslant 1.0$	2.5	3.5	5.0	7.0	10	14	20	28	40
	$1.0 < m_n \leqslant 1.5$	3.0	4.5	6.5	9.0	13	18	25	36	51
	$1.5 < m_n \leqslant 2.5$	4.5	6.5	9.5	13	19	26	37	53	75
	$2.5 < m_n \leqslant 4.0$	7.0	10	14	20	29	41	58	82	116
	$4.0 < m_n \leqslant 6.0$	11	15	22	31	43	61	87	123	174
	$6.0 < m_n \leqslant 10$	17	24	34	48	67	95	135	190	269
$50 < d \leqslant 125$	$0.2 \leqslant m_n \leqslant 0.5$	1.5	2.0	2.5	3.5	5.0	7.5	10	15	21
	$0.5 < m_n \leqslant 0.8$	2.0	3.0	4.0	5.5	8.0	11	16	22	31
	$0.8 < m_n \leqslant 1.0$	2.5	3.5	5.0	7.0	10	14	20	28	40
	$1.0 < m_n \leqslant 1.5$	3.0	4.5	6.5	9.0	13	18	26	36	51
	$1.5 < m_n \leqslant 2.5$	4.5	6.5	9.5	13	19	26	37	53	75
	$2.5 < m_n \leqslant 4.0$	7.0	10	14	20	29	41	58	82	116
	$4.0 < m_n \leqslant 6.0$	11	15	22	31	44	62	87	123	174
	$6.0 < m_n \leqslant 10$	17	24	34	48	67	95	135	191	269

（续）

分度圆直径 d/mm	法向模数 m_n/mm	精度等级								
		4	5	6	7	8	9	10	11	12
$125<d\leq280$	$0.2\leq m_n\leq0.5$	1.5	2.0	2.5	3.5	5.5	7.5	11	15	21
	$0.5<m_n\leq0.8$	2.0	3.0	4.0	5.5	8.0	11	16	22	32
	$0.8<m_n\leq1.0$	2.5	3.5	5.0	7.0	10	14	20	29	41
	$1.0<m_n\leq1.5$	3.0	4.5	6.5	9.0	13	18	26	36	52
	$1.5<m_n\leq2.5$	4.5	6.5	9.5	13	19	27	38	53	75
	$2.5<m_n\leq4.0$	7.5	10	15	21	29	41	58	82	116
	$4.0<m_n\leq6.0$	11	15	22	31	44	62	87	124	175
	$6.0<m_n\leq10$	17	24	34	48	67	95	135	191	270
$280<d\leq560$	$0.2\leq m_n\leq0.5$	1.5	2.0	2.5	4.0	5.5	7.5	11	15	22
	$0.5<m_n\leq0.8$	2.0	3.0	4.0	5.5	8.0	11	16	23	32
	$0.8<m_n\leq1.0$	2.5	3.5	5.0	7.5	10	15	21	29	41
	$1.0<m_n\leq1.5$	3.5	4.5	6.5	9.0	13	18	26	37	52
	$1.5<m_n\leq2.5$	5.0	6.5	9.5	13	19	27	38	54	76
	$2.5<m_n\leq4.0$	7.5	10	15	21	29	41	59	83	117
	$4.0<m_n\leq6.0$	11	15	22	31	44	62	88	124	175
	$6.0<m_n\leq10$	17	24	34	48	68	96	135	191	271
$560<d\leq1000$	$0.2\leq m_n\leq0.5$	1.5	2.0	3.0	4.0	5.5	8.0	11	16	23
	$0.5<m_n\leq0.8$	2.0	3.0	4.0	6.0	8.5	12	17	24	33
	$0.8<m_n\leq1.0$	2.5	3.5	5.5	7.5	11	15	21	30	42
	$1.0<m_n\leq1.5$	3.5	4.5	6.5	9.5	13	19	27	38	53
	$1.5<m_n\leq2.5$	5.0	7.0	9.5	14	19	27	38	54	77
	$2.5<m_n\leq4.0$	7.5	10	15	21	30	42	59	83	118
	$4.0<m_n\leq6.0$	11	16	22	31	44	62	88	125	176
	$6.0<m_n\leq10$	17	24	34	48	68	96	136	192	272

表15-61　径向跳动偏差 F_r　（单位：μm）

分度圆直径 d/mm	法向模数 m_n/mm	精度等级												
		0	1	2	3	4	5	6	7	8	9	10	11	12
$5\leq d\leq20$	$0.5\leq m_n\leq2.0$	1.5	2.5	3.0	4.5	6.5	9.0	13	18	25	36	51	72	102
	$2.0<m_n\leq3.5$	1.5	2.5	3.5	4.5	6.5	9.5	13	19	27	38	53	75	106
$20<d\leq50$	$0.5\leq m_n\leq2.0$	2.0	3.0	4.0	5.5	8.0	11	16	23	32	46	65	92	130
	$2.0<m_n\leq3.5$	2.0	3.0	4.0	6.0	8.5	12	17	24	34	47	67	95	134
	$3.5<m_n\leq6.0$	2.0	3.0	4.5	6.0	8.5	12	17	25	35	49	70	99	139
	$6.0<m_n\leq10$	2.5	3.5	4.5	6.5	9.5	13	19	26	37	52	74	105	148

（续）

分度圆直径 d/mm	法向模数 m_n/mm	精度等级												
		0	1	2	3	4	5	6	7	8	9	10	11	12
$50<d\leqslant125$	$0.5\leqslant m_n\leqslant2.0$	2.5	3.5	5.0	7.5	10	15	21	29	42	59	83	118	167
	$2.0<m_n\leqslant3.5$	2.5	4.0	5.5	7.5	11	15	21	30	43	61	86	121	171
	$3.5<m_n\leqslant6.0$	3.0	4.0	5.5	8.0	11	16	22	31	44	62	88	125	176
	$6.0<m_n\leqslant10$	3.0	4.0	6.0	8.0	12	16	23	33	46	65	92	131	185
	$10<m_n\leqslant16$	3.0	4.5	6.0	9.0	12	18	25	35	50	70	99	140	198
	$16<m_n\leqslant25$	3.5	5.0	7.0	9.5	14	19	27	39	55	77	109	154	218
$125<d\leqslant280$	$0.5\leqslant m_n\leqslant2.0$	3.5	5.0	7.0	10	14	20	28	39	55	78	110	156	221
	$2.0<m_n\leqslant3.5$	3.5	5.0	7.0	10	14	20	28	40	56	80	113	159	225
	$3.5<m_n\leqslant6.0$	3.5	5.0	7.0	10	14	20	29	41	58	82	115	163	231
	$6.0<m_n\leqslant10$	3.5	5.5	7.5	11	15	21	30	42	60	85	120	169	239
	$10<m_n\leqslant16$	4.0	5.5	8.0	11	16	22	32	45	63	89	126	179	252
	$16<m_n\leqslant25$	4.5	6.0	8.5	12	17	24	34	48	68	96	136	193	272
$280<d\leqslant560$	$0.5\leqslant m_n\leqslant2.0$	4.5	6.5	9.0	13	18	26	36	51	73	103	146	206	291
	$2.0<m_n\leqslant3.5$	4.5	6.5	9.0	13	18	26	37	52	74	105	148	209	296
	$3.5<m_n\leqslant6.0$	4.5	6.5	9.5	13	19	27	38	53	75	106	150	213	301
	$6.0<m_n\leqslant10$	5.0	7.0	9.5	14	19	27	39	55	77	109	155	219	310
	$10<m_n\leqslant16$	5.0	7.0	10	14	20	29	40	57	81	114	161	228	323
	$16<m_n\leqslant25$	5.5	7.5	11	15	21	30	43	61	86	121	171	242	343
$560<d\leqslant1000$	$0.5\leqslant m_n\leqslant2.0$	6.0	8.5	12	17	23	33	47	66	94	133	188	266	376
	$2.0<m_n\leqslant3.5$	6.0	8.5	12	17	24	34	48	67	95	134	190	269	380
	$3.5<m_n\leqslant6.0$	6.0	8.5	12	17	24	34	48	68	96	136	193	272	385
	$6.0<m_n\leqslant10$	6.0	8.5	12	17	25	35	49	70	98	139	197	279	394
	$10<m_n\leqslant16$	6.5	9.0	13	18	25	36	51	72	102	144	204	288	407
	$16<m_n\leqslant25$	6.5	9.5	13	19	27	38	53	76	107	151	214	302	427
$1000<d\leqslant1600$	$2.0\leqslant m_n\leqslant3.5$	7.5	10	15	21	30	42	59	84	118	167	236	334	473
	$3.5<m_n\leqslant6.0$	7.5	11	15	21	30	42	60	85	120	169	239	338	478
	$6.0<m_n\leqslant10$	7.5	11	15	22	30	43	61	86	122	172	243	344	487
	$10<m_n\leqslant16$	8.0	11	16	22	31	44	63	88	125	177	250	354	500
	$16<m_n\leqslant25$	8.0	11	16	23	33	46	65	92	130	184	260	368	520

15.2　渐开线锥齿轮传动

15.2.1　标准模数系列

锥齿轮模数见表15-62。锥齿轮模数是指大端端面模数。

表 15-62　锥齿轮模数（摘自 GB/T 12368—1990）

1	1.125	1.25	1.375	1.5	1.75	2	2.25
2.5	2.75	3	3.25	3.5	3.75	4	4.5
5	5.5	6	6.5	7	8	9	10
11	12	14	16	18	20	22	25
28	30	32	36	40	45	50	

注：此表模数适用于直齿、斜齿及曲线齿（圆弧齿、摆线齿）锥齿轮。

15.2.2　直齿锥齿轮传动的几何尺寸计算（表15-63）

表 15-63　标准和高变位直齿锥齿轮传动的几何尺寸计算

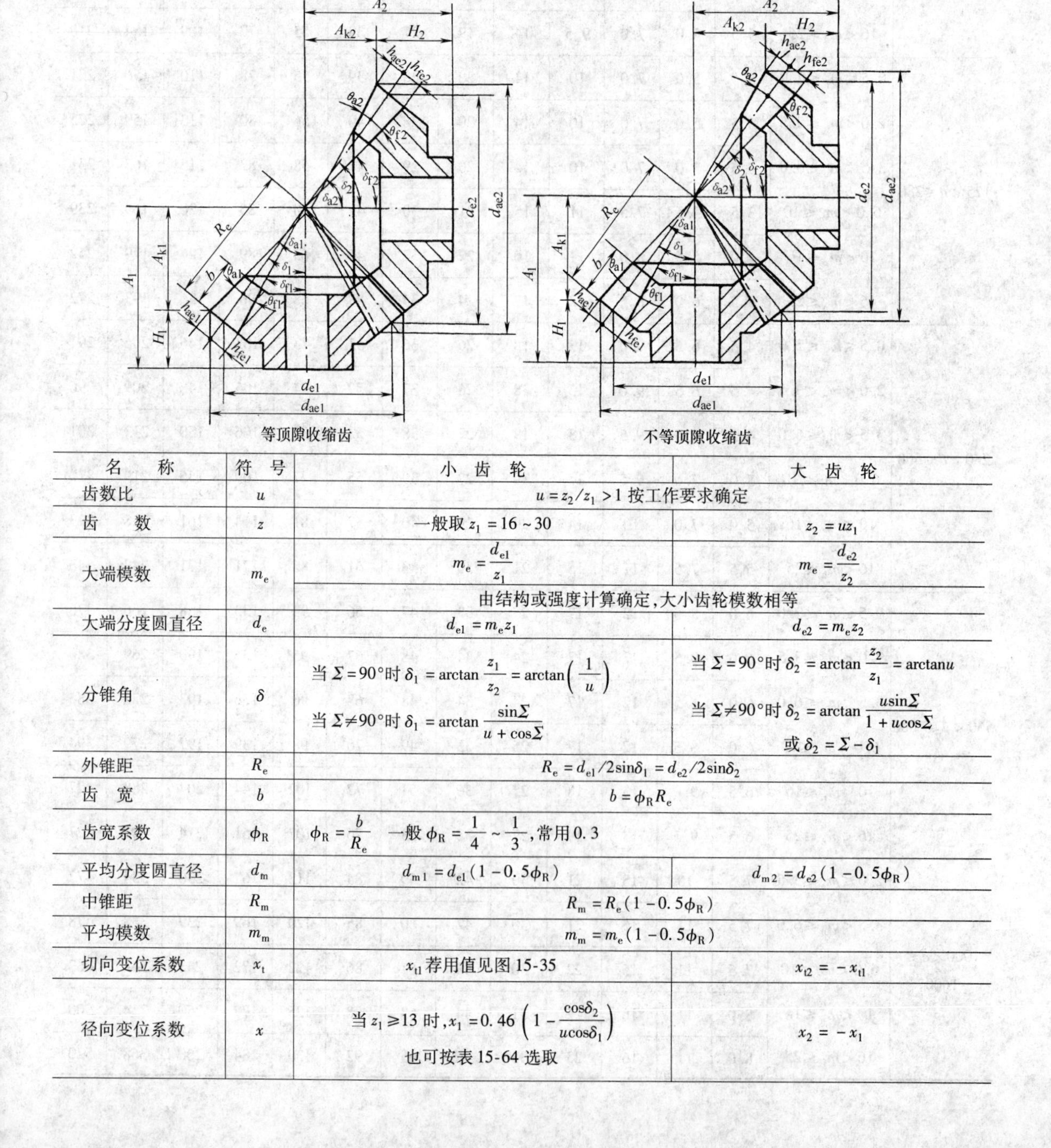

等顶隙收缩齿　　　　不等顶隙收缩齿

名　称	符　号	小　齿　轮	大　齿　轮
齿数比	u	$u=z_2/z_1>1$ 按工作要求确定	
齿　数	z	一般取 $z_1=16\sim30$	$z_2=uz_1$
大端模数	m_e	$m_e=\dfrac{d_{e1}}{z_1}$ 由结构或强度计算确定，大小齿轮模数相等	$m_e=\dfrac{d_{e2}}{z_2}$
大端分度圆直径	d_e	$d_{e1}=m_ez_1$	$d_{e2}=m_ez_2$
分锥角	δ	当 $\Sigma=90°$ 时 $\delta_1=\arctan\dfrac{z_1}{z_2}=\arctan\left(\dfrac{1}{u}\right)$ 当 $\Sigma\neq90°$ 时 $\delta_1=\arctan\dfrac{\sin\Sigma}{u+\cos\Sigma}$	当 $\Sigma=90°$ 时 $\delta_2=\arctan\dfrac{z_2}{z_1}=\arctan u$ 当 $\Sigma\neq90°$ 时 $\delta_2=\arctan\dfrac{u\sin\Sigma}{1+u\cos\Sigma}$ 或 $\delta_2=\Sigma-\delta_1$
外锥距	R_e	$R_e=d_{e1}/2\sin\delta_1=d_{e2}/2\sin\delta_2$	
齿　宽	b	$b=\phi_RR_e$	
齿宽系数	ϕ_R	$\phi_R=\dfrac{b}{R_e}$　一般 $\phi_R=\dfrac{1}{4}\sim\dfrac{1}{3}$，常用0.3	
平均分度圆直径	d_m	$d_{m1}=d_{e1}(1-0.5\phi_R)$	$d_{m2}=d_{e2}(1-0.5\phi_R)$
中锥距	R_m	$R_m=R_e(1-0.5\phi_R)$	
平均模数	m_m	$m_m=m_e(1-0.5\phi_R)$	
切向变位系数	x_t	x_{t1} 荐用值见图15-35	$x_{t2}=-x_{t1}$
径向变位系数	x	当 $z_1\geqslant13$ 时，$x_1=0.46\left(1-\dfrac{\cos\delta_2}{u\cos\delta_1}\right)$ 也可按表15-64选取	$x_2=-x_1$

（续）

名　称	符 号	小 齿 轮	大 齿 轮
齿顶高	h_a	$h_{a1}=m_e(1+x_1)$	$h_{a2}=(1+x_2)m_e$
齿根高	h_f	$h_{f1}=m_e(1+c^*-x_1)$，$c^*=0.2$	$h_{f2}=(1+c^*-x_2)m_e$
顶隙	c	$c=c^*m$	
齿顶角	θ_a	不等顶隙收缩齿　$\theta_{a1}=\arctan h_{a1}/R_e$	$\theta_{a2}=\arctan h_{a2}/R_e$
		等顶隙收缩齿　$\theta_{a1}=\theta_{f2}$	$\theta_{a2}=\theta_{f1}$
齿根角	θ_f	$\theta_{f1}=\arctan h_{f1}/R_e$	$\theta_{f2}=\arctan h_{f2}/R_e$
顶锥角	δ_a	不等顶隙收缩齿　$\delta_{a1}=\delta_1+\theta_{a1}$	$\delta_{a2}=\delta_2+\theta_{a2}$
		等顶隙收缩齿　$\delta_{a1}=\delta_1+\theta_{f2}$	$\delta_{a2}=\delta_2+\theta_{f1}$
根锥角	δ_f	$\delta_{f1}=\delta_1-\theta_{f1}$	$\delta_{f2}=\delta_2-\theta_{f2}$
齿顶圆直径	d_a	$d_{a1}=d_{e1}+2h_{a1}\cos\delta_1$	$d_{a2}=d_{e2}+2h_{a2}\cos\delta_2$
安装距	A	根据结构确定	
冠顶距	A_K	当 $\Sigma=90°$时　$A_{K1}=d_{e2}/2-h_{a1}\sin\delta_1$	$A_{k2}=d_{e1}/2-h_{a2}\sin\delta_2$
		当 $\Sigma\neq90°$时　$A_{K1}=R_e\cos\delta_1-h_{a1}\sin\delta_1$	$A_{K2}=R_e\cos\delta_2-h_{a2}\sin\delta_2$
轮冠距	H	$H_1=A_1-A_{K1}$	$H_2=A_2-A_{K2}$
大端分度圆齿厚	s	$s_1=m_e\left(\dfrac{\pi}{2}+2x_1\tan\alpha+x_{t1}\right)$	$s_2=\pi m_e-s_1$
大端分度圆弦齿厚	$\bar{s}$	$\bar{s}_1=s_1\left(1-\dfrac{s_1^2}{6d_{e1}^2}\right)$	$\bar{s}_2=s_2\left(1-\dfrac{s_2^2}{6d_{e2}^2}\right)$
大端分度圆弦齿高	$\bar{h}_a$	$\bar{h}_{a1}=h_{a1}+\dfrac{s_1^2\cos\delta_1}{4d_{e1}}$	$\bar{h}_{a2}=h_{a2}+\dfrac{s_2^2\cos\delta_2}{4d_{e2}}$
当量齿数	z_v	$z_{v1}=\dfrac{z_1}{\cos\delta_1}$	$z_{v2}=\dfrac{z_2}{\cos\delta_2}$
端面重合度	$\varepsilon_{v\alpha}$	$\varepsilon_{v\alpha}=\dfrac{1}{2\pi}[z_{v1}(\tan\alpha_{va1}-\tan\alpha)+z_{v2}(\tan\alpha_{va2}-\tan\alpha)]$ 式中，$\alpha_{va1}=\arccos\dfrac{z_{v1}\cos\alpha}{z_{v1}+2h_a^*+2x_1}$，　$\alpha_{va2}=\arccos\dfrac{z_{v2}\cos\alpha}{z_{v2}+2h_a^*+2x_2}$	

注：1. 当齿数很少（$z<13$）时，应按下述公式计算最少齿数 z_{min} 和最小变位系数 x_{min}：用刀尖无圆角的刀具加工时，$z_{min}\approx\dfrac{2.4\cos\delta}{\sin^2\alpha}$，$x_{min}\approx1.2-\dfrac{z\sin^2\alpha}{2\cos\delta}$；用刀尖有 $0.2m_e$ 的圆角的刀具加工时，$z_{min}\approx\dfrac{2\cos\delta}{\sin^2\alpha}$，$x_{min}\approx1-\dfrac{z\sin^2\alpha}{2\cos\delta}$。

2. 格里森齿制 $C^*=0.188+0.05/m$。

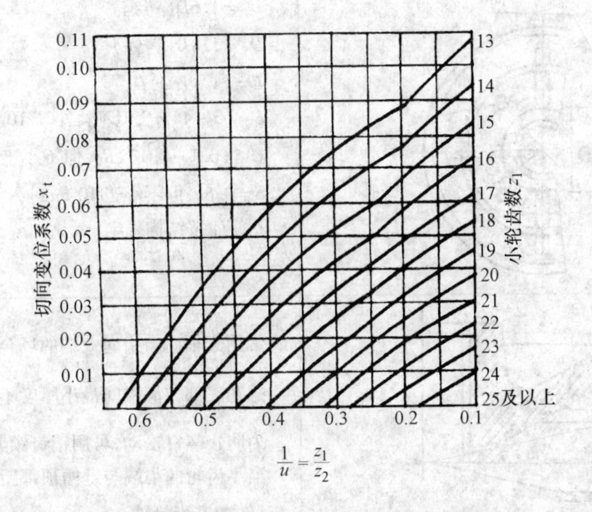

图 15-35　直齿及零度锥齿轮的切向变位系数 x_t

表 15-64　直齿及零度弧齿锥齿轮径向变位系数 x（格里森齿制）

u	x	u	x	u	x	u	x
<1.00	0.00	1.15～1.17	0.12	1.42～1.45	0.24	2.06～2.16	0.36
1.00～1.02	0.01	1.17～1.19	0.13	1.45～1.48	0.25	2.16～2.27	0.37
1.02～1.03	0.02	1.19～1.21	0.14	1.48～1.52	0.26	2.27～2.41	0.38
1.03～1.04	0.03	1.21～1.23	0.15	1.52～1.56	0.27	2.41～2.58	0.39
1.04～1.05	0.04	1.23～1.25	0.16	1.56～1.60	0.28	2.58～2.78	0.40
1.05～1.06	0.05	1.25～1.27	0.17	1.60～1.65	0.29	2.78～3.05	0.41
1.06～1.08	0.06	1.27～1.29	0.18	1.65～1.70	0.30	3.05～3.41	0.42
1.08～1.09	0.07	1.29～1.31	0.19	1.70～1.76	0.31	3.41～3.94	0.43
1.09～1.11	0.08	1.31～1.33	0.20	1.76～1.82	0.32	3.94～4.82	0.44
1.11～1.12	0.09	1.33～1.36	0.21	1.82～1.89	0.33	4.82～6.81	0.45
1.12～1.14	0.10	1.36～1.39	0.22	1.89～1.97	0.34	>6.81	0.46
1.14～1.15	0.11	1.39～1.42	0.23	1.97～2.06	0.35		

15.2.3　锥齿轮结构（表 15-65）

表 15-65　锥齿轮结构

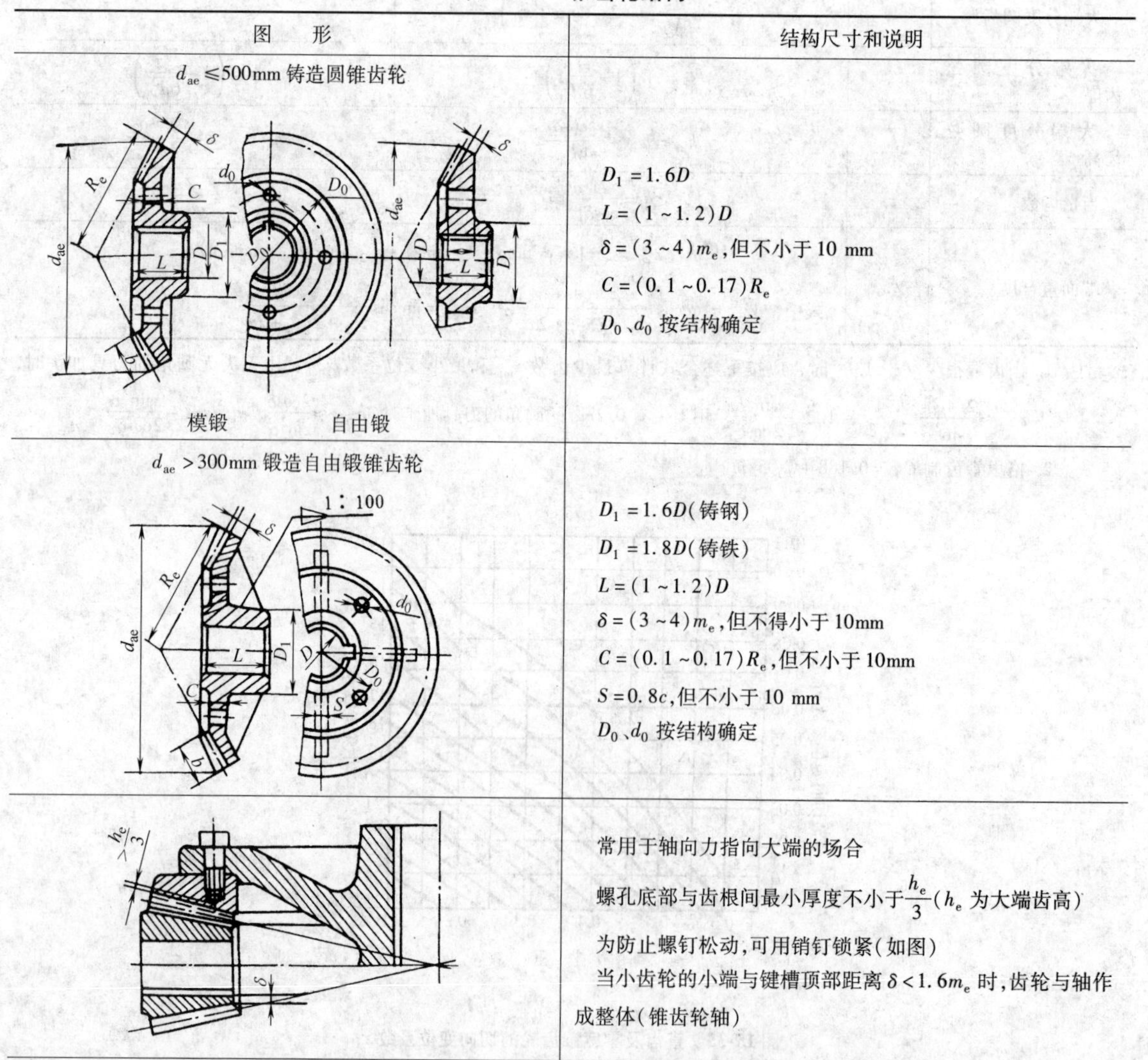

图　形	结构尺寸和说明
d_{ae}≤500mm 铸造圆锥齿轮 模锻　自由锻	$D_1=1.6D$ $L=(1\sim1.2)D$ $\delta=(3\sim4)m_e$，但不小于 10 mm $C=(0.1\sim0.17)R_e$ D_0、d_0 按结构确定
d_{ae}>300mm 锻造自由锻锥齿轮	$D_1=1.6D$（铸钢） $D_1=1.8D$（铸铁） $L=(1\sim1.2)D$ $\delta=(3\sim4)m_e$，但不得小于 10mm $C=(0.1\sim0.17)R_e$，但不小于 10mm $S=0.8c$，但不小于 10 mm D_0、d_0 按结构确定
	常用于轴向力指向大端的场合 螺孔底部与齿根间最小厚度不小于$\frac{h_e}{3}$（h_e 为大端齿高） 为防止螺钉松动，可用销钉锁紧（如图） 当小齿轮的小端与键槽顶部距离 $\delta<1.6m_e$ 时，齿轮与轴作成整体（锥齿轮轴）

（续）

图　形	结构尺寸和说明
轴向力方向　轴向力方向　a)　b)	当轴向力指向锥顶时，为了使螺钉不承受拉力，应按图示方向连接。图 a 常用于双支承结构；图 b 用于悬臂支承结构
作用力方向	常用于分锥角近于 45°的场合 轴向与径向力的合力方向和辐板方向一致，以减小变形
h_e　H	轴向力指向大端 螺栓连接 $H=(3\sim4)m_e>h_e$

15.2.4 锥齿轮精度选择（表 15-66）

表 15-66　锥齿轮精度（Ⅱ组）的选择

精度等级（Ⅱ组）	直　齿		斜齿、曲线齿		应用举例
	齿宽中点线速度 v_m/(m/s)				
	齿面硬度				
	≤350HBW	>350HBW	≤350HBW	>350HBW	
5	>10	>9	>24	<19	运动精度要求高的锥齿轮传动，对传动平稳性、噪声等要求较高的锥齿轮传动。例如分度传动链中的锥齿轮，高速锥齿轮
6	>7~10	>6~9	>16~24	>13~19	
7	>4~7	>3~6	>9~16	>7~13	机床主运动链齿轮
8	>3~4	>2.5~3	>6~9	>5~7	机床用一般齿轮
9	>0.8~3	>0.8~2.5	>1.5~6	>1.5~5	低速、传递动力用齿轮
10	≤0.8	≤0.8	≤1.5	≤1.5	手动机构用齿轮

15.2.5 齿轮副侧隙

齿轮副的最小法向侧隙分为 6 种：a、b、c、d、e 和 h。最小法向侧隙值 a 为最大，依次递减，h 为零，如图 15-36 所示。最小法向侧隙种类与精度等级无关。

最小法向侧隙种类确定后，按表 15-83 确定 $E_{\bar{S}S}$，按表 15-88 查取 $\pm E_{\Sigma}$。最小法向侧隙 j_{nmin} 值查表 15-82。有特殊要求时，j_{nmin} 可不按表 15-82 中值确定。此时，用线性插值法由表 15-83 和表 15-88 计算 $E_{\bar{s}s}$ 和 $\pm E_{\Sigma}$。

最大法向侧隙 j_{nmax} 计算如下：

$$j_{nmax}=(|E_{\bar{s}s1}+E_{\bar{s}s2}|+T_{\bar{s}1}+T_{\bar{s}2}+E_{\bar{s}\Delta1}+E_{\bar{s}\Delta2})\cos\alpha \tag{15-25}$$

式中　$E_{\bar{s}\Delta}$——制造误差的补偿部分，由表 15-85 查取。

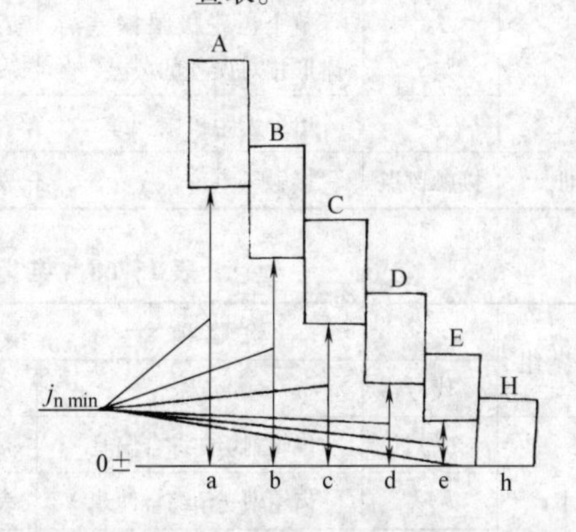

图 15-36　侧隙公差种类

齿轮副的法向侧隙公差有 5 种：A、B、C、D 和 H。推荐法向侧隙公差种类与最小侧隙种类的对应关系如图 15-36 所示。

齿厚公差 T_s 值列于表 15-84。

15.2.6　图样标注

在齿轮工作图上应标注齿轮的精度等级和最小法向侧隙种类，以及法向侧隙公差种类的数字、代号。

标注示例如下：

1）齿轮的三个公差组精度同为 7 级，最小法向侧隙种类为 b，法向侧隙公差种类为 B，标注如下：

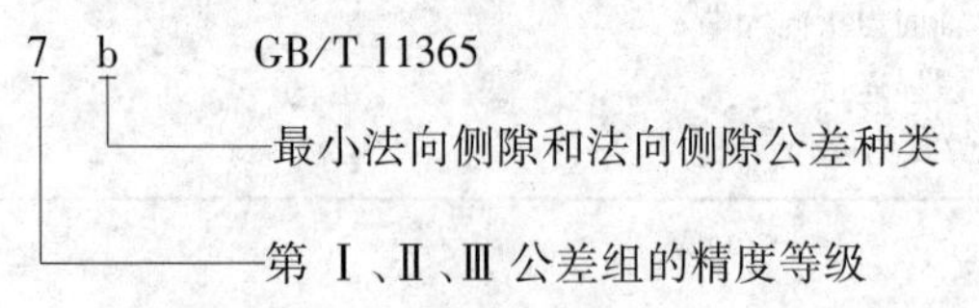

2）齿轮的三个公差组精度同为 7 级，最小法向侧隙为 400μm，法向侧隙公差种类为 B，标注如下：

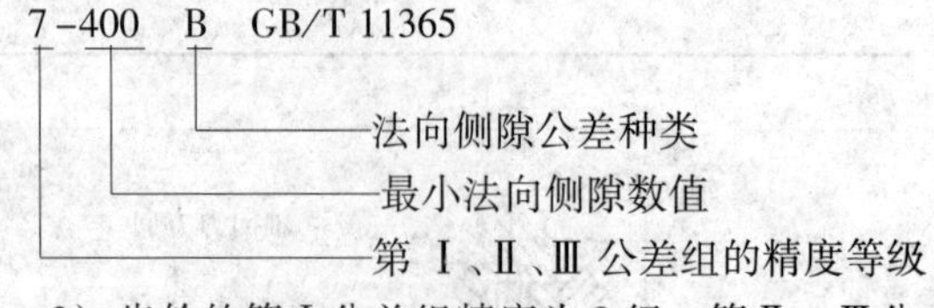

3）齿轮的第Ⅰ公差组精度为 8 级，第Ⅱ、Ⅲ公差组精度为 7 级，最小法向侧隙种类为 c、法向侧隙公差种类为 B，标注如下：

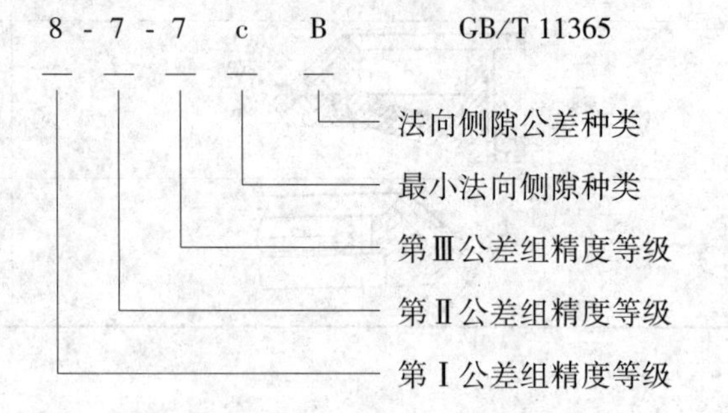

15.2.7　锥齿轮公差和检验项目（表 15-67 和表 15-68）

表 15-67　锥齿轮精度的公差组和检验项目（摘自 GB/T 11365—1989）

公差组	检验项目			适用精度等级	计算公式
	代号	名称	查表		
Ⅰ	F'_i	切向综合总偏差		4 ~ 8	$F_i = F_p + 1.15f_c$
	$F''_{i\Sigma}$	轴交角综合偏差		直齿 7 ~ 12，斜齿、曲线齿 9 ~ 12	$F''_{i\Sigma} = 0.7f''_{i\Sigma c}$
	F_p	齿距累积总偏差	表 15-72	7 ~ 8	
	F_p 与 F_{pk}	齿距累积总偏差与 k 个齿距累积偏差	表 15-72	4 ~ 6	
	F_r	跳动	表 15-73	7 ~ 12（7、8 级用于 d_m >1600 的锥齿轮）	
Ⅱ	f'_i	一齿切向综合偏差		4 ~ 8	$f'_i = 0.8\ (f_{pt} + 1.15f_c)$
	$f''_{i\Sigma}$	一齿轴交角综合偏差		直齿 7 ~ 12，斜齿、曲线齿 9 ~ 12	$f_{i\Sigma} = 0.7f''_{i\Sigma c}$
	f_{ZK}	周期公差	表 15-74	4 ~ 8	
	f_{pt} 与 f_c	单个齿距极限偏差与齿形相对误差的公差	表 15-75 表 15-76	4 ~ 6	
	f_{pt}	单个齿距极限偏差	表 15-75	4 ~ 12	
Ⅲ	接触斑点	接触斑点	表 15-80	4 ~ 12	

表 15-68　锥齿轮副精度的公差组和检验项目

公差组	检验项目			适用精度等级	计算公式
	代号	名称	查表		
Ⅰ	F'_{ic}	齿轮副切向综合偏差		4 ~ 8	$F'_{ic} = F'_{i1} + F'_{i2}$
	$F''_{i\Sigma c}$	齿轮副交角综合偏差	表 15-77	直齿 7 ~ 12，斜齿、曲齿 9 ~ 12	
	F_{vj}	侧隙变动公差	表 15 ~ 78	9 ~ 12	

（续）

公差组	检验项目			适用精度等级	计算公式
	代号	名称	查表		
Ⅱ	f'_{ic}	一齿切向综合偏差		4~8	$f'_{ic}=f'_{i1}+f'_{i2}$
	$f''_{i\Sigma c}$	一齿轴交角综合偏差	表 15-79	直齿 7~12，斜齿、曲齿 9~12	
	f'_{ZKc}	齿轮副周期公差	表 15-74	4~8	
	f'_{zzc}	齿轮副齿频周期公差	表 15-81	4~8	
	f_{AM}	齿圈轴向位移极限偏差	表 15-86		
Ⅲ	f_a	轴间距极限偏差	表 15-87		
	接触斑点		表 15-80	4~12	

15.2.8　锥齿轮精度数值（表 15-69~表 15-88）

表 15-69　齿坯尺寸公差

精度等级	5	6	7	8	9	10	11	12
轴径尺寸公差	IT5		IT6		IT7			
孔径尺寸公差	IT6		IT7		IT8			
外径尺寸极限偏差	0 -IT8				0 -IT9			

注：1. IT 为标准公差，按 GB/T 1800—1997《公差与配合总论标准公差与基本偏差》。

2. 当三个公差精度等级不同时，公差值按最高的精度等级查取。

表 15-70　齿坯顶锥母线跳动和基准端面跳动公差（单位：μm）

		大于	到	精度等级①		
				5~6	7~8	9~12
顶锥母线跳动公差	外径		30	15	25	50
		30	50	20	30	60
		50	120	25	40	80
		120	250	30	50	100
		250	500	40	60	120
		500	800	50	80	150
		800	1250	60	100	200
		1250	2000	80	120	250
基准端面跳动公差	基准端面直径		30	6	10	15
		30	50	8	12	20
		50	120	10	15	25
		120	250	12	20	30
		250	500	15	25	40
		500	800	20	30	50
		800	1250	25	40	60
		1250	2000	30	50	80

① 当三个公差组精度等级不同时，按最高的精度等级确定公差值。

表 15-71　齿坯轮冠距和顶锥角极限偏差

中点法向模数/mm	轮冠距极限偏差/μm	顶锥角极限偏差（′）
≤1.2	0 -50	+50 0
>1.2~10	0 -75	+8 0
>10	0 -100	+8 0

表 15-72　齿距累积总偏差 F_p 和 K 个齿距累积偏差 F_{pK} 值（单位：μm）

L/mm		精度等级							
大于	到	5	6	7	8	9	10	11	12
	11.2	7	11	16	22	32	45	63	90
11.2	20	10	16	22	32	45	63	90	125
20	32	12	20	28	40	56	80	112	160
32	50	14	22	32	45	63	90	125	180
50	80	16	25	36	50	71	100	140	200
80	160	20	32	45	63	90	125	180	250
160	315	28	45	63	90	125	180	250	355
315	630	40	63	90	125	180	250	355	500
630	1000	50	80	112	160	224	315	450	630
1000	1600	63	100	140	200	280	400	560	800

注：F_p 和 F_{pK} 按中点分度圆弧长 L 查表。查 F_p 时，取 $L=\frac{1}{2}\pi d_m=\frac{\pi m_{nm} z}{2\cos\beta_m}$；查 F_{pK} 时，取 $L=\frac{K\pi m_m}{\cos\beta_m}$（没有特殊要求时，$K$ 值取 $z/6$ 或最接近的整齿数）。

表 15-73　径向跳动公差 F_r 值　　（单位：μm）

中点分度圆直径/mm		中点法向模数/mm	精度等级					
大于	到		7	8	9	10	11	12
	125	≥1 ~ 3.5	36	45	56	71	90	112
		>3.5 ~ 6.3	40	50	63	80	100	125
		>6.3 ~ 10	45	56	71	90	112	140
		>10 ~ 16	50	63	80	100	120	150
125	400	≥1 ~ 3.5	50	63	80	100	125	160
		>3.5 ~ 6.3	56	71	90	112	140	180
		>6.3 ~ 10	63	80	100	125	160	200
		>10 ~ 16	71	90	112	140	180	224
		>16 ~ 25	80	100	125	160	200	250
400	800	≥1 ~ 3.5	63	80	100	125	160	200
		>3.5 ~ 6.3	71	90	112	140	180	224
		>6.3 ~ 10	80	100	125	160	200	250
		>10 ~ 16	90	112	140	180	224	280
		>16 ~ 25	100	125	160	200	250	315
800	1600	≥1 ~ 3.5						
		>3.5 ~ 6.3	80	100	125	160	200	250
		>6.3 ~ 10	90	112	140	180	224	280
		>10 ~ 16	100	125	160	200	250	315
		>16 ~ 25	112	140	180	224	280	360

表 15-74　周期误差的公差 f'_{zK} 值（齿轮副周期误差的公差 f'_{zKc} 值）　　（单位：μm）

中点分度圆直径/mm		中点法向模数/mm	精度等级																				
			5									6									7		
			齿轮在一转(齿轮副在大轮一转)内的周期数																				
大于	到		≥2 ~ 4	>4 ~ 8	>8 ~ 16	>16 ~ 32	>32 ~ 63	>63 ~ 125	>125 ~ 250	>250 ~ 500	>500	≥2 ~ 4	>4 ~ 8	>8 ~ 16	>16 ~ 32	>32 ~ 63	>63 ~ 125	>125 ~ 250	>250 ~ 500	>500	≥2 ~ 4	>4 ~ 8	>8 ~ 16
	125	≥1 ~ 6.3	7.1	5	3.8	3	2.5	2.1	1.9	1.7	1.6	11	8	6	4.8	3.8	3.2	3	2.6	2.5	17	13	10
		>6.3 ~ 10	8.5	6	4.5	3.6	2.8	2.5	2.1	1.9	1.8	13	9.5	7.1	5.6	4.5	3.8	3.4	3	2.8	21	15	11
125	400	≥1 ~ 6.3	10	7.1	5.6	4.5	3.4	3	2.8	2.4	2.2	16	11	8.5	6.7	5.6	4.8	4.2	3.8	3.6	25	18	13
		>6.3 ~ 10	11	8	6.5	4.8	4	3.2	3	2.6	2.5	18	13	10	7.5	6	5.3	4.5	4.2	4	28	20	16
400	800	≥1 ~ 6.3	13	9.5	7.1	5.6	4.5	4	3.4	3	2.8	21	15	11	9	7.1	6	5.3	5	4.8	32	24	18
		>6.3 ~ 10	14	10.5	8	6	5	4.2	3.6	3.2	3	22	17	12	9.5	7.5	6.7	6	5.3	5	36	26	19
800	1600	≥1 ~ 6.3	14	10.5	8	6.3	5	4.2	3.8	3.4	3.2	24	17	15	10	8	7.5	7	6.3	6	36	26	20
		>6.3 ~ 10	16	15	10	7.5	6.3	5.3	4.8	4.2	4	27	20	15	12	9.5	8	7.1	6.7	6.3	42	30	22

（续）

中点分度圆直径/mm		中点法向模数/mm	精度等级															
			7						8									
			齿轮在一转（齿轮副在大轮一转）内的周期数															
大于	到		>16~32	>32~63	>63~125	>125~250	>250~500	>500	≥2~4	>4~8	>8~16	>16~32	>32~63	>63~125	>125~250	>250~500	>500
	125	≥1~6.3	8	6	5.3	4.5	4.2	4	25	18	13	10	8.5	7.5	6.7	6	5.6
		>6.3~10	9	7.1	6	5.3	5	4.5	28	21	16	12	10	8.5	7.5	7	6.7
125	400	≥1~6.3	10	9	7.5	6.7	6	5.6	36	26	19	15	12	10	9	8.5	8
		>6.3~10	12	10	8	7.5	6.7	6.3	40	30	22	17	14	12	10.5	10	8.5
400	800	≥1~6.3	14	11	10	8.5	8	7.5	45	32	25	19	16	13	12	11	10
		>6.3~10	15	12	10	9.5	8.5	8	50	36	28	21	17	15	13	12	11
800	1600	≥1~6.3	16	13	11	10	8.5	8	53	38	28	22	18	15	14	12	11
		>6.3~10	18	15	12	11	10	9.5	63	44	32	26	22	18	16	14	13

表15-75　单个齿距极限偏差 $\pm f_{pt}$ 值　　（单位：μm）

中点分度圆直径/mm		中点法向模数/mm	精度等级								
大于	到		4	5	6	7	8	9	10	11	12
	125	≥1~3.5	4	6	10	14	20	28	40	56	80
		>3.5~6.3	5	8	13	18	25	36	50	71	100
		>6.3~10	5.5	9	14	20	28	40	56	80	112
		>10~16		11	17	24	34	48	67	100	130
125	400	≥1~3.5	4.5	7	11	16	22	32	45	63	90
		>3.5~6.3	5.5	9	14	20	28	40	56	80	112
		>6.3~10	6	10	16	22	32	45	63	90	125
		>10~16		11	18	25	36	50	71	100	140
		>16~25				32	45	63	90	125	180
400	800	≥1~3.5	5	8	13	18	25	36	50	71	100
		>3.5~6.3	5.5	9	14	20	28	40	56	80	112
		>6.3~10	7	11	18	25	36	50	71	100	140
		>10~16		12	20	28	40	56	80	112	160
		>16~25				36	50	71	100	140	200
800	1600	≥1~3.5									
		>3.5~6.3		10	16	22	32	45	63	90	125
		>6.3~10	7	11	18	25	36	50	71	100	140
		>10~16		13	20	28	40	56	80	112	160
		>16~25				36	50	71	100	140	200

表 15-76　齿形相对误差的公差 f_c 值

（单位：μm）

中点分度圆直径/mm		中点法向模数/mm	精度等级			
大于	到		5	6	7	8
	125	≥1～3.5	4	5	8	10
		>3.5～6.3	5	6	9	13
		>6.3～10	6	8	11	17
		>10～16	7	10	15	22
125	400	≥1～3.5	5	7	9	13
		>3.5～6.3	6	8	11	15
		>6.3～10	7	9	13	19
		>10～16	8	11	17	25
		>16～25			22	34
400	800	≥1～3.5	6	9	12	18
		>3.5～6.3	7	10	14	20
		>6.3～10	8	11	16	24
		>10～16	9	13	20	30
		>16～25			25	38
800	1600	≥1～3.5				
		>3.5～6.3	9	13	19	28
		>6.3～10	10	14	21	32
		>10～16	11	16	25	38
		>16～25			30	48

注：表中数值用于测量齿轮加工机床滚切传动链误差的方法，当采用选择基准齿面的方法时，表中数值乘以1.1。

表 15-77　齿轮副轴交角综合偏差 $F''_{i\Sigma c}$ 值

（单位：μm）

中点分度圆直径/mm		中点法向模数/mm	精度等级					
大于	到		7	8	9	10	11	12
	125	≥1～3.5	67	85	110	130	170	200
		>3.5～6.3	75	95	120	150	190	240
		>6.3～10	85	105	130	170	220	260
		>10～16	100	120	150	190	240	300
125	400	≥1～3.5	100	125	160	190	250	300
		>3.5～6.3	105	130	170	200	260	340
		>6.3～10	120	150	180	220	280	360
		>10～16	130	160	200	250	320	400
		>16～25	150	190	220	280	375	450
400	800	≥1～3.5	130	160	200	260	320	400
		>3.5～6.3	140	170	220	280	340	420
		>6.3～10	150	190	240	300	360	450
		>10～16	160	200	260	320	400	500
		>16～25	180	240	280	360	450	560
800	1600	≥1～3.5	150	180	240	280	360	450
		>3.5～6.3	160	200	250	320	400	500
		>6.3～10	180	220	280	360	450	560
		>10～16	200	250	320	400	500	600
		>16～25		280	340	450	560	670

表 15-78　侧隙变动公差 F_{vj} 值

（单位：μm）

直径/mm		中点法向模数/mm	精度等级			
大于	到		9	10	11	12
	125	≥1～3.5	75	90	120	150
		>3.5～6.3	80	100	130	160
		>6.3～10	90	120	150	180
		>10～16	105	130	170	200
125	400	≥1～3.5	110	140	170	200
		>3.5～6.3	120	150	180	220
		>6.3～10	130	160	200	250
		>10～16	140	170	220	280
		>16～25	160	200	250	320
400	800	≥1～3.5	140	180	220	280
		>3.5～6.3	150	190	240	300
		>6.3～10	160	200	260	320
		>10～16	180	220	280	340
		>16～25	200	250	300	380
800	1600	≥1～3.5				
		>3.5～6.3	170	220	280	360
		>6.3～10	200	250	320	400
		>10～16	220	270	340	440
		>16～25	240	300	380	480

注：1. 取大小轮中点分度圆直径之和的一半作为查表直径。

2. 对于齿数比为整数，且不大于3（1、2、3）的齿轮副，当采用选配时，可将侧隙变动公差 F_{vj} 值减小25%或更多些。

表 15-79　齿轮副-齿轴交角综合偏差 $f''_{i\Sigma c}$ 值　（单位：μm）

中点分度圆直径/mm		中点法向模数/mm	精度等级					
大于	到		7	8	9	10	11	12
	125	≥1～3.5	28	40	53	67	85	100
		>3.5～6.3	36	50	60	75	95	120
		>6.3～10	40	56	71	90	110	140
		>10～16	48	67	85	105	140	170
125	400	≥1～3.5	32	45	60	75	95	120
		>3.5～6.3	40	56	67	80	105	130
		>6.3～10	45	63	80	100	125	150
		>10～16	50	71	90	120	150	190
400	800	≥1～3.5	36	50	67	80	105	130
		>3.5～6.3	40	56	75	90	120	150
		>6.3～10	50	71	85	105	140	170
		>10～16	56	80	100	130	160	200
800	1600	≥1～3.5						
		>3.5～6.3	45	63	80	105	130	160
		>6.3～10	50	71	90	120	150	180
		>10～16	56	80	110	140	170	210

表 15-80　接触斑点大小与精度等级的关系

精度等级	4~5	6~7	8~9	10~12	精度等级	4~5	6~7	8~9	10~12
沿齿长方向(%)	60~80	50~70	35~65	25~55	沿齿高方向(%)	65~85	55~75	40~70	30~60

注:表中数值范围用于齿面修形的齿轮。对齿面不作修形的齿轮,其接触斑点大小不小于其平均值。

表 15-81　齿轮副齿频周期误差的公差 f'_{zzc} 值　　(单位:μm)

齿数		中点法向模数/mm	精度等级				齿数		中点法向模数/mm	精度等级			
大于	到		5	6	7	8	大于	到		5	6	7	8
	16	≥1~3.5	6.7	10	15	22	63	125	>10~16	15	22	34	48
		>3.5~6.3	8	12	18	28	125	250	≥1~3.5	8.5	13	19	28
		>6.3~10	10	14	22	32			>3.5~6.3	11	16	24	34
16	32	≥1~3.5	7.1	10	16	24			>6.3~10	13	19	30	42
		>3.5~6.3	8.5	13	19	28			>10~16	16	24	36	53
		>6.3~10	11	16	24	34	250	500	≥1~3.5	9.5	14	21	30
		>10~16	13	19	28	42			>3.5~6.3	12	18	28	40
32	63	≥1~3.5	7.5	11	17	24			>6.3~10	15	22	34	48
		>3.5~6.3	9	14	20	30			>10~16	18	28	42	60
		>6.3~10	11	17	24	36	500		≥1~3.5	11	16	24	34
		>10~16	14	20	30	45			>3.5~6.3	14	21	30	45
63	125	≥1~3.5	8	12	18	25			>6.3~10	14	25	38	56
		>3.5~6.3	10	15	22	32			>10~16	21	32	48	71
		>6.3~10	12	18	26	38							

注:1. 表中齿数为齿轮副中大轮齿数。

2. 表中数值用于纵向有效重合度 $\varepsilon_{\beta e} \leqslant 0.45$ 的齿轮副。对 $\varepsilon_{\beta e} > 0.45$ 的齿轮副,表中的 f'_{zzc} 值按以下规定减小:$\varepsilon_{\beta e} > 0.45 \sim 0.58$,表中值乘以 0.6;$\varepsilon_{\beta e} > 0.58 \sim 0.67$,乘以 0.4;$\varepsilon_{\beta e} > 0.67$,乘以 0.3。纵向有效重合度 $\varepsilon_{\beta e}$,等于名义纵向重合度 ε_{β} 乘以齿长方向接触斑点大小百分比的平均值。

表 15-82　最小法向侧隙 j_{nmin} 值　　(单位:μm)

中点锥距/mm		小轮分锥角(°)		最小法向侧隙种类						中点锥距/mm		小轮分锥角(°)		最小法向侧隙种类					
大于	到	大于	到	h	e	d	c	b	a	大于	到	大于	到	h	e	d	c	b	a
	50		15	0	15	22	36	58	90	200	400	25		0	52	81	130	210	320
		15	25	0	21	33	52	84	130	400	800		15	0	40	63	100	160	250
		25		0	25	39	62	100	160			15	25	0	57	89	140	230	360
50	100		15	0	21	33	52	84	130			25		0	70	110	175	280	440
		15	25	0	25	39	62	100	160	800	1600		15	0	52	81	130	210	320
		25		0	30	46	74	120	190			15	25	0	80	125	200	320	500
100	200		15	0	25	39	62	100	160			25		0	105	165	260	420	660
		15	25	0	35	54	87	140	220	1600			15	0	70	110	175	280	440
		25		0	40	63	100	160	250			15	25	0	125	195	310	500	780
200	400		15	0	30	46	74	120	190			25		0	175	280	440	710	1100
		15	25	0	46	72	115	185	290										

注:1. 正交齿轮副按中点锥距 R_m 查表。非正交齿轮副按下式算出的 R' 查表;

$R' = \frac{R_m}{2}(\sin 2\delta_1 - \sin 2\delta_2)$,式中 δ_1 和 δ_2 为大、小轮分锥角。

2. 准双曲面齿轮副按大轮中点锥距查表。

表 15-83　齿厚上偏差 E_{ss}^{-} 值的求法　（单位：μm）

	中点法向模数/mm	中点分度圆直径/mm											
		125			>125~400			>400~800			>800~1600		
		分锥角/(°)											
		≤20	>20~45	>45	≤20	>20~45	>45	≤20	>20~45	>45	≤20	>20~45	>45
基本值	≥1~3.5	-20	-20	-22	-28	-32	-30	-36	-50	-45			
	>3.5~6.3	-22	-22	-25	-32	-32	-30	-38	-55	-45	-75	-85	-80
	>6.3~10	-25	-25	-28	-36	-36	-34	-40	-55	-50	-80	-90	-85
	>10~16	-28	-28	-30	-36	-38	-36	-48	-60	-55	-80	-100	-85
	>16~25				-40	-40	-40	-50	-65	-60	-80	-100	-90

	最小法向侧隙种类	第Ⅱ公差组精度等级							最小法向侧隙种类	第Ⅱ公差组精度等级						
		4~6	7	8	9	10	11	12		4~6	7	8	9	10	11	12
系　数	h	0.9	1.0						c	2.4	2.7	3.0	3.2			
	e	1.45	1.6						b	3.4	3.8	4.2	4.6	4.9		
	d	1.8	2.0	2.2					a	5.0	5.5	6.0	6.6	7.0	7.8	9.0

注：1. 各最小法向侧隙种类和各精度等级齿轮的 E_{sS}^{-} 值，由基本值栏查出的数值乘以系数得到。

2. 当轴交角公差带相对零线不对称时，E_{sS}^{-} 值应作修正：当增大轴交角上偏差时，E_{sS}^{-} 加上（$E_{\Sigma s}-|E_{\Sigma}|$）tanα；当减小轴交角上偏差时，$E_{sS}^{-}$ 减去（$|E_{\Sigma i}|-|E_{\Sigma}|$）tanα。$E_{\Sigma s}$、$E_{\Sigma i}$ 分别为修改后的轴交角上、下偏差；E_{Σ} 见表15-88。

3. 允许把大、小轮齿厚上偏差（E_{sS1}^{-}、E_{sS2}^{-}）之和，重新分配在两个齿轮上。

表 15-84　齿厚公差 T_s 值　（单位：μm）

齿圈跳动公差		法向侧隙公差种类				
大于	到	H	D	C	B	A
	8	21	25	30	40	52
8	10	22	28	34	45	55
10	12	24	30	36	48	60
12	16	26	32	40	52	65
16	20	28	36	45	58	75
20	25	32	42	52	65	85
25	32	38	48	60	75	95
32	40	42	55	70	85	110
40	50	50	65	80	100	130
50	60	60	75	95	120	150
60	80	70	90	110	130	180
80	100	90	110	140	170	220
100	125	110	130	170	200	260
125	160	130	160	200	250	320
160	200	160	200	260	320	400
200	250	200	250	320	380	500
250	320	240	300	400	480	630
320	400	300	380	500	600	750
400	500	380	480	600	750	950
500	630	450	500	750	950	1180

表 15-85 最大法向侧隙（j_{nmax}）的制造误差补偿部分 $E_{\bar{s}\Delta}$ 值 （单位：μm）

第Ⅱ公差组精度等级	中点法向模数/mm	中点分度圆直径/mm											
		≤125			>125~400			>400~800			>800~1600		
		分锥角/(°)											
		≤20	>20~45	>45	≤20	>20~45	>45	≤20	>20~45	>45	≤20	>20~45	>45
4~6	≥1~3.5	18	18	20	25	28	28	32	45	40			
	>3.5~6.3	20	20	22	28	28	28	34	50	40	67	75	72
	>6.3~10	22	22	25	32	32	30	36	50	45	72	80	75
	>10~16	25	25	28	32	34	32	45	55	50	72	90	75
	>16~25				36	36	36	45	56	55	72	90	85
7	≥1~3.5	20	20	22	28	32	30	36	50	45			
	>3.5~6.3	22	22	25	32	32	30	38	55	45	75	85	80
	>6.3~10	25	25	28	36	36	34	40	55	50	80	90	85
	>10~16	28	28	30	36	38	36	48	60	55	80	100	85
	>16~25				40	40	40	50	65	60	80	100	95
8	≥1~3.5	22	22	24	30	36	32	40	55	50			
	>3.5~6.3	24	24	28	36	36	32	42	60	50	80	90	85
	>6.3~10	28	28	30	40	40	38	45	60	55	85	100	95
	>10~16	30	30	32	40	42	40	55	65	60	85	110	95
	>16~25				45	45	45	55	72	65	85	110	105
9	≥1~3.5	24	24	25	32	38	36	45	65	55			
	>3.5~6.3	25	25	30	38	38	36	45	65	55	90	100	95
	>6.3~10	30	30	32	45	45	40	48	65	60	95	110	100
	>10~16	32	32	36	45	45	45	48	70	65	95	120	100
	>16~25				48	48	48	60	75	70	95	120	115
10	≥1~3.5	25	25	28	36	42	40	48	65	60			
	>3.5~6.3	28	28	32	42	42	40	50	70	60	95	110	105
	>6.3~10	32	32	36	48	48	45	50	70	65	105	115	110
	>10~16	36	36	40	48	50	48	60	80	70	105	130	110
	>16~25				50	50	50	65	85	80	105	130	125
11	≥1~3.5	30	30	32	40	45	45	50	70	65			
	>3.5~6.3	32	32	36	45	45	45	55	80	65	110	125	115
	>6.3~10	36	36	40	50	50	50	60	80	70	115	130	125
	>10~16	40	40	45	50	55	50	70	85	80	115	145	125
	>16~25				60	60	60	70	95	85	115	145	140
12	≥1~3.5	32	32	35	45	50	48	60	80	70			
	>3.5~6.3	35	35	40	50	50	48	60	90	70	120	135	130
	>6.3~10	40	40	45	60	60	55	65	90	80	130	145	135
	>10~16	45	45	48	60	60	60	75	95	90	130	160	135
	>16~25				65	65	65	80	105	95	130	160	150

表 15-86　齿圈轴向位移极限偏差 $\pm f_{AM}$ 值

（单位：μm）

中点锥距/mm		分锥角/(°)		精度等级																	
				5				6				7					8				
				中点法向模数/mm																	
大于	到	大于	到	≥1～3.5	>3.5～6.3	>6.3～10	>10～16	≥1～3.5	>3.5～6.3	>6.3～10	>10～16	≥1～3.5	>3.5～6.3	>6.3～10	>10～16	>16～25	≥1～3.5	>3.5～6.3	>6.3～10	>10～16	>16～25
	50		20	9	5			14	8			20	11				28	16			
		20	45	7.5	4.2			12	6.7			17	9.5				24	13			
		45		3	1.7			5	2.8			7	4				10	5.6			
50	100		20	30	16	11	8	48	26	17	13	67	38	24	18		95	53	34	26	
		20	45	25	14	9	7.1	40	22	15	11	56	32	21	16		80	45	30	22	
		45		10.5	6	3.8	3	17	9.5	6	4.5	24	13	8.5	6.7		34	17	12	9	
100	200		20	60	36	24	16	105	60	38	28	150	80	53	40	30	200	120	75	56	45
		20	45	50	50	20	14	90	50	32	24	130	71	45	34	26	180	100	63	48	38
		45		21	13	8.5	5.6	38	21	13	10	53	30	19	14	11	75	40	26	20	15
200	400		20	130	80	53	36	240	130	85	60	340	180	120	85	67	480	250	170	120	95
		20	45	110	67	45	30	200	105	71	50	280	150	100	71	56	400	210	140	100	80
		45		48	28	18	12	85	45	30	21	120	63	40	30	22	170	90	60	42	32
400	800		20	300	170	110	75	530	280	180	130	750	400	250	180	140	1050	560	360	260	200
		20	45	250	160	95	63	450	240	150	110	630	340	210	160	120	900	480	300	220	170
		45		105	63	40	26	190	100	63	45	270	140	90	67	50	380	200	125	90	70
800	1600		20			750	160			380	280			560	400	300			750	560	420
		20	45				140				240				340	250				480	360
		45					60				100				140	105				200	150
1600			20													630					900
		20	45													530					760
		45														220					320

（续）

中点锥距/mm		分锥角/(°)		精度等级																			
				9					10					11					12				
				中点法向模数/mm																			
大于	到	大于	到	≥1~3.5	>3.5~6.3	>6.3~10	>10~16	>16~25	≥1~3.5	>3.5~6.3	>6.3~10	>10~16	>16~25	≥1~3.5	>3.5~6.3	>6.3~10	>10~16	>16~25	≥1~3.5	>3.5~6.3	>6.3~10	>10~16	>16~25
	50		20	40	22				56	32				80	45				110	63			
		20	45	34	19				48	26				67	38				95	53			
		45		14	8				20	11				28	16				40	22			
50	100		20	140	75	50	38		190	105	71	50		280	150	100	75		380	210	140	105	
		20	45	120	63	42	30		160	90	60	45		220	130	85	63		320	180	120	90	
		45		48	26	17	13		67	38	24	18		95	53	34	26		130	75	48	36	
100	200		20	300	160	105	80	63	420	240	150	110	85	600	320	210	160	120	850	450	300	220	170
		20	45	260	140	90	67	53	360	190	130	95	75	500	280	180	130	105	710	380	250	190	150
		45		105	60	38	28	22	150	80	53	40	30	210	120	75	56	45	300	160	105	80	60
200	400		20	670	360	240	170	130	950	500	320	240	190	1300	750	480	340	260	1900	1000	670	480	380
		20	45	560	300	200	150	110	800	420	280	200	160	1100	600	400	280	220	1600	850	560	400	300
		45		240	130	85	60	48	340	180	120	85	67	500	260	160	120	95	670	360	240	170	130
400	800		20	1500	800	500	380	280	2100	1100	710	500	400	3000	1600	1000	750	560	4200	2200	1400	1000	800
		20	45	1300	670	440	300	240	1700	950	600	440	340	2500	1400	850	630	480	3600	1900	1200	850	670
		45		530	280	180	130	100	750	400	250	180	140	1050	560	360	260	200	1500	800	600	360	280
800	1600		20			1100	800	600			1500	1100	420			2200	1600	1200			3000	2200	1700
		20	45				670	500				950	360				1300	1000				1900	1400
		45					280	210				400	150				560	420				800	600
1600			20					1200					1700					2500					3600
		20	50					1050					1500					2100					3000
		45						450					630					900					1300

注：1. 表中数值用于非修形齿轮。对修形齿轮允许采用低1级的 $\pm f_{AM}$ 值。

2. 表中数值用于 $\alpha=20°$ 的齿轮。对 $\alpha\neq 20°$ 的齿轮，将表中数值乘以 $\sin20°/\sin\alpha$。

表 15-87　轴间距极限偏差 $\pm f_a$ 值　　（单位：μm）

中点锥距/mm		精度等级							
大于	到	5	6	7	8	9	10	11	12
	50	10	12	18	28	36	67	105	180
50	100	12	15	20	30	45	75	120	200
100	200	15	18	25	36	55	90	150	240
200	400	18	25	30	45	75	120	190	300
400	800	25	30	36	60	90	150	250	360
800	1600	36	40	50	85	130	200	300	450
1600		45	56	67	100	160	280	420	630

注：1. 表中数值用于无纵向修形的齿轮副。对纵向修形的齿轮副，允许采用低1级的 $\pm f_a$ 值。

2. 对准双曲面齿轮副，按大轮中点锥距查表。

表 15-88　轴交角极限偏差 $\pm E_\Sigma$ 值　　（单位：μm）

中点锥距/mm		小轮分锥角(°)		最小法向侧隙种类					中点锥距/mm		小轮分锥角(°)		最小法向侧隙种类				
大于	到	大于	到	h e	d	c	b	a	大于	到	大于	到	h e	d	c	b	a
	50		15	7.5	11	18	30	45	200	400	25		26	40	63	100	160
		15	25	10	16	26	42	63	400	800		15	20	32	50	80	125
		25		12	19	30	50	80			15	25	28	45	71	110	180
50	100		15	10	16	26	42	63			25		34	56	85	140	220
		15	25	12	19	30	50	80	800	1600		15	26	40	63	100	160
		25		15	22	32	60	95			15	25	40	63	100	160	250
100	200		15	12	19	30	50	80			25		53	85	130	210	320
		15	25	17	26	45	71	110	1600			15	34	66	85	140	222
		25		20	32	50	80	125			15	25	63	95	160	250	380
200	400		15	15	22	32	60	95			25		85	140	220	340	530
		12	25	24	36	56	90	140									

注：1. $\pm E_\Sigma$ 的公差带位置相对于零线，可以不对称或取在一侧。

2. 准双曲面齿轮副按大轮中点锥距查表。

3. 表中数值用于正交齿轮副。对非正交齿轮副的 $\pm E_\Sigma$ 值为 $\pm j_{nmin}/2$。

4. 表中数值用于 $\alpha=20°$ 的齿轮副。对 $\alpha\neq20°$ 的齿轮副，要将表中数值乘以 $\sin20°/\sin\alpha$。

第16章 蜗杆传动

16.1 概述

16.1.1 蜗杆传动的类型

根据蜗杆分度曲面形状，蜗杆传动可以分为圆柱蜗杆传动、环面蜗杆传动和锥面蜗杆传动三类，见图16-1。按其齿廓形状及形成原理，还可细分如下：

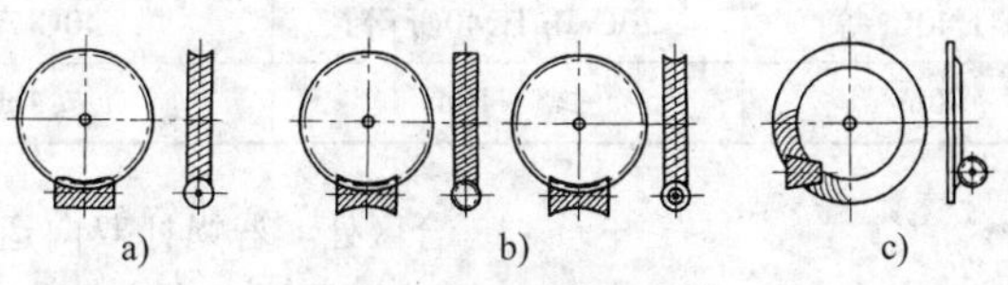

图16-1 蜗杆传动类型
a）圆柱蜗杆传动 b）环面蜗杆传动 c）锥面蜗杆传动

- 蜗杆传动
  - 圆柱蜗杆传动
    - 阿基米德圆柱蜗杆传动（ZA型）
    - 渐开线圆柱蜗杆传动（ZI型）
    - 法向直廓蜗杆传动（ZN型）
    - 锥面包络蜗杆传动（ZK型）
    - 圆弧圆柱蜗杆传动（ZC型）
  - 环面蜗杆传动
    - 直廓环面蜗杆传动（TA型）
    - 曲齿廓环面蜗杆传动
    - 平面包络环面蜗杆传动（TP型）
    - 锥面包络环面蜗杆传动（TK型）
    - 渐开面包络环面蜗杆传动（TI型）
  - 锥面蜗杆传动

其中，ZA、ZI、ZN、ZK统称普通圆柱蜗杆传动。

16.1.2 蜗杆与蜗轮材料

蜗杆和蜗轮的材料不仅要求有足够的强度，更重要的是使配对材料具有良好的减摩性、耐磨性和磨合性能。为此，蜗杆传动常采用淬硬的钢制蜗杆与青铜蜗轮（低速时可用铸铁）相匹配。

（1）蜗杆材料 蜗杆一般用优质碳钢或合金钢制成，毛坯应采用锻件。蜗杆的齿面经热处理后有很高的硬度，而心部要有良好的韧性。蜗杆常用材料列于表16-1，热处理齿表面硬化层厚度见表16-2。

表16-1 蜗杆常用材料及热处理

材料牌号	热处理方法	齿面硬度	齿面粗糙度 $Ra/\mu m$
45、35SiMn、40Cr、40CrNi、35CrMo、42CrMo	调质	≤350HBW	1.6~3.2
45、40Cr、40CrNi、35CrMo	表面淬火	45~55HRC	≤0.8
20Cr、20CrV、20CrMnTi、12CrNi3A、20CrMnMo	渗碳淬火	58~63HRC	≤0.8
38CrMoAl、42CrMo、50CrVA	氮化	63~69HRC	≤0.8

表16-2 蜗杆齿表面硬化层厚度 （单位：mm）

模数	≤1.25	>1.25~2.5	>2.5~4	>4~5	>5
公称厚度	0.3	0.5	0.9	1.3	1.5
深度范围	0.2~0.4	0.4~0.7	0.7~1.1	1.1~1.5	1.3~1.6

（2）蜗轮材料　蜗轮齿圈毛坯为铸件，可用金属模、砂模或离心铸造。常用材料如下：

1）铸锡青铜。性能优良，可用于较高速度的场合，是理想的蜗轮材料。常用牌号有 ZCuSn10P1、ZCuSn10Zn2、ZCuSn5Pb5Zn5 等。

2）铸铝铁青铜。磨合性能和抗胶合能力较差，可用于滑动速度 $v_s \leqslant 4m/s$ 的传动。常用牌号有 ZCuAl10Fe3、ZCuAl10Fe3Mn2 等。

3）灰铸铁及球墨铸铁。可用于滑动速度 $v_s \leqslant 2m/s$、不重要的传动。常用牌号有 HT150、HT200、HT250、QT700-2 等。

（3）蜗杆与蜗轮材料的匹配　蜗杆与蜗轮材料的匹配列于表 16-3。

表 16-3　蜗杆与蜗轮材料的匹配

蜗轮材料	ZCuSn10Zn2	ZCuSn10P1	ZCuAl10Fe3	灰铸铁
蜗杆材料	20CrMnTi,40Cr 等	20CrMnTi,40Cr 等	40Cr 等	45,40Cr 等
特性	$v_s \geqslant 8 \sim 26m/s$	$v_s \geqslant 5 \sim 10m/s$	$v_s \leqslant 4m/s$	$v_s \leqslant 2m/s$

16.1.3　蜗杆传动的润滑

蜗杆传动过程中，齿面相对滑动速度大，导致传动效率低、损耗功率大，易使油温升高，从而限制蜗杆传动的承载能力。为此，需要合理选择润滑方法和润滑油，以改善齿面间的润滑条件。

（1）润滑方法的选择

1）浸油润滑。当齿面相对滑动速度 $v \leqslant 10m/s$ 时，大多采用油池浸油润滑方式，油面高度可视传动中心距而定；中心距 $a < 100mm$ 时，可采用全部浸入；中心距 $a \geqslant 100mm$ 时，对卧式蜗杆传动，油面高度应与蜗杆轴线一致；对立式蜗杆传动，油面高度则应与蜗轮轴线一致。

2）压力喷油润滑。当齿面相对滑动速度 $v > 10m/s$时，大多采用压力喷油润滑，一般为集中油站供油，用泵将润滑油通过油嘴喷在蜗杆传动齿面的啮合区处。若蜗杆双向运行，应设两个喷油嘴，如图 16-2a 所示。喷油润滑时油的循环过程见图 16-2b。

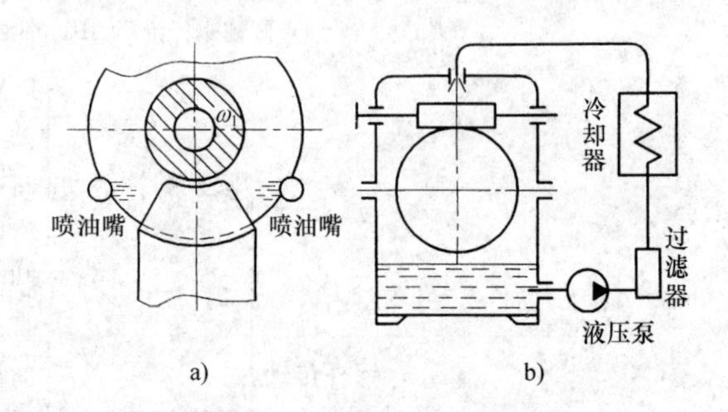

图 16-2　压力喷油润滑示意图

a）喷油嘴放置位置　b）油循环示意图

喷油润滑油的粘度取 160 ~ 170cSt/40℃（$1cSt = 10^{-6}m^2/s$），喷油压力取 0.15 ~ 0.25MPa，每分钟的注油量列于表 16-4 中。

表 16-4　压力喷油润滑注油量

中心距 a/mm	100	125	(140)	160	(180)	200	(225)	250	(280)	315	(355)	400	(450)	500
注油量/(L/min)	2	3	3	4	4	6	6	10	10	15	15	20	20	20

（2）润滑油的选择

1）润滑油应具有良好的油性、极压性及在高温下的抗氧化性。

2）润滑油应具有较高的粘度、良好的安定性。

3）应首先选用油脂性添加剂，其次选用磷型极压添加剂，再其次选用铅型添加剂，不宜用氯型添加剂。

蜗杆传动通常使用矿物油和极性矿物油，常用润滑油的粘度和牌号列于表 16-5 中。

表 16-5　润滑油的选择

速度 v_s/(m/s)	≤2.2	>2.2 ~ 5	>5 ~ 12	>12
油粘度/cSt(40℃)	612 ~ 748	414 ~ 506	288 ~ 352	198 ~ 242
油的牌号	680	460	320	220

注：$1cSt = 10^{-6}m^2/s$。

16.2　普通圆柱蜗杆传动

16.2.1　普通圆柱蜗杆传动的参数及尺寸

16.2.1.1　基本参数

（1）基本齿廓　圆柱蜗杆以其轴向平面内的参数为基本齿廓的尺寸参数。GB/T 10087—1988 所规定的基本齿形适用于 $m \geqslant 1$mm，轴交角 $\Sigma = 90°$、齿形角 $\alpha = 20°$ 的普通圆柱蜗杆传动（图 16-3）。基本齿廓在蜗杆轴向平面内的参数值如下：

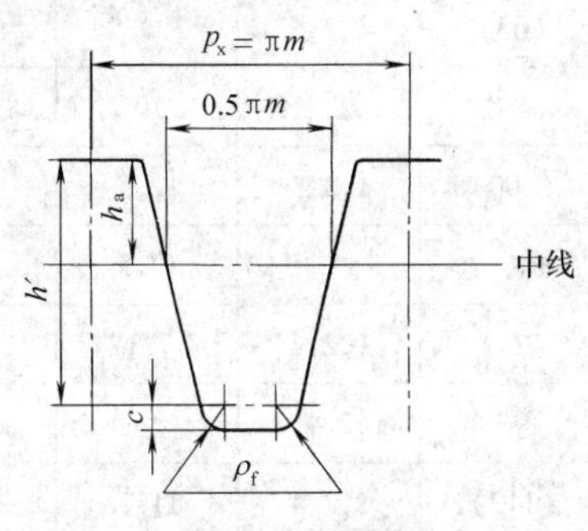

图 16-3　基本齿廓

1）正常齿高时，齿顶高 $h_a = 1m$，工作齿高 $h' = 2m$。短齿时齿顶高 $h_a = 0.8m$，工作齿高 $h' = 1.6m$。

2）轴向齿距 $p_x = \pi m$，中线上的齿厚和齿槽相等。

3）顶隙 $c = 0.2m$，必要时允许采用 $c = 0.15m$ 和 $c = 0.35m$。

4）齿根圆角半径 $\rho_f = 0.3m$，必要时允许采用 $\rho_f = 0.2m$、$0.4m$，或加工成圆弧。

5）允许齿顶倒圆，圆角半径≤$0.2m$。

（2）模数 m　对于 $\Sigma = 90°$ 的蜗杆传动，蜗杆的轴向模数 m_x 与蜗轮的端面模数 m_t 相等，均用 m 表示。蜗杆模数 m 的标准值列于表 16-6。

（3）蜗杆头数和蜗轮齿数　蜗杆常用头数为 1，2，4，6。根据传动比和对传动效率的要求而定。单头蜗杆一般用于分度传动或有自锁要求的场合；动力传动蜗杆头数 z_1 一般可取为 2～4。蜗轮齿数一般在 $z_2 = 27 \sim 80$ 范围选取。

（4）蜗杆分度圆直径 d_1　为了减少切制蜗轮所用滚刀的规格数量，蜗杆分度圆直径 d_1 已标准化，其值见表 16-7。

表 16-6　蜗杆模数 m 值（摘自 GB/T 10088—1988）　（单位：mm）

第一系列	1 8	1.25 10	1.6 12.5	2 16	2.5 20	3.15 25	4 31.5	5 40	6.3
第二系列	1.5	3	3.5	4.5	5.5	6	7	12	14

表 16-7　蜗杆分度圆直径 d_1 值（摘自 GB/T 10088—1988）　（单位：mm）

第一系列	4 22.4 125	4.5 25 140	5 28 160	5.6 31.5 180	6.3 35.5 200	7.1 40 224	8 45 250	9 50 280	10 56 315	11.2 63 355	12.5 71 400	14 80	16 90	18 100	20 112
第二系列	6 144	7.5 170	8.5 190	15 300	30	38	48	53	60	67	75	95	106	118	132

（5）蜗杆导程角 γ　蜗杆导程角 γ 与模数 m 及分度圆直径 d_1 有如下关系：

$$\tan\gamma = \frac{z_1 m}{d_1} \tag{16-1}$$

其中

$$d_1 = \frac{z_1}{\tan\gamma} m = qm$$

$$q = \frac{z_1}{\tan\gamma} = \frac{d_1}{m} \tag{16-2}$$

q 称为蜗杆直径系数，也是蜗杆传动的重要参数之一。

在动力系统中，为了提高传动效率，应在保证蜗杆强度和刚度的条件下，尽量选取较大的 γ 值，即应选用多头数、小分度圆直径 d_1 的蜗杆传动。对于要求有自锁性能的传动，γ 取值应小于 3°30′。

（6）中心距 a　根据摘自（GB/T 19935—2005），圆柱蜗杆传动中心距 a（mm）为 25，32，40，50，63，80，100，125，140，160，180，200，225，250，280，315，355，400，450，500。其中，$a \leqslant 125$mm 的中心距按 $R10$ 系列确定，对较大的中心距按 $R20$ 系列确定。

（7）传动比 i　普通圆柱蜗杆蜗轮的传动比 i 的荐用值见表 16-8。普通圆柱蜗杆的主要传动参数见表 16-9 和表 16-10。

表16-8　传动比 i 的荐用值

z_1	1	2	4	6
i	30~80	15~32	7~16	5~8

表16-9　普通圆柱蜗杆传动系数

模数 m/mm	分度圆直径 d_1/mm	蜗杆头数 z_1	直径系数 q	m^2d_1/mm^3	模数 m/mm	分度圆直径 d_1/mm	蜗杆头数 z_1	直径系数 q	m^2d_1/mm^3
1	18*	1	18	18	6.3	(80)	1,2,4	12.698	3175.2
1.25	20	1	16	31.25		112*	1	17.778	4445.28
	22.4*	1	17.93	35	8	(63)	1,2,4	7.875	4032
1.6	20	1,2,4	12.5	51.2		80	1,2,4,6	10	5120
	28*	1	17.5	71.68		(100)	1,2,4	12.5	6400
2	(18)	1,2,4	9	72		140*	1	17.5	8960
	22.4	1,2,4,6	11.2	89.6	10	(71)	1,2,4	7.1	7100
	(28)	1,2,4	14	112		90	1,2,4,6	9	9000
	35.5*	1	17.75	142		(112)	1,2,4	11.2	11200
2.5	(22.4)	1,2,4	8.96	140		160	1	16	16000
	28	1,2,4,6	11.2	175	12.5	(90)	1,2,4	7.2	14062.5
	(35.5)	1,2,4	14.2	221.875		112	1,2,4	8.96	17500
	45*	1	18	281.25		(140)	1,2,4	11.2	21875
3.15	(28)	1,2,4	8.889	277.83		200	1	16	31250
	35.5	1,2,4,6	11.27	352.25	16	(112)	1,2,4	7	28672
	(45)	1,2,4	14.286	446.51		140	1,2,4	8.75	35840
	56*	1	17.778	555.66		(180)	1,2,4	11.25	46080
4	(31.5)	1,2,4	7.875	504		250	1	15.625	64000
	40	1,2,4,6	10	640	20	(140)	1,2,4	7	56000
	(50)	1,2,4	12.5	800		160	1,2,4	8	64000
	71*	1	17.75	1136		(224)	1,2,4	11.2	89600
5	(40)	1,2,4	8	1000		315	1	15.75	126000
	50	1,2,4,6	10	1250	25	(180)	1,2,4	7.2	112500
	(63)	1,2,4	12.6	1575		200	1,2,4	8	125000
	90*	1	18	2250		(280)	1,2,4	11.2	175000
6.3	(50)	1,2,4	7.936	1984.5		400	1	16	250000
	63	1,2,4,6	10	2500.47					

注：1. 括号内的数字尽量不采用。

2. 带*的是导程角 $\gamma<3°30'$ 的圆柱蜗杆。

表16-10 蜗杆、蜗轮参数的匹配

中心距 a/mm	传动比 i_{12}	模数 m/mm	蜗杆分度圆直径 d_1/mm	蜗杆齿数 z_1	蜗轮齿数 z_2	蜗轮变位系数 x_2
40	4.83	2	22.4	6	29	−0.100
	7.25	2	22.4	4	29	−0.100
	9.5*	1.6	20	4	38	−0.250
	14.5	2	22.4	2	29	−0.100
	19*	1.6	20	2	38	−0.250
	29	2	22.4	1	29	−0.100
	38*	1.6	20	1	38	−0.250
	49	1.25	20	1	49	−0.500
	62	1	18	1	62	0.000
50	5.17	2.5	25	6	31	−0.500
	7.75	2.5	25	4	31	−0.500
	9.75*	2	22.4	4	39	−0.100
	12.75	1.6	20	4	51	−0.500
	15.5	2.5	25	2	31	−0.500
	19.5*	2	22.4	2	39	−0.100
	25.5	1.6	20	2	51	−0.500
	31	2.5	25	1	31	−0.500
	39*	2	22.4	1	39	−0.100
	51	1.6	20	1	51	−0.500
	62	1.25	22.4	1	62	−0.040
	82*	1	18	1	82	0.000
63	5.17	3.15	31.5	6	31	−0.500
	7.75	3.15	31.5	4	31	−0.500
	10.25*	2.5	25	4	41	−0.300
	12.75	2	22.4	4	51	+0.400
	15.5	3.15	31.5	2	31	−0.500
	20.5*	2.5	25	2	41	−0.300
	25.5	2	22.4	2	51	+0.400
	31	3.15	31.5	1	31	−0.500
	41*	2.5	25	1	41	−0.300
	51	2	22.4	1	51	+0.400
	61	1.6	28	1	61	+0.125
	67	1.6	20	1	67	−0.375
	82*	1.25	22.4	1	82	+0.440
80	5.17	4	40	6	31	−0.500
	7.75	4	40	4	31	−0.500
	10.25*	3.15	31.5	4	41	−0.103
	13.25	2.5	25	4	53	+0.500
80	15.5	4	40	2	31	−0.500
	20.5*	3.15	31.5	2	41	−0.103
	26.5	2.5	25	2	53	+0.500
	31	4	40	1	31	−0.500
	41*	3.15	31.5	1	41	−0.103
	53	2.5	25	1	53	+0.500
	62	2	35.5	1	62	+0.125
	69	2	22.4	1	69	−0.100
	82*	1.6	28	1	82	+0.250
100	5.17	5	50	6	31	−0.500
	7.75	5	50	4	31	−0.500
	10.25*	4	40	4	41	−0.500
	13.25	3.15	31.5	4	53	+0.246
	15.5	5	50	2	31	−0.500
	20.5*	4	40	2	41	−0.500
	36.5	3.15	31.5	2	53	+0.246
	31	5	50	1	31	−0.500
	41	4	40	1	41	−0.500
	53	3.15	31.5	1	52	+0.246
	62	2.5	45	1	62	0.000
	70	2.5	25	1	70	0.000
	82*	2	35.5	1	82	+0.125
125	5.17	6.3	63	6	31	−0.6587
	7.75	6.3	63	4	31	−0.6587
	10.25*	5	50	4	41	−0.500
	12.75	4	40	4	51	+0.750
	15.5	6.3	63	2	31	−0.6587
	20.5*	5	50	2	41	−0.500
	25.5	4	40	2	51	+0.750
	31	6.3	63	1	31	−0.6587
	41*	5	50	1	41	−0.500
	51	4	40	1	51	+0.750
	62	3.15	56	1	62	−0.2063
	70	3.15	31.5	1	70	−0.3175
	82*	2.5	45	1	82	0.000

（续）

中心距 a/mm	传动比 i_{12}	模数 m/mm	蜗杆分度圆直径 d_1/mm	蜗杆齿数 z_1	蜗轮齿数 z_2	蜗轮变位系数 x_2
160	5.17	8	80	6	31	−0.500
	7.75	8	80	4	31	−0.500
	10.25*	6.3	63	4	41	−0.1032
	13.25	5	50	4	53	+0.500
	15.5	8	80	2	31	−0.500
	20.5*	6.3	63	2	41	−0.1032
	26.5	5	50	2	53	+0.500
	31	8	80	1	31	−0.500
	41*	6.3	963	1	41	−0.1032
	53	5	50	1	53	+0.500
	62	4	71	1	62	+0.125
	70	4	40	1	70	0.000
	83*	3.15	56	1	83	+0.4048
180	—	—	—	—	—	—
	7.25	10	71	4	29	−0.050
	9.5*	8	63	4	38	−0.4375
	12	6.3	63	4	48	−0.4286
	15.25	5	50	4	61	+0.500
	19*	8	63	2	38	−0.4375
	24	6.3	63	2	48	−0.4286
	30.5	5	50	2	61	+0.500
	38*	8	63	1	38	−0.4375
	48	6.3	63	1	48	−0.4286
	61	5	50	1	61	+0.500
	71	4	71	1	71	+0.625
	80*	4	40	1	80	0.000
200	5.17	10	90	6	31	0.000
	7.75	10	90	4	31	0.000
	10.25*	8	80	4	41	−0.500
	13.25	6.3	63	4	53	+0.246
	15.5	10	90	2	31	0.000
	20.5*	8	80	2	41	−0.500
	26.5	6.3	63	2	53	+0.246
	31	10	90	1	31	0.000
	41*	8	80	1	41	−0.500
	53	6.3	63	1	53	+0.246
	62	5	90	1	62	0.000
	70	5	50	1	70	0.000
	82*	4	71	1	82	+0.125
225	7.25	12.5	90	4	29	−0.100
	9.5*	10	71	4	38	−0.050
	11.75	8	80	4	47	−0.375
	15.25	6.3	63	4	61	+0.2143
	19.5*	10	71	2	38	−0.050
	23.5	8	80	2	47	−0.375
	30.5	6.3	63	2	61	+0.2143
	38*	10	71	1	38	−0.050
	47	8	80	1	47	−0.375
	61	6.3	63	1	61	+0.2143
	71	5	90	1	71	+0.500
	80*	5	50	1	80	0.000
250	7.75	12.5	112	4	31	+0.020
	10.25*	10	90	4	41	0.000
	13	8	80	4	52	+0.250
	15.5	12.5	112	2	31	+0.020
	20.5*	10	90	2	41	0.000
	26	8	80	2	52	+0.250
	31	12.5	112	1	31	+0.020
	41*	10	90	1	41	0.000
	52	8	80	1	52	+0.250
	61	6.3	112	1	61	+0.2937
	70	6.3	63	1	70	−0.3175
	81*	5	90	1	81	+0.500

16.2.1.2　基本几何关系式

普通圆柱蜗杆传动几何尺寸计算见表16-11。

表16-11　普通圆柱蜗杆传动几何尺寸计算

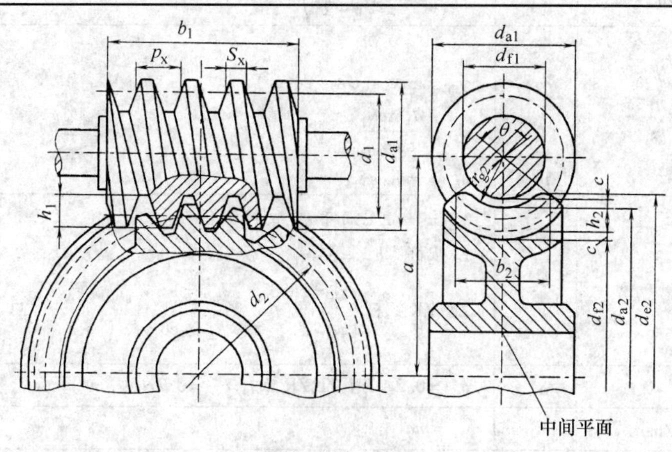

蜗杆副尺寸关系

序号	名称	代号	关系式	说明
1	轴交角	Σ	$\Sigma=90°$	通常用值
2	中心距/mm （取标准值）	a	$a=\frac{1}{2}(d_1'+d_2')=\frac{1}{2}d_1+\frac{1}{2}d_2=0.5m(z_2+q)$	标准传动
		a'	$a'=\frac{1}{2}(d_1'+d_2')=\frac{m}{2}(q+2x)+\frac{d_2}{2}=0.5m(z_2+q+2x)$	变位传动
3	传动比 （大多采用 i_{12}）	i_{12}	$i_{12}=\frac{n_1}{n_2}=\frac{z_2}{z_1}=\frac{d_2}{d_1\tan\gamma_1}>1$	减速传动
		i_{21}	$i_{21}=\frac{n_2}{n_1}=\frac{1}{i_{12}}\leqslant 1$	增速传动
4	齿数比	u	$u=\frac{z_2}{z_1}>1\quad i_{12}=u$	总大于1
5	蜗杆齿数	z_1	$z_1=1\sim10$　通常用 $z_1=1,2,4,6$	
6	蜗轮齿数	z_2	由传动比确定通常 $z_2\geqslant 25$	
7	齿形角	α	ZA蜗杆 $\alpha_{x1}=20°$ 标准值 ZN、ZI、ZK蜗杆 $\alpha_{n1}=20°$ 标准值 $\gamma_1>30°$ 时允许取 $\alpha=25°$	
8	模数/mm	m	$m_{x1}m_{T2}$取为标准值	按标准值取
9	变位系数	x	$x=\frac{a'}{m}-0.5(q+Z_2)=\frac{a'-a}{m}=\frac{a'}{m}-\frac{d_1+d_2}{2m}$一般应用范围 $-1\leqslant x\leqslant 0.5$	尽量取负值
10	法向模数/mm	m_n	$m_n=m_x\cos\gamma_1$	不取标准值
11	蜗杆直径系数	q	$q=\frac{d_1}{m}=\frac{z_1}{\tan\gamma_1}$	
12	蜗杆轴向齿距/mm	p_{x1}	$p_{x1}=\pi m_x$	
13	蜗杆导程/mm	p_{z1}	$p_{z1}=p_{x1}z_1=\pi m z_1$	
14	蜗杆导程角/(°)	γ_1	$\gamma_1=\arctan\left(\frac{z_1}{q}\right)=\arctan(mz_1/d_1)$	

（续）

序号	名称	代号	关系式	说明
15	蜗杆节圆柱导程角/(°)	γ_1'	$\gamma_1'=\arctan\left(\frac{z_1}{q+2x}\right)$	
16	渐开线蜗杆： 基圆柱导程角/(°) 基圆直径/mm 法向基节	 γ_{b1} d_{b1} p_{bn}	 $\gamma_{b1}=\arccos(\cos\alpha_n\cos\gamma_1)$ $d_{b1}=\frac{d_1\tan\gamma_1}{\tan\gamma_{b1}}$ $p_{bn}=\pi m\cos\gamma_{b1}$	
17	齿顶高系数	h_a^*	$h_{a1}^*=1$　ZA 蜗杆 $h_{a1}^*=h_{a2}^*=1$ ZI 蜗杆　$h_{a2}=\cos\gamma_1$ ZN、ZK 蜗杆 $\begin{cases}z_1=1\sim3 & h_{a2}=1\\ z_1>3 & h_{a2}^*=\cos\gamma_1\end{cases}$	
18	顶隙系数	c^*	$c^*=0.2$　ZN、ZI、ZK 蜗杆 $c^*=0.2\cos\gamma_1$	
19	蜗杆分度圆直径/mm	d_1	$d_1=mq$	取标准
20	蜗杆节圆直径/mm	d_1'	$d_1'=m(q+2x)=d_1+2mx$	
21	蜗杆顶圆直径/mm	d_{a1}	$d_{a1}=d_1+2mh_a^*$	
22	蜗杆齿根圆直径/mm	d_{f1}	$d_{f1}=d_1-2(h_a^*+c^*)m$	
23	蜗杆齿顶高/mm	h_{a1}	$h_{a1}=mh_{a1}^*$	
24	蜗杆齿根高/mm	h_{f1}	$h_{f1}=m(h_{a1}^*+c^*)$	
25	蜗杆全齿高/mm	h_1	$h_1=h_{a1}+h_{f1}=(2h_a^*+c^*)m=0.5(d_{a1}-d_{f1})$	
26	蜗杆齿宽/mm	b_1	$b_1=(12.5+0.1z_2)m$ 取优先整数磨齿蜗杆 $m\leqslant6$ 时增 20mm $m>6$ 时增长 25mm	
27	蜗轮分度圆直径/mm	d_2	$d_2=mz_2$	
28	蜗轮节圆直径/mm	d_2'	$d_2'=d_2$	
29	蜗轮咽喉圆直径/mm	d_{a2}	$d_{a2}=d_2+2h_{a2}^*m+2mx=m(z_2+2h_{a2}^*+2x)$	
30	蜗轮根圆直径/mm	d_{f2}	$d_{f2}=d_{a2}-2h=d_2-2(h_{a2}^*+c^*)m+2mx$	
31	蜗轮齿顶圆直径/mm	d_{e2}	$d_{e2}=d_{a2}+(1\sim1.5)m$	取整数
32	蜗轮咽喉圆半径/mm	r_{g2}	$r_{g2}=a'-0.5d_{a2}=0.5d_{a1}+c$	
33	蜗轮齿宽/mm	b_2	$b_2\approx0.7d_{a1}$	取整数
34	蜗轮齿宽角	θ	$\theta=2\sin^{-1}\frac{b_2}{d_1}$	
35	顶隙/mm	c	$c=0.2m$	
36	蜗轮齿顶高/mm	h_{a2}	$h_{a2}=h_{a2}^*m-mx=m(h_{a2}-x)$	
37	蜗轮齿根高/mm	h_{f2}	$h_{f2}=(c^*+h_{a2}^*)m+mx=m(c^*+h_{a2}^*+x)$	
38	蜗轮中径/mm	d_{m2}	$d_m=2(a'-r_1)=d_2+mx$	和蜗杆分度线相切的圆
39	蜗杆轴向齿厚/mm	$\bar{S}_{x1}$	$S_x=0.5\pi m_x$	
40	蜗杆法向齿厚/mm	$\bar{S}_{n1}$	$S_{n1}=S_x\cos\gamma_1=0.5\pi m\cos\gamma_1$	
41	蜗杆轮齿法向测量齿高/mm	$\bar{h}_{an1}$	$\bar{h}_{an1}=h_{am}^*+0.5\bar{S}_n\tan\left(0.5\sin^{-1}\frac{\bar{S}_{n1}\sin^2\gamma_1}{d_1}\right)$	

（续）

序号	名称	代号	关 系 式	说 明
42	测棒直径/mm	D_m	$D_m \approx 1.67m$	选标准值
43	蜗杆跨棒距/mm	M_{d1}	$M_{d1} = d_1 - (p_{x1} - 0.5\pi m)\dfrac{\cos\gamma_1}{\tan\alpha_n} + D\left(\dfrac{1}{\sin\alpha_n} + 1\right)$	
44	蜗杆传动重合度	ε_a	$\varepsilon_a \approx \dfrac{0.5\sqrt{d_{a2}^2 + d_{b2}^2} + m(1-x_2)/\sin\alpha_x - 0.5d_2\sin\alpha_x}{\pi m\cos\alpha_x}$ $d_{b2} = d_2\cos\alpha_x$	

16.2.2　普通圆柱蜗杆传动的承载能力计算

16.2.2.1　蜗杆传动的滑动速度和效率

（1）蜗杆传动的齿面滑动速度　蜗杆副工作时，蜗杆和蜗轮的啮合齿面间会产生相当大的相对滑动速度 v_s。由于滑动速度 v_s 大于蜗杆的圆角速度 v_1，所以对传动效率有很大影响。v_s 的数值可由下式求出：

$$v_s = \frac{v_1}{\cos\gamma} = \frac{\pi d_1 n_1}{6 \times 10^4 \cos\gamma} \tag{16-3}$$

式中　d_1——蜗杆分度圆直径（mm）；

n_1——蜗杆转速（r/min）；

γ——蜗杆分度圆导程角（°）。

（2）蜗杆传动的效率　蜗杆传动的功率损耗，包括啮合摩擦损耗、轴承摩擦损耗和搅油损耗三部分。因此总功率为

$$\eta = \eta_1\eta_2\eta_3 \tag{16-4}$$

式中　η_1——齿面啮合效率；

η_2——轴承效率，滚动轴承 $\eta_1 = 0.98 \sim 0.99$，滑动轴承 $\eta_1 = 0.97 \sim 0.98$；

η_3——搅油效率，$\eta_3 = 0.95 \sim 0.99$。

蜗杆为主动件时　$$\eta_1 = \frac{\tan\gamma}{\tan(\gamma + \rho')} \tag{16-5}$$

蜗轮为主动件时　$$\eta_1 = \frac{\tan(\gamma - \rho')}{\tan\gamma} \tag{16-6}$$

式中，当量摩擦角 $\rho' = \arctan f'$，其实验值见表16-12。

表16-12　普通圆柱蜗杆传动的当量摩擦因数和摩擦角

蜗轮材料	锡青铜				无锡青铜		灰铸铁			
蜗杆硬度	≥45HRC		其他		≥45HRC		≥45HRC		其他	
滑动速度 v/(m/s)	f'_v	ρ'	f'_v	ρ'	f'_v	ρ'	f'_v	ρ'	f'_v	ρ'
0.01	0.110	6°17′	0.120	6°51′	0.180	10°12′	0.180	10°12′	0.190	10°45′
0.05	0.090	5°09′	0.100	5°43′	0.140	7°58′	0.140	7°58′	0.160	9°05′
0.10	0.080	4°34′	0.090	5°09′	0.130	7°24′	0.130	7°24′	0.140	7°58′
0.25	0.065	3°43′	0.075	4°17′	0.100	5°43′	0.100	5°43′	0.120	6°51′
0.50	0.055	3°09′	0.065	3°43′	0.090	5°09′	0.090	5°09′	0.100	5°43′
1.0	0.045	2°35′	0.055	3°09′	0.070	4°00′	0.070	4°00′	0.090	5°09′
1.5	0.040	2°17′	0.050	2°52′	0.065	3°43′	0.065	3°43′	0.080	4°34′
2.0	0.035	2°00′	0.045	2°35′	0.055	3°09′	0.055	3°09′	0.070	4°00′
2.5	0.030	1°43′	0.040	2°17′	0.050	2°52′	—	—	—	—
3.0	0.028	1°36′	0.035	2°00′	0.045	2°35′	—	—	—	—
4	0.024	1°22′	0.031	1°47′	0.040	2°17′	—	—	—	—
5	0.022	1°16′	0.029	1°40′	0.035	2°00′	—	—	—	—
8	0.018	1°02′	0.026	1°29′	0.030	1°43′	—	—	—	—
10	0.016	0°55′	0.024	1°22′	—	—	—	—	—	—
15	0.014	0°48′	0.020	1°09′	—	—	—	—	—	—
24	0.013	0°45′	—	—	—	—	—	—	—	—

在传动尺寸未确定之前，蜗杆传动的总效率可按表16-13估取。

表16-13　蜗杆传动总效率的近似值

蜗杆头数 z_1	1	2	3	4
总效率 η	0.7～0.75	0.75～0.82	0.82～0.87	0.87～0.92

16.2.2.2　蜗杆传动的强度和刚度计算

（1）计算准则　蜗杆传动的失效形式主要是蜗轮齿面的点蚀、磨损和胶合，有时也可能发生蜗轮齿根的折断。

对于闭式传动，一般先按齿面接触强度设计，再按齿根抗弯强度进行校核。计算时要考虑胶合和磨损的影响。对连续工作的蜗杆传动，还需要进行热平衡计算，避免过高的温升引起润滑失效而导致胶合。

对于开式传动，一般按齿根抗弯强度设计，并用增大模数（或降低许用应力）的方法加大齿厚，以补偿磨损对轮齿强度的削弱。

此外，蜗杆轴的刚度对传动的啮合性能也会产生较大影响，因此应进行校核计算。

（2）蜗轮齿面强度计算　强度计算公式如下：

设计公式
$$m^2 d_1 \geqslant \left(\frac{480}{Z_2[\sigma]_H}\right)^2 KT_2 \tag{16-7}$$

校核公式
$$\sigma_H = 480\sqrt{\frac{KT_2}{d_1 d_2^2}} \leqslant [\sigma]_H \tag{16-8}$$

式中各参数的含义及计算方法如下：

1）载荷系数 K：
$$K = K_A K_v K_\beta \tag{16-9}$$

式中　K_A——使用系数，查表16-14；

K_v——动载系数，当 $v_2 \leqslant 3$m/s 时，取 $K_v = 1.0 \sim 1.1$；当 $v_2 > 3$m/s 时，取 $K_v = 1.1 \sim 1.2$；

K_β——载荷分布系数，当载荷平稳时，取 $K_\beta = 1$；变载荷下取 $K_\beta = 1.1 \sim 1.3$。

初步设计时，可取 $K = 1.1 \sim 1.4$。校核时再精确计算。

表16-14　使用系数 K_A

原动机	工作特点		
	平稳	中等冲击	严重冲击
电动机、汽轮机	0.8～1.25	0.9～1.5	1～1.75
多缸内燃机	0.9～1.5	1～1.75	1.25～2
单缸内燃机	1～1.75	1.25～2	1.5～2.25

2）许用接触应力 $[\sigma]_H$。蜗杆传动的许用接触应力与蜗轮齿圈的材料有关。对于锡青铜蜗轮，许用接触应力 $[\sigma]_H$ 取决于疲劳点蚀，其值为
$$[\sigma]_H = Z_N Z_{vs} [\sigma]_{OH} \tag{16-10}$$

式中　$[\sigma]_{OH}$——基本许用接触应力，见表16-15；

Z_{vs}——滑动速度影响系数，如图16-4所示；

Z_N——寿命系数，如图16-5所示；

应力循环次数 N，当载荷稳定时：
$$N = 60\sum n_i t_i \left(\frac{T_{2i}}{T_{2max}}\right)^4 \tag{16-11}$$

式中　n_i——某载荷下的蜗轮转速（r/min）；

t_i——某载荷下的工作时间（h）；

T_{2i}——某载荷下的输出转矩（N·mm）；

T_{2max}——传动的最大输出转矩（N·mm）。

对于无锡青铜、黄铜或铸铁蜗轮，$[\sigma]_H$ 取决于齿面胶合，其值列于表16-16。

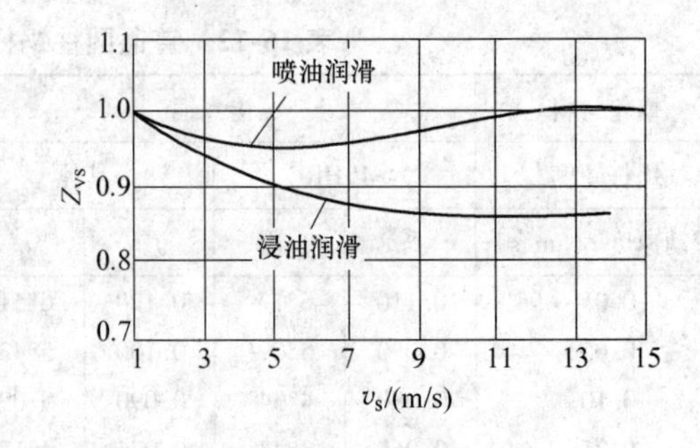

图16-4　滑动速度影响系数

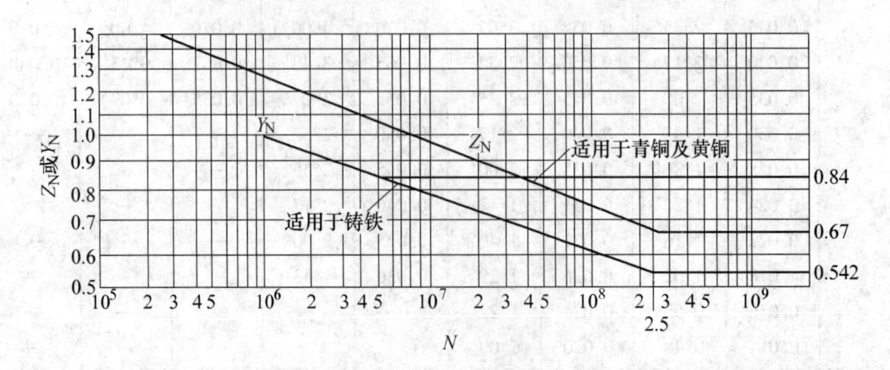

图16-5　寿命系数

表 16-15　含锡青铜蜗轮材料的基本许用接触应力 $[\sigma]_{OH}$

蜗轮材料	铸造方法	适用的滑动速度 v_s/(m/s)	力学性能 σ_{OH}/MPa			
			σ_s/MPa	σ_b/MPa	蜗杆齿面硬度	
					<350HBW	>45HRC
ZCuSn10Pb1	砂模	≤12	137	220	180	200
	金属模	≤25	196	310	200	220
ZCuSnPb5Zn5	砂模	≤10	78	200	110	125
	金属模	≤12			135	150

表 16-16　无锡青铜、黄铜或铸铁的基本许用接触应力 $[\sigma]_H$

材料		滑动速度/(m/s)							
蜗轮	蜗杆	0.25	0.5	1	2	3	4	6	8
ZCuAl10Fe3 ZCuAl10Fe3Mn2	钢(淬火)		250	230	210	180	160	120	90
ZCuZn38Mn2Pb2	钢(淬火)		215	200	180	150	135	95	75
HT150　HT200 (120~150HBW)	渗碳钢	160	130	115	90				
HT150 (120~150HBW)	钢(调质或正火)	140	110	90	70				

通过初步强度计算得到 m^2d_1 后，可参考表 16-9 确定 m 和 d_1。

（3）蜗轮齿根强度计算　强度计算公式如下：

设计公式
$$m^2d_1 \geqslant \frac{1.53KT_2\cos\gamma}{Z_2[\sigma]_F}Y_F \tag{16-12}$$

校核公式
$$[\sigma]_F = \frac{1.53KT_2\cos\gamma}{d_1d_2m}Y_F \tag{16-13}$$

式中　Y_F——蜗轮齿形系数，按当量齿数 $Z_v=\dfrac{Z_2}{\cos^3\gamma}$，查表 16-17。

许用弯曲应力
$$[\sigma]_F = Y_N[\sigma]_{OF} \tag{16-14}$$

式中　$[\sigma]_{OF}$——蜗轮在 $N=10^6$ 时的基本许用弯曲应力，查表 16-18；

Y_N——寿命系数，查图 16-5。

表 16-17　蜗轮齿形系数

Z_v	20	24	26	28	30	32	35	37
Y_F	1.98	1.88	1.85	1.80	1.76	1.71	1.64	1.61
Z_v	40	45	50	60	80	100	150	300
Y_F	1.55	1.48	1.45	1.40	1.34	1.30	1.27	1.24

表 16-18　基本许用弯曲应力

材料组	蜗轮材料	铸造方法	适用的滑动速度 v_s/(m/s)	力学性能		$[\sigma]_{OF}$/MPa	
				R_{eL}/MPa	R_m/MPa	一侧受载	两侧受载
锡青铜	ZCuSn10Pb1	砂磨	≤12	130	220	50	30
		金属模	≤25	170	310	70	40
	ZCuSn5Pb5Zn5	砂磨	≤10			32	24
		金属模	≤12	90	200	40	28
铝青铜	ZCuAl10Fe3	砂磨	≤10	180	490	80	63
		金属模		200	540	90	80
	ZCuAl10Fe3Mn2	砂磨	≤10	—	490	—	—
		金属模			540	100	90
锰黄铜	ZCuZn38Mn2Pb2	砂磨	≤10	—	245	60	55
		金属模			345	—	—
铸铁	HT150	砂磨	≤2	—	150	40	25
	HT200	砂磨	≤2~5	—	200	47	30
	HT250	砂磨	≤2~5	—	250	55	35

应力循环次数 N，载荷稳定时：

$$N = 60 \sum n_i t_i \left(\frac{T_{2i}}{T_{2\max}}\right)^8 \qquad (16\text{-}15)$$

式中各符号意义同前。

（4）蜗杆刚度校核计算　通常把蜗杆螺旋部分看做以蜗杆齿根圆直径为直径的轴段，进行刚度校核。其最大挠度 y 可按下式作近似计算：

$$y = \frac{\sqrt{F_{t1}^2 + F_{r1}^2}\, l^3}{48EI} \leqslant [y] \qquad (16\text{-}16)$$

其中
$$I = \frac{\pi d_n^4}{64}$$

式中 F_{t1}——蜗杆所受的圆周力（N）；

F_{r1}——蜗杆所受的径向力（N）；

l——蜗杆两端支承间的跨距（mm），按具体结构要求而定，初步计算时可取 $l = 0.9d_2$，d_2 为蜗轮分度圆直径（mm）；

E——蜗杆材料的弹性模量（MPa）；

I——蜗杆危险截面的惯性矩（mm^4）；

d_n——蜗杆齿根圆直径（mm）；

$[y]$——许用最大挠度，一般可取 $[y] = 0.001 \sim 0.0025d_1$，$d_1$ 为蜗杆分度圆直径（mm）。

16.2.2.3　蜗杆传动的热平衡

（1）热平衡计算　对于连续工作的闭式蜗杆传动，如果产生的热量不能及时散逸，将因油温不断升高而使传动失效，所以要进行热平衡计算，以保证油温在规定范围内。

单位时间内发热量计算如下：

$$H_1 = 1000P(1 - \eta) \qquad (16\text{-}17)$$

$$H_2 = K_s A(t_1 - t_0) \qquad (16\text{-}18)$$

式中 P——蜗杆传递的功率（kW）；

η——蜗杆传动的总效率；

K_s——箱体散热系数，没有循环空气流动时 $K_s = 8.15 \sim 10.5\text{W}/(\text{m}^2 \cdot \text{K})$，通风良好时 $K_s = 14 \sim 17.45\text{W}/(\text{m}^2 \cdot \text{K})$；

A——散热面积（内表面被油所飞溅到，外表面又为周围空气所冷却的箱体表面积，凸缘及散热片的面积按50%计算）（m^2）；

t_0——周围空气的温度，一般取 $t_0 = 20℃$；

t_1——达到热平衡时的油温，一般限制在 60～70℃，最高不超过 90℃。

根据热平衡条件 $H_1 = H_2$ 时，可得

$$t_1 = t_0 + \frac{1000P(1 - \eta)}{K_s A} \qquad (16\text{-}19)$$

如果 t_1 超过允许值，必须采取有效降温措施。

（2）降低油温、提高承载能力的措施

1）提高传动效率。合理选择蜗杆传动的几何参数，提高蜗杆齿面硬度和制造精度，改善传动的润滑条件，以及采用新型的蜗杆传动，都能有效地提高蜗杆传动效率，减小功率损耗和发热。

2）提高散热能力。提高散热能力的方法如下：①在箱体外壁加散热片，以增大散热面积 A；②在蜗杆轴上安装风扇进行人工通风，以增大散热系数 K_s；③在箱体油池内装蛇形水管，用循环水冷却；④采用压力喷油循环润滑等。

16.2.3　圆柱蜗杆与蜗轮的结构

16.2.3.1　圆柱蜗杆的结构

蜗杆大多采用整体式结构，称轴蜗杆，如图 16-6 所示。在设计蜗杆结构时，要给出退刀槽和越程槽，要尽量增大蜗杆刚度，并保证轴承安装方便。没有退刀槽的结构很少应用，只有采用铣齿时才采用。

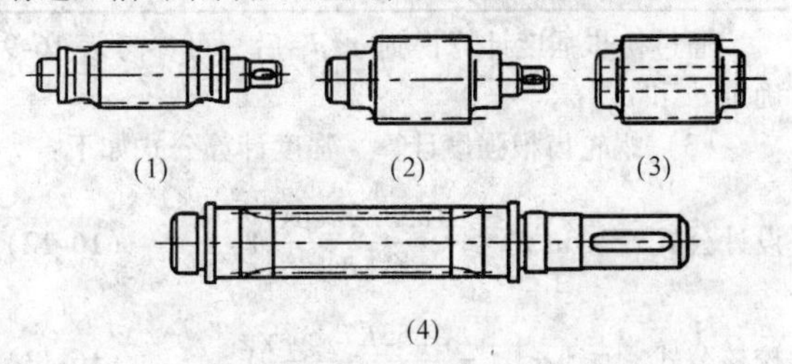

图 16-6　蜗杆结构

16.2.3.2　蜗轮的结构

蜗轮大多为组装式。当传递转矩很小、尺寸也很小时，也可采用整体式。铸铁或球墨铸铁蜗轮用整体式。当轮缘用铜合金，蜗轮轮芯用铸铁时，采用组装结构，如图 16-7 所示。轮缘和轮芯过盈配合，然后用螺钉或铰制孔螺栓固定。

16.2.4　圆柱蜗杆传动的精度

GB/T 10089—1988《圆柱蜗杆、蜗轮精度》规定了定义及代号；精度等级；齿坯要求；蜗杆、蜗轮的检验与公差；传动检验与公差；侧隙规定及其他等内容。它适用于轴交角 $\Sigma = 90°$，模数 $m \geqslant 1\text{mm}$，分度圆直径 $d_1 \leqslant 400\text{mm}$，$d_2 \leqslant 4000\text{mm}$ 的 ZA、ZI、ZN、ZK、ZC 各种圆柱蜗杆传动。

16.2.4.1　精度等级的选择

GB/T 10089—1988 将蜗杆、蜗轮及蜗杆传动精度分为 12 级。第 1 级的精度最高，第 12 级的精度最低。按蜗轮圆周速度选择精度等级列于表 16-19。按应用场合、工作条件、技术要求选择的精度等级列于表 16-20。

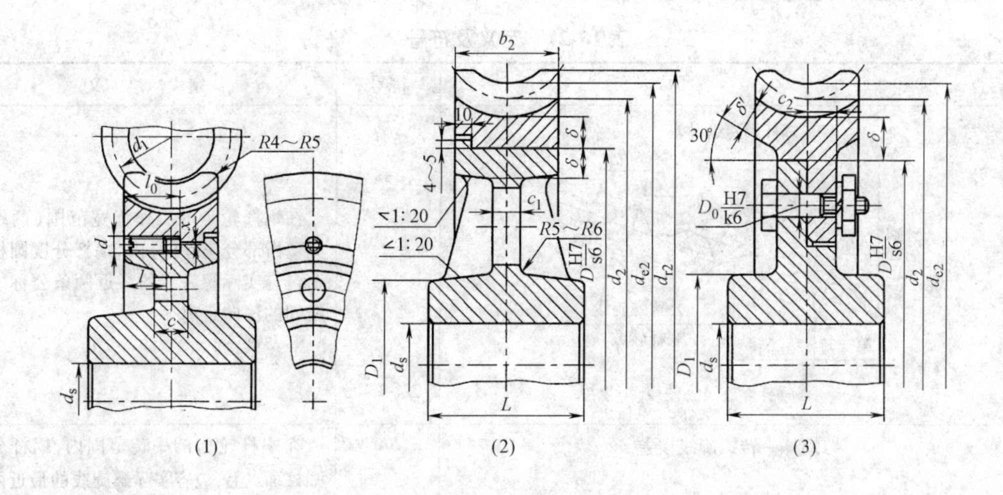

图16-7　蜗轮组装结构

表16-19　按蜗轮圆周速度选择精度等级

项目		蜗轮圆周速度 v_2/(m/s)			
		>7.5	<7.5~3	≤3	<1.5或手动
精度等级		6	7	8	9
齿工作表面粗糙度 Ra/μm	蜗杆	0.8	1.6	3.2	6.3
	蜗轮	1.6	1.6	3.2	6.3

表16-20　按使用条件选择精度等级

用途	精度等级 1	2	3	4	5	6	7	8	9	10	11	12
测量蜗杆	—	—	—	—	—							
分度蜗轮母机的分度传动	—	—	—									
齿轮机床的分度传动			—	—	—	—						
高精度分度装置		—	—	—								
一般分度装置					—	—	—					
机床进给操纵机构					—	—	—	—				
化工机械调速传动					—	—	—	—	—			
冶金机械的升降机构						—	—	—	—			
起重运输机械电梯曳引装置							—	—	—			
通用减速器						—	—	—	—			
纺织机械传动装置						—	—	—	—			
舞台升降装置										—	—	—
煤气发生炉调速装置									—	—	—	—
塑料蜗杆蜗轮										—	—	—
精密铸造蜗轮											—	—

16.2.4.2 各种误差及公差的定义和符号（表16-21）

表16-21 定义及符号

序号	名称	符号	定义
1	蜗杆螺旋线误差 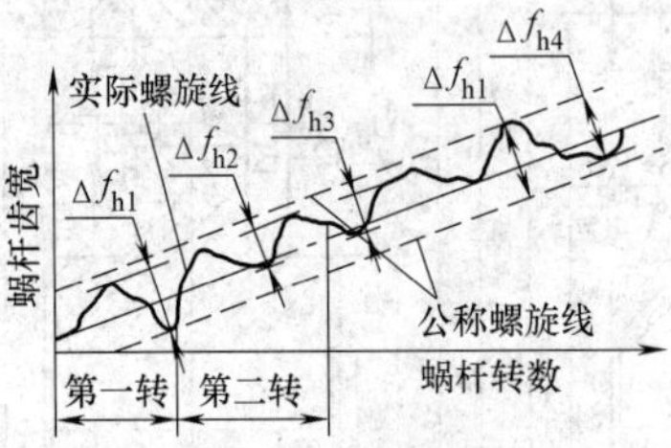 蜗杆螺旋线公差	Δf_{hL} f_{hL}	在蜗杆轮齿的工作齿宽范围（两端不完整齿部分应除外）内，蜗杆分度圆柱面上包容实际螺旋线的最近两条公称螺旋线间的法向距离
2	蜗杆一转螺旋线误差 蜗杆一转螺旋线公差	Δf_h f_h	在蜗杆轮齿的一转范围内，蜗杆分度圆柱面①上，包容实际螺旋线的最近两条公称螺旋线间的法向距离
3	蜗杆轴向齿距偏差 蜗杆轴向齿距极限偏差 上极限偏差 下极限偏差	Δf_{px} $+f_{px}$ $-f_{px}$	蜗杆轴向齿距的实际值与公称值之差
4	蜗杆轴向齿距累积误差 蜗杆轴向齿距累积公差	Δf_{pxL} f_{pxL}	在蜗杆轴向截面上的工作齿宽范围（两端不完整齿部分应除外）内，任意两个同侧齿面间实际轴向距离与公称轴向距离之差的最大绝对值
5	蜗杆齿形误差 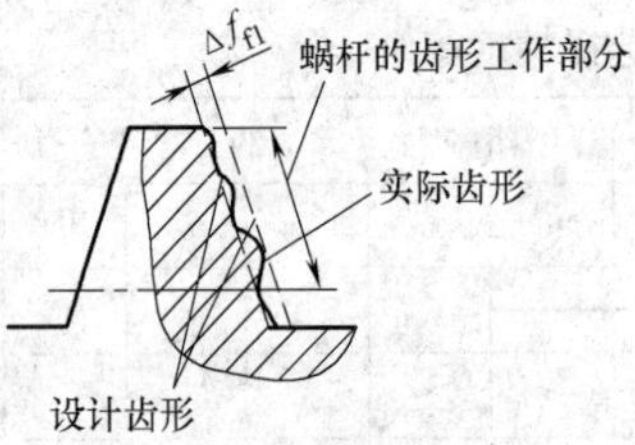 蜗杆齿形公差	Δf_{f1} f_{f1}	在蜗杆轮齿给定截面上的齿形工作部分内，包容实际齿形的最近两条设计齿形间的法向距离 当两条设计齿形线为非等距离的曲线时，应在靠近齿体内的设计齿形线的法线上，确定其两者间的法向距离
6	蜗杆齿槽径向圆跳动误差 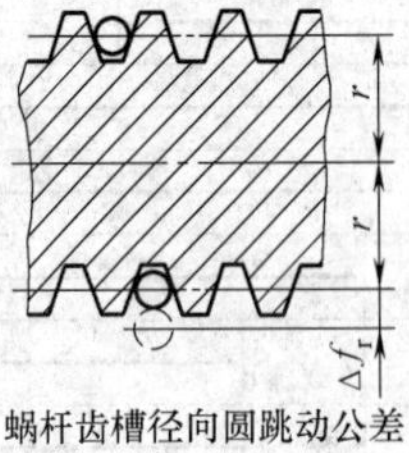 蜗杆齿槽径向圆跳动公差	Δf_r f_r	在蜗杆任意一转范围内，测头在齿槽内与齿高中部的齿面双面接触，其测头相对于蜗杆轴线径向距离的最大变动量
7	蜗杆齿厚偏差 蜗杆齿厚公差 上极限偏差 下极限偏差	ΔE_{s1} T_{s1} E_{ss1} E_{si1}	在蜗杆分度圆柱上，法向齿厚的实际值与公称值之差

（续）

序号	名　　称	符号	定　　义
8	蜗轮切向综合误差 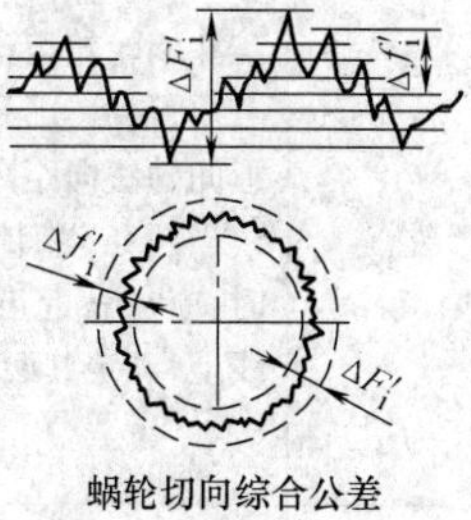 蜗轮切向综合公差	$\Delta F_i'$ F_i'	被测蜗轮与理论精确的测量蜗杆①，在公称轴线位置上单面啮合转动时，在被测蜗轮一转范围内，实际转角与理论转角之差的总幅度值以分度圆弧长计
9	蜗轮一齿切向综合误差 蜗轮一齿切向综合公差	$\Delta f_i'$ f_i'	被测蜗轮与理想精确的测量蜗杆，在公称轴线位置上单面啮合转动时，在被测蜗轮一周节角范围内，实际转角与理论转角之差的最大幅度值，以分度圆弧长计
10	蜗轮径向综合误差 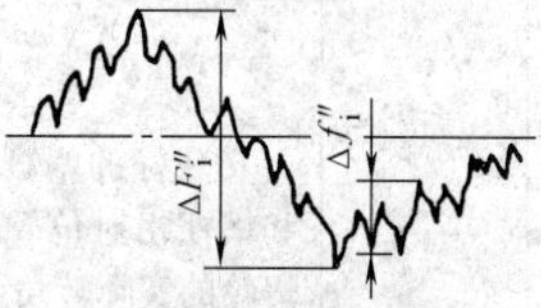 蜗轮径向综合公差	$\Delta F_i''$ F_i''	被测蜗轮与理想精确的测量蜗杆双面啮合转动时，在被测蜗轮一转范围内，双啮中心距的最大变动量
11	蜗轮一齿径向综合误差 蜗轮一齿径向综合公差	$\Delta f_i''$ f_i''	被测蜗轮与理想精确的测量蜗杆双面啮合转动时，在被测蜗轮一齿距角范围内，双啮中心距的最大变动量
12	蜗轮齿距累积误差 蜗轮齿距累积公差	ΔF_p F_p	在蜗轮分度圆上，任意两个同侧齿面间的实际弧长，与公称弧长之差的最大绝对值
13	蜗轮k个齿距累积误差 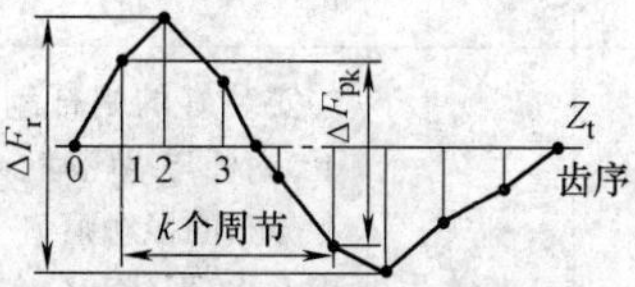 蜗轮k个齿距累积公差	ΔF_{pk} F_{pk}	在蜗轮分度圆上①k个齿距内，任意两个同侧齿面间的实际弧长，与公称弧长，公差的最大绝对值 k为2到小于$\frac{1}{2}z_2$的整数
14	蜗轮齿圈径向圆跳动误差 蜗轮齿圈径向圆跳动公差	ΔF_r F_r	在蜗轮一转范围内，测头在靠近中间平面的齿槽内，与齿高中部的齿面双面接触，其测头相对于蜗轮轴线径向距离的最大变动量
15	蜗轮齿距误差 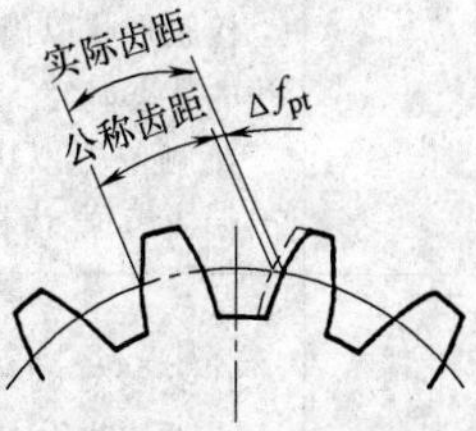 蜗轮齿距偏差　上极限偏差 　　　　　　　下极限偏差	Δf_{pt} $+f_{pt}$ $-f_{pt}$	在蜗轮分度圆上，实际齿距与公称齿距之差 用相对法测量时，公称齿距是指所有实际齿距的平均值

（续）

序号	名　　称	符号	定　　义
16	蜗轮齿形误差 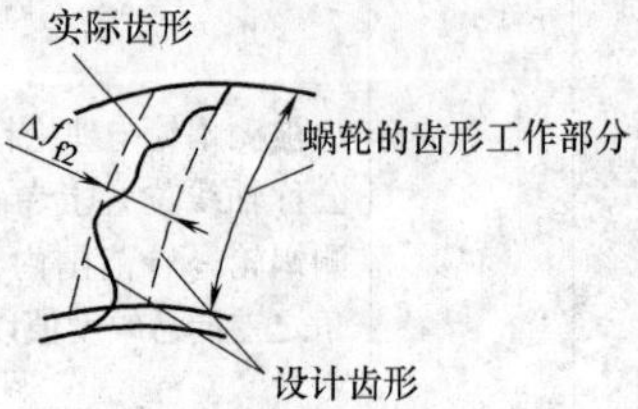 实际齿形 Δf_{f2} 蜗轮的齿形工作部分 设计齿形 蜗轮齿形公差	Δf_{f2} f_{f2}	在蜗轮轮齿给定截面上的齿形工作部分内，包容实际齿形的最近两条设计齿形间的法向距离 当两条设计齿形线为非等距离曲线时，应在靠近齿体内的设计齿形线的法线上，确定其两者间的法向距离
17	蜗轮齿厚偏差 蜗轮齿厚极限偏差 上极限偏差 下极限偏差 蜗轮齿厚公差	ΔE_{s2} E_{ss2} E_{si2} T_{s2}	在蜗轮中间平面上，分度圆齿厚的实际值与公称值之差
18	蜗杆副切向综合误差 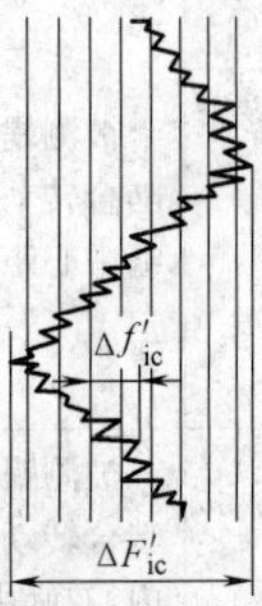 $\Delta f'_{ic}$ $\Delta F'_{ic}$ 蜗杆副切向综合公差	$\Delta F'_{ic}$ F'_{ic}	安装好的蜗杆副啮合转动时，在蜗轮和蜗杆相对位置变化的一个整周期内，蜗轮的实际转角与理论转角之差的总幅度值，以蜗轮分度圆弧长计
19	蜗杆副的一齿相邻齿切向综合误差 传动相邻齿切向综合公差	Δf_{ic} f'_{ic}	安装好的蜗杆副啮合转动时，在蜗轮一转范围内，多次重复出现的周期性转角误差的最大幅度值，以蜗轮分度圆弧长计
20	蜗杆副接触斑点 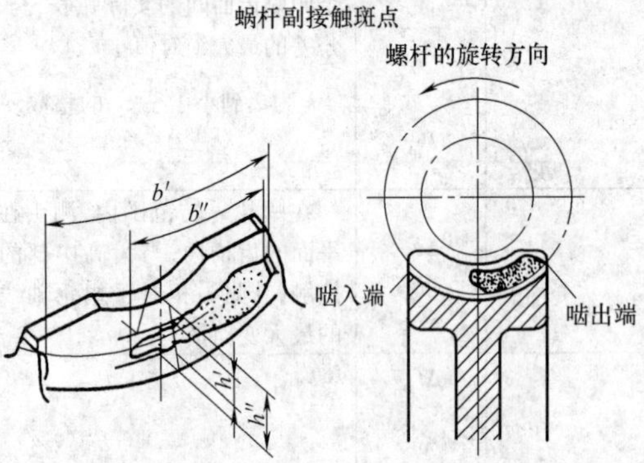 螺杆的旋转方向 b' b'' 啮入端 啮出端 h' h'' 蜗杆副的圆周侧隙		安装好的蜗杆副中，在轻微力的制动下，蜗杆与蜗轮啮合运转后，在蜗轮齿面上分布的接触痕迹。接触斑点以接触面积大小、形状和分布位置表示 接触面积大小，按接触痕迹的百分比计算确定： 沿齿长方向，接触痕迹的长度 b'' 与工作长度 b' 之比，即 $(b''/b')\times100\%$； 沿齿高方向，接触痕迹的平均高度 h 与工作高度 h' 之比，即 $(h''/h')\times100\%$ 接触形状以齿面接触痕迹总的几何形状的状态确定 接触位置以接触痕迹离齿面啮入、啮出端或齿顶、齿根的位置确定
21	蜗杆副的中心距偏差 蜗杆副的中心距极限偏差 上极限偏差 下极限偏差	Δf_a $+f_a$ $-f_a$	在安装好的蜗杆副中间平面内，实际中心距与公称中心距之差

（续）

序号	名称	符号	定义
22	蜗杆副的中间平面偏移 蜗杆副的中间平面极限偏差 上极限偏差 下极限偏差	Δf_x $+f_x$ $-f_x$	在安装好的蜗杆副中，蜗轮中间平面与传动中间平面之间的距离
23	蜗杆副的轴交角偏差 蜗杆副的轴交角极限偏差 上极限偏差 下极限偏差	Δf_Σ $+f_\Sigma$ $-f_\Sigma$	在安装好的蜗杆副中，实际轴交角与公称轴交角之差 偏差值按蜗杆齿宽确定，以其线性值计
24	蜗杆副的圆周侧隙 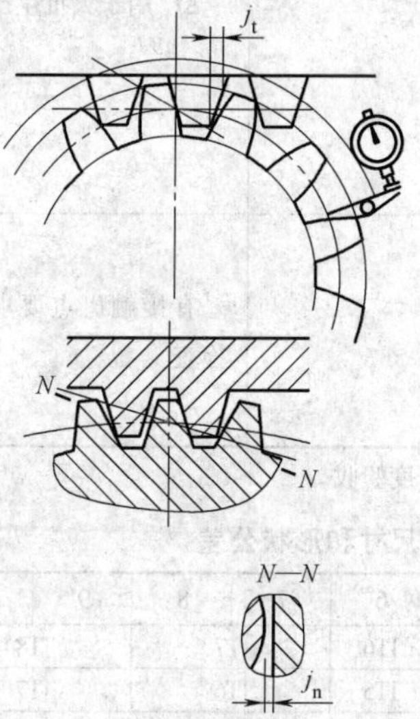 j_t N N N—N j_n 法向侧隙 最小圆周侧隙 最大圆周侧隙 最小法向侧隙 最大法向侧隙	j_t j_n j_{tmin} j_{tmax} j_{nmin} j_{nmax}	在安装好的蜗杆副中，蜗杆固定不动时，蜗轮从工作齿面接触，到非工作齿面接触所转过的分度圆弧长 在安装好的蜗杆副中，蜗杆和蜗轮的工作齿面接触时，两非工作齿面间的最小距离

① 允许在靠近蜗杆分度圆柱的同轴圆柱面上检验。

16.2.4.3 公差组的规定与选择

不同工作条件下的圆柱蜗杆传动，应具备不同的工作技术特性，主要表现在传动的准确性、传动的平稳性、载荷分布的均匀性等三个方面。为了保证实现不同的工作特性，规定了三个公差组。列于表16-22。

依据工作要求，允许各公差组选用不同的精度等级组合，但在同一公差组中应选相同的精度。蜗杆与相配蜗轮的精度等级一般应选相同的精度，也可选用不同精度。对使用要求不同的蜗杆传动，除 F_r、F''_i、f''_i、f_r 项目外，蜗杆、蜗轮左、右齿面的精度也可选用不同等级。

16.2.4.4 齿坯的要求

蜗杆、蜗轮在加工、检验、安装时的径向、轴向基准面应尽可能一致，并应在相应零件工作图上标注。

齿坯的公差包括蜗杆、蜗轮轴、孔的尺寸、形状和位置公差，以及基准面的圆跳动。

蜗杆、蜗轮齿坯的尺寸、形状公差列于表16-23，其基准面的径向和轴向圆跳动公差列于表16-24。

16.2.4.5 蜗杆、蜗轮公差值

蜗杆、蜗轮检验项目的公差，列于表16-25～表16-31中。

表 16-22　公差分组及检测项目

公差组及其意义	检　测　项　目	备　　注
第Ⅰ公差组 蜗杆、蜗轮一转为1周期的误差（保证传动准确性）	蜗杆：— 蜗轮：$\Delta F_i'$（用于5级以上） ΔF_p ΔF_{pk}（用于5～12级） ΔF_r（用于9～12级） $\Delta F_i''$（用于7～12级） 传动：F_{ic}'	F_{pk}主要用于分度蜗轮和$v_2>5m/s$的高速传动 $\Delta F_i''$用于大批生产、模数$m<10mm$的蜗轮
第Ⅱ公差组 蜗杆、蜗轮一转内多次周期性出现的误差（保证传动平稳性）	蜗杆：Δf_h，Δf_{hL}（用于单头蜗杆） Δf_{px}，Δf_{hL}（用于多头蜗杆） Δf_{px}，Δf_{pxL}，Δf_r（用于5～8级） Δf_{px}，Δf_{pxL}（用于7～9级） Δf_{px}（用于10～12级） 蜗轮：$\Delta f_i'$（用于5级以上） $\Delta f_i''$（用于7～12级） Δf_{pt}（用于5～12级） 传动：f_{ic}'	Δf_h仅用于5级以上 $\Delta f_i''$用于大批生产
第Ⅲ公差组 以轮齿全长范围内与共轭齿接触有关的误差，影响载荷的均匀性（保证载荷分布均匀性）	蜗杆：Δf_{f1} 蜗轮：Δf_{f2} 传动：接触斑点 f_a、f_Σ，f_x	有接触斑点要求时，Δf_{f1}和Δf_{f2}可不检查

注：当检验组中要求两项或两项以上的误差时，应按最低一项精度验收。

表 16-23　蜗杆、蜗轮齿坯尺寸和形状公差

精度等级		1	2	3	4	5	6	7	8	9	10	11	12
孔	尺寸公差	IT4	IT4	IT4		IT5	IT6	IT7		IT8		IT8	
	形状公差	IT1	IT2	IT3		IT4	IT5	IT6		IT7		—	
轴	尺寸公差	IT4	IT4	IT4		IT5		IT6		IT7		IT8	
	形状公差	IT1	IT2	IT3		IT4		IT5		IT6		—	
齿顶圆直径公差		IT6		IT7			IT8			IT9		IT11	

注：1. 当三个公差组的精度等级不同时，按最高精度等级确定公差。
2. 当齿顶圆不作测量齿厚基准时，尺寸公差按IT11确定，但不得大于0.1mm。
3. IT为标准公差。

表 16-24　蜗杆、蜗轮齿坯基准面径向和轴向圆跳动公差　　（单位：μm）

基准面直径 d/mm	精度等级					
	1～2	3～4	5～6	7～8	9～10	11～12
≤31.5	1.2	2.8	4	7	10	10
>31.5～63	1.6	4	6	10	16	16
>63～125	2.2	5.5	8.5	14	22	22
>125～400	2.8	7	11	18	28	28
>400～800	3.6	9	14	22	36	36
>800～1600	5.0	12	20	32	50	50
>1600～2500	7.0	18	28	45	71	71

注：1. 当三个公差组的精度等级不同时，按最高精度等级确定公差。
2. 当以齿顶圆作为测量基准时，即为蜗杆、蜗轮的齿坯基准面。

表16-25　蜗杆的公差和极限偏差f_h、f_{hL}、f_{px}、f_{pxL}、f_{f1}值　　（单位：μm）

代号	模数 m /mm	精度等级											
		1	2	3	4	5	6	7	8	9	10	11	12
f_h	≥1～3.5	1.0	1.7	2.8	4.5	7.1	11	14					
	>3.5～6.3	1.3	2.0	3.4	5.6	9	14	20					
	>6.3～10	1.7	2.8	4.5	7.1	11	18	25					
	>10～16	2.2	3.6	5.6	9	15	24	32					
	>16～25						32	45					
f_{hL}	≥1～3.5	2	3.4	5.6	9	14	22	32					
	>3.5～6.3	2.6	4.2	7.1	11	17	28	40					
	>6.3～10	3.4	5.6	9	14	22	36	50					
	>10～16	4.5	7.1	11	18	32	45	63					
	>16～25						63	90					
f_{px}	≥1～3.5	0.7	1.2	1.9	3.0	4.8	7.5	11	14	20	28	40	56
	>3.5～6.3	1.0	1.4	2.4	3.6	6.3	9	14	20	25	36	53	75
	>6.3～10	1.2	2.0	3.0	4.8	7.5	12	17	25	32	48	67	90
	>10～16	1.6	2.5	4	6.3	10	16	22	32	46	63	85	120
	>16～25						22	32	45	63	85	120	160
f_{pxL}	≥1～3.5	1.3	2	3.4	5.3	8.5	13	18	25	36			
	>3.5～6.3	1.7	2.6	4	6.7	10	16	24	34	48			
	>6.3～10	2.0	3.4	5.3	8.5	13	21	32	45	63			
	>10～16	2.8	4.4	7.1	11	17	28	40	56	80			
	>16～25						40	53	75	100			
f_{f1}	≥1～3.5	1.1	1.8	2.8	4.5	7.1	11	16	22	32	45	60	85
	>3.5～6.3	1.6	2.4	3.6	5.6	9	14	22	32	45	60	80	120
	>6.3～10	2.0	3.0	4.8	7.5	12	19	28	40	53	75	110	150
	>10～16	2.6	4.0	6.7	11	16	25	36	53	75	100	140	200
	>16～25						36	53	75	100	140	190	270

注：f_{px}应为正、负值（±）。

表16-26　蜗杆齿槽径向圆跳动公差f_r值　　（单位：μm）

分度圆直径 d_1/mm	模数 m /mm	精度等级											
		1	2	3	4	5	6	7	8	9	10	11	12
≤10	≥1～3.5	1.1	1.8	2.8	4.5	7.1	11	14	20	28	40	56	75
>10～18	≥1～3.5	1.1	1.8	2.8	4.5	7.1	12	15	21	29	41	58	80
>18～31.5	≥1～6.3	1.2	2.0	3.0	4.8	7.5	12	16	22	30	42	60	85
>31.5～50	≥1～10	1.2	2.0	3.2	5.0	8.0	13	17	23	32	45	63	90
>50～80	≥1～16	1.4	2.2	3.6	5.6	9.0	14	18	25	36	48	71	100
>80～125	≥1～16	1.6	2.5	4.0	6.3	10	16	20	28	40	56	80	110
>125～180	≥1～25	1.8	3.0	4.5	7.5	12	18	25	32	45	63	90	125
>180～250	≥1～25	2.2	3.4	5.3	8.5	14	22	28	40	53	75	105	150
>250～315	≥1～25	2.6	4.0	6.3	10	16	25	32	45	63	90	120	170
>315～400	≥1～25	2.8	4.5	7.5	11.5	18	28	36	53	71	100	140	200

表 16-27 蜗轮齿距累积公差 F_p 及 k 个齿距累积公差 F_{pk} 值 （单位：μm）

分度圆弧长 L /mm	精度等级											
	1	2	3	4	5	6	7	8	9	10	11	12
≤11.2	1.1	1.8	2.8	4.5	7	11	16	22	32	45	63	90
>11.2~20	1.6	2.5	4.0	6	10	16	22	32	45	63	90	125
>20~32	2.0	3.2	5.0	8	12	20	28	40	56	80	112	160
>32~50	2.2	3.6	5.5	9	14	22	32	45	63	90	125	180
>50~80	2.5	4.0	6.0	10	16	25	36	50	71	100	140	200
>80~160	3.2	5.0	8.0	12	20	32	45	63	90	125	180	250
>160~315	4.5	7.0	11	18	28	45	63	90	125	180	250	355
>315~630	6.0	10	16	25	40	63	90	125	180	250	355	500
>630~1000	8.0	12	20	32	50	80	112	160	224	315	450	630
>1000~1600	10	16	25	40	63	100	140	200	280	400	560	800
>1600~2500	11	18	28	45	71	112	160	224	315	450	630	900
>2500~3150	14	22	36	56	90	140	200	280	400	560	800	1120
>3150~4000	16	25	40	63	100	160	224	315	450	630	900	1250

注：F_p 和 F_{pk} 按分度圆弧长 L 查表。

表 16-28 蜗轮齿圈径向圆跳动公差 F_r 值 （单位：μm）

分度圆直径 d_2/mm	模数 m /mm	精度等级											
		1	2	3	4	5	6	7	8	9	10	11	12
≤125	≥1~3.5	3.0	4.5	7.0	11	18	28	40	50	63	80	110	125
	>3.5~6.3	3.6	5.5	9.0	14	22	36	50	63	80	100	125	160
	>6.3~10	4.0	6.3	10	16	25	40	56	71	90	112	140	180
>125~400	≥1~3.5	3.6	5.0	8	13	20	32	45	56	71	90	112	140
	>3.5~6.3	4.0	6.3	10	16	25	40	56	71	90	112	140	180
	>6.3~10	4.5	7.0	11	18	28	45	63	80	100	125	160	200
	>10~16	5.0	8	13	20	32	50	71	90	112	140	180	224
>400~800	≥1~3.5	4.5	7.0	11	18	28	45	63	80	100	125	160	200
	>3.5~6.3	5.0	8.0	13	20	32	50	71	90	112	140	180	224
	>6.3~10	5.5	9.0	14	22	36	56	80	100	125	160	200	250
	>10~16	7.0	11	18	28	45	71	100	125	160	200	250	315
	>16~25	9.0	14	22	36	56	90	125	160	200	250	315	400
>800~1600	≥1~3.5	5.0	8.0	13	20	32	50	71	90	112	140	180	224
	>3.5~6.3	5.5	9.0	14	22	36	56	80	100	125	160	200	250
	>6.3~10	6.0	10	16	25	40	63	90	112	140	180	224	280
	>10~16	7.0	11	18	28	45	71	100	125	160	200	250	315
	>16~25	9.0	14	22	36	56	90	125	160	200	250	315	400

表 16-29 蜗轮径向综合公差 F_i'' 和蜗轮一齿径向综合公差 f_i'' （单位：μm）

分度圆直径 d_2/mm	模数 m /mm	F_i''						f_i''					
		精度等级						精度等级					
		7	8	9	10	11	12	7	8	9	10	11	12
≤125	≥1~3.5	56	71	90	112	140	180	20	28	36	45	56	71
	>3.5~6.3	71	90	112	140	180	224	25	36	45	56	71	90
	>6.3~10	80	100	125	160	200	250	28	40	50	63	80	100
>125~400	≥1~3.5	63	80	100	125	160	200	22	32	40	50	63	80
	>3.5~6.3	80	100	125	160	200	250	28	40	50	63	80	100
	>6.3~10	90	112	140	180	224	280	32	45	56	71	90	112
	>10~16	100	125	160	200	250	315	36	50	63	80	100	125

（续）

分度圆直径 d_2/mm	模数 m /mm	F''_i						f''_i					
		精度等级						精度等级					
		7	8	9	10	11	12	7	8	9	10	11	12
>400~800	≥1~3.5	90	112	140	180	224	280	25	36	45	56	71	90
	>3.5~6.3	100	125	160	200	250	315	28	40	50	63	80	100
	>6.3~10	112	140	180	224	280	355	32	45	56	71	90	112
	>10~16	140	180	224	280	355	450	40	56	71	90	112	140
	>16~25	180	224	280	355	450	560	50	71	90	112	140	180
>800~1600	≥1~3.5	100	125	160	200	250	315	28	40	50	63	80	100
	>3.5~6.3	112	140	180	224	280	355	32	45	56	71	90	112
	>6.3~10	125	160	200	250	315	400	36	50	63	80	100	125
	>10~16	140	180	224	280	355	450	40	56	71	90	112	140
	>16~25	180	224	280	355	450	560	50	71	90	112	140	180

表16-30 蜗轮齿距极限偏差（$\pm f_{pt}$）值 （单位：μm）

分度圆直径 d_2/mm	模数 m /mm	精度等级											
		1	2	3	4	5	6	7	8	9	10	11	12
≤125	≥1~3.5	1.0	1.6	2.5	4.0	6	10	14	20	28	40	56	80
	>3.5~6.3	1.2	2.0	3.2	5.0	8	13	18	25	36	50	71	100
	>6.3~10	1.4	2.2	3.6	5.5	9	14	20	28	40	56	80	112
>125~400	≥1~3.5	1.1	1.8	2.8	4.5	7	11	16	22	32	45	63	90
	>3.5~6.3	1.4	2.2	3.6	5.5	9	14	20	28	40	56	80	112
	>6.3~10	1.6	2.5	4.0	6.0	10	16	22	32	45	63	90	125
	>10~16	1.8	2.8	4.5	7.0	11	18	25	36	50	71	100	140
>400~800	≥1~3.5	1.2	2.0	3.2	5.0	8	13	18	25	36	50	71	100
	>3.5~6.3	1.4	2.2	3.6	5.5	9	14	20	28	40	56	80	112
	>6.3~10	1.8	2.8	4.5	7.0	11	18	25	36	50	71	100	140
	>10~16	2.0	3.2	5.0	8.0	13	20	28	40	56	80	112	160
	>16~25	2.5	4.0	6.0	10	16	25	36	50	71	100	140	200
>800~1600	≥1~3.5	1.2	2.0	3.6	5.5	9	14	20	28	40	56	80	112
	>3.5~6.3	1.6	2.5	4.0	6.0	10	16	22	32	45	63	90	125
	>6.3~10	1.8	2.8	4.5	7.0	11	18	25	36	50	71	100	140
	>10~16	2.0	3.2	5.0	8.0	13	20	28	40	56	80	112	160
	>16~25	2.5	4.0	6.0	10	16	25	36	50	71	100	140	200

表16-31 蜗轮齿形公差 f_{f2} 值 （单位：μm）

分度圆直径 d_2/mm	模数 m /mm	精度等级											
		1	2	3	4	5	6	7	8	9	10	11	12
≤125	≥1~3.5	2.1	2.6	3.6	4.8	6	8	11	14	22	36	56	90
	>3.5~6.3	2.4	3.0	4.0	5.3	7	10	14	20	32	50	80	125
	>6.3~10	2.5	3.4	4.5	6.0	8	12	17	22	36	56	90	140
>125~400	≥1~3.5	2.4	3.0	4.0	5.3	7	9	13	18	28	45	71	112
	>3.5~6.3	2.5	3.2	4.5	6.0	8	11	16	22	36	56	90	140
	>6.3~10	2.6	3.6	5.0	6.5	9	13	19	28	45	71	112	180
	>10~16	3.0	4.0	5.5	7.5	11	16	22	32	50	80	125	200
>400~800	≥1~3.5	2.6	3.4	4.5	6.5	9	12	17	25	40	63	100	160
	>3.5~6.3	2.8	3.8	5.0	7.0	10	14	20	28	45	71	112	180
	>6.3~10	3.0	4.0	5.5	7.5	11	16	24	36	56	90	140	224
	>10~16	3.2	4.5	6.0	9.0	13	18	26	40	63	100	160	250
	>16~25	3.8	5.3	7.5	10.5	16	24	36	56	90	140	224	355
>800~1600	≥1~3.5	3.0	4.2	5.5	8.0	11	17	24	36	56	90	140	224
	>3.5~6.3	3.2	4.5	6.0	9.0	13	18	28	40	63	100	160	250
	>6.3~10	3.4	4.8	6.5	9.5	14	20	30	45	71	112	180	280
	>10~16	3.6	5.0	7.5	10.5	15	22	34	50	80	125	200	315
	>16~25	4.2	6.0	8.5	12	19	28	42	63	100	160	250	400

16.2.4.6　蜗杆传动的检验与公差

（1）圆柱蜗杆传动的精度　主要以 $\Delta F'_{ic}$、$\Delta f'_{ic}$ 和蜗轮齿面接触斑点的形状、位置与面积大小来评定。对于5级和5级以下精度的蜗杆传动，允许用蜗杆副的 $\Delta F'_{i}$ 和 $\Delta f'_{i}$ 来代替 $\Delta F'_{ic}$、$\Delta f'_{ic}$ 的检验，或以蜗杆、蜗轮相应公差组的检验组中最低值来评定传动的第Ⅰ、Ⅱ公差组的精度等级。

对于不可调中心距的蜗杆传动，检验接触斑点的同时，还应检查 Δf_a、Δf_Σ、Δf_x。其值分别列于表16-32至表16-34中。

表16-32　传动中心距极限偏差（$\pm f_a$）值　（单位：μm）

传动中心距	精度等级											
a/mm	1	2	3	4	5	6	7	8	9	10	11	12
≤30	3	5	7	11	17		26		42		65	
>30～50	3.5	6	8	13	20		31		50		80	
>50～80	4	7	10	15	23		37		60		90	
>80～120	5	8	11	18	27		44		70		110	
>120～180	6	9	13	20	32		50		80		125	
>180～250	7	10	15	23	36		58		92		145	
>250～315	8	12	16	26	40		65		105		160	
>315～400	9	13	18	28	45		70		115		180	
>400～500	10	14	20	32	50		78		125		200	
>500～630	11	15	22	35	55		87		140		220	
>630～800	13	18	25	40	62		100		160		250	
>800～1000	15	20	28	45	70		115		180		280	
>1000～1250	17	23	33	52	82		130		210		330	
>1250～1600	20	27	39	62	97		155		250		390	

表16-33　传动轴交角极限偏差（$\pm f_\Sigma$）值　（单位：μm）

蜗轮齿宽	精度等级											
b_2/mm	1	2	3	4	5	6	7	8	9	10	11	12
≤30			5	6	8	10	12	17	24	34	48	67
>30～50			5.6	7.1	9	11	14	19	28	38	56	75
>50～80			6.5	8	10	13	16	22	32	45	63	90
>80～120			7.5	9	12	15	19	24	36	53	71	105
>120～180			9	11	14	17	22	28	42	60	85	120
>180～250				13	16	20	25	32	48	67	95	135
>250						22	28	36	53	75	105	150

表16-34　传动中间平面极限偏移（$\pm f_x$）值　（单位：μm）

传动中心距	精度等级											
a/mm	1	2	3	4	5	6	7	8	9	10	11	12
≤30			5.6	9	14		21		34		52	
>30～50			6.5	10.5	16		25		40		64	
>50～80			8	12	18.5		30		48		72	
>80～120			9	14.5	22		36		56		88	
>120～180			10.5	16	27		40		64		100	
>180～250			12	18.5	29		47		74		120	
>250～315			13	21	32		52		85		130	
>315～400			14.5	23	36		56		92		145	
>400～500			16	26	40		63		100		160	
>500～630			18	28	44		70		112		180	
>630～800			20	32	50		80		130		200	
>800～1000			23	36	56		92		145		230	
>1000～1250			27	42	66		105		170		270	
>1250～1600			32	50	78		125		200		315	

进行 $\Delta F'_{ic}$、$\Delta f'_{ic}$ 和接触斑点检验的蜗杆传动，允许相应的第Ⅰ、Ⅱ、Ⅲ公差组的蜗杆、蜗轮检验组和 Δf_a、Δf_Σ、Δf_x 中任意一项超差。

（2）蜗杆副的齿侧间隙

1）圆柱蜗杆传动的齿侧间隙以最小法向侧隙 j_{nmin} 来保证。对于不可调中心距的蜗杆传动，j_{nmin} 由控制蜗杆齿厚的上极限偏差和下极限偏差来实现，即

$$\begin{cases} E_{ss1} = -\ (j_{nmin}/\cos\alpha_n + E_{s\Delta}) \\ E_{si1} = E_{ss1} - T_{s1} \end{cases} \quad (16\text{-}20)$$

$E_{s\Delta}$ 为制造误差的补偿部分。最大法向侧隙由蜗杆、蜗轮的齿厚公差 T_{s1}、T_{s2} 来确定。蜗轮齿厚上极限偏差 $T_{ss2}=0$，下极限偏差 $T_{si2}=-T_{s2}$。T_{s1}、$E_{s\Delta}$、T_{s2} 由表16-35至表16-37查得。j_{nmin} 由表16-38查取。

表16-35　蜗杆齿厚公差 T_{s1} 值　（单位：μm）

模数 m /mm	精度等级 1	2	3	4	5	6	7	8	9	10	11	12
≥1～3.5	12	15	20	25	30	36	45	53	67	95	130	190
>3.5～6.3	15	20	25	32	38	45	56	71	90	130	180	240
>6.3～10	20	25	30	40	48	60	71	90	110	160	220	310
>10～16	25	30	40	50	60	80	95	120	150	210	290	400
>16～25					85	110	130	160	200	280	400	550

注：1. 精度等级按蜗杆第Ⅱ公差组确定。

2. 对传动最大法向侧隙 j_{nmax} 无要求时，允许蜗杆齿厚公差 T_{s1} 增大，最大不超过两倍。

表16-36　螺杆齿厚上偏差（E_{ss1}）中的误差补偿部分 $E_{s\Delta}$ 值　（单位：μm）

精度等级	模数 m /mm	传动中心距 a/mm ≤30	>30～50	>50～80	>80～120	>120～180	>180～250	>250～315	>315～400	>400～500	>500～630	>630～800	>800～1000	>1000～1250	>1250～1600	>1600～2000	>2000～2500	>2500～3150	>3150～4000
5	≥1～3.5	25	25	28	32	36	40	45	48	51	56	63	71	85	100	115	140	165	190
	>3.5～6.3	28	28	30	36	38	40	45	50	53	58	65	75	85	100	120	140	165	190
	>6.3～10				38	40	45	48	50	56	60	68	75	85	100	120	145	170	190
	>10～16					45	48	50	56	60	65	71	80	90	105	120	145	170	195
6	>1～3.5	30	30	32	36	40	45	58	50	56	60	65	75	85	100	120	140	165	190
	>3.5～6.3	32	36	38	40	45	48	50	56	60	63	70	75	90	100	120	140	165	190
	≥6.3～10	42	45	45	48	50	52	56	60	63	68	75	80	90	105	120	145	170	200
	>10～16				58	60	63	65	68	71	75	80	85	95	110	125	150	175	200
	>16～25					75	78	80	85	85	90	95	100	110	120	135	160	180	200
7	≥1～3.5	45	48	50	56	60	71	75	80	85	95	105	120	135	160	190	225	270	330
	>3.5～6.3	50	56	58	63	68	75	80	85	90	100	110	125	140	160	190	225	275	335
	>6.3～10	60	63	65	71	75	80	85	90	95	105	115	130	140	165	195	225	275	335
	>10～16				80	85	90	95	100	105	110	125	135	150	170	200	230	280	340
	>16～25					115	120	120	125	130	135	145	155	165	185	210	240	290	345
8	>1～3.5	50	56	58	63	68	75	80	85	90	100	110	125	140	160	190	225	275	330
	>3.5～6.3	68	71	75	78	80	85	90	95	100	110	120	130	145	170	195	230	280	340
	>6.3～10	80	85	90	90	95	100	100	105	110	120	130	140	150	175	200	235	280	340
	>10～16				110	115	115	120	125	130	135	140	155	165	185	210	240	290	350
	>16～25					150	155	155	160	160	170	175	180	190	210	230	260	310	360
9	≥1～3.5	75	80	90	95	100	110	120	130	140	155	170	190	220	260	310	360	440	530
	>3.5～6.3	90	95	100	105	110	120	130	140	150	160	180	200	225	260	310	360	440	530
	>6.3～10	110	115	120	125	130	140	145	155	160	170	190	210	235	270	320	370	440	530
	>10～16				160	165	170	180	185	190	200	220	230	255	290	335	380	450	540
	>16～25					215	220	225	230	235	245	255	270	290	320	360	400	470	560
10	≥1～3.5	100	105	110	115	120	130	140	145	155	165	185	200	230	270	310	360	440	530
	>3.5～6.3	120	125	130	135	140	145	155	160	170	180	200	210	240	280	320	370	450	540
	>6.3～10	155	160	165	170	175	180	185	190	200	205	220	240	260	290	340	380	460	550
	>10～16				210	215	220	225	230	235	240	260	270	290	320	360	400	480	560
	>16～25					280	285	290	295	300	305	310	320	340	370	400	440	510	590

表 16-37　蜗轮齿厚公差 T_{s2} 值　（单位：μm）

分度圆直径 d_2 /mm	模数 m /mm	精度等级											
		1	2	3	4	5	6	7	8	9	10	11	12
≤125	≥1~3.5	30	32	36	45	56	71	90	110	130	160	190	230
	>3.5~6.3	32	36	40	48	63	85	110	130	160	190	230	290
	>6.3~10	32	36	45	50	67	90	120	140	170	210	260	320
>125~400	≥1~3.5	30	32	38	48	60	80	100	120	140	170	210	260
	>3.5~6.3	32	36	45	50	67	90	120	140	170	210	260	320
	>6.3~10	32	36	45	56	71	100	130	160	190	230	290	350
	>10~16					80	110	140	170	210	260	320	390
	>16~25						130	170	210	260	320	390	470
>400~800	≥1~3.5	32	36	40	48	63	85	110	130	160	190	230	290
	>3.5~6.3	32	36	45	50	67	90	120	140	170	210	260	320
	>6.3~10	32	36	45	56	71	100	130	160	190	230	290	350
	>10~16					85	120	160	190	230	290	350	430
	>16~25						140	190	230	290	350	430	550
>800~1600	≥1~3.5	32	36	45	50	67	90	120	140	170	210	260	320
	>3.5~6.3	32	36	45	56	71	100	130	160	190	230	290	350
	>6.3~10	32	36	48	60	80	110	140	170	210	260	320	390
	>10~16					85	120	160	190	230	290	350	430
	>16~25						140	190	230	290	350	430	550

注：1. 精度等级按蜗轮第Ⅱ公差组确定。

2. 在最小侧隙能保证的条件下，T_{s2} 公差带允许采用对称分布。

表 16-38　传动的最小法向侧隙 j_{nmin} 值　（单位：μm）

传动中心距 a /mm	侧隙种类							
	h	*g*	*f*	*e*	*d*	*c*	*b*	*a*
≤30	0	9	13	21	33	52	84	130
>30~50	0	11	16	25	39	62	100	160
>50~80	0	13	19	30	46	74	120	190
>80~120	0	15	22	35	54	87	140	220
>120~180	0	18	25	40	63	100	160	250
>180~250	0	20	29	46	72	115	185	290
>250~315	0	23	32	52	81	130	210	320
>315~400	0	25	36	57	89	140	230	360
>400~500	0	27	40	63	97	155	250	400
>500~630	0	30	44	70	110	175	280	440
>630~800	0	35	50	80	125	200	320	500
>800~1000	0	40	56	90	140	230	360	560
>1000~1250	0	46	66	105	165	260	420	660
>1250~1600	0	54	78	125	195	310	500	780
>1600~2000	0	65	92	150	230	370	600	920
>2000~2500	0	77	110	175	280	440	700	1100
>2500~3150	0	93	135	210	330	540	860	1350
>3150~4000	0	115	165	260	380	660	1050	1650

2）侧隙的选择。j_{nmin} 是蜗杆副不承受载荷、环境温度为20℃时测量出来的齿廓非工作面的距离。通常圆周侧隙 j_{tmin} 计算如下：

$$j_{nmin} = j_{tmin}\cos\gamma_1\cos\alpha_n \tag{16-21}$$

中心距 a 一定的情况下，把蜗轮齿厚作为基准，用减薄蜗杆齿厚获得最小侧隙 j_{nmin}。蜗轮齿厚上偏差为零，公差带为负值，所以最大侧隙 j_{nmax} 由蜗杆、蜗轮的齿厚公差 T_{s1} 和 T_{s2} 来确定。

蜗杆齿厚上偏差 E_{ss1} 主要包括两部分：

$$E_{ss1}=E_{ss1(1)}+E_{s\Delta}=-\left[(j_{nmin}/\cos\alpha_x)+\sqrt{f_a{}^2+10f_{px}{}^2}\right] \tag{16-22}$$

在选择齿侧间隙时，应考虑蜗杆传动的工作温度；润滑方式和蜗轮周速；蜗杆传动的起动次数；蜗杆传动的精度等级；转向变化的频率等。一般按经验选择 j_{nmin}，可参考表16-39。

表16-39　按经验选择侧隙 j_{nmin}

侧隙种类	*a*	*b*	*c*	*d*	*e f g h*
第Ⅰ公差组精度等级	5~12	5~12	3~9	3~8	1~6

考虑各种因素计算，可得到储存润滑油所必须的最小侧隙值：

蜗轮周速 $v_2\leqslant 3\text{m/s}$，$j_{nmin_1}\leqslant 10m$；

$v_2\leqslant 5\text{m/s}$，$j_{nmin_1}\leqslant 20m$；

$v_2>5\text{m/s}$，$j_{nmin_1}\leqslant 30m$。

分度传动 $j_{nmin}=10\sim30\mu\text{m}$。

热变形所需的 j_{nmin} 由下式计算：

$$j_{nmin_2}=[(\alpha_1d_1+\alpha_2d_2)(t_1-20)-2a\alpha_3(t_2-20)]\sin\alpha_{x1}\cos\gamma_1 \tag{16-23}$$

式中　α_1、α_2、α_3——蜗杆、蜗轮和箱体线膨胀系数，一般钢 $\alpha_1=11.5\times10^{-6}/℃$，青铜 $\alpha_2=17.5\times10^{-6}/℃$，铸铁 $\alpha_3=10.5\times10^{-6}/℃$；

t_1——工作温度（℃）；

t_2——箱体工作温度（℃）。

式（16-23）是在环境温度 $t_0=20℃$ 时计算的。

轮齿弹性变形必须的侧隙：

$$j_{nmin_3}=-2\Delta E\sin\alpha$$

中心距镗孔误差必须的侧隙：

$$j_{nmin_4}=\sqrt{f_a{}^2+10f_{pi}{}^2}=E_{s\Delta}$$

该值已含在齿厚上偏差中。

总的齿侧间隙值为

$$j_{nmin}=j_{nmin1}+j_{nmin2}+j_{nmin3} \tag{16-24}$$

由式（16-24）计算出 j_{nmin}，查表16-38，选择侧隙种类中与其相近的值。侧隙选好后，可计算出蜗杆齿厚上偏差：

$$E_{ss1}=-[(j_{nmin}/\cos\alpha_x)+E_{s\Delta}(j_{nmin})] \tag{16-25}$$

蜗杆传动的最大侧隙：

$$j_{nmax}\approx(E_{ss1}+T_{s1}+T_{s2})\cos\alpha_n+2\sin\alpha_n\sqrt{\frac{F_r^2}{4}+f_a^2}$$

式中，E_{ss1}、T_{s1}、T_{s2}、F_r 按其最大绝对值代入。

3）精度等级。在蜗杆、蜗轮的工作图样上，应标注其精度等级、齿厚极限偏差或相应的侧隙种类代号和标准代号。标注规则如下：

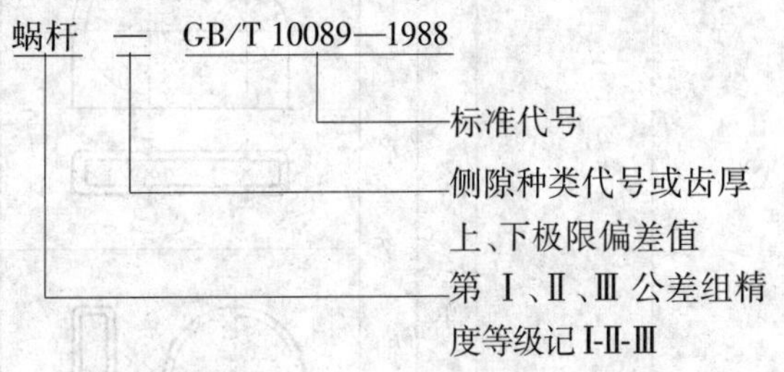

标注示例：

1）蜗杆第Ⅰ、Ⅱ、Ⅲ精度等级为5，齿厚极限偏差为标准值，侧隙种类为f。标注如下：

蜗杆　5f　GB/T 10089—1988

2）蜗轮第Ⅰ公差组为5级，第Ⅱ、Ⅲ公差组为6级，齿厚极限偏差是标准值，相配的侧隙种类为f。标注如下：

5-6-6f　GB/T 10089—1988

若蜗轮的齿厚极限偏差不是标准值，如上极限偏差为+0.10mm，下极限偏差为-0.10mm，则标注如下：

5-6-6（±0.10）　GB/T 10089—1988

3）蜗杆传动的三个公差组都为5级精度，侧隙种类为f。标注如下：

传动　5f　GB/T 10089—1988

第 17 章　减　速　器

减速器是应用于原动机和工作机之间的独立传动装置，主要功能是降低转速，增大转矩，以便带动大转矩的工作机。

减速器类型很多，并且大多数已成为标准化产品。本章主要介绍常用标准减速器的主要参数和选用方法。减速器按结构特点分为四大类，各类减速器的主要类型及特点见表 17-1。常用标准减速器的类型和适用范围见表 17-2。各类减速器承载能力的比较见图 17-1 和图 17-2。

表 17-1　减速器的主要类型及特点

类型	齿　形	级数和布置形式		传动简图	传动比	特点及应用
圆柱齿轮减速器	渐开线齿廓（有直齿、斜齿和人字齿）、圆弧齿廓（有斜齿和人字齿）	单级	水平轴	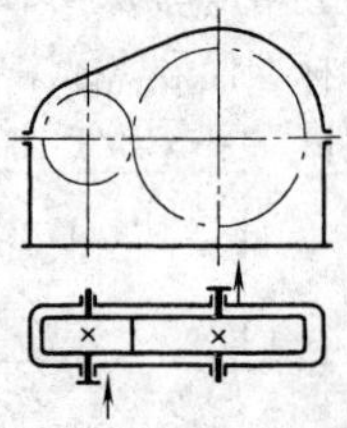	调质齿轮 $i \leqslant 7.1$；淬硬齿轮 $i \leqslant 6.3$（$i \leqslant 5.6$ 较好）	效率高，工艺简单，精度容易保证。轴线可作成水平布置、上下布置或铅垂布置 直齿用于 $v \leqslant 8\text{m/s}$ 的低速传动或轻载传动；斜齿可用于高速（v 可达 50m/s）传动；人字齿用于大型重载减速器中
			水平轴	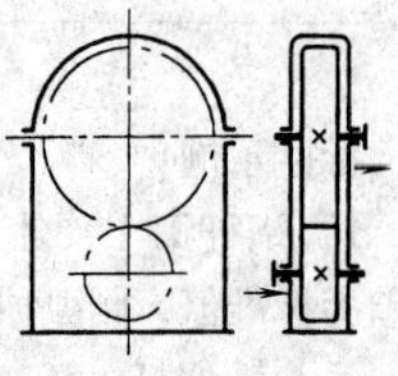		
			立轴	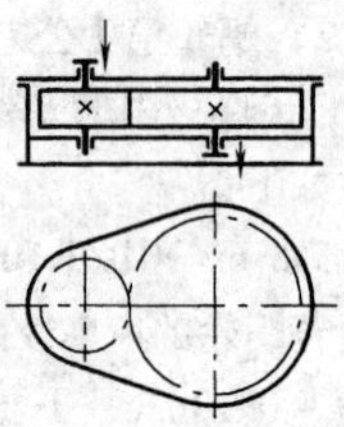		
		两级	展开式	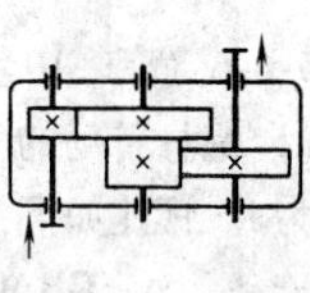	调质齿轮 $i = 7.1 \sim 50$；淬硬齿轮 $i = 7.1 \sim 31.5$（$i = 6.3 \sim 20$ 较好）	齿轮相对于轴承位置不对称，因此当轴产生弯曲变形时，载荷沿齿宽分布不均匀，则要求轴有较大刚度 它是二级减速器中结构最简单、应用最广泛的一种
			分流式	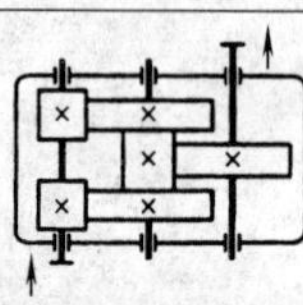	$i = 7.1 \sim 50$	高速级为对称布置的左、右旋斜齿轮，低速级可采用人字齿或直齿。载荷沿齿宽分布均匀。用于较大功率、变载场合
			同轴式	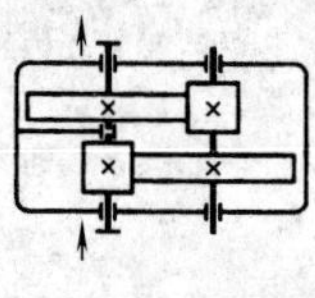	调质齿轮 $i = 7.1 \sim 50$；淬硬齿轮 $i = 7.1 \sim 31.5$	输入轴和输出轴布置在同一轴线上，长度方向尺寸减小，轴向尺寸加大，中间轴较长，刚性较差。当传动比分配适当时，二级大齿轮浸油深度大致相同 轴线可以水平、上下、铅垂布置

（续）

类型	齿　形	级数和布置形式		传动简图	传动比	特点及应用
圆柱齿轮减速器	渐开线齿廓（有直齿、斜齿和人字齿）、圆弧齿廓（有斜齿和人字齿）	三级	展开式	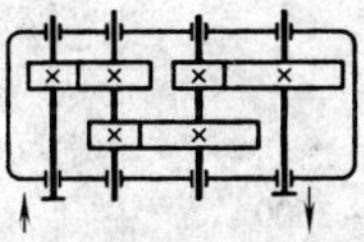	调质齿轮 $i=28\sim315$；淬硬齿轮 $i=28\sim180$（$i=22.5\sim100$ 较好）	同两级展开式
			分流式	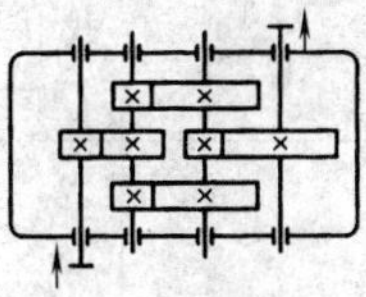	$i=28\sim315$	同两级分流式
圆锥、圆锥—圆柱齿轮减速器	直齿斜齿曲齿	单级		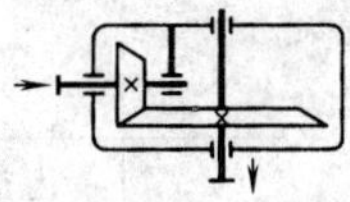	直齿 $i\leqslant5$；曲齿、斜齿 $i\leqslant8$；淬硬齿轮 $i\leqslant5$	输入轴与输出轴轴线垂直相交，制造、安装复杂，成本高，仅在设备布置需要时才选用 有水平式和立式
		两级		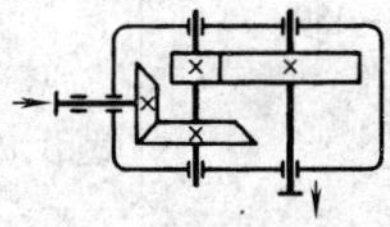	直齿 $i=6.3\sim31.5$；曲齿、斜齿 $i=8\sim40$；淬硬齿轮 $i=5\sim16$	特点同单级。圆锥齿轮应放高速级，否则加工困难。圆柱齿轮可为直齿或斜齿
		三级		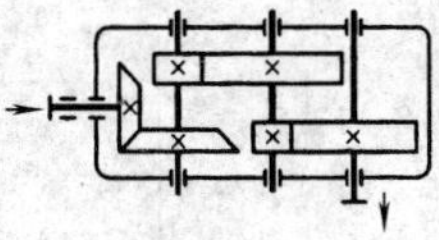	$i=35.5\sim160$；（淬硬齿轮 $i=18\sim100$）	同两级圆锥—圆柱齿轮减速器
蜗杆、蜗杆—圆柱齿轮减速器　圆柱蜗杆	阿基米德螺旋线蜗杆（普通圆柱蜗杆）、圆弧齿圆柱蜗杆（尼曼蜗杆）、锥面包络圆柱蜗杆	单级	蜗杆下置式	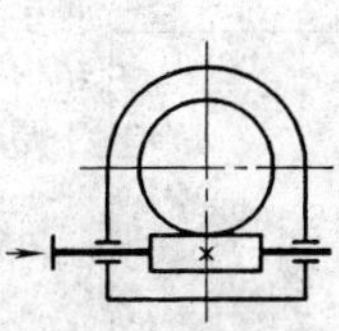	$i=10\sim80$	蜗杆布置在蜗轮的下边，有利于啮合处及蜗杆轴承处的润滑，但当蜗杆圆周速度较高时，搅油损失大。一般用于蜗杆圆周速度 $v<5\text{m/s}$ 的场合
			蜗杆上置式	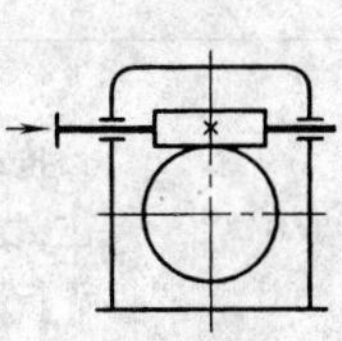		蜗杆布置在蜗轮的上边，装拆方便，但蜗杆轴承润滑不方便。一般用于蜗杆圆周速度 $v>5\text{m/s}$ 的场合
环面蜗杆	直廓环面蜗杆、平面包络环面蜗杆、平面二次包络环面蜗杆		蜗杆侧置式	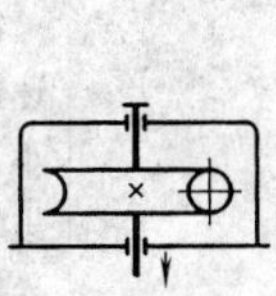	$i=5\sim100$	蜗杆放在蜗轮侧面，蜗轮轴是竖直的。对蜗轮输出轴处密封要求高。一般用于水平旋转机构的传动

（续）

类型	齿形	级数和布置形式	传动简图	传动比	特点及应用
蜗杆、蜗杆—圆柱齿轮减速器 环面蜗杆	直廓环面蜗杆、平面包络环面蜗杆、平面二次包络环面蜗杆	两级 两级蜗杆减速器	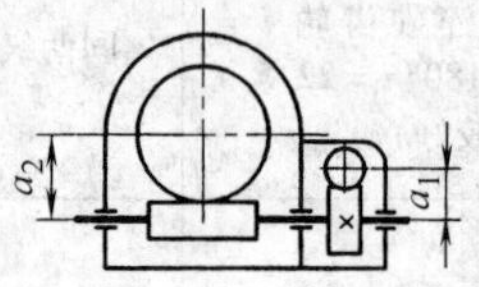	$i=43\sim3600$	传动比大，结构紧凑，但效率低。为了使高速级和低速级传动浸油深度大致相等，可取 $a_1\approx\frac{a_2}{2}$ 式中，a_1 为高速级中心距；a_2 为低速级中心距
		两级 蜗杆—齿轮减速器	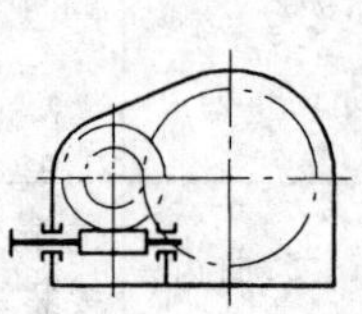	$i=50\sim250$	蜗杆在高速级，传动效率比齿轮在高速级高，但尺寸和重量较大
		两级 齿轮蜗杆减速器	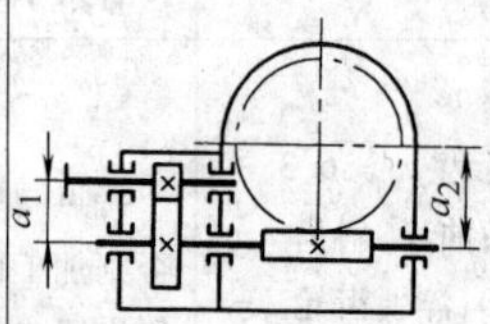	$i=15\sim480$	齿轮在高速级，结构紧凑。为了使高速级和低速级传动浸油深度大致相等，可取 $a_1\approx\frac{a_2}{2}$ 式中，a_1 为高速级中心距；a_2 为低速级中心距
行星齿轮减速器 NGW 型行星齿轮减速器	渐开线齿廓，多为直齿，有时用人字齿	单级	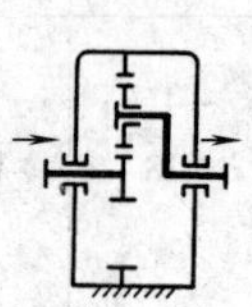	$i=2.8\sim12.5$	与普通圆柱齿轮减速器比较，体积和重量可减少 50% 左右，效率提高 3%；但结构较复杂，制造精度要求高。广泛用于要求结构紧凑的动力传动中
		两级	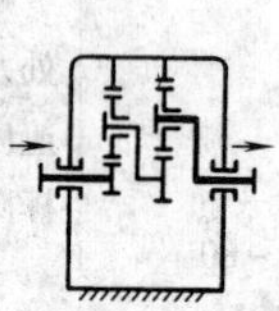	$i=14\sim160$	
行星齿轮减速器 少齿差减速器	渐开线	单级 N 型少齿差	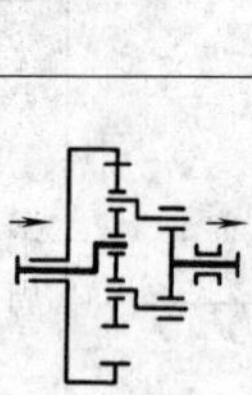	$i=10\sim160$	传动比范围大，结构紧凑，齿形易加工，装拆方便，平均效率 90% 行星轮的中心轴承受径向力较大
		单级 三环减速器	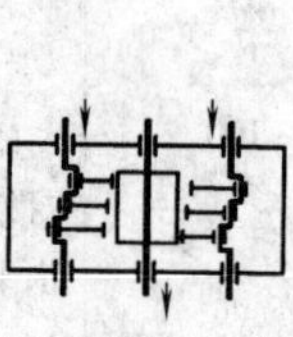	$i=11\sim99$	传动比范围大，若组合为二级三环减速器，传动比可达 9801；结构紧凑、体积小、噪声低、过载能力强；承载能力高，输出转矩可达 400kN · m；使用寿命长、零件类型少，造价低；派生系列多，适用性强

（续）

类型		齿形	级数和布置形式		传动简图	传动比	特点及应用
行星齿轮减速器	谐波齿轮减速器	渐开线	单级	刚轮固定波发生器主动柔轮输出		$i=50\sim500$（含柔轮固定，波发生器主动，刚轮输出）	传动比范围大、零件少；体积小，比一般齿轮减速器体积和重量减少20%～25%；承载能力大、传动效率高，当$i=100$时，$\eta=90\%$，$i=400$时，$\eta=80\%$；制造工艺复杂
				波发生器固定、柔轮主动，刚轮输出		$i=1.00\sim1.02$	
	摆线针轮减速器	短幅外摆线	单级			$i=11\sim87$	传动比大，若两级$i=121\sim7500$；传动效率高，$\eta=0.9\sim0.94$；传动平稳，噪声低；结构紧凑，体积小，是普通减速器的50%～80%；过载和耐冲击力强，寿命长；制造工艺复杂，需用专门机床加工

表17-2 常用标准减速器的类型和适用范围

标准	类型			传动比	功率/kW（n_1=1500r/min）	输入转速/(r/min)	环境温度/℃	适用范围	说明
	名称	分类	型号						
JB1130—1970，JB 1586—1975（圆弧）	软齿面圆柱齿轮减速器	单级	ZD（渐开线）ZDH（圆弧）	2～6.3	2.37～854	≤1500或$v\leq18$m/s，可正、反向运转	-40～45	冶金、矿山、水泥、化工、纺织、轻工等行业	属于老产品，齿轮采用软齿面，齿面硬度217～285HBW，加工简单
		两级	ZL ZLH	7.1～4.5	1.13～532				
		三级	ZS ZSH	50～280	0.85～177				
JB/T 8853—2001	硬齿面渐开线圆柱齿轮减速器	单级	ZDY	1.25～6.3	10～6666	$v\leq20$m/s，可正、反向运转	-40～45	冶金、矿山、运输、水泥、建筑、纺织、轻工等行业	齿面硬度55～62HRC，齿轮精度为6级，比JB 1130—1970软齿面减速器承载能力平均提高24倍以上，价格增加3倍左右
		两级	ZLY	6.3～20	13～4310				
		三级	ZSY	22.4～100	8～1865				

（续）

标准	类型			传动比	功率/kW（n_1=1500 r/min）	输入转速/(r/min)	环境温度/℃	适用范围	说明
	名称	分类	型号						
ZBJ 19004—1988	中硬齿面渐开线圆柱齿轮减速器	单级	ZDZ	1.25～6.3	2.54～2145	v≤20m/s，可正、反向运转	-40～45	冶金、矿山、运输、水泥、建筑、纺织、轻工等行业	硬度300～330HBW，7级精度，比软齿面齿轮减速器承载能力平均提高7倍以上
		两级	ZLZ	6.3～20	3.1～1990				
		三级	ZSZ	22.4～100	16～567				
JB/T 7000—1993	同轴式圆柱齿轮减速器	二级 双出轴型	TZL	4.83～25.85	1.48～248.5	v≤20m/s，可正、反向运转	-40～40	冶金、矿山、能源、建材、化工等行业	直联电动机为Y系列三相异步四级电动机。减速器适用于外式安装，允许输出轴向下倾斜安装，但与水平面夹角要小于20°
		二级 直联电机型	TZLD	5.04～12.73	1.1～90				
		三级 双出轴型	TZS	8.8～206.9	0.11～163.8				
		三级 直联电机型	TZSD	14.04～205.1	0.55～90				
JB/T 7337—1994	轴装式减速器	两级	ZJ	10～40	额定输出转矩630～6300N·m	≤1500，可正、反向运转	-20～40	带式输送机、斗式提升机以及轻化、纺织等行业	减速器直接装在轴上，可省去连接减速器和工作机的联轴器，安装方便
YB/T 50—1993	圆锥圆柱齿轮减速器	二级 基本型	YKL	5～16	2200	v≤20m/s	-40～45	冶金、矿山等多种行业	一级弧齿锥齿轮与单、两、三级斜齿圆柱齿轮组合而成，锥齿轮放高速级
		三级 基本型	YKS	11.2～90	2950				
		四级 基本型	YKF	90～500	1150				
Q/ZB 125—1973	阿基米德圆柱蜗杆减速器	蜗杆下置 无散热片	WD	9.67～60	输出轴许用转矩55～4000N·m	≤1500，可正、反向运转	-40～40	冶金、矿山、运输、水泥、建筑、纺织、轻工等较小型设备上	中心距a=60～360mm
		蜗杆下置 有散热片	WX						
		蜗杆侧置	WC						
		蜗杆上置	WS						

（续）

标　准	类　型			传动比	功率/kW（n_1 = 1500 r/min）	输入转速/(r/min)	环境温度/℃	适用范围	说　明
	名称	分类	型号						
JB/T 7935—1999	圆弧圆柱蜗杆减速器（尼曼蜗杆）	蜗杆下置	CWU	5～50	0.787～187.8	≤1500 可正、反向运转	<20	冶金、矿山、运输、水泥、建筑、纺织、轻工等较小型设备上	与阿基米德蜗杆减速器比较，体积小、寿命长、噪声低，传动效率提高4%
		蜗杆侧置	CWS						
		蜗杆上置	CWO						
JB/T 5559—1991	锥面包络圆柱蜗杆减速器	蜗杆下置	KWU	7.5～60	0.5～6456	≤1500 可正、反向运转	-40～40	轻工、食品、包装、医药、纺织、电子、建材等小型设备上	与阿基米德蜗杆减速器比较，承载能力提高1～2倍，效率提高5%～8%，寿命延长1倍以上
		蜗杆侧置	KWS						
		蜗杆上置	KWO						
JB/T 7930—1995	直廓环面蜗杆减速器	蜗杆下置	HWB	10～63	0.9～526	≤1500 可正、反向运转	0～40		中心距 a = 100～500mm 时，承载能力比阿基米德蜗杆减速器提高3倍以上
		蜗杆上置	HWT						
ZBJ 19021—1989	平面包络环面蜗杆减速器	蜗杆下置	TPX	10～63	0.987～582.5	≤1500	0～45	冶金、矿山、运输、水泥、建筑、纺织、轻工等较小型设备上	中心距 a = 80～500mm 时，比阿基米德蜗杆减速器承载能力提高3倍以上，效率达95%
		蜗杆侧置	TPC						
		蜗杆上置	TPS						
GB/T 16444—2008	平面二次包络环面蜗杆减速器	蜗杆下置	PWU	10～63	0.987～582.5	≤1500	0～45		中心距 a = 80～710mm 时，与阿基米德蜗杆减速器相比，承载能力提高3倍以上，效率达95%
		蜗杆侧置	PWS						
		蜗杆上置	PWO						

（续）

标准	类型 名称	类型 分类	类型 型号	传动比	功率/kW (n_1 = 1500 r/min)	输入转速/(r/min)	环境温度/℃	适用范围	说明
JB/T 6502—1993	NGW 行星齿轮减速器	单级行星	NAD	4～9	25.6～9705.3	≤1500 直齿轮 v≤15m/s 斜齿轮 v≤20m/s 可正、反向运转	-40～45	冶金、矿山、运输、建材、轻工、能源、交通等	齿轮毛坯为17CrNiMo、20CrMnTi，齿面经渗碳淬火、磨齿，硬度58～62HRC。齿轮精度，太阳轮、行星轮为6级，内齿轮为7级。运转平稳、噪声低，设计寿命10年 在相同条件下，比普通圆柱齿轮轻1/2以上。根据连接形式，分为底座连接和法兰连接
		单级行星和一级定轴	NAZD	10～18	15.6～1662				
		两级行星	NBD	20～50	17.6～5075.4				
		两级行星和一级定轴	NBZD	56～125	6.2～786.4				
		三级行星	NCD	112～400	5.5～2260.3				
		三级行星和一级定轴	NCZD	450～1250	1.7～320.1				
JB/T 6135—1992	混合少齿差行星变速器	单级传动	HB	25～71	0.46～43.44	≤1000	-40～45	矿山、橡胶、锅炉、冶金、建筑、化工、石油、起重、运输、纺织、通用、轻工和食品等行业	这是在混合少齿差减速器基础上发展起来的。改变输入轴或输出轴转向可得到 i_1、i_2、$-i_2$ 三种传动比
		带转矩控制器	HBN	125～355	0.14～140	≤1500			
		两台减速器串联	HBJ	2240～8700	0.55～7.5	≤750			
GB/T 14118—1993	谐波传动减速器	单级	XB	63～250	输出转矩2.5～6300 N·m	≤3000	-40～55	航天、航空、能源、医疗器械、机器人、原子能、仪器仪表、影视照明等行业	
JB/T 2982—1994	摆线针轮减速器	一级 双轴型(卧式)	ZW	11～87	0.09～15	≤1500	≤40	起重运输、矿山、冶炼、石油化工、纺织、印染以及轻工食品多种行业中	除卧式外，还有立式，将型号中W改为L
		二级 双轴型(卧式)	ZWE	20～128	0.06～18.79				
		三级 双轴型(卧式)	ZWS						
		一级 直联型(卧式)	ZWD	11～87	0.09～15		-40～45		
		二级 直联型(卧式)	ZWED	20～128	0.09～18.5				
		三级 直联型(卧式)	ZWSD						

注：各类减速器在起动前环境温度若低于0℃时，润滑油应预热；高于45℃（或40℃）时，润滑油应采取冷却措施。

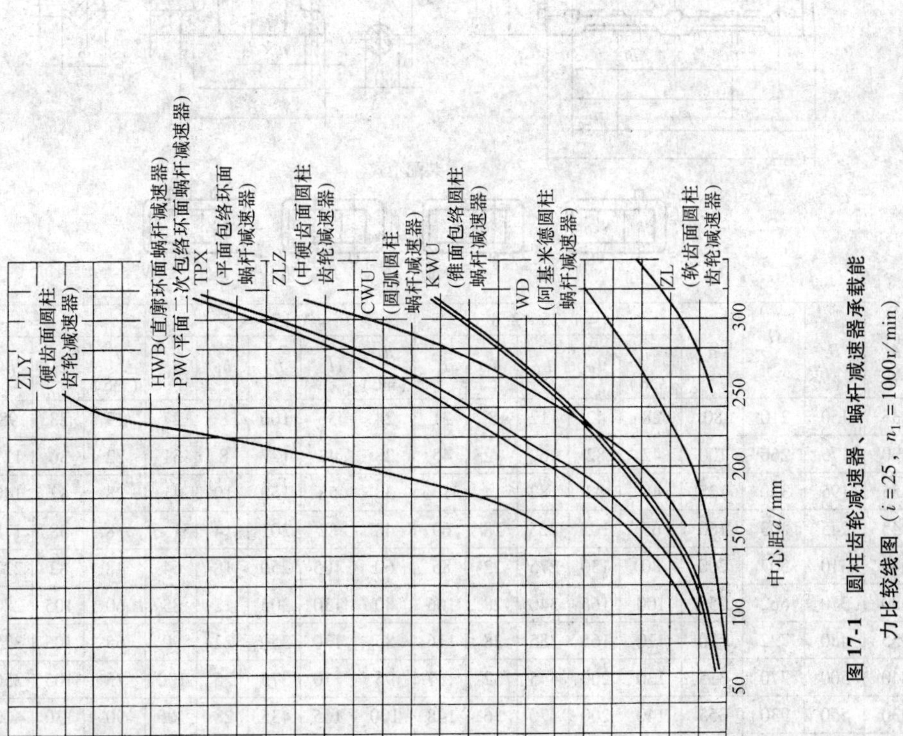

图 17-1　圆柱齿轮减速器、蜗杆减速器承载能力比较线图（$i=25$，$n_1=1000\mathrm{r/min}$）

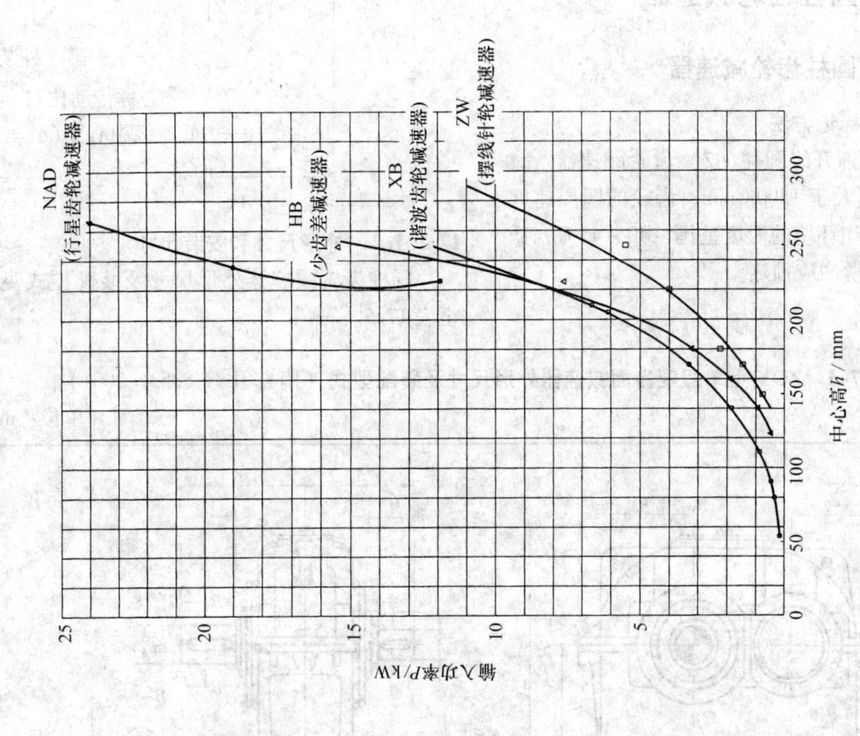

图 17-2　行星齿轮少齿差、谐波、摆线针轮减速器承载能力比较线图

17.1　渐开线圆柱齿轮减速器

17.1.1　硬齿面圆柱齿轮减速器

17.1.1.1　型式和标记方法

这类减速器是渐开线圆柱（Z）齿轮减速器。减速器高速轴转速不大于1500r/min，齿轮的圆周速度不大于20m/s；工作环境的温度范围 -40～45℃，低于0℃，起动前润滑油应预热。

标记示例：

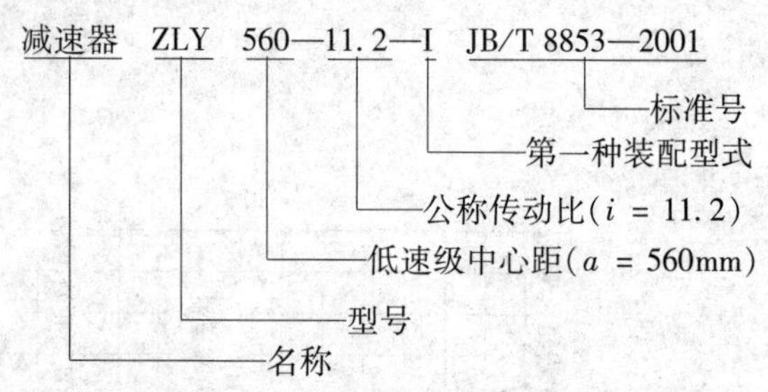

17.1.1.2　外形尺寸和安装尺寸

圆柱齿轮减速器外形尺寸及装配型式见表17-3至表17-5。

表17-3　ZDY型单级硬齿面减速器外形尺寸及装配型式（摘自JB/T 8853—2001）

（单位：mm）

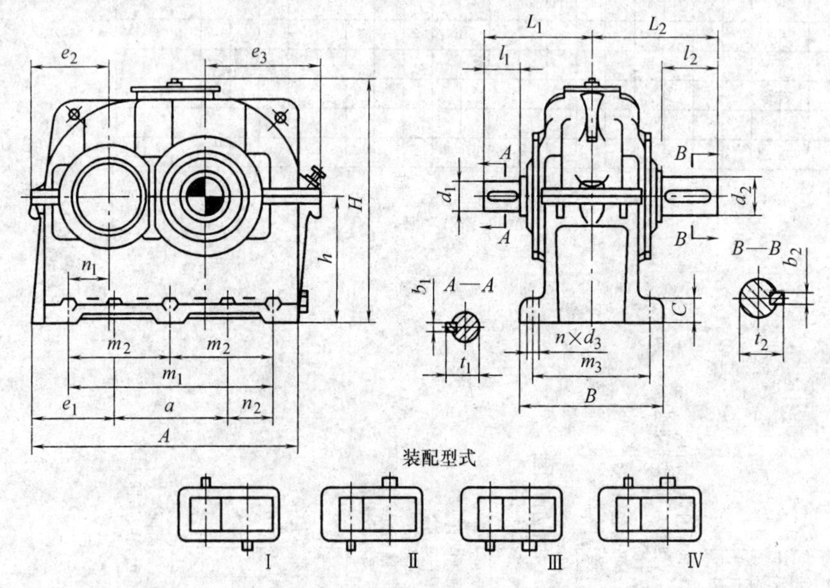

规格	A	B	H ≈	a	i=1.25～2.8					i=3.15～4.5					i=5～5.6				
					d_1 (m6)	l_1	L_1	b_1	t_1	d_1 (m6)	l_1	L_1	b_1	t_1	d_1 (m6)	l_1	L_1	b_1	t_1
80	235	150	210	80	28	42	112	8	31	24	36	106	8	27	19	28	98	6	21.5
100	290	175	260	100	42	82	167	12	45	28	42	127	8	31	22	36	121	6	24.5
125	355	195	330	125	48	82	182	14	51.5	38	58	158	10	41	28	42	142	8	31
160	445	245	403	160	65	105	225	18	69	48	82	202	14	51.5	38	58	178	10	41
200	545	310	507	200	80	130	275	22	85	60	105	250	18	64	48	82	227	14	51.5
250	680	370	662	250	100	165	340	28	106	80	130	305	22	85	60	105	280	18	64
280	755	450	722	280	110	165	385	28	116	85	130	350	22	90	65	105	325	18	69
315	840	500	770	315	130	200	445	32	137	95	130	375	25	100	75	105	350	20	79.5
355	930	550	930	355	140	200	470	36	148	100	165	435	28	106	90	130	400	25	95
400	1040	605	982	400	150	200	485	36	158	110	165	450	28	116	95	130	415	25	100
450	1150	645	1090	450	160	240	545	40	169	120	165	470	32	127	100	165	470	28	106
500	1290	710	1270	500	180	240	580	45	190	130	200	540	32	137	120	165	505	32	127
560	1440	780	1360	560	200	280	660	45	210	150	200	580	36	158	130	200	580	32	137

（续）

规格	d_2（m6）	l_2	L_2	b_2	t_2	C	m_1	m_2	m_3	n_1	n_2	e_1	e_2	e_3	h	地脚螺栓孔		重量/kg	参考润滑油量/L
																d_1	n		
80	32	58	128	10	35	18	180		120	40	60	67.5	81	101	100	12	4	14	0.9
100	48	82	167	14	51.5	22	225		140	52.5	72.5	85	102	122	125	15	4	35	1.6
125	55	82	182	16	59	25	290		160	65	100	97.5	119	155	160	15	4	76	3.2
160	70	105	225	20	74.5	32	355		200	73	122	118	141	190	200	18.5	4	115	6.5
200	90	130	275	25	95	40	425		255	80	145	140	169	235	250	24	4	228	12.8
250	110	165	340	28	116	50	550	275	305	110	190	175	214	295	315	28	6	400	23
280	130	200	420	32	137	50	620	310	380	120	220	187.5	228	328	355	28	6	540	36
315	140	200	445	36	148	63	700	350	420	137.5	247.5	207.5	254	364	400	35	6	800	45
355	150	200	470	36	158	63	770	385	470	142.5	272.5	222.5	269	397	450	35	6	870	70
400	160	240	525	40	169	80	850	425	510	150	300	245	304	454	500	42	6	1640	90
450	170	240	545	40	179	80	950	475	550	165	335	265	331	501	560	42	6	2100	125
500	190	280	620	45	200	100	1080	540	610	190	390	295	418	618	630	42	6	3100	180
560	240	330	790	56	252	100	1200	600	680	205	435	325	432	662	710	48	6	3730	250

表 17-4　ZLY 型两级硬齿面减速器外形尺寸及装配型式（摘自 JB/T 8853—2001）

（单位：mm）

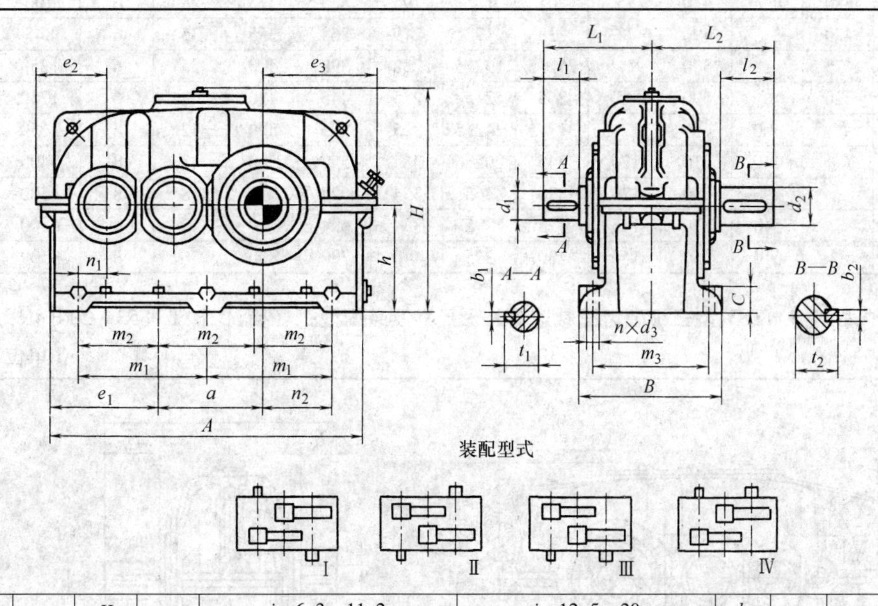

规格	A	B	H ≈	a	$i=6.3\sim11.2$					$i=12.5\sim20$					d_2（m6）	l_2	L_2	b_2	t_2
					d_1	l_1	L_1	b_1	t_1	d_1	l_1	L_1	b_1	t_1					
112	385	215	265	192	24	36	141	8	27	22	36	141	6	24.5	48	82	192	14	51.5
125	425	235	309	215	28	42	157	8	31	24	36	151	8	27	55	82	207	16	59
140	475	245	335	240	32	58	185	10	35	28	42	167	8	31	65	105	230	18	69
160	540	290	375	272	38	58	198	10	41	32	58	198	10	35	75	105	245	20	79.5
180	600	320	435	305	42	82	232	12	45	32	58	208	10	35	85	130	285	22	90
200	665	355	489	340	48	82	247	14	51.5	38	58	223	10	41	95	130	300	25	100
224	755	390	515	384	48	82	267	14	51.5	42	82	267	12	45	100	165	355	28	106
250	830	450	594	430	60	105	315	18	64	48	82	292	14	51.5	110	165	380	28	116
280	920	500	670	480	65	105	340	18	69	55	82	317	16	59	130	200	440	32	137
315	1030	570	780	539	75	105	365	20	79.5	60	105	365	18	64	140	200	470	36	148
355	1150	600	870	605	85	130	410	22	90	70	105	385	20	74.5	170	240	530	40	179

（续）

规格	A	B	H ≈	a	i = 6.3 ~ 11.2					i = 12.5 ~ 20					d_2 (m6)	l_2	L_2	b_2	t_2
					d_1	l_1	L_1	b_1	t_1	d_1	l_1	L_1	b_1	t_1					
400	1280	690	968	680	90	130	440	25	95	80	130	440	22	85	180	240	560	45	190
450	1450	750	1065	765	100	165	515	28	106	85	130	480	22	90	220	280	640	50	231
					i = 6.3 ~ 12.5					i = 14 ~ 20									
500	1600	830	1190	855	110	165	555	28	116	95	130	520	25	100	240	330	730	56	252
560	1760	910	1320	960	120	165	575	32	127	110	165	575	28	116	280	380	820	63	292
630	1980	1010	1480	1080	140	200	660	36	148	120	165	625	32	127	300	380	870	70	314
710	2220	1110	1653	1210	160	240	740	40	169	140	200	700	36	148	340	450	990	80	355

规格	C	m_1	m_2	m_3	n_1	n_2	e_1	e_2	e_3	h	地脚螺栓孔		重量 /kg	参考润滑油量/L
											d_3	n		
112	22	160		180	43	85	75.5	92	134	125	15	6	60	3
125	25	180		200	45	100	77.5	98	153	140	15	6	69	4.3
140	25	200		210	47.5	112.5	85	106	171	160	15	6	105	6
160	32	225		245	58	120	103	126	188	180	18.5	6	155	8.5
180	32	250		275	60	135	110	134	209	200	18.5	6	185	11.5
200	40	280		300	65	155	117.5	148	238	225	24	6	260	16.5
224	40	310		335	70	165.5	137.5	168	263	250	24	6	370	23
250	50	350		380	80	190	145	184	293	280	28	6	527	32
280	50	380		430	75	205	155	195	325	315	28	6	700	46
315	63	420		490	78	223	173	219	364	355	35	6	845	65
355	63	475		520	92.5	252.5	192.5	238	398	400	35	6	1250	90
400	80	520		590	95	265	215	275	445	450	42	6	1750	125
450	80		400	650	117.5	317.5	242.5	305	505	500	42	8	2650	180
500	100		440	710	120	345	262.5	337	557	560	48	8	3400	250
560	100		490	790	120	390	265	354	624	630	48	8	4500	350
630	125		540	870	115	425	295	384	694	710	56	8	6800	350
710	125		610	950	140	480	335	440	780	800	56	8	8509	520

表 17-5　ZSY 型三级硬齿面减速器外形尺寸及装配型式（摘自 JB/T 8853—2001）

（单位：mm）

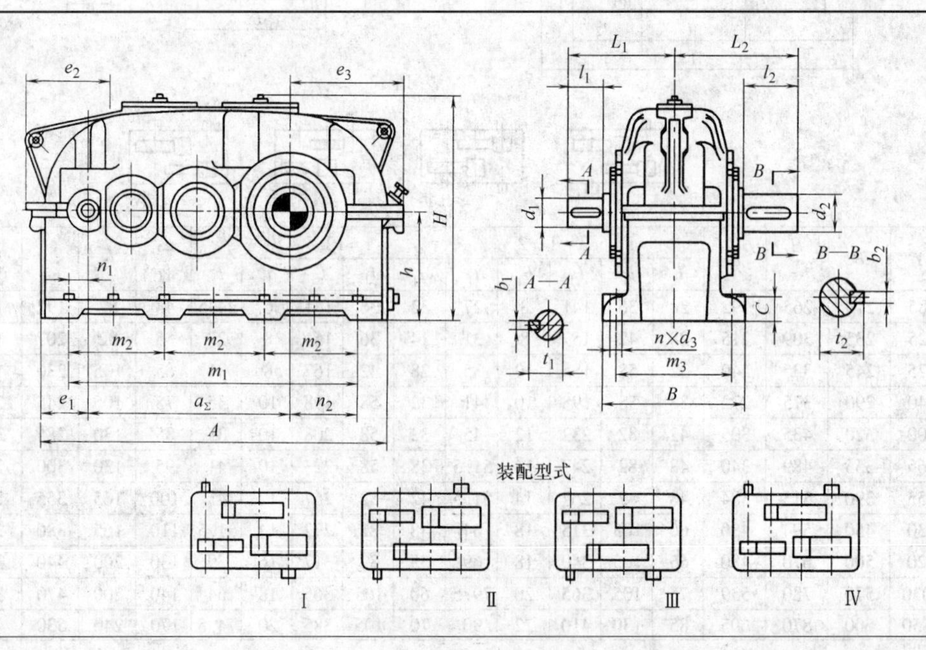

（续）

规格	A	B	H ≈	a_{Σ}	$i=22.4\sim71$					$i=80\sim100$					d_2 (m6)	l_2	L_2	b_2	t_2
					d_1 (m6)	l_1	L_1	b_1	t_1	d_1 (m6)	l_1	L_1	b_1	t_1					
160	600	290	375	352	24	36	166	8	27	19	28	158	6	21.5	75	105	245	20	79.5
180	665	320	435	395	28	42	187	8	31	22	36	181	6	24.5	85	130	285	22	90
200	745	355	492	440	32	58	218	10	35	22	36	196	6	24.5	95	130	300	25	100
224	840	390	535	496	38	58	233	10	41	24	36	211	8	27	100	165	355	28	106
250	930	450	589	555	42	82	282	12	45	32	58	258	10	35	110	165	380	28	116
280	1025	500	662	620	48	82	307	14	51.5	38	58	283	10	41	130	200	440	32	137
315	1160	570	749	699	48	82	337	14	51.5	42	82	337	12	45	140	200	470	36	148
					$i=22.4\sim35.5$					$i=40\sim90$									
355	1280	600	870	785	60	105	380	18	64	48	82	357	14	51.5	170	240	530	40	179
400	1420	690	968	880	65	105	410	18	69	55	82	387	16	59	180	240	560	45	190
450	1610	750	1067	989	70	105	450	20	74.5	60	105	450	18	64	220	280	640	50	231
					$i=22.4\sim45$					$i=50\sim90$									
500	1790	830	1170	1105	80	130	515	22	85	65	105	490	18	69	240	330	730	56	252
560	2010	910	1320	1240	95	130	530	25	100	75	105	505	20	79.5	280	380	820	63	292
630	2260	1030	1480	1395	110	165	625	28	116	85	130	590	22	90	300	380	880	70	314
710	2540	1160	1655	1565	120	165	685	32	127	90	130	650	25	95	340	450	1010	80	355

规格	C	m_1	m_2	m_3	n_1	n_2	e_1	e_2	e_3	h	地脚螺栓孔		重量 /kg	参考润滑油量/L
											d_3	n		
160	32	510	170	245	38	120	83	107	188	180	18.5	8	170	10
180	32	570	190	275	37.5	137.5	85	109	209	200	18.5	8	205	14
200	40	630	210	300	40	150	97.5	128	238	225	24	8	285	19
224	40	705	235	335	43.5	165.5	110.5	141	263	250	24	8	395	26
250	50	810	270	380	60	195	120	158	293	280	28	8	540	36
280	50	855	285	430	35	200	120	160	325	315	28	8	750	53
315	63	960	320	490	40	218	143	189	364	355	35	8	940	75
355	63	1080	360	520	42.5	252.5	143	188	398	400	35	8	1400	115
400	80	1200	400	590	45	275	155	215	445	450	42	8	1950	160
450	80	1350	450	650	48	313	178	240	505	500	42	8	2636	220
500	100	1500	500	710	59	332.5	200	277	557	560	48	8	3800	300
560	100	1680	560	790	70	370	235	324	624	630	48	8	5100	450
630	125	1890	630	890	72.5	422.5	255	344	694	710	56	8	7060	520
710	125	2130	710	1000	92.5	472.5	297.5	400	780	800	56	8	9205	820

17.1.1.3　承载能力

减速器的承载能力受机械强度和热平衡许用功率两方面的限制，因此减速器的选用必须通过两个功率表。减速器的功率 P_1 和热功率 P_{G1}、P_{G2} 列于表 17-6 至表 17-11。减速器的工况系数 K_A 列于表 17-12。减速器载荷分类列于表 17-13。热功率影响系数 K_1、K_2、K_3 列于表 17-14。减速器安全系数 S_A 见表 17-15。

表 17-6　ZDY 减速器功率 P_1

公称传动比 i	公称转速(r/min)		规　格/mm												
	输入 n_1	输入 n_2	80	100	125	160	200	250	280	315	355	400	450	500	560
			公称输入功率 P_1/kW												
1.25	1500	1200	57	103	205	360	633	1121							
	1000	800	40	69	140	260	446	807							
	750	600	31	52	105	190	348	636							
1.4	1500	1070	53	96	194	326	616	1109							
	1000	715	37	65	132	240	433	794							
	750	535	29	48	102	180	337	624							
1.6	1500	940	49	92	180	310	587	1068	1473	1996	2766				
	1000	625	34	63	125	217	410	760	1051	1430	1992				
	750	470	27	50	98	168	319	595	824	1124	1569				
1.8	1500	835	45	87	173	290	557	1024	1411	1925	2663				
	1000	555	31	62	120	206	389	726	1002	1372	1906				
	750	415	24	48	95	160	302	567	784	1074	1497				
2	1500	750	39	80	158	278	526	970	1339	1827	2536				
	1000	500	27	55	110	194	367	684	946	1296	1806	2547	3578	4793	
	750	375	21	43	85	150	284	534	738	1013	1414	1999	2821	3775	5169
2.24	1500	670	36	70	141	264	484	914	1236	1711	2377				
	1000	445	25	49	98	183	337	645	874	1207	1683	2402	3397	4512	
	750	350	19	38	76	142	262	503	682	941	1314	1878	2667	3538	4833
2.5	1500	600	32	64	127	245	447	855	1154	1617	2264				
	1000	400	22	45	88	170	311	601	812	1136	1596	2235	3182	4353	
	750	300	17	35	68	132	241	468	633	884	1243	1742	2492	3406	4645
2.8	1500	535	27	53	115	224	409	789	1063	1489	2068				
	1000	360	19	37	80	155	284	552	746	1048	1456	2049	2945	4000	
	750	270	15	29	62	120	220	429	580	816	1134	1593	2296	3118	4232
3.15	1500	475	23	47	96	203	375	709	990	1359	1924	2658	3790	5036	6666
	1000	315	16	33	67	140	260	496	695	952	1352	1817	2681	3607	4807
	750	235	13	25	52	109	202	385	540	740	1052	1458	2084	2802	3747
3.55	1500	425	20	41	85	179	337	639	898	1210	1730	2410	3407	4460	6119
	1000	280	14	28	59	124	234	446	628	845	1210	1694	2396	3196	4395
	750	210	11	22	46	96	181	346	488	655	940	1312	1856	2483	3419
4	1500	375	17	34	69	155	300	570	774	1095	1555	2146	2981	3985	5651
	1000	250	12	24	48	107	208	396	539	764	1088	1501	2090	2838	4033
	750	187	9	18	37	83	161	307	418	590	844	1160	1618	2199	3128
4.5	1500	335	14	29	55	137	260	495	703	997	1367	1878	2619	3635	4912
	1000	220	9.5	20	38	95	180	344	488	694	953	1311	1832	2582	3485
	750	166	7	15	30	73	139	266	378	536	738	1015	1416	1997	2694
5	1500	300	11	25	48	121	229	451	608	864	1179	1680	2340	3149	4400
	1000	200	8	17	33	84	159	313	422	599	820	1168	1629	2231	3125
	750	150	6	13	26	65	123	242	326	462	633	900	1257	1724	2418
5.6	1500	270	10	20	40	109	211	389	531	779	1031	1564	2038	2791	3778
	1000	180	7	14	27	75	146	270	368	540	716	1088	1417	1969	2670
	750	134	5	11	21	59	113	208	285	416	554	838	1092	1519	2061
6.3	1500	240		16	36	90	175	353	465	651	944	1313	1804	2547	3342
	1000	160		11	25	63	121	244	322	451	655	911	1252	1795	2356
	750	120		9	19	49	94	189	249	349	507	704	964	1388	1817

注：$i=6.3$ 无标准施工图样，如欲采用 $i=6.3$，需特殊设计齿轮轴与轴承结构。

表 17-7　ZDY 减速器热功率 P_{G1}、P_{G2}

散热冷却条件			规格/mm												
没有冷却措施	环境条件	环境气流速度 v/(m/s)	80	100	125	160	200	250	280	315	355	400	450	500	560
			P_{G1}/kW												
	小空间	≥0.5	13	20	31	48	77	115	145	182	228	286	365	440	542
	较大空间	≥1.4	18	29	43	68	110	160	210	270	320	415	515	620	770
	在户外露天	≥3.7	24	38	59	92	145	220	275	360	425	550	690	840	1020
盘状管冷却或循环油润滑	环境条件	水管内径 d/mm	8	8	8	12	12	15	15	20	20	20	20	20	20
		环境气流速度 v/(m/s)	P_{G2}/kW												
	小空间	≥0.5	48	65	90	180	300	415	490	610	695	870	1010	1190	1300
	较大空间	≥1.4	48	75	100	200	330	465	550	695	790	1000	1160	1380	1530
	在户外露天	≥3.7	54	90	120	220	365	520	625	790	900	1140	1340	1600	1780

注：当采用循环油润滑时，可按润滑系统计算适当提高 P_{G2}。

表 17-8　ZLY 减速器功率 P_1

公称传动比 i	公称转速(r/min) 输入 n_1	输出 n_2	112	125	140	160	180	200	224	250	280	315	355	400	450	500	560	630	710
			公称输入功率 P_1/kW																
6.3	1500	240	37.4	54	73	114	157	221	305	424	578	791	1156	1650	2192	3132	4310		
	1000	160	26.4	37.4	50	78	109	153	211	294	400	548	802	1146	1558	2181	3000	4347	6229
	750	120	19.5	28.6	38.5	60	84	119	163	227	308	422	618	884	1213	1685	2320	3357	4884
7.1	11500	210	34	49	66	104	143	201	277	385	525	719	1051	1500	1993	2847	3817		
	1000	140	24	34	45.5	71	99	139	192	267	364	498	729	1042	1416	1983	2731	3952	5663
	750	106	17.7	26	35	54.5	76	108	148	206	280	384	562	804	1103	1532	2109	3052	4440
8	1500	185	32	43	61	94.5	130	181.5	250	347	469	678	932	1309	1869	2489	3520		
	1000	125	21.5	29.5	42.4	64	93	126	173	241	325	470	646	908	1298	1730	2447	3398	5019
	750	94	17	23	33	49	69	97	133	186	251	362	498	700	1000	1333	1887	2619	3881
9	1500	167	29	38.5	56	81	119	165.5	227	315	423	612	841	1182	1689	2248	3183		
	1000	111	20	27	38.5	55	82.5	115	157	218	293	424	583	819	1172	1561	2210	3068	4537
	750	83	15	20.5	30	42	64	88	121	168	226	327	449	631	903	1202	1703	2363	3502
10	1500	150	26	35	50	73	109	149	204	284	383	555	762	1070	1530	2038	2883		
	1000	100	18	24	35	50	75	103	142	197	266	384	528	742	1061	1414	2001	2777	4112
	750	75	14	18.5	26.6	38	58	80	109	152	204	296	407	571	817	1088	1541	2139	3172
11.2	1500	134	23	31.5	45	66	96	133	184	255	346	500	688	966	1381	1839	2604		
	1000	89	16	22	31	45	67	92	127	177	240	347	477	669	957	1275	1806	2506	3711
	750	67	12	17	24	35	51	71	98	136	185	267	367	516	737	982	1391	1930	2862
12.5	1500	120	21	28	40	59	83	116.5	165	229	311	450	618	869	1242	1654	2341		
	1000	80	14	19.5	28	40	57	81	114	159	216	312	428	601	860	1146	1621	2251	3338
	750	60	11	15	21	31	44	63	88	122	166	240	330	463	663	882	1249	1734	2573
14	1500	107	18.5	25	36	52.5	74	105	148	206	279	404	555	779	1115	1485	2162	2918	4318
	1000	71	12.5	17.5	25	36	51	73	102	142	193	280	384	540	772	1028	1455	2020	2996
	750	54	9.8	13	19	27.6	39	56	79	110	149	216	296	416	594	792	1120	1555	2310
16	1500	94	16	22	31	47.5	70.5	98	133	185	251	362	498	700	1000	1333	1887	2619	3879
	1000	62	11	15	21.5	32	49	68	92	128	174	251	345	484	693	923	1306	1812	2690
	750	47	8	11.5	17	25	38	53	71	99	134	193	266	373	533	711	1005	1395	2073
18	1500	83	14	19.5	28	42.5	60.5	86	115	161	225	326	448	629	899	1197	1697	2353	3487
	1000	56	10	13.5	19.6	29	42	59.5	80	111	156	226	310	435	622	829	1175	1628	2417
	750	42	7.5	10.5	15	22	32	46	61	86	120	174	239	335	479	638	905	1252	1861
20	1500	75	13	18	25.5	38	59	77	103	142	205	296	418	587	839	1120	1580	2200	3260
	1000	50	9	12	18	26.5	41	53.5	72	95	142	205	279	392	560	746	1050	1460	2170
	750	38	6.8	9.5	14	20	32	41	55	76	109	158	210	295	420	562	735	1120	1635

表 17-9　ZLY 减速器热功率 P_{G1}、P_{G2}

散热冷却条件			规格/mm																
没有冷却措施	环境条件	环境气流速度 v/(m/s)	112	125	140	160	180	200	224	250	280	315	355	400	450	500	560	630	710
			P_{G1}/kW																
	小空间	≥0.5	16	20	24	30	38	48	60	74	92	115	145	181	226	276	345	430	540
	较大空间	≥1.4	20	28	35	43	54	67	87	105	130	165	210	255	320	405	485	620	760
	在户外露天	≥3.7	30	38	47	57	73	88	115	140	175	220	275	345	420	530	650	810	1000
盘状管冷却或循环油润滑		水管内径 d/mm	8	8	15	15	15	15	15	15	15	15	20	20	20	20	20	20	20
	环境条件	环境气流速度 v/(m/s)	P_{G2}/kW																
	小空间	≥0.5	34	41	98	105	150	170	200	225	266	280	305	365	415	490	550	680	800
	较大空间	≥1.4	38	50	109	116	170	190	225	260	305	330	370	440	510	620	690	870	1010
	在户外露天	≥3.7	48	60	120	130	200	210	250	295	350	385	435	530	610	750	860	1060	1250

注：当采用循环油润滑时，可按润滑系统计算适当提高 P_{G2}。

表 17-10　ZSY 减速器功率 P_1

公称传动比 i	公称转速/(r/min) 输入 n_1	输出 n_2	160	180	200	224	250	280	315	355	400	450	500	560	630	710
			公称输入功率 P_1/kW（规格/mm）													
22.4	1500	67	34	51	68	98	131	182	270	400	530	780	1065	1450	1865	—
	1000	44	24	35	48	68	91	128	185	262	355	540	750	1025	1325	1905
	750	33	18	27	37	52	70	97	135	215	275	415	580	800	1030	1485
25	1500	60	32	46	63	96	115	157	240	365	470	705	1020	1405	1865	—
	1000	40	22	31	43	66	80	108	163	250	315	465	705	975	1325	1905
	750	30	16	24	33	51	60	84	122	195	240	350	540	750	1030	1485
28	1500	54	29	42	59	86	113	142	220	325	425	625	945	1260	1800	—
	1000	36	20	29	41	60	75	98	148	215	280	420	650	870	1245	1760
	750	27	15	22	31	46	56	76	114	160	210	310	500	670	960	1355
31.5	1500	48	26	37	51	79	95	127	197	290	395	560	840	1140	1600	—
	1000	32	17	26	35	55	63	86	132	195	370	370	585	790	1110	1565
	750	24	14	20	27	42	49	65	100	145	200	280	450	605	855	1200
35.5	1500	42	23	34	47	70	88	117	178	275	350	510	755	1025	1450	—
	1000	28	15	23	32	48	59	80	118	180	235	340	520	710	1000	1410
	750	21	12	18	25	37	44	61	90	140	175	255	405	545	750	1090
40	1500	38	21	30	42	64	79	107	158	235	325	465	675	930	1300	—
	1000	25	17	21	29	40	53	71	108	160	210	315	465	640	900	1315
	750	19	11	16	22	31	41	55	80	125	155	235	360	465	680	1015
45	1500	33	17	24	34	46	70	96	142	215	280	410	615	850	1130	—
	1000	22	12	16	24	32	47	64	95	145	185	280	425	590	770	1150
	750	17	9	12	18	25	36	50	74	110	140	210	320	450	600	885
50	1500	30	15	22	32	46	63	85	128	195	245	360	540	750	1030	1490
	1000	20	11	15	22	31	43	59	85	130	165	240	370	520	710	1030
	750	15	8	12	17	24	32	43	65	95	125	180	290	400	550	795
56	1500	27	15	21	31	43	56	76	112	170	220	310	480	675	955	1340
	1000	18	10	15	22	30	38	52	77	115	145	210	330	470	660	930
	750	13.4	8	11	17	23	28	40	58	90	110	160	255	360	510	715

（续）

公称传动比 i	公称转速/(r/min) 输入 n_1	输出 n_2	160	180	200	224	250	280	315	355	400	450	500	560	630	710
			公称输入功率 P_1/kW													
63	1500	24	12	17	23	37	45	61	102	145	195	280	425	605	860	1170
	1000	16	8	12	16	25	30	42	70	100	130	190	290	420	600	810
	750	12	6	9	12	20	23	32	52	75	100	140	225	325	460	620
71	1500	21	11	17	23	33	40	56	90	130	185	245	390	540	770	1045
	1000	14	8	11	15	23	27	38	60	90	115	170	270	370	540	725
	750	10.6	6	9	12	18	21	29	45	65	90	125	210	285	410	555
80	1500	18.8	9	13	18	26	36	51	80	115	155	225	340	470	675	960
	1000	12.5	6	9	12	18	24	34	54	80	100	150	240	330	470	665
	750	9.4	4	7	10	14	19	27	42	60	80	110	185	250	360	510
90	1500	16.7	8	12	18	25	33	46	74	105	140	200	305	395	590	765
	1000	11.1	6	8	12	17	22	30	49	70	95	130	200	278	405	530
	750	8.3	4	6	9	13	17	23	37	55	70	100	160	210	300	405
100	1500	15	8	11	16	24	30	43	60							
	1000	10	5	7	11	16	21	29	40							
	750	7.5	4	6	8	13	16	22	30							

注：表头“规格/mm”横跨160～710各列。

表 17-11 ZSY 减速器热功率 P_{G1}、P_{G2}

散热冷却条件			160	180	200	224	250	280	315	355	400	450	500	560	630	710
没有冷却措施	环境条件	环境气流速度 v/(m/s)	P_{G1}/kW													
	小空间	≥0.5	24	30	37	45	56	69	86	110	135	165	208	258	322	400
	较大空间	≥1.4	34	42	52	64	80	98	116	155	190	235	300	365	450	570
	在户外露天	≥3.7	46	57	69	87	108	132	162	205	250	310	400	475	600	760
盘状管冷却或循环油润滑	环境条件	水管内径 d/mm	15	15	15	15	15	15	15	20	20	20	20	20	20	20
		环境气流速度 v/(m/s)	P_{G2}/kW													
	小空间	≥0.5	70	77	92	106	150	160	180	210	350	370	430	480	700	770
	较大空间	≥1.4	80	89	107	125	175	190	210	255	400	440	520	590	820	940
	在户外露天	≥3.7	90	105	124	148	200	225	255	310	460	510	620	700	970	1150

注：表头“规格/mm”横跨160～710各列。

注：当采用循环油润滑时，可按润滑系统计算适当提高 P_{G2}。

表 17-12 减速器的工况系数 K_A

原动机	每日工作时间/h	轻微冲击(均匀)载荷 U	中等冲击载荷 M	强冲击载荷 H	原动机	每日工作时间/h	轻微冲击(均匀)载荷 U	中等冲击载荷 M	强冲击载荷 H	原动机	每日工作时间/h	轻微冲击(均匀)载荷 U	中等冲击载荷 M	强冲击载荷 H
电动机 汽轮机 水力机	≤3	0.8	1	1.5	4～6缸的活塞发动机	≤3	1	1.25	1.75	1～3缸的活塞发动机	≤3	1.25	1.5	2
	>3～10	1	1.25	1.75		>3～10	1.25	1.5	2		>3～10	1.5	1.75	2.25
	>10	1.25	1.5	2		>10	1.5	1.75	2.25		>10	1.75	2	2.5

表 17-13　减速器载荷的分类

风机类		食品机械类		石油工业机械类	
风机(轴向和径向)	U	灌注及装箱机器	U	输油管油泵①	M
冷却塔风扇	M	甘蔗压榨机①	M	转子钻机设备	H
引风机	M	甘蔗切断机①	M	制纸机类	
螺旋活塞式风机	M	甘蔗粉碎机	H	压光机①	H
涡轮式风机	U	搅拌机	M	多层纸板机①	H
建筑机械类		酱状物吊桶	M	干燥滚筒①	H
混凝土搅拌机	M	包装机	U	上光滚筒①	H
提升机	M	糖甜菜切断机	M	搅浆机①	H
路面建筑机械	M	糖甜菜清洗机	M	纸浆擦碎机①	H
化工类		发动机及转换器		吸水滚①	H
搅拌机(液体)	U	频率转换器	H	吸水滚压机①	H
搅拌机(半液体)	M	发动机	H	潮纸滚压机①	H
离心机(重型)	M	焊接发动机	H	威罗机	H
离心机(轻型)	U	洗衣机类		泵类	
冷却滚筒①	M	滚筒	M	离心泵(稀液体)	U
干燥滚筒①	M	洗衣机	M	离心泵(半液体)	M
搅拌机	M	金属滚轧机类		活塞泵	H
压缩机类		钢坯剪切机①	H	柱塞泵①	H
活塞式压缩机	H	链式输送机①	M	压力泵①	H
涡轮式压缩机	M	冷轧机①	H	塑料工业类	
传送运输机类		连铸成套设备①	H	压光机①	M
平板传送机	M	冷床①	M	挤压机①	M
平衡块传送机	M	剪料机头①	H	螺旋压出机①	M
槽式传送机	M	交叉转弯输送机①	M	混合机①	M
带式传动机(大件)①	M	除锈机①	H	橡胶机械类	
带式传动机(碎料)①	H	重型和中型板轧机①	H	压光机①	M
筒式面粉传送机	U	棒坯初轧机①	H	挤压机①	H
链式传送机	M	棒坯转运机械①	H	混合搅拌机①	M
环式传送机	M	棒坯推料机①	H	捏和机①	H
货物升降机	M	推床①	H	滚压机①	H
提升机①	H	剪板机①	H	石料、瓷土料加工机床类	
倾斜提升机①	H	板材摆动升降机①	M	球磨机①	H
连杆式传送机	M	轧辊调整装置①	M	挤压粉碎机①	H
载人升降机	M	辊式矫直机①	M	压破机	H
螺旋式升降机	M	轧钢机辊道(重型)①	H	压砖机	H
钢带式升降机	M	轧钢机辊道(轻型)①	M	锤粉碎机①	H
链式槽式升降机	M	薄板轧机①	H	转炉①	H
铰车运输机	M	修整剪切机①	M	筒形磨机①	H
起重机类		焊管机	H	纺织机床类	
转臂式起重齿轮传动装置	M	焊接机(带材和线材)	M	送料机	M
提升机齿轮传动装置	U	线材拉拔机	M	织布机	M
吊杆起落齿轮传动装置	U	金属加工机床类		印染机	M
转向齿轮传动装置	M	动力轴	U	精制桶	M
行走齿轮传动装置	H	锻造机	H	威罗机	M
挖泥机类		锻锤①	H	水处理类	
筒式传送轮	H	机床及附助装置	U	鼓风机①	M
筒式转向机	H	机床及主要传动装置	M	螺杆泵	M
挖泥头	H	金属刨床	H	木料加工机床	
机动绞车	M	板材校直机床	H	剥皮机	H
泵	M	冲床	H	刨床	M
转向齿轮传动装置	M	冲压机床	H	锯床①	H
行走齿轮传动装置(履带)	H	剪床	M	木料加工机床	U
行走齿轮传动装置(铁轨)	M	薄板弯曲机床	M		

注：U—均匀载荷；H—强冲击载荷；M—中等冲击载荷。

① 仅用于 24h 工作制。

表 17-14　热功率影响系数 K_1、K_2、K_3

冷却情况		环境温度/℃				
		10	20	30	40	50
环境温度系数 K_1	无冷却	0.9	1	1.15	1.35	1.65
	冷却管冷却	0.9	1	1.1	1.2	1.3

（续）

冷却情况	环境温度/℃				
	10	20	30	40	50
小时载荷率(%)	100	80	60	40	20
载荷系数 K_2	1	0.94	0.86	0.74	0.56
许用功率利用率 P_1/P_{p1}(%)	40	50	60	70	80~100
功率利用系数 K_3	1.25	1.15	1.10	1.05	1

表17-15 减速器安全系数 S_A

重要性与安全要求	一般设备，减速器失效仅引起单机停产，且易更换备件	重要设备，减速器失效引起机组、生产线或全厂停产	高度安全要求，减速器失效引起设备、人身事故
S_A	1.1~1.3	1.3~1.5	1.5~1.7

17.1.1.4 选用方法

首先按减速器机械强度许用公称功率 P_1 选用。如果减速器的实用输入转速与承载能力表中的三档转速（1500r/min、1000r/min、750r/min）的某一档转速相对误差不超过4%，可按该档转速下的公称功率，选用相当规格的减速器；如果转速相对误差超过4%，则应按实用转速折算减速器的公称功率选用。然后校核减速器热平衡许用功率。

【例题1】 输送大件物品的带式传动机减速器，电动机驱动，通过中间减速，输入转速 $n_1=1000$r/min，传动比 $i=5.6$，载荷功率 $P_2=240$kW，轴伸承受纯转矩，每日工作24h，最高环境温度 $t=30$℃，厂房较大，自然通风冷却，油池润油。要求选用第Ⅰ种装配型式的标准减速器。

解：1）按减速器的机械强度功率表选取，要计入工况系数 K_A，还要考虑安全系数 S_A。

按表17-13查得，带式传动机载荷为中等冲击载荷，减速器失效会引起生产线停产。查表17-12、表17-15得：$K_A=1.5$，$S_A=1.5$。机械强度计算功率 P_{2m} 为

$$P_{2m}=P_2K_AS_2=240\times1.5\times1.5\text{kW}=540\text{kW}$$

要求 $P_{2m}\leqslant P_1$

按 $i=5.6$ 及 $n_1=1000$r/min，公称转速1000r/min，查表17-3：ZDY315，$i=5.6$，$n_1=1000$r/min，$P_1=540$kW。可以选用ZDY315减速器。

2）校核热功率 P_{2t} 能否通过。要计入系数 K_1、K_2、K_3，应满足 $P_{2t}=P_2K_1K_2K_3\leqslant P_{G1}$。

查表17-14，得

$K_1=1.15$

$K_2=1$（每日24h连续工作）

$K_3=1.10(P_2/P_1)=1.15\times240/540$

$=48.9\%\leqslant50\%$

$P_{2t}=240\times1.15\times1.10\text{kW}=303.6\text{kW}$

查表17-7：ZDY315，$P_{G1}=270$kW，$P_{G1}<P_{2t}$，只有采用盘状管冷却时，$P_{G2}\approx695$kW。$P_{G2}>P_{2t}$。因此可以选定：

ZDY315-5.6-Ⅰ减速器，采用油池润滑，盘状水管通水冷却润滑油。

如果不采用盘状管冷却，则需另选较大规格的减速器。按以上程度重新计算，应选ZDY450-5.6-Ⅰ。

减速器的许用瞬时尖峰载荷 $P_{2max}\leqslant1.8P_1$。此例未给出运转中的瞬时尖峰载荷，故不校核。

17.1.2 轴装式减速器

17.1.2.1 特点

这种减速器是轴线曲折布置的平衡轴渐开线硬齿面圆柱齿轮减速器。它是借空心输出轴与工作机轴相连接，无地脚，靠拉杆固定。按输出轴旋转方向，分为单向旋转（带逆止装置）和双向旋转；按空心输出轴端盖型式，分为闷盖和通盖；按连接方式分为键连接和涨圈连接；按输入轴装配型式分为左装和右装。

本减速器适用条件见表17-2。

17.1.2.2 代号和标记

（1）代号 ZJ为轴装式减速器；L为输出轴双向旋转；S为输出轴顺时针单向旋转；N为输出轴逆时针单向旋转；M为空心输出轴端盖为闷盖；T为空心输出轴端盖为通盖；Y为输入轴安装型式为右装；Z为输出轴安装型式为左装。

（2）标记示例

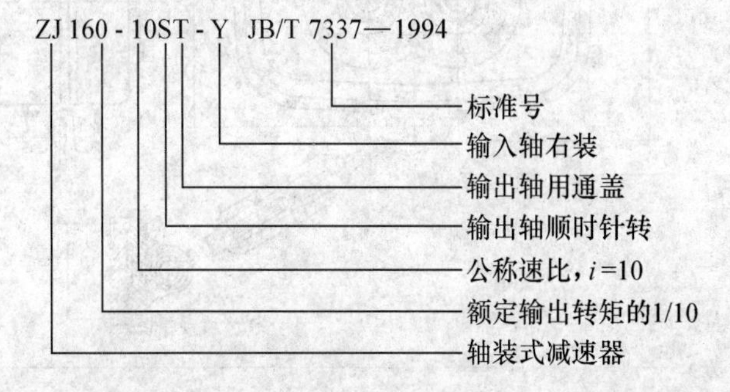

17.1.2.3 装配型式、外形尺寸和承载能力

（1）装配型式　见表17-16。

（2）外形尺寸及承载能力　见表17-17。

17.1.2.4 选用方法

（1）选取型号　根据计算转矩，由表17-17选取型号。

计算转矩为

$$T_{C2}=\frac{9550P_{1W}}{n_{1W}}i\eta K_A\leqslant T_2$$

式中　T_{C2}——计算输出转矩（N·m）；

P_{1W}——实际输入功率（kW）；

n_{1W}——实际输入转速（r/min）；

i——减速器的实际速比；

η——减速器的传动效率，取$\eta=0.95$；

K_A——工况系数，K_A见表17-12；

T_2——额定输出转矩(N·m)，见表17-17。

（2）校核瞬时尖峰载荷

$$T_{max}\leqslant 2.5T_{2W}$$

式中　T_{max}——瞬时尖峰载荷（N·m）；

T_{2W}——减速器实际输出转矩（N·m）。

表17-16　ZJ型减速器装配型式代号

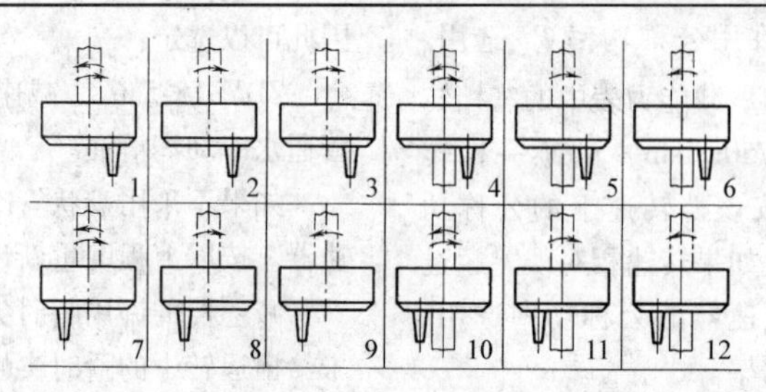

编　号	1	2	3	4	5	6	7	8	9	10	11	12
旋转方向代号	L	S	N	L	S	N	L	S	N	L	S	N
空心输出端盖型式代号		M			T			M			T	
输入轴安装型式代号			Y						Z			

表17-17　ZJ型轴装式减速器外形尺寸及承载能力

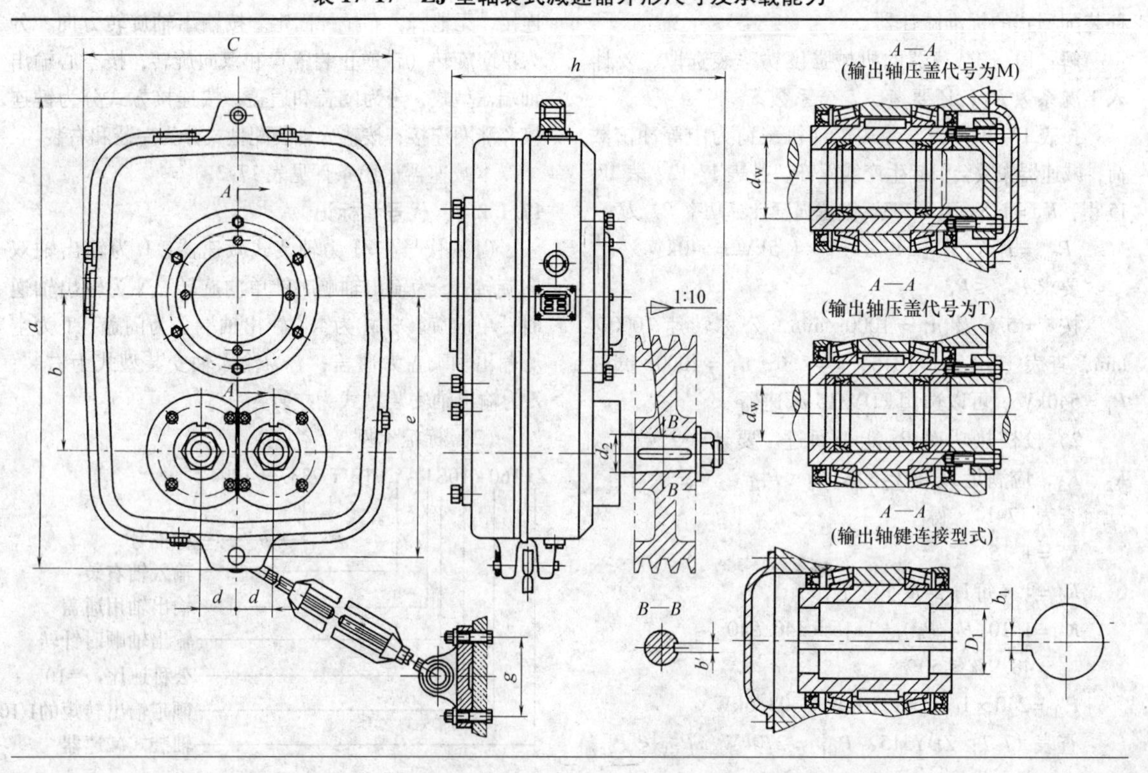

（续）

型号	承载能力/N·m		公称速比	外形尺寸/mm														重量/kg
	①	②		a	b	c	d	e	f max	f min	g	h	d_2	d_w	b'	D_1	b_1	
ZJ63	630	1000	10, 11.2, 12.5, 14, 16, 18, 20, 22, 22.4, 25, 28, 31.5, 35.5, 40	490	149	335	42	280	416	310	88	285	35	55	6h9	45	14	78
																50	14	
																55	16	
ZJ100	1000	1600		550	174	385	47	315	416	310	88	334	40	70	10h9	55	16	108
																60	18	
																65	18	
																70	20	
ZJ160	1600	2500		675	198	465	58	395	582	390	100	348	45	70	12h9	55	16	163
																60	18	
																65	18	
																70	20	
ZJ250	2500	4000		750	223	530	63	420	582	390	100	382	50	90	12h9	70	20	230
																80	22	
																90	25	
ZJ400	4000	6300		900	274	620	73	495	690	470	125	449	60	110	16h9	90	25	320
																100	28	
																110	28	
ZJ630	6300	10000		995	298	680	84	545	690	470	125	487	65	110	16h9	90	25	470
																100	28	
																110	28	

① 额定输出转矩 T_2（N·m）；

② 额定逆止力矩 T_2'（N·m）——通过逆止装置产生防止反转的额定力矩。

17.2 圆锥圆柱齿轮减速器

17.2.1 特点

这种减速器采用一级弧齿锥齿和单级、两级、三级斜齿圆柱齿轮组成，锥齿轮为高速级。齿轮均采用优质合金钢渗碳淬火，精加工制成。圆柱齿轮精度为6级，锥齿轮精度为7级。结构上采用模块式设计方法，主要零件可跨系列互换使用。包括带底座实心输出轴的基本型式、空心输出轴有底座和无底座的悬挂式型式，以及由各种冷却方式组成的多种装配型式。

17.2.2 代号和标记

（1）代号　YK为圆锥圆柱齿轮减速器；L、S、F为两级、三级、四级；O为悬挂型；A为空心轴型，无符号为基本型；A为带风扇；B为带冷却盘管；C为同时带风扇和冷却盘管；D为循环油强制润滑，无符号为自然冷却；R为输出轴顺时针转（面对输出轴端看）；L为输出轴逆时针转；T为输出轴双向旋转；TR为输出轴可以双向旋转，主要按顺时针转；TL为输出轴可以双向旋转，主要按逆时针转。

（2）标记示例

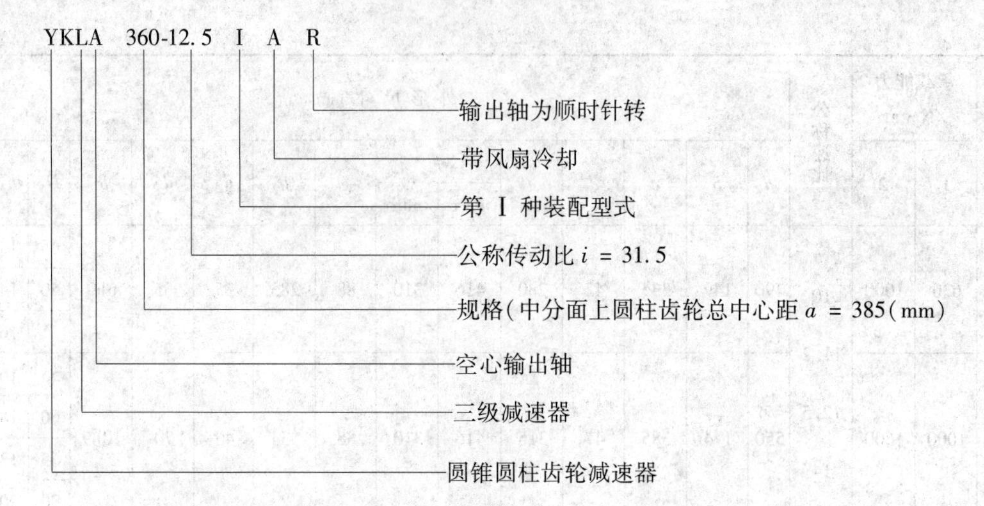

17.2.3　装配型式、外形尺寸和承载能力（表 17-18）

表 17-18　两级圆锥圆柱齿轮减速器装配型式、外形尺寸和承载能力

型　号	装配型式及主要参数	外形尺寸	空心轴连接尺寸		承载能力	
			键联型	收缩盘连接型	额定输入功率 P_1	许用热功率 P_G
YKL(两级基本型)	表 17-19	表 17-20			表 17-23	表 17-24
YKLO(两级悬挂型)	表 17-19	表 17-20	表 17-21	表 17-22	表 17-23	表 17-24
YKLA(两级空心轴型)	表 17-19	表 17-20	表 17-21	表 17-22	表 17-23	表 17-24

17.2.4　选用方法

选用方法同 17.1.1.4 节。

YK 型圆锥圆柱齿轮减速器型式代号及主要参数见表 17-19。YKL、YKLO、YKLA 型两级圆锥圆柱齿轮减速器外形尺寸见表 17-20；它们的相关连接尺寸见表 17-21 和表 17-22；它们的额定输入功率和许用热功率见表 17-23 和表 17-24。

表 17-19　YK 型圆锥圆柱齿轮减速器型式代号及主要参数

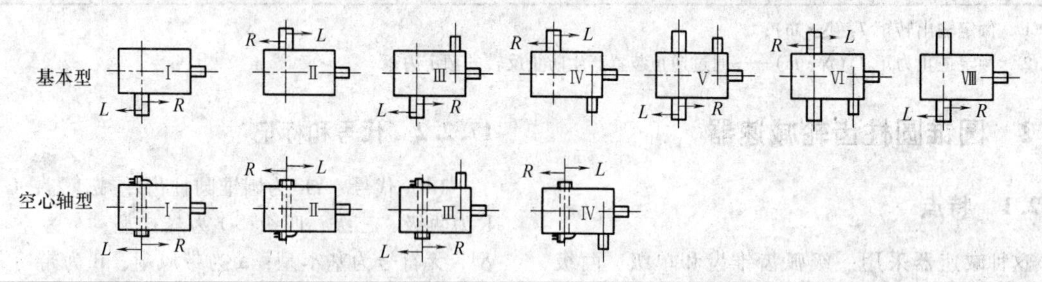

级数	型式代号			传动比范围 i	最大末级中心距/mm	最小单级中心距/mm	圆锥齿轮大轮直径/mm	最大传递功率/kW
	基本型	悬挂型	空心轴型					
2	YKL	YKLO	YKLA	5～16	560	80	100～710	2200
3	YKS	YKSO	YKSA	11.2～90	800	80		2950
4	YKF		YKFA	90～500	800	63		1150

表17-20　YKL、YKLO、YKLA型两级圆锥圆柱齿轮减速器外形尺寸　（单位：mm）

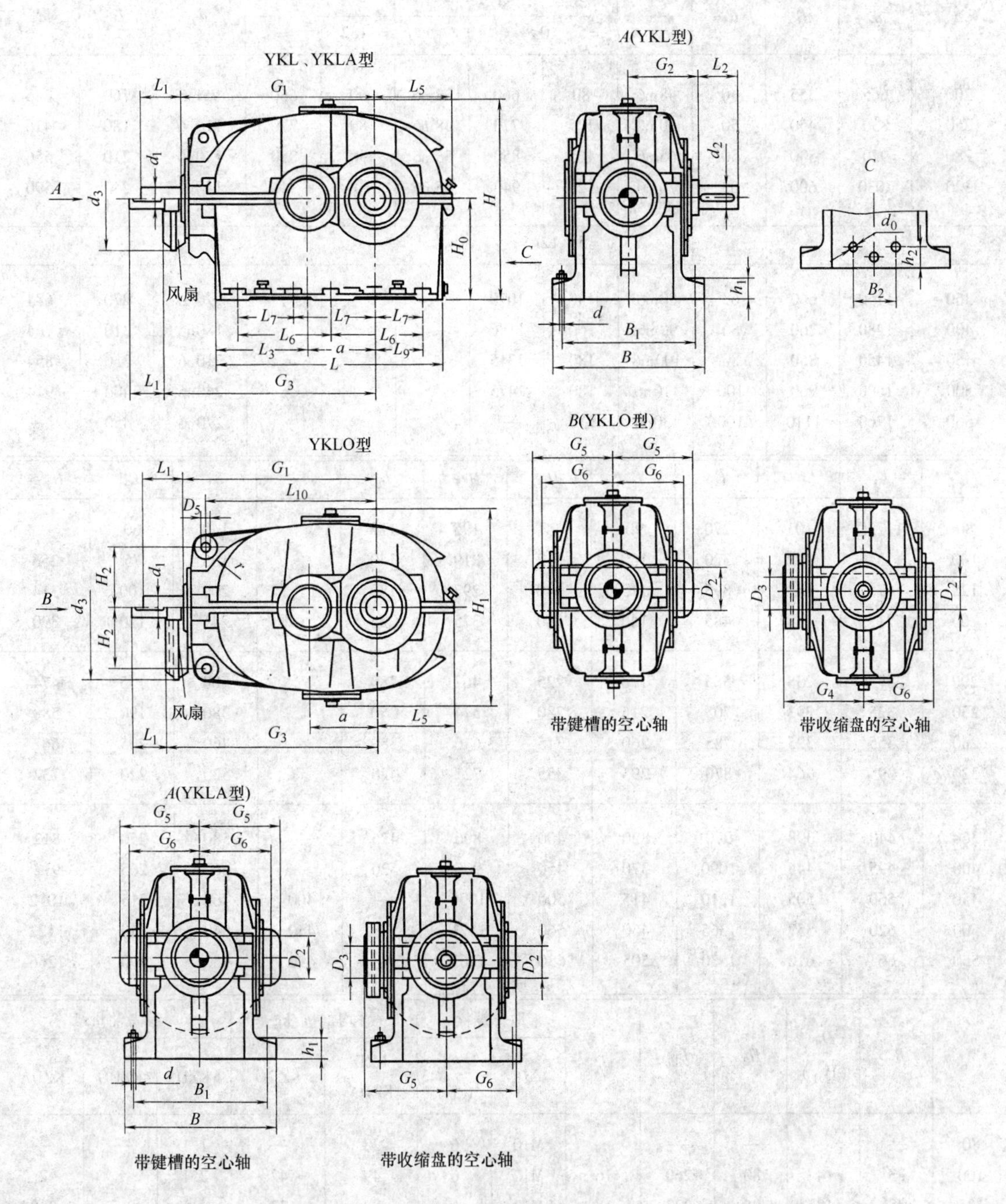

a	L	B	h_1	d_1	L_1	G_3	d_1	L_1	G_3	d_2	L_2	d_3
				$i_N=5\sim10$			$i_N=11.2\sim16$					
80	285	170	18	19k6	35	—	14k6	30	—	38m6	60	—
100	340	200	22	24k6	40	—	19k6	35	—	48m6	80	—
125	425	235	25	32m6	60	425	24k6	40	—	55m6	90	252
160	540	290	32	38m6	60	540	32m6	60	540	75m6	120	316

（续）

a	L	B	h_1	d_1	L_1	G_3	d_1	L_1	G_3	d_2	L_2	d_3
				$i_N=5\sim10$			$i_N=11.2\sim16$					
200	665	355	40	48m6	80	660	38m6	60	660	95m6	160	386
250	830	450	50	60m6	105	770	48m6	80	770	110n6	180	426
280	920	530	50	65m6	105	850	55m6	90	850	130n6	210	556
320	1030	600	63	70m6	120	940	65m6	105	940	140n6	240	590
				$i_N=5\sim12.5$								
360	1150	660	63	80m6	140	1070				170n6	270	684
400	1280	760	80	90m6	160	1190				180n6	310	764
450	1450	860	80	100m6	180	1315				210n6	350	854
500	1600	960	100	110n6	180	1475				240n6	400	914
560	1760	1110	100	130n6	210	—				270n6	450	—

a	L_3	$L_5\approx$	G_1	G_2	H_0	$H\approx$	L_6	L_7	B_1	L_9	$H_1\approx$
80	117.5	101	270	90	90	195	115		140	60	—
100	135	122	320	100	112	219	140		165	75	256
125	167.5	153	395	115	140	297	180		200	100	314
160	215	188	485	140	180	375	225		245	120	390
200	257.5	238	585	170	225	462	280		300	155	474
250	325	293	705	215	280	574	350		380	190	588
280	355	325	785	260	315	646	380		460	205	662
320	395	364	870	295	355	721	420		520	220	732
360	440	398	970	320	400	806	475	—	580	250	812
400	495	445	1090	370	450	906	520	—	660	265	912
450	560	505	1210	415	500	1006	—	400	760	315	1012
500	620	557	1365	450	560	1121	—	440	840	340	1122
560	665	610	1530	505	630	1263	—	490	950	390	1266

a	B_2	D_5（H_{11}）	H_2	L_{10}	r	地脚螺栓		平均重量/kg		参考油量/L		
						d	数量（个）	KZD KZDA	KZDO	KZD	KZDO	KZDA
80	—	—	—	—	—	M10	6	28	—	1.1	—	—
100	23	14	80	260	16	M12	6	49	42	2.1	1	2
125	28	18	95	323	18	M12	6	87	77	4.5	2.3	3.8
160	33	22	115	410	23	M16	6	160	140	9	4.5	7.5
200	45	30	145	495	30	M20	6	300	260	17	9	15
250	55	40	190	605	40	M24	6	540	480	32	18	28
280	60	40	205	675	40	M24	6	780	670	46	25	40
320	70	45	235	755	46	M30	6	1050	910	65	36	56

（续）

a	B_2	D_5 (H_{11})	H_2	L_{10}	r	地脚螺栓		平均重量/kg		参考油量/L		
						d	数量（个）	KZD KZDA	KZDO	KZD	KZDO	KZDA
360	80	50	260	850	53	M30	6	1450	1250	100	50	80
400	90	55	300	955	55	M36	6	2050	1750	145	70	110
450	105	60	330	1060	60	M36	8	2800	2400	200	100	150
500	105	65	375	1200	70	M42	8	3800	3200	265	140	220
560	110	70	420	1340	80	M42	8	5100	4100	340	195	310

注：1. 轴伸端配键按 GB/T 1095—1979。

2. D_2、D_3、G_4、G_5、G_6 及空心轴的联接尺寸见表 17-20 和表 17-21。

3. 采用两端都带轴伸的输出轴时，另一端轴伸的尺寸为 G_2、L_2、d_2。

4. 采用装配方式Ⅲ～Ⅵ时，中间轴的轴伸尺寸可向厂方咨询。

表 17-21 YKLA、YKLO 型减速器键连接空心轴的连接尺寸 （单位：mm）

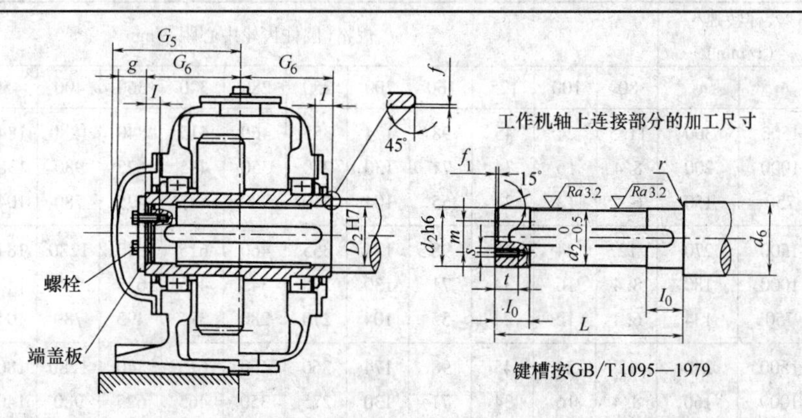

规格	工作机轴									空心轴					
	d_2	d_6	f_1	L	I_0	r	S	t	m	D_2	f	G_6	g	G_5	I
100	50	60	4	188	35	2.5	M8	15	35	50	3	95	23	125	25
125	65	75	4	218	40	2.5	M10	17	45	65	3	110	25	140	30
160	85	95	5	268	50	2.5	M10	17	60	85	3	135	30	170	40
200	110	120	5	328	50	4	M12	20	75	110	4	165	32	200	40
250	140	150	5	398	55	4	M12	20	90	140	4	200	32	240	45

表 17-22 YKLA、YKLO 型减速器收缩盘连接的空心轴联接尺寸 （单位：mm）

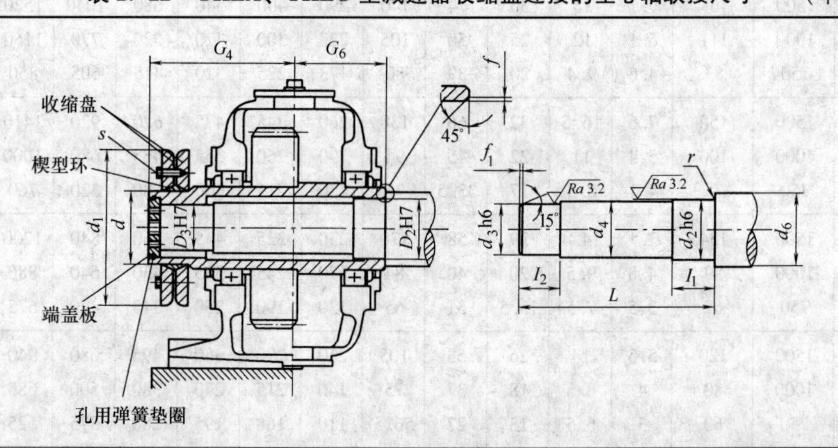

（续）

规格	工作机轴									空心轴				收缩盘		螺栓	
	d_2	d_3	d_4	d_6	f_1	L	l_1	l_2	r	D_2	D_3	G_6	G_4	型号 d	d_1	S	TA①/Nm
280	150	140	145	160	6	587	92	100	2	150	140	255	355	190	350	M16	240
320	170	160	165	180	6	662	117	125	2	170	160	285	400	220	370	M16	240
360	180	170	175	190	6	722	122	130	2	180	170	310	435	240	405	M20	470
400	200	190	195	210	6	822	127	140	2	200	190	355	490	260	430	M20	470
450	230	220	225	240	8	932	152	170	2	230	220	400	560	300	485	M20	470
500	260	245	255	280	8	1028	158	170	3	260	245	445	615	340	570	M20	470
560	300	285	295	320	8	1153	178	190	3	300	285	505	680	380	645	M24	820

① 收缩盘的螺栓扭紧力矩。

表 17-23 YKL、YKLO、YKLA 型减速器额定输入功率 P_1 （单位:kW）

公称传动比 i_N	公称转速/(r/min)		规格(圆柱齿轮中心距)/mm												
	n_1	n_2	80	100	125	160	200	250	280	320	360	400	450	500	560
5	1500	300	11.5	24	45	98	174	355	460	615	840	1280	1840	—	—
	1000	200	8.4	16	34	71	130	270	350	465	625	980	1380	1810	2200
	750	150	6.4	12	24	55	104	210	280	375	495	780	1040	1440	1700
5.6	1500	270	12	24	45	98	174	355	460	615	840	1280	1840	—	—
	1000	180	8.4	16	34	71	130	270	345	465	625	980	1400	1780	2200
	750	134	6.4	12	24	55	104	210	280	375	495	780	1040	1440	1700
6.3	1500	240	12	24	45	98	174	360	460	615	840	1280	1800	—	—
	1000	160	8.4	16	34	71	130	275	350	465	625	980	1400	1780	2200
	750	120	6.4	12	24	55	104	213	280	375	495	780	1040	1430	1700
7.1	1500	210	12	24	45	98	174	360	460	615	840	1280	1800	—	—
	1000	140	8.4	16	34	71	130	275	350	465	625	980	1400	1780	2200
	750	106	6.4	12	24	55	104	213	280	375	495	780	1040	1430	1700
8	1500	185	10	20	40	82	155	320	430	600	760	1140	1700	—	—
	1000	125	7	13.5	28	55	115	243	330	465	580	850	1280	1710	2200
	750	94	5.1	10.4	22	42	90	183	250	335	460	660	950	1370	1600
9	1500	167	9.1	18	36	74	140	290	400	540	680	1040	1520	—	—
	1000	111	6.1	12	25	50	105	223	300	420	520	770	1150	1540	1900
	750	83	4.6	9.4	20	39	80	173	225	320	415	605	850	1200	1450
10	1500	150	7.6	16.5	32	66	130	260	345	475	620	920	1410	—	—
	1000	100	5.4	11	22	45	94	190	260	355	465	680	1000	1330	1700
	750	75	4.1	8.3	17	33.5	73	150	215	300	380	520	760	1040	1300
11.2	1500	134	7.1	14.4	29	58	120	230	325	445	560	840	1200	—	—
	1000	89	4.8	9.5	20	40	84	170	245	325	430	640	880	1150	1400
	750	67	3.5	7.5	15.5	31	65	130	190	250	345	470	675	880	1100
12.5	1500	120	5.5	13	26	53	105	210	290	360	495	680	940	—	—
	1000	80	4	8.5	18	37	75	140	215	270	380	500	685	1040	1100
	750	60	3	6.5	13	27	56.5	110	168	195	280	375	525	800	840

表 17-24　YKL、YKLO、YKLA 型减速器许用热功率 P_G　（单位:kW）

环境冷却条件		空气流速 v_a /(m/s)	192	215	240	272	305	340	385	430	480	545	610	680	770	860	960	1080	1210	1360
无冷却措施	厂房小	≥0.5	10	13	16	20	26	32	40	51	64	80	100	120	150	190	230	300	370	460
	厂房大	≥1.4	15	19	23	30	36	46	56	72	90	115	140	170	210	260	330	420	520	660
	室外	≥3.7	20	26	32	40	50	62	76	95	120	152	185	230	280	350	450	550	700	860
风扇冷却	n_1/(r/min)	1500					52	65	86	110	140	173	220	270	340	440	550	需向厂方咨询		
		1000					46	57	74	95	120	154	190	240	300	380	490			
		750					42	52	67	87	110	140	170	220	280	350	450			
风扇和冷却盘管冷却		1500					123	132	174	190	220	250	300	510	570	680	750			
		1000					120	130	158	180	205	240	270	460	540	600	700			
		750					114	122	153	170	200	220	250	440	510	580	640			
冷却盘管冷却	厂房小	≥0.5	38	42	76	80														
	厂房大	≥1.4	44	47	82	91														
	室外	≥3.7	48	55	90	100														

17.3　蜗杆减速器

17.3.1　圆弧圆柱蜗杆减速器

17.3.1.1　特点

这种减速器的蜗杆齿形是由具有母线为圆弧的砂轮，沿蜗杆轴线做螺旋运动包络而成的。加工出圆柱蜗杆的齿形在主截面中为一凹形曲线（与之共轭的蜗轮轮齿为凸形）。这种凹凸齿啮合的综合曲率半径大，故齿面接触应力较低；由于蜗轮齿根厚度的增加，提高了抗弯曲能力；因接触线的形状有利于形成液体油膜润滑，故传动效率高，一般可达 90% 以上。与阿基米德蜗杆传动相比，它具有体积小、重量轻、寿命长、噪声低等优点。

此减速器适用条件见表 17-2。

17.3.1.2　代号和标记

（1）代号　CW 为圆弧圆柱蜗杆减速器；U 为蜗杆下置式；S 为蜗杆侧置式；O 为蜗杆上置式；F 为带风扇。

（2）标记示例

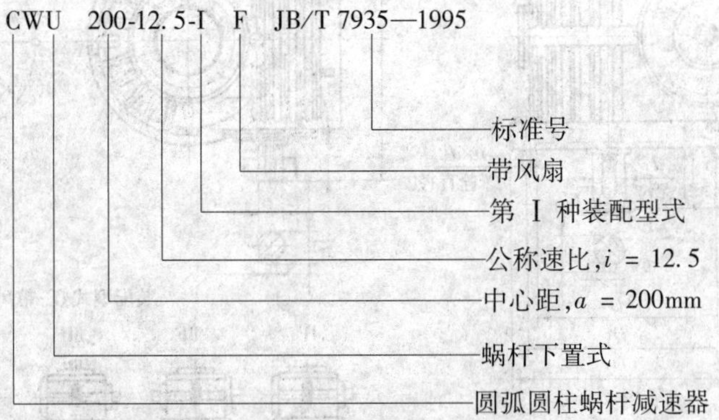

17.3.1.3　装配型式、外形尺寸和承载能力（表 17-25 ~ 表 17-28）

表 17-25　CWU、CWS、CWO 型一级圆弧圆柱蜗杆减速器装配型式、外型尺寸和承载能力

型　号	装配型式和外形尺寸	承载能力	
		额定输入功率 P_1 额定输出转矩 T_2	输入轴轴伸处许用径向力 F_r 输出轴轴伸处许用轴向力 F_a
CWU(下置式)	表 17-26	表 17-27	表 17-28
CWS(侧置式)	表 17-26	表 17-27	表 17-28
CWO(上置式)	表 17-26	表 17-27	表 17-28

表 17-26　CWU、CWO、CWS 型一级圆弧圆柱蜗杆减速器外形尺寸　（单位：mm）

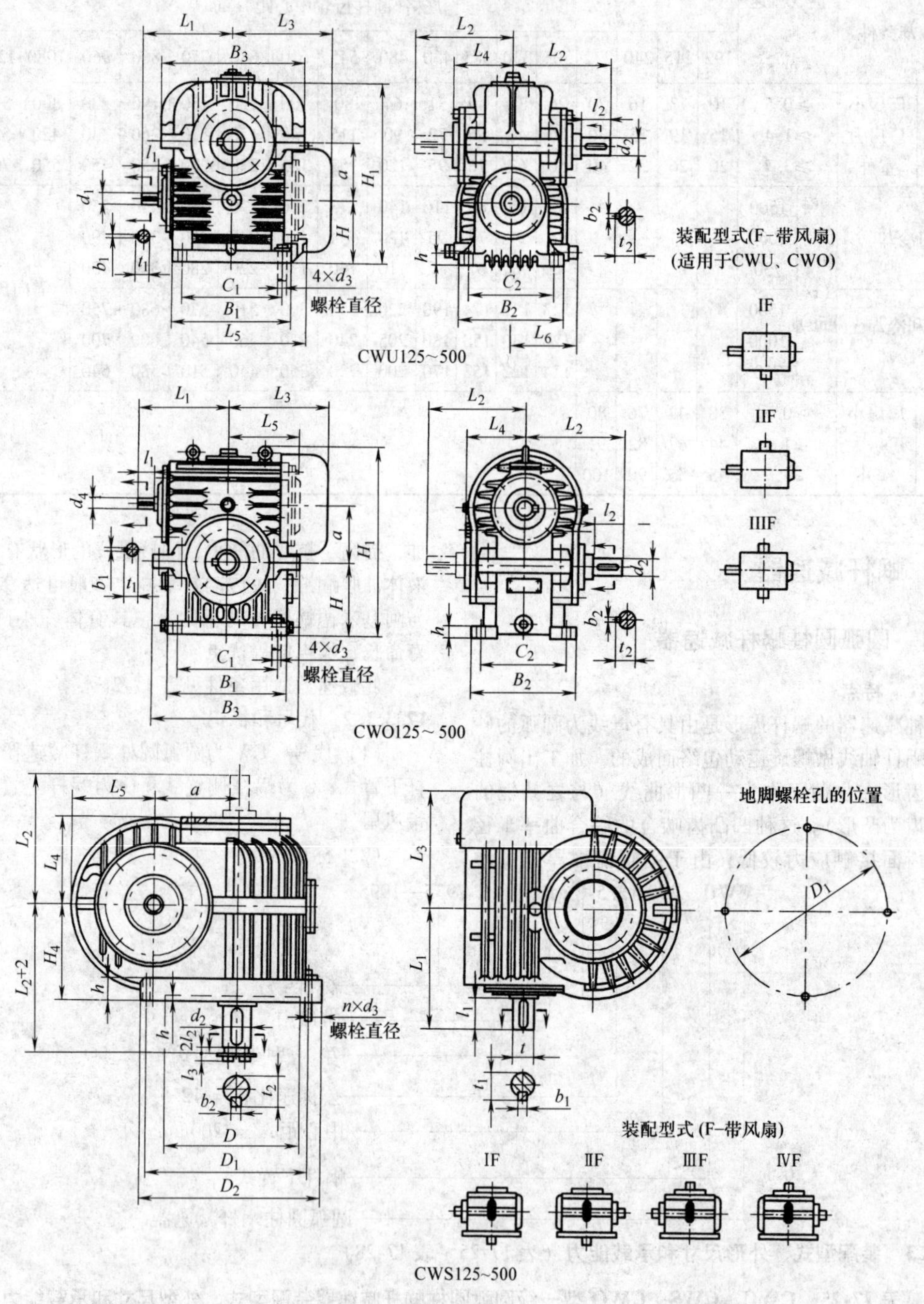

规格	a	B_1	B_2	B_3	C_1	C_2	$i\leqslant12.5$			$i\leqslant16$			d_2	l_2	L_2	L_3	L_4		L_5	
							d_1	l_1	L_1	d_1	l_1	L_1					CWU CWO	CWS	CWU CWO	CWS
125	125	260	250	310	220	205	32k6	58	218	28j6	42	202	55k6	82	222	202	133	134	153	125
140	140	285	275	345	230	225	38k6	58	228	28j6	42	212	60m6	105	260	220	144		166	
160	160	325	300	385	230	250	42k6	82	277	32k6	58	253	65m6	105	270	245	156	157	186	142
180	180	350	320	420	260	270	42k6	82	292	32k6	58	268	75m6	105	290	260	173		200	
200	200	400	350	465	280	300	48k6	82	324	38k6	58	300	80m6	130	325	295	180	181	235	180

（续）

规格	a	B_1	B_2	B_3	C_1	C_2	$i \leqslant 12.5$			$i \leqslant 16$			d_2	l_2	L_2	L_3	L_4		L_5	
							d_1	l_1	L_1	d_1	l_1	L_1					CWU CWO	CWS	CWU CWO	CWS
225	225	440	380	505	325	325	48k6	82	342	38k6	58	318	90m6	130	340	320	193		247	
250	250	510	410	575	370	350	55k6	82	380	42k6	82	380	100m6	165	385	360	209	210	285	210
280	280	570	460	645	420	400	60m6	105	430	48k6	82	407	110m6	165	405	390	225	226	312	215
315	315	640	530	715	470	445	65m6	105	470	48k6	82	447	120m6	165	420	430	242	243	352	235
355	355	730	580	805	540	490	70m6	105	515	55k6	82	492	130m6	200	470	480	255	256	397	235
400	400	790	620	880	620	530	75m6	105	545	60m6	105	545	150m6	200	490	515	277	278	429	247
450	450	885	680	985	700	580	80m6	130	625	65m6	105	600	170m6	240	560	575	299	300	484	275
500	500	1015	750	1115	760	640	90m6	130	680	70m6	105	655	190m6	280	640	655	346	347	549	300

规格	L_6	h		h_1	H			H_1		D	D_1	D_2	l_3	地脚螺栓		d_4	重量/kg		
		CWU CWO	CWS		CWU	CWO	CWS	CWU	CWO					d_3	n		CWU	CWO	CWS
125	147	30	32	8	125	155	132	408	410	230	280	320	14	M12	4	M16	92	98	95
140	160	30			140	195		445	485							M16	120	110	
160	172	35	32	8	160	195	160	510	510	300	360	400	15	M16	4	M16	145	150	150
180	182	35			180	220		560	600							M20	200	210	
200	197	40	38	8	200	250	190	650	655	370	435	480	17	M16	4	M20	260	270	270
225	212	40			225	275		730	700							M20	320	335	
250	228	45	40	8	225	310	212	785	820	470	540	600	17	M20	4	M24	395	410	410
280	253	50	45	8	250		225	885		550	640	700	17	M24	4	M24	530		550
315	289	50	50	10	280		250	980		605	700	760	17	M24	4	M30	700		750
355	315	55	55	10	300		265	1085		700	805	880	17	M30	4	M30	910		930
400	335	60	60	10	315		265	1175		765	875	950	24	M30	4	M30	1200		1200
450	367	65	65	10	355		315	1310		875	990	1070	24	M36	4	M36	1660		1650
500	403	80	75	10	400		375	1450		1000	1100	1180	24	M30	6	M36	2330		2190

注：键按 GB/T 1095—1979。

表 17-27　CWU、CWS、CWO 型一级圆弧圆柱蜗杆减速器的额定输入功率 P_1 和额定输出转矩 T_2

公称传动比 i	输入转速 n_1/(r/min)	中心距 a/mm	63	80	100	125	140	160	180	200	225	250	280	315	355	400	450	500
6.3	1500	P_1/kW	3.198	5.505	13.11	21.37	27.51	38.40	48.46	55.38	69.18	83.77	102.5	121.7	150.5	137.8		
		T_2/N·m	114	200	485	800	960	1450	1700	2100	2450	3200	3650	4670	5370	7500		
	1000	P_1/kW	2.422	4.331	11.10	17.96	24.97	31.03	43.85	49.95	64.08	78.53	95.58	114.4	145.3	172.5		189.9
		T_2/N·m	127	235	610	1000	1300	1750	2300	2750	3400	4500	5100	6580	7770	10500		12000
	750	P_1/kW	2.090	3.594	8.646	14.22	19.57	24.73	34.50	37.27	56.95	69.81	88.76	107.2	134.8	166.5		183.9
		T_2/N·m	146	260	630	1050	1350	1850	2400	2800	4000	5300	6300	8200	9590	13500		15500
	500	P_1/kW	1.706	2.955	6.192	10.47	13.65	17.08	24.62	26.64	41.03	50.37	67.32	83.58	112.5	148.1		162.7
		T_2/N·m	176	315	670	1150	1400	1900	2550	3000	4300	5700	7100	9540	11990	18000		20500
8	1500	P_1/kW	2.932	4.866	9.444	17.01	24.25	28.44	43.51	48.25	61.38	73.84	91.68	113.6	136.0	166.1		
		T_2/N·m	127	230	455	830	1050	1450	1900	2400	2700	3700	4050	5720	6040	8400		
	1000	P_1/kW	2.255	3.908	8.364	13.55	21.70	24.95	39.10	43.65	56.43	67.78	84.52	104.8	126.7	158.2	174.1	
		T_2/N·m	146	275	600	990	1400	1900	2550	3250	3700	5100	5600	7910	8440	12000	12500	
	750	P_1/kW	1.962	3.334	7.375	12.93	16.96	21.31	30.67	35.01	50.44	62.32	77.46	95.18	114.0	148.9	162.4	
		T_2/N·m	168	310	700	1250	1450	2150	2650	3450	4400	6200	6800	9540	10070	15000	15500	
	500	P_1/kW	1.647	2.714	5.581	9.322	12.25	15.42	21.93	25.38	35.91	44.70	61.33	79.99	101.7	129.6	147.3	
		T_2/N·m	209	375	780	1350	1550	2300	2800	3700	4650	6600	8000	11920	13420	19500	2100	

（续）

公称传动比 i	输入转速 n_1/(r/min)	中心距 a/mm	63	80	100	125	140	160	180	200	225	250	280	315	355	400	450	500
10	1500	P_1/kW	2.340	4.056	8.426	14.16	17.30	24.50	32.10	42.10	50.79	59.13	73.68	94.55	140.2	146.2		
		T_2/N·m	132	235	500	850	1050	1500	1850	2600	3250	3800	4750	5910	7480	9200		
	1000	P_1/kW	1.800	3.205	7.450	12.78	16.05	21.96	28.62	37.06	43.94	51.10	64.39	87.71	112.4	138.1	162.2	176.0
		T_2/N·m	150	275	600	1150	1450	2000	2450	3400	4200	4900	6200	8200	10550	13000	14500	16500
	750	P_1/kW	1.594	2.729	6.243	10.54	12.95	17.41	23.73	28.83	35.14	46.40	57.94	80.74	100.2	132.0	156.0	164.1
		T_2/N·m	170	310	730	1250	1550	2100	2700	3500	4450	5900	7400	10010	12470	16500	18500	20500
	500	P_1/kW	1.272	2.203	4.561	7.714	9.355	12.88	16.96	20.87	26.401	35.62	45.57	64.70	82.81	118.1	137.8	147.4
		T_2/N·m	209	370	790	1350	1650	2300	2850	3750	4950	6700	8600	11920	15340	22000	24500	27500
12.5	1500	P_1/kW	2.036	3.534	6.813	11.27	14.74	19.32	25.36	32.62	42.61	52.23	71.95	79.91	105.1	130.4		
		T_2/N·m	137	240	475	800	1000	1400	1800	2450	3050	3850	5200	6100	8050	10000		
	1000	P_1/kW	1.594	2.840	5.782	9.919	13.36	17.63	23.21	29.04	38.43	47.23	66.84	73.88	96.65	127.1	152.5	183.3
		T_2/N·m	159	285	600	1050	1350	1900	2450	3250	4100	5200	7200	8300	11030	14500	17000	20500
	750	P_1/kW	1.370	2.432	5.189	8.946	11.91	15.38	21.05	24.93	35.26	44.42	62.16	69.26	91.39	118.3	141.2	174.3
		T_2/N·m	182	325	710	1250	1600	2200	2950	3700	5000	6500	8900	10500	13900	18000	21000	26000
	500	P_1/kW	1.126	1.967	4.084	6.794	9.104	11.16	16.00	17.60	27.75	32.91	45.05	55.40	76.37	101.3	126.2	157.3
		T_2/N·m	223	390	830	1400	1800	2350	3300	3850	5800	7100	9500	12400	17200	23000	28000	35000
16	1500	P_1/kW	1.728	3.019	6.682	11.06	13.63	19.62	23.11	33.22	39.52	46.71	57.25	77.70	94.45	124.2		
		T_2/N·m	137	250	570	960	1200	1750	2200	3000	3700	4250	5400	7150	8920	11500		
	1000	P_1/kW	1.359	2.375	5.733	9.651	12.26	16.27	19.81	25.78	30.89	41.99	51.16	72.91	86.88	115.4	127.4	151.4
		T_2/N·m	159	290	730	1250	1600	2150	2800	3450	4.300	5700	7200	10020	11990	16000	18000	21500
	750	P_1/kW	1.170	2.023	4.610	7.871	9.877	12.97	15.60	20.64	26.61	37.26	45.01	65.59	8395	106.4	122.6	142.9
		T_2/N·m	182	325	770	1350	1700	2250	2900	3650	4900	6700	8400	11920	15340	19500	23000	27000
	500	P_1/kW	0.963	1.664	3.369	5.677	6.930	9.124	11.397	14.868	18.69	27.11	33.09	47.75	61.95	86.09	109.3	128.2
		T_2/N·m	223	400	830	1400	1750	2350	3150	3900	5100	7200	9100	12880	16780	23500	30500	36000
20	1500	P_1/kW	1.677	2.680	5.000	8.592	11.05	15.12	19.39	24.97	31.94	41.91	51.71	62.42	80.82	98.76		
		T_2/N·m	164	285	550	970	1200	1750	2150	2950	3600	5000	5900	7540	9300	12000		
	1000	P_1/kW	1.329	2.094	4.303	7.77	9.301	13.05	16.70	21.97	27.09	37.65	46.95	58.25	75.23	90.92	120.8	142.0
		T_2/N·m	191	330	700	1250	1500	2250	2750	3850	4550	6700	8000	10490	12950	16500	22000	26000
	750	P_1/kW	1.147	1.825	3.753	6.195	8.694	11.45	14.75	18.14	24.38	34.87	43.07	52.03	69.41	83.01	113.6	131.5
		T_2/N·m	219	380	810	1500	1850	2600	3200	4200	5400	8200	9700	12400	15820	20000	27500	3200
	500	P_1/kW	0.873	1.466	2.713	5.241	6.478	8.613	10.81	13.18	18.05	25.45	31.64	40.29	54.29	72.97	99.09	118.1
		T_2/N·m	246	450	850	1650	2000	2850	3450	4500	5900	8800	10500	14310	18220	26000	35500	42500
25	1500	P_1/kW	1.205	2.152	3.943	6.526	8.323	11.82	14.19	18.38	22.32	30.80	38.03	51.46	67.70	83.69		
		T_2/N·m	141	275	500	890	1150	1600	2050	2650	3300	4500	5600	7340	10070	12500		
	1000	P_1/kW	1.012	1.778	3.408	5.332	6.796	10.42	12.09	16.44	19.86	27.53	35.05	44.90	60.58	74.13	90.13	91.70
		T_2/N·m	178	340	640	1100	1400	2100	2600	3500	4350	6000	7700	9540	13420	16500	20500	20500
	750	P_1/kW	0.824	1.516	2.821	4.877	6.108	9.484	11.129	14.76	17.95	25.08	31.69	42.47	57.17	69.46	84.46	85.55
		T_2/N·m	191	380	700	1300	1650	2500	3150	4150	5200	7200	9200	11920	16780	20500	25500	25500
	500	P_1/kW	0.600	1.164	1.995	3.575	4.403	6.831	8.050	11.65	14.05	20.11	25.81	35.78	46.72	60.79	74.00	78.62
		T_2/N·m	205	435	730	1400	1750	2650	3350	4800	6000	8500	11000	14780	20140	26500	33000	34500
31.5	1500	P_1/kW	1.054	1.809	4.267	7.208	8.413	12.14	14.47	21.53	24.69	28.73	35.02	50.41	65.58			
		T_2/N·m	146	260	650	1100	1350	2000	2550	3600	4300	4900	6200	8780	11500			
	1000	P_1/kW	0.829	1.445	3.385	5.730	6.738	9.325	11.13	16.47	18.48	25.65	30.75	46.24	58.96	74.43	95.59	117.0
		T_2/N·m	168	305	770	1300	1600	2250	2900	3700	4800	6500	8100	11920	15340	19500	26000	33000
	750	P_1/kW	0.689	1.223	2.688	4.548	5.473	7.469	8.868	11.95	14.91	21.21	25.35	36.44	48.81	68.04	82.46	109.0
		T_2/N·m	187	340	790	1350	1700	2350	3000	3850	5000	7000	8800	12400	16780	23500	29500	40500
	500	P_1/kW	0.581	1.021	1.975	3.284	3.879	5.332	6.568	8.700	10.93	15.30	18.47	26.79	34.13	48.87	60.39	79.15
		T_2/N·m	228	410	840	1400	1750	2450	3250	4100	5400	7400	9300	13350	17260	25000	32000	43500

(续)

公称传动比 i	输入转速 $n_1/(\mathrm{r/min})$	中心距 a/mm	63	80	100	125	140	160	180	200	225	250	280	315	355	400	450	500
40	1500	P_1/kW	1.015	1.634	3.216	5.451	6.917	9.506	11.77	15.87	20.10	26.95	33.33	40.55	55.49	67.48		
		T_2/N·m	173	300	620	1100	1350	2000	2450	3450	4300	6000	7100	9160	11990	15500		
	1000	P_1/kW	0.780	1.277	2.185	4.670	5.889	8.384	10.35	13.24	17.18	22.99	29.94	37.26	49.51	63.11	81.63	99.56
		T_2/N·m	196	345	790	1400	1700	2600	3150	4200	5400	7800	9400	12400	15820	21500	28000	34500
	750	P_1/kW	0.704	1.095	2.346	4.159	5.222	6.691	8.296	10.709	14.08	19.78	24.15	32.39	40.79	57.84	74.94	93.04
		T_2/N·m	228	390	870	1600	1950	2200	3300	4450	5800	8500	10000	14310	17260	26000	34000	42500
	500	P_1/kW	0.554	0.884	1.676	3.053	3.770	4.984	6.147	7.662	10.48	14.46	18.34	23.85	30.06	44.58	56.40	70.53
		T_2/N·m	259	455	920	1700	2050	2900	3550	4650	6300	9000	11000	15260	18700	29500	37500	47500
50	1500	P_1/kW	0.787	1.430	2.550	4.226	5.339	7.295	8.872	12.07	14.44	20.33	25.42	32.07	43.13	53.65		
		T_2/N·m	159	310	570	990	1300	1800	2300	3100	3900	5300	6900	8580	11990	15000		
	1000	P_1/kW	0.641	1.144	2.182	3.606	4.439	6.440	7.795	10.48	13.36	18.10	22.34	29.83	39.61	49.63	61.38	65.33
		T_2/N·m	191	360	720	1250	1600	2350	3000	4000	5300	7000	9000	11920	16300	20500	26000	28000
	750	P_1/kW	0.525	0.966	1.766	3.221	3.839	5.829	6.992	9.088	11.38	16.18	20.76	27.24	36.30	45.94	57.13	60.92
		T_2/N·m	205	405	760	1450	1800	2750	3500	4450	5900	8200	11000	14300	19660	25000	32000	34500
	500	P_1/kW	0.395	0.730	1.250	2.300	2.803	4.326	5.131	6.790	8.235	12.61	15.77	21.44	28.74	38.14	47.08	54.19
		T_2/N·m	223	455	790	1500	1900	2950	3700	4850	6200	9200	12000	16220	22530	30500	39000	45500
63	1500	P_1/kW		1.175	1.850	3.332	4.452	5.650	7.709	9.966	13.17	15.31	20.20	25.06	33.84	45.41		
		T_2/N·m		280	470	890	1200	1650	2250	3000	3900	4600	6100	7820	10550	14500		
	1000	P_1/kW		0.865	1.442	2.488	3.394	4.22	6.399	7.787	11.57	13.39	20.37	22.77	31.32	42.56	50.59	64.58
		T_2/N·m		300	530	970	1350	1800	2750	3400	5000	5900	8100	10490	14380	20000	24000	31000
	750	P_1/kW		0.709	1.208	2.147	2.889	3.691	5.141	6.825	9.659	11.60	15.45	20.40	29.52	37.78	47.20	59.58
		T_2/N·m		325	580	1100	1500	2050	2900	3900	5500	6700	9100	12400	17740	23500	29500	38000
	500	P_1/kW		0.574	0.945	1.701	2.281	2.878	4.251	5.302	7.260	8.564	11.85	15.84	21.75	28.77	35.93	46.28
		T_2/N·m		390	660	1250	1700	2300	3400	4400	6000	7200	10000	13830	19180	26000	33000	43500

表 17-28 CWU、CWS、CWO 型一级圆弧圆柱蜗杆减速器输出轴轴伸的许用径向力 F_r 和许用轴向力 F_a

中心距 a/mm																	
63		80		99		100		125		140		160		180		200	
T_2 /N·m	F_r② /N	T_2 /N·m	F_r /N	T_2 /N·m	F_r /N	T_2 /N·m	F_r /N	T_2 /N·m	F_r /N	T_2 /N·m	F_r /N	T_2 /N·m	F_r /N	T_2 /N·m	F_r /N	T_2 /N·m	F_r /N
180①	5300	280	6600	400	7800	560	9100	800	10600	1120	12000	1400	14100	2000	16000	2500	18200
200	5300	315	6600	450	7800	630	9100	900	10600	1250	12000	1600	14100	2240	16000	2800	18200
224	5200	355	6500	500	7700	710	9000	1000	10500	1400	11900	1800	14000	2500	15700	31500	18000
250	5100	400	6400	560	7500	800	8900	1120	10400	1600	11700	2000	13800	2800	15400	3550	17700
280	5000	450	6300	630	7300	900	8800	1250	10300	1800	11500	2240	13600	3150	15100	4000	17400
315	4800	500	6100	710	7000	1000	8600	1400	10200	2000	11200	2500	13300	3550	14700	4500	17000
				800	6700			1600	10000	2240	10900	2800	13000	4000	14200	5000	16600
								1800	9800			3150	12500				

中心距 a/mm															
225		250		280		315		335		400		450		500	
T_2 /N·m	F_r /N	T_2 /N·m	F_r /N	T_2 /N·m	F_r /N	T_2 /N·m	F_r /N	T_2 /N·m	F_r /N	T_2 /N·m	F_r /N	T_2 /N·m	F_r /N	T_2 /N·m	F_r /N
3150	20800	4500	24000	5600	26500	8000	29500	10000	33000	12500	38000	14000	43400	20000	48000
3550	20800	5000	24000	6300	26500	9000	29500	11200	33000	14000	38000	16000	43200	22400	47500
4000	20600	5600	23800	7100	26300	10000	29200	12500	32800	16000	37700	18000	42300	25000	46300
4500	20300	6300	23500	8000	26000	11200	28800	14000	32400	18000	37300	20000	42000	28000	45400

（续）

中心距 a/mm															
225		250		280		315		335		400		450		500	
T_2 /N·m	F_r /N	T_2 /N·m	F_r /N	T_2 /N·m	F_r /N	T_2 /N·m	F_r /N	T_2 /N·m	F_r /N	T_2 /N·m	F_r /N	T_2 /N·m	F_r /N	T_2 /N·m	F_r /N
5000	20000	7100	23000	9000	25700	12500	28300	16000	32000	20000	36800	22400	41400	31500	45000
5600	19500	8000	22500	10000	25400	14000	27800	18000	31500	22400	36200	25000	41000	35500	44000
6300	19000	9000	22000	11200	25000	16000	27200	20000	30800	25000	35600	28000	39700	40000	43200
7100	18500	10000	23100	12500	24600	18000	26500	22400	29800	28000	34800	31500	38500	45000	42750
								25000	28300	31500	34000	35500	37000	50000	41000
												40000	36000	56000	39200

① 当转矩值 T_2 在表中两数之间时，用插值法计算 F_r 值；T_2 为该减速器额定输出转矩；

② $F_a = F_r$。

17.3.1.4 选用方法

选用方法基本与 17.1.1.4 节相同。不同之处是尚需校核输出轴轴伸处径向载荷或轴向载荷。

（1）机械强度的校核计算

$$T_{2W} K_A K_4 \leqslant T_2 \quad (17\text{-}1)$$

或
$$P_{1W} K_A K_4 \leqslant P_1$$

式中　T_{2W}——实际输出转矩（N·m）；

P_{1W}——实际输入功率（kW）；

T_2——额定输出转矩（N·m），见表 17-27；

P_1——额定输入功率（kW），见表 17-27；

K_A——工况系数，K_A 见表 17-29；

K_4——起动频率系数，见图 17-3。

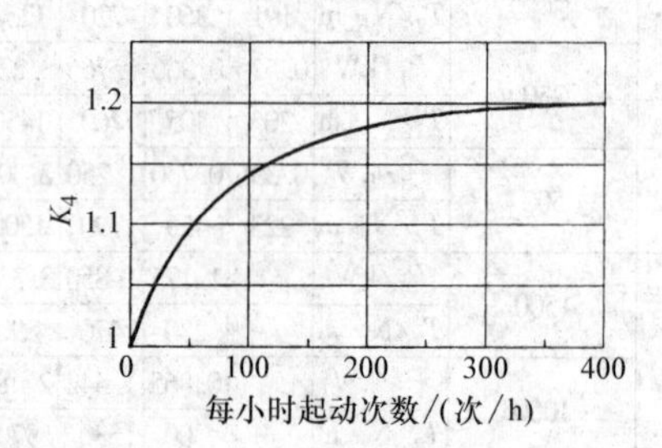

图 17-3　起动频率系数 K_4

表 17-29　减速器型式系数 K_5

减速器规格	减速器型式	
	CWU，CWS	CWO
63～99	1	1
100～250	1	1.2
315～500	1	

（2）热功率的校核计算

$$T_{2W} K_2 K_1 K_5 K_6 \leqslant T_2 \quad (17\text{-}2)$$

或
$$P_{1W} K_2 K_1 K_5 K_6 \leqslant P_1$$

式中　K_1——环境温度系数，见表 17-14；

K_2——负荷系数，见表 17-14；

K_5——型式系数，见表 17-29；

K_6——冷却方式系数，见图 17-4。

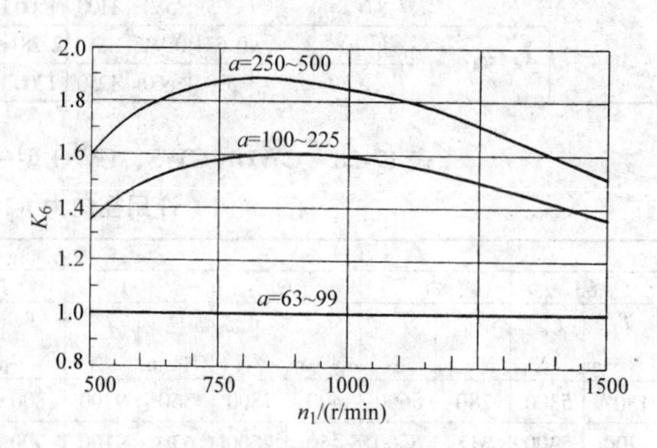

图 17-4　冷却方式系数 K_6

（3）输出轴轴伸处载荷的校核计算

$$F_{rw} \leqslant K_7 F_r \quad (17\text{-}3)$$

式中　F_{rw}——输出轴上的径向力（N）；

F_r——输出轴上的许用径向力（N），见表 17-28；

K_7——输出轴轴伸处许用径向力的速度修正系数，见图 17-5。

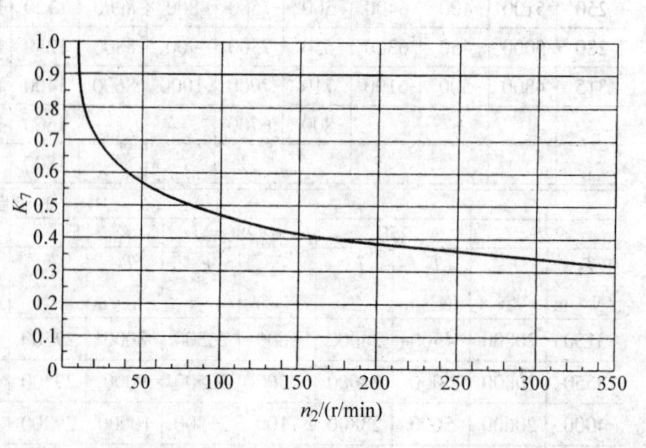

图 17-5　输出轴轴伸许用径向（轴向）力速度修正系数 K_7

表17-30 CW型圆弧圆柱蜗杆减速器工况系数 K_A

原动机	载荷性质（工作机特性）	每日工作时间/h ≤0.5	>0.5~1	>1~2	>2~10	>10
		K_A				
电动机，汽轮机燃气轮机（起动转矩小，偶尔作用）	均匀	0.6	0.7	0.9	1	1.2
	轻度冲击	0.8	0.9	1.0	1.2	1.3
	中等冲击	0.9	1.0	1.2	1.3	1.5
	强烈冲击	1.1	1.2	1.3	1.5	1.75
汽轮机，燃气轮机，液动机或电动机（起动转矩大，经常作用）	均匀	0.7	0.8	1	1.1	1.3
	轻度冲击	0.9	1	1.1	1.3	1.4
	中等冲击	1	1.1	1.3	1.4	1.6
	强烈冲击	1.1	1.3	1.4	1.6	1.9
多缸内燃机	均匀	0.8	0.9	1.1	1.3	1.4
	轻度冲击	1.0	1.1	1.3	1.4	1.5
	中等冲击	1.1	1.3	1.4	1.5	1.8
	强烈冲击	1.3	1.4	1.5	1.8	2
单缸内燃机	均匀	0.9	1.1	1.3	1.4	1.6
	轻度冲击	1.1	1.3	1.4	1.6	1.8
	中等冲击	1.3	1.4	1.6	1.8	2
	强烈冲击	1.4	1.6	1.8	2	2.3或更大

（4）瞬时尖峰载荷的校核计算

$$T_{2max} \leqslant 2.5T_2 \tag{17-4}$$

式中 T_{2max}——瞬时尖峰载荷(N)。

【例题2】 试选择建筑提升机用圆弧圆柱蜗杆减速器。已知电动机驱动，减速器输入转速 $n_1=725$ r/min，要求输出转速 $n_2=36$r/min，输出转矩 $T_{2W}=2255$N·m，起动转矩 $T_{2max}=5100$N·m，输出轴上径向载荷 $F_{rw}=11000$N，每天工作8h，每小时起动15次，每次运转3min，工作环境温度30°C。

解： 1）确定减速器公称速比

$$i=\frac{n_1}{n_2}=\frac{725}{36}=20.13$$

由表17-27取公称速比 $i_0=20$。

2）选类型。选用蜗杆下置式，即CWU型，用风扇冷却。

3）根据机械强度和热极限强度选型号。由表17-13知，建筑用提升机载荷为中等冲击载荷，据此由表17-30查得工况系数 $K_A=1.3$；由图17-3查得起动频率系数 $K_4=1.0$；由表17-14知，当小时载荷率为

$$J_c=\frac{1\text{h 内载荷作用时间(min)}}{60}\times100\%$$

$$=\frac{3\times15}{60}\times100\%=75\%$$

时，小时载荷率系数 $K_2=0.93$；由表17-14知，环境温度系数 $K_1=1.15$；由表17-29知，型式系数 $K_5=1$；由图17-4知，当初估中心距 $a=100\sim225$mm时，冷却方式系数 $K_6=1.59$。由式（17-1）计算机械强度为

$$T_{2W}K_4K_4=2255\times1.3\times1.0\text{N}\cdot\text{m}=2932\text{N}\cdot\text{m}$$

由式（17-2）计算，热极限强度为

$$T_{2W}K_2K_3K_5K_6=2255\times0.93\times1.15\times1\times1.59\text{N}\cdot\text{m}=3835\text{N}\cdot\text{m}$$

在表17-27中，据 $i_0=20$，$n_1=750$r/min（与实际转速725r/min的相对误差小于4%，可直接用此表选型号；若大于4%，需用插入法计算）及机械强度值，热极限强度值，选用额定输出转矩 $T_2=4200$N·m（满足 $T_{2W}K_AK_4\leqslant T_2$ 及 $T_{2W}K_2K_3K_5K_6\leqslant T_2$ 的要求），中心距 $a=200$mm的减速器。与上边所估 a 值相符。

4）输出轴轴伸载荷的校核。由图17-5知，当 $n_2=36$r/min时，输出轴轴伸额定径向力的速度修正系数 $K_7=0.64$；由表17-28知，当 $a=200$mm，$T_2=4200$N·m时，用插入法求出许用径向力 $F_r=17240$N。由式(17-3)计算，得

$$K_7F_r=0.64\times17240\text{N}=11330\text{N}$$

已知 $F_{rw}=1100\text{N}<K_7F_r$

校核通过。

5）瞬时尖峰载荷的校核。由式（17-4）计算：

$$2.5T_2=2.5\times4200\text{N}\cdot\text{m}=10500\text{N}\cdot\text{m}$$

已知，$T_{2max}=5100\text{N}\cdot\text{m}<2.5T_2$

校核通过。

结论：所选减速器代号为

CWU200-20-ⅠFGJB/T 7935—1995

17.3.2　平面二次包络环面蜗杆减速器

平面二次包络环面蜗杆减速器适用于工作环境温度为 -40 ~ 40℃，当环境温度低于 0℃ 或高于 40℃ 时，起动前润滑油要相应加热或冷却；蜗杆转速不超过 1500r/min；两轴交角为 90°；蜗杆轴可正、反向运转。

17.3.2.1　型式和标记方法

减速器的型号由减速器代号 PW、蜗杆位置（U、O、S）、中心距（见表 17-31）、公称传动比（见表 17-32）、装配型式、冷却方式（风扇冷却“F”，自然冷却不标注）和标准号组成。

减速器包括 PWU（蜗杆在蜗轮之下）、PWO（蜗杆在蜗轮之上）、PWS（蜗杆在蜗轮一侧）三个系列。每个系列有三种装配型式，用代号Ⅰ、Ⅱ、Ⅲ表示。

表 17-31　减速器中心距 *a*　　（单位：mm）

第一系列	80	100	125		160		200		250		315		400		500		630	
第二系列				140		180		225		280		355		450		560		710

注：优先选用第一系列

表 17-32　减速器公称传动比 *i*

第一系列	10	12.5		16		20		25		31.5		40		50		63
第二系列			14		18		22.4		28		35.5		45		56	

注：优先选用第一系列

标记示例：

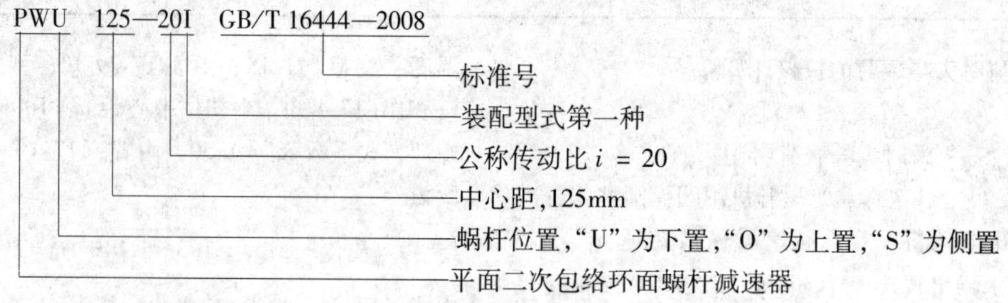

17.3.2.2　外形尺寸和安装尺寸（表 17-33 ~ 表 17-37）

表 17-33　PWU 型减速器的外形尺寸和安装尺寸（整体式）　　（单位：mm）

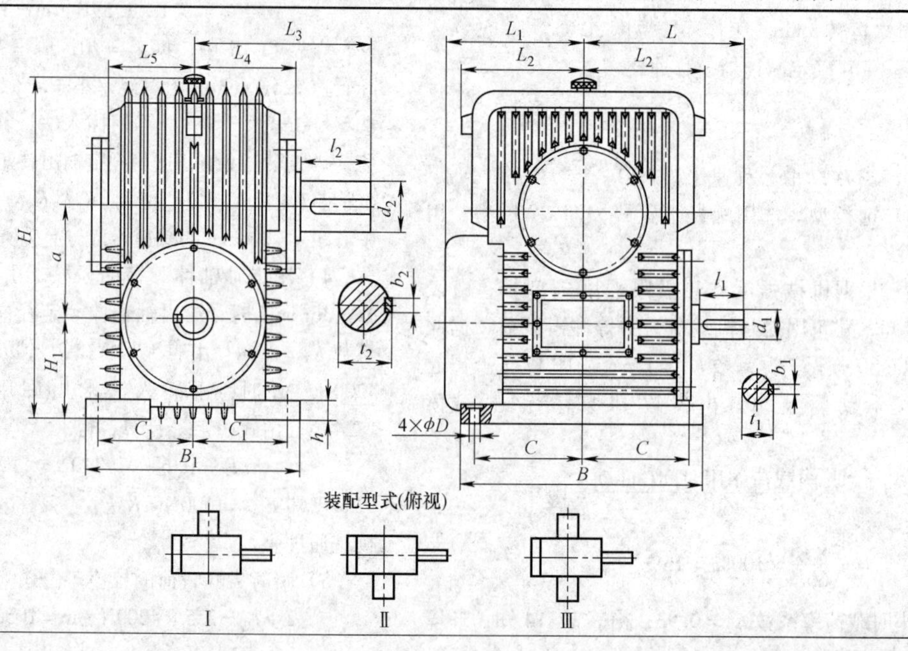

（续）

a	H_1	B	B_1	C	C_1	D	H	L	L_1	L_2	L_3	L_4	L_5	d_1	b_1	t_1	l_1	d_2	b_2	t_2	l_2	h
80	100	250	190	112	180	14	315	160	160	125	180	100	90	25	8	28	42	45	14	48.5	82	30
100	112	300	236	130	100	16	355	200	200	160	212	125	118	32	10	35	58	55	16	59	82	35
125	125	355	280	160	118	18	450	236	236	190	250	150	140	38	10	41	58	.65	18	69	105	38
140	140	400	315	180	132	20	500	265	265	212	280	160	160	42	12	45	82	70	20	74.5	105	40
160	160	450	355	200	140	21	560	300	300	236	315	190	180	48	14	51.5	82	80	22	85	130	42
180	180	500	400	225	160	22	630	335	335	265	355	212	200	56	16	60	82	90	25	95	130	45
200	200	560	450	250	180	24	710	355	355	300	400	236	224	60	18	64	105	100	28	106	165	50
225	225	630	500	280	200	26	800	400	400	315	450	265	250	65	18	69	105	110	28	116	165	53
250	250	670	530	300	224	28	850	450	450	355	500	280	280	70	20	74.5	105	125	32	132	165	56
280	280	800	600	355	250	30	950	475	475	400	560	315	315	85	22	90	130	140	36´	148	200	60
315	315	900	670	375	280	32	1060	560	560	450	630	355	355	90	25	95	130	150	36	158	200	67
355	355	1000	750	425	315	35	1250	670	670	500	710	400	400	100	28	106	165	170	40	179	240	75

表 17-34 PWU 型减速器的外形尺寸和安装尺寸（剖分式） （单位：mm）

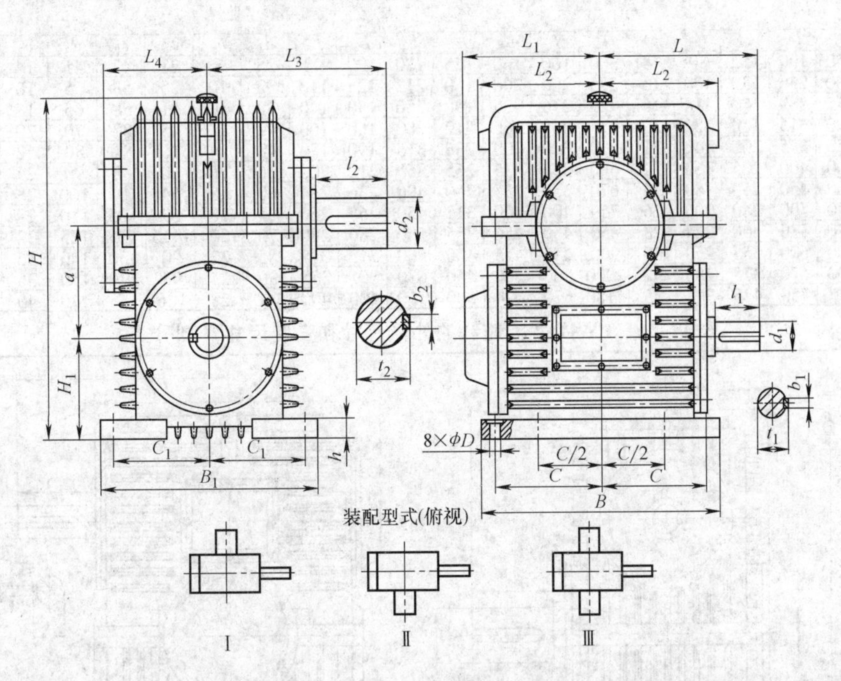

a	H_1	B	B_1	C	C_1	D	H	L	L_1	L_2	L_3	L_4	d_1	b_1	t_1	l_1	d_2	b_2	t_2	l_2	h
400	355	900	800	400	355	35	1250	670	600	450	630	375	110	28	116	165	180	45	190	240	55
450	400	1000	900	450	400	39	1400	750	670	500	710	425	125	32	132	165	200	45	210	280	60
500	450	1120	1000	500	450	42	1600	850	750	560	800	475	130	32	137	200	220	50	231	280	65
560	500	1250	1120	560	500	45	1800	950	850	630	900	530	150	36	158	200	250	56	262	330	72
630	560	1400	1250	630	560	48	2000	1060	950	710	1000	600	170	40	179	240	280	63	292	380	80
710	630	1600	1400	710	630	52	2240	1180	1060	800	1250	670	190	45	200	280	320	70	334	380	88

表 17-35　PWO 型减速器的外形尺寸和安装尺寸（整体式）　（单位：mm）

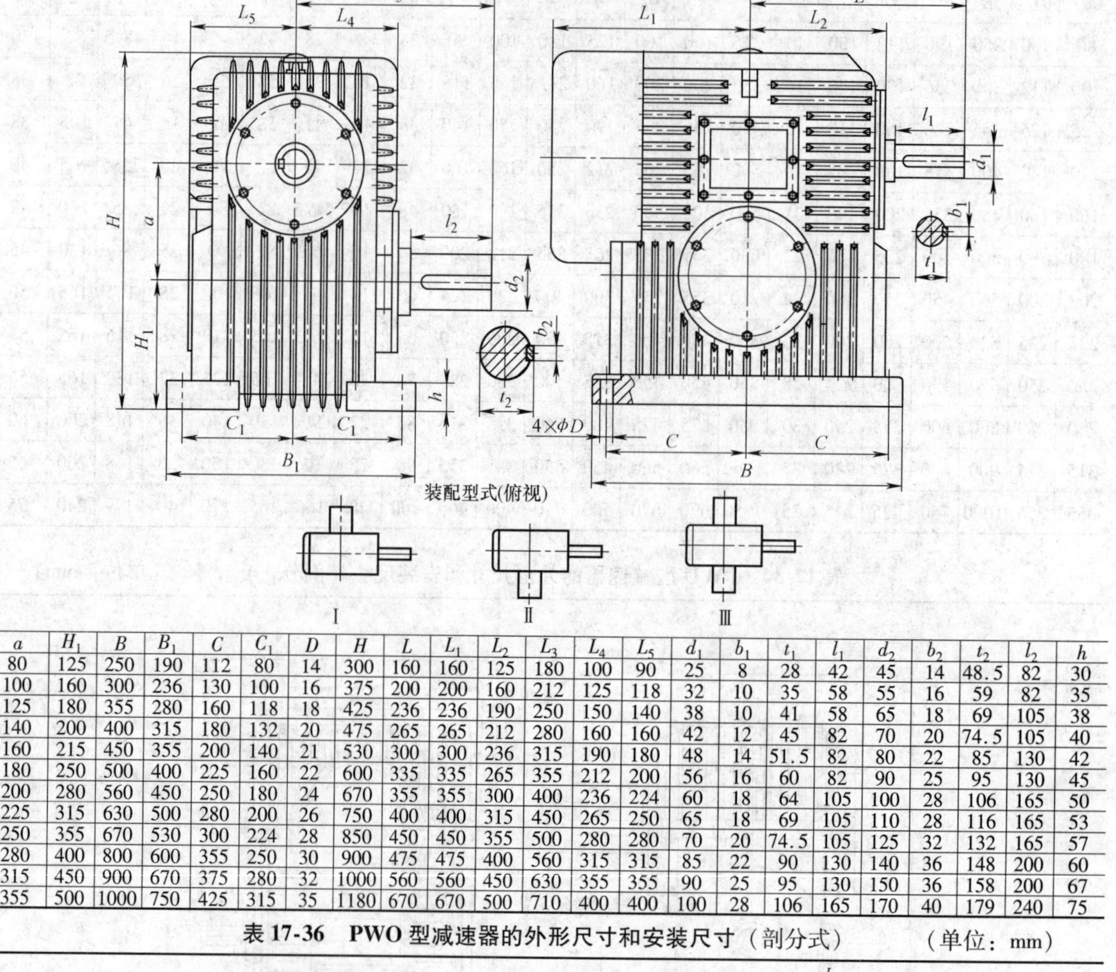

a	H_1	B	B_1	C	C_1	D	H	L	L_1	L_2	L_3	L_4	L_5	d_1	b_1	t_1	l_1	d_2	b_2	t_2	l_2	h
80	125	250	190	112	80	14	300	160	160	125	180	100	90	25	8	28	42	45	14	48.5	82	30
100	160	300	236	130	100	16	375	200	200	160	212	125	118	32	10	35	58	55	16	59	82	35
125	180	355	280	160	118	18	425	236	236	190	250	150	140	38	10	41	58	65	18	69	105	38
140	200	400	315	180	132	20	475	265	265	212	280	160	160	42	12	45	82	70	20	74.5	105	40
160	215	450	355	200	140	21	530	300	300	236	315	190	180	48	14	51.5	82	80	22	85	130	42
180	250	500	400	225	160	22	600	335	335	265	355	212	200	56	16	60	82	90	25	95	130	45
200	280	560	450	250	180	24	670	355	355	300	400	236	224	60	18	64	105	100	28	106	165	50
225	315	630	500	280	200	26	750	400	400	315	450	265	250	65	18	69	105	110	28	116	165	53
250	355	670	530	300	224	28	850	450	450	355	500	280	280	70	20	74.5	105	125	32	132	165	57
280	400	800	600	355	250	30	900	475	475	400	560	315	315	85	22	90	130	140	36	148	200	60
315	450	900	670	375	280	32	1000	560	560	450	630	355	355	90	25	95	130	150	36	158	200	67
355	500	1000	750	425	315	35	1180	670	670	500	710	400	400	100	28	106	165	170	40	179	240	75

表 17-36　PWO 型减速器的外形尺寸和安装尺寸（剖分式）　（单位：mm）

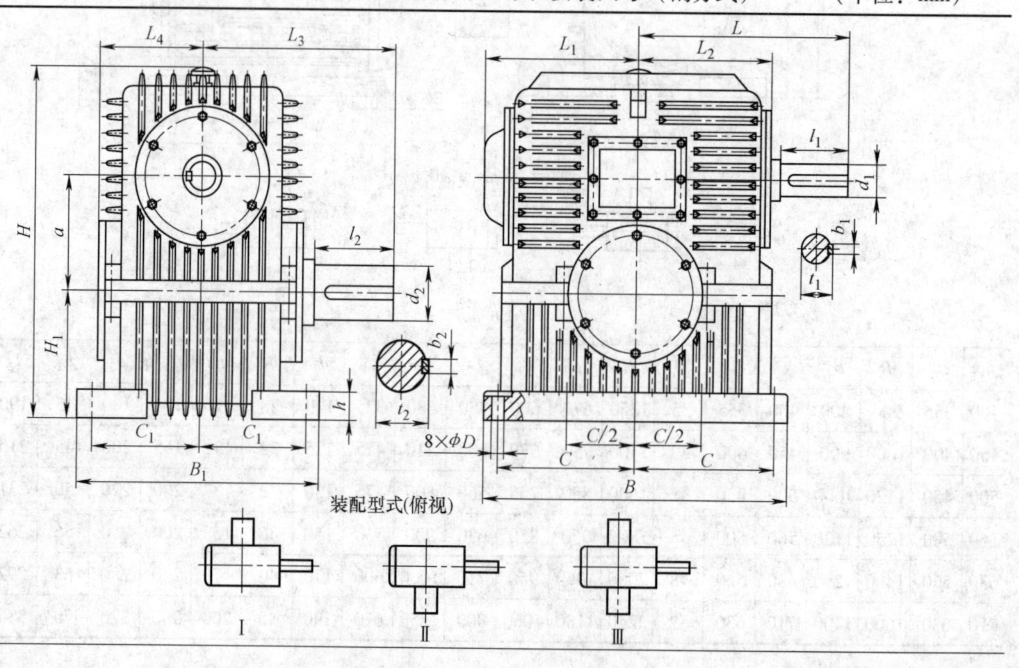

（续）

a	H_1	B	B_1	C	C_1	D	H	L	L_1	L_2	L_3	L_4	d_1	b_1	t_1	l_1	d_2	b_2	t_2	l_2	h
400	500	900	800	400	355	35	1250	670	600	450	630	375	110	28	116	165	180	45	190	240	55
450	560	1000	900	450	400	39	1400	750	670	500	710	425	125	32	132	165	200	45	210	280	60
500	630	1120	1000	500	450	42	1600	850	750	560	800	475	130	32	137	200	220	50	231	280	65
560	710	1250	1120	560	500	45	1800	950	850	630	900	530	150	36	158	200	250	56	262	330	72
630	800	1400	1250	630	560	48	2000	1060	950	710	1000	600	170	40	179	240	280	63	292	380	80
710	900	1600	1400	710	630	52	2240	1180	1060	800	1250	670	190	45	200	280	320	70	334	380	88

表 17-37　PWS 型减速器的外形尺寸和安装尺寸　　（单位：mm）

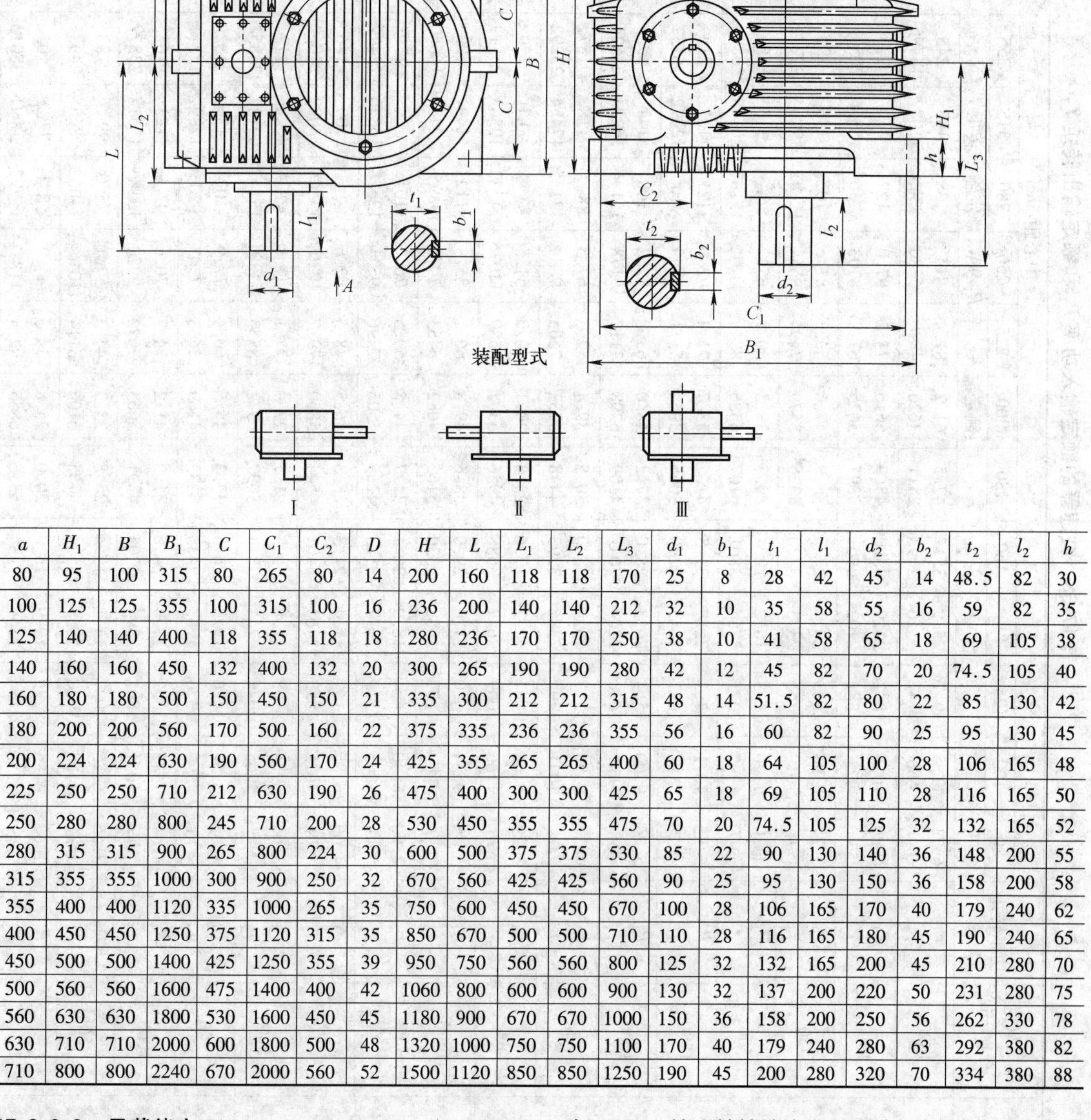

装配型式

a	H_1	B	B_1	C	C_1	C_2	D	H	L	L_1	L_2	L_3	d_1	b_1	t_1	l_1	d_2	b_2	t_2	l_2	h
80	95	100	315	80	265	80	14	200	160	118	118	170	25	8	28	42	45	14	48.5	82	30
100	125	125	355	100	315	100	16	236	200	140	140	212	32	10	35	58	55	16	59	82	35
125	140	140	400	118	355	118	18	280	236	170	170	250	38	10	41	58	65	18	69	105	38
140	160	160	450	132	400	132	20	300	265	190	190	280	42	12	45	82	70	20	74.5	105	40
160	180	180	500	150	450	150	21	335	300	212	212	315	48	14	51.5	82	80	22	85	130	42
180	200	200	560	170	500	160	22	375	335	236	236	355	56	16	60	82	90	25	95	130	45
200	224	224	630	190	560	170	24	425	355	265	265	400	60	18	64	105	100	28	106	165	48
225	250	250	710	212	630	190	26	475	400	300	300	425	65	18	69	105	110	28	116	165	50
250	280	280	800	245	710	200	28	530	450	355	355	475	70	20	74.5	105	125	32	132	165	52
280	315	315	900	265	800	224	30	600	500	375	375	530	85	22	90	130	140	36	148	200	55
315	355	355	1000	300	900	250	32	670	560	425	425	560	90	25	95	130	150	36	158	200	58
355	400	400	1120	335	1000	265	35	750	600	450	450	670	100	28	106	165	170	40	179	240	62
400	450	450	1250	375	1120	315	35	850	670	500	500	710	110	28	116	165	180	45	190	240	65
450	500	500	1400	425	1250	355	39	950	750	560	560	800	125	32	132	165	200	45	210	280	70
500	560	560	1600	475	1400	400	42	1060	800	600	600	900	130	32	137	200	220	50	231	280	75
560	630	630	1800	530	1600	450	45	1180	900	670	670	1000	150	36	158	200	250	56	262	330	78
630	710	710	2000	600	1800	500	48	1320	1000	750	750	1100	170	40	179	240	280	63	292	380	82
710	800	800	2240	670	2000	560	52	1500	1120	850	850	1250	190	45	200	280	320	70	334	380	88

17.3.2.3　承载能力

减速器的额定输入功率 P_1 和额定输出转矩 T_2 见表 17-38，输出轴轴端许用径向力 F_r 见表 17-39，传动效率 η 见表 17-40。

表 17-38　减速器的额定输入功率 P_1 和额定输出转矩 T_2

公称传动比 i	输入转速 n_1/(r/min)	功率转矩	中心距/mm																	
			80	100	125	140	160	180	200	225	250	280	315	355	400	450	500	560	630	710
			额定输入功率 P_1/kW，额定输出转矩 T_2/N·m																	
10	1500	P_1	6.71	11.5	19.7	25.9	35.7	47.5	61.2	81.4	105	138	183	245	326	434				
		T_2	384	666	1141	1516	2093	2811	3626	4870	6280	8343	11087	14795	19716	26247				
	1000	P_1	6.20	10.6	18.2	23.9	33.0	43.9	56.6	75.2	97.0	127	169	226	301	401	517	679	902	1204
		T_2	533	923	1581	2102	2901	3897	5025	6749	8703	11563	15366	20505	27305	36377	46900	61596	81825	109221
	750	P_1	5.22	8.94	15.3	20.1	27.8	36.9	47.6	63.3	81.6	107	143	190	254	337	435	572	760	1014
		T_2	591	1019	1755	2333	3220	4326	5579	7494	9664	12842	17064	22772	30399	40332	52061	68457	90957	121356
	500	P_1	4.20	7.20	12.3	16.2	22.4	29.7	38.3	50.9	65.7	86.3	115	153	204	271	350	460	611	816
		T_2	697	1202	2071	2754	3801	5107	6586	8849	11412	15167	20145	26896	35843	47615	61496	80822	107354	143373
12.5	1500	P_1	5.88	10.1	17.3	22.7	31.3	41.7	53.7	71.4	92.0	121	161	215	286	380	490			
		T_2	417	722	1237	1645	2270	3066	3954	5311	6849	9100	12092	16137	21507	28575	36847			
	1000	P_1	5.26	9.00	15.4	20.3	28.0	37.2	48.0	63.8	82.2	108	144	192	256	340	438	576	765	1012
		T_2	558	968	1658	2204	3042	4109	5298	7117	9178	12194	16204	21624	28876	38351	49405	64971	86290	114151
	750	P_1	4.31	7.39	12.7	16.7	23.0	30.5	39.4	52.3	67.5	88.7	118	157	210	279	360	473	628	838
		T_2	604	1041	1794	2386	3293	4448	5737	7665	9884	13135	17454	23292	31081	41295	53283	70008	92950	124032
	500	P_1	3.29	5.65	9.67	12.7	17.6	23.3	30.1	40.0	51.5	67.8	90.0	120	160	213	275	361	480	640
		T_2	676	1166	2009	2672	3688	4956	6392	8589	11076	14722	19563	25819	34758	46272	59741	78424	104275	139033
14	1500	P_1	5.45	9.34	16.0	21.0	29.0	38.6	49.8	66.1	85.3	112	149	199	265	352	454	597		
		T_2	430	745	1277	1688	2330	3165	4082	5483	7070	9395	12484	16660	22201	29489	38035	50015		
	1000	P_1	4.90	8.40	14.4	18.9	26.1	34.7	44.8	59.5	76.7	101	134	179	239	317	409	537	714	953
		T_2	580	1005	1723	2277	3143	4269	5506	7396	9537	12673	16840	22472	30034	39836	51397	67482	89725	119759
	750	P_1	4.00	6.85	11.7	15.4	21.3	28.3	36.5	48.5	62.6	82.3	109	146	195	259	334	438	583	777
		T_2	620	1075	1853	2464	3401	4544	5860	7917	10209	13568	18029	24060	24567	42704	55070	72217	96125	128111
	500	P_1	3.06	5.24	8.98	11.8	16.3	21.7	27.9	37.1	47.8	62.9	83.6	112	149	198	255	335	446	595
		T_2	695	1205	2078	2761	3814	5097	6572	8833	11391	15143	20122	26852	35855	47646	61362	80613	107323	143178
16	1500	P_1	4.98	8.54	14.6	19.2	26.5	35.3	45.5	60.4	77.9	102	136	182	242	322	415	546		
		T_2	446	774	1326	1763	2433	3233	4169	5663	7303	9706	12897	17211	22924	30512	39311	51720		
	1000	P_1	4.51	7.73	13.2	17.4	24.0	31.9	41.2	54.7	70.6	92.8	123	165	219	292	376	494	657	877
		T_2	606	1051	1801	2394	3305	4391	5663	7692	9920	13183	17517	23377	31118	41490	53426	70192	93353	124612
	750	P_1	3.65	6.25	10.7	14.1	19.4	25.8	33.3	44.3	57.1	75.0	99.7	133	177	236	304	400	531	709
		T_2	643	1108	1920	2553	3524	4735	6106	8114	10464	14062	18685	24935	33172	44230	56974	74966	99517	132877
	500	P_1	2.62	4.84	8.29	10.9	15.0	20.0	25.8	34.3	44.2	58.1	77.2	103	137	183	235	309	411	549
		T_2	725	1250	2154	2865	3954	5316	6855	9214	11881	15797	20991	28013	37258	49768	63910	84034	111774	149304

（续）

公称传动比 i	输入转速 n_1/(r/min)	功率转矩	中心距/mm																	
			80	100	125	140	160	180	200	225	250	280	315	355	400	450	500	560	630	710
			额定输入功率 P_1/kW，额定输出转矩 T_2/N·m																	
18	1500	P_1	4.59	7.86	13.5	17.7	24.4	32.5	41.9	55.7	71.8	94.4	125	167	223	297	383	503		
		T_2	460	793	1359	1817	2508	3351	4321	5742	7405	9951	13223	17646	23509	31310	40376	53027		
	1000	P_1	3.92	6.72	11.5	15.1	20.9	27.8	35.8	47.6	61.4	80.7	107	143	191	254	327	430	571	762
		T_2	587	1017	1742	2316	3197	4296	5540	7362	9493	12757	16952	22623	30203	40165	51708	67997	90293	120496
	750	P_1	3.29	5.65	9.67	12.7	17.6	23.3	30.1	40.0	51.5	67.8	90.0	120	160	213	275	361	480	640
		T_2	646	1113	1929	2565	3540	4785	6170	8246	10633	13978	18574	24787	33368	44421	57351	75287	100104	133472
	500	P_1	2.51	4.30	7.37	9.69	13.4	17.8	22.9	30.5	39.3	51.6	68.6	91.6	122	162	209	275	366	488
		T_2	716	1235	2128	2831	3908	5254	6776	9109	11746	15620	20756	27698	36907	49007	63225	83191	110720	147626
20	1500	P_1	4.20	7.19	12.3	16.2	22.4	29.7	38.3	50.9	65.7	86.3	115	153	204	271	350	460		
		T_2	462	797	1365	1815	2505	3386	4367	5835	7524	9882	13144	17541	23636	31398	40551	53296		
	1000	P_1	3.61	6.18	10.6	13.9	19.2	25.5	32.9	43.8	56.5	74.2	98.6	132	176	233	301	395	525	701
		T_2	593	1021	1761	2341	3231	4367	5632	7525	9704	12757	16952	22623	30587	40493	52311	68648	91241	121828
	750	P_1	2.98	5.11	8.75	11.5	15.9	21.1	27.2	36.2	46.6	61.3	81.5	109	145	193	248	327	434	579
		T_2	641	1106	1917	2549	3519	4783	6168	8243	10629	14052	18672	24918	33231	44231	56836	74941	99462	132693
	500	P_1	2.31	3.97	6.79	8.93	12.3	16.4	21.1	28.1	36.2	47.6	63.2	84.4	113	150	193	254	337	450
		T_2	725	1250	2154	2866	3956	5320	6860	9223	11894	15817	21018	28049	37550	49846	64135	84406	111987	149537
22.4	1500	P_1	3.84	6.59	11.3	14.8	20.5	27.2	35.1	46.6	60.1	79.1	105	140	187	248	320	421		
		T_2	496	808	1384	1841	2541	3435	4429	5919	7633	10147	13483	17993	23999	31827	41068	54030		
	1000	P_1	3.29	5.65	9.67	12.7	17.6	23.3	30.1	40.0	51.5	67.8	90.0	120	160	213	275	361	480	640
		T_2	599	1039	1780	2367	3267	4416	5695	7610	9813	13046	17336	23134	30801	41004	52939	69495	92404	123205
	750	P_1	2.75	4.70	8.06	10.6	14.6	19.4	25.1	33.3	43.0	56.5	75.0	100	134	177	229	301	400	534
		T_2	654	1134	1943	2584	3567	4851	6256	8360	10781	14334	19048	25419	34013	44927	58126	76401	101530	135543
	500	P_1	2.12	3.63	6.22	8.18	11.3	15.0	19.3	25.7	33.1	43.6	57.9	77.2	103	137	177	232	308	412
		T_2	729	1258	2155	2868	3959	5325	6867	9234	11908	15935	21174	28257	37674	50110	64740	84857	112656	150695
25	1500	P_1	3.45	5.91	10.1	13.3	18.4	24.4	31.5	41.9	54.0	71.0	94.3	126	168	223	288	378		
		T_2	467	810	1387	1845	2546	3423	4414	5898	7606	10056	13363	17832	23796	31586	40793	53541		
	1000	P_1	2.94	5.04	8.64	11.4	15.7	20.8	26.9	35.7	46.0	60.5	80.4	107	143	190	245	322	428	572
		T_2	590	1023	1773	2358	3255	4376	5643	7541	9724	12856	17083	22797	30383	40368	52054	68414	90935	121530
	750	P_1	2.51	4.30	7.37	9.69	13.4	17.8	22.9	30.5	39.3	51.6	68.6	91.6	122	162	209	275	366	488
		T_2	663	1143	1971	2622	3619	4865	6274	8434	10876	14463	19218	25646	34173	45377	58542	77029	102518	136691
	500	P_1	1.88	3.23	5.53	7.27	10.0	13.3	17.2	22.8	29.5	38.7	51.5	68.7	91.6	122	157	206	274	366
		T_2	710	1225	2112	2811	3880	5187	6689	9052	14091	15716	20883	27869	37174	49512	63716	83601	111198	148535

（续）

公称传动比 i	输入转速 n_1/(r/min)	功率转矩	中心距/mm																	
			80	100	125	140	160	180	200	225	250	280	315	355	400	450	500	560	630	710
			额定输入功率 P_1/kW，额定输出转矩 T_2/N·m																	
28	1500	P_1	3.10	5.31	9.10	12.0	16.5	21.9	28.3	37.6	48.7	63.7	84.7	113	151	200	250	340		
		T_2	453	786	1354	1791	2472	3324	4287	5763	7432	9940	13209	17627	23551	31193	38992	53029		
	1000	P_1	2.71	4.64	7.95	10.4	14.4	19.2	24.7	32.8	42.3	55.7	74.0	98.7	132	175	226	297	394	526
		T_2	593	1023	1764	2346	3239	4355	5616	7550	9737	13023	17306	23094	30881	40941	52872	69483	92176	123058
	750	P_1	2.27	3.90	6.68	8.78	12.1	16.1	20.8	27.6	35.6	46.8	62.2	83.0	111	147	190	249	331	442
		T_2	657	1133	1953	2589	3587	4823	6220	8364	10786	14346	19063	25439	34031	45068	58251	76340	101480	135511
	500	P_1	1.80	3.09	5.30	6.96	9.61	12.8	16.5	21.9	28.2	37.1	49.3	65.8	87.8	117	150	198	263	351
		T_2	743	1281	2196	2905	4010	5397	6959	9365	12077	16174	21492	28681	38265	50991	65372	86292	114620	152972
31.5	1500	P_1	2.78	4.77	8.18	10.7	14.8	19.7	25.4	33.8	43.6	57.3	76.1	102	135	180	232	305		
		T_2	447	770	1328	1768	2440	3282	4232	5691	7339	9763	12974	17313	23010	30681	39544	51987		
	1000	P_1	2.43	4.17	7.14	9.39	13.0	17.2	22.2	29.5	38.0	50.0	66.5	88.7	118	157	203	266	354	473
		T_2	585	1009	1740	2315	3196	4299	5543	7455	9614	12789	16994	22678	30170	40141	51902	68009	90509	120934
	750	P_1	1.80	3.09	5.30	6.96	9.61	12.8	16.5	21.9	28.2	37.1	49.3	65.8	87.8	117	150	198	263	351
		T_2	572	986	1700	2263	3123	4201	5418	7287	9397	12502	16613	22170	29578	39416	50533	66704	88602	118248
	500	P_1	1.57	2.69	4.61	6.06	8.36	11.1	14.3	19.0	24.5	32.3	42.9	57.2	76.3	101	131	172	228	305
		T_2	708	1221	2106	2787	3847	5146	6636	8932	11519	15337	20380	27196	36262	48001	62258	81744	108358	144952
35.5	1500	P_1	2.43	4.17	7.14	9.39	13.0	17.2	22.2	29.5	38.0	50.0	66.5	88.7	118	157	203	266		
		T_2	431	744	1283	1697	2343	3152	4065	5468	7051	9439	12543	16738	22267	29627	38367	50195		
	1000	P_1	2.20	3.76	6.45	8.48	11.7	15.6	20.0	26.6	34.4	45.2	60.0	80.1	107	142	183	241	320	427
		T_2	584	1008	1738	2299	3174	4270	5507	7408	9553	12788	16993	22677	30287	40194	51799	68217	90578	120865
	750	P_1	1.88	3.23	5.53	7.27	10.0	13.3	17.2	22.8	29.5	38.7	51.5	68.7	91.6	122	157	206	274	366
		T_2	655	1130	1949	2595	3582	4820	6216	8363	10784	14352	19072	25451	33950	45217	58189	76349	101552	135650
	500	P_1	1.49	2.55	4.38	5.75	7.94	10.6	13.6	18.1	23.3	30.6	40.7	54.4	72.5	96.4	124	163	217	290
		T_2	738	1273	2196	2906	4011	5402	6966	9318	12016	16108	21405	28565	38094	50652	65154	85646	114019	152376
40	1500	P_1	2.27	3.90	6.68	8.78	12.1	16.1	20.8	27.6	35.6	46.8	62.2	83.0	111	147	190	249	331	
		T_2	440	759	1310	1744	2408	3240	4178	5623	7251	9651	12825	17115	22895	30320	39189	51358	68272	
	1000	P_1	1.88	3.23	5.53	7.27	10.0	13.3	17.2	22.8	29.5	38.7	51.5	68.7	91.6	122	157	206	274	366
		T_2	547	943	1626	2165	2989	4022	5187	6980	9001	11981	15920	21246	28340	37745	48574	63734	84772	113235
	750	P_1	1.65	2.82	4.84	6.36	8.78	11.7	15.0	20.0	25.8	33.9	45.0	60.1	80.1	106	137	181	240	320
		T_2	629	1085	1872	2494	3442	4633	5975	8041	10370	13805	18345	24481	32635	43187	55817	73744	97782	130376
	500	P_1	1.22	2.08	3.57	4.69	6.48	8.61	11.1	14.8	19.0	25.0	33.2	44.3	59.2	78.6	101	133	177	236
		T_2	659	1138	1964	2617	3613	4867	6276	8452	10900	14520	19295	25748	34370	45634	58638	77217	102763	137017

（续）

公称传动比 i	输入转速 n_1/(r/min)	功率转矩	中心距/mm																	
			80	100	125	140	160	180	200	225	250	280	315	355	400	450	500	560	630	710
			额定输入功率 P_1/kW，额定输出转矩 T_2/N · m																	
45	1500	P_1	2.04	3.49	5.99	7.87	10.9	14.4	18.6	24.7	31.9	41.9	55.7	74.4	99.2	132	170	224	297	
		T_2	435	751	1304	1737	2397	3227	4161	5600	7222	9614	12776	17049	22734	30251	38960	51335	68065	
	1000	P_1	1.76	3.02	5.18	6.81	9.40	12.5	16.1	21.4	27.6	36.3	48.2	64.4	85.9	114	147	193	257	343
		T_2	565	975	1693	2293	3112	4189	5401	7270	9375	12480	16584	22131	29259	39189	50533	66346	88347	117911
	750	P_1	1.57	2.69	4.61	6.06	8.36	11.1	14.3	19.0	24.5	32.3	42.9	57.2	76.3	101	131	172	228	305
		T_2	661	1140	1966	2602	3592	4837	6238	8343	10759	14237	18918	25246	33661	44558	43344	75880	100585	134555
	500	P_1	1.29	2.22	3.80	5.00	6.90	9.16	11.8	15.7	20.2	26.6	35.4	47.2	63.0	83.7	108	142	188	252
		T_2	773	1334	2303	3069	4238	5712	7364	9852	12705	17046	22651	30227	40336	53590	69148	90917	120369	161346
50	1500	P_1	1.84	3.16	5.41	7.12	9.82	13.1	16.8	22.4	28.8	37.9	50.4	87.2	89.7	119	154	202	268	
		T_2	428	744	1275	1699	2345	3157	4072	5482	7069	9414	12510	16694	22270	29545	38234	50151	66537	
	1000	P1	1.61	2.76	4.72	6.21	8.57	11.4	14.7	19.5	25.2	33.1	43.9	58.6	78.2	104	134	176	234	312
		T_2	560	974	1668	2223	3068	4132	5328	7173	9250	12318	16369	21844	29123	38731	49903	65544	87144	116192
	750	P_1	1.33	2.28	3.92	5.15	7.10	9.44	12.2	16.2	20.9	27.4	36.4	48.6	64.9	86.2	111	146	194	259
		T_2	611	1055	1820	2425	3347	4508	5814	7828	10095	13446	17867	23843	31813	42254	54410	71567	95095	126957
	500	P_1	1.02	1.74	2.99	3.94	5.43	7.22	9.31	12.4	16.0	21.0	27.9	37.2	49.6	65.9	85	112	149	198
		T_2	662	1143	1973	2631	3632	4895	6313	8507	10970	14622	19430	25929	34575	45937	59252	78073	103864	138021
56	1500	P_1	1.69	2.89	4.95	6.51	8.99	11.9	15.4	20.5	26.4	34.7	46.1	61.5	82.1	109	141	185	246	
		T_2	430	747	1280	1706	2355	3172	4090	5471	7150	9523	12654	16887	22537	29921	38705	50783	67527	
	1000	P_1	1.45	2.49	4.26	5.60	7.73	10.3	13.2	17.6	22.7	29.8	39.7	52.9	70.6	93.8	121	159	211	282
		T_2	555	964	1652	2202	3039	4094	5279	7062	9228	12291	16332	21795	29070	38622	49822	65469	86880	116114
	750	P_1	1.33	2.28	3.92	5.14	7.10	9.44	12.2	16.2	20.9	27.4	36.4	48.6	64.9	86.2	111	146	194	259
		T_2	670	1157	1996	2661	3673	4948	6381	8595	11083	14766	19621	24184	34936	46402	59752	78593	104432	139422
	500	P_1	1.10	1.88	3.22	4.24	5.85	7.78	10.0	13.3	17.2	22.6	30.0	40.1	53.4	71.0	91.6	120	160	213
		T_2	787	1359	2345	3106	4287	5780	7453	10118	13048	17274	22954	30631	40834	54293	70045	91762	122349	162878
63	1500	P_1	1.49	2.55	4.38	5.75	7.94	10.6	13.6	18.1	23.3	30.7	40.7	54.4	72.5	96.4	124	163	217	
		T_2	418	727	1246	1661	2293	3090	3984	5367	6921	9221	12254	16352	21807	28996	37298	49029	65272	
	1000	P_1	1.33	2.28	3.92	5.15	7.10	9.44	12.2	16.2	20.9	27.4	36.4	48.6	64.9	86.2	111	146	194	259
		T_2	562	976	1673	2230	3078	4147	5347	7203	9289	12376	16446	21946	29282	38893	50082	65874	87531	116858
	750	P_1	1.22	2.08	3.57	4.69	6.48	8.61	11.1	14.8	19.0	25.0	33.2	44.3	59.2	78.6	101	133	177	236
		T_2	673	1162	2005	2673	3690	4972	6412	8638	11279	14845	19726	26324	35139	46654	59950	78914	105061	140082
	500	P_1	0.82	1.41	2.42	3.18	4.39	5.83	7.52	9.99	12.9	16.9	22.5	30.0	40.1	53.2	68.7	90.3	120	160
		T_2	644	1112	1921	2563	3538	4771	6153	8297	10699	14269	18961	25303	33773	44806	57861	76053	101067	134755

表 17-39　减速器输出轴轴端许用径向力 F_r

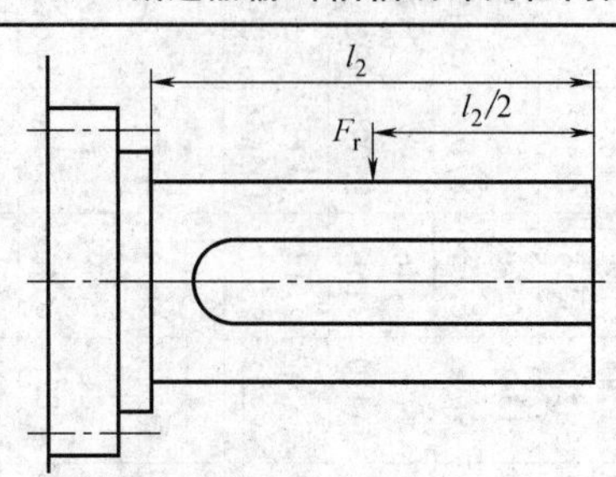

中心距/mm	80	100	125	140	160	180	200	225	250
许用径向力/N	2250	3500	5000	6500	9000	11000	14000	17000	21700
中心距/mm	280	315	355	400	450	500	560	630	710
许用径向力/N	27000	31000	35000	40000	43000	46000	49000	52000	56000

表 17-40　减速器的传动效率 η

公称传动比 i	输入转速 n_1/(r/min)	中心距/mm									
		80	100	125	140	160	180	200	225	250	280～710
		传动效率 η(%)									
10	1500	90	91	91	92	92	93	93	94	94	95
	1000	90	91	91	92	92	93	93	94	94	95
	750	89	89.5	90	91	91	92	92	93	93	94
	500	87	87.5	88	89	89	90	90	91	91	92
12.5	1500	89	90	90	91	91	92.5	92.5	93.5	93.5	94.5
	1000	89	90	90	91	91	92.5	92.5	93.5	93.5	94.5
	750	88	88.5	89	90	90	91.5	91.5	92	92	93
	500	86	86.5	87	88	88	89	89	90	90	91
14	1500	88.5	89.5	89.5	91	91	92	92	93	93	94
	1000	88.5	89.5	89.5	91	91	92	92	93	93	94
	750	87	88	88.5	89.5	89.5	91	91	91.5	91.5	92.5
	500	85	86	86.5	87.5	87.5	88	88	89	89	90
16	1500	88	89	89	90	90	91	91	92	92	93
	1000	88	89	89	90	90	91	91	92	92	93
	750	86.5	87	88	89	89	90	90	91	91	92
	500	84	84.5	85	86	86	87	87	88	88	89
18	1500	87.5	88	88	89.5	89.5	90	90	91	91	92
	1000	87	88	88	89	89	90	90	91	91	92
	750	85.5	86	87	88	88	89.5	89.5	90	90	91
	500	83	83.5	84	85	85	86	86	87	87	88
20	1500	86.5	87	87	88	88	89.5	89.5	90	90	91
	1000	86	86.5	87	88	88	89.5	89.5	90	90	91
	750	84.5	85	86	87	87	89	89	89.5	89.5	90
	500	82	82.5	83	84	84	85	85	86	86	87
22.4	1500	85.5	86	86	87	87	88.5	88.5	89	89	90
	1000	85	86	86	87	87	88.5	88.5	89	89	90
	750	83.5	84.5	84.5	85.5	85.5	87.5	87.5	88	88	89
	500	80.5	81	81	82	82	83	83	84	84	85.5
25	1500	85	86	86	87	87	88	88	88.5	88.5	89
	1000	84	85	86	87	87	88	88	88.5	88.5	89
	750	83	83.5	84	85	85	86	86	87	87	88
	500	79	79.5	80	81	81	81.5	81.5	83	84	85

（续）

公称传动比 i	输入转速 $n_1/(\mathrm{r/min})$	中心距/mm									
		80	100	125	140	160	180	200	225	250	280~710
		传动效率 η(%)									
28	1500	82.5	83	83.5	84	84	85	85	86	86	87.5
	1000	82	82.5	83	84	84	85	85	86	86	87.5
	750	81	81.5	82	83	83	84	84	85	85	86
	500	77	77.5	77.5	78	78	79	79	80	80	81.5
31.5	1500	80	80.5	81	82	82	83	83	84	84	85
	1000	80	80.5	81	82	82	83	83	84	84	85
	750	79	79.5	80	81	81	82	82	83	83	84
	500	75	75.5	76	76.5	76.5	77	77	78	78	79
35.5	1500	78.5	79	79.5	80	80	81	81	82	82	83.5
	1000	78.5	79	79.5	80	80	81	81	82	82	83.5
	750	77	77.5	78	79	79	80	80	81	81	82
	500	73	73.5	74	74.5	74.5	75.5	75.5	76	76	77.5
40	1500	76	76.5	77	78	78	79	79	80	80	81
	1000	76	76.5	77	78	78	79	79	80	80	81
	750	75	75.5	76	77	77	78	78	79	79	80
	500	71	71.5	72	73	73	74	74	75	75	76
45	1500	74.5	75	76	77	77	78	78	79	79	80
	1000	74.5	75	76	77	77	78	78	79	79	80
	750	73.5	74	74.5	75	75	76	76	76.5	76.5	77
	500	69.5	70	70.5	71.5	71.5	72.5	72.5	73	73	74.5
50	1500	73	74	74	75	75	76	76	77	77	78
	1000	73	74	74	75	75	76	76	77	77	78
	750	72	72.5	73	74	74	75	75	76	76	77
	500	68	68.5	69	70	70	71	71	72	72	73
56	1500	71.5	72.5	72.5	73.5	73.5	74.5	74.5	75	76	77
	1000	71.5	72.5	72.5	73.5	73.5	74.5	74.5	75	76	77
	750	70.5	71	71.5	72.5	72.5	73.5	73.5	74.5	74.5	75.5
	500	67	67.5	68	68.5	68.5	69.5	69.5	71	71	71.5
63	1500	70	71	71	72	72	73	73	74	74	75
	1000	70	71	71	72	72	73	73	74	74	75
	750	69	69.5	70	71	71	72	72	73	73	74
	500	65	65.5	66	67	67	68	68	69	69	70

17.3.2.4 选用方法

1）选用减速器应知原动机、工作机类型及载荷性质，每日平均运转时间，启动频率和环境温度。

2）表17-38中的额定输入功率 P_1 及额定输出转矩 T_2，适用于减速器工作载荷平稳，每日工作8h，每小时启动次数不大于10次，启动转矩为额定转矩的2.5倍，小时载荷率 $J_c=100\%$，环境温度为20℃。

其他工作状态的减速器的额定输入功率 P_1 及额定输出转矩 T_2，可按表17-38选取，用工作状况系数（见表17-41～表17-45）进行修正。

3）计算输入功率 P_1 或计算输出转矩 T_2

机械功率 $P \geqslant P_{1w}K_AK_1$

或 $T_2 \geqslant T_{2w}K_AK_1$

热功率 $P_1 \geqslant P_{1w}K_2K_3K_4$

或 $T_2 \geqslant T_{2w}K_2K_3K_4$

式中 P_{1w}——减速器实际输入功率（kW）；

T_{2w}——减速器实际输出转矩（N·m）；

K_A——使用系数，见表17-41；

K_1——起动频率系数，见表17-42；

K_2——小时载荷率系数，见表17-43；

K_3——环境温度系数，见表17-44；

K_4——冷却方式系数，见表17-45。

4）在下列间歇工作中，可不校验输入热功率。

① 在1h内多次起动，并且运转时间总和不超过20min的场合。

② 在一个工作周期内，运转时间不超过40min，

并且间隔2h以上起动一次的场合。

5）实际输入功率超过许用输入热功率，则须采用强制冷却措施或选用更大规格的减速器。

【例题3】 已知：某重型提升机用平面二次包络环面蜗杆减速器（带风扇），电动机功率 $P_{1w}=15kW$，减速器输入转速 $n_1=1000r/min$，传动比 $i=40$，每日工作8h，每小时起动15次，每次工作3min，环境温度30℃。试选择减速器型号。

解：选用计算：由表17-41查得 $K_A=1.3$，由表17-42查得 $K_1=1.1$，小时负荷率 $J_c=\frac{3\times15}{60}\times100\%=75\%$，由表17-43得 $K_2=0.93$，由表17-44查得 $K_3=1.14$，由表17-45查得 $K_4=1$，计算输入功率

机械功率 $P_1\geqslant P_{1w}K_AK_1$

$$=15\times1.3\times1.1kW=21.45kW$$

热功率 $P_1\geqslant P_{1w}K_2K_3K_4$

$$=15\times0.93\times1.14\times1kW=15.9kW$$

查表17-38，选择减速器中心距 $a=225mm$，$n_1=1000r/min$，$i=40$，额定输入功率 $P_1=22.8kW$，可用。

表17-41 使用系数 K_A

原动机	载荷性质①（工作机特性）	每日工作时间/h ≤0.5	>0.5~1	>1~2	>2~10	>10
		K_A				
电动机、汽轮机、燃气轮机（起动转矩小，偶尔作用）	均匀	0.6	0.7	0.9	1	1.2
	轻度冲击	0.8	0.9	1.0	1.2	1.3
	中等冲击	0.9	1.0	1.2	1.3	1.5
	强烈冲击	1.1	1.2	1.3	1.5	1.75
汽轮机，燃气轮机，液动机或电动机（起动转矩大，经常作用）	均匀	0.7	0.8	1	1.1	1.3
	轻度冲击	0.9	1	1.1	1.3	1.4
	中等冲击	1	1.1	1.3	1.4	1.6
	强烈冲击	1.1	1.3	1.4	1.6	1.9
多缸内燃机	均匀	0.8	0.9	1.1	1.3	1.4
	轻度冲击	1.0	1.1	1.3	1.4	1.5
	中等冲击	1.1	1.3	1.4	1.5	1.8
	强烈冲击	1.3	1.4	1.5	1.8	2
单缸内燃机	均匀	0.9	1.1	1.3	1.4	1.6
	轻度冲击	1.1	1.3	1.4	1.6	1.8
	中等冲击	1.3	1.4	1.6	1.8	2
	强烈冲击	1.4	1.6	1.8	2	2.3或更大

① 载荷性质举例：

均匀载荷：发电机、均匀装料的带式或板式输送机，螺旋输送机，轻型提升机，包装机械，机床进给装置，通风机，离心泵，稀液料和密度均匀物料搅拌机和混合机，按最大剪切力矩设计的冲压机。

轻度冲击：不均匀装料的带式或板式输送机，机床主传动装置，重型提升机，起重机旋转机构，工矿通风机，重型离心机，粘性液料及密度不均匀物料搅拌机和混合机，多缸柱塞泵，给料泵，挤压机，压延机，回转窑，锌、铝带材、线材、型材轧机。

中等冲击：橡胶挤压机，经常起动的橡胶和塑料混合机，轻型球磨机，木材加工机械，钢坯初轧机，单缸活塞泵。

强烈冲击：铲斗链传动，筛传动装置，单斗挖土机，重型球磨机，橡胶混炼机，冶金机械，重型给料泵，旋转式钻探设备，压砖机，冷轧机。

表17-42 起动频率系数 K_1

每小时起动次数	≤10	>10~60	>60~400
起动频率系数 K_1	1	1.1	1.2

表17-43 小时载荷率系数 K_2

小时载荷率 J_c/(%)	100	80	60	40	20
小时载荷率系数 K_2	1	0.95	0.88	0.77	0.6

注：1. $J_c=\frac{\text{1h内负荷作用时间 (min)}}{60}\times100\%$。

2. $J_c<20\%$ 时按 $J_c=20\%$ 计。

表 17-44　环境温度系数 K_3

环境温度/℃	0～10	>10～20	>20～30	>30～40	>40～50
环境温度系数 K_3	0.89	1	1.14	1.33	1.6

表 17-45　冷却方式系数 K_4

冷却方式	减速器中心距 a/mm	蜗杆转速 n_1/(r/min)			
		1500	1000	750	500
		冷却方式系数 K_4			
自然冷却(无风扇)	80	1	1	1	1
	100～225	1.37	1.59	1.59	1.33
	250～710	1.51	1.85	1.89	1.78
风扇冷却	80～710	1			

17.3.2.5　润滑

减速器一般采用油池润滑，当蜗杆计算滑动速度 v_s >10m/s 时，采用强制润滑。减速器采用合成蜗轮蜗杆油，润滑油粘度指数（Ⅵ）应大于100。减速器润滑油油品按表 17-46 规定，允许采用润滑性能相当或更高的油品。减速器轴承采用飞溅润滑，也可用脂润滑。

表 17-46　润滑油油品

输入转速(r/min)	中心距/mm		
	680 蜗轮蜗杆油	460 蜗轮蜗杆油	320 蜗轮蜗杆油①
1500	80～180	200～355	400～710
1000	80～225	250～560	630～710
750	80～355	400～710	
500	80～560	630～710	

（中心距系列：80，100，125，140，160，180，200，225，250，280，315，355，400，450，500，560，630，710）

① 建议采用强制润滑。

17.4　谐波传动减速器

17.4.1　特点

谐波齿轮减速器是一种靠波发生器，使柔性齿轮产生可控的弹性变形波，实现运动和动力的传递，本标准减速器在工作时波发生器输入，刚轮固定，柔轮输出，输入和输出轴转向相反。主要特点是传动比范围广，传动比范围是 63～3200；工作时，对双波传动，同时啮合的齿数可达总齿数的 30%～40%，因此承载能力比其他型式的齿轮传动都高；比一般齿轮减速器零件数少$\frac{1}{2}$，体积可减小 20%～50%；由于柔轮的轮齿在转动过程中作均匀的径向移动，齿面间相对滑动速度很低，所以磨损小，效率高；此外运动精度高、平稳、无噪声。本标准为单级卧式双轴伸型谐波齿轮减速器，共有 12 个机型，60 种传动比规格。

谐波传动减速器适用条件见表 17-2。

17.4.2　代号和标记

（1）代号　XB 为杯型柔轮谐波传动减速器；XBZ 为带支座杯型柔轮谐波传动减速器；A 为传动精度 1 级；B 为传动精度 2 级；C 为传动精度 3 级；D 为传动精度 4 级；A/B 为传动精度混合级，A 表示空程 1 级，B 表示传动误差 2 级；Y 为润滑油；ZH 为润滑脂。

（2）标记示例

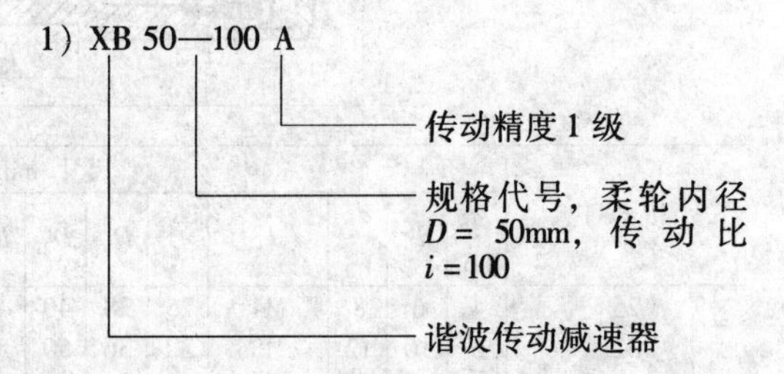

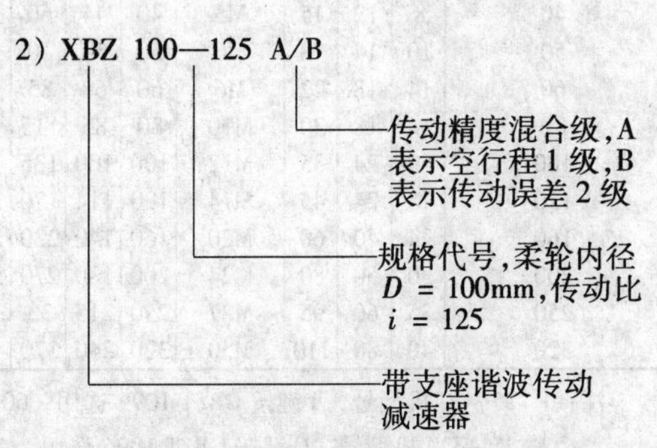

17.4.3　外形尺寸、主要参数和承载能力（表17-47）

17.4.4　传动精度

（1）空程　要求1级（A级）≤1′，2级（B级）≤3′，3级（C级）≤6′，4级（D级）≤9′。

（2）传动误差　要求1级（A级）≤1′，2级（B级）≤3′，3级（C级）≤6′，4级（D级）≤9′。

表17-47　杯形柔轮谐波传动减速器外形尺寸、主要参数和承载能力

型　号	外形尺寸	主要参数（柔轮内径、模数、传动比）	承载能力	
			额定输入功率 P_1 额定输出转矩 T_2	起动转矩、扭转刚度、波发生器转动惯量
XB	表17-48	表17-50	表17-50	表17-51
XBZ（带支座）	表17-49			

表17-48　XB型杯型柔轮谐波传动减速器外形尺寸　（单位：mm）

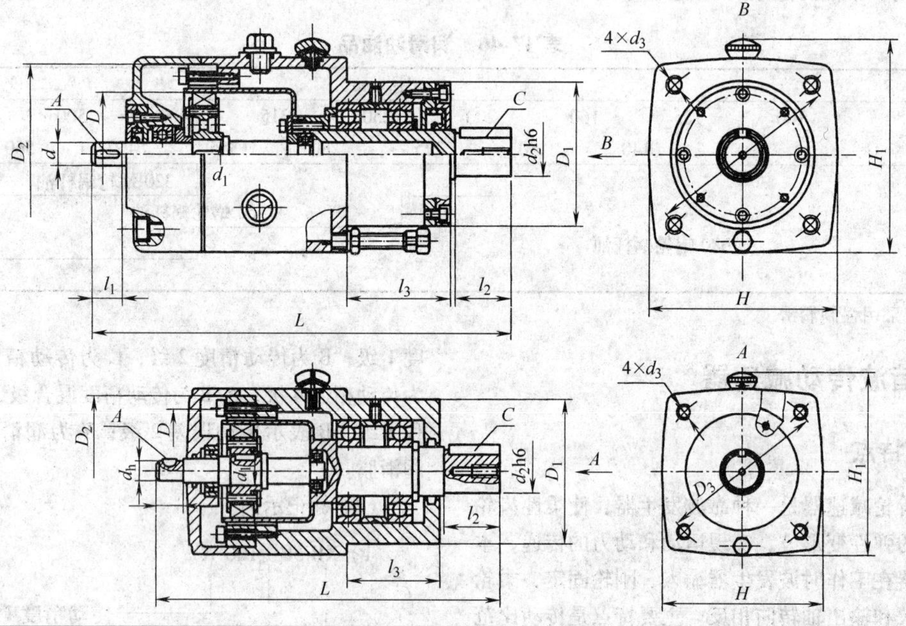

机型号	尺寸/mm																重量/kg
	d h6	d_1	d_2 h6	d_3	D	D_1	D_2	D_3	L	l_1	l_2	l_3	H	H_1	A	C	
25	4	6	8	M4	25	28	40	43	86	8	12	22	45	50	键1×4	键C2×10	0.3
32	6	10	12	M5	32	36	50	55	115	11	16	33	55	60	键2×7	键C4×14	0.5
40	8	12	15	M5	40	44	60	66	140	16	22	39	65	72	键3×10	键C5×18	1
50	10	14	18	M6	50	53	70	76	170	18	30	43	75	83	键3×13	键C6×25	1.5
60	14	18	22	M6	60	68	85	100	205	18	35	43	92	101	键5×14	键C6×32	5.5
80	14	18	30	M10	80	85	115	130	240	20	43	48	122	132	键5×16	键C8×40	10
100	16	24	35	M12	100	100	135	155	290	24	55	54	142	155	键5×20	键C10×50	16
120	18	24	45	M14	120	114	170	195	340	28	68	67	180	220	键6×25	键C14×62	30
160	24	40	60	M20	160	140	220	245	430	38	88	77	230	265	键8×32	键C18×80	58
200	30	50	80	M24	200	180	270	300	530	48	108	102	280	320	键8×40	键C22×100	100
250	35	60	95	M27	250	215	33	360	669	60	128	156	345	423	键10×50	键C25×120	
320	40	80	110	M30	320	240	370	400	750	80	140	170	400	440	键12×60	键C28×130	

注：1. 25～50机型号，A键按GB/T 1099选用；60～320机型，A键按GB/T 1096选用。

2. 25～320机型号，C键按GB/T 1096选用。

表17-49　XBZ型杯形柔轮谐波传动减速器外形尺寸　（单位：mm）

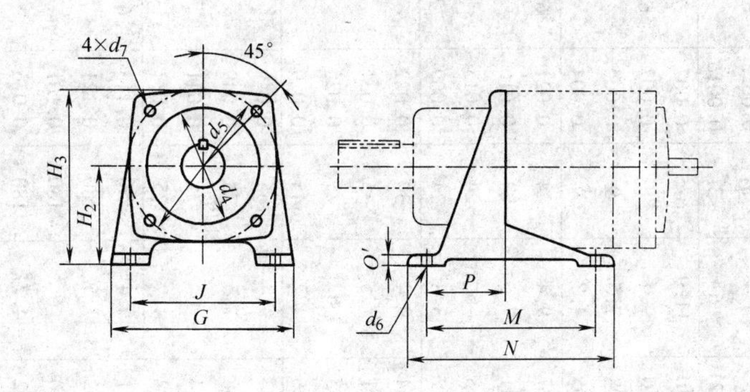

尺寸符号	机型号							
	60	80	100	120	160	200	250	320
H_3	101	140	160	196	255	310	380	450
G	112	140	168	205	260	320	400	480
H_2	56	80	90	106	140	170	210	250
J	92	116	138	175	220	280	340	400
d_6	7	9	10	10	14	14	18	22
d_4	68	85	100	114	140	180	215	240
M	85	130	150	100	240	280	330	380
N	115	160	180	215	280	330	390	450
O'	10	13	14	16	20	20	22	25
P	54	61	67	80	90	110	120	140
d_7	8	12	14	16	24	28	30	34
d_5	100	130	155	195	245	300	350	400

表 17-50　XB、XBZ 型杯形柔轮谐波传动减速器主要参数、额定输入功率 P_1 和额定输出转矩 T_2

机型	柔轮内径/mm	模数/mm	传动比 i	输入转速 3000r/min			输入转速 1500r/min			输入转速 1000r/min			输入转速 750r/min			输入转速 500r/min		
				输入功率 P_1/kW	输出转速 n_2/(r/min)	输出转矩 T_2/N·m	输入功率 P_1/kW	输出转速 n_2/(r/min)	输出转矩 T_2/N·m	输入功率 P_1/kW	输出转速 n_2/(r/min)	输出转矩 T_2/N·m	输入功率 P_1/kW	输出转速 n_2/(r/min)	输出转矩 T_2/N·m	输入功率 P_1/kW	输出转速 n_2/(r/min)	输出转矩 T_2/N·m
25	25	0.2	63	0.0122	47.6	2	0.0071	23.8	2.5	0.0047	15.8	2.5	0.0035	11.9	2.5	0.0023	7.9	2.5
		0.15	80	0.0096	37.5	2	0.0056	18.8	2.5	0.0044	12.5	2.9	0.0033	9.4	3	0.0023	6.25	3.4
		0.1	125	0.0061	24	2	0.0035	12	2.5	0.0028	8	2.9	0.0021	6	3	0.0016	4	3.4
32	32	0.25	63	0.027	47.6	4.5	0.015	23.8	5	0.012	15.8	6	0.010	11.9	6.5	0.007	7.9	7
		0.2	80	0.024	37.5	5	0.015	18.8	6.5	0.012	12.5	7.6	0.010	9.4	8	0.007	6.25	9
		0.15	100	0.023	30	6	0.014	15	7.5	0.011	10	8.6	0.008	7.5	9	0.006	5	10
		0.1	160	0.015	18.6	6	0.008	9.4	7.5	0.071	6.25	8.6	0.005	4.7	9	0.004	3	10
40	40	0.25	80	0.078	37.5	16	0.044	18.8	20	0.034	12.5	23	0.027	9.4	24	0.021	6.25	28
		0.2	100	0.061	30	16	0.035	15	20	0.028	10	23	0.021	7.5	24	0.016	5	28
		0.15	125	0.049	24	16	0.029	12	20	0.022	8	23	0.018	6	24	0.013	4	28
		0.1	200	0.033	15	16	0.020	7.5	20	0.016	5	23	0.012	3.8	24	0.009	2.5	28
50	50	0.3	80	0.135	37.5	28	0.068	18.8	30	0.045	12.5	30	0.034	9.4	30	0.022	6.25	30
		0.25	100	0.115	30	30	0.068	15	38	0.051	10	42	0.041	7.5	45	0.031	5	50
		0.2	125	0.093	24	30	0.055	12	38	0.040	8	42	0.033	6	45	0.025	4	52
		0.15	160	0.076	18.6	30	0.044	9.4	38	0.032	6.25	42	0.026	4.7	45	0.019	3	52
60	60	0.4	80	0.216	37.5	45	0.136	18.8	60	0.098	12.5	65	0.074	9.4	65	0.049	6.25	65
		0.3	100	0.193	30	50	0.114	15	63	0.087	10	72	0.068	7.5	75	0.049	5	82
		0.25	125	0.154	24	50	0.092	12	63	0.069	8	72	0.054	6	75	0.041	4	86
		0.2	160	0.127	18.6	50	0.072	9.4	63	0.054	6.25	72	0.042	4.7	75	0.031	3	86
80	80	0.5	80	0.481	37.5	100	0.284	18.8	125	0.226	12.5	150	0.171	9.4	150	0.113	6.25	150
		0.4	100	0.461	30	120	0.272	15	150	0.211	10	175	0.162	7.5	180	0.121	5	200
		0.3	125	0.369	24	120	0.218	12	150	0.169	8	175	0.130	6	180	0.101	4	210
		0.25	160	0.305	18.6	120	0.171	9.4	150	0.132	6.25	175	0.102	4.7	180	0.076	3	210
		0.2	200	0.249	15	120	0.135	7.5	150	0.106	5	175	0.082	3.8	180	0.064	2.5	210
100	100	0.6	80	0.961	37.5	200	0.454	18.8	200	0.301	12.5	200	0.227	9.4	200	0.151	6.25	200
		0.5	100	0.961	30	250	0.561	15	310	0.374	10	310	0.28	7.5	310	0.187	5	310
		0.4	125	0.769	24	250	0.449	12	310	0.338	8	350	0.268	6	370	0.183	4	380
		0.3	160	0.637	18.6	250	0.352	9.4	310	0.264	6.25	350	0.209	4.7	370	0.155	3	430
		0.25	200	0.513	15	250	0.317	7.5	310	0.239	5	350	0.192	3.8	370	0.147	2.5	430
120	120	0.8	80	1.828	37.5	380	0.862	18.8	380	0.573	12.5	380	0.431	9.4	380	0.287	6.25	380

（续）

机型	柔轮内径/mm	模数/mm	传动比 i	输入转速3000r/min			输入转速1500r/min			输入转速1000r/min			输入转速750r/min			输入转速500r/min		
				输入功率 P_1/kW	输出转速 n_2/(r/min)	输出转矩 T_2/N·m	输入功率 P_1/kW	输出转速 n_2/(r/min)	输出转矩 T_2/N·m	输入功率 P_1/kW	输出转速 n_2/(r/min)	输出转矩 T_2/N·m	输入功率 P_1/kW	输出转速 n_2/(r/min)	输出转矩 T_2/N·m	输入功率 P_1/kW	输出转速 n_2/(r/min)	输出转矩 T_2/N·m
120	120	0.6	100	1.731	30	450	1.014	15	560	0.675	10	560	0.507	7.5	560	0.338	5	560
		0.5	125	1.385	24	450	0.811	12	560	0.618	8	640	0.485	6	670	0.328	4	680
		0.4	160	1.144	18.6	450	0.635	9.4	560	0.482	6.25	640	0.380	4.7	670	0.279	3	770
		0.3	200	0.923	15	450	0.575	7.5	560	0.437	5	640	0.348	3.8	670	0.263	2.5	770
160	160	1	80				1.814	18.8	800	1.207	12.5	800	0.907	9.4	800	0.604	6.25	800
		0.8	100				1.809	15	1000	1.387	10	1150	1.086	7.5	1200	0.604	5	1000
		0.6	125				1.448	12	1000	1.111	8	1150	0.868	6	1200	0.604	4	1250
		0.5	160				1.134	9.4	1000	0.867	6.25	1150	0.680	4.7	1200	0.488	3	1350
		0.4	200				1.025	7.5	1000	0.787	5	1150	0.750	3.8	1200	0.461	2.5	1350
		0.3	250				0.82	6	1000	0.629	4	1150	0.492	3	1200	0.369	2	1350
200	200	1	80				3.402	18.8	1500	2.262	12.5	1500	1.701	9.4	1500	1.132	6.25	1500
		0.8	100				3.620	15	2000	2.413	10	2000	1.809	7.5	2000	1.207	5	2000
		0.6	125				2.896	12	2000	2.886	8	2300	1.731	6	2390	1.164	4	2410
		0.5	160				2.268	9.4	2000	1.734	6.25	2300	1.355	4.7	2390	0.995	3	2750
		0.4	200				2.051	7.5	2000	1.572	5	2300	1.241	3.8	2390	0.940	2.5	2750
		0.3	250				1.641	6	2000	1.259	4	2300	0.980	3	2390	0.752	2	2750
250	250	1.5	80				6.68	18.8	2800	4.49	12.5	2800	3.37	9.4	2800	2.24	6.25	2800
		1.25	100				6.33	15	3500	4.49	10	3500	3.37	7.5	3500	2.24	5	3500
		1	125				5.07	12	3500	3.86	8	4000	3.04	6	4200	2.33	4	4830
		0.8	160				3.96	9.4	3500	3.01	6.25	4000	2.38	4.7	4200	1.75	3	4830
		0.6	200				3.59	7.5	3500	2.73	5	4000	2.19	3.8	4200	1.65	2.5	4830
		0.5	250				2.87	6	3500	2.19	4	4000	1.72	3	4200	1.32	2	4830
		0.4	320				2.25	4.7	3500	1.69	3.1	4000	1.32	2.3	4200	1.05	1.6	4830
320	320	2	80				12.27	18.8	5300	8.50	12.5	5300	6.40	9.4	5300	4.25	6.25	5300
		1.5	100				11.4	15	6300	8.08	10	6300	6.06	7.5	6300	4.04	5	6300
		1.25	125				9.12	12	6300	6.95	8	7200	5.44	6	7500	4.15	4	8600
		1	160				7.14	9.4	6300	5.44	6.25	7200	4.26	4.7	7500	7.12	3	8600
		0.8	200				6.47	7.5	6300	4.92	5	7200	3.89	3.8	7500	2.94	2.5	8600
		0.6	250				5.17	6	6300	3.93	4	7200	3.07	3	7500	2.35	2	8600
		0.5	3200				4.05	4.7	6300	3.05	3.1	7200	2.36	2.3	7500	1.88	1.6	8600

表 17-51　XB、XBZ 型杯形柔轮谐波传动减速器起动转矩、扭转刚度和波发生器转动惯量

型号	起动转矩 /N·cm	扭转刚度 /(N·m/(′))	波发生器转动惯量 /kg·m²	型号	起动转矩 /N·cm	扭转刚度 /(N·m/(′))	波发生器转动惯量 /kg·m²
25	≤0.8	0.365	7×10^{-7}	100	≤12.5	23.25	5.46×10^{-4}
32	≤1.25	0.725	2.8×10^{-6}	120	≤20	46.55	1.18×10^{-3}
40	≤2	1.45	8.8×10^{-6}	160	≤35	93.10	5.65×10^{-3}
50	≤3	2.90	2.5×10^{-5}	200	≤60	186.20	1.72×10^{-2}
60	≤5	5.80	5.85×10^{-5}	250	≤100	327.35	5.12×10^{-2}
80	≤8	11.65	1.77×10^{-4}	320	≤150	744.65	1.52×10^{-1}

17.5　摆线针轮减速器

17.5.1　特点

摆线针轮减速器，是一种采用摆线针齿啮合行星传动原理的减速机构。其主要特点是传动比大，一级减速时传动比范围是 11～87，两级减速时的传动比范围是 20～128；由于在传动过程中为多齿啮合，所以对过载和冲击有较强的承受能力，传动平稳、可靠；由于采用了行星摆线传动结构，所以其结构紧凑、体积小、重量轻，在功率相同的条件下，体积和重量是其他类型减速器的一半；由于摆线齿轮、针齿销、针齿套、销轴和销套都是由轴承钢制造，工作中又是滚动摩擦，因此大大加强了各零件的力学性能，并保证使用寿命，提高了传动效率。减速器分为一级、二级、三级；据其安装型式又分双轴型和直联型，以及立式和卧式共 12 个系列。

摆线针轮减速器适用条件见表 17-2。

17.5.2　代号和标记

（1）代号　Z 为摆线针轮减速机；E 为二级，一级无代号；

S 为三级；W 为卧式；L 为立式；D 为直联型，双轴型无代号。

（2）标记示例

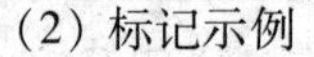

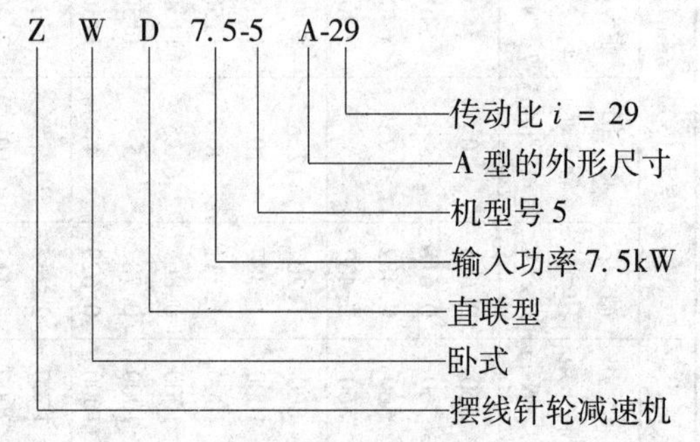

17.5.3　外形尺寸和承载能力（表 17-52）

表 17-52　摆线针轮减速机的外形尺寸和承载能力

型　号	外形尺寸	承载能力	
		额定输入功率 P_1	额定输出转矩 T_2
ZW(一级卧式双轴型)	表 17-53	表 17-59	表 17-63
ZWD(一级卧式直联型)		表 17-60	
ZL(一级立式双轴型)	表 17-54	表 17-59	
ZLD(一级立式直联型)		表 17-60	
ZWE(二级卧式双轴型)	表 17-55	表 17-61	表 17-64
ZWED(二级卧式直联型)		表 17-62	
ZLE(二级立式双轴型)	表 17-56	表 17-61	
ZLED(二级立式直联型)		表 17-62	
ZWS(三级卧式双轴型)	表 17-57		表 17-65
ZWSD(三级卧式直联型)			
ZLS(三级立式双轴型)	表 17-58		
ZLSD(三级立式直联型)			

表 17-53　ZW、ZWD 一级卧式摆线针轮减速器外形尺寸　（单位：mm）

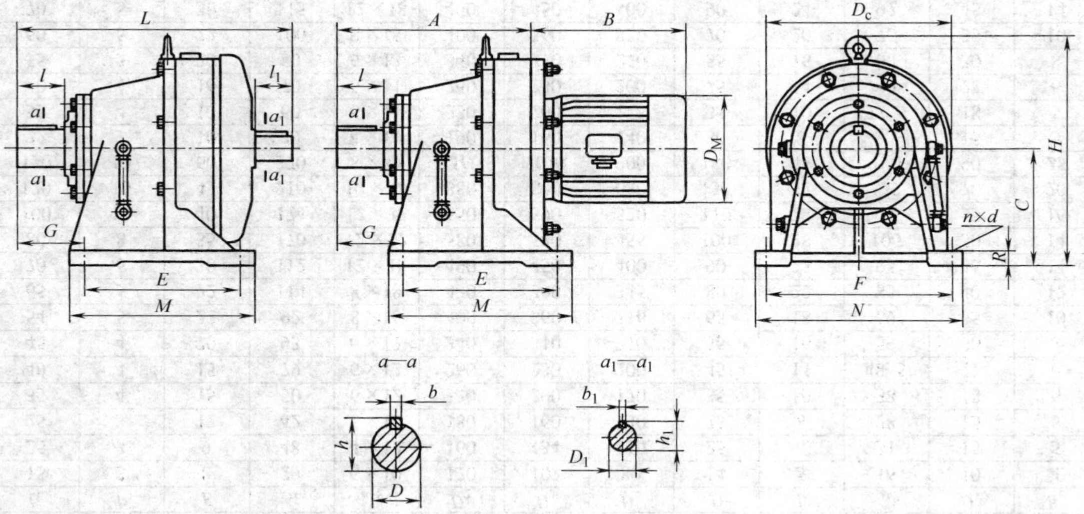

机型号		L	l	l_1	G	E	M	D_c	H	C	F	N	R	$n\times d$	D	b	h	D_1	b_1	h_1	A	B	D_M
A型	0	125	20	15	36	60	84	113	146.5	80	120	144	10	4×10	14	5	16	10	4	11.5	84	按电动机尺寸	
	1	202	35	25	60	90	120	150	175	100	150	180	12	4×12	25	8	31	15	5	17	159		
	2	214	34	25	101	90	120	150	175	100	180	210	15	4×12	25	8	28	15	5	17	159		
	3	266	55	35	151	100	150	200	240	140	250	290	20	4×16	35	10	38	18	6	20.5	192		
	4	320	74	40	169	145	195	230	275	150	290	330	22	4×16	45	14	48.5	22	6	24.5	240		
	5	416	91	45	206	150	260	300	356	160	370	420	25	4×16	55	16	59	30	8	33	310		
	6	476	89	54	125	275	335	340	425	200	380	430	30	4×22	65	18	69	35	10	38	352		
	7	529	109	65	145	320	380	360	460	220	420	470	30	4×22	80	22	85	40	12	43	390		
	8	600	120	70	155	380	440	430	529	250	480	530	35	4×22	90	25	95	45	14	48.5	448		
	9	723	141	80	186	480	560	500	614	290	560	620	40	4×26	100	28	106	50	14	53.5	552		
	10	813	150	100	230	500	600	580	706	325	630	690	45	4×20	110	28	116	55	16	60	612		
	11	1065	202	120	324	330×2	810	710	883	420	800	880	50	6×32	130	32	137	70	20	76	809		
	12	1462	330	150	485	420×2	1040	990	1163	540	1050	1160	60	6×45	180	45	190	90	25	95	1154		
B型	2	215	35	22	108	90	120	168	190	100	150	190	15	4×11	30	8	23	15	5	17	165		
	3	263	56	35	125	110	160	200	222	120	240	280	15	4×13	35	10	38.5	18	5	20	193.5		
	4	320	71	40	144	150	200	240	296	140	280	320	20	4×13	45	14	49	22	6	24.5	246		
	5	391	80	55	158	200	250	300	355	160	340	390	25	4×17	55	16	60	30	6	33	295		
	6	460	102	60	155	320	380	350	430	200	340	400	25	4×22	70	20	76	35	10	38.5	359		
	8	570	120	70	159	380	440	440	513	240	420	470	32	4×22	90	24	97	45	14	49	430		
	9	700	140	80	200	440	520	520	605	280	500	560	35	4×26	100	28	108	50	16	55	528		

表 17-54 ZL、ZLD 一级立式摆线针轮减速器外形尺寸

（单位：mm）

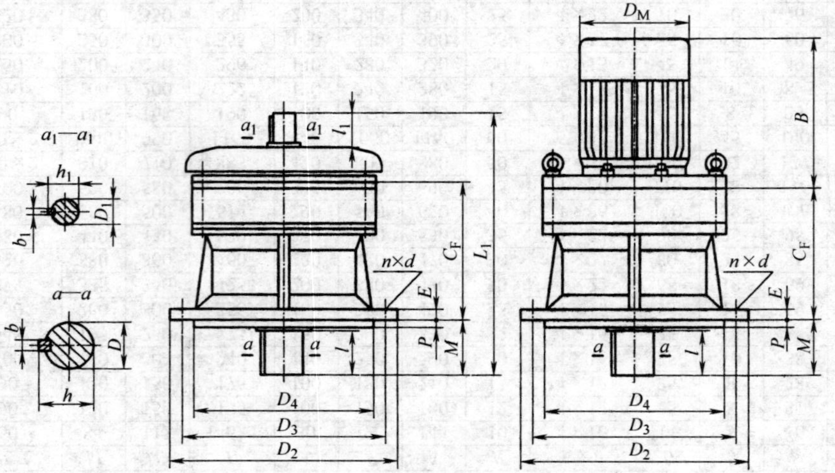

机型号		L_1	l	l_1	P	E	M	$n \times d$	D_2	D_3	D_4	D	b	h	D_1	b_1	h_1	C_F	B	D_M
A型	0	125	20	15	3	8	29	6×10	120	102	80	14	5	16	10	4	11.5	57	按电动机尺寸	
	1	202	35	25	3	9	48	4×12	160	134	110	25	8	31	15	5	17	111		
	2	212	34	25	3	12	42	6×12	180	160	130	25	8	28	15	5	17	115		
	3	267	45	35	4	15	50	6×12	320	200	170	35	10	38	18	6	20.5	143		
	4	324	63	40	4	15	79	6×12	260	230	200	45	14	48.5	22	6	24	161		
	5	417	79	45	4	20	93	6×12	340	310	270	55	16	59	30	8	33	219		
	6	478	80	54	5	22	92	8×16	400	360	316	65	18	69	35	10	38	262		
	7	532	98	65	5	22	114	8×18	430	390	345	80	22	85	40	12	43	279		
	8	602	110	70	6	30	112	12×18	490	450	400	90	25	95	45	14	48.5	335		
	9	723	129	80	8	35	170	12×22	580	520	455	100	28	106	50	14	53.5	382		
	10	814	140	100	10	40	174	12×22	650	590	520	110	28	116	55	16	60	438		
	11	1050	184	120	10	45	210	12×38	880	800	680	130	32	137	70	20	76	598		
	12	1148	320	150	10	60	370	8×39	1160	1020	900	180	45	190	90	25	95	796		
B型	2	215	35	22	3	10	39	4×11	190	160	140	30	8	33	15	5	17	126		
	3	263	45	35	4	10	60	6×11	230	200	178	35	10	38.5	18	5	20	133.5		
	4	320	61	40	4	16	70	6×11	260	230	200	45	14	49	22	6	2405	176		
	5	391	75	55	5	20	80	6×13	340	310	270	55	16	60	30	8	33	215		
	6	462	92	60	5	22	100	8×15	400	360	320	70	20	76	35	10	38.5	349		
	8	578	108	70	5	30	115	12×18	490	450	400	90	24	97	45	14	49	315		
	9	700	130	80	8	35	139	12×22	580	520	460	100	28	108	50	16	55	389		

表 17-55 ZWE、ZWED 二级卧式摆线针轮减速器外形尺寸

（单位：mm）

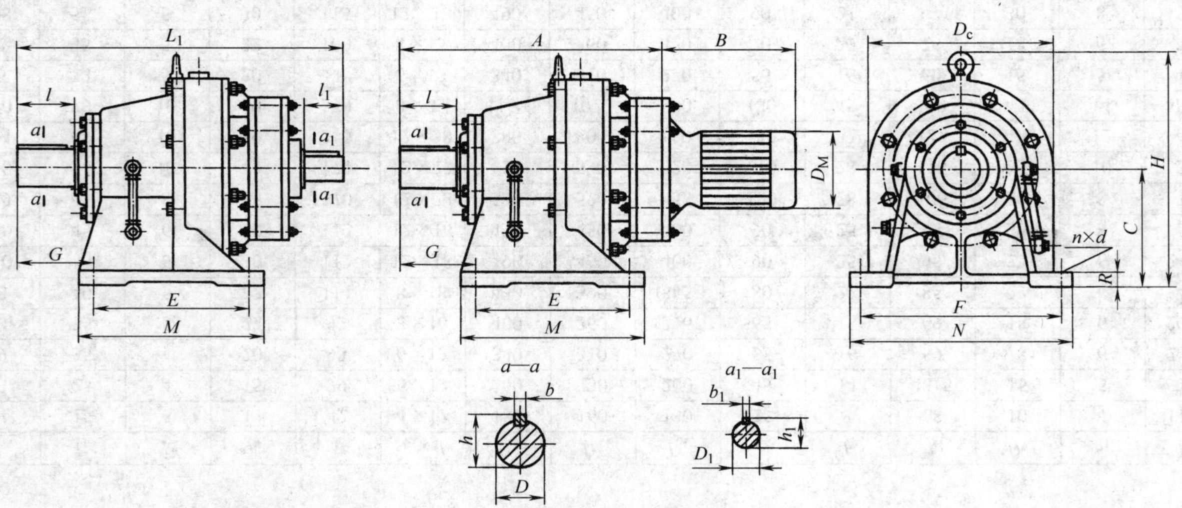

机型号		L_1	l	l_1	G	E	M	D_c	H	C	F	N	R	$n\times d$	D	b	h	D_1	b_1	h_1	A	B	D_M
A型	20	242	34	15	101	90	120	150	175	100	180	210	15	4×12	25	8	28	10	4	11.5	201.5	按电动机尺寸	
	42	373	74	25	169	145	195	230	275	150	290	330	22	4×16	45	14	48.5	15	5	17	317.5		
	53	473	91	35	206	150	260	300	356	160	370	420	25	4×16	55	16	59	18	5	20.5	398		
	63	513	89	35	125	275	335	340	425	200	380	430	30	4×22	65	18	69	18	5	20.5	440		
	74	578	109	40	145	320	380	360	460	220	420	470	30	4×22	80	22	85	22	6	24.5	500		
	84	644	120	40	155	380	440	430	529	250	480	530	35	4×22	90	25	95	22	6	24.5	560		
	85	692	120	45	155	382	440	430	529	250	480	530	35	4×22	90	25	95	30	8	33	584		
	95	790	141	45	186	480	560	500	614	290	560	620	40	4×26	100	28	106	30	8	33	684		
	106	884	150	54	230	500	600	580	706	325	630	690	45	4×30	110	28	116	35	10	38	760		
	117	1106	202	65	324	330×2	810	710	883	420	800	880	50	6×32	130	32	137	40	12	43	968		
	128	1503	330	70	485	420×2	1040	990	1163	540	1050	1160	60	6×45	180	45	190	45	14	48.5			
B型	52	425	80	22	158	200	250	300	355	160	340	290	25	4×17	55	16	60	15	5	17	376		
	63	529	102	35	155	320	380	350	430	200	340	400	25	4×22	70	20	76	18	5	20	459		
	85	658	120	55	159	380	440	440	513	240	420	470	32	4×22	90	24	97	30	8	33	553		
	95	760	140	55	200	440	520	500	605	280	500	560	35	4×26	100	28	108	30	8	33	653		

表 17-56　ZLE、ZLED 二级立式摆线针轮减速器外形尺寸　　（单位：mm）

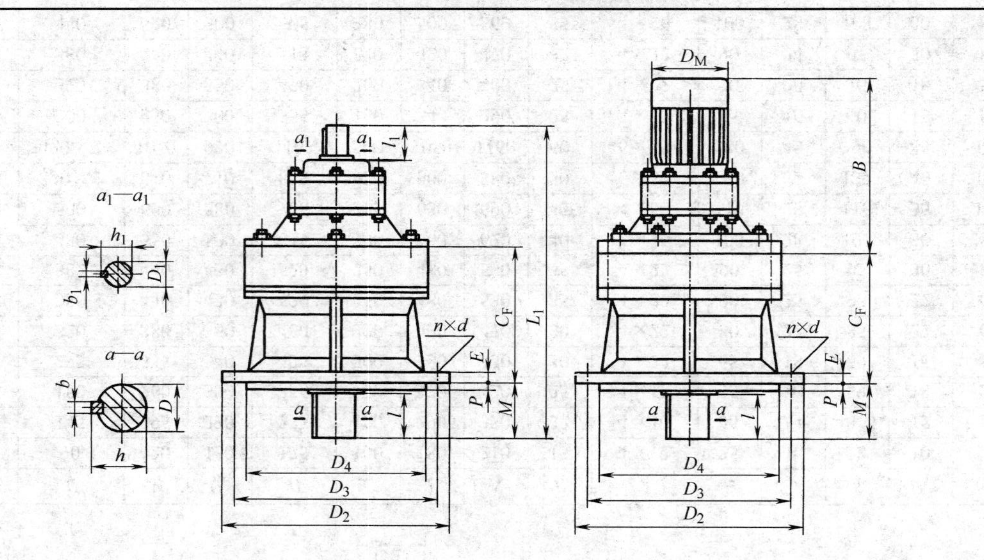

机型号		L_1	l	l_1	P	E	M	$n\times d$	D_2	D_3	D_4	D	b	h	D_1	b_1	h_1	C_F	B	D_M
A型	20	242	34	15	3	12	42	4×12	180	160	130	25	8	28	10	4	11.5	159.5	按电动机尺寸	
	42	374	63	25	4	15	79	6×12	260	230	200	45	14	48.5	15	5	17	239		
	53	473	79	35	4	20	93	6×12	340	310	270	55	16	59	18	6	20.5	307		
	63	513	80	35	5	22	92	8×16	400	360	316	65	18	69	18	6	20.5	350		
	74	578	98	40	5	22	114	8×18	430	390	345	80	22	85	22	6	24.5	388		
	84	644	110	40	6	30	112	12×18	490	450	400	90	25	95	22	6	24.5	448		
	85	692	110	45	6	30	112	12×18	490	450	400	90	25	95	30	8	33	475		
	95	790	129	45	8	35	170	12×22	580	520	455	100	28	106	30	8	33	518		
	106	884	140	54	10	40	174	12×22	650	590	520	110	28	116	35	10	38	586		
	117	1106	184	65	10	50	210	12×38	880	800	680	130	32	137	40	12	43	758		
	128	1503	320	70	10	60	370	8×39	1160	1020	900	180	45	190	45	14	48.5	796		
B型	52	425	75	22	5	20	80	6×13	340	310	270	56	16	60	15	5	17	296		
	63	529	92	35	5	22	100	8×15	400	360	320	70	20	76	18	5	20	359		
	85	658	108	55	5	30	115	12×18	490	450	400	90	24	97	30	8	33	543		
	95	650	130	55	8	35	139	12×22	580	520	460	100	28	108	30	8	33	518		

表 17-57　ZWS、ZWSD 三级卧式摆线针轮减速器外形尺寸　（单位：mm）

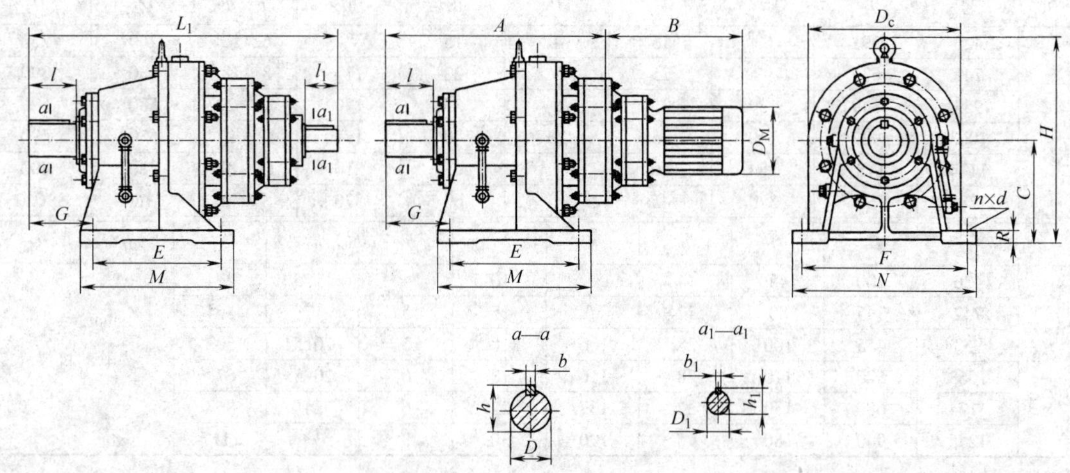

机型号		L_1	l	l_1	G	E	M	D_c	H	C	F	N
A型	420	392	74	15	169	145	195	230	275	150	290	330
	742	633	109	25	145	320	380	360	460	220	420	470
	953	845	141	35	186	480	560	500	614	290	560	620
	1063	923	150	35	230	500	600	580	706	325	630	690
	1174	1160	202	40	324	330×2	810	710	883	420	800	880
	1285	1593	330	45	485	420×2	1040	990	1163	540	1050	1160

机型号		R	$n\times d$	D	b	h	D_1	b_1	h_1	A	B	D_M
A型	420	22	4×16	45	14	48.5	10	4	11.5	353	按电动机尺寸	
	742	30	4×22	80	22	85	15	5	17	578		
	953	40	4×26	100	28	106	18	6	20.5	772		
	1063	45	4×30	110	28	116	18	6	20.5	848		
	1174	50	6×32	130	32	137	22	6	24.5	1077		
	1285	60	6×45	180	45	190	30	8	33	1487		

表 17-58　ZLS、ZLSD 三级立式摆线针轮减速器外形尺寸　（单位：mm）

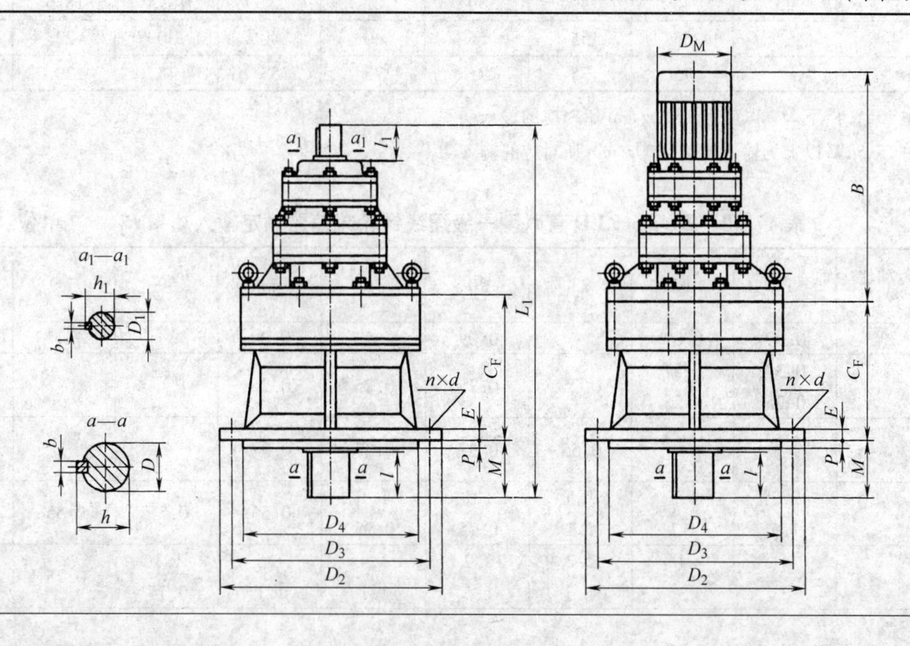

（续）

机型号		L_1	l	l_1	P	E	M	$n \times d$	D_2	D_3
A型	420	392	63	15	4	15	79	6×12	260	230
	742	637	98	25	5	22	114	8×18	430	390
	953	849	139	35	8	35	170	12×22	580	520
	1063	922	140	35	10	40	174	12×22	650	590
	1174	1187	184	40	10	45	210	12×38	880	800
	1285	1593	320	45	10	60	370	8×39	1160	1020

机型号		D_4	D	b	h	D_1	b_1	h_1	C_F	B	D_M
A型	420	200	45	14	48.5	10	4	11.5	274	按电动机尺寸	
	742	345	80	22	85	15	5	17	464		
	953	455	100	28	106	18	6	20.5	602		
	1063	520	110	28	116	18	6	20.5	674		
	1174	680	130	32	137	22	6	24	867		
	1285	900	180	45	190	30	8	33	1117		

表17-59　ZW、ZL双轴型一级摆线针轮减速器额定输入功率 P_1　　（单位:kW）

机型号 \ 传动比	11	17	23	29	35	43	59	71	87
0	0.1	0.09		0.09		0.09			
1	0.4	0.4	0.2	0.2	0.2	0.2			
2	0.75	0.75	0.4	0.4	0.4	0.4	0.2		
3	2.2	1.5	1.5	1.1	1.1	0.6	0.6	0.4	
4	4	4	2.2	2.2	1.5	1.5	1.1	0.8	0.55
5	7.5	7.5	5.5	5.5	4	3	2.2	1.5	1.5
6	11	11	11	11	7.5	5.5	4	3	2.2
7	15	5	11	11	11	7.5	5.5	4	4
8	18.5	18.5	18.5	15	15	11	7.5	5.5	5.5
9	22	22	18.5	18.5	18.5	15	11	11	11
10	45	45	40	30	22	22	18.5	18.5	15
11		55	55	55	40	40	30	22	22
12		75	75	75	75	55	45	30	30

注：表中15kW以下为输入转速1500r/min所对应的输入功率。

表中18.5kW以上为输入转速1000r/min所对应的输入功率。

表17-60　ZWD、ZLD直联型一级摆线针轮减速器额定输入功率 P_1　　（单位：kW）

机型号 \ 传动比	11	17	23	29	35	43	59	71	87
0	0.09	0.09		0.09		0.09			
1	0.37 0.25	0.37 0.25	0.25	0.25	0.25	0.25			
2	0.75 0.55	0.75 0.55	0.55	0.37	0.37	0.37			
3	2.2 1.5	1.5 1.1	1.5 1.1	1.1 0.75	1.1 0.75	0.55	0.55	0.55	
4	4 3	4 3	2.2 1.5	2.2 1.5	1.5 1.1	1.5 1.1	1.1 0.75	0.75	0.55

（续）

机型号＼传动比	11	17	23	29	35	43	59	71	87
5	7.5 5.5	7.5 5.5	5.5 4	5.5 4	4 3	3 2.2	2.2 1.5	1.5	1.5
6	11 7.5	11 7.5	11 7.5	11 7.5	7.5 5.5	5.5 4	4 3	3 2.2	2.2
7	15 11	15 11	11 7.5	11 7.5	11 7.5	7.5 5.5	5.5 4	4	4
8	18.5 15	18.5 15	18.5 15	15 11	15 11	11 7.5	7.5 5.5	5.5	5.5
9	22 18.5	22 18.5	18.5 15	18.5 15	18.5 15	15 11	11	11	11
10	45① 37	45① 37	37 30	30 22	22 18.5	22 18.5	18.5 15	18.5 15	15
11		55① 37	55① 37	55① 37	37 30	37 30	30 22	22	22
12						55①	55①	30	30

注：1. 表中每一机型、每一传动比对应的输入功率中，数值较大者为设计时输入功率；数值较小者为可以配备的电动机功率。

2. 表中15kW以下为输入转速1500r/min对应的输入功率；18.5kW以上为输入转速1000r/min对应的输入功率。

① 仅立式减速机配备的功率。

表17-61　ZWE、ZLE双轴型二级摆线针轮减速器额定输入功率 $P_1$①　（单位：kW）

传动比＼机型号	20	42	53	63	74	85	95	106	117	128
121(11×11)	0.23	1.04	1.66	2.2	4	6.65	7.5			
187(17×11)	0.15	0.67	1.08	2.06	2.77	4.30	6.64	10.28		
289(17×17)	0.10	0.43	0.7	1.33	1.79	2.06	4.3	6.65	11	18.79
385(35×11)	0.07	0.32	0.51	0.98	1.32	1.7	3.17	4.92	9.84	13.41
473(43×11)	0.06	0.27	0.43	0.81	1.09	1.35	2.62	4.07	8.13	11.09
595(35×17)		0.21	0.34	0.65	0.87	1.1	2.09	3.23	6.46	8.81
731(43×17)			0.28	0.53	0.71	0.96	1.7	2.63	5.26	7.17
841(29×29)			0.24	0.46	0.62	0.83	1.48	2.29	4.57	6.24
1003(59×17)			0.21	0.4	0.52				3.97	5.41
1225(35×35)				0.31	0.42					
1505(43×35)				0.26						
1849(43×43)				0.21						

① 输入轴转速 $n_1 = 1500\text{r/min}$。

表17-62　ZWED、ZLED直联型二级摆线针轮减速器额定输入功率 $P_1$①　（单位：kW）

传动比＼机型号	20	42	53	63	74	85	95	106	117	128
121(11×11)	0.09②	0.75② 0.55②	2.2③ 1.5②	2.2② 1.5②	4 3②	7.5③ 5.5②	7.5② 5.5②	11② 7.5②		
187(17×11)	0.09②	0.55 0.37②	1.5③ 0.75②	2.2② 1.5②	3③ 2.2②	5.5③ 4②	7.5② 5.5②	11② 7.5②	15② 11②	18.5② 15②

（续）

传动比 \ 机型号	20	42	53	63	74	85	95	106	117	128
289(17×17)		0.37	0.75② 0.55②	1.5 1.1②	2.2③ 1.5②	4③ 3	5.5② 4②	11③ 7.5②	15③ 11②	18.5② 15②
385(35×11)			0.75③ 0.55②	1.1 0.75②	1.5③ 1.1②	3③ 2.2	5.5③ 4②	7.5③ 5.5②	11② 7.5②	
473(43×11)			0.55③	0.75② 0.55②	1.1 0.75②	2.2③ 1.5②	4③ 3②	5.5③ 4②	11③ 7.5②	15③ 11②
595(35×17)				0.75 0.55②	0.75② 0.55②	2.2③ 1.5	3 2.2②	4③ 3②	7.5③ 5.5②	11③ 7.5②
731(43×17)				0.55②	0.55②	1.5③	2.2 1.5②	3 2.2②	5.5② 4②	7.5② 5.5②
841(29×29)				0.55③	0.55②	1.5③	1.5②	2.2②	5.5③ 4②	7.5③ 5.5②
1003(59×17)							1.5②	2.2	4②	5.5②
1225(35×35)								2.2③	4③	5.5③

① 输入轴转速 n_1 =1500r/min。

② 所配电动机的功率小于减速机的设计功率。

③ 当所配电动机的功率大于减速机的设计功率时，减速机应在输出轴额定转矩范围内使用或设有过载保护装置。

表 17-63　一级摆线针轮减速器额定输出转矩 T_2　（单位：N·m）

机型号 \ 传动比	11	17	23	29	35	43	59	71	87
0	6.4	9.0		15.3		22.7			
1	25.8	39.8	26.9	34.0	41.0	50.3			
2	48.3	74.6	53.9	67.9	82.0	100.7	69.1		
3	141.7	149.3	202.0	186.7	225.4	151.0	207.2	166.3	
4	257.6	398.1	296.2	373.5	307.4	377.6	380.0	332.5	280.1
5	483.0	746.4	740.5	933.7	819.6	755.2	759.9	623.5	764.0
6	708.3	1094.7	1481.1	1867.4	1536.7	1384.5	1381.5	1246.9	1120.5
7	965.9	1492.8	1481.1	1867.4	2253.8	1887.9	1899.6	1662.5	2037.2
8	1787.0	2761.8	3736.5	2546.5	3073.4	2768.9	2590.4	2286.0	2801.2
9	2125.1	3284.3	3736.5	4711.3	5686.0	3775.8	3799.3	4572.0	7639.5
10	4346.8	6717.9	8079.0	7639.9	6761.8	8307.3	9585.0	11534.5	7640.0
11		8210.7	11108.7	14006.5	12294.1	15104.2	15543.3	13716.7	16807.8
12		11196.4	15148.1	19099.8	23051.4	20768.3	23314.9	18704.6	22919.8

表 17-64　二级摆线针轮减速器额定输出转矩 T_2　（单位：N·m）

机　型　号	20	42	53	63	74	85	95	106	117	128
输出轴许用转矩	150	540	1275	2255	2650	4510	8820	11760	21560	29400

表 17-65　三级摆线针轮减速器额定输出转矩 T_2　（单位：N·m）

传动比	2057～446571					
机型号	420	742	953	1063	1174	1285
输出轴许用转矩	540	2650	8820	11760	21560	29400

17.5.4　选用方法

首先根据传动比确定减速器级数；再根据计算输入功率或计算输出转矩选减速器型号；必要时需进行瞬时尖峰载荷的校核计算。

（1）输入功率和输出转矩的计算

$$P_{1C}=K_AP_{1W} \tag{17-5}$$

或

$$T_{2C}=K_AT_{2W}$$

式中　P_{1C}——计算输入功率（kW）；

P_{1W}——实际输入功率（kW）；

T_{2C}——计算输出转矩（N·m）；

T_{2W}——实际输出转矩（N·m）。

（2）瞬时尖峰载荷的校核计算

$$P_{1max}=1.6P_1 \tag{17-6}$$

或

$$T_{2max}=1.6T_2$$

式中　P_{1max}——额定最大尖峰载荷（kW）；

P_1——额定输入功率（kW）；

T_{2max}——额定最大尖峰载荷（N·m）；

T_2——额定输出转矩（N·m）。

【例题 4】　试选用平板加料机卧式用摆线针轮减速器。已知每天连续 24h 工作，输入转速为 1450 r/min，输出轴转速约为 5r/min，输出轴转矩为 2600N·m，尖峰载荷为稳定载荷的 2 倍。

解： 1）根据传动比确定级数。

$$i=\frac{n_1}{n_2}=\frac{1450}{5}=290$$

查表 17-61，选用二级减速器，传动比 $i=289$。

2）计算输出转矩 T_{2C}。由表 17-13 和表 17-66 知，工作情况系数 $K_A=1.35$。按式（17-5）计算 T_{2C}：

$$T_{2C}=K_AT_{2W}=1.35\times2600\text{N}\cdot\text{m}=3515\text{N}\cdot\text{m}$$

3）选减速器机型号。根据二级减速器速比和计算输出转矩 T_{2C}，查表 17-64，选用输出轴额定转矩 $T_2=4510\text{N}\cdot\text{m}$，机型号为 85 的减速器。

4）校核尖峰载荷。实际尖峰载荷为

$$T_{2maxW}=2T_{2C}=2\times3515\text{N}\cdot\text{m}=7030\text{N}\cdot\text{m}$$

额定最大尖峰载荷 T_{2max} 为

$$T_{2max}=1.6T_2=1.6\times4510\text{N}\cdot\text{m}=7217\text{N}\cdot\text{m}$$

$T_{2max}>T_{2maxW}$，通过。

5）选减速器型号。减速器计算输入功率为

$$P_{1C}=\frac{T_{2C}n_1}{9550\times i\eta^2}$$

取 $\eta=0.9$，则 $P_{1C}=\frac{3515\times1450}{9550\times289\times0.92}\text{kW}=2.28\text{kW}$

当 $i=289$，机型号为 85 时，查表 17-61，ZWE 型额定输入功率 $P_1=2.06\text{kW}$，因为 $P_1<P_{1C}$，不适用。

查表 17-62 知，当 $i=289$，机型号为 85 时，ZWED 型的额定输入功率 $P_1=3\text{kW}$，因为 $P_1>P_{1C}$，所以此型号满足强度要求。

结论： 所选卧式摆线针轮减速器代号为

ZWED3—85A—289　JB/T 2982—1994

表 17-66　工作情况系数 K_A

载荷类型 ＼ 每日工作小时数/h ＼ 原动机	电动机、汽轮机、水力机			4～6 缸活塞发动机			1～3 缸活塞发动机		
	～3	>3～10	>10	～3	>3～10	>10	～3	>3～10	>10
轻微冲击 U(均匀载荷)	0.8	1.0	1.2	1.0	1.2	1.35	1.2	1.3	1.4
中等冲击 M	1.0	1.2	1.35	1.2	1.35	1.5	1.4	1.5	1.6
强冲击 H	1.35	1.5	1.6	1.5	1.6	1.7	1.6	1.7	1.8

17.6 减速器设计资料

17.6.1 铸铁箱体的结构和尺寸（表 17-67）

表 17-67 铸铁减速器箱体主要结构尺寸（图 17-6，图 17-7）

<table>
<tr><th rowspan="2">名 称</th><th rowspan="2">符号</th><th colspan="13">减速器型式及尺寸关系/mm</th></tr>
<tr><th colspan="4">齿轮减速器</th><th colspan="6">锥齿轮减速器</th><th colspan="3">蜗杆减速器</th></tr>
<tr><td rowspan="3">箱座壁厚</td><td rowspan="3">δ</td><td>一级</td><td colspan="3">$0.025a+1\geqslant8$</td><td colspan="6" rowspan="3">$0.0125(d_{1m}+d_{2m})+1\geqslant8$
或 $0.01(d_1+d_2)+1\geqslant8$
d_1、d_2—小、大锥齿轮的大端直径
d_{1m}、d_{2m}—小、大锥齿轮的平均直径</td><td colspan="3" rowspan="3">$0.04a+3\geqslant8$</td></tr>
<tr><td>二级</td><td colspan="3">$0.025a+3\geqslant8$</td></tr>
<tr><td>三级</td><td colspan="3">$0.025a+5\geqslant8$</td></tr>
<tr><td rowspan="3">箱盖壁厚</td><td rowspan="3">δ_1</td><td>一级</td><td colspan="3">$0.02a+1\geqslant8$</td><td colspan="6" rowspan="3">$0.01(d_{1m}+d_{2m})+1\geqslant8$
或 $0.0085(d_1+d_2)+1\geqslant8$</td><td colspan="3" rowspan="3">蜗杆在上：$\approx\delta$
蜗杆在下：
$=0.85\delta\geqslant8$</td></tr>
<tr><td>二级</td><td colspan="3">$0.02a+3\geqslant8$</td></tr>
<tr><td>三级</td><td colspan="3">$0.02a+5\geqslant8$</td></tr>
<tr><td>箱盖凸缘厚度</td><td>b_1</td><td colspan="13">$1.5\delta_1$</td></tr>
<tr><td>箱座凸缘厚度</td><td>b</td><td colspan="13">1.5δ</td></tr>
<tr><td>箱座底凸缘厚度</td><td>b_2</td><td colspan="13">2.5δ</td></tr>
<tr><td>地脚螺钉直径</td><td>d_f</td><td colspan="4">$0.036a+12$</td><td colspan="6">$0.018(d_{1m}+d_{2m})+1\geqslant12$
或 $0.015(d_1+d_2)+1\geqslant12$</td><td colspan="3">$0.036a+12$</td></tr>
<tr><td>地脚螺钉数目</td><td>n</td><td colspan="4">$a\leqslant250$ 时，$n=4$
$a>250\sim500$ 时，$n=6$
$a>500$ 时，$n=8$</td><td colspan="6">$n=\dfrac{\text{底凸缘周长之半}}{200\sim300}\geqslant4$</td><td colspan="3">4</td></tr>
<tr><td>轴承旁连接螺栓直径</td><td>d_1</td><td colspan="13">$0.75d_f$</td></tr>
<tr><td>盖与座连接螺栓直径</td><td>d_2</td><td colspan="13">$(0.5\sim0.6)d_f$</td></tr>
<tr><td>连接螺栓 d_2 的间距</td><td>l</td><td colspan="13">$150\sim200$</td></tr>
<tr><td>轴承端盖螺钉直径</td><td>d_3</td><td colspan="13">$(0.4\sim0.5)d_f$</td></tr>
<tr><td>视孔盖螺钉直径</td><td>d_4</td><td colspan="13">$(0.3\sim0.4)d_f$</td></tr>
<tr><td>定位销直径</td><td>d</td><td colspan="13">$(0.7\sim0.8)d_2$</td></tr>
<tr><td></td><td></td><td>螺栓直径</td><td>M6</td><td>M8</td><td>M10</td><td>M12</td><td>M14</td><td>M16</td><td>M18</td><td>M20</td><td>M22</td><td>M24</td><td>M27</td><td>M30</td></tr>
<tr><td></td><td></td><td>$C_{1\min}$</td><td>12</td><td>14</td><td>16</td><td>18</td><td>20</td><td>22</td><td>24</td><td>26</td><td>30</td><td>34</td><td>38</td><td>40</td></tr>
<tr><td></td><td></td><td>$C_{2\min}$</td><td>10</td><td>12</td><td>14</td><td>16</td><td>18</td><td>20</td><td>22</td><td>24</td><td>26</td><td>28</td><td>32</td><td>35</td></tr>
<tr><td>d_f、d_1、d_2 至外箱壁距离</td><td>C_1</td><td></td><td></td><td></td><td></td><td></td><td></td><td></td><td></td><td></td><td></td><td></td><td></td><td></td></tr>
<tr><td>d_f、d_2 至凸缘边缘距离</td><td>C_2</td><td></td><td></td><td></td><td></td><td></td><td></td><td></td><td></td><td></td><td></td><td></td><td></td><td></td></tr>
<tr><td>轴承旁凸台半径</td><td>R_1</td><td colspan="13">$\approx C_2$</td></tr>
<tr><td>凸台高度</td><td>h</td><td colspan="13">根据低速级轴承座外径确定</td></tr>
<tr><td>外箱壁至轴承座端面距离</td><td>l_1</td><td colspan="13">$C_1+C_2+(5\sim10)$</td></tr>
<tr><td>大齿轮顶圆（蜗轮外圆）与内箱壁距离</td><td>Δ_1</td><td colspan="13">$>1.2\delta$</td></tr>
<tr><td>齿轮（锥齿轮或蜗轮轮毂）端面与内箱壁距离</td><td>Δ_2</td><td colspan="13">$>\delta$</td></tr>
<tr><td>箱盖、箱座肋厚</td><td>m_1、m</td><td colspan="13">$m_1\approx0.85\delta_1$；$m\approx0.85\delta$</td></tr>
<tr><td>轴承端盖外径</td><td>D_2</td><td colspan="13">$D+(5\sim5.5)d_3$；D—轴承外径</td></tr>
<tr><td>轴承旁连接螺栓距离</td><td>S</td><td colspan="13">尽量靠近轴承，注意保证 Md_1 和 Md_3 互不干涉，一般取 $S\approx D_2$</td></tr>
</table>

注：1. 多级传动时，a 取低速级中心距。对圆锥-圆柱齿轮减速器，按圆柱齿轮传动中心距取值。

2. 焊接箱体的箱壁厚度，约为铸造箱体壁厚的 0.7～0.8 倍。

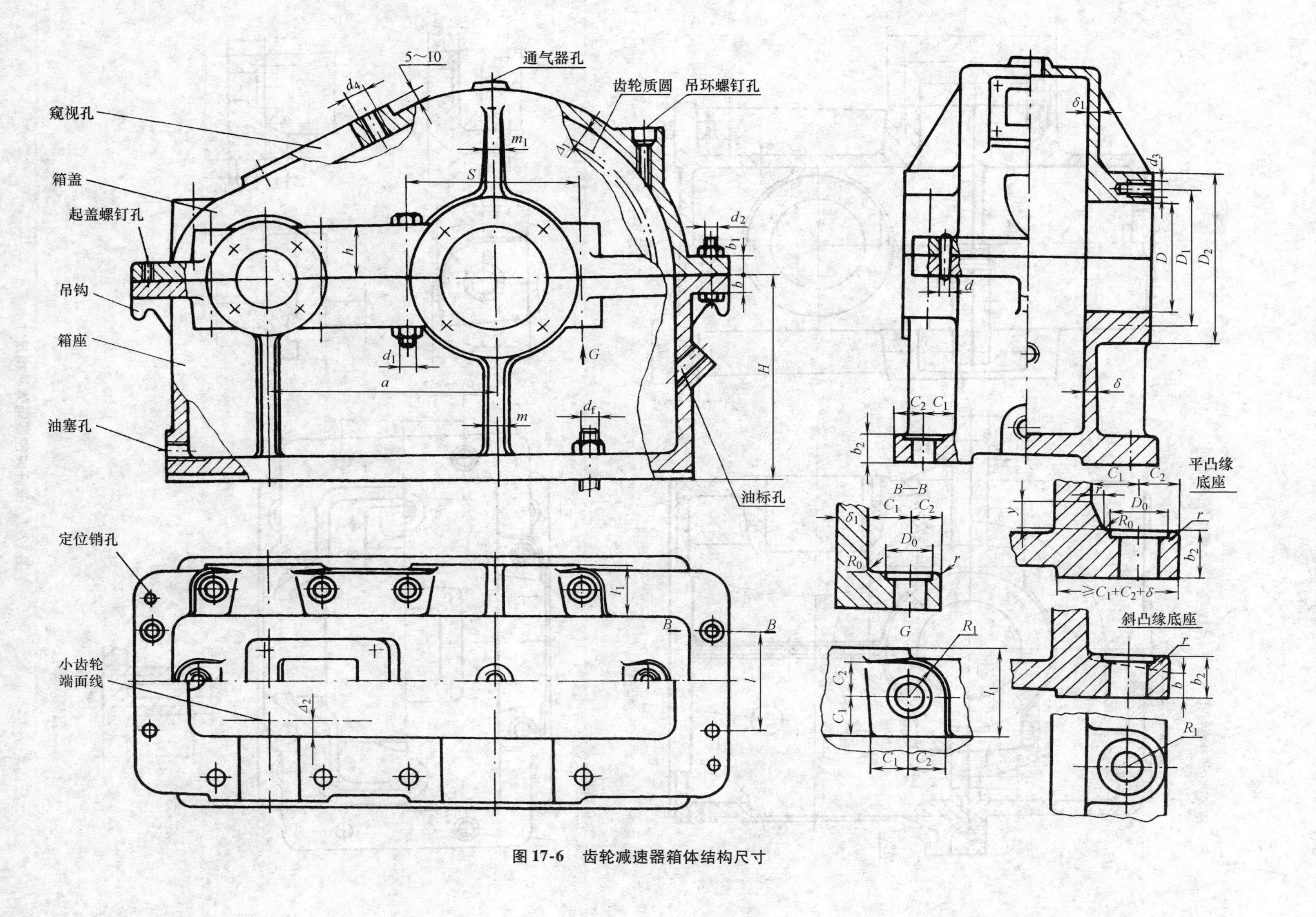

图17-6 齿轮减速器箱体结构尺寸

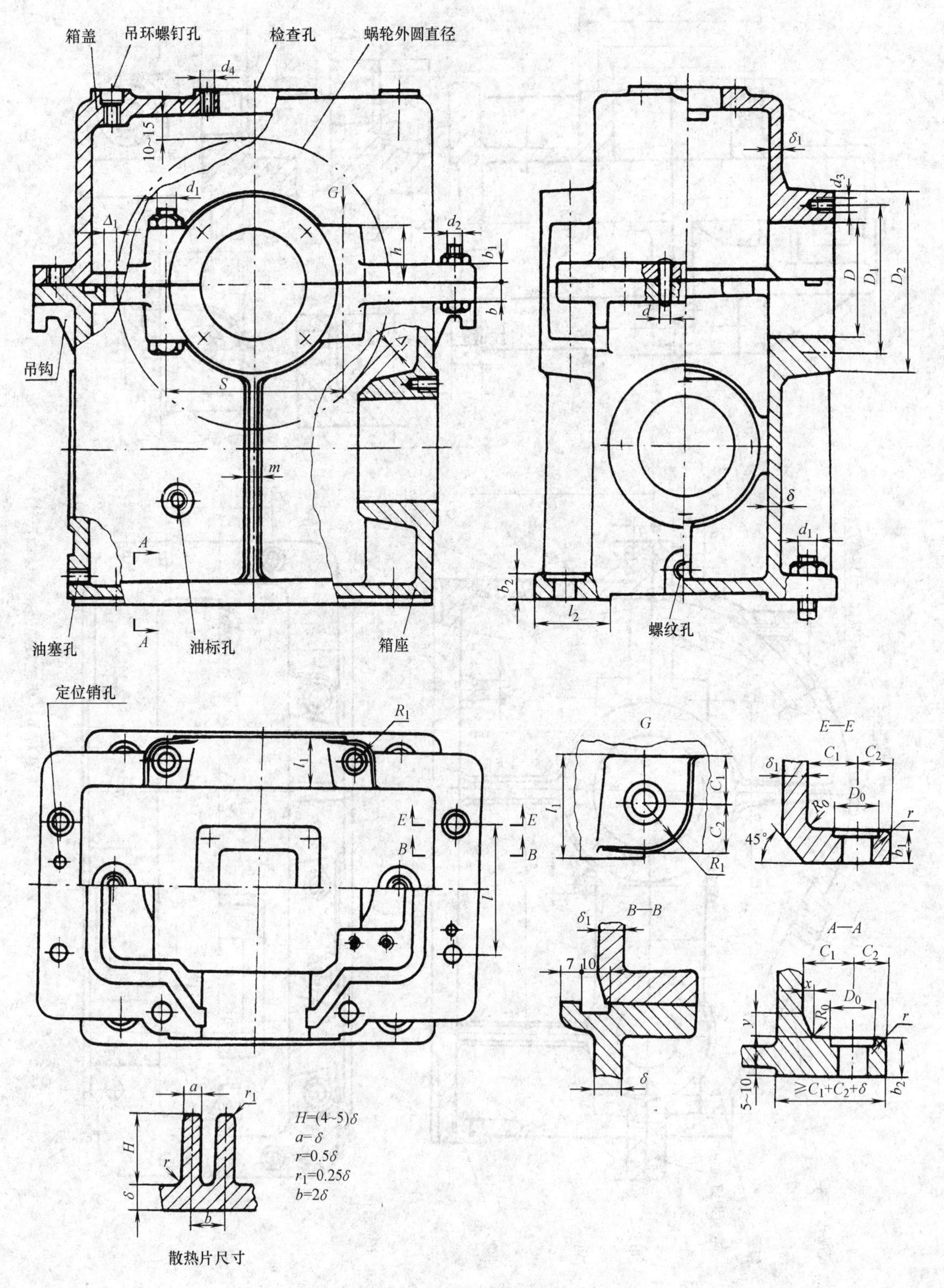

图 17-7　蜗杆减速器箱体结构尺寸

17.6.2　减速器的常用附件（表 17-68 ~ 表 17-71）

表 17-68　杆式油标　（单位：mm）

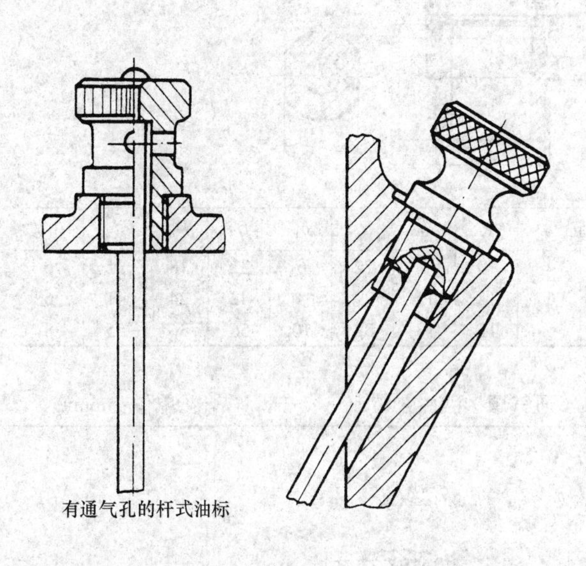

有通气孔的杆式油标

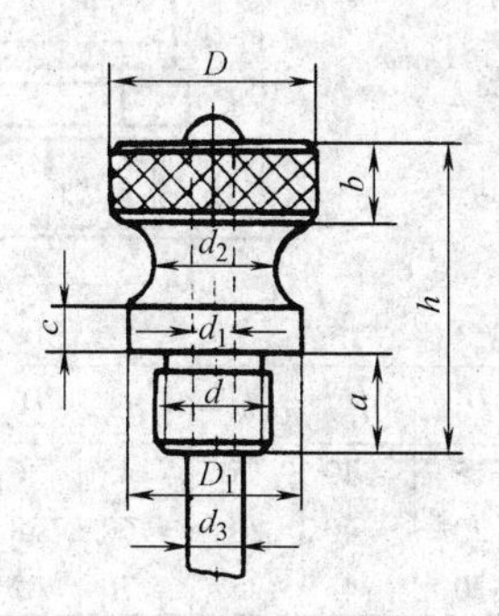

d	d_1	d_2	d_3	h	a	b	c	D	D_1
M12	4	12	6	28	10	6	4	20	16
M16	4	16	6	35	12	8	5	26	22
M20	6	20	8	42	15	10	6	32	26

表 17-69　外六角螺塞（JB/ZQ 4450—1997）、纸封油圈、皮封油圈　（单位：mm）

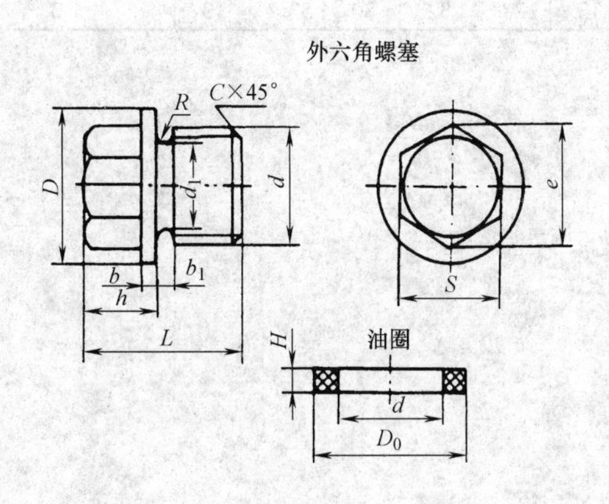

<table>
<tr><th rowspan="2">d</th><th rowspan="2">d_1</th><th rowspan="2">D</th><th rowspan="2">e</th><th rowspan="2">S</th><th rowspan="2">L</th><th rowspan="2">h</th><th rowspan="2">b</th><th rowspan="2">b_1</th><th rowspan="2">R</th><th rowspan="2">C</th><th rowspan="2">D_0</th><th colspan="2">H</th></tr>
<tr><th>纸圈</th><th>皮圈</th></tr>
<tr><td>M10 ×1</td><td>8.5</td><td>18</td><td>12.7</td><td>11</td><td>20</td><td>10</td><td rowspan="4">3</td><td rowspan="2">2</td><td rowspan="2">0.5</td><td>0.7</td><td>18</td><td rowspan="5">2</td><td rowspan="6">2</td></tr>
<tr><td>M12 ×1.25</td><td>10.2</td><td>22</td><td>15</td><td>13</td><td>24</td><td rowspan="3">12</td><td rowspan="5">1.0</td><td rowspan="2">22</td></tr>
<tr><td>M14 ×1.5</td><td>11.8</td><td>23</td><td>20.8</td><td>18</td><td>25</td><td rowspan="4">3</td><td rowspan="7">1</td></tr>
<tr><td>M18 ×1.5</td><td>15.8</td><td>28</td><td rowspan="2">24.2</td><td rowspan="2">21</td><td>27</td><td>25</td></tr>
<tr><td>M20 ×1.5</td><td>17.8</td><td>30</td><td rowspan="2">30</td><td rowspan="2">15</td><td rowspan="5">4</td><td>30</td></tr>
<tr><td>M22 ×1.5</td><td>19.8</td><td>32</td><td>27.7</td><td>24</td><td>32</td><td rowspan="4">3</td></tr>
<tr><td>M24 ×2</td><td>21</td><td>34</td><td>31.2</td><td>27</td><td>32</td><td>16</td><td rowspan="3">4</td><td rowspan="3">1.5</td><td>35</td><td rowspan="3">2.5</td></tr>
<tr><td>M27 ×2</td><td>24</td><td>38</td><td>34.6</td><td>30</td><td>35</td><td>17</td><td>40</td></tr>
<tr><td>M30 ×2</td><td>27</td><td>42</td><td>39.3</td><td>34</td><td>38</td><td>18</td><td>45</td></tr>
</table>

标记示例：螺塞 M20 ×1.5　JB/ZQ 4450—1986

油圈 30 ×20　ZB 71—1962（D_0 =30、d =20 的纸封油圈）

油圈 30 ×20　ZB 70—1962（D_0 =30、d =20 的皮封油圈）

材料：纸封油圈—石棉橡胶纸；皮封油圈—工业用革；螺塞—Q235。

表 17-70　通气帽　　（单位：mm）

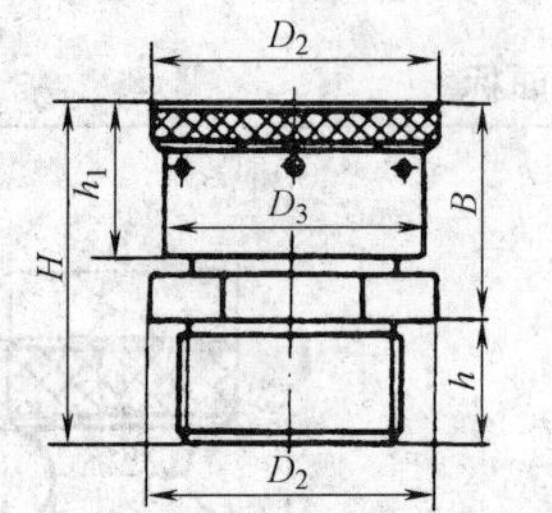

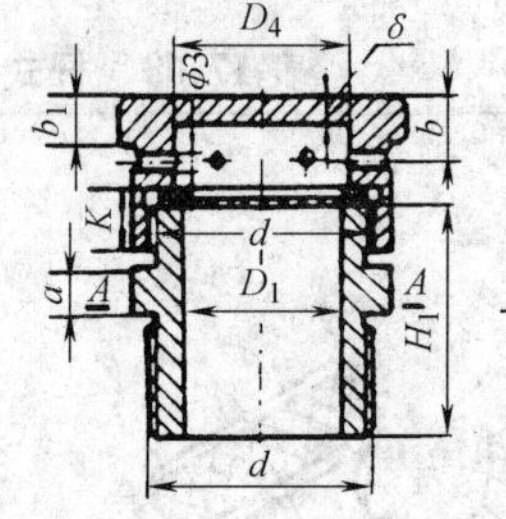

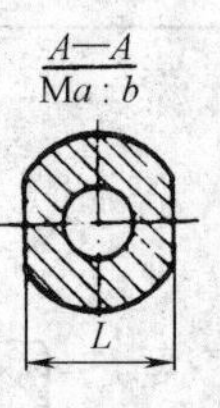

d	D_1	B	h	H	D_2	H_1	a	δ	K	b	h_1	b_1	D_3	D_4	L	孔数
M27×1.5	15	≈30	15	≈45	36	32	6	4	10	8	22	6	32	18	32	6
M36×2	20	≈40	20	≈60	48	42	8	4	12	11	29	8	42	24	41	6
M48×3	30	≈45	25	≈70	62	52	10	5	15	13	32	10	56	36	55	8

表 17-71　通气罩　　（单位：mm）

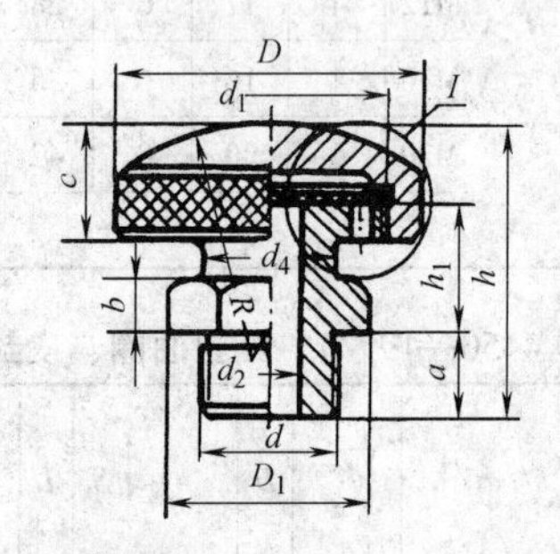

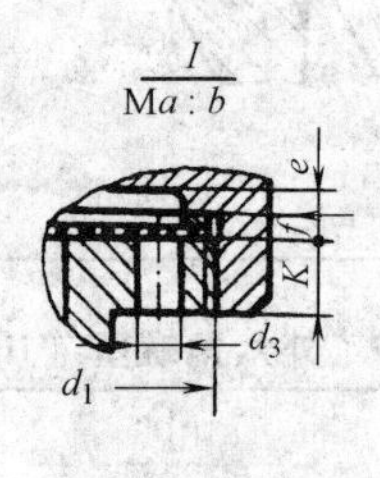

d	d_1	d_2	d_3	d_4	D	h	a	b	c	h_1	R	D_1	K	e	f
M18×1.5	M33×1.5	8	3	16	40	40	12	7	16	18	40	25.4	6	2	2
M27×1.5	M48×1.5	12	4.5	24	60	54	15	10	22	24	60	36.9	7	2	2
M36×1.5	M64×1.5	16	6	30	80	70	20	13	28	32	80	53.1	10	3	3

第18章 螺旋传动

18.1 螺杆与螺母材料

18.1.1 螺旋副的失效与对材料的要求

一般情况，滑动螺旋的主要失效形式是磨损；在密封、润滑良好，速度较高时主要为胶合。为此，在选择螺杆材料时，应提高螺杆的表面硬度，并降低其表面粗糙度，这样可提高耐磨性。一般螺杆硬度值应比螺母高30%～40%。螺母材料应与螺杆相匹配，同时应具有良好的摩擦性能，并满足一定的强度要求。

18.1.2 螺杆常用材料及热处理

螺杆常用材料及热处理见表18-1。

表18-1 螺杆常用材料及热处理

精度	材料	热处理	特点与用途
8级和8级以下	45,50	不热处理或调质处理	加工性能好。轴颈处可局部淬火,淬硬至40～45HRC。用于一般传动
	Y40Mn	不热处理	加工性能最好,耐磨性较差,不能局部热处理。用于一般传动
	40Cr	淬火后回火或高频淬火后回火。硬度40～50HRC或50～55HRC	具有一定的耐磨性,用于载荷较大,工作不频繁的传动
7和7级以上	T10、T10A、T12、T12A	球化调质,硬度200～230HBW	具有一定的耐磨性,球化调质后,耐磨性提高近30%,有良好的切削性能。用于重要传动
	38CrMoAlA	氮化。氮化层深度0.45～0.6mm,硬度>850HV	硬度最高、耐磨性最好、热处理变形最小。氮化层浅,只能用研磨加工。用于精密传动螺旋
	9Mn2V,CrWMn	淬火,回火。硬度54～59HRC	耐磨性、尺寸稳定性都很好。9Mn2V比CrWMn的工艺性、尺寸稳定性更好,但淬透性较差 用于直径<50mm的精密螺旋

为保证精密螺旋尺寸的稳定性，必须控制螺杆原材料的冶金缺陷、金相组织、硬度不均匀性和弯曲量。有关材料允许的冶金缺陷、硬度偏差与弯曲量见表18-2和表18-3。

18.1.3 螺母常用材料

螺母材料的选用，取决于螺杆材料、硬度、表面粗糙度，以及密封与润滑条件。在速度较高，易出现胶合失效时，常用锡青铜，其次为铅青铜；速度较低、载荷较大时，常用铝青铜；在低速、轻载时才用铸铁。螺母常用的材料及性能见表18-4。

表18-2 精密传动螺杆材料允许的冶金缺陷

材料	T10A，9Mn2V等		45，40Cr，Y40Mn	38CrMoAlA
丝杠精度	6级和6级以上	7级	8级	
氧化物	≤2级	≤3级	≤3级	≤2级
硫化物	≤2级	≤2级	≤3级	≤2级
氧化物加硫化物	≤3级	≤4级	≤5级	≤3级
中心疏松	≤2级	≤3级	≤4级	≤2级
一般疏松	≤2级	≤3级	≤4级	≤2级
网状硫化物	≤3级	≤3级		
带状碳化物	≤3级	≤3级		
珠光体球化	3～6级(碳素工具钢评级标准)	2～4级(合金工具钢评级标准)		

注：表中各项等级按原冶金部部颁标准的规定。

表 18-3　螺杆原材料允许的硬度偏差与弯曲量

材　料	T10A,9Mn2V		45,40Cr,Y45Mn
精　度	5级,6级	7级	8级和8级以下
硬度偏差(每m打三点硬度)	≤20HBS	≤20HBS	
允许弯曲量/mm	≤(1~1.5)L	≤(1.5~2)L	≤(2~3)L

注：L为材料长度（m）。

表 18-4　螺母常用材料

材　料	适用精度	特点与用途
铸造锡青铜 ZCuSn10Pb1	5、6级	摩擦因数低(0.06~0.1),抗胶合与耐磨性能最好;但强度低,价格最高 适用于轻、中载荷及高速
铸造锡青铜 ZCuSn6Pb1	5、6级	摩擦因数低(0.08~0.1),抗胶合与耐磨性能比前者稍低;强度低,价格高 适用于轻、中载荷及中、高速
铸造铝青铜 ZCuAl10Fe3	5、6级	摩擦因数较低,抗胶合能力差,但强度高,价格比前两者低 适用于重载、低速
铸造铝青铜 ZCuAl10Fe3Mn2	5、6、7级	同上
耐磨铸铁	7级以下	摩擦因数较高(0.1~0.12),强度高,价格便宜。适用于轻载、低速。
灰铸铁	7级以下	摩擦因数较高(0.12~0.15),强度高,价格便宜。适用于轻载、低速。
球墨铸铁或35钢	7级以下	摩擦因数较高(0.13~0.17),强度高。适用于重载的调整螺旋
加铜或渗铜的铁基粉末冶金材料		加铜铁基含锡磷青铜12%(质量分数)、石墨1%(质量分数),其余为铁粉,密度6.4~6.7kg/dm³ 渗铜铁基含锡磷青铜20%(质量分数)、石墨0.8%(质量分数),其余为铁粉,密度6.9~7.3kg/dm³ 适用于轻载的调整螺旋

18.1.4　滑动螺旋副材料的许用值（表18-5和表18-6）

表 18-5　滑动螺旋副材料的摩擦因数f和许用比压［p］

螺杆材料	螺母材料	摩擦因数 f (定期润滑)	许用比压[p]/MPa		
			速度/(m/min)	8~10级精度	5~7级精度
钢	钢	0.11~0.17	低速	7.5~13	3.8~6.5
钢	铸铁	0.12~0.15	<2.4	13~18	6.5~9
			6~12	4~7	2.0~3.5
	耐磨铸铁	0.10~0.12	6~12	6~8	3~4
钢	青铜	0.08~0.10	<3.0	11~18	5.5~9
			6~12	7~10	3.5~5
			>15	1~2	0.5~1
淬火钢	青铜	0.06~0.08	6~12	10~13	5.0~6.5

注：1. 起动时摩擦因数取大值，运转中取小值。

2. 如结构的空间受限制，需减小螺杆直径，可适当增大[p]，但耐磨性降低。

表 18-6　滑动螺旋副材料的许用应力　（单位：MPa）

	许用拉应力$[\sigma]=(0.2\sim0.33)\sigma_s$					材料	许用切应力$[\tau]$	许用弯曲应力$[\sigma]_b$
	材料及热处理	屈服点σ_s	材料及热处理	屈服点σ_s		钢	$0.6[\sigma]$	$(1.0\sim1.2)[\sigma]$
螺杆强度	40 钢、50 钢，不热处理	280 ~ 320	CrWMn 淬火	480 ~ 500	螺牙强度	青铜	30 ~ 40	40 ~ 60
	45 钢调质	340 ~ 360	38CrMoAlA	780 ~ 820		灰铸铁	40	45 ~ 55
	50Mn、60Mn、65Mn 表面淬火后回火	400 ~ 450	T10、T12 淬火、回火 18CrMnTi 渗碳、淬火	800 ~ 840		耐磨铸铁	40	50 ~ 60
	40Cr 调质	440 ~ 500						

注：静载时许用应力取大值。

18.2　滑动螺旋传动的计算

18.2.1　校核计算

已知工作载荷 F(N)，螺纹类型，螺杆大径 d(mm)，螺母高或旋合长度 H(mm)，螺母旋合圈数 n，螺旋副材料，螺杆转速 n_1(r/min)等。

(1) 耐磨性校核

1) 根据螺旋副材料，从表 18-5 查取许用比压 $[p]$。

2) 根据螺纹类型，从标准中查取螺杆的中径 d_2、小径 d_3。

3) 计算螺距 $P=H/n$，取标准值。

4) 计算螺纹工作高度 H_1：梯形、矩形的 $H_1=0.5P$，锯齿形 $H_1=0.75P$。

5) 计算螺旋副压强 $p=\dfrac{F}{\pi d_2 H_1 n}$。如果 $p>[p]$，则耐磨性能不够；如果 $p\leqslant[p]$ 耐磨性能通过，再计算下一步。

(2) 螺杆强度校核

1) 根据螺旋副材料，从表 18-6 查取许用拉应力 $[\sigma]$。

2) 根据给定的条件和传动方式绘制载荷图（力图和转矩图），并确定危险断面。

3) 计算危险断面的当量应力：

$$\sigma_d=\sqrt{\left(\frac{4F}{\pi d_3^2}\right)^2+3\left(\frac{T}{0.2d_3^2}\right)^2}$$

如 $\sigma_d>[\sigma]$，则螺杆强度不够；如 $\sigma_d\leqslant[\sigma]$，螺杆强度通过，再作下一计算。

(3) 螺母螺牙强度校核

1) 根据螺旋副材料，从表 18-6 查取许用弯曲应力 $[\sigma]_b$、许用切应力 $[\tau]$。

2) 根据螺纹类型，从标准中查取螺母的大径 D_4。

3) 计算螺牙根部宽度 b。矩形 $b=0.5P$，梯形 $b=0.55P$，锯齿形 $b=0.74P$。

4) 计算螺牙切应力 τ。螺杆 $\tau=\dfrac{F}{\pi d_3 bn}$，螺母 $\tau=\dfrac{F}{\pi D_4 bn}$。

5) 计算螺牙弯曲应力 σ_b。螺杆 $\sigma_b=\dfrac{3FH_1}{\pi d_3 b^2 n}$，螺母 $\sigma_b=\dfrac{3FH_1}{\pi D_4 b^2 n}$。

如 $\tau>[\tau]$ 或 $\sigma_b>[\sigma]_b$，则螺牙强度不够；如 $\tau\leqslant[\tau]$，$\sigma_b\leqslant[\sigma]_b$ 螺牙强度通过。

(4) 稳定性校核　如果螺杆的细长比 $\lambda>40$，需作稳定性校核。

已知工作载荷 F(N)，螺杆受压的长度 l(mm)，螺杆小径 d_3(mm)，螺杆的弹性模量 E(MPa)。校核的步骤如下：

1) 根据给定的支承条件，从表 18-7 查长度系数 μ。

2) 计算细长比 $\lambda=4\mu l/d_3$。如 $\lambda<40$，则无需校核稳定性；如 $\lambda\geqslant40$，则需校核稳定性，要作以下计算。

3) 计算螺杆惯性矩 $I_a=\pi d_3^4/64$。

4) 计算临界载荷 F_c：

如螺杆是淬火钢，$\lambda<85$，$F_c=\dfrac{490}{1+0.0002\times\lambda^2}\dfrac{\pi d_3^2}{4}$；若 $\lambda>85$，$F_c=\dfrac{\pi EI_a}{(\mu l)^2}$；

如是非淬火钢，$\lambda<90$，$F_c=\dfrac{340}{1+0.00013\times\lambda^2}\dfrac{\pi d_3^2}{4}$；若 $\lambda>90$，$F_c=\dfrac{\pi EI_a}{(\mu l)^2}$。

5) 若 $F_c/F>2.5\sim4$，稳定校核通过。否则会发生失稳，需加大小径或改变支承状态，直至满足稳定条件。

（5）临界转速校核　如是高速螺旋，还需校核横向振动的临界转速。校核步骤及如下：

1）由使用要求和结构确定螺杆两支承间的最大距离 l_c（mm）。

2）根据螺杆的支承方式，由表 18-7 确定系数 μ_1。

3）计算钢制螺杆的临界转速：

$$n_c = 12 \times 10^6 \frac{\mu_1^2 d_3}{l_c^2}$$

应使螺杆最大工作转速 $n_{max} \leqslant 0.8n_c$。如不满足，可改变支承方式，以提高临界转速。

表 18-7　螺杆支承方式和系数

螺杆支承方式	螺杆支承简图	长度系数 μ	系数 μ_1
两端固定	l 或 l_c	0.5	4.730
一端固定，一端不完全固定	l 或 l_c	0.6	4.730
一端固定，一端铰支	l 或 l_c	0.7	3.927
两端铰支	l 或 l_c	1.0	3.143
一端固定，一端自由	l 或 l_c	2.0	1.875

注：1. 整体螺母的高径比 $H/d_2 < 1.5$ 为铰支，代号 J；$H/d_2 = 1.5 \sim 3$ 为不完全固定，代号 G′；$H/d_2 > 3$ 为固定支承，代号 G；开合螺母的 H/d_2 = 任何值均为铰支，代号 J。

2. 滑动轴承的宽径比 $B/d < 1.5$ 为铰支，代号 J；$B/d = 1.5 \sim 3$ 为不完全固定，代号 G′；$B/d > 3$ 为固定支承，代号 G。

3. 滚动轴承在只有径向约束时为铰支，代号 J；同时有径向和轴向约束时为固定支承，代号 G。

18.2.2　设计计算

（1）设计步骤及公式　已知工作载荷 F(N)及螺杆或螺母转速 n(r/min)。

1）选定螺纹类型、相应的牙形半角 β 及高径比 ψ。整体螺母 $\psi = 1.2 \sim 2.5$；剖分螺母 $\psi = 2.5 \sim 3.5$。

2）选定螺旋副材料。由表 18-5 查取许用比压 [p] 和摩擦系数 f。

3）从耐磨观点计算所需的中径 d_2。梯形、矩形螺旋 $d_2 \geqslant 0.8\sqrt{F/(\psi[p])}$；锯齿形螺旋 $d_2 \geqslant 0.65 \times \sqrt{F/(\psi[p])}$。

4）根据计算值，选取标准的 d_2，相应的大径 d 和小径 d_3。

如该直径大于结构要求，则需改变材料，提高 [p] 重新计算中径，直至等于或小于为止。如小于或等于结构要求值，耐磨强度满足，再取结构要求的直径作下面计算。

5）计算当量摩擦角 $\rho = \arctan(f/\cos\beta)$。

6）选取与直径配伍的螺距 P（mm）。要求自锁时，$P \leqslant \pi d\tan\rho'$，不要求自锁时，$P > \pi d\tan\rho'$。

7）计算螺母高度 $H = \psi d_2$，需满足旋合长度要求，并圆整成整数。

8）计算螺母旋合圈数 $n = H/P$。如果 $n > 10 \sim 12$，则加大一级螺距 P 后，重新计算圈数，直至 $n < 10 \sim 12$。

9）用前述办法校核螺杆及螺牙强度。如强度不能满足要求，可增大一级螺距 P，重新计算螺母旋合圈数和校核强度；也可加大一级中径 d_2，重新计算螺母高度、旋合圈数和校核强度，直到满足为止；如是受压螺杆，或高速螺旋，还需校核压杆稳定和临界转速。

(2) 高精度螺旋的设计

对运动精度要求高的精密螺旋，如机床的进给机构、微调机构的螺旋，除作上述计算外，还需校核轴向变形是否满足要求。

轴向变形由四部分组成：轴向载荷使螺杆产生的变形 δ_1，在螺杆较长时，所占比例较大；转矩使螺杆产生的变形 δ_2，所占比例较小；轴承的轴向变形 δ_3，滑动轴承可不考虑此项变形，滚动轴承此项变形所占比例较大；支座的变形 δ_4，它的影响较大，但此项变形量很难计算。

螺杆轴向变形计算可参看图18-1。螺杆每米长允许的螺距变形量［δ'］随精度等级而异，见表18-8。螺旋机构允许的轴向变形随主机不同而异。

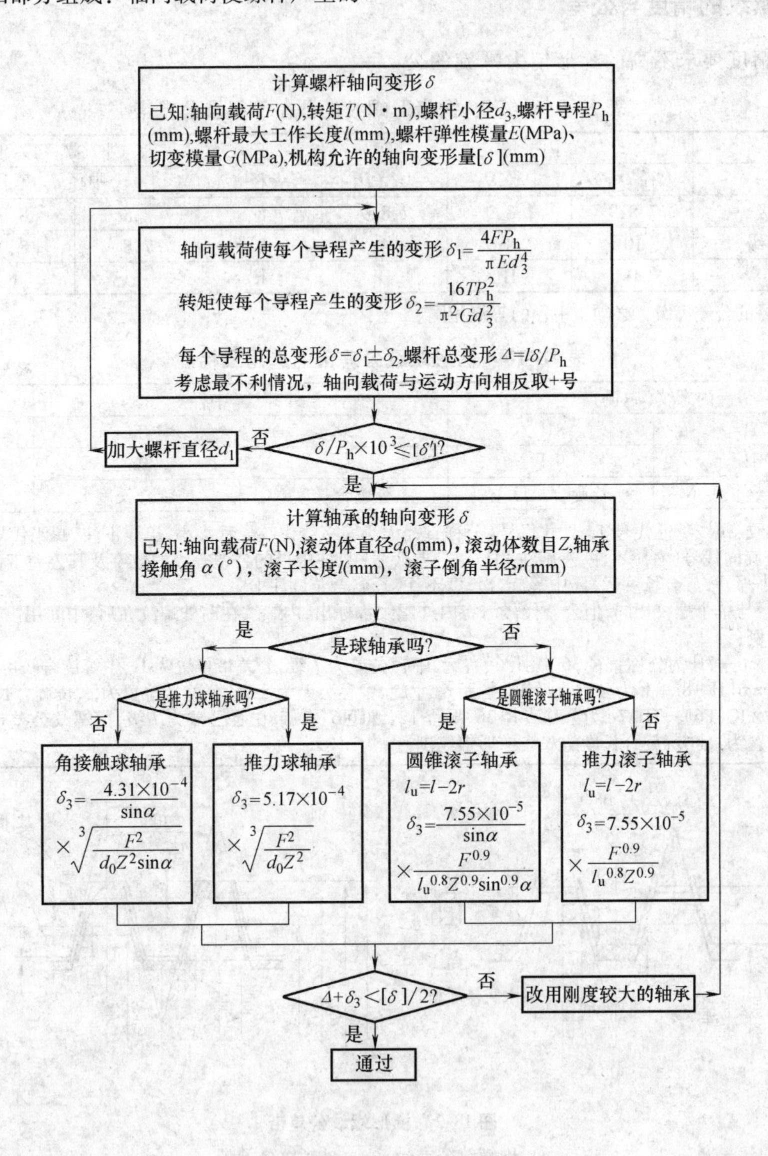

图18-1 螺杆轴向变形计算

表18-8 螺杆每米长允许的螺距变形［δ'］ (单位：μm/m)

精度等级	5	6	7	8	9
［δ'］	10	15	30	55	110

18.3 螺旋的尺寸系列、精度和公差

18.3.1 梯形、锯齿形螺纹的尺寸系列与有关尺寸

梯形、锯齿形螺纹的尺寸系列与有关尺寸见第4章表4-8、表4-9。

18.3.2 梯形螺纹的精度与公差

一般用途或精度要求不高的梯形传力螺旋的公差，按GB/T 12359—2008《梯形螺纹极限尺寸》的规定选取。其精度分为中等和粗糙两种。标准规定了内、外螺纹的公差等级和公差带，见表18-9。设计时，应根据应用场合按表18-10选取精度种类，并标记中径公差带，以代表螺纹的精度。螺纹的公差带见图18-2、有关尺寸的计算公式、公差及旋合长度见表18-12和表18-13。

表18-9　梯形、锯齿形螺纹的公差等级及公差带

螺纹种类	内螺纹			外螺纹			
直径	大径 D_4、D	中径 D_2	小径 D_1	大径 d	中径 d_2		小径 d_3
梯形公差等级	7,8,9	7,8,9	7,8,9	7,8,9	7,8	8,9	7,8,9
锯齿形公差等级	10	7,8,9	4	9	7,8	8,9	7,8,9
公差带	H	H	H	h	e	c	h

注：外螺纹小径的公差等级，必须与中径的等级相同。

表18-10　梯形螺纹公差带的选用及标注

精度	内螺纹(中径)		外螺纹(中径)		应用场合
中等	7H	8H	7e	8e	一般用途
粗糙	8H	9H	8c	9c	精度要求不高时
旋合长	中等旋合长度N	长旋合长度L	中等旋合长度N	长旋合长度L	
标注	单个螺纹:螺纹特征代号Tr、尺寸代号(公称直径大小×多线螺纹导程大小,单线不注,螺距代号P及大小,多线时加括号)、旋向代号(右旋不注,左旋注LH)—公差代号(只注中径的公差等级的数字及其公差带位置的字母,内径大写,外径小写)—旋合长度代号(中等旋合长度不注,长旋合长度注L) 螺纹副:与单个螺纹相同,但公差代号需将内外螺纹都标出,内螺纹在前外螺纹在后,中间用"/"隔开 标注示例: 1)Tr36×6—7H为公称直径36,螺距6、右旋、中径公差为7级,公差带位置为H、中等旋合长度的梯形内螺纹 2)Tr36×6LH—8c—L为公称直径36,螺距6、左旋、中径公差为8级,公差带位置为c、长旋合长度的梯形外螺纹 3)Tr36×12(P6)—7H/7e为公称直径36,导程12,螺距6、右旋、中径公差为7级,内螺纹公差带位置为H,外螺纹公差带位置为e、中等旋合长度的双线梯形螺纹副				

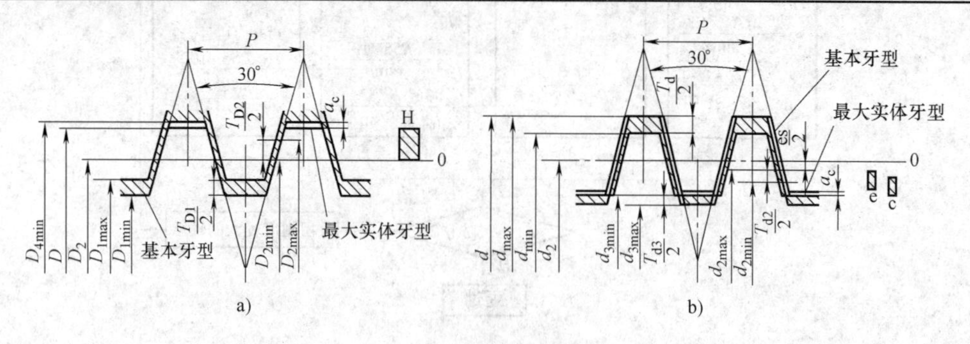

图18-2　梯形螺纹公差带

a）内螺纹公差带　b）外螺纹公差带

18.3.3 锯齿形螺纹的精度与公差

一般用途的锯齿形螺旋，其公差按GB/T 13576.4—2008《锯齿形（3°、30°）螺纹公差》的规定选取。其精度分为中等和粗糙两种。标准规定了内、外螺纹的公差等级和公差带，见表18-9。设计时根据应用场合，按表18-11选取精度种类，并标记中径公差带。锯齿形螺纹的公差带见图18-3。有关尺寸的计算公式、公差及旋合长度见表18-12和表18-13。

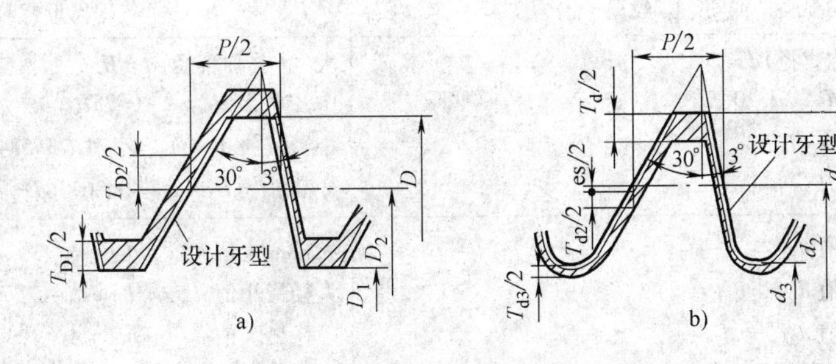

图 18-3　锯齿形螺纹公差带

a）内螺纹公差带　b）外螺纹公差带

表 18-11　锯齿形螺纹公差带的选用及标注

精度	内螺纹(中径)		外螺纹(中径)		应用场合
中等	7H	8H	7e	8e	一般用途
粗糙	8H	9H	8c	9c	精度要求不高时
旋合长度	中等旋合长度	长旋合长度	中等旋合长度	长旋合长度	
标注	单个螺纹:螺纹特征代号 B、尺寸代号(公称直径大小×多线螺纹导程大小,单线不注、螺距代号 P 及大小,多线时加括号)、旋向代号(右旋不注,左旋注 LH)—公差代号(只注中径的公差等级的数字及其公差带位置的字母,内径大写,外径小写)—旋合长度代号(中等旋合长度不注,长旋合长度注 L) 螺纹副:与单个螺纹相同,但公差代号需将内外螺纹都标出,内螺纹在前,外螺纹在后,中间用"/"隔开 标注示例:1)B36×6—7H 为公称直径 36,螺距 6、右旋、中径公差为 7 级,公差带位置为 H、中等旋合长度的锯齿形内螺纹 2)B36×6LH—8c—L 为公称直径 36,螺距 6、左旋、中径公差为 8 级公差带位置为 c、长旋合长度的锯齿形外螺纹。 3)B36×12(P6)—7H/7e 为公称直径 36,导程 12,螺距 6、右旋、中径公差为 7 级,内螺纹公差带位置为 H,外螺纹公差带位置为 e、中等旋合长度的锯齿形双线螺纹副					

表 18-12　梯形、锯齿形螺纹有关尺寸的计算公式

种类		梯 形 螺 纹	锯齿形螺纹
内螺纹	基本尺寸	公称直径 D 大径 $D_4=D+2a_c$ 中径 $D_2=d_2=D-0.5P$ 小径 $D_1=D-P$ 螺距 P 牙顶与牙底的间隙 a_c,见表 18-13 基本牙型高 $H_1=0.5P$,牙高 $H_4=H_1+a_c$ 牙底圆弧半径 $R_{2\max}=a_c$	公称直径 D 大径 $D=d$ 中径 $D_2=d_2=D-H_1=D-0.75P$ 小径 $D_1=D-2H_1=D-1.5P$ 螺距 P 牙顶与牙底的间隙 $a_c=0.117767P$,见表 18-13 基本牙型高 $H_1=0.75P$ 牙底圆弧半径 $R=0.124271P$
	极限尺寸	大径最小值 $D_{4\min}=D_4+\mathrm{EI_H}=D+2a_c+\mathrm{EI_H}$ 中径最大值 $D_{2\max}=D_2+\mathrm{EI_H}+T_{D2}$ 中径最小值 $D_{2\min}=D_2+\mathrm{EI_H}$ 小径最大值 $D_{1\max}=D_1+\mathrm{EI_H}+T_{D1}$ 小径最小值 $D_{1\min}=D_1+\mathrm{EI_H}$	大径最小值 $D_{\min}=D+\mathrm{EI_H}$ 中径最大值 $D_{2\max}=D_2+\mathrm{EI_H}+T_{D2}$ 中径最小值 $D_{2\min}=D_2+\mathrm{EI_H}$ 小径最大值 $D_{1\max}=D_1+\mathrm{EI_H}+T_{D1}$ 小径最小值 $D_{1\min}=D_1+\mathrm{EI_H}$

（续）

种类		梯形螺纹	锯齿形螺纹
外螺纹	基本尺寸	大径（公称直径）$d=D$ 中径 $d_2=D_2=d-0.5P$ 小径 $d_3=d-P-2a_c$ 牙高 $h_3=H_1+a_c$	大径（公称直径）$d=D$ 中径 $d_2=D_2=d-0.75P$ 小径 $d_3=d-2h_3=d-1.735534P$ 牙高 $h_3=H_1+a_c=0.867767P$
	极限尺寸	大径最大值 $d_{max}=d+es_h$ 大径最小值 $d_{min}=d+es_h-T_d$ 中径最大值 $d_{2max}=d_2+es_e$ 中径最大值 $d_{2min}=d_2+es_e-T_{d2}$ 小径最大值 $d_{3max}=d_3+es_h$ 小径最大值 $d_{3min}=d_3+es_h-T_{d3}$	大径最大值 $d_{max}=d+es_h$ 大径最小值 $d_{min}=d+es_h-T_d$ 中径最大值 $d_{2max}=d_2+es_c$ 中径最小值 $d_{2min}=d_2+es_c-T_{d2}$ 小径最大值 $d_{3max}=d_3+es_h$ 小径最小值 $d_{3min}=d_3+es_h-T_{d3}$

注：EI_H—公差带位置为H的基本偏差；es_c—公差带位置为c的基本偏差；es_e—公差带位置为e的基本偏差；es_h—公差带位置为h的基本偏差；T_{D1}、T_{D2}—内螺纹小径、中径的公差；T_d、T_{d2}、T_{d3}—外螺纹大径、中径和小径的公差。其数值见表18-13。

表18-13 梯形、锯齿形传力螺旋牙顶与牙底间隙、基本偏差、公差及旋合长度

公称直径 d/mm		螺距 P/mm	牙顶与牙底的间隙 a_c/mm		基本偏差/μm					公差/μm			
					内螺纹		外螺纹			内螺纹			
					中径	大小径	中径		大小径	中径			小径
>	≤		Tr	B	Tr,B EI_H	Tr,B EI_H	Tr,B es_c	Tr,B es_e	Tr,B es_h	Tr,B 7级 T_{D2}	Tr,B 8级 T_{D2}	Tr,B 9级 T_{D2}	Tr,B T_{D1}
5.6	11.2	15	0.15	—	0	0	Tr-140	-67	0	Tr224	Tr280	Tr355	Tr190
		2	0.25	0.236	0	0	-150	-71	0	250	315	400	236
		3	0.25	0.353	0	0	-170	-85	0	280	355	450	315
11.2	22.4	2	0.25	0.236	0	0	-150	-71	0	265	335	425	236
		3	0.25	0.353	0	0	-170	-85	0	300	375	475	315
		4	0.25	0.471	0	0	-190	-95	0	355	450	560	375
		5	0.25	0.589	0	0	-212	-106	0	375	475	600	450
		8	0.5	0.942	0	0	-265	-132	0	475	600	750	630
22.4	45	3	0.25	0.353	0	0	-170	-85	0	335	425	530	315
		5	0.25	0.589	0	0	-212	-106	0	400	500	630	450
		6	0.5	0.70	0	0	-236	-118	0	450	560	710	500
		7	0.5	0.824	0	0	-250	-125	0	475	600	750	560
		8	0.5	0.942	0	0	-265	-132	0	500	630	800	630
		10	0.5	1.178	0	0	-300	-150	0	530	670	850	710
		12	0.5	1.413	0	0	-335	-160	0	560	710	900	800
45	90	3	0.25	0.353	0	0	-170	-85	0	355	450	560	315
		4	0.25	0.471	0	0	-190	-95	0	400	500	630	375
		8	0.5	0.942	0	0	-265	-132	0	530	670	850	630
		9	0.5	1.060	0	0	-280	-140	0	560	710	900	670
		10	0.5	1.178	0	0	-300	-150	0	560	710	900	710
		12	0.5	1.413	0	0	-335	-160	0	630	800	1000	800
		14	1.0	1.649	0	0	-355	-180	0	670	850	1060	900
		16	1.0	1.884	0	0	-375	-190	0	710	900	1120	1000
		18	1.0	2.120	0	0	-400	-200	0	750	950	1180	1120

（续）

公称直径 d/mm		螺距 P/mm	牙顶与牙底的间隙 a_c/mm		基本偏差/μm					公差/μm			
					内螺纹		外螺纹			内螺纹			
					中径	大小径	中径		大小径	中径			小径
>	≤		Tr	B	Tr,B EI_H	Tr,B EI_H	Tr,B es_c	Tr,B es_e	Tr,B es_h	Tr,B 7 级 T_{D2}	Tr,B 8 级 T_{D2}	Tr,B 9 级 T_{D2}	Tr,B T_{D1}
90	180	4	0.25	0.471	0	0	−190	−95	0	425	530	670	375
		6	0.5	0.707	0	0	−236	−118	0	500	630	800	500
		8	0.5	0.902	0	0	−265	−132	0	560	710	900	630
		12	0.5	1.413	0	0	−335	−160	0	670	850	1060	800
		14	1.0	1.649	0	0	−355	−180	0	710	900	1120	900
		16	1.0	1.884	0	0	−375	−190	0	750	950	1180	1000
		18	1.0	2.120	0	0	−400	−200	0	800	1000	1250	1120
		20	1.0	2.355	0	0	−425	−212	0	800	1000	1250	1180
		22	1.0	2.591	0	0	−450	−224	0	850	1060	1320	1250
		24	1.0	2.826	0	0	−475	−236	0	900	1120	1400	1320
		28	1.0	3.297	0	0	−500	−250	0	950	1180	1500	1500

公称直径 d/mm		公差/μm										旋合长度/mm		
		外螺纹												
		大径	中径			小径								
						中径公差带位置为 c			中径公差带位置为 e					
												N	L	
>	≤	Tr T_d	Tr,B 7 级 T_{d2}	Tr,B 8 级 T_{d2}	Tr,B 9 级 T_{d2}	Tr,B 7 级 T_{d3}	Tr,B 8 级 T_{d3}	Tr,B 9 级 T_{d3}	Tr,B 7 级 T_{d3}	Tr,B 8 级 T_{d3}	Tr,B 9 级 T_{d3}	>	≤	>
5.6	11.2	150	Tr170	Tr212	Tr265	Tr352	405	471	279	332	398	5	15	15
		180	190	236	300	388	445	525	309	366	446	6	19	19
		236	212	265	335	435	501	589	350	416	504	10	28	28
11.2	22.4	180	200	250	315	400	462	544	321	383	465	8	24	24
		236	224	280	355	450	520	614	365	435	529	11	32	32
		300	265	335	425	521	609	690	426	514	595	15	43	43
		335	280	355	450	562	656	775	456	550	669	18	53	53
		450	355	450	560	709	828	965	576	695	832	30	85	85
22.4	45	236	250	315	400	482	564	670	397	479	585	12	36	36
		335	300	375	475	587	681	806	481	575	700	21	63	63
		375	335	425	530	655	767	899	537	649	781	25	75	75
		425	355	450	560	694	813	950	569	688	825	30	85	85
		450	375	475	600	734	859	1015	601	726	882	34	100	100
		530	400	500	630	800	925	1087	650	775	937	42	125	125
		600	425	530	670	866	998	1223	691	823	1048	50	150	150
45	90	236	265	335	425	501	589	701	416	504	616	15	45	45
		300	300	375	475	565	659	784	470	564	689	19	56	56
		450	400	500	630	765	890	1052	632	757	919	38	118	118
		500	425	530	670	811	943	1118	671	803	978	43	132	132
		530	425	530	670	831	963	1138	681	813	988	50	140	140
		600	475	600	750	929	1085	1273	754	910	1098	60	170	170
		670	500	630	800	970	1142	1355	805	967	1180	67	200	200
		710	530	670	850	1038	1213	1438	853	1028	1253	75	236	236
		800	560	710	900	1100	1288	1525	900	1088	1320	85	265	265

（续）

公称直径 d/mm		公差/μm										旋合长度/mm		
		外螺纹												
		大径	中径			小径								
						中径公差带位置为 c			中径公差带位置为 e					
>	≤	Tr T_d	Tr, B 7 级 T_{d2}	Tr, B 8 级 T_{d2}	Tr, B 9 级 T_{d2}	Tr, B 7 级 T_{d3}	Tr, B 8 级 T_{d3}	Tr, B 9 级 T_{d3}	Tr, B 7 级 T_{d3}	Tr, B 8 级 T_{d3}	Tr, B 9 级 T_{d3}	N >	L ≤	L >
90	180	300	315	400	500	584	690	815	489	595	720	24	71	71
		375	375	475	600	705	830	986	587	712	868	36	106	106
		450	425	530	670	796	928	1103	663	795	970	45	132	132
		600	500	630	800	960	1122	1335	785	974	1160	67	200	200
		670	530	670	850	1018	1193	1418	843	1018	1243	75	236	236
		710	560	710	900	1075	1263	1500	890	1078	1315	90	265	265
		800	600	750	950	1150	1338	1588	950	1138	1388	100	300	300
		850	600	750	950	1175	1363	1613	962	1150	1400	112	335	335
		900	630	800	1000	1232	1450	1700	1011	1224	1474	118	355	355
		950	670	850	1060	1313	1538	1800	1074	1299	1561	132	400	400
		1060	710	900	1120	1388	1625	1900	1138	1375	1650	150	450	450

18.3.4 梯形传动螺纹的精度与公差

对技术要求严格，运动精度要求精确的传动螺旋，按 JB 2886—1992《机床梯形螺纹丝杠、螺母技术条件》的规定选取。根据用途和使用要求，其精度分为 3，4，5，6，7，8，9 七个等级，3 级精度最高，依次逐渐降低。标准规定了梯形传动螺旋的螺旋线轴向和螺距公差，见表 18-14 和表 18-15。梯形传动螺旋在有效长度上，中径尺寸的一致性公差见表 18-16。梯形传动螺旋螺纹大径对螺纹轴线的径向跳动公差见表 18-17。梯形传动螺旋牙型半角的极限偏差见表 18-18。梯形传动螺旋副大、中、小径的极限偏差见表 18-19。非配作螺母螺纹中径极限偏差见表 18-20。丝杠和螺母螺纹表面粗糙度见表 18-21。

表 18-14 梯形传动螺旋的螺旋线轴向公差 （单位：μm）

精度等级	$\delta l_{2\pi}$	在下列长度(mm)内的螺旋线轴向公差			在下列螺纹有效长度(mm)内的螺旋线轴向公差				
		25	100	300	≤1000	>1000～2000	>2000～3000	>3000～4000	>4000～5000
3	0.9	1.2	1.8	2.5	4				
4	1.5	2.0	3.0	4.0	6	8	12		
5	2.5	3.5	4.5	6.5	10	14	19		
6	4	7.0	8.0	11.0	16	21	27	33	39

注：$\delta l_{2\pi}$ 为任意 2πrad 内螺旋线轴向公差。3，4，5，6 级精度的螺旋线测该项误差，7，8，9 级精度螺旋线的轴向公差不予规定。

表 18-15 梯形传动螺旋的螺距公差和螺距积累公差 （单位：μm）

精度等级	螺距公差	在下列长度(mm)内的螺距累积公差		在下列螺纹有效长度(mm)内的螺距累积公差					
		60	300	≤1000	>1000～2000	>2000～3000	>3000～4000	>4000～5000	>5000，每增加 1000 应增加
7	6	10	18	28	36	44	52	60	8
8	12	20	35	55	65	75	85	95	10
9	25	40	70	110	130	150	170	190	20

表 18-16　梯形传动螺旋有效长度上中径尺寸的一致性公差　（单位：μm）

精度等级	螺纹有效长度/mm					
	≤1000	>1000～2000	>2000～3000	>3000～4000	>4000～5000	>5000，每增加1000应增加
3	5					
4	6	11	17			
5	8	15	22	30	38	
6	10	20	30	40	50	5
7	12	26	40	53	65	10
8	16	36	53	70	90	20
9	21	48	70	90	116	30

表 18-17　梯形传动螺旋螺纹大径对螺纹轴线的径向跳动公差　（单位：μm）

长径比	精度等级						
	3	4	5	6	7	8	9
≤10	2	3	5	8	16	32	63
>10～15	2.5	4	6	10	20	40	80
>15～20	3	5	8	12	25	50	100
>20～25	4	6	10	16	32	63	125
>25～30	5	8	12	20	40	80	160
>30～35	6	10	16	25	50	100	200
>35～40	—	12	20	32	63	125	250
>40～45	—	16	25	40	80	160	315
>45～50		20	32	50	100	200	400
>50～60		—	—	63	125	250	500
>60～70		—	—	80	160	315	630
>70～80		—	—	100	200	400	800
>80～90		—	—	—	250	500	—

注：长径比是指丝杠全长与螺纹的公称直径之比。

表 18-18　梯形传动螺旋牙型半角的极限偏差　（单位：μm）

螺距 P /mm	精度等级					
	3	4	5	6	7	8
	丝杠半角极限偏差（′）					
2～5	±8	±10	±12	±15	±20	±30
6～10	±6	±8	±10	±12	±18	±25
12～20	±5	±6	±8	±10	±15	±20

注：9 级精度的丝杠其牙型半角的极限偏差不予规定；螺母的螺距及半角误差由中径公差间接控制。

表 18-19　梯形传动螺旋副大、中、小径的极限偏差　（单位：μm）

螺距 P /mm	公称直径 d /mm	丝杠						螺母			
		螺纹大径		螺纹中径		螺纹小径		螺纹大径		螺纹小径	
		下偏差	上偏差	下偏差	上偏差	下偏差	上偏差	下偏差	上偏差	下偏差	上偏差
2	10～16	−100	0	−294	−34	−362	0	+328	0	+100	0
	18～28			−314		−388		+355			
	30～42			−350		−399		+370			
3	10～14	−150	0	−336	−37	−410	0	+372	0	+150	0
	22～28			−360		−447		+408			
	30～44			−392		−465		+428			
	46～60			−392		−478		+440			

（续）

螺距 P /mm	公称直径 d /mm	丝杠						螺母			
		螺纹大径		螺纹中径		螺纹小径		螺纹大径		螺纹小径	
		下偏差	上偏差	下偏差	上偏差	下偏差	上偏差	下偏差	上偏差	下偏差	上偏差
4	16～20 44～60 65～80	-200	0	-400 -438 -462	-45	-485 -534 -565	0	+440 +490 +520	0	+200	0
5	22～28 30～42 85～110	-250	0	-462 -482 -530	-52	-565 -578 -650	0	+515 +528 +595	0	+250	0
6	30～42 44～60 65～80 120～150	-300	0	-522 -550 -572 -585	-56	-635 -646 -665 -720	0	+578 +590 +610 +660	0	+300	0
8	22～28 44～60 65～80 160～190	-400	0	-590 -620 -656 -682	-67	-720 -758 -765 -830	0	+650 +690 +700 +765	0	+400	0
10	30～40 44～60 65～80 200～220	-550	0	-680 -696 -710 -738	-75	-820 -854 -865 -900	0	+754 +778 +790 +825	0	+500	0
12	30～42 44～60 65～80 85～110	-600	0	-754 -772 -789 -800	-82	-892 -948 -955 -978	0	+813 +865 +872 +895	0	+600	0
16	44～60 65～80 120～170	-800	0	-877 -920 -970	-93	-1108 -1135 -1190	0	+1017 +1040 +1100	0	+800	0
20	85～110 180～220	-1000	0	-1068 -1120	-105	-1305 -1370	0	+1200 +1265	0	+1000	0

注：螺纹大径或小径作工艺基准时，其尺寸公差及形状公差由工艺提出。

表 18-20　非配作螺母螺纹中径的极限偏差　（单位：μm）

螺距 P /mm	精度等级							
	6		7		8		9	
	上偏差	下偏差	上偏差	下偏差	上偏差	下偏差	上偏差	下偏差
2～5	+55	0	+65	0	+85	0	+100	0
6～10	+65	0	+75	0	+100	0	+120	0
12～20	+75	0	+85	0	+120	0	+150	0

表 18-21　丝杠和螺母的螺纹表面粗糙度　（单位：μm）

精度等级	螺纹大径		螺牙侧面		螺纹小径	
	丝杠	螺母	丝杠	螺母	丝杠	螺母
3	0.2	3.2	0.2	0.4	0.8	0.8
4	0.4	3.2	0.4	0.8	0.8	0.8
5	0.4	3.2	0.4	0.8	0.8	0.8
6	0.4	3.2	0.4	0.8	1.6	0.8
7	0.4	6.3	0.8	1.6	3.2	1.6
8	0.8	6.3	1.6	1.6	6.3	1.6
9	1.6	6.3	1.6	1.6	6.3	1.6

注:丝杠和螺母的牙型侧面不应有明显的波纹。

18.3.5 旋合长度

国家标准规定按公称直径和螺距的大小，将旋合长度分为 N、L 两组。N 组表示中等旋合长度，L 表示长旋合长度。其数值可从表 18-13 查取。

18.3.6 多线螺旋公差

多线螺旋的大径公差和小径公差与单线相同。其中径公差是在单线中径公差的基础上，按线数不同，分别乘以修正系数。不同线数的系数见表 18-22。

表 18-22 梯形、锯齿形多线螺旋的修正系数

线数	2	3	4	≥5
修正系数	1.12	1.25	1.4	1.6

18.4 预拉伸螺旋设计的有关问题

采用预拉伸螺旋可以提高传动的刚度与精度，减少因自重引起的挠度。尤其在螺杆因温度升高而伸长时，可以保持其精度。预拉伸螺旋的典型结构如图 18-4 所示。

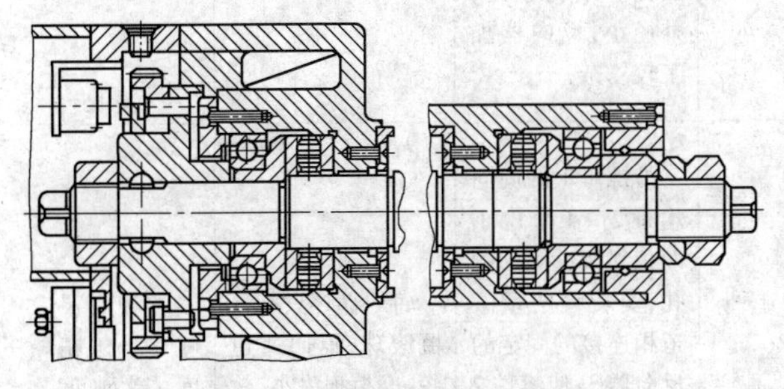

图 18-4 预拉伸螺旋的典型结构

预拉力是通过两端的螺母加上去的，因而螺纹部分的直径应稍粗些，螺距必须小于名义尺寸。在预拉伸后，螺距加大到准确的名义值。预拉力 F（N）应满足下面关系：

$$F > 1.81 d_3^2 \theta$$

式中 d_3——螺杆小径（mm）；

θ——预计螺杆的温升（℃）。

螺杆受拉力后的变形量可采用图 18-1 中 δ_1 的计算公式。

螺杆端部应为方头，最好使用六角螺母。

18.5 滚动螺旋

滚动螺旋的滚动体有球和滚子两大类。本节介绍应用最广的以球为滚动体的滚动螺旋，俗称滚珠丝杠。

滚珠丝杠副是由滚珠丝杠（包括螺纹部分和支承轴颈等）、滚珠螺母（包括螺母体、滚珠循环装置、密封件、润滑剂、预紧元件等）和滚珠（包括载荷滚珠和间隔滚珠）组成的部件。它可将旋转运动转变为直线运动，也可将直线运动转变为旋转运动。

我国已有十余家专业工厂，按 GB/T 17587—1998、JB/T 9893—1999 和 JB/T 3162—1993 的规定，批量生产滚珠丝杠。用户可根据使用工况，按本节介绍的内容选择所需的结构；再根据载荷、转速等条件，选定合适的型号尺寸，向有关生产厂家定货即可。这样可获得更佳的技术经济效果。国内主要生产滚珠丝杠的厂家及其产品种类，可查有关资料或通过互联网查找。

各种类型的滚珠丝杠副，其结构都与螺纹滚道的形状、滚珠循环方式、丝杠副的预紧方式有关，从而形成了不同的滚珠丝杠副。表 18-23 列出丝杠副主要部位的结构、性能、适用场合和类型。供选用时参考。

表 18-23 滚珠丝杠副主要部位的结构、性能、适用场合和类型

类型		简 图	结构特点	性 能	适用场合
螺纹滚道法向截面形状	单圆弧	滚珠螺母 r_n D_w e r_s 滚珠丝杠 $\alpha=45°$	滚道型面较容易磨削，能获得较高的精度	接触角 α 随初始间隙和轴向力大小而变，传动效率、承载能力和轴向刚度均不稳定	适用于单螺母变位导程预紧结构的丝杠

（续）

类型		简图	结构特点	性能	适用场合
螺纹滚道法向截面形状	双圆弧	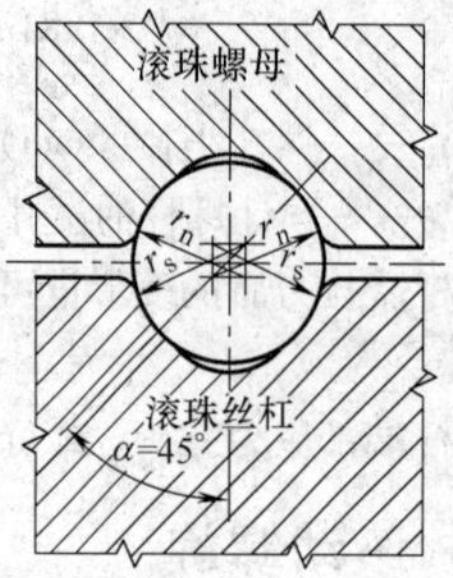 滚珠螺母 r_n r_s r_n r_s 滚珠丝杠 $\alpha=45°$	螺旋槽底不与滚珠接触，可存少许润滑油 滚道型面的磨削较困难	能保持一定的接触角，理论上径向和轴向间隙为零，故传动效率、承载能力和轴向刚度比较稳定	适用于双螺母预紧和单螺母增大滚珠预紧结构的丝杠
	内循环浮动式	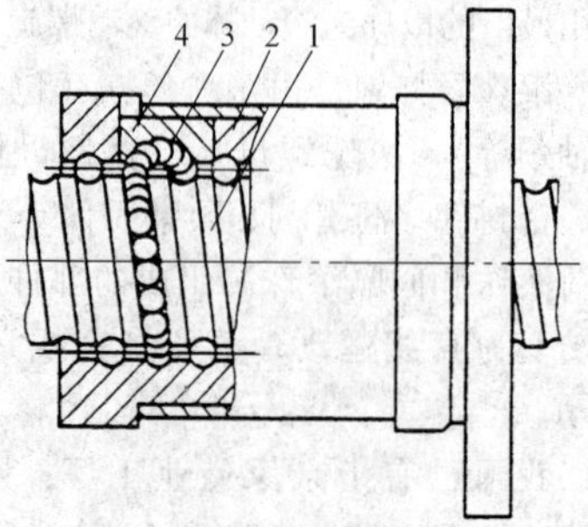 4 3 2 1 1—丝杠　2—螺母　3—滚珠　4—反向器	沿螺母2的周向均布2~4个位于两相邻滚道间的侧孔，安装将两条滚道相连接的可浮动的反向器4，使滚珠3越过丝杠1的螺纹顶部，进入相邻滚道，形成循环回路。结构紧凑，外径小，反向器加工较复杂	每一循环只有一圈滚珠，返回通道短，摩擦损失小，效率高，刚性好，寿命长，使用可靠	各种高灵敏度、高精度、高刚度的定位丝杠副
滚珠循环方式	内循环固定式	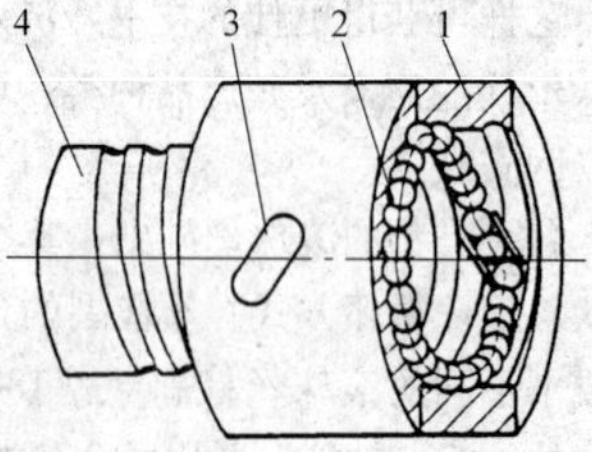 4 3 2 1 1—螺母　2—滚珠　3—反向器　4—丝杠	沿螺母1的周向均布2~4个位于两相邻滚道间的侧孔，安装将两条滚道相连接的固定的反向器3，使滚珠2越过丝杠4的螺纹顶部，进入相邻滚道，形成循环回路。结构紧凑，外径小，反向器加工较复杂	每一循环只有一圈滚珠，返回通道短，摩擦损失小，效率高，刚性好，寿命长，使用可靠	各种高灵敏度、高精度、高刚度的定位丝杠副
	外循环导珠管凸出式	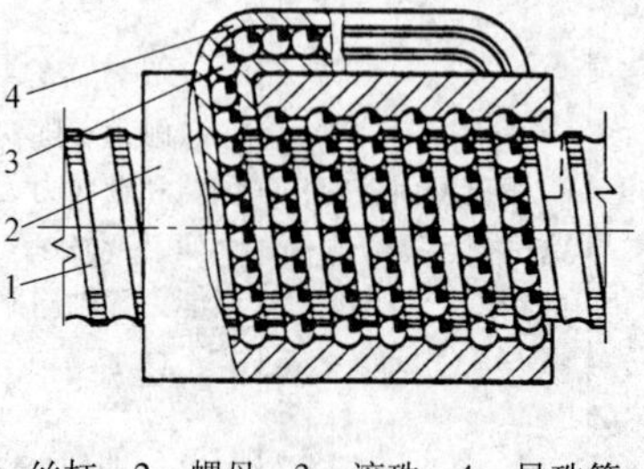 4 3 2 1 1—丝杠　2—螺母　3—滚珠　4—导珠管	导珠管4是滚珠3的返回通道，插在螺母2螺纹工作圈的始末两端的通孔内，用压板固定。为了缩短返回通道，丝杠1上的每个螺母有2~3个导珠管。由于导珠管超过螺母安装外径，螺母座需开一缺口，让开导珠管	滚珠循环链较长，摩擦损失较内循环大；但流畅性好，灵活轻便，工艺性好，价格较低	适用于高速、中载需精密定位的场合

（续）

类型		简图	结构特点	性能	适用场合
滚珠循环方式	外循环导珠管埋入式	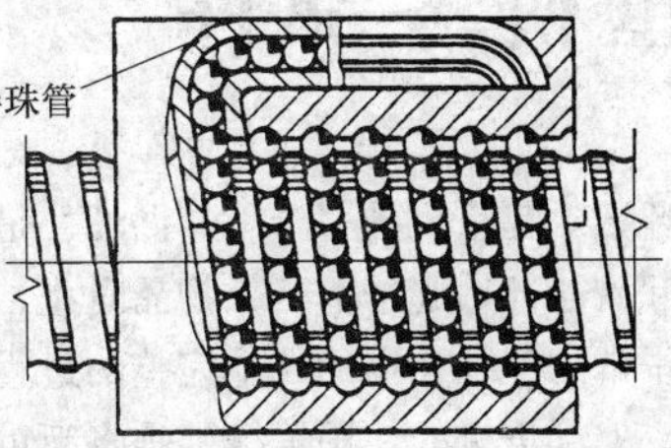 导珠管	与导珠管凸出式相同，区别仅在于导珠管高不超过螺母安装外径，螺母座不需开缺口，但螺母安装外径比导珠管凸出式的大	滚珠循环链较长，摩擦损失较内循环大；但流畅性好，灵活轻便工艺性好，价格较低	适用于高速、中载需精密定位的场合，对大导程丝杠副尤为适宜
预紧方式	单螺母变位导程式	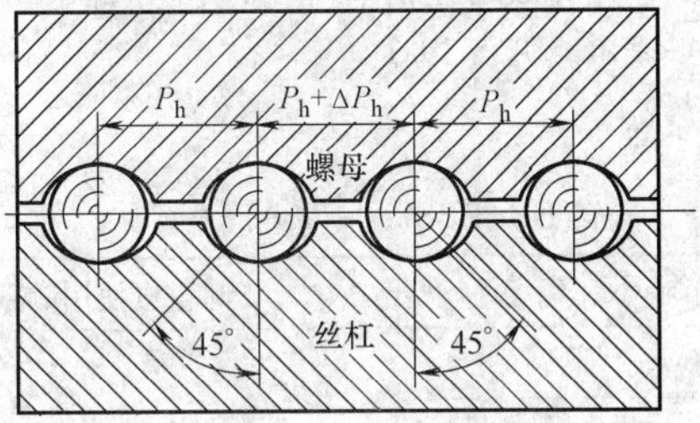 P_h $P_h+\Delta P_h$ P_h 螺母 45° 丝杠 45°	螺母采用变位（$\pm\Delta P_h$）的导程	在$+\Delta P_h$时，螺母可受拉力，$-\Delta P_h$时，螺母可受压力，ΔP_h确定后，间隙不可调，结构简单紧凑	用于中小载荷，且对预加载荷有要求的精密定位传动系统
	单螺母增大滚珠式	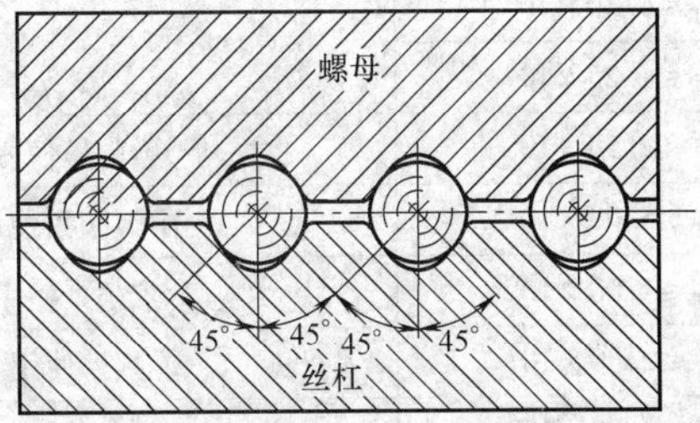 螺母 45° 45° 45° 45° 丝杠	在双圆弧截面的滚道中，安装比正常直径大数个微米的滚珠来达到预紧目的	滚珠直径确定后，间隙不可调，结构最简单、紧凑，轴向尺寸最小	用于预加载荷不宜过大的中小载荷，以及轴向尺寸受限的场合
	双螺母垫片式	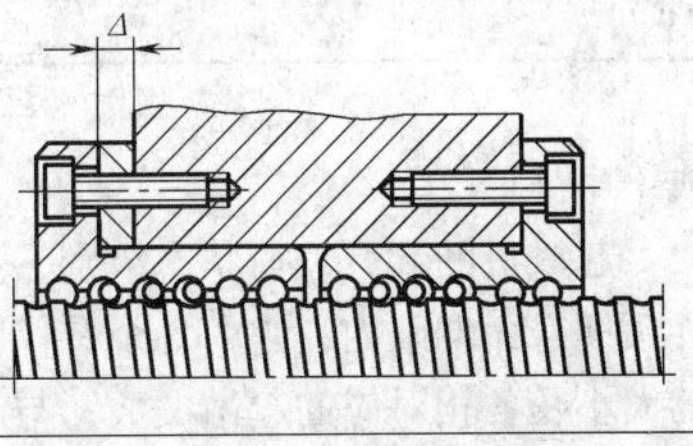 Δ	通过改变垫片Δ的厚度，调整两螺母轴向间隙来达到预紧目的	螺母可承受拉力或压力，预紧可靠，轴向刚性好，轴向尺寸适中，使用中不可调整，结构简单，价格低	用于高刚度、重载的传动，应用广泛
	双螺母螺纹式	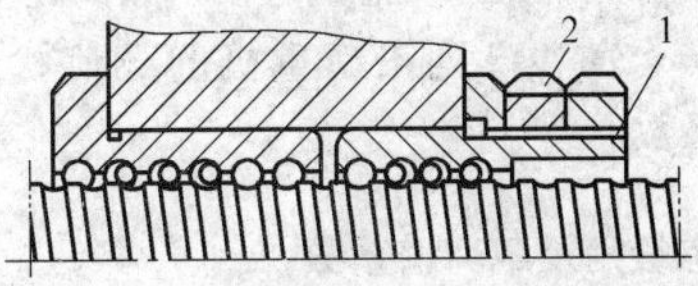 2 1 1、2—螺母	其中螺母1切有外螺纹，旋转圆螺母2，可改变两螺母的轴向间隙，以达到预紧目的	螺母承受拉力，使用中滚道磨损时，可随时调整预加载荷（两螺母的间隙）；但难以定量调整，轴向尺寸较大	用于不需要准确确定预加载荷，且使用中需调整间隙的场合
	双螺母齿差式	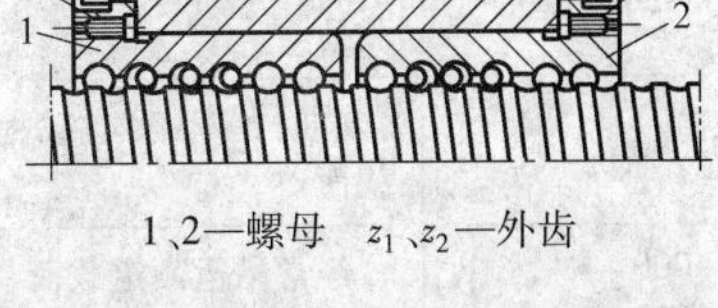 z_1 1 z_2 2 1、2—螺母 z_1、z_2—外齿	螺母1、2的凸缘切有外齿z_1、z_2，但两者相差一个齿，分别与内齿圈啮合，两螺母同向转一个齿，轴向移动$P_h/(z_1\times z_2)$	螺母承受拉力，可实现2μm以下的精密调整，调整方便可靠，但结构复杂，轴向尺寸较大，价格高	用于需准确确定预加载荷的精密定位系统

第 19 章　起重机零部件

19.1　起重机的工作等级和载荷计算

19.1.1　起重机整机的分级

19.1.1.1　起重机的使用等级

起重机的设计预期寿命，是指设计预设的该起重机从开始使用起到最终报废时止，能完成的总工作循环数。起重机的一个工作循环，是指从起吊一个物品起到能开始起吊下一个物品时止，包括起重机运行及正常的停歇在内的一个完整的过程。

起重机的使用等级，是将起重机可能完成的总工作循环数划分成 10 个等级，用 U_0、U_1、U_2、…、U_9 表示，见表 19-1。

表 19-1　起重机的使用等级（摘自 GB/T 3811—2008）

使用等级	起重机总工作循环数 C_T	起重机使用频繁程度
U_0	$C_T \leqslant 1.60 \times 10^4$	很少使用
U_1	$1.60 \times 10^4 < C_T \leqslant 3.20 \times 10^4$	
U_2	$3.20 \times 10^4 < C_T \leqslant 6.30 \times 10^4$	
U_3	$6.30 \times 10^4 < C_T \leqslant 1.25 \times 10^5$	
U_4	$1.25 \times 10^5 < C_T \leqslant 2.50 \times 10^5$	不频繁使用
U_5	$2.50 \times 10^5 < C_T \leqslant 5.00 \times 10^5$	中等频繁使用
U_6	$5.00 \times 10^5 < C_T \leqslant 1.00 \times 10^6$	较频繁使用
U_7	$1.00 \times 10^6 < C_T \leqslant 2.00 \times 10^6$	频繁使用
U_8	$2.00 \times 10^6 < C_T \leqslant 4.00 \times 10^6$	特别频繁使用
U_9	$4.00 \times 10^6 < C_T$	

19.1.1.2　起重机的起升载荷状态级别

起重机的起升载荷，是指起重机在实际的起吊作业中，每一次吊运的物品质量（有效起重量）与吊具及属具质量的总和（即起升质量）的重力。起重机的额定起升载荷，是指起重机起吊额定起重量时，能够吊运的物品最大质量与吊具及属具质量的总和（即总起升质量）的重力。其单位为牛顿（N）或千牛（kN）。

起重机的起升载荷状态级别，是指在起重机的设计预期寿命期限内，它的各个有代表性的起升载荷值的大小及各相对应的起吊次数，与起重机的额定起升载荷值的大小及总的起吊次数的比值情况。

表 19-2 列出起重机的载荷状态级别及载荷谱系数。

表 19-2　起重机的载荷状态级别及载荷谱系数

载荷状态级别	起重机的载荷谱系数 K_F	说　明
Q1	$K_P \leqslant 0.125$	很少吊运额定载荷，经常吊运较轻载荷
Q2	$0.125 < K_P \leqslant 0.250$	较少吊运额定载荷，经常吊运中等载荷
Q3	$0.250 < K_P \leqslant 0.500$	有时吊运额定载荷，较多吊运较重载荷
Q4	$0.500 < K_P \leqslant 1.000$	经常吊运额定载荷

如果已知起重机各个起升载荷值的大小及相应的起吊次数，则可用下式算出该起重机的载荷谱系数：

$$K_P = \sum\left[\frac{C_i}{C_T}\left(\frac{P_{Qi}}{P_{Q\max}}\right)^m\right] \tag{19-1}$$

式中　K_P——起重机的载荷谱系数；

C_i——与起重机各个有代表性的起升载荷相应的工作循环数，$C_i = C_1 C_2 C_3 \cdots C_n$；

C_T——起重机总工作循环数，$C_T = \sum_{i=1}^{n} C_i = C_1 + C_2 + C_3 + \cdots + C_n$；

P_{Qi}——能表征起重机在预期寿命期内工作任务的各个有代表性的起升载荷，$P_{Qi} = P_{Q1} P_{Q2} P_{Q3} \cdots P_{Qn}$；

$P_{Q\max}$——起重机的额定起升载荷；

m——幂指数，为了便于级别的划分，约定取 $m = 3$。

展开后，式（19-1）变为

$$K_P = \frac{C_1}{C_T}\left(\frac{P_{Q1}}{P_{Q\max}}\right)^3 + \frac{C_2}{C_T}\left(\frac{P_{Q2}}{P_{Q\max}}\right)^3 + \frac{C_3}{C_T}\left(\frac{P_{Q3}}{P_{Q\max}}\right)^3 + \cdots + \frac{C_i}{C_T}\left(\frac{P_{Qn}}{P_{Q\max}}\right)^3 \tag{19-2}$$

由式（19-2）算得起重机载荷谱系数的值后，即可按表（19-2）确定该起重机的载荷状态级别。

如果不能获得起重机设计预期寿命期内，起吊的各个有代表性的起升载荷值的大小及相应的起吊次数，因而无法通过上述计算得到它的载荷谱系数，以及确定它的载荷状态级别，则可以由制造商和用户协商选出适合于该起重机的载荷状态级别及确定相应的载荷谱系数。

19.1.1.3　起重机整机的工作级别

根据起重机的 10 个使用等级和 4 个载荷状态级别，起重机整机的工作级别划分为 A1 ~ A8 八个级别，见表 19-3。

表 19-3　起重机整机的工作级别

载荷状态级别	起重机的载荷谱系数 K_P	起重机的使用等级									
		U_0	U_1	U_2	U_3	U_4	U_5	U_6	U_7	U_8	U_9
Q1	$K_P \leqslant 0.125$	A1	A1	A1	A2	A3	A4	A5	A6	A7	A8
Q2	$0.125 < K_P \leqslant 0.250$	A1	A1	A2	A3	A4	A5	A6	A7	A8	A8
Q3	$0.250 < K_P \leqslant 0.500$	A1	A2	A3	A4	A5	A6	A7	A8	A8	A8
Q4	$0.500 < K_P \leqslant 1.000$	A2	A3	A4	A5	A6	A7	A8	A8	A8	A8

19.1.2　机构的分级

19.1.2.1　机构的使用等级

机构的设计预期寿命，是指设计预设的该机构从开始使用起到预期更换或最终报废为止的总运转时间。它只是该机构实际运转小时数累计之和，而不包括工作中此机构的停歇时间。机构的使用等级，是将该机构的总运转时间分成十个等级，以 T_0、T_1、T_2、…、T_9 表示，见表 19-4。

19.1.2.2　机构的载荷状态级别

机构的载荷状态级别表明了机构所受载荷的轻重情况，表 19-5 列出机构的载荷状态级别及载荷谱系数。机构载荷谱系数 K_m 的四个范围值，它们各代表了机构一个相对应的载荷状态级别。

表 19-4　机构的使用等级

使用等级	总使用时间 t_T/h	机构运转频繁情况
T_0	$t_T \leqslant 200$	很少使用
T_1	$200 < t_T \leqslant 400$	
T_2	$400 < t_T \leqslant 800$	
T_3	$800 < t_T \leqslant 1600$	
T_4	$1600 < t_T \leqslant 3200$	不频繁使用

（续）

使用等级	总使用时间 t_T/h	机构运转频繁情况
T_5	$3200 < t_T \leqslant 6300$	中等频繁使用
T_6	$6300 < t_T \leqslant 12500$	较频繁使用
T_7	$12500 < t_T \leqslant 25000$	频繁使用
T_8	$25000 < t_T \leqslant 50000$	
T_9	$50000 < t_T$	

表 19-5　机构的载荷状态级别及载荷谱系数

载荷状态级别	机构载荷谱系数 K_m	说　明
L1	$K_m \leqslant 0.125$	机构很少承受最大载荷，一般承受轻小载荷
L2	$0.125 < K_m \leqslant 0.250$	机构较少承受最大载荷，一般承受中等载荷
L3	$0.250 < K_m \leqslant 0.500$	机构有时承受最大载荷，一般承受较大载荷
L4	$0.500 < K_m \leqslant 1.000$	机构经常承受最大载荷

机构的载荷谱系数 K_m 可用下式（19-3）计算：

$$K_m = \sum \left[\frac{t_i}{t_T} \left(\frac{P_i}{P_{max}} \right)^m \right] \tag{19-3}$$

式中　K_m——机构载荷谱系数；

t_i——与机构承受各个大小不同等级载荷的相应持续时间（h），$t_i = t_1, t_2, t_3, \cdots, t_n$；

t_T——机构承受所有大小不同等级载荷的时间总和（h），$t_T = \sum_{i=1}^{n} t_i = t_1 + t_2 + t_3 + \cdots + t_n$；

P_i——能表征机构在服务期内工作特征的各个大小不同等级的载荷（N），$P_i = P_1, P_2, P_3, \cdots, P_n$；

P_{max}——机构承受的最大载荷（N）。

将式（19-3）展开后，变为

$$K_m = \frac{t_1}{t_T} \left(\frac{P_1}{P_{max}} \right)^3 + \frac{t_2}{t_T} \left(\frac{P_2}{P_{max}} \right)^3 + \frac{t_3}{t_T} \left(\frac{P_3}{P_{max}} \right)^3 + \cdots + \frac{t_n}{t_T} \left(\frac{P_n}{P_{max}} \right)^3 \tag{19-4}$$

由式（19-4）算得机构载荷谱系数的值后，即可按表 19-5 确定该机构相应的载荷状态级别。

19.1.2.3　机构的工作级别

机构工作级别的划分，是将各单个机构分别作为一个整体进行的关于其载荷大小程度及运转频繁情况总的评价，它并不表示该机构中所有的零部件都有与此相同的受载及运转情况。

根据机构的 10 个使用等级和 4 个载荷状态级别，机构单独作为一个整体进行分级的工作级别划分为 M1 ~ M8 共八级，见表 19-6。

表 19-6　机构的工作级别

载荷状态级别	机构载荷谱系数 K_m	机构的使用等级									
		T_0	T_1	T_2	T_3	T_4	T_5	T_6	T_7	T_8	T_9
		机构的工作级别									
L1	$K_m \leqslant 0.125$	M1	M1	M1	M2	M3	M4	M5	M6	M7	M8
L2	$0.125 < K_m \leqslant 0.250$	M1	M1	M2	M3	M4	M5	M6	M7	M8	M8
L3	$0.250 < K_m \leqslant 0.500$	M1	M2	M3	M4	M5	M6	M7	M8	M8	M8
L4	$0.500 < K_m \leqslant 1.000$	M2	M3	M4	M5	M6	M7	M8	M8	M8	M8

19.1.3　结构件或机械零件的分级

19.1.3.1　结构件或机械零件的使用等级

结构件或机械零件的一个应力循环，是指应力从通过 σ_m 时起至该应力同方向再次通过 σ_m 时为止的一个连续过程。图19-1所示是包含五个应力循环的时间应力变化历程。

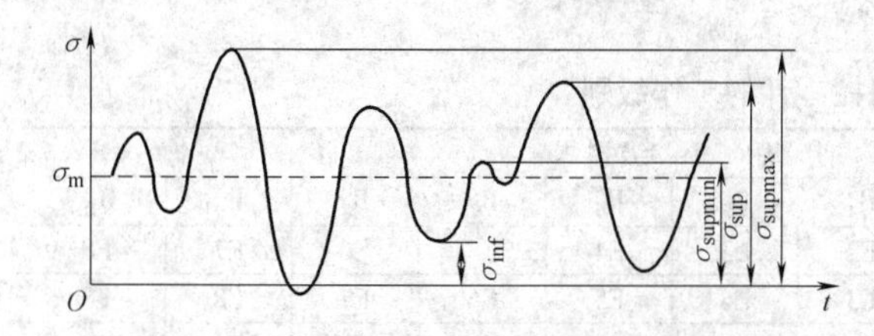

图19-1　随时间变化的5个应力循环举例

σ_{sup}—峰值应力　σ_{supmax}—最大峰值应力　σ_{supmin}—最小峰值应力　σ_{inf}—谷值应力　σ_m—总使用时间内所有峰值应力和谷值应力的算术平均值

结构件或机械零件的总使用时间，是指设计预设的从开始使用起到该结构件报废，或该机械零件更换为止的期间内，发生的总的应力循环次数。

结构件的总应力循环数与起重机的总工作循环数之间，存在着一定的比例关系。某些结构件在一个起重循环内可能经受几个应力循环，这取决于起重机的类别和该结构件在该起重机结构中的具体位置。对各不同的结构件这一比值可能互不相同，但当这一比值已知时，该结构件的总使用时间，即它的总应力循环数便可以从起重机使用等级的总工作循环数中导出。

机械零件的总应力循环数，则应从该零件所归属机构的，或该零件的设计预定的总使用时间中导出。推导时要考虑到影响其应力循环的该零件的转速和其他相关的情况。

表19-7　结构件或机械零件的使用等级

使用等级	结构件或机械零件的总应力循环数 n_T
B_0	$n_T \leqslant 1.6\times10^4$
B_1	$1.6\times10^4 < n_T \leqslant 3.2\times10^4$
B_2	$3.2\times10^4 < n_T \leqslant 6.3\times10^4$
B_3	$6.3\times10^4 < n_T \leqslant 1.25\times10^5$
B_4	$1.25\times10^5 < n_T \leqslant 2.5\times10^5$
B_5	$2.5\times10^5 < n_T \leqslant 5\times10^5$
B_6	$5\times10^5 < n_T \leqslant 1\times10^6$
B_7	$1\times10^6 < n_T \leqslant 2\times10^6$
B_8	$2\times10^6 < n_T \leqslant 4\times10^6$
B_9	$4\times10^6 < n_T \leqslant 8\times10^6$
B_{10}	$8\times10^6 < n_T$

结构件或机械零件的使用等级，都是将其总应力循环次数分成11个等级，分别以代号 B_0，B_1，…，B_{10} 表示，见表19-7。

19.1.3.2　结构件或机械零件的应力状态级别

结构件或机械零件的应力状态级别，表明了该结构件或机械零件在总使用期内发生应力的大小及相应的应力循环情况。表19-8列出了应力状态的四个级别及相应的应力谱系数。每一个结构件或机械零件的应力谱系数 K_S 可用下式计算：

$$K_S = \sum\left[\frac{n_i}{n_T}\left(\frac{\sigma_i}{\sigma_{max}}\right)^C\right] \tag{19-5}$$

式中　K_S——结构件或机械零件的应力谱系数；

n_i——与结构件或机械零件发生的不同应力相应的应力循环数，$n_i = n_1 n_2 n_3 \cdots n_n$；

n_T——结构件或机械零件总的应力循环数，$n_T = \sum_{i=1}^{n} n_i = n_1 + n_2 + n_3 + \cdots + n_n$；

σ_i——结构件或机械零件在工作时间内发生的不同应力，$\sigma_i = \sigma_1，\sigma_2，\sigma_3，\cdots，\sigma_n$，并设定：$\sigma_1 > \sigma_2 > \sigma_3 > \cdots > \sigma_n$；

σ_{max}——应力 $\sigma_1，\sigma_2，\sigma_3，\cdots，\sigma_n$ 中的最大应力；

C——幂指数，与有关材料的性能，结构件或机械零件的种类、形状和尺寸，表面粗糙度及腐蚀程度等有关，由实验得出。

对于机械零件，每一个循环 n_i 期间内，认为发生的应力基本上相等，都为 σ_i，而各个循环之间的应力则可以是不同的。

将式（19-5）展开后，变为

$$K_S = \frac{n_1}{n_T}\left(\frac{\sigma_1}{\sigma_{max}}\right)^C + \frac{n_2}{n_T}\left(\frac{\sigma_2}{\sigma_{max}}\right)^C + \frac{n_3}{n_T}\left(\frac{\sigma_3}{\sigma_{max}}\right)^C + \cdots + \frac{n_n}{n_T}\left(\frac{\sigma_n}{\sigma_{max}}\right)^C \tag{19-6}$$

对于机械零件，当式（19-5）、式（19-6）的 n_T 中，某单项应力 σ_i 首次出现 $n_i \geqslant 2\times10^6$ 项时，即取 $n_i = 2\times10^6$ 为有效值，并将此 n_i 值作为末项 n_n 的值，后续项不再计入。

由式（19-6）算得应力谱系数的值后，可按表19-8确定该结构件和机械零件的相应的应力状态级别。

19.1.3.3　结构件或机械零件的工作级别

根据结构件或机械零件的使用等级及应力状态级别，结构件或机械零件的工作级别划分为E1～E8共八个级别，见表19-9。

表 19-8　结构件或机械零件的应力状态级别及应力谱系数

应力状态级别	应力谱系数 K_S	应力状态级别	应力谱系数 K_S
S1	$K_S \leqslant 0.125$	S3	$0.250 < K_S \leqslant 0.500$
S2	$0.125 < K_S \leqslant 0.250$	S4	$0.500 < K_S \leqslant 1.000$

注：1. 某些结构件或机械零件，如已受弹簧加载的零部件，它所受的载荷同以后实际的工作载荷基本无关。在大多数情况下，它们的 $K_S=1$，应力状态级别属于 S4 级。

2. 对于机械零件，计算应力谱系数时所用的应力就是在零件计算截面上出现的总应力。对于结构件，确定应力谱系数所用的应力，是该结构件在工作期间内发生的各个不同的峰值应力，即图 19-1 中的 $\sigma_{\sup\min}$，$\cdots\sigma_{\sup}$，$\cdots\sigma_{\sup\max}$ 等。

表 19-9　结构件或机械零件的工作级别

应力状态级别	使用等级										
	B_0	B_1	B_2	B_3	B_4	B_5	B_6	B_7	B_8	B_9	B_{10}
S1	E1	E1	E1	E1	E2	E3	E4	E5	E6	E7	E8
S2	E1	E1	E1	E2	E3	E4	E5	E6	E7	E8	E8
S3	E1	E1	E2	E3	E4	E5	E6	E7	E8	E8	E8
S4	E1	E2	E3	E4	E5	E6	E7	E8	E8	E8	E8

19.1.4　起重机整机和机构分级举例

19.1.4.1　起重机整机分级举例（表 19-10～表 19-13）

表 19-10　流动式起重机整机分级举例

序号	起重机的使用情况	使用等级	载荷状态	整机工作级别
1	一般吊钩作业,非连续使用的起重机	U_2	Q1	A1
2	带有抓斗、电磁盘或吊桶的起重机	U_3	Q2	A3
3	集装箱吊运或港口装卸用的较繁重作业的起重机	U_3	Q3	A4

注：流重力式起重机包括汽车起重机、轮胎起重机、履带起重机。

表 19-11　塔式起重机整机分级举例

序号	起重机的类别和使用情况	使用等级	载荷状态	整机工作级别
1(a)	很少使用的起重机	U_1	Q2	A1
1(b)	货场用起重机	U_3	Q1	A2
1(c)	钻井平台上维修用起重机	U_3	Q2	A3
1(d)	造船厂舾装起重机	U_4	Q2	A4
2(a)	建筑用快装式塔式起重机	U_3	Q2	A3
2(b)	建筑用非快装式塔式起重机	U_4	Q2	A4
2(c)	电站安装设备用塔式起重机	U_4	Q2	A4
3(a)	船舶修理厂用起重机	U_4	Q2	A4
3(b)	造船用起重机	U_4	Q3	A5
3(c)	抓斗起重机	U_5	Q3	A6

表 19-12　臂架起重机整机分级举例

序号	起重机的类别	起重机的使用情况	使用等级	载荷状态	整机工作级别
1	人力驱动起重机	很少使用	U_2	Q1	A1
2	车间电动悬臂起重机	很少使用	U_2	Q2	A2
3	造船用臂架起重机	不频繁较轻载使用	U_4	Q2	A4
4(a)	货场用吊钩起重机	不频繁较轻载使用	U_4	Q2	A4
4(b)	货场用抓斗或电磁盘起重机	较频繁中等载荷使用	U_5	Q3	A6
4(c)	货场用抓斗、电磁盘或集装箱起重机	频繁重载使用	U_7	Q3	A8

（续）

序号	起重机的类别	起重机的使用情况	使用等级	载荷状态	整机工作级别
5(a)	港口装卸用吊钩起重机	较频繁中等载荷使用	U_5	Q3	A6
5(b)	港口装船用吊钩起重机	较频繁重载使用	U_6	Q3	A7
5(c)	港口装卸抓斗、电磁盘或集装箱用起重机	较频繁重载使用	U_6	Q3	A7
5(d)	港口装船用抓斗、电磁盘或集装箱起重机	频繁重载使用	U_6	Q4	A8
6	铁路起重机	较少使用	U_2	Q3	A2

注：臂架起重机包括人力驱动的臂架起重机、车间电动悬臂起重机、造船用臂架起重机、吊钩式臂架起重机、货场及港口装卸用的吊钩、抓斗、电磁盘或集装箱用臂架起重机及铁路起重机。但不包括塔式起重机和流动式起重机。

表19-13　桥式和门式起重机整机分级举例

序号	起重机的类别	起重机的使用情况	使用等级	载荷状态	整机工作级别
1	人力驱动起重机（含手动葫芦起重机）	很少使用	U_2	Q1	A1
2	车间装配用起重机	较少使用	U_3	Q2	A3
3(a)	电站用起重机	很少使用	U_2	Q2	A2
3(b)	维修用起重机	较少使用	U_2	Q3	A3
4(a)	车间用起重机（含车间用电动葫芦起重机）	较少使用	U_3	Q2	A3
4(b)	车间用起重机（含车间用电动葫芦起重机）	不频繁较轻载使用	U_4	Q2	A4
4(c)	较繁忙车间用起重机（含车间用电动葫芦起重机）	不频繁中等载荷使用	U_5	Q2	A5
5(a)	货场用吊钩起重机（含货场电动葫芦起重机）	较少使用	U_4	Q1	A3
5(b)	货场用抓斗或电磁盘起重机	较频繁中等载荷使用	U_5	Q3	A6
6(a)	废料场吊钩起重机	较少使用	U_4	Q1	A3
6(b)	废料场抓斗或电磁盘起重机	较频繁中等载荷使用	U_5	Q3	A6
7	桥式抓斗卸船机	频繁重载使用	U_7	Q3	A8
8(a)	集装箱搬运起重机	较频繁中等载荷使用	U_5	Q3	A6
8(b)	岸边集装箱起重机	较频繁重载使用	U_6	Q3	A7
9	冶金用起重机				
9(a)	换轧辊起重机	很少使用	U_3	Q1	A2
9(b)	料箱起重机	频繁重载使用	U_7	Q3	A8
9(c)	加热炉起重机	频繁重载使用	U_7	Q3	A8
9(d)	炉前兑铁水铸造起重机	较频繁重载使用	$U_6 \sim U_7$	Q3～Q4	A7～A8
9(e)	炉后出钢水铸造起重机	较频繁重载使用	$U_4 \sim U_5$	Q4	A6～A7
9(f)	板坯搬运起重机	较频繁重载使用	U_6	Q3	A7
9(g)	冶金流程线上的专用起重机	频繁重载使用	U_7	Q3	A8
9(h)	冶金流程线外用的起重机	较频繁中等载荷使用	U_6	Q2	A6
10	铸工车间用起重机	不频繁中等载荷使用	U_4	Q3	A5
11	锻造起重机	较频繁重载使用	U_6	Q3	A7
12	淬火起重机	较频繁中等载荷使用	U_5	Q3	A6
13	装卸桥	较频繁重载使用	U_5	Q4	A7

19.1.4.2 起重机机构分级举例（表19-14～表19-17）

表19-14 流动式起重机各机构单独作为整体的分级举例

序号	机构名称	起重机整机工作级别	机构使用等级	机构载荷状态	机构工作级别
1	起升机构	A1	T_4	L1	M3
		A3	T_4	L2	M4
		A4	T_4	L3	M5
2	回转机构	A1	T_2	L2	M2
		A3	T_3	L2	M3
		A4	T_4	L2	M4
3	变幅机构	A1	T_2	L2	M2
		A3	T_3	L2	M3
		A4	T_3	L2	M3
4	臂架伸缩机构	A1	T_2	L1	M1
		A3	T_2	L2	M2
		A4	T_2	L2	M2
5	运行机构：轮胎式运行机构（仅在工作现场）	A1	T_2	L1	M1
		A3	T_2	L2	M2
		A4	T_2	L2	M2
	运行机构：履带运行机构	A1	T_2	L1	M1
		A3	T_2	L2	M2
		A4	T_2	L2	M2

注：在空载状态下，臂架伸缩机构作伸缩动作。

表19-15 塔式起重机各机构单独作为整体的分级举例

序号	起重机的类别和使用情况	起重机整机工作级别	机构使用等级					机构载荷状态					机构工作级别				
			H	S	L	D	T	H	S	L	D	T	H	S	L	D	T
1(a)	很少使用的起重机	A1	T_1	T_1	T_1	T_1	T_1	L2	L3	L2	L2	L3	M1	M2	M1	M1	M2
1(b)	货场用起重机	A2	T_3	T_3	T_2	T_2	T_1	L1	L3	L1	L1	L3	M2	M4	M1	M1	M2
1(c)	钻井平台上维修用起重机	A3	T_3	T_3	T_2	T_2	T_1	L1	L3	L2	L2	L3	M2	M4	M2	M2	M2
1(d)	造船厂舾装起重机	A4	T_4	T_4	T_3	T_3	T_2	L2	L3	L2	L2	L3	M4	M5	M3	M3	M3
2(a)	建筑用快装式塔式起重机	A4	T_3	T_3	T_2	T_2	T_1	L2	L3	L3	L2	L3	M3	M4	M3	M2	M2
2(b)	建筑用非快装式塔式起重机	A4	T_4	T_4	T_3	T_3	T_2	L2	L3	L3	L2	L3	M4	M5	M4	M3	M3
2(c)	电站安装设备用的塔式起重机	A4	T_4	T_4	T_3	T_3	T_2	L2	L2	L2	L2	L3	M4	M4	M3	M3	M3

（续）

序号	起重机的类别和使用情况	起重机整机工作级别	机构使用等级					机构载荷状态					机构工作级别				
			H	S	L	D	T	H	S	L	D	T	H	S	L	D	T
3(a)	船舶修理厂用起重机	A4	T_4	T_4	T_3	T_3	T_5	L2	L3	L2	L2	L3	M4	M5	M3	M3	M6
3(b)	造船用起重机	A5	T_4	T_4	T_3	T_3	T_4	L3	L3	L3	L3	L3	M5	M5	M4	M4	M5
3(c)	抓斗起重机	A6	T_5	T_5	T_4	T_5	T_2	L3	L3	L3	L3	L3	M6	M6	M5	M6	M3

注：H 为起升机构；S 为回转机构；L 为动臂俯仰变幅机构；D 为小车运行变幅机构；T 为大车（纵向）运行机构。

表 19-16 臂架起重机各机构单独作为整体的分级举例

序号	起重机的类别	起重机的使用情况	起重机整机工作级别	机构使用等级					机构载荷状态					机构工作级别				
				H	S	L	D	T	H	S	L	D	T	H	S	L	D	T
1	人力驱动起重机	很少使用	A1	T_1	T_1	T_1	T_2	T_2	L2	L2	L2	L1	L1	M1	M1	M1	M1	M1
2	车间电动悬臂起重机	很少使用	A2	T_2	T_2	T_1	T_1	T_2	L2	L2	L2	L2	L2	M2	M2	M1	M1	M2
3	造船用臂架起重机	不频繁较轻载使用	A4	T_5	T_4	T_4	T_4	T_5	L2	L2	L2	L2	L2	M5	M4	M4	M4	M5
4(a)	货场用吊钩起重机	不频繁较轻载使用	A4	T_4	T_4	T_3	T_4	T_4	L2	L2	L2	L2	L2	M4	M4	M3	M4	M4
4(b)	货场用抓斗或电磁盘起重机	较频繁中等载荷使用	A6	T_5	T_5	T_5	T_5	T_4	L3	L3	L3	L3	L3	M6	M6	M6	M6	M5
4(c)	货场用抓斗、电磁盘或集装箱起重机	频繁重载使用	A8	T_7	T_6	T_6	T_6	T_5	L3	L3	L3	L3	L3	M8	M7	M7	M7	M6
5(a)	港口装卸用吊钩起重机	较频繁中等载荷使用	A6	T_4	T_4	T_4	—	T_3	L3	L3	L2	—	L2	M5	M5	M4	—	M3
5(b)	港口装船用吊钩起重机	较频繁重载使用	A7	T_6	T_5	T_4	—	T_3	L3	L3	L3	—	L3	M7	M6	M5	—	M4
5(c)	港口装卸抓斗、电磁盘或集装箱用起重机	较频繁重载使用	A7	T_6	T_5	T_5	—	T_3	L3	L3	L3	—	L3	M7	M6	M6	—	M4
5(d)	港口装船用抓斗、电磁盘或集装箱起重机	频繁重载使用	A8	T_7	T_6	T_6	—	T_3	L3	L3	L3	—	L3	M8	M7	M7	—	M4
6	铁路起重机	较少使用	A3	T_2	T_2	T_2	—	T_1	L3	L2	L3	—	L2	M3	M2	M3	—	M1

注：H 为起升机构；S 为回转机构；L 为臂架俯仰变幅机构；D 为小车（横向）运行变幅机构；T 为大车（纵向）运行机构。

表 19-17　桥式和门式起重机各机构单独作为整体的分级举例

序号	起重机的类别	起重机的使用情况	起重机整机的工作级别	机构使用等级			机构载荷状态			机构工作级别		
				H	D	T	H	D	T	H	D	T
1	人力驱动的起重机（含手动葫芦起重机）	很少使用	A1	T_2	T_2	T_2	L1	L1	L1	M1	M1	M1
2	车间装配用起重机	较少使用	A3	T_2	T_2	T_2	L2	L1	L2	M2	M1	M2
3(a)	电站用起重机	很少使用	A2	T_2	T_2	T_3	L2	L1	L2	M2	M1	M3
3(b)	维修用起重机	较少使用	A3	T_2	T_2	T_2	L2	L1	L2	M2	M1	M2
4(a)	车间用起重机（含车间用电动葫芦起重机）	较少使用	A3	T_4	T_3	T_4	L1	L1	L1	M3	M2	M3
4(b)	车间用起重机（含车间用电动葫芦起重机）	不频繁较轻载使用	A4	T_4	T_3	T_4	L2	L2	L2	M4	M3	M4
4(c)	较繁忙车间用起重机（含车间用电动葫芦起重机）	不频繁中等载荷使用	A5	T_5	T_3	T_5	L2	L2	L2	M5	M3	M5
5(a)	货场用吊钩起重机（含货场用电动葫芦起重机）	较少使用	A3	T_4	T_3	T_4	L1	L1	L2	M3	M2	M4
5(b)	货场用抓斗或电磁盘起重机	较频繁中等载荷使用	A6	T_5	T_5	T_5	L3	L3	L3	M6	M6	M6
6(a)	废料场吊钩起重机	较少使用	A3	T_4	T_3	T_4	L2	L2	L2	M4	M3	M4
6(b)	废料场抓斗或电磁盘起重机	较频繁中等载荷使用	A6	T_5	T_5	T_5	L3	L3	L3	M6	M6	M6
7	桥式抓斗卸船机	频繁重载使用	A8	T_7	T_5	T_5	L3	L3	L3	M8	M7	M6
8(a)	集装箱搬运起重机	较频繁中等载荷使用	A6	T_5	T_5	T_5	L3	L3	L3	M6	M6	M6
8(b)	岸边集装箱起重机	较频繁重载使用	A7	T_6	T_6	T_5	L3	L3	L3	M7	M7	M6
9	冶金用起重机											
9(a)	换轧辊起重机	很少使用	A2	T_3	T_2	T_3	L3	L3	L3	M4	M3	M4
9(b)	料箱起重机	频繁重载使用	A8	T_7	T_5	T_7	L4	L4	L4	M8	M7	M8
9(c)	加热炉起重机	频繁重载使用	A8	T_6	T_6	T_6	L3	L4	L3	M7	M8	M7
9(d)	炉前兑铁水铸造起重机	较频繁重载使用	A6～A7	T_7	T_5	T_5	L3	L3	L3	M7～M8	M6	M6
9(e)	炉后出钢水铸造起重机	较频繁重载使用	A7～A8	T_7	T_6	T_6	L4	L3	L3	M8	M7	M6～M7

（续）

序号	起重机的类别	起重机的使用情况	起重机整机的工作级别	机构使用等级			机构载荷状态			机构工作级别		
				H	D	T	H	D	T	H	D	T
9(f)	板坯搬运起重机	较频繁重载使用	A7	T_6	T_5	T_6	L3	L4	L4	M7	M7	M8
9(g)	冶金流程线上的专用起重机	频繁重载使用	A8	T_6	T_6	T_7	L4	L3	L4	M8	M7	M8
9(h)	冶金流程线外用的起重机	较频繁中等载荷使用	A6	T_6	T_5	T_5	L2	L2	L3	M6	M5	M6
10	铸工车间用起重机	不频繁中等载荷使用	A5	T_5	T_4	T_5	L2	L2	L2	M5	M4	M5
11	锻造起重机	较频繁重载使用	A7	T_6	T_5	T_5	L3	L2	L3	M7	M6	M6
12	淬火起重机	较频繁中等载荷使用	A6	T_5	T_4	T_5	L3	L3	L3	M6	M5	M6
13	装卸桥	较频繁重载使用	A7	T_7	T_7	T_3	L4	L4	L2	M8	M8	M3

注：H 为主起升机构；D 为小车（横向）运行机构；T 为大车（纵向）运行机构。

19.2　钢丝绳

19.2.1　钢丝绳的选择和计算

19.2.1.1　钢丝绳选用原则

起重机用钢丝绳应符合 GB/T 20118 的要求，优先采用线接触型钢丝绳。

当起重机进行危险物品装卸作业（如吊运液态熔融金属、高放射性或高腐蚀性物品等），或吊运大件物品、重要设备，且起重机的使用对人身安全及可靠性有较高要求时，应采用 GB 8918 中规定的钢丝绳。

钢丝绳的选择应满足 GB/T 3811—2008 标准适用的起重机，对所使用的钢丝绳规定的最低选用要求。该标准规定的钢丝绳使用的前提是：所采用的钢丝绳出厂时已得到正确润滑，滑轮和卷筒的卷绕直径选择适当。

钢丝绳在滑轮和卷筒上的卷绕直径的选择，要以起升机构的工作级别为依据。但对于要经常拆卸钢丝绳的起重机（如建筑用起重机和流动式起重机），由于要求滑轮、卷筒等与钢丝绳相关的部件尺寸紧凑，重量较轻，且可以经常更换钢丝绳，故滑轮、卷筒的卷绕直径选用，允许比所在起升机构工作级别低一级，但最低工作级别不应低于 M3 级（起重机工作级别见光盘第 19 章）。

当起重机进行危险物品装卸作业（如吊运液态熔融金属、高放射性或高腐蚀性物品等）时，宜按比该类起重机起升机构常用的工作级别高一级的机构来选择钢丝绳滑轮和卷筒的卷绕直径。

19.2.1.2　钢丝绳结构型式的选择

选用线接触型钢丝绳时，对起升高度很大，吊钩组钢丝绳倍率很小的港口装卸用起重机，或建筑塔式起重机，宜采用多层股不旋转钢丝绳；当钢丝绳在腐蚀性较大的环境中工作时，应采用镀锌钢丝绳。

19.2.1.3　钢丝绳直径的选择计算

（1）确定钢丝绳最大工作静拉力应考虑的因素

1）起重用（抓斗除外）钢丝绳。计算最大工作静拉力时应考虑下列因素：

① 起重机的额定起升载荷。

② 下滑轮组和取物装置的自重重力。

③ 起升钢丝绳缠绕滑轮组的倍率 a 和绕上卷筒的钢丝绳分支数。

④ 起升高度超过 50m 时，一般要计及钢丝绳的自重重力。

⑤ 在上极限位置，若钢丝绳与铅垂线夹角大于 22.5°时，还需要考虑由钢丝绳的倾斜引起钢丝绳拉力的增大。

⑥ 钢丝绳系统的总传动效率 η_Σ。对单联滑轮组可按下式计算：

$$\eta_{\Sigma}=\frac{1-\eta_l^{a}}{(1-\eta_l)a}\eta_D \qquad (19\text{-}7)$$

式中　η_{Σ}——钢丝绳系统的总传动效率；

η_l——单个滑轮的效率（滚动轴承取0.98，滑动轴承取0.96）；

η_D——导向滑轮的效率。

2）非起重用钢丝绳。对不专门用于起升垂直载荷的各种钢丝绳，应考虑在各种用途工况中能反复出现的载荷的最不利情况，来确定钢丝绳的最大工作静拉力 F_S。当钢丝绳用来作水平运动的牵引时，应考虑牵引对象作水平运动时的摩擦阻力、坡道阻力，以及起升钢丝绳绕过起升及导向滑轮系统的阻力等。

3）多绳抓斗的钢丝绳。对于四绳（或双绳）抓斗，其闭合绳和支持绳载荷分配按如下规定：

① 如使用的系统能自动地且快速地（例如采用差动式电控装置等）使闭合绳和支持绳中的载荷平均分配，或将两种绳之间的载荷差异仅限制在闭斗末期，或开始张开的一个极短时期内者，则闭合绳和支持绳的最大工作静拉力 F_S，各取为总载荷的66%除以各自的分支数；当采用直流调速或交流变频调速，并进行了特殊的设计，能实时监控保证抓斗离地时起升与闭合机构载荷准确协调、共同承担者，钢丝绳的最大工作静拉力 F_S，可各取为总载荷的55%除以各自的分支数。

② 如使用的系统在起升过程中，不能使闭合绳和支持绳中的载荷平均分配，而实际上在抓斗闭合及起升初期，几乎全部载荷都作用在闭合绳上，则闭合绳最大工作静拉力 F_S 取为总载荷的100%除以其分支数，支持绳最大工作静拉力 F_S 取为总载荷的66%除以其分支数。

（2）钢丝绳选用计算

1）C 系数法。这种方法只适用于运动绳。选取的钢丝绳直径不应小于（最接近于）按下式计算的钢丝绳直径。

$$d_{min}=C\sqrt{F_S} \qquad (19\text{-}8)$$

式中　d_{min}——钢丝绳的最小直径（mm）；

C——钢丝绳选择系数（$mm/\sqrt{N}$）；

F_S——钢丝绳最大工作静拉力（N）。

钢丝绳选择系数 C 的取值，与钢丝的公称抗拉强度和机构工作级别有关，见表19-18

当钢丝绳的 k' 和 σ_t 值与表19-18中不同时，则可根据工作级别从表19-18中选择安全系数 n 值，并根据所选择钢丝绳的 k' 和 σ_t 值，按式（19-9）换算出适合的钢丝绳选择系数 C，然后再按式（19-8）选择钢丝绳直径 d_{min}。

$$C=\sqrt{\frac{n}{k'\sigma_t}} \qquad (19\text{-}9)$$

式中　n——钢丝绳的最小安全系数，按表19-18选取；

k'——钢丝绳最小破断拉力系数，对 k' 的说明见表19-18注2；

σ_t——钢丝的公称抗拉强度，单位为（MPa）。

2）最小安全系数法。这种方法对运动绳和静态绳都适用。按与钢丝绳所在机构工作级别有关的安全系数，选择钢丝绳直径。所选钢丝绳的整绳最小破断拉力 F_0（N）应满足下式：

$$F_0 \geqslant F_S n \qquad (19\text{-}10)$$

表19-18　钢丝绳的选择系数 C 和安全系数 n

	机构工作级别（表19-6）	选择系数 C 值							安全系数 n	
		钢丝公称抗拉强度 σ_t/MPa								
		1470	1570	1670	1770	1870	1960	2160	运动绳	静态绳
纤维芯钢丝绳	M1	0.081	0.078	0.076	0.073	0.071	0.070	0.066	3.15	2.5
	M2	0.083	0.080	0.078	0.076	0.074	0.072	0.069	3.35	2.5
	M3	0.086	0.083	0.080	0.078	0.076	0.074	0.071	3.55	3
	M4	0.091	0.088	0.085	0.083	0.081	0.079	0.075	4	3.5
	M5	0.096	0.093	0.090	0.088	0.085	0.083	0.079	4.5	4
	M6	0.107	0.104	0.101	0.098	0.095	0.093	0.089	5.6	4.5
	M7	0.121	0.117	0.114	0.110	0.107	0.105	0.100	7.1	5
	M8	0.136	0.132	0.128	0.124	0.121	0.118	0.112	9	5

（续）

	机构工作级别（表 19-6）	选择系数 C 值 钢丝公称抗拉强度 σ_t/MPa							安全系数 n	
		1470	1570	1670	1770	1870	1960	2160	运动绳	静态绳
钢芯钢丝绳	M1	0.078	0.075	0.073	0.071	0.069	0.067	0.064	3.15	2.5
	M2	0.080	0.077	0.075	0.073	0.071	0.069	0.066	3.35	2.5
	M3	0.082	0.080	0.077	0.075	0.073	0.071	0.068	3.55	3
	M4	0.087	0.085	0.082	0.080	0.078	0.076	0.072	4	3.5
	M5	0.093	0.090	0.087	0.085	0.082	0.080	0.076	4.5	4
	M6	0.103	0.100	0.097	0.094	0.092	0.090	0.085	5.6	4.5
	M7	0.116	0.113	0.109	0.106	0.103	0.101	0.096	7.1	5
	M8	0.131	0.127	0.123	0.120	0.116	0.114	0.108	9	5

注：1. 对于吊运危险物品的起重用钢丝绳，一般应比设计工作级别高一级，来选择表中的钢丝绳选择系数 C 和钢丝绳最小安全系数 n 值。对起升机构工作级别为 M7、M8 的某些冶金起重机和港口集装箱起重机等，在使用过程中能监控钢丝绳劣化损伤发展进程，保证安全使用，保证一定寿命和及时更换钢丝绳的前提下，允许按稍低的工作级别选择钢丝绳。对冶金起重机最低安全系数不应小于 7.1，港口集装箱起重机主起升钢丝绳和小车曳引钢丝绳的最低安全系数不应小于 6。伸缩臂架用的钢丝绳，安全系数不应小于 4。

2. 本表中给出的 C 值，是根据起重机常用的钢丝绳 6×19W（S）型的最小破断拉力系数 k'、且只针对运动绳的安全系数，用式（19-2）计算而得。对纤维芯（NF）钢丝绳，$k'=0.330$；对金属丝绳芯（IWR），或金属丝股芯（IWS）钢丝绳，$k'=0.356$。

19.2.1.4 滑轮和卷筒

（1）滑轮和卷筒的卷绕直径　按钢丝绳中心计算的滑轮或卷筒的卷绕直径，计算如下：

$$D = hd \qquad (19\text{-}11)$$

式中　D——按钢丝绳中心计算的滑轮或卷筒的卷绕直径（mm）；

h——卷筒、滑轮和平衡滑轮的卷绕直径与钢丝绳直径之比值，分别为 h_1、h_2、h_3，不应小于表 19-19 的规定值；

d——钢丝绳公称直径（mm）。

表 19-19　h_1、h_2、h_3 的值

机构工作级别	卷筒 h_1	滑轮 h_2	平衡滑轮 h_3
M1	11.2	12.5	11.2
M2	12.5	14	12.5
M3	14	16	12.5
M4	16	18	14
M5	18	20	14
M6	20	22.4	16
M7	22.4	25	16
M8	25	28	18

注：1. 采用抗扭转钢丝绳时，h 值按比机构工作级别高一级的值选取。

2. 对于流动式起重机及某些水工工地用的臂架起重机，建议取 $h_1=16$，$h_2=18$，与工作级别无关。

3. 臂架伸缩机构滑轮的 h_2 值，可选为卷筒的 h_1 值。

4. 桥式和门式起重机，取 h_3 等于 h_2。

5. 用 19.2.3 节给出的方法求出的最小钢丝绳直径，并由此确定了卷筒和滑轮的最小直径后，只要实际采用的钢丝绳直径不大于原算得的最小直径的 25%、钢丝绳实际的拉力不超过原计算钢丝绳最小直径时用的最大工作静拉力 F_S 值，则新选的钢丝绳仍可以与算得的卷筒和滑轮的最小直径配用。

6. 本表的 h 值不能限制或代替钢丝绳制造厂和起重机制造厂之间的协议。当考虑采用不同柔性的新型钢丝绳时尤其如此。

（2）滑轮、卷筒的材料和结构型式的选择

1）滑轮、卷筒材料的选择。铸造滑轮和卷筒的材料，应选用力学性能不低于 GB/T 9439 中的 HT 200，及力学性能不低于 GB/T 11352 的 ZG 270-500。

焊接、扎制滑轮和卷筒的材料，应选用力学性能不低于 GB/T 700 中的 Q235B；根据使用工况和环境温度的需要，也可采用力学性能不低于 GB/T 1591 中的 Q345。

允许使用满足使用要求的其他材料的滑轮。

2）滑轮、卷筒的结构型式。铸造滑轮的结构型式宜采用 JB/T 9005 中规定的型式。铸造卷筒结构型式宜采用 JB/T 9006 规定的型式。双腹板压制滑轮宜采用 JB/T 8398 中规定的型式。焊接滑轮宜采用 JG/T 5078.1 规定的型式。焊接卷筒的结构型式一般为短轴式，可以用卷筒联轴器与减速器连接。

3）绳槽半径。钢丝绳的使用寿命不仅与其弯曲半径，即滑轮、卷筒的直径密切有关，还与其和沟槽之间的比压等因素有关。滑轮、卷筒的绳槽半径 r 与钢丝绳公称直径 d 的比值，应取按下式确定的值：

$$r=(0.53\sim0.6)d$$

式中　r——滑轮、卷筒的绳槽半径（mm）；

d——钢丝绳公称直径（mm）。

4）钢丝绳允许偏斜角。钢丝绳绕进或绕出滑轮槽时的最大偏斜角，即钢丝绳中心线和与滑轮轴垂直的平面之间的夹角，不应大于 5°。

钢丝绳绕进或绕出卷筒时，钢丝绳中心线偏离螺旋槽中心线两侧的角度，不应大于 3.5°；对大起升高度及 D/d 值较大的卷筒，其钢丝绳偏离螺旋槽中心线的允许偏斜角应由计算确定。

对于光卷筒无绳槽多层卷绕卷筒，当未采用排绳器时，钢丝绳中心线与卷筒轴垂直平面的偏离角度不应大于 1.7°。

5）钢丝绳在卷筒上绳端的固定。吊具下降到最低极限位置时，钢丝绳在卷筒上的剩余安全圈（不包括固定绳端所占的圈数）至少应保持 2 圈（对塔式起重机为 3 圈）。当钢丝绳和卷筒之间的摩擦因数取为 0.1 时，在此安全圈下，绳端固定装置应在承受 2.5 倍钢丝绳最大工作静拉力时不发生永久变形。

19.2.2　钢丝绳的术语、标记和分类

19.2.2.1　常用术语

（1）层　具有相同节圆直径钢丝的组合，与股芯接触的为第一层。

（2）股　钢丝绳组件之一，通常由一定形状和尺寸钢丝绕一中心，沿相同方向捻制成一层或多层的螺旋状结构。有圆股（图 19-2a、b）、三角股（图 19-2c 代号 V）、椭圆股（图 19-2d，代号 Q）、扁形股（图 19-2e，代号 P）。

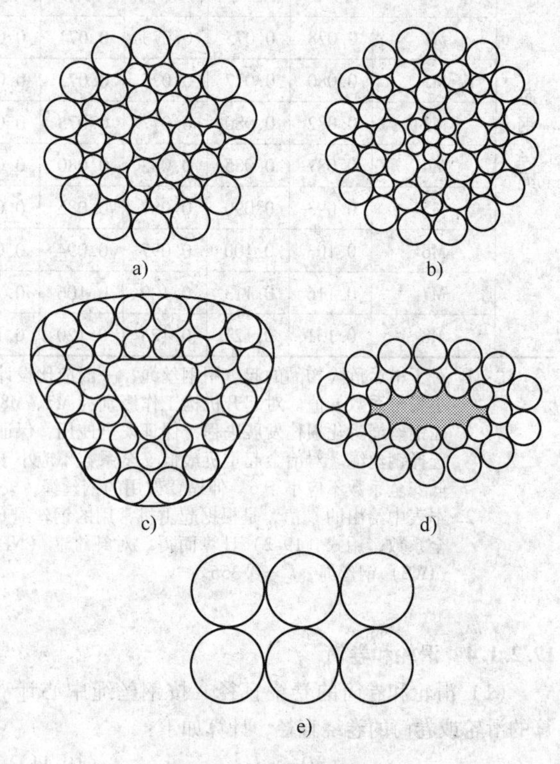

图 19-2　股的横截面

a）由一根中心钢丝构成的股　b）由 1-6 组合芯构成的股　c）由三角形中心构成的三角股　d）椭圆股　e）扁带股

（3）单捻股　仅由一层钢丝捻制的股。

（4）平行捻股　至少包括两层钢丝，所有的钢丝沿同一个方向一次捻制而成的股。股中所有的钢丝具有相同的捻距。钢丝间为线接触。

（5）捻股结构

1）西鲁式。两层具有相同钢丝数的平行捻股结构，见图 19-3a，代号 S。

2）瓦林吞式。外层包含粗细两种交替排列的钢丝，而外层钢丝数是内层钢丝数的两倍的平行捻结构，见图 19-3b，代号 W。

3）填充式。外层钢丝数是内层钢丝数的两倍，而且在两层钢丝间的间隙中有填充钢丝的平行捻股结构，见图 19-3c，代号 Fi。

4）组合平行式。由典型的瓦林吞式和西鲁式股类型组合而成，由二层或三层以上钢丝一次捻制成的平行捻股结构，见图 19-3d。

(6) 压实股（K） 通过模拔、轧制或锻打等变形加工后，钢丝的形状和股的尺寸发生改变，而钢丝的金属横截面积保持不变的股，见图 19-4。

(7) 芯及芯的类型 （芯的代号 C）

1）纤维芯（FC）。由天然纤维（NFC）或合成纤维（SFC）组成的芯。

2）钢芯（WC）。由钢丝股（WSC）或独立钢丝绳（IWRC）组成的芯。

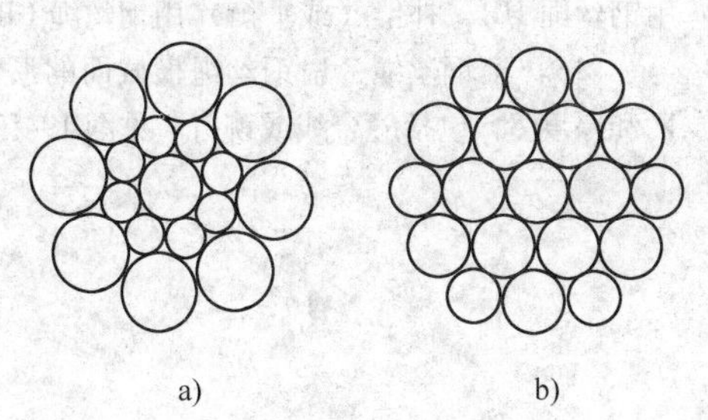

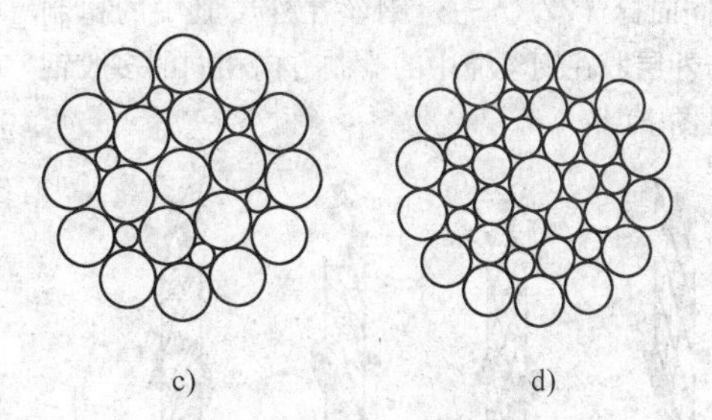

图 19-3 捻股结构

a）西鲁式结构（S） b）瓦林吞式结构（W） c）填充式结构（Fi） d）瓦林吞式和西鲁式组合平行捻

3）固态聚合物芯（SPC）。由圆形或带有沟槽的圆形固态聚合物材料制成的芯，其内部可能还包含有钢丝或纤维。

(8) 多股钢丝绳 围绕一个芯（单层股钢丝绳）或一个中心（阻旋转或平行捻密实钢丝绳）螺旋捻制一层或多层的钢丝绳。由三个或四个股组成的钢丝绳可能没有绳芯。

(9) 半密封钢丝绳 外层由半密封钢丝（H 形）和圆钢丝相向捻制而成的单捻钢丝绳，见图 19-5。

(10) 全密封钢丝绳 外层由全密封钢丝（Z 形）捻制而成的单捻钢丝绳，见图 19-6。

(11) 股的捻距 h 股的外层钢丝围绕股轴线转一周（或螺旋），且平行于股轴线的对应两点间的距离 h，见图 19-7a。

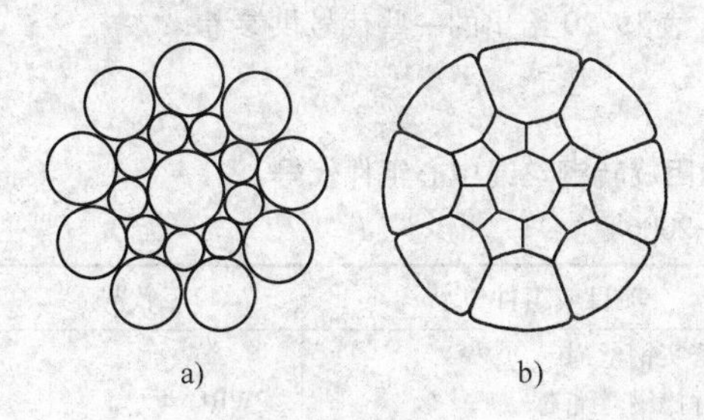

图 19-4 压实股（K）

a）压实前的股 b）压实后的股

(12) 钢丝绳的捻距 H 单股钢丝绳的外层钢丝，多股钢丝绳的外层股围绕钢丝绳轴线旋转一周（或螺旋），且平行于钢丝绳轴线的对应两点间的距离 H，见图 19-7b。

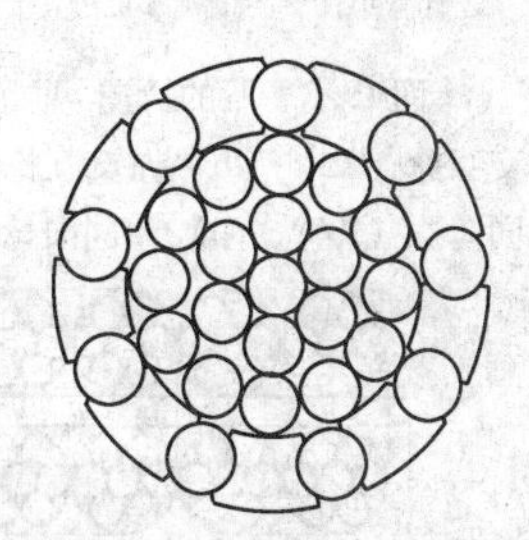

图 19-5 半密封钢丝绳示例（H 形）

图 19-6 全密封钢丝绳示例（Z 形）

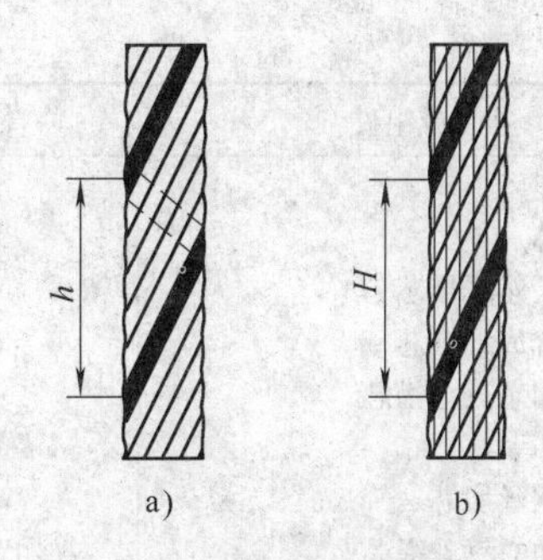

图 19-7 股和钢丝绳的捻距

a）股的捻距 h b）钢丝绳的捻距 H

（13）股的捻向（右捻Z，左捻S）

1）交互捻（SZ，ZS）。钢丝在外层股中的捻制方向，与外层股在钢丝绳中的捻制方向相反的多股钢丝绳，见图19-8a、b。

2）同向捻（ZZ，SS）。钢丝在外层股中的捻制方向，与外层股在钢丝绳中的捻制方向相同的多股钢丝绳，见图19-8c、d。

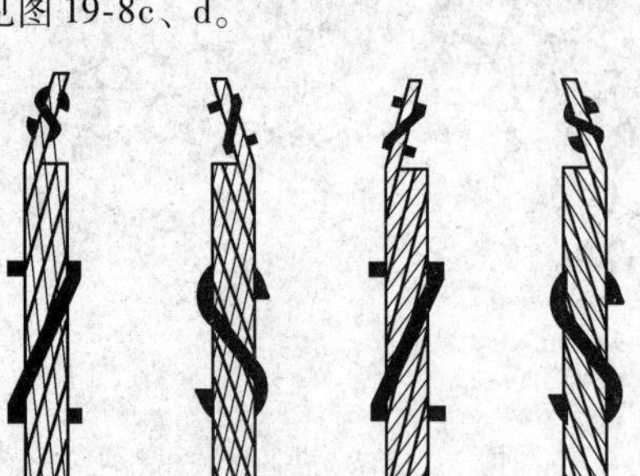

图19-8　股的捻向

a）右交互捻（ZS）　b）左交互捻（SZ）

c）右同向捻（ZZ）　d）左同向捻（SS）

3）混合捻（aZ，aS）。钢丝绳外层股捻制类型为交互捻，与同向捻的股交替排列，如外层一半为交互捻而另一半为同向捻。

（14）编织钢丝绳（图19-9）　附加标记：提升用钢丝绳HR，补偿（或平衡）用钢丝绳CR。

（15）扁钢丝绳　扁钢丝绳横截面的形状、宽度W和厚度S，包括缝合线或铆钉，见图19-10。

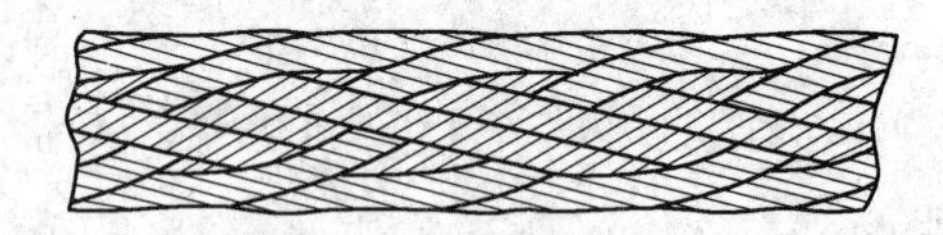

图19-9　编织钢丝绳示例（BR）

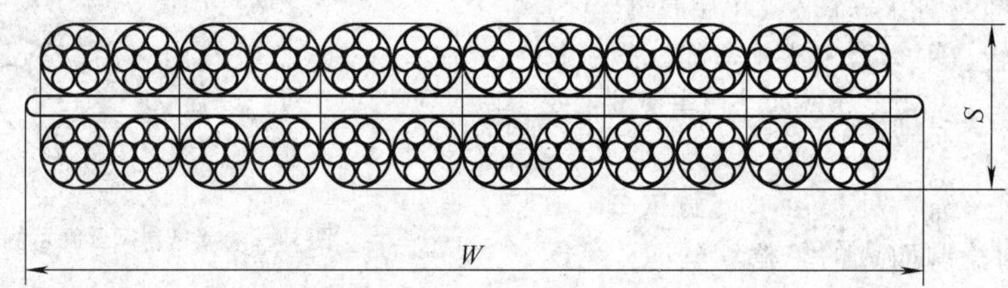

图19-10　扁钢丝绳的尺寸（P）

扁钢丝绳由被称为“子绳”（每条子绳由4股组成）的单元钢丝绳制成。一条扁钢丝绳通常有6、8或10条子绳，左向捻和右向捻交替并排排列。连接方式有：单线缝合（代号PS），双线缝合（代号PD），铆钉铆接（代号PN）。

（16）钢丝的表面状态（外层钢丝）　用下列字母代号标记：

U—光面或无镀层；B—B级镀锌；A—A级镀锌；B（Zn/Al）—B级锌合金镀层；A（Zn/Al）—A级锌合金镀层。

表19-20给出的一些代号供参考。

表19-20　芯、平行捻密实钢丝绳中心和阻旋转钢丝绳中心组件代号

（摘自GB/T 8706—2006）

项目或组件	代号	项目或组件	代号
单层钢丝绳		平行捻密实钢丝绳	
纤维芯	FC	平行捻钢丝绳芯	PWRC
天然纤维芯	NFC	压实股平行捻钢丝绳芯	PWRC（K）
合成纤维芯	SFC	填充聚合物的平行捻钢丝绳芯	PWRC（EP）
固态聚合物芯	SPC	阻旋转钢丝绳中心构件	
钢芯	WC	纤维芯	FC
钢丝股芯	WSC	钢丝股芯	WSC
独立钢丝绳芯	IWRC	密实钢丝股芯	KWSC
压实股独立钢丝绳芯	IWRC（K）		
聚合物包覆独立绳芯	EPIWRC		

19.2.2.2 钢丝绳标记示例

钢丝绳标记系列示例如下：

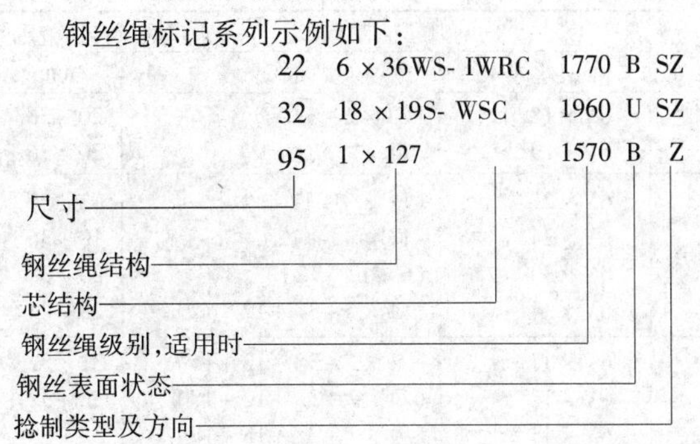

此示例其他部分各特性之间的间隔，在实际应用中通常不留空间。

19.2.3 重要用途钢丝绳

19.2.3.1 重要用途钢丝绳的应用

重要用途钢丝绳标准见 GB 8918—2006。这类钢丝绳适用于矿井提升机、高炉提升机、大型浇铸、石油钻井、大型吊装、繁忙起重、索道、地面缆车、船舶及海上设施等用途。

19.2.3.2 重要用途钢丝绳分类

这类钢丝绳按其股的断面、股数及外层钢丝绳的分类见表 19-21。主要用途推荐见表 19-22。

表 19-21 钢丝绳分类（摘自 GB 8918—2006）

组别	类别		分类原则	典型结构		直径范围/mm
				钢丝绳	股绳	
1	圆股钢丝绳	6×7	6个圆股,每股外层丝可到7根,中心丝(或无)外捻制1~2层钢丝,钢丝等捻距	6×7 6×9W	(1+6) (3+3/3)	8~36 14~36
2		6×19	6个圆股,每股外层丝8~12根,中心丝外捻制2~3层钢丝,钢丝等捻距	6×19S 6×19W 6×25Fi 6×26WS 6×31WS	(1+9+9) (1+6+6/6) (1+6+6F+12) (1+5+5/5+10) (1+6+6/6+12)	12~36 12~40 12~44 20~40 22~46
3		6×37	6个圆股,每股外层丝14~18根,中心丝外捻制3~4层钢丝,钢丝等捻距	6×29Fi 6×36WS 6×37S(点线接触) 6×41WS 6×49SWS 6×55SWS	(1+7+7F+14) (1+7+7/7+14) (1+6+15+15) (1+8+8/8+16) (1+8+8+8/8+16) (1+9+9+9/9+18)	14~44 18~60 20~60 32~56 36~60 36~64
4		8×19	8个圆股,每股外层丝8~12根,中心丝外捻制2~3层钢丝,钢丝等捻距	8×19S 8×19W 8×25Fi 8×26WS 8×31WS	(1+9+9) (1+6+6/6) (1+6+6F+12) (1+5+5/5+10) (1+6+6/6+12)	20~44 18~48 16~52 24~48 26~56
5		8×37	8个圆股,每股外层丝14~18根,中心丝外捻制3~4层钢丝,钢丝等捻距	8×36WS 8×41WS 8×49SWS 8×55SWS	(1+7+7/7+14) (1+8+8/8+16) (1+8+8+8/8+16) (1+9+9+9/9+18)	22~60 40~56 44~64 44~64
6		18×7	钢丝绳中有17或18个圆股,每股外层丝4~7根,在纤维芯或钢芯外捻制2层股	17×7 18×7	(1+6) (1+6)	12~60 12~60
7		18×19	钢丝绳中有17或18个圆股,每股外层丝8~12根,钢丝等捻距钢丝等捻距,在纤维芯或钢芯外捻制2层股	18×19W 18×19S	(1+6+6/6) (1+9+9)	24~60 28~60
8		34×7	钢丝绳中有34~36个圆股,每股外层丝可到7根,在纤维芯或钢芯外捻制3层股	34×7 36×7	(1+6) (1+6)	16~60 20~60
9		35W×7	钢丝绳中有24~40个圆股,每股外层丝4~8根,在纤维芯或钢芯(钢丝)外捻制3层股	35W×7 24W×7	(1+6)	16~60

（续）

组别	类别		分类原则	典型结构		直径范围/mm
				钢丝绳	股绳	
10	异形股钢丝绳	6V×7	6个三角形股，每股外层丝7～9根，三角形股芯外捻制1层钢丝	6V×18 6V×19	（/3×2+3/+9） （/1×7+3/+9）	20～36 20～36
11		6V×19	6个三角形股，每股外层丝10～14根，三角形股芯或纤维芯外捻制2层钢丝	6V×21 6V×24 6V×30 6V×34	（FC+9+12） （FC+12+12） （6+12+12） （/1×7+3/+12+12）	18～36 18～36 20～38 28～44
12		6V×37	6个三角形股，每股外层丝15～18根，三角形股芯外捻制2层钢丝	6V×37 6V×37S 6V×43	（/1×7+3/+12+15） （/1×7+3/+12+15） （/1×7+3/+15+18）	32～52 32～52 38～58
13		4V×39	4个扇形股，每股外层丝15～18根，纤维股芯外捻制3层钢丝	4V×39S 4V×48S	（FC+9+15+15） （FC+12+18+18）	16～36 20～40
14		6Q×19+6V×21	钢丝绳中有12～14个股，在6个三角形股外，捻制6～8个椭圆股	6Q×19+6V×21 6Q×33+6V×21	外股（5+14） 内股（FC+9+12） 外股（5+13+15） 内股（FC+9+12）	40～52 40～60

注：1. 13组及11组中，异形股钢丝绳中6V×21、6V×24结构仅为纤维绳芯，其余组别的钢丝绳，可由需方指定纤维芯或钢芯。

2. 三角形股芯的结构可以相互代替，或改用其他结构的三角形股芯，但应在订货合同中注明。

表19-22　钢丝绳主要用途推荐表（摘自GB 8918—2006）

用途	名称	结构	备注
立井提升	三角股钢丝绳	6V×37S，6V×37，6V×34，6V×30，6V×43，6V×21	
	线接触钢丝绳	6×19S，6×19W，6×25Fi，6×29Fi，6×26WS，6×31WS，6×36WS，6×41WS	推荐同向捻
	多层股钢丝绳	18×7，17×7，35W×7，24W×7	用于钢丝绳罐道的立井
		6Q×19+6V×21，6Q×33+6V×21	
开凿立井提升（建井用）	多层股钢丝绳及异形股钢丝绳	6Q×33+6V×21，17×7，18×7，34×7，36×7，6Q×19+6V×21，4V×39S，4V×48S，35W×7，24W×7	
立井平衡绳	钢丝绳	6×37S，6×36WS，4V×39S，4V×48S	仅适用于交互捻
	多层股钢丝绳	17×7，18×7，34×7，36×7，35W×7，24W×7	仅适用于交互捻
斜井提升（绞车）	三角股钢丝绳	6V×18，6V×19	
	钢丝绳	6×7，6×9W	推荐同向捻
高炉卷扬	三角股钢丝绳	6V×37S，6V×37，6V×30，6V×34，6V×43	
	线接触钢丝绳	6×19S，6×25Fi，6×29Fi，6×26WS，6×31WS，6×36WS，6×41WS	
立井罐道及索道	三角股钢丝绳	6V×18，6V×19	
	多层股钢丝绳	18×17，17×7	推荐同向捻
露天斜坡卷扬	三角股钢丝绳	6V×37S，6V×37，6V×30，6V×34，6V×43	
	线接触钢丝绳	6×36WS，6×37S，6×41WS，6×49SWS，6×55SWS	推荐同向捻
石油钻井	线接触钢丝绳	6×19S，6×19W，6×25Fi，6×29Fi，6×26WS，6×31WS，6×36WS	也可采用钢芯
钢绳牵引胶带运输机、索道及地面缆车	线接触钢丝绳	6×19S，6×19W，6×25Fi，6×29Fi，6×26WS，6×31WS，6×36WS，6×41WS	推荐同向捻 6×19W不适合索道

（续）

用　　途	名　　称	结　　构	备　　注
挖掘机（电铲卷扬）	线接触钢丝绳	6×19S+IWR，6×25Fi+IWR，6×19W+IWR，6×29Fi+IWR，6×26WS+IWR，6×31WS+IWR，6×36WS+IWR，6×55SWS+IWR，6×49SWS+IWR，35W×7，24W×7	推荐同向捻
	三角股钢丝绳	6V×30，6V×34，6V×37，6V×37S，6V×43	
起重机 大型浇铸起重机	线接触钢丝绳	6×19S+IWR，6×19W+IWR，6×25Fi+IWR，6×36WS+IWR，6×41WS+IWR	
起重机 港口装卸、水利工程及建筑用塔式起重机	多层股钢丝绳	18×19S，18×19W，34×7，36×7，35W×7，24W×7	
	四股扇形股钢丝绳	4V×39S，4V×48S	
起重机 繁忙起重及其他重要用途	线接触钢丝绳	6×19S，6×19W，6×25Fi，6×29Fi，6×26WS，6×31WS，6×36WS，6×37S，6×41WS，6×49SWS，6×55SWS，8×19S，8×19W，8×25Fi，8×26WS，8×31WS，8×36WS，8×41WS，8×49SWS，8×55SWS	
	四股扇形股钢丝绳	4V×39S，4V×48S	
热移钢机（轧钢厂推钢台）	线接触钢丝绳	6×19S+IWR，6×19W+IWR，6×25Fi+IWR，6×29Fi+IWR，6×31WS+IWR，6×37S+IWR，6×36WS+IWR	
船舶装卸	线接触钢丝绳	6×19W，6×25Fi，6×29Fi，6×31WS，6×36WS，6×37S	镀锌
	多层股钢丝绳	18×19S，18×19W，34×7，36×7，35W×7，24W×7	
	四股扇形股钢丝绳	4V×39S，4V×48S	
拖船、货网	钢丝绳	6×31WS，6×36WS，6×37S	镀锌
船舶张拉桅杆吊桥	钢丝绳	6×7+IWS，6×19S+IWR	镀锌
打捞沉船	钢丝绳	6×37S，6×36WS，6×41WS，6×49SWS，6×31WS，6×55SWS，8×19S，8×19W，8×31WS，8×36WS，8×41WS，8×49SWS，8×55SWS	镀锌

注：1. 腐蚀是主要报废原因时，应采用镀锌钢丝绳。
2. 钢丝绳工作时，终端不能自由旋转，或虽有反拨力，但不能相互纠合在一起的工作场合，应采用同向捻钢丝绳。

19.2.3.3　常用重要用途钢丝绳（表19-23～表19-37）

表19-23　钢丝绳第1组6×7类的规格和力学性能（摘自GB 8918—2006）
（钢丝绳结构：6×7+FC，6×7+IWS，6×9W+FC，6×9W+IWR）

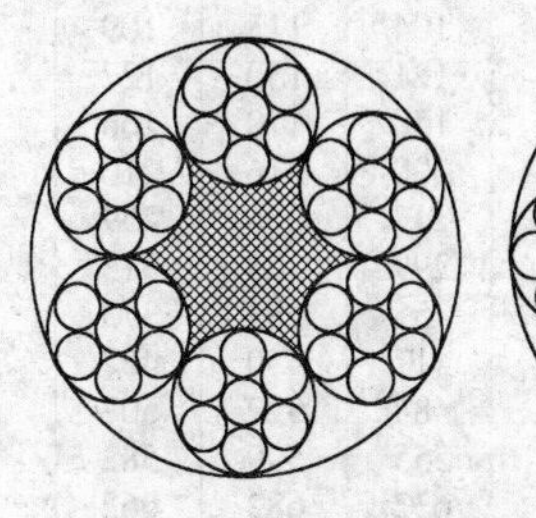
6×7+FC

6×7+IWS

直径 8～36mm

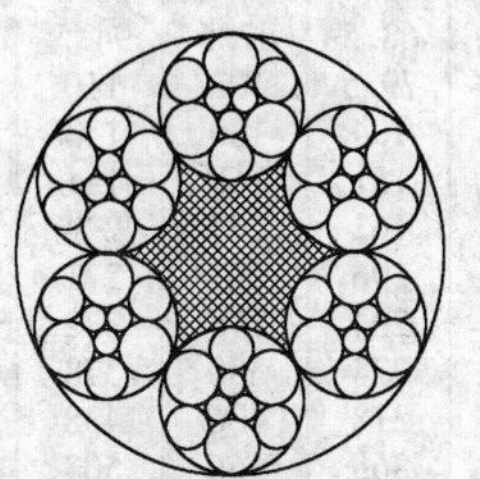
6×9W+FC

6×9W+IWR

直径 14～36mm

（续）

钢丝绳公称直径		钢丝绳参考质量/(kg/100m)			钢丝绳公称抗拉强度/MPa									
					1570		1670		1770		1870		1960	
					钢丝绳最小破断拉力/kN									
D/mm	允许偏差(%)	天然纤维芯钢丝绳	合成纤维芯钢丝绳	钢芯钢丝绳	纤维芯钢丝绳	钢芯钢丝绳	纤维芯钢丝绳	钢芯钢丝绳	纤维芯钢丝绳	钢芯钢丝绳	纤维芯钢丝绳	钢芯钢丝绳	纤维芯钢丝绳	钢芯钢丝绳
8		22.5	22.0	24.8	33.4	36.1	35.5	38.4	37.6	40.7	39.7	43.0	41.6	45.0
9		28.4	27.9	31.3	42.2	45.7	44.9	48.6	47.6	51.5	50.3	54.4	52.7	57.0
10		35.1	34.4	38.7	52.1	56.4	55.4	60.0	58.8	63.5	62.1	67.1	65.1	70.4
11		42.5	41.6	46.8	63.1	68.2	67.1	72.5	71.1	76.9	75.1	81.2	78.7	85.1
12		50.5	49.5	55.7	75.1	81.2	79.8	86.3	84.6	91.5	89.4	96.7	93.7	101
13		59.3	58.1	65.4	88.1	95.3	93.7	101	99.3	107	105	113	110	119
14		68.8	67.4	75.9	102	110	109	118	115	125	122	132	128	138
16		89.9	88.1	99.1	133	144	142	153	150	163	159	172	167	180
18	+5	114	111	125	169	183	180	194	190	206	201	218	211	228
20	0	140	138	155	208	225	222	240	235	254	248	269	260	281
22		170	166	187	252	273	268	290	284	308	300	325	315	341
24		202	198	223	300	325	319	345	338	366	358	387	375	405
26		237	233	262	352	381	375	405	397	430	420	454	440	476
28		275	270	303	409	442	435	470	461	498	487	526	510	552
30		316	310	348	469	507	499	540	529	572	559	604	586	633
32		359	352	396	534	577	568	614	602	651	636	687	666	721
34		406	398	447	603	652	641	693	679	735	718	776	752	813
36		455	446	502	676	730	719	777	762	824	805	870	843	912

表 19-24　钢丝绳第2组6×19类的规格和力学性能（摘自 GB 8918—2006）

（钢丝绳结构：6×19S+FC，6×19S+IWR，6×19W+FC，6×19W+IWR）

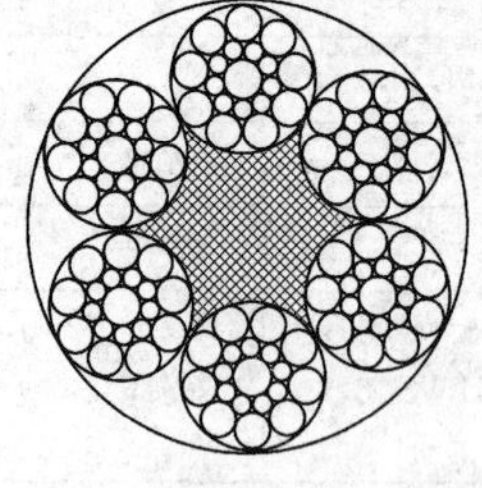

6×19S+FC

6×19S+IWR

直径 12～36mm

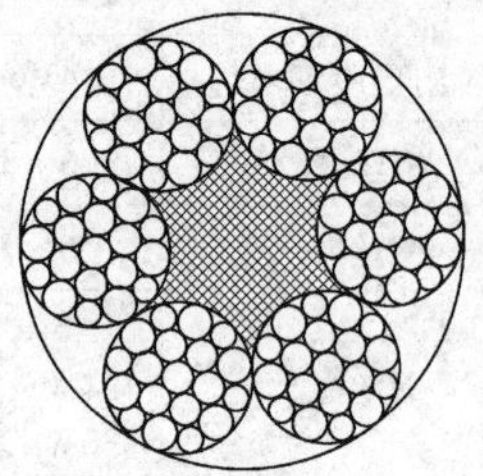

6×19W+FC

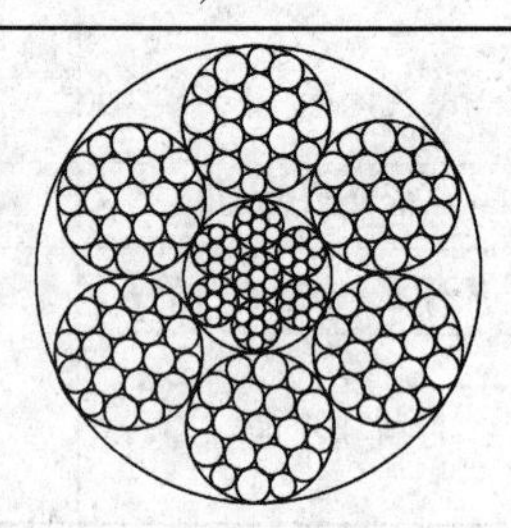

6×19W+IWR

直径 12～40mm

钢丝绳公称直径		钢丝绳参考质量/(kg/100m)			钢丝绳公称抗拉强度/MPa									
					1570		1670		1770		1870		1960	
					钢丝绳最小破断拉力/kN									
D/mm	允许偏差(%)	天然纤维芯钢丝绳	合成纤维芯钢丝绳	钢芯钢丝绳	纤维芯钢丝绳	钢芯钢丝绳	纤维芯钢丝绳	钢芯钢丝绳	纤维芯钢丝绳	钢芯钢丝绳	纤维芯钢丝绳	钢芯钢丝绳	纤维芯钢丝绳	钢芯钢丝绳
12		53.1	51.8	58.4	74.6	80.5	79.4	85.6	84.1	90.7	88.9	95.9	93.1	100
13		62.3	60.8	68.5	87.6	94.5	93.1	100	98.7	106	104	113	109	118
14		72.2	70.5	79.5	102	110	108	117	114	124	121	130	127	137
16		94.4	92.1	104	133	143	141	152	150	161	158	170	166	179
18		119	117	131	168	181	179	193	189	204	200	216	210	226
20		147	144	162	207	224	220	238	234	252	247	266	259	279
22		178	174	196	251	271	267	288	283	304	299	322	313	338
24	+5	212	207	234	298	322	317	342	336	363	355	383	373	402
26	0	249	243	274	350	378	373	402	395	426	417	450	437	472
28		289	282	318	406	438	432	466	458	494	484	522	507	547
30		332	324	365	466	503	496	535	526	567	555	599	582	628
32		377	369	415	531	572	564	609	598	645	632	682	662	715
34		426	416	469	599	646	637	687	675	728	713	770	748	807
36		478	466	525	671	724	714	770	757	817	800	863	838	904
38		532	520	585	748	807	796	858	843	910	891	961	934	1010
40		590	576	649	829	894	882	951	935	1010	987	1070	1030	1120

表19-25　钢丝绳第2组6×19类和第3组6×37类的规格和力学性能（摘自GB 8918—2006）

（钢丝绳结构：6×25Fi+FC，6×25Fi+IWR，6×26WS+FC，6×26WS+IWR，6×29Fi+FC，6×29Fi+IWR，6×31WS+FC，6×31WS+IWR，6×36WS+FC，6×36WS+IWR，6×37S+FC，6×37S+IWR，6×41WS+FC，6×41WS+IWR，6×49SWS+FC，6×49SWS+IWR，6×55SWS+FC，6×55SWS+IWR）

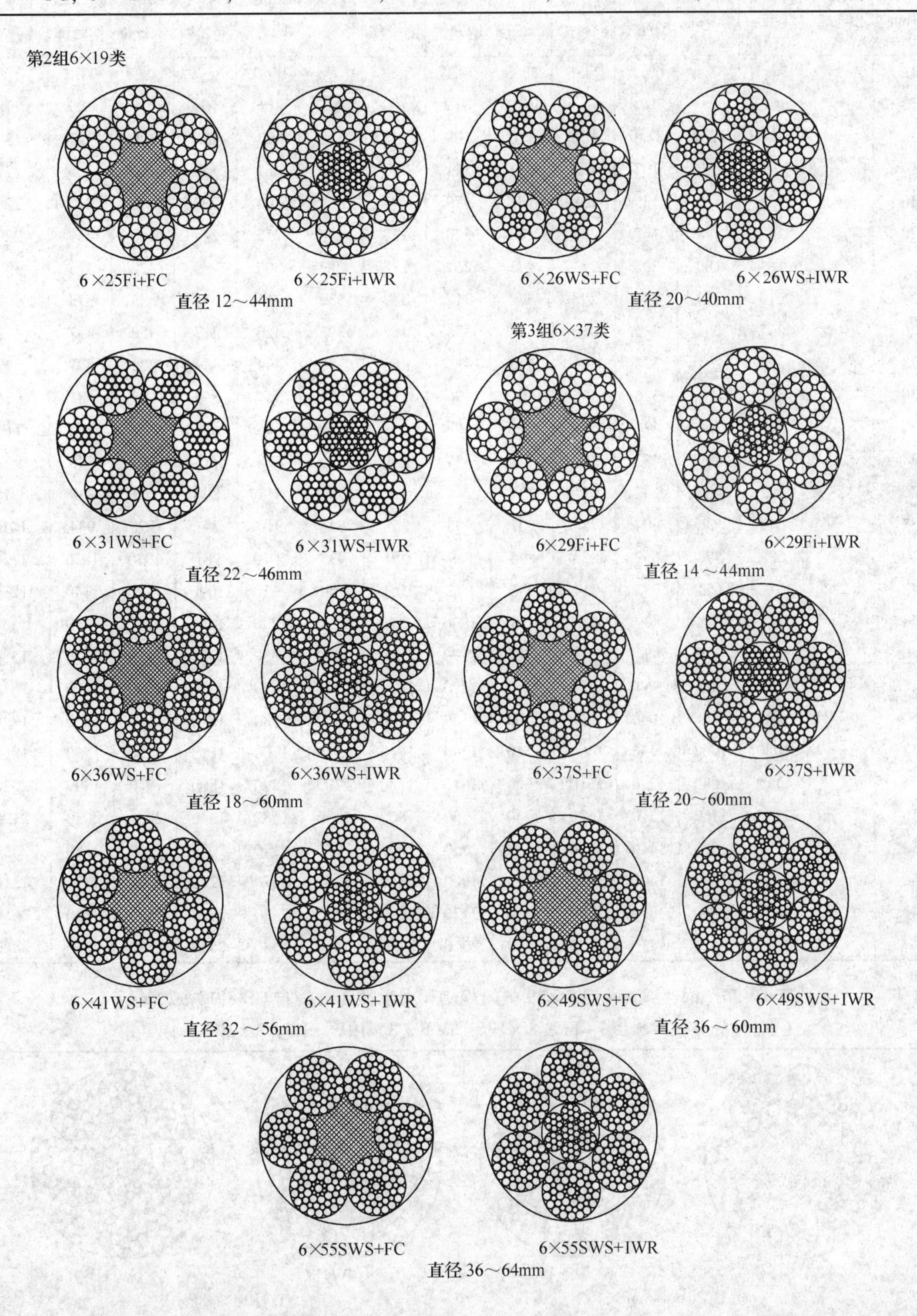

（续）

钢丝绳公称直径		钢丝绳参考质量/（kg/100m）			钢丝绳公称抗拉强度/MPa									
					1570		1670		1770		1870		1960	
					钢丝绳最小破断拉力/kN									
D/mm	允许偏差（%）	天然纤维芯钢丝绳	合成纤维芯钢丝绳	钢芯钢丝绳	纤维芯钢丝绳	钢芯钢丝绳	纤维芯钢丝绳	钢芯钢丝绳	纤维芯钢丝绳	钢芯钢丝绳	纤维芯钢丝绳	钢芯钢丝绳	纤维芯钢丝绳	钢芯钢丝绳
12		54.7	53.4	60.2	74.6	80.5	79.4	85.6	84.1	90.7	88.9	95.9	93.1	100
13		64.2	62.7	70.6	87.6	94.5	93.1	100	98.7	106	104	113	109	118
14		74.5	72.7	81.9	102	110	108	117	114	124	121	130	127	137
16		97.3	95.0	107	133	143	141	152	150	161	158	170	166	179
18		123	120	135	168	181	179	193	189	204	200	216	210	226
20		152	148	167	207	224	220	238	234	252	247	266	259	279
22		184	180	202	251	271	267	288	283	305	299	322	313	338
24		219	214	241	298	322	317	342	336	363	355	383	373	402
26		257	251	283	350	378	373	402	395	426	417	450	437	472
28		298	291	328	406	438	432	466	458	494	484	522	507	547
30		342	334	376	466	503	496	535	526	567	555	599	582	628
32		389	380	428	531	572	564	609	598	645	632	682	662	715
34		439	429	483	599	646	637	687	675	728	713	770	748	807
36	+5 0	492	481	542	671	724	714	770	757	817	800	863	838	904
38		549	536	604	748	807	796	858	843	910	891	961	934	1010
40		608	594	669	829	894	882	951	935	1010	987	1070	1030	1120
42		670	654	737	914	986	972	1050	1030	1110	1090	1170	1140	1230
44		736	718	809	1000	1080	1070	1150	1130	1220	1190	1290	1250	1350
46		804	785	884	1100	1180	1170	1260	1240	1330	1310	1410	1370	1480
48		876	855	963	1190	1290	1270	1370	1350	1450	1420	1530	1490	1610
50		950	928	1040	1300	1400	1380	1490	1460	1580	1540	1660	1620	1740
52		1030	1000	1130	1400	1510	1490	1610	1580	1700	1670	1800	1750	1890
54		1110	1080	1220	1510	1630	1610	1730	1700	1840	1800	1940	1890	2030
56		1190	1160	1310	1620	1750	1730	1860	1830	1980	1940	2090	2030	2190
58		1280	1250	1410	1740	1880	1850	2000	1960	2120	2080	2240	2180	2350
60		1370	1340	1500	1870	2010	1980	2140	2100	2270	2220	2400	2330	2510
62		1460	1430	1610	1990	2150	2120	2290	2250	2420	2370	2560	2490	2680
64		1560	1520	1710	2120	2290	2260	2440	2390	2580	2530	2730	2650	2860

表19-26　钢丝绳第4组8×19类的规格和力学性能（摘自GB 8918—2006）

（钢丝绳结构：8×19S+FC，8×19S+IWR，8×19W+FC，8×19W+IWR）

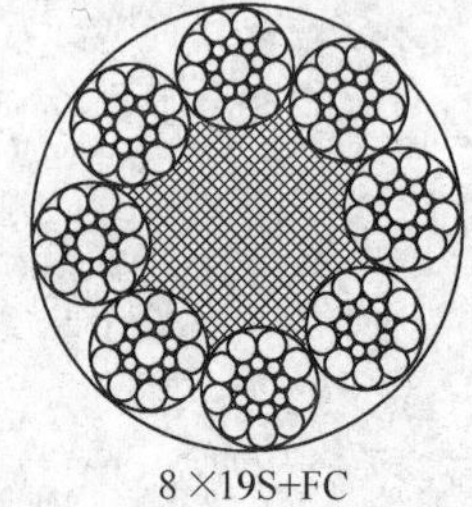

8×19S+FC

8×19S+IWR

直径20～44mm

8×19W+FC

8×19W+IWR

直径18～48mm

（续）

钢丝绳公称直径		钢丝绳参考质量/(kg/100m)			钢丝绳公称抗拉强度/MPa									
					1570		1670		1770		1870		1960	
					钢丝绳最小破断拉力/kN									
D/mm	允许偏差(%)	天然纤维芯钢丝绳	合成纤维芯钢丝绳	钢芯钢丝绳	纤维芯钢丝绳	钢芯钢丝绳	纤维芯钢丝绳	钢芯钢丝绳	纤维芯钢丝绳	钢芯钢丝绳	纤维芯钢丝绳	钢芯钢丝绳	纤维芯钢丝绳	钢芯钢丝绳
18		112	108	137	149	176	159	187	168	198	178	210	186	220
20		139	133	169	184	217	196	231	207	245	219	259	230	271
22		168	162	204	223	263	237	280	251	296	265	313	278	328
24		199	192	243	265	313	282	333	299	353	316	373	331	391
26		234	226	285	311	367	331	391	351	414	370	437	388	458
28		271	262	331	361	426	384	453	407	480	430	507	450	532
30		312	300	380	414	489	440	520	467	551	493	582	517	610
32	+5	355	342	432	471	556	501	592	531	627	561	663	588	694
34	0	400	386	488	532	628	566	668	600	708	633	748	664	784
36		449	432	547	596	704	634	749	672	794	710	839	744	879
38		500	482	609	664	784	707	834	749	884	791	934	829	979
40		554	534	675	736	869	783	925	830	980	877	1040	919	1090
42		611	589	744	811	958	863	1020	915	1080	967	1140	1010	1200
44		670	646	817	891	1050	947	1120	1000	1190	1060	1250	1110	1310
46		733	706	893	973	1150	1040	1220	1100	1300	1160	1370	1220	1430
48		798	769	972	1060	1250	1130	1330	1190	1410	1260	1490	1320	1560

表 19-27　钢丝绳第 4 组 8×19 类和第 5 组 8×37 类的规格和力学性能（摘自 GB 8918—2006）

（钢丝绳结构：8×25Fi+FC，8×25Fi+IWR，8×26WS+FC，8×26WS+IWR，8×31WS+FC，8×31WS+IWR，8×36WS+FC，8×36WS+IWR，8×41WS+FC，8×41WS+IWR，8×49SWS+FC，8×49SWS+IWR，8×55SWS+FC，8×55SWS+IWR）

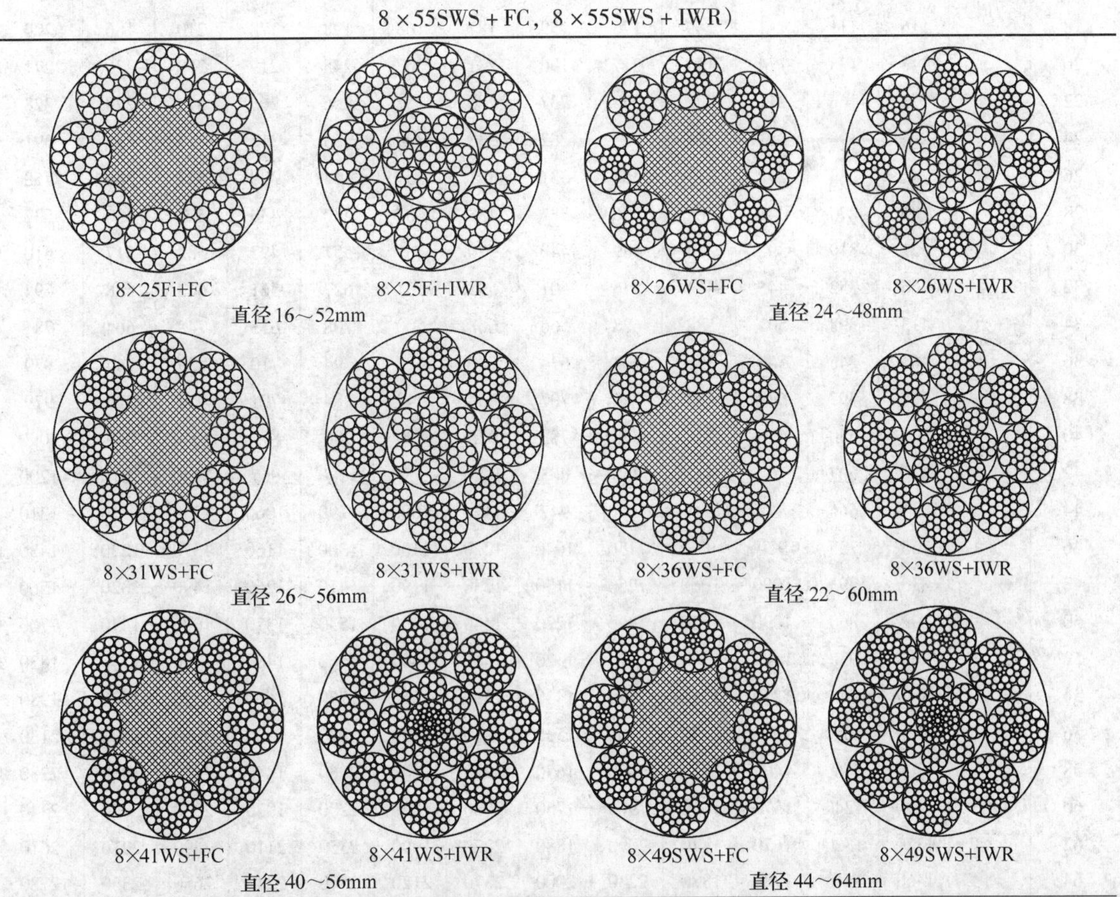

（续）

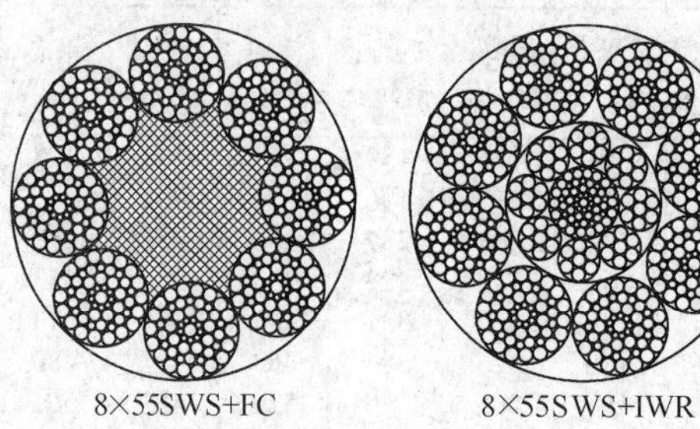

8×55SWS+FC　　　　8×55SWS+IWR

直径44～64mm

钢丝绳公称直径		钢丝绳参考质量/(kg/100m)			钢丝绳公称抗拉强度/MPa									
					1570		1670		1770		1870		1960	
					钢丝绳最小破断拉力/kN									
D/mm	允许偏差(%)	天然纤维芯钢丝绳	合成纤维芯钢丝绳	钢芯钢丝绳	纤维芯钢丝绳	钢芯钢丝绳	纤维芯钢丝绳	钢芯钢丝绳	纤维芯钢丝绳	钢芯钢丝绳	纤维芯钢丝绳	钢芯钢丝绳	纤维芯钢丝绳	钢芯钢丝绳
16	$^{+5}_{0}$	91.4	88.1	111	118	139	125	148	133	157	140	166	147	174
18		116	111	141	149	176	159	187	168	198	178	210	186	220
20		143	138	174	184	217	196	231	207	245	219	259	230	271
22		173	166	211	223	263	237	280	251	296	265	313	278	328
24		206	198	251	265	313	282	333	299	353	316	373	331	391
26		241	233	294	311	367	331	391	351	414	370	437	388	458
28		280	270	341	361	426	384	453	407	480	430	507	450	532
30		321	310	392	414	489	440	520	467	551	493	582	517	610
32		366	352	445	471	556	501	592	531	627	561	663	588	694
34		413	398	503	532	628	566	668	600	708	633	748	664	784
36		463	446	564	596	704	634	749	672	794	710	839	744	879
38		516	497	628	664	784	707	834	749	884	791	934	829	979
40		571	550	696	736	869	783	925	830	980	877	1040	919	1090
42		630	607	767	811	958	863	1020	915	1080	967	1140	1010	1200
44		691	666	842	891	1050	947	1120	1000	1190	1060	1250	1110	1310
46		755	728	920	973	1150	1040	1220	1100	1300	1160	1370	1220	1430
48		823	793	1000	1060	1250	1130	1330	1190	1410	1260	1490	1320	1560
50		892	860	1090	1150	1360	1220	1440	1300	1530	1370	1620	1440	1700
52		965	930	1180	1240	1470	1320	1560	1400	1660	1480	1750	1550	1830
54		1040	1000	1270	1340	1580	1430	1680	1510	1790	1600	1890	1670	1980
56		1120	1080	1360	1440	1700	1530	1810	1630	1920	1720	2030	1800	2130
58		1200	1160	1460	1550	1830	1650	1940	1740	2060	1840	2180	1930	2280
60		1290	1240	1570	1660	1960	1760	2080	1870	2200	1970	2330	2070	2440
62		1370	1320	1670	1770	2090	1880	2220	1990	2350	2110	2490	2210	2610
64		1460	1410	1780	1880	2230	2000	2370	2120	2510	2240	2650	2350	2780

表 19-28 钢丝绳第 6 组 18×7 类和第 7 组 18×19 类的规格和力学性能（摘自 GB 6918—2006）

（钢丝绳结构：17×7+FC，17×7+IWS，18×7+FC，18×7+IWS，18×19S+FC，18×19S+IWS，18×19W+FC，18×19W+IWS）

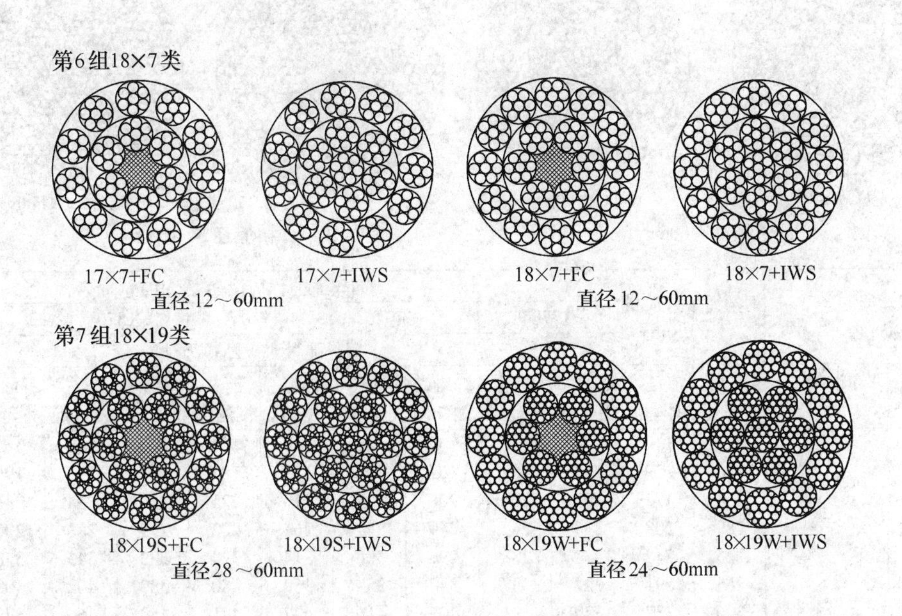

钢丝绳公称直径		钢丝绳参考质量/(kg/100m)		钢丝绳公称抗拉强度/MPa 钢丝绳最小破断拉力/kN									
				1570		1670		1770		1870		1960	
D/mm	允许偏差(%)	纤维芯钢丝绳	钢芯钢丝绳	纤维芯钢丝绳	钢芯钢丝绳	纤维芯钢丝绳	钢芯钢丝绳	纤维芯钢丝绳	钢芯钢丝绳	纤维芯钢丝绳	钢芯钢丝绳	纤维芯钢丝绳	钢芯钢丝绳
12	+5 0	56.2	61.9	70.1	74.2	74.5	78.9	79.0	83.6	83.5	88.3	87.5	92.6
13		65.9	72.7	82.3	87.0	87.5	92.6	92.7	98.1	98.0	104	103	109
14		76.4	84.3	95.4	101	101	107	108	114	114	120	119	126
16		99.8	110	125	132	133	140	140	149	148	157	156	165
18		126	139	158	167	168	177	178	188	188	199	197	208
20		156	172	195	206	207	219	219	232	232	245	243	257
22		189	208	236	249	251	265	266	281	281	297	294	311
24		225	248	280	297	298	316	316	334	334	353	350	370
26		264	291	329	348	350	370	371	392	392	415	411	435
28		306	337	382	404	406	429	430	455	454	481	476	504
30		351	387	438	463	466	493	494	523	522	552	547	579
32		399	440	498	527	530	561	562	594	594	628	622	658
34		451	497	563	595	598	633	634	671	670	709	702	743
36		505	557	631	667	671	710	711	752	751	795	787	833
38		563	621	703	744	748	791	792	838	837	886	877	928
40		624	688	779	824	828	876	878	929	928	981	972	1030
42		688	759	859	908	913	966	968	1020	1020	1080	1070	1130
44		755	832	942	997	1000	1060	1060	1120	1120	1190	1180	1240
46		825	910	1030	1090	1100	1160	1160	1230	1230	1300	1290	1360
48		899	991	1120	1190	1190	1260	1260	1340	1340	1410	1400	1480
50		975	1080	1220	1290	1290	1370	1370	1450	1450	1530	1520	1610
52		1050	1160	1320	1390	1400	1480	1480	1570	1570	1660	1640	1740
54		1140	1250	1420	1500	1510	1600	1600	1690	1690	1790	1770	1870
56		1220	1350	1530	1610	1620	1720	1720	1820	1820	1920	1910	2020
58		1310	1450	1640	1730	1740	1840	1850	1950	1950	2060	2040	2160
60		1400	1550	1750	1850	1860	1970	1980	2090	2090	2210	2190	2310

表 19-29　钢丝绳第 8 组 34 ×7 类的规格和力学性能（摘自 GB 8918—2006）

（钢丝绳结构：34 ×7 + FC，34 ×7 + IWS，36 ×7 + FC，36 ×7 + IWS）

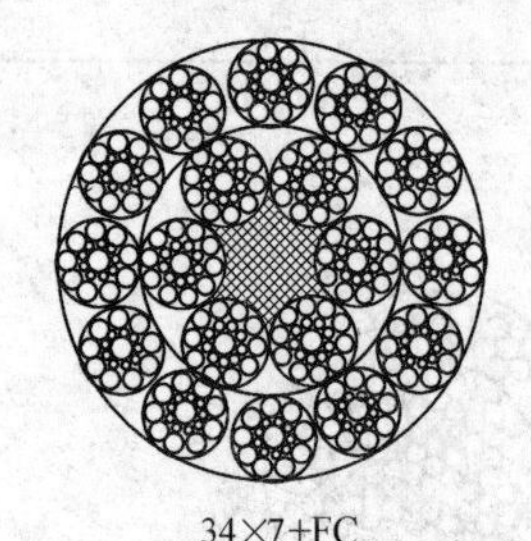

34×7+FC

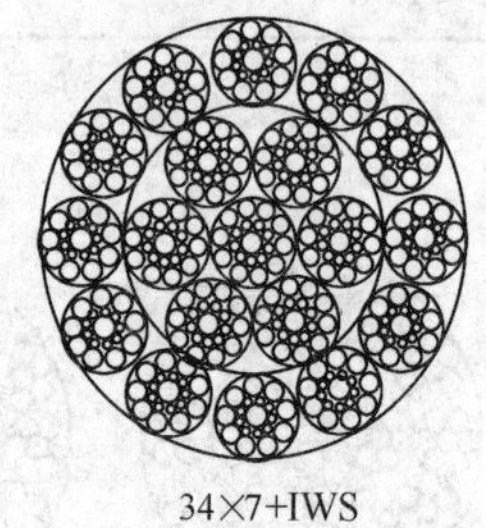

34×7+IWS

直径 28～60mm

36×7+FC

36×7+IWS

直径 24～60mm

钢丝绳公称直径		钢丝绳参考质量/(kg/100m)		钢丝绳公称抗拉强度/MPa									
				1570		1670		1770		1870		1960	
				钢丝绳最小破断拉力/kN									
D/mm	允许偏差(%)	纤维芯钢丝绳	钢芯钢丝绳	纤维芯钢丝绳	钢芯钢丝绳	纤维芯钢丝绳	钢芯钢丝绳	纤维芯钢丝绳	钢芯钢丝绳	纤维芯钢丝绳	钢芯钢丝绳	纤维芯钢丝绳	钢芯钢丝绳
16		99.8	110	124	128	132	136	140	144	147	152	155	160
18		126	139	157	162	167	172	177	182	187	193	196	202
20		156	172	193	200	206	212	218	225	230	238	241	249
22		189	208	234	242	249	257	264	272	279	288	292	302
24		225	248	279	288	296	306	314	324	332	343	348	359
26		264	291	327	337	348	359	369	380	389	402	408	421
28		306	337	379	391	403	416	427	441	452	466	473	489
30		351	387	435	449	463	478	491	507	518	535	543	561
32		399	440	495	511	527	544	558	576	590	609	618	638
34		451	497	559	577	595	614	630	651	666	687	698	721
36		505	557	627	647	667	688	707	729	746	771	782	808
38	$^{+5}_{0}$	563	621	698	721	743	767	787	813	832	859	872	900
40		624	688	774	799	823	850	872	901	922	951	966	997
42		688	759	853	881	907	937	962	993	1020	1050	1060	1100
44		755	832	936	967	996	1030	1060	1090	1120	1150	1170	1210
46		825	910	1020	1060	1090	1120	1150	1190	1220	1260	1280	1320
48		899	991	1110	1150	1190	1220	1260	1300	1330	1370	1390	1440
50		975	1080	1210	1250	1290	1330	1360	1410	1440	1490	1510	1560
52		1050	1160	1310	1350	1390	1440	1470	1520	1560	1610	1630	1690
54		1140	1250	1410	1460	1500	1550	1590	1640	1680	1730	1760	1820
56		1220	1350	1520	1570	1610	1670	1710	1770	1810	1860	1890	1950
58		1310	1450	1630	1680	1730	1790	1830	1890	1940	2000	2030	2100
60		1400	1550	1740	1800	1850	1910	1960	2030	2070	2140	2170	2240

表 19-30　钢丝绳第 9 组 35W ×7 类的规格和力学性能（摘自 GB 8918—2006）

（钢丝绳结构：35W ×7，24W ×7）

35W×7

24W×7

直径 16～60mm

（续）

钢丝绳公称直径		钢丝绳参考质量/(kg/100m)	钢丝绳公称抗拉强度/MPa				
D/mm	允许偏差(%)		1570	1670	1770	1870	1960
			钢丝绳最小破断拉力/kN				
16	+5 0	118	145	154	163	172	181
18		149	183	195	206	218	229
20		184	226	240	255	269	282
22		223	274	291	308	326	342
24		265	326	346	367	388	406
26		311	382	406	431	455	477
28		361	443	471	500	528	553
30		414	509	541	573	606	635
32		471	579	616	652	689	723
34		532	653	695	737	778	816
36		596	732	779	826	872	914
38		664	816	868	920	972	1020
40		736	904	962	1020	1080	1130
42		811	997	1060	1120	1190	1240
44		891	1090	1160	1230	1300	1370
46		973	1200	1270	1350	1420	1490
48		1060	1300	1390	1470	1550	1630
50		1150	1410	1500	1590	1680	1760
52		1240	1530	1630	1720	1820	1910
54		1340	1650	1750	1860	1960	2060
56		1440	1770	1890	2000	2110	2210
58		1550	1900	2020	2140	2260	2370
60		1660	2030	2160	2290	2420	2540

表19-31　钢丝绳第10组6V×7类的规格和力学性能（摘自GB 8918—2006）

（钢丝结构：6V×18+FC，6V×18+IWR，6V×19+FC，6V×19+IWR）

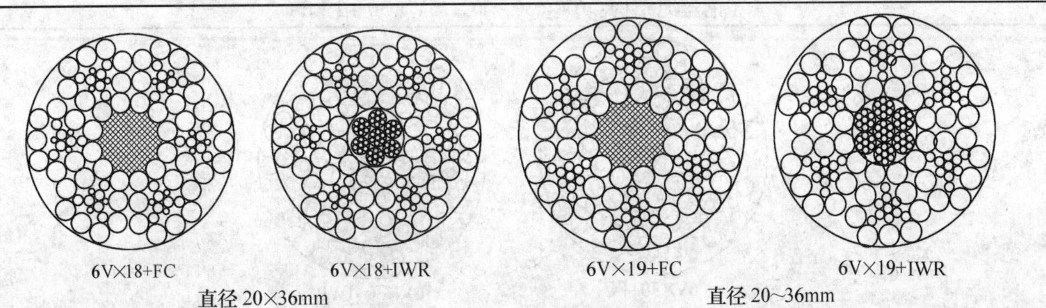

6V×18+FC　6V×18+IWR　6V×19+FC　6V×19+IWR

直径20×36mm　直径20~36mm

钢丝绳公称直径		钢丝绳参考质量/(kg/100m)			钢丝绳公称抗拉强度/MPa									
					1570		1670		1770		1870		1960	
					钢丝绳最小破断拉力/kN									
D/mm	允许偏差(%)	天然纤维芯钢丝绳	合成纤维芯钢丝绳	钢芯钢丝绳	纤维芯钢丝绳	钢芯钢丝绳	纤维芯钢丝绳	钢芯钢丝绳	纤维芯钢丝绳	钢芯钢丝绳	纤维芯钢丝绳	钢芯钢丝绳	纤维芯钢丝绳	钢芯钢丝绳
20	+6 0	165	162	175	236	250	250	266	266	282	280	298	294	312
22		199	196	212	285	302	303	322	321	341	339	360	356	378
24		237	233	252	339	360	361	383	382	406	404	429	423	449
26		279	273	295	398	422	423	449	449	476	474	503	497	527
28		323	317	343	462	490	491	521	520	552	550	583	576	612
30		371	364	393	530	562	564	598	597	634	631	670	662	702
32		422	414	447	603	640	641	681	680	721	718	762	753	799
34		476	467	505	681	722	724	768	767	814	811	860	850	902
36		534	524	566	763	810	812	861	860	913	909	965	953	1010

表 19-32 钢丝绳第 11 组 6V×19 类的规格和力学性能（摘自 GB 8918—2006）

（钢丝绳结构：6V×21+7FC，6V×24+7FC）

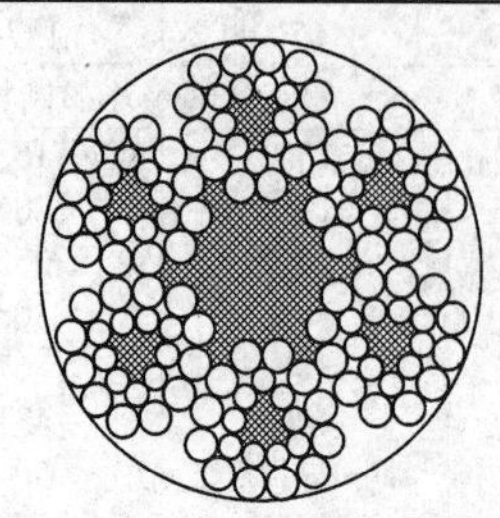

6V×21+7FC

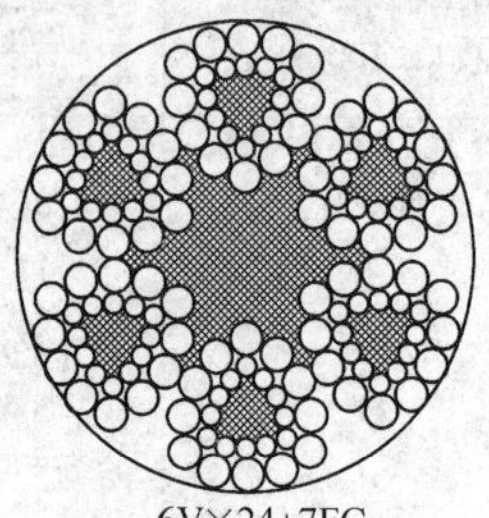

6V×24+7FC

直径 18~36mm

钢丝绳公称直径		钢丝绳参考质量/(kg/100m)		钢丝绳公称抗拉强度/MPa				
				1570	1670	1770	1870	1960
D/mm	允许偏差(%)	天然纤维芯钢丝绳	合成纤维芯钢丝绳	钢丝绳最小破断拉力/kN				
18	+6 0	121	118	168	179	190	201	210
20		149	146	208	221	234	248	260
22		180	177	252	268	284	300	314
24		215	210	300	319	338	357	374
26		252	247	352	374	396	419	439
28		292	286	408	434	460	486	509
30		335	329	468	498	528	557	584
32		382	374	532	566	600	634	665
34		431	422	601	639	678	716	750
36		483	473	674	717	760	803	841

表 19-33 钢丝绳第 11 组 6V×19 类的规格和力学性能（摘自 GB 8918—2006）

（钢丝绳结构：6V×30+FC，6V×30+IWR）

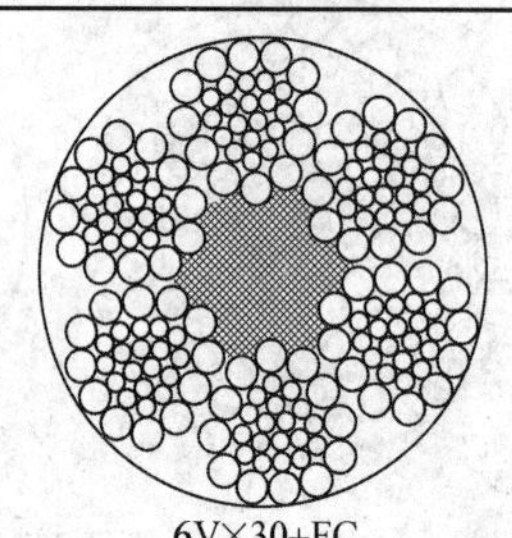

6V×30+FC

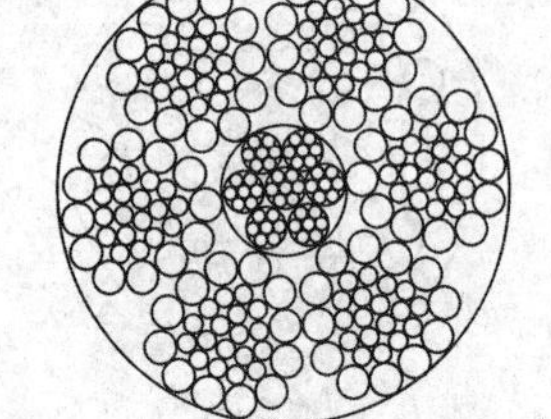

6V×30+IWR

直径 20~38mm

钢丝绳公称直径		钢丝绳参考质量/(kg/100m)			钢丝绳公称抗拉强度/MPa									
					1570		1670		1770		1870		1960	
					钢丝绳最小破断拉力/kN									
D/mm	允许偏差(%)	天然纤维芯钢丝绳	合成纤维芯钢丝绳	钢芯钢丝绳	纤维芯钢丝绳	钢芯钢丝绳	纤维芯钢丝绳	钢芯钢丝绳	纤维芯钢丝绳	钢芯钢丝绳	纤维芯钢丝绳	钢芯钢丝绳	纤维芯钢丝绳	钢芯钢丝绳
20	+6 0	162	159	172	203	216	216	230	229	243	242	257	254	270
22		196	192	208	246	261	262	278	278	295	293	311	307	326
24		233	229	247	293	311	312	331	330	351	349	370	365	388
26		274	268	290	344	365	366	388	388	411	410	435	429	456
28		318	311	336	399	423	424	450	450	477	475	504	498	528
30		365	357	386	458	486	487	517	516	548	545	579	572	606
32		415	407	439	521	553	554	588	587	623	620	658	650	690
34		468	459	496	588	624	625	664	663	703	700	743	734	779
36		525	515	556	659	700	701	744	743	789	785	833	823	873
38		585	573	619	735	779	781	829	828	879	875	928	917	973

表 19-34　钢丝绳第 11 组 6V×19 类和第 12 组 6V×37 类的规格和力学性能（摘自 GB 8918—2006）

（钢丝绳结构：6V×34+FC，6V×34+IWR，6V×37+FC，6V×37+IWR，6V×43+FC，6V×43+IWR）

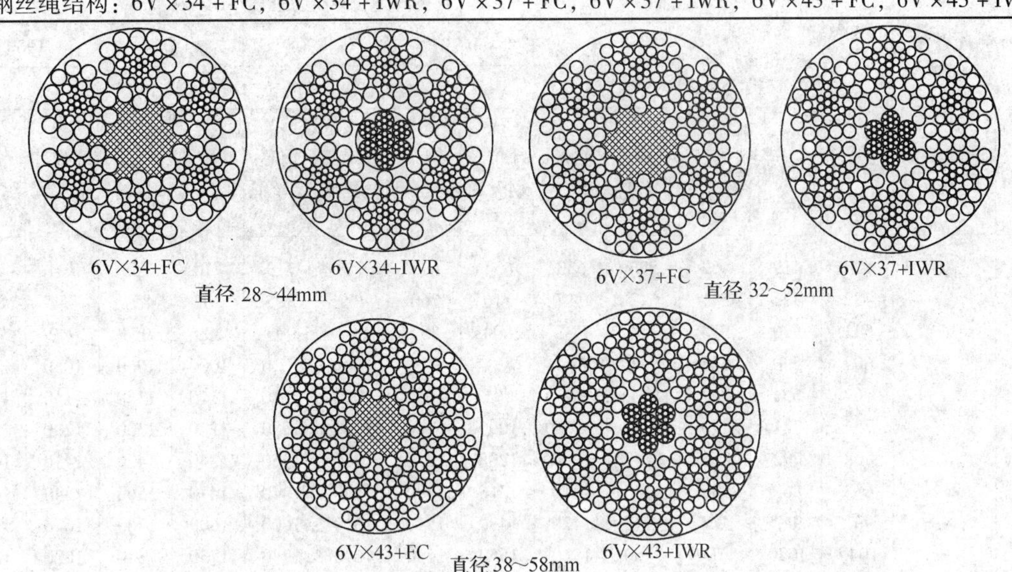

钢丝绳公称直径		钢丝绳参考质量/(kg/100m)			钢丝绳公称抗拉强度/MPa 钢丝绳最小破断拉力/kN									
					1570		1670		1770		1870		1960	
D/mm	允许偏差(%)	天然纤维芯钢丝绳	合成纤维芯钢丝绳	钢芯钢丝绳	纤维芯钢丝绳	钢芯钢丝绳	纤维芯钢丝绳	钢芯钢丝绳	纤维芯钢丝绳	钢芯钢丝绳	纤维芯钢丝绳	钢芯钢丝绳	纤维芯钢丝绳	钢芯钢丝绳
28		318	311	336	443	470	471	500	500	530	528	560	553	587
30		364	357	386	509	540	541	574	573	609	606	643	635	674
32		415	407	439	579	614	616	653	652	692	689	731	723	767
34		468	459	496	653	693	695	737	737	782	778	826	816	866
36		525	515	556	732	777	779	827	826	876	872	926	914	970
38		585	573	619	816	866	868	921	920	976	972	1030	1020	1080
40		648	635	686	904	960	962	1020	1020	1080	1080	1140	1130	1200
42	+6	714	700	757	997	1060	1060	1130	1120	1190	1190	1260	1240	1320
44	0	784	769	831	1090	1160	1160	1240	1230	1310	1300	1380	1370	1450
46		857	840	908	1200	1270	1270	1350	1350	1430	1420	1510	1490	1580
48		933	915	988	1300	1380	1390	1470	1470	1560	1550	1650	1630	1730
50		1010	993	1070	1410	1500	1500	1590	1590	1690	1680	1790	1760	1870
52		1100	1070	1160	1530	1620	1630	1720	1720	1830	1820	1930	1910	2020
54		1180	1160	1250	1650	1750	1750	1860	1860	1970	1960	2080	2060	2180
56		1270	1240	1350	1770	1880	1890	2000	2000	2120	2110	2240	2210	2350
58		1360	1340	1440	1900	2020	2020	2150	2140	2270	2260	2400	2370	2520

表 19-35　钢丝绳第 12 组 6V×37 类的规格和力学性能（摘自 GB 8918—2006）

（钢丝绳结构：6V×37S+FC，6V×37S+IWR）

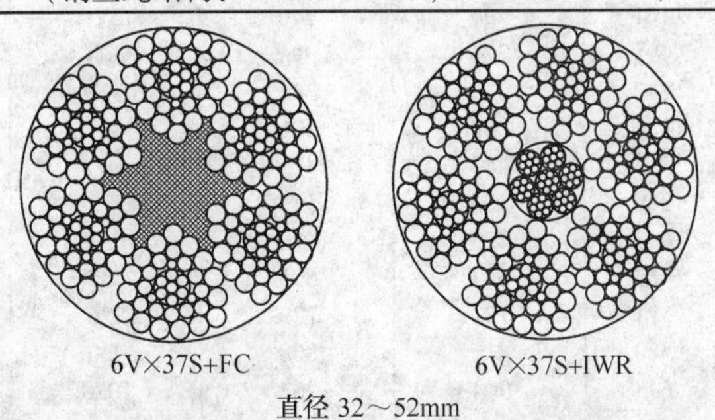

直径 32～52mm

（续）

钢丝绳公称直径		钢丝绳参考质量/(kg/100m)			钢丝绳公称抗拉强度/MPa									
					1570		1670		1770		1870		1960	
					钢丝绳最小破断拉力/kN									
D/mm	允许偏差(%)	天然纤维芯钢丝绳	合成纤维芯钢丝绳	钢芯钢丝绳	纤维芯钢丝绳	钢芯钢丝绳	纤维芯钢丝绳	钢芯钢丝绳	纤维芯钢丝绳	钢芯钢丝绳	纤维芯钢丝绳	钢芯钢丝绳	纤维芯钢丝绳	钢芯钢丝绳
32	+6 0	427	419	452	596	633	634	673	672	713	710	753	744	790
34		482	473	511	673	714	716	760	759	805	802	851	840	891
36		541	530	573	754	801	803	852	851	903	899	954	942	999
38		602	590	638	841	892	894	949	948	1010	1000	1060	1050	1110
40		667	654	707	931	988	991	1050	1050	1110	1110	1180	1160	1230
42		736	721	779	1030	1090	1090	1160	1160	1230	1220	1300	1280	1360
44		808	792	855	1130	1200	1200	1270	1270	1350	1340	1420	1410	1490
46		883	865	935	1230	1310	1310	1390	1390	1470	1470	1560	1540	1630
48		961	942	1020	1340	1420	1430	1510	1510	1600	1600	1700	1670	1780
50		1040	1020	1100	1460	1540	1550	1640	1640	1740	1730	1840	1820	1930
52		1130	1110	1190	1570	1670	1670	1780	1770	1880	1870	1990	1970	2090

表19-36　钢丝绳第13组4V×39类的规格和力学性能（摘自GB 8918—2006）

（钢丝绳结构：4V×39S+5FC，4V×48S+5FC）

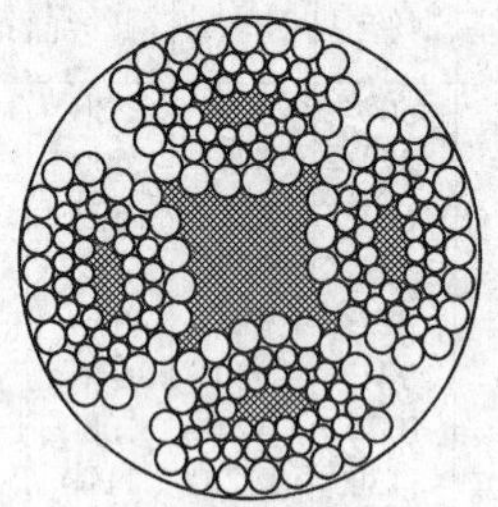

4V×39S+5FC
直径16～36mm

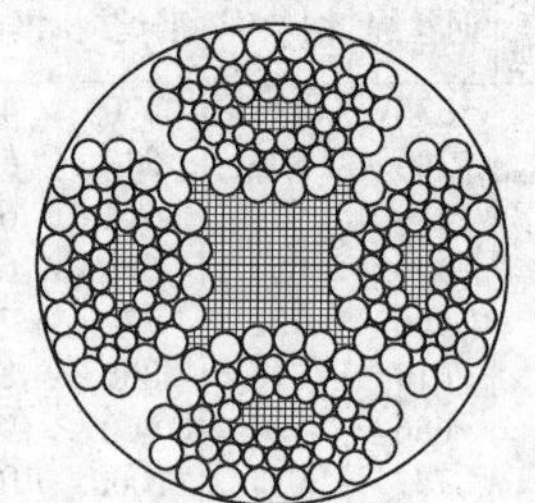

4V×48S+5FC
直径20～40mm

钢丝绳公称直径		钢丝绳参考质量(kg/100m)		钢丝绳公称抗拉强度/MPa				
				1570	1670	1770	1870	1960
D/mm	允许偏差(%)	天然纤维芯钢丝绳	合成纤维芯钢丝绳	钢丝绳最小破断拉力/kN				
16	+6 0	105	103	145	154	163	172	181
18		133	130	183	195	206	218	229
20		164	161	226	240	255	269	282
22		198	195	274	291	308	326	342
24		236	232	326	346	367	388	406
26		277	272	382	406	431	455	477
28		321	315	443	471	500	528	553
30		369	362	509	541	573	606	635
32		420	412	579	616	652	689	723
34		474	465	653	695	737	778	816
36		531	521	732	779	826	872	914
38		592	580	816	868	920	972	1020
40		656	643	904	962	1020	1080	1130

表19-37　钢丝绳第14组6Q×19+6V×21类的规格和力学性能（摘自GB 8918—2006）
（钢丝绳结构：6Q×19+6V×21+7FC，6Q×33+6V×21+7FC）

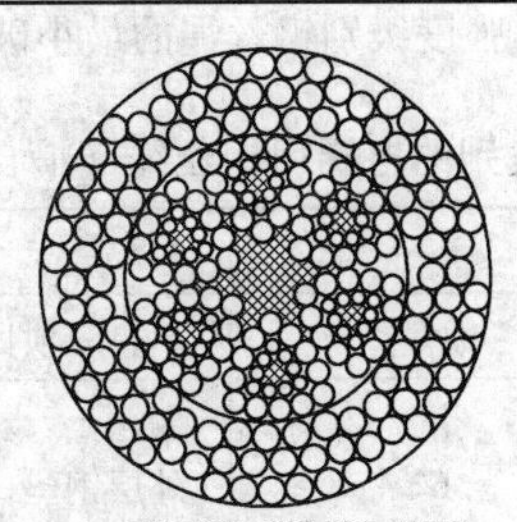
6Q×19+6V×21+7FC
直径40～52mm

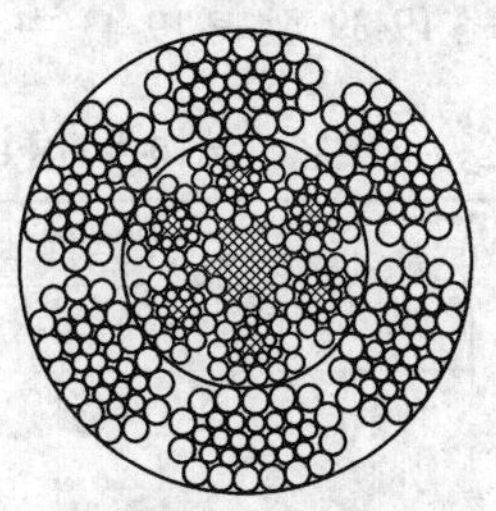
6Q×33+6V×21+7FC
直径40～60mm

钢丝绳公称直径		钢丝绳参考质量/(kg/100m)		钢丝绳公称抗拉强度/MPa				
				1570	1670	1770	1870	1960
D/mm	允许偏差(%)	天然纤维芯钢丝绳	合成纤维芯钢丝绳	钢丝绳最小破断拉力/kN				
40	+6 0	656	643	904	962	1020	1080	1130
42		723	709	997	1060	1120	1190	1240
44		794	778	1090	1160	1230	1300	1370
46		868	851	1200	1270	1350	1420	1490
48		945	926	1300	1390	1470	1550	1630
50		1030	1010	1410	1500	1590	1680	1760
52		1110	1090	1530	1630	1720	1820	1910
54		1200	1170	1650	1750	1860	1960	2060
56		1290	1260	1770	1890	2000	2110	2210
58		1380	1350	1900	2020	2140	2260	2370
60		1480	1450	2030	2160	2290	2420	2540

19.2.4　电梯用钢丝绳

国家标准GB 8903—2005《电梯用钢丝绳》，适用于载客电梯或载货电梯的曳引用钢丝绳、补偿用钢丝绳和限速器用钢丝绳，以及在导轨中运行的人力升降机等。不适用于建筑工地升降机、矿井升降机，以及不在永久性导轨中间运行的临时升降机用钢丝绳。

单强度钢丝绳是指外层绳股的外层钢丝具有和内层钢丝相同的抗拉强度。双强度钢丝绳是指外层绳股的外层钢丝的抗拉强度，比内层钢丝低，如外层钢丝为1570MPa，内层钢丝为1770MPa。

标记示例：结构为8×19西鲁式，绳芯为纤维芯，公称直径为13mm，钢丝公称抗拉强度为1370/1770（1500）MPa，表面状态光面，双强度配制，捻制方法为右交互捻的电梯用钢丝绳，标记如下：

电梯用钢丝绳：13NAT8×19S+FC-1500（双）-GB 8903—2005

表19-38给出表19-39至表19-43五种电梯用钢丝绳的适用场合。

表19-38　几种电梯用钢丝绳的适用场合（摘自GB 8903—2005）

	表19-39	表19-40	表19-41	表19-42	表19-43
曳引用钢丝绳和液压电梯用悬挂钢丝绳	△	△	△		
限速器用钢丝绳	△	△			
补偿用钢丝绳	△	△		△	△

注：有△的表示推荐使用。

电梯钢丝绳的公称长度参考质量 m（kg/100m）按下式计算：

$$m = Wd^2$$

公称金属截面积 A（mm^2）按下式计算：

$$A = Cd^2$$

式中　W——经润滑的钢丝绳的单位长度参考质量系数；

C——公称金属截面积系数；

d——钢丝绳的公称直径（mm）。

W、C 的下标 1 表示纤维芯钢丝绳，下标 2 表示钢芯钢丝绳。W、C 的值从表 19-39 至表 19-43 中查得。

表 19-39 至表 19-43 列出普通类别、直径和抗拉强度级别钢丝绳的最小破断拉力。

表 19-39　光面钢丝、纤维芯、结构为 6×19 类别的电梯用钢丝绳（摘自 GB 8903—2005）

截面结构实例：6×19S+FC；6×19W+FC；6×25Fi+FC

钢丝绳结构 项目	数量	股结构 项目	数量
股数	6	钢丝	19～25
外股	6	外层钢丝	9～12
股的层数	1	钢丝层数	2
钢丝绳钢丝	114～150		

典型例子 钢丝绳	股	外层钢丝的数量 总数	每股		外层钢丝系数① *a*
6×19S	1+9+9	54	9		0.080
6×19W	1+6+6/6	72	12	6	0.0738
				6	0.0556
6×25Fi	1+6+6F+12	72	12		0.064

最小破断拉力系数	$K_1 = 0.330$
单位重量系数①	$W_1 = 0.359$
金属截面积系数①	$C_1 = 0.384$

钢丝绳公称直径 /mm	参考质量① /(kg/100m)	最小破断拉力/kN 双强度/MPa 1180/1770 等级	1320/1620 等级	1370/1770 等级	1570/1770 等级	单强度/MPa 1570 等级	1620 等级	1770 等级
6	12.9	16.3	16.8	17.8	19.5	18.7	19.2	21.0
6.3	14.2	17.9	—	—	21.5	—	21.2	23.2
6.5②	15.2	19.1	19.7	20.9	22.9	21.9	22.6	24.7
8②	23.0	28.9	29.8	31.7	34.6	33.2	34.2	37.4
9	29.1	36.6	37.7	40.1	43.8	42.0	43.3	47.3
9.5	32.4	40.8	42.0	44.7	48.8	46.8	48.2	52.7
10②	35.9	45.2	46.5	49.5	54.1	51.8	53.5	58.4
11②	43.4	54.7	54.3	59.9	65.5	62.7	64.7	70.7
12	51.7	65.1	67.0	71.3	77.9	74.6	77.0	84.1
12.7	57.9	72.9	75.0	79.8	87.3	83.6	86.2	94.2
13②	60.7	76.4	78.6	83.7	91.5	87.6	90.3	98.7
14	70.4	88.6	91.2	97.0	106	102	105	114
14.3	73.4	92.4	—	—	111	—	—	119
15	80.8	102	—	111	122	117	—	131
16②	91.9	116	119	127	139	133	137	150
17.5	110	138	—	—	166	—	—	179
18	116	146	151	160	175	168	173	189
19②	130	163	168	179	195	187	193	211
20	144	181	186	198	216	207	214	234
20.6	152	192	—	—	230	—	—	248
22②	174	219	225	240	262	251	259	283

① 只作参考。

② 对新电梯的优先尺寸。

表 19-40　光面钢丝、纤维芯、结构为 8×19 类别的电梯用钢丝绳（摘自 GB 8903—2005）

截面结构实例

8×19S+FC

8×19W+FC

8×25Fi+FC

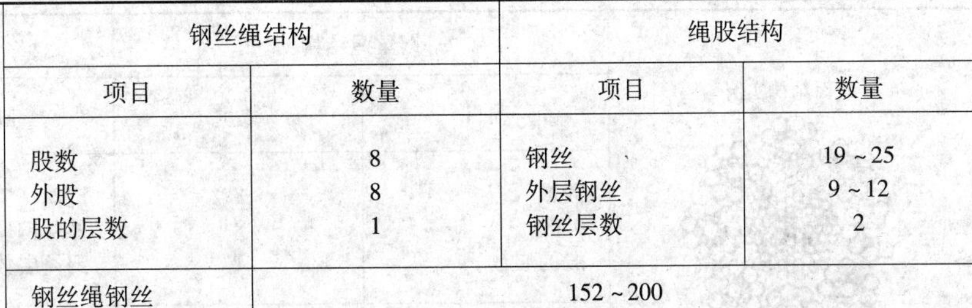

钢丝绳结构		绳股结构	
项目	数量	项目	数量
股数	8	钢丝	19～25
外股	8	外层钢丝	9～12
股的层数	1	钢丝层数	2
钢丝绳钢丝	152～200		

典型例子		外层钢丝的数量		外层钢丝系数[1]
钢丝绳	股	总数	每股	a
8×19S	1+9+9	72	9	0.0655
8×19W	1+6+6/6	96	12　6 6	0.0606 0.0450
8×25Fi	1+6+6F+12	96	12	0.0525

最小破断拉力系数　$K_1=0.293$

单位重量系数[1]　$W_1=0.340$

金属截面积系数[1]　$C_1=0.349$

钢丝绳公称直径/mm	参考质量[1]/(kg/100m)	最小破断拉力/kN						
		双强度/MPa				单强度/MPa		
		1180/1770等级	1320/1620等级	1370/1770等级	1570/1770等级	1570等级	1620等级	1770等级
8[2]	21.8	25.7	26.5	28.1	30.8	29.4	30.4	33.2
9	27.5	32.5	—	35.6	38.9	37.3	—	42.0
9.5	30.7	36.2	37.3	39.7	43.6	41.5	42.8	46.8
10[2]	34.0	40.1	41.3	44.0	48.1	46.0	47.5	51.9
11[2]	41.1	48.6	50.0	53.2	58.1	55.7	57.4	62.8
12	49.0	57.8	59.5	63.3	69.2	66.2	68.4	74.7
12.7	54.8	64.7	66.6	70.9	77.5	74.2	76.6	83.6
13[2]	57.5	67.8	69.8	74.3	81.2	77.7	80.2	87.6
14	66.6	78.7	81.0	86.1	94.2	90.2	93.0	102
14.3	69.5	82.1	—	—	98.3	—	—	—
15	76.5	90.3	—	98.9	108	104	—	117
16[2]	87.0	103	106	113	123	118	122	133
17.5	104	123	—	—	147	—	—	—
18	110	130	134	142	156	149	154	168
19[2]	123	145	149	159	173	166	171	187
20	136	161	165	176	192	184	190	207
20.6	144	170	—	—	204	—	—	—
22[2]	165	194	200	213	233	223	230	251

① 只作参考。

② 对新电梯的优先尺寸。

表19-41　光面钢丝、钢芯、8×19结构类别的电梯用钢丝绳（摘自GB 8903—2005）

截面结构实例

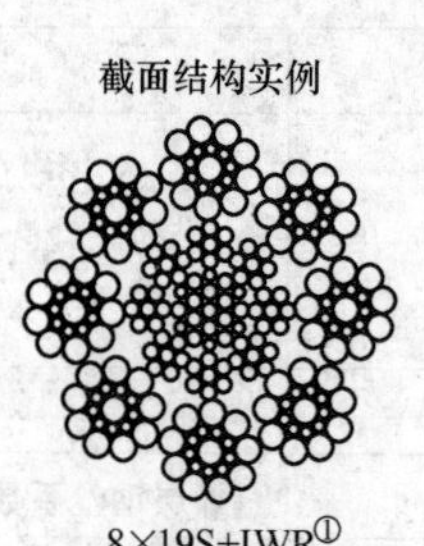

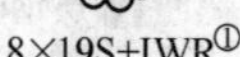

8×19S+IWR①

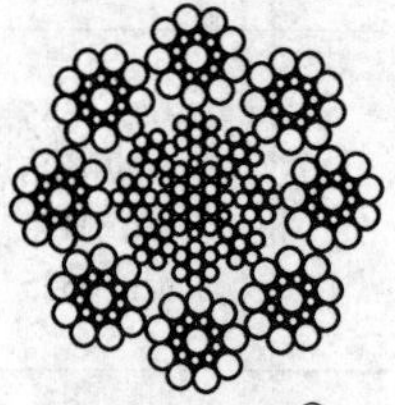

8×19W+IWR①

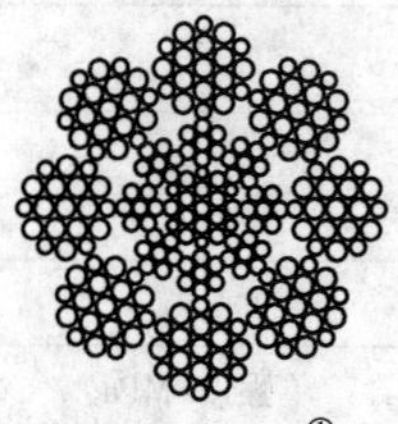

8×25Fi+IWR①

钢丝绳结构		股结构	
项目	数量	项目	数量
股数 外股 股的层数	8 8 1	钢丝 外层钢丝 钢丝层数	19~25 9~12 2
外股钢丝数	152~200		

典型例子		外层钢丝的数量		外层钢丝系数②
钢丝绳	股	总数	每股	a
8×19S	1+9+9	72	9	0.0655
8×19W	1+6+6/6	96	12　6	0.0606
			6	0.0450
8×25Fi	1+6+6F+12	96	12	0.0525

最小破断拉力系数　$K_2=0.356$

单位质量系数②　$W_2=0.407$

金属截面积系数②　$C_2=0.457$

钢丝绳公称直径/mm	参考质量①/(kg/100m)	最小破断拉力/kN				
		双强度/MPa			单强度/MPa	
		1180/1770等级	1370/1770等级	1570/1770等级	1570等级	1770等级
8③	26.0	33.6	35.8	38.0	35.8	40.3
9	33.0	42.5	45.3	48.2	45.3	51.0
9.5	36.7	47.4	50.4	53.7	50.4	56.9
10③	40.7	52.5	55.9	59.5	55.9	63.0
11③	49.2	63.5	67.6	79.1	67.6	76.2
12	58.6	75.6	80.5	85.6	80.5	90.7
12.7	65.6	84.7	90.1	95.9	90.1	102
13②	68.8	88.7	94.5	100	94.5	106
14	79.8	102	110	117	110	124
15	91.6	118	126	134	126	142
16③	104	134	143	152	143	161
18	132	170	181	193	181	204
19③	147	190	202	215	202	227
20	163	210	224	238	224	252
22③	197	254	271	288	271	305

① 钢丝绳外股与钢丝绳芯分层捻制。
② 只作参考。
③ 对新电梯的优先尺寸。

表 19-42　光面钢丝、钢芯、8×19 结构类别的钢丝绳（摘自 GB 8903—2005）

截面结构实例

8×19S+IWR①

8×19W+IWR①

钢丝绳结构		股结构	
项目	数量	项目	数量
股数 外股 股的层数	8 8 1	钢丝 外层钢丝 钢丝层数	19 ~ 25 9 ~ 12 2
外股钢丝数	152 ~ 200		

典型例子		外层钢丝的数量			外层钢丝系数②
钢丝绳	股	总数	每股		a
8×19S	1+9+9	72	9		0.0655
8×19W	1+6+6/6	96	12	6	0.0606
				6	0.0450
8×25Fi	1+6+6F+12	96	12		0.0525

最小破断拉力系数　$K_2=0.405$

单位重量系数②　$W_2=0.457$

金属截面积系数②　$C_2=0.488$

钢丝绳公称直径 /mm	参考质量① /(kg/100m)	最小破断拉力/kN				
		双强度/MPa			单强度/MPa	
		1180/1770 等级	1370/1770 等级	1570/1770 等级	1570 等级	1770 等级
8	29.2	38.2	40.7	43.3	40.7	45.9
9	37.0	48.4	51.5	54.8	51.5	58.1
9.5	41.2	53.9	57.4	61.0	57.4	64.7
10③	45.7	59.7	63.6	67.6	63.6	71.7
11③	55.3	72.3	76.9	81.8	76.9	86.7
12	65.8	86.0	91.6	97.4	91.6	103
12.7	73.7	96.4	103	109	103	116
13③	77.2	101	107	114	107	121
14	89.6	117	125	133	125	141
15	103	134	143	152	143	161
16③	117	153	163	173	163	184
18	148	194	206	219	206	232
19③	165	216	230	244	230	259
20	183	239	254	271	254	287
22③	221	289	308	327	308	347

① 钢丝绳外股与钢丝绳芯一次平行捻制。
② 只作参考。
③ 对新电梯的优先尺寸。

表 19-43　光面钢丝、大直径的补偿用钢丝绳（摘自 GB 8903—2005）

截面结构实例

6×29Fi+FC

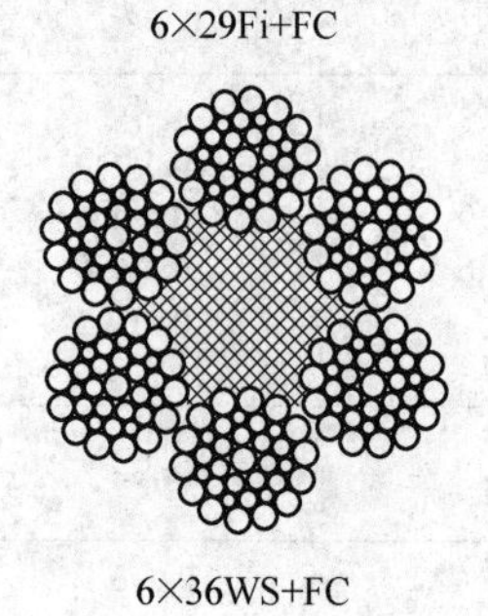

6×36WS+FC

钢丝绳结构		股结构	
项目	数量	项目	数量
股数 外股 股的层数	6 6 1	钢丝 外层钢丝 钢丝层数	25 ~ 41 12 ~ 16 2 ~ 3
钢丝绳钢丝数	150 ~ 246		

典型例子		外层钢丝的数量		外层钢丝系数① a
钢丝绳	股	总数	每股	
6 × 29Fi 6 × 36WS	1 + 7 + 7F + 14 1 + 7 + 7/7 + 14	84	14	0. 056

钢丝绳类别:6 × 36	
最小破断拉力系数	$K_1 = 0.330$
单位质量系数①	$W_1 = 0.367$
金属截面积系数①	$C_1 = 0.393$

钢丝绳公称直径 /mm	参考质量① /(kg/100m)	钢丝绳类别	最小破断拉力/kN		
			1570MPa 等级	1770MPa 等级	1960MPa 等级
24	211	6 × 36 类别(包括 6 × 36WS 和 6 × 29Fi)	298	336	373
25	229		324	365	404
26	248		350	395	437
27	268		378	426	472
28	288		406	458	507
29	309		436	491	544
30	330		466	526	582
31	353		498	561	622
32	376		531	598	662
33	400		564	636	704
34	424		599	675	748
35	450		635	716	792
36	476		671	757	838
37	502		709	800	885
38	530		748	843	934

① 仅作参考。

第20章　机　　架

20.1　机架设计概述

机器中的部件或大型零件都应有基座支承，各种传动件也必须加以防护，以免零件损伤或造成安全事故。机器中能支承或包容零部件的零件统称为机架。如机器的底座、机体，机床的床身、立柱，车辆的底盘、车架，以及机器中的壳体、箱体等均属机架零件。

20.1.1　机架的分类

20.1.1.1　按制造方法和所用材料分类

（1）铸造机架　主要材料是铸铁，有时也用铸钢或铸铝合金。铸造机架形状可以比较复杂，铸造工艺较成熟，毛坯质量较好。

（2）焊接机架　由钢板和型钢，或锻件和型钢组合焊接而成，重量轻，生产周期短。单件小批量生产中常用。

（3）非金属机架　包括混凝土预应力机架，花岗岩机架及塑料机架。

塑料机架的材料是工程塑料，重量轻，形状也可以较复杂。因加工时要用模具，所以只用于大批量生产的产品。

20.1.1.2　按结构型式分类

图20-1示出机架结构型式分类。

（1）梁柱结构机架　各种机器中的横梁和立柱，如机床的床身、立柱等主体结构件。

（2）框架结构机架　框架结构分为闭式与开式两种。轧钢机机架、汽车车架等是闭式结构机架，开式压力机机身为开式结构机架。

（3）平板结构机架　各种平板型机身，如机器或仪器的底座，机床的工作台等。

（4）箱壳结构机架　全封闭的箱型结构，如齿轮传动箱的箱体，泵体及汽车发动机机体等。

不同结构型式的机架有不同的设计计算方法。但对于某个具体机架，有时很难把它归于哪类结构，应按哪种结构进行设计计算，取决于计算的精度要求和计算工作量的大小，有的机架还可能要简化成几种结构的组合，用有限元法进行计算。

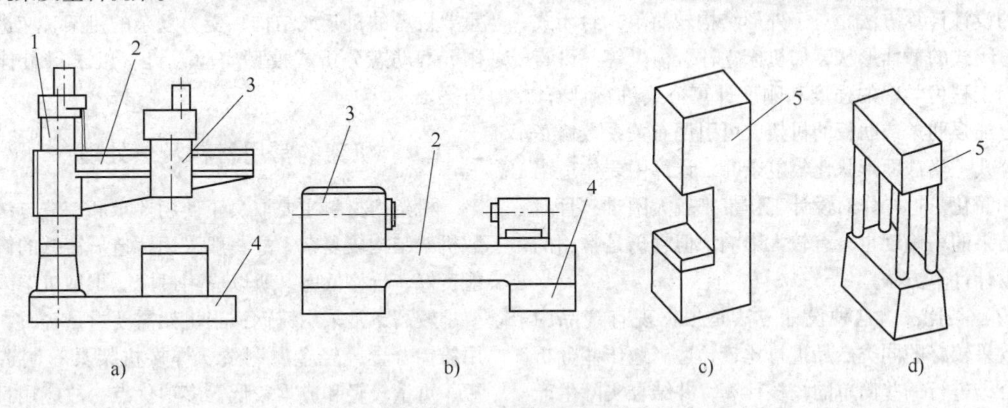

图20-1　机架结构型式分类

a）摇臂钻床　b）车床　c）开式锻压机　d）柱式压力机

1、2—梁柱结构　3—箱壳结构　4—平板结构　5—框架结构

20.1.2　机架设计准则和一般要求

20.1.2.1　机架设计准则

机架是承受较大载荷的基础零件，它的设计和制造质量，对机器的正常工作和性能影响很大。机架的设计主要应保证刚度、强度和稳定性。

1）刚度。这是评定多数机架工作性能的主要准则。刚度不足，将使机器失去应有的工作精度。如机床床身的刚度，决定着机床的加工精度；齿轮减速器箱体的刚度，则决定齿轮的啮合精度；轧钢机的机架刚度直接影响钢板的质量和精度。

动刚度是衡量机架抗振能力的指标，它与机架构件的静刚度、固有频率及阻尼特性有关。机架的振动同样会影响机器的工作精度。

2）强度。对于重载机架，强度是评定其工作能力的基本准则。机架的强度包括静强度和疲劳强度。应根据机器的最大载荷来校核静强度，同时还要校核其疲劳强度。

3）稳定性。包括结构稳定性和精度稳定性（即尺寸稳定性）。机架受压或斜弯时，容易产生结构失稳，设计时应加以校核，确保安全。机床和仪器仪表等对精度稳定性有较高要求，它的机架在制造时要注意消除内应力，减少残余变形，确保尺寸精度。

此外，对精密机械或仪器仪表还应考虑热变形。热变形影响机架精度，使设备性能降低。因此，机架结构设计时应尽量减小热变形。

20.1.2.2　机架设计的一般要求

1）在满足机架强度和刚度要求的同时，应尽量减轻重量、降低成本。

2）结构设计合理，工艺性良好，便于制造。

3）机架结构要便于安装、调整、维修和更换零部件。

4）造型美观，经济性好。机架的造型一般要求比例匀称、格调统一和平衡安定。

20.1.3　机架设计的方法和步骤

20.1.3.1　机架设计的一般方法

（1）理论公式设计　这种方法是以力学公式为基础的设计计算方法。对于外形结构较简单，封闭式或半封闭式的截面形状，如机床立柱、横梁等，可直接采用工程力学中的强度和刚度计算公式进行计算。对于有加强肋条或肋板的机架，可引用有关系数修正计算公式。当截面形状比较复杂时，计算中要作适当分解和简化。这样作对设计工作带来较大困难，且对计算结果的精确度也会有较大影响，但它仍是常用的理论设计计算方法。

（2）类比法　这种设计方法是根据现有产品中使用效果较好的同类产品进行比较，适当地作些分析和综合，进行一些简单的校核计算，并结合实际生产情况考虑工艺性能，使设计结果更符合实际情况。此法简易可行，是目前应用较多的一种方法。

（3）模型实验设计　对某些机架，尤其是无法类比而结构又较复杂的机架，为了保证产品的质量，将所设计的机架作成模型或样机进行实验，根据实验结果对设计进行逐步修改，使机架的设计不断完善。

近代机架的模型试验也可在计算机上进行。利用计算机的图形技术，将设计结果在计算机的屏幕上绘制出三维立体图形，可任意剖切和体内巡视，屏幕修改并及时绘制出修改结果，这就大大缩短了机架的设计和制造周期。

（4）有限元设计法　对较复杂机架的刚度计算，常采用有限元法。它是将复杂的结构分割成有限个单元，单元之间通过节点相互联系，利用计算机进行计算，求出每个节点的位移，从而求得机架在外力作用下的变形。这种方法不仅能进行静态分析，同时也可进行动态分析。特别是对结构复杂的机架，它可以提供可靠的设计信息。

20.1.3.2　机架设计的一般步骤

（1）初步确定机架形状和尺寸　机架的结构要考虑机架上零部件形状尺寸、配置情况，也要考虑所承受的载荷、运动等设计要求，以保证机架内外零件能正常运转。拟定机架结构形状和尺寸，一般要依靠设计人员的经验，最好能参考现有的同类型机架。

（2）初步确定制造方法和材料　机架制造方法和所用材料，主要取决于使用要求，同时也取决于结构工艺和产品批量。一般来说，形状复杂的机架采用铸造机架；单件小批量的非标准设备，可采用焊接或锻焊结合的机架。

（3）强度和刚度计算　绘制机架构件受力简图；根据承载情况合理选择截面形状尺寸，确定主要设计参数；进行强度、刚度和稳定性的校核计算，修改设计。

（4）进行有限元静动态分析或模型实验设计　重要设备的机架或结构、受力复杂的机架，应进行有限元静动态分析或模型实验设计，以求得最佳设计方案。

20.1.4　机架的常用材料及热处理

机架的材料主要取决于使用要求和制造方法。多数机架结构较复杂，故一般采用铸造。铸铁的铸造性能良好、价格低廉，所以应用最广。重型机架因强度要求较高，常采用铸钢；当机架需要重量轻时，可采用铸铝合金等轻金属制造。焊接机架具有制造周期短、重量较轻和成本较低等多项优点，故应用日益增多。有些机架则由于防锈、吸振及绝缘性能等方面的要求，宜选用相应的非金属材料。

20.1.4.1　机架的常用材料

（1）铸造机架常用材料

1）铸铁。铸铁是铸造机架的优良材料，它的流动性好，铸造方法成熟，毛坯质量稳定。铸铁中加入少量合金元素，可提高其耐磨性；铸铁中的片状石墨增大了阻尼吸振作用，因而其动态刚度好；铸铁还具有切削性能好、价格便宜和适于大批量生产等优点。铸铁机架的常用材料牌号见表20-1。

2）铸钢。铸钢有良好的塑性和韧性，较好的焊接性和切削加工性。但由于钢水的流动性差，在铸型中冷凝时收缩较大，故不宜用作形状复杂的铸件。与铸铁相比，铸钢的吸振性较低，但其具有较大的弹性模量和较高的强度，故铸钢机架适用于载荷较大的重型机架。铸钢机架常用材料牌号见表20-2。

3）铸造铝合金。铸造铝合金密度小，经强化可具有足够高的强度，较好的塑性，良好的低温韧性和耐热性，常用作轻型机架。铸造铝合金机架常用材料牌号见表20-3。

（2）焊接机架常用材料　用于焊接机架的钢材除力学性能外，还要考虑焊接性。焊接性能差的材料会造成焊接困难，使焊缝可靠性降低。钢材焊接性能的优劣，取决于钢的含碳量。一般含碳质量分数<0.25%的低碳钢和<0.2%的低碳合金钢，均具有良好的可焊性。焊接机架常用的钢材有Q235-A，20及25钢，16Mn、19Mn等，普通条件下都能焊接，但当厚度较大或环境温度较低时要进行预热。

表20-1　铸铁机架常用材料牌号

牌　号	特点及应用举例
HT100	力学性能较差。用于承受轻载荷，如机床导轨的支承件
HT150	用于承受中等弯曲应力（约为10MPa）、摩擦面间压强大于0.5MPa的铸件。如机床底座、齿轮减速器和汽车变速箱箱体、水泵壳体等
HT200及HT250	用于承受较大弯曲应力（达30MPa）、摩擦面间压强大于0.5MPa，或需经表面淬火的铸件，以及要求保持气密性的铸件。如机床立柱、齿轮箱体，锻压机和气体压缩机机身，汽轮机机架等
HT300	用于承受高弯曲应力（达50MPa）和拉应力、摩擦面间压强大于2MPa或进行表面淬火，以及要求保持高度气密性的铸件。如轧钢机座、重型机床的床身、高压液压泵的泵体、多轴机床的主轴箱等
QT800-2	具有较高强度、耐磨性和一定的韧性。用于空压机和冷冻机的缸体、缸套，冶金、矿山用减速机机体等
QT450-10	具有中等强度和韧性。用作水轮机阀门体、曲柄压力机机身等
QT400-15	韧性高，低温性能好，且有一定的耐蚀性。用作汽车、拖拉机驱动桥的壳体、离合器和差速器的壳体等

表20-2　铸钢机架常用材料牌号

牌　号	特点及应用举例
ZG200～400及ZG230～450	有一定的强度、良好的塑性与韧性，有较高导热性、焊接性和切削加工性。但排除钢水中的气体和杂质较难，易氧化和热裂。常用于轧钢机机架、锻锤气缸体和箱体等
ZG270～500	具有较好的铸造性和焊接性，为大型铸钢件材料；但易产生较大铸造应力引起热裂。广泛应用于轧钢、锻压、矿山等设备，如轧钢机机架、水压机横梁和底座，以及破碎机架体等

表20-3　铸造铝合金机架常用材料牌号

牌　号	特点及应用举例
ZL101	力学性能较高，但高温力学性能较低；耐蚀性良好，铸造、焊接性能好，切削加工性能中等。常用于船用柴油机机体、汽车传动箱体等
ZL104	用于形状复杂、薄壁、耐腐蚀、承受冲击载荷的大型铸件，如中小型高速柴油机机体等
ZL105A	高温力学性能较高，有良好的铸造焊接、切削性能和耐蚀性能。用于液压泵泵体、高速柴油机机体等
ZL401	综合性能优良。用于铸造大型、复杂和承受较高载荷而又不便进行热处理的零件，如特殊柴油机机体

（3）非金属机架常用材料

1）混凝土。其弹性模量和抗拉强度较低，但具有良好的抗压强度和耐蚀性能，它的内阻尼是钢的15倍，铸铁的5倍，吸振作用强。此外，混凝土机架还具有经济性好和生产周期短等优点。可用作机床床身、底座和液压机机架等。

混凝土机架大多采用预应力结构。详细设计方法请参阅有关专著。

2）花岗岩。其组织稳定，几乎不会再变形，加工简便，可以获得较高而又稳定的精度。热导率和热胀系数均很小，对温度不敏感，不导电，无磁性，耐腐蚀，吸振性好。使用中维护简单，成本低。但脆性较大，不能承受冲击载荷。常用于精密机械或仪器的机架，如测量仪的基座，三坐标测量机的机身等。

3）塑料。用塑料制作壳体已很广泛。塑料具有重量轻，防腐蚀和绝缘等优点。用注射模可制成形状较复杂的塑料件而无需后继加工，这大大简化了工艺和生产过程。

塑料分热固性塑料和热塑性塑料两大类，常用的热固性塑料其机械强度较低，用于压制中小型且结构简单的塑件。热塑性塑料可制作结构较复杂的大型塑件，但其模具费用高，只适用于大批量生产。

铸件设计的基本要求，也适用于塑料压制零件的设计。

20.1.4.2　机架的热处理及时效处理

（1）铸钢机架的热处理　铸钢件一般都要经过热处理，以消除内应力并改善力学性能。铸钢机架的热处理方法有退火、正火加回火、高温扩散退火及焊补后回火等。形状简单的机架只需退火；结构较复杂且对机械性能又有一定要求时，大多用正火加回火。

铸钢机架回火温度一般在550～650°C，正火或退火温度见表20-4。

表20-4　铸钢机架正火，退火温度

钢　号	正火或退火温度/°C
ZG200-400	920～940
ZG230-450	880～900
ZG270-500	860～880

铸钢机架热处理后，可用喷丸清理表面的粘砂和氧化皮。对机架上的缺陷，焊补前也必须清理以利焊补。

（2）铸铁机架的时效处理　时效处理可以在保持铸铁力学性能的条件下，使铸铁机架的内应力和机加工切削应力得到消除或稳定，以减少长期使用中的变形，保证几何精度。通常时效处理有以下两类：

1）自然时效。粗加工后，在室外放置相当长一段时间，使内应力自然松弛或消除。自然时效方法简单、效果好，但生产周期长，一般要在一年以上。

2）人工时效。一种人工时效是热处理方法，将铸件缓慢加热到500℃左右，保温一段时间，然后缓慢冷却以消除内应力；另一种人工时效是机械振动法，通过振动使金属产生局部微观塑性变形，以消除机架中的残余应力。

铸铁机架人工时效工艺规程见表20-5。

（3）焊接机架的时效处理　焊接机架需要通过时效处理，减少或消除焊接残余应力，可采用的方法有以下几种：

1）热处理时效。将机架加热到弹性转变温度以下，保温后缓慢冷却，以消除残余应力。

2）振动时效。采用机械振动的方法消除残余应力。它的成本低、效率高，不会损伤零件，而且操作简便。

3）喷砂处理。对焊接机架进行喷砂处理，也能消除部分焊接残余应力。喷砂作用使焊缝得以延伸和变薄，通过塑性变形导致内应力降低，一般喷砂应在探伤工序之前进行。

4）分级加工。在对焊接机架进行机械加工时，将毛坯总余量分几次切掉，而切深逐次减少。分级加工的优点是机架不会产生新的内应力，也不必再作热处理。

表20-5　铸铁机架人工时效工艺规程

类别	重量/t	壁厚/mm	工　艺　参　数					
			装炉温度/°C	加热速度/(°C/h)	退火温度/°C	保温时间/h	降温速度/(°C/h)	出炉温度/°C
较大机架	>2	20～80	<150	30～60	500～550	8～10	30～40	150～200
较小机架	<1	<60	≤200	<100	500～550	3～5	20～30	150～200
复杂外形、精度高机架	>1.5	>70	200	75	500～550	9～10	20～30	<200
		40～70	200	70	450～500	8～9	20～30	<200
		<40	150	60	420～450	5～6	30～40	<200
有精度要求的机架平板	0.1～1.0	15～60	100～200	75	500	8～10	40	≤200

20.2　机架结构设计

20.2.1　机架的结构参数

20.2.1.1　机架截面形状

机架构件的抗弯、抗扭强度不仅与其截面面积相关，还取决于截面形状。在机架设计中，应对所承受的载荷进行分析，合理选择截面形状，取得较大的惯性矩，从而充分发挥材料的作用。

各种常见截面的抗弯、抗扭惯性矩的比值见表20-6。表中所列比值是以边长为 a，壁厚为 t 的正方形截面的惯性矩为基准，各种面积相等而形状不同的截面，其惯性矩（均有 $t/a=0.05$）与之相比而得到的相对值。

表 20-6　各种截面抗弯、抗扭惯性矩的比值

截面形状	抗弯 W	抗扭 I	截面形状	抗弯 W	抗扭 I
t, a	1.00	1.00	a	1.55	1.45
$1.3a$	0.54	0.80	$1.5a$	0.82	1.45
$0.7a$	1.46	0.80	$1.3a$	2.0	0.04
$1.25a$	1.20	1.60	$1.4a$	1.00	0.65

选择机架截面形状时，应考虑以下五个方面：

（1）截面形状应与载荷种类相适应　由表20-6中比值可知，工字形的抗弯惯性矩最大，若抗弯强度相同，工字形截面的重量仅为方形截面的1/5，可见抗弯惯性矩的经济性，表现为将材料尽量布置在远离中性轴的位置，即将材料置于高应力区。抗扭惯性矩以工字形截面最差，圆形、椭圆形及正方形较高。可见扭转惯性矩的经济性，表现为截面中线短而所包围的面积又大的截面形状为好。

由此可知，工字形截面宜用于承受纯弯的机架。圆形或椭圆形截面则宜用于扭转为主的机架。矩形截面的综合性能较好，内腔容易设置零件，常用于受载

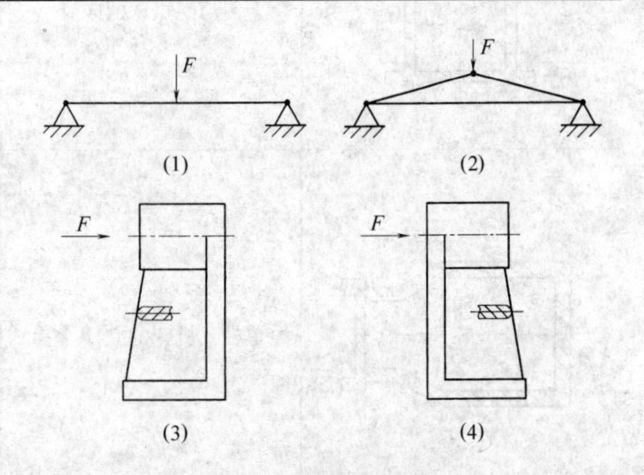

图 20-2　充分利用材料特性

情况复杂的机架。

（2）截面形状应与零件材料特性相适应　钢材应尽量使用拉、压代替其受弯，如图20-2（1）改为图20-2（2），结构（2）发挥了钢材的特性。铸铁应尽可能使其受压，当承受弯曲时，应将较多的材料分布在受拉的一侧，如图20-2（4）所示为合理布置。

（3）截面形状应符合等强度原则　机架截面形状还应适应载荷的分布情况，符合等强度原则。各种截面的应用实例见表20-7。

（4）封闭截面的扭转惯性矩比开口截面大　以开口圆管和封闭圆管为例，设 J_f 为封闭圆管的抗扭截面惯性矩，则

$$J_f = 3\frac{r_0^2}{t^2}J_h$$

式中　r_0——圆管的中半径（mm）；

t——圆管壁厚（mm）；

J_h——开口圆管的扭转惯性矩，其计算式为 $J_h = 1.05t^3d$，d 是圆管的中径。

设圆管的平均半径为200mm，壁厚为15mm，则有 $J_f = 533J_h$。

（5）截面尺寸的高宽比　对机架截面尺寸的高宽比，建议采用如下比值：矩形组合截面 $h/b \leqslant 0.5$，工字形截面 $h/b \geqslant 2$，箱形截面 $h/b = 0.5 \sim 1.5$；一般金属切削机床的床身 $h/b = 1.0 \sim 1.5$，立柱 $h/b = 1 \sim 4$，横梁 $h/b = 1.5 \sim 2.2$，底座 $h/b \geqslant 0.1$。

表20-7　机架中各种截面的应用

截面形状	应用	截面形状	应用
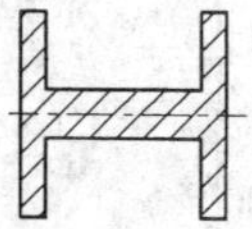	曲柄压力机开式机身	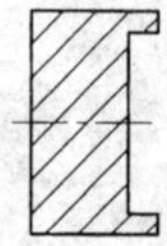	钢丝缠绕机架中的立柱
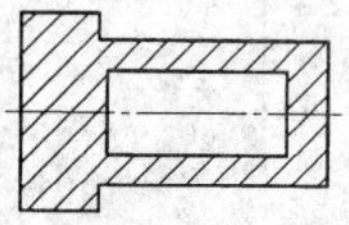	曲柄压力机的开式机身	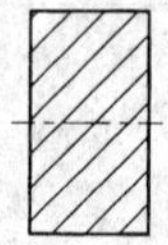	钢丝缠绕机架中的立柱
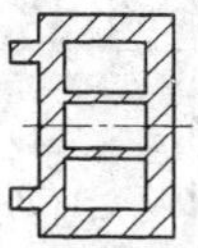	闭式组合机的立柱	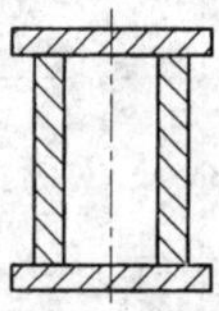	起重机的桥架
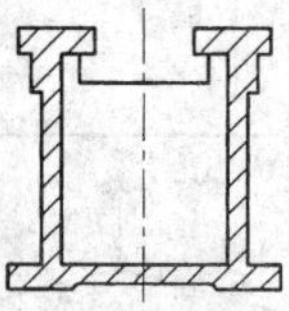	金属切削机床的床身	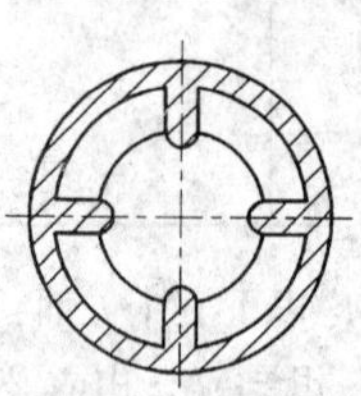	摇臂钻床的立柱
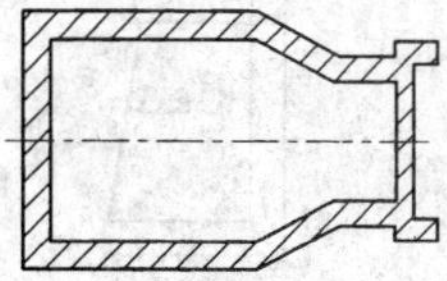	单柱式机床的立柱	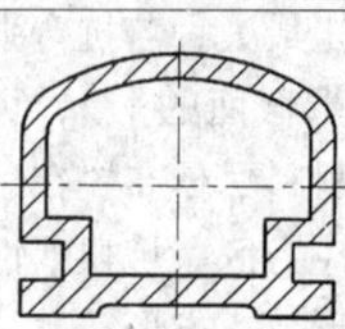	摇臂钻床的摇臂
			加工中心机床床身 （焊接组合截面）

20.2.1.2 肋板和肋条

采用肋板和肋条是提高机架零件刚度的重要措施之一。肋板又叫隔板，系指机架零件两外壁之间起连接作用的内壁。它的功能是加强机架四壁之间的联系，使它们起到一个整体作用。肋条也叫加强肋，一般配置在内壁上。肋条的高度有限，通常取为壁厚的4~5倍，但不应小于壁厚的1.5倍；肋条的厚度取为壁厚的0.8。加强肋主要是加强壁板的刚度，可以减少局部变形和薄壁的振动。肋板和肋条的基本结构形式见表20-8。

表20-8 肋板和肋条的基本结构形式

结构形式	肋板	肋条	结构形式	肋板	肋条
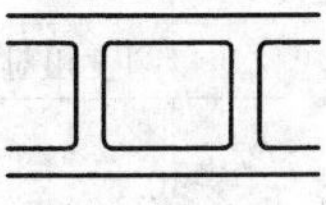	横肋板，抗弯差，抗扭较好，结构简单，工艺性好，承载小	直肋条，制造容易，刚度差	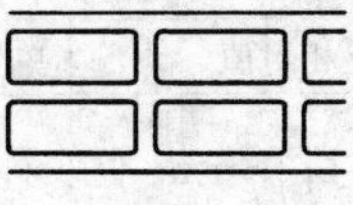	纵横肋板，刚度好，适于重载	井字形肋条，抗弯抗扭为米字形的1/2
	斜肋板，刚度好，制造简单，用于中载				斜肋条，刚度好
	纵横组合肋板，刚度好，用于重载大机架				米字肋条，刚度好，但工艺复杂，制造困难

机器中，特别是机床中的立柱要设计成完全封闭是很困难的，因为立柱内腔往往要装置如电动机、传动件、管道、配重或电气元件等。

肋对空心立柱刚度的影响，立柱顶上的孔、肋板上的方孔及壁板上的孔对刚度的影响，见表20-9至表20-11。

表20-9 肋对空心立柱刚度的影响

模型		静刚度			
简图	有无顶板	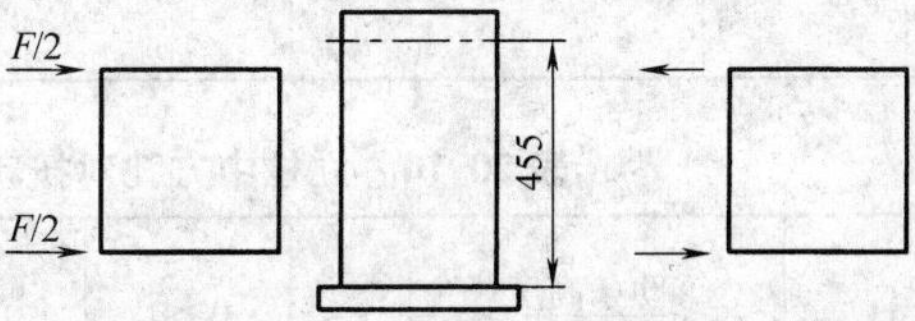 F/2　F/2　455			
		抗弯刚度		抗扭刚度	
		相对值	单位质量刚度相对值	相对值	单位质量刚度相对值
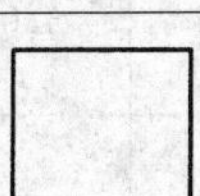	无	1	1	1	1
	有	1	1	7.9	7.9
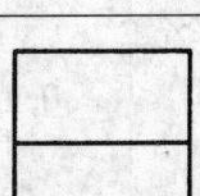	无	1.17	0.94	1.4	1.1
	有	1.13	0.90	7.9	6.5
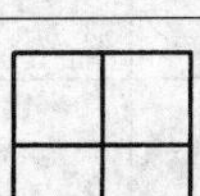	无	1.14	0.76	2.3	1.54
	有	1.14	0.76	7.9	5.7
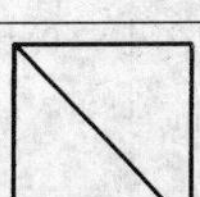	无	1.21	0.90	10	7.45
	有	1.19	0.90	12.2	9.3

（续）

模型		静刚度			
简图	有无顶板	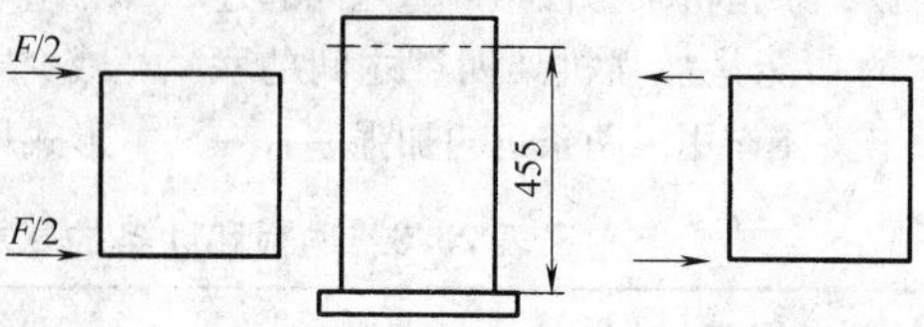			
		抗弯刚度		抗扭刚度	
		相对值	单位质量刚度相对值	相对值	单位质量刚度相对值
	无	1.32	0.81	18	10.8
	有	1.32	0.83	19.4	12.2
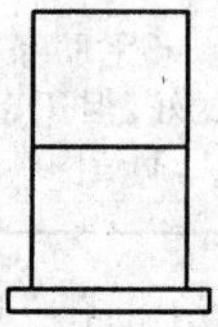	无	0.91	0.85	15	14
	有				
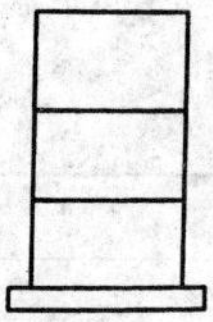	无	0.85	0.75	17	14.6
	有				

表 20-10　立柱中方孔对扭转刚度的影响

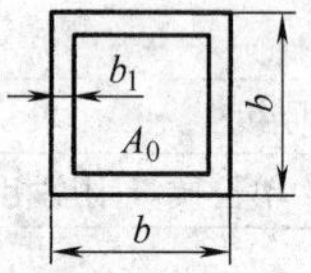	$\frac{肋条高度}{截面尺寸}=\frac{b_1}{b}$	0.50	0.25	0.20	0.15	0.10	0
	$\frac{孔面积}{截面面积}=\frac{A_0}{A}$	0	0.25	0.36	0.49	0.64	1.00
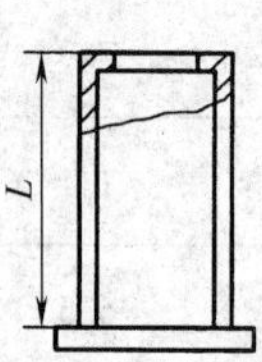	相对抗扭刚度	1.00	0.53	0.43	0.28	0.18	0.13
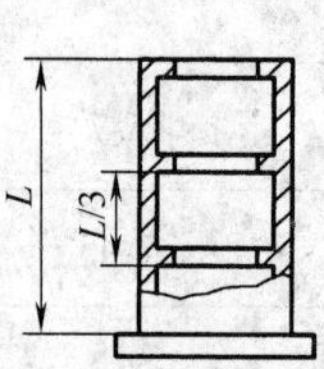	相对抗扭刚度	1.00	0.61	0.45	0.30	0.17	0.11

表 20-11　板壁孔对立柱扭转刚度的影响

$\frac{L_0}{L}$	b_0/b				
	0.2	0.4	0.6	0.8	1.0
0.1	0.99	0.96	0.9	0.72	0.17
0.15	0.76	0.61	0.4	0.26	0.17
$\frac{b_0}{b}$	L_0/L				
	0.1	0.2	0.3	0.4	0.5
0.2	0.98	0.96	0.92	0.86	0.78
0.6	0.90	0.78	0.62	0.62	0.40
1.0	0.18				

表20-11是以无壁孔的立柱为基准，由表可知：孔的尺寸小于立柱轮廓尺寸的20%时，即 $b_0/b \leqslant 0.2$，$L_0/L \leqslant 0.2$，孔对立柱扭转刚度的影响比较小；超过此值时，立柱刚度明显减弱。

20.2.1.3　机架外壁上的孔

由于结构和工艺上的需要，在机架外壁上常会开孔，这些孔的形状、大小及位置，在一定程度上影响到机架的强度和刚度。

（1）圆孔的影响　在弯矩、扭矩作用下，孔直径对箱形截面梁刚度的影响见表20-12。表中所列比值，以无孔结构为比较基准。由表可知，随着孔直径的加大，刚度持续下降，当 $D/H>0.4$ 时，刚度将显著下降。此外，实验表明，位于弯曲中性轴附近的孔对弯曲刚度的影响比较小。

表 20-12　孔直径对箱形截面梁刚度的影响

孔径 D 梁高 H	相对刚度比值	
	弯曲刚度	扭转刚度
0	1	1
0.1	0.97	0.98
0.2	0.94	0.95
0.3	0.89	0.90
0.4	0.82	0.84
0.5	0.70	0.75

（2）长孔的影响　实验表明，带有长孔的箱形结构，在扭矩作用下，其扭转角 φ 等于有孔部分的变形和无孔部分变形之和，即

$$\varphi=\frac{l}{K}=\frac{l_i}{K_i}+\frac{l_0-l_i}{K_0}$$

式中　l_0、l_i——机架长和孔长；

K、K_i、K_0——箱形结构的总抗扭刚度，有孔、无孔部位的抗扭刚度。

一般机床大件，孔的长度与直径的比值在（2～5）范围内，所以带孔结构的抗扭刚度比无孔结构的抗扭刚度低50%～100%。

（3）孔边凸台的影响　表20-13列出孔边缘凸台对刚度的影响。

表 20-13　孔边缘凸台对刚度的影响

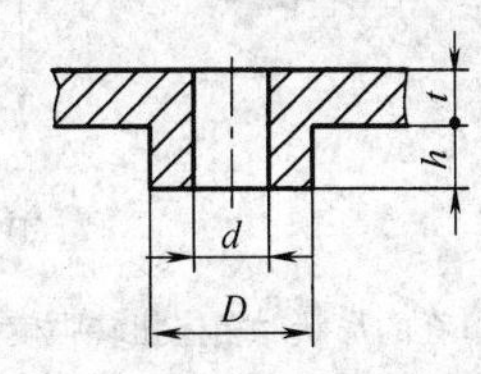

$\frac{D}{d}$	刚度比值	$\frac{h}{t}$	刚度比值
1	1	0.5	1
1.5	1.3	1.0	1.1
2.0	1.4	1.5	1.18
2.5	1.5	2.0	1.2

（4）孔盖板的影响　盖板对刚度的影响见表20-14。

表 20-14　孔盖板对刚度的影响

简图	刚度比值	
	弯曲刚度	扭转刚度
	1	1
	0.85	0.28
	0.89	0.35
	0.91	0.41

（5）孔的形状的影响　孔的形状对箱体扭转强度的影响见图20-3，图中所示为带有不同形状孔的箱体，在相同扭矩作用下应力分布的比较。显然，菱形孔（图20-3c）的应力集中现象为最小，其次是圆形孔（图20-3a）。因此，对受扭转力矩作用的箱体，结构设计时应尽可能采用菱形孔。

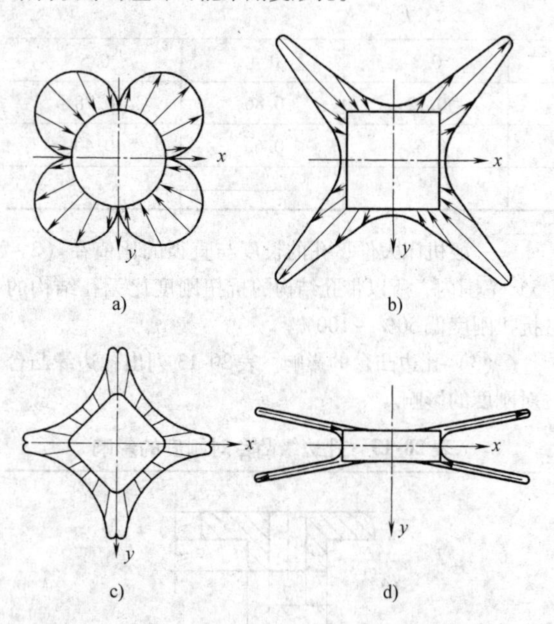

图20-3　孔的形状对箱体扭转强度的影响

a）圆形孔　b）正方形孔

c）菱形孔　d）窄长方形孔

20.2.2　常用机架的结构

20.2.2.1　铸造机架

（1）壁厚及肋的尺寸

1）铸铁机架。铸件的壁厚尺寸与其强度、刚度、材料、尺寸及工艺等因素有关。对于砂型铸造的铸铁件，可按当量尺寸 N 从表20-15中选取。表中推荐的是铸件最小壁厚，其他部位可根据承载和结构上的需要适当加厚。

当量尺寸计算：　$N=\frac{2L+B+H}{3000}$

式中　L、B、H——铸件的长度、宽度和高度（mm），L 为最大尺寸。

铸铁机架常用肋板和肋条来加强铸件刚度，其加强肋的尺寸见表20-16。

2）铸钢机架。由于钢水的流动性较差，为了防止浇注不足，铸钢件的壁厚不能太小。对于砂型铸造，小型铸钢件的最小允许壁厚一般为6～8mm。大型铸钢件的模型及工艺装备比较粗糙，钢水浇注温度一般难以控制，所以其壁厚的取值应适当加大。大型铸钢机架的最小壁厚见表20-17。形状复杂且易变形的铸钢件，最小壁厚可适当增加；形状简单的，且不重要的铸钢件，最小壁厚可适当减小。

表20-15　铸铁机架的最小壁厚

（单位：mm）

材料 / 壁厚 / N	灰铸铁		可锻铸铁	球墨铸铁
	外壁厚	内壁厚	壁厚	壁厚
0.3	6	5	比灰铸铁减少15%～20%	比灰铸铁增加15%～20%
0.75	8	6		
1.0	10	8		
1.5	12	10		
2.0	16	12		
2.5	18	14		
3.0	20	16		
4.0	24	20		
5.0	26	22		
6.0	28	24		
8.0	32	28		
10.0	40	36		

表20-16　铸铁机架加强肋的尺寸

（单位：mm）

外壁上的肋厚度	内腔中的肋厚度	肋的高度
$0.8S$	$(0.6\sim0.7)S$	$1.5S\leqslant h\leqslant 5S$

注：S 为肋所在壁的厚度；h 为肋的高度。

3）铸铝机架。铝合金铸件的壁厚，可按表20-18选取。用于仪器仪表外壳的铝合金和其他合金，其铸造壳体的最小壁厚见表20-19。

（2）铸造机架的结构工艺性　铸造机架一般为箱体结构，有复杂的内外形状。合理的设计应能保证铸件必需的强度和刚度，并能避免产生内部和外形的缺陷，同时还应使铸件制造简便、省时省力。

此外，铸造机架的结构设计还要考虑机架的加工工艺性。例如，加工时有可靠的基准支承，尽量减少装夹次数；机架上的孔要便于加工，避免设计盲孔；孔的尺寸规格尽量一致，以减少刀具数量和换刀次数等。

20.2.2.2　焊接机架

（1）焊接机架的特点　焊接机架与铸造机架比较，具有强度高、刚度好、重量轻、周期短及加工简便等优点。因此，焊接机架的使用日渐增多。焊接机架与铸造机架的特点比较见表20-20。

表 20-17　大型铸钢机架的最小壁厚　　（单位：mm）

最大轮廓尺寸 \ 次大轮廓尺寸	≤350	351~700	701~1500	1501~3500	3501~5500	5501~7000
≤350	10					
351~700	10~15	15~20				
701~1500	15~20	20~25	25~30			
1501~3500	20~25	25~30	30~35	35~40		
3501~5500	25~30	30~35	35~40	40~45	45~50	
5501~7000		35~40	40~45	45~50	50~55	55~60
>7000			>50	>55	>60	>65

表 20-18　铝合金铸件的壁厚

（单位：mm）

当量尺寸 N	0.3	0.5	1.0	1.5	2	2.5	3	4
壁厚	4	4	6	8	10	12	14	18

表 20-19　仪器仪表铸造壳体最小壁厚

（单位：mm）

合金种类	铸造方法				
	砂模铸造	金属模	压力铸造	熔模铸造	壳模铸造
铝合金	3	2.5	1~1.5	1~1.5	2~2.5
镁合金	3	2.5	1.2~1.8	1.5	2~2.5
铜合金	3	3	2	2	
锌合金		2	1.5	1	2~2.5

表 20-20　焊接机架与铸造机架特点比较

内　　容	铸铁机架	焊接机架
重量	较重	比铸件轻30%
刚度	较低	较高
强度	较低	强度2.5倍 疲劳强度3倍
抗振性	好	差
经济性（批量生产）	好	较差
生产周期	长	短
用途	批量生产	单件小批量

（2）焊接机架的结构型式

1）型钢结构。型钢结构如图 20-4a 所示。机架主要由槽钢、角钢、工字钢等型钢焊接而成。它的重量轻、成本低、材料利用充分。适用于中小型机架。

2）板焊结构。板焊结构机架如图 20-4b 所示。主要由钢板拼焊而成，是最常见的焊接机架，如压力机机身、金属切削机床的床身、立柱及柴油机机身等。

3）双层壁结构。双层壁结构如图 20-4c 所示。它是带有对角线肋网的焊接结构，具有刚度高、重量轻、抗振好等高性能特点。适用于大型精密设备的机架。

4）管形结构。以无缝钢管作为机架的主体，其特点是重量轻，抗扭刚度高。可用于加工中心的机床床身（参见表 20-7 焊接组合截面）。

（3）焊接机架设计中的一般问题

1）按焊接工艺特点设计焊接机架。焊接机架应尽量避免形状复杂的结构，还应注意提高机架的刚度和抗振能力。

2）合理布置焊缝。承受载荷的焊缝，设计时要使其受力合理；焊缝聚集或汇交、接头处剖面有突变，都会引起应力集中，应尽量避免。

3）经济性。选用槽钢、工字钢、钢管等标准型材，或把板材弯曲成形后焊接，都可减少焊接工作量和费用。

4）操作方便。选择可焊性良好的材料，以免造成焊接困难；避免仰焊、减少立焊，尽量采用自动焊，减少手工焊的工作量。

20.2.2.3　塑料机架

设计金属铸件时的基本要求也适用于用塑料压制的零件。与铸件相同，用塑料压制的壳体零件，其内外表面上不应该有内凹形状，图 20-5（1）为不正确结构，图 20-5（4）为正确结构。壳体零件上壁与基座，壁与加强肋，以及基座与凸台之间的过渡处，厚度不应有突变，其中图 20-5（2）、（3）为不正确结构，图 20-5（5）、（6）为正确结构。所有在内外表面的尖角均应做成圆角，圆角半径应尽可能大些。为了节约材料和缩短零件在压模中的停留时间，压制零件的厚度应尽可能取得薄些，一般在 1.5~2.5mm。

为了保证零件有足够的强度和刚度，可适当采用加强肋［图20-6（4）］。肋的厚度可取 $b=0.7a$，肋的高度 $h=3b$。注塑零件的工艺斜度应不小于10′~15′，一般精度的零件则应不小于20′~30′。设计塑料机架时，应考虑到能压出通孔、深孔及内外螺纹［图20-6（1）~（3）］的可能性。

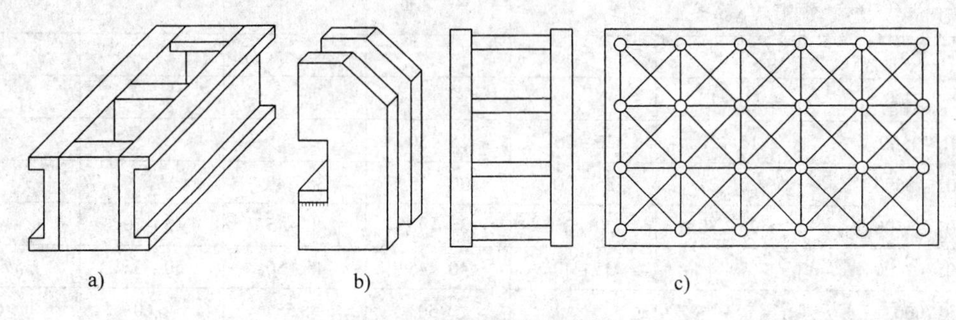

图20-4　焊接机架的结构形式

a）型钢结构　b）板焊结构　c）双层壁结构

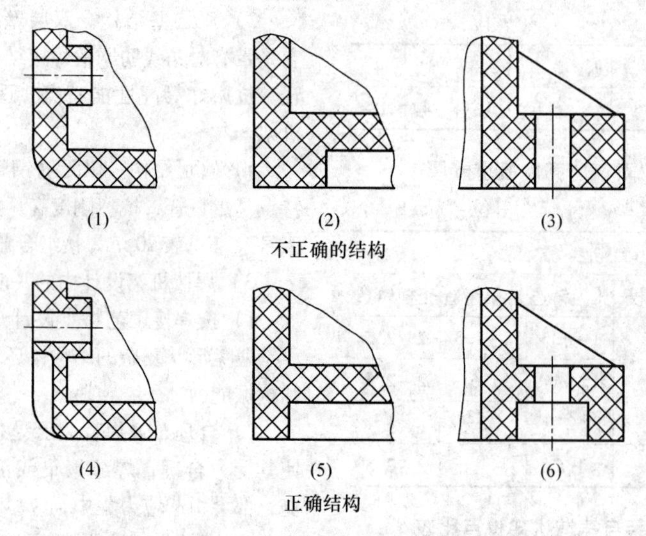

图20-5　塑料机架的正误结构

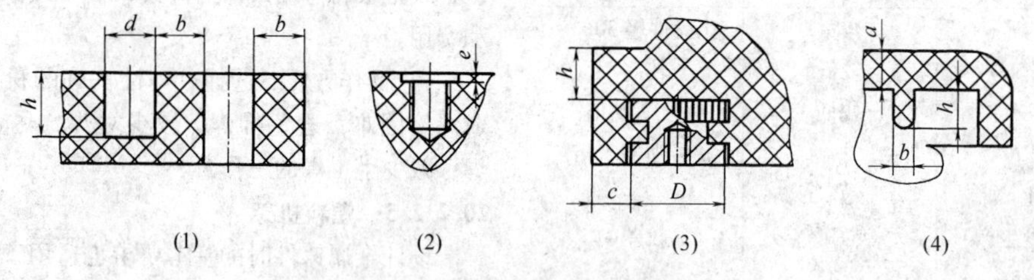

图20-6　塑料机架的结构要求

深孔尺寸的推荐值：$d<1.5$mm 时 $h\leqslant d$；$d>1.5$mm 时 $h\leqslant 3d$

通孔取值：$d>1.5$mm 时 $h>4d$。

零件相邻孔壁之间或孔与零件边缘之间的壁厚［图20-6（1）］应按下式确定：

$d=1.5\sim3$mm 时，$b\geqslant1.5\sim2$mm；$d=3\sim10$mm 时，$b\geqslant3\sim3.5$mm。

压制零件为防止螺纹口的螺纹崩裂，一般应留有圆柱形的引导面［图20-6（2）］，其深度 e 约等于一二个螺距。塑料壳体或支架、立柱等，应合理设置各种必要的嵌件，如滑动轴承，轴套及支柱等。嵌件的表面应滚花并开出横槽［图20-6（3）］，以防止嵌件转动或脱落。在嵌件顶部的壁厚 h 及嵌件与零件边缘的距离 c 的大小，应按表20-21选取。

20.2.2.4　混凝土机架

混凝土的弹性模量约为铸铁的1/5，钢的1/8.5；

表 20-21　嵌件外边缘尺寸

（单位：mm）

D	h	c
4	0.5	1.5
>4～8	1.5	2
>8～12	2	3

强度为铸铁的1/6，钢的1/12；但内阻却是铸铁的5倍，钢的15倍。热膨胀系数只是钢铁的1/4，且混凝土有较好的抗压强度，可防锈，耐用，并可节约金属，降低成本，缩短机器的制造周期等优点。

混凝土机架的结构特点如下：

1）混凝土的弹性模量较低，提高刚度的主要措施是加大壁厚或截面尺寸。

2）在混凝土结构中，要正确布置钢筋，也可以使用钢板、金属网改善结构性能。

3）混凝土表面可经喷砂处理后，用塑料涂层保护，机架易受撞击的部位应设置护角。

4）施加预应力，使混凝土始终保持在受压状态下工作。

20.2.3　机架的连接和固定

机架结构设计中，必须保证机架与其上零部件的连接，以及机架与地基之间连接的强度和刚度。影响连接刚度的主要因素是：连接处的结构，连接螺栓的数量、大小及其排列形式，垫片及接合面的机加工表面精度等。

连接处凸缘型式有三种：爪座式，翻边式及壁龛式。三种型式凸缘的结构简图，特点及应用见表20-22。

表 20-22　连接凸缘的特点及应用

型式	结构简图	特点及应用
爪座式		连接处局部强度、刚度均较差，但铸造简单，节约材料 适用于轻型机架的连接。中载及以上机架不建议用此种型式
翻边式		连接处局部强度，刚度均较好，还可以在连接处加肋条改善连接刚度，铸造容易、结构简单 适用于各种大、中、小型机架
壁龛式		连接处局部刚度高、外形美观、占地面积小，但制造较困难 适用于大件机架或箱体

在保证强度和刚度要求的条件下，连接处螺钉直径较小而数量稍多的连接，优于螺钉直径大而数量较少的连接。螺钉数量和大小对连接刚度的影响见图20-7。

螺钉排列对连接刚度的影响见图20-8。图中五种连接结构的特点为：结构（1），M16的12个螺钉分为两个一组，排列于立柱两侧；结构（2），10个螺钉等距离分布于两侧和背面；结构（3）、（4）、

（5）的螺钉排列与结构（2）相同，主要区别是加强肋的数目不同。肋条厚度与立柱板壁（实验模型）相同，高度为 200mm。

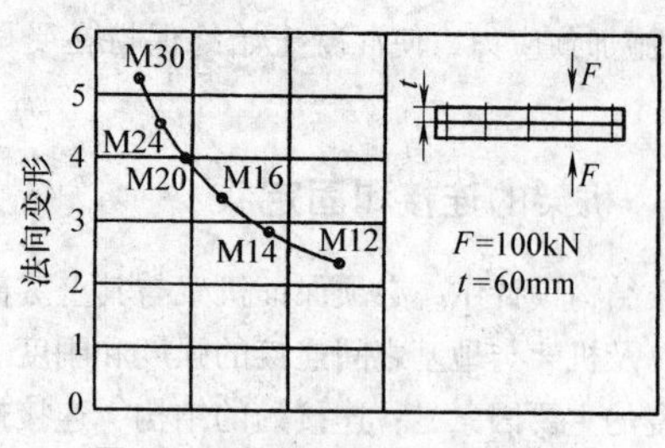

图 20-7　螺钉大小及数量的影响

在图 20-8 中，以结构（1）为比较基础，从图中可以看到：

1）结构（2）比（1）减少了 2 个螺钉，但排列均匀，y 方向的抗弯刚度提高了 10%，抗扭刚度提高了 20%。结构（1）的 12 个螺钉全部排列在 x 方向，但它的 x 方向的抗弯刚度并不比结构（2）高。这是因为立柱前缘的一对螺钉，几乎全部承受了 x 方向的载荷，所以结构（1）成双并列的 12 个螺钉，其效果仅相当于结构（2）的 6 个螺钉。

2）加强肋数目与连接刚度的关系。从图中可以看到，y 方向的抗弯抗扭刚度，随着加强肋数目的增加而增大；x 方向的抗弯刚度，有一对加强肋的结构（3），比无加强肋的结构（1）高 40%。然而，结构（4）和（5）并不比（3）高，说明 x 方向的抗弯刚度与加强肋的多少关系不大。

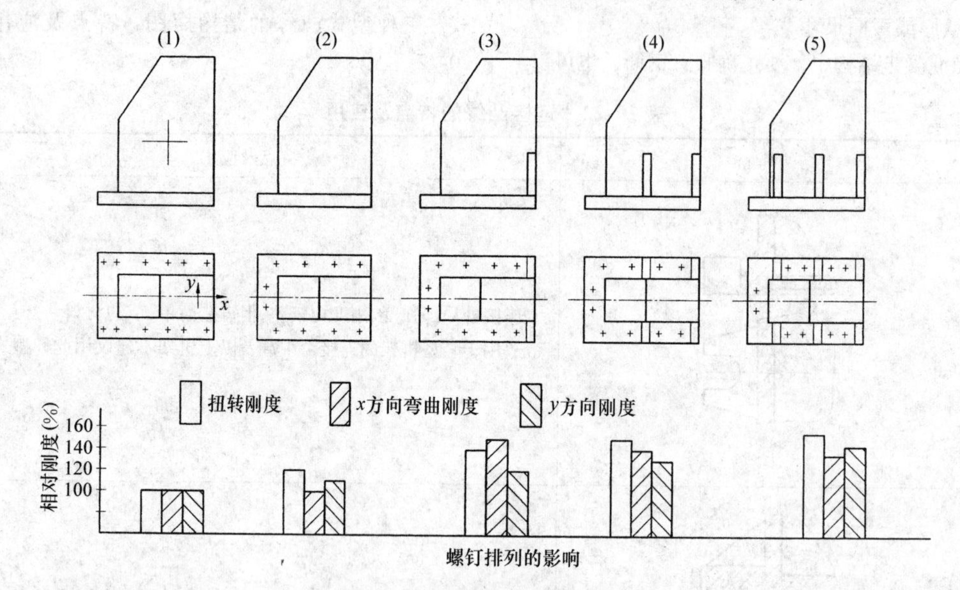

图 20-8　螺钉排列对刚度的影响

20.3　箱体

箱体是支承和容纳机器内各种运动零件的重要零件。它使箱体内的零件不受外界环境的影响，保护机器操作者的人身安全，并有一定的隔振、隔热和隔声作用。通常箱体为矩形截面的六面体。

20.3.1　箱体的分类

（1）按箱体的功能分类

1）传动箱体。如减速器、汽车变速箱及机床主轴的箱体，主要功能是支承各传动件及其支承零件。这类箱体要求有密封性、强度和刚度。

2）泵体和阀体。如齿轮泵的泵体，各种液压阀的阀体，主要功能是改变液体流动方向、流量大小或改变液体压力。这类箱体除有对前一类箱体的要求外，还要求能承受箱体内液体的压力。

3）发动机缸体。如柴油机等的缸体，主要功能是保证内燃机的正常工作。除有前一类箱体的要求以外，还要求有一定的耐高温性能。

4）支架箱体。如机床的支座、立柱等箱体形零件，要求有一定的强度、刚度和精度。这类箱体设计时要特别注意刚度和处理造型。

（2）按箱体的制造方法分类

1）铸造箱体。常用材料是铸铁，有时也用铸钢、铸铝合金和铸铜等。铸铁箱体的特点是结构形状可以较复杂，有较好的吸振性和机加工性能。常用于成批生产的中小型箱体。

2）焊接箱体。由钢板、型钢或铸钢件焊接而成，结构要求较简单，生产周期较短。焊接箱体适用于单件小批量生产，尤其是大件箱体，采用焊接件可大大降低制造成本。

3）其他箱体。如冲压和注塑箱体，适用于大批量生产的小型、轻载和结构形状简单的箱体。

20.3.2 箱体的设计要求

设计箱体时，首先要考虑箱体内零件的布置及与箱体外部零件的关系。如车床主轴箱要按箱内传动轴与齿轮，以及所加工零件的最大设计尺寸，来确定箱体的形状和尺寸。主要的设计要求如下：

1）满足强度和刚度要求。有些受力很大的箱体零件，满足强度要求是一个重要问题。箱体强度应根据工作过程中的最大载荷，验算其静强度。对承受变载荷的箱体，还应验算其疲劳强度。但是，对于大多数的箱体，尤其是各类传动箱和变速箱，评定性能的主要指标还是箱体的刚度。如车床主轴箱箱体的刚度，不仅影响箱体内齿轮、轴承等零件的正常工作，还影响机床的加工精度。

2）有良好的抗振性能和阻尼性能，即对箱体的动刚度要求。机床主轴箱体的动刚度，同样会影响箱内零件的正常工作和机床加工精度。

3）散热性能和热变形问题。箱体内零件摩擦发热，使润滑油粘度变化，影响其润滑性能。温度升高使箱体产生热变形，尤其是温度不均匀分布的热变形和热应力，对箱体的精度和强度有很大影响。

4）稳定性好。对于面积较大而箱体壁又很薄的箱体，应考虑其失稳问题。

5）结构设计合理。如支点安排、肋的布置、开孔位置和连接结构的设计等，均要有利于提高箱体的强度和刚度。

6）工艺性好。包括毛坯制造、机械加工及热处理、装配调整、安装固定、吊装运输、维护修理等各个方面的工艺性。

7）造型好。符合实用、经济和美观三项基本原则。

8）质量小。箱体质量在整机中常占较大比例，所以减小箱体质量，对减小机器质量有相当大的作用。

设计不同的箱体，对以上要求可以有所侧重。

20.3.3 箱体结构方案分析

设计箱体结构时，当箱体内部零件的相互关系和受力情况相同，但制造方法与工艺装配条件不同时，也可以设计成不同的结构型式。

齿轮传动分配箱中，各齿轮的啮合关系见图20-9a，功率通过齿轮1输入，齿轮1与齿轮2啮合，齿轮3和齿轮4及齿轮5同时啮合，且齿轮3、齿轮4和齿轮5的轴均为功率输出轴，五个齿轮和四根轴组成一个动力分配箱，箱体内齿轮的传动关系见图20-9b，对图20-10中三种箱体不同分箱面结构方案的比较见表20-23。

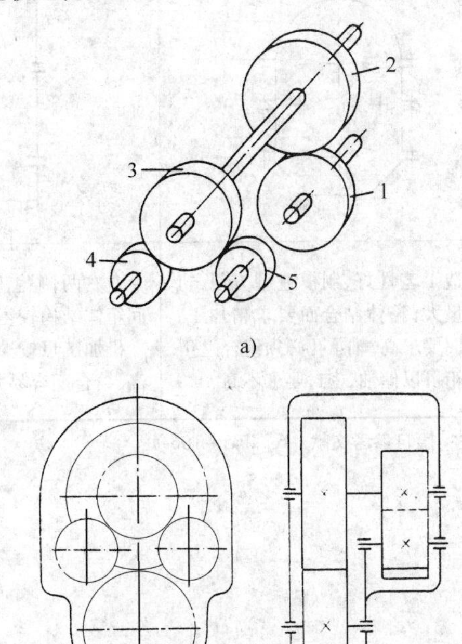

图20-9 齿轮分配箱传动系统

a）传动方案 b）分配箱

1、2、3、4、5—齿轮

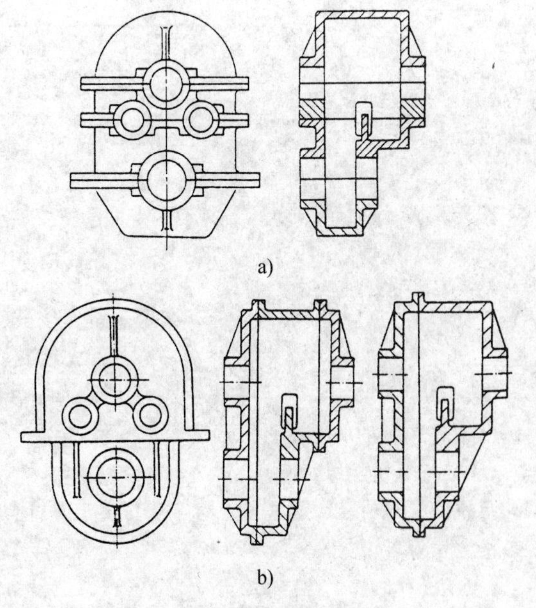

图20-10 齿轮分配箱结构

a）方案Ⅰ b）方案Ⅱ、Ⅲ

表 20-23　分配箱箱体结构型式比较

结构型式Ⅰ	结构型式Ⅱ	结构型式Ⅲ
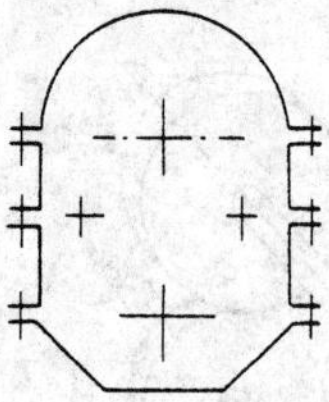	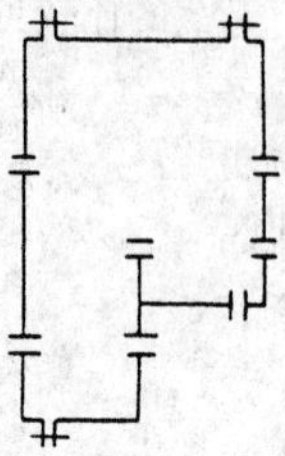	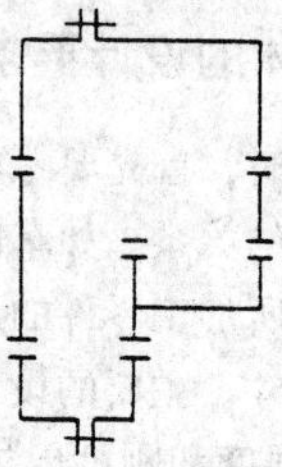
铸造工艺性好，制模造型方便、机加工量大，箱体结合面要求精加工，且表面要求高，轴承孔必须组合镗孔 下箱可以储油，密封要求不高	左右两侧盖铸造困难、易变形，中间箱体结构较复杂，铸造费时又费工 机加工量较少，但结合面密封要求高，结合面容易漏油	右箱体较复杂，铸造有一定难度 结合面少，机加工量也减少，加工要求稍低，较易加工 密封要求高，结合面容易漏油

注：摘自参考文献［6］105～106页。

第21章　常用电动机

21.1　选择电动机的基本原则和方法

21.1.1　选择电动机的基本原则

1）考虑电动机的主要性能（启动、过载及调速等）、额定功率大小、额定转速及结构型式等方面，要满足生产机械的要求。

2）在满足以上要求前提下，优先选用结构简单、运行可靠、维护方便又价格合理的电动机。

选择电动机的一般步骤见图21-1。

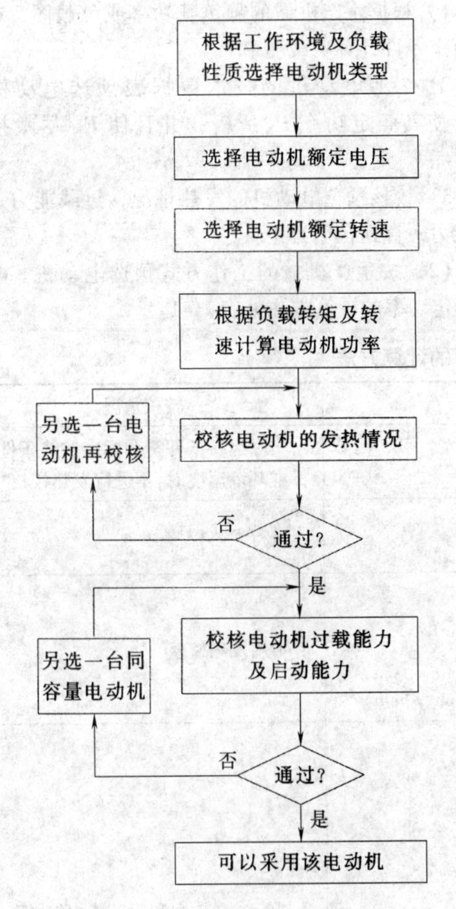

图21-1　选择电动机的一般步骤

21.1.2　电动机类型的选择

（1）根据电动机的工作环境选择电动机类型

1）安装方式的选择。电动机安装方式有卧式和立式两种。卧式电动机的价格比立式的便宜，所以通常情况下都选用卧式电动机。一般只在为简化传动装置，且必须垂直运转时才选用立式电动机。

2）防护型式的选择。电动机防护型式有开启式、封闭式、防护式及防爆式四种。

① 开启式电动机在定子两侧与端盖上有较大的通风口，散热条件好，价格便宜，但水气、尘埃等杂物容易进入，因此只在清洁、干燥的环境下使用。

② 封闭式电动机又可分为自扇冷式、他扇冷式和密封式三种。前两种可在潮湿、多尘埃、高温、有腐蚀性气体或易受风雨的环境中工作。密封式可浸入液体中使用。

③ 防护式电动机在机座下方开有通风口，散热较好，能防止水滴、铁屑等杂物从上方落入电动机，但不能防止尘埃和潮气入侵，所以适宜于较清洁干净的环境中。

④ 防爆式电动机适用于有爆炸危险的环境中，如油库、矿井等。

（2）根据机械设备的负载性质选择电动机类型

1）一般调速要求不高的生产机械，应优先选用交流电动机。负载平稳、长期稳定工作的设备，如切削机床、水泵、通风机、轻工业用器械，以及其他一般机械设备，应采用一般笼型三相异步电动机。

2）启动、制动较频繁，以及启动、制动转矩要求较大的生产机械，如起重机、矿井提升机，不可逆轧钢机等，一般选用绕线转子异步电动机。

3）对要求调速不连续的生产机械，可选用多速笼型电动机。

4）要求调速范围大、调速平滑、位置控制准确、功率较大的机械设备，如龙门刨床、高精度数控机床、可逆轧钢机、造纸机等，大多选用他励直流电动机。

5）要求启动转矩大、恒功率调速的生产机械，应选用串励或复励直流电动机。

6）要求恒定转速或改善功率因数的生产机械，如大中容量空气压缩机、各种泵等，可选用同步电动机。

7）特殊场合下使用的电动机，如有易燃易爆气体存在或尘埃较多时，宜选用防护等级相宜的电动机。

8）要求调速范围很宽，调速平滑性不高时，选用机电结合的调速方式比较经济合理。

21.1.3　电动机额定电压的选择

电动机额定电压一般选择与供电电压一致。普通工厂的供电电压为 380V 或 220V，因此中小型交流电动机的额定电压大都是 380V 或 220V。大中容量的交流电动机，可以选用 3kV 或 6kV 的高压电源供电，这样可以减小电动机体积并可以节省铜材。

直流电动机无论是由直流发电机供电，还是由晶闸管变流装置直接供电，其额定电压都应与供电电压相匹配。普通直流电动机的额定电压有 440V、220V、110V 三种，新型直流电动机增设了 1600V 的电压等级。

21.1.4　电动机额定转速的选择

电动机的额定转速要根据生产机械的具体情况来选择。

1）不要求调速的中高转速生产机械，应尽量不采用减速装置，而应选用与生产机械相应转速的电动机直接传递转矩。

2）要求调速的生产机械上使用的电动机，额定转速的选择应结合生产机械转速的要求，选取合适传动比的减速装置。

3）低转速的生产机械，一般选用适当偏低转速的电动机，再经过减速装置传动；大功率的生产机械中需要低速传动时，注意不要选择高速电动机，以减少减速器的能量损耗。

4）一些低速重复，短时工作的生产机械，应尽量选用低速电动机直接传动，而不用减速器。

5）要求重复、短时、正反转工作的生产机械，除应选择满足工艺要求的电动机额定转速外，还要保证生产机械达到最大的加、减速度的要求而选择最恰当的传动装置，以达到最大生产率或最小损耗的目标。

21.1.5　电动机容量的选择

（1）确定电动机额定功率的方法和步骤

1）根据生产机械的静负载功率或负载图，或其他给定条件计算负载功率 P_L。

2）参照电动机的技术数据表预选电动机型号，使其额定功率 $P_N \geqslant P_L$，并且使 P_N 尽量接近于 P_L。

3）校核预选电动机的发热情况，过载能力及启动能力，直到合适为止。

（2）按生产机械的工作方式预选电动机。电动机额定功率的计算方法见表 21-1。

表 21-1　电动机额定功率的计算方法

序号	工作方式及负载性质	计算公式	校核情况
1	长期工作方式恒定负载	$P_N \geqslant P_L$	实际运行条件符合标准散热条件和标准环境温度时，不进行发热校核
2	长期工作方式周期性变化负载	$P_N \geqslant (1.1 \sim 1.6) P_{Lav}$ P_{Lav}—平均负载功率	进行发热校核
3	短时工作方式短时工作制	$P_N \geqslant P_L \sqrt{\dfrac{t_g}{t_{gb}}}$ t_g—电动机实际工作时间，下同 t_{gb}—电动机标准工作时间（30min、60min、90min）	不用发热校核
4	短时工作方式长期工作制	$P_N \geqslant P_L \sqrt{\dfrac{1-e^{-\frac{t_g}{T_\theta}}}{1+\alpha e^{-\frac{t_g}{T_\theta}}}}$ T_θ—电动机发热时间常数 α—电动机额定运行时的比值 普通直流电动机 $\alpha = 1.0 \sim 1.5$ 普通三相笼型电动机 $\alpha = 0.5 \sim 0.7$ 小型三相绕线转子异步电机 $\alpha = 0.45 \sim 0.6$ 当 $t_g < (0.3 \sim 0.4) T_\theta$ 时，需按过载能力选择 P_N： $P_N \geqslant P_L / \lambda_m$ λ_m—电动机允许过载倍数，见表 21-2	进行过载能力和起动能力校核

（续）

序号	工作方式及负载性质	计算公式	校核情况
5	周期性断续工作方式周期性断续工作制	$P_N = (1.1 \sim 1.6)\dfrac{\sum_{i=1}^{n} P_{Li} t_i}{t_g}\sqrt{\dfrac{FC(\%)}{FCB(\%)}}$ t_i—每段工作周期；P_{Li}—每段工作周期内的负载功率；$FC(\%)$—负载持续率；$FCB(\%)$—标准负载持续率	进行发热校核

表 21-2 各种电动机的转矩过载倍数λ_m

电动机类型	直流电动机	绕线转子异步电动机	笼型异步电动机	同步电动机
转矩过载倍数 λ_m	1.5～2 （特殊型3～4）	2～2.5 （特殊型3～4）	1.8～2 （双笼型2.7）	2～2.5 （特殊型3～4）

(3) 电动机的发热校核 为了保证电动机的寿命及安全，计算出电动机的额定功率后，通常要对选择的电动机进行发热校核，即限制电动机的温升：

$$\tau_m = \theta_m - \theta_0 \leqslant \tau_{max} = \theta_{max} - \theta_0$$

式中 τ_m——电动机温升；

θ_m——电动机温度；

θ_0——标准环境温度，$\theta_0 = 40℃$；

τ_{max}——电动机绝缘的最高允许温升；

θ_{max}——电动机最高允许温度。

电动机发热校核的具体方法见表21-3。

表 21-3 电动机的发热校核

方 法	已知条件	计算公式	备 注
平均损耗法	平均损耗图 $\Delta p = f(t)$	$\Delta p_{av} = (1/t_z)\sum_{i=1}^{n}\Delta p_i t_i \leqslant \Delta p_N$ Δp_{av}—平均损耗功率 t_z—负载变化周期，$t_z = t_1 + t_2 + \cdots + t_n$，下同 Δp_N—额定功率损耗	不满足条件时，应重选功率大些的电动机，重新校核，直至满足
等效电流法	电流负载图 $I = f(t)$	$I_{eq} = \sqrt{(1/t_z)\sum_{i=1}^{n} I_1^2 t_i} \leqslant I_N$ I_{eq}—等效电流 I_N—电动机额定电流	经常启动、制动的异步电动机，以及深槽式、双笼型异步电动机，不能采用该方法校核，只能采用平均损耗法
等效转矩法	转矩负载图 $T = f(t)$	$T_{eq} = \sqrt{(1/t_z)\sum_{i=1}^{n} T_1^2 t_i} \leqslant T_N$ T_{eq}—等效转矩 T_N—电动机额定转矩	不能采用等效电流法校核的情况及串励直流电动机等磁通变化时，均不能采用此方法
等效功率法	功率负载图 $P = f(t)$	$P_{eq} = \sqrt{(1/t_z)\sum_{i=1}^{n} P_1^2 t_i} \leqslant P_N$ P_{eq}—等效功率 P_N—电动机额定功率	不能采用等效转矩法校核的情况和电机转速有变化的情况，都不能采用此方法

(4) 电动机的过载能力校核 电动机的过载能力一般可按下式进行校核：

$$T_m \leqslant \lambda_m T_N$$

式中 T_m——电动机运行时承受的最大转矩；

λ_m——允许过载倍数，$\lambda_m = T_{max}/T_N$，λ_m 值见表21-2；

T_{max}、T_N——电动机的允许最大转矩和额定转矩。

(5) 电动机启动能力校核 对于笼型异步电动机，有时需要进行起动能力的校核。一般应保证电动机启动时，起动转矩 T_{st} 大于负载转矩 T_L。如果 T_{st} 小

于 T_L，则应另选启动转矩较大的异步电动机，或加大电动机的额定功率来满足。

21.2 常用电动机产品

21.2.1 交流电动机

21.2.1.1 异步电动机的类型及应用

异步电动机的分类如下：

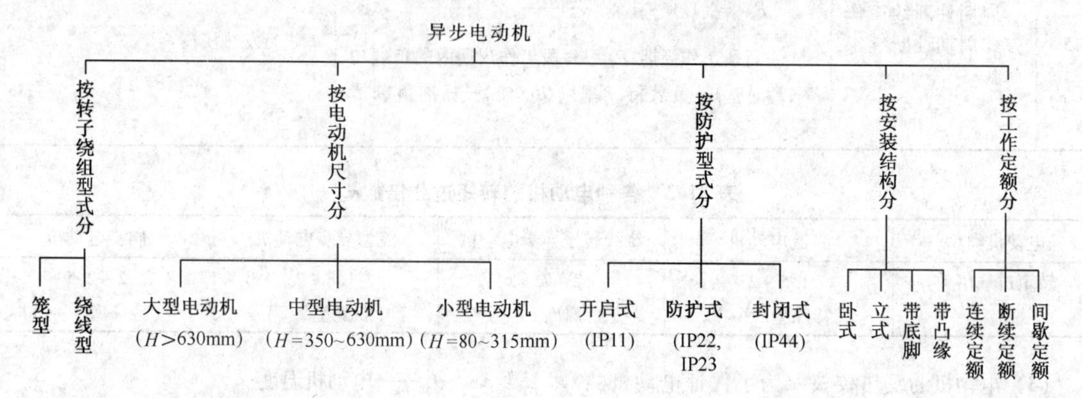

异步电动机具有结构简单、维修方便、工作效率较高、质量较轻、成本较低、负载特性较硬等特点，能满足大多数工业生产机械的电气传动需要，因此在国民经济的各部门，特别是工业电气部门得到广泛应用，作为各种机床、水泵液压、鼓风机、胶带运输机械、吊车、起重运输机械、冶金、轧钢、轻工业和农副加工业等设备，以及其他通用设备的动力源。它是各类电动机中应用最广、需要最多的一类电动机。

21.2.1.2 异步电动机基本系列产品

（1）Y系列（IP23）防护式笼型三相异步电动机

1）结构特点。此系列电动机采用防淋水结构，能防止直径大于12mm的固体异物进入，并能防止沿垂直线成60°或小于60°的淋水对电动机的影响。

2）主要性能及特点。此系列电动机具有效率高、耗电少、性能好、噪声低、振动小、体积小、质量轻、运行可靠、维修方便等特点。绝缘等级为B级。

3）应用场合。适用于驱动无特殊要求的各种机械设备，例如：切削机床、水泵、鼓风机、破碎机、运输机械等。

4）使用条件。①海拔不超过1000m；②环境温度不超过40℃；③额定电压为380V，额定频率为50Hz；④3kW及以下功率电动机为Y连接，4kW及以上功率电动机为Δ连接。

5）安装方式。B3、B5或B35及其派生型式，根据用户需要可以生产立式电动机。

6）技术数据见表21-4。

7）安装尺寸及外形尺寸见表21-5。

表21-4 Y系列（IP23）防护型三相异步电动机技术数据（摘自JB/T 5271—2010）

型号	额定功率/kW	效率（%）	功率因数 cosφ	空载噪声/dB(A)	负载时噪声增量/dB(A)	堵转电流/额定电流	最大转矩/额定转矩	最小转矩/额定转矩	堵转转矩/额定转矩
同步转速3000r/min									
Y160M-2	15	88.0	0.88	85	2	7.0	2.2	1.2	1.7
Y160L1-2	18.5	89.0	0.89	85	2	7.0	2.2	1.1	1.8
Y160L2-2	22	89.5	0.89	85	2	7.0	2.2	1.1	2.0
Y180M-2	30	89.5	0.89	88	2	7.0	2.2	1.1	1.7
Y180L-2	37	90.5	0.89	88	2	7.0	2.2	1.1	1.9
Y200M-2	45	91.0	0.89	90	2	7.0	2.2	0.9	1.9
Y200L-2	55	91.5	0.89	90	2	7.0	2.2	0.9	1.9
Y225M-2	75	91.5	0.89	92	2	6.7	2.2	0.8	1.8
Y250S-2	90	92.0	0.89	96	2	6.8	2.2	0.8	1.7

（续）

型号	额定功率/kW	效率(%)	功率因数 cosφ	空载噪声/dB(A)	负载时噪声增量/dB(A)	堵转电流/额定电流	最大转矩/额定转矩	最小转矩/额定转矩	堵转转矩/额定转矩
Y250M-2	110	92.5	0.90	96	2	6.8	2.2	0.8	1.7
Y280M-2	132	92.5		98		6.8	2.2	0.8	1.6
Y315S-2	160	92.5		102		6.8	2.0	0.83	1.4
Y315M1-2	(185)	92.5				6.8	2.0	0.71	1.4
Y315M2-2	200	93.0				6.8	2.0	0.71	1.4
Y315M3-2	(220)	93.5				6.8	2.0	0.71	1.4
Y315M4-2	250	93.8	0.88			6.8	2.0	0.71	1.2
Y355M2-2	(280)	94.0		104		6.5	1.8	0.71	1.0
Y355M3-2	315	94.0	0.89			6.5	1.8	0.71	1.0
Y355L1-2	355	94.3				6.5	1.8	0.71	1.0
同步转速1500r/min									
Y160M-4	11	87.5	0.85	76	5	7.0	2.2	1.3	1.9
Y160L1-4	15	88.0	0.86	80		7.0	2.2	1.2	2.0
Y160L2-4	18.5	89.0	0.86			7.0	2.2	1.2	2.0
Y180M-4	22	89.5	0.86		4	7.0	2.2	1.2	1.9
Y180L-4	30	90.5	0.87	84		7.0	2.2	1.2	1.9
Y200M-4	37	90.5	0.87	87		7.0	2.2	1.2	2.0
Y200L-4	45	91.5	0.87	87		7.0	2.2	1.1	2.0
Y225M-4	55	91.5	0.88	88	3	7.0	2.2	1.1	1.8
Y250S-4	75	92.0	0.88	89		6.7	2.2	0.9	2
Y250M-4	90	92.5	0.88	89		6.7	2.2	0.9	2.2
Y280S-4	110	92.5	0.88	92		6.7	2.2	0.9	1.7
Y280M-4	132	93.0	0.88	92		6.8	2.2	0.9	1.8
Y315S-4	160	93.0	0.88	98		6.8	2.0	0.95	1.4
Y315M1-4	(185)	93.5	0.88			6.8	2.0	0.83	1.4
315M2-4	200	93.8	0.88			6.8	2.0	0.83	1.4
Y315M3-4	(220)	94.0	0.88			6.8	2.0	0.83	1.4
Y315M4-4	250	94.3	0.88			6.8	2.0	0.83	1.2
Y355M2-4	(280)	94.3	0.89	99	2	6.5	1.8	0.71	2.2
Y355M3-4	315	94.3	0.90	99		6.5	1.8	0.71	1.0
Y355L1-4	355	94.5	0.90	99		6.5	1.8	0.71	1.0
同步转速1000r/min									
Y160M-6	7.5	85.0	0.79	74	7	6.5	2.0	1.3	2.0
Y160L1-6	11	86.5	0.78	74		6.5	2.0	1.2	2.0
Y180M-6	15	88.0	0.81	78	6	6.5	2.0	1.2	1.8
Y180L-6	18.5	88.5	0.83	78		6.5	2.0	1.2	1.8
Y200M-6	22	89.0	0.85	81		6.5	2.0	1.2	1.7
Y200L-6	30	89.5	0.85	81		6.5	2.0	1.2	1.7
Y225M-6	37	90.5	0.87	81		6.5	2.0	1.2	1.8
Y250S-6	45	91.0	0.86	83		6.5	2.0	1.1	1.8
Y250M-6	55	91.0	0.87	83		6.5	2.0	1.1	1.8
Y280S-6	75	91.5	0.87	86		6.5	2.0	0.9	1.8
Y280M-6	90	92.0	0.88	86		6.5	2.0	0.9	1.8

（续）

型号	额定功率/kW	效率(%)	功率因数cosφ	空载噪声/dB(A)	负载时噪声增量/dB(A)	堵转电流/额定电流	最大转矩/额定转矩	最小转矩/额定转矩	堵转转矩/额定转矩
Y315S-6	110	93.0	0.87	90		6.5	1.8	0.95	1.3
Y315M1-6	132	93.5	0.87	90	5	6.5	1.8	0.95	1.3
Y315M2-6	160	93.8	0.87	90		6.5	1.8	0.95	1.3
Y355M1-6	(185)	94.0	0.87			6.0	1.8	0.83	1.1
Y355M2-6	200	94.0	0.87			6.0	1.8	0.83	1.1
Y355M3-6	(220)	94.0	0.88	95	4	6.0	1.8	0.83	1.1
Y355M4-6	250	94.3	0.88			6.0	1.8	0.83	1.1
Y355L1-6	(280)	94.3	0.88			6.0	1.8	0.71	1.1

同步转速750r/min

型号	额定功率/kW	效率(%)	功率因数cosφ	空载噪声/dB(A)	负载时噪声增量/dB(A)	堵转电流/额定电流	最大转矩/额定转矩	最小转矩/额定转矩	堵转转矩/额定转矩
Y160M-8	5.5	83.5	0.73	73	8	6.0	2.0	1.2	2.0
Y160L1-8	7.5	85.0	0.73	73		6.0	2.0	1.2	2.0
Y180M-8	11	86.5	0.74	77		6.0	2.0	1.1	1.8
Y180L-8	15	87.5	0.76	77		6.0	2.0	1.1	1.8
Y200M-8	18.5	88.5	0.78	80		6.0	2.0	1.1	1.7
Y200L-8	22	89.0	0.78	80		6.0	2.0	1.1	1.8
Y225M-8	30	89.5	0.81	80	7	6.0	2.0	1.1	1.7
Y250S-8	37	90.0	0.80	81		6.0	2.0	1.1	1.6
Y250M-8	45	90.5	0.80	81		6.0	2.0	0.9	1.8
Y280S-8	55	91.0	0.80	83		6.0	2.0	0.9	1.8
Y280M-8	75	91.5	0.81	83		6.0	2.0	0.8	1.8
Y315S-8	90	92.2	0.81	89		6.0	1.8	0.83	1.3
Y315M1-8	110	92.8	0.81	89	6	6.0	1.8	0.83	1.3
Y315M2-8	132	93.3	0.81	89		6.0	1.8	0.83	1.3
Y355M2-8	160	93.5	0.81			5.5	1.8	0.83	1.1
Y355M3-8	(185)	93.5	0.81			5.5	1.8	0.83	1.1
Y355M4-8	200	93.5	0.81	93	5	5.5	1.8	0.83	1.1
Y355L1-8	(220)	94.0	0.81			5.5	1.8	0.83	1.1
Y355L2-8	250	94.0	0.79			5.5	1.8	0.83	1.1

同步转速600r/min

型号	额定功率/kW	效率(%)	功率因数cosφ	空载噪声/dB(A)	负载时噪声增量/dB(A)	堵转电流/额定电流	最大转矩/额定转矩	最小转矩/额定转矩	堵转转矩/额定转矩
Y315S-10	55	91.5	0.74	87		5.5	1.8	0.71	1.2
Y315M1-10	75	92.0	0.74	90	7	5.5	1.8	0.71	1.2
Y315M2-10	90	92.0	0.76	90		5.5	1.8	0.71	1.2
Y355M2-10	110	92.5	0.78	90		5.5	1.8	0.71	1.0
Y355M3-10	132	92.8	0.79	94	6	5.5	1.8	0.71	1.0
Y355L1-10	160	92.8	0.79	94		5.5	1.8	0.71	1.0
Y355L2-10	(185)	93.0	0.79	94		5.5	1.8	0.71	1.0

同步转速500r/min

型号	额定功率/kW	效率(%)	功率因数cosφ	空载噪声/dB(A)	负载时噪声增量/dB(A)	堵转电流/额定电流	最大转矩/额定转矩	最小转矩/额定转矩	堵转转矩/额定转矩
Y355M4-12	90	92.0	0.74	90		5.5	1.8	0.5	1.0
Y355L1-12	110	92.3	0.75	90	6	5.5	1.8	0.5	1.0
Y355L2-12	132	92.5	0.75	94		5.5	1.8	0.5	1.0

表 21-5　Y 系列三相异步电动机的安装尺寸及公差（摘自 JB/T 5271—2010）　（单位：mm）

机座带底脚，端盖上无凸缘的电动机

机座号	极数	安装尺寸及公差																	外形尺寸				
		A	B	C		D		E		F		G①		H		K②			AB	AC	AD	HD	L
		基本尺寸	基本尺寸	基本尺寸	极限偏差	基本尺寸	极限偏差	基本尺寸	极限偏差	基本尺寸	极限偏差	基本尺寸	极限偏差	基本尺寸	极限偏差	基本尺寸	极限偏差	位置度公差					
160M	2,4,6,8	254	210	108	±3.0	48	+0.018 +0.002	110	±0.43	14	0 −0.043	42.5	0 −0.20	160	0 −0.5	14.5	+0.43 0	ϕ1.2Ⓜ	330	380	290	440	676
160L			254																				
180M	2,4,6,8	279	241	121		55	+0.030 +0.011			16		49		180					350	420	325	505	726
180L			279																				
200M	2,4,6,8	318	267	133		60		140	±0.50	18		53		200		18.5	+0.52 0		400	465	350	570	820
200L			305																				886
225M	2	356	311	149	±4.0									225					450	520	395	640	880
	4,6,8					65						58											
250S	2	406		168										250		24		ϕ2.0Ⓜ	510	550	410	710	930
	4,6,8					75				20	0 −0.052	67.5											
250M	2		349			65				18	0 −0.043	58											960

（续）

机座号	极数 6、6、6、20	安装尺寸及公差 A 基本尺寸	B 基本尺寸	C 基本尺寸	C 极限偏差	D 基本尺寸	D 极限偏差	E 基本尺寸	E 极限偏差	F 基本尺寸	F 极限偏差	G① 基本尺寸	G① 极限偏差	H 基本尺寸	H 极限偏差	K② 基本尺寸	K② 极限偏差	K② 位置度公差	外形尺寸 AB	AC	AD	HD	L
250M	4,6,8	406	349	168	±4.0	75	+0.030 +0.011	140	±0.50	20	0 −0.052	67.5	0 −0.20	250	0 −0.5	24	+0.52 0	ϕ2.0Ⓜ	510	550	410	710	960
280S	4,6,8	457	368	190		80		170		22		71		280	0 −1.0				570	610	485	785	1090
280M	2		419			65		140		18	0 −0.043	58											
	4,6,8					80		170		22	0 −0.052	71											1140
315S	2	508	406	216		70		140		20		62.5		315		28			630	792	586	928	1130
	4,6,8,10					90	+0.035 +0.013	170		25		81											1160
315M	2		457			70	+0.030 +0.011	140		20		62.5											1240
	4,6,8,10					90	+0.035 +0.013	170		25		81											1270
355M	2	610	560	254		75	+0.030 +0.011	140		20		67.5		355					710	980	630	1120	1550
	4,6,8,10					100	+0.035 +0.013	210	±0.57	28		90											1620
355L	2		630			75	+0.030 +0.011	140	±0.50	20		67.5											1620
	4,6,8,10					100	+0.035 +0.013	210	±0.57	28		90											1690

① $G=D-GE$，GE 的极限偏差为（$^{+0.20}_{0}$）。

② K 孔的位置度公差以轴伸的轴线为基准。

(2) Y 系列（IP44）封闭式笼型三相异步电动机

1）结构特点。采用封闭自扇冷式结构。能防止灰尘、铁屑或其他固体异物进入电动机内，能防止任何方向的溅水对电动机的影响。一般只有一个轴伸端。

2）此系列电动机的主要性能特点，与 Y 系列（IP23）电动机相同。

3）应用场合。除与 Y 系列（IP23）电动机相同外，还适用于灰尘多、土扬水溅的场合，例如：农用机械、矿山机械、搅拌机、磨粉机等。

4）使用条件与 Y 系列（IP23）相同，电动机工作制为 S_1 工作制。

5）安装方式。B_3、B_5、B_{35}及其派生型式。

6）技术数据见表 21-6。

7）安装尺寸及外形尺寸见表 21-7 至表 21-10。

表 21-6　Y 系列（IP44）三相异步电动机技术数据（摘自 JB/T 10391—2008）

型号	额定功率/kW	效率（%）	功率因数 cosϕ	空载噪声/dB(A)	负载时噪声增量/dB(A)	堵转电流/额定电流	最大转矩/额定转矩	最小转矩/额定转矩	堵转转矩/额定转矩
同步转速 3000r/min									
Y80M1-2	0.75	75.0	0.84	66/71	2	6.1	2.3	1.5	2.2
Y80M2-2	1.1	76.2	0.86	66/71		7.0	2.3	1.5	2.2
T90S-2	1.5	78.5	0.85	70/75		7.0	2.3	1.5	2.2
T90L-2	2.2	81.0	0.86	70/75		7.0	2.3	1.4	2.2
Y100L1-2	3	82.6	0.87	74/79		7.5	2.3	1.4	2.2
Y100L2-2	3	82.6	0.87	74/79		7.5	2.3	1.4	2.2
Y112M-2	4	84.2	0.87	74/70		7.5	2.3	1.4	2.2
Y132S1-2	5.5	85.7	0.88	78/83		7.5	2.3	1.2	2.0
Y132S2-2	7.5	87.0	0.88	78/83		7.5	2.3	1.2	2.0
Y160M1-2	11	88.4	0.88	82/87		7.5	2.3	1.2	2.0
Y160M2-2	15	89.4	0.89	82/87		7.5	2.3	1.2	2.0
Y160L-2	18.5	90.0		82/87		7.5	2.2	1.2	2.0
Y180M-2	22	90.5		87/91		7.5	2.2	1.1	2.0
Y200L1-2	30	91.4		90/93		7.5	2.2	1.1	2.0
Y200L2-2	37	92.0		90/93		7.5	2.2	1.1	2.0
Y225M-2	45	92.5		90/95		7.5	2.2	1.0	2.0
Y250M-2	55	93.0		92/95		7.5	2.2	1.0	2.0
Y280S-2	75	93.6		94/97		7.5	2.2	0.9	2.0
Y280M-2	90	93.9		94/97		7.5	2.2	0.9	2.0
Y315S-2	110	94.0		99/97		7.1	2.2	0.9	1.8
Y315M-2	132	94.5		99/100		7.1	2.2	0.9	1.8
Y315L1-2	160	94.6		99/100		7.1	2.2	0.9	1.8
Y315L2-2	200	94.8		99/100		7.1	2.2	0.8	1.8
Y355M1-2	(220)	94.8		—/100		7.1	2.2	0.71	1.2
Y355M2-2	250	95.2	0.90	—/104		7.1	2.2	0.71	1.2
Y355L1-2	(280)	95.2				7.1	2.2	0.71	1.2
Y355L2-2	315	95.4				7.1	2.2	0.71	1.2
同步转速 1500r/min									
Y80M1-4	0.55	71.0	0.76	56/67	5	5.2	2.3	1.7	2.4
Y80M2-4	0.75	73.0	0.76	56/67		6.0	2.3	1.6	2.3
Y90S-4	1.1	76.2	0.78	61/67		6.0	2.3	1.6	2.3
Y90L-4	1.5	78.5	0.79	62/67	4	6.0	2.3	1.6	2.3
Y100L1-4	2.2	81.0	0.82	65/68		7.0	2.3	1.5	2.2
Y100L2-4	3	82.6	0.81	65/70		7.0	2.3	1.5	2.2
Y112M-4	4	84.2	0.82	68/70		7.0	2.3	1.5	2.2
Y132S1-4	5.5	85.7	0.84	70/73		7.0	2.3	1.4	2.2
Y132S2-4	5.5	85.7	0.84	70/73		7.0	2.3	1.4	2.2

（续）

型号	额定功率/kW	效率(%)	功率因数 cosφ	空载噪声/dB(A)	负载时噪声增量/dB(A)	堵转电流/额定电流	最大转矩/额定转矩	最小转矩/额定转矩	堵转转矩/额定转矩
Y132M1-4	7.5	87.0	0.85	71/78		7.0	2.3	1.4	2.2
Y132M2-4	7.5	87.0	0.85	71/78		7.0	2.3	1.4	2.2
Y160M1-4	11	88.4	0.84	75/78		7.0	2.3	1.4	2.2
Y160M2-4	11	88.4	0.84	75/78		7.0	2.3	1.4	2.2
Y160L-4	15	89.4	0.85	77/82		7.0	2.3	1.4	2.2
Y180M-4	18.5	90.0	0.86	77/82	4	7.0	2.2	1.2	2.0
Y180L-4	22	90.5	0.86	77/82		7.0	2.2	1.2	2.0
Y200L1-4	30	91.4	0.87	79/84		7.0	2.2	1.2	2.0
Y200L2-4	30	91.4	0.87	79/84		7.0	2.2	1.2	2.0
Y225S-4	37	92.0	0.87	79/84		7.0	2.2	1.2	1.9
Y225M-4	45	92.5	0.88	79/84		7.2	2.2	1.1	1.9
Y250M-4	55	93.0	0.88	81/86		7.2	2.2	1.1	2.0
Y280S-4	75	93.6	0.88	85/90		7.2	2.2	1.0	1.9
Y280M-4	90	93.9	0.89	85/90		7.2	2.2	1.0	1.9
Y315S-4	110	94.5	0.89	93/94		7.1	2.2	1.0	1.8
Y315M-4	132	94.8	0.89	96/98	3	7.1	2.2	1.0	1.8
Y315L1-4	160	94.9	0.89	96/98		7.1	2.2	1.0	1.8
Y315L2-4	200	94.8	0.89	98/96		6.9	2.2	0.9	1.8
Y355M1-4	(220)	94.9	0.89	—/98		6.9	2.2	0.83	1.4
Y355M2-4	250	94.9	0.87	—/102		6.9	2.2	0.83	1.4
Y355L1-4	(280)	95.2	0.87	—/102		6.9	2.2	0.71	1.4
Y355L2-4	315	95.2	0.87	—/102		6.9	2.2	0.71	1.4
同步转速1000r/min									
Y90S-6	0.75	69.0	0.70	56/65		5.5	2.2	1.5	2.0
Y90L-6	1.1	72.0	0.72	56/65		5.5	2.2	1.3	2.0
Y100L1-6	1.5	76.0	0.74	62/67		5.5	2.2	1.3	2.0
Y100L2-6	1.5	76.0	0.74	62/67		5.5	2.2	1.3	2.0
Y112M-6	2.2	79.0	0.74	62/67		6.5	2.2	1.3	2.0
Y132S1-6	3	81.0	0.76	66/71		6.5	2.2	1.3	2.0
Y132S2-6	3	81.0	0.76	66/71	7	6.5	2.2	1.3	2.0
Y132M1-6	4	82.0	0.77	66/71		6.5	2.2	1.3	2.0
Y132M2-6	5.5	84.0	0.78	66/71		6.5	2.2	1.3	2.0
Y160M1-6	7.5	86.0	0.78	69/75		6.5	2.0	1.3	2.0
Y160M2-6	7.5	86.0	0.78	69/75		6.5	2.0	1.3	2.0
Y160L-6	11	87.5	0.78	70/75		6.5	2.0	1.2	2.0
Y180L-6	15	89.0	0.81	70/78		7.0	2.0	1.2	2.0
Y200L1-6	18.5	90.0	0.83	73/78		7.0	2.0	1.2	2.0
Y200L2-6	22	90.0	0.83	73/78	6	7.0	2.0	1.2	2.0
Y225M-6	30	91.5	0.85	76/81		7.0	2.0	1.2	1.7
Y250M-6	37	92.0	0.86	76/81		7.0	2.0	1.2	1.7
Y280S-6	45	92.5	0.87	79/84		7.0	2.0	1.1	1.8
Y280M-6	55	92.8	0.87	79/84		7.0	2.0	1.1	1.8
Y315S-6	75	93.5	0.87	87/91	5	7.0	2.0	1.0	1.6
Y315M-6	90	93.8	0.87	87/91		7.0	2.0	1.0	1.6
Y315L1-6	110	94.0	0.87	87/91		6.7	2.0	1.0	1.6

（续）

型号	额定功率/kW	效率(%)	功率因数 cosϕ	空载噪声/dB(A)	负载时噪声增量/dB(A)	堵转电流/额定电流	最大转矩/额定转矩	最小转矩/额定转矩	堵转转矩/额定转矩
Y315L2-6	132	94.2	0.87	87/92		6.7	2.0	1.0	1.6
Y355M1-6	160	94.5	0.86			6.7	2.0	0.95	1.3
Y355M2-6	(185)	94.5	0.86	—/95	4	6.7	2.0	0.83	1.3
Y355M3-6	200	94.5	0.86			6.7	2.0	0.83	1.3
Y355L1-6	(220)	94.5	0.86			6.7	2.0	0.83	1.3
Y355L2-6	250	94.5	0.86	—/98		6.7	2.0	0.83	1.3
同步转速750r/min									
Y132S1-8	2.2	80.5	0.71	61/66		6.0	2.0	1.2	2.0
Y132S2-8	2.2	80.5	0.71	61/66		6.0	2.0	1.2	2.0
Y132M1-8	3	82.0	0.72	61/66		6.0	2.0	1.2	2.0
Y132M2-8	3	82.0	0.72	61/66	8	6.0	2.0	1.2	2.0
Y160M1-8	4	84.0	0.73	64/69		6.0	2.0	1.2	2.0
Y160M2-8	5.5	85.0	0.74	64/69		6.0	2.0	1.2	2.0
Y160L-8	7.5	86.0	0.75	67/72		6.0	2.0	1.2	2.0
Y180L-8	11	87.5	0.77	67/72		6.6	2.0	1.1	1.7
Y200L1-8	15	88.0	0.76	70/75		6.6	2.0	1.1	1.8
Y200L2-8	15	88.0	0.76	70/75		6.6	2.0	1.1	1.7
Y225S-8	18.5	89.5	0.76	70/75	7	6.6	2.0	1.1	1.7
Y225M-8	22	90.0	0.78	70/75		6.6	2.0	1.1	1.8
Y250M-8	30	90.5	0.79	73/78		6.6	2.0	1.1	1.8
Y280S-8	37	91.0	0.80	73/78		6.6	2.0	1.1	1.8
Y280M-8	45	91.7	0.80	73/78		6.6	2.0	1.0	1.8
Y315S-8	55	92.0	0.80	82/86		6.6	2.0	1.0	1.6
Y315M-8	75	92.5	0.81	82/87	6	6.6	2.0	0.9	1.6
Y315L1-8	90	93.0	0.82	82/87		6.6	2.0	0.9	1.6
Y315L2-8	110	93.3	0.82	82/87		6.4	2.0	0.9	1.6
Y355M1-8	132	93.8	0.81	—/93		6.4	2.0	0.85	1.3
Y355M2-8	160	94.0	0.81	—/93	5	6.4	2.0	0.85	1.3
Y355L1-8	(185)	94.2	0.81	—/93		6.4	2.0	0.85	1.3
Y355L2-8	200	94.3	0.81	—/93		6.4	2.0	0.85	1.3
同步转速600r/min									
Y315S-10	45	91.5	0.74	82/87		6.2	2.0	0.8	1.4
Y315M-10	55	92.0	0.74	82/87		6.2	2.0	0.8	1.4
Y315L1-10	75	92.5	0.74	82/87	7	6.2	2.0	0.8	1.4
Y315L2-10	75	92.5	0.75	82/87		6.2	2.0	0.8	1.4
Y355M1-10	90	93.0	0.77	—/93		6.2	2.0	0.71	1.2
Y355M2-10	110	93.2	0.78	—/93		6.0	2.0	0.71	1.2
Y355L1-10	132	93.5	0.78	—/96	6	6.0	2.0	0.71	1.2
Y355L2-10	132	93.5	0.78	—/96		6.0	2.0	0.71	1.2

注：表中空载噪声dB（A）分子为1级，分母为2级产品的噪声数据。

表 21-7　机座带底脚，端盖上无凸缘的电动机的安装尺寸及公差（摘自 JB/T 10391—2008）

机座号80～132　　机座号160～315　　机座号335　　机座号80～315　　机座号335

机座号	极数	安装尺寸及公差/mm																		外形尺寸/mm				
		A	$A/2$	B	C		D		E		F		G[1]		H		K[2]			AB	AC	AD	HD	L
		基本尺寸	基本尺寸	基本尺寸	基本尺寸	极限偏差	基本尺寸	极限偏差	基本尺寸	极限偏差	基本尺寸	极限偏差	基本尺寸	极限偏差	基本尺寸	极限偏差	基本尺寸	极限偏差	位置度公差					
80M	2,4	125	62.5	100	50		19		40		6	0 −0.030	15.5	0 −0.10	80					165	175	150	175	290
90S		140	70	100	56	±1.5	24	+0.009 −0.004	50	±0.31			20		90		10	+0.36 0		180	195	160	195	315
90L	2,4,6			125							8													340
100L		160	80	140	63		28		60			0 −0.036	24		100				ϕ1.0Ⓜ	205	215	180	245	380
112M		190	95	140	70	±2.0				±0.37					112		12			245	240	190	265	400
132S		216	108	140	89		38		80		10		33		132					280	275	210	315	475
132M				178																				515
160M		254	127	210	108		42	+0.018 +0.002			12		37	0 −0.20	160	0 −0.5		+0.43 0		330	335	265	385	605
160L	2,4,6,8			254																				650
180M		279	139.5	241	121	±3.0	48		110	±0.43	14		42.5		180		14.5			355	380	285	430	670
180L				279																				710
200L		318	159	305	133		55				16	0 −0.043	49		200				ϕ1.2Ⓜ	395	420	315	475	775
225S	4,8	356	178	286	149	±4.0	60	+0.030 +0.011	140	±0.50	18		53		225		18.5	+0.52 0		435	475	345	530	820
225M	2			311			55		110	±0.43	16		49											815
	4,6,8						60		140	±0.50	18		53											845

（续）

机座号	极数	安装尺寸及公差/mm																		外形尺寸/mm				
		A	A/2	B	C		D		E		F		G①		H		K②			AB	AC	AD	HD	L
		基本尺寸	基本尺寸	基本尺寸	基本尺寸	极限偏差	基本尺寸	极限偏差	基本尺寸	极限偏差	基本尺寸	极限偏差	基本尺寸	极限偏差	基本尺寸	极限偏差	基本尺寸	极限偏差	位置度公差					
250M	2	406	203	349	168	±4.0	60	+0.030 +0.011	140	±0.50	18	0 -0.043	53	0 -0.20	250	0 -0.5	24	+0.52 0	φ2.0Ⓜ	490	515	385	575	930
	4,6,8						65						58											
280S	2	457	228.5	368	190		65				18	0 -0.043	58		280	0 -1.0				550	580	410	640	1000
	4,6,8						75				20	0 -0.052	67.5											
280M	2			419			65				18	0 -0.043	58											1050
	4,6,8						75				20	0 -0.052	67.5											
315S	2	508	254	406	216		65				18	0 -0.043	58		315		28			635	645	576	865	1240
	4,6,8,10						80		170		22	0 -0.052	71											1270
315M	2			457			65		140		18	0 -0.043	58											1310
	4,6,8,10						80		170		22	0 -0.052	71											1340
315L	2			508			65		140		18	0 -0.043	58											1310
	4,6,8,10						80		170		22		71											1340
355M	2	610	305	560	254		75		140		20	0 -0.052	67.5		355					740	750	680	1035	1540
	4,6,8,10						95	+0.035 +0.013	170	±0.57	25		86											1570
355L	2			630			75	+0.030 +0.011	140	±0.50	20		67.5											1540
	4,6,8,10						95	+0.035 +0.013	170	±0.57	25		86											1570

① $G = D - GE$，GE 的极限偏差对机座号 80 为（$^{+0.10}_{0}$），其余为（$^{+0.20}_{0}$）。

② K 孔的位置度公差以轴伸的轴线为基准。

表 21-8　机座带底脚，端盖上有凸缘（带通孔）的电动机的安装尺寸及公差（摘自 JB/T 10391—2008）

机座号	凸缘号	极数	安装尺寸及公差/mm																													外形尺寸/mm					
			A	A/2	B	C		D		E		F		G①		H		K②			M	N		P③	R④		S②			T		凸缘孔数	AB	AC	AD	HD	L
			基本尺寸	基本尺寸	基本尺寸	基本尺寸	极限偏差	基本尺寸	极限偏差	基本尺寸	极限偏差	基本尺寸	极限偏差	基本尺寸	极限偏差	基本尺寸	极限偏差	基本尺寸	极限偏差	位置度公差		基本尺寸	极限偏差		基本尺寸	极限偏差	基本尺寸	极限偏差	位置度公差	基本尺寸	极限偏差						
80M	FF165	2,4	125	62.5	100	50	±1.5	19		40	±0.31	6	0 -0.030	15.5	0 -0.10	80		10	+0.36 0		165	130	+0.014 -0.011	200		±1.5	12		φ1.0Ⓜ	3.5			165	175	150	175	290
90S			140	70		56		24	+0.009 -0.004	50				20		90																	180	195	160	195	315
90L		2,4,6			125							8																+0.43 0									340
100L	FF215		160	80		63		28		60			0 -0.036	24		100				φ1.0Ⓜ	215	180		250									205	215	180	245	380
112M			190	95	140	70	±2.0				±0.37					112										±2.0	14.5						245	240	190	365	400
132S	FF265																	12												4							475
132M			216	108	178	89		38		80		10		33		132					265	230		300								4	280	275	210	315	515
160M	FF300				210				+0.018 +0.002										+0.43 0																		605
160L		2,4,6,8	254	127	254	108		42				12		37		160	0 -0.5						+0.016 -0.013		0						0 -0.12		330	335	265	385	650
180M					241		±3.0			110	±0.43				0 -0.20			14.5			300	250		350													670
180L			279	139.5	279	121		48				14		42.5		180										±3.0			φ1.2Ⓜ				355	380	285	430	710
200L	FF350		318	159	305	133		55				16		49		200				φ1.2Ⓜ	350	300	±0.016	400									395	420	315	475	775
225S		4,8			286			60		140	±0.50	18	0 -0.043	53													18.5	+0.52 0		5							820
225M	FF400	2	356	178	311	149		55	+0.030 +0.011	110	±0.43	16		49		225		18.5	+0.52 0		400	350	±0.018	450									435	475	345	530	815
		4,6,8					±4.0	60																		±4.0						8					845
250M	FF500	2								140	±0.50	18		53																							
		4,6,8	406	203	349	168		65						58		250		24		φ2.0Ⓜ	500	450	±0.020	550									490	515	385	575	930

（续）

机座号	凸缘号	极数	安装尺寸及公差/mm																														外形尺寸/mm				
			A	A/2	B	C		D		E		F		G①		H		K②			M	N		P③	R④		S②		T			凸缘孔数	AB	AC	AD	HD	L
			基本尺寸	基本尺寸	基本尺寸	基本尺寸	极限偏差	基本尺寸	极限偏差	基本尺寸	极限偏差	基本尺寸	极限偏差	基本尺寸	极限偏差	基本尺寸	极限偏差	基本尺寸	极限偏差	位置度公差		基本尺寸	极限偏差		基本尺寸	极限偏差	基本尺寸	极限偏差	位置度公差	基本尺寸	极限偏差						
280S		2			368			65				18	0 -0.043	58																							1000
	FF500	4,6,8	457	228.5		190		75				20	0 -0.052	67.5		280		24			500	450	±0.020	550			18.5		φ1.2Ⓜ	5	0 -0.12		550	585	410	640	
280M		2			419			65		140		18	0 -0.043	58																							1050
		4,6,8						75				20	0 -0.052	67.5																							
315S		2			406			65				18	0 -0.043	58																							1240
		4,6,8,10						80	+0.030 +0.011	170	±0.50	22	0 -0.052	71																							1270
315M	FF600	2	508	254	457	216	±4.0	65		140		18	0 -0.043	58	0 -0.20	315	0 -1.0		-0.52 0	φ2.0Ⓜ	600	550	±0.022	660	0	±4.0		+0.52 0				8	635	645	576	865	1310
		4,6,8,10						80		170		22	0 -0.052	71																							1340
315L		2			508			65		140		18	0 -0.043	58				28									24		φ2.0Ⓜ	6	0 -0.15						1310
		4,6,8,10						80		170		22		71																							1340
355M		2			560			75		140		20		67.5																							1540
		4,6,8,10						95	+0.035 +0.013	170	±0.57	25	0 -0.052	86																							1570
355L	FF740	2	610	305	630	254		75	+0.030 +0.011	140	±0.50	20		67.5		355					740	680	±0.025	800									740	750	680	1035	1540
		4,6,8,10						95	+0.035 +0.013	170	±0.57	25		86																							1570

① $G=D-GE$，GE 极限偏差对机座号 80 为（$^{+0.10}_{0}$），其余为（$^{+0.20}_{0}$）。

② K、S 孔的位置度公差以轴伸的轴线为基准。

③ P 尺寸为最大极限值。

④ R 为凸缘配合面至轴伸肩的距离。

表 21-9　机座不带底脚，端盖上有凸缘（带通孔）的电动机（摘自 JB/T 10391—2008）

机座号	凸缘号	极数	安装尺寸及公差/mm																					外形尺寸/mm			
			D		E		F		G①		M	N		P②	R③		S④			T		凸缘孔数		AC	AD	HF	L
			基本尺寸	极限偏差	基本尺寸	极限偏差	基本尺寸	极限偏差	基本尺寸	极限偏差		基本尺寸	极限偏差		基本尺寸	极限偏差	基本尺寸	极限偏差	位置度公差	基本尺寸	极限偏差						
80M	FF165	2,4	19	+0.009 -0.004	40	±0.31	6	0 -0.030	15.5	0 -0.10	165	130	+0.014 +0.011	200	0	±1.5	12	+0.43 0	ϕ1.0Ⓜ	3.5	0 -0.12	4		175	150	185	290
90S		2,4,6	24		50		8		20															195	160	195	315
90L																											340
100L	FF215		28		60			0 -0.036	24		215	180		250										215	180	245	380
112M																								240	190	265	400
132S	FF265		38		80	±0.37	10		33		265	230		300		±2.0	14.5			4				275	210	315	475
132M																											515
160M	FF300	2,4 6,8	42	+0.018 +0.002			12		37	0 -0.20			+0.016 +0.013											335	265	385	605
160L																											650
180M			48		110	±0.43	14		42.5		300	250		350		±3.0			ϕ1.2Ⓜ					380	285	430	670
180L								0 -0.043									18.5	+0.52 0									710
200L	FF350		55				16		49		350	300	±0.016	400						5				420	315	480	775
225S		4,8	60	+0.030 +0.011	140	±0.50	18		53		400	350	±0.018	450		±4.0						8		475	345	535	820
225M	FF400	2	55		110	±0.43	16		49																		815
		4,6,8	60		140	±0.50	18		53																		845

① $G=D-GE$，GE 极限偏差对机座号 80 为 $\left(^{+0.10}_{0}\right)$，其余为 $\left(^{+0.20}_{0}\right)$。

② P 尺寸为最大极限值。

③ R 为凸缘配合面至轴伸肩的距离。

④ S 孔的位置度公差以轴伸的轴线为基准。

表 21-10 立式安装，机座不带底脚，端盖上有凸缘（带通孔），轴伸向下的电动机（摘自 JB/T 10391—2008）

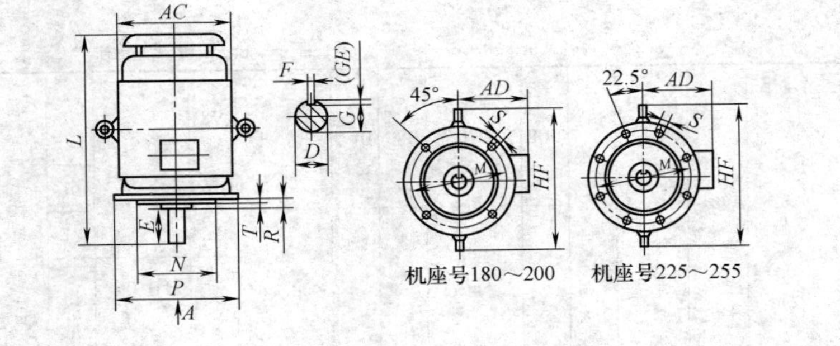

机座号180～200
机座号225～255

机座号	凸缘号	极数	D 基本尺寸	D 极限偏差	E 基本尺寸	E 极限偏差	F 基本尺寸	F 极限偏差	G① 基本尺寸	G① 极限偏差	M	N 基本尺寸	N 极限偏差	P②	R③ 基本尺寸	R③ 极限偏差	S④ 基本尺寸	S④ 极限偏差	S④ 位置度公差	T 基本尺寸	T 极限偏差	凸缘孔数	AC	AD	HF	L
			安装尺寸及公差/mm																				外形尺寸/mm			
180M	FF300	2,4,6,8	48	+0.018 +0.002	110	±0.43	14	0 -0.043	42.5	0 -0.20	300	250	+0.016 -0.013	350	0	±3.0	18.5	+0.52 0	ϕ1.2Ⓜ	5	0 -0.12	4	380	285	500	730
180L																										770
200L	FF350		55	+0.030 +0.011			16		49		350	300	±0.016	400									420	315	550	850
225S	FF400	4,8	60		140	±0.50	18		53		400	350	±0.018	450		±4.0						8	475	345	610	910
225M		2	55		110	±0.43	16		49																	905
		4,6,8	60		140	±0.50	18		53																	935
250M	FF500	2									500	450	±0.020	550									515	385	650	1035
		4,6,8	65						58																	
280S		2																					580	410	720	1120
		4,6,8	75				20	0 -0.052	67.5																	

（续）

机座号	凸缘号	极数	安装尺寸及公差/mm																				外形尺寸/mm			
			D		E		F		G①		M	N		P②	R③		S④			T		凸缘孔数	AC	AD	HF	L
			基本尺寸	极限偏差	基本尺寸	极限偏差	基本尺寸	极限偏差	基本尺寸	极限偏差		基本尺寸	极限偏差		基本尺寸	极限偏差	基本尺寸	极限偏差	位置度公差	基本尺寸	极限偏差					
280M	FF500	2	65				18	0 -0.043	58		500	450	±0.020	550			18.5		φ1.2Ⓜ	5	0 -0.12		580	410	720	1120
		4,6,8	75		140		20	0 -0.052	67.5																	1170
315S		2	65				18	0 -0.043	58																	1360
		4,6,8,10	80	+0.030 +0.011	170		22	0 -0.052	71																	1390
315M	FF600	2	65		140	±0.50	18	0 -0.043	58	0 -0.20	600	550	±0.022	660	0	±4.0		+0.52 0				8	645	576	900	1460
		4,6,8,10	80		170		22	0 -0.052	71								24		φ2.0Ⓜ	6	0 -0.15					1490
315L		2	65		140		18	0 -0.043	58																	1460
		4,6,8,10	80		170		22		71																	1490
315L	FF740	2	75		140		20		67.5														750	680	1035	1645
		4,6,8,10	95	+0.035 +0.013	170		25	0 -0.052	86		740	680	±0.025	800									750	680	1035	1675

① $G = D - GE$，GE 极限偏差对机座号 80 为（$^{+0.10}_{\ 0}$），其余为（$^{+0.20}_{\ 0}$）。
② P 尺寸为最大极限值。
③ R 为凸缘配合面至轴伸肩的距离。④ S 孔的位置度公差以轴伸的轴线为基准。

(3) Y2系列(IP54)三相异步电动机

1) 结构特点。Y2系列三相异步电动机，是在Y系列电机基础上更新设计的，是一般用途低压三相笼形异步电动机。它属于防尘电动机，能防止触及或接近壳内带电转动部件，虽不能完全防止灰尘进入，但进尘量不足以影响电动机的正常运行。它也是防溅水电动机，承受任何方向的溅水时，无有害的影响。

2) 类型、主要性能及特点。Y2系列电动机基本系列分两种设计:

第一种设计，即Y2系列(IP54)三相异步电动机，可以满足国内外一般用途的需要。

第二种设计，即Y2-E系列(IP54)三相异步电动机，有较高的效率和节能效果。

3) 应用场合。第一种设计用于一般的使用条件；第二种设计适用于长期连续运行，负载率较高的使用场合，如风机、水泵等。

4) 使用条件。海拔不超过1000m，环境空气温度不超过40℃，不低于-15℃。最湿月的月平均最高相对湿度为90%，同时该月的月平均最低温度不高于25℃。

5) 电动机的安装型式，见表21-11。

表21-11　Y2系列(IP54)三相异步电动机的结构及安装型式(GB/T 8680—2008)

机座号	结构及安装代号(IM)
63~112	B14、B34、V18
63~160	B3、B5、B6、B7、B8、B35、V1、V3、V5、V6、V15、V36
180~280	B3、B5、B35、V1
315~355	B3、B35、V1

6) 型号含义。Y2系列电动机，机座号90S，4级，型号表示如下：Y2-90S-4Y。最后的Y表示第一种设计，可以省略。若为第二种设计，则表示如下：Y2-90S-4E。

7) 技术数据、外形和安装尺寸。Y2系列三相异步电动机的技术数据见表21-12。外形和安装尺寸见表21-13至表21-18。

表21-12　Y2系列(IP54)三相异步电动机技术数据(摘自JB/T 8680—2008)

型号	额定功率/kW	效率(%)	功率因数 cosφ	空载噪声/dB(A)	负载时噪声增量/dB(A)	堵转电流/额定电流	最大转矩/额定转矩	最小转矩/额定转矩	堵转转矩/额定转矩
同步转速3000r/min									
63M1-2	0.18	65.0	0.80	61		5.5	2.2	1.6	2.2
63M2-2	0.25	68.0	0.81	61		5.5	2.2	1.6	2.2
71M1-2	0.37	70.0	0.81	64		6.1	2.2	1.6	2.2
71M2-2	0.55	73.0	0.82	64		6.1	2.3	1.6	2.2
Y80M1-2	0.75	75.0	0.83	67		6.1	2.3	1.5	2.2
Y80M2-2	1.1	76.2	0.84	67		7.0	2.3	1.5	2.2
Y90S-2	1.5	78.5	0.84	72		7.0	2.3	1.5	2.2
Y90L-2	2.2	81.0	0.85	72		7.0	2.3	1.4	2.2
Y100L1-2	3	82.6	0.87	76		7.5	2.3	1.4	2.2
Y100L2-2	3	82.6	0.87	76	2	7.5	2.3	1.4	2.2
Y112M-2	4	84.2	0.88	77		7.5	2.3	1.4	2.2
Y132S1-2	5.5	85.7	0.88	80		7.5	2.3	1.2	2.2
Y132S2-2	7.5	87.0	0.88	80		7.5	2.3	1.2	2.2
Y160M1-2	11	88.4	0.89	86		7.5	2.3	1.2	2.2
Y160M2-2	15	89.4	0.89	86		7.5	2.3	1.2	2.2
Y160L-2	18.5	90.0		86		7.5	2.3	1.1	2.2
Y180M-2	22	90.5	0.89	89		7.5	2.3	1.1	2.0
Y200L1-2	30	91.4		92		7.5	2.3	1.1	2.0
Y200L2-2	37	92.0		92		7.5	2.3	1.1	2.0

（续）

型号	额定功率/kW	效率(%)	功率因数 cosφ	空载噪声/dB(A)	负载时噪声增量/dB(A)	堵转电流/额定电流	最大转矩/额定转矩	最小转矩/额定转矩	堵转转矩/额定转矩
Y225M-2	45	92.5		92		7.5	2.3	1.0	2.0
Y250M-2	55	93.0	0.89	93		7.5	2.3	1.0	2.0
Y280S-2	75	93.6		94		7.5	2.3	0.9	2.0
Y280M-2	90	93.9		94		7.5	2.3	0.9	2.0
Y315S-2	110	94.0	0.91	96		7.1	2.2	0.9	1.8
Y315M-2	132	94.5		96	2	7.1	2.2	0.9	1.8
Y315L1-2	160	94.6		99		7.1	2.2	0.9	1.8
Y315L2-2	200	94.8		99		7.1	2.2	0.8	1.8
Y355M1-2	250	95.2	0.92	103		7.1	2.2	0.8	1.6
Y355M2-2	250	95.2		103		7.1	2.2	0.8	1.6
Y355L-2	315	95.4		103		7.1	2.2	0.8	1.6
同步转速1500r/min									
63M1-4	0.12	57.0	0.72	52		4.4	2.2	1.7	2.1
63M2-4	0.18	60.0	0.73	52		4.4	2.2	1.7	2.1
71M1-4	0.25	65.0	0.74	55		5.2	2.2	1.7	2.1
71M2-4	0.37	67.0	0.75	55		5.2	2.2	1.7	2.1
Y80M1-4	0.55	71.0	0.75	58		5.2	2.3	1.7	2.4
Y80M2-4	0.75	73.0	0.76	58		6.0	2.3	1.6	2.3
Y90S-4	1.1	76.2	0.77	61		6.0	2.3	1.6	2.3
Y90L-4	1.5	78.5	0.79	61		6.0	2.3	1.6	2.3
Y100L1-4	2.2	81.0	0.81	64	5	7.0	2.3	1.5	2.3
Y100L2-4	3	82.6	0.82	64		7.0	2.3	1.5	2.3
Y112M-4	4	84.2	0.82	65		7.0	2.3	1.5	2.3
Y132S1-4	5.5	85.7	0.83	71		7.0	2.3	1.4	2.3
Y132S2-4	5.5	85.7	0.83	71		7.0	2.3	1.4	2.3
Y132M1-4	7.5	87.0	0.84	71		7.0	2.3	1.4	2.3
Y132M2-4	7.5	87.0	0.84	75		7.0	2.3	1.4	2.2
Y160M1-4	11	88.4	0.84	75		7.0	2.3	1.4	2.2
Y160M2-4	11	88.4	0.84	75		7.0	2.3	1.4	2.2
Y160L-4	15	89.4	0.85	75		7.5	2.3	1.4	2.2
Y180M-4	18.5	90.0	0.86	76		7.5	2.3	1.2	2.2
Y180L-4	22	90.5	0.86	76		7.5	2.3	1.2	2.2
Y200L1-4	30	91.4	0.86	79	4	7.2	2.3	1.2	2.2
Y200L2-4	30	91.4	0.86	79		7.2	2.3	1.2	2.2
Y225S-4	37	92.0	0.87	81		7.2	2.3	1.2	2.2
Y225M-4	45	92.5	0.87	81		7.2	2.3	1.1	2.2
Y250M-4	55	93.0	0.87	83		7.2	2.3	1.1	2.2
Y280S-4	75	93.6	0.87	86		7.2	2.3	1.0	2.2
Y280M-4	90	93.9	0.87	86	3	7.2	2.3	1.0	2.2
Y315S-4	110	94.5	0.88	93		6.9	2.2	1.0	2.1
Y315M-4	132	94.8	0.88	93		6.9	2.2	1.0	2.1

（续）

型号	额定功率/kW	效率(%)	功率因数 cosφ	空载噪声/dB(A)	负载时噪声增量/dB(A)	堵转电流/额定电流	最大转矩/额定转矩	最小转矩/额定转矩	堵转转矩/额定转矩
Y315L1-4	160	94.9	0.89	97		6.9	2.2	1.0	2.1
Y315L2-4	200	94.9	0.89	97		6.9	2.2	0.9	2.1
Y355M1-4	250	95.2	0.90	101	3	6.9	2.2	0.9	2.1
Y355M2-4	250	95.2	0.90	101		6.9	2.2	0.9	2.1
Y355L-4	315	95.2	0.90	101		6.9	2.2	0.8	2.1
同步转速1000r/min									
71M1-6	0.18	56.0	0.66	52		4.0	2.0	1.5	1.9
71M2-6	0.25	59.0	0.68	52		4.0	2.0	1.5	1.9
Y80M1-6	0.37	62.0	0.70	54		4.7	2.0	1.5	1.9
Y80M2-6	0.55	65.0	0.72	54		4.7	2.1	1.5	1.9
Y90S-6	0.75	69.0	0.72	57		5.5	2.1	1.5	2.0
Y90L-6	1.1	72.0	0.73	57		5.5	2.1	1.3	2.0
Y100L1-6	1.5	76.0	0.75	61		5.5	2.1	1.3	2.0
Y100L2-6	1.5	76.0	0.75	61		5.5	2.1	1.3	2.0
Y112M-6	2.2	79.0	0.76	65	7	6.5	2.1	1.3	2.0
Y132S1-6	3	81.0	0.76	69		6.5	2.1	1.3	2.1
Y132S2-6	3	81.0	0.76	69		6.5	2.1	1.3	2.1
Y132M1-6	4	82.0	0.76	69		6.5	2.1	1.3	2.1
Y132M2-6	5.5	84.0	0.77	69		6.5	2.1	1.3	2.1
Y160M1-6	7.5	86.0	0.77	73		6.5	2.1	1.3	2.0
Y160M2-6	7.5	86.0	0.77	73		6.5	2.1	1.3	2.0
Y160L-6	11	87.5	0.78	73		6.5	2.1	1.2	2.0
Y180L-6	15	89.0	0.81	73		7.0	2.1	1.2	2.0
Y200L1-6	18.5	90.0	0.81	76		7.0	2.1	1.2	2.1
Y200L2-6	22	90.0	0.83	76	6	7.0	2.1	1.2	2.1
Y225M-6	30	91.5	0.84	76		7.0	2.1	1.2	2.0
Y250M-6	37	92.0	0.86	78		7.0	2.1	1.2	2.1
Y280S-6	45	92.5	0.86	80		7.0	2.0	1.1	2.1
Y280M-6	55	92.8	0.86	80		7.0	2.0	1.1	2.1
Y315S-6	75	93.5	0.86	85	5	7.0	2.0	1.0	2.0
Y315M-6	90	93.8	0.86	85		7.0	2.0	1.0	2.0
Y315L1-6	110	94.0	0.86	85		6.7	2.0	1.0	2.0
Y315L2-6	132	94.2	0.87	85		6.7	2.0	1.0	2.0
Y355M1-6	160	94.5	0.88	92	4	6.7	2.0	1.0	1.9
Y355M2-6	200	94.5	0.88	92		6.7	2.0	0.9	1.9
Y355L-6	250	94.5	0.88	92		6.7	2.0	0.9	1.9

（续）

型号	额定功率/kW	效率(%)	功率因数 cosϕ	空载噪声/dB(A)	负载时噪声增量/dB(A)	堵转电流/额定电流	最大转矩/额定转矩	最小转矩/额定转矩	堵转转矩/额定转矩
同步转速750r/min									
Y80M1-8	0.18	51.0	0.61	52		3.3	1.9	1.3	1.8
Y80M2-8	0.25	54.0	0.61	52		3.3	1.9	1.3	1.8
Y90S-8	0.37	62.0	0.61	56		4.0	1.9	1.3	1.8
Y90L-8	0.55	63.0	0.61	56		4.0	1.9	1.3	1.8
Y100L1-8	0.75	71.0	0.67	59		4.0	2.0	1.2	1.8
Y100L2-8	1.1	73.0	0.69	59		5.0	2.0	1.2	1.8
Y112M-8	1.5	75.0	0.69	61		5.0	2.0	1.2	1.8
Y132S1-8	2.2	78.0	0.71	64	8	6.0	2.0	1.2	1.8
Y132S2-8	2.2	78.0	0.71	64		6.0	2.0	1.2	1.8
Y132M1-8	3	79.0	0.73	64		6.0	2.0	1.2	1.8
Y132M2-8	3	79.0	0.73	64		6.0	2.0	1.2	1.8
Y160M1-8	4	81.0	0.73	68		6.0	2.0	1.2	1.9
Y160M2-8	5.5	83.0	0.74	68		6.0	2.0	1.2	2.0
Y160L-8	7.5	85.5	0.75	68		6.0	2.0	1.2	2.0
Y180L-8	11	87.5	0.76	70		6.6	2.0	1.1	2.0
Y200L1-8	15	88.0	0.76	73		6.6	2.0	1.1	2.0
Y200L2-8	15	88.0	0.76	73		6.6	2.0	1.1	2.0
Y225S-8	18.5	90.0	0.76	73	7	6.6	2.0	1.1	1.9
Y225M-8	22	90.5	0.78	73		6.6	2.0	1.1	1.9
Y250M-8	30	91.0	0.79	75		6.6	2.0	1.1	1.9
Y280S-8	37	91.5	0.79	76		6.6	2.0	1.1	1.9
Y280M-8	45	92.0	0.79	76		6.6	2.0	1.0	1.9
Y315S-8	55	92.8	0.81	82		6.6	2.0	1.0	1.8
Y315M-8	75	93.0	0.81	82	6	6.6	2.0	0.9	1.8
Y315L1—8	90	93.8	0.82	82		6.6	2.0	0.9	1.8
Y315L2—8	110	94.0	0.82	82		6.4	2.0	0.9	1.8
Y355M1—8	132	93.7	0.82	90		6.4	2.0	0.9	1.8
Y355M2—8	160	94.2	0.82	90	5	6.4	2.0	0.9	1.8
Y355L—8	200	94.5	0.83	90		6.4	2.0	0.9	1.8
同步转速600r/min									
Y315S—10	45	91.5	0.75	82		6.2	2.0	0.8	1.5
Y315M—10	55	92.0	0.75	62		6.2	2.0	0.8	1.5
Y315L1—10	75	92.5	0.76	82	7	6.2	2.0	0.8	1.5
Y315L2—10	90	93.0	0.77	82		6.2	2.0	0.8	1.5
Y355M1—10	110	93.2	0.78	90		6.0	2.0	0.8	1.3
Y355M2—10	132	93.5	0.78	90	6	6.0	2.0	0.8	1.3
Y355L—10	160	93.5	0.78	90		6.0	2.0	0.8	1.3

表 21-13 Y2 系列（IP54）三相异步电动机外形和安装尺寸（一）（摘自 JB/T 8680—2008） （单位：mm）

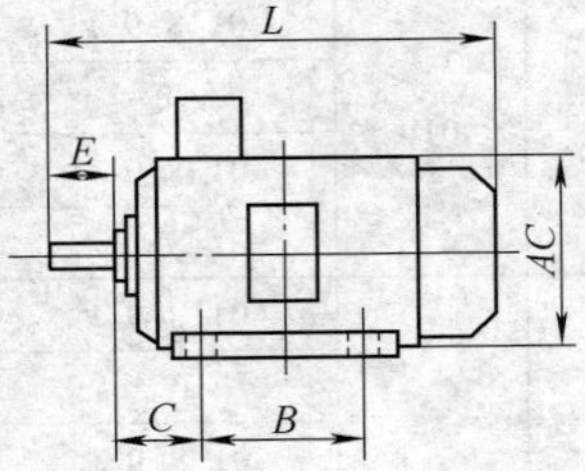

机座号63～90 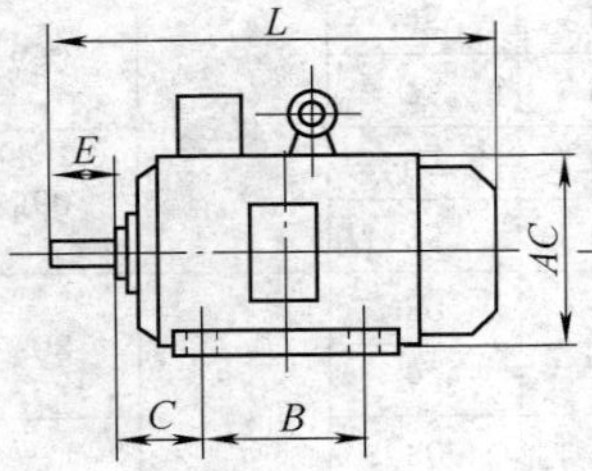　机座号100～132 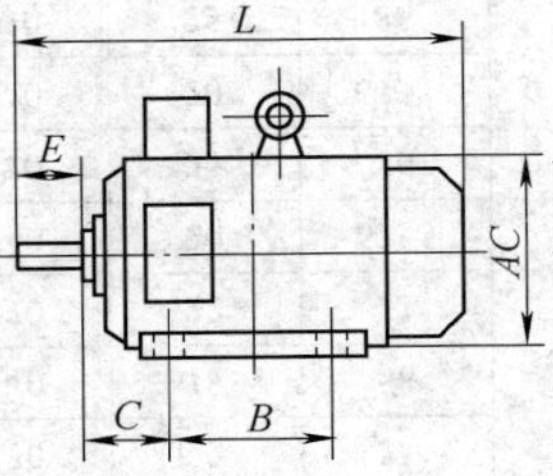　机座号160～355 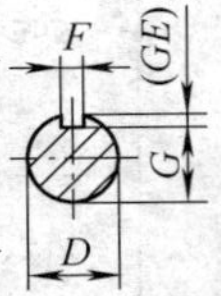 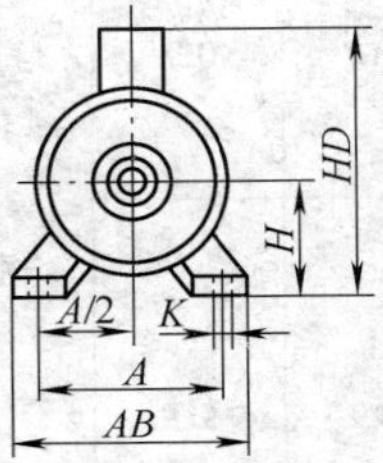　机座号63～71 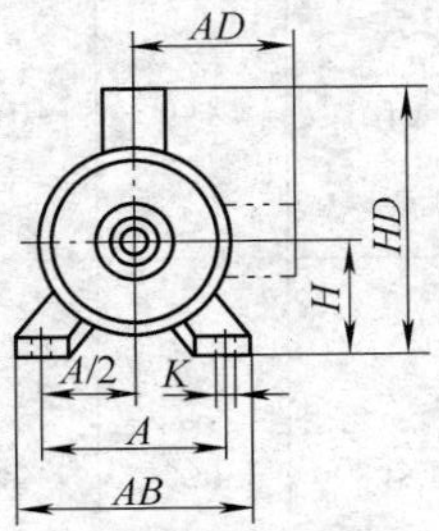　机座号80～355

机座带底脚、端盖上无凸缘的电动机

机座号	极数	安装尺寸									外形尺寸				
		A	B	C	D	E	F	G①	H	K②	AB	AC	AD	HD	L
63M	2,4	100	80	40	11	23	4	8.5	63	7	135	130	70	180	230
71M	2,4,6	112	90	45	14	30	5	11	71		150	145	80	195	255
80M	2,4,6,8	125	100	50	19	40	6	15.5	80	10	165	175	145	220	295
90S		140	100	56	24	50	8	20	90		180	195	155	250	320
90L			125												345
100L		160	140	63	28	60		24	100	12	205	215	180	270	385
112M		190	140	70					112		230	240	190	300	400
132S		216	140	89	38	80	10	33	132		270	275	210	345	470
132M			178												510

（续）

机座号	极数	安装尺寸									外形尺寸				
		A	B	C	D	E	F	$G^{①}$	H	$K^{②}$	AB	AC	AD	HD	L
160M	2,4,6,8	254	210	108	42	110	12	37	160	15	320	330	255	420	615
160L			254												670
180M		279	241	121	48		14	42.5	180		355	380	280	455	700
180L			279												740
200L		318	305	133	55		16	49	200		395	420	305	505	770
225S	4,8	356	286	149	60	140	18	53	225	19	435	470	335	560	815
225M	2		311		55	110	16	49							820
	4,6,8				60	140	18	53							845
250M	2	406	349	168					250	24	490	510	370	615	910
	4,6,8				65			58							
280S	2	457	368	190					280		550	580	410	680	985
	4,6,8				75		20	67.5							
280M	2		419		65		18	58							1035
	4,6,8				75		20	67.5							
315S	2	508	406	216	65		18	58	315	28	635	645	530	845	1160
	4,6,8,10				80	170	22	71							1270
315M	2		457		65	140	18	58							1190
	4,6,8,10				80	170	22	71							1300
315L	2		508		65	140	18	58							1190
	4,6,8,10				80	170	22	71							1300
355M	2	610	560	254	75	140	20	67.5	355		730	710	655	1010	1500
	4,6,8,10				95	170	25	86							1530
355L	2		630		75	140	20	67.5							1500
	4,6,8,10				95	170	25	86							1530

① $G=D-GE$，GE 的极限偏差对机座号 80 为（$^{+0.10}_{0}$），其余为（$^{+0.20}_{0}$）。

② K 孔的位置度公差以轴伸的轴线为基准。

表 21-14　Y2 系列（IP54）三相异步电动机外形和安装尺寸（二）（摘自 JB/T 8680—2008）　（单位：mm）

机座号 63～90　　机座号 100～132　　机座号 160～355　　机座号 63～200　　机座号 225～355

机座带底脚、端盖上有凸缘（带通孔）的电动机

机座号	凸缘号	极数	安装尺寸 A	A/2	B	C	D	E	F	G①	H	K②	M	N	P③	S②	T	凸缘孔数	外形尺寸 AB	AC	AD	HD	L
63M	FF115	2,4	100	50	80	40	11	23	4	8.5	63	7	115	95	140	10	3	4	135	130	70	180	230
71M	FF130	2,4,6	112	56	90	45	14	30	5	11	71		130	110	160				150	145	80	195	255
80M	FF165	2,4,6,8	125	62.5	100	50	19	40	6	15.5	80	10	165	130	200	12	3.5		165	175	145	220	295
90S			140	70	100	56	24	50	8	20	90								180	195	155	250	320
90L					125																		345
100L	FF215		160	80	140	63	28	60		24	100	12	215	180	250	15	4		205	215	180	270	385
112M			190	95	140	70					112								230	240	190	300	400
132S	FF265		216	108	140	89	38	80	10	33	132		265	230	300				270	275	210	345	470
132M					178																		510
160M	FF300		254	127	210	108	42	110	12	37	160	15	300	250	350	19	5		320	330	255	420	615
160L					254																		670
180M			279	139.5	241	121	48		14	42.5	180								355	380	280	455	700
180L					279																		740

（续）

机座号	凸缘号	极数	安装尺寸																外形尺寸				
			A	$A/2$	B	C	D	E	F	G①	H	K②	M	N	P③	S②	T	凸缘孔数	AB	AC	AD	HD	L
200L	FF350	2,4,6,8	318	159	305	133	55	110	16	49	200		350	300	400			4	395	420	305	505	770
225S		4,8			286		60	140	18	53													815
225M	FF400	2	356	178		149	55	110	16	49	225	19	400	350	450				435	470	335	560	820
		4,6,8			311		60			53													845
250M		2	406	203	349	168			18		250					19	5		490	510	370	615	910
		4,6,8					65			58													
280S	FF500	2			368			140				24	500	450	550								985
		4,6,8	457	228.5		190	75		20	67.5	280								550	580	410	680	
280M		2			419		65		18	58													
		4,6,8					75		20	67.5													1035
315S		2			406		65		18	58								8					1160
		4,6,8,10					80	170	22	71													1270
315M	FF600	2					65	140	18	58													1190
		4,6,8,10	508	254	457	216	80	170	22	71	315		600	550	660				635	645	530	845	1300
315L		2			508		65	140	18	58													1190
		4,6,8,10					80	170	22	71		28				24	6						1300
355M		2			560		75	140	20	67.5													1500
		4,6,8,10					95	170	25	86													1530
355L	FF740	2	610	305	630	254	75	140	20	67.5	355		740	680	800				730	710	655	1010	1500
		4,6,8,10					95	170	25	86													1530

注：R 为凸缘配合面至轴伸肩的距离，其基本尺寸为零。

① $G=D-GE$，GE 的极限偏差对机座号 80 及以下为$\left(^{+0.10}_{0}\right)$，其余为$\left(^{+0.20}_{0}\right)$。

② K、S 孔的位置度公差以轴伸的轴线为基准。

③ P 尺寸为最大极限值。

表 21-15　Y2 系列（IP54）三相异步电动机外形和安装尺寸（三）（摘自 JB/T 8680—2008）　（单位：mm）

机座号 63～71　　机座号 80～90　　机座号 100～112　　机座号 63～71　　机座号 80～112

机座带底脚、端盖上有凸缘（带螺孔）的电动机

机座号	凸缘号	极数	安装尺寸															外形尺寸				
			A	B	C	D	E	F	G①	H	K②	M	N	P③	S②	T	凸缘孔数	AB	AC	AD	HD	L
63M	FT75	2,4	110	80	40	11	23	4	8.5	63	7	75	60	90	M5	2.5	4	135	130	70	180	230
71M	FT85	2,4,6	112	90	45	14	30	5	11	71		85	70	105	M6			150	145	80	195	255
80M	FT100	2,4,6,8	125	100	50	19	40	6	15.5	80	10	100	80	120		3.0		165	175	145	214	295
90S	FT115		140	100	56	24	50	8	20	90		115	95	140	M8			180	195	155	250	320
90L				125																		345
100L	FT130		160	140	63	28	60		24	100	12	130	110	160		3.5		205	215	180	270	385
112M			190	140	70					112								230	240	190	300	400

注：R 为凸缘配合面至轴伸肩的距离，其基本尺寸为零。

① $G=D-GE$，GE 的极限偏差对机座号 80 及以下为 $\left(^{+0.10}_{\ 0}\right)$，其余为 $\left(^{+0.20}_{\ 0}\right)$。

② K、S 孔的位置度公差以轴伸的轴线为基准。

③ P 尺寸为最大极限值。

表 21-16　Y2 系列（IP54）三相异步电动机外形和安装尺寸（四）（摘自 JB/T 8680—2008）（单位：mm）

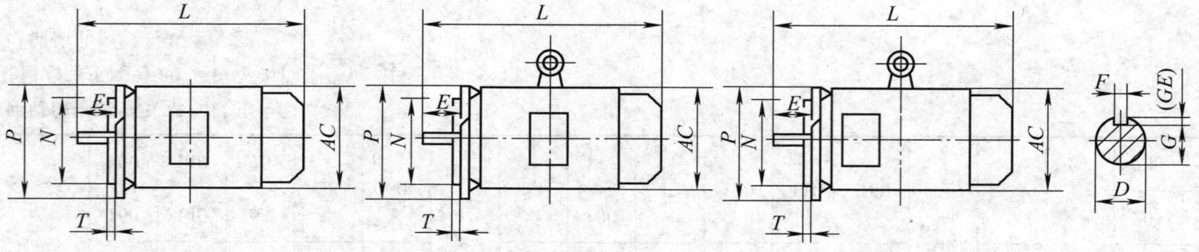

机座号 63～90　　机座号 100～132　　机座号 160～280

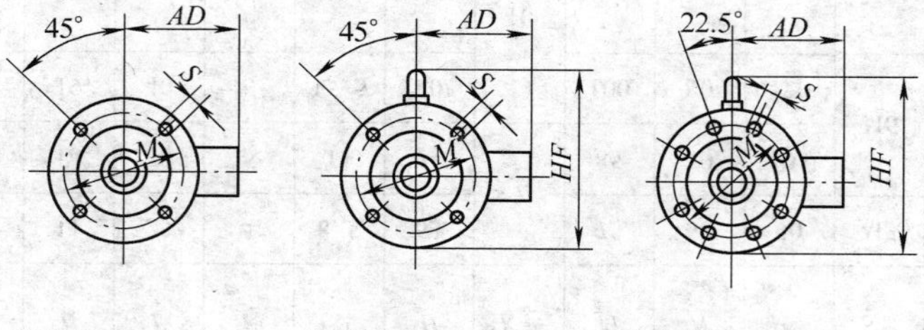

机座号 63～90　　机座号 100～200　　机座号 225～280

机座不带底脚、端盖上有凸缘（带通孔）的电动机

机座号	凸缘号	极数	安装尺寸										外形尺寸			
			D	E	F	G①	M	N	P②	S③	T	凸缘孔数	AC	AD	HF	L
63M	FF115	2,4	11	23	4	8.5	115	95	140	10	3	4	130	70	130	230
71M	FF130	2,4,6	14	30	5	11	130	110	160		3.5		145	80	145	255
80M	FF165	2,4,6,8	19	40	6	15.5	165	130	200	12			175	145	185	295
90S			24	50	8	20							195	155	195	320
90L																345
100L	FF215		28	60		24	215	180	250	15	4		215	180	245	385
112M													240	190	265	400

（续）

机座号	凸缘号	极数	安装尺寸										外形尺寸			
			D	E	F	G①	M	N	P②	S③	T	凸缘孔数	AC	AD	HF	L
132S	FF265	2,4,6,8	38	80	10	33	265	230	300	15	4	4	275	210	315	470
132M																510
160M	FF300		42	110	12	37	300	250	350	19	5		330	255	385	615
160L																670
180M			48		14	42.5							380	280	430	700
180L																740
200L	FF350		55		16	49	350	300	400				420	305	480	770
225S	FF400	4,8	60	140	18	53	400	350	450			8	470	335	535	815
225M		2	55	110	16	49										820
		4,6,8	60	140	18	53										845
250M	FF500	2					500	450	550				510	370	595	910
		4,6,8	65			58										
280S		2											580	410	650	985
		4,6,8	75		20	67.5										
280M		2	65		18	58										1035
		4,6,8	75		20	67.5										

注：R 为凸缘配合面至轴伸肩的距离，其基本尺寸为零。

① $G=D-GE$，GE 的极限偏差对机座号 80 及以下为$\left(^{+0.10}_{\ 0}\right)$，其余为$\left(^{+0.20}_{\ 0}\right)$。

② P 尺寸为最大极限值。

③ S 孔的位置度公差以轴伸的轴线为基准。

表 21-17　Y2 系列（IP54）三相异步电动机外形和安装尺寸（五）（摘自 JB/T 8680—2008）　（单位：mm）

机座号 63～90　机座号 100～112　机座号 63～90　机座号 100～112

机座不带底脚、端盖上有凸缘（带螺孔）的电动机

机座号	凸缘号	极数	安装尺寸										外形尺寸			
			D	E	F	G①	M	N	P②	S③	T	凸缘孔数	AC	AD	HF	L
63M	FT75	2,4	11	23	4	8.5	25	60	90	M5	2.5	4	130	70	130	230
71M	FT85	2,4,6	14	30	5	11	85	70	105	M6	2.5	4	145	80	145	255
80M	FT100	2,4,6,8	19	40	6	15.5	100	80	120	M6	3.0	4	175	145	185	295
90S	FT115	2,4,6,8	24	50	8	20	115	95	140	M8	3.0	4	195	155	195	320
90L	FT115	2,4,6,8	24	50	8	20	115	95	140	M8	3.0	4	195	155	195	345
100L	FT130	2,4,6,8	28	60	8	24	130	110	160	M8	3.5	4	215	180	245	385
112M	FT130	2,4,6,8	28	60	8	24	130	110	160	M8	3.5	4	240	190	265	400

注：R 为凸缘配合面至轴伸肩的距离，其基本尺寸为零。

① $G=D-GE$，GE 的极限偏差对机座号 80 及以下为$(^{+0.10}_{0})$，其余为$(^{+0.20}_{0})$。

② P 尺寸为最大极限值。

③ S 孔位置度公差以轴伸的轴线为基准。

表21-18　Y2系列（IP54）三相异步电动机外形和安装尺寸（六）（摘自JB/T 8680—2008）　（单位：mm）

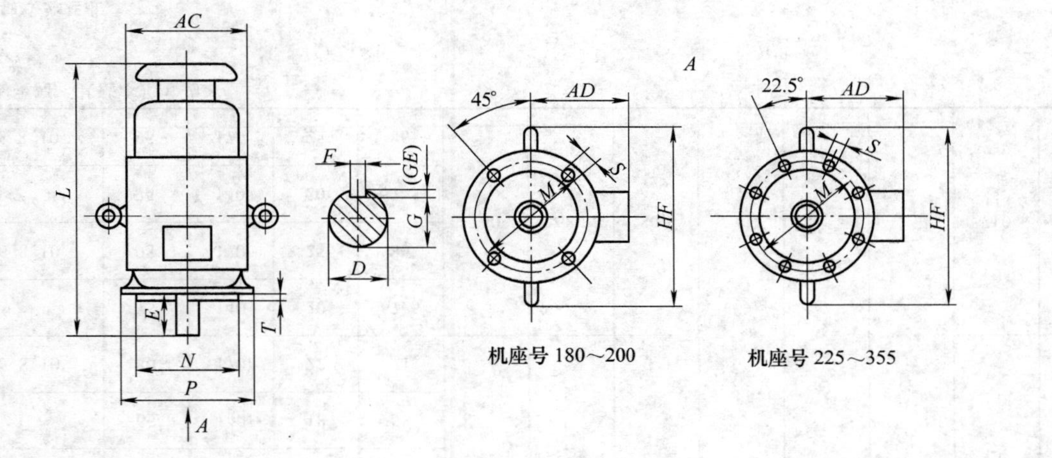

立式安装、机座不带底脚、端盖上有凸缘（带通孔）、轴伸向下的电动机

机座号	凸缘号	极数	安装尺寸										外形尺寸			
			D	E	F	G①	M	N	P②	S③	T	凸缘孔数	AC	AD	HF	L
180M	FF300	2,4,6,8	48	110	14	42.5	300	250	350	19	5	4	380	280	500	760
180L																800
200L	FF350		55		16	49	350	300	400				420	305	550	840
225S	FF400	4,8	60	140	18	53	400	350	450			8	470	335	610	905
225M		2	55	110	16	49										910
		4,6,8	60	140	18	53										935
250M	FF500	2					500	450	550				510	370	650	1015
		4,6,8	65			58										

（续）

机座号	凸缘号	极数	安装尺寸										外形尺寸			
			D	E	F	G①	M	N	P②	S③	T	凸缘孔数	AC	AD	HF	L
280S	FF500	2	65	140	18	58	500	450	550	19	5	8	580	410	720	1110
		4,6,8	75		20	67.5										
280M		2	65		18	58										1150
		4,6,8	75		20	67.5										
315S	FF600	2	65		18	58	600	550	660	24	6		645	530	900	1280
		4,6,8,10	80	170	22	71										1510
315M		2	65	140	18	58										1310
		4,6,8,10	80	170	22	71										1430
315L		2	65	140	18	58										1310
		4,6,8,10	80	170	22	71										1430
355M	FF740	2	75	140	20	67.5	740	680	800				710	655	1010	1640
		4,6,8,10	95	170	25	86										1670
355L		2	75	140	20	67.5										1640
		4,6,8,10	95	170	25	86										1670

注：R 为凸缘配合面至轴伸肩的距离，其基本尺寸为零。

① $G=D-GE$，GE 的极限偏差为$\left(^{+0.20}_{\ \ 0}\right)$。

② P 尺寸为最大极限值。

③ S 孔的位置度公差以轴伸的轴线为基准。

（4）YR系列（IP23）防护式三相异步电动机

1）特点及应用。YR（IP23）绕线转子三相异步电动机有启动转矩大、启动电流小的优点，广泛用于机械、电力、化工、冶金、煤炭、纺织等部门。最适宜于长期连续运行、负载率高、消耗电能相对较多的场合。

2）YR系列电动机技术数据见表21-19。

3）外形和安装尺寸见表21-20。

表21-19　YR（IP23）**系列电动机技术数据**（摘自JB/T 5269—2007）

型　号	额定功率/kW	转速/(r/min)	电流(380V时)/A	效率(%)	功率因数 $\cos\varphi$	最大转矩/额定转矩	转子电压/V	转子电流/A	转子转动惯量/kg·m²	质量/kg
YR160M-4	7.5	1421	16.0	84	0.84	2.8	260	19	0.395	—
YR160L1-4	11	1434	22.6	86.5	0.85	2.8	275	26	0.486	100
YR162L2-4	15	1444	30.2	87	0.85	2.8	260	37	0.597	—
YR180M-4	18.5	1426	36.1	87	0.88	2.8	191	61	1	—
YR180L-4	22	1434	42.5	88	0.88	3.0	232	61	1.09	—
YR200M-4	30	1439	57.7	89	0.88	3.0	255	76	1.82	—
YR200L-4	37	1448	70.2	89	0.88	3.0	310	74	2.21	335
YR225M1-4	45	1442	86.7	89	0.88	2.5	240	120	2.6	—
YR225M2-4	55	1448	104.7	90	0.88	2.5	288	121	2.9	420
YR250S-4	75	1453	141.1	90.5	0.89	2.6	449	105	5.35	—
YR250M-4	90	1457	167.9	91	0.89	2.6	524	107	6	590
YR280S-4	110	1458	201.3	91.5	0.89	3.0	349	190	9.1	—
YR280M-4	132	1463	239.0	92.5	0.89	3.0	419	194	10.39	830
YR160M-6	5.5	949	12.7	82.5	0.77	2.5	279	13	0.572	—
YR160L-6	7.5	949	16.9	83.5	0.78	2.5	260	19	0.655	160
YR180M-6	11	940	24.2	84.5	0.78	2.8	146	50	1.25	—
YR180L-6	15	947	32.6	85.5	0.79	2.8	187	53	1.48	—
YR200M-6	18.5	949	39.0	86.5	0.81	2.8	187	65	2.17	—
YR200L-6	22	955	45.5	87.5	0.82	2.8	224	63	2.55	315
YR225M1-6	30	955	59.4	87.5	0.85	2.2	227	86	3.237	—
YR225M2-6	37	964	72.1	89	0.85	2.2	287	82	3.736	400
YR250S-6	45	966	88.0	89	0.85	2.2	307	95	0.61	—
YR250M-6	55	967	105.7	89.5	0.86	2.2	359	97	1.52	575
YR280S-6	75	969	141.8	90.5	0.88	2.3	392	121	11.52	—
YR280M-6	90	972	166.7	91	0.89	2.3	481	118	14.05	880
YR160M-8	4	705	10.5	81	0.71	2.2	262	11	0.567	—
YR160L-8	5.5	705	14.2	81.5	0.71	2.2	243	15	0.648	160
YR180M-8	7.5	692	18.4	82	0.73	2.2	105	49	1.236	—
YR180L-8	11	699	26.8	83	0.73	2.2	140	53	1.47	—
YR200M-8	15	706	36.1	85	0.73	2.2	153	64	2.142	—
YR200L-8	18.5	712	44.0	86	0.73	2.2	187	64	2.52	315
YR225M1-8	22	710	48.6	86	0.78	2.2	161	90	5.164	—
YR225M2-8	30	713	65.3	87	0.79	2.2	200	97	5.624	400
YR250S-8	37	715	78.9	87.5	0.79	2.2	218	110	6.42	—
YR250M-8	45	720	95.5	88.5	0.79	2.2	204	109	7.53	515
YR280S-8	55	723	114	89	0.82	2.2	219	125	10.35	—
YR280M-8	75	725	152.1	90	0.82	2.2	359	133	13.71	850

表 21-20 YR（IP23）系列电动机外形和安装尺寸（摘自 JB/T 5269—2007） （单位：mm）

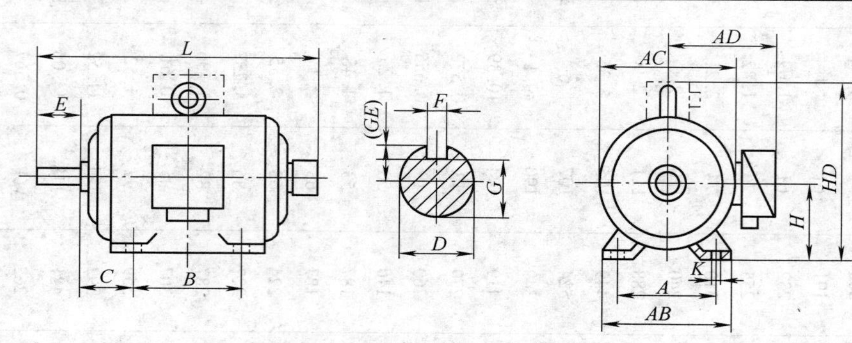

机座带底脚、端盖上无凸缘的电动机

机座号	安装尺寸									外形尺寸				
	A	B	C	D①	E	F	G②	H	K	AB	AC	AD	HD	L
160M	254	210	108	48	110	14	42.5	160	15	330	380	290	440	900
160L		254												
180M	279	241	121	55		16	49	180		350	420	325	505	1030
180L		279												
200M	318	267	133	60	140	18	53	200	19	400	465	350	570	1070
200L		305												1040
225M	356	311	149	65			58	225		450	520	395	640	1190
250S	406	311	168	75		20	67.5	250	24	510	550	410	710	1260
250M		349												1290
280S	457	368	190	80	170	22	71	280		570	610	485	785	1430
280M		419												1480

① 尺寸 D 的公差：$D=48$mm 时取 k6，$D=55\sim80$mm 时取 m6。

② $G=D-GE$，GE 的极限公差为（$^{+0.20}_{0}$）。

（5）YR系列（IP44）封闭式三相异步电动机

1）特点及应用。YR（IP44）封闭式电动机与YR（IP23）防护式电动机一样，也具有启动转矩高、起动电流小的优点，但由于其结构形式为封闭式，因此可以在尘土飞扬、水土飞溅的环境中使用，在比较潮湿及有轻微腐蚀性气体的环境中也较防护型为佳。YR（IP44）的安装形式有B3、B35及V_1三种。

2）其基本技术数据见表21-21。

3）外形和安装尺寸见表21-22至表21-24。

表21-21　YR系列（IP44）封闭式三相异步电动机技术数据（摘自JB/T 7119—1993）

型　号	功率/kW	转速/(r/min)	电流(380V时)/A	效率(%)	功率因数 cosφ	最大转矩/额定转矩	转子电压/V	转子电流/A	噪声(声功率级)/(dB)(A)	GD^2/N·m²	质量/kg
4级同步转速1500r/min											
YR132M1-4	4	1440	11.5	84.5	0.77	3.0	230	11.5	82	3.58	80
YR132M2-4	5.5	1440	13.0	86.0	0.77	3.0	272	13.0	82	4.17	95
YR160M-4	7.5	1460	19.5	87.5	0.83	3.0	250	19.5	86	9.51	130
YR160L-4	11	1460	25.5	89.5	0.83	3.0	276	25.0	86	11.74	155
YR180L-4	15	1465	34.0	89.5	0.85	3.0	278	34.0	90	19.70	205
YR200L1-4	18.5	1465	47.5	89.0	0.86	3.0	247	47.5	90	31.99	265
YR200L2-4	22	1465	47.0	90.0	0.86	3.0	293	47.0	90	34.47	290
YR225M2-4	30	1475	51.6	91.0	0.87	3.0	360	51.5	92	63.14	380
YR250M1-4	37	1480	79.0	91.5	0.86	3.0	289	79.0	92	86.60	440
YR250M2-4	45	1480	81.0	91.5	0.87	3.0	340	81.0	94	94.68	490
YR280S-4	55	1480	70.0	91.5	0.88	3.0	485	70.0	94	163.6	670
YR280M-4	75	1480	128.0	92.5	0.88	3.0	354	128.0	98	201.7	800
YR315S-4	90		134.0	92.5	0.87		410				
YR315M-4	110		141.0	93.0	0.88		472				
YR315L-4	132		155.0	93.5	0.88		517				
6级同步转速1000r/min											
YR132M1-6	3	955	9.5	80.5	0.69	2.8	206	9.5	81	5.08	80
YR132M2-6	4	955	11.0	82.0	0.69	2.8	230	11.0	81	5.92	95
YF160M-6	5.5	970	14.5	84.5	0.74	2.8	244	14.5	81	12.01	135
YR160L-6	7.5	970	18.0	86.0	0.74	2.8	266	18.0	85	14.39	155
YR180-6	11	975	22.5	87.5	0.81	2.8	310	22.5	85	27.04	205
YR200L1-6	15	975	48.0	88.5	0.81	2.8	198	48.0	88	42.99	280
YR225M1-6	18.5	980	62.3	88.5	0.83	2.8	187	62.5	88	64.67	335
YR225M2-6	22	980	61.0	89.5	0.83	2.8	224	61.0	88	70.70	365
YR250M1-6	30	980	66.0	90.0	0.84	2.8	282	66.0	91	120.1	450
YR250M2-6	37	980	69.9	90.5	0.84	2.8	331	69.0	91	129.8	490
YR280S-6	45	985	76.9	91.5	0.85	2.8	362	76.0	94	217.9	680
YR280M-6	55	985	80.9	92.0	0.85	2.8	423	80.0	94	241.1	730
YR315S-6	75		113.0	93.0	0.85		404				
YR315M-6	90		120.0	93.5	0.85		460				
YR315L-6	116		132.0	93.5	0.85		505				
8级同步转速750r/min											
YR160M-8	4	715	12.0	82.5	0.69	2.4	216	12.0	79	11.91	135
YR160L-8	5.5	715	15.5	83.0	0.71	2.4	230	15.5	79	14.26	155
YR180L-8	7.5	725	19.0	85.0	0.73	2.4	255	19.0	82	24.95	190
YR200L1-8	11	725	46.0	86.0	0.73	2.4	152	46.0	82	42.66	280
YR225M1-8	15	735	58.0	88.0	0.75	2.4	189	56.0	85	69.83	365
YS225M2-8	18.5	735	54.0	89.0	0.75	2.4	211	54.0	85	79.09	390
YR250M1-8	22	735	65.5	88.0	0.78	2.4	210	65.5	85	118.4	450
YR250M2-8	30	735	69.0	89.5	0.77	2.4	270	69.0	88	133.1	500
YR280S-8	37	735	81.5	91.0	0.79	2.4	281	81.5	88	214.8	680
YR280M-8	45	735	76.0	92.0	0.80	2.4	359	76.0	90	262.4	800
YR315S-8	55		87.0	92.0	0.79		387				
YR315M-8	75		97.0	92.5	0.81		472				
YR315L-8	90		109.0	93.0	0.81		500				

注：1. JRO2系列已淘汰，可选用YR系列（IP44）系列代替。

2. 本表数据选自昆明电机厂。

表 21-22　**YR** 系列（IP44）三相异步电动机 **B3** 型外形和安装尺寸（摘自 JB/T 7119—1993）　（单位：mm）

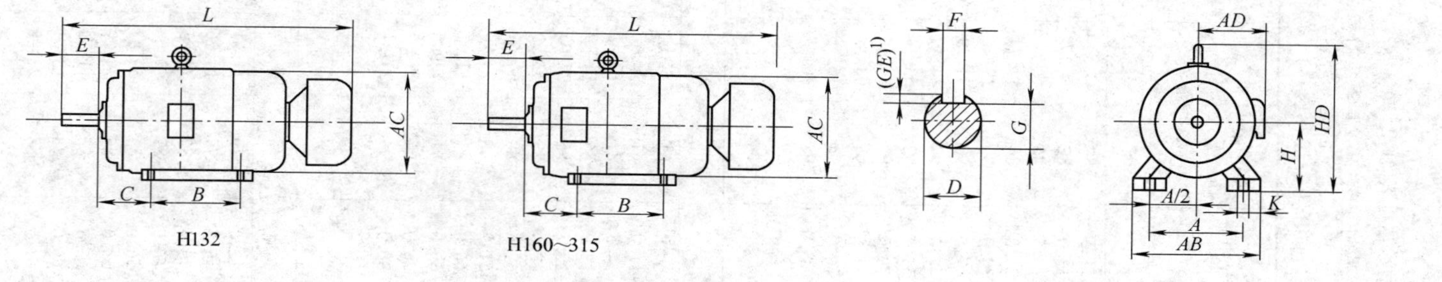

机座带底脚、端盖上无凸缘的电动机

机座号	安装尺寸									外形尺寸				
	A	*B*	*C*	*D*①	*E*	*F*	*G*	*H*	*K*②	*AB*	*AC*	*AD*	*HD*	*L*
132M	216	178	89	38	80	10	33	132	12	280	280	210	315	745
160M	254	210	108	42	110	12	37	160	15	330	335	265	385	820
160L		254												865
180L	279	279	121	48		14	42.5	180		355	380	285	430	920
200L	318	305	133	55		16	49	200	19	395	425	315	375	1045
225M	356	311	149	60	140	18	53	225		435	475	345	530	1115
250M	406	349	168	65			58	250	24	490	515	385	575	1260
280S	457	368	190	75		20	67.5	280		550	580	410	640	1355
280M		419												1405
315S	508	406	216	80	170	22	71	315	28	744	645	576	865	1500
315M		457												1550
315L		508												1600

注：$GE=D-G$，GE 的极限偏差为$\left(^{+0.20}_{\ \ 0}\right)$。

① 直径 D 公差：$D=38\sim48$mm 时 k6；$D=55\sim80$mm 时 m6。

② K 孔位置度以轴伸的轴线为基准。

表21-23 YR系列（IP44）三相异步电动机外形和安装尺寸（摘自JB/T 7119—1993） （单位：mm）

H132

H160～135

132～200

225～315

机座号	凸缘号	安装尺寸 A	B	C	D①	E	F	G	H	K②	M	N	P③	S②	T	凸缘孔数	外形尺寸 AB	AC	AD	HD	L
132M	FF285	216	178	89	38	80	10	33	132	12	265	230	300	15	4	4	280	280	210	215	745
160M	FF300	254	210	108	42	110	12	37	160	15	300	250	350	19	5		330	335	265	385	820
160L			254																		865
180L		279	279	121	48		14	42.5	180								355	380	285	430	920
200L	FF350	318	305	133	55		16	49	200	19	350	300	400				395	425	315	475	1045
225M	FF400	356	311	149	60	140	18	53	225		400	350	450			8	435	475	345	530	1115
250M	FF500	406	349	168	65			58	250	24	500	450	550				490	515	385	575	1260
280S		457	368	190	75		20	67.5	280								550	530	410	640	1355
280M			419																		1405
315S	FF600	508	406	216	80	170	22	71	315	28	600	550	660	24	6		744	645	576	865	1500
315M			457																		1550
315L			508																		1600

注：1. $GE=D-G$，GE的极限偏差为($^{+0.20}_{0}$)。

2. R为凸缘配合面至轴伸肩的距离，其基本尺寸为零。

① 直径D公差：$D=38\sim48$mm时k6；$D=55\sim80$mm时m6。

② K孔和S孔的位置度以轴伸的轴线为基准。

③ P尺寸为最大极限值。

表 21-24　机座不带底脚、端盖上有凸缘的电动机的外形和安装尺寸（摘自 JB/T 7119—2010）　　（单位：mm）

机座号	凸缘号	安装尺寸 D	E	F	G①	M	N	P②	R③	S④	T	凸缘孔数	外形尺寸 AC	AD	HF	L
132M	FF265	38	80	10	33	265	230	300	0	15	4	4	280	210	315	745
160M	FF300	42	110	12	37	300	250	350		19	5					820
160L													335	265	385	865
180L		48		14	42.5											920
200L	FF350	55		16	49	350	300	400					380	285	500	1045
225M	FF400	60	140	18	53	400	350	450				8	425	315	550	1115
250M	FF500	65			58	550	450	550					475	345	610	1260
280S		75		20	67.5								515	385	650	1355
280M													580	410	720	1405
315S	FF600	80	170	22	71	600	550	660		24	6					1500
315M													645	576	900	1550
315L																1600

① $G=D-GE$，GE 的极限偏差对机座号 132 为（$^{+0.10}_{0}$），其余为（$^{+0.20}_{0}$）。

② P 尺寸为最大极限值。

③ R 为凸缘配合面至轴伸肩的距离。

④ S 孔的位置度以轴伸的轴线为基准。

21.2.1.3　小功率异步电动机

常用小功率电动机有以下四种：

1）YS系列三相异步电动机（JB/T 1009—2007），代替AO_2系列，有优良的启步和运行性能，结构简单，使用维修方便，要求三相电源。其技术数据见表21-25。

2）YU系列电阻启动异步电动机（JB/T 1010—2007）代替BO_2系列，有中等起动和过载能力，结构简单、使用、维修方便。适用于使用单相电源的小型机械。其技术数据见表21-26。

3）YC系列电容启动异步电动机（JB/T 1011—2007）代替CO_2系列，启动力矩大，启动电流小。适用于满载启动的机械，如空压机、磨粉机等。其技术数据见表21-27。

4）YY系列电容运转异步电动机（JB/T 1012—2007）代替DO_2系列，有较高的功率因数、较高的效率和过载能力，但是启动力矩小，空载电流大。适用于空载或轻载启动的小型机械，如电影放映机、风扇等。其技术数据见表21-28。

各种电动机的外形和安装尺寸见表21-29至表21-31。

表21-25　YS系列电动机技术数据

型号	功率/W	电流/A	电压/V	频率/Hz	转速/(r/min)	效率(%)	功率因数(cos φ)	堵转转矩/额定转矩	堵转电流/额定电流	最大转矩/额定转矩	外形尺寸(长/mm×宽/mm×高/mm)	质量/kg
YS4512 YS4522	16 25	0.085 0.12	380	50	2800	46 52	0.57 0.6	2.2	6	2.4	150×100×115	
YS4514 YS4524	10 16	0.12 0.15	380	50	1400	28 32	0.45 0.49	2.2	6	2.4	150×100×115	
YS5012 YS5022	40 60	0.17 0.23	380	50	2800	55 60	0.65 0.66	2.2	6	2.4	155×110×125	
YS5014 YS5024	25 40	0.17 0.22	380	50	1400	42 50	0.53 0.54	2.2	6	2.4	155×110×125	
YS5612 YS5622	90 120	0.32 0.38	380	50	2800	62 67	0.68 0.71	2.2	6	2.4	170×120×135	
YS5614 YS5624	60 90	0.28 0.39	380	50	1400	56 58	0.58 0.61	2.2	6	2.4	170×120×135	
YS6312 YS6322	180 250	0.53 0.67	380	50	2800	69 72	0.75 0.78	2.2	6	2.4	230×130×165	77.5
YS6314 YS6324	120 180	0.48 0.64	380	50	1400	60 64	0.63 0.66	2.2	6	2.4	230×130×165	77.5
YS7112 YS7122	370 550	0.95 1.34	380	50	2800	73.5 75.5	0.8 0.82	2.2	6	2.4	255×145×180	9 9.5
YS7114 YS7124	250 370	0.83 1.12	380	50	1400	67 69.5	0.68 0.72	2.2	6	2.4	255×145×180	9 9.5
YS8012 YS8022	750 1100	1.74 2.6	380	50	2800	76.5 77	0.85 0.85	2.2	6	2.4	295×165×200	14 15
YS8014 YS8024	550 750	1.6 2	380	50	1400	73.5 75.5	0.73 0.75	2.2	6	2.4	295×165×200	14 15
YS90S2 YS90L2	1500 2000	3.44 4.83	380 380	50 50	2800 2800	78 80.5	0.85 0.86	2.2 2.2	7 7	2.3 2.3	325×225×184	20
YS90S4 YS90L4	1100 1500	2.75 3.65	380 380	50 50	1400 1400	78 79	0.78 0.79	2.3 2.3	6.5 6.5	2.3 2.3	325×225×184	20

表 21-26　YU 系列电动机技术数据

型号	功率/W	电流/A	电压/V	频率/Hz	转速/(r/min)	效率(%)	功率因数(cos φ)	堵转转矩/额定转矩	堵转电流/A	最大转矩/额定转矩	外形尺寸(长/mm×宽/mm×高/mm)	质量/kg
YU7112 YU7122	180 250	1.89 2.40	220	50	2800	60 64	0.72 0.74	1.3 1.1	17 22	1.8	247×140×178	9.2 9.8
YU7114 YU7124	120 180	1.88 2.49	220	50	1400	50 53	0.58 0.62	1.5 1.4	14 17	1.8	247×140×178	9.05 9.6
YU8012 YU8022	370 550	3.36 4.65	220	50	2800	65 68	0.77 0.79	1.1 1.0	30 42	1.87	286×156×187	12.9 14.05
YU8014 YU8024	250 370	3.11 4.24	220	50	1400	58 62	0.63 0.64	1.2 1.2	22 30	1.8	286×156×187	12.7 14
YU90S2 YU90L2	750 1100	6.09 8.68	220	50	2800	70 72	0.80 0.80	0.8 0.8	55 90	1.8	300×176×205	18 21
YU90S4 YU90L4	550 750	5.49 6.87	220	50	1400	66 68	0.69 0.73	1.0 1.0	42 17	1.8	300×176×205	17.6 20.2

表 21-27　YC 系列电动机技术数据

型号	功率/W	电流/A	电压/V	频率/Hz	转速/(r/min)	效率(%)	功率因数 cos φ	堵转转矩/额定转矩	堵转电流/A	最大转矩/额定转矩	外形尺寸(长/mm×宽/mm×高/mm)	质量/kg
YC7112 YC7122	180 250	3.8/1.9 5/2.5	110/220	50	2800	60 63	0.70 0.72	2.8	24/12 30/15	1.8	252×161×176	6.4 6.6
YC7114 YC7124	120 180	4/2 5.4/2.7	110/220		1400	48 52	0.58 0.59	2.8	18/9 24/12	1.8	252×161×176	6.4 6.6
YC7112 YC7122	180 250	1.9 2.5	220		2800	60 63	0.70 0.72	2.8	12 15	1.8	252×161×176	6.4 6.6
YC7114 YC7124	120 180	2 2.7	220		1400	48 52	0.58 0.59	2.8	9 12	1.8	252×161×176	6.4 6.6
YC8012 YC8022	370 550	7/3.5 9.6/4.8	110/220		2800	65 68	0.74 0.76	2.5 2.5	42/21 58/29	1.8	286×187×192	14 14.5
YC8014 YC8024	250 370	6.4/3.2 8.6/4.3	110/220		1400	58 62	0.61 0.63	2.8 2.5	30/15 42/21	1.8	286×187×192	14 14.5
YC8012 YC8022	370 550	3.5 4.8	220		2800	65 68	0.74 0.76	2.5 2.5	21 29	1.8	286×187×192	14 14.5
YC8014 YC8024	250 370	3.2 4.3	220		1400	58 62	0.61 0.63	2.5	15 21	1.8	286×187×192	14 14.5
YC90S4 YC90L4	550 750	11.6/5.8 14.6/7.3	110/220		1400	65 68	0.66 0.69	2.5/ 2.2	58/29 74/37	1.8	309×205×213 329×205×213	22 23

（续）

型号	功率/W	电流/A	电压/V	频率/Hz	转速/(r/min)	效率(%)	功率因数 cos φ	堵转转矩/额定转矩	堵转电流/A	最大转矩/额定转矩	外形尺寸(长/mm×宽/mm×高/mm)	质量/kg
YC90S2	750	12.6/6.3	110/220	50	2800	70	0.78	2.5/	74/37	1.8	309×205×213	22
YC90L2	1 100	17.4/8.7				72	0.80	2.2	94/47		329×205×213	23
YC100L1-4	1 100	10.1	220		1450	71	0.70	2.5	70	1.8	430×260×260	32
YC100L2-4	1 500	12.9			1450	72	0.73	2.5	89		430×260×260	36
YC100L1-2	1 500	11.8			2880	74	0.78	2.5	80		430×260×260	32
YC100L2-2	2 200	16.9				75	0.79	2.5	110		430×260×260	37
YC112M-2	3 000	22.4			1450	76	0.80	2.2	150	1.8	455×280×300	46
YC112M-4	2 200	18.3				73	0.75	2.5	119		455×280×300	46
YC132S-4	3 000	24			1450	74	0.77	2.2	156	1.8	520×310×350	61
YC132M1-4	3 700	28.4			1450	76	0.79	2.2	176		560×310×350	71
YC160M-4	5 500	38.7			1450	78	0.80	2.2	201		645×320×385	128

表 21-28　YY 系列电动机技术数据

型号	功率/W	电流/A	电压/V	频率/Hz	转速/(r/min)	效率(%)	功率因数 cos φ	堵转转矩/额定转矩	堵转电流/A	最大转矩/额定转矩	外形尺寸(长/mm×宽/mm×高/mm)	质量/kg
YY7112	370	2.73	220	50	2800	67	0.92	0.35	10	1.7	247×140×178	9.1
YY7122	550	3.88				70			15			9.27
YY7114	250	2.02	220	50	1400	61	0.92	0.35	7	1.7	247×140×178	9.05
YY7124	370	2.95				62			10			9.65
YY8012	750	5.15	220	50	2800	72	0.95	0.32	20	1.7	286×156×187	12.8
YY8022	1100	7.02				75			30			14.05
YY8014	550	4.25	220	50	1400	64	0.92	0.35	15	1.7	286×156×187	12.6
YY8024	750	5.45				68		0.32	20			14
YY90S2	1500	9.44	220	50	2800	76	0.95	0.30	45	1.7	300×176×205	18
YY90L2	2200	13.67				77			65			21
YY90S4	1100	7.41	220	50	1400	71	0.95	0.32	30	1.7	300×176×205	17.5
YY90L4	1500	9.83				73		0.30	45			20.1

表 21-29　YS、YU、YY 系列电动机的外形和安装尺寸　　　　（单位：mm）

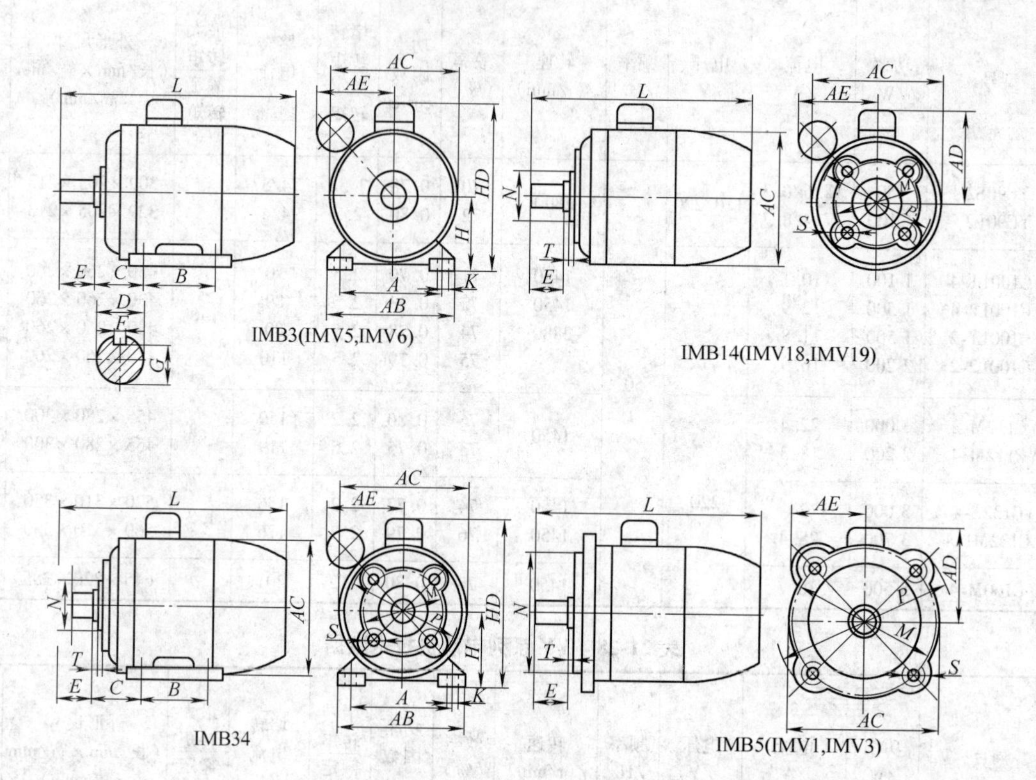

IMB3(IMV5,IMV6)　　IMB14(IMV18,IMV19)　　IMB34　　IMB5(IMV1,IMV3)

机座号	安装尺寸									安装尺寸											外形尺寸 ≤							
										IMB3，IMB34，IMB14					IMB5						IMB3，IMB34，IMB14					IMB5		
	A	B	C	D	E	F	G	H	K	M	N	P	S	T	M	N	P	R	S	T	AB	AC	AD	HD	L	AC	AD	L
45	71	56	28	9	20	3	7.2	45	4.8	45	32	60	M5	2.5							90	100	90	115	150			
50	80	63	32	9	20	3	7.2	50	5.8	55	40	70	M5	2.5							100	110	100	125	155			
56	90	71	36	9	20	3	7.2	56	5.8	65	50	80	M5	2.5							115	120	110	135	170			
63	100	80	40	11	23	4	8.5	63	7	75	60	90	M5	2.5	115	95	140	0	10	3.0	130	130	125	165	230	130	125	250
71	112	90	45	14	30	5	11	71	7	85	70	105	M6	2.5	130	110	160	0	10	3.5	145	145	140	180	255	145	140	275
80	125	100	50	19	40	6	15.5	80	10	100	80	120	M6	3.0	165	130	200	0	12	3.5	160	165	150	200	295	165	150	300
90S	140	125	56	24	50	8	20	90	10	115	95	140	M8	3.0	165	130	200	0	12	3.5	180	185	160	220	310	185	160	335
90L																									335			360

表 21-30 YC 系列电动机的外形和安装尺寸 （单位：mm）

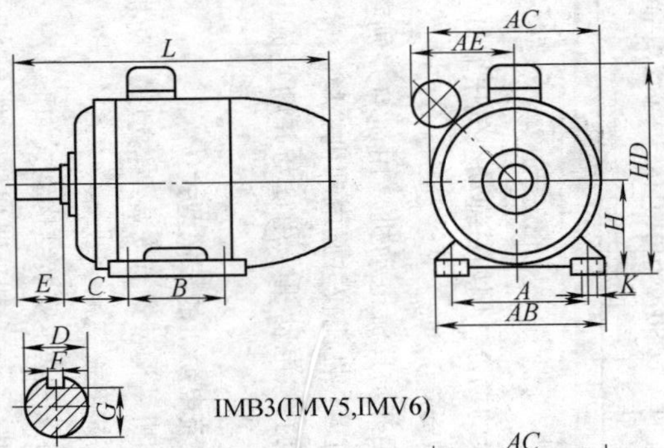

IMB3(IMV5,IMV6)

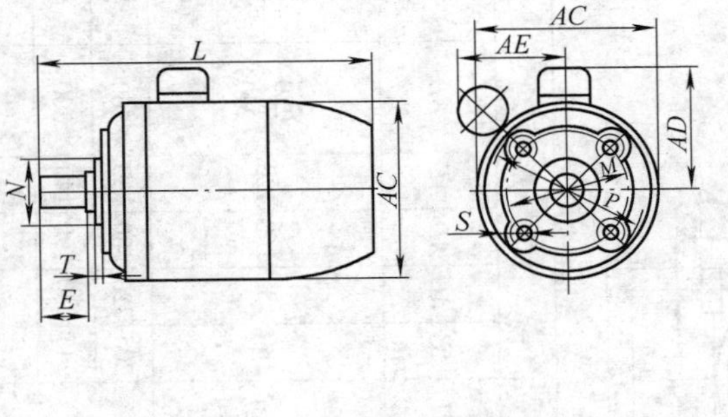

IMB14(IMV18,IMV19) H71~H90

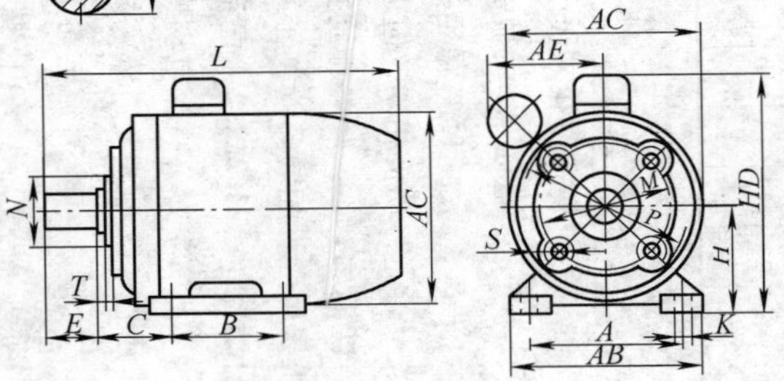

IMB34 H71~H90

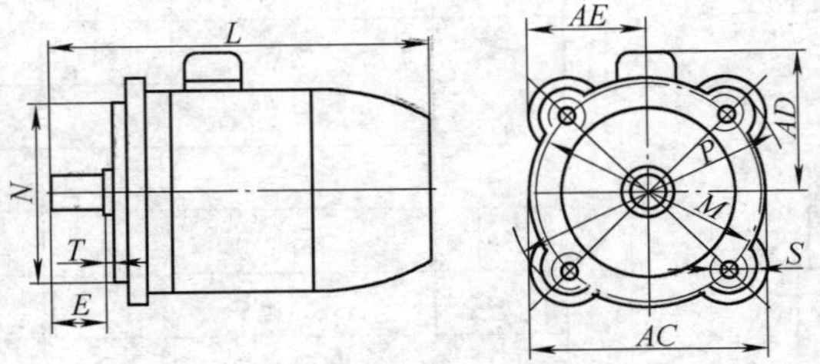

IMB35(IMV1,IMV3)

机座号	安装尺寸									安装尺寸										外形尺寸									
										IMB34, IMB14					IMB5					IMB3, IMB34						IMB14, IMB5			
	A	B	C	D	E	F	G	H	K	M	N	P	S	T	M	N	P	S	T	AB	AC	AD	AE	HD	L	AC	AD	AE	L
71	112	90	45	14	30	5	11	71	7	85	70	105	M6	2.5	130	110	160	10	3.5	145	145	140	95	180	255	145	140	93	255
80	125	100	50	19	40	6	15.5	80	10	100	80	120		3	165	130	200	12		160	165	150	110	200	295	165	150	110	295
90S	140		56	24	50	8	20	90		115	95	140	M8							180	185	160	120	240	370	185	160	120	370
90L		125																							400				400
100L	100	140	63	28	60		14	100	12						215	180	250	15	4.0	205	200	180	130	260	430	220	180	130	430
112M	190		70					112												245	250	190	140	300	455	250	190	140	455
132S	216		89	38	80	10	33	132							265	230	300			280	290	210	155	350	525	290	210	155	525
132M		178																							565				565

表 21-31　YS、YU、YC、YY 系列 IMB35（IMB36）型电动机的外形和安装尺寸　（单位：mm）

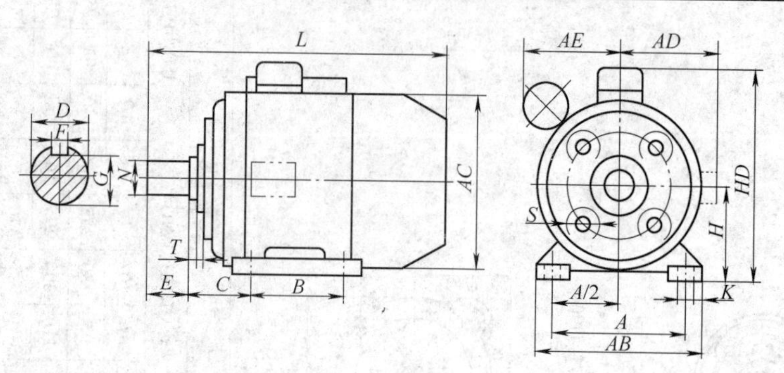

<table>
<tr><th rowspan="2">机座号</th><th rowspan="2">凸缘号</th><th colspan="12">安装尺寸</th><th colspan="6">外形尺寸</th></tr>
<tr><th>A</th><th>B</th><th>C</th><th>D</th><th>E</th><th>F</th><th>G</th><th>H</th><th>K</th><th>N</th><th>S</th><th>T</th><th>AB</th><th>AC</th><th>AD</th><th>AE</th><th>HD</th><th>L</th></tr>
<tr><td>90S</td><td rowspan="2">FF165</td><td rowspan="2">140</td><td>100</td><td rowspan="2">56</td><td rowspan="2">24</td><td rowspan="2">50</td><td rowspan="4">8</td><td rowspan="2">20</td><td rowspan="2">90</td><td rowspan="2">10</td><td rowspan="2">130</td><td rowspan="2">12</td><td rowspan="2">3.5</td><td rowspan="2">180</td><td rowspan="2">185</td><td rowspan="2">160</td><td rowspan="2">120</td><td rowspan="2">220
(240)</td><td>335
(370)</td></tr>
<tr><td>90L</td><td>125</td><td>360
(400)</td></tr>
<tr><td>100L</td><td rowspan="2">FF215</td><td>160</td><td rowspan="3">140</td><td>63</td><td rowspan="2">28</td><td rowspan="2">60</td><td rowspan="2">24</td><td>100</td><td rowspan="4">12</td><td rowspan="2">180</td><td rowspan="4">15</td><td rowspan="4">4.0</td><td>205</td><td>220</td><td>180</td><td>130</td><td>260</td><td>430</td></tr>
<tr><td>112M</td><td>190</td><td>70</td><td>112</td><td>245</td><td>250</td><td>190</td><td>140</td><td>300</td><td>455</td></tr>
<tr><td>132S</td><td rowspan="2">FF265</td><td rowspan="2">216</td><td rowspan="2">89</td><td rowspan="2">38</td><td rowspan="2">80</td><td rowspan="2">10</td><td rowspan="2">33</td><td rowspan="2">132</td><td rowspan="2">230</td><td rowspan="2">280</td><td rowspan="2">290</td><td rowspan="2">210</td><td rowspan="2">155</td><td rowspan="2">350</td><td>525</td></tr>
<tr><td>132M</td><td>178</td><td>565</td></tr>
</table>

注：1. YS、YU、YY 系列仅有机座号 90。
2. （　）中 L 值系 YC 系列的值。

21.2.2　直流电动机

21.2.2.1　直流电动机的类型及应用

直流电动机具有调整性能优良，过载能力大，可实现频繁的无级快速启动、制动和反转的特点，能满足生产过程自动化系统各种不同的特殊运行要求。因此在要求调速范围宽，以及有特殊运行性能的自动控制系统中占有重要地位。

直流电动机按励磁方式分类的类型及其用途如下：

（1）永磁直流电动机　主要用于自动控制系统中作为执行元件及一般传动系统用，如力矩电动机。

（2）并励直流电动机　用于启动转矩稍大的恒速负载和要求调速的传动系统，例如：离心泵、风机、金属切削机床、纺织印染、造纸和印刷机械等。

（3）串励直流电动机　用于要求很大的启动转矩，转速允许有较大变化的负载，例如：蓄电池供电车、起货机、起锚机、电车、电力传动机车等。

（4）复励直流电动机　用于要求启动转矩较大，转速变化不大的场合，例如：拖动空气压缩机、冶金辅助传动机械等。

（5）稳定并励直流电动机　用途与并励直流电动机相同，但运行性能较并励电动机平稳。

（6）他励直流电动机　用途与并励直流电动机相同。

21.2.2.2　直流电动机的结构型式

直流电动机结构型式有安装结构型式、防护结构型式及通风冷却型式三种类型。

直流电动机的基本安装结构型式如下：

1）A01 型。卧式，机座带底脚，端盖无凸缘。

2）A201 型。卧式，机座带底脚，端盖有凸缘。

3）A301 型。卧式，机座不带底脚，端盖有凸缘。

4）A302 型。立式，机座不带底脚，端盖有凸缘（轴伸向下）。

5）A202 型。立式，机座带底脚，端盖有凸缘（轴伸向下）。

直流电动机常用防护型式见表 21-32。

表 21-32　直流电动机常用防护形式

防护等级	防护形式	防护范围
00	开户式	除必要的支撑结构外，对传动部分和带电部分不设专门的防护装置
01	防滴式	可防止垂直下落的固体异物和液体进入电动机内部
21	防滴式	可防止直径大于 12mm 的固体异物和垂直下落的液体进入电动机内部
22	防滴式	可防止直径大于 12mm 的固体异物，以及与垂直线成 15°方向的滴水进入电动机内
54	全封闭式	可防止灰尘和任何方向的溅水进入电动机内部，或不致产生有害的影响
56	封闭防水式	可防止灰尘和猛烈的海浪或强力喷水进入电动机内部

21.2.2.3　直流电动机产品及其技术数据

（1）Z2 系列小型直流电动机　Z2 系列小型直流电动机为并励或他励直流电动机，主要用于启动转矩稍大的恒速负载和要求调速的生产机械中。其防护形式是通风防滴式。直流电动机常用防护形式见表 21-32。Z2 系列小型直流电动机技术数据见表 21-33。

表 21-33　Z2 系列小型直流电动机技术数据

型号	额定功率/kW	额定电流/A		效率(%)		最高转速/(r/min)		最大励磁功率/W		转子飞轮矩 GD^2 /N·m²	外形尺寸(长/mm×宽/mm×高/mm)(A10 型)	质量/kg
		110V	220V	110V	220V	110V	220V	110V	220V			
额定转速 3000/(r/min)												
Z2-11	0.8	9.82	4.85	74	75	3000	3000	52	52	0.12	401×292×254	32
Z2-12	1.1	13	6.41	75.5	76.5	3000	3000	63	62	0.15	421×292×254	36
Z2-21	1.5	17.5	8.64	77	78	3000	3000	61	62	0.45	417×362×320	48
Z2-22	2.2	24.5	12.2	79	80	3000	3000	77	77	0.55	442×362×320	56
Z2-31	3	33.2	16.52	78.5	79.5	3000	3000	80	83	0.85	485×390×343	65
Z2-32	4	43.8	21.65	80	81	3000	3000	98	94	1.05	520×390×343	76
Z2-41	5.5	61	30.3	81.5	82	3000	3000	97	108	1.5	524×420×365	88
Z2-42	7.5	81.6	40.3	82	82.5	3000	3000	120	141	1.8	554×420×365	101
Z2-51	10	107.5	53.5	84.5	83	3000	3000	—	222	3.5	606×466×415	126
Z2-52	13	—	68.7	—	83.5	—	3000	—	365	4	646×466×415	148
Z2-61	17	—	88.9	—	84	—	3000	—	247	5.6	637×524×488	175
Z2-62	22	—	113.7	—	85	—	3000	—	232	6.5	671×524×488	196
Z2-71	30	—	155	—	85.5	—	3000	—	410	10	768×614×544	280
Z2-72	40	—	205.6	—	86.5	—	3000	—	500	12	808×614×544	320
额定转速 1500/(r/min)												
Z2-11	0.4	5.47	2.715	66.5	67	3000	3000	39	43	0.12	401×292×254	32
Z2-12	0.6	7.74	3.84	70.5	71	3000	3000	60	62	0.15	421×292×254	36
Z2-21	0.8	9.96	4.94	73	73.5	3000	3000	65	68	0.45	417×362×320	48
Z2-22	1.1	13.15	6.53	76	76.5	3000	3000	88	101	0.55	442×362×320	56
Z2-31	1.5	17.6	8.68	77.5	78.5	3000	3000	103	94	0.85	485×390×343	65
Z2-32	2.2	25	12.34	80	81	3000	3000	131	105	1.05	520×390×343	76
Z2-41	3	34.3	17	79.5	80	3000	3000	116	134	1.5	524×420×365	88

（续）

型号	额定功率/kW	额定电流/A		效率(%)		最高转速/(r/min)		最大励磁功率/W		转子飞轮矩 GD^2/N·m²	外形尺寸(长/mm×宽/mm×高/mm)(A10型)	质量/kg
		110V	220V	110V	220V	110V	220V	110V	220V			
额定转速1500/(r/min)												
Z2-42	4	44.8	22.3	81	81.5	3000	3000	170	170	1.8	554×420×365	101
Z2-51	5.5	61	30.3	82	82.5	2400	2400	154	165	3.5	606×466×415	126
Z2-52	7.5	82.2	40.8	83	83.5	2400	2400	242	260	4	646×466×415	148
Z2-61	10	108.2	53.8	84	84.5	2400	2400	160	260	5.6	637×524×488	175
Z2-62	13	140	68.7	84.5	86	2250	2250	146	264	6.5	671×524×488	196
Z2-71	17	155	90	85.5	86	2250	2250	400	430	10	768×614×544	280
Z2-72	22	232.6	115.4	86	86.5	2250	2250	370	370	12	808×614×544	320
Z2-81	30	315.5	156.9	86.5	87	2250	2250	450	540	28	855×689×609	393
Z2-82	40	—	208	—	87.5	—	2000	—	770	32	895×689×609	443
Z2-91	55	—	284	—	88	—	2000	—	770	59	1010×830×706	630
Z2-92	75	—	385	—	88.5	—	1800	—	870	70	1065×830×706	730
Z2-101	100	—	511	—	89	—	1800	—	1070	103	1061×899×790	970
Z2-102	125	—	635	—	89.5	—	1500	—	940	120	1211×899×790	1130
Z2-111	160	—	810	—	90	—	1500	—	1300	204	1261×969×889	1350
Z2-112	200	—	1010	—	90	—	1500	—	1620	230	1311×969×889	1410
额定转速1000/(r/min)												
Z2-21	0.4	5.59	2.755	65	66	2000	2000	60	67	0.45	417×362×320	48
Z2-22	0.6	7.69	3.875	71	71.5	2000	2000	64	70	0.55	442×362×320	56
Z2-31	0.8	10.02	4.94	72.5	73.5	2000	2000	88	88	0.85	485×390×343	65
Z2-32	1.1	13.32	6.58	75	76	2000	2000	83	83	1.05	520×390×343	76
Z2-41	1.5	18.05	8.9	75.5	76.5	2000	2000	123	130	1.5	524×420×365	88
Z2-42	2.2	25.8	12.73	77.5	78.5	2000	2000	172	160	1.8	554×420×365	101
Z2-51	3	34.5	17.2	79	79.5	2000	2000	125	165	3.5	606×466×415	126
Z2-52	4	45.2	22.3	80.5	81.5	2000	2000	230	230	4	646×466×415	148
Z2-61	5.5	61.3	30.3	81.5	82.5	2000	2000	190	283	5.6	637×524×488	175
Z2-62	7.5	82.6	41.3	82	82.5	2000	2000	325	193	6.5	671×524×488	196
Z2-71	10	111.5	54.8	82.5	83	2000	2000	300	370	10	768×614×544	280
Z2-72	13	142.3	70.7	83	83.5	2000	2000	430	420	12	808×614×544	320
Z2-81	17	185	92	83.5	84	2000	2000	460	510	28	855×689×609	393
Z2-82	22	236	118.2	84	84.5	2000	2000	460	500	32	895×689×609	443
Z2-91	30	319	158.5	85.5	86	2000	2000	570	540	59	1010×830×706	630
Z2-92	40	423	210	86	86.5	2000	2000	650	620	70	1065×830×706	730
Z2-101	55	—	285.5	—	87.5	—	1500	—	670	103	1061×899×790	970
Z2-102	75	—	385	—	88.5	—	1500	—	820	120	1211×899×790	1130
Z2-111	100	—	511	—	89	—	1500	—	1150	204	1261×969×889	1350
Z2-112	125	—	635	—	89.5	—	1500	—	1380	230	1311×969×889	1410

（续）

型号	额定功率/kW	额定电流/A		效率(%)		最高转速/(r/min)		最大励磁功率/W		转子飞轮矩 GD^2/N·m²	外形尺寸(长/mm×宽/mm×高/mm)(A10型)	质量/kg
		110V	220V	110V	220V	110V	220V	110V	220V			
额定转速 750/(r/min)												
Z2-31	0.6	7.9	3.9	69	70	1500	750	90	85	0.85	485×390×343	65
Z2-32	0.8	10.02	4.94	72.5	73.5	1500	750	83	81	1.05	520×390×343	76
Z2-41	1.1	14.18	6.99	70.5	71.5	1500	750	121	122	1.5	524×420×365	88
Z2-42	1.5	18.8	9.28	72.5	73.5	1500	750	174	180	1.8	554×420×365	101
Z2-51	2.2	26.15	13	76.5	77	1500	750	148	162	3.5	606×466×415	126
Z2-52	3	35.2	17.5	77.5	78.5	1500	750	172	176	4	646×466×415	148
Z2-61	4	46.6	23	78	79	1500	750	176	190	5.6	637×524×488	175
Z2-62	5.5	62.9	31.25	79.5	80	1500	750	197	293	6.5	671×524×488	196
Z2-71	7.5	85.2	42.1	80	81	1500	750	310	350	10	768×614×544	280
Z2-72	10	112.1	55.8	81	81.5	1500	750	340	440	12	808×614×544	320
Z2-81	13	145	72.1	81.5	82	1500	750	460	480	28	855×689×609	393
Z2-82	17	187.2	93.2	82.5	83	1500	750	500	560	32	895×689×609	443
Z2-91	22	239.5	119	83.5	84	1500	750	580	590	59	1010×830×706	630
Z2-92	30	323	160	84.5	85	1500	750	620	770	70	1065×830×706	730
Z2-101	40	425	212	85.5	86	1500	750	820	900	103	1061×899×790	970
Z2-102	55	—	289	—	86.5	—	750	—	920	120	1211×899×790	1130
Z2-111	75	—	387	—	88	—	750	—	1000	204	1261×969×889	1350
Z2-112	100	—	514	—	88.5	—	750	—	—	230	1311×969×889	1510
额定转速 600/(r/min)												
Z2-91	17	193	95.5	80	81	1200	1200	560	570	59	1010×830×706	630
Z2-92	22	242.5	119.7	82.5	83.5	1200	1200	610	650	70	1065×830×706	730
Z2-101	30	324.4	161.5	84	84.5	1200	1200	640	810	103	1061×899×790	970
Z2-102	40	431	214	84.5	85	1200	1200	930	1020	120	1211×899×790	1130
Z2-111	55	—	280	—	86	—	1200	—	980	204	1261×969×889	1350
Z2-112	75	—	387	—	88	—	1200	—	—	230	1311×969×889	1510

（2）Z4 系列直流电动机　电动机的外壳防护等级为 IP21S，也可为 IP23 或 IP44。电动机均有底脚，其结构及安装型式见表 21-34。

表 21-34　Z4 系列直流电动机结构及安装型式

机座号	结构及安装代号	结构特点及安装型式
100~355	B3	卧式、底脚安装
100~280	B35	卧式、底脚安装，并附用凸缘安装
	V1	立式、轴伸向下、凸缘安装
	V15	立式、轴伸向下，底脚安装、并附用凸缘安装
100~200	B5	卧式、凸缘安装

电动机的定额是以 S_1 工作制为基准的连续定额。电动机由静止电力变流器供电。其额定电压与变流器型式、交流侧电压的关系见表 21-35。

表 21-35　额定电压与变流器型式、交流侧电压的关系

电动机额定电压/V	变流器型式	交流侧电压/V
160	单相桥式整流器	220
440	三相全控桥式整流器	380

电动机的励磁方式为他励，其额定励磁电压为180V。电动机通常不带辅助串励绕组，其工作特性适用于闭环系统。若有不同需要也可制成带辅助串励绕组。

电动机有调磁、调压两种调速方式。削弱磁场调速时，其最高转速可达表21-36和表21-37的规定。降低电枢电压调速时为恒转矩。在电流连续的条件下，其最低转速可达20r/min。

电动机的安装尺寸应符合表21-38和表21-39的规定，外形尺寸应不大于表的规定。如有特殊需要，外鼓风机的安装位置允许移动方向，空气过滤器的外形可以改动，但需与制造厂协商。

表21-36　*Z4*系列直流电动机技术特性（摘自JB/T 6316—2006）

机座号	额定电压160V						额定电压440V								
	功率/kW	额定转速/(r/min)	最高转速/(r/min)	功率/kW	额定转速/(r/min)	最高转速/(r/min)	功率/kW	额定转速/(r/min)	最高转速/(r/min)	功率/kW	额定转速/(r/min)	最高转速/(r/min)	功率/kW	额定转速/(r/min)	最高转速/(r/min)
100-1	2.2	1490	3000	1.5	955	2000	4	2960	4000	2.2	1480	3000	1.5	990	2000
112/2-1①	3	1540	3000	2.2	975	2000	5.5	2940	4000	3	1500	3000	2.2	960	2000
112/2-2	4	1450	3000	3	1070	2000	7.5	2980	4000	4	1500	3000	3	1010	2000
112/4-1	5.5	1520	3000	4	990	2000	11	2950	3500	5.5	1480	1800	4	980	1100
112/4-2				5.5	1090	2000	15	3035	3600	7.5	1460	1800	5.5	1025	1200
132-1							18.5	2850	4000	11	1480	2200	7.5	975	1600
132-2							22	3090	3600	15	1510	2500	11	995	1400
132-3							30	3000	3600	18.5	1540	2200	15	1050	1600
160-11							37	3000	3500	22	1500	3000			
160-21②													18.5	1000	2000
160-22							45	3000	3500						
160-31										30	1500	3000	22	1000	2000
160-32							55	3010	3500						

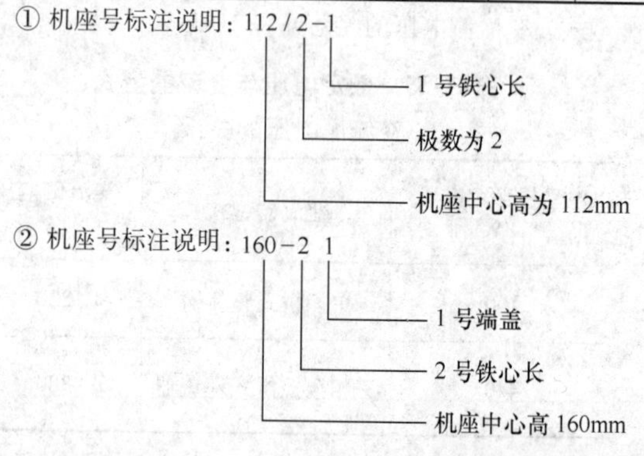

表21-37　Z4直流电动机技术特性（摘自JB/T 6316—2006）

机座号	额定电压440V													
	3000r/min		1500r/min		1000r/min		750r/min		600r/min		500r/min		400r/min	
	功率/kW	最高转速/(r/min)	功率/kW	最高转速/(r/min)	功率/kW	最高转速/(r/min)	功率/kW	最高转速/(r/min)	功率/kW	最高转速/(r/min)	功率/kW	最高转速/(r/min)	功率/kW	最高转速/(r/min)
180-11	—	—	37	3000	—	—	18.5	1900	15	2000				
180-21	—	—	45	2800	30	2000	22	1400	18.5	1600				
180-22	75	3400	—	—	—	—	—	—	—	—				
180-31	—	—	—	—	37	2000	—	—	22	1250				
180-41	—	—	55	3000	—	—	30	2000	—	—				
180-42	90	3200	—	—	—	—	—	—	—	—				
200-11	—	—	—	—	45	2000	37	1600	—	—	22	1000		
200-12	110	3000	—	—	—	—	—	—	—	—	—	—		
200-21	—	—	75	3000	—	—	—	—	30	1000	—	—		
200-31	—	—	90	2800	55	2000	45	1400	37	1200	30	750		
200-32	132	3200	—	—	—	—	—	—	—	—	—	—		
225-11			110	3000	75	2000	55	1300	45	1200	37	1000		
225-21			—	—	—	—	—	—	55	1000	45	1000		
225-31			132	2400	90	2000	75	2250	—	—	—	—		
250-11			—	—	110	2000	—	—	—	—	—	—		
250-12			160	2100	—	—	—	—	—	—	—	—		
250-21			185	2200			90	2250	—	—	—	—		
250-31			200	2400	132	2000	—	—	75	2000	55	1500		
250-41			220	2400	—	—	110	1600	90	1600	75	1500		
250-42			—	—	160	2000	—	—	—	—	—	—		
280-11			250	2000	—	—	—	—	—	—	—	—		
280-21			—	—	200	2000	132	1600	110	1500				
280-22			280	1800	—	—	—	—	—	—	—	—		
280-31			—	—	220	2000	—	—	132	1000	90	1400		
280-32			315	1800	—	—	160	1700	—	—	—	—		
280-41			—	—	—	—	185	1900	—	—	110	1000		
280-42			—	—	250	1800	—	—	—	—	—	—		
315-11			—	—	—	—	—	—	160	1900	132	1600	110	1200
315-12			355	1800	280	1600	200	1900	—	—	—	—	—	—
315-21			—	—	—	—	—	—	185	1600	160	1500	—	—
315-22			—	—	315	1600	250	1600	—	—	—	—	—	—
315-31			—	—	—	—	—	—	—	—	—	—	132	1200
315-32			—	—	355	1600	280	1600	200	1500	—	—	—	—
315-41			—	—	—	—	—	—	—	—	185	1500	160	1200
315-42			—	—	400	1400	315	1600	250	1600	—	—	—	—
355-11					—	—	—	—	280	1500	200	1500	185	1200
355-12					450	1500	355	1500	—	—	—	—	—	—
355-21					—	—	—	—	—	—	—	—	200	1200
355-22					—	—	400	1600	315	1500	250	1600	—	—
355-31					—	—	—	—	—	—	—	—	220	1200
355-32					—	—	450	1100	355	1600	315	1500	—	—
355-42					—	—	—	—	400	1300	355	1200	250	1200

注：机座号315-11～355-42带有补偿绕组。

表 21-38　Z4 系列直流电动机的外形和安装尺寸（摘自 JB/T 6316—2006）（一）　　（单位：mm）

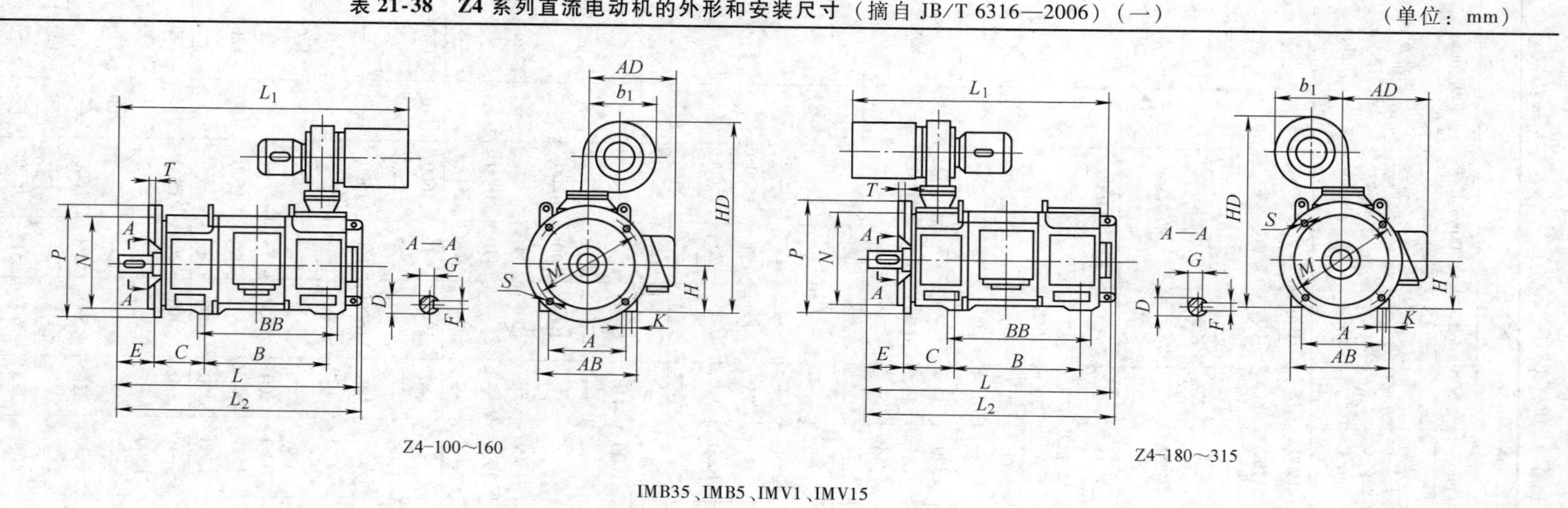

IMB35、IMB5、IMV1、IMV15

机座号	安装尺寸														外形尺寸								
	A	B	C	D	E	F	G	H	K	M	N	S	孔数	T	P	AB	AD	b_1	BB	L	L_1	$L_2$①	HD
100-1	160	318	63±2.0	$24^{+0.009}_{-0.004}$	50	$8^{\ 0}_{-0.036}$	$20^{\ 0}_{-0.2}$	$100^{\ 0}_{-0.5}$	$12^{+0.43}_{\ 0}$	215	$180^{+0.014}_{-0.011}$	$15^{+0.43}_{\ 0}$	4	4	250	210	190	165	380	510	590	530	420
112/2-1	190	337.5	70±2.0	$28^{+0.009}_{-0.004}$	60	$8^{\ 0}_{-0.036}$	$24^{\ 0}_{-0.2}$	$112^{\ 0}_{-0.5}$	$12^{+0.43}_{\ 0}$	215	$180^{+0.014}_{-0.011}$	$15^{+0.43}_{\ 0}$	4	4	250	235	210	180	410	555	615	575	475
112/2-2		367.5																	440	585	645	605	
112/4-1		347.5		$32^{+0.018}_{+0.002}$	80	$10^{\ 0}_{-0.036}$	$27^{\ 0}_{-0.2}$												420	585	645	605	
112/4-2		387.5																	460	625	685	645	
132-1	216	355	89±2.0	$38^{+0.018}_{+0.002}$	80	$10^{\ 0}_{-0.036}$	$33^{\ 0}_{-0.2}$	$132^{\ 0}_{-0.5}$	$12^{+0.43}_{\ 0}$	265	$230^{+0.016}_{-0.013}$	$15^{+0.43}_{\ 0}$	4	4	300	270	245	220	435	630	825	650	550
132-2		405																	485	690	875	710	
132-3		465																	545	740	935	760	

书帖：第61帖

（续）

机座号	安装尺寸														外形尺寸									
	A	B	C	D	E	F	G	H	K	M	N	S	孔数	T	P	AB	AD	b_1	BB	L	L_1	$L_2$①	HD
160-11		411																	495	755	965	795	
160-21		451																	535	795	1005	835	
160-22	254	516	108 ± 3.0	$48^{+0.018}_{+0.002}$	110	$14^{0}_{-0.043}$	$42.5^{0}_{-0.2}$	$160^{0}_{-0.5}$	$15^{+0.43}_{0}$	300	$250^{+0.016}_{-0.013}$	$19^{+0.52}_{0}$	4	5	350	330	295	240	600	860	1040	900	640
160-31		501																	585	845	1055	885	
160-32		566																	650	910	1090	950	
180-11		436																	530	805	1035	855	
180-21		476																	570	845	1075	895	
180-22	279	541	121 ± 3.0	$55^{+0.030}_{+0.011}$	110	$16^{0}_{-0.043}$	$49^{0}_{-0.2}$	$180^{0}_{-0.5}$	$15^{+0.43}_{0}$	350	300 ± 0.016	$19^{+0.52}_{0}$	4	5	400	370	305	310	635	910	1140	960	750
180-31		526																	620	895	1125	945	
180-41		586																	680	955	1185	1005	
180-42		651																	745	1020	1250	1070	
200-11		566																	660	990	1170	1040	
200-12		614																	705	1035	1220	1085	
200-21	318	606	133 ± 3.0	$65^{+0.030}_{+0.011}$	140	$18^{0}_{-0.043}$	$58^{0}_{-0.2}$	$200^{0}_{-0.5}$	$19^{+0.52}_{0}$	400	350 ± 0.018	$19^{+0.52}_{0}$	8	5	450	410	365	310	700	1035	1210	1080	790
200-31		686																	780	1110	1290	1160	
200-32		734																	825	1155	1340	1205	

（续）

机座号	安装尺寸														外形尺寸								
	A	B	C	D	E	F	G	H	K	M	N	S	孔数	T	P	AB	AD	b_1	BB	L	L_1	$L_2$①	HD
225-11		701																	795	1150	1615	1200	
225-21	356	751	149 ± 4.0	$75^{+0.030}_{+0.011}$	140	$20^{0}_{-0.052}$	$67.5^{0}_{-0.2}$	$225^{0}_{-0.5}$	$19^{+0.52}_{0}$	500	450 ± 0.020	$19^{+0.52}_{0}$	8	5	550	450	410	370	845	1200	1665	1250	1000
225-31		811																	905	1260	1725	1310	
250-11		715																	815	1235	1650	1295	
250-12		775																	875	1295	1710	1355	
250-21		765																	865	1285	1700	1345	
250-31	406	825	168 ± 4.0	$85^{+0.035}_{+0.013}$	170	$22^{0}_{-0.052}$	$76^{0}_{-0.2}$	$250^{0}_{-0.5}$	$24^{+0.52}_{0}$	600	550 ± 0.022	$24^{+0.52}_{0}$	8	6	660	500	440	370	925	1345	1760	1405	1040
250-41		895																	995	1455	1830	1515	
250-42		955																	1055	1475	1890	1535	
280-11		762																	875	1325	1748	1390	
280-21		822																	935	1385	1808	1450	
280-22		912																	1025	1475	1898	1540	
280-31	457	892	190 ± 4.0	$95^{+0.035}_{+0.013}$	170	$25^{0}_{-0.052}$	$86^{0}_{-0.2}$	$280^{0}_{-1.0}$	$24^{+0.52}_{0}$	600	550 ± 0.022	$24^{+0.52}_{0}$	8	6	660	560	465	420	1005	1455	1878	1520	1140
280-32		982																	1095	1545	1968	1610	
280-41		972																	1085	1535	1958	1600	
280-42		1062																	1175	1625	2048	1690	
315-11		887																	1010	1545	1897	1620	
315-12		977																	1100	1635	1987	1710	
315-21		967																	1090	1625	1977	1700	
315-22		1057																	1180	1715	2067	1790	
315-31	508	1057	216 ± 4.0	$100^{+0.035}_{+0.013}$	210	$28^{0}_{-0.052}$	$90^{0}_{-0.2}$	$315^{0}_{-1.0}$	$28^{+0.52}_{0}$	740	680 ± 0.025	$24^{+0.52}_{0}$	8	6	800	620	497	430	1080	1715	2067	1790	1310
315-32		1147																	1270	1805	2157	1880	
315-41		1157																	1280	1815	2167	1890	
315-42		1247																	1370	1905	2257	1980	

① L_2尺寸为立式安装IMV1及IMV15型的电动机总长（不包括外鼓风机）。

注：IMB5型制造到机座号中心高200mm。

表 21-39　Z4 系列直流电动机的外形和安装尺寸（摘自 JB/T 6316—2006）（二）

（单位：mm）

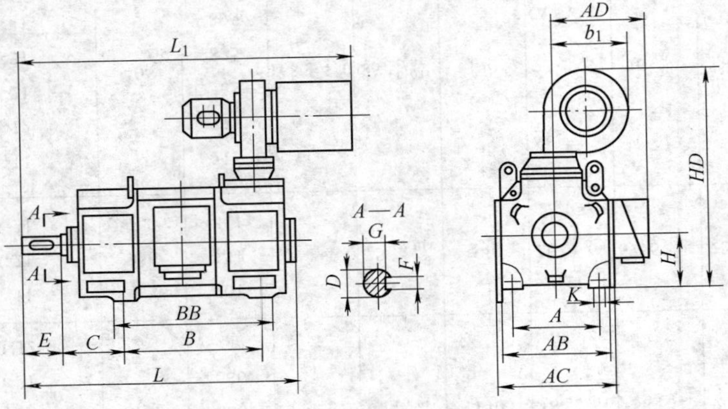

Z4-100～160

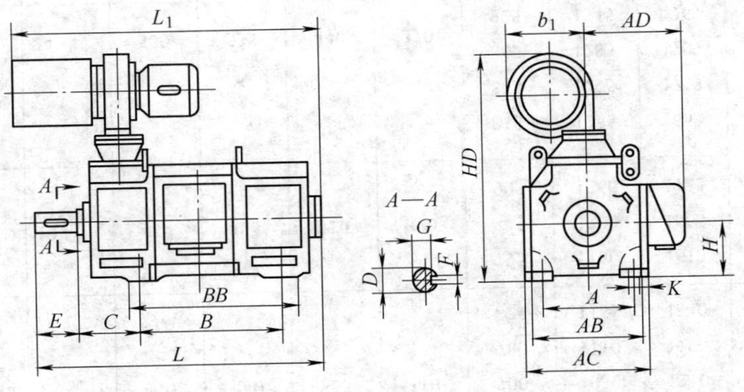

Z4-180～450

IMB3

机座号	安装尺寸									外形尺寸							
	A	B	C	D	E	F	G	H	K	AB	AC	AD	b_1	BB	L	L_1	HD
100-1	160	318	63 ±2.0	$24^{+0.009}_{-0.004}$	50	$8^{0}_{-0.036}$	$20^{0}_{-0.2}$	$100^{0}_{-0.5}$	$12^{+0.43}_{0}$	210	245	190	165	380	510	590	420
112/2-1	190	337.5	70 ±2.0	$28^{+0.009}_{-0.004}$	60	$8^{0}_{-0.036}$	$24^{0}_{-0.2}$	$112^{0}_{-0.5}$	$12^{+0.43}_{0}$	235	265	210	180	410	555	615	475
112/2-2		367.5												440	585	645	
112/4-1		347.5		$32^{+0.018}_{+0.002}$	80	$10^{0}_{-0.036}$	$27^{0}_{-0.2}$							420	585	645	
112/4-2		387.5												460	625	685	
132-1	216	355	89 ±2.0	$38^{+0.018}_{+0.002}$	80	$10^{0}_{-0.036}$	$33^{0}_{-0.2}$	$132^{0}_{-0.5}$	$12^{+0.43}_{0}$	270	305	245	220	435	630	825	550
132-2		405												485	690	875	
132-3		465												545	740	935	

（续）

机座号	安装尺寸									外形尺寸							
	A	B	C	D	E	F	G	H	K	AB	AC	AD	b_1	BB	L	L_1	HD
160-11	254	411	108 ±3.0	$48^{+0.018}_{+0.002}$	110	$14^{0}_{-0.043}$	$42.5^{0}_{-0.2}$	$160^{0}_{-0.5}$	$15^{+0.43}_{0}$	330	360	295	240	495	755	965	640
160-21		451												535	795	1005	
160-22		516												600	860	1040	
160-31		501												585	845	1055	
160-32		566												650	910	1090	
180-11	279	436	121 ±3.0	$55^{+0.030}_{+0.011}$	110	$16^{0}_{-0.043}$	$49^{0}_{-0.2}$	$180^{0}_{-0.5}$	$15^{+0.43}_{0}$	370	400	305	310	530	805	1035	750
180-21		476												570	845	1075	
180-22		541												635	910	1140	
180-31		526												620	895	1125	
180-41		586												680	955	1185	
180-42		651												745	1020	1250	
200-11	318	566	133 ±3.0	$65^{+0.030}_{+0.011}$	140	$18^{0}_{-0.043}$	$58^{0}_{-0.2}$	$200^{0}_{-0.5}$	$19^{+0.52}_{0}$	410	440	365	310	660	990	1170	790
200-12		614												705	1035	1220	
200-21		606												700	1030	1210	
200-31		686												780	1110	1290	
200-32		734												825	1155	1340	
225-11	356	701	149 ±4.0	$75^{+0.030}_{+0.011}$	140	$20^{0}_{-0.052}$	$67.5^{0}_{-0.2}$	$225^{0}_{-0.5}$	$19^{+0.52}_{0}$	450	485	410	370	795	1150	1615	1000
225-21		751												845	1200	1665	
225-31		811												905	1260	1725	
250-11	406	715	168 ±4.0	$85^{+0.035}_{+0.013}$	170	$22^{0}_{-0.052}$	$76^{0}_{-0.2}$	$250^{0}_{-0.5}$	$24^{+0.52}_{0}$	500	535	440	370	815	1235	1657	1040
250-12		775												875	1295	1717	
250-21		765												865	1285	1707	
250-31		825												925	1345	1767	
250-41		895												995	1455	1837	
250-42		955												1055	1475	1897	

（续）

机座号	安装尺寸									外形尺寸						
	A	B	C	D	E	F	G	H	K	AB	AC	AD	b_1	BB	L	L_1	HD
280-11	457	762	190 ±4.0	$95^{+0.035}_{+0.013}$	170	$25^{0}_{-0.052}$	$86^{0}_{-0.2}$	$280^{0}_{-1.0}$	$24^{+0.52}_{0}$	560	595	465	420	875	1325	1748	1140
280-21		822												935	1385	1808	
280-22		912												1025	1475	1898	
280-31		892												1005	1455	1878	
280-32		982												1095	1545	1968	
280-41		972												1085	1535	1958	
280-42		1062												1175	1625	2048	
315-11	508	887	216 ±4.0	$100^{+0.035}_{+0.013}$	210	$28^{0}_{-0.052}$	$90^{0}_{-0.2}$	$315^{0}_{-1.0}$	$28^{+0.52}_{0}$	630	665	500	430	1010	1545	1897	1310
315-12		977												1100	1635	1987	
315-21		967												1090	1625	1977	
315-22		1057												1180	1715	2067	
315-31		1057												1180	1715	2067	
315-32		1147												1270	1805	2157	
315-41		1157												1280	1815	2167	
315-42		1247												1370	1905	2257	
355-11	610	968	254 ±4.0	$110^{+0.035}_{+0.013}$	210	$28^{0}_{-0.052}$	$100^{0}_{-0.2}$	$355^{0}_{-1.0}$	$28^{+0.52}_{0}$	710	745	715	430	1105	1700	2010	1390
355-12		1058												1195	1790	2100	
355-21		1058												1195	1790	2100	
355-22		1148												1285	1880	2190	
355-31		1158												1295	1890	2200	
355-32		1248												1385	1980	2290	
355-42		1358												1495	2090	2400	
400-21	686	1039	280 ±4.0	$120^{+0.035}_{+0.013}$	210	$32^{0}_{-0.062}$	$109^{0}_{-0.2}$	$400^{0}_{-1.0}$	$35^{+0.62}_{0}$	790	830	750	600	1285	1812	1897	1620
400-22		1159												1405	1932	2017	
400-31		1129												1375	1902	1987	
400-32		1249												1495	2022	2107	
400-41		1229												1475	2002	2087	
400-42		1349												1595	2122	2207	
450-21	800	1151	315 ±4.0	$140^{+0.040}_{+0.015}$	250	$36^{0}_{-0.062}$	$128^{0}_{-0.3}$	$450^{0}_{-1.0}$	$35^{+0.62}_{0}$	890	924	800	600	1489	2034	2140	1720
450-22		1271												1609	2154	2260	
450-31		1251												1589	2134	2240	
450-32		1371												1709	2254	2360	
450-41		1361		$160^{+0.040}_{+0.015}$	300	$40^{0}_{-0.062}$	$147^{0}_{-0.3}$							1699	2294	2350	
450-42		1481												1819	2414	2470	

参考文献

[1] 吴宗泽，等. 机械设计师手册：上、下册［M］. 2版. 北京：机械工业出版社，2009.

[2] 吴宗泽，等. 机械设计实用手册［M］. 3版. 北京：化学工业出版社，2010.

[3] 机械工程手册、电机工程手册编辑委员会. 机械工程手册：机械设计基础卷，机械零部件设计卷，传动设计卷［M］. 2版. 北京：机械工业出版社，1996.

[4] 余梦生，吴宗泽，等. 机械零部件设计手册——选型、设计、指南［M］. 北京：机械工业出版社，1996.

[5] 中国标准出版社，中国机械工程学会带传动技术委员会. 中国机械工业标准汇编：带传动卷［M］. 北京：中国标准出版社，1998.

[6] 中国标准出版社第三编辑室. 链传动带传动和联轴器国家标准汇编 1992［M］. 北京：中国标准出版社，1993.

[7] 吴宗泽，罗圣国，等. 机械设计课程设计手册［M］. 4版. 北京：高等教育出版社，2012.

[8] 王超然，等. 新编国际常用金属材料手册［M］. 北京：北京工业大学出版社，1995.

[9] 郑志峰，等. 链传动设计与应用手册［M］. 北京：机械工业出版社，1992.

[10] 中国标准出版社. 中国机械工业标准汇编：链传动卷［M］. 北京：中国标准出版社，1999.

[11] 机械传动装置选用手册编委会. 机械传动装置选用手册［M］. 北京：机械工业出版社，1999.

[12] 《机械工程标准手册》编委会. 机械工程标准手册：密封与润滑卷［M］. 北京：中国标准出版社，2003.

[13] 《机械工程标准手册》编委会. 机械工程标准手册：齿轮传动卷［M］. 北京：中国标准出版社，2003.

[14] 毛谦德、李振清，等. 袖珍机械设计师手册［M］. 2版. 北京：机械工业出版社，2001.

[15] 曾正明，等. 机械工程材料手册：金属材料［M］. 6版. 北京：机械工业出版社，2003.

[16] 卜炎，等. 机械设计大典：第3卷［M］. 南昌：江西科学技术出版社，2002.

[17] 朱孝录，等. 机械设计大典：第4卷［M］. 南昌：江西科学技术出版社，2002.

[18] 蔡春源，等. 机电液设计手册［M］. 北京：机械工业出版社，沈阳：东北大学出版社，1997.

[19] 萨本佶. 高速齿轮传动［M］. 北京：机械工业出版社，1986.

[20] 成大先. 机械设计手册. 第5卷［M］. 4版. 北京：化学工业出版社，2001.

[21] 叶瑞文. 机床大件焊接结构设计［M］. 北京：机械工业出版社，1986.

[22] 吴宗泽、卢颂峰、冼建生. 简明机械零件设计手册［M］. 北京：中国电力出版社，2011.

[23] 朱孝录，等. 机械传动设计手册［M］. 北京：电子工业出版社，2007.

[24] 穆斯 D，等. 机械设计［M］. 孔建益，译. 16版. 北京：机械工业出版社，2012.